博物図譜
レファレンス
事典
動物篇

日外アソシエーツ

Index to
Natural History Illustrations
Zoological Art

Compiled by

Nichigai Associates, Inc.

©2018 by Nichigai Associates, Inc.

Printed in Japan

本書はディジタルデータでご利用いただくことが
できます。詳細はお問い合わせください。

●編集担当● 石田 翔子／児山 政彦
装 丁：小林 彩子（flavour）

刊行にあたって

　博物学（natural history）とは、動物・植物・鉱物といった自然界に存在する物について、種類・性質などを研究する学問であり、中国では薬効のある自然物を研究する本草学として始まった。ヨーロッパでは大航海時代に未知の動植物の発見が相次いだことから興隆し、日本でも享保年間（1716 ～ 35）に殖産興業のため江戸幕府が行った全国的な物産調査をきっかけに発展した。博物学研究では、標本とともに、あるいはその代替として細密な絵が添えられ、博物画（博物図譜）と呼ばれる。特定の動植物を他の種と区別できるよう、正確な観察に基づく抽象化がなされた博物画には写真とは異なる味わいがあり、生物学や歴史的な資料価値だけでなく、現代でも美術作品として鑑賞されるなど貴重なものが多い。

　本書は、博物図譜、画集・作品集、解説書など 36 種 51 冊に掲載された、17 ～ 19 世紀を中心に日本や西洋で描かれた動物画のべ 1 万 6 千件の図版索引である。虫、魚・貝・水生生物、鳥、哺乳類、両生類・爬虫類、そして想像・架空の生物を、種類毎に動物名から探すことができる。レファレンス・ツールとしての検索性を考慮し、巻末に五十音順の作品名索引、作者・画家名索引を付した。こうした図版索引としての基本的な検索機能に加え、素材・寸法・制作年・所蔵先など作品そのものに関する基礎的なデータを記載した。

　科学・歴史・美術などの分野における博物画研究の基礎調査用に、また、一般の利用者が著名な作品や優れた作品を探す際の基本的なツールとして、姉妹編「博物図譜レファレンス事典　植物篇」と併せて図書館や美術館・博物館などで幅広く活用されることを期待したい。

　2018 年 4 月

　　　　　　　　　　　　　　　　　　　　　　　　日外アソシエーツ

目　次

凡　例 …………………………………………………………(6)

採録図集一覧 ……………………………………………… (8)

博物図譜レファレンス事典　動物篇 …………………………… 1

　虫 ……………………………………………………………… 3

　魚・貝・水生生物 ……………………………………… 102

　鳥 ……………………………………………………… 333

　哺乳類 ………………………………………………… 515

　両生類・爬虫類 ……………………………………… 564

　想像・架空の生物 …………………………………… 593

作品名索引 ……………………………………………… 597

作者・画家名索引 ……………………………………… 675

凡　例

1．本書の内容

　本書は、博物図鑑および作品集に掲載されている、動物画の図版索引である。

2．基本方針

　(1) 索引の対象

　　1) 国内で刊行された（主に 1980 年代以降）、博物図鑑やそれに準ずる作品集・解説書（展覧会カタログ等は除く）、36 種 51 冊（別掲「採録図集一覧」参照）に掲載されている動物画（15,768 点）を対象とした。

　　2) 挿図・参考作品・資料などの図版は、原則索引の対象としなかった。

　(2) 作品名・学名

　　1) 作品名・学名は原則、各図鑑・図集に記載されたとおりとし、同一の作品でも図鑑・図集により名称の細部が異なる場合はそのまま掲載した。

　　2) 但し、明らかな誤記・誤植は訂正した。

　(3) 作品の説明

　　1) 作品の原題名、作者名、出典図譜名、制作年、素材、技法、寸法、所蔵先等は、原則として各図鑑・図集に記載されたとおりとした。但し、明らかな誤記・誤植は訂正した。

　　2) 各図鑑・図集における名称（原題名・英名等）が本書の見出しと異なる場合は示した。

　　3) 作者名・出典図譜名が図鑑・図集タイトルに示されている場合は省略した。

　(4) 図版の説明

　　1) その作品がすべてカラーで印刷されている場合は「カラー」、すべて単色（白黒）で印刷されている場合は「白黒」、カラーと単色で印刷されている場合は「カラー／白黒」と表示した。

3．本　文

(1) 見出し・排列
  1) 全体を「虫」「魚・貝・水生生物」「鳥」「哺乳類」「両生類・爬虫類」「想像・架空の生物」の６つに分類した。
  2) 分類見出しの下は、作品名の五十音順に排列した。
  3) その際、ヂ→ジ、ヅ→ズとみなし、長音（音引き）は無視した。
  4) 作品名見出しの下では、図版が掲載された各図鑑・図集の逆発行年順（新→旧）とし、その中の各図版は図版番号または掲載ページ順に示した。
(2) 所在指示
  1) 各図鑑・図集における図版の所在は、「書名　巻次（または各巻書名）」、出版者、出版年、図版番号または掲載ページとした。

4．参　照

(1) 別表記・別読みから本書で採用した代表表記・代表読みが検索できるように同一分類の下に参照項目を立てた。
(2) ヂ→ジ、ヅ→ズとみなし、長音（音引き）は無視した。

5．作品名索引

(1) 本文に収録した各作品を、作品名から引くためのものである。
(2) 排列は作品名の五十音順とした。作品名の後ろに、分類見出しを〔　〕に入れて補記した。
(3) 各作品の所在は掲載ページで示した。

6．作者・画家名索引

(1) 本文に収録した各作品を、その作者・画家名から引くためのものである。
(2) 排列は作者・画家名の読みの五十音順とした。
(3) 各作品の所在は本文掲載ページで示した。

採録図集一覧
（動物篇）

悪夢の猿たち　リブロポート　1991

アジア昆虫誌要説─荒俣コレクション 復刻シリーズ 博物画の至宝　平凡社　1996

魚の手帖　小学館　1991

美しいアンティーク生物画の本─クラゲ・ウニ・ヒトデ篇　創元社　2017

江戸時代に描かれた鳥たち─輸入された鳥、身近な鳥　ソフトバンク ク
リエイティブ　2012

江戸鳥類大図鑑　平凡社　2006

江戸の動植物図─知られざる真写の世界　朝日新聞社　1988

江戸博物文庫 魚の巻　工作舎　2017

江戸博物文庫 鳥の巻　工作舎　2017

江戸名作画帖全集 8 博物画譜 佐竹曙山・増山雪斎　駸々堂出版　1995

紙の上の動物園　グラフィック社　2017

グラバー魚譜 200 選　長崎文献社　2005

グールドの鳥類図譜 John Gould's Birds　講談社　1982

極楽の魚たち　リブロポート　1991

昆虫の劇場　リブロポート　1991

彩色 江戸博物学集成　平凡社　1994

ジョン・グールド 世界の鳥─鳥図譜ベストコレクション　同朋舎出版　1994

水中の驚異　リブロポート　1990

すごい博物画　グラフィック社　2017

生物の驚異的な形　河出書房新社　2014

世界大博物図鑑　全 5 巻・別巻 2 巻　平凡社　1987

高木春山 本草図説　全 3 巻　リブロポート　1988

高松松平家所蔵 衆禽画譜 水禽・野鳥　香川県歴史博物館友の会博物図

譜刊行会　2005

高松松平家所蔵 衆鱗図 全5巻 香川県歴史博物館友の会博物図譜刊行会 2001〜2005

鳥獣虫魚譜　八坂書房　1988

鳥の手帖　小学館　1990

南海の魚類―荒俣コレクション 復刻シリーズ 博物画の至宝　平凡社　1995

日本の博物図譜―十九世紀から現代まで　東海大学出版会　2001

舶来鳥獣図誌　八坂書房　1992

花の王国　全4巻　平凡社　1990

花の本 ボタニカルアートの庭　角川書店　2010

ビュフォンの博物誌　工作舎　1991

フウチョウの自然誌―荒俣コレクション 復刻シリーズ 博物画の至宝　平凡社　1994

フランスの美しい鳥の絵図鑑　グラフィック社　2014

フローラの庭園　八坂書房　2015

ボタニカルアートの世界―植物画のたのしみ　朝日新聞社　1987

博物図譜レファレンス事典

動物篇

虫　　　　　　　　　　　　　　　　　　　　あおは

虫

【あ】

アオオニグモ　Araneus pentagrammicus
「高木春山 本草図説 動物」リブロポート　1989
◇p83（カラー）　一種 人面蜘蛛

アオカミキリ　Chelidonium quadricolle
「鳥獣虫魚譜」八坂書房　1988
◇p101（カラー）　松森胤保『両羽飛虫図譜』
［酒田市立光丘文庫］

アオカミキリのなかま　Callichroma virens ?
「世界大博物図鑑 1」平凡社　1991
◇p449（カラー）　ハリス, モーゼス版製作, ドゥ
ルーリ, D.『自然史図譜』　1770〜82

アオカミキリモドキ
「彩色 江戸博物学集成」平凡社　1994
◇p394（カラー）　吉田雀巣庵『虫譜』　［国会図
書館］

アオクサカメムシ
「彩色 江戸博物学集成」平凡社　1994
◇p231（カラー）　水谷豊文『虫豸写真』　［国会
図書館］

アオクサカメムシ？　　Nezara antennata ?
「世界大博物図鑑 1」平凡社　1991
◇p224（カラー）　栗本丹洲『千蟲譜』　文化8
（1811）

アオクサカメムシ？
「彩色 江戸博物学集成」平凡社　1994
◇p231（カラー）　幼虫　水谷豊文『虫豸写真』
［国会図書館］

アオグロケシジョウカイモドキの1種
Dasytes sp.
「ビュフォンの博物誌」工作舎　1991
◇M076（カラー）『一般と個別の博物誌 ソンニー
ニ版』

アオシャクの1種　Crypsiphona ocultaria
「アジア昆虫誌要説 博物画の至宝」平凡社
1996
◇pl.144（カラー）　Phalaena Ocultaria　ドノ
ヴァン, E.『オーストラリア昆虫誌要説』　1805

アオスジアゲハ
「彩色 江戸博物学集成」平凡社　1994
◇p15（白黒）　幼虫, 蛹, 成虫　舎人重巨『草木
性譜』
◇p234（カラー）　成虫, 幼虫, さなぎ　水谷豊文
『虫豸写真』　［国会図書館］
◇p262（カラー）　飯沼慾斎『本草図譜 第9巻〈虫
部貝部〉』　［個人蔵］

アオスジコハナバチ
「彩色 江戸博物学集成」平凡社　1994
◇p362（カラー）　スクミバチ　大窪昌章『諸家蟲
魚蝦蟹雑記図』　［大東急記念文庫］

アオタテハモドキ　Junonia orithya
「アジア昆虫誌要説 博物画の至宝」平凡社
1996
◇pl.35（カラー）　Papilio Orythia　ドノヴァン,
E.『中国昆虫誌要説』　1798
「世界大博物図鑑 1」平凡社　1991
◇口絵（カラー）　エーレト『花蝶珍種図録』　1748
〜62

アオタテハモドキ
「昆虫の劇場」リブロポート　1991
◇p21（カラー）　エーレト, G.D.『花蝶珍種図録』
1748〜62

アオネアゲハ　Papilio peranthus
「アジア昆虫誌要説 博物画の至宝」平凡社
1996
◇pl.25（カラー）　ドノヴァン, E.『中国昆虫誌要
説』　1798
「世界大博物図鑑 1」平凡社　1991
◇p312（カラー）　ドノヴァン, E.『中国昆虫史要
説』　1798　手彩色銅版画

アオバアリガタハネカクシ　Paederus
fuscipes
「世界大博物図鑑 1」平凡社　1991
◇p377（カラー）　栗本丹洲『千蟲譜』　文化8
（1811）

アオバアリガタハネカクシの1種　Paederus
sp.
「ビュフォンの博物誌」工作舎　1991
◇M079（カラー）『一般と個別の博物誌 ソンニー
ニ版』

博物図譜レファレンス事典 動物篇　**3**

あおは　　　　　　　　　　虫

アオハダトンボ(原種) Calopteryx virgo
「世界大博物図鑑 1」平凡社　1991
　◇p153(カラー)　レーゼル・フォン・ローゼンホフ, A.J.『昆虫学の娯しみ』1764〜68　彩色銅版

アオバネイナゴ Orbillus coeruleus
「世界大博物図鑑 1」平凡社　1991
　◇p189(カラー)　ハリス, モーゼス図版製作, ドゥルーリ, D.『自然史図譜』1770〜82

アオバハゴロモ Geisha distinctissima
「世界大博物図鑑 1」平凡社　1991
　◇p249(カラー)　栗本丹洲『千蟲譜』文化8(1811)
　◇p249(カラー)　幼虫.蠟を抜きさったあと　栗本丹洲『千蟲譜』文化8(1811)

アオバハゴロモの1種の成虫と幼虫 Flata limbata
「アジア昆虫誌要説 博物画の至宝」平凡社　1996
　◇pl.17(カラー)　Cicada Limbata (Cicada Limbata.var.)　ドノヴァン, E.『中国昆虫要説』1798

アオバハゴロモのなかま Flata limbata
「世界大博物図鑑 1」平凡社　1991
　◇p248(カラー)　蠟を出している幼虫　ドノヴァン, E.『中国昆虫要説』1798　手彩色銅版画

アオボシキンカメ Poecilocoris druraei
「世界大博物図鑑 1」平凡社　1991
　◇p220(カラー)　ハリス, モーゼス図版製作, ドゥルーリ, D.『自然史図譜』1770〜82

アカアシオオツチグモ Brachypelma emilia
「世界大博物図鑑 1」平凡社　1991
　◇p52(カラー)『ロンドン動物学協会紀要』1861〜90,1891〜1929　手彩色石版画

アカアリフクログモ Myrmecium rufum
「世界大博物図鑑 1」平凡社　1991
　◇p53(カラー)　キュヴィエ, G.L.C.F.D.『動物界』1836〜49　手彩色銅版

アカイエカ Culex pipiens
「ビュフォンの博物誌」工作舎　1991
　◇M011(カラー)『一般と個別の博物誌 ソンニーニ版』
「世界大博物図鑑 1」平凡社　1991
　◇p351(カラー)　キュヴィエ, G.L.C.F.D.『動物界』1836〜49　手彩色銅版

アカイロテントウ
「彩色 江戸博物学集成」平凡社　1994
　◇p395(カラー)　吉田雀巣庵『虫譜』［国会図書館］

アカオビウズマキタテハ Callicore astarte
「世界大博物図鑑 1」平凡社　1991
　◇p347(カラー)　ドノヴァン, E.『博物宝典』1823〜27

アカオビノコギリクワガタ Prosopocoilus biplagiatus
「世界大博物図鑑 1」平凡社　1991
　◇p385(カラー)　ウェストウッド, J.O.『東洋昆虫学集成』1848

アカギカメムシ Cantao ocellatus
「アジア昆虫誌要説 博物画の至宝」平凡社　1996
　◇pl.20(カラー)　Cimex Dispar　ドノヴァン, E.『中国昆虫要説』1798

アカギカメムシ(アカギキンカメムシ) Cantao ocellatus
「世界大博物図鑑 1」平凡社　1991
　◇p224(カラー)　ドノヴァン, E.『中国昆虫史要説』1798　手彩色銅版画

アカクチブトカメムシ Amyotea malabarica
「アジア昆虫誌要説 博物画の至宝」平凡社　1996
　◇pl.64(カラー)　Cimex mactans　ドノヴァン, E.『インド昆虫誌要説』1800

アカクチブトカメムシ Amyotea malabaricus
「世界大博物図鑑 1」平凡社　1991
　◇p221(カラー)　ドノヴァン, E.『インド昆虫史要説』1800　手彩色銅版画

アカケダニ Trombidium holosericeum
「世界大博物図鑑 1」平凡社　1991
　◇p48(カラー)　キュヴィエ, G.L.C.F.D.『動物界』1836〜49　手彩色銅版

アカスジコマチグモ Chiracanthium erraticum
「世界大博物図鑑 1」平凡社　1991
　◇p53(カラー)　キュヴィエ, G.L.C.F.D.『動物界』1836〜49　手彩色銅版

アカゼミ Tibicina haematodes
「世界大博物図鑑 1」平凡社　1991
　◇p240(カラー)　レーゼル・フォン・ローゼンホフ, A.J.『昆虫学の娯しみ』1764〜68　彩色銅版

アカタテハ
「彩色 江戸博物学集成」平凡社　1994
　◇p150〜151(カラー)　佐竹曙山『昆虫脊化図』［永青文庫］
　◇p154〜155(カラー)　苧麻ノ虫　佐竹曙山『龍亀昆虫写生帖』［千秋美術館］
　◇p262(カラー)　飯沼慾斎『本草図譜 第9巻〈虫部貝部〉』［個人蔵］

アカタテハチョウの1種 Vanessa atalanta
「昆虫の劇場」リブロポート　1991
　◇p106(カラー)　ハリス, M.『オーレリアン』1778

アカチャヤンマ Anaciaeschna isosceles
「世界大博物図鑑 1」平凡社　1991
　◇p157(カラー)　オス　レーゼル・フォン・ローゼンホフ, A.J.『昆虫学の娯しみ』1764〜68　彩色銅版

虫　　　　　　　　　　　　　　　　　　　　　　　　　　　　　　　あけは

アカネコウラクロナメクジ　Arion ater rufus
「世界大博物図鑑 1」平凡社　1991
　◇p489（カラー）　キュヴィエ, フレデリック編
　　『自然史事典』　1816〜30
　◇p489（カラー）　キュヴィエ, G.L.C.F.D.『動物
　　界』　1836〜49　手彩色銅版

アカネシロチョウ　Delias pasithoe
「アジア昆虫誌要説 博物画の至宝」平凡社
　1996
　◇pl.30（カラー）　Papilio Pasithoe　ドノヴァン,
　　E.『中国昆虫誌要説』　1798

アカバナビワハゴロモ　Laternaria
pyrorhyncha
「アジア昆虫誌要説 博物画の至宝」平凡社
　1996
　◇pl.57（カラー）　Fulgora pyrorhynchus（Fulgora
　　pyrorhynchus）　ドノヴァン, E.『インド昆虫誌
　　要説』　1800
「世界大博物図鑑 1」平凡社　1991
　◇p256（カラー）　ドルビニ, A.C.V.D.『万有博物
　　事典』　1838〜49,61
　◇p257（カラー）　ドノヴァン, E.『インド昆虫史
　　要説』　1800　手彩色銅版

アカハネオンブバッタ
「紙の上の動物園」グラフィック社　2017
　◇p101（カラー）『ヨーロッパ, アジア, アフリカ,
　　アメリカなどの昆虫の本：アムステルダムのアル
　　ベルト・セバ氏のコレクションより, 自然の体色
　　のまま写生』　1728

アカハネムシ科　Pyrochroidae
「ビュフォンの博物誌」工作舎　1991
　◇M085（カラー）『一般と個別の博物誌 ソンニー
　　二版』

アカビロウドコガネ
「彩色 江戸博物学集成」平凡社　1994
　◇p394（カラー）　頭部正面図　吉田雀巣庵『虫譜』
　　[国会図書館]

アカフコガシラアワフキ　Cercopis
sanguinolenta
「世界大博物図鑑 1」平凡社　1991
　◇p244（カラー）　キュヴィエ, G.L.C.F.D.『動物
　　界』　1836〜49　手彩色銅版
　◇p244（カラー）　ドノヴァン, E.『英国産昆虫図
　　譜』　1793〜1813

アカマダラヨトウの1種　Spodoptera picta
「アジア昆虫誌要説 博物画の至宝」平凡社
　1996
　◇pl.144（カラー）　Noctua festiva（Phalaena
　　festiva）　ドノヴァン, E.『オーストラリア昆虫
　　誌要説』　1805

アカムシユスリカ？　Tokunagayusurika
akamushi？
「世界大博物図鑑 1」平凡社　1991
　◇p351（カラー）　栗本丹洲『千蟲譜』　文化8
　　（1811）

アカムシユスリカの幼虫？
Tokunagayusurika akamushi？
「世界大博物図鑑 1」平凡社　1991
　◇p351（カラー）　栗本丹洲『千蟲譜』　文化8
　　（1811）

アカメガネトリバネアゲハ　Ornithoptera
croesus
「世界大博物図鑑 1」平凡社　1991
　◇p311（カラー）　オス『ロンドン動物学協会紀要』
　　1861〜90,1891〜1929　手彩色石版画

アカヤマアリのなかま　Formica rufa
「世界大博物図鑑 1」平凡社　1991
　◇p488（カラー）　キュヴィエ, G.L.C.F.D.『動物
　　界』　1836〜49　手彩色銅版

秋
「江戸名作画帖全集 8」駸々堂出版　1995
　◇図114（カラー）　増山雪斎『虫豸帖』　紙本着色
　　[東京国立博物館]
　◇図115（カラー）　増山雪斎『虫豸帖』　紙本着色
　　[東京国立博物館]

アギトアリのなかま　Odontomachus
haematoda
「世界大博物図鑑 1」平凡社　1991
　◇p488（カラー）　キュヴィエ, G.L.C.F.D.『動物
　　界』　1836〜49　手彩色銅版

アクテオンゾウカブト　Megasoma actaeon
「世界大博物図鑑 1」平凡社　1991
　◇p396（カラー）　レーゼル・フォン・ローゼンホ
　　フ, A.J.『昆虫学の娯しみ』　1764〜68　彩色銅版

アクテオンゾウカブト？　Megasoma
actaeon？
「世界大博物図鑑 1」平凡社　1991
　◇p396（カラー）　リーチ, W.E.著, ノダー, R.P.図
　　『動物学雑録』　1814〜17

アゲハ
「江戸の動植物図」朝日新聞社　1988
　◇p85（カラー）　栗本丹洲『千蟲譜』　[国立国会
　　図書館]
　◇p92（カラー）　増山雪斎『蟲豸帖』　[東京国立
　　博物館]

アゲハ（ナミアゲハ）　Papilio xuthus
Linnaeus
「高木春山 本草図説 動物」リブロポート　1989
　◇p85（カラー）　鳳子

アゲハチョウ　Papilio
「ボタニカルアートの世界 植物画のたのしみ」
　朝日新聞社　1987
　◇p95（カラー）　メールブルク図『Plantae
　　rariores vivis colorbus depictae』　1789

アゲハチョウ（ナミアゲハ）
「彩色 江戸博物学集成」平凡社　1994
　◇p302（カラー）　川原慶賀『動植物図譜』　[オ
　　ランダ国立自然史博物館]

博物図譜レファレンス事典 動物篇　**5**

あけは　　　　　　　　　　　　虫

◇p303（カラー）　幼虫　川原慶賀『動植物図譜』
［オランダ国立自然史博物館］

アゲハチョウ科　Papilio anchisiadesあるいは
Papilio hyppason
「昆虫の劇場」リブロポート　1991
　◇p42（カラー）　メーリアン, M.S.『スリナム産昆
虫の変態』1726

アゲハチョウ科アオジャコウアゲハ属の1種
Battus
「昆虫の劇場」リブロポート　1991
　◇p92（カラー）　メーリアン, M.S.『スリナム産昆
虫の変態』1726
　◇p99（カラー）　メーリアン, M.S.『スリナム産昆
虫の変態』1726

アゲハチョウ科の1種　Papilio machaon
「昆虫の劇場」リブロポート　1991
　◇p136（カラー）　ハリス, M.『オーレリアン』
1778

アゲハチョウのなかま　Papilionidae
「世界大博物図鑑 1」平凡社　1991
　◇p311（カラー）　キアゲハ夏型、同春型、アゲハ春
型、同夏型、ミヤマカラスアゲハ夏型、アオスジアゲ
ハ、ギフチョウ　ブライアー, H.J.S.『日本蝶
類図譜』1886～89

アゲハチョウのなかま？　Papilio
hyppason ？
「世界大博物図鑑 1」平凡社　1991
　◇p315（カラー）　メーリアン, M.S.『スリナム産
昆虫の変態』1726

アケボノタテハ　Nessaea ancaea
「アジア昆虫誌要説 博物画の至宝」平凡社
1996
　◇pl.87（カラー）　Papilio Obrinus　ドノヴァン,
E.『インド昆虫誌要説』1800

アケボノタテハ　Nessaea obrinus
「世界大博物図鑑 1」平凡社　1991
　◇p346（カラー）　ドノヴァン, E.『インド昆虫史
要説』1800　手彩色銅版

アサギシロチョウ　Pareronia valeria
「世界大博物図鑑 1」平凡社　1991
　◇p317（カラー）　オス、メス　ドノヴァン, E.『イ
ンド昆虫史要説』1800　手彩色銅版

アサギシロチョウの雌　Pareronia valeria
「アジア昆虫誌要説 博物画の至宝」平凡社
1996
　◇pl.75（カラー）　Papilio Hippia　ドノヴァン,
E.『インド昆虫誌要説』1800
　◇pl.75（カラー）　Papilio Philomela　ドノヴァ
ン, E.『インド昆虫誌要説』1800

アサギドクチョウ　Philaethria dido
「昆虫の劇場」リブロポート　1991
　◇p26（カラー）　メーリアン, M.S.『スリナム産
虫の変態』1726
「世界大博物図鑑 1」平凡社　1991

◇p349（カラー）　メーリアン, M.S.『スリナム産
昆虫の変態』1726

アザミウマのなかま　Thrips oenotherae
「世界大博物図鑑 1」平凡社　1991
　◇p217（カラー）　キュヴィエ, G.L.C.F.D.『動物
界』1836～49　手彩色銅版

アシダカグモ　Heteropoda venatoria
「すごい博物画」グラフィック社　2017
　◇図版58（カラー）　グアバの木の枝にハキリアリ、
グンタイアリ、ピンクトゥー・タランチュラ、ア
シダカグモ、そしてルビートパーズハチドリ
メーリアン, マリア・シビラ 1701～05頃　子牛
皮紙に軽く輪郭をエッチングした上に水彩 濃厚
顔料 アラビアゴム　39×32.3　［ウィンザー城
ロイヤル・ライブラリー］

アシダカグモ
「彩色 江戸博物学集成」平凡社　1994
　◇p363（カラー）　大窪昌章『虫類図譜』　［大東
急記念文庫］

アシナガタマオシコガネの1種　Aphodius sp.
「ビュフォンの博物誌」工作舎　1991
　◇M082（カラー）『一般と個別の博物誌 ソンニー
二版』

アシナガバエ科　Dolichopodidae
「ビュフォンの博物誌」工作舎　1991
　◇M112（カラー）『一般と個別の博物誌 ソンニー
二版』

アシナガバチのなかま　Polistes sp.
「アジア昆虫誌要説 博物画の至宝」平凡社
1996
　◇pl.107（カラー）　Vespa Macensis（Vespa
Macaensis）　ドノヴァン, E.『インド昆虫誌要
説』1800
　◇pl.107（カラー）　Vespa tepida　ドノヴァン, E.
『インド昆虫誌要説』1800
「世界大博物図鑑 1」平凡社　1991
　◇p473（カラー）　ドノヴァン, E.『インド昆虫史
要説』1800　手彩色銅版

アシナガバチ類の巣
「彩色 江戸博物学集成」平凡社　1994
　◇p146（カラー）　佐竹曙山『龍亀昆虫写生帖』
［千秋美術館］

アシヒダナメクジ　Laevicaulis alte
「世界大博物図鑑 1」平凡社　1991
　◇p489（カラー）　キュヴィエ, フレデリック編
『自然史事典』1816～30

アシブトコバチ科　Chalcididae
「ビュフォンの博物誌」工作舎　1991
　◇M100（カラー）『一般と個別の博物誌 ソンニー
二版』

アシブトメミズムシ科　Gelastocoridae
「ビュフォンの博物誌」工作舎　1991
　◇M095（カラー）『一般と個別の博物誌 ソンニー
二版』

虫　　　　　　　　　　　　　　　　　　　　　　　　　　　　　　　　　あふり

アシブトメミズムシのなかま　Gelastocoris
oculatus
「世界大博物図鑑 1」平凡社　1991
　◇p233（カラー）　ドルビニ, A.C.V.D.『万有博物
　事典』1838～49,61

アタマスフタオ　Polyura athamas
「アジア昆虫誌要説 博物画の至宝」平凡社
1996
　◇pl.79（カラー）　Papilio Pyrrhus　ドノヴァン,
　E.『インド昆虫誌要説』1800

アツバコガネのなかま　Hybosorus illigeri
「世界大博物図鑑 1」平凡社　1991
　◇p409（カラー）　キュヴィエ, G.L.C.F.D.『動物
　界』1836～49　手彩色銅版

アツブタガイ
「彩色 江戸博物学集成」平凡社　1994
　◇p359（カラー）　大窪昌章『乙未本草会目録』
　［蓬左文庫］

アトラスオオカブト
「紙の上の動物園」グラフィック社　2017
　◇p101（カラー）　ドノヴァン, E.『インドの昆虫
　の自然誌』1842

アトラスオオカブトムシ
「昆虫の劇場」リブロポート　1991
　◇p99（カラー）　メーリアン, M.S.『スリナム産昆
　虫の変態』1726

アナバチの仲間
「彩色 江戸博物学集成」平凡社　1994
　◇p459（カラー）　山本渓愚筆『蟲品』　［岩瀬文
　庫］

アブのなかま　Tabanus autumnalis
「世界大博物図鑑 1」平凡社　1991
　◇p353（カラー）　ハリス, M.『英国産昆虫集成』
　1776

アブのなかま　Tabanus bovinus
「世界大博物図鑑 1」平凡社　1991
　◇p353（カラー）　ハリス, M.『英国産昆虫集成』
　1776

アブラゼミ　Graptopsaltria nigrofuscata
「世界大博物図鑑 1」平凡社　1991
　◇p237（カラー）　栗本丹洲『千蟲譜』　文化8
　（1811）
「鳥獣虫魚譜」八坂書房　1988
　◇p88（カラー）　奥蟬　松森胤保『両羽飛虫図譜』
　［酒田市立光丘文庫］

アブラゼミ
「彩色 江戸博物学集成」平凡社　1994
　◇p235（カラー）　成虫と脱皮殻　水谷豊文『虫豸
　写真』　［国会図書館］
「江戸の動植物図」朝日新聞社　1988
　◇p37（カラー）　森野藤助『松山本草』　［森野旧
　薬園］

アブラゼミの腹面図　Graptopsaltria
nigrofuscata
「日本の博物図譜」東海大学出版会　2001
　◇p77（白黒）　円山応挙筆『写生帖』　［東京国立
　博物館］

アブラムシのなかま　Aphis althaea
「世界大博物図鑑 1」平凡社　1991
　◇p260（カラー）　ハリス, M.『英国産昆虫集成』
　1776

アブラムシの仲間
「彩色 江戸博物学集成」平凡社　1994
　◇p66～67（カラー）　よだれ　丹羽正伯『筑前国
　産物絵図帳』　［福岡県立図書館］

アフリカオオコオロギ　Brachytrupes
membranaceus
「世界大博物図鑑 1」平凡社　1991
　◇p164（カラー）　ハリス, モーゼス図版製作, ドゥ
　ルーリ, D.『自然史図譜』1770～82

アフリカ産のセセリチョウの1種
Ancyloxypha numitor
「アジア昆虫誌要説 博物画の至宝」平凡社
1996
　◇pl.94（カラー）　Papilio Numitor　ドノヴァン,
　E.『インド昆虫誌要説』

アフリカ産のセセリチョウの1種
Pardaleodes tibullus
「アジア昆虫誌要説 博物画の至宝」平凡社
1996
　◇pl.97（カラー）　Papilio Tibullus　ドノヴァン,
　E.『インド昆虫誌要説』1800

アフリカ産のセセリチョウの1種　Spialia
spio
「アジア昆虫誌要説 博物画の至宝」平凡社
1996
　◇pl.100（カラー）　Papilio Spio　ドノヴァン, E.
　『インド昆虫誌要説』1800

アフリカ産のタテハチョウの1種　Eurytela
hiarbas
「アジア昆虫誌要説 博物画の至宝」平凡社
1996
　◇pl.82（カラー）　Papilio Hiarba　ドノヴァン,
　E.『インド昆虫誌要説』1800

アフリカ産のフタオチョウの1種　Charaxes
tiridates
「アジア昆虫誌要説 博物画の至宝」平凡社
1996
　◇pl.73（カラー）　Papilio Tiridates　ドノヴァン,
　E.『インド昆虫誌要説』1800

アフリカのサソリ
「紙の上の動物園」グラフィック社　2017
　◇p225（カラー）　キュヴィエ, ジョルジュ『体組
　織別動物分類：動物誌および比較解剖学の基礎とし
　て』1836～49

博物図譜レファレンス事典 動物篇　**7**

あふり　　　　　　　　　　虫

アフリカマイマイ　Achatina fulica
「世界大博物図鑑 1」平凡社　1991
　◇p492（カラー）『アストロラブ号世界周航記』
　　1830〜35　スティップル印刷

アフリカマイマイの1種　Achatina sp.
「ビュフォンの博物誌」工作舎　1991
　◇L054（カラー）『一般と個別の博物誌 ソンニー
　　版』

アフリカミドリアゲハ　Graphium tynderaeus
「世界大博物図鑑 1」平凡社　1991
　◇p309（カラー）　ドノヴァン, E.『博物宝典』
　　1823〜27

アポロウスバ　Parnassius apollo
「世界大博物図鑑 1」平凡社　1991
　◇p309（カラー）　ドノヴァン, E.『英国産昆虫図
　　譜』1793〜1813

アマミウラナミシジミの1種　Jamides bochus
「アジア昆虫誌要説 博物画の至宝」平凡社
　1996
　◇pl.95（カラー）　Papilio Plato　ドノヴァン, E.
　　『インド昆虫誌要説』1800

アマミウラナミシジミのなかま　Nacaduba
sp.
「世界大博物図鑑 1」平凡社　1991
　◇p321（カラー）　ドノヴァン, E.『インド昆虫史
　　要説』1800　手彩色銅版

アマミサソリモドキ
「彩色 江戸博物学集成」平凡社　1994
　◇p131（カラー）　大嶋へヒリ　木村兼葭堂『薩州
　　虫品』　［辰馬考古資料館］

アミントールアゲハ　Papilio amynthor
「アジア昆虫誌要説 博物画の至宝」平凡社
　1996
　◇pl.121（カラー）　Papilio Ilioneus　ドノヴァン,
　　E.『オーストラリア昆虫誌要説』1805

アメバチ類
「彩色 江戸博物学集成」平凡社　1994
　◇p362（カラー）　テウセンバチ　大窪昌章『諸家
　　蟲魚蝦蟹雑記図』　［大東急記念文庫］

アメリカオオヤスデ　Orthoporus sp.
「世界大博物図鑑 1」平凡社　1991
　◇p148（カラー）　ショー, G.著, ノダー, F.P., ノ
　　ダー, R.P.図『博物学者雑録宝典』1789〜1813

アメリカハラジロトンボ　Plathemis lydia
「世界大博物図鑑 1」平凡社　1991
　◇p160（カラー）　ハリス, モーゼス図版製作, ドゥ
　　ルーリ, D.『自然史図譜』1770〜82

アメリカモンシデムシ　Nicrophorus
americanus
「世界大博物図鑑 1」平凡社　1991
　◇p376（カラー）　ドルビニ, A.C.V.D.『万有博物
　　事典』1838〜49,61

アメンボ　Gerris paludum
「世界大博物図鑑 1」平凡社　1991
　◇p228（カラー）　栗本丹洲『千蟲譜』　文化8
　　（1811）

アメンボの1種　Gerris sp.
「ビュフォンの博物誌」工作舎　1991
　◇M095（カラー）『一般と個別の博物誌 ソンニー
　　版』

アメンボの1種
「彩色 江戸博物学集成」平凡社　1994
　◇p62（カラー）　あめやかんぞう　丹羽正伯『芸藩
　　土産図』　［岩瀬文庫］

アリジゴク　Hagenomyia micanus or
Myrmeleon sp.
「世界大博物図鑑 1」平凡社　1991
　◇p272（カラー）　栗本丹洲『千蟲譜』　文化8
　　（1811）

アリジゴク　Myrmeleontidae
「世界大博物図鑑 1」平凡社　1991
　◇p272（カラー）　レーゼル・フォン・ローゼンホ
　　フ, A.J.『昆虫学の娯しみ』1764〜68　彩色銅版

アリヅカムシ各種　Pselaphidae
「世界大博物図鑑 1」平凡社　1991
　◇p376（カラー）　キュヴィエ, G.L.C.F.D.『動物
　　界』1836〜49　手彩色銅版

アリツカコオロギのなかま　Myrmecophila
acervora
「世界大博物図鑑 1」平凡社　1991
　◇p164（カラー）　キュヴィエ, G.L.C.F.D.『動物
　　界』1836〜49　手彩色銅版

アリのなかま　Paraponera clavata
「世界大博物図鑑 1」平凡社　1991
　◇p488（カラー）　キュヴィエ, G.L.C.F.D.『動物
　　界』1836〜49　手彩色銅版

アリバチ科　Mutillidae
「ビュフォンの博物誌」工作舎　1991
　◇M101（カラー）『一般と個別の博物誌 ソンニー
　　版』

アリバチのなかま　Smicromyrme rufipes,
Psammotherma flabellata, Mutilla ephippium
「世界大博物図鑑 1」平凡社　1991
　◇p476（カラー）　キュヴィエ, G.L.C.F.D.『動物
　　界』1836〜49　手彩色銅版

アリバチモドキ　Myrmosa melanocephala
「世界大博物図鑑 1」平凡社　1991
　◇p476（カラー）　キュヴィエ, G.L.C.F.D.『動物
　　界』1836〜49　手彩色銅版

アリバチモドキの1種　Myrmosa sp.
「ビュフォンの博物誌」工作舎　1991
　◇M102（カラー）『一般と個別の博物誌 ソンニー
　　版』

虫　　　　　　　　　　　　　　　　　　　　　　いなは

アリマキタカラダニのなかま　Erythraeus sp.
「世界大博物図鑑 1」平凡社　1991
　◇p48（カラー）　ゲイ, C.『チリ自然社会誌』
　　1844〜71

アルキタ［ニジュウシトリバ］
「生物の驚異的な形」河出書房新社　2014
　◇図版58（カラー）　ヘッケル, エルンスト　1904

アンテノールオオジャコウ　Atrophaneura
antenor
「アジア昆虫誌要説 博物画の至宝」平凡社
　1996
　◇pl.65（カラー）　Papilio Antenor　ドノヴァン,
　　E.『インド昆虫誌要説』　1800

【い】

イエカニムシ　Chelifer cancroides
「世界大博物図鑑 1」平凡社　1991
　◇p44（カラー）　リーチ, W.E.著, ノダー, R.P.図
　　『動物学雑録』　1814〜17

イエカニムシの1種　Chelifer cancroides
「ビュフォンの博物誌」工作舎　1991
　◇M061（カラー）『一般と個別の博物誌 ソンニー
　　ニ版』

イエカの1種
「彩色 江戸博物学集成」平凡社　1994
　◇p206（カラー）　赤ボウフリ　顕微鏡による図
　　栗本丹洲『千虫譜』　［国会図書館］

イエタナグモ　Tegenaria domestica
「世界大博物図鑑 1」平凡社　1991
　◇p53（カラー）　キュヴィエ, G.L.C.F.D.『動物
　　界』　1836〜49　手彩色銅版

イエバエ科　Muscidae
「ビュフォンの博物誌」工作舎　1991
　◇M011（カラー）『一般と個別の博物誌 ソンニー
　　ニ版』
　◇M113（カラー）『一般と個別の博物誌 ソンニー
　　ニ版』

イエユウレイグモ　Pholcus phalangioides
「世界大博物図鑑 1」平凡社　1991
　◇p53（カラー）　キュヴィエ, G.L.C.F.D.『動物
　　界』　1836〜49　手彩色銅版

イエロー・テイル　Euproctis similis
「昆虫の劇場」リブロポート　1991
　◇p125（カラー）　Yellow Tail　ハリス, M.『オー
　　レリアン』　1778

イガ
「紙の上の動物園」グラフィック社　2017
　◇p24（カラー）　ステイントン, H.T.『Tineina節
　　のガの自然誌』　1855〜73

イカリモンガ　Pterodecta felderi
「鳥獣虫魚譜」八坂書房　1988

　◇p95（カラー）　松森胤保『両羽飛虫図譜』　［酒
　　田市立光丘文庫］

イギリスカサカムリナメクジ　Testacella
scutulum
「世界大博物図鑑 1」平凡社　1991
　◇p489（カラー）　キュヴィエ, フレデリック編
　　『自然史事典』　1816〜30

イシガケチョウの1種　Cyrestis cocles
「アジア昆虫誌要説 博物画の至宝」平凡社
　1996
　◇pl.73（カラー）　Papilio Cocles　ドノヴァン, E.
　　『インド昆虫誌要説』　1800

イシノミ科　Machilidae
「ビュフォンの博物誌」工作舎　1991
　◇M068（カラー）『一般と個別の博物誌 ソンニー
　　ニ版』

イシビルまたはチスイビルのなかま
Erpobdellidae or Hirudidae
「世界大博物図鑑 1」平凡社　1991
　◇p33（カラー）　栗本丹洲『千蟲譜』　文化8
　　（1811）

イセノナミマイマイ
「彩色 江戸博物学集成」平凡社　1994
　◇p358（カラー）　大窪昌章『乙未本草会目録』
　　［蓬左文庫］

イソカニムシ　Garypus japonicus
「世界大博物図鑑 1」平凡社　1991
　◇p45（カラー）　栗本丹洲『千蟲譜』　文化8
　　（1811）

イッカククワガタ　Sinodendron cylindricum
「世界大博物図鑑 1」平凡社　1991
　◇p380（カラー）　キュヴィエ, G.L.C.F.D.『動物
　　界』　1836〜49　手彩色銅版

イトアメンボのなかま　Hydrometra
stagnorum
「世界大博物図鑑 1」平凡社　1991
　◇p228（カラー）　キュヴィエ, G.L.C.F.D.『動物
　　界』　1836〜49　手彩色銅版

イトダニのなかま　Uropoda sp.
「世界大博物図鑑 1」平凡社　1991
　◇p49（カラー）　ドノヴァン, E.『英国産昆虫図
　　譜』　1793〜1813

イトダニのなかまの若虫　Uropodidae
「世界大博物図鑑 1」平凡社　1991
　◇p49（カラー）　ショー, G.著, ノダー, F.P., ノ
　　ダー, R.P.図『博物学者雑録宝典』　1789〜1813

イナヅマチョウの1種　Symphaedra nais
「アジア昆虫誌要説 博物画の至宝」平凡社
　1996
　◇pl.81（カラー）　Papilio Thyelia　ドノヴァン,
　　E.『インド昆虫誌要説』　1800

イナバエ科の1種
「昆虫の劇場」リブロポート　1991

博物図譜レファレンス事典 動物篇　**9**

いぬの　　　　　　　　　　　　　　虫

◇p83（カラー）　メーリアン, M.S.『スリナム産昆虫の変態』　1726

イヌノミまたはネコノミ　Ctenocephalides canis or felis
「世界大博物図鑑 1」平凡社　1991
　◇p360（カラー）　レーゼル・フォン・ローゼンホフ, A.J.『昆虫学の娯しみ』1764～68　彩色銅版

イヌノミまたはネコノミの交尾
Ctenocephalides canis or felis
「世界大博物図鑑 1」平凡社　1991
　◇p361（カラー）　レーゼル・フォン・ローゼンホフ, A.J.『昆虫学の娯しみ』1764～68　彩色銅版

イネネクイハムシの1種　Donacia sp.
「ビュフォンの博物誌」工作舎　1991
　◇M092（カラー）『一般と個別の博物誌 ソンニー二版』

イボタロウ
「彩色 江戸博物学集成」平凡社　1994
　◇p346（カラー）　虫白蠟, トスベリ　イボタロウ　カイガラムシが分泌したロウを固めたもの　前田利保『啓蒙虫譜』　［国会図書館］

イボタロウムシ　Ericerus pela
「世界大博物図鑑 1」平凡社　1991
　◇p261（カラー）　栗本丹洲『千蟲譜』文化8（1811）

イモムシ
「江戸名作画帖全集 8」駸々堂出版　1995
　◇図46（カラー）　ゴマノ虫・イモムシなど　細川重賢編『昆虫胥化図』　紙本着色　［永青文庫（東京）］

イラガ
「彩色 江戸博物学集成」平凡社　1994
　◇p203（カラー）　まゆと成虫　栗本丹洲『千蟲譜』　［国会図書館］

イラガの1種　Parasa alphaea
「アジア昆虫誌要説 博物画の至宝」平凡社　1996
　◇pl.143（カラー）　Phalaena Alphaea　ドノヴァン, E.『オーストラリア昆虫誌要説』　1805

イラガのなかまの幼虫　Limacodidae
「世界大博物図鑑 1」平凡社　1991
　◇p292（カラー）　栗本丹洲『千蟲譜』文化8（1811）

イラガの幼虫　Monema flavescens
「世界大博物図鑑 1」平凡社　1991
　◇p292（カラー）　栗本丹洲『千蟲譜』文化8（1811）

イラクサノメイガ　Eurrlypara hortulata
「世界大博物図鑑 1」平凡社　1991
　◇p294（カラー）　レーゼル・フォン・ローゼンホフ, A.J.『昆虫学の娯しみ』1764～68　彩色銅版

インドツマアカシロチョウ　Colotis aurora
「アジア昆虫誌要説 博物画の至宝」平凡社

1996
　◇pl.77（カラー）　Papilio Eucharis　ドノヴァン, E.『インド昆虫誌要説』　1800

【う】

ウシアブ
「江戸の動植物図」朝日新聞社　1988
　◇p36（カラー）　森野藤助『松山本草』　［森野旧薬園］

ウシアブの1種　Tabanus sp.
「ビュフォンの博物誌」工作舎　1991
　◇M112（カラー）『一般と個別の博物誌 ソンニー二版』

ウスイロコノマチョウの1亜種　Melanitis leda bankia
「アジア昆虫誌要説 博物画の至宝」平凡社　1996
　◇pl.133（カラー）　Papilio Bankia (Papilio Banksia)　ドノヴァン, E.『オーストラリア昆虫誌要説』　1805

ウスイロコノマチョウの1種　Melanitis leda solandra
「アジア昆虫誌要説 博物画の至宝」平凡社　1996
　◇pl.131（カラー）　Papilio Solandra　ドノヴァン, E.『オーストラリア昆虫誌要説』　1805

ウスカワマイマイ
「彩色 江戸博物学集成」平凡社　1994
　◇p359（カラー）　大窪昌章『乙未本草会目録』　［蓬左文庫］

ウスキシロチョウ　Catopsilia pomona
「アジア昆虫誌要説 博物画の至宝」平凡社　1996
　◇pl.125（カラー）　Papilio Pomona　ドノヴァン, E.『オーストラリア昆虫誌要説』　1805
「世界大博物図鑑 1」平凡社　1991
　◇p317（カラー）　ドノヴァン, E.『オーストラリア昆虫史要説』　1805

ウスグロトガリシロチョウ　Appias melania
「世界大博物図鑑 1」平凡社　1991
　◇p317（カラー）　ドノヴァン, E.『オーストラリア昆虫史要説』　1805

ウスタビガ
「江戸の動植物図」朝日新聞社　1988
　◇p93（カラー）　増山雪斎『蟲豸帖』　［東京国立博物館］

ウスバカゲロウ　Hagenomyia micans
「鳥獣虫魚譜」八坂書房　1988
　◇p102（カラー）　松森胤保『両羽飛虫図譜』　［酒田市立光丘文庫］

ウスバカゲロウ科　Myrmeleonidae
「ビュフォンの博物誌」工作舎　1991

◇M099（カラー）『一般と個別の博物誌 ソンニー二版』

ウスバカゲロウ科の幼虫（アリジゴク）？
Myrmeleontidae？
「世界大博物図鑑 1」平凡社　1991
◇p272（カラー）　アリジゴクの巣　レーゼル・フォン・ローゼンホフ，A.J.『昆虫学の娯しみ』1764〜68　彩色銅版

ウスバカゲロウの1種
「彩色 江戸博物学集成」平凡社　1994
◇p362（カラー）　ヤブ子ラミ　大窪昌章『諸家蟲魚蝦蟹雑記図』　［大東急記念文庫］

ウスバカゲロウのなかま？　Hagenomyia sp.？
「アジア昆虫誌要説 博物画の至宝」平凡社　1996
◇pl.105（カラー）　Myrmeleon punctatum　ドノヴァン，E.『インド昆虫誌要説』　1800

ウスバカゲロウのなかま？
Myrmeleontidae？, Hagenomyia sp.？
「世界大博物図鑑 1」平凡社　1991
◇p289（カラー）　インド産らしい　ドノヴァン，E.『インド昆虫史要説』　1800　手彩色銅版

ウスバカゲロウ類
「鳥獣虫魚譜」八坂書房　1988
◇p102（カラー）　薄羽蜻蛉　松森胤保『両羽飛虫図譜』　［酒田市立光丘文庫］

ウスバカマキリ　Mantis religiosa
「ビュフォンの博物誌」工作舎　1991
◇M094（カラー）『一般と個別の博物誌 ソンニー二版』
「世界大博物図鑑 1」平凡社　1991
◇p212（カラー）　レーゼル・フォン・ローゼンホフ，A.J.『昆虫学の娯しみ』1764〜68　彩色銅版

ウスバカミキリ　Megopis sinica
「鳥獣虫魚譜」八坂書房　1988
◇p101（カラー）　松森胤保『両羽飛虫図譜』　［酒田市立光丘文庫］

ウスバカミキリ？
「彩色 江戸博物学集成」平凡社　1994
◇p231（カラー）　水谷豊文『虫豸写真』　［国会図書館］

ウスバジャコウアゲハ　Cressida cressida
「世界大博物図鑑 1」平凡社　1991
◇p310（カラー）　オス，メス　ドノヴァン，E.『オーストラリア昆虫要説』　1805

ウスバジャコウアゲハの雄　Cressida cressida
「アジア昆虫誌要説 博物画の至宝」平凡社　1996
◇pl.120（カラー）　Papilio Cressida　ドノヴァン，E.『オーストラリア昆虫誌要説』　1805

ウスバジャコウアゲハの雌　Cressida cressida
「アジア昆虫誌要説 博物画の至宝」平凡社　1996
◇pl.120（カラー）　Papilio Harmonia　ドノヴァン，E.『オーストラリア昆虫誌要説』　1805

ウチスズメ　Smerinthus planus
「世界大博物図鑑 1」平凡社　1991
◇p300（カラー）　栗本丹洲『千蟲譜』　文化8（1811）

ウチスズメ
「彩色 江戸博物学集成」平凡社　1994
◇p443（カラー）　松森胤保『両羽博物図譜』

ウチワヤンマ　Ictinus clavatus
「アジア昆虫誌要説 博物画の至宝」平凡社　1996
◇pl.45（カラー）　Aeshna clavata（Libellula clavata）　ドノヴァン，E.『中国昆虫誌要説』　1798

ウチワヤンマ
「彩色 江戸博物学集成」平凡社　1994
◇p387（カラー）　クルマ グンバイ　メス　吉田雀巣庵『蜻蛉譜』　［東京大学総合図書館］

ウッド・タイガー・モス　Parasemia plantaginis
「昆虫の劇場」リブロポート　1991
◇p116（カラー）　ハリス，M.『オーレリアン』1778

ウバタマコメツキ？
「彩色 江戸博物学集成」平凡社　1994
◇p318（カラー）　畑田翠山『網目注疏』　［大阪市立博物館］

ウバタマムシ　Chalcophora japonica
「日本の博物図譜」東海大学出版会　2001
◇図44（カラー）　木村静山筆『甲虫類写生図』　［国立科学博物館］
「世界大博物図鑑 1」平凡社　1991
◇p420（カラー）　栗本丹洲『千蟲譜』　文化8（1811）
「鳥獣虫魚譜」八坂書房　1988
◇p100（カラー）　松森胤保『両羽飛虫図譜』　［酒田市立光丘文庫］

ウバタマムシ
「彩色 江戸博物学集成」平凡社　1994
◇p318（カラー）　畑田翠山『網目注疏』　［大阪市立博物館］
「江戸の動植物図」朝日新聞社　1988
◇p81（カラー）　栗本丹洲『千蟲譜』　［国立国会図書館］

ウマオイ　Hexacentrus japonicus
「世界大博物図鑑 1」平凡社　1991
◇p180（カラー）　栗本丹洲『千蟲譜』　文化8（1811）
◇p181（カラー）　チャキュウムシ　栗本丹洲『千蟲譜』　文化8（1811）

ウマオイムシ
「江戸名作画帖全集 8」駸々堂出版　1995

うまし　　　　　　　　　　　虫

◇図110（カラー）　夏　増山雪斎『虫豸帖』　紙本
着色　［東京国立博物館］

ウマシラミバエ　Hippobosca equina
「ビュフォンの博物誌」工作舎　1991
◇M113（カラー）『一般と個別の博物誌 ソンニー
版』

ウマノオバチ　Euurobracon yokohamae
「世界大博物図鑑 1」平凡社　1991
◇p481（カラー）『ロンドン動物学協会紀要』　1861
〜90,1891〜1929　手彩色石版画
◇p481（カラー）　栗本丹洲『千蟲譜』　文化8
（1811）
「鳥獣虫魚譜」八坂書房　1988
◇p87（カラー）　尾長蜂　松森胤保『両羽飛虫図
譜』　［酒田市立光丘文庫］
◇p87（カラー）　尾長蜂　小型個体　松森胤保『両
羽飛虫図譜』　［酒田市立光丘文庫］

ウマノオバチ
「彩色 江戸博物学集成」平凡社　1994
◇p391（カラー）　ハビホウ　オス，メス　吉田雀
巣庵『雀巣庵虫譜』　［名古屋市立博物館］

馬尾蜂
「江戸名作画帖全集 8」駸々堂出版　1995
◇図116（カラー）　秋　増山雪斎『虫豸帖』　紙本
着色　［東京国立博物館］

ウラギンスジヒョウモン
「彩色 江戸博物学集成」平凡社　1994
◇p162（カラー）　増山雪斎『蟲豸帖』　［東京国
立博物館］
「江戸の動植物図」朝日新聞社　1988
◇p92（カラー）　増山雪斎『蟲豸帖』　［東京国立
博物館］

ウラギンドクチョウ　Dione moneta
「昆虫の劇場」リブロポート　1991
◇p50（カラー）　メーリアン，M.S.『スリナム産昆
虫の変態』　1726
「世界大博物図鑑 1」平凡社　1991
◇p348（カラー）　メーリアン，M.S.『スリナム産
昆虫の変態』　1726

ウラギンヒョウモン　Fabriciana adippe
「鳥獣虫魚譜」八坂書房　1988
◇p93（カラー）　星掩　メス，表と裏　松森胤保
『両羽飛虫図譜』　［酒田市立光丘文庫］

ウラギンヒョウモン
「彩色 江戸博物学集成」平凡社　1994
◇p442（カラー）　メス　松森胤保『両羽博物図譜』

ウラナミシジミの1種　Anthene larydas
「アジア昆虫誌要説 博物画の至宝」平凡社
1996
◇pl.92（カラー）　Papilio Pericles　ドノヴァン，
E.『インド昆虫誌要説』　1800

ウラナミジャノメの1種　Ypthima arctous
「アジア昆虫誌要説 博物画の至宝」平凡社
1996

◇pl.132（カラー）　Papilio〈arctous〉　ドノヴァ
ン，E.『オーストラリア昆虫誌要説』　1805

ウラナミシロチョウ　Catopsilia pyranthe
「アジア昆虫誌要説 博物画の至宝」平凡社
1996
◇pl.32（カラー）　Papilio Pyranthe（Papilio
Pryanthe）　ドノヴァン，E.『中国昆虫誌要説』
1798
「世界大博物図鑑 1」平凡社　1991
◇p316（カラー）　ドノヴァン，E.『中国昆虫史要
説』　1798　手彩色銅版画

ウラナミタテハ　Colobura dirce
「アジア昆虫誌要説 博物画の至宝」平凡社
1996
◇pl.84（カラー）　Papilio Dirce　ドノヴァン，E.
『インド昆虫誌要説』　1800

ウラニシキシジミ
⇒ギンスジシジミ別名ウラニシキシジミを見よ

ウラベニカスリタテハ　Hamadryas
amphinome
「昆虫の劇場」リブロポート　1991
◇p33（カラー）　メーリアン，M.S.『スリナム産昆
虫の変態』　1726

ウラモジタテハのなかま　Callicore hydaspes
「世界大博物図鑑 1」平凡社　1991
◇p347（カラー）　ハリス，モーゼス図版製作，ドゥ
ルーリ，D.『自然史図譜』　1770〜82

ウリハムシ　Aulacophora femoralis
「世界大博物図鑑 1」平凡社　1991
◇p457（カラー）　栗本丹洲『千蟲譜』　文化8
（1811）

ウリハムシ
「彩色 江戸博物学集成」平凡社　1994
◇p362（カラー）　ウリバイ　大窪昌章『諸家蟲魚
蝦蟹雑記図』　［大東急記念文庫］
◇p394（カラー）　吉田雀巣庵『虫譜』　［国会図
書館］

【 え 】

エグリルリタマムシ　Chrysochroa vittata
「アジア昆虫誌要説 博物画の至宝」平凡社
1996
◇pl.7（カラー）　Buprestis Vittata　ドノヴァン，
E.『中国昆虫誌要説』　1798

エサキモンキツノカメムシ　Sastragala esakii
「世界大博物図鑑 1」平凡社　1991
◇p220（カラー）　栗本丹洲『千蟲譜』　文化8
（1811）
◇p221（カラー）　栗本丹洲『千蟲譜』　文化8
（1811）

エスカルゴ　Helix pomatia
「世界大博物図鑑 1」平凡社　1991

◇p493（カラー）　キュヴィエ, G.L.C.F.D.『動物界』1836〜49　手彩色銅版

エスカルゴの1種　Helix sp.
「ビュフォンの博物誌」工作舎　1991
◇L054（カラー）『一般と個別の博物誌 ソンニーニ版』

エゾアオカメムシ
「彩色 江戸博物学集成」平凡社　1994
◇p453（カラー）　椿象　山本渓愚画

エゾオナガバチ　Megarhyssa gloriosa
「鳥獣虫魚譜」八坂書房　1988
◇p87（カラー）　尾長蜂　松森胤保『両羽飛虫図譜』〔酒田市立光丘文庫〕

エゾシモフリスズメ
「彩色 江戸博物学集成」平凡社　1994
◇p443（カラー）　松森胤保『両羽博物図譜』

エゾシロチョウ　Aporia crataegi
「ビュフォンの博物誌」工作舎　1991
◇M010（カラー）『一般と個別の博物誌 ソンニーニ版』
「世界大博物図鑑 1」平凡社　1991
◇p319（カラー）『オーレリアン』1766　手彩色図版

エゾゼミ　Tibicen japonicus
「鳥獣虫魚譜」八坂書房　1988
◇p89（カラー）　松虫　オス, メス　松森胤保『両羽飛虫図譜』〔酒田市立光丘文庫〕

エゾハルゼミ　Terpnosia nigricosta
「鳥獣虫魚譜」八坂書房　1988
◇p88（カラー）　容海坊　松森胤保『両羽飛虫図譜』〔酒田市立光丘文庫〕

エゾベニシタバ　Catocala nupta
「世界大博物図鑑 1」平凡社　1991
◇p302（カラー）　セップ, J.C.『神の驚異の書』1762〜1860

エダシャクのなかま　Ennominae
「世界大博物図鑑 1」平凡社　1991
◇p293（カラー）　栗本丹洲『千蟲譜』　文化8（1811）
◇p293（カラー）　レーゼル・フォン・ローゼンホフ, A.J.『昆虫学の娯しみ』1764〜68　彩色銅版

エダヒゲネジレバネのなかま　Elenchus tenuicornis
「世界大博物図鑑 1」平凡社　1991
◇p465（カラー）　キュヴィエ, G.L.C.F.D.『動物界』1836〜49　手彩色銅版

エダヒダノミギセルの1種？　Diceratoptyx sp.
「ビュフォンの博物誌」工作舎　1991
◇L060（カラー）『一般と個別の博物誌 ソンニーニ版』

エビガラスズメ
「彩色 江戸博物学集成」平凡社　1994
◇p302（カラー）　川原慶賀『動植物図譜』〔オランダ国立自然史博物館〕

エペイラ
「生物の驚異的な形」河出書房新社　2014
◇図版66（カラー）　ヘッケル, エルンスト 1904

エレファント・ホークモス　Deilephila elpenor
「昆虫の劇場」リブロポート　1991
◇p107（カラー）　ハリス, M.『オーレリアン』1778

エンジムシ
「花の王国 4」平凡社　1990
◇p98（カラー）　ベルトゥーフ, F.J.『子供のための図説』1810

エンドウゾウムシ　Bruchus pisorum
「世界大博物図鑑 1」平凡社　1991
◇p456（カラー）　キュヴィエ, G.L.C.F.D.『動物界』1836〜49　手彩色銅版

エンドウヒゲナガアブラムシ　Acyrthosiphon pisum
「世界大博物図鑑 1」平凡社　1991
◇p260（カラー）　ハリス, M.『英国産昆虫集成』1776

エンペラー・モス　Saturnia pavonia
「昆虫の劇場」リブロポート　1991
◇p125（カラー）　Emperor Moth　ハリス, M.『オーレリアン』1778

エンマコオロギ　Teleogryllus emma
「世界大博物図鑑 1」平凡社　1991
◇p168（カラー）　栗本丹洲『千蟲譜』　文化8（1811）
「鳥獣虫魚譜」八坂書房　1988
◇p98（カラー）　蟋蟀　松森胤保『両羽飛虫図譜』〔酒田市立光丘文庫〕

エンマコガネの1種　Onthophagus spinifex
「アジア昆虫誌要説 博物画の至宝」平凡社　1996
◇pl.52（カラー）　Scarabaeus Spinifer（Scarabaeus Spinifex）　ドノヴァン, E.『インド昆虫誌要説』1800

エンマコガネのなかま？　Onthophagus sp.？
「アジア昆虫誌要説 博物画の至宝」平凡社　1996
◇pl.1（カラー）　Scarabaeus cinctus　ドノヴァン, E.『中国昆虫誌要説』1798
◇pl.2（カラー）　Scarabaeus Seniculus　ドノヴァン, E.『中国昆虫誌要説』1798

エンマコガネの仲間
「彩色 江戸博物学集成」平凡社　1994
◇p203（カラー）　栗本丹洲『千蟲譜』〔国会図

えんま　　　　　　　　　　　虫

書館〕

エンマハバヒロガムシの1種　Sphaeridium sp.
「ビュフォンの博物誌」工作舎　1991
　◇M081（カラー）『一般と個別の博物誌 ソンニーニ版』

エンマハンミョウ　Manticola tuberculata
「ビュフォンの博物誌」工作舎　1991
　◇M071（カラー）『一般と個別の博物誌 ソンニーニ版』
「世界大博物図鑑 1」平凡社　1991
　◇p364（カラー）　ドルビニ, A.C.V.D.『万有博物事典』1838〜49,61

エンマムシ
「彩色 江戸博物学集成」平凡社　1994
　◇p394（カラー）　吉田雀巣庵『虫譜』　〔国会図書館〕

エンマムシ科　Histeridae ?
「ビュフォンの博物誌」工作舎　1991
　◇M081（カラー）『一般と個別の博物誌 ソンニーニ版』

エンマムシの1種　Hister sp.
「ビュフォンの博物誌」工作舎　1991
　◇M077（カラー）『一般と個別の博物誌 ソンニーニ版』

エンマムシのなかま　Hister cadaverinus
「世界大博物図鑑 1」平凡社　1991
　◇p376（カラー）　キュヴィエ, G.L.C.F.D.『動物界』1836〜49　手彩色銅版

【 お 】

オウカンツノゼミ　Centrotus cornutus
「世界大博物図鑑 1」平凡社　1991
　◇p244（カラー）　キュヴィエ, G.L.C.F.D.『動物界』1836〜49　手彩色銅版
　◇p244（カラー）　ドノヴァン, E.『英国産昆虫図譜』1793〜1813

オウゴンツヤクワガタ　Chalcodes aeratus
「世界大博物図鑑 1」平凡社　1991
　◇p384（カラー）　ウェストウッド, J.O.『東洋昆虫学集成』1848

オウサマイボハダムシ　Procerus scabrosus
「世界大博物図鑑 1」平凡社　1991
　◇p365（カラー）　コント, J.A.『博物学の殿堂』1830（？）

オウサマナナフシ　Diapherodes gigas
「世界大博物図鑑 1」平凡社　1991
　◇p200（カラー）　ハリス, モーゼス図版製作, ドゥルーリ, D.『自然史図譜』1770〜82

オウシュウエンマダニ　Eupelops occultus
「世界大博物図鑑 1」平凡社　1991

　◇p48（カラー）　キュヴィエ, G.L.C.F.D.『動物界』1836〜49　手彩色銅版

オウシュウゲジ　Scutigera coleoptrata
「世界大博物図鑑 1」平凡社　1991
　◇p144（カラー）　リーチ, W.E.著, ノダー, R.P.図『動物学雑録』1814〜17

オウシュウトビヤスデ　Strongylosoma pallipes
「世界大博物図鑑 1」平凡社　1991
　◇p148（カラー）　キュヴィエ, G.L.C.F.D.『動物界』1836〜49　手彩色銅版

オオアカカメムシ　Catacanthus incarnatus
「アジア昆虫誌要説 博物画の至宝」平凡社　1996
　◇pl.64（カラー）　Cimex nigripes　ドノヴァン, E.『インド昆虫誌要説』1800
「世界大博物図鑑 1」平凡社　1991
　◇p221（カラー）　ドノヴァン, E.『インド昆虫史要説』1800　手彩色銅版

オオアゴヘビトンボ　Corydalis cornutus
「世界大博物図鑑 1」平凡社　1991
　◇p268（カラー）　キュヴィエ, G.L.C.F.D.『動物界』1836〜49　手彩色銅版

オオアメイロオナガバチ　Megarhyssa gloriosa
「世界大博物図鑑 1」平凡社　1991
　◇p481（カラー）　栗本丹洲『千蟲譜』文化8（1811）

オオウラギンスジヒョウモン　Argyronome ruslana
「鳥獣虫魚譜」八坂書房　1988
　◇p93（カラー）　紫掩　メス, 表と裏　松森胤保『両羽飛虫図譜』　〔酒田市立光丘文庫〕

オオウラギンスジヒョウモン
「彩色 江戸博物学集成」平凡社　1994
　◇p442（カラー）　松森胤保『両羽博物図譜』

オオカイコガの成虫とさなぎ　Arsenura armida
「すごい博物画」グラフィック社　2017
　◇図版56（カラー）　ナンヨウハリギリの枝にオオカイコガの成虫とさなぎ　メーリアン, マリア・シビラ　1701〜05頃　子牛皮紙に軽く輪郭をエッチングした上に水彩　濃厚顔料 アラビアゴム　35.9×28.5　〔ウィンザー城ロイヤル・ライブラリー〕

オオカイコガの変態の研究
「すごい博物画」グラフィック社　2017
　◇図39（カラー）　メーリアン, マリア・シビラ『研究書』1699〜1701頃　子牛皮紙に水彩　〔ロシア科学アカデミー図書館（サンクトペテルブルク）〕

大型の蛾の仲間
「彩色 江戸博物学集成」平凡社　1994
　◇p63（カラー）　かうず　丹羽正伯『周防国産物之

虫　　　　　　　　　　　　　　　　　　　　　おおせ

内絵形』　［萩図書館］

大型のキリギリス（スマトラ産）
「紙の上の動物園」グラフィック社　2017
◇p235（カラー）　ラム，シータ『ウィリアム・
マースデン・コレクション』　1800頃　水彩

オオカバマダラ　Danaus plexippus
「世界大博物図鑑 1」平凡社　1991
◇p328（カラー）　クラマー，P.『世界三地域熱帯
蝶図譜』　1779〜82

オオカメムシのなかまの幼虫？　　Carpona stabilis？
「世界大博物図鑑 1」平凡社　1991
◇p220（カラー）　中国産らしい　栗本丹洲『千蟲
譜』文化8（1811）

オオカレハナナフシ　Extatosoma tiaratum
「世界大博物図鑑 1」平凡社　1991
◇p200（カラー）　ミュラー，S.『蘭領インド自然
誌』1839〜44　手彩色石版画

オオキノコムシ科　Erotylidae
「ビュフォンの博物誌」工作舎　1991
◇M093（カラー）『一般と個別の博物誌 ソンニー
ニ版』

オオキバウスバカミキリ　Macrodontia cervicornis
「昆虫の劇場」リブロポート　1991
◇p73（カラー）　メーリアン，M.S.『スリナム産昆
虫の変態』1726
「世界大博物図鑑 1」平凡社　1991
◇p444（カラー）　キュヴィエ，G.L.C.F.D.『動物
界』1836〜49　手彩色銅版
◇p445（カラー）　メーリアン，M.S.『スリナム産
昆虫の変態』1726
◇p445（カラー）　レーゼル・フォン・ローゼンホ
フ，A.J.『昆虫学の娯しみ』1764〜68　彩色銅版

オオキバハネカクシの1種　Oxporus sp.
「ビュフォンの博物誌」工作舎　1991
◇M079（カラー）『一般と個別の博物誌 ソンニー
ニ版』
◇M080（カラー）『一般と個別の博物誌 ソンニー
ニ版』

オオキンカメムシ　Eucorysses grandis
「世界大博物図鑑 1」平凡社　1991
◇p220（カラー）　栗本丹洲『千蟲譜』　文化8
（1811）

オオクジャクサン　Saturnia pyri
「世界大博物図鑑 1」平凡社　1991
◇p298（カラー）　レーゼル・フォン・ローゼンホ
フ，A.J.『昆虫学の娯しみ』1764〜68　彩色銅版画

オオクワガタ
「彩色 江戸博物学集成」平凡社　1994
◇p230（カラー）　水谷豊文『虫豸写真』　［国会
図書館］

オオクワガタモドキ　Trictenotoma aenea
「世界大博物図鑑 1」平凡社　1991
◇p433（カラー）　ウェストウッド，J.O.『東洋昆
虫学集成』1848

オオゲジ　Thereuopoda clunifera
「世界大博物図鑑 1」平凡社　1991
◇p144（カラー）　栗本丹洲『千蟲譜』　文化8
（1811）

オオケマイマイ
「彩色 江戸博物学集成」平凡社　1994
◇p359（カラー）　大窪昌章『乙未本草会目録』
［蓬左文庫］

オオゴマダラ　Idea idea
「アジア昆虫誌要説 博物画の至宝」平凡社
1996
◇pl.74（カラー）　Papilio Idea　ドノヴァン，E.
『インド昆虫誌要説』1800

オオシオカラトンボ　Orthetrum triangulare
「世界大博物図鑑 1」平凡社　1991
◇p161（カラー）　成熟したオス　栗本丹洲『千蟲
譜』文化8（1811）

オオシマゼミ
「彩色 江戸博物学集成」平凡社　1994
◇p131（カラー）　大嶋セミ　木村蒹葭堂『薩州虫
品』　［辰馬考古資料館］

オオシモフリエダシャク　Biston betularia
「昆虫の劇場」リブロポート　1991
◇p118（カラー）　ハリス，M.『オーレリアン』
1778

オオシモフリエダシャク　Biston betularius
「世界大博物図鑑 1」平凡社　1991
◇p293（カラー）　セップ，J.C.『神の驚異の書』
1762〜1860

オオジョロウグモ　Nephila maculata
「アジア昆虫誌要説 博物画の至宝」平凡社
1996
◇pl.47（カラー）　Aranea Maculata　ドノヴァ
ン，E.『中国昆虫誌要説』1798
「世界大博物図鑑 1」平凡社　1991
◇p57（カラー）　リーチ，W.E.著，ノダー，R.P.図
『動物学雑録』1814〜17
◇p57（カラー）　ドノヴァン，E.『中国昆虫史要
説』1798　手彩色銅版画

オオスカシバ　Cephonodes hylas
「アジア昆虫誌要説 博物画の至宝」平凡社
1996
◇pl.41（カラー）　Sphinx Hylas　ドノヴァン，E.
『中国昆虫誌要説』1798

オオセイボウ　Stilbum cyanurum splendidum
「アジア昆虫誌要説 博物画の至宝」平凡社
1996
◇pl.106（カラー）　Chrysis splendida　ドノヴァ
ン，E.『インド昆虫誌要説』1800
「世界大博物図鑑 1」平凡社　1991

博物図譜レファレンス事典 動物篇　**15**

おおせ　　　　　　　　　　　　　虫

◇p480（カラー）　キュヴィエ, G.L.C.F.D.『動物界』　1836〜49　手彩色銅版
◇p480（カラー）　ドノヴァン, E.『インド昆虫史要説』　1800　手彩色銅版

オオセンチコガネ？
「彩色 江戸博物学集成」平凡社　1994
◇p319（カラー）　荒青　畦田翠山『吉野物産志』［岩瀬文庫］

オオセンチコガネの1種　Geotrupes sp.
「ビュフォンの博物誌」工作舎　1991
◇M083（カラー）『一般と個別の博物誌 ソンニーニ版』

オオセンチコガネの1種　Geotrupes stercorarius
「ビュフォンの博物誌」工作舎　1991
◇M082（カラー）『一般と個別の博物誌 ソンニーニ版』

オオゾウムシ　Sipalinus gigas
「日本の博物図譜」東海大学出版会　2001
◇図44（カラー）　木村静山筆『甲虫類写生図』［国立科学博物館］

オオゾウムシ
「彩色 江戸博物学集成」平凡社　1994
◇p319（カラー）　象鼻蟲　畦田翠山『紫藤園諸蟲図』　［杏雨書屋］

オオタガメ　Lethocerus grandis
「すごい博物画」グラフィック社　2017
◇図版63（カラー）　ホテイアオイ、アマガエルとオオタマジャクシ、卵、そしてオオタガメ　メーリアン, マリア・シビラ 1701〜05頃　子牛皮紙に軽く輪郭をエッチングした上に水彩 濃厚顔料 アラビアゴム　39.1×28.5　［ウィンザー城ロイヤル・ライブラリー］

オオタマオシコガネ　Scarabaeus sacer
「アジア昆虫誌要説 博物画の至宝」平凡社　1996
◇pl.1（カラー）　ドノヴァン, E.『中国昆虫誌要説』　1798
「ビュフォンの博物誌」工作舎　1991
◇M082（カラー）『一般と個別の博物誌 ソンニーニ版』
「世界大博物図鑑 1」平凡社　1991
◇p416（カラー）　キュヴィエ, G.L.C.F.D.『動物界』　1836〜49　手彩色銅版
◇p416（カラー）　ドノヴァン, E.『中国昆虫史要説』　1798　手彩色銅版画

オオタマオシコガネの1種　Scarabaeus sp.
「ビュフォンの博物誌」工作舎　1991
◇M005（カラー）『一般と個別の博物誌 ソンニーニ版』

オオチャバネセセリ？　Polytremis pellucida？
「世界大博物図鑑 1」平凡社　1991
◇p307（カラー）　花蛾　栗本丹洲『千蟲譜』　文化8（1811）

オオツチグモ科　Theraphosidae
「ビュフォンの博物誌」工作舎　1991
◇M062（カラー）『一般と個別の博物誌 ソンニーニ版』

オオツチグモのなかま　Theraphosidae
「世界大博物図鑑 1」平凡社　1991
◇p52（カラー）　メーリアン, M.S.『スリナム産昆虫の変態』　1726

オオツチハンミョウ　Meloe proscarabaeus
「世界大博物図鑑 1」平凡社　1991
◇p436（カラー）　キュヴィエ, G.L.C.F.D.『動物界』　1836〜49　手彩色銅版

オオツノカメムシ
「彩色 江戸博物学集成」平凡社　1994
◇p231（カラー）　死後変色した個体　水谷豊文『虫豸写真』　［国会図書館］

オオテナガカナブン　Jumnos ruckeri
「世界大博物図鑑 1」平凡社　1991
◇p412（カラー）　ウェストウッド, J.O.『東洋昆虫学集成』　1848

オオトビサシガメ
「彩色 江戸博物学集成」平凡社　1994
◇p453（カラー）　山本渓愚画

オオトモエの1種　Erebus hieroglyphica
「アジア昆虫誌要説 博物画の至宝」平凡社　1996
◇pl.104（カラー）　Phalaena hieroglyphica　ドノヴァン, E.『インド昆虫誌要説』　1800

オオトラフアゲハ　Papilio glaucus
「アジア昆虫誌要説 博物画の至宝」平凡社　1996
◇pl.124（カラー）　Papilio Antinous　ドノヴァン, E.『オーストラリア昆虫誌要説』　1805

オオナミザトウムシ　Nelima genufusca
「世界大博物図鑑 1」平凡社　1991
◇p45（カラー）　栗本丹洲『千蟲譜』　文化8（1811）

オオナンベイツバメガ　Urania leilus
「昆虫の劇場」リブロポート　1991
◇p54（カラー）　メーリアン, M.S.『スリナム産昆虫の変態』　1726

オオハナノミ科　Rhipiphoridae
「ビュフォンの博物誌」工作舎　1991
◇M085（カラー）『一般と個別の博物誌 ソンニーニ版』

オオハレギチョウ　Cethosia chrysippe
「アジア昆虫誌要説 博物画の至宝」平凡社　1996
◇pl.84（カラー）　Papilio Cydippe　ドノヴァン, E.『インド昆虫誌要説』　1800

オオヒラタシデムシ　Eusilpha japonica
「世界大博物図鑑 1」平凡社　1991

虫　　　　　　　　　　　　　　　　　　　　　　　　　　おおる

◇p376（カラー）　クソムシ　シデムシ類の幼虫
栗本丹洲『千蟲譜』文化8（1811）
◇p376（カラー）　栗本丹洲『千蟲譜』文化8
（1811）

オオフトミミズ　Megascolides australis
「世界大博物図鑑 1」平凡社　1991
◇p32（カラー）　マッコイ, F.『ヴィクトリア州博
物誌』1885〜90

オオブラベルスゴキブリ　Blaberus giganteus
「世界大博物図鑑 1」平凡社　1991
◇p205（カラー）　ハリス, モーゼス図版製作, ド
ゥルーリ, D.『自然史図譜』1770〜82

オオベニキチョウ　Phoebis philea
「アジア昆虫誌要説 博物画の至宝」平凡社
1996
◇pl.32（カラー）　Papilio Philea　ドノヴァン, E.
『中国昆虫誌要説』1798
「世界大博物図鑑 1」平凡社　1991
◇p316（カラー）　ドノヴァン, E.『中国昆虫史要
説』1798　手彩色銅版画

オオボクトウ　Cossus cossus
「すごい博物画」グラフィック社　2017
◇図版37（カラー）　ダイダイ、ハナサフラン、
ヨーロッパヤマカガシ、オオボクトウの幼虫
マーシャル, アレクサンダー 1650〜82頃　水彩
［ウィンザー城ロイヤル・ライブラリー］
「世界大博物図鑑 1」平凡社　1991
◇p292（カラー）　レーゼル・フォン・ローゼンホ
フ, A.J.『昆虫学の娯しみ』1764〜68　彩色銅版

オオミズアオ　Actias artemis
「世界大博物図鑑 1」平凡社　1991
◇p298（カラー）『虫譜』成立年代不明（江戸末期）
［東京国立博物館］

オオミズアオ　Actias artemis aliena Butler
「高木春山 本草図説 動物」リブロポート　1989
◇p86（カラー）　ユフガホヘウタン 青蛾ノ一種

オオミズアオ
「江戸の動植物図」朝日新聞社　1988
◇p93（カラー）　増山雪斎『蟲豸帖』［東京国立
博物館］

オオミズダニ科　Hydrachna
「ビュフォンの博物誌」工作舎　1991
◇M067（カラー）『一般と個別の博物誌 ソンニー
版』

オオミドリツノカナブン　Dicranorrhina
micans
「世界大博物図鑑 1」平凡社　1991
◇p408（カラー）　ハリス, モーゼス図版製作, ド
ゥルーリ, D.『自然史図譜』1770〜82

オオムカデ　Scolopendra subspinipes
subspinipes
「世界大博物図鑑 1」平凡社　1991
◇p145（カラー）　キュヴィエ, G.L.C.F.D.『動物
界』1836〜49　手彩色銅版

オオムラサキ　Sasakia charonda
「日本の博物図譜」東海大学出版会　2001
◇p79（白黒）　増山雪斎筆『蟲豸帖』　［東京国立
博物館］
「世界大博物図鑑 1」平凡社　1991
◇p344（カラー）　栗本丹洲『千蟲譜』文化8
（1811）
「鳥獣虫魚譜」八坂書房　1988
◇p91（カラー）　メス, オス　松森胤保『両羽飛虫
図譜』　［酒田市立光丘文庫］

オオムラサキ　Sasakia charonda Hewitson
「高木春山 本草図説 動物」リブロポート　1989
◇p84（カラー）

オオムラサキ
「彩色 江戸博物学集成」平凡社　1994
◇p162（カラー）　増山雪斎『蟲豸帖』　［東京国
立博物館］
◇p442（カラー）　メス, オス　松森胤保『両羽博
物図譜』
「江戸の動植物図」朝日新聞社　1988
◇p84（カラー）　メス, オス　栗本丹洲『千蟲譜』
［国立国会図書館］
◇p92（カラー）　増山雪斎『蟲豸帖』　［東京国立
博物館］

オオモンシロチョウ　Pieris brassicae
「すごい博物画」グラフィック社　2017
◇図版51（カラー）　シロムネオオハシ、ザクロ、
クロヅル、イヌサフラン、おそらくシャチホコガ
の幼虫、ヨーロッパブドウの枝、コンゴウインコ、モナモンキー、ムラサキセイヨウハシバミま
たはセイヨウハシバミ、オオモンシロチョウ、
ヨーロッパアマガエル　マーシャル, アレクサン
ダー 1650〜82頃　水彩　45.8×34.0　［ウィン
ザー城ロイヤル・ライブラリー］
「世界大博物図鑑 1」平凡社　1991
◇p318（カラー）　セップ, J.C.『神の驚異の書』
1762〜1860

オオヤマキチョウ　Anteos maerula
「アジア昆虫誌要説 博物画の至宝」平凡社
1996
◇pl.77（カラー）　Papilio Maerula　ドノヴァン,
E.『インド昆虫誌要説』1800

オオユスリカ　Chironomus plumosus
「世界大博物図鑑 1」平凡社　1991
◇p351（カラー）　キュヴィエ, G.L.C.F.D.『動物
界』1836〜49　手彩色銅版

オオヨコバイ　Cicadella viridis
「世界大博物図鑑 1」平凡社　1991
◇p244（カラー）　キュヴィエ, G.L.C.F.D.『動物
界』1836〜49　手彩色銅版
◇p244（カラー）　ドノヴァン, E.『英国産昆虫図
譜』1793〜1813

オオルリアゲハ　Papilio ulysses
「アジア昆虫誌要説 博物画の至宝」平凡社
1996
◇pl.71（カラー）　ドノヴァン, E.『インド昆虫誌

おおる　　　　　　　　　　　　　虫

要説』　1800
「世界大博物図鑑　1」平凡社　1991
　◇p313（カラー）　ドノヴァン，E.『インド昆虫史
　要説』　1800　手彩色銅版

オオルリアゲハ
「紙の上の動物園」グラフィック社　2017
　◇p102（カラー）　ドノヴァン，E.『博物学者の宝
　庫、または月刊異国の博物学雑録』　1823〜28

オオルリタマムシ　Megaloxantha bicolor
「世界大博物図鑑　1」平凡社　1991
　◇p417（カラー）　ドノヴァン，E.『博物宝典』
　1823〜27

オオルリボシヤンマ
「彩色 江戸博物学集成」平凡社　1994
　◇p386（カラー）　コシホソ カハサミ　オス　吉田
　雀巣庵『蜻蛉譜』

オガサワラゴキブリ　Pycnoscelis
surinamensis
「世界大博物図鑑　1」平凡社　1991
　◇p205（カラー）　栗本丹洲『千蟲譜』　文化8
　（1811）

オカメコオロギのなかま　Loxblemmus sp.
「世界大博物図鑑　1」平凡社　1991
　◇p168（カラー）　オスが2匹　栗本丹洲『千蟲譜』
　文化8（1811）

オカモノアラガイのなかま　Succinea putris
「世界大博物図鑑　1」平凡社　1991
　◇p493（カラー）　キュヴィエ，G.L.C.F.D.『動物
　界』　1836〜49　手彩色銅版

オサゾウムシ科　Rhynchophoridae
「ビュフォンの博物誌」工作舎　1991
　◇M092（カラー）『一般と個別の博物誌 ソンニー
　二版』

オサゾウムシの1種　Rhynchophorus
palmarum
「アジア昆虫誌要説 博物画の至宝」平凡社
　1996
　◇pl.56（カラー）　Curculio Palmarum　ドノヴァ
　ン，E.『インド昆虫誌要説』　1800

オサムシ科　Carabidae
「ビュフォンの博物誌」工作舎　1991
　◇M071（カラー）『一般と個別の博物誌 ソンニー
　二版』
　◇M072（カラー）『一般と個別の博物誌 ソンニー
　二版』
　◇M073（カラー）『一般と個別の博物誌 ソンニー
　二版』
　◇M074（カラー）『一般と個別の博物誌 ソンニー
　二版』

オサモドキゴミムシのなかま　Anthia
duodecimguttata
「世界大博物図鑑　1」平凡社　1991
　◇p368（カラー）　ドルビニ，A.C.V.D.『万有博物
　事典』　1838〜49,61

オスグロトモエ
「江戸の動植物図」朝日新聞社　1988
　◇p93（カラー）　メス　増山雪斎『蟲豸帖』　［東
　京国立博物館］

オーストラリアミドリゼミ　Cyclochila
australasiae
「アジア昆虫誌要説 博物画の至宝」平凡社
　1996
　◇pl.118（カラー）　Tettigonia australasiae　ドノ
　ヴァン，E.『オーストラリア昆虫誌要説』　1805
「世界大博物図鑑　1」平凡社　1991
　◇p241（カラー）　マッコイ，F.『ヴィクトリア州
　博物誌』　1885〜90
　◇p241（カラー）　ドノヴァン，E.『オーストラリ
　ア昆虫史要説』　1805

オトシブミ科　Attelabidae
「ビュフォンの博物誌」工作舎　1991
　◇M077（カラー）『一般と個別の博物誌 ソンニー
　二版』
　◇M089（カラー）『一般と個別の博物誌 ソンニー
　二版』
　◇M091（カラー）『一般と個別の博物誌 ソンニー
　二版』

オトシブミのなかま　Attelabidae
「世界大博物図鑑　1」平凡社　1991
　◇p456（カラー）　キュヴィエ，G.L.C.F.D.『動物
　界』　1836〜49　手彩色銅版

オトシブミの仲間
「彩色 江戸博物学集成」平凡社　1994
　◇p319（カラー）　畔田翠山『紫藤園諸蟲図』
　［杏雨書屋］

オトシブミのなかまのゆりかご　Attelabidae
「世界大博物図鑑　1」平凡社　1991
　◇p457（カラー）　栗本丹洲『千蟲譜』　文化8
　（1811）

オドリバエ科　Empididae
「ビュフォンの博物誌」工作舎　1991
　◇M111（カラー）『一般と個別の博物誌 ソンニー
　二版』
　◇M112（カラー）『一般と個別の博物誌 ソンニー
　二版』

オナガアカシジミ　Loxura atymnus
「アジア昆虫誌要説 博物画の至宝」平凡社
　1996
　◇pl.39（カラー）　Hesperia Atymnus（Papilio
　Atymnus）　ドノヴァン，E.『中国昆虫誌要説』
　1798

オナガカゲロウの1種　Nemoptera coa
「ビュフォンの博物誌」工作舎　1991
　◇M098（カラー）『一般と個別の博物誌 ソンニー
　二版』

オナガバチの仲間
「彩色 江戸博物学集成」平凡社　1994
　◇p202（カラー）　栗本丹洲『千蟲譜』　［国会図
　書館］

虫　　　　　　　　　　　　　　　　　　　おんぶ

◇p459（カラー）　独脚蜂　山本渓愚筆『蟲品』
〔岩瀬文庫〕

オナガバチ類・種名不明
「鳥獣虫魚譜」八坂書房　1988
◇p87（カラー）　尾長蜂　松森胤保『両羽飛虫図譜』　〔酒田市立光丘文庫〕

オナシアゲハ　Papilio demoleus
「アジア昆虫誌要説　博物画の至宝」平凡社　1996
◇pl.28（カラー）　Papilio Epius　ドノヴァン，E.『中国昆虫誌要説』　1798
◇pl.28（カラー）　ドノヴァン，E.『中国昆虫誌要説』　1798

オナシアゲハ（？）
「昆虫の劇場」リブロポート　1991
◇p20（カラー）　エーレト，G.D.『花蝶珍種図録』　1748～62

オナシカワゲラのなかま　Nemoura variegata
「世界大博物図鑑　1」平凡社　1991
◇p149（カラー）　キュヴィエ，G.L.C.F.D.『動物界』　1836～49　手彩色銅版

オナジマイマイ
「彩色　江戸博物学集成」平凡社　1994
◇p359（カラー）　大窪昌章『乙未本草会目録』〔蓬左文庫〕

オナジマイマイ属の1種
「彩色　江戸博物学集成」平凡社　1994
◇p359（カラー）　大窪昌章『乙未本草会目録』〔蓬左文庫〕

オナジマイマイの1種
「江戸の動植物図」朝日新聞社　1988
◇p93（カラー）　増山雪斎『蟲豸帖』　〔東京国立博物館〕

オニグモの1種　Araneus sp.
「ビュフォンの博物誌」工作舎　1991
◇M062（カラー）『一般と個別の博物誌　ソンニーニ版』

オニグモのなかま　Araneus sp.
「世界大博物図鑑　1」平凡社　1991
◇p56（カラー）　レーゼル・フォン・ローゼンホフ，A.J.『昆虫学の娯しみ』　1764～68　彩色銅版

オニベニシタバ　Catocala dula
「鳥獣虫魚譜」八坂書房　1988
◇p94（カラー）　松森胤保『両羽飛虫図譜』　〔酒田市立光丘文庫〕

オニベニシタバ
「彩色　江戸博物学集成」平凡社　1994
◇p443（カラー）　松森胤保『両羽博物図譜』

オニヤンマ
「彩色　江戸博物学集成」平凡社　1994
◇p166（カラー）　メス　増山雪斎『蟲豸帖』〔東京国立博物館〕
「江戸の動植物図」朝日新聞社　1988

◇p36（カラー）　森野藤助『松山本草』　〔森野旧薬園〕
◇p90（カラー）　増山雪斎『蟲豸帖』　〔東京国立博物館〕
◇p95（カラー）　飯室楽圃『虫譜図説』　〔国立国会図書館〕

オバケオオウスバカミキリ（？）　Titanus giganteus
「昆虫の劇場」リブロポート　1991
◇p49（カラー）　メーリアン，M.S.『スリナム産昆虫の変態』　1726

オビイタツムギヤスデ　Nanogona polydesmoides
「世界大博物図鑑　1」平凡社　1991
◇p148（カラー）　リーチ，W.E.著，ノダー，R.P.図『動物学雑録』　1814～17
◇p148（カラー）　キュヴィエ，G.L.C.F.D.『動物界』　1836～49　手彩色銅版

オビカツオブシムシ　Dermestes lardarius
「世界大博物図鑑　1」平凡社　1991
◇p432（カラー）　キュヴィエ，G.L.C.F.D.『動物界』　1836～49　手彩色銅版

オビゲンセイのなかま　Mylabris sp.
「世界大博物図鑑　1」平凡社　1991
◇p436（カラー）　ドルビニ，A.C.V.D.『万有博物事典』　1838～49,61

オンセンダニのなかま　Trichothyas petrophila petrophila
「世界大博物図鑑　1」平凡社　1991
◇p49（カラー）『ロンドン動物学協会紀要』　1861～90,1891～1929　手彩色石版画

オンブバッタ　Atractomorpha lata
「鳥獣虫魚譜」八坂書房　1988
◇p99（カラー）　青男尖　メス　松森胤保『両羽飛虫図譜』　〔酒田市立光丘文庫〕
◇p99（カラー）　灰男（尖）　メス　松森胤保『両羽飛虫図譜』　〔酒田市立光丘文庫〕
◇p99（カラー）　小尖　オス　松森胤保『両羽飛虫図譜』　〔酒田市立光丘文庫〕

オンブバッタの1種　Phymateus karschi
「アジア昆虫誌要説　博物画の至宝」平凡社　1996
◇pl.13（カラー）　Gryllus morbillosus　ドノヴァン，E.『中国昆虫誌要説』　1798

オンブバッタのなかま　Phymateus karschi
「世界大博物図鑑　1」平凡社　1991
◇p188（カラー）　ドノヴァン，E.『中国昆虫史要説』　1798　手彩色銅版画
◇p188（カラー）　レーゼル・フォン・ローゼンホフ，A.J.『昆虫学の娯しみ』　1764～68　彩色銅版

【か】

カ
「江戸名作画帖全集 8」駸々堂出版 1995
　◇図116（カラー）　秋　増山雪斎『虫豸帖』　紙本着色　〔東京国立博物館〕

ガ　Automeris liberia
「すごい博物画」グラフィック社 2017
　◇図版57（カラー）　バナナの木の枝にガの幼虫と成虫　メーリアン, マリア・シビラ 1701〜05頃　子牛皮紙に軽く輪郭をエッチングした上に水彩　濃厚顔料 アラビアゴム　39.5×31.0　〔ウィンザー城ロイヤル・ライブラリー〕

ガ
「紙の上の動物園」グラフィック社 2017
　◇p104（カラー）『ヨーロッパ, アジア, アフリカ, アメリカなどの昆虫の本：アムステルダムのアルベルト・セバ氏のコレクションより, 自然の体色のまま写生』 1728　水彩

蛾
「ボタニカルアートの世界 植物画のたのしみ」朝日新聞社 1987
　◇p82左（カラー）　メリアン図『Dissertation de generatione et metamorphosibus–insetorum surinamensium第2版』 1719

カイコ
「紙の上の動物園」グラフィック社 2017
　◇p178（カラー）　桑の葉とカイコ, カイコのまゆ, 成虫のペア　ラム, シータ画, ヘイスティングズ侯爵夫妻収集『ヘイスティングズ・アルバム』 1820頃　水彩
「彩色 江戸博物学集成」平凡社 1994
　◇p153（白黒）　幼虫と食草, さなぎ, まゆ, 成虫　佐竹曙山『龍亀昆虫写生帖』

カイコガ　Bombyx mori
「世界大博物図鑑 1」平凡社 1991
　◇p304（カラー）　レーゼル・フォン・ローゼンホフ, A.J.『昆虫学の娯しみ』 1764〜68　彩色銅版
　◇p304（カラー）　クワを食べて育つカイコの図　栗本丹洲『千蟲譜』　文化8（1811）
　◇p304（カラー）　繭と成虫　栗本丹洲『千蟲譜』　文化8（1811）
　◇p305（カラー）　クワによる飼育の状態　栗本丹洲『千蟲譜』　文化8（1811）

カイコガの1種　Bombys sp.
「ビュフォンの博物誌」工作舎 1991
　◇M108（カラー）『一般と個別の博物誌 ソンニーニ版』

カイコガの繭　Bombyx mori
「世界大博物図鑑 1」平凡社 1991
　◇p305（カラー）　栗本丹洲『千蟲譜』　文化8（1811）

カイコガの繭？　Bombycidae？
「世界大博物図鑑 1」平凡社 1991

　◇p304（カラー）『リンネ学会紀要』　1791〜1875, 1875〜1922,1939〜1955

カイコガの幼虫　Bombyx mori
「世界大博物図鑑 1」平凡社 1991
　◇p304（カラー）　栗本丹洲『千蟲譜』　文化8（1811）

蚕の繭
「鳥獣虫魚譜」八坂書房 1988
　◇p92（カラー）　松森胤保『両羽飛虫図譜』　〔酒田市立光丘文庫〕

ガガンボ科　Tipulidae
「ビュフォンの博物誌」工作舎 1991
　◇M110（カラー）『一般と個別の博物誌 ソンニーニ版』

ガガンボのなかま　Pachyrrhina crocata, Limnobia rivosa
「世界大博物図鑑 1」平凡社 1991
　◇p350（カラー）　ドノヴァン, E.『英国産昆虫図譜』 1793〜1813

ガガンボのなかま　Ptychoptera contaminata
「世界大博物図鑑 1」平凡社 1991
　◇p350（カラー）　キュヴィエ, G.L.C.F.D.『動物界』 1836〜49　手彩色銅版

ガガンボのなかま　Tipula gigantea
「世界大博物図鑑 1」平凡社 1991
　◇p350（カラー）　キュヴィエ, G.L.C.F.D.『動物界』 1836〜49　手彩色銅版

ガガンボのなかま　Tipulomorpha
「世界大博物図鑑 1」平凡社 1991
　◇p350（カラー）　ハリス, M.『英国産昆虫集成』 1776
　◇p350（カラー）　栗本丹洲『千蟲譜』　文化8（1811）

カキイロテングダニ　Bdella longicornis
「世界大博物図鑑 1」平凡社 1991
　◇p48（カラー）　ゲイ, C.『チリ自然社会誌』 1844〜71

柿ノシャクトリ虫
「江戸名作画帖全集 8」駸々堂出版 1995
　◇図45（カラー）　松ノ毛虫・鳳仙花ノ虫・笹ノ虫・菫ノ虫・柿ノシャクトリ虫　細川重賢編『昆虫胥化図』　紙本着色　〔永青文庫（東京）〕

カギムシのなかま　Peripatus blainvilloei
「世界大博物図鑑 1」平凡社 1991
　◇p33（カラー）　ゲイ, C.『チリ自然社会誌』 1844〜71

カクスイトビケラのなかまの巣　Brachycentrus sp.
「世界大博物図鑑 1」平凡社 1991
　◇p289（カラー）　幼虫がすみつく巣　栗本丹洲『千蟲譜』　文化8（1811）

カクツツトビケラのなかま　Lepidostoma hirtum
「世界大博物図鑑 1」平凡社　1991
　◇p289（カラー）　キュヴィエ, G.L.C.F.D.『動物界』　1836〜49　手彩色銅版

カクモンシジミ　Leptoles plinius
「アジア昆虫誌要説 博物画の至宝」平凡社　1996
　◇pl.95（カラー）　Papilio Plinius　ドノヴァン, E.『インド昆虫誌要説』　1800

カクモンシジミ　Syntarucus plinius
「世界大博物図鑑 1」平凡社　1991
　◇p321（カラー）　ドノヴァン, E.『インド昆虫史要説』　1800　手彩色銅版

カゲロウのなかま　Ephemeroptera
「世界大博物図鑑 1」平凡社　1991
　◇p149（カラー）　ゲイ, C.『チリ自然社会誌』　1844〜71

カサカムリナメクジ　Testacella haliotoidea
「ビュフォンの博物誌」工作舎　1991
　◇L052（カラー）『一般と個別の博物誌 ソンニー版』

カザリシロチョウの1種　Delias caeneus
「アジア昆虫誌要説 博物画の至宝」平凡社　1996
　◇pl.126（カラー）　Papilio Plexaris　ドノヴァン, E.『オーストラリア昆虫誌要説』　1805

カザリシロチョウの1種　Delias harpalyce
「アジア昆虫誌要説 博物画の至宝」平凡社　1996
　◇pl.126（カラー）　Papilio Harpalyce　ドノヴァン, E.『オーストラリア昆虫誌要説』　1805

カザリシロチョウの1種　Delias mysis
「アジア昆虫誌要説 博物画の至宝」平凡社　1996
　◇pl.129（カラー）　Papilio Mysis　ドノヴァン, E.『オーストラリア昆虫誌要説』　1805

カザリシロチョウの1種　Delias nigrina
「アジア昆虫誌要説 博物画の至宝」平凡社　1996
　◇pl.127（カラー）　Papilio Nigrina　ドノヴァン, E.『オーストラリア昆虫誌要説』　1805

カザリシロチョウの1種　Delias nysa
「アジア昆虫誌要説 博物画の至宝」平凡社　1996
　◇pl.128（カラー）　Papilio Endora　ドノヴァン, E.『オーストラリア昆虫誌要説』　1805

カシワマイマイ？
「彩色 江戸博物学集成」平凡社　1994
　◇p154〜155（カラー）　楢ノ虫　佐竹曙山『龍亀昆虫写生帖』　［千秋美術館］

カスリタテハ　Colobura dirce
「世界大博物図鑑 1」平凡社　1991
　◇p343（カラー）　はねの裏をみせたところ　ドノヴァン, E.『インド昆虫史要説』　1800　手彩色銅版

カスリタテハ？　Hamadryas arete ?
「世界大博物図鑑 1」平凡社　1991
　◇p346（カラー）　ドノヴァン, E.『博物宝典』　1823〜27

カスリタテハのなかま？　Ectima thecla ?
「アジア昆虫誌要説 博物画の至宝」平凡社　1996
　◇pl.87（カラー）　Papilio Liria　ドノヴァン, E.『インド昆虫誌要説』　1800

カタビロアメンボのなかま　Velia rivulorum
「世界大博物図鑑 1」平凡社　1991
　◇p228（カラー）　キュヴィエ, G.L.C.F.D.『動物界』　1836〜49　手彩色銅版

カタモンゴライアスツノコガネ　Goliathus cacicus
「世界大博物図鑑 1」平凡社　1991
　◇p405（カラー）　ドルビニ, A.C.V.D.『万有博物事典』　1838〜49,61

カツオブシムシ科　Dermestidae
「ビュフォンの博物誌」工作舎　1991
　◇M076（カラー）『一般と個別の博物誌 ソンニー版』

カツオブシムシの1種　Attagenus sp.
「ビュフォンの博物誌」工作舎　1991
　◇M078（カラー）『一般と個別の博物誌 ソンニー版』

カッコウムシ科　Cleridae
「ビュフォンの博物誌」工作舎　1991
　◇M077（カラー）『一般と個別の博物誌 ソンニー版』

ガーデン・タイガー・モス　Arctia caja
「昆虫の劇場」リブロポート　1991
　◇p113（カラー）　ハリス, M.『オーレリアン』　1778

カドバリニッポンマイマイ
「彩色 江戸博物学集成」平凡社　1994
　◇p359（カラー）　大窪昌章『乙未本草会目録』　［蓬左文庫］

カナブン（アオカナブン？）
「彩色 江戸博物学集成」平凡社　1994
　◇p394（カラー）　吉田雀巣庵『虫譜』　［国会図書館］

カニのような昆虫
「紙の上の動物園」グラフィック社　2017
　◇p230（カラー）　フック, ロバート『顕微鏡図譜』　1745復刻版

カネタタキ　Ornebius kanetataki
「世界大博物図鑑 1」平凡社　1991
　◇p169（カラー）　栗本丹洲『千蟲譜』　文化8（1811）

かのこ　　　　　　　　　　　　　虫

カノコガ　Amata fortunei
「鳥獣虫魚譜」八坂書房　1988
  ◇p95（カラー）　松森胤保『両羽飛虫図譜』　［酒田市立光丘文庫］

ガのなかま　Lepidoptera
「アジア昆虫誌要説 博物画の至宝」平凡社　1996
  ◇pl.41（カラー）　Sphinx Bifasciata　ドノヴァン, E.『中国昆虫誌要説』　1798
  ◇pl.148（カラー）　Tortrix unipunctana　ドノヴァン, E.『オーストラリア昆虫誌要説』　1805
  ◇pl.148（カラー）　Pyralis Australasiella (Tinea Australasiella)　ドノヴァン, E.『オーストラリア昆虫誌要説』　1805
  ◇pl.148（カラー）　Pyralis strigatella (Tinea strigatella)　ドノヴァン, E.『オーストラリア昆虫誌要説』　1805

ガの幼虫（毛虫）
「江戸の動植物図」朝日新聞社　1988
  ◇p86（カラー）　栗本丹洲『千蟲譜』　［国立国会図書館］

蛾の幼虫、サナギ、成虫
「極楽の魚たち」リブロポート　1991
  ◇p5（白黒）　メーリアン『スリナム産昆虫の変態』

カブトムシ　Allomyrina dichotomus
「世界大博物図鑑 1」平凡社　1991
  ◇p400～401（カラー）『虫譜』　成立年代不明（江戸末期）　［東京国立博物館］
  ◇p401（カラー）　メス、オス　栗本丹洲『千蟲譜』文化8（1811）
  ◇p401（カラー）　栗本丹洲『千蟲譜』　文化8（1811）

カブトムシ　Trypoxylus dichotomus
「日本の博物図譜」東海大学出版会　2001
  ◇p79（白黒）　増山雪斎筆『蟲豸帖』　［東京国立博物館］

カブトムシ
「江戸名作画帖全集 8」駸々堂出版　1995
  ◇図113（カラー）　秋　増山雪斎『虫豸帖』　紙本着色　［東京国立博物館］
「彩色 江戸博物学集成」平凡社　1994
  ◇p203（カラー）　幼虫　栗本丹洲『千蟲譜』　［国会図書館］
  ◇p230（カラー）　オス　水谷豊文『虫豸写真』　［国会図書館］
  ◇p230（カラー）　メス　水谷豊文『虫豸写真』　［国会図書館］
  ◇p303（カラー）　メス、オス　川原慶賀『動植物図譜』　［オランダ国立自然史博物館］
  ◇p318（カラー）　畔田翠山『綱目注疏』　［大阪市立博物館］
  ◇p347（カラー）　射工　前田利保、関根雲停筆『蜻蜓射工図説』
「江戸の動植物図」朝日新聞社　1988
  ◇p83（カラー）　栗本丹洲『千蟲譜』　［国立国会図書館］

  ◇p91（カラー）　増山雪斎『蟲豸帖』　［東京国立博物館］

カブトムシの幼虫　Allomyrina dichotomus
「世界大博物図鑑 1」平凡社　1991
  ◇p401（カラー）　栗本丹洲『千蟲譜』　文化8（1811）

カブトムシ幼虫
「高木春山 本草図説 動物」リブロポート　1989
  ◇p88（カラー）　蠐螬

カマキリ
「彩色 江戸博物学集成」平凡社　1994
  ◇p130（カラー）　トウロウ オンカメトモ云 カマキリトモ　木村蒹葭堂『薩州虫品』　［辰馬考古資料館］

カマキリ科スタグマトプテラ属の1種　Stagmatoptera sp.
「昆虫の劇場」リブロポート　1991
  ◇p91（カラー）　メーリアン, M.S.『スリナム産昆虫の変態』　1726

カマキリの1種　Schizocephala bicornis
「アジア昆虫誌要説 博物画の至宝」平凡社　1996
  ◇pl.9（カラー）　Mantis Oculata　ドノヴァン, E.『中国昆虫誌要説』　1798

カマキリの1種
「彩色 江戸博物学集成」平凡社　1994
  ◇p303（カラー）　オオカマキリか？　川原慶賀『動植物図譜』　［オランダ国立自然史博物館］

カマキリの一生
「紙の上の動物園」グラフィック社　2017
  ◇p60（カラー）　メーリアン, マリア・シビラ『メーリアンのスリナムの昆虫種とその変態論』　1726

カマキリのなかま　Hestiasula phyllopus
「世界大博物図鑑 1」平凡社　1991
  ◇p213（カラー）　オス　ミュラー, S.『蘭領インド自然誌』　1839～44　手彩色石版画

カマキリのなかま　Phyllobates cingulata
「世界大博物図鑑 1」平凡社　1991
  ◇p209（カラー）　ハリス、モーゼス図版製作, ドゥルーリ, D.『自然史図譜』　1770～82

カマキリのなかま　Schizocephala bicornis
「世界大博物図鑑 1」平凡社　1991
  ◇p212（カラー）　ドノヴァン, E.『中国昆虫史要説』　1798　手彩色銅版画

カマキリの卵嚢
「彩色 江戸博物学集成」平凡社　1994
  ◇p130（カラー）　ヲジノフグリ　木村蒹葭堂『薩州虫品』　［辰馬考古資料館］

カマキリモドキ科　Oedemeridae
「ビュフォンの博物誌」工作舎　1991
  ◇M090（カラー）『一般と個別の博物誌 ソンニーニ版』

虫　　　　　　　　　　　　　　　　　　　　　　　　かみき

カマゲホコダニのなかま　Gamasholaspis sp.
「世界大博物図鑑 1」平凡社　1991
- ◇p48（カラー）　ゲイ, C.『チリ自然社会誌』
1844～71

カマドウマ
「江戸名作画帖全集 8」駸々堂出版　1995
- ◇図110（カラー）　夏　増山雪斎『虫豸帖』　紙本
着色　［東京国立博物館］

カミキリムシ科　Cerambycidae
「ビュフォンの博物誌」工作舎　1991
- ◇M092（カラー）『一般と個別の博物誌 ソンニー
ニ版』

カミキリムシの1種
「彩色 江戸博物学集成」平凡社　1994
- ◇p303（カラー）　クワカミキリのオスか？　川原
慶賀『動植物図譜』　［オランダ国立自然史博物
館］

カミキリムシのなかま　Ancistrotus servillei
「世界大博物図鑑 1」平凡社　1991
- ◇p448（カラー）　ゲイ, C.『チリ自然社会誌』
1844～71

カミキリムシのなかま　Aristobia sp.
「世界大博物図鑑 1」平凡社　1991
- ◇p452（カラー）　ドノヴァン, E.『中国昆虫史要
説』　1798　手彩色銅版画

カミキリムシのなかま　Batocera rubus or rofomaculata
「世界大博物図鑑 1」平凡社　1991
- ◇p452（カラー）　ドノヴァン, E.『中国昆虫史要
説』　1798　手彩色銅版画

カミキリムシのなかま　Cerambycidae
「アジア昆虫誌要説 博物画の至宝」平凡社　1996
- ◇pl.113（カラー）　Cerambyx Giraffa　ドノヴァ
ン, E.『オーストラリア昆虫誌要説』1805
- ◇pl.113（カラー）　Cerambyx Fichtelii　ドノ
ヴァン, E.『オーストラリア昆虫誌要説』1805
- ◇pl.113（カラー）　Prionus lepidopterus　ドノ
ヴァン, E.『オーストラリア昆虫誌要説』1805
- ◇pl.113（カラー）　Clytus thoracicus　ドノヴァ
ン, E.『オーストラリア昆虫誌要説』1805
- ◇pl.113（カラー）　Clytus sex–maculatus　ドノ
ヴァン, E.『オーストラリア昆虫誌要説』1805
- ◇pl.113（カラー）　Clytus punctulatus　ドノ
ヴァン, E.『オーストラリア昆虫誌要説』1805
- ◇pl.113（カラー）　Saperda nigro–virens　ドノ
ヴァン, E.『オーストラリア昆虫誌要説』1805
- ◇pl.113（カラー）　Saperda collaris　ドノヴァン,
E.『オーストラリア昆虫誌要説』1805
- ◇pl.114（カラー）　Lamia vermicularia　ドノ
ヴァン, E.『オーストラリア昆虫誌要説』1805
- ◇pl.114（カラー）　Lamia obliqua　ドノヴァン,
E.『オーストラリア昆虫誌要説』1805
- ◇pl.114（カラー）　Prionus fasciatus　ドノヴァ
ン, E.『オーストラリア昆虫誌要説』1805

- ◇pl.114（カラー）　Prionus bidentatus　ドノ
ヴァン, E.『オーストラリア昆虫誌要説』1805
- ◇pl.114（カラー）　Stenocrus punctatus
(Stenocorus punctatus)　ドノヴァン, E.
『オーストラリア昆虫誌要説』1805
- ◇pl.114（カラー）　Stenocrus semipunctatus
(Stenocorus semipunctatus)　ドノヴァン, E.
『オーストラリア昆虫誌要説』1805
- ◇pl.114（カラー）　Stenocorus biguttatus
(Stenocorus biguttatus)　ドノヴァン, E.
『オーストラリア昆虫誌要説』1805
- ◇pl.114（カラー）　Stenocrus obscurus
(Stenocorus obscurus)　ドノヴァン, E.『オー
ストラリア昆虫誌要説』1805
「世界大博物図鑑 1」平凡社　1991
- ◇p441（カラー）『アストロラブ号世界周航記』
1830～35　スティップル印刷
- ◇p448（カラー）　ドノヴァン, E.『英国産昆虫図
譜』　1793～1813
- ◇p452（カラー）　南米スリナムに分布　メーリア
ン, M.S.『スリナム産昆虫の変態』1726
- ◇p453（カラー）　ベルトゥーフ, F.J.『少年絵本』
1810　手彩色図版

カミキリムシのなかま　Glaucytes interrupta？
「世界大博物図鑑 1」平凡社　1991
- ◇p440（カラー）　キュヴィエ, G.L.C.F.D.『動物
界』　1836～49　手彩色銅版

カミキリムシのなかま　Oncideres amputator
「世界大博物図鑑 1」平凡社　1991
- ◇p452（カラー）『ロンドン動物学協会紀要』　1861
～90,1891～1929　手彩色石版画

カミキリムシのなかま　Stenodontes damicornis
「世界大博物図鑑 1」平凡社　1991
- ◇p444（カラー）　ハリス, モーゼス図版製作, ドゥ
ルーリ, D.『自然史図譜』1770～82

カミキリムシのなかま　Tetraopes varicornis
「世界大博物図鑑 1」平凡社　1991
- ◇p440（カラー）　キュヴィエ, G.L.C.F.D.『動物
界』　1836～49　手彩色銅版

カミキリムシのなかま　Xylotoles litteratus
「世界大博物図鑑 1」平凡社　1991
- ◇p449（カラー）　ドノヴァン, E.『英国産昆虫図
譜』　1793～1813

カミキリムシの幼虫　Cerambycidae
「世界大博物図鑑 1」平凡社　1991
- ◇p453（カラー）　栗本丹洲『千蟲譜』　文化8
（1811）

カミキリムシ類？
「彩色 江戸博物学集成」平凡社　1994
- ◇p362（カラー）　ハエキザミ　大窪昌章『諸家蟲
魚蝦蟹雑記図』　［大東急記念文庫］

カミキリモドキ科　Oedemeridae
「ビュフォンの博物誌」工作舎　1991

博物図譜レファレンス事典 動物篇　**23**

かみす　　　　　　　　　　　　　　　　　　　　虫

◇M085（カラー）『一般と個別の博物誌 ソンニー二版』

カーミーズタマカイガラムシ　Kermes ilicis
「世界大博物図鑑 1」平凡社　1991
　◇p264（カラー）　ベルトゥーフ，F.J.『少年絵本』1810　手彩色図版

カーミンカイガラムシ科　Kermidae
「ビュフォンの博物誌」工作舎　1991
　◇M096（カラー）　オス，メス『一般と個別の博物誌 ソンニー二版』

カミングオオウスバカミキリ　Ancistrotus cumingi
「世界大博物図鑑 1」平凡社　1991
　◇p448（カラー）　ゲイ，C.『チリ自然社会誌』1844〜71

ガムシ科　Hydrophilidae
「ビュフォンの博物誌」工作舎　1991
　◇M081（カラー）『一般と個別の博物誌 ソンニー二版』

ガムシの1種　Hydrophilus sp.
「ビュフォンの博物誌」工作舎　1991
　◇M081（カラー）『一般と個別の博物誌 ソンニー二版』

ガムシのなかま　Hydrophilus sp.
「世界大博物図鑑 1」平凡社　1991
　◇p372（カラー）　ドルビニ，A.C.V.D.『万有博物事典』1838〜49,61

カメノコテントウ　Aiolocaria hexaspilota
「世界大博物図鑑 1」平凡社　1991
　◇p433（カラー）　栗本丹洲『千蟲譜』文化8（1811）

カメノコハムシ
「彩色 江戸博物学集成」平凡社　1994
　◇p394（カラー）　吉田雀巣庵『虫譜』［国会図書館］

カメノコハムシの1種　Cassida sp.
「ビュフォンの博物誌」工作舎　1991
　◇M093（カラー）『一般と個別の博物誌 ソンニー二版』

カメムシ科　Pentatomidae
「ビュフォンの博物誌」工作舎　1991
　◇M007（カラー）『一般と個別の博物誌 ソンニー二版』

カメムシ（狭義）の1種　Edessa cervus
「アジア昆虫誌要説 博物画の至宝」平凡社　1996
　◇pl.64（カラー）　Cimex viridis　ドノヴァン，E.『インド昆虫誌要説』1800

カメムシのなかま　Edessa cervus
「世界大博物図鑑 1」平凡社　1991
　◇p221（カラー）　おそらくブラジル産　ドノヴァン，E.『インド昆虫史要説』1800　手彩色銅版

カヤキリ？
「彩色 江戸博物学集成」平凡社　1994
　◇p278（カラー）　馬場大助『詩経物産図譜〈蟲魚部〉』［天獣寺］

蜾蠃
「江戸名作画帖全集 8」駸々堂出版　1995
　◇図116（カラー）　秋　増山雪斎『虫彡帖』　紙本着色　［東京国立博物館］

カラスアゲハ　Papilio bianor
「鳥獣虫魚譜」八坂書房　1988
　◇p90（カラー）　メス？　松森胤保『両羽飛虫図譜』　［酒田市立光丘文庫］

カラスアゲハ
「彩色 江戸博物学集成」平凡社　1994
　◇p442（カラー）　松森胤保『両羽博物図譜』
「江戸の動植物図」朝日新聞社　1988
　◇p92（カラー）　増山雪斎『蟲彡帖』　［東京国立博物館］

カラスアゲハのなかま　Papilio spp.
「世界大博物図鑑 1」平凡社　1991
　◇p313（カラー）　チモールアオネアゲハ，アオネアゲハ，ヘリボシアオネアゲハ，オオルリオビアゲハ，いずれもオス『ロンドン動物学協会紀要』1861〜90,1891〜1929　手彩色石版画

カラスシジミの1種　'Thecla' romulus
「アジア昆虫誌要説 博物画の至宝」平凡社　1996
　◇pl.96（カラー）　Papilio Romulus　ドノヴァン，E.『インド昆虫誌要説』1800

カラスシジミの1種　'Thecla' sophocles
「アジア昆虫誌要説 博物画の至宝」平凡社　1996
　◇pl.90（カラー）　Papilio Sophocles　ドノヴァン，E.『インド昆虫誌要説』1800

カラスシジミの1種　'Thecla' strephon
「アジア昆虫誌要説 博物画の至宝」平凡社　1996
　◇pl.92（カラー）　Papilio Strephon　ドノヴァン，E.『インド昆虫誌要説』1800

カラスシジミの1種　'Thecla' theocritus
「アジア昆虫誌要説 博物画の至宝」平凡社　1996
　◇pl.95（カラー）　Papilio Theocritus　ドノヴァン，E.『インド昆虫誌要説』1800

カラスシジミの1種　Panthiades aeolus
「アジア昆虫誌要説 博物画の至宝」平凡社　1996
　◇pl.92（カラー）　Papilio AEolus　ドノヴァン，E.『インド昆虫誌要説』1800

カラスシジミの1種　Satyrium tyrtaeus
「アジア昆虫誌要説 博物画の至宝」平凡社　1996
　◇pl.91（カラー）　Papilio Tyrtaeus　ドノヴァン，E.『インド昆虫誌要説』1800

虫　　　　　　　　　　　　　　　　　　　　きあけ

カラフトギス　Decticus verrucivorus
「世界大博物図鑑 1」平凡社　1991
　◇p176（カラー）　産卵から幼虫の成長過程　レー
　ゼル・フォン・ローゼンホフ, A.J.『昆虫学の娯
　しみ』1764〜68　彩色銅版

カラフトナガメ　Eurydema dominutus
「世界大博物図鑑 1」平凡社　1991
　◇p225（カラー）　ドノヴァン, E.『英国産昆虫図
　譜』1793〜1813

カラフトメクラガメの1種　Capsus sp.
「ビュフォンの博物誌」工作舎　1991
　◇M095（カラー）『一般と個別の博物誌 ソンニー
　ニ版』

ガレオデス科　Galeodidae
「ビュフォンの博物誌」工作舎　1991
　◇M065（カラー）『一般と個別の博物誌 ソンニー
　ニ版』

カレハガ
「彩色 江戸博物学集成」平凡社　1994
　◇p443（カラー）　松森胤保『両羽博物図譜』

カレハガ科の1種
「彩色 江戸博物学集成」平凡社　1994
　◇p90（カラー）　細川重賢『虫類生写』　［永青文
　庫］

カレハガの1種　Pernattia exposita
「アジア昆虫誌要説 博物画の至宝」平凡社
　1996
　◇pl.143（カラー）　Phalaena pusilla　ドノヴァ
　ン, E.『オーストラリア昆虫誌要説』1805

カレハガの1種　Porela vitulina
「アジア昆虫誌要説 博物画の至宝」平凡社
　1996
　◇pl.143（カラー）　Phalaena Vitulina　ドノヴァ
　ン, E.『オーストラリア昆虫誌要説』1805

カレハガのなかま　Lasiocampa quercus
「世界大博物図鑑 1」平凡社　1991
　◇p296（カラー）『オーレリアン』1766　手彩色
　図版

カレハガの幼虫　Lasiocampa quercus
「すごい博物画」グラフィック社　2017
　◇図版49（カラー）　ルリコンゴウインコ、サザン
　ホーカー、スズメバチ、種類のわからない鳥、キ
　アゲハの幼虫とさなぎ、ホワイトフットクレイ
　フィッシュ、グレーハウンド、シクラメンの葉と
　カレハガの幼虫　マーシャル、アレクサンダー
　1650〜82頃　水彩　45.6×33.3　［ウィンザー城
　ロイヤル・ライブラリー］

カワトンボのなかま　Calopterygidae
「アジア昆虫誌要説 博物画の至宝」平凡社
　1996
　◇pl.46（カラー）　Libellula Chinensis　ドノヴァ
　ン, E.『中国昆虫誌要説』1798

カワラゴミムシの1種　Omophron sp.
「ビュフォンの博物誌」工作舎　1991
　◇M073（カラー）『一般と個別の博物誌 ソンニー
　ニ版』

カワラゴミムシのなかま　Omophron
limbatus
「世界大博物図鑑 1」平凡社　1991
　◇p369（カラー）　ドルビニ, A.C.V.D.『万有博物
　事典』1838〜49,61

カンタン　Oecanthus longicauda
「世界大博物図鑑 1」平凡社　1991
　◇p169（カラー）　栗本丹洲『千蟲譜』　文化8
　（1811）

【 き 】

キアゲハ　Papilio machaon
「すごい博物画」グラフィック社　2017
　◇図版49（カラー）　ルリコンゴウインコ、サザン
　ホーカー、スズメバチ、種類のわからない鳥、キ
　アゲハの幼虫とさなぎ、ホワイトフットクレイ
　フィッシュ、グレーハウンド、シクラメンの葉と
　カレハガの幼虫　マーシャル、アレクサンダー
　1650〜82頃　水彩　45.6×33.3　［ウィンザー城
　ロイヤル・ライブラリー］
「昆虫の劇場」リブロポート　1991
　◇p12（白黒）　セップ, ヤン『神の奇蹟の探究』
　1762〜95
「世界大博物図鑑 1」平凡社　1991
　◇p309（カラー）　セップ, J.C.『神の驚異の書』
　1762〜1860

キアゲハ
「彩色 江戸博物学集成」平凡社　1994
　◇p94（カラー）　防風ノ虫　幼虫、さなぎ　細川重
　賢『昆虫脊化図』　［永青文庫］
　◇p95（カラー）　まちがって垂蛹　メーリアン『青
　虫変態図集』1679
　◇p95（カラー）　帯蛹　ハリス『オーレリアン』
　1766
　◇p234（カラー）　成虫、幼虫、さなぎ　水谷豊文
　『虫豸写真』　［国会図書館］
　◇p442（カラー）　松森胤保『両羽博物図譜』
　◇p459（カラー）　幼虫　山本渓愚筆『蟲品』
　［岩瀬文庫］
「江戸の動植物図」朝日新聞社　1988
　◇p37（カラー）　森野藤助『松山本草』　［森野旧
　薬園］

キアゲハとメモ　Papilio antenor
「すごい博物画」グラフィック社　2017
　◇図34（カラー）　マーシャル、アレクサンダー
　1650頃　［フィラデルフィア自然科学アカデ
　ミー］

キアゲハの1種　Papilio sp.
「ビュフォンの博物誌」工作舎　1991
　◇M107（カラー）『一般と個別の博物誌 ソンニー

博物図譜レファレンス事典 動物篇　**25**

きいろ　　　　　　　　　　　　虫

キイロクシケアリ　Myrmica rubra
「世界大博物図鑑 1」平凡社　1991
　◇p488（カラー）　女王　キュヴィエ, G.L.C.F.D.
　　『動物界』 1836〜49　手彩色銅版

キイロスズメ
「彩色 江戸博物学集成」平凡社　1994
　◇p91（カラー）　幼虫, さなぎ　細川重賢『虫類生
　　写』　［永青文庫］

キイロテントウ
「彩色 江戸博物学集成」平凡社　1994
　◇p395（カラー）　吉田雀巣庵『虫譜』　［国会図
　　書館］

キエリクマゼミ　Tacua speciosa
「アジア昆虫誌要説 博物画の至宝」平凡社
　1996
　◇pl.58（カラー）　Cicada indica　ドノヴァン, E.
　　『インド昆虫誌要説』 1800
「世界大博物図鑑 1」平凡社　1991
　◇p236（カラー）　ドノヴァン, E.『インド昆虫史
　　要説』 1800　手彩色銅版
　◇p237（カラー）　ドルビニ, A.C.V.D.『万有博物
　　事典』 1838〜49,61

キオビゲンセイの1種　Mylabris cichorei
「アジア昆虫誌要説 博物画の至宝」平凡社
　1996
　◇pl.8（カラー）　Mylabris Cichorei（Meloe
　　Cichorei）　ドノヴァン, E.『中国昆虫誌要説』
　　1798

キオビゲンセイのなかま　Mylabris sp.
「世界大博物図鑑 1」平凡社　1991
　◇p437（カラー）　ドノヴァン, E.『中国昆虫史要
　　説』 1798　手彩色銅版画

キオビホオナガスズメバチ　Dolichovespula
media
「世界大博物図鑑 1」平凡社　1991
　◇p473（カラー）　リーチ, W.E.著, ノダー, R.P.図
　　『動物学雑録』 1814〜17

ギガスイボハダオサムシ　Procerus gigas
「世界大博物図鑑 1」平凡社　1991
　◇p365（カラー）　コント, J.A.『博物学の殿堂』
　　1830（？）

キカニムシ科　Cheliferinea
「ビュフォンの博物誌」工作舎　1991
　◇M061（カラー）『一般と個別の博物誌 ソンニー
　　二版』

キカニムシのなかま　Cheliferinea
「世界大博物図鑑 1」平凡社　1991
　◇p44（カラー）　ドノヴァン, E.『オーストラリア
　　昆虫史要説』 1805

キクイムシのなかま　Scolytus scolytus
「世界大博物図鑑 1」平凡社　1991
　◇p465（カラー）　キュヴィエ, G.L.C.F.D.『動物
　　界』 1836〜49　手彩色銅版

キクスイカミキリ
「江戸の動植物図」朝日新聞社　1988
　◇p91（カラー）　増山雪斎『蟲豸帖』　［東京国立
　　博物館］

キジラミ科　Psyllidae
「ビュフォンの博物誌」工作舎　1991
　◇M096（カラー）『一般と個別の博物誌 ソンニー
　　二版』

キジラミのなかま　Psyllidae psylla
「世界大博物図鑑 1」平凡社　1991
　◇p260（カラー）　キュヴィエ, G.L.C.F.D.『動物
　　界』 1836〜49　手彩色銅版

キスイモドキの1種　Byturus sp.
「ビュフォンの博物誌」工作舎　1991
　◇M081（カラー）『一般と個別の博物誌 ソンニー
　　二版』

キスジアシビロヘリカメムシ　Anisoscelis
flavolinealum
「世界大博物図鑑 1」平凡社　1991
　◇p220（カラー）　ドルビニ, A.C.V.D.『万有博物
　　事典』 1838〜49,61

キスジジガバチ科　Mellinidae
「ビュフォンの博物誌」工作舎　1991
　◇M102（カラー）『一般と個別の博物誌 ソンニー
　　二版』

キスジジガバチの1種　Gorytes sp.
「ビュフォンの博物誌」工作舎　1991
　◇M104（カラー）『一般と個別の博物誌 ソンニー
　　二版』

キスジラクダムシの1種　Raphidia sp.
「ビュフォンの博物誌」工作舎　1991
　◇M098（カラー）『一般と個別の博物誌 ソンニー
　　二版』

キタキシダグモ　Pisaura mirabilis
「世界大博物図鑑 1」平凡社　1991
　◇p53（カラー）　キュヴィエ, G.L.C.F.D.『動物
　　界』 1836〜49　手彩色銅版

キチョウ
「彩色 江戸博物学集成」平凡社　1994
　◇p150〜151（カラー）　表, 裏　佐竹曙山『龍亀昆
　　虫写生帖』　［千秋美術館］

キチョウ？
「彩色 江戸博物学集成」平凡社　1994
　◇p262（カラー）　飯沼慾斎『本草図譜 第9巻〈虫
　　部貝部〉』　［個人蔵］

キチョウの1種　Eurema smilax
「アジア昆虫誌要説 博物画の至宝」平凡社
　1996
　◇pl.128（カラー）　Papilio Smilax　ドノヴァン,
　　E.『オーストラリア昆虫誌要説』 1805

キナバルモス　Tyria jacobaeae
「昆虫の劇場」リブロポート　1991
　◇p104（カラー）　ハリス, M.『オーレリアン』

虫　　　　　　　　　　　　　　　　　　　　　　　きりき

1778

キノカワカメムシ科のなかま　Phloea
corticata
「世界大博物図鑑 1」平凡社　1991
　◇p224（カラー）　南米産　ハリス，モーゼス図版
　　製作，ドゥルーリ，D.『自然史図譜』 1770〜82

キノコシロアリのなかま　Odontotermes
taprobanes
「世界大博物図鑑 1」平凡社　1991
　◇p216（カラー）　キュヴィエ，G.L.C.F.D.『動物
　　界』1836〜49　手彩色銅版

キノコムシダマシの1種　Tetratoma sp.
「ビュフォンの博物誌」工作舎　1991
　◇M085（カラー）『一般と個別の博物誌 ソンニー
　　ニ版』
　◇M090（カラー）『一般と個別の博物誌 ソンニー
　　ニ版』

キノドアカムシクイ　Dendroica dominica
「すごい博物画」グラフィック社　2017
　◇図版78（カラー）　キノドアカムシクイ，マツア
　　メリカムシクイ，アメリカハナノキ　ケイツビー，
　　マーク 1722〜26頃　ペンと茶色のインクの上に
　　アラビアゴムを混ぜた水彩と濃厚顔料　37.4×
　　26.9［ウィンザー城ロイヤル・ライブラリー］

キバチ科　Sircidae
「ビュフォンの博物誌」工作舎　1991
　◇M100（カラー）『一般と個別の博物誌 ソンニー
　　ニ版』

キバネツノトンボ　Libelloides ramburi
「世界大博物図鑑 1」平凡社　1991
　◇p268（カラー）　栗本丹洲『千蟲譜』 文化8
　　（1811）

岐尾セルカリアの1種（二生類）
「世界大博物図鑑 1」平凡社　1991
　◇p17（カラー）　ヘッケル，E.H.『自然の造形』
　　1899〜1904　多色石版画

ギフチョウ
「彩色 江戸博物学集成」平凡社　1994
　◇p262（カラー）　飯沼慾斎『本草図譜 第9巻〈虫
　　部貝部〉』　［個人蔵］
　◇p395（カラー）　ダンダラテフ　吉田雀巣庵『虫
　　譜』　［国会図書館］
「江戸の動植物図」朝日新聞社　1988
　◇p97（カラー）　吉田雀巣庵『虫譜』　［国立国会
　　図書館］

キベリアゲハの1亜種　Chilasa clytia
lacedemon
「アジア昆虫誌要説 博物画の至宝」平凡社
　1996
　◇pl.67（カラー）　Papilio Lacedemon　ドノヴァ
　　ン，E.『インド昆虫誌要説』 1800

キベリタテハ　Nymphalis antiopa
「昆虫の劇場」リブロポート　1991
　◇p112（カラー）　ハリス，M.『オーレリアン』

1778

キボシアブのなかま　Hybomitra tropica
「世界大博物図鑑 1」平凡社　1991
　◇p353（カラー）　ハリス，M.『英国産昆虫集成』
　　1776

キボシトックリバチ
「彩色 江戸博物学集成」平凡社　1994
　◇p391（カラー）　ツボツクリ　吉田雀巣庵『雀巣
　　庵虫譜』　［名古屋市立博物館］

キボシヒメクロゼミ　Gaeana maculata
「世界大博物図鑑 1」平凡社　1991
　◇p237（カラー）　ハリス，モーゼス図版製作，ド
　　ゥルーリ，D.『自然史図譜』 1770〜82

キマダラハナバチ科　Nomadidae
「ビュフォンの博物誌」工作舎　1991
　◇M104（カラー）『一般と個別の博物誌 ソンニー
　　ニ版』

キマダラルリツバメの1種　Aphnaeus orcas
「アジア昆虫誌要説 博物画の至宝」平凡社
　1996
　◇pl.88（カラー）　Papilio Pindarus　ドノヴァン，
　　E.『インド昆虫誌要説』 1800

キマダラルリツバメの1種　Spindasis
vulcanus
「アジア昆虫誌要説 博物画の至宝」平凡社
　1996
　◇pl.88（カラー）　Papilio Vulcanus　ドノヴァン，
　　E.『インド昆虫誌要説』 1800

キマルトビムシ　Sminthurus viridis
「世界大博物図鑑 1」平凡社　1991
　◇p149（カラー）　キュヴィエ，G.L.C.F.D.『動物
　　界』1836〜49　手彩色銅版

キモノジラミ　Pediculus humanus
「ビュフォンの博物誌」工作舎　1991
　◇M013（カラー）『一般と個別の博物誌 ソンニー
　　ニ版』

キョクトウサソリ　Buthus martensii
「世界大博物図鑑 1」平凡社　1991
　◇p41（カラー）　栗本丹洲『千蟲譜』 文化8
　　（1811）

キリギリス　Gampsocleis buergeri
「世界大博物図鑑 1」平凡社　1991
　◇p180（カラー）　栗本丹洲『千蟲譜』 文化8
　　（1811）

キリギリス
「江戸名作画帖全集 8」駸々堂出版　1995
　◇図110（カラー）　夏　増山雪斎『虫豸帖』　紙本
　　着色　［東京国立博物館］
「彩色 江戸博物学集成」平凡社　1994
　◇p18（カラー）　喜多川歌麿『画本虫えらみ』
　　［国会図書館］

キリギリス科　Tettigoniidae
「ビュフォンの博物誌」工作舎　1991

博物図譜レファレンス事典 動物篇　**27**

きりき　　　　　　　　　　　　虫

◇M095（カラー）『一般と個別の博物誌 ソンニー二版』

キリギリスの仲間、メス
「紙の上の動物園」グラフィック社　2017
◇p101（カラー）　ドノヴァン，E.『博物学者の宝庫、または月刊異国の博物学雑録』　1823～28

キンイロクワガタ　Lamprima aenea
「世界大博物図鑑 1」平凡社　1991
◇p380（カラー）　キュヴィエ，G.L.C.F.D.『動物界』　1836～49　手彩色銅版

キンイロクワガタの1種　Lamprima aenea
「アジア昆虫誌要説 博物画の至宝」平凡社　1996
◇pl.109（カラー）　Lucanus aeneus　ドノヴァン，E.『オーストラリア昆虫誌要説』　1805

キンウワバ科　Plusiidae
「ビュフォンの博物誌」工作舎　1991
◇M109（カラー）『一般と個別の博物誌 ソンニー二版』

キンカメムシ科　Scutelleridae
「ビュフォンの博物誌」工作舎　1991
◇M096（カラー）『一般と個別の博物誌 ソンニー二版』

ギングチバチ科　Crabronidae
「ビュフォンの博物誌」工作舎　1991
◇M102（カラー）『一般と個別の博物誌 ソンニー二版』

ギンスジジジミ別名ウラニシキシジミ
Iraota rochana
「アジア昆虫誌要説 博物画の至宝」平凡社　1996
◇pl.39（カラー）　Hesperia Maecenas（Papilio Maecenas）　ドノヴァン，E.『中国昆虫誌要説』1798

キンバエ　Calliphoridae
「世界大博物図鑑 1」平凡社　1991
◇p357（カラー）　栗本丹洲『千蟲譜』　文化8（1811）

キンバエ　Lucilia sp.
「すごい博物画」グラフィック社　2017
◇図版47（カラー）　ニオイニンドウ、ヨウム、ルピナス、コボウズオトギリ、ホエザル、キンバエ、ムラサキ、クワガタムシ　マーシャル、アレクサンダー 1650～82頃　水彩　45.8×33.1［ウィンザー城ロイヤル・ライブラリー］

ギンヤンマ　Anax parthenope julius
「鳥獣虫魚譜」八坂書房　1988
◇p97（カラー）　本山　メス，オス　松森胤保『両羽飛虫図譜』　［酒田市立光丘文庫］

ギンヤンマ
「江戸の動植物図」朝日新聞社　1988
◇p36（カラー）　森野藤助『松山本草』　［森野旧薬園］

【く】

クキバチ科　Cephidae
「ビュフォンの博物誌」工作舎　1991
◇M100（カラー）『一般と個別の博物誌 ソンニー二版』

クサカゲロウ科の卵（ウドンゲ）と幼虫
Chrysopidae
「世界大博物図鑑 1」平凡社　1991
◇p269（カラー）　栗本丹洲『千蟲譜』　文化8（1811）

クサカゲロウ科の卵（ウドンゲ）と幼虫（ゴミカツギ）　Chrysopidae
「世界大博物図鑑 1」平凡社　1991
◇p269（カラー）　栗本丹洲『千蟲譜』　文化8（1811）

クサギカメムシ
「彩色 江戸博物学集成」平凡社　1994
◇p231（カラー）　水谷豊文『虫豸写真』　［国会図書館］
◇p457（白黒）　椿象　山本渓愚画

クサギカメムシ？
「彩色 江戸博物学集成」平凡社　1994
◇p231（カラー）　幼虫　水谷豊文『虫豸写真』［国会図書館］

クサヒバリ　Paratrigonidium bifasciatum
「世界大博物図鑑 1」平凡社　1991
◇p169（カラー）　栗本丹洲『千蟲譜』　文化8（1811）

クシヒゲカマキリ　Empusa pectinata
「世界大博物図鑑 1」平凡社　1991
◇p209（カラー）　ハリス，モーゼス図版製作，ドゥルーリ，D.『自然史図譜』　1770～82

クシヒゲコメツキ
「彩色 江戸博物学集成」平凡社　1994
◇p362（カラー）　ヲランダコメフミ　大窪昌章『諸家蟲魚蝦蟹雑記図』　［大東急記念文庫］

クシヒゲネジレバネのなかま　Halictophagus curtisi
「世界大博物図鑑 1」平凡社　1991
◇p465（カラー）　キュヴィエ，G.L.C.F.D.『動物界』　1836～49　手彩色銅版

クシヒゲバンムシの1種　Ptilineurus sp.
「ビュフォンの博物誌」工作舎　1991
◇M077（カラー）『一般と個別の博物誌 ソンニー二版』

クシヒゲムシの近縁　Rhipiceridae
「ビュフォンの博物誌」工作舎　1991
◇M074（カラー）『一般と個別の博物誌 ソンニー二版』

虫　　　　　　　　　　　　　　　　　　　　　　　　くませ

クジャクサン　Saturnia pavonia
「世界大博物図鑑 1」平凡社　1991
◇p298（カラー）　セップ，J.C.『神の驚異の書』
1762〜1860

クジャクサンの幼虫　Saturnia pavonia
「世界大博物図鑑 1」平凡社　1991
◇p298（カラー）　セップ，J.C.『神の驚異の書』
1762〜1860

クジャクチョウ　Inachis io
「昆虫の劇場」リブロポート　1991
◇p108（カラー）　ハリス，M.『オーレリアン』
1778
「世界大博物図鑑 1」平凡社　1991
◇p343（カラー）　レーゼル・フォン・ローゼンホ
フ，A.J.『昆虫学の娯しみ』1764〜68　彩色銅版

クジャクチョウ
「紙の上の動物園」グラフィック社　2017
◇p114（カラー）　桃の木の一種にいるクジャク
チョウ　ウィルクス，ベンジャミン『イギリスの
チョウとガ：通常居場所であり、エサにもなる、
植物、花、果実とともに』1747〜60

クスサン　Dictyoploca japonica
「鳥獣虫魚譜」八坂書房　1988
◇p90（カラー）　樟虫蝶、栗虫蝶、テグス蝶　松森
胤保『両羽飛虫図譜』　［酒田市立光丘文庫］

クスサン　Dictyoploca japonica Moore
「高木春山 本草図説 動物」リブロポート　1989
◇p86（カラー）

クスサン
「彩色 江戸博物学集成」平凡社　1994
◇p443（カラー）　松森胤保『両羽博物図譜』

クソミミズ？　Pheretima hupeiensis？
「世界大博物図鑑 1」平凡社　1991
◇p32（カラー）　栗本丹洲『千蟲譜』　文化8
（1811）

クダマキモドキ　Holochlora japonica
「世界大博物図鑑 1」平凡社　1991
◇p181（カラー）　栗本丹洲『千蟲譜』　文化8
（1811）

クダマキモドキ
「彩色 江戸博物学集成」平凡社　1994
◇p453（白黒）　山本渓愚画

クチブトカメムシのなかま　Troilus luridus
「世界大博物図鑑 1」平凡社　1991
◇p221（カラー）　成虫、若虫、成虫の拡大図　ドノ
ヴァン，E.『英国産昆虫図譜』1793〜1813

クチベニマイマイ
「彩色 江戸博物学集成」平凡社　1994
◇p358（カラー）　大窪昌章『乙未本草会目録』
［蓬左文庫］

クツワムシ　Mecopoda nipponensis
「世界大博物図鑑 1」平凡社　1991

◇p180（カラー）　栗本丹洲『千蟲譜』　文化8
（1811）

クツワムシ　Mecopoda nipponensis De Haan
「高木春山 本草図説 動物」リブロポート　1989
◇p82（カラー）　莎雞（はたおりむし）

クツワムシ
「彩色 江戸博物学集成」平凡社　1994
◇p234（カラー）　水谷豊文『虫豸写真』　［国会
図書館］
「江戸の動植物図」朝日新聞社　1988
◇p78〜79（カラー）　栗本丹洲『千蟲譜』　［国立
国会図書館］

クツワムシの1種　Mecopoda（？）perspicillata
「アジア昆虫誌要説 博物画の至宝」平凡社
1996
◇pl.11（カラー）　Locusta perspicillata（Gryllus
perspicillatus）　ドノヴァン，E.『中国昆虫誌要
説』1798

クツワムシのなかま　Macrolyristes sp.
「アジア昆虫誌要説 博物画の至宝」平凡社
1996
◇pl.63（カラー）　Locusta Amboinensis　ドノ
ヴァン，E.『インド昆虫誌要説』1800
「世界大博物図鑑 1」平凡社　1991
◇p180（カラー）　オス　ドノヴァン，E.『インド
昆虫史要説』1800　手彩色銅版

クヌギハサミムシの1種　Forficula auricularia
「ビュフォンの博物誌」工作舎　1991
◇M006（カラー）『一般と個別の博物誌 ソンニー
ニ版』

クビキリギス　Euconocephalus thunbergii
「世界大博物図鑑 1」平凡社　1991
◇p181（カラー）　栗本丹洲『千蟲譜』　文化8
（1811）

クビナガカマキリ　Gongylus gongylodes
「アジア昆虫誌要説 博物画の至宝」平凡社
1996
◇pl.9（カラー）　Mantis Flabellicornis　ドノヴァ
ン，E.『中国昆虫誌要説』1798
「世界大博物図鑑 1」平凡社　1991
◇p209（カラー）　ハリス，モーゼス図版製作，ドゥ
ルーリ，D.『自然史図譜』1770〜82
◇p212（カラー）　ドノヴァン，E.『中国昆虫史要
説』1798　手彩色銅版画
◇p213（カラー）　レーゼル・フォン・ローゼンホ
フ，A.J.『昆虫学の娯しみ』1764〜68　彩色銅版

クビワオオツノハナムグリ　Mecynorrhina
torquata
「世界大博物図鑑 1」平凡社　1991
◇p409（カラー）　ハリス，モーゼス図版製作，ドゥ
ルーリ，D.『自然史図譜』1770〜82

クマゼミ
「彩色 江戸博物学集成」平凡社　1994
◇p235（カラー）　成虫と脱皮殻　水谷豊文『虫豸

博物図譜レファレンス事典 動物篇　**29**

くまは　　　　　　　　　　虫

写真』　［国会図書館］
「江戸の動植物図」朝日新聞社　1988
　◇p90（カラー）　増山雪斎『蟲豸帖』　［東京国立博物館］

クマバチ　Xylocopa appendiculata circumvolans
「鳥獣虫魚譜」八坂書房　1988
　◇p86（カラー）　松森胤保『両羽飛虫図譜』　［酒田市立光丘文庫］

クマバチ
「彩色 江戸博物学集成」平凡社　1994
　◇p302（カラー）　川原慶賀『動植物図譜』　［オランダ国立自然史博物館］
　◇p391（カラー）　イシヲイ　吉田雀巣庵『雀巣庵虫譜』　［名古屋市立博物館］

クマバチ？
「彩色 江戸博物学集成」平凡社　1994
　◇p202（カラー）　栗本丹洲『千蟲譜』　［国会図書館］

クマバチの1種　Xylocopa sp.
「ビュフォンの博物誌」工作舎　1991
　◇M104（カラー）『一般と個別の博物誌 ソンニーニ版』

クマバチのなかま　Xylocopa sp.
「世界大博物図鑑 1」平凡社　1991
　◇p468（カラー）　ハリス, モーゼス図版製作, ドゥルーリ, D.『自然史図譜』1770〜82

クマバチのなかま　Xylocopa violacea
「世界大博物図鑑 1」平凡社　1991
　◇p468（カラー）　キュヴィエ, G.L.C.F.D.『動物界』1836〜49　手彩色銅版

胡頽ノ虫巣
「彩色 江戸博物学集成」平凡社　1994
　◇p95（カラー）　ガ（科名不詳）の幼虫が糸を張った巣か　細川重賢『昆虫胥化図』　［永青文庫］

クモ
「紙の上の動物園」グラフィック社　2017
　◇p29（カラー）　リスター, マーティン『クモの自然誌』1778
　◇p105（カラー）　アシダカグモ, ピンクトゥ・タランチュラ　メーリアン, マリア・シビラ『スリナムの昆虫とその変態』1705　エングレーヴィング
　◇p167（カラー）　アルビン, エレアザール『アラネイ：クモの自然誌』1793

クモバエ科　Nycteribiidae
「ビュフォンの博物誌」工作舎　1991
　◇M113（カラー）『一般と個別の博物誌 ソンニーニ版』

クモマツマキチョウ　Anthocharis cardamines
「世界大博物図鑑 1」平凡社　1991
　◇p318（カラー）　レーゼル・フォン・ローゼンホフ, A.J.『昆虫学の娯しみ』1764〜68　彩色銅版

クラウデッド・イエロー　Colias croceus
「昆虫の劇場」リブロポート　1991
　◇p129（カラー）　Clouded Yellow　ハリス, M.『オーレリアン』1778

クラズミウマ　Tachycines asynamorus
「世界大博物図鑑 1」平凡社　1991
　◇p168（カラー）　田中芳男『博物館虫譜』1877（明治10）頃

グランヴィル・フリティラリー　Parasemia plantaginis
「昆虫の劇場」リブロポート　1991
　◇p116（カラー）　ハリス, M.『オーレリアン』1778

クリイロコイタマダニ　Rhipicephalus sanguineus
「世界大博物図鑑 1」平凡社　1991
　◇p49（カラー）　栗本丹洲『千蟲譜』文化8（1811）

クリノオビクジャクアゲハ　Papilio crino
「アジア昆虫誌要説 博物画の至宝」平凡社　1996
　◇pl.23（カラー）　ドノヴァン, E.『中国昆虫誌要説』1798

クリバネフトタマムシ　Sternocera chrysis
「アジア昆虫誌要説 博物画の至宝」平凡社　1996
　◇pl.53（カラー）　Buprestis chrysis　ドノヴァン, E.『インド昆虫誌要説』1800
「世界大博物図鑑 1」平凡社　1991
　◇p425（カラー）　ドノヴァン, E.『インド昆虫史要説』1800　手彩色銅版

クリームスポット・タイガー　Arctia villica
「昆虫の劇場」リブロポート　1991
　◇p104（カラー）　ハリス, M.『オーレリアン』1778

グリーン・オーク・トートリックス
「昆虫の劇場」リブロポート　1991
　◇p110（カラー）　ハリス, M.『オーレリアン』1778

クロアゲハ　Papilio protenor
「鳥獣虫魚譜」八坂書房　1988
　◇p90（カラー）　オス　松森胤保『両羽飛虫図譜』　［酒田市立光丘文庫］

クロアゲハ
「彩色 江戸博物学集成」平凡社　1994
　◇p90（カラー）　キンカンノ虫　幼虫, さなぎ（帯蛹）, 成虫　細川重賢『虫類生写』　［永青文庫］
　◇p150〜151（カラー）　佐竹曙山『龍亀昆虫写生帖』　［千秋美術館］
　◇p163（カラー）　増山雪斎『蟲豸帖』　［東京国立博物館］
　◇p302（カラー）　川原慶賀『動植物図譜』　［オランダ国立自然史博物館］
　◇p442（カラー）　オス　松森胤保『両羽博物図譜』

虫　　　　　　　　　　　　　　　　　　　　くわか

クロアゲハの無尾型　Papilio protenor
「アジア昆虫誌要説 博物画の至宝」平凡社
　1996
　◇pl.27（カラー）　Papilio Laomedon　ドノヴァ
　　ン，E.『中国昆虫誌要説』1798

クロイロコウガイビル　Bipalium fuscatum
「世界大博物図鑑 1」平凡社　1991
　◇p33（カラー）　コウガイビル　栗本丹洲『千蟲
　　譜』　文化8（1811）

クロイワマイマイ
「彩色 江戸博物学集成」平凡社　1994
　◇p358（カラー）　大窪昌章『乙未本草会目録』
　　［蓬左文庫］

クロウリハムシ
「彩色 江戸博物学集成」平凡社　1994
　◇p394（カラー）　吉田雀巣庵『虫譜』　［国会図
　　書館］

クロカタビロオサムシの1種　Calosoma
sycophanta
「ビュフォンの博物誌」工作舎　1991
　◇M073（カラー）『一般と個別の博物誌 ソンニー
　　ニ版』

クロカミキリ　Spondylis buprestoides
「世界大博物図鑑 1」平凡社　1991
　◇p444（カラー）　キュヴィエ，G.L.C.F.D.『動物
　　界』1836〜49　手彩色銅版

クロシデムシ
「彩色 江戸博物学集成」平凡社　1994
　◇p230（カラー）　水谷豊文『虫豸写真』　［国会
　　図書館］

クロスジギンヤンマ
「彩色 江戸博物学集成」平凡社　1994
　◇p386（カラー）　コシホソ カハサミ　オス　吉田
　　雀巣庵『蜻蛉譜』

クロスジシロチョウ　Aporia crataegi
「昆虫の劇場」リブロポート　1991
　◇p109（カラー）　ハリス，M.『オーレリアン』
　　1778

クロスズメバチ　Vespula flaviceps lewisi
「世界大博物図鑑 1」平凡社　1991
　◇p473（カラー）　地蜂の巣　馬場大助『虫譜』 成
　　立年代不明（江戸末期）　［東京国立博物館］

クロタテハモドキの1亜種　Junonia hedonia
zelima
「アジア昆虫誌要説 博物画の至宝」平凡社
　1996
　◇pl.131（カラー）　Papilio Zelima　ドノヴァン，
　　E.『オーストラリア昆虫誌要説』1805

クロツヤニセケバエ　Scathopse notata
「世界大博物図鑑 1」平凡社　1991
　◇p352（カラー）　キュヴィエ，G.L.C.F.D.『動物
　　界』1836〜49　手彩色銅版

クロツヤムシのなかま　Passalus interruptus
「世界大博物図鑑 1」平凡社　1991
　◇p380（カラー）　キュヴィエ，G.L.C.F.D.『動物
　　界』1836〜49　手彩色銅版

クロトビサシガメ　Oncocephalus
breviscutum
「世界大博物図鑑 1」平凡社　1991
　◇p221（カラー）　栗本丹洲『千蟲譜』　文化8
　　（1811）

クロバエのなかま　Calliphoridae
「世界大博物図鑑 1」平凡社　1991
　◇p357（カラー）　栗本丹洲『千蟲譜』　文化8
　　（1811）

クロバチ上科　Proctotrupoidea
「ビュフォンの博物誌」工作舎　1991
　◇M100（カラー）『一般と個別の博物誌 ソンニー
　　版』

クロバチのなかま　Pelecinus polyturator
「世界大博物図鑑 1」平凡社　1991
　◇p477（カラー）　ハリス，モーゼス図版製作，ドゥ
　　ルーリ，D.『自然史図譜』1770〜82

クロハリガイ　‘Vitrina’nigra
「世界大博物図鑑 1」平凡社　1991
　◇p492（カラー）『アストロラブ号世界周航記』
　　1830〜35　スティップル印刷

クロマルハナバチ　Bombus ignitus
「鳥獣虫魚譜」八坂書房　1988
　◇p86（カラー）　女王，働き蜂　松森胤保『両羽飛
　　虫図譜』　［酒田市立光丘文庫］

クロモンイッカク　Notoxus monoceros
「世界大博物図鑑 1」平凡社　1991
　◇p437（カラー）　ドノヴァン，E.『英国産昆虫図
　　譜』1793〜1813

クロモンイッカクの1種　Notoxus sp.
「ビュフォンの博物誌」工作舎　1991
　◇M090（カラー）『一般と個別の博物誌 ソンニー
　　ニ版』

クワガタムシ　Lucanus cervus
「すごい博物画」グラフィック社　2017
　◇図版47（カラー）　ニオイニンドウ，ヨウム，ル
　　ビナス，コボウズオトギリ，ホエザル，キンバ
　　エ，ムラサキ，クワガタムシ　マーシャル，アレ
　　クサンダー　1650〜82頃　水彩　45.8×33.1
　　［ウィンザー城ロイヤル・ライブラリー］

クワガタムシ
「紙の上の動物園」グラフィック社　2017
　◇p166（カラー）　バーバット，ジェイムズ『写生
　　によるイングランドの昆虫種で見るリンネ式昆虫
　　属分類』1781
「江戸名作画帖全集 8」駸々堂出版　1995
　◇図113（カラー）　秋　増山雪斎『虫豸帖』　紙本
　　着色　［東京国立博物館］
「彩色 江戸博物学集成」平凡社　1994
　◇p318（カラー）　畔田翠山『綱目注疏』　［大阪

くわか　　　　　　　　　　　　　　　　虫

市立博物館]

クワガタムシのなかま　Lucanidae
「アジア昆虫誌要説 博物画の至宝」平凡社
1996
　◇pl.109（カラー）　Lucanus parvus　ドノヴァン，
　E.『オーストラリア昆虫誌要説』 1805
「世界大博物図鑑 1」平凡社　1991
　◇p389（カラー）　栗本丹洲『千蟲譜』 文化8
　（1811）

クワガタムシのなかま　Prosopocoilus
inquinatus
「世界大博物図鑑 1」平凡社　1991
　◇p385（カラー）　ウェストウッド，J.O.『東洋昆
　虫学集成』 1848

クワガタムシのなかまの幼虫　Lucanidae
「世界大博物図鑑 1」平凡社　1991
　◇p3（白黒）　レーゼル・フォン・ローゼンホフ，
　A.J.『昆虫学の娯しみ』 1764〜68　彩色銅版

クワガタモドキのなかま　Trictenotoma
childrenii
「世界大博物図鑑 1」平凡社　1991
　◇p433（カラー）　ウェストウッド，J.O.『東洋昆
　虫学集成』 1848

クワガタモドキのなかま　Trictenotoma
templetonii
「世界大博物図鑑 1」平凡社　1991
　◇p433（カラー）　ウェストウッド，J.O.『東洋昆
　虫学集成』 1848

クワカミキリ　Apriona japonica
「日本の博物図譜」東海大学出版会　2001
　◇図44（カラー）　木村静山筆『甲虫類写生図』
　［国立科学博物館]

クワカミキリ
「彩色 江戸博物学集成」平凡社　1994
　◇p231（カラー）　水谷豊文『虫豸写真』　［国会
　図書館]

クワカミキリ？　Apriona japonica？
「世界大博物図鑑 1」平凡社　1991
　◇p453（カラー）　栗本丹洲『千蟲譜』 文化8
　（1811）

クワカミキリ？
「彩色 江戸博物学集成」平凡社　1994
　◇p318（カラー）　畔田翠山『綱目註疏』　［大阪
　市立博物館]

クワゴマダラヒトリ
「彩色 江戸博物学集成」平凡社　1994
　◇p91（カラー）　老熟幼虫、まゆ・さなぎ、寄生バ
　チ　細川重賢『虫類生写』　［永青文庫]

クワノキンケムシ（モンシロドクガ）
「彩色 江戸博物学集成」平凡社　1994
　◇p154〜155（カラー）　桑ノ虫　佐竹曙山『龍亀
　昆虫写生帖』　［千秋美術館]

グンタイアリ　Eciton sp.
「すごい博物画」グラフィック社　2017
　◇図版58（カラー）　グアバの木の枝にハキリアリ、
　グンタイアリ、ピンクトゥー・タランチュラ、ア
　シダカグモ、そしてルビートパーズハチドリ
　メーリアン、マリア・シビラ 1701〜05頃　子牛
　皮紙に軽く輪郭をエッチングした上に水彩 濃厚
　顔料 アラビアゴム　39×32.3　［ウィンザー城
　ロイヤル・ライブラリー]

【け】

ケアシハナバチ科　Melittidae
「ビュフォンの博物誌」工作舎　1991
　◇M104（カラー）『一般と個別の博物誌 ソンニー
　ニ版』

ゲジ　Thereuonema tuberculata
「世界大博物図鑑 1」平凡社　1991
　◇p144（カラー）　栗本丹洲『千蟲譜』 文化8
　（1811）

ケシキスイ科　Nitidulidae
「ビュフォンの博物誌」工作舎　1991
　◇M081（カラー）『一般と個別の博物誌 ソンニー
　ニ版』

ゲジのなかま　Scutigera araneaeoides
「世界大博物図鑑 1」平凡社　1991
　◇p145（カラー）　キュヴィエ，G.L.C.F.D.『動物
　界』 1836〜49　手彩色銅版

ケジラミ　Phthirus pubis
「世界大博物図鑑 1」平凡社　1991
　◇p217（カラー）　キュヴィエ，G.L.C.F.D.『動物
　界』 1836〜49　手彩色銅版

ケダニ科　Trombidiidae
「ビュフォンの博物誌」工作舎　1991
　◇M066（カラー）『一般と個別の博物誌 ソンニー
　ニ版』

ケバエ科　Bibionidae
「ビュフォンの博物誌」工作舎　1991
　◇M110（カラー）『一般と個別の博物誌 ソンニー
　ニ版』

ケバエのなかま　Bibio hortulanus
「世界大博物図鑑 1」平凡社　1991
　◇p352（カラー）　キュヴィエ，G.L.C.F.D.『動物
　界』 1836〜49　手彩色銅版

ケブカシタバチのなかま　Eulaema
surinamensis
「世界大博物図鑑 1」平凡社　1991
　◇p468（カラー）　ハリス、モーゼス図版製作，ドゥ
　ルーリ，D.『自然史図譜』 1770〜82

毛虫・芋虫
「江戸名作画帖全集 8」駸々堂出版　1995
　◇図6, 171（カラー/白黒）　I-10　佐竹曙山、小田
　野直武『写生帖』　紙本・絹本着色　［秋田市立

千秋美術館〕

ケラ　Gryllotalpa gryllotalpa
「すごい博物画」グラフィック社　2017
◇図版74（カラー）　ヨタカとケラ　ケイツビー，マーク　1722〜26頃　アラビアゴムを混ぜた水彩と濃厚顔料　27.1×37.2　〔ウィンザー城ロイヤル・ライブラリー〕

ケラのなかま　Gryllotalpa sp.
「アジア昆虫誌要説　博物画の至宝」平凡社　1996
◇pl.12（カラー）　Gryllus Gryllotalpa　ドノヴァン，E.『中国昆虫誌要説』　1798
「世界大博物図鑑　1」平凡社　1991
◇p173（カラー）　おそらくヨーロッパケラ　レーゼル・フォン・ローゼンホフ，A.J.『昆虫学の娯しみ』　1764〜68　彩色銅版
◇p173（カラー）　中国産　ドノヴァン，E.『中国昆虫史要説』　1798　手彩色銅版画

現学名不詳　Coleoptera
「アジア昆虫誌要説　博物画の至宝」平凡社　1996
◇pl.110（カラー）　Chrysomela 18–guttata　ドノヴァン，E.『オーストラリア昆虫誌要説』　1805
◇pl.110（カラー）　Chrysomela brunnea　ドノヴァン，E.『オーストラリア昆虫誌要説』　1805
◇pl.110（カラー）　Chrysomela cyanicornis　ドノヴァン，E.『オーストラリア昆虫誌要説』　1805
◇pl.110（カラー）　Chrysomela cyanipes　ドノヴァン，E.『オーストラリア昆虫誌要説』　1805
◇pl.110（カラー）　Chrysomela crassicornis　ドノヴァン，E.『オーストラリア昆虫誌要説』　1805
◇pl.110（カラー）　Chrysomela nigricornis　ドノヴァン，E.『オーストラリア昆虫誌要説』　1805
◇pl.110（カラー）　Chrysomela didymus　ドノヴァン，E.『オーストラリア昆虫誌要説』　1805
◇pl.110（カラー）　Erotylus amethystinus（Cnodulon amethystinum）　ドノヴァン，E.『オーストラリア昆虫誌要説』　1805
◇pl.110（カラー）　Erotylus bicolor（Cnodulon bicolor）　ドノヴァン，E.『オーストラリア昆虫誌要説』　1805
◇pl.110（カラー）　Erotylus smaragdulus（Cnodulon smaragdulum）　ドノヴァン，E.『オーストラリア昆虫誌要説』　1805

現学名不詳　Hemiptera
「アジア昆虫誌要説　博物画の至宝」平凡社　1996
◇pl.16（カラー）　Tettigonia splendidula　ドノヴァン，E.『中国昆虫誌要説』　1798
◇pl.16（カラー）　Cicada abdominalis　ドノヴァン，E.『中国昆虫誌要説』　1798
◇pl.16（カラー）　Cicada lanata　ドノヴァン，E.『中国昆虫誌要説』　1798
◇pl.16（カラー）　Cicada frontalis　ドノヴァン，E.『中国昆虫誌要説』　1798
◇pl.21（カラー）　Cimex Stockerus　ドノヴァン，E.『中国昆虫誌要説』　1798
◇pl.21（カラー）　Cimex aurantius　ドノヴァン，E.『中国昆虫誌要説』　1798
◇pl.21（カラー）　Cimex cruciger　ドノヴァン，E.『中国昆虫誌要説』　1798
◇pl.21（カラー）　Cimex Phasianus　ドノヴァン，E.『中国昆虫誌要説』　1798
◇pl.117（カラー）　Fulgora planirostris　ドノヴァン，E.『オーストラリア昆虫誌要説』　1805
◇pl.117（カラー）　Fulgora parva　ドノヴァン，E.『オーストラリア昆虫誌要説』　1805
◇pl.117（カラー）　Cicada viridana　ドノヴァン，E.『オーストラリア昆虫誌要説』　1805
◇pl.117（カラー）　Cicada modesta　ドノヴァン，E.『オーストラリア昆虫誌要説』　1805
◇pl.117（カラー）　Cicada pustulata　ドノヴァン，E.『オーストラリア昆虫誌要説』　1805
◇pl.117（カラー）　Cicada hyalinata　ドノヴァン，E.『オーストラリア昆虫誌要説』　1805
◇pl.118（カラー）　Cicada maura　ドノヴァン，E.『オーストラリア昆虫誌要説』　1805
◇pl.118（カラー）　Cicada pellucid　ドノヴァン，E.『オーストラリア昆虫誌要説』　1805
◇pl.118（カラー）　Cicada carnifex　ドノヴァン，E.『オーストラリア昆虫誌要説』　1805
◇pl.119（カラー）　Cimex Banksii　ドノヴァン，E.『オーストラリア昆虫誌要説』　1805
◇pl.119（カラー）　Cimex Imperiali　ドノヴァン，E.『オーストラリア昆虫誌要説』　1805
◇pl.119（カラー）　Cimex regalis　ドノヴァン，E.『オーストラリア昆虫誌要説』　1805
◇pl.119（カラー）　Cimex Paganu　ドノヴァン，E.『オーストラリア昆虫誌要説』　1805
◇pl.119（カラー）　Cimex costatus　ドノヴァン，E.『オーストラリア昆虫誌要説』　1805
◇pl.119（カラー）　Cimex Australasiae　ドノヴァン，E.『オーストラリア昆虫誌要説』　1805
◇pl.119（カラー）　Cimex elegans　ドノヴァン，E.『オーストラリア昆虫誌要説』　1805

現学名不詳　Hymenoptera
「アジア昆虫誌要説　博物画の至宝」平凡社　1996
◇pl.107（カラー）　Vespa cincta　ドノヴァン，E.『インド昆虫誌要説』　1800
◇pl.107（カラー）　Vespa arcuata　ドノヴァン，E.『インド昆虫誌要説』　1800

現学名不詳　Lepidoptera
「アジア昆虫誌要説　博物画の至宝」平凡社　1996
◇pl.41（カラー）　Sphinx ruficollis　ドノヴァン，E.『中国昆虫誌要説』　1798

現学名不詳　Myrmeleontidae？
「アジア昆虫誌要説　博物画の至宝」平凡社　1996
◇pl.105（カラー）　Myrmeleon Pardalis　ドノヴァン，E.『インド昆虫誌要説』　1800

現学名不詳　Nymphalidae
「アジア昆虫誌要説　博物画の至宝」平凡社　1996

けんか　　　　　　　　　　　　　　虫

◇pl.83（カラー）　Papilio Phorcys　ドノヴァン，E.『インド昆虫誌要説』1800

現学名不詳　Orthoptera
「アジア昆虫誌要説 博物画の至宝」平凡社 1996
◇pl.62（カラー）　Gryllus reticulatus　ドノヴァン，E.『インド昆虫誌要説』1800
◇pl.62（カラー）　Gryllus punctatus　ドノヴァン，E.『インド昆虫誌要説』1800

現学名不詳　Tettigoniidae？
「アジア昆虫誌要説 博物画の至宝」平凡社 1996
◇pl.63（カラー）　Locusta citrifolia　ドノヴァン，E.『インド昆虫誌要説』1800

現学名不詳。おそらくガのなかま
Lepidoptera
「アジア昆虫誌要説 博物画の至宝」平凡社 1996
◇pl.102（カラー）　Papilio Busiris　ドノヴァン，E.『インド昆虫誌要説』1800

ゲンゴロウ　Cybister japonicus
「世界大博物図鑑 1」平凡社 1991
◇p373（カラー）　栗本丹洲『千蟲譜』文化8（1811）

ゲンゴロウ
「江戸名作画帖全集 8」駸々堂出版 1995
◇図119（カラー）　冬 増山雪斎『虫豸帖』　紙本着色　［東京国立博物館］
「彩色 江戸博物学集成」平凡社 1994
◇p55（カラー）　がむし 丹羽正伯『御書上産物之内御不審物図』　［盛岡市中央公民館］

ゲンゴロウ科　Dytiscidae
「ビュフォンの博物誌」工作舎 1991
◇M070（カラー）『一般と個別の博物誌 ソンニーニ版』

ゲンゴロウのなかま　Cybister sp.
「世界大博物図鑑 1」平凡社 1991
◇p373（カラー）　レーゼル・フォン・ローゼンホフ，A.J.『昆虫学の娯しみ』1764〜68 彩色銅版

ゲンゴロウのなかま　Hygrobia undulatus
「世界大博物図鑑 1」平凡社 1991
◇p372（カラー）　ドノヴァン，E.『英国産昆虫図譜』1793〜1813

ゲンゴロウモドキのなかま　Dytiscus semisulcatus
「世界大博物図鑑 1」平凡社 1991
◇p372（カラー）　幼虫，成虫 ドノヴァン，E.『英国産昆虫図譜』1793〜1813

ゲンゴロウモドキのなかま　Dytiscus sp.
「世界大博物図鑑 1」平凡社 1991
◇p373（カラー）　卵から成虫になるまでのプロセス　レーゼル・フォン・ローゼンホフ，A.J.『昆虫学の娯しみ』1764〜68 彩色銅版

ゲンジボタル
「彩色 江戸博物学集成」平凡社 1994
◇p279（カラー）　馬場大助『詩経物産図譜〈蟲魚部〉』　［天献寺］

ゲンセイ　Lytta vesicatoria
「ビュフォンの博物誌」工作舎 1991
◇M085（カラー）『一般と個別の博物誌 ソンニーニ版』

ゲンセイのなかま？　Meloidae？
「世界大博物図鑑 1」平凡社 1991
◇p436（カラー）　荒青 栗本丹洲『千蟲譜』文化8（1811）
◇p437（カラー）『虫譜』成立年代不明（江戸末期）［東京国立博物館］
◇p437（カラー）　イギリス産 ドノヴァン，E.『英国産昆虫図譜』1793〜1813

ケンタウルスオオカブト　Augosoma centaurus
「世界大博物図鑑 1」平凡社 1991
◇p397（カラー）　ハリス，モーゼス図版製作，ドゥルーリ，D.『自然史図譜』1770〜82

【 こ 】

ゴイシシジミ　Taraka hamada
「鳥獣虫魚譜」八坂書房 1988
◇p95（カラー）　松森胤保『両羽飛虫図譜』　［酒田市立光丘文庫］

コウカアブ　Ptecticus tenebrifer
「世界大博物図鑑 1」平凡社 1991
◇p353（カラー）　栗本丹洲『千蟲譜』文化8（1811）

コウガイビルのなかま　Bipaliidae
「世界大博物図鑑 1」平凡社 1991
◇p33（カラー）　栗本丹洲『千蟲譜』文化8（1811）

コウスバカゲロウ　Myrmeleon formicarius
「ビュフォンの博物誌」工作舎 1991
◇M008（カラー）『一般と個別の博物誌 ソンニーニ版』

コウスバカゲロウ
「彩色 江戸博物学集成」平凡社 1994
◇p362（カラー）　スリバチムシ 成虫，幼虫，まゆ 大窪昌章『薜茘庵虫譜』　［個人蔵］

広節裂頭条虫　Diphyllobothrium latum
「世界大博物図鑑 1」平凡社 1991
◇p17（カラー）『虫譜図説』成立年代不明（江戸末期から明治初期）［東京国立博物館］

甲虫
「紙の上の動物園」グラフィック社 2017
◇p100（カラー）『ヨーロッパ、アジア、アフリカ、アメリカなどの昆虫の本：アムステルダムのアルベルト・セバ氏のコレクションより、自然の体色

34 博物図譜レファレンス事典 動物篇

虫　　　　　　　　　　　こかた

のまま写生』　1728
　◇p166（カラー）　ドノヴァン、E.『イギリス本土
　　の昆虫の自然誌：変態の時期を含むいくつかの段
　　階で解説』　1793〜1813

コウボウバチ科　Cimbicidae
「ビュフォンの博物誌」工作舎　1991
　◇M100（カラー）『一般と個別の博物誌 ソンニー
　　ニ版』

コウモリガ
「彩色 江戸博物学集成」平凡社　1994
　◇p90（カラー）　クサギノ虫 幼虫, クサギの材中
　　のさなぎ（蛹殻か）の前半, 成虫　細川重賢『虫類
　　生写』　〔永青文庫〕

コウモリガ科　Hepialidae
「ビュフォンの博物誌」工作舎　1991
　◇M108（カラー）『一般と個別の博物誌 ソンニー
　　ニ版』

コウモリガの1種の雄　Abantiades
labyrinthicus
「アジア昆虫誌要説 博物画の至宝」平凡社
　　1996
　◇pl.146（カラー）　Cossus labyrinthicus　ドノ
　　ヴァン、E.『オーストラリア昆虫誌要説』　1805

コウモリガの1種の雌　Abantiades
labyrinthicus
「アジア昆虫誌要説 博物画の至宝」平凡社
　　1996
　◇pl.146（カラー）　Cossus argenteus（Cossus
　　argenteus）　ドノヴァン、E.『オーストラリア
　　昆虫誌要説』　1805

コウモリガのなかま　Hepialidae
「世界大博物図鑑 1」平凡社　1991
　◇p290（カラー）　ドノヴァン、E.『オーストラリ
　　ア昆虫史要説』　1805

コウモリマルヒメダニのなかま　Argas sp.
「世界大博物図鑑 1」平凡社　1991
　◇p49（カラー）　キュヴィエ, G.L.C.F.D.『動物
　　界』　1836〜49 手彩色銅版

コウラナミジャノメ　Ypthima baldus
「アジア昆虫誌要説 博物画の至宝」平凡社
　　1996
　◇pl.86（カラー）　Papilio Baldus　ドノヴァン,
　　E.『インド昆虫誌要説』　1800

コウラナメクジのなかま　Limax sp.
「世界大博物図鑑 1」平凡社　1991
　◇p489（カラー）　キュヴィエ, フレデリック編
　　『自然史事典』　1816〜30

コエゾゼミ　Tibicen bihamata
「鳥獣虫魚譜」八坂書房　1988
　◇p88（カラー）　ギイギイ　松森胤保『両羽飛虫
　　譜』　〔酒田市立光丘文庫〕

コエビガラスズメ　Sphinx ligustri
「世界大博物図鑑 1」平凡社　1991

　◇p300（カラー）　ドノヴァン、E.『英国産昆虫図
　　譜』　1793〜1813

コオイトゲヘリカメムシ　Phyllomorpha
algirica
「世界大博物図鑑 1」平凡社　1991
　◇p220（カラー）　ドルビニ, A.C.V.D.『万有博物
　　事典』　1838〜49,61

コオイムシ　Diplonychus japonicus
「世界大博物図鑑 1」平凡社　1991
　◇p228（カラー）　栗本丹洲『千蟲譜』　文化8
　　（1811）

コオイムシ
「彩色 江戸博物学集成」平凡社　1994
　◇p459（カラー）　卵と幼虫　山本渓愚筆『蟲品』
　　〔岩瀬文庫〕

コオイムシのなかまの成虫と卵
Belostomatidae
「アジア昆虫誌要説 博物画の至宝」平凡社
　　1996
　◇pl.19（カラー）　Nepa rustica　ドノヴァン、E.
　　『中国昆虫誌要説』　1798

コオニヤンマ　Sieboldius albardae
「世界大博物図鑑 1」平凡社　1991
　◇p156（カラー）　タイコウチ　栗本丹洲『千蟲譜』
　　文化8（1811）

コーカサスオオカブトムシ　Chalcosoma
caucasus
「アジア昆虫誌要説 博物画の至宝」平凡社
　　1996
　◇pl.51（カラー）　Scarabaeus Atlas　ドノヴァン,
　　E.『インド昆虫誌要説』　1800
「世界大博物図鑑 1」平凡社　1991
　◇p393（カラー）　ドノヴァン、E.『インド昆虫史
　　要説』　1800 手彩色銅版

コガシラアブ亜科　Acrocerinae
「ビュフォンの博物誌」工作舎　1991
　◇M110（カラー）『一般と個別の博物誌 ソンニー
　　ニ版』

コガシラアワフキムシ科の1種　Tomaspissp.
「昆虫の劇場」リブロポート　1991
　◇p66（カラー）　メーリアン, M.S.『スリナム産昆
　　虫の変態』　1726

コガシラアワフキムシのなかま　Tomaspis
sp.
「世界大博物図鑑 1」平凡社　1991
　◇p245（カラー）　メーリアン, M.S.『スリナム産
　　昆虫の変態』　1726

コガシラミズムシの1種　Haliplus sp.
「ビュフォンの博物誌」工作舎　1991
　◇M069（カラー）『一般と個別の博物誌 ソンニー
　　ニ版』

コガタキシタバ　Catocala praegnax esther
「鳥獣虫魚譜」八坂書房　1988

博物図譜レファレンス事典 動物篇　**35**

こかた　　　　　　　　　　　　　虫

◇p94（カラー）　松森胤保『両羽飛虫図譜』　［酒田市立光丘文庫］

コガタキシタバ
「彩色 江戸博物学集成」平凡社　1994
◇p443（カラー）　松森胤保『両羽博物図譜』

コガタスズメバチ？ の巣　Vespa analis insularis？
「世界大博物図鑑 1」平凡社　1991
◇p473（カラー）　栗本丹洲『千蟲譜』　文化8（1811）

コガネグモ　Argiope amoena
「世界大博物図鑑 1」平凡社　1991
◇p57（カラー）　絡新婦　栗本丹洲『千蟲譜』　文化8（1811）

コガネグモ
「彩色 江戸博物学集成」平凡社　1994
◇p363（カラー）　大窪昌章『虫類図譜』　［大東急記念文庫］

コガネグモ科　Argiopaidae？
「ビュフォンの博物誌」工作舎　1991
◇M062（カラー）『一般と個別の博物誌 ソンニーニ版』

コガネグモのなかま　Argiopidae
「世界大博物図鑑 1」平凡社　1991
◇p57（カラー）　コガネグモ科，ナゲナワグモ，トゲグモ類，ナゲナワグモ類，マエキオニグモ，シュイロオニグモ，ハンゲツオニグモ，フタオオニグモ　ゲイ，C.『チリ自然社会誌』1844～71

コガネサソリ科　Scorpionidae？
「ビュフォンの博物誌」工作舎　1991
◇M014（カラー）『一般と個別の博物誌 ソンニーニ版』

コガネマイマイ
「彩色 江戸博物学集成」平凡社　1994
◇p358（カラー）　大窪昌章『乙未本草会目録』［蓬左文庫］

コガネムシ
「昆虫の劇場」リブロポート　1991
◇p117（カラー）　ハリス，M.『オーレリアン』1778

コガネムシ科　Scarabaeidae
「ビュフォンの博物誌」工作舎　1991
◇M083（カラー）『一般と個別の博物誌 ソンニーニ版』
◇M087（カラー）『一般と個別の博物誌 ソンニーニ版』

コガネムシの1種
「江戸の動植物図」朝日新聞社　1988
◇p91（カラー）　増山雪斎『蟲豸帖』　［東京国立博物館］

コガネムシのなかま　Gymnopleurus sp.
「アジア昆虫誌要説 博物画の至宝」平凡社　1996
◇pl.52（カラー）　Scarabaeus Miliaris　ドノヴァン，E.『インド昆虫誌要説』1800
◇pl.52（カラー）　Scarabaeus Koenigii　ドノヴァン，E.『インド昆虫誌要説』1800

コガネムシのなかま　Onthophagus spinifex, Gymnopleurus sp.？
「世界大博物図鑑 1」平凡社　1991
◇p408（カラー）　ドノヴァン，E.『インド昆虫史要説』1800　手彩色銅版

コガネムシのなかま　Pachnoda cordata？
「世界大博物図鑑 1」平凡社　1991
◇p408（カラー）　ハリス，モーゼス図版製作，ドゥルーリ，D.『自然史図譜』1770～82

コガネムシのなかま　Polyphylla occidentalis
「世界大博物図鑑 1」平凡社　1991
◇p408（カラー）　ハリス，モーゼス図版製作，ドゥルーリ，D.『自然史図譜』1770～82

コガネムシのなかま　Scarabaeidae
「アジア昆虫誌要説 博物画の至宝」平凡社　1996
◇pl.3（カラー）　Melolontha viridis　ドノヴァン，E.『中国昆虫要説』1798
◇pl.109（カラー）　Cetonia punctatus（Cetonia punctata）　ドノヴァン，E.『オーストラリア昆虫要説』1805
◇pl.109（カラー）　Cetonia frontalis　ドノヴァン，E.『オーストラリア昆虫誌要説』1805
◇pl.109（カラー）　Melolotha viridi-aenea　ドノヴァン，E.『オーストラリア昆虫誌要説』1805

コガネムシのなかま？　Scarabaeidae？
「世界大博物図鑑 1」平凡社　1991
◇p408（カラー）　ハリス，モーゼス図版製作，ドゥルーリ，D.『自然史図譜』1770～82

コカブト？
「彩色 江戸博物学集成」平凡社　1994
◇p230（カラー）　水谷豊文『虫豸写真』　［国会図書館］

コキティウス属　Cocytius
「昆虫の劇場」リブロポート　1991
◇p28（カラー）　メーリアン，M.S.『スリナム産昆虫の変態』1726

コキノコムシ科　Mycetophagidae
「ビュフォンの博物誌」工作舎　1991
◇M091（カラー）『一般と個別の博物誌 ソンニーニ版』

ゴキブリ科　Blattidae
「ビュフォンの博物誌」工作舎　1991
◇M094（カラー）『一般と個別の博物誌 ソンニーニ版』

ゴキブリの1種
「彩色 江戸博物学集成」平凡社　1994
◇p70～71（カラー）　あまめ　丹羽正伯『三州物産絵図帳』　［鹿児島県立図書館］

虫　　　　　　　　　　　　　　こども

ゴキブリのなかま　Nyctibora sericea
「世界大博物図鑑 1」平凡社　1991
　　◇p205（カラー）　ハリス、モーゼス図版製作、ドゥ
　　ルーリ, D.『自然史図譜』1770～82

ゴキブリのなかま　Panchlora nivea
「世界大博物図鑑 1」平凡社　1991
　　◇p205（カラー）　ハリス、モーゼス図版製作、ドゥ
　　ルーリ, D.『自然史図譜』1770～82

ゴキブリヤセバチ　Evania appendigaster
「ビュフォンの博物誌」工作舎　1991
　　◇M102（カラー）『一般と個別の博物誌 ソンニー
　　ニ版』

コクヌスト　Tenebroides mauritanicus
「ビュフォンの博物誌」工作舎　1991
　　◇M091（カラー）『一般と個別の博物誌 ソンニー
　　ニ版』

コクワガタ
「彩色 江戸博物学集成」平凡社　1994
　　◇p230（カラー）　ヨシツネ　背面と腹面　水谷豊
　　文『虫豸写真』　［国会図書館］

コクワガタ？
「彩色 江戸博物学集成」平凡社　1994
　　◇p230（カラー）　水谷豊文『虫豸写真』　［国会
　　図書館］

コケカニムシ　Neobisium muscorum
「世界大博物図鑑 1」平凡社　1991
　　◇p44（カラー）　リーチ, W.E.著、ノダー, R.P.図
　　『動物学雑録』1814～17

コケカニムシのなかま？　Neobisiidae ?
「世界大博物図鑑 1」平凡社　1991
　　◇p44（カラー）　リーチ, W.E.著、ノダー, R.P.図
　　『動物学雑録』1814～17

コケガのなかま　Arctiidae
「アジア昆虫誌要説 博物画の至宝」平凡社
　　1996
　　◇pl.148（カラー）　Bombyx Lydia　ドノヴァン,
　　E.『オーストラリア昆虫誌要説』　1805

コケガのなかま？　Oeonistis entella ?
「アジア昆虫誌要説 博物画の至宝」平凡社
　　1996
　　◇pl.144（カラー）　Bombyx Delia (Phalaena
　　Delia)　ドノヴァン, E.『オーストラリア昆虫誌
　　要説』　1805

コシアキトンボ　Pseudothemis zonata
「世界大博物図鑑 1」平凡社　1991
　　◇p161（カラー）　栗本丹洲『千蟲譜』　文化8
　　（1811）
　　◇p161（カラー）　未成熟のオス　栗本丹洲『千蟲
　　譜』文化8（1811）

コシアキトンボ
「彩色 江戸博物学集成」平凡社　1994
　　◇p386（カラー）　カミナリトンボ　メス、オス
　　吉田雀巣庵『虫譜』

コシダカコベソマイマイ
「彩色 江戸博物学集成」平凡社　1994
　　◇p359（カラー）　大窪昌章『乙未本草会目録』
　　［蓬左文庫］

ゴシック　Naenia typica
「昆虫の劇場」リブロポート　1991
　　◇p122（カラー）　Gothic　ハリス, M.『オーレリ
　　アン』1778

コシブトハナバチの1種　Anthophora sp.
「ビュフォンの博物誌」工作舎　1991
　　◇M104（カラー）『一般と個別の博物誌 ソンニー
　　ニ版』

コシロシタバ
「彩色 江戸博物学集成」平凡社　1994
　　◇p163（カラー）　増山雪斎『蟲豸帖』　［東京国
　　立博物館］

コスズメ
「彩色 江戸博物学集成」平凡社　1994
　　◇p91（カラー）　ツタノ虫　幼虫、幼虫（老熟）、さ
　　なぎ、成虫　細川重賢『虫類生写』　［永青文庫］

コチニールカイガラムシ　Dactylopius coccus
「世界大博物図鑑 1」平凡社　1991
　　◇p264（カラー）　ベルトゥーフ, F.J.『少年絵本』
　　1810　手彩色図版
　　◇p265（カラー）　養殖風景　ベルトゥーフ, F.J.
　　『少年絵本』1810　手彩色図版

コチニールカイガラムシ
「彩色 江戸博物学集成」平凡社　1994
　　◇p346（カラー）　紫釦　前田利保『啓蒙虫譜』
　　［国会図書館］

コチニールカイガラムシから得た染料
　　Dactylopius coccus
「世界大博物図鑑 1」平凡社　1991
　　◇p265（カラー）　栗本丹洲『千蟲譜』　文化8
　　（1811）

コチャタテ
「彩色 江戸博物学集成」平凡社　1994
　　◇p206（カラー）　コトコトムシ　顕微鏡で見た図
　　栗本丹洲『千虫譜』　［国会図書館］

コツチバチ科　Tiphiidae
「ビュフォンの博物誌」工作舎　1991
　　◇M102（カラー）『一般と個別の博物誌 ソンニー
　　ニ版』

コツチバチのなかま　Tiphia femorata,
　　Myzine sexfasciata, Thynnus variabilis
「世界大博物図鑑 1」平凡社　1991
　　◇p477（カラー）　キュヴィエ, G.L.C.F.D.『動物
　　界』1836～49　手彩色銅版

ゴート・モス　Cossus cossus
「昆虫の劇場」リブロポート　1991
　　◇p123（カラー）　Goat Moth　ハリス, M.『オー
　　レリアン』1778

博物図譜レファレンス事典 動物篇　**37**

ことる　虫

コドルスオオオナガタイマイのスンダランド亜種　Graphium codrus empedovana
「アジア昆虫誌要説 博物画の至宝」平凡社　1996
　◇pl.67（カラー）　Papilio Empedocles　ドノヴァン, E.『インド昆虫誌要説』　1800

コナジラミのなかま　Aleyrodes proletlla
「世界大博物図鑑 1」平凡社　1991
　◇p260（カラー）　キュヴィエ, G.L.C.F.D.『動物界』　1836〜49　手彩色銅版

コナダニ科　Acaridae
「ビュフォンの博物誌」工作舎　1991
　◇M066（カラー）『一般と個別の博物誌 ソンニーニ版』

コノシメトンボまたはリスアカネ
Sympetrum baccha matutinumまたは Sympetrum risi
「鳥獣虫魚譜」八坂書房　1988
　◇p96（カラー）　赤蜻蛉 第七品　メス, オス　松森胤保『両羽飛虫図譜』　［酒田市立光丘文庫］

コバネイナゴ　Oxya japonica
「世界大博物図鑑 1」平凡社　1991
　◇p189（カラー）　栗本丹洲『千蟲譜』　文化8（1811）

コバネシロチョウのなかま　Dismorphia psamathe
「世界大博物図鑑 1」平凡社　1991
　◇p319（カラー）　ドノヴァン, E.『博物宝典』　1823〜27

コバネハラナガイトトンボ　Mecistogaster marchali
「世界大博物図鑑 1」平凡社　1991
　◇p153（カラー）　メス　ハリス, モーゼス図版製作, ドゥルーリ, D.『自然史図譜』　1770〜82

コバンコクヌスト科　Peltidae
「ビュフォンの博物誌」工作舎　1991
　◇M081（カラー）『一般と個別の博物誌 ソンニーニ版』

コバンムシ科　Naucoridae
「ビュフォンの博物誌」工作舎　1991
　◇M097（カラー）『一般と個別の博物誌 ソンニーニ版』

コヒオドシ　Aglais urticae
「昆虫の劇場」リブロポート　1991
　◇p102（カラー）　ハリス, M.『オーレリアン』　1778

コフキコガネの1種　Melolontha sp.
「ビュフォンの博物誌」工作舎　1991
　◇M084（カラー）『一般と個別の博物誌 ソンニーニ版』

コブゴミムシダマシ科　Zopheridae
「ビュフォンの博物誌」工作舎　1991

　◇M088（カラー）『一般と個別の博物誌 ソンニーニ版』

コブスジコガネの1種　Trox sp.
「ビュフォンの博物誌」工作舎　1991
　◇M083（カラー）『一般と個別の博物誌 ソンニーニ版』

コブスジコガネのなかま　Trox sablosus
「世界大博物図鑑 1」平凡社　1991
　◇p409（カラー）　キュヴィエ, G.L.C.F.D.『動物界』　1836〜49　手彩色銅版

コベソマイマイ
「彩色 江戸博物学集成」平凡社　1994
　◇p359（カラー）　大窪昌章『乙未本草会目録』　［蓬左文庫］

コマダラウスバカゲロウ　Dendroleon jezoensis
「鳥獣虫魚譜」八坂書房　1988
　◇p102（カラー）　松森胤保『両羽飛虫図譜』　［酒田市立光丘文庫］

ゴマダラカミキリ　Anoplophora malasiaca
「鳥獣虫魚譜」八坂書房　1988
　◇p101（カラー）　松森胤保『両羽飛虫図譜』　［酒田市立光丘文庫］

ゴマダラカミキリ
「彩色 江戸博物学集成」平凡社　1994
　◇p231（カラー）　水谷豊文『虫豸写真』　［国会図書館］
「世界大博物図鑑 1」平凡社　1991
　◇p400〜401（カラー）『虫譜』　成立年代不明（江戸末期）　［東京国立博物館］
「江戸の動植物図」朝日新聞社　1988
　◇p36（カラー）　森野藤助『松山本草』　［森野旧薬園］
　◇p91（カラー）　増山雪斎『蟲豸帖』　［東京国立博物館］

ゴマダラカミキリ？　Anoplophora malasiaca？
「世界大博物図鑑 1」平凡社　1991
　◇p453（カラー）　栗本丹洲『千蟲譜』　文化8（1811）

ゴマダラカミキリのなかま　Anoplophora sp.
「アジア昆虫誌要説 博物画の至宝」平凡社　1996
　◇pl.6（カラー）　Cerambyx Farinosu　ドノヴァン, E.『中国昆虫誌要説』　1798

ゴマダラチョウ？
「彩色 江戸博物学集成」平凡社　1994
　◇p150〜151（カラー）　佐竹曙山『龍亀昆虫写生帖』　［千秋美術館］
　◇p150〜151（カラー）　佐竹曙山『昆虫胥化図』　［永青文庫］

コマツモムシのなかま　Anisops nivea
「世界大博物図鑑 1」平凡社　1991
　◇p233（カラー）　ドルビニ, A.C.V.D.『万有博物

38　博物図譜レファレンス事典 動物篇

虫　　　　　　　　　　　　　　　　　こやか

ゴマノ虫
「江戸名作画帖全集 8」駸々堂出版　1995
　◇図46（カラー）　ゴマノ虫・イモムシなど　細川
　　重賢編『昆虫胥化図』　紙本着色　［永青文庫
　　（東京）］

ゴマフアブのなかま　Haematopota pluvialis
「世界大博物図鑑 1」平凡社　1991
　◇p353（カラー）　ハリス, M.『英国産昆虫集成』
　　1776

ゴマフアブのなかま　Haematopota sp.
「世界大博物図鑑 1」平凡社　1991
　◇p353（カラー）　ハリス, M.『英国産昆虫集成』
　　1776

ゴマフボクトウの1種の雄　Xyleutes strix
「アジア昆虫誌要説 博物画の至宝」平凡社
　1996
　◇pl.145（カラー）　Cossus nebulosus　ドノヴァ
　　ン, E.『オーストラリア昆虫誌要説』　1805

ゴマフボクトウの1種の雌　Xyleutes strix
「アジア昆虫誌要説 博物画の至宝」平凡社
　1996
　◇pl.145（カラー）　Cossus lituratus　ドノヴァン,
　　E.『オーストラリア昆虫誌要説』　1805

コマユバチ類
「彩色 江戸博物学集成」平凡社　1994
　◇p395（カラー）　繭と幼虫　吉田雀巣庵『虫譜』
　　［国会図書館］

コマルハナバチ　Bombus ardens
「世界大博物図鑑 1」平凡社　1991
　◇p469（カラー）　オスバチ　栗本丹洲『千蟲譜』
　　文化8（1811）

コマルハナバチ？　Bombus ardens ardens？
「鳥獣虫魚譜」八坂書房　1988
　◇p86（カラー）　働き蜂　松森胤保『両羽飛虫図
　　譜』　［酒田市立光丘文庫］

コマルバネクワガタ　Neolucanus castanopterus
「世界大博物図鑑 1」平凡社　1991
　◇p384（カラー）　ウェストウッド, J.O.『東洋昆
　　虫学集成』　1848

ゴミアシナガサシガメ　Myiophanes tipulina
「世界大博物図鑑 1」平凡社　1991
　◇p225（カラー）　栗本丹洲『千蟲譜』　文化8
　　（1811）

コミズムシのなかま　Sigara striata
「世界大博物図鑑 1」平凡社　1991
　◇p232（カラー）　ドノヴァン, E.『英国産昆虫図
　　譜』　1793〜1813

ゴミムシダマシ科　Tenebrionidae
「ビュフォンの博物誌」工作舎　1991
　◇M085（カラー）『一般と個別の博物誌 ソンニー
　　ニ版』

　◇M088（カラー）『一般と個別の博物誌 ソンニー
　　ニ版』
　◇M089（カラー）『一般と個別の博物誌 ソンニー
　　ニ版』
　◇M090（カラー）『一般と個別の博物誌 ソンニー
　　ニ版』

ゴミムシの1種　Odacantha melanura
「ビュフォンの博物誌」工作舎　1991
　◇M072（カラー）『一般と個別の博物誌 ソンニー
　　ニ版』

ゴミムシのなかま　Carabidae
「世界大博物図鑑 1」平凡社　1991
　◇p369（カラー）　ドノヴァン, E.『英国産昆虫図
　　譜』　1793〜1813

ゴミムシのなかま　Odacantha melanura, Agra latreillei, Lebia fulvicollis
「世界大博物図鑑 1」平凡社　1991
　◇p368（カラー）　ドルビニ, A.C.V.D.『万有博物
　　事典』　1838〜49,61

コムラサキ
「彩色 江戸博物学集成」平凡社　1994
　◇p163（カラー）　増山雪斎『蟲豸帖』　［東京国
　　立博物館］

コメツキダマシ科　Melasidae
「ビュフォンの博物誌」工作舎　1991
　◇M075（カラー）『一般と個別の博物誌 ソンニー
　　ニ版』

コメツキムシ科　Elateridae？
「ビュフォンの博物誌」工作舎　1991
　◇M075（カラー）『一般と個別の博物誌 ソンニー
　　ニ版』

コメツキムシ各種　Elater spp.
「世界大博物図鑑 1」平凡社　1991
　◇p428（カラー）　各原産地は，アフリカ，南米　ハ
　　リス，モーゼス図版製作，ドゥルーリ, D.『自然史
　　図譜』　1770〜82

コメツキムシのなかま　Elater sanguineus, Corymbites cupreus？
「世界大博物図鑑 1」平凡社　1991
　◇p428（カラー）　ドノヴァン, E.『英国産昆虫図
　　譜』　1793〜1813

コモン・スウィフト　Hepialus lupulinus
「昆虫の劇場」リブロポート　1991
　◇p122（カラー）　Common Swift　ハリス, M.
　　『オーレリアン』　1778

コモンタイマイ　Graphium agamemnon
「アジア昆虫誌要説 博物画の至宝」平凡社
　1996
　◇pl.26（カラー）　Papilio Agamemnon　ドノ
　　ヴァン, E.『中国昆虫誌要説』　1798

コヤガのなかま　Noctuidae
「アジア昆虫誌要説 博物画の至宝」平凡社
　1996

博物図譜レファレンス事典 動物篇　**39**

◇pl.148（カラー）　Tortrix apicana　ドノヴァン，E.『オーストラリア昆虫誌要説』1805

ゴライアスオオツノコガネ　Goliathus goliathus
「世界大博物図鑑 1」平凡社　1991
　◇p404（カラー）　ハリス，モーゼス図版製作，ドゥルーリ，D.『自然史図譜』1770～82
　◇p405（カラー）　キュヴィエ，G.L.C.F.D.『動物界』1836～49　手彩色銅版

コルリキバチ　Sirex juvencus
「世界大博物図鑑 1」平凡社　1991
　◇p484（カラー）　ドノヴァン，E.『英国産昆虫図譜』1793～1813

コロギス　Prosopogryllacris japonica
「世界大博物図鑑 1」平凡社　1991
　◇p168（カラー）　栗本丹洲『千蟲譜』　文化8（1811）

コロモジラミ
「彩色 江戸博物学集成」平凡社　1994
　◇p206（カラー）　顕微鏡で見た図　栗本丹洲『千虫譜』　［国会図書館］

コロラドハムシ
「紙の上の動物園」グラフィック社　2017
　◇p236（カラー）『広告物』　年月日不詳

コワモンゴキブリ　Periplaneta australasiae
「すごい博物画」グラフィック社　2017
　◇図版54（カラー）　パイナップルにコワモンゴキブリとチャバネゴキブリ　メーリアン，マリア・シビラ 1701～05頃　子牛皮紙に軽く輪郭をエッチングした上に水彩 濃厚顔料 アラビアゴム　48.3×34.8　［ウィンザー城ロイヤル・ライブラリー］

昆虫
「紙の上の動物園」グラフィック社　2017
　◇p165（カラー）　ヘーフナーゲル，ヤーコブ『正確に写生された様々な昆虫の飛翔姿』1630
「昆虫の劇場」リブロポート　1991
　◇p51（カラー）　メーリアン，M.S.『スリナム産昆虫の変態』1726

コンボウヤセバチ科　Gasteruptionidae
「ビュフォンの博物誌」工作舎　1991
　◇M101（カラー）『一般と個別の博物誌 ソンニーニ版』

コンボルバラス・ホークモス　Agrius convolvuli
「昆虫の劇場」リブロポート　1991
　◇p121（カラー）　ハリス，M.『オーレリアン』1778

【さ】

サイカブトの1種　Oryctes nasicornis
「ビュフォンの博物誌」工作舎　1991
　◇M083（カラー）『一般と個別の博物誌 ソンニーニ版』

サイカブトのなかま　Oryctes sp.
「世界大博物図鑑 1」平凡社　1991
　◇p397（カラー）　レーゼル・フォン・ローゼンホフ，A.J.『昆虫学の娯しみ』1764～68　彩色銅版

最大種のトンボ
「紙の上の動物園」グラフィック社　2017
　◇p156（カラー）　ドノヴァン，E.『イギリス本土の昆虫の自然誌：変態の時期を含むいくつかの段階で解説』1793～1813

サカダチコノハムシ　Heteropteryx dilatata
「世界大博物図鑑 1」平凡社　1991
　◇p200（カラー）　ウェストウッド，J.O.『東洋昆虫学集成』1848

サカダチマイマイ　Anostoma ringens
「世界大博物図鑑 1」平凡社　1991
　◇p493（カラー）　キュヴィエ，G.L.C.F.D.『動物界』1836～49　手彩色銅版

サクラスガ　Yponomeuta evonymella
「世界大博物図鑑 1」平凡社　1991
　◇p291（カラー）　ドノヴァン，E.『英国産昆虫図譜』1793～1813

ササキリ　Conocephalus melas
「世界大博物図鑑 1」平凡社　1991
　◇p181（カラー）　栗本丹洲『千蟲譜』　文化8（1811）

ササキリの1種　Euconocephalus（？）acuminata
「アジア昆虫誌要説 博物画の至宝」平凡社　1996
　◇pl.11（カラー）　Locusta acuminata（Gryllus acuminatus）　ドノヴァン，E.『中国昆虫誌要説』1798

ササキリのなかま　Conocephalidae
「世界大博物図鑑 1」平凡社　1991
　◇p181（カラー）　栗本丹洲『千蟲譜』　文化8（1811）

笹ノ虫
「江戸名作画帖全集 8」駸々堂出版　1995
　◇図45（カラー）　松ノ毛虫・鳳仙花ノ虫・笹ノ虫・菫ノ虫・柿ノシャクトリ虫　細川重賢編『昆虫胥化図』　紙本着色　［永青文庫（東京）］

サザンホーカー　Aeshna cyanea
「すごい博物画」グラフィック社　2017
　◇図版49（カラー）　ルリコンゴウインコ、サザンホーカー、スズメバチ、種類のわからない鳥、キアゲハの幼虫とさなぎ、ホワイトフットクレイフィッシュ、グレーハウンド、シクラメンの葉とカレハガの幼虫　マーシャル、アレクサンダー1650～82頃　水彩　45.6×33.3　［ウィンザー城ロイヤル・ライブラリー］

サシガメ科　Reduviidae
「ビュフォンの博物誌」工作舎　1991

◇M096（カラー）『一般と個別の博物誌 ソンニー二版』

サシガメのなかま　Eulyes amaenus
「世界大博物図鑑 1」平凡社　1991
◇p220（カラー）　ドルビニ, A.C.V.D.『万有物事典』1838〜49,61

サシガメのなかま？　Reduviidae ?
「アジア昆虫誌要説 博物画の至宝」平凡社　1996
◇pl.21（カラー）　Reduvius bifidus（Cimex bifidus）　ドノヴァン, E.『中国昆虫誌要説』1798

サシバエの1種　Stomoxys sp.
「ビュフォンの博物誌」工作舎　1991
◇M112（カラー）『一般と個別の博物誌 ソンニー二版』

サスライアリ亜科　Dorylinae
「ビュフォンの博物誌」工作舎　1991
◇M101（カラー）『一般と個別の博物誌 ソンニー二版』

サソリ
「彩色 江戸博物学集成」平凡社　1994
◇p206（カラー）　栗本丹洲『千虫譜』　［国会図書館］

サソリの1種
「江戸の動植物図」朝日新聞社　1988
◇p87（カラー）　栗本丹洲『千蟲譜』　［国立国会図書館］

サソリモドキ　Thelyphonus caudatus
「ビュフォンの博物誌」工作舎　1991
◇M060（カラー）『一般と個別の博物誌 ソンニー二版』
「世界大博物図鑑 1」平凡社　1991
◇p45（カラー）　キュヴィエ, G.L.C.F.D.『動物界』1836〜49　手彩色銅版

サソリモドキ　Typopeltis stimpsomii Wood
「高木春山 本草図説 動物」リブロポート　1989
◇p83（カラー）

サツキモンカゲロウ　Ephemera vulgata
「世界大博物図鑑 1」平凡社　1991
◇p149（カラー）　キュヴィエ, G.L.C.F.D.『動物界』1836〜49　手彩色銅版
◇p149（カラー）　ドノヴァン, E.『英国産昆虫図譜』1793〜1813

ザトウムシ
「彩色 江戸博物学集成」平凡社　1994
◇p278（カラー）　アシダカグモ　馬場大助『詩経物産図譜〈蟲魚部〉』　［天猷寺］

ザトウムシのなかま　Phalangium rudipalpe
「世界大博物図鑑 1」平凡社　1991
◇p45（カラー）　ゲイ, C.『チリ自然社会誌』1844〜71

サナエトンボの1種
「彩色 江戸博物学集成」平凡社　1994
◇p167（カラー）　増山雪斎『蟲豸帖』　［東京国立博物館］

サバクトビバッタ　Schistocerca gregaria
「世界大博物図鑑 1」平凡社　1991
◇p189（カラー）　キュヴィエ, G.L.C.F.D.『動物界』1836〜49　手彩色銅版

サビモンキシタアゲハ　Trioides hypolitus
「アジア昆虫誌要説 博物画の至宝」平凡社　1996
◇pl.68（カラー）　Papilio Panthous　ドノヴァン, E.『インド昆虫誌要説』1800

サメハダクワガタのなかま　Pycnosiphorus leiocephalus
「世界大博物図鑑 1」平凡社　1991
◇p389（カラー）　ゲイ, C.『チリ自然社会誌』1844〜71

サンカクマイマイ　Trochoidea elegans
「世界大博物図鑑 1」平凡社　1991
◇p493（カラー）　キュヴィエ, G.L.C.F.D.『動物界』1836〜49　手彩色銅版

【し】

ジェルヴェオオハバマダニ　Aponomma gervaisi
「世界大博物図鑑 1」平凡社　1991
◇p49（カラー）　キュヴィエ, G.L.C.F.D.『動物界』1836〜49　手彩色銅版

シオカラトンボ　Orthetrum albistylum speciosum
「世界大博物図鑑 1」平凡社　1991
◇p161（カラー）　オス　栗本丹洲『千蟲譜』　文化8（1811）

シオヤアブ　Promachus yesonicus
「世界大博物図鑑 1」平凡社　1991
◇p353（カラー）　栗本丹洲『千蟲譜』　文化8（1811）

シオヤトンボ
「彩色 江戸博物学集成」平凡社　1994
◇p167（カラー）　増山雪斎『蟲豸帖』　［東京国立博物館］

シカツノミヤマクワガタ　Lucanus elaphus
「世界大博物図鑑 1」平凡社　1991
◇p381（カラー）　ダニエル, W.『生物景観図集』1809

ジガバチ科　Sphecidae
「ビュフォンの博物誌」工作舎　1991
◇M102（カラー）『一般と個別の博物誌 ソンニー二版』
◇M103（カラー）『一般と個別の博物誌 ソンニー

しかは　　　　　　　　　　虫

二版』

ジガバチがイモムシを狩る場面
「彩色 江戸博物学集成」平凡社　1994
　◇p279（カラー）　馬場大助『詩経物産図譜〈蟲魚部〉』　［天獣寺］

ジガバチかその近縁種
「彩色 江戸博物学集成」平凡社　1994
　◇p202（カラー）　クモを引く場面　栗本丹洲『千蟲譜』　［国会図書館］

ジガバチのなかま　Sphecidae
「世界大博物図鑑 1」平凡社　1991
　◇p472（カラー）　Sphex maxillosus（アナバチの類），Chlorion maxillare（アナバチの類），Ampulex compressa（セナガアナバチ），Psen ater？（チビアナバチ），Trigonopsis rufiventris（アナバチの類），Sceliphron spirifex（キゴシジガバチの近縁種）　キュヴィエ，G.L.C.F.D.『動物界』1836〜49　手彩色銅版

ジガバチのなかま？　Sphecidae？
「世界大博物図鑑 1」平凡社　1991
　◇p472（カラー）　クモを狩るハチ　栗本丹洲『千蟲譜』　文化8（1811）

ジガバチの仲間
「彩色 江戸博物学集成」平凡社　1994
　◇p202（カラー）　栗本丹洲『千蟲譜』　［国会図書館］

ジガバチモドキ
「彩色 江戸博物学集成」平凡社　1994
　◇p390（カラー）　吉田雀巣庵『雀巣庵虫譜』　［名古屋市立博物館］
　◇p390（カラー）　ヂガバチ　吉田雀巣庵『雀巣庵虫譜』　［名古屋市立博物館］

シギアブ科　Rhagionidae
「ビュフォンの博物誌」工作舎　1991
　◇M112（カラー）『一般と個別の博物誌 ソンニー二版』

シギゾウムシの仲間
「彩色 江戸博物学集成」平凡社　1994
　◇p318（カラー）　畔田翠山『綱目注疏』　［大阪市立博物館］

ジグモ　Atypus karschi
「世界大博物図鑑 1」平凡社　1991
　◇p52（カラー）　栗本丹洲『千蟲譜』　文化8（1811）

ジグモ科　Atypidae
「ビュフォンの博物誌」工作舎　1991
　◇M063（カラー）『一般と個別の博物誌 ソンニー二版』

シジミタテハ　Zemeros flegyas
「世界大博物図鑑 1」平凡社　1991
　◇p346（カラー）　ドノヴァン，E.『インド昆虫史要説』　1800　手彩色銅版

シジミタテハ科の1種
「昆虫の劇場」リブロポート　1991
　◇p38（カラー）　メーリアン，M.S.『スリナム産昆虫の変態』1726
　◇p76（カラー）　メーリアン，M.S.『スリナム産昆虫の変態』1726

シジミタテハ科ミツオシジミタテハ属の1種
Helicopis
「昆虫の劇場」リブロポート　1991
　◇p35（カラー）　メーリアン，M.S.『スリナム産昆虫の変態』1726

シジミタテハ科ユディタ属の1種　Judita
「昆虫の劇場」リブロポート　1991
　◇p65（カラー）　メーリアン，M.S.『スリナム産昆虫の変態』1726

シジミタテハの1種　Anteros acheus
「アジア昆虫誌要説 博物画の至宝」平凡社　1996
　◇pl.91（カラー）　Papilio Achaeus　ドノヴァン，E.『インド昆虫誌要説』

シジミタテハの1種　Caria plutargus
「アジア昆虫誌要説 博物画の至宝」平凡社　1996
　◇pl.98（カラー）　Papilio Plutargus　ドノヴァン，E.『インド昆虫誌要説』1800

シジミタテハの1種　Catocyclotis aemulius
「アジア昆虫誌要説 博物画の至宝」平凡社　1996
　◇pl.94（カラー）　Papilio AEmulius　ドノヴァン，E.『インド昆虫誌要説』1800

シジミタテハの1種　Emesis ovidius
「アジア昆虫誌要説 博物画の至宝」平凡社　1996
　◇pl.96（カラー）　Papilio Ovidius　ドノヴァン，E.『インド昆虫誌要説』1800

シジミタテハの1種　Lachnocnema bibulus
「アジア昆虫誌要説 博物画の至宝」平凡社　1996
　◇pl.96（カラー）　Papilio Bibulus　ドノヴァン，E.『インド昆虫誌要説』1800

シジミタテハの1種　Mesene florus
「アジア昆虫誌要説 博物画の至宝」平凡社　1996
　◇pl.89（カラー）　Papilio Florus　ドノヴァン，E.『インド昆虫誌要説』1800

シジミタテハの1種　Metacharis ptolomaeus
「アジア昆虫誌要説 博物画の至宝」平凡社　1996
　◇pl.96（カラー）　Papilio Ptolomaeus（Papilio Ptolemaeus）　ドノヴァン，E.『インド昆虫誌要説』1800

シジミタテハの1種　Synargis regulus
「アジア昆虫誌要説 博物画の至宝」平凡社　1996

◇pl.93（カラー） Papilio Regulus ドノヴァン，E.『インド昆虫誌要説』 1800

シジミタテハの1種　Zemeros flegyas
「アジア昆虫誌要説 博物画の至宝」平凡社 1996
◇pl.87（カラー） Papilio Allica ドノヴァン, E.『インド昆虫誌要説』 1800

シジミタテハのなかま　Calliona sp.？
「世界大博物図鑑 1」平凡社 1991
◇p325（カラー） 南米産 ドノヴァン, E.『インド昆虫史要説』 1800 手彩色銅版

シジミタテハのなかま　Euselasia thucydides
「世界大博物図鑑 1」平凡社 1991
◇p325（カラー） ドノヴァン, E.『インド昆虫史要説』 1800 手彩色銅版

シジミタテハのなかま　Riodinidae
「世界大博物図鑑 1」平凡社 1991
◇p324（カラー） メーリアン, M.S.『スリナム産昆虫の変態』 1726
◇p325（カラー） 分布は南米 ドノヴァン, E.『インド昆虫史要説』 1800 手彩色銅版

シジミタテハのなかま　Thisbe sp.？
「世界大博物図鑑 1」平凡社 1991
◇p325（カラー） ドノヴァン, E.『博物宝典』 1823〜27

シジミタテハのなかま
「世界大博物図鑑 1」平凡社 1991
◇p307（カラー） クラマー, P.『世界三地域熱帯蝶図譜』 1779〜82

シジミタテハのなかま？　Calospila petronius？
「アジア昆虫誌要説 博物画の至宝」平凡社 1996
◇pl.93（カラー） Papilio Petronius ドノヴァン, E.『インド昆虫誌要説』 1800

シジミチョウ科　Lycaenidae
「ビュフォンの博物誌」工作舎 1991
◇M108（カラー）『一般と個別の博物誌 ソンニー二版』

シジミチョウの1種　Anthene pythagoras
「アジア昆虫誌要説 博物画の至宝」平凡社 1996
◇pl.89（カラー） Papilio Pythagoras ドノヴァン, E.『インド昆虫誌要説』 1800

シジミチョウの1種　Eicochrysops hippocrates
「アジア昆虫誌要説 博物画の至宝」平凡社 1996
◇pl.95（カラー） Papilio Hippocrates ドノヴァン, E.『インド昆虫誌要説』 1800

シジミチョウの1種　Erina erina
「アジア昆虫誌要説 博物画の至宝」平凡社 1996

◇pl.139（カラー） Papilio Erinus ドノヴァン, E.『オーストラリア昆虫誌要説』 1805

シジミチョウの1種　Feniseca tarquinius
「アジア昆虫誌要説 博物画の至宝」平凡社 1996
◇pl.94（カラー） Papilio Tarquinius ドノヴァン, E.『インド昆虫誌要説』 1800

シジミチョウの1種　Hypolycaena philippus
「アジア昆虫誌要説 博物画の至宝」平凡社 1996
◇pl.92（カラー） Papilio Philippus ドノヴァン, E.『インド昆虫誌要説』 1800

シジミチョウの1種　Hypolycaena phorbas
「アジア昆虫誌要説 博物画の至宝」平凡社 1996
◇pl.91（カラー） Papilio Phorbas ドノヴァン, E.『インド昆虫誌要説』 1800

シジミチョウの1種　Jalmenus evagoras
「アジア昆虫誌要説 博物画の至宝」平凡社 1996
◇pl.138（カラー） Papilio Evagoras ドノヴァン, E.『オーストラリア昆虫誌要説』 1805

シジミチョウの1種　Lucia limbata
「アジア昆虫誌要説 博物画の至宝」平凡社 1996
◇pl.93（カラー） Papilio Lucanus ドノヴァン, E.『インド昆虫誌要説』 1800

シジミチョウのなかま　Aethiopana honorius
「世界大博物図鑑 1」平凡社 1991
◇p320（カラー） ドノヴァン, E.『博物宝典』 1823〜27

シジミチョウのなかま　Bindahara phocides, Evenus gabriela
「世界大博物図鑑 1」平凡社 1991
◇p320（カラー） ドノヴァン, E.『博物宝典』 1823〜27

シジミチョウのなかま　Cycnus phaleros, Chalybs herodotus
「世界大博物図鑑 1」平凡社 1991
◇p321（カラー） ドノヴァン, E.『インド昆虫史要説』 1800 手彩色銅版

シジミチョウのなかま　Drupadia ravindra
「世界大博物図鑑 1」平凡社 1991
◇p320（カラー） ドノヴァン, E.『インド昆虫史要説』 1800 手彩色銅版

シジミチョウのなかま　Eicochrysops hippocrates
「世界大博物図鑑 1」平凡社 1991
◇p321（カラー） ドノヴァン, E.『インド昆虫史要説』 1800 手彩色銅版

シジミチョウのなかま　Evenus sp.
「世界大博物図鑑 1」平凡社 1991
◇p321（カラー） ドノヴァン, E.『博物宝典』

ししみ　　　　　　　虫

1823〜27

シジミチョウのなかま　Lycaenidae
「世界大博物図鑑　1」平凡社　1991
　◇p320（カラー）　ドノヴァン, E.『インド昆虫史要説』　1800　手彩色銅版
　◇p321（カラー）　ドノヴァン, E.『インド昆虫史要説』　1800　手彩色銅版
　◇p321（カラー）　インド産　ドノヴァン, E.『インド昆虫史要説』　1800　手彩色銅版

シジミチョウのなかま　Tajuria sp.？, 'Thecla'orbia？
「世界大博物図鑑　1」平凡社　1991
　◇p320（カラー）　ドノヴァン, E.『インド昆虫史要説』　1800　手彩色銅版

シジミチョウのなかま
「世界大博物図鑑　1」平凡社　1991
　◇p294（カラー）　ハリス, モーゼス図版製作, ドゥルーリ, D.『自然史図譜』　1770〜82

シタバガの1種　Dysgonia frontinus
「アジア昆虫誌要説　博物画の至宝」平凡社　1996
　◇pl.140（カラー）　Papilio Frontinus　ドノヴァン, E.『オーストラリア昆虫誌要説』　1805

シタバガの1種　Fodina ostorius
「アジア昆虫誌要説　博物画の至宝」平凡社　1996
　◇pl.140（カラー）　Papilio Ostoriu　ドノヴァン, E.『オーストラリア昆虫誌要説』　1805

シタベニトラガ　Episteme lectrix
「アジア昆虫誌要説　博物画の至宝」平凡社　1996
　◇pl.43（カラー）　Phalaena lectrix　ドノヴァン, E.『中国昆虫誌要説』　1798

シタベニハゴロモのなかま　Penthicodes picta
「世界大博物図鑑　1」平凡社　1991
　◇p256（カラー）　ドルビニ, A.C.V.D.『万有博物事典』　1838〜49,61

シタベニモリツノハゴロモ　Phrictus tripartitus
「世界大博物図鑑　1」平凡社　1991
　◇p257（カラー）　ドノヴァン, E.『博物宝典』　1823〜27

シデムシ類
「彩色 江戸博物学集成」平凡社　1994
　◇p203（カラー）　幼虫　栗本丹洲『千蟲譜』［国会図書館］

シナゴキブリ
⇒ヤクヨウゴキブリ（シナゴキブリ）を見よ

シバンムシの1種　Anobium sp.
「ビュフォンの博物誌」工作舎　1991
　◇M077（カラー）『一般と個別の博物誌 ソンニーニ版』

シバンムシのなかま？　Anobiidae？
「世界大博物図鑑　1」平凡社　1991
　◇p432（カラー）　ショー, G.著, ノダー, F.P., ノダー, R.P.図『博物学者雑録宝典』　1789〜1813

シボリアゲハ　Bhutanitis lidderdalei
「世界大博物図鑑　1」平凡社　1991
　◇p312（カラー）『ロンドン動物学協会紀要』　1861〜90,1891〜1929　手彩色石版画

シミまたはイガの幼虫
「紙の上の動物園」グラフィック社　2017
　◇p230（カラー）　フック, ロバート『顕微鏡図譜』1745復刻版

シムソンミツノカブトムシ　Strategus simson
「世界大博物図鑑　1」平凡社　1991
　◇p397（カラー）　ハリス, モーゼス図版製作, ドゥルーリ, D.『自然史図譜』　1770〜82

シャクガ科の1種
「彩色 江戸博物学集成」平凡社　1994
　◇p95（カラー）　柿ノシヤクトリ虫　細川重賢『昆虫胥化図』［永青文庫］

シャクガのなかま　Geometridae
「アジア昆虫誌要説　博物画の至宝」平凡社　1996
　◇pl.144（カラー）　Noctua Australasiae（Phalaena Australasiae）　ドノヴァン, E.『オーストラリア昆虫誌要説』　1805
「世界大博物図鑑　1」平凡社　1991
　◇p293（カラー）　ドノヴァン, E.『英国産昆虫譜』　1793〜1813

シャクガのなかま？　Geometridae？
「世界大博物図鑑　1」平凡社　1991
　◇p293（カラー）『オーレリアン』　1766　手彩色図版

シャクトリガ幼虫
「高木春山 本草図説 動物」リブロポート　1989
　◇p89（カラー）　（しゃくとりむし）牛釟蠖

ジャコウアゲハ
「彩色 江戸博物学集成」平凡社　1994
　◇p303（カラー）　ササムシ　終齢幼虫　川原慶賀『動植物図譜』［オランダ国立自然史博物館］

ジャコウカミキリ　Aromia moschata
「ビュフォンの博物誌」工作舎　1991
　◇M092（カラー）『一般と個別の博物誌 ソンニーニ版』

シャチホコガ　Stauropus fagi
「世界大博物図鑑　1」平凡社　1991
　◇p301（カラー）　ドノヴァン, E.『英国産昆虫譜』　1793〜1813

シャチホコガのなかま　Notodonta phoebe
「世界大博物図鑑　1」平凡社　1991
　◇p301（カラー）　ドノヴァン, E.『英国産昆虫図譜』　1793〜1813

虫　　　　　　　　　　　　　　　　　　しゆる

シャチホコガのなかま？　Epicoma tristis？
「アジア昆虫誌要説 博物画の至宝」平凡社
1996
◇pl.142（カラー）　Bombyx tristis　ドノヴァン,
E.『オーストラリア昆虫誌要説』　1805

シャチホコガの幼虫？　Phalera bucephala
「すごい博物画」グラフィック社　2017
◇図版51（カラー）　シロムネオオハシ、ザクロ、
クロヅル、イヌサフラン、おそらくシャチホコガ
の幼虫、ヨーロッパブドウの枝、コンゴウイン
コ、モナモンキー、ムラサキセイヨウハシバミま
たはセイヨウハシバミ、オオモンシロチョウ、
ヨーロッパアマガエル　マーシャル, アレクサン
ダー　1650〜82頃　水彩　45.8×34.0　［ウィン
ザー城ロイヤル・ライブラリー］

ジャノメカマキリ　Pseudocreobotra
wahlbergi
「世界大博物図鑑 1」平凡社　1991
◇p212（カラー）　ハリス, モーゼス図版製作, ドゥ
ルーリ, D.『自然史図譜』　1770〜82

ジャノメチョウの1種　Geitoneura acantha
「アジア昆虫誌要説 博物画の至宝」平凡社
1996
◇pl.130（カラー）　Papilio Acantha　ドノヴァ
ン, E.『オーストラリア昆虫誌要説』　1805

ジャノメチョウの1種　Heteronympha merope
「アジア昆虫誌要説 博物画の至宝」平凡社
1996
◇pl.136（カラー）　Papilio Merope　ドノヴァン,
E.『オーストラリア昆虫誌要説』　1805

ジャノメチョウの1種　Hypocysta irius
「アジア昆虫誌要説 博物画の至宝」平凡社
1996
◇pl.136（カラー）　Papilio Irius　ドノヴァン, E.
『オーストラリア昆虫誌要説』　1805

ジャノメチョウの1種　Tisiphone abeona
「アジア昆虫誌要説 博物画の至宝」平凡社
1996
◇pl.130（カラー）　Papilio Abeona　ドノヴァン,
E.『オーストラリア昆虫誌要説』　1805

ジャノメチョウのなかま　Pseudonympha
hippia
「世界大博物図鑑 1」平凡社　1991
◇p333（カラー）　クラマー, P.『世界三地域熱帯
蝶図譜』　1779〜82

ジャノメチョウのなかま　Taygetis valentina,
Taygetis andromeda, Taygetis celia
「世界大博物図鑑 1」平凡社　1991
◇p333（カラー）　クラマー, P.『世界三地域熱帯
蝶図譜』　1779〜82

ジャマイカフトオビアゲハ　Papilio thersites
「世界大博物図鑑 1」平凡社　1991
◇p315（カラー）　ドノヴァン, E.『博物宝典』
1823〜27

ジャワシロチョウ　Anapheis java
「アジア昆虫誌要説 博物画の至宝」平凡社
1996
◇pl.125（カラー）　Papilio Teutonia　ドノヴァ
ン, E.『オーストラリア昆虫誌要説』　1805
◇pl.129（カラー）　Papilio Deiopea　ドノヴァン,
E.『オーストラリア昆虫誌要説』　1805
「世界大博物図鑑 1」平凡社　1991
◇p317（カラー）　ドノヴァン, E.『オーストラリ
ア昆虫要説』　1805

ジャワシロチョウ　Cepora java
「アジア昆虫誌要説 博物画の至宝」平凡社
1996
◇pl.77（カラー）　Papilio Judith　ドノヴァン, E.
『インド昆虫誌要説』　1800

ジャワシロチョウの雌　Anapheis java
「アジア昆虫誌要説 博物画の至宝」平凡社
1996
◇pl.127（カラー）　Papilio Clytie　ドノヴァン,
E.『オーストラリア昆虫誌要説』　1805

ジュウジゴミムシの1種　Lebia sp.
「ビュフォンの博物誌」工作舎　1991
◇M072（カラー）『一般と個別の博物誌 ソンニー
二版』

ジュウモンジカメムシ　Antestiopsis cruciata
「アジア昆虫誌要説 博物画の至宝」平凡社
1996
◇pl.64（カラー）　Cimex cruciatus　ドノヴァン,
E.『インド昆虫誌要説』　1800

ジュウモンジカメムシ　Antestiopsis cruciata
「世界大博物図鑑 1」平凡社　1991
◇p221（カラー）　ドノヴァン, E.『インド昆虫史
要説』　1800　手彩色銅版

種名不明
「鳥獣虫魚譜」八坂書房　1988
◇p95（カラー）　松森胤保『両羽飛虫図譜』　［酒
田市立光丘文庫］
◇p103（カラー）　松森胤保『両羽飛虫図譜』
［酒田市立光丘文庫］

種類がわからないチョウに関するメモ
「すごい博物画」グラフィック社　2017
◇図34（カラー）　マーシャル, アレクサンダー
1650頃　［フィラデルフィア自然科学アカデ
ミー］

種類のわからない蛾かチョウの幼虫
「すごい博物画」グラフィック社　2017
◇図版50（カラー）　トケイソウとテントウムシ、
種類のわからない蛾かチョウの幼虫、斑入りイヌ
サフラン、キヅタシクラメンの葉、オジギソウ、
種類のわからない蛾の幼虫、ヨーロッパコフキコ
ガネの幼虫　マーシャル, アレクサンダー　1650
〜82頃　水彩　45.5×33.0　［ウィンザー城ロイ
ヤル・ライブラリー］

種類のわからない蛾の幼虫
「すごい博物画」グラフィック社　2017

博物図譜レファレンス事典 動物篇　**45**

◇図版50（カラー）　トケイソウとテントウムシ、種類のわからない蛾かチョウの幼虫、斑入りイヌサフラン、キヅタシクラメンの葉、オジギソウ、種類のわからない蛾の幼虫、ヨーロッパコフキコガネの幼虫　マーシャル, アレクサンダー　1650〜82頃　水彩　45.5×33.0　［ウィンザー城ロイヤル・ライブラリー］

ジュンサイハムシの1種　Galerucella sp.
「ビュフォンの博物誌」工作舎　1991
◇M093（カラー）『一般と個別の博物誌 ソンニー二版』

ジョウカイボン科　Telephoridae
「ビュフォンの博物誌」工作舎　1991
◇M076（カラー）『一般と個別の博物誌 ソンニー二版』

ジョウカイボンのなかま　Cantharis fusca ?
「世界大博物図鑑 1」平凡社　1991
◇p429（カラー）　キュヴィエ, G.L.C.F.D.『動物界』1836〜49　手彩色銅版

ジョウカイモドキの1種　Malachius sp.
「ビュフォンの博物誌」工作舎　1991
◇M076（カラー）『一般と個別の博物誌 ソンニー二版』

ショウジョウトンボ　Crocothemis servilia
「世界大博物図鑑 1」平凡社　1991
◇p160（カラー）　オス　ハリス, モーゼス図版製作, ドゥルーリ, D.『自然史図譜』1770〜82
◇p161（カラー）　メス, オス　栗本丹洲『千蟲譜』文化8（1811）
◇p161（カラー）　メス　栗本丹洲『千蟲譜』文化8（1811）

ショウリョウバッタ　Acrida cinerea
「世界大博物図鑑 1」平凡社　1991
◇p185（カラー）　栗本丹洲『千蟲譜』文化8（1811）

ショウリョウバッタ　Acrida turrita
「鳥獣虫魚譜」八坂書房　1988
◇p99（カラー）　青尖　メス　松森胤保『両羽飛虫図譜』　［酒田市立光丘文庫］
◇p99（カラー）　灰尖　メス　松森胤保『両羽飛虫図譜』　［酒田市立光丘文庫］
◇p99（カラー）　白子尖　幼虫　松森胤保『両羽飛虫図譜』　［酒田市立光丘文庫］
◇p99（カラー）　嶋尖　メス　松森胤保『両羽飛虫図譜』　［酒田市立光丘文庫］

ショウリョウバッタ
「彩色 江戸博物学集成」平凡社　1994
◇p351（カラー）　前田利保『晩翠公写生動物部植物部』　［杏雨書屋］
「江戸の動植物図」朝日新聞社　1988
◇p37（カラー）　森野藤助『松山本草』　［森野旧薬園］
◇p78〜79（カラー）　栗本丹洲『千蟲譜』　［国立国会図書館］
◇p91（カラー）　増山雪斎『蟲豸帖』　［東京国立博物館］

ショウリョウバッタの1種　Acrida sp.
「ビュフォンの博物誌」工作舎　1991
◇M094（カラー）『一般と個別の博物誌 ソンニー二版』

ジョオウマダラ　Danaus gilippus
「世界大博物図鑑 1」平凡社　1991
◇p328（カラー）　クラマー, P.『世界三地域熱帯蝶図譜』1779〜82

ショクガバエ科　Syphidae
「ビュフォンの博物誌」工作舎　1991
◇M110（カラー）『一般と個別の博物誌 ソンニー二版』
◇M111（カラー）『一般と個別の博物誌 ソンニー二版』

ショクガバエのなかま　Syrphidae
「世界大博物図鑑 1」平凡社　1991
◇p353（カラー）　ドノヴァン, E.『英国産昆虫図譜』1793〜1813

ジョロウグモ　Nephila clavata
「鳥獣虫魚譜」八坂書房　1988
◇p104（カラー）　背面と腹面　松森胤保『両羽飛虫図譜』　［酒田市立光丘文庫］

ジョロウグモ
「江戸の動植物図」朝日新聞社　1988
◇p96（カラー）　飯室楽圃『虫譜図説』　［国立国会図書館］

シラホシフトタマムシ　Sternocera sternicornis
「アジア昆虫誌要説 博物画の至宝」平凡社　1996
◇pl.53（カラー）　Buprestis sternicornis　ドノヴァン, E.『インド昆虫誌要説』1800
「世界大博物図鑑 1」平凡社　1991
◇p425（カラー）　ドノヴァン, E.『インド昆虫要説』1800　手彩色銅版

シラミ
「紙の上の動物園」グラフィック社　2017
◇p231（カラー）　フック, ロバート『顕微鏡図譜』1665
「江戸の動植物図」朝日新聞社　1988
◇p86（カラー）　栗本丹洲『千蟲譜』　［国立国会図書館］

シラミバエ科　Hippoboscidae
「ビュフォンの博物誌」工作舎　1991
◇M111（カラー）『一般と個別の博物誌 ソンニー二版』

シリアオビジムカデ　Himantarium gabrielis
「世界大博物図鑑 1」平凡社　1991
◇p145（カラー）　キュヴィエ, G.L.C.F.D.『動物界』1836〜49　手彩色銅版

シリアゲコバチ科　Leucospidae
「ビュフォンの博物誌」工作舎　1991
◇M100（カラー）『一般と個別の博物誌 ソンニー二版』

虫　　　　　　　　　　　　　　　　　　　しろふ

シリアゲムシ
「彩色 江戸博物学集成」平凡社　1994
◇p262（カラー）　メス　飯沼慾斎『本草図譜 第9巻〈虫部貝部〉』　［個人蔵］

シリアゲムシ科　Panorpidae
「ビュフォンの博物誌」工作舎　1991
◇M099（カラー）『一般と個別の博物誌 ソンニーニ版』

シリアゲムシのなかま　Panorpa communis
「世界大博物図鑑 1」平凡社　1991
◇p289（カラー）　左上は尾の拡大図　ドノヴァン, E.『英国産昆虫図譜』1793〜1813
◇p289（カラー）　キュヴィエ, G.L.C.F.D.『動物界』1836〜49　手彩色銅版

シルバー・ライン　Pseudoips fagana
「昆虫の劇場」リブロポート　1991
◇p110（カラー）　ハリス, M.『オーレリアン』1778

シロアリ科　Termitidae
「ビュフォンの博物誌」工作舎　1991
◇M099（カラー）『一般と個別の博物誌 ソンニーニ版』

シロアリモドキのなかま　Embia mauritanica
「世界大博物図鑑 1」平凡社　1991
◇p216（カラー）　キュヴィエ, G.L.C.F.D.『動物界』1836〜49　手彩色銅版

シロオビアゲハ　Papilio polytes
「アジア昆虫誌要説 博物画の至宝」平凡社　1996
◇pl.70（カラー）　Papilio Astyanax　ドノヴァン, E.『インド昆虫誌要説』1800

シロオビアゲハのなかま　Papilio polytes romulus
「昆虫の劇場」リブロポート　1991
◇p24（カラー）　エーレト, G.D.『花蝶珍種図録』1748〜62

シロオビアワフキ　Aphrophora intermedia
「世界大博物図鑑 1」平凡社　1991
◇p244（カラー）　泡が枝にこびりつき,幼虫の巣となった状態　栗本丹洲『千蟲譜』文化8（1811）
◇p244（カラー）　栗本丹洲『千蟲譜』文化8（1811）

シロオビキノハタテハ　Anaea clytemnestra
「世界大博物図鑑 1」平凡社　1991
◇p347（カラー）　ドノヴァン, E.『博物宝典』1823〜27

シロガの1種　Chasmina tibialis
「アジア昆虫誌要説 博物画の至宝」平凡社　1996
◇pl.143（カラー）　Phalaena tibialis　ドノヴァン, E.『オーストラリア昆虫誌要説』1805

シロシタホタルガ
「彩色 江戸博物学集成」平凡社　1994
◇p362（カラー）　大窪昌章『薜茘庵虫譜』　［個人蔵］

シロスジカミキリ
「彩色 江戸博物学集成」平凡社　1994
◇p318（カラー）　畔田翠山『綱目注疏』　［大阪市立博物館］

シロスジカミキリの1種　Batocera rubus
「アジア昆虫誌要説 博物画の至宝」平凡社　1996
◇pl.6（カラー）　Cerambyx Rubus　ドノヴァン, E.『中国昆虫誌要説』1798

シロスソビキアゲハ　Lamproptera curius
「アジア昆虫誌要説 博物画の至宝」平凡社　1996
◇pl.97（カラー）　Papilio Curius　ドノヴァン, E.『インド昆虫誌要説』1800
「世界大博物図鑑 1」平凡社　1991
◇p311（カラー）　ドノヴァン, E.『インド昆虫史要説』1800　手彩色銅版

シロチョウ科　Pieridae
「ビュフォンの博物誌」工作舎　1991
◇M106（カラー）『一般と個別の博物誌 ソンニーニ版』

シロチョウ科の1種
「昆虫の劇場」リブロポート　1991
◇p18（カラー）　エーレト, G.D.『花蝶珍種図録』1748〜62

シロチョウの1種　Cepora perimale
「アジア昆虫誌要説 博物画の至宝」平凡社　1996
◇pl.128（カラー）　Papilio Perimale　ドノヴァン, E.『オーストラリア昆虫誌要説』1805

シロチョウのなかま　Delias aganippe
「世界大博物図鑑 1」平凡社　1991
◇p316（カラー）　ドノヴァン, E.『オーストラリア昆虫史要説』1805

シロチョウのなかま　Delias harpalyce
「世界大博物図鑑 1」平凡社　1991
◇p318（カラー）　マッコイ, F.『ヴィクトリア州博物誌』1885〜90

シロチョウのなかま　Ixias pyrene, Nepheronia argia
「世界大博物図鑑 1」平凡社　1991
◇p317（カラー）　ドノヴァン, E.『博物宝典』1823〜27

シロチョウ類の不明種　Pieridae
「世界大博物図鑑 1」平凡社　1991
◇p319（カラー）　Papilio charmione　ドノヴァン, E.『博物宝典』1823〜27

シロフオナガバチ？　Rhyssa persuasoria？
「鳥獣虫魚譜」八坂書房　1988

博物図譜レファレンス事典 動物篇　**47**

しろみ　　　　　　　　　　　　　虫

◇p87（カラー）　尾長蜂　松森胤保『両羽飛虫図譜』　［酒田市立光丘文庫］

シロミスジ　Athyma perius
「アジア昆虫誌要説 博物画の至宝」平凡社　1996
◇pl.35（カラー）　Papilio Polyxena　ドノヴァン, E.『中国昆虫誌要説』　1798

ジンガサハムシ　Aspidomorpha indica
「世界大博物図鑑 1」平凡社　1991
◇p457（カラー）　栗本丹洲『千蟲譜』　文化8（1811）

ジンガサハムシ
「彩色 江戸博物学集成」平凡社　1994
◇p459（カラー）　山本渓愚筆『蟲品』　［岩瀬文庫］

ジンサンシバンムシ　Stegobium paniceum
「世界大博物図鑑 1」平凡社　1991
◇p432（カラー）　栗本丹洲『千蟲譜』　文化8（1811）

シンジュサン
「彩色 江戸博物学集成」平凡社　1994
◇p18（カラー）　円山応挙『写生帖』　［東京国立博物館］

シンジュタテハの1種　Salamis cacta
「アジア昆虫誌要説 博物画の至宝」平凡社　1996
◇pl.79（カラー）　Papilio Cacta　ドノヴァン, E.『インド昆虫誌要説』　1800

【す】

スイセンハナアブの1種　Merodon sp.
「ビュフォンの博物誌」工作舎　1991
◇M112（カラー）『一般と個別の博物誌 ソンニー版』

スカシジャノメのなかま　Satyridae
「世界大博物図鑑 1」平凡社　1991
◇p332（カラー）　メーリアン, M.S.『スリナム産昆虫の変態』　1726

スカシチャタテ　Hemipsocus chloroticus
「世界大博物図鑑 1」平凡社　1991
◇p217（カラー）　若虫　栗本丹洲『千蟲譜』　文化8（1811）

スカシバガの1種　Sesia apiformis
「ビュフォンの博物誌」工作舎　1991
◇M107（カラー）『一般と個別の博物誌 ソンニー版』

スカシバのなかま　Sesia apiformis
「世界大博物図鑑 1」平凡社　1991
◇p291（カラー）　ドノヴァン, E.『英国産昆虫図譜』　1793〜1813
◇p291（カラー）　ハリス, M.『英国産昆虫集成』　1776

スカシバのなかま　Sesiidae
「世界大博物図鑑 1」平凡社　1991
◇p291（カラー）『リンネ学会紀要』　1791〜1875, 1875〜1922,1939〜1955

スカシバのなかま　Synanthedon tipuliformis
「世界大博物図鑑 1」平凡社　1991
◇p291（カラー）　ドノヴァン, E.『英国産昆虫図譜』　1793〜1813

スギドクガ
「彩色 江戸博物学集成」平凡社　1994
◇p154〜155（カラー）　佐竹曙山『龍亀昆虫写生帖』　［千秋美術館］

スキラウラナミシロチョウ　Catopsilia scylla
「アジア昆虫誌要説 博物画の至宝」平凡社　1996
◇pl.78（カラー）　Papilio Scylla　ドノヴァン, E.『インド昆虫誌要説』　1800

スジアカオオコメツキ　Hemirhipus lineatus
「世界大博物図鑑 1」平凡社　1991
◇p428（カラー）　キュヴィエ, G.L.C.F.D.『動物界』　1836〜49　手彩色銅版

スジアカクマゼミ　Cryptotympana atrata
「世界大博物図鑑 1」平凡社　1991
◇p241（カラー）　脱け殻を描き添える　ドノヴァン, E.『中国昆虫史要説』　1798　手彩色銅版画

スジアカクマゼミの成虫と幼虫　Cryptotympana atrata
「アジア昆虫誌要説 博物画の至宝」平凡社　1996
◇pl.15（カラー）　Cicada Atrata　ドノヴァン, E.『中国昆虫誌要説』　1798

スジグロオオゴマダラ　Idea idea
「世界大博物図鑑 1」平凡社　1991
◇p329（カラー）　クラマー, P.『世界三地域熱帯蝶図譜』　1779〜82

スジグロカバマダラ　Danaus genutia
「世界大博物図鑑 1」平凡社　1991
◇p328（カラー）　クラマー, P.『世界三地域熱帯蝶図譜』　1779〜82

スジグロカバマダラの1種　Danaus affinis
「アジア昆虫誌要説 博物画の至宝」平凡社　1996
◇pl.75（カラー）　Papilio Affinis　ドノヴァン, E.『インド昆虫誌要説』　1800

スジグロカバマダラのなかま　Danaus affinis
「世界大博物図鑑 1」平凡社　1991
◇p317（カラー）　ドノヴァン, E.『インド昆虫史要説』　1800　手彩色銅版

スジグロシロチョウ
「彩色 江戸博物学集成」平凡社　1994
◇p150〜151（カラー）　表, 裏　佐竹曙山『龍亀昆虫写生帖』　［千秋美術館］

虫　　　　　　　　　　　　　　　　　　すすめ

スジボソコシブトハナバチ？　　Amegilla
florea？
「世界大博物図鑑 1」平凡社　1991
　　◇p469（カラー）　栗本丹洲『千蟲譜』　文化8
　　（1811）

スズバチ
「彩色 江戸博物学集成」平凡社　1994
　　◇p391（カラー）　吉田雀巣庵『雀巣庵虫譜』
　　［名古屋市立博物館］

スズバチ？
「彩色 江戸博物学集成」平凡社　1994
　　◇p146（カラー）　佐竹曙山『龍亀昆虫写生帖』
　　［千秋美術館］

スズバチの巣？
「彩色 江戸博物学集成」平凡社　1994
　　◇p146（カラー）　佐竹曙山『龍亀昆虫写生帖』
　　［千秋美術館］

スズムシ　　Meloimorpha japonica
「世界大博物図鑑 1」平凡社　1991
　　◇p168（カラー）　栗本丹洲『千蟲譜』　文化8
　　（1811）
　　◇p169（カラー）　オス　栗本丹洲『千蟲譜』　文化
　　8（1811）

スズムシ
「江戸の動植物図」朝日新聞社　1988
　　◇p81（カラー）　栗本丹洲『千蟲譜』　［国立国会
　　図書館］

スズメガ　　Manduca sexta
「昆虫の劇場」リブロポート　1991
　　◇p82（カラー）　メーリアン, M.S.『スリナム産昆
　　虫の変態』　1726

スズメガ
「彩色 江戸博物学集成」平凡社　1994
　　◇p443（カラー）　松森胤保『両羽博物図譜』
「昆虫の劇場」リブロポート　1991
　　◇p39（カラー）　メーリアン, M.S.『スリナム産昆
　　虫の変態』　1726
　　◇p58（カラー）　メーリアン, M.S.『スリナム産昆
　　虫の変態』　1726
　　◇p59（カラー）　メーリアン, M.S.『スリナム産昆
　　虫の変態』　1726
　　◇p70（カラー）　メーリアン, M.S.『スリナム産昆
　　虫の変態』　1726
　　◇p72（カラー）　メーリアン, M.S.『スリナム産昆
　　虫の変態』　1726
　　◇p80（カラー）　メーリアン, M.S.『スリナム産昆
　　虫の変態』　1726
　　◇p89（カラー）　メーリアン, M.S.『スリナム産昆
　　虫の変態』　1726

スズメガ科　　Sphingidae
「ビュフォンの博物誌」工作舎　1991
　　◇M107（カラー）『一般と個別の博物誌 ソンニー
　　ニ版』

スズメガ科コキティウス属の1種　　Cocytius
antaeus
「昆虫の劇場」リブロポート　1991
　　◇p63（カラー）　メーリアン, M.S.『スリナム産昆
　　虫の変態』　1726

スズメガ科の1種　　Manduca rustica
「昆虫の劇場」リブロポート　1991
　　◇p30（カラー）　メーリアン, M.S.『スリナム産昆
　　虫の変態』　1726

スズメガの1種　　Coequosa triangularis
「アジア昆虫誌要説 博物画の至宝」平凡社
1996
　　◇pl.141（カラー）　Sphinx triangularis　ドノ
　　ヴァン, E.『オーストラリア昆虫誌要説』　1805

スズメガの1種　　Metaminas australasiae
「アジア昆虫誌要説 博物画の至宝」平凡社
1996
　　◇pl.141（カラー）　Sphinx Australasiae　ドノ
　　ヴァン, E.『オーストラリア昆虫誌要説』　1805

スズメガの1種　　Xylophanes chiron
「アジア昆虫誌要説 博物画の至宝」平凡社
1996
　　◇pl.40（カラー）　Sphinx Nechus　ドノヴァン,
　　E.『中国昆虫誌要説』　1798

スズメガの1種とそのさなぎ
「紙の上の動物園」グラフィック社　2017
　　◇p19（カラー）　メーリアン, マリア・シビラ
　　『メーリアンのスリナムの昆虫種とその変態論』
　　1726

スズメガの成虫　　Manduca rustica
「すごい博物画」グラフィック社　2017
　　◇図版55（カラー）　キャッサバの根にスズメガの
　　成虫、スズメガの幼虫とさなぎ、ガーデン・ツ
　　リーポア　メーリアン, マリア・シビラ 1701〜
　　05頃　子牛皮紙に軽く輪郭をエッチングした上
　　に水彩 濃厚顔料 アラビアゴム　39.9×29.5
　　［ウィンザー城ロイヤル・ライブラリー］

スズメガの成虫、幼虫、さなぎ　　Eumorpha
labruscae
「すごい博物画」グラフィック社　2017
　　◇図版60（カラー）　ブドウの枝と実にスズメガの
　　成虫、幼虫、さなぎ　メーリアン, マリア・シビ
　　ラ 1701〜05頃　子牛皮紙に軽く輪郭をエッチ
　　ングした上に水彩 濃厚顔料 アラビアゴム　37.4×
　　28.1　［ウィンザー城ロイヤル・ライブラリー］

スズメガのなかま　　Protoparce sp.
「世界大博物図鑑 1」平凡社　1991
　　◇p300（カラー）　メーリアン, M.S.『スリナム産
　　昆虫の変態』　1726

スズメガのなかま　　Smerinthus ocellata
「世界大博物図鑑 1」平凡社　1991
　　◇p300（カラー）　セップ, J.C.『神の驚異の書』
　　1762〜1860

博物図譜レファレンス事典 動物篇　49

すすめ　　　　　　　　　　　　　　虫

スズメガのなかま　Xylophanes chiron
「世界大博物図鑑 1」平凡社　1991
　◇p300（カラー）　ドノヴァン、E.『中国昆虫史要説』　1798　手彩色銅版画

スズメガのなかまとその幼虫ほか
Sphingidae
「世界大博物図鑑 1」平凡社　1991
　◇p3（白黒）『オーレリアン』　1766　手彩色図版

スズメガの幼虫　Hyles euphorbiae
「世界大博物図鑑 1」平凡社　1991
　◇p300（カラー）　ドノヴァン、E.『英国産昆虫図譜』　1793〜1813

スズメガの幼虫とさなぎ　Pseudosphinx
tetrio
「すごい博物画」グラフィック社　2017
　◇図版55（カラー）　キャッサバの根にスズメガの成虫、スズメガの幼虫とさなぎ、ガーデン・ツリーボア　メーリアン、マリア・シビラ 1701〜05頃　子牛皮紙に軽く輪郭をエッチングした上に水彩 濃厚顔料 アラビアゴム　39.9×29.5　［ウィンザー城ロイヤル・ライブラリー］

スズメガ類の幼虫（芋虫）
「江戸の動植物図」朝日新聞社　1988
　◇p94（カラー）　飯室楽圃『虫譜図説』　［国立国会図書館］

スズメバチ　family Vespidae
「すごい博物画」グラフィック社　2017
　◇図版49（カラー）　ルリコンゴウインコ、サザンホーカー、スズメガ、種類のわからない鳥、キアゲハの幼虫とさなぎ、ホワイトフットクレイフィッシュ、グレーハウンド、シクラメンの葉とカレハガの幼虫　マーシャル、アレクサンダー 1650〜82頃　水彩　45.6×33.3　［ウィンザー城ロイヤル・ライブラリー］

スズメバチ
「彩色 江戸博物学集成」平凡社　1994
　◇p362（カラー）　コシボソ　大窪昌章『諸家蟲魚蝦蟹雑記図』　［大東急記念文庫］

スズメバチ科　Vespidae
「ビュフォンの博物誌」工作舎　1991
　◇M009（カラー）『一般と個別の博物誌 ソンニーニ版』
　◇M103（カラー）『一般と個別の博物誌 ソンニーニ版』

スズメバチのなかま　Vespidae
「世界大博物図鑑 1」平凡社　1991
　◇p472（カラー）　南米産　メーリアン、M.S.『スリナム産昆虫の変態』　1726

スズメバチ類の巣
「彩色 江戸博物学集成」平凡社　1994
　◇p146（カラー）　佐竹曙山『龍亀昆虫写生帖』　［千秋美術館］

スズメバチ類の巣盤
「彩色 江戸博物学集成」平凡社　1994

　◇p346（カラー）　露蜂房　前田利保『啓蒙虫譜』　［国会図書館］

スナノミ　Tunga penetrans
「世界大博物図鑑 1」平凡社　1991
　◇p361（カラー）　キュヴィエ、G.L.C.F.D.『動物界』　1836〜49　手彩色銅版

スミゾメヒロクチバエ　Sphryrachephala hearseiana
「世界大博物図鑑 1」平凡社　1991
　◇p357（カラー）　ウェストウッド、J.O.『東洋昆虫学集成』　1848

菫ノ虫
「江戸名作画帖全集 8」駸々堂出版　1995
　◇図45（カラー）　松ノ毛虫・鳳仙花ノ虫・笹ノ虫・菫ノ虫・柿ノシャクトリ虫　細川重賢編『昆虫胥化図』　紙本着色　［永青文庫（東京）］

スモール・エッガー　Eriogaster lanestris
「昆虫の劇場」リブロポート　1991
　◇p125（カラー）　Small Egger　ハリス、M.『オーレリアン』　1778

スモール・ヘス　Coenonympha pamphilus
「昆虫の劇場」リブロポート　1991
　◇p121（カラー）　Small Heath　ハリス、M.『オーレリアン』　1778

【せ】

セアカナンバンダイコクコガネ　Heliocopris bucephalus
「アジア昆虫誌要説 博物画の至宝」平凡社　1996
　◇pl.2（カラー）　Scarabaeus Bucephalus　ドノヴァン、E.『中国昆虫誌要説』　1798
「世界大博物図鑑 1」平凡社　1991
　◇p416（カラー）　ドノヴァン、E.『中国昆虫史要説』　1798　手彩色銅版画

セイボウ科　Chrysididae
「ビュフォンの博物誌」工作舎　1991
　◇M100（カラー）『一般と個別の博物誌 ソンニーニ版』

セイボウのなかま　Chrysis grandis
「世界大博物図鑑 1」平凡社　1991
　◇p481（カラー）　ゲイ、C.『チリ自然社会誌』　1844〜71

セイボウのなかま　Chrysis sp.
「アジア昆虫誌要説 博物画の至宝」平凡社　1996
　◇pl.106（カラー）　Chrysis fasciata　ドノヴァン、E.『インド昆虫誌要説』　1800
「世界大博物図鑑 1」平凡社　1991
　◇p480（カラー）　ドノヴァン、E.『インド昆虫史要説』　1800　手彩色銅版

虫　　　　　　　　　　　　　　　　　　　　せせり

セイボウモドキ科　Cleptidae
「ビュフォンの博物誌」工作舎　1991
　◇M102（カラー）『一般と個別の博物誌 ソンニー二版』

セイボウモドキのなかま　Cleptes semiaurata
「世界大博物図鑑 1」平凡社　1991
　◇p480（カラー）　キュヴィエ, G.L.C.F.D.『動物界』 1836〜49　手彩色銅版

セイヨウシミ　Lepisma saccharina
「ビュフォンの博物誌」工作舎　1991
　◇M012（カラー）『一般と個別の博物誌 ソンニー二版』
「世界大博物図鑑 1」平凡社　1991
　◇p149（カラー）　キュヴィエ, G.L.C.F.D.『動物界』 1836〜49　手彩色銅版

セイヨウノコギリヤドリカニムシ
Dactylocherifer latreillei
「世界大博物図鑑 1」平凡社　1991
　◇p44（カラー）　リーチ, W.E.著, ノダー, R.P.図『動物学雑録』 1814〜17

セスジアカムカデ　Scolopocryptops rubiginosus
「世界大博物図鑑 1」平凡社　1991
　◇p144（カラー）　栗本丹洲『千蟲譜』 文化8（1811）

セスジスズメ
「彩色 江戸博物学集成」平凡社　1994
　◇p302（カラー）　川原慶賀『動植物図譜』　［オランダ国立自然史博物館］
　◇p303（カラー）　ヲノンジ　若齢幼虫　川原慶賀『動植物図譜』　［オランダ国立自然史博物館］
　◇p303（カラー）　終齢幼虫　川原慶賀『動植物図譜』　［オランダ国立自然史博物館］
　◇p303（カラー）　さなぎ　川原慶賀『動植物図譜』　［オランダ国立自然史博物館］

セスジツユムシ　Ducetia japonica
「世界大博物図鑑 1」平凡社　1991
　◇p181（カラー）　栗本丹洲『千蟲譜』 文化8（1811）

セスジハリバエの1種　Echinomyia sp.
「ビュフォンの博物誌」工作舎　1991
　◇M113（カラー）『一般と個別の博物誌 ソンニー二版』

セスジヤケツムギヤスデ　Craspedosoma rawlinsii
「世界大博物図鑑 1」平凡社　1991
　◇p148（カラー）　リーチ, W.E.著, ノダー, R.P.図『動物学雑録』 1814〜17

セセリチョウおよびシジミタテハのなかま？
Hesperiidae, Riodinidae ?
「世界大博物図鑑 1」平凡社　1991
　◇p307（カラー）　ドノヴァン, E.『インド昆虫史要説』 1800　手彩色銅版

セセリチョウ科　Hesperiidae
「ビュフォンの博物誌」工作舎　1991
　◇M107（カラー）『一般と個別の博物誌 ソンニー二版』

セセリチョウの1種　Achlyodes mithridates
「アジア昆虫誌要説 博物画の至宝」平凡社　1996
　◇pl.99（カラー）　Papilio Mithridates　ドノヴァン, E.『インド昆虫誌要説』 1800

セセリチョウの1種　Artitropa comus
「アジア昆虫誌要説 博物画の至宝」平凡社　1996
　◇pl.101（カラー）　Papilio Ennius　ドノヴァン, E.『インド昆虫誌要説』 1800

セセリチョウの1種　Calpodes ethlius
「アジア昆虫誌要説 博物画の至宝」平凡社　1996
　◇pl.99（カラー）　Papilio Chemnis　ドノヴァン, E.『インド昆虫誌要説』 1800

セセリチョウの1種　Celanorrhinus galenus
「アジア昆虫誌要説 博物画の至宝」平凡社　1996
　◇pl.100（カラー）　Papilio Galenus　ドノヴァン, E.『インド昆虫誌要説』 1800

セセリチョウの1種　Phocides polybius
「アジア昆虫誌要説 博物画の至宝」平凡社　1996
　◇pl.101（カラー）　Papilio Polybius　ドノヴァン, E.『インド昆虫誌要説』 1800

セセリチョウの1種　Pholisora catullus
「アジア昆虫誌要説 博物画の至宝」平凡社　1996
　◇pl.100（カラー）　Papilio Catullus　ドノヴァン, E.『インド昆虫誌要説』 1800

セセリチョウの1種　Propertius propertius
「アジア昆虫誌要説 博物画の至宝」平凡社　1996
　◇pl.97（カラー）　Papilio Propertius　ドノヴァン, E.『インド昆虫誌要説』 1800

セセリチョウの1種　Pythonides jovianus babricii
「アジア昆虫誌要説 博物画の至宝」平凡社　1996
　◇pl.100（カラー）　Papilio Jovianus　ドノヴァン, E.『インド昆虫誌要説』 1800

セセリチョウの1種　Trapezites iacchus
「アジア昆虫誌要説 博物画の至宝」平凡社　1996
　◇pl.139（カラー）　Papilio Jacchus　ドノヴァン, E.『オーストラリア昆虫誌要説』 1805

セセリチョウの1種　Xenophanes tryxus
「アジア昆虫誌要説 博物画の至宝」平凡社　1996
　◇pl.100（カラー）　Papilio Salvianus　ドノヴァ

博物図譜レファレンス事典 動物篇　**51**

せせり　　　　　　　　　　　　　　虫

ン, E.『インド昆虫誌要説』 1800

セセリチョウの1種
「昆虫の劇場」リブロポート　1991
　◇p69（カラー）　メーリアン, M.S.『スリナム産昆虫の変態』 1726

セセリチョウのなかま　Hesperiidae
「世界大博物図鑑 1」平凡社　1991
　◇p306（カラー）　クラマー, P.『世界三地域熱帯蝶図譜』 1779〜82
　◇p306（カラー）　ドノヴァン, E.『インド昆虫史要説』 1800　手彩色銅版

セセリチョウのなかま　Phocides sp.,
Phocides polybius, Hesperiidae
「世界大博物図鑑 1」平凡社　1991
　◇p306（カラー）　ドノヴァン, E.『インド昆虫史要説』 1800　手彩色銅版

セセリチョウのなかま　Pyrrhopyge phidias,
Mysoria barcastus, Pyrrhopyge amyclas
「世界大博物図鑑 1」平凡社　1991
　◇p306（カラー）　クラマー, P.『世界三地域熱帯蝶図譜』 1779〜82

セセリチョウのなかま　Pyrrochlcia iphis
「世界大博物図鑑 1」平凡社　1991
　◇p307（カラー）　クラマー, P.『世界三地域熱帯蝶図譜』 1779〜82

セマトゥルス科ノトゥス属の1種　Nothus
「昆虫の劇場」リブロポート　1991
　◇p68（カラー）　メーリアン, M.S.『スリナム産昆虫の変態』 1726

セマルヒョウホンムシの1種　Gibbium sp.
「ビュフォンの博物誌」工作舎　1991
　◇M077（カラー）『一般と個別の博物誌 ソンニー版』

セミ　Fidicina mannifera
「すごい博物画」グラフィック社　2017
　◇図版62（カラー）　八重咲のザクロの木の枝にビワハゴロモとセミ　メーリアン, マリア・シビラ 1701〜05頃　子牛皮紙に軽く輪郭をエッチングした上に水彩 濃厚顔料 アラビアゴム　36.4×27.1　［ウィンザー城ロイヤル・ライブラリー］

セミ
「彩色 江戸博物学集成」平凡社　1994
　◇p18（カラー）　喜多川歌麿『画本虫えらみ』［国会図書館］

セミ科　Cicadidae
「ビュフォンの博物誌」工作舎　1991
　◇M007（カラー）『一般と個別の博物誌 ソンニー版』

セミゾヨツメハネカクシの1種　Omalium sp.
「ビュフォンの博物誌」工作舎　1991
　◇M080（カラー）『一般と個別の博物誌 ソンニー版』

セミのなかま　Cicadidae
「アジア昆虫誌要説 博物画の至宝」平凡社　1996
　◇pl.16（カラー）　Cicada ambigua　ドノヴァン, E.『中国昆虫誌要説』 1798

セミのなかま　Cystosoma saundersi
「世界大博物図鑑 1」平凡社　1991
　◇p240（カラー）『ロンドン動物学協会紀要』 1861〜90,1891〜1929　手彩色石版画

セミのなかま　Psaltoda moerens
「世界大博物図鑑 1」平凡社　1991
　◇p241（カラー）　マッコイ, F.『ヴィクトリア州博物誌』 1885〜90

セミのなかま　Quesada gigas
「世界大博物図鑑 1」平凡社　1991
　◇p240（カラー）　レーゼル・フォン・ローゼンホフ, A.J.『昆虫学の娯しみ』 1764〜68　彩色銅版

セルヴィルコケイロカマキリ　Theopompa servillei
「世界大博物図鑑 1」平凡社　1991
　◇p213（カラー）　オス, メス　ミュラー, S.『蘭領インド自然誌』 1839〜44　手彩色石版画

セルカリア・インテゲリウム
「世界大博物図鑑 1」平凡社　1991
　◇p17（カラー）　ヘッケル, E.H.『自然の造形』 1899〜1904　多色石版画

セレベスヤマキサゴ　Helicina taeniata
「世界大博物図鑑 1」平凡社　1991
　◇p492（カラー）『アストロラブ号世界周航記』 1830〜35　スティップル印刷

センチコガネ　Geotrupes laevistriatus
「世界大博物図鑑 1」平凡社　1991
　◇p408（カラー）　栗本丹洲『千蟲譜』 文化8（1811）

センチコガネ？
「彩色 江戸博物学集成」平凡社　1994
　◇p203（カラー）　栗本丹洲『千蟲譜』［国会図書館］

センチコガネの1種　Lethnus cephalotes
「ビュフォンの博物誌」工作舎　1991
　◇M083（カラー）『一般と個別の博物誌 ソンニー版』

センチコガネのなかま　Geotrupes stercorarius
「世界大博物図鑑 1」平凡社　1991
　◇p409（カラー）　キュヴィエ, G.L.C.F.D.『動物界』 1836〜49　手彩色銅版

センチコガネのなかま　Lethnus cephalotes
「世界大博物図鑑 1」平凡社　1991
　◇p409（カラー）　キュヴィエ, G.L.C.F.D.『動物界』 1836〜49　手彩色銅版

虫　　　　　　　　　　　　　　　　　そうむ

センチコガネのなかま　Odontaeus armiger
「世界大博物図鑑 1」平凡社　1991
　◇p409（カラー）　キュヴィエ, G.L.C.F.D.『動物界』1836〜49　手彩色銅版
センノカミキリ　Acalolepta luxuriosa
「日本の博物図譜」東海大学出版会　2001
　◇図44（カラー）　木村静山筆『甲虫類写生図』［国立科学博物館］

【 そ 】

ゾウムシ科　Curculionidae
「ビュフォンの博物誌」工作舎　1991
　◇M091（カラー）『一般と個別の博物誌 ソンニーニ版』
ゾウムシの1種　Brachycerus nigrospinosus
「アジア昆虫誌要説 博物画の至宝」平凡社　1996
　◇pl.112（カラー）　Brachycerus nigro–spinosus ドノヴァン, E.『オーストラリア昆虫誌要説』1805
ゾウムシの1種　Brenthus lineatus
「アジア昆虫誌要説 博物画の至宝」平凡社　1996
　◇pl.112（カラー）　Brentus lineatus ドノヴァン, E.『オーストラリア昆虫誌要説』1805
ゾウムシの1種　Curculio quadrituberculatus
「アジア昆虫誌要説 博物画の至宝」平凡社　1996
　◇pl.112（カラー）　Curculio quadri–tuberculatus ドノヴァン, E.『オーストラリア昆虫誌要説』1805
ゾウムシの1種　Curculio sexspinosus
「アジア昆虫誌要説 博物画の至宝」平凡社　1996
　◇pl.112（カラー）　Curculio sex–spinosus ドノヴァン, E.『オーストラリア昆虫誌要説』1805
ゾウムシの1種　Curculio spectabilis
「アジア昆虫誌要説 博物画の至宝」平凡社　1996
　◇pl.112（カラー）　ドノヴァン, E.『オーストラリア昆虫誌要説』1805
ゾウムシの1種　Exphthalmodes regalis
「アジア昆虫誌要説 博物画の至宝」平凡社　1996
　◇pl.56（カラー）　Curculio Regalis ドノヴァン, E.『インド昆虫誌要説』1800
ゾウムシの1種　Hypomeces squamosus
「アジア昆虫誌要説 博物画の至宝」平凡社　1996
　◇pl.4（カラー）　Curculio squamosus ドノヴァン, E.『中国昆虫誌要説』1798
　◇pl.5（カラー）　Curculio pulverulentus Curculio squamosusの誤記か ドノヴァン, E.

『中国昆虫誌要説』1798
ゾウムシの1種　Lixus bidentatus
「アジア昆虫誌要説 博物画の至宝」平凡社　1996
　◇pl.112（カラー）　ドノヴァン, E.『オーストラリア昆虫誌要説』1805
ゾウムシの1種　Rhynchaenus cylindrirostris
「アジア昆虫誌要説 博物画の至宝」平凡社　1996
　◇pl.112（カラー）　ドノヴァン, E.『オーストラリア昆虫誌要説』1805
ゾウムシの1種
「昆虫の劇場」リブロポート　1991
　◇p73（カラー）　メーリアン, M.S.『スリナム産昆虫の変態』1726
ゾウムシのなかま　Curculio croesus
「世界大博物図鑑 1」平凡社　1991
　◇p464（カラー）　ドノヴァン, E.『博物宝典』1823〜27
ゾウムシのなかま　Curculio ovalis
「世界大博物図鑑 1」平凡社　1991
　◇p460（カラー）　ハリス, モーゼス図版製作, ドゥルーリ, D.『自然史図譜』1770〜82
ゾウムシのなかま　Curculio spectabilis, Brachycerus nigro–spinosus, Curculio sexspinosus, Curculio quadrituberculatus, Brenthus lineatus, Lixus bidentatus, Rhnychaenus cylindrirostris
「世界大博物図鑑 1」平凡社　1991
　◇p461（カラー）　ドノヴァン, E.『オーストラリア昆虫史要説』1805
ゾウムシのなかま　Curculionidae
「アジア昆虫誌要説 博物画の至宝」平凡社　1996
　◇pl.4（カラー）　Curculio Chinensis ドノヴァン, E.『中国昆虫誌要説』1798
　◇pl.4（カラー）　Curculio verrucosus ドノヴァン, E.『中国昆虫誌要説』1798
　◇pl.4（カラー）　Curculio pulverulentus ドノヴァン, E.『中国昆虫誌要説』1798
　◇pl.4（カラー）　Curculio perlatus ドノヴァン, E.『中国昆虫誌要説』1798
「世界大博物図鑑 1」平凡社　1991
　◇p464（カラー）　中国産 ドノヴァン, E.『中国昆虫史要説』1798　手彩色銅版画
ゾウムシのなかま　Exphthalmodes regalis, Rhynchophorus palmarum
「世界大博物図鑑 1」平凡社　1991
　◇p460（カラー）　ドノヴァン, E.『インド昆虫史要説』1800　手彩色銅版
ゾウムシのなかま　Exphthalmodes similis
「世界大博物図鑑 1」平凡社　1991
　◇p460（カラー）　ハリス, モーゼス図版製作, ドゥルーリ, D.『自然史図譜』1770〜82

博物図譜レファレンス事典 動物篇　**53**

そうむ　　　　　　　　　　　　　　　虫

ゾウムシのなかま　Hypomeces squamosus
「世界大博物図鑑 1」平凡社　1991
　　◇p465（カラー）　ドノヴァン、E.『中国昆虫史要
　　説』1798　手彩色銅版画

ゾウムシのなかま　Liparus germanus
「世界大博物図鑑 1」平凡社　1991
　　◇p457（カラー）　ドノヴァン、E.『英国産昆虫図
　　譜』1793〜1813

ゾウムシのなかま　Rhina afzelii？
「アジア昆虫誌要説 博物画の至宝」平凡社
　　1996
　　◇pl.4（カラー）　Curculio barbirostris　ドノヴァ
　　ン、E.『中国昆虫誌要説』1798

【 た 】

タイコウチ　Laccotrephes japonensis
「世界大博物図鑑 1」平凡社　1991
　　◇p232（カラー）　栗本丹洲『千蟲譜』　文化8
　　（1811）
「鳥獣虫魚譜」八坂書房　1988
　　◇p103（カラー）　ゲッペ挟　松森胤保『両羽飛虫
　　図譜』　［酒田市立光丘文庫］

タイコウチのなかま　Nepidae
「アジア昆虫誌要説 博物画の至宝」平凡社
　　1996
　　◇pl.19（カラー）　Nepa rubra　ドノヴァン、E.
　　『中国昆虫誌要説』1798

ダイコクコガネの1種　Copris sp.
「ビュフォンの博物誌」工作舎　1991
　　◇M082（カラー）『一般と個別の博物誌 ソンニー
　　二版』

ダイコンアブラムシ　Brevicoryne brassicae
「世界大博物図鑑 1」平凡社　1991
　　◇p260（カラー）　ハリス、M.『英国産昆虫集成』
　　1776

タイタンオオウスバカミキリ　Titanus
giganteus
「世界大博物図鑑 1」平凡社　1991
　　◇p448（カラー）　ハリス、モーゼス図版製作、ドゥ
　　ルーリ、D.『自然史図譜』1770〜82

タイワンイボタガ　Brahmaea wallichii
「世界大博物図鑑 1」平凡社　1991
　　◇p301（カラー）『リンネ学会紀要』1791〜1875,
　　1875〜1922,1939〜1955

タイワンオオゾウムシ　Macrochirus longipes
「世界大博物図鑑 1」平凡社　1991
　　◇p460（カラー）　ハリス、モーゼス図版製作、ドゥ
　　ルーリ、D.『自然史図譜』1770〜82
　　◇p464（カラー）　ドノヴァン、E.『中国昆虫史要
　　説』1798　手彩色銅版画

タイワンオオムカデ　Scolopendra morsitans
「アジア昆虫誌要説 博物画の至宝」平凡社
　　1996
　　◇pl.50（カラー）　ドノヴァン、E.『中国昆虫誌要
　　説』1798
「世界大博物図鑑 1」平凡社　1991
　　◇p145（カラー）　ドノヴァン、E.『中国昆虫史要
　　説』1798　手彩色銅版画

タイワンオサゾウムシ　Macrochirus longipes
「アジア昆虫誌要説 博物画の至宝」平凡社
　　1996
　　◇pl.4（カラー）　Curculio longipes　ドノヴァン、
　　E.『中国昆虫誌要説』1798

タイワンキマダラ　Cupha erymanthis
「アジア昆虫誌要説 博物画の至宝」平凡社
　　1996
　　◇pl.35（カラー）　Papilio Erymanthis　ドノヴァ
　　ン、E.『中国昆虫誌要説』1798

タイワンキマダラの1種　Cupha prosope
「アジア昆虫誌要説 博物画の至宝」平凡社
　　1996
　　◇pl.135（カラー）　Papilio Prosope　ドノヴァン、
　　E.『オーストラリア昆虫誌要説』1805

タイワンキマダラのなかま　Cupha sp.
「アジア昆虫誌要説 博物画の至宝」平凡社
　　1996
　　◇pl.82（カラー）　Papilio Gnidia　ドノヴァン、
　　E.『インド昆虫誌要説』1800

タイワンダイコクコガネ　Catharsius
molossus
「アジア昆虫誌要説 博物画の至宝」平凡社
　　1996
　　◇pl.2（カラー）　Scarabaeus Molossus　ドノヴァ
　　ン、E.『中国昆虫誌要説』1798
「世界大博物図鑑 1」平凡社　1991
　　◇p416（カラー）　ドノヴァン、E.『中国昆虫史要
　　説』1798　手彩色銅版画

タイワンタガメ　Lethocerus indicus
「世界大博物図鑑 1」平凡社　1991
　　◇p229（カラー）　ドノヴァン、E.『中国昆虫史要
　　説』1798　手彩色銅版画

タイワンタガメの成虫と幼虫　Lethocerus
indicus
「アジア昆虫誌要説 博物画の至宝」平凡社
　　1996
　　◇pl.18（カラー）　Nepa Grandis　ドノヴァン、E.
　　『中国昆虫誌要説』1798

タイワンツバメシジミ　Everes lactrunus
「アジア昆虫誌要説 博物画の至宝」平凡社
　　1996
　　◇pl.95（カラー）　Papilio Parrhasius　ドノヴァ
　　ン、E.『インド昆虫誌要説』1800

ダエンマルトゲムシのなかま　Chelonariidae
「世界大博物図鑑 1」平凡社　1991

54　博物図譜レファレンス事典 動物篇

◇p428（カラー）　キュヴィエ, G.L.C.F.D.『動物界』1836～49　手彩色銅版

タカサゴキララマダニ　Amblyomma testudinarium
「世界大博物図鑑 1」平凡社　1991
　　◇p49（カラー）　栗本丹洲『千蟲譜』　文化8（1811）

タガメ　Lethocerus deyrollei
「世界大博物図鑑 1」平凡社　1991
　　◇p229（カラー）　裏と表　高木春山『本草図説』　? ～嘉永5（? ～1852）　［愛知県西尾市立岩瀬文庫］
「鳥獣虫魚譜」八坂書房　1988
　　◇p103（カラー）　尻挾, タカソ　松森胤保『両羽飛虫図譜』　［酒田市立光丘文庫］

タガメ
「彩色 江戸博物学集成」平凡社　1994
　　◇p62（カラー）　さしきり　丹羽正伯『芸藩土産図』　［岩瀬文庫］

タガメの卵
「彩色 江戸博物学集成」平凡社　1994
　　◇p459（カラー）　ハカリムシ イナゴの卵　山本渓愚筆『蟲品』　［岩瀬文庫］

ダーク・クリムソン・アンダーウィング・モス　Catocala nupta
「昆虫の劇場」リブロポート　1991
　　◇p119（カラー）　Dark Crimson Underwing　ハリス, M.『オーレリアン』1778

タケトラカミキリ
「彩色 江戸博物学集成」平凡社　1994
　　◇p394（カラー）　頭部正面図　吉田雀巣庵『虫譜』　［国会図書館］

タケノホソクロバ
「彩色 江戸博物学集成」平凡社　1994
　　◇p154～155（カラー）　笹ノ虫　佐竹曙山『龍亀昆虫写生帖』　［千秋美術館］

タチバナマイマイ　Naninia citrina
「世界大博物図鑑 1」平凡社　1991
　　◇p492（カラー）『アストロラブ号世界周航記』1830～35　スティップル印刷

タテハチョウ科　Nymphalidae
「ビュフォンの博物誌」工作舎　1991
　　◇M106（カラー）『一般と個別の博物誌 ソンニーニ版』

タテハチョウ科のチョウ　Anartia jatrophae
「昆虫の劇場」リブロポート　1991
　　◇p29（カラー）　メーリアン, M.S.『スリナム産昆虫の変態』1726

タテハチョウの1種　Anartia fatima
「アジア昆虫誌要説 博物画の至宝」平凡社　1996
　　◇pl.81（カラー）　Papilio Fatima　ドノヴァン, E.『インド昆虫誌要説』　1800

タテハチョウの1種　Dynamine coenus
「アジア昆虫誌要説 博物画の至宝」平凡社　1996
　　◇pl.96（カラー）　Papilio Coenus　ドノヴァン, E.『インド昆虫誌要説』　1800

タテハチョウの1種　Pseudoneptis ianthe
「アジア昆虫誌要説 博物画の至宝」平凡社　1996
　　◇pl.85（カラー）　Papilio Coenobita　ドノヴァン, E.『インド昆虫誌要説』　1800

タテハチョウの1種　Temenis laothoe
「アジア昆虫誌要説 博物画の至宝」平凡社　1996
　　◇pl.80（カラー）　Papilio Liberia　ドノヴァン, E.『インド昆虫誌要説』　1800

タテハチョウの1種の雌　Myscelia orsis
「アジア昆虫誌要説 博物画の至宝」平凡社　1996
　　◇pl.80（カラー）　Papilio Blandina　ドノヴァン, E.『インド昆虫誌要説』　1800

タテハチョウの1種の雌　Sallya natalensis
「アジア昆虫誌要説 博物画の至宝」平凡社　1996
　　◇pl.134（カラー）　Papilio Drusius　ドノヴァン, E.『オーストラリア昆虫誌要説』　1805

タテハチョウのなかま　Callicore sp.
「アジア昆虫誌要説 博物画の至宝」平凡社　1996
　　◇pl.83（カラー）　Papilio Isis　ドノヴァン, E.『インド昆虫誌要説』　1800

タテハチョウのなかま　Cupha woodfordi ?
「世界大博物図鑑 1」平凡社　1991
　　◇p345（カラー）　タテハチョウの1種, ベニシロチョウ, シロチョウ科　ドノヴァン, E.『インド昆虫史要説』　1800　手彩色銅版

タテハチョウのなかま　Hamadryas sp.
「世界大博物図鑑 1」平凡社　1991
　　◇p346（カラー）　ドノヴァン, E.『インド昆虫史要説』　1800　手彩色銅版

タテハチョウのなかま　Myscelia sp.
「世界大博物図鑑 1」平凡社　1991
　　◇p346（カラー）　ドノヴァン, E.『インド昆虫史要説』　1800　手彩色銅版

タテハチョウのなかま　Palla ussheri
「世界大博物図鑑 1」平凡社　1991
　　◇p343（カラー）　ドノヴァン, E.『博物宝典』1823～27

タテハチョウのなかま　Temenis laothoe
「世界大博物図鑑 1」平凡社　1991
　　◇p346（カラー）　ドノヴァン, E.『インド昆虫史要説』　1800　手彩色銅版

タテハモドキ　Junonia almana
「アジア昆虫誌要説 博物画の至宝」平凡社

たては　　　　　　　　　　　　虫

1996
◇pl.36（カラー）　Papilio Almana　ドノヴァン，
E.『中国昆虫誌要説』　1798
「世界大博物図鑑 1」平凡社　1991
◇p345（カラー）　ドノヴァン，E.『中国昆虫史要
説』　1798　手彩色銅版画

タテハモドキの1種　Precis sophia
「アジア昆虫誌要説　博物画の至宝」平凡社
1996
◇pl.86（カラー）　Papilio Sophia　ドノヴァン，
E.『インド昆虫誌要説』　1800

ダナツマアカシロチョウ　Colotis danae
「世界大博物図鑑 1」平凡社　1991
◇p316（カラー）　ドノヴァン，E.『インド昆虫史
要説』　1800　手彩色銅版

ダニ
「紙の上の動物園」グラフィック社　2017
◇p230（カラー）　フック，ロバート『顕微鏡図譜』
1745復刻版

ダニ類　Architarbi
「ビュフォンの博物誌」工作舎　1991
◇M067（カラー）『一般と個別の博物誌 ソンニー
ニ版』

タマオシコガネの1種　Gymnopleurus sp.
「ビュフォンの博物誌」工作舎　1991
◇M082（カラー）『一般と個別の博物誌 ソンニー
ニ版』

タマオシコガネのなかま　Scarabaeus sp.
「アジア昆虫誌要説　博物画の至宝」平凡社
1996
◇pl.1（カラー）　Scarabaeus Leei　ドノヴァン，
E.『中国昆虫誌要説』　1798

タマゾウムシのなかま　Cionus scrophulariae
「世界大博物図鑑 1」平凡社　1991
◇p464（カラー）　ドノヴァン，E.『英国産昆虫図
譜』　1793〜1813

タマバチ科　Cynipidae
「ビュフォンの博物誌」工作舎　1991
◇M100（カラー）『一般と個別の博物誌 ソンニー
ニ版』

タマムシ　Chrysochroa fulgidissima
「鳥獣虫魚譜」八坂書房　1988
◇p100（カラー）　松森胤保『両羽飛虫図譜』
［酒田市立光丘文庫］

タマムシ
「江戸の動植物図」朝日新聞社　1988
◇p81（カラー）　栗本丹洲『千蟲譜』　［国立国会
図書館］

タマムシ（ヤマトタマムシ）　Chrysochroa
fulgidissima
「世界大博物図鑑 1」平凡社　1991
◇p420（カラー）　栗本丹洲『千蟲譜』　文化8
（1811）

タマムシ（ヤマトタマムシ）
「彩色 江戸博物学集成」平凡社　1994
◇p318（カラー）　畔田翠山『綱目注疏』　［大阪
市立博物館］

タマムシ科　Buprestidae
「ビュフォンの博物誌」工作舎　1991
◇M075（カラー）『一般と個別の博物誌 ソンニー
ニ版』

タマムシ（狭義）の1種　Belionota aenea
「アジア昆虫誌要説　博物画の至宝」平凡社
1996
◇pl.53（カラー）　Buprestis Aenea　ドノヴァン，
E.『インド昆虫誌要説』　1800

タマムシの1種　Cyria imperialis
「アジア昆虫誌要説　博物画の至宝」平凡社
1996
◇pl.116（カラー）　Buprestis imperialis　ド
ヴァン，E.『オーストラリア昆虫誌要説』　1805

タマムシのなかま　Belionota aenea ?
「世界大博物図鑑 1」平凡社　1991
◇p425（カラー）　ドノヴァン，E.『インド昆虫
要説』　1800　手彩色銅版

タマムシのなかま　Chrysobothris
quadrimaculata
「世界大博物図鑑 1」平凡社　1991
◇p425（カラー）　ドノヴァン，E.『インド昆虫史
要説』　1800　手彩色銅版

タマムシのなかま　Chrysochroa ocellata
「世界大博物図鑑 1」平凡社　1991
◇p424（カラー）　ドノヴァン，E.『中国昆虫史要
説』　1798　手彩色銅版画

タマムシのなかま　Conognatha macleayi,
Hyperantha speculigera
「世界大博物図鑑 1」平凡社　1991
◇p420（カラー）　ドノヴァン，E.『博物宝典』
1823〜27

タマムシのなかま　Cyria imperialis,
Stigmodera spp.
「世界大博物図鑑 1」平凡社　1991
◇p425（カラー）　ドノヴァン，E.『オーストラリ
ア昆虫史要説』　1805

タマムシのなかま　Stigmodera jucunda,
Conognatha amoena, Cisseis leucosticta,
Coraebus pulchellus
「世界大博物図鑑 1」平凡社　1991
◇p421（カラー）　ドノヴァン，E.『博物宝典』
1823〜27

タマムシのなかま？　Buprestidae ?
「世界大博物図鑑 1」平凡社　1991
◇p424（カラー）　メーリアン，M.S.『スリナム産
昆虫の変態』　1726

56　博物図譜レファレンス事典 動物篇

虫　　　　　　　　　　　　　　　　　　　　　　　　　　ちやは

タランチュラ　Theraphoside tarantula
「昆虫の劇場」リブロポート　1991
　◇p43（カラー）　メーリアン, M.S.『スリナム産昆虫の変態』　1726

タランチュラコモリグモ（旧タランチュラドクグモ）　Lycosa tarantula
「世界大博物図鑑 1」平凡社　1991
　◇p53（カラー）　キュヴィエ, G.L.C.F.D.『動物界』　1836〜49　手彩色銅版

ダルマコウデカニムシ　Cheiridium museorum
「世界大博物図鑑 1」平凡社　1991
　◇p44（カラー）　リーチ, W.E.著, ノダー, R.P.図『動物学雑録』　1814〜17

ダンゴムシ　Armadillidium vulgare
「世界大博物図鑑 1」平凡社　1991
　◇p76（カラー）　キュヴィエ, G.L.C.F.D.『動物界』　1836〜49　手彩色銅版

タンソクケダニ　Dinothrombium tinctorium
「世界大博物図鑑 1」平凡社　1991
　◇p48（カラー）　キュヴィエ, G.L.C.F.D.『動物界』　1836〜49　手彩色銅版

ダンバー　Cosmia trapezina
「昆虫の劇場」リブロポート　1991
　◇p110（カラー）　ハリス, M.『オーレリアン』　1778

【ち】

チスイビル
「彩色 江戸博物学集成」平凡社　1994
　◇p459（カラー）　山本渓愚筆『蟲品』　［岩瀬文庫］

チズモンアオシャク　Agathia carissima
「アジア昆虫誌要説 博物画の至宝」平凡社　1996
　◇pl.44（カラー）　Phalaena zonaria　ドノヴァン, E.『中国昆虫誌要説』　1798
「世界大博物図鑑 1」平凡社　1991
　◇p302（カラー）　ドノヴァン, E.『中国昆虫史要説』　1798　手彩色銅版画

チタントビナナフシ　Acrophylla titan
「世界大博物図鑑 1」平凡社　1991
　◇p201（カラー）　ドルビニ, A.C.V.D.『万有博物事典』　1838〜49,61

チビイシガケチョウ　Cyrestis themire
「世界大博物図鑑 1」平凡社　1991
　◇p346（カラー）　ドノヴァン, E.『インド昆虫史要説』　1800　手彩色銅版

チビテングダニ　Cyta latirostris
「世界大博物図鑑 1」平凡社　1991
　◇p48（カラー）　キュヴィエ, G.L.C.F.D.『動物界』　1836〜49　手彩色銅版

チマダニのなかま　Haemaphysalis sp.
「世界大博物図鑑 1」平凡社　1991
　◇p49（カラー）　栗本丹洲『千蟲譜』　文化8（1811）

チャイロコウラナメクジ　Limax maximus
「世界大博物図鑑 1」平凡社　1991
　◇p489（カラー）　キュヴィエ, G.L.C.F.D.『動物界』　1836〜49　手彩色銅版

チャイロコメノゴミムシダマシ　Tenebrio molitor
「ビュフォンの博物誌」工作舎　1991
　◇M005（カラー）『一般と個別の博物誌 ソンニーニ版』

チャイロフタオ　Charaxes bernardus
「アジア昆虫誌要説 博物画の至宝」平凡社　1996
　◇pl.34（カラー）　Papilio Bernardus　ドノヴァン, E.『中国昆虫誌要説』　1798

チャイロフタオのなかま　Charaxes bernardus
「世界大博物図鑑 1」平凡社　1991
　◇p344（カラー）　ドノヴァン, E.『中国昆虫史要説』　1798　手彩色銅版画

チャイロルリボシヤンマ　Aeschna grandis
「世界大博物図鑑 1」平凡社　1991
　◇p157（カラー）　レーゼル・フォン・ローゼンホフ, A.J.『昆虫学の娯しみ』　1764〜68　彩色銅版
　◇p157（カラー）　ハリス, M.『英産昆虫集成』　1776

チャグロサソリの1種　Heteromentrus sp.
「ビュフォンの博物誌」工作舎　1991
　◇M060（カラー）『一般と個別の博物誌 ソンニーニ版』

チャグロサソリのなかま　Heterometrus sp.
「世界大博物図鑑 1」平凡社　1991
　◇p40（カラー）　レーゼル・フォン・ローゼンホフ, A.J.『昆虫学の娯しみ』　1764〜68　彩色銅版
　◇p41（カラー）　栗本丹洲『千蟲譜』　文化8（1811）

チャグロサソリのなかま？　Heterometrus sp.？
「世界大博物図鑑 1」平凡社　1991
　◇p40（カラー）　レーゼル・フォン・ローゼンホフ, A.J.『昆虫学の娯しみ』　1764〜68　彩色銅版
　◇p41（カラー）　キュヴィエ, G.L.C.F.D.『動物界』　1836〜49　手彩色銅版

チャタテムシのなかま？　Psocoptera？
「世界大博物図鑑 1」平凡社　1991
　◇p217（カラー）　栗本丹洲『千蟲譜』　文化8（1811）

チャバネアオカメムシ　Plautia stali
「世界大博物図鑑 1」平凡社　1991

博物図譜レファレンス事典 動物篇　**57**

ちやは　　　　　　　　　　　虫

◇p221（カラー）　栗本丹洲『千蟲譜』　文化8
（1811）

チャバネゴキブリ　Blattella germanica
「すごい博物画」グラフィック社　2017
◇図版54（カラー）　パイナップルにコワモンゴキ
ブリとチャバネゴキブリ　メーリアン, マリア・
シビラ　1701～05頃　子牛皮紙に軽く輪郭をエッ
チングした上に水彩　濃厚顔料 アラビアゴム
48.3×34.8　［ウィンザー城ロイヤル・ライブラ
リー］
「世界大博物図鑑 1」平凡社　1991
◇p205（カラー）　栗本丹洲『千蟲譜』　文化8
（1811）

チャマダラセセリのなかま　Proteides
mercurius, Epargyreus exadeus, Urabanus
proteus, Chioides catillus
「世界大博物図鑑 1」平凡社　1991
◇p307（カラー）　クラマー, P.『世界三地域熱帯
蝶図譜』　1779～82

チョウ
「昆虫の劇場」リブロポート　1991
◇p22（カラー）　エーレト, G.D.『花蝶珍種図録』
1748～62

蝶
「フローラの庭園」八坂書房　2015
◇p36（カラー）　ダフネ・メゼレウムと蝶　エー
レット画　18世紀中頃　水彩 犢皮紙（ヴェラム）
［ヴィクトリア＆アルバート美術館（ロンドン）］

チョウトンボ　Rhyothemis fuliginosa
「世界大博物図鑑 1」平凡社　1991
◇p161（カラー）　オス, メス　吉田雀巣庵『雀巣
庵蟲譜』　天保頃

チョウトンボ
「彩色 江戸博物学集成」平凡社　1994
◇p18（カラー）　円山応挙『写生帖』　［東京国立
博物館］
◇p387（カラー）　テフトンボ　オス, メス　吉田
雀巣庵『虫譜』　［東京大学総合図書館］

チョウの1種
「紙の上の動物園」グラフィック社　2017
◇p103（カラー）　ウェストウッド, ジョン・オウ
バダイア『東洋の昆虫学の陳列棚：インドおよび
近隣の島々産の中でも珍しく美しい昆虫の精選』
1849

チョウバエ科　Psychodidae
「ビュフォンの博物誌」工作舎　1991
◇M111（カラー）『一般と個別の博物誌 ソンニー
ニ版』

チョウバエのなかま　Psychoda palstris
「世界大博物図鑑 1」平凡社　1991
◇p351（カラー）　キュヴィエ, G.L.C.F.D.『動物
界』　1836～49　手彩色銅版

チョウ類
「紙の上の動物園」グラフィック社　2017

◇p162～163（カラー）　バーバット, ジェイムズ
『写生によるイングランドの昆虫種で見るリンネ
式昆虫属分類』　1781

チョッキリのなかま　Attelabidae
「世界大博物図鑑 1」平凡社　1991
◇p456（カラー）　キュヴィエ, G.L.C.F.D.『動物
界』　1836～49　手彩色銅版

チリクワガタ（ツノナガコガシラクワガタ）
Chiasognathus granti
「世界大博物図鑑 1」平凡社　1991
◇p388（カラー）　レッソン, R.P.『動物学図譜』
1832～34　手彩色銅版画
◇p389（カラー）　ゲイ, C.『チリ自然社会誌』
1844～71

チリーマルムネハサミムシ　Brachylabis
chilensis
「世界大博物図鑑 1」平凡社　1991
◇p216（カラー）　ゲイ, C.『チリ自然社会誌』
1844～71

【つ】

ツクツクホウシ　Meimuna opalifera
「世界大博物図鑑 1」平凡社　1991
◇p240（カラー）　栗本丹洲『千蟲譜』　文化8
（1811）

ツチバチ科　Scoliidae
「ビュフォンの博物誌」工作舎　1991
◇M102（カラー）『一般と個別の博物誌 ソンニー
ニ版』

ツチバチのなかま　Scolia maculata
「世界大博物図鑑 1」平凡社　1991
◇p477（カラー）　ハリス, モーゼス図版製作, ドゥ
ルーリ, D.『自然史図譜』　1770～82

ツチバチのなかま　Scolioidea
「世界大博物図鑑 1」平凡社　1991
◇p476（カラー）　ゲイ, C.『チリ自然社会誌』
1844～71

ツチバチの類　Scolioidea
「ビュフォンの博物誌」工作舎　1991
◇M104（カラー）『一般と個別の博物誌 ソンニー
ニ版』

ツチハンミョウ科　Meloidae
「ビュフォンの博物誌」工作舎　1991
◇M085（カラー）『一般と個別の博物誌 ソンニー
ニ版』

ツチハンミョウの1種　Meloe sp.
「ビュフォンの博物誌」工作舎　1991
◇M085（カラー）『一般と個別の博物誌 ソンニー
ニ版』
◇M089（カラー）『一般と個別の博物誌 ソンニー
ニ版』

58　博物図譜レファレンス事典 動物篇

虫　　　　　　　　　　　　　　　　　　つまく

ツチハンミョウのなかま　Meloe majalis
「世界大博物図鑑 1」平凡社　1991
　◇p436（カラー）　ドルビニ, A.C.V.D.『万有博物事典』1838〜49,61

ツチハンミョウのなかま　Meloe variegatus
「世界大博物図鑑 1」平凡社　1991
　◇p436（カラー）　ドノヴァン, E.『英国産昆虫図譜』1793〜1813

ツチハンミョウのなかま　Meloidae
「世界大博物図鑑 1」平凡社　1991
　◇p436（カラー）　栗本丹洲『千蟲譜』文化8（1811）

ツチハンミョウ類
「彩色 江戸博物学集成」平凡社　1994
　◇p347（カラー）　コブムシ　前田利保, 関根雲停筆『蜻蜋射工図説』

ツツクワガタ　Syndesus cornutus
「アジア昆虫誌要説 博物画の至宝」平凡社　1996
　◇pl.109（カラー）　Cetonia carinata　ドノヴァン, E.『オーストラリア昆虫誌要説』1805

ツツシニクイ科　Lymexylidae
「ビュフォンの博物誌」工作舎　1991
　◇M076（カラー）『一般と個別の博物誌 ソンニーニ版』

ツツハナバチのなかまの巣　Osmia sp. ?
「世界大博物図鑑 1」平凡社　1991
　◇p469（カラー）　栗本丹洲『千蟲譜』文化8（1811）

ツノゼミのなかま　Aetalion reticulatum
「世界大博物図鑑 1」平凡社　1991
　◇p244（カラー）　キュヴィエ, G.L.C.F.D.『動物界』1836〜49　手彩色銅版

ツノゼミのなかま　Darnis lateralis
「世界大博物図鑑 1」平凡社　1991
　◇p244（カラー）　キュヴィエ, G.L.C.F.D.『動物界』1836〜49　手彩色銅版

ツノトンボの1種　Ascalaphus sp.
「ビュフォンの博物誌」工作舎　1991
　◇M098（カラー）『一般と個別の博物誌 ソンニーニ版』

ツノトンボのなかま　Libelloides macaronius
「世界大博物図鑑 1」平凡社　1991
　◇p269（カラー）　ドルビニ, A.C.V.D.『万有博物事典』1838〜49,61

ツノナガコガシラクワガタ
　⇒チリクワガタ（ツノナガコガシラクワガタ）を見よ

ツノヒザボソザトウムシ　Pachylus acanthops
「世界大博物図鑑 1」平凡社　1991
　◇p45（カラー）　メス, オス　ゲイ, C.『チリ自然社会誌』1844〜71

ツバメアオシャク属　Gelasma sp.
「鳥獣虫魚譜」八坂書房　1988
　◇p95（カラー）　松森胤保『両羽飛虫図譜』〔酒田市立光丘文庫〕

ツバメエダシャクのなかま　Ourapteryx sambucaria
「世界大博物図鑑 1」平凡社　1991
　◇p293（カラー）　セップ, J.C.『神の驚異の書』1762〜1860

ツバメガの1種
「世界大博物図鑑 1」平凡社　1991
　◇p306（カラー）　クラマー, P.『世界三地域熱帯蝶図譜』1779〜82

ツバメガのなかま　Uraniidae
「世界大博物図鑑 1」平凡社　1991
　◇p295（カラー）　おそらくオオナンベイツバメガ Urania leilus　メーリアン, M.S.『スリナム産昆虫の変態』1726

ツバメガのなかま？　Uraniidae ?
「世界大博物図鑑 1」平凡社　1991
　◇p294（カラー）　おそらくアフリカ産のニシキオオツバメガ（シンジュツバメガ）　ハリス, モーゼス図版製作, ドゥルーリ, D.『自然史図譜』1770〜82

ツバメシジミ　Everes argiades
「世界大博物図鑑 1」平凡社　1991
　◇p321（カラー）　ドノヴァン, E.『インド昆虫史要説』1800　手彩色銅版
「鳥獣虫魚譜」八坂書房　1988
　◇p95（カラー）　松森胤保『両羽飛虫図譜』〔酒田市立光丘文庫〕

ツブヤドリダニのなかま　Gamasiphis sp.
「世界大博物図鑑 1」平凡社　1991
　◇p48（カラー）　ゲイ, C.『チリ自然社会誌』1844〜71

ツマアカシロチョウ　Colotis danae
「アジア昆虫誌要説 博物画の至宝」平凡社　1996
　◇pl.76（カラー）　Papilio Danae　ドノヴァン, E.『インド昆虫誌要説』1800

ツマキシャチホコのなかま　Phalera bucephala
「世界大博物図鑑 1」平凡社　1991
　◇p301（カラー）　ドノヴァン, E.『英国産昆虫図譜』1793〜1813
　◇p301（カラー）　セップ, J.C.『神の驚異の書』1762〜1860

ツマグロイシガケチョウ　Cyrestis themire
「アジア昆虫誌要説 博物画の至宝」平凡社　1996
　◇pl.87（カラー）　Papilio Periander　ドノヴァン, E.『インド昆虫誌要説』1800

ツマグロヒョウモン
「彩色 江戸博物学集成」平凡社　1994

博物図譜レファレンス事典 動物篇　**59**

つまく   虫

◇p95（カラー）　菫ノ虫　幼虫，さなぎ，成虫（オ
ス）　細川重賢『昆虫脊化図』　［永青文庫］
◇p154～155（カラー）　菫ノ虫　佐竹曙山『龍亀
昆虫写生帖』　［千秋美術館］

ツマグロヨコバイ　Nephotettix cincticeps
「世界大博物図鑑 1」平凡社　1991
◇p244（カラー）　栗本丹洲『千蟲譜』　文化8
（1811）

ツマベニチョウ　Hebomoia glaucippe
「アジア昆虫誌要説 博物画の至宝」平凡社
1996
◇pl.31（カラー）　Papilio Glaucippe　ドノヴァ
ン，E.『中国昆虫誌要説』　1798

ツマムラサキマダラ　Euploea mulciber
paupera
「昆虫の劇場」リブロポート　1991
◇p19（カラー）　エーレト，G.D.『花蝶珍種図録』
1748～62

ツメトゲブユのなかま　Simulium ornatum
「世界大博物図鑑 1」平凡社　1991
◇p352（カラー）　キュヴィエ，G.L.C.F.D.『動
物界』　1836～49　手彩色銅版

ツヤアオゴモクムシの1種　Harpalus sp.
「ビュフォンの博物誌」工作舎　1991
◇M073（カラー）『一般と個別の博物誌 ソンニー
ニ版』

ツヤキカワムシの1種　Boros sp.
「ビュフォンの博物誌」工作舎　1991
◇M092（カラー）『一般と個別の博物誌 ソンニー
ニ版』

ツヤクロジガバチ　Pison chilense
「世界大博物図鑑 1」平凡社　1991
◇p472（カラー）　ゲイ，C.『チリ自然社会誌』
1844～71

**ツヤゴライアスタマムシ（ナンベイオオタマ
ムシ）**　Euchroma gigantea
「世界大博物図鑑 1」平凡社　1991
◇p424（カラー）　キュヴィエ，G.L.C.F.D.『動
物界』　1836～49　手彩色銅版

ツヤハナバチの1種　Ceratina sp.
「ビュフォンの博物誌」工作舎　1991
◇M104（カラー）『一般と個別の博物誌 ソンニー
ニ版』

ツヤハリガイ　Vitrina pellucida
「世界大博物図鑑 1」平凡社　1991
◇p493（カラー）　キュヴィエ，G.L.C.F.D.『動物
界』　1836～49　手彩色銅版

ツヤモモブトオオハムシ　Sagra femorata
「アジア昆虫誌要説 博物画の至宝」平凡社
1996
◇pl.8（カラー）　Sagra femorata（Tenebrio
femoratus）　ドノヴァン，E.『中国昆虫誌要説』
1798

ツユグモ　Micrommata roseum
「世界大博物図鑑 1」平凡社　1991
◇p52（カラー）　キュヴィエ，G.L.C.F.D.『動物
界』　1836～49　手彩色銅版

ツユムシのなかま　Acripeza reticulata
「世界大博物図鑑 1」平凡社　1991
◇p177（カラー）　オス，メス　マッコイ，F.『ヴィ
クトリア州博物誌』　1885～90

ツリアブ科　Bombyliidae
「ビュフォンの博物誌」工作舎　1991
◇M110（カラー）『一般と個別の博物誌 ソンニー
ニ版』

ツリアブモドキの1種　Afriadops variegatus
「世界大博物図鑑 1」平凡社　1991
◇p357（カラー）　ウェストウッド，J.O.『東洋昆
虫学集成』　1848

ツリミミズのなかま？　Lumbricus
complanatus？
「世界大博物図鑑 1」平凡社　1991
◇p32（カラー）　キュヴィエ，G.L.C.F.D.『動物
界』　1836～49　手彩色銅版

ツリミミズのなかま？　Lumbricus
valdiviensis？
「世界大博物図鑑 1」平凡社　1991
◇p32（カラー）　ゲイ，C.『チリ自然社会誌』
1844～71

ツルギアブ科　Therevidae
「ビュフォンの博物誌」工作舎　1991
◇M112（カラー）『一般と個別の博物誌 ソンニー
ニ版』

ツルギタテハの1種　Consul fabius
「アジア昆虫誌要説 博物画の至宝」平凡社
1996
◇pl.85（カラー）　Papilio Hippona　ドノヴァン，
E.『インド昆虫誌要説』　1800

ツルギタテハのなかま　Consul hippona
「世界大博物図鑑 1」平凡社　1991
◇p345（カラー）　ドノヴァン，E.『インド昆虫史
要説』　1800　手彩色銅版

ツルギタテハのなかま　Marpesia sp.
「世界大博物図鑑 1」平凡社　1991
◇p346（カラー）　ドノヴァン，E.『博物宝典』
1823～27

【て】

デイダミアモルフォ　Morpho deidamia
「昆虫の劇場」リブロポート　1991
◇p32（カラー）　メーリアン，M.S.『スリナム産昆
虫の変態』　1726
「世界大博物図鑑 1」平凡社　1991
◇p341（カラー）　メーリアン，M.S.『スリナム産

昆虫の変態』 1726

ディプロゾーオン［フタゴムシ］
「生物の驚異的な形」河出書房新社 2014
　◇図版75（カラー）　ヘッケル, エルンスト 1904

デオキノコムシ科　Scaphidiidae
「ビュフォンの博物誌」工作舎 1991
　◇M078（カラー）『一般と個別の博物誌 ソンニー
　二版』

テナガカミキリ　Acrocinus longimanus
「昆虫の劇場」リブロポート 1991
　◇p53（カラー）　メーリアン, M.S.『スリナム産昆
　虫の変態』 1726
「世界大博物図鑑 1」平凡社 1991
　◇p440（カラー）　キュヴィエ, G.L.C.F.D.『動物
　界』 1836〜49　手彩色銅版
　◇p445（カラー）　レーゼル・フォン・ローゼンホ
　フ, A.J.『昆虫学の娯しみ』1764〜68　彩色銅版
　◇p449（カラー）　メーリアン, M.S.『スリナム産
　昆虫の変態』 1726

テナガコガネ　Cheirotonus macleayi
「世界大博物図鑑 1」平凡社 1991
　◇p413（カラー）　ウェストウッド, J.O.『東洋昆
　虫学集成』 1848

テングスケバ　Dictyophara patruelis
「世界大博物図鑑 1」平凡社 1991
　◇p260（カラー）　栗本丹洲『千蟲譜』 文化8
　（1811）

テングスケバ科のなかま
「世界大博物図鑑 1」平凡社 1991
　◇p236（カラー）　ドノヴァン, E.『インド昆虫史
　要説』 1800　手彩色銅版

テングスケバのなかま　Dictyophara europaea
「世界大博物図鑑 1」平凡社 1991
　◇p260（カラー）　ドノヴァン, E.『英国産昆虫図
　譜』 1793〜1813

テングスケバのなかま　Dictyopharidae
「アジア昆虫誌要説 博物画の至宝」平凡社
　1996
　◇pl.58（カラー）　Fulgora pallida　ドノヴァン,
　E.『インド昆虫誌要説』 1800

テングスケバのなかま？　Dictyopharidae？
「アジア昆虫誌要説 博物画の至宝」平凡社
　1996
　◇pl.58（カラー）　Fulgora lineata　ドノヴァン,
　E.『インド昆虫誌要説』 1800

テングダニ科　Bdellidae
「ビュフォンの博物誌」工作舎 1991
　◇M067（カラー）『一般と個別の博物誌 ソンニー
　二版』

テングビワハゴロモ　Laternaria candelaria
「アジア昆虫誌要説 博物画の至宝」平凡社
　1996
　◇pl.14（カラー）　Fulgora Candelaria　ドノヴァ

ン, E.『中国昆虫誌要説』 1798
「世界大博物図鑑 1」平凡社 1991
　◇p256（カラー）　ドノヴァン, E.『中国昆虫史要
　説』 1798　手彩色銅版画

テングビワハゴロモ？　Laternaria
candelaria？
「世界大博物図鑑 1」平凡社 1991
　◇p256（カラー）　琵琶蟬　栗本丹洲『千蟲譜』 文
　化8（1811）

テンジクアゲハ　Papilio polymnestor
「アジア昆虫誌要説 博物画の至宝」平凡社
　1996
　◇pl.70（カラー）　ドノヴァン, E.『インド昆虫誌
　要説』 1800

テントウダマシの1種　Endomychus sp.
「ビュフォンの博物誌」工作舎 1991
　◇M093（カラー）『一般と個別の博物誌 ソンニー
　二版』

テントウダマシのなかま　Endomychus
coccineus
「世界大博物図鑑 1」平凡社 1991
　◇p433（カラー）　キュヴィエ, G.L.C.F.D.『動物
　界』 1836〜49　手彩色銅版

テントウムシ　Coccinella septempunctata
「すごい博物画」グラフィック社 2017
　◇図版50（カラー）　トケイソウとテントウムシ、
　種類のわからない蛾かチョウの幼虫、斑入りイヌ
　サフラン、キツタシクラメンの葉、オジギソウ、
　種類のわからない蛾の幼虫、ヨーロッパコフキコ
　ガネの幼虫　マーシャル, アレクサンダー 1650
　〜82頃　水彩　45.5×33.0　［ウィンザー城ロイ
　ヤル・ライブラリー］

テントウムシダマシ科の1種？
「彩色 江戸博物学集成」平凡社 1994
　◇p394（カラー）　吉田雀巣庵『虫譜』　［国会図
　書館］

テントウムシのなかま　Coccinellidae
「世界大博物図鑑 1」平凡社 1991
　◇p433（カラー）　ドノヴァン, E.『英国産昆虫図
　譜』 1793〜1813

【と】

ドウイロクワガタ　Streptocerus speciosus
「世界大博物図鑑 1」平凡社 1991
　◇p389（カラー）　ゲイ, C.『チリ自然社会誌』
　1844〜71

ドウイロミヤマクワガタ　Lucanus mearesii
「世界大博物図鑑 1」平凡社 1991
　◇p384（カラー）　ウェストウッド, J.O.『東洋昆
　虫学集成』 1848

トウヨウゴキブリ　Blatta orientalis
「世界大博物図鑑 1」平凡社 1991

とかり　　　　　　　虫

◇p205（カラー）　メス, オス　キュヴィエ, G.L.
C.F.D.『動物界』1836〜49　手彩色銅版

トガリシロチョウの1種　Ascia josephina
paramaryllis
「アジア昆虫誌要説 博物画の至宝」平凡社
1996
◇pl.78（カラー）　Papilio Amaryllis　ドノヴァ
ン, E.『インド昆虫誌要説』1800

トガリシロチョウの1種　Glutophrissa
drusilla castalia
「アジア昆虫誌要説 博物画の至宝」平凡社
1996
◇pl.78（カラー）　Papilio Castalia　ドノヴァン,
E.『インド昆虫誌要説』1800

ドクガ科の1種
「昆虫の劇場」リブロポート　1991
◇p83（カラー）　メーリアン, M.S.『スリナム産昆
虫の変態』1726

ドクガの1種　Chinophasma lutea
「アジア昆虫誌要説 博物画の至宝」平凡社
1996
◇pl.143（カラー）　Phalaena lutea　ドノヴァン,
E.『オーストラリア昆虫誌要説』1805

ドクガの1種　Laelia obsoleta
「アジア昆虫誌要説 博物画の至宝」平凡社
1996
◇pl.143（カラー）　Phalaena obsoleta　ドノヴァ
ン, E.『オーストラリア昆虫誌要説』1805

ドクガのなかま　Orgyia antiqua
「世界大博物図鑑 1」平凡社　1991
◇p302（カラー）　セップ, J.C.『神の驚異の書』
1762〜1860

ドクチョウ科の1種　Heliconis wallacei
「昆虫の劇場」リブロポート　1991
◇p17（カラー）　エーレト, G.D.『花蝶珍種図録』
1748

ドクチョウのなかま　Heliconius ethilla
「世界大博物図鑑 1」平凡社　1991
◇p348（カラー）　ドノヴァン, E.『博物宝典』
1823〜27

ドクロメンガタスズメ　Acherontia atropos
「昆虫の劇場」リブロポート　1991
◇p137（カラー）　ハリス, M.『オーレリアン』
1778

トゲアリ
「彩色 江戸博物学集成」平凡社　1994
◇p453（カラー）　異蟻　山本渓愚画

トゲグモ　Gasteracantha kuhlii
「世界大博物図鑑 1」平凡社　1991
◇p57（カラー）　ヘッケル, E.H.『自然の造形』
1899〜1904　多色石版画

トゲセイボウのなかま　Elampus spinus
「世界大博物図鑑 1」平凡社　1991

◇p480（カラー）　キュヴィエ, G.L.C.F.D.『動物
界』1836〜49　手彩色銅版

トゲトゲヒザボソザトウムシ　Sadocus
polyacanthus
「世界大博物図鑑 1」平凡社　1991
◇p45（カラー）　ゲイ, C.『チリ自然社会誌』
1844〜71

トゲハムシ科　Hispidae
「ビュフォンの博物誌」工作舎　1991
◇M093（カラー）『一般と個別の博物誌 ソンニー
ニ版』

トゲヒゲオオウスバカミキリ？
Enoplocerus armillatus ?
「世界大博物図鑑 1」平凡社　1991
◇p448（カラー）　ドルビニ, A.C.V.D.『万有博物
事典』1838〜49,61

トゲヒザボソザトウムシ　Lycomedicus
asperatus
「世界大博物図鑑 1」平凡社　1991
◇p45（カラー）　メス, オス　ゲイ, C.『チリ自然
社会誌』1844〜71

トゲムネアナバチの1種　Oxybelus sp.
「ビュフォンの博物誌」工作舎　1991
◇M102（カラー）『一般と個別の博物誌 ソンニー
ニ版』

トコジラミ　Cimex lectularius
「世界大博物図鑑 1」平凡社　1991
◇p225（カラー）　キュヴィエ, G.L.C.F.D.『動物
界』1836〜49　手彩色銅版

トックリバチの巣
「彩色 江戸博物学集成」平凡社　1994
◇p202（カラー）　栗本丹洲『千蟲譜』　［国会図
書館］

トックリバチのなかま　Eumenes sp.
「世界大博物図鑑 1」平凡社　1991
◇p472（カラー）　ハリス, モーゼス図版製作, ドゥ
ルーリ, D.『自然史図譜』1770〜82
◇p473（カラー）　栗本丹洲『千蟲譜』　文化8
（1811）

ドット・モス　Melanchra persicariae
「昆虫の劇場」リブロポート　1991
◇p124（カラー）　Dot Moth　ハリス, M.『オー
レリアン』1778

トネリコゼミ　Lyristes plebejus
「ビュフォンの博物誌」工作舎　1991
◇M096（カラー）『一般と個別の博物誌 ソンニー
ニ版』

トネリコゼミ（ヨーロッパエゾゼミ）
Lyristes plebejus
「世界大博物図鑑 1」平凡社　1991
◇p240（カラー）　レーゼル・フォン・ローゼンホ
フ, A.J.『昆虫学の娯しみ』1764〜68　彩色銅版
◇p241（カラー）　ショー, G.著, ノダー, F.P., ノ

62　博物図譜レファレンス事典 動物篇

ダー, R.P.図『博物学者雑録宝典』 1789〜1813

ドノヴァンの創作による種　Lepidoptera

「アジア昆虫誌要説 博物画の至宝」平凡社
1996
◇pl.96（カラー）　Papilio Hylax　ドノヴァン, E.
『インド昆虫誌要説』 1800

トノサマバッタ　Locusta migratoria

「世界大博物図鑑 1」平凡社　1991
◇p184（カラー）　レーゼル・フォン・ローゼンホフ, A.J.『昆虫学の娯しみ』 1764〜68 彩色銅版
◇p184（カラー）　ショー, G.著, ノダー, F.P., ノダー, R.P.図『博物学者雑録宝典』 1789〜1813
◇p185（カラー）　ドノヴァン, E.『英国産昆虫譜』 1793〜1813
◇p189（カラー）　キュヴィエ, G.L.C.F.D.『動物界』 1836〜49 手彩色銅版

トノサマバッタ

「紙の上の動物園」グラフィック社　2017
◇p164（カラー）　ドノヴァン, E.『イギリス本土の昆虫の自然誌：変態の時期を含むいくつかの段階で解説』 1793〜1813
「彩色 江戸博物学集成」平凡社　1994
◇p234（カラー）　オス, メス　水谷豊文『虫豸写真』 ［国会図書館］
「江戸の動植物図」朝日新聞社　1988
◇p91（カラー）　増山雪斎『蟲豸帖』 ［東京国立博物館］

ドノバンヨツモンヒラタツユムシ

Parasanaa donovani
「世界大博物図鑑 1」平凡社　1991
◇p176（カラー）　ドノヴァン, E.『博物宝典』
1823〜25

トビカツオブシムシの1種　Dermestes sp.

「ビュフォンの博物誌」工作舎　1991
◇M079（カラー）『一般と個別の博物誌 ソンニーニ版』

トビケラ科　Phryganeidae

「ビュフォンの博物誌」工作舎　1991
◇M099（カラー）『一般と個別の博物誌 ソンニーニ版』

トビズムカデ　Scolopendra subspinipes

「世界大博物図鑑 1」平凡社　1991
◇p144（カラー）　栗本丹洲『千蟲譜』 文化8
（1811）

トビメバエのなかま　Diopsis indica

「世界大博物図鑑 1」平凡社　1991
◇p357（カラー）　ウェストウッド, J.O.『東洋昆虫学集成』 1848

トビメバエのなかま　Diopsis subnotata

「世界大博物図鑑 1」平凡社　1991
◇p357（カラー）　ウェストウッド, J.O.『東洋昆虫学集成』 1848

トラガ科　Agaristidae

「ビュフォンの博物誌」工作舎　1991

◇M109（カラー）『一般と個別の博物誌 ソンニーニ版』

トラガの1種　Agarista agricola

「アジア昆虫誌要説 博物画の至宝」平凡社
1996
◇pl.140（カラー）　Papilio Agricola　ドノヴァン, E.『オーストラリア昆虫誌要説』 1805

トラガの1種　Eutrichopidia latinus

「アジア昆虫誌要説 博物画の至宝」平凡社
1996
◇pl.140（カラー）　Papilio Latinus　ドノヴァン, E.『オーストラリア昆虫誌要説』 1805

トラシャク　Dysphania militaris

「アジア昆虫誌要説 博物画の至宝」平凡社
1996
◇pl.43（カラー）　Phalaena militaris　ドノヴァン, E.『中国昆虫誌要説』 1798

トラハナムグリの1種　Trichius sp.

「ビュフォンの博物誌」工作舎　1991
◇M086（カラー）『一般と個別の博物誌 ソンニーニ版』

トラフシジミ　Rapara arata

「鳥獣虫魚譜」八坂書房　1988
◇p95（カラー）　松森胤保『両羽飛虫図譜』 ［酒田市立光丘文庫］

トラフシジミの1種　Arawacus meliboeus

「アジア昆虫誌要説 博物画の至宝」平凡社
1996
◇pl.91（カラー）　Papilio Meliboeus　ドノヴァン, E.『インド昆虫誌要説』 1800

トラフシジミの1種　Cyanophrys herodotus

「アジア昆虫誌要説 博物画の至宝」平凡社
1996
◇pl.89（カラー）　Papilio Herodotus　ドノヴァン, E.『インド昆虫誌要説』 1800

トラフシジミの1種　Cycnus phaleros

「アジア昆虫誌要説 博物画の至宝」平凡社
1996
◇pl.89（カラー）　Papilio Chiton　ドノヴァン, E.『インド昆虫誌要説』 1800

トラフシジミの1種　Rapala xenophon

「アジア昆虫誌要説 博物画の至宝」平凡社
1996
◇pl.91（カラー）　Papilio Xenophon　ドノヴァン, E.『インド昆虫誌要説』 1800

トラフシジミの1種　Virachola isocrates

「アジア昆虫誌要説 博物画の至宝」平凡社
1996
◇pl.88（カラー）　Papilio Pann　ドノヴァン, E.『インド昆虫誌要説』 1800

トラフタテハ　Parthenos sylla

「アジア昆虫誌要説 博物画の至宝」平凡社
1996
◇pl.38（カラー）　Papilio Gambricius（Papilio

博物図譜レファレンス事典 動物篇　63

とらま　　　　　　　　　虫

Gambrisius)　ドノヴァン，E.『中国昆虫誌要
説』1798

トラマルハナバチ　Bombus diversus diversus
「鳥獣虫魚譜」八坂書房　1988
◇p86（カラー）　働き蜂　松森胤保『両羽飛虫図
譜』　〔酒田市立光丘文庫〕

トラマルハナバチ
「彩色 江戸博物学集成」平凡社　1994
◇p390（カラー）　キバチ　吉田雀巣庵『雀巣庵虫
譜』　〔名古屋市立博物館〕

トリバガ科　Pterophoridae
「ビュフォンの博物誌」工作舎　1991
◇M109（カラー）『一般と個別の博物誌 ソンニー
版』

ドルーリーオオアゲハ　Papilio antimachus
「世界大博物図鑑 1」平凡社　1991
◇p308（カラー）　ドノヴァン，E.『博物宝典』
1823〜27

ドロノキハムシ　Chrysomela populi
「ビュフォンの博物誌」工作舎　1991
◇M005（カラー）『一般と個別の博物誌 ソンニー
版』

ドロノキハムシの1種　Chrysomela sp.
「ビュフォンの博物誌」工作舎　1991
◇M093（カラー）『一般と個別の博物誌 ソンニー
版』

ドロムシ科　Dryopidae
「ビュフォンの博物誌」工作舎　1991
◇M078（カラー）『一般と個別の博物誌 ソンニー
版』

トンガ産のタテハモドキの1種　Junonia
villida
「アジア昆虫誌要説 博物画の至宝」平凡社
1996
◇pl.133（カラー）　Papilio Vellida　ドノヴァン，
E.『オーストラリア昆虫誌要説』1805

トンボ科　Libellulidae
「ビュフォンの博物誌」工作舎　1991
◇M008（カラー）『一般と個別の博物誌 ソンニー
版』

トンボの顔と両眼
「紙の上の動物園」グラフィック社　2017
◇p17（カラー）　フック，ロバート『顕微鏡図譜』
1745復刻版

トンボのなかま　Odonata
「アジア昆虫誌要説 博物画の至宝」平凡社
1996
◇pl.45（カラー）　Libellula 6 maculata　ドノ
ヴァン，E.『中国昆虫誌要説』1798
◇pl.46（カラー）　Libellula ferruginea　ドノヴァ
ン，E.『中国昆虫誌要説』1798
◇pl.46（カラー）　Libellula fulvia　ドノヴァン，
E.『中国昆虫誌要説』1798

トンボマダラ科の1種
「昆虫の劇場」リブロポート　1991
◇p44（カラー）　メーリアン，M.S.『スリナム産昆
虫の変態』1726
「世界大博物図鑑 1」平凡社　1991
◇p336（カラー）　メーリアン，M.S.『スリナム産
昆虫の変態』1726

トンボマダラのなかま　Oleria aegle
「世界大博物図鑑 1」平凡社　1991
◇p325（カラー）　ドノヴァン，E.『博物宝典』
1823〜27

【 な 】

ナカアカヒゲブトハネカクシの1種
Aleochara sp.
「ビュフォンの博物誌」工作舎　1991
◇M080（カラー）『一般と個別の博物誌 ソンニー
版』

ナガカメムシ科　Lygaeidae
「ビュフォンの博物誌」工作舎　1991
◇M096（カラー）『一般と個別の博物誌 ソンニー
二版』

ナガカメムシ科の1種
「彩色 江戸博物学集成」平凡社　1994
◇p394（カラー）　吉田雀巣庵『虫譜』　〔国会図
書館〕

ナガキクイムシのなかま　Platypus
cylindricus
「世界大博物図鑑 1」平凡社　1991
◇p465（カラー）　キュヴィエ，G.L.C.F.D.『動物
界』1836〜49　手彩色銅版

ナガクチキムシ科　Melandryidae
「ビュフォンの博物誌」工作舎　1991
◇M089（カラー）『一般と個別の博物誌 ソンニー
二版』
◇M090（カラー）『一般と個別の博物誌 ソンニー
二版』

ナガクチキムシ科の1種？
「彩色 江戸博物学集成」平凡社　1994
◇p394（カラー）　吉田雀巣庵『虫譜』　〔国会図
書館〕

ナガコガネグモ　Argiope bruennichii
「鳥獣虫魚譜」八坂書房　1988
◇p104（カラー）　シマクモ　松森胤保『両羽飛虫
図譜』　〔酒田市立光丘文庫〕

ナガサキアゲハ
「彩色 江戸博物学集成」平凡社　1994
◇p150〜151（カラー）　佐竹曙山『龍亀昆虫写生
帖』　〔千秋美術館〕
◇p150〜151（カラー）　佐竹曙山『昆虫胥化図』
〔永青文庫〕
◇p302（カラー）　メス成虫左側面　川原慶賀『動

64　博物図譜レファレンス事典 動物篇

植物図譜』　〔オランダ国立自然史博物館〕

ナガサキアゲハの1亜種　Papilio memnon agenor
「アジア昆虫誌要説　博物画の至宝」平凡社　1996
　◇pl.24（カラー）　Papilio Agenor　ドノヴァン, E.『中国昆虫誌要説』1798

ナガシンクイ科　Bostrychidae
「ビュフォンの博物誌」工作舎　1991
　◇M092（カラー）『一般と個別の博物誌 ソンニーニ版』

ナカスジタテハ　Catonephele acontius
「アジア昆虫誌要説　博物画の至宝」平凡社　1996
　◇pl.37（カラー）　Papilio Antiochus　ドノヴァン, E.『中国昆虫誌要説』1798

ナガズジムカデのなかま　Mecistocephalus sp.
「世界大博物図鑑 1」平凡社　1991
　◇p148（カラー）　栗本丹洲『千蟲譜』　文化8（1811）

ナガタカラダニのなかま　Fessonia sp.
「世界大博物図鑑 1」平凡社　1991
　◇p48（カラー）　ゲイ, C.『チリ自然社会誌』1844～71

ナガドロムシの1種　Heterocerus sp.
「ビュフォンの博物誌」工作舎　1991
　◇M078（カラー）『一般と個別の博物誌 ソンニーニ版』

ナガハナノミ科　Dascillidae
「ビュフォンの博物誌」工作舎　1991
　◇M074（カラー）『一般と個別の博物誌 ソンニーニ版』

ナガヒョウホンムシの1種　Ptinus sp.
「ビュフォンの博物誌」工作舎　1991
　◇M077（カラー）『一般と個別の博物誌 ソンニーニ版』

ナカホシメバエの1種　Myopa sp.
「ビュフォンの博物誌」工作舎　1991
　◇M113（カラー）『一般と個別の博物誌 ソンニーニ版』

ナシグンバイ　Stephanitis nashi
「世界大博物図鑑 1」平凡社　1991
　◇p225（カラー）　栗本丹洲『千蟲譜』　文化8（1811）

ナタネガイモドキの1種　Pyramidula sp.
「ビュフォンの博物誌」工作舎　1991
　◇L053（カラー）『一般と個別の博物誌 ソンニーニ版』

ナタールオオキノコシロアリ　Macrotermes natalensis
「世界大博物図鑑 1」平凡社　1991

　◇p216（カラー）　ベルトゥーフ, F.J.『少年絵本』1810　手彩色図版

夏
「江戸名作画帖全集 8」駸々堂出版　1995
　◇図109（カラー）　増山雪斎『虫豸帖』　紙本着色〔東京国立博物館〕
　◇図111（カラー）　増山雪斎『虫豸帖』　紙本着色〔東京国立博物館〕
　◇図112（カラー）　増山雪斎『虫豸帖』　紙本着色〔東京国立博物館〕

ナナフシ　Baculum irregulariterdentatum
「世界大博物図鑑 1」平凡社　1991
　◇p193（カラー）　栗本丹洲『千蟲譜』　文化8（1811）

ナナフシ　Phraortes elongatus
「鳥獣虫魚譜」八坂書房　1988
　◇p102（カラー）　竹ノ節虫　松森胤保『両羽飛虫図譜』　〔酒田市立光丘文庫〕

ナナフシ
「紙の上の動物園」グラフィック社　2017
　◇p213（カラー）　ウェストウッド, ジョン・オウバダイア『東洋の昆虫学の陳列棚：インドおよび近隣の島々産の中でも珍しく美しい昆虫の精選』1849

ナナフシの1種　Bacteria sp.
「ビュフォンの博物誌」工作舎　1991
　◇M094（カラー）『一般と個別の博物誌 ソンニーニ版』

ナナフシの1種　Platycrania viridana
「アジア昆虫誌要説　博物画の至宝」平凡社　1996
　◇pl.60（カラー）　Mantis Viridis　ドノヴァン, E.『インド昆虫誌要説』1800

ナナフシの1種
「彩色 江戸博物学集成」平凡社　1994
　◇p130（カラー）　竹ブシ　木村兼葭堂『薩州虫品』〔辰馬考古資料館〕

ナナフシのなかま　Bacteria baculus
「世界大博物図鑑 1」平凡社　1991
　◇p201（カラー）　レーゼル・フォン・ローゼンホフ, A.J.『昆虫学の娯しみ』1764～68　彩色銅版

ナナフシのなかま　Cyphocrania reinwardtii
「世界大博物図鑑 1」平凡社　1991
　◇p200（カラー）　ミュラー, S.『蘭領インド自然誌』1839～44　手彩色石版画

ナナフシのなかま　Menexenus bicoronatus
「世界大博物図鑑 1」平凡社　1991
　◇p200（カラー）　ウェストウッド, J.O.『東洋昆虫学集成』1848

ナナフシのなかま　Menexenus semiarmatus
「世界大博物図鑑 1」平凡社　1991
　◇p200（カラー）　ウェストウッド, J.O.『東洋昆虫学集成』1848

ななふ　　　　　　　　　　　　虫

ナナフシのなかま　Platycrania viridana
「世界大博物図鑑 1」平凡社　1991
◇p197（カラー）　ドノヴァン, E.『インド昆虫史要説』 1800 手彩色銅版

ナナフシのなかま　Prisopus horstokki
「世界大博物図鑑 1」平凡社　1991
◇p201（カラー）　メス　ミュラー, S.『蘭領インド自然誌』 1839〜44　手彩色石版画

ナナフシのなかま　Trigonophasma rubicunda
「世界大博物図鑑 1」平凡社　1991
◇p201（カラー）　ミュラー, S.『蘭領インド自然誌』 1839〜44　手彩色石版画

ナナフシのなかま　Tropidoderus sp.
「世界大博物図鑑 1」平凡社　1991
◇p197（カラー）　オーストラリアに暮らす　マッコイ, F.『ヴィクトリア州博物誌』 1885〜90

ナナフシバッタのなかま　Corynorhynchus radula
「世界大博物図鑑 1」平凡社　1991
◇p185（カラー）　キュヴィエ, G.L.C.F.D.『動物界』 1836〜49　手彩色銅版

ナナホシテントウ　Coccinella septempunctata
「世界大博物図鑑 1」平凡社　1991
◇p433（カラー）　キュヴィエ, G.L.C.F.D.『動物界』 1836〜49　手彩色銅版

ナナホシテントウ
「彩色 江戸博物学集成」平凡社　1994
◇p70〜71（カラー）　とうかるひ　丹羽正伯『三州物産絵図帳』 ［鹿児島県立図書館］
◇p395（カラー）　吉田雀巣庵『虫譜』 ［国会図書館］

ナナホシテントウ?　Coccinella septempunctata?
「世界大博物図鑑 1」平凡社　1991
◇p433（カラー）　栗本丹洲『千蟲譜』 文化8（1811）

ナナホシテントウの1種　Coccinella sp.
「ビュフォンの博物誌」工作舎　1991
◇M093（カラー）『一般と個別の博物誌 ソンニーニ版』

ナミアゲハ
「彩色 江戸博物学集成」平凡社　1994
◇p91（カラー）　柚虫 幼虫, さなぎ（帯蛹）, 成虫（夏型）　細川重賢『虫類生写』 ［永青文庫］

ナミエシロチョウの1種　Appias melania
「アジア昆虫誌要説 博物画の至宝」平凡社　1996
◇pl.125（カラー）　Papilio Melania　ドノヴァン, E.『オーストラリア昆虫誌要説』 1805

ナミテントウ
「彩色 江戸博物学集成」平凡社　1994
◇p395（カラー）　吉田雀巣庵『虫譜』 ［国会図書館］

ナメクジ　Meghimatium bilineata
「世界大博物図鑑 1」平凡社　1991
◇p489（カラー）　栗本丹洲『千蟲譜』 文化8（1811）

ナメクジ
「江戸の動植物図」朝日新聞社　1988
◇p93（カラー）　増山雪斎『蟲豸帖』 ［東京国立博物館］

ナメクジ科　Philomycidae
「ビュフォンの博物誌」工作舎　1991
◇L051（カラー）『一般と個別の博物誌 ソンニーニ版』

ナメクジの1種
「彩色 江戸博物学集成」平凡社　1994
◇p203（カラー）　栗本丹洲『千蟲譜』 ［国会図書館］

ナンベイオオタガメ　Belostoma grandis
「昆虫の劇場」リブロポート　1991
◇p81（カラー）　メーリアン, M.S.『スリナム産昆虫の変態』 1726

ナンベイオオタマムシ　Euchroma gigantea
「昆虫の劇場」リブロポート　1991
◇p75（カラー）　メーリアン, M.S.『スリナム産昆虫の変態』 1726

ナンベイオオタマムシ
⇒ツヤゴライアスタマムシ（ナンベイオオタマムシ）を見よ

ナンベイオオバッタ　Tropidacris dux
「世界大博物図鑑 1」平凡社　1991
◇p184（カラー）　ハリス, モーゼス図版製作, ドゥルーリ, D.『自然史図譜』 1770〜82

ナンベイオオヤガ　Thysania agrippina
「昆虫の劇場」リブロポート　1991
◇p45（カラー）　メーリアン, M.S.『スリナム産昆虫の変態』 1726
「世界大博物図鑑 1」平凡社　1991
◇p303（カラー）　メーリアン, M.S.『スリナム産昆虫の変態』 1726

南米産のカストニアガの1種　Castnia evalthe
「アジア昆虫誌要説 博物画の至宝」平凡社　1996
◇pl.72（カラー）　Papilio Evalthe　ドノヴァン, E.『インド昆虫誌要説』 1800

南米産のカマキリの1種
「紙の上の動物園」グラフィック社　2017
◇p234（カラー）　ショー, ジョージ『博物学者の宝庫』 1789〜1813

南米産のカラスシジミの1種　'Thecla' thales
「アジア昆虫誌要説 博物画の至宝」平凡社　1996
◇pl.90（カラー）　Papilio Thales　ドノヴァン, E.『インド昆虫誌要説』 1800

虫　　　　　　　　　　　　　　　　　　　　　　にしゅ

南米産のセセリチョウの1種　Anthoptus
epictetus
「アジア昆虫誌要説 博物画の至宝」平凡社
1996
◇pl.98（カラー）　Papilio Epictetus　ドノヴァン,
E.『インド昆虫誌要説』 1800

南米産のセセリチョウの1種　Cycloglypha
thrasibulus
「アジア昆虫誌要説 博物画の至宝」平凡社
1996
◇pl.99（カラー）　Papilio Thrasibulus　ドノヴァ
ン, E.『インド昆虫誌要説』 1800

南米産のセセリチョウの1種　Lychnuchus
celsus
「アジア昆虫誌要説 博物画の至宝」平凡社
1996
◇pl.102（カラー）　Papilio Celsus　ドノヴァン,
E.『インド昆虫誌要説』 1800

南米産のセセリチョウの1種　Polites origenes
「アジア昆虫誌要説 博物画の至宝」平凡社
1996
◇pl.98（カラー）　Papilio Origines　ドノヴァン,
E.『インド昆虫誌要説』 1800

南米産のセセリチョウの1種　Pyrrhopyge
phidias
「アジア昆虫誌要説 博物画の至宝」平凡社
1996
◇pl.101（カラー）　Papilio Zelucus（Papilio
Zeleucus）　ドノヴァン, E.『インド昆虫誌要説』
1800

南米産のセセリチョウの1種　Quadrus
cerialis
「アジア昆虫誌要説 博物画の至宝」平凡社
1996
◇pl.102（カラー）　Papilio Orcus　ドノヴァン,
E.『インド昆虫誌要説』 1800

南米チリのクモ　Araneae
「世界大博物図鑑 1」平凡社 1991
◇p53（カラー）　ネッタイユウレイグモ, イエユウ
レイグモ, ゴケグモ　ゲイ, C.『チリ自然社会誌』
1844〜71

ナンベイヒメジャノメの1種　Euptychia
crantor
「アジア昆虫誌要説 博物画の至宝」平凡社
1996
◇pl.87（カラー）　Papilio Crantor　ドノヴァン,
E.『インド昆虫誌要説』 1800

【 に 】

ニイニイゼミ　Platypleura kaempferi
「世界大博物図鑑 1」平凡社 1991
◇p237（カラー）　栗本丹洲『千蟲譜』 文化8
（1811）

ニイニイゼミ
「彩色 江戸博物学集成」平凡社 1994
◇p235（カラー）　成虫と脱皮殻　水谷豊文『虫豸
写真』 ［国会図書館］

ニイニイゼミのなかま　Platypleura catenata
「世界大博物図鑑 1」平凡社 1991
◇p237（カラー）　ハリス, モーゼス図版製作, ドゥ
ルーリ, D.『自然史図譜』 1770〜82

ニクバエ　possibly Sarcophagidae carnaria
「すごい博物画」グラフィック社 2017
◇図版43（カラー）　クロアヤメ, カラフトヒョク
ソウ, ヨーロッパハラビロトンボ, ハナキンポウ
ゲ, ニクバエ, キバナルリソウ, フウロソウ
マーシャル, アレクサンダー 1650〜82頃　水彩
46.0×33.3　［ウィンザー城ロイヤル・ライブラ
リー］

ニクバエのなかま　Sarcophaga sp.
「世界大博物図鑑 1」平凡社 1991
◇p356（カラー）　ショー, G.著, ノダー, F.P., ノ
ダー, R.P.図『博物学者雑録宝典』 1789〜1813

ニジカタビロオサムシ　Calosoma sycophanta
「世界大博物図鑑 1」平凡社 1991
◇p368（カラー）　ドノヴァン, E.『英国産昆虫図
譜』 1793〜1813

ニシカワトンボ
「彩色 江戸博物学集成」平凡社 1994
◇p167（カラー）　増山雪斎『蟲豸帖』 ［東京国
立博物館］

ニシキシジミの1種　Hypochrysops apelles
「アジア昆虫誌要説 博物画の至宝」平凡社
1996
◇pl.138（カラー）　Papilio Apelles　ドノヴァン,
E.『オーストラリア昆虫誌要説』 1805

ニシキシジミの1種　Hypochrysops narcissus
「アジア昆虫誌要説 博物画の至宝」平凡社
1996
◇pl.96（カラー）　Papilio Livius　ドノヴァン, E.
『インド昆虫誌要説』 1800
◇pl.138（カラー）　Papilio Narcissus　ドノヴァ
ン, E.『オーストラリア昆虫誌要説』 1805

ニシキツバメガ　Chrysiridia riphearia
「世界大博物図鑑 1」平凡社 1991
◇p294（カラー）　レッソン, R.P.『動物学図譜』
1832〜34　手彩色銅版画

ニシキトビムシのなかま　Orchesella villosa
「世界大博物図鑑 1」平凡社 1991
◇p149（カラー）　キュヴィエ, G.L.C.F.D.『動物
界』 1836〜49　手彩色銅版

ニジュウシトリバ
⇒アルキタ［ニジュウシトリバ］を見よ

ニジュウヤホシテントウ　Epilachna
vigintioctopunctata
「世界大博物図鑑 1」平凡社 1991

博物図譜レファレンス事典 動物篇　**67**

にしゆ　　　　　　　　　　　　虫

◇p432（カラー）　栗本丹洲『千蟲譜』　文化8
（1811）

ニジュウヤホシテントウ
「彩色 江戸博物学集成」平凡社　1994
◇p395（カラー）　吉田雀巣庵『虫譜』　［国会図書館］

ニジュウヤホシテントウの幼虫　Epilachna
vigintioctopunctata
「世界大博物図鑑 1」平凡社　1991
◇p433（カラー）　栗本丹洲『千蟲譜』　文化8
（1811）

ニセクワガタカミキリのなかま　Parandra
glabra
「世界大博物図鑑 1」平凡社　1991
◇p444（カラー）　キュヴィエ, G.L.C.F.D.『動物界』　1836〜49　手彩色銅版

ニセナメクジ　Parmacella olivieri
「世界大博物図鑑 1」平凡社　1991
◇p489（カラー）　キュヴィエ, G.L.C.F.D.『動物界』　1836〜49　手彩色銅版

ニセヘクトールアゲハ　Papilio hectorides
「世界大博物図鑑 1」平凡社　1991
◇p315（カラー）　ドノヴァン, E.『博物宝典』
1823〜27

ニッポンマイマイ
「彩色 江戸博物学集成」平凡社　1994
◇p359（カラー）　大窪昌章『乙未本草会目録』
［蓬左文庫］

ニホンキバチ　Urocerus japonicus
「世界大博物図鑑 1」平凡社　1991
◇p485（カラー）『ロンドン動物学協会紀要』　1861
〜90,1891〜1929　手彩色石版画

日本産アリ各種　Formicidae
「世界大博物図鑑 1」平凡社　1991
◇p488（カラー）『虫譜』　成立年代不明（江戸末期）
［東京国立博物館］

ニホンミツバチ　Apis cerana
「世界大博物図鑑 1」平凡社　1991
◇p469（カラー）　栗本丹洲『千蟲譜』　文化8
（1811）

ニホンミツバチ？　Apis cerana？
「世界大博物図鑑 1」平凡社　1991
◇p469（カラー）　栗本丹洲『千蟲譜』　文化8
（1811）

ニホンヤマビル　Haemadipsa zeylanica
japonica
「世界大博物図鑑 1」平凡社　1991
◇p33（カラー）　栗本丹洲『千蟲譜』　文化8
（1811）

ニューギニアオオトビナナフシ
Cyphocrania gigas
「アジア昆虫誌要説 博物画の至宝」平凡社

1996
◇pl.59（カラー）　Mantis Gigas　ドノヴァン, E.
『インド昆虫誌要説』1800
「世界大博物図鑑 1」平凡社　1991
◇p196（カラー）　ドノヴァン, E.『インド昆虫史要説』1800　手彩色銅版
◇p201（カラー）　キュヴィエ, G.L.C.F.D.『動物界』1836〜49　手彩色銅版

ニュージーランドアカタテハ　Vanessa
gonerilla
「アジア昆虫誌要説 博物画の至宝」平凡社
1996
◇pl.133（カラー）　Papilio Gonerilla　ドノヴァン, E.『オーストラリア昆虫誌要説』　1805

ニワオニグモ　Araneus diadematus
「ビュフォンの博物誌」工作舎　1991
◇M013（カラー）『一般と個別の博物誌 ソンニーニ版』
◇M064（カラー）『一般と個別の博物誌 ソンニーニ版』
「世界大博物図鑑 1」平凡社　1991
◇p56（カラー）　レーゼル・フォン・ローゼンホフ,
A.J.『昆虫学の娯しみ』1764〜68　彩色銅版
◇p56（カラー）　ドノヴァン, E.『英国産昆虫図譜』1793〜1813

ニワツチバチ　Scolia hortorum
「世界大博物図鑑 1」平凡社　1991
◇p477（カラー）　キュヴィエ, G.L.C.F.D.『動物界』　1836〜49　手彩色銅版

ニワノオウシュウマイマイ　Cepaea hortensis
「世界大博物図鑑 1」平凡社　1991
◇p492（カラー）　ダニエル, W.『生物景観図集』
1809

ニワメナシムカデ　Cryptops hortensis
「世界大博物図鑑 1」平凡社　1991
◇p145（カラー）　リーチ, W.E.著, ノダー, R.P.図
『動物学雑誌』1814〜17
◇p145（カラー）　キュヴィエ, G.L.C.F.D.『動物界』　1836〜49　手彩色銅版

ニンジャダニ属のなかま　Erythracarus sp.
「世界大博物図鑑 1」平凡社　1991
◇p48（カラー）　キュヴィエ, G.L.C.F.D.『動物界』　1836〜49　手彩色銅版

【ぬ】

ヌルデシロアブラムシ（ヌルデノミミフシ）
Schlechtendalia chinensis
「世界大博物図鑑 1」平凡社　1991
◇p261（カラー）　栗本丹洲『千蟲譜』　文化8
（1811）

虫　　　　　　　　　　　　　　　　　　　　　　　　　　　　はえあ

【ね】

ネオンタテハ？　Eunica eurota？
「世界大博物図鑑 1」平凡社　1991
　◇p347（カラー）　ドノヴァン, E.『博物宝典』
　　1823〜27

ネグロケンモンのなかま　Colocasia coryli
「世界大博物図鑑 1」平凡社　1991
　◇p292（カラー）　レーゼル・フォン・ローゼンホ
　　フ, A.J.『昆虫学の娯しみ』 1764〜68　彩色銅版

猫条虫　Taenia taeniaeformis
「世界大博物図鑑 1」平凡社　1991
　◇p17（カラー）『虫譜図説』 成立年代不明（江戸末
　　期から明治初期） ［東京国立博物館］

ネッタイアカセセリの1種　Telicola augias
「アジア昆虫誌要説 博物画の至宝」平凡社
　　1996
　◇pl.98（カラー）　Papilio Augias　ドノヴァン,
　　E.『インド昆虫誌要説』 1800

【の】

ノコギリカミキリ　Prionus insularis
「鳥獣虫魚譜」八坂書房　1988
　◇p101（カラー）　松森胤保『両羽飛虫図譜』
　　［酒田市立光丘文庫］

ノコギリカミキリ属の1種　Prionus sp.
「日本の博物図譜」東海大学出版会　2001
　◇図44（カラー）　木村静山筆『甲虫類写生図』
　　［国立科学博物館］

ノコギリカミキリのなかま　Prionus coriarius
「世界大博物図鑑 1」平凡社　1991
　◇p444（カラー）　キュヴィエ, G.L.C.F.D.『動物
　　界』 1836〜49　手彩色銅版
　◇p445（カラー）　ドノヴァン, E.『英国産昆虫
　　譜』 1793〜1813

ノコギリカミキリのなかま　Prionus sp.
「世界大博物図鑑 1」平凡社　1991
　◇p445（カラー）　ヨーロッパ産のノコギリカミキ
　　リの番　レーゼル・フォン・ローゼンホフ, A.J.
　　『昆虫学の娯しみ』 1764〜68　彩色銅版

ノコギリクワガタ
「彩色 江戸博物学集成」平凡社　1994
　◇p230（カラー）　水谷豊文『虫豸写真』 ［国会
　　図書館］
「江戸の動植物図」朝日新聞社　1988
　◇p91（カラー）　増山雪斎『蟲豸帖』 ［東京国立
　　博物館］

ノコギリクワガタ？　Prosopocoilus
inclinatus？
「世界大博物図鑑 1」平凡社　1991
　◇p389（カラー）　栗本丹洲『千蟲譜』 文化8

（1811）

ノコギリクワガタ？
「彩色 江戸博物学集成」平凡社　1994
　◇p230（カラー）　水谷豊文『虫豸写真』 ［国会
　　図書館］

ノコギリクワガタのなかま　Prosopocoilus
jenkinsi
「世界大博物図鑑 1」平凡社　1991
　◇p384（カラー）　ウェストウッド, J.O.『東洋昆
　　虫学集成』 1848

ノミ
「江戸の動植物図」朝日新聞社　1988
　◇p86（カラー）　栗本丹洲『千蟲譜』 ［国立国会
　　図書館］

ノミの発育史　Pulicidae
「世界大博物図鑑 1」平凡社　1991
　◇p361（カラー）　レーゼル・フォン・ローゼンホ
　　フ, A.J.『昆虫学の娯しみ』 1764〜68　彩色銅版

ノミバエ科　Phoridae
「ビュフォンの博物誌」工作舎　1991
　◇M111（カラー）『一般と個別の博物誌 ソンニー
　　ニ版』

ノロマイレコダニ　Phthiracarus piger
「世界大博物図鑑 1」平凡社　1991
　◇p48（カラー）　キュヴィエ, G.L.C.F.D. 『動物
　　界』 1836〜49　手彩色銅版

ノンネマイマイ　Lymantria monacha
「世界大博物図鑑 1」平凡社　1991
　◇p302（カラー）　セップ, J.C.『神の驚異の書』
　　1762〜1860

【は】

ハイイロコウラナメクジ　Limax cinereoniger
「世界大博物図鑑 1」平凡社　1991
　◇p489（カラー）　キュヴィエ, フレデリック編
　　『自然史事典』 1816〜30

バイオリンムシ　Mormolyce phyllodes
「世界大博物図鑑 1」平凡社　1991
　◇p369（カラー）　ドルビニ, A.C.V.D.『万有博物
　　事典』 1838〜49,61

ハエ・アブのなかま　Diptera
「アジア昆虫誌要説 博物画の至宝」平凡社
　　1996
　◇pl.149（カラー）　Tabanus guttatus　ドノヴァ
　　ン, E.『オーストラリア昆虫誌要説』
　◇pl.149（カラー）　Musca splendida　ドノヴァ
　　ン, E.『オーストラリア昆虫誌要説』 1805
　◇pl.149（カラー）　Tabanus aurifluus　ドノヴァ
　　ン, E.『オーストラリア昆虫誌要説』 1805
　◇pl.149（カラー）　Musca sinuata　ドノヴァン,
　　E.『オーストラリア昆虫誌要説』 1805

博物図譜レファレンス事典 動物篇　**69**

はきり 　　　　　　　　　　　虫

ハキリアリ　Atta cephalotes
「すごい博物画」グラフィック社　2017
　◇図版58（カラー）　グアパの木の枝にハキリアリ、
　　グンタイアリ、ピンクトゥー・タランチュラ、ア
　　シダカグモ、そしてルビートパーズハチドリ
　　メーリアン、マリア・シビラ　1701～05頃　子牛
　　皮紙に軽く輪郭をエッチングした上に水彩　濃厚
　　顔料 アラビアゴム　39×32.3　［ウィンザー城
　　ロイヤル・ライブラリー］

ハキリアリ
「昆虫の劇場」リブロポート　1991
　◇p43（カラー）　メーリアン, M.S.『スリナム産昆
　　虫の変態』　1726

ハキリアリのなかま　Atta cephalotes
「世界大博物図鑑 1」平凡社　1991
　◇p488（カラー）　キュヴィエ, G.L.C.F.D.『動物
　　界』　1836～49　手彩色銅版

ハキリバチの1種　Megachile sp.
「ビュフォンの博物誌」工作舎　1991
　◇M105（カラー）『一般と個別の博物誌 ソンニー
　　ニ版』

ハキリバチのなかま　Megachile centuncularis
「世界大博物図鑑 1」平凡社　1991
　◇p468（カラー）　キュヴィエ, G.L.C.F.D.『動物
　　界』　1836～49　手彩色銅版
　◇p468（カラー）　ドノヴァン, E.『英国産昆虫図
　　譜』　1793～1813

バクガ（？）
「江戸の動植物図」朝日新聞社　1988
　◇p85（カラー）　栗本丹洲『千蟲譜』　［国立国会
　　図書館］

ハグロゼミ　Huechys sanguinea
「アジア昆虫誌要説 博物画の至宝」平凡社
　　1996
　◇pl.16（カラー）　Cicada sanguinea　ドノヴァ
　　ン, E.『中国昆虫誌要説』　1798

ハグロトンボ　Calopteryx atrata
「鳥獣虫魚譜」八坂書房　1988
　◇p96（カラー）　オス, メス　松森胤保『両羽飛虫
　　図譜』　［酒田市立光丘文庫］

ハグロトンボ
「彩色 江戸博物学集成」平凡社　1994
　◇p167（カラー）　増山雪斎『蟲豸帖』　［東京国
　　立博物館］

ハサミカニムシ　Chernes cimicoides
「世界大博物図鑑 1」平凡社　1991
　◇p44（カラー）　リーチ, W.E.著, ノダー, R.P.図
　　『動物学雑録』　1814～17

ハサミツノカメムシ　Acanthosoma
labiduloides
「世界大博物図鑑 1」平凡社　1991
　◇p221（カラー）　栗本丹洲『千蟲譜』　文化8
　　（1811）

ハサミムシのなかま　Dermaptera
「世界大博物図鑑 1」平凡社　1991
　◇p216（カラー）　クギヌキハサミムシ, ムナボソ
　　ハサミムシなど　ミュラー, S.『蘭領インド自然
　　誌』　1839～44　手彩色石版画

ハスクビレアブラムシ　Rhopalosiphum
nymphaeae
「世界大博物図鑑 1」平凡社　1991
　◇p261（カラー）　栗本丹洲『千蟲譜』　文化8
　　（1811）

ハチネジレバネのなかま　Stylops melittae
「世界大博物図鑑 1」平凡社　1991
　◇p465（カラー）　リーチ, W.E.著, ノダー, R.P.図
　　『動物学雑録』　1814～17

ハチネジレバネのなかま　Xenos vesparum
「世界大博物図鑑 1」平凡社　1991
　◇p465（カラー）　キュヴィエ, G.L.C.F.D.『動物
　　界』　1836～49　手彩色銅版

ハチのなかま　Hymenoptera
「アジア昆虫誌要説 博物画の至宝」平凡社
　　1996
　◇pl.107（カラー）　Apis violacea　ドノヴァン,
　　E.『インド昆虫誌要説』　1800
　◇pl.149（カラー）　Thynnus dentatus　ドノヴァ
　　ン, E.『オーストラリア昆虫誌要説』　1805
　◇pl.149（カラー）　Thynnus emarginatus　ドノ
　　ヴァン, E.『オーストラリア昆虫誌要説』　1805
　◇pl.149（カラー）　Thynnus integer　ドノヴァ
　　ン, E.『オーストラリア昆虫誌要説』　1805

ハチの幼虫
「彩色 江戸博物学集成」平凡社　1994
　◇p391（カラー）　吉田雀巣庵『雀巣庵虫譜』
　　［名古屋市立博物館］

蜂蜜の1種
「彩色 江戸博物学集成」平凡社　1994
　◇p346（カラー）　山ミツ, 家蜜　前田利保『啓蒙
　　虫譜』　［国会図書館］

バッタ
「江戸名作画帖全集 8」駸々堂出版　1995
　◇図110（カラー）　夏　増山雪斎『虫豸帖』　紙本
　　着色　［東京国立博物館］

バッタのなかま　Acrididae
「世界大博物図鑑 1」平凡社　1991
　◇p184（カラー）　インド産の種　レーゼル・フォ
　　ン・ローゼンホフ, A.J.『昆虫学の娯しみ』
　　1764～68　彩色銅版

バッタのなかま　Erianthidae, Tetrigidae
「世界大博物図鑑 1」平凡社　1991
　◇p189（カラー）　ミュラー, S.『蘭領インド自然
　　誌』　1839～44　手彩色石版画

バッタのなかま　Locustidae
「アジア昆虫誌要説 博物画の至宝」平凡社
　　1996
　◇pl.10（カラー）　Gryllus vittatus　ドノヴァン,

虫　　　　　　　　　　　　　　　　　　　　　はねか

E.『中国昆虫誌要説』1798
◇pl.10（カラー）　Gryllus nasutus　ドノヴァン、
E.『中国昆虫誌要説』1798
◇pl.12（カラー）　Gryllus flavicorni　ドノヴァ
ン、E.『中国昆虫誌要説』1798

バッタのなかま　Oedipoda miniata,
Sphingonotus caerulans, Calliptamus italicus
「世界大博物図鑑 1」平凡社　1991
◇p185（カラー）　レーゼル・フォン・ローゼンホ
フ、A.J.『昆虫学の娯しみ』1764〜68　彩色銅版

ハッチョウトンボ　Nannophya pygmaea
「世界大博物図鑑 1」平凡社　1991
◇p160（カラー）　メス　吉田雀巣庵『雀巣庵蟲譜』
天保頃

ハッチョウトンボ
「彩色 江戸博物学集成」平凡社　1994
◇p387（カラー）　ハッチヤウトンボ　メス　吉田
雀巣庵『虫譜』

ハデツヤモモブトオオハムシ（モモブトオオ
ルリハムシ）　Sagra buqueti
「世界大博物図鑑 1」平凡社　1991
◇p456（カラー）　レッソン、R.P.『動物学図譜』
1832〜34　手彩色銅版画

ハデルリタマムシ　Chrysochroa ocellata
「アジア昆虫誌要説 博物画の至宝」平凡社
1996
◇p.7（カラー）　Buprestis Ocellata　ドノヴァ
ン、E.『中国昆虫誌要説』1798

ハトヒメダニ　Argas reflexus
「世界大博物図鑑 1」平凡社　1991
◇p49（カラー）　キュヴィエ、G.L.C.F.D.『動物
界』1836〜49　手彩色銅版

ハナアブ
⇒ヒラタアブのなかまを見よ

ハナアブ科　Syrphidae
「ビュフォンの博物誌」工作舎　1991
◇M113（カラー）『一般と個別の博物誌 ソンニー
ニ版』

ハナアブの1種？
「彩色 江戸博物学集成」平凡社　1994
◇p362（カラー）　マメバイ　大窪昌章『諸家蟲魚
蝦蟹雑記図』　〔大東急記念文庫〕

ハナダカバチの1種　Bembix sp.
「ビュフォンの博物誌」工作舎　1991
◇M103（カラー）『一般と個別の博物誌 ソンニー
ニ版』

ハナダカバチモドキの1種？　Stizus sp.
「ビュフォンの博物誌」工作舎　1991
◇M103（カラー）『一般と個別の博物誌 ソンニー
ニ版』

バナナセセリ　Erionota thrax
「アジア昆虫誌要説 博物画の至宝」平凡社

1996
◇pl.99（カラー）　Papilio Thrax　ドノヴァン、E.
『インド昆虫誌要説』1800

ハナノミ科　Morclellidae
「ビュフォンの博物誌」工作舎　1991
◇M091（カラー）『一般と個別の博物誌 ソンニー
ニ版』

ハナバチ類の巣
「彩色 江戸博物学集成」平凡社　1994
◇p202（カラー）　栗本丹洲『千蟲譜』　〔国会図
書館〕
◇p279（カラー）　馬場大助『詩経物産図譜〈蟲魚
部〉』　〔天猷寺〕

ハナムグリの1種　Cetonia sp.
「ビュフォンの博物誌」工作舎　1991
◇M086（カラー）『一般と個別の博物誌 ソンニー
ニ版』

ハナムグリのなかま　Scarabaeidae
「アジア昆虫誌要説 博物画の至宝」平凡社
1996
◇pl.3（カラー）　Cetonia Chinensis　ドノヴァン、
E.『中国昆虫誌要説』1798
◇pl.52（カラー）　Cetonia caerulea　ドノヴァン、
E.『インド昆虫誌要説』1800
◇pl.109（カラー）　Cetonia australasiae　ドノ
ヴァン、E.『オーストラリア昆虫誌要説』1805
◇pl.109（カラー）　Cetonia dorsalis　ドノヴァン、
E.『オーストラリア昆虫誌要説』1805
「世界大博物図鑑 1」平凡社　1991
◇p409（カラー）　ドノヴァン、E.『英国産昆虫図
譜』1793〜1813
◇p412（カラー）　レーゼル・フォン・ローゼンホ
フ、A.J.『昆虫学の娯しみ』1764〜68　彩色銅版

ハナムグリのなかま　Teniodera sp.
「アジア昆虫誌要説 博物画の至宝」平凡社
1996
◇pl.52（カラー）　Cetonia Histrio　ドノヴァン、
E.『インド昆虫誌要説』1800

バーニッシュド・ブラスモス　Diachrysia
chrysitis
「昆虫の劇場」リブロポート　1991
◇p122（カラー）　Burnished Brass-moth　ハリ
ス、M.『オーレリアン』1778

ハネカ科の近縁　Nymphomyiidae
「ビュフォンの博物誌」工作舎　1991
◇M110（カラー）『一般と個別の博物誌 ソンニー
ニ版』

ハネカクシ科　Staphylinidae
「ビュフォンの博物誌」工作舎　1991
◇M079（カラー）『一般と個別の博物誌 ソンニー
ニ版』
◇M080（カラー）『一般と個別の博物誌 ソンニー
ニ版』

ハネカクシ各種　Staphylinidae
「世界大博物図鑑 1」平凡社　1991

博物図譜レファレンス事典 動物篇　**71**

はねか　　　　　　　　　　　虫

◇p377（カラー）　チリに分布　ゲイ, C.『チリ自
然社会誌』　1844〜71

ハネカクシのなかま　Staphylinus hirtus
「世界大博物図鑑 1」平凡社　1991
◇p377（カラー）　ドノヴァン, E.『英国産昆虫図
譜』　1793〜1813

ハネカクシのなかま？　Staphylinidae？
「世界大博物図鑑 1」平凡社　1991
◇p377（カラー）　栗本丹洲『千蟲譜』　文化8
（1811）

バーネット・モス　Zygaena filipendulae
「昆虫の劇場」リブロポート　1991
◇p101（カラー）　ハリス, M.『オーレリアン』
1778

ハネナシハンミョウ　Tricondyla aptera
「世界大博物図鑑 1」平凡社　1991
◇p364（カラー）　ドルビニ, A.C.V.D.『万有博物
事典』　1838〜49,61

ハバチの1種
「紙の上の動物園」グラフィック社　2017
◇p232（カラー）　ヒル, ジョン『実物大と顕微鏡
で見た昆虫：実物写生とエングレーヴィングによ
る』　1772

ハバチのなかま　Perga sp.
「世界大博物図鑑 1」平凡社　1991
◇p484（カラー）　オーストラリア産『ロンドン動
物学協会紀要』　1861〜90,1891〜1929　手彩色
石版画

ハビロイトトンボ　Megaloprepus caerulatus
「世界大博物図鑑 1」平凡社　1991
◇p152（カラー）　オス　ドノヴァン, E.『博物宝
典』　1823〜27
◇p153（カラー）　ハリス, モーゼス図版製作, ドゥ
ルーリ, D.『自然史図譜』　1770〜82

パプアコムラサキ　Apaturina erminea
「世界大博物図鑑 1」平凡社　1991
◇p344（カラー）　クラマー, P.『世界三地域熱帯
蝶図譜』　1779〜82

バフ・アーミン・モス　Spilosoma lutea
「昆虫の劇場」リブロポート　1991
◇p117（カラー）　ハリス, M.『オーレリアン』
1778

パープル・エンペラー　Apatura iris
「昆虫の劇場」リブロポート　1991
◇p103（カラー）　ハリス, M.『オーレリアン』
1778

パープル・ヘアーストリーク・バタフライ
Quercusia quercus
「昆虫の劇場」リブロポート　1991
◇p110（カラー）　ハリス, M.『オーレリアン』
1778

ハマキガの1種　Tortricidae
「アジア昆虫誌要説　博物画の至宝」平凡社

1996
◇pl.144（カラー）　Noctua elegans（Phalaena
elegans）　ドノヴァン, E.『オーストラリア昆虫
誌要説』　1805

ハマキガのなかま　Tortricidae
「アジア昆虫誌要説　博物画の至宝」平凡社
1996
◇pl.148（カラー）　Tortrix bimaculana　ドノ
ヴァン, E.『オーストラリア昆虫誌要説』　1805
◇pl.148（カラー）　Pyralis bivittella（Tinea
bivittella）　ドノヴァン, E.『オーストラリア昆
虫誌要説』　1805

ハマキチョッキリのなかま　Byctiscus sp.
「世界大博物図鑑 1」平凡社　1991
◇p457（カラー）　ドノヴァン, E.『英国産昆虫図
譜』　1793〜1813

ハマダラカのなかま　Anopheles macuripennis
「世界大博物図鑑 1」平凡社　1991
◇p351（カラー）　キュヴィエ, G.L.C.F.D.『動物
界』　1836〜49　手彩色銅版

ハマダンゴムシのなかま　Tylos latreillei
「世界大博物図鑑 1」平凡社　1991
◇p76（カラー）　キュヴィエ, G.L.C.F.D.『動物
界』　1836〜49　手彩色銅版

ハマトビムシ科　Talitridae
「ビュフォンの博物誌」工作舎　1991
◇M056（カラー）『一般と個別の博物誌 ソンニー
ニ版』

ハマベイシノミ属のなかま　Pterobius
maritima？
「世界大博物図鑑 1」平凡社　1991
◇p149（カラー）　ドノヴァン, E.『英国産昆虫図
譜』　1793〜1813
◇p149（カラー）　キュヴィエ, G.L.C.F.D.『動物
界』　1836〜49　手彩色銅版

ハマベニジムカデ　Strigamia maritima
「世界大博物図鑑 1」平凡社　1991
◇p145（カラー）　リーチ, W.E.著, ノダー, R.P.図
『動物学雑録』　1814〜17

ハミングバード・ホークモス　Macroglossa
stellatarum
「昆虫の劇場」リブロポート　1991
◇p124（カラー）　Humming-bird Hawk-moth
ハリス, M.『オーレリアン』　1778

ハムシ科　Chrysomelidae
「ビュフォンの博物誌」工作舎　1991
◇M076（カラー）『一般と個別の博物誌 ソンニー
ニ版』
◇M077（カラー）『一般と個別の博物誌 ソンニー
ニ版』
◇M092（カラー）『一般と個別の博物誌 ソンニー
ニ版』
◇M093（カラー）『一般と個別の博物誌 ソンニー
ニ版』

虫　　　　　　　　　　　　　　　　　　　　　　　　　　　　　　　　　はんみ

ハムシ科の1種
「彩色 江戸博物学集成」平凡社　1994
　◇p394（カラー）　吉田雀巣庵『虫譜』　［国会図書館］

ハムシダマシの1種　Lagria sp.
「ビュフォンの博物誌」工作舎　1991
　◇M085（カラー）『一般と個別の博物誌 ソンニー版』

ハムシのなかま　Calligrapha philadelphica
「世界大博物図鑑 1」平凡社　1991
　◇p456（カラー）　ドノヴァン, E.『英国産昆虫図譜』　1793～1813

ハラジロカツオブシムシ？　Dermestes maculatus ?
「世界大博物図鑑 1」平凡社　1991
　◇p432（カラー）　栗本丹洲『千蟲譜』　文化8（1811）

腹の大きな、またはメスのブヨ
「紙の上の動物園」グラフィック社　2017
　◇p230（カラー）　フック, ロバート『顕微鏡図譜』1745復刻版

バラハキリバチ？
「彩色 江戸博物学集成」平凡社　1994
　◇p391（カラー）　吉田雀巣庵『雀巣庵虫譜』［名古屋市立博物館］

バラヒゲナガアブラムシ　Macrosiphum rosae
「世界大博物図鑑 1」平凡社　1991
　◇p260（カラー）　ハリス, M.『英国産昆虫集成』1776

ハラビロマキバサシガメ　Himacerus apterus
「世界大博物図鑑 1」平凡社　1991
　◇p225（カラー）　栗本丹洲『千蟲譜』　文化8（1811）

ハリガネムシ　Gordius sp.
「世界大博物図鑑 1」平凡社　1991
　◇p17（カラー）　栗本丹洲『千蟲譜』　文化8（1811）
　◇p17（カラー）『虫譜』　成立年代不明（江戸末期）［東京国立博物館］

ハリカメムシ　Cletus rusticus
「世界大博物図鑑 1」平凡社　1991
　◇p224（カラー）　栗本丹洲『千蟲譜』　文化8（1811）

ハリクチダニのなかま　Raphignathus sp.
「世界大博物図鑑 1」平凡社　1991
　◇p49（カラー）　キュヴィエ, G.L.C.F.D.『動物界』　1836～49　手彩色銅版

ハルササハマダラミバエ　Paragastorozona japonica
「世界大博物図鑑 1」平凡社　1991
　◇p357（カラー）　栗本丹洲『千蟲譜』　文化8（1811）

ハルゼミ　Terpnosia vacua
「世界大博物図鑑 1」平凡社　1991
　◇p240（カラー）　栗本丹洲『千蟲譜』　文化8（1811）

春–1～28
「江戸名作画帖全集 8」駸々堂出版　1995
　◇図81～図108（カラー）　増山雪斎『虫豸帖』　紙本着色　［東京国立博物館］

ハレギチョウの1種　Cethosia chrysippe
「アジア昆虫誌要説 博物画の至宝」平凡社　1996
　◇pl.132（カラー）　Papilio Chrysippe　ドノヴァン, E.『オーストラリア昆虫誌要説』　1805
「世界大博物図鑑 1」平凡社　1991
　◇p343（カラー）　ドノヴァン, E.『インド昆虫史要説』　1800　手彩色銅版

ハレギチョウの1種　Cethosia cyane
「アジア昆虫誌要説 博物画の至宝」平凡社　1996
　◇pl.85（カラー）　Papilio Cyane　ドノヴァン, E.『インド昆虫誌要説』　1800

ハレギチョウのなかま　Cethosia cyane
「世界大博物図鑑 1」平凡社　1991
　◇p345（カラー）　ドノヴァン, E.『インド昆虫史要説』　1800　手彩色銅版

ハンミョウ　Cicindela chinensis
「世界大博物図鑑 1」平凡社　1991
　◇p364（カラー）　ドルビニ, A.C.V.D.『万有博物事典』　1838～49,61

ハンミョウ　Cicindela chinensis japonica
「世界大博物図鑑 1」平凡社　1991
　◇p364（カラー）　栗本丹洲『千蟲譜』　文化8（1811）

ハンミョウ？　Cicindela chinensis japonica ?
「世界大博物図鑑 1」平凡社　1991
　◇p364（カラー）　栗本丹洲『千蟲譜』　文化8（1811）

ハンミョウ科　Cicindelidae
「ビュフォンの博物誌」工作舎　1991
　◇M071（カラー）『一般と個別の博物誌 ソンニー二版』
　◇M072（カラー）『一般と個別の博物誌 ソンニー二版』

ハンミョウ科の1種
「彩色 江戸博物学集成」平凡社　1994
　◇p394（カラー）　斑猫属　吉田雀巣庵『虫譜』［国会図書館］

ハンミョウの1種　Cicindela sp.
「ビュフォンの博物誌」工作舎　1991
　◇M071（カラー）『一般と個別の博物誌 ソンニー二版』

ハンミョウのなかま　Cicindela campestris
「世界大博物図鑑 1」平凡社　1991

博物図譜レファレンス事典 動物篇　**73**

はんみ　　　　　　　　　　　　虫

◇p364（カラー）　キュヴィエ, G.L.C.F.D.『動物界』1836〜49　手彩色銅版

ハンミョウモドキのなかま　Elaphrus sp.
「世界大博物図鑑 1」平凡社　1991
　　◇p365（カラー）　ドノヴァン, E.『英国産昆虫図譜』1793〜1813

【ひ】

ヒイロシジミの1種　Rapala jarbas
「アジア昆虫誌要説 博物画の至宝」平凡社　1996
　　◇pl.90（カラー）　Papilio Jarbas　ドノヴァン, E.『インド昆虫誌要説』1800

ヒイロシジミのなかま　Rapara iarbus？
「世界大博物図鑑 1」平凡社　1991
　　◇p320（カラー）　ドノヴァン, E.『インド昆虫史要説』1800　手彩色銅版

ヒイロツマベニチョウ　Hebomoia leucippe
「アジア昆虫誌要説 博物画の至宝」平凡社　1996
　　◇pl.76（カラー）　Papilio Leucippe　ドノヴァン, E.『インド昆虫誌要説』1800
「世界大博物図鑑 1」平凡社　1991
　　◇p316（カラー）　ドノヴァン, E.『インド昆虫史要説』1800　手彩色銅版

ヒオドシチョウ
「彩色 江戸博物学集成」平凡社　1994
　　◇p262（カラー）　飯沼慾斎『本草図譜 第9巻〈虫部貝部〉』［個人蔵］

ヒガシカワトンボ　Mnais pruinosa costalis
「鳥獣虫魚譜」八坂書房　1988
　　◇p96（カラー）　オス, 透明型, 橙色型　松森胤保『両羽飛虫図譜』［酒田市立光丘文庫］

ヒグラシ　Tanna japonensis
「世界大博物図鑑 1」平凡社　1991
　　◇p237（カラー）　栗本丹洲『千蟲譜』文化8（1811）

ヒゲナガゾウムシ科　Anthribidae
「ビュフォンの博物誌」工作舎　1991
　　◇M091（カラー）『一般と個別の博物誌 ソンニーニ版』

ヒゲナガツチムカデ　Necrophloeophagus longicornis
「世界大博物図鑑 1」平凡社　1991
　　◇p145（カラー）　リーチ, W.E.著, ノダー, R.P.図『動物学雑録』1814〜17

ヒゲブトオサムシのなかま　Paussidae
「アジア昆虫誌要説 博物画の至宝」平凡社　1996
　　◇pl.55（カラー）　Pausus denticornis　ドノヴァン, E.『インド昆虫誌要説』1800
　　◇pl.55（カラー）　Pausus thoracicus　ドノヴァ

ン, E.『インド昆虫誌要説』1800
　　◇pl.55（カラー）　Pausus Fichteli　ドノヴァン, E.『インド昆虫誌要説』1800
　　◇pl.55（カラー）　Pausus pilicorni　ドノヴァン, E.『インド昆虫誌要説』1800
　　◇pl.111（カラー）　Cerapterus Macleaii　ドノヴァン, E.『オーストラリア昆虫誌要説』1805
「世界大博物図鑑 1」平凡社　1991
　　◇p365（カラー）　ドノヴァン, E.『インド昆虫史要説』1800　手彩色銅版

ヒゲブトコメツキムシのなかま　Throscidae
「世界大博物図鑑 1」平凡社　1991
　　◇p428（カラー）　おそらくアフリカ産のコメツキムシ　キュヴィエ, G.L.C.F.D.『動物界』1836〜49　手彩色銅版

ヒゲボソゾウムシのなかま　Phyllobius oblongus
「世界大博物図鑑 1」平凡社　1991
　　◇p460（カラー）　ハリス, モーゼス図版製作, ドゥルーリ, D.『自然史図譜』1770〜82

ヒシバッタ　Tetrix japonicum
「世界大博物図鑑 1」平凡社　1991
　　◇p188（カラー）　栗本丹洲『千蟲譜』文化8（1811）

ヒシバッタ科？　Tetrigidae？
「ビュフォンの博物誌」工作舎　1991
　　◇M095（カラー）『一般と個別の博物誌 ソンニーニ版』

尾状突起の欠損したウラナミシジミ
Lampides boeticus
「アジア昆虫誌要説 博物画の至宝」平凡社　1996
　　◇pl.139（カラー）　Papilio Damoetes　ドノヴァン, E.『オーストラリア昆虫誌要説』1805

ヒゼンダニの1種　Sarcoptes sp.
「ビュフォンの博物誌」工作舎　1991
　　◇M066（カラー）『一般と個別の博物誌 ソンニーニ版』
　　◇M067（カラー）『一般と個別の博物誌 ソンニーニ版』

ヒダリマキマイマイ　Euhadra quaesita
「世界大博物図鑑 1」平凡社　1991
　　◇p493（カラー）　栗本丹洲『丹洲蟲譜』文化年間［東京国立博物館］
　　◇p496（カラー）　栗本丹洲『千蟲譜』文化8（1811）

ヒツジシラミバエ　Melophagus ovinus
「ビュフォンの博物誌」工作舎　1991
　　◇M113（カラー）『一般と個別の博物誌 ソンニーニ版』

ヒツジバエ科　Oestridae
「ビュフォンの博物誌」工作舎　1991
　　◇M113（カラー）『一般と個別の博物誌 ソンニーニ版』

74　博物図譜レファレンス事典 動物篇

虫　　　　　　　　　　　　　　　　　　　　　　　　　　ひめう

ヒトジラミ　Pediculus humanus
「世界大博物図鑑 1」平凡社　1991
　◇p217（カラー）　栗本丹洲『千蟲譜』　文化8
　　（1811）
　◇p217（カラー）　キュヴィエ, G.L.C.F.D.『動物
　　界』1836〜49　手彩色銅版

ヒトジラミ
「世界大博物図鑑 1」平凡社　1991
　◇p361（カラー）　栗本丹洲『千蟲譜』　文化8
　　（1811）

ヒトジラミ科　Pediculidae
「ビュフォンの博物誌」工作舎　1991
　◇M068（カラー）『一般と個別の博物誌 ソンニー
　　版』

ヒトノミ　Pulex irritans
「ビュフォンの博物誌」工作舎　1991
　◇M012（カラー）『一般と個別の博物誌 ソンニー
　　版』
「世界大博物図鑑 1」平凡社　1991
　◇p361（カラー）　キュヴィエ, G.L.C.F.D.『動物
　　界』1836〜49　手彩色銅版
　◇p361（カラー）　栗本丹洲『千蟲譜』　文化8
　　（1811）

ヒトノミ
「彩色 江戸博物学集成」平凡社　1994
　◇p206（カラー）　顕微鏡による図　栗本丹洲『千
　　蟲譜』［内閣文庫］

ヒトリガ　Arctia caja
「世界大博物図鑑 1」平凡社　1991
　◇p303（カラー）　セップ, J.C.『神の驚異の書』
　　1762〜1860

ヒトリガ
「彩色 江戸博物学集成」平凡社　1994
　◇p443（カラー）　松森胤保『両羽博物図譜』

ヒトリガの1種　Aroa marginata
「アジア昆虫誌要説 博物画の至宝」平凡社
　1996
　◇pl.142（カラー）　Bombyx marginata　ドノ
　　ヴァン, E.『オーストラリア昆虫誌要説』　1805

ヒトリガの1種　Spilosama curvata
「アジア昆虫誌要説 博物画の至宝」平凡社
　1996
　◇pl.142（カラー）　Bombyx curvata　ドノヴァ
　　ン, E.『オーストラリア昆虫誌要説』　1805

ヒトリガのなかまとその幼虫　Arctia villica
「世界大博物図鑑 1」平凡社　1991
　◇p3（白黒）　セップ, J.C.『神の驚異の書』　1762
　　〜1860

ヒトリガのなかまの幼虫　Arctiidae
「世界大博物図鑑 1」平凡社　1991
　◇p303（カラー）　栗本丹洲『千蟲譜』　文化8
　　（1811）

ヒトリモドキの1種　Asota caricae
「アジア昆虫誌要説 博物画の至宝」平凡社
　1996
　◇pl.147（カラー）　Noctua Caricae　ドノヴァン,
　　E.『オーストラリア昆虫誌要説』　1805

ヒトリモドキの1種　Asota fulvia
「アジア昆虫誌要説 博物画の至宝」平凡社
　1996
　◇pl.147（カラー）　Noctua Fulvia　ドノヴァン,
　　E.『オーストラリア昆虫誌要説』　1805

ヒトリモドキの1種　Asota heliconia dama
「アジア昆虫誌要説 博物画の至宝」平凡社
　1996
　◇pl.147（カラー）　Noctua Dama　ドノヴァン,
　　E.『オーストラリア昆虫誌要説』　1805

ヒトリモドキの1種　Asota versicolor
「アジア昆虫誌要説 博物画の至宝」平凡社
　1996
　◇pl.147（カラー）　Noctua versicolor var.　ドノ
　　ヴァン, E.『オーストラリア昆虫誌要説』　1805

ヒバネバッタ　Chromacris miles
「世界大博物図鑑 1」平凡社　1991
　◇p189（カラー）　ハリス, モーゼス図版製作, ドゥ
　　ルーリ, D.『自然史図譜』　1770〜82

ヒマラヤオニクワガタ　Prismognathus
platycephalus
「世界大博物図鑑 1」平凡社　1991
　◇p385（カラー）　ウェストウッド, J.O.『東洋昆
　　虫学集成』1848

ヒメアカタテハ
「紙の上の動物園」グラフィック社　2017
　◇p159（カラー）　ハリス, モーゼス『ジ・オーレ
　　リアン』1766

ヒメアカタテハのなかま　Cynthia kershawi
「世界大博物図鑑 1」平凡社　1991
　◇p342（カラー）　マッコイ, F.『ヴィクトリア州
　　博物誌』1885〜90

ヒメアカホシテントウ
「彩色 江戸博物学集成」平凡社　1994
　◇p395（カラー）　吉田雀巣庵『虫譜』　［国会図
　　書館］

ヒメアメンボのなかま　Gerris costae
「世界大博物図鑑 1」平凡社　1991
　◇p228（カラー）　キュヴィエ, G.L.C.F.D.『動物
　　界』1836〜49　手彩色銅版

ヒメアワビコハクガイ　Daudebardia brevipes
「世界大博物図鑑 1」平凡社　1991
　◇p493（カラー）　キュヴィエ, G.L.C.F.D.『動物
　　界』1836〜49　手彩色銅版

ヒメウラナミジャノメのなかま　Ypthima
bardus
「世界大博物図鑑 1」平凡社　1991
　◇p332（カラー）　ドノヴァン, E.『博物宝典』

博物図譜レファレンス事典 動物篇　**75**

ひめか　　　　　　　　　　　　　虫

1823～27

ヒメカゲロウの1種　Hemerobius sp.
「ビュフォンの博物誌」工作舎　1991
　◇M098（カラー）『一般と個別の博物誌 ソンニー
　　ニ版』

ヒメカブト　Xylotrupes gideon
「世界大博物図鑑 1」平凡社　1991
　◇p397（カラー）　レーゼル・フォン・ローゼンホ
　　フ, A.J.『昆虫学の娯しみ』1764～68　彩色銅版

ヒメカメノコテントウ
「彩色 江戸博物学集成」平凡社　1994
　◇p394（カラー）　吉田雀巣庵『虫譜』　［国会図
　　書館］
　◇p395（カラー）　吉田雀巣庵『虫譜』　［国会図
　　書館］

ヒメキスジタテハ　Hypanartia lethe
「アジア昆虫誌要説 博物画の至宝」平凡社
　1996
　◇pl.73（カラー）　Papilio Lethe　ドノヴァン, E.
　　『インド昆虫誌要説』1800

ヒメジャノメの1種　Mycalesis perseus
「アジア昆虫誌要説 博物画の至宝」平凡社
　1996
　◇pl.134（カラー）　Papilio Perseus　ドノヴァン,
　　E.『オーストラリア昆虫誌要説』1805

ヒメジャノメの1種　Mycalesis sirius
「アジア昆虫誌要説 博物画の至宝」平凡社
　1996
　◇pl.136（カラー）　Papilio Siriu　ドノヴァン, E.
　　『オーストラリア昆虫誌要説』1805

ヒメジャノメの1種　Mycalesis terminus
「アジア昆虫誌要説 博物画の至宝」平凡社
　1996
　◇pl.136（カラー）　Papilio Terminu　ドノヴァ
　　ン, E.『オーストラリア昆虫誌要説』1805

ヒメジャノメのなかま　Mycalesis evadne
「世界大博物図鑑 1」平凡社　1991
　◇p333（カラー）　クラマー, P.『世界三地域熱帯
　　蝶図譜』1779～82

ヒメスズメバチ　Vespa tropica leefmansi
「アジア昆虫誌要説 博物画の至宝」平凡社
　1996
　◇pl.107（カラー）　Vespa petiolata　ドノヴァン,
　　E.『インド昆虫誌要説』1800
「世界大博物図鑑 1」平凡社　1991
　◇p473（カラー）　ドノヴァン, E.『インド昆虫史
　　要説』1800　手彩色銅版

ヒメタイコウチの1種　Nepa sp.
「ビュフォンの博物誌」工作舎　1991
　◇M095（カラー）『一般と個別の博物誌 ソンニー
　　ニ版』

ヒメタイコウチのなかま　Nepa cianea
「世界大博物図鑑 1」平凡社　1991

　◇p232（カラー）　キュヴィエ, G.L.C.F.D.『動物
　　界』1836～49　手彩色銅版

ヒメダニのなかま？　Argasidae ?
「世界大博物図鑑 1」平凡社　1991
　◇p48（カラー）　ゲイ, C.『チリ自然社会誌』
　　1844～71

ヒメドロムシ科　Elmidae
「ビュフォンの博物誌」工作舎　1991
　◇M078（カラー）『一般と個別の博物誌 ソンニー
　　ニ版』

ヒメバチ
「紙の上の動物園」グラフィック社　2017
　◇p232（カラー）　ヒル, ジョン『実物大と顕微鏡
　　で見た昆虫：実物写生とエングレーヴィングによ
　　る』1772
　◇p233（カラー）　バーバット, ジェイムズ『写生
　　によるイングランドの昆虫種で見るリンネ式昆虫
　　属分類』1781

ヒメバチ科　Ichneumonidae
「ビュフォンの博物誌」工作舎　1991
　◇M101（カラー）『一般と個別の博物誌 ソンニー
　　ニ版』

ヒメバチ科の1種（？）
「彩色 江戸博物学集成」平凡社　1994
　◇p390（カラー）　テンバチ　吉田雀巣庵『雀巣庵
　　虫譜』　［名古屋市立博物館］

ヒメバチの1種
「世界大博物図鑑 1」平凡社　1991
　◇p469（カラー）　栗本丹洲『千蟲譜』文化8
　　（1811）

ヒメハナバチネジレバネのなかま　Stylops
dalii
「世界大博物図鑑 1」平凡社　1991
　◇p465（カラー）　オス　キュヴィエ, G.L.C.F.D.
　　『動物界』1836～49　手彩色銅版

ヒメフクロウチョウ　Brassolis sophorae
「昆虫の劇場」リブロポート　1991
　◇p60（カラー）　メーリアン, M.S.『スリナム産昆
　　虫の変態』1726

ヒメフクロウチョウのなかま　Brassolis
astyra
「世界大博物図鑑 1」平凡社　1991
　◇p336（カラー）　コント, J.A.『博物学の殿堂』
　　1830（？）

ヒメフクロウチョウのなかま　Brassolis
sophorae
「世界大博物図鑑 1」平凡社　1991
　◇p336（カラー）　メーリアン, M.S.『スリナム産
　　昆虫の変態』1726

ヒメベッコウバチ類
「彩色 江戸博物学集成」平凡社　1994
　◇p391（カラー）　ツチスガリ　メス　吉田雀巣庵
　　『雀巣庵虫譜』　［名古屋市立博物館］

ヒメマルカツオブシムシの1種　Anthrenus sp.
「ビュフォンの博物誌」工作舎　1991
　◇M079（カラー）『一般と個別の博物誌 ソニー二版』

ヒメヤスデのなかま　Julus flavozonatus
「世界大博物図鑑 1」平凡社　1991
　◇p148（カラー）　キュヴィエ, G.L.C.F.D.『動物界』1836〜49　手彩色銅版

ヒメワモンチョウ　Faunis arcesilaus
「世界大博物図鑑 1」平凡社　1991
　◇p346（カラー）　ドノヴァン, E.『インド昆虫史要説』1800　手彩色銅版

ヒメワモンチョウ　Faunis canens arcesilas
「アジア昆虫誌要説 博物画の至宝」平凡社　1996
　◇pl.80（カラー）　Papilio Arcesilaus　ドノヴァン, E.『インド昆虫誌要説』1800

ヒョウタンゴミムシの1種　Scarites sp.
「ビュフォンの博物誌」工作舎　1991
　◇M074（カラー）『一般と個別の博物誌 ソニー二版』

ヒョウモンエダシャク
「彩色 江戸博物学集成」平凡社　1994
　◇p262（カラー）　飯沼慾斎『本草図譜 第9巻〈虫部貝部〉』　［個人蔵］

ヒヨケムシのなかま　Galeodidae
「世界大博物図鑑 1」平凡社　1991
　◇p60（カラー）　南米チリ産　ゲイ, C.『チリ自然社会誌』1844〜71
　◇p60（カラー）　キュヴィエ, G.L.C.F.D.『動物界』1836〜49　手彩色銅版

ヒラアシキバチのなかま　Tremex sp.
「世界大博物図鑑 1」平凡社　1991
　◇p484（カラー）　栗本丹洲『千蟲譜』　文化8（1811）

ヒラズゲンセイの1種　Horia sp.
「ビュフォンの博物誌」工作舎　1991
　◇M090（カラー）『一般と個別の博物誌 ソニー二版』

ヒラズヒザボソザトウムシ　Lycomedicus planiceps
「世界大博物図鑑 1」平凡社　1991
　◇p45（カラー）　ゲイ, C.『チリ自然社会誌』1844〜71

ヒラタアブのなかま　Syrphidae
「世界大博物図鑑 1」平凡社　1991
　◇p353（カラー）　ドノヴァン, E.『英国産昆虫図譜』1793〜1813

ヒラタカメムシのなかま　Dysodius lunatus
「世界大博物図鑑 1」平凡社　1991
　◇p220（カラー）　ドルビニ, A.C.V.D.『万有博物事典』1838〜49,61

ヒラタシデムシの1種　Silpha sp.
「ビュフォンの博物誌」工作舎　1991
　◇M078（カラー）『一般と個別の博物誌 ソニー二版』

ヒラタツユムシのなかま　Pterophylla camellifolia
「世界大博物図鑑 1」平凡社　1991
　◇p177（カラー）　ドノヴァン, E.『博物宝典』1823〜27

ヒラタハバチ科　Pamphiliidae
「ビュフォンの博物誌」工作舎　1991
　◇M101（カラー）『一般と個別の博物誌 ソニー二版』

ヒラタフシバチ科　Ibaliidae
「ビュフォンの博物誌」工作舎　1991
　◇M101（カラー）『一般と個別の博物誌 ソニー二版』

ヒラタムシ科　Cucujidae
「ビュフォンの博物誌」工作舎　1991
　◇M092（カラー）『一般と個別の博物誌 ソニー二版』

ヒラヒダリマキマイマイ
「彩色 江戸博物学集成」平凡社　1994
　◇p358（カラー）　大窪昌章『乙未本草会目録』［蓬左文庫］

ヒル
「紙の上の動物園」グラフィック社　2017
　◇p224（カラー）　キュヴィエ, ジョルジュ『体組織別動物分類：動物誌および比較解剖学の基礎として』1836〜49

ヒルゲンドルフマイマイ
「彩色 江戸博物学集成」平凡社　1994
　◇p359（カラー）　大窪昌章『乙未本草会目録』［蓬左文庫］

ヒルのなかま　Euhirudinea
「世界大博物図鑑 1」平凡社　1991
　◇p32（カラー）　Haemocharis agilis, Albione maricata, Branchellion torpedinis, Clepsina hyalina, Malacobdella valenciennaei　キュヴィエ, G.L.C.F.D.『動物界』1836〜49　手彩色銅版
　◇p33（カラー）　キュヴィエ, G.L.C.F.D.『動物界』1836〜49　手彩色銅版
　◇p33（カラー）　ゲイ, C.『チリ自然社会誌』1844〜71

ヒロクチバエのなかま　Achias maculipennis
「世界大博物図鑑 1」平凡社　1991
　◇p357（カラー）　ウェストウッド, J.O.『東洋昆虫学集成』1848

ビロードツリアブ　Bombylius major
「世界大博物図鑑 1」平凡社　1991
　◇p352（カラー）　キュヴィエ, G.L.C.F.D.『動物界』1836〜49　手彩色銅版
　◇p353（カラー）　栗本丹洲『千蟲譜』　文化8

ひろは　　　　　　　　　　　　虫

(1811)

ヒロバカゲロウのなかま　Osmylus
fulvicephalus
「世界大博物図鑑 1」平凡社　1991
◇p269（カラー）　ドノヴァン、E.『英国産昆虫図
譜』1793〜1813

ヒロバカレハ　Gastropacha quercifolia
「世界大博物図鑑 1」平凡社　1991
◇p296（カラー）　レーゼル・フォン・ローゼンホ
フ、A.J.『昆虫学の娯しみ』1764〜68　彩色銅版

ビワハゴロモ　Fulgora laternaria
「すごい博物画」グラフィック社　2017
◇図版62（カラー）　八重咲のザクロの木の枝にビ
ワハゴロモとセミ　メーリアン、マリア・シビラ
1701〜05頃　子牛皮紙に軽く輪郭をエッチング
した上に水彩 濃厚顔料 アラビアゴム　36.4×27.
1　［ウィンザー城ロイヤル・ライブラリー］

ビワハゴロモの1種　Omalocephala festiva
「アジア昆虫誌要説 博物画の至宝」平凡社
1996
◇pl.57（カラー）　Fulgora festiva　ドノヴァン、
E.『インド昆虫誌要説』1800

ビワハゴロモのなかま　Fulgoridae
「アジア昆虫誌要説 博物画の至宝」平凡社
1996
◇pl.57（カラー）　Fulgora hyalinata　ドノヴァ
ン、E.『インド昆虫誌要説』1800

ビワハゴロモのなかま　Laternaria clavata,
Saiva gemmata, Saiva sp., Laternaria
candelaria, Pyrops sp.
「世界大博物図鑑 1」平凡社　1991
◇p257（カラー）　ウェストウッド、J.O.『東洋昆
虫学集成』1848

ビワハゴロモのなかま　Lystra pulverulenta
「世界大博物図鑑 1」平凡社　1991
◇p256（カラー）　ドルビニ、A.C.V.D.『万有博物
事典』1838〜49,61

ビワハゴロモの類　Omalocephala festiva
「世界大博物図鑑 1」平凡社　1991
◇p257（カラー）　ドノヴァン、E.『インド昆虫史
要説』1800　手彩色銅版

ピンクトゥー・タランチュラ　Avicularia
avicularia
「すごい博物画」グラフィック社　2017
◇図版58（カラー）　グアバの木の枝にハキリアリ、
グンタイアリ、ピンクトゥー・タランチュラ、ア
シダカグモ、そしてルビートパーズハチドリ
メーリアン、マリア・シビラ 1701〜05頃　子牛
皮紙に軽く輪郭をエッチングした上に水彩 濃厚
顔料 アラビアゴム　39×32.3　［ウィンザー城
ロイヤル・ライブラリー］

【 ふ 】

フィリピンオニツヤクワガタ　Odontolabis
alces
「世界大博物図鑑 1」平凡社　1991
◇p385（カラー）　ウェストウッド、J.O.『東洋昆
虫学集成』1848

フクラスズメ　Arcte coerulea
「鳥獣虫魚譜」八坂書房　1988
◇p94（カラー）　松森胤保『両羽飛虫図譜』　［酒
田市立光丘文庫］

**フクロウチョウ科ブラッソリス属の1種らし
い**　Brassolis
「昆虫の劇場」リブロポート　1991
◇p57（カラー）　メーリアン、M.S.『スリナム産昆
虫の変態』1726

フクロウチョウのなかま　Caligo eurilochus
「世界大博物図鑑 1」平凡社　1991
◇p336（カラー）　コント、J.A.『博物学の殿堂』
1830（？）

フクロウチョウのなかま　Caligo idomeneus
「世界大博物図鑑 1」平凡社　1991
◇p336（カラー）　ウェストウッド、J.O.『東洋昆
虫学集成』1848

フサカのなかま　Corethra plumicornis
「世界大博物図鑑 1」平凡社　1991
◇p351（カラー）　キュヴィエ、G.L.C.F.D.『動物
界』1836〜49　手彩色銅版

フサヒゲサシガメのなかま　Ptilocnemus
lemur
「世界大博物図鑑 1」平凡社　1991
◇p220（カラー）　ドルビニ、A.C.V.D.『万有博物
事典』1838〜49,61

フシアリ亜科　Syrmicina
「ビュフォンの博物誌」工作舎　1991
◇M103（カラー）『一般と個別の博物誌 ソンニー
ニ版』

プス・モス　Cerura vinula
「昆虫の劇場」リブロポート　1991
◇p138（カラー）　Puss Moth　ハリス、M.『オー
レリアン』1778

フタオチョウのなかま　Nymphalidae
「世界大博物図鑑 1」平凡社　1991
◇p343（カラー）　Charaxes etesipeのオス　ハリ
ス、モーゼス図版製作、ドゥルーリ、D.『自然史図
譜』1770〜82

フタゴムシ
⇒ディプロゾーオン［フタゴムシ］を見よ

ブタジラミ　Haematopinus suis
「世界大博物図鑑 1」平凡社　1991
◇p217（カラー）　リーチ、W.E.著、ノダー、R.P.図

78　博物図譜レファレンス事典 動物篇

『動物学雑録』　1814～17
◇p217（カラー）　キュヴィエ, G.L.C.F.D.『動物界』　1836～49　手彩色銅版

フタスジチョウ　Neptis ruvularis
「世界大博物図鑑 1」平凡社　1991
◇p345（カラー）　ドノヴァン, E.『インド昆虫史要説』　1800　手彩色銅版

フタトガリコヤガ
「彩色 江戸博物学集成」平凡社　1994
◇p154～155（カラー）　ムクゲノ虫　佐竹曙山『龍亀昆虫写生帖』　［千秋美術館］

フタホシコオロギ　Gryllus bimaculatus
「世界大博物図鑑 1」平凡社　1991
◇p165（カラー）　レーゼル・フォン・ローゼンホフ, A.J.『昆虫学の娯しみ』　1764～68　彩色銅版

フタホシメダカホネカクシの1種　Stenus sp.
「ビュフォンの博物誌」工作舎　1991
◇M080（カラー）『一般と個別の博物誌 ソンニーニ版』

フタモンホシカメのなかま　Physopelta schlanbuschii
「世界大博物図鑑 1」平凡社　1991
◇p224（カラー）　ドノヴァン, E.『中国昆虫史要説』　1798　手彩色銅版画

フタモンホシカメムシの1種　Physopelta schlanbuschii
「アジア昆虫誌要説 博物画の至宝」平凡社　1996
◇pl.20（カラー）　Cimex Slanbuschii　ドノヴァン, E.『中国昆虫誌要説』　1798

プチグリ　Helix aspersa
「世界大博物図鑑 1」平凡社　1991
◇p496（カラー）　恋矢をうちあっている図　ショー, G.著，ノダー, F.P.，ノダー, R.P.図『博物学者雑録宝典』　1789～1813

ブチテングダニ属のなかま　Biscirus sp.
「世界大博物図鑑 1」平凡社　1991
◇p48（カラー）　キュヴィエ, G.L.C.F.D.『動物界』　1836～49　手彩色銅版

ブチヒゲカメムシ
「彩色 江戸博物学集成」平凡社　1994
◇p231（カラー）　水谷豊文『虫豸写真』　［国会図書館］

フトオビアゲハ　Papilio androgeus
「昆虫の劇場」リブロポート　1991
◇p56（カラー）　メス　メーリアン, M.S.『スリナム産昆虫の変態』　1726
「世界大博物図鑑 1」平凡社　1991
◇p314（カラー）　オス, メス　メーリアン, M.S.『スリナム産昆虫の変態』　1726

フトオビアゲハ　Papilio androgeus laodocus
「世界大博物図鑑 1」平凡社　1991
◇p314（カラー）　ドノヴァン, E.『博物宝典』

1823～27

フトカミキリの1種　Aristobia reticulator
「アジア昆虫誌要説 博物画の至宝」平凡社　1996
◇pl.6（カラー）　Cerambyx Reticulator　ドノヴァン, E.『中国昆虫誌要説』　1798

フトビカクカマキリ　Archimantis latystyla
「世界大博物図鑑 1」平凡社　1991
◇p213（カラー）　マッコイ, F.『ヴィクトリア州博物誌』　1885～90

フトミミズのなかま？　Pheretima sp. ?
「世界大博物図鑑 1」平凡社　1991
◇p32（カラー）　栗本丹洲『千蟲譜』　文化8（1811）
◇p32（カラー）　カブラミミズ　栗本丹洲『千蟲譜』　文化8（1811）

不明
「彩色 江戸博物学集成」平凡社　1994
◇p62（カラー）　かうやちやう　丹羽正伯『芸藩土産図』　［岩瀬文庫］
◇p150～151（カラー）　佐竹曙山『龍亀昆虫写生帖』　［千秋美術館］

冬
「江戸名作画帖全集 8」駸々堂出版　1995
◇図117（カラー）　増山雪斎『虫豸帖』　紙本着色　［東京国立博物館］
◇図121（カラー）　増山雪斎『虫豸帖』　紙本着色　［東京国立博物館］
◇図122（カラー）　増山雪斎『虫豸帖』　紙本着色　［東京国立博物館］

フラグレッグド　Anisoscelis foliacea
「すごい博物画」グラフィック社　2017
◇図版59（カラー）　トケイソウとフラグレッグド　メーリアン, マリア・シビラ 1701～05頃　子牛皮紙に軽く輪郭をエッチングした上に水彩 濃厚顔料 アラビアゴム　38.0×28.8　［ウィンザー城ロイヤル・ライブラリー］

ブラジルオオタガメ　Lethocerus maxima
「世界大博物図鑑 1」平凡社　1991
◇p229（カラー）　レーゼル・フォン・ローゼンホフ, A.J.『昆虫学の娯しみ』　1764～68　彩色銅版

プリヴィット・ホーク・モス　Sphinx ligustri
「昆虫の劇場」リブロポート　1991
◇p102（カラー）　ハリス, M.『オーレリアン』　1778

フルホンシバンムシ幼虫　Gastrallus immarginatus Müller
「高木春山 本草図説 動物」リブロポート　1989
◇p88（カラー）　書籍巻中の蠹虫 ホンノムシ

ブルマイスターコケイロカマキリ　Theopompa burmeisteri
「世界大博物図鑑 1」平凡社　1991
◇p213（カラー）　メス, オス　ミュラー, S.『蘭領インド自然誌』　1839～44　手彩色石版画

ふんた　　　　　　　　　　　　虫

糞玉を作るコガネムシ　Scarabaeoidea
「世界大博物図鑑 1」平凡社　1991
◇p416（カラー）　タマオシコガネ　ベルトゥーフ，
F.J.『少年絵本』　1810　手彩色図版

【へ】

ヘイケないしゲンジボタル　Luciola lateralis
or cruciata
「世界大博物図鑑 1」平凡社　1991
◇p429（カラー）　栗本丹洲『千蟲譜』　文化8
（1811）
◇p432（カラー）　馬場大助『虫譜』　成立年代不明
（江戸末期）　［東京国立博物館］

ペインティッド・レディ　Cynthia cardui
「昆虫の劇場」リブロポート　1991
◇p111（カラー）　ハリス，M.『オーレリアン』
1778

ベッコウガガンボ　Ctenophora pictipennis
「世界大博物図鑑 1」平凡社　1991
◇p350（カラー）　栗本丹洲『千蟲譜』　文化8
（1811）

ベッコウチョウトンボ　Rhyothemis variegata
「アジア昆虫誌要説 博物画の至宝」平凡社
1996
◇pl.45（カラー）　Libellula indica　ドノヴァン，
E.『中国昆虫誌要説』　1798

ベッコウチョウトンボ（原種）　Rhyothemis
variegata variegata
「世界大博物図鑑 1」平凡社　1991
◇p160（カラー）　ドノヴァン，E.『中国昆虫史要
説』　1798　手彩色銅版画

ベッコウバエ　Dryomyza formosa
「世界大博物図鑑 1」平凡社　1991
◇p357（カラー）　アカバイ　栗本丹洲『千蟲譜』
文化8（1811）

ベッコウハゴロモ　Orosanga japonicus
「世界大博物図鑑 1」平凡社　1991
◇p249（カラー）　栗本丹洲『千蟲譜』　文化8
（1811）
◇p249（カラー）　幼虫.蠟を分泌しているところ
栗本丹洲『千蟲譜』　文化8（1811）

ベッコウバチのなかま　Pepsis rubra
「世界大博物図鑑 1」平凡社　1991
◇p476（カラー）　ハリス，モーゼス図版製作，ドゥ
ルーリ，D.『自然史図譜』　1770〜82

ベッコウバチのなかま　Pompilidae
「世界大博物図鑑 1」平凡社　1991
◇p476（カラー）　ハリス，モーゼス図版製作，ドゥ
ルーリ，D.『自然史図譜』　1770〜82

ベッコウバチの仲間
「彩色 江戸博物学集成」平凡社　1994

◇p459（カラー）　山本渓愚筆『蟲品』　［岩瀬文
庫］

ベッコウヒラタシデムシ　Eusilpha
brunneicollis
「世界大博物図鑑 1」平凡社　1991
◇p376（カラー）　栗本丹洲『千蟲譜』　文化8
（1811）

ヘテラ・ピエラ　Haetera piera
「昆虫の劇場」リブロポート　1991
◇p41（カラー）　メーリアン，M.S.『スリナム産昆
虫の変態』　1726

ベニカノコ　Euchroma elegantissima
「アジア昆虫誌要説 博物画の至宝」平凡社
1996
◇pl.40（カラー）　Sphinx Polymena　ドノヴァ
ン，E.『中国昆虫誌要説』　1798

ベニカノコ
「世界大博物図鑑 1」平凡社　1991
◇p300（カラー）　ドノヴァン，E.『中国昆虫史要
説』　1798　手彩色銅版画

ベニシジミ　Lycaena phlaeas
「鳥獣虫魚譜」八坂書房　1988
◇p95（カラー）　松森胤保『両羽飛虫図譜』　［酒
田市立光丘文庫］

ベニシジミ
「彩色 江戸博物学集成」平凡社　1994
◇p443（カラー）　表, 裏　松森胤保『両羽博物
図譜』

ベニシタバ　Catocala electa zalmunna
「鳥獣虫魚譜」八坂書房　1988
◇p94（カラー）　松森胤保『両羽飛虫図譜』　［酒
田市立光丘文庫］

ベニシタバ
「彩色 江戸博物学集成」平凡社　1994
◇p443（カラー）　松森胤保『両羽博物図譜』

ベニシロチョウ　Appias nero
「アジア昆虫誌要説 博物画の至宝」平凡社
1996
◇pl.82（カラー）　Papilio Nero　ドノヴァン，E.
『インド昆虫誌要説』　1800

ベニヒキゲンゴロウ　Platambus maculatus
「世界大博物図鑑 1」平凡社　1991
◇p372（カラー）　ドノヴァン，E.『英国産昆虫図
譜』　1793〜1813

ベニヘリキノハタテハ　Anaea eribotes
「アジア昆虫誌要説 博物画の至宝」平凡社
1996
◇pl.83（カラー）　Papilio Eribotes　ドノヴァン，
E.『インド昆虫誌要説』　1800

ベニボシイナズマ　Euthalia lubentina
「アジア昆虫誌要説 博物画の至宝」平凡社
1996
◇pl.36（カラー）　Papilio Labentina var（Papilio

80　博物図譜レファレンス事典 動物篇

虫　　　　　　　　　　　　　　　　　　へれな

Lubentina)　ドノヴァン, E.『中国昆虫誌要説』
1798
「世界大博物図鑑 1」平凡社　1991
　◇p345（カラー）　ドノヴァン, E.『中国昆虫史要
　説』　1798　手彩色銅版画

ベニボタルの1種　Lycus sp.
「ビュフォンの博物誌」工作舎　1991
　◇M075（カラー）『一般と個別の博物誌 ソンニー
　ニ版』

ベニボタルのなかま　Lycidae
「世界大博物図鑑 1」平凡社　1991
　◇p429（カラー）　ドノヴァン, E.『英国産昆虫図
　譜』　1793〜1813

ベニモンアゲハのスンダランド亜種
Atrophaneura aristolochiae antiphus
「アジア昆虫誌要説 博物画の至宝」平凡社
1996
　◇pl.65（カラー）　Papilio Antiphus　ドノヴァン,
　E.『インド昆虫誌要説』　1800

ベニモンクロアゲハ　Papilio anchisiades
「世界大博物図鑑 1」平凡社　1991
　◇p315（カラー）　ドノヴァン, E.『インド昆虫史
　要説』　1800　手彩色銅版

ベニモンクロアゲハ　Papilio anchisiades
idaeus
「アジア昆虫誌要説 博物画の至宝」平凡社
1996
　◇pl.69（カラー）　Papilio Idaeus　ドノヴァン, E.
　『インド昆虫誌要説』　1800

ベニモンゴマダラシロチョウ　Delias
aganippe
「アジア昆虫誌要説 博物画の至宝」平凡社
1996
　◇pl.137（カラー）　Papilio Aganippé（Papilio
　Aganippe）　ドノヴァン, E.『オーストラリア昆
　虫誌要説』　1805

ベニモンシロチョウ　Delias hyparete
「アジア昆虫誌要説 博物画の至宝」平凡社
1996
　◇pl.30（カラー）　Papilio Hyparete　ドノヴァン,
　E.『中国昆虫誌要説』　1798

ベニモンマダラのなかま　Zygaena sp.
「世界大博物図鑑 1」平凡社　1991
　◇p292（カラー）　レーゼル・フォン・ローゼンホ
　フ, A.J.『昆虫学の娯しみ』　1764〜68　彩色銅版

ヘビトンボ
「彩色 江戸博物学集成」平凡社　1994
　◇p152（白黒）　孫太郎虫　幼虫　佐竹曙山『龍亀
　昆虫写生帖』

ヘビトンボの幼虫　Protohermes grandis
「世界大博物図鑑 1」平凡社　1991
　◇p268（カラー）　栗本丹洲『千蟲譜』　文化8
　（1811）

ベラドンナカザリシロチョウ　Delias
belladonna
「世界大博物図鑑 1」平凡社　1991
　◇p318（カラー）　ドノヴァン, E.『博物宝典』
　1823〜27

ヘリカメムシ科　Coreidae
「ビュフォンの博物誌」工作舎　1991
　◇M095（カラー）『一般と個別の博物誌 ソンニー
　ニ版』

ヘリカメムシ科の1種
「昆虫の劇場」リブロポート　1991
　◇p46（カラー）　メーリアン, M.S.『スリナム産昆
　虫の変態』　1726

ヘリグロベニカミキリ　Purpuricenus
spectabilis
「鳥獣虫魚譜」八坂書房　1988
　◇p101（カラー）　松森胤保『両羽飛虫図譜』
　［酒田市立光丘文庫］

ヘリコニウス・リキニ　Heliconius ricini
「昆虫の劇場」リブロポート　1991
　◇p55（カラー）　メーリアン, M.S.『スリナム産昆
　虫の変態』　1726

ヘルクレスオオカブトムシ　Dynastes
hercules
「世界大博物図鑑 1」平凡社　1991
　◇p392（カラー）　キュヴィエ, G.L.C.F.D.『動物
　界』　1836〜49　手彩色銅版
　◇p392（カラー）　レーゼル・フォン・ローゼンホ
　フ, A.J.『昆虫学の娯しみ』　1764〜68　彩色銅版
　◇p393（カラー）　ハリス, モーゼス図版製作, ドゥ
　ルーリ, D.『自然史図譜』　1770〜82

ヘルクレスオオツノカブト　Dynastes
hercules
「ビュフォンの博物誌」工作舎　1991
　◇M083（カラー）『一般と個別の博物誌 ソンニー
　ニ版』

ベルトムヌスマエモンジャコウ　Parides
vertumnus
「世界大博物図鑑 1」平凡社　1991
　◇p311（カラー）　クラマー, P.『世界三地域熱帯
　蝶図譜』　1779〜82

ヘレナキシタアゲハ　Troides helena
「アジア昆虫誌要説 博物画の至宝」平凡社
1996
　◇pl.69（カラー）　Papilio Heliacon　ドノヴァン,
　E.『インド昆虫誌要説』　1800
「世界大博物図鑑 1」平凡社　1991
　◇p315（カラー）　ドノヴァン, E.『インド昆虫史
　要説』　1800　手彩色銅版画

博物図譜レファレンス事典 動物篇　**81**

【ほ】

鳳仙花ノ虫
「江戸名作画帖全集 8」駸々堂出版　1995
◇図45（カラー）　松ノ毛虫・鳳仙花ノ虫・笹ノ虫・
菫ノ虫・柿ノシャクトリ虫　細川重賢編『昆虫胥
化図』　紙本着色　〔永青文庫（東京）〕

ホウネンダワラチビアメバチのマユ
「彩色 江戸博物学集成」平凡社　1994
◇p457（カラー）　豊年ダワラ　山本渓愚画

ホオズキカメムシ
「彩色 江戸博物学集成」平凡社　1994
◇p66～67（カラー）　ほう　丹羽正伯『筑前国産
物絵図帳』　〔福岡県立図書館〕

ホオズキカメムシ？　Acanthocoris sordidus
「世界大博物図鑑 1」平凡社　1991
◇p224（カラー）　栗本丹洲『千蟲譜』　文化8
（1811）

ボカシタテハの1種　Bebearia cocalia
「アジア昆虫誌要説 博物画の至宝」平凡社
1996
◇pl.86（カラー）　Papilio Cocalia　ドノヴァン，
E.『インド昆虫誌要説』　1800

ボカシタテハのなかま？　Euriphene
ampedusa？
「アジア昆虫誌要説 博物画の至宝」平凡社
1996
◇pl.86（カラー）　Papilio Auge　ドノヴァン，E.
『インド昆虫誌要説』　1800

ボクトウガの1種　Xyleutes mineus
「アジア昆虫誌要説 博物画の至宝」平凡社
1996
◇pl.103（カラー）　Phalaena Mineus　ドノヴァ
ン，E.『インド昆虫誌要説』　1800

ボクトウガの1種　Xyleutes scalaris
「アジア昆虫誌要説 博物画の至宝」平凡社
1996
◇pl.103（カラー）　Phalaena scalaris　ドノヴァ
ン，E.『インド昆虫誌要説』　1800

ボクトウガのなかま　Cossidae
「世界大博物図鑑 1」平凡社　1991
◇p292（カラー）　ドノヴァン，E.『オーストラリ
ア昆虫史要説』　1805

ボクトウガのなかま　Xyleutes mineus
「世界大博物図鑑 1」平凡社　1991
◇p292（カラー）　ドノヴァン，E.『インド昆虫史
要説』　1800　手彩色銅版

ボクトウガのなかま　Xyleutes scalaris
「世界大博物図鑑 1」平凡社　1991
◇p292（カラー）　ドノヴァン，E.『インド昆虫史
要説』　1800　手彩色銅版

ホシカメムシのなかま　Melamphaus
madagascariensis
「世界大博物図鑑 1」平凡社　1991
◇p220（カラー）　ドルビニ，A.C.V.D.『万有博物
事典』　1838～49,61

ホソアカクワガタ　Cyclommatus
multidentatus
「世界大博物図鑑 1」平凡社　1991
◇p385（カラー）　ウェストウッド，J.O.『東洋昆
虫学集成』　1848

ホソアカクワガタのなかま　Cyclommatus
tarandus
「世界大博物図鑑 1」平凡社　1991
◇p384（カラー）　ウェストウッド，J.O.『東洋昆
虫学集成』　1848

ホソアワフキ　Philaenus spumarius
「世界大博物図鑑 1」平凡社　1991
◇p244（カラー）　ドノヴァン，E.『英国産昆虫図
譜』　1793～1813

ホソオオキノコムシの1種　Dacne sp.
「ビュフォンの博物誌」工作舎　1991
◇M081（カラー）『一般と個別の博物誌 ソンニー
二版』

ホソオチョウ　Sericinus montela
「アジア昆虫誌要説 博物画の至宝」平凡社
1996
◇pl.26（カラー）　Papilio Telamon　ドノヴァン，
E.『中国昆虫誌要説』　1798

ホソオモテユカタンビワハゴロモ　Fulgora
graciliceps
「世界大博物図鑑 1」平凡社　1991
◇p253（カラー）　ドルビニ，A.C.V.D.『万有博物
事典』　1838～49,61

ホソカタムシ科　Colydiidae
「ビュフォンの博物誌」工作舎　1991
◇M090（カラー）『一般と個別の博物誌 ソンニー
二版』

ホソキカワムシ科　Mycteridae
「ビュフォンの博物誌」工作舎　1991
◇M091（カラー）『一般と個別の博物誌 ソンニー
二版』

ホソクビゴミムシの1種　Branchinus sp.
「ビュフォンの博物誌」工作舎　1991
◇M072（カラー）『一般と個別の博物誌 ソンニー
二版』

ホソコバネカミキリの1種　Necydalis sp.
「ビュフォンの博物誌」工作舎　1991
◇M092（カラー）『一般と個別の博物誌 ソンニー
二版』

ホソチョウ　Acraea issoria
「アジア昆虫誌要説 博物画の至宝」平凡社
1996
◇pl.30（カラー）　Papilio Vesta　ドノヴァン，E.

虫　　　　　　　　　　　　　　　　　　　　まえあ

『中国昆虫誌要説』 1798

ホソチョウのなかま　Bematistes macaria,
Bematistes macaria？
「世界大博物図鑑 1」平凡社　1991
　◇p348（カラー）　メス　クラマー, P.『世界三地
　域熱帯蝶図譜』 1779～82

ホソバジャコウアゲハ　Losaria coon
「アジア昆虫誌要説 博物画の至宝」平凡社
1996
　◇pl.24（カラー）　Papilio Coon　ドノヴァン, E.
　『中国昆虫誌要説』 1798

ホソバスジグロマダラ　Danaus ismare
「世界大博物図鑑 1」平凡社　1991
　◇p329（カラー）　クラマー, P.『世界三地域熱帯
　蝶図譜』 1779～82

ホタルガ
「彩色 江戸博物学集成」平凡社　1994
　◇p362（カラー）　ハラキリ蝶　大窪昌章『薜茘庵
　虫譜』　［個人蔵］

ホタル科　Lampyridae
「ビュフォンの博物誌」工作舎　1991
　◇M075（カラー）『一般と個別の博物誌 ソンニー
　ニ版』

ホタルの幼虫？　Lampyridae？
「世界大博物図鑑 1」平凡社　1991
　◇p429（カラー）　栗本丹洲『千蟲譜』　文化8
　（1811）

ホタルモドキの1種　Drilus sp.
「ビュフォンの博物誌」工作舎　1991
　◇M075（カラー）『一般と個別の博物誌 ソンニー
　ニ版』

ホノオハリガイ　Helicarion flammulata
「世界大博物図鑑 1」平凡社　1991
　◇p492（カラー）『アストロラブ号世界周航記』
　1830～35　スティップル印刷

ポプラー・ホークモス　Laothoe populi
「昆虫の劇場」リブロポート　1991
　◇p133（カラー）　Poplar Hawk-moth　ハリス,
　M.『オーレリアン』 1778

ポリダマスキオビジャコウ　Buttus
polydamas
「世界大博物図鑑 1」平凡社　1991
　◇p311（カラー）　クラマー, P.『世界三地域熱帯
　蝶図譜』 1779～82

ホワイト・サテン・モス　Leucoma salicis
「昆虫の劇場」リブロポート　1991
　◇p105（カラー）　ハリス, M.『オーレリアン』
　1778

ホワイト・チャイナ・マーク　Cataclysta
lemnata
「昆虫の劇場」リブロポート　1991
　◇p107（カラー）　ハリス, M.『オーレリアン』
　1778

ホンコノハムシ　Phyllium siccifolium
「アジア昆虫誌要説 博物画の至宝」平凡社
1996
　◇pl.61（カラー）　Mantis siccifolia　ドノヴァン,
　E.『インド昆虫誌要説』 1800
「世界大博物図鑑 1」平凡社　1991
　◇p192（カラー）　メス　ドノヴァン, E.『インド
　昆虫史要説』 1800　手彩色銅版

ホンコノハムシ？　Phyllium siccifolium？
「世界大博物図鑑 1」平凡社　1991
　◇p193（カラー）　メス　レーゼル・フォン・ロー
　ゼンホフ, A.J.『昆虫学の娯しみ』 1764～68
　彩色銅版

【ま】

マイマイガのなかま　Lymantria sp.
「アジア昆虫誌要説 博物画の至宝」平凡社
1996
　◇pl.104（カラー）　Phalaena figura　ドノヴァン,
　E.『インド昆虫誌要説』 1800

マイマイカブリ　Damaster blaptoides
「世界大博物図鑑 1」平凡社　1991
　◇p369（カラー）　栗本丹洲『千蟲譜』　文化8
　（1811）
「鳥獣虫魚譜」八坂書房　1988
　◇p101（カラー）　松森胤保『両羽飛虫図譜』
　［酒田市立光丘文庫］

マイマイカブリ
「彩色 江戸博物学集成」平凡社　1994
　◇p319（カラー）　畔田翠山『吉野物産志』　［岩
　瀬文庫］

マイマイのなかま　'Helix'tongana？,
'Helix'solarium？, 'Helix'clavulus？
「世界大博物図鑑 1」平凡社　1991
　◇p492（カラー）『アストロラブ号世界周航記』
　1830～35　スティップル印刷

マイマイのなかま　Euhadra sp.
「世界大博物図鑑 1」平凡社　1991
　◇p496（カラー）　高木春山『本草図説』　？ ～嘉
　永5（？ ～1852）［愛知県西尾市立岩瀬文庫］
　◇p496（カラー）　カタツムリの交尾シーン　水谷
　豊文『水谷蟲譜』　天保頃

マイマイのなかま
「世界大博物図鑑 1」平凡社　1991
　◇p493（カラー）　'Helix'undulata？,
　'Helix'mammilla？, 'Helix'granulata？,
　'Helix'papuensis？『アストロラブ号世界周航
　記』 1830～35　スティップル印刷

マエアカヒトリ　Amsacta lactinea
「アジア昆虫誌要説 博物画の至宝」平凡社
1996
　◇pl.103（カラー）　Phalaena sanguinolenta　ド
　ノヴァン, E.『インド昆虫誌要説』 1800

博物図譜レファレンス事典 動物篇　**83**

まえも　　　　　　　　　　　　虫

「世界大博物図鑑 1」平凡社　1991
　◇p292（カラー）　ドノヴァン, E.『インド昆虫史
　　要説』　1800　手彩色銅版

マエモンジャコウアゲハ　Parides sesostris
「世界大博物図鑑 1」平凡社　1991
　◇p311（カラー）　クラマー, P.『世界三地域熱帯
　　蝶図譜』　1779〜82

マエモンジャコウアゲハの1種
「昆虫の劇場」リブロポート　1991
　◇p23（カラー）　エーレト, G.D.『花蝶珍種図録』
　　1748〜62

マキバサシガメ科　Nabidae
「ビュフォンの博物誌」工作舎　1991
　◇M097（カラー）『一般と個別の博物誌 ソンニー
　　ニ版』

マキバネコロギス　Schizodactylus monstrosus
「アジア昆虫誌要説 博物画の至宝」平凡社
　1996
　◇pl.62（カラー）　Gryllus Monstrosus　ドノヴァ
　　ン, E.『インド昆虫誌要説』　1800
「世界大博物図鑑 1」平凡社　1991
　◇p164（カラー）　キュヴィエ, G.L.C.F.D.『動物
　　界』　1836〜49　手彩色銅版
　◇p164（カラー）　ハリス, モーゼス図版製作, ドゥ
　　ルーリ, D.『自然史図譜』　1770〜82

マークオサムシの1種　Carabus sp.
「ビュフォンの博物誌」工作舎　1991
　◇M005（カラー）『一般と個別の博物誌 ソンニー
　　ニ版』
　◇M073（カラー）『一般と個別の博物誌 ソンニー
　　ニ版』

マグソコガネの1種　Aphodius sp.
「ビュフォンの博物誌」工作舎　1991
　◇M082（カラー）『一般と個別の博物誌 ソンニー
　　ニ版』

マグピー・モス　Abraxas grossulariata
「昆虫の劇場」リブロポート　1991
　◇p106（カラー）　ハリス, M.『オーレリアン』
　　1778
　◇p112（カラー）　ハリス, M.『オーレリアン』
　　1778

マーシュ・フリティラリ・バタフライ
　Eurodryas aurinia
「昆虫の劇場」リブロポート　1991
　◇p128（カラー）　Marsh Fritillary　ハリス, M.
　　『オーレリアン』　1778

マダニ科　Ixodidae
「ビュフォンの博物誌」工作舎　1991
　◇M066（カラー）『一般と個別の博物誌 ソンニー
　　ニ版』

マダニのなかま　Ixodes sp.
「世界大博物図鑑 1」平凡社　1991
　◇p49（カラー）　栗本丹洲『千蟲譜』　文化8
　　（1811）

マダラウスバカゲロウ　Dendroleon pupillaris
「鳥獣虫魚譜」八坂書房　1988
　◇p102（カラー）　松森胤保『両羽飛虫図譜』
　　［酒田市立光丘文庫］

マダラガのなかま　Chalcosia sp.
「アジア昆虫誌要説 博物画の至宝」平凡社
　1996
　◇pl.41（カラー）　Sphinx Thallo　ドノヴァン, E.
　　『中国昆虫誌要説』　1798

マダラガのなかま　Zygaenidae
「アジア昆虫誌要説 博物画の至宝」平凡社
　1996
　◇pl.44（カラー）　Phalaena pagaria　ドノヴァ
　　ン, E.『中国昆虫誌要説』　1798
「世界大博物図鑑 1」平凡社　1991
　◇p302（カラー）　ドノヴァン, E.『中国昆虫史要
　　説』　1798　手彩色銅版画

マダラテングダニ属のなかま　Bdella sp.
「世界大博物図鑑 1」平凡社　1991
　◇p48（カラー）　ゲイ, C.『チリ自然社会誌』
　　1844〜71

マダラヤンマ（原種）　Aeschna mixta
「世界大博物図鑑 1」平凡社　1991
　◇p156（カラー）　メス　ドノヴァン, E.『英国産
　　昆虫図譜』　1793〜1813

マツカレハ
「彩色 江戸博物学集成」平凡社　1994
　◇p154〜155（カラー）　松ノ毛虫　佐竹曙山『龍
　　亀昆虫写生帖』　［千秋美術館］

マツカレハの繭
「彩色 江戸博物学集成」平凡社　1994
　◇p395（カラー）　吉田雀巣庵『虫譜』　［国会図
　　書館］

マツノキクイムシ　Tomicus piniperda
「世界大博物図鑑 1」平凡社　1991
　◇p465（カラー）　キュヴィエ, G.L.C.F.D.『動物
　　界』　1836〜49　手彩色銅版

松ノ毛虫
「江戸名作画帖全集 8」駸々堂出版　1995
　◇図45（カラー）　松ノ毛虫・鳳仙花ノ虫・笹ノ虫・
　　菫ノ虫・柿ノシャクトリ虫　細川重賢編『昆虫胥
　　化図』　紙本着色　［永青文庫（東京）］

マツムシ　Xenogryllus marmoratus
「世界大博物図鑑 1」平凡社　1991
　◇p169（カラー）　栗本丹洲『千蟲譜』　文化8
　　（1811）

マツムシ
「江戸の動植物図」朝日新聞社　1988
　◇p81（カラー）　栗本丹洲『千蟲譜』　［国立国会
　　図書館］

マツモムシ　Notonecta triguttata
「世界大博物図鑑 1」平凡社　1991
　◇p232（カラー）　栗本丹洲『千蟲譜』　文化8

虫 まるは

（1811）

マツモムシの1種　Notonecta sp.
「ビュフォンの博物誌」工作舎　1991
◇M097（カラー）『一般と個別の博物誌 ソンニー二版』

マツモムシのなかま　Notonecta glauca
「世界大博物図鑑 1」平凡社　1991
◇p232（カラー）　ドノヴァン, E.『英国産昆虫図譜』 1793〜1813

マツモムシのなかま　Notonecta maculata
「世界大博物図鑑 1」平凡社　1991
◇p232（カラー）　キュヴィエ, G.L.C.F.D.『動物界』 1836〜49　手彩色銅版
◇p232（カラー）　ドノヴァン, E.『英国産昆虫譜』 1793〜1813

マツモムシのなかま　Notonecta obliqua
「世界大博物図鑑 1」平凡社　1991
◇p232（カラー）　ドノヴァン, E.『英国産昆虫譜』 1793〜1813

マディラゴキブリ　Leucophaea madeirae
「世界大博物図鑑 1」平凡社　1991
◇p205（カラー）　ドルビニ, A.C.V.D.『万有博物事典』 1838〜49,61

マドギワアブ科　Scenopinidae
「ビュフォンの博物誌」工作舎　1991
◇M111（カラー）『一般と個別の博物誌 ソンニー二版』

マドコノハ　Zaretis itys
「アジア昆虫誌要説 博物画の至宝」平凡社　1996
◇pl.83（カラー）　Papilio Isidore　ドノヴァン, E.『インド昆虫誌要説』 1800

マドチャタテ？　Peripsocus ignis？
「世界大博物図鑑 1」平凡社　1991
◇p217（カラー）　栗本丹洲『千蟲譜』 文化8（1811）

マネシヒカゲの1種　Elymniopsis bommakoo
「アジア昆虫誌要説 博物画の至宝」平凡社　1996
◇pl.81（カラー）　Papilio Phegea　ドノヴァン, E.『インド昆虫誌要説』 1800

マーブルシロジャノメ　Melanargia galathea
「世界大博物図鑑 1」平凡社　1991
◇p333（カラー）　レーゼル・フォン・ローゼンホフ, A.J.『昆虫学の娯しみ』 1764〜68　彩色銅版

マーブルド・ホワイト・バタフライ
Melanargia galathea
「昆虫の劇場」リブロポート　1991
◇p111（カラー）　ハリス, M.『オーレリアン』 1778

マメキシタバ　Catocala duplicata
「鳥獣虫魚譜」八坂書房　1988

◇p94（カラー）　松森胤保『両羽飛虫図譜』　〔酒田市立光丘文庫〕

マメキシタバ
「彩色 江戸博物学集成」平凡社　1994
◇p443（カラー）　松森胤保『両羽博物図譜』

マメコガネ
「彩色 江戸博物学集成」平凡社　1994
◇p394（カラー）　吉田雀巣庵『虫譜』　〔国会図書館〕

マメゾウムシ科　Bruchidae
「ビュフォンの博物誌」工作舎　1991
◇M091（カラー）『一般と個別の博物誌 ソンニー二版』

マメハンミョウ
「彩色 江戸博物学集成」平凡社　1994
◇p362（カラー）　ダイハラ 大窪昌章『諸家蟲魚蝦蟹雑記図』　〔大東急記念文庫〕

マユタテアカネ　Sympetrum eroticum eroticum
「鳥獣虫魚譜」八坂書房　1988
◇p96（カラー）　赤蜻蛉 第六品 メス, オス　松森胤保『両羽飛虫図譜』　〔酒田市立光丘文庫〕

マルカブトツノゼミ　Membracis foliata
「世界大博物図鑑 1」平凡社　1991
◇p244（カラー）　キュヴィエ, G.L.C.F.D.『動物界』 1836〜49　手彩色銅版

マルトゲムシの1種　Byrrhus sp.
「ビュフォンの博物誌」工作舎　1991
◇M078（カラー）『一般と個別の博物誌 ソンニー二版』

マルトビムシの1種　Smythurus sp.
「ビュフォンの博物誌」工作舎　1991
◇M068（カラー）『一般と個別の博物誌 ソンニー二版』

マルハナノミの1種　Elode sp.
「ビュフォンの博物誌」工作舎　1991
◇M074（カラー）『一般と個別の博物誌 ソンニー二版』

マルハナバチのなかま　Bombus sp.
「世界大博物図鑑 1」平凡社　1991
◇p469（カラー）　栗本丹洲『千蟲譜』 文化8（1811）

マルバネタテハ　Euxanthe eurinome
「アジア昆虫誌要説 博物画の至宝」平凡社　1996
◇pl.84（カラー）　Papilio Euronimene（Papilio Eurinome）　ドノヴァン, E.『インド昆虫誌要説』 1800
「世界大博物図鑑 1」平凡社　1991
◇p343（カラー）　ドノヴァン, E.『インド昆虫史要説』 1800　手彩色銅版

博物図譜レファレンス事典 動物篇　**85**

【 み 】

ミイデラゴミムシ　Pheropsophus jessoensis
「世界大博物図鑑 1」平凡社　1991
　◇p369（カラー）　ヘコキムシ　栗本丹洲『千蟲譜』
　文化8（1811）

ミイデラゴミムシの1種　Pheropsophurus sp.
「ビュフォンの博物誌」工作舎　1991
　◇M072（カラー）『一般と個別の博物誌 ソンニー
　二版』

ミイデラゴミムシの1種　Pheropsophus
bimaculatus
「アジア昆虫誌要説 博物画の至宝」平凡社
　1996
　◇pl.54（カラー）　Carabus 2 maculatus　ドノ
　ヴァン, E.『インド昆虫誌要説』　1800

ミイデラゴミムシのなかま　Brachinus
succinetus
「世界大博物図鑑 1」平凡社　1991
　◇p368（カラー）　ドルビニ, A.C.V.D.『万有博物
　事典』　1838～49,61

ミイデラゴミムシのなかま　Pheropsophus
sp.
「世界大博物図鑑 1」平凡社　1991
　◇p368（カラー）　ドノヴァン, E.『インド昆虫史
　要説』　1800　手彩色銅版

ミイロトラガ　Agarista agricola
「世界大博物図鑑 1」平凡社　1991
　◇p303（カラー）　ドノヴァン, E.『オーストラリ
　ア昆虫史要説』　1805

ミカントゲカメムシの1種　Rhynchocoris
poseidon
「アジア昆虫誌要説 博物画の至宝」平凡社
　1996
　◇pl.64（カラー）　Cimex serratus　ドノヴァン,
　E.『インド昆虫誌要説』　1800

ミカントゲカメムシのなかま　Rhynchocoris
poseidon
「世界大博物図鑑 1」平凡社　1991
　◇p221（カラー）　ドノヴァン, E.『インド昆虫史
　要説』　1800　手彩色銅版

ミコバチのなかま　Sapyga punctata
「世界大博物図鑑 1」平凡社　1991
　◇p477（カラー）　キュヴィエ, G.L.C.F.D.『動物
　界』　1836～49　手彩色銅版

ミズアオモルフォのなかま　Morpho laertes
「世界大博物図鑑 1」平凡社　1991
　◇p340（カラー）　ドノヴァン, E.『博物宝典』
　1823～27

ミズアブ科　Stratiomyidae
「ビュフォンの博物誌」工作舎　1991

　◇M112（カラー）『一般と個別の博物誌 ソンニー
　二版』

ミズアブのなかま　Beris vallata
「世界大博物図鑑 1」平凡社　1991
　◇p352（カラー）　キュヴィエ, G.L.C.F.D.『動物
　界』　1836～49　手彩色銅版

ミスジハエトリ　Plexyppus setipes
「世界大博物図鑑 1」平凡社　1991
　◇p53（カラー）　栗本丹洲『千蟲譜』　文化8
　（1811）

ミスジマイマイ　Euhadra periomphala
「世界大博物図鑑 1」平凡社　1991
　◇p496（カラー）　高木春山『本草図説』　？ ～嘉
　永5（？ ～1852）　［愛知県西尾市立岩瀬文庫］

ミズスマシ　Gyrinus japonicus
「世界大博物図鑑 1」平凡社　1991
　◇p373（カラー）　栗本丹洲『千蟲譜』　文化8
　（1811）

ミズスマシ
「世界大博物図鑑 1」平凡社　1991
　◇p228（カラー）　栗本丹洲『千蟲譜』　文化8
　（1811）

ミズスマシの1種　Gyrinus sp.
「ビュフォンの博物誌」工作舎　1991
　◇M069（カラー）『一般と個別の博物誌 ソンニー
　二版』

ミズスマシのなかま　Aulonogyrus strigosus
「世界大博物図鑑 1」平凡社　1991
　◇p372（カラー）　ドルビニ, A.C.V.D.『万有博物
　事典』　1838～49,61

ミズダニのなかま　Hydrachna sp.
「世界大博物図鑑 1」平凡社　1991
　◇p49（カラー）　キュヴィエ, G.L.C.F.D.『動物
　界』　1836～49　手彩色銅版

ミズダニのなかま　Hydrachnellae
「世界大博物図鑑 1」平凡社　1991
　◇p48（カラー）　ゲイ, C.『チリ自然社会誌』
　1844～71

ミストビムシの1種　Podura sp.
「ビュフォンの博物誌」工作舎　1991
　◇M068（カラー）『一般と個別の博物誌 ソンニー
　二版』

ミズムシ科　Asellidae
「ビュフォンの博物誌」工作舎　1991
　◇M058（カラー）『一般と個別の博物誌 ソンニー
　二版』

ミズメイガのなかま　Nymphulinae
「世界大博物図鑑 1」平凡社　1991
　◇p294（カラー）　日本産　栗本丹洲『千蟲譜』　文
　化8（1811）

ミダスダイコクコガネ　Heliocopris midas
「アジア昆虫誌要説 博物画の至宝」平凡社

虫　　　　　　　　　　　　　　　　　　　　　みなみ

1996
◇pl.1（カラー）　Scarabaeus Midas　ドノヴァン,
E.『中国昆虫誌要説』　1798
「世界大博物図鑑 1」平凡社　1991
◇p416（カラー）　ドノヴァン, E.『中国昆虫史要
説』　1798　手彩色銅版画

ミツオシジミの1種　Drupadia corbeti
「アジア昆虫誌要説 博物画の至宝」平凡社
1996
◇pl.90（カラー）　Papilio Lisias　ドノヴァン, E.
『インド昆虫誌要説』　1800

ミツギリゾウムシ科　Brenthidae
「ビュフォンの博物誌」工作舎　1991
◇M091（カラー）『一般と個別の博物誌 ソンニー
二版』

ミツギリツツクワガタ　Syndesus cornatus
「世界大博物図鑑 1」平凡社　1991
◇p380（カラー）　キュヴィエ, G.L.C.F.D.『動物
界』　1836〜49　手彩色銅版

ミツノカブトのなかま　Strategus sp.
「世界大博物図鑑 1」平凡社　1991
◇p397（カラー）　レーゼル・フォン・ローゼンホ
フ, A.J.『昆虫学の娯しみ』　1764〜68　彩色銅版

ミツバチ
「紙の上の動物園」グラフィック社　2017
◇p177（カラー）　女王バチ, 働きバチ, オスバチ
バグスター, サミュエル『ミツバチの飼育管理』
1834

ミツバチ？
「彩色 江戸博物学集成」平凡社　1994
◇p62（カラー）　丹羽正伯『芸藩土産図』　［岩瀬
文庫］

ミツバチ科　Apidae
「ビュフォンの博物誌」工作舎　1991
◇M104（カラー）『一般と個別の博物誌 ソンニー
二版』

ミツバチと巣
「紙の上の動物園」グラフィック社　2017
◇p176（カラー）　バッジェン, ルイーザ・M.『昆
虫の一生のエピソード』　1867

ミツバチと巣箱
「紙の上の動物園」グラフィック社　2017
◇p176（カラー）　モフェット, トーマス『昆虫、
あるいは小型生物の講義室』　16世紀　水彩

ミツバチの1種　Apis sp.
「ビュフォンの博物誌」工作舎　1991
◇M105（カラー）『一般と個別の博物誌 ソンニー
二版』

ミツバチの巣からとったロウ
「彩色 江戸博物学集成」平凡社　1994
◇p346（カラー）　蜜蝋　前田利保『啓蒙虫譜』
［国会図書館］

ミツバチモドキの1種　Colletes sp.
「ビュフォンの博物誌」工作舎　1991
◇M104（カラー）『一般と個別の博物誌 ソンニー
二版』

ミツホシアカクワガタ　Prosopocoilus occipitalis
「世界大博物図鑑 1」平凡社　1991
◇p384（カラー）　ウェストウッド, J.O.『東洋昆
虫学集成』　1848

ミデアツマキチョウ　Anthocharis midea
「アジア昆虫誌要説 博物画の至宝」平凡社
1996
◇pl.77（カラー）　Papilio Genutia　ドノヴァン,
E.『インド昆虫誌要説』　1800

ミドリイツツバセイボウ　Praestochrysis lusca
「アジア昆虫誌要説 博物画の至宝」平凡社
1996
◇pl.106（カラー）　Chrysis oculata　ドノヴァン,
E.『インド昆虫誌要説』　1800
「世界大博物図鑑 1」平凡社　1991
◇p480（カラー）　ドノヴァン, E.『インド昆虫史
要説』　1800　手彩色銅版

ミドリツチハンミョウのなかま
Cyaneolytta gigas
「世界大博物図鑑 1」平凡社　1991
◇p436（カラー）　ドルビニ, A.C.V.D.『万有博物
事典』　1838〜49,61

ミドリハリガイ　Helicarion viridis
「世界大博物図鑑 1」平凡社　1991
◇p492（カラー）『アストロラブ号世界周航記』
1830〜35　スティップル印刷

ミドリヒョウモン　Argynnis paphia
「鳥獣虫魚譜」八坂書房　1988
◇p93（カラー）　青掩　オス, 表と裏　松森胤保
『両羽飛虫図譜』　［酒田市立光丘文庫］

ミドリメガネトリバネアゲハ　Ornithoptera priamus
「アジア昆虫誌要説 博物画の至宝」平凡社
1996
◇pl.66（カラー）　Papilio Priamus　ドノヴァン,
E.『インド昆虫誌要説』　1800

ミドリモンコノハ　Othreis homaena
「アジア昆虫誌要説 博物画の至宝」平凡社
1996
◇pl.104（カラー）　Phalaena strigata　ドノヴァ
ン, E.『インド昆虫誌要説』　1800

ミナミルリボシヤンマ　Aeschna cyanea
「世界大博物図鑑 1」平凡社　1991
◇p156（カラー）　オス　ハリス, M.『英国産昆虫
集成』　1776
◇p157（カラー）　オス　レーゼル・フォン・ロー
ゼンホフ, A.J.『昆虫学の娯しみ』　1764〜68
彩色銅版

博物図譜レファレンス事典 動物篇　**87**

みのむ　　　　　　　　　　　　虫

ミノムシ（ミノガのなかま）　Psychidae
「世界大博物図鑑 1」平凡社　1991
　◇p290（カラー）　栗本丹洲『千蟲譜』　文化8
　　（1811）
　◇p290（カラー）『ロンドン動物学協会紀要』　1861
　　〜90,1891〜1929　手彩色石版画

ミバエなどの類　Cyclorrhapha
「ビュフォンの博物誌」工作舎　1991
　◇M111（カラー）『一般と個別の博物誌 ソンニー
　　二版』

ミバエの1種　Ichneumonosoma imitans
「アジア昆虫誌要説 博物画の至宝」平凡社
　　1996
　◇pl.108（カラー）　Diopsis Indica（Diopsis
　　Ichneumonea）　ドノヴァン, E.『インド昆虫誌
　　要説』　1800

ミバエのなかま　Ichneumonosoma imitans
「世界大博物図鑑 1」平凡社　1991
　◇p357（カラー）　ドノヴァン, E.『インド昆虫史
　　要説』　1800　手彩色銅版

ミフシハバチ科　Argidae
「ビュフォンの博物誌」工作舎　1991
　◇M100（カラー）『一般と個別の博物誌 ソンニー
　　二版』

ミミズク　Ledra auditura
「世界大博物図鑑 1」平凡社　1991
　◇p244（カラー）　栗本丹洲『千蟲譜』　文化8
　　（1811）

ミミズク科　Ledridae
「ビュフォンの博物誌」工作舎　1991
　◇M097（カラー）『一般と個別の博物誌 ソンニー
　　二版』

ミヤマアカネ　Sympetrum pedemontanum
　　elatum
「鳥獣虫魚譜」八坂書房　1988
　◇p96（カラー）　赤蜻蛉 第八品　メス, オス　松
　　森胤保『両羽飛虫図譜』　［酒田市立光丘文庫］

ミヤマカミキリ
「世界大博物図鑑 1」平凡社　1991
　◇p400〜401（カラー）『虫譜』　成立年代不明（江戸
　　末期）　［東京国立博物館］

ミヤマカワトンボ　Calopteryx cornelia
「鳥獣虫魚譜」八坂書房　1988
　◇p96（カラー）　オス　松森胤保『両羽飛虫図譜』
　　［酒田市立光丘文庫］

ミヤマセセリ？
「彩色 江戸博物学集成」平凡社　1994
　◇p262（カラー）　飯沼慾斎『本草図譜 第9巻〈虫
　　部貝部〉』　［個人蔵］

ミヤママルハナバチ　Bombus honshuensis
　　honshuensis
「鳥獣虫魚譜」八坂書房　1988
　◇p86（カラー）　女王　松森胤保『両羽飛虫図譜』

　　［酒田市立光丘文庫］

ミンミンゼミ　Oncotympana maculaticollis
「世界大博物図鑑 1」平凡社　1991
　◇p237（カラー）　栗本丹洲『千蟲譜』　文化8
　　（1811）

ミンミンゼミ　Oncotympana maculaticollis
　　Motschulsky
「高木春山 本草図説 動物」リブロポート　1989
　◇p82（カラー）　蜩蟟ミンミン 雌 雄

【 む 】

ムカシタマムシの1種　Stigmodera cancellata
「アジア昆虫誌要説 博物画の至宝」平凡社
　　1996
　◇pl.115（カラー）　Buprestis cancellata　ドノ
　　ヴァン, E.『オーストラリア昆虫誌要説』　1805

ムカシタマムシの1種　Stigmodera crenata
「アジア昆虫誌要説 博物画の至宝」平凡社
　　1996
　◇pl.115（カラー）　Buprestis crenata　ドノヴァ
　　ン, E.『オーストラリア昆虫誌要説』　1805

ムカシタマムシの1種　Stigmodera grandis
「アジア昆虫誌要説 博物画の至宝」平凡社
　　1996
　◇pl.116（カラー）　Buprestis grandis　ドノヴァ
　　ン, E.『オーストラリア昆虫誌要説』　1805

ムカシタマムシの1種　Stigmodera limbata
「アジア昆虫誌要説 博物画の至宝」平凡社
　　1996
　◇pl.116（カラー）　Buprestis Limbata　ドノヴァ
　　ン, E.『オーストラリア昆虫誌要説』　1805

ムカシタマムシの1種　Stigmodera macularia
「アジア昆虫誌要説 博物画の至宝」平凡社
　　1996
　◇pl.116（カラー）　Buprestis macularia　ドノ
　　ヴァン, E.『オーストラリア昆虫誌要説』　1805

ムカシタマムシの1種　Stigmodera suturalis
「アジア昆虫誌要説 博物画の至宝」平凡社
　　1996
　◇pl.116（カラー）　Buprestis suturalis　ドノヴァ
　　ン, E.『オーストラリア昆虫誌要説』　1805

ムカシタマムシの1種　Stigmodera undulata
「アジア昆虫誌要説 博物画の至宝」平凡社
　　1996
　◇pl.115（カラー）　Buprestis undulata　ドノ
　　ヴァン, E.『オーストラリア昆虫誌要説』　1805

ムカシタマムシの1種　Stigmodera variabilis
「アジア昆虫誌要説 博物画の至宝」平凡社
　　1996
　◇pl.115（カラー）　Buprestis variabilis　ドノ
　　ヴァン, E.『オーストラリア昆虫誌要説』　1805

虫　　　　　　　　　　　　　　　　　　　　　　めすし

ムカシタマムシのなかま？　Stigmodera
sp.？
「アジア昆虫誌要説 博物画の至宝」平凡社
1996
◇pl.115（カラー）　Buprestis splendida　ドノ
ヴァン, E.『オーストラリア昆虫誌要説』1805

ムシヒキアブのなかま　Laphria gigas
「世界大博物図鑑 1」平凡社　1991
◇p352（カラー）　ドルビニ, A.C.V.D.『万有博物
事典』1838～49,61

〔無題〕
「昆虫の劇場」リブロポート　1991
◇p40（カラー）　メーリアン, M.S.『スリナム産昆
虫の変態』1726
◇p64（カラー）　メーリアン, M.S.『スリナム産昆
虫の変態』1726
◇p79（カラー）　メーリアン, M.S.『スリナム産昆
虫の変態』1726
◇p86（カラー）　メーリアン, M.S.『スリナム産昆
虫の変態』1726

ムツボシタマムシの1種　Chrysobothris
quadrimaculata
「アジア昆虫誌要説 博物画の至宝」平凡社
1996
◇pl.53（カラー）　Buprestis 4 maculata　ドノ
ヴァン, E.『インド昆虫誌要説』1800

ムナコブサイカブト　Oryctes nasicornis
「アジア昆虫誌要説 博物画の至宝」平凡社
1996
◇pl.1（カラー）　Scarabaeus nasicornis　ドノ
ヴァン, E.『中国昆虫誌要説』1798
「世界大博物図鑑 1」平凡社　1991
◇p409（カラー）　キュヴィエ, G.L.C.F.D.『動物
界』1836～49　手彩色銅版

ムナビロカレハカマキリ　Deroplatys
desiccata
「世界大博物図鑑 1」平凡社　1991
◇p213（カラー）　ミュラー, S.『蘭領インド自然
誌』1839～44　手彩色石版画

ムナビロコノハカマキリ　Choeradodis
strumaria
「昆虫の劇場」リブロポート　1991
◇p52（カラー）　メーリアン, M.S.『スリナム産昆
虫の変態』1726
「世界大博物図鑑 1」平凡社　1991
◇p208（カラー）　メーリアン, M.S.『スリナム産
昆虫の変態』1726
◇p212（カラー）　成虫, 幼虫　レーゼル・フォン・
ローゼンホフ, A.J.『昆虫学の娯しみ』1764～
68　彩色銅版

ムネツノチリクワガタ　Sclerostomus
cucullatus
「世界大博物図鑑 1」平凡社　1991
◇p389（カラー）　ゲイ, C.『チリ自然社会誌』
1844～71

ムラサキワモンチョウ　Stichophthalma
camadeva
「世界大博物図鑑 1」平凡社　1991
◇p336（カラー）　ウェストウッド, J.O.『東洋昆
虫学集成』1848

【め】

メイガ科　Pyralidae
「ビュフォンの博物誌」工作舎　1991
◇M109（カラー）『一般と個別の博物誌 ソンニー
ニ版』

メガネケダニのなかま　Podothrombium sp.
「世界大博物図鑑 1」平凡社　1991
◇p48（カラー）　ゲイ, C.『チリ自然社会誌』
1844～71

メガネトリバネアゲハ　Ornithoptera priamus
「世界大博物図鑑 1」平凡社　1991
◇p310（カラー）　ドノヴァン, E.『インド昆虫史
要説』1800　手彩色銅版

メクラアブのなかま　Chrysops caecutience
「世界大博物図鑑 1」平凡社　1991
◇p353（カラー）　ハリス, M.『英国産昆虫集成』
1776

メクラガメのなかま　Calocoris
quadripunctatus
「世界大博物図鑑 1」平凡社　1991
◇p225（カラー）　ドノヴァン, E.『英国産昆虫図
譜』1793～1813

メグロヒョウモン
「江戸の動植物図」朝日新聞社　1988
◇p92（カラー）　メス　増山雪斎『蟲豸帖』　［東
京国立博物館］

メスアカモンキアゲハ　Papilio aegeus
「世界大博物図鑑 1」平凡社　1991
◇p313（カラー）『ロンドン動物学協会紀要』1861
～90,1891～1929　手彩色石版画

メスグロヒョウモン　Damora sagana
「鳥獣虫魚譜」八坂書房　1988
◇p93（カラー）　茶掩　オス, 表と裏　松森胤保
『両羽飛虫図譜』　［酒田市立光丘文庫］

メスグロヒョウモン
「彩色 江戸博物学集成」平凡社　1994
◇p18（カラー）　円山応挙『写生帖』　［東京国立
博物館］
◇p162（カラー）　増山雪斎『蟲豸帖』　［東京国
立博物館］

メスシロキチョウ　Ixias pyrene
「アジア昆虫誌要説 博物画の至宝」平凡社
1996
◇pl.31（カラー）　Papilio Sesia　ドノヴァン, E.
『中国昆虫誌要説』1798

博物図譜レファレンス事典 動物篇　**89**

めすし　　　　　　　　　虫

メスジロモンキアゲハの雄　Papilio aegeus
「アジア昆虫誌要説　博物画の至宝」平凡社　1996
◇pl.123（カラー）　Papilio Erectheus　ドノヴァン, E.『オーストラリア昆虫誌要説』　1805

メスジロモンキアゲハの雌　Papilio aegeus
「アジア昆虫誌要説　博物画の至宝」平凡社　1996
◇pl.122（カラー）　ドノヴァン, E.『オーストラリア昆虫誌要説』　1805

メダマスズメガ　Leucoma salicis
「昆虫の劇場」リブロポート　1991
◇p105（カラー）　ハリス, M.『オーレリアン』　1778

メダマチョウ　Taenaris urania
「アジア昆虫誌要説　博物画の至宝」平凡社　1996
◇pl.33（カラー）　Papilio Jairus　ドノヴァン, E.『中国昆虫誌要説』　1798
「世界大博物図鑑　1」平凡社　1991
◇p337（カラー）　ドノヴァン, E.『中国昆虫史要説』　1798　手彩色銅版画

メネラウスモルフォ　Morpho menelaus
「昆虫の劇場」リブロポート　1991
◇p34（カラー）　メーリアン, M.S.『スリナム産昆虫の変態』　1726
◇p78（カラー）　メーリアン, M.S.『スリナム産昆虫の変態』　1726
「世界大博物図鑑　1」平凡社　1991
◇p339（カラー）　メス　メーリアン, M.S.『スリナム産昆虫の変態』　1726
◇p340（カラー）　オス　メーリアン, M.S.『スリナム産昆虫の変態』　1726

メバエ科　Conopidae
「ビュフォンの博物誌」工作舎　1991
◇M113（カラー）『一般と個別の博物誌 ソンニーニ版』

メバエのなかま　Conops petiolata
「世界大博物図鑑　1」平凡社　1991
◇p357（カラー）　ドノヴァン, E.『英国産昆虫図譜』　1793〜1813

メマトイ類
「彩色 江戸博物学集成」平凡社　1994
◇p362（カラー）　メタタキ　大窪昌章『諸家蟲魚蝦蟹雑記図』　［大東急記念文庫］

メンガタスズメ
「彩色 江戸博物学集成」平凡社　1994
◇p95（カラー）　側面, 背面　細川重賢『昆虫胥化図』　［永青文庫］
◇p302（カラー）　川原慶賀『動植物図譜』　［オランダ国立自然史博物館］

メンガタスズメの1種　Acheronita sp.
「ビュフォンの博物誌」工作舎　1991
◇M108（カラー）『一般と個別の博物誌 ソンニーニ版』

メンガタスズメのなかま　Acherontia atropos
「世界大博物図鑑　1」平凡社　1991
◇p300（カラー）　レーゼル・フォン・ローゼンホフ, A.J.『昆虫学の娯しみ』　1764〜68　彩色銅版

【 も 】

モクメシャチホコ　Cerura vinula
「世界大博物図鑑　1」平凡社　1991
◇p301（カラー）　食草と幼・成虫　セップ, J.C.『神の驚異の書』　1762〜1860
◇p301（カラー）　卵から成虫までのプロセス　レーゼル・フォン・ローゼンホフ, A.J.『昆虫学の娯しみ』　1764〜68　彩色銅版

モトフサヤスデ　Polyxenus lagurus
「世界大博物図鑑　1」平凡社　1991
◇p148（カラー）　リーチ, W.E.著, ノダー, R.P.図『動物学雑録』　1814〜17

モミジヤマキサゴ
「彩色 江戸博物学集成」平凡社　1994
◇p359（カラー）　大窪昌章『乙未本草会目録』　［蓬左文庫］

モモスズメ
「彩色 江戸博物学集成」平凡社　1994
◇p91（カラー）　幼虫, さなぎ　細川重賢『虫類生写』　［永青文庫］
◇p443（カラー）　松森胤保『両羽博物図譜』

モモブトオオルリハムシ
⇒ハデツヤモモブトオオハムシ（モモブトオオルリハムシ）を見よ

モルッカアカネアゲハ　Papilio deiphobus
「アジア昆虫誌要説　博物画の至宝」平凡社　1996
◇pl.67（カラー）　Papilio Deiphobus (Papilio Diephobus)　ドノヴァン, E.『インド昆虫誌要説』　1800

モルフォチョウ　godarti
「昆虫の劇場」リブロポート　1991
◇p93（カラー）　メーリアン, M.S.『スリナム産昆虫の変態』　1726

モルフォチョウ科の1種
「昆虫の劇場」リブロポート　1991
◇p48（カラー）　メス　メーリアン, M.S.『スリナム産昆虫の変態』　1726

モルフォチョウのなかま？　Morphidae ?
「世界大博物図鑑　1」平凡社　1991
◇p340（カラー）　メーリアン, M.S.『スリナム産昆虫の変態』　1726

モンキアカタテハ　Bassaris itea
「世界大博物図鑑　1」平凡社　1991
◇p342（カラー）　マッコイ, F.『ヴィクトリア州

虫　　　　　　　　　　　　　　　　　　　　　　　　やとり

博物誌』　1885〜90

モンキアカタテハ　Vanessa itea
「アジア昆虫誌要説　博物画の至宝」平凡社
　1996
　◇pl.134（カラー）　Papilio Itea　ドノヴァン，E.
　『オーストラリア昆虫誌要説』　1805

モンキアゲハのなかま　Papilio ambrax
「世界大博物図鑑　1」平凡社　1991
　◇p313（カラー）『ロンドン動物学協会紀要』　1861
　〜90，1891〜1929　手彩色石版画

モンキゴミムシダマシの1種　Diaperis sp.
「ビュフォンの博物誌」工作舎　1991
　◇M090（カラー）『一般と個別の博物誌　ソンニー
　二版』

モンキチョウ
「彩色 江戸博物学集成」平凡社　1994
　◇p150〜151（カラー）　表，裏　佐竹曙山『龍亀昆
　虫写生帖』　［千秋美術館］

モンキツノカメムシの1種　Sastragala
　uniguttata
「アジア昆虫誌要説　博物画の至宝」平凡社
　1996
　◇p.64（カラー）　Cimex uniguttatus　ドノヴァ
　ン，E.『インド昆虫誌要説』　1800

モンキツノカメムシのなかま　Sastragala
　uniguttatus
「世界大博物図鑑　1」平凡社　1991
　◇p221（カラー）　ドノヴァン，E.『インド昆虫史
　要説』　1800　手彩色銅版

モンシデムシのなかま　Nicrophorus vespillio
「世界大博物図鑑　1」平凡社　1991
　◇p376（カラー）　ドノヴァン，E.『英国産昆虫
　譜』　1793〜1813

モンシロチョウ
「彩色 江戸博物学集成」平凡社　1994
　◇p94（カラー）　リウキウハベビロナノ虫　幼虫，
　さなぎ，成虫　細川重賢『昆虫胥化図説』　［永青
　文庫］
　◇p150〜151（カラー）　オスの表，裏　佐竹曙山
　『龍亀昆虫写生帖』　［千秋美術館］
　◇p150〜151（カラー）　メスの表，裏　佐竹曙山
　『龍亀昆虫写生帖』　［千秋美術館］

モンシロドクガ
　⇒クワノキンケムシ（モンシロドクガ）を見よ

モンハナバチのなかま　Anthidium
　manicatum
「世界大博物図鑑　1」平凡社　1991
　◇p468（カラー）　ドノヴァン，E.『英国産昆虫図
　譜』　1793〜1813

モンユスリカのなかま　Tanypus varius
「世界大博物図鑑　1」平凡社　1991
　◇p351（カラー）　キュヴィエ，G.L.C.F.D.『動物
　界』　1836〜49　手彩色銅版

【 や 】

ヤエヤマシロチョウ　Appias libythea
「アジア昆虫誌要説　博物画の至宝」平凡社
　1996
　◇pl.77（カラー）　Papilio Libythea　ドノヴァン，
　E.『インド昆虫誌要説』　1800

ヤガ科　Noctuidae
「ビュフォンの博物誌」工作舎　1991
　◇M109（カラー）『一般と個別の博物誌　ソンニー
　二版』

ヤガ科オルソシア属　Orthosia
「昆虫の劇場」リブロポート　1991
　◇p35（カラー）　メーリアン，M.S.『スリナム産昆
　虫の変態』　1726

ヤガ科のガ
「昆虫の劇場」リブロポート　1991
　◇p69（カラー）　メーリアン，M.S.『スリナム産昆
　虫の変態』　1726

ヤクヨウゴキブリ（シナゴキブリ）
　Eupolyphaga sinensis
「世界大博物図鑑　1」平凡社　1991
　◇p205（カラー）　栗本丹洲『千蟲譜』　文化8
　（1811）

ヤコビマイマイ
「彩色 江戸博物学集成」平凡社　1994
　◇p359（カラー）　大窪昌章『乙未本草会目録』
　［蓬左文庫］

ヤスデの類　Diplopoda
「ビュフォンの博物誌」工作舎　1991
　◇M004（カラー）『一般と個別の博物誌　ソンニー
　二版』

野生蛾の繭
「鳥獣虫魚譜」八坂書房　1988
　◇p92（カラー）　松森胤保『両羽飛虫図譜』　［酒
　田市立光丘文庫］

ヤセヒシバッタ　Tetrix subulata
「世界大博物図鑑　1」平凡社　1991
　◇p189（カラー）　キュヴィエ，G.L.C.F.D.『動物
　界』　1836〜49　手彩色銅版

ヤチバエ科　Sciomyzidae
「ビュフォンの博物誌」工作舎　1991
　◇M111（カラー）『一般と個別の博物誌　ソンニー
　二版』

ヤツバキクイの1種　Ips sp.
「ビュフォンの博物誌」工作舎　1991
　◇M081（カラー）『一般と個別の博物誌　ソンニー
　二版』

ヤドリバエ
「世界大博物図鑑　1」平凡社　1991
　◇p353（カラー）　ドノヴァン，E.『英国産昆虫図

博物図譜レファレンス事典　動物篇　**91**

やふか　　　　　　　　　　　　　虫

譜』1793〜1813

ヤブカのなかま　Aedes cinereus
「世界大博物図鑑 1」平凡社　1991
　◇p351（カラー）　キュヴィエ, G.L.C.F.D.『動物界』1836〜49　手彩色銅版

ヤブキリ　Tettigonia orientalis
「世界大博物図鑑 1」平凡社　1991
　◇p181（カラー）　栗本丹洲『千蟲譜』文化8（1811）

ヤブキリ
「彩色 江戸博物学集成」平凡社　1994
　◇p234（カラー）　メス, オス　水谷豊文『虫豸写真』［国会図書館］

ヤマアリ亜科　Formicinae
「ビュフォンの博物誌」工作舎　1991
　◇M101（カラー）『一般と個別の博物誌 ソンニー二版』

ヤマキサゴ科　Helicinidae
「ビュフォンの博物誌」工作舎　1991
　◇L053（カラー）『一般と個別の博物誌 ソンニー二版』

ヤマサナエ？
「彩色 江戸博物学集成」平凡社　1994
　◇p167（カラー）　増山雪斎『蟲豸帖』　［東京国立博物館］

ヤマゼミ　Cicada orni
「世界大博物図鑑 1」平凡社　1991
　◇p240（カラー）　レーゼル・フォン・ローゼンホフ, A.J.『昆虫学の娯しみ』1764〜68　彩色銅版

ヤマタカマイマイ
「彩色 江戸博物学集成」平凡社　1994
　◇p359（カラー）　大窪昌章『乙未本草会目録』［蓬左文庫］

ヤマタニシ
「彩色 江戸博物学集成」平凡社　1994
　◇p359（カラー）　大窪昌章『乙未本草会目録』［蓬左文庫］

ヤマトアカヤスデ　Nedyopus patrioticus
「世界大博物図鑑 1」平凡社　1991
　◇p144（カラー）　栗本丹洲『千蟲譜』文化8（1811）
　◇p148（カラー）　栗本丹洲『千蟲譜』文化8（1811）

ヤマトオサムシダマシの1種　Blaps sp.
「ビュフォンの博物誌」工作舎　1991
　◇M089（カラー）『一般と個別の博物誌 ソンニー二版』

ヤマトゴキブリ　Periplaneta japonica
「世界大博物図鑑 1」平凡社　1991
　◇p205（カラー）　栗本丹洲『千蟲譜』文化8（1811）

ヤマトシジミ？
「彩色 江戸博物学集成」平凡社　1994
　◇p262（カラー）　飯沼慾斎『本草図譜 第9巻〈虫部貝部〉』［個人蔵］

ヤマトシミ　Ctenolepisma villosa
「世界大博物図鑑 1」平凡社　1991
　◇p149（カラー）　栗本丹洲『千蟲譜』文化8（1811）

ヤマトシロアリ　Reticulitermes speratus
「世界大博物図鑑 1」平凡社　1991
　◇p216（カラー）　羽化成虫, 働き蟻　栗本丹洲『千蟲譜』文化8（1811）

ヤマトシロアリのなかま　Reticulitermes lucifugus
「世界大博物図鑑 1」平凡社　1991
　◇p216（カラー）　働き蟻, 兵蟻　キュヴィエ, G.L.C.F.D.『動物界』1836〜49　手彩色銅版

ヤマトタマムシ　Chrysochroa fulgidissima
「日本の博物図譜」東海大学出版会　2001
　◇図44（カラー）　木村静山筆『甲虫類写生図』［国立科学博物館］

ヤマトタマムシ
　⇒タマムシ（ヤマトタマムシ）を見よ

ヤマナメクジ　Meghimatium fruhstorferi
「世界大博物図鑑 1」平凡社　1991
　◇p489（カラー）　栗本丹洲『千蟲譜』文化8（1811）

ヤマナメクジ
「彩色 江戸博物学集成」平凡社　1994
　◇p147（カラー）　佐竹曙山『龍亀昆虫写生帖』［千秋美術館］

ヤママユガ　Antheraea yamamai Guérin-Méneville
「高木春山 本草図説 動物」リブロポート　1989
　◇p87（カラー）　上表面, 下裏面

ヤママユガ
「彩色 江戸博物学集成」平凡社　1994
　◇p290〜291（カラー）　岩崎灌園『本草図説』［東京国立博物館］

ヤママユガ科
「昆虫の劇場」リブロポート　1991
　◇p36（カラー）　メーリアン, M.S.『スリナム産昆虫の変態』1726

ヤママユガ科メダマヤママユ属の1種　Automeris
「昆虫の劇場」リブロポート　1991
　◇p37（カラー）　メーリアン, M.S.『スリナム産昆虫の変態』1726
　◇p47（カラー）　メーリアン, M.S.『スリナム産昆虫の変態』1726
　◇p88（カラー）　メーリアン, M.S.『スリナム産昆虫の変態』1726

虫　　　　　　　　　　　　　　　　　　　　　　　　　　ようち

ヤママユガ科ロスチャイルドヤママユ属の1種　Rothschildia
「昆虫の劇場」リブロポート　1991
　◇p90（カラー）　メーリアン, M.S.『スリナム産昆虫の変態』　1726

ヤママユガのなかま　Antheraea larissa, Saturnia pyretorum
「世界大博物図鑑 1」平凡社　1991
　◇p298（カラー）　シンジュサン, クスサンの類　ウェストウッド, J.O.『東洋昆虫学集成』　1848

ヤママユガのなかま　Saturniidae
「世界大博物図鑑 1」平凡社　1991
　◇p299（カラー）　レーゼル・フォン・ローゼンホフ, A.J.『昆虫学の娯しみ』　1764〜68　彩色銅版
　◇p299（カラー）　南米産　メーリアン, M.S.『スリナム産昆虫の変態』　1726
　◇p299（カラー）　ハリス, モーゼス図版製作, ドゥルーリ, D.『自然史図譜』　1770〜82

ヤママユガのなかま
「昆虫の劇場」リブロポート　1991
　◇p31（カラー）　メーリアン, M.S.『スリナム産昆虫の変態』　1726

ヤママミハリガイ　Eucobresia diaphana
「世界大博物図鑑 1」平凡社　1991
　◇p489（カラー）　キュヴィエ, フレデリック編『自然史事典』　1816〜30

ヤンマ科　Aeschnidae
「ビュフォンの博物誌」工作舎　1991
　◇M098（カラー）『一般と個別の博物誌 ソンニーニ版』

ヤンマの1種
「江戸の動植物図」朝日新聞社　1988
　◇p36（カラー）　森野藤助『松山本草』　［森野旧薬園］

【ゆ】

有鉤条虫　Taenia solium
「世界大博物図鑑 1」平凡社　1991
　◇p17（カラー）　ヘッケル, E.H.『自然の造形』　1899〜1904　多色石版画

ユウマダラエダシャク属　Calospilos sp.
「鳥獣虫魚譜」八坂書房　1988
　◇p95（カラー）　松森胤保『両羽飛虫図譜』　［酒田市立光丘文庫］

ユカタヤマシログモ　Scytodes thoracicus
「世界大博物図鑑 1」平凡社　1991
　◇p53（カラー）　キュヴィエ, G.L.C.F.D.『動物界』　1836〜49　手彩色銅版

ユカタンビワハゴロモ　Fulgora laternaria
「ビュフォンの博物誌」工作舎　1991
　◇M097（カラー）『一般と個別の博物誌 ソンニーニ版』

「昆虫の劇場」リブロポート　1991
　◇p74（カラー）　Alligator fly　メーリアン, M.S.『スリナム産昆虫の変態』　1726
「世界大博物図鑑 1」平凡社　1991
　◇p252（カラー）　メーリアン, M.S.『スリナム産昆虫の変態』　1726
　◇p253（カラー）　ダニエル, W.『生物景観図集』　1809
　◇p253（カラー）　キュヴィエ, G.L.C.F.D.『動物界』　1836〜49　手彩色銅版
　◇p253（カラー）　レーゼル・フォン・ローゼンホフ, A.J.『昆虫学の娯しみ』　1764〜68　彩色銅版

ユスリカの1種
「江戸の動植物図」朝日新聞社　1988
　◇p82（カラー）　栗本丹洲『千蟲譜』　［国立国会図書館］

ユスリカのなかま　Chironomidae
「世界大博物図鑑 1」平凡社　1991
　◇p351（カラー）　イギリスにすむオス　ドノヴァン, E.『英国産昆虫図録』　1793〜1813

ユスリカ幼虫
「高木春山 本草図説 動物」リブロポート　1989
　◇p88（カラー）　赤子子

ユビナガツチカニムシ　Chthonius (C.) orthodactylum
「世界大博物図鑑 1」平凡社　1991
　◇p44（カラー）　リーチ, W.E.著, ノダー, R.P.図『動物学雑録』　1814〜17

ユミアシヒザボソザトウムシ　Gonyleptes curvipes
「世界大博物図鑑 1」平凡社　1991
　◇p45（カラー）　メス, オス　ゲイ, C.『チリ自然社会誌』　1844〜71

【よ】

ヨウシュミツバチ　Apis mellifera
「ビュフォンの博物誌」工作舎　1991
　◇M009（カラー）『一般と個別の博物誌 ソンニーニ版』
「世界大博物図鑑 1」平凡社　1991
　◇p468（カラー）　巣箱, 女王バチ, 働きバチ, オスバチ　コント, J.A.『博物学の殿堂』　1830（？）

幼虫とサナギ
「紙の上の動物園」グラフィック社　2017
　◇p160（カラー）　アゲハチョウ, ホーソーン・モス, モンキチョウ, エゾシロチョウの成虫とサナギ, ミドリヒョウモン, イリスコムラサキ, イチモンジチョウ, リンゴシジミ　ダンカン, ジェイムズ『イギリス本土のチョウ類』　1835

幼虫の一種
「紙の上の動物園」グラフィック社　2017
　◇p103（カラー）　青いワタリバッタと幼虫の一種

博物図譜レファレンス事典 動物篇　**93**

よこす　　　　　　　　　虫

とグジャラート州の多色のアカシアに作った巣
フォーブズ, ジェイムズ『東洋の回顧録』 1813

ヨコヅナトモエ　Eupatula macrops
「アジア昆虫誌要説 博物画の至宝」平凡社 1996
◇pl.44(カラー)　Phalaena Bubo　ドノヴァン, E.『中国昆虫誌要説』 1798
「世界大博物図鑑 1」平凡社 1991
◇p302(カラー)　ドノヴァン, E.『中国昆虫史要説』 1798 手彩色銅版画

ヨシカレハ　Euthrix potatoria
「世界大博物図鑑 1」平凡社 1991
◇p296(カラー)　セップ, J.C.『神の驚異の書』 1762〜1860

ヨツコブツノゼミ　Bocydium globulare
「世界大博物図鑑 1」平凡社 1991
◇p244(カラー)　キュヴィエ, G.L.C.F.D.『動物界』 1836〜49 手彩色銅版

ヨツスジハナカミキリの1種　Leptura sp.
「ビュフォンの博物誌」工作舎 1991
◇M092(カラー)『一般と個別の博物誌 ソンニーニ版』

ヨツバコセイボウ(リンネセイボウ)
Chrysis ignita
「世界大博物図鑑 1」平凡社 1991
◇p480(カラー)　キュヴィエ, G.L.C.F.D.『動物界』 1836〜49 手彩色銅版
◇p480(カラー)　ドノヴァン, E.『英国産昆虫譜』 1793〜1813

ヨツバコツブムシ　Sphaeroma retrolaevis
「世界大博物図鑑 1」平凡社 1991
◇p77(カラー)　田中芳男『博物館虫譜』 1877 (明治10)頃

ヨツボシオサモドキゴミムシ　Anthia sexguttata
「アジア昆虫誌要説 博物画の至宝」平凡社 1996
◇pl.54(カラー)　Carabus 6 maculatus　ドノヴァン, E.『インド昆虫誌要説』 1800
「ビュフォンの博物誌」工作舎 1991
◇M072(カラー)『一般と個別の博物誌 ソンニーニ版』
「世界大博物図鑑 1」平凡社 1991
◇p368(カラー)　ドノヴァン, E.『インド昆虫史要説』 1800 手彩色銅版

ヨツボシゴミムシのなかま　Carabidae
「世界大博物図鑑 1」平凡社 1991
◇p368(カラー)　ドノヴァン, E.『英国産昆虫譜』 1793〜1813

ヨツボシテントウ
「彩色 江戸博物学集成」平凡社 1994
◇p395(カラー)　吉田雀巣庵『虫譜』　［国会図書館］

ヨツボシトンボ(原種)　Libellula quadrimaculata
「世界大博物図鑑 1」平凡社 1991
◇p160(カラー)　ドノヴァン, E.『英国産昆虫譜』 1793〜1813

ヨツボシトンボの1種　Libellula sp.
「ビュフォンの博物誌」工作舎 1991
◇M099(カラー)『一般と個別の博物誌 ソンニーニ版』

ヨツボシナガツツハムシの1種　Clytra sp.
「ビュフォンの博物誌」工作舎 1991
◇M093(カラー)『一般と個別の博物誌 ソンニーニ版』

ヨツボシモンシデムシ
「紙の上の動物園」グラフィック社 2017
◇p156(カラー)　ドノヴァン, E.『イギリス本土の昆虫の自然誌：変態の時期を含むいくつかの段階で解説』 1793〜1813

ヨツボシモンシデムシの1種　Necrophirus sp.
「ビュフォンの博物誌」工作舎 1991
◇M078(カラー)『一般と個別の博物誌 ソンニーニ版』

ヨツメアオシャク　Thetidia albocostaria
「鳥獣虫魚譜」八坂書房 1988
◇p95(カラー)　松森胤保『両羽飛虫図譜』　［酒田市立光丘文庫］

ヨツモンシジミタテハ　Euselasia thucydides
「アジア昆虫誌要説 博物画の至宝」平凡社 1996
◇pl.93(カラー)　Papilio Thucidides (Papilio Thucydides)　ドノヴァン, E.『インド昆虫誌要説』 1800

ヨナクニサン　Attacus atlas
「アジア昆虫誌要説 博物画の至宝」平凡社 1996
◇pl.42(カラー)　Phalaena Atlas　ドノヴァン, E.『中国昆虫誌要説』 1798
「世界大博物図鑑 1」平凡社 1991
◇p297(カラー)　ドノヴァン, E.『中国昆虫史要説』 1798 手彩色銅版画

ヨナクニサンのなかま　Archaeoattacus edwardsii
「世界大博物図鑑 1」平凡社 1991
◇p297(カラー)『ロンドン動物学協会紀要』 1861〜90,1891〜1929 手彩色石版画

ヨモギハムシのなかま　Chrysolina graminis
「世界大博物図鑑 1」平凡社 1991
◇p456(カラー)　ドノヴァン, E.『英国産昆虫譜』 1793〜1813

ヨモギハムシのなかま　Chrysolina tolli
「世界大博物図鑑 1」平凡社 1991
◇p456(カラー)　ドノヴァン, E.『英国産昆虫譜』 1793〜1813

ヨーロッパアオハダトンボ　Calopteryx
splendens
「世界大博物図鑑 1」平凡社　1991
　◇p153（カラー）　オス　レーゼル・フォン・ロー
　　ゼンホフ，A.J.『昆虫学の娯しみ』 1764〜68
　　彩色銅版

ヨーロッパイシムカデ　Lithobius forficatus
「世界大博物図鑑 1」平凡社　1991
　◇p145（カラー）　キュヴィエ，G.L.C.F.D.『動物
　　界』 1836〜49　手彩色銅版

ヨーロッパイシムカデの1種　Lithobius
forficatus
「ビュフォンの博物誌」工作舎　1991
　◇M004（カラー）『一般と個別の博物誌 ソンニー
　　二版』

ヨーロッパエゾイトトンボ　Coenagrion
puella
「世界大博物図鑑 1」平凡社　1991
　◇p153（カラー）　レーゼル・フォン・ローゼンホ
　　フ，A.J.『昆虫学の娯しみ』 1764〜68　彩色銅版

ヨーロッパエゾゼミ
　⇒トネリコゼミ（ヨーロッパエゾゼミ）を見よ

ヨーロッパオニヤンマ　Cordulegaster
boltonii
「世界大博物図鑑 1」平凡社　1991
　◇p156（カラー）　ハリス，M.『英国産昆虫集成』
　　1776
　◇p156（カラー）　オス　ドノヴァン，E.『英国産
　　昆虫図譜』 1793〜1813

ヨーロッパケラ　Gryllotalpa gryllotalpa
「ビュフォンの博物誌」工作舎　1991
　◇M094（カラー）『一般と個別の博物誌 ソンニー
　　二版』
「世界大博物図鑑 1」平凡社　1991
　◇p172（カラー）　レーゼル・フォン・ローゼンホ
　　フ，A.J.『昆虫学の娯しみ』 1764〜68　彩色銅版
　◇p173（カラー）　ドノヴァン，E.『英国産昆虫図
　　譜』 1793〜1813

ヨーロッパコフキコガネの幼虫　Melolontha
melolontha
「すごい博物画」グラフィック社　2017
　◇図版50（カラー）　トケイソウとテントウムシ、
　　種類のわからない蛾かチョウの幼虫、斑入りイヌ
　　サフラン、キヅタシクラメンの葉、オジギソウ、
　　種類のわからない蛾の幼虫、ヨーロッパコフキコ
　　ガネの幼虫　マーシャル、アレクサンダー 1650
　　〜82頃　水彩　45.5×33.0　［ウィンザー城ロイ
　　ヤル・ライブラリー］

ヨーロッパ産ヤンマのなかまの幼虫
Aeschnidae
「世界大博物図鑑 1」平凡社　1991
　◇p157（カラー）　レーゼル・フォン・ローゼンホ
　　フ，A.J.『昆虫学の娯しみ』 1764〜68　彩色銅版

ヨーロッパタイマイ　Iphiclides podalirius
「世界大博物図鑑 1」平凡社　1991
　◇p309（カラー）　レーゼル・フォン・ローゼンホ
　　フ，A.J.『昆虫学の娯しみ』 1764〜68　彩色銅版

ヨーロッパタマヤスデ　Glomeris marginata
「世界大博物図鑑 1」平凡社　1991
　◇p148（カラー）　リーチ，W.E.著，ノダー，R.P.図
　　『動物学雑録』 1814〜17

ヨーロッパノハラコオロギ　Gryllus
campestris
「世界大博物図鑑 1」平凡社　1991
　◇p164（カラー）　成長過程　レーゼル・フォン・
　　ローゼンホフ，A.J.『昆虫学の娯しみ』 1764〜
　　68　彩色銅版

ヨーロッパハラビロトンボ　Libellula
depressa
「すごい博物画」グラフィック社　2017
　◇図版43（カラー）　クロアヤメ、カラフトヒヨク
　　ソウ、ヨーロッパハラビロトンボ、ハナキンポウ
　　ゲ、ニクバエ、キバナルリソウ、フウロソウ
　　マーシャル、アレクサンダー 1650〜82頃　水彩
　　46.0×33.3　［ウィンザー城ロイヤル・ライブラ
　　リー］

ヨーロッパヒオドシチョウ　Nymphalis
polychloros
「世界大博物図鑑 1」平凡社　1991
　◇p343（カラー）　セップ，J.C.『神の驚異の書』
　　1762〜1860

ヨーロッパヒゲコガネ？　Polyphylla fullo？
「世界大博物図鑑 1」平凡社　1991
　◇p413（カラー）　レーゼル・フォン・ローゼンホ
　　フ，A.J.『昆虫学の娯しみ』 1764〜68　彩色銅版

ヨーロッパヒゲナガモモブトカミキリ
Acanthocinus aedilis
「世界大博物図鑑 1」平凡社　1991
　◇p440（カラー）　キュヴィエ，G.L.C.F.D.『動物
　　界』 1836〜49　手彩色銅版

ヨーロッパホンサナエ　Gomphus
vulgatissimus
「世界大博物図鑑 1」平凡社　1991
　◇p157（カラー）　メス、幼虫　ドノヴァン，E.『英
　　国産昆虫図譜』 1793〜1813

ヨーロッパマダラクワガタ
「世界大博物図鑑 1」平凡社　1991
　◇p380（カラー）　キュヴィエ，G.L.C.F.D.『動物
　　界』 1836〜49　手彩色銅版

ヨーロッパマツカレハの幼虫　Dendrolimus
pini
「世界大博物図鑑 1」平凡社　1991
　◇p296（カラー）　ドノヴァン，E.『英国産昆虫図
　　譜』 1793〜1813

ヨーロッパミズカマキリ　Ranatra linealis
「ビュフォンの博物誌」工作舎　1991

◇M096（カラー）『一般と個別の博物誌 ソンニー
ニ版』
「世界大博物図鑑 1」平凡社　1991
　　◇p232（カラー）　キュヴィエ, G.L.C.F.D.『動物
　　界』1836〜49　手彩色銅版
　　◇p233（カラー）　レーゼル・フォン・ローゼンホ
　　フ, A.J.『昆虫学の娯しみ』1764〜68　彩色銅版

ヨーロッパミミズク　Ledra aurita
「世界大博物図鑑 1」平凡社　1991
　　◇p244（カラー）　キュヴィエ, G.L.C.F.D.『動物
　　界』1836〜49　手彩色銅版

ヨーロッパミヤマクワガタ　Lucanus cervus
「ビュフォンの博物誌」工作舎　1991
　　◇M087（カラー）　オス, メス『一般と個別の博物
　　誌 ソンニーニ版』
「世界大博物図鑑 1」平凡社　1991
　　◇p380（カラー）　キュヴィエ, G.L.C.F.D.『動物
　　界』1836〜49　手彩色銅版
　　◇p381（カラー）　オス, メス　レーゼル・フォン・
　　ローゼンホフ, A.J.『昆虫学の娯しみ』1764〜
　　68　彩色銅版
　　◇p381（カラー）　幼虫　レーゼル・フォン・ロー
　　ゼンホフ, A.J.『昆虫学の娯しみ』1764〜68
　　彩色銅版

ヨーロッパモンウスバカゲロウ　Palpares
libelluloides
「世界大博物図鑑 1」平凡社　1991
　　◇p269（カラー）　ドルビニ, A.C.V.D.『万有博物
　　事典』1838〜49,61
　　◇p272（カラー）　ハリス, モーゼス図版製作, ドゥ
　　ルーリ, D.『自然史図譜』1770〜82

ヨーロッパヤブキリ　Tettigonia viridissima
「ビュフォンの博物誌」工作舎　1991
　　◇M006（カラー）『一般と個別の博物誌 ソンニー
　　ニ版』
「世界大博物図鑑 1」平凡社　1991
　　◇p176（カラー）　卵と幼虫　ドノヴァン, E.『英
　　国産昆虫図譜』1793〜1813
　　◇p176（カラー）　レーゼル・フォン・ローゼンホ
　　フ, A.J.『昆虫学の娯しみ』1764〜68　彩色銅版

ヨーロッパルリクワガタ　Platycerus
caraboides
「世界大博物図鑑 1」平凡社　1991
　　◇p380（カラー）　キュヴィエ, G.L.C.F.D.『動物
　　界』1836〜49　手彩色銅版

【ら】

ライム−スペック・バグ　Eupithecia
centaureata
「昆虫の劇場」リブロポート　1991
　　◇p119（カラー）　Lime–spec Pug　ハリス, M.
　　『オーレリアン』1778

ライム・ホークモス　Mimas tiliae
「昆虫の劇場」リブロポート　1991

　　◇p120（カラー）　Lime Hawk-moth　ハリス, M.
　　『オーレリアン』1778

【り】

リボンカゲロウのなかま　Nemoptera sinuata
「世界大博物図鑑 1」平凡社　1991
　　◇p269（カラー）　ドルビニ, A.C.V.D.『万有博物
　　事典』1838〜49,61

リボンヤママユのなかま　Eudaemonia argus
「世界大博物図鑑 1」平凡社　1991
　　◇p299（カラー）　ドノヴァン, E.『博物宝典』
　　1823〜27

リュウキュウハバヒロナノ虫
「江戸名作画帖全集 8」駸々堂出版　1995
　　◇図44（カラー）　幼虫, 蛹, 蝶　細川重賢編『昆虫
　　胥化図』　紙本着色　[永青文庫（東京）]

リュウキュウミスジ　Neptis hylas
「アジア昆虫誌要説 博物画の至宝」平凡社
　1996
　　◇pl.35（カラー）　Papilio Leucothoe　ドノヴァ
　　ン, E.『中国昆虫誌要説』1798

リュウキュウムラサキ　Hypolimnas bolina
「アジア昆虫誌要説 博物画の至宝」平凡社
　1996
　　◇pl.37（カラー）　Papilio Jacintha　ドノヴァン,
　　E.『中国昆虫誌要説』1798
　　◇pl.135（カラー）　Papilio Nerina　ドノヴァン,
　　E.『オーストラリア昆虫誌要説』1805

リンゴドクガ
「彩色 江戸博物学集成」平凡社　1994
　　◇p303（カラー）　コウモリ　川原慶賀『動植物図
　　譜』　[オランダ国立自然史博物館]

鱗翅類の幼虫
「鳥獣虫魚譜」八坂書房　1988
　　◇p92（カラー）　松森胤保『両羽飛虫図譜』　[酒
　　田市立光丘文庫]

リンネセイボウ
「紙の上の動物園」グラフィック社　2017
　　◇p156（カラー）　ドノヴァン, E.『イギリス本土
　　の昆虫の自然誌：変態の時期を含むいくつかの段
　　階で解説』1793〜1813

リンネセイボウ
　　⇒ヨツバコセイボウ（リンネセイボウ）を見よ

【る】

ルリアシナガコガネ　Hoplia coerulea
「世界大博物図鑑 1」平凡社　1991
　　◇p408（カラー）　ハリス, モーゼス図版製作, ドゥ
　　ルーリ, D.『自然史図譜』1770〜82

虫　　　　　　　　　　　　　　　　　　　れなは

ルリオビキノハタテハ　Anaea octavius
「アジア昆虫誌要説 博物画の至宝」平凡社
　　1996
　　◇pl.79（カラー）　Papilio Octavius　ドノヴァン，
　　E.『インド昆虫誌要説』　1800

ルリオビムラサキ　Hypolimnas alimena
「世界大博物図鑑 1」平凡社　1991
　　◇p344（カラー）　クラマー，P.『世界三地域熱帯
　　蝶図譜』　1779～82

ルリジガバチ
「彩色 江戸博物学集成」平凡社　1994
　　◇p390（カラー）　アホバチ　吉田雀巣庵『雀巣庵
　　虫譜』　［名古屋市立博物館］

ルリシジミ　Celastrina argiolus
「鳥獣虫魚譜」八坂書房　1988
　　◇p95（カラー）　松森胤保『両羽飛虫図譜』　［酒
　　田市立光丘文庫］

ルリタテハ　Kaniska canace Linnaeus
「高木春山 本草図説 動物」リブロポート　1989
　　◇p85（カラー）

ルリタテハ
「彩色 江戸博物学集成」平凡社　1994
　　◇p262（カラー）　飯沼慾斎『本草図譜 第9巻〈虫
　　部貝部〉』　［個人蔵］

ルリボシカミキリ　Rosalia batesi
「鳥獣虫魚譜」八坂書房　1988
　　◇p101（カラー）　松森胤保『両羽飛虫図譜』
　　［酒田市立光丘文庫］

ルリボシカムシの1種　Corynetes sp.
「ビュフォンの博物誌」工作舎　1991
　　◇M077（カラー）『一般と個別の博物誌 ソンニー
　　ニ版』

ルリボシタテハモドキ　Junonia lintingensis
「世界大博物図鑑 1」平凡社　1991
　　◇p345（カラー）　ドノヴァン，E.『中国昆虫史要
　　説』　1798　手彩色銅版画

ルリボシタテハモドキ　Junonia lintingensis
「アジア昆虫誌要説 博物画の至宝」平凡社
　　1996
　　◇pl.36（カラー）　Papilio Oenone　ドノヴァン，
　　E.『インド昆虫誌要説』　1798

ルリボシヤンマのなかま　Aeschna sp.
「世界大博物図鑑 1」平凡社　1991
　　◇p157（カラー）　ダニエル，W.『生物景観図集』
　　1809

ルリモンアゲハ　Papilio paris
「アジア昆虫誌要説 博物画の至宝」平凡社
　　1996
　　◇pl.22（カラー）　ドノヴァン，E.『中国昆虫誌要
　　説』　1798
「世界大博物図鑑 1」平凡社　1991
　　◇p312（カラー）　ドノヴァン，E.『中国昆虫史要
　　説』　1798　手彩色銅版画

ルリモンジャノメ　Elymnias hypermnestra
「世界大博物図鑑 1」平凡社　1991
　　◇p332（カラー）　クラマー，P.『世界三地域熱帯
　　蝶図譜』　1779～82

【れ】

レアハカマジャノメ　Pierella rhea
「世界大博物図鑑 1」平凡社　1991
　　◇p333（カラー）　クラマー，P.『世界三地域熱帯
　　蝶図譜』　1779～82

レイシオオカメムシ　Tessaratoma papillosa
「世界大博物図鑑 1」平凡社　1991
　　◇p221（カラー）　成虫と幼虫　ドノヴァン，E.
　　『インド昆虫史要説』　1800　手彩色銅版

レイシオオカメムシ　Tessaratoma papillosum
「アジア昆虫誌要説 博物画の至宝」平凡社
　　1996
　　◇pl.64（カラー）　Cimex papillosus　ドノヴァン，
　　E.『インド昆虫誌要説』　1800

レイビシロアリのなかま　Neotermes chilensis
「世界大博物図鑑 1」平凡社　1991
　　◇p216（カラー）　オス，兵蟻，幼虫　ブランシャー
　　ル原図，ゲイ，C.『チリ自然社会誌』　1844～71

レスビアモンキチョウ？　Colias lesbia ?
「世界大博物図鑑 1」平凡社　1991
　　◇p319（カラー）　ドノヴァン，E.『博物宝典』
　　1823～27

レッド・アンダーウィング　Cotocala nupta
「昆虫の劇場」リブロポート　1991
　　◇p118（カラー）　Red Underwing　ハリス，M.
　　『オーレリアン』　1778

レテノールアゲハ　Papilio alcmenor
「世界大博物図鑑 1」平凡社　1991
　　◇p312（カラー）　ウェストウッド，J.O.『東洋昆
　　虫学集成』　1848

レテノールモルフォ　Morpho rhetenor
「アジア昆虫誌要説 博物画の至宝」平凡社
　　1996
　　◇pl.29（カラー）　Papilio Menelaus, var.Papilio
　　Rhetenor, cram　ドノヴァン，E.『中国昆虫誌要
　　説』　1798
「世界大博物図鑑 1」平凡社　1991
　　◇p338（カラー）　ドノヴァン，E.『中国昆虫史要
　　説』　1798　手彩色銅版画

レナハカマジャノメ　Pierella lena
「世界大博物図鑑 1」平凡社　1991
　　◇p333（カラー）　クラマー，P.『世界三地域熱帯
　　蝶図譜』　1779～82

博物図譜レファレンス事典 動物篇　97

ろすち　　　　　　　　　虫

【ろ】

ロスチャイルドヤママユ属の1種
Rothschildia
「昆虫の劇場」リブロポート　1991
　　◇p77（カラー）　メーリアン, M.S.『スリナム産昆虫の変態』　1726

ロスチャイルドヤママユのなかま
Rothschildia sp.
「世界大博物図鑑 1」平凡社　1991
　　◇p297（カラー）　メーリアン, M.S.『スリナム産昆虫の変態』　1726

ロンドンツチヤスデ　Cylindroiulus
londinensis
「世界大博物図鑑 1」平凡社　1991
　　◇p148（カラー）　リーチ, W.E.著, ノダー, R.P.図『動物学雑録』　1814〜17

【わ】

ワタリバッタ
「紙の上の動物園」グラフィック社　2017
　　◇p103（カラー）　青いワタリバッタと幼虫の一種とグジャラート州の多色のアカシアに作った巣　フォーブズ, ジェイムズ『東洋の回顧録』　1813

ワモンゴキブリ　Periplaneta americana
「昆虫の劇場」リブロポート　1991
　　◇p27（カラー）　メーリアン, M.S.『スリナム産昆虫の変態』　1726
「世界大博物図鑑 1」平凡社　1991
　　◇p204（カラー）　メーリアン, M.S.『スリナム産昆虫の変態』　1726
　　◇p205（カラー）　キュヴィエ, G.L.C.F.D.『動物界』　1836〜49　手彩色銅版

ワモンチョウの1種　Discophora celinde
「アジア昆虫誌要説 博物画の至宝」平凡社　1996
　　◇pl.80（カラー）　Papilio Menetho　ドノヴァン, E.『インド昆虫誌要説』　1800

ワモンチョウのなかま　Discophora celinde
「世界大博物図鑑 1」平凡社　1991
　　◇p346（カラー）　メス　ドノヴァン, E.『インド昆虫史要説』　1800　手彩色銅版

ワラジムシ　Porcellio scaber
「世界大博物図鑑 1」平凡社　1991
　　◇p77（カラー）　栗本丹洲『千蟲譜』　文化8（1811）
　　◇p77（カラー）　キュヴィエ, G.L.C.F.D.『動物界』　1836〜49　手彩色銅版

ワラジムシの1種　Oniscus asellus
「ビュフォンの博物誌」工作舎　1991
　　◇M004（カラー）『一般と個別の博物誌 ソンニー

二版』

ワラジムシのなかま　Porcellio chilensis,
Oniscus angustatus, Oniscus bucculentus
「世界大博物図鑑 1」平凡社　1991
　　◇p77（カラー）　ゲイ, C.『チリ自然社会誌』　1844〜71

【記号・英数】

I-5〜57〔虫〕
「江戸名作画帖全集 8」駸々堂出版　1995
　　◇図4〜10, 166〜209（カラー/白黒）　I-5〜57　佐竹曙山, 小田野直武『写生帖』　紙本・絹本着色［秋田市立千秋美術館］

Acherontia atropos
「昆虫の劇場」リブロポート　1991
　　◇p14（白黒）　カーチス, J.『英国昆虫誌』　1828

Acronicta psi
「昆虫の劇場」リブロポート　1991
　　◇p115（カラー）　ハリス, M.『オーレリアン』　1778

Adscita statices
「昆虫の劇場」リブロポート　1991
　　◇p134（カラー）　ハリス, M.『オーレリアン』　1778

Agriopis aurantiaria
「昆虫の劇場」リブロポート　1991
　　◇p143（カラー）　ハリス, M.『オーレリアン』　1778

Allophyes oxyacanthae
「昆虫の劇場」リブロポート　1991
　　◇p143（カラー）　ハリス, M.『オーレリアン』　1778

Anania funebris
「昆虫の劇場」リブロポート　1991
　　◇p127（カラー）　ハリス, M.『オーレリアン』　1778

Anthocharis cardamines
「昆虫の劇場」リブロポート　1991
　　◇p14（白黒）　ウィルカー, B.『英国産蝶と蛾』　1747〜60
　　◇p132（カラー）　ハリス, M.『オーレリアン』　1778

Aphantopus hyperantus
「昆虫の劇場」リブロポート　1991
　　◇p135（カラー）　ハリス, M.『オーレリアン』　1778

Aplocera plagiata
「昆虫の劇場」リブロポート　1991
　　◇p128（カラー）　ハリス, M.『オーレリアン』　1778

Archiearis parthenias
「昆虫の劇場」リブロポート　1991
　　◇p135（カラー）　ハリス, M.『オーレリアン』

1778

Argynnis adippe
「昆虫の劇場」リブロポート　1991
　◇p128（カラー）　ハリス, M.『オーレリアン』
1778

Argynnis aglaja
「昆虫の劇場」リブロポート　1991
　◇p126（カラー）　ハリス, M.『オーレリアン』
1778

Argynnis paphia
「昆虫の劇場」リブロポート　1991
　◇p14（白黒）　ウェストウッド, J.O.『英国産蝶類
　の変態』1851
　◇p134（カラー）　ハリス, M.『オーレリアン』
1778

Bena prasinana
「昆虫の劇場」リブロポート　1991
　◇p130（カラー）　ハリス, M.『オーレリアン』
1778

Boloria euphrosyne
「昆虫の劇場」リブロポート　1991
　◇p140（カラー）　ハリス, M.『オーレリアン』
1778

Boloria selene
「昆虫の劇場」リブロポート　1991
　◇p131（カラー）　ハリス, M.『オーレリアン』
1778

Bombyx mori
「昆虫の劇場」リブロポート　1991
　◇p113（カラー）　ハリス, M.『オーレリアン』
1778

Cabera pusaria
「昆虫の劇場」リブロポート　1991
　◇p144（カラー）　ハリス, M.『オーレリアン』
1778

Caligo idomeneus
「昆虫の劇場」リブロポート　1991
　◇p85（カラー）　メーリアン, M.S.『スリナム産昆
　虫の変態』1726

Callimorpha dominula
「昆虫の劇場」リブロポート　1991
　◇p140（カラー）　ハリス, M.『オーレリアン』
1778

Callitera pudibunda
「昆虫の劇場」リブロポート　1991
　◇p115（カラー）　ハリス, M.『オーレリアン』
1778

Callophrys rubi
「昆虫の劇場」リブロポート　1991
　◇p126（カラー）　ハリス, M.『オーレリアン』
1778

Castnia evalthoides
「昆虫の劇場」リブロポート　1991
　◇p61（カラー）　メーリアン, M.S.『スリナム産昆
　虫の変態』1726

Catocala fraxini
「昆虫の劇場」リブロポート　1991
　◇p131（カラー）　ハリス, M.『オーレリアン』
1778

Cetonia aurata
「昆虫の劇場」リブロポート　1991
　◇p117（カラー）　ハリス, M.『オーレリアン』
1778

Cidaria fulvata
「昆虫の劇場」リブロポート　1991
　◇p135（カラー）　ハリス, M.『オーレリアン』
1778

Colotois pennaria
「昆虫の劇場」リブロポート　1991
　◇p143（カラー）　ハリス, M.『オーレリアン』
1778

Comibaena bajularia
「昆虫の劇場」リブロポート　1991
　◇p141（カラー）　ハリス, M.『オーレリアン』
1778

Cucullia verbasci
「昆虫の劇場」リブロポート　1991
　◇p108（カラー）　ハリス, M.『オーレリアン』
1778

Cymatophorima diluta
「昆虫の劇場」リブロポート　1991
　◇p135（カラー）　ハリス, M.『オーレリアン』
1778

Diloba caeruleocephala
「昆虫の劇場」リブロポート　1991
　◇p130（カラー）　ハリス, M.『オーレリアン』
1778

Drepana binaria
「昆虫の劇場」リブロポート　1991
　◇p141（カラー）　ハリス, M.『オーレリアン』
1778

Dyscia fagaria
「昆虫の劇場」リブロポート　1991
　◇p133（カラー）　ハリス, M.『オーレリアン』
1778

Emmelina monodactyla
「昆虫の劇場」リブロポート　1991
　◇p130（カラー）　ハリス, M.『オーレリアン』
1778

Erannis defoliaria
「昆虫の劇場」リブロポート　1991
　◇p114（カラー）　ハリス, M.『オーレリアン』
1778

Erynnis tages
「昆虫の劇場」リブロポート　1991
　◇p134（カラー）　ハリス, M.『オーレリアン』
1778

Eurrhypara coronata
「昆虫の劇場」リブロポート　1991
　◇p141（カラー）　ハリス, M.『オーレリアン』
1778

博物図譜レファレンス事典 動物篇　**99**

GAS　　　　　　　　虫

Gastropacha quercifolia
「昆虫の劇場」リブロポート　1991
◇p143（カラー）　ハリス, M.『オーレリアン』
1778

Gortyna flavago
「昆虫の劇場」リブロポート　1991
◇p135（カラー）　ハリス, M.『オーレリアン』
1778

Hamearis lucina
「昆虫の劇場」リブロポート　1991
◇p127（カラー）　ハリス, M.『オーレリアン』
1778

Hemithea aestivaria
「昆虫の劇場」リブロポート　1991
◇p103（カラー）　ハリス, M.『オーレリアン』
1778

Herminia tarsipennalis
「昆虫の劇場」リブロポート　1991
◇p143（カラー）　ハリス, M.『オーレリアン』
1778

Hesperia comma
「昆虫の劇場」リブロポート　1991
◇p142（カラー）　ハリス, M.『オーレリアン』
1778

Hipparchia semele
「昆虫の劇場」リブロポート　1991
◇p144（カラー）　ハリス, M.『オーレリアン』
1778

Hyles euphorbiae
「昆虫の劇場」リブロポート　1991
◇p144（カラー）　ハリス, M.『オーレリアン』
1778

Hyles galii
「昆虫の劇場」リブロポート　1991
◇p144（カラー）　ハリス, M.『オーレリアン』
1778

Hypena proboscidalis
「昆虫の劇場」リブロポート　1991
◇p131（カラー）　ハリス, M.『オーレリアン』
1778

Ladoga camilla
「昆虫の劇場」リブロポート　1991
◇p130（カラー）　ハリス, M.『オーレリアン』
1778

Lasiocampa quercus
「昆虫の劇場」リブロポート　1991
◇p129（カラー）　ハリス, M.『オーレリアン』
1778

Lasiommata megera
「昆虫の劇場」リブロポート　1991
◇p127（カラー）　ハリス, M.『オーレリアン』
1778

Leptidea sinapis
「昆虫の劇場」リブロポート　1991
◇p129（カラー）　ハリス, M.『オーレリアン』

1778

Leucothyris eagle
「昆虫の劇場」リブロポート　1991
◇p60（カラー）　メーリアン, M.S.『スリナム産昆虫の変態』　1726

Libellula depressa
「昆虫の劇場」リブロポート　1991
◇p126（カラー）　ハリス, M.『オーレリアン』
1778

Lycaena phlaeas
「昆虫の劇場」リブロポート　1991
◇p134（カラー）　ハリス, M.『オーレリアン』
1778

Lycia hirtaria
「昆虫の劇場」リブロポート　1991
◇p109（カラー）　ハリス, M.『オーレリアン』
1778

Malacosoma neustria
「昆虫の劇場」リブロポート　1991
◇p117（カラー）　ハリス, M.『オーレリアン』
1778

Meadow Brown　Maniola jurtina
「昆虫の劇場」リブロポート　1991
◇p132（カラー）　ハリス, M.『オーレリアン』
1778

Miltochrista miniata
「昆虫の劇場」リブロポート　1991
◇p130（カラー）　ハリス, M.『オーレリアン』
1778

Moma alpium
「昆虫の劇場」リブロポート　1991
◇p142（カラー）　ハリス, M.『オーレリアン』
1778

Noctua pronuba
「昆虫の劇場」リブロポート　1991
◇p139（カラー）　ハリス, M.『オーレリアン』
1778

Odezia atrata
「昆虫の劇場」リブロポート　1991
◇p130（カラー）　ハリス, M.『オーレリアン』
1778

Opisthograptis luteolata
「昆虫の劇場」リブロポート　1991
◇p129（カラー）　ハリス, M.『オーレリアン』
1778

Orgyia recens
「昆虫の劇場」リブロポート　1991
◇p114（カラー）　ハリス, M.『オーレリアン』
1778

Pararge aegeria
「昆虫の劇場」リブロポート　1991
◇p141（カラー）　ハリス, M.『オーレリアン』
1778

Phalera bucephala
「昆虫の劇場」リブロポート　1991

◇p139(カラー) ハリス, M.『オーレリアン』
1778

Philudoria potatoria
「昆虫の劇場」リブロポート 1991
◇p142(カラー) ハリス, M.『オーレリアン』
1778

Phlogophora meticulosa
「昆虫の劇場」リブロポート 1991
◇p141(カラー) ハリス, M.『オーレリアン』
1778

Phragmatobia fuliginosa
「昆虫の劇場」リブロポート 1991
◇p127(カラー) ハリス, M.『オーレリアン』
1778

Plagodis pulveraria
「昆虫の劇場」リブロポート 1991
◇p142(カラー) ハリス, M.『オーレリアン』
1778

Pleuroptya ruralis
「昆虫の劇場」リブロポート 1991
◇p133(カラー) ハリス, M.『オーレリアン』
1778

Polygonia属の1種
「昆虫の劇場」リブロポート 1991
◇p101(カラー) ハリス, M.『オーレリアン』
1778

Pseudopanthera macularia
「昆虫の劇場」リブロポート 1991
◇p128(カラー) ハリス, M.『オーレリアン』
1778

Pyrausta purpuralis
「昆虫の劇場」リブロポート 1991
◇p128(カラー) ハリス, M.『オーレリアン』
1778

Pyrgus malvae
「昆虫の劇場」リブロポート 1991
◇p132(カラー) ハリス, M.『オーレリアン』
1778

Pyronia tithonus
「昆虫の劇場」リブロポート 1991
◇p144(カラー) ハリス, M.『オーレリアン』
1778

Rheumaptera hastata
「昆虫の劇場」リブロポート 1991
◇p115(カラー) ハリス, M.『オーレリアン』
1778

Scotopteryx chenopodiata
「昆虫の劇場」リブロポート 1991
◇p133(カラー) ハリス, M.『オーレリアン』
1778

Semiothisa wauaria
「昆虫の劇場」リブロポート 1991
◇p134(カラー) ハリス, M.『オーレリアン』
1778

Thecla betulae
「昆虫の劇場」リブロポート 1991
◇p142(カラー) ハリス, M.『オーレリアン』
1778

Udea olivalis
「昆虫の劇場」リブロポート 1991
◇p129(カラー) ハリス, M.『オーレリアン』
1778

Yponomeuta padella
「昆虫の劇場」リブロポート 1991
◇p103(カラー) ハリス, M.『オーレリアン』
1778

魚・貝・水生生物

【あ】

あいご
「魚の手帖」小学館　1991
◇48図（カラー）　藍子　毛利梅園『梅園魚譜/梅園魚品図正』　1826〜1843,1832〜1836　[国立国会図書館]

アイゴ　Siganus fuscescens
「グラバー魚譜200選」長崎文献社　2005
◇p156（カラー）　倉場富三郎編,萩原魚仙画『日本西部及南部魚類図譜』　1915採集　[長崎大学附属図書館]
「高松松平家所蔵 衆鱗図 2」香川県歴史博物館友の会博物図譜刊行会　2002
◇p57（カラー）（墨書なし）　シモフリアイゴ型（?）　松平頼恭　江戸時代（18世紀）　紙本著色 画帖装（折本形式）　[個人蔵]
◇p67（カラー）　あひご　シモフリアイゴ型　松平頼恭　江戸時代（18世紀）　紙本著色 画帖装（折本形式）　[個人蔵]
◇p67（カラー）　ごまあひご　松平頼恭　江戸時代（18世紀）　紙本著色 画帖装（折本形式）　[個人蔵]

アイゴ
「極楽の魚たち」リブロポート　1991
◇II-27（カラー）　珊瑚礁魚　ファロワズ,サムエル原画,ルナール,L.『モルッカ諸島産彩色魚類図譜 ファン・デル・ステル写本』　1718〜19　[個人蔵]
◇口絵（カラー）　ファロワズ,サムエル原画,ルナール,L.『モルッカ諸島産彩色魚類図譜 フォン・ベア写本』

アイゴの類
「極楽の魚たち」リブロポート　1991
◇I-137（カラー）　オンギラート　ルナール,L.『モルッカ諸島産彩色魚類図譜 コワイエト写本』　1718〜19　[個人蔵]

アイスランドガイ　Arctica islandica
「世界大博物図鑑 別巻2」平凡社　1994
◇p214（カラー）　キュヴィエ,G.L.C.F.D.『動物界（門徒版）』　1836〜49

あいなめ
「魚の手帖」小学館　1991
◇53図（カラー）　鮎並・鮎魚女　毛利梅園『梅園魚譜/梅園魚品図正』　1826〜1843,1832〜1836　[国立国会図書館]

アイナメ　Hexagrammos otakii
「江戸博物文庫 魚の巻」工作舎　2017
◇p108（カラー）　鮎魚女 幼魚　栗本丹洲『栗氏魚譜』　[国立国会図書館]
「日本の博物図譜」東海大学出版会　2001
◇p89（白黒）　関根雲停筆『博物館魚譜』　[東京国立博物館]
「高松松平家所蔵 衆鱗図 1」香川県歴史博物館友の会博物図譜刊行会　2001
◇p66（カラー）　アイナメ 油メ　松平頼恭　江戸時代（18世紀）　紙本著色 画帖装（折本形式）　[個人蔵]
◇p67（カラー）　䱱アイナメ オス個体　松平頼恭　江戸時代（18世紀）　紙本著色 画帖装（折本形式）　[個人蔵]
「世界大博物図鑑 2」平凡社　1989
◇p420（カラー）　大野麦風『大日本魚類画集』　昭和12〜19　彩色木版

アイナメ
「江戸の動植物図」朝日新聞社　1988
◇p140（カラー）　メス　関根雲停画

アイリア・コイラ　Ailia coila
「世界大博物図鑑 2」平凡社　1989
◇p157（カラー）　グレー,J.E.著,ホーキンズ,ウォーターハウス石版『インド動物図譜』　1830〜35

アウレーリア［ミズクラゲ］
「生物の驚異的な形」河出書房新社　2014
◇図版98（カラー）　ヘッケル,エルンスト　1904

アウログラピス
「生物の驚異的な形」河出書房新社　2014
◇図版61（カラー）　ヘッケル,エルンスト　1904

アエオリス
「生物の驚異的な形」河出書房新社　2014
◇図版43（カラー）　ヘッケル,エルンスト　1904

アエクオレア［オワンクラゲ］
「生物の驚異的な形」河出書房新社　2014
◇図版36（カラー）　ヘッケル,エルンスト　1904

アオアシハコフグ　Ostracion cyanurus
「世界大博物図鑑 2」平凡社　1989

魚・貝・水生生物　　　　　　　　　　あおさ

◇p441（カラー）　オス　リュッペル、W.P.E.S.
『北アフリカ探検図譜』　1826〜28

アオイガイ　Argonauta argo
「ビュフォンの博物誌」工作舎　1991
◇L035（カラー）『一般と個別の博物誌 ソンニー
ニ版』
◇L036（カラー）『一般と個別の博物誌 ソンニー
ニ版』

アオイガイ
「彩色 江戸博物学集成」平凡社　1994
◇p210（カラー）　章魚舟・海馬家　武蔵石寿『甲
介群分品彙』　［国会図書館］
◇p211（カラー）　武蔵石寿『六百介図』　［岩瀬
文庫］
「江戸の動植物図」朝日新聞社　1988
◇p98〜99（カラー）　武蔵石寿『目八譜』　［東京
国立博物］

アオイガイ（カイダコ）　Argonauta argo
「世界大博物図鑑 別巻2」平凡社　1994
◇p254（カラー）　ショー, G.『博物学雑録宝典』
1789〜1813
◇p254（カラー）　メス　キュヴィエ, G.L.C.F.D.
『動物界（門徒版）』　1836〜49
◇p255（カラー）　栗本丹洲『千蟲譜』　文化8
（1811）
「鳥獣虫魚譜」八坂書房　1988
◇p78（カラー）　上図は模写　松森胤保『両羽貝蝶
図譜』　［酒田市立光丘文庫］

アオイガイ（カイダコ）　Argonauta argo
Linnaeus
「高木春山 本草図説 水産」リブロポート　1988
◇p37（カラー）　たこふね

アオイガイの1種　Argonauta nodosa
「ビュフォンの博物誌」工作舎　1991
◇L040（カラー）『一般と個別の博物誌 ソンニー
ニ版』

アオイガイの1種　Argonauta sp.
「ビュフォンの博物誌」工作舎　1991
◇L037（カラー）『一般と個別の博物誌 ソンニー
ニ版』
◇L038（カラー）『一般と個別の博物誌 ソンニー
ニ版』

アオイガイ類などの殻
「ビュフォンの博物誌」工作舎　1991
◇L039（カラー）『一般と個別の博物誌 ソンニー
ニ版』
◇L041（カラー）『一般と個別の博物誌 ソンニー
ニ版』
◇L042（カラー）『一般と個別の博物誌 ソンニー
ニ版』
◇L043（カラー）『一般と個別の博物誌 ソンニー
ニ版』

青いしっぽ
「極楽の魚たち」リブロポート　1991
◇I–16（カラー）　ルナール, L.『モルッカ諸島産彩

色魚類図譜 コワイエト写本』　1718〜19　［個人
蔵］

アオイスズミ　Doydixodon freminvillei
「世界大博物図鑑 2」平凡社　1989
◇p268（カラー）　ヴェルナー原図、デュ・プ
ティ=トゥアール, A.A.『ウエヌス号世界周航
記』　1846　手彩色銅版画

アオウミウシ　Hypselodoris festiva
「高松松平家所蔵 衆鱗図 3」香川県歴史博物館
友の会博物図譜刊行会　2003
◇p47（カラー）　（付札なし）　松平頼恭 江戸時代
（18世紀）　紙本著色 画帖装（折本形式）　［個人
蔵］

アオウミウシ属の1種　Hypselodoris sp.
「高松松平家所蔵 衆鱗図 3」香川県歴史博物館
友の会博物図譜刊行会　2003
◇p46（カラー）　（付札なし）　松平頼恭 江戸時代
（18世紀）　紙本著色 画帖装（折本形式）　［個人
蔵］

あおぎす
「魚の手帖」小学館　1991
◇50図（カラー）　青鱚　毛利梅園『梅園魚譜/梅園
魚品図正』　1826〜1843,1832〜1836　［国立国
会図書館］

アオギス　Sillago parvisquamis
「高松松平家所蔵 衆鱗図 3」香川県歴史博物館
友の会博物図譜刊行会　2003
◇p72（カラー）　川キス　松平頼恭 江戸時代（18
世紀）　紙本著色 画帖装（折本形式）　［個人蔵］
「高松松平家所蔵 衆鱗図 1」香川県歴史博物館
友の会博物図譜刊行会　2001
◇p69（カラー）　青キス　松平頼恭 江戸時代（18
世紀）　紙本著色 画帖装（折本形式）　［個人蔵］

あおさめ
「江戸名作画帖全集 8」駸々堂出版　1995
◇図55（カラー）　松平頼恭編『衆鱗図』　紙本着
色　［松平公益会］

アオザメ　Isurus oxyrinchus
「グラバー魚譜200選」長崎文献社　2005
◇p27（カラー）　倉場富三郎編、萩原魚仙画『日本
西部及南部魚類図譜』　1915採集　［長崎大学附
属図書館］
「高松松平家所蔵 衆鱗図 2」香川県歴史博物館
友の会博物図譜刊行会　2002
◇p20〜21（カラー）　くろさめ　松平頼恭 江戸時
代（18世紀）　紙本著色 画帖装（折本形式）　［個
人蔵］
◇p26〜27（カラー）　あをさめ　松平頼恭 江戸時
代（18世紀）　紙本著色 画帖装（折本形式）　［個
人蔵］

アオサンゴ　Heliopora coerulea
「世界大博物図鑑 別巻2」平凡社　1994
◇p59（カラー）　エリス, J.『珍品植虫類の博物誌』
1786　手彩色銅版画図
◇p76（カラー）　エリス, J.『珍品植虫類の博物誌』

博物図譜レファレンス事典 動物篇　**103**

あおし　　　　　　　　　　　　魚・貝・水生生物

1786　手彩色銅版図

アオシマキツネウオ　Pentapodus cyanotaeniatus
「世界大博物図鑑 2」平凡社　1989
◇p272（カラー）　リチャードソン、J.『珍奇魚譜』1843

アオスジテンジクダイ　Apogon aureus
「世界大博物図鑑 2」平凡社　1989
◇p243（カラー）『アストロラブ号世界周航記』1830〜35　スティップル印刷

アオセニシン　Alosa alosa
「世界大博物図鑑 2」平凡社　1989
◇p52（カラー）　キュヴィエ、G.L.C.F.D.、ヴァランシエンヌ、A.『魚の博物誌』1828〜50

アオタテジマチョウチョウウオ　Chaetodon fremblii
「世界大博物図鑑 2」平凡社　1989
◇p384（カラー）　ギャレット、A.原図、ギュンター、A.C.L.G.解説『南海の魚類』1873〜1910

あおたなご
「魚の手帖」小学館　1991
◇86図（カラー）　青鱲　毛利梅園『梅園魚譜/梅園魚品図正』1826〜1843,1832〜1836　[国立国会図書館]

アオタナゴ　Ditrema viridis
「世界大博物図鑑 2」平凡社　1989
◇p240（カラー）　大野麦風『大日本魚類画集』昭和12〜19　彩色木版

アオテンギンポ　Istiblennius cyanostigma
「南海の魚類 博物画の至宝」平凡社　1995
◇pl.116（カラー）　Salarias caudolineatus　メス　ギュンター、A.C.L.G.、ギャレット、A. 1873〜1910

アオノメハタ　Cephalopholis argus
「南海の魚類 博物画の至宝」平凡社　1995
◇pl.4（カラー）　Serranus guttatus　ギュンター、A.C.L.G.、ギャレット、A. 1873〜1910
◇pl.4（カラー）　var.argus　ギュンター、A.C.L.G.、ギャレット、A. 1873〜1910
「世界大博物図鑑 2」平凡社　1989
◇p250（カラー）『アストロラブ号世界周航記』1830〜35　スティップル印刷

アオノメハタ
「極楽の魚たち」リブロポート　1991
◇I-70（カラー）　大きい奴　ルナール、L.『モルッカ諸島産彩色魚類図譜 コワイエト写本』1718〜19　[個人蔵]
◇II-36（カラー）　ヤコブ・エヴェルセ ファロワズ、サムエル原画、ルナール、L.『モルッカ諸島産彩色魚類図譜 ファン・デル・ステル写本』1718〜19　[個人蔵]

アオバスズメダイ　Chromis atripectoralis
「南海の魚類 博物画の至宝」平凡社　1995
◇pl.128（カラー）　Heliastes lepidurus, ad.&juv.

成魚　ギュンター、A.C.L.G.、ギャレット、A. 1873〜1910
◇pl.128（カラー）　Heliastes lepidurus, ad.&juv.
幼魚　ギュンター、A.C.L.G.、ギャレット、A. 1873〜1910

アオハタ　Epinephelus awoara
「高松松平家所蔵 衆鱗図 1」香川県歴史博物館 友の会博物図譜刊行会　2001
◇p60（カラー）　黄ハタ　松平頼恭 江戸時代（18世紀）　紙本著色 画帖装（折本形式）　[個人蔵]
「世界大博物図鑑 2」平凡社　1989
◇p248（カラー）　シーボルト『ファウナ・ヤポニカ（日本動物誌）』1833〜50　石版

アオヒトデの1種
「美しいアンティーク生物画の本」創元社　2017
◇p95（カラー）　Asterias laevigata　Barbut, James『The genera vermium exemplified by various specimens of the animals contained in the orders of the Intestina et Mollusca Linnaei』1783

アオブダイ　Scarus ovifrons
「グラバー魚譜200選」長崎文献社　2005
◇p143（カラー）　倉場富三郎編、長谷川雪香画『日本西部及南部魚類図譜』1915採集　[長崎大学附属図書館]
「高松松平家所蔵 衆鱗図 1」香川県歴史博物館 友の会博物図譜刊行会　2001
◇p35（墨書なし）　松平頼恭 江戸時代（18世紀）　紙本著色 画帖装（折本形式）　[個人蔵]

アオブダイ　Scarus ovifrons Temminck et Schlegel
「高木春山 本草図説 水産」リブロポート　1988
◇p63（カラー）　鸚鵡魚 ハチイ、又、ツツミカントモ云フ

アオブダイ属の1種（スティープヘッド・パロットフィッシュ）　Scarus microrhinos
「南海の魚類 博物画の至宝」平凡社　1995
◇pl.156（カラー）　Pseudoscarus microrhinos　ギュンター、A.C.L.G.、ギャレット、A. 1873〜1910

アオブダイ属の1種（トリカラー・パロットフィッシュ）　Scarus tricolor
「南海の魚類 博物画の至宝」平凡社　1995
◇pl.154（カラー）　Pseudoscarus rostratus（Gesellschafts Ins.）　オス　ギュンター、A.C.L.G.、ギャレット、A. 1873〜1910

アオブダイ属の1種（ベアード・パロットフィッシュ）　Scarus caudifasciatus
「南海の魚類 博物画の至宝」平凡社　1995
◇pl.153（カラー）　Pseudoscarus caudifasciatus（Mauritius）　ギュンター、A.C.L.G.、ギャレット、A. 1873〜1910

アオブダイの1種　Scarus sp.
「ビュフォンの博物誌」工作舎　1991

魚・貝・水生生物　　　　　　　　　　　　　　　　　　あかえ

◇K051（カラー）『一般と個別の博物誌 ソンニー
ニ版』

アオミシマ　Gnathagnus elongatus
「世界大博物図鑑 2」平凡社　1989
◇p325（カラー）　シーボルト『ファウナ・ヤポニ
カ（日本動物誌）』1833〜50　石版

アオミノウミウシ　Glaucus atlanticus
「世界大博物図鑑 別巻2」平凡社　1994
◇p172（カラー）　デュモン・デュルヴィル, J.S.C.
『アストロラブ号世界周航記』1830〜35　ス
ティップル印刷
◇p172（カラー）　キュヴィエ, G.L.C.F.D.『動物
界（門徒版）』1836〜49

アオミノウミウシ
「美しいアンティーク生物画の本」創元社　2017
◇p65（カラー）　Glaucus eucharis　Péron,
François『Voyage de découvertes aux terres
australes』1807〜1815　〔Boston Public
Library〕
「水中の驚異」リプロポート　1990
◇p58（カラー）　ペロン, フレシネ『オーストラリ
ア博物航海録』1800〜24

あおやがら
「魚の手帖」小学館　1991
◇109・110図, 123・124図（カラー）　青矢柄・青
矢幹・青簳　毛利梅園『梅園魚譜/梅園魚品図正』
1826〜1843,1832〜1836　〔国立国会図書館〕

アオヤガラ　Fistularia petimba
「ビュフォンの博物誌」工作舎　1991
◇K074（カラー）『一般と個別の博物誌 ソンニー
ニ版』

アオヤリハゼ　Valenciennea muralis
「世界大博物図鑑 2」平凡社　1989
◇p341（カラー）　キュヴィエ, G.L.C.F.D., ヴァ
ランシエンヌ, A.『魚の博物誌』1828〜50

アオリイカ　Sepioteuthis lessoniana
「グラバー魚譜200選」長崎文献社　2005
◇p220（カラー）　みずいか　倉場富三郎編, 長谷
川雪香画『日本西部及南部魚類図譜』1922採集
〔長崎大学附属図書館〕
「高松松平家所蔵 衆鱗図 3」香川県歴史博物館
友の会博物図譜刊行会　2003
◇p25（カラー）　烏賊　松平頼恭 江戸時代（18世
紀）　紙本著色 画帖装（折本形式）　〔個人蔵〕
「世界大博物図鑑 別巻2」平凡社　1994
◇p238（カラー）　デュプレ, L.I.『コキーユ号航海
記』1826〜34

アカアマダイ　Branchiostegus japonicus
「グラバー魚譜200選」長崎文献社　2005
◇p131（カラー）　倉場富三郎編, 小田紫星画『日
本西部及南部魚類図譜』1912採集　〔長崎大学
附属図書館〕
「高松松平家所蔵 衆鱗図 1」香川県歴史博物館
友の会博物図譜刊行会　2001
◇p30（カラー）　甘鯛　松平頼恭 江戸時代（18世

紀）　紙本著色 画帖装（折本形式）　〔個人蔵〕
「世界大博物図鑑 2」平凡社　1989
◇p241（カラー）　大野麦風『大日本魚類画集』昭
和12〜19　彩色木版

アカアワビ　Haliotis ruber
「世界大博物図鑑 別巻2」平凡社　1994
◇p103（カラー）　リーチ, W.E.著, ノダー, R.P.図
『動物学雑録』1814〜17　手彩色銅版

アカイカのなかま
「世界大博物図鑑 別巻2」平凡社　1994
◇p4〜5（白黒）　幼弱体『ボニート号航海記』
1840〜66

アカイガレイシガイ　Drupa rubusidaeus
「世界大博物図鑑 別巻2」平凡社　1994
◇p138（カラー）　キーネ, L.C.『ラマルク貝類図
譜』1834〜80　手彩色銅版図

アカイサキ　Caprodon schlegelii
「高松松平家所蔵 衆鱗図 4」香川県歴史博物館
友の会博物図譜刊行会　2004
◇p11（カラー）　紅シヲゼ　松平頼恭 江戸時代
（18世紀）　紙本著色 画帖装（折本形式）　〔個人
蔵〕

アカイシガニ　Charybdis miles
「グラバー魚譜200選」長崎文献社　2005
◇p235（カラー）　倉場富三郎編, 小田紫星画『日
本西部及南部魚類図譜』1912採集　〔長崎大学
附属図書館〕

アカウニ　Pseudocentrotus depressus
「世界大博物図鑑 別巻2」平凡社　1994
◇p266（カラー）　裏返しにして口側から描いた図
栗本丹洲『千蟲譜』文化8(1811)

あかえい
「魚の手帖」小学館　1991
◇72・73図（カラー）　赤鱝・赤海鷂魚　背部, 腹部
毛利梅園『梅園魚譜/梅園魚品図正』1826〜
1843,1832〜1836　〔国立国会図書館〕

アカエイ　Dasyatis akajei
「江戸博物文庫 魚の巻」工作舎　2017
◇p99（カラー）　赤鱝　栗本丹洲『魚譜』〔国立
国会図書館〕
「高松松平家所蔵 衆鱗図 1」香川県歴史博物館
友の会博物図譜刊行会　2001
◇p78（カラー）　海鷂魚 表裏　背面図　松平頼恭
江戸時代（18世紀）　紙本著色 画帖装（折本形
式）　〔個人蔵〕
◇p79（カラー）　海鷂魚 表裏　腹面図　松平頼恭
江戸時代（18世紀）　紙本著色 画帖装（折本形
式）　〔個人蔵〕
◇p82（カラー）　（付札なし）　胸鰭は奇形　松平
頼恭 江戸時代（18世紀）　紙本著色 画帖装（折本
形式）　〔個人蔵〕
◇p83（カラー）　餅エイ　松平頼恭 江戸時代（18
世紀）　紙本著色 画帖装（折本形式）　〔個人蔵〕
「世界大博物図鑑 2」平凡社　1989
◇p33（カラー）　大野麦風『大日本魚類画集』昭

博物図譜レファレンス事典 動物篇　**105**

あかえ　　　　　　　　魚・貝・水生生物

和12〜19　彩色木版
「鳥獣虫魚譜」八坂書房　1988
　◇p58（カラー）　松森胤保『両羽魚類図譜』　［酒
　田市立光丘文庫］

アカエソ　Synodus ulae
「高松松平家所蔵 衆鱗図 2」香川県歴史博物館
友の会博物図譜刊行会　2002
　◇p73（カラー）　ゑそ　松平頼恭 江戸時代（18世
　紀）　紙本著色 画帖装（折本形式）　［個人蔵］
　◇p73（カラー）　かまつか　松平頼恭 江戸時代
　（18世紀）　紙本著色 画帖装（折本形式）　［個人
　蔵］

アカエソの1種　Synodus sp.
「ビュフォンの博物誌」工作舎　1991
　◇K072（カラー）『一般と個別の博物誌 ソンニー
　二版』

アカエビ属の1種　Metapenaeopsis sp.
「高松松平家所蔵 衆鱗図 3」香川県歴史博物館
友の会博物図譜刊行会　2003
　◇p13（カラー）　（付札なし）　松平頼恭 江戸時代
　（18世紀）　紙本著色 画帖装（折本形式）　［個人
　蔵］
　◇p15（カラー）　（付札なし）　松平頼恭 江戸時代
　（18世紀）　紙本著色 画帖装（折本形式）　［個人
　蔵］

アカオビベラ　Stethojulis bandanensis
「南海の魚類 博物画の至宝」平凡社　1995
　◇pl.136（カラー）　Stethojulis axillaris　メス
　ギュンター, A.C.L.G., ギャレット, A. 1873〜
　1910
　◇pl.141（カラー）　Stethojulis casturi　オス
　ギュンター, A.C.L.G., ギャレット, A. 1873〜
　1910

あかかます
「魚の手帖」小学館　1991
　◇53図（カラー）　赤鰤・赤梭子魚　毛利梅園『梅
　園魚譜/梅園魚品図正』　1826〜1843,1832〜1836
　［国立国会図書館］

アカカマス　Sphyraena pinguis
「江戸博物文庫 魚の巻」工作舎　2017
　◇p161（カラー）　赤鰤　栗本丹洲『栗氏魚譜』
　［国立国会図書館］
「グラバー魚譜200選」長崎文献社　2005
　◇p64（カラー）　倉場富三郎編, 小田紫星画『日本
　西部及南部魚類図譜』　1912採集　［長崎大学附
　属図書館］

アカガレイ　Hippoglossoides dubius
「グラバー魚譜200選」長崎文献社　2005
　◇p188（カラー）　あぶらがれい　倉場富三郎編,
　長谷川雪香画『日本西部及南部魚類図譜』　1914
　採集　［長崎大学附属図書館］

アカククリまたはミカヅキツバメウオの幼魚
「極楽の魚たち」リブロポート　1991
　◇I–129（カラー）　カンビン　ルナール, L.『モ
　ルッカ諸島産彩色魚類図譜 コワイエト写本』
　1718〜19　［個人蔵］

　◇p118〜119（カラー）　ファロワズ, サムエル画,
　ルナール, L.『モルッカ諸島産彩色魚類図譜 フォ
　ン・ベア写本』　1718〜19

アカグツ　Halieutaea stellata
「江戸博物文庫 魚の巻」工作舎　2017
　◇p170（カラー）　赤苦津　栗本丹洲『栗氏魚譜』
　［国立国会図書館］
「グラバー魚譜200選」長崎文献社　2005
　◇p215（カラー）　倉場富三郎編, 小田紫星画『日
　本西部及南部魚類図譜』　1912採集　［長崎大学
　附属図書館］
「高松松平家所蔵 衆鱗図 2」香川県歴史博物館
友の会博物図譜刊行会　2002
　◇p103（カラー）　はりあんかう　松平頼恭 江戸
　時代（18世紀）　紙本著色 画帖装（折本形式）
　［個人蔵］
「世界大博物図鑑 2」平凡社　1989
　◇p457（カラー）　後藤梨春『随観写真』　明和8
　（1771）ごろ

アカグツ　Halieutaea stellata（Vahl）
「高木春山 本草図説 水産」リブロポート　1988
　◇p28〜29（カラー）　琵琶魚 本種, 其二

アカクラゲ　Chrysaora melanaster
「高松松平家所蔵 衆鱗図 3」香川県歴史博物館
友の会博物図譜刊行会　2003
　◇p49（カラー）　春海月　松平頼恭 江戸時代（18
　世紀）　紙本著色 画帖装（折本形式）　［個人蔵］

アカクラゲ
「水中の驚異」リブロポート　1990
　◇p62（カラー）　フレシネ『ウラニー号・フィジ
　シェンヌ号世界周航図録』　1824

アカクラゲの仲間
「美しいアンティーク生物画の本」創元社　2017
　◇p10（カラー）　Chrysaora mediterranea
　Haeckel, Ernst『Kunstformen der Natur』
　1899〜1904

アカザ　Liobagrus reini
「江戸博物文庫 魚の巻」工作舎　2017
　◇p88（カラー）　赤刺　藤居重啓『湖中産物証』
　［国立国会図書館］

アカザエビ　Metanephrops japonicus
「高松松平家所蔵 衆鱗図 3」香川県歴史博物館
友の会博物図譜刊行会　2003
　◇p12（カラー）　杓エビ　松平頼恭 江戸時代（18
　世紀）　紙本著色 画帖装（折本形式）　［個人蔵］

アカサビギンガエソ　Bathophilus ater
「世界大博物図鑑 2」平凡社　1989
　◇p97（カラー）　ブラウアー, A.『深海魚』　1898
　〜99　石版色刷り

アカサボテンの1種　Veretillum cynomorium
「世界大博物図鑑 別巻2」平凡社　1994
　◇p58（カラー）　キュヴィエ, G.L.C.F.D.『動物界
　（門徒版）』　1836〜49

魚・貝・水生生物　　　　　　　　　　　　　あかは

アカシタビラメ　Cynoglossus joyneri
「江戸博物文庫 魚の巻」工作舎　2017
　　◇p56（カラー）　赤舌鮃　毛利梅園『梅園魚品図正』　［国立国会図書館］
「鳥獣虫魚譜」八坂書房　1988
　　◇p58（カラー）　赤ネジリ　松森胤保『両羽魚類図譜』　［酒田市立光丘文庫］

アガシチョウチンハダカ　Ipnops agassizi
「世界大博物図鑑 2」平凡社　1989
　　◇p92（カラー）　ガーマン, S.著, ウェスターグレン原図『ハーヴァード大学比較動物学記録 第24巻〈アルバトロス号調査報告―魚類編〉』　1899　手彩色石版画

アカシマミナシガイ　Conus generalis
「世界大博物図鑑 別巻2」平凡社　1994
　　◇p150（カラー）　クノール, G.W.『貝類図譜』　1764～75

アカシマモエビ　Lysmata vittata
「高松松平家所蔵 衆鱗図 3」香川県歴史博物館 友の会博物図譜刊行会　2003
　　◇p17（カラー）　（付札なし）　松平頼恭 江戸時代（18世紀）　紙本著色 画帖装（折本形式）　［個人蔵］

アカシュモクザメ　Sphyrna lewini
「江戸博物文庫 魚の巻」工作舎　2017
　　◇p25（カラー）　赤撞木鮫『魚譜』　［国立国会図書館］
「高松松平家所蔵 衆鱗図 2」香川県歴史博物館 友の会博物図譜刊行会　2002
　　◇p11（カラー）　かせぶか　松平頼恭 江戸時代（18世紀）　紙本著色 画帖装（折本形式）　［個人蔵］

あかたち
「魚の手帖」小学館　1991
　　◇85図（カラー）　赤太刀　スミツキアカタチ, イッテンアカタチ, アカタチの3種が考えられる　毛利梅園『梅園魚譜/梅園魚品図正』　1826～1843,1832～1836　［国立国会図書館］

アカタチ　Acanthocepola krusensternii
「江戸博物文庫 魚の巻」工作舎　2017
　　◇p45（カラー）　赤太刀　毛利梅園『梅園魚品図正』　［国立国会図書館］
「グラバー魚譜200選」長崎文献社　2005
　　◇p92（カラー）　倉場富三郎編, 萩原魚仙画『日本西部及南部魚類図譜』　1913採集　［長崎大学附属図書館］
「高松松平家所蔵 衆鱗図 2」香川県歴史博物館 友の会博物図譜刊行会　2002
　　◇p82（カラー）　ひめくずな　松平頼恭 江戸時代（18世紀）　紙本著色 画帖装（折本形式）　［個人蔵］

アカターバンガイ　Astraea gibberosa
「世界大博物図鑑 別巻2」平凡社　1994
　　◇p118（カラー）　マーティン, T.『万国貝譜』　1784～87　手彩色銅版図

アカテガニ　Chiromantes haematocheir
「高松松平家所蔵 衆鱗図 3」香川県歴史博物館 友の会博物図譜刊行会　2003
　　◇p34（カラー）　猩猩蟹　松平頼恭 江戸時代（18世紀）　紙本著色 画帖装（折本形式）　［個人蔵］

アカテンコバンハゼ　Gobiodon rivulatus
「南海の魚類 博物画の至宝」平凡社　1995
　　◇pl.109（カラー）　ギュンター, A.C.L.G., ギャレット, A. 1873～1910

アカテンモチノウオ　Cheilinus chlorourus
「南海の魚類 博物画の至宝」平凡社　1995
　　◇pl.132（カラー）　Chilinus chlorurus　ギュンター, A.C.L.G., ギャレット, A. 1873～1910

アカトラギス　Parapercis aurantica
「高松松平家所蔵 衆鱗図 2」香川県歴史博物館 友の会博物図譜刊行会　2002
　　◇p63（カラー）　（墨書なし）　松平頼恭 江戸時代（18世紀）　紙本著色 画帖装（折本形式）　［個人蔵］

アカナマダ　Lophotus capellei
「江戸博物文庫 魚の巻」工作舎　2017
　　◇p180（カラー）　赤波馬駄　栗本丹洲『異魚図賛』　［国立国会図書館］
「グラバー魚譜200選」長崎文献社　2005
　　◇p213（カラー）　倉場富三郎編, 萩原魚仙画『日本西部及南部魚類図譜』　1914採集　［長崎大学附属図書館］

アカナマダ　Lophotus lacepedei
「世界大博物図鑑 2」平凡社　1989
　　◇p216（カラー）　ウダール原図, キュヴィエ, G.L.C.F.D., ヴァランシエンヌ, A.『魚の博物誌』　1828～50
　　◇p216～217（カラー）　バロン, A.原図, キュヴィエ, G.L.C.F.D.『動物界』　1836～49　手彩色銅版

アカニシ　Rapana thomasiana
「鳥獣虫魚譜」八坂書房　1988
　　◇p75（カラー）　赤ニシ　松森胤保『両羽貝螺図譜』　［酒田市立光丘文庫］

アカニジベラ　Halichoeres margaritaceus
「南海の魚類 博物画の至宝」平凡社　1995
　　◇pl.142（カラー）　Platyglossus kawarin　オス　ギュンター, A.C.L.G., ギャレット, A. 1873～1910

アカネイガイ　Mytilus achatinus
「世界大博物図鑑 別巻2」平凡社　1994
　　◇p179（カラー）　クノール, G.W.『貝類図譜』　1764～75

あかはぜ
「魚の手帖」小学館　1991
　　◇115図, 124図（カラー）　赤鯊・赤沙魚　毛利梅園『梅園魚譜/梅園魚品図正』　1826～1843,1832～1836　［国立国会図書館］

あかはた
「魚の手帖」小学館　1991
◇23図（カラー）　赤羽太　毛利梅園『梅園魚譜/梅園魚品図正』 1826〜1843,1832〜1836 ［国立国会図書館］

アカハタ　Epinephelus fasciatus
「グラバー魚譜200選」長崎文献社　2005
◇p107（カラー）　倉場富三郎編, 中村三郎, 長谷川雪香画『日本西部及南部魚類図譜』 1917,1916採集 ［長崎大学附属図書館］
「高松松平家所蔵 衆鱗図 1」香川県歴史博物館友の会博物図譜刊行会　2001
◇p58（カラー）　紅ウキソ　松平頼恭 江戸時代（18世紀） 紙本著色 画帖装（折本形式） ［個人蔵］
◇p61（カラー）　赤ハタ　松平頼恭 江戸時代（18世紀） 紙本著色 画帖装（折本形式） ［個人蔵］
◇p62（カラー）　別種 赤ハタ　松平頼恭 江戸時代（18世紀） 紙本著色 画帖装（折本形式） ［個人蔵］
「南海の魚類 博物画の至宝」平凡社　1995
◇pl.6（カラー）　Serranus fasciatus　ギュンター, A.C.L.G., ギャレット, A. 1873〜1910
「世界大博物図鑑 2」平凡社　1989
◇p248（カラー）　大野麦風『大日本魚類画集』 昭和12〜19　彩色木版

アカハタ
「江戸の動植物図」朝日新聞社　1988
◇p112（カラー）　奥倉魚仙『水族四帖』 ［国立国会図書館］

アカハチハゼ　Valenciennea strigata
「南海の魚類 博物画の至宝」平凡社　1995
◇pl.111（カラー）　Eleotris strigata　ギュンター, A.C.L.G., ギャレット, A. 1873〜1910

アカヒヅメガニ
「紙の上の動物園」グラフィック社　2017
◇p92〜93（カラー）　ベル, トーマス『イチョウガニ科の標準属に関するリーチ博士の見解と3つの新種の特定』 1835

アカヒトデの1種
「美しいアンティーク生物画の本」創元社　2017
◇p87（カラー）　Hacelia attenuata　Arbert I, Prince of Monaco『Résultats des campagnes scientifiques accomplies sur son yacht par Albert ler, prince souverain de Monaco』 1909

あかひれたびら
「魚の手帖」小学館　1991
◇55図（カラー）　赤鰭田平　毛利梅園『梅園魚譜/梅園魚品図正』 1826〜1843,1832〜1836 ［国立国会図書館］

アカフタカンスガイ　Bolma rugosa
「世界大博物図鑑 別巻2」平凡社　1994
◇p118（カラー）　クノール, G.W.『貝類図譜』 1764〜75

アカブチムラソイ　Sebastes pachycephalus chalcogrammus
「高松松平家所蔵 衆鱗図 1」香川県歴史博物館友の会博物図譜刊行会　2001
◇p54（カラー）　石鯛　松平頼恭 江戸時代（18世紀） 紙本著色 画帖装（折本形式） ［個人蔵］
◇p55（カラー）　別種 石鯛　松平頼恭 江戸時代（18世紀） 紙本著色 画帖装（折本形式） ［個人蔵］

アカベソターバンガイ　Astraea olivacea
「世界大博物図鑑 別巻2」平凡社　1994
◇p118（カラー）　デュ・プティ＝トゥアール, A.A.『ウエヌス号世界周航記』 1846

アカボカシブダイ　Scarus coeruleus
「世界大博物図鑑 2」平凡社　1989
◇p373（カラー）　キュヴィエ, G.L.C.F.D., ヴァランシエンヌ, A.『魚の博物誌』 1828〜50

アカボシツノガレイ　Pleuronectes platessa
「世界大博物図鑑 2」平凡社　1989
◇p409（カラー）　ドノヴァン, E.『英国産魚類誌』 1802〜08

アカマダラハタ　Epinephelus fuscoguttaus
「世界大博物図鑑 2」平凡社　1989
◇p252（カラー）　リュッペル, W.P.E.S.『北アフリカ探検図譜』 1826〜28

アカマンジュウガニ　Atergatis subdentatus
「世界大博物図鑑 1」平凡社　1991
◇p132（カラー）　中島仰山図, 田中芳男『博物館虫譜』 1877（明治10）頃

アカマンボウ　Lampris guttatus
「日本の博物図譜」東海大学出版会　2001
◇図1（カラー）　栗本丹洲筆 ［国立科学博物館］
「世界大博物図鑑 2」平凡社　1989
◇p208〜209（カラー）　キュヴィエ, G.L.C.F.D.『動物界』 1836〜49　手彩色銅版
◇p209（カラー）　幼魚　ヴェルナー原図, キュヴィエ, G.L.C.F.D., ヴァランシエンヌ, A.『魚の博物誌』 1828〜50
◇p212〜213（カラー）　マンダイ　栗本丹洲『栗氏魚譜』 文政2（1819） ［国文学研究資料館史料館］

アカミシキリ　Holothuria edulis
「世界大博物図鑑 別巻2」平凡社　1994
◇p282（カラー）　レッソン, R.P.著, プレートル原図『動物百図』 1830〜32

あかむつ
「魚の手帖」小学館　1991
◇14図（カラー）　赤鯥　毛利梅園『梅園魚譜/梅園魚品図正』 1826〜1843,1832〜1836 ［国立国会図書館］

アカムツ　Doederleinia berycoides
「高松松平家所蔵 衆鱗図 1」香川県歴史博物館友の会博物図譜刊行会　2001
◇p97（カラー）　紅ムツ　松平頼恭 江戸時代（18

魚・貝・水生生物　　　　　あこは

世紀）　紙本著色　画帖装（折本形式）　［個人蔵］

アカメフグ　Takifugu chrysops
「江戸博物文庫 魚の巻」工作舎　2017
　◇p24（カラー）　赤目河豚『魚譜』　［国立国会図書館］
「高松松平家所蔵 衆鱗図 2」香川県歴史博物館友の会博物図譜刊行会　2002
　◇p86（カラー）　きんふく　松平頼恭 江戸時代（18世紀）　紙本著色 画帖装（折本形式）　［個人蔵］
　◇p87（カラー）　こしほそふく　松平頼恭 江戸時代（18世紀）　紙本著色 画帖装（折本形式）　［個人蔵］

アカモンガニ　Carpilius maculatus
「世界大博物図鑑 1」平凡社　1991
　◇p132（カラー）　キュヴィエ、G.L.C.F.D.『動物界』　1836～49　手彩色銅版

アカモンガラ　Odonus niger
「世界大博物図鑑 2」平凡社　1989
　◇p436（カラー）　リュッベル、W.P.E.S.『アビシニア動物図譜』　1835～40

アカモンガラ
「極楽の魚たち」リブロポート　1991
　◇I-98（カラー）　カンダヴァール　ルナール、L.『モルッカ諸島産彩色魚類図譜 コワイエト写本』　1718～19　［国文学研究資料館史料館］
　◇I-193（カラー）　トゥーリン・レーウ・マメル　ルナール、L.『モルッカ諸島産彩色魚類図譜 コワイエト写本』　1718～19　［個人蔵］
　◇II-103（カラー）　トゥーリン・レーウ ファロワズ、サムエル原画、ルナール、L.『モルッカ諸島産彩色魚類図譜 ファン・デル・ステル写本』　1718～19　［個人蔵］
　◇II-153（カラー）　ラディ魚　ファロワズ、サムエル原画、ルナール、L.『モルッカ諸島産彩色魚類図譜 ファン・デル・ステル写本』　1718～19　［個人蔵］

アカモンガラまたはクロモンガラ
「極楽の魚たち」リブロポート　1991
　◇I-25（カラー）　ププ　ルナール、L.『モルッカ諸島産彩色魚類図譜 コワイエト写本』　1718～19　［個人蔵］

アカヤガラ　Fistularia commersonii Rüppel
「高木春山 本草図説 水産」リブロポート　1988
　◇p70（カラー）　火箭魚（ヤガラ、フエフキウヲ）

アカヤガラ　Fistularia petimba
「江戸博物文庫 魚の巻」工作舎　2017
　◇p14（カラー）　赤矢柄『魚譜』　［国立国会図書館］
「グラバー魚譜200選」長崎文献社　2005
　◇p49（カラー）　倉場富三郎編、萩原魚画画『日本西部及南部魚類図譜』　1913採集　［長崎大学附属図書館］
「高松松平家所蔵 衆鱗図 2」香川県歴史博物館友の会博物図譜刊行会　2002
　◇p76～77（カラー）　やから　松平頼恭 江戸時代

（18世紀）　紙本著色 画帖装（折本形式）　［個人蔵］
「舶来鳥獣図誌」八坂書房　1992
　◇p78～79（カラー）　戴帽鳥『唐蘭船持渡鳥獣之図』　［慶應義塾図書館］

アキレスクロハギ　Acanthurus achilles
「世界大博物図鑑 2」平凡社　1989
　◇p394（カラー）　ギャレット、A.原図、ギュンター、A.C.L.G.解説『南海の魚類』　1873～1910

アキレス・タング
　⇒クロハギ属の1種（アキレス・タング）を見よ

アグア・プレコ　Acanthicus histrix
「世界大博物図鑑 2」平凡社　1989
　◇p144（カラー）　ショムブルク、R.H.『ガイアナの魚類誌』　1843

アクキガイ　Murex troscheli
「世界大博物図鑑 別巻2」平凡社　1994
　◇p134（カラー）　クノール、G.W.『貝類図譜』　1764～75

アクキガイ
「彩色 江戸博物学集成」平凡社　1994
　◇p215（カラー）　武蔵石寿『目八譜』　［東京国立博物館］

アクキガイ
　⇒ムーレックス［アクキガイ］を見よ

アクキガイ科　Muricidae
「ビュフォンの博物誌」工作舎　1991
　◇L056（カラー）『一般と個別の博物誌 ソンニーニ版』

悪魔頭
「極楽の魚たち」リブロポート　1991
　◇I-169（カラー）　ルナール、L.『モルッカ諸島産彩色魚類図譜 コワイエト写本』　1718～19　［個人蔵］

アケボノチョウチョウウオ　Chaetodon melannotus
「世界大博物図鑑 2」平凡社　1989
　◇p383（カラー）　リュッベル、W.P.E.S.『北アフリカ探検図譜』　1826～28

アゲマキガイ　Sinonovacula constricta
「世界大博物図鑑 別巻2」平凡社　1994
　◇p211（カラー）　栗本丹洲『千蟲譜』　文化8（1811）
　◇p214（カラー）　栗本丹洲『千蟲譜』　文化8（1811）

アコウダイ　Sebastes matsubarae
「高松松平家所蔵 衆鱗図 1」香川県歴史博物館友の会博物図譜刊行会　2001
　◇p92（カラー）　アカウ　松平頼恭 江戸時代（18世紀）　紙本著色 画帖装（折本形式）　［個人蔵］

アゴハタ　Pogonoperca punctata
「南海の魚類 博物画の至宝」平凡社　1995
　◇pl.11（カラー）　Grammistes ocellatus　ギュン

あこひ　　　　　魚・貝・水生生物

ター，A.C.L.G.，ギャレット，A. 1873〜1910
◇pl.11（カラー）　Grammistes puctatus　ギュン
ター，A.C.L.G.，ギャレット，A. 1873〜1910

アゴヒゲインキウオ　Paraliparis fimbriatus
「世界大博物図鑑 2」平凡社　1989
◇p92（カラー）　ガーマン，S.著，ウェスターグレ
ン原図『ハーヴァード大学比較動物学記録 第24
巻〈アルバトロス号調査報告―魚類編〉』 1899
手彩色石版画

アサガオガイ　Janthina janthina
「世界大博物図鑑 別巻2」平凡社　1994
◇p158（カラー）　デュプレ，L.I.『コキーユ号航海
記』 1826〜34

アサガオガイの1種　Janthina sp.
「ビュフォンの博物誌」工作舎　1991
◇L054（カラー）『一般と個別の博物誌 ソンニー
二版』

アサガオクラゲ　Haliclystus auricula
「世界大博物図鑑 別巻2」平凡社　1994
◇p47（カラー）　キュヴィエ，G.L.C.F.D.『動物界
（門徒版）』 1836〜49

アサガオクラゲ
「水中の驚異」リブロポート　1990
◇p21（カラー）　ゴス，P.H.『アクアリウム』
1854

アサヒアナハゼ　Pseudoblennius cottoides
「高松松平家所蔵 衆鱗図 2」香川県歴史博物館
友の会博物図譜刊行会　2002
◇p63（カラー）　もはせ　松平頼恭 江戸時代（18
世紀）　紙本著色 画帖装（折本形式）　［個人蔵］

アサヒガニ　Ranina ranina
「グラバー魚譜200選」長崎文献社　2005
◇p238（カラー）　倉場富三郎編，長谷川雪香画
『日本西部及南部魚類図譜』 1913採集　［長崎大
学附属図書館］
「高松松平家所蔵 衆鱗図 3」香川県歴史博物館
友の会博物図譜刊行会　2003
◇p30（カラー）　鎧蟹　松平頼恭 江戸時代（18世
紀）　紙本著色 画帖装（折本形式）　［個人蔵］
「ビュフォンの博物誌」工作舎　1991
◇M051（カラー）『一般と個別の博物誌 ソンニー
二版』
「世界大博物図鑑 1」平凡社　1991
◇p116（カラー）　キュヴィエ，G.L.C.F.D.『動物
界』 1836〜49　手彩色銅版
◇p116（カラー）　メス　服部雪斎図，田中芳男
『博物館虫譜』 1877（明治10）頃
◇p117（カラー）　オス　田中芳男『博物館虫譜』
1877（明治10）頃

アサヒガニ
「彩色 江戸博物学集成」平凡社　1994
◇p98（カラー）　細川重賢『毛介綺煥』　［永青文
庫］
「極楽の魚たち」リブロポート　1991
◇II-167（カラー）　梨カニ　ファロワズ，サムエル

原画，ルナール，L.『モルッカ諸島産彩色魚類図
譜 ファン・デル・ステル写本』 1718〜19　［個
人蔵］
◇II-190（カラー）　カニ　ファロワズ，サムエル原
画，ルナール，L.『モルッカ諸島産彩色魚類図譜
ファン・デル・ステル写本』 1718〜19　［個人
蔵］

アサヒガニ
⇒マヒマヒムシ（アサヒガニ）を見よ

アザミタツ　Hippocampus ramulosus
「世界大博物図鑑 2」平凡社　1989
◇p200（カラー）　オス　ドルビニ，A.C.V.D.著，
ウダール原図『万有博物事典』 1837　銅版カ
ラー刷り

アジ
「極楽の魚たち」リブロポート　1991
◇I-43（カラー）　サルクトゥク　ルナール，L.『モ
ルッカ諸島産彩色魚類図譜 コワイエト写本』
1718〜19　［個人蔵］
◇p127（カラー）　ファロワズ，サムエル画，ルナー
ル，L.『モルッカ諸島産彩色魚類図譜 フォン・ベ
ア写本』 1718〜19

アジアアロワナ　Scleropages formosus
「世界大博物図鑑 2」平凡社　1989
◇p44〜45（カラー）　ミュラー，S.『蘭領インド自
然誌』 1839〜44

アジアコショウダイ　Plectorhinchus picus
「南海の魚類 博物画の至宝」平凡社　1995
◇pl.22（カラー）　Diagramma pica 幼魚 ギュ
ンター，A.C.L.G.，ギャレット，A. 1873〜1910
「世界大博物図鑑 2」平凡社　1989
◇p280（カラー）　キュヴィエ，G.L.C.F.D.，ヴァ
ランシエンヌ，A.『魚の博物誌』 1828〜50

アシアトホシダルマガレイの幼魚　Bothus
podas
「世界大博物図鑑 2」平凡社　1989
◇p408（カラー）　ロ・ビアンコ，サルバトーレ
『ナポリ湾海洋研究所紀要』 20世紀前半 オフ
セット印刷

アジのなかま
「極楽の魚たち」リブロポート　1991
◇I-38（カラー）　ナヌラン　ルナール，L.『モルッ
カ諸島産彩色魚類図譜 コワイエト写本』 1718〜
19　［個人蔵］

アシハラガニ　Helice tridens tridens
「高松松平家所蔵 衆鱗図 3」香川県歴史博物館
友の会博物図譜刊行会　2003
◇p31（カラー）　（付札なし）　松平頼恭 江戸時代
（18世紀）　紙本著色 画帖装（折本形式）　［個人
蔵］

アシブトイトアシガニ　Crossotonotus
spinipes
「高松松平家所蔵 衆鱗図 3」香川県歴史博物館
友の会博物図譜刊行会　2003
◇p38（カラー）　（付札なし）　松平頼恭 江戸時代

魚・貝・水生生物　　　　　　　　　　　　　　　あはた

（18世紀）　紙本著色　画帖装（折本形式）　［個人蔵］

アジ類かフエフキダイ
「極楽の魚たち」リブロポート　1991
◇p127（カラー）　ファロワズ，サムエル画，ルナール，L.『モルッカ諸島産彩色魚類図譜 フォン・ベア写本』1718〜19

アスカンドゥラ
「生物の驚異的な形」河出書房新社　2014
◇図5（カラー）　ヘッケル，エルンスト 1904

アヅキエビ
「江戸名作画帖全集 8」駸々堂出版　1995
◇図50（カラー）　赤エビ・鎌倉蝦・アヅキエビ　松平頼恭編『衆鱗図』　紙本着色　［松平公益会］

アズキゴチ　Leviprora laevigatus
「世界大博物図鑑 2」平凡社　1989
◇p421（カラー）『アストロラブ号世界周航記』1830〜35　スティップル印刷

アズキハタ
「極楽の魚たち」リブロポート　1991
◇I-6（カラー）　アラビアのアニコ　ルナール，L.『モルッカ諸島産彩色魚類図譜 コワイエト写本』1718〜19　［個人蔵］

アステリアス［アマヒトデ、ヒトデ、キヒトデ］
「生物の驚異的な形」河出書房新社　2014
◇図版40（カラー）　ヘッケル，エルンスト 1904

アストロスブァエラ
「生物の驚異的な形」河出書房新社　2014
◇図版91（カラー）　ヘッケル，エルンスト 1904

アストロピュトン
「生物の驚異的な形」河出書房新社　2014
◇図版70（カラー）　ヘッケル，エルンスト 1904

アスナロウニの1種　Arbacia spatuligera
「世界大博物図鑑 別巻2」平凡社　1994
◇p266（カラー）　デュ・プティ＝トゥアール，A.A.『ウエヌス号世界周航記』1846

アズマギンザメのオス
「江戸の動植物図」朝日新聞社　1988
◇p110（カラー）　栗本丹洲『丹洲魚譜』　［国立国会図書館］

アツテングニシ　Pugilina cochilidium
「世界大博物図鑑 別巻2」平凡社　1994
◇p140（カラー）　ヴァイヤン，A.N.『ボニート号航海記』1840〜66

アツモリウオ　Agonomalus proboscidalis
「世界大博物図鑑 2」平凡社　1989
◇p429（カラー）　リュウグウノニワトリ『博物館魚譜』　［東京国立博物館］

アティパ　Hoplosternum thoracatum
「世界大博物図鑑 2」平凡社　1989
◇p145（カラー）　バロン，アカリー原図，キュヴィエ，G.L.C.F.D.，ヴァランシエンヌ，A.『魚の博物誌』1828〜50

アデヤカヘリトリガイの1種　Marginella sp.
「ビュフォンの博物誌」工作舎　1991
◇L056（カラー）『一般と個別の博物誌 ソンニーニ版』

アトヒキテンジクダイ　Archamia lineolata
「世界大博物図鑑 2」平凡社　1989
◇p243（カラー）　リュッペル，W.P.E.S.『北アフリカ探検図譜』1826〜28

アナエビのなかま　Axius stirhynchus
「世界大博物図鑑 1」平凡社　1991
◇p105（カラー）　キュヴィエ，G.L.C.F.D.『動物界』1836〜49　手彩色銅版

アナサンゴモドキ
「水中の驚異」リブロポート　1990
◇p154（白黒）　ダナ，J.D.『サンゴとサンゴ礁』1872

アナジャコ　Upogebia major
「高松松平家所蔵 衆鱗図 3」香川県歴史博物館友の会博物図譜刊行会　2003
◇p16（カラー）　シヤク　松平頼恭 江戸時代（18世紀）　紙本著色　画帖装（折本形式）　［個人蔵］

アナジャコ？　Upogebia major ?
「高松松平家所蔵 衆鱗図 3」香川県歴史博物館友の会博物図譜刊行会　2003
◇p16（カラー）　ゲラ　松平頼恭 江戸時代（18世紀）　紙本著色　画帖装（折本形式）　［個人蔵］

あなはぜ
「魚の手帖」小学館　1991
◇87図（カラー）　穴鱶・穴沙魚・穴蝦虎魚　毛利梅園『梅園魚譜/梅園魚品図正』1826〜1843，1832〜1836　［国立国会図書館］

アナハゼ　Pseudoblennius percoides
「高松松平家所蔵 衆鱗図 1」香川県歴史博物館友の会博物図譜刊行会　2001
◇p68（カラー）　（付札なし）　松平頼恭 江戸時代（18世紀）　紙本著色　画帖装（折本形式）　［個人蔵］

アナハゼ属の1種　Pseudoblennius sp.
「高松松平家所蔵 衆鱗図 1」香川県歴史博物館友の会博物図譜刊行会　2001
◇p68（カラー）　（付札なし）　松平頼恭 江戸時代（18世紀）　紙本著色　画帖装（折本形式）　［個人蔵］

アニシツィア・ノタータ　Anisitsia notata
「世界大博物図鑑 2」平凡社　1989
◇p112（カラー）　キュヴィエ，G.L.C.F.D.，ヴァランシエンヌ，A.『魚の博物誌』1828〜50

アバタウニの1種　Microcyphus pictus ?
「世界大博物図鑑 別巻2」平凡社　1994
◇p270（カラー）　ドノヴァン，E.『博物宝典』1823〜27

博物図譜レファレンス事典 動物篇　111

あはつ　　　　　　魚・貝・水生生物

アパッチ　Congiopodus peruvianus
「世界大博物図鑑 2」平凡社　1989
◇p417（カラー）　キュヴィエ，G.L.C.F.D.『動物界』1836～49　手彩色銅版

アブラツノザメ　Squalus acanthias
「江戸博物文庫 魚の巻」工作舎　2017
◇p172（カラー）　油角鮫　栗本丹洲『栗氏魚譜』［国立国会図書館］
「世界大博物図鑑 2」平凡社　1989
◇p25（カラー）　キュヴィエ，G.L.C.F.D.『動物界』1836～49　手彩色銅版
◇p25（カラー）　ドノヴァン，E.『英国産魚類誌』1802～08

あぶらはや
「魚の手帖」小学館　1991
◇17図（カラー）　油鮠　毛利梅園『梅園魚譜/梅園魚品図正』1826～1843,1832～1836　［国立国会図書館］

アブラハヤ　Phoxinus lagowskii steindachneri
「高松松平家所蔵 衆鱗図 3」香川県歴史博物館友の会博物図譜刊行会　2003
◇p71（カラー）　（付札なし）　メス　松平頼恭 江戸時代（18世紀）　紙本著色 画帖装（折本形式）［個人蔵］

あぶらひがい
「魚の手帖」小学館　1991
◇13図（カラー）　油鱛　毛利梅園『梅園魚譜/梅園魚品図正』1826～1843,1832～1836　［国立国会図書館］

アブラヒガイ　Sarcocheilichthys biwaensis
「高松松平家所蔵 衆鱗図 3」香川県歴史博物館友の会博物図譜刊行会　2003
◇p79（カラー）　油ヒガイ　松平頼恭 江戸時代（18世紀）　紙本著色 画帖装（折本形式）［個人蔵］

アブラボテ　Tanakia limbata
「高松松平家所蔵 衆鱗図 3」香川県歴史博物館友の会博物図譜刊行会　2003
◇p72（カラー）　錦ボテ　オス　松平頼恭 江戸時代（18世紀）　紙本著色 画帖装（折本形式）［個人蔵］
◇p72（カラー）　ボテ　松平頼恭 江戸時代（18世紀）　紙本著色 画帖装（折本形式）［個人蔵］

アブラヤッコ属の1種（フレーム・エンジェルフィッシュ）　Centropyge loriculus
「南海の魚類 博物画の至宝」平凡社　1995
◇pl.40（カラー）　Holacanthus loriculus　ギュンター，A.C.L.G.，ギャレット，A. 1873～1910

アフリカアシロ　Genypterus capensis
「世界大博物図鑑 2」平凡社　1989
◇p180（カラー）　スミス，A.著，フォード，G.H.原図『南アフリカ動物図譜』1838～49　手彩色石版

アフリカカライワシ　Elops machnata
「世界大博物図鑑 2」平凡社　1989
◇p53（カラー）　スミス，A.著，フォード，G.H.原図『南アフリカ動物図譜』1838～49　手彩色石版

アフリカ産のクテノポマ類
「世界大博物図鑑 2」平凡社　1989
◇p233（カラー）　解剖図＜迷宮器官＞　キュヴィエ，G.L.C.F.D.『動物界』1836～49　手彩色銅版

アフリカシログチ　Argyrosomus hololepidotus
「世界大博物図鑑 2」平凡社　1989
◇p264（カラー）『アストロラブ号世界周航記』1830～35　スティプル印刷

アフリカヒメツバメウオ　Monodactylus sebae
「世界大博物図鑑 2」平凡社　1989
◇p379（カラー）　キュヴィエ，G.L.C.F.D.，ヴァランシエンヌ，A.『魚の博物誌』1828～50

アフリカメバル　Sebastes capensis
「世界大博物図鑑 2」平凡社　1989
◇p416（カラー）『アストロラブ号世界周航記』1830～35　スティプル印刷

アプロケイルス・リネアトゥス　Aplocheilus lineatus
「世界大博物図鑑 2」平凡社　1989
◇p193（カラー）　インネス，ウィリアム・T.責任編集『アクアリウム』1932～66

アマオブネガイ　Theliostyla albicilla
「ビュフォンの博物誌」工作舎　1991
◇L052（カラー）『一般と個別の博物誌 ソンニーニ版』

アマクサアメフラシ　Aplysia juliana
「高松松平家所蔵 衆鱗図 3」香川県歴史博物館友の会博物図譜刊行会　2003
◇p46（カラー）　別種 牛魚　松平頼恭 江戸時代（18世紀）　紙本著色 画帖装（折本形式）［個人蔵］
「世界大博物図鑑 別巻2」平凡社　1994
◇p175（カラー）　デュモン・デュルヴィル，J.S.C.『アストロラブ号世界周航記』1830～35　スティプル印刷

アマクサクラゲ
「美しいアンティーク生物画の本」創元社　2017
◇p69（カラー）　Sanderia malayensis　Chun, Carl『Wissenschaftliche Ergebnisse der Deutschen Tiefsee-Expedition auf dem Dampfer "Valdivia" 1898-1899』1902～40

アマクサクラゲに近い種類（？）
「水中の驚異」リブロポート　1990
◇p74（カラー）　デュブレ『コキーユ号航海記録』1826～30

魚・貝・水生生物　　　　　　　　　　　　　　　あみも

アマゴ　Oncorhynchus masou macrostomus
「世界大博物図鑑」平凡社　1989
　◇p61（カラー）　大野麦風『大日本魚類画集』　昭
　　和12〜19　彩色木版

アマゴ
「彩色 江戸博物学集成」平凡社　1994
　◇p258〜259（カラー）　オス　飯沼慾斎『本草図
　　譜 第10巻〈魚部〉』　［個人蔵］
　◇p258〜259（カラー）　メス　飯沼慾斎『本草図
　　譜 第10巻〈魚部〉』　［個人蔵］

アマシイラ　Luvarus imperialis
「世界大博物図鑑 2」平凡社　1989
　◇p313（カラー）　キュヴィエ, G.L.C.F.D., ヴァ
　　ランシエンヌ, A.『魚の博物誌』1828〜50

アマダレハゼ　Gobius cruentatus
「世界大博物図鑑 2」平凡社　1989
　◇p341（カラー）　キュヴィエ, G.L.C.F.D.『動物
　　界』1836〜49　手彩色銅版

アマヒトデ
　⇒アステリアス［アマヒトデ、ヒトデ、キヒト
　　デ］を見よ

アマミスズメダイ　Chromis chrysura
「南海の魚類 博物画の至宝」平凡社　1995
　◇pl.125（カラー）　Heliastes dimidiatus　ギュン
　　ター, A.C.L.G., ギャレット, A. 1873〜1910

アミア　Amia calva
「世界大博物図鑑 2」平凡社　1989
　◇p48（カラー）　キュヴィエ, G.L.C.F.D., ヴァラ
　　ンシエンヌ, A.『魚の博物誌』1828〜50

アミアイゴ　Siganus spinus
「南海の魚類 博物画の至宝」平凡社　1995
　◇pl.59（カラー）　Teuthis striolata　ギュンター,
　　A.C.L.G., ギャレット, A. 1873〜1910

アミアの解剖図　Amia calva
「世界大博物図鑑 2」平凡社　1989
　◇p48（カラー）　腹部を解剖したもの　キュヴィ
　　エ, G.L.C.F.D., ヴァランシエンヌ, A.『魚の博
　　物誌』1828〜50

アミ科　Mysidae
「ビュフォンの博物誌」工作舎　1991
　◇M056（カラー）『一般と個別の博物誌 ソンニー
　　ニ版』

アミガサクラゲ
「美しいアンティーク生物画の本」創元社　2017
　◇p56（カラー）　Beroe forskalii　Brehm, Alfred
　　Edmund『Brehms Tierleben 第3版』1893〜
　　1900

アミコケムシのなかま　Rerepora cellulosa,
　R.reticulata
「世界大博物図鑑 別巻2」平凡社　1994
　◇p95（カラー）　キュヴィエ, G.L.C.F.D.『動物界
　　（門徒版）』1836〜49

アミダコ　Ocythoe tuberculata ?
「ビュフォンの博物誌」工作舎　1991
　◇L027（カラー）『一般と個別の博物誌 ソンニー
　　ニ版』
　◇L028（カラー）『一般と個別の博物誌 ソンニー
　　ニ版』

アミチョウチョウウオ　Chaetodon rafflesi
「南海の魚類 博物画の至宝」平凡社　1995
　◇pl.35（カラー）　Chaetodon rafflesii　ギュン
　　ター, A.C.L.G., ギャレット, A. 1873〜1910
「世界大博物図鑑 2」平凡社　1989
　◇p384（カラー）　王子　ファロアズ, サムエル原
　　画, ルナール, L.『モルッカ諸島魚類彩色図譜』
　　1754　［国文学研究資料館史料館］
　◇p385（カラー）　ギャレット, A.原図, ギュン
　　ター, A.C.L.G.解説『南海の魚類』1873〜1910
　◇p386（カラー）　王　ファロアズ, サムエル原画,
　　ルナール, L.『モルッカ諸島魚類彩色図譜』
　　1754　［国文学研究資料館史料館］

アミチョウチョウウオ
「極楽の魚たち」リブロポート　1991
　◇I-58（カラー）　王子ドゥーイング　ルナール, L.
　　『モルッカ諸島産彩色魚類図譜 コワイエト写本』
　　1718〜19　［個人蔵］
　◇I-116（カラー）　王様ドゥーイング　ルナール,
　　L.『モルッカ諸島産彩色魚類図譜 コワイエト写
　　本』1718〜19　［個人蔵］
　◇II-139（カラー）　とがりくちばし　ファロワズ,
　　サムエル原画, ルナール, L.『モルッカ諸島産彩
　　色魚類図譜 ファン・デル・ステル写本』1718〜
　　19　［個人蔵］

アミフエフキ　Lethrinus semicinctus
「南海の魚類 博物画の至宝」平凡社　1995
　◇pl.46（カラー）　Lethrinus moensii　ギュン
　　ター, A.C.L.G., ギャレット, A. 1873〜1910

アミメキンセンガニ　Matuta planipes
「高松松平家所蔵 衆鱗図 3」香川県歴史博物館
　友の会博物図譜刊行会　2003
　◇p39（カラー）　鼈甲蟹　松平頼恭 江戸時代（18
　　世紀）　紙本著色 画帖装（折本形式）　［個人蔵］

アミメノコギリガザミ　Scylla serrata
「グラバー魚譜200選」長崎文献社　2005
　◇p232（カラー）　のこぎりがざみ　倉場富三郎編,
　　萩原魚仙画『日本西部及南部魚類図譜』1936採
　　集　［長崎大学附属図書館］
「高松松平家所蔵 衆鱗図 3」香川県歴史博物館
　友の会博物図譜刊行会　2003
　◇p32（カラー）　大蟹　松平頼恭 江戸時代（18世
　　紀）　紙本著色 画帖装（折本形式）　［個人蔵］

アミ目？の1種　Mysidacea ? fam., gen.and
　sp.indet.
「高松松平家所蔵 衆鱗図 3」香川県歴史博物館
　友の会博物図譜刊行会　2003
　◇p20（カラー）　（付札なし）　松平頼恭 江戸時代
　　（18世紀）　紙本著色 画帖装（折本形式）　［個人
　　蔵］

博物図譜レファレンス事典 動物篇　*113*

あみも　　　　　　　　　　　　魚・貝・水生生物

アミ目の1種　Mysidacea fam., gen.and sp. indet.
「高松松平家所蔵 衆鱗図 3」香川県歴史博物館 友の会博物図譜刊行会　2003
　◇p20（カラー）　アミ　松平頼恭 江戸時代（18世紀）　紙本著色 画帖装（折本形式）　［個人蔵］

アミモンガラ　Canthidermis maculatus
「世界大博物図鑑 2」平凡社　1989
　◇p436（カラー）　グレー, J.E.著、ホーキンズ, ウォーターハウス石版『インド動物図譜』　1830～35

アメジマニシキベラ　Thalassoma pavo
「世界大博物図鑑 2」平凡社　1989
　◇p361（カラー）　キュヴィエ, G.L.C.F.D., ヴァランシエンヌ, A.『魚の博物誌』　1828～50

アメーバの1種　Amoeba proteus ameba
「世界大博物図鑑 別巻2」平凡社　1994
　◇p19（カラー）　ドノヴァン, E.『英国産昆虫図譜』　1793～1813

アメーバのなかま　Amoeba princeps, A. diffluens, A.radiosa
「世界大博物図鑑 別巻2」平凡社　1994
　◇p19（カラー）　エーレンベルク, C.G.『滴虫類』　1838　手彩色銅版図

アメフラシ　Aplysia kurodai
「高松松平家所蔵 衆鱗図 3」香川県歴史博物館 友の会博物図譜刊行会　2003
　◇p45（カラー）　牛魚　松平頼恭 江戸時代（18世紀）　紙本著色 画帖装（折本形式）　［個人蔵］

アメフラシ　Aplysia kurodai（Baba）
「高木春山 本草図説 水産」リブロポート　1988
　◇p89（カラー）　海鹿 ウミシカ

アメフラシ
「美しいアンティーク生物画の本」創元社　2017
　◇p76～77（カラー）　Jäger, Gustav『Das Leben im Wasser und das Aquarium』　1868
「彩色 江戸博物学集成」平凡社　1994
　◇p147（カラー）　佐竹曙山『龍亀昆虫写生帖』　［千秋美術館］

アメフラシの1種　Aplysia argus
「世界大博物図鑑 別巻2」平凡社　1994
　◇p174（カラー）　リュッペル, W.P.E.S.『北アフリカ探検図譜』　1826～28

アメフラシの1種　Aplysia depilans
「世界大博物図鑑 別巻2」平凡社　1994
　◇p174（カラー）　キュヴィエ, G.L.C.F.D.『動物界（門徒版）』　1836～49

アメフラシの1種　Aplysia punctata
「世界大博物図鑑 別巻2」平凡社　1994
　◇p174（カラー）　ドルビニ, A.C.V.D.『万有博物事典』　1838～49,61
　◇p175（カラー）　ゴッス, P.H.『磯の一年』　1865　多色木版画

アメフラシの1種　Aplysia sp.
「ビュフォンの博物誌」工作舎　1991
　◇L051（カラー）『一般と個別の博物誌 ソンニーニ版』

アメフラシのなかま　Aplysia sp.
「世界大博物図鑑 別巻2」平凡社　1994
　◇p174（カラー）　栗本丹洲『千蟲譜』　文化8（1811）

アメフラシのなかま　Aplysia tigrinella
「世界大博物図鑑 別巻2」平凡社　1994
　◇p175（カラー）　デュモン・デュルヴィル, J.S.C.『アストロラブ号世界周航記』　1830～35　スティプル印刷

アメマス　Salvelinus leucomaenis
「鳥獣虫魚譜」八坂書房　1988
　◇p70（カラー）　雨鱒　松森胤保『両羽魚類図譜』　［酒田市立光丘文庫］

アメリカアスナロウニ　Arbacia punctulata
「世界大博物図鑑 別巻2」平凡社　1994
　◇p266（カラー）　デュ・プティ＝トゥアール, A. A.『ウエヌス号世界周航記』　1846

アメリカイセエビ？　Panulirus argus？
「世界大博物図鑑 1」平凡社　1991
　◇p88（カラー）　フレシネ, L.C.de S.de『ユラニー号およびフィジシェンヌ号世界周航記図録』　1824

アメリカカブトガニ　Limulus polyphemus
「ビュフォンの博物誌」工作舎　1991
　◇M016（カラー）『一般と個別の博物誌 ソンニーニ版』
　◇M017（カラー）『一般と個別の博物誌 ソンニーニ版』
「世界大博物図鑑 1」平凡社　1991
　◇p36（カラー）　リーチ, W.E.著、ノダー, R.P.図『動物学雑録』　1814～17

アメリカカブトガニ
⇒リームルス［アメリカカブトガニ］を見よ

アメリカショウジョウガイ　Spondylus americanus
「世界大博物図鑑 別巻2」平凡社　1994
　◇p183（カラー）　キュヴィエ, G.L.C.F.D.『動物界（門徒版）』　1836～49

アメリカスカシカシパン　Melita quinquiesperforata
「世界大博物図鑑 別巻2」平凡社　1994
　◇p271（カラー）　ドノヴァン, E.『博物宝典』　1823～27

アメリカタコノマクラ　Clypeaster rosaceus
「世界大博物図鑑 別巻2」平凡社　1994
　◇p271（カラー）　キュヴィエ, G.L.C.F.D.『動物界（門徒版）』　1836～49

魚・貝・水生生物　　　　　　　　　　　あら

アメリカムラサキウニ　Strongylocentrotus purpuratus
「世界大博物図鑑 別巻2」平凡社　1994
　◇p267（カラー）　デュ・プティ＝トゥアール、A. A.『ウエヌス号世界周航記』1846

アヤオリハゼ　Valenciennea muralis
「世界大博物図鑑 2」平凡社　1989
　◇p340（カラー）　リチャードソン、J.『珍奇魚譜』1843

アヤカラフデガイ　Cancilla isabella
「世界大博物図鑑 別巻2」平凡社　1994
　◇p142（カラー）　マーティン、T.『万国貝譜』1784〜87　手彩色銅版図

アヤコショウダイ　Plectorhinchus lineatus
「南海の魚類 博物画の至宝」平凡社　1995
　◇pl.21（カラー）　Diagramma punctatissimum　ギュンター、A.C.L.G.、ギャレット、A. 1873〜1910

アヤコショウダイ
「極楽の魚たち」リブロポート　1991
　◇I−183（カラー）　からいばり　ルナール、L.『モルッカ諸島産彩色魚類図譜 コワイエト写本』1718〜19　［個人蔵］

アヤボラ　Fusitriton oregonense
「世界大博物図鑑 別巻2」平凡社　1994
　◇p131（カラー）　平瀬與一郎『貝千種』大正3〜11（1914〜22）　色刷木版画

アヤメカサゴ　Sebastiscus albofasciatus
「江戸博物文庫 魚の巻」工作舎　2017
　◇p104（カラー）　文目笠子　栗本丹洲『栗氏魚譜』［国立国会図書館］
「高松松平家所蔵 衆鱗図 1」香川県歴史博物館 友の会博物図譜刊行会　2001
　◇p51（カラー）　色笠子　松平頼恭 江戸時代（18世紀）　紙本著色 画帖装（折本形式）　［個人蔵］
「世界大博物図鑑 2」平凡社　1989
　◇p417（カラー）　アンポンタン『魚譜〈忠・孝〉』［東京国立博物館］　※明治時代の写本

あゆ
「魚の手帖」小学館　1991
　◇58図（カラー）　鮎・年魚・香魚　毛利梅園『梅園魚譜/梅園魚品図正』1826〜1843,1832〜1836　［国立国会図書館］

アユ　Plecoglossus altivelis
「グラバー魚譜200選」長崎文献社　2005
　◇p58（カラー）　倉場富三郎編、中村三郎画『日本西部及南部魚類図譜』1918採集　［長崎大学附属図書館］
「世界大博物図鑑 2」平凡社　1989
　◇p89（カラー）　大野麦風『大日本魚類画集』昭和12〜19　彩色木版
「鳥獣虫魚譜」八坂書房　1988
　◇p71（カラー）　赤川之下り鮎　松森胤保『両羽魚類図譜』［酒田市立光丘文庫］

アユ　Plecoglossus altivelis Temminck et Schlegel
「高木春山 本草図説 水産」リブロポート　1988
　◇p77（カラー）

アユ　Plecoglossus altivelis altivelis
「高松松平家所蔵 衆鱗図 3」香川県歴史博物館 友の会博物図譜刊行会　2003
　◇p66（カラー）　小鮎　幼魚　松平頼恭 江戸時代（18世紀）　紙本著色 画帖装（折本形式）　［個人蔵］
　◇p66（カラー）　鮎　松平頼恭 江戸時代（18世紀）　紙本著色 画帖装（折本形式）　［個人蔵］
　◇p67（カラー）　小アユ “湖アユ”　松平頼恭 江戸時代（18世紀）　紙本著色 画帖装（折本形式）　［個人蔵］

アユ
「彩色 江戸博物学集成」平凡社　1994
　◇p438（カラー）　赤川之下リ鮎　松森胤保『両羽博物図譜』

アユカケ（カマキリ）？　Cottus kajika
「高松松平家所蔵 衆鱗図 3」香川県歴史博物館 友の会博物図譜刊行会　2003
　◇p81（カラー）　川石モチ　松平頼恭 江戸時代（18世紀）　紙本著色 画帖装（折本形式）　［個人蔵］

アユモドキ　Leptobotia curta
「高松松平家所蔵 衆鱗図 2」香川県歴史博物館 友の会博物図譜刊行会　2002
　◇p40（カラー）　やなぎどぢやう　松平頼恭 江戸時代（18世紀）　紙本著色 画帖装（折本形式）　［個人蔵］

あら
「魚の手帖」小学館　1991
　◇2図（カラー）　鱫　毛利梅園『梅園魚譜/梅園魚品図正』1826〜1843,1832〜1836　［国立国会図書館］

アラ　Niphon spinosus
「江戸博物文庫 魚の巻」工作舎　2017
　◇p84（カラー）　鱫　毛利梅園『梅園魚譜』　［国立国会図書館］
「グラバー魚譜200選」長崎文献社　2005
　◇p100（カラー）　倉場富三郎編、萩原魚仙画『日本西部及南部魚類図譜』1917採集　［長崎大学附属図書館］
「高松松平家所蔵 衆鱗図 2」香川県歴史博物館 友の会博物図譜刊行会　2002
　◇p68（カラー）　すぎあら　幼魚　松平頼恭 江戸時代（18世紀）　紙本著色 画帖装（折本形式）　［個人蔵］
　◇p68〜69（カラー）　あら　成魚　松平頼恭 江戸時代（18世紀）　紙本著色 画帖装（折本形式）　［個人蔵］
「世界大博物図鑑 2」平凡社　1989
　◇p260（カラー）　幼魚, 成魚　シーボルト『ファウナ・ヤポニカ（日本動誌）』1833〜50　石版

博物図譜レファレンス事典 動物篇　**115**

あら　　　　　　　　　　　　魚・貝・水生生物

アラ
「彩色 江戸博物学集成」平凡社　1994
◇p306（カラー）　川原慶賀『魚類写生図』　［オランダ国立自然史博物館］
◇p306（カラー）　川原慶賀『日本動物誌〈魚類編〉』

アラシウツボ属の1種　Echidna sp.
「南海の魚類 博物画の至宝」平凡社　1995
◇pl.163（カラー）　Muraena xanthospila（Samoa）ギュンター，A.C.L.G.，ギャレット，A. 1873～1910

アラスジカサガイ　Patella aspera
「世界大博物図鑑 別巻2」平凡社　1994
◇p115（カラー）　クノール，G.W.『貝類図譜』1764～75
◇p115（カラー）　マーティン，T.『万国貝譜』1784～87　手彩色銅版図

アラスジマルフミガイの1種　Venericadia sp.
「ビュフォンの博物誌」工作舎　1991
◇L064（カラー）『一般と個別の博物誌 ソンニー二版』

アラビアチョウハン　Chaetodon fasciatus
「世界大博物図鑑 2」平凡社　1989
◇p383（カラー）　リュッペル，W.P.E.S.『北アフリカ探検図譜』1826～28
◇p386～387（カラー）『マイヤース』　多色石版図

アラフラオオニシ　Syrinx auranus
「世界大博物図鑑 別巻2」平凡社　1994
◇p140（カラー）　若い個体　キーネ，L.C.『ラマルク貝類図譜』1834～80　手彩色銅版図

アラレウツボ　Echidna xanthospilus
「世界大博物図鑑 2」平凡社　1989
◇p172（カラー）　ギャレット原図，ギュンター解説『ゴデフロイ博物館紀要』1873～1910

アリソガイ（？）
「彩色 江戸博物学集成」平凡社　1994
◇p39（カラー）　貝原益軒『大和本草諸品図』

アリーマ
「生物の驚異的な形」河出書房新社　2014
◇図版76（カラー）　ヘッケル，エルンスト　1904

アルアル・ブロシェ
「極楽の魚たち」リブロポート　1991
◇I-202（カラー）　ルナール，L.『モルッカ諸島産彩色魚類図譜 コワイエト写本』1718～19　［個人蔵］

アルゴスウシノシタ　Paraplagusia bilineata
「ビュフォンの博物誌」工作舎　1991
◇K063（カラー）『一般と個別の博物誌 ソンニー二版』
「世界大博物図鑑 2」平凡社　1989
◇p405（カラー）　リュッペル，W.P.E.S.『北アフリカ探検図譜』1826～28

アルコ・フレジエ
「極楽の魚たち」リブロポート　1991
◇I-14（カラー）　ルナール，L.『モルッカ諸島産彩色魚類図譜 コワイエト写本』1718～19　［個人蔵］

アルゼンチンオオハタ　Polyprion americanus
「世界大博物図鑑 2」平凡社　1989
◇p255（カラー）　キュヴィエ，G.L.C.F.D.『動物界』1836～49　手彩色銅版

アルゼンチン・パールフィッシュ　Cynolebias bellotti
「世界大博物図鑑 2」平凡社　1989
◇p193（カラー）　インネス，ウィリアム・T.責任編集『アクアリウム』1932～66

アルドロヴァンディが記載したアメリカ産タコ
「ビュフォンの博物誌」工作舎　1991
◇L032（カラー）『一般と個別の博物誌 ソンニー二版』

アルフォレス
「極楽の魚たち」リブロポート　1991
◇II-125（カラー）　ファロワズ，サムエル原画，ルナール，L.『モルッカ諸島産彩色魚類図譜 ファン・デル・ステル写本』1718～19　［個人蔵］

アルプスイワナ　Salvelinus alpinus
「世界大博物図鑑 2」平凡社　1989
◇p60（カラー）　ミンテルン，R.図『ロンドン動物学協会紀要』1877
◇p60（カラー）　ドノヴァン，E.『英国産魚類誌』1802～08

アルプスイワナ　Salvelinus alpinus ?
「ビュフォンの博物誌」工作舎　1991
◇K069（カラー）『一般と個別の博物誌 ソンニー二版』

アワツブハダカカメガイ　Hydromyles gaudichaudi
「世界大博物図鑑 別巻2」平凡社　1994
◇p159（カラー）　ヴァイヤン，A.N.『ボニート号航海記』1840～66

アワビ　Haliotis sp.
「高木春山 本草図説 水産」リブロポート　1988
◇p89（カラー）　石決明

アワビの1種　Haliotis sp.
「世界大博物図鑑 別巻2」平凡社　1994
◇p103（カラー）　クルーゼンシュテルン，I.F.『クルーゼンシュテルン周航図録』1813

アワビのなかま　Haliotis sp.
「世界大博物図鑑 別巻2」平凡社　1994
◇p102（カラー）　マダカアワビH.madaka，トコブシH.aquatilis　大野麦風『大日本魚類画集』昭和12～19（1937～44）　彩色木版

アワビモドキの1種　Concholepas sp.
「ビュフォンの博物誌」工作舎　1991

魚・貝・水生生物　　　　　　　　　　　　　　　　　　あんほ

◇L052（カラー）『一般と個別の博物誌 ソンニー
ニ版』

あんこう
「魚の手帖」小学館　1991
◇117・118図（カラー）　鮟鱇　背部，腹部　毛利
梅園『梅園魚譜/梅園魚品図正』　1826〜1843，
1832〜1836　［国立国会図書館］

アンコウ　Lophiomus setigerus
「江戸博物文庫 魚の巻」工作舎　2017
◇p65（カラー）　鮟鱇　毛利梅園『梅園魚品図正』
［国立国会図書館］
「グラバー魚譜200選」長崎文献社　2005
◇p209（カラー）　倉場富三郎編，長谷川雪香画
『日本西部及南部魚類図譜』　1914採集　［長崎大
学附属図書館］
「高松松平家所蔵 衆鱗図 2」香川県歴史博物館
友の会博物図譜刊行会　2002
◇p100（カラー）　あんかう　背面図　松平頼恭
江戸時代（18世紀）　紙本著色 画帖装（折本形
式）　［個人蔵］
◇p101（カラー）　（付札なし）　腹面図　松平頼恭
江戸時代（18世紀）　紙本著色 画帖装（折本形
式）　［個人蔵］

アンダマンアジ　Carangoides gymnostethus
「南海の魚類 博物画の至宝」平凡社　1995
◇pl.88（カラー）　Caranx ferdau　ギュンター，
A.C.L.G.，ギャレット，A. 1873〜1910

アンチンボヤ
⇒ボウズボヤ（アンチンボヤ）を見よ

アンドンクラゲ　Carybdea rastonii
「高松松平家所蔵 衆鱗図 3」香川県歴史博物館
友の会博物図譜刊行会　2003
◇p56（カラー）　マスクラゲ　松平頼恭 江戸時代
（18世紀）　紙本著色 画帖装（折本形式）　［個人
蔵］

アンドンクラゲ
「水中の驚異」リプロポート　1990
◇p11（白黒）

アンドンクラゲ
⇒カリュブデア［アンドンクラゲ］を見よ

アンドンクラゲに近い種類（？）
「水中の驚異」リプロポート　1990
◇p39（カラー）　ブリンクマン，A.著，リヒター，
イロナ画『ナポリ湾海洋研究所紀要〈腔腸動物
篇〉』　1970

アンドンクラゲの1種　Charybdea alata
「世界大博物図鑑 別巻2」平凡社　1994
◇p47（カラー）　レッスン，R.P.著，プレートル原
図『動物百図』　1830〜32

アンドンクラゲの1種　Charybdea
marsupialis
「世界大博物図鑑 別巻2」平凡社　1994
◇p47（カラー）　キュヴィエ，G.L.C.F.D.『動物界
（門徒版）』　1836〜49

アンドンクラゲの1種
「美しいアンティーク生物画の本」創元社　2017
◇p26（カラー）　Charybdea obeliscus　Haeckel，
Ernst『Kunstformen der Natur』　1899〜1904
◇p26（カラー）　Charybdea murrayana
Haeckel, Ernst『Kunstformen der Natur』
1899〜1904
◇p26（カラー）　Procharybdis tetraptera
Haeckel, Ernst『Kunstformen der Natur』
1899〜1904
◇p96（カラー）　Medusa marsupialis　Barbut，
James『The genera vermium exemplified by
various specimens of the animals contained in
the orders of the Intestina et Mollusca
Linnaei』　1783

アンドンクラゲのなかま　Bursarius cytheroe
「世界大博物図鑑 別巻2」平凡社　1994
◇p47（カラー）　デュプレ，L.I.『コキーユ号航海
記』　1826〜34

アンドンクラゲのなかま
「水中の驚異」リプロポート　1990
◇p37（カラー）　ブリンクマン，A.著，リヒター，
イロナ画『ナポリ湾海洋研究所紀要〈腔腸動物
篇〉』　1970
◇p69（白黒）　デュプレ『コキーユ号航海記録』
1826〜30
◇p101（白黒）　ヘッケル，E.H.『自然の造形』
1899〜1904

アントンタカノハダイ　Cheilodactylus
antonii
「世界大博物図鑑 2」平凡社　1989
◇p293（カラー）　ゲイ，C.『チリ自然社会誌』
1844〜71

アンボイナガイ　Conus geographus
「世界大博物図鑑 別巻2」平凡社　1994
◇p155（カラー）　平瀬與一郎『貝千種』　大正3〜
11（1914〜22）　色刷木版画
◇p155（カラー）　ドノヴァン，E.『博物宝典』
1823〜27

アンボイナのガジョン
「極楽の魚たち」リプロポート　1991
◇II-92（カラー）　ファロワズ，サムエル原画，ル
ナール，L.『モルッカ諸島産彩色魚類図譜 ファ
ン・デル・ステル写本』　1718〜19　［個人蔵］

アンボイナのカニ
「極楽の魚たち」リプロポート　1991
◇II-132（カラー）　ファロワズ，サムエル原画，ル
ナール，L.『モルッカ諸島産彩色魚類図譜 ファ
ン・デル・ステル写本』　1718〜19　［個人蔵］

アンボイナのクモガニ
「極楽の魚たち」リプロポート　1991
◇II-130（カラー）　ファロワズ，サムエル原画，ル
ナール，L.『モルッカ諸島産彩色魚類図譜 ファ
ン・デル・ステル写本』　1718〜19　［個人蔵］

アンボイナの青星魚
「極楽の魚たち」リプロポート　1991

博物図譜レファレンス事典 動物篇　**117**

あんほ　　魚・貝・水生生物

◇II–80（カラー）　ファロワズ, サムエル原画, ル
ナール, L.『モルッカ諸島産彩色魚類図譜 ファ
ン・デル・ステル写本』 1718〜19 ［個人蔵］

アンボイナの闘鶏
「極楽の魚たち」リブロポート　1991
◇II–205（カラー）　ファロワズ, サムエル原画, ル
ナール, L.『モルッカ諸島産彩色魚類図譜 ファ
ン・デル・ステル写本』 1718〜19 ［個人蔵］

アンボイナのとても安くておいしいガジョン
「極楽の魚たち」リブロポート　1991
◇II–116（カラー）　ファロワズ, サムエル原画, ル
ナール, L.『モルッカ諸島産彩色魚類図譜 ファ
ン・デル・ステル写本』 1718〜19 ［個人蔵］

アンボイナのハガツオ
「極楽の魚たち」リブロポート　1991
◇II–105（カラー）　ファロワズ, サムエル原画, ル
ナール, L.『モルッカ諸島産彩色魚類図譜 ファ
ン・デル・ステル写本』 1718〜19 ［個人蔵］

アンボイナの箱魚
「極楽の魚たち」リブロポート　1991
◇II–91, 122（カラー）　ファロワズ, サムエル原画,
ルナール, L.『モルッカ諸島産彩色魚類図譜 ファ
ン・デル・ステル写本』 1718〜19 ［個人蔵］

アンボイナのハラン
「極楽の魚たち」リブロポート　1991
◇II–192（カラー）　ファロワズ, サムエル原画, ル
ナール, L.『モルッカ諸島産彩色魚類図譜 ファ
ン・デル・ステル写本』 1718〜19 ［個人蔵］

アンボイナのブリーク
「極楽の魚たち」リブロポート　1991
◇II–97（カラー）　ファロワズ, サムエル原画, ル
ナール, L.『モルッカ諸島産彩色魚類図譜 ファ
ン・デル・ステル写本』 1718〜19 ［個人蔵］

アンボイナのローチ
「極楽の魚たち」リブロポート　1991
◇II–93（カラー）　ファロワズ, サムエル原画, ル
ナール, L.『モルッカ諸島産彩色魚類図譜 ファ
ン・デル・ステル写本』 1718〜19 ［個人蔵］

アンボンクロザメガイ？　　Conus litteratus
「世界大博物図鑑 別巻2」平凡社　1994
◇p150（カラー）　かなりデフォルメされた図　ド
ノヴァン, E.『博物宝典』 1823〜27

アンモナイト
「ビュフォンの博物誌」工作舎　1991
◇L050（カラー）　塔形種 Turrilites, 棒形種
Baculites『一般と個別の博物誌 ソンニーニ版』

アンモナイトなど　　Ammonoidea
「ビュフォンの博物誌」工作舎　1991
◇L049（カラー）　化石『一般と個別の博物誌 ソン
ニーニ版』

【い】

イイダコ　　Octopus ocellatus
「グラバー魚譜200選」長崎文献社　2005
◇p219（カラー）　倉場富三郎編, 長谷川雪香画
『日本西部及南部魚類図譜』 1913採集　［長崎大
学附属図書館］
「高松松平家所蔵 衆鱗図 3」香川県歴史博物館
友の会博物図譜刊行会　2003
◇p22（カラー）　飯鱝　松平頼恭 江戸時代（18世
紀）　紙本著色 画帖装（折本形式）　［個人蔵］

イエローテイル・ファングブレニー
⇒ヒゲニジギンポ属の1種（イエローテイル・
ファングブレニー）を見よ

イガイ
「彩色 江戸博物学集成」平凡社　1994
◇p330〜331（カラー）　毛利梅園『梅園介譜』
［個人蔵］

イガグリガニ　　Paralomis hystrix
「高松松平家所蔵 衆鱗図 3」香川県歴史博物館
友の会博物図譜刊行会　2003
◇p33（カラー）　宿借　松平頼恭 江戸時代（18世
紀）　紙本著色 画帖装（折本形式）　［個人蔵］
「世界大博物図鑑 1」平凡社　1991
◇p113（カラー）　松平頼恭『衆鱗図』 18世紀後半
［松平公益会］

イカナゴ　　Ammodytes personatus
「江戸博物文庫 魚の巻」工作舎　2017
◇p9（カラー）　玉筋魚『魚譜』　［国立国会図書
館］
「グラバー魚譜200選」長崎文献社　2005
◇p65（カラー）　倉場富三郎編, 中村三郎画『日本
西部及南部魚類図譜』 1918採集　［長崎大学附
属図書館］
「高松松平家所蔵 衆鱗図 2」香川県歴史博物館
友の会博物図譜刊行会　2002
◇p45（カラー）　きわうを　松平頼恭 江戸時代
（18世紀）　紙本著色 画帖装（折本形式）　［個人
蔵］
「世界大博物図鑑 2」平凡社　1989
◇p332（カラー）　伊藤熊太郎筆『博物館魚譜』
［東京国立博物館］

イカナゴの1種　　Ammodytes sp.
「ビュフォンの博物誌」工作舎　1991
◇K026（カラー）『一般と個別の博物誌 ソンニー
ニ版』

イカの「クチバシ」
「ビュフォンの博物誌」工作舎　1991
◇L011（カラー）『一般と個別の博物誌 ソンニー
ニ版』

イカリナマコ
「水中の驚異」リブロポート　1990
◇p79（カラー）　デュモン・デュルヴィル『アスト

魚・貝・水生生物　　　　　　　　　　　　　　いしか

ロラブ号世界周航記』　1830〜35

イクビゲンゲ　Maynea bulbiceps
「世界大博物図鑑 2」平凡社　1989
◇p93（カラー）　ガーマン, S.著, ウェスターグレン原図『ハーヴァード大学比較動物学記録 第24巻〈アルバトロス号調査報告—魚類編〉』　1899 手彩色石版画

イケチョウガイ
「彩色 江戸博物学集成」平凡社　1994
◇p39（カラー）　貝原益軒『大和本草諸品図』

いさき
「魚の手帖」小学館　1991
◇70図（カラー）　伊佐木・鶏魚　毛利梅園『梅園魚譜/梅園魚品図正』　1826〜1843,1832〜1836 ［国立国会図書館］

イサキ　Parapristipoma trilineatum
「グラバー魚譜200選」長崎文献社　2005
◇p115（カラー）　倉場富三郎編, 萩原魚仙画『日本西部及南部魚類図譜』　1915採集　［長崎大学附属図書館］
「高松松平家所蔵 衆鱗図 2」香川県歴史博物館友の会博物図譜刊行会　2002
◇p70（カラー）　いさ　松平頼恭 江戸時代（18世紀）　紙本著色 画帖装（折本形式）　［個人蔵］
「世界大博物図鑑 2」平凡社　1989
◇p285（カラー）　大野麦風『大日本魚類画集』　昭和12〜19　彩色木版

イサキ
「彩色 江戸博物学集成」平凡社　1994
◇p198〜199（カラー）　体色は異常　栗本丹洲『魚譜』　［国会図書館］

イサザ　Gymnogobius isaza
「高松松平家所蔵 衆鱗図 3」香川県歴史博物館友の会博物図譜刊行会　2003
◇p81（カラー）　湖ハゼ　松平頼恭 江戸時代（18世紀）　紙本著色 画帖装（折本形式）　［個人蔵］

イサザアミのなかま　Neomysis sp.
「世界大博物図鑑 1」平凡社　1991
◇p73（カラー）　田中芳男『博物館虫譜』　1877（明治10）頃

イサミハダキュウセン　Halichoeres podostigma
「世界大博物図鑑 2」平凡社　1989
◇p356（カラー）　ブレイカー, M.P.『蘭領東インド魚類図譜』　1862〜78　色刷り石版画

イザリウオ　Antennarius striatus
「高松松平家所蔵 衆鱗図 2」香川県歴史博物館友の会博物図譜刊行会　2002
◇p42（カラー）　つりたらうを　松平頼恭 江戸時代（18世紀）　紙本著色 画帖装（折本形式）　［個人蔵］
「南海の魚類 博物画の至宝」平凡社　1995
◇pl.99（カラー）　ギュンター, A.C.L.G., ギャレット, A. 1873〜1910

イザリウオ
「極楽の魚たち」リブロポート　1991
◇I-212（カラー）　サンビア　ルナール, L.『モルッカ諸島産彩色魚類図譜 コワイエト写本』　1718〜19　［個人蔵］
◇II-33（カラー）　サンビア　ファロワズ, サムエル原画, ルナール, L.『モルッカ諸島産彩色魚類図譜 ファン・デル・ステル写本』　1718〜19 ［個人蔵］
◇II-171（カラー）　カエル　ファロワズ, サムエル原画, ルナール, L.『モルッカ諸島産彩色魚類図譜 ファン・デル・ステル写本』　1718〜19　［個人蔵］

イザリウオ属の1種　Antennarius sp.
「南海の魚類 博物画の至宝」平凡社　1995
◇pl.106（カラー）　Antennarius commersonii, var.　ギュンター, A.C.L.G., ギャレット, A. 1873〜1910

イザリウオの1種　Antennarius sp.
「世界大博物図鑑 2」平凡社　1989
◇p461（カラー）　高木春山『本草図説』　？〜1852　［愛知県西尾市立岩瀬文庫］
◇p464（カラー）　ファロアズ, サムエル原画, ルナール, L.『モルッカ諸島魚類彩色図譜』　1754 ［国文学研究資料館史料館］

イザリウオモドキ　Antennatus tuberosus
「南海の魚類 博物画の至宝」平凡社　1995
◇pl.105（カラー）　Antennarius bigibbus　ギュンター, A.C.L.G., ギャレット, A. 1873〜1910

イサリビウオ　Gonichthys tenuiculus
「世界大博物図鑑 2」平凡社　1989
◇p100（カラー）　ガーマン, S.著, ウェスターグレン原図『ハーヴァード大学比較動物学記録 第24巻〈アルバトロス号調査報告—魚類編〉』　1899 手彩色石版画

イシエビ　Sicyonia cristata
「高松松平家所蔵 衆鱗図 3」香川県歴史博物館友の会博物図譜刊行会　2003
◇p11（カラー）　（付札なし）　松平頼恭 江戸時代（18世紀）　紙本著色 画帖装（折本形式）　［個人蔵］
◇p16（カラー）　（付札なし）　松平頼恭 江戸時代（18世紀）　紙本著色 画帖装（折本形式）　［個人蔵］

イシガイの1種　Unio obtusa
「世界大博物図鑑 別巻2」平凡社　1994
◇p227（カラー）　キュヴィエ, G.L.C.F.D.『動物界（門徒版）』　1836〜49

イシガイの1種　Unio sp.
「ビュフォンの博物誌」工作舎　1991
◇L063（カラー）『一般と個別の博物誌 ソンニーニ版』

イシガキウミウシ　Dendrodoris tuberculosa
「世界大博物図鑑 別巻2」平凡社　1994
◇p171（カラー）　デュモン・デュルヴィル, J.S.C.『アストロラブ号世界周航記』　1830〜35　ス

博物図譜レファレンス事典 動物篇　**119**

いしか　　　　　　　　　　　　　　　　　　　　魚・貝・水生生物

ティップル印刷

イシガキスズメダイ　Plectroglyphidodon dickii
「南海の魚類 博物画の至宝」平凡社　1995
　◇pl.125（カラー）　Glyphidodon dickii　ギュンター，A.C.L.G.，ギャレット，A. 1873〜1910

イシガキダイ　Oplegnathus punctatus
「江戸博物文庫 魚の巻」工作舎　2017
　◇p136（カラー）　石垣鯛　栗本丹洲『栗氏魚譜』［国立国会図書館］
「グラバー魚譜200選」長崎文献社　2005
　◇p95（カラー）　倉場富三郎編，小田紫星画『日本西部及南部魚類図譜』1916採集［長崎大学附属図書館］
「高松松平家所蔵 衆鱗図 1」香川県歴史博物館友の会博物図譜刊行会　2001
　◇p31（カラー）　胡麻石鯛　松平頼恭 江戸時代（18世紀）　紙本著色 画帖装（折本形式）［個人蔵］
　◇p31（カラー）　別種 胡麻石鯛　松平頼恭 江戸時代（18世紀）　紙本著色 画帖装（折本形式）［個人蔵］
「鳥獣虫魚譜」八坂書房　1988
　◇p62（カラー）　幼魚　松森胤保『両羽魚類図譜』［酒田市立光丘文庫］

イシガキダイ？
「彩色 江戸博物学集成」平凡社　1994
　◇p198〜199（カラー）　栗本丹洲『魚譜』［国会図書館］

イシガキハタ　Epinephelus hexagonatus
「南海の魚類 博物画の至宝」平凡社　1995
　◇pl.7（カラー）　variet. ギュンター，A.C.L.G.，ギャレット，A. 1873〜1910

いしがきふぐ
「魚の手帖」小学館　1991
　◇27図（カラー）　石垣河豚　毛利梅園『梅園魚譜/梅園魚品図正』1826〜1843,1832〜1836［国立国会図書館］

イシガキフグ　Chilomycterus reticulatus
「江戸博物文庫 魚の巻」工作舎　2017
　◇p71（カラー）　石垣河豚　毛利梅園『梅園魚譜』［国立国会図書館］
「日本の博物図譜」東海大学出版会　2001
　◇p57（白黒）『旧東京帝室博物館天産部図譜』［国立科学博物館］
「南海の魚類 博物画の至宝」平凡社　1995
　◇pl.179（カラー）　Chilomycterus lissogenys（Sandwich Inseln.）ギュンター，A.C.L.G.，ギャレット，A. 1873〜1910

イシガニ　Charybdis japonica
「グラバー魚譜200選」長崎文献社　2005
　◇p233（カラー）　倉場富三郎編，萩原魚仙画『日本西部及南部魚類図譜』1933採集［長崎大学附属図書館］
「高松松平家所蔵 衆鱗図 3」香川県歴史博物館

友の会博物図譜刊行会　2003
　◇p37（カラー）　津蟹　松平頼恭 江戸時代（18世紀）　紙本著色 画帖装（折本形式）［個人蔵］
　◇p41（カラー）　（付札なし）　松平頼恭 江戸時代（18世紀）　紙本著色 画帖装（折本形式）［個人蔵］
「世界大博物図鑑 1」平凡社　1991
　◇p129（カラー）　栗本丹洲『千蟲譜』文化8（1811）

イシガニ　Charybdis japonicus
「日本の博物図譜」東海大学出版会　2001
　◇図45（カラー）　平木政次筆『蟹類写生図』［国立科学博物館］

イシカブラガイ　Mugil antiquatus
「世界大博物図鑑 別巻2」平凡社　1994
　◇p135（カラー）　キュヴィエ，G.L.C.F.D.『動物界（門徒版）』1836〜49

いしがれい
「魚の手帖」小学館　1991
　◇43図（カラー）　石鰈　毛利梅園『梅園魚譜/梅園魚品図正』1826〜1843,1832〜1836［国立国会図書館］
　◇95図（カラー）　石鰈　毛利梅園『梅園魚譜/梅園魚品図正』1826〜1843,1832〜1836［国立国会図書館］

イシサンゴ
「水中の驚異」リプロポート　1990
　◇p61（白黒）　フレシネ『ユラニー号・フィジシェヌ号世界周航図録』1824
　◇p110（カラー）　ドノヴァン，E.『博物宝典』1834

イシサンゴのなかま　Meandrina tenuis
「世界大博物図鑑 別巻2」平凡社　1994
　◇p82（カラー）　キュヴィエ，G.L.C.F.D.『動物界（門徒版）』1836〜49

イシサンゴ目の1種　Order Scleractinia
「高木春山 本草図説 水産」リプロポート　1988
　◇p91（カラー）　石帆 琉球ノ産

いしだい
「魚の手帖」小学館　1991
　◇58図（カラー）　石鯛　毛利梅園『梅園魚譜/梅園魚品図正』1826〜1843,1832〜1836［国立国会図書館］

イシダイ　Oplegnathus fasciatus
「江戸博物文庫 魚の巻」工作舎　2017
　◇p52（カラー）　縞鯛　幼魚　毛利梅園『梅園魚品図正』［国立国会図書館］
「グラバー魚譜200選」長崎文献社　2005
　◇p94（カラー）　若魚　倉場富三郎編，小田紫星画『日本西部及南部魚類図譜』1912採集［長崎大学附属図書館］
「高松松平家所蔵 衆鱗図 2」香川県歴史博物館友の会博物図譜刊行会　2002
　◇p98（カラー）　しまうを　松平頼恭 江戸時代（18世紀）　紙本著色 画帖装（折本形式）［個人

魚・貝・水生生物　　　　　　　　　　　　　　　　　　　　　　　いせえ

蔵]
「高松松平家所蔵 衆鱗図 1」香川県歴史博物館
友の会博物図譜刊行会　2001
　◇p13（カラー）　口黒鯛　老成したオス個体　松
　　平頼恭 江戸時代（18世紀）　紙本著色 画帖装（折
　　本形式）　［個人蔵］
　◇p27（カラー）　鷺羽鯛　松平頼恭 江戸時代（18
　　世紀）　紙本著色 画帖装（折本形式）　［個人蔵］
　◇p29（カラー）　嶋石鯛　松平頼恭 江戸時代（18
　　世紀）　紙本著色 画帖装（折本形式）　［個人蔵］
　◇p63（カラー）　雀ハタ　幼魚　松平頼恭 江戸時
　　代（18世紀）　紙本著色 画帖装（折本形式）　［個
　　人蔵］
「世界大博物図鑑 2」平凡社　1989
　◇p240（カラー）　クルーゼンシュテルン『クルー
　　ゼンシュテルン周航図録』 1813

イシダイ
「彩色 江戸博物学集成」平凡社　1994
　◇p78〜79（カラー）　オスの老成魚　松平頼恭
　　『衆鱗図』　［松平公益会］
　◇p402〜403（カラー）　奥倉辰行『水族写真』
　　［東京都立中央図書館］

イシダイとイシガキダイの交雑個体
「グラバー魚譜200選」長崎文献社　2005
　◇p96（カラー）　いしがきだい？　イシダイの横
　　帯とイシガキダイの斑点が共存　倉場富三郎編、
　　中村三郎画『日本西部及南部魚類図譜』 1917採
　　集　［長崎大学附属図書館］

イシダタミガイ
「彩色 江戸博物学集成」平凡社　1994
　◇p210（カラー）　銀榮蝶　武蔵石寿『甲介群分品
　　彙』　［国会図書館］

イシダタミガイの1種　Monodonta sp.
「ビュフォンの博物誌」工作舎　1991
　◇L053（カラー）『一般と個別の博物誌 ソンニー
　　二版』

イシダタミヤドカリ　Dardanus crassimanus
「日本の博物図譜」東海大学出版会　2001
　◇p42（白黒）　服部雪斎筆『目八譜』　［東京国立
　　博物館］

イシダタミヤドカリ
「彩色 江戸博物学集成」平凡社　1994
　◇p218〜219（カラー）　奇居虫　サザエの殻には
　　いっている個体、殻から脱け出た個体　武蔵石寿
　　『目八譜』　［東京国立博物館］

イシビラメ　Psetta maxima
「ビュフォンの博物誌」工作舎　1991
　◇K063（カラー）『一般と個別の博物誌 ソンニー
　　二版』

イシモチ
「極楽の魚たち」リブロポート　1991
　◇I-139（カラー）　モーリシャスの記念品　ルナー
　　ル, L.『モルッカ諸島産彩色魚類図譜 コワイエト
　　写本』 1718〜19　［個人蔵］
　◇II-144（カラー）　バグワルのガジョン　ファロ
　　ワズ, サムエル原画、ルナール, L.『モルッカ諸島

産彩色魚類図譜 ファン・デル・ステル写本』
1718〜19　［個人蔵］

イシヨウジ　Corythoichthys flavofasciatus
「南海の魚類 博物画の至宝」平凡社　1995
　◇pl.167（カラー）　Syngnathus conspicillatus
　　（Gesellschafts Ins.）　ギュンター, A.C.L.G.,
　　ギャレット, A. 1873〜1910

イシヨウジ　Corythoichthys haematopterus
「世界大博物図鑑 2」平凡社　1989
　◇p201（カラー）　グレー, J.E.著、ホーキンズ,
　　ウォーターハウス石版『インド動物図譜』 1830
　　〜35

イシヨウジ
「彩色 江戸博物学集成」平凡社　1994
　◇p118〜119（カラー）　小野蘭山『魚彙』　［岩瀬
　　文庫］
「極楽の魚たち」リブロポート　1991
　◇I-30（カラー）　黄色の長い奴　ルナール, L.『モ
　　ルッカ諸島産彩色魚類図譜 コワイエト写本』
　　1718〜19　［個人蔵］

イシヨウジ？　Corythoichthys fasciatus？
「鳥獣虫魚譜」八坂書房　1988
　◇p56（カラー）　藻モジロ、揚枋魚　松森胤保『両
　　羽魚類図譜』　［酒田市立光丘文庫］

イジンノユメハマグリ　Callanaitis disjecta
「世界大博物図鑑 別巻2」平凡社　1994
　◇p215（カラー）　ドノヴァン, E.『博物宝典』
　　1823〜27

イズカサゴ？　Scorpaena izensis？
「鳥獣虫魚譜」八坂書房　1988
　◇p64（カラー）　アカラ、悪面　松森胤保『両羽魚
　　類図譜』　［酒田市立光丘文庫］

イスズミ　Kyphosus cinerascens
「世界大博物図鑑 2」平凡社　1989
　◇p268（カラー）　リュッペル, W.P.E.S.『アビシ
　　ニア動物図譜』 1835〜40

イスズミ　Kyphosus vaigiensis
「高松松平家所蔵 衆鱗図 4」香川県歴史博物館
友の会博物図譜刊行会　2004
　◇p22（カラー）　（付札なし）　松平頼恭 江戸時代
　　（18世紀）　紙本著色 画帖装（折本形式）　［個人
　　蔵］

イスズミ
「彩色 江戸博物学集成」平凡社　1994
　◇p198〜199（カラー）　栗本丹洲『魚譜』　［国会
　　図書館］

イースタン・ブルーデビル
　⇒タナバタウオ科の1種（イースタン・ブルー
　　デビル）を見よ

イセエビ　Panulirus japonicus
「グラバー魚譜200選」長崎文献社　2005
　◇p231（カラー）　倉場富三郎編、萩原魚仙画『日
　　本西部及南部魚類図譜』 1914採集　［長崎大学

博物図譜レファレンス事典 動物篇　**121**

いせえ　　　　　　　　　　魚・貝・水生生物

附属図書館]
「高松松平家所蔵 衆鱗図 3」香川県歴史博物館
　友の会博物図譜刊行会　2003
　◇p11（カラー）　鎌倉蝦　松平頼恭 江戸時代（18
　　世紀）　紙本著色 画帖装（折本形式）　［個人蔵］
「世界大博物図鑑 1」平凡社　1991
　◇p88（カラー）　大野麦風『大日本魚類画集』
　　1937～44（昭和12～19）　彩色木版

イセエビ
「江戸名作画帖全集 8」駸々堂出版　1995
　◇図50（カラー）　赤エビ・鎌倉蝦・アツキエビ
　　松平頼恭編『衆鱗図』　紙本着色　［松平公益会］
「彩色 江戸博物学集成」平凡社　1994
　◇p78～79（カラー）　鎌倉蝦 松平頼恭『衆鱗図』
　　［松平公益会］
「江戸の動植物図」朝日新聞社　1988
　◇p12～13（カラー）　松平頼恭, 三木文柳『衆鱗
　　図』　［松平公益会］

イセエビの1種
「極楽の魚たち」リブロポート　1991
　◇II-241（カラー）　ザリガニ　ファロワズ, サムエ
　　ル原画, ルナール, L.『モルッカ諸島産彩色魚類
　　図譜 ファン・デル・ステル写本』　1718～19
　　［国文学研究資料館史料館］

イセゴイ　Megalops cyprinoides
「世界大博物図鑑 2」平凡社　1989
　◇p52（カラー）　キュヴィエ, G.L.C.F.D., ヴァラ
　　ンシエンヌ, A.『魚の博物誌』　1828～50

イソアイナメ　Lotella phycis
「江戸博物文庫 魚の巻」工作舎　2017
　◇p5（カラー）　磯鮎魚女『魚譜』　［国立国会図書
　　館］

イソアワモチ科　Oncidiidae
「ビュフォンの博物誌」工作舎　1991
　◇L051（カラー）『一般と個別の博物誌 ソンニー
　　ニ版』

イソアワモチのなかま　Oncis glanulosa, Onchidium marmoratum
「世界大博物図鑑 別巻2」平凡社　1994
　◇p173（カラー）　デュプレ, L.I.『コキーユ号航海
　　記』　1826～34

イソガニ？　Hemigrapsus sanguineus？
「世界大博物図鑑 1」平凡社　1991
　◇p136（カラー）　後藤黎春『随観写真』　明和8
　　（1771）頃

イソカニダマシ　Petrolisthes japonicus
「高松松平家所蔵 衆鱗図 3」香川県歴史博物館
　友の会博物図譜刊行会　2003
　◇p42（カラー）　（付札なし）　松平頼恭 江戸時代
　　（18世紀）　紙本著色 画帖装（折本形式）　［個人
　　蔵］

イソギンチャク
「水中の驚異」リブロポート　1990
　◇p28（カラー）　ゴス, P.H.『イギリスのイソギ

ンチャクとサンゴ』　1860
　◇p29（カラー）　ゴス, P.H.『イギリスのイソギ
　　ンチャクとサンゴ』　1860
　◇p32～33（カラー）　ゴス, P.H.『イギリスのイ
　　ソギンチャクとサンゴ』　1860
　◇p49（カラー）　アンドレス, A.『ナポリ湾海洋研
　　究所紀要〈イソギンチャク類篇〉』　1884
　◇p52（カラー）　アンドレス, A.『ナポリ湾海洋研
　　究所紀要〈イソギンチャク類篇〉』　1884
　◇p54～55（カラー）　アンドレス, A.『ナポリ湾海
　　洋研究所紀要〈イソギンチャク類篇〉』　1884
　◇p57（白黒）　アンドレス, A.『ナポリ湾海洋研究
　　所紀要〈イソギンチャク類篇〉』　1884
　◇p132（白黒）　キングズリ, G., サワビー, J.『グ
　　ラウコス』　1859
　◇p140（白黒）『マイヤース百科事典』　1902
　◇p152（白黒）　サワビー, J.『イギリス動物学雑
　　録』　1804～06

イソギンチャクのなかま　'Actinia novae hyberniae', 'A.papillosa', 'A.bicolor', 'A. macloviana', 'A.ocellata', 'A.picta', 'A. vagans', 'A.nivea'
「世界大博物図鑑 別巻2」平凡社　1994
　◇p73（カラー）　ウメボシイソギンチャク　デュ
　　プレ, L.I.『コキーユ号航海記』　1826～34

イソギンチャクのなかま　Actinaria
「世界大博物図鑑 別巻2」平凡社　1994
　◇p73（カラー）　紅海にすむ種　リュッペル, W.
　　P.E.S.『北アフリカ探検図譜』　1826～28

イソギンチャクのなかま　Cereus pedunculatus
「世界大博物図鑑 別巻2」平凡社　1994
　◇p66（カラー）　アンドレス, A.『ナポリ湾海洋研
　　究所紀要〈イソギンチャク篇〉』　1884 色刷り石
　　版画

イソギンチャクのなかま
「世界大博物図鑑 別巻2」平凡社　1994
　◇p67（カラー）　Cereus pedunculatus,
　　Mesacmaea stellata, セイタカイソギンチャクの
　　1種Aiptasia couchii, Cylista impatiens,
　　Bunodes thallia, ヒダベリイソギンチャクの1種
　　Metridium praetextum, Heliactis troglodytes,
　　Anthea cereus, セイタカイソギンチャクの1種
　　Aiptasia undata, セイタカイソギンチャクの1種
　　A.diaphana, Bunodactis monilifera, ウスマメ
　　ホネナシサンゴCorynactis viridis, ヒダベリイソ
　　ギンチャクの1種Metridium concinnatum, ナゲ
　　ナワイソギンチャクの1種Sagartia
　　chrysosplenium, Actinoloba dianthus　ヘッケ
　　ル, E.H.P.A.『自然の造形』　1899～1904　多色
　　石版画
「水中の驚異」リブロポート　1990
　◇p148（白黒）　レニエ, S.A.『アドリア海の無脊
　　椎動物』　1793

魚・貝・水生生物　　　　　　　　　　　　　　　　いたや

イソギンチャク類　‘Actinia sanctae-helenae’,
‘A.peruviana’, ‘A.capensis’, ‘A.chilensis’, ‘A.
dubia’
「世界大博物図鑑　別巻2」平凡社　1994
　◇p72（カラー）　デュプレ, L.I.『コキーユ号航海
　　記』1826～34

イソクズガニ　Tiarinia cornigera
「高松松平家所蔵 衆鱗図 3」香川県歴史博物館
　友の会博物図譜刊行会　2003
　◇p35（カラー）　別種 藻蟹　松平頼恭 江戸時代
　　（18世紀）　紙本著色 画帖装（折本形式）　［個人
　　蔵］

イソゴンベ　Cirrhitus pinnulatus
「南海の魚類 博物画の至宝」平凡社　1995
　◇pl.51（カラー）　Cirrhites maculatus　ギュン
　　ター, A.C.L.G., ギャレット, A. 1873～1910
「世界大博物図鑑 2」平凡社　1989
　◇p293（カラー）　ギャレット, A.原図, ギュン
　　ター, A.C.L.G.解説『南海の魚類』　1873～1910

イソスジエビ　Palaemon pacificus
「高松松平家所蔵 衆鱗図 3」香川県歴史博物館
　友の会博物図譜刊行会　2003
　◇p13（カラー）　ムツエビ　松平頼恭 江戸時代
　　（18世紀）　紙本著色 画帖装（折本形式）　［個人
　　蔵］
　◇p16（カラー）　（付札なし）　松平頼恭 江戸時代
　　（18世紀）　紙本著色 画帖装（折本形式）　［個人
　　蔵］

イソバナのなかま　Melithaea sp.
「世界大博物図鑑　別巻2」平凡社　1994
　◇p59（カラー）　エーレト図, エリス, J.著『珍品
　　植虫類の博物誌』1786　手彩色銅版図

イソマグロ　Gymnosarda unicolor
「世界大博物図鑑 2」平凡社　1989
　◇p320（カラー）　リュッペル, W.P.E.S.『アビシ
　　ニア動物図譜』1835～40

イソメのなかま　Eunice aenea
「世界大博物図鑑 1」平凡社　1991
　◇p21（カラー）　ゲイ, C.『チリ自然社会誌』
　　1844～71

イソメのなかま　Eunice gigantea
「世界大博物図鑑 1」平凡社　1991
　◇p21（カラー）　キュヴィエ, G.L.C.F.D.『動物
　　界』1836～49　手彩色銅版

イソモンガラ　Pseudobalistes fuscus
「南海の魚類 博物画の至宝」平凡社　1995
　◇pl.168（カラー）　Balistes fuscus（Kingsmill
　　Inseln.）　ギュンター, A.C.L.G., ギャレット,
　　A. 1873～1910
「世界大博物図鑑 2」平凡社　1989
　◇p437（カラー）　リュッペル, W.P.E.S.『アビシ
　　ニア動物図譜』1835～40

イソモンガラ
「極楽の魚たち」リブロポート　1991

　◇I-24（カラー）　ツーリング　ルナール, L.『モ
　　ルッカ諸島産彩色魚類図譜 コワイエト写本』
　　1718～19　［個人蔵］

イソワタリガニ　Carcinus maenas
「世界大博物図鑑 1」平凡社　1991
　◇p128（カラー）　ヘルブスト, J.F.W.『蟹蝦分類
　　図譜』1782～1804

イタチウオ　Brotula multibarbata
「江戸博物文庫 魚の巻」工作舎　2017
　◇p105（カラー）　鼬魚　栗本丹洲『栗氏魚譜』
　　［国立国会図書館］
「グラバー魚譜200選」長崎文献社　2005
　◇p211（カラー）　倉場富三郎編, 長谷川雪香画
　　『日本西部及南部魚類図譜』1915採集　［長崎大
　　学附属図書館］
「高松松平家所蔵 衆鱗図 4」香川県歴史博物館
　友の会博物図譜刊行会　2004
　◇p18（カラー）　海鯰　松平頼恭 江戸時代（18世
　　紀）　紙本著色 画帖装（折本形式）　［個人蔵］

イタチザメ　Galeocerdo cuvier
「グラバー魚譜200選」長崎文献社　2005
　◇p24（カラー）　未定　倉場富三郎編, 萩原魚仙画
　　『日本西部及南部魚類図譜』1913採集　［長崎大
　　学附属図書館］

イタチザメ　Galeocerdo cuvieri
「世界大博物図鑑 2」平凡社　1989
　◇p25（カラー）　マクドナルド, J.D.原図『ロンド
　　ン動物学協会紀要』1861～90（第2期）

イダテントビウオ　Exocoetus volitans
「ビュフォンの博物誌」工作舎　1991
　◇K075（カラー）『一般と個別の博物誌 ソンニー
　　二版』
「世界大博物図鑑 2」平凡社　1989
　◇p188（カラー）　ドノヴァン, E.『英国産魚類誌』
　　1802～08

イタヤガイ　Pecten albicans
「鳥獣虫魚譜」八坂書房　1988
　◇p77（カラー）　松森胤保『両羽貝蝶図譜』　［酒
　　田市立光丘文庫］

イタヤガイ　Pecten（Notovola）albicans
（Schröter）
「高木春山 本草図説 水産」リブロポート　1988
　◇p88（カラー）　ほたてかひ 小ナルモノ

イタヤガイ
「彩色 江戸博物学集成」平凡社　1994
　◇p38（カラー）　海扇　貝原益軒『大和本草諸
　　品図』

イタヤガイの1種　Pecten sp.
「世界大博物図鑑　別巻2」平凡社　1994
　◇p190（カラー）　摩滅したため原形をとどめてい
　　ない　クノール, G.W.『貝類図譜』1764～75
「ビュフォンの博物誌」工作舎　1991
　◇L061（カラー）『一般と個別の博物誌 ソンニー
　　二版』

博物図譜レファレンス事典 動物篇　**123**

いちめ　　　　　　　　　　　　　魚・貝・水生生物

イチメガサクラゲの1種
「美しいアンティーク生物画の本」創元社　2017
　◇p71（カラー）　Agliscra ignea　Chun, Carl
　　『Wissenschaftliche Ergebnisse der Deutschen
　　Tiefsee-Expedition auf dem Dampfer
　　"Valdivia"1898–1899』1902〜40

イチモンジスズメダイ　Chrysiptera
unimaculata
「世界大博物図鑑 2」平凡社　1989
　◇p349（カラー）　ミュラー, S.『蘭領インド自然
　　誌』1839〜44

イチモンジブダイ　Scarus forsteni
「南海の魚類 博物画の至宝」平凡社　1995
　◇pl.155（カラー）　Pseudoscarus forsteri
　　（Tahiti）　オス　ギュンター, A.C.L.G., ギャ
　　レット, A. 1873〜1910

イチョウガイ
「彩色 江戸博物学集成」平凡社　1994
　◇p123（カラー）　銀杏貝　木村蒹葭堂『奇貝図譜』
　　[辰馬考古資料館]
　◇p210（カラー）　銀杏貝　武蔵石寿『甲介群分品
　　彙』[国会図書館]

イチョウガニの1種の器官　Cancer sp.
「ビュフォンの博物誌」工作舎　1991
　◇M039（カラー）『一般と個別の博物誌 ソンニー
　　ニ版』

イッテンアカタチ　Acanthocepola limbata
「グラバー魚譜200選」長崎文献社　2005
　◇p93（カラー）　倉場富三郎編, 萩原魚仙画『日本
　　西部及南部魚類図譜』1912採集　[長崎大学附
　　属図書館]
「高松松平家所蔵 衆鱗図 2」香川県歴史博物館
友の会博物図譜刊行会　2002
　◇p83（カラー）　（墨書なし）　松平頼恭 江戸時代
　　（18世紀）　紙本著色 画帖装（折本形式）　[個人
　　蔵]

イッテンアカタチ　Acanthocepola limbata？
「ビュフォンの博物誌」工作舎　1991
　◇K034（カラー）『一般と個別の博物誌 ソンニー
　　ニ版』

イッテンフエダイ　Lutjanus monostigma
「南海の魚類 博物画の至宝」平凡社　1995
　◇pl.16（カラー）　Mesoprion monostigma　ギュ
　　ンター, A.C.L.G., ギャレット, A. 1873〜1910

イットウダイ　Sargocentron spinosissimum
「江戸博物文庫 魚の巻」工作舎　2017
　◇p106（カラー）　一刀鯛　栗本丹洲『栗氏魚譜』
　　[国立国会図書館]
「グラバー魚譜200選」長崎文献社　2005
　◇p67（カラー）　倉場富三郎編, 萩原魚仙画『日本
　　西部及南部魚類図譜』1914採集　[長崎大学附
　　属図書館]
「高松松平家所蔵 衆鱗図 1」香川県歴史博物館
友の会博物図譜刊行会　2001
　◇p32（カラー）　紅姫小鯛　松平頼恭 江戸時代

（18世紀）　紙本著色 画帖装（折本形式）　[個人
蔵]

イットウダイ
「彩色 江戸博物学集成」平凡社　1994
　◇p310（カラー）　畔田翠山　紙本着色 一幅
　　[和歌山市立博物館]
「極楽の魚たち」リブロポート　1991
　◇I-156（カラー）　検視官　ルナール, L.『モルッ
　　カ諸島産彩色魚類図譜 コワイエト写本』1718〜
　　19　[個人蔵]
　◇I-161（カラー）　海産ガジョン　ルナール, L.
　　『モルッカ諸島産彩色魚類図譜 コワイエト写本』
　　1718〜19　[個人蔵]

イットウダイ属の1種　Sargocentron
erythraum
「南海の魚類 博物画の至宝」平凡社　1995
　◇pl.63（カラー）　Holocentrum erythraum　ギュ
　　ンター, A.C.L.G., ギャレット, A. 1873〜1910

イトウ　Hucho perryi
「世界大博物図鑑 2」平凡社　1989
　◇p56（カラー）『博物館魚譜』　[東京国立博物館]

イトカケガイ科　Epitoniidae
「ビュフォンの博物誌」工作舎　1991
　◇L053（カラー）『一般と個別の博物誌 ソンニー
　　ニ版』

イトグルマガイ
「彩色 江戸博物学集成」平凡社　1994
　◇p123（カラー）　九輪介　木村蒹葭堂『奇貝図譜』
　　[辰馬考古資料館]

イトヒキアジ　Alectis ciliaris
「江戸博物文庫 魚の巻」工作舎　2017
　◇p107（カラー）　糸引鯵　栗本丹洲『栗氏魚譜』
　　[国立国会図書館]
「グラバー魚譜200選」長崎文献社　2005
　◇p86（カラー）　幼魚　倉場富三郎編, 萩原魚仙画
　　『日本西部及南部魚類図譜』1913採集　[長崎大
　　学附属図書館]
「高松松平家所蔵 衆鱗図 3」香川県歴史博物館
友の会博物図譜刊行会　2003
　◇p87（カラー）　（墨書なし）　幼魚　松平頼恭 江
　　戸時代（18世紀）　紙本著色 画帖装（折本形式）
　　[個人蔵]
「高松松平家所蔵 衆鱗図 2」香川県歴史博物館
友の会博物図譜刊行会　2002
　◇p96（カラー）　かいわり　幼魚　松平頼恭 江戸
　　時代（18世紀）　紙本著色 画帖装（折本形式）
　　[個人蔵]
「南海の魚類 博物画の至宝」平凡社　1995
　◇pl.89（カラー）　Caranx ciliaris, ad.et juv. 成
　　魚と幼魚　ギュンター, A.C.L.G., ギャレット,
　　A. 1873〜1910
「ビュフォンの博物誌」工作舎　1991
　◇K061（カラー）『一般と個別の博物誌 ソンニー
　　ニ版』
「世界大博物図鑑 2」平凡社　1989
　◇p304（カラー）　服部雪斎筆『博物館魚譜』

魚・貝・水生生物　　　　　　　　　　　　　　　　　　　いとめ

　［東京国立博物館］
　　◇p304（カラー）　栗本丹洲『栗氏魚譜』　文政2
　　（1819）　［国文学研究資料館史料館］
　　◇p304（カラー）　栗本丹洲『博物館魚譜』　［東
　　京国立博物館］

イトヒキイワシ　Bathypterois atricolor
「世界大博物図鑑 2」平凡社　1989
　　◇p96（カラー）　ガーマン, S.著、ウェスターグレ
　　ン原図『ハーヴァード大学比較動物学記録 第24
　　巻〈アルバトロス号調査報告―魚類編〉』　1899
　　手彩色石版画
　　◇p97（カラー）　ブラウアー, A.『深海魚』　1898
　　～99　石版色刷り

イトヒキギス　Sillaginopsis panijus
「世界大博物図鑑 2」平凡社　1989
　　◇p269（カラー）　キュヴィエ, G.L.C.F.D.『動物
　　界』　1836～49　手彩色銅版

イトヒキテンジクダイ　Apogon leptacanthus
「世界大博物図鑑 2」平凡社　1989
　　◇p242（カラー）　ギャレット, A.原図、ギュン
　　ター, A.C.L.G.解説『南海の魚類』　1873～1910

イトヒキブダイ　Scarus altipinnis
「南海の魚類 博物画の至宝」平凡社　1995
　　◇pl.160（カラー）　Pseudoscarus altipinnis
　　（Hervey Inseln.）　オス　ギュンター, A.C.L.
　　G.、ギャレット, A. 1873～1910
　　◇pl.161（カラー）　Pseudoscarus brevifilis
　　（Gesellschafts Ins.）　メス　ギュンター, A.C.
　　L.G.、ギャレット, A. 1873～1910

イトヒラアジ　Carangichthys dinema
「高松松平家所蔵 衆鱗図 4」香川県歴史博物館
　友の会博物図譜刊行会　2004
　　◇p20（カラー）　（付札なし）　松平頼恭 江戸時代
　　（18世紀）　紙本著色 画帖装（折本形式）　［個人
　　蔵］

イトフエフキ
「彩色 江戸博物学集成」平凡社　1994
　　◇p410（カラー）　奥倉辰行『水族四帖』　［国会
　　図書館］

イトマキエイ　Mobula japanica
「グラバー魚譜200選」長崎文献社　2005
　　◇p36（カラー）　倉場富三郎編、萩原魚仙画『日本
　　西部及南部魚類図譜』　1913採集　［長崎大学附
　　属図書館］

イトマキエイ　Mobula japonica
「江戸博物文庫 魚の巻」工作舎　2017
　　◇p98（カラー）　糸巻鱏　栗本丹洲『魚譜』　［国
　　立国会図書館］
「高松松平家所蔵 衆鱗図 2」香川県歴史博物館
　友の会博物図譜刊行会　2002
　　◇p32～33（カラー）　いとまきざめ　松平頼恭 江
　　戸時代（18世紀）　紙本著色 画帖装（折本形式）
　　［個人蔵］
「世界大博物図鑑 2」平凡社　1989
　　◇p29（カラー）『緑藻軒動物図』　編年不明　※天保

年間に活躍した赭鞭会同人のひとりの編著

いとまきざめ
「江戸名作画帖全集 8」髹々堂出版　1995
　　◇図54（カラー）　松平頼恭編『衆鱗図』　紙本着
　　色　［松平公益会］

イトマキヒトデ　Asterina pectinifera
「高松松平家所蔵 衆鱗図 3」香川県歴史博物館
　友の会博物図譜刊行会　2003
　　◇p59（カラー）　（付札なし）　松平頼恭 江戸時代
　　（18世紀）　紙本著色 画帖装（折本形式）　［個人
　　蔵］
「世界大博物図鑑 別巻2」平凡社　1994
　　◇p262（カラー）　栗本丹洲『千蟲譜』　文化8
　　（1811）

イトマキヒトデ
「水中の驚異」リプロポート　1990
　　◇p19（カラー）　ゴッス, P.H.『アクアリウム』
　　1854

イトマキヒトデのなかま　Asterina sp.
「世界大博物図鑑 別巻2」平凡社　1994
　　◇p262（カラー）　ヨーロッパ産　サワビー, J.『英
　　国博物学雑録』　1804～06

イトマキヒトデのなかま
「世界大博物図鑑 別巻2」平凡社　1994
　　◇p258（カラー）　ゴッス, P.H.『磯の一年』　1865
　　多色木版画

イトマキフグ　Kentrocapros aculeatus
「高松松平家所蔵 衆鱗図 2」香川県歴史博物館
　友の会博物図譜刊行会　2002
　　◇p88（カラー）　いしふく　松平頼恭 江戸時代
　　（18世紀）　紙本著色 画帖装（折本形式）　［個人
　　蔵］

イトマキフグ
「江戸の動植物図」朝日新聞社　1988
　　◇p11（カラー）　松平頼恭、三木文柳『衆鱗図』
　　［松平公益会］

イトマキフデガイ　Cancilla filaris
「世界大博物図鑑 別巻2」平凡社　1994
　　◇p142（カラー）　マーティン, T.『万国貝譜』
　　1784～87　手彩色銅版図

イトマキボラ　Pleuroploca trapezium
「世界大博物図鑑 別巻2」平凡社　1994
　　◇p143（カラー）　クノール, G.W.『貝類図譜』
　　1764～75

イトマキボラ科　Fasciolariidae
「ビュフォンの博物誌」工作舎　1991
　　◇L058（カラー）『一般と個別の博物誌 ソンニー
　　ニ版』

イトメ　Tylorrhynchus heterochetus
「世界大博物図鑑 1」平凡社　1991
　　◇p20（カラー）　栗本丹洲『千蟲譜』　文化8
　　（1811）

博物図譜レファレンス事典 動物篇　**125**

いとよ　　　　　　　　魚・貝・水生生物

イトヨ　Gasterosteus aculeatus aculeatus
「世界大博物図鑑 2」平凡社　1989
　◇p197（カラー）　夫婦による産卵行動　ドルビニ，
　　A.C.V.D.著，ウダール原図『万有博物事典』
　　1837　銅版カラー刷り
　◇p197（カラー）　イギリス産のオス，メス　ドノ
　　ヴァン，E.『英国産魚類誌』1802～08

イトヨリ　Nemipterus virgatus
「世界大博物図鑑 2」平凡社　1989
　◇p273（カラー）　大野麦風『大日本魚類画集』昭
　　12～19　彩色木版

イトヨリダイ　Nemipterus virgatus
「江戸博物文庫 魚の巻」工作舎　2017
　◇p41（カラー）　糸撚鯛　毛利梅園『梅園魚品図
　　正』　［国立国会図書館］
「グラバー魚譜200選」長崎文献社　2005
　◇p123（カラー）　倉場富三郎編，小田紫星画『日
　　本西部及南部魚類図譜』1912採集　［長崎大学
　　附属図書館］
「高松松平家所蔵 衆鱗図 1」香川県歴史博物館
　友の会博物図譜刊行会　2001
　◇p30（カラー）　絲ヨリ鯛　松平頼恭 江戸時代
　　（18世紀）　紙本著色 画帖装（折本形式）　［個人
　　蔵］

イトヨリダイ
「彩色 江戸博物学集成」平凡社　1994
　◇p402～403（カラー）　奥倉辰行『水族写真』
　　［東京都立中央図書館］

イナズマイタヤガイ　Pecten ziczac
「世界大博物図鑑 別巻2」平凡社　1994
　◇p190（カラー）　クノール，G.W.『貝類図譜』
　　1764～75

イナズマコオロギボラ　Cymbiola nobilis
「世界大博物図鑑 別巻2」平凡社　1994
　◇p144（カラー）　やや若い個体　ドノヴァン，E.
　　『博物宝典』1823～27
　◇p144（カラー）　キーネ，L.C.『ラマルク貝類
　　譜』1834～80　手彩色銅版図

イナズマヤシガイ　Melo umbilicatus
「世界大博物図鑑 別巻2」平凡社　1994
　◇p144（カラー）　キーネ，L.C.『ラマルク貝類
　　譜』1834～80　手彩色銅版図

イナズマヤッコ　Pomacanthus navarchus
「世界大博物図鑑 2」平凡社　1989
　◇p389（カラー）　成魚　ファロワズ，サムエル原
　　画，ルナール，L.『モルッカ諸島魚類彩色図譜』
　　1754　［国文学研究資料館史料館］

イナズマヤッコ
「極楽の魚たち」リブロポート　1991
　◇II-17（カラー）　提督　ファロワズ，サムエル原
　　画，ルナール，L.『モルッカ諸島産彩色魚類図譜
　　ファン・デル・ステル写本』1718～19　［個人
　　蔵］
　◇II-152（カラー）　男爵　ファロワズ，サムエル原
　　画，ルナール，L.『モルッカ諸島産彩色魚類図譜

　　ファン・デル・ステル写本』1718～19　［個人
　　蔵］

イナズマヤッコ成魚
「極楽の魚たち」リブロポート　1991
　◇I-92（カラー）　海軍大将　ルナール，L.『モルッ
　　カ諸島産彩色魚類図譜 コワイエト写本』1718～
　　19　［個人蔵］

イヌガシラハゼ　Sicyopterus cynocephalus
「世界大博物図鑑 2」平凡社　1989
　◇p337（カラー）　キュヴィエ，G.L.C.F.D.，ヴァ
　　ランシエンヌ，A.『魚の博物誌』1828～50

イヌノシタ属の1種　Cynoglossus sp.
「高松松平家所蔵 衆鱗図 2」香川県歴史博物館
　友の会博物図譜刊行会　2002
　◇p48（カラー）　うしのした　松平頼恭 江戸時代
　　（18世紀）　紙本著色 画帖装（折本形式）　［個人
　　蔵］

イヌヤライイシモチ　Cheilodipterus caninus
「世界大博物図鑑 2」平凡社　1989
　◇p243（カラー）　キュヴィエ，G.L.C.F.D.，ヴァ
　　ランシエンヌ，A.『魚の博物誌』1828～50

イネゴチ　Cociella crocodila
「江戸博物文庫 魚の巻」工作舎　2017
　◇p72（カラー）　稲鯔　毛利梅園『梅園魚譜』
　　［国立国会図書館］
「高松松平家所蔵 衆鱗図 1」香川県歴史博物館
　友の会博物図譜刊行会　2001
　◇p99（カラー）　蚰コチ　松平頼恭 江戸時代（18
　　世紀）　紙本著色 画帖装（折本形式）　［個人蔵］
「世界大博物図鑑 2」平凡社　1989
　◇p421（カラー）『アストロラブ号世界周航記』
　　1830～35　スティップル印刷

イバラウミウシのなかま　Okenia elegans
「世界大博物図鑑 別巻2」平凡社　1994
　◇p173（カラー）　ヘッケル，E.H.P.A.『自然の造
　　形』1899～1904　多色石版画

イバラガニモドキ　Lithodes aequispina
「高松松平家所蔵 衆鱗図 3」香川県歴史博物館
　友の会博物図譜刊行会　2003
　◇p31（カラー）　永代蟹　松平頼恭 江戸時代（18
　　世紀）　紙本著色 画帖装（折本形式）　［個人蔵］

イバラカンザシ　Spirobranchus giganteus
「世界大博物図鑑 1」平凡社　1991
　◇p28（カラー）　高木春山『本草図説』？ ～嘉永
　　5（？ ～1852）　［愛知県西尾市立岩瀬文庫］

イバラカンザシ　Spirobranchus giganteus
（Pallas）
「高木春山 本草図説 水産」リブロポート　1988
　◇p24～25（カラー）　山川花瀬，華瀬図，五色花
　　ノ図

イバラカンザシ
「彩色 江戸博物学集成」平凡社　1994
　◇p250～251（カラー）　五色花　高木春山『本草
　　図説』　［岩瀬文庫］

126　博物図譜レファレンス事典 動物篇

魚・貝・水生生物　　いら

イバラタツ　Hippocampus histrix
「南海の魚類 博物画の至宝」平凡社　1995
　◇pl.167（カラー）　Hippocampus hystrix
　（Gesellschafts Ins.）　ギュンター, A.C.L.G.,
　ギャレット, A.　1873～1910

イバラヒトデの1種
「美しいアンティーク生物画の本」創元社　2017
　◇p86（カラー）　Pontaster venustus　Arbert I,
　Prince of Monaco『Résultats des campagnes
　scientifiques accomplies sur son yacht par
　Albert ler, prince souverain de Monaco』1909

イボガザミ　Portunus haani
「高松松平家所蔵 衆鱗図 3」香川県歴史博物館
　友の会博物図譜刊行会　2003
　◇p34（カラー）　（付札なし）　松平頼恭 江戸時代
　（18世紀）　紙本著色 画帖装（折本形式）　［個人
　蔵］

イボクラゲの1種　Cephea octostyla
「世界大博物図鑑 別巻2」平凡社　1994
　◇p54（カラー）　キュヴィエ, G.L.C.F.D.『動物界
　（門徒版）』1836～49

イボクラゲの1種
「美しいアンティーク生物画の本」創元社　2017
　◇p68（カラー）　Cephea coerulea　Chun, Carl
　『Wissenschaftliche Ergebnisse der Deutschen
　Tiefsee–Expedition auf dem Dampfer
　“Valdivia”1898–1899』1902～40

イボクラゲのなかま　Cotylorhiza tuberculata
「世界大博物図鑑 別巻2」平凡社　1994
　◇p54（カラー）　キュヴィエ, G.L.C.F.D.『動物界
　（門徒版）』1836～49

イボザルガイ　Acanthocardia tubaerculata
「世界大博物図鑑 別巻2」平凡社　1994
　◇p198（カラー）　クノール, G.W.『貝類図譜』
　1764～75

イボシマイモガイ　Conus lividus
「世界大博物図鑑 別巻2」平凡社　1994
　◇p154（カラー）　デュモン・デュルヴィル, J.S.C.
　『アストロラブ号世界周航記』1830～35　ス
　ティップル印刷

イボショウジンガニ　Plagusia tuberculata
Lamarck
「高木春山 本草図説 水産」リブロポート　1988
　◇p83（カラー）　ヘイケカニ

イボソデガイ　Strombus lentignosus
「世界大博物図鑑 別巻2」平凡社　1994
　◇p123（カラー）　デュモン・デュルヴィル, J.S.C.
　『アストロラブ号世界周航記』1830～35　ス
　ティップル印刷

いぼだい
「魚の手帖」小学館　1991
　◇51図（カラー）　疣鯛　毛利梅園『梅園魚譜/梅園
　魚品図正』1826～1843,1832～1836　［国立国
　会図書館］

イボダイ　Psenopsis anomala
「江戸博物文庫 魚の巻」工作舎　2017
　◇p43（カラー）　疣鯛　毛利梅園『梅園魚品図正』
　［国立国会図書館］
「グラバー魚譜200選」長崎文献社　2005
　◇p87（カラー）　えぼだい　倉場富三郎編、小田紫
　星画『日本西部及南部魚類図譜』1912採集
　［長崎大学附属図書館］
「高松松平家所蔵 衆鱗図 2」香川県歴史博物館
　友の会博物図譜刊行会　2002
　◇p108（カラー）　いぼせ　松平頼恭 江戸時代（18
　世紀）　紙本著色 画帖装（折本形式）　［個人蔵］
「世界大博物図鑑 2」平凡社　1989
　◇p297（カラー）　栗本丹洲『栗氏魚譜』　文政2
　（1819）　［国文学研究資料館史料館］

イマイソギンチャク
「水中の驚異」リプロポート　1990
　◇p46（カラー）　アンドレス, A.『ナポリ湾海洋研
　究所紀要〈イソギンチャク類篇〉』1884
　◇p48（カラー）　アンドレス, A.『ナポリ湾海洋研
　究所紀要〈イソギンチャク類篇〉』1884

イモガイの1種　Conus sp.
「世界大博物図鑑 別巻2」平凡社　1994
　◇p155（カラー）　ヴァイヤン, A.N.『ボニート号
　航海記』1840～66

イヤゴハタ　Epinephelus poecilonotus
「高松松平家所蔵 衆鱗図 1」香川県歴史博物館
　友の会博物図譜刊行会　2001
　◇p63（カラー）　別種 羊羹 ハタ　松平頼恭 江戸
　時代（18世紀）　紙本著色 画帖装（折本形式）
　［個人蔵］
　◇p65（カラー）　セムシハタ　松平頼恭 江戸時代
　（18世紀）　紙本著色 画帖装（折本形式）　［個人
　蔵］
「世界大博物図鑑 2」平凡社　1989
　◇p249（カラー）『魚譜〈忠・孝〉』　［東京国立博物
　館］　※明治時代の写本

イヤゴハタ？　Epinephelus poecilonotus
「江戸博物文庫 魚の巻」工作舎　2017
　◇p137（カラー）　いやご羽太　幼魚　栗本丹洲
　『栗氏魚譜』　［国立国会図書館］

いら
「魚の手帖」小学館　1991
　◇6図（カラー）　伊良　毛利梅園『梅園魚譜/梅園
　魚品図正』1826～1843,1832～1836　［国立国
　会図書館］

イラ　Choerodon azurio
「江戸博物文庫 魚の巻」工作舎　2017
　◇p73（カラー）　伊良　毛利梅園『梅園魚譜』
　［国立国会図書館］
「高松松平家所蔵 衆鱗図 4」香川県歴史博物館
　友の会博物図譜刊行会　2004
　◇p19（カラー）　（付札なし）　松平頼恭 江戸時代
　（18世紀）　紙本著色 画帖装（折本形式）　［個人
　蔵］
「高松松平家所蔵 衆鱗図 1」香川県歴史博物館

いら　　　　　　　　　　　　魚・貝・水生生物

友の会博物図譜刊行会　2001
　◇p18（カラー）　カン鯛　松平頼恭　江戸時代（18
　　世紀）　紙本着色　画帖装（折本形式）　［個人蔵］
「世界大博物図鑑 2」平凡社　1989
　◇p353（カラー）　大野麦風『大日本魚類画集』　昭
　　和12〜19　彩色木版

イラ
「彩色 江戸博物学集成」平凡社　1994
　◇p407（カラー）　奥倉辰行『水族四帖』　［国会
　　図書館］

イレズミキツネウオ　Pentapodus vitta
「世界大博物図鑑 2」平凡社　1989
　◇p272（カラー）　リチャードソン, J.『珍奇魚譜』
　　1843

イレズミキュウセン　Halichoeres
pardaleocephalus
「世界大博物図鑑 2」平凡社　1989
　◇p356（カラー）　ブレイカー, M.P.『蘭領東イン
　　ド魚類図譜』　1862〜78　色刷り石版画

イレズミゴンベ　Paracirrhites hemistictus
「南海の魚類 博物画の至宝」平凡社　1995
　◇pl.50（カラー）　Cirrhites polystictus　ギュン
　　ター, A.C.L.G., ギャレット, A. 1873〜1910

イレズミハゼ　Priolepis semidoliata
「南海の魚類 博物画の至宝」平凡社　1995
　◇pl.109（カラー）　Gobius semidoliatus　ギュン
　　ター, A.C.L.G., ギャレット, A. 1873〜1910

イレズミフエダイ　Symphorichthys spilurus
「南海の魚類 博物画の至宝」平凡社　1995
　◇pl.67（カラー）　Symphorus spilurus　ギュン
　　ター, A.C.L.G., ギャレット, A. 1873〜1910

イロイザリウオ　Antennarius pictus
「南海の魚類 博物画の至宝」平凡社　1995
　◇pl.100（カラー）　Antennarius commersonii,
　　var. ギュンター, A.C.L.G., ギャレット, A.
　　1873〜1910
　◇pl.102（カラー）　Antennarius commersonii,
　　var. ギュンター, A.C.L.G., ギャレット, A.
　　1873〜1910
　◇pl.103（カラー）　Antennarius commersonii,
　　var. ギュンター, A.C.L.G., ギャレット, A.
　　1873〜1910
　◇pl.104（カラー）　Antennarius commersonii,
　　var. ギュンター, A.C.L.G., ギャレット, A.
　　1873〜1910
　◇pl.105（カラー）　Antennarius commersonii,
　　var. ギュンター, A.C.L.G., ギャレット, A.
　　1873〜1910
　◇pl.106（カラー）　Antennarius commersonii,
　　var. ギュンター, A.C.L.G., ギャレット, A.
　　1873〜1910

イロウミウシのなかま　Chromodoris
magnifica
「世界大博物図鑑 別巻2」平凡社　1994
　◇p170（カラー）　デュモン・デュルヴィル, J.S.C.

『アストロラブ号世界周航記』　1830〜35　ス
ティップル印刷

イロウミウシのなかま　Chromodoris
quadricolor
「世界大博物図鑑 別巻2」平凡社　1994
　◇p170（カラー）　リュッペル, W.P.E.S.『北アフ
　　リカ探検図譜』　1826〜28

イロウミウシのなかま　Glossodoris
lemniscata
「世界大博物図鑑 別巻2」平凡社　1994
　◇p170（カラー）　デュモン・デュルヴィル, J.S.C.
　　『アストロラブ号世界周航記』　1830〜35　ス
　　ティップル印刷

イロウミウシのなかま?　Chromodoris sp. ?
「世界大博物図鑑 別巻2」平凡社　1994
　◇p166（カラー）　ヴァイヤン, A.N.『ボニート号
　　航海記』　1840〜66

イロブダイの雌　Bolbometopon bicolor
「世界大博物図鑑 2」平凡社　1989
　◇p373（カラー）　ブレイカー, M.P.『蘭領東イン
　　ド魚類図譜』　1862〜78　色刷り石版画

イロワケイシガキハタ　Othos dentex
「世界大博物図鑑 2」平凡社　1989
　◇p250（カラー）『アストロラブ号世界周航記』
　　1830〜35　スティップル印刷

イロワケドクハタ　Rypticus bicolor
「世界大博物図鑑 2」平凡社　1989
　◇p254（カラー）　おそらく成魚　ヴェルナー原図、
　　デュ・プティ＝トゥアール, A.A.『ウエヌス号世
　　界周航記』　1846　手彩色銅版画

イワエビのなかま　Pontocaris catapraetus
「世界大博物図鑑 1」平凡社　1991
　◇p80（カラー）　キュヴィエ, G.L.C.F.D.『動物
　　界』　1836〜49　手彩色銅版

イワガニ　Grapsus grapsus
「すごい博物画」グラフィック社　2017
　◇図版82（カラー）　イワガニとタテジマカラッパ
　　ケイツビー、マーク 1725頃　ペンと茶色いイン
　　クの上に、アラビアゴムを混ぜた水彩 濃厚顔料
　　37.0×26.9　［ウィンザー城ロイヤル・ライブラ
　　リー］

イワカワトキワガイ
「彩色 江戸博物学集成」平凡社　1994
　◇p330〜331（カラー）　側面図　毛利梅園『梅園
　　介譜』　［個人蔵］

いわとこなまず
「魚の手帖」小学館　1991
　◇115図（カラー）　岩床鯰　毛利梅園『梅園魚譜/
　　梅園魚品図正』　1826〜1843,1832〜1836　［国
　　立国会図書館］

イワトコナマズ　Silurus lithophilus
「江戸博物文庫 魚の巻」工作舎　2017
　◇p87（カラー）　岩床鯰　藤居重啓『湖中産物図
　　証』　［国立国会図書館］

魚・貝・水生生物　　　　　　　　　　　　　　うおの

イワトコナマズ　Silurus lithophilus
（Tomoda）
「高木春山 本草図説 水産」リブロポート　1988
◇p79（カラー）　一種 黄色ノモノ

イワナ　Salvelinus leucomaenis
「世界大博物図鑑 2」平凡社　1989
◇p61（カラー）　大野麦風『大日本魚類画集』 昭
和12〜19　彩色木版

イワナ　Salvelinus pluvius
「鳥獣虫魚譜」八坂書房　1988
◇p70（カラー）　岩名 松森胤保『両羽魚類図譜』
［酒田市立光丘文庫］

インコハゼ　Exyrias puntang
「南海の魚類 博物画の至宝」平凡社　1995
◇pl.108（カラー）　Gobius puntangoides　ギュン
ター，A.C.L.G.，ギャレット，A. 1873〜1910

インドアオハギ　Acanthurus leucosternon
「世界大博物図鑑 2」平凡社　1989
◇p399（カラー）　キュヴィエ，G.L.C.F.D.『動物
界（英語版）』1833〜37

インドアオリイカ　Sepioteuthis loliginiformis
「世界大博物図鑑 別巻2」平凡社　1994
◇p238（カラー）　リュッペル，W.P.E.S.『北アフ
リカ探検図譜』1826〜28

インドオニアンコウ　Linophryne indica
「世界大博物図鑑 2」平凡社　1989
◇p108（カラー）　自由遊泳期のオス　ブラウアー，
A.『深海魚』1898〜99　石版色刷り

インドカエルウオ　Atrosalarias fuscus fuscus
「世界大博物図鑑 2」平凡社　1989
◇p328（カラー）　リュッペル，W.P.E.S.『アビシ
ニア動物図譜』1835〜40

インドカエルウオ　Atrosalarias fuscus
holomelas
「南海の魚類 博物画の至宝」平凡社　1995
◇pl.116（カラー）　Salarias fuscus　ギュンター，
A.C.L.G.，ギャレット，A. 1873〜1910

インドギギ　Rita rita
「世界大博物図鑑 2」平凡社　1989
◇p160（カラー）　キュヴィエ，G.L.C.F.D.，ヴァ
ランシエンヌ，A.『魚の博物誌』1828〜50

インドクギベラの雄　Gomphosus coeruleus
「世界大博物図鑑 2」平凡社　1989
◇p362（カラー）　ベネット，J.W.『セイロン島沿
岸産の魚類誌』1830　手彩色 アクアチント 線
刻銅版

インドクギベラの雌　Gomphosus coeruleus
「世界大博物図鑑 2」平凡社　1989
◇p362（カラー）　ベネット，J.W.『セイロン島沿
岸産の魚類誌』1830　手彩色 アクアチント 線
刻銅版

インドサツマカサゴ　Scorpaenopsis gibbosa
「世界大博物図鑑 2」平凡社　1989
◇p413（カラー）　キュヴィエ，G.L.C.F.D.『動物
界』1836〜49　手彩色銅版

インドダンダラマテガイ　Solen truncata
「世界大博物図鑑 別巻2」平凡社　1994
◇p210（カラー）　リーチ，W.E.著，ノダー，R.P.図
『動物学雑録』1814〜17　手彩色銅版

インドナデシコガイ　Volachlamys
tranquebrica
「世界大博物図鑑 別巻2」平凡社　1994
◇p191（カラー）　クノール，G.W.『貝類図譜』
1764〜75

インドニセハマギギ　Arius thalassinus
「世界大博物図鑑 2」平凡社　1989
◇p161（カラー）　キュヴィエ，G.L.C.F.D.，ヴァ
ランシエンヌ，A.『魚の博物誌』1828〜50

インドヒイラギ　Leiognathus dussumieri
「世界大博物図鑑 2」平凡社　1989
◇p308（カラー）　キュヴィエ，G.L.C.F.D.『動物
界』1836〜49　手彩色銅版

インドヒメジ　Parupeneus barberinoides
「南海の魚類 博物画の至宝」平凡社　1995
◇pl.44（カラー）　Upeneus trifasciatus　ギュン
ター，A.C.L.G.，ギャレット，A. 1873〜1910

インドフウライチョウチョウウオ
Chaetodon decussatus
「世界大博物図鑑 2」平凡社　1989
◇p383（カラー）　ベネット，J.W.『セイロン島沿
岸産の魚類誌』1830　手彩色 アクアチント 線
刻銅版

【う】

ヴァイヤンヘラズグチナマズ
Brachyplatystoma vaillanti
「世界大博物図鑑 2」平凡社　1989
◇p148（カラー）　キュヴィエ，G.L.C.F.D.，ヴァ
ランシエンヌ，A.『魚の博物誌』1828〜50

ウオジラミ科　Caligidae
「ビュフォンの博物誌」工作舎　1991
◇M030（カラー）『一般と個別の博物誌 ソンニー
二版』
◇M031（カラー）『一般と個別の博物誌 ソンニー
二版』

ウオノエ科　Cymothoidae
「ビュフォンの博物誌」工作舎　1991
◇M058（カラー）『一般と個別の博物誌 ソンニー
二版』

ウオノエのなかま　Cymothoa oestrum,
Cymothoa banksii
「世界大博物図鑑 1」平凡社　1991

博物図譜レファレンス事典 動物篇　**129**

うおの　　　　　　　　　　　　　魚・貝・水生生物

◇p77（カラー）　キュヴィエ, G.L.C.F.D.『動物
界』1836〜49　手彩色銅版

ウオノメハタ
「極楽の魚たち」リブロポート　1991
◇I-111（カラー）　ヤコブ・エヴェルセ　ルナー
ル, L.『モルッカ諸島産彩色魚類図譜 コワイエト
写本』1718〜19　［個人蔵］

ウキグモゴンベ　Cirrhitus rivulatus
「世界大博物図鑑 2」平凡社　1989
◇p292（カラー）　ヴェルナー原図, デュ・プ
ティ＝トゥアール, A.A.『ウエヌス号世界周航
記』1846　手彩色銅版画

ウキタカラガイ
「彩色 江戸博物学集成」平凡社　1994
◇p275（カラー）　馬場大助『貝譜』　［東京国立
博物館］

ウキビシガイの1種　Clio sp.
「ビュフォンの博物誌」工作舎　1991
◇L051（カラー）『一般と個別の博物誌 ソンニー
ニ版』

うぐい
「魚の手帖」小学館　1991
◇7図, 14図, 20図（カラー）　鯎・石斑魚　毛利梅
園『梅園魚譜/梅園魚品図正』1826〜1843,1832
〜1836　［国立国会図書館］

ウグイ　Tribolodon hakonensis
「高松松平家所蔵 衆鱗図 3」香川県歴史博物館
友の会博物図譜刊行会　2003
◇p65（カラー）　赤魚　ウグイ琵琶湖個体群　松
平頼恭 江戸時代（18世紀）　紙本著色 画帖装（折
本形式）　［個人蔵］
◇p70（カラー）　大ハエ　松平頼恭 江戸時代（18
世紀）　紙本著色 画帖装（折本形式）　［個人蔵］
◇p71（カラー）　ハヤ 幼魚　松平頼恭 江戸時代
（18世紀）　紙本著色 画帖装（折本形式）　［個人
蔵］
◇p80（カラー）　イダ　松平頼恭 江戸時代（18世
紀）　紙本著色 画帖装（折本形式）　［個人蔵］
「世界大博物図鑑 2」平凡社　1989
◇p140（カラー）　大野麦風『大日本魚類画集』昭
和12〜19　彩色木版

ウグイ
「彩色 江戸博物学集成」平凡社　1994
◇p258〜259（カラー）　産卵期の婚姻色, 産卵期以
外の体色　飯沼慾斎『本草図譜 第10巻〈魚部〉』
［個人蔵］
◇p319（カラー）　箱根アカハラ　畔田翠山『吉野
物産志』　［岩瀬文庫］

ウグイスガイ　Pteria brevialata
「世界大博物図鑑 別巻2」平凡社　1994
◇p182（カラー）　平瀬與一郎『貝千種』大正3〜
11（1914〜22）　色刷木版画

ウグイスガイ科　Pteriidae
「ビュフォンの博物誌」工作舎　1991
◇L062（カラー）『一般と個別の博物誌 ソンニー

ニ版』

ウケクチウグイ　Tribolodon sp.
「鳥獣虫魚譜」八坂書房　1988
◇p73（カラー）　頬長バエ　松森胤保『両羽魚類図
譜』　［酒田市立光丘文庫］

ウケクチウグイ
「彩色 江戸博物学集成」平凡社　1994
◇p438（カラー）　松森胤保『両羽博物図譜』　魚
拓に墨入れ

ウケグチノホソミオナガノオキナハギ
Psilocephalus barbatus
「世界大博物図鑑 2」平凡社　1989
◇p432〜433（カラー）　グレー, J.E.著, ホーキン
ズ, ウォーターハウス石版『インド動物図譜』
1830〜35

ウケグチメバル　Sebastes scythropus
「高松松平家所蔵 衆鱗図 1」香川県歴史博物館
友の会博物図譜刊行会　2001
◇p51（カラー）　三崎笠子　松平頼恭 江戸時代
（18世紀）　紙本著色 画帖装（折本形式）　［個人
蔵］

ウコンハゼ　Padogobius martensi
「世界大博物図鑑 2」平凡社　1989
◇p341（カラー）　キュヴィエ, G.L.C.F.D.『動物
界』1836〜49　手彩色銅版

ウシエビ　Penaeus monodon
「グラバー魚譜200選」長崎文献社　2005
◇p224（カラー）　倉場富三郎編, 中村三郎画『日
本西部及南部魚類図譜』1916採集　［長崎大学
附属図書館］
「高松松平家所蔵 衆鱗図 3」香川県歴史博物館
友の会博物図譜刊行会　2003
◇p14（カラー）　ハ.エビ　松平頼恭 江戸時代
（18世紀）　紙本著色 画帖装（折本形式）　［個人
蔵］
◇p20（カラー）　熊エビ　松平頼恭 江戸時代（18
世紀）　紙本著色 画帖装（折本形式）　［個人蔵］

ウシノシタ科の幼魚　Solea impar, Solea
masuta, Monochirus hispidus, Symphurus
lacteus
「世界大博物図鑑 2」平凡社　1989
◇p405（カラー）　ロ・ビアンコ, サルバトーレ
『ナポリ湾海洋研究所紀要』20世紀前半　オフ
セット印刷

ウシノツメガイ（マツバガイ）
「彩色 江戸博物学集成」平凡社　1994
◇p39（カラー）　貝原益軒『大和本草諸品図』

ウスバハギ　Aluterus monoceros
「グラバー魚譜200選」長崎文献社　2005
◇p159（カラー）　未定　倉場富三郎編, 萩原魚仙
画『日本西部及南部魚類図譜』1913採集　［長
崎大学附属図書館］
「高松松平家所蔵 衆鱗図 2」香川県歴史博物館
友の会博物図譜刊行会　2002

魚・貝・水生生物　　　　　　　　　　うちわ

◇p58（カラー）　（墨書なし）　幼魚　松平頼恭　江戸時代（18世紀）　紙本著色　画帖装（折本形式）［個人蔵］

ウスヒザラガイのなかま　Ischnochiton punctulatissimus
「世界大博物図鑑　別巻2」平凡社　1994
◇p99（カラー）　ビーチィ，F.W.著，サワビー，G.B.図『ビーチィ航海記動物学篇』　1839

ウスヒラアワビ　Haliotis laevigata
「世界大博物図鑑　別巻2」平凡社　1994
◇p102（カラー）　デュモン・デュルヴィル，J.S.C.『アストロラブ号世界周航記』　1830〜35　スティップル印刷

ウスヒラムシのなかま　Notoplana palmula, N.levigata, N.maculata, Oligocladus sanguinolentus
「世界大博物図鑑　別巻2」平凡社　1994
◇p87（カラー）　キュヴィエ，G.L.C.F.D.『動物界（門徒版）』　1836〜49

渦鞭毛虫のなかま　Peridinium sp.
「世界大博物図鑑　別巻2」平凡社　1994
◇p23（カラー）　エーレンベルク，C.G.『滴虫類』　1838　手彩色銅版図

ウズマキゴカイのなかま　Spirorbis antarctica
「世界大博物図鑑　1」平凡社　1991
◇p29（カラー）　レッソン，R.P.著，プレートル原図『動物百図』　1830〜32

ウスマメホネナシサンゴ　Corynactis viridis
「世界大博物図鑑　別巻2」平凡社　1994
◇p75（カラー）　ゴッス，P.H.『英国のイソギンチャクと珊瑚』　1860　多色石版

うすめばる
「魚の手帖」小学館　1991
◇68図（カラー）　薄目張　毛利梅園『梅園魚譜/梅園魚品図正』　1826〜1843,1832〜1836　［国立国会図書館］

ウスメバル　Sebastes thompsoni
「江戸博物文庫 魚の巻」工作舎　2017
◇p115（カラー）　薄眼張　栗本丹洲『栗氏魚譜』［国立国会図書館］

ウズラガイ　Dolium perdix
「世界大博物図鑑　別巻2」平凡社　1994
◇p125（カラー）　デュモン・デュルヴィル，J.S.C.『アストロラブ号世界周航記』　1830〜35　スティップル印刷

ウズラガイ類
「彩色 江戸博物学集成」平凡社　1994
◇p38（カラー）　子安貝　貝原益軒『大和本草諸品図』

ウチワエソ　Argyropelecus lychnus
「世界大博物図鑑　2」平凡社　1989
◇p100（カラー）　ガーマン，S.著，ウェスターグレン原図『ハーヴァード大学比較動物学記録 第24巻〈アルバトロス号調査報告—魚類編〉』　1899　手彩色石版画

ウチワエビ　Ibacus ciliatus
「グラバー魚譜200選」長崎文献社　2005
◇p229（カラー）　倉場富三郎編，小田紫星画『日本西部及南部魚類図譜』　1912採集　［長崎大学附属図書館］
「高松松平家所蔵 衆鱗図 3」香川県歴史博物館友の会博物図譜刊行会　2003
◇p16（カラー）　冑エヒ　扇エビ　松平頼恭　江戸時代（18世紀）　紙本著色　画帖装（折本形式）［個人蔵］
「世界大博物図鑑　1」平凡社　1991
◇p92（カラー）　栗本丹洲『千蟲譜』　文化8（1811）
◇p92（カラー）　田中芳男『博物館虫譜』　1877（明治10）頃

ウチワエビ　Ibacus ciliatus (Von Siebold)
「高木春山 本草図説 水産」リブロポート　1988
◇p84（カラー）

ウチワエビのなかま　Ibacus peronii
「世界大博物図鑑　1」平凡社　1991
◇p93（カラー）　オーストラリア産　リーチ，W.E.著，ノダー，R.P.図『動物学雑録』　1814〜17
◇p93（カラー）　マッコイ，F.『ヴィクトリア州博物誌』　1885〜90

ウチワエビモドキ　Thenus orientalis
「ビュフォンの博物誌」工作舎　1991
◇M052（カラー）『一般と個別の博物誌 ソンニーニ版』
「世界大博物図鑑　1」平凡社　1991
◇p92（カラー）　ヘルプスト，J.F.W.『蟹蛯分類図譜』　1782〜1804

うちわざめ
「魚の手帖」小学館　1991
◇103・104図（カラー）　団扇鮫　毛利梅園『梅園魚譜/梅園魚品図正』　1826〜1843,1832〜1836　［国立国会図書館］

ウチワザメ　Platyrhina sinensis
「グラバー魚譜200選」長崎文献社　2005
◇p32（カラー）　倉場富三郎編，長谷川雪香画『日本西部及南部魚類図譜』　1914採集　［長崎大学附属図書館］
「高松松平家所蔵 衆鱗図 1」香川県歴史博物館友の会博物図譜刊行会　2001
◇p84（カラー）　團鮫　サカフタ　松平頼恭　江戸時代（18世紀）　紙本著色　画帖装（折本形式）［個人蔵］

ウチワフグ　Triodon macropterus
「世界大博物図鑑　2」平凡社　1989
◇p449（カラー）　飯沼慾斎『南海魚譜』

ウチワフグ
「極楽の魚たち」リブロポート　1991
◇II-142（カラー）　大きなガラス吹き　ファロワ

博物図譜レファレンス事典 動物篇　**131**

ズ, サムエル原画, ルナール, L.『モルッカ諸島産彩色魚類図譜 ファン・デル・ステル写本』 1718〜19 ［個人蔵］
◇p138〜139（カラー） ファロワズ, サムエル画, ルナール, L.『モルッカ諸島産彩色魚類図譜 フォン・ベア写本』 1718〜19

ウチワヤギの1種　Gorgonia arenata
「世界大博物図鑑 別巻2」平凡社　1994
◇p63（カラー） デュ・プティ＝トゥアール, A.A.『ウエヌス号世界周航記』 1846

ウチワヤギの1種　Gorgonia cribrum
「世界大博物図鑑 別巻2」平凡社　1994
◇p62（カラー） デュ・プティ＝トゥアール, A.A.『ウエヌス号世界周航記』 1846

ウチワヤギの1種　Gorgonia stemobrochis
「世界大博物図鑑 別巻2」平凡社　1994
◇p62（カラー） デュ・プティ＝トゥアール, A.A.『ウエヌス号世界周航記』 1846

ウツセミカジカ　Cottus reinii
「江戸博物文庫 魚の巻」工作舎　2017
◇p91（カラー） 空蟬鰍 藤居重啓『湖中産物図証』 ［国立国会図書館］

ウッドキャットの1種　Trachycorystes sp.
「ビュフォンの博物誌」工作舎　1991
◇K067（カラー）『一般と個別の博物誌 ソンニーニ版』

ウツボ　Gymnothorax kidako
「江戸博物文庫 魚の巻」工作舎　2017
◇p26（カラー） 鱓 後藤光生『随観写真』 ［国立国会図書館］
「グラバー魚譜200選」長崎文献社　2005
◇p47（カラー） 倉場富三郎編, 萩原魚仙画『日本西部及南部魚類図譜』 1915採集 ［長崎大学附属図書館］
「高松松平家所蔵 衆鱗図 2」香川県歴史博物館友の会博物図譜刊行会　2002
◇p42〜43（カラー） （墨書なし） 松平頼恭 江戸時代（18世紀） 紙本著色 画帖装（折本形式） ［個人蔵］

ウツボ
「極楽の魚たち」リブロポート　1991
◇I–57（カラー） カンバ ルナール, L.『モルッカ諸島産彩色魚類図譜 コワイエト写本』 1718〜19 ［個人蔵］
◇I–103（カラー） 豚のカンバ ルナール, L.『モルッカ諸島産彩色魚類図譜 コワイエト写本』 1718〜19 ［国文学研究資料館史料館］
「江戸の動植物図」朝日新聞社　1988
◇p110（カラー） 奥倉魚仙『水族四帖』 ［国立国会図書館］

ウドン海月
「江戸名作画帖全集 8」駸々堂出版　1995
◇図49（カラー） 松平頼恭編『衆鱗図』 紙本着色 ［松平公益会］

うなぎ
「魚の手帖」小学館　1991
◇56図（カラー） 鰻 毛利梅園『梅園魚譜/梅園魚品図正』 1826〜1843,1832〜1836 ［国立国会図書館］

ウナギ　Anguilla japonica
「グラバー魚譜200選」長崎文献社　2005
◇p41（カラー） 倉場富三郎編, 萩原魚仙画『日本西部及南部魚類図譜』 1914採集 ［長崎大学附属図書館］
「高松松平家所蔵 衆鱗図 4」香川県歴史博物館友の会博物図譜刊行会　2004
◇p21（カラー） （付札なし） 「シラスウナギ」 松平頼恭 江戸時代（18世紀） 紙本著色 画帖装（折本形式） ［個人蔵］
「高松松平家所蔵 衆鱗図 3」香川県歴史博物館友の会博物図譜刊行会　2003
◇p76（カラー） 鰻 松平頼恭 江戸時代（18世紀） 紙本著色 画帖装（折本形式） ［個人蔵］
「世界大博物図鑑 2」平凡社　1989
◇p169（カラー） 大野麦風『大日本魚類画集』 昭和12〜19 彩色木版

ウナギ　Anguilla japonica Temminck et Schlegel
「高木春山 本草図説 水産」リブロポート　1988
◇p80（カラー） 一種 耳あるもの

ウニ
「美しいアンティーク生物画の本」創元社　2017
◇p52（カラー） Knorr, Georg Wolfgang『Deliciae Naturae Selectae Oder Auserlesenes Naturalien Cabinet』 1766〜67 ［University Library Erlangen–Nürnberg］
◇p53（カラー） Knorr, Georg Wolfgang『Deliciae Naturae Selectae Oder Auserlesenes Naturalien Cabinet』 1766〜67 ［University Library Erlangen–Nürnberg］
◇p74〜75（カラー） Jäger, Gustav『Das Leben im Wasser und das Aquarium』 1868
「江戸名作画帖全集 8」駸々堂出版　1995
◇図160（カラー） 服部雪斎図, 武蔵石寿編『目八譜』 紙本着色 ［東京国立博物館］
「水中の驚異」リブロポート　1990
◇p13（白黒）

ウニガンゼキボラ　Hexaplex radix
「世界大博物図鑑 別巻2」平凡社　1994
◇p135（カラー） キーネ, L.C.『ラマルク貝類図譜』 1834〜80 手彩色銅版図

ウニザルガイ　Arcinella cornuta
「世界大博物図鑑 別巻2」平凡社　1994
◇p198（カラー） クノール, G.W.『貝類図譜』 1764〜75

ウニの仲間（種名なし）
「美しいアンティーク生物画の本」創元社　2017
◇p78（カラー）『Marvels of the universe, a popular work on the marvels of the heavens, the earth, plant life, animal life, the mighty

魚・貝・水生生物　　　うみう

deep』　1912

ウニのプルテウス幼生
「世界大博物図鑑　別巻2」平凡社　1994
　◇p270（カラー）　pluteus larva　4腕期のものを
　　側面から描く　ゴッス, P.H.『テンビー, 海辺の
　　休日』1856　多色石版図

ウニヒザラガイのなかま　Acanthopleura echinata
「世界大博物図鑑　別巻2」平凡社　1994
　◇p99（カラー）　キュヴィエ, G.L.C.F.D.『動物界
　　（門徒版）』1836～49

ウニヒザラガイのなかま　Acanthopleura niger
「世界大博物図鑑　別巻2」平凡社　1994
　◇p99（カラー）　ビーチィ, F.W.著, サワビー, G.
　　B.図『ビーチィ航海記動物学篇』1839

ウニ類の発生
「世界大博物図鑑　別巻2」平凡社　1994
　◇p270（カラー）　アメリカタコノマクラ, アメリ
　　カスソカケカシバンEncope emarginataの上下
　　面, ヨーロッパボタンウニEchinocyamus
　　pusillusの発生過程図　ヘッケル, E.H.P.A.『自
　　然の造形』1899～1904　多色石版画

ウネトクサバイ　Phos muriculatus
「世界大博物図鑑　別巻2」平凡社　1994
　◇p141（カラー）　クノール, G.W.『貝類図譜』
　　1764～75

ウノアシガイ
「彩色 江戸博物学集成」平凡社　1994
　◇p39（カラー）　貝原益軒『大和本草諸品図』

ウマヅラアジ　Alectis indicus
「江戸博物文庫 魚の巻」工作舎　2017
　◇p109（カラー）　馬面鯵　幼魚　栗本丹洲『栗氏
　　魚譜』　［国立国会図書館］
「グラバー魚譜200選」長崎文献社　2005
　◇p160（カラー）　倉場富三郎編, 萩原魚仙画『日
　　本西部及南部魚類図譜』1915採集　［長崎大学
　　附属図書館］
「ビュフォンの博物誌」工作舎　1991
　◇K062（カラー）『一般と個別の博物誌 ソンニー
　　ニ版』
「世界大博物図鑑 2」平凡社　1989
　◇p305（カラー）　キュヴィエ, G.L.C.F.D., ヴァ
　　ランシエンヌ, A.『魚の博物誌』1828～50

ウマヅラアジ
「極楽の魚たち」リブロポート　1991
　◇II-128（カラー）　漕ぎ手　ファロワズ, サムエル
　　原画, ルナール, L.『モルッカ諸島産彩色魚類図
　　譜 ファン・デル・ステル写本』1718～19　［個
　　人蔵］

ウマヅラハギ　Thamnaconus modestus
「高松松平家所蔵 衆鱗図 2」香川県歴史博物館
　友の会博物図譜刊行会　2002
　◇p54（カラー）　はぎうを　メス個体　松平頼恭
　　江戸時代（18世紀）　紙本着色 画帖装（折本形

式）　［個人蔵］
　◇p55（カラー）　せめはぎ　オス個体　松平頼恭
　　江戸時代（18世紀）　紙本着色 画帖装（折本形
　　式）　［個人蔵］
「世界大博物図鑑 2」平凡社　1989
　◇p432（カラー）　後藤黎春『随観写真』　明和8
　　（1771）ごろ

ウマヅラハギ　Thamnaconus modestus（Günther）
「高木春山 本草図説 水産」リブロポート　1988
　◇p65（カラー）　一種 ヒレ緑色ナルモノ

ウミイサゴムシのなかま　Pectinaria guildingii
「世界大博物図鑑 1」平凡社　1991
　◇p29（カラー）　ドノヴァン, E.『博物宝典』
　　1823～27

海イナゴ
「極楽の魚たち」リブロポート　1991
　◇II-108（カラー）　ファロワズ, サムエル原画, ル
　　ナール, L.『モルッカ諸島産彩色魚類図譜 ファ
　　ン・デル・ステル写本』1718～19　［個人蔵］

ウミウサギガイ　Ovula ovum
「世界大博物図鑑　別巻2」平凡社　1994
　◇p124（カラー）　デュモン・デュルヴィル, J.S.C.
　　『アストロラブ号世界周航記』1830～35　ス
　　ティプル印刷

ウミウサギガイ
「彩色 江戸博物学集成」平凡社　1994
　◇p123（カラー）　海兎介　木村蒹葭堂『奇貝図譜』
　　［辰馬考古資料館］

ウミウサギガイの1種　Ovula sp.
「ビュフォンの博物誌」工作舎　1991
　◇L055（カラー）『一般と個別の博物誌 ソンニー
　　ニ版』

ウミウシ
「美しいアンティーク生物画の本」創元社　2017
　◇p76～77（カラー）　Jäger, Gustav『Das Leben
　　im Wasser und das Aquarium』1868

ウミウシ科　Doriidae？
「ビュフォンの博物誌」工作舎　1991
　◇L051（カラー）『一般と個別の博物誌 ソンニー
　　ニ版』

ウミウシ科のなかま　Austrodoris violacea？
「世界大博物図鑑　別巻2」平凡社　1994
　◇p170（カラー）　デュモン・デュルヴィル, J.S.C.
　　『アストロラブ号世界周航記』1830～35　ス
　　ティプル印刷

ウミウシ科のなかま　Onchidoris bilamellata
「世界大博物図鑑　別巻2」平凡社　1994
　◇p171（カラー）　キュヴィエ, G.L.C.F.D.『動物
　　界（門徒版）』1836～49

ウミウシの卵塊
「世界大博物図鑑　別巻2」平凡社　1994

うみう　　　　　　　　　　魚・貝・水生生物

◇p173（カラー）　※出典不明

ウミウチワ　Plexaura flexuosa
「すごい博物画」グラフィック社　2017
◇図版79（カラー）　フラミンゴの頭とウミウチワ
ケイツビー、マーク 1725頃　グラファイトで跡
をつけ、茶色のインクでペン描きした上にアラビ
アゴムを混ぜた水彩と濃厚顔料　37.9×27.1
［ウィンザー城ロイヤル・ライブラリー］

ウミウチワ
「すごい博物画」グラフィック社　2017
◇図20（カラー）　フラミンゴとウミウチワ　ケイ
ツビー、マーク 1725頃　水彩 濃厚顔料 アラビア
ゴム　［ウィンザー城ロイヤル・ライブラリー］

海ウナギ
「極楽の魚たち」リブロポート　1991
◇II-189（カラー）　ファロワズ、サムエル原画、ル
ナール、L.『モルッカ諸島産彩色魚類図譜 ファ
ン・デル・ステル写本』1718～1730　［国文学研
究資料館史料館］

ウミエラ
「水中の驚異」リブロポート　1990
◇p91（カラー）　キュヴィエ『動物界』1836～49

ウミエラの1種　Pennatula spinosa
「世界大博物図鑑 別巻2」平凡社　1994
◇p58（カラー）　キュヴィエ、G.L.C.F.D.『動物界
（門徒版）』1836～49

ウミカラマツのなかま　Anthipathes sp.
「世界大博物図鑑 別巻2」平凡社　1994
◇p63（カラー）　エスパー、E.J.C.『植虫類図録』
1788～1830

ウミケムシ
「水中の驚異」リブロポート　1990
◇p106（カラー）　ヘッケル、E.H.『自然の造形』
1899～1904

ウミケムシのなかま　Chloeia capillata
「世界大博物図鑑 1」平凡社　1991
◇p20（カラー）　キュヴィエ、G.L.C.F.D.『動物
界』1836～49　手彩色銅版

ウミケムシのなかま　Hipponoa gaudichaudi
「世界大博物図鑑 1」平凡社　1991
◇p20（カラー）　キュヴィエ、G.L.C.F.D.『動物
界』1836～49　手彩色銅版

ウミサカヅキガヤのなかま　Phialidium hemishpaenicum
「世界大博物図鑑 別巻2」平凡社　1994
◇p38（カラー）『ロンドン動物学協会紀要』1861
～90（第2期）　手彩色石版画

ウミサボテン　Cavernularia obesa
「高松松平家所蔵 衆鱗図 3」香川県歴史博物館
友の会博物図譜刊行会　2003
◇p47（カラー）　（付札なし）　松平頼恭 江戸時代
（18世紀）紙本著色 画帖装（折本形式）［個人
蔵］

ウミシイタケの1種　Renilla violacea
「世界大博物図鑑 別巻2」平凡社　1994
◇p58（カラー）　キュヴィエ、G.L.C.F.D.『動物界
（門徒版）』1836～49

ウミシダ
「美しいアンティーク生物画の本」創元社　2017
◇p74～75（カラー）　Jäger, Gustav『Das Leben
im Wasser und das Aquarium』1868

ウミシダの1種　Comanthus sp.
「世界大博物図鑑 別巻2」平凡社　1994
◇p258（カラー）　リーチ、W.E.著、ノダー、R.P.図
『動物学雑誌』1814～17　手彩色銅版

ウミヅキチョウチョウウオ　Chaetodon bennetti
「南海の魚類 博物画の至宝」平凡社　1995
◇pl.29（カラー）　ギュンター、A.C.L.G.、ギャ
レット、A. 1873～1910
「世界大博物図鑑 2」平凡社　1989
◇p384（カラー）　ギャレット、A.原図、ギュン
ター、A.C.L.G.解説『南海の魚類』1873～1910

ウミスズメ　Lactoria diaphana
「江戸博物文庫 魚の巻」工作舎　2017
◇p110（カラー）　海雀　栗本丹洲『栗氏魚譜』
［国立国会図書館］
「高松松平家所蔵 衆鱗図 2」香川県歴史博物館
友の会博物図譜刊行会　2002
◇p88（カラー）　（付札なし）　松平頼恭 江戸時代
（18世紀）紙本著色 画帖装（折本形式）［個人
蔵］
「世界大博物図鑑 2」平凡社　1989
◇p441（カラー）　スミス、A.著、フォード、G.H.原
図『南アフリカ動物図譜』1838～49　手彩色
石版

ウミスズメ　Lactoria diaphana（Bloch et Schneider）
「高木春山 本草図説 水産」リブロポート　1988
◇p65（カラー）　海牛 イトマキ 随観

ウミスズメ
「彩色 江戸博物学集成」平凡社　1994
◇p118～119（カラー）　小野蘭山『魚彙』　［岩瀬
文庫］
「江戸の動植物図」朝日新聞社　1988
◇p11（カラー）　松平頼恭、三木文柳『衆鱗図』
［松平公益会］

ウミタケガイ　Barnea dilatata
「世界大博物図鑑 別巻2」平凡社　1994
◇p215（カラー）　栗本丹洲『千蟲譜』文化8
（1811）

うみたなご
「魚の手帖」小学館　1991
◇p36（カラー）　海鯽 アカタナゴ 毛利梅園
『梅園魚譜/梅園魚品図正』1826～1843,1832～
1836　［国立国会図書館］

魚・貝・水生生物 うみゆ

ウミタナゴ Ditrema temmincki
「江戸博物文庫 魚の巻」工作舎 2017
　◇p63（カラー）　海鯽　毛利梅園『梅園魚品図正』
　　［国立国会図書館］
「グラバー魚譜200選」長崎文献社 2005
　◇p127（カラー）　アカタナゴ　倉場富三郎編、中
　　村三郎画『日本西部及南部魚類図譜』1918採集
　　［長崎大学附属図書館］

ウミタナゴ Ditrema temmincki Bleeker
「高木春山 本草図説 水産」リブロポート 1988
　◇p36（カラー）　たなごノ子ヲミセタル図

ウミタナゴ Ditrema temminckii
「高松松平家所蔵 衆鱗図 2」香川県歴史博物館
友の会博物図譜刊行会 2002
　◇p74（カラー）　しやうびんたなご　アカタナゴ
　　松平頼恭 江戸時代（18世紀）　紙本著色 画帖装
　　（折本形式）　［個人蔵］
　◇p74（カラー）　たなご　マタナゴ　松平頼恭 江
　　戸時代（18世紀）　紙本著色 画帖装（折本形式）
　　［個人蔵］

ウミタナゴ
「彩色 江戸博物学集成」平凡社 1994
　◇p275（カラー）　馬場大助画
　◇p406（カラー）　奥倉辰行『水族四帖』　［国会
　　図書館］

ウミテング Eurypegasus draconis
「江戸博物文庫 魚の巻」工作舎 2017
　◇p111（カラー）　海天狗　栗本丹洲『栗氏魚譜』
　　［国立国会図書館］

ウミテング Pegasus draconis
「ビュフォンの博物誌」工作舎 1991
　◇K023（カラー）『一般と個別の博物誌 ソンニー
　　ニ版』

ウミテング
　⇒ペーガスス［ウミテング］を見よ

ウミトサカの1種 Alcyonium palmatum
「世界大博物図鑑 別巻2」平凡社 1994
　◇p58（カラー）　キュヴィエ, G.L.C.F.D.『動物界
　　（門徒版）』1836〜49

ウミドジョウ Sirembo imberbis
「江戸博物文庫 魚の巻」工作舎 2017
　◇p112（カラー）　海泥鰌　栗本丹洲『栗氏魚譜』
　　［国立国会図書館］

ウミドジョウ
「江戸の動植物図」朝日新聞社 1988
　◇p113（カラー）　奥倉魚仙『水族四帖』　［国立
　　国会図書館］

ウミニナ
「彩色 江戸博物学集成」平凡社 1994
　◇p39（カラー）　貝原益軒『大和本草諸品図』

ウミニナのなかま Potamitidae
「世界大博物図鑑 別巻2」平凡社 1994
　◇p121（カラー）　キーネ, L.C.『ラマルク貝類図
　　譜』1834〜80　手彩色銅版図

海の生物
「美しいアンティーク生物画の本」創元社 2017
　◇p7（カラー）『Meyers Konversations–Lexikon』
　　1902〜1920

海のミミズク
「極楽の魚たち」リブロポート 1991
　◇I-205（カラー）　ルナール, L.『モルッカ諸島産
　　彩色魚類図譜 コワイエト写本』1718〜19　［個
　　人蔵］

ウミヒゴイ Parupeneus chrysopleuron
「江戸博物文庫 魚の巻」工作舎 2017
　◇p113（カラー）　海緋鯉　栗本丹洲『栗氏魚譜』
　　［国立国会図書館］

ウミヒドラ
「水中の驚異」リブロポート 1990
　◇p36（カラー）　ブリンクマン, A.著, リヒター,
　　イロナ画『ナポリ湾海洋研究所紀要〈腔腸動物
　　篇〉』1970

ウミフクロウのなかま Pleurobranchaea
meckeli
「世界大博物図鑑 別巻2」平凡社 1994
　◇p171（カラー）　キュヴィエ, G.L.C.F.D.『動物
　　界（門徒版）』1836〜49

ウミヘビ科 Ophichthidae
「ビュフォンの博物誌」工作舎 1991
　◇K080（カラー）『一般と個別の博物誌 ソンニー
　　ニ版』

ウミヘビ属の1種 Ophichthus sp.
「南海の魚類 博物画の至宝」平凡社 1995
　◇pl.163（カラー）　Ophichthys garretti
　　（Gesellschafts Ins.）　ギュンター, A.C.L.G.,
　　ギャレット, A. 1873〜1910

ウミホタルのなかま Cypridina bimaculata
「世界大博物図鑑 1」平凡社 1991
　◇p65（カラー）　ゲイ, C.『チリ自然社会誌』
　　1844〜71

ウミミズムシのなかま Jaera kroyeri
「世界大博物図鑑 1」平凡社 1991
　◇p73（カラー）　キュヴィエ, G.L.C.F.D.『動物
　　界』1836〜49　手彩色銅版

ウミヤツメ Petromyzon marinus
「ビュフォンの博物誌」工作舎 1991
　◇K004（カラー）『一般と個別の博物誌 ソンニー
　　ニ版』
「世界大博物図鑑 2」平凡社 1989
　◇p17（カラー）　ドノヴァン, E.『英国産魚類誌』
　　1802〜08
　◇p17（カラー）　キュヴィエ, G.L.C.F.D.『動物
　　界』1836〜49　手彩色銅版

ウミユリ, ウミリンゴのなかま
「世界大博物図鑑 別巻2」平凡社 1994
　◇p258（カラー）　ウミユリ, ウミシダ, ウミリンゴ

うみゆ　　　　魚・貝・水生生物

など　デュジャルダン, F., ユベ, H.『棘皮類の博
物誌』 1862

ウミユリの1種

「美しいアンティーク生物画の本」創元社　2017
◇p38〜39（カラー）　Pentacrinus caput
Medusae　Schubert, Gotthilf Heinrich von
『Naturgeschichte der Reptilien, Amphibien,
Fische, Insekten, Krebstiere, Würmer,
Weichtiere, Stachelhäuter, Pflanzentiere und
Urtiere』 1890
◇p86（カラー）　Antedon lusitanica　Arbert I,
Prince of Monaco『Résultats des campagnes
scientifiques accomplies sur son yacht par
Albert ler, prince souverain de Monaco』 1909
◇p86（カラー）　Gephyrocrinus grimaldii
Arbert I, Prince of Monaco『Résultats des
campagnes scientifiques accomplies sur son
yacht par Albert ler, prince souverain de
Monaco』 1909
◇p97（カラー）　Crinoïde lys–de–mer　Drapiez,
Pierre Auguste Joseph『Dictionnaire Classique
Des Sciences Naturelles』 1853

ウメボシイソギンチャク

「水中の驚異」リブロポート　1990
◇p18（カラー）　ゴス, P.H.『アクアリウム』
1854

ウメボシイソギンチャクの1種　Actinia
mesembryanthemum

「世界大博物図鑑　別巻2」平凡社　1994
◇p68（カラー）　ゴス, P.H.『英国のイソギン
チャクと珊瑚』 1860　多色石版
◇p69（カラー）　キングズレー, C., サワビー, G.
B.『グラウコス、海岸の驚異』 1859

ウメボシイソギンチャクのなかま　Actinia
cari

「世界大博物図鑑　別巻2」平凡社　1994
◇p70〜71（カラー）　アンドレス, A.『ナポリ湾海
洋研究所紀要〈イソギンチャク篇〉』 1884　色刷
り石版画

ウメボシイソギンチャクのなかま　Actinia
chiococca

「世界大博物図鑑　別巻2」平凡社　1994
◇p72（カラー）　ショー, G.『博物学雑録宝典』
1789〜1813

ウメボシイソギンチャクのなかま　Bolocera
eques

「世界大博物図鑑　別巻2」平凡社　1994
◇p75（カラー）　ゴス, P.H.『英国のイソギン
チャクと珊瑚』 1860　多色石版

ウメボシイソギンチャクのなかま　Bolocera
tuediae

「世界大博物図鑑　別巻2」平凡社　1994
◇p68（カラー）　ゴス, P.H.『英国のイソギン
チャクと珊瑚』 1860　多色石版

ウメボシイソギンチャクのなかま
Bunodactis verrucosa

「世界大博物図鑑　別巻2」平凡社　1994
◇p72（カラー）　アンドレス, A.『ナポリ湾海洋研
究所紀要〈イソギンチャク篇〉』 1884　色刷り石
版画

ウメボシイソギンチャクのなかま　Tealia
crassicornis

「世界大博物図鑑　別巻2」平凡社　1994
◇p69（カラー）　ゴス, P.H.『英国のイソギン
チャクと珊瑚』 1860　多色石版

ウメボシイソギンチャクのなかま　Tealia
digitata

「世界大博物図鑑　別巻2」平凡社　1994
◇p68（カラー）　ゴス, P.H.『英国のイソギン
チャクと珊瑚』 1860　多色石版

ウメボシイソギンチャクのなかま

「水中の驚異」リブロポート　1990
◇p22〜23（カラー）　ゴス, P.H.『イギリスのイ
ソギンチャクとサンゴ』 1860

ウメボシイソギンチャクほか

「水中の驚異」リブロポート　1990
◇p66（カラー）　デュプレ『コキーユ号航海記録』
1826〜30

ウラウズガイ　Astraea haematraga

「世界大博物図鑑　別巻2」平凡社　1994
◇p118（カラー）　デュ・プティ＝トゥアール, A.
A.『ウエヌス号世界周航記』 1846

ウラキツキガイ　Codakia paytenorum

「世界大博物図鑑　別巻2」平凡社　1994
◇p198（カラー）　ビーチィ, F.W.著, サワビー,
G.B.図『ビーチィ航海記動物学篇』 1839

ウラスジマイノソデガイ　Strombus vomer

「世界大博物図鑑　別巻2」平凡社　1994
◇p123（カラー）　マーティン, T.『万国貝譜』
1784〜87　手彩色銅版図

ウリクラゲ　Beroe cucumis

「高松松平家所蔵 衆鱗図 3」香川県歴史博物館
友の会博物図譜刊行会　2003
◇p56（カラー）　（付札なし）　松平頼恭 江戸時代
（18世紀）　紙本著色 画帖装（折本形式）　［個人
蔵］

ウリクラゲ

「水中の驚異」リブロポート　1990
◇p8（白黒）
◇p75（カラー）　デュプレ『コキーユ号航海記録』
1826〜30

ウリクラゲの1種

「美しいアンティーク生物画の本」創元社　2017
◇p38〜39（カラー）　Beroe ovata　Schubert,
Gotthilf Heinrich von『Naturgeschichte der
Reptilien, Amphibien, Fische, Insekten,
Krebstiere, Würmer, Weichtiere,
Stachelhäuter, Pflanzentiere und Urtiere』

魚・貝・水生生物　　　　　　　　　　　　　　えなか

1890
◇p96（カラー）　Medusa ovata　Barbut, James
『The genera vermium exemplified by various
specimens of the animals contained in the
orders of the Intestina et Mollusca Linnaei』
1783

ウリクラゲのなかま　Beroe ovata
「世界大博物図鑑　別巻2」平凡社　1994
◇p87（カラー）　キュヴィエ, G.L.C.F.D.『動物界
（門徒版）』　1836〜49

ウリクラゲのなかま
「水中の驚異」リブロポート　1990
◇p60（白黒）　ペロン, フレシネ『オーストラリア
博物航海図録』　1800〜24

ウリクラゲ類　Beroe gargantua（異常形）, B.
macrostomus, B.mitroeformis
「世界大博物図鑑　別巻2」平凡社　1994
◇p86（カラー）　デュプレ, L.I.『コキーユ号航海
記』　1826〜34

ウリタエビジャコ　Crangon uritai
「高松松平家所蔵　衆鱗図 3」香川県歴史博物館
友の会博物図譜刊行会　2003
◇p14（カラー）　（付札なし）　松平頼恭 江戸時代
（18世紀）　紙本著色 画帖装（折本形式）　［個人
蔵］

うるめいわし
「魚の手帖」小学館　1991
◇7図（カラー）　潤目鰯　毛利梅園『梅園魚譜/梅
園魚品図正』　1826〜1843,1832〜1836　［国立
国会図書館］

ウルメイワシ　Etrumeus teres
「江戸博物文庫 魚の巻」工作舎　2017
◇p83（カラー）　潤目鰯　毛利梅園『梅園魚譜』
［国立国会図書館］
「グラバー魚譜200選」長崎文献社　2005
◇p53（カラー）　倉場富三郎編, 長谷川雪画画『日
本西部及南部魚類図譜』　1913採集　［長崎大学
附属図書館］

ウロコムシのなかま　Poliodonte affroditeo？
「世界大博物図鑑 1」平凡社　1991
◇p21（カラー）　レニエ, S.A.『アドリア海無脊椎
動物図譜』　1793

【え】

エイのなかま
「極楽の魚たち」リブロポート　1991
◇II-231（カラー）　海の悪魔　ファロワズ, サムエ
ル原画, ルナール, L.『モルッカ諸島産彩色魚類
図譜 ファン・デル・ステル写本』　1718〜19
［個人蔵］
◇II-232（カラー）　海の悪魔　ファロワズ, サムエ
ル原画, ルナール, L.『モルッカ諸島産彩色魚類
図譜 ファン・デル・ステル写本』　1718〜19
［個人蔵］

エコルパンテ
「極楽の魚たち」リブロポート　1991
◇I-77（カラー）　ルナール, L.『モルッカ諸島産彩
色魚類図譜 コワイエト写本』　1718〜19　［個人
蔵］

エゼリアガイ　Aetheria elliptica
「世界大博物図鑑　別巻2」平凡社　1994
◇p227（カラー）　キュヴィエ, G.L.C.F.D.『動物
界（門徒版）』　1836〜49

エゾアイナメ　Hexagrammos stelleri
「世界大博物図鑑 2」平凡社　1989
◇p420〜421（カラー）　キュヴィエ, G.L.C.F.D.
『動物界』　1836〜49　手彩色銅版

エゾアワビ　Haliotis discus hannai
「世界大博物図鑑　別巻2」平凡社　1994
◇p103（カラー）　平瀬與一郎『貝千種』　大正3〜
11（1914〜22）　色刷木版画

エゾイソアイナメ　Physiculus maximowiczi
「高松松平家所蔵　衆鱗図 1」香川県歴史博物館
友の会博物図譜刊行会　2001
◇p67（カラー）　礒アイナメ　松平頼恭 江戸時代
（18世紀）　紙本著色 画帖装（折本形式）　［個人
蔵］

エゾバイ科　Buccinidae
「ビュフォンの博物誌」工作舎　1991
◇L056（カラー）『一般と個別の博物誌 ソンニー
ニ版』

エゾヒバリガイの1種　Modiolus sp.
「ビュフォンの博物誌」工作舎　1991
◇L062（カラー）『一般と個別の博物誌 ソンニー
ニ版』

エゾフネガイの1種　Crepidula sp.
「ビュフォンの博物誌」工作舎　1991
◇L052（カラー）『一般と個別の博物誌 ソンニー
ニ版』

エゾマメタニシ科　Bithyniidae
「ビュフォンの博物誌」工作舎　1991
◇L054（カラー）『一般と個別の博物誌 ソンニー
ニ版』

えつ
「魚の手帖」小学館　1991
◇16図（カラー）　鱭魚　毛利梅園『梅園魚譜/梅園
魚品図正』　1826〜1843,1832〜1836　［国立国
会図書館］

エツ　Coilia nasus
「グラバー魚譜200選」長崎文献社　2005
◇p57（カラー）　倉場富三郎編, 中村三郎画 『日本
西部及南部魚類図譜』　1916採集　［長崎大学附
属図書館］

エナガクシエラボヤ　Boltenia ovifera
「世界大博物図鑑　別巻2」平凡社　1994
◇p286（カラー）　キュヴィエ, G.L.C.F.D.『動物
界（門徒版）』　1836〜49

博物図譜レファレンス事典 動物篇　**137**

えひく　　　　　　　　　　魚・貝・水生生物

エビクラゲ　Netrostoma setouchiana
「高松松平家所蔵 衆鱗図 3」香川県歴史博物館
友の会博物図譜刊行会　2003
　◇p50（カラー）　（付札なし）　松平頼恭 江戸時代
　　（18世紀）　紙本著色 画帖装（折本形式）　［個人
　　蔵］
　◇p53（カラー）　（付札なし）　松平頼恭 江戸時代
　　（18世紀）　紙本著色 画帖装（折本形式）　［個人
　　蔵］
　◇p53（カラー）　鼓海月　松平頼恭 江戸時代（18
　　世紀）　紙本著色 画帖装（折本形式）　［個人蔵］

エビジャコ属の1種　Crangon cassiope
「高松松平家所蔵 衆鱗図 3」香川県歴史博物館
友の会博物図譜刊行会　2003
　◇p15（カラー）　トウゴロエヒ　松平頼恭 江戸時
　　代（18世紀）　紙本著色 画帖装（折本形式）　［個
　　人蔵］
　◇p19（カラー）　トウゴマ蝦　松平頼恭 江戸時代
　　（18世紀）　紙本著色 画帖装（折本形式）　［個人
　　蔵］

エビジャコの1種　Crangon sp.
「ビュフォンの博物誌」工作舎　1991
　◇M055（カラー）『一般と個別の博物誌 ソンニー
　　ニ版』

エビスザメ　Notorynchus cepedianus
「世界大博物図鑑 2」平凡社　1989
　◇p20（カラー）　マクドナルド, J.D.原図『ロンド
　　ン動物学協会紀要』　1868

エビスシイラ　Coryphaena equiselis
「南海の魚類 博物画の至宝」平凡社　1995
　◇pl.93（カラー）　Coryphaena equisetis　ギュン
　　ター, A.C.L.G., ギャレット, A. 1873～1910

エビスダイ　Ostichthys japonicus
「グラバー魚譜200選」長崎文献社　2005
　◇p66（カラー）　倉場富三郎編, 中村三郎画『日本
　　西部及南部魚類図譜』　1916採集　［長崎大学附
　　属図書館］
「高松松平家所蔵 衆鱗図 1」香川県歴史博物館
友の会博物図譜刊行会　2001
　◇p25（カラー）　石割鯛　松平頼恭 江戸時代（18
　　世紀）　紙本著色 画帖装（折本形式）　［個人蔵］

エビスダイとその顔　Ostichthys japonicus
「世界大博物図鑑 2」平凡社　1989
　◇p205（カラー）　栗本丹洲『丹洲魚譜』　［国立
　　国会図書館］

エビスボラ　Tibia insulaechorab
「世界大博物図鑑 別巻2」平凡社　1994
　◇p122（カラー）　クノール, G.W.『貝類図譜』
　　1764～75

エビ, フジツボなど節足動物の幼生
「ビュフォンの博物誌」工作舎　1991
　◇M034（カラー）『一般と個別の博物誌 ソンニー
　　ニ版』

エビプリア
「生物の驚異的な形」河出書房新社　2014
　◇図版7（カラー）　ヘッケル, エルンスト 1904

エフィラ
「水中の驚異」リプロポート　1990
　◇p141（白黒）　ヘッケル, E.H.『チャレンジャー
　　号航海記録〈深海性クラゲ篇〉』　1882

エフィラクラゲの1種
「美しいアンティーク生物画の本」創元社　2017
　◇p41（カラー）　Nausithoë punctata Mayer,
　　Alfred Goldsborough『Medusae of the world 第
　　3巻』　1910
　◇p69（カラー）　Palephyra indica Chun, Carl
　　『Wissenschaftliche Ergebnisse der Deutschen
　　Tiefsee-Expedition auf dem Dampfer
　　"Valdivia" 1898-1899』　1902～40

エーブル　Ieuciscus souffia
「世界大博物図鑑 2」平凡社　1989
　◇p128（カラー）　キュヴィエ, G.L.C.F.D., ヴァ
　　ランシエンヌ, A.『魚の博物誌』　1828～50

エボシガイ　Lepas anatifera
「世界大博物図鑑 1」平凡社　1991
　◇p68（カラー）　キュヴィエ, G.L.C.F.D.『動物
　　界』　1836～49　手彩色銅版
　◇p68（カラー）　栗本丹洲『千蟲譜』　文化8
　　（1811）
　◇p68（カラー）　ドルビニ, A.C.V.D.『万有博物事
　　典』　1838～49,61

エボシガイ
⇒レパス［エボシガイ］を見よ

エボシガイの1種　Lepas sp.
「ビュフォンの博物誌」工作舎　1991
　◇L071（カラー）『一般と個別の博物誌 ソンニー
　　ニ版』

エボシダイ　Nomeus gronovii
「世界大博物図鑑 2」平凡社　1989
　◇p296（カラー）　キュヴィエ, G.L.C.F.D., ヴァ
　　ランシエンヌ, A.『魚の博物誌』　1828～50

エラヒキムシ　Priapulus caudatus
「世界大博物図鑑 別巻2」平凡社　1994
　◇p94（カラー）　キュヴィエ, G.L.C.F.D.『動物界
　　（門徒版）』　1836～49

エラボスピュリス
「生物の驚異的な形」河出書房新社　2014
　◇図版22（カラー）　ヘッケル, エルンスト 1904

エレガント・コリス
⇒カンムリベラ属の1種（エレガント・コリス）
を見よ

エンコウガニ　Carcinoplax longimana
「グラバー魚譜200選」長崎文献社　2005
　◇p239（カラー）　オスの成体　倉場富三郎編, 小
　　田紫星画『日本西部及南部魚類図譜』　1912採集
　　［長崎大学附属図書館］

138　博物図譜レファレンス事典 動物篇

魚・貝・水生生物　　　　　　　　　　　　　　　おうむ

エンコウガニ科　Goneplacidae？
「ビュフォンの博物誌」工作舎　1991
　◇M046（カラー）『一般と個別の博物誌 ソンニーニ版』

エンゼルフィッシュ　Angelichthys ciliaris
「すごい博物画」グラフィック社　2017
　◇図版81（カラー）　ケイツビー、マーク　1725頃　アラビアゴムを混ぜた水彩 濃厚顔料 金泥　27.1×37.2　［ウィンザー城ロイヤル・ライブラリー］

エンゼル・フィッシュ　Pterophyllum scalare
「世界大博物図鑑 2」平凡社　1989
　◇p344（カラー）　大野麦風『大日本魚類画集』　昭和12～19　彩色木版

エンマゴチ属の1種　Cymbacephalus sp.
「南海の魚類 博物画の至宝」平凡社　1995
　◇pl.107（カラー）　Platycephalus tentaculatus　ギュンター、A.C.L.G.、ギャレット、A.　1873～1910

【 お 】

おいかわ
「魚の手帖」小学館　1991
　◇22図、70図、85図（カラー）　追河・追川　毛利梅園『梅園魚譜/梅園魚品図正』　1826～1843,1832～1836　［国立国会図書館］

オイカワ　Opsariichthys platypus
「江戸博物文庫 魚の巻」工作舎　2017
　◇p90（カラー）　追河　藤居重啓『湖中産物図証』　［国立国会図書館］

オイカワ　Zacco platypus
「高松松平家所蔵 衆鱗図 3」香川県歴史博物館友の会博物図譜刊行会　2003
　◇p78（カラー）　オヒカワ　オス個体　松平頼恭　江戸時代（18世紀）　紙本著色 画帖装（折本形式）　［個人蔵］
　◇p85（カラー）　赤松 カ、ラ　オス個体　松平頼恭 江戸時代（18世紀）　紙本著色 画帖装（折本形式）　［個人蔵］
「世界大博物図鑑 2」平凡社　1989
　◇p140（カラー）　大野麦風『大日本魚類画集』　昭和12～19　彩色木版

オウウヨウラクガイ（？）
「彩色 江戸博物学集成」平凡社　1994
　◇p210（カラー）　武蔵石寿『甲介群分品彙』　［国会図書館］

オウギガニ　Leptodius exaratus
「世界大博物図鑑 1」平凡社　1991
　◇p132（カラー）　キュヴィエ、G.L.C.F.D.『動物界』　1836～49　手彩色銅版

オウギチョウチョウウオ　Chaetodon meyeri
「世界大博物図鑑 2」平凡社　1989
　◇p387（カラー）　キュヴィエ、G.L.C.F.D.『動物界』　1836～49　手彩色銅版

オウギチョウチョウウオ
「極楽の魚たち」リブロポート　1991
　◇I-135（カラー）　侯爵　ルナール、L.『モルッカ諸島産彩色魚類図譜 コワイエト写本』　1718～19　［個人蔵］

オウギベンテンウオ　Pteraclis velifera
「世界大博物図鑑 2」平凡社　1989
　◇p309（カラー）　キュヴィエ、G.L.C.F.D.『動物界』　1836～49　手彩色銅版

オウサマウニ
　⇒キダリス［オウサマウニ］を見よ

オウサマウニの1種
「美しいアンティーク生物画の本」創元社　2017
　◇p35（カラー）　Cidarite porcépic　Blainville, Henri Marie Ducrotay de『Manuel d'Actinologie ou de Zoophytologie』　1834
　◇p94（カラー）　Echinus cidaris　Barbut, James『The genera vermium exemplified by various specimens of the animals contained in the orders of the Intestina et Mollusca Linnaei』　1783

オウシュウナガザルガイ　Lunulicardium oblongum
「世界大博物図鑑 別巻2」平凡社　1994
　◇p198（カラー）　デュ・プティ＝トゥアール、A. A.『ウエヌス号世界周航記』　1846

オウムガイ　Nautilus pompilius
「世界大博物図鑑 別巻2」平凡社　1994
　◇p230（カラー）　平瀬與一郎『貝千種』　大正3～11（1914～22）　色刷木版画
　◇p230（カラー）　クノール、G.W.『貝類図譜』　1764～75
　◇p230（カラー）　キュヴィエ、G.L.C.F.D.『動物界（門徒版）』　1836～49
「鳥獣虫魚譜」八坂書房　1988
　◇p79（カラー）　松森胤保『両羽貝螺図譜』　［酒田市立光丘文庫］

オウムガイ
「彩色 江戸博物学集成」平凡社　1994
　◇p438（カラー）　松森胤保『両羽博物図譜』
「ビュフォンの博物誌」工作舎　1991
　◇L045（カラー）　殻をはずしたところ『一般と個別の博物誌 ソンニーニ版』

オウムガイの1種　Nautilus sp.
「ビュフォンの博物誌」工作舎　1991
　◇L044（カラー）『一般と個別の博物誌 ソンニーニ版』

オウムガイの隔壁
「ビュフォンの博物誌」工作舎　1991
　◇L046（カラー）『一般と個別の博物誌 ソンニーニ版』

オウムガイ類の殻？
「ビュフォンの博物誌」工作舎　1991

博物図譜レファレンス事典 動物篇　**139**

おうむ　　　　　　　魚・貝・水生生物

◇L047（カラー）　化石『一般と個別の博物誌 ソンニーニ版』
◇L048（カラー）　化石『一般と個別の博物誌 ソンニーニ版』

オウムブダイ　Scarus psittacus
「世界大博物図鑑 2」平凡社　1989
◇p372（カラー）　リュッペル, W.P.E.S.『北アフリカ探検図譜』　1826〜28

オオアカフジツボのなかま　Balanus tintinnabulum
「世界大博物図鑑 1」平凡社　1991
◇p72（カラー）　キュヴィエ, G.L.C.F.D.『動物界』　1836〜49　手彩色銅版

オオイカリナマコ　Synapta maculata
「世界大博物図鑑 別巻2」平凡社　1994
◇p283（カラー）　レッソン, R.P.著, プレートル原図『動物百図』　1830〜32

オオイカリナマコ
「水中の驚異」リブロポート　1990
◇p131（カラー）　キングズリ, G., サワビー, J.『グラウコス』　1859

大イソギンチャク
「水中の驚異」リブロポート　1990
◇p34（カラー）　ゴッス, P.H.『イギリスのイソギンチャクとサンゴ』　1860

オオイトカケガイ　Epitonium scalare
「世界大博物図鑑 別巻2」平凡社　1994
◇p158（カラー）　ドノヴァン, E.『博物宝典』　1823〜27

オオイトカケガイ
「彩色 江戸博物学集成」平凡社　1994
◇p123（カラー）　糸掛介　木村蒹葭堂『奇貝図譜』［辰馬考古資料館］

おおうなぎ
「魚の手帖」小学館　1991
◇18図（カラー）　大鰻　毛利梅園『梅園魚譜/梅園魚品図正』　1826〜1843,1832〜1836　［国立国会図書館］

オオウナギ　Anguilla marmorata
「江戸博物文庫 魚の巻」工作舎　2017
◇p77（カラー）　大鰻　毛利梅園『梅園魚譜』［国立国会図書館］
「グラバー魚譜200選」長崎文献社　2005
◇p40（カラー）　うなぎ　倉場富三郎編, 萩原魚仙画『日本西部及南部魚類図譜』　1914採集　［長崎大学附属図書館］
「高松松平家所蔵 衆鱗図 3」香川県歴史博物館友の会博物図譜刊行会　2003
◇p76（カラー）　胡麻ウナギ　松平頼恭 江戸時代（18世紀）　紙本著色 画帖装（折本形式）　［個人蔵］

オオウロコニシン　Sardina pilchardus
「世界大博物図鑑 2」平凡社　1989
◇p53（カラー）　ドノヴァン, E.『英国産魚類誌』

1802〜08

オオガシラギギ　Clarotes laticeps
「世界大博物図鑑 2」平凡社　1989
◇p152（カラー）　キュヴィエ, G.L.C.F.D., ヴァランシエンヌ, A.『魚の博物誌』　1828〜50

大型のベラ
「極楽の魚たち」リブロポート　1991
◇II-59（カラー）　ナセロの狼　ファロワズ, サムエル原画, ルナール, L.『モルッカ諸島産彩色魚類図譜 ファン・デル・ステル写本』　1718〜19　［個人蔵］

オオガナメクジウオ　Asymmetron lucayanum
「世界大博物図鑑 2」平凡社　1989
◇p17（カラー）　クーパー, C.F.著, ウィルソン, E.図『インド南西沖諸島の動物地誌―頭索類』　1906　石版画

狼魚
「極楽の魚たち」リブロポート　1991
◇II-207（カラー）　ファロワズ, サムエル原画, ルナール, L.『モルッカ諸島産彩色魚類図譜 ファン・デル・ステル写本』　1718〜19　［個人蔵］

オオカラカサクラゲとそのなかま　Geryonia proboscidalis
「世界大博物図鑑 別巻2」平凡社　1994
◇p39（カラー）　Geryonia giltschi, G.elephas ヘッケル, E.H.P.A.『自然の造形』　1899〜1904　多色石版画

オオカラカサクラゲの1種
「美しいアンティーク生物画の本」創元社　2017
◇p16（カラー）　Carmaris giltschi　Haeckel, Ernst『Kunstformen der Natur』　1899〜1904
◇p16（カラー）　Carmarina hastata　Haeckel, Ernst『Kunstformen der Natur』　1899〜1904
◇p16（カラー）　Geryones elephas　Haeckel, Ernst『Kunstformen der Natur』　1899〜1904
◇p60（カラー）　Geryonia　Oken, Lorenz『Abbildungen zu Okens allgemeiner Naturgeschichte für alle Stände』　1843
◇p67（カラー）　Carmarina hastata　Dlouhý, František『Brouci evropští』　1911

オオカンムリボラ　Melongena patula
「世界大博物図鑑 別巻2」平凡社　1994
◇p140（カラー）　ビーチィ, F.W.著, サワビー, G.B.図『ビーチィ航海記動物学篇』　1839

オオキツネダイ　Lachnolaimus maximus
「世界大博物図鑑 2」平凡社　1989
◇p352（カラー）　キュヴィエ, G.L.C.F.D., ヴァランシエンヌ, A.『魚の博物誌』　1828〜50

オオキンヤギの1種　Primnoa antarctica
「世界大博物図鑑 別巻2」平凡社　1994
◇p62（カラー）　デュ・プティ＝トゥアール, A.A.『ウエヌス号世界周航記』　1846

オオクチイシナギ　Stereolepis doederleini
「江戸博物文庫 魚の巻」工作舎　2017

魚・貝・水生生物　　　　　　　　おおは

◇p169（カラー）　大口石投　栗本丹洲『栗氏魚譜』
［国立国会図書館］

**「高松松平家所蔵 衆鱗図 2」香川県歴史博物館
友の会博物図譜刊行会　2002**
◇p38〜39（カラー）　いしなぎ　松平頼恭 江戸時
代（18世紀）　紙本著色 画帖装（折本形式）［個
人蔵］
◇p39（カラー）　いしなぎ　幼魚　松平頼恭 江戸
時代（18世紀）　紙本著色 画帖装（折本形式）
［個人蔵］

オオグチソコアナゴ　Xenomystax rictus
「世界大博物図鑑 2」平凡社　1989
◇p101（カラー）　ガーマン, S.著、ウェスターグレ
ン原図『ハーヴァード大学比較動物学記録 第24
巻〈アルバトロス号調査報告—魚類編〉』　1899
手彩色石版画

オオグチフサカサゴの幼魚　Scorpaena scrofa
「世界大博物図鑑 2」平凡社　1989
◇p416（カラー）　ロ・ビアンコ, サルバトーレ
『ナポリ湾海洋研究所紀要』　20世紀前半　オフ
セット印刷

オオクチホシエソ　Malacosteus niger
「世界大博物図鑑 2」平凡社　1989
◇p96（カラー）　ブラウアー, A.『深海魚』　1898
〜99　石版色刷り

おおさからんちゅう
「魚の手帖」小学館　1991
◇13図（カラー）　大坂蘭鋳　毛利梅園『梅園魚譜/
梅園魚品図正』　1826〜1843,1832〜1836　［国
立国会図書館］

オオサルパ　Thetys vagina
「世界大博物図鑑 別巻2」平凡社　1994
◇p287（カラー）　デュモン・デュルヴィル, J.S.C.
『アストロラブ号世界周航記』　1830〜35　ス
ティップル印刷

オオシャコガイ　Tridacna gigas
「世界大博物図鑑 別巻2」平凡社　1994
◇p199（カラー）　デュモン・デュルヴィル, J.S.C.
『アストロラブ号世界周航記』　1830〜35　ス
ティップル印刷

オオジャコガイの1種　Tridacna sp.
「ビュフォンの博物誌」工作舎　1991
◇L066（カラー）『一般と個別の博物誌 ソンニー
版』

オオジュドウマクラガイ　Oliva sericea
「世界大博物図鑑 別巻2」平凡社　1994
◇p135（カラー）　デュモン・デュルヴィル, J.S.C.
『アストロラブ号世界周航記』　1830〜35　ス
ティップル印刷

オオスジヒメジ　Parupeneus barberinus
「南海の魚類 博物画の至宝」平凡社　1995
◇pl.42（カラー）　Upeneus barberinus　ギュン
ター, A.C.L.G., ギャレット, A. 1873〜1910

オオセ　Orectolobus japonicus
「江戸博物文庫 魚の巻」工作舎　2017
◇p7（カラー）　大瀬『魚譜』　［国立国会図書館］

**「高松松平家所蔵 衆鱗図 2」香川県歴史博物館
友の会博物図譜刊行会　2002**
◇p24〜25（カラー）　をうせいふか　松平頼恭 江
戸時代（18世紀）　紙本著色 画帖装（折本形式）
［個人蔵］

オオセ
「彩色 江戸博物学集成」平凡社　1994
◇p34（カラー）　貝原益軒『大和本草諸品図』

オオトガリサルパの単独個体　Salpa maxima
「世界大博物図鑑 別巻2」平凡社　1994
◇p287（カラー）　図はすべて天地逆　デュプレ,
L.I.『コキーユ号航海記』　1826〜34

オオトガリサルパの連鎖個体
「世界大博物図鑑 別巻2」平凡社　1994
◇p287（カラー）　図はすべて天地逆　デュプレ,
L.I.『コキーユ号航海記』　1826〜34

オオトリガイの1種　Lutraria sp.
「ビュフォンの博物誌」工作舎　1991
◇L065（カラー）『一般と個別の博物誌 ソンニー
版』

オオナナフシ
「極楽の魚たち」リブロポート　1991
◇II-155（カラー）　アンボイナの海イナゴ　ファ
ロワズ, サムエル原画, ルナール, L.『モルッカ諸
島産彩色魚類図譜 ファン・デル・ステル写本』
1718〜19　［個人蔵］
◇II-166（カラー）　アンボイナのイナゴ　ファロ
ワズ, サムエル原画, ルナール, L.『モルッカ諸島
産彩色魚類図譜 ファン・デル・ステル写本』
1718〜19　［個人蔵］

大鳴戸
「江戸名作画帖全集 8」駸々堂出版　1995
◇図156（カラー）　服部雪斎図, 武蔵石寿編『目八
譜』　紙本着色　［東京国立博物館］

オオニベ　Argyrosomus japonicus
**「高松松平家所蔵 衆鱗図 2」香川県歴史博物館
友の会博物図譜刊行会　2002**
◇p52（カラー）　そこにべ　松平頼恭 江戸時代
（18世紀）　紙本著色 画帖装（折本形式）　［個人
蔵］

オオノガイ科　Myidae
「ビュフォンの博物誌」工作舎　1991
◇L069（カラー）『一般と個別の博物誌 ソンニー
ニ版』

オオバウチワエビ　Ibacus novemdentatus
「世界大博物図鑑 1」平凡社　1991
◇p92（カラー）　ヘルプスト, J.F.W.『蟹蛯分類図
譜』　1782〜1804

オオバナオニアンコウ　Linop ryne
macrorhinus
「世界大博物図鑑 2」平凡社　1989

博物図譜レファレンス事典 動物篇　**141**

おおは　　　魚・貝・水生生物

◇p108（カラー）　自由遊泳するオス　ブラウアー，A.『深海魚』1898〜99　石版色刷り

オオバンヒザラガイ　Cryptochiton stelleri
「日本の博物図譜」東海大学出版会　2001
◇図56（カラー）　伊藤馨筆『動物写生画』　［東京国立博物館］

オオヒゲマワリ　Volvox globator
「世界大博物図鑑 別巻2」平凡社　1994
◇p22（カラー）　エーレンベルク，C.G.『滴虫類』1838　手彩色銅版図

オオベッコウカサガイ　Cellana testudinaria
「世界大博物図鑑 別巻2」平凡社　1994
◇p115（カラー）　クノール，G.W.『貝類図譜』1764〜75

オオベニシボリガイ
「彩色 江戸博物学集成」平凡社　1994
◇p123（カラー）　紅シボリ介　木村蒹葭堂『奇貝図譜』　［辰馬考古資料館］

オオヘビガイ
「彩色 江戸博物学集成」平凡社　1994
◇p38（カラー）　貝原益軒『大和本草諸品図』
「江戸の動植物図」朝日新聞社　1988
◇p100（カラー）　武蔵石寿『目八譜』　［東京国立博物館］

オオボウズ　Chorisochismus dentex
「世界大博物図鑑 2」平凡社　1989
◇p431（カラー）　キュヴィエ，G.L.C.F.D.『動物界』1836〜49　手彩色銅版

オオマテガイ？　Solen grandis？
「鳥獣虫魚譜」八坂書房　1988
◇p76（カラー）　マデ貝　松森胤保『両羽貝蠷図譜』　［酒田市立光丘文庫］

オオマムシオコゼ　Trachinus draco
「世界大博物図鑑 2」平凡社　1989
◇p324（カラー）　ドノヴァン，E.『英国産魚類誌』1802〜08

オオマムシオコゼの1種　Trachinus sp.
「ビュフォンの博物誌」工作舎　1991
◇K028（カラー）『一般と個別の博物誌 ソンニー二版』

オオミノウミウシ科　Aeolidiidae？
「ビュフォンの博物誌」工作舎　1991
◇L051（カラー）『一般と個別の博物誌 ソンニー二版』

オオミノエガイ　Barbatia lacerata
「世界大博物図鑑 別巻2」平凡社　1994
◇p178（カラー）　キュヴィエ，G.L.C.F.D.『動物界（門徒版）』1836〜49

オオミノムシガイ　Vexillum plicarium
「世界大博物図鑑 別巻2」平凡社　1994
◇p142（カラー）　キーネ，L.C.『ラマルク貝類図譜』1834〜80　手彩色銅版図

オオメウミヘビ　Ophichthys macrops
「世界大博物図鑑 2」平凡社　1989
◇p173（カラー）　ギャレット原図，ギュンター解説『ゴデフロイ博物館紀要』1873〜1910

オオメミジンコ科　Polyphemidae
「ビュフォンの博物誌」工作舎　1991
◇M030（カラー）『一般と個別の博物誌 ソンニー二版』

オオモンイザリウオ　Antennarius commersoni
「南海の魚類 博物画の至宝」平凡社　1995
◇pl.100（カラー）　Antennarius commersonii, var. ギュンター，A.C.L.G.，ギャレット，A. 1873〜1910
◇pl.101（カラー）　Antennarius commersonii, var. ギュンター，A.C.L.G.，ギャレット，A. 1873〜1910
◇pl.103（カラー）　Antennarius commersonii, var. ギュンター，A.C.L.G.，ギャレット，A. 1873〜1910

オオモンイザリウオ　Antennarius pictus
「世界大博物図鑑 2」平凡社　1989
◇p456（カラー）　キュヴィエ，G.L.C.F.D.，ヴァランシエンヌ，A.『魚の博物誌』1828〜50

オオモンクロベッコウ
「彩色 江戸博物学集成」平凡社　1994
◇p390（カラー）　クモヒキ　吉田雀巣庵『雀巣庵虫譜』　［名古屋市立博物館］

オオヤドカリ科　Coenobititae
「ビュフォンの博物誌」工作舎　1991
◇M051（カラー）『一般と個別の博物誌 ソンニー二版』

オオヨウジウオ　Syngnathus acus
「世界大博物図鑑 2」平凡社　1989
◇p201（カラー）　ドノヴァン，E.『英国産魚類誌』1802〜08

オオヨコエソ　Gonostoma elongatum
「世界大博物図鑑 2」平凡社　1989
◇口絵（カラー）　ブラウアー，A.『深海魚』1898〜99　石版色刷り

オオワタクズガニ　Micippa cristata
「世界大博物図鑑 1」平凡社　1991
◇p121（カラー）　キュヴィエ，G.L.C.F.D.『動物界』1836〜49　手彩色銅版

オオワニザメ　Odontaspis ferox
「高松松平家所蔵 衆鱗図 2」香川県歴史博物館友の会博物図譜刊行会　2002
◇p16〜17（カラー）　ねずみさめ　松平頼恭 江戸時代（18世紀）　紙本著色 画帖装（折本形式）　［個人蔵］

オオワニザメ科？ の1種　Odontaspididae？ gen.and sp.indet.
「高松松平家所蔵 衆鱗図 2」香川県歴史博物館友の会博物図譜刊行会　2002

142　博物図譜レファレンス事典 動物篇

魚・貝・水生生物　　　　　　　　　　　　　　おきし

◇p28〜29（カラー）　ばゝさめ　松平頼恭　江戸時代（18世紀）　紙本著色　画帖装（折本形式）　［個人蔵］

オカガニの1種　Gecarcoidea sp.
「ビュフォンの博物誌」工作舎　1991
　　◇M044（カラー）『一般と個別の博物誌 ソンニーニ版』

オカガニのなかま　Cardisoma guanhumi
「世界大博物図鑑 1」平凡社　1991
　　◇p137（カラー）　キュヴィエ, G.L.C.F.D.『動物界』　1836〜49　手彩色銅版

オカガニのなかま？　Gecarcoidea sp.？
「世界大博物図鑑 1」平凡社　1991
　　◇p137（カラー）　ヘルブスト, J.F.W.『蟹蛯分類図譜』　1782〜1804

オカメミジンコ
「水中の驚異」リブロポート　1990
　　◇p114（カラー）　レーゼル・フォン・ローゼンホフ, A.J.『昆虫のもてなし』　1746〜61

オキウミウシ　Scyllaea pelagica
「世界大博物図鑑 別巻2」平凡社　1994
　　◇p172（カラー）　デュモン・デュルヴィル, J.S.C.『アストロラブ号世界周航記』　1830〜35　スティップル印刷
　　◇p172（カラー）　キュヴィエ, G.L.C.F.D.『動物界（門徒版）』　1836〜49

おきえそ
「魚の手帖」小学館　1991
　　◇80図（カラー）　沖狗母魚・沖鱒　毛利梅園『梅園魚譜/梅園魚品図正』　1826〜1843,1832〜1836　［国立国会図書館］
　　◇108図（カラー）　沖狗母魚　毛利梅園『梅園魚譜/梅園魚品図正』　1826〜1843,1832〜1836　［国立国会図書館］

オキエソ　Trachinocephalus myops
「江戸博物文庫 魚の巻」工作舎　2017
　　◇p44（カラー）　沖鱒　毛利梅園『梅園魚品図正』　［国立国会図書館］
「高松松平家所蔵 衆鱗図 2」香川県歴史博物館友の会博物図譜刊行会　2002
　　◇p72（カラー）　ゑそ　松平頼恭　江戸時代（18世紀）　紙本著色　画帖装（折本形式）　［個人蔵］
　　◇p73（カラー）　ゑそのおば　松平頼恭　江戸時代（18世紀）　紙本著色　画帖装（折本形式）　［個人蔵］
「世界大博物図鑑 2」平凡社　1989
　　◇p177（カラー）　ウバエソ『魚譜〈忠・孝〉』　［東京国立博物館］　※明治時代の写本

オキクラゲ　Pelagia noctiluca
「世界大博物図鑑 別巻2」平凡社　1994
　　◇p50（カラー）　地中海産　キュヴィエ, G.L.C.F.D.『動物界（門徒版）』　1836〜49
　　◇p51（カラー）　地中海産　キュヴィエ, G.L.C.F.D.『動物界（門徒版）』　1836〜49

オキクラゲ　Pelagia panopyra
「世界大博物図鑑 別巻2」平凡社　1994
　　◇p51（カラー）　太平洋産のかなり幼い個体　レッソン, R.P.著, プレートル原図『動物百図』　1830〜32

オキクラゲの1種
「美しいアンティーク生物画の本」創元社　2017
　　◇p30（カラー）　Aurelia crenulata　Cuvier, Frédéric『Dizionario delle scienze naturali』　1830〜1851
　　◇p40（カラー）　Dactylometra quinquecirrha　Mayer, Alfred Goldsborough『Medusae of the world 第3巻』　1910
　　◇p41（カラー）　Pelagia noctiluca　Mayer, Alfred Goldsborough『Medusae of the world 第3巻』　1910
　　◇p42（カラー）　Dactylometra quinquecirrha　Mayer, Alfred Goldsborough『Medusae of the world 第3巻』　1910
　　◇p46（カラー）　Dactylometra quinquecirrha　Mayer, Alfred Goldsborough『Medusae of the world 第3巻』　1910
　　◇p47（カラー）　Pelagia cyanella　Mayer, Alfred Goldsborough『Medusae of the world 第3巻』　1910
　　◇p60（カラー）　Pelagia　Oken, Lorenz『Abbildungen zu Okens allgemeiner Naturgeschichte für alle Stände』　1843
　　◇p62（カラー）　Pelagia panopyra　Oken, Lorenz『Abbildungen zu Okens allgemeiner Naturgeschichte für alle Stände』　1843

オキクラゲの類
「水中の驚異」リブロポート　1990
　　◇p73（白黒）　デュブレ『コキーユ号航海記録』　1826〜30

オキゴンベ　Cirrhitichthys aureus
「世界大博物図鑑 2」平凡社　1989
　　◇p292（カラー）　シーボルト『ファウナ・ヤポニカ（日本動物誌）』　1833〜50　石版

オキサキハギ　Balistes vetula
「ビュフォンの博物誌」工作舎　1991
　　◇K013（カラー）『一般と個別の博物誌 ソンニーニ版』
「世界大博物図鑑 2」平凡社　1989
　　◇p437（カラー）　ブロッホ, M.E.『魚類図譜』　1782〜85　手彩色銅版画

オキザヨリ　Tylosurus crocodilus crocodilus
「高松松平家所蔵 衆鱗図 4」香川県歴史博物館友の会博物図譜刊行会　2004
　　◇p16〜17（カラー）　（付札なし）　松平頼恭　江戸時代（18世紀）　紙本著色　画帖装（折本形式）　［個人蔵］

オキシジミ
「彩色 江戸博物学集成」平凡社　1994
　　◇p311（カラー）　海シジミ　畔田翠山『熊野物産初志』　［大阪市立博物館］

博物図譜レファレンス事典 動物篇　143

おきた　　　　　　　　　　　　　　魚・貝・水生生物

オキタナゴ　Neoditrema ransonnetii
「高松松平家所蔵 衆鱗図 4」香川県歴史博物館
　友の会博物図譜刊行会　2004
　　◇p19（カラー）　（付札なし）　松平頼恭 江戸時代
　　（18世紀）　紙本著色 画帖装（折本形式）　［個人
　　蔵］

オキタナゴ
「彩色 江戸博物学集成」平凡社　1994
　　◇p406（カラー）　奥倉辰行『水族四帖』　［国会
　　図書館］

オキトビ　Danichthys rondeletii
「世界大博物図鑑 2」平凡社　1989
　　◇p188（カラー）　キュヴィエ、G.L.C.F.D.、ヴァ
　　ランシエンヌ、A.『魚の博物誌』　1828〜50

オキトラギス　Parapercis multifasciata
「江戸博物文庫 魚の巻」工作舎　2017
　　◇p114（カラー）　沖虎鰭　栗本丹洲『栗氏魚譜』
　　［国立国会図書館］
「高松松平家所蔵 衆鱗図 1」香川県歴史博物館
　友の会博物図譜刊行会　2001
　　◇p70（カラー）　紅尻キス　松平頼恭 江戸時代
　　（18世紀）　紙本著色 画帖装（折本形式）　［個人
　　蔵］

オキトラギス　Parapercis multifasciata
　Döderlein
「高木春山 本草図説 水産」リブロポート　1988
　　◇p57（カラー）　とらあかきす

オキナエビスガイ
「江戸の動植物図」朝日新聞社　1988
　　◇p100（カラー）　武蔵石寿『目八譜』　［東京国
　　立博物館］

オキナトウゴロウイワシ　Atherina presbyter
「ビュフォンの博物誌」工作舎　1991
　　◇K074（カラー）『一般と個別の博物誌 ソンニー
　　ニ版』
「世界大博物図鑑 2」平凡社　1989
　　◇p228（カラー）　ドノヴァン、E.『英国産魚類誌』
　　1802〜08

オキナワアナジャコ　Thalassina anomala
「世界大博物図鑑 1」平凡社　1991
　　◇p104（カラー）　リーチ、W.E.著、ノダー、R.P.図
　　『動物学雑録』　1814〜17
　　◇p104（カラー）　キュヴィエ、G.L.C.F.D.『動物
　　界』　1836〜49　手彩色銅版

オキノテヅルモヅル
「水中の驚異」リブロポート　1990
　　◇p84（白黒）　キュヴィエ『動物界』　1836〜49

オキノヒレナガチョウチンアンコウ
　Caulophryne pelagica
「世界大博物図鑑 2」平凡社　1989
　　◇p105（カラー）　ブラウアー、A.『深海魚』　1898
　　〜99　石版色刷り

オキフエダイ　Lutjanus fulvus
「世界大博物図鑑 2」平凡社　1989
　　◇p277（カラー）『アストロラブ号世界周航記』
　　1830〜35　スティップル印刷

オクトプス[マダコ]
「生物の驚異的な形」河出書房新社　2014
　　◇図版54（カラー）　ヘッケル、エルンスト 1904

オグロトラギス　Parapercis hexophthalma
「世界大博物図鑑 2」平凡社　1989
　　◇p325（カラー）　リュッペル、W.P.E.S.『北アフ
　　リカ探検図譜』　1826〜28

オサガニ　Macrophthalmus abbreviatus
「高松松平家所蔵 衆鱗図 3」香川県歴史博物館
　友の会博物図譜刊行会　2003
　　◇p38（カラー）　（付札なし）　松平頼恭 江戸時代
　　（18世紀）　紙本著色 画帖装（折本形式）　［個人
　　蔵］

オサマウニの仲間
「美しいアンティーク生物画の本」創元社　2017
　　◇p104〜105（カラー）　Cidarites geranioides
　　Lamarck, Jean-Baptiste et al『Tableau
　　encyclopédique et méthodique des trois règnes
　　de la nature』　1791〜1823
　　◇p104〜105（カラー）　Cidarites verticillata
　　Lamarck, Jean-Baptiste et al『Tableau
　　encyclopédique et méthodique des trois règnes
　　de la nature』　1791〜1823
　　◇p104〜105（カラー）　Cidarites indéterminées
　　Lamarck, Jean-Baptiste et al『Tableau
　　encyclopédique et méthodique des trois règnes
　　de la nature』　1791〜1823
　　◇p104〜105（カラー）　Cidarites histrix
　　Lamarck, Jean-Baptiste et al『Tableau
　　encyclopédique et méthodique des trois règnes
　　de la nature』　1791〜1823
　　◇p104〜105（カラー）　Cidarites imperialis
　　Lamarck, Jean-Baptiste et al『Tableau
　　encyclopédique et méthodique des trois règnes
　　de la nature』　1791〜1823

オジサン　Parupeneus multifasciatus
「南海の魚類 博物画の至宝」平凡社　1995
　　◇pl.44（カラー）　Upeneus trifasciatus　ギュン
　　ター、A.C.L.G.、ギャレット、A. 1873〜1910

オーシャン・サージョン
「紙の上の動物園」グラフィック社　2017
　　◇p89（カラー）『カステルノ伯爵の南米中部探査中
　　に収集された新たな、あるいは稀少な動物第7巻
　　（動物学・哺乳類）、南米中部探査旅行』　1843

オジロエイ　Himantura granulata
「南海の魚類 博物画の至宝」平凡社　1995
　　◇pl.180（カラー）　Trygon ponapensis (Ponape)
　　ギュンター、A.C.L.G.、ギャレット、A. 1873〜
　　1910

オジロバラハタ　Variola albimarginata
「世界大博物図鑑 2」平凡社　1989
　　◇p250（カラー）『アストロラブ号世界周航記』

魚・貝・水生生物　　　　　　　　　おにお

1830〜35　スティップル印刷

オスカー　Astronotus ocellatus
「世界大博物図鑑 2」平凡社　1989
◇p344（カラー）　ショムブルク, R.H.『ガイアナの魚類誌』　1843

オスジクロハギ　Acanthurus blochii
「南海の魚類 博物画の至宝」平凡社　1995
◇pl.69（カラー）　ギュンター, A.C.L.G., ギャレット, A. 1873〜1910

オステオゲネイオスス・ミリタリス
Osteogeneiosus militaris
「世界大博物図鑑 2」平凡社　1989
◇p152（カラー）　キュヴィエ, G.L.C.F.D., ヴァランシエンヌ, A.『魚の博物誌』1828〜50

オストラキオン［ハコフグ］
「生物の驚異的な形」河出書房新社　2014
◇図版42（カラー）　ヘッケル, エルンスト 1904

オーストラリアアオリイカ　Sepioteuthis bilineata
「世界大博物図鑑 別巻2」平凡社　1994
◇p238（カラー）　デュモン・デュルヴィル, J.S.C.『アストロラブ号世界周航記』 1830〜35　スティップル印刷
◇p238（カラー）　キュヴィエ, G.L.C.F.D. 『動物界（門徒版）』 1836〜49

オーストラリアオオガニ　Pseudocarcinus gigas
「世界大博物図鑑 1」平凡社　1991
◇p132（カラー）　マッコイ, F.『ヴィクトリア州博物誌』 1885〜90

オーストラリアコウイカ　Sepia apama
「世界大博物図鑑 別巻2」平凡社　1994
◇p234（カラー）　マッコイ, F.『ヴィクトリア州博物誌』 1885〜90

オーストラリアスルメイカ　Nototodarus gouldi
「世界大博物図鑑 別巻2」平凡社　1994
◇p239（カラー）　マッコイ, F.『ヴィクトリア州博物誌』 1885〜90

オーストラリアヒメ　Aulopus purpurissatus
「世界大博物図鑑 2」平凡社　1989
◇p176〜177（カラー）　リチャードソン, J.『珍奇魚譜』 1843

オスフロネムス・グーラミー　Osphronemus goramy
「世界大博物図鑑 2」平凡社　1989
◇p233（カラー）　キュヴィエ, G.L.C.F.D.『動物界』 1836〜49　手彩色銅版

オチョボハゲイワシ　Alepocephalus rostratus
「世界大博物図鑑 2」平凡社　1989
◇p101（カラー）　キュヴィエ, G.L.C.F.D., ヴァランシエンヌ, A.『魚の博物誌』 1828〜50

オトヒメエビ
「極楽の魚たち」リブロポート　1991
◇II-224（カラー）　小エビ ファロワズ, サムエル原画, ルナール, L.『モルッカ諸島産彩色魚類図譜 ファン・デル・ステル写本』 1718〜19　［個人蔵］

オトメガゼの仲間
「美しいアンティーク生物画の本」創元社　2017
◇p86（カラー）　Hemipedina cubensis　Arbert I, Prince of Monaco『Résultats des campagnes scientifiques accomplies sur son yacht par Albert ler, prince souverain de Monaco』 1909

オトメベラ　Thalassoma lunare
「世界大博物図鑑 2」平凡社　1989
◇p360（カラー）　グレー, J.E.著, ホーキンズ, ウォーターハウス石版『インド動物図譜』 1830〜35

オナガバラハナダイ　Holanthias chrysostictus
「世界大博物図鑑 2」平凡社　1989
◇p256（カラー）　フォード原図『ロンドン動物学協会紀要』 1871

オニイトマキエイ　Manta birostris
「世界大博物図鑑 2」平凡社　1989
◇p29（カラー）　キュヴィエ, G.L.C.F.D.『動物界』 1836〜49　手彩色銅版

おにおこぜ
「魚の手帖」小学館　1991
◇121図（カラー）　鬼鰧・鬼虎魚　毛利梅園『梅園魚譜/梅園魚品図正』 1826〜1843,1832〜1836 ［国立国会図書館］

オニオコゼ　Inimicus japonicus
「江戸博物文庫 魚の巻」工作舎　2017
◇p53（カラー）　鬼鰧/鬼虎魚　毛利梅園『梅園魚品図正』　［国立国会図書館］
「グラバー魚譜200選」長崎文献社　2005
◇p179（カラー）　倉場富三郎編, 小田紫星画『日本西部及南部魚類図譜』 1912採集　［長崎大学附属図書館］
「高松松平家所蔵 衆鱗図 1」香川県歴史博物館 友の会博物図譜刊行会　2001
◇p87（カラー）　赤オコゼ　松平頼恭 江戸時代（18世紀）　紙本著色 画帖装（折本形式）　［個人蔵］
◇p88（カラー）　黒オコゼ　松平頼恭 江戸時代（18世紀）　紙本著色 画帖装（折本形式）　［個人蔵］
◇p88（カラー）　黄オコゼ　松平頼恭 江戸時代（18世紀）　紙本著色 画帖装（折本形式）　［個人蔵］
◇p89（カラー）　三﨑紅オコゼ　松平頼恭 江戸時代（18世紀）　紙本著色 画帖装（折本形式）　［個人蔵］
◇p89（カラー）　別種 オコゼ　松平頼恭 江戸時代（18世紀）　紙本著色 画帖装（折本形式）　［個人蔵］
◇p89（カラー）　鰐オコゼ　松平頼恭 江戸時代（18世紀）　紙本著色 画帖装（折本形式）　［個人

おにお　　　　　　　　　　　魚・貝・水生生物

蔵〕
◇p90（カラー）　（付札なし）　幼魚　松平頼恭　江
　戸時代（18世紀）　紙本著色　画帖装（折本形式）
　〔個人蔵〕
◇p90（カラー）　鼠オコゼ　松平頼恭　江戸時代
　（18世紀）　紙本著色　画帖装（折本形式）　〔個人
　蔵〕
◇p91（カラー）　鬼オコゼ　松平頼恭　江戸時代
　（18世紀）　紙本著色　画帖装（折本形式）　〔個人
　蔵〕

オニオコゼ　Inimicus japonicus (Cuvier)
「高木春山 本草図説 水産」リブロポート　1988
◇p53（カラー）　一種 あかおこぜ 虎魚一種

オニオコゼ
「彩色 江戸博物学集成」平凡社　1994
◇p34（カラー）　貝原益軒『大和本草諸品図』
「江戸の動植物図」朝日新聞社　1988
◇p8〜9（カラー）　松平頼恭，三木文柳『衆鱗図』
　〔松平公益会〕
◇p114（カラー）　奥倉魚仙『水族四帖』　〔国立
　国会図書館〕
◇p136〜137（カラー）　関根雲停画

オニカサゴ　Scorpaenopsis cirrhosa
「南海の魚類 博物画の至宝」平凡社　1995
◇pl.54（カラー）　Scorpaena cirrhosa　ギュン
　ター，A.C.L.G.，ギャレット，A. 1873〜1910

オニカサゴ　Scorpaenopsis cirrosa
「グラバー魚譜200選」長崎文献社　2005
◇p176（カラー）　倉場富三郎編，長谷川雪香画
　『日本西部及南部魚類図譜』1915採集　〔長崎大
　学附属図書館〕
「日本の博物図譜」東海大学出版会　2001
◇図75（カラー）　長谷川雪香筆『グラバー図譜』
　〔長崎大学〕

オニカサゴ？　Scorpaenopsis cirrosa
「高松松平家所蔵 衆鱗図 1」香川県歴史博物館
　友の会博物図譜刊行会　2001
◇p52（カラー）　赤穂笠子　松平頼恭　江戸時代
　（18世紀）　紙本著色　画帖装（折本形式）　〔個人
　蔵〕

オニカザゴ属の1種　Scorpaenopsis sp.
「南海の魚類 博物画の至宝」平凡社　1995
◇pl.55（カラー）　Scorpaena cookii　ギュンター，
　A.C.L.G.，ギャレット，A. 1873〜1910

オニカジカ　Enophrys diceraus
「世界大博物図鑑 2」平凡社　1989
◇p429（カラー）　キュヴィエ，G.L.C.F.D.『動物
　界』1836〜49　手彩色銅版

オニカマス　Sphyraena barracuda
「南海の魚類 博物画の至宝」平凡社　1995
◇pl.119（カラー）　Sphyraena forsteri　ギュン
　ター，A.C.L.G.，ギャレット，A. 1873〜1910
「世界大博物図鑑 2」平凡社　1989
◇p229（カラー）　リュッペル，W.P.E.S.『アビシ
　ニア動物図譜』1835〜40

オニカマス
「極楽の魚たち」リブロポート　1991
◇II–65（カラー）　ガーフィッシュふうの魚　ファ
　ロワズ，サムエル原画，ルナール，L.『モルッカ諸
　島産彩色魚類図譜 ファン・デル・ステル写本』
　1718〜19　〔個人蔵〕
◇II–175（カラー）　アルフォレス海岸のガー
　フィッシュ　ファロワズ，サムエル原画，ルナー
　ル，L.『モルッカ諸島産彩色魚類図譜 ファン・デ
　ル・ステル写本』1718〜19　〔個人蔵〕

オニカマスの類
「極楽の魚たち」リブロポート　1991
◇I–56（カラー）　セローイ・ガーフィッシュ　ル
　ナール，L.『モルッカ諸島産彩色魚類図譜 コワイ
　エト写本』1718〜19　〔個人蔵〕
◇p136〜137（カラー）　ファロワズ，サムエル画，
　ルナール，L.『モルッカ諸島産彩色魚類図譜 フォ
　ン・ベア写本』1718〜19

オニギリタカラガイ　Cypraea decipiens
forma perlae
「世界大博物図鑑 別巻2」平凡社　1994
◇p127（カラー）　クノール，G.W.『貝類図譜』
　1764〜75

オニキンメ　Anoplogaster cornuta
「世界大博物図鑑 2」平凡社　1989
◇p101（カラー）　ガーマン，S.著，ウェスターグレ
　ン原画『ハーヴァード大学比較動物学記録 第24
　巻〈アルバトロス号調査報告―魚類編〉』1899
　手彩色石版画

オニダルマオコゼ　Synanceia verrucosa
「世界大博物図鑑 2」平凡社　1989
◇p417（カラー）　キュヴィエ，G.L.C.F.D.『動物
　界』1836〜49　手彩色銅版

オニダルマオコゼ
「極楽の魚たち」リブロポート　1991
◇II–35（カラー）　悪魔魚　ファロワズ，サムエル
　原画，ルナール，L.『モルッカ諸島産彩色魚類図
　譜 ファン・デル・ステル写本』1718〜19　〔個
　人蔵〕
◇p128〜129（カラー）　ファロワズ，サムエル画，
　ルナール，L.『モルッカ諸島産彩色魚類図譜 フォ
　ン・ベア写本』1718〜19

オニダルマオコゼ（？）
「極楽の魚たち」リブロポート　1991
◇I–199（カラー）　スワンギ・トゥア魚　ルナー
　ル，L.『モルッカ諸島産彩色魚類図譜 コワイエト
　写本』1718〜19　〔個人蔵〕

オニテッポウエビ　Alpheus disper
「高松松平家所蔵 衆鱗図 3」香川県歴史博物館
　友の会博物図譜刊行会　2003
◇p18（カラー）　ハジキエビ　松平頼恭　江戸時代
　（18世紀）　紙本著色　画帖装（折本形式）　〔個人
　蔵〕

オニテナガエビ　Macrobrachium rosenbergi
「ビュフォンの博物誌」工作舎　1991

146　博物図譜レファレンス事典 動物篇

魚・貝・水生生物　　　　　おひく

◇M054（カラー）『一般と個別の博物誌 ソンニーニ版』

オニノツノガイ科　Cerithiidae
「ビュフォンの博物誌」工作舎　1991
　◇L058（カラー）『一般と個別の博物誌 ソンニーニ版』

オニハタタテダイ　Heniochus monoceros
「南海の魚類 博物画の至宝」平凡社　1995
　◇pl.38（カラー）　ギュンター, A.C.L.G., ギャレット, A. 1873〜1910
「世界大博物図鑑 2」平凡社　1989
　◇p380（カラー）　ギャレット, A.原図, ギュンター, A.C.L.G.解説『南海の魚類』1873〜1910

オニヒザラガイ　Acanthopleura gemmata
「世界大博物図鑑 別巻2」平凡社　1994
　◇p99（カラー）　デュモン・デュルヴィル, J.S.C.『アストロラブ号世界周航記』1830〜35 スティップル印刷

オニヒトデ　Acanthaster planci
「世界大博物図鑑 別巻2」平凡社　1994
　◇p262（カラー）　反口側, 口側, 腕の一部を口側から描く　エリス, J.『珍品植虫類の博物誌』1786 手彩色銅版図

オニフジツボ　Colonula diadema
「世界大博物図鑑 1」平凡社　1991
　◇p72（カラー）　キュヴィエ, G.L.C.F.D.『動物界』1836〜49 手彩色銅版
　◇p73（カラー）　ミミエボシがオニフジツボに付着しているようす　栗本丹洲『千蟲譜』文化8（1811）

オニフジツボの1種　Coronula sp.
「ビュフォンの博物誌」工作舎　1991
　◇L071（カラー）『一般と個別の博物誌 ソンニーニ版』

オニベラ　Stethojulis trilineata
「世界大博物図鑑 2」平凡社　1989
　◇p361（カラー）　オス ブレイカー, M.P.『蘭領東インド魚類図譜』1862〜78 色刷り石版画

オニホネガイ　Murex tribulus
「世界大博物図鑑 別巻2」平凡社　1994
　◇p134（カラー）　キーネ, L.C.『ラマルク貝類図譜』1834〜80 手彩色銅版図

オニボラ　Ellochelon vaigiensis
「南海の魚類 博物画の至宝」平凡社　1995
　◇pl.121（カラー）　Mugil waigiensis ギュンター, A.C.L.G., ギャレット, A. 1873〜1910

オニムシロガイ
「彩色 江戸博物学集成」平凡社　1994
　◇p123（カラー）　隠黄介　木村兼葭堂『奇貝図譜』［辰馬考古資料館］

オニヤドカリ
「江戸の動植物図」朝日新聞社　1988
　◇p141（カラー）　関根雲停画

オハグロイボソデガイ　Strombus pipus
「世界大博物図鑑 別巻2」平凡社　1994
　◇p123（カラー）　デュモン・デュルヴィル, J.S.C.『アストロラブ号世界周航記』1830〜35 スティップル印刷

オハグロベラ　Pteragogus aurigarius
「グラバー魚譜200選」長崎文献社　2005
　◇p137（カラー）　倉場富三郎編, 萩原魚仙画『日本西部及南部魚類図譜』1915採集　［長崎大学附属図書館］
「高松松平家所蔵 衆鱗図 3」香川県歴史博物館友の会博物図譜刊行会　2003
　◇p79（カラー）　赤ベラ メス個体　松平頼恭 江戸時代（18世紀）紙本著色 画帖装（折本形式）［個人蔵］
「高松松平家所蔵 衆鱗図 2」香川県歴史博物館友の会博物図譜刊行会　2002
　◇p105（カラー）　べら オス個体　松平頼恭 江戸時代（18世紀）紙本著色 画帖装（折本形式）［個人蔵］

オバケダイ　Petrus rupestris
「世界大博物図鑑 2」平凡社　1989
　◇p288（カラー）　スミス, A.著, フォード, G.H.原図『南アフリカ動物図譜』1838〜49 手彩色石版

オパールチグサガイ　Cantharidus iris
「世界大博物図鑑 別巻2」平凡社　1994
　◇p114（カラー）　マーティン, T.『万国貝譜』1784〜87 手彩色銅版図

帯頭
「極楽の魚たち」リブロポート　1991
　◇II-199（カラー）　ファロワズ, サムエル原画, ルナール, L.『モルッカ諸島産彩色魚類図譜 ファン・デル・ステル写本』1718〜19　［個人蔵］

オピオトゥリクス［トゲクモヒトデ］
「生物の驚異的な形」河出書房新社　2014
　◇図版10（カラー）　ヘッケル, エルンスト 1904

オビクラゲ
「美しいアンティーク生物画の本」創元社　2017
　◇p56（カラー）　Cestus Veneris　Brehm, Alfred Edmund『Brehms Tierleben 第3版』1893〜1900

オビクラゲの1種
「美しいアンティーク生物画の本」創元社　2017
　◇p38〜39（カラー）　Cestum veneris　Schubert, Gotthilf Heinrich von『Naturgeschichte der Reptilien, Amphibien, Fische, Insekten, Krebstiere, Würmer, Weichtiere, Stachelhäuter, Pflanzentiere und Urtiere』1890

オビクラゲのなかま　Cestum veneris
「世界大博物図鑑 別巻2」平凡社　1994

おひて　　　　　　　　　　魚・貝・水生生物

◇p86（カラー）　キュヴィエ, G.L.C.F.D.『動物界
　（門徒版）』1836～49

オビテンスモドキ　Novaculichthys taeniurus
「世界大博物図鑑 2」平凡社　1989
　◇p364（カラー）　ブレイカー, M.P.『蘭領東イン
　ド魚類図譜』1862～78　色刷り石版画

オビレタチウオ　Lepidopus caudatus
「世界大博物図鑑 2」平凡社　1989
　◇p324（カラー）　バロン, アカリー原図, キュヴィ
　エ, G.L.C.F.D.『動物界』1836～49　手彩色
　銅版

尾細コチ
「江戸名作画帖全集 8」駸々堂出版　1995
　◇図52（カラー）　蛇コチ・尾細コチ　松平頼恭編
　『衆鱗図』　紙本着色　［松平公益会］

オヤニラミ
「彩色 江戸博物学集成」平凡社　1994
　◇p62（カラー）　丹羽正伯『芸藩土産図』　［岩瀬
　文庫］

オヤビッチャ　Abuclefduf vaiginensis
「ビュフォンの博物誌」工作舎　1991
　◇K060（カラー）『一般と個別の博物誌 ソンニー
　二版』

オヤビッチャ　Abudefduf vaiginensis
「世界大博物図鑑 2」平凡社　1989
　◇p348（カラー）　ベネット, J.W.『セイロン島沿
　岸産の魚類誌』1830　手彩色 アクアチント 線
　刻銅版

オヤビッチャ
「極楽の魚たち」リプロポート　1991
　◇II-19（カラー）　海草の鯛　ファロワズ, サムエ
　ル原画, ルナール, L.『モルッカ諸島産彩色魚類
　図譜 ファン・デル・ステル写本』1718～19
　［個人蔵］
　◇II-22（カラー）　シアン・マメル　デフォルメ
　ファロワズ, サムエル原画, ルナール, L.『モルッ
　カ諸島産彩色魚類図譜 ファン・デル・ステル写
　本』1718～19　［個人蔵］
　◇II-23（カラー）　シアン・フェメル　デフォルメ
　ファロワズ, サムエル原画, ルナール, L.『モルッ
　カ諸島産彩色魚類図譜 ファン・デル・ステル写
　本』1718～19　［個人蔵］

オヤビッチャ（またはロクセンスズメダイ）
「極楽の魚たち」リプロポート　1991
　◇I-176（カラー）　パイロット魚　ルナール, L.
　『モルッカ諸島産彩色魚類図譜 コワイエト写本』
　1718～19　［個人蔵］
　◇I-177（カラー）　ハーグのパイロット　ルナー
　ル, L.『モルッカ諸島産彩色魚類図譜 コワイエト
　写本』1718～19　［個人蔵］

オヤビッチャ属の1種（マオマオ）
Abudefduf abdominalis
「南海の魚類 博物画の至宝」平凡社　1995
　◇pl.126（カラー）　Glyphidodon saxatilis　ギュ
　ンター, A.C.L.G., ギャレット, A. 1873～1910

オヨギイソギンチャク
「水中の驚異」リプロポート　1990
　◇p51（カラー）　アンドレス, A.『ナポリ湾海洋研
　究所紀要〈イソギンチャク類篇〉』1884

オヨギイソギンチャクのなかま
「水中の驚異」リプロポート　1990
　◇p44（カラー）　アンドレス, A.『ナポリ湾海洋研
　究所紀要〈イソギンチャク類篇〉』1884

オランダアカエイ　Dasyatis pastinaca
「世界大博物図鑑 2」平凡社　1989
　◇p32（カラー）　ドノヴァン, E.『英国産魚類誌』
　1802～08

オリイレムシロガイ科　Nassariidae
「ビュフォンの博物誌」工作舎　1991
　◇L056（カラー）『一般と個別の博物誌 ソンニー
　二版』

オリイレヨフバイ科　Nassariidae？
「ビュフォンの博物誌」工作舎　1991
　◇L053（カラー）『一般と個別の博物誌 ソンニー
　二版』

オールドワイフ　Enoplosus armatus
「世界大博物図鑑 2」平凡社　1989
　◇p246（カラー）　ジャーディン, W.『スズキ類の
　博物誌』1843

オレスティアス・クウィエリ　Orestias
cuvieri
「世界大博物図鑑 2」平凡社　1989
　◇p192（カラー）　キュヴィエ, G.L.C.F.D., ヴァ
　ランシエンヌ, A.『魚の博物誌』1828～50

オレンジ・クロマイド　Etroplus maculatus
「世界大博物図鑑 2」平凡社　1989
　◇p344（カラー）　ブロッホ, M.E.『魚類図譜』
　1782～85　手彩色銅版画

オーロラニシキガイ
　⇒ヒメカミオニシキガイ（オーロラニシキガ
　イ）を見よ

オワンクラゲ
「水中の驚異」リプロポート　1990
　◇p62（カラー）　フレシネ『ウラニー号・フィジ
　シェンヌ号世界周航図録』1824
　◇p107（カラー）　ヘッケル, E.H.『クラゲ類の体
　系』1879

オワンクラゲ？　Aequorea coerulescens？
「高松松平家所蔵 衆鱗図 3」香川県歴史博物館
　友の会博物図譜刊行会　2003
　◇p56（カラー）　（付札なし）　松平頼恭 江戸時代
　（18世紀）　紙本着色 画帖装（折本形式）　［個人
　蔵］

オワンクラゲの1種
「美しいアンティーク生物画の本」創元社　2017
　◇p18（カラー）　Aequorea discus Haeckel,
　Ernst『Kunstformen der Natur』1899～1904
　◇p18（カラー）　Zygocanna diploconus

148　博物図譜レファレンス事典 動物篇

魚・貝・水生生物　　　　かいめ

Haeckel, Ernst『Kunstformen der Natur』
1899〜1904
◇p18（カラー）　Polycanna germanica　Haeckel,
Ernst『Kunstformen der Natur』 1899〜1904
◇p18（カラー）　Zygocannula diploconus
Haeckel, Ernst『Kunstformen der Natur』
1899〜1904
◇p18（カラー）　Orchistoma elegans　Haeckel,
Ernst『Kunstformen der Natur』 1899〜1904
◇p60（カラー）　Aequorea　Oken, Lorenz
『Abbildungen zu Okens allgemeiner
Naturgeschichte für alle Stände』 1843

オワンクラゲのなかま　Aequorea forbesiana
「世界大博物図鑑 別巻2」平凡社　1994
◇p39（カラー）　ゴス, P.H.『デヴォンシャーの
博物学者』 1853

オワンクラゲのなかま
「水中の驚異」リブロポート　1990
◇p63（カラー）　フレシネ『ユラニー号・フィジ
シェンヌ号世界周航図録』 1824

オワンクラゲの仲間
「美しいアンティーク生物画の本」創元社　2017
◇p33（カラー）　Equoree Cyanee　Blainville,
Henri Marie Ducrotay de『Manuel
d'Actinologie ou de Zoophytologie』 1834

オンセンシマドジョウ　Lepidocephalichthys
thermalis
「世界大博物図鑑 2」平凡社　1989
◇p141（カラー）　デイ, F.『マラバールの魚類』
1865　手彩色銅版画

オンボク　Ompok pabda
「世界大博物図鑑 2」平凡社　1989
◇p157（カラー）　キュヴィエ, G.L.C.F.D., ヴァ
ランシエンヌ, A.『魚の博物誌』 1828〜50

【 か 】

カイアシ類のなかま　Copepoda
「世界大博物図鑑 1」平凡社　1991
◇p64（カラー）　ヘッケル, E.H.『自然の造形』
1899〜1904　多色石版画

カイカムリ科　Doromiidae
「ビュフォンの博物誌」工作舎　1991
◇M042（カラー）『一般と個別の博物誌 ソンニー
ニ版』

カイカムリのなかま　Dromia caputmortuum
「世界大博物図鑑 1」平凡社　1991
◇p117（カラー）　キュヴィエ, G.L.C.F.D.『動物
界』 1836〜49　手彩色銅版

外肛動物裸口類
「水中の驚異」リブロポート　1990
◇p125（白黒）　エーレンベルク, Ch.G.『滴虫類』
1838

カイコガイ
「彩色 江戸博物学集成」平凡社　1994
◇p275（カラー）　蚕介　馬場大助『貝譜』　［東
京国立博物館］

海産ヒドロ虫のなかま　Hydroida
「世界大博物図鑑 別巻2」平凡社　1994
◇p35（カラー）　サルシアウミヒドラのなかま
Sarsia princeps, S.prolifera, S.gemmifera,
Dicodonium cormutum, ヒトツアシクラゲ
Hybocodon prolifer, Amalthaea sp.　ヘッケル,
E.H.P.A.『クラゲ類の体系』 1879〜80　多色石
版図

海産ヒドロ虫類
「世界大博物図鑑 別巻2」平凡社　1994
◇p4〜5（白黒）　幼体　ヘッケル, E.『自然の造
形』 1899〜1904

海水産イソギンチャク4種
「紙の上の動物園」グラフィック社　2017
◇p40（カラー）　ゴス, フィリップ・ヘンリー『イ
ギリス本土の海水産イソギンチャクとサンゴの
本』 1858〜60

海水産イソギンチャク5種
「紙の上の動物園」グラフィック社　2017
◇p41（カラー）　ゴス, フィリップ・ヘンリー『イ
ギリス本土の海水産イソギンチャクとサンゴの
本』 1858〜60

カイダコ
「江戸名作画帖全集 8」駸々堂出版　1995
◇図154（カラー）　葵介　服部雪斎図, 武蔵石寿編
『貝八譜』　紙本着色　［東京国立博物館］

カイマン釣針のパーチ
「極楽の魚たち」リブロポート　1991
◇II-12（カラー）　ファロワズ, サムエル原画, ル
ナール, L.『モルッカ諸島産彩色魚類図譜 ファ
ン・デル・ステル写本』 1718〜19　［個人蔵］

カイミジンコの近縁　Cytheridae
「ビュフォンの博物誌」工作舎　1991
◇M032（カラー）『一般と個別の博物誌 ソンニー
ニ版』

海綿
「美しいアンティーク生物画の本」創元社　2017
◇p74〜75（カラー）　Jäger, Gustav『Das Leben
im Wasser und das Aquarium』 1868

カイメンウミウシ　Trippa intecta
「世界大博物図鑑 別巻2」平凡社　1994
◇p170（カラー）　デュモン・デュルヴィル, J.S.C.
『アストロラブ号世界周航記』 1830〜35　ス
ティップル印刷

カイメンのなかま　'Spongia agaricina'
「世界大博物図鑑 別巻2」平凡社　1994
◇p31（カラー）　エスパー, E.J.C.『植虫類図録』
1788〜1830

カイメンのなかま　'Spongia papillaris'
「世界大博物図鑑 別巻2」平凡社　1994

かいめ　　　　　　　　　　　　　魚・貝・水生生物

◇p30（カラー）　エスパー，E.J.C.『植虫類図録』
1788〜1830

カイメンのなかま　‘Spongia scyphiformis’
「世界大博物図鑑 別巻2」平凡社　1994
◇p31（カラー）　モクヨクカイメンの1種（？）　エ
スパー，E.J.C.『植虫類図録』　1788〜1830

カイメンのなかま　Aplysina fistularis
「世界大博物図鑑 別巻2」平凡社　1994
◇p30（カラー）　モクヨクカイメンのなかま　エ
スパー，E.J.C.『植虫類図録』　1788〜1830

カイメン類（？）
「水中の驚異」リブロポート　1990
◇p143（カラー）　レニエ，S.A.『アドリア海の無
脊椎動物』　1793

カイロウドウケツのなかま　Euplectella sp.
「世界大博物図鑑 別巻2」平凡社　1994
◇p31（カラー）　デュモン・デュルヴィル，J.S.C.
『アストロラブ号世界周航記』　1830〜35　ス
ティップル印刷

かいわり
「魚の手帖」小学館　1991
◇3図（カラー）　貝割・卵割　毛利梅園『梅園魚譜
/梅園魚品図正』　1826〜1843,1832〜1836　［国
立国会図書館］

カイワリ　Carangoides equula
「江戸博物文庫 魚の巻」工作舎　2017
◇p74（カラー）　貝割　毛利梅園『梅園魚譜』
［国立国会図書館］

カイワリ　Kaiwarinus equula
「高松松平家所蔵 衆鱗図 2」香川県歴史博物館
友の会博物図譜刊行会　2002
◇p80（カラー）　まなこうを　松平頼恭 江戸時代
（18世紀）　紙本著色 画帖装（折本形式）　［個人
蔵］

カエルアンコウ　Antennarius striatus
「江戸博物文庫 魚の巻」工作舎　2017
◇p176（カラー）　蛙鮟鱇　栗本丹洲『異魚図纂・
勢海百鱗』　［国立国会図書館］

カエルウオ属の1種　Istiblennius gibbifrons
「南海の魚類 博物画の至宝」平凡社　1995
◇pl.114（カラー）　Salarias gibbifrons　ギュン
ター，A.C.L.G.，ギャレット，A. 1873〜1910

カエルヒレナマズ　Clarias batrachus
「世界大博物図鑑 2」平凡社　1989
◇p157（カラー）　ブレイカー，M.P.『蘭領東イン
ド魚類図譜』　1862〜78　色刷り石版画

カガミエイ　Raja miraletus
「世界大博物図鑑 2」平凡社　1989
◇p32（カラー）　ドノヴァン，E.『英国産魚類誌』
1802〜08

カガミダイ　Zenopsis nebulosa
「江戸博物文庫 魚の巻」工作舎　2017
◇p6（カラー）　鑑鯛『魚譜』　［国立国会図書館］

「グラバー魚譜200選」長崎文献社　2005
◇p145（カラー）　倉場富三郎編，長谷川雪香画
『日本西部及南部魚類図譜』　1913採集　［長崎大
学附属図書館］
「高松松平家所蔵 衆鱗図 2」香川県歴史博物館
友の会博物図譜刊行会　2002
◇p94（カラー）　かゝみだい　松平頼恭 江戸時代
（18世紀）　紙本著色 画帖装（折本形式）　［個人
蔵］
◇p95（カラー）　ぎんかゝみたい　松平頼恭 江戸
時代（18世紀）　紙本著色 画帖装（折本形式）
［個人蔵］
「世界大博物図鑑 2」平凡社　1989
◇p225（カラー）『博物館魚譜』　［東京国立博物
館］

カガミダイ
「彩色 江戸博物学集成」平凡社　1994
◇p402〜403（カラー）　ギンカガミ ギンダイ　奥
倉辰行『水族写真』　［東京都立中央図書館］
「江戸の動植物図」朝日新聞社　1988
◇p111（カラー）　奥倉魚仙『水族四帖』　［国立
国会図書館］

鉤魚
「極楽の魚たち」リブロポート　1991
◇II–133（カラー）　ファロワズ，サムエル原画，ル
ナール，L.『モルッカ諸島産彩色魚類図譜 ファ
ン・デル・ステル写本』　1718〜19　［個人蔵］

カキツバタカクレエビ　Platypontonia hyotis
「高松松平家所蔵 衆鱗図 3」香川県歴史博物館
友の会博物図譜刊行会　2003
◇p17（カラー）　（付札なし）　松平頼恭 江戸時代
（18世紀）　紙本著色 画帖装（折本形式）　［個人
蔵］

カキの1種　Ostrea sp.
「世界大博物図鑑 別巻2」平凡社　1994
◇p194（カラー）　クノール，G.W.『貝類図譜』
1764〜75

カギノテクラゲ　Gonionema vertens
「高松松平家所蔵 衆鱗図 3」香川県歴史博物館
友の会博物図譜刊行会　2003
◇p54（カラー）　（付札なし）　松平頼恭 江戸時代
（18世紀）　紙本著色 画帖装（折本形式）　［個人
蔵］

ガクフボラ　Voluta musica
「世界大博物図鑑 別巻2」平凡社　1994
◇p146（カラー）　キーネ，L.C.『ラマルク貝類図
譜』　1834〜80　手彩色銅版図

ガクフボラの1種　Voluta sp.
「ビュフォンの博物誌」工作舎　1991
◇L055（カラー）『一般と個別の博物誌 ソンニー
ニ版』

カクレウオ
「水中の驚異」リブロポート　1990
◇p78（カラー）　デュモン・デュルヴィル『アスト
ロラブ号世界周航記』　1830〜35

魚・貝・水生生物　　　　　　　　　　　　　　　　　　　　　　　かさみ

カクレウオの1種（？）　Carapidae sp.
「世界大博物図鑑 2」平凡社　1989
　◇p180（カラー）『アストロラブ号世界周航記』
　　1830～35　スティップル印刷

カクレウオ類の幼魚　Carapidae sp.
「世界大博物図鑑 2」平凡社　1989
　◇p180（カラー）　ロ・ビアンコ，サルバトーレ
　　『ナポリ湾海洋研究所紀要』20世紀前半　オフ
　　セット印刷

カクレガニ
　⇒ピンノのなかまを見よ

カクレガニ科　Pinnotheridae
「ビュフォンの博物誌」工作舎　1991
　◇M048（カラー）『一般と個別の博物誌 ソンニー
　　二版』

カケハシハタ　Epinephelus radiatus
「日本の博物図譜」東海大学出版会　2001
　◇図51（カラー）　筆者不詳『魚類写生図』　［国立
　　科学博物館］
「高松松平家所蔵 衆鱗図 1」香川県歴史博物館
　友の会博物図譜刊行会　2001
　◇p64（カラー）　紋カラハタ　松平頼恭 江戸時代
　　（18世紀）　紙本著色 画帖装（折本形式）　［個人
　　蔵］
「世界大博物図鑑 2」平凡社　1989
　◇p249（カラー）『魚譜〈忠・孝〉』　［東京国立博物
　　館］　※明治時代の写本

カゲロウギンポ　Istiblennius flaviumbrinus
「世界大博物図鑑 2」平凡社　1989
　◇p328（カラー）　リュッペル，W.P.E.S.『アビシ
　　ニア動物図譜』　1835～40

カゴカキダイ　Microcanthus strigatus
「江戸博物文庫 魚の巻」工作舎　2017
　◇p93（カラー）　駕篭担鯛　栗本丹洲『魚譜』
　　［国立国会図書館］
「グラバー魚譜200選」長崎文献社　2005
　◇p150（カラー）　倉場富三郎編，小田紫星画『日
　　本西部及南部魚類図譜』　1912採集　［長崎大学
　　附属図書館］
「高松松平家所蔵 衆鱗図 1」香川県歴史博物館
　友の会博物図譜刊行会　2001
　◇p31（カラー）　別種 嶋石鯛　松平頼恭 江戸時代
　　（18世紀）　紙本著色 画帖装（折本形式）　［個人
　　蔵］
「世界大博物図鑑 2」平凡社　1989
　◇p376（カラー）　山本渓愚『動植物写生帖』
　　［山本読書室］
　◇p376（カラー）　キュヴィエ，G.L.C.F.D.，ヴァ
　　ランシエンヌ，A.『魚の博物誌』　1828～50

カゴカキダイ
「彩色 江戸博物学集成」平凡社　1994
　◇p407（カラー）　奥倉辰行『水族四帖』　［国会
　　図書館］
「世界大博物図鑑 2」平凡社　1989
　◇p260（カラー）　大野麦風『大日本魚類画集』　昭

和12～19　彩色木版

かさご
「魚の手帖」小学館　1991
　◇42図（カラー）　笠子　毛利梅園『梅園魚譜/梅園
　　魚品図正』　1826～1843,1832～1836　［国立国
　　会図書館］
　◇67図（カラー）　笠子　毛利梅園『梅園魚譜/梅園
　　魚品図正』　1826～1843,1832～1836　［国立国
　　会図書館］

カサゴ　Sebastiscus marmoratus
「グラバー魚譜200選」長崎文献社　2005
　◇p175（カラー）　倉場富三郎編，小田紫星画『日
　　本西部及南部魚類図譜』　1912採集　［長崎大学
　　附属図書館］
「高松松平家所蔵 衆鱗図 1」香川県歴史博物館
　友の会博物図譜刊行会　2001
　◇p50（カラー）　笠子　松平頼恭 江戸時代（18世
　　紀）　紙本著色 画帖装（折本形式）　［個人蔵］
　◇p50（カラー）　紅笠子　松平頼恭 江戸時代（18
　　世紀）　紙本著色 画帖装（折本形式）　［個人蔵］
　◇p52（カラー）　黒笠子　松平頼恭 江戸時代（18
　　世紀）　紙本著色 画帖装（折本形式）　［個人蔵］
「世界大博物図鑑 2」平凡社　1989
　◇p417（カラー）『魚譜〈忠・孝〉』　［東京国立博物
　　館］　※明治時代の写本

カサゴ
「江戸名作画帖全集 8」駸々堂出版　1995
　◇図59（カラー）　色笠子・黒笠子・三崎笠子　松
　　平頼恭編『衆鱗図』　紙本着色　［松平公益会］
「彩色 江戸博物学集成」平凡社　1994
　◇p334（カラー）　毛利梅園『梅園魚品図正』　天保
　　3（1832）　［国会図書館］
　◇p411（カラー）　奥倉辰行『水族四帖』　［国会
　　図書館］

ガザミ　Portunus trituberculatus
「グラバー魚譜200選」長崎文献社　2005
　◇p237（カラー）　たいわんがざみ　倉場富三郎編，
　　萩原魚仙画『日本西部及南部魚類図譜』　1915採
　　集　［長崎大学附属図書館］
「高松松平家所蔵 衆鱗図 3」香川県歴史博物館
　友の会博物図譜刊行会　2003
　◇p35（カラー）　カザミ　松平頼恭 江戸時代（18
　　世紀）　紙本著色 画帖装（折本形式）　［個人蔵］
　◇p40（カラー）　（付札なし）　松平頼恭 江戸時代
　　（18世紀）　紙本著色 画帖装（折本形式）　［個人
　　蔵］
「日本の博物図譜」東海大学出版会　2001
　◇図18（カラー）　関根雲停筆『魚譜』　［東京国立
　　博物館］
「世界大博物図鑑 1」平凡社　1991
　◇p125（カラー）　《衆鱗図》をコピーしたもの　田
　　中芳男『博物館虫譜』　1877（明治10）頃
　◇p125（カラー）　松平頼恭『衆鱗図』　18世紀後半
　　［松平公益会］

ガザミ
「彩色 江戸博物学集成」平凡社　1994
　◇扉（p23）（カラー）『衆鱗図』　［松平公益会］

博物図譜レファレンス事典 動物篇　　**151**

かさり　　　　　　　　　　魚・貝・水生生物

「江戸の動植物図」朝日新聞社　1988
　◇p14〜15（カラー）　松平頼恭、三木文柳『衆鱗図』　［松平公益会］
　◇p141（カラー）　オス　関根雲停画

カザリイソギンチャクのなかま　Alicia
pretiosa
「世界大博物図鑑　別巻2」平凡社　1994
　◇p73（カラー）　アンドレス, A.『ナポリ湾海洋研究所紀要〈イソギンチャク篇〉』　1884　色刷り石版画

カザリイソギンチャクのなかま
「水中の驚異」リブロポート　1990
　◇p50（カラー）　アンドレス, A.『ナポリ湾海洋研究所紀要〈イソギンチャク類篇〉』　1884

カザリキンチャクフグ　Canthigaster bennetti
「世界大博物図鑑　2」平凡社　1989
　◇p445（カラー）　ベネット, J.W.『セイロン島沿岸産の魚類誌』　1830　手彩色　アクアチント　線刻銅版

飾りのある金魚
「紙の上の動物園」グラフィック社　2017
　◇p209（カラー）　'Kin−Yu.Le Superbe　ソーヴィニー, エドム・ビラードソン『中国の金魚の自然誌』　1780

カザリハゼ　Istigobius ornatus
「南海の魚類　博物画の至宝」平凡社　1995
　◇pl.111（カラー）　Gobius ornatus　ギュンター, A.C.L.G., ギャレット, A. 1873〜1910

カジカ　Cottus hilgendorfi
「鳥獣虫魚譜」八坂書房　1988
　◇p72（カラー）　石持河鹿　松森胤保『両羽魚類図譜』　［酒田市立光丘文庫］

カジカ
「世界大博物図鑑　2」平凡社　1989
　◇p425（カラー）『魚譜〈忠・孝〉』　［東京国立博物館］　※明治時代の写本

カジカ科　Cottidae
「ビュフォンの博物誌」工作舎　1991
　◇K043（カラー）『一般と個別の博物誌 ソンニーニ版』

カジカ属の1種？　Cottus sp.？
「高松松平家所蔵 衆鱗図 2」香川県歴史博物館友の会博物図譜刊行会　2002
　◇p64（カラー）　かきなし　松平頼恭　江戸時代（18世紀）　紙本著色　画帖装（折本形式）　［個人蔵］

カジカほか
「江戸の動植物図」朝日新聞社　1988
　◇p113（カラー）　奥倉魚仙『水族四帖』　［国立国会図書館］

カシパンの仲間
「美しいアンティーク生物画の本」創元社　2017
　◇p91（カラー）　Scutella radiata　d'Orbigny,

Charles Henry Dessalines『Dictionnaire universel d'histoire naturelle』　1841〜49
　◇p91（カラー）　Scutella quinquefora d'Orbigny, Charles Henry Dessalines『Dictionnaire universel d'histoire naturelle』　1841〜49

カスザメ　Squatina japonica
「江戸博物文庫 魚の巻」工作舎　2017
　◇p27（カラー）　糟鮫　後藤光生『随観写真』　［国立国会図書館］
「高松松平家所蔵 衆鱗図 2」香川県歴史博物館友の会博物図譜刊行会　2002
　◇p11（カラー）　かすぶか　松平頼恭　江戸時代（18世紀）　紙本著色　画帖装（折本形式）　［個人蔵］
　◇p20〜21（カラー）　もろさめ　松平頼恭　江戸時代（18世紀）　紙本著色　画帖装（折本形式）　［個人蔵］

カスザメ
「極楽の魚たち」リブロポート　1991
　◇p118〜119（カラー）　ファロワズ, サムエル画, ルナール, L.『モルッカ諸島産彩色魚類図譜 フォン・ベア写本』　1718〜19

カズナギ　Zoarchias veneficus
「高松松平家所蔵 衆鱗図 3」香川県歴史博物館友の会博物図譜刊行会　2003
　◇p75（カラー）　沙ムグリ　松平頼恭　江戸時代（18世紀）　紙本著色　画帖装（折本形式）　［個人蔵］

カスミアジ　Caranx melampygus
「南海の魚類　博物画の至宝」平凡社　1995
　◇pl.86（カラー）　ギュンター, A.C.L.G., ギャレット, A. 1873〜1910

カスミフグ　Arothron immaculatus
「世界大博物図鑑　2」平凡社　1989
　◇p444（カラー）　デイ, F.『マラバールの魚類』　1865　手彩色銅版画
　◇p449（カラー）　成魚　リュッペル, W.P.E.S.『アビシニア動物図譜』　1835〜40

カスミミノウミウシのなかま　Cerberilla
annulata
「世界大博物図鑑　別巻2」平凡社　1994
　◇p172（カラー）　デュモン・デュルヴィル, J.S.C.『アストロラブ号世界周航記』　1830〜35　スティップル印刷
　◇p172（カラー）　キュヴィエ, G.L.C.F.D.『動物界〈門徒版〉』　1836〜49

カスリイシモチ　Apogon kallopterus
「南海の魚類　博物画の至宝」平凡社　1995
　◇pl.19（カラー）　Apogon frentatus　ギュンター, A.C.L.G., ギャレット, A. 1873〜1910

かたくちいわし
「魚の手帖」小学館　1991
　◇38図, 108図（カラー）　片口鰯　若魚, 干物　毛利梅園『梅園魚譜/梅園魚品図正』　1826〜1843, 1832〜1836　［国立国会図書館］

魚・貝・水生生物　　　　　　　　　　かつお

カタクチイワシ　Engraulis japonicus
「江戸博物文庫 魚の巻」工作舎　2017
◇p146（カラー）　片口鰯　栗本丹洲『栗氏魚譜』
［国立国会図書館］
「グラバー魚譜200選」長崎文献社　2005
◇p56（カラー）　倉場富三郎編、長谷川雪香画『日
本西部及南部魚類図譜』　1913採集　［長崎大学
附属図書館］
「高松松平家所蔵 衆鱗図 1」香川県歴史博物館
友の会博物図譜刊行会　2001
◇p105（カラー）　ホウタレ　松平頼恭 江戸時代
（18世紀）　紙本著色 画帖装（折本形式）　［個人
蔵］
◇p105（カラー）　白子鰯 幼魚　松平頼恭 江戸
時代（18世紀）　紙本著色 画帖装（折本形式）
［個人蔵］
◇p106（カラー）　（付札なし）　松平頼恭 江戸時
代（18世紀）　紙本著色 画帖装（折本形式）　［個
人蔵］

カタタイラギ　Atrina rigida
「世界大博物図鑑 別巻2」平凡社　1994
◇p178（カラー）　クノール、G.W.『貝類図譜』
1764～75

カタナメクジウオ　Asymmetron maldivense
「世界大博物図鑑 2」平凡社　1989
◇p17（カラー）　クーパー、C.F.著、ウィルソン、
E.図『インド南西沖諸島の動物地誌─頭索類』
1906　石版画

カタヌギクロスズメ　Dascyllus marginatus
「世界大博物図鑑 2」平凡社　1989
◇p348（カラー）　リュッペル、W.P.E.S.『北アフ
リカ探検図譜』　1826～28

カタベガイ　Angaria delphinus
「世界大博物図鑑 別巻2」平凡社　1994
◇p119（カラー）　キーネ、L.C.『ラマルク貝類図
譜』　1834～80　手彩色銅版図

カタベガイの1種　Angaria sp.
「ビュフォンの博物誌」工作舎　1991
◇L053（カラー）『一般と個別の博物誌 ソンニー
ニ版』

カチャン
「極楽の魚たち」リブロポート　1991
◇II-203（カラー）　ファロワズ、サムエル原画、ル
ナール、L.『モルッカ諸島産彩色魚類図譜 ファ
ン・デル・ステル写本』　1718～19　［個人蔵］

ガチョウバウオ　Lepadogaster lepadogaster
「世界大博物図鑑 2」平凡社　1989
◇p431（カラー）　ドノヴァン、E.『英国産魚類誌』
1802～08
◇p431（カラー）　キュヴィエ、G.L.C.F.D.『動物
界』　1836～49　手彩色銅版

かつお
「魚の手帖」小学館　1991
◇p52図（カラー）　鰹・堅魚・松魚　毛利梅園『梅
園魚譜/梅園魚品図正』　1826～1843,1832～1836

［国立国会図書館］

カツオ　Katsuwonus pelamis
「江戸博物文庫 魚の巻」工作舎　2017
◇p49（カラー）　鰹/松魚　上はカツオノエボシ
（Physalia physalis）　毛利梅園『梅園魚品図正』
［国立国会図書館］
「グラバー魚譜200選」長崎文献社　2005
◇p79（カラー）　倉場富三郎編、萩原魚仙画『日本
西部及南部魚類図譜』　1914採集　［長崎大学附
属図書館］
「高松松平家所蔵 衆鱗図 1」香川県歴史博物館
友の会博物図譜刊行会　2001
◇p71（カラー）　鰹　松平頼恭 江戸時代（18世紀）
紙本著色 画帖装（折本形式）　［個人蔵］
「ビュフォンの博物誌」工作舎　1991
◇K035（カラー）『一般と個別の博物誌 ソンニー
ニ版』
「世界大博物図鑑 2」平凡社　1989
◇p316（カラー）　ヴェルナー原図、キュヴィエ、G.
L.C.F.D.、ヴァランシエンヌ、A.『魚の博物誌』
1828～50

カツオ
「江戸の動植物図」朝日新聞社　1988
◇p112（カラー）　奥倉魚仙『水族四帖』　［国立
国会図書館］

カツオノエボシ　Physalia physalis utriculus
La Martiniere
「高木春山 本草図説 水産」リブロポート　1988
◇p91（カラー）　かつをのかんむり 又、カツヲノ
エボシトモ云フ

カツオノエボシ
「水中の驚異」リブロポート　1990
◇p58（カラー）　ペロン、フレシネ『オーストラリ
ア博物航海図録』　1800～24
◇p70（カラー）　デュプレ『コキーユ号航海記録』
1826～30

カツオノエボシのなかま　'Physalia
magalista', 'P.elongata', 'P.tuberculosa', 'P.
azoricum'
「世界大博物図鑑 別巻2」平凡社　1994
◇p43（カラー）　デュプレ、L.I.『コキーユ号航海
記』　1826～34

カツオノエボシのなかま　'Physalia pelagica'
「世界大博物図鑑 別巻2」平凡社　1994
◇p42（カラー）　デュプレ、L.I.『コキーユ号航海
記』　1826～34

カツオノエボシのなかま
「水中の驚異」リブロポート　1990
◇p71（カラー）　デュプレ『コキーユ号航海記録』
1826～30

カツオノエボシの仲間
「美しいアンティーク生物画の本」創元社　2017
◇p38～39（カラー）　Physalia arethusa
Schubert, Gotthilf Heinrich von
『Naturgeschichte der Reptilien, Amphibien,

かつお　　　　　　　　　　　魚・貝・水生生物

Fische, Insekten, Krebstiere, Würmer,
Weichtiere, Stachelhäuter, Pflanzentiere und
Urtiere』 1890

◇p55（カラー）　Seeblase–Physalia pelagica
Brehm, Alfred Edmund『Brehms Tierleben 第3
版』 1893〜1900

◇p84（カラー）　Physalia pelagica Duperrey,
Louis Isidore『Voyage autour du monde：
exécuté par ordre du roi, sur la corvette de Sa
Majesté, la Coquille, pendant les années 1822,
1823, 1824, et 1825』 1825〜1830

◇p85（カラー）　Physalia australis Duperrey,
Louis Isidore『Voyage autour du monde：
exécuté par ordre du roi, sur la corvette de Sa
Majesté, la Coquille, pendant les années 1822,
1823, 1824, et 1825』 1825〜1830

◇p85（カラー）　Physalia antarctica Duperrey,
Louis Isidore『Voyage autour du monde：
exécuté par ordre du roi, sur la corvette de Sa
Majesté, la Coquille, pendant les années 1822,
1823, 1824, et 1825』 1825〜1830

◇p85（カラー）　Physalia tuberculosa
Duperrey, Louis Isidore『Voyage autour du
monde：exécuté par ordre du roi, sur la
corvette de Sa Majesté, la Coquille, pendant
les années 1822, 1823, 1824, et 1825』 1825〜
1830

◇p85（カラー）　Physalia azoricum Duperrey,
Louis Isidore『Voyage autour du monde：
exécuté par ordre du roi, sur la corvette de Sa
Majesté, la Coquille, pendant les années 1822,
1823, 1824, et 1825』 1825〜1830

カツオノカンムリ
「水中の驚異」リブロポート　1990
◇p59（カラー）　ペロン, フレシネ『オーストラリ
ア博物航海図録』 1800〜24
◇p64（白黒）　デュプレ『コキーユ号航海記録』
1826〜30

カツオノカンムリの1種
「美しいアンティーク生物画の本」創元社　2017
◇p96（カラー）　Medusa velella Barbut, James
『The genera vermium exemplified by various
specimens of the animals contained in the
orders of the Intestina et Mollusca Linnaei』
1783

カツオノカンムリのなかま　Velella scaphidia
「世界大博物図鑑 別巻2」平凡社　1994
◇p43（カラー）　ペロン, F., フレシネ, L.C.D.de
『オーストラリア探検報告』 1807〜16

カツオノカンムリの仲間
「美しいアンティーク生物画の本」創元社　2017
◇p38〜39（カラー）　Velella scaphidea
Schubert, Gotthilf Heinrich von
『Naturgeschichte der Reptilien, Amphibien,
Fische, Insekten, Krebstiere, Würmer,
Weichtiere, Stachelhäuter, Pflanzentiere und
Urtiere』 1890
◇p64（カラー）　Velella scaphidia Péron,
François『Voyage de découvertes aux terres

australes』 1807〜1815 ［Boston Public
Library］

カツオのなかま
「極楽の魚たち」リブロポート　1991
◇I-53（カラー）　マンラン王魚 ルナール, L.『モ
ルッカ諸島産彩色魚類図譜 コワイエト写本』
1718〜19 ［個人蔵］

カツオの類
「極楽の魚たち」リブロポート　1991
◇I-113（カラー）　カツオ ルナール, L.『モルッ
カ諸島産彩色魚類図譜 コワイエト写本』 1718〜
19 ［個人蔵］

カッコウベラの雄　Labrus bimaculatus
「世界大博物図鑑 2」平凡社　1989
◇p357（カラー）　婚姻色 ドノヴァン, E.『英国
産魚類誌』 1802〜08
◇p357（カラー）　色彩変種 キュヴィエ, G.L.C.
F.D., ヴァランシエンヌ, A.『魚の博物誌』 1828
〜50

カッコウベラの雌　Labrus bimaculatus
「世界大博物図鑑 2」平凡社　1989
◇p357（カラー）　ドノヴァン, E.『英国産魚類誌』
1802〜08

カッポレ　Caranx lugubris
「南海の魚類 博物画の至宝」平凡社　1995
◇pl.85（カラー）　Caranx ascensionis ギュン
ター, A.C.L.G., ギャレット, A. 1873〜1910
「世界大博物図鑑 2」平凡社　1989
◇p301（カラー）　キュヴィエ, G.L.C.F.D., ヴァ
ランシエンヌ, A.『魚の博物誌』 1828〜50

カツラガイもしくはシワカツラガイ
「彩色 江戸博物学集成」平凡社　1994
◇p211（カラー）　象介 武蔵石寿『群分品彙』
［国会図書館］

ガテリンコショウダイ　Plectorhynchus
gaterinus
「世界大博物図鑑 2」平凡社　1989
◇p280（カラー）　成魚 リュッペル, W.P.E.S.
『北アフリカ探検図譜』 1826〜28

カドバリチャスジミノムシガイ　Vexillum
subdivisum
「世界大博物図鑑 別巻2」平凡社　1994
◇p142（カラー）　キーネ, L.C.『ラマルク貝類図
譜』 1834〜80　手彩色銅版図

カドバリナミノコガイ　Donax carinata
「世界大博物図鑑 別巻2」平凡社　1994
◇p211（カラー）　キュヴィエ, G.L.C.F.D.『動物
界（門徒版）』 1836〜49

かながしら
「魚の手帖」小学館　1991
◇44図（カラー）　金頭・鉄頭 毛利梅園『梅園魚
譜/梅園魚品図正』 1826〜1843,1832〜1836
［国立国会図書館］

154　博物図譜レファレンス事典 動物篇

魚・貝・水生生物　　　　　　　　　　　　　かのこ

カナガシラ　Lepidotrigla microptera
「江戸博物文庫 魚の巻」工作舎　2017
◇p66（カラー）　金頭　毛利梅園『梅園魚品図正』
［国立国会図書館］
「グラバー魚譜200選」長崎文献社　2005
◇p184（カラー）　そこかながしら　倉場富三郎編,
中村三郎画『日本西部及南部魚類図譜』　1916採
集　［長崎大学附属図書館］
「高松松平家所蔵 衆鱗図 1」香川県歴史博物館
友の会博物図譜刊行会　2001
◇p104（カラー）　金カシラ　松平頼恭 江戸時代
（18世紀）　紙本著色 画帖装（折本形式）　［個人
蔵］

カナガシラ
「彩色 江戸博物学集成」平凡社　1994
◇p118～119（カラー）　小野蘭山『魚彙』　［岩瀬
文庫］
「極楽の魚たち」リブロポート　1991
◇II-67（カラー）　パリン魚　ファロワズ, サムエ
ル原画, ルナール, L.『モルッカ諸島産彩色魚類
図譜 ファン・デル・ステル写本』 1718～19
［個人蔵］

カナガシラの1種　Trigla hirundo
「ビュフォンの博物誌」工作舎　1991
◇K046（カラー）『一般と個別の博物誌 ソンニー
ニ版』

カナフグ　Lagocephalus inermis
「グラバー魚譜200選」長崎文献社　2005
◇p167（カラー）　倉場富三郎編, 萩原魚仙画『日
本西部及南部魚類図譜』 1913採集　［長崎大学
附属図書館］
「高松松平家所蔵 衆鱗図 2」香川県歴史博物館
友の会博物図譜刊行会　2002
◇p84（カラー）　きらうふぐ　松平頼恭 江戸時代
（18世紀）　紙本著色 画帖装（折本形式）　［個人
蔵］

カニ
「紙の上の動物園」グラフィック社　2017
◇p125（カラー）　ゲスナー, コンラート著, シッタ
ルドゥス, コルネリウス原画『動物誌』 1551～
58　エングレーヴィング
◇p154（カラー）　オーデュボン, ジョン・J.『アメ
リカの鳥類』 1827～38
「極楽の魚たち」リブロポート　1991
◇I-190（カラー）　クーラトの怪物　海綿が甲羅を
覆っている　ルナール, L.『モルッカ諸島産彩色
魚類図譜 コワイエト写本』 1718～19　［個人
蔵］
◇I-191（カラー）　クーラトの怪物　カニダマシ？
ルナール, L.『モルッカ諸島産彩色魚類図譜 コワ
イエト写本』 1718～19　［個人蔵］
◇I-192（カラー）　王の怪物　アサヒガニを連想
ルナール, L.『モルッカ諸島産彩色魚類図譜 コワ
イエト写本』 1718～19　［個人蔵］
◇II-201（カラー）　カンチャン　ファロワズ, サム
エル原画, ルナール, L.『モルッカ諸島産彩色魚
類図譜 ファン・デル・ステル写本』 1718～19
［個人蔵］

カニダマシ
「極楽の魚たち」リブロポート　1991
◇II-193（カラー）　水陸両用のカニ　ファロワズ,
サムエル原画, ルナール, L.『モルッカ諸島産彩
色魚類図譜 ファン・デル・ステル写本』 1718～
19　［個人蔵］

カニダマシ科　Porcellanidae
「ビュフォンの博物誌」工作舎　1991
◇M047（カラー）『一般と個別の博物誌 ソンニー
ニ版』

カニダマシのなかま　Porcellana platycheles
「世界大博物図鑑 1」平凡社　1991
◇p105（カラー）　ヨーロッパ沿岸に分布　キュ
ヴィエ, G.L.C.F.D.『動物界』 1836～49　手彩
色銅版

カニダマシのなかま　Porcellana sp.
「世界大博物図鑑 1」平凡社　1991
◇p105（カラー）　おそらく大西洋産のカニダマシ
ヘルプスト, J.F.W.『蟹蛄分類図譜』 1782～
1804

カニの幼生　Megalopa larva
「世界大博物図鑑 1」平凡社　1991
◇p2（白黒）　メガロパ幼生　ヘルプスト, J.F.W.
『蟹蛄分類図譜』 1782～1804

ガネサボラ　Cymbium glans
「世界大博物図鑑 別巻2」平凡社　1994
◇p146（カラー）　クノール, G.W.『貝類図譜』
1764～75

カノコイセエビ　Panulirus longipes
「世界大博物図鑑 1」平凡社　1991
◇p89（カラー）　田中芳男『博物館虫譜』 1877
（明治10）頃

カノコガイの1種　Neritina sp.
「世界大博物図鑑 別巻2」平凡社　1994
◇p118（カラー）　デュブレ, L.I.『コキーユ号航海
記』 1826～34

カノコキセワタガイ　Aglaja giglalii
「世界大博物図鑑 別巻2」平凡社　1994
◇p159（カラー）　レニエ, S.A.『アドリア海無脊
椎動物図譜』 1793　カラー印刷 銅版画

カノコキセワタガイの1種　Aglaja tricolorata
「世界大博物図鑑 別巻2」平凡社　1994
◇p159（カラー）　レニエ, S.A.『アドリア海無脊
椎動物図譜』 1793　カラー印刷 銅版画

カノコタカラガイ　Cypraea cribraria
「世界大博物図鑑 別巻2」平凡社　1994
◇p126（カラー）　デュモン・デュルヴィル, J.S.C.
『アストロラブ号世界周航記』 1830～35　ス
ティップル印刷

カノコベラ　Halichoeres marginatus
「南海の魚類 博物画の至宝」平凡社　1995
◇pl.142（カラー）　Platyglossus notopsis　幼魚
ギュンター, A.C.L.G., ギャレット, A. 1873～

博物図譜レファレンス事典 動物篇　**155**

かはい　　　　　　　　　　　　　魚・貝・水生生物

1910
◇pl.143（カラー）　Platyglossus marginatus　オス　ギュンター，A.C.L.G.，ギャレット，A. 1873〜1910
「世界大博物図鑑 2」平凡社　1989
◇p356（カラー）　幼魚から成魚まで　ブレイカー，M.P.『蘭領東インド魚類図譜』　1862〜78　色刷り石版画

カバイロニセスズメ　Pseudochromis olivaceus
「世界大博物図鑑 2」平凡社　1989
◇p256（カラー）　リュッベル，W.P.E.S.『アビシニア動物図譜』　1835〜40

カバフヒノデガイ　Tellina listeri
「世界大博物図鑑 別巻2」平凡社　1994
◇p211（カラー）　クノール，G.W.『貝類図譜』1764〜75

カフスボタンガイ　Cyphoma gibbosum
「世界大博物図鑑 別巻2」平凡社　1994
◇p124（カラー）　クノール，G.W.『貝類図譜』1764〜75

カブトエビ各種　Triops sp.
「ビュフォンの博物誌」工作舎　1991
◇M019（カラー）『一般と個別の博物誌 ソンニーニ版』

カブトエビの1種　Triops sp.
「ビュフォンの博物誌」工作舎　1991
◇M015（カラー）『一般と個別の博物誌 ソンニーニ版』
◇M020（カラー）『一般と個別の博物誌 ソンニーニ版』
◇M027（カラー）『一般と個別の博物誌 ソンニーニ版』
◇M028（カラー）『一般と個別の博物誌 ソンニーニ版』

カブトエビの器官
「ビュフォンの博物誌」工作舎　1991
◇M021（カラー）『一般と個別の博物誌 ソンニーニ版』
◇M023（カラー）『一般と個別の博物誌 ソンニーニ版』

カブトエビの器官（エラなど）
「ビュフォンの博物誌」工作舎　1991
◇M022（カラー）『一般と個別の博物誌 ソンニーニ版』

カブトエビの器官（触角など）
「ビュフォンの博物誌」工作舎　1991
◇M024（カラー）『一般と個別の博物誌 ソンニーニ版』

カブトエビの器官（生殖器官など）
「ビュフォンの博物誌」工作舎　1991
◇M025（カラー）『一般と個別の博物誌 ソンニーニ版』

カブトエビの発生
「ビュフォンの博物誌」工作舎　1991
◇M026（カラー）『一般と個別の博物誌 ソンニーニ版』

カブトカジカ　Icelus armatus
「ビュフォンの博物誌」工作舎　1991
◇K042（カラー）『一般と個別の博物誌 ソンニーニ版』

カブトガニ　Tachypleus tridentatus
「グラバー魚譜200選」長崎文献社　2005
◇p243〜245（カラー）　倉場富三郎画，長谷川雪香画『日本西部及南部魚類図譜』　1914採集　［長崎大学附属図書館］
「世界大博物図鑑 1」平凡社　1991
◇p36（カラー）　後藤黎春『随観写真』　明和8（1771）頃

カブトガニ　Tachypleus tridentatus（Leach）
「高木春山 本草図説 水産」リブロポート　1988
◇p85（カラー）　鱟表

カブトガニ
「彩色 江戸博物学集成」平凡社　1994
◇p39（カラー）　貝原益軒『大和本草諸品図』
◇p333（白黒）　表と裏　毛利梅園『梅園介譜』［個人蔵］
「世界大博物図鑑 1」平凡社　1991
◇p37（カラー）　ヘッケル，E.H.『自然の造形』1899〜1904　多色石版画

カブトガニの器官
「ビュフォンの博物誌」工作舎　1991
◇M018（カラー）『一般と個別の博物誌 ソンニーニ版』

カブトホウボウ　Peristedion cataphractum
「ビュフォンの博物誌」工作舎　1991
◇K046（カラー）『一般と個別の博物誌 ソンニーニ版』

カブトホカケダラ　Coryphaenoides anguliceps
「世界大博物図鑑 2」平凡社　1989
◇p92（カラー）　ガーマン，S.著，ウェスターグレン原図『ハーヴァード大学比較動物学記録 第24巻〈アルバトロス号調査報告—魚類編〉』　1899　手彩色石版画

カブラガイの1種　Rapa sp.
「ビュフォンの博物誌」工作舎　1991
◇L058（カラー）『一般と個別の博物誌 ソンニーニ版』

カマオギギ　Aorichthys seenghala
「世界大博物図鑑 2」平凡社　1989
◇p160（カラー）　キュヴィエ，G.L.C.F.D.，ヴァランシエンヌ，A.『魚の博物誌』　1828〜50

カマオゴマシズ　Stromateus fiatola
「ビュフォンの博物誌」工作舎　1991
◇K027（カラー）『一般と個別の博物誌 ソンニー

魚・貝・水生生物　　　　　　　　　　かめの

二版』

カマオゴマシズの成魚　Stromateus fiatola
「世界大博物図鑑 2」平凡社　1989
　◇p296（カラー）　キュヴィエ，G.L.C.F.D.，ヴァランシエンヌ，A.『魚の博物誌』　1828〜50

カマオゴマシズの未成魚　Stromateus fiatola
「世界大博物図鑑 2」平凡社　1989
　◇p296（カラー）　キュヴィエ，G.L.C.F.D.，ヴァランシエンヌ，A.『魚の博物誌』　1828〜50

カマオゴマシズの幼魚　Stromateus fiatola
「世界大博物図鑑 2」平凡社　1989
　◇p296（カラー）　ロ・ビアンコ，サルバトーレ『ナポリ湾海洋研究所紀要』　20世紀前半　オフセット印刷

カマキリ
　⇒アユカケ（カマキリ）？　を見よ

カマキリホンシャコ　Squilla mantis
「アジア昆虫誌要説 博物画の至宝」平凡社　1996
　◇pl.49（カラー）　Cancer Mantis　ドノヴァン，E.『中国昆虫誌要説』　1798
「ビュフォンの博物誌」工作舎　1991
　◇M055（カラー）『一般と個別の博物誌 ソンニーニ版』
「世界大博物図鑑 1」平凡社　1991
　◇p141（カラー）　ドノヴァン，E.『中国昆虫史要説』　1798　手彩色銅版画
　◇p141（カラー）　キュヴィエ，G.L.C.F.D.『動物界』　1836〜49　手彩色銅版

カマスサワラ　Acanthocybium solandri
「南海の魚類 博物画の至宝」平凡社　1995
　◇pl.94（カラー）　Cybuim solandri　ギュンター，A.C.L.G.，ギャレット，A.　1873〜1910

カマス属の1種　Sphyraena sp.
「日本の博物図譜」東海大学出版会　2001
　◇図41（カラー）　ガマス　宍戸翠園『海雲楼博物雑纂』　［東京都立中央図書館］

カマスベラ　Cheilio inermis
「世界大博物図鑑 2」平凡社　1989
　◇p363（カラー）　リチャードソン，J.『珍奇魚譜』　1843

カマツカ　Pseudogobio esocinus
「世界大博物図鑑 2」平凡社　1989
　◇p140（カラー）　栗本丹洲『栗氏魚譜』　文政2（1819）　［国文学研究資料館史料館］

カマツカ　Pseudogobio esocinus esocinus
「高松松平家所蔵 衆鱗図 3」香川県歴史博物館 友の会博物図譜刊行会　2003
　◇p82（カラー）　伏見川ハゼ　松平頼恭 江戸時代（18世紀）　紙本著色 画帖装（折本形式）　［個人蔵］

カミクラゲ　Spirocodon saltator
「高松松平家所蔵 衆鱗図 3」香川県歴史博物館

友の会博物図譜刊行会　2003
　◇p56（カラー）　別種 クラゲ　松平頼恭 江戸時代（18世紀）　紙本著色 画帖装（折本形式）　［個人蔵］

カミナリイカ　Sepia lycidas
「世界大博物図鑑 別巻2」平凡社　1994
　◇p234（カラー）　大野麦風『大日本魚類画集』　昭和12〜19（1937〜44）　彩色木版

カミナリベラ　Stethojulis interrupta
「グラバー魚譜200選」長崎文献社　2005
　◇p138（カラー）　にじべら　オス　倉場富三郎編，中村三郎画『日本西部及南部魚類図譜』　1917採集　［長崎大学附属図書館］
「世界大博物図鑑 2」平凡社　1989
　◇p361（カラー）　幼魚，ないしメス　ブレイカー，M.P.『蘭領東インド魚類図譜』　1862〜78　色刷り石版画

カミナリベラ　Stethojulis interrupta terina
「高松松平家所蔵 衆鱗図 1」香川県歴史博物館 友の会博物図譜刊行会　2001
　◇p70（カラー）　黒キス　メス個体　松平頼恭 江戸時代（18世紀）　紙本著色 画帖装（折本形式）　［個人蔵］

カミナリベラ属の1種　Stethojulis albovittata
「南海の魚類 博物画の至宝」平凡社　1995
　◇pl.141（カラー）　ギュンター，A.C.L.G.，ギャレット，A.　1873〜1910

カムトサチウオ　Occella dodecaedron
「世界大博物図鑑 2」平凡社　1989
　◇p429（カラー）　キュヴィエ，G.L.C.F.D.『動物界』　1836〜49　手彩色銅版画

カムパヌリナ
「生物の驚異的な形」河出書房新社　2014
　◇図版45（カラー）　ヘッケル，エルンスト　1904

カムリクラゲの1種
「美しいアンティーク生物画の本」創元社　2017
　◇p69（カラー）　Atorella subglobosa　Chun, Carl『Wissenschaftliche Ergebnisse der Deutschen Tiefsee−Expedition auf dem Dampfer "Valdivia" 1898−1899』　1902〜40
　◇p80（カラー）　Periphylla mirabilis　Haeckel, Ernst『Die Tiefsee−Medusen der Challenger−Reise und der Organismus der Medusen』　1881

カムルチー　Channa argus
「世界大博物図鑑 2」平凡社　1989
　◇p232（カラー）　マルテンス，E.フォン原画，シュミット，C.F.石版『オイレンブルク遠征図譜』　1865〜67　多色刷り石版画

カメノテ　Mitella mitella
「鳥獣虫魚譜」八坂書房　1988
　◇p82（カラー）　セイ，鷹ノ爪，亀ノ手　松森胤保『両羽貝蝶図譜』　［酒田市立光丘文庫］

博物図譜レファレンス事典 動物篇　**157**

かもめ　　　　　　　魚・貝・水生生物

カモメガイ
「水中の驚異」リブロポート　1990
　◇p135（カラー）　キングズリ，G.，サワビー，J.
　『グラウコス』1859

ガヤ
「極楽の魚たち」リブロポート　1991
　◇I-78（カラー）　ルナール，L.『モルッカ諸島産彩
　色魚類図譜 コワイエト写本』1718～19　［個人
　蔵］

カヤミノガイの1種　Solidula sp.
「ビュフォンの博物誌」工作舎　1991
　◇L053（カラー）『一般と個別の博物誌 ソンニー
　ニ版』

カライワシ　Elops hawaiensis
「高松松平家所蔵 衆鱗図 3」香川県歴史博物館
　友の会博物図譜刊行会　2003
　◇p86（カラー）　イダ　松平頼恭 江戸時代（18世
　紀）　紙本著色 画帖装（折本形式）　［個人蔵］

カラカサクラゲ　Liriope tetraphyalla
「世界大博物図鑑 別巻2」平凡社　1994
　◇p39（カラー）　キュヴィエ，G.L.C.F.D.『動物界
　（門徒版）』1836～49

カラシン科　Characidae
「ビュフォンの博物誌」工作舎　1991
　◇K070（カラー）『一般と個別の博物誌 ソンニー
　ニ版』

ガラスイワシ　Cyclothone signata
「世界大博物図鑑 2」平凡社　1989
　◇p100（カラー）　ガーマン，S.著，ウェスターグレ
　ン原図『ハーヴァード大学比較動物学記録 第24
　巻〈アルバトロス号調査報告—魚類編〉』1899
　手彩色石版画

カラスガイ　Cristaria plicata
「世界大博物図鑑 別巻2」平凡社　1994
　◇p227（カラー）　リーチ，W.E.著，ノダー，R.P.図
　『動物学雑録』1814～17　手彩色銅版

カラストビウオの幼魚？　Cypselurus
（Cheilopogon） cyanopterus
「世界大博物図鑑 2」平凡社　1989
　◇p189（カラー）　キュヴィエ，G.L.C.F.D.，ヴァ
　ランシエンヌ，A.『魚の博物誌』1828～50

カラッパの1種　Calappa sp.
「ビュフォンの博物誌」工作舎　1991
　◇M043（カラー）『一般と個別の博物誌 ソンニー
　ニ版』

カラッパモドキの1種　Hepatus sp.
「ビュフォンの博物誌」工作舎　1991
　◇M042（カラー）『一般と個別の博物誌 ソンニー
　ニ版』

カラーヌス
「生物の驚異的な形」河出書房新社　2014
　◇図版56（カラー）　ヘッケル，エルンスト　1904

ガラパゴスダイ　Calamus taurinus
「世界大博物図鑑 2」平凡社　1989
　◇p289（カラー）　ヴェルナー原図，デュ・プ
　ティ＝トゥアール，A.A.『ウエヌス号世界周航
　記』1846　手彩色銅版画

ガラパゴスネコザメ　Heterodontus quoyi
「世界大博物図鑑 2」平凡社　1989
　◇p20（カラー）　ヴェルナー原図，デュ・プティ＝
　トゥアール，A.A.『ウエヌス号世界周航記』
　1846　手彩色銅版画

カラフトシシャモ　Mallotus villosus
「世界大博物図鑑 2」平凡社　1989
　◇p64（カラー）　メス，オス　キュヴィエ，G.L.C.
　F.D.，ヴァランシエンヌ，A.『魚の博物誌』1828
　～50

カラフトマス　Oncorhynchus gorbuscha
「世界大博物図鑑 2」平凡社　1989
　◇p56（カラー）　田中茂穂編『原色日本魚類図鑑』
　昭和27（1952）

カラー・プロキロドゥス　Prochilodus
insignis
「世界大博物図鑑 2」平凡社　1989
　◇p113（カラー）　ショムブルク，R.H.『ガイアナ
　の魚類誌』1843

カリコチレ・クロエリ
「世界大博物図鑑 1」平凡社　1991
　◇p17（カラー）　ヘッケル，E.H.『自然の造形』
　1899～1904　多色石版画

カリバガサガイ科　Calyptraea
「ビュフォンの博物誌」工作舎　1991
　◇L052（カラー）『一般と個別の博物誌 ソンニー
　ニ版』

カリバガサガイのなかま　Crucibulum sp.？
「世界大博物図鑑 別巻2」平凡社　1994
　◇p122（カラー）　レッソン，R.P.『動物学図譜』
　1832～34　手彩色銅版画

カリブイナズマハマグリ？　Pitar
fulminatus
「世界大博物図鑑 別巻2」平凡社　1994
　◇p215（カラー）　マーティン，T.『万国貝譜』
　1784～87　手彩色銅版図

カリュブデア［アンドンクラゲ］
「生物の驚異的な形」河出書房新社　2014
　◇図版78（カラー）　ヘッケル，エルンスト　1904

カルイシガニ　Daldorfia horrida
「世界大博物図鑑 1」平凡社　1991
　◇p124（カラー）　ヘルプスト，J.F.W.『蟹蛄分類
　図譜』1782～1804
　◇p124（カラー）　キュヴィエ，G.L.C.F.D.『動物
　界』1836～49　手彩色銅版

カルイシガニ　Parthenope horrida
「ビュフォンの博物誌」工作舎　1991
　◇M049（カラー）『一般と個別の博物誌 ソンニー

158　博物図譜レファレンス事典 動物篇

魚・貝・水生生物　　　　　かわり

カルエボシ　Lepas anserifera
「鳥獣虫魚譜」八坂書房　1988
　◇p82（カラー）　松森胤保『両羽貝蝶図譜』　［酒田市立光丘文庫］

カルマリス
「生物の驚異的な形」河出書房新社　2014
　◇図版26（カラー）　ヘッケル，エルンスト　1904

カレイ
「極楽の魚たち」リブロポート　1991
　◇II−106（カラー）　ファロワズ，サムエル原画，ルナール，L.『モルッカ諸島産彩色魚類図譜 ファン・デル・ステル写本』　1718〜19　［個人蔵］

鰈
「江戸名作画帖全集 8」駸々堂出版　1995
　◇図57（カラー）　松平頼恭編『衆鱗図』　紙本着色　［松平公益会］

ガレガレ
「極楽の魚たち」リブロポート　1991
　◇I−105（カラー）　ルナール，L.『モルッカ諸島産彩色魚類図譜 コワイエト写本』　1718〜19　［国文学研究資料館史料館］

カーローキュークラス
「生物の驚異的な形」河出書房新社　2014
　◇図版31（カラー）　ヘッケル，エルンスト　1904

カロキュスティス
「生物の驚異的な形」河出書房新社　2014
　◇図版90（カラー）　ヘッケル，エルンスト　1904

カワウグイスガイ　Prisodon obliqutis
「世界大博物図鑑 別巻2」平凡社　1994
　◇p227（カラー）　キュヴィエ，G.L.C.F.D.『動物界（門徒版）』　1836〜49

カワシンジュガイ　Margaritifera laevis
「世界大博物図鑑 別巻2」平凡社　1994
　◇p227（カラー）　平瀬與一郎『貝千種』　大正3〜11（1914〜22）　色刷木版画

カワスズキ　Perca fluviatilis
「世界大博物図鑑 2」平凡社　1989
　◇p261（カラー）　キュヴィエ，G.L.C.F.D.『動物界』　1836〜49　手彩色銅版

カワノボリアイゴ　Siganus rivulatus
「世界大博物図鑑 2」平凡社　1989
　◇p400（カラー）　リュッペル，W.P.E.S.『北アフリカ探検図譜』　1826〜28

かわはぎ
「魚の手帖」小学館　1991
　◇9図（カラー）　皮剥　毛利梅園『梅園魚譜/梅園魚品図正』　1826〜1843,1832〜1836　［国立国会図書館］

カワハギ　Stephanolepis cirrhifer
「江戸博物文庫 魚の巻」工作舎　2017
　◇p81（カラー）　皮剥/鮍　毛利梅園『梅園魚譜』

　　　　［国立国会図書館］

「グラバー魚譜200選」長崎文献社　2005
　◇p158（カラー）　倉場富三郎編，小田紫星画『日本西部及南部魚類図譜』　1912採集　［長崎大学附属図書館］

「高松松平家所蔵 衆鱗図 2」香川県歴史博物館友の会博物図譜刊行会　2002
　◇p54（カラー）　をひはぎ　松平頼恭 江戸時代（18世紀）　紙本著色 画帖装（折本形式）　［個人蔵］
　◇p55（カラー）　もちはぎ　松平頼恭 江戸時代（18世紀）　紙本著色 画帖装（折本形式）　［個人蔵］
　◇p56（カラー）　かはばぎ　松平頼恭 江戸時代（18世紀）　紙本著色 画帖装（折本形式）　［個人蔵］

「世界大博物図鑑 2」平凡社　1989
　◇p433（カラー）　大野麦風『大日本魚類画集』　昭和12〜19　彩色木版

カワビシャ　Histiopterus typus
「高松松平家所蔵 衆鱗図 2」香川県歴史博物館友の会博物図譜刊行会　2002
　◇p99（カラー）　（墨書なし）　松平頼恭 江戸時代（18世紀）　紙本著色 画帖装（折本形式）　［個人蔵］

かわむつ
「魚の手帖」小学館　1991
　◇17図（カラー）　川鯥・河鯥　毛利梅園『梅園魚譜/梅園魚品図正』　1826〜1843,1832〜1836　［国立国会図書館］

カワムツ　Zacco temminckii
「高松松平家所蔵 衆鱗図 3」香川県歴史博物館友の会博物図譜刊行会　2003
　◇p64（カラー）　別種 川ムツ オス個体　松平頼恭 江戸時代（18世紀）　紙本著色 画帖装（折本形式）　［個人蔵］

カワメンタイ　Lota lota
「世界大博物図鑑 2」平凡社　1989
　◇p181（カラー）　ドノヴァン，E.『英国産魚類誌』　1802〜08

かわやつめ
「魚の手帖」小学館　1991
　◇71図（カラー）　川八目　毛利梅園『梅園魚譜/梅園魚品図正』　1826〜1843,1832〜1836　［国立国会図書館］

カワヤツメ　Lethenteron japonicum
「江戸博物文庫 魚の巻」工作舎　2017
　◇p42（カラー）　川八目　毛利梅園『梅園魚品図正』　［国立国会図書館］

カワラガイ　Fragum unedo
「世界大博物図鑑 別巻2」平凡社　1994
　◇p198（カラー）　クノール，G.W.『貝類図譜』　1764〜75

カワリウシノシタ　Microchirus variegatus
「世界大博物図鑑 2」平凡社　1989

博物図譜レファレンス事典 動物篇　**159**

かわり　　　　　　　　魚・貝・水生生物

◇p404（カラー）　ドノヴァン, E.『英国産魚類誌』
1802〜08

カワリクロマスク　Forsterygion varium
「世界大博物図鑑 2」平凡社　1989
◇p329（カラー）　キュヴィエ, G.L.C.F.D., ヴァ
ランシエンヌ, A.『魚の博物誌』1828〜50

カワリタキベラ　Bodianus eclancheri
「世界大博物図鑑 2」平凡社　1989
◇p352〜353（カラー）　ヴェルナー原図, デュ・プ
ティ＝トゥアール, A.A.『ウエヌス号世界周航
記』1846　手彩色銅版画

カワリブダイ　Scarus dimidiatus
「南海の魚類 博物画の至宝」平凡社　1995
◇pl.153（カラー）　var.zonularis (Ponape)　メス
ギュンター, A.C.L.G., ギャレット, A. 1873〜
1910

ガンガゼ　Diadema setosum
「世界大博物図鑑 別巻2」平凡社　1994
◇p266（カラー）　栗本丹洲『千蟲譜』文化8
(1811)

ガンガゼの仲間
「美しいアンティーク生物画の本」創元社　2017
◇p61（カラー）　Echinus diadema　Oken,
Lorenz『Abbildungen zu Okens allgemeiner
Naturgeschichte für alle Stände』1843
◇p106〜107（カラー）　Gewöhnlicher
Diademseeigel・Oursins diadème　Seba,
Albertus『Locupletissimi rerum naturalium
thesauri accurata descriptio』1734〜65
◇p106〜107（カラー）　Diademseeigel・Oursins
diadèmes　Seba, Albertus『Locupletissimi
rerum naturalium thesauri accurata
descriptio』1734〜65

がんぎえい
「魚の手帖」小学館　1991
◇15図（カラー）　雁木鱝・雁木鱝　毛利梅園『梅
園魚譜/梅園魚品図正』1826〜1843,1832〜1836
［国立国会図書館］
◇101・102図（カラー）　雁木鱝・雁木鱝　毛利梅
園『梅園魚譜/梅園魚品図正』1826〜1843,1832
〜1836　［国立国会図書館］

ガンギエイ　Dipturus kwangtungensis
「グラバー魚譜200選」長崎文献社　2005
◇p33（カラー）　くろかすべ　オス未成魚　倉場
富三郎編, 小田紫星画『日本西部及南部魚類図
譜』1912採集　［長崎大学附属図書館］
「高松松平家所蔵 衆鱗図 1」香川県歴史博物館
友の会博物図譜刊行会　2001
◇p81（カラー）　トウホコエイ　松平頼恭 江戸時
代(18世紀)　紙本著色 画帖装(折本形式)　［個
人蔵］

ガンギエイ属の1種
「江戸の動植物図」朝日新聞社　1988
◇p109（カラー）　奥倉魚仙『水族四帖』［国立
国会図書館］

カンコガイ　Phalium glaucum
「世界大博物図鑑 別巻2」平凡社　1994
◇p124（カラー）　デュモン・デュルヴィル, J.S.C.
『アストロラブ号世界周航記』1830〜35　ス
ティップル印刷

カンザシゴカイ
「水中の驚異」リブロポート　1990
◇p17（カラー）　ゴス, P.H.『アクアリウム』
1854
◇p135（カラー）　キングズリ, G., サワビー, J.
『グラウコス』1859

カンザシゴカイの棲管？　Serpula sp. ?
「世界大博物図鑑 1」平凡社　1991
◇p29（カラー）　高木春山『本草図説』　？ 〜嘉永
5 (? 〜1852)　［愛知県西尾市立岩瀬文庫］

カンザシゴカイのなかま　Serpulidae
「世界大博物図鑑 1」平凡社　1991
◇p28（カラー）　ヒトエカンザシSerpula
vermicularis, ヤッコカンザシの1種Pomatoceros
sp., ウズマキゴカイのなかまSpirorbis sp.　キュ
ヴィエ, G.L.C.F.D.『動物界』1836〜49　手彩
色銅版

岩礁の尼僧
「極楽の魚たち」リブロポート　1991
◇II−88（カラー）　ファロワズ, サムエル原画, ル
ナール, L.『モルッカ諸島産彩色魚類図譜 ファ
ン・デル・ステル写本』1718〜19　［個人蔵］

がんぞうびらめ
「魚の手帖」小学館　1991
◇92・93図（カラー）　雁雑鮃　毛利梅園『梅園魚
譜/梅園魚品図正』1826〜1843,1832〜1836
［国立国会図書館］

ガンゾウビラメ　Pseudorhombus
cinnamoneus
「高松松平家所蔵 衆鱗図 1」香川県歴史博物館
友の会博物図譜刊行会　2001
◇p42（カラー）　ガンゾウ鰈　松平頼恭 江戸時代
(18世紀)　紙本著色 画帖装(折本形式)　［個人
蔵］

カンダイ
「彩色 江戸博物学集成」平凡社　1994
◇p198〜199（カラー）　栗本丹洲『魚譜』　［国会
図書館］

カンテンカメガイ　Cymbulia peroni
「世界大博物図鑑 別巻2」平凡社　1994
◇p159（カラー）　キュヴィエ, G.L.C.F.D.『動物
界(門徒版)』1836〜49

カンテンダコ　Alloposusu mollis
「世界大博物図鑑 別巻2」平凡社　1994
◇p250（カラー）　アルベール1世『モナコ国王ア
ルベール1世所有イロンデル号科学探査報告』
1889〜1950

かんぱち
「魚の手帖」小学館　1991

魚・貝・水生生物　　　　　　　　　きいろ

◇76図（カラー）　ヒラマサ　毛利梅園『梅園魚譜/梅園魚品図正』　1826〜1843,1832〜1836　［国立国会図書館］

カンパチ　Seriola dumerili
「グラバー魚譜200選」長崎文献社　2005
　　◇p83（カラー）　倉場富三郎編, 中村三郎画『日本西部及南部魚類図譜』　1917採集　［長崎大学附属図書館］
「高松松平家所蔵 衆鱗図 1」香川県歴史博物館友の会博物図譜刊行会　2001
　　◇p74（カラー）　シヲ　松平頼恭 江戸時代（18世紀）　紙本著色 画帖装（折本形式）　［個人蔵］
　　◇p75（カラー）　別種 シヲ　松平頼恭 江戸時代（18世紀）　紙本著色 画帖装（折本形式）　［個人蔵］
　　◇p101（カラー）　大嶋鯵　松平頼恭 江戸時代（18世紀）　紙本著色 画帖装（折本形式）　［個人蔵］
「南海の魚類 博物画の至宝」平凡社　1995
　　◇pl.90（カラー）　Seriola dumerilii　ギュンター, A.C.L.G., ギャレット, A. 1873〜1910

カンパチ
「江戸の動植物図」朝日新聞社　1988
　　◇p112（カラー）　奥倉魚仙『水族四帖』　［国立国会図書館］

カンボト
「極楽の魚たち」リブロポート　1991
　　◇I-172（カラー）　ルナール, L.『モルッカ諸島産彩色魚類図譜 コワイエト写本』　1718〜19　［個人蔵］

冠クラゲの1種
「美しいアンティーク生物画の本」創元社　2017
　　◇p14（カラー）　Linantha lunulata　Haeckel, Ernst『Kunstformen der Natur』　1899〜1904
　　◇p14（カラー）　Palephyra primigenia　Haeckel, Ernst『Kunstformen der Natur』　1899〜1904
　　◇p14（カラー）　Zonephyra zonaria　Haeckel, Ernst『Kunstformen der Natur』　1899〜1904
　　◇p14（カラー）　Strobila monodisca　Haeckel, Ernst『Kunstformen der Natur』　1899〜1904
　　◇p14（カラー）　Nauphanta challengeri　Haeckel, Ernst『Kunstformen der Natur』　1899〜1904

カンムリクラゲ類
「水中の驚異」リブロポート　1990
　　◇p141（白黒）　ヘッケル, E.H.『チャレンジャー号航海記録〈深海性クラゲ篇〉』　1882

カンムリブダイ
「彩色 江戸博物学集成」平凡社　1994
　　◇p407（カラー）　奥倉辰行『水族四帖』　［国会図書館］

カンムリベラ　Coris aygula
「南海の魚類 博物画の至宝」平凡社　1995
　　◇pl.145（カラー）　Coris cingulum　メス　ギュンター, A.C.L.G., ギャレット, A. 1873〜1910

カンムリベラ属の1種（エレガント・コリス）
Coris venusta
「南海の魚類 博物画の至宝」平凡社　1995
　　◇pl.144（カラー）　Coris venusta（Sandwich Ins.）　オス, メス　ギュンター, A.C.L.G., ギャレット, A. 1873〜1910

カンムリベラの幼魚　Coris aygula
「世界大博物図鑑 2」平凡社　1989
　　◇p356（カラー）　ベネット, J.W.『セイロン島沿岸産の魚類誌』　1830　手彩色 アクアチント 線刻銅版

カンムリボラ　Melongena corona
「世界大博物図鑑 別巻2」平凡社　1994
　　◇p140（カラー）　キーネ, L.C.『ラマルク貝類図譜』　1834〜80　手彩色銅版図

カンモンハタ　Epinephelus merra
「南海の魚類 博物画の至宝」平凡社　1995
　　◇pl.7（カラー）　Serranus hexagonatus　ギュンター, A.C.L.G., ギャレット, A. 1873〜1910

【 き 】

きあまだい
「魚の手帖」小学館　1991
　　◇84図（カラー）　黄甘鯛　毛利梅園『梅園魚譜/梅園魚品図正』　1826〜1843,1832〜1836　［国立国会図書館］

キアマダイ　Branchiostegus argentatus
「世界大博物図鑑 2」平凡社　1989
　　◇p241（カラー）　馬場大助図『博物館魚譜』　［東京国立博物館］

キアマダイ　Branchiostegus auratus
「江戸博物文庫 魚の巻」工作舎　2017
　　◇p166（カラー）　黄甘鯛　栗本丹洲『栗氏魚譜』　［国立国会図書館］
「グラバー魚譜200選」長崎文献社　2005
　　◇p132（カラー）　倉場富三郎編, 長谷川雪香画『日本西部及南部魚類図譜』　1914採集　［長崎大学附属図書館］

キアンコウ
「紙の上の動物園」グラフィック社　2017
　　◇p86（カラー）　ゴールドスミス, オリヴァー『地球と生命のいる自然の本』　1822

キイロタカラガイ　Cypraea moneta
「世界大博物図鑑 別巻2」平凡社　1994
　　◇p126（カラー）　デュモン・デュルヴィル, J.S.C.『アストロラブ号世界周航記』　1830〜35　スティップル印刷

キイロハギ　Zebrasoma flavescens
「南海の魚類 博物画の至宝」平凡社　1995
　　◇pl.76（カラー）　varietät.　ギュンター, A.C.L.G., ギャレット, A. 1873〜1910
　　◇pl.76（カラー）　jung. 幼魚　ギュンター, A.C.

きかい   魚・貝・水生生物

L.G., ギャレット, A. 1873〜1910

キカイカエルウオ　Entomacrodus decussatus
「南海の魚類 博物画の至宝」平凡社　1995
　◇pl.118（カラー）　Salarias aneitensis　ギュン
　ター, A.C.L.G., ギャレット, A. 1873〜1910

キカナガシラ　Trigla lyra
「ビュフォンの博物誌」工作舎　1991
　◇K046（カラー）『一般と個別の博物誌 ソンニー
　ニ版』

木ガニ
「極楽の魚たち」リブロポート　1991
　◇II–208（カラー）　ファロワズ, サムエル原画, ル
　ナール, L.『モルッカ諸島産彩色魚類図譜 ファ
　ン・デル・ステル写本』1718〜19　［個人蔵］

ギギ　Pelteobagrus nudiceps
「江戸博物文庫 魚の巻」工作舎　2017
　◇p89（カラー）　義義　藤居重啓『湖中産物図証』
　［国立国会図書館］
「世界大博物図鑑 2」平凡社　1989
　◇p165（カラー）　栗本丹洲『栗氏魚譜』文政2
　（1819）　［国文学研究資料館史料館］

ギギ　Pseudobagrus nudiceps
「高松松平家所蔵 衆鱗図 3」香川県歴史博物館
友の会博物図譜刊行会　2003
　◇p83（カラー）　ギギウ　松平頼恭 江戸時代（18
　世紀）　紙本著色 画帖装（折本形式）　［個人蔵］

キククウサンゴ　Echimophyllia aspera
「世界大博物図鑑 別巻2」平凡社　1994
　◇p82（カラー）　エリス, J.『珍品植虫類の博物誌』
　1786　手彩色銅版図

キクザメ　Echinorhinus brucus
「ビュフォンの博物誌」工作舎　1991
　◇K009（カラー）『一般と個別の博物誌 ソンニー
　ニ版』
「世界大博物図鑑 2」平凡社　1989
　◇p24（カラー）　スミス, A.著, フォード, G.H.原
　図『南アフリカ動物図譜』1838〜49　手彩色
　石版

キクザルガイの1種　Chama sp.
「ビュフォンの博物誌」工作舎　1991
　◇L060（カラー）『一般と個別の博物誌 ソンニー
　ニ版』

キクノイシ
「水中の驚異」リブロポート　1990
　◇p112（白黒）　ドノヴァン, E.『博物宝典』1834

キクメイシ
「彩色 江戸博物学集成」平凡社　1994
　◇p343（カラー）　前田利保『賭鞭会品物論定纂』
　［国会図書館］

キクメイシのなかま　Lithophyllia lacera
「世界大博物図鑑 別巻2」平凡社　1994
　◇p78（カラー）　エリス, J.『珍品植虫類の博物誌』
　1786　手彩色銅版図

キクメイシのなかま？　Faviidae
「世界大博物図鑑 別巻2」平凡社　1994
　◇p83（カラー）　ドノヴァン, E.『博物宝典』
　1823〜27

キサンゴのなかま　Astroides calycularis
「世界大博物図鑑 別巻2」平凡社　1994
　◇p79（カラー）　キュヴィエ, G.L.C.F.D.『動物界
　（門徒版）』1836〜49

キサンゴのなかま　Balanophyallia regia
「世界大博物図鑑 別巻2」平凡社　1994
　◇p68（カラー）　ゴッス, P.H.『英国のイソギン
　チャクと珊瑚』1860　多色石版

騎士魚
「極楽の魚たち」リブロポート　1991
　◇I–87（カラー）　ルナール, L.『モルッカ諸島産彩
　色魚類図譜 コワイエト写本』1718〜19　［個人
　蔵］

キジハタ　Epinephelus akaara
「世界大博物図鑑 2」平凡社　1989
　◇p248（カラー）　シーボルト『ファウナ・ヤポニ
　カ（日本動物誌）』1833〜50　石版

キジビキイモガイ　Conus sulcatus
「世界大博物図鑑 別巻2」平凡社　1994
　◇p154（カラー）　デュモン・デュルヴィル, J.S.C.
　『アストロラブ号世界周航記』1830〜35　ス
　ティップル印刷

キシマイシヨウジ　Corythoichthys
haematopterus
「南海の魚類 博物画の至宝」平凡社　1995
　◇pl.167（カラー）　Syngnathus haematopterus
　（Fidschi Ins.）　ギュンター, A.C.L.G., ギャ
　レット, A. 1873〜1910

キジョウハイガイ　Crucibulum scutellum
「世界大博物図鑑 別巻2」平凡社　1994
　◇p122（カラー）　デュ・プティ＝トゥアール, A.
　A.『ウエヌス号世界周航記』1846

ギス　Pterothrissus gissu
「高松松平家所蔵 衆鱗図 3」香川県歴史博物館
友の会博物図譜刊行会　2003
　◇p78（カラー）　川ムツ　松平頼恭 江戸時代（18
　世紀）　紙本著色 画帖装（折本形式）　［個人蔵］
「高松松平家所蔵 衆鱗図 2」香川県歴史博物館
友の会博物図譜刊行会　2002
　◇p44（カラー）　ぎす　松平頼恭 江戸時代（18世
　紀）　紙本著色 画帖装（折本形式）　［個人蔵］

ギスカジカ　Myoxocephalus scorpius
「世界大博物図鑑 2」平凡社　1989
　◇p424〜425（カラー）　ブロッホ, M.E.『魚類図
　譜』1782〜85　手彩色銅版画

キスジキュウセン　Halichoeres hartzfeldii
「世界大博物図鑑 2」平凡社　1989
　◇p356（カラー）　ブレイカー, M.P.『蘭領東イン
　ド魚類図譜』1862〜78　色刷り石版画

162　博物図譜レファレンス事典 動物篇

魚・貝・水生生物　　　　　　　　　　　　　　　きつね

キスジゲンロクダイ Coradion chrysozonus
「世界大博物図鑑 2」平凡社　1989
◇p381（カラー）　キュヴィエ, G.L.C.F.D.『動物界』1836〜49　手彩色銅版画

キスジヒメスズキ Serranus psittacinus
「世界大博物図鑑 2」平凡社　1989
◇p254（カラー）　ヴェルナー原図, デュ・プティ＝トゥアール, A.A.『ウエヌス号世界周航記』1846　手彩色銅版画

キセルクズアナゴ Venefica tentaculata
「世界大博物図鑑 2」平凡社　1989
◇p93（カラー）　ガーマン, S.著, ウェスターグレン原図『ハーヴァード大学比較動物学記録 第24巻〈アルバトロス号調査報告―魚類編〉』1899　手彩色石版画

キダイ Dentex tumifrons
「グラバー魚譜200選」長崎文献社　2005
◇p120（カラー）　倉場富三郎編, 萩原魚仙画『日本西部及南部魚類図譜』1914採集　[長崎大学附属図書館]

キタザコエビ Sclerocrangon boreas
「世界大博物図鑑 1」平凡社　1991
◇p80（カラー）　キュヴィエ, G.L.C.F.D.『動物界』1836〜49　手彩色銅版画

キタノカマツカ Gobio gobio
「世界大博物図鑑 2」平凡社　1989
◇p120（カラー）　ドノヴァン, E.『英国産魚類誌』1802〜08
◇p121（カラー）　キュヴィエ, G.L.C.F.D., ヴァランシエンヌ, A.『魚の博物誌』1828〜50

キタノトミヨ Pungitius pungitius
「世界大博物図鑑 2」平凡社　1989
◇p196（カラー）　キュヴィエ, G.L.C.F.D.『動物界』1836〜49　手彩色銅版画
◇p197（カラー）　イギリス産の番　ドノヴァン, E.『英国産魚類誌』1802〜08

キタノホッケ Pleurogrammus monopterygius
「江戸博物文庫 魚の巻」工作舎　2017
◇p116（カラー）　北鮏　栗本丹洲『栗氏魚譜』[国立国会図書館]

キタマクラ属の1種（ソランダーズ・トビー） Canthigaster solandri
「南海の魚類 博物画の至宝」平凡社　1995
◇pl.172（カラー）　Tetrodon solandri (Tahiti)　ギュンター, A.C.L.G., ギャレット, A. 1873〜1910

キダリス[オウサマウニ]
「生物の驚異的な形」河出書房新社　2014
◇図版60（カラー）　ヘッケル, エルンスト 1904

キチヌ Acanthopagrus latus
「高松松平家所蔵 衆鱗図 1」香川県歴史博物館友の会博物図譜刊行会　2001
◇p26（カラー）　チチヌ　松平頼恭 江戸時代（18世紀）　紙本著色 画帖装（折本形式）　[個人蔵]

ギチベラ Epibulus insidiator
「南海の魚類 博物画の至宝」平凡社　1995
◇pl.137（カラー）　ギュンター, A.C.L.G., ギャレット, A. 1873〜1910
◇pl.138（カラー）　Anampses coerulemaculatus　ギュンター, A.C.L.G., ギャレット, A. 1873〜1910
「世界大博物図鑑 2」平凡社　1989
◇p363（カラー）　オス　ブレイカー, M.P.『蘭領東インド魚類図譜』1862〜78　色刷り石版画

ギチベラ
「極楽の魚たち」リブロポート　1991
◇I−175（カラー）　ムスール・アナク　たぶん未成魚　ルナール, L.『モルッカ諸島産彩色魚類図譜 コワイエト写本』1718〜19　[個人蔵]
◇I−209（カラー）　パセ　ルナール, L.『モルッカ諸島産彩色魚類図譜 コワイエト写本』1718〜19　[個人蔵]
◇I−210（カラー）　パセ　大顎を十分に伸ばしている光景　ルナール, L.『モルッカ諸島産彩色魚類図譜 コワイエト写本』1718〜19　[個人蔵]
◇II−13（カラー）　ペテン師　ファロワズ, サムエル画, ルナール, L.『モルッカ諸島産彩色魚類図譜 ファン・デル・ステル写本』1718〜19　[個人蔵]
◇II−81（カラー）　ペテン師　ファロワズ, サムエル画, ルナール, L.『モルッカ諸島産彩色魚類図譜 ファン・デル・ステル写本』1718〜19　[個人蔵]

キッコウタカラガイ Cypraea maculifera
「世界大博物図鑑 別巻2」平凡社　1994
◇p126（カラー）　マーティン, T.『万国貝譜』1784〜87　手彩色銅版図

キッコウフグ Sphoeroides tetudineus
「ビュフォンの博物誌」工作舎　1991
◇K017（カラー）『一般と個別の博物誌 ソンニーニ版』

キッシング・グーラミー Helostoma temmincki
「世界大博物図鑑 2」平凡社　1989
◇p233（カラー）　キュヴィエ, G.L.C.F.D., ヴァランシエンヌ, A.『魚の博物誌』1828〜50

キツネアマダイ Malacanthus latovittatus
「世界大博物図鑑 2」平凡社　1989
◇p241（カラー）『アストロラブ号世界周航記』1830〜35　スティップル印刷

キツネウオ（？）
「極楽の魚たち」リブロポート　1991
◇I−5（カラー）　フータク　ルナール, L.『モルッカ諸島産彩色魚類図譜 コワイエト写本』1718〜19　[個人蔵]

キツネダイ Bodianus oxycephalus
「高松松平家所蔵 衆鱗図 2」香川県歴史博物館友の会博物図譜刊行会　2002
◇p90（カラー）　いとゑ　オス個体　松平頼恭 江戸時代（18世紀）　紙本著色 画帖装（折本形式）

博物図譜レファレンス事典 動物篇　**163**

きつね　　　　　　　魚・貝・水生生物

［個人蔵］
「日本の博物図譜」東海大学出版会　2001
　◇図46（カラー）　筆者不詳『魚類写生図』　［国立
　科学博物館］
「高松松平家所蔵 衆鱗図 1」香川県歴史博物館
　友の会博物図譜刊行会　2001
　◇p14（カラー）　甕鯛　メス個体　松平頼恭 江戸
　時代（18世紀）　紙本著色 画帖装（折本形式）
　［個人蔵］
　◇p15（カラー）　赤木鯛　オス個体　松平頼恭 江
　戸時代（18世紀）　紙本著色 画帖装（折本形式）
　［個人蔵］

キツネベラ　Bodianus bilunulatus
「南海の魚類 博物画の至宝」平凡社　1995
　◇pl.130（カラー）　Cossyphus bilunulatus, ad.
　&juv. 幼魚と成魚　ギュンター、A.C.L.G.、
　ギャレット、A. 1873〜1910
「世界大博物図鑑 2」平凡社　1989
　◇p352（カラー）　ギャレット、A.原図、ギュン
　ター、A.C.L.G.解説『南海の魚類』　1873〜1910
　◇p353（カラー）　ブレイカー、M.P.『蘭領東イン
　ド魚類図譜』　1862〜78　色刷り石版画

キトウガニ　Orithyia sinica
「アジア昆虫誌要説 博物画の至宝」平凡社
　1996
　◇pl.48（カラー）　Cancer mammillaris　ドノ
　ヴァン、E.『中国昆虫誌要説』　1798
「ビュフォンの博物誌」工作舎　1991
　◇M050（カラー）『一般と個別の博物誌 ソンニー
　ニ版』
「世界大博物図鑑 1」平凡社　1991
　◇p120（カラー）　ドノヴァン、E.『中国昆虫要
　説』　1798　手彩色銅版画

キーナートゲコブシボラ　Busycon carica
　eliceans
「世界大博物図鑑 別巻2」平凡社　1994
　◇p141（カラー）　キーネ、L.C.『ラマルク貝類図
　譜』　1834〜80　手彩色銅版図

キナノカタベガイ　Angaria sphaerula
「世界大博物図鑑 別巻2」平凡社　1994
　◇p119（カラー）　キーネ、L.C.『ラマルク貝類図
　譜』　1834〜80　手彩色銅版図

キナバルフエフキ　Lethrinus cinnabarius
「世界大博物図鑑 2」平凡社　1989
　◇p276（カラー）　リチャードソン、J.『珍奇魚譜』
　1843

キナレイシガイ　Thais mancinella
「世界大博物図鑑 別巻2」平凡社　1994
　◇p138（カラー）　キーネ、L.C.『ラマルク貝類図
　譜』　1834〜80　手彩色銅版図

キヌアミカイメン
　⇒ファレッラ［キヌアミカイメン］を見よ

キヌガサガイ　Onustus exutus
「世界大博物図鑑 別巻2」平凡社　1994
　◇p122（カラー）　平瀬與一郎『貝千種』　大正3〜

11（1914〜22）　色刷木版画

キヌバリ　Pterogobius elapoides
「高松松平家所蔵 衆鱗図 2」香川県歴史博物館
　友の会博物図譜刊行会　2002
　◇p62（カラー）　（付札なし）　太平洋産　松平頼
　恭 江戸時代（18世紀）　紙本著色 画帖装（折本形
　式）　［個人蔵］
　◇p62（カラー）　いそはせ　太平洋産　松平頼恭
　江戸時代（18世紀）　紙本著色 画帖装（折本形
　式）　［個人蔵］

キヌベラ　Thalassoma purpureum
「南海の魚類 博物画の至宝」平凡社　1995
　◇pl.149（カラー）　Julis purpurea　オス　ギュン
　ター、A.C.L.G.、ギャレット、A. 1873〜1910
　◇pl.149（カラー）　Julis umbrostigma　オス
　ギュンター、A.C.L.G.、ギャレット、A. 1873〜
　1910

キヌベラの雄　Thalassoma purpureum
「世界大博物図鑑 2」平凡社　1989
　◇p360〜361（カラー）　ベネット、J.W.『セイロン
　島沿岸産の魚類誌』　1830　手彩色 アクアチント
　線刻銅版

キヌマトイガイの1種　Hiatella sp.
「ビュフォンの博物誌」工作舎　1991
　◇L066（カラー）『一般と個別の博物誌 ソンニー

キノボリウオ　Anabas testudineus
「世界大博物図鑑 2」平凡社　1989
　◇p237（カラー）　キュヴィエ、G.L.C.F.D.、ヴァ
　ランシエンヌ、A.『魚の博物誌』　1828〜50

キノボリウオ
「世界大博物図鑑 2」平凡社　1989
　◇p233（カラー）　解剖図＜迷宮器官＞　キュヴィ
　エ、G.L.C.F.D.『動物界』　1836〜49　手彩色
　銅版

キバウミニナ　Terebralia palustris
「世界大博物図鑑 別巻2」平凡社　1994
　◇p121（カラー）　キーネ、L.C.『ラマルク貝類
　譜』　1834〜80　手彩色銅版図

キバカマベラ　Diproctacanthus xanthurus
「世界大博物図鑑 2」平凡社　1989
　◇p363（カラー）　ブレイカー、M.P.『蘭領東イン
　ド魚類図譜』　1862〜78　色刷り石版画

キハダ　Thunnus albacares
「江戸博物文庫 魚の巻」工作舎　2017
　◇p92（カラー）　黄肌/木肌　栗本丹洲『魚譜』
　［国立国会図書館］
「高松松平家所蔵 衆鱗図 2」香川県歴史博物館
　友の会博物図譜刊行会　2002
　◇p50〜51（カラー）　まぐろ　幼魚　松平頼恭 江
　戸時代（18世紀）　紙本著色 画帖装（折本形式）
　［個人蔵］
「世界大博物図鑑 2」平凡社　1989
　◇p316〜317（カラー）　松平頼恭『衆鱗図』　18世
　紀後半

164　博物図譜レファレンス事典 動物篇

魚・貝・水生生物　　　　　　　　きゅう

ぎばち
「魚の手帖」小学館　1991
　◇71図（カラー）　義蜂　毛利梅園『梅園魚譜/梅園魚品図正』　1826〜1843,1832〜1836　［国立国会図書館］

キハッソク　Diploprion bifasciatum
「グラバー魚譜200選」長崎文献社　2005
　◇p98（カラー）　倉場富三郎編, 萩原魚仙画『日本西部及南部魚類図譜』　1912採集　［長崎大学附属図書館］

キハッソク　Diploprion bifasciatus
「世界大博物図鑑 2」平凡社　1989
　◇p254（カラー）　キュヴィエ, G.L.C.F.D.『動物界（英語版）』　1833〜37

キヒトデ
　⇒アステリアス［アマヒトデ、ヒトデ、キヒトデ］を見よ

キヒトデの1種
「美しいアンティーク生物画の本」創元社　2017
　◇p95（カラー）　Asterias rubens　Barbut, James『The genera vermium exemplified by various specimens of the animals contained in the orders of the Intestina et Mollusca Linnaei』　1783

キビナゴ　Spratelloides gracilis
「高松松平家所蔵 衆鱗図 1」香川県歴史博物館友の会博物図譜刊行会　2001
　◇p105（カラー）　ムグナ　松平頼恭　江戸時代（18世紀）　紙本著色 画帖装（折本形式）　［個人蔵］

キビレハタ　Epinephelus flavocaeruleus
「世界大博物図鑑 2」平凡社　1989
　◇p253（カラー）　ベネット, J.W.『セイロン島沿岸産の魚類誌』　1830　手彩色 アクアチント 線刻銅版

キビレミシマ　Uranoscopus sp.
「鳥獣虫魚譜」八坂書房　1988
　◇p66（カラー）　萩八束、松森胤保『両羽魚類図譜』　［酒田市立光丘文庫］

キヘリモンガラ　Pseudobalistes flavimarginatus
「世界大博物図鑑 2」平凡社　1989
　◇p436（カラー）　成魚, 若魚　リュッペル, W.P.E.S.『アビシニア動物図譜』　1835〜40

キホウボウ　Peristedion orientale
「江戸博物文庫 魚の巻」工作舎　2017
　◇p8（カラー）　黄魴鮄『魚譜』　［国立国会図書館］
「高松松平家所蔵 衆鱗図 1」香川県歴史博物館友の会博物図譜刊行会　2001
　◇p103（カラー）　角カナカシラ　松平頼恭　江戸時代（18世紀）　紙本著色 画帖装（折本形式）　［個人蔵］

ギマ　Triacanthus biaculeatus
「高松松平家所蔵 衆鱗図 2」香川県歴史博物館友の会博物図譜刊行会　2002

　◇p58（カラー）　（付札なし）　幼魚　松平頼恭　江戸時代（18世紀）　紙本著色 画帖装（折本形式）　［個人蔵］
　◇p58（カラー）　むまうを　松平頼恭　江戸時代（18世紀）　紙本著色 画帖装（折本形式）　［個人蔵］
「世界大博物図鑑 2」平凡社　1989
　◇p433（カラー）　ベネット, J.W.『セイロン島沿岸産の魚類誌』　1830　手彩色 アクアチント 線刻銅版

キミオコゼ　Pterois radiata
「南海の魚類 博物画の至宝」平凡社　1995
　◇pl.56（カラー）　ギュンター, A.C.L.G., ギャレット, A.　1873〜1910
「世界大博物図鑑 2」平凡社　1989
　◇p412（カラー）　ギャレット, A.原図, ギュンター, A.C.L.G.解説『南海の魚類』　1873〜1910

ギムノトウス・カラポ　Gymnotus carapo
「世界大博物図鑑 2」平凡社　1989
　◇p117（カラー）　ショムブルク, R.H.『ガイアナの魚類誌』　1843

キメンガニ　Dorippe sinica
「高松松平家所蔵 衆鱗図 3」香川県歴史博物館友の会博物図譜刊行会　2003
　◇p36（カラー）　鬼面蟹　松平頼恭　江戸時代（18世紀）　紙本著色 画帖装（折本形式）　［個人蔵］

キャノンボールクラゲ
「美しいアンティーク生物画の本」創元社　2017
　◇p45（カラー）　Stomolophus meleagris　Mayer, Alfred Goldsborough『Medusae of the world 第3巻』　1910

ギャレットウミヘビ　Ophichthys garretti
「世界大博物図鑑 2」平凡社　1989
　◇p172（カラー）　ギャレット原図, ギュンター解説『ゴデフロイ博物館紀要』　1873〜1910

キュアトプッルルム
「生物の驚異的な形」河出書房新社　2014
　◇図版29（カラー）　ヘッケル, エルンスト　1904

きゅうせん
「魚の手帖」小学館　1991
　◇88図（カラー）　求仙・気宇山・九仙　メス　毛利梅園『梅園魚譜/梅園魚品図正』　1826〜1843, 1832〜1836　［国立国会図書館］
　◇107図（カラー）　求仙・気宇山　アオベラ　毛利梅園『梅園魚譜/梅園魚品図正』　1826〜1843, 1832〜1836　［国立国会図書館］

キュウセン　Halichoeres poecilepterus
「高松松平家所蔵 衆鱗図 2」香川県歴史博物館友の会博物図譜刊行会　2002
　◇p104（カラー）　あをべろこ　オス個体　松平頼恭　江戸時代（18世紀）　紙本著色 画帖装（折本形式）　［個人蔵］
　◇p104（カラー）　べろこ　メス個体　松平頼恭　江戸時代（18世紀）　紙本著色 画帖装（折本形式）　［個人蔵］

博物図譜レファレンス事典 動物篇　**165**

きゅう　　　　　　　　魚・貝・水生生物

キュウセン　Halichoeres poecilopterus
「江戸博物文庫 魚の巻」工作舎　2017
　◇p138（カラー）　九仙　栗本丹洲『栗氏魚譜』
　　［国立国会図書館］
「グラバー魚譜200選」長崎文献社　2005
　◇p139（カラー）　オス　倉場富三郎編、小田紫星
　　画『日本西部及南部魚類図譜』　1912採集　［長
　　崎大学附属図書館］
「世界大博物図鑑 2」平凡社　1989
　◇p356（カラー）　オス　栗本丹洲『栗氏魚譜』　文
　　政2（1819）　［国文学研究資料館史料館］
「鳥獣虫魚譜」八坂書房　1988
　◇p65（カラー）　アヲラギ　オス　松森胤保『両羽
　　魚類図譜』　［酒田市立光丘文庫］

キュウセン
「彩色 江戸博物学集成」平凡社　1994
　◇p34（カラー）　貝原益軒『大和本草諸品図』
　◇p334（カラー）　オス　毛利梅園『梅園魚品図正』
　　天保年間　［国会図書館］

キュウバンナマズの1種　Hypostomus
　commersoni
「世界大博物図鑑 2」平凡社　1989
　◇p144（カラー）　ブロッホ, M.E.『魚類図譜』
　　1782〜85　手彩色銅版画

キュテレーア
「生物の驚異的な形」河出書房新社　2014
　◇図版55（カラー）　ヘッケル, エルンスト　1904

キュビエアゴアマダイ　Opistognathus cuvieri
「世界大博物図鑑 2」平凡社　1989
　◇p293（カラー）　キュヴィエ, G.L.C.F.D., ヴァ
　　ランシエンヌ, A.『魚の博物誌』　1828〜50

ギュンタートゲウナギ　Mastacembelus
　guentheri
「世界大博物図鑑 2」平凡社　1989
　◇p236（カラー）　デイ, F.『マラバールの魚類』
　　1865　手彩色銅版画

キュンティア
「生物の驚異的な形」河出書房新社　2014
　◇図版85（カラー）　ヘッケル, エルンスト　1904

ギョライヒレナマズ　Clarias leiacanthus
「世界大博物図鑑 2」平凡社　1989
　◇p157（カラー）　ブレイカー, M.P.『蘭領東イン
　　ド魚類図譜』　1862〜78　色刷り石版画

キリガイダマシ　Turritella terebra
「世界大博物図鑑 別巻2」平凡社　1994
　◇p121（カラー）　マーティン, T.『万国貝譜』
　　1784〜87　手彩色銅版図

キリガイダマシ科　Turritelidae
「ビュフォンの博物誌」工作舎　1991
　◇L053（カラー）『一般と個別の博物誌 ソンニー
　　ニ版』

キリンミノ　Dendrochirus zebra
「世界大博物図鑑 2」平凡社　1989

　◇p416（カラー）『アストロラブ号世界周航記』
　　1830〜35　スティップル印刷

キリンミノ
「極楽の魚たち」リブロポート　1991
　◇I-41（カラー）　ロウ　ルナール, L.『モルッカ諸
　　島産彩色魚類図譜 コワイエト写本』　1718〜19
　　［個人蔵］
　◇II-219（カラー）　ガジョン　ファロワズ, サムエ
　　ル原画, ルナール, L.『モルッカ諸島産彩色魚類
　　図譜 ファン・デル・ステル写本』　1718〜19
　　［個人蔵］

キルコーゴニア
「生物の驚異的な形」河出書房新社　2014
　◇図版1（カラー）　ヘッケル, エルンスト　1904

ギンアナゴ　Gnathophis nystromi nystromi
「高松松平家所蔵 衆鱗図 2」香川県歴史博物館
　友の会博物図譜刊行会　2002
　◇p60（カラー）　しろめあなご　松平頼恭 江戸時
　　代（18世紀）　紙本著色 画帖装（折本形式）　［個
　　人蔵］

ギンカガミ　Mene maculata
「江戸博物文庫 魚の巻」工作舎　2017
　◇p117（カラー）　銀鏡　栗本丹洲『栗氏魚譜』
　　［国立国会図書館］
「世界大博物図鑑 2」平凡社　1989
　◇p308（カラー）　キュヴィエ, G.L.C.F.D.『動物
　　界』　1836〜49　手彩色銅版

ギンカクラゲ
「水中の驚異」リブロポート　1990
　◇p60（白黒）　ペロン, フレシネ『オーストラリア
　　博物航海図録』　1800〜24

ギンカクラゲの1種
「美しいアンティーク生物画の本」創元社　2017
　◇p13（カラー）　Porpema medusa　Haeckel,
　　Ernst『Kunstformen der Natur』　1899〜1904
　◇p13（カラー）　Porpalia prunella　Haeckel,
　　Ernst『Kunstformen der Natur』　1899〜1904
　◇p13（カラー）　Discalia medusina　Haeckel,
　　Ernst『Kunstformen der Natur』　1899〜1904
　◇p13（カラー）　Disconalia gastroblasta
　　Haeckel, Ernst『Kunstformen der Natur』
　　1899〜1904
　◇p63（カラー）　Porpita gigantea　Péron,
　　François『Voyage de découvertes aux terres
　　australes』　1807〜1815　［Boston Public
　　Library］
　◇p97（カラー）　Porpite géante　Drapiez, Pierre
　　Auguste Joseph『Dictionnaire Classique Des
　　Sciences Naturelles』　1853

ギンカクラゲの近縁種
「水中の驚異」リブロポート　1990
　◇p65（白黒）　デュプレ『コキーユ号航海記録』
　　1826〜30

ギンカクラゲのなかま　Porpita chrysocoma,
　P.atlantica, P.pacifica
「世界大博物図鑑 別巻2」平凡社　1994

166　博物図譜レファレンス事典 動物篇

魚・貝・水生生物　　　　　　　　　　　　　　　　きんき

◇p43（カラー）　デュプレ，L.I.『コキーユ号航海記』　1826〜34

ギンガメアジ　Caranx sexfasciatus
「南海の魚類 博物画の至宝」平凡社　1995
◇pl.84（カラー）　Caranx hippos　ギュンター，A.C.L.G.，ギャレット，A. 1873〜1910

キンカンタカラガイ　Cypraea ventriculus
「世界大博物図鑑 別巻2」平凡社　1994
◇p126（カラー）　マーティン，T.『万国貝譜』1784〜87　手彩色銅版図

きんぎょ
「魚の手帖」小学館　1991
◇55図（カラー）　金魚　ワキン，リュウキン　毛利梅園『梅園魚譜/梅園魚品図正』　1826〜1843，1832〜1836　［国立国会図書館］

キンギョ　Carassius auratus
「高松松平家所蔵 衆鱗図 3」香川県歴史博物館友の会博物図譜刊行会　2003
◇p92（カラー）　金魚ノ子 鮒尾　松平頼恭 江戸時代（18世紀）　紙本著色 画帖装（折本形式）　［個人蔵］
◇p92（カラー）　（付札なし）　松平頼恭 江戸時代（18世紀）　紙本著色 画帖装（折本形式）　［個人蔵］

キンギョ（ワキン及びリュウキン）
Carassius auratus auratus (Linnaeus)
「高木春山 本草図説 水産」リブロポート　1988
◇p74（カラー）　しまふな サツマ方言 銀鮒 漢名

金魚　Carassius auratus
「世界大博物図鑑 2」平凡社　1989
◇p136（カラー）　リュウキン（黒色系）　栗本丹洲『栗氏魚譜』文政2（1819）　［国文学研究資料館史料館］
◇p136〜137（カラー）　オランダシシガシラ　大野麦風『大日本魚類画集』昭和12〜19　彩色木版
◇p137（カラー）　ランチュウ『博物館魚譜』　［東京国立博物館］　※元来は《衆鱗図》にあった図
◇p137（カラー）　リュウキン　高木春山『本草図説』　? 〜1852　［愛知県西尾市立岩瀬文庫］
◇p137（カラー）　リュウキン2尾とクロデメキン　大野麦風『大日本魚類画集』昭和12〜19　彩色木版
◇p137（カラー）　＜蔦尾＞とよばれた3つ尾のワキン，ランチュウの子　栗本丹洲『栗氏魚譜』文政2（1819）　［国文学研究資料館史料館］

キンギョガイ
「彩色 江戸博物学集成」平凡社　1994
◇p123（カラー）　金魚介　木村兼葭堂『奇貝図譜』［辰馬考古資料館］

金魚各種　Carassius auratus
「世界大博物図鑑 2」平凡社　1989
◇p136（カラー）　マルコとワキン　後藤梨春『随観写真』明和8（1771）ごろ

キンギョの1品種マルコ　Carassius auratus
「高松松平家所蔵 衆鱗図 3」香川県歴史博物館友の会博物図譜刊行会　2003
◇p91（カラー）　ランチウノ子　松平頼恭 江戸時代（18世紀）　紙本著色 画帖装（折本形式）　［個人蔵］
◇p91（カラー）　（付札なし）　松平頼恭 江戸時代（18世紀）　紙本著色 画帖装（折本形式）　［個人蔵］

キンギョの1品種ランチュウ　Carassius auratus
「高松松平家所蔵 衆鱗図 3」香川県歴史博物館友の会博物図譜刊行会　2003
◇p95（カラー）　蘭チウ 銀フチ四尾　尾鰭は「桜尾」　松平頼恭 江戸時代（18世紀）　紙本著色 画帖装（折本形式）　［個人蔵］
◇p95（カラー）　ランチウ ムヒレ　尾鰭は「三尾」松平頼恭 江戸時代（18世紀）　紙本著色 画帖装（折本形式）　［個人蔵］
◇p95（カラー）　ランチウ 金フチ三尾　尾鰭は「三尾」　松平頼恭 江戸時代（18世紀）　紙本著色 画帖装（折本形式）　［個人蔵］
◇p96（カラー）　ランチウ 無ヒレ　尾鰭は「四尾」　松平頼恭 江戸時代（18世紀）　紙本著色 画帖装（折本形式）　［個人蔵］
◇p96（カラー）　ランチウ 一分ヒレ　尾鰭は「四尾」　松平頼恭 江戸時代（18世紀）　紙本著色 画帖装（折本形式）　［個人蔵］
◇p97（カラー）　獅子頭　尾鰭は「三尾」　松平頼恭 江戸時代（18世紀）　紙本著色 画帖装（折本形式）　［個人蔵］

キンギョの1品種ワキン　Carassius auratus
「高松松平家所蔵 衆鱗図 3」香川県歴史博物館友の会博物図譜刊行会　2003
◇p93（カラー）　サラサ　松平頼恭 江戸時代（18世紀）　紙本著色 画帖装（折本形式）　［個人蔵］
◇p93（カラー）　（付札なし）　松平頼恭 江戸時代（18世紀）　紙本著色 画帖装（折本形式）　［個人蔵］
◇p93（カラー）　金魚　松平頼恭 江戸時代（18世紀）　紙本著色 画帖装（折本形式）　［個人蔵］
◇p94（カラー）　銀魚 銀白色のワキン　松平頼恭 江戸時代（18世紀）　紙本著色 画帖装（折本形式）　［個人蔵］

キンギョハナダイ　Franzia squamipinnis (Peters)
「高木春山 本草図説 水産」リブロポート　1988
◇p25（カラー）　五色魚ノ図

キンギョハナダイ　Pseudanthias squamipinnis
「グラバー魚譜200選」長崎文献社　2005
◇p109（カラー）　こんごはなだい　オス　倉場富三郎編，萩原魚仙画『日本西部及南部魚類図譜』1915採集　［長崎大学附属図書館］

金魚類
「彩色 江戸博物学集成」平凡社　1994
◇p190〜191（カラー）　ランチュウ，獅子頭など

博物図譜レファレンス事典 動物篇　**167**

きんこ   魚・貝・水生生物

栗本丹洲『博物館魚譜』 ［東京国立博物館］

キンコ　Cucumaria frondosa
「世界大博物図鑑 別巻2」平凡社　1994
　◇p283（カラー）　栗本丹洲『千蟲譜』 文化8
　（1811）

キンコ
「水中の驚異」リプロポート　1990
　◇p79（カラー）　デュモン・デュルヴィル『アスト
　ロラブ号世界周航記』 1830〜35
　◇p134（カラー）　キングズリ, G., サワビー, J.
　『グラウコス』 1859

ぎんざめ　Chimaera phantasma
「グラバー魚譜200選」長崎文献社　2005
　◇p37（カラー）　倉場富三郎編, 萩原魚仙画『日本
　西部及南部魚類図譜』 1914採集 ［長崎大学附
　属図書館］

ギンザメ　Chimaera phantasma
「江戸博物文庫 魚の巻」工作舎　2017
　◇p118（カラー）　銀鮫　栗本丹洲『栗氏魚譜』
　［国立国会図書館］
「高松松平家所蔵 衆鱗図 2」香川県歴史博物館
　友の会博物図譜刊行会　2002
　◇p18〜19（カラー）　ぎんざめ　松平頼恭 江戸時
　代（18世紀）　紙本著色 画帖装（折本形式）［個
　人蔵］

ギンザメ
「彩色 江戸博物学集成」平凡社　1994
　◇p311（カラー）　畔田翠山『紫藤園海鯀図』
　［杏雨書屋］

ギンザメ科ギンザメ
「江戸の動植物図」朝日新聞社　1988
　◇p108〜109（カラー）　栗本丹洲『丹洲魚譜』
　［国立国会図書館］

ギンザメ類の1種のオス
「江戸の動植物図」朝日新聞社　1988
　◇p110〜111（カラー）　栗本丹洲『丹洲魚譜』
　［国立国会図書館］

キンセンガニ　Matuta lunaris
「ビュフォンの博物誌」工作舎　1991
　◇M044（カラー）『一般と個別の博物誌 ソンニー
　ニ版』
「世界大博物図鑑 1」平凡社　1991
　◇p120（カラー）　田中芳男『博物館虫譜』 1877
　（明治10）頃

キンセンガニ　Matuta victor
「高松松平家所蔵 衆鱗図 3」香川県歴史博物館
　友の会博物図譜刊行会　2003
　◇p42（カラー）　（付札なし）　松平頼恭 江戸時代
　（18世紀）　紙本著色 画帖装（折本形式）［個人
　蔵］

キンセンモドキ　Mursia armata
「高松松平家所蔵 衆鱗図 3」香川県歴史博物館
　友の会博物図譜刊行会　2003
　◇p36（カラー）　（付札なし）　松平頼恭 江戸時代

（18世紀）　紙本著色 画帖装（折本形式）［個人
蔵］

ギンタカハマガイ　Tectus pyramis
「世界大博物図鑑 別巻2」平凡社　1994
　◇p114（カラー）　デュモン・デュルヴィル, J.S.C.
　『アストロラブ号世界周航記』 1830〜35　ス
　ティプル印刷

キンチャクガイ　Decatopecten striatus
「世界大博物図鑑 別巻2」平凡社　1994
　◇p191（カラー）　キュヴィエ, G.L.C.F.D.『動物
　界〈門徒版〉』 1836〜49

きんちゃくだい
「魚の手帖」小学館　1991
　◇26図（カラー）　巾着鯛　毛利梅園『梅園魚譜/梅
　園魚品図正』 1826〜1843,1832〜1836 ［国立
　国会図書館］

キンチャクダイ　Chaetodontoplus septentrion
alis
「グラバー魚譜200選」長崎文献社　2005
　◇p149（カラー）　倉場富三郎編, 長谷川雪香画
　『日本西部及南部魚類図譜』 1915採集 ［長崎大
　学附属図書館］

キンチャクダイ　Chaetodontoplus
septentrionalis
「江戸博物文庫 魚の巻」工作舎　2017
　◇p75（カラー）　巾着鯛　毛利梅園『梅園魚譜』
　［国立国会図書館］
「高松松平家所蔵 衆鱗図 2」香川県歴史博物館
　友の会博物図譜刊行会　2002
　◇p56（カラー）　しまはぎ　松平頼恭 江戸時代
　（18世紀）　紙本著色 画帖装（折本形式）［個人
　蔵］
「世界大博物図鑑 2」平凡社　1989
　◇p392（カラー）『魚譜〈春亭〉』　※明治時代の写
　本と推定
　◇p392（カラー）　山本渓愚『動植物写生帖』
　［山本読書室］

キンチャクダイ　Chaetodontoplus
septentrionalis（Temminck et Schlegel）
「高木春山 本草図説 水産」リプロポート　1988
　◇p66（カラー）　一種 シマハギ 方言 ヒヒドロ魚
　〃 きんちゃく鯛 スヂ魚

キンチャクダイ
「彩色 江戸博物学集成」平凡社　1994
　◇p306（カラー）　川原慶賀『魚類写生図』 ［オ
　ランダ国立自然史博物館］
　◇p306（カラー）　川原慶賀『日本動物誌〈魚類
　編〉』
　◇p411（カラー）　キョウゲンバカマ　奥倉辰行
　『水族四帖』 ［国会図書館］
「江戸の動植物図」朝日新聞社　1988
　◇p10（カラー）　松平頼恭, 三木文柳『衆鱗図』
　［松平公益会］

キンチャクフグの類
「極楽の魚たち」リプロポート　1991

魚・貝・水生生物　　　　　　　　　　　　　きんゆ

◇I–138（カラー）　ネズミ魚　ルナール, L.『モ
ルッカ諸島産彩色魚類図譜 コワイエト写本』
1718～19　［個人蔵］
◇II–57（カラー）　カイマン釣針の骨魚　ファロワ
ズ, サムエル原画, ルナール, L.『モルッカ諸島産
彩色魚類図譜 ファン・デル・ステル写本』　1718
～19　［個人蔵］

ギンツララ　Lepidopus xantusi
「世界大博物図鑑 2」平凡社　1989
◇口絵（カラー）　ブラウアー, A.『深海魚』　1898
～99　石版色刷り

きんときだい
「魚の手帖」小学館　1991
◇87図（カラー）　銀目鯛 ギンメ　毛利梅園『梅園
魚譜/梅園魚品図正』　1826～1843,1832～1836
［国立国会図書館］

キントキダイ　Priacanthus macracanthus
「グラバー魚譜200選」長崎文献社　2005
◇p97（カラー）　倉場富三郎編, 中村三郎画『日本
西部及南部魚類図譜』　1912採集　［長崎大学附
属図書館］
「世界大博物図鑑 2」平凡社　1989
◇p244（カラー）　松平頼恭『衆鱗図』18世紀後半
◇p244～245（カラー）　シーボルト『ファウナ・
ヤポニカ（日本動物誌）』　1833～50　石版

金の魚
「極楽の魚たち」リブロポート　1991
◇II–228（カラー）　ファロワズ, サムエル原画, ル
ナール, L.『モルッカ諸島産彩色魚類図譜 ファ
ン・デル・ステル写本』　1718～19　［個人蔵］

きんぶな
「魚の手帖」小学館　1991
◇63図（カラー）　金鮒　毛利梅園『梅園魚譜/梅園
魚品図正』　1826～1843,1832～1836　［国立国
会図書館］
◇130図（カラー）　金鮒　毛利梅園『梅園魚譜/梅
園魚品図正』　1826～1843,1832～1836　［国立
国会図書館］

ぎんぶな
「魚の手帖」小学館　1991
◇36図, 63図, 129図（カラー）　銀鮒　毛利梅園
『梅園魚譜/梅園魚品図正』　1826～1843,1832～
1836　［国立国会図書館］

ギンブナ　Carassius auratus langsdorfii
「江戸博物文庫 魚の巻」工作舎　2017
◇p68（カラー）　銀鮒　毛利梅園『梅園魚品図正』
［国立国会図書館］
「高松松平家所蔵 衆鱗図 3」香川県歴史博物館
友の会博物図譜刊行会　2003
◇p62（カラー）　鮒　松平頼恭 江戸時代（18世紀）
紙本著色 画帖装（折本形式）　［個人蔵］
◇p62（カラー）　シヲ吹鮒　奸瘠個体　松平頼恭
江戸時代（18世紀）　紙本著色 画帖装（折本形
式）　［個人蔵］
◇p63（カラー）　柳鮒　松平頼恭 江戸時代（18世
紀）　紙本著色 画帖装（折本形式）　［個人蔵］

ギンブナ（雄鮒）　Carassius auratus langsdorfii Temminck et Schlegel
「高木春山 本草図説 水産」リブロポート　1988
◇p77（カラー）　をふな

ぎんぽ
「魚の手帖」小学館　1991
◇14図（カラー）　銀宝　毛利梅園『梅園魚譜/梅園
魚品図正』　1826～1843,1832～1836　［国立国
会図書館］

ギンポ　Enedrias nebulosa
「江戸博物文庫 魚の巻」工作舎　2017
◇p10（カラー）　銀宝『魚譜』　［国立国会図書館］

ギンポ　Enedrias nebulosus
「鳥獣虫魚譜」八坂書房　1988
◇p60（カラー）　ガツナギ　松森胤保『両羽魚類図
譜』　［酒田市立光丘文庫］

ギンポ　Pholis nebulosa
「高松松平家所蔵 衆鱗図 2」香川県歴史博物館
友の会博物図譜刊行会　2002
◇p78（カラー）　（付札なし）　松平頼恭 江戸時代
（18世紀）　紙本著色 画帖装（折本形式）　［個人
蔵］

ギンポ
「彩色 江戸博物学集成」平凡社　1994
◇p34（カラー）　貝原益軒『大和本草諸品図』

ぎんめだい
「魚の手帖」小学館　1991
◇109図（カラー）　銀目鯛　毛利梅園『梅園魚譜/
梅園魚品図正』　1826～1843,1832～1836　［国
立国会図書館］

キンメダイ　Beryx splendens
「江戸博物文庫 魚の巻」工作舎　2017
◇p30（カラー）　金目鯛　後藤光生『随観写真』
［国立国会図書館］
「高松松平家所蔵 衆鱗図 1」香川県歴史博物館
友の会博物図譜刊行会　2001
◇p93（カラー）　金ホコアカメ　松平頼恭 江戸時
代（18世紀）　紙本著色 画帖装（折本形式）　［個
人蔵］

ギンメダイ　Polymixia japonica
「江戸博物文庫 魚の巻」工作舎　2017
◇p121（カラー）　銀目鯛　栗本丹洲『栗氏魚譜』
［国立国会図書館］
「高松松平家所蔵 衆鱗図 2」香川県歴史博物館
友の会博物図譜刊行会　2002
◇p106（カラー）　うみやまめ　松平頼恭 江戸時
代（18世紀）　紙本著色 画帖装（折本形式）　［個
人蔵］
◇p106（カラー）　（墨書なし）　松平頼恭 江戸時
代（18世紀）　紙本著色 画帖装（折本形式）　［個
人蔵］

ギンユゴイ　Kuhlia mugil
「南海の魚類 博物画の至宝」平凡社　1995
◇pl.19（カラー）　Dules argenteus　ギュンター,

博物図譜レファレンス事典 動物篇　　**169**

きんゆ　　　　　　　　　魚・貝・水生生物

A.C.L.G., ギャレット, A. 1873〜1910
「世界大博物図鑑 2」平凡社　1989
　◇p245（カラー）　ベネット, J.W.『セイロン島沿岸産の魚類誌』　1830　手彩色 アクアチント 線刻銅版

ギンユゴイ
「極楽の魚たち」リブロポート　1991
　◇I-108（カラー）　ササワール　ルナール, L.『モルッカ諸島産彩色魚類図譜 コワイエト写本』1718〜19　[国文学研究資料館史料館]

【く】

グアムカサゴ　Scorpaenodes guamensis
「南海の魚類 博物画の至宝」平凡社　1995
　◇pl.56（カラー）　Scorpaena guamensis　ギュンター, A.C.L.G., ギャレット, A. 1873〜1910

グアムカサゴ　Scorpaenodes kelloggi
「世界大博物図鑑 2」平凡社　1989
　◇p412（カラー）　ギャレット, A.原図, ギュンター, A.C.L.G.解説『南海の魚類』　1873〜1910

クイーン・エンゼル　Holacanthus ciliaris
「世界大博物図鑑 2」平凡社　1989
　◇p390（カラー）『シェッド水族館紀要』

クイーンエンゼルフィッシュ
「紙の上の動物園」グラフィック社　2017
　◇p89（カラー）『カステルノ伯爵の南米中部探査中に収集された新たな、あるいは稀少な動物第7巻（動物学・哺乳類）、南米中部探査旅行』　1843

クエ　Epinephelus bruneus
「グラバー魚譜200選」長崎文献社　2005
　◇p105（カラー）　もあら　倉場富三郎編, 中村三郎画『日本西部及南部魚類図譜』　1916採集　[長崎大学附属図書館]
「高松松平家所蔵 衆鱗図 2」香川県歴史博物館友の会博物図譜刊行会　2002
　◇p70（カラー）　あら　松平頼恭 江戸時代（18世紀）　紙本著色 画帖装（折本形式）　[個人蔵]
「高松松平家所蔵 衆鱗図 1」香川県歴史博物館友の会博物図譜刊行会　2001
　◇p64（カラー）　雄ハタ　松平頼恭 江戸時代（18世紀）　紙本著色 画帖装（折本形式）　[個人蔵]

クエ　Epinephelus moara
「世界大博物図鑑 2」平凡社　1989
　◇p249（カラー）　シーボルト『ファウナ・ヤポニカ（日本動物誌）』　1833〜50　石版

クギエイ　Himantura uanak
「ビュフォンの博物誌」工作舎　1991
　◇K007（カラー）『一般と個別の博物誌 ソンニーニ版』

クギベラ　Gomphosus varius
「南海の魚類 博物画の至宝」平凡社　1995
　◇pl.147（カラー）　Gomphosus varius　幼魚

ギュンター, A.C.L.G., ギャレット, A. 1873〜1910
　◇pl.147（カラー）　Gomphosus pectoralis　幼魚　ギュンター, A.C.L.G., ギャレット, A. 1873〜1910
「世界大博物図鑑 2」平凡社　1989
　◇p362（カラー）　インド・太平洋のオス　ブレイカー, M.P.『蘭領東インド魚類図譜』　1862〜78　色刷り石版画
　◇p362（カラー）　アジア・タイプ　キュヴィエ, G.L.C.F.D., ヴァランシエンヌ, A.『魚の博物誌』　1828〜50

クギベラ
「極楽の魚たち」リブロポート　1991
　◇I-36（カラー）　いじきたない豚　ルナール, L.『モルッカ諸島産彩色魚類図譜 コワイエト写本』1718〜19　[個人蔵]
　◇I-83（カラー）　愛らしい娘　ルナール, L.『モルッカ諸島産彩色魚類図譜 コワイエト写本』1718〜19　[個人蔵]
　◇II-37（カラー）　ルーヴァンの珊瑚礁魚　ファロワズ, サムエル原画, ルナール, L.『モルッカ諸島産彩色魚類図譜 ファン・デル・ステル写本』1718〜19　[個人蔵]
　◇II-109（カラー）　アンボイナのシギ　ファロワズ, サムエル原画, ルナール, L.『モルッカ諸島産彩色魚類図譜 ファン・デル・ステル写本』1718〜19　[個人蔵]
　◇II-223（カラー）　アンボイナの金の箱　ファロワズ, サムエル原画, ルナール, L.『モルッカ諸島産彩色魚類図譜 ファン・デル・ステル写本』1718〜19　[個人蔵]

クギベラ（？）
「極楽の魚たち」リブロポート　1991
　◇II-194（カラー）　サンビラン　ファロワズ, サムエル原画, ルナール, L.『モルッカ諸島産彩色魚類図譜 ファン・デル・ステル写本』1718〜19　[個人蔵]

クギベラの幼魚　Gomphosus varius
「世界大博物図鑑 2」平凡社　1989
　◇p362（カラー）　ブレイカー, M.P.『蘭領東インド魚類図譜』　1862〜78　色刷り石版画

クサウオ　Liparis tanakai
「江戸博物文庫 魚の巻」工作舎　2017
　◇p122（カラー）　草魚　栗本丹洲『栗氏魚譜』　[国立国会図書館]

クサウオ
「江戸の動植物図」朝日新聞社　1988
　◇p113（カラー）　奥倉魚仙『水族四帖』　[国立国会図書館]

クサウオ？　Liparis sp.
「世界大博物図鑑 2」平凡社　1989
　◇p428（カラー）　グゾロボウ　栗本丹洲『栗氏魚譜』文政2（1819）　[国文学研究資料館史料館]

クサカリツボダイ　Pentaceros richardsoni
「世界大博物図鑑 2」平凡社　1989
　◇p246（カラー）　スミス, A.著, フォード, G.H.原

170　博物図譜レファレンス事典 動物篇

魚・貝・水生生物　　　くしら

図『南アフリカ動物図譜』 1838～49 手彩色
石版

クサギンポ　Enneapterygius minutus
「南海の魚類 博物画の至宝」平凡社 1995
◇pl.118（カラー） Tripterygium minutum ギュンター, A.C.L.G., ギャレット, A. 1873～1910

クサズリガイのなかま　Rhyssoplax tulipa
「世界大博物図鑑 別巻2」平凡社 1994
◇p99（カラー） デュモン・デュルヴィル, J.S.C.『アストロラブ号世界周航記』 1830～35 スティプル印刷

クサヒゲニチリンヒトデ
「美しいアンティーク生物画の本」創元社 2017
◇p88（カラー） Crossaster Papposus Arbert I, Prince of Monaco『Résultats des campagnes scientifiques accomplies sur son yacht par Albert ler, prince souverain de Monaco』 1909

クサビフグ　Ranzania laevis
「グラバー魚譜200選」長崎文献社 2005
◇p172（カラー） まんぼう？ 倉場富三郎編, 長谷川雪香画『日本西部及南部魚類図譜』 1916採集 ［長崎大学附属図書館］
「世界大博物図鑑 2」平凡社 1989
◇p453（カラー） ドノヴァン, E.『英国産魚類誌』 1802～08

クサビベラ　Choerodon anchorago
「世界大博物図鑑 2」平凡社 1989
◇p366（カラー） ブレイカー, M.P.『蘭領東インド魚類図譜』 1862～78 色刷り石版画

クサビライシ
「水中の驚異」リブロポート 1990
◇p81（白黒） デュモン・デュルヴィル『アストロラブ号世界周航記』 1830～35

クサビライシのなかま　Fungia cylolites, F.
crassitentaculata
「世界大博物図鑑 別巻2」平凡社 1994
◇p83（カラー） デュモン・デュルヴィル, J.S.C.『アストロラブ号世界周航記』 1830～35 スティプル印刷

クサフグ　Takifugu niphobles
「高松松平家所蔵 衆鱗図 2」香川県歴史博物館友の会博物図譜刊行会 2002
◇p86（カラー） （付札なし） 松平頼恭 江戸時代（18世紀） 紙本著色 画帖装（折本形式） ［個人蔵］
◇p87（カラー） （付札なし） 松平頼恭 江戸時代（18世紀） 紙本著色 画帖装（折本形式） ［個人蔵］

クサフグ？　Fugu niphobles？
「鳥獣虫魚譜」八坂書房 1988
◇p57（カラー） 磯フグ 松森胤保『両羽魚類図譜』 ［酒田市立光丘文庫］

クシノハクモヒトデの仲間
「美しいアンティーク生物画の本」創元社 2017

◇p24（カラー） Ophiotholia supplicans Haeckel, Ernst『Kunstformen der Natur』 1899～1904
◇p24（カラー） Ophiohelus umbella Haeckel, Ernst『Kunstformen der Natur』 1899～1904
◇p38～39（カラー） Ophiura lacertosa Schubert, Gotthilf Heinrich von『Naturgeschichte der Reptilien, Amphibien, Fische, Insekten, Krebstiere, Würmer, Weichtiere, Stachelhäuter, Pflanzentiere und Urtiere』 1890

クシバカンタ
「生物の驚異的な形」河出書房新社 2014
◇図版21（カラー） ヘッケル, エルンスト 1904

くじめ
「魚の手帖」小学館 1991
◇78図, 107図（カラー） 久慈目 毛利梅園『梅園魚譜/梅園魚品図正』 1826～1843,1832～1836 ［国立国会図書館］

クジメ　Hexagrammos agrammus
「グラバー魚譜200選」長崎文献社 2005
◇p181（カラー） 未定 倉場富三郎編, 小田紫星画『日本西部及南部魚類図譜』 1912採集 ［長崎大学附属図書館］
「高松松平家所蔵 衆鱗図 1」香川県歴史博物館友の会博物図譜刊行会 2001
◇p66（カラー） 紅アイナメ 松平頼恭 江戸時代（18世紀） 紙本著色 画帖装（折本形式） ［個人蔵］
◇p68（カラー） クジミ 松平頼恭 江戸時代（18世紀） 紙本著色 画帖装（折本形式） ［個人蔵］

クジメ　Hexagrammos ogrammus
「高松松平家所蔵 衆鱗図 1」香川県歴史博物館友の会博物図譜刊行会 2001
◇p66（カラー） 紅クジミ 松平頼恭 江戸時代（18世紀） 紙本著色 画帖装（折本形式） ［個人蔵］

クジメ
「彩色 江戸博物学集成」平凡社 1994
◇p334（カラー） 毛利梅園『梅園魚品図正』 天保年間 ［国会図書館］

クシメヤッコ　Pomacanthus striatus
「世界大博物図鑑 2」平凡社 1989
◇p389（カラー） リュッペル, W.P.E.S.『アビシニア動物図譜』 1835～40

クジャクギンポ　Lipophrys pavo
「世界大博物図鑑 2」平凡社 1989
◇p329（カラー） キュヴィエ, G.L.C.F.D., ヴァランシエンヌ, A.『魚の博物誌』 1828～50

クジャクスズメダイ　Pomacentrus pavo
「南海の魚類 博物画の至宝」平凡社 1995
◇pl.124（カラー） ギュンター, A.C.L.G., ギャレット, A. 1873～1910

クジラノシラミ科　Cyamidae
「ビュフォンの博物誌」工作舎 1991

博物図譜レファレンス事典 動物篇　**171**

くたう　　　　　　　　　　　魚・貝・水生生物

◇M052（カラー）『一般と個別の博物誌 ソンニー
二版』

クダウミヒドラのなかま　Tubularia sp.
「世界大博物図鑑 別巻2」平凡社　1994
◇p34（カラー）　レニエ, S.A.『アドリア海無脊椎
動物図譜』　1793　カラー印刷 銅版画

クダウミヒドラのなかま？　Tubularia sp.？
「世界大博物図鑑 別巻2」平凡社　1994
◇p34（カラー）　エスパー, E.J.C.『植虫類図録』
1788～1830

クダウミヒドラの仲間
「美しいアンティーク生物画の本」創元社　2017
◇p82（カラー）　Dicodonium cornutum
Haeckel, Ernst『Das System der Medusen』
1879

管クラゲの1種
「美しいアンティーク生物画の本」創元社　2017
◇p65（カラー）　Stephanomia amphytridis
Péron, François『Voyage de découvertes aux
terres australes』1807～1815　［Boston
Public Library］

管クラゲのなかま　Porpema medusa,
Porpalia prunella, Dicalia medusina,
Disconalisa gastroblasta
「世界大博物図鑑 別巻2」平凡社　1994
◇p46（カラー）　ヘッケル, E.H.P.A.『自然の造
形』　1899～1904　多色石版画

クダクラゲ類
「水中の驚異」リブロポート　1990
◇p99（カラー）　ヘッケル, E.H.『自然の造形』
1899～1904　クロモリトグラフ

クダコケムシのなかま　Tubulipora verrucosa
「世界大博物図鑑 別巻2」平凡社　1994
◇p95（カラー）　キュヴィエ, G.L.C.F.D.『動物界
（門徒版）』1836～49

クダサンゴ　Tubipora musica
「世界大博物図鑑 別巻2」平凡社　1994
◇p76（カラー）　フレシネ, L.C.D.de『ユラニー号
およびフィジシエンヌ号世界周航記図録』1824

クダサンゴ
「水中の驚異」リブロポート　1990
◇p111（カラー）　ドノヴァン, E.『博物宝典』
1834

クダサンゴの1種　Tubipora rubeola
「世界大博物図鑑 別巻2」平凡社　1994
◇p76（カラー）　キュヴィエ, G.L.C.F.D.『動物界
（門徒版）』1836～49

クダサンゴのなかま　Catenipora sp.
「世界大博物図鑑 別巻2」平凡社　1994
◇p76（カラー）　ドノヴァン, E.『博物宝典』
1823～27

クダタツ　Hippocampus kuda
「世界大博物図鑑 2」平凡社　1989

◇p200（カラー）　ファロアズ, サムエル原画, ル
ナール, L.『モルッカ諸島魚類彩色図譜』1754
［国文学研究資料館史料館］

クダタツ
「極楽の魚たち」リブロポート　1991
◇I-68（カラー）　馬魚　ルナール, L.『モルッカ諸
島産彩色魚類図譜 コワイエト写本』1718～19
［個人蔵］

クダヒゲガニ　Albunea symmysta
「ビュフォンの博物誌」工作舎　1991
◇M051（カラー）『一般と個別の博物誌 ソンニー
二版』

クダマキガイ科の類
「江戸の動植物図」朝日新聞社　1988
◇p37（カラー）　森野藤助『松山本草』　［森野旧
薬園］

クダヤガラ　Aulichthys japonicus
「高松松平家所蔵 衆鱗図 2」香川県歴史博物館
友の会博物図譜刊行会　2002
◇p45（カラー）　こつなより　メス個体　松平頼
恭 江戸時代（18世紀）　紙本著色 画帖装（折本形
式）　［個人蔵］
「日本の博物図譜」東海大学出版会　2001
◇図55（カラー）　横山慶次郎筆『魚類写生図』
［国立科学博物館］

クダヤガラ
「極楽の魚たち」リブロポート　1991
◇I-18（カラー）　ジュロン・ジュロン　ルナール,
L.『モルッカ諸島産彩色魚類図譜 コワイエト写
本』1718～19　［個人蔵］

口黒鯛
「江戸名作画帖全集 8」駸々堂出版　1995
◇図56（カラー）　松平頼恭編『衆鱗図』　紙本着
色　［松平公益会］

クチナガサンマ　Scomberesox saurus
「世界大博物図鑑 2」平凡社　1989
◇p185（カラー）　ドノヴァン, E.『英国産魚類誌』
1802～08

くちばし魚
「極楽の魚たち」リブロポート　1991
◇II-34（カラー）　ファロワズ, サムエル原画, ル
ナール, L.『モルッカ諸島産彩色魚類図譜 ファ
ン・デル・ステル写本』1718～19　［個人蔵］

くちひげ
「極楽の魚たち」リブロポート　1991
◇II-111（カラー）　ファロワズ, サムエル原画, ル
ナール, L.『モルッカ諸島産彩色魚類図譜 ファ
ン・デル・ステル写本』1718～19　［個人蔵］

クチベニシャンクガイ　Turbinella angulata
「世界大博物図鑑 別巻2」平凡社　1994
◇p148（カラー）　キーネ, L.C.『ラマルク貝類図
譜』1834～80　手彩色銅版図

クチベニマクラガイ　Oliva reticulata
「世界大博物図鑑 別巻2」平凡社　1994

魚・貝・水生生物　　　　　　くまの

◇p135（カラー）　デュモン・デュルヴィル, J.S.C.『アストロラブ号世界周航記』1830〜35　スティップル印刷

クックウラウズガイ　Cookia sulcata
「世界大博物図鑑　別巻2」平凡社　1994
◇p118（カラー）　マーティン, T.『万国貝譜』1784〜87　手彩色銅版図

クビカザリイソギンチャクの1種　Calliactis parasitica
「世界大博物図鑑　別巻2」平凡社　1994
◇p68（カラー）　ゴス, P.H.『アクアリウム』1854

クビカザリイソギンチャクのなかま　Calliactis parasitica
「世界大博物図鑑　別巻2」平凡社　1994
◇p73（カラー）　キュヴィエ, G.L.C.F.D.『動物界（門徒版）』1836〜49

クビカザリイソギンチャクのなかま　Hormathia marcaritae
「世界大博物図鑑　別巻2」平凡社　1994
◇p69（カラー）　ゴス, P.H.『英国のイソギンチャクと珊瑚』1860　多色石版

グビジンイソギンチャク
「水中の驚異」リブロポート　1990
◇p44（カラー）　アンドレス, A.『ナポリ湾海洋研究所紀要〈イソギンチャク類篇〉』1884

クマエビ　Penaeus semisulcatus
「グラバー魚譜200選」長崎文献社　2005
◇p225（カラー）　倉場富三郎編、中村三郎画『日本西部及南部魚類図譜』1916採集　［長崎大学附属図書館］

クマガイウオ　Agonomalus jordani
「江戸博物文庫 魚の巻」工作舎　2017
◇p123（カラー）　熊谷魚　栗本丹洲『栗氏魚譜』［国立国会図書館］

クマサカフグの大西洋亜種　Lagocephalus lagocephalus
「世界大博物図鑑　2」平凡社　1989
◇p445（カラー）　ドノヴァン, E.『英国産魚類誌』1802〜08

クマザサハナムロ　Caesio tile
「世界大博物図鑑　2」平凡社　1989
◇p281（カラー）　キュヴィエ, G.L.C.F.D.『動物界』1836〜49　手彩色銅版

クマドリ　Balistapus undulatus
「世界大博物図鑑　2」平凡社　1989
◇p437（カラー）　ベネット, J.W.『セイロン島沿岸産の魚類誌』1830　手彩色 アクアチント 線刻銅版

クマドリ
「極楽の魚たち」リブロポート　1991
◇II-7（カラー）　珊瑚礁魚　ファロワズ、サムエル原画、ルナール, L.『モルッカ諸島産彩色魚類図譜 ファン・デル・ステル写本』1718〜19　［個人蔵］
◇II-123（カラー）　カスカス　ファロワズ、サムエル原画、ルナール, L.『モルッカ諸島産彩色魚類図譜 ファン・デル・ステル写本』1718〜19　［個人蔵］

クマドリ（モンガラカワハギのなかま）
「極楽の魚たち」リブロポート　1991
◇I-217（カラー）　王様のプブ　ルナール, L.『モルッカ諸島産彩色魚類図譜 コワイエト写本』1718〜19　［個人蔵］

クマドリキュウセン　Halichoeres argus
「世界大博物図鑑　2」平凡社　1989
◇p356（カラー）　ブレイカー, M.P.『蘭領東インド魚類図譜』1862〜78　色刷り石版画

クマノコガイの1種　Tegula sp.
「世界大博物図鑑　別巻2」平凡社　1994
◇p118（カラー）　デュプレ, L.I.『コキーユ号航海記』1826〜34

クマノミ　Amphiprion clarkii
「グラバー魚譜200選」長崎文献社　2005
◇p129（カラー）　倉場富三郎編、中村三郎画『日本西部及南部魚類図譜』1916採集　［長崎大学附属図書館］
「世界大博物図鑑　2」平凡社　1989
◇p349（カラー）　ベネット, J.W.『セイロン島沿岸産の魚類誌』1830　手彩色 アクアチント 線刻銅版

クマノミ
「極楽の魚たち」リブロポート　1991
◇II-15（カラー）　ポシェ　ファロワズ、サムエル原画、ルナール, L.『モルッカ諸島産彩色魚類図譜 ファン・デル・ステル写本』1718〜19　［個人蔵］
◇II-64（カラー）　シアン　ファロワズ、サムエル原画、ルナール, L.『モルッカ諸島産彩色魚類図譜 ファン・デル・ステル写本』1718〜19　［個人蔵］
◇II-180（カラー）　バンダのニシン　ファロワズ、サムエル原画、ルナール, L.『モルッカ諸島産彩色魚類図譜 ファン・デル・ステル写本』1718〜19　［個人蔵］
◇II-225（カラー）　ルーヴァンのドール　ファロワズ、サムエル原画、ルナール, L.『モルッカ諸島産彩色魚類図譜 ファン・デル・ステル写本』1718〜19　［個人蔵］

クマノミ（またはハマクマノミ）
「極楽の魚たち」リブロポート　1991
◇I-33（カラー）　伯爵夫人　ルナール, L.『モルッカ諸島産彩色魚類図譜 コワイエト写本』1718〜19　［個人蔵］

クマノミ属の1種（クラウン・アネモネフィッシュ）　Amphiprion percula
「南海の魚類 博物画の至宝」平凡社　1995
◇pl.124（カラー）　ギュンター, A.C.L.G.、ギャレット, A. 1873〜1910

博物図譜レファレンス事典 動物篇　**173**

くまの　　　　　　　魚・貝・水生生物

クマノミ属の1種（レッドアンドブラック・アネモネフィッシュ）　Amphiprion melanopus
「南海の魚類 博物画の至宝」平凡社　1995
◇pl.122（カラー）　Amphiprion ephippium　ギュンター, A.C.L.G., ギャレット, A. 1873〜1910

クマノミとニシキカワハギの胸部棘が組み合わさった怪魚
「極楽の魚たち」リブロポート　1991
◇II–158（カラー）　サゴヤシ魚　ファロワズ, サムエル原画, ルナール, L.『モルッカ諸島産彩色魚類図譜 ファン・デル・ステル写本』 1718〜19 ［個人蔵］

クマノミの類
「極楽の魚たち」リブロポート　1991
◇II–3（カラー）　スアンギ魚　ファロワズ, サムエル原画, ルナール, L.『モルッカ諸島産彩色魚類図譜 ファン・デル・ステル写本』 1718〜19 ［個人蔵］

クマノミまたはハマクマノミの幼魚
「極楽の魚たち」リブロポート　1991
◇I–49（カラー）　ヨルダン　ルナール, L.『モルッカ諸島産彩色魚類図譜 コワイエト写本』 1718〜19 ［個人蔵］

クモウツボ　Echidna nebulosa
「世界大博物図鑑 2」平凡社　1989
◇p173（カラー）　リュッペル, W.P.E.S.『北アフリカ探検図譜』 1826〜28

クモガイ　Lambis lambis
「世界大博物図鑑 別巻2」平凡社　1994
◇p123（カラー）　平瀬與一郎『貝千種』 大正3〜11（1914〜22）　色刷木版画
◇p123（カラー）　幼若体　クノール, G.W.『貝類図譜』 1764〜75
◇p123（カラー）　デュモン・デュルヴィル, J.S.C.『アストロラブ号世界周航記』 1830〜35　スティップル印刷
「ビュフォンの博物誌」工作舎　1991
◇L057（カラー）『一般と個別の博物誌 ソンニーニ版』

クモガクレ　Calumia godeffroyi
「南海の魚類 博物画の至宝」平凡社　1995
◇pl.122（カラー）　Eleotris godeffroyi　ギュンター, A.C.L.G., ギャレット, A. 1873〜1910

クモガタウミウシのなかま　Platydoris scabra
「世界大博物図鑑 別巻2」平凡社　1994
◇p170（カラー）　デュモン・デュルヴィル, J.S.C.『アストロラブ号世界周航記』 1830〜35　スティップル印刷

クモガニ
「極楽の魚たち」リブロポート　1991
◇II–221（カラー）　ファロワズ, サムエル原画, ルナール, L.『モルッカ諸島産彩色魚類図譜 ファ

ン・デル・ステル写本』 1718〜19 ［個人蔵］

クモガニ科？ の1種　Majidae？ gen.and sp. indet.
「高松松平家所蔵 衆鱗図 3」香川県歴史博物館 友の会博物図譜刊行会　2003
◇p38（カラー）　（付札なし）　松平頼恭 江戸時代（18世紀）　紙本著色 画帖装（折本形式）［個人蔵］

クモガニ科の1種　Majidae gen.and sp.indet.
「高松松平家所蔵 衆鱗図 3」香川県歴史博物館 友の会博物図譜刊行会　2003
◇p32（カラー）　（付札なし）　松平頼恭 江戸時代（18世紀）　紙本著色 画帖装（折本形式）［個人蔵］
◇p34（カラー）　（付札なし）　松平頼恭 江戸時代（18世紀）　紙本著色 画帖装（折本形式）［個人蔵］
◇p35（カラー）　（付札なし）　松平頼恭 江戸時代（18世紀）　紙本著色 画帖装（折本形式）［個人蔵］
◇p37（カラー）　（付札なし）　松平頼恭 江戸時代（18世紀）　紙本著色 画帖装（折本形式）［個人蔵］
◇p38（カラー）　（付札なし）　松平頼恭 江戸時代（18世紀）　紙本著色 画帖装（折本形式）［個人蔵］

クモガニの類（？）
「極楽の魚たち」リブロポート　1991
◇II–202（カラー）　石ガニ　ファロワズ, サムエル原画, ルナール, L.『モルッカ諸島産彩色魚類図譜 ファン・デル・ステル写本』 1718〜19 ［個人蔵］

蜘蛛章魚
「江戸名作画帖全集 8」駸々堂出版　1995
◇図157（カラー）　クモヒトデ　服部雪斎図, 武蔵石寿編『目八譜』　紙本著色　［東京国立博物館］

クモハゼ　Bathygobius fuscus
「南海の魚類 博物画の至宝」平凡社　1995
◇pl.110（カラー）　Gobius albopunctatus　ギュンター, A.C.L.G., ギャレット, A. 1873〜1910

クモヒトデ
「美しいアンティーク生物画の本」創元社　2017
◇p74〜75（カラー）　Jäger, Gustav『Das Leben im Wasser und das Aquarium』 1868
「世界大博物図鑑 別巻2」平凡社　1994
◇p4〜5（白黒）　幼体　ヘッケル, E.『自然の造形』 1899〜1904

クモヒトデの1種
「美しいアンティーク生物画の本」創元社　2017
◇p54（カラー）　Knorr, Georg Wolfgang『Deliciae Naturae Selectae Oder Auserlesenes Naturalien Cabinet』 1766〜67 ［University Library Erlangen–Nürnberg］
◇p86（カラー）　Ophiomusium africanum　Arbert I, Prince of Monaco『Résultats des campagnes scientifiques accomplies sur son

174　博物図譜レファレンス事典 動物篇

魚・貝・水生生物　　　　　　　　　　くりか

yacht par Albert ler, prince souverain de Monaco』1909
◇p88（カラー）　Ophiomusium lymani　Arbert I, Prince of Monaco『Résultats des campagnes scientifiques accomplies sur son yacht par Albert ler, prince souverain de Monaco』1909
◇p95（カラー）　Asterias ophiura　Barbut, James『The genera vermium exemplified by various specimens of the animals contained in the orders of the Intestina et Mollusca Linnaei』1783
◇p95（カラー）　Asterias ciliaris　Barbut, James『The genera vermium exemplified by various specimens of the animals contained in the orders of the Intestina et Mollusca Linnaei』1783

クモヒトデの仲間
「美しいアンティーク生物画の本」創元社　2017
◇p86（カラー）　Ophiactis corallicola　Arbert I, Prince of Monaco『Résultats des campagnes scientifiques accomplies sur son yacht par Albert ler, prince souverain de Monaco』1909

グラウコトエ
⇒ヤドカリ類の幼生（グラウコトエ）を見よ

クラウン・アネモネフィッシュ
⇒クマノミ属の1種（クラウン・アネモネフィッシュ）を見よ

クラカケエビス　Sargocentron caudimaculatum
「世界大博物図鑑　2」平凡社　1989
◇p204（カラー）　ベネット，J.W.『セイロン島沿岸産の魚類誌』1830　手彩色　アクアチント　線刻銅版

くらかけとらぎす
「魚の手帖」小学館　1991
◇25図（カラー）　鞍掛虎鱚　毛利梅園『梅園魚譜/梅園魚品図正』1826～1843,1832～1836　［国立国会図書館］

クラカケトラギス　Parapercis sexfasciata
「グラバー魚譜200選」長崎文献社　2005
◇p203（カラー）　倉場宣三郎編，長谷川雪香画『日本西部及南部魚類図譜』1915採集　［長崎大学附属図書館］
「高松松平家所蔵 衆鱗図 2」香川県歴史博物館友の会博物図譜刊行会　2002
◇p64（カラー）　おうかみはぜ　松平頼恭 江戸時代（18世紀）　紙本着色 画帖装（折本形式）　［個人蔵］
「高松松平家所蔵 衆鱗図 1」香川県歴史博物館友の会博物図譜刊行会　2001
◇p69（カラー）　虎キス　松平頼恭 江戸時代（18世紀）　紙本着色 画帖装（折本形式）　［個人蔵］

クラカケハタ　Gilbertia semicincta
「世界大博物図鑑　2」平凡社　1989
◇p255（カラー）　ウダール原図，ゲイ，C.『チリ自然社会誌』1844～71

クラカケヒラアジ　Chloroscombrus chrysurus
「世界大博物図鑑　2」平凡社　1989
◇p301（カラー）　キュヴィエ，G.L.C.F.D.，ヴァランシエンヌ，A.『魚の博物誌』1828～50

クラカケモンガラ　Rhinecanthus verrucosus
「南海の魚類 博物画の至宝」平凡社　1995
◇pl.170（カラー）　Balistes verrucosus（Huahine）　ギュンター，A.C.L.G.，ギャレット，A. 1873～1910
「世界大博物図鑑　2」平凡社　1989
◇p436（カラー）　ブシュナン，J.S.『魚の博物誌，その構造と経済的効用について』1843

クラゲ
「美しいアンティーク生物画の本」創元社　2017
◇p6（カラー）『Meyers Konversations–Lexikon』1902～1920
◇p76～77（カラー）　Jäger, Gustav『Das Leben im Wasser und das Aquarium』1868
「水中の驚異」リブロポート　1990
◇p40（カラー）　ブリンクマン，A.著，リヒター，イロナ画『ナポリ湾海洋研究所紀要〈軟体動物篇〉』
◇p138（カラー）『マイヤース百科事典』1902

クラゲ（ハナクラゲ亜目）
「紙の上の動物園」グラフィック社　2017
◇p222（カラー）　ヘッケル，エルンスト『自然の造形美』1914

クラゲの1種
「水中の驚異」リブロポート　1990
◇p108（白黒）　ヘッケル，E.H.『クラゲ類の体系』1879

クラゲの類
「江戸の動植物図」朝日新聞社　1988
◇p16～17（カラー）　松平頼恭，三木文柳『衆鱗図』松平公益会

グラス・ヘッドスタンダー　Charax gibbosus
「世界大博物図鑑　2」平凡社　1989
◇p113（カラー）　キュヴィエ，G.L.C.F.D.，ヴァランシエンヌ，A.『魚の博物誌』1828～50

クラニア類　Crania costata, C.parisiensis
「世界大博物図鑑 別巻2」平凡社　1994
◇p98（カラー）　キュヴィエ，G.L.C.F.D.『動物界（門徒版）』1836～49

クラマドガイ　Placuna sella
「世界大博物図鑑 別巻2」平凡社　1994
◇p194（カラー）　クノール，G.W.『貝類図譜』1764～75

クリガニ　Telmessus cheiragonus
「高松松平家所蔵 衆鱗図 3」香川県歴史博物館友の会博物図譜刊行会　2003
◇p39（カラー）　（付札なし）　松平頼恭 江戸時代（18世紀）　紙本着色 画帖装（折本形式）　［個人蔵］

博物図譜レファレンス事典 動物篇　**175**

くりけ　　　　　魚・貝・水生生物

クリゲキュウバンナマズ　Hypostomus
plecostomus
「世界大博物図鑑 2」平凡社　1989
　◇p144（カラー）　ブロッホ, M.E.『魚類図譜』
　1782〜85　手彩色銅版画

クリスタテッラ
「生物の驚異的な形」河出書房新社　2014
　◇図版23（カラー）　ヘッケル, エルンスト　1904

クリヌススペルシリオサス　Clinus
superciliosus
「ビュフォンの博物誌」工作舎　1991
　◇K032（カラー）『一般と個別の博物誌 ソンニーニ版』

クリフミノムシガイ　Vexillum vulpecula
「世界大博物図鑑 別巻2」平凡社　1994
　◇p142（カラー）　キーネ, L.C.『ラマルク貝類図
　譜』　1834〜80　手彩色銅版図

クリュペアステル［タコノマクラ］
「生物の驚異的な形」河出書房新社　2014
　◇図版30（カラー）　ヘッケル, エルンスト　1904

クリンイトカケガイまたはクリンガイ
「彩色 江戸博物学成」平凡社　1994
　◇p210（カラー）　武蔵石寿『甲介群分品彙』
　［国会図書館］

グリーン・ソードテール　Xiphophorus helleri
「世界大博物図鑑 2」平凡社　1989
　◇p193（カラー）　インネス, ウィリアム・T.責任
　編集『アクアリウム』　1932〜66

クルマエビ　Marsupenaeus japonicus
「グラバー魚譜200選」長崎文献社　2005
　◇p227（カラー）　倉場富三郎編、小田紫星画『日
　本西部及南部魚類図譜』　1912採集　［長崎大学
　附属図書館］
「高松松平家所蔵 衆鱗図 3」香川県歴史博物館
　友の会博物図譜刊行会　2003
　◇p13（カラー）　車エビ　松平頼恭 江戸時代（18
　世紀）　紙本著色 画帖装（折本形式）　［個人蔵］

クルマエビ　Penaeus japonicus
「世界大博物図鑑 1」平凡社　1991
　◇p81（カラー）　大野麦風『大日本魚類画集』
　1937〜44（昭和12〜19）　彩色木版

クルマエビ科の1種　Penaeidae gen.and sp.
indet.
「高松松平家所蔵 衆鱗図 3」香川県歴史博物館
　友の会博物図譜刊行会　2003
　◇p12（カラー）　ツマ白　松平頼恭 江戸時代（18
　世紀）　紙本著色 画帖装（折本形式）　［個人
　蔵］
　◇p12（カラー）　モチエビ　松平頼恭 江戸時代
　（18世紀）　紙本著色 画帖装（折本形式）　［個人
　蔵］
　◇p12（カラー）　ダンゴエビ　松平頼恭 江戸時代
　（18世紀）　紙本著色 画帖装（折本形式）　［個人
　蔵］
　◇p12（カラー）　ムナソリ　松平頼恭 江戸時代

（18世紀）　紙本著色 画帖装（折本形式）　［個人
蔵］
　◇p13（カラー）　ヒゲ長　松平頼恭 江戸時代（18
　世紀）　紙本著色 画帖装（折本形式）　［個人蔵］
　◇p15（カラー）　黒エビ　松平頼恭 江戸時代（18
　世紀）　紙本著色 画帖装（折本形式）　［個人蔵］
　◇p17（カラー）　シカタエビ　松平頼恭 江戸時代
　（18世紀）　紙本著色 画帖装（折本形式）　［個人
　蔵］
　◇p17（カラー）　（付札なし）　松平頼恭 江戸時代
　（18世紀）　紙本著色 画帖装（折本形式）　［個人
　蔵］
　◇p18（カラー）　芝エビ　松平頼恭 江戸時代（18
　世紀）　紙本著色 画帖装（折本形式）　［個人蔵］

クルマガイ　Architectonica trochlearis
「世界大博物図鑑 別巻2」平凡社　1994
　◇p158（カラー）　キーネ, L.C.『ラマルク貝類図
　譜』　1834〜80　手彩色銅版図

くるまだい
「魚の手帖」小学館　1991
　◇10図（カラー）　車鯛 幼魚　毛利梅園『梅園魚
　譜/梅園魚品図正』　1826〜1843,1832〜1836
　［国立国会図書館］

クルマダイ　Pristigenys niphonia
「江戸博物文庫 魚の巻」工作舎　2017
　◇p124（カラー）　車鯛　栗本丹洲『栗氏魚譜』
　［国立国会図書館］

クロアナゴ　Conger japonicus
「グラバー魚譜200選」長崎文献社　2005
　◇p43（カラー）　倉場富三郎編、小田紫星画『日本
　西部及南部魚類図譜』　1912採集　［長崎大学附
　属図書館］
「高松松平家所蔵 衆鱗図 2」香川県歴史博物館
　友の会博物図譜刊行会　2002
　◇p60（カラー）　うみぐちなは　松平頼恭 江戸時
　代（18世紀）　紙本著色 画帖装（折本形式）　［個
　人蔵］
　◇p76〜77（カラー）　おたちうを　松平頼恭 江戸
　時代（18世紀）　紙本著色 画帖装（折本形式）
　［個人蔵］

くろうしのした
「魚の手帖」小学館　1991
　◇96図（カラー）　黒牛舌　毛利梅園『梅園魚譜/梅
　園魚品図正』　1826〜1843,1832〜1836　［国立
　国会図書館］

クロウシノシタ　Paraplagusia japonica
「高松松平家所蔵 衆鱗図 2」香川県歴史博物館
　友の会博物図譜刊行会　2002
　◇p48（カラー）　（付札なし）　松平頼恭 江戸時代
　（18世紀）　紙本著色 画帖装（折本形式）　［個人
　蔵］
「鳥獣虫魚譜」八坂書房　1988
　◇p58（カラー）　黒ネジリ　松森胤保『両羽魚類図
　譜』　［酒田市立光丘文庫］

クロオビイサキ　Conodon nobilis
「世界大博物図鑑 2」平凡社　1989

176　博物図譜レファレンス事典 動物篇

◇p284（カラー）　キュヴィエ, G.L.C.F.D.『動物界』 1836～49　手彩色銅版

クロオビダイ　Anisotremus virginicus
「世界大博物図鑑 2」平凡社　1989
◇p284（カラー）　ドルビニ, A.C.V.D.著, ウダール原図『万有博物事典』 1837　銅版カラー刷り

クロカムリクラゲ
「美しいアンティーク生物画の本」創元社　2017
◇p73（カラー）　Periphylla hyacinthina　Bigelow, Henry Bryant『'The Medusae'（Memoirs of the Museum of Comparative Zoölogy at Harvard College, v.37）』 1909

クロカムリクラゲ
⇒ペリピュッラ［クロカムリクラゲ］を見よ

クロカムリクラゲのなかま　Periphylla periphylla
「世界大博物図鑑 別巻2」平凡社　1994
◇p47（カラー）　ヘッケル, E.H.P.A.『自然の造形』 1899～1904　多色石版画

クロカムリクラゲの仲間
「美しいアンティーク生物画の本」創元社　2017
◇p19（カラー）　Periphylla hyacinthina　Haeckel, Ernst『Kunstformen der Natur』 1899～1904
◇p70（カラー）　Periphylla hyacinthina　Chun, Carl『Wissenschaftliche Ergebnisse der Deutschen Tiefsee–Expedition auf dem Dampfer "Valdivia" 1898–1899』 1902～40

クロギンポ属の1種（ブラック・ブレニー）　Enchelyurus ater
「南海の魚類 博物画の至宝」平凡社　1995
◇pl.115（カラー）　Petroscirtes ater　ギュンター, A.C.L.G., ギャレット, A. 1873～1910

クロクラゲの仲間
「美しいアンティーク生物画の本」創元社　2017
◇p71（カラー）　Crossota brunnea　Chun, Carl『Wissenschaftliche Ergebnisse der Deutschen Tiefsee–Expedition auf dem Dampfer "Valdivia" 1898–1899』 1902～40

クロコダイル・フィッシュ　Luciocephalus pulcher
「世界大博物図鑑 2」平凡社　1989
◇p236（カラー）　マルテンス, E.フォン原画, シュミット, C.F.石版『オイレンブルク遠征図譜』 1865～67　多色刷り石版画

クロサギ　Gerres oyena
「世界大博物図鑑 2」平凡社　1989
◇p269（カラー）　リュッペル, W.P.E.S.『北アフリカ探検図譜』 1826～28

クロサギのなかま
「極楽の魚たち」リブロポート　1991
◇I–9（カラー）　ペティ魚　ルナール, L.『モルッカ諸島産彩色魚類図譜 コワイエト写本』 1718～19　［個人蔵］

クロザメモドキ　Conus eburneus
「世界大博物図鑑 別巻2」平凡社　1994
◇p151（カラー）　平瀬與一郎『貝千種』 大正3～11（1914～22）　色刷木版画

クロシタナシウミウシ　Dendrodoris fumata
「高松松平家所蔵 衆鱗図 3」香川県歴史博物館友の会博物図譜刊行会　2003
◇p46（カラー）　別種 ドウドウ魚　松平頼恭 江戸時代（18世紀）　紙本著色 画帖装（折本形式）［個人蔵］

クロシタナシウミウシのなかま
Dendrodoris aurea
「世界大博物図鑑 別巻2」平凡社　1994
◇p170（カラー）　デュモン・デュルヴィル, J.S.C.『アストロラブ号世界周航記』 1830～35　スティップル印刷

クロシタナシウミウシのなかま　Dendrodoris fumata, Dendrodoris olbolimbata
「世界大博物図鑑 別巻2」平凡社　1994
◇p170（カラー）　リュッペル, W.P.E.S.『北アフリカ探検図譜』 1826～28

クロシタナシウミウシのなかま
Dendrodoris fumosa
「世界大博物図鑑 別巻2」平凡社　1994
◇p170（カラー）　デュモン・デュルヴィル, J.S.C.『アストロラブ号世界周航記』 1830～35　スティップル印刷

クロシビカマス　Promethichthys prometheus
「高松松平家所蔵 衆鱗図 1」香川県歴史博物館友の会博物図譜刊行会　2001
◇p106（カラー）　沖鰯　松平頼恭 江戸時代（18世紀）　紙本著色 画帖装（折本形式）［個人蔵］
「南海の魚類 博物画の至宝」平凡社　1995
◇pl.68（カラー）　Thyrsites prometheus　ギュンター, A.C.L.G., ギャレット, A. 1873～1910

クロシュミセンガイ　Malleus malleus
「世界大博物図鑑 別巻2」平凡社　1994
◇p182（カラー）　クノール, G.W.『貝類図譜』 1764～75

クロズキン　Carangoides praeustus
「世界大博物図鑑 2」平凡社　1989
◇p301（カラー）　デイ, F.『マラバールの魚類』 1865　手彩色銅版画

クロスジクルマガイ　Architectonica perspectiva
「世界大博物図鑑 別巻2」平凡社　1994
◇p158（カラー）　平瀬與一郎『貝千種』 大正3～11（1914～22）　色刷木版画

クロスジクルマガイの1種　Architectonica sp.
「ビュフォンの博物誌」工作舎　1991
◇L053（カラー）『一般と個別の博物誌 ソンニーニ版』

くろそ　　　　　　　　魚・貝・水生生物

クロソイ　Sebastes schlegelii
「高松松平家所蔵 衆鱗図 1」香川県歴史博物館
　友の会博物図譜刊行会　2001
　◇p56（カラー）　黒鮴　松平頼恭　江戸時代（18世
　　紀）　紙本著色 画帖装（折本形式）　［個人蔵］
　◇p56（カラー）　礒鮴　松平頼恭　江戸時代（18世
　　紀）　紙本著色 画帖装（折本形式）　［個人蔵］

クロソラスズメダイ　Stegastes nigricans
「南海の魚類 博物画の至宝」平凡社　1995
　◇pl.125（カラー）　Pomacentrus scolopsis　ギュ
　　ンター，A.C.L.G.，ギャレット，A. 1873～1910

くろだい
「魚の手帖」小学館　1991
　◇45図，29図（カラー）　黒鯛　毛利梅園『梅園魚
　　譜/梅園魚品図正』　1826～1843,1832～1836
　　［国立国会図書館］

クロダイ　Acanthopagrus schlegeli
「世界大博物図鑑 2」平凡社　1989
　◇p288（カラー）　大野麦風『大日本魚類画集』　昭
　　和12～19　彩色木版

クロダイ　Acanthopagrus schlegelii
「グラバー魚譜200選」長崎文献社　2005
　◇p122（カラー）　倉場富三郎編，萩原魚仙画『日
　　本西部及南部魚類図譜』　1914採集　［長崎大学
　　附属図書館］
「高松松平家所蔵 衆鱗図 1」香川県歴史博物館
　友の会博物図譜刊行会　2001
　◇p17（カラー）　黒鯛 チヌ　松平頼恭　江戸時代
　　（18世紀）　紙本著色 画帖装（折本形式）　［個人
　　蔵］

クロタチカマス　Gempylus serpens
「南海の魚類 博物画の至宝」平凡社　1995
　◇pl.68（カラー）　ギュンター，A.C.L.G.，ギャ
　　レット，A. 1873～1910

クロチョウガイ　Pinctada margaritifera
「世界大博物図鑑 別巻2」平凡社　1994
　◇p226（カラー）　クノール，G.W.『貝類図譜』
　　1764～75
　◇p226（カラー）　キュヴィエ，G.L.C.F.D.『動物
　　界（門徒版）』　1836～49
　◇p226（カラー）　リーチ，W.E.著，ノダー，R.P.図
　　『動物学雑録』　1814～17　手彩色銅版

クロナマコ　Holothuria atra
「世界大博物図鑑 別巻2」平凡社　1994
　◇p282（カラー）　レッスン，R.P.著，プレートル原
　　図『動物百図』　1830～32

クロナマコとその解剖図
「水中の驚異」リブロポート　1990
　◇p78（カラー）　デュモン・デュルヴィル『アスト
　　ロラブ号世界周航記』　1830～35

クロナマコなど
「水中の驚異」リブロポート　1990
　◇p79（カラー）　デュモン・デュルヴィル『アスト
　　ロラブ号世界周航記』　1830～35

クロナマコの1種
「美しいアンティーク生物画の本」創元社　2017
　◇p38～39（カラー）　Holothuria tubulosa
　　Schubert, Gotthilf Heinrich von
　　『Naturgeschichte der Reptilien, Amphibien,
　　Fische, Insekten, Krebstiere, Würmer,
　　Weichtiere, Stachelhäuter, Pflanzentiere und
　　Urtiere』　1890

クロバカマチョウチョウウオ　Chaetodon trichrous
「世界大博物図鑑 2」平凡社　1989
　◇p384（カラー）　ギャレット，A.原図，ギュン
　　ター，A.C.L.G.解説『南海の魚類』　1873～1910

クロハギ　Acanthurus xanthopterus
「高松松平家所蔵 衆鱗図 2」香川県歴史博物館
　友の会博物図譜刊行会　2002
　◇p55（カラー）　しまはぎ　松平頼恭　江戸時代
　　（18世紀）　紙本著色 画帖装（折本形式）　［個人
　　蔵］
　◇p55（カラー）　（付札なし）　松平頼恭　江戸時代
　　（18世紀）　紙本著色 画帖装（折本形式）　［個人
　　蔵］
「世界大博物図鑑 2」平凡社　1989
　◇p397（カラー）　キュヴィエ，G.L.C.F.D.『動物
　　界』　1836～49　手彩色銅版

クロハギ属の1種　Acanthurus elongatus
「南海の魚類 博物画の至宝」平凡社　1995
　◇pl.73（カラー）　Acanthurus lineolatus　ギュン
　　ター，A.C.L.G.，ギャレット，A. 1873～1910

クロハギ属の1種　Acanthurus sp.
「南海の魚類 博物画の至宝」平凡社　1995
　◇pl.73（カラー）　Acanthurus celebicus　ギュン
　　ター，A.C.L.G.，ギャレット，A. 1873～1910

クロハギ属の1種（アキレス・タング）
Acanthurus achilles
「南海の魚類 博物画の至宝」平凡社　1995
　◇pl.71（カラー）　ギュンター，A.C.L.G.，ギャ
　　レット，A. 1873～1910

クロハゼ
「世界大博物図鑑 2」平凡社　1989
　◇p424～425（カラー）『魚譜〈忠・孝〉』　［東京国
　　立博物館］　※明治時代の写本

クロハタ　Aethaloperca rogaa
「世界大博物図鑑 2」平凡社　1989
　◇p251（カラー）　リュッペル，W.P.E.S.『北アフ
　　リカ探検図譜』　1826～28

クロバライモガイ？　Conus vittatus
「世界大博物図鑑 別巻2」平凡社　1994
　◇p155（カラー）　クノール，G.W.『貝類図譜』
　　1764～75

クロヒゲニベ　Pogonias chromis
「世界大博物図鑑 2」平凡社　1989
　◇p265（カラー）　キュヴィエ，G.L.C.F.D.，ヴァ
　　ランシエンヌ，A.『魚の博物誌』　1828～50

魚・貝・水生生物　　　　　　　　　　　　　　くろみ

グロビゲリナ[タマウキガイ]
「生物の驚異的な形」河出書房新社　2014
　◇図版2（カラー）　ヘッケル, エルンスト　1904

クロヒラアジ　Carangoides ferdau
「高松松平家所蔵 衆鱗図 1」香川県歴史博物館
　友の会博物図譜刊行会　2001
　◇p102（カラー）　カイワレ鰺　松平頼恭 江戸時
　　代（18世紀）　紙本著色 画帖装（折本形式）　［個
　　人蔵］
「南海の魚類 博物画の至宝」平凡社　1995
　◇pl.87（カラー）　Caranx ferdau　ギュンター,
　　A.C.L.G., ギャレット, A. 1873〜1910

クロフジツボ
「彩色 江戸博物学集成」平凡社　1994
　◇p39（カラー）　貝原益軒『大和本草諸品図』

クロヘビガイ　Serpulorbis colubrinus
「世界大博物図鑑 別巻2」平凡社　1994
　◇p121（カラー）　クノール, G.W.『貝類図譜』
　　1764〜75

クロベラ　Labrichthys unilineatus
「世界大博物図鑑 2」平凡社　1989
　◇p363（カラー）　ブレイカー, M.P.『蘭領東イン
　　ド魚類図譜』1862〜78　色刷り石版画

クロヘリメジロ　Carcharhinus brachyurus
「高松松平家所蔵 衆鱗図 2」香川県歴史博物館
　友の会博物図譜刊行会　2002
　◇p12〜13（カラー）　ふか　松平頼恭 江戸時代
　　（18世紀）　紙本著色 画帖装（折本形式）　［個人
　　蔵］

クロホウボウ　Prionotus lineatus
「世界大博物図鑑 2」平凡社　1989
　◇p426（カラー）　キュヴィエ, G.L.C.F.D.『動物
　　界』1836〜49　手彩色銅版

クロボシベッコウバイ　Pisania pusio
「世界大博物図鑑 別巻2」平凡社　1994
　◇p141（カラー）　マーティン, T.『万国貝譜』
　　1784〜87　手彩色銅版図

クロホシマンジュウダイ　Scatophagus argus
「世界大博物図鑑 2」平凡社　1989
　◇p377（カラー）　ベネット, J.W.『セイロン島沿
　　岸産の魚類誌』1830　手彩色 アクアチント 線
　　刻銅版
　◇p377（カラー）　シュロッサー, J.A., ボダール,
　　P.著, ダデルベック, G.原図, ベッカー, F.de銅版
　　『アンボイナの博物誌』1768〜72

クロホシマンジュウダイ
「極楽の魚たち」リブロポート　1991
　◇II-211（カラー）　タキ魚　ファロワズ, サムエル
　　原画, ルナール, L.『モルッカ諸島産彩色魚類図
　　譜 ファン・デル・ステル写本』1718〜19　［個
　　人蔵］

クロホシマンジュウダイの未成魚
Scatophagus argus
「世界大博物図鑑 2」平凡社　1989
　◇p377（カラー）　キュヴィエ, G.L.C.F.D., ヴァ
　　ランシエンヌ, A.『魚の博物誌』1828〜50

くろまぐろ
「魚の手帖」小学館　1991
　◇111図（カラー）　黒鮪　毛利梅園『梅園魚譜/梅
　　園魚品図正』1826〜1843,1832〜1836　［国立
　　国会図書館］

クロマグロ　Thunnus thnnus
「ビュフォンの博物誌」工作舎　1991
　◇K035（カラー）『一般と個別の博物誌 ソンニー
　　ニ版』

クロマグロ　Thunnus thynnus
「グラバー魚譜200選」長崎文献社　2005
　◇p78（カラー）　くろしび　倉場富三郎編, 萩原魚
　　仙画『日本西部及南部魚類図譜』1913採集
　　［長崎大学附属図書館］
「高松松平家所蔵 衆鱗図 1」香川県歴史博物館
　友の会博物図譜刊行会　2001
　◇p72（カラー）　ヨコワ　幼魚　松平頼恭 江戸時
　　代（18世紀）　紙本著色 画帖装（折本形式）　［個
　　人蔵］
「南海の魚類 博物画の至宝」平凡社　1995
　◇pl.96（カラー）　Thynnus germo　幼魚　ギュン
　　ター, A.C.L.G., ギャレット, A. 1873〜1910
「世界大博物図鑑 2」平凡社　1989
　◇p317（カラー）　キュヴィエ, G.L.C.F.D.『動物
　　界』1836〜49　手彩色銅版

クロマグロ
「彩色 江戸博物学集成」平凡社　1994
　◇p35（カラー）　貝原益軒『大和本草諸品図』
　◇p335（カラー）　毛利梅園『梅園魚品図正』　天保
　　年間　［国会図書館］

クロミスジ
「極楽の魚たち」リブロポート　1991
　◇I-122（カラー）　トンテルトン　ルナール, L.
　　『モルッカ諸島産彩色魚類図譜 コワイエト写本』
　　1718〜19　［個人蔵］

クロミナシガイ　Conus marmoreus
「ビュフォンの博物誌」工作舎　1991
　◇L055（カラー）『一般と個別の博物誌 ソンニー
　　ニ版』

クロミナシガイ　Conus mormoreus
「世界大博物図鑑 別巻2」平凡社　1994
　◇p151（カラー）　平瀬與一郎『貝千種』　大正3〜
　　11（1914〜22）　色刷木版画

クロミナシガイ
「彩色 江戸博物学集成」平凡社　1994
　◇p275（カラー）　馬場大助『貝譜』　［東京国立
　　博物館］

クロミナミハゼ　Awaous melanocephalus
「南海の魚類 博物画の至宝」平凡社　1995

博物図譜レファレンス事典 動物篇　**179**

くろむ　　　魚・貝・水生生物

◇pl.108（カラー）　Gobius crassilabris　ギュンター、A.C.L.G.、ギャレット、A. 1873～1910

クロムツ　Scombrops gilberti
「江戸博物文庫 魚の巻」工作舎　2017
◇p103（カラー）　黒鰡　栗本丹洲『栗氏魚譜』［国立国会図書館］

クロメクラゲの仲間
「美しいアンティーク生物画の本」創元社　2017
◇p51（カラー）　Thaumantias corynetes　Gosse, Philip Henry『A Naturalist's Rambles on the Devonshire Coast』 1853

クロメジナ　Girella leonina
「グラバー魚譜200選」長崎文献社　2005
◇p116（カラー）　倉場富三郎編、小田紫星画『日本西部及南部魚類図譜』 1912採集　［長崎大学附属図書館］

クロモンガラ
「極楽の魚たち」リブロポート　1991
◇I-96（カラー）　コンブゥティ　ルナール, L.『モルッカ諸島産彩色魚類図譜 コワイエト写本』 1718～19　［個人蔵］
◇II-140（カラー）　支配者　ファロワズ, サムエル原画、ルナール, L.『モルッカ諸島産彩色魚類図譜 ファン・デル・ステル写本』 1718～19　［個人蔵］

クロモンツキ　Acanthurus nigricauda
「南海の魚類 博物画の至宝」平凡社　1995
◇pl.74（カラー）　Acanthurus gahm　ギュンター、A.C.L.G.、ギャレット、A. 1873～1910

クロラクダアンコウ　Dolopichthys niger
「世界大博物図鑑 2」平凡社　1989
◇p105（カラー）　ブラウアー, A.『深海魚』 1898～99　石版色刷り

クワガタギンポ　Parablennius gattorugine
「世界大博物図鑑 2」平凡社　1989
◇p328（カラー）　ドノヴァン, E.『英国産魚類誌』 1802～08

クワガタギンポ　Parablennius pilicornis
「ビュフォンの博物誌」工作舎　1991
◇K032（カラー）『一般と個別の博物誌 ソンニーニ版』

クワガタギンポの幼魚　Parablennius gattorugine
「世界大博物図鑑 2」平凡社　1989
◇p329（カラー）　ロ・ビアンコ, サルバトーレ『ナポリ湾海洋研究所紀要』 20世紀前半　オフセット印刷

【け】

ケアシガニ　Maja spinigera
「日本の博物図譜」東海大学出版会　2001
◇図54（カラー）　筆者不詳『博物館虫譜』　［東京国立博物館］

ケアシガニの1種　Maja sp.
「ビュフォンの博物誌」工作舎　1991
◇M048（カラー）『一般と個別の博物誌 ソンニーニ版』

ケアシガニの1種の器官　Maja sp.
「ビュフォンの博物誌」工作舎　1991
◇M038（カラー）『一般と個別の博物誌 ソンニーニ版』

ケイトウイソギンチャク　Thalassianthus aster
「世界大博物図鑑 別巻2」平凡社　1994
◇p72（カラー）　キュヴィエ, G.L.C.F.D.『動物界（門徒版）』 1836～49

ケガニ
⇒モクズガニ（ケガニ）を見よ

ケサガケベラ　Bodianus mesothorax
「世界大博物図鑑 2」平凡社　1989
◇p353（カラー）　ブレイカー, M.P.『蘭領東インド魚類図譜』 1862～78　色刷り石版画

ケサガケベラ
「極楽の魚たち」リブロポート　1991
◇I-99（カラー）　夜の執行官　ルナール, L.『モルッカ諸島産彩色魚類図譜 コワイエト写本』 1718～19　［国文学研究資料館史料館］
◇II-102（カラー）　アルルカン　ファロワズ, サムエル原画、ルナール, L.『モルッカ諸島産彩色魚類図譜 ファン・デル・ステル写本』 1718～19　［個人蔵］

ケサガケベラのなかま
「極楽の魚たち」リブロポート　1991
◇I-114（カラー）　サギのくちばし 成魚　ルナール, L.『モルッカ諸島産彩色魚類図譜 コワイエト写本』 1718～19　［個人蔵］

ゲジナマコの1種
「美しいアンティーク生物画の本」創元社　2017
◇p38～39（カラー）　Neaera lucifuga　Schubert, Gotthilf Heinrich von『Naturgeschichte der Reptilien, Amphibien, Fische, Insekten, Krebstiere, Würmer, Weichtiere, Stachelhäuter, Pflanzentiere und Urtiere』 1890

ケショウハゼ　Oplopomus oplopomus
「南海の魚類 博物画の至宝」平凡社　1995
◇pl.110（カラー）　Gobius oplomus　ギュンター、A.C.L.G.、ギャレット、A. 1873～1910

ケツギョ　Siniperca chuatsi
「世界大博物図鑑 2」平凡社　1989
◇p255（カラー）　大野麦風『大日本魚類画集』 昭和12～19　彩色木版

ゲツマリア
「生物の驚異的な形」河出書房新社　2014
◇図版46（カラー）　ヘッケル, エルンスト 1904

魚・貝・水生生物　　　　　　　　　　　　こい

ケハダウミケムシのなかま　Euphrosine
foliosa
「世界大博物図鑑 1」平凡社　1991
◇p20（カラー）　キュヴィエ, G.L.C.F.D.『動物
界』1836〜49　手彩色銅版

ケープキノボリウオ　Sandelia capensis
「世界大博物図鑑 1」平凡社　1989
◇p237（カラー）　キュヴィエ, G.L.C.F.D., ヴァ
ランシエンヌ, A.『魚の博物誌』1828〜50

ケープツボダイ　Pentaceros capensis
「世界大博物図鑑 2」平凡社　1989
◇p247（カラー）　幼魚　キュヴィエ, G.L.C.F.D.,
ヴァランシエンヌ, A.『魚の博物誌』1828〜50

ケヤリ
「水中の驚異」リブロポート　1990
◇p151（カラー）　ベルトゥーフ, F.J.『少年絵本』
1798〜1830

ケヤリのなかま　Sabellidae
「世界大博物図鑑 1」平凡社　1991
◇p24（カラー）　サワビー, J.『英国博物学雑録』
1804〜06
◇p24〜25（カラー）『リンネ学会紀要』1791〜
1875,1875〜1922,1939〜1955

ケヤリムシ
「水中の驚異」リブロポート　1990
◇p106（カラー）　ヘッケル, E.H.『自然の造形』
1899〜1904

ケヤリムシのなかま
「水中の驚異」リブロポート　1990
◇p130（カラー）　キングズリ, G., サワビー, J.
『グラウコス』1859
◇p144（白黒）　レニエ, S.A.『アドリア海の無脊
椎動物』1793
◇p150（カラー）　ベルトゥーフ, F.J.『少年絵本』
1798〜1830

ケヤリムシの2種
「水中の驚異」リブロポート　1990
◇p145（白黒）　レニエ, S.A.『アドリア海の無脊
椎動物』1793

げんごろうぶな
「魚の手帖」小学館　1991
◇12図（カラー）　源五郎鮒　毛利梅園『梅園魚譜/
梅園魚品図正』1826〜1843,1832〜1836　[国
立国会図書館]

ゲンゴロウブナ　Carassius auratus
「世界大博物図鑑 2」平凡社　1989
◇p133（カラー）　大野麦風『大日本魚類画集』昭
和12〜19　彩色木版

ゲンゴロウブナ　Carassius cuvieri
「高松松平家所蔵 衆鱗図 3」香川県歴史博物館
友の会博物図譜刊行会　2003
◇p63（カラー）　源五郎鮒　松平頼恭 江戸時代
（18世紀）　紙本著色 画帖装（折本形式）　[個人
蔵]

ゲンゴロウブナ（雌鮒）　Carassius auratus
cuviery Temminck et Schlegel
「高木春山 本草図説 水産」リブロポート　1988
◇p77（カラー）　めふな

ケンサキイカ　Loligo edulis
「高松松平家所蔵 衆鱗図 3」香川県歴史博物館
友の会博物図譜刊行会　2003
◇p28（カラー）　ヤリイカ 幼体（？）　松平頼恭
江戸時代（18世紀）　紙本著色 画帖装（折本形
式）　[個人蔵]

ケンサキイカ　Photololigo edulis
「グラバー魚譜200選」長崎文献社　2005
◇p223（カラー）　けんさき　倉場富三郎編, 長谷
川雪香画『日本西部及南部魚類図譜』1913採集
[長崎大学附属図書館]

ケンミジンコ
「水中の驚異」リブロポート　1990
◇p114（カラー）　レーゼル・フォン・ローゼンホ
フ, A.J.『昆虫のもてなし』1746〜61
◇p123（カラー）　エーレンベルク, Ch.G.『滴虫
類』1838

ケンミジンコ科　Cyclopidae
「ビュフォンの博物誌」工作舎　1991
◇M033（カラー）『一般と個別の博物誌 ソンニー
二版』

ケンミジンコのなかま　Cyclops sp. ?
「世界大博物図鑑 1」平凡社　1991
◇p65（カラー）　レーゼル・フォン・ローゼンホフ,
A.J.『昆虫学の娯しみ』1764〜68　彩色銅版

ゲンロクダイ　Chaetodon modestus
「江戸博物文庫 魚の巻」工作舎　2017
◇p125（カラー）　元禄鯛　栗本丹洲『栗氏魚譜』
[国立国会図書館]
「高松松平家所蔵 衆鱗図 1」香川県歴史博物館
友の会博物図譜刊行会　2001
◇p27（カラー）　奴鯛　松平頼恭 江戸時代（18世
紀）　紙本著色 画帖装（折本形式）　[個人蔵]
「世界大博物図鑑 2」平凡社　1989
◇p386（カラー）『魚譜〈忠・孝〉』　[東京国立博物
館]　※明治時代の写本

ゲンロクダイ
「彩色 江戸博物学集成」平凡社　1994
◇p410（カラー）　奥倉辰行『水族四帖』　[国会
図書館]

【こ】

こい
「魚の手帖」小学館　1991
◇35図（カラー）　鯉　毛利梅園『梅園魚譜/梅園魚
品図正』1826〜1843,1832〜1836　[国立国会
図書館]

博物図譜レファレンス事典 動物篇　**181**

こい　　　　　　　　　　　　　魚・貝・水生生物

コイ　Cyprinus carpio
「江戸博物文庫 魚の巻」工作舎　2017
　◇p175（カラー）　鯉　栗本丹洲『栗氏魚譜』
　［国立国会図書館］
「高松松平家所蔵 衆鱗図 3」香川県歴史博物館
　友の会博物図譜刊行会　2003
　◇p61（カラー）　鯉　野生型　松平頼恭 江戸時代
　（18世紀）　紙本著色 画帖装（折本形式）　［個人
　蔵］
　◇p97（カラー）　緋鯉　松平頼恭 江戸時代（18世
　紀）　紙本著色 画帖装（折本形式）　［個人蔵］
　◇p98（カラー）　（付札なし）　松平頼恭 江戸時代
　（18世紀）　紙本著色 画帖装（折本形式）　［個人
　蔵］
「ビュフォンの博物誌」工作舎　1991
　◇K077（カラー）『一般と個別の博物誌 ソンニー
　二版』
「世界大博物図鑑 2」平凡社　1989
　◇p133（カラー）　ドノヴァン, E.『英国産魚類誌』
　1802～08

コイ　Cyprinus carpio Linnaeus
「高木春山 本草図説 水産」リブロポート　1988
　◇p22～23（カラー）　鯉

コイ
「紙の上の動物園」グラフィック社　2017
　◇p122～123（カラー）　マイディンガー, カール・
　フォン男爵, アスナー, F.『オーストリア産の魚
　類図』1785～94　手彩色エングレーヴィング
　◇p208（カラー）　アルビン, エレアザール画, ノー
　ス, ロジャー『魚と養殖池に関する論文』1825
　彩色エングレーヴィング

コイ（マゴイ）　Cyprinus carpio
「世界大博物図鑑 2」平凡社　1989
　◇p132～133（カラー）　大野麦風『大日本魚類画
　集』昭和12～19　彩色木版

鯉胡桃葉条虫
「世界大博物図鑑 1」平凡社　1991
　◇p17（カラー）　ヘッケル, E.H.『自然の造形』
　1899～1904　多色石版画

コイチ　Nibea albiflora
「グラバー魚譜200選」長崎文献社　2005
　◇p124（カラー）　にべ　倉場富三郎編, 長谷川雪
　香画『日本西部及南部魚類図譜』1914採集
　［長崎大学附属図書館］
「高松松平家所蔵 衆鱗図 2」香川県歴史博物館
　友の会博物図譜刊行会　2002
　◇p53（カラー）　いしもち　松平頼恭 江戸時代
　（18世紀）　紙本著色 画帖装（折本形式）　［個人
　蔵］

コイチ
「彩色 江戸博物学集成」平凡社　1994
　◇p118～119（カラー）　小野蘭山『魚彙』　［岩瀬
　文庫］

コウイカ　Sepia esculenta
「高松松平家所蔵 衆鱗図 3」香川県歴史博物館

友の会博物図譜刊行会　2003
　◇p27（カラー）　船頭烏賊 タチイカ　松平頼恭 江
　戸時代（18世紀）　紙本著色 画帖装（折本形式）
　［個人蔵］

コウイカ　Sepia esculenta Hoyle
「高木春山 本草図説 水産」リブロポート　1988
　◇p87（カラー）　いか

コウイカ
「彩色 江戸博物学集成」平凡社　1994
　◇p118～119（カラー）　小野蘭山『魚彙』　［岩瀬
　文庫］
「水中の驚異」リブロポート　1990
　◇p59（カラー）　ペロン, フレシネ『オーストラリ
　ア博物航海図録』1800～24

コウイカの1種　Sepia papillata
「世界大博物図鑑 別巻2」平凡社　1994
　◇p235（カラー）　デュモン・デュルヴィル, J.S.C.
　『アストロラブ号世界周航記』1830～35　ス
　ティプル印刷

コウイカの1種　Sepia sp.
「ビュフォンの博物誌」工作舎　1991
　◇L006（カラー）『一般と個別の博物誌 ソンニー
　二版』

コウイカの1種　Sepia tuberculata
「ビュフォンの博物誌」工作舎　1991
　◇L007（カラー）『一般と個別の博物誌 ソンニー
　二版』

コウイカの解剖図
「ビュフォンの博物誌」工作舎　1991
　◇L002（カラー）『一般と個別の博物誌 ソンニー
　二版』

コウイカの生殖器官
「ビュフォンの博物誌」工作舎　1991
　◇L004（カラー）『一般と個別の博物誌 ソンニー
　二版』

コウイカの卵
「ビュフォンの博物誌」工作舎　1991
　◇L005（カラー）『一般と個別の博物誌 ソンニー
　二版』

コウイカの「骨」
「ビュフォンの博物誌」工作舎　1991
　◇L003（カラー）『一般と個別の博物誌 ソンニー
　二版』

コウカイニジハギ　Acanthurus sohal
「世界大博物図鑑 2」平凡社　1989
　◇p398（カラー）　リュッペル, W.P.E.S.『北アフ
　リカ探検図譜』1826～28

コウカイハタタテダイ　Heniochus
intermedius
「世界大博物図鑑 2」平凡社　1989
　◇p386～387（カラー）『マイヤース』　多色石版図

甲殻類の幼生？
「ビュフォンの博物誌」工作舎　1991

魚・貝・水生生物　　　　　　こかた

◇M054（カラー）『一般と個別の博物誌 ソンニー
ニ版』

硬クラゲの1種
「美しいアンティーク生物画の本」創元社　2017
◇p32（カラー）　Oritia Verde　Cuvier, Frédéric
『Dizionario delle scienze naturali』　1830〜
1851
◇p32（カラー）　Dianea gabert　Cuvier,
Frédéric『Dizionario delle scienze naturali』
1830〜1851
◇p32（カラー）　Gerionia tetrafilla　Cuvier,
Frédéric『Dizionario delle scienze naturali』
1830〜1851

コウジンカスミフデガイ　Scabricola fissurata
「世界大博物図鑑 別巻2」平凡社　1994
◇p142（カラー）　キーネ, L.C.『ラマルク貝類図
譜』1834〜80　手彩色銅版図

コウトウエーウ（コバンザメの1種）
「極楽の魚たち」リブロポート　1991
◇I-3（カラー）　コウトウエーウ（コバンザメの一
種）ルナール, L.『モルッカ諸島産彩色魚類図
譜 コワイエト写本』1718〜19　［個人蔵］

コウベダルマガレイ　Crossorhombus kobensis
「高松松平家所蔵 衆鱗図 1」香川県歴史博物館
友の会博物図譜刊行会　2001
◇p40（カラー）　勾當比目　松平頼恭 江戸時代
（18世紀）　紙本著色 画帖装（折本形式）　［個人
蔵］

コウモリウオ　Kurtus indicus
「ビュフォンの博物誌」工作舎　1991
◇K033（カラー）『一般と個別の博物誌 ソンニー
ニ版』

コウモリダコ　Vampyroteuthis infernalis
「世界大博物図鑑 別巻2」平凡社　1994
◇p239（カラー）　アルベール1世『モナコ国王ア
ルベール1世所有イロンデル号科学探査報告』
1889〜1950

コウモリボラ　Cymatium femorale
「世界大博物図鑑 別巻2」平凡社　1994
◇p130（カラー）　クノール, G.W.『貝類図譜』
1764〜75

コウワンテグリ　Neosynchiropus ocellatus
「南海の魚類 博物画の至宝」平凡社　1995
◇pl.113（カラー）　Callionymus microps　ギュン
ター, A.C.L.G., ギャレット, A. 1873〜1910

小エビ
「極楽の魚たち」リブロポート　1991
◇II-230（カラー）　ファロワズ, サムエル原画, ル
ナール, L.『モルッカ諸島産彩色魚類図譜 ファ
ン・デル・ステル写本』1718〜19　［個人蔵］

ゴカイ　Neanthes diversicolor
「世界大博物図鑑 1」平凡社　1991
◇p20（カラー）　栗本丹洲『千蟲譜』　文化8
（1811）

ゴカイのなかま　Lycastis quadraticeps
「世界大博物図鑑 1」平凡社　1991
◇p21（カラー）　ゲイ, C.『チリ自然社会誌』
1844〜71

ゴカイのなかま　Nereis gayi
「世界大博物図鑑 1」平凡社　1991
◇p21（カラー）　ゲイ, C.『チリ自然社会誌』
1844〜71

ゴカイのなかま
「水中の驚異」リブロポート　1990
◇p147（カラー）　レニエ, S.A.『アドリア海の無
脊椎動物』1793

ゴカイのなかま？　Nereide chermisina？
「世界大博物図鑑 1」平凡社　1991
◇p21（カラー）　レニエ, S.A.『アドリア海無脊椎
動物図譜』1793

ゴカイ類
「水中の驚異」リブロポート　1990
◇p149（白黒）　レニエ, S.A.『アドリア海の無脊
椎動物』1793

ゴカクキンコ　Pentacta
「世界大博物図鑑 別巻2」平凡社　1994
◇p258（カラー）　ゴッス, P.H.『磯の一年』1865
多色木版画

ゴカクヒトデの1種
「美しいアンティーク生物画の本」創元社　2017
◇p87（カラー）　Pentagonaster perrieri　Arbert
I, Prince of Monaco『Résultats des campagnes
scientifiques accomplies sur son yacht par
Albert ler, prince souverain de Monaco』1909

ゴカクヒトデの仲間
「美しいアンティーク生物画の本」創元社　2017
◇p86（カラー）　Pentagonaster gosselini
Arbert I, Prince of Monaco『Résultats des
campagnes scientifiques accomplies sur son
yacht par Albert ler, prince souverain de
Monaco』1909
◇p87（カラー）　Pentagonaster granularis
Arbert I, Prince of Monaco『Résultats des
campagnes scientifiques accomplies sur son
yacht par Albert ler, prince souverain de
Monaco』1909

コガシラベラ　Thalassoma amblycephalum
「南海の魚類 博物画の至宝」平凡社　1995
◇pl.152（カラー）　Julis melanochir　オス　ギュ
ンター, A.C.L.G., ギャレット, A. 1873〜1910
◇pl.152（カラー）　Julis amblycephalus　メス
ギュンター, A.C.L.G., ギャレット, A. 1873〜
1910

コガタワムシ
「水中の驚異」リブロポート　1990
◇p127（カラー）　エーレンベルク, Ch.G.『滴虫
類』1838

博物図譜レファレンス事典 動物篇　**183**

こがね　　　　　　　　魚・貝・水生生物

コガネウロコムシ　Aphrodita aculeata
「世界大博物図鑑 1」平凡社　1991
◇p20（カラー）　キュヴィエ, G.L.C.F.D.『動物界』 1836〜49　手彩色銅版

コガネシマアジ　Gnathanodon speciosus
「世界大博物図鑑 2」平凡社　1989
◇p300（カラー）　ナポレオン『エジプト誌』 1809〜30

コガネハマギギ　Arius macrocephalus
「世界大博物図鑑 2」平凡社　1989
◇p161（カラー）　ブレイカー, M.P.『蘭領東インド魚類図譜』 1862〜78　色刷り石版画

コガネヤッコ　Centropyge flavissima
「南海の魚類 博物画の至宝」平凡社　1995
◇pl.40（カラー）　Holacanthus luteolus　ギュンター, A.C.L.G., ギャレット, A. 1873〜1910

コガネヤッコ　Centropyge flavissimus
「世界大博物図鑑 2」平凡社　1989
◇p393（カラー）　ギャレット, A.原図, ギュンター, A.C.L.G.解説『南海の魚類』 1873〜1910

呉器介
「江戸名作画帖全集 8」駸々堂出版　1995
◇図150（カラー）　服部雪斎図, 武藤石寿編『目八譜』　紙本着色　［東京国立博物館］
◇図151（カラー）　服部雪斎図, 武藤石寿編『目八譜』　紙本着色　［東京国立博物館］

コクカイビゼンクラゲ
「美しいアンティーク生物画の本」創元社　2017
◇p43（カラー）　Rhizostoma pulmo　Mayer, Alfred Goldsborough『Medusae of the world 第3巻』 1910

コクチフサカサゴ？　Scorpaena miostoma ？
「高松松平家所蔵 衆鱗図 1」香川県歴史博物館友の会博物図譜刊行会　2001
◇p52（カラー）　鬼笠子　松平頼恭 江戸時代（18世紀）　紙本著色 画帖装（折本形式）　［個人蔵］

コクテンフグ　Arothron nigropunctatus
「世界大博物図鑑 2」平凡社　1989
◇p448（カラー）　リュッペル, W.P.E.S.『北アフリカ探検図譜』 1826〜28
◇p448〜449（カラー）　ギャレット, A.原図, ギュンター, A.C.L.G.解説『南海の魚類』 1873〜1910

コクハンハタ　Cephalopholis sexmaculata
「南海の魚類 博物画の至宝」平凡社　1995
◇pl.2（カラー）　Serranus sexmaculatus　ギュンター, A.C.L.G., ギャレット, A. 1873〜1910

コクハンハタ　Cephalopholis sexmaculatus
「世界大博物図鑑 2」平凡社　1989
◇p250〜251（カラー）　ギャレット, A.原図, ギュンター, A.C.L.G.解説『南海の魚類』 1873〜1910

極楽魚
「極楽の魚たち」リブロポート　1991
◇II-83（カラー）　ファロワズ, サムエル原画, ルナール, L.『モルッカ諸島産彩色魚類図譜 ファン・デル・ステル写本』 1718〜19　［個人蔵］

コケギンポ　Neoclinus bryope
「高松松平家所蔵 衆鱗図 2」香川県歴史博物館友の会博物図譜刊行会　2002
◇p65（カラー）　（付札なし）　松平頼恭 江戸時代（18世紀）　紙本著色 画帖装（折本形式）　［個人蔵］
◇p66（カラー）　（付札なし）　松平頼恭 江戸時代（18世紀）　紙本著色 画帖装（折本形式）　［個人蔵］

コケムシの1種の幼生　Electra pilosa
「世界大博物図鑑 別巻2」平凡社　1994
◇p94（カラー）　エーレンベルク, C.G.『滴虫類』 1838　手彩色銅版図

コケムシのなかま　Flustra cornuta
「世界大博物図鑑 別巻2」平凡社　1994
◇p94（カラー）　キュヴィエ, G.L.C.F.D.『動物界（門徒版）』 1836〜49

コケムシのなかま　Flustra folicea
「世界大博物図鑑 別巻2」平凡社　1994
◇p94（カラー）　ゴス, P.H.『テンビー, 海辺の休日』 1856　多色石版図

コケムシのなかま　Lophopus crystallinus
「世界大博物図鑑 別巻2」平凡社　1994
◇p95（カラー）　ヘッケル, E.H.P.A.『自然の造形』 1899〜1904　多色石版画

コケムシのなかま？　Bryozoa
「世界大博物図鑑 別巻2」平凡社　1994
◇p94（カラー）　レーゼル・フォン・ローゼンホフ, A.J.『昆虫学の娯しみ』 1764〜68　彩色銅版図

コシオリエビ科　Galatheidae ？
「ビュフォンの博物誌」工作舎　1991
◇M053（カラー）『一般と個別の博物誌 ソンニー二版』

コシオリエビのなかま　Galathea strigosa
「世界大博物図鑑 1」平凡社　1991
◇p104（カラー）　大西洋東部に分布　キュヴィエ, G.L.C.F.D.『動物界』 1836〜49　手彩色銅版

コシダカシャンクガイ　Turbinella pyrum forma napus
「世界大博物図鑑 別巻2」平凡社　1994
◇p148（カラー）　左巻きの奇型で, 殻皮を剥いだ装飾品, 右巻きで表層部分をとる前の状態　ドノヴァン, E.『博物宝典』 1823〜27
◇p148（カラー）　キーネ, L.C.『ラマルク貝類譜』 1834〜80　手彩色銅版図

コショウダイ　Plectorhinchus cinctus
「江戸博物文庫 魚の巻」工作舎　2017
◇p126（カラー）　胡椒鯛　栗本丹洲『栗氏魚譜』 ［国立国会図書館］

184　博物図譜レファレンス事典 動物篇

魚・貝・水生生物　　　　　　　　　　　　　　　　こてん

「高松松平家所蔵 衆鱗図 1」香川県歴史博物館
友の会博物図譜刊行会　2001
　◇p21（カラー）　エゴ鯛　松平頼恭 江戸時代（18
　世紀）　紙本著色 画帖装（折本形式）　［個人蔵］
　◇p24（カラー）　胡盧鯛　松平頼恭 江戸時代（18
　世紀）　紙本著色 画帖装（折本形式）　［個人蔵］

コショウダイ　Plectorhinchus sp.？
「ビュフォンの博物誌」工作舎　1991
　◇K052（カラー）『一般と個別の博物誌 ソンニー
　二版』

コショウダイ　Plectorhynchus cinctus
「世界大博物図鑑 2」平凡社　1989
　◇p281（カラー）　松平頼恭『衆鱗図』18世紀後半
「鳥獣虫魚譜」八坂書房　1988
　◇p62（カラー）　菅苅鯛ノ子 幼魚　松森胤保『両
　羽魚類図譜』　［酒田市立光丘文庫］
　◇p63（カラー）　菅苅鯛　松森胤保『両羽魚類図
　譜』　［酒田市立光丘文庫］

コショウダイ？
「彩色 江戸博物学集成」平凡社　1994
　◇p198〜199（カラー）　栗本丹洲『魚譜』　［国会
　図書館］

ゴズカジカ　Cottus gobio
「ビュフォンの博物誌」工作舎　1991
　◇K044（カラー）『一般と個別の博物誌 ソンニー
　二版』
「世界大博物図鑑 2」平凡社　1989
　◇p424（カラー）　マイヤー, J.D.『陸海川動物細
　密骨格図譜』　1752　手彩色銅版
　◇p424（カラー）　ドノヴァン, E.『英国産魚類誌』
　1802〜08

コスジイシモチ　Apogon endekataenia
「グラバー魚譜200選」長崎文献社　2005
　◇p111（カラー）　倉場富三郎編、小田紫星画『日
　本西部及南部魚類図譜』　1912採集　［長崎大学
　附属図書館］
「世界大博物図鑑 2」平凡社　1989
　◇p242（カラー）　シーボルト『ファウナ・ヤポニ
　カ（日本動物誌）』　1833〜50　石版

ゴズノマゴ　Agonus cataphractus
「世界大博物図鑑 2」平凡社　1989
　◇p429（カラー）　ドノヴァン, E.『英国産魚類誌』
　1802〜08

コタマガイ　Gomphina melanegis
「日本の博物図譜」東海大学出版会　2001
　◇図57（カラー）　伊藤馨筆『動物写生画』　［東京
　国立博物館］

小鱈（タラ）
「極楽の魚たち」リブロポート　1991
　◇I-171（カラー）　ルナール, L.『モルッカ諸島産
　彩色魚類図譜 コワイエト写本』　1718〜19　［個
　人蔵］

こち
「魚の手帖」小学館　1991

　◇54図（カラー）　鮖・牛尾魚　毛利梅園『梅園魚
　譜/梅園魚品図正』　1826〜1843,1832〜1836
　［国立国会図書館］

コチ
「江戸の動植物図」朝日新聞社　1988
　◇p10（カラー）　松平頼恭、三木文柳『衆鱗図』
　［松平公益会］

コチョウギンポ　Blennius ocellaris
「世界大博物図鑑 2」平凡社　1989
　◇p328（カラー）　キュヴィエ, G.L.C.F.D.『動物
　界』　1836〜49　手彩色銅版

コチョウギンポの幼魚　Blennius ocellaris
「世界大博物図鑑 2」平凡社　1989
　◇p329（カラー）　ロ・ビアンコ, サルバトーレ
　『ナポリ湾海洋研究所紀要』　20世紀前半　オフ
　セット印刷

コッカイクロハゼ　Neogobius melanostomus
「世界大博物図鑑 2」平凡社　1989
　◇p336（カラー）『ポントス地域動物誌』　1840

ゴッコ　Sebastes sp.
「世界大博物図鑑 2」平凡社　1989
　◇p428〜429（カラー）『魚譜〈忠・孝〉』　［東京国
　立博物館］　※明治時代の写本

コツブイイダコ　Octopus membranaceus
「世界大博物図鑑 別巻2」平凡社　1994
　◇p251（カラー）　デュモン・デュルヴィル, J.S.C.
　『アストロラブ号世界周航記』　1830〜35　ス
　ティップル印刷

コツブクラゲの1種　Podocoryne areolata
「世界大博物図鑑 別巻2」平凡社　1994
　◇p38（カラー）『ロンドン動物学協会紀要』　1861
　〜90（第2期）　手彩色石版画

コツブムシのなかま　Sphaeroma gigas
「世界大博物図鑑 1」平凡社　1991
　◇p77（カラー）　キュヴィエ, G.L.C.F.D.『動物
　界』　1836〜49　手彩色銅版

コッロスファエラ
「生物の驚異的な形」河出書房新社　2014
　◇図版51（カラー）　ヘッケル, エルンスト　1904

ゴティライワダキウオ　Garra gotyla
「世界大博物図鑑 2」平凡社　1989
　◇p125（カラー）　グレー, J.E.著、ホーキンズ,
　ウォーターハウス石版『インド動物図譜』　1830
　〜35

コティロリーザ・ツベルクラータ
「美しいアンティーク生物画の本」創元社　2017
　◇p43（カラー）　Cotylorhiza tuberculata
　Mayer, Alfred Goldsborough『Medusae of the
　world 第3巻』　1910

ゴテンアナゴ　Ariosoma meeki
「江戸博物文庫 魚の巻」工作舎　2017
　◇p50（カラー）　御殿穴子　毛利梅園『梅園魚品図
　正』　［国立国会図書館］

こてん　　　　　　　　　　　　　　魚・貝・水生生物

「高松松平家所蔵 衆鱗図 2」香川県歴史博物館
　友の会博物図譜刊行会　2002
　◇p60（カラー）　あなご　松平頼恭　江戸時代（18
　　世紀）　紙本著色 画帖装（折本形式）　［個人蔵］

コテンシ　Liparis montagui
「世界大博物図鑑 2」平凡社　1989
　◇p428〜429（カラー）　ドノヴァン，E.『英国産魚
　　類誌』 1802〜08

コトショクコウラ　Harpa articularis
「世界大博物図鑑 別巻2」平凡社　1994
　◇p149（カラー）　キーネ，L.C.『ラマルク貝類図
　　譜』 1834〜80　手彩色銅版図

コトヒキ　Terapon jarbua
「高松松平家所蔵 衆鱗図 4」香川県歴史博物館
　友の会博物図譜刊行会　2004
　◇p29（カラー）　クマビキ　松平頼恭　江戸時代
　　（18世紀）　紙本著色 画帖装（折本形式）　［個人
　　蔵］

このしろ
「魚の手帖」小学館　1991
　◇49図、21図（カラー）　鰶　毛利梅園『梅園魚譜/
　　梅園魚品図正』 1826〜1843,1832〜1836　［国
　　立国会図書館］

コノシロ　Konosirus punctatus
「グラバー魚譜200選」長崎文献社　2005
　◇p52（カラー）　倉場富三郎編、小田紫星画『日本
　　西部及南部魚類図譜』 1912採集　［長崎大学附
　　属図書館］
「高松松平家所蔵 衆鱗図 4」香川県歴史博物館
　友の会博物図譜刊行会　2004
　◇p20（カラー）　マ ハカリ　松平頼恭　江戸時代
　　（18世紀）　紙本著色 画帖装（折本形式）　［個人
　　蔵］

コノシロの類
「極楽の魚たち」リブロポート　1991
　◇I–44（カラー）　モーリシャスのイワシ　ルナー
　　ル，L.『モルッカ諸島産彩色魚類図譜 コワイエト
　　写本』 1718〜19　［個人蔵］

小箱
「極楽の魚たち」リブロポート　1991
　◇II–197（カラー）　ファロワズ、サムエル原画、ル
　　ナール，L.『モルッカ諸島産彩色魚類図譜 ファ
　　ン・デル・ステル写本』 1718〜19　［個人蔵］
　◇II–200（カラー）　ファロワズ、サムエル原画、ル
　　ナール，L.『モルッカ諸島産彩色魚類図譜 ファ
　　ン・デル・ステル写本』 1718〜19　［個人蔵］

コバンアジ　Trachinotus baillonii
「世界大博物図鑑 2」平凡社　1989
　◇p301（カラー）　リュッペル，W.P.E.S.『北アフ
　　リカ探検図譜』 1826〜28

こばんざめ
「魚の手帖」小学館　1991
　◇24図（カラー）　小判鮫　乾燥個体をもとに描い
　　てある　毛利梅園『梅園魚譜/梅園魚品図正』
　　1826〜1843,1832〜1836　［国立国会図書館］

コバンザメ　Echeneis naucrates
「江戸博物文庫 魚の巻」工作舎　2017
　◇p12（カラー）　小判鮫『魚譜』　［国立国会図書
　　館］
「グラバー魚譜200選」長崎文献社　2005
　◇p191（カラー）　倉場富三郎編、長谷川雪香画
　　『日本西部及南部魚類図譜』 1913採集　［長崎大
　　学附属図書館］
「高松松平家所蔵 衆鱗図 4」香川県歴史博物館
　友の会博物図譜刊行会　2004
　◇p14〜15（カラー）　小判魚 ウナジトリ　松平頼
　　恭 江戸時代（18世紀）　紙本著色 画帖装（折本形
　　式）　［個人蔵］
「世界大博物図鑑 2」平凡社　1989
　◇p404（カラー）　栗本丹洲『栗氏魚譜』　文政2
　　（1819）　［国文学研究資料館史料館］

コバンザメ
「紙の上の動物園」グラフィック社　2017
　◇p82（カラー）　ステッドマン、ジョン・ゲイブリ
　　エル『スリナムの黒人反乱と戦いながらの1772
　　年から77年の5年間の探検物語：スリナム史解説
　　と産物紹介』 1796
「彩色 江戸博物学集成」平凡社　1994
　◇p35（カラー）　貝原益軒『大和本草諸品図』

コバンハゼ　Gobiodon sp.
「南海の魚類 博物画の至宝」平凡社　1995
　◇pl.109（カラー）　Gobiodon citrinus　ギュン
　　ター，A.C.L.G.、ギャレット，A. 1873〜1910

コバンヒイラギ　Gazza minuta
「南海の魚類 博物画の至宝」平凡社　1995
　◇pl.91（カラー）　Gazza argentaria　ギュンター、
　　A.C.L.G.、ギャレット，A. 1873〜1910

コバンヒメジ　Parupeneus indicus
「南海の魚類 博物画の至宝」平凡社　1995
　◇pl.45（カラー）　Upeneus malabaricus　ギュン
　　ター，A.C.L.G.、ギャレット，A. 1873〜1910

コヒゲニベ　Micropogon undulatus
「世界大博物図鑑 2」平凡社　1989
　◇p264（カラー）　キュヴィエ，G.L.C.F.D.、ヴァ
　　ランシエンヌ，A.『魚の博物誌』 1828〜50

コブシガニ　Leucosia obtusifrons
「高松松平家所蔵 衆鱗図 3」香川県歴史博物館
　友の会博物図譜刊行会　2003
　◇p40（カラー）　豆蟹　松平頼恭　江戸時代（18世
　　紀）　紙本著色 画帖装（折本形式）　［個人蔵］

コブシメ　Sepia latimanus
「世界大博物図鑑 別巻2」平凡社　1994
　◇p234（カラー）　デュモン・デュルヴィル，J.S.C.
　　『アストロラブ号世界周航記』 1830〜35　ス
　　ティップル印刷

コブセミエビ　Scyllarides haani
「高松松平家所蔵 衆鱗図 3」香川県歴史博物館
　友の会博物図譜刊行会　2003
　◇p15（カラー）　平家エビ 海セミ　松平頼恭 江戸

魚・貝・水生生物　　　　　　　　　　こまふ

時代（18世紀）　紙本著色　画帖装（折本形式）
〔個人蔵〕

コブダイ　Semicossyphus reticulatus
「江戸博物文庫 魚の巻」工作舎　2017
◇p13（カラー）　瘤鯛『魚譜』　〔国立国会図書館〕
「グラバー魚譜200選」長崎文献社　2005
◇p134（カラー）　オス　倉場富三郎編、中村三郎画『日本西部及南部魚類図譜』　1916採集　〔長崎大学附属図書館〕
「高松松平家所蔵 衆鱗図 1」香川県歴史博物館友の会博物図譜刊行会　2001
◇p19（カラー）　瘤鯛 モブシ　松平頼恭　江戸時代（18世紀）　紙本著色 画帖装（折本形式）　〔個人蔵〕
「世界大博物図鑑 2」平凡社　1989
◇口絵（カラー）　松平頼恭『衆鱗図』　18世紀後半

コブダイ
「彩色 江戸博物学集成」平凡社　1994
◇p66〜67（カラー）　のむす　丹羽正伯『筑前国産物絵図帳』　〔福岡県立図書館〕
◇p406（カラー）　奥倉辰行『水族四帖』　〔国会図書館〕

コブヌメリ属の1種　Diplogrammus cookii
「南海の魚類 博物画の至宝」平凡社　1995
◇pl.113（カラー）　Callionymus cookii　ギュンター、A.C.L.G.、ギャレット、A. 1873〜1910

ゴホウラ　Strombus latissimus
「世界大博物図鑑 別巻2」平凡社　1994
◇p123（カラー）　ドノヴァン、E.『博物宝典』　1823〜27

コボラ　Liza macrolepis
「世界大博物図鑑 2」平凡社　1989
◇p228（カラー）　デイ、F.『マラバールの魚類』　1865　手彩色銅版画

ゴホンヒゲロックリング　Ciliata mustela
「世界大博物図鑑 2」平凡社　1989
◇p181（カラー）　ドノヴァン、E.『英国産魚類誌』　1802〜08

コマイ　Eleginus gracilis
「鳥獣虫魚譜」八坂書房　1988
◇p64（カラー）　松森胤保『両羽魚類図譜』　〔酒田市立光丘文庫〕

ゴマキンチャクフグ
「極楽の魚たち」リブロポート　1991
◇I-200（カラー）　カスカス　ルナール、L.『モルッカ諸島産彩色魚類図譜 コワイエト写本』　1718〜19　〔個人蔵〕

ゴマサバ　Scomber australasicus
「グラバー魚譜200選」長崎文献社　2005
◇p71（カラー）　まるさば　倉場富三郎編、小田紫星画『日本西部及南部魚類図譜』　1912採集　〔長崎大学附属図書館〕

ゴマソイ　Sebastes nivosus
「高松松平家所蔵 衆鱗図 2」香川県歴史博物館

友の会博物図譜刊行会　2002
◇p90（カラー）　くろから　松平頼恭　江戸時代（18世紀）　紙本著色 画帖装（折本形式）　〔個人蔵〕
「高松松平家所蔵 衆鱗図 1」香川県歴史博物館友の会博物図譜刊行会　2001
◇p53（カラー）　胡麻笠子　松平頼恭　江戸時代（18世紀）　紙本著色 画帖装（折本形式）　〔個人蔵〕

ゴマソイ　Sebastes trivittatus
「世界大博物図鑑 2」平凡社　1989
◇p413（カラー）　松平頼恭『衆鱗図』　18世紀後半

ゴマチョウチョウウオ　Chaetodon citrinellus
「南海の魚類 博物画の至宝」平凡社　1995
◇pl.35（カラー）　ギュンター、A.C.L.G.、ギャレット、A. 1873〜1910
「世界大博物図鑑 2」平凡社　1989
◇p384（カラー）　王女 ファロアズ、サムエル原画、ルナール、L.『モルッカ諸島魚類彩色図譜』　1754　〔国文学研究資料館史料館〕
◇p385（カラー）　ギャレット、A.原図、ギュンター、A.C.L.G.解説『南海の魚類』　1873〜1910

ゴマチョウチョウウオ
「極楽の魚たち」リブロポート　1991
◇I-59（カラー）　王女ドゥーイング　ルナール、L.『モルッカ諸島産彩色魚類図譜 コワイエト写本』　1718〜19　〔個人蔵〕

ゴマニザ　Acanthurus guttatus
「南海の魚類 博物画の至宝」平凡社　1995
◇pl.69（カラー）　ギュンター、A.C.L.G.、ギャレット、A. 1873〜1910

ゴマハギ　Zebrasoma scopas
「南海の魚類 博物画の至宝」平凡社　1995
◇pl.76（カラー）　Acanthurus flavescens　ギュンター、A.C.L.G.、ギャレット、A. 1873〜1910
「世界大博物図鑑 2」平凡社　1989
◇p397（カラー）　ファロアズ、サムエル原画, ルナール、L.『モルッカ諸島魚類彩色図譜』　1754　〔国文学研究資料館史料館〕

ゴマハギ
「極楽の魚たち」リブロポート　1991
◇I-82（カラー）　大食漢　ルナール、L.『モルッカ諸島産彩色魚類図譜 コワイエト写本』　1718〜19　〔個人蔵〕

ゴマヒレキントキ　Heteropriacanthus cruentatus
「南海の魚類 博物画の至宝」平凡社　1995
◇pl.18（カラー）　Priacanthus carolinus　ギュンター、A.C.L.G.、ギャレット、A. 1873〜1910

ゴマフイカの1種　Histioteuthis bonelliana
「世界大博物図鑑 別巻2」平凡社　1994
◇p250（カラー）　ヘッケル、E.H.P.A.『自然の造形』　1899〜1904　多色石版画

博物図譜レファレンス事典 動物篇　**187**

こまふ　　　　　　　　　　　　　　　　魚・貝・水生生物

ゴマフエダイ　Lutjanus argentimaculatus
「南海の魚類 博物画の至宝」平凡社　1995
　◇pl.13（カラー）　Mesoprion garretti　ギュンター、A.C.L.G.、ギャレット、A. 1873～1910

ゴマフマウリエビスガイ　Maurea punctulata
「世界大博物図鑑 別巻2」平凡社　1994
　◇p114（カラー）　マーティン、T.『万国貝譜』1784～87　手彩色銅版図

ゴマホテウミヘビ　Pisodonophis boro
「世界大博物図鑑 2」平凡社　1989
　◇p173（カラー）　グレー、J.E.著、ホーキンズ、ウォーターハウス石版『インド動物図譜』1830～35

コメツキガニ　Scopimera globosa
「世界大博物図鑑 1」平凡社　1991
　◇p133（カラー）　望潮　栗本丹洲『千蟲譜』文化8（1811）

コメツキガニ？　Scopimera globosa？
「世界大博物図鑑 1」平凡社　1991
　◇p133（カラー）　招潮　栗本丹洲『千蟲譜』文化8（1811）

コメルソンダイ　Cantharus grandoculis（？）
「世界大博物図鑑 2」平凡社　1989
　◇p289（カラー）　キュヴィエ、G.L.C.F.D.『動物界』1836～49　手彩色銅版

コモチガジ　Zoarces viviparus
「ビュフォンの博物誌」工作舎　1991
　◇K032（カラー）『一般と個別の博物誌 ソンニーニ版』
「世界大博物図鑑 2」平凡社　1989
　◇p332（カラー）　ドノヴァン、E.『英国産魚類誌』1802～08

コモリウオ　Kurtus indicus
「世界大博物図鑑 2」平凡社　1989
　◇p399（カラー）　キュヴィエ、G.L.C.F.D.、ヴァランシエンヌ、A.『魚の博物誌』1828～50

コモンウミウシ　Chromodoris aureopurpurea
「高松松平家所蔵 衆鱗図 3」香川県歴史博物館友の会博物図譜刊行会　2003
　◇p46（カラー）　（付札なし）　松平頼恭 江戸時代（18世紀）　紙本著色 画帖装（折本形式）　［個人蔵］

コモンカスベ　Okamejei kenojei
「高松松平家所蔵 衆鱗図 1」香川県歴史博物館友の会博物図譜刊行会　2001
　◇p80（カラー）　鴈木エイ　松平頼恭 江戸時代（18世紀）　紙本著色 画帖装（折本形式）　［個人蔵］

コモンサカタザメ　Rhinobatos hynnicephalus
「グラバー魚譜200選」長崎文献社　2005
　◇p30（カラー）　こもんさかた　倉場富三郎編、小田紫星画『日本西部及南部魚類図譜』1912採集　［長崎大学附属図書館］
　◇p31（カラー）　こもんさかた　腹面図　倉場富三郎編、小田紫星画『日本西部及南部魚類図譜』［長崎大学附属図書館］
「高松松平家所蔵 衆鱗図 1」香川県歴史博物館友の会博物図譜刊行会　2001
　◇p85（カラー）　サキエイ エンコウボウ　松平頼恭 江戸時代（18世紀）　紙本著色 画帖装（折本形式）　［個人蔵］

コモンサカタザメ
「彩色 江戸博物学集成」平凡社　1994
　◇p118～119（カラー）　小野蘭山『魚彙』　［岩瀬文庫］

こもんふぐ
「魚の手帖」小学館　1991
　◇28図（カラー）　小紋河豚　毛利梅園『梅園魚譜/梅園魚品図正』1826～1843,1832～1836　［国立国会図書館］

コモンフグ　Takifugu poecilonotus
「グラバー魚譜200選」長崎文献社　2005
　◇p169（カラー）　倉場富三郎編、萩原魚仙画『日本西部及南部魚類図譜』1913採集　［長崎大学附属図書館］
「高松松平家所蔵 衆鱗図 2」香川県歴史博物館友の会博物図譜刊行会　2002
　◇p86（カラー）　しはしはふく　松平頼恭 江戸時代（18世紀）　紙本著色 画帖装（折本形式）　［個人蔵］
　◇p89（カラー）　こしながふく　松平頼恭 江戸時代（18世紀）　紙本著色 画帖装（折本形式）　［個人蔵］

コモンフグ
「彩色 江戸博物学集成」平凡社　1994
　◇p366（カラー）　大窪昌章『薜茘庵魚譜』　［国会図書館］

コモンフグ？　Fugu poecilonotum？
「鳥獣虫魚譜」八坂書房　1988
　◇p57（カラー）　豆フグ　松森胤保『両羽魚類図譜』　［酒田市立光丘文庫］

コモンボヤのなかま　Botryllus gemmeus, B. violaceus, B.aibicans
「世界大博物図鑑 別巻2」平凡社　1994
　◇p286（カラー）　キュヴィエ、G.L.C.F.D.『動物界（門徒版）』1836～49

子安貝
「彩色 江戸博物学集成」平凡社　1994
　◇p38（カラー）　貝原益軒『大和本草諸品図』

コラーレ・バタフライフィッシュ
　⇒チョウチョウウオ属の1種（コラーレ・バタフライフィッシュ）を見よ

コリドラスプンクタトゥス　Corydoras punctatus
「ビュフォンの博物誌」工作舎　1991
　◇K066（カラー）『一般と個別の博物誌 ソンニーニ版』

魚・貝・水生生物　　　　　　　　　　　　　　　　こんす

「世界大博物図鑑 2」平凡社　1989
　◇p144（カラー）　ブロッホ, M.E.『魚類図譜』
　1782〜85　手彩色銅版画

ゴルゴーニア
「生物の驚異的な形」河出書房新社　2014
　◇図版39（カラー）　ヘッケル, エルンスト 1904

ゴールデン・シナー　Notemigonus
crysoleucas
「世界大博物図鑑 2」平凡社　1989
　◇p125（カラー）　キュヴィエ, G.L.C.F.D., ヴァ
　ランシエンヌ, A.『魚の博物誌』1828〜50

コロダイ　Diagramma pictum
「高松松平家所蔵 衆鱗図 4」香川県歴史博物館
　友の会博物図譜刊行会　2004
　◇p28（カラー）　（付札なし）　松平頼恭 江戸時代
　（18世紀）　紙本著色 画帖装（折本形式）　［個人
　蔵］
　◇p28（カラー）　烏魚　松平頼恭 江戸時代（18世
　紀）　紙本著色 画帖装（折本形式）　［個人蔵］
「世界大博物図鑑 2」平凡社　1989
　◇p280（カラー）　成魚　リュッペル, W.P.E.S.
　『北アフリカ探検図譜』1826〜28

コロダイ
「極楽の魚たち」リブロポート　1991
　◇Ⅰ-17（カラー）　雑色のヤコブ・エヴェルセ 未
　成魚　ルナール, L.『モルッカ諸島産彩色魚類図
　譜 コワイエト写本』1718〜19　［個人蔵］

コワクラゲのなかま
「水中の驚異」リブロポート　1990
　◇p109（白黒）　ヘッケル, E.H.『クラゲ類の体系』
　1879

コワクラゲ目に含まれるクラゲ（？）
「水中の驚異」リブロポート　1990
　◇p38（カラー）　ブリンクマン, A.著, リヒター,
　イロナ画『ナポリ湾海洋研究所紀要〈腔腸動物
　篇〉』1970

ゴンギオ
「極楽の魚たち」リブロポート　1991
　◇Ⅰ-21（カラー）　ルナール, L.『モルッカ諸島産彩
　色魚類図譜 コワイエト写本』1718〜19　［個人
　蔵］

コンゴウヒメタカベガイ　Liotina peronii
「世界大博物図鑑 別巻2」平凡社　1994
　◇p119（カラー）　キーネ, L.C.『ラマルク貝類図
　譜』1834〜80　手彩色銅版図

コンゴウフグ　Lactoria cornuta
「グラバー魚譜200選」長崎文献社　2005
　◇p166（カラー）　幼期のもの（？）　倉場富三郎
　編, 萩原魚仙画『日本西部及南部魚類図譜』
　1915採集　［長崎大学附属図書館］
「南海の魚類 博物画の至宝」平凡社　1995
　◇pl.171（カラー）　Ostracion cornutus 16 Zoll
　lang.--Savaii　ギュンター, A.C.L.G., ギャレッ
　ト, A. 1873〜1910
　◇pl.171（カラー）　Ostracion cornutus 8 Zoll

lang.--O.Ind.Archip.　ギュンター, A.C.L.G.,
ギャレット, A. 1873〜1910
「ビュフォンの博物誌」工作舎　1991
　◇K016（カラー）『一般と個別の博物誌 ソンニー
　ニ版』
「世界大博物図鑑 2」平凡社　1989
　◇p440（カラー）　ファロアズ, サムエル原画, ル
　ナール, L.『モルッカ魚類彩色図譜』1754
　［国文学研究資料館史料館］
　◇p440（カラー）　乾燥標本を描いたもの　ブシュ
　ナン, J.S.『魚の博物誌, その構造と経済的効用に
　ついて』1843

コンゴウフグ
「極楽の魚たち」リブロポート　1991
　◇Ⅰ-197（カラー）　骨魚　ルナール, L.『モルッカ
　諸島産彩色魚類図譜 コワイエト写本』1718〜19
　［個人蔵］
　◇Ⅱ-38（カラー）　海の猫　ファロワズ, サムエル
　原画, ルナール, L.『モルッカ諸島産彩色魚類図
　譜 ファン・デル・ステル写本』1718〜19　［個
　人蔵］
　◇Ⅱ-60（カラー）　海猫の一種　ファロワズ, サム
　エル原画, ルナール, L.『モルッカ諸島産彩色魚
　類図譜 ファン・デル・ステル写本』1718〜19
　［個人蔵］
　◇Ⅱ-135（カラー）　トントンボ　ファロワズ, サム
　エル原画, ルナール, L.『モルッカ諸島産彩色魚
　類図譜 ファン・デル・ステル写本』1718〜19
　［個人蔵］
　◇p14（白黒）　フランソワ・ファレンティン『新旧
　インド誌』
　◇p124〜125（カラー）　ファロワズ, サムエル画,
　ルナール, L.『モルッカ諸島産彩色魚類図譜 フォ
　ン・ベア写本』1718〜19

コンジンテナガエビ　Macrobrachium lar
「世界大博物図鑑 1」平凡社　1991
　◇p85（カラー）　ドルビニ, A.C.V.D.『万有博物事
　典』1838〜49,61

ごんずい
「魚の手帖」小学館　1991
　◇105図（カラー）　権瑞 毛利梅園『梅園魚譜/梅
　園魚品図正』1826〜1843,1832〜1836　［国立
　国会図書館］

ゴンズイ　Plotosus japonicus
「江戸博物文庫 魚の巻」工作舎　2017
　◇p11（カラー）　権瑞『魚譜』［国立国会図書館］

ゴンズイ　Plotosus lineatus
「高松松平家所蔵 衆鱗図 2」香川県歴史博物館
　友の会博物図譜刊行会　2002
　◇p82（カラー）　（付札なし）　松平頼恭 江戸時代
　（18世紀）　紙本著色 画帖装（折本形式）　［個人
　蔵］
　◇p82（カラー）　きなつほ　松平頼恭 江戸時代
　（18世紀）　紙本著色 画帖装（折本形式）　［個人
　蔵］
　◇p82（カラー）　ぎゞ　松平頼恭 江戸時代（18世
　紀）　紙本著色 画帖装（折本形式）　［個人蔵］
　◇p83（カラー）　うみぎち　松平頼恭 江戸時代

博物図譜レファレンス事典 動物篇　**189**

こんす　　　　　　　魚・貝・水生生物

（18世紀）　紙本著色　画帖装（折本形式）　［個人蔵］

「ビュフォンの博物誌」工作舎　1991
◇K067（カラー）『一般と個別の博物誌 ソンニーニ版』

「世界大博物図鑑 2」平凡社　1989
◇p165（カラー）　ブレイカー, M.P.『蘭領東インド魚類図譜』1862〜78　色刷り石版画

ゴンズイ
「極楽の魚たち」リブロポート　1991
◇I-19（カラー）　どうでもいい奴　ルナール, L.『モルッカ諸島産彩色魚類図譜 コワイエト写本』1718〜19　［個人蔵］

「江戸の動植物図」朝日新聞社　1988
◇p113（カラー）　奥倉魚仙『水族四帖』　［国立国会図書館］

【さ】

サイコロイボダイ　Cubiceps capensis
「世界大博物図鑑 2」平凡社　1989
◇p297（カラー）　スミス, A.著, フォード, G.H.原図『南アフリカ動物図譜』1838〜49　手彩色石版

サカサクラゲ（？）
「水中の驚異」リブロポート　1990
◇p77（白黒）　デュブレ『コキーユ号航海記録』1826〜30

サカサクラゲの1種　Cassiopea andromeda
「世界大博物図鑑 別巻2」平凡社　1994
◇p54（カラー）　キュヴィエ, G.L.C.F.D.『動物界（門徒版）』1836〜49

サカサクラゲの1種　Cassiopea frondosa
「世界大博物図鑑 別巻2」平凡社　1994
◇p54（カラー）　キュヴィエ, G.L.C.F.D.『動物界（門徒版）』1836〜49

サカサクラゲの1種
「美しいアンティーク生物画の本」創元社　2017
◇p49（カラー）　Cassiopea frondosa　Mayer, Alfred Goldsborough『Medusae of the world 第3巻』1910
◇p49（カラー）　Cassiopea xamachana　Mayer, Alfred Goldsborough『Medusae of the world 第3巻』1910

サカタザメ　Rhinobatos schlegelii
「江戸博物文庫 魚の巻」工作舎　2017
◇p127（カラー）　坂田鮫　栗本丹洲『栗氏魚譜』［国立国会図書館］

サカタザメ
「彩色 江戸博物学集成」平凡社　1994
◇p34（カラー）　貝原益軒『大和本草諸品図』

魚の顔づくし
「世界大博物図鑑 2」平凡社　1989
◇p464（カラー）　中村利吉図『博物館魚譜』

［東京国立博物館］

サカマキボラ　Busycon contrarium
「世界大博物図鑑 別巻2」平凡社　1994
◇p141（カラー）　図は右巻き　キーネ, L.C.『ラマルク貝類図譜』1834〜80　手彩色銅版図

サガミミノウミウシのなかま
Phyllodesmium bellum
「世界大博物図鑑 別巻2」平凡社　1994
◇p173（カラー）　紅海での採集物　リュッペル, W.P.E.S.『北アフリカ探検図譜』1826〜28

サガリモモイタチウオ　Dicrolene filamentosa
「世界大博物図鑑 2」平凡社　1989
◇p93（カラー）　ガーマン, S.著, ウェスターグレン原図『ハーヴァード大学比較動物学記録 第24巻〈アルバトロス号調査報告—魚類編〉』1899　手彩色石版画

サギガイモドキ　Scrobicularia plana
「世界大博物図鑑 別巻2」平凡社　1994
◇p214（カラー）　キュヴィエ, G.L.C.F.D.『動物界（門徒版）』1836〜49

サキシマオカヤドカリ　Coenobita perlatus
「世界大博物図鑑 1」平凡社　1991
◇p112（カラー）　キュヴィエ, G.L.C.F.D.『動物界』1836〜49　手彩色銅版

サキシマミノウミウシのなかま　Flabellina affinis？
「世界大博物図鑑 別巻2」平凡社　1994
◇p172（カラー）　キュヴィエ, G.L.C.F.D.『動物界（門徒版）』1836〜49

さぎふえ
「魚の手帖」小学館　1991
◇27図（カラー）　鷺笛　毛利梅園『梅園魚譜/梅園魚品図正』1826〜1843,1832〜1836　［国立国会図書館］

サギフエ　Macroramphosus scolopax
「江戸博物文庫 魚の巻」工作舎　2017
◇p128（カラー）　鷺笛　栗本丹洲『栗氏魚譜』［国立国会図書館］

「世界大博物図鑑 2」平凡社　1989
◇p200（カラー）　ドノヴァン, E.『英国産魚類誌』1802〜08

サギフエ
「彩色 江戸博物学集成」平凡社　1994
◇p290〜291（カラー）　岩崎灌園『博物館魚譜』［東京国立博物館］

サキボソリタチウオ　Lepturacanthus savala
「世界大博物図鑑 2」平凡社　1989
◇p324（カラー）　キュヴィエ, G.L.C.F.D.『動物界』1836〜49　手彩色銅版

サクラエビ　Sergia lucens
「高松松平家所蔵 衆鱗図 3」香川県歴史博物館友の会博物図譜刊行会　2003
◇p18（カラー）　（付札なし）　松平頼恭 江戸時代

190　博物図譜レファレンス事典 動物篇

魚・貝・水生生物　　　　　　　　　　　　　ささな

（18世紀）　紙本著色　画帖装（折本形式）　［個人蔵］

桜貝
「江戸名作画帖全集 8」駸々堂出版　1995
◇図145（カラー）　服部雪斎図、武蔵石寿編『目八譜』　紙本着色　［東京国立博物館］

サクラダイ　Sacura margaritacea
「グラバー魚譜200選」長崎文献社　2005
◇p108（カラー）　倉場富三郎編、小田紫星画『日本西部及南部魚類図譜』　1913採集　［長崎大学附属図書館］
「日本の博物図譜」東海大学出版会　2001
◇図49（カラー）　筆者不詳『魚類写生図』　［国立科学博物館］
「高松松平家所蔵 衆鱗図 1」香川県歴史博物館友の会博物図譜刊行会　2001
◇p54（カラー）　別種 星笠子　オス個体　松平頼恭　江戸時代（18世紀）　紙本著色　画帖装（折本形式）　［個人蔵］
◇p58（カラー）　金魦　メス個体　松平頼恭　江戸時代（18世紀）　紙本著色　画帖装（折本形式）　［個人蔵］

サクラマス　Oncorhynchus masou masou
「高松松平家所蔵 衆鱗図 3」香川県歴史博物館友の会博物図譜刊行会　2003
◇p66（カラー）　（付札なし）　幼魚　松平頼恭　江戸時代（18世紀）　紙本著色　画帖装（折本形式）　［個人蔵］
◇p84（カラー）　鱒ノコ　幼魚　松平頼恭　江戸時代（18世紀）　紙本著色　画帖装（折本形式）　［個人蔵］
◇p84（カラー）　川鱒　降海型　松平頼恭　江戸時代（18世紀）　紙本著色　画帖装（折本形式）　［個人蔵］
「日本の博物図譜」東海大学出版会　2001
◇p73（カラー）　筆者不詳『衆鱗図』　［個人蔵 香川県歴史博物館保管］

サクラマス　Oncorhynchus masou masou Brevoort
「高木春山 本草図説 水産」リブロポート　1988
◇p49（カラー）　其ノ二 半身ヲソギタルトコロ

ザクロガイ
「彩色 江戸博物学集成」平凡社　1994
◇p275（カラー）　柘榴介　馬場大助『貝譜』　［東京国立博物館］

さけ
「魚の手帖」小学館　1991
◇113図（カラー）　鮭・鮏　毛利梅園『梅園魚譜/梅園魚品図正』　1826～1843,1832～1836　［国立国会図書館］

サケ　Oncorhynchus keta
「江戸博物文庫 魚の巻」工作舎　2017
◇p61（カラー）　鮭　毛利梅園『梅園魚品図正』　［国立国会図書館］
「高松松平家所蔵 衆鱗図 3」香川県歴史博物館友の会博物図譜刊行会　2003

◇p68～69（カラー）　鮭　成熟した卵巣も描かれている　松平頼恭 江戸時代（18世紀）　紙本著色 画帖装（折本形式）　［個人蔵］
「日本の博物図譜」東海大学出版会　2001
◇p95（白黒）　オス，メス　中島仰山筆　［国立科学博物館］
「世界大博物図鑑 2」平凡社　1989
◇p57（カラー）　大野麦風『大日本魚類画集』　昭和12～19　彩色木版

サケガシラ　Trachipterus arcticus
「世界大博物図鑑 2」平凡社　1989
◇p220～221（カラー）　ゲイマール，J.P.『アイスランド・グリーンランド旅行記』　1838～52　手彩色銅版

サケガシラ　Trachipterus ishikawae
「江戸博物文庫 魚の巻」工作舎　2017
◇p28（カラー）　裂頭　後藤光生『随観写真』　［国立国会図書館］

サザエ　Batillus cornutus（Lightfoot）
「高木春山 本草図説 水産」リブロポート　1988
◇p88（カラー）　さざゑ 栄螺

サザエ　Turbo cornutus
「世界大博物図鑑 別巻2」平凡社　1994
◇p120（カラー）　後藤梨春『随観写真』　明和8（1771）頃

さざえさめ
「江戸名作画帖全集 8」駸々堂出版　1995
◇図53（カラー）　松平頼恭編『衆鱗図』　紙本着色　［松平公益会］

サザナミトサカハギ　Naso vlamingii
「南海の魚類 博物画の至宝」平凡社　1995
◇pl.81（カラー）　Naseus vlamingii　ギュンター，A.C.L.G.，ギャレット，A. 1873～1910
◇pl.81（カラー）　Naseus vlamingii　幼魚　ギュンター，A.C.L.G.，ギャレット，A. 1873～1910
「世界大博物図鑑 2」平凡社　1989
◇p396（カラー）　婚姻色が出たオス　ファロアズ，サムエル原画，ルナール，L.『モルッカ諸島魚類彩色図譜』　1754　［国文学研究資料館史料館］
◇p396～397（カラー）　婚姻色をあらわしたオス　ギャレット，A.原図，ギュンター，A.C.L.G.解説『南海の魚類』　1873～1910

サザナミトサカハギ
「極楽の魚たち」リブロポート　1991
◇I–79（カラー）　オンマ　オス　ルナール，L.『モルッカ諸島産彩色魚類図譜 コワイエト写本』　1718～19　［個人蔵］

サザナミハギ　Ctenochaetus striatus
「南海の魚類 博物画の至宝」平凡社　1995
◇pl.79（カラー）　Acanthurus strigosus　ギュンター，A.C.L.G.，ギャレット，A. 1873～1910
◇pl.79（カラー）　Acanthurus strigosus　幼魚　ギュンター，A.C.L.G.，ギャレット，A. 1873～1910

ささな　　魚・貝・水生生物

サザナミフグ　Arothron hispidus
「高松松平家所蔵 衆鱗図 2」香川県歴史博物館
友の会博物図譜刊行会　2002
　◇p89（カラー）　とらふく　幼魚　松平頼恭 江戸
　時代（18世紀）　紙本著色 画帖装（折本形式）
　［個人蔵］
「南海の魚類 博物画の至宝」平凡社　1995
　◇pl.177（カラー）　Tetrodon hispidus var.γ
　（Gesellschafts Inseln.）　ギュンター、A.C.L.G.
　, ギャレット、A. 1873～1910
「ビュフォンの博物誌」工作舎　1991
　◇K017（カラー）『一般と個別の博物誌 ソンニー
　ニ版』
「世界大博物図鑑 2」平凡社　1989
　◇p448（カラー）　リュッペル、W.P.E.S.『アビシ
　ニア動物図譜』1835～40

サザナミヤッコの幼魚　Pomacanthus
semicirculatus
「世界大博物図鑑 2」平凡社　1989
　◇p388～389（カラー）　キュヴィエ、G.L.C.F.D.,
　ヴァランシエンヌ、A.『魚の博物誌』1828～50

ササノハガイ
「彩色 江戸博物学集成」平凡社　1994
　◇p211（カラー）　刃介　武蔵石寿『群分品彙』
　［国会図書館］

桟敷
「極楽の魚たち」リブロポート　1991
　◇I-214（カラー）　ルナール、L.『モルッカ諸島産
　彩色魚類図譜 コワイエト写本』1718～19　［個
　人蔵］

サシバゴカイのなかま　Nereiphylla paretti
「世界大博物図鑑 1」平凡社　1991
　◇p21（カラー）　キュヴィエ、G.L.C.F.D.『動物
　界』1836～49　手彩色銅版

サシバゴカイのなかま　Phyllodoce sp.
「世界大博物図鑑 1」平凡社　1991
　◇p21（カラー）　サワビー、J.『英国博物学雑録』
　1804～06

サソリガイ　Lambis crocata
「世界大博物図鑑 別巻2」平凡社　1994
　◇p123（カラー）　平瀬與一郎『貝千種』大正3～
　11（1914～22）　色刷木版画

サソリガイ
「彩色 江戸博物学集成」平凡社　1994
　◇p123（カラー）　木村蒹葭堂『奇貝図譜』　［辰
　馬考古資料館］

サソリガイの蓋（？）
「彩色 江戸博物学集成」平凡社　1994
　◇p123（カラー）　セン螺　木村蒹葭堂『奇貝図譜』
　［辰馬考古資料館］

サソリガイやクモガイ類の蓋（？）
「彩色 江戸博物学集成」平凡社　1994
　◇p123（カラー）　セン螺　木村蒹葭堂『奇貝図譜』
　［辰馬考古資料館］

サソリガニ
「極楽の魚たち」リブロポート　1991
　◇II-212（カラー）　ファロワズ、サムエル原画、ル
　ナール、L.『モルッカ諸島産彩色魚類図譜 ファ
　ン・デル・ステル写本』1718～19　［個人蔵］

サツオミシマ　Ichthyscopus lebeck lebeck
「世界大博物図鑑 2」平凡社　1989
　◇p325（カラー）　キュヴィエ、G.L.C.F.D.『動物
　界』1836～49　手彩色銅版

サツオミシマ　Ichthyscopus lebeck sannio
「江戸博物文庫 魚の巻」工作舎　2017
　◇p15（カラー）　猟夫三島『魚譜』　［国立国会図
　書館］
「高松松平家所蔵 衆鱗図 2」香川県歴史博物館
友の会博物図譜刊行会　2002
　◇p103（カラー）　くつあんかう　松平頼恭 江戸
　時代（18世紀）　紙本著色 画帖装（折本形式）
　［個人蔵］

サツオミシマ　Ichthyscopus lebeck sannio
Whitley
「高木春山 本草図説 水産」リブロポート　1988
　◇p53（カラー）

さっぱ
「魚の手帖」小学館　1991
　◇49図（カラー）　拶双魚　毛利梅園『梅園魚譜／梅
　園魚品図正』1826～1843,1832～1836　［国立
　国会図書館］

サッパ　Sardinella zunasi
「高松松平家所蔵 衆鱗図 2」香川県歴史博物館
友の会博物図譜刊行会　2002
　◇p81（カラー）　すつぱ　松平頼恭 江戸時代（18
　世紀）　紙本著色 画帖装（折本形式）　［個人蔵］

サッパ
「彩色 江戸博物学集成」平凡社　1994
　◇p35（カラー）　貝原益軒『大和本草諸品図』

サバ
「極楽の魚たち」リブロポート　1991
　◇I-64（カラー）　綱通し　ルナール、L.『モルッカ
　諸島産彩色魚類図譜 コワイエト写本』1718～19
　［個人蔵］

サバフグの1種　Lagocephalus sp.
「ビュフォンの博物誌」工作舎　1991
　◇K019（カラー）『一般と個別の博物誌 ソンニー
　ニ版』

サバロノシメンナマズ　Astroblepus sabalo
「世界大博物図鑑 2」平凡社　1989
　◇p148（カラー）　キュヴィエ、G.L.C.F.D.、ヴァ
　ランシエンヌ、A.『魚の博物誌』1828～50

サベッラ［ホンケヤリムシ］
「生物の驚異的な形」河出書房新社　2014
　◇図版96（カラー）　ヘッケル、エルンスト 1904

さまざまなウニの棘の形
「美しいアンティーク生物画の本」創元社　2017

192　博物図譜レファレンス事典 動物篇

魚・貝・水生生物　　　　　　　　　　　　さりか

◇p91（カラー）　d'Orbigny, Charles Henry Dessalines『Dictionnaire universel d'histoire naturelle』 1841〜49

サメ
「紙の上の動物園」グラフィック社　2017
　◇p82（カラー）　ステッドマン, ジョン・ゲイブリエル『スリナムの黒人反乱と戦いながらの1772年から77年の5年間の探検物語：スリナム史解説と産物紹介』 1796

サメジラミの1種　Pandarus sp.
「ビュフォンの博物誌」工作舎　1991
　◇M029（カラー）『一般と個別の博物誌 ソンニーニ版』

サメジラミのなかま　Pandarus cranchii
「世界大博物図鑑 1」平凡社　1991
　◇p65（カラー）　キュヴィエ, G.L.C.F.D.『動物界』 1836〜49　手彩色銅版

サメハダヘイケガニ　Paradorippe granulata
「鳥獣虫魚譜」八坂書房　1988
　◇p81（カラー）　平家蟹　松森胤保『両羽貝螺図譜』　［酒田市立光丘文庫］

さより
「魚の手帖」小学館　1991
　◇41図（カラー）　細魚・鱵　毛利梅園『梅園魚譜/梅園魚品図正』 1826〜1843,1832〜1836　［国立国会図書館］

サヨリ　Hemiramphus sajori
「世界大博物図鑑 2」平凡社　1989
　◇p184（カラー）　大野麦風『大日本魚類画集』 昭和12〜19　彩色木版
「鳥獣虫魚譜」八坂書房　1988
　◇p56（カラー）　モヂロ　松森胤保『両羽魚類図譜』　［酒田市立光丘文庫］

サヨリ　Hyporhamphus sajori
「江戸博物文庫 魚の巻」工作舎　2017
　◇p47（カラー）　鱵　毛利梅園『梅園魚品図正』　［国立国会図書館］
「グラバー魚譜200選」長崎文献社　2005
　◇p61（カラー）　倉場富三郎編、萩原魚仙画『日本西部及南部魚類図譜』 1914採集　［長崎大学附属図書館］

サヨリ
「極楽の魚たち」リブロポート　1991
　◇II–21（カラー）　巨大な半くちばし　ファロワズ、サムエル原画、ルナール, L.『モルッカ諸島産彩色魚類図譜 ファン・デル・ステル写本』 1718〜19　［個人蔵］
　◇p118〜119（カラー）　ファロワズ、サムエル画、ルナール, L.『モルッカ諸島産彩色魚類図譜 フォン・ベア写本』 1718〜19

サヨリトビウオ　Oxyporhamphus micropterus
「世界大博物図鑑 2」平凡社　1989
　◇p185（カラー）　キュヴィエ, G.L.C.F.D., ヴァランシエンヌ, A.『魚の博物誌』 1828〜50

サヨリトビウオ　Oxyporhamphus micropterus micropterus
「世界大博物図鑑 2」平凡社　1989
　◇p189（カラー）　キュヴィエ, G.L.C.F.D., ヴァランシエンヌ, A.『魚の博物誌』 1828〜50

サヨリのなかま
「極楽の魚たち」リブロポート　1991
　◇I–186（カラー）　半分くちばし　ルナール, L.『モルッカ諸島産彩色魚類図譜 コワイエト写本』 1718〜19　［個人蔵］

サラサイザリウオ？　Antennarius sarasa
「世界大博物図鑑 2」平凡社　1989
　◇p460（カラー）『魚譜〈忠・孝〉』　［東京国立博物館］　※明治時代の写本

サラサウミウシ　Chromodoris tinctoria
「世界大博物図鑑 別巻2」平凡社　1994
　◇p170（カラー）　リュッペル, W.P.E.S.『北アフリカ探検図譜』 1826〜28

サラサエビ
「水中の驚異」リブロポート　1990
　◇p21（カラー）　ゴス, P.H.『アクアリウム』 1854

サラサエビのなかま　Rhynchocinetes typus
「世界大博物図鑑 1」平凡社　1991
　◇p81（カラー）　チリ産の種　ゲイ, C.『チリ自然社会誌』 1844〜71

サラサバイの1種　Phasianella sp.
「ビュフォンの博物誌」工作舎　1991
　◇L053（カラー）『一般と個別の博物誌 ソンニーニ版』

サラサハゼ　Amblygobius phalaena
「南海の魚類 博物画の至宝」平凡社　1995
　◇pl.111（カラー）　Gobius phalaena　ギュンター, A.C.L.G.、ギャレット, A. 1873〜1910

サラサミナシガイ　Conus capitaneus
「世界大博物図鑑 別巻2」平凡社　1994
　◇p150（カラー）　ドノヴァン, E.『博物宝典』 1823〜27

サラサワスレガイ　Macrocallista maculata
「世界大博物図鑑 別巻2」平凡社　1994
　◇p215（カラー）　キュヴィエ, G.L.C.F.D.『動物界（門徒版）』 1836〜49

サラレイシガイ　Purpura patula
「世界大博物図鑑 別巻2」平凡社　1994
　◇p139（カラー）　キーネ, L.C.『ラマルク貝類図譜』 1834〜80　手彩色銅版版

ザリガニ　Cambaroides japonicus
「世界大博物図鑑 1」平凡社　1991
　◇p97（カラー）　栗本丹洲『千蟲譜』　文化8（1811）
「鳥獣虫魚譜」八坂書房　1988
　◇p84（カラー）　ヲクリカンキリ　松森胤保『両羽貝螺図譜』　［酒田市立光丘文庫］

博物図譜レファレンス事典 動物篇　**193**

さりか　　　　　　　　　魚・貝・水生生物

ザリガニ（アンボワーヌで食べたもの）
「紙の上の動物園」グラフィック社　2017
　◇p91（カラー）　ルナール, ルイ『インド洋の希少種の自然誌：魚、ザリガニ、カニ』1718～19　水彩画

ザリガニ科　Astacidae
「ビュフォンの博物誌」工作舎　1991
　◇M053（カラー）『一般と個別の博物誌 ソンニーニ版』

ザリガニの卵
「極楽の魚たち」リブロポート　1991
　◇II-188（カラー）　ファロワズ, サムエル原画, ルナール, L.『モルッカ諸島産彩色魚類図譜 ファン・デル・ステル写本』1718～19　［国文学研究資料館史料館］

サルエビ　Trachysalambria curvirostris
「高松松平家所蔵 衆鱗図 3」香川県歴史博物館友の会博物図譜刊行会　2003
　◇p11（カラー）　アヅキエビ　松平頼恭 江戸時代（18世紀）　紙本著色 画帖装（折本形式）　［個人蔵］

サルシアウミヒドラの仲間
「美しいアンティーク生物画の本」創元社　2017
　◇p72（カラー）　Sarsia coccometra　Bigelow, Henry Bryant『'The Medusae' (Memoirs of the Museum of Comparative Zoölogy at Harvard College, v.37)』1909
　◇p82（カラー）　Sarsia siphonophora　Haeckel, Ernst『Das System der Medusen』1879

サルシアクラゲの仲間
「美しいアンティーク生物画の本」創元社　2017
　◇p72（カラー）　Sarsia resplendens　Bigelow, Henry Bryant『'The Medusae' (Memoirs of the Museum of Comparative Zoölogy at Harvard College, v.37)』1909

サルパ
「水中の驚異」リブロポート　1990
　◇p59（カラー）　ベロン, フレシネ『オーストラリア博物航海図録』1800～24

サルパの単独個体と連鎖
「水中の驚異」リブロポート　1990
　◇p155（白黒）　ダナ, J.D.『サンゴとサンゴ礁』1872

サワガニ　Geothelphusa dehaani
「高松松平家所蔵 衆鱗図 3」香川県歴史博物館友の会博物図譜刊行会　2003
　◇p41（カラー）　（付札なし）　松平頼恭 江戸時代（18世紀）　紙本著色 画帖装（折本形式）　［個人蔵］

サワラ　Scomberomorus niphonius
「江戸博物文庫 魚の巻」工作舎　2017
　◇p119（カラー）　鰆　栗本丹洲『栗氏魚譜』［国立国会図書館］
「グラバー魚譜200選」長崎文献社　2005
　◇p72（カラー）　倉場富三郎編, 長谷川雪香画『日

本西部及南部魚類図譜』1915採集　［長崎大学附属図書館］
「高松松平家所蔵 衆鱗図 1」香川県歴史博物館友の会博物図譜刊行会　2001
　◇p108～109（カラー）　鰆　松平頼恭 江戸時代（18世紀）　紙本著色 画帖装（折本形式）　［個人蔵］
「世界大博物図鑑 2」平凡社　1989
　◇p321（カラー）　大野麦風『大日本魚類画集』昭和12～19　彩色木版

サンカクガイの1種？　Trigonia sp.
「ビュフォンの博物誌」工作舎　1991
　◇L067（カラー）　化石種『一般と個別の博物誌 ソンニーニ版』

サンカクハゼ　Fusigobius neophytus
「南海の魚類 博物画の至宝」平凡社　1995
　◇pl.108（カラー）　Gobius neophytus　ギュンター, A.C.L.G., ギャレット, A. 1873～1910

三兄弟島の羊
「極楽の魚たち」リブロポート　1991
　◇II-89（カラー）　ファロワズ, サムエル原画, ルナール, L.『モルッカ諸島産彩色魚類図譜 ファン・デル・ステル写本』1718～19　［個人蔵］

サンゴアイゴ　Siganus corallinus
「世界大博物図鑑 2」平凡社　1989
　◇p400（カラー）　ミュラー, S.『蘭領インド自然誌』1839～44

サンゴ礁
「世界大博物図鑑 別巻2」平凡社　1994
　◇p78～79（カラー）　coral reef　インド洋『マイヤース百科事典』1902　石版図
　◇p82～83（カラー）　coral reef　紅海のサンゴ礁　ヘッケル, E.H.P.A.『アラビアのサンゴ』1876

珊瑚礁魚
「極楽の魚たち」リブロポート　1991
　◇II-5（カラー）　ファロワズ, サムエル原画, ルナール, L.『モルッカ諸島産彩色魚類図譜 ファン・デル・ステル写本』1718～19　［個人蔵］
　◇II-39（カラー）　ファロワズ, サムエル原画, ルナール, L.『モルッカ諸島産彩色魚類図譜 ファン・デル・ステル写本』1718～19　［個人蔵］
　◇II-61（カラー）　ファロワズ, サムエル原画, ルナール, L.『モルッカ諸島産彩色魚類図譜 ファン・デル・ステル写本』1718～19　［個人蔵］
　◇II-74（カラー）　ファロワズ, サムエル原画, ルナール, L.『モルッカ諸島産彩色魚類図譜 ファン・デル・ステル写本』1718～19　［個人蔵］
　◇II-78（カラー）　ファロワズ, サムエル原画, ルナール, L.『モルッカ諸島産彩色魚類図譜 ファン・デル・ステル写本』1718～19　［個人蔵］
　◇II-87（カラー）　ファロワズ, サムエル原画, ルナール, L.『モルッカ諸島産彩色魚類図譜 ファン・デル・ステル写本』1718～19　［個人蔵］

サンゴタツ　Hippocampus mohnikei
「グラバー魚譜200選」長崎文献社　2005
　◇p50（カラー）　きたのうみうま　倉場富三郎編,

194　博物図譜レファレンス事典 動物篇

魚・貝・水生生物　　　　　　　　　　　　　　　　　しおか

中村三郎画『日本西部及南部魚類図譜』 1918採
集　［長崎大学附属図書館］

サンゴニベ　Equetus lanceolatus
「ビュフォンの博物誌」工作舎　1991
　◇K055（カラー）『一般と個別の博物誌 ソンニー
　　ニ版』
「世界大博物図鑑 2」平凡社　1989
　◇p265（カラー）　キュヴィエ, G.L.C.F.D.『動物
　　界』 1836～49　手彩色銅版

サンゴのなかま　Corallium sp.
「世界大博物図鑑 別巻2」平凡社　1994
　◇p63（カラー）　キュヴィエ, G.L.C.F.D.『動物界
　　（門徒版）』 1836～49

サンゴ類
「水中の驚異」リブロポート　1990
　◇p35（カラー）　ゴッス, P.H.『イギリスのイソギ
　　ンチャクとサンゴ』 1860
　◇p68（白黒）　デュブレ『コキーユ号航海記録』
　　1826～30

サンシキマクラガイ　Oliva tricolor
「世界大博物図鑑 別巻2」平凡社　1994
　◇p135（カラー）　デュモン・デュルヴィル, J.S.C.
　　『アストロラブ号世界周航記』 1830～35　ス
　　ティップル印刷

山椒貝
「彩色 江戸博物学集成」平凡社　1994
　◇p38（カラー）　貝原益軒『大和本草諸品図』

ザンダー　Stizostedion lucioperca
「世界大博物図鑑 2」平凡社　1989
　◇p261（カラー）　キュヴィエ, G.L.C.F.D.『動物
　　界』 1836～49　手彩色銅版

三代虫
「世界大博物図鑑 1」平凡社　1991
　◇p17（カラー）　ヘッケル, E.H.『自然の造形』
　　1899～1904　多色石版画

さんま
「魚の手帖」小学館　1991
　◇59図（カラー）　秋刀魚　毛利梅園『梅園魚譜/梅
　　園魚品図正』 1826～1843,1832～1836　［国立
　　国会図書館］

サンマ　Cololabis saira
「江戸博物文庫 魚の巻」工作舎　2017
　◇p62（カラー）　秋刀魚　毛利梅園『梅園魚品図
　　正』　［国立国会図書館］
「グラバー魚譜200選」長崎文献社　2005
　◇p62（カラー）　倉場富三郎編, 萩原魚仙画『日本
　　西部及南部魚類図譜』 1913採集　［長崎大学附
　　属図書館］
「世界大博物図鑑 2」平凡社　1989
　◇p185（カラー）　服部雪斎筆『博物館魚譜』
　　［東京国立博物館］

山脈魚
「極楽の魚たち」リブロポート　1991
　◇II-110（カラー）　ファロワズ, サムエル原画, ル

ナール, L.『モルッカ諸島産彩色魚類図譜 ファ
ン・デル・ステル写本』 1718～19　［個人蔵］

【し】

シアデ
「極楽の魚たち」リブロポート　1991
　◇I-211（カラー）　ルナール, L.『モルッカ諸島産
　　彩色魚類図譜 コワイエト写本』 1718～19　［個
　　人蔵］

ジイガセキンコの1種　Psolus sp.
「世界大博物図鑑 別巻2」平凡社　1994
　◇p283（カラー）　デュモン・デュルヴィル, J.S.C.
　　『アストロラブ号世界周航記』 1830～35　ス
　　ティップル印刷

シイラ　Coryphaena hippurus
「江戸博物文庫 魚の巻」工作舎　2017
　◇p144（カラー）　鱰　栗本丹洲『栗氏魚譜』
　　［国立国会図書館］
「グラバー魚譜200選」長崎文献社　2005
　◇p89（カラー）　倉場富三郎編, 長谷川雪香画『日
　　本西部及南部魚類図譜』 1913採集　［長崎大学
　　附属図書館］
「高松松平家所蔵 衆鱗図 2」香川県歴史博物館
　友の会博物図譜刊行会　2002
　◇p42～43（カラー）　しいら　松平頼恭 江戸時代
　　（18世紀）　紙本著色 画帖装（折本形式）　［個人
　　蔵］
「ビュフォンの博物誌」工作舎　1991
　◇K041（カラー）『一般と個別の博物誌 ソンニー
　　ニ版』
「世界大博物図鑑 2」平凡社　1989
　◇p312～313（カラー）　キュヴィエ, G.L.C.F.D.,
　　ヴァランシエンヌ, A.『魚の博物誌』 1828～50

シイラ
「極楽の魚たち」リブロポート　1991
　◇I-123（カラー）　金色イルカ　ルナール, L.『モ
　　ルッカ諸島産彩色魚類図譜 コワイエト写本』
　　1718～19　［個人蔵］
　◇II-76（カラー）　ファロワズ, サムエル原画, ル
　　ナール, L.『モルッカ諸島産彩色魚類図譜 ファ
　　ン・デル・ステル写本』 1718～19　［個人蔵］

ジェームズホタテガイ　Pecten maximus
jacobaeus
「世界大博物図鑑 別巻2」平凡社　1994
　◇p191（カラー）　キュヴィエ, G.L.C.F.D.『動物
　　界（門徒版）』 1836～49

シオイタチウオ　Neobythites sivicolus
「高松松平家所蔵 衆鱗図 4」香川県歴史博物館
　友の会博物図譜刊行会　2004
　◇p18（カラー）　（付札なし）　松平頼恭 江戸時代
　　（18世紀）　紙本著色 画帖装（折本形式）　［個人
　　蔵］

シオガマガイの1種　Cycladicama sp.
「ビュフォンの博物誌」工作舎　1991

博物図譜レファレンス事典 動物篇　　**195**

◇L063（カラー）『一般と個別の博物誌 ソンニーニ版』

シオサザナミガイ　Gari gari
「ビュフォンの博物誌」工作舎　1991
◇L068（カラー）『一般と個別の博物誌 ソンニーニ版』

シオマネキ　Uca arcuata
「高松松平家所蔵 衆鱗図 3」香川県歴史博物館友の会博物図譜刊行会　2003
◇p37（カラー）　米ツキ蟹　松平頼恭 江戸時代（18世紀）　紙本著色 画帖装（折本形式）［個人蔵］
「世界大博物図鑑 1」平凡社　1991
◇p133（カラー）　田中芳男『博物館虫譜』 1877（明治10）頃

シオマネキ　Uca lactea
「グラバー魚譜200選」長崎文献社　2005
◇p234（カラー）　倉場富三郎編, 萩原魚仙画『日本西部及南部魚類図譜』 1932採集　［長崎大学附属図書館］

シカクナマコ　Stichopus chloronotus
「世界大博物図鑑 別巻2」平凡社　1994
◇p282（カラー）　レッソン, R.P.著, プレートル原図『動物百図』 1830〜32

シギノハシガイ
「彩色 江戸博物学集成」平凡社　1994
◇p211（カラー）　鴫ノ觜　武蔵石寿『群分品彙』［国会図書館］

シギノハダイ　Aplodactylus punctatus
「世界大博物図鑑 2」平凡社　1989
◇p293（カラー）　ゲイ, C.『チリ自然社会誌』 1844〜71

シクチ
⇒メナダ（シクチ）を見よ

シコロクチベニガイ科　Corbulidae
「ビュフォンの博物誌」工作舎　1991
◇L060（カラー）『一般と個別の博物誌 ソンニーニ版』

シコロサンゴのなかま　Pavonia lectuca
「世界大博物図鑑 別巻2」平凡社　1994
◇p78（カラー）　キュヴィエ, G.L.C.F.D.『動物界（門徒版）』 1836〜49

シシイカ　Sepia peterseni
「グラバー魚譜200選」長崎文献社　2005
◇p221（カラー）　未定　オス　倉場富三郎編, 萩原魚仙画『日本西部及南部魚類図譜』 1915採集［長崎大学附属図書館］

シシバナオオソコイタチウオ　Cataetyx simus
「世界大博物図鑑 2」平凡社　1989
◇p93（カラー）　ガーマン, S.著, ウェスターグレン原図『ハーヴァード大学比較動物学記録 第24巻〈アルバトロス号調査報告—魚類編〉』 1899　手彩色石版画

シジミナリカワボタン　Obovaria retusa
「世界大博物図鑑 別巻2」平凡社　1994
◇p227（カラー）　キュヴィエ, G.L.C.F.D.『動物界（門徒版）』 1836〜49

シシュウミナシガイ　Conus thalassiarchus
「世界大博物図鑑 別巻2」平凡社　1994
◇p151（カラー）　まだ未成熟な個体　クノール, G.W.『貝類図譜』 1764〜75

シダアンコウ　Gigantactis vanhoeffeni
「世界大博物図鑑 2」平凡社　1989
◇p105（カラー）　ブラウアー, A.『深海魚』 1898〜99　石版色刷り

シダレザクラクラゲのなかま　Stephanomia contorta
「世界大博物図鑑 別巻2」平凡社　1994
◇p43（カラー）　キュヴィエ, G.L.C.F.D.『動物界（門徒版）』 1836〜49

シチセンベラ　Lienardella fasciata
「世界大博物図鑑 2」平凡社　1989
◇p362（カラー）『ロンドン動物学協会紀要』 1861〜90（第2期）

シチセンベラ（?）
「極楽の魚たち」リブロポート　1991
◇I–118（カラー）　モーリシャスの古女房　ルナール, L.『モルッカ諸島産彩色魚類図譜 コワイエト写本』 1718〜19　［個人蔵］

十脚目の1種　Decapoda fam., gen.and sp. indet.
「高松松平家所蔵 衆鱗図 3」香川県歴史博物館友の会博物図譜刊行会　2003
◇p14（カラー）　スナヱビ　松平頼恭 江戸時代（18世紀）　紙本著色 画帖装（折本形式）［個人蔵］
◇p19（カラー）　麥ヱビ　松平頼恭 江戸時代（18世紀）　紙本著色 画帖装（折本形式）［個人蔵］
◇p20（カラー）　（付札なし）　松平頼恭 江戸時代（18世紀）　紙本著色 画帖装（折本形式）［個人蔵］
◇p36（カラー）　（付札なし）　松平頼恭 江戸時代（18世紀）　紙本著色 画帖装（折本形式）［個人蔵］

十脚目またはアミ目の1種　Decapoda or Mysidacea fam., gen.and sp.indet.
「高松松平家所蔵 衆鱗図 3」香川県歴史博物館友の会博物図譜刊行会　2003
◇p17（カラー）　タイフ蝦　松平頼恭 江戸時代（18世紀）　紙本著色 画帖装（折本形式）［個人蔵］

シッポウフグ　Amblyrhynchotes hypslogenion
「世界大博物図鑑 2」平凡社　1989
◇p445（カラー）　ギャレット原図, ギュンター解説『ゴデフロイ博物館紀要』 1873〜1910

魚・貝・水生生物　　　　　　　　　　　　　　しまう

シッポウフグ属の1種　Torquigener
hypselogeneion
「南海の魚類 博物画の至宝」平凡社　1995
　◇pl.172（カラー）　Tetrodon hypselogenion
　　（Sandwich Ins.）　ギュンター，A.C.L.G.，ギャ
　　レット，A. 1873〜1910

シテンチョウチョウウオ　Chaetodon
quadrimaculatus
「南海の魚類 博物画の至宝」平凡社　1995
　◇pl.30（カラー）　ギュンター，A.C.L.G.，ギャ
　　レット，A. 1873〜1910
「世界大博物図鑑 2」平凡社　1989
　◇p385（カラー）　ギャレット，A.原図，ギュン
　　ター，A.C.L.G.解説『南海の魚類』1873〜1910

シテンヤッコ　Apolemichthys trimaculatus
「世界大博物図鑑 2」平凡社　1989
　◇p393（カラー）　キュヴィエ，G.L.C.F.D.，ヴァ
　　ランシエンヌ，A.『魚の博物誌』1828〜50

**シテンヤッコ属の1種（バンデット・エンジェ
ルフィッシュ）**　Apolemichthys arcuatus
「南海の魚類 博物画の至宝」平凡社　1995
　◇pl.32（カラー）　Holacanthus arcuatus　ギュン
　　ター，A.C.L.G.，ギャレット，A. 1873〜1910

シノノメワラスボ　Gobioides broussonnetii
「世界大博物図鑑 2」平凡社　1989
　◇p341（カラー）　キュヴィエ，G.L.C.F.D.『動物
　　界』1836〜49　手彩色銅版

シバエビ　Metapenaeus joyneri
「グラバー魚譜200選」長崎文献社　2005
　◇p226（カラー）　倉場富三郎編，中村三郎画『日
　　本西部及南部魚類図譜』1916採集　［長崎大学
　　附属図書館］

シビレエイ　Narke japonica
「江戸博物文庫 魚の巻」工作舎　2017
　◇p129（カラー）　麻痺鱝　栗本丹洲『栗氏魚譜』
　　［国立国会図書館］
「高松松平家所蔵 衆鱗図 1」香川県歴史博物館
　友の会博物図譜刊行会　2001
　◇p82（カラー）　（付札なし）　松平頼恭 江戸時代
　　（18世紀）　紙本著色 画帖装（折本形式）　［個人
　　蔵］

シボリタカラガイ　Cypraea limacina
「世界大博物図鑑 別巻2」平凡社　1994
　◇p126（カラー）　デュモン・デュルヴィル，J.S.C.
　　『アストロラブ号世界周航記』1830〜35　ス
　　ティップル印刷

しまあじ
「魚の手帖」小学館　1991
　◇86図（カラー）　縞鰺　毛利梅園『梅園魚譜/梅園
　　魚品図正』1826〜1843,1832〜1836　［国立国
　　会図書館］

シマアジ　Pseudocaranx dentex
「グラバー魚譜200選」長崎文献社　2005

　◇p85（カラー）　倉場富三郎編，小田紫星画『日本
　　西部及南部魚類図譜』1912採集　［長崎大学附
　　属図書館］
「高松松平家所蔵 衆鱗図 1」香川県歴史博物館
　友の会博物図譜刊行会　2001
　◇p101（カラー）　別種 大島鰺　松平頼恭 江戸時
　　代（18世紀）　紙本著色 帖帖装（折本形式）　［個
　　人蔵］
「世界大博物図鑑 2」平凡社　1989
　◇p300（カラー）　ナポレオン『エジプト誌』
　　1809〜30

シマイサキ　Rhynchopelates oxyrhynchus
「高松松平家所蔵 衆鱗図 2」香川県歴史博物館
　友の会博物図譜刊行会　2002
　◇p68（カラー）　すぎうを　松平頼恭 江戸時代
　　（18世紀）　紙本著色 画帖装（折本形式）　［個人
　　蔵］

シマイサキ　Rhyncopelates oxyrhynchus
「江戸博物文庫 魚の巻」工作舎　2017
　◇p130（カラー）　縞伊佐木　栗本丹洲『栗氏魚譜』
　　［国立国会図書館］
「世界大博物図鑑 2」平凡社　1989
　◇p285（カラー）『魚譜〈忠・孝〉』　［東京国立博物
　　館］　※明治時代の写本

シマイサキ
「彩色 江戸博物学集成」平凡社　1994
　◇p407（カラー）　奥倉辰行『水族四帖』　［国会
　　図書館］

シマイシガニ　Charybdis feriata
「世界大博物図鑑 1」平凡社　1991
　◇p128（カラー）　ヘルプスト，J.F.W.『蟹蛄分類
　　図譜』1782〜1804

シマイセエビ　Panulirus penicillatus
「世界大博物図鑑 1」平凡社　1991
　◇p89（カラー）　田中芳男『博物館虫譜』1877
　　（明治10）頃

しまうしのした
「魚の手帖」小学館　1991
　◇88図（カラー）　縞牛舌　毛利梅園『梅園魚譜/梅
　　園魚品図正』1826〜1843,1832〜1836　［国立
　　国会図書館］

シマウシノシタ　Zebrias zebra
「世界大博物図鑑 2」平凡社　1989
　◇p405（カラー）　松森胤保『両羽博物図譜』明治
　　14〜25（1881〜92）

シマウシノシタ　Zebrias zebrinus
「江戸博物文庫 魚の巻」工作舎　2017
　◇p131（カラー）　縞牛舌　栗本丹洲『栗氏魚譜』
　　［国立国会図書館］

シマウシノシタ
「彩色 江戸博物学集成」平凡社　1994
　◇p35（カラー）　貝原益軒『大和本草諸品図』

シマウマタカラガイ　Cypraea zebra
「世界大博物図鑑 別巻2」平凡社　1994

博物図譜レファレンス事典 動物篇　**197**

しまう　　　　　　　　　魚・貝・水生生物

◇p127（カラー）　クノール，G.W.『貝類図譜』
1764〜75

シマウミスズメ　Lactoria fornasini
「南海の魚類 博物画の至宝」平凡社　1995
◇pl.170（カラー）　Ostracion fornasini（Chagos
Archip.）　ギュンター，A.C.L.G.，ギャレット，
A. 1873〜1910
「世界大博物図鑑 2」平凡社　1989
◇p441（カラー）　ギャレット原図，ギュンター解
説『ゴデフロイ博物館紀要』　1873〜1910

シマキンチャクフグ　Canthigaster valentini
「南海の魚類 博物画の至宝」平凡社　1995
◇pl.172（カラー）　Tetrodon valentini（New
Hannover）　ギュンター，A.C.L.G.，ギャレッ
ト，A. 1873〜1910
「世界大博物図鑑 2」平凡社　1989
◇p445（カラー）　ギャレット原図，ギュンター解
説『ゴデフロイ博物館紀要』　1873〜1910

シマキンチャクフグ
「極楽の魚たち」リブロポート　1991
◇I–197（カラー）　骨魚　ルナール，L.『モルッカ
諸島産彩色魚類図譜 コワイエト写本』　1718〜19
［個人蔵］
◇II–29（カラー）　骨魚　ファロワズ，サムエル原
画，ルナール，L.『モルッカ諸島産彩色魚類図譜
ファン・デル・ステル写本』　1718〜19　［個人
蔵］
◇II–124（カラー）　骨魚　ファロワズ，サムエル原
画，ルナール，L.『モルッカ諸島産彩色魚類図譜
ファン・デル・ステル写本』　1718〜19　［個人
蔵］
◇p124〜125（カラー）　ファロワズ，サムエル画，
ルナール，L.『モルッカ諸島産彩色魚類図譜 フォ
ン・ベア写本』　1718〜19

シマキンチャクフグかノコギリハギ
「極楽の魚たち」リブロポート　1991
◇II–227（カラー）　トントンボ　ファロワズ，サム
エル原画，ルナール，L.『モルッカ諸島産彩色魚
類図譜 ファン・デル・ステル写本』　1718〜19
［個人蔵］

シマキンチャクフグの1種もしくはノコギリ
ハギ（？）
「極楽の魚たち」リブロポート　1991
◇II–32（カラー）　骨魚　ファロワズ，サムエル原
画，ルナール，L.『モルッカ諸島産彩色魚類図譜
ファン・デル・ステル写本』　1718〜19　［個人
蔵］

シマコショウダイ　Plectorhynchus orientalis
「世界大博物図鑑 2」平凡社　1989
◇p281（カラー）　ベネット，J.W.『セイロン島
岸産の魚類誌』　1830　手彩色 アクアチント 線
刻銅版

シマタレクチベラ　Hemigymnus fasciatus
「世界大博物図鑑 2」平凡社　1989
◇p365（カラー）　ブレイカー，M.P.『蘭領東イン
ド魚類図譜』　1862〜78　色刷り石版画

シマチビキ
「極楽の魚たち」リブロポート　1991
◇I–206（カラー）　ソソール　ルナール，L.『モ
ルッカ諸島産彩色魚類図譜 コワイエト写本』
1718〜19　［個人蔵］
◇II–31（カラー）　ソソル　ファロワズ，サムエル
原画，ルナール，L.『モルッカ諸島産彩色魚類図
譜 ファン・デル・ステル写本』　1718〜19　［個
人蔵］
◇p134（カラー）　ファロワズ，サムエル画，ルナー
ル，L.『モルッカ諸島産彩色魚類図譜 フォン・ベ
ア写本』　1718〜19

シマツノマタガイモドキ　Latirus amplustris
「世界大博物図鑑 別巻2」平凡社　1994
◇p143（カラー）　マーティン，T.『万国貝譜』
1784〜87　手彩色銅版図

しまどじょう
「魚の手帖」小学館　1991
◇56図（カラー）　縞泥鰌　毛利梅園『梅園魚譜/梅
園魚品図正』　1826〜1843,1832〜1836　［国立
国会図書館］

縞のある魚
「極楽の魚たち」リブロポート　1991
◇II–82（カラー）　ファロワズ，サムエル原画，ル
ナール，L.『モルッカ諸島産彩色魚類図譜 ファ
ン・デル・ステル写本』　1718〜19　［個人蔵］

シマハギ　Acanthurus triostegus
「世界大博物図鑑 2」平凡社　1989
◇p395（カラー）　ベネット，J.W.『セイロン島沿
岸産の魚類誌』　1830　手彩色 アクアチント 線
刻銅版

シマハギの幼魚　Acanthurus triostegus
「世界大博物図鑑 2」平凡社　1989
◇p395（カラー）　アクロヌルス期　ガーマン，S.
著，ウェスターグレン原図『ハーヴァード大学比
較動物学記録 第24巻〈アルバトロス号調査報告
一魚類編〉』　1899　手彩色石版画

シマヒイラギ　Leiognathus fasciatus
「世界大博物図鑑 2」平凡社　1989
◇p308（カラー）　キュヴィエ，G.L.C.F.D.，ヴァ
ランシエンヌ，A.『魚の博物誌』　1828〜50

シマフグ　Takifugu xanthopterus
「グラバー魚譜200選」長崎文献社　2005
◇p161（カラー）　倉場富三郎編，萩原魚仙画 『日
本西部及南部魚類図譜』　1914採集　［長崎大学
附属図書館］
「高松松平家所蔵 衆鱗図 2」香川県歴史博物館
友の会博物図譜刊行会　2002
◇p85（カラー）　さばふく　松平頼恭 江戸時代
（18世紀）　紙本著色 画帖装（折本形式）　［個人
蔵］

シマフグ
「彩色 江戸博物学集成」平凡社　1994
◇p118〜119（カラー）　小野蘭山『魚彙』　［岩瀬
文庫］

198　博物図譜レファレンス事典 動物篇

魚・貝・水生生物　　　　　　　　　　　しやつ

シマホウオウガイ　Vulsella linguata
「世界大博物図鑑　別巻2」平凡社　1994
　　◇p182（カラー）　クノール, G.W.『貝類図譜』
　　1764～75

シマメロンボラ　Ericusa sowerbyi
「世界大博物図鑑　別巻2」平凡社　1994
　　◇p146（カラー）　リーチ, W.E.著, ノダー, R.P.図
　　『動物学雑録』1814～17　手彩色銅版

シメコミニシキベラ　Thalassoma ballieui
「世界大博物図鑑　2」平凡社　1989
　　◇p360（カラー）　ギャレット原図, ギュンター解
　　説『ゴデフロイ博物館紀要』1873～1910

シメナワミノムシガイ　Vexillum regina
「世界大博物図鑑　別巻2」平凡社　1994
　　◇p142（カラー）　キーネ, L.C.『ラマルク貝類図
　　譜』1834～80　手彩色銅版図

シモダノコギリガニ　Schizophroida
simodaensis
「日本の博物図譜」東海大学出版会　2001
　　◇図87（カラー）　酒井綾子筆『相模湾産蟹類』
　　［国立科学博物館］

シモフリアイゴ　Siganus canaliculatus
「世界大博物図鑑　2」平凡社　1989
　　◇p400（カラー）　ミュラー, S.『蘭領インド自然
　　誌』1839～44

シモフリアイゴ　Siganus fuscescens
「江戸博物文庫 魚の巻」工作舎　2017
　　◇p29（カラー）　霜降阿乙呉　後藤光生『随観写
　　真』　［国立国会図書館］

シャキョクヒトデの1種
「美しいアンティーク生物画の本」創元社　2017
　　◇p87（カラー）　Pedicellaster sexradiatus
　　Arbert I, Prince of Monaco『Résultats des
　　campagnes scientifiques accomplies sur son
　　yacht par Albert Ier, prince souverain de
　　Monaco』1909

シャコ　Oratosquilla oratoria
「グラバー魚譜200選」長崎文献社　2005
　　◇p251（カラー）　倉場富三郎編, 小田紫星画『日
　　本西部及南部魚類図譜』1912採集　［長崎大学
　　附属図書館］
「高松松平家所蔵 衆鱗図 3」香川県歴史博物館
友の会博物図譜刊行会　2003
　　◇p16（カラー）　ボロシヤク　松平頼恭 江戸時代
　　（18世紀）　紙本著色 画帖装（折本形式）　［個人
　　蔵］
「世界大博物図鑑　1」平凡社　1991
　　◇p141（カラー）　高木春山『本草図説』　？ ～嘉
　　永5（？ ～1852）　［愛知県西尾市立岩瀬文庫］
「鳥獣虫魚譜」八坂書房　1988
　　◇p80（カラー）　シャゴ, イサダエビ　松森胤保
　　『両羽虫蝶図譜』　［酒田市立光丘文庫］

シャコ
「極楽の魚たち」リブロポート　1991

◇I-127（カラー）　ラセテク・コウニン　ルナー
ル, L.『モルッカ諸島産彩色魚類図譜 コワイエト
写本』1718～19　［個人蔵］
◇I-195（カラー）　ヨウ・ラセテク　ルナール, L.
『モルッカ諸島産彩色魚類図譜 コワイエト写本』
1718～19　［個人蔵］
◇II-137（カラー）　リンクオ　ファロワズ, サムエ
ル原画, ルナール, L.『モルッカ諸島産彩色魚類
図譜 ファン・デル・ステル写本』1718～19
［個人蔵］
◇II-168（カラー）　アラビアガニ　ファロワズ, サ
ムエル原画, ルナール, L.『モルッカ諸島産彩色
魚類図譜 ファン・デル・ステル写本』1718～19
［個人蔵］
◇II-218（カラー）　エビ　ファロワズ, サムエル原
画, ルナール, L.『モルッカ諸島産彩色魚類図譜
ファン・デル・ステル写本』1718～19　［個人
蔵］
◇II-222（カラー）　エビ, マルの小エビ　ファロワ
ズ, サムエル原画, ルナール, L.『モルッカ諸島産
彩色魚類図譜 ファン・デル・ステル写本』1718
～19　［個人蔵］

シャゴウ　Hippopus hippopus
「ビュフォンの博物誌」工作舎　1991
　　◇L066（カラー）『一般と個別の博物誌 ソニーニ
　　二版』

シャゴウガイ　Hippopus hippopus
「世界大博物図鑑　別巻2」平凡社　1994
　　◇p199（カラー）　クノール, G.W.『貝類図譜』
　　1764～75

ジャコウダコ　Eledone moschata
「世界大博物図鑑　別巻2」平凡社　1994
　　◇p251（カラー）　キュヴィエ, G.L.C.F.D.『動物
　　界（門徒版）』1836～49
「ビュフォンの博物誌」工作舎　1991
　　◇L034（カラー）『一般と個別の博物誌 ソニーニ
　　二版』

シャコガキ　Pycnodonta hyotis
「世界大博物図鑑　別巻2」平凡社　1994
　　◇p195（カラー）　デュ・プティ＝トゥアール, A.
　　A.『ウエヌス号世界周航記』1846

シャダンキの雄　Callionymus lyra
「世界大博物図鑑　2」平凡社　1989
　　◇p430（カラー）　ドノヴァン, E.『英国産魚類誌』
　　1802～08
　　◇p430（カラー）　キュヴィエ, G.L.C.F.D.『動物
　　界』1836～49　手彩色銅版

シャダンキの雌　Callionymus lyra
「世界大博物図鑑　2」平凡社　1989
　　◇p430（カラー）　ドノヴァン, E.『英国産魚類誌』
　　1802～08

シャッチョコ　Caranx sem
「世界大博物図鑑　2」平凡社　1989
　　◇p301（カラー）　ベネット, J.W.『セイロン島沿
　　岸産の魚類誌』1830　手彩色 アクアチント 線
　　刻銅版

博物図譜レファレンス事典 動物篇　**199**

しやの　　　　　　　　　　　魚・貝・水生生物

ジャノメガザミ　Portunus sanguinolentus
「世界大博物図鑑 1」平凡社　1991
◇p128（カラー）　キュヴィエ, G.L.C.F.D.『動物界』　1836〜49　手彩色銅版

ジャノメガザミ
「彩色 江戸博物学集成」平凡社　1994
◇p314〜315（カラー）　メス　畔田翠山『紫藤園蟹図』　［杏雨書屋］

ジャノメタカラガイ　Cypraea argus
「世界大博物図鑑 別巻2」平凡社　1994
◇p127（カラー）　クノール, G.W.『貝類図譜』1764〜75

ジャノメナマコ　Bohadschia argus
「世界大博物図鑑 別巻2」平凡社　1994
◇p282（カラー）　レッソン, R.P.著, プレートル原図『動物百図』　1830〜32

シャミセンガイの1種　Lingula sp.
「ビュフォンの博物誌」工作舎　1991
◇L070（カラー）　腕足類『一般と個別の博物誌 ソンニーニ版』

シャミセンガイのなかま　Lingula amatina
「世界大博物図鑑 別巻2」平凡社　1994
◇p98（カラー）　キュヴィエ, G.L.C.F.D.『動物界（門徒版）』　1836〜49

シャレヌメリ　Callionymus lyra
「ビュフォンの博物誌」工作舎　1991
◇K028（カラー）『一般と個別の博物誌 ソンニーニ版』

シャンクガイ　Turbinella pyrum
「世界大博物図鑑 別巻2」平凡社　1994
◇p148（カラー）　ドノヴァン, E.『博物宝典』1823〜27

十字架ガニ
「極楽の魚たち」リブロポート　1991
◇II-206（カラー）　ファロワズ, サムエル原画, ルナール, L.『モルッカ諸島産彩色魚類図譜 ファン・デル・ステル写本』　1718〜19　［個人蔵］

ジュウニシキュウバンナマズ
Pterygoplichthys duodecimalis
「世界大博物図鑑 2」平凡社　1989
◇p144（カラー）　キュヴィエ, G.L.C.F.D., ヴァランシエンヌ, A.『魚の博物誌』　1828〜50

ジュズクモヒトデ
「美しいアンティーク生物画の本」創元社　2017
◇p24（カラー）　Ophiopholis japonica Haeckel, Ernst『Kunstformen der Natur』　1899〜1904

ジュドウマクラガイ　Oliva miniacea
「世界大博物図鑑 別巻2」平凡社　1994
◇p135（カラー）　デュモン・デュルヴィル, J.S.C.『アストロラブ号世界周航記』　1830〜35　スティップル印刷

シュモクアオリガイ　Isognomon isognomum
「世界大博物図鑑 別巻2」平凡社　1994
◇p182（カラー）　ドノヴァン, E.『博物宝典』1823〜27

シュモクガイ　Malleus albus
「ビュフォンの博物誌」工作舎　1991
◇L062（カラー）『一般と個別の博物誌 ソンニーニ版』

シュモクガキ　Malleus albus
「世界大博物図鑑 別巻2」平凡社　1994
◇p182（カラー）　ドノヴァン, E.『博物宝典』1823〜27

シュモクザメ
「紙の上の動物園」グラフィック社　2017
◇p21（カラー）　サルヴィアーニ, イッポーリト『水生動物の本』　1554
「彩色 江戸博物学集成」平凡社　1994
◇p35（カラー）　貝原益軒『大和本草諸品図』

条鰭魚綱の1種　Actinopterygii ord., fam., gen.and sp.indet.
「高松松平家所蔵 衆鱗図 3」香川県歴史博物館友の会博物図譜刊行会　2003
◇p80（カラー）　ゲザン　松平頼恭 江戸時代（18世紀）　紙本著色 画帖装（折本形式）　［個人蔵］
「高松松平家所蔵 衆鱗図 2」香川県歴史博物館友の会博物図譜刊行会　2002
◇p41（カラー）　ほうなが　松平頼恭 江戸時代（18世紀）　紙本著色 画帖装（折本形式）　［個人蔵］

ショウサイフグ　Takifugu snyderi
「高松松平家所蔵 衆鱗図 2」香川県歴史博物館友の会博物図譜刊行会　2002
◇p85（カラー）　へらふく　松平頼恭 江戸時代（18世紀）　紙本著色 画帖装（折本形式）　［個人蔵］

ショウジョウイシモチ　Apogon imberbis
「世界大博物図鑑 2」平凡社　1989
◇p243（カラー）　キュヴィエ, G.L.C.F.D.『動物界』　1836〜49　手彩色銅版

ショウジョウガイ　Spondylus regius
「世界大博物図鑑 別巻2」平凡社　1994
◇p183（カラー）　平瀬與一郎『貝千種』　大正3〜11（1914〜22）　色刷木版画
「ビュフォンの博物誌」工作舎　1991
◇L060（カラー）『一般と個別の博物誌 ソンニーニ版』

ショウジョウラ
「彩色 江戸博物学集成」平凡社　1994
◇p123（カラー）　紅セコ介 幼貝　木村蒹葭堂『奇貝図譜』　［辰馬考古資料館］

ショウチクバイ　Thalassoma whitmii
「世界大博物図鑑 2」平凡社　1989
◇p360（カラー）　ギャレット原図, ギュンター解説『ゴデフロイ博物館紀要』　1873〜1910

魚・貝・水生生物　　　　　　　　　　　　　　　　　　しろう

条虫のなかま
「世界大博物図鑑 1」平凡社　1991
◇p17（カラー）　エイやサメに寄生　ヘッケル, E.
H.『自然の造形』1899〜1904　多色石版画

ショウミョウイモガイ　Conus byssinus
「世界大博物図鑑 別巻2」平凡社　1994
◇p155（カラー）　クノール, G.W.『貝類図譜』
1774〜75

ショウワー・ラキ
「極楽の魚たち」リブロポート　1991
◇I-148（カラー）　ルナール, L.『モルッカ諸島産
彩色魚類図譜 コワイエト写本』1718〜19　［個
人蔵］

女王
「極楽の魚たち」リブロポート　1991
◇I-150（カラー）　ルナール, L.『モルッカ諸島産
彩色魚類図譜 コワイエト写本』1718〜19　［個
人蔵］
◇II-107（カラー）　ファロワズ, サムエル原画, ル
ナール, L.『モルッカ諸島産彩色魚類図譜 ファ
ン・デル・ステル写本』1718〜19　［個人蔵］

ショクコウラ　Harpa major
「世界大博物図鑑 別巻2」平凡社　1994
◇p149（カラー）　蜀紅螺　ドノヴァン, E.『博物
宝典』1823〜27
◇p149（カラー）　生きた体が描かれている　デュ
モン・デュルヴィル, J.S.C.『アストロラブ号世
界周航記』1830〜35　スティップル印刷

シライトマキバイ　Buccinum isaotakii
「世界大博物図鑑 別巻2」平凡社　1994
◇p141（カラー）　平瀬與一郎『貝千種』大正3〜
11（1914〜22）　色刷木版画

しらうお
「魚の手帖」小学館　1991
◇47図（カラー）　白魚　毛利梅園『梅園魚譜/梅園
魚品図正』1826〜1843,1832〜1836　［国立国
会図書館］

シラウオ　Salangichthys microdon
「江戸博物文庫 魚の巻」工作舎　2017
◇p70（カラー）　白魚　毛利梅園『梅園魚譜』
［国立国会図書館］

シラコオニアンコウ　Haplophryne mollis
「世界大博物図鑑 2」平凡社　1989
◇p109（カラー）　自由遊泳するオス　ブラウアー,
A.『深海魚』1898〜99　石版色刷り

シラタエビ　Exopalaemon orientis
「高松松平家所蔵 衆鱗図 3」香川県歴史博物館
友の会博物図譜刊行会　2003
◇p13（カラー）　（付札なし）　松平頼恭 江戸時代
（18世紀）　紙本著色 画帖装（折本形式）　［個人
蔵］
◇p18（カラー）　（付札なし）　松平頼恭 江戸時代
（18世紀）　紙本著色 画帖装（折本形式）　［個人
蔵］

白玉
「彩色 江戸博物学集成」平凡社　1994
◇p275（カラー）　馬場大助『貝譜』　［東京国立
博物館］

シラナミガイ　Tridacna maxima
「世界大博物図鑑 別巻2」平凡社　1994
◇p199（カラー）　シューベルト, G.H.v.『自然図
譜』1876頃〜90　多色銅版図

シリアツブリボラ　Bolinus brandaris
「世界大博物図鑑 別巻2」平凡社　1994
◇p139（カラー）　キーネ, L.C.『ラマルク貝類図
譜』1834〜80　手彩色銅版図

シリスのなかま　Syllis stenura
「世界大博物図鑑 1」平凡社　1991
◇p21（カラー）　ゲイ, C.『チリ自然社会誌』
1844〜71

シリヤケイカ　Sepiella japonica
「高松松平家所蔵 衆鱗図 3」香川県歴史博物館
友の会博物図譜刊行会　2003
◇p26（カラー）　尻ヤケ烏賊　松平頼恭 江戸時代
（18世紀）　紙本著色 画帖装（折本形式）　［個人
蔵］

シルバーアロワナ　Osteoglossum bicirrhosum
「世界大博物図鑑 2」平凡社　1989
◇p45（カラー）　アルベルティ, J.原図, キュヴィ
エ, G.L.C.F.D., ヴァランシエンヌ, A.『魚の博
物誌』1828〜50

シルバーハチェットフィッシュ
Gasteropelecus sternicla
「ビュフォンの博物誌」工作舎　1991
◇K077（カラー）『一般と個別の博物誌 ソンニー
ニ版』

シロアオリガイの1種　Isognomon sp.
「ビュフォンの博物誌」工作舎　1991
◇L063（カラー）『一般と個別の博物誌 ソンニー
ニ版』

シロアマダイ　Branchiostegus albus
「グラバー魚譜200選」長崎文献社　2005
◇p130（カラー）　倉場富三郎編, 萩原魚仙画『日
本西部及南部魚類図譜』1913採集　［長崎大学
附属図書館］

シロアンボイナガイ　Conus tulipa
「世界大博物図鑑 別巻2」平凡社　1994
◇p154（カラー）　デュモン・デュルヴィル, J.S.C.
『アストロラブ号世界周航記』1830〜35　ス
ティップル印刷

シロウオ　Leucopsarion petersi
「世界大博物図鑑 2」平凡社　1989
◇p336（カラー）　栗本丹洲『栗氏魚譜』　文政2
（1819）　［国文学研究資料館史料館］

シロウオ　Leucopsarion petersii
「高松松平家所蔵 衆鱗図 4」香川県歴史博物館
友の会博物図譜刊行会　2004

しろか　　　　　　　　　　　魚・貝・水生生物

◇p21（カラー）　別種 白魚　側面図　松平頼恭 江戸時代（18世紀）　紙本著色 画帖装（折本形式）［個人蔵］

◇p21（カラー）　（付札なし）　背面図　松平頼恭 江戸時代（18世紀）　紙本著色 画帖装（折本形式）［個人蔵］

シロカジキ　Istiompax indica
「江戸博物文庫 魚の巻」工作舎　2017
◇p132（カラー）　白舵木　栗本丹洲『栗氏魚譜』［国立国会図書館］

白ガツツ
「江戸名作画帖全集 8」駸々堂出版　1995
◇図161（カラー）　服部雪斎図，武蔵石寿編『目八譜』　紙本着色　［東京国立博物館］

シロガネアジ　Selene vomer
「ビュフォンの博物誌」工作舎　1991
◇K061（カラー）『一般と個別の博物誌 ソンニーニ版』
「世界大博物図鑑 2」平凡社　1989
◇p305（カラー）　キュヴィエ，G.L.C.F.D.『動物界』　1836〜49　手彩色銅版

シロガンギエイ　Raja pullopunctata
「ビュフォンの博物誌」工作舎　1991
◇K006（カラー）『一般と個別の博物誌 ソンニーニ版』

しろぎす
「魚の手帖」小学館　1991
◇50図（カラー）　白鱚　毛利梅園『梅園魚譜/梅園魚品図正』　1826〜1843,1832〜1836　［国立国会図書館］

シロギス　Sillago japonica
「江戸博物文庫 魚の巻」工作舎　2017
◇p55（カラー）　白鱚　毛利梅園『梅園魚品図正』［国立国会図書館］
「グラバー魚譜200選」長崎文献社　2005
◇p125（カラー）　ぎす あおぎす　倉場富三郎編，長谷川雪香画『日本西部及南部魚類図譜』　1913採集　［長崎大学附属図書館］
「高松松平家所蔵 衆鱗図 1」香川県歴史博物館 友の会博物図譜刊行会　2001
◇p69（カラー）　キス　松平頼恭 江戸時代（18世紀）　紙本著色 画帖装（折本形式）　［個人蔵］
「世界大博物図鑑 2」平凡社　1989
◇p269（カラー）　大野麦風『大日本魚類画集』　昭和12〜19　彩色木版

シロキュウリウオ　Coregonus albula
「世界大博物図鑑 2」平凡社　1989
◇p89（カラー）　アルベルティ原図，キュヴィエ，G.L.C.F.D.，ヴァランシエンヌ，A.『魚の博物誌』　1828〜50

しろぐち
「魚の手帖」小学館　1991
◇40図，128図（カラー）　白久智　毛利梅園『梅園魚譜/梅園魚品図正』　1826〜1843,1832〜1836　［国立国会図書館］

シログチ　Argyrosomus argentatus
「世界大博物図鑑 2」平凡社　1989
◇p265（カラー）『魚譜〈忠・孝〉』　［東京国立博物館］　※明治時代の写本

シログチ　Pennahia argentata
「江戸博物文庫 魚の巻」工作舎　2017
◇p51（カラー）　白愚痴/白口　毛利梅園『梅園魚品図正』　［国立国会図書館］

シロクチキナレイシガイ　Thais echinulata
「世界大博物図鑑 別巻2」平凡社　1994
◇p138（カラー）　キーネ，L.C.『ラマルク貝類図譜』　1834〜80　手彩色銅版図

白小判
「江戸の動植物図」朝日新聞社　1988
◇p106〜107（カラー）　栗本丹洲『丹洲魚譜』［国立国会図書館］

シロサバフグ　Lagocephalus wheeleri
「グラバー魚譜200選」長崎文献社　2005
◇p168（カラー）　さばふぐ　倉場富三郎編，小田紫星画『日本西部及南部魚類図譜』　1912採集［長崎大学附属図書館］

シロサバフグ
「江戸の動植物図」朝日新聞社　1988
◇p113（カラー）　奥倉魚仙『水族四帖』　［国立国会図書館］

シロザメ　Mustelus griseus
「高松松平家所蔵 衆鱗図 2」香川県歴史博物館 友の会博物図譜刊行会　2002
◇p30〜31（カラー）　しろふか　松平頼恭 江戸時代（18世紀）　紙本著色 画帖装（折本形式）　［個人蔵］

シロシュモクザメ　Sphyrna zygaena
「グラバー魚譜200選」長崎文献社　2005
◇p21（カラー）　しゅもくざめ　倉場富三郎編，萩原魚仙画『日本西部及南部魚類図譜』　1914採集［長崎大学附属図書館］
「ビュフォンの博物誌」工作舎　1991
◇K011（カラー）『一般と個別の博物誌 ソンニーニ版』

シロシュモクザメ　Sphyrna zygaena（Linnaeus）
「高木春山 本草図説 水産」リブロポート　1988
◇p46〜47（カラー）　帽鯊

シロタスキベラ　Hologymnosus doliatus
「世界大博物図鑑 2」平凡社　1989
◇p361（カラー）『アストロラブ号世界周航記』1830〜35　スティップル印刷
◇p366（カラー）　キュヴィエ，G.L.C.F.D.，ヴァランシエンヌ，A.『魚の博物誌』　1828〜50

シロヒゲホシエソ　Melanostomias melanops
「世界大博物図鑑 2」平凡社　1989
◇p97（カラー）　ブラウアー，A.『深海魚』　1898〜99　石版色刷り

202　博物図譜レファレンス事典 動物篇

魚・貝・水生生物　　しんふ

しろひれたびら
「魚の手帖」小学館　1991
◇12図（カラー）　白鰭田平　毛利梅園『梅園魚譜/梅園魚品図正』　1826〜1843,1832〜1836　［国立国会図書館］

シロブチハタ　Epinephelus maculatus
「南海の魚類 博物画の至宝」平凡社　1995
◇pl.9（カラー）　Serranus medurensis　ギュンター, A.C.L.G., ギャレット, A. 1873〜1910
◇pl.10（カラー）　Plectropoma maculatum　ギュンター, A.C.L.G., ギャレット, A. 1873〜1910

シロボシウミヘビ　Ophichthys remiger
「世界大博物図鑑 2」平凡社　1989
◇p172（カラー）　ゲイ, C.『チリ自然社会誌』　1844〜71

シロマスの1種　Coregonus sp.
「ビュフォンの博物誌」工作舎　1991
◇K070（カラー）『一般と個別の博物誌 ソンニーニ版』

シロミスジ　Premnas biaculeatus
「世界大博物図鑑 2」平凡社　1989
◇p349（カラー）　ミュラー, S.『蘭領インド自然誌』　1839〜44

シロワニ　Eugomphodus taurus
「グラバー魚譜200選」長崎文献社　2005
◇p29（カラー）　未定　倉場富三郎編、萩原魚仙画『日本西部及南部魚類図譜』　1915採集　［長崎大学附属図書館］

シワエイ　Raja undulata
「世界大博物図鑑 2」平凡社　1989
◇p33（カラー）　キュヴィエ, G.L.C.F.D.『動物界』　1836〜49　手彩色銅版

シワガザミのなかま　Macropipus puber
「世界大博物図鑑 1」平凡社　1991
◇p128（カラー）　キュヴィエ, G.L.C.F.D.『動物界』　1836〜49　手彩色銅版

シワクマサカガイ？　Xenophora cerea
「世界大博物図鑑 別巻2」平凡社　1994
◇p122（カラー）　ドノヴァン, E.『博物宝典』　1823〜27

深海の動物
「美しいアンティーク生物画の本」創元社　2017
◇p8〜9（カラー）『Meyers Konversations-Lexikon』　1893〜1901

ジンガサウニの1種
「美しいアンティーク生物画の本」創元社　2017
◇p91（カラー）　Echinus atratus　d'Orbigny, Charles Henry Dessalines『Dictionnaire universel d'histoire naturelle』　1841〜49

ジンガサウニの仲間
「美しいアンティーク生物画の本」創元社　2017
◇p61（カラー）　Echinus atratus　Oken, Lorenz

『Abbildungen zu Okens allgemeiner Naturgeschichte für alle Stände』　1843
◇p99（カラー）　Echinus atratus　Donovan, Edward『The Naturalist's repository, or, Monthly miscellany of exotic natural history』　1827

ジンゲル　Aspro zingel
「世界大博物図鑑 2」平凡社　1989
◇p261（カラー）　キュヴィエ, G.L.C.F.D.『動物界』　1836〜49　手彩色銅版

シンサンカクガイ　Neotrigonia margaritacea
「世界大博物図鑑 別巻2」平凡社　1994
◇p198（カラー）　デュモン・デュルヴィル, J.S.C.『アストロラブ号世界周航記』　1830〜35　スティップル印刷

シンジュマルガレイ　Scophthalmus rhombus
「世界大博物図鑑 2」平凡社　1989
◇p409（カラー）　ドノヴァン, E.『英国産魚類誌』　1802〜08

シンジュマルガレイの幼魚　Scophthalmus rhombus
「世界大博物図鑑 2」平凡社　1989
◇p409（カラー）　ロ・ビアンコ, サルバトーレ『ナポリ湾海洋研究所紀要』　20世紀前半　オフセット印刷

心臓
「極楽の魚たち」リブロポート　1991
◇II–11（カラー）　ファロワズ, サムエル原画, ルナール, L.『モルッカ諸島産彩色魚類図譜 ファン・デル・ステル写本』　1718〜19　［個人蔵］

ジンドウイカ　Loligo japonica
「ビュフォンの博物誌」工作舎　1991
◇L014（カラー）『一般と個別の博物誌 ソンニーニ版』

ジンドウイカ　Loliolus japonica
「高松松平家所蔵 衆鱗図 3」香川県歴史博物館友の会博物図譜刊行会　2003
◇p28（カラー）　スルメイカ　松平頼恭　江戸時代（18世紀）　紙本著色 画帖装（折本形式）　［個人蔵］

ジンドウイカ
「水中の驚異」リブロポート　1990
◇p59（カラー）　ペロン, フレシネ『オーストラリア博物航海図録』　1800〜24

ジンドウイカの1種　Loligo sp.
「ビュフォンの博物誌」工作舎　1991
◇L015（カラー）『一般と個別の博物誌 ソンニーニ版』

ジンドウイカの1種　Loliolus sp.
「世界大博物図鑑 別巻2」平凡社　1994
◇p238（カラー）　ヴァイヤン, A.N.『ボニート号航海記』　1840〜66

シンプルジェリー
「美しいアンティーク生物画の本」創元社　2017

しんへ　　　　　魚・貝・水生生物

◇p48（カラー）　Linuche unguiculata　Mayer, Alfred Goldsborough『Medusae of the world 第3巻』 1910

ジンベイザメ　Rhincodon typus
「世界大博物図鑑 2」平凡社　1989
◇p20〜21（カラー）　スミス, A.著, フォード, G.H.原図『南アフリカ動物図譜』 1838〜49　手彩色石版
◇p21（カラー）『緑滿軒動物図』　編年不明　※天保年間に活躍した赭鞭会同人のひとりの編著

ジンベエザメ　Rhincodon typus
「江戸博物文庫 魚の巻」工作舎　2017
◇p133（カラー）　甚平鮫　栗本丹洲『栗氏魚譜』［国立国会図書館］

【 す 】

スイジガイ　Lambis chiragra
「世界大博物図鑑 別巻2」平凡社　1994
◇p123（カラー）　クノール, G.W.『貝類図譜』 1764〜75

スイショウガイ科　Strombidae
「ビュフォンの博物誌」工作舎　1991
◇L057（カラー）『一般と個別の博物誌 ソンニーニ版』

水中微生物
「水中の驚異」リブロポート　1990
◇p115（カラー）　レーゼル・フォン・ローゼンホフ, A.J.『昆虫のもてなし』 1746〜61

スウェインソンモオリガイ　Alcithoe swainsoni
「世界大博物図鑑 別巻2」平凡社　1994
◇p147（カラー）　キーネ, L.C.『ラマルク貝類図譜』 1834〜80　手彩色銅版図

スカイ・エンペラー
⇒フエフキダイ属の1種（スカイ・エンペラー）を見よ

スカシガイの1種　Macroschisma sp.
「ビュフォンの博物誌」工作舎　1991
◇L052（カラー）『一般と個別の博物誌 ソンニーニ版』

スカシカシパン　Astriclypeus manni
「日本の博物図譜」東海大学出版会　2001
◇図24（カラー）　服部雪斎筆『目八譜』　［東京国立博物館］
「鳥獣虫魚譜」八坂書房　1988
◇p82（カラー）　背面, 腹面　松森胤保『両羽貝蝶図譜』　［酒田市立光丘文庫］

スカシカシパンの仲間
「美しいアンティーク生物画の本」創元社　2017
◇p17（カラー）　Encope emarginata　Haeckel, Ernst『Kunstformen der Natur』 1899〜1904

スカシダコの1種　Vitreledonella richardi
「世界大博物図鑑 別巻2」平凡社　1994
◇p251（カラー）　アルベール1世『モナコ国王アルベール1世所有イロンデル号科学探査報告』 1889〜1950

スギ　Rachycentron canadum
「江戸博物文庫 魚の巻」工作舎　2017
◇p134（カラー）　須義　栗本丹洲『栗氏魚譜』［国立国会図書館］
「高松松平家所蔵 衆鱗図 4」香川県歴史博物館友の会博物図譜刊行会　2004
◇p24〜25（付札なし）　松平頼恭 江戸時代（18世紀）　紙本著色 画帖装（折本形式）［個人蔵］
「世界大博物図鑑 2」平凡社　1989
◇p305（カラー）　リュッペル, W.P.E.S.『アビシニア動物図譜』 1835〜40

スギノハウミウシのなかま　Dendronotus frondosus
「世界大博物図鑑 別巻2」平凡社　1994
◇p173（カラー）　ヘッケル, E.H.P.A.『自然の造形』 1899〜1904　多色石版画

スキルベ・ニロティクス　Schilbe niloticus
「世界大博物図鑑 2」平凡社　1989
◇p153（カラー）　キュヴィエ, G.L.C.F.D., ヴァランシエンヌ, A.『魚の博物誌』 1828〜50

ズグロカブトウオ　Poromitra crassiceps
「世界大博物図鑑 2」平凡社　1989
◇p92（カラー）　ガーマン, S.著, ウェスターグレン原図『ハーヴァード大学比較動物学記録 第24巻〈アルバトロス号調査報告—魚類編〉』 1899　手彩色石版画

スケトウダラ　Theragra chalcogramma
「江戸博物文庫 魚の巻」工作舎　2017
◇p167（カラー）　介党鱈　栗本丹洲『栗氏魚譜』［国立国会図書館］
「高松松平家所蔵 衆鱗図 4」香川県歴史博物館友の会博物図譜刊行会　2004
◇p22〜23（カラー）　細鱈　松平頼恭 江戸時代（18世紀）　紙本著色 画帖装（折本形式）　［個人蔵］
「鳥獣虫魚譜」八坂書房　1988
◇p64（カラー）　佐渡鱈　松森胤保『両羽魚類図譜』　［酒田市立光丘文庫］

スジアラ
「極楽の魚たち」リブロポート　1991
◇I-120（カラー）　大富豪　ルナール, L.『モルッカ諸島産彩色魚類図譜 コワイエト写本』 1718〜19　［個人蔵］
◇I-185（カラー）　マイ・クーラト　ルナール, L.『モルッカ諸島産彩色魚類図譜 コワイエト写本』 1718〜19　［個人蔵］
◇II-85（カラー）　アルフォレス ファロワズ, サムエル原画, ルナール, L.『モルッカ諸島産彩色魚類図譜 ファン・デル・ステル写本』 1718〜19　［個人蔵］

魚・貝・水生生物　　　　　　　　　　　　　　　　　　　すじま

◇p126（カラー）　ファロワズ，サムエル画，ルナール，L.『モルッカ諸島産彩色魚類図譜 フォン・ベア写本』1718〜19

スジイモガイ　Conus figulinus
「世界大博物図鑑 別巻2」平凡社　1994
　◇p155（カラー）　デュモン・デュルヴィ，J.S.C.『アストロラブ号世界周航記』1830〜35　スティップル印刷

スジエビ　Palaemon paucidens
「高松松平家所蔵 衆鱗図 3」香川県歴史博物館友の会博物図譜刊行会　2003
　◇p15（付札なし）　松平頼恭 江戸時代（18世紀）　紙本著色 画帖装（折本形式）［個人蔵］
　◇p19（カラー）　伏見ノ川エビ 松平頼恭 江戸時代（18世紀）　紙本著色 画帖装（折本形式）［個人蔵］
「鳥獣虫魚譜」八坂書房　1988
　◇p85（カラー）　ゴ蝦 松森胤保『両羽貝蝶図譜』［酒田市立光丘文庫］

スジエビの1種　Leander squilla
「ビュフォンの博物誌」工作舎　1991
　◇M054（カラー）『一般と個別の博物誌 ソンニーニ版』

スジエビの1種　Palaemon sp.
「ビュフォンの博物誌」工作舎　1991
　◇M053（カラー）『一般と個別の博物誌 ソンニーニ版』

スジエビのなかま　Palaemon serratus
「世界大博物図鑑 1」平凡社　1991
　◇p85（カラー）　キュヴィエ，G.L.C.F.D.『動物界』1836〜49　手彩色銅版

スジエビのなかま　Palaemon serratus,
Palaemon adspersus
「世界大博物図鑑 1」平凡社　1991
　◇p84（カラー）　リーチ，W.E.著，サワビー，J.図『英国産甲殻類図譜』1815〜75

スジギンポ　Entomacrodus striatus
「南海の魚類 博物画の至宝」平凡社　1995
　◇pl.116（カラー）　Salarias marmoratus ギュンター，A.C.L.G.，ギャレット，A. 1873〜1910

スジコバン　Phtheirichthys lineatus
「南海の魚類 博物画の至宝」平凡社　1995
　◇pl.97（カラー）　Echeneis lineata ギュンター，A.C.L.G.，ギャレット，A. 1873〜1910

スジシマドジョウ小型種（琵琶湖型）または大型種　Cobitis sp.2 subsp.4 or Cobitis sp.1
「高松松平家所蔵 衆鱗図 2」香川県歴史博物館友の会博物図譜刊行会　2002
　◇p40（カラー）　うみどぢやう 松平頼恭 江戸時代（18世紀）　紙本著色 画帖装（折本形式）［個人蔵］

スジハタの1種　Plectropomus punctatus
「ビュフォンの博物誌」工作舎　1991

　◇K050（カラー）『一般と個別の博物誌 ソンニーニ版』

スジハナダイ
「彩色 江戸博物学集成」平凡社　1994
　◇p402〜403（カラー）　ホソヨリ 奥倉辰行『水族写真』［東京都立中央図書館］

スジハナビラウオ　Psenes cyanophrys
「高松松平家所蔵 衆鱗図 2」香川県歴史博物館友の会博物図譜刊行会　2002
　◇p91（カラー）　くらげうを 松平頼恭 江戸時代（18世紀）　紙本著色 画帖装（折本形式）［個人蔵］
「南海の魚類 博物画の至宝」平凡社　1995
　◇pl.91（カラー）　Psenes guamensis ギュンター，A.C.L.G.，ギャレット，A. 1873〜1910
「世界大博物図鑑 2」平凡社　1989
　◇p296〜297（カラー）　キュヴィエ，G.L.C.F.D.，ヴァランシエンヌ，A.『魚の博物誌』1828〜50

スジヒバリガイ？　Geukensia demissa
「世界大博物図鑑 別巻2」平凡社　1994
　◇p179（カラー）　クノール，G.W.『貝類図譜』1764〜75

スジブチスズメダイ　Chrysiptera biocellata
「南海の魚類 博物画の至宝」平凡社　1995
　◇pl.127（カラー）　Glyphidodon brownriggii 幼魚 ギュンター，A.C.L.G.，ギャレット，A. 1873〜1910
　◇pl.127（カラー）　Glyphidodon brownriggii 成魚 ギュンター，A.C.L.G.，ギャレット，A. 1873〜1910
「世界大博物図鑑 2」平凡社　1989
　◇p348（カラー）　ベネット，J.W.『セイロン島沿岸産の魚類誌』1830　手彩色 アクアチント 線刻銅版
　◇p349（カラー）　ミュラー，S.『蘭領インド自然誌』1839〜44

スジホシムシ？　Sipunculus nudus
「世界大博物図鑑 別巻2」平凡社　1994
　◇p258（カラー）　リュッペル，W.P.E.S.『北アフリカ探検図譜』1826〜28

スジホシムシの1種　Sipunculus punctatissimus
「世界大博物図鑑 別巻2」平凡社　1994
　◇p258（カラー）　ゴス，P.H.『磯の一年』1865　多色木版画

スジホシムシの1種　Sipunculus ruburofimbriatus
「世界大博物図鑑 別巻2」平凡社　1994
　◇p258（カラー）　キュヴィエ，G.L.C.F.D.『動物界（門徒版）』1836〜49

スジマキヒトハレイシガイ　Acanthina monodon
「世界大博物図鑑 別巻2」平凡社　1994
　◇p138（カラー）　マーティン，T.『万国貝譜』1784〜87　手彩色銅版図

博物図譜レファレンス事典 動物篇　**205**

すすき　　　　　　　魚・貝・水生生物

すずき
「魚の手帖」小学館　1991
　◇77図（カラー）　鱸　毛利梅園『梅園魚譜/梅園魚
　　品図正』1826〜1843,1832〜1836　［国立国会
　　図書館］

スズキ　Lateolabrax japonicus
「江戸博物文庫 魚の巻」工作舎　2017
　◇p17（カラー）　鱸『魚譜』　［国立国会図書館］
「グラバー魚譜200選」長崎文献社　2005
　◇p99（カラー）　倉場富三郎編、小田紫星画『日本
　　西部及南部魚類図譜』1912採集　［長崎大学附
　　属図書館］
「日本の博物図譜」東海大学出版会　2001
　◇図36（カラー）　高橋由一筆『博物館魚譜』　［東
　　京国立博物館］
「高松松平家所蔵 衆鱗図 1」香川県歴史博物館
　友の会博物図譜刊行会　2001
　◇p106〜107（カラー）　鱸　松平頼恭 江戸時代
　　（18世紀）　紙本著色 画帖装（折本形式）　［個人
　　蔵］
　◇p107（カラー）　セイ 幼魚　松平頼恭 江戸時
　　代（18世紀）　紙本著色 画帖装（折本形式）　［個
　　人蔵］
「世界大博物図鑑 2」平凡社　1989
　◇p260（カラー）　大野麦風『大日本魚類画集』 昭
　　和12〜19　彩色木版

スズキ　Lateolabrax japonicus（Cuvier）
「高木春山 本草図説 水産」リブロポート　1988
　◇p68（カラー）　其ノ二 ふつこ

スズキ科　Percichtyidae
「ビュフォンの博物誌」工作舎　1991
　◇K053（カラー）『一般と個別の博物誌 ソンニー
　　ニ版』

スズキのなかま
「極楽の魚たち」リブロポート　1991
　◇II-164（カラー）　ヒラのスズキ　ファロワズ、サ
　　ムエル原画、ルナール、L.『モルッカ諸島産彩色
　　魚類図譜 ファン・デル・ステル写本』1718〜19
　　［個人蔵］

ススキベラ属の1種（パール・ラス）
Anampses cuvier
「南海の魚類 博物画の至宝」平凡社　1995
　◇pl.136（カラー）　Anampses cuvieri　ギュン
　　ター、A.C.L.G.、ギャレット、A. 1873〜1910

ススキベラの類
「極楽の魚たち」リブロポート　1991
　◇p130〜131（カラー）　ファロワズ、サムエル画、
　　ルナール、L.『モルッカ諸島産彩色魚類図譜 フォ
　　ン・ベア写本』1718〜19

スズキモドキ　Percichthys trucha
「世界大博物図鑑 2」平凡社　1989
　◇p261（カラー）　ゲイ、C.『チリ自然社会誌』
　　1844〜71

スズフリクラゲの仲間
「美しいアンティーク生物画の本」創元社　2017
　◇p22（カラー）　Gemmaria sagittaria　Haeckel,
　　Ernst『Kunstformen der Natur』1899〜1904

スズメダイ　Chromis notata
「江戸博物文庫 魚の巻」工作舎　2017
　◇p135（カラー）　雀鯛　栗本丹洲『栗氏魚譜』
　　［国立国会図書館］

スズメダイ　Chromis notata notata
「グラバー魚譜200選」長崎文献社　2005
　◇p128（カラー）　おやびっちゃ　倉場富三郎編、
　　中村三郎画『日本西部及南部魚類図譜』1918採
　　集　［長崎大学附属図書館］
「高松松平家所蔵 衆鱗図 4」香川県歴史博物館
　友の会博物図譜刊行会　2004
　◇p19（カラー）　（付札なし）　松平頼恭 江戸時代
　　（18世紀）　紙本著色 画帖装（折本形式）　［個人
　　蔵］

スズメダイ科　Pomacentridae
「ビュフォンの博物誌」工作舎　1991
　◇K059（カラー）『一般と個別の博物誌 ソンニー
　　ニ版』

スズメダイ科（ホワイトイヤー・スケーリー
　フィン）　Parma microlepis
「南海の魚類 博物画の至宝」平凡社　1995
　◇pl.125（カラー）　Pomacentrus semifasciatus
　　ギュンター、A.C.L.G.、ギャレット、A. 1873〜
　　1910

スズメダイの類
「極楽の魚たち」リブロポート　1991
　◇I-74（カラー）　ターボット　ルナール、L.『モ
　　ルッカ諸島産彩色魚類図譜 コワイエト写本』
　　1718〜19　［個人蔵］

スソキレガイの1種　Emarginula sp.
「ビュフォンの博物誌」工作舎　1991
　◇L052（カラー）『一般と個別の博物誌 ソンニー
　　ニ版』

スソムラサキタカラガイ　Cypraea chinensis
「世界大博物図鑑 別巻2」平凡社　1994
　◇p126（カラー）　デュモン・デュルヴィル、J.S.C.
　　『アストロラブ号世界周航記』1830〜35　ス
　　ティップル印刷

スダレガイの1種　Papnia sp.
「ビュフォンの博物誌」工作舎　1991
　◇L064（カラー）『一般と個別の博物誌 ソンニー
　　ニ版』

スダレダイ科　Drepanidae
「ビュフォンの博物誌」工作舎　1991
　◇K057（カラー）『一般と個別の博物誌 ソンニー
　　ニ版』

スダレチョウチョウウオ　Chaetodon
　fulietensis
「南海の魚類 博物画の至宝」平凡社　1995
　◇pl.27（カラー）　Chaetodon falcula　ギュン

魚・貝・水生生物　　　　　　　すほつ

ター，A.C.L.G.，ギャレット，A. 1873〜1910

スダレチョウチョウウオ　Chaetodon ulietensis
『世界大博物図鑑 2』平凡社　1989
　◇p382（カラー）　ギャレット，A.原図，ギュンター，A.C.L.G.解説『南海の魚類』 1873〜1910

スティーブヘッド・パロットフィッシュ
⇒アオブダイ属の1種（スティーブヘッド・パロットフィッシュ）を見よ

ステントール［ミドリラッパムシ］
『生物の驚異的な形』河出書房新社　2014
　◇図版3（カラー）　ヘッケル，エルンスト　1904

ストロバリア
『生物の驚異的な形』河出書房新社　2014
　◇図版59（カラー）　ヘッケル，エルンスト　1904

スナエビ　Pandalus prensor
『高松松平家所蔵 衆鱗図 3』香川県歴史博物館友の会博物図譜刊行会　2003
　◇p15（カラー）　（付札なし）　松平頼恭 江戸時代（18世紀）　紙本著色 画帖装（折本形式）　［個人蔵］

ズナガタライタチウオ　Porogadus longiceps
『世界大博物図鑑 2』平凡社　1989
　◇p93（カラー）　ガーマン，S.著，ウェスターグレン原図『ハーヴァード大学比較動物学記録 第24巻〈アルバトロス号調査報告―魚類編〉』 1899　手彩色石版画

スナガニ　Ocypode stimpsoni
『高松松平家所蔵 衆鱗図 3』香川県歴史博物館友の会博物図譜刊行会　2003
　◇p34（カラー）　揚蟹　松平頼恭 江戸時代（18世紀）　紙本著色 画帖装（折本形式）　［個人蔵］

スナガニ科　Ocypodidae
『ビュフォンの博物誌』工作舎　1991
　◇M046（カラー）『一般と個別の博物誌 ソンニーニ版』

ズナガニゴイ　Hemibarbus longirostris
『高松松平家所蔵 衆鱗図 3』香川県歴史博物館友の会博物図譜刊行会　2003
　◇p70（カラー）　柳ハエ　松平頼恭 江戸時代（18世紀）　紙本著色 画帖装（折本形式）　［個人蔵］
　◇p81（カラー）　砂スリ 伏見ノ川ハセ　松平頼恭 江戸時代（18世紀）　紙本著色 画帖装（折本形式）　［個人蔵］

スナガニのなかま　Ocypode cursor
『世界大博物図鑑 1』平凡社　1991
　◇p133（カラー）　ベルトゥーフ，F.J.『少年絵本』 1810　手彩色銅版図

スナギンチャク
『水中の驚異』リブロポート　1990
　◇p34（カラー）　ゴッス，P.H.『イギリスのイソギンチャクとサンゴ』 1860
　◇p47（カラー）　アンドレス，A.『ナポリ湾海洋研

究所紀要〈イソギンチャク類篇〉』 1884

スナギンチャクのなかま　Zoantharia
『世界大博物図鑑 別巻2』平凡社　1994
　◇p75（カラー）　デュモン・デュルヴィル，J.S.C.『アストロラブ号世界周航記』 1830〜35　スティップル印刷

スナギンチャクのなかま？　Zoantharia
『世界大博物図鑑 別巻2』平凡社　1994
　◇p75（カラー）　エリス，J.『珍品植虫類の博物誌』 1786　手彩色銅版図

スナゴチ属の1種　Thysanophrys sp.
『南海の魚類 博物画の至宝』平凡社　1995
　◇pl.109（カラー）　Platycephalus variolosus　ギュンター，A.C.L.G.，ギャレット，A. 1873〜1910

スナダコ　Octopus kagoshimensis
『高松松平家所蔵 衆鱗図 3』香川県歴史博物館友の会博物図譜刊行会　2003
　◇p22（カラー）　赤鱆 砂ツカミ　松平頼恭 江戸時代（18世紀）　紙本著色 画帖装（折本形式）　［個人蔵］

スナホリガニの1種　Hippa sp.
『ビュフォンの博物誌』工作舎　1991
　◇M052（カラー）『一般と個別の博物誌 ソンニーニ版』

スナモグリのなかま　Callianassa subterranea
『世界大博物図鑑 1』平凡社　1991
　◇p105（カラー）　キュヴィエ，G.L.C.F.D.『動物界』 1836〜49　手彩色銅版

スパニッシュ・ミノー　Aphanius dispar
『世界大博物図鑑 2』平凡社　1989
　◇p192（カラー）　オス，メス　リュッペル，W.P.E.S.『北アフリカ探検図譜』 1826〜28

スピリフェリナ　Spirifer sp.
『ビュフォンの博物誌』工作舎　1991
　◇L050（カラー）　腕足類『一般と個別の博物誌 ソンニーニ版』

スペインダイ　Pagellus bogaraveo
『世界大博物図鑑 2』平凡社　1989
　◇p288（カラー）　ドノヴァン，E.『英国産魚類誌』 1802〜08

スベリザルガイまたはマクラザルガイ
『彩色 江戸博物学集成』平凡社　1994
　◇p211（カラー）　不留伊介　武蔵石寿『群分品彙』　［国会図書館］

スベリショクコウラ　Harpa crenata
『世界大博物図鑑 別巻2』平凡社　1994
　◇p149（カラー）　キーネ，L.C.『ラマルク貝類図譜』 1834〜80　手彩色銅版図

スポッテッド・ナイフフィッシュ　Notopterus chitala
『世界大博物図鑑 2』平凡社　1989
　◇p41（カラー）　グレー，J.E.著，ホーキンズ，

博物図譜レファレンス事典 動物篇　**207**

すほつ　　　　　魚・貝・水生生物

ウォーターハウス石版『インド動物図譜』 1830
～35

スポッテッドピラニア　Serrasalmus
rhombeus
「ビュフォンの博物誌」工作舎　1991
◇K071（カラー）『一般と個別の博物誌 ソンニーニ版』

スポットバンデット・バタフライフィッシュ
⇒チョウチョウウオ属の1種（スポットバンデット・バタフライフィッシュ）を見よ

スポラディプース
「生物の驚異的な形」河出書房新社　2014
◇図版50（カラー）　ヘッケル、エルンスト 1904

スマ属の1種（リトル・ツニー）　Euthynnus
alletteratus
「南海の魚類 博物画の至宝」平凡社　1995
◇pl.95（カラー）　Thynnus thunnina　ギュンター、A.C.L.G.、ギャレット、A. 1873～1910

スミツキアカタチ　Cepola schlegeli
「鳥獣虫魚譜」八坂書房　1988
◇p61（カラー）　松森胤保『両羽魚類図譜』　［酒田市立光丘文庫］

スミツキアカタチ
「彩色 江戸博物学集成」平凡社　1994
◇p438（カラー）　松森胤保『両羽博物図譜』
「江戸の動植物図」朝日新聞社　1988
◇p110（カラー）　奥倉魚仙『水族四帖』　［国立国会図書館］

スミツキゴンベ属の1種（レッドバンデット・ホークフィッシュ）　Cirrhitops fasciatus
「南海の魚類 博物画の至宝」平凡社　1995
◇pl.52（カラー）　Cirrhites cinctus　ギュンター、A.C.L.G.、ギャレット、A. 1873～1910

スミツキツユベラ　Coris formosa
「世界大博物図鑑 2」平凡社　1989
◇p357（カラー）　ベネット、J.W.『セイロン島沿岸産の魚類誌』 1830　手彩色 アクアチント 線刻銅版

スミツキツユベラ
「極楽の魚たち」リブロポート　1991
◇I-11（カラー）　レーメ 成魚 ルナール、L.『モルッカ諸島産彩色魚類図譜 コワイエト写本』 1718～19　［個人蔵］

スミツキトノサマダイ　Chaetodon plebeius
「南海の魚類 博物画の至宝」平凡社　1995
◇pl.32（カラー）　Chaetodon plebejus　ギュンター、A.C.L.G.、ギャレット、A. 1873～1910

スミツキベラ　Bodianus axillaris
「南海の魚類 博物画の至宝」平凡社　1995
◇pl.128（カラー）　Cossyphus axillaris　ギュンター、A.C.L.G.、ギャレット、A. 1873～1910
「世界大博物図鑑 2」平凡社　1989
◇p352～353（カラー）　キュヴィエ、G.L.C.F.D.、

ヴァランシエンヌ、A.『魚の博物誌』 1828～50

スミナガシオコゼ　Gymnapistus marmoratus
「世界大博物図鑑 2」平凡社　1989
◇p413（カラー）　キュヴィエ、G.L.C.F.D.『動物界』 1836～49　手彩色銅版

スミボカシトラギス　Parapercis colias
「世界大博物図鑑 2」平凡社　1989
◇p325（カラー）　キュヴィエ、G.L.C.F.D.『動物界』 1836～49　手彩色銅版

スミレイボダイ　Seriolella violacea
「世界大博物図鑑 2」平凡社　1989
◇p296（カラー）　ゲイ、C.『チリ自然社会誌』 1844～71

スミレオカガニ　Gecarcinus ruricola
「世界大博物図鑑 1」平凡社　1991
◇p137（カラー）　キュヴィエ、G.L.C.F.D.『動物界』 1836～49　手彩色銅版

スリースポット・グーラミー　Trichogaster
trichopterus
「世界大博物図鑑 2」平凡社　1989
◇p233（カラー）　キュヴィエ、G.L.C.F.D.、ヴァランシエンヌ、A.『魚の博物誌』 1828～50

スリー・スポット・レポリヌス　Leporinus
leschenaulti
「世界大博物図鑑 2」平凡社　1989
◇p112（カラー）　キュヴィエ、G.L.C.F.D.、ヴァランシエンヌ、A.『魚の博物誌』 1828～50

スリバチサンゴ
⇒トゥルビナリア［スリバチサンゴ］を見よ

スリランカエツ　Coilia dussumieri
「世界大博物図鑑 2」平凡社　1989
◇p176（カラー）　アルベルティ原図、キュヴィエ、G.L.C.F.D.、ヴァランシエンヌ、A.『魚の博物誌』 1828～50

スルスミアワビ　Haliotis cracherodii
「世界大博物図鑑 別巻2」平凡社　1994
◇p103（カラー）　リーチ、W.E.著、ノダー、R.P.図『動物学雑録』 1814～17　手彩色銅版

ズワイガニ　Chionoecetes opilio
「グラバー魚譜200選」長崎文献社　2005
◇p248（カラー）　たかあしがに　倉場富三郎編、萩原魚仙画『日本西部及南部魚類図譜』 1919採集　［長崎大学附属図書館］
「世界大博物図鑑 1」平凡社　1991
◇p121（カラー）　後藤黎春『随観写真』　明和8（1771）頃

ズワイガニの1種　Chionoecetes sp.
「ビュフォンの博物誌」工作舎　1991
◇M045（カラー）『一般と個別の博物誌 ソンニーニ版』

魚・貝・水生生物　　　　　　　　　　　　　　　せくろ

【 せ 】

セイタカイソギンチャクの1種　Aiptasia couchii
「世界大博物図鑑　別巻2」平凡社　1994
　◇p68（カラー）　ゴッス, P.H.『英国のイソギンチャクと珊瑚』　1860　多色石版

セイタカイソギンチャクの1種　Aiptasia mutabilis
「世界大博物図鑑　別巻2」平凡社　1994
　◇p70〜71（カラー）　アンドレス, A.『ナポリ湾海洋研究所紀要〈イソギンチャク篇〉』　1884　色刷り石版画

セイヨウイタヤガイ　Aequpecten opercularis
「世界大博物図鑑　別巻2」平凡社　1994
　◇p190（カラー）　ゴッス, P.H.『磯の一年』　1865　多色木版画
　◇p191（カラー）　キュヴィエ, G.L.C.F.D.『動物界（門徒版）』　1836〜49

セイヨウエビスガイ
「水中の驚異」リブロポート　1990
　◇p18（カラー）　ゴッス, P.H.『アクアリウム』　1854

セイヨウカサガイ　Patella vulgata
「世界大博物図鑑　別巻2」平凡社　1994
　◇p115（カラー）　マーティン, T.『万国貝譜』　1784〜87　手彩色銅版図
「ビュフォンの博物誌」工作舎　1991
　◇L052（カラー）『一般と個別の博物誌 ソンニーニ版』

セイヨウカサガイ
「水中の驚異」リブロポート　1990
　◇p13（白黒）

セイヨウザリガニ　Astacus astacus
「ビュフォンの博物誌」工作舎　1991
　◇M003（カラー）『一般と個別の博物誌 ソンニーニ版』

セイヨウザリガニの器官　Astacus sp.
「ビュフォンの博物誌」工作舎　1991
　◇M040（カラー）『一般と個別の博物誌 ソンニーニ版』
　◇M041（カラー）『一般と個別の博物誌 ソンニーニ版』

セイヨウシビレエイ　Terpedo torpedo
「ビュフォンの博物誌」工作舎　1991
　◇K007（カラー）『一般と個別の博物誌 ソンニーニ版』

セイヨウシビレエイ　Torpedo torpedo
「世界大博物図鑑　2」平凡社　1989
　◇p29（カラー）　ドノヴァン, E.『英国産魚類誌』　1802〜08

セイヨウセミホウボウ　Dactylopterus volitans
「世界大博物図鑑　2」平凡社　1989
　◇p426（カラー）　ブシェ, F.A.著、プレートル, J. G.図『教科動物学』　1841　手彩色図版
　◇p426（カラー）　幼魚　ロ・ビアンコ、サルバトーレ『ナポリ湾海洋研究所紀要』　20世紀前半オフセット印刷

セイヨウセミホウボウの幼魚　Dactylopterus volitans
「世界大博物図鑑　2」平凡社　1989
　◇p426（カラー）　キュヴィエ, G.L.C.F.D.『動物界』　1836〜49　手彩色銅版

セイヨウトコブシ　Haliotis tuberculata
「世界大博物図鑑　別巻2」平凡社　1994
　◇p103（カラー）　シューベルト, G.H.v.『自然図譜』　1876頃〜90　多色銅版図

セイヨウホラガイ　Charonia variegata
「世界大博物図鑑　別巻2」平凡社　1994
　◇p130（カラー）　キーネ, L.C.『ラマルク貝類図譜』　1834〜80　手彩色銅版図

セイルフィン・モーリー　Poecilia latipinna
「世界大博物図鑑　2」平凡社　1989
　◇p192（カラー）　キュヴィエ, G.L.C.F.D.、ヴァランシエンヌ, A.『魚の博物誌』　1828〜50

石鯉
「極楽の魚たち」リブロポート　1991
　◇I–136（カラー）　ルナール, L.『モルッカ諸島産彩色魚類図譜 コワイエト写本』　1718〜19　［個人蔵］

セキコクヤギ　Isis hiuppurius
「世界大博物図鑑　別巻2」平凡社　1994
　◇p59（カラー）　ドノヴァン, E.『博物宝典』　1823〜27
　◇p59（カラー）　ヴァイヤン, A.N.『ボニート号航海記』　1840〜66

セキタコ
「江戸の動植物図」朝日新聞社　1988
　◇p140（カラー）　章魚　関根雲停画

セグロチョウチョウウオ　Chaetodon ephippium
「南海の魚類 博物画の至宝」平凡社　1995
　◇pl.27（カラー）　Chaetodon ephippium, alt. und jung.　成魚と幼魚　ギュンター, A.C.L.G., ギャレット, A.　1873〜1910
「世界大博物図鑑　2」平凡社　1989
　◇p382（カラー）　ギャレット, A.原図、ギュンター, A.C.L.G.解説『南海の魚類』　1873〜1910
　◇口絵　ファロアズ、サムエル原画、ルナール, L.『モルッカ諸島魚類彩色図譜』　1754　［国文学研究資料館史料館］

セグロチョウチョウウオ
「極楽の魚たち」リブロポート　1991
　◇II–239（カラー）　チツュ魚　ファロワズ、サムエ

博物図譜レファレンス事典 動物篇　　**209**

せこは　　　　　　　　　魚・貝・水生生物

ル原画, ルナール, L.『モルッカ諸島産彩色魚類
図譜 ファン・デル・ステル写本』 1718〜19
［個人蔵］

セコバイ
「彩色 江戸博物学集成」平凡社　1994
◇p210（カラー）　武蔵石寿『甲介群分品彙』
［国会図書館］

セコバイ？
「彩色 江戸博物学集成」平凡社　1994
◇p210（カラー）　武蔵石寿『甲介群分品彙』
［国会図書館］

セーズ（ポロック）　Pollachius virens
「世界大博物図鑑 2」平凡社　1989
◇p180（カラー）　ドノヴァン, E.『英国産魚類誌』
1802〜08

セスジシャコ　Lophosquilla costata
「グラバー魚譜200選」長崎文献社　2005
◇p249（カラー）　倉場富三郎編, 長谷川雪香画
『日本西部及南部魚類図譜』 1916採集　［長崎大
学附属図書館］

セダカギンポ　Exallias brevis
「南海の魚類 博物画の至宝」平凡社　1995
◇pl.118（カラー）　Salarias brevis　ギュンター,
A.C.L.G., ギャレット, A. 1873〜1910

セダカヤッコ　Pomacanthus maculosus
「世界大博物図鑑 2」平凡社　1989
◇p389（カラー）　リュッペル, W.P.E.S.『アビシ
ニア動物図譜』 1835〜40

節足動物（甲殻類）の幼生
「ビュフォンの博物誌」工作舎　1991
◇M035（カラー）『一般と個別の博物誌 ソンニー
ニ版』

セッパリイサキ　Genyatremus luteus
「世界大博物図鑑 2」平凡社　1989
◇p280（カラー）　キュヴィエ, G.L.C.F.D., ヴァ
ランシエンヌ, A.『魚の博物誌』 1828〜50

セトウシノシタ　Pseudaesopia japonica
「グラバー魚譜200選」長崎文献社　2005
◇p194（カラー）　倉場富三郎編, 小田紫星画『日
本西部及南部魚類図譜』 1912採集　［長崎大学
附属図書館］
「高松松平家所蔵 衆鱗図 2」香川県歴史博物館
友の会博物図譜刊行会　2002
◇p49（カラー）　（付札なし）　松平頼恭 江戸時代
（18世紀）　紙本著色 画帖装（折本形式）　［個人
蔵］

セトダイ　Hapalogenys mucronatus
「高松松平家所蔵 衆鱗図 2」香川県歴史博物館
友の会博物図譜刊行会　2002
◇p92（カラー）　びんぐし　松平頼恭 江戸時代
（18世紀）　紙本著色 画帖装（折本形式）　［個人
蔵］

セトダイ
「彩色 江戸博物学集成」平凡社　1994

◇p59（カラー）　たもり　丹羽正伯『備前国備中国
之内領内産物絵図帳』　［岡山大学附属図書館］

セナカワムシのなかま　Notommata copeus,
N.centura, N.brachyota, N.lacinulata, N.
forcipata
「世界大博物図鑑 別巻2」平凡社　1994
◇p91（カラー）　エーレンベルク, C.G.『滴虫類』
1838　手彩色銅版図

セナカワムシのなかま　Notommata
myrmeleo
「世界大博物図鑑 別巻2」平凡社　1994
◇p91（カラー）　エーレンベルク, C.G.『滴虫類』
1838　手彩色銅版図

セナキニセスズメ　Pseudochromis flavivertex
「世界大博物図鑑 2」平凡社　1989
◇p256（カラー）　リュッペル, W.P.E.S.『アビシ
ニア動物図譜』 1835〜40

セナスジベラ　Thalassoma hardwickii
「世界大博物図鑑 2」平凡社　1989
◇p360（カラー）　ベネット, J.W.『セイロン島沿
岸産の魚類誌』 1830　手彩色 アクアチント 線
刻銅版
◇p361（カラー）『アストロラブ号世界周航記』
1830〜35　スティップル印刷

セナスジベラ
「極楽の魚たち」リブロポート　1991
◇I-155（カラー）　キジ（雄）　ルナール, L.『モ
ルッカ諸島産彩色魚類図譜 コワイエト写本』
1718〜19　［個人蔵］
◇II-68（カラー）　バクワルの壺魚　ファロワズ,
サムエル原画, ルナール, L.『モルッカ諸島産彩
色魚類図譜 ファン・デル・ステル写本』 1718〜
19　［個人蔵］

ぜにたなご
「魚の手帖」小学館　1991
◇129図（カラー）　銭鰊　毛利梅園『梅園魚譜/梅
園魚品図正』 1826〜1843,1832〜1836　［国立
国会図書館］

セノビリュウコツナマズ　Doras carinatus
「世界大博物図鑑 2」平凡社　1989
◇p148（カラー）　バロン, A.原図, キュヴィエ, G.
L.C.F.D., ヴァランシエンヌ, A.『魚の博物誌』
1828〜50

セバが記載したアメリカ産タコ
「ビュフォンの博物誌」工作舎　1991
◇L031（カラー）『一般と個別の博物誌 ソンニー
ニ版』

ゼブラ・キリー　Fundulus heteroclitus
「世界大博物図鑑 2」平凡社　1989
◇p193（カラー）　キュヴィエ, G.L.C.F.D., ヴァ
ランシエンヌ, A.『魚の博物誌』 1828〜50

ゼブラハコフグ　Aracana aurita
「世界大博物図鑑 2」平凡社　1989
◇p440（カラー）　ドノヴァン, E.『博物宝典』

魚・貝・水生生物　　　せんに

1823〜27

セミエビ　Scyllarides squamosus
「世界大博物図鑑 1」平凡社　1991
◇p92（カラー）　田中芳男『博物館虫譜』　1877
（明治10）頃

セミホウボウ　Dactyloptena orientalis
「江戸博物文庫 魚の巻」工作舎　2017
◇p140（カラー）　蟬魴鯡　栗本丹洲『栗氏魚譜』
［国立国会図書館］
「世界大博物図鑑 2」平凡社　1989
◇p427（カラー）『魚譜〈春亭〉』　※明治時代の写
本と推定
◇p427（カラー）　高木春山『本草図説』　？ 〜
1852　［愛知県西尾市立岩瀬文庫］

セミホウボウ　Dactyloptena orientalis
（Cuvier）
「高木春山 本草図説 水産」リブロポート　1988
◇p56（カラー）　一種 毒鰭ト云フ

セミホウボウ
「極楽の魚たち」リブロポート　1991
◇I-66（カラー）　テルバン・ブージュー　ルナー
ル, L.『モルッカ諸島産彩色魚類図譜 コワイエト
写本』　1718〜19　［個人蔵］
◇I-186（カラー）　空飛ぶ海のミミズク　真上から
見た図　ルナール, L.『モルッカ諸島産彩色魚類
図譜 コワイエト写本』　1718〜19　［個人蔵］
◇II-162（カラー）　ルーヴァンの飛ぶサゴヤシ魚
ノコギリをもつ　ファロワズ, サムエル原画, ル
ナール, L.『モルッカ諸島産彩色魚類図譜 ファ
ン・デル・ステル写本』　1718〜19　［個人蔵］
◇p127（カラー）　ファロワズ, サムエル画, ルナー
ル, L.『モルッカ諸島産彩色魚類図譜 フォン・ベ
ア写本』　1718〜19

セミホウボウ科の魚　Dactyloptena sp.
「世界大博物図鑑 2」平凡社　1989
◇p427（カラー）　ファロアズ, サムエル原画, ル
ナール, L.『モルッカ諸島魚類彩色図譜』　1754
［国文学研究資料館史料館］

セムシカサゴ　Scorpaenopsis diabolus
「南海の魚類 博物画の至宝」平凡社　1995
◇pl.53（カラー）　Scorpaena gibbosa　ギュン
ター, A.C.L.G., ギャレット, A. 1873〜1910

セムシクロアンコウ　Melanocetus murrayi
「世界大博物図鑑 2」平凡社　1989
◇p104（カラー）　ブラウアー, A.『深海魚』　1898
〜99　石版色刷り

セラム海岸の黄色い鎖魚
「極楽の魚たち」リブロポート　1991
◇II-184（カラー）　ファロワズ, サムエル原画, ル
ナール, L.『モルッカ諸島産彩色魚類図譜 ファ
ン・デル・ステル写本』　1718〜19　［個人蔵］

セルカリア・スピフェラ
「世界大博物図鑑 1」平凡社　1991
◇p17（カラー）　ヘッケル, E.H.『自然の造形』
1899〜1904　多色石版画

セルカリア・ブケファルス
「世界大博物図鑑 1」平凡社　1991
◇p17（カラー）　ヘッケル, E.H.『自然の造形』
1899〜1904　多色石版画

セレベスタカサゴイシモチ　Ambasis
dussumieri
「世界大博物図鑑 2」平凡社　1989
◇p243（カラー）『アストロラブ号世界周航記』
1830〜35　スティップル印刷

セレベスリンゴガイ　Ampullaria celebensis
「世界大博物図鑑 別巻2」平凡社　1994
◇p162（カラー）　デュモン・デュルヴィル, J.S.C.
『アストロラブ号世界周航記』　1830〜35　ス
ティップル印刷

セワタシチョウチョウウオ　Chaetodon
falcura
「世界大博物図鑑 2」平凡社　1989
◇p383（カラー）　キュヴィエ, G.L.C.F.D.『動物
界』　1836〜49　手彩色銅版

センウマヅラハギ属の1種　Cantherhines sp.
「南海の魚類 博物画の至宝」平凡社　1995
◇pl.169（カラー）　Monacanthus pardalis
（Gesellschafts Ins.）　ギュンター, A.C.L.G.,
ギャレット, A. 1873〜1910

センオニハダカ　Cyclothone acclinidens
「世界大博物図鑑 2」平凡社　1989
◇p100（カラー）　ガーマン, S.著, ウェスターグレ
ン原図『ハーヴァード大学比較動物学記録 第24
巻〈アルバトロス号調査報告—魚類編〉』　1899
手彩色石版画

センジュガイ　Chiconeus palmarosae
「世界大博物図鑑 別巻2」平凡社　1994
◇p134（カラー）　平瀬與一郎『貝千種』　大正3〜
11（1914〜22）　色刷木版画

センジュガイの1種　Chicoreus sp.
「ビュフォンの博物誌」工作舎　1991
◇L057（カラー）『一般と個別の博物誌 ソンニー
ニ版』

船頭烏賊
「江戸名作画帖全集 8」駸々堂出版　1995
◇図51（カラー）　松平頼恭編『衆鱗図』　紙本着
色　［松平公益会］

センナリコケムシ　Bowerbankia imbricata
「世界大博物図鑑 別巻2」平凡社　1994
◇p95（カラー）　ゴッス, P.H.『テンビー, 海辺の
休日』　1856　多色石版図

センニンガイ　Telescopium telescopium
「世界大博物図鑑 別巻2」平凡社　1994
◇p121（カラー）　キーネ, L.C.『ラマルク貝類図
譜』　1834〜80　手彩色銅版図

センニンショウジョウガイ　Spondylus
cumingii
「世界大博物図鑑 別巻2」平凡社　1994

博物図譜レファレンス事典 動物篇　**211**

せんほ　　　　　　　魚・貝・水生生物

◇p183（カラー）　クノール, G.W.『貝類図譜』
1764〜75

センボウガイ　Cypraecassis tenuis
「世界大博物図鑑 別巻2」平凡社　1994
◇p124（カラー）　キーネ, L.C.『ラマルク貝類図譜』　1834〜80　手彩色銅版図

【そ】

ゾウガイ
「彩色 江戸博物学集成」平凡社　1994
◇p210（カラー）　武蔵石寿『甲介群分品彙』
［国会図書館］

ゾウギンザメの1種　Callorhynchus sp.
「世界大博物図鑑 2」平凡社　1989
◇p37（カラー）　オス　キュヴィエ, G.L.C.F.D.
『動物界』　1836〜49　手彩色銅版

ゾウゲツノガイ　Dentalium elephantinum
「世界大博物図鑑 別巻2」平凡社　1994
◇p178（カラー）　クノール, G.W.『貝類図譜』
1764〜75

ゾウゲフデガイ　Scabricola casta
「世界大博物図鑑 別巻2」平凡社　1994
◇p142（カラー）　マーティン, T.『万国貝譜』
1784〜87　手彩色銅版図

草原の魚
「極楽の魚たち」リブロポート　1991
◇I−151（カラー）　ルナール, L.『モルッカ諸島産彩色魚類図譜 コワイエト写本』　1718〜19　［個人蔵］

ソウシイザリウオ　Antennarius hispidus Bloch et Schneider
「高木春山 本草図説 水産」リブロポート　1988
◇p52（カラー）　一種　くろあんこう

ソウシハギ
「極楽の魚たち」リブロポート　1991
◇I−69（カラー）　エワウェ・パンガイ　ルナール, L.『モルッカ諸島産彩色魚類図譜 コワイエト写本』　1718〜19　［個人蔵］

造礁サンゴが付着した古代の壺
「世界大博物図鑑 別巻2」平凡社　1994
◇p79（カラー）　おそらく地中海で引き上げられた古代ローマの壺　ビュショー, P.J.『動植鉱物百図第1集（および第2集）』　1775〜81

造礁サンゴのポリプ
「水中の驚異」リブロポート　1990
◇p10（白黒）『コキーユ号航海記録』

ゾウリエビ
「彩色 江戸博物学集成」平凡社　1994
◇p458（カラー）　毘沙門エビ　山本渓愚画
「極楽の魚たち」リブロポート　1991
◇II−195（カラー）　テーブルガニ　ファロワズ, サ

ムエル原画, ルナール, L.『モルッカ諸島産彩色魚類図譜 ファン・デル・ステル写本』　1718〜19　［個人蔵］

ゾウリムシ　Paramecium caudatum
「世界大博物図鑑 別巻2」平凡社　1994
◇p23（カラー）　キュヴィエ, G.L.C.F.D.『動物界（門徒版）』　1836〜49

ソコイトヨリ　Nemipterus bathybius
「高松松平家所蔵 衆鱗図 2」香川県歴史博物館友の会博物図譜刊行会　2002
◇p91（カラー）　あをいとゑ　松平頼恭 江戸時代（18世紀）　紙本著色 画帖装（折本形式）　［個人蔵］

ソコクラゲの仲間
「美しいアンティーク生物画の本」創元社　2017
◇p81（カラー）　Pectanthis asteroides　Haeckel, Ernst『Die Tiefsee−Medusen der Challenger−Reise und der Organismus der Medusen』1881

ソコシラエビ　Leptochela gracilis
「高松松平家所蔵 衆鱗図 3」香川県歴史博物館友の会博物図譜刊行会　2003
◇p15（カラー）　（付札なし）　松平頼恭 江戸時代（18世紀）　紙本著色 画帖装（折本形式）　［個人蔵］

そこはりごち
「魚の手帖」小学館　1991
◇11図（カラー）　底針鯒　毛利梅園『梅園魚譜/梅園魚品図正』　1826〜1843,1832〜1836　［国立国会図書館］

ソデボラ　Strombus pugilis
「世界大博物図鑑 別巻2」平凡社　1994
◇p123（カラー）　クノール, G.W.『貝類図譜』
1764〜75

ソトオリイワシとその顔　Neoscopelus macrolepidotus
「世界大博物図鑑 2」平凡社　1989
◇p97（カラー）　ブラウアー, A.『深海魚』　1898〜99　石版色刷り

ソナレイモガイ　Conus luteus
「世界大博物図鑑 別巻2」平凡社　1994
◇p154（カラー）　デュモン・デュルヴィル, J.S.C.『アストロラブ号世界周航記』　1830〜35　スティップル印刷

ソバガラガニ　Trigonoplax unguiformis
「高松松平家所蔵 衆鱗図 3」香川県歴史博物館友の会博物図譜刊行会　2003
◇p33（カラー）　（付札なし）　松平頼恭 江戸時代（18世紀）　紙本著色 画帖装（折本形式）　［個人蔵］

ソメワケヤッコ　Centropyge bicolor
「南海の魚類 博物画の至宝」平凡社　1995
◇pl.39（カラー）　Holacanthus bicolor　ギュンター, A.C.L.G., ギャレット, A.　1873〜1910

212　博物図譜レファレンス事典 動物篇

魚・貝・水生生物　　　　　　たいせ

「世界大博物図鑑 2」平凡社　1989
　◇p389（カラー）　ギャレット, A.原図, ギュン
　ター, A.C.L.G.解説『南海の魚類』1873～1910

ソメワケヤッコ
「極楽の魚たち」リブロポート　1991
　◇I-35（カラー）　黄色尾　ルナール, L.『モルッカ
　諸島産彩色魚類図譜 コワイエト写本』1718～19
　［個人蔵］
　◇I-101（カラー）　エコルビロ　ルナール, L.『モ
　ルッカ諸島産彩色魚類図譜 コワイエト写本』
　1718～19　［国文学研究資料館史料館］
　◇I-106（カラー）　コロル・ススナム　ルナール,
　L.『モルッカ諸島産彩色魚類図譜 コワイエト写
　本』1718～19　［国文学研究資料館史料館］
　◇I-121（カラー）　平行四辺形　ルナール, L.『モ
　ルッカ諸島産彩色魚類図譜 コワイエト写本』
　1718～19　［個人蔵］

ソヨカゼヤシガイ　Melo miltonis
「世界大博物図鑑 別巻2」平凡社　1994
　◇p147（カラー）　キーネ, L.C.『ラマルク貝類図
　譜』1834～80　手彩色銅版図

ソラスズメダイ　Pomacentrus coelestis
Jordan et Starks
「高木春山 本草図説 水産」リブロポート　1988
　◇p25（カラー）　五色魚ノ図

ソラスズメダイの1種　Pomacentrus sp.
「ビュフォンの博物誌」工作舎　1991
　◇K058（カラー）『一般と個別の博物誌 ソンニー
　二版』

ソランダーズ・トビー
　⇒キタマクラ属の1種（ソランダーズ・トビー）
　を見よ

【 た 】

タイ
「江戸の動植物図」朝日新聞社　1988
　◇p139（カラー）　関根雲停画

ダイオウイトマキボラ　Pleuroploca gigantea
「世界大博物図鑑 別巻2」平凡社　1994
　◇p143（カラー）　キーネ, L.C.『ラマルク貝類図
　譜』1834～80　手彩色銅版図

ダイオウウキビシガイ　Clio balantium
「世界大博物図鑑 別巻2」平凡社　1994
　◇p159（カラー）　ヴァイヤン, A.N.『ボニート号
　航海記』1840～66

ダイオウウニの仲間
「美しいアンティーク生物画の本」創元社　2017
　◇p106～107（カラー）　Lazenseeigel・Oursins
　Seba, Albertus『Locupletissimi rerum
　naturalium thesauri accurata descriptio』
　1734～65

ダイオウガニ
「極楽の魚たち」リブロポート　1991
　◇II-159（カラー）　リクの皇帝ガニ　ファロワズ,
　サムエル原画, ルナール, L.『モルッカ諸島産彩
　色魚類図譜 ファン・デル・ステル写本』1718～
　19　［個人蔵］

ダイオウカブトウラシマガイ　Galeodea
rugosa
「世界大博物図鑑 別巻2」平凡社　1994
　◇p125（カラー）　キーネ, L.C.『ラマルク貝類図
　譜』1834～80　手彩色銅版図

ダイオウギス　Sillaginodes punctata
「世界大博物図鑑 2」平凡社　1989
　◇p269（カラー）『アストロラブ号世界周航記』
　1830～35　スティップル印刷

タイガー・ショヴェル　Pseudoplatystoma
fasciatum
「世界大博物図鑑 2」平凡社　1989
　◇p148（カラー）　キュヴィエ, G.L.C.F.D., ヴァ
　ランシエンヌ, A.『魚の博物誌』1828～50

タイセイヨウイサキ　Haemulon sciurus
「世界大博物図鑑 2」平凡社　1989
　◇p284（カラー）　キュヴィエ, G.L.C.F.D.『動物
　界』1836～49　手彩色銅版

タイセイヨウオオイワガニ　Grapsus grapsus
「世界大博物図鑑 1」平凡社　1991
　◇p136（カラー）　キュヴィエ, G.L.C.F.D.『動物
　界』1836～49　手彩色銅版

タイセイヨウオヒョウ　Hippoglossus
hippoglossus
「ビュフォンの博物誌」工作舎　1991
　◇K062（カラー）『一般と個別の博物誌 ソンニー
　二版』
「世界大博物図鑑 2」平凡社　1989
　◇p409（カラー）　ドノヴァン, E.『英国産魚類誌』
　1802～08

タイセイヨウカライワシ　Elops saurus
「ビュフォンの博物誌」工作舎　1991
　◇K071（カラー）『一般と個別の博物誌 ソンニー
　二版』

タイセイヨウギンザメ　Chimaera monstrosa
「ビュフォンの博物誌」工作舎　1991
　◇K014（カラー）『一般と個別の博物誌 ソンニー
　二版』
「世界大博物図鑑 2」平凡社　1989
　◇p36～37（カラー）　ゲイマール, J.P.『アイスラ
　ンド・グリーンランド旅行記』1838～52　手彩
　色銅版

タイセイヨウサケ　Salmo salar
「ビュフォンの博物誌」工作舎　1991
　◇K069（カラー）『一般と個別の博物誌 ソンニー
　二版』
「世界大博物図鑑 2」平凡社　1989
　◇p57（カラー）　キュヴィエ, G.L.C.F.D., ヴァラ

博物図譜レファレンス事典 動物篇　**213**

たいせ　　　　　　　　魚・貝・水生生物

ンシエンヌ, A.『魚の博物誌』1828～50

タイセイヨウサケの幼魚　Salmo salar
「世界大博物図鑑 2」平凡社　1989
◇p57（カラー）　パーとよばれる時期の若魚『ロンドン動物学協会紀要』1861～90（第2期）

タイセイヨウスダレダイ　Chaetodipterus faber
「世界大博物図鑑 2」平凡社　1989
◇p376（カラー）　キュヴィエ, G.L.C.F.D.『動物界』1836～49　手彩色銅版

タイセイヨウダツ　Belone belone
「世界大博物図鑑 2」平凡社　1989
◇p185（カラー）　ドノヴァン, E.『英国産魚類誌』1802～08

タイセイヨウダラ　Gadus morhua
「ビュフォンの博物誌」工作舎　1991
◇K029（カラー）『一般と個別の博物誌 ソンニーニ版』

タイセイヨウニシン　Clupea harengus
「ビュフォンの博物誌」工作舎　1991
◇K076（カラー）『一般と個別の博物誌 ソンニーニ版』
「世界大博物図鑑 2」平凡社　1989
◇p52（カラー）　キュヴィエ, G.L.C.F.D., ヴァランシエンヌ, A.『魚の博物誌』1828～50

タイセイヨウノコギリエイ　Pristis pristis
「世界大博物図鑑 2」平凡社　1989
◇p29（カラー）　キュヴィエ, G.L.C.F.D.『動物界』1836～49　手彩色銅版

タイセイヨウヘイク　Merluccius merluccius
「世界大博物図鑑 2」平凡社　1989
◇p181（カラー）　ドノヴァン, E.『英国産魚類誌』1802～08

タイセイヨウマサバ　Scomber scombrus
「ビュフォンの博物誌」工作舎　1991
◇K036（カラー）『一般と個別の博物誌 ソンニーニ版』
「世界大博物図鑑 2」平凡社　1989
◇p320～321（カラー）　ドノヴァン, E.『英国産魚類誌』1802～08

タイセイヨウマダラ　Gadus morhua
「世界大博物図鑑 2」平凡社　1989
◇p180（カラー）　ドノヴァン, E.『英国産魚類誌』1802～08

タイセイヨウマツカサウニ　Eucidaris tribuloides
「世界大博物図鑑 別巻2」平凡社　1994
◇p266（カラー）　キュヴィエ, G.L.C.F.D.『動物界（門徒版）』1836～49

タイセイヨウメクラウナギ　Myxine glutinosa
「世界大博物図鑑 2」平凡社　1989
◇p17（カラー）　キュヴィエ, G.L.C.F.D.『動物

界』1836～49　手彩色銅版

タイセイヨウヤイト　Euthynnus alletteratus
「世界大博物図鑑 2」平凡社　1989
◇p317（カラー）　キュヴィエ, G.L.C.F.D.『動物界』1836～49　手彩色銅版

ダイナンウミヘビ　Ophisurus serpens
「世界大博物図鑑 2」平凡社　1989
◇p173（カラー）　スミス, A.著, フォード, G.H.原図『南アフリカ動物図譜』1838～49　手彩色石版

ダイナンウミヘビ属の1種　Ophisurus sp.
「南海の魚類 博物画の至宝」平凡社　1995
◇pl.166（カラー）　Ophichthys macrops（Kingsmill Ins.）ギュンター, A.C.L.G., ギャレット, A. 1873～1910

ダイナンギンポ　Dictyosoma burgeri
「高松松平家所蔵 衆鱗図 2」香川県歴史博物館友の会博物図譜刊行会　2002
◇p78（カラー）　すみかき　松平頼恭 江戸時代（18世紀）紙本著色 画帖装（折本形式）［個人蔵］
◇p82（カラー）　うみうなぎ　松平頼恭 江戸時代（18世紀）紙本著色 画帖装（折本形式）［個人蔵］

ダイノウサンゴのなかま？　Symphyllia sp.
「世界大博物図鑑 別巻2」平凡社　1994
◇p83（カラー）　もしくはキクメイシ科のナガレサンゴ属Leptoriaか　エリス, J.『珍品植虫類の博物誌』1786　手彩色銅版図

鯛の骨格・「鯛中鯛」
「江戸の動植物図」朝日新聞社　1988
◇p104～105（カラー）　奥倉魚仙『水族四帖』［国立国会図書館］

大の字
「江戸名作画帖全集 8」駸々堂出版　1995
◇図159（カラー）　服部雪斎図, 武蔵石寿編『目八譜』　紙本着色　［東京国立博物館］

タイノミコ
「彩色 江戸博物学集成」平凡社　1994
◇p402～403（カラー）　奥倉辰行『水族写真』［東京都立中央図書館］

タイヘイヨウヒウチダイ　Hoplostethus pacificus
「世界大博物図鑑 2」平凡社　1989
◇p204～205（カラー）　ガーマン, S.著, ウェスターグレン原図『ハーヴァード大学比較動物学記録 第24巻〈アルバトロス号調査報告―魚類編〉』1899　手彩色石版画

ダイミョウイモガイ　Conus betulinus
「世界大博物図鑑 別巻2」平凡社　1994
◇p155（カラー）　デュモン・デュルヴィル, J.S.C.『アストロラブ号世界周航記』1830～35　スティップル印刷

魚・貝・水生生物　　　　　　　　　　　　　　たえほ

ダイミョウチョウチョウウオ　Chaetodon
striatus
「世界大博物図鑑 2」平凡社　1989
　◇p387（カラー）　キュヴィエ, G.L.C.F.D.『動物
　界』 1836〜49　手彩色銅版

ダイミョウハタ　Hypoplectrodes nigrorubrum
「世界大博物図鑑 2」平凡社　1989
　◇p250（カラー）『アストロラブ号世界周航記』
　1830〜35　スティップル印刷

太陽ガニ
「極楽の魚たち」リブロポート　1991
　◇II–214（カラー）　ファロワズ, サムエル原画, ル
　ナール, L.『モルッカ諸島産彩色魚類図譜 ファ
　ン・デル・ステル写本』 1718〜19　[個人蔵]

タイラギ　Atrina pectinata
「世界大博物図鑑 別巻2」平凡社　1994
　◇p178（カラー）　平瀬與一郎『貝千種』 大正3〜
　11（1914〜22）　色刷木版画
「鳥獣虫魚譜」八坂書房　1988
　◇p74（カラー）　烏冒子貝, タイラギ貝　松森胤保
　『両羽虫螺図譜』　[酒田市立光丘文庫]

タイラギ
「彩色 江戸博物学集成」平凡社　1994
　◇p211（カラー）　生蠣貝　武蔵石寿『群分品彙』
　[国会図書館]

タイリクスナモグリ　Gobio gobio
「ビュフォンの博物誌」工作舎　1991
　◇K078（カラー）『一般と個別の博物誌 ソンニー
　二版』

ダイリンノト　Eleginops macrovinus
「世界大博物図鑑 2」平凡社　1989
　◇p324（カラー）　ゲイ, C.『チリ自然社会誌』
　1844〜71

タイワンガザミ　Portunus pelagicus
「グラバー魚譜200選」長崎文献社　2005
　◇p236（カラー）　倉場富三郎画, 萩原魚仙画『日
　本西部及南部魚類図譜』 1915採集　[長崎大学
　附属図書館]
「ビュフォンの博物誌」工作舎　1991
　◇M043（カラー）『一般と個別の博物誌 ソンニー
　二版』
「世界大博物図鑑 1」平凡社　1991
　◇p129（カラー）　ヘルプスト, J.F.W.『蟹蛯分類
　図譜』 1782〜1804
　◇p129（カラー）　オスらしい　ヘルプスト, J.F.
　W.『蟹蛯分類図譜』 1782〜1804

タイワンガザミ
「彩色 江戸博物学集成」平凡社　1994
　◇p314〜315（カラー）　メス　畔田翠山『紫藤園
　蟹図』　[杏雨書屋]

タイワンカマス　Sphyraena flavicauda
「世界大博物図鑑 2」平凡社　1989
　◇p229（カラー）　リュッペル, W.P.E.S.『アビシ
　ニア動物図譜』 1835〜40

タイワンキンギョ　Macropodus opercularis
「世界大博物図鑑 2」平凡社　1989
　◇p236（カラー）　キュヴィエ, G.L.C.F.D., ヴァ
　ランシエンヌ, A.『魚の博物誌』 1828〜50

タイワンドジョウ　Channa maculata
「舶来鳥獣誌」八坂書房　1992
　◇p78（カラー）　七星魚『唐蘭船持渡鳥獣之図』
　弘化3（1846）渡来　[慶應義塾図書館]
「世界大博物図鑑 2」平凡社　1989
　◇p233（カラー）　高木春山『本草図説』　? 〜
　1852　[愛知県西尾市立岩瀬文庫]

タイワンドジョウ類
「世界大博物図鑑 2」平凡社　1989
　◇p233（カラー）　解剖図<迷宮器官>　キュヴィ
　エ, G.L.C.F.D.『動物界』 1836〜49　手彩色
　銅版

タイワンナツメガイ　Bulla ampulla
「世界大博物図鑑 別巻2」平凡社　1994
　◇p158（カラー）　クノール, G.W.『貝類図譜』
　1764〜75

タイワンブダイ　Calotomus carolinus
「南海の魚類 博物画の至宝」平凡社　1995
　◇pl.150（カラー）　Callyodon genistriatus　オス
　ギュンター, A.C.L.G., ギャレット, A. 1873〜
　1910
　◇pl.151（カラー）　Callyodon sandwicensis　メ
　ス　ギュンター, A.C.L.G., ギャレット, A.
　1873〜1910

タイワンミノムシガイ　Vexillum formosense
「世界大博物図鑑 別巻2」平凡社　1994
　◇p142（カラー）　キーネ, L.C.『ラマルク貝類図
　譜』 1834〜80　手彩色銅版図

タイワンメナダ　Moolgarda seheli
「南海の魚類 博物画の至宝」平凡社　1995
　◇pl.120（カラー）　Mugil axillaris　ギュンター,
　A.C.L.G., ギャレット, A. 1873〜1910

タイワンレイシガイ　Thais bufo
「世界大博物図鑑 別巻2」平凡社　1994
　◇p138（カラー）　キーネ, L.C.『ラマルク貝類図
　譜』 1834〜80　手彩色銅版図

ダーウィンキツネダイ　Pimelometopon
darwini
「世界大博物図鑑 2」平凡社　1989
　◇p352〜353（カラー）　ヴェルナー原図, デュ・プ
　ティ=トゥアール, A.A.『ウエヌス号世界周航
　記』 1846　手彩色銅版画

タウナギの1種　Monopterus sp.
「ビュフォンの博物誌」工作舎　1991
　◇K080（カラー）『一般と個別の博物誌 ソンニー
　二版』

タエボラの1種　Cancellaria sp.
「ビュフォンの博物誌」工作舎　1991
　◇L056（カラー）『一般と個別の博物誌 ソンニー
　二版』

博物図譜レファレンス事典 動物篇　**215**

たかあ　　　　　　　　　　魚・貝・水生生物

タカアシガニ　Macrocheira kaempferi
「日本の博物図譜」東海大学出版会　2001
　◇図53（カラー）　齋藤幸直筆　［国立科学博物館］

タカアシガニ
「彩色 江戸博物学集成」平凡社　1994
　◇p314～315（カラー）　メス　畔田翠山『紫藤園蟹図』　［杏雨書屋］

タカサゴツキヒガイ　Amusium pleuronectes
「世界大博物図鑑 別巻2」平凡社　1994
　◇p191（カラー）　キュヴィエ, G.L.C.F.D.『動物界（門徒版）』　1836～49

タカノハガイ
「彩色 江戸博物学集成」平凡社　1994
　◇p211（カラー）　長刀介　武蔵石寿『群分品彙』　［国会図書館］

たかのはだい
「魚の手帖」小学館　1991
　◇74図（カラー）　鷹羽梅　毛利梅園『梅園魚譜/梅園魚品図正』　1826～1836,1832～1836　［国立国会図書館］

タカノハダイ　Goniistius zonatus
「グラバー魚譜200選」長崎文献社　2005
　◇p126（カラー）　倉場富三郎編、小田紫星画『日本西部及南部魚類図譜』　1912採集　［長崎大学附属図書館］
「高松松平家所蔵 衆鱗図 1」香川県歴史博物館友の会博物図譜刊行会　2001
　◇p22（カラー）　（付札なし）　松平頼恭 江戸時代（18世紀）　紙本著色 画帖装（折本形式）　［個人蔵］
　◇p22（カラー）　木目鯛　松平頼恭 江戸時代（18世紀）　紙本著色 画帖装（折本形式）　［個人蔵］
　◇p23（カラー）　別種 鷹羽鯛　松平頼恭 江戸時代（18世紀）　紙本著色 画帖装（折本形式）　［個人蔵］
「世界大博物図鑑 2」平凡社　1989
　◇p293（カラー）　松平頼恭『衆鱗図』　18世紀後半
　◇p293（カラー）　ヴェルナー原図、キュヴィエ, G.L.C.F.D.、ヴァランシエンヌ, A.『魚の博物誌』　1828～50

タカノハダイ　Goniistius zonatus（Cuvier）
「高木春山 本草図説 水産」リブロポート　1988
　◇p25（カラー）　五色魚ノ図

タカノハダイ
「彩色 江戸博物学集成」平凡社　1994
　◇p410（カラー）　奥倉辰行『水族四帖』　［国会図書館］

タカノハダイ属の1種（ハワイアン・モーウォング）　Goniistius vittatus
「南海の魚類 博物画の至宝」平凡社　1995
　◇pl.51（カラー）　Chilodactylus vittatus　ギュンター, A.C.L.G.、ギャレット, A. 1873～1910

たかべ
「魚の手帖」小学館　1991

　◇4図（カラー）　鯖　毛利梅園『梅園魚譜/梅園魚品図正』　1826～1843,1832～1836　［国立国会図書館］

タカベ　Labracoglossa argentiventris
「江戸博物文庫 魚の巻」工作舎　2017
　◇p94（カラー）　鯖　栗本丹洲『魚譜』　［国立国会図書館］
「高松松平家所蔵 衆鱗図 2」香川県歴史博物館友の会博物図譜刊行会　2002
　◇p39（カラー）　たかべ　松平頼恭 江戸時代（18世紀）　紙本著色 画帖装（折本形式）　［個人蔵］

タガヤサンミナシガイ　Conus textile
「世界大博物図鑑 別巻2」平凡社　1994
　◇p154（カラー）　デュモン・デュルヴィル, J.S.C.『アストロラブ号世界周航記』　1830～35　スティップル印刷

タガヤサンミナシガイ
「彩色 江戸博物学集成」平凡社　1994
　◇p123（カラー）　タカヤサン介　木村兼葭堂『奇貝図譜』　［辰馬考古資料館］
　◇p275（カラー）　馬場大助『貝譜』　［東京国立博物館］

ダキジマベラ　Larabicus quadrilineatus
「世界大博物図鑑 2」平凡社　1989
　◇p363（カラー）　リュッペル, W.P.E.S.『アビシニア動物図譜』　1835～40

タキベラ　Bodianus perditio
「グラバー魚譜200選」長崎文献社　2005
　◇p135（カラー）　未定　倉場富三郎編、中村三郎画『日本西部及南部魚類図譜』　1917採集　［長崎大学附属図書館］

タキベラ属の1種　Bodianus sp.
「南海の魚類 博物画の至宝」平凡社　1995
　◇pl.129（カラー）　Cossyphus modestus　ギュンター, A.C.L.G.、ギャレット, A. 1873～1910

タキベラの1種　Bodianus sp.
「ビュフォンの博物誌」工作舎　1991
　◇K053（カラー）『一般と個別の博物誌 ソンニーニ版』

タケギンポ　Pholis crassispina
「高松松平家所蔵 衆鱗図 2」香川県歴史博物館友の会博物図譜刊行会　2002
　◇p83（カラー）　かたにぎり　松平頼恭 江戸時代（18世紀）　紙本著色 画帖装（折本形式）　［個人蔵］

タケノコメバル　Sebastes oblongus
「高松松平家所蔵 衆鱗図 1」香川県歴史博物館友の会博物図譜刊行会　2001
　◇p55（カラー）　筍鯏　松平頼恭 江戸時代（18世紀）　紙本著色 画帖装（折本形式）　［個人蔵］
　◇p59（カラー）　星藻魚　松平頼恭 江戸時代（18世紀）　紙本著色 画帖装（折本形式）　［個人蔵］

タコ
「紙の上の動物園」グラフィック社　2017

◇p210（カラー）　ショー, ジョージ『博物学者の宝庫』 1789〜1813
「江戸の動植物図」朝日新聞社　1988
◇p140（カラー）　章魚　関根雲停画

タコクラゲ　Mastigias papua
「世界大博物図鑑 別巻2」平凡社　1994
◇p55（カラー）　デュプレ, L.I.『コキーユ号航海記』 1826〜34

タコクラゲ
「美しいアンティーク生物画の本」創元社　2017
◇p68（カラー）　Mastigias papua　Chun, Carl『Wissenschaftliche Ergebnisse der Deutschen Tiefsee–Expedition auf dem Dampfer "Valdivia" 1898–1899』 1902〜40
「水中の驚異」リブロポート　1990
◇p62（カラー）　フレシネ『ユラニー号・フィジシェンヌ号世界周航図録』 1824
◇p63（カラー）　フレシネ『ユラニー号・フィジシェンヌ号世界周航図録』 1824

タコクラゲに近いなかま
「水中の驚異」リブロポート　1990
◇p72（白黒）　デュプレ『コキーユ号航海記録』 1826〜30

タコクラゲの1種　Mastigias rosea
「世界大博物図鑑 別巻2」平凡社　1994
◇p55（カラー）　レッソン, R.P.著, プレートル原図『動物百図』 1830〜32

タコクラゲの仲間
「美しいアンティーク生物画の本」創元社　2017
◇p38〜39（カラー）　Cephea papuensis　Schubert, Gotthilf Heinrich von『Naturgeschichte der Reptilien, Amphibien, Fische, Insekten, Krebstiere, Würmer, Weichtiere, Stachelhäuter, Pflanzentiere und Urtiere』 1890

タコの1種　Octopus sp.
「世界大博物図鑑 別巻2」平凡社　1994
◇p250（カラー）　ヘッケル, E.H.P.A.『自然の造形』 1899〜1904　多色石版画

タコの内臓
「ビュフォンの博物誌」工作舎　1991
◇L025（カラー）『一般と個別の博物誌 ソンニーニ版』

タコノマクラ
「水中の驚異」リブロポート　1990
◇p88（白黒）　キュヴィエ『動物界』 1836〜49

タコノマクラ
⇒クリュペアステル［タコノマクラ］を見よ

陽遂足など
「江戸名作画帖全集 8」駸々堂出版　1995
◇図39（カラー）　ヒトデ, カジカ　細川重賢編『毛介綺煥』　紙本着色　［永青文庫（東京）］

タコノマクラの1種　Clypeaster subdepressue
「世界大博物図鑑 別巻2」平凡社　1994
◇p271（カラー）　ドノヴァン, E.『博物宝典』 1823〜27

タコノマクラの仲間
「美しいアンティーク生物画の本」創元社　2017
◇p17（カラー）　Clypeaster rosaceus　Haeckel, Ernst『Kunstformen der Natur』 1899〜1904

タコブネ　Argonauta hians
「世界大博物図鑑 別巻2」平凡社　1994
◇p255（カラー）　クノール, G.W.『貝類図譜』 1764〜75

タコベラ　Cheilinus bimaculatus
「世界大博物図鑑 2」平凡社　1989
◇p367（カラー）　ブレイカー, M.P.『蘭領東インド魚類図譜』 1862〜78　色刷り石版画

タスキモンガラ
「極楽の魚たち」リブロポート　1991
◇I–154（カラー）　スーノック　ルナール, L.『モルッカ諸島産彩色魚類図譜 コワイエト写本』 1718〜19　［個人蔵］

タスジイシモチ　Apogon novemfasciatus
「南海の魚類 博物画の至宝」平凡社　1995
◇pl.20（カラー）　Apogon fasciatus　ギュンター, A.C.L.G., ギャレット, A. 1873〜1910
「世界大博物図鑑 2」平凡社　1989
◇p242（カラー）　ギャレット, A.原図, ギュンター, A.C.L.G.解説『南海の魚類』 1873〜1910

タスジコショウダイ　Plectorhynchus polytaenia
「世界大博物図鑑 2」平凡社　1989
◇p281（カラー）　ファロアズ, サムエル原画, ルナール, L.『モルッカ諸島魚類彩色図譜』 1754　［国文学研究資料館史料館］

たちうお
「魚の手帖」小学館　1991
◇75図（カラー）　太刀魚　毛利梅園『梅園魚譜/梅園魚品図正』 1826〜1843,1832〜1836　［国立国会図書館］

タチウオ　Trichiurus japonicus
「グラバー魚譜200選」長崎文献社　2005
◇p80（カラー）　倉場富三郎編, 小田紫星画『日本西部及南部魚類図譜』 1912採集　［長崎大学附属図書館］

タチウオ　Trichiurus lepturus
「江戸博物文庫 魚の巻」工作舎　2017
◇p18（カラー）　太刀魚『魚譜』　［国立国会図書館］
「ビュフォンの博物誌」工作舎　1991
◇K025（カラー）『一般と個別の博物誌 ソンニーニ版』
「世界大博物図鑑 2」平凡社　1989
◇p324（カラー）　大野麦風『大日本魚類画集』 昭和12〜19　彩色木版
◇p324（カラー）　デイ, F.『マラバールの魚類』 1865　手彩色銅版画

たちう　　　　　　　　　　　魚・貝・水生生物

タチウオ
「極楽の魚たち」リブロポート　1991
◇p136〜137（カラー）　ファロワズ，サムエル画，ルナール，L.『モルッカ諸島産彩色魚類図譜 フォン・ベア写本』1718〜19

だつ
「魚の手帖」小学館　1991
◇51図（カラー）　駄津・啄長魚　毛利梅園『梅園魚譜/梅園魚品図正』1826〜1843,1832〜1836　［国立国会図書館］

ダツ　Strongylura anastomella
「江戸博物文庫 魚の巻」工作舎　2017
◇p58（カラー）　駄津　毛利梅園『梅園魚品図正』［国立国会図書館］
「高松松平家所蔵 衆鱗図 4」香川県歴史博物館友の会博物図譜刊行会　2004
◇p16〜17（カラー）　大灘サヨリ カジキトフシ　松平頼恭 江戸時代（18世紀）　紙本著色 画帖装（折本形式）　［個人蔵］

タツナミガイのなかま　Dolabella hasselti, D. scapula, D.tongana
「世界大博物図鑑 別巻2」平凡社　1994
◇p175（カラー）　デュモン・デュルヴィル，J.S.C.『アストロラブ号世界周航記』1830〜35　スティップル印刷

タツノイトコ
「極楽の魚たち」リブロポート　1991
◇I-73（カラー）　悪党　ルナール，L.『モルッカ諸島産彩色魚類図譜 コワイエト写本』1718〜19　［個人蔵］

タツノオトシゴ　Hippocampus coronatus
「グラバー魚譜200選」長崎文献社　2005
◇p50（カラー）　倉場富三郎編，中村三郎画『日本西部及南部魚類図譜』1918採集　［長崎大学附属図書館］

タツノオトシゴ
「紙の上の動物園」グラフィック社　2017
◇p86（カラー）　ゴールドスミス，オリヴァー『地球と生命のいる自然の本』1822
「彩色 江戸博物学集成」平凡社　1994
◇p66〜67（カラー）　龍宮の馬　丹羽正伯『筑前国産物絵図帳』　［福岡県立図書館］
◇p207（カラー）　栗本丹洲『千虫譜』　［内閣文庫］

タツノオトシゴの1種　Hippocampus sp.
「ビュフォンの博物誌」工作舎　1991
◇K023（カラー）『一般と個別の博物誌 ソンニーニ版』

タテカブトウオ　Scopeloberyx robustus
「世界大博物図鑑 2」平凡社　1989
◇p92（カラー）　ガーマン，S.著，ウェスターグレン図『ハーヴァード大学比較動物学記録 第24巻〈アルバトロス号調査報告—魚類編〉』1899　手彩色石版画

タテガミギンポ属の1種　Scartella cristata
「南海の魚類 博物画の至宝」平凡社　1995
◇pl.113（カラー）　Blennius cristatus　ギュンター，A.C.L.G.，ギャレット，A. 1873〜1910

タテジマイソギンチャクのなかま
Diadumene cincta
「世界大博物図鑑 別巻2」平凡社　1994
◇p70〜71（カラー）　アンドレス，A.『ナポリ湾海洋研究所紀要〈イソギンチャク篇〉』1884　色刷り石版画

タテジマウミウシのなかま？　Armina ocellata, A.undulata
「世界大博物図鑑 別巻2」平凡社　1994
◇p171（カラー）　キュヴィエ，G.L.C.F.D.『動物界〈門徒版〉』1836〜49

タテジマカラッパ　Calappa flammea
「すごい博物画」グラフィック社　2017
◇図版82（カラー）　イワガニとタテジマカラッパ　ケイツビー，マーク 1725頃　ペンと茶色いインクの上に，アラビアゴムを混ぜた水彩 濃厚顔料 37.0×26.9　［ウィンザー城ロイヤル・ライブラリー］

タテジマキンチャクダイ　Pomacanthus imperator
「南海の魚類 博物画の至宝」平凡社　1995
◇pl.41（カラー）　Holacanthus imperator　ギュンター，A.C.L.G.，ギャレット，A. 1873〜1910
◇pl.41（カラー）　Holacanthus nicobariensis 幼魚　ギュンター，A.C.L.G.，ギャレット，A. 1873〜1910
「世界大博物図鑑 2」平凡社　1989
◇p386〜387（カラー）『マイヤース』　多色石版図
◇p388（カラー）　日本皇帝の魚　ファロアズ，サムエル原画，ルナール，L.『モルッカ諸島魚類彩色図譜』1754　［国文学研究資料館史料館］
◇p389（カラー）　成魚　ファロアズ，サムエル原画，ルナール，L.『モルッカ諸島魚類彩色図譜』1754　［国文学研究資料館史料館］
◇口絵（カラー）　日本皇帝（天皇）　ファロアズ，サムエル原画，ルナール，L.『モルッカ諸島魚類彩色図譜』1754　［国文学研究資料館史料館］

タテジマキンチャクダイ
「極楽の魚たち」リブロポート　1991
◇p120〜121（カラー）　成魚　ファロワズ，サムエル画，ルナール，L.『モルッカ諸島産彩色魚類図譜 フォン・ベア写本』1718〜19

タテジマキンチャクダイ成魚
「極楽の魚たち」リブロポート　1991
◇I-93（カラー）　カミュのドゥーイン　ルナール，L.『モルッカ諸島産彩色魚類図譜 コワイエト写本』1718〜19　［個人蔵］
◇II-86（カラー）　伯爵　ファロワズ，サムエル原画，ルナール，L.『モルッカ諸島産彩色魚類図譜 ファン・デル・ステル写本』1718〜19　［個人蔵］
◇II-238（カラー）　日本の皇帝　ファロワズ，サム

魚・貝・水生生物　　　　　　　　　　　　　　たねま

エル原画, ルナール, L.『モルッカ諸島産彩色魚
類図譜 ファン・デル・ステル写本』1718～19
［個人蔵］

タテジマキンチャクダイの幼魚
「極楽の魚たち」リブロポート　1991
◇I-34（カラー）　台湾ドウイン　ルナール, L.『モ
ルッカ諸島産彩色魚類図譜 コワイエト写本』
1718～19　［個人蔵］

タテジマキンチャクダイの幼魚と成魚
Pomacanthus imperator
「世界大博物図鑑 2」平凡社　1989
◇p388（カラー）　ギャレット, A.原図, ギュン
ター, A.C.L.G.解説『南海の魚類』1873～1910

タテジマフエフキ　Lethrinus obsoletus
「南海の魚類 博物画の至宝」平凡社　1995
◇pl.46（カラー）　Lethrinus ramak　ギュンター,
A.C.L.G., ギャレット, A. 1873～1910

タテジマヤッコ　Genicanthus lamarck
「世界大博物図鑑 2」平凡社　1989
◇p391（カラー）　キュヴィエ, G.L.C.F.D., ヴァ
ランシエンヌ, A.『魚の博物誌』1828～50

タテジマヤッコ
「極楽の魚たち」リブロポート　1991
◇I-144（カラー）　クウィック・ステートの小男
オス　ルナール, L.『モルッカ諸島産彩色魚類図
譜 コワイエト写本』1718～19　［個人蔵］
◇I-145（カラー）　クウィック・ステートの少女
メス　ルナール, L.『モルッカ諸島産彩色魚類図
譜 コワイエト写本』1718～19　［個人蔵］
◇II-28（カラー）　薔薇魚　ファロワズ, サムエル
原画, ルナール, L.『モルッカ諸島産彩色魚類図
譜 ファン・デル・ステル写本』1718～19　［個
人蔵］

タテジマヤッコの雄と雌　Genicanthus
lamarck
「世界大博物図鑑 2」平凡社　1989
◇p391（カラー）　ファロアズ, サムエル原画, ル
ナール, L.『モルッカ諸島魚類彩色図譜』1754
［国文学研究資料館史料館］

タテスジライギョ　Channa striata
「世界大博物図鑑 2」平凡社　1989
◇p232（カラー）　ヴェルナー原図, キュヴィエ, G.
L.C.F.D., ヴァランシエンヌ, A.『魚の博物誌』
1828～50

ダテタカノハダイ　Goniistius vittatus
「世界大博物図鑑 2」平凡社　1989
◇p293（カラー）　ギャレット, A.原図, ギュン
ター, A.C.L.G.解説『南海の魚類』1873～1910

ダテヒザラガイ　Chiton albolineatus
「世界大博物図鑑 別巻2」平凡社　1994
◇p99（カラー）　ビーチィ, F.W.著, サワビー, G.
B.図『ビーチィ航海記動物学篇』1839

タテヒダイボウミウシ　Phyllidia varicosa
「世界大博物図鑑 別巻2」平凡社　1994
◇p171（カラー）　キュヴィエ, G.L.C.F.D.『動物
界（門徒版）』1836～49

タテヤマベラ　Cymolutes lecluse
「世界大博物図鑑 2」平凡社　1989
◇p361（カラー）『アストロラブ号世界周航記』
1830～35　スティップル印刷

ダトニオイデス・ミクロレピス　Datnioides
microlepis
「世界大博物図鑑 2」平凡社　1989
◇p344（カラー）　マルテンス, E.フォン原画, シュ
ミット, C.F.石版『オイレンブルク遠征図譜』
1865～67　多色刷り石版画

タナゴ
「彩色 江戸博物学集成」平凡社　1994
◇p275（カラー）　馬場大助画

タナゴモドキ　Hypseleotris cyprinoides
「南海の魚類 博物画の至宝」平凡社　1995
◇pl.113（カラー）　Eleotris guntheri　ギュン
ター, A.C.L.G., ギャレット, A. 1873～1910

タナバタウオ　Plesiops caeruleolineatus
「世界大博物図鑑 2」平凡社　1989
◇p256（カラー）　リュッペル, W.P.E.S.『アビシ
ニア動物図鑑』1835～40

タナバタウオ科の1種（イースタン・ブルー
デビル）　Paraplesiops bleekeri
「南海の魚類 博物画の至宝」平凡社　1995
◇pl.58（カラー）　Plesiops bleekeri　ギュンター,
A.C.L.G., ギャレット, A. 1873～1910

タニシモドキ科　Pilidae
「ビュフォンの博物誌」工作舎　1991
◇L054（カラー）『一般と個別の博物誌 ソンニー
ニ版』

タネカワハゼ　Stenogobius sp.
「南海の魚類 博物画の至宝」平凡社　1995
◇pl.110（カラー）　Gobius genivittatus　ギュン
ター, A.C.L.G., ギャレット, A. 1873～1910

タネギンポ属の1種　Praealticus sp.
「南海の魚類 博物画の至宝」平凡社　1995
◇pl.116（カラー）　Salarias meleagris　ギュン
ター, A.C.L.G., ギャレット, A. 1873～1910

タネマキゴチ　Platycephalus bassensis
「世界大博物図鑑 2」平凡社　1989
◇p421（カラー）『アストロラブ号世界周航記』
1830～35　スティップル印刷

タネマキゴンベ　Cirrhitops fasciatus
「世界大博物図鑑 2」平凡社　1989
◇p292（カラー）　キュヴィエ, G.L.C.F.D., ヴァ
ランシエンヌ, A.『魚の博物誌』1828～50

博物図譜レファレンス事典 動物篇　**219**

たひち　魚・貝・水生生物

タヒチ・バタフライフィッシュ
⇒チョウチョウウオ属の1種（タヒチ・バタフ
ライフィッシュ）を見よ

タヒチハタンポ　Pempheris otaitensis
「世界大博物図鑑 2」平凡社　1989
- ◇p240（カラー）　キュヴィエ, G.L.C.F.D., ヴァ
ランシエンヌ, A.『魚の博物誌』　1828〜50

タビラ　Acheilognathus tabira
「江戸博物文庫 魚の巻」工作舎　2017
- ◇p69（カラー）　田平 毛利梅園『梅園魚品図正』
［国立国会図書館］

ターボット　Psetta maxima
「世界大博物図鑑 2」平凡社　1989
- ◇p409（カラー）　ドノヴァン, E.『英国産魚類誌』
1802〜08

ターボットの幼魚　Psetta maxima
「世界大博物図鑑 2」平凡社　1989
- ◇p409（カラー）　ロ・ビアンコ, サルバトーレ
『ナポリ湾海洋研究所紀要』　20世紀前半　オフ
セット印刷

タマウキガイ
⇒グロビゲリナ［タマウキガイ］を見よ

タマウミヒドラの仲間
「美しいアンティーク生物画の本」創元社　2017
- ◇p82（カラー）　Codonium princeps Haeckel,
Ernst『Das System der Medusen』　1879
- ◇p82（カラー）　Sarsia eximia Haeckel, Ernst
『Das System der Medusen』　1879

タマウミヒドラの類
「水中の驚異」リブロポート　1990
- ◇p37（カラー）　ブリンクマン, A.著, リヒター,
イロナ画『ナポリ湾海洋研究所紀要〈腔腸動物
篇〉』　1970

タマカイ　Epinephelus lanceolatus
「世界大博物図鑑 2」平凡社　1989
- ◇p252（カラー）　幼魚, 成魚　デイ, F.『マラバー
ルの魚類』　1865　手彩色銅版画

タマカイエビ科　Lynceidae
「ビュフォンの博物誌」工作舎　1991
- ◇M032（カラー）『一般と個別の博物誌 ソンニー
ニ版』
- ◇M033（カラー）『一般と個別の博物誌 ソンニー
ニ版』

タマカイの幼魚
「極楽の魚たち」リブロポート　1991
- ◇I-45（カラー）　小さな侯爵　ルナール, L.『モ
ルッカ諸島産彩色魚類図譜 コワイエト写本』
1718〜19　［個人蔵］

タマカエルウオ　Alticus saliens
「南海の魚類 博物画の至宝」平凡社　1995
- ◇pl.117（カラー）　Salarias tridactylus, ♂　オス
ギュンター, A.C.L.G., ギャレット, A.　1873〜
1910

- ◇pl.117（カラー）　Salarias tridactylus, ♀　メス
ギュンター, A.C.L.G., ギャレット, A.　1873〜
1910

タマガシラ　Parascolopsis inermis
「グラバー魚譜200選」長崎文献社　2005
- ◇p114（カラー）　倉場富三郎編, 小田紫星画『日
本西部及南部魚類図譜』　1912採集　［長崎大学
附属図書館］
「高松松平家所蔵 衆鱗図 1」香川県歴史博物館
友の会博物図譜刊行会　2001
- ◇p28（カラー）　瀬戸鯛　松平頼恭 江戸時代（18
世紀）　紙本著色 画帖装（折本形式）　［個人蔵］
- ◇p29（カラー）　メノコ鯛　松平頼恭 江戸時代
（18世紀）　紙本著色 画帖装（折本形式）　［個人
蔵］

タマガシラ属の1種　Scolopsis trilineatus
「南海の魚類 博物画の至宝」平凡社　1995
- ◇pl.25（カラー）　ギュンター, A.C.L.G., ギャ
レット, A.　1873〜1910

タマキガイ　Glycymeris vestita
「鳥獣虫魚譜」八坂書房　1988
- ◇p76（カラー）　松森胤保『両羽貝蝶図譜』　［酒
田市立光丘文庫］

タマキガイの1種　Glycymerils sp.
「ビュフォンの博物誌」工作舎　1991
- ◇L067（カラー）『一般と個別の博物誌 ソンニー
ニ版』

タマキビガイ
「水中の驚異」リブロポート　1990
- ◇p13（白黒）
- ◇p134（カラー）　キングズリ, G., サワビー, J.
『グラウコス』　1859

タマクラゲの仲間
「美しいアンティーク生物画の本」創元社　2017
- ◇p72（カラー）　Cytaeis vulgaris Bigelow,
Henry Bryant『'The Medusae' (Memoirs of the
Museum of Comparative Zoölogy at Harvard
College, v.37)』　1909

タマゴウニ　Echinoneus cyclostomus
「世界大博物図鑑 別巻2」平凡社　1994
- ◇p270（カラー）　キュヴィエ, G.L.C.F.D.『動物
界（門徒版）』　1836〜49

タマシキゴカイのなかま　Arenicola
piscatorum
「世界大博物図鑑 1」平凡社　1991
- ◇p20（カラー）　キュヴィエ, G.L.C.F.D.『動物
界』　1836〜49　手彩色銅版

タマテバコボタルガイの1種　Ancilla sp.
「ビュフォンの博物誌」工作舎　1991
- ◇L055（カラー）『一般と個別の博物誌 ソンニー
ニ版』

タマムシツノマタガイモドキ　Latirus iris
「世界大博物図鑑 別巻2」平凡社　1994
- ◇p143（カラー）　マーティン, T.『万国貝譜』

魚・貝・水生生物　　　　　　　　　　　　　　　たんへ

1784〜87　手彩色銅版図

タメトモハゼ　Ophieleotris sp.
「南海の魚類 博物画の至宝」平凡社　1995
◇pl.112（カラー）　Eleotris macrocephalus 成魚　ギュンター, A.C.L.G., ギャレット, A. 1873〜1910
◇pl.112（カラー）　Eleotris macrocephalus 幼魚　ギュンター, A.C.L.G., ギャレット, A. 1873〜1910
◇pl.112（カラー）　Eleotris macrocephalus ギュンター, A.C.L.G., ギャレット, A. 1873〜1910

多毛類？　Orbinia sp.
「ビュフォンの博物誌」工作舎　1991
◇L070（カラー）『一般と個別の博物誌 ソンニーニ版』

多毛類？　Sedentaria
「ビュフォンの博物誌」工作舎　1991
◇L071（カラー）『一般と個別の博物誌 ソンニーニ版』

タモトガイ科　Pyrenidae
「ビュフォンの博物誌」工作舎　1991
◇L056（カラー）『一般と個別の博物誌 ソンニーニ版』

タラ
⇒小鱈（タラ）を見よ

タルタカラガイ　Cypraea talpa
「世界大博物図鑑 別巻2」平凡社　1994
◇p126（カラー）　デュモン・デュルヴィル, J.S.C.『アストロラブ号世界周航記』1830〜35　スティップル印刷
◇p127（カラー）　キュヴィエ, G.L.C.F.D.『動物界（門徒版）』1836〜49

ダルマオコゼ　Erosa erosa
「江戸博物文庫 魚の巻」工作舎　2017
◇p141（カラー）　達磨虎魚　栗本丹洲『栗氏魚譜』［国立国会図書館］
「高松松平家所蔵 衆鱗図 1」香川県歴史博物館 友の会博物図譜刊行会　2001
◇p90（カラー）　別種 三嶋オコゼ　松平頼恭 江戸時代（18世紀）　紙本著色 画帖装（折本形式）［個人蔵］

ダルマカマス　Sphyraena obtusata
「南海の魚類 博物画の至宝」平凡社　1995
◇pl.119（カラー）　ギュンター, A.C.L.G., ギャレット, A. 1873〜1910

ダルマゴカイ科の1種（？）
「水中の驚異」リブロポート　1990
◇p89（白黒）　キュヴィエ『動物界』1836〜49

ダルマハゼ　Paragobiodon echinocephalus
「南海の魚類 博物画の至宝」平凡社　1995
◇pl.108（カラー）　Gobius echinocephalus ギュンター, A.C.L.G., ギャレット, A. 1873〜1910

タレクチベラ　Hemigymnus melapterus
「世界大博物図鑑 2」平凡社　1989
◇p365（カラー）　ブレイカー, M.P.『蘭領東インド魚類図譜』1862〜78　色刷り石版画

ダンゴイカ　Sepiola birostrata
「ビュフォンの博物誌」工作舎　1991
◇L022（カラー）『一般と個別の博物誌 ソンニーニ版』

ダンゴイカの1種　Sepiola rondeleti
「世界大博物図鑑 別巻2」平凡社　1994
◇p234（カラー）　キュヴィエ, G.L.C.F.D.『動物界（門徒版）』1836〜49

タンザクゴカイのなかま　Paleanotus aurifera
「世界大博物図鑑 1」平凡社　1991
◇p20（カラー）　キュヴィエ, G.L.C.F.D.『動物界』1836〜49　手彩色銅版

淡水エイ　Potamotrygon motoro, P.laticeps
「世界大博物図鑑 2」平凡社　1989
◇p33（カラー）　カステルノー伯『南米探検記』1855〜57

淡水産のナマズの類（？）
「極楽の魚たち」リブロポート　1991
◇I-90（カラー）　バンガイ ルナール, L.『モルッカ諸島産彩色魚類図譜 コワイエト写本』1718〜19　［個人蔵］
◇I-91（カラー）　バビア ルナール, L.『モルッカ諸島産彩色魚類図譜 コワイエト写本』1718〜19　［個人蔵］

淡水中の微生物
「水中の驚異」リブロポート　1990
◇p120（白黒）　レーゼル・フォン・ローゼンホフ, A.J.『昆虫のもてなし』1746〜61

淡水フグ（テトラオドン・ファハカ）
「紙の上の動物園」グラフィック社　2017
◇p87（カラー）　ブロッホ, マルクス・エリーザー『外国の魚の自然誌』1786〜87

ダンダラウニの1種　Salmcis sp.
「世界大博物図鑑 別巻2」平凡社　1994
◇p270（カラー）　ドノヴァン, E.『博物宝典』1823〜27

ダンダラマテガイ　Solen kurodai
「鳥獣虫魚譜」八坂書房　1988
◇p76（カラー）　松森胤保『両羽貝螺図譜』［酒田市立光丘文庫］

ダンドクメンガイ　Spondylus sinensis
「世界大博物図鑑 別巻2」平凡社　1994
◇p183（カラー）　シュニュ, J.C.『貝類学図譜』1842〜53　手彩色銅版図

ダンベイキサゴ　Umbonium giganteum
「世界大博物図鑑 別巻2」平凡社　1994
◇p114（カラー）　平瀬與一郎『貝千種』大正3〜11（1914〜22）　色刷木版画

たんへ　　　　　　　　　魚・貝・水生生物

団平キノコ
「江戸名作画帖全集 8」駸々堂出版　1995
◇図146（カラー）　服部雪斎図, 武蔵石寿編『目八譜』　紙本着色　［東京国立博物館］

【 ち 】

小さな魚
「極楽の魚たち」リブロポート　1991
◇II-134（カラー）　ファロワズ, サムエル原画, ルナール, L.『モルッカ諸島産彩色魚類図譜 ファン・デル・ステル写本』　1718〜19　［個人蔵］

小さなトントンボ
「極楽の魚たち」リブロポート　1991
◇II-148（カラー）　ファロワズ, サムエル原画, ルナール, L.『モルッカ諸島産彩色魚類図譜 ファン・デル・ステル写本』　1718〜19　［個人蔵］

チイロメンガイ　Spondylus sanguineus
「世界大博物図鑑 別巻2」平凡社　1994
◇p183（カラー）　クノール, G.W.『貝類図譜』　1764〜75

ちかめきんとき
「魚の手帖」小学館　1991
◇28図（カラー）　近眼金時　毛利梅園『梅園魚譜/梅園魚品図正』　1826〜1843,1832〜1836　［国立国会図書館］

チカメキントキ　Cookeolus boops
「世界大博物図鑑 2」平凡社　1989
◇p245（カラー）『アストロラブ号世界周航記』　1830〜35　スティップル印刷

チカメキントキ　Cookeolus japonicus
「高松松平家所蔵 衆鱗図 1」香川県歴史博物館友の会博物図譜刊行会　2001
◇p16（カラー）　夷鯛　松平頼恭 江戸時代（18世紀）　紙本著色 画帖装（折本形式）　［個人蔵］

地球ガニ
「極楽の魚たち」リブロポート　1991
◇II-215（カラー）　ファロワズ, サムエル原画, ルナール, L.『モルッカ諸島産彩色魚類図譜 ファン・デル・ステル写本』　1718〜19　［個人蔵］
◇II-226（カラー）　ファロワズ, サムエル原画, ルナール, L.『モルッカ諸島産彩色魚類図譜 ファン・デル・ステル写本』　1718〜19　［個人蔵］

チゴガニ　Ilyoplax pusilla
「高松松平家所蔵 衆鱗図 3」香川県歴史博物館友の会博物図譜刊行会　2003
◇p37（カラー）　別種 握蟹　松平頼恭 江戸時代（18世紀）　紙本著色 画帖装（折本形式）　［個人蔵］

ちごだら
「魚の手帖」小学館　1991
◇119図（カラー）　稚児鱈　毛利梅園『梅園魚譜/梅園魚品図正』　1826〜1843,1832〜1836　［国立国会図書館］

チゴダラ　Physiculus japonicus
「高松松平家所蔵 衆鱗図 2」香川県歴史博物館友の会博物図譜刊行会　2002
◇p107（カラー）　うみいたち　松平頼恭 江戸時代（18世紀）　紙本著色 画帖装（折本形式）　［個人蔵］
◇p107（カラー）　す、　松平頼恭 江戸時代（18世紀）　紙本著色 画帖装（折本形式）　［個人蔵］

チゴヨウジ　Choeroichthys sculptus
「南海の魚類 博物画の至宝」平凡社　1995
◇pl.167（カラー）　Doryichthys sculptus (Fidschi Ins.)　ギュンター, A.C.L.G., ギャレット, A.　1873〜1910

チサラガイ　Gloriopallium gloriosum
「世界大博物図鑑 別巻2」平凡社　1994
◇p190（カラー）　クノール, G.W.『貝類図譜』　1764〜75

チシオフエダイ　Lutjanus sanguineus
「世界大博物図鑑 2」平凡社　1989
◇p277（カラー）　リュッペル, W.P.E.S.『アビシニア動物図譜』　1835〜40

ちだい
「魚の手帖」小学館　1991
◇87図（カラー）　血鯛　毛利梅園『梅園魚譜/梅園魚品図正』　1826〜1843,1832〜1836　［国立国会図書館］

チダイ　Evynnis japonica
「グラバー魚譜200選」長崎文献社　2005
◇p119（カラー）　倉場富三郎編, 長谷川雪香画『日本西部及南部魚類図譜』　1915採集　［長崎大学附属図書館］
「高松松平家所蔵 衆鱗図 1」香川県歴史博物館友の会博物図譜刊行会　2001
◇p20（カラー）　チ鯛　松平頼恭 江戸時代（18世紀）　紙本著色 画帖装（折本形式）　［個人蔵］

チチュウカイアスナロウニ　Arbacia lixula
「世界大博物図鑑 別巻2」平凡社　1994
◇p266（カラー）　デュ・プティ＝トゥアール, A.A.『ウエヌス号世界周航記』　1846

チチュウカイウミシダ　Antedon mediterranea
「世界大博物図鑑 別巻2」平凡社　1994
◇p258（カラー）　キュヴィエ, G.L.C.F.D.『動物界（門徒版）』　1836〜49

チチュウカイオオイソギンチャク　Condylactis aurantiaca
「世界大博物図鑑 別巻2」平凡社　1994
◇p72（カラー）　アンドレス, A.『ナポリ湾海洋研究所紀要〈イソギンチャク篇〉』　1884　色刷り石版画

チチュウカイクサビウロコエソ　Paralepis coregonoides
「世界大博物図鑑 2」平凡社　1989
◇p177（カラー）　ウダール原図, キュヴィエ, G.L.

222　博物図譜レファレンス事典 動物篇

魚・貝・水生生物　　　　　　　　ちょう

C.F.D.『動物界』 1836〜49　手彩色銅版

チチュウカイニベ　Sciaena umbra
「世界大博物図鑑 2」平凡社　1989
◇p265（カラー）　キュヴィエ, G.L.C.F.D.『動物界』 1836〜49　手彩色銅版

チチュウカイニベの幼魚　Sciaena umbra
「世界大博物図鑑 2」平凡社　1989
◇p265（カラー）　ロ・ビアンコ, サルバトーレ『ナポリ湾海洋研究所紀要』 20世紀前半　オフセット印刷

チチュウカイハナダイ　Anthias anthias
「世界大博物図鑑 2」平凡社　1989
◇p257（カラー）　オス　キュヴィエ, G.L.C.F.D., ヴァランシエンヌ, A.『魚の博物誌』 1828〜50

チチュウカイヒシダイ　Capros aper
「世界大博物図鑑 2」平凡社　1989
◇p225（カラー）　深い海域のもの　キュヴィエ, G.L.C.F.D., ヴァランシエンヌ, A.『魚の博物誌』 1828〜50
◇p225（カラー）　浅い海域のもの　キュヴィエ, G.L.C.F.D.『動物界』 1836〜49　手彩色銅版

チチュウカイヒメジ　Mullus barbatus
「ビュフォンの博物誌」工作舎　1991
◇K047（カラー）『一般と個別の博物誌 ソンニーニ版』
「世界大博物図鑑 2」平凡社　1989
◇p241（カラー）　幼魚　ロ・ビアンコ, サルバトーレ『ナポリ湾海洋研究所紀要』 20世紀前半　オフセット印刷
◇p241（カラー）　ドルビニ, A.C.V.D.著, ウダール原図『万有博物事典』 1837　銅版カラー刷り

チチュウカイフウライ　Tetrapturus belone
「世界大博物図鑑 2」平凡社　1989
◇p312（カラー）　キュヴィエ, G.L.C.F.D., ヴァランシエンヌ, A.『魚の博物誌』 1828〜50

チチュウカイマアジ　Trachurus trachurus
「ビュフォンの博物誌」工作舎　1991
◇K036（カラー）『一般と個別の博物誌 ソンニーニ版』
「世界大博物図鑑 2」平凡社　1989
◇p300（カラー）　キュヴィエ, G.L.C.F.D.『動物界』 1836〜49　手彩色銅版

チドリミドリガイ　Placobranchus ocellatus
「世界大博物図鑑 別巻2」平凡社　1994
◇p172（カラー）　キュヴィエ, G.L.C.F.D.『動物界（門徒版）』 1836〜49

チャイロハズレキリガイダマシ
Vermicularia spirata
「世界大博物図鑑 別巻2」平凡社　1994
◇p121（カラー）　キュヴィエ, G.L.C.F.D.『動物界（門徒版）』 1836〜49

チャウダーガイ　Cittarium pica
「世界大博物図鑑 別巻2」平凡社　1994
◇p114（カラー）　クノール, G.W.『貝類図譜』

1764〜75

チャカチャカ　Chaca chaca
「世界大博物図鑑 2」平凡社　1989
◇p156（カラー）　キュヴィエ, G.L.C.F.D., ヴァランシエンヌ, A.『魚の博物誌』 1828〜50

チャガラ　Pterogobius zonoleucus
「高松松平家所蔵 衆鱗図 2」香川県歴史博物館友の会博物図譜刊行会　2002
◇p62（カラー）　（付札なし）　松平頼恭 江戸時代（18世紀）　紙本著色 画帖装（折本形式）　［個人蔵］

チャセンガミトビハゼ　Periophthalmus
papilio
「世界大博物図鑑 2」平凡社　1989
◇p336〜337（カラー）　キュヴィエ, G.L.C.F.D., ヴァランシエンヌ, A.『魚の博物誌』 1828〜50

チャブ　Leuciscus cephalus
「世界大博物図鑑 2」平凡社　1989
◇p121（カラー）　ドノヴァン, E.『英国産魚類誌』 1802〜08

チャボ
「極楽の魚たち」リブロポート　1991
◇I–184（カラー）　ルナール, L.『モルッカ諸島産彩色魚類図譜 コワイエト写本』 1718〜19　［個人蔵］

チューリップボラ　Fasciolaria tulipa
「ビュフォンの博物誌」工作舎　1991
◇L058（カラー）『一般と個別の博物誌 ソンニーニ版』

チューリップボラ　Fasciolaria tulipa
「世界大博物図鑑 別巻2」平凡社　1994
◇p143（カラー）　キーネ, L.C.『ラマルク貝類図譜』 1834〜80　手彩色銅版図

釣鮎図
「世界大博物図鑑 2」平凡社　1989
◇p165（カラー）　カエルを糸で縛り, 池に投げこんでナマズを釣る　後藤梨春『随観写真』 明和8（1771）ごろ

チョウクラゲ　Ocyroe fusca
「世界大博物図鑑 別巻2」平凡社　1994
◇p86（カラー）　キュヴィエ, G.L.C.F.D.『動物界（門徒版）』 1836〜49

チョウザメ　Acipenser medirostris
「江戸博物文庫 魚の巻」工作舎　2017
◇p142（カラー）　蝶鮫　栗本丹洲『栗氏魚譜』　［国立国会図書館］

チョウザメ　Acipenser ruthenus
「世界大博物図鑑 2」平凡社　1989
◇p49（カラー）　栗本丹洲『栗氏魚譜』 文政2（1819）　［国文学研究資料館史料館］
◇p49（カラー）　キュヴィエ, G.L.C.F.D.『動物界』 1836〜49　手彩色銅版

ちょう　　　　　　　　　　　　　　魚・貝・水生生物

チョウザメ
「紙の上の動物園」グラフィック社　2017
　◇p86（カラー）　ゴールドスミス，オリヴァー『地球と生命のいる自然の本』1822

チョウザメの1種　Acipenser sp.
「鳥獣虫魚譜」八坂書房　1988
　◇p67（カラー）　松森胤保『両羽魚類図譜』　［酒田市立光丘文庫］

チョウジガイのなかま　Caryophyllia smithii
「世界大博物図鑑　別巻2」平凡社　1994
　◇p79（カラー）　ゴス，P.H.『デヴォンシャーの博物学者』1853

チョウズバチカイメンの1種　Geodia granulifera
「世界大博物図鑑　別巻2」平凡社　1994
　◇p30（カラー）　キュヴィエ，G.L.C.F.D.『動物界（門徒版）』1836〜49

チョウセンサザエ　Turbo argyrostoma
「世界大博物図鑑　別巻2」平凡社　1994
　◇p120（カラー）　棘をもつもの　マーティン，T.『万国貝譜』1784〜87　手彩色銅版図

チョウセンバカマ　Banjos banjos
「高松松平家所蔵　衆鱗図 1」香川県歴史博物館友の会博物図譜刊行会　2001
　◇p32（カラー）　余語鯛　松平頼恭　江戸時代（18世紀）　紙本著色 画帖装（折本形式）　［個人蔵］
　◇p33（カラー）　サシバ鯛　松平頼恭　江戸時代（18世紀）　紙本著色 画帖装（折本形式）　［個人蔵］
「世界大博物図鑑 2」平凡社　1989
　◇p246（カラー）　シーボルト『ファウナ・ヤポニカ（日本動物誌）』1833〜50　石版

チョウセンフデガイ　Mitra mitra
「世界大博物図鑑　別巻2」平凡社　1994
　◇p142（カラー）　ドノヴァン，E.『博物宝典』1823〜27

ちょうちょううお
「魚の手帖」小学館　1991
　◇12図（カラー）　蝶蝶魚　毛利梅園『梅園魚譜/梅園魚品図正』1826〜1843,1832〜1836　［国立国会図書館］

チョウチョウウオ　Chaetodon auripes
「江戸博物文庫 魚の巻」工作舎　2017
　◇p143（カラー）　蝶蝶魚　栗本丹洲『栗氏魚譜』［国立国会図書館］
「グラバー魚譜200選」長崎文献社　2005
　◇p148（カラー）　倉場富三郎編，小田紫星画『日本西部及南部魚類図譜』1912採集　［長崎大学附属図書館］
「高松松平家所蔵　衆鱗図 1」香川県歴史博物館友の会博物図譜刊行会　2001
　◇p27（カラー）　雀鯛　松平頼恭　江戸時代（18世紀）　紙本著色 画帖装（折本形式）　［個人蔵］
「世界大博物図鑑 2」平凡社　1989

　◇p387（カラー）『博物館魚譜』　［東京国立博物館］

チョウチョウウオ
「彩色 江戸博物学集成」平凡社　1994
　◇p306（カラー）　川原慶賀『魚類写生図』［オランダ国立自然史博物館］
「極楽の魚たち」リブロポート　1991
　◇II-121（カラー）　ペルシアの槍　ファロワズ，サムエル原画，ルナール，L.『モルッカ諸島産彩色魚類図譜 ファン・デル・ステル写本』1718〜19［個人蔵］
　◇p127（カラー）　ファロワズ，サムエル画，ルナール，L.『モルッカ諸島産彩色魚類図譜 フォン・ベア写本』1718〜19

チョウチョウウオ属の1種（コラーレ・バタフライフィッシュ）　Chaetodon collare
「南海の魚類 博物画の至宝」平凡社　1995
　◇pl.31（カラー）　Chaetodon collaris　ギュンター，A.C.L.G.，ギャレット，A. 1873〜1910　※荒俣の同定ではハクテンカタギ（C. reticulatus）

チョウチョウウオ属の1種（スポットバンデット・バタフライフィッシュ）　Chaetodon punctatofasciatus
「南海の魚類 博物画の至宝」平凡社　1995
　◇pl.34（カラー）　Chaetodon multicinctus　ギュンター，A.C.L.G.，ギャレット，A. 1873〜1910

チョウチョウウオ属の1種（タヒチ・バタフライフィッシュ）　Chaetodon trichrous
「南海の魚類 博物画の至宝」平凡社　1995
　◇pl.36（カラー）　ギュンター，A.C.L.G.，ギャレット，A. 1873〜1910

チョウチョウウオ属の1種（ドットアンドダッシュ・バタフライフィッシュ）　Chaetodon pelewensis
「南海の魚類 博物画の至宝」平凡社　1995
　◇pl.31（カラー）　ギュンター，A.C.L.G.，ギャレット，A. 1873〜1910

チョウチョウウオ属の1種（ブラック・バタフライフィッシュ）　Chaetodon flavirostris
「南海の魚類 博物画の至宝」平凡社　1995
　◇pl.32（カラー）　ギュンター，A.C.L.G.，ギャレット，A. 1873〜1910

チョウチョウウオ属の1種（ブルーストライプ・バタフライフィッシュ）　Chaetodon fremblii
「南海の魚類 博物画の至宝」平凡社　1995
　◇pl.29（カラー）　ギュンター，A.C.L.G.，ギャレット，A. 1873〜1910

チョウチョウウオ属の1種（レモン・バタフライフィッシュ）　Chaetodon miliaris
「南海の魚類 博物画の至宝」平凡社　1995
　◇pl.35（カラー）　ギュンター，A.C.L.G.，ギャレット，A. 1873〜1910　※荒俣によればミレッ

魚・貝・水生生物　　　　　　　　　　　　　つきひ

ドシード・バタフライフィッシュ

チョウチョウウオの1種
「極楽の魚たち」リブロポート　1991
◇II-46（カラー）　尼僧　ファロワズ、サムエル原画、ルナール、L.『モルッカ諸島産彩色魚類図譜ファン・デル・ステル写本』1718～19［個人蔵］

チョウチョウウオ類の幼魚
「極楽の魚たち」リブロポート　1991
◇I-37（カラー）　腰ひも　ルナール、L.『モルッカ諸島産彩色魚類図譜 コワイエト写本』1718～19［個人蔵］

チョウチンガイの1種？　Terebratalia sp.
「ビュフォンの博物誌」工作舎　1991
◇L070（カラー）　腕足類『一般と個別の博物誌 ソンニーニ版』

チョウの1種　Argulus sp.
「ビュフォンの博物誌」工作舎　1991
◇M029（カラー）『一般と個別の博物誌 ソンニーニ版』

チョウの近縁　Argulidae
「ビュフォンの博物誌」工作舎　1991
◇M030（カラー）『一般と個別の博物誌 ソンニーニ版』

チョウハン　Chaetodon lunula
「南海の魚類 博物画の至宝」平凡社　1995
◇pl.33（カラー）　Chaetodon lunula in verschiedenen Altersstufen　ギュンター、A.C.L.G.、ギャレット、A. 1873～1910

チョウハンの幼魚と成魚　Chaetodon lunula
「世界大博物図鑑 2」平凡社　1989
◇p382（カラー）　ギャレット、A.原図、ギュンター、A.C.L.G.解説『南海の魚類』1873～1910

直角石　Orthoceras sp.
「ビュフォンの博物誌」工作舎　1991
◇L050（カラー）『一般と個別の博物誌 ソンニーニ版』

チリイガイ　Mytilus chorus
「世界大博物図鑑 別巻2」平凡社　1994
◇p179（カラー）　ゲイ、C.『チリ自然社会誌』1844～71

チリイススズミモドキ　Scorpis chilensis
「世界大博物図鑑 2」平凡社　1989
◇p268（カラー）　ゲイ、C.『チリ自然社会誌』1844～71

チリカワリハゼ　Heterogobius chiloensis
「世界大博物図鑑 2」平凡社　1989
◇p337（カラー）　ウダール原図、ゲイ、C.『チリ自然社会誌』1844～71

チリシマアジ　Pseudocaranx chilensis
「世界大博物図鑑 2」平凡社　1989
◇p301（カラー）　ウダール原図、ゲイ、C.『チリ自然社会誌』1844～71

チリスズメダイ　Chromis crusma
「世界大博物図鑑 2」平凡社　1989
◇p348（カラー）　キュヴィエ、G.L.C.F.D.『動物界』1836～49 手彩色銅版

チリメンアオイガイ　Argonauta nodosa
「世界大博物図鑑 別巻2」平凡社　1994
◇p254（カラー）　マッコイ、F.『ヴィクトリア州博物誌』1885～90
◇p255（カラー）　マッコイ、F.『ヴィクトリア州博物誌』1885～90
◇p255（カラー）　クノール、G.W.『貝類図譜』1764～75

チリメンアワビ　Haliotis crebriscupta
「世界大博物図鑑 別巻2」平凡社　1994
◇p102（カラー）　クノール、G.W.『貝類図譜』1764～75

チリメンボラ　Rapana bezoar
「世界大博物図鑑 別巻2」平凡社　1994
◇p139（カラー）　ヴァイヤン、A.N.『ボニート号航海記』1840～66

チレニアイガイ？　Mytilus galloproviancialis
「世界大博物図鑑 別巻2」平凡社　1994
◇p179（カラー）　クノール、G.W.『貝類図譜』1764～75

チレニアイモガイ　Conus ventricosus
「世界大博物図鑑 別巻2」平凡社　1994
◇p155（カラー）　クノール、G.W.『貝類図譜』1764～75

チンチロフサゴカイ
「水中の驚異」リブロポート　1990
◇p106（カラー）　ヘッケル、E.H.『自然の造形』1899～1904

【つ】

ツキガイ科　Lucinidae
「ビュフォンの博物誌」工作舎　1991
◇L068（カラー）『一般と個別の博物誌 ソンニーニ版』

月ガニ
「極楽の魚たち」リブロポート　1991
◇II-216（カラー）　ファロワズ、サムエル原画、ルナール、L.『モルッカ諸島産彩色魚類図譜 ファン・デル・ステル写本』1718～19　［個人蔵］

ツキヒガイ　Amusium japonicum
「世界大博物図鑑 別巻2」平凡社　1994
◇p190（カラー）　平瀬與一郎『貝千種』大正3～11（1914～22）色刷木版画

ツキヒガイ
「彩色 江戸博物学集成」平凡社　1994
◇p214（カラー）　左殻, 右殻　武蔵石寿『目八譜』［東京国立博物館］
「江戸の動植物図」朝日新聞社　1988

博物図譜レファレンス事典 動物篇　**225**

つきひ　　　魚・貝・水生生物

◇p101（カラー）　武蔵石寿『目八譜』　［東京国立博物館］

月日介
「江戸名作画帖全集 8」駸々堂出版　1995
　◇図148（カラー）　服部雪斎図、武蔵石寿編『目八譜』　紙本着色　［東京国立博物館］
　◇図149（カラー）　服部雪斎図、武蔵石寿編『目八譜』　紙本着色　［東京国立博物館］

ツキベラ　Halichoeres ornatissimus
「南海の魚類 博物画の至宝」平凡社　1995
　◇pl.141（カラー）　Platyglossus ornatissimus オス　ギュンター, A.C.L.G., ギャレット, A. 1873〜1910

ツキホシヤッコ　Pomacanthus asfer
「世界大博物図鑑 2」平凡社　1989
　◇p389（カラー）　リュッベル, W.P.E.S.『北アフリカ探検図譜』　1826〜28

ツキミチョウチョウウオ　Chaetodon blackburnii
「世界大博物図鑑 2」平凡社　1989
　◇p387（カラー）　キュヴィエ, G.L.C.F.D.『動物界』　1836〜49　手彩色銅版

ツクシトビウオ　Cypselurus heterurus doederleini
「高松松平家所蔵 衆鱗図 2」香川県歴史博物館友の会博物図譜刊行会　2002
　◇p63（カラー）　てふはせ　幼魚　松平頼恭 江戸時代（18世紀）　紙本着色 画帖装（折本形式）　［個人蔵］
「世界大博物図鑑 2」平凡社　1989
　◇p189（カラー）　大野麦風『大日本魚類画集』　昭和12〜19　彩色木版

津口介
「彩色 江戸博物学集成」平凡社　1994
　◇p275（カラー）　馬場大助『貝譜』　［東京国立博物館］

ツヅミクラゲの仲間
「美しいアンティーク生物画の本」創元社　2017
　◇p12（カラー）　Cunarcha aeginoides Haeckel, Ernst『Kunstformen der Natur』1899〜1904

ツヅレウミウシのなかま　Discodoris fragilis
「世界大博物図鑑 別巻2」平凡社　1994
　◇p170（カラー）　デュモン・デュルヴィル, J.S.C.『アストロラブ号世界周航記』　1830〜35　スティップル印刷

ツヅレウミウシのなかま　Discodoris maculosa
「世界大博物図鑑 別巻2」平凡社　1994
　◇p171（カラー）　デュモン・デュルヴィル, J.S.C.『アストロラブ号世界周航記』　1830〜35　スティップル印刷

ツチホゼリ　Epinephelus cyanopodus
「南海の魚類 博物画の至宝」平凡社　1995
　◇pl.8（カラー）　Serranus hoedtii　ギュンター,

A.C.L.G., ギャレット, A. 1873〜1910

ツチボセリ
「極楽の魚たち」リブロポート　1991
　◇I-158（カラー）　ルセシェ・ブラブゥ ルナール, L.『モルッカ諸島産彩色魚類図譜 コワイエト写本』　1718〜19　［個人蔵］

ツツイカの1種　Alloteuthis media
「ビュフォンの博物誌」工作舎　1991
　◇L016（カラー）『一般と個別の博物誌 ソンニーニ版』

ツツイカの1種　Alloteuthis sublata
「ビュフォンの博物誌」工作舎　1991
　◇L018（カラー）『一般と個別の博物誌 ソンニーニ版』

ツツイカの1種　Hyaloteuthis pelagica
「ビュフォンの博物誌」工作舎　1991
　◇L019（カラー）『一般と個別の博物誌 ソンニーニ版』

ツツイカの1種　Parateuthis tunicata
「ビュフォンの博物誌」工作舎　1991
　◇L021（カラー）『一般と個別の博物誌 ソンニーニ版』

ツツイカの1種　Todaropsis sagittatus
「ビュフォンの博物誌」工作舎　1991
　◇L012（カラー）『一般と個別の博物誌 ソンニーニ版』

ツツイカの卵
「ビュフォンの博物誌」工作舎　1991
　◇L005（カラー）『一般と個別の博物誌 ソンニーニ版』
　◇L010（カラー）『一般と個別の博物誌 ソンニーニ版』

ツツイカの内臓
「ビュフォンの博物誌」工作舎　1991
　◇L009（カラー）『一般と個別の博物誌 ソンニーニ版』

ツツガキ　Brechites giganteus
「世界大博物図鑑 別巻2」平凡社　1994
　◇p215（カラー）　平瀬與一郎『貝千種』　大正3〜11（1914〜22）　色刷木版画

ツツガキ　Nipponoclava gigantea
「日本の博物図譜」東海大学出版会　2001
　◇図23（カラー）　服部雪斎筆『目八譜』　［東京国立博物館］

ツツガキ
「彩色 江戸博物学集成」平凡社　1994
　◇p215（カラー）　後部、前部　武蔵石寿『目八譜』　［東京国立博物館］

ツツガキの1種　Penicillus sp.
「ビュフォンの博物誌」工作舎　1991
　◇L070（カラー）『一般と個別の博物誌 ソンニーニ版』

魚・貝・水生生物　　　　　　　　　　　　　　　　　　つばさ

突つき魚
「極楽の魚たち」リブロポート　1991
◇I–142（カラー）　ルナール，L.『モルッカ諸島産彩色魚類図譜 コワイエト写本』1718〜19　［個人蔵］

ツノガイ　Antalis weinkauffi
「世界大博物図鑑 別巻2」平凡社　1994
◇p178（カラー）　平瀬與一郎『貝千種』大正3〜11（1914〜22）　色刷木版画

ツノガイ
「美しいアンティーク生物画の本」創元社　2017
◇p74〜75（カラー）　Jäger, Gustav『Das Leben im Wasser und das Aquarium』1868

ツノコケムシのなかま　Adeona foliifera
「世界大博物図鑑 別巻2」平凡社　1994
◇p95（カラー）　キュヴィエ，G.L.C.F.D.『動物界（門徒版）』1836〜49

ツノシラウオ　Leucosoma reevesii
「世界大博物図鑑 2」平凡社　1989
◇p64（カラー）　キュヴィエ，G.L.C.F.D., ヴァランシエンヌ，A.『魚の博物誌』1828〜50

ツノダシ　Zanclus cornutus
「グラバー魚譜200選」長崎文献社　2005
◇p151（カラー）　はたつのだし　倉場富三郎編，長谷川雪香画『日本西部及南部魚類図譜』1915採集　［長崎大学附属図書館］
「南海の魚類 博物画の至宝」平凡社　1995
◇pl.92（カラー）　Zanclus cornutus, ad.&juv. 成魚と幼魚　ギュンター，A.C.L.G., ギャレット，A. 1873〜1910
「世界大博物図鑑 2」平凡社　1989
◇p386（カラー）　キュヴィエ，G.L.C.F.D., ヴァランシエンヌ，A.『魚の博物誌』1828〜50

ツノダシ
「極楽の魚たち」リブロポート　1991
◇I–76（カラー）　小さな帆船　ルナール，L.『モルッカ諸島産彩色魚類図譜 コワイエト写本』1718〜19　［個人蔵］
◇II–44（カラー）　ムーア人の偶像　ファロワズ，サムエル原画，ルナール，L.『モルッカ諸島産彩色魚類図譜 ファン・デル・ステル写本』1718〜19　［個人蔵］
◇II–173（カラー）　槍魚　ファロワズ，サムエル原画，ルナール，L.『モルッカ諸島産彩色魚類図譜 ファン・デル・ステル写本』1718〜19　［個人蔵］

ツノツキハナトゲアシロ　Acanthonus spinifer
「世界大博物図鑑 2」平凡社　1989
◇p93（カラー）　ガーマン，S.著，ウェスターグレン原画『ハーヴァード大学比較動物学記録 第24巻〈アルバトロス号調査報告—魚類編〉』1899手彩色石版画

ツノテッポウエビのなかま　Synalpheus spinifrons
「世界大博物図鑑 1」平凡社　1991
◇p80（カラー）　ゲイ，C.『チリ自然社会誌』1844〜71

ツノナガケブカツノガニ　Stenocionops furcata
「世界大博物図鑑 1」平凡社　1991
◇p121（カラー）　キュヴィエ，G.L.C.F.D.『動物界』1836〜49　手彩色銅版

ツノナガコブシガニ　Leucosia anatum
「世界大博物図鑑 1」平凡社　1991
◇p120（カラー）　キュヴィエ，G.L.C.F.D.『動物界』1836〜49　手彩色銅版

ツノハタタテ
「極楽の魚たち」リブロポート　1991
◇I–164（カラー）　中国の悪魔　ルナール，L.『モルッカ諸島産彩色魚類図譜 コワイエト写本』1718〜19　［個人蔵］
◇II–49（カラー）　ヨーシュ・ヨーシュ　ファロワズ，サムエル原画，ルナール，L.『モルッカ諸島産彩色魚類図譜 ファン・デル・ステル写本』1718〜19　［個人蔵］

ツノハタタテダイ　Heniochus varius
「世界大博物図鑑 2」平凡社　1989
◇p380（カラー）　キュヴィエ，G.L.C.F.D., ヴァランシエンヌ，A.『魚の博物誌』1828〜50

つばくろえい
「魚の手帖」小学館　1991
◇97・98図（カラー）　燕鱝・燕鱝　毛利梅園『梅園魚譜/梅園魚品図正』1826〜1843,1832〜1836　［国立国会図書館］

ツバクロエイ　Gymnura japonica
「江戸博物文庫 魚の巻」工作舎　2017
◇p59（カラー）　燕鱝　毛利梅園『梅園魚品図正』［国立国会図書館］
「高松松平家所蔵 衆鱗図 1」香川県歴史博物館 友の会博物図譜刊行会　2001
◇p86（カラー）　ヨコサエイトビエイトマド　松平頼恭 江戸時代（18世紀）　紙本著色 画帖装（折本形式）　［個人蔵］
「世界大博物図鑑 2」平凡社　1989
◇p29（カラー）　毛利梅園『写生斎魚品図正』天保6（1835）自序　［国立国会図書館］

ツバクロエイ
「彩色 江戸博物学集成」平凡社　1994
◇p335（カラー）　毛利梅園『梅園魚品図正』天保年間　［国会図書館］

ツバサゴカイのなかま　Chaetopterus pergamentaceus
「世界大博物図鑑 1」平凡社　1991
◇p25（カラー）　キュヴィエ，G.L.C.F.D.『動物界』1836〜49　手彩色銅版

つはめ　　　　　　魚・貝・水生生物

ツバメウオ　Platax teira
「グラバー魚譜200選」長崎文献社　2005
　◇p147（カラー）　幼魚期から成魚への過渡期の個
　体　倉場富三郎編、長谷川雪香画『日本西部及南
　部魚類図譜』1913採集　［長崎大学附属図書館］
「高松松平家所蔵 衆鱗図 2」香川県歴史博物館
　友の会博物図譜刊行会　2002
　◇p41（カラー）（墨書なし）　松平頼恭 江戸時代
　（18世紀）　紙本著色 画帖装（折本形式）［個人
　蔵］
「世界大博物図鑑 2」平凡社　1989
　◇p378（カラー）　栗本丹洲『栗氏魚譜』　文政2
　（1819）［国文学研究資料館史料館］
　◇p379（カラー）　高木春山『本草図説』　？ ～
　1852　［愛知県西尾市立岩瀬文庫］

ツバメウオ
「彩色 江戸博物学集成」平凡社　1994
　◇p399（カラー）　ツバクラ シマヒサ　幼魚もしく
　は若魚　奥倉辰行『水族写真』　［東京都立中央
　図書館］
「極楽の魚たち」リブロポート　1991
　◇I-75（カラー）　ガリオン船　幼魚　ルナール, L.
　『モルッカ諸島産彩色魚類図譜 コワイエト写本』
　1718～19　［個人蔵］

ツバメウオの1種　Platax sp.
「世界大博物図鑑 2」平凡社　1989
　◇p378（カラー）　プロアズ、サムエル原画、ル
　ナール, L.『モルッカ諸島魚類彩色図譜』　1754
　［国文学研究資料館史料館］

ツバメウオの1種　Platax sp.？
「ビュフォンの博物誌」工作舎　1991
　◇K058（カラー）『一般と個別の博物誌 ソンニー
　ニ版』

ツバメオニベ　Atractoscion aequidens
「世界大博物図鑑 2」平凡社　1989
　◇p264（カラー）　スミス, A.著、フォード, G.H.原
　図『南アフリカ動物図譜』　1838～49　手彩色
　石版

ツバメガイ　Pteria avicula
「世界大博物図鑑 別巻2」平凡社　1994
　◇p182（カラー）　リーチ, W.E.著、ノダー, R.P.図
　『動物学雑録』　1814～17　手彩色銅版

つばめこのしろ
「魚の手帖」小学館　1991
　◇26図（カラー）　燕鰶　毛利梅園『梅園魚譜/梅園
　魚品図正』　1826～1843,1832～1836　［国立国
　会図書館］

ツバメコノシロ　Polydactylus plebeius
「江戸博物文庫 魚の巻」工作舎　2017
　◇p147（カラー）　燕鮻　栗本丹洲『栗氏魚譜』
　［国立国会図書館］
「高松松平家所蔵 衆鱗図 3」香川県歴史博物館
　友の会博物図譜刊行会　2003
　◇p84（カラー）　ツハクロ魚　松平頼恭 江戸時代
　（18世紀）　紙本著色 画帖装（折本形式）［個人
　蔵］

「日本の博物図譜」東海大学出版会　2001
　◇p73（白黒）　筆者不詳『衆鱗図』　［個人蔵 香川
　県歴史博物館保管］
「南海の魚類 博物画の至宝」平凡社　1995
　◇pl.77（カラー）　Polynemus plebejus　ギュン
　ター, A.C.L.G., ギャレット, A. 1873～1910

ツバメコノシロ
「彩色 江戸博物学集成」平凡社　1994
　◇p118～119（カラー）　小野蘭山『魚彙』　［岩瀬
　文庫］

ツボイモガイ　Conus aulicus
「世界大博物図鑑 別巻2」平凡社　1994
　◇p150（カラー）　ドノヴァン, E.『博物宝典』
　1823～27

ツボダイ　Pentaceros japonicus
「世界大博物図鑑 2」平凡社　1989
　◇p247（カラー）　クルーゼンシュテルン『クルー
　ゼンシュテルン周航図録』　1813

ツボワムシのなかま　Brachionus bakeri
「世界大博物図鑑 別巻2」平凡社　1994
　◇p91（カラー）　ヘッケル, E.H.P.A.『自然の造
　形』　1899～1904　多色石版画

ツボワムシのなかま　Brachionus pala
「世界大博物図鑑 別巻2」平凡社　1994
　◇p91（カラー）　エーレンベルク, C.G.『滴虫類』
　1838　手彩色銅版図

ツマグロ　Carcharhinus melanopterus
「世界大博物図鑑 2」平凡社　1989
　◇p28（カラー）　バロン, A.原図、キュヴィエ, G.
　L.C.F.D.『動物界』　1836～49　手彩色銅版

ツマグロカジカ　Gymnocanthus herzensteini
「江戸博物文庫 魚の巻」工作舎　2017
　◇pl151（カラー）　褄黒鰍　栗本丹洲『栗氏魚譜』
　［国立国会図書館］

ツマグロマツカサ　Myripristis adusta
「南海の魚類 博物画の至宝」平凡社　1995
　◇pl.62（カラー）　Myripristis murdjan var.
　adusta　ギュンター, A.C.L.G., ギャレット, A.
　1873～1910

ツマグロミスジチョウチョウウオ
Chaetodon austriacus
「世界大博物図鑑 2」平凡社　1989
　◇p384（カラー）　リュッペル, W.P.E.S.『アビシ
　ニア動物図譜』　1835～40
　◇p386～387（カラー）『マイヤース』　多色石版図

ツマジロモンガラ　Sufflamen chrysopterus
「世界大博物図鑑 2」平凡社　1989
　◇p436（カラー）　グレー, J.E.著、ホーキンズ、
　ウォーターハウス石版『インド動物図譜』　1830
　～35

ツマジロモンガラ
「極楽の魚たち」リブロポート　1991
　◇I-194（カラー）　トゥリン・レーウ・フェメル

魚・貝・水生生物　　　　　　　　　つるく

ルナール，L.『モルッカ諸島産彩色魚類図譜 コワイエト写本』1718〜19 ［個人蔵］
◇II-20（カラー）　ブブ　ファロワズ，サムエル原画，ルナール，L.『モルッカ諸島産彩色魚類図譜 ファン・デル・ステル写本』1718〜19 ［個人蔵］

ツマベニヒガイ　Volva volva
「世界大博物図鑑 別巻2」平凡社　1994
◇p124（カラー）　クノール，G.W.『貝類図譜』1764〜75

ツマリタマエガイ　Modiolarca impacta
「世界大博物図鑑 別巻2」平凡社　1994
◇p179（カラー）　キュヴィエ，G.L.C.F.D.『動物界（門徒版）』1836〜49

ツマリテング
「極楽の魚たち」リブロポート　1991
◇I-130（カラー）　ユニコーン　ルナール，L.『モルッカ諸島産彩色魚類図譜 コワイエト写本』1718〜19 ［個人蔵］
◇II-196（カラー）　一角　ファロワズ，サムエル原画，ルナール，L.『モルッカ諸島産彩色魚類図譜 ファン・デル・ステル写本』1718〜19 ［個人蔵］

ツマリテングハギ　Naso brevirostris
「南海の魚類 博物画の至宝」平凡社　1995
◇pl.79（カラー）　Naseus brevirostris　ギュンター，A.C.L.G.，ギャレット，A. 1873〜1910

ツムギハゼ　Yongeichthys criniger
「南海の魚類 博物画の至宝」平凡社　1995
◇pl.108（カラー）　Gobius brevifilis　ギュンター，A.C.L.G.，ギャレット，A. 1873〜1910

ツムブリ　Elagatis bipinnulata
「南海の魚類 博物画の至宝」平凡社　1995
◇pl.90（カラー）　Seriolichthys bipinnulatus ギュンター，A.C.L.G.，ギャレット，A. 1873〜1910

ツメタガイ　Neverita didyma
「世界大博物図鑑 別巻2」平凡社　1994
◇p125（カラー）　後藤梨春『随観写真』明和8（1771）頃

ツヤカスリイタヤガイ？　Pecten raveneli
「世界大博物図鑑 別巻2」平凡社　1994
◇p190（カラー）　クノール，G.W.『貝類図譜』1764〜75

ツユベラ
「極楽の魚たち」リブロポート　1991
◇II-9（カラー）　バルキエ　成魚　ファロワズ，サムエル原画，ルナール，L.『モルッカ諸島産彩色魚類図譜 ファン・デル・ステル写本』1718〜19 ［個人蔵］
◇II-160（カラー）　赤い山のオウム魚　ファロワズ，サムエル原画，ルナール，L.『モルッカ諸島産彩色魚類図譜 ファン・デル・ステル写本』1718〜19 ［個人蔵］

ツユベラの幼魚　Coris gaimard
「世界大博物図鑑 2」平凡社　1989
◇p356（カラー）　ブレイカー，M.P.『蘭領東インド魚類図譜』1862〜78　色刷り石版画

ツユベラ幼魚
「極楽の魚たち」リブロポート　1991
◇II-71（カラー）　珊瑚礁魚　ファロワズ，サムエル原画，ルナール，L.『モルッカ諸島産彩色魚類図譜 ファン・デル・ステル写本』1718〜19 ［個人蔵］

ツリアイクラゲの仲間
「美しいアンティーク生物画の本」創元社　2017
◇p72（カラー）　Amphinema turrida　Bigelow, Henry Bryant『‘The Medusae' (Memoirs of the Museum of Comparative Zoölogy at Harvard College, v.37)』1909

ツリガネクラゲ　Aglantha digitale
「世界大博物図鑑 別巻2」平凡社　1994
◇p38（カラー）『ロンドン動物学協会紀要』1861〜90（第2期）　手彩色石版画

ツリガネムシのなかま　Carchesium polypinum？, Zoothamnium arbuscula？
「世界大博物図鑑 別巻2」平凡社　1994
◇p26（カラー）　レーゼル・フォン・ローゼンホフ，A.J.『昆虫学の娯しみ』1764〜68　彩色銅版図

ツリガネムシのなかま　Epistylis galea, E. anastatica, E.grandis, E.botrytis, E. vegetans？, E.parasitica？, E.arabica
「世界大博物図鑑 別巻2」平凡社　1994
◇p26（カラー）　エーレンベルク，C.G.『滴虫類』1838　手彩色銅版図

ツリガネムシのなかま　Epistylis plicatilis, E. flavicans, E.leucoa, E.digitalis
「世界大博物図鑑 別巻2」平凡社　1994
◇p27（カラー）　エーレンベルク，C.G.『滴虫類』1838　手彩色銅版図

ツリガネムシのなかま　Vorticella lunaris
「世界大博物図鑑 別巻2」平凡社　1994
◇p26（カラー）　ドノヴァン，E.『英国産昆虫図譜』1793〜1813

ツリガネムシのなかま　Vorticella nebulifera？
「世界大博物図鑑 別巻2」平凡社　1994
◇p27（カラー）　レーゼル・フォン・ローゼンホフ，A.J.『昆虫学の娯しみ』1764〜68　彩色銅版図

ツリストマ
「世界大博物図鑑 1」平凡社　1991
◇p17（カラー）　ヘッケル，E.H.『自然の造形』1899〜1904　多色石版画

ツルグエ　Liopropoma latifasciatum
「高松松平家所蔵 衆鱗図 1」香川県歴史博物館 友の会博物図譜刊行会　2001
◇p107（カラー）　姫セイ　松平頼恭　江戸時代（18

博物図譜レファレンス事典 動物篇　**229**

つるた　　　　　　　魚・貝・水生生物

世紀）紙本著色 画帖装（折本形式）［個人蔵］

ツルタコヒトデ
「江戸名作画帖全集 8」駸々堂出版 1995
　◇図42（カラー）　カスケッテン・ミノカサゴなど
　　細川重賢編『毛介綺煥』　紙本着色　［永青文庫
　　（東京）］

ツロツブリボラ　Hexaplex trunculus
「世界大博物図鑑 別巻2」平凡社 1994
　◇p139（カラー）　シューベルト、G.H.v.『自然図
　　譜』1876頃～90 多色銅版図

【て】

デイス　Leuciscus leuciscus
「世界大博物図鑑 2」平凡社 1989
　◇p120（カラー）　ドノヴァン、E.『英国産魚類誌』
　　1802～08

ディスコラベ
「生物の驚異的な形」河出書房新社 2014
　◇図版37（カラー）　ヘッケル、エルンスト 1904

ディスティコドゥス・ニロティクス
Distichodus niloticus
「世界大博物図鑑 2」平凡社 1989
　◇p113（カラー）　キュヴィエ、G.L.C.F.D.、ヴァ
　　ランシエンヌ、A.『魚の博物誌』1828～50

ディバーシア
「生物の驚異的な形」河出書房新社 2014
　◇図版25（カラー）　ヘッケル、エルンスト 1904

ティマルス　Thymallus thymallus
「世界大博物図鑑 2」平凡社 1989
　◇p61（カラー）　ドノヴァン、E.『英国産魚類誌』
　　1802～08
　◇p61（カラー）　マイヤー、J.D.『陸海川動物細密
　　骨格図譜』1752 手彩色銅版

ティラピア・スパルマニ　Tilapia sparrmani
「世界大博物図鑑 2」平凡社 1989
　◇p344（カラー）　スミス、A.著、フォード、G.H.原
　　図『南アフリカ動物図譜』1838～49 手彩色
　　石版

テガラキュウセン　Halichoeres chloropterus
「世界大博物図鑑 2」平凡社 1989
　◇p356（カラー）　ブレイカー、M.P.『蘭領東イン
　　ド魚類図譜』1862～78 色刷り石版画

デスモネーマ
「生物の驚異的な形」河出書房新社 2014
　◇図版8（カラー）　ヘッケル、エルンスト 1904

テヅルモヅルの1種　Family
Gorgonocephalidae
「高木春山 本草図説 水産」リブロポート 1988
　◇p90（カラー）　手蔓藻蔓 琉球ノ産

テヅルモヅルの1種　Gorgonocephalus
euenemus ?
「世界大博物図鑑 別巻2」平凡社 1994
　◇p259（カラー）　キュヴィエ、G.L.C.F.D.『動物
　　界（門徒版）』1836～49

テヅルモヅルの1種
「美しいアンティーク生物画の本」創元社 2017
　◇p38～39（カラー）　Gorgonocephalus
　　arborescens Schubert, Gotthilf Heinrich von
　　『Naturgeschichte der Reptilien, Amphibien,
　　Fische, Insekten, Krebstiere, Würmer,
　　Weichtiere, Stachelhäuter, Pflanzentiere und
　　Urtiere』1890
　◇p89（カラー）　Gorgonocephalus agassizi
　　Arbert I, Prince of Monaco『Résultats des
　　campagnes scientifiques accomplies sur son
　　yacht par Albert ler, prince souverain de
　　Monaco』1909

テヅルモヅルの形態図
「世界大博物図鑑 別巻2」平凡社 1994
　◇p259（カラー）　タイセイヨウテヅルモヅルの1
　　種Astrophyton sp.の上下面、ニホンクモヒトデ
　　の部分図、クモヒトデ類の部分図　ヘッケル、E.
　　H.P.A.『自然の造形』1899～1904 多色石版画

鉄のワッフル
「極楽の魚たち」リブロポート 1991
　◇II–182（カラー）　ファロワズ、ルナール原画、ル
　　ナール、L.『モルッカ諸島産彩色魚類図譜 ファ
　　ン・デル・ステル写本』1718～19 ［個人蔵］

テッポウウオ　Toxotes jaculator
「世界大博物図鑑 2」平凡社 1989
　◇p377（カラー）　キュヴィエ、G.L.C.F.D.『動物
　　界』1836～49 手彩色銅版

テッポウエビ　Alpheus brevicristatus
「グラバー魚譜200選」長崎文献社 2005
　◇p228（カラー）　がたづめ　倉場富三郎編、萩原
　　魚仙画『日本西部及南部魚類図譜』1915採集
　　［長崎大学附属図書館］
「高松松平家所蔵 衆鱗図 3」香川県歴史博物館
　友の会博物図譜刊行会 2003
　◇p18（付札なし）　松平頼恭 江戸時代
　　（18世紀）　紙本著色 画帖装（折本形式）［個人
　　蔵］

テトラオドン・ファハカ
　⇒淡水フグ（テトラオドン・ファハカ）を見よ

テトラリンクス・ロンギコリス
「世界大博物図鑑 1」平凡社 1991
　◇p17（カラー）　ヘッケル、E.H.『自然の造形』
　　1899～1904 多色石版画

テナガエビ　Macrobrachium nipponense
「高松松平家所蔵 衆鱗図 3」香川県歴史博物館
　友の会博物図譜刊行会 2003
　◇p14（カラー）　手長エビ 松平頼恭 江戸時代
　　（18世紀）　紙本著色 画帖装（折本形式）　［個人
　　蔵］

230　博物図譜レファレンス事典 動物篇

魚・貝・水生生物　　　　　　　　　　　　　　　　　てんき

「日本の博物図譜」東海大学出版会　2001
　◇図25（カラー）　服部雪斎筆『博物館虫譜』　［東京国立博物館］
「世界大博物図鑑 1」平凡社　1991
　◇p84（カラー）　大野麦風『大日本魚類画集』1937～44（昭和12～19）　彩色木版

テナガエビ　Macrobranchium nipponense
「鳥獣虫魚譜」八坂書房　1988
　◇p85（カラー）　大手長, 手長蝦　オス　松森胤保『両羽貝蝶図譜』　［酒田市立光丘文庫］

テナガエビ
「鳥獣虫魚譜」八坂書房　1988
　◇p85（カラー）　メス　松森胤保『両羽貝蝶図譜』［酒田市立光丘文庫］

テナガエビのなかま　Palaemonetes varians
「世界大博物図鑑 1」平凡社　1991
　◇p84（カラー）　リーチ, W.E.著, サワビー, J.図『英国産甲殻類図譜』1815～75

テナガカクレエビ？　Kemponia grandis？
「高松松平家所蔵 衆鱗図 3」香川県歴史博物館友の会博物図譜刊行会　2003
　◇p17（カラー）　（付札なし）　松平頼恭 江戸時代（18世紀）　紙本著色 画帖装（折本形式）　［個人蔵］

テナガコブシ　Myra fugax
「高松松平家所蔵 衆鱗図 3」香川県歴史博物館友の会博物図譜刊行会　2003
　◇p41（カラー）　猿猴蟹　松平頼恭 江戸時代（18世紀）　紙本著色 画帖装（折本形式）　［個人蔵］
「ビュフォンの博物誌」工作舎　1991
　◇M050（カラー）『一般と個別の博物誌 ソンニーニ版』
「世界大博物図鑑 1」平凡社　1991
　◇p120（カラー）　キュヴィエ, G.L.C.F.D.『動物界』1836～49　手彩色銅版

テナガダコ　Octopus minor
「高松松平家所蔵 衆鱗図 3」香川県歴史博物館友の会博物図譜刊行会　2003
　◇p23（カラー）　手長鰕　メス　松平頼恭 江戸時代（18世紀）　紙本著色 画帖装（折本形式）　［個人蔵］
「日本の博物図譜」東海大学出版会　2001
　◇図31（カラー）　中島仰山筆『博物館介譜』　［東京国立博物館］

テナガダラ　Abyssicola macrochir
「ビュフォンの博物誌」工作舎　1991
　◇K040（カラー）『一般と個別の博物誌 ソンニーニ版』

テナガヒシガニ　Parthenope longimanus
「世界大博物図鑑 1」平凡社　1991
　◇p124（カラー）　キュヴィエ, G.L.C.F.D.『動物界』1836～49　手彩色銅版

テナライアイゴ　Siganus lineatus
「世界大博物図鑑 2」平凡社　1989
　◇p400～401（カラー）　キュヴィエ, G.L.C.F.D., ヴァランシエンヌ, A.『魚の博物誌』1828～50

テマリクラゲ　Pleurobrachia pileus
「世界大博物図鑑 別巻2」平凡社　1994
　◇p87（カラー）　キュヴィエ, G.L.C.F.D.『動物界（門徒版）』1836～49

テマリクラゲのなかま　Callianira bucephalon
「世界大博物図鑑 別巻2」平凡社　1994
　◇p86（カラー）　レッソン, R.P.著, プレートル原図『動物百図』1830～32

デュプレニシキベラ　Thalassoma duperreyi
「世界大博物図鑑 2」平凡社　1989
　◇p360（カラー）　ギャレット原図, ギュンター解説『ゴデフロイ博物館紀要』1873～1910

テユムパニディウム
「生物の驚異的な形」河出書房新社　2014
　◇図版71（カラー）　ヘッケル, エルンスト　1904

テリエビス　Sargocentron ittodai
「高松松平家所蔵 衆鱗図 4」香川県歴史博物館友の会博物図譜刊行会　2004
　◇p20（カラー）　金小鯛 クニシマ魚　松平頼恭 江戸時代（18世紀）　紙本著色 画帖装（折本形式）　［個人蔵］

テルクク
「極楽の魚たち」リブロポート　1991
　◇I–1（カラー）　ルナール, L.『モルッカ諸島産彩色魚類図譜 コワイエト写本』1718～19　［個人蔵］

テルバン
「極楽の魚たち」リブロポート　1991
　◇I–163（カラー）　ルナール, L.『モルッカ諸島産彩色魚類図譜 コワイエト写本』1718～19　［個人蔵］

テレブラチュラ
「生物の驚異的な形」河出書房新社　2014
　◇図版97（カラー）　ヘッケル, エルンスト　1904

テンガイハタ　Trachipterus trachypterus
「世界大博物図鑑 2」平凡社　1989
　◇p220（カラー）　ドルビニ, A.C.V.D.著, ウダール原図『万有博物事典』1837　銅版カラー刷り

テンガンムネエソ　Argyropelecus hemigymnus
「世界大博物図鑑 2」平凡社　1989
　◇p100（カラー）　ブラウアー, A.『深海魚』1898～99　石版色刷り

デンキウナギ　Electrophorus electricus
「ビュフォンの博物誌」工作舎　1991
　◇K024（カラー）『一般と個別の博物誌 ソンニーニ版』
「世界大博物図鑑 2」平凡社　1989
　◇p168（カラー）　キュヴィエ, G.L.C.F.D.『動物界』1836～49　手彩色銅版

てんき　　　　　魚・貝・水生生物

デンキウナギ
「紙の上の動物園」グラフィック社　2017
- ◇p229（カラー）　ブロッホ，マルクス・エリーザー『外国の魚の自然誌』1786～87

デンキナマズ　Malapterurus electricus
「世界大博物図鑑 2」平凡社　1989
- ◇p153（カラー）　発電組織の解剖図を添える　キュヴィエ，G.L.C.F.D.『動物界』1836～49　手彩色銅版

テングカワハギ
「極楽の魚たち」リブロポート　1991
- ◇I-170（カラー）　ティクス　ルナール，L.『モルッカ諸島産彩色魚類図譜 コワイエト写本』1718～19　［個人蔵］
- ◇II-94（カラー）　つののある魚　ファロワズ，サムエル原画，ルナール，L.『モルッカ諸島産彩色魚類図譜 ファン・デル・ステル写本』1718～19　［個人蔵］
- ◇II-165（カラー）　ローチ　ファロワズ，サムエル原画，ルナール，L.『モルッカ諸島産彩色魚類図譜 ファン・デル・ステル写本』1718～19　［個人蔵］

テングギンザメ　Rhinochimaera pacifica
「江戸博物文庫 魚の巻」工作舎　2017
- ◇p100（カラー）　天狗銀鮫　栗本丹洲『魚譜』［国立国会図書館］

テングクラゲの仲間
「美しいアンティーク生物画の本」創元社　2017
- ◇p71（カラー）　Halicreas glabrum　Chun, Carl『Wissenschaftliche Ergebnisse der Deutschen Tiefsee-Expedition auf dem Dampfer "Valdivia"1898–1899』1902～40
- ◇p71（カラー）　Halicreas rotundatum　Chun, Carl『Wissenschaftliche Ergebnisse der Deutschen Tiefsee-Expedition auf dem Dampfer "Valdivia"1898–1899』1902～40
- ◇p71（カラー）　Halicreas papillosum　Chun, Carl『Wissenschaftliche Ergebnisse der Deutschen Tiefsee-Expedition auf dem Dampfer "Valdivia"1898–1899』1902～40

テングダイ　Evistias acutirostris
「江戸博物文庫 魚の巻」工作舎　2017
- ◇p95（カラー）　天狗鯛　栗本丹洲『魚譜』［国立国会図書館］
「高松松平家所蔵 衆鱗図 2」香川県歴史博物館友の会博物図譜刊行会　2002
- ◇p98（カラー）　（墨書なし）　松平頼恭 江戸時代（18世紀）　紙本著色 画帖装（折本形式）［個人蔵］
「日本の博物図譜」東海大学出版会　2001
- ◇p93（白黒）　高橋由一筆『博物館魚譜』［東京国立博物館］
「世界大博物図鑑 2」平凡社　1989
- ◇p246（カラー）『魚譜〈春亭〉』　※明治時代の写本と推定
- ◇p246～247（カラー）　栗本丹洲『栗氏魚譜』文政2（1819）　［国文学研究資料館史料館］

テングダイ　Evistias acutirostris（Temminck et Schlegel）
「高木春山 本草図説 水産」リブロポート　1988
- ◇p60～61（カラー）　こだかのは

テングダイ
「彩色 江戸博物学集成」平凡社　1994
- ◇p198～199（カラー）　栗本昌洲『魚譜』［国会図書館］
- ◇p410（カラー）　奥倉辰行『水族四帖』［国会図書館］

テングニシ（？）
「彩色 江戸博物学集成」平凡社　1994
- ◇p38（カラー）　貝原益軒『大和本草諸品図』

テングノオトシゴ　Parapegasus natans
「世界大博物図鑑 2」平凡社　1989
- ◇p431（カラー）　キュヴィエ，G.L.C.F.D.『動物界』1836～49　手彩色銅版

テングノオトシゴ
「極楽の魚たち」リブロポート　1991
- ◇II-52（カラー）　海のドラゴン　ファロワズ，サムエル原画，ルナール，L.『モルッカ諸島産彩色魚類図譜 ファン・デル・ステル写本』1718～19　［個人蔵］

テングハギ　Naso unicornis
「南海の魚類 博物画の至宝」平凡社　1995
- ◇pl.78（カラー）　Naseus unicornis in verschiedenen Altersstufen　ギュンター，A.C.L.G.，ギャレット，A. 1873～1910
「世界大博物図鑑 2」平凡社　1989
- ◇p398（カラー）　キュヴィエ，G.L.C.F.D.『動物界（英語版）』1833～37

テングハギ
「極楽の魚たち」リブロポート　1991
- ◇II-62（カラー）　長鼻　ファロワズ，サムエル原画，ルナール，L.『モルッカ諸島産彩色魚類図譜 ファン・デル・ステル写本』1718～19　［個人蔵］
- ◇II-101（カラー）　バグワルの珊瑚礁魚　ファロワズ，サムエル原画，ルナール，L.『モルッカ諸島産彩色魚類図譜 ファン・デル・ステル写本』1718～19　［個人蔵］

テングハギかヒフキアイゴ
「極楽の魚たち」リブロポート　1991
- ◇II-14（カラー）　長鼻　ファロワズ，サムエル原画，ルナール，L.『モルッカ諸島産彩色魚類図譜 ファン・デル・ステル写本』1718～19　［個人蔵］
- ◇II-236（カラー）　岩礁の魚　ファロワズ，サムエル原画，ルナール，L.『モルッカ諸島産彩色魚類図譜 ファン・デル・ステル写本』1718～19　［個人蔵］

テングハギのなかま
「極楽の魚たち」リブロポート　1991
- ◇II-2（カラー）　とがり鼻　ファロワズ，サムエル原画，ルナール，L.『モルッカ諸島産彩色魚類図

魚・貝・水生生物　　　　　　　　　　　　　　てんに

譜 ファン・デル・ステル写本』1718〜19　〔個
人蔵〕

テングボラ　Adelomelon fusiformis
「世界大博物図鑑 別巻2」平凡社　1994
　◇p147（カラー）　キーネ, L.C.『ラマルク貝類図
　譜』1834〜80　手彩色銅版図

テンクロスジギンポ　Plagiotremus
tapeinosoma
「南海の魚類 博物画の至宝」平凡社　1995
　◇pl.115（カラー）　Petroscirtes tapeinosoma
　ギュンター, A.C.L.G., ギャレット, A. 1873〜
　1910

テンジカスザメ　Squatina squatina
「ビュフォンの博物誌」工作舎　1991
　◇K011（カラー）『一般と個別の博物誌 ソンニー
　二版』
「世界大博物図鑑 2」平凡社　1989
　◇p28（カラー）　ドノヴァン, E.『英国産魚類誌』
　1802〜08

テンジクイサキ　Kyphosus cinerascens
「世界大博物図鑑 2」平凡社　1989
　◇p268（カラー）　キュヴィエ, G.L.C.F.D.『動物
　界』1836〜49　手彩色銅版

テンジクイモガイ　Conus ammiralis
「世界大博物図鑑 別巻2」平凡社　1994
　◇p151（カラー）　ドノヴァン, E.『博物宝典』
　1823〜27

てんじくだい
「魚の手帖」小学館　1991
　◇57図（カラー）　天竺鯛　毛利梅園『梅園魚譜/梅
　園魚品図正』1826〜1843,1832〜1836　〔国立
　国会図書館〕

テンジクダイ　Apogon lineatus
「江戸博物文庫 魚の巻」工作舎　2017
　◇p148（カラー）　天竺鯛　栗本丹洲『栗氏魚譜』
　〔国立国会図書館〕
「高松松平家所蔵 衆鱗図 2」香川県歴史博物館
　友の会博物図譜刊行会　2002
　◇p44（カラー）　ちきりふんどう　松平頼恭 江戸
　時代（18世紀）　紙本着色 画帖装（折本形式）
　〔個人蔵〕

テンジクダイ科　Apogonidae
「ビュフォンの博物誌」工作舎　1991
　◇K050（カラー）『一般と個別の博物誌 ソンニー
　二版』

テンジクダイ属の1種　Apogon graeffei
「南海の魚類 博物画の至宝」平凡社　1995
　◇pl.20（カラー）　Apogon graeffii　ギュンター,
　A.C.L.G., ギャレット, A. 1873〜1910

テンジクダイ属の1種（スポテッド・カーディ
ナル・フィッシュ）　Apogon maculifera
「南海の魚類 博物画の至宝」平凡社　1995
　◇pl.20（カラー）　Apogon maculiferus　ギュン
　ター, A.C.L.G., ギャレット, A. 1873〜1910

テンジクダツ　Tylosurus acus melanotus
「世界大博物図鑑 2」平凡社　1989
　◇p184（カラー）『毛利梅園魚図』　〔国立国会図書
　館〕

てんす
「魚の手帖」小学館　1991
　◇29図（カラー）　天須　オス　毛利梅園『梅園魚
　譜/梅園魚品図正』1826〜1843,1832〜1836
　〔国立国会図書館〕

テンス　Xyrichthys dea
「日本の博物図譜」東海大学出版会　2001
　◇p85（白黒）　川原慶賀図
　◇p85（白黒）『ファウナ・ヤポニカ・魚類編』

テンス　Xyrichthys dea
「江戸博物文庫 魚の巻」工作舎　2017
　◇p149（カラー）　天須　栗本丹洲『栗氏魚譜』
　〔国立国会図書館〕
「高松松平家所蔵 衆鱗図 2」香川県歴史博物館
　友の会博物図譜刊行会　2002
　◇p41（カラー）　あまたい　松平頼恭 江戸時代
　（18世紀）　紙本着色 画帖装（折本形式）　〔個人
　蔵〕
「世界大博物図鑑 2」平凡社　1989
　◇p365（カラー）　栗本丹洲『栗氏魚譜』　文政2
　（1819）　〔国文学研究資料館史料館〕
　◇p365（カラー）『魚譜〈忠・孝〉』　〔東京国立博物
　館〕　※明治時代の写本

テンス
「彩色 江戸博物学集成」平凡社　1994
　◇p407（カラー）　奥倉辰行『水族四帖』　〔国会
　図書館〕

デンセンライギョ　Channa micropeltes
「世界大博物図鑑 2」平凡社　1989
　◇p232（カラー）　幼い個体　デイ, F.『マラバー
　ルの魚類』1865　手彩色銅版画
　◇p232〜233（カラー）　やや成長した幼魚　マル
　テンス, E.フォン原画, シュミット, C.F.刷『オイ
　レンブルク遠征図譜』1865〜67　多色刷り石
　版画

テンチ　Tinca tinca
「ビュフォンの博物誌」工作舎　1991
　◇K078（カラー）『一般と個別の博物誌 ソンニー
　二版』
「世界大博物図鑑 2」平凡社　1989
　◇p120（カラー）　ドノヴァン, E.『英国産魚類誌』
　1802〜08
　◇p120（カラー）　黄化個体　ハウトン, W.著, ラ
　イドン, A.F.図『イギリス淡水魚誌』1879　手
　彩色石版画

テンツクモンツク
「江戸名作画帖全集 8」駸々堂出版　1995
　◇図162（カラー）　天紫骨悶紫　服部雪斎図, 武蔵
　石寿編『目八譜』　紙本着色　〔東京国立博物館〕

テンニョノカムリガイ
「彩色 江戸博物学集成」平凡社　1994

博物図譜レファレンス事典 動物篇　**233**

てんに　　　　　　　魚・貝・水生生物

◇p210（カラー）　天女冠　武蔵石寿『甲介群分品彙』［国会図書館］

テンニョハゼ　Cryptocentrus cryptocentrus
「世界大博物図鑑 2」平凡社　1989
　◇p337（カラー）　キュヴィエ, G.L.C.F.D., ヴァランシエンヌ, A.『魚の博物誌』1828〜50

【と】

ドイツゴイ　Cyprinus carpio
「世界大博物図鑑 2」平凡社　1989
　◇p132（カラー）　ドルビニ, A.C.V.D.著, ウダール原図『万有博物事典』1837　銅版カラー刷り

トウアカクマノミ　Amphiprion polymnus
「世界大博物図鑑 2」平凡社　1989
　◇p349（カラー）　ドルビニ, A.C.V.D.著, ウダール原図『万有博物事典』1837　銅版カラー刷り

トウガタカワニナ（トゲカワニナ）　Thiara scabra
「世界大博物図鑑 別巻2」平凡社　1994
　◇p163（カラー）　平瀬與一郎『貝千種』大正3〜11（1914〜22）　色刷木版画
　◇p163（カラー）　キュヴィエ, G.L.C.F.D.『動物界（門徒版）』1836〜49

トウカムリガイ　Cassis cornuta
「世界大博物図鑑 別巻2」平凡社　1994
　◇p124（カラー）　平瀬與一郎『貝千種』大正3〜11（1914〜22）　色刷木版画

トウカムリガイ科　Cassidae
「ビュフォンの博物誌」工作舎　1991
　◇L057（カラー）『一般と個別の博物誌 ソンニーニ版』

ドウケツエビのなかま　Spongicola sp.
「世界大博物図鑑 1」平凡社　1991
　◇p80（カラー）　栗本丹洲『千蟲譜』文化8（1811）

トウコウロギガイの1種　Aulicina sp.
「ビュフォンの博物誌」工作舎　1991
　◇L054（カラー）『一般と個別の博物誌 ソンニーニ版』

トウゴロウイワシ　Hypoatherina valenciennei
「高松松平家所蔵 衆鱗図 1」香川県歴史博物館友の会博物図譜刊行会　2001
　◇p105（カラー）　トウゴロ鰯　松平頼恭 江戸時代（18世紀）　紙本著色 画帖装（折本形式）［個人蔵］

トウザヨリ　Euleptorhamphus viridis
「世界大博物図鑑 2」平凡社　1989
　◇p184〜185（カラー）　アルベルティ原図, キュヴィエ, G.L.C.F.D., ヴァランシエンヌ, A.『魚の博物誌』1828〜50

トウザンヨウジウオ　Microphis deocata
「世界大博物図鑑 2」平凡社　1989
　◇p201（カラー）　グレー, J.E.著, ホーキンズ, ウォーターハウス石版『インド動物図譜』1830〜35

トウジン　Caelorinchus japonicus
「江戸博物文庫 魚の巻」工作舎　2017
　◇p32（カラー）　唐人　後藤光生『随観写真』［国立国会図書館］
「高松松平家所蔵 衆鱗図 2」香川県歴史博物館友の会博物図譜刊行会　2002
　◇p81（カラー）　せとりす　松平頼恭 江戸時代（18世紀）　紙本著色 画帖装（折本形式）［個人蔵］

同定困難
「彩色 江戸博物学集成」平凡社　1994
　◇p275（カラー）　宝貝　馬場大助『貝譜』［東京国立博物館］

同定不能
「ビュフォンの博物誌」工作舎　1991
　◇L020（カラー）　SEPIA HEXAPODIA『一般と個別の博物誌 ソンニーニ版』

ドゥデュー
「極楽の魚たち」リブロポート　1991
　◇I-124（カラー）　ルナール, L.『モルッカ諸島産彩色魚類図譜 コワイエト写本』1718〜19［個人蔵］

トウナスモドキの1種　Tethya aurantia
「世界大博物図鑑 別巻2」平凡社　1994
　◇p30（カラー）　キュヴィエ, G.L.C.F.D.『動物界（門徒版）』1836〜49

トウブレッタ
「生物の驚異的な形」河出書房新社　2014
　◇図版6（カラー）　ヘッケル, エルンスト 1904

トゥルッシ
「極楽の魚たち」リブロポート　1991
　◇I-51（カラー）　ルナール, L.『モルッカ諸島産彩色魚類図譜 コワイエト写本』1718〜19［個人蔵］

トゥルビナリア［スリバチサンゴ］
「生物の驚異的な形」河出書房新社　2014
　◇図版69（カラー）　ヘッケル, エルンスト 1904

トウロウクラゲの仲間
「美しいアンティーク生物画の本」創元社　2017
　◇p25（カラー）　Bassia obeliscus　Haeckel, Ernst『Kunstformen der Natur』1899〜1904

トカゲエソ　Saurida elongata
「高松松平家所蔵 衆鱗図 4」香川県歴史博物館友の会博物図譜刊行会　2004
　◇p14〜15（カラー）（付札なし）　松平頼恭 江戸時代（18世紀）　紙本著色 画帖装（折本形式）［個人蔵］

魚・貝・水生生物　　　　　とけか

トカゲギス　Stomias affinis
「世界大博物図鑑　2」平凡社　1989
　　◇p97（カラー）　ブラウアー, A.『深海魚』1898
　　　～99　石版色刷り

トカゲゴチ属の1種　Inegocia sp.
「南海の魚類 博物画の至宝」平凡社　1995
　　◇pl.107（カラー）　Platycephalus
　　　nematophthalmus　ギュンター, A.C.L.G., ギャ
　　　レット, A. 1873～1910

トカラベラ　Halichoeres hortulanus
「世界大博物図鑑　2」平凡社　1989
　　◇p356（カラー）　ベネット, J.W.『セイロン島沿
　　　岸産の魚類誌』1830　手彩色 アクアチント 線
　　　刻銅版

トカラベラ
「極楽の魚たち」リブロポート　1991
　　◇I-71（カラー）　巡査部長　成魚　ルナール, L.
　　　『モルッカ諸島産彩色魚類図譜 コワイエト写本』
　　　1718～19　［個人蔵］

トカラベラ成魚　リブロポート　1991
　　◇I-50（カラー）　桟敷（さじき）　ルナール, L.
　　　『モルッカ諸島産彩色魚類図譜 コワイエト写本』
　　　1718～19　［個人蔵］
　　◇I-97（カラー）　桟敷（さじき）　ルナール, L.
　　　『モルッカ諸島産彩色魚類図譜 コワイエト写本』
　　　1718～19　［個人蔵］

トガリエビス　Sargocentron spiniferum
「世界大博物図鑑　2」平凡社　1989
　　◇p204（カラー）　ウダール原図, キュヴィエ, G.L.
　　　C.F.D.『動物界』1836～49　手彩色銅版

トガリエビス　argocentron spiniferum
「南海の魚類 博物画の至宝」平凡社　1995
　　◇pl.65（カラー）　Holocentrum unipunctatum
　　　ギュンター, A.C.L.G., ギャレット, A. 1873～
　　　1910

トガリササノハガイ
「江戸の動植物図」朝日新聞社　1988
　　◇p37（カラー）　森野藤助『松山本草』　［森野旧
　　　薬園］

トガリサルパのなかま　Salpa mucronata
「世界大博物図鑑　別巻2」平凡社　1994
　　◇p287（カラー）　キュヴィエ, G.L.C.F.D.『動物
　　　界（門徒版）』1836～49

トガリバナナマズ　Conorhynchus conirostris
「世界大博物図鑑　2」平凡社　1989
　　◇p148（カラー）　バロン, A.原図, キュヴィエ, G.
　　　L.C.F.D., ヴァランシエンヌ, A.『魚の博物誌』
　　　1828～50

トガリバナネズミザメ　Lamna nasus
「世界大博物図鑑　2」平凡社　1989
　　◇p28（カラー）　ドノヴァン, E.『英国産魚類誌』
　　　1802～08

トガリヒヅメガニ　Etisus anaglyptus
「世界大博物図鑑　1」平凡社　1991
　　◇p132（カラー）　キュヴィエ, G.L.C.F.D.『動物
　　　界』1836～49　手彩色銅版

ドクオニダルマオコゼ　Synanceia horrida
「ビュフォンの博物誌」工作舎　1991
　　◇K044（カラー）『一般と個別の博物誌 ソンニー
　　　二版』
「世界大博物図鑑　2」平凡社　1989
　　◇p412（カラー）　グレー, J.E.著, ホーキンズ,
　　　ウォーターハウス石版『インド動物図譜』1830
　　　～35

トクサモドキのなかま？　Parisis sp.
「世界大博物図鑑　別巻2」平凡社　1994
　　◇p59（カラー）　エスパー, E.J.C.『植虫類図録』
　　　1788～1830
　　◇p59（カラー）　ドノヴァン, E.『博物宝典』
　　　1823～27

トクビレ　Podothecus sachi
「江戸博物文庫 魚の巻」工作舎　2017
　　◇p150（カラー）　特鰭　栗本丹洲『栗氏魚譜』
　　　［国立国会図書館］

トグロコウイカ　Spirula spirula
「世界大博物図鑑　別巻2」平凡社　1994
　　◇p230（カラー）　キュヴィエ, G.L.C.F.D.『動物
　　　界（門徒版）』1836～49

トゲアシガニ　Percnon planissimum
「世界大博物図鑑　1」平凡社　1991
　　◇p136（カラー）　キュヴィエ, G.L.C.F.D.『動物
　　　界』1836～49　手彩色銅版

トゲアメフラシ　Bursatella leachii
「世界大博物図鑑　別巻2」平凡社　1994
　　◇p175（カラー）　キュヴィエ, G.L.C.F.D.『動物
　　　界（門徒版）』1836～49

トゲアメフラシの1種　Bursatella laciniatus
「世界大博物図鑑　別巻2」平凡社　1994
　　◇p174（カラー）　リュッペル, W.P.E.S.『北アフ
　　　リカ探検図譜』1826～28

トゲエイ　Raja clavata
「世界大博物図鑑　2」平凡社　1989
　　◇p32（カラー）　ドノヴァン, E.『英国産魚類誌』
　　　1802～08

トゲオニオコゼ　Inimicus filamentosus
「世界大博物図鑑　2」平凡社　1989
　　◇p417（カラー）　キュヴィエ, G.L.C.F.D.『動物
　　　界』1836～49　手彩色銅版

トゲカイカムリ　Dynomene hispida
「世界大博物図鑑　1」平凡社　1991
　　◇p117（カラー）　キュヴィエ, G.L.C.F.D.『動物
　　　界』1836～49　手彩色銅版

トゲカナガシラ　Lepidotrigla japonica
「グラバー魚譜200選」長崎文献社　2005
　　◇p183（カラー）　倉場富三郎編, 長谷川雪香画

博物図譜レファレンス事典 動物篇　**235**

とけか　　　　　　　　　　　　　　　　魚・貝・水生生物

『日本西部及南部魚類図譜』 1916採集 ［長崎大
学附属図書館］

トゲカワニナ
⇒トウガタカワニナ（トゲカワニナ）を見よ

トゲカワニナ科　Thiaridae
「ビュフォンの博物誌」工作舎　1991
◇L054（カラー）『一般と個別の博物誌 ソンニー
ニ版』

トゲキツネソコギス　Notacanthus spinosus
「世界大博物図鑑 2」平凡社　1989
◇p101（カラー）　ガーマン, S.著, ウェスターグレ
ン原図『ハーヴァード大学比較動物学記録 第24
巻〈アルバトロス号調査報告—魚類編〉』 1899
手彩色石版画

トゲクモヒトデ
⇒オピオトゥリクス［トゲクモヒトデ］を見よ

トゲザリガニ　Euastacus armatus
「世界大博物図鑑 1」平凡社　1991
◇p97（カラー）　マッコイ, F.『ヴィクトリア州博
物誌』 1885〜90

トゲシャコ　Harpiosquilla harpax
「グラバー魚譜200選」長崎文献社　2005
◇p250（カラー）　倉場富三郎編, 長谷川雪香画
『日本西部及南部魚類図譜』 1916採集 ［長崎大
学附属図書館］

トゲダテカサゴ　Paracentropogon longispinis
「世界大博物図鑑 2」平凡社　1989
◇p416（カラー）『アストロラブ号世界周航記』
1830〜35　スティップル印刷

トゲダルマガレイ　Bothus pantherinus
「世界大博物図鑑 2」平凡社　1989
◇p405（カラー）　リュッペル, W.P.E.S.『北アフ
リカ探検図譜』 1826〜28
◇p408（カラー）　ヴェルナー原図, デュ・プ
ティ＝トゥアール, A.A.『ウエヌス号世界周航
記』 1846　手彩色銅版画

トゲチョウチョウウオ　Chaetodon auriga
「南海の魚類 博物画の至宝」平凡社　1995
◇pl.26（カラー）　Chaetodon setifer　ギュン
ター, A.C.L.G., ギャレット, A. 1873〜1910
「世界大博物図鑑 2」平凡社　1989
◇p383（カラー）　ギャレット, A.原図, ギュン
ター, A.C.L.G.解説『南海の魚類』 1873〜1910
◇p386〜387（カラー）『マイヤース』　多色石版図

トゲチョウチョウウオ
「極楽の魚たち」リブロポート　1991
◇I-126（カラー）　公爵夫人　ルナール, L.『モ
ルッカ諸島産彩色魚類図譜 コワイエト写本』
1718〜19　［個人蔵］
◇I-198（カラー）　公爵　ルナール, L.『モルッカ
諸島産彩色魚類図譜 コワイエト写本』 1718〜19
［個人蔵］
◇II-84（カラー）　赤い山のとがりくちばし　ファ
ロワズ, サムエル原画, ルナール, L.『モルッカ諸

島産彩色魚類図譜 ファン・デル・ステル写本』
1718〜19　［個人蔵］
◇II-145（カラー）　公爵　ファロワズ, サムエル原
画, ルナール, L.『モルッカ諸島産彩色魚類図譜
ファン・デル・ステル写本』 1718〜19　［個人
蔵］

トゲツノヤドカリの1種　Diogenes sp.
「ビュフォンの博物誌」工作舎　1991
◇M051（カラー）『一般と個別の博物誌 ソンニー
ニ版』

トゲトゲウミニナ　Rhinocoryne humboldti
「世界大博物図鑑 別巻2」平凡社　1994
◇p121（カラー）　マーティン, T.『万国貝譜』
1784〜87　手彩色銅版図

トゲトサカのなかま　Dendronephthya sp.
「世界大博物図鑑 別巻2」平凡社　1994
◇p58（カラー）　レッソン, R.P.『動物学図譜』
1832〜34　手彩色銅版画

トゲナガイチョウガイ　Homalocantha
scorpio
「世界大博物図鑑 別巻2」平凡社　1994
◇p134（カラー）　ドノヴァン, E.『博物宝典』
1823〜27

トゲナガオニコブシガイ　Vasum cornigerum
「世界大博物図鑑 別巻2」平凡社　1994
◇p148（カラー）　キーネ, L.C.『ラマルク貝類図
譜』 1834〜80　手彩色銅版図

トゲナシテングクラゲの仲間
「美しいアンティーク生物画の本」創元社　2017
◇p71（カラー）　Haliscera alba　Chun, Carl
『Wissenschaftliche Ergebnisse der Deutschen
Tiefsee-Expedition auf dem Dampfer
"Valdivia"1898-1899』 1902〜40
◇p71（カラー）　Haliscera.conica　Chun, Carl
『Wissenschaftliche Ergebnisse der Deutschen
Tiefsee-Expedition auf dem Dampfer
"Valdivia"1898-1899』 1902〜40

トゲナシヒワガニ　Lyreidus stenops
「世界大博物図鑑 1」平凡社　1991
◇p116（カラー）　栗本丹洲『千蟲譜』　文化8
（1811）

トゲハダヒザラガイのなかま　Chaetopleura
papilio
「世界大博物図鑑 別巻2」平凡社　1994
◇p99（カラー）　デュモン・デュルヴィル, J.S.C.
『アストロラブ号世界周航記』 1830〜35　ス
ティップル印刷

トゲハナスズキ　Liopropoma japonicum
「日本の博物図譜」東海大学出版会　2001
◇図78（カラー）　中村三郎筆『グラバー図譜』
［長崎大学］

トゲヒトデの1種
「美しいアンティーク生物画の本」創元社　2017
◇p87（カラー）　Poraniomorpha hispida

236　博物図譜レファレンス事典 動物篇

魚・貝・水生生物　　　　とひう

Arbert I, Prince of Monaco『Résultats des campagnes scientifiques accomplies sur son yacht par Albert ler, prince souverain de Monaco』 1909

トゲホウネンエソ　Polyipnus spinosus
「世界大博物図鑑 2」平凡社　1989
◇p100（カラー）　ブラウアー, A.『深海魚』 1898 〜99　石版色刷り

トゲメギス　Pseudogramma polyacanthum
「南海の魚類 博物画の至宝」平凡社　1995
◇pl.98（カラー）　Pseudochromis polyacanthus ギュンター, A.C.L.G., ギャレット, A. 1873〜1910

トゲヨウジ　Solegnathus hardwickii
「世界大博物図鑑 2」平凡社　1989
◇p201（カラー）　グレー, J.E.著, ホーキンズ, ウォーターハウス石版『インド動物図譜』 1830 〜35

トゴットメバル　Sebastes joyneri
「高松松平家所蔵 衆鱗図 1」香川県歴史博物館 友の会博物図譜刊行会　2001
◇p57（カラー）　桂劔　松平頼恭 江戸時代（18世紀）　紙本著色 画帖装（折本形式）　［個人蔵］

トゴットメバル
「彩色 江戸博物学集成」平凡社　1994
◇p411（カラー）　奥倉辰行『水族四帖』　国会図書館］

トコロテン　Liparis liparis
「世界大博物図鑑 2」平凡社　1989
◇p428〜429（カラー）　ドノヴァン, E.『英国産魚類誌』 1802〜08

トサカガキ　Lopha cristagalli
「世界大博物図鑑 別巻2」平凡社　1994
◇p194（カラー）　平瀬與一郎『貝千種』 大正3〜11（1914〜22）　色刷木版画

トサカコケムシ
⇒フルストゥラ［トサカコケムシ］を見よ

トサカハギ　Naso tuberosus
「南海の魚類 博物画の至宝」平凡社　1995
◇pl.80（カラー）　Neseus tuberosus ギュンター, A.C.L.G., ギャレット, A. 1873〜1910
◇pl.80（カラー）　juvenis 幼魚 ギュンター, A. C.L.G., ギャレット, A. 1873〜1910

トサツブリボラ　Haustellum hirasei
「世界大博物図鑑 別巻2」平凡社　1994
◇p134（カラー）　キュヴィエ, G.L.C.F.D.『動物界（門徒版）』 1836〜49

どじょう
「魚の手帖」小学館　1991
◇12図, 56図, 57図（カラー）　泥鰌・鰌　毛利梅園『梅園魚譜／梅園魚品図正』 1826〜1843,1832〜1836　［国立国会図書館］

ドジョウ　Misgurnus anguillicaudatus
「高松松平家所蔵 衆鱗図 3」香川県歴史博物館 友の会博物図譜刊行会　2003
◇p75（カラー）　鰍　松平頼恭 江戸時代（18世紀）紙本著色 画帖装（折本形式）　［個人蔵］
「世界大博物図鑑 2」平凡社　1989
◇p141（カラー）　大野麦風『大日本魚類画集』 昭和12〜19　彩色木版
「鳥獣虫魚譜」八坂書房　1988
◇p69（カラー）　真鰌, ドヂヤウ「赤胡麻」「胡麻鰌」「茶鰌」「緋鰌」「虎斑鰌」　松森胤保『両羽魚類図譜』　［酒田市立光丘文庫］

ドチザメ　Triakis scyllium
「江戸博物文庫 魚の巻」工作舎　2017
◇p101（カラー）　奴智鮫　栗本丹洲『魚譜』 ［国立国会図書館］
「高松松平家所蔵 衆鱗図 2」香川県歴史博物館 友の会博物図譜刊行会　2002
◇p12（カラー）　ねこぶか　松平頼恭 江戸時代（18世紀）紙本著色 画帖装（折本形式）　［個人蔵］

ドチザメ
「江戸の動植物図」朝日新聞社　1988
◇p106〜107（カラー）　栗本丹洲『丹洲魚譜』 ［国立国会図書館］

ドットアンドダッシュ・バタフライフィッシュ
⇒チョウチョウウオ属の1種（ドットアンドダッシュ・バタフライフィッシュ）を見よ

トビイカ　Sthenoteuthis oualaniensis
「世界大博物図鑑 別巻2」平凡社　1994
◇p239（カラー）　デュブレ, L.I.『コキーユ号航海記』 1826〜34

とびうお
「魚の手帖」小学館　1991
◇10図（カラー）　飛魚　毛利梅園『梅園魚譜／梅園魚品図正』 1826〜1843,1832〜1836　［国立国会図書館］

トビウオ　Cypselurus agoo agoo
「江戸博物文庫 魚の巻」工作舎　2017
◇p79（カラー）　飛魚／鰩　毛利梅園『梅園魚譜』 ［国立国会図書館］
「高松松平家所蔵 衆鱗図 2」香川県歴史博物館 友の会博物図譜刊行会　2002
◇p71（カラー）　とびうを　松平頼恭 江戸時代（18世紀）　紙本著色 画帖装（折本形式）　［個人蔵］

トビウオ
「紙の上の動物園」グラフィック社　2017
◇p216〜217（カラー）　サルヴィアーニ, イッポーリト『水生動物の本』 1554
「極楽の魚たち」リブロポート　1991
◇I−67（カラー）　空飛ぶ高速船　ルナール, L.『モルッカ諸島産彩色魚類図譜 コワイエト写本』 1718〜19　［個人蔵］

とひう   魚・貝・水生生物

トビウオ（疑問種）
「世界大博物図鑑 2」平凡社　1989
　◇p188（カラー）　ドルビニ, A.C.V.D.著, ウダール原図『万有博物事典』1837　銅版カラー刷り

トビウオNo.4
「紙の上の動物園」グラフィック社　2017
　◇p216（カラー）　ブリジェンス, リチャード『西インドの風景』1836

トビエイ　Myliobatis tobijei
「高松松平家所蔵 衆鱗図 1」香川県歴史博物館友の会博物図譜刊行会　2001
　◇p83（カラー）　鳶エイ　松平頼恭 江戸時代（18世紀）　紙本著色 画帖装（折本形式）　［個人蔵］

トビヌメリ　Repomucenus beniteguri
「高松松平家所蔵 衆鱗図 1」香川県歴史博物館友の会博物図譜刊行会　2001
　◇p98（カラー）　鼠コチ　オス個体　松平頼恭 江戸時代（18世紀）　紙本著色 画帖装（折本形式）［個人蔵］

トビハゼ　Periophthalmus modestus
「グラバー魚譜200選」長崎文献社　2005
　◇p197（カラー）　倉場富三郎編, 長谷川雪香画『日本西部及南部魚類図譜』1915採集　［長崎大学附属図書館］
「高松松平家所蔵 衆鱗図 2」香川県歴史博物館友の会博物図譜刊行会　2002
　◇p65（カラー）　とびうを　松平頼恭 江戸時代（18世紀）　紙本著色 画帖装（折本形式）　［個人蔵］
　◇p65（カラー）　（付札なし）　松平頼恭 江戸時代（18世紀）　紙本著色 画帖装（折本形式）　［個人蔵］

ドブガイの1種　Anodonta sp.
「ビュフォンの博物誌」工作舎　1991
　◇L063（カラー）『一般と個別の博物誌 ソンニーニ版』

トマヤガイ科　Carditidae
「ビュフォンの博物誌」工作舎　1991
　◇L066（カラー）『一般と個別の博物誌 ソンニーニ版』

トミヨ　Pungitius sinensis
「鳥獣虫魚譜」八坂書房　1988
　◇p72（カラー）　国守　松森胤保『両羽魚類図譜』［酒田市立光丘文庫］

トヤマエビ　Pandalus hypsinotus
「高松松平家所蔵 衆鱗図 3」香川県歴史博物館友の会博物図譜刊行会　2003
　◇p11（カラー）　赤エビ　松平頼恭 江戸時代（18世紀）　紙本著色 画帖装（折本形式）　［個人蔵］

トヤマエビ
「彩色 江戸博物学集成」平凡社　1994
　◇p458（カラー）　加州子持エビ　メス　山本渓愚画

トヨツガイ？
「彩色 江戸博物学集成」平凡社　1994
　◇p210（カラー）　武蔵石寿『甲介群分品彙』［国会図書館］

トライアングル・シクリッド　Uaru amphiacanthoides
「世界大博物図鑑 2」平凡社　1989
　◇p344（カラー）　ショムブルク, R.H.『ガイアナの魚類誌』1843

トラウツボ　Muraena pardalis
「グラバー魚譜200選」長崎文献社　2005
　◇p45（カラー）　倉場富三郎編, 小田紫星画『日本西部及南部魚類図譜』1912採集　［長崎大学附属図書館］

トラギス　Parapercis pulchella
「グラバー魚譜200選」長崎文献社　2005
　◇p202（カラー）　倉場富三郎編, 長谷川雪香画『日本西部及南部魚類図譜』1913採集　［長崎大学附属図書館］
「世界大博物図鑑 2」平凡社　1989
　◇p325（カラー）　シーボルト『ファウナ・ヤポニカ（日本動物誌）』1833〜50　石版

トラギスの1種　Parapercis hexopthalma
「ビュフォンの博物誌」工作舎　1991
　◇K053（カラー）『一般と個別の博物誌 ソンニーニ版』

トラギスのなかま
「極楽の魚たち」リブロポート　1991
　◇II−51（カラー）　複雑な色をもった狩人　ファロワズ, サムエル原画, ルナール, L.『モルッカ諸島産彩色魚類図譜 ファン・デル・ステル写本』1718〜19　［個人蔵］

トラジマヒメスズキ　Serranus tigrinus
「世界大博物図鑑 2」平凡社　1989
　◇p254（カラー）　ブロッホ, M.E.『魚類図譜』1782〜85　手彩色銅版画

ドラスキャットの1種　Doras sp.
「ビュフォンの博物誌」工作舎　1991
　◇K066（カラー）『一般と個別の博物誌 ソンニーニ版』

ドラタスピス
「生物の驚異的な形」河出書房新社　2014
　◇図版41（カラー）　ヘッケル, エルンスト 1904

トラダマガイの1種　Natica sp.
「ビュフォンの博物誌」工作舎　1991
　◇L052（カラー）『一般と個別の博物誌 ソンニーニ版』

トラフウミシダ　Decametra tigrina
「高松松平家所蔵 衆鱗図 3」香川県歴史博物館友の会博物図譜刊行会　2003
　◇p60（カラー）　（付札なし）　松平頼恭 江戸時代（18世紀）　紙本著色 画帖装（折本形式）　［個人蔵］

魚・貝・水生生物　　　　　　　　　　　　　　　　　　　　　とんこ

トラフカラッパ　Calappa lophos
「グラバー魚譜200選」長崎文献社　2005
　◇p240（カラー）　とらふまんじゅうがに　倉場富
　三郎編、小田紫星画『日本西部及南部魚類図譜』
　1912採集　［長崎大学附属図書館］
「高松松平家所蔵 衆鱗図 3」香川県歴史博物館
　友の会博物図譜刊行会　2003
　◇p33（カラー）　甲蟹　松平頼恭　江戸時代（18世
　紀）　紙本著色 画帖装（折本形式）　［個人蔵］

とらふぐ
「魚の手帖」小学館　1991
　◇105図（カラー）　虎河豚　毛利梅園『梅園魚譜／
　梅園魚品図正』1826〜1843,1832〜1836　［国
　立国会図書館］

トラフグ　Takifugu rubripes
「江戸博物文庫 魚の巻」工作舎　2017
　◇p48（カラー）　虎河豚　毛利梅園『梅園魚品図
　正』　［国立国会図書館］
「グラバー魚譜200選」長崎文献社　2005
　◇p170（カラー）　くさふぐ　幼魚　倉場富三郎編、
　小田紫星画『日本西部及南部魚類図譜』　1912採
　集　［長崎大学附属図書館］
「高松松平家所蔵 衆鱗図 2」香川県歴史博物館
　友の会博物図譜刊行会　2002
　◇p87（カラー）　とらふぐ　松平頼恭 江戸時代
　（18世紀）　紙本著色 画帖装（折本形式）　［個人
　蔵］
「世界大博物図鑑 2」平凡社　1989
　◇p444（カラー）　大野麦風『大日本魚類画集』　昭
　和12〜19　彩色木版

トラフグ　Takifugu rubripes (Temminck et
　Schlegel)
「高木春山 本草図説 水産」リブロポート　1988
　◇p59（カラー）

トラフグ（マフグ）
「江戸の動植物図」朝日新聞社　1988
　◇p141（カラー）　関根雲停画

トラフグの1種　Fugu sp.
「ビュフォンの博物誌」工作舎　1991
　◇K018（カラー）『一般と個別の博物誌 ソンニー
　ニ版』

トラフザメ　Stegostoma fasciatum
「グラバー魚譜200選」長崎文献社　2005
　◇p23（カラー）　未定　倉場富三郎編、中村三郎画
　『日本西部及南部魚類図譜』　1918採集　［長崎大
　学附属図書館］

トラフシャコ　Lysiosquilla maculata
「世界大博物図鑑 1」平凡社　1991
　◇p140（カラー）　ドルビニ、A.C.V.D.『万有博物
　事典』1838〜49,61
　◇p141（カラー）　田中芳男『博物館虫譜』　1877
　（明治10）頃

トラフジャコ
「極楽の魚たち」リブロポート　1991

　◇II-118（カラー）　アンボイナのザリガニ　ファ
　ロワズ、サムエル原画、ルナール、L.『モルッカ諸
　島産彩色魚類図譜 ファン・デル・ステル写本』
　1718〜19　［個人蔵］

トラフシャコのなかま　Lysiosquilla sp.
「世界大博物図鑑 1」平凡社　1991
　◇p141（カラー）　ヘルプスト、J.F.W.『蟹蛄分類
　図譜』1782〜1804

トリカラー・パロットフィッシュ
　⇒アオブダイ属の1種（トリカラー・パロット
　フィッシュ）を見よ

トリモチギンポの幼魚　Lapophrys trigloides
「世界大博物図鑑 2」平凡社　1989
　◇p329（カラー）　ロ・ビアンコ、サルバトーレ
　『ナポリ湾海洋研究所紀要』　20世紀前半　オフ
　セット印刷

トルスク　Brosme brosme
「世界大博物図鑑 2」平凡社　1989
　◇p181（カラー）　ドノヴァン、E.『英国産魚類誌』
　1802〜08

トレウマ
「生物の驚異的な形」河出書房新社　2014
　◇図版28（カラー）　ヘッケル、エルンスト　1904

ドロクイの1種　Nematolosa nasus
「ビュフォンの博物誌」工作舎　1991
　◇K076（カラー）『一般と個別の博物誌 ソンニー
　ニ版』

ドロメ？　Chaenogobius gulosus
「江戸博物文庫 魚の巻」工作舎　2017
　◇p152（カラー）　泥目　栗本丹洲『栗氏魚譜』
　［国立国会図書館］

ドングリボラ　Tomlinia rapulum
「世界大博物図鑑 別巻2」平凡社　1994
　◇p140（カラー）　キーネ、L.C.『ラマルク貝類図
　譜』1834〜80　手彩色銅版図

ドンコ　Odontobutis obscura
「グラバー魚譜200選」長崎文献社　2005
　◇p196（カラー）　倉場富三郎編、中村三郎画『日
　本西部及南部魚類図譜』　1918採集　［長崎大学
　附属図書館］
「高松松平家所蔵 衆鱗図 2」香川県歴史博物館
　友の会博物図譜刊行会　2002
　◇p62（カラー）　いけのはぜ　松平頼恭 江戸時代
　（18世紀）　紙本著色 画帖装（折本形式）　［個人
　蔵］
「世界大博物図鑑 2」平凡社　1989
　◇p340（カラー）　大野麦風『大日本魚類画集』　昭
　和12〜19　彩色木版

ドンコタナバタウオ　Plesiops corallicola
「南海の魚類 博物画の至宝」平凡社　1995
　◇pl.58（カラー）　ギュンター、A.C.L.G.、ギャ
　レット、A. 1873〜1910
「世界大博物図鑑 2」平凡社　1989
　◇p257（カラー）　ギャレット、A.原図、ギュン

とんと　　　　　　　魚・貝・水生生物

ター，A.C.L.G.解説『南海の魚類』 1873〜1910

トントンボの骨魚
「極楽の魚たち」リブロポート 1991
◇II-70（カラー） ファロワズ，サムエル原画，ルナール，L.『モルッカ諸島産彩色魚類図譜 ファン・デル・ステル写本』 1718〜19 ［個人蔵］

トンボガイの1種　Terebellum sp.
「ビュフォンの博物誌」工作舎 1991
◇L055（カラー）『一般と個別の博物誌 ソンニー二版』

トンボメガネ　Parablennius tentacularis
「世界大博物図鑑 2」平凡社 1989
◇p328（カラー） キュヴィエ，G.L.C.F.D.，ヴァランシエンヌ，A.『魚の博物誌』 1828〜50

トンボメガネの幼魚　Parablennius tentacularis
「世界大博物図鑑 2」平凡社 1989
◇p329（カラー） ロ・ビアンコ，サルバトーレ『ナポリ湾海洋研究所紀要』 20世紀前半 オフセット印刷

【 な 】

ナイルアロワナ　Heterotis niloticus
「世界大博物図鑑 2」平凡社 1989
◇p45（カラー） キュヴィエ，G.L.C.F.D.，ヴァランシエンヌ，A.『魚の博物誌』 1828〜50

ナイルパーチ　Lates niloticus
「世界大博物図鑑 2」平凡社 1989
◇p260（カラー） ジャーディン，W.『スズキ類の博物誌』 1843

ナガイソギンチャクの1種　Halcampa chrysanthellum
「世界大博物図鑑 別巻2」平凡社 1994
◇p69（カラー） ゴッス，P.H.『英国のイソギンチャクと珊瑚』 1860 多色石版

ナガウバガイ　Spisula polynyma
「世界大博物図鑑 別巻2」平凡社 1994
◇p210（カラー） ビーチィ，F.W.著，サワビー，G.B.図『ビーチィ航海記動物学篇』 1839

ナガエギギ　Bagrichthys hypselopterus
「世界大博物図鑑 2」平凡社 1989
◇p160〜161（カラー） ブレイカー，M.P.『蘭領東インド魚類図譜』 1862〜78 色刷り石版画

ナガオトメガサガイ　Scutus anatinus
「世界大博物図鑑 別巻2」平凡社 1994
◇p115（カラー） キュヴィエ，G.L.C.F.D.『動物界（門徒版）』 1836〜49

ナガコバン　Remora remora
「ビュフォンの博物誌」工作舎 1991
◇K040（カラー）『一般と個別の博物誌 ソンニー二版』

【右列】

「世界大博物図鑑 2」平凡社 1989
◇p404（カラー） ブシェ，F.A.著，プレートル，J.G.図『教科動物学』 1841 手彩色図版

ナガサギ　Gerres oblongus
「南海の魚類 博物画の至宝」平凡社 1995
◇pl.24（カラー） Gerres gigas ギュンター，A.C.L.G.，ギャレット，A. 1873〜1910

ナガサキトラザメ　Halaelurus buergeri
「グラバー魚譜200選」長崎文献社 2005
◇p25（カラー） 倉場富三郎編，小田紫星画『日本西部及南部魚類図譜』 1912採集 ［長崎大学附属図書館］

ナガトゲクモヒトデ　Ophiothrix exigua
「高松松平家所蔵 衆鱗図 3」香川県歴史博物館友の会博物図譜刊行会 2003
◇p59（カラー） （付札なし） 松平頼恭 江戸時代（18世紀） 紙本著色 画帖装（折本形式） ［個人蔵］

長刺栗
「江戸名作画帖全集 8」駸々堂出版 1995
◇図158（カラー） 服部雪斎図，武蔵石寿編『目八譜』 紙本着色 ［東京国立博物館］

ナガニザ　Acanthurus nigrofuscus
「世界大博物図鑑 2」平凡社 1989
◇p396（カラー） リュッペル，W.P.E.S.『北アフリカ探検図譜』 1826〜28

ナガニザ
「極楽の魚たち」リブロポート 1991
◇I-8（カラー） バリンガ ルナール，L.『モルッカ諸島産彩色魚類図譜 コワイエト写本』 1718〜19 ［個人蔵］

ナガニシ　Fusinus perplexus
「鳥獣虫魚譜」八坂書房 1988
◇p74（カラー） 長ニシ 松森胤保『両羽貝蝶図譜』 ［酒田市立光丘文庫］

ナガニシの1種　Fusinus sp.
「ビュフォンの博物誌」工作舎 1991
◇L058（カラー）『一般と個別の博物誌 ソンニー二版』

ナガニシの1種
「彩色 江戸博物学集成」平凡社 1994
◇p210（カラー） アラレナガニシ？ 武蔵石寿『甲介群分品彙』 ［国会図書館］

ながはなだい
「魚の手帖」小学館 1991
◇123図（カラー） 長花鯛 毛利梅園『梅園魚譜/梅園魚品図正』 1826〜1843,1832〜1836 ［国立国会図書館］

ナガヒゲワニトカゲギス　Macrostomias longibarbatus
「世界大博物図鑑 2」平凡社 1989
◇p97（カラー） ブラウアー，A.『深海魚』 1898〜99 石版色刷り

240　博物図譜レファレンス事典 動物篇

魚・貝・水生生物　　　　　　　　　　　　　　　なのは

ナガヘラザメ　Apristurus macrorhynchus
「高松松平家所蔵 衆鱗図 2」香川県歴史博物館
　友の会博物図譜刊行会　2002
　　◇p14〜15（カラー）　へらさめ　松平頼恭 江戸時
　　代（18世紀）　紙本著色 画帖装（折本形式）　［個
　　人蔵］

ナガマツゲ　Parablennius fucorum
「世界大博物図鑑 2」平凡社　1989
　　◇p329（カラー）　キュヴィエ, G.L.C.F.D., ヴァ
　　ランシエンヌ, A.『魚の博物誌』1828〜50

ナガムシヒザラガイ　Cryptoplax larvaeformis
「世界大博物図鑑 別巻2」平凡社　1994
　　◇p99（カラー）　キュヴィエ, G.L.C.F.D.『動物界
　　（門徒版）』1836〜49

ナガムネエソ　Argyropelecus affinis
「世界大博物図鑑 2」平凡社　1989
　　◇口絵（カラー）　ブラウアー, A.『深海魚』1898
　　〜99　石版色刷り

ナゲナワイソギンチャクのなかま　Sagartia
bellis
「世界大博物図鑑 別巻2」平凡社　1994
　　◇p69（カラー）　ゴッス, P.H.『英国のイソギン
　　チャクと珊瑚』1860　多色石版

ナゲナワイソギンチャクのなかま　Sagartia
chrysosplenium
「世界大博物図鑑 別巻2」平凡社　1994
　　◇p68（カラー）　ゴッス, P.H.『英国のイソギン
　　チャクと珊瑚』1860　多色石版

ナゲナワイソギンチャクのなかま　Sagartia
coccinea
「世界大博物図鑑 別巻2」平凡社　1994
　　◇p68（カラー）　ゴッス, P.H.『英国のイソギン
　　チャクと珊瑚』1860　多色石版

ナゲナワイソギンチャクのなかま　Sagartia
sp.
「世界大博物図鑑 別巻2」平凡社　1994
　　◇p70〜71（カラー）　アンドレス, A.『ナポリ湾海
　　洋研究所紀要〈イソギンチャク篇〉』1884　色刷
　　り石版画

ナゲナワイソギンチャクのなかま　Sagartia
troglodytes
「世界大博物図鑑 別巻2」平凡社　1994
　　◇p69（カラー）　ゴッス, P.H.『テンビー、海辺の
　　休日』1856　多色石版図

ナゲナワイソギンチャクのなかま　Sagartia
viduata
「世界大博物図鑑 別巻2」平凡社　1994
　　◇p68（カラー）　ゴッス, P.H.『英国のイソギン
　　チャクと珊瑚』1860　多色石版

ナシフグ　Takifugu vermicularis
「高松松平家所蔵 衆鱗図 2」香川県歴史博物館
　友の会博物図譜刊行会　2002
　　◇p89（カラー）　なごやふく　松平頼恭 江戸時代

（18世紀）　紙本著色 画帖装（折本形式）　［個人
蔵］

ナセロの箱魚
「極楽の魚たち」リブロポート　1991
　　◇II–73（カラー）　ファロワズ, サムエル原画, ル
　　ナール, L.『モルッカ諸島産彩色魚類図譜 ファ
　　ン・デル・ステル写本』1718〜19　［個人蔵］

謎のイギリス・ガーパイク　Lepisosteus sp.
「世界大博物図鑑 2」平凡社　1989
　　◇p49（カラー）　ドノヴァン, E.『英国産魚類誌』
　　1802〜08

ナツメガイ
「彩色 江戸博物学集成」平凡社　1994
　　◇p275（カラー）　馬場大助『貝譜』　［東京国立
　　博物館］

ナツメガイ科　Bullidae
「ビュフォンの博物誌」工作舎　1991
　　◇L051（カラー）『一般と個別の博物誌 ソンニー
　　二版』

ナツメガイの1種　Bulla sp.
「ビュフォンの博物誌」工作舎　1991
　　◇L054（カラー）『一般と個別の博物誌 ソンニー
　　二版』

ナツメタカラガイ　Cypraea ovum
「世界大博物図鑑 別巻2」平凡社　1994
　　◇p126（カラー）　デュモン・デュルヴィル, J.S.C.
　　『アストロラブ号世界周航記』1830〜35　ス
　　ティップル印刷

ナツメヤシガイ　Cymbium pepo
「世界大博物図鑑 別巻2」平凡社　1994
　　◇p146（カラー）　キーネ, L.C.『ラマルク貝類図
　　譜』1834〜80　手彩色銅版図

ナデシコガイの1種　Chlamys sp.
「世界大博物図鑑 別巻2」平凡社　1994
　　◇p191（カラー）　クノール, G.W.『貝類図譜』
　　1764〜75

ナナトゲコブシ　Arcania heptacantha
「高松松平家所蔵 衆鱗図 3」香川県歴史博物館
　友の会博物図譜刊行会　2003
　　◇p40（カラー）　（付札なし）　松平頼恭 江戸時代
　　（18世紀）　紙本著色 画帖装（折本形式）　［個人
　　蔵］

ナヌカザメ　Cephaloscyllium umbratile
「高松松平家所蔵 衆鱗図 2」香川県歴史博物館
　友の会博物図譜刊行会　2002
　　◇p24〜25（カラー）　をうせいふか　松平頼恭 江
　　戸時代（18世紀）　紙本著色 画帖装（折本形式）
　　［個人蔵］

ナノハナフキエベラ　Siphonognathus
radiatus
「世界大博物図鑑 2」平凡社　1989
　　◇p366〜367（カラー）『アストロラブ号世界周航
　　記』1830〜35　スティップル印刷

博物図譜レファレンス事典 動物篇　**241**

なへか　　　　　　　　　　　　魚・貝・水生生物

ナベカ　Omobranchus elegans
「高松松平家所蔵 衆鱗図 2」香川県歴史博物館
友の会博物図譜刊行会　2002
　◇p65（カラー）　（付札なし）　松平頼恭　江戸時代
　（18世紀）　紙本著色 画帖装（折本形式）　［個人
　蔵］

ナベカ属の1種　Omobranchus lineolatus
「南海の魚類 博物画の至宝」平凡社　1995
　◇pl.115（カラー）　Petroscirtes lineolatus　ギュ
　ンター, A.C.L.G., ギャレット, A. 1873〜1910

ナポレオンフィッシュ
　⇒メガネモチノウオ（ナポレオンフィッシュ）
　を見よ

ナマコ？
「世界大博物図鑑 別巻2」平凡社　1994
　◇p282（カラー）　クロナマコ科の1種 おそらくは
　オオイカリナマコ類を曲解したもの　レッソン,
　R.P.著, プレートル原図『動物百図』1830〜32
　◇p283（カラー）　デュモン・デュルヴィル, J.S.C.
　『アストロラブ号世界周航記』1830〜35　ス
　ティップル印刷

ナマコの1種　Class Holothuroidea
「ビュフォンの博物誌」工作舎　1991
　◇L051（カラー）『一般と個別の博物誌 ソンニー
　ニ版』

ナマコの1種　Holothuria monacaria
「世界大博物図鑑 別巻2」平凡社　1994
　◇p282（カラー）　レッソン, R.P.著, プレートル原
　図『動物百図』1830〜32

ナマコの1種
「美しいアンティーク生物画の本」創元社　2017
　◇p97（カラー）　Holothurie comestible
　Drapiez, Pierre Auguste Joseph『Dictionnaire
　Classique Des Sciences Naturelles』1853

ナマコのなかま　Holothuria sp.
「世界大博物図鑑 別巻2」平凡社　1994
　◇p282（カラー）　バイカナマコ　デュモン・デュ
　ルヴィル, J.S.C.『アストロラブ号世界周航記』
　1830〜35　スティップル印刷

ナマコの類　Cucumaria sp.
「世界大博物図鑑 別巻2」平凡社　1994
　◇p283（カラー）　キングズレー, C., サワビー, G.
　B.『グラウコス, 海岸の驚異』1859

ナマコの類
「水中の驚異」リプロポート　1990
　◇p139（カラー）『マイヤース百科事典』1902

なまず
「魚の手帖」小学館　1991
　◇116図（カラー）　鯰　毛利梅園『梅園魚譜/梅園
　魚品図正』1826〜1843,1832〜1836　［国立国
　会図書館］

ナマズ　Parasilurus asotus
「鳥獣虫魚譜」八坂書房　1988

　◇p68（カラー）　鯰　松森胤保『両羽魚類図譜』
　［酒田市立光丘文庫］

ナマズ　Silurus asotus
「高松松平家所蔵 衆鱗図 3」香川県歴史博物館
友の会博物図譜刊行会　2003
　◇p75（カラー）　鯰　松平頼恭 江戸時代（18世紀）
　紙本著色 画帖装（折本形式）　［個人蔵］
「日本の博物図譜」東海大学出版会　2001
　◇図19（カラー）　関根雲停筆『魚譜』　［東京国立
　博物館］
「世界大博物図鑑 2」平凡社　1989
　◇p165（カラー）　大野麦風『大日本魚類画集』昭
　和12〜19　彩色木版

ナミウツボ　Gymnothorax undulatus
「南海の魚類 博物画の至宝」平凡社　1995
　◇pl.164（カラー）　Muraena undulata, var.
　（Gesellschafts Inseln.）　ギュンター, A.C.L.G.
　, ギャレット, A. 1873〜1910

ナミガタスガイ　Subninella undulata
「世界大博物図鑑 別巻2」平凡社　1994
　◇p118（カラー）　マーティン, T.『万国貝譜』
　1784〜87　手彩色銅版図

ナミシュモクザメ　Sphyrna tudes
「世界大博物図鑑 2」平凡社　1989
　◇p25（カラー）　バロン, A.原図, キュヴィエ, G.
　L.C.F.D.『動物界』1836〜49　手彩色銅版

ナミジワトコブシ　Haliotis tuberculata lamellosa
「世界大博物図鑑 別巻2」平凡社　1994
　◇p102（カラー）　クノール, G.W.『貝類図譜』
　1764〜75

ナミダクロハギ　Acanthurus japonicus
「南海の魚類 博物画の至宝」平凡社　1995
　◇pl.77（カラー）　Acanthurus aterrimus　ギュン
　ター, A.C.L.G., ギャレット, A. 1873〜1910

ナミダテンジクダイ　Apogon savayensis
「南海の魚類 博物画の至宝」平凡社　1995
　◇pl.19（カラー）　ギュンター, A.C.L.G., ギャ
　レット, A. 1873〜1910

ナミノコガイ科　Donacidae
「ビュフォンの博物誌」工作舎　1991
　◇L065（カラー）『一般と個別の博物誌 ソンニー
　ニ版』

ナミノコガイ科　Donacidae ?
「ビュフォンの博物誌」工作舎　1991
　◇L068（カラー）『一般と個別の博物誌 ソンニー
　ニ版』

ナミマガシワガイの1種　Aroma sp.
「ビュフォンの博物誌」工作舎　1991
　◇L061（カラー）『一般と個別の博物誌 ソンニー
　ニ版』

ナメラフグ
「江戸の動植物図」朝日新聞社　1988

魚・貝・水生生物　　　　　　　　　　　　　なんよ

◇p110（カラー）　奥倉魚仙『水族四帖』　［国立
国会図書館］

ナメラベラ　Hologymnosus annulatus
「グラバー魚譜200選」長崎文献社　2005
◇p140（カラー）　べら？　オスの成魚　倉場富三
郎編、中村三郎画『日本西部及南部魚類図譜』
1917採集　［長崎大学附属図書館］
◇p141（カラー）　べら？　メスの成魚　倉場富三
郎編、中村三郎画『日本西部及南部魚類図譜』
1917採集　［長崎大学附属図書館］
「南海の魚類　博物画の至宝」平凡社　1995
◇pl.146（カラー）　Coris annulata (Gesellschafts
Ins.)　オス　ギュンター, A.C.L.G., ギャレッ
ト, A. 1873～1910
「世界大博物図鑑　2」平凡社　1989
◇p366（カラー）　メス, オス　ブレイカー, M.P.
『蘭領東インド魚類図譜』　1862～78　色刷り石
版画

ナンキョクウキビシガイ　Clio sulcata
「世界大博物図鑑　別巻2」平凡社　1994
◇p159（カラー）　ヴァイヤン, A.N.『ボニート号
航海記』1840～66

ナンキョクツノオリイレガイ　Trophon
geversiana
「世界大博物図鑑　別巻2」平凡社　1994
◇p135（カラー）　マーティン, T.『万国貝譜』
1784～87　手彩色銅版図

ナンキン　Carassius auratus auratus
(Linnaeus)
「高木春山 本草図説 水産」リブロポート　1988
◇p75（カラー）

軟クラゲのなかま
「世界大博物図鑑　別巻2」平凡社　1994
◇p38（カラー）『ロンドン動物学協会紀要』　1861
～90（第2期）　手彩色石版画

軟クラゲ目の1種
「世界大博物図鑑　別巻2」平凡社　1994
◇p38（カラー）『ロンドン動物学協会紀要』　1861
～90（第2期）　手彩色石版画

軟体動物
「紙の上の動物園」グラフィック社　2017
◇p224（カラー）　キュヴィエ, ジョルジュ『体組
織別動物分類：動物誌および比較解剖学の基礎と
して』1836～49
「水中の驚異」リブロポート　1990
◇p146（カラー）　レニエ, S.A.『アドリア海の無
脊椎動物』1793

ナンダス　Nandus nandus
「世界大博物図鑑　2」平凡社　1989
◇p345（カラー）　キュヴィエ, G.L.C.F.D., ヴァ
ランシエンヌ, A.『魚の博物誌』1828～50

ナンバカブトウラシマガイ　Phalium
corondoi
「世界大博物図鑑　別巻2」平凡社　1994

◇p125（カラー）　キーネ, L.C.『ラマルク貝類図
譜』1834～80　手彩色銅版図

ナンベイチドリマスオガイ　Mesodesma
donacium
「世界大博物図鑑　別巻2」平凡社　1994
◇p210（カラー）　ゲイ, C.『チリ自然社会誌』
1844～71

ナンベイヒザラガイのなかま　Tonicia
chiliensis granifera
「世界大博物図鑑　別巻2」平凡社　1994
◇p99（カラー）　キュヴィエ, G.L.C.F.D.『動物界
（門徒版）』1836～49

ナンヨウキンメ　Beryx decadactylus
「世界大博物図鑑　2」平凡社　1989
◇p205（カラー）　キュヴィエ, G.L.C.F.D.『動物
界』1836～49　手彩色銅版

ナンヨウクロミナシガイ　Conus mormoreus
「世界大博物図鑑　別巻2」平凡社　1994
◇p151（カラー）　ドノヴァン, E.『博物宝典』
1823～27

ナンヨウクロミナシガイ
「彩色 江戸博物学集成」平凡社　1994
◇p123（カラー）　波斯介　木村兼葭堂『奇貝図譜』
［辰馬考古資料館］

ナンヨウタカラガイ　Cypraea aurantia
「世界大博物図鑑　別巻2」平凡社　1994
◇p126（カラー）　ドノヴァン, E.『博物宝典』
1823～27

ナンヨウツバメウオ　Platax orbicularis
「世界大博物図鑑　2」平凡社　1989
◇p379（カラー）　幼魚　キュヴィエ, G.L.C.F.D.,
ヴァランシエンヌ, A.『魚の博物誌』1828～50
◇p379（カラー）　ベネット, J.W.『セイロン島沿
岸産の魚類誌』1830　手彩色 アクアチント 線
刻銅版

ナンヨウツバメウオの稚魚と成魚　Platax
orbicularis
「世界大博物図鑑　2」平凡社　1989
◇p378（カラー）　リュッペル, W.P.E.S.『北アフ
リカ探検図譜』1826～28

ナンヨウツバメウオの幼魚　Platax
orbicularis
「世界大博物図鑑　2」平凡社　1989
◇p378（カラー）　キュヴィエ, G.L.C.F.D.『動物
界』1836～49　手彩色銅版図

ナンヨウハギ　Paracanthurus hepatus
「南海の魚類　博物画の至宝」平凡社　1995
◇pl.75（カラー）　Acanthurus hepatus　ギュン
ター, A.C.L.G., ギャレット, A. 1873～1910
「世界大博物図鑑　2」平凡社　1989
◇p395（カラー）　キュヴィエ, G.L.C.F.D., ヴァ
ランシエンヌ, A.『魚の博物誌』1828～50

博物図譜レファレンス事典 動物篇　　**243**

なんよ　　　　　　　魚・貝・水生生物

ナンヨウブダイ　Scarus gibbus
「世界大博物図鑑 2」平凡社　1989
　◇p368〜369（カラー）　ブレイカー, M.P.『蘭領東インド魚類図譜』1862〜78　色刷り石版画

ナンヨウボラ　Moolgarda perussi
「南海の魚類 博物画の至宝」平凡社　1995
　◇pl.121（カラー）　Mugil kelaartii　ギュンター, A.C.L.G., ギャレット, A. 1873〜1910

ナンヨウミツマタヤリウオの雌とその発光器
Idiacanthus fasciola
「世界大博物図鑑 2」平凡社　1989
　◇p96（カラー）　ブラウアー, A.『深海魚』1898〜99　石版色刷り

ナンヨウミツマタヤリウオの幼魚
Idiacanthus fasciola
「世界大博物図鑑 2」平凡社　1989
　◇p101（カラー）　ブラウアー, A.『深海魚』1898〜99　石版色刷り

【に】

ニオナリイワホリガイ　Petricola
pholadiformis
「世界大博物図鑑 別巻2」平凡社　1994
　◇p215（カラー）　クノール, G.W.『貝類図譜』1764〜75

にごい
「魚の手帖」小学館　1991
　◇112図（カラー）　似鯉　毛利梅園『梅園魚譜/梅園魚品図正』1826〜1843,1832〜1836　［国立国会図書館］

ニゴイ　Hemibarbus barbus
「江戸博物文庫 魚の巻」工作舎　2017
　◇p153（カラー）　似鯉　栗本丹洲『栗氏魚譜』［国立国会図書館］
「高松松平家所蔵 衆鱗図 3」香川県歴史博物館友の会博物図譜刊行会　2003
　◇p67（カラー）　サイ　松平頼恭 江戸時代（18世紀）紙本著色 画帖装（折本形式）　［個人蔵］

ニザダイ　Prionurus scalprum
「江戸博物文庫 魚の巻」工作舎　2017
　◇p33（カラー）　仁座鯛　後藤光生『随観写真』［国立国会図書館］
「グラバー魚譜200選」長崎文献社　2005
　◇p155（カラー）　倉場富三郎編, 長谷川雪香画『日本西部及南部魚類図譜』1913採集　［長崎大学附属図書館］
「高松松平家所蔵 衆鱗図 2」香川県歴史博物館友の会博物図譜刊行会　2002
　◇p56（カラー）　はぎ　松平頼恭 江戸時代（18世紀）紙本著色 画帖装（折本形式）　［個人蔵］
　◇p57（カラー）　めどはぎ　松平頼恭 江戸時代（18世紀）紙本著色 画帖装（折本形式）　［個人蔵］

「日本の博物図譜」東海大学出版会　2001
　◇p57（白黒）『旧東京帝室博物館天産部図譜』［国立科学博物館］

ニザダイ
「極楽の魚たち」リブロポート　1991
　◇II-170（カラー）　カアンティ　ファロワズ, サムエル原画, ルナール, L.『モルッカ諸島産彩色魚類図譜 ファン・デル・ステル写本』1718〜19　［個人蔵］

ニザダイのなかま
「極楽の魚たち」リブロポート　1991
　◇I-23（カラー）　タンドク　ルナール, L.『モルッカ諸島産彩色魚類図譜 コワイエト写本』1718〜19　［個人蔵］
　◇I-178（カラー）　トゥートトゥー　ルナール, L.『モルッカ諸島産彩色魚類図譜 コワイエト写本』1718〜19　［個人蔵］
　◇口絵（カラー）　ファロワズ, サムエル原画, ルナール『モルッカ諸島産彩色魚類図譜 フォン・ベア写本』

ニザダイの類
「極楽の魚たち」リブロポート　1991
　◇II-178（カラー）　ブブス海岸のターボット　ファロワズ, サムエル原画, ルナール, L.『モルッカ諸島産彩色魚類図譜 ファン・デル・ステル写本』1718〜19　［個人蔵］

ニシ
「彩色 江戸博物学集成」平凡社　1994
　◇p38（カラー）　貝原益軒『大和本草諸品図』

ニシアカヒメジ　Mullus surmuletus
「世界大博物図鑑 2」平凡社　1989
　◇p240（カラー）　ドノヴァン, E.『英国産魚類誌』1802〜08

ニシアシロ　Ophidion barbatum
「ビュフォンの博物誌」工作舎　1991
　◇K026（カラー）『一般と個別の博物誌 ソンニーニ版』

ニシアンコウ　Lophius piscatorius
「ビュフォンの博物誌」工作舎　1991
　◇K012（カラー）『一般と個別の博物誌 ソンニーニ版』

ニシイバラガニ　Lithodes maja
「世界大博物図鑑 1」平凡社　1991
　◇p113（カラー）　キュヴィエ, G.L.C.F.D.『動物界』1836〜49　手彩色銅版

ニシイバラガニの1種　Lithodes sp.
「ビュフォンの博物誌」工作舎　1991
　◇M048（カラー）『一般と個別の博物誌 ソンニーニ版』

ニシウシノシタ　Solea vulgaris
「世界大博物図鑑 2」平凡社　1989
　◇p405（カラー）　ドノヴァン, E.『英国産魚類誌』1802〜08

魚・貝・水生生物　　　**にしき**

ニシエイラクブカ　Galeorhinus galeus
「ビュフォンの博物誌」工作舎　1991
　◇K010（カラー）『一般と個別の博物誌 ソンニーニ版』
「世界大博物図鑑 2」平凡社　1989
　◇p24〜25（カラー）　バロン, A.原図, ゲイマール, J.P.『アイスランド・グリーンランド旅行記』1838〜52　手彩色銅版

ニシエビジャコ　Crangon crangon
「世界大博物図鑑 1」平凡社　1991
　◇p80（カラー）　レッソン, R.P.著, プレートル原図『動物百図』1830〜32

ニジエビス　Sargocentron diadema
「世界大博物図鑑 2」平凡社　1989
　◇p205（カラー）　リュッペル, W.P.E.S.『北アフリカ探検図譜』1826〜28

ニシオウギガニ　Xantho incisa
「世界大博物図鑑 1」平凡社　1991
　◇p132（カラー）　キュヴィエ, G.L.C.F.D.『動物界』1836〜49　手彩色銅版

ニジカジカ　Alcichthys alcicornis
「鳥獣虫魚譜」八坂書房　1988
　◇p64（カラー）　ホンキャウ　松森胤保『両羽魚類図譜』　［酒田市立光丘文庫］

ニシキアマオブネガイ　Nerita polita
「世界大博物図鑑 別巻2」平凡社　1994
　◇p118（カラー）　ドノヴァン, E.『博物宝典』1823〜27

ニシキウズガイの1種　Trochus sp.
「ビュフォンの博物誌」工作舎　1991
　◇L053（カラー）『一般と個別の博物誌 ソンニーニ版』

ニシキエビ　Panulirus ornatus
「グラバー魚譜200選」長崎文献社　2005
　◇p230（カラー）　しまいせえび？　倉場富三郎編, 長谷川雪香画『日本西部及南部魚類図譜』1913採集　［長崎大学附属図書館］
「日本の博物図譜」東海大学出版会　2001
　◇図73（カラー）　長谷川雪香筆『グラバー図譜』　［長崎大学］
「ビュフォンの博物誌」工作舎　1991
　◇M052（カラー）『一般と個別の博物誌 ソンニーニ版』
「世界大博物図鑑 1」平凡社　1991
　◇p89（カラー）　ヘルプスト, J.F.W.『蟹蛄分類図譜』1782〜1804

ニシキガイの1種　Chlamys sp.
「世界大博物図鑑 別巻2」平凡社　1994
　◇p191（カラー）　ミナミノニシキガイE. asperrimaかもしれない　ドノヴァン, E.『博物宝典』1823〜27

ニシキカワハギ
「極楽の魚たち」リブロポート　1991
　◇I−134（カラー）　エヴァウー　ルナール, L.『モルッカ諸島産彩色魚類図譜 コワイエト写本』1718〜19　［個人蔵］
　◇II−163（カラー）　赤い魚　ファロワズ, サムエル原画, ルナール, L.『モルッカ諸島産彩色魚類図譜 ファン・デル・ステル写本』1718〜19　［個人蔵］

ニシキダイ　Pagellus erythrinus
「世界大博物図鑑 2」平凡社　1989
　◇p289（カラー）　ドルビニ, A.C.V.D.著, ウダー原図『万有博物事典』1837　銅版カラー刷り

ニシキハゼ　Pterogobius virgo
「グラバー魚譜200選」長崎文献社　2005
　◇p199（カラー）　倉場富三郎編, 長谷川雪香画『日本西部及南部魚類図譜』1913採集　［長崎大学附属図書館］
「高松松平家所蔵 衆鱗図 4」香川県歴史博物館友の会博物図譜刊行会　2004
　◇p22（カラー）　（付札なし）　松平頼恭 江戸時代（18世紀）　紙本著色 画帖装（折本形式）　［個人蔵］
「世界大博物図鑑 2」平凡社　1989
　◇p340〜341（カラー）　中島仰山筆『博物館魚譜』　［東京国立博物館］

ニシキブダイ　Scarus prasiognathos
「南海の魚類 博物画の至宝」平凡社　1995
　◇pl.159（カラー）　Pseudoscarus godeffroyi（Gesellschafts Ins.）　メス　ギュンター, A.C.L.G., ギャレット, A. 1873〜1910

ニシキベラ属の1種　Thalassoma klunzingeri
「南海の魚類 博物画の至宝」平凡社　1995
　◇pl.144（カラー）　Julis güntheri（Gesellschafts Ins.）　ギュンター, A.C.L.G., ギャレット, A. 1873〜1910

ニシキベラ属の1種　Thalassoma sp.
「南海の魚類 博物画の至宝」平凡社　1995
　◇pl.148（カラー）　Julis whitmii　ギュンター, A.C.L.G., ギャレット, A. 1873〜1910
　◇pl.148（カラー）　Julis duperreyi, ♂&♀　ギュンター, A.C.L.G., ギャレット, A. 1873〜1910

ニシキベラ属の1種（サドル・ラス）
Thalassoma duperrey
「南海の魚類 博物画の至宝」平凡社　1995
　◇pl.148（カラー）　Julis duperreyi, ♂&♀　オスギュンター, A.C.L.G., ギャレット, A. 1873〜1910

ニシキミナシガイ　Conus striatus
「世界大博物図鑑 別巻2」平凡社　1994
　◇p150（カラー）　クノール, G.W.『貝類図譜』1764〜75

ニシキヤッコ　Pygoplites diacanthus
「南海の魚類 博物画の至宝」平凡社　1995
　◇pl.40（カラー）　Holacanthus diacanthus　ギュンター, A.C.L.G., ギャレット, A. 1873〜1910
「世界大博物図鑑 2」平凡社　1989
　◇p386〜387（カラー）『マイヤース』　多色石版図

博物図譜レファレンス事典 動物篇　**245**

にしき　　　　魚・貝・水生生物

◇p392〜393（カラー）　ギャレット, A.原図, ギュンター, A.C.L.G.解説『南海の魚類』 1873〜1910
◇p393（カラー）　シュロッサー, J.A., ボダール, P.著, ダデルベック, G.原図, ベッカー, F.de銅版『アンボイナの博物誌』 1768〜72
◇p393（カラー）　ファロアズ, サムエル原画, ルナール, L.『モルッカ諸島魚類彩色図譜』 1754 ［国文学研究資料館史料館］

ニシキヤッコ
「極楽の魚たち」リブロポート　1991
◇I-81（カラー）　公爵夫人　ルナール, L.『モルッカ諸島産彩色魚類図譜 コワイエト写本』 1718〜19　［個人蔵］
◇II-77（カラー）　小さなハロクのドゥイング　ファロワズ, サムエル原画, ルナール, L.『モルッカ諸島産彩色魚類図譜 ファン・デル・ステル写本』 1718〜19　［個人蔵］
◇II-169（カラー）　チツユ魚　ファロワズ, サムエル原画, ルナール, L.『モルッカ諸島産彩色魚類図譜 ファン・デル・ステル写本』 1718〜19　［個人蔵］
◇p133（カラー）　ファロワズ, サムエル画, ルナール, L.『モルッカ諸島産彩色魚類図譜 フォン・ベ写本』 1718〜19

ニシキウリウオ　Osmerus eperlanus
「ビュフォンの博物誌」工作舎　1991
◇K070（カラー）『一般と個別の博物誌 ソンニーニ版』

ニシキウリウオ　Osmerus eperlanus eperlanus
「世界大博物図鑑 2」平凡社　1989
◇p89（カラー）　キュヴィエ, G.L.C.F.D., ヴァランシエンヌ, A.『魚の博物誌』 1828〜50

ニジギンポ　Petroscirtes breviceps
「高松松平家所蔵 衆鱗図 2」香川県歴史博物館 友の会博物図譜刊行会　2002
◇p65（カラー）　（付札なし）　松平頼恭 江戸時代（18世紀）　紙本著色 画帖装（折本形式）　［個人蔵］

ニジクラゲ
「美しいアンティーク生物画の本」創元社　2017
◇p71（カラー）　Colobonema sericeum Chun, Carl『Wissenschaftliche Ergebnisse der Deutschen Tiefsee-Expedition auf dem Dampfer "Valdivia"1898–1899』 1902〜40

ニシクロハゼ　Gobiusculus flavescens
「ビュフォンの博物誌」工作舎　1991
◇K034（カラー）『一般と個別の博物誌 ソンニーニ版』

ニシニギス　Glossanodon leioglossus
「世界大博物図鑑 2」平凡社　1989
◇p53（カラー）　キュヴィエ, G.L.C.F.D., ヴァランシエンヌ, A.『魚の博物誌』 1828〜50

ニシノアカタチ　Cepola rubescens
「世界大博物図鑑 2」平凡社　1989

◇p297（カラー）　ドルビニ, A.C.V.D.著, ウダール原図『万有博物事典』 1837　銅版カラー刷り

ニシノアカタチの幼魚　Cepola rubescens
「世界大博物図鑑 2」平凡社　1989
◇p297（カラー）　ロ・ビアンコ, サルバトーレ『ナポリ湾海洋研究所紀要』 20世紀前半　オフセット印刷

ニシノオオカミウオ　Anarhicas lupus
「ビュフォンの博物誌」工作舎　1991
◇K027（カラー）『一般と個別の博物誌 ソンニーニ版』

ニシノオオカミウオ　Anarhichas lupus
「世界大博物図鑑 2」平凡社　1989
◇p332〜333（カラー）　ドノヴァン, E.『英国産魚類誌』 1802〜08

ニシノオオカミウオの顔
「世界大博物図鑑 2」平凡社　1989
◇p333（カラー）　キュヴィエ, G.L.C.F.D.『動物界』 1836〜49　手彩色銅版

ニシノカジカ　Taurulus bubalis
「ビュフォンの博物誌」工作舎　1991
◇K043（カラー）『一般と個別の博物誌 ソンニーニ版』
「世界大博物図鑑 2」平凡社　1989
◇p425（カラー）　ドノヴァン, E.『英国産魚類誌』 1802〜08

ニシノキアンコウ　Lophius piscatorius
「世界大博物図鑑 2」平凡社　1989
◇p457（カラー）　ウダール原図, ゲイマール, J.P.『アイスランド・グリーンランド旅行記』 1838〜52　手彩色銅版

ニシノゴマハゼ　Aphia minuta
「世界大博物図鑑 2」平凡社　1989
◇p340〜341（カラー）　ドノヴァン, E.『英国産魚類誌』 1802〜08

ニシノシマガツオ　Brama brama
「世界大博物図鑑 2」平凡社　1989
◇p309（カラー）　キュヴィエ, G.L.C.F.D., ヴァランシエンヌ, A.『魚の博物誌』 1828〜50

ニシノシログチ　Argyrosomus regius
「世界大博物図鑑 2」平凡社　1989
◇p264（カラー）　キュヴィエ, G.L.C.F.D.『動物界』 1836〜49　手彩色銅版

ニシノタテトクビレ　Aspidophoroides monopterygius
「世界大博物図鑑 2」平凡社　1989
◇p429（カラー）　キュヴィエ, G.L.C.F.D.『動物界』 1836〜49　手彩色銅版

ニシノニジベラ　Coris julis
「ビュフォンの博物誌」工作舎　1991
◇K049（カラー）『一般と個別の博物誌 ソンニーニ版』

魚・貝・水生生物　　　**にしよ**

ニシノニジベラの雄　Coris julis
「世界大博物図鑑 2」平凡社　1989
◇p357（カラー）　キュヴィエ, G.L.C.F.D., ヴァ
ランシエンヌ, A.『魚の博物誌』　1828〜50

ニシノニジベラの雌　Coris julis
「世界大博物図鑑 2」平凡社　1989
◇p357（カラー）　ドノヴァン, E.『英国産魚類誌』
1802〜08

ニジハギ　Acanthurus lineatus
「南海の魚類 博物画の至宝」平凡社　1995
◇pl.70（カラー）　ギュンター, A.C.L.G., ギャ
レット, A. 1873〜1910
「世界大博物図鑑 2」平凡社　1989
◇p395（カラー）　ベネット, J.W.『セイロン島沿
岸産の魚類誌』　1830　手彩色 アクアチント 線
刻銅版

ニジハギ
「極楽の魚たち」リブロポート　1991
◇I–40（カラー）　豚の尻　ルナール, L.『モルッカ
諸島産彩色魚類図譜 コワイエト写本』　1718〜19
［個人蔵］
◇I–54（カラー）　コエ・ラウト　ルナール, L.『モ
ルッカ諸島産彩色魚類図譜 コワイエト写本』
1718〜19　［個人蔵］
◇I–80（カラー）　公爵　ルナール, L.『モルッカ諸
島産彩色魚類図譜 コワイエト写本』　1718〜19
［個人蔵］
◇II–156（カラー）　珊瑚礁魚　ファロワズ, サムエ
ル原画, ルナール, L.『モルッカ諸島産彩色魚類
図譜 ファン・デル・ステル写本』　1718〜19
［個人蔵］

ニシバショウカジキの成魚　Istiophorus
albicans
「世界大博物図鑑 2」平凡社　1989
◇p316（カラー）　バロン, A.原図, キュヴィエ, G.
L.C.F.D.『動物界』　1836〜49　手彩色銅版

ニシバショウカジキの幼魚　Istiophorus
albicans
「世界大博物図鑑 2」平凡社　1989
◇p316（カラー）　キュヴィエ, G.L.C.F.D., ヴァ
ランシエンヌ, A.『魚の博物誌』　1828〜50

ニジハタ　Cephalopholis urodelus
「世界大博物図鑑 2」平凡社　1989
◇p253（カラー）　ギャレット, A.原図, ギュン
ター, A.C.L.G.解説『南海の魚類』　1873〜1910

ニジハタ　Cephalopholis urodeta
「南海の魚類 博物画の至宝」平凡社　1995
◇pl.3（カラー）　Serranus urodelus　ギュンター,
A.C.L.G., ギャレット, A. 1873〜1910

ニシヘビギンポ　Tripterygion tripteronotus
「世界大博物図鑑 2」平凡社　1989
◇p329（カラー）　キュヴィエ, G.L.C.F.D., ヴァ
ランシエンヌ, A.『魚の博物誌』　1828〜50

ニシヘビギンポの幼魚　Tripterygion
tripteronotus
「世界大博物図鑑 2」平凡社　1989
◇p329（カラー）　ロ・ビアンコ, サルバトーレ
『ナポリ湾海洋研究所紀要』　20世紀前半　オフ
セット印刷

ニジベラ
「極楽の魚たち」リブロポート　1991
◇I–133（カラー）　ガルネイ・カストゥーリ　ル
ナール, L.『モルッカ諸島産彩色魚類図譜 コワイ
エト写本』　1718〜19　［個人蔵］
◇I–213（カラー）　とがり鼻　幼魚　ルナール, L.
『モルッカ諸島産彩色魚類図譜 コワイエト写本』
1718〜19　［個人蔵］
◇II–53（カラー）　縞のある魚　ファロワズ, サム
エル原画, ルナール, L.『モルッカ諸島産彩色魚
類図譜 ファン・デル・ステル写本』　1718〜19
［個人蔵］

ニジベラのなかま
「極楽の魚たち」リブロポート　1991
◇I–26（カラー）　カムロ　ルナール, L.『モルッカ
諸島産彩色魚類図譜 コワイエト写本』　1718〜19
［個人蔵］
◇I–27（カラー）　ラシン　ルナール, L.『モルッカ
諸島産彩色魚類図譜 コワイエト写本』　1718〜19
［個人蔵］
◇I–28（カラー）　ビボ　ルナール, L.『モルッカ諸
島産彩色魚類図譜 コワイエト写本』　1718〜19
［個人蔵］

ニジマス　Salmo gairdneri
「世界大博物図鑑 2」平凡社　1989
◇p60（カラー）　大野麦風『大日本魚類画集』　昭
和12〜19　彩色木版

ニシマトウダイ　Zeus faber
「ビュフォンの博物誌」工作舎　1991
◇K056（カラー）『一般と個別の博物誌 ソンニー
ニ版』

ニシマナガツオ　Peprilus paru
「世界大博物図鑑 2」平凡社　1989
◇p297（カラー）　キュヴィエ, G.L.C.F.D., ヴァ
ランシエンヌ, A.『魚の博物誌』　1828〜50

ニシメクラウナギ　Myxine glutinosa
「ビュフォンの博物誌」工作舎　1991
◇K020（カラー）『一般と個別の博物誌 ソンニー
ニ版』

ニジョウサバ　Grammatorcynus bilineatus
「世界大博物図鑑 2」平凡社　1989
◇p320（カラー）　リュッペル, W.P.E.S.『アビシ
ニア動物図譜』　1835〜40

ニシヨウジウオ　Syngnathus acus
「ビュフォンの博物誌」工作舎　1991
◇K022（カラー）『一般と個別の博物誌 ソンニー
ニ版』

ニシヨウジウオ　Syngnathus typhle
「世界大博物図鑑 2」平凡社　1989

博物図譜レファレンス事典 動物篇　**247**

にしん   魚・貝・水生生物

◇p201（カラー）『ポントス地域動物誌』 1840
◇p201（カラー）　ドノヴァン, E.『英国産魚類誌』
1802〜08

にしん
「魚の手帖」小学館　1991
◇30図（カラー）　鰊・鯡　毛利梅園『梅園魚譜/梅
園魚品図正』1826〜1843,1832〜1836　［国立
国会図書館］

ニシン　Clupea pallasii
「グラバー魚譜200選」長崎文献社　2005
◇p54（カラー）　倉場富三郎編, 中村三郎画『日本
西部及南部魚類図譜』1917採集　［長崎大学附
属図書館］

ニセイボシマイモガイ　Conus sanguinolentus
「世界大博物図鑑 別巻2」平凡社　1994
◇p154（カラー）　デュモン・デュルヴィル, J.S.C.
『アストロラブ号世界周航記』1830〜35　ス
ティップル印刷

ニセカエルウオ　Istiblennius edentulus
「南海の魚類 博物画の至宝」平凡社　1995
◇pl.117（カラー）　Salarias edentulus　メス
ギュンター, A.C.L.G., ギャレット, A. 1873〜
1910
◇pl.117（カラー）　Salarias quadricornis　オス
ギュンター, A.C.L.G., ギャレット, A. 1873〜
1910

ニセカンランハギ　Acanthurus dussumieri
「南海の魚類 博物画の至宝」平凡社　1995
◇pl.72（カラー）　ギュンター, A.C.L.G., ギャ
レット, A. 1873〜1910
「世界大博物図鑑 2」平凡社　1989
◇p394（カラー）　ギャレット, A.原図, ギュン
ター, A.C.L.G.解説『南海の魚類』1873〜1910

ニセクロスジギンポ　Aspidontus taeniatus
taeniatus
「南海の魚類 博物画の至宝」平凡社　1995
◇pl.114（カラー）　Petroscirtes taeniatus　ギュ
ンター, A.C.L.G., ギャレット, A. 1873〜1910
◇pl.114（カラー）　Petroscirtes filamentosus　幼
魚　ギュンター, A.C.L.G., ギャレット, A.
1873〜1910
「世界大博物図鑑 2」平凡社　1989
◇p333（カラー）『アストロラブ号世界周航記』
1830〜35　スティップル印刷

ニセクロハゼ　Gobiusculus flavescens
「世界大博物図鑑 2」平凡社　1989
◇p340〜341（カラー）　ドノヴァン, E.『英国産魚
類誌』1802〜08

ニセクロホシフエダイ　Lutjanus fulviflamma
「世界大博物図鑑 2」平凡社　1989
◇p276（カラー）　デイ, F.『マラバールの魚類』
1865　手彩色銅版画

ニセフウライチョウチョウウオ　Chaetodon
lineolatus
「南海の魚類 博物画の至宝」平凡社　1995

◇pl.34（カラー）　ギュンター, A.C.L.G., ギャ
レット, A. 1873〜1910
「世界大博物図鑑 2」平凡社　1989
◇p382（カラー）　ギャレット, A.原図, ギュン
ター, A.C.L.G.解説『南海の魚類』1873〜1910

ニセメジナモドキ　Spondyliosoma graecus
「世界大博物図鑑 2」平凡社　1989
◇p289（カラー）　キュヴィエ, G.L.C.F.D., ヴァ
ランシエンヌ, A.『魚の博物誌』1828〜50

ニセモチノウオ　Pseudocheilinus hexataenia
「南海の魚類 博物画の至宝」平凡社　1995
◇pl.136（カラー）　Pseudochilinus hexataenia
ギュンター, A.C.L.G., ギャレット, A. 1873〜
1910

ニセヤクシマタカラガイ　Cypraea histrio
「世界大博物図鑑 別巻2」平凡社　1994
◇p127（カラー）　クノール, G.W.『貝類図譜』
1764〜75

ニタリ　Alopias pelagicus
「高松松平家所蔵 衆鱗図 2」香川県歴史博物館
友の会博物図譜刊行会　2002
◇p34〜35（カラー）をなかさわ　松平頼恭 江戸
時代（18世紀）　紙本着色 画帖装（折本形式）
［個人蔵］

ニチリンカサガイ　Patella concolor
「世界大博物図鑑 別巻2」平凡社　1994
◇p115（カラー）　クノール, G.W.『貝類図譜』
1764〜75

ニチリンクラゲの1種
「美しいアンティーク生物画の本」創元社　2017
◇p12（カラー）　Pegantha pantheon　Haeckel,
Ernst『Kunstformen der Natur』1899〜1904
◇p12（カラー）　Solmaris godeffroyi　Haeckel,
Ernst『Kunstformen der Natur』1899〜1904

ニチリンサザエ
⇒ヘリオトロープガイ（ニチリンサザエ）を
見よ

ニッコウガイ　Tellinella virgata
「ビュフォンの博物誌」工作舎　1991
◇L068（カラー）『一般と個別の博物誌 ソンニー
二版』

にべ
「魚の手帖」小学館　1991
◇81図（カラー）　鮸　毛利梅園『梅園魚譜/梅園魚
品図正』1826〜1843,1832〜1836　［国立国会
図書館］

ニベ　Nibea mitsukurii
「世界大博物図鑑 2」平凡社　1989
◇p265（カラー）『魚譜〈忠・孝〉』　［東京国立博物
館］　※明治時代の写本

ニホンイトヨリ　Nemipterus japonicus
「世界大博物図鑑 2」平凡社　1989
◇p273（カラー）　デイ, F.『マラバールの魚類』

魚・貝・水生生物　　　　　　　　　　　　　ねいす

ニホンクモヒトデ　Ophioplocus japonicus
「高松松平家所蔵 衆鱗図 3」香川県歴史博物館
　友の会博物図譜刊行会　2003
　◇p59（カラー）　シトデ　松平頼恭　江戸時代（18
　世紀）　紙本著色 画帖装（折本形式）　［個人蔵］

ニホンクモヒトデ？　Ophioplocus japonicus
「世界大博物図鑑 別巻2」平凡社　1994
　◇p259（カラー）　栗本丹洲『千蟲譜』　文化8
　（1811）

ニホンスナモグリ　Nihonotrypaea japonica
「高松松平家所蔵 衆鱗図 3」香川県歴史博物館
　友の会博物図譜刊行会　2003
　◇p16（カラー）　テボシヤク　松平頼恭　江戸時代
　（18世紀）　紙本著色 画帖装（折本形式）　［個人
　蔵］

ニューギニアオニカサゴ　Scorpaenopsis
novaeguineae
「世界大博物図鑑 2」平凡社　1989
　◇p416（カラー）『アストロラブ号世界周航記』
　1830〜35　スティップル印刷

ニヨリオオトリガイ　Zenatia acinaces
「世界大博物図鑑 別巻2」平凡社　1994
　◇p210（カラー）　デュモン・デュルヴィル, J.S.C.
　『アストロラブ号世界周航記』　1830〜35　ス
　ティップル印刷

ニラミフサカサゴ　Scorpaena fucata
「世界大博物図鑑 2」平凡社　1989
　◇p416（カラー）　ヴェルナー原図, デュ・プ
　ティ＝トゥアール, A.A.『ウエヌス号世界周航
　記』　1846　手彩色銅版画

【ぬ】

ヌカエビ　Paratya compressa improvisa
「鳥獣虫魚譜」八坂書房　1988
　◇p85（カラー）　小蝦　松森胤保『両羽貝螺図譜』
　［酒田市立光丘文庫］

ヌタウナギ　Eptatretus burgeri
「江戸博物文庫 魚の巻」工作舎　2017
　◇p19（カラー）　饅鰻『魚譜』　［国立国会図書館］

ヌノサラシ　Grammistes sexlineatus
「世界大博物図鑑 2」平凡社　1989
　◇p254（カラー）　ジャーディン, W.『スズキ類の
　博物誌』　1843

ヌノメアカガイ　Cucullaea labiata
「世界大博物図鑑 別巻2」平凡社　1994
　◇p178（カラー）　キュヴィエ, G.L.C.F.D.『動物
　界（門徒版）』　1836〜49

ヌノメアカガイの1種　Cucullaea sp.
「ビュフォンの博物誌」工作舎　1991
　◇L067（カラー）『一般と個別の博物誌 ソンニー

ニ版』

ヌノメイトマキヒトデ　Asterina batheri
「高松松平家所蔵 衆鱗図 3」香川県歴史博物館
　友の会博物図譜刊行会　2003
　◇p59（カラー）　（付札なし）　松平頼恭　江戸時代
　（18世紀）　紙本著色 画帖装（折本形式）　［個人
　蔵］

ヌノメガイ　Periglypta puerpeara
「世界大博物図鑑 別巻2」平凡社　1994
　◇p215（カラー）　クノール, G.W.『貝類図譜』
　1764〜75

ヌマエビ？　Paratya compressa
「高松松平家所蔵 衆鱗図 3」香川県歴史博物館
　友の会博物図譜刊行会　2003
　◇p16（カラー）　（付札なし）　松平頼恭　江戸時代
　（18世紀）　紙本著色 画帖装（折本形式）　［個人
　蔵］

ヌマガレイ　Platichthys stellatus
「高松松平家所蔵 衆鱗図 1」香川県歴史博物館
　友の会博物図譜刊行会　2001
　◇p38（カラー）　別種 山伏蝶　松平頼恭　江戸時代
　（18世紀）　紙本著色 画帖装（折本形式）　［個人
　蔵］

ヌマガレイ
「紙の上の動物園」グラフィック社　2017
　◇p120（カラー）　ボーディッチ, サラ『イギリス
　本土の淡水魚』　1828

ヌマムツ　Zacco sieboldii
「高松松平家所蔵 衆鱗図 3」香川県歴史博物館
　友の会博物図譜刊行会　2003
　◇p65（カラー）　別種 川ムツ　オス個体　松平頼
　恭　江戸時代（18世紀）　紙本著色 画帖装（折本形
　式）　［個人蔵］

ぬめりごち
「魚の手帖」小学館　1991
　◇60図（カラー）　滑鰤　オス　毛利梅園『梅園魚
　譜/梅園魚品図正』　1826〜1843,1832〜1836
　［国立国会図書館］

ヌリワケヤッコ　Holacanthus tricolor
「ビュフォンの博物誌」工作舎　1991
　◇K059（カラー）『一般と個別の博物誌 ソンニー
　ニ版』

ヌンムリテス　Nummulites sp.
「ビュフォンの博物誌」工作舎　1991
　◇L050（カラー）　大型有孔虫『一般と個別の博物
　誌 ソンニーニ版』

【ね】

ネイズ　Chondrostoma nasus
「世界大博物図鑑 2」平凡社　1989
　◇p121（カラー）　マイヤー, J.D.『陸海川動物細
　密骨格図譜』　1752　手彩色銅版

博物図譜レファレンス事典 動物篇　**249**

ねくち　　　　　　　　　　　　　　魚・貝・水生生物

根口クラゲの1種
「美しいアンティーク生物画の本」創元社　2017
　◇p83（カラー）　La Rhizostome d'Aldrovandi
　Lesson, René Primevère『Histoire naturelle des
　zoophytes.Acalèphes』　1843

根口クラゲのなかま　Catostylus sp.
「世界大博物図鑑 別巻2」平凡社　1994
　◇p54（カラー）　レッソン, R.P.著, プレートル原
　図『動物百図』1830～32

ネコガシラギギ　Galeichthys feliceps
「世界大博物図鑑 2」平凡社　1989
　◇p152（カラー）　スミス, A.著, フォード, G.H.原
　図『南アフリカ動物図譜』1838～49　手彩色
　石版

ねこざめ
「魚の手帖」小学館　1991
　◇106図（カラー）　猫鮫　毛利梅園『梅園魚譜/梅
　園魚品図正』1826～1843,1832～1836　［国立
　国会図書館］

ネコザメ　Heterodontus japonicus
「江戸博物文庫 魚の巻」工作舎　2017
　◇p154（カラー）　猫鮫　栗本丹洲『栗氏魚譜』
　［国立国会図書館］
「グラバー魚譜200選」長崎文献社　2005
　◇p20（カラー）　倉場富三郎編, 小田紫星画『日本
　西部及南部魚類図譜』1912採集　［長崎大学附
　属図書館］
「高松松平家所蔵 衆鱗図 2」香川県歴史博物館
　友の会博物図譜刊行会　2002
　◇p16～17（カラー）　さゞゑわり　松平頼恭 江戸
　時代（18世紀）　紙本著色 画帖装（折本形式）
　［個人蔵］

ネコザメ　Heterodontus japonicus（Duméril）
「高木春山 本草図説 水産」リブロポート　1988
　◇p50～51（カラー）　ねこざめ 狗頭魚

ネコザメ
「彩色 江戸博物学集成」平凡社　1994
　◇p35（カラー）　貝原益軒『大和本草諸品図』
「江戸の動植物図」朝日新聞社　1988
　◇p106～107（カラー）　栗本丹洲『丹洲魚譜』
　［国立国会図書館］

ネコシタザラガイ　Tellina linguafelis
「世界大博物図鑑 別巻2」平凡社　1994
　◇p211（カラー）　クノール, G.W.『貝類図譜』
　1764～75

ネジマガキガイ　Strombus gibberulus
「世界大博物図鑑 別巻2」平凡社　1994
　◇p123（カラー）　デュモン・デュルヴィル, J.S.C.
　『アストロラブ号世界周航記』1830～35　ス
　ティップル印刷

ネジリタイセイヨウイサキ　Haemulon
flavolineatum
「世界大博物図鑑 2」平凡社　1989
　◇p284～285（カラー）　キュヴィエ, G.L.C.F.D.,

ヴァランシエンヌ, A.『魚の博物誌』1828～50

ネズスズメダイ　Chrysiptera glauca
「世界大博物図鑑 2」平凡社　1989
　◇p349（カラー）　ミュラー, S.『蘭領インド自然
　誌』1839～44

ネズッポ科の魚　Repomucenus sp.
「世界大博物図鑑 2」平凡社　1989
　◇p431（カラー）　栗本丹洲『栗氏魚譜』文政2
　（1819）　［国文学研究資料館史料館］

ネズミゴチ　Repomucenus curvicornis
「グラバー魚譜200選」長崎文献社　2005
　◇p206（カラー）　オス成魚　倉場富三郎編, 中村
　三郎画『日本西部及南部魚類図譜』1918採集
　［長崎大学附属図書館］

ネズミゴチ　Repomucenus richardsonii
「江戸博物文庫 魚の巻」工作舎　2017
　◇p34（カラー）　鼠鰤　後藤光生『随観写真』
　［国立国会図書館］
「世界大博物図鑑 2」平凡社　1989
　◇p431（カラー）　栗本丹洲『栗氏魚譜』文政2
　（1819）　［国文学研究資料館史料館］

ネズミゴチ
「彩色 江戸博物学集成」平凡社　1994
　◇p118～119（カラー）　小野蘭山『魚彙』　［岩瀬
　文庫］

ネズミザメ　Lamna ditropis
「江戸博物文庫 魚の巻」工作舎　2017
　◇p23（カラー）　鼠鮫『魚譜』［国立国会図書館］

ネズミノテガイの1種　Plicatula sp.
「ビュフォンの博物誌」工作舎　1991
　◇L060（カラー）『一般と個別の博物誌 ソンニー
　ニ版』

ネズミフグ　Diodon hystrix
「ビュフォンの博物誌」工作舎　1991
　◇K021（カラー）『一般と個別の博物誌 ソンニー
　ニ版』

ネズミフグ
「江戸の動植物図」朝日新聞社　1988
　◇p11（カラー）　松平頼恭, 三木文柳『衆鱗図』
　［松平公益会］

ネッタイアンドンクラゲの仲間
「美しいアンティーク生物画の本」創元社　2017
　◇p26（カラー）　Chirodropus palmatus
　Haeckel, Ernst『Kunstformen der Natur』
　1899～1904

ネッタイミノカサゴ
「極楽の魚たち」リブロポート　1991
　◇I-215（カラー）　ロウ ルナール, L.『モルッカ
　諸島産彩色魚類図譜 コワイエト写本』1718～19
　［個人蔵］
　◇II-72（カラー）　スアンギ魚 ファロワズ, サム
　エル原画, ルナール, L.『モルッカ諸島産彩色魚
　類図譜 ファン・デル・ステル写本』1718～19

250　博物図譜レファレンス事典 動物篇

魚・貝・水生生物　　　　　　　　　　のしめ

［個人蔵］
◇p135（カラー）　ファロワズ, サムエル画, ルナール, L.『モルッカ諸島産彩色魚類図譜 フォン・ベア写本』　1718〜19

ネマトゲニス・イネルミス　Nematogenys inermis
「世界大博物図鑑 2」平凡社　1989
◇p149（カラー）　ゲイ, C.原図, ウダール複写, ゲイ, C.『チリ自然社会誌』　1844〜71

ネムリガイ
「彩色 江戸博物学集成」平凡社　1994
◇p210（カラー）　武蔵石寿『甲介群分品彙』［国会図書館］

ネリガイの1種　Pandora sp.
「ビュフォンの博物誌」工作舎　1991
◇L069（カラー）『一般と個別の博物誌 ソンニーニ版』

ネンブツダイ　Apogon semilineatus
「高松松平家所蔵 衆鱗図 4」香川県歴史博物館 友の会博物図譜刊行会　2004
◇p17（カラー）　別種 紅ムツ　松平頼恭 江戸時代（18世紀）　紙本著色 画帖装（折本形式）　［個人蔵］

【 の 】

ノアノハコブネガイ　Arca noa
「ビュフォンの博物誌」工作舎　1991
◇L067（カラー）『一般と個別の博物誌 ソンニーニ版』

ノアノハコブネガイ　Arca noae
「世界大博物図鑑 別巻2」平凡社　1994
◇p178（カラー）　クノール, G.W.『貝類図譜』1764〜75

ノコギリイッカクガニ　Stenorhynchus seticornis
「ビュフォンの博物誌」工作舎　1991
◇M049（カラー）『一般と個別の博物誌 ソンニーニ版』
「世界大博物図鑑 1」平凡社　1991
◇p120（カラー）　キュヴィエ, G.L.C.F.D.『動物界』　1836〜49　手彩色銅版画

ノコギリエイ属の1種　Pristis sp.
「世界大博物図鑑 2」平凡社　1989
◇p29（カラー）　インド洋産ノコギリエイ　ファロアズ, サムエル原画, ルナール, L.『モルッカ諸島魚類彩色図譜』　1754　［国文学研究資料館史料館］
◇p29（カラー）　キュヴィエ, G.L.C.F.D.著, トラヴィエ図『ラセペード博物誌』　手彩色銅版画

ノコギリガザミ　Scylla serrata
「世界大博物図鑑 1」平凡社　1991
◇p125（カラー）　茹でたノコギリガザミ　田中芳男『博物館虫譜』　1877（明治10）頃

◇p128（カラー）　ヘルプスト, J.F.W.『蟹蛯分類図譜』　1782〜1804

ノコギリガザミ　Scylla serrata（Forskål）
「高木春山 本草図説 水産」リブロポート　1988
◇p82〜83（カラー）　がさみ

ノコギリガニ　Schizophrys aspera
「高松松平家所蔵 衆鱗図 3」香川県歴史博物館 友の会博物図譜刊行会　2003
◇p30（カラー）　藻蟹 オス個体　松平頼恭 江戸時代（18世紀）　紙本著色 画帖装（折本形式）［個人蔵］
「日本の博物図譜」東海大学出版会　2001
◇図87（カラー）　酒井綾子筆『相模湾産蟹類』［国立科学博物館］

ノコギリカワハギ（？）
「極楽の魚たち」リブロポート　1991
◇p124〜125（カラー）　ファロワズ, サムエル画, ルナール, L.『モルッカ諸島産彩色魚類図譜 フォン・ベア写本』　1718〜19

ノコギリザメ　Pristiophorus japonicus
「江戸博物文庫 魚の巻」工作舎　2017
◇p35（カラー）　鋸鮫　後藤光生『随観写真』［国立国会図書館］
「グラバー魚譜200選」長崎文献社　2005
◇p22（カラー）　倉場富三郎編, 小田紫星画『日本西部及南部魚類図譜』　1912採集　［長崎大学附属図書館］
「高松松平家所蔵 衆鱗図 2」香川県歴史博物館 友の会博物図譜刊行会　2002
◇p18〜19（カラー）　のこぎりふか　松平頼恭 江戸時代（18世紀）　紙本著色 画帖装（折本形式）［個人蔵］

ノコギリザメ　Pristiophorus nuddipinis
「世界大博物図鑑 2」平凡社　1989
◇p28（カラー）　ドノヴァン, E.『博物宝典』1823〜27

ノコギリザメ　pristiophorus japonicus Günther
「高木春山 本草図説 水産」リブロポート　1988
◇p44（カラー）　龍頭魚 シャチホコ

ノコギリダイ　Gnathodentex aureolineatus
「南海の魚類 博物画の至宝」平凡社　1995
◇pl.25（カラー）　Pentapus aurolineatus　ギュンター, A.C.L.G., ギャレット, A. 1873〜1910

ノコギリハギ
「極楽の魚たち」リブロポート　1991
◇II-204（カラー）　珊瑚礁魚　ファロワズ, サムエル原画, ルナール, L.『モルッカ諸島産彩色魚類図譜 ファン・デル・ステル写本』　1718〜19［個人蔵］

ノシメチョウチョウウオ　Chaetodon mesoleucos
「世界大博物図鑑 2」平凡社　1989
◇p384（カラー）　リュッペル, W.P.E.S.『アビシ

のとく　　　　　　　　　　魚・貝・水生生物

ニア動物図譜」　1835〜40

ノドグロベラ　Macropharyngodon meleagris
「南海の魚類 博物画の至宝」平凡社　1995
　◇pl.143（カラー）　Macropharyngodon meleagris
　　オス　ギュンター, A.C.L.G., ギャレット, A.
　　1873〜1910

ノドグロベラ属の1種（ショートノーズ・ラス）　Macropharyngodon geoffroyi
「南海の魚類 博物画の至宝」平凡社　1995
　◇pl.143（カラー）　ギュンター, A.C.L.G., ギャレット, A. 1873〜1910

ノトプテルス・ノトプテルス　Notopterus notopterus
「世界大博物図鑑 2」平凡社　1989
　◇p41（カラー）　アルベルティ原図, キュヴィエ, G.L.C.F.D., ヴァランシエンヌ, A.『魚の博物誌』1828〜50

ノーブル・ペン・シェル　Pinna nobilis
「すごい博物画」グラフィック社　2017
　◇図版31（カラー）　ダル・ポッツォ, カシアーノ, レオナルディ, ヴィンチェンソ作（?）1630〜40頃　黒いチョークの上にアラビアゴムを混ぜた水彩と濃厚顔料　44.1×32.5　［ウィンザー城ロイヤル・ライブラリー］

ノミノクチ　Epinephelus fario
「世界大博物図鑑 2」平凡社　1989
　◇p249（カラー）　正面向きの顔, 全身　クルーゼンシュテルン『クルーゼンシュテルン周航図録』1813

ノミノクチ　Epinephelus trimaculatus
「高松松平家所蔵 衆鱗図 1」香川県歴史博物館友の会博物図譜刊行会　2001
　◇p61（カラー）　赤小豆ハタ　松平頼恭 江戸時代（18世紀）　紙本著色 画帖装（折本形式）　［個人蔵］

ノミノクチの近縁種
「極楽の魚たち」リブロポート　1991
　◇I-157（カラー）　ルセシェ・コーニング　ルナール, L.『モルッカ諸島産彩色魚類図譜 コワイエト写本』1718〜19　［個人蔵］

【 は 】

パイク　Esox lucius
「世界大博物図鑑 2」平凡社　1989
　◇p60（カラー）　ドノヴァン, E.『英国産魚類誌』1802〜08

パイク・カラシン　Ctenolucius hujeta
「世界大博物図鑑 2」平凡社　1989
　◇p113（カラー）　シュピックス, J.『ブラジル産魚類抄録』1829　石版図

背楯目の1種　Notaspidea fam., gen.and sp. indet.
「高松松平家所蔵 衆鱗図 3」香川県歴史博物館友の会博物図譜刊行会　2003
　◇p46（カラー）　（付札なし）　松平頼恭 江戸時代（18世紀）　紙本著色 画帖装（折本形式）　［個人蔵］

バイター
「極楽の魚たち」リブロポート　1991
　◇II-126（カラー）　ファロワズ, サムエル原画, ルナール, L.『モルッカ諸島産彩色魚類図譜 ファン・デル・ステル写本』1718〜19　［個人蔵］

バイの1種　Babylonia sp.
「ビュフォンの博物誌」工作舎　1991
　◇L056（カラー）『一般と個別の博物誌 ソンニーニ版』

パイプウニ　Heterocentrotus mammillatus
「日本の博物図譜」東海大学出版会　2001
　◇p47（白黒）　服部雪斎筆『目八譜』　［東京国立博物館］
「世界大博物図鑑 別巻2」平凡社　1994
　◇p267（カラー）　キュヴィエ, G.L.C.F.D.『動物界（門徒版）』1836〜49

パイプウニ
「水中の驚異」リブロポート　1990
　◇p82（カラー）　キュヴィエ『動物界』1836〜49

パイプウニの1種
「美しいアンティーク生物画の本」創元社　2017
　◇p91（カラー）　Cidarites imperialis d'Orbigny, Charles Henry Dessalines『Dictionnaire universel d'histoire naturelle』1841〜49

パイプウニの仲間
「美しいアンティーク生物画の本」創元社　2017
　◇p61（カラー）　Echinus mammillatus Oken, Lorenz『Abbildungen zu Okens allgemeiner Naturgeschichte für alle Stände』1843
　◇p103（カラー）　Echinus mamillatus Lamarck, Jean-Baptiste et al『Tableau encyclopédique et méthodique des trois règnes de la nature』1791〜1823
　◇p106〜107（カラー）　Griffelseeigel・Oursins crayons　Seba, Albertus『Locupletissimi rerum naturalium thesauri accurata descriptio』1734〜65

パイプウニもしくはミツカドパイプウニ　Heterocentrotus mammillatus or H. trigonarius
「世界大博物図鑑 別巻2」平凡社　1994
　◇p267（カラー）　ヴァイヤン, A.N.『ボニート号航海記』1840〜66

ハオコゼ　Hypodytes rubripinnis
「高松松平家所蔵 衆鱗図 1」香川県歴史博物館友の会博物図譜刊行会　2001
　◇p53（カラー）　カラコギ　松平頼恭 江戸時代

魚・貝・水生生物　　　　　　　　　　　　　　はこふ

（18世紀）　紙本著色 画帖装（折本形式）　［個人蔵］

「世界大博物図鑑 2」平凡社　1989
◇p413（カラー）　松平頼恭『衆鱗図』18世紀後半

ハオリワムシ　Euchlanis dilatata
「世界大博物図鑑 別巻2」平凡社　1994
◇p91（カラー）　ヘッケル、E.H.P.A.『自然の造形』1899〜1904　多色石版画

バカガイの1種　Mactra sp.
「ビュフォンの博物誌」工作舎　1991
◇L064（カラー）『一般と個別の博物誌 ソンニーニ版』

ハガツオ　Sarda orientalis
「グラバー魚譜200選」長崎文献社　2005
◇p77（カラー）　すじかつお　倉場富三郎編、萩原魚仙画『日本西部及南部魚類図譜』1917採集　［長崎大学附属図書館］
「高松松平家所蔵 衆鱗図 1」香川県歴史博物館友の会博物図譜刊行会　2001
◇p70（カラー）　筋鰹　松平頼恭 江戸時代（18世紀）　紙本著色 画帖装（折本形式）　［個人蔵］

ハギのなかま（？）
「極楽の魚たち」リブロポート　1991
◇II-234（カラー）　ルーヴァン海域特有の魚　ファロワズ、サムエル原画、ルナール、L.『モルッカ諸島産彩色魚類図譜 ファン・デル・ステル写本』1718〜19　［個人蔵］

バクダンウニ　Phyllacanthus imperialis
「世界大博物図鑑 別巻2」平凡社　1994
◇p267（カラー）　ドルビニ、A.C.V.D.『万有博物事典』1838〜49,61

ハクテンカタギ　Chaetodon reticulatus
「世界大博物図鑑 2」平凡社　1989
◇p385（カラー）　ギャレット、A.原図、ギュンター、A.C.L.G.解説『南海の魚類』1873〜1910

ハクテンシビレエイ　Narke dipterygia
「グラバー魚譜200選」長崎文献社　2005
◇p34（カラー）　しびれえい　倉場富三郎編、小田紫星画『日本西部及南部魚類図譜』1912採集　［長崎大学附属図書館］

ハクテンユメカサゴ　Helicolenus dactylopterus
「世界大博物図鑑 2」平凡社　1989
◇p416（カラー）　スミス、A.著、フォード、G.H.原図『南アフリカ動物図譜』1838〜49　手彩色石版

ハクライフデガイ　Mitra fusiformis zonatus
「世界大博物図鑑 別巻2」平凡社　1994
◇p142（カラー）　キーネ、L.C.『ラマルク貝類図譜』1834〜80　手彩色銅版画

バグワルの途中で採れた怪物
「極楽の魚たち」リブロポート　1991
◇II-185（カラー）　ファロワズ、サムエル原画、ルナール、L.『モルッカ諸島産彩色魚類図譜 ファ

ン・デル・ステル写本』1718〜19　［個人蔵］

ハゲヒラベラ　Xyrichthys aneitensis
「南海の魚類 博物画の至宝」平凡社　1995
◇pl.147（カラー）　Novacula aneitensis　ギュンター、A.C.L.G.、ギャレット、A.　1873〜1910

ハゲブダイ　Scarus sordidus
「南海の魚類 博物画の至宝」平凡社　1995
◇pl.162（カラー）　Pseudoscarus abacurus（Gesellschafts Ins.）　オス　ギュンター、A.C.L.G.、ギャレット、A.　1873〜1910

ハコエビ　Linuparus trigonus
「高松松平家所蔵 衆鱗図 3」香川県歴史博物館友の会博物図譜刊行会　2003
◇p19（カラー）　鹿嶋蝦　松平頼恭 江戸時代（18世紀）　紙本著色 画帖装（折本形式）　［個人蔵］

ハコエビ　Linuparus trigonus（Von Siebold）
「高木春山 本草図説 水産」リブロポート　1988
◇p84〜85（カラー）

箱魚
「極楽の魚たち」リブロポート　1991
◇II-117（カラー）　ファロワズ、サムエル原画、ルナール、L.『モルッカ諸島産彩色魚類図譜 ファン・デル・ステル写本』1718〜19　［個人蔵］

はこふぐ
「魚の手帖」小学館　1991
◇121図（カラー）　箱河豚　毛利梅園『梅園魚譜/梅園魚品図正』1826〜1843,1832〜1836　［国立国会図書館］

ハコフグ　Ostracion immaculatus
「江戸博物文庫 魚の巻」工作舎　2017
◇p155（カラー）　箱河豚　栗本丹洲『栗氏魚譜』［国立国会図書館］
「グラバー魚譜200選」長崎文献社　2005
◇p165（カラー）　倉場富三郎編、長谷川雪香画『日本西部及南部魚類図譜』1913採集　［長崎大学附属図書館］

ハコフグ　Ostracion immaculatus Temminck et Schlegel
「高木春山 本草図説 水産」リブロポート　1988
◇p64（カラー）　棚魚 スズメウオ 又、ウミスズメ

ハコフグ
「紙の上の動物園」グラフィック社　2017
◇p88（カラー）　ドノヴァン、E.『博物学者の宝庫、または月刊異国の博物学雑録』1823〜28
「彩色 江戸博物学集成」平凡社　1994
◇p34（カラー）　貝原益軒『大和本草諸品図』
◇p343（カラー）　前田利保『諸鱗会品物論定纂』［国会図書館］
「極楽の魚たち」リブロポート　1991
◇I-152（カラー）　箱魚　ルナール、L.『モルッカ諸島産彩色魚類図譜 コワイエト写本』1718〜19　［個人蔵］

はこふ　　　　　　　　　　　魚・貝・水生生物

ハコフグ
⇒オストラキオン［ハコフグ］を見よ

ハコフグの1種　Ostracion cubicus
「ビュフォンの博物誌」工作舎　1991
　◇K016（カラー）『一般と個別の博物誌 ソンニー
　版』

ハゴロモアジ　Alectis alexandrinus
「世界大博物図鑑 2」平凡社　1989
　◇p305（カラー）　キュヴィエ, G.L.C.F.D.『動物
　界』 1836〜49　手彩色銅版

ハゴロモウミウシ　Ancula gibbosa
「世界大博物図鑑 別巻2」平凡社　1994
　◇p173（カラー）　ヘッケル, E.H.P.A.『自然の造
　形』 1899〜1904　多色石版画

ハゴロモノコマ　Phyllopteryx taeniolatus
「世界大博物図鑑 2」平凡社　1989
　◇p200〜201（カラー）『ロンドン動物学協会紀要』
　1861〜90（第2期）

ハサミシャコエビのなかま？　　Laomedia
sp.？
「世界大博物図鑑 1」平凡社　1991
　◇p105（カラー）　ヘルプスト, J.F.W.『蟹蛯分類
　図譜』 1782〜1804

ハシキンメ　Gephyroberyx japonicus
「高松松平家所蔵 衆鱗図 2」香川県歴史博物館
友の会博物図譜刊行会　2002
　◇p78（カラー）　（墨書なし）　松平頼恭 江戸時代
　（18世紀）　紙本著色 画帖装（折本形式）　［個人
　蔵］

ハシナガサヨリ　Rhynchorhamphus georgii
「世界大博物図鑑 2」平凡社　1989
　◇p184（カラー）　キュヴィエ, G.L.C.F.D., ヴァ
　ランシエンヌ, A.『魚の博物誌』 1828〜50

ハシナガソデガイの1種　Tibia sp.
「ビュフォンの博物誌」工作舎　1991
　◇L057（カラー）『一般と個別の博物誌 ソンニー
　版』

ハシナガチョウチョウウオ　Chelmon
rostratus
「江戸博物文庫 魚の巻」工作舎　2017
　◇p82（カラー）　嘴長蝶蝶魚　図はキスジゲンロ
　クダイ（Coradion chrysozonus）の類の可能性も
　毛利梅園『梅園魚譜』　［国立国会図書館］
「ビュフォンの博物誌」工作舎　1991
　◇K057（カラー）『一般と個別の博物誌 ソンニー
　版』
「世界大博物図鑑 2」平凡社　1989
　◇p381（カラー）　キュヴィエ, G.L.C.F.D.『動物
　界』 1836〜49　手彩色銅版

ハシナガフウリュウウオ　Ogcocephalus
vespertilio
「ビュフォンの博物誌」工作舎　1991
　◇K012（カラー）『一般と個別の博物誌 ソンニー

二版』
「世界大博物図鑑 2」平凡社　1989
　◇p456〜457（カラー）　キュヴィエ, G.L.C.F.D.,
　ヴァランシエンヌ, A.『魚の博物誌』 1828〜50
　◇p461（カラー）　キュヴィエ, G.L.C.F.D.『動物
　界』 1836〜49　手彩色銅版

バショウカジキ　Istiophorus platypterus
「グラバー魚譜200選」長崎文献社　2005
　◇p75（カラー）　倉場富三郎編, 萩原鹿仙画『日本
　西部及南部魚類図譜』 1915採集　［長崎大学附
　属図書館］
「世界大博物図鑑 2」平凡社　1989
　◇p312〜313（カラー）　キュヴィエ, G.L.C.F.D.,
　ヴァランシエンヌ, A.『魚の博物誌』 1828〜50
　◇口絵（カラー）　栗本丹洲『栗氏魚譜』　文政2
　（1819）　［国文学研究資料館史料館］

バショウカジキ
「極楽の魚たち」リブロポート　1991
　◇I-182（カラー）　飛行者　ルナール, L.『モルッ
　カ諸島産彩色魚類図譜 コワイエト写本』 1718〜
　19　［個人蔵］
　◇II-233（カラー）　帆魚　ファロワズ, サムエル原
　画, ルナール, L.『モルッカ諸島産彩色魚類図譜
　ファン・デル・ステル写本』 1718〜19　［個人
　蔵］
　◇p130〜131（カラー）　ファロワズ, サムエル画,
　ルナール, L.『モルッカ諸島産彩色魚類図譜 フォ
　ン・ベア写本』 1718〜19

ハス　Opsariichthys uncirostris uncirostris
「高松松平家所蔵 衆鱗図 3」香川県歴史博物館
友の会博物図譜刊行会　2003
　◇p70（カラー）　白ハエ　幼魚　松平頼恭 江戸時
　代（18世紀）　紙本著色 画帖装（折本形式）　［個
　人蔵］
　◇p73（カラー）　ケタハス　産卵期のオス個体
　松平頼恭 江戸時代（18世紀）　紙本著色 画帖装
　（折本形式）　［個人蔵］

ハスジマチョウチョウウオ　Chaetodon
pelewensis
「世界大博物図鑑 2」平凡社　1989
　◇p385（カラー）　ギャレット, A.原図, ギュン
　ター, A.C.L.G.解説『南海の魚類』 1873〜1910

はぜ
「魚の手帖」小学館　1991
　◇37図, 11図（カラー）　鯊・沙魚・蝦虎魚　毛利
　梅園『梅園魚譜/梅園魚品図正』 1826〜1843,
　1832〜1836　［国立国会図書館］

ハゼ亜目の1種　Gobioidei fam., gen.and sp.
indet.
「高松松平家所蔵 衆鱗図 3」香川県歴史博物館
友の会博物図譜刊行会　2003
　◇p73（カラー）　カナギシ　松平頼恭 江戸時代
　（18世紀）　紙本著色 画帖装（折本形式）　［個人
　蔵］
　◇p73（カラー）　キシボ　松平頼恭 江戸時代（18
　世紀）　紙本著色 画帖装（折本形式）　［個人蔵］

魚・貝・水生生物　　　　　　　　　　はたた

◇p85（カラー）　カマツカ　松平頼恭　江戸時代
（18世紀）　紙本著色　画帖装（折本形式）　［個人
蔵］

「高松松平家所蔵 衆鱗図 2」香川県歴史博物館
友の会博物図譜刊行会　2002
◇p63（カラー）　かじか　松平頼恭　江戸時代（18
世紀）　紙本著色　画帖装（折本形式）　［個人蔵］
◇p64（カラー）　ぬれ　松平頼恭　江戸時代（18世
紀）　紙本著色　画帖装（折本形式）　［個人蔵］
◇p64（カラー）　（付札なし）　松平頼恭　江戸時代
（18世紀）　紙本著色　画帖装（折本形式）　［個人
蔵］

ハゼ科　Gobiidae
「ビュフォンの博物誌」工作舎　1991
◇K034（カラー）『一般と個別の博物誌 ソンニー
ニ版』

（ハゼ科の1種）　Cryptocentrus leucostictus
「南海の魚類 博物画の至宝」平凡社　1995
◇pl.108（カラー）　Gobius leucostictus　ギュン
ター，A.C.L.G.，ギャレット，A.　1873〜1910

ハゼ科の1種　Stigmatogobius hoevenii
「南海の魚類 博物画の至宝」平凡社　1995
◇pl.109（カラー）　Gobius notospilus　ギュン
ター，A.C.L.G.，ギャレット，A.　1873〜1910

ハゼクチ　Acanthogobius hasta
「グラバー魚譜200選」長崎文献社　2005
◇p201（カラー）　倉場富三郎編，中村三郎画『日
本西部及南部魚類図譜』　1916採集　［長崎大学
附属図書館］

ハゼのなかま
「極楽の魚たち」リブロポート　1991
◇p124〜125（カラー）　ファロワズ，サムエル画，
ルナール，L.『モルッカ諸島産彩色魚類図譜 フォ
ン・ベア写本』　1718〜19

ハタ
「極楽の魚たち」リブロポート　1991
◇I-104（カラー）　モロン・ブスク　ルナール，L.
『モルッカ諸島産彩色魚類図譜 コワイエト写本』
1718〜19　［国文学研究資料館史料館］
◇I-188（カラー）　トゥトゥ・トゥア　ルナー
ル，L.『モルッカ諸島産彩色魚類図譜 コワイエト
写本』　1718〜19　［個人蔵］
◇II-119（カラー）　ホニモ魚　ファロワズ，サムエ
ル原画，ルナール，L.『モルッカ諸島産彩色魚類
図譜 ファン・デル・ステル写本』　1718〜19
［個人蔵］
◇p127（カラー）　ファロワズ，サムエル画，ルナー
ル，L.『モルッカ諸島産彩色魚類図譜 フォン・ベ
ア写本』　1718〜19

ハタ（アオノメハタであろう）
「極楽の魚たち」リブロポート　1991
◇I-162（カラー）　ルセシェ　ルナール，L.『モ
ルッカ諸島産彩色魚類図譜 コワイエト写本』
1718〜19　［個人蔵］

ハダカイワシ科の1種　Myctophidae gen.and
sp.indet.
「高松松平家所蔵 衆鱗図 1」香川県歴史博物館
友の会博物図譜刊行会　2001
◇p105（カラー）　ハダカ鰯　松平頼恭　江戸時代
（18世紀）　紙本著色　画帖装（折本形式）　［個人
蔵］

ハダカカメガイのなかま　Clione longicauda
「世界大博物図鑑 別巻2」平凡社　1994
◇p159（カラー）　ヴァイヤン，A.N.『ボニート号
航海記』　1840〜66

ハダカカメガイのなかま　Pneumoderma
peroni
「世界大博物図鑑 別巻2」平凡社　1994
◇p159（カラー）　ヴァイヤン，A.N.『ボニート号
航海記』　1840〜66

ハダカギンポ　Lipophrys pholis
「世界大博物図鑑 2」平凡社　1989
◇p328（カラー）　ドノヴァン，E.『英国産魚類誌』
1802〜08

ハダカゾウクラゲ　Pterotrachea coronata
「世界大博物図鑑 別巻2」平凡社　1994
◇p125（カラー）　キュヴィエ，G.L.C.F.D.『動物
界（門徒版）』　1836〜49

ハダカハオコゼ　Taenianotus triacanthus
「南海の魚類 博物画の至宝」平凡社　1995
◇pl.57（カラー）　ギュンター，A.C.L.G.，ギャ
レット，A.　1873〜1910
◇pl.57（カラー）　Taenianotus garretti　ギュン
ター，A.C.L.G.，ギャレット，A.　1873〜1910
「世界大博物図鑑 2」平凡社　1989
◇p413（カラー）　キュヴィエ，G.L.C.F.D.『動物
界』　1836〜49　手彩色銅版

ハタゴイソギンチャク（？）
「水中の驚異」リブロポート　1990
◇p5（白黒）

ハタゴイソギンチャクに近い熱帯の大型種
「水中の驚異」リブロポート　1990
◇p68（白黒）　デュプレ『コキーユ号航海記録』
1826〜30

ハタゴイソギンチャクのなかま　Stoichactis
gigantea
「世界大博物図鑑 別巻2」平凡社　1994
◇p73（カラー）　キュヴィエ，G.L.C.F.D.『動物界
（門徒版）』　1836〜49

ハタタテギンポ　Petroscirtes mitratus
「世界大博物図鑑 2」平凡社　1989
◇p329（カラー）　リュッベル，W.P.E.S.『北アフ
リカ探検図譜』　1826〜28

ハタタテダイ　Heniochus acuminatus
「江戸博物文庫 魚の巻」工作舎　2017
◇p156（カラー）　旗立鯛　栗本丹洲『栗氏魚譜』
［国立国会図書館］

博物図譜レファレンス事典 動物篇　　255

はたた　　　　　　　　　　　　　　　　　　魚・貝・水生生物

「高松松平家所蔵 衆鱗図 1」香川県歴史博物館
　友の会博物図譜刊行会　2001
　◇p33（カラー）　小鷹羽　松平頼恭 江戸時代（18
　　世紀）　紙本著色 画帖装（折本形式）　［個人蔵］
「世界大博物図鑑 2」平凡社　1989
　◇p381（カラー）　ファロアズ、サムエル原画、ル
　　ナール、L.『モルッカ諸島魚類彩色図譜』　1754
　　［国文学研究資料館史料館］
　◇p381（カラー）　明治12年（1879）、横須賀の防波
　　堤にあらわれたハタタテダイの実見記録『博物館
　　魚譜』　［東京国立博物館］

ハタタテダイ

「紙の上の動物園」グラフィック社　2017
　◇p88（カラー）　ルナール、ルイ『モルッカ島およ
　　び南方沿岸で見られる魚、ザリガニ、カニ』　1754
「極楽の魚たち」リブロポート　1991
　◇I–168（カラー）　信号旗手　ルナール、L.『モ
　　ルッカ諸島産彩色魚類図譜 コワイエト写本』
　　1718〜19　［個人蔵］
　◇II–1（カラー）　大きな板魚　ファロワズ、サム
　　エル原画、ルナール、L.『モルッカ諸島産彩色魚類
　　図譜 ファン・デル・ステル写本』　1718〜19
　　［個人蔵］
　◇II–66（カラー）　旗手　ファロワズ、サムエル原
　　画、ルナール、L.『モルッカ諸島産彩色魚類図譜
　　ファン・デル・ステル写本』　1718〜19　［個人
　　蔵］
　◇II–75（カラー）　槍魚　ファロワズ、サムエル原
　　画、ルナール、L.『モルッカ諸島産彩色魚類図譜
　　ファン・デル・ステル写本』　1718〜19　［個人
　　蔵］
　◇II–151（カラー）　槍兵　ファロワズ、サムエル原
　　画、ルナール、L.『モルッカ諸島産彩色魚類図譜
　　ファン・デル・ステル写本』　1718〜19　［個人
　　蔵］
　◇p122〜123（カラー）　ファロワズ、サムエル画、
　　ルナール、L.『モルッカ諸島産彩色魚類図譜 フォ
　　ン・ベア写本』　1718〜19

ハタのなかま

「極楽の魚たち」リブロポート　1991
　◇I–159（カラー）　ブリック　ルナール、L.『モ
　　ルッカ諸島産彩色魚類図譜 コワイエト写本』
　　1718〜19　［個人蔵］
　◇II–237（カラー）　とてもおいしいタラの一種
　　ファロワズ、サムエル原画、ルナール、L.『モルッ
　　カ諸島産彩色魚類図譜 ファン・デル・ステル写
　　本』　1718〜19　［個人蔵］

はたはた

「魚の手帖」小学館　1991
　◇8図（カラー）　鱗・鱲・雷魚・燭魚　毛利梅園
　　『梅園魚品図正／梅園魚品図正』　1826〜1843,1832〜
　　1836　［国立国会図書館］

ハタハタ　Arctoscopus japonicus

「江戸博物文庫 魚の巻」工作舎　2017
　◇p168（カラー）　鱗　栗本丹洲『栗氏魚譜』
　　［国立国会図書館］
「世界大博物図鑑 2」平凡社　1989
　◇p332（カラー）　栗本丹洲『栗氏魚譜』　文政2

　　（1819）　［国文学研究資料館史料館］

バター・ハムレット　Hypoplectrus puella

「世界大博物図鑑 2」平凡社　1989
　◇p255（カラー）　ジャーディン、W.『スズキ類の
　　博物誌』　1843

ハタ類（？）

「極楽の魚たち」リブロポート　1991
　◇I–95（カラー）　アバレーウ　ルナール、L.『モ
　　ルッカ諸島産彩色魚類図譜 コワイエト写本』
　　1718〜19　［個人蔵］

ハタンポ

「極楽の魚たち」リブロポート　1991
　◇I–85（カラー）　トゥトゥトゥ・マメル　ルナー
　　ル、L.『モルッカ諸島産彩色魚類図譜 コワイエト
　　写本』　1718〜19　［個人蔵］

ハチ　Apistus carinatus

「世界大博物図鑑 2」平凡社　1989
　◇p416（カラー）『アストロラブ号世界周航記』
　　1830〜35　スティップル印刷

パーチ科　Percidae？

「ビュフォンの博物誌」工作舎　1991
　◇K052（カラー）『一般と個別の博物誌 ソンニー
　　二版』

ハチジョウタカラガイ　Cypraea mauritiana

「世界大博物図鑑 別巻2」平凡社　1994
　◇p126（カラー）　デュモン・デュルヴィル、J.S.C.
　　『アストロラブ号世界周航記』　1830〜35　ス
　　ティップル印刷
　◇p127（カラー）　平瀬與一郎『貝千種』　大正3〜
　　11（1914〜22）　色刷木版画

ハチビキ　Erythrocles schlegelii

「日本の博物図譜」東海大学出版会　2001
　◇p57（白黒）『旧東京帝室博物館天産部図譜』
　　［国立科学博物館］

ハチビキ（？）

「江戸の動植物図」朝日新聞社　1988
　◇p112（カラー）　奥倉魚仙『水族四帖』　［国立
　　国会図書館］

パッサー・エンゼル　Holacanthus passer

「世界大博物図鑑 2」平凡社　1989
　◇p390（カラー）　ヴェルナー原図、デュ・プ
　　ティ＝トゥアール、A.A.『ウエヌス号世界周航
　　記』　1846　手彩色銅版画

バッシア

「生物の驚異的な形」河出書房新社　2014
　◇図版77（カラー）　ヘッケル、エルンスト 1904

ハッセルキストヒレナマズ　Clarias anguillaris

「世界大博物図鑑 2」平凡社　1989
　◇p156（カラー）　キュヴィエ、G.L.C.F.D.、ヴァ
　　ランシエンヌ、A.『魚の博物誌』　1828〜50

ハッセルトグーラミー　Polyacanthus hasselti

「世界大博物図鑑 2」平凡社　1989

魚・貝・水生生物　　　　　　　　　　　　　　　　はなき

◇p233（カラー）　キュヴィエ, G.L.C.F.D., ヴァ
ランシエンヌ, A.『魚の博物誌』1828〜50

ハッセルトグーラミー
「世界大博物図鑑 2」平凡社　1989
◇p233（カラー）　解剖図＜迷宮器官＞　キュヴィ
エ, G.L.C.F.D.『動物界』1836〜49　手彩色
銅版

ハッポウクラゲ
「美しいアンティーク生物画の本」創元社　2017
◇p73（カラー）　Aeginura grimaldii　Bigelow,
Henry Bryant『'The Medusae'（Memoirs of the
Museum of Comparative Zoölogy at Harvard
College, v.37）』1909

ハッポウクラゲの仲間
「美しいアンティーク生物画の本」創元社　2017
◇p12（カラー）　Aeginura myosura　Haeckel,
Ernst『Kunstformen der Natur』1899〜1904

バティポリプスの1種　Bathypolypus sp. ?
「ビュフォンの博物誌」工作舎　1991
◇L033（カラー）『一般と個別の博物誌 ソンニー
ニ版』

ハドック　Melanogrammus aeglefinus
「世界大博物図鑑 2」平凡社　1989
◇p180（カラー）　ドノヴァン, E.『英国産魚類誌』
1802〜08

ハトムネヒラ　Pristigaster cayana
「世界大博物図鑑 2」平凡社　1989
◇p52（カラー）　キュヴィエ, G.L.C.F.D., ヴァラ
ンシエンヌ, A.『魚の博物誌』1828〜50

ハナアイゴ　Siganus argenteus
「南海の魚類 博物画の至宝」平凡社　1995
◇pl.60（カラー）　Teuthis rostrata　ギュンター,
A.C.L.G., ギャレット, A. 1873〜1910

ハナイタヤガイ　Pecten sinensis
「鳥獣虫魚譜」八坂書房　1988
◇p77（カラー）　松森胤保『両羽貝蝶図譜』〔酒
田市立光丘文庫〕

ハナエビス　Sargocentron furcatum
「南海の魚類 博物画の至宝」平凡社　1995
◇pl.64（カラー）　Holocentrum furcatum　ギュ
ンター, A.C.L.G., ギャレット, A. 1873〜1910

ハナオコゼ　Histrio histrio
「江戸博物文庫 魚の巻」工作舎　2017
◇p177（カラー）　花虎魚　栗本丹洲『異魚図纂・
勢海百鱗』〔国立国会図書館〕
「グラバー魚譜200選」長崎文献社　2005
◇p214（カラー）　倉場富三郎編, 中村三郎画『日
本西部及南部魚類図譜』1917採集〔長崎大学
附属図書館〕
「高松松平家所蔵 衆鱗図 1」香川県歴史博物館
友の会博物図譜刊行会　2001
◇p34（カラー）　ガマヲコゼ 二頭共同種　松平頼
恭 江戸時代（18世紀）　紙本著色 画帖装（折本形
式）〔個人蔵〕

◇p34（カラー）　（墨書なし）　松平頼恭 江戸時代
（18世紀）　紙本著色 画帖装（折本形式）〔個人
蔵〕
◇p91（カラー）　海カエル　松平頼恭 江戸時代
（18世紀）　紙本著色 画帖装（折本形式）〔個人
蔵〕
「南海の魚類 博物画の至宝」平凡社　1995
◇pl.100（カラー）　Antennarius marmoratus
ギュンター, A.C.L.G., ギャレット, A. 1873〜
1910
「ビュフォンの博物誌」工作舎　1991
◇K013（カラー）『一般と個別の博物誌 ソンニー
ニ版』
「世界大博物図鑑 2」平凡社　1989
◇p456（カラー）　栗本丹洲『千蟲譜』　文化8
（1811）

ハナカエルウオ　Istiblennius periophthalmus
「南海の魚類 博物画の至宝」平凡社　1995
◇pl.114（カラー）　Salarias periophthalmus, ♂
オス　ギュンター, A.C.L.G., ギャレット, A.
1873〜1910
◇pl.114（カラー）　Salarias periophthalmus, ♀
メス　ギュンター, A.C.L.G., ギャレット, A.
1873〜1910

ハナガサウミウシのなかま　Marioniopsis
rubra, Tritoniopsis elegans, Marioniopsis
cyanobranchiata
「世界大博物図鑑 別巻2」平凡社　1994
◇p173（カラー）　紅海の採集物　リュッペル, W.
P.E.S.『北アフリカ探検図譜』1826〜28

ハナガサウミウシのなかま　Tritonia
hombergi
「世界大博物図鑑 別巻2」平凡社　1994
◇p171（カラー）　キュヴィエ, G.L.C.F.D.『動物
界（門徒版）』1836〜49
◇p173（カラー）　ヘッケル, E.H.P.A.『自然の造
形』1899〜1904　多色石版画

ハナガサクラゲ
「水中の驚異」リブロポート　1990
◇p107（カラー）　ヘッケル, E.H.『クラゲ類の体
系』1879

ハナガタサンゴの1種　Lobophyllia angulira
「世界大博物図鑑 別巻2」平凡社　1994
◇p82（カラー）　エリス, J.『珍品植虫類の博物誌』
1786　手彩色銅版図

ハナガタサンゴの1種　Lobophyllia sp.
「世界大博物図鑑 別巻2」平凡社　1994
◇p78（カラー）　エスパー, E.J.C.『植虫類図録』
1788〜1830

ハナギンチャク
「水中の驚異」リブロポート　1990
◇p45（カラー）　アンドレス, A.『ナポリ湾海洋研
究所紀要〈イソギンチャク類篇〉』1884
◇p46（カラー）　アンドレス, A.『ナポリ湾海洋研
究所紀要〈イソギンチャク類篇〉』1884

博物図譜レファレンス事典 動物篇　　257

はなき　　　　　　　　　　魚・貝・水生生物

ハナギンチャクの1種　Cerianthus lloydii
「世界大博物図鑑 別巻2」平凡社　1994
◇p69（カラー）　ゴッス, P.H.『英国のイソギンチャクと珊瑚』1860　多色石版
◇p75（カラー）　アンドレス, A.『ナポリ湾海洋研究所紀要〈イソギンチャク篇〉』1884　色刷り石版画

ハナギンチャクの1種　Cerianthus membranaceus
「世界大博物図鑑 別巻2」平凡社　1994
◇p74（カラー）　アンドレス, A.『ナポリ湾海洋研究所紀要〈イソギンチャク篇〉』1884　色刷り石版画

ハナグロチョウチョウウオ　Chaetodon ornatissimus
「南海の魚類 博物画の至宝」平凡社　1995
◇pl.30（カラー）　ギュンター, A.C.L.G., ギャレット, A. 1873〜1910
「世界大博物図鑑 2」平凡社　1989
◇p385（カラー）　ギャレット, A.原図, ギュンター, A.C.L.G.解説『南海の魚類』1873〜1910

ハナゴイ　Mirolabrichthys pascalus (Jordan et Tanaka)
「高木春山 本草図説 水産」リブロポート　1988
◇p25（カラー）　五色魚ノ図

ハナシャコ　Odontodactylus japonicus
「グラバー魚譜200選」長崎文献社　2005
◇p252（カラー）　オス個体　倉場富三郎編, 長谷川雪香画『日本西部及南部魚類図譜』1913採集　[長崎大学附属図書館]

ハナダカタカサゴイシモチ　Ambasis commersoni
「世界大博物図鑑 2」平凡社　1989
◇p243（カラー）　キュヴィエ, G.L.C.F.D., ヴァランシエンヌ, A.『魚の博物誌』1828〜50

ハナタツ　Hippocampus sindonis
「グラバー魚譜200選」長崎文献社　2005
◇p50（カラー）　倉場富三郎編, 中村三郎画『日本西部及南部魚類図譜』1918採集　[長崎大学附属図書館]

ハナチゴオコゼ　Kanekonia florida
「グラバー魚譜200選」長崎文献社　2005
◇p180（カラー）　倉場富三郎編, 中村三郎画『日本西部及南部魚類図譜』1917採集　[長崎大学附属図書館]

ハナデンシャ　Kalinga ornata
「日本の博物図譜」東海大学出版会　2001
◇図86（カラー）　辻村初来筆『相模湾産後鰓類図譜補遺』　[国立科学博物館]

ハナナガスズメダイ　Stegastes lividus
「南海の魚類 博物画の至宝」平凡社　1995
◇pl.124（カラー）　Pomacentrus lividus　ギュンター, A.C.L.G., ギャレット, A. 1873〜1910

ハナナガモチノウオ　Cheilinus celebicus
「世界大博物図鑑 2」平凡社　1989
◇p367（カラー）　ブレイカー, M.P.『蘭領東インド魚類図譜』1862〜78　色刷り石版画

ハナビラタカラガイ　Cypraea annulus
「世界大博物図鑑 別巻2」平凡社　1994
◇p126（カラー）　デュモン・デュルヴィル, J.S.C.『アストロラブ号世界周航記』1830〜35　スティップル印刷

ハナビワムシ
「水中の驚異」リブロポート　1990
◇p125（白黒）　エーレンベルク, Ch.G.『滴虫類』1838

ハナビワムシのなかま　Stephanoceros eichhornii
「世界大博物図鑑 別巻2」平凡社　1994
◇p91（カラー）　ヘッケル, E.H.P.A.『自然の造形』1899〜1904　多色石版画

ハナブサイソギンチャクのなかま
「水中の驚異」リブロポート　1990
◇p80（白黒）　デュモン・デュルヴィル『アストロラブ号世界周航記』1830〜35

鼻べちゃ
「極楽の魚たち」リブロポート　1991
◇I-147（カラー）　ルナール, L.『モルッカ諸島産彩色魚類図譜 コワイエト写本』1718〜19　[個人蔵]

ハナミノカサゴ　Pterois volitans
「ビュフォンの博物誌」工作舎　1991
◇K045（カラー）『一般と個別の博物誌 ソンニーニ版』
「世界大博物図鑑 2」平凡社　1989
◇p412〜413（カラー）　ベネット, J.W.『セイロン島沿岸産の魚類誌』1830　手彩色 アクアチント線刻銅版

ハネウデワムシのなかま　Polyarthra platyptera
「世界大博物図鑑 別巻2」平凡社　1994
◇p91（カラー）　ヘッケル, E.H.P.A.『自然の造形』1899〜1904　多色石版画

ハネキュウセン　Halichoeres gymnocephalus
「世界大博物図鑑 2」平凡社　1989
◇p356（カラー）　ブレイカー, M.P.『蘭領東インド魚類図譜』1862〜78　色刷り石版画

ハネコケムシ？　Plumatella sp. ?
「世界大博物図鑑 別巻2」平凡社　1994
◇p94（カラー）　レーゼル・フォン・ローゼンホフ, A.J.『昆虫学の娯しみ』1764〜68　彩色銅版図

バーバーイール　Plotosus macrocephalus
「世界大博物図鑑 2」平凡社　1989
◇p164（カラー）　キュヴィエ, G.L.C.F.D., ヴァランシエンヌ, A.『魚の博物誌』1828〜50

魚・貝・水生生物　　　　　　　　　　　　　　　　　　　　はらた

ハブクラゲの仲間
「美しいアンティーク生物画の本」創元社　2017
　◇p26（カラー）　Chiropsalmus quadrigatus
　　Haeckel, Ernst『Kunstformen der Natur』
　　1899〜1904

バーベル　Barbus barbus
「世界大博物図鑑 2」平凡社　1989
　◇p121（カラー）　ドノヴァン, E.『英国産魚類誌』
　　1802〜08

ハボウキガイ　Pinna bicolor
「ビュフォンの博物誌」工作舎　1991
　◇L062（カラー）『一般と個別の博物誌 ソンニー
　　二版』

ハボウキガイ
「彩色 江戸博物学集成」平凡社　1994
　◇p211（カラー）　羽箒　武蔵石寿『群分品彙』
　　［国会図書館］

ハマグリ　Meretrix lusoria
「世界大博物図鑑 別巻2」平凡社　1994
　◇p215（カラー）　栗本丹洲『千蟲譜』 文化8
　　（1811）

ハマグリの1種　Meretrix sp.
「ビュフォンの博物誌」工作舎　1991
　◇L064（カラー）『一般と個別の博物誌 ソンニー
　　二版』

ハマサンゴ
「水中の驚異」リブロポート　1990
　◇p6（白黒）

ハマサンゴのなかま　Porites sp.
「世界大博物図鑑 別巻2」平凡社　1994
　◇p82（カラー）　エリス, J.『珍品植虫類の博物誌』
　　1786　手彩色銅版図

ハマダツ　Ablennes hians
「グラバー魚譜200選」長崎文献社　2005
　◇p60（カラー）　倉場富三郎編、中村三郎画『日本
　　西部及南部魚類図譜』 1916採集　［長崎大学附
　　属図書館］

ハマフエフキ　Lethrinus nebulosus
「江戸博物文庫 魚の巻」工作舎　2017
　◇p20（カラー）　浜笛吹『魚譜』　［国立国会図書
　　館］
「高松松平家所蔵 衆鱗図 2」香川県歴史博物館
　友の会博物図譜刊行会　2002
　◇p110（カラー）　ふゑふき 幼魚　松平頼恭 江
　　戸時代（18世紀）　紙本著色 画帖装（折本形式）
　　［個人蔵］
「世界大博物図鑑 2」平凡社　1989
　◇p276（カラー）　リチャードソン, J.『珍奇魚譜』
　　1843

ハマフエフキ
「彩色 江戸博物学集成」平凡社　1994
　◇p34（カラー）　貝原益軒『大和本草諸品図』
　◇p402〜403（カラー）　奥倉辰行『水族写真』
　　［東京都立中央図書館］

ハマフグ　Tetrasomus concatenatus
「世界大博物図鑑 2」平凡社　1989
　◇p440（カラー）　スミス, A.著、フォード, G.H.原
　　図『南アフリカ動物図譜』 1838〜49　手彩色
　　石版

ハマフグ　Tetrosomus concatenatus
「高松松平家所蔵 衆鱗図 2」香川県歴史博物館
　友の会博物図譜刊行会　2002
　◇p88（カラー）　すゞめふく　松平頼恭 江戸時代
　　（18世紀）　紙本著色 画帖装（折本形式）　［個人
　　蔵］
「ビュフォンの博物誌」工作舎　1991
　◇K015（カラー）『一般と個別の博物誌 ソンニー
　　二版』

ハマフグの1種　Tetrosomus gibbosus
「ビュフォンの博物誌」工作舎　1991
　◇K015（カラー）『一般と個別の博物誌 ソンニー
　　二版』

ハムバラ・マクロレピドータ　Hampala
macrolepidota
「世界大博物図鑑 2」平凡社　1989
　◇p125（カラー）　キュヴィエ, G.L.C.F.D.、ヴァ
　　ランシエンヌ, A.『魚の博物誌』 1828〜50

はも
「魚の手帖」小学館　1991
　◇20図（カラー）　鱧　毛利梅園『梅園魚譜/梅園魚
　　品図正』 1826〜1843,1832〜1836　［国立国会
　　図書館］

ハモ　Muraenesox cinereus
「江戸博物文庫 魚の巻」工作舎　2017
　◇p78（カラー）　鱧　毛利梅園『梅園魚譜』　［国
　　立国会図書館］
「グラバー魚譜200選」長崎文献社　2005
　◇p44（カラー）　倉場富三郎編、小田紫星画『日本
　　西部及南部魚類図譜』 1912採集　［長崎大学附
　　属図書館］

ハモ
「江戸の動植物図」朝日新聞社　1988
　◇p110（カラー）　奥倉魚仙『水族四帖』　［国立
　　国会図書館］

ハモかアナゴの類（？）
「極楽の魚たち」リブロポート　1991
　◇p136〜137（カラー）　ファロワズ, サムエル画,
　　ルナール, L.『モルッカ諸島産彩色魚類図譜 フォ
　　ン・ベア写本』 1718〜19

バラクータ　Thyrsites atun
「世界大博物図鑑 2」平凡社　1989
　◇p324（カラー）　キュヴィエ, G.L.C.F.D.『動物
　　界』 1836〜49　手彩色銅版

ハラタカラガイ　Cypraea mappa
「世界大博物図鑑 別巻2」平凡社　1994
　◇p127（カラー）　キュヴィエ, G.L.C.F.D.『動物
　　界（門徒版）』 1836〜49

博物図譜レファレンス事典 動物篇　**259**

はらた　　　　　　　　　　　　魚・貝・水生生物

バラタナゴ属の1種　Rhodeus sp.
「世界大博物図鑑 2」平凡社　1989
◇p141（カラー）　大野麦風『大日本魚類画集』昭和12〜19　彩色木版

バラハタ　Variola louti
「南海の魚類 博物画の至宝」平凡社　1995
◇pl.1（カラー）　Serranus louti　ギュンター, A.C.L.G., ギャレット, A. 1873〜1910
「世界大博物図鑑 2」平凡社　1989
◇p251（カラー）　リュッペル, W.P.E.S.『北アフリカ探検図譜』1826〜28

バラハタ
「極楽の魚たち」リブロポート　1991
◇I-207（カラー）　スサラト　ルナール, L.『モルッカ諸島産彩色魚類図譜 コワイエト写本』1718〜19　［個人蔵］
◇II-100（カラー）　ヤコブ・エヴェルセ　ファロワズ, サムエル原画, ルナール, L.『モルッカ諸島産彩色魚類図譜 ファン・デル・ステル写本』1718〜19　［個人蔵］

バラフエダイ　Lutjanus bohar
「南海の魚類 博物画の至宝」平凡社　1995
◇pl.15（カラー）　Mesoprion bohar　ギュンター, A.C.L.G., ギャレット, A. 1873〜1910

バラムツ　Ruvettus pretiosus
「高松松平家所蔵 衆鱗図 2」香川県歴史博物館友の会博物図譜刊行会　2002
◇p14〜15（カラー）　すぎざめ　松平頼恭 江戸時代（18世紀）　紙本著色 画帖装（折本形式）　［個人蔵］
「高松松平家所蔵 衆鱗図 1」香川県歴史博物館友の会博物図譜刊行会　2001
◇p108〜109（カラー）　沖鰆　松平頼恭 江戸時代（18世紀）　紙本著色 画帖装（折本形式）　［個人蔵］

ハリウオ
「彩色 江戸博物学集成」平凡社　1994
◇p458（カラー）　江州姉川　山本渓風画

ハリガネウミヘビ属の1種　Moringua sp.
「南海の魚類 博物画の至宝」平凡社　1995
◇pl.169（カラー）　Moringua socialis　ギュンター, A.C.L.G., ギャレット, A. 1873〜1910

はりせんぼん
「魚の手帖」小学館　1991
◇16図（カラー）　針千本　毛利梅園『梅園魚譜/梅園魚品図正』1826〜1843,1832〜1836　［国立国会図書館］

ハリセンボン　Diodon holocanthus
「江戸博物文庫 魚の巻」工作舎　2017
◇p158（カラー）　針千本　栗本丹洲『栗氏魚譜』［国立国会図書館］
「グラバー魚譜200選」長崎文献社　2005
◇p171（カラー）　倉場富三郎編, 中村三郎画『日本西部及南部魚類図譜』1918採集　［長崎大学附属図書館］

ハリセンボン
「高松松平家所蔵 衆鱗図 4」香川県歴史博物館友の会博物図譜刊行会　2004
◇p30（カラー）　（墨書なし）　松平頼恭 江戸時代（18世紀）　紙本著色 画帖装（折本形式）　［個人蔵］
「高松松平家所蔵 衆鱗図 2」香川県歴史博物館友の会博物図譜刊行会　2002
◇p85（カラー）　（付札なし）　松平頼恭 江戸時代（18世紀）　紙本著色 画帖装（折本形式）　［個人蔵］
◇p85（カラー）　みのふく　松平頼恭 江戸時代（18世紀）　紙本著色 画帖装（折本形式）　［個人蔵］
「ビュフォンの博物誌」工作舎　1991
◇K021（カラー）『一般と個別の博物誌 ソンニーニ版』

ハリセンボン
「紙の上の動物園」グラフィック社　2017
◇p86（カラー）　ゴールドスミス, オリヴァー『地球と生命のいる自然の本』1822
「彩色 江戸博物学集成」平凡社　1994
◇p118〜119（カラー）　小野蘭山『魚彙』　［岩瀬文庫］
「極楽の魚たち」リブロポート　1991
◇I-32（カラー）　トラウトゥン　ルナール, L.『モルッカ諸島産彩色魚類図譜 コワイエト写本』1718〜19　［個人蔵］
◇II-25（カラー）　ドリュ魚　ファロワズ, サムエル原画, ルナール, L.『モルッカ諸島産彩色魚類図譜 ファン・デル・ステル写本』1718〜19　［個人蔵］
◇II-179（カラー）　アルフォレス海岸のレモン魚　ファロワズ, サムエル原画, ルナール, L.『モルッカ諸島産彩色魚類図譜 ファン・デル・ステル写本』1718〜19　［個人蔵］

ハリドキツネブダイ　Hipposcarus harid
「世界大博物図鑑 2」平凡社　1989
◇p368（カラー）　オス, メス　リュッペル, W.P.E.S.『北アフリカ探検図譜』1826〜28

ハリドキツネブダイの雌　Hipposcarus harid
「世界大博物図鑑 2」平凡社　1989
◇p369（カラー）　キュヴィエ, G.L.C.F.D.『動物界』1836〜49　手彩色銅版

ハリフサカサゴの幼魚　Scorpaena porcus
「世界大博物図鑑 2」平凡社　1989
◇p416（カラー）　ロ・ビアンコ, サルバトーレ『ナポリ湾海洋研究所紀要』20世紀前半　オフセット印刷

ハリヨ　Gasterosteus aculeatus microcephalus
「世界大博物図鑑 2」平凡社　1989
◇p196（カラー）　山本渓愚『動植物写生帖』［山本読書室］

バリリウス・ベンデリシス　Barilius bendelisis
「世界大博物図鑑 2」平凡社　1989
◇p125（カラー）　グレー, J.E.著, ホーキンズ,

魚・貝・水生生物　　　はんふ

ウォーターハウス石版『インド動物図譜』　1830
〜35

パリングあるいは中国
「極楽の魚たち」リブロポート　1991
　◇I-55（カラー）　ルナール, L.『モルッカ諸島産彩
　色魚類図譜 コワイエト写本』　1718〜19　［個人
　蔵］

パールアイ　Bathytroctes inspector
「世界大博物図鑑 2」平凡社　1989
　◇p93（カラー）　ガーマン, S.著, ウェスターグレ
　ン原図『ハーヴァード大学比較動物学記録 第24
　巻〈アルバトロス号調査報告—魚類編〉』　1899
　手彩色石版画

ハルカゼヤシガイ　Melo melo
「世界大博物図鑑 別巻2」平凡社　1994
　◇p147（カラー）　後藤梨春『随観写真』　明和8
　（1771）頃

ハルシャガイ　Conus tesselatus
「世界大博物図鑑 別巻2」平凡社　1994
　◇p151（カラー）　平瀬與一郎『貝千種』　大正3〜
　11（1914〜22）　色刷木版画

ハルシャガイ
「彩色 江戸博物学集成」平凡社　1994
　◇p275（カラー）　馬場大助『貝譜』　［東京国立
　博物館］
「江戸の動植物図」朝日新聞社　1988
　◇p37（カラー）　森野藤助『松山本草』　［森野旧
　薬園］

パール・デイス　Semotilus corporalis
「世界大博物図鑑 2」平凡社　1989
　◇p128（カラー）　キュヴィエ, G.L.C.F.D., ヴァ
　ランシエンヌ, A.『魚の博物誌』　1828〜50

バルディビアホシ（ノ）エソ　Melanostomias
valdiviae
「世界大博物図鑑 2」平凡社　1989
　◇p97（カラー）　ブラウアー, A.『深海魚』　1898
　〜99　石版色刷り

バルテノペー
「生物の驚異的な形」河出書房新社　2014
　◇図版86（カラー）　ヘッケル, エルンスト　1904

バルブス・トール　Barbus tor
「世界大博物図鑑 2」平凡社　1989
　◇p124（カラー）　グレー, J.E.著, ホーキンズ,
　ウォーターハウス石版『インド動物図譜』　1830
　〜35

パール・ラス
　⇒ススキベラ属の1種（パール・ラス）を見よ

バレンクラゲ
「水中の驚異」リブロポート　1990
　◇p8（白黒）
　◇p58（カラー）　ペロン, フレシネ『オーストラリ
　ア博物航海図録』　1800〜24

バレンクラゲのなかま　Physophora
musonema
「世界大博物図鑑 別巻2」平凡社　1994
　◇p42（カラー）　ペロン, F., フレシネ, L.C.D.de
　『オーストラリア探検報告』　1807〜16

バレンクラゲの仲間
「美しいアンティーク生物画の本」創元社　2017
　◇p20（カラー）　Discolabe quadrigata　Haeckel,
　Ernst『Kunstformen der Natur』　1899〜1904
　◇p65（カラー）　Physsophora muzonema
　Péron, François『Voyage de découvertes aux
　terres australes』　1807〜1815　［Boston
　Public Library］

ハワイアン・モーウォング
　⇒タカノハダイ属の1種（ハワイアン・モー
　ウォング）を見よ

ハワイイシモチ　Apogon maculiferus
「世界大博物図鑑 2」平凡社　1989
　◇p242（カラー）　ギャレット, A.原図, ギュン
　ター, A.C.L.G.解説『南海の魚類』　1873〜1910

ハワイチョウチョウウオ　Chaetodon miliaris
「世界大博物図鑑 2」平凡社　1989
　◇p385（カラー）　ギャレット, A.原図, ギュン
　ター, A.C.L.G.解説『南海の魚類』　1873〜1910

パンガス・キャットフィッシュ　Pangasius
pangasius
「世界大博物図鑑 2」平凡社　1989
　◇p156〜157（カラー）　キュヴィエ, G.L.C.F.D.,
　ヴァランシエンヌ, A.『魚の博物誌』　1828〜50

バンジョー・キャットフィッシュ　Aspredo
filamentosus
「世界大博物図鑑 2」平凡社　1989
　◇p145（カラー）　キュヴィエ, G.L.C.F.D., ヴァ
　ランシエンヌ, A.『魚の博物誌』　1828〜50

バンデッド・アノストムス　Anostomus
fasciatus
「世界大博物図鑑 2」平凡社　1989
　◇p113（カラー）　ショムブルク, R.H.『ガイアナ
　の魚類誌』　1843

バンデット・エンジェルフィッシュ
　⇒シテンヤッコ属の1種（バンデット・エン
　ジェルフィッシュ）を見よ

ハンテンオキメダイ　Seriolella porosa
「世界大博物図鑑 2」平凡社　1989
　◇p296（カラー）　ゲイ, C.『チリ自然社会誌』
　1844〜71

パンプキンシード・バス　Lepomis gibbosus
「世界大博物図鑑 2」平凡社　1989
　◇p345（カラー）　キュヴィエ, G.L.C.F.D., ヴァ
　ランシエンヌ, A.『魚の博物誌』　1828〜50

博物図譜レファレンス事典 動物篇　**261**

【ひ】

ひいらぎ
「魚の手帖」小学館　1991
　◇43図（カラー）　柊・疼木・鈣　毛利梅園『梅園魚譜/梅園魚品図正』　1826〜1843,1832〜1836　［国立国会図書館］

ヒイラギ　Leiognathus nuchalis
「高松松平家所蔵 衆鱗図 4」香川県歴史博物館友の会博物図譜刊行会　2004
　◇p29（カラー）　ダイチヤウ　松平頼恭 江戸時代（18世紀）　紙本著色 画帖装（折本形式）　［個人蔵］

「高松松平家所蔵 衆鱗図 3」香川県歴史博物館友の会博物図譜刊行会　2003
　◇p67（カラー）　ゼンナメ　松平頼恭 江戸時代（18世紀）　紙本著色 画帖装（折本形式）　［個人蔵］

「高松松平家所蔵 衆鱗図 2」香川県歴史博物館友の会博物図譜刊行会　2002
　◇p75（カラー）　かゝみぎち　松平頼恭 江戸時代（18世紀）　紙本著色 画帖装（折本形式）　［個人蔵］

ヒイラギ　Nuchequula nuchalis
「江戸博物文庫 魚の巻」工作舎　2017
　◇p157（カラー）　鈣　栗本丹洲『栗氏魚譜』　［国立国会図書館］

ヒイラギ
「彩色 江戸博物学集成」平凡社　1994
　◇p118〜119（カラー）　小野蘭山『魚彙』　［岩瀬文庫］

ヒイラギの1種　Leiognathus sp.
「ビュフォンの博物誌」工作舎　1991
　◇K056（カラー）『一般と個別の博物誌 ソンニーニ版』

ひうお・ひお
「魚の手帖」小学館　1991
　◇29図（カラー）　氷魚　図はアユではなくシロウオに似る　毛利梅園『梅園魚譜/梅園魚品図正』　1826〜1843,1832〜1836　［国立国会図書館］

ヒウチダイ　Hoplostethus japonicus
「江戸博物文庫 魚の巻」工作舎　2017
　◇p159（カラー）　燧鯛　栗本丹洲『栗氏魚譜』　［国立国会図書館］

ビエナンケ魚
「極楽の魚たち」リブロポート　1991
　◇I-216（カラー）　ルナール, L.『モルッカ諸島産彩色魚類図譜 コワイエト写本』　1718〜19　［個人蔵］

ヒオウギガイ　Chlamys nobilis
「世界大博物図鑑 別巻2」平凡社　1994
　◇p191（カラー）　平瀬與一郎『貝千種』　大正3〜11（1914〜22）　色刷木版画

ヒオウギガイ
「彩色 江戸博物学集成」平凡社　1994
　◇p70〜71（カラー）　ちやうち貝　丹羽正伯『三州物産絵図帳』　［鹿児島県立図書館］

ヒオドシイソギンチャクあるいはヒメイソギンチャクのなかま
「水中の驚異」リブロポート　1990
　◇p53（カラー）　アンドレス, A.『ナポリ湾海洋研究所紀要〈イソギンチャク類篇〉』　1884

ヒオドシベラ　Bodianus anthioides
「世界大博物図鑑 2」平凡社　1989
　◇p353（カラー）　ブレイカー, M.P.『蘭領東インド魚類図譜』　1862〜78　色刷り石版画

ヒガイ
「彩色 江戸博物学集成」平凡社　1994
　◇p275（カラー）　馬場大助『貝譜』　［東京国立博物館］

ヒガイの1種　Volva sp.
「ビュフォンの博物誌」工作舎　1991
　◇L054（カラー）『一般と個別の博物誌 ソンニーニ版』

ヒカリウキエソ　Vinciguerria lucetia
「世界大博物図鑑 2」平凡社　1989
　◇p100（カラー）　ガーマン, S.著、ウェスターグレン原図『ハーヴァード大学比較動物学記録 第24巻〈アルバトロス号調査報告—魚類編〉』　1899　手彩色石版画

ヒカリウミウシのなかま　Plocamopherus ocellatus
「世界大博物図鑑 別巻2」平凡社　1994
　◇p171（カラー）　キュヴィエ, G.L.C.F.D.『動物界（門徒版）』　1836〜49

ヒカリウミエラ　Pennatula phosphorea
「世界大博物図鑑 別巻2」平凡社　1994
　◇p58（カラー）　ショー, G.『博物学雑録宝典』　1789〜1813

ヒカリウミエラ
⇒ペッナートゥラ［ヒカリウミエラ］を見よ

ヒカリキンメダイ　Anomalops katoptron
「南海の魚類 博物画の至宝」平凡社　1995
　◇pl.91（カラー）　Anomalops palbebratus　ギュンター, A.C.L.G., ギャレット, A.　1873〜1910

ヒカリダンゴイカ　Heteroteuthis dispar
「世界大博物図鑑 別巻2」平凡社　1994
　◇p231（カラー）　アルベール1世『モナコ国王アルベール1世所有イロンデル号科学探査報告』　1889〜1950

ヒカリニオガイ　Pholas dactylus
「世界大博物図鑑 別巻2」平凡社　1994
　◇p215（カラー）　ゴッス, P.H.『磯の一年』　1865　多色木版画

魚・貝・水生生物　　　　　　ひけふ

ヒカリニオガイ
「水中の驚異」リプロポート　1990
◇p135（カラー）　キングズリ, G., サワビー, J.
『グラウコス』1859

ヒカリニオガイの1種　Pholas sp.
「ビュフォンの博物誌」工作舎　1991
◇L069（カラー）『一般と個別の博物誌 ソンニーニ版』

ヒカリホウボウ　Trigla lucerna
「世界大博物図鑑 2」平凡社　1989
◇p427（カラー）　ドノヴァン, E.『英国産魚類誌』
1802〜08

ヒカリホウボウの幼魚　Trigla lucerna
「世界大博物図鑑 2」平凡社　1989
◇p427（カラー）　ロ・ビアンコ, サルバトーレ
『ナポリ湾海洋研究所紀要』20世紀前半 オフセット印刷

ヒカリボヤ
「水中の驚異」リプロポート　1990
◇p59（カラー）　ペロン, フレシネ『オーストラリア博物航海図録』1800〜24

ヒカリボヤの1種　Pyrosoma roux
「世界大博物図鑑 別巻2」平凡社　1994
◇p286（カラー）　フレシネ, L.C.D.de『ウラニー号およびフィジシエンヌ号世界周航記図録』
1824

ヒカリボヤの仲間
「美しいアンティーク生物画の本」創元社　2017
◇p64（カラー）　Pyrosoma atlanticum　Péron,
François『Voyage de découvertes aux terres
australes』1807〜1815　［Boston Public
Library］

ひがんふぐ
「魚の手帖」小学館　1991
◇32図, 78図（カラー）　彼岸河豚　毛利梅園『梅園魚譜／梅園魚品図正』1826〜1843,1832〜1836
［国立国会図書館］

ヒガンフグ　Takifugu pardalis（Temminck et
Schlegel）
「高木春山 本草図説 水産」リプロポート　1988
◇p34〜35（カラー）

ヒガンフグ
「彩色 江戸博物学集成」平凡社　1994
◇p118〜119（カラー）　小野蘭山『魚彙』［岩瀬文庫］

ヒキガニのなかま　Hyas araneus
「世界大博物図鑑 1」平凡社　1991
◇p121（カラー）　キュヴィエ, G.L.C.F.D.『動物界』1836〜49 手彩色銅版

ヒクラゲ　Tamoya haplonema
「高松松平家所蔵 衆鱗図 3」香川県歴史博物館友の会博物図譜刊行会　2003
◇p52（カラー）　ヒ海月　松平頼恭 江戸時代（18

世紀）紙本著色 画帖装（折本形式）［個人蔵］

ヒクラゲの仲間
「美しいアンティーク生物画の本」創元社　2017
◇p26（カラー）　Tamoya prismatica　Haeckel,
Ernst『Kunstformen der Natur』1899〜1904

ヒゲコケムシのなかま　Crisia eburnea
「世界大博物図鑑 別巻2」平凡社　1994
◇p95（カラー）　キュヴィエ, G.L.C.F.D.『動物界（門徒版）』1836〜49

ヒゲソリダイ　Hapalogenys nitens
「高松松平家所蔵 衆鱗図 2」香川県歴史博物館友の会博物図譜刊行会　2002
◇p92（カラー）　たもり　松平頼恭 江戸時代（18世紀）紙本著色 画帖装（折本形式）［個人蔵］

ヒゲソリダイ？
「彩色 江戸博物学集成」平凡社　1994
◇p58（カラー）　てんずい　丹羽正伯『尾張国産物絵図, 美濃国産物絵図』［名古屋市博物館］
◇p407（カラー）　奥倉辰行『水族四帖』［国会図書館］

ヒゲダイ　Hapalogenys nigripinnis
「江戸博物文庫 魚の巻」工作舎　2017
◇p21（カラー）　髭鯛『魚譜』［国立国会図書館］
「日本の博物図譜」東海大学出版会　2001
◇図47（カラー）　筆者不詳『魚類写生図』［国立科学博物館］
「高松松平家所蔵 衆鱗図 1」香川県歴史博物館友の会博物図譜刊行会　2001
◇p14（カラー）　キチミ鯛　松平頼恭 江戸時代（18世紀）紙本著色 画帖装（折本形式）［個人蔵］

ヒゲナガヒレナマズ　Heterobranchus
longifilis
「世界大博物図鑑 2」平凡社　1989
◇p152〜153（カラー）　バロン, A.原図, キュヴィエ, G.L.C.F.D., ヴァランシエンヌ, A.『魚の博物誌』1828〜50

ヒゲニジギンポ　Meiacanthus grammistes
「南海の魚類 博物画の至宝」平凡社　1995
◇pl.115（カラー）　Petroscirtes anema　ギュンター, A.C.L.G., ギャレット, A. 1873〜1910

ヒゲニジギンポ属の1種（イエローテイル・
ファングブレニー）　Meiacanthus
atrodorsalis
「南海の魚類 博物画の至宝」平凡社　1995
◇pl.115（カラー）　Petroscirtes atrodorsalis
ギュンター, A.C.L.G., ギャレット, A. 1873〜
1910

ヒゲブトギギの1種　Sisor rhabdophorus
「世界大博物図鑑 2」平凡社　1989
◇p157（カラー）　グレー, J.E.著, ホーキンズ,
ウォーターハウス石版『インド動物図譜』1830
〜35

博物図譜レファレンス事典 動物篇　**263**

ひごい

ひごい
「魚の手帖」小学館　1991
　◇1図, 129図（カラー）　緋鯉　毛利梅園『梅園魚譜/梅園魚品図正』　1826〜1843,1832〜1836
　［国立国会図書館］

ヒゴイ　Cyprinus carpio var.
「世界大博物図鑑 2」平凡社　1989
　◇p129（カラー）『博物館魚譜』　［東京国立博物館］

ヒザラガイ科　Chitonidae
「ビュフォンの博物誌」工作舎　1991
　◇L052（カラー）『一般と個別の博物誌 ソンニーニ版』

ヒシガニ　Parthenope valida valida
「高松松平家所蔵 衆鱗図 3」香川県歴史博物館
　友の会博物図譜刊行会　2003
　◇p36（カラー）　別種 甲カニ　松平頼恭 江戸時代（18世紀）　紙本著色 画帖装（折本形式）［個人蔵］

ヒシガニの1種　Platylanbrus sp.
「ビュフォンの博物誌」工作舎　1991
　◇M049（カラー）『一般と個別の博物誌 ソンニーニ版』

ヒシガニのなかまたち　Parthenopidae
「世界大博物図鑑 1」平凡社　1991
　◇p124（カラー）　タイヨウヒシガニ, テナガヒシガニ　ヘルプスト, J.F.W.『蟹蛄分類図譜』1782〜1804

ヒシコバン　Remora osteochir
「世界大博物図鑑 2」平凡社　1989
　◇p404（カラー）　キュヴィエ, G.L.C.F.D.『動物界』1836〜49　手彩色銅版

ひしだい
「魚の手帖」小学館　1991
　◇16図（カラー）　菱鯛　毛利梅園『梅園魚譜/梅園魚品図正』　1826〜1843,1832〜1836　［国立国会図書館］

ヒシダイ　Antigonia capros
「江戸博物文庫 魚の巻」工作舎　2017
　◇p36（カラー）　菱鯛　後藤光生『随観写真』［国立国会図書館］
「高松松平家所蔵 衆鱗図 2」香川県歴史博物館
　友の会博物図譜刊行会　2002
　◇p99（カラー）　うみたびら　松平頼恭 江戸時代（18世紀）　紙本著色 画帖装（折本形式）［個人蔵］
「世界大博物図鑑 2」平凡社　1989
　◇p224〜225（カラー）『魚譜〈忠・孝〉』　［東京国立博物館］　※明治時代の写本

ヒシダイ　Antigonia capros Lowe
「高木春山 本草図説 水産」リブロポート　1988
　◇p67（カラー）　おけ鯛 又四角鯛

ヒシダイ
「彩色 江戸博物学集成」平凡社　1994

ヒシメロンボラ　Zidona dufresnei
「世界大博物図鑑 別巻2」平凡社　1994
　◇p147（カラー）　ドノヴァン, E.『博物宝典』1823〜27

微生物図
「水中の驚異」リブロポート　1990
　◇p121（白黒）　レーゼル・フォン・ローゼンホフ, A.J.『昆虫のもてなし』1746〜61

ビゼンクラゲ　Rhopilema esculenta
「高松松平家所蔵 衆鱗図 3」香川県歴史博物館
　友の会博物図譜刊行会　2003
　◇p51（カラー）　ハンド海月　松平頼恭 江戸時代（18世紀）　紙本著色 画帖装（折本形式）［個人蔵］

ビゼンクラゲの1種　Rhizostoma pulma
「世界大博物図鑑 別巻2」平凡社　1994
　◇p55（カラー）　キュヴィエ, G.L.C.F.D.『動物界（門徒版）』　1836〜49
　◇p55（カラー）　傘内部の解剖図　キュヴィエ, G.L.C.F.D.『動物界（門徒版）』　1836〜49

ビゼンクラゲの1種
「美しいアンティーク生物画の本」創元社　2017
　◇p27（カラー）　Pilema giltschii　Haeckel, Ernst『Kunstformen der Natur』1899〜1904
　◇p27（カラー）　Rhopilema frida　Haeckel, Ernst『Kunstformen der Natur』1899〜1904
　◇p27（カラー）　Brachiolophus collaris　Haeckel, Ernst『Kunstformen der Natur』1899〜1904
　◇p27（カラー）　Cannorrhiza connexa　Haeckel, Ernst『Kunstformen der Natur』1899〜1904
　◇p34（カラー）　Rhizostome de Cuvier　Blainville, Henri Marie Ducrotay de『Manuel d'Actinologie ou de Zoophytologie』1834
　◇p44（カラー）　Rhopilema verrilli　Mayer, Alfred Goldsborough『Medusae of the world 第3巻』1910
　◇p60（カラー）　Rhizostomo　Oken, Lorenz『Abbildungen zu Okens allgemeiner Naturgeschichte für alle Stände』1843

ヒダエリダンゴ　Cyclopterus lumpus
「世界大博物図鑑 2」平凡社　1989
　◇p429（カラー）　ゲイマール, J.P.『アイスランド・グリーンランド旅行記』1838〜52　手彩色銅版

ヒタチチリメンカワニナ
「彩色 江戸博物学集成」平凡社　1994
　◇p330〜331（カラー）　毛利梅園『梅園介譜』［個人蔵］

ヒダベリイソギンチャク　Actinoloba dianthus
「世界大博物図鑑 別巻2」平凡社　1994
　◇p69（カラー）　ゴッス, P.H.『英国のイソギンチャクと珊瑚』1860　多色石版

魚・貝・水生生物　　　　　　　　　　　　　ひのま

ヒダベリイソギンチャク　Mestridium senile
「世界大博物図鑑 別巻2」平凡社　1994
◇p70〜71（カラー）　アンドレス, A.『ナポリ湾海洋研究所紀要〈イソギンチャク篇〉』1884　色刷り石版画

ヒダベリイソギンチャク
「水中の驚異」リブロポート　1990
◇p17（カラー）　ゴッス, P.H.『アクアリウム』1854
◇p22〜23（カラー）　ゴッス, P.H.『イギリスのイソギンチャクとサンゴ』1860

ヒダリマキコブシボラ　Busycon perversum
「世界大博物図鑑 別巻2」平凡社　1994
◇p141（カラー）　キーネ, L.C.『ラマルク貝類図譜』1834〜80　手彩色銅版図

ビッグ＝マウス・バッファロー　Ictiobus cyprinellus
「世界大博物図鑑 2」平凡社　1989
◇p128〜129（カラー）　バロン, アカリー原図, キュヴィエ, G.L.C.F.D., ヴァランシエンヌ, A.『魚の博物誌』1828〜50

ヒップリテス　Hippurites sp.
「ビュフォンの博物誌」工作舎　1991
◇L050（カラー）『一般と個別の博物誌 ソンニーニ版』

ヒトエガイ　Umbraculum umbraculum
「世界大博物図鑑 別巻2」平凡社　1994
◇p158（カラー）　キュヴィエ, G.L.C.F.D.『動物界（門徒版）』1836〜49

ヒトエクラゲのなかま　Eucope globosa
「世界大博物図鑑 別巻2」平凡社　1994
◇p38（カラー）『ロンドン動物学協会紀要』1861〜90（第2期）　手彩色石版画

ヒトスジタマガシラ　Scolopsis monogramma
「世界大博物図鑑 2」平凡社　1989
◇p272（カラー）　キュヴィエ, G.L.C.F.D.『動物界』1836〜49　手彩色銅版

ヒトスジモチノウオ　Cheilinus rhodochrous
「南海の魚類 博物画の至宝」平凡社　1995
◇pl.135（カラー）　Chilinus hexagonatus　ギュンター, A.C.L.G., ギャレット, A. 1873〜1910

ヒトヅラハリセンボン　Diodon liturosus
「南海の魚類 博物画の至宝」平凡社　1995
◇pl.178（カラー）　Diodon bleekeri（Gesellschafts Ins.）ギュンター, A.C.L.G., ギャレット, A. 1873〜1910
「世界大博物図鑑 2」平凡社　1989
◇p445（カラー）　ギャレット, A.原図, ギュンター, A.C.L.G.解説『南海の魚類』1873〜1910

ヒトツアシクラゲの仲間
「美しいアンティーク生物画の本」創元社　2017
◇p82（カラー）　Amphicodon amphipleurus Haeckel, Ernst『Das System der Medusen』1879

ヒトデ
「紙の上の動物園」グラフィック社　2017
◇p223（カラー）　ヘッケル, エルンスト『自然の造形美』1914
「美しいアンティーク生物画の本」創元社　2017
◇p74〜75（カラー）　Jäger, Gustav『Das Leben im Wasser und das Aquarium』1868
「水中の驚異」リブロポート　1990
◇p137（白黒）　キングズリ, G., サワビー, J.『グラウコス』1859
◇p153（白黒）　サワビー, J.『イギリス動物学雑録』1804〜06

ヒトデの1種　Evasterias retifera
「世界大博物図鑑 別巻2」平凡社　1994
◇p262（カラー）　栗本丹洲『千蟲譜』文化8（1811）

ヒトデの発生
「世界大博物図鑑 別巻2」平凡社　1994
◇p263（カラー）　ヨーロッパマヒトデAsterias rubensの稚ヒトデの発生過程, ヨーロッパイトマキヒトデの1種Hymenaster ehinulatus？, ヨーロッパイトマキヒトデの1種Pteraster stellifer？ ヘッケル, E.H.P.A.『自然の造形』1899〜1904　多色石版画

ヒトフデヒメジ　Parupeneus macronemus
「世界大博物図鑑 2」平凡社　1989
◇p241（カラー）　キュヴィエ, G.L.C.F.D.『動物界』1836〜49　手彩色銅版

ヒドラ
「水中の驚異」リブロポート　1990
◇p116（白黒）　レーゼル・フォン・ローゼンホフ, A.J.『昆虫のもてなし』1746〜61
◇p117（白黒）　レーゼル・フォン・ローゼンホフ, A.J.『昆虫のもてなし』1746〜61

ヒドラのなかま　Pelmatohydra oligactis
「世界大博物図鑑 別巻2」平凡社　1994
◇p34（カラー）　Pelmatohydra属, Hydra属　レーゼル・フォン・ローゼンホフ, A.J.『昆虫学の娯しみ』1764〜68　彩色銅版図

ヒドラのなかま　Pelmatohydra oligactis, Chlorohydra viridissima
「世界大博物図鑑 別巻2」平凡社　1994
◇p34（カラー）　レーゼル・フォン・ローゼンホフ, A.J.『昆虫の娯しみ』1764〜68　彩色銅版図

ヒドロ虫類クダクラゲのなかま
「水中の驚異」リブロポート　1990
◇p97（白黒）　ヘッケル, E.H.『自然の造形』1899〜1904

ヒナブダイ　Scarus enneacanthus
「世界大博物図鑑 2」平凡社　1989
◇p369（カラー）　キュヴィエ, G.L.C.F.D., ヴァランシエンヌ, A.『魚の博物誌』1828〜50

ヒノマルテンス　Xyrichtys twistii
「世界大博物図鑑 2」平凡社　1989

ひはり　　　　　　　　魚・貝・水生生物

◇p364（カラー）　ブレイカー, M.P.『蘭領東イン
ド魚類図譜』1862〜78　色刷り石版画

ヒバリガイ？　Modiolus agripedus？
「鳥獣虫魚譜」八坂書房　1988
◇p82（カラー）　松森胤保『両羽貝蝶図譜』　［酒
田市立光丘文庫］

ビブ　Trisopterus luscus
「世界大博物図鑑 2」平凡社　1989
◇p181（カラー）　ドノヴァン, E.『英国産魚類誌』
1802〜08

ヒフキアイゴ　Siganus vulpinus
「世界大博物図鑑 2」平凡社　1989
◇p401（カラー）　ファロアズ, サムエル原画, ル
ナール, L.『モルッカ諸島魚類彩色図譜』1754
［国文学研究資料館史料館］

ヒフキアイゴ
「極楽の魚たち」リブロポート　1991
◇I–29（カラー）　雌のトランペット魚　ルナール,
L.『モルッカ諸島産彩色魚類図譜 コワイエト写
本』1718〜19　［個人蔵］
◇I–201（カラー）　トランペット魚　ルナール, L.
『モルッカ諸島産彩色魚類図譜 コワイエト写本』
1718〜19　［個人蔵］

ヒフキアイゴの色変わり
「極楽の魚たち」リブロポート　1991
◇p118〜119（カラー）　ファロワズ, サムエル画,
ルナール, L.『モルッカ諸島産彩色魚類図譜 フォ
ン・ベア写本』1718〜19

ヒブダイ　Scarus ghobban
「南海の魚類 博物画の至宝」平凡社　1995
◇pl.153（カラー）　Pseudoscarus garretti
（Kingsmill I.）　メス　ギュンター, A.C.L.G.,
ギャレット, A. 1873〜1910
「世界大博物図鑑 2」平凡社　1989
◇p372〜373（カラー）　ベネット, J.W.『セイロン
島沿岸産の魚類誌』1830　手彩色 アクアチント
線刻銅版

ヒブナ　Carassius auratus langsdorfii
Temminck et Schlegel
「高木春山 本草図説 水産」リブロポート　1988
◇p76（カラー）　紅鮒

ヒボストムスプレコストムス　Hypostomus
plecostomus
「ビュフォンの博物誌」工作舎　1991
◇K068（カラー）『一般と個別の博物誌 ソンニー
ニ版』

ヒメアイゴ　Siganus virgatus
「世界大博物図鑑 2」平凡社　1989
◇p401（カラー）　ミュラー, S.『蘭領インド自然
誌』1839〜44

ヒメイガイ？　Septifer keenae？
「鳥獣虫魚譜」八坂書房　1988
◇p82（カラー）　松森胤保『両羽貝蝶図譜』　［酒
田市立光丘文庫］

ヒメウミシダの1種　Comantula rosacea
「世界大博物図鑑 別巻2」平凡社　1994
◇p258（カラー）　ゴッス, P.H.『磯の一年』1865
多色木版画

ヒメエビス　Sargocentron microstoma
「南海の魚類 博物画の至宝」平凡社　1995
◇pl.64（カラー）　Holocentrum microstoma
ギュンター, A.C.L.G., ギャレット, A. 1873〜
1910

ヒメオコゼ　Minous monodactylus
「グラバー魚譜200選」長崎文献社　2005
◇p178（カラー）　倉場富三郎編, 萩原魚仙画『日
本西部及南部魚類図譜』1916採集　［長崎大学
附属図書館］

ヒメカミオニシキガイ（オーロラニシキガ
イ）　Chlamys islandica
「世界大博物図鑑 別巻2」平凡社　1994
◇p191（カラー）　クノール, G.W.『貝類図譜』
1764〜75

ひめこだい
「魚の手帖」小学館　1991
◇2図（カラー）　姫小鯛　毛利梅園『梅園魚譜/梅
園魚品図正』1826〜1843,1832〜1836　［国立
国会図書館］

ヒメコダイ　Chelidoperca hirundinacea
「高松松平家所蔵 衆鱗図 4」香川県歴史博物館
友の会博物図譜刊行会　2004
◇p14（カラー）　姫小鯛　松平頼恭 江戸時代（18
世紀）　紙本著色 画帖装（折本形式）　［個人蔵］
「日本の博物図譜」東海大学出版会　2001
◇図48（カラー）　筆者不詳『魚類写生図』　［国立
科学博物館］
「世界大博物図鑑 2」平凡社　1989
◇p256（カラー）　シーボルト『ファウナ・ヤポニ
カ（日本動物誌）』1833〜50　石版

ヒメサルパの単独個体　Thalia democratica
「世界大博物図鑑 別巻2」平凡社　1994
◇p287（カラー）　キュヴィエ, G.L.C.F.D.『動物
界（門徒版）』1836〜49

ヒメサンゴカサゴ　Scorpaenodes parvipinnis
「南海の魚類 博物画の至宝」平凡社　1995
◇pl.52（カラー）　Scorpaena parvipinnis ギュン
ター, A.C.L.G., ギャレット, A. 1873〜1910

ヒメジ　Upeneus japonicus
「江戸博物文庫 魚の巻」工作舎　2017
◇p102（カラー）　比売知　栗本丹洲『栗氏魚譜』
［国立国会図書館］
「グラバー魚譜200選」長崎文献社　2005
◇p68（カラー）　倉場富三郎編, 小田紫星画『日本
西部及南部魚類図譜』1912採集　［長崎大学附
属図書館］
「高松松平家所蔵 衆鱗図 4」香川県歴史博物館
友の会博物図譜刊行会　2004
◇p11（カラー）　小嶋魚　松平頼恭 江戸時代（18
世紀）　紙本著色 画帖装（折本形式）　［個人蔵］

魚・貝・水生生物　　　　　　　　　　　　　　　　　ひもき

◇p13（カラー）　三崎ヒメヂ　松平頼恭　江戸時代
（18世紀）　紙本著色　画帖装（折本形式）　［個人
蔵］
「高松松平家所蔵　衆鱗図 2」香川県歴史博物館
友の会博物図譜刊行会　2002
◇p91（カラー）　ひめぢ　松平頼恭　江戸時代（18
世紀）　紙本著色　画帖装（折本形式）　［個人蔵］

ヒメジ
「極楽の魚たち」リブロポート　1991
◇II–229（カラー）　アルクのバーベル　ファロワ
ズ、サムエル原画、ルナール、L.『モルッカ諸島産
彩色魚類図譜　ファン・デル・ステル写本』1718
～19　［個人蔵］

ヒメジの類（？）
「極楽の魚たち」リブロポート　1991
◇I–20（カラー）　カムボトン　ルナール、L.『モ
ルッカ諸島産彩色魚類図譜　コワイエト写本』
1718～19　［個人蔵］

ヒメシャコガイ　Tridacna crocea
「世界大博物図鑑　別巻2」平凡社　1994
◇p199（カラー）　平瀬與一郎『貝千種』大正3～
11（1914～22）　色刷木版画
◇p199（カラー）　デュモン・デュルヴィル、J.S.C.
『アストロラブ号世界周航記』1830～35　ス
ティップル印刷

ヒメショクコウラ　Harpa amouretta
「世界大博物図鑑　別巻2」平凡社　1994
◇p149（カラー）　キーネ、L.C.『ラマルク貝類図
譜』1834～80　手彩色銅版図

ヒメゾウクラゲの1種　Pterotrachea sp.
「ビュフォンの博物誌」工作舎　1991
◇L051（カラー）『一般と個別の博物誌 ソンニー
ニ版』

ヒメゾウリムシ　Paramecium aurelia
「世界大博物図鑑　別巻2」平凡社　1994
◇p23（カラー）　エーレンベルク、C.G.『滴虫類』
1838　手彩色銅版図

ヒメダイ　Pristipomoides sieboldii
「グラバー魚譜200選」長崎文献社　2005
◇p113（カラー）　倉場富三郎編、中村三郎画『日
本西部及南部魚類図譜』1916採集　［長崎大学
附属図書館］

ひめだか・しろめだか
「魚の手帖」小学館　1991
◇13図（カラー）　緋目高・白目高　毛利梅園『梅
園魚譜/梅園魚品図正』1826～1843,1832～1836
　［国立国会図書館］

ヒメテングハギ　Naso annulatus
「南海の魚類　博物画の至宝」平凡社　1995
◇pl.83（カラー）　Naseus marginatus　ギュン
ター、A.C.L.G.、ギャレット、A. 1873～1910
◇pl.83（カラー）　juvenis　幼魚　ギュンター、A.
C.L.G.、ギャレット、A. 1873～1910

ヒメヒトデ属の1種　Henricia sp.
「高松松平家所蔵　衆鱗図 3」香川県歴史博物館
友の会博物図譜刊行会　2003
◇p59（カラー）　（付札なし）　松平頼恭　江戸時代
（18世紀）　紙本著色　画帖装（折本形式）　［個人
蔵］

ヒメフエダイ　Lutjanus gibbus
「南海の魚類　博物画の至宝」平凡社　1995
◇pl.12（カラー）　Mesoprion gibbus, adult　成魚
ギュンター、A.C.L.G.、ギャレット、A. 1873～
1910
◇pl.13（カラー）　Mesoprion gibbus, juv.　幼魚
ギュンター、A.C.L.G.、ギャレット、A. 1873～
1910
「世界大博物図鑑 2」平凡社　1989
◇p277（カラー）　幼魚あるいは若魚、成魚
リュッベル、W.P.E.S.『アビシニア動物図譜』
1835～40

ヒメブダイ　Scarus oviceps
「南海の魚類　博物画の至宝」平凡社　1995
◇pl.152（カラー）　Pseudoscarus oviceps　メス
ギュンター、A.C.L.G.、ギャレット、A. 1873～
1910
◇pl.158（カラー）　Pseudoscarus pectoralis
（Gesellschafts Ins.）　オス　ギュンター、A.C.
L.G.、ギャレット、A. 1873～1910

ヒメホシタカラガイ　Cypraea lynx
「世界大博物図鑑　別巻2」平凡社　1994
◇p127（カラー）　クノール、G.W.『貝類図譜』
1764～75

ヒメメリベ　Melibe papillosa
「高松松平家所蔵　衆鱗図 3」香川県歴史博物館
友の会博物図譜刊行会　2003
◇p47（カラー）　（付札なし）　松平頼恭　江戸時代
（18世紀）　紙本著色　画帖装（折本形式）　［個人
蔵］

ヒメヤカタガイ　Hydatina zonata
「世界大博物図鑑　別巻2」平凡社　1994
◇p166（カラー）　ヴァイヤン、A.N.『ボニート号
航海記』1840～66

ヒメルリガイ
「水中の驚異」リブロポート　1990
◇p60（白黒）　ペロン、フレシネ『オーストラリア
博物航海図録』1800～24

ピメロデーラの1種　Pimelodus sp.
「ビュフォンの博物誌」工作舎　1991
◇K065（カラー）『一般と個別の博物誌 ソンニー
ニ版』

ヒモガタ動物の1種
「水中の驚異」リブロポート　1990
◇p13（白黒）

ヒモキュウバンナマズの1種　Loricaria
setifera
「世界大博物図鑑 2」平凡社　1989
◇p144（カラー）　ブロッホ、M.E.『魚類図譜』

博物図譜レファレンス事典 動物篇　　267

ひもむ　　　　　　　　　魚・貝・水生生物

1782〜85　手彩色銅版画

ヒモムシのなかま　Drepanophorus
spectabilis, Nemertopsis gracile
「世界大博物図鑑　別巻2」平凡社　1994
◇p90（カラー）　デュモン・デュルヴィル, J.S.C.
『アストロラブ号世界周航記』1830〜35　ス
ティップル印刷

ヒモムシのなかま　Tubulanus sp.?
「世界大博物図鑑　別巻2」平凡社　1994
◇p90（カラー）　レニエ, S.A.『アドリア海無脊椎
動物図譜』1793　カラー印刷　銅版画

ヒョウモンイザリウオ　Antennarius pardalis
「世界大博物図鑑　2」平凡社　1989
◇p460〜461（カラー）　バロン, アカリー原図,
キュヴィエ, G.L.C.F.D., ヴァランシエンヌ, A.
『魚の物語誌』1828〜50

ヒョウモンザメ　Poroderma pantherinum
「世界大博物図鑑　2」平凡社　1989
◇p24（カラー）　スミス, A.著, フォード, G.H.原
図『南アフリカ動物図譜』1838〜49　手彩色
石版

ヒョウモンダコ　Haplochlaena lanulata
「世界大博物図鑑　別巻2」平凡社　1994
◇p251（カラー）　デュモン・デュルヴィル, J.S.C.
『アストロラブ号世界周航記』1830〜35　ス
ティップル印刷

ヒラ　Ilisha elongata
「高松松平家所蔵　衆鱗図 2」香川県歴史博物館
友の会博物図譜刊行会　2002
◇p108（カラー）　ひら　松平頼恭　江戸時代（18世
紀）　紙本著色 画帖装（折本形式）　［個人蔵］
「世界大博物図鑑　2」平凡社　1989
◇p53（カラー）　グレー, J.E.著, ホーキンズ,
ウォーターハウス石版『インド動物図譜』1830
〜35

ヒラアジ（？）
「極楽の魚たち」リブロポート　1991
◇II-141（カラー）　ババラ　ファロワズ, サムエル
原画, ルナール, L.『モルッカ諸島産彩色魚類図
譜 ファン・デル・ステル写本』1718〜19　［個
人蔵］

ヒライソガニ　Gaetice depressus
「ビュフォンの博物誌」工作舎　1991
◇M047（カラー）『一般と個別の博物誌 ソンニー
ニ版』

ヒラウミキノコ？　Sarcophyton elegans
「世界大博物図鑑　別巻2」平凡社　1994
◇p58（カラー）　デュモン・デュルヴィル, J.S.C.
『アストロラブ号世界周航記』1830〜35　ス
ティップル印刷

ヒラコブシ　Philyra syndactyla
「高松松平家所蔵　衆鱗図 3」香川県歴史博物館
友の会博物図譜刊行会　2003
◇p40（カラー）　（付札なし）　松平頼恭 江戸時代

（18世紀）　紙本著色 画帖装（折本形式）　［個人
蔵］

ヒラコブシ　Philyra syndactyla Ortmann
「高木春山 本草図説 水産」リブロポート　1988
◇p83（カラー）　白蟹

ひらそうだ
「魚の手帖」小学館　1991
◇61図（カラー）　平宗太・平惣太　毛利梅園『梅
園魚譜/梅園魚品図正』1826〜1843,1832〜1836
［国立国会図書館］

ヒラソウダ　Auxis thazard
「高松松平家所蔵　衆鱗図 1」香川県歴史博物館
友の会博物図譜刊行会　2001
◇p72（カラー）　ウヅワ　松平頼恭 江戸時代（18
世紀）　紙本著色 画帖装（折本形式）　［個人蔵］

ひらたえい
「魚の手帖」小学館　1991
◇99・100図（カラー）　平田鱏・平田鱝　毛利梅園
『梅園魚譜/梅園魚品図正』1826〜1843,1832〜
1836　［国立国会図書館］

ヒラタエイ
「彩色 江戸博物学集成」平凡社　1994
◇p70〜71（カラー）　びれいご　丹羽正伯『三州
物産絵図帳』　［鹿児島県立図書館］

ヒラタワムシのなかま　Pterodina patina
「世界大博物図鑑　別巻2」平凡社　1994
◇p91（カラー）　ヘッケル, E.H.P.A.『自然の造
形』1899〜1904　多色石版画

ヒラツメガニ　Ovalipes punctatus
「高松松平家所蔵　衆鱗図 3」香川県歴史博物館
友の会博物図譜刊行会　2003
◇p34（カラー）　（付札なし）　松平頼恭 江戸時代
（18世紀）　紙本著色 画帖装（折本形式）　［個人
蔵］
「世界大博物図鑑　1」平凡社　1991
◇p125（カラー）　田中芳男『博物館虫譜』1877
（明治10）頃
「鳥獣虫魚譜」八坂書房　1988
◇p80（カラー）　小蠏, ベンケイガニ　松森胤保
『両羽貝蠏図譜』　［酒田市立光丘文庫］

ヒラトゲカイメンガニ　Acanthophrys
brevispinosus
「日本の博物図譜」東海大学出版会　2001
◇図87（カラー）　酒井綾子筆『相模湾産蟹類』
［国立科学博物館］

ヒラトゲガニ　Hapalogaster dentata
「高松松平家所蔵　衆鱗図 3」香川県歴史博物館
友の会博物図譜刊行会　2003
◇p41（カラー）　（付札なし）　松平頼恭 江戸時代
（18世紀）　紙本著色 画帖装（折本形式）　［個人
蔵］

ピラニア　Serrasalmus nattereri
「世界大博物図鑑　2」平凡社　1989
◇p116（カラー）　ショムブルク, R.H.『ガイアナ

魚・貝・水生生物　　　　　　　　　　　　ひるか

の魚類誌』 1843

ヒラヒメアワビの1種　Stomatella sp.
「ビュフォンの博物誌」工作舎　1991
　◇L052（カラー）『一般と個別の博物誌 ソンニーニ版』

ヒラベラ　Xyrichtys pentadactylus
「ビュフォンの博物誌」工作舎　1991
　◇K042（カラー）『一般と個別の博物誌 ソンニーニ版』

「世界大博物図鑑 2」平凡社　1989
　◇p364（カラー）　キュヴィエ, G.L.C.F.D., ヴァランシエンヌ, A.『魚の博物誌』 1828〜50

ヒラベラ
「極楽の魚たち」リブロポート　1991
　◇I-84（カラー）　バンダ ルナール, L.『モルッカ諸島産彩色魚類図譜 コワイエト写本』 1718〜19［個人蔵］
　◇II-6（カラー）　バンダ魚 ファロワズ, サムエル原画, ルナール, L.『モルッカ諸島産彩色魚類図譜 ファン・デル・ステル写本』 1718〜19［個人蔵］

ヒラベラ（？）
「極楽の魚たち」リブロポート　1991
　◇II-112（カラー）　ボト・バンダ魚 ファロワズ, サムエル原画, ルナール, L.『モルッカ諸島産彩色魚類図譜 ファン・デル・ステル写本』 1718〜19［個人蔵］

ヒラベラの1種　Xyrichtys sp.
「ビュフォンの博物誌」工作舎　1991
　◇K041（カラー）『一般と個別の博物誌 ソンニーニ版』

ヒラマキガイ科　Planorbidae
「ビュフォンの博物誌」工作舎　1991
　◇L054（カラー）『一般と個別の博物誌 ソンニーニ版』

ひらまさ
「魚の手帖」小学館　1991
　◇127図（カラー）　平政 毛利梅園『梅園魚譜/梅園魚品図正』 1826〜1843,1832〜1836［国立国会図書館］

ヒラマサ　Seriola lalandi
「グラバー魚譜200選」長崎文献社　2005
　◇p81（カラー）　倉場富三郎編, 長谷川雪香画『日本西部及南部魚類図譜』 1913採集［長崎大学附属図書館］

ヒラマナアジ　Selene browni
「世界大博物図鑑 2」平凡社　1989
　◇p305（カラー）　キュヴィエ, G.L.C.F.D.『動物界』 1836〜49　手彩色銅版

ヒラムシ
「水中の驚異」リブロポート　1990
　◇p87（カラー）　キュヴィエ『動物界』 1836〜49

ヒラムシのなかま　Platyhelminthes
「世界大博物図鑑 別巻2」平凡社　1994

　◇p87（カラー）　リュッペル, W.P.E.S.『北アフリカ探検図譜』 1826〜28

ひらめ
「魚の手帖」小学館　1991
　◇64・65図（カラー）　鮃・平目・比目魚 腹部, 背部 毛利梅園『梅園魚譜/梅園魚品図正』 1826〜1843,1832〜1836［国立国会図書館］

ヒラメ　Paralichthys olivaceus
「江戸博物文庫 魚の巻」工作舎　2017
　◇p182（カラー）　平目 栗本丹洲『王余魚図彙』［国立国会図書館］

「グラバー魚譜200選」長崎文献社　2005
　◇p189（カラー）　背鰭条数は63 倉場富三郎編, 萩原魚仙画『日本西部及南部魚類図譜』 1914採集［長崎大学附属図書館］

「高松松平家所蔵 衆鱗図 1」香川県歴史博物館 友の会博物図譜刊行会　2001
　◇p37（カラー）　蝶 松平頼恭 江戸時代（18世紀）紙本著色 画帖装（折本形式）［個人蔵］
　◇p40（カラー）　ソギ比目 松平頼恭 江戸時代（18世紀）紙本著色 画帖装（折本形式）［個人蔵］

「世界大博物図鑑 2」平凡社　1989
　◇p408（カラー）　大野麦風『大日本魚類画集』 昭和12〜19　彩色木版

ヒラメ
「極楽の魚たち」リブロポート　1991
　◇II-186（カラー）　アルフォレス海岸のヒラメ ファロワズ, サムエル原画, ルナール, L.『モルッカ諸島産彩色魚類図譜 ファン・デル・ステル写本』 1718〜19［個人蔵］
　◇p132（カラー）　ルナール本ではエイのなかまとして描かれていた ファロワズ, サムエル画, ルナール, L.『モルッカ諸島産彩色魚類図譜 フォン・ベア写本』 1718〜19

「江戸の動植物図」朝日新聞社　1988
　◇p114（カラー）　奥倉魚仙『水族四帖』［国立国会図書館］

ピラルク　Arapaima gigas
「世界大博物図鑑 2」平凡社　1989
　◇p44（カラー）　ショムブルク, R.H.『ガイアナの魚類誌』 1843

ピラルクの頭部　Arapaima gigas
「世界大博物図鑑 2」平凡社　1989
　◇p45（カラー）　ローリイヤール原図, キュヴィエ, G.L.C.F.D., ヴァランシエンヌ, A.『魚の博物誌』 1828〜50

ビラング
「極楽の魚たち」リブロポート　1991
　◇II-176（カラー）　ファロワズ, サムエル原画, ルナール, L.『モルッカ諸島産彩色魚類図譜 ファン・デル・ステル写本』 1718〜19［個人蔵］

ヒルガタワムシのなかま　Actinurus neptunius
「世界大博物図鑑 別巻2」平凡社　1994
　◇p91（カラー）　エーレンベルク, C.G.『滴虫類』

博物図譜レファレンス事典 動物篇　**269**

ひるり　　　　　　　魚・貝・水生生物

1838　手彩色銅版図

ビルリーナ　Pirrhulina filamentosa
「世界大博物図鑑 2」平凡社　1989
◇p112（カラー）　キュヴィエ、G.L.C.F.D.、ヴァランシエンヌ、A.『魚の博物誌』1828〜50

ヒレグロイットウダイ　Neoniphon opercularis
「南海の魚類 博物画の至宝」平凡社　1995
◇pl.66（カラー）　Holocentrum operculare ギュンター、A.C.L.G.、ギャレット、A. 1873〜1910

ヒレグロギギ　Bagroides melanopterus
「世界大博物図鑑 2」平凡社　1989
◇p164（カラー）　マルテンス、E.フォン原画、シュミット、C.F.石版『オイレンブルク遠征図譜』1865〜67　多色刷り石版画

ヒレグロハタ　Epinephelus howlandi
「南海の魚類 博物画の至宝」平凡社　1995
◇pl.9（カラー）　Serranus howlandi ギュンター、A.C.L.G.、ギャレット、A. 1873〜1910
◇pl.10（カラー）　Plectropoma maculatum ギュンター、A.C.L.G.、ギャレット、A. 1873〜1910

ヒレグロベラ　Bodianus hirsutus
「南海の魚類 博物画の至宝」平凡社　1995
◇pl.129（カラー）　Cossyphus macrurus ギュンター、A.C.L.G.、ギャレット、A. 1873〜1910
「世界大博物図鑑 2」平凡社　1989
◇p352（カラー）　ギャレット、A.原図、ギュンター、A.C.L.G.解説『南海の魚類』1873〜1910

ヒレコダイ　Evynnis cardinalis
「江戸博物文庫 魚の巻」工作舎　2017
◇p46（カラー）　鰭小鯛　毛利梅園『梅園魚品図正』　［国立国会図書館］
「グラバー魚譜200選」長崎文献社　2005
◇p118（カラー）　倉場富三郎編、小田紫星画『日本西部及南部魚類図譜』1912採集　［長崎大学附属図書館］

ヒレシャコガイ　Tridacna squamosa
「世界大博物図鑑 別巻2」平凡社　1994
◇p199（カラー）　キュヴィエ、G.L.C.F.D.『動物界（門徒版）』1836〜49

ヒレジロマンザイウオ　Taractichthys steindachneri
「江戸博物文庫 魚の巻」工作舎　2017
◇p22（カラー）　鰭白万歳魚『魚譜』　［国立国会図書館］
「高松松平家所蔵 衆鱗図 2」香川県歴史博物館友の会博物図譜刊行会　2002
◇p40（カラー）　まんざいうを　松平頼恭 江戸時代（18世紀）　紙本着色 画帖装（折本形式）　［個人蔵］
「世界大博物図鑑 2」平凡社　1989
◇p309（カラー）　高木春山『本草図説』？〜1852　［愛知県西尾市立岩瀬文庫］
「高木春山 本草図説 水産」リブロポート　1988

◇p58（カラー）　鱝 方言、江戸まなかつを

ヒレナガハギ　Zebrasoma veliferum
「世界大博物図鑑 2」平凡社　1989
◇p396（カラー）　紅海タイプ リュッペル、W.P.E.S.『北アフリカ探検図譜』1826〜28
◇p396（カラー）　インド・太平洋産 ブロッホ、M.E.『魚類図譜』1782〜85　手彩色銅版画

ヒレナガハギ　Zebrasoma veliferum
「極楽の魚たち」リブロポート　1991
◇I-107（カラー）　クルキパス ルナール、L.『モルッカ諸島産彩色魚類図譜 コワイエト写本』1718〜19　［国文学研究資料館史料館］

ヒレナガハギ属の1種　Zebrasoma rostratus
「南海の魚類 博物画の至宝」平凡社　1995
◇pl.66（カラー）　Acanthurus rostratus ギュンター、A.C.L.G.、ギャレット、A. 1873〜1910

ビレーマ
「生物の驚異的な形」河出書房新社　2014
◇図版88（カラー）　ヘッケル、エルンスト 1904

ビロウドザメ　Zameus squamulosus
「高松松平家所蔵 衆鱗図 2」香川県歴史博物館友の会博物図譜刊行会　2002
◇p30〜31（カラー）　のうそふか　松平頼恭 江戸時代（18世紀）　紙本着色 画帖装（折本形式）　［個人蔵］

ヒロクチイモガイ？　Conus spectrum
「世界大博物図鑑 別巻2」平凡社　1994
◇p151（カラー）　クノール、G.W.『貝類図譜』1764〜75

ビロードアワツブガニ　Actaeodes tomentosus
「世界大博物図鑑 1」平凡社　1991
◇p132（カラー）　キュヴィエ、G.L.C.F.D.『動物界』1836〜49　手彩色銅版

ヒロベソオウムガイ　Nautilus scrobiculatus
「世界大博物図鑑 別巻2」平凡社　1994
◇p230（カラー）　クノール、G.W.『貝類図譜』1764〜75

ビワガタナメクジのなかま　Dolabrifera oahouensis
「世界大博物図鑑 別巻2」平凡社　1994
◇p166（カラー）　ヴァイヤン、A.N.『ボニート号航海記』1840〜66

ビワガニ　Lyreidus tridentatus
「高松松平家所蔵 衆鱗図 3」香川県歴史博物館友の会博物図譜刊行会　2003
◇p38（カラー）　蟬蟹　松平頼恭 江戸時代（18世紀）　紙本着色 画帖装（折本形式）　［個人蔵］

ビワガライシ
「水中の驚異」リブロポート　1990
◇p113（白黒）　ドノヴァン、E.『博物宝典』1834

ビワガライシのなかま　Oculina flabelliformis
「世界大博物図鑑 別巻2」平凡社　1994

魚・貝・水生生物　　　　　　　　　　　　　　　　　　ふえた

◇p78（カラー）　キュヴィエ, G.L.C.F.D.『動物界（門徒版）』 1836〜49

ビワコオオナマズ　Silurus biwaensis（Tomoda）
「高木春山 本草図説 水産」リブロポート　1988
◇p78〜79（カラー）　一種 アカナマズ 琵琶湖ノ産

びわひがい
「魚の手帖」小学館　1991
◇17図（カラー）　琵琶鰉 毛利梅園『梅園魚譜/梅園魚品図正』 1826〜1843,1832〜1836　[国立国会図書館]

ビワヒガイ　Sarcocheilichthys variegatus microoculus
「高松松平家所蔵 衆鱗図 3」香川県歴史博物館友の会博物図譜刊行会　2003
◇p66（カラー）　（付札なし）　松平頼恭 江戸時代（18世紀）　紙本著色 画帖装（折帖形式）　[個人蔵]
◇p71（カラー）　（付札なし）　松平頼恭 江戸時代（18世紀）　紙本著色 画帖装（折帖形式）　[個人蔵]
◇p79（カラー）　ヒガイ 松平頼恭 江戸時代（18世紀）　紙本著色 画帖装（折帖形式）　[個人蔵]
◇p80（カラー）　ゲザル 成熟しかけたオス 松平頼恭 江戸時代（18世紀）　紙本著色 画帖装（折帖形式）　[個人蔵]
「世界大博物図鑑 2」平凡社　1989
◇p140（カラー）　大野麦風『大日本魚類画集』 昭和12〜19　彩色木版

ビワマス　Oncorhynchus masou subsp.
「高松松平家所蔵 衆鱗図 3」香川県歴史博物館友の会博物図譜刊行会　2003
◇p64（カラー）　アメノ魚 松平頼恭 江戸時代（18世紀）　紙本著色 画帖装（折帖形式）　[個人蔵]

ピンクガイ　Strombus gigas
「世界大博物図鑑 別巻2」平凡社　1994
◇p123（カラー）　未成個体 リーチ, W.E.著, ノダー, R.P.図『動物学雑録』 1814〜17　手彩色銅版

ピンクテール・カラシン　Chalceus macrolepidotus
「世界大博物図鑑 2」平凡社　1989
◇p113（カラー）　ショムブルク, R.H.『ガイアナの魚類誌』 1843

ピンク・フラミンゴ　Cichlasoma labiatum
「世界大博物図鑑 2」平凡社　1989
◇p344（カラー）『ロンドン動物学協会紀要』 1861〜90（第2期）

ビンナガ　Thunnus alalunga
「世界大博物図鑑 2」平凡社　1989
◇p316（カラー）　キュヴィエ, G.L.C.F.D., ヴァランシエンヌ, A.『魚の博物誌』 1828〜50

ピンノのなかま　Pinnotheres sp.
「世界大博物図鑑 1」平凡社　1991
◇p133（カラー）　オオシロピンノ P.sinensis かカギツメピンノ P.pholadis　栗本丹洲『千蟲譜』文化8（1811）

【 ふ 】

ファレッツア[キヌアミカイメン]
「生物の驚異的な形」河出書房新社　2014
◇図版35（カラー）　ヘッケル, エルンスト 1904

フウセンイソギンチャクの1種　Stomphia churchiae
「世界大博物図鑑 別巻2」平凡社　1994
◇p69（カラー）　ゴッス, P.H.『英国のイソギンチャクと珊瑚』 1860　多色石版

フウセンウミウシのなかま　Notarchus gelatinosa
「世界大博物図鑑 別巻2」平凡社　1994
◇p175（カラー）　キュヴィエ, G.L.C.F.D.『動物界（門徒版）』 1836〜49

フウセンクラゲ
⇒ホルミポラ[フウセンクラゲ]を見よ

フウセンクラゲの1種
「美しいアンティーク生物画の本」創元社　2017
◇p38〜39（カラー）　Cydippe pileus　Schubert, Gotthilf Heinrich von『Naturgeschichte der Reptilien, Amphibien, Fische, Insekten, Krebstiere, Würmer, Weichtiere, Stachelhäuter, Pflanzentiere und Urtiere』1890

フウライボラ　Crenimugil crenilabis
「南海の魚類 博物画の至宝」平凡社　1995
◇pl.122（カラー）　Mugil crenilabris　ギュンター, A.C.L.G., ギャレット, A. 1873〜1910

フエダイ　Lutjanus stellatus
「グラバー魚譜200選」長崎文献社　2005
◇p112（カラー）　倉場富三郎編, 萩原魚仙画『日本西部及南部魚類図譜』 1915採集　[長崎大学附属図書館]

フエダイ科　Gymnocaesio gymnopterus
「南海の魚類 博物画の至宝」平凡社　1995
◇pl.24（カラー）　Caesio argenteus　ギュンター, A.C.L.G., ギャレット, A. 1873〜1910

フエダイ属の1種　Lutjanus semicinctus
「南海の魚類 博物画の至宝」平凡社　1995
◇pl.17（カラー）　Mosoprion semicinctus　ギュンター, A.C.L.G., ギャレット, A. 1873〜1910

フエダイ属の1種　Lutjanus vaigiensis
「南海の魚類 博物画の至宝」平凡社　1995
◇pl.14（カラー）　Mesoprion marginatus　ギュンター, A.C.L.G., ギャレット, A. 1873〜1910

フエダイの1種　Lutjanus sp.
「ビュフォンの博物誌」工作舎　1991
◇K052（カラー）『一般と個別の博物誌 ソンニーニ版』

フエフキダイ　Lethrinus haematopterus
「高松松平家所蔵 衆鱗図 2」香川県歴史博物館友の会博物図譜刊行会　2002
◇p110（カラー）（付札なし）松平頼恭 江戸時代（18世紀）紙本著色 画帖装（折本形式）［個人蔵］
「高松松平家所蔵 衆鱗図 1」香川県歴史博物館友の会博物図譜刊行会　2001
◇p28（カラー）口見鯛　松平頼恭 江戸時代（18世紀）紙本著色 画帖装（折本形式）［個人蔵］

フエフキダイ
「彩色 江戸博物学集成」平凡社　1994
◇p410（カラー）奥倉辰行『水族四帖』［国会図書館］

フエフキダイ属の1種（スカイ・エンペラー）　Lethrinus mahsena
「南海の魚類 博物画の至宝」平凡社　1995
◇pl.48（カラー）ギュンター, A.C.L.G., ギャレット, A. 1873～1910

フエフキの類（？）
「極楽の魚たち」リブロポート　1991
◇I–94（カラー）ナウティ　ルナール, L.『モルッカ諸島産彩色魚類図譜 コワイエト写本』1718～19［個人蔵］

フエヤッコダイ　Forcipiger flavissimus
「世界大博物図鑑 2」平凡社　1989
◇p381（カラー）キュヴィエ, G.L.C.F.D., ヴァランシエンヌ, A.『魚の博物誌』1828～50

フォクネロ
「極楽の魚たち」リブロポート　1991
◇I–181（カラー）ルナール, L.『モルッカ諸島産彩色魚類図譜 コワイエト写本』1718～19［個人蔵］

フカミウキビシガイ　Clio chaptali
「世界大博物図鑑 別巻2」平凡社　1994
◇p159（カラー）ヴァイヤン, A.N.『ボニート号航海記』1840～66

フカミゾトマヤガイ　Cardita crassicosta
「世界大博物図鑑 別巻2」平凡社　1994
◇p198（カラー）デュ・プティ＝トゥアール, A. A.『ウエヌス号世界周航記』1846

フカユキミノガイ　Limaria inflata
「世界大博物図鑑 別巻2」平凡社　1994
◇p194（カラー）キュヴィエ, G.L.C.F.D.『動物界（門徒版）』1836～49

フグ
「紙の上の動物園」グラフィック社　2017
◇p87（カラー）セバ, アルベルト『自然の宝の最も豊かな詳説』1734～65

フクロウニの1種
「美しいアンティーク生物画の本」創元社　2017
◇p90（カラー）Sperosoma grimaldii　Arbert I, Prince of Monaco『Résultats des campagnes scientifiques accomplies sur son yacht par Albert ler, prince souverain de Monaco』1898

フサアンコウ属の1種　Chaunax sp.
「高松松平家所蔵 衆鱗図 2」香川県歴史博物館友の会博物図譜刊行会　2002
◇p102（カラー）（付札なし）松平頼恭 江戸時代（18世紀）紙本著色 画帖装（折本形式）［個人蔵］

ふさかさご
「魚の手帖」小学館　1991
◇47図（カラー）総笠子　毛利梅園『梅園魚譜/梅園魚品図正』1826～1843,1832～1836［国立国会図書館］

フサカサゴ？　Scorpaena onaria
「高松松平家所蔵 衆鱗図 1」香川県歴史博物館友の会博物図譜刊行会　2001
◇p55（カラー）赤鮶　松平頼恭 江戸時代（18世紀）紙本著色 画帖装（折本形式）［個人蔵］

フサカサゴの1種　Scorpaena sp.
「ビュフォンの博物誌」工作舎　1991
◇K045（カラー）『一般と個別の博物誌 ソンニーニ版』

フサトゲニチリンヒトデ
「美しいアンティーク生物画の本」創元社　2017
◇p87（カラー）Crossaster papposus　Arbert I, Prince of Monaco『Résultats des campagnes scientifiques accomplies sur son yacht par Albert ler, prince souverain de Monaco』1909
「世界大博物図鑑 別巻2」平凡社　1994
◇p262（カラー）キュヴィエ, G.L.C.F.D.『動物界（門徒版）』1836～49

フサヒザラガイ　Plaxiphora albida
「世界大博物図鑑 別巻2」平凡社　1994
◇p99（カラー）デュモン・デュルヴィル, J.S.C.『アストロラブ号世界周航記』1830～35 スティップル印刷

フサヒザラガイのなかま　Plaxiphora setiger
「世界大博物図鑑 別巻2」平凡社　1994
◇p99（カラー）ビーチィ, F.W.著, サワビー, G. B.図『ビーチィ航海記動物学篇』1839

フシエラガイのなかま　Oscanius mamillatus
「世界大博物図鑑 別巻2」平凡社　1994
◇p171（カラー）デュモン・デュルヴィル, J.S.C.『アストロラブ号世界周航記』1830～35 スティップル印刷

フシエラガイのなかま　Pleurobranchus peronii
「世界大博物図鑑 別巻2」平凡社　1994
◇p171（カラー）キュヴィエ, G.L.C.F.D.『動物界（門徒版）』1836～49

魚・貝・水生生物　　　　　　　　　　　ふたこ

フジタウミウシのなかま　Polycera quadrilineata
「世界大博物図鑑 別巻2」平凡社　1994
　◇p171（カラー）　キュヴィエ、G.L.C.F.D.『動物界（門徒版）』 1836〜49

フジツガイ　Cymatium lotarium
「世界大博物図鑑 別巻2」平凡社　1994
　◇p130（カラー）　平瀬與一郎『貝千種』 大正3〜11（1914〜22）　色刷木版画

フジツボ科の1種
「彩色 江戸博物学集成」平凡社　1994
　◇p66〜67（カラー）　ふせ 丹羽正伯『筑前国産物絵図帳』 ［福岡県立図書館］

フジツボの1種　Balanus sp.
「ビュフォンの博物誌」工作舎　1991
　◇L071（カラー）『一般と個別の博物誌 ソンニーニ版』

フジツボのなかま　Balanus balanoides
「世界大博物図鑑 1」平凡社　1991
　◇p72（カラー）　キュヴィエ、G.L.C.F.D.『動物界』 1836〜49　手彩色銅版

フジツボのなかま　Balanus sp., Acasta sp., Tetraclita sp., Creusia sp.
「世界大博物図鑑 1」平凡社　1991
　◇p72（カラー）　フジツボ類、シロフジツボ、カイメンフジツボ属、サンカクフジツボ、ヨツカドヒラフジツボ、サンゴフジツボ属の1種　キュヴィエ、フレデリック編『自然史事典』 1816〜30

藤波
「江戸名作画帖全集 8」駸々堂出版　1995
　◇図144（カラー）　服部雪斎図、武蔵石寿編『目八譜』 紙本着色 ［東京国立図書館］

フジナミガイ　Hiatula boeddinghausi
「世界大博物図鑑 別巻2」平凡社　1994
　◇p211（カラー）　平瀬與一郎『貝千種』 大正3〜11（1914〜22）　色刷木版画

不詳　Blennius sordidus
「南海の魚類 博物画の至宝」平凡社　1995
　◇pl.113（カラー）　ギュンター、A.C.L.G.、ギャレット、A. 1873〜1910

不詳　Salarias nitidus
「南海の魚類 博物画の至宝」平凡社　1995
　◇pl.113（カラー）　ギュンター、A.C.L.G.、ギャレット、A. 1873〜1910

プセウドピメロドゥス・ラニヌス　Pseudopimelodus raninus
「世界大博物図鑑 2」平凡社　1989
　◇p149（カラー）　バロン、アカリア原図、キュヴィエ、G.L.C.F.D.、ヴァランシエンヌ、A.『魚の博物誌』 1828〜50

ぶだい
「魚の手帖」小学館　1991
　◇69図（カラー）　武鯛・不鯛　毛利梅園『梅園魚譜/梅園魚品図正』 1826〜1843,1832〜1836 ［国立国会図書館］

ブダイ　Calotomus japonicus
「江戸博物文庫 魚の巻」工作舎　2017
　◇p64（カラー）　武鯛/舞鯛/醜鯛　毛利梅園『梅園魚品図正』 ［国立国会図書館］
「グラバー魚譜200選」長崎文献社　2005
　◇p142（カラー）　倉場富三郎編、中村三郎画『日本西部及南部魚類図譜』 1918採集 ［長崎大学附属図書館］
「高松松平家所蔵 衆鱗図 1」香川県歴史博物館 友の会博物図譜刊行会　2001
　◇p18（カラー）　青ブ鯛 オス個体　松平頼恭 江戸時代（18世紀）　紙本著色 画帖装（折本形式）［個人蔵］
　◇p20（カラー）　ブ鯛 メス個体　松平頼恭 江戸時代（18世紀）　紙本著色 画帖装（折本形式）［個人蔵］
「世界大博物図鑑 2」平凡社　1989
　◇p373（カラー）　ヴェルナー原図、キュヴィエ、G.L.C.F.D.、ヴァランシエンヌ、A.『魚の博物誌』 1828〜50

ブダイの1種
「極楽の魚たち」リブロポート　1991
　◇I–112（カラー）　オウム魚　ルナール、L.『モルッカ諸島産彩色魚類図譜 コワイエト写本』 1718〜19 ［個人蔵］

ブダイのなかま
「極楽の魚たち」リブロポート　1991
　◇I–173（カラー）　オウム魚　ルナール、L.『モルッカ諸島産彩色魚類図譜 コワイエト写本』 1718〜19 ［個人蔵］

ブダイベラ　Pseudodax moluccanus
「世界大博物図鑑 2」平凡社　1989
　◇p369（カラー）　キュヴィエ、G.L.C.F.D.『動物界』 1836〜49　手彩色銅版

フタイロサンゴハゼ　Gobiodon quinquestrigatus
「南海の魚類 博物画の至宝」平凡社　1995
　◇pl.109（カラー）　Gobiodon ceramensis　ギュンター、A.C.L.G.、ギャレット、A. 1873〜1910
　◇pl.109（カラー）　Gobiodon rivulatus　ギュンター、A.C.L.G.、ギャレット、A. 1873〜1910

豚魚
「極楽の魚たち」リブロポート　1991
　◇I–52（カラー）　ルナール、L.『モルッカ諸島産彩色魚類図譜 コワイエト写本』 1718〜19 ［個人蔵］

フタオサルパの1種　Cyclosalpa sp.
「世界大博物図鑑 別巻2」平凡社　1994
　◇p287（カラー）　図はすべて天地逆　デュプレ、L.I.『コキーユ号航海記』 1826〜34

フタゴムシ
「世界大博物図鑑 1」平凡社　1991
　◇p17（カラー）　ヘッケル、E.H.『自然の造形』

博物図譜レファレンス事典 動物篇　273

ふたす　　　魚・貝・水生生物

1899〜1904　多色石版画

フタスジクマノミ　Amphiprion bicinctus
「世界大博物図鑑 2」平凡社　1989
　◇p349（カラー）　リュッペル、W.P.E.S.『北アフリカ探検図譜』1826〜28

フタスジタマガシラ　Scolopsis bilineatus
「世界大博物図鑑 2」平凡社　1989
　◇p272（カラー）　ファロアズ、サムエル原画、ルナール、L.『モルッカ諸島魚類彩色図譜』1754［国文学研究資料館史料館］

フタスジタマガシラ
「極楽の魚たち」リブロポート　1991
　◇I-196（カラー）　ムニク　ルナール、L.『モルッカ諸島産彩色魚類図譜 コワイエト写本』1718〜19　［個人蔵］
　◇II-47（カラー）　修道僧　ファロワズ、サムエル原画、ルナール、L.『モルッカ諸島産彩色魚類図譜 ファン・デル・ステル写本』1718〜19　［個人蔵］

フタスジヒメジ　Parupeneus bifasciatus
「南海の魚類 博物画の至宝」平凡社　1995
　◇pl.44（カラー）　Upeneus bifasciatus　ギュンター、A.C.L.G.、ギャレット、A. 1873〜1910

フタスジリュウキュウスズメダイ　Dascyllus reticulatus
「南海の魚類 博物画の至宝」平凡社　1995
　◇pl.124（カラー）　Dascyllus xanthosoma　ギュンター、A.C.L.G.、ギャレット、A. 1873〜1910

フタツアナスカシカシパン　Echinodiscus bisperforatus
「世界大博物図鑑 別巻2」平凡社　1994
　◇p271（カラー）　ドノヴァン、E.『博物宝典』1823〜27

フタツクラゲ科の1種
「水中の驚異」リブロポート　1990
　◇p100（白黒）　ヘッケル、E.H.『自然の造形』1899〜1904

フタツクラゲの仲間
「美しいアンティーク生物画の本」創元社　2017
　◇p38〜39（カラー）　Diphyes gracilis　Schubert, Gotthilf Heinrich von『Naturgeschichte der Reptilien, Amphibien, Fische, Insekten, Krebstiere, Würmer, Weichtiere, Stachelhäuter, Pflanzentiere und Urtiere』1890

フタツクラゲモドキ　Diphyes dispar
「世界大博物図鑑 別巻2」平凡社　1994
　◇p43（カラー）　レッソン、R.P.著、プレートル原図『動物百図』1830〜32

フタツダイミョウザメ　Poroderma africanum
「世界大博物図鑑 2」平凡社　1989
　◇p24（カラー）　スミス、A.著、フォード、G.H.原図『南アフリカ動物図譜』1838〜49　手彩色石版

フタトゲエビジャコ　Crangon communis
「世界大博物図鑑 1」平凡社　1991
　◇p80（カラー）　キュヴィエ、G.L.C.F.D.『動物界』1836〜49　手彩色銅版

フタバシラガイ科　Ungulinidae
「ビュフォンの博物誌」工作舎　1991
　◇L065（カラー）『一般と個別の博物誌 ソンニーニ版』

フタバベニツケモドキ　Thalamita admete
「世界大博物図鑑 1」平凡社　1991
　◇p128（カラー）　キュヴィエ、G.L.C.F.D.『動物界』1836〜49　手彩色銅版

フタヒゲムシのなかま　Ceratocorys horida？, Ornithocercus splendidus, O. magnificus
「世界大博物図鑑 別巻2」平凡社　1994
　◇p22（カラー）『マイヤース百科事典』1902　石版図

フタホシイシガニ？　Charybdis bimaculata？
「高松松平家所蔵 衆鱗図 3」香川県歴史博物館友の会博物図譜刊行会　2003
　◇p37（カラー）　（付札なし）　松平頼恭 江戸時代（18世紀）　紙本著色 画帖装（折本形式）　［個人蔵］

ブチススキベラ　Anampses caeruleopunctatus
「南海の魚類 博物画の至宝」平凡社　1995
　◇pl.139（カラー）　Anampses diadematus, from Paumoto　ギュンター、A.C.L.G.、ギャレット、A. 1873〜1910
　◇pl.139（カラー）　Anampses diadematus, from Misol　ギュンター、A.C.L.G.、ギャレット、A. 1873〜1910

ブチススキベラ
「極楽の魚たち」リブロポート　1991
　◇I-115（カラー）　台湾　ルナール、L.『モルッカ諸島産彩色魚類図譜 コワイエト写本』1718〜19［個人蔵］

ブチススキベラの雌　Anampses caeruleopunctatus
「世界大博物図鑑 2」平凡社　1989
　◇p360（カラー）　リュッペル、W.P.E.S.『北アフリカ探検図譜』1826〜28

フチドリニベ　Otolithoides pama
「世界大博物図鑑 2」平凡社　1989
　◇p264（カラー）　キュヴィエ、G.L.C.F.D.、ヴァランシエンヌ、A.『魚の博物誌』1828〜50

フチドリハタ　Cephalopholis hemistiktos
「世界大博物図鑑 2」平凡社　1989
　◇p252（カラー）　リュッペル、W.P.E.S.『北アフリカ探検図譜』1826〜28

フチドリワカソ　Coregonus lavaretus
「世界大博物図鑑 2」平凡社　1989

魚・貝・水生生物　　　　　　　　　　　　　　　　　　　ふめい

◇p57（カラー）　キュヴィエ, G.L.C.F.D., ヴァランシエンヌ, A.『魚の博物誌』1828〜50

ブチブダイ　Scarus niger
「南海の魚類 博物画の至宝」平凡社　1995
◇pl.157（カラー）　Pseudoscarus nuchipunctatus (Kingsmill Inseln.)　オス　ギュンター, A.C.L.G., ギャレット, A. 1873〜1910
「世界大博物図鑑 2」平凡社　1989
◇p372（カラー）　リュッペル, W.P.E.S.『アビシニア動物図譜』1835〜40

フデガイ科　Mitridae
「ビュフォンの博物誌」工作舎　1991
◇L055（カラー）『一般と個別の博物誌 ソンニーニ版』

プテロフィルム属のエンゼルフィッシュ
「紙の上の動物園」グラフィック社　2017
◇p89（カラー）『カステルノ伯爵の南米中部探査中に収集された新たな、あるいは稀少な動物第7巻（動物学・哺乳類）、南米中部探査旅行』1843

ブドウガイ
「彩色 江戸博物学集成」平凡社　1994
◇p275（カラー）　葡萄　馬場大助『貝譜』［東京国立博物館］

フトウデイソギンチャク
「水中の驚異」リブロポート　1990
◇p49（カラー）　アンドレス, A.『ナポリ湾海洋研究所紀要〈イソギンチャク類篇〉』1884

フトコロガイ？
「彩色 江戸博物学集成」平凡社　1994
◇p210（カラー）　武蔵石寿『甲介群分品彙』［国会図書館］

フトジマヨウジウオ　Ichthyocampus carce
「世界大博物図鑑 2」平凡社　1989
◇p201（カラー）　グレー, J.E.著, ホーキンズ, ウォーターハウス石版『インド動物図譜』1830〜35

フトツノザメ　Squalus mitsukurii
「高松松平家所蔵 衆鱗図 2」香川県歴史博物館 友の会博物図譜刊行会　2002
◇p22（カラー）　つのせざめ　松平頼恭 江戸時代（18世紀）　紙本著色 画帖装（折本形式）［個人蔵］

フトミゾエビ　Melicertus latisulcatus
「高松松平家所蔵 衆鱗図 3」香川県歴史博物館 友の会博物図譜刊行会　2003
◇p14（カラー）　（付札なし）　松平頼恭 江戸時代（18世紀）　紙本著色 画帖装（折本形式）［個人蔵］

フトユビシャコのなかま　Gonodactylus scyllarus
「世界大博物図鑑 1」平凡社　1991
◇p141（カラー）　キュヴィエ, G.L.C.F.D.『動物界』1836〜49 手彩色銅版

フナ
「江戸の動植物図」朝日新聞社　1988
◇p135（カラー）　メス, オス　関根雲停画

フナクイムシの1種　Teredo sp.
「ビュフォンの博物誌」工作舎　1991
◇L069（カラー）『一般と個別の博物誌 ソンニーニ版』

フナムシ　Ligia exotica
「世界大博物図鑑 1」平凡社　1991
◇p76（カラー）　栗本丹洲『千蟲譜』文化8（1811）
◇p76（カラー）　田中芳男『博物館虫譜』1877（明治10）頃

フナムシ
「彩色 江戸博物学集成」平凡社　1994
◇p63（カラー）　フナ虫　丹羽正伯『周防国産物之内絵形』［萩図書館］

フナムシ（？）
「極楽の魚たち」リブロポート　1991
◇I–125（カラー）　海のシラミ　ルナール, L.『モルッカ諸島産彩色魚類図譜 コワイエト写本』1718〜19　［個人蔵］

フナムシの1種　Ligia sp.
「ビュフォンの博物誌」工作舎　1991
◇M059（カラー）『一般と個別の博物誌 ソンニーニ版』

ププ魚
「極楽の魚たち」リブロポート　1991
◇II–127（カラー）　ファロワズ, サムエル原画, ルナール, L.『モルッカ諸島産彩色魚類図譜 ファン・デル・ステル写本』1718〜19　［個人蔵］

ププス海岸のカボス
「極楽の魚たち」リブロポート　1991
◇II–181（カラー）　ファロワズ, サムエル原画, ルナール, L.『モルッカ諸島産彩色魚類図譜 ファン・デル・ステル写本』1718〜19　［個人蔵］

不明
「彩色 江戸博物学集成」平凡社　1994
◇p63（カラー）　くろはぎ　ハクセイハギ？　丹羽正伯『周防国産物之内絵形』［萩図書館］
◇p123（カラー）　木村蒹葭堂『奇貝図譜』［辰馬考古資料館］
◇p123（カラー）　菱介　現在のヒシガイではない　木村蒹葭堂『奇貝図譜』［辰馬考古資料館］
◇p210（カラー）　巴介　武蔵石寿『甲介群分品彙』［国会図書館］
◇p210（カラー）　武蔵石寿『甲介群分品彙』［国会図書館］
◇p275（カラー）　紅巻　馬場大助『貝譜』［東京国立博物館］
「世界大博物図鑑 別巻2」平凡社　1994
◇p70〜71（カラー）　イソギンチャク類か　アンドレス, A.『ナポリ湾海洋研究所紀要〈イソギンチャク篇〉』1884　色刷り石版画
◇p72（カラー）　イソギンチャク　アンドレス, A.

ふゆ   魚・貝・水生生物

『ナポリ湾海洋研究所紀要〈イソギンチャク篇〉』
1884　色刷り石版画
　◇p99（カラー）　軟体動物　ビーチィ, F.W.著, サ
　　ワビー, G.B.図『ビーチィ航海記動物学篇』　1839
　◇p171（カラー）　ウミウシ類　キュヴィエ, G.L.
　　C.F.D.『動物界（門徒版）』　1836〜49
「極楽の魚たち」リブロポート　1991
　◇p128〜129（カラー）　極楽魚　ファロワズ, サム
　　エル画, ルナール, L.『モルッカ諸島産彩色魚類
　　図譜 フォン・ベア写本』　1718〜19

冬

「江戸名作画帖全集 8」駸々堂出版　1995
　◇図118（カラー）　増山雪斎『虫豸帖』　紙本着色
　　［東京国立博物館］
　◇図120（カラー）　増山雪斎『虫豸帖』　紙本着色
　　［東京国立博物館］
　◇図121（カラー）　増山雪斎『虫豸帖』　紙本着色
　　［東京国立博物館］

ブラウントラウト　Salmo trutta

「世界大博物図鑑 2」平凡社　1989
　◇p56（カラー）　ドノヴァン, E.『英国産魚類誌』
　　1802〜08
　◇p56（カラー）『ロンドン動物学協会紀要』　1861
　　〜90（第2期）

ブラーコーキュスティス

「生物の驚異的な形」河出書房新社　2014
　◇図版95（カラー）　ヘッケル, エルンスト　1904

ブラジル産のジンドウイカの1種　Loligo sp.

「ビュフォンの博物誌」工作舎　1991
　◇L013（カラー）『一般と個別の博物誌 ソンニー
　　ニ版』

ブラジルメロンボラ　Adelomelon brasiliana

「世界大博物図鑑 別巻2」平凡社　1994
　◇p147（カラー）　キーネ, L.C.『ラマルク貝類図
　　譜』　1834〜80　手彩色銅版図

フラッグ・シクリッド　Acarichthys heckelii

「世界大博物図鑑 2」平凡社　1989
　◇p344（カラー）　インネス, ウィリアム・T.責任
　　編集『アクアリウム』　1932〜66

ブラック・スポッテッド・サンフィッシュ
　Pomoxis nigromaculatus

「世界大博物図鑑 2」平凡社　1989
　◇p345（カラー）　キュヴィエ, G.L.C.F.D., ヴァ
　　ランシエンヌ, A.『魚の博物誌』　1828〜50

ブラックバス　Micropterus salmoides

「世界大博物図鑑 2」平凡社　1989
　◇p345（カラー）　キュヴィエ, G.L.C.F.D.『動物
　　界』　1836〜49　手彩色銅版

ブラック・バタフライフィッシュ

⇒チョウチョウウオ属の1種（ブラック・バタ
フライフィッシュ）を見よ

ブラック・ピラニア　Serrasalmus piraya

「世界大博物図鑑 2」平凡社　1989
　◇p116（カラー）　シュビックス, J.『ブラジル産魚

類抄録』　1829　石版図

ブラック・ブレニー

⇒クロギンポ属の1種（ブラック・ブレニー）を
見よ

ブラッタング

「極楽の魚たち」リブロポート　1991
　◇II-177（カラー）　ファロワズ, サムエル原画, ル
　　ナール, L.『モルッカ諸島産彩色魚類図譜 ファ
　　ン・デル・ステル写本』　1718〜19　［個人蔵］

プラナリア

「水中の驚異」リブロポート　1990
　◇p87（カラー）　キュヴィエ『動物界』　1836〜49
　◇p92（白黒）　キュヴィエ『動物界』　1836〜49

フランスニシキガイ　Chlamys varia

「世界大博物図鑑 別巻2」平凡社　1994
　◇p191（カラー）　クノール, G.W.『貝類図譜』
　　1764〜75

ぶり

「魚の手帖」小学館　1991
　◇39図（カラー）　鰤　毛利梅園『梅園魚譜／梅園魚
　　品図正』　1826〜1843,1832〜1836　［国立国会
　　図書館］

ブリ　Seriola quinqueradiata

「江戸博物文庫 魚の巻」工作舎　2017
　◇p39（カラー）　鰤　毛利梅園『梅園魚品図正』
　　［国立国会図書館］
「グラバー魚譜200選」長崎文献社　2005
　◇p82（カラー）　倉場富三郎編, 長谷川雪香画『日
　　本西部及南部魚類図譜』　1913採集　［長崎大学
　　附属図書館］
「高松松平家所蔵 衆鱗図 2」香川県歴史博物館
　友の会博物図譜刊行会　2002
　◇p46〜47（カラー）　ぶり　松平頼恭 江戸時代
　　（18世紀）　紙本着色 画帖装（折本形式）　［個人
　　蔵］
「高松松平家所蔵 衆鱗図 1」香川県歴史博物館
　友の会博物図譜刊行会　2001
　◇p73（カラー）　イナダ　松平頼恭 江戸時代（18
　　世紀）　紙本着色 画帖装（折本形式）　［個人蔵］
　◇p75（カラー）　別種 イナダ　松平頼恭 江戸時代
　　（18世紀）　紙本着色 画帖装（折本形式）　［個人
　　蔵］
　◇p76（カラー）　ワラサ　松平頼恭 江戸時代（18
　　世紀）　紙本着色 画帖装（折本形式）　［個人蔵］
　◇p77（カラー）　ハマチ　松平頼恭 江戸時代（18
　　世紀）　紙本着色 画帖装（折本形式）　［個人蔵］
「世界大博物図鑑 2」平凡社　1989
　◇p308（カラー）　大野麦風『大日本魚類画集』　昭
　　和12〜19　彩色木版

フリエリイボウミウシ　Fryeria ruppelii

「世界大博物図鑑 別巻2」平凡社　1994
　◇p170（カラー）　リュッペル, W.P.E.S.『北アフ
　　リカ探検図譜』　1826〜28

ブリーク　Alburnus alburnus

「世界大博物図鑑 2」平凡社　1989

魚・貝・水生生物　　　　へいけ

◇p120（カラー）　ドノヴァン、E.『英国産魚類誌』
1802～08

プリステラ　Pristella maxillaris
「世界大博物図鑑 2」平凡社　1989
◇p112（カラー）　インネス、ウィリアム・T.責任
編集『アクアリウム』1932～66

フリソデウオ　Desmodema polystictum
「江戸博物文庫 魚の巻」工作舎　2017
◇p178（カラー）　振袖魚　栗本丹洲『異魚図纂・
勢海百鱗』　［国立国会図書館］

ブリーム　Abramis brama
「世界大博物図鑑 2」平凡社　1989
◇p121（カラー）　ドノヴァン、E.『英国産魚類誌』
1802～08

ブリモドキ　Naucrates ductor
「江戸博物文庫 魚の巻」工作舎　2017
◇p160（カラー）　鰤擬　栗本丹洲『栗氏魚譜』
［国立国会図書館］
「世界大博物図鑑 2」平凡社　1989
◇p305（カラー）　キュヴィエ、G.L.C.F.D.『動物
界』1836～49　手彩色銅版

フリワケテンジクイサキ　Kyphosus sectator
「世界大博物図鑑 2」平凡社　1989
◇p268（カラー）　キュヴィエ、G.L.C.F.D.、ヴァ
ランシエンヌ、A.『魚の博物誌』1828～50

ブルー・キャットフィッシュ　Ictalurus catus
「世界大博物図鑑 2」平凡社　1989
◇p164（カラー）　キュヴィエ、G.L.C.F.D.、ヴァ
ランシエンヌ、A.『魚の博物誌』1828～50

ブルースイワハイウオ　Balitora brucei
「世界大博物図鑑 2」平凡社　1989
◇p125（カラー）　グレー、J.E.著、ホーキンズ、
ウォーターハウス石版『インド動物図譜』1830
～35

フルストゥラ［トサカコケムシ］
「生物の驚異的な形」河出書房新社　2014
◇図版33（カラー）　ヘッケル、エルンスト 1904

ブルーストライプ・バタフライフィッシュ
⇒チョウチョウウオ属の1種（ブルーストライ
プ・バタフライフィッシュ）を見よ

ブレイカータナバタウオ　Paraplesiops
bleekeri
「世界大博物図鑑 2」平凡社　1989
◇p257（カラー）　ギャレット、A.原図、ギュン
ター、A.C.L.G.解説『南海の魚類』1873～1910

フレーム・エンジェルフィッシュ
⇒アブラヤッコ属の1種（フレーム・エンジェ
ルフィッシュ）を見よ

フレーム・エンゼル　Centropyge loriculus
「世界大博物図鑑 2」平凡社　1989
◇p392（カラー）　ギャレット、A.原図、ギュン
ター、A.C.L.G.解説『南海の魚類』1873～1910

フレリトゲアメフラシ　Bursatella leachii
「高松松平家所蔵 衆鱗図 3」香川県歴史博物館
友の会博物図譜刊行会　2003
◇p45（カラー）　ドウド魚 表　松平頼恭 江戸時代
（18世紀）　紙本著色 画帖装（折本形式）　［個人
蔵］
◇p45（カラー）　（付札なし）　腹面図　松平頼恭
江戸時代（18世紀）　紙本著色 画帖装（折本形
式）　［個人蔵］

フレンチ・エンゼル　Pomacanthus paru
「世界大博物図鑑 2」平凡社　1989
◇p391（カラー）　キュヴィエ、G.L.C.F.D.、ヴァ
ランシエンヌ、A.『魚の博物誌』1828～50

プロトプテルス・アンネクテンス
Protopterus annectens
「世界大博物図鑑 2」平凡社　1989
◇p40（カラー）『ロンドン動物学協会紀要』1856

フロリダクロシギノハシガイ　Lithophaga
nigra
「世界大博物図鑑 別巻2」平凡社　1994
◇p179（カラー）　キュヴィエ、G.L.C.F.D.『動物
界（門徒版）』1836～49

プンティウス・デニソニイ　Puntius denisonii
「世界大博物図鑑 2」平凡社　1989
◇p125（カラー）　デイ、F.『マラバールの魚類』
1865　手彩色銅版画

プンティウス・メラナムピクス　Puntius
melanampyx
「世界大博物図鑑 2」平凡社　1989
◇p125（カラー）　デイ、F.『マラバールの魚類』
1865　手彩色銅版画

【へ】

ベアード・パロットフィッシュ
⇒アオブダイ属の1種（ベアード・パロット
フィッシュ）を見よ

ヘイケガニ　Heikea japonica
「高松松平家所蔵 衆鱗図 3」香川県歴史博物館
友の会博物図譜刊行会　2003
◇p31（カラー）　平家蟹 鬼面蟹　松平頼恭 江戸時
代（18世紀）　紙本著色 画帖装（折本形式）　［個
人蔵］
◇p36（カラー）　（付札なし）　松平頼恭 江戸時代
（18世紀）　紙本著色 画帖装（折本形式）　［個人
蔵］
「ビュフォンの博物誌」工作舎　1991
◇M050（カラー）『一般と個別の博物誌 ソンニー
ニ版』
「世界大博物図鑑 1」平凡社　1991
◇p117（カラー）　栗本丹洲『千蟲譜』文化8
（1811）

へいけ

魚・貝・水生生物

ヘイケガニ
「彩色 江戸博物学集成」平凡社 1994
◇p330〜331（カラー） 甲羅側と腹面 毛利梅園
『梅園介譜』［個人蔵］

ベーカーが記載したタコ
「ビュフォンの博物誌」工作舎 1991
◇L030（カラー）『一般と個別の博物誌 ソンニー
二版』
◇L031（カラー）『一般と個別の博物誌 ソンニー
二版』

ペーガスス［ウミテング］
「生物の驚異的な形」河出書房新社 2014
◇図版87（カラー） ヘッケル, エルンスト 1904

ペガンタ
「生物の驚異的な形」河出書房新社 2014
◇図版16（カラー） ヘッケル, エルンスト 1904

ヘコアユ Aeoliscus strigatus
「高松松平家所蔵 衆鱗図 1」香川県歴史博物館
友の会博物図譜刊行会 2001
◇p105（カラー） （墨書なし） 松平頼恭 江戸時
代（18世紀） 紙本著色 画帖装（折本形式）［個
人蔵］
「南海の魚類 博物画の至宝」平凡社 1995
◇pl.125（カラー） Amphisile strigata ギュン
ター, A.C.L.G., ギャレット, A. 1873〜1910

ペスゴ Pagellus acarne
「世界大博物図鑑 2」平凡社 1989
◇p289（カラー） キュヴィエ, G.L.C.F.D.『動物
界』 1836〜49 手彩色銅版

ベタ Betta splendens
「世界大博物図鑑 2」平凡社 1989
◇p236〜237（カラー） 2匹のオス 大野麦風『大
日本魚類画集』昭和12〜19 彩色木版

へだい
「魚の手帖」小学館 1991
◇46図（カラー） 平鯛 毛利梅園『梅園魚譜/梅園
魚品図正』 1826〜1843,1832〜1836 ［国立国
会図書館］

ヘダイ Sparus sarba
「高松松平家所蔵 衆鱗図 1」香川県歴史博物館
友の会博物図譜刊行会 2001
◇p26（カラー） ヒヨチヌ 松平頼恭 江戸時代
（18世紀） 紙本著色 画帖装（折本形式）［個人
蔵］

ペダーリオン
「生物の驚異的な形」河出書房新社 2014
◇図版32（カラー） ヘッケル, エルンスト 1904

ベッコウイモガイ
「江戸の動植物図」朝日新聞社 1988
◇p37（カラー） 森野藤助『松山本草』［森野旧
薬園］

ベッコウフデガイ Chrysame ferruginea
「世界大博物図鑑 別巻2」平凡社 1994

◇p142（カラー） マーティン, T.『万国貝譜』
1784〜87 手彩色銅版図

ペッナートゥラ［ヒカリウミエラ］
「生物の驚異的な形」河出書房新社 2014
◇図版19（カラー） ヘッケル, エルンスト 1904

ベナネク
「極楽の魚たち」リブロポート 1991
◇I−22（カラー） ルナール, L.『モルッカ諸島産彩
色魚類図譜 コワイエト写本』1718〜19 ［個人
蔵］

ベニオキナエビスガイ Perotrochus hirasei
「世界大博物図鑑 別巻2」平凡社 1994
◇p114（カラー） 平瀬與一郎『貝千種』 大正3〜
11（1914〜22） 色刷木版画

ベニオキナエビスガイ
「彩色 江戸博物学集成」平凡社 1994
◇p122（カラー） 無名氏 木村蒹葭堂『奇貝図譜』
1775 ［辰馬考古資料館］

ベニオチョウチョウウオ Chaetodon
mertensii
「南海の魚類 博物画の至宝」平凡社 1995
◇pl.36（カラー） ギュンター, A.C.L.G., ギャ
レット, A. 1873〜1910
「世界大博物図鑑 2」平凡社 1989
◇p384（カラー） ギャレット, A.原図, ギュン
ター, A.C.L.G.解説『南海の魚類』1873〜1910

ベニオビショクコウラ Harpa harpa
「世界大博物図鑑 別巻2」平凡社 1994
◇p149（カラー） キーネ, L.C.『ラマルク貝類図
譜』1834〜80 手彩色銅版図
「ビュフォンの博物誌」工作舎 1991
◇L057（カラー）『一般と個別の博物誌 ソンニー
二版』

ベニガイ
「彩色 江戸博物学集成」平凡社 1994
◇p38（カラー） 貝原益軒『大和本草諸品図』

ベニカサゴ
「江戸の動植物図」朝日新聞社 1988
◇p139（カラー） 紅笠子 関根雲停画

ベニカタベガイ Angaria distorta
「世界大博物図鑑 別巻2」平凡社 1994
◇p118（カラー） クノール, G.W.『貝類図譜』
1764〜75
◇p119（カラー） キーネ, L.C.『ラマルク貝類図
譜』1834〜80 手彩色銅版図

ベニカナガシラ Lepidotrigla cavillone
「世界大博物図鑑 2」平凡社 1989
◇p426（カラー） キュヴィエ, G.L.C.F.D.『動物
界』 1836〜49 手彩色銅版

ベニカノコフサアンコウ Chaunax coloratus
「世界大博物図鑑 2」平凡社 1989
◇p109（カラー） ガーマン, S.著, ウェスターグレ
ン原図『ハーヴァード大学比較動物学記録 第24

魚・貝・水生生物　　　へら

巻〈アルバトロス号調査報告—魚類編〉』 1899
手彩色石版画

ベニキヌヅツミガイ
「彩色 江戸博物学集成」平凡社　1994
◇p123（カラー）　紅巻介　木村蒹葭堂『奇貝図譜』
［辰馬考古資料館］

ベニクラゲモドキ　Oceania armata
「世界大博物図鑑 別巻2」平凡社　1994
◇p38（カラー）　他はTurris pileata、T.rotumda、
T.reticulata　ヘッケル、E.H.P.A.『クラゲ類の
体系』 1879〜80　多色石版図

ベニグリガイ？　Glycymeris rotunda？
「鳥獣虫魚譜」八坂書房　1988
◇p76（カラー）　松森胤保『両羽貝蝶図譜』　［酒
田市立光丘文庫］

ベニゴンベ　Neocirrhites armatus
「南海の魚類 博物画の至宝」平凡社　1995
◇pl.52（カラー）　Cirrhites melanotus　ギュン
ター、A.C.L.G.、ギャレット、A. 1873〜1910

ベニサシホウライエソ　Chauliodus barbatus
「世界大博物図鑑 2」平凡社　1989
◇p96（カラー）　ガーマン、S.著、ウェスターグレ
ン原図『ハーヴァード大学比較動物学記録 第24
巻〈アルバトロス号調査報告—魚類編〉』 1899
手彩色石版画

ベニシオマネキ　Uca crassipes
「世界大博物図鑑 1」平凡社　1991
◇p133（カラー）　田中芳男『博物館虫譜』 1877
（明治10）頃

ベニシリダカガイ　Tectus conus
「世界大博物図鑑 別巻2」平凡社　1994
◇p114（カラー）　クノール、G.W.『貝類図譜』
1764〜75

ベニツケタテガミカエルウオ　Cirripectes
variolosus
「南海の魚類 博物画の至宝」平凡社　1995
◇pl.116（カラー）　Salarias variolosus　ギュン
ター、A.C.L.G.、ギャレット、A. 1873〜1910

ベニハマグリ　Mactra ornata
「世界大博物図鑑 別巻2」平凡社　1994
◇p210（カラー）　平瀬與一郎『貝千種』　大正3〜
11（1914〜22）　色刷木版画

ベニビキベラ　Coris caudimacula
「世界大博物図鑑 2」平凡社　1989
◇p361（カラー）『アストロラブ号世界周航記』
1830〜35　スティップル印刷

ベニヒシダイ　Antigonia rubescens
「グラバー魚譜200選」長崎文献社　2005
◇p146（カラー）　倉場富三郎編、小田紫星画『日
本西部及南部魚類図譜』 1912採集　［長崎大学
附属図書館］

ベニヒモイソギンチャクのなかまがヤドカリ
の殻に付いて移動する図
「水中の驚異」リブロポート　1990
◇p56（カラー）　アンドレス、A.『ナポリ湾海洋研
究所紀要〈イソギンチャク類篇〉』 1884

ベニマンジュウクラゲ
「美しいアンティーク生物画の本」創元社　2017
◇p70（カラー）　Periphyllopsis braueri　Chun、
Carl『Wissenschaftliche Ergebnisse der
Deutschen Tiefsee–Expedition auf dem
Dampfer "Valdivia"1898–1899』 1902〜40
◇p73（カラー）　Periphyllopsis braueri
Bigelow, Henry Bryant『'The Medusae'
（Memoirs of the Museum of Comparative
Zoölogy at Harvard College, v.37）』 1909

ベニヤカタガイ　Hydatina amplustre
「世界大博物図鑑 別巻2」平凡社　1994
◇p166（カラー）　ヴァイヤン、A.N.『ボニート号
航海記』 1840〜66

ヘビガイの1種　Vermetes sp.
「世界大博物図鑑 別巻2」平凡社　1994
◇p214（カラー）　コント、J.A.『博物学の殿堂』
1830（？）

ヘビカワヒザラガイ　Chiton pelliserpentis
「世界大博物図鑑 別巻2」平凡社　1994
◇p99（カラー）　デュモン・デュルヴィル、J.S.C.
『アストロラブ号世界周航記』 1830〜35　ス
ティップル印刷

蛇コチ
「江戸名作画帖全集 8」駸々堂出版　1995
◇図52（カラー）　蛇コチ・尾細コチ　松平頼恭編
『衆鱗図』　紙本着色　［松平公益会］

ペヘレイ　Austromenidia laticlavia
「世界大博物図鑑 2」平凡社　1989
◇p228（カラー）　ゲイ、C.『チリ自然社会誌』
1844〜71

ベラ
「極楽の魚たち」リブロポート　1991
◇I–46（カラー）　格子縞　ルナール、L.『モルッカ
諸島産彩色魚類図譜 コワイエト写本』 1718〜19
［個人蔵］
◇I–48（カラー）　宝石　ルナール、L.『モルッカ諸
島産彩色魚類図譜 コワイエト写本』 1718〜19
［個人蔵］
◇I–62（カラー）　モーリシャス島のローチ　ル
ナール、L.『モルッカ諸島産彩色魚類図譜 コワイ
エト写本』 1718〜19　［個人蔵］
◇II–26（カラー）　珊瑚礁魚　ファロワズ、サムエ
ル原画、ルナール、L.『モルッカ諸島産彩色魚類
図譜 ファン・デル・ステル写本』 1718〜19
［個人蔵］
◇II–120（カラー）　格子模様　ファロワズ、サムエ
ル原画、ルナール、L.『モルッカ諸島産彩色魚類
図譜 ファン・デル・ステル写本』 1718〜19
［個人蔵］
◇II–154（カラー）　オウム魚　ファロワズ、サムエ

博物図譜レファレンス事典 動物篇　**279**

へら　　　　　　　　　　　　　　　　　　　　魚・貝・水生生物

ル原画, ルナール, L.『モルッカ諸島産彩色魚類
図譜 ファン・デル・ステル写本』 1718〜19
［個人蔵］
◇II-209（カラー）　ヒラのハラン　ファロワズ, サ
ムエル原画, ルナール, L.『モルッカ諸島産彩色
魚類図譜 ファン・デル・ステル写本』 1718〜19
［個人蔵］
◇p135（カラー）　ファロワズ, サムエル画, ルナー
ル, L.『モルッカ諸島産彩色魚類図譜 フォン・ベ
ア写本』 1718〜19

ベラ（おそらくニジベラ）
「極楽の魚たち」リブロポート　1991
◇I-160（カラー）　満州のオムバー　ルナール, L.
『モルッカ諸島産彩色魚類図譜 コワイエト写本』
1718〜19　［個人蔵］

ヘラオカブトエビのなかま　Lepidurus
productus
「世界大博物図鑑 1」平凡社　1991
◇p61（カラー）　キュヴィエ, G.L.C.F.D.『動物
界』 1836〜49　手彩色銅版

ベラ科　Labridae
「ビュフォンの博物誌」工作舎　1991
◇K048（カラー）『一般と個別の博物誌 ソンニー
ニ版』
◇K049（カラー）『一般と個別の博物誌 ソンニー
ニ版』

ベラかハタ（？）
「極楽の魚たち」リブロポート　1991
◇II-95（カラー）　オウム魚　ファロワズ, サムエ
ル原画, ルナール, L.『モルッカ諸島産彩色魚類
図譜 ファン・デル・ステル写本』 1718〜19
［個人蔵］

ヘラチョウザメ　Polyodon spathula
「世界大博物図鑑 2」平凡社　1989
◇p49（カラー）　キュヴィエ, G.L.C.F.D.『動物界
（英語版）』 1833〜37

ベラの1種
「紙の上の動物園」グラフィック社　2017
◇p118〜119（カラー）　ゴス, フィリップ・ヘン
リー『水槽：深海の不思議を解く』 1854

ベラのなかま
「極楽の魚たち」リブロポート　1991
◇I-117（カラー）　ブロカード　ルナール, L.『モ
ルッカ諸島産彩色魚類図譜 コワイエト写本』
1718〜19　［個人蔵］
◇II-4（カラー）　ムーア人のトクタス　ファロワ
ズ, サムエル原画, ルナール, L.『モルッカ諸島産
彩色魚類図譜 ファン・デル・ステル写本』 1718
〜19　［個人蔵］
◇II-48（カラー）　珊瑚礁魚　ファロワズ, サムエ
ル原画, ルナール, L.『モルッカ諸島産彩色魚類
図譜 ファン・デル・ステル写本』 1718〜19
［個人蔵］
◇II-50（カラー）　珊瑚礁魚　ファロワズ, サムエ
ル原画, ルナール, L.『モルッカ諸島産彩色魚類
図譜 ファン・デル・ステル写本』 1718〜19
［個人蔵］

ベラの類
「極楽の魚たち」リブロポート　1991
◇II-41（カラー）　珊瑚礁魚　ファロワズ, サムエ
ル原画, ルナール, L.『モルッカ諸島産彩色魚類
図譜 ファン・デル・ステル写本』 1718〜19
［個人蔵］
◇II-42（カラー）　小さなカワカマス　ファロワ
ズ, サムエル原画, ルナール, L.『モルッカ諸島産
彩色魚類図譜 ファン・デル・ステル写本』 1718
〜19　［個人蔵］
◇p133（カラー）　ファロワズ, サムエル画, ルナー
ル, L.『モルッカ諸島産彩色魚類図譜 フォン・ベ
ア写本』 1718〜19

ヘラムシ科　Idoteidae
「ビュフォンの博物誌」工作舎　1991
◇M058（カラー）『一般と個別の博物誌 ソンニー
ニ版』

ヘラムシのなかま　Idotea hectica, Idotea
emarginata, Idotea linearis
「世界大博物図鑑 1」平凡社　1991
◇p76（カラー）　キュヴィエ, G.L.C.F.D.『動物
界』 1836〜49　手彩色銅版

ヘラヤガラ　Aulostomus chinensis
「日本の博物図譜」東海大学出版会　2001
◇図55（カラー）　横山慶次郎筆『魚類写生図』
［国立科学博物館］
「南海の魚類 博物画の至宝」平凡社　1995
◇pl.123（カラー）　Aulostoma chinense　ギュン
ター, A.C.L.G., ギャレット, A. 1873〜1910
「世界大博物図鑑 2」平凡社　1989
◇p200〜201（カラー）　ドルビニ, A.C.V.D.著, ウ
ダール原図, フランク筆『万有博物事典』 1837
銅版カラー刷り

ヘーリアクティス
「生物の驚異的な形」河出書房新社　2014
◇図版49（カラー）　ヘッケル, エルンスト 1904

ヘーリオディスクス
「生物の驚異的な形」河出書房新社　2014
◇図版11（カラー）　ヘッケル, エルンスト 1904

ヘリオトロープガイ（ニチリンサザエ）
Astraea heliotropium
「世界大博物図鑑 別巻2」平凡社　1994
◇p119（カラー）　ドノヴァン, E.『博物宝典』
1823〜27
◇p119（カラー）　マーティン, T.『万国貝譜』
1784〜87　手彩色銅版図

ペリカンアンコウ　Melanocetus johnsoni
「世界大博物図鑑 2」平凡社　1989
◇p105（カラー）　メス　ブラウアー, A.『深海魚』
1898〜99　石版色刷り

ヘリゴイシウツボ　Gymnothorax fimbriatus
「南海の魚類 博物画の至宝」平凡社　1995
◇pl.165（カラー）　Muraena undulata, var.
（Gesellschafts Inseln.）　ギュンター, A.C.L.G.
, ギャレット, A. 1873〜1910

280　博物図譜レファレンス事典 動物篇

魚・貝・水生生物　　　　　　　　　　　　　　　　　　ほうす

ヘリトリマンジュウガニ　Atergatis
reticulatus
「鳥獣虫魚譜」八坂書房　1988
　◇p81（カラー）　曼頭蟹　松森胤保『両羽貝蝶図
　譜』　［酒田市立光丘文庫］

ベリピュッラ［クロカムリクラゲ］
「生物の驚異的な形」河出書房新社　2014
　◇図版38（カラー）　ヘッケル、エルンスト　1904

ヘレネウツボ　Muraena helena
「ビュフォンの博物誌」工作舎　1991
　◇K080（カラー）『一般と個別の博物誌 ソンニー
　二版』
「世界大博物図鑑 2」平凡社　1989
　◇p173（カラー）　ハミルトン、R.著、ステュアート
　原画、リザーズ手彩色銅版『英国魚類誌』　1843

ベンガルバイ　Babylonia spirata
「世界大博物図鑑 別巻2」平凡社　1994
　◇p141（カラー）　キーネ、L.C.『ラマルク貝類図
　譜』　1834〜80　手彩色銅版図

ベンケイアサリ　Protothaca tenerrima
「世界大博物図鑑 別巻2」平凡社　1994
　◇p214（カラー）　デュ・プティ＝トゥアール、A.
　A.『ウエヌス号世界周航記』　1846

ベンケイガイ？　Glycymeris albolineata？
「鳥獣虫魚譜」八坂書房　1988
　◇p76（カラー）　松森胤保『両羽貝蝶図譜』　［酒
　田市立光丘文庫］

ベンケイガニ　Sesarmops intermedia
「日本の博物図譜」東海大学出版会　2001
　◇図21（カラー）　関根雲停筆『魚譜』　［東京国立
　博物館］

ベンケイガニ　Sesarmops intermedium
「高松松平家所蔵 衆鱗図 3」香川県歴史博物館
　友の会博物図譜刊行会　2003
　◇p39（カラー）　山蟹　松平頼恭 江戸時代（18世
　紀）　紙本著色 画帖装（折本形式）　［個人蔵］

ベンケイガニ
「彩色 江戸博物学集成」平凡社　1994
　◇p382〜383（カラー）　関根雲停画『博物館魚譜』
　［東京国立博物館］

ヘンゲボヤのなかま　Polycitor
departimentatns
「世界大博物図鑑 別巻2」平凡社　1994
　◇p286（カラー）　レニエ、S.A.『アドリア海無脊
　椎動物図譜』　1793　カラー印刷 銅版画

ベンタクリヌス
「生物の驚異的な形」河出書房新社　2014
　◇図版20（カラー）　ヘッケル、エルンスト　1904

ベンテンウオの1種　Pteraclis velifera
「ビュフォンの博物誌」工作舎　1991
　◇K033（カラー）『一般と個別の博物誌 ソンニー
　二版』

ペントレミテス
「生物の驚異的な形」河出書房新社　2014
　◇図版80（カラー）　ヘッケル、エルンスト　1904

【 ほ 】

ホウオウガイ　Vulsella vulsella
「ビュフォンの博物誌」工作舎　1991
　◇L062（カラー）『一般と個別の博物誌 ソンニー
　二版』

ホウキハタ　Epinephelus morrhua
「世界大博物図鑑 2」平凡社　1989
　◇p249（カラー）『魚譜〈忠・孝〉』　［東京国立博物
　館］　※明治時代の写本

ホウキハタ
「江戸の動植物図」朝日新聞社　1988
　◇p112（カラー）　奥倉魚仙『水族四帖』　［国立
　国会図書館］

放散虫と動物性鞭毛虫のなかま
「水中の驚異」リブロポート　1990
　◇p105（白黒）　ヘッケル、E.H.『自然の造形』
　1899〜1904

放散虫のなかま　Radiolaria
「世界大博物図鑑 別巻2」平凡社　1994
　◇p18（カラー）　ヘッケル、E.H.P.A.『自然の造
　形』　1899〜1904　多色石版画
　◇p19（カラー）　ヘッケル、E.H.P.A.『自然の造
　形』　1899〜1904　多色石版画
　◇口絵（カラー）　ヘッケル、E.H.P.A.『自然の造
　形』　1899〜1904　多色石版画

放散虫のなかま　Thalassoxanthium
medusinum, Sphaerozoum ovodimare,
Solenosphaera familiaris
「世界大博物図鑑 別巻2」平凡社　1994
　◇p19（カラー）　ヘッケル、E.H.P.A.『自然の造
　形』　1899〜1904　多色石版画

ボウジマスズメ　Dischistodus fasciatus
「世界大博物図鑑 2」平凡社　1989
　◇p348（カラー）　おそらく成魚　キュヴィエ、G.
　L.C.F.D.、ヴァランシエンヌ、A.『魚の博物誌』
　1828〜50

ボウジマヨウジウオ　Syngnathus tenuirostris
「ビュフォンの博物誌」工作舎　1991
　◇K022（カラー）『一般と個別の博物誌 ソンニー
　二版』
「世界大博物図鑑 2」平凡社　1989
　◇p201（カラー）『ポントス地域動物誌』　1840

ホウズキ　Hozukius emblemarius
「高松松平家所蔵 衆鱗図 1」香川県歴史博物館
　友の会博物図譜刊行会　2001
　◇p93（カラー）　赤ホコ　松平頼恭 江戸時代（18
　世紀）　紙本著色 画帖装（折本形式）　［個人蔵］

博物図譜レファレンス事典 動物篇　281

ほうす　　　　　　　　　　　　　魚・貝・水生生物

ボウズニラの1種
「美しいアンティーク生物画の本」創元社　2017
　◇p11（カラー）　Epibulia ritteriana　Haeckel,
　Ernst『Kunstformen der Natur』1899～1904

ボウズハゼ属の1種　Sicyopterus
albotaeniatum
「南海の魚類 博物画の至宝」平凡社　1995
　◇pl.110（カラー）　Sicydium albotaeniatum
　ギュンター, A.C.L.G., ギャレット, A. 1873～
　1910

ボウズボヤ（アンチンボヤ）　Syndiazona
grandis
「世界大博物図鑑 別巻2」平凡社　1994
　◇p286（カラー）　後藤梨春『随観写真』明和8
　（1771）頃

ホウセキキントキ　Priacanthus hamrur
「世界大博物図鑑 2」平凡社　1989
　◇p244（カラー）　キュヴィエ, G.L.C.F.D.『動物
　界』1836～49　手彩色銅版

ホウセキキントキ
「極楽の魚たち」リブロポート　1991
　◇I-72（カラー）　銀魚　ルナール, L.『モルッカ諸
　島産彩色魚類図譜 コワイエト写本』1718～19
　［個人蔵］

ホウセキハタ　Epinephelus chlorostigma
「高松松平家所蔵 衆鱗図 1」香川県歴史博物館
　友の会博物図譜刊行会　2001
　◇p62（カラー）　別種 赤小豆ハタ　松平頼恭 江戸
　時代（18世紀）　紙本著色 画帖装（折本形式）
　［個人蔵］

ホウセキハタモドキ　Epinephelus miliaris
「世界大博物図鑑 2」平凡社　1989
　◇p250（カラー）『アストロラブ号世界周航記』
　1830～35　スティップル印刷

ホウネンエビ　Branchinella kugenumaensis
「世界大博物図鑑 1」平凡社　1991
　◇p61（カラー）　田中芳男『博物館虫譜』1877
　（明治10）頃
　◇p61（カラー）　栗本丹洲『千蟲譜』文化8
　（1811）

ホウネンエビモドキ　Branchinecta paludosa
「世界大博物図鑑 1」平凡社　1991
　◇p61（カラー）　ベルトゥーフ, F.J.『少年絵本』
　1810　手彩色図版
　◇p61（カラー）　ヘルプスト, J.F.W.『蟹蛄分類図
　譜』1782～1804

ホウネンエビモドキの1種　Branchinecta sp.
「ビュフォンの博物誌」工作舎　1991
　◇M036（カラー）『一般と個別の博物誌 ソンニー
　二版』

ホウネンエビモドキの器官
「ビュフォンの博物誌」工作舎　1991
　◇M037（カラー）『一般と個別の博物誌 ソンニー
　二版』

ほうぼう
「魚の手帖」小学館　1991
　◇4図, 38図（カラー）　魴鮄・竹麦魚　毛利梅園
　『梅園魚譜/梅園魚品図正』1826～1843,1832～
　1836　［国立国会図書館］

ホウボウ　Chelidonichthys spinosus
「グラバー魚譜200選」長崎文献社　2005
　◇p182（カラー）　倉場富三郎編、小田紫星画『日
　本西部及南部魚類図譜』1913採集　［長崎大学
　附属図書館］
「高松松平家所蔵 衆鱗図 1」香川県歴史博物館
　友の会博物図譜刊行会　2001
　◇p103（カラー）　松平頼恭 江戸時代（18世紀）
　紙本著色 画帖装（折本形式）［個人蔵］
　◇p103（カラー）　別種 ホウボウ 幼魚　松平頼恭
　江戸時代（18世紀）　紙本著色 画帖装（折本形
　式）［個人蔵］
　◇p104（カラー）　松平頼恭 江戸時代（18世紀）
　紙本著色 画帖装（折本形式）［個人蔵］
「世界大博物図鑑 2」平凡社　1989
　◇p426（カラー）　大野麦風『大日本魚類画集』昭
　和12～19　彩色木版
「鳥獣虫魚譜」八坂書房　1988
　◇p60（カラー）　ウツ ムギ　松森胤保『両羽魚類図
　譜』［酒田市立光丘文庫］

ホウボウ
「江戸の動植物図」朝日新聞社　1988
　◇p138～139（カラー）　火魚　関根雲停画

ホウライエソ　Chauliodus sloani
「世界大博物図鑑 2」平凡社　1989
　◇p96（カラー）　キュヴィエ, G.L.C.F.D., ヴァラ
　ンシエンヌ, A.『魚の博物誌』1828～50

ホウライヒメジ　Parupeneus ciliatus
「高松松平家所蔵 衆鱗図 1」香川県歴史博物館
　友の会博物図譜刊行会　2001
　◇p94（カラー）　赤目　松平頼恭 江戸時代（18世
　紀）　紙本著色 画帖装（折本形式）［個人蔵］

ホオズキガイのなかま　Terebratula australe,
T.rouge, T.tachetee, T.recourbee
「世界大博物図鑑 別巻2」平凡社　1994
　◇p98（カラー）　デュモン・デュルヴィル, J.S.C.
　『アストロラブ号世界周航記』1830～35　ス
　ティップル印刷

ホオズキガイのなかま　Terebratula
sanguinea
「世界大博物図鑑 別巻2」平凡社　1994
　◇p98（カラー）　ドノヴァン, E.『博物宝典』
　1823～27

ホオスジモチノウオ　Cheilinus diagrammus
「南海の魚類 博物画の至宝」平凡社　1995
　◇pl.135（カラー）　Chilinus radiatus　ギュン
　ター, A.C.L.G., ギャレット, A. 1873～1910

ホカケアナハゼ　Blepsias bilobus
「世界大博物図鑑 2」平凡社　1989

魚・貝・水生生物　　　　　　　　　　　　　　　ほしさ

◇p413（カラー）　キュヴィエ、G.L.C.F.D.『動物界』　1836〜49　手彩色銅版

ボカシオオユゴイ　Kuhlia caudivittata
「世界大博物図鑑 2」平凡社　1989
◇p245（カラー）　キュヴィエ、G.L.C.F.D.『動物界』　1836〜49　手彩色銅版

ホクトベラ　Anampses meleagrides
「南海の魚類 博物画の至宝」平凡社　1995
◇pl.140（カラー）　Anampses godeffroyi　オスギュンター、A.C.L.G.、ギャレット、A. 1873〜1910

ホグフィッシュ　Lachnolaimus maximus
「すごい博物画」グラフィック社　2017
◇図版80（カラー）　ケイツビー、マーク 1725頃　アラビアゴムを混ぜた水彩と濃厚顔料　26.3×37.8　［ウィンザー城ロイヤル・ライブラリー］

ホクヨウオオバフンウニ　Strongylocentrotus droebachiensis
「世界大博物図鑑 別巻2」平凡社　1994
◇p267（カラー）　デュ・プティ＝トゥアール、A.A.『ウエヌス号世界周航記』　1846

ホクロハゼ　Acentrogobius caninus
「南海の魚類 博物画の至宝」平凡社　1995
◇pl.109（カラー）　Gobius caninus　ギュンター、A.C.L.G.、ギャレット、A. 1873〜1910

ホシアイゴ　Siganus stellatus
「世界大博物図鑑 2」平凡社　1989
◇p400（カラー）　リュッペル、W.P.E.S.『北アフリカ探検図譜』　1826〜28

ホシアオセニシン　Alosa fallax
「世界大博物図鑑 2」平凡社　1989
◇p52（カラー）　ドノヴァン、E.『英国産魚類誌』　1802〜08
◇p53（カラー）　ドノヴァン、E.『英国産魚類誌』　1802〜08

ホシガレイ　Verasper variegatus
「江戸博物文庫 魚の巻」工作舎　2017
◇p181（カラー）　星蝶　栗本丹洲『王余魚図彙』　［国立国会図書館］
「グラバー魚譜200選」長崎文献社　2005
◇p186（カラー）　めだかかれい　倉場富三郎編、小田紫星画『日本西部及南部魚類図譜』　1912採集　［長崎大学附属図書館］
◇p187（カラー）　めだかかれい　左体側面（無眼側）　倉場富三郎編、小田紫星画『日本西部及南部魚類図譜』　1912採集　［長崎大学附属図書館］
「高松松平家所蔵 衆鱗図 1」香川県歴史博物館友の会博物図譜刊行会　2001
◇p39（カラー）　星比目　松平頼恭 江戸時代（18世紀）　紙本著色 画帖装（折本形式）　［個人蔵］
◇p43（カラー）　藻鰈　体色変異　松平頼恭 江戸時代（18世紀）　紙本著色 画帖装（折本形式）　［個人蔵］
◇p44（カラー）　両面 山伏蝶裏　裏 部分的な両面有色個体　松平頼恭 江戸時代（18世紀）　紙本著色 画帖装（折本形式）　［個人蔵］

ホシガレイ
「彩色 江戸博物学集成」平凡社　1994
◇p78〜79（カラー）　藻鰈　松平頼恭『衆鱗図』　［松平公益会］

ホシキヌタガイ　Cypraea vexillum
「世界大博物図鑑 別巻2」平凡社　1994
◇p126（カラー）　デュモン・デュルヴィル、J.S.C.『アストロラブ号世界周航記』　1830〜35　スティップル印刷

ホシゴマシズ　Stromateus stellatus
「世界大博物図鑑 2」平凡社　1989
◇p296（カラー）　ゲイ、C.『チリ自然社会誌』　1844〜71

ホシゴンベ　Paracirrhites forsteri
「南海の魚類 博物画の至宝」平凡社　1995
◇pl.49（カラー）　Cirrhites forsteri　ギュンター、A.C.L.G.、ギャレット、A. 1873〜1910
「世界大博物図鑑 2」平凡社　1989
◇p292（カラー）　ベネット、J.W.『セイロン島沿岸産の魚類誌』　1830　手彩色 アクアチント 線刻銅版

ホシゴンベ
「極楽の魚たち」リブロポート　1991
◇I-61（カラー）　カベラウ（モーリシャス島のタラ）　ルナール、L.『モルッカ諸島産彩色魚類図譜 コワイエト写本』　1718〜19　［個人蔵］

ホシゴンベの1種　Paracirrhites amblycephalus
「南海の魚類 博物画の至宝」平凡社　1995
◇pl.49（カラー）　Cirrhites arcatus　ギュンター、A.C.L.G.、ギャレット、A. 1873〜1910

ホシササノハベラ　Pseudolabrus sieboldi
「グラバー魚譜200選」長崎文献社　2005
◇p136（カラー）　ささのはべら　倉場富三郎編、萩原także仙画『日本西部及南部魚類図譜』　1913採集　［長崎大学附属図書館］
「高松松平家所蔵 衆鱗図 2」香川県歴史博物館友の会博物図譜刊行会　2002
◇p104（カラー）　はなしまうを　幼魚　松平頼恭 江戸時代（18世紀）　紙本著色 画帖装（折本形式）　［個人蔵］
◇p105（カラー）　きざめ　オス個体　松平頼恭 江戸時代（18世紀）　紙本著色 画帖装（折本形式）　［個人蔵］
◇p105（カラー）　（付札なし）　メス個体　松平頼恭 江戸時代（18世紀）　紙本著色 画帖装（折本形式）　［個人蔵］
「日本の博物図譜」東海大学出版会　2001
◇図50（カラー）　筆者不詳『魚類写生図』　［国立科学博物館］

ホシザメ　Mustelus manazo
「高松松平家所蔵 衆鱗図 2」香川県歴史博物館友の会博物図譜刊行会　2002
◇p22〜23（カラー）　ほしふか　松平頼恭 江戸時代（18世紀）　紙本著色 画帖装（折本形式）　［個人蔵］

博物図譜レファレンス事典 動物篇　**283**

ほしす   魚・貝・水生生物

「世界大博物図鑑 2」平凡社　1989
　◇p25（カラー）　大野麦風『大日本魚類画集』　昭
　和12〜19　彩色木版

ホシススキベラ

「極楽の魚たち」リブロポート　1991
　◇I-179（カラー）　ガルナイ・パヴァン　ルナー
　ル，L.『モルッカ諸島産彩色魚類図譜 コワイエト
　写本』　1718〜19　［個人蔵］

ホシセミホウボウ　Daicocus peterseni

「グラバー魚譜200選」長崎文献社　2005
　◇p185（カラー）　倉場富三郎編，中村三郎画『日
　本西部及南部魚類図譜』　1917採集　［長崎大学
　附属図書館］
「日本の博物図譜」東海大学出版会　2001
　◇図20（カラー）　関根雲停筆『魚譜』　［東京国立
　博物館］

ホシダカラガイ　Cypraea tigris

「世界大博物図鑑 別巻2」平凡社　1994
　◇p127（カラー）　コント，J.A.『博物学の殿堂』
　1830（？）
「ビュフォンの博物誌」工作舎　1991
　◇L055（カラー）『一般と個別の博物誌 ソンニー
　ニ版』

ホシダカラガイ　Cypraea tigris（Linnaeus, 1758）

「彩色 江戸博物学集成」平凡社　1994
　◇p275（カラー）　馬場大助『貝譜』　［東京国立
　博物館］

ホシテンス　Xyrichtys pavo

「世界大博物図鑑 2」平凡社　1989
　◇p364（カラー）　キュヴィエ，G.L.C.F.D.，ヴァ
　ランシエンヌ，A.『魚の博物誌』　1828〜50

ホシニラミ　Uranoscopus scaber

「ビュフォンの博物誌」工作舎　1991
　◇K028（カラー）『一般と個別の博物誌 ソンニー
　ニ版』
「世界大博物図鑑 2」平凡社　1989
　◇p325（カラー）　キュヴィエ，G.L.C.F.D.『動物
　界』　1836〜49　手彩色銅版

ホシハゼ　Asterropteryx semipunctata

「南海の魚類 博物画の至宝」平凡社　1995
　◇pl.111（カラー）　Eleotris semipunctata　ギュ
　ンター，A.C.L.G.，ギャレット，A.　1873〜1910

ホシフグ　Arothron firmamentum

「高松松平家所蔵 衆鱗図 2」香川県歴史博物館
　友の会博物図譜刊行会　2002
　◇p88（カラー）　（墨書なし）　松平頼恭 江戸時代
　（18世紀）　紙本著色 画帖装（折本形式）　［個人
　蔵］
「南海の魚類 博物画の至宝」平凡社　1995
　◇pl.176（カラー）　Tetrodon hispidus var.α
　（Fanning Insel.）　ギュンター，A.C.L.G.，ギャ
　レット，A.　1873〜1910

ホシフリエイ　Raja radiata

「世界大博物図鑑 2」平凡社　1989
　◇p32（カラー）　ドノヴァン，E.『英国産魚類誌』
　1802〜08

ホシマダラハゼ　Ophiocara porocephala

「南海の魚類 博物画の至宝」平凡社　1995
　◇pl.112（カラー）　Eleotris ophiocephalus　ギュ
　ンター，A.C.L.G.，ギャレット，A.　1873〜1910

ホシマンジュウガニ　Atergatis integerrimus

「世界大博物図鑑 1」平凡社　1991
　◇p132（カラー）　キュヴィエ，G.L.C.F.D.『動物
　界』　1836〜49　手彩色銅版

ホシムシのなかま　Physcosoma granulatum

「世界大博物図鑑 別巻2」平凡社　1994
　◇p258（カラー）　リュッペル，W.P.E.S.『北アフ
　リカ探検図譜』　1826〜28

ホソエビス　Neoniphon argenteus

「南海の魚類 博物画の至宝」平凡社　1995
　◇pl.65（カラー）　Holocentrum laeve　ギュン
　ター，A.C.L.G.，ギャレット，A.　1873〜1910

ホソオウギコケムシ　Seculiflustra seculifrons

「世界大博物図鑑 別巻2」平凡社　1994
　◇p94（カラー）　ゴッス，P.H.『テンビー、海辺の
　休日』　1856　多色石版図

ホソオネズミダラ　Nezumia gracillicauda

「世界大博物図鑑 2」平凡社　1989
　◇p92（カラー）　ガーマン，S.著，ウェスターグレ
　ン原図『ハーヴァード大学比較動物学記録 第24
　巻〈アルバトロス号調査報告—魚類編〉』　1899
　手彩色石版画

ホソサケイワシ　Microstoma microstoma

「世界大博物図鑑 2」平凡社　1989
　◇p53（カラー）　キュヴィエ，G.L.C.F.D.，ヴァラ
　ンシエンヌ，A.『魚の博物誌』　1828〜50

ホソスジマンジュウイシモチ　Sphaeramia orbicularis

「南海の魚類 博物画の至宝」平凡社　1995
　◇pl.20（カラー）　Apogon orbicularis　ギュン
　ター，A.C.L.G.，ギャレット，A.　1873〜1910
「世界大博物図鑑 2」平凡社　1989
　◇p242（カラー）　ギャレット，A.原図，ギュン
　ター，A.C.L.G.解説『南海の魚類』　1873〜1910
　◇p243（カラー）『アストロラブ号世界周航記』
　1830〜35　スティップル印刷

ホソモエビ　Latreutes acicularis

「高松松平家所蔵 衆鱗図 3」香川県歴史博物館
　友の会博物図譜刊行会　2003
　◇p18（カラー）　青エビ　松平頼恭 江戸時代（18
　世紀）　紙本著色 画帖装（折本形式）　［個人蔵］

ホタタミナマズ　Hemisilurus scleronema

「世界大博物図鑑 2」平凡社　1989
　◇p157（カラー）　ブレイカー，M.P.『蘭領東イン
　ド魚類図譜』　1862〜78　色刷り石版画

魚・貝・水生生物　　　　　　　　　　　　　　　　　　　　ほほし

ポタモリナ・ラティケプス　Potamorhina laticeps
「世界大博物図鑑 2」平凡社　1989
　◇p112（カラー）　キュヴィエ, G.L.C.F.D., ヴァランシエンヌ, A.『魚の博物誌』1828〜50

ホタルイカのなかま　Abralia armata
「世界大博物図鑑 別巻2」平凡社　1994
　◇p239（カラー）　デュモン・デュルヴィル, J.S.C.『アストロラブ号世界周航記』1830〜35　スティップル印刷

ボタンウニの仲間
「美しいアンティーク生物画の本」創元社　2017
　◇p17（カラー）　Echinocyamus pusillus　幼生　Haeckel, Ernst『Kunstformen der Natur』1899〜1904
　◇p88（カラー）　Echinocyamus grandiporus Arbert I, Prince of Monaco『Résultats des campagnes scientifiques accomplies sur son yacht par Albert ler, prince souverain de Monaco』1909
　◇p88（カラー）　Echinocyamus macrostomus Arbert I, Prince of Monaco『Résultats des campagnes scientifiques accomplies sur son yacht par Albert ler, prince souverain de Monaco』1909
　◇p88（カラー）　Echinocyamus pusillus　Arbert I, Prince of Monaco『Résultats des campagnes scientifiques accomplies sur son yacht par Albert ler, prince souverain de Monaco』1909

ボタンガンゼキボラ　Phyllonotus brassica
「世界大博物図鑑 別巻2」平凡社　1994
　◇p135（カラー）　ビーチィ, F.W.著, サワビー, G.B.図『ビーチィ航海記動物学篇』1839

ホッカイエビ　Pandalus kessleri
「世界大博物図鑑 1」平凡社　1991
　◇p81（カラー）　栗本丹洲『千蟲譜』文化8（1811）

ホッカイトゲウオ　Spinachia spinachia
「世界大博物図鑑 2」平凡社　1989
　◇p196（カラー）　キュヴィエ, G.L.C.F.D.『動物界』1836〜49　手彩色銅版
　◇p196（カラー）　ジャーディン, W.『スズキ類の博物誌』1843

ホッケ　Pleurogrammus azonus
「世界大博物図鑑 2」平凡社　1989
　◇p420（カラー）　栗本丹洲『栗氏魚譜』文政2（1819）［国文学研究資料館史料館］
　◇p421（カラー）『博物館魚譜』［東京国立博物館］

ホッケ　Pleurogrammus azonus Jordan et Metz
「高木春山 本草図説 水産」リブロポート　1988
　◇p48〜49（カラー）　ます 塩蔵ノモノ　ホッケの塩干し（？）

ホッコクエビ　Metapenaeopsis lamellata
「高松松平家所蔵 衆鱗図 3」香川県歴史博物館友の会博物図譜刊行会　2003
　◇p13（カラー）　（付札なし）松平頼恭 江戸時代（18世紀）紙本著色 画帖装（折本形式）［個人蔵］

ホッスガイの1種　Hyalonema sp.
「ビュフォンの博物誌」工作舎　1991
　◇L051（カラー）『一般と個別の博物誌 ソンニーニ版』

ボット
「極楽の魚たち」リブロポート　1991
　◇I-2（カラー）　ヒラメの意味だがアイゴの類？ルナール, L.『モルッカ諸島産彩色魚類図譜 コワイエト写本』1718〜19　［個人蔵］

ホテイウオ　Aptocyclus ventricosus
「江戸博物文庫 魚の巻」工作舎　2017
　◇p162（カラー）　布袋魚　栗本丹洲『栗氏魚譜』［国立国会図書館］

ホトトギスガイ？　Musculus senhausia？
「鳥獣虫魚譜」八坂書房　1988
　◇p82（カラー）　松森胤保『両羽貝蝶図譜』［酒田市立光丘文庫］

ホニモ魚
「極楽の魚たち」リブロポート　1991
　◇II-63（カラー）　ファロワズ, サムエル原画, ルナール, L.『モルッカ諸島産彩色魚類図譜 ファン・デル・ステル写本』1718〜19　［個人蔵］

ホニモのザリガニ
「極楽の魚たち」リブロポート　1991
　◇II-213（カラー）　ファロワズ, サムエル原画, ルナール, L.『モルッカ諸島産彩色魚類図譜 ファン・デル・ステル写本』1718〜19　［個人蔵］

ホネガイ　Murex pecten
「世界大博物図鑑 別巻2」平凡社　1994
　◇p134（カラー）　キーネ, L.C.『ラマルク貝類図譜』1834〜80　手彩色銅版図

ホネガイ
「彩色 江戸博物学集成」平凡社　1994
　◇p215（カラー）　武蔵石寿『目八譜』［東京国立博物館］

ホノオトウカムリガイ　Cassis flammea
「世界大博物図鑑 別巻2」平凡社　1994
　◇p124（カラー）　クノール, G.W.『貝類図譜』1764〜75

ホプリアス・マラバリクス　Hoplias malabaricus
「世界大博物図鑑 2」平凡社　1989
　◇p112（カラー）　キュヴィエ, G.L.C.F.D., ヴァランシエンヌ, A.『魚の博物誌』1828〜50

ホホジロザメ　Carcharodon carcharias
「世界大博物図鑑 2」平凡社　1989
　◇p28（カラー）　スミス, A.著, フォード, G.H.原

博物図譜レファレンス事典 動物篇　**285**

図『南アフリカ動物図譜』 1838〜49 手彩色
石版

ホホダレベラ Neolabrus reticulatus
「世界大博物図鑑 2」平凡社 1989
◇p362（カラー） キュヴィエ, G.L.C.F.D., ヴァ
ランシエンヌ, A.『魚の博物誌』 1828〜50

ホームベース Chaca bankanensis
「世界大博物図鑑 2」平凡社 1989
◇p156（カラー） マルテンス, E.フォン原画, シュ
ミット, C.F.石版『オイレンブルク遠征図譜』
1865〜67 多色刷り石版画

ホヤ, サルパ, カイメン, および四放サンゴ, 放散虫化石など
「ビュフォンの博物誌」工作舎 1991
◇L059（カラー）『一般と個別の博物誌 ソンニー
二版』

ホヤの1種 Aplidium conicum, Aplidium proliferum
「世界大博物図鑑 別巻2」平凡社 1994
◇p286（カラー） キュヴィエ, G.L.C.F.D.『動物
界（門徒版）』 1836〜49

ホヤの1種 Clavelina borealis
「世界大博物図鑑 別巻2」平凡社 1994
◇p286（カラー） キュヴィエ, G.L.C.F.D.『動物
界（門徒版）』 1836〜49

ホヤの1種 Clavelina lepadiformis
「世界大博物図鑑 別巻2」平凡社 1994
◇p286（カラー） ゴッス, P.H.『テンビー, 海辺の
休日』 1856 多色石版図

ホヤの1種 Cynthia gregaria or Pyura gregaria
「世界大博物図鑑 別巻2」平凡社 1994
◇p286（カラー） レッソン, R.P.著, プレートル原
図『動物百図』 1830〜32

ホヤのなかま Ascidiacea
「世界大博物図鑑 別巻2」平凡社 1994
◇p287（カラー） ゴッス, P.H.『磯の一年』 1865
多色木版画

ホヤ類
「水中の驚異」リブロポート 1990
◇p103（カラー） ヘッケル, E.H.『自然の造形』
1899〜1904

ホヤ類サルパ属
「水中の驚異」リブロポート 1990
◇p76（白黒） デュプレ『コキーユ号航海記録』
1826〜30

ぼら
「魚の手帖」小学館 1991
◇41図（カラー） 鯔・鯔 毛利梅園『梅園魚譜/梅
園魚品図正』 1826〜1843,1832〜1836 ［国立
国会図書館］

ボラ Mugil cephalus
「江戸博物文庫 魚の巻」工作舎 2017

◇p60（カラー） 鯔 毛利梅園『梅園魚品図正』
［国立国会図書館］
「グラバー魚譜200選」長崎文献社 2005
◇p63（カラー） 倉場富三郎編, 小田紫星画『日本
西部及南部魚類図譜』 1912採集 ［長崎大学附
属図書館］
「ビュフォンの博物誌」工作舎 1991
◇K074（カラー）『一般と個別の博物誌 ソンニー
二版』

ボラ Mugil cephalus cephalus
「高松松平家所蔵 衆鱗図 1」香川県歴史博物館
友の会博物図譜刊行会 2001
◇p95（カラー） イナ スバシリ 松平頼恭 江戸時
代（18世紀） 紙本著色 画帖装（折本形式） ［個
人蔵］
◇p95（カラー） 鯔 ハラブト 松平頼恭 江戸時代
（18世紀） 紙本著色 画帖装（折本形式） ［個人
蔵］
「南海の魚類 博物画の至宝」平凡社 1995
◇pl.120（カラー） Mugil dobula ギュンター,
A.C.L.G., ギャレット, A. 1873〜1910

ボラ
「極楽の魚たち」リブロポート 1991
◇I-10（カラー） ブラナク ルナール, L.『モルッ
カ諸島産彩色魚類図譜 コワイエト写本』 1718〜
19 ［個人蔵］

ホラガイ Charonia tritonis
「世界大博物図鑑 別巻2」平凡社 1994
◇p130（カラー） クノール, G.W.『貝類図譜』
1764〜75
◇p131（カラー） 平瀬與一郎『貝千種』 大正3〜
11（1914〜22） 色刷木版画

ボラック Pollachius pollachius
「世界大博物図鑑 2」平凡社 1989
◇p180（カラー） ドノヴァン, E.『英国産魚類誌』
1802〜08

ボラの頭部 Chelon labrosus, Liza saliens
「世界大博物図鑑 2」平凡社 1989
◇p228（カラー） キュヴィエ, G.L.C.F.D., ヴァ
ランシエンヌ, A.『魚の博物誌』 1828〜50

ポリプ
「水中の驚異」リブロポート 1990
◇p40（カラー） ブリンクマン, A.著, リヒター, イ
ロナ画『ナポリ湾海洋研究所紀要〈軟体動物篇〉』

ポリプテルス Polypterus senegalus
「世界大博物図鑑 2」平凡社 1989
◇p40〜41（カラー） キュヴィエ, G.L.C.F.D.『動
物界』 1836〜49 手彩色銅版

ポルトガル湾のカニ
「極楽の魚たち」リブロポート 1991
◇II-114（カラー） ファロワズ, サムエル原画, ル
ナール, L.『モルッカ諸島産彩色魚類図譜 ファ
ン・デル・ステル写本』 1718〜19 ［個人蔵］
◇II-217（カラー） ファロワズ, サムエル原画, ル
ナール, L.『モルッカ諸島産彩色魚類図譜 ファ

魚・貝・水生生物　　　　　　　　　　　　　　　　ほんそ

ン・デル・ステル写本』　1718〜19　［個人蔵］

ポルトガル湾のボロン
「極楽の魚たち」リブロポート　1991
◇II–90（カラー）　ファロワズ, サムエル原画, ル
ナール, L.『モルッカ諸島産彩色魚類図譜 ファ
ン・デル・ステル写本』1718〜19　［個人蔵］

ポルペマ
「生物の驚異的な形」河出書房新社　2014
◇図版17（カラー）　ヘッケル, エルンスト　1904

ボルボックスのなかま　Volvox stellatus
「世界大博物図鑑 別巻2」平凡社　1994
◇p22（カラー）　エーレンベルク, C.G.『滴虫類』
1838　手彩色銅版図

ホルミポラ［フウセンクラゲ］
「生物の驚異的な形」河出書房新社　2014
◇図版27（カラー）　ヘッケル, エルンスト　1904

ボロサクラダイ　Odontanthias rhodopeplus
「世界大博物図鑑 2」平凡社　1989
◇p256（カラー）　フォード, G.H.原図『ロンドン
動物学協会紀要』1871

ボロック
⇒セーズ（ポロック）を見よ

ホワイティング　Merlangius merlangus
「ビュフォンの博物誌」工作舎　1991
◇K029（カラー）『一般と個別の博物誌 ソンニー
ニ版』

ホワイトイヤー・スケーリーフィン
⇒スズメダイ科（ホワイトイヤー・スケーリー
フィン）を見よ

ホワイトフットクレイフィッシュ
Austropotamobius pallipes
「すごい博物画」グラフィック社　2017
◇図版49（カラー）　ルリコンゴウインコ, サザン
ホーカー, スズメバチ, 種類のわからない鳥, キ
アゲハの幼虫とさなぎ, ホワイトフットクレイ
フィッシュ, グレーハウンド, シクラメンの葉と
カレハガの幼虫　マーシャル, アレクサンダー
1650〜82頃　水彩　45.6×33.3　［ウィンザー城
ロイヤル・ライブラリー］

ホンウニの1種
「美しいアンティーク生物画の本」創元社　2017
◇p61（カラー）　Echinus pustulatus　Oken,
Lorenz『Abbildungen zu Okens allgemeiner
Naturgeschichte für alle Stände』1843
◇p94（カラー）　Echinus saxarilis　Barbut,
James『The genera vermium exemplified by
various specimens of the animals contained in
the orders of the Intestina et Mollusca
Linnaei』1783
◇p94（カラー）　Echinus diadema　Barbut,
James『The genera vermium exemplified by
various specimens of the animals contained in
the orders of the Intestina et Mollusca
Linnaei』1783

◇p94（カラー）　Echinus lacunosus　Barbut,
James『The genera vermium exemplified by
various specimens of the animals contained in
the orders of the Intestina et Mollusca
Linnaei』1783
◇p94（カラー）　Echinus violaceus　Barbut,
James『The genera vermium exemplified by
various specimens of the animals contained in
the orders of the Intestina et Mollusca
Linnaei』1783
◇p98（カラー）　Echinus lamarckii　Donovan,
Edward『The Naturalist's repository, or,
Monthly miscellany of exotic natural history』
1825
◇p100（カラー）　Echinus pictus　Donovan,
Edward『The Naturalist's repository, or,
Monthly miscellany of exotic natural history』
1827

ホンケヤリムシ
⇒サベッラ［ホンケヤリムシ］を見よ

ボンゲン
「極楽の魚たち」リブロポート　1991
◇I–204（カラー）　ルナール, L.『モルッカ諸島産
彩色魚類図譜 コワイエト写本』1718〜19　［個
人蔵］

ボンゴン
「極楽の魚たち」リブロポート　1991
◇I–15（カラー）　ルナール, L.『モルッカ諸島産彩
色魚類図譜 コワイエト写本』1718〜19　［個人
蔵］

ホンシャコのなかま　Squilla sp.
「世界大博物図鑑 1」平凡社　1991
◇p141（カラー）　おそらく大西洋産　ヘルプスト,
J.F.W.『蟹蝦分類図譜』1782〜1804

ホンソメワケベラ　Labroides dimidiatus
「世界大博物図鑑 2」平凡社　1989
◇p363（カラー）　ファロアズ, サムエル原画, ル
ナール, L.『モルッカ諸島魚類彩色図譜』1754
［国文学研究資料館史料館］
◇p363（カラー）　幼魚, 成魚　ブレイカー, M.P.
『蘭領東インド魚類図譜』1862〜78　色刷り石
版画

ホンソメワケベラ
「極楽の魚たち」リブロポート　1991
◇I–131（カラー）　極楽　ルナール, L.『モルッカ
諸島産彩色魚類図譜 コワイエト写本』1718〜19
［個人蔵］
◇II–43（カラー）　極楽魚　ファロワズ, サムエル
原画, ルナール, L.『モルッカ諸島産彩色魚類図
譜 ファン・デル・ステル写本』1718〜19　［個
人蔵］
◇II–69（カラー）　海燕　ファロワズ, サムエル原
画, ルナール, L.『モルッカ諸島産彩色魚類図譜
ファン・デル・ステル写本』1718〜19　［個人
蔵］
◇II–143（カラー）　極楽魚　ファロワズ, サムエル
原画, ルナール, L.『モルッカ諸島産彩色魚類図
譜 ファン・デル・ステル写本』1718〜19　［個

ほんつ　　　　　　魚・貝・水生生物

人蔵〕

ホンツメイカ　Onycoteuthis banksii
「世界大博物図鑑 別巻2」平凡社　1994
◇p231（カラー）　レッソン, R.P.著, プレートル原
図『動物百図』　1830〜32

ホントビ？
「彩色 江戸博物学集成」平凡社　1994
◇p198〜199（カラー）　栗本丹洲『魚譜』　〔国会
図書館〕

ボント・フン
「極楽の魚たち」リブロポート　1991
◇II-131（カラー）　ファロワズ, サムエル原画, ル
ナール, L.『モルッカ諸島産彩色魚類図譜 ファ
ン・デル・ステル写本』　1718〜19　〔個人蔵〕

ホンフサアンコウ　Chaunax fimbriatus
「世界大博物図鑑 2」平凡社　1989
◇p109（カラー）『魚譜〈忠・孝〉』　〔東京国立博物
館〕　※明治時代の写本

ホンブンブク　Spatangus luetkeni
「鳥獣虫魚譜」八坂書房　1988
◇p83（カラー）　松森胤保『両羽貝蝶図譜』　〔酒
田市立光丘文庫〕

ホンブンブク
「水中の驚異」リブロポート　1990
◇p86（カラー）　キュヴィエ『動物界』　1836〜49

ホンブンブクの仲間
「美しいアンティーク生物画の本」創元社　2017
◇p97（カラー）　Spatangue velu　Drapiez,
Pierre Auguste Joseph『Dictionnaire Classique
Des Sciences Naturelles』　1853

ボンボリイザリウオ　Antennarius hispidus
「南海の魚類 博物画の至宝」平凡社　1995
◇pl.99（カラー）　ギュンター, A.C.L.G., ギャ
レット, A. 1873〜1910

ホンミノガイ　Lima lima
「世界大博物図鑑 別巻2」平凡社　1994
◇p194（カラー）　キュヴィエ, G.L.C.F.D.『動物
界（門徒版）』　1836〜49

ホンメノウタイコガイ　Phalium labriatum
「世界大博物図鑑 別巻2」平凡社　1994
◇p125（カラー）　キーネ, L.C.『ラマルク貝類図
譜』　1834〜80　手彩色銅版図

ほんもろこ
「魚の手帖」小学館　1991
◇13図（カラー）　本諸子　毛利梅園『梅園魚譜/梅
園魚品図正』　1826〜1843,1832〜1836　〔国立
国会図書館〕

ホンモロコ　Gnathopogon caerulescens
「高松松平家所蔵 衆鱗図 3」香川県歴史博物館
友の会博物図譜刊行会　2003
◇p71（カラー）　川モロコ　松平頼恭 江戸時代
（18世紀）　紙本著色 画帖装（折本形式）　〔個人
蔵〕

ホンモロコ　Gnathopogon elongatus
caerulescens
「世界大博物図鑑 2」平凡社　1989
◇p140（カラー）　大野麦風『大日本魚類画集』　昭
和12〜19　彩色木版

ホンヤドカリのなかま　Pagurus bernhardus
「世界大博物図鑑 1」平凡社　1991
◇p112（カラー）　キュヴィエ, G.L.C.F.D.『動物
界』　1836〜49　手彩色銅版

ホンヤドカリのなかま　Pagurus villosus,
Pagurus gayi
「世界大博物図鑑 1」平凡社　1991
◇p113（カラー）　ゲイ, C.『チリ自然社会誌』
1844〜71

ホンヤドカリのなかま？　Pagurus sp.？
「世界大博物図鑑 1」平凡社　1991
◇p112（カラー）　レニエ, S.A.『アドリア海無脊
椎動物図譜』　1793

【ま】

まあじ
「魚の手帖」小学館　1991
◇40図, 50図（カラー）　真鯵　クロアジとキアジ
毛利梅園『梅園魚譜/梅園魚品図正』　1826〜
1843,1832〜1836　〔国立国会図書館〕

マアジ　Trachurus japonicus
「高松松平家所蔵 衆鱗図 1」香川県歴史博物館
友の会博物図譜刊行会　2001
◇p100（カラー）　鯵　松平頼恭 江戸時代（18世
紀）　紙本著色 画帖装（折本形式）　〔個人蔵〕
◇p100（カラー）　大鯵　松平頼恭 江戸時代（18世
紀）　紙本著色 画帖装（折本形式）　〔個人蔵〕
「世界大博物図鑑 2」平凡社　1989
◇p300（カラー）　大野麦風『大日本魚類画集』　昭
和12〜19　彩色木版

まあなご
「魚の手帖」小学館　1991
◇79図（カラー）　真穴子　毛利梅園『梅園魚譜/梅
園魚品図正』　1826〜1843,1832〜1836　〔国立
国会図書館〕

マアナゴ　Conger myriaster
「グラバー魚譜200選」長崎文献社　2005
◇p42（カラー）　倉場富三郎編, 小田紫星画『日本
西部及南部魚類図譜』　1912採集　〔長崎大学附
属図書館〕
「高松松平家所蔵 衆鱗図 2」香川県歴史博物館
友の会博物図譜刊行会　2002
◇p58〜59（カラー）　あなご　松平頼恭 江戸時代
（18世紀）　紙本著色 画帖装（折本形式）　〔個人
蔵〕
◇p59（カラー）　べいすけ　松平頼恭 江戸時代
（18世紀）　紙本著色 画帖装（折本形式）　〔個人
蔵〕

魚・貝・水生生物　　　　　　　　　　　まくろ

「世界大博物図鑑 2」平凡社　1989
　◇p168（カラー）　後藤梨春『随観写真』　明和8
　（1771）ごろ

マアナゴ　Ovinotis ovina
「世界大博物図鑑 別巻2」平凡社　1994
　◇p102（カラー）　ドルビニ, A.C.V.D.『万有博物
　事典』　1838〜49,61

マアナゴ
「彩色 江戸博物学集成」平凡社　1994
　◇p118〜119（カラー）　小野蘭山『魚彙』　［岩瀬
　文庫］

まいわし
「魚の手帖」小学館　1991
　◇40図, 108図（カラー）　真鰯　毛利梅園『梅園魚
　譜/梅園魚品図正』　1826〜1843,1832〜1836
　［国立国会図書館］

マイワシ　Sardinops melanostictus
「江戸博物文庫 魚の巻」工作舎　2017
　◇p145（カラー）　真鰯　栗本丹洲『栗氏魚譜』
　［国立国会図書館］
「グラバー魚譜200選」長崎文献社　2005
　◇p55（カラー）　未成魚　倉場富三郎編, 長谷川雪
　香画『日本西部及南部魚類図譜』　1913,1918採集
　［長崎大学附属図書館］
「高松松平家所蔵 衆鱗図 1」香川県歴史博物館
　友の会博物図譜刊行会　2001
　◇p105（カラー）　鰯　松平頼恭 江戸時代（18世
　紀）　紙本著色 画帖装（折本形式）　［個人蔵］
「世界大博物図鑑 2」平凡社　1989
　◇p53（カラー）　大野麦風『大日本魚類画集』　昭
　和12〜19　彩色木版

マエアンドゥリナ
「生物の驚異的な形」河出書房新社　2014
　◇図版9（カラー）　ヘッケル, エルンスト　1904

まえそ
「魚の手帖」小学館　1991
　◇131図（カラー）　真狗母魚・真鱧　毛利梅園『梅
　園魚譜/梅園魚品図正』　1826〜1843,1832〜1836
　［国立国会図書館］

マエソ　Saurida sp.2
「高松松平家所蔵 衆鱗図 2」香川県歴史博物館
　友の会博物図譜刊行会　2002
　◇p72（カラー）　ゑそ　松平頼恭 江戸時代（18世
　紀）　紙本著色 画帖装（折本形式）　［個人蔵］

マエソ　Saurida undosquamis
「グラバー魚譜200選」長崎文献社　2005
　◇p59（カラー）　えそ　倉場富三郎編, 小田紫星画
　『日本西部及南部魚類図譜』　1912採集　［長崎大
　学附属図書館］

マオナガ　Alopias vulpinus
「高松松平家所蔵 衆鱗図 2」香川県歴史博物館
　友の会博物図譜刊行会　2002
　◇p28〜29（カラー）　をながさめ　松平頼恭 江戸
　時代（18世紀）　紙本著色 画帖装（折本形式）

［個人蔵］

マオマオ
⇒オヤビッチャ属の1種（マオマオ）を見よ

マガキの1種　Crassostrea sp.
「ビュフォンの博物誌」工作舎　1991
　◇L060（カラー）『一般と個別の博物誌 ソンニー
　ニ版』

マカジキ　Tetrapturus audax
「グラバー魚譜200選」長崎文献社　2005
　◇p70（カラー）　倉場富三郎編, 長谷川雪香画『日
　本西部及南部魚類図譜』　1915採集　［長崎大学
　附属図書館］

膜口類のなかま　Ophryoglena atra, O.
acuminata, O.flavicans
「世界大博物図鑑 別巻2」平凡社　1994
　◇p27（カラー）　エーレンベルク, C.G.『滴虫類』
　1838　手彩色銅版図

マクヒトデの1種
「美しいアンティーク生物画の本」創元社　2017
　◇p79（カラー）　Hymenaster Bourgeti　Filhol,
　Henri『La vie au fond 』　1885　［University of
　Ottawades mers］

マクヒトデの仲間
「美しいアンティーク生物画の本」創元社　2017
　◇p21（カラー）　Hymenaster echinulatus
　Haeckel, Ernst『Kunstformen der Natur』
　1899〜1904
　◇p21（カラー）　Pteraster stellifer　Haeckel,
　Ernst『Kunstformen der Natur』　1899〜1904
　◇p86（カラー）　Hymenaster gyboryi　Arbert I,
　Prince of Monaco『Résultats des campagnes
　scientifiques accomplies sur son yacht par
　Albert ler, prince souverain de Monaco』　1909

マクラガイ　Oliva mustelina
「ビュフォンの博物誌」工作舎　1991
　◇L055（カラー）『一般と個別の博物誌 ソンニー
　ニ版』

マグロ
「彩色 江戸博物学集成」平凡社　1994
　◇p198〜199（カラー）　栗本丹洲『魚譜』　［国会
　図書館］
「極楽の魚たち」リブロポート　1991
　◇I-86（カラー）　5本指魚　ルナール, L.『モルッ
　カ諸島産彩色魚類図譜 コワイエト写本』　1718〜
　19　［個人蔵］
　◇I-100（カラー）　サバ　ルナール, L.『モルッカ
　諸島産彩色魚類図譜 コワイエト写本』　1718〜19
　［国文学研究資料館史料館］

マグロの類
「極楽の魚たち」リブロポート　1991
　◇I-189（カラー）　ダンギリ・マンジェラン　ル
　ナール, L.『モルッカ諸島産彩色魚類図譜 コワイ
　エト写本』　1718〜19　［個人蔵］
　◇II-104（カラー）　ハムラ魚　ファロワズ, サムエ
　ル原画, ルナール, L.『モルッカ諸島産彩色魚類

博物図譜レファレンス事典 動物篇　**289**

まこい　　　　　　　　　　　　　魚・貝・水生生物

図譜 ファン・デル・ステル写本』 1718～19
［個人蔵］

マゴイ
⇒コイ（マゴイ）を見よ

まこがれい
「魚の手帖」小学館　1991
◇37図（カラー）　真子鰈　毛利梅園『梅園魚譜/梅
園魚品図正』 1826～1843,1832～1836 ［国立
国会図書館］

マコガレイ　Pleuronectes yokohamae
「グラバー魚譜200選」長崎文献社　2005
◇p193（カラー）　倉場富三郎編、中村三郎画『日
本西部及南部魚類図譜』 1916採集 ［長崎大学
附属図書館］
「高松松平家所蔵 衆鱗図 1」香川県歴史博物館
友の会博物図譜刊行会　2001
◇p47（カラー）　甘子鰈　松平頼恭 江戸時代（18
世紀）　紙本著色 画帖装（折本形式）［個人蔵］

マゴチ　Platycephalus indicus
「世界大博物図鑑 2」平凡社　1989
◇p421（カラー）　大野麦風『大日本魚類画集』 昭
和12～19 彩色木版

マゴチ　Platycephalus sp.
「江戸博物文庫 魚の巻」工作舎　2017
◇p16（カラー）　真鯒『魚譜』 ［国立国会図書館］

マゴチ　Platycephalus sp.2
「高松松平家所蔵 衆鱗図 1」香川県歴史博物館
友の会博物図譜刊行会　2001
◇p98（カラー）　鰔　松平頼恭 江戸時代（18世紀）
紙本著色 画帖装（折本形式）
◇p98（カラー）　沼タレ鰔　松平頼恭 江戸時代
（18世紀）　紙本著色 画帖装（折本形式）［個人
蔵］

マサゴイモガイ　Conus araneosus
「世界大博物図鑑 別巻2」平凡社　1994
◇p151（カラー）　クノール, G.W.『貝類図譜』
1764～75

まさば
「魚の手帖」小学館　1991
◇60図（カラー）　真鯖　毛利梅園『梅園魚譜/梅園
魚品図正』 1826～1843,1832～1836 ［国立国
会図書館］

マサバ　Scomber japonicus
「江戸博物文庫 魚の巻」工作舎　2017
◇p54（カラー）　真鯖　毛利梅園『梅園魚品図正』
［国立国会図書館］
「グラバー魚譜200選」長崎文献社　2005
◇p73（カラー）　ひらさば　倉場富三郎編、萩原魚
仙画『日本西部及南部魚類図譜』 1914採集
［長崎大学附属図書館］
「高松松平家所蔵 衆鱗図 1」香川県歴史博物館
友の会博物図譜刊行会　2001
◇p73（カラー）　鯖　松平頼恭 江戸時代（18世紀）
紙本著色 画帖装（折本形式）［個人蔵］

「世界大博物図鑑 2」平凡社　1989
◇p321（カラー）　キュヴィエ, G.L.C.F.D., ヴァ
ランシエンヌ, A.『魚の博物誌』 1828～50
◇p321（カラー）　大野麦風『大日本魚類画集』 昭
和12～19 彩色木版

マシジミ　Corbicula leana
「世界大博物図鑑 別巻2」平凡社　1994
◇p227（カラー）　平瀬與一郎『貝千種』 大正3～
11（1914～22）　色刷木版画

ます
「魚の手帖」小学館　1991
◇114図（カラー）　鱒　毛利梅園『梅園魚譜/梅園
魚品図正』 1826～1843,1832～1836 ［国立国
会図書館］

マスオガイダマシ　Tagelus divisus
「世界大博物図鑑 別巻2」平凡社　1994
◇p214（カラー）　ドノヴァン, E.『博物宝典』
1823～27

マゼランイガイ　Aulacomya ater
「世界大博物図鑑 別巻2」平凡社　1994
◇p179（カラー）　クノール, G.W.『貝類図譜』
1764～75

マゼランメロンボラ　Odontocymbiola
magellanica
「世界大博物図鑑 別巻2」平凡社　1994
◇p147（カラー）　キーネ, L.C.『ラマルク貝類図
譜』 1834～80 手彩色銅版図

まだい
「魚の手帖」小学館　1991
◇83図, 31図（カラー）　真鯛　毛利梅園『梅園魚
譜/梅園魚品図正』 1826～1843,1832～1836
［国立国会図書館］

マダイ　Pagrus major
「江戸博物文庫 魚の巻」工作舎　2017
◇p40（カラー）　真鯛　毛利梅園『梅園魚品図正』
［国立国会図書館］
「グラバー魚譜200選」長崎文献社　2005
◇p121（カラー）　倉場富三郎編、小田紫星画『日
本西部及南部魚類図譜』 1912採集 ［長崎大学
附属図書館］
「日本の博物図譜」東海大学出版会　2001
◇図76（カラー）　小田紫星『グラバー図譜』 ［長
崎大学］
「高松松平家所蔵 衆鱗図 1」香川県歴史博物館
友の会博物図譜刊行会　2001
◇p11（カラー）　鯛 牡 成熟したオス個体 松平
頼恭 江戸時代（18世紀）　紙本著色 画帖装（折本
形式）［個人蔵］
◇p12（カラー）　インカ 幼魚 松平頼恭 江戸時
代（18世紀）　紙本著色 画帖装（折本形式）［個
人蔵］
◇p12（カラー）　鯛 牝 メス個体 松平頼恭 江戸
時代（18世紀）　紙本著色 画帖装（折本形式）
［個人蔵］
「世界大博物図鑑 2」平凡社　1989

魚・貝・水生生物　　　　　　　　　　　　　　　　　　　　　またら

◇p289（カラー）『博物館魚譜』　［東京国立博物館］

マダイ　Pagrus major（Temminck et Schlegel）
「高木春山 本草図説 水産」リブロポート　1988
　　◇p67（カラー）　さる鯛

マダコ　Octopus vulgaris
「グラバー魚譜200選」長崎文献社　2005
　　◇p218（カラー）　倉場富三郎編、萩原魚仙画『日本西部及南部魚類図譜』　1915採集　［長崎大学附属図書館］
「高松松平家所蔵 衆鱗図 3」香川県歴史博物館友の会博物図譜刊行会　2003
　　◇p21（カラー）　鱆　松平頼恭 江戸時代（18世紀）紙本著色 画帖形式（折本形式）　［個人蔵］
「日本の博物図譜」東海大学出版会　2001
　　◇p87（白黒）　毛利梅園筆『梅園魚品図正』　［国立国会図書館］
「世界大博物図鑑 別巻2」平凡社　1994
　　◇p250（カラー）　ヘッケル、E.H.P.A.『自然の造形』1899〜1904 多色石版画
「ビュフォンの博物誌」工作舎　1991
　　◇L023（カラー）『一般と個別の博物誌 ソンニーニ版』
　　◇L024（カラー）『一般と個別の博物誌 ソンニーニ版』

マダコ　Octopus vulgaris Cuvier
「高木春山 本草図説 水産」リブロポート　1988
　　◇p86（カラー）　たこ

マダコ
「彩色 江戸博物学集成」平凡社　1994
　　◇p334（カラー）　毛利梅園『梅園魚品図正』　天保年間　［国会図書館］

マダコ
⇒オクトプス［マダコ］を見よ

マダコの1種　Octopus sp.
「世界大博物図鑑 別巻2」平凡社　1994
　　◇p250（カラー）　ドルビニ、A.C.V.D.『万有博物事典』1838〜49,61

マダマイカの1種　Pyroteuthis margaritifera
「世界大博物図鑑 別巻2」平凡社　1994
　　◇p231（カラー）　アルベール1世『モナコ国王アルベール1世所有イロンデル号科学探査報告』1889〜1950

まだら
「魚の手帖」小学館　1991
　　◇122図（カラー）　真鱈・真大口魚　毛利梅園『梅園魚譜/梅園魚品図正』1826〜1843,1832〜1836　［国立国会図書館］

マダラ　Gadus macrocephalus
「グラバー魚譜200選」長崎文献社　2005
　　◇p207（カラー）　たら　倉場富三郎編、中村三郎画『日本西部及南部魚類図譜』　1916採集　［長崎大学附属図書館］
「鳥獣虫魚譜」八坂書房　1988

◇p64（カラー）　雪魚　松森胤保『両羽魚類図譜』　［酒田市立光丘文庫］

マダライモガイ　Conus ebraeus
「世界大博物図鑑 別巻2」平凡社　1994
　　◇p151（カラー）　平瀬與一郎『貝千種』大正3〜11（1914〜22）　色刷木版画

マダライワハイウオ　Balitora maculata
「世界大博物図鑑 2」平凡社　1989
　　◇p125（カラー）　グレー、J.E.著、ホーキンズ、ウォーターハウス石版『インド動物図譜』1830〜35

マダラエイ　Taeniura meyeni
「グラバー魚譜200選」長崎文献社　2005
　　◇p35（カラー）　ながさきくろえい　倉場富三郎編、長谷川雪香画『日本西部及南部魚類図譜』1915採集　［長崎大学附属図書館］

マダラガマグチアンコウ　Batrichthys apiatus
「世界大博物図鑑 2」平凡社　1989
　　◇p461（カラー）　キュヴィエ、G.L.C.F.D.『動物界』1836〜49 手彩色銅版

マダラカラッパモドキ　Hepatus pudibundus
「世界大博物図鑑 1」平凡社　1991
　　◇p128（カラー）　ヘルプスト、J.F.W.『蟹蛄分類図譜』1782〜1804

マダラタルミ　Macolor niger
「世界大博物図鑑 2」平凡社　1989
　　◇p277（カラー）　幼魚　ファロアズ、サムエル原画、ルナール、L.『モルッカ諸島魚類彩色図譜』1754　［国文学研究資料館史料館］
　　◇p277（カラー）　成魚　リュッペル、W.P.E.S.『アビシニア動物図譜』1835〜40

マダラタルミ
「極楽の魚たち」リブロポート　1991
　　◇I-60（カラー）　オウム魚 幼魚　ルナール、L.『モルッカ諸島産彩色魚類図譜 コワイエト写本』1718〜19　［個人蔵］
　　◇II-30（カラー）　マコロル　ファロワズ、サムエル原画、ルナール、L.『モルッカ諸島産彩色魚類図譜 ファン・デル・ステル写本』1718〜19　［個人蔵］

マダラトゲウナギ　Mastacembelus favus
「世界大博物図鑑 2」平凡社　1989
　　◇p236（カラー）　マルテンス、E.フォン原画、シュミット、C.F.石版『オイレンブルク遠征図譜』1865〜67 多色刷り石版画

マダラハナゲナマズ　Trichomycterus punctatus
「世界大博物図鑑 2」平凡社　1989
　　◇p149（カラー）　キュヴィエ、G.L.C.F.D.、ヴァランシエンヌ、A.『魚の博物誌』1828〜50

マダラヒモキュウバンナマズ　Loricariichthys maculatus
「世界大博物図鑑 2」平凡社　1989
　　◇p144（カラー）　ブロッホ、M.E.『魚類図譜』

1782〜85　手彩色銅版画

マダラフミガイ　Venericardita turgida
「世界大博物図鑑　別巻2」平凡社　1994
　　◇p198（カラー）　デュ・プティ＝トゥアール, A.
　　A.『ウエヌス号世界周航記』　1846

マダラホシニラミ　Uranoscopus guttatus
「世界大博物図鑑　2」平凡社　1989
　　◇p325（カラー）　キュヴィエ, G.L.C.F.D.『動物
　　界』　1836〜49　手彩色銅版

マダラヤガラ　Fistularia tabacaria
「世界大博物図鑑　2」平凡社　1989
　　◇p200（カラー）　キュヴィエ, G.L.C.F.D.『動物
　　界』　1836〜49　手彩色銅版

マチャガイ　Ensis macha
「世界大博物図鑑　別巻2」平凡社　1994
　　◇p211（カラー）　ビーチィ, F.W.著, サワビー,
　　G.B.図『ビーチィ航海記動物学篇』　1839

まつかさうお
「魚の手帖」小学館　1991
　　◇86図（カラー）　松毬魚　毛利梅園『梅園魚譜/梅
　　園魚品図正』　1826〜1843,1832〜1836　［国立
　　国会図書館］

マツカサウオ　Monocentris japonica
「江戸博物文庫 魚の巻」工作舎　2017
　　◇p96（カラー）　松笠魚　栗本丹洲『魚譜』　［国
　　立国会図書館］
「グラバー魚譜200選」長崎文献社　2005
　　◇p69（カラー）　倉場富三郎編, 萩原魚仙画『日本
　　西部及南部魚類図譜』　1915採集　［長崎大学附
　　属図書館］
「高松松平家所蔵 衆鱗図 2」香川県歴史博物館
　友の会博物図譜刊行会　2002
　　◇p89（カラー）　さしほこ　松平頼恭 江戸時代
　　（18世紀）　紙本著色 画帖装（折本形式）　［個人
　　蔵］
「日本の博物図譜」東海大学出版会　2001
　　◇図79（カラー）　萩原魚仙筆『グラバー図譜』
　　［長崎大学］
「世界大博物図鑑　2」平凡社　1989
　　◇p208（カラー）　高木春山『本草図説』　？〜
　　1852　［愛知県西尾市立岩瀬文庫］
　　◇p208（カラー）　死んで乾燥した個体の模写（?）
　　高木春山『本草図説』　？〜1852　［愛知県西尾
　　市立岩瀬文庫］
　　◇p209（カラー）　大野麦風『大日本魚類画集』　昭
　　和12〜19　彩色木版

マツカサウオ　Monocentris japonica
（Houttuyn）
「高木春山 本草図説 水産」リブロポート　1988
　　◇p64（カラー）　さしほこ 君魚

マツカサウオ
「彩色 江戸博物学集成」平凡社　1994
　　◇p402〜403（カラー）　奥倉辰行『水族写真』
　　［東京都立中央図書館］

マツカサウニの1種
「美しいアンティーク生物画の本」創元社　2017
　　◇p61（カラー）　Echinus tribuloides　Oken,
　　Lorenz『Abbildungen zu Okens allgemeiner
　　Naturgeschichte für alle Stände』　1843

マツカサウミウシのなかま　Doto onusta
「世界大博物図鑑　別巻2」平凡社　1994
　　◇p173（カラー）　ヘッケル, E.H.P.A.『自然の造
　　形』　1899〜1904　多色石版画

まつかわ
「魚の手帖」小学館　1991
　　◇94図（カラー）　松皮　オス　毛利梅園『梅園魚
　　譜/梅園魚品図正』　1826〜1843,1832〜1836
　　［国立国会図書館］

マツカワ　Varasper moseri
「鳥獣虫魚譜」八坂書房　1988
　　◇p59（カラー）　鷲鰈　松森胤保『両羽魚類図譜』
　　［酒田市立光丘文庫］

マツゲギス　Sillago ciliata
「世界大博物図鑑　2」平凡社　1989
　　◇p269（カラー）　キュヴィエ, G.L.C.F.D.『動物
　　界』　1836〜49　手彩色銅版

マツゲハゼ　Oxyurichthys ophthalmonema
「南海の魚類 博物画の至宝」平凡社　1995
　　◇pl.111（カラー）　Euctenogobius
　　ophthalmonema　ギュンター, A.C.L.G., ギャ
　　レット, A. 1873〜1910

マツダイ　Lobotes surinamensis
「高松松平家所蔵 衆鱗図 2」香川県歴史博物館
　友の会博物図譜刊行会　2002
　　◇p92（カラー）　ビングシ　松平頼恭 江戸時代
　　（18世紀）　紙本著色 画帖装（折本形式）　［個人
　　蔵］

マット魚
「極楽の魚たち」リブロポート　1991
　　◇II-129（カラー）　ファロワズ, サムエル原画, ル
　　ナール, L.『モルッカ諸島産彩色魚類図譜 ファ
　　ン・デル・ステル写本』　1718〜19　［個人蔵］

マツバガイ
　　⇒ウシノツメガイ（マツバガイ）を見よ

マツバガニ　Hypothalassia armata
「グラバー魚譜200選」長崎文献社　2005
　　◇p247（カラー）　オスの老成個体　倉場富三郎編,
　　中村三郎画『日本西部及南部魚類図譜』　1917採
　　集　［長崎大学附属図書館］

マツバゴチ　Rogadius asper
「世界大博物図鑑　2」平凡社　1989
　　◇p421（カラー）『アストロラブ号世界周航記』
　　1830〜35　スティップル印刷

マツバコバンハゼ　Gobiodon histrio
「世界大博物図鑑　2」平凡社　1989
　　◇p337（カラー）　キュヴィエ, G.L.C.F.D., ヴァ
　　ランシエンヌ, A.『魚の博物誌』　1828〜50

魚・貝・水生生物　　　　　　　　　　　まなま

マテアジ　Alepes mate
「世界大博物図鑑 2」平凡社　1989
　◇p300（カラー）　リュッペル, W.P.E.S.『アビシ
　　ニア動物図譜』　1835〜40

マテガイ　Solen strictus
「世界大博物図鑑 別巻2」平凡社　1994
　◇p211（カラー）　栗本丹洲『千蟲譜』　文化8
　　（1811）

マテガイ
「彩色 江戸博物学集成」平凡社　1994
　◇p211（カラー）　竹蟶　武蔵石寿『群分品彙』
　　［国会図書館］

マテガイの1種　Solen sp.
「ビュフォンの博物誌」工作舎　1991
　◇L068（カラー）『一般と個別の博物誌 ソンニー
　　ニ版』

マテガイモドキの1種　Ensis sp.
「世界大博物図鑑 別巻2」平凡社　1994
　◇p211（カラー）　クノール, G.W.『貝類図譜』
　　1764〜75

まとうだい
「魚の手帖」小学館　1991
　◇19図（カラー）　的鯛　毛利梅園『梅園魚譜/梅園
　　魚品図正』　1826〜1843,1832〜1836　［国立国
　　会図書館］

マトウダイ　Zeus faber
「江戸博物文庫 魚の巻」工作舎　2017
　◇p163（カラー）　馬頭鯛　栗本丹洲『栗氏魚譜』
　　［国立国会図書館］
「グラバー魚譜200選」長崎文献社　2005
　◇p144（カラー）　倉場富三郎編、小田紫星画『日
　　本西部及南部魚類図譜』　1912採集　［長崎大学
　　附属図書館］
「高松松平家所蔵 衆鱗図 2」香川県歴史博物館
　友の会博物図譜刊行会　2002
　◇p94（カラー）　くろか,みたい　松平頼恭 江戸
　　時代（18世紀）　紙本著色 画帖装（折本形式）
　　［個人蔵］
「世界大博物図鑑 2」平凡社　1989
　◇p225（カラー）　やや幼い個体　キュヴィエ, G.
　　L.C.F.D.、ヴァランシエンヌ, A.『魚の博物誌』
　　1828〜50
　◇p225（カラー）　ドノヴァン, E.『英国産魚類誌』
　　1802〜08

マトウダイ　Zeus faber Linnaeus
「高木春山 本草図説 水産」リブロポート　1988
　◇p62（カラー）　かがみ鯛　斗底鯣

マトウダイ
「彩色 江戸博物学集成」平凡社　1994
　◇p66〜67（カラー）　わし魚　丹羽正伯『筑前国
　　産物絵図帳』　［福岡県立図書館］
「江戸の動植物図」朝日新聞社　1988
　◇p111（カラー）　奥倉魚仙『水族四帖』　［国立
　　国会図書館］

マドガイ　Placuna placenta
「ビュフォンの博物誌」工作舎　1991
　◇L061（カラー）『一般と個別の博物誌 ソンニー
　　ニ版』

窓介
「江戸名作画帖全集 8」駸々堂出版　1995
　◇図152（カラー）　服部雪斎図、武蔵石寿編『目八
　　譜』　紙本着色　［東京国立博物館］
　◇図153（カラー）　別名,海鏡　服部雪斎図、武蔵
　　石寿編『目八譜』　紙本着色　［東京国立博物館］

マトゴチ　Platycephalus fuscus
「世界大博物図鑑 2」平凡社　1989
　◇p421（カラー）『アストロラブ号世界周航記』
　　1830〜35　スティップル印刷

マトフエフキ　Lethrinus harak
「南海の魚類 博物画の至宝」平凡社　1995
　◇pl.47（カラー）　Lethrinus banhamensis　ギュ
　　ンター, A.C.L.G.、ギャレット, A. 1873〜1910

まながつお
「魚の手帖」小学館　1991
　◇82図（カラー）　真魚鰹・鯧　毛利梅園『梅園魚
　　譜/梅園魚品図正』　1826〜1843,1832〜1836
　　［国立国会図書館］

マナガツオ　Pampus punctatissimus
「グラバー魚譜200選」長崎文献社　2005
　◇p88（カラー）　倉場富三郎編、萩原魚仙画『日本
　　西部及南部魚類図譜』　1914採集　［長崎大学附
　　属図書館］
「高松松平家所蔵 衆鱗図 2」香川県歴史博物館
　友の会博物図譜刊行会　2002
　◇p93（カラー）　まながつを　松平頼恭 江戸時
　　代（18世紀）　紙本著色 画帖装（折本形式）　［個
　　人蔵］

マナガツオ
「彩色 江戸博物学集成」平凡社　1994
　◇p334（カラー）　毛利梅園『梅園魚品図正』　天保
　　13（1842）　［国会図書館］

マナヅルノコギリガニ　Schizophroida
　manazuruana
「日本の博物図譜」東海大学出版会　2001
　◇図87（カラー）　酒井綾子筆『相模湾産蟹類』
　　［国立科学博物館］

マナマコ　Apostichopus japonicus
「高松松平家所蔵 衆鱗図 3」香川県歴史博物館
　友の会博物図譜刊行会　2003
　◇p43（カラー）　海鼠 表　背面図　松平頼恭 江戸
　　時代（18世紀）　紙本著色 画帖装（折本形式）
　　［個人蔵］
　◇p43（カラー）　（付札なし）　腹面図　松平頼恭
　　江戸時代（18世紀）　紙本著色 画帖装（折本形
　　式）　［個人蔵］
　◇p43（カラー）　（付札なし）　松平頼恭 江戸時代
　　（18世紀）　紙本著色 画帖装（折本形式）　［個人
　　蔵］
　◇p44（カラー）　白ナマコ　白化個体　松平頼恭

博物図譜レファレンス事典 動物篇　293

まはせ　　　　　　　　　　　　　　　魚・貝・水生生物

江戸時代（18世紀）　紙本著色　画帖装（折本形
式）　［個人蔵］
「世界大博物図鑑 別巻2」平凡社　1994
　◇p282（カラー）　栗本丹洲『千蟲譜』文化8
　（1811）

まはぜ
「魚の手帖」小学館　1991
　◇42図（カラー）　真鯊・真沙魚・真蝦虎魚　毛利
　梅園『梅園魚譜/梅園魚品図正』1826〜1843,
　1832〜1836　［国立国会図書館］

マハゼ　Acanthogobius flavimanus
「江戸博物文庫 魚の巻」工作舎　2017
　◇p57（カラー）　真鯊　毛利梅園『梅園魚品図正』
　［国立国会図書館］
「グラバー魚譜200選」長崎文献社　2005
　◇p200（カラー）　倉場富三郎編、中村三郎画『日
　本西部及南部魚類図譜』1916採集　［長崎大学
　附属図書館］
「高松松平家所蔵 衆鱗図 2」香川県歴史博物館
　友の会博物図譜刊行会　2002
　◇p62（カラー）　はぜ　松平頼恭 江戸時代（18世
　紀）　紙本著色　画帖装（折本形式）　［個人蔵］

マハゼほか
「江戸の動植物図」朝日新聞社　1988
　◇p112（カラー）　奥倉魚仙『水族四帖』　［国立
　国会図書館］

まはた
「魚の手帖」小学館　1991
　◇62図（カラー）　真羽太　毛利梅園『梅園魚譜/梅
　園魚品図正』1826〜1843,1832〜1836　［国立
　国会図書館］

マハタ　Epinephelus septemfasciatus
「グラバー魚譜200選」長崎文献社　2005
　◇p106（カラー）　はかまあら　倉場富三郎編、小
　田紫星画『日本西部及南部魚類図譜』1912採集
　［長崎大学附属図書館］
「高松松平家所蔵 衆鱗図 2」香川県歴史博物館
　友の会博物図譜刊行会　2002
　◇p81（カラー）　いとひき　松平頼恭 江戸時代
　（18世紀）　紙本著色　画帖装（折本形式）　［個人
　蔵］
「高松松平家所蔵 衆鱗図 1」香川県歴史博物館
　友の会博物図譜刊行会　2001
　◇p60（カラー）　ハタ白　松平頼恭 江戸時代（18
　世紀）　紙本著色　画帖装（折本形式）　［個人蔵］
　◇p64（カラー）　別種 セムシハタ　松平頼恭 江戸
　時代（18世紀）　紙本著色　画帖装（折本形式）
　［個人蔵］
「世界大博物図鑑 2」平凡社　1989
　◇p249（カラー）　シーボルト『ファウナ・ヤポニ
　カ（日本動物誌）』1833〜50　石版

マハタ属の1種　Epinephelus socialis
「南海の魚類 博物画の至宝」平凡社　1995
　◇pl.8（カラー）　Serranus socialis　ギュンター，
　A.C.L.G.、ギャレット，A. 1873〜1910

マヒトデ　Asterias amurensis
「高松松平家所蔵 衆鱗図 3」香川県歴史博物館
　友の会博物図譜刊行会　2003
　◇p58（カラー）　（付札なし）　松平頼恭 江戸時代
　（18世紀）　紙本著色　画帖装（折本形式）　［個人
　蔵］

マヒトデの1種
「美しいアンティーク生物画の本」創元社　2017
　◇p86（カラー）　Zoroaster Trispinosus　Arbert
　I, Prince of Monaco『Résultats des campagnes
　scientifiques accomplies sur son yacht par
　Albert ler, prince souverain de Monaco』1909
　◇p95（カラー）　Asterias luna　Barbut, James
　『The genera vermium exemplified by various
　specimens of the animals contained in the
　orders of the Intestina et Mollusca Linnaei』
　1783
　◇p95（カラー）　Asterias reticulata　Barbut,
　James『The genera vermium exemplified by
　various specimens of the animals contained in
　the orders of the Intestina et Mollusca
　Linnaei』1783
　◇p95（カラー）　Asterias nodosa　Barbut,
　James『The genera vermium exemplified by
　various specimens of the animals contained in
　the orders of the Intestina et Mollusca
　Linnaei』1783
　◇p95（カラー）　Asterias equestris　Barbut,
　James『The genera vermium exemplified by
　various specimens of the animals contained in
　the orders of the Intestina et Mollusca
　Linnaei』1783
　◇p101（カラー）　Asterias nodosa　Lamarck,
　Jean–Baptiste et al『Tableau encyclopédique et
　méthodique des trois règnes de la nature』
　1791〜1823

マヒトデの仲間
「美しいアンティーク生物画の本」創元社　2017
　◇p21（カラー）　Asterias rubens　Haeckel,
　Ernst『Kunstformen der Natur』1899〜1904

マヒマヒムシ（アサヒガニ）
「江戸名作画帖全集 8」駸々堂出版　1995
　◇図43（カラー）　細川重賢編『毛介綺煥』　紙本
　着色　［永青文庫（東京）］

マフグ　Takifugu porphyreus
「グラバー魚譜200選」長崎文献社　2005
　◇p163（カラー）　倉場富三郎編、萩原魚仙画『日
　本西部及南部魚類図譜』1914採集　［長崎大学
　附属図書館］
「高松松平家所蔵 衆鱗図 2」香川県歴史博物館
　友の会博物図譜刊行会　2002
　◇p84（カラー）　ふぐ　松平頼恭 江戸時代（18世
　紀）　紙本著色　画帖装（折本形式）　［個人蔵］

マフグ
　⇒トラフグ（マフグ）を見よ

マーブルウツボ　Muraena marmorea
「世界大博物図鑑 2」平凡社　1989

魚・貝・水生生物　　　　　　　　　　　　　　　　まるた

◇p172（カラー）　ヴェルナー原図、デュ・プ
ティ＝トゥアール、A.A.『ウエヌス号世界周航
記』　1846　手彩色銅版画

マベガイ　Pteria penguin
「世界大博物図鑑 別巻2」平凡社　1994
◇p226（カラー）　クノール、G.W.『貝類図譜』
1764〜75

マミズコシオリエビ　Aeglea laevis
「世界大博物図鑑 1」平凡社　1991
◇p104（カラー）　キュヴィエ、G.L.C.F.D.『動物
界』　1836〜49　手彩色銅版

マムシウオ
「極楽の魚たち」リブロポート　1991
◇I–4（カラー）　ルナール、L.『モルッカ諸島産彩
色魚類図譜 コワイエト写本』　1718〜19　［個人
蔵］

マムシオコゼ　Echiichthys vipera
「世界大博物図鑑 2」平凡社　1989
◇p325（カラー）　ドノヴァン、E.『英国産魚類誌』
1802〜08

マムシオコゼの幼魚　Echiichthys vipera
「世界大博物図鑑 2」平凡社　1989
◇p325（カラー）　ロ・ビアンコ、サルバトーレ
『ナポリ湾海洋研究所紀要』　20世紀前半　オフ
セット印刷

マメガキ　Plicatula gibbosa
「世界大博物図鑑 別巻2」平凡社　1994
◇p194（カラー）　キュヴィエ、G.L.C.F.D.『動物
界（門徒版）』　1836〜49

マメクルミガイの1種　Nucula sp.
「ビュフォンの博物誌」工作舎　1991
◇L067（カラー）『一般と個別の博物誌 ソンニー
ニ版』

マメシボリコショウダイ　Plectorhynchus
punctatissimus
「世界大博物図鑑 2」平凡社　1989
◇p280〜281（カラー）　ギャレット、A.原図、ギュ
ンター、A.C.L.G.解説『南海の魚類』　1873〜
1910

マメスナギンチャクの1種　Zoanthus couchii
「世界大博物図鑑 別巻2」平凡社　1994
◇p68（カラー）　ゴス、P.H.『英国のイソギン
チャクと珊瑚』　1860　多色石版

マメスナギンチャクの1種　Zoanthus sulcatus
「世界大博物図鑑 別巻2」平凡社　1994
◇p75（カラー）　ゴス、P.H.『英国のイソギン
チャクと珊瑚』　1860　多色石版

マメダコ　Octopus berenise ?
「ビュフォンの博物誌」工作舎　1991
◇L029（カラー）『一般と個別の博物誌 ソンニー
ニ版』

マメダコ　Octopus brenice
「世界大博物図鑑 別巻2」平凡社　1994

◇p251（カラー）　栗本丹洲『千蟲譜』　文化8
（1811）

マラッカのイワシ
「極楽の魚たち」リブロポート　1991
◇I–89（カラー）　ルナール、L.『モルッカ諸島産彩
色魚類図譜 コワイエト写本』　1718〜19　［個人
蔵］

マラバルハゼ　Stenogobius malabaricus
「世界大博物図鑑 2」平凡社　1989
◇p336（カラー）　デイ、F.『マラバールの魚類』
1865　手彩色銅版画

マルクジラジラミ　Cyamus ovalis
「世界大博物図鑑 1」平凡社　1991
◇p77（カラー）　キュヴィエ、G.L.C.F.D.『動物
界』　1836〜49　手彩色銅版

マルクチヒメジ　Parupeneus cyclostomus
「南海の魚類 博物画の至宝」平凡社　1995
◇pl.45（カラー）　Upeneus chryserythrus　ギュ
ンター、A.C.L.G.、ギャレット、A. 1873〜1910

マルクチヒメジ
「極楽の魚たち」リブロポート　1991
◇I–31（カラー）　あごひげのある小男　ルナール，
L.『モルッカ諸島産彩色魚類図譜 コワイエト写
本』　1718〜19　［個人蔵］

マルコバン　Trachinotus blochii
「高松松平家所蔵 衆鱗図 2」香川県歴史博物館
友の会博物図譜刊行会　2002
◇p80（カラー）　まなかつうを　松平頼恭 江戸時
代（18世紀）　紙本著色 画帖装（折本形式）　［個
人蔵］

マルサヤワムシ　Floscularia ningens
「世界大博物図鑑 別巻2」平凡社　1994
◇p90（カラー）　ゴッス、P.H.『テンビー、海辺の
休日』　1856　多色石版図

マルスダレガイの1種　Venus sp.
「ビュフォンの博物誌」工作舎　1991
◇L064（カラー）『一般と個別の博物誌 ソンニー
ニ版』

まるそうだ
「魚の手帖」小学館　1991
◇21図、25図（カラー）　丸宗太・丸惣太　毛利梅
園『梅園魚譜/梅園魚品図正』　1826〜1843,1832
〜1836　［国立国会図書館］

マルソウダ　Auxis rochei
「世界大博物図鑑 2」平凡社　1989
◇p320〜321（カラー）　ヴェルナー原図、キュヴィ
エ、G.L.C.F.D.、ヴァランシエンヌ、A.『魚の博
物誌』　1828〜50

まるた
「魚の手帖」小学館　1991
◇59図（カラー）　丸太　毛利梅園『梅園魚譜/梅園
魚品図正』　1826〜1843,1832〜1836　［国立国
会図書館］

博物図譜レファレンス事典 動物篇　　**295**

まるた　　　　　　　　　　　　魚・貝・水生生物

マルタ　Tribolodon brandtii
「高松松平家所蔵 衆鱗図 3」香川県歴史博物館
友の会博物図譜刊行会　2003
◇p69（カラー）　丸太　松平頼恭 江戸時代（18世
紀）　紙本著色 画帖装（折本形式）　［個人蔵］

マルタニシ　Cipangopaludins malleata
「世界大博物図鑑 別巻2」平凡社　1994
◇p163（カラー）　平瀬與一郎『貝千種』大正3～
11（1914～22）　色刷木版画

マルタニシ？
「彩色 江戸博物学集成」平凡社　1994
◇p210（カラー）　武蔵石寿『甲介群分品彙』
［国会図書館］

マルフミガイの1種　Venericardia sp.
「世界大博物図鑑 別巻2」平凡社　1994
◇p214（カラー）　コント, J.A.『博物学の殿堂』
1830（？）

マルマメウニの仲間
「美しいアンティーク生物画の本」創元社　2017
◇p61（カラー）　Fibularia ovulum　Oken,
Lorenz『Abbildungen zu Okens allgemeiner
Naturgeschichte für alle Stände』1843

マルメイソギンポ　Pictiblennius cyclops
「世界大博物図鑑 2」平凡社　1989
◇p329（カラー）　リュッセル, W.P.E.S.『北アフ
リカ探検図譜』1826～28

マルメバル　Sebastapistes strongia
「世界大博物図鑑 2」平凡社　1989
◇p416（カラー）『アストロラブ号世界周航記』
1830～35　スティップル印刷

マレートビハゼ　Periophthalmodon schlosseri
「世界大博物図鑑 2」平凡社　1989
◇p337（カラー）　キュヴィエ, G.L.C.F.D.『動物
界』1836～49　手彩色銅版

マンジュウダイ　Ephippus orbis
「世界大博物図鑑 2」平凡社　1989
◇p377（カラー）　キュヴィエ, G.L.C.F.D.『動物
界（英語版）』1833～37

マンダイ
「彩色 江戸博物学集成」平凡社　1994
◇p198～199（カラー）　栗本丹洲『魚譜』　［国会
図書館］

マンボウ　Mola mola
「江戸博物文庫 魚の巻」工作舎　2017
◇p38（カラー）　翻車魚　後藤光生『随観写真』
［国立国会図書館］
「高松松平家所蔵 衆鱗図 2」香川県歴史博物館
友の会博物図譜刊行会　2002
◇p111（カラー）　うき、松平頼恭 江戸時代（18
世紀）　紙本著色 画帖装（折本形式）　［個人蔵］
「ビュフォンの博物誌」工作舎　1991
◇K019（カラー）『一般と個別の博物誌 ソンニー
ニ版』

「世界大博物図鑑 2」平凡社　1989
◇p452（カラー）『魚譜（春亭）』　※明治時代の写
本と推定
◇p452（カラー）　栗本丹洲『鳥獣魚写生図』
［国立国会図書館］
◇p452～453（カラー）　洋上での解体の図　栗本
丹洲『栗氏魚譜』文政2（1819）　［国文学研究
資料館史料館］
◇p453（カラー）　ドノヴァン, E.『英国産魚類誌』
1802～08

マンボウ
「江戸名作画帖全集 8」駸々堂出版　1995
◇図42（カラー）　カスケッテン・ミノカサゴなど
細川重賢編『毛介綺煥』　紙本着色　［永青文庫
（東京）］
「彩色 江戸博物学集成」平凡社　1994
◇p194～195（カラー）　栗本丹洲『鳥獣魚写生図』
［国会図書館］
◇p194～195（カラー）　洋上で解体する場面　栗
本丹洲『栗氏魚譜（写本）』　［国会図書館］
「江戸の動植物図」朝日新聞社　1988
◇p115（カラー）　栗本丹洲『丹洲翻車考』　［国
立国会図書館］

マンボウガイ　Cypraecassis rufa
「世界大博物図鑑 別巻2」平凡社　1994
◇p124（カラー）　下の2つは未成貝　キーネ, L.C.
『ラマルク貝類図譜』1834～80　手彩色銅版図

マンボウノシラミのなかま　Cecrops latreillei
「世界大博物図鑑 1」平凡社　1991
◇p65（カラー）　キュヴィエ, G.L.C.F.D.『動物
界』1836～49　手彩色銅版

マンボウの幼魚
「世界大博物図鑑 2」平凡社　1989
◇p3（白黒）　ロ・ビアンコ, サルバトーレ『ナポリ
湾海洋研究所紀要』20世紀前半　オフセット
印刷

マンボウの幼生？　Mola mola
「ビュフォンの博物誌」工作舎　1991
◇K022（カラー）『一般と個別の博物誌 ソンニー
ニ版』

【み】

ミカドウミウシ　Hexabranchus sanguineus
「世界大博物図鑑 別巻2」平凡社　1994
◇p166（カラー）　ヴァイヤン, A.N.『ボニート号
航海記』1840～66
◇p167（カラー）　デュモン・デュルヴィル, J.S.C.
『アストロラブ号世界周航記』1830～35　ス
ティップル印刷

ミカドチョウチョウウオ　Chaetodon
triangulum
「世界大博物図鑑 2」平凡社　1989
◇p385（カラー）　ファロアズ, サムエル原画, ル
ナール, L.『モルッカ諸島魚類彩色図譜』1754

魚・貝・水生生物　　みすく

[国文学研究資料館史料館]

ミカドチョウチョウウオ
「極楽の魚たち」リブロポート　1991
- ◇I–218（カラー）　ドゥーイン魚　ルナール, L.『モルッカ諸島産彩色魚類図譜 コワイエト写本』1718～19　[個人蔵]
- ◇II–98（カラー）　王女　ファロワズ, サムエル原画, ルナール, L.『モルッカ諸島産彩色魚類図譜 ファン・デル・ステル写本』1718～19　[個人蔵]
- ◇II–149（カラー）　娘　ファロワズ, サムエル原画, ルナール, L.『モルッカ諸島産彩色魚類図譜 ファン・デル・ステル写本』1718～19　[個人蔵]

ミギマキ　Goniistius zebra
「江戸博物文庫 魚の巻」工作舎　2017
- ◇p97（カラー）　右巻　栗本丹洲『魚譜』　[国立国会図書館]

「高松松平家所蔵 衆鱗図 1」香川県歴史博物館 友の会博物図譜刊行会　2001
- ◇p23（カラー）　別種 木目鯛　松平頼恭 江戸時代（18世紀）　紙本著色 画帖装（折本形式）　[個人蔵]

ミクリガイ
「彩色 江戸博物学集成」平凡社　1994
- ◇p210（カラー）　武蔵石寿『甲介群分品彙』　[国会図書館]

ミクリガイの縦縞模様の一型？
「彩色 江戸博物学集成」平凡社　1994
- ◇p210（カラー）　武蔵石寿『甲介群分品彙』　[国会図書館]

ミサカエカタベガイ　Angaria melanacantha
「世界大博物図鑑 別巻2」平凡社　1994
- ◇p119（カラー）　キーネ, L.C.『ラマルク貝類図譜』　1834～80　手彩色銅版図

ミサカエショウジョウカズラガイ？
Spondylus imperialis
「世界大博物図鑑 別巻2」平凡社　1994
- ◇p183（カラー）　シュニュ, J.C.『貝類学図譜』1842～53　手彩色銅版図

三崎笠子
「江戸名作画帖全集 8」駸々堂出版　1995
- ◇図59（カラー）　色笠子・黒笠子・三崎笠子　松平頼恭編『衆鱗図』　紙本着色　[松平公益会]

みしまおこぜ
「魚の手帖」小学館　1991
- ◇125図（カラー）　三島朧　毛利梅園『梅園魚譜/梅園魚品正』　1826～1843,1832～1836　[国立国会図書館]

ミシマオコゼ　Uranoscopus japonicus
「グラバー魚譜200選」長崎文献社　2005
- ◇p204（カラー）　倉場富三郎編、小田紫星画『日本西部及南部魚類図譜』1912採集　[長崎大学附属図書館]

「高松松平家所蔵 衆鱗図 1」香川県歴史博物館

友の会博物図譜刊行会　2001
- ◇p90（カラー）　三嶋オコゼ　松平頼恭 江戸時代（18世紀）　紙本著色 画帖装（折本形式）　[個人蔵]

「世界大博物図鑑 2」平凡社　1989
- ◇p325（カラー）　シーボルト『ファウナ・ヤポニカ（日本動物誌）』　1833～50　石版

ミジンコ科　Daphniidae
「ビュフォンの博物誌」工作舎　1991
- ◇M033（カラー）『一般と個別の博物誌 ソンニーニ版』

ミジンコのなかま
「水中の驚異」リブロポート　1990
- ◇p104（白黒）　ヘッケル, E.H.『自然の造形』1899～1904

ミジンコワムシのなかま　Pedalion mirum
「世界大博物図鑑 別2」平凡社　1994
- ◇p91（カラー）　ヘッケル, E.H.P.A.『自然の造形』1899～1904　多色石版画

ミズウオ　Alepisaurus borealis
「世界大博物図鑑 2」平凡社　1989
- ◇口絵（カラー）　栗本丹洲『栗氏魚譜』　文政2（1819）　[国文学研究資料館史料館]

ミズウオ　Alepisaurus ferox
「高松松平家所蔵 衆鱗図 4」香川県歴史博物館 友の会博物図譜刊行会　2004
- ◇p12～13（カラー）　沖ダツ　松平頼恭 江戸時代（18世紀）　紙本著色 画帖装（折本形式）　[個人蔵]

ミスガイ　Hydatine physis
「世界大博物図鑑 別2」平凡社　1994
- ◇p158（カラー）　マーティン, T.『万国貝譜』1784～87　手彩色銅版図

ミズクラゲ　Aurelia aurita
「高松松平家所蔵 衆鱗図 3」香川県歴史博物館 友の会博物図譜刊行会　2003
- ◇p54（カラー）　四目海月　松平頼恭 江戸時代（18世紀）　紙本著色 画帖装（折本形式）　[個人蔵]

「世界大博物図鑑 別巻2」平凡社　1994
- ◇p54（カラー）　キュヴィエ, G.L.C.F.D.『動物界（門徒版）』　1836～99
- ◇p54（カラー）　レッソン, R.P.著、プレートル原図『動物百図』　1830～32

ミズクラゲ
⇒アウレーリア[ミズクラゲ]を見よ

ミズクラゲの1種
「美しいアンティーク生物画の本」創元社　2017
- ◇p60（カラー）　Aurellia　Oken, Lorenz『Abbildungen zu Okens allgemeiner Naturgeschichte für alle Stände』1843

ミズクラゲの仲間
「美しいアンティーク生物画の本」創元社　2017
- ◇p38～39（カラー）　Medusa aurita　Schubert,

Gotthilf Heinrich von『Naturgeschichte der Reptilien, Amphibien, Fische, Insekten, Krebstiere, Würmer, Weichtiere, Stachelhäuter, Pflanzentiere und Urtiere』1890
◇p96（カラー）　Medusa aurita　Barbut, James『The genera vermium exemplified by various specimens of the animals contained in the orders of the Intestina et Mollusca Linnaei』1783

ミズクラゲの発生　Aurelia aurita
「世界大博物図鑑　別巻2」平凡社　1994
◇p54（カラー）　プラヌラ、ストロビラ、エフィラ、成体と変化していく姿　※出典不明

ミズクラゲ、ビゼンクラゲなど
「美しいアンティーク生物画の本」創元社　2017
◇p57（カラー）　Brehm, Alfred Edmund『Brehms Tierleben 第3版』1893〜1900

ミスジカワニナ
「彩色 江戸博物学集成」平凡社　1994
◇p330〜331（カラー）　毛利梅園『梅園介譜』［個人蔵］

ミスジチョウチョウウオ
「極楽の魚たち」リブロポート　1991
◇I-39（カラー）　コワタード　ルナール, L.『モルッカ諸島産彩色魚類図譜 コワイエト写本』1718〜19　［個人蔵］
◇I-109（カラー）　男爵　ルナール, L.『モルッカ諸島産彩色魚類図譜 コワイエト写本』1718〜19　［個人蔵］
◇p128〜129（カラー）　ファロワズ、サムエル画, ルナール, L.『モルッカ諸島産彩色魚類図譜 フォン・ベア写本』1718〜19

ミスジリュウキュウスズメダイ　Dascyllus aruanus
「南海の魚類 博物画の至宝」平凡社　1995
◇pl.124（カラー）　ギュンター, A.C.L.G., ギャレット, A. 1873〜1910

ミスジリュウキュウスズメダイ属の1種（レッドシー・ダシルス）　Dascyllus marginatus
「南海の魚類 博物画の至宝」平凡社　1995
◇pl.124（カラー）　ギュンター, A.C.L.G., ギャレット, A. 1873〜1910

ミズテング　Harpadon microchir
「高松松平家所蔵 衆鱗図 2」香川県歴史博物館 友の会博物図譜刊行会　2002
◇p78〜79（カラー）　（墨書なし）　松平頼恭 江戸時代（18世紀）　紙本著色 画帖装（折本形式）［個人蔵］

ミズテング
「江戸の動植物図」朝日新聞社　1988
◇p110（カラー）　奥倉魚仙『水族四帖』［国立国会図書館］

ミズヒキガニ　Eplumula phalangium
「世界大博物図鑑 1」平凡社　1991
◇p117（カラー）　栗本丹洲『千蟲譜』 文化8（1811）

ミズヒキツバメコノシロ　Polynemus multifilis
「ビュフォンの博物誌」工作舎　1991
◇K075（カラー）『一般と個別の博物誌 ソンニーニ版』
「世界大博物図鑑 2」平凡社　1989
◇p229（カラー）　マルテンス, E.フォン原画, シュミット, C.F.石版『オイレンブルク遠征図譜』1865〜67　多色刷り石版画

ミズヒルガタワムシのなかま　Philodina citrina
「世界大博物図鑑 別巻2」平凡社　1994
◇p91（カラー）　エーレンベルク, C.G.『滴虫類』1838　手彩色銅版図

ミズヒルガタワムシのなかま　Philodina roseola
「世界大博物図鑑 別巻2」平凡社　1994
◇p90（カラー）　ゴッス, P.H.『テンビー、海辺の休日』1856　多色石版図

ミゾガイの1種　Siliqua sp.
「ビュフォンの博物誌」工作舎　1991
◇L069（カラー）『一般と個別の博物誌 ソンニーニ版』

ミゾレジマライギョ　Channa grandinosa
「世界大博物図鑑 2」平凡社　1989
◇p232（カラー）　キュヴィエ, G.L.C.F.D., ヴァランシエンヌ, A.『魚の博物誌』1828〜50

ミゾレトゲウナギ　Mastacembelus maculatus
「世界大博物図鑑 2」平凡社　1989
◇p236（カラー）　キュヴィエ, G.L.C.F.D.『動物界』1836〜49　手彩色銅版

ミゾレフグ　Arothron meleagris
「南海の魚類 博物画の至宝」平凡社　1995
◇pl.174（カラー）　Tetrodon meleagris (Kingsmill Inseln.)　ギュンター, A.C.L.G., ギャレット, A. 1873〜1910

ミゾレブダイ　Leptoscarus vaigiensis
「世界大博物図鑑 2」平凡社　1989
◇p369（カラー）　幼魚かメス　ブレイカー, M.P.『蘭領東インド魚類図譜』1862〜78　色刷り石版画

ミダノアワビ　Haliotis midae
「世界大博物図鑑 別巻2」平凡社　1994
◇p102（カラー）　クノール, G.W.『貝類図譜』1764〜75

ミダレボシギンザメ　Hydrolagus colliei
「世界大博物図鑑 2」平凡社　1989
◇p36〜37（カラー）　ディーン, B.『ギンザメとその成長』1906　石版画

魚・貝・水生生物　　　　　　　　　　　　　みなみ

ミダレボシギンザメの成長過程　Hydrolagus
colliei
「世界大博物図鑑 2」平凡社　1989
　◇p37（カラー）　ディーン, B.『ギンザメとその成
　　長』1906　石版画

ミツクリエナガチョウチンアンコウ
Cryptopsaras couesi
「世界大博物図鑑 2」平凡社　1989
　◇p104（カラー）　ブラウアー, A.『深海魚』1898
　　〜99　石版色刷り

ミツクリザメ　Mitsukurina owstoni
「日本の博物図譜」東海大学出版会　2001
　◇p57（白黒）『旧東京帝室博物館天産部図譜』
　　［国立科学博物館］

ミツクリザメ　Mitsukurina owstoni Jordan
「高木春山 本草図説 水産」リブロポート　1988
　◇p26〜27（カラー）

ミツバモチノウオ　Cheilinus trilobatus
「南海の魚類 博物画の至宝」平凡社　1995
　◇pl.131（カラー）　Chilinus trilobatus　ギュン
　　ター, A.C.L.G., ギャレット, A. 1873〜1910

ミツボシキュウセン　Halichoeres
trimaculatus
「南海の魚類 博物画の至宝」平凡社　1995
　◇pl.142（カラー）　Platyglossus vicinus　ギュン
　　ター, A.C.L.G., ギャレット, A. 1873〜1910

ミツボシクロスズメ　Dascyllus trimaculatus
「世界大博物図鑑 2」平凡社　1989
　◇p348（カラー）　リュッペル, W.P.E.S.『北アフ
　　リカ探検図譜』1826〜28

ミツユビカナガシラ　Trigloporus lastoviza
「世界大博物図鑑 2」平凡社　1989
　◇p427（カラー）　ドノヴァン, E.『英国産魚類誌』
　　1802〜08

ミドリアマモウミウシのなかま　Hermaea
variopicta
「世界大博物図鑑 別巻2」平凡社　1994
　◇p173（カラー）　ヘッケル, E.H.P.A.『自然の造
　　形』1899〜1904　多色石版画

ミドリイガイ？　Perna viridis
「世界大博物図鑑 別巻2」平凡社　1994
　◇p179（カラー）　クノール, G.W.『貝類図譜』
　　1764〜75

ミドリイシの1種　Acropora muricata
「世界大博物図鑑 別巻2」平凡社　1994
　◇p79（カラー）　エリス, J.『珍品植虫類の博物誌』
　　1786　手彩色銅版図

ミドリイシのなかま　Acropora sp.
「世界大博物図鑑 別巻2」平凡社　1994
　◇p79（カラー）　エリス, J.『珍品植虫類の博物誌』
　　1786　手彩色銅版図

ミドリイシのなかま？　Acropora sp. ？
「世界大博物図鑑 別巻2」平凡社　1994
　◇p77（カラー）　エーレト図, エリス, J.著『珍品
　　植虫類の博物誌』1786　手彩色銅版図

緑毛の1種
「水中の驚異」リブロポート　1990
　◇p126（カラー）　エーレンベルク, Ch.G.『滴虫
　　類』1838

緑毛類
「水中の驚異」リブロポート　1990
　◇p123（カラー）　エーレンベルク, Ch.G.『滴虫
　　類』1838
　◇p124（白黒）　エーレンベルク, Ch.G.『滴虫類』
　　1838

ミドリシャミセンガイ　Lingula lingua
（=unguis）
「世界大博物図鑑 別巻2」平凡社　1994
　◇p98（カラー）　栗本丹洲『千蟲譜』文化8
　　（1811）
　◇p98（カラー）　キュヴィエ, G.L.C.F.D.『動物界
　　（門徒版）』1836〜49

ミドリシャミセンガイ
「彩色 江戸博物学集成」平凡社　1994
　◇p118〜119（カラー）　小野蘭山『魚彙』　［岩瀬
　　文庫］
　◇p211（カラー）　女冠者　武蔵石寿『群分品彙』
　　［国会図書館］

ミドリナメリギンポ　Myxodes viridis
「世界大博物図鑑 2」平凡社　1989
　◇p332（カラー）　ウダール原図, ゲイ, C.『チリ自
　　然社会誌』1844〜71

ミドリボシキンチャクフグ　Canthigaster
solandri
「世界大博物図鑑 2」平凡社　1989
　◇p445（カラー）　ギャレット原図, ギュンター解
　　説『ゴデフロイ博物館紀要』1873〜1910

ミドリムシのなかま　Englena sanguinea, E.
healina, E.deses, E.viridis, E.spirogyra, E.
pyrum
「世界大博物図鑑 別巻2」平凡社　1994
　◇p22（カラー）　アカマクミドリムシ, ホンミドリ
　　ムシ　エーレンベルク, C.G.『滴虫類』1838
　　手彩色銅版図

ミドリモヨウフグ　Arothron viridipunctatus
「世界大博物図鑑 2」平凡社　1989
　◇p444（カラー）　デイ, F.『マラバールの魚類』
　　1865　手彩色銅版図

ミドリラッパムシ
　⇒ステントール［ミドリラッパムシ］を見よ

ミナミイスズミ　Kyphosus bigibbus
「世界大博物図鑑 2」平凡社　1989
　◇p268（カラー）　リュッペル, W.P.E.S.『アビシ
　　ニア動物図譜』1835〜40

博物図譜レファレンス事典 動物篇　**299**

みなみ 魚・貝・水生生物

ミナミイセエビのなかま　Jasus verreauxi
「世界大博物図鑑 1」平凡社　1991
◇p88（カラー）　マッコイ, F.『ヴィクトリア州博物誌』1885〜90

ミナミイソギンチャクのなかま　Anemonia sulcata
「世界大博物図鑑 別巻2」平凡社　1994
◇p73（カラー）　ウメボシイソギンチャクのなかま　キュヴィエ, G.L.C.F.D.『動物界（門徒版）』1836〜49

ミナミイソハタ　Cephalopholis leopardus
「南海の魚類 博物画の至宝」平凡社　1995
◇pl.3（カラー）　Serranus leopardus　ギュンター, A.C.L.G., ギャレット, A. 1873〜1910
「世界大博物図鑑 2」平凡社　1989
◇p253（カラー）　ギャレット, A.原図, ギュンター, A.C.L.G.解説『南海の魚類』1873〜1910

ミナミイワガニの1種　Grapsus sp.
「ビュフォンの博物誌」工作舎　1991
◇M047（カラー）『一般と個別の博物誌 ソンニーニ版』

ミナミウシノシタ　Pardachirus marmoratus
「世界大博物図鑑 2」平凡社　1989
◇p405（カラー）　リュッペル, W.P.E.S.『北アフリカ探検図譜』1826〜28

ミナミカサゴ　Sebastes oculatus
「世界大博物図鑑 2」平凡社　1989
◇p416（カラー）　ゲイ, C.『チリ自然社会誌』1844〜71

ミナミカブトガニ　Tachypleus gigas
「世界大博物図鑑 1」平凡社　1991
◇p36（カラー）　キュヴィエ, G.L.C.F.D.『動物界』1836〜49　手彩色銅版

ミナミギンポ　Plagiotremus rhinorhynchos
「南海の魚類 博物画の至宝」平凡社　1995
◇pl.115（カラー）　Petroscirtes rhinorhynchus　ギュンター, A.C.L.G., ギャレット, A. 1873〜1910

ミナミクロスジギンポ
「極楽の魚たち」リブロポート　1991
◇I-47（カラー）　鎮目巾　ルナール, L.『モルッカ諸島産彩色魚類図譜 コワイエト写本』1718〜19　［個人蔵］

ミナミコノシロ　Eleutheronema tetradactylum
「世界大博物図鑑 2」平凡社　1989
◇p229（カラー）　グレー, J.E.著, ホーキンズ, ウォーターハウス石版『インド動物図譜』1830〜35

ミナミジンガサウニ　Colobocentrotus atratus
「世界大博物図鑑 別巻2」平凡社　1994
◇p266（カラー）　ドノヴァン, E.『博物宝典』1823〜27

ミナミスナホリガニ　Hippa adactyla
「世界大博物図鑑 1」平凡社　1991
◇p113（カラー）　キュヴィエ, G.L.C.F.D.『動物界』1836〜49　手彩色銅版

ミナミトビハゼ
「極楽の魚たち」リブロポート　1991
◇I-65（カラー）　ラサッカー　ルナール, L.『モルッカ諸島産彩色魚類図譜 コワイエト写本』1718〜19　［個人蔵］
◇II-210（カラー）　砂をはうもの　ファロワズ, サムエル原画, ルナール, L.『モルッカ諸島産彩色魚類図譜 ファン・デル・ステル写本』1718〜19　［個人蔵］

ミナミノガマグチアンコウ　Austrobatrachus dussumieri
「世界大博物図鑑 2」平凡社　1989
◇p457（カラー）　キュヴィエ, G.L.C.F.D., ヴァランシエンヌ, A.『魚の博物誌』1828〜50

ミナミノコギリザメ
「紙の上の動物園」グラフィック社　2017
◇p90（カラー）　ドノヴァン, E.『博物学者の宝庫、または月刊異国の博物学雑録』1823〜28

ミナミノナミガイ　Panopea zelandica
「世界大博物図鑑 別巻2」平凡社　1994
◇p215（カラー）　デュモン・デュルヴィル, J.S.C.『アストロラブ号世界周航記』1830〜35　スティップル印刷

ミナミハクセイハギ　Meuschenia australis
「世界大博物図鑑 2」平凡社　1989
◇p432（カラー）　ドノヴァン, E.『博物宝典』1823〜27

ミナミハコフグ　Ostracion cubicus
「世界大博物図鑑 2」平凡社　1989
◇p441（カラー）　乾燥させた標本を精写したものウダール図『アビシニア航海記』1845〜51
◇p441（カラー）　死骸を描いた図　プシュナン, J.S.『魚の博物誌, その構造と経済的効用について』1843
◇p441（カラー）　オス　リュッペル, W.P.E.S.『北アフリカ探検図譜』1826〜28

ミナミハゼ　Awaous ocellaris
「南海の魚類 博物画の至宝」平凡社　1995
◇pl.108（カラー）　Gobius ocellaris　ギュンター, A.C.L.G., ギャレット, A. 1873〜1910

ミナミハタタテダイ　Heniochus chrysostomus
「南海の魚類 博物画の至宝」平凡社　1995
◇pl.39（カラー）　ギュンター, A.C.L.G., ギャレット, A. 1873〜1910
「世界大博物図鑑 2」平凡社　1989
◇p380（カラー）　ギャレット, A.原図, ギュンター, A.C.L.G.解説『南海の魚類』1873〜1910

ミナミハートガイ　Lunulicardia guichardi
「世界大博物図鑑 別巻2」平凡社　1994
◇p198（カラー）　クノール, G.W.『貝類図譜』

300　博物図譜レファレンス事典 動物篇

魚・貝・水生生物　　　　　　　　　　　　　　**みみの**

1764〜75

ミナミフエダイ　Lutjanus ehrenbergii
「世界大博物図鑑 2」平凡社　1989
◇p277（カラー）『アストロラブ号世界周航記』
1830〜35　スティップル印刷

ミナミフトスジイシモチ　Apogon
nigrofasciatus
「南海の魚類 博物画の至宝」平凡社　1995
◇pl.20（カラー）　Apogon fasciatus　ギュンター，
A.C.L.G.，ギャレット，A. 1873〜1910
「世界大博物図鑑 2」平凡社　1989
◇p242（カラー）　ギャレット，A.原図，ギュン
ター，A.C.L.G.解説『南海の魚類』　1873〜1910

ミノウミウシのなかま　Facelina punctata
「世界大博物図鑑 別巻2」平凡社　1994
◇p173（カラー）　ヘッケル，E.H.P.A.『自然の造
形』1899〜1904　多色石版画

ミノウミウシのなかま
「水中の驚異」リブロポート　1990
◇p41（カラー）　ブリンクマン，A.著，リヒター，イ
ロナ画『ナポリ湾海洋研究所紀要〈軟体動物篇〉』
◇p42（カラー）　ブリンクマン，A.著，リヒター，イ
ロナ画『ナポリ湾海洋研究所紀要〈軟体動物篇〉』

ミノウミウシのなかまと、その卵
「水中の驚異」リブロポート　1990
◇p43（カラー）　ブリンクマン，A.著，リヒター，イ
ロナ画『ナポリ湾海洋研究所紀要〈軟体動物篇〉』

ミノガイの1種　Lima sp.
「ビュフォンの博物誌」工作舎　1991
◇L061（カラー）『一般と個別の博物誌 ソンニー
ニ版』

みのかさご
「魚の手帖」小学館　1991
◇22図（カラー）　蓑笠子　ハナミノカサゴの可能
性もある　毛利梅園『梅園魚譜/梅園魚品図正』
1826〜1843,1832〜1836　［国立国会図書館］

ミノカサゴ　Pterois lunulata
「江戸博物文庫 魚の巻」工作舎　2017
◇p164（カラー）　蓑笠子　栗本丹洲『栗氏魚譜』
［国立国会図書館］
「グラバー魚譜200選」長崎文献社　2005
◇p177（カラー）　倉場三郎編，小田紫星画『日
本西部及南部魚類図譜』 1912採集　［長崎大学
附属図書館］
「高松松平家所蔵 衆鱗図 1」香川県歴史博物館
友の会博物図譜刊行会　2001
◇p50（カラー）　（墨書なし）　松平頼恭 江戸時代
（18世紀）　紙本着色 画帖装（折本形式）　［個人
蔵］
◇p53（カラー）　簑笠子　松平頼恭 江戸時代（18
世紀）　紙本著色 画帖装（折本形式）　［個人蔵］
「世界大博物図鑑 2」平凡社　1989
◇p413（カラー）　松平頼恭『衆鱗図』 18世紀後半
◇p413（カラー）　毛おこぜ 高木春山『本草図説』
？ 〜1852　［愛知県西尾市立岩瀬文庫］

ミノカサゴ　Pterois lunulata Temminck et
Schlegel
「高木春山 本草図説 水産」リブロポート　1988
◇p54〜55（カラー）　一種 毛おこぜ みのおこぜと
も云ふ，其ノ二 まむきの図

ミノカサゴ
「江戸名作画帖全集 8」駸々堂出版　1995
◇図42（カラー）　カスケッテン・ミノカサゴなど
細川重賢編『毛介綺煥』　紙本着色　［永青文庫
（東京）］
「彩色 江戸博物学集成」平凡社　1994
◇p34（カラー）　貝原益軒『大和本草諸品図』
「極楽の魚たち」リブロポート　1991
◇p13（白黒）　フランソワ・ファレンティン『新旧
インド誌』
◇p135（カラー）　ファロワズ，サムエル画，ルナー
ル，L.『モルッカ諸島産彩色魚類図譜 フォン・ベ
ア写本』 1718〜19
「江戸の動植物図」朝日新聞社　1988
◇p6〜7（カラー）　松平頼恭，三木文柳『衆鱗図』
［松平公益会］
◇p114（カラー）　奥倉魚仙『水族四帖』　［国立
国会図書館］

ミノヒラムシ　Thysanozoon brocchii
「世界大博物図鑑 別巻2」平凡社　1994
◇p87（カラー）　キュヴィエ，G.L.C.F.D.『動物界
（門徒版）』 1836〜49

ミヒカリコオロギボラ　Aulica imperialis
「世界大博物図鑑 別巻2」平凡社　1994
◇p147（カラー）　キーネ，L.C.『ラマルク貝類図
譜』 1834〜80　手彩色銅版画

ミミイカ　Euprymna morsei
「高松松平家所蔵 衆鱗図 3」香川県歴史博物館
友の会博物図譜刊行会　2003
◇p26（カラー）　チツコイカ　松平頼恭 江戸時代
（18世紀）　紙本著色 画帖装（折本形式）　［個人
蔵］

ミミイカ
「彩色 江戸博物学集成」平凡社　1994
◇p118〜119（カラー）　小野蘭山『魚彙』　［岩瀬
文庫］

ミミガイ　Haliotis asinina
「世界大博物図鑑 別巻2」平凡社　1994
◇p103（カラー）　クノール，G.W.『貝類図譜』
1764〜75

ミミガイの1種　Haliotis sp.
「ビュフォンの博物誌」工作舎　1991
◇L052（カラー）『一般と個別の博物誌 ソンニー
ニ版』

耳のあるウナギ
「彩色 江戸博物学集成」平凡社　1994
◇p250〜251（カラー）　高木春山『本草図説』
［岩瀬文庫］
「世界大博物図鑑 2」平凡社　1989

みやこ 魚・貝・水生生物

◇p169（カラー）　高木春山『本草図説』　？ ～
1852　［愛知県西尾市立岩瀬文庫］

ミヤコキセンスズメダイ　Chrysiptera
leucopoma

「南海の魚類 博物画の至宝」平凡社　1995
◇pl.125（カラー）　var.albofasciata 成魚　ギュ
ンター、A.C.L.G.、ギャレット、A.　1873～1910
◇pl.127（カラー）　Glyphidodon brownriggii 成
魚　ギュンター、A.C.L.G.、ギャレット、A.
1873～1910
◇pl.128（カラー）　Bastard zwischen
Glyphidodon brownriggii und G.uniocellatus
幼魚　ギュンター、A.C.L.G.、ギャレット、A.
1873～1910

ミヤコテングハギ　Naso lituratus

「南海の魚類 博物画の至宝」平凡社　1995
◇pl.82（カラー）　Naseus lituratus　ギュンター、
A.C.L.G.、ギャレット、A.　1873～1910

「世界大博物図鑑 2」平凡社　1989
◇p398（カラー）　リュッペル、W.P.E.S.『北アフ
リカ探検図譜』　1826～28

ミヤコテングハギ

「極楽の魚たち」リブロポート　1991
◇I-128（カラー）　マラッカ　ルナール、L.『モ
ルッカ諸島産彩色魚類図譜 コワイエト写本』
1718～19　［個人蔵］
◇II-147（カラー）　皮魚　ファロワズ、サムエル原
画、ルナール、L.『モルッカ諸島産彩色魚類図譜
ファン・デル・ステル写本』　1718～19　［個人
蔵］

ミヤシロガイモドキ　Tonna delium

「世界大博物図鑑 別巻2」平凡社　1994
◇p125（カラー）　平瀬與一郎『貝千種』　大正3～
11（1914～22）　色刷木版画

ミョウガガイおよびエボシガイのなかま
Lepadomorpha

「世界大博物図鑑 1」平凡社　1991
◇p68（カラー）　ミミエボシ、スジエボシ属の1種、
エボシガイ、ミョウガガイ科の種, カメノテ
キュヴィエ、フレデリック編『自然史事典』
1816～30
◇p69（カラー）　ハダカエボシ科の1種、ヒメエボ
シ属の1種、トゲエボシ属、ケハダエボシ、エボシ
ガイ属の1種、ミョウガガイ属、ハナミョウガ属、
イ属、ハナミョウガ属、カルエボシ、キエボシ『ア
ストロラブ号世界周航記』　1830～35　スティッ
プル印刷

ミョウガガイのなかま　Scalpellidae

「世界大博物図鑑 1」平凡社　1991
◇p68（カラー）　レッソン、R.P.『動物学図譜』
1832～34　手彩色銅版画

ミリオラ

「生物の驚異的な形」河出書房新社　2014
◇図版12（カラー）　ヘッケル、エルンスト　1904

ミルクイ　Tresus keenae（Kuroda et Habe）

「高木春山 本草図説 水産」リブロポート　1988
◇p88（カラー）

ミルクイガイ

「彩色 江戸博物学集成」平凡社　1994
◇p311（カラー）　ミルクヒ　畔田翠山『熊野物産
初志』　［大阪市立博物館］

【 む 】

ムーア人のトクタース

「極楽の魚たち」リブロポート　1991
◇I-166（カラー）　ルナール、L.『モルッカ諸島産
彩色魚類図譜 コワイエト写本』　1718～19　［個
人蔵］

ムカデガイの1種　Vermetus sp.

「ビュフォンの博物誌」工作舎　1991
◇L055（カラー）『一般と個別の博物誌 ソンニー
ニ版』

ムカデメリベの類（？）

「水中の驚異」リブロポート　1990
◇p129（白黒）『ロンドン動物学協会紀要』　1861～
90

ムギイワシ　Atherion elymus

「高松松平家所蔵 衆鱗図 1」香川県歴史博物館
友の会博物図譜刊行会　2001
◇p105（カラー）　黃鰯　松平頼恭 江戸時代（18世
紀）　紙本著色 画帖装（折本形式）　［個人蔵］

ムギツク　Pungtungia herzi

「高松松平家所蔵 衆鱗図 3」香川県歴史博物館
友の会博物図譜刊行会　2003
◇p70（カラー）　（付札なし）　松平頼恭 江戸時代
（18世紀）　紙本著色 画帖装（折本形式）　［個人
蔵］

むしがれい

「魚の手帖」小学館　1991
◇90図（カラー）　蒸蝶・虫蝶　毛利梅園『梅園魚
譜/梅園魚品図正』　1826～1843,1832～1836
［国立国会図書館］

ムシガレイ　Eopsetta grigorjewi

「高松松平家所蔵 衆鱗図 1」香川県歴史博物館
友の会博物図譜刊行会　2001
◇p41（カラー）　左口鰈　松平頼恭 江戸時代（18
世紀）　紙本著色 画帖装（折本形式）　［個人蔵］
◇p45（カラー）　若狭鰈　松平頼恭 江戸時代（18
世紀）　紙本著色 画帖装（折本形式）　［個人蔵］
◇p47（カラー）　蒸鰈　松平頼恭 江戸時代（18世
紀）　紙本著色 画帖装（折本形式）　［個人蔵］

ムシクイアイゴ　Siganus vermiculatus

「世界大博物図鑑 2」平凡社　1989
◇p401（カラー）　ミュラー、S.『蘭領インド自然
誌』　1839～44

魚・貝・水生生物 むつこ

ムシベラの雄　Anampses geographicus
「世界大博物図鑑 2」平凡社　1989
◇p361（カラー）　キュヴィエ, G.L.C.F.D., ヴァランシエンヌ, A.『魚の博物誌』1828〜50

ムシモドキギンチャクの1種　Edwardsia callimorpha
「世界大博物図鑑 別巻2」平凡社　1994
◇p69（カラー）　ゴッス, P.H.『英国のイソギンチャクと珊瑚』1860　多色石版
◇p75（カラー）　アンドレス, A.『ナポリ湾海洋研究所紀要〈イソギンチャク篇〉』1884　色刷り石版画

ムシロガイ
「水中の驚異」リブロポート　1990
◇p13（白黒）
◇p136（白黒）　キングズリ, G., サワビー, J.『グラウコス』1859

ムスジガジ　Ernogrammus hexagrammus
「高松松平家所蔵 衆鱗図 2」香川県歴史博物館友の会博物図譜刊行会　2002
◇p63（カラー）　とらはせ　松平頼恭 江戸時代（18世紀）紙本著色 画帖装（折本形式）〔個人蔵〕

ムスジコショウダイ　Plectorhinchus orientalis
「南海の魚類 博物画の至宝」平凡社　1995
◇pl.22（カラー）　Diagramma orientale　幼魚　ギュンター, A.C.L.G., ギャレット, A. 1873〜1910
◇pl.22（カラー）　Diagramma orientale　ギュンター, A.C.L.G., ギャレット, A. 1873〜1910
◇pl.23（カラー）　Diagramma lessonii　幼魚　ギュンター, A.C.L.G., ギャレット, A. 1873〜1910

ムスジコショウダイ
「極楽の魚たち」リブロポート　1991
◇II–146（カラー）　大きなトラ　ファロワズ, サムエル原画, ルナール, L.『モルッカ諸島産彩色魚類図譜 ファン・デル・ステル写本』1718〜19〔個人蔵〕

ムスメハギ
「極楽の魚たち」リブロポート　1991
◇I–7（カラー）　高貴なププ　ルナール, L.『モルッカ諸島産彩色魚類図譜 コワイエト写本』1718〜19〔個人蔵〕

無脊椎動物
「水中の驚異」リブロポート　1990
◇p128（白黒）『ロンドン動物学協会紀要』1861〜90

無足類（ウナギ型魚類）
「世界大博物図鑑 2」平凡社　1989
◇p169（カラー）　幼魚.いわゆるシラスウナギ　デイ, F.『マラバールの魚類』1865　手彩色銅版画

無足類のナマコ　Apodida
「世界大博物図鑑 別巻2」平凡社　1994

◇p283（カラー）　ムラサキクルマナマコ　Polycheira rufescensに近縁か　デュモン・デュルヴィル, J.S.C.『アストロラブ号世界周航記』1830〜35　スティップル印刷

〔無題〕
「水中の驚異」リブロポート　1990
◇p20（カラー）　ゴッス, P.H.『アクアリウム』1854
◇p25（カラー）　ゴッス, P.H.『イギリスのイソギンチャクとサンゴ』1860
◇p30〜31（カラー）　ゴッス, P.H.『イギリスのイソギンチャクとサンゴ』1860
◇p67（カラー）　デュブレ『コキーユ号航海記録』1826〜30
◇p94〜95（カラー）　動物解剖図　キュヴィエ『動物界』1836〜49
◇p102（カラー）　P.H.ゴッスのイソギンチャク画から着想されたもの　ヘッケル, E.H.『自然の造形』1899〜1904
◇p118（カラー）　レーゼル・フォン・ローゼンホフ, A.J.『昆虫のもてなし』1746〜61

ムチイカの1種　Mastigoteuthis magna
「世界大博物図鑑 別巻2」平凡社　1994
◇p231（カラー）　アルベール1世　モナコ国王アルベール1世所有イロンデル号科学探査報告』1889〜1950

むつ
「魚の手帖」小学館　1991
◇126図（カラー）　鯥　毛利梅園『梅園魚譜/梅園魚品図正』1826〜1843,1832〜1836　〔国立国会図書館〕

ムツ　Scombrops boops
「グラバー魚譜200選」長崎文献社　2005
◇p110（カラー）　倉場富三郎編, 中村三郎画『日本西部及南部魚類図譜』1916採集　〔長崎大学附属図書館〕
「高松松平家所蔵 衆鱗図 1」香川県歴史博物館友の会博物図譜刊行会　2001
◇p96（カラー）　メムツ　幼魚　松平頼恭 江戸時代（18世紀）紙本著色 画帖装（折本形式）〔個人蔵〕
◇p97（カラー）　成魚　松平頼恭 江戸時代（18世紀）紙本著色 画帖装（折本形式）〔個人蔵〕

ムツ
「江戸の動植物図」朝日新聞社　1988
◇p112（カラー）　奥倉辰悟『水族四帖』〔国立国会図書館〕

ムツアナスカシカシパン　Leoida sexiesperforata
「世界大博物図鑑 別巻2」平凡社　1994
◇p271（カラー）　キュヴィエ, G.L.C.F.D.『動物界（門徒版）』1836〜49

ムツゴロウ　Boleophthalmus pectinirostris
「江戸博物文庫 魚の巻」工作舎　2017
◇p120（カラー）　鯥五郎　栗本丹洲『栗氏魚譜』〔国立国会図書館〕

むつこ　　　　魚・貝・水生生物

「グラバー魚譜200選」長崎文献社　2005
　◇p198（カラー）　倉場富三郎編、長谷川雪香画
　　『日本西部及南部魚類図譜』1915採集　［長崎大
　　学附属図書館］
「日本の博物図譜」東海大学出版会　2001
　◇p85（白黒）　川原慶賀図

ムツゴロウ　Boleophthalmus pectinirostris
（Linnaeus）
「高木春山 本草図説 水産」リブロポート　1988
　◇p72（カラー）

ムツゴロウ
「彩色 江戸博物学集成」平凡社　1994
　◇p306（カラー）　川原慶賀『魚類写生図』　［オ
　　ランダ国立自然史博物館］
「江戸の動植物図」朝日新聞社　1988
　◇p112（カラー）　奥倉魚仙『水族四帖』　［国立
　　国会図書館］

ムナグロアジ　Caranx hippos
「ビュフォンの博物誌」工作舎　1991
　◇K037（カラー）『一般と個別の博物誌 ソンニー
　　二版』
「世界大博物図鑑 2」平凡社　1989
　◇p300（カラー）　キュヴィエ、G.L.C.F.D.『動物
　　界』1836〜49　手彩色銅版

ムナテンベラかカノコベラの類
「極楽の魚たち」リブロポート　1991
　◇I-12（カラー）　バセ ルナール、L.『モルッカ諸
　　島産彩色魚類図譜 コワイエト写本』1718〜19
　　［個人蔵］

ムネエソ　Sternoptyx diaphana
「ビュフォンの博物誌」工作舎　1991
　◇K079（カラー）『一般と個別の博物誌 ソンニー
　　二版』

ムラクモタカラガイ　Cypraea testudinaria
「世界大博物図鑑 別巻2」平凡社　1994
　◇p126（カラー）　クノール、G.W.『貝類図譜』
　　1764〜75

ムラサキイイガイ　Mytilus edulis
「世界大博物図鑑 別巻2」平凡社　1994
　◇p179（カラー）　クノール、G.W.『貝類図譜』
　　1764〜75

ムラサキイガレイシガイ　Drupa morum
「世界大博物図鑑 別巻2」平凡社　1994
　◇p138（カラー）　キーネ、L.C.『ラマルク貝類図
　　譜』1834〜80　手彩色銅版図

ムラサキインコガイ？　Septifer virgatus？
「鳥獣虫魚譜」八坂書房　1988
　◇p82（カラー）　フルクチ 松森胤保『両羽貝蝶図
　　譜』　［酒田市立光丘文庫］

ムラサキウツボ　Muraena porphyrea
「世界大博物図鑑 2」平凡社　1989
　◇p172（カラー）　ウダール原図、ゲイ、C.『チリ自
　　然社会誌』1844〜71

ムラサキガイ　Mytilus edulis
「ビュフォンの博物誌」工作舎　1991
　◇L062（カラー）『一般と個別の博物誌 ソンニー
　　二版』

紫貝
「江戸名作画帖全集 8」駸々堂出版　1995
　◇図147（カラー）　服部雪斎図、武蔵石寿編『目八
　　譜』　紙本着色　［東京国立博物館］

ムラサキカムリクラゲ
「美しいアンティーク生物画の本」創元社　2017
　◇p14（カラー）　Atolla wyvillei　Haeckel, Ernst
　　『Kunstformen der Natur』1899〜1904
　◇p73（カラー）　Atolla wyvillei　Bigelow, Henry
　　Bryant『'The Medusae' (Memoirs of the
　　Museum of Comparative Zoölogy at Harvard
　　College, v.37）』1909

ムラサキクラゲ　Thysanostoma thysanura
「世界大博物図鑑 別巻2」平凡社　1994
　◇p54（カラー）　レッソン、R.P.著、プレートル原
　　図『動物百図』1830〜32

ムラサキクラゲ？　Thysanostoma thysanura
「高松松平家所蔵 衆鱗図 3」香川県歴史博物館
　友の会博物図譜刊行会　2003
　◇p54（カラー）　（付札なし）　松平頼恭 江戸時代
　　（18世紀）　紙本着色 画帖装（折本形式）　［個人
　　蔵］

ムラサキヒメ　Aulopus milesi
「世界大博物図鑑 2」平凡社　1989
　◇p176（カラー）　キュヴィエ、G.L.C.F.D.、ヴァ
　　ランシエンヌ、A.『魚の博物誌』1828〜50

ムラサメモンガラ
「極楽の魚たち」リブロポート　1991
　◇II-136（カラー）　小さな東インドの恐怖、ププの
　　一種　ファロワズ、サムエル原画、ルナール、L.
　　『モルッカ諸島産彩色魚類図譜 ファン・デル・ス
　　テル写本』1718〜19　［個人蔵］
　◇II-157（カラー）　インドの大きなププ　ファロ
　　ワズ、サムエル原画、ルナール、L.『モルッカ諸島
　　産彩色魚類図譜 ファン・デル・ステル写本』
　　1718〜19　［個人蔵］

むらそい
「魚の手帖」小学館　1991
　◇128図（カラー）　毛利梅園『梅園魚譜/梅園魚品
　　図正』1826〜1843,1832〜1836　［国立国会図
　　書館］

ムラソイ　Sebastes pachycephalus
pachycephalus
「高松松平家所蔵 衆鱗図 1」香川県歴史博物館
　友の会博物図譜刊行会　2001
　◇p51（カラー）　黒笠子　松平頼恭 江戸時代（18
　　世紀）　紙本着色 画帖装（折本形式）　［個人蔵］

ムーレックス［アクキガイ］
「生物の驚異的な形」河出書房新社　2014
　◇図版53（カラー）　ヘッケル、エルンスト 1904

魚・貝・水生生物　　　　　　　　　　　　　　　　めがね

ムレハタタテダイ　Heniochus diphreutes
「南海の魚類 博物画の至宝」平凡社　1995
◇pl.37（カラー）　Heniochus macrolepidotus
ギュンター, A.C.L.G., ギャレット, A. 1873〜
1910
「世界大博物図鑑 2」平凡社　1989
◇380（カラー）　栗本丹洲『栗氏魚譜』　文政2
（1819）　［国文学研究資料館史料館］

ムレハタタテダイ
「極楽の魚たち」リブロポート　1991
◇I–13（カラー）　第三マスト　ルナール, L.『モ
ルッカ諸島産彩色魚類図譜 コワイエト写本』
1718〜19　［個人蔵］

むろあじ
「魚の手帖」小学館　1991
◇31図, 62図（カラー）　室鰺　干物　毛利梅園
『梅園魚譜／梅園魚品図正』　1826〜1843,1832〜
1836　［国立国会図書館］

ムロアジ　Decapterus muroadsi
「グラバー魚譜200選」長崎文献社　2005
◇p84（カラー）　Decapterus kurra (Cuvier et
Valenciennes)　倉場富三郎編, 萩原魚仙画『日
本西部及南部魚類図譜』　1914採集　［長崎大学
附属図書館］
「高松松平家所蔵 衆鱗図 1」香川県歴史博物館
友の会博物図譜刊行会　2001
◇p102（カラー）　モロ鯵　松平頼恭　江戸時代（18
世紀）　紙本著色 画帖装（折本形式）　［個人蔵］

【め】

メアジ　Selar crumenophthalmus
「江戸博物文庫 魚の巻」工作舎　2017
◇p165（カラー）　目鯵　栗本丹洲『栗氏魚譜』
［国立国会図書館］
「高松松平家所蔵 衆鱗図 1」香川県歴史博物館
友の会博物図譜刊行会　2001
◇p100（カラー）　メ鯵　松平頼恭　江戸時代（18世
紀）　紙本著色 画帖装（折本形式）　［個人蔵］

めいたがれい
「魚の手帖」小学館　1991
◇89図（カラー）　目板鰈　毛利梅園『梅園魚譜／梅
園魚品図正』　1826〜1843,1832〜1836　［国立
国会図書館］

メイタカレイ
「彩色 江戸博物学集成」平凡社　1994
◇p78〜79（カラー）　目高鰈　松平頼恭『衆鱗図』
［松平公益会］

メイタガレイ　Pleuronichthys cornutus
「高松松平家所蔵 衆鱗図 1」香川県歴史博物館
友の会博物図譜刊行会　2001
◇p39（カラー）　目板鰈　松平頼恭　江戸時代（18
世紀）　紙本著色 画帖装（折本形式）　［個人蔵］
◇p43（カラー）　目高鰈　松平頼恭　江戸時代（18
世紀）　紙本著色 画帖装（折本形式）　［個人蔵］

◇p45（カラー）　疱瘡比目　松平頼恭　江戸時代
（18世紀）　紙本著色 画帖装（折本形式）　［個人
蔵］
◇p46（カラー）　両面 目板鰈 表裏　真の両面有色
個体の無眼側　松平頼恭　江戸時代（18世紀）　紙
本著色 画帖装（折本形式）　［個人蔵］
◇p46（カラー）　［両面 目板鰈 表裏］　真の両面
有色個体の有眼側　松平頼恭　江戸時代（18世紀）
紙本著色 画帖装（折本形式）　［個人蔵］
◇p48（カラー）　両面鰈 表　部分的な両面有色個
体の有眼側　松平頼恭　江戸時代（18世紀）　紙本
著色 画帖装（折本形式）　［個人蔵］
◇p48（カラー）　両面鰈 裏　部分的な両面有色個
体の無眼側　松平頼恭　江戸時代（18世紀）　紙本
著色 画帖装（折本形式）　［個人蔵］
「世界大博物図鑑 2」平凡社　1989
◇p408（カラー）　大野麦風『大日本魚類画集』　昭
和12〜19　彩色木版

メガイアワビ
「江戸の動植物図」朝日新聞社　1988
◇p103（カラー）　武蔵石寿『目八譜』　［東京国
立博物館］

メカジキ　Xiphias gladius
「ビュフォンの博物誌」工作舎　1991
◇K026（カラー）『一般と個別の博物誌 ソンニー
ニ版』
「世界大博物図鑑 2」平凡社　1989
◇p312（カラー）　キュヴィエ, G.L.C.F.D.『動物
界』　1836〜49　手彩色銅版

メガネカラッパ　Calappa philargius
「グラバー魚譜200選」長崎文献社　2005
◇p241（カラー）　めがねまんじゅうがに　倉場富
三郎編, 萩原魚仙画『日本西部及南部魚類図譜』
1913採集　［長崎大学附属図書館］

メガネギンポ　Blennius ocellaris Linnaeus
「高木春山 本草図説 水産」リブロポート　1988
◇p71（カラー）　フレンニュス 羅甸 カーベルヒス
和蘭

メガネクロハギ　Acanthurus glaucopareius
「世界大博物図鑑 2」平凡社　1989
◇p394（カラー）　ギャレット, A.原図, ギュン
ター, A.C.L.G.解説『南海の魚類』　1873〜1910
◇p399（カラー）　ファロアズ, サムエル原画, ル
ナール, L.『モルッカ諸島魚類彩色図譜』　1754
［国文学研究資料館史料館］

メガネクロハギ　Acanthurus nigricans
「南海の魚類 博物画の至宝」平凡社　1995
◇pl.71（カラー）　Acanthurus glaucopareius
ギュンター, A.C.L.G., ギャレット, A. 1873〜
1910

メガネクロハギ
「極楽の魚たち」リブロポート　1991
◇I–63（カラー）　哲学者　ルナール, L.『モルッカ
諸島産彩色魚類図譜 コワイエト写本』 1718〜19
［個人蔵］
◇I–119（カラー）　エンクハイゼンの少女　ルナー

博物図譜レファレンス事典 動物篇　**305**

めかね　　　　　　　　　　　　　魚・貝・水生生物

ル, L.『モルッカ諸島産彩色魚類図譜 コワイエト
写本』 1718～19 ［個人蔵］

メガネゴンベ　Paracirrhites arcatus
「南海の魚類 博物画の至宝」平凡社　1995
◇pl.49（カラー）　Cirrhites arcatus　ギュンター,
A.C.L.G., ギャレット, A. 1873～1910
「世界大博物図鑑 2」平凡社　1989
◇p292（カラー）　キュヴィエ, G.L.C.F.D.『動物
界』 1836～49 手彩色銅版

メガネゴンベ
「極楽の魚たち」リブロポート　1991
◇I-102（カラー）　皇帝　ルナール, L.『モルッカ
諸島産彩色魚類図譜 コワイエト写本』 1718～19
［国文学研究資料館史料館］

メガネハギ　Sufflamen freanatus
「世界大博物図鑑 2」平凡社　1989
◇p436（カラー）　グレー, J.E.著, ホーキンズ,
ウォーターハウス石版『インド動物図譜』 1830
～35

メガネモチノウオ（ナポレオンフィッシュ）
Cheilinus undulatus
「南海の魚類 博物画の至宝」平凡社　1995
◇pl.133（カラー）　Chilinus undulatus, ad. 成
魚　ギュンター, A.C.L.G., ギャレット, A.
1873～1910
◇pl.133（カラー）　Chilinus undulatus, juv. 幼
魚　ギュンター, A.C.L.G., ギャレット, A.
1873～1910

メキシコアコヤガイ　Pinctada imbricata
「世界大博物図鑑 別巻2」平凡社　1994
◇p226（カラー）　リーチ, W.E.著, ノダー, R.P.図
『動物学雑録』 1814～17 手彩色銅版

メキシコカワアナゴ　Eleotris gyrinus
「世界大博物図鑑 2」平凡社　1989
◇p337（カラー）　キュヴィエ, G.L.C.F.D.『動物
界』 1836～49 手彩色銅版

めごち
「魚の手帖」小学館　1991
◇120図（カラー）　雌鯒　毛利梅園『梅園魚譜/梅
園魚品図正』 1826～1843,1832～1836 ［国立
国会図書館］

めじな
「魚の手帖」小学館　1991
◇5図（カラー）　目仁奈　毛利梅園『梅園魚譜/梅
園魚品図正』 1826～1843,1832～1836 ［国立
国会図書館］

メジナ　Girella punctata
「高松松平家所蔵 衆鱗図 2」香川県歴史博物館
友の会博物図譜刊行会　2002
◇p75（カラー）　めじら　松平頼恭 江戸時代（18
世紀）　紙本著色 画帖装（折本形式）［個人蔵］
「高松松平家所蔵 衆鱗図 1」香川県歴史博物館
友の会博物図譜刊行会　2001
◇p25（カラー）　炭焼鯛　松平頼恭 江戸時代（18
世紀）　紙本著色 画帖装（折本形式）［個人蔵］

メジロザメのなかま
「世界大博物図鑑 2」平凡社　1989
◇p2～3（白黒）　渚に打ちあげられた　キュヴィ
エ, G.L.C.F.D.著, トラヴィエ図『ラセペード博
物誌』 手彩色銅版画

メダイ　Hyperoglyphe japonica
「高松松平家所蔵 衆鱗図 2」香川県歴史博物館
友の会博物図譜刊行会　2002
◇p109（カラー）　めさし 幼魚　松平頼恭 江戸
時代（18世紀）　紙本著色 画帖装（折本形式）
［個人蔵］

めだか
「魚の手帖」小学館　1991
◇39図（カラー）　目高　毛利梅園『梅園魚譜/梅園
魚品図正』 1826～1843,1832～1836 ［国立国
会図書館］

メダカ　Oryzias latipes
「高松松平家所蔵 衆鱗図 3」香川県歴史博物館
友の会博物図譜刊行会　2003
◇p89（カラー）　目高　松平頼恭 江戸時代（18世
紀）　紙本著色 画帖装（折本形式）［個人蔵］
◇p90（カラー）　（付札なし）　松平頼恭 江戸時代
（18世紀）　紙本著色 画帖装（折本形式）［個人
蔵］
「世界大博物図鑑 2」平凡社　1989
◇p192（カラー）　栗本丹洲『栗氏魚譜』 文政2
（1819）［国文学研究資料館史料館］

目高鱗
「江戸名作画帖全集 8」駸々堂出版　1995
◇図58（カラー）　藻鰈・目高鱗　松平頼恭編『衆
鱗図』　紙本著色 ［松平公益会］

メティヌスの1種　Myleus altipinnis
「世界大博物図鑑 2」平凡社　1989
◇p117（カラー）　アルベルティ原図, キュヴィエ,
G.L.C.F.D., ヴァランシエンヌ, A.『魚の博物
誌』 1828～50

メティヌスの1種　Myleus schomburgkii
「世界大博物図鑑 2」平凡社　1989
◇p117（カラー）　ショムブルク, R.H.『ガイアナ
の魚類誌』 1843

メティヌスの1種　Myleus sp.
「世界大博物図鑑 2」平凡社　1989
◇p116（カラー）　ショムブルキー　キュヴィエ,
G.L.C.F.D., ヴァランシエンヌ, A.『魚の博物
誌』 1828～50

メナガガザミ　Podophthalmus vigil
「ビュフォンの博物誌」工作舎　1991
◇M045（カラー）『一般と個別の博物誌 ソンニー
ニ版』
「世界大博物図鑑 1」平凡社　1991
◇p128（カラー）　キュヴィエ, G.L.C.F.D.『動物
界』 1836～49 手彩色銅版

メナガツノガニ　Ophthalmias cervicornis
「世界大博物図鑑 1」平凡社　1991

魚・貝・水生生物　　　　　　　もくす

◇p121（カラー）　キュヴィエ, G.L.C.F.D.『動物界』 1836〜49　手彩色銅版

めなだ
「魚の手帖」小学館　1991
◇125図（カラー）　目奈陀・赤目魚　毛利梅園『梅園魚譜/梅園魚品図正』 1826〜1843,1832〜1836　［国立国会図書館］

メナダ　Chelon haematocheilus
「高松松平家所蔵 衆鱗図 1」香川県歴史博物館友の会博物図譜刊行会　2001
◇p96（カラー）　目アカ　松平頼恭 江戸時代（18世紀）　紙本着色 画帖装（折本形式）　［個人蔵］

メナダ
「彩色 江戸博物学集成」平凡社　1994
◇p62（カラー）　志ろくち　丹羽正伯『芸藩土産図』［岩瀬文庫］
「江戸の動植物図」朝日新聞社　1988
◇p112（カラー）　奥倉魚仙『水族四帖』［国立国会図書館］

メナダ（シクチ）　Chelon haematocheilus
「高松松平家所蔵 衆鱗図 1」香川県歴史博物館友の会博物図譜刊行会　2001
◇p96（カラー）　メナダ　松平頼恭 江戸時代（18世紀）　紙本着色 画帖装（折本形式）　［個人蔵］

メナダ属の1種　Chelon compressus
「南海の魚類 博物画の至宝」平凡社　1995
◇pl.123（カラー）　Mugil compressus　ギュンター, A.C.L.G., ギャレット, A. 1873〜1910

メナダ属の1種　Chelon petardi
「南海の魚類 博物画の至宝」平凡社　1995
◇pl.121（カラー）　Myxus leuciscus　ギュンター, A.C.L.G., ギャレット, A. 1873〜1910

メノウタイコガイ　Phalium iredalei
「世界大博物図鑑 別巻2」平凡社　1994
◇p125（カラー）　キーネ, L.C.『ラマルク貝類図譜』 1834〜80　手彩色銅版版

メバリギンポ　Parablennius sanguinolentus
「世界大博物図鑑 2」平凡社　1989
◇p328（カラー）　キュヴィエ, G.L.C.F.D., ヴァランシエンヌ, A.『魚の博物誌』 1828〜50

めばる
「魚の手帖」小学館　1991
◇44図, 63図（カラー）　目張　毛利梅園『梅園魚譜/梅園魚品図正』 1826〜1843,1832〜1836　［国立国会図書館］

メバル　Sebastes inermis
「グラバー魚譜200選」長崎文献社　2005
◇p174（カラー）　あかめばる　倉場富三郎編, 長谷川雪香画『日本西部及南部魚類図譜』 1915採集　［長崎大学附属図書館］
「高松松平家所蔵 衆鱗図 1」香川県歴史博物館友の会博物図譜刊行会　2001
◇p57（カラー）　ウキソ鰔　松平頼恭 江戸時代（18世紀）　紙本着色 画帖装（折本形式）　［個人蔵］

「世界大博物図鑑 2」平凡社　1989
◇p417（カラー）　大野麦風『大日本魚類画集』 昭和12〜19　彩色木版

メバル
「彩色 江戸博物学集成」平凡社　1994
◇p411（カラー）　奥倉辰行『水族四帖』［国会図書館］

メリケンカリバガサガイ　Trochita trochiformis
「世界大博物図鑑 別巻2」平凡社　1994
◇p122（カラー）　デュ・プティ＝トゥアール, A.A.『ウエヌス号世界周航記』 1846

メリベウミウシのなかま　Tethys fimbria？
「世界大博物図鑑 別巻2」平凡社　1994
◇p172（カラー）　キュヴィエ, G.L.C.F.D.『動物界（門徒版）』 1836〜49

メルテンスサワラ　Scomberomorus cavalla
「世界大博物図鑑 2」平凡社　1989
◇p321（カラー）　キュヴィエ, G.L.C.F.D.『動物界』 1836〜49　手彩色銅版

メンガイの1種　Spondylus sp.？
「ビュフォンの博物誌」工作舎　1991
◇L061（カラー）『一般と個別の博物誌 ソンニーニ版』

メンコヒシガニ　Aethra scruposa
「世界大博物図鑑 1」平凡社　1991
◇p124（カラー）　キュヴィエ, G.L.C.F.D.『動物界』 1836〜49　手彩色銅版

メンダコの1種　Opisthoteuthis grimaldii
「世界大博物図鑑 別巻2」平凡社　1994
◇p250（カラー）　アルベール1世『モナコ国王アルベール1世所有イロンデル号科学探査報告』 1889〜1950

【 も 】

モオリホクロガイ　Spisula elongata
「世界大博物図鑑 別巻2」平凡社　1994
◇p210（カラー）　デュモン・デュルヴィル, J.S.C.『アストロラブ号世界周航記』 1830〜35　スティップル印刷

藻蝶
「江戸名作画帖全集 8」駸々堂出版　1995
◇図58（カラー）　藻蝶・日高蝶　松平頼恭編『衆鱗図』　紙本着色　［松平公益会］

モクズガニ　Eriocheir japonicus
「グラバー魚譜200選」長崎文献社　2005
◇p242（カラー）　倉場富三郎編, 中村三郎画『日本西部及南部魚類図譜』 1916採集　［長崎大学附属図書館］
「日本の博物図譜」東海大学出版会　2001
◇図52（カラー）　高野則明筆『博物館虫譜』　［東

博物図譜レファレンス事典 動物篇　307

もくす　　　　　　　　魚・貝・水生生物

京国立博物館]
「世界大博物図鑑 1」平凡社　1991
　◇p136（カラー）　田中芳男『博物館虫譜』　1877
　　（明治10）頃
　◇p136（カラー）　栗本丹洲『千蟲譜』　文化8
　　（1811）

モクズガニ
「彩色 江戸博物学集成」平凡社　1994
　◇p207（カラー）　栗本丹洲『千虫譜』　[内閣文
　　庫]
　◇p263（カラー）　オス　飯沼慾斎『本草図譜 第11
　　巻〈禽部獣部〉』　[個人蔵]

モクズガニ（ケガニ）　Eriocheir japonicus
「鳥獣虫魚譜」八坂書房　1988
　◇p84（カラー）　川蟹、麦蒔蟹　松森胤保『両羽貝
　　蝶図譜』　[酒田市立光丘文庫]

モクズショイ　Camposcia retusa
「世界大博物図鑑 1」平凡社　1991
　◇p121（カラー）　キュヴィエ, G.L.C.F.D.『動物
　　界』　1836〜49　手彩色銅版

モクハチアオイガイ
「江戸の動植物図」朝日新聞社　1988
　◇p102（カラー）　武蔵石寿『目八譜』　[東京国
　　立博物館]

モクヨクカイメンの1種　Spongia simulans
「世界大博物図鑑 別巻2」平凡社　1994
　◇p31（カラー）　キュヴィエ, G.L.C.F.D.『動物界
　　（門徒版）』　1836〜49

もつご
「魚の手帖」小学館　1991
　◇22図, 36図, 57図（カラー）　持子　毛利梅園『梅
　　園魚譜/梅園魚品図正』　1826〜1843,1832〜1836
　　[国立国会図書館]

モツゴ　Pseudorasbora parva
「高松松平家所蔵 衆鱗図 3」香川県歴史博物館
　友の会博物図譜刊行会　2003
　◇p75（カラー）　ツチクジリ　松平頼恭 江戸時代
　　（18世紀）　紙本著色 画帖装（折本形式）　[個人
　　蔵]

モトカマス　Sphyraena sphyraena
「ビュフォンの博物誌」工作舎　1991
　◇K073（カラー）『一般と個別の博物誌 ソンニー
　　ニ版』

モトカワカマス　Esox lucius
「ビュフォンの博物誌」工作舎　1991
　◇K072（カラー）『一般と個別の博物誌 ソンニー
　　ニ版』

モノアラガイ科　Lymnaeidae
「ビュフォンの博物誌」工作舎　1991
　◇L054（カラー）『一般と個別の博物誌 ソンニー
　　ニ版』

モノアラガイの1種　Lymnaea lessoni
「世界大博物図鑑 別巻2」平凡社　1994

　◇p163（カラー）　レッソン, R.P.著, プレートル原
　　図『動物百図』　1830〜32

モミジガイ　Astropecten scoparius
「高松松平家所蔵 衆鱗図 3」香川県歴史博物館
　友の会博物図譜刊行会　2003
　◇p58（カラー）　（付札なし）　松平頼恭 江戸時代
　　（18世紀）　紙本著色 画帖装（折本形式）　[個人
　　蔵]

モミジガイの1種
「美しいアンティーク生物画の本」創元社　2017
　◇p79（カラー）　Archaster rigidus　Filhol,
　　Henri『La vie au fond』　1885　[University of
　　Ottawades mers]
　◇p87（カラー）　Psilaster andromeda　Arbert I,
　　Prince of Monaco『Résultats des campagnes
　　scientifiques accomplies sur son yacht par
　　Albert Ier, prince souverain de Monaco』　1909
　◇p88（カラー）　Paragonaster subtilis　Arbert
　　I, Prince of Monaco『Résultats des campagnes
　　scientifiques accomplies sur son yacht par
　　Albert Ier, prince souverain de Monaco』　1909
　◇p88（カラー）　Plutonaster rigidus　Arbert I,
　　Prince of Monaco『Résultats des campagnes
　　scientifiques accomplies sur son yacht par
　　Albert Ier, prince souverain de Monaco』　1909
　◇p88（カラー）　Dytaster agassizi　Arbert I,
　　Prince of Monaco『Résultats des campagnes
　　scientifiques accomplies sur son yacht par
　　Albert Ier, prince souverain de Monaco』　1909

モミジボラ貝の仲間（？）
「美しいアンティーク生物画の本」創元社　2017
　◇p76〜77（カラー）　Jäger, Gustav『Das Leben
　　im Wasser und das Aquarium』　1868

モミジモドキの仲間
「美しいアンティーク生物画の本」創元社　2017
　◇p88（カラー）　Psilasteropsis patagiatus
　　Arbert I, Prince of Monaco『Résultats des
　　campagnes scientifiques accomplies sur son
　　yacht par Albert Ier, prince souverain de
　　Monaco』　1909

モヨウカスベ　Okamejei acutispina
「江戸博物文庫 魚の巻」工作舎　2017
　◇p67（カラー）　模様糟倍　毛利梅園『梅園魚品図
　　正』　[国立国会図書館]

モヨウフグ　Arothron stellatus
「高松松平家所蔵 衆鱗図 4」香川県歴史博物館
　友の会博物図譜刊行会　2004
　◇p30（カラー）　（墨書なし）　幼魚　松平頼恭 江
　　戸時代（18世紀）　紙本著色 画帖装（折本形式）
　　[個人蔵]
「南海の魚類 博物画の至宝」平凡社　1995
　◇pl.166（カラー）　Tetrodon stellatus
　　（Gesellschafts Ins.）　ギュンター, A.C.L.G.,
　　ギャレット, A.　1873〜1910
　◇pl.175（カラー）　Tetrodon regani
　　（Gesellschafts Ins.）　成魚　ギュンター, A.C.
　　L.G., ギャレット, A.　1873〜1910

魚・貝・水生生物　　　　　　　　　　　　　　　　もんか

「世界大博物図鑑 2」平凡社　1989
　◇p449（カラー）　ギャレット原図、ギュンター解
　　説『ゴデフロイ博物館紀要』　1873〜1910

モヨウフグ属の1種　Arothron sp.
「南海の魚類 博物画の至宝」平凡社　1995
　◇pl.173（カラー）　Tetrodon meleagris, Albino
　　(Samoa)　ギュンター、A.C.L.G.、ギャレット、
　　A. 1873〜1910
　◇pl.176（カラー）　Tetrodon hispidus var.β
　　(Gesellschafts Inseln.)　ギュンター、A.C.L.G.、
　　ギャレット、A. 1873〜1910

モヨウフグの1種　Arothron sp.
「ビュフォンの博物誌」工作舎　1991
　◇K018（カラー）『一般と個別の博物誌 ソンニー
　　二版』

モヨウフグの幼魚　Arothron stellatus
「世界大博物図鑑 2」平凡社　1989
　◇p448（カラー）　リュッペル、W.P.E.S.『北アフ
　　リカ探検図譜』　1826〜28

モヨウモンガラドウシ　Myrichthys
maculosus
「世界大博物図鑑 2」平凡社　1989
　◇p173（カラー）　リュッペル、W.P.E.S.『北アフ
　　リカ探検図譜』　1826〜28

モーリシャスの黄金魚
「極楽の魚たち」リブロポート　1991
　◇I–141（カラー）　ルナール、L.『モルッカ諸島産
　　彩色魚類図譜 コワイエ写本』　1718〜19　［個
　　人蔵］

モーリシャスのカレイ
「極楽の魚たち」リブロポート　1991
　◇I–167（カラー）　ルナール、L.『モルッカ諸島産
　　彩色魚類図譜 コワイエ写本』　1718〜19　［個
　　人蔵］

モーリシャスの小さなタラ
「極楽の魚たち」リブロポート　1991
　◇I–140（カラー）　ルナール、L.『モルッカ諸島産
　　彩色魚類図譜 コワイエ写本』　1718〜19　［個
　　人蔵］

モルミルスの1種　Mormyrus sp.
「ビュフォンの博物誌」工作舎　1991
　◇K079（カラー）『一般と個別の博物誌 ソンニー
　　二版』

モルミルス・ルメ・ルメ　Mormyrus rume
rume
「世界大博物図鑑 2」平凡社　1989
　◇p41（カラー）　キュヴィエ、G.L.C.F.D.、ヴァラ
　　ンシエンヌ、A.『魚の博物誌』　1828〜50

モロコシハギ　Monacanthus chinensis
「世界大博物図鑑 2」平凡社　1989
　◇p432（カラー）　リチャードソン、J.『珍奇魚譜』
　　1843

モロッコボラ　Cymbium olla
「世界大博物図鑑 別巻2」平凡社　1994

　◇p146（カラー）　キーネ、L.C.『ラマルク貝類図
　　譜』　1834〜80　手彩色銅版図

モロン・ブスク
「極楽の魚たち」リブロポート　1991
　◇II–10（カラー）　第19図104のアレンジ　ファロ
　　ワズ、サムエル原画、ルナール、L.『モルッカ諸島
　　産彩色魚類図譜 ファン・デル・ステル写本』
　　1718〜19　［個人蔵］
　◇II–150（カラー）　ファロワズ、サムエル原画、ル
　　ナール、L.『モルッカ諸島産彩色魚類図譜 ファ
　　ン・デル・ステル写本』　1718〜19　［個人蔵］

モンガラカワハギ　Balistes conspicillum
「世界大博物図鑑 2」平凡社　1989
　◇p437（カラー）　ファロアズ、サムエル原画、ル
　　ナール、L.『モルッカ諸島魚類彩色図譜』　1754
　　［国文学研究資料館史料館］

モンガラカワハギ　Balistoides conspicillum
「江戸博物文庫 魚の巻」工作舎　2017
　◇p86（カラー）　紋殻皮剥　奥倉辰行『水族寫真』
　　［国立国会図書館］
「日本の博物図譜」東海大学出版会　2001
　◇図77（カラー）　萩原魚仙筆『グラバー図譜』
　　［長崎大学］

モンガラカワハギ　Balistoides conspicillus
「グラバー魚譜200選」長崎文献社　2005
　◇p157（カラー）　めがねはぎ　倉場富三郎編、萩
　　原魚仙画『日本西部及南部魚類図譜』　1914採集
　　［長崎大学附属図書館］

モンガラカワハギ
「彩色 江戸博物学集成」平凡社　1994
　◇p402〜403（カラー）　奥倉辰行『水族写真』
　　［東京都立中央図書館］
「極楽の魚たち」リブロポート　1991
　◇I–88（カラー）　トリノのサラツ　ルナール、L.
　　『モルッカ諸島産彩色魚類図譜 コワイエ写本』
　　1718〜19　［個人蔵］
　◇II–54（カラー）　マニプのブブ　ファロワズ、サ
　　ムエル原画、ルナール、L.『モルッカ諸島産彩色
　　魚類図譜 ファン・デル・ステル写本』　1718〜19
　　［個人蔵］
　◇II–138（カラー）　月の魚　ファロワズ、サムエル
　　原画、ルナール、L.『モルッカ諸島産彩色魚類図
　　譜 ファン・デル・ステル写本』　1718〜19　［個
　　人蔵］
　◇II–191（カラー）　ブーロのブルスク　ファロワ
　　ズ、サムエル原画、ルナール、L.『モルッカ諸島産
　　彩色魚類図譜 ファン・デル・ステル写本』　1718
　　〜19　［個人蔵］

モンガラカワハギの1種
「極楽の魚たち」リブロポート　1991
　◇II–16（カラー）　ルーヴァンの珊瑚礁魚　ファロ
　　ワズ、サムエル原画、ルナール、L.『モルッカ諸島
　　産彩色魚類図譜 ファン・デル・ステル写本』
　　1718〜19　［個人蔵］

モンガラドオシ
「極楽の魚たち」リブロポート　1991
　◇p15（白黒）　フランソワ・ファレンティン『新旧

博物図譜レファレンス事典 動物篇　**309**

もんこ　　　　魚・貝・水生生物

インド誌』
◇p140～141（カラー）　ファロワズ，サムエル画，
ルナール，L.『モルッカ諸島産彩色魚類図譜 フォ
ン・ベア写本』1718～19

モンゴウイカ　Sepia officinalis
「ビュフォンの博物誌」工作舎　1991
◇L001（カラー）『一般と個別の博物誌 ソンニー
二版』

モンタのザリガニ
「極楽の魚たち」リブロポート　1991
◇II-187（カラー）　ヤマザリガニ　ファロワズ，サ
ムエル原画，ルナール，L.『モルッカ諸島産彩色
魚類図譜 ファン・デル・ステル写本』1718～19
［国文学研究資料館史料館］

モンツキアカヒメジ　Mulloidichthys
flavolineatus
「南海の魚類 博物画の至宝」平凡社　1995
◇pl.43（カラー）　Mulloides samoensis　ギュン
ター，A.C.L.G.，ギャレット，A. 1873～19

モンツキカエルウオ　Istiblennius chrysospilos
「南海の魚類 博物画の至宝」平凡社　1995
◇pl.116（カラー）　Salarias coronatus　メス
ギュンター，A.C.L.G.，ギャレット，A. 1873～
1910

モンツキカエルウオ　Stiblennius chrysospilos
「南海の魚類 博物画の至宝」平凡社　1995
◇pl.113（カラー）　Salarias nitidus　オス　ギュ
ンター，A.C.L.G.，ギャレット，A. 1873～1910

モンツキハギ　Acanthurus olivaceus
「グラバー魚譜200選」長崎文献社　2005
◇p154（カラー）　こむき？　成魚　倉場富三郎
編，中村三郎画『日本西部及南部魚類図譜』
1917採集　［長崎大学附属図書館］

モンツキハギ
「極楽の魚たち」リブロポート　1991
◇II-55（カラー）　大きな島の魚　ファロワズ，サ
ムエル原画，ルナール，L.『モルッカ諸島産彩色
魚類図譜 ファン・デル・ステル写本』1718～19
［個人蔵］
◇p126（カラー）　成魚　ファロワズ，サムエル画，
ルナール，L.『モルッカ諸島産彩色魚類図譜 フォ
ン・ベア写本』1718～19

モンツキヒラアジ　Hemicaranx
amblyrhynchus
「世界大博物図鑑 2」平凡社　1989
◇p301（カラー）　キュヴィエ，G.L.C.F.D.，ヴァ
ランシエンヌ，A.『魚の博物誌』1828～50

モンツキベラ　Bodianus diana
「世界大博物図鑑 2」平凡社　1989
◇p353（カラー）　ブレイカー，M.P.『蘭領東イン
ド魚類図譜』1862～78　色刷り石版画

【や】

矢石類　Belemnoidea
「ビュフォンの博物誌」工作舎　1991
◇L050（カラー）『一般と個別の博物誌 ソンニー
二版』

ヤイチブダイ　Scarus collana
「世界大博物図鑑 2」平凡社　1989
◇p372（カラー）　リュッペル，W.P.E.S.『アビシ
ニア動物図譜』1835～40

ヤエバブダイ　Sparisoma cretensis
「世界大博物図鑑 2」平凡社　1989
◇p369（カラー）　キュヴィエ，G.L.C.F.D.『動物
界』1836～49　手彩色銅版

ヤエヤマギンポ　Salarias fasciatus
「南海の魚類 博物画の至宝」平凡社　1995
◇pl.115（カラー）　ギュンター，A.C.L.G.，ギャ
レット，A. 1873～1910
「世界大博物図鑑 2」平凡社　1989
◇p329（カラー）　リュッペル，W.P.E.S.『北アフ
リカ探検図譜』1826～28

ヤエヤマギンポ属の1種　Salarias
alboguttatus
「南海の魚類 博物画の至宝」平凡社　1995
◇pl.118（カラー）　ギュンター，A.C.L.G.，ギャ
レット，A. 1873～1910

ヤガラ
「彩色 江戸博物学集成」平凡社　1994
◇p118～119（カラー）　小野蘭山『魚彙』　［岩瀬
文庫］

ヤギ　Eunicella sp.
「世界大博物図鑑 別巻2」平凡社　1994
◇p59（カラー）　エリス，J.『珍品植虫類の博物誌』
1786　手彩色銅版図

ヤキイモガイ　Conus magus
「世界大博物図鑑 別巻2」平凡社　1994
◇p155（カラー）　デュモン・デュルヴィル，J.S.C.
『アストロラブ号世界周航記』1830～35　ス
ティップル印刷

ヤギのなかま　‘Gorgonia glanulata’
「世界大博物図鑑 別巻2」平凡社　1994
◇p59（カラー）　エスパー，E.J.C.『植虫類図録』
1788～1830

ヤギのなかま　‘Gorgonia palma’
「世界大博物図鑑 別巻2」平凡社　1994
◇p59（カラー）　エスパー，E.J.C.『植虫類図録』
1788～1830

ヤギのなかま　Clathraria roemeri
「世界大博物図鑑 別巻2」平凡社　1994
◇p59（カラー）　エスパー，E.J.C.『植虫類図録』
1788～1830

魚・貝・水生生物　　　　　　　　やとか

ヤギのなかま　Eunicella stricta
「世界大博物図鑑　別巻2」平凡社　1994
◇p59（カラー）　エリス, J.『珍品植虫類の博物誌』1786　手彩色銅版図

ヤクシマイワシ　Atherinomorus lacunosus
「南海の魚類　博物画の至宝」平凡社　1995
◇pl.118（カラー）　Atherina lacunosa　ギュンター, A.C.L.G., ギャレット, A.　1873〜1910

ヤクシマタカラガイ　Cypraea arabica
「世界大博物図鑑　別巻2」平凡社　1994
◇p126（カラー）　デュモン・デュルヴィル, J.S.C.『アストロラブ号世界周航記』1830〜35　スティップル印刷
◇p127（カラー）　クノール, G.W.『貝類図譜』1764〜75

ヤクシマダカラガイ
「江戸の動植物図」朝日新聞社　1988
◇p37（カラー）　森野藤助『松山本草』　［森野旧薬園］

ヤコウガイ　Turbo marmoratus
「世界大博物図鑑　別巻2」平凡社　1994
◇p120（カラー）　クノール, G.W.『貝類図譜』1764〜75
◇p120（カラー）　デュモン・デュルヴィル, J.S.C.『アストロラブ号世界周航記』1830〜35　スティップル印刷
◇p120（カラー）　クノール, G.W.『貝類図譜』1764〜75

ヤシガニ　Birgus latro
「世界大博物図鑑　1」平凡社　1991
◇p108（カラー）　フレシネ, L.C.de S.de『ユラニー号およびフィジシェンヌ号世界周航記図録』1824
◇p109（カラー）　ドルビニ, A.C.V.D.『万有博物事典』1838〜49,61
◇p109（カラー）　田中芳男『博物館虫譜』1877（明治10）頃
◇p109（カラー）　ヘルプスト, J.F.W.『蟹蛯分類図譜』1782〜1804

ヤシャベラ　Cheilinus fasciatus
「南海の魚類　博物画の至宝」平凡社　1995
◇pl.134（カラー）　Chilinus fasciatus　ギュンター, A.C.L.G., ギャレット, A.　1873〜1910
「世界大博物図鑑　2」平凡社　1989
◇p367（カラー）　ブレイカー, M.P.『蘭領東インド魚類図譜』1862〜78　色刷り石版画

ヤシャベラ
「極楽の魚たち」リブロポート　1991
◇I−132（カラー）　不死鳥　ルナール, L.『モルッカ諸島産彩色魚類図譜 コワイエト写本』1718〜19　［個人蔵］

ヤジリイットウダイ　Sargocentron hastatum
「世界大博物図鑑　2」平凡社　1989
◇p204（カラー）　キュヴィエ, G.L.C.F.D., ヴァランシエンヌ, A.『魚の博物誌』1828〜50

ヤジリヒモキュウバンナマズ　Loricaria cataphracta
「世界大博物図鑑　2」平凡社　1989
◇p145（カラー）　キュヴィエ, G.L.C.F.D.『動物界』1836〜49　手彩色銅版

ヤジリヒモキュウバンナマズの1種
Loricaria cataphracta
「ビュフォンの博物誌」工作舎　1991
◇K068（カラー）『一般と個別の博物誌 ソンニーニ版』

ヤスリヒゲヌキナマズ　Ageneiosus dentatus
「世界大博物図鑑　2」平凡社　1989
◇p149（カラー）　キュヴィエ, G.L.C.F.D., ヴァランシエンヌ, A.『魚の博物誌』1828〜50

ヤセアマダイ　Malacanthus brevirostris
「南海の魚類　博物画の至宝」平凡社　1995
◇pl.98（カラー）　Malacanthus hoedtii　ギュンター, A.C.L.G., ギャレット, A.　1873〜1910

ヤセイモガイ　Conus emaciatus
「世界大博物図鑑　別巻2」平凡社　1994
◇p150（カラー）　クノール, G.W.『貝類図譜』1764〜75

ヤッコの1種
「極楽の魚たち」リブロポート　1991
◇II−161（カラー）　ハリセンボンの一種　ファロワズ, サムエル原画, ルナール, L.『モルッカ諸島産彩色魚類図譜 ファン・デル・ステル写本』1718〜19　［個人蔵］

ヤツシロガイ　Tonna luteostoma
「世界大博物図鑑　別巻2」平凡社　1994
◇p125（カラー）　平瀬與一郎『貝千種』　大正3〜11（1914〜22）　色刷木版画

ヤツシロガイの1種　Tonna sp.
「ビュフォンの博物誌」工作舎　1991
◇L057（カラー）『一般と個別の博物誌 ソンニーニ版』

ヤットコハナダイ　Paranthias furcifer
「世界大博物図鑑　2」平凡社　1989
◇p257（カラー）　ヴェルナー原図, デュ・プティ＝トゥアール, A.A.『ウエヌス号世界周航記』1846　手彩色銅版画

ヤドカリ
「紙の上の動物園」グラフィック社　2017
◇p124（カラー）　ショー, ジョージ『博物学者の宝庫』1789〜1813
「江戸名作画帖全集　8」駸々堂出版　1995
◇図155（カラー）　寄居虫　コウナ虫　服部雪斎図, 武蔵石寿編『目八譜』　紙本着色　［東京国立博物館］

ヤドカリイソギンチャク
「水中の驚異」リブロポート　1990
◇p24（カラー）　ゴッス, P.H.『イギリスのイソギンチャクとサンゴ』1860

博物図譜レファレンス事典 動物篇　**311**

やとか　　　　　　　　　　　　魚・貝・水生生物

ヤドカリのなかま　Dardanus sp.
「世界大博物図鑑　1」平凡社　1991
　◇p112（カラー）　田中芳男『博物館虫譜』　1877
　（明治10）頃

ヤドカリ類の幼生（グラウコトエ）
「世界大博物図鑑　1」平凡社　1991
　◇p112（カラー）　glaucothoe larva of hermit
　crab　キュヴィエ, G.L.C.F.D.『動物界』　1836
　～49　手彩色銅版

ヤドリイソギンチャク
「水中の驚異」リブロポート　1990
　◇p52（カラー）　アンドレス, A.『ナポリ湾海洋研
　究所紀要〈イソギンチャク類篇〉』　1884
　◇p137（白黒）　キングズリ, G., サワビー, J.『グ
　ラウコス』　1859

ヤドリイソギンチャクのなかま　Peachia
hastata
「世界大博物図鑑　別巻2」平凡社　1994
　◇p69（カラー）　ゴッス, P.H.『英国のイソギン
　チャクと珊瑚』　1860　多色石版

ヤドリイソギンチャクのなかま　Peachia
triphylla
「世界大博物図鑑　別巻2」平凡社　1994
　◇p68（カラー）　ゴッス, P.H.『英国のイソギン
　チャクと珊瑚』　1860　多色石版

ヤドリクラゲの1種
「美しいアンティーク生物画の本」創元社　2017
　◇p60（カラー）　Cunina　Oken, Lorenz
　『Abbildungen zu Okens allgemeiner
　Naturgeschichte für alle Stände』　1843

ヤナギウミエラの1種　Virgularia mirabilis
「世界大博物図鑑　別巻2」平凡社　1994
　◇p58（カラー）　キュヴィエ, G.L.C.F.D.『動物界』
　（門徒版）』　1836～49

ヤナギクラゲの1種　Chrysaora cyclonota
「世界大博物図鑑　別巻2」平凡社　1994
　◇p51（カラー）　ゴッス, P.H.『デヴォンシャーの
　博物学者』　1853

ヤナギクラゲの1種　Chrysaora hysoscella
「世界大博物図鑑　別巻2」平凡社　1994
　◇p51（カラー）　キュヴィエ, G.L.C.F.D.『動物界』
　（門徒版）』　1836～49
　◇p51（カラー）　レッスン, R.P.著, プレートル原
　図『動物百図』　1830～32
　◇p51（カラー）　ヘッケル, E.H.P.A.『クラゲ類の
　体系』　1879～80　多色石版図

ヤナギクラゲの1種　Chrysaora hysoscella
var.blosserillei
「世界大博物図鑑　別巻2」平凡社　1994
　◇p50（カラー）　デュプレ, L.I.『コキーユ号航海
　記』　1826～34

ヤナギクラゲの1種？　Chrysaora sp.
「世界大博物図鑑　別巻2」平凡社　1994
　◇p51（カラー）　レッスン, R.P.著, プレートル原

図『動物百図』　1830～32

ヤナギクラゲのなかま　Chrysaora plocania
「世界大博物図鑑　別巻2」平凡社　1994
　◇p50（カラー）　幼体, 成体　デュプレ, L.I.『コ
　キーユ号航海記』　1826～34

ヤナギクラゲの仲間
「美しいアンティーク生物画の本」創元社　2017
　◇p50（カラー）　Chrysaora cyclonota　Gosse,
　Philip Henry『A Naturalist's Rambles on the
　Devonshire Coast』　1853
　◇p66（カラー）　Chrysaora mediterranea
　Dlouhý, František『Brouci evropští』　1911

ヤナギシボリイモガイ　Conus miles
「世界大博物図鑑　別巻2」平凡社　1994
　◇p151（カラー）　平瀬與一郎『貝千種』　大正3～
　11（1914～22）　色刷木版画

ヤナギシボリタカラガイ　Cypraea isabella
「世界大博物図鑑　別巻2」平凡社　1994
　◇p126（カラー）　デュモン・デュルヴィル, J.S.C.
　『アストロラブ号世界周航記』　1830～35　ス
　ティップル印刷

やなぎむしがれい
「魚の手帖」小学館　1991
　◇91図（カラー）　柳蒸蝶・柳虫葉　毛利梅園『梅
　園魚譜/梅園魚品図正』　1826～1843,1832～1836
　[国立国会図書館]

ヤネガタウラウズガイ　Astraea tecta
「世界大博物図鑑　別巻2」平凡社　1994
　◇p118（カラー）　デュ・プティ＝トゥアール, A.
　A.『ウエヌス号世界周航記』　1846

ヤハズワラスボ　Taenioides broussoneti
「世界大博物図鑑　2」平凡社　1989
　◇p341（カラー）　キュヴィエ, G.L.C.F.D.『動物
　界』　1836～49　手彩色銅版

ヤマシロベラ　Pseudocoris yamashiroi
「江戸博物文庫　魚の巻」工作舎　2017
　◇p139（カラー）　山城倍良　栗本丹洲『栗氏魚譜』
　[国立国会図書館]

ヤマタニシ　Cyclophorus herklotsi
「世界大博物図鑑　別巻2」平凡社　1994
　◇p163（カラー）　平瀬與一郎『貝千種』　大正3～
　11（1914～22）　色刷木版画

ヤマタニシの1種　Cyclophorus sp.
「世界大博物図鑑　別巻2」平凡社　1994
　◇p163（カラー）　マーティン, T.『万国貝譜』
　1784～87　手彩色銅版図

ヤマトイワナ　Salvelinus leucomaenis
japonicus
「高松松平家所蔵　衆鱗図　3」香川県歴史博物館
　友の会博物図譜刊行会　2003
　◇p65（カラー）　別種　アメノ魚　松平頼恭　江戸時
　代（18世紀）　紙本著色　画帖装（折本形式）　[個
　人蔵]

魚・貝・水生生物　　　　　　　　　　　　やりお

ヤマトオサガニ　Macrophthalmus japonicus
「高松松平家所蔵 衆鱗図 3」香川県歴史博物館
友の会博物図譜刊行会　2003
　　◇p40（カラー）　（付札なし）　松平頼恭 江戸時代
　　（18世紀）　紙本著色 画帖装（折本形式）　［個人
　　蔵］

ヤマトオサガニ？　Macrophthalmus
japonicus？
「高松松平家所蔵 衆鱗図 3」香川県歴史博物館
友の会博物図譜刊行会　2003
　　◇p30（カラー）　佛蟹　松平頼恭 江戸時代（18世
　　紀）　紙本著色 画帖装（折本形式）　［個人蔵］

ヤマトカラッパ　Calappa japonica
「高松松平家所蔵 衆鱗図 3」香川県歴史博物館
友の会博物図譜刊行会　2003
　　◇p42（カラー）　（付札なし）　松平頼恭 江戸時代
　　（18世紀）　紙本著色 画帖装（折本形式）　［個人
　　蔵］

ヤマトシジミ
「彩色 江戸博物学集成」平凡社　1994
　　◇p311（カラー）　紫しじみ・黒蜆・黄蜆　畔田翠
　　山『熊野物産初志』　［大阪市立博物館］

ヤマトヌマエビ？　Caridina japonica？
「高松松平家所蔵 衆鱗図 3」香川県歴史博物館
友の会博物図譜刊行会　2003
　　◇p17（カラー）　（付札なし）　松平頼恭 江戸時代
　　（18世紀）　紙本著色 画帖装（折本形式）　［個人
　　蔵］

ヤマトホシヒトデの仲間
「美しいアンティーク生物画の本」創元社　2017
　　◇p87（カラー）　Hippasteria plana　Arbert I,
　　Prince of Monaco『Résultats des campagnes
　　scientifiques accomplies sur son yacht par
　　Albert Ier, prince souverain de Monaco』1909

ヤマブキスズメダイ　Amblyglyphidodon
aureus
「世界大博物図鑑 2」平凡社　1989
　　◇p348（カラー）　キュヴィエ, G.L.C.F.D.『動物
　　界』1836～49　手彩色銅版

ヤマブキテングニザ　Prionurus laticlavius
「世界大博物図鑑 2」平凡社　1989
　　◇p399（カラー）　ヴェルナー原図, デュ・プ
　　ティ＝トゥアール, A.A.『ウエヌス号世界周航
　　記』1846　手彩色銅版画

ヤマメ　Oncorhynchus masou
「江戸博物文庫 魚の巻」工作舎　2017
　　◇p174（カラー）　山女　栗本丹洲『栗氏魚譜』
　　［国立国会図書館］
「世界大博物図鑑 2」平凡社　1989
　　◇p61（カラー）『魚譜〈忠・孝〉』　［東京国立博物
　　館］　※明治時代の写真

ヤマメ（サクラマスの河川残留個体）
Oncorhynchus masou masou
「日本の博物図譜」東海大学出版会　2001

　　◇p73（白黒）　筆者不詳『衆鱗図』　［個人蔵 香川
　　県歴史博物館保管］

ヤミノニシキガイ　Volachalamys hirasei
「世界大博物図鑑 別巻2」平凡社　1994
　　◇p190（カラー）　平瀬與一郎『貝千種』　大正3～
　　11（1914～22）　色刷木版画

ヤミハタ　Cephalopholis boenak
「世界大博物図鑑 2」平凡社　1989
　　◇p250（カラー）『アストロラブ号世界周航記』
　　1830～35　スティップル印刷

ヤムシのなかま　Sagitta macrocephala
「世界大博物図鑑 別巻2」平凡社　1994
　　◇p258（カラー）　アルベール1世『モナコ国王ア
　　ルベール1世所有イロンデル号科学探査報告』
　　1889～1950

ヤヨイハルカゼガイ　Melo aethiopica
「世界大博物図鑑 別巻2」平凡社　1994
　　◇p145（カラー）　ドノヴァン, E.『博物宝典』
　　1823～27
　　◇p145（カラー）　キーネ, L.C.『ラマルク貝類図
　　譜』1834～80　手彩色銅版図

ヤライイシモチ
「極楽の魚たち」リブロポート　1991
　　◇II-18（カラー）　ガジョン　ファロワズ, サムエ
　　ル原画, ルナール, L.『モルッカ諸島産彩色魚類
　　図譜 ファン・デル・ステル写本』1718～19
　　［個人蔵］

ヤライイシモチのなかま
「極楽の魚たち」リブロポート　1991
　　◇I-42（カラー）　カブス・ロウフ　ルナール, L.
　　『モルッカ諸島産彩色魚類図譜 コワイエト写本』
　　1718～19　［個人蔵］

ヤラトゲザリガニ　Euastacus yarraensis
「世界大博物図鑑 1」平凡社　1991
　　◇p97（カラー）　マッコイ, F.『ヴィクトリア州博
　　物誌』1885～90

ヤリイカ　Doryteuthis bleekeri
「鳥獣虫魚譜」八坂書房　1988
　　◇p78（カラー）　サイ長　背面, 腹面　松森胤保
　　『両羽貝蝶図譜』　［酒田市立光丘文庫］

ヤリイカ　Heterololigo bleekeri
「グラバー魚譜200選」長崎文献社　2005
　　◇p222（カラー）　倉場富三郎編, 萩原魚仙画『日
　　本西部及南部魚類図譜』1914採集　［長崎大学
　　附属図書館］

槍魚
「極楽の魚たち」リブロポート　1991
　　◇II-79（カラー）　ファロワズ, サムエル原画, ル
　　ナール, L.『モルッカ諸島産彩色魚類図譜 ファ
　　ン・デル・ステル写本』1718～19　［個人蔵］

ヤリオニベ　Lonchurus lanceolatus
「ビュフォンの博物誌」工作舎　1991
　　◇K048（カラー）『一般と個別の博物誌 ソンニー
　　ニ版』

博物図譜レファレンス事典 動物篇　**313**

やりか　　　　　　　　　　　　魚・貝・水生生物

「世界大博物図鑑 2」平凡社　1989
　◇p264（カラー）　ブロッホ，M.E.『魚類図譜』
　1782～85　手彩色銅版画

ヤリカジカ　Ainocottus ensiger
「鳥獣虫魚譜」八坂書房　1988
　◇p66（カラー）　海河鹿　松森胤保『両羽魚類図
　譜』［酒田市立光丘文庫］

ヤリカタギ　Chaetodon trifascialis
「南海の魚類 博物画の至宝」平凡社　1995
　◇pl.26（カラー）　Chaetodon strigangulus　ギュ
　ンター，A.C.L.G.，ギャレット，A.　1873～1910
「世界大博物図鑑 2」平凡社　1989
　◇p383（カラー）　キュヴィエ，G.L.C.F.D.，ヴァ
　ランシエンヌ，A.『魚の博物誌』1828～50

ヤリガレイ　Laeops kitaharae
「江戸博物文庫 魚の巻」工作舎　2017
　◇p183（カラー）　槍鰈　栗本丹洲『王余魚図彙』
　［国立国会図書館］

ヤリギンイワシ　Dussumieria acuta
「世界大博物図鑑 2」平凡社　1989
　◇p52（カラー）　キュヴィエ，G.L.C.F.D.，ヴァラ
　ンシエンヌ，A.『魚の博物誌』1828～50

やりたなご
「魚の手帖」小学館　1991
　◇36図（カラー）　槍鱮　毛利梅園『梅園魚譜／梅園
　魚品図正』1826～1843,1832～1836　［国立国
　会図書館］

ヤリタナゴ　Tanakia lanceolata
「高松松平家所蔵 衆鱗図 3」香川県歴史博物館
　友の会博物図譜刊行会　2003
　◇p62（カラー）　ニガ鮒　松平頼恭 江戸時代（18
　世紀）　紙本著色 画帖装（折本形式）　［個人蔵］
　◇p63（カラー）　別種 苦鮒　松平頼恭 江戸時代
　（18世紀）　紙本著色 画帖装（折本形式）　［個人
　蔵］

ヤーレルヒゲギギ　Bagarius yarrelli
「世界大博物図鑑 2」平凡社　1989
　◇p160（カラー）　ブレイカー，M.P.『蘭領東イン
　ド魚類図譜』1862～78　色刷り石版画

ヤワラクラゲのなかま　Laodicea cruciata
「世界大博物図鑑 別巻2」平凡社　1994
　◇p38（カラー）『ロンドン動物学協会紀要』1861
　～90（第2期）　手彩色石版画

ヤンセンニシキベラ
「極楽の魚たち」リプロポート　1991
　◇I-203（カラー）　ララウヴェ・タエリ　ルナー
　ル，L.『モルッカ諸島産彩色魚類図譜 コワイエト
　写本』1718～19　［個人蔵］
　◇II-45（カラー）　広間魚　ファロワズ，サムエル
　原画，ルナール，L.『モルッカ諸島産彩色魚類図
　譜 ファン・デル・ステル写本』1718～19　［個
　人蔵］

【ゆ】

有殻アメーバのなかま　Testacea
「世界大博物図鑑 別巻2」平凡社　1994
　◇p19（カラー）　デュジャルダン，F.『滴虫類の博
　物誌』1841　部分色刷り手彩色銅版図

有孔虫のなかま　Foraminifera
「世界大博物図鑑 別巻2」平凡社　1994
　◇p19（カラー）　デュジャルダン，F.『滴虫類の博
　物誌』1841　部分色刷り手彩色銅版図

有孔虫類
「水中の驚異」リプロポート　1990
　◇p96（白黒）　ヘッケル，E.H.『自然の造形』
　1899～1904

ユウゼンウミウシ　Platydoris cruenta
「世界大博物図鑑 別巻2」平凡社　1994
　◇p170（カラー）　デュモン・デュルヴィル，J.S.C.
　『アストロラブ号世界周航記』1830～35　ス
　ティップル印刷

ユウダチスダレダイ　Drepane punctata
「世界大博物図鑑 2」平凡社　1989
　◇p376（カラー）　キュヴィエ，G.L.C.F.D.『動物
　界（英語版）』1833～37

ゆうだちたかのは
「魚の手帖」小学館　1991
　◇66図（カラー）　夕立鷹羽　毛利梅園『梅園魚譜／
　梅園魚品図正』1826～1843,1832～1836　［国
　立国会図書館］

ユウダチタカノハ　Goniistius quadricornis
「世界大博物図鑑 2」平凡社　1989
　◇p293（カラー）　松平頼恭『衆鱗図』18世紀後半

ユウモンガニの1種　Cancer corallinus
「ビュフォンの博物誌」工作舎　1991
　◇M042（カラー）『一般と個別の博物誌 ソンニー
　版』

ユウモンガニのなかま　Carpilius corallinus
「世界大博物図鑑 1」平凡社　1991
　◇p133（カラー）　ヘルプスト，J.F.W.『蟹蛄分類
　図譜』1782～1804

ユウレイイカの1種　Chiroteuthis sp.
「世界大博物図鑑 別巻2」平凡社　1994
　◇p250（カラー）　ヘッケル，E.H.P.A.『自然の造
　形』1899～1904　多色石版画

ユウレイイカの1種　Chiroteuthis veranyi
「世界大博物図鑑 別巻2」平凡社　1994
　◇p239（カラー）　キュヴィエ，G.L.C.F.D.『動物
　界（門徒版）』1836～49

ユウレイイタチウオ　Sciadonus pedicellaris
「世界大博物図鑑 2」平凡社　1989
　◇p93（カラー）　ガーマン，S.著，ウェスターグレ
　ン原図『ハーヴァード大学比較動物学記録 第24

魚・貝・水生生物　　　　　　　　　　　ようし

巻〈アルバトロス号調査報告—魚類編〉』1899
手彩色石版画

ユウレイクラゲ　Cyanea nozakii
「高松松平家所蔵 衆鱗図 3」香川県歴史博物館
友の会博物図譜刊行会　2003
　◇p50（カラー）　（付札なし）　松平頼恭 江戸時代
　（18世紀）　紙本著色 画帖装（折本形式）　［個人
　蔵］
　◇p55（カラー）　ウドン海月　松平頼恭 江戸時代
　（18世紀）　紙本著色 画帖装（折本形式）　［個人
　蔵］

ユウレイクラゲ
「彩色 江戸博物学集成」平凡社　1994
　◇p74〜75（カラー）　松平頼恭『衆鱗図』　［松平
　公益会］
「水中の驚異」リブロポート　1990
　◇p63（カラー）　フレシネ『ウラニー号・フィジ
　シェンヌ号世界周航記録』1824

ユウレイクラゲの1種
「美しいアンティーク生物画の本」創元社　2017
　◇p10（カラー）　Desmonema annasethe
　Haeckel, Ernst『Kunstformen der Natur』
　1899〜1904
　◇p60（カラー）　Cyanea Oken, Lorenz
　『Abbildungen zu Okens allgemeiner
　Naturgeschichte für alle Stände』1843

ユウレイクラゲのなかま
「水中の驚異」リブロポート　1990
　◇p98（カラー）　ヘッケル, E.H.『自然の造形』
　1899〜1904

ユウレイクラゲの類（？）
「水中の驚異」リブロポート　1990
　◇p142（カラー）　ヘッケル, E.H.『チャレン
　ジャー号航海記録〈深海性クラゲ篇〉』1882

ユカタイモガイ　Conus archon
「世界大博物図鑑 別巻2」平凡社　1994
　◇p155（カラー）　クノール, G.W.『貝類図譜』
　1764〜75

ユカタハタ　Cephalopholis miniata
「グラバー魚譜200選」長崎文献社　2005
　◇p103（カラー）　ゆかはた　倉場富三郎編, 萩原
　魚仙画『日本西部及南部魚類図譜』1915採集
　［長崎大学附属図書館］
「南海の魚類 博物画の至宝」平凡社　1995
　◇pl.5（カラー）　Serranus miniatus　ギュンター,
　A.C.L.G., ギャレット, A. 1873〜1910
「世界大博物図鑑 2」平凡社　1989
　◇p249（カラー）　キュヴィエ, G.L.C.F.D.『動物
　界』1836〜49　手彩色銅版画

ユカタハタ
「極楽の魚たち」リブロポート　1991
　◇I-153（カラー）　ルセシェ・メラ ルナール, L.
　『モルッカ諸島産彩色魚類図譜 コワイエト写本』
　1718〜19　［個人蔵］

ユダノメレイシガイ　Purpura planospira
「世界大博物図鑑 別巻2」平凡社　1994
　◇p138（カラー）　キーネ, L.C.『ラマルク貝類図
　譜』1834〜80　手彩色銅版図

ユビナガスジエビ　Palaemon macrodactylus
「高松松平家所蔵 衆鱗図 3」香川県歴史博物館
友の会博物図譜刊行会　2003
　◇p13（カラー）　（付札なし）　松平頼恭 江戸時代
　（18世紀）　紙本著色 画帖装（折本形式）　［個人
　蔵］

ユミハリキツネウオ　Pentapodus emeryii
「世界大博物図鑑 2」平凡社　1989
　◇p272〜273（カラー）　リチャードソン, J.『珍奇
　魚譜』1843

ユミユリ
「美しいアンティーク生物画の本」創元社　2017
　◇p74〜75（カラー）　Jäger, Gustav『Das Leben
　im Wasser und das Aquarium』1868

ユムシ
「水中の驚異」リブロポート　1990
　◇p83（カラー）　キュヴィエ『動物界』1836〜49
　◇p131（カラー）　キングズリ, G., サワビー, J.
　『グラウコス』1859

ユムシまたはイムシ　Urechis unicinctus
「世界大博物図鑑 1」平凡社　1991
　◇p33（カラー）　栗本丹洲『千蟲譜』文化8
　（1811）

ユメウメイロ　Caesio erythrogaster
「世界大博物図鑑 2」平凡社　1989
　◇p281（カラー）　キュヴィエ, G.L.C.F.D., ヴァ
　ランシエンヌ, A.『魚の博物誌』1828〜50

ユメソコグツの幼魚　Coelophrys
brevicaudata
「世界大博物図鑑 2」平凡社　1989
　◇p108（カラー）　ブラウアー, A.『深海魚』1898
　〜99　石版色刷り

ユメムシの1種　Nymphon sp.
「ビュフォンの博物誌」工作舎　1991
　◇M065（カラー）『一般と個別の博物誌 ソンニー
　ニ版』

ユメムシのなかま　Nymphon spinosum
「世界大博物図鑑 1」平凡社　1991
　◇p60（カラー）　ゲイ, C.『チリ自然社会誌』
　1844〜71

【よ】

ようじうお
「魚の手帖」小学館　1991
　◇110図（カラー）　楊枝魚　毛利梅園『梅園魚譜/
　梅園魚品図正』1826〜1843,1832〜1836　［国
　立国会図書館］

博物図譜レファレンス事典 動物篇　**315**

ようし　　　　　　　　　　　　　　魚・貝・水生生物

ヨウジウオ　Syngnathus schlegeli
「江戸博物文庫 魚の巻」工作舎　2017
　◇p179（カラー）　楊枝魚　栗本丹洲『異魚図纂・
　　勢海百鱗』　［国立国会図書館］
「高松松平家所蔵 衆鱗図 2」香川県歴史博物館
　友の会博物図譜刊行会　2002
　◇p45（カラー）　かつらうを　松平頼恭 江戸時代
　　（18世紀）　紙本著色 画帖装（折本形式）　［個人
　　蔵］

ヨウジウオ
「紙の上の動物園」グラフィック社　2017
　◇p86（カラー）　ゴールドスミス、オリヴァー『地
　　球と生命のいる自然の本』1822
「極楽の魚たち」リブロポート　1991
　◇p134（カラー）　ファロワズ、サムエル画、ルナー
　　ル、L.『モルッカ諸島産彩色魚類図譜 フォン・ベ
　　写本』1718〜19
「水中の驚異」リブロポート　1990
　◇p136（白黒）　キングズリ、G.、サワビー、J.『グ
　　ラウコス』1859

洋書からの写図
「鳥獣虫魚譜」八坂書房　1988
　◇p76（カラー）　松森胤保『両羽貝螺図譜』　［酒
　　田市立光丘文庫］

ヨウラクイモガイ　Conus spurius
「世界大博物図鑑 別巻2」平凡社　1994
　◇p155（カラー）　クノール、G.W.『貝類図譜』
　　1764〜75

ヨウラクガイの1種　Pteropurpura sp.
「世界大博物図鑑 別巻2」平凡社　1994
　◇p134（カラー）　ドノヴァン、E.『博物宝典』
　　1823〜27

ヨウラククラゲ
「水中の驚異」リブロポート　1990
　◇p58（カラー）　ペロン、フレシネ『オーストラリ
　　ア博物航海図録』1800〜24

ヨコアナサンゴのなかま　Distichopora
violacea
「世界大博物図鑑 別巻2」平凡社　1994
　◇p76（カラー）　キュヴィエ、G.L.C.F.D.『動物界
　　（門徒版）』1836〜49

ヨコエビ科　Gammaridae
「ビュフォンの博物誌」工作舎　1991
　◇M057（カラー）『一般と個別の博物誌 ソンニー
　　ニ版』

ヨコジマアイゴ　Siganus doliatus
「世界大博物図鑑 2」平凡社　1989
　◇p401（カラー）　キュヴィエ、G.L.C.F.D.『動物
　　界』1836〜49　手彩色銅版

ヨコシマクロダイ　Monotaxis grandoculis
「世界大博物図鑑 2」平凡社　1989
　◇p288（カラー）　リュッペル、W.P.E.S.『アビシ
　　ニア動物図譜』1835〜40

ヨコシマハギ　Acanthurus chirurgus
「ビュフォンの博物誌」工作舎　1991
　◇K060（カラー）『一般と個別の博物誌 ソンニー
　　ニ版』

ヨコスジフエダイ　Lutjanus ophuysenii
「高松松平家所蔵 衆鱗図 1」香川県歴史博物館
　友の会博物図譜刊行会　2001
　◇p17（カラー）　乳引鯛　松平頼恭 江戸時代（18
　　世紀）　紙本著色 画帖装（折本形式）　［個人蔵］

ヨコスジフエダイ　Lutjanus vitta
「世界大博物図鑑 2」平凡社　1989
　◇p276（カラー）　シーボルト『ファウナ・ヤポニ
　　カ（日本動物誌）』1833〜50　石版

ヨコヅナダンゴウオ　Cyclopterus lumpus
「ビュフォンの博物誌」工作舎　1991
　◇K023（カラー）『一般と個別の博物誌 ソンニー
　　ニ版』

ヨコヒメジ　Upeneus subvittatus
「高松松平家所蔵 衆鱗図 4」香川県歴史博物館
　友の会博物図譜刊行会　2004
　◇p13（カラー）　マ ハカリ　松平頼恭 江戸時代
　　（18世紀）　紙本著色 画帖装（折本形式）　［個人
　　蔵］

ヨコフエダイ　Lutjanus malabaricus
「世界大博物図鑑 2」平凡社　1989
　◇p277（カラー）『アストロラブ号世界周航記』
　　1830〜35　スティップル印刷

ヨゴレマツカサ　Myripristis murdjan
「南海の魚類 博物画の至宝」平凡社　1995
　◇pl.61（カラー）　ギュンター、A.C.L.G.、ギャ
　　レット、A. 1873〜1910
「世界大博物図鑑 2」平凡社　1989
　◇p205（カラー）　リュッペル、W.P.E.S.『北アフ
　　リカ探検図譜』1826〜28

ヨコワカニモリガイ　Rhinoclava apera
「世界大博物図鑑 別巻2」平凡社　1994
　◇p121（カラー）　マーティン、T.『万国貝譜』
　　1784〜87　手彩色銅版図

ヨサブロウ　Xyrichtys novacula
「世界大博物図鑑 2」平凡社　1989
　◇p365（カラー）　キュヴィエ、G.L.C.F.D.、ヴァ
　　ランシエンヌ、A.『魚の博物誌』1828〜50

ヨシノゴチ　Platycephalus sp.1
「高松松平家所蔵 衆鱗図 1」香川県歴史博物館
　友の会博物図譜刊行会　2001
　◇p99（カラー）　尾細コチ　松平頼恭 江戸時代
　　（18世紀）　紙本著色 画帖装（折本形式）　［個人
　　蔵］

ヨスジシマイサキ　Pelates quadrilineatus
「世界大博物図鑑 2」平凡社　1989
　◇p285（カラー）　キュヴィエ、G.L.C.F.D.『動物
　　界』1836〜49　手彩色銅版

魚・貝・水生生物　　　　　　　　　　　　　　　よろい

ヨスジフエダイ　Lutjanus kasmira
「世界大博物図鑑 2」平凡社　1989
　◇p276（カラー）　シーボルト『ファウナ・ヤポニ
　　カ（日本動物誌）』1833〜50　石版

ヨスジフエダイ　Lutjanus kasmira（Forsskål）
「高木春山 本草図説 水産」リブロポート　1988
　◇p25（カラー）　五色魚ノ図

ヨスジフエダイ
「極楽の魚たち」リブロポート　1991
　◇I-110（カラー）　マラッカ　ルナール, L.『モ
　　ルッカ諸島産彩色魚類図譜 コワイエト写本』
　　1718〜19　［個人蔵］
　◇II-235（カラー）　珊瑚礁魚　ファロワズ, サムエ
　　ル原画, ルナール, L.『モルッカ諸島産彩色魚類
　　図譜 ファン・デル・ステル写本』1718〜19
　　［個人蔵］

ヨツアナカシバン　Peronella japonica
「高松松平家所蔵 衆鱗図 3」香川県歴史博物館
　友の会博物図譜刊行会　2003
　◇p60（カラー）　（付札なし）　松平頼恭 江戸時代
　　（18世紀）　紙本著色 画帖装（折本形式）　［個人
　　蔵］

ヨツイトツバメコノシロ　Polydactylus
　quadrifilis
「世界大博物図鑑 2」平凡社　1989
　◇p229（カラー）　キュヴィエ, G.L.C.F.D., ヴァ
　　ランシエンヌ, A.『魚の博物誌』1828〜50

ヨツメウオ　Anableps anableps
「ビュフォンの博物誌」工作舎　1991
　◇K065（カラー）『一般と個別の博物誌 ソンニー
　　ニ版』

ヨツメウオの1種　Anableps microlepis
「世界大博物図鑑 2」平凡社　1989
　◇p193（カラー）　キュヴィエ, G.L.C.F.D., ヴァ
　　ランシエンヌ, A.『魚の博物誌』1828〜50

ヨツメウオの疑問種　Anableps sp.
「世界大博物図鑑 2」平凡社　1989
　◇p193（カラー）　キュヴィエ, G.L.C.F.D., ヴァ
　　ランシエンヌ, A.『魚の博物誌』1828〜50

ヨメイリスダレダイ　Chaetodipterus
　goreensis
「世界大博物図鑑 2」平凡社　1989
　◇p376（カラー）　キュヴィエ, G.L.C.F.D., ヴァ
　　ランシエンヌ, A.『魚の博物誌』1828〜50

よめごち
「魚の手帖」小学館　1991
　◇120図（カラー）　嫁鮄　オス　毛利梅園『梅園魚
　　譜/梅園魚品図正』1826〜1843,1832〜1836
　　［国立国会図書館］

ヨメゴチ　Calliurichthys japonicus
「グラバー魚譜200選」長崎文献社　2005
　◇p205（カラー）　オス成魚　倉場富三郎編, 中村
　　三郎画『日本西部及南部魚類図譜』1918採集

　　　　　　　［長崎大学附属図書館］

ヨメゴチ　Calliurichthys japonicus
　（Houttuyn）
「高木春山 本草図説 水産」リブロポート　1988
　◇p57（カラー）　ひめごち

ヨメヒメジ　Upeneus tragula
「高松松平家所蔵 衆鱗図 4」香川県歴史博物館
　友の会博物図譜刊行会　2004
　◇p13（カラー）　ヒメヂ　松平頼恭 江戸時代（18
　　世紀）　紙本著色 画帖装（折本形式）　［個人蔵］

夜の執行官
「極楽の魚たち」リブロポート　1991
　◇I-143（カラー）　ルナール, L.『モルッカ諸島産
　　彩色魚類図譜 コワイエト写本』1718〜19　［個
　　人蔵］

ヨロイアジ　Carangoides armatus
「世界大博物図鑑 2」平凡社　1989
　◇p305（カラー）　キュヴィエ, G.L.C.F.D., ヴァ
　　ランシエンヌ, A.『魚の博物誌』1828〜50

ヨロイイソギンチャク
「水中の驚異」リブロポート　1990
　◇p26〜27（カラー）　ゴッス, P.H.『イギリスのイ
　　ソギンチャクとサンゴ』1860

ヨロイイソギンチャクのなかま
　Anthopleura sp.
「世界大博物図鑑 別巻2」平凡社　1994
　◇p72（カラー）　アンドレス, A.『ナポリ湾海洋研
　　究所紀要〈イソギンチャク篇〉』1884　色刷り石
　　版画

ヨロイイソギンチャクのなかま（？）
「水中の驚異」リブロポート　1990
　◇p26〜27（カラー）　ゴッス, P.H.『イギリスのイ
　　ソギンチャクとサンゴ』1860

ヨロイイタチウオ　Hoplobrotula armata
「グラバー魚譜200選」長崎文献社　2005
　◇p212（カラー）　倉場富三郎編, 萩原魚仙画『日
　　本西部及南部魚類図譜』1914採集　［長崎大学
　　附属図書館］
「高松松平家所蔵 衆鱗図 2」香川県歴史博物館
　友の会博物図譜刊行会　2002
　◇p44〜45（カラー）　（墨書なし）　松平頼恭 江戸
　　時代（18世紀）　紙本著色 画帖装（折本形式）
　　［個人蔵］

ヨロイウオ　Centriscus scutatus
「ビュフォンの博物誌」工作舎　1991
　◇K024（カラー）『一般と個別の博物誌 ソンニー
　　ニ版』
「世界大博物図鑑 2」平凡社　1989
　◇p201（カラー）　キュヴィエ, G.L.C.F.D.『動物
　　界（英語版）』1833〜37

ヨロイウミグモのなかま　Pycnogonum
　littorale
「世界大博物図鑑 1」平凡社　1991

博物図譜レファレンス事典 動物篇　**317**

よろい　　　　　　　　　　　　　　　　魚・貝・水生生物

◇p60（カラー）　ゲイ，C.『チリ自然社会誌』
1844〜71

ヨロイキホウボウ　Peristedion cataphractum
「世界大博物図鑑 2」平凡社　1989
◇p426（カラー）　キュヴィエ，G.L.C.F.D.『動物
界』1836〜49　手彩色銅版

ヨロイツノダラ　Trachyrhynchus hololepis
「世界大博物図鑑 2」平凡社　1989
◇p92（カラー）　ガーマン，S.著，ウェスターグレ
ン原図『ハーヴァード大学比較動物学記録 第24
巻〈アルバトロス号調査報告—魚類編〉』1899
手彩色石版画

ヨロイナマズ
「極楽の魚たち」リブロポート　1991
◇II-115（カラー）　タマタ　ファロワズ，サムエル
原画，ルナール，L.『モルッカ諸島産彩色魚類図
譜 ファン・デル・ステル写本』1718〜19　［個
人蔵］

ヨロイメバル　Sebastes hubbsi
「高松松平家所蔵 衆鱗図 1」香川県歴史博物館
友の会博物図譜刊行会　2001
◇p56（カラー）　三﨑紅竹艸　松平頼恭 江戸時代
（18世紀）　紙本著色 画帖装（折本形式）　［個人
蔵］

ヨロケジマニベ　Umbrina cirrosa
「世界大博物図鑑 2」平凡社　1989
◇p264（カラー）　キュヴィエ，G.L.C.F.D.『動物
界』1836〜49　手彩色銅版

ヨーロッパアサリ　Venerupis decussata
「世界大博物図鑑 別巻2」平凡社　1994
◇p214（カラー）　コント，J.A.『博物学の殿堂』
1830（？）

ヨーロッパアヤボラ　Ranella gigantea
「世界大博物図鑑 別巻2」平凡社　1994
◇p131（カラー）　キーネ，L.C.『ラマルク貝類図
譜』1834〜80　手彩色銅版画

ヨーロッパイカナゴ　Ammodytes tobianus
「世界大博物図鑑 2」平凡社　1989
◇p332（カラー）　ドノヴァン，E.『英国産魚類誌』
1802〜08

ヨーロッパイセエビ　Palinurus vulgaris
「世界大博物図鑑 1」平凡社　1991
◇p89（カラー）　キュヴィエ，G.L.C.F.D.『動物
界』1836〜49　手彩色銅版
◇p89（カラー）　ヘルプスト，J.F.W.『蟹蛯分類図
譜』1782〜1804

ヨーロッパイチョウガニ　Cancer pagurus
「ビュフォンの博物誌」工作舎　1991
◇M002（カラー）『一般と個別の博物誌 ソンニー
二版』
「世界大博物図鑑 1」平凡社　1991
◇p125（カラー）　ヘルプスト，J.F.W.『蟹蛯分類
図譜』1782〜1804

ヨーロッパウナギ　Anguilla anguilla
「ビュフォンの博物誌」工作舎　1991
◇K025（カラー）『一般と個別の博物誌 ソンニー
二版』
「世界大博物図鑑 2」平凡社　1989
◇p168（カラー）　ドルビニ，A.C.V.D.著，ウダー
ル原図『万有博物事典』1837　銅版カラー刷り

ヨーロッパオオウニ　Echinus esculentus
「世界大博物図鑑 別巻2」平凡社　1994
◇p267（カラー）　キュヴィエ，G.L.C.F.D.『動物
界（門徒版）』1836〜49

ヨーロッパオオウニ
「美しいアンティーク生物画の本」創元社　2017
◇p91（カラー）　Echinus globiformis
d'Orbigny, Charles Henry Dessalines
『Dictionnaire universel d'histoire naturelle』
1841〜49
◇p94（カラー）　Echinus esculentus　Barbut,
James『The genera vermium exemplified by
various specimens of the animals contained in
the orders of the Intestina et Mollusca
Linnaei』1783
「水中の驚異」リブロポート　1990
◇p85（白黒）　キュヴィエ『動物界』1836〜49
◇p133（白黒）　キングズリ，G.，サワビー，J.『グ
ラウコス』1859

ヨーロッパオオウニの仲間
「美しいアンティーク生物画の本」創元社　2017
◇p61（カラー）　Echinus esculentus　Oken,
Lorenz『Abbildungen zu Okens allgemeiner
Naturgeschichte für alle Stände』1843

ヨーロッパガキ　Ostrea edulis
「ビュフォンの博物誌」工作舎　1991
◇L060（カラー）『一般と個別の博物誌 ソンニー
二版』

ヨーロッパカマス　Sphyraena sphyraena
「世界大博物図鑑 2」平凡社　1989
◇p229（カラー）　キュヴィエ，G.L.C.F.D.『動物
界』1836〜49　手彩色銅版

ヨーロッパカマスの幼魚　Sphyraena
sphyraena
「世界大博物図鑑 2」平凡社　1989
◇p229（カラー）　ロ・ビアンコ，サルバトーレ
『ナポリ湾海洋研究所紀要』20世紀前半　オフ
セット印刷

ヨーロッパケアシガニ　Maja squinado
「世界大博物図鑑 1」平凡社　1991
◇p121（カラー）　キュヴィエ，G.L.C.F.D.『動物
界』1836〜49　手彩色銅版

ヨーロッパコウイカの1亜種　Sepia officinalis
vermicularis
「世界大博物図鑑 別巻2」平凡社　1994
◇p235（カラー）　デュモン・デュルヴィル，J.S.C.
『アストロラブ号世界周航記』1830〜35　ス
ティップル印刷

318　博物図譜レファレンス事典 動物篇

魚・貝・水生生物　　　　よろつ

ヨーロッパゴカクヒトデ　Ceramaster
placenta
「世界大博物図鑑　別巻2」平凡社　1994
　◇p262（カラー）　キュヴィエ, G.L.C.F.D.『動物
　界（門徒版）』　1836〜49

ヨーロッパザリガニ　Astacus astacus
「世界大博物図鑑　1」平凡社　1991
　◇p96（カラー）　レーゼル・フォン・ローゼンホフ,
　A.J.『昆虫学の娯しみ』　1764〜68　彩色銅版
　◇p96（カラー）　解剖図　レーゼル・フォン・ロー
　ゼンホフ, A.J.『昆虫学の娯しみ』　1764〜68
　彩色銅版
　◇p97（カラー）　キュヴィエ, G.L.C.F.D.『動物
　界』　1836〜49　手彩色銅版

ヨーロッパザルガイの1種　Cerastoderma sp.
「ビュフォンの博物誌」工作舎　1991
　◇L065（カラー）『一般と個別の博物誌 ソンニー
　版』

ヨーロッパ産クラゲの1種
「水中の驚異」リブロポート　1990
　◇p90（カラー）　キュヴィエ『動物界』　1836〜49

ヨーロッパ産のヒトデ2種　Anceropoda
placenta, Asterias sp.
「世界大博物図鑑　別巻2」平凡社　1994
　◇p262（カラー）　ゴス, P.H.『アクアリウム』
　1854

ヨーロッパジイガセキンコ　Psolus fabricii？
「世界大博物図鑑　別巻2」平凡社　1994
　◇p283（カラー）　キュヴィエ, G.L.C.F.D.『動物
　界（門徒版）』　1836〜49

ヨーロッパスズキ　Dicentrarchus labrax
「世界大博物図鑑　2」平凡社　1989
　◇p261（カラー）　ドノヴァン, E.『英国産魚類誌』
　1802〜08

ヨーロッパスナヤツメ　Lampetra fluviatilis
「世界大博物図鑑　2」平凡社　1989
　◇p17（カラー）　ドノヴァン, E.『英国産魚類誌』
　1802〜08

ヨーロッパタニシ　Viviparus viviparus
「世界大博物図鑑　別巻2」平凡社　1994
　◇p163（カラー）　キュヴィエ, G.L.C.F.D.『動物
　界（門徒版）』　1836〜49

ヨーロッパチヂミボラ　Nucella lapillus
「世界大博物図鑑　別巻2」平凡社　1994
　◇p135（カラー）　マーティン, T.『万国貝譜』
　1784〜87　手彩色銅版図

ヨーロッパチョウザメ　Acipenser sturio
「ビュフォンの博物誌」工作舎　1991
　◇K014（カラー）『一般と個別の博物誌 ソンニー
　版』
「世界大博物図鑑　2」平凡社　1989
　◇p48〜49（カラー）　ドノヴァン, E.『英国産魚類
　誌』　1802〜08

ヨーロッパトゲクモヒトデ？　Ophiothrix
fragilis
「世界大博物図鑑　別巻2」平凡社　1994
　◇p259（カラー）　キュヴィエ, G.L.C.F.D.『動物
　界（門徒版）』　1836〜49

ヨーロッパドロミノー　Umbra krameri
「世界大博物図鑑　2」平凡社　1989
　◇p89（カラー）　キュヴィエ, G.L.C.F.D., ヴァラ
　ンシエンヌ, A.『魚の博物誌』　1828〜50

ヨーロッパナマコ　Stichopus regalis
「世界大博物図鑑　別巻2」平凡社　1994
　◇p283（カラー）　キュヴィエ, G.L.C.F.D.『動物
　界（門徒版）』　1836〜49

ヨーロッパナマコの解剖図　Stichopus regalis
「世界大博物図鑑　別巻2」平凡社　1994
　◇p283（カラー）　キュヴィエ, G.L.C.F.D.『動物
　界（門徒版）』　1836〜49

ヨーロッパナマズ　Silurus glanis
「ビュフォンの博物誌」工作舎　1991
　◇K065（カラー）『一般と個別の博物誌 ソンニー
　二版』
「世界大博物図鑑　2」平凡社　1989
　◇p164（カラー）　バロン, A.原図, キュヴィエ, G.
　L.C.F.D., ヴァランシエンヌ, A.『魚の博物誌』
　1828〜50

ヨーロッパナミマガシワガイ　Anomia
ephippium
「世界大博物図鑑　別巻2」平凡社　1994
　◇p194（カラー）　キュヴィエ, G.L.C.F.D.『動物
　界（門徒版）』　1836〜49

ヨーロッパヌマガレイ　Platichthys flesus
「世界大博物図鑑　2」平凡社　1989
　◇p409（カラー）　色彩異常の個体　ドノヴァン,
　E.『英国産魚類誌』　1802〜08

ヨーロッパパーチ　Perca fluviatilis
「ビュフォンの博物誌」工作舎　1991
　◇K054（カラー）『一般と個別の博物誌 ソンニー
　二版』

ヨーロッパバフンウニ　Psammechinus
miliaris
「世界大博物図鑑　別巻2」平凡社　1994
　◇p267（カラー）　水槽のガラス面に貼りついてい
　る姿　キングズレー, C., サワビー, G.B.『グラ
　ウコス, 海岸の驚異』　1859

ヨーロッパバフンウニ
「世界大博物図鑑　別巻2」平凡社　1994
　◇p258（カラー）　ゴス, P.H.『磯の一年』　1865
　多色木版画

ヨーロッパヒラガキ　Ostrea edulis
「世界大博物図鑑　別巻2」平凡社　1994
　◇p194（カラー）　キュヴィエ, G.L.C.F.D.『動物
　界（門徒版）』　1836〜49

博物図譜レファレンス事典 動物篇　**319**

よろつ　　　　　魚・貝・水生生物

ヨーロッパフクドジョウ　Noemacheilus barbatulus
「ビュフォンの博物誌」工作舎　1991
　◇K064（カラー）『一般と個別の博物誌 ソンニー二版』
「世界大博物図鑑 2」平凡社　1989
　◇p141（カラー）　ドノヴァン, E.『英国産魚類誌』1802〜08

ヨーロッパブナ　Carassius carassius
「世界大博物図鑑 2」平凡社　1989
　◇p120（カラー）　マイヤー, J.D.『陸海川動物細密骨格図譜』1752　手彩色銅版

ヨーロッパヘダイ　Sparus auratus
「ビュフォンの博物誌」工作舎　1991
　◇K051（カラー）『一般と個別の博物誌 ソンニー二版』

ヨーロッパホタテガイ　Pecten maximus
「世界大博物図鑑 別巻2」平凡社　1994
　◇p190（カラー）　クノール, G.W.『貝類図譜』1764〜75

ヨーロッパボラ　Charonia lampas
「世界大博物図鑑 別巻2」平凡社　1994
　◇p131（カラー）　キーネ, L.C.『ラマルク貝類図譜』1834〜80　手彩色銅版図

ヨーロッパホンブンブク　Spatangus purpureus
「世界大博物図鑑 別巻2」平凡社　1994
　◇p271（カラー）　キュヴィエ, G.L.C.F.D.『動物界（門徒版）』1836〜49

ヨーロッパマアナゴ　Conger conger
「世界大博物図鑑 2」平凡社　1989
　◇p168（カラー）　ドノヴァン, E.『英国産魚類誌』1802〜08

ヨーロッパマドジョウ　Misgurnus fossilis
「ビュフォンの博物誌」工作舎　1991
　◇K064（カラー）『一般と個別の博物誌 ソンニー二版』
「世界大博物図鑑 2」平凡社　1989
　◇p141（カラー）　マイヤー, J.D.『陸海川動物細密骨格図譜』1752　手彩色銅版

ヨーロッパムラサキウニ　Paracentrotus lividus
「世界大博物図鑑 別巻2」平凡社　1994
　◇p267（カラー）　デュ・プティ＝トゥアール, A.『ウエヌス号世界周航記』1846

ヨーロピアンロブスター　Homarus gammarus
「世界大博物図鑑 1」平凡社　1991
　◇p100（カラー）　ヘルプスト, J.F.W.『蟹蛯分類図譜』1782〜1804
　◇p101（カラー）　ヴァイヤン原図, ドルビニ, A.C.V.D.『万有博物事典』1838〜49,61　手彩色銅版画

ヨロホウシ　Galaxias attenuatus
「世界大博物図鑑 2」平凡社　1989
　◇p56（カラー）　キュヴィエ, G.L.C.F.D.『動物界』1836〜49　手彩色銅版

【ら】

ライアテール　Aphyosemion australe
「世界大博物図鑑 2」平凡社　1989
　◇p193（カラー）　インネス, ウィリアム・T.責任編集『アクアリウム』1932〜66

ライオンタテガミクラゲ？
「美しいアンティーク生物画の本」創元社　2017
　◇p96（カラー）　Medusa capillata　Barbut, James『The genera vermium exemplified by various specimens of the animals contained in the orders of the Intestina et Mollusca Linnaei』1783

ライモンハゼ　Gymneleotris seminuda
「世界大博物図鑑 2」平凡社　1989
　◇p336（カラー）『ロンドン動物学協会紀要』1861〜90（第2期）

ラカイシー
「極楽の魚たち」リブロポート　1991
　◇II-174（カラー）　ファロワズ, サムエル原画, ルナール, L.『モルッカ諸島産彩色魚類図譜 ファン・デル・ステル写本』1718〜19　［個人蔵］

ラクダハコフグ
「極楽の魚たち」リブロポート　1991
　◇II-24（カラー）　トントンボ魚　ファロワズ, サムエル原画, ルナール, L.『モルッカ諸島産彩色魚類図譜 ファン・デル・ステル写本』1718〜19　［個人蔵］
　◇II-40（カラー）　トントンボ　ファロワズ, サムエル原画, ルナール, L.『モルッカ諸島産彩色魚類図譜 ファン・デル・ステル写本』1718〜19　［個人蔵］

ラゲーナ
「生物の驚異的な形」河出書房新社　2014
　◇図版81（カラー）　ヘッケル, エルンスト 1904

裸鰓目？の1種　Nudibranchia？fam., gen. and sp.indet.
「高松松平家所蔵 衆鱗図 3」香川県歴史博物館友の会博物図譜刊行会　2003
　◇p46（カラー）　（付札なし）　松平頼恭 江戸時代（18世紀）　紙本著色 画帖装（折本形式）　［個人蔵］

裸鰓目の1種　Nudibranchia fam., gen.and sp. indet.
「高松松平家所蔵 衆鱗図 3」香川県歴史博物館友の会博物図譜刊行会　2003
　◇p46（カラー）　（付札なし）　松平頼恭 江戸時代（18世紀）　紙本著色 画帖装（折本形式）　［個人蔵］

魚・貝・水生生物　　　　　　　りひえ

ラセンケヤリ　Sabella unispira
「世界大博物図鑑 1」平凡社　1991
　◇p25（カラー）　キュヴィエ, G.L.C.F.D.『動物
　界』 1836〜49　手彩色銅版

ラタンクロハゼ　Neogobius ratan
「世界大博物図鑑 2」平凡社　1989
　◇p336（カラー）『ポントス地域動物誌』 1840

ラッパウニ　Toxopneustes pileolus
「世界大博物図鑑 別巻2」平凡社　1994
　◇p266（カラー）　デュ・プティ＝トゥアール, A.
　A.『ウエヌス号世界周航記』 1846

ラッパムシ
「水中の驚異」リブロポート　1990
　◇p122（カラー）　エーレンベルク, Ch.G.『滴虫
　類』 1838

ラッパムシの1種　Stentor roeselii
「世界大博物図鑑 別巻2」平凡社　1994
　◇p23（カラー）　エーレンベルク, C.G.『滴虫類』
　1838　手彩色銅版図

ラッパムシのなかま　Stentor mulleri, S.
caeruleus, S.niger
「世界大博物図鑑 別巻2」平凡社　1994
　◇p22（カラー）　ソライロラッパムシ　エーレン
　ベルク, C.G.『滴虫類』 1838　手彩色銅版図

ラッパムシのなかま　Stentor sp.
「世界大博物図鑑 別巻2」平凡社　1994
　◇p23（カラー）　レーゼル・フォン・ローゼンホフ,
　A.J.『昆虫学の娯しみ』 1764〜68　彩色銅版図

ラフ　Gymnocephalus cernus
「世界大博物図鑑 2」平凡社　1989
　◇p261（カラー）　ドノヴァン, E.『英国産魚類誌』
　1802〜08

ラベオ・アングラ　Labeo angra
「世界大博物図鑑 2」平凡社　1989
　◇p124（カラー）　グレー, J.E.著, ホーキンズ,
　ウォーターハウス石版『インド動物図譜』 1830
　〜35

ラベオ・ウムブラトゥス　Labeo umbratus
「世界大博物図鑑 2」平凡社　1989
　◇p128〜129（カラー）　スミス, A.著, フォード,
　G.H.原図『南アフリカ動物図譜』 1838〜49　手
　彩色石版

ラベオ・カペンシス　Labeo capensis
「世界大博物図鑑 2」平凡社　1989
　◇p128〜129（カラー）　スミス, A.著, フォード,
　G.H.原図『南アフリカ動物図譜』 1838〜49　手
　彩色石版

ラベオ・カルバス　Labeo calbasu
「世界大博物図鑑 2」平凡社　1989
　◇p124（カラー）　キュヴィエ, G.L.C.F.D.『動物
　界』 1836〜49　手彩色銅版

ラベオ・デュスミエリ　Labeo dussumieri
「世界大博物図鑑 2」平凡社　1989
　◇p124（カラー）　キュヴィエ, G.L.C.F.D., ヴァ
　ランシエンヌ, A.『魚の博物誌』 1828〜50

ラマルクゾウクラゲ　Carinaria lamarckii
「世界大博物図鑑 別巻2」平凡社　1994
　◇p125（カラー）　デュモン・デュルヴィル, J.S.C.
　『アストロラブ号世界周航記』 1830〜35　ス
　ティップル印刷

ラムディア・ペントランディイ　Rhamdia
pentlandii
「世界大博物図鑑 2」平凡社　1989
　◇p148（カラー）　キュヴィエ, G.L.C.F.D., ヴァ
　ランシエンヌ, A.『魚の博物誌』 1828〜50

ランタンナガダルマガレイの幼魚
Arnoglossus kessleri
「世界大博物図鑑 2」平凡社　1989
　◇p408（カラー）　ロ・ビアンコ, サルバトーレ
　『ナポリ湾海洋研究所紀要』 20世紀前半　オフ
　セット印刷

ランチュウ　Carassius auratus auratus
（Linnaeus）
「高木春山 本草図説 水産」リブロポート　1988
　◇p74（カラー）

【 り 】

リキシモチノウオ　Cheilinus arenatus
「世界大博物図鑑 2」平凡社　1989
　◇p367（カラー）　キュヴィエ, G.L.C.F.D., ヴァ
　ランシエンヌ, A.『魚の博物誌』 1828〜50

リックのガジョン
「極楽の魚たち」リブロポート　1991
　◇II–99（カラー）　ファロワズ, サムエル原画, ル
　ナール, L.『モルッカ諸島産彩色魚類図譜 ファ
　ン・デル・ステル写本』 1718〜19　［個人蔵］
　◇II–113（カラー）　ファロワズ, サムエル原画, ル
　ナール, L.『モルッカ諸島産彩色魚類図譜 ファ
　ン・デル・ステル写本』 1718〜19　［個人蔵］

リックのスズキ
「極楽の魚たち」リブロポート　1991
　◇II–8（カラー）　ファロワズ, サムエル原画, ル
　ナール, L.『モルッカ諸島産彩色魚類図譜 ファ
　ン・デル・ステル写本』 1718〜19　［個人蔵］

リトル・ツニー
　⇒スマ属の1種（リトル・ツニー）を見よ

リナンタ
「生物の驚異的な形」河出書房新社　2014
　◇図版18（カラー）　ヘッケル, エルンスト 1904

リビエラの小さなカワスズキ
「極楽の魚たち」リブロポート　1991
　◇II–58（カラー）　ファロワズ, サムエル原画, ル

りむる　　　　　　　　　　　　　魚・貝・水生生物

ナール, L.『モルッカ諸島産彩色魚類図譜 ファン・デル・ステル写本』1718〜19　［個人蔵］

リームルス［アメリカカブトガニ］
「生物の驚異的な形」河出書房新社　2014
　◇図版47（カラー）　ヘッケル, エルンスト　1904

リュウオウゴコロガイ　Glossus humanus
「世界大博物図鑑 別巻2」平凡社　1994
　◇p214（カラー）　クノール, G.W.『貝類図譜』1764〜75
「ビュフォンの博物誌」工作舎　1991
　◇L065（カラー）『一般と個別の博物誌 ソンニーニ版』

リュウキュウアオイガイ　Corculum cardissa
「世界大博物図鑑 別巻2」平凡社　1994
　◇p198（カラー）　クノール, G.W.『貝類図譜』1764〜75

リュウキュウアカヒメジ　Mulloidichthys pflugeri
「南海の魚類 博物画の至宝」平凡社　1995
　◇pl.43（カラー）　Mulloides ruber　ギュンター, A.C.L.G., ギャレット, A.　1873〜1910

リュウキュウアサリ　Tapes literatus
「世界大博物図鑑 別巻2」平凡社　1994
　◇p215（カラー）　クノール, G.W.『貝類図譜』1764〜75

リュウキュウエビス　Plectrypops lima
「南海の魚類 博物画の至宝」平凡社　1995
　◇pl.63（カラー）　Holotrachys lima　ギュンター, A.C.L.G., ギャレット, A.　1873〜1910
「世界大博物図鑑 2」平凡社　1989
　◇p205（カラー）　ヴダール原図、キュヴィエ, G.L.C.F.D.『動物界』1836〜49　手彩色銅版

リュウキュウタケガイ　Oxymeris maculatus
「ビュフォンの博物誌」工作舎　1991
　◇L056（カラー）『一般と個別の博物誌 ソンニーニ版』

リュウキュウタケノコガイ　Terebra maculata
「世界大博物図鑑 別巻2」平凡社　1994
　◇p149（カラー）　生体　キーネ, L.C.『ラマルク貝類図譜』1834〜80　手彩色銅版図

リュウキュウバカガイ　Mactra maculate
「世界大博物図鑑 別巻2」平凡社　1994
　◇p210（カラー）　デュモン・デュルヴィル, J.S.C.『アストロラブ号世界周航記』1830〜35　スティップル印刷

リュウキュウハタンポ　Pempheris ualensis
「南海の魚類 博物画の至宝」平凡社　1995
　◇pl.59（カラー）　Pempheris mangula　ギュンター, A.C.L.G., ギャレット, A.　1873〜1910

リュウキュウフジナマコ？　Holothuria hilla？
「世界大博物図鑑 別巻2」平凡社　1994

　◇p282（カラー）　レッソン, R.P.著、プレートル原図『動物百図』1830〜32

リュウキュウミスジスズメ
「極楽の魚たち」リブロポート　1991
　◇I-165（カラー）　ブルグンド人　ルナール, L.『モルッカ諸島産彩色魚類図譜 コワイエト写本』1718〜19　［個人蔵］

リュウキュウヨロイアジ　Carangoides hedlandensis
「世界大博物図鑑 2」平凡社　1989
　◇p305（カラー）　キュヴィエ, G.L.C.F.D., ヴァランシエンヌ, A.『魚の博物誌』1828〜50

リュウグウノツカイ　Regalecus glesne
「江戸博物文庫 魚の巻」工作舎　2017
　◇p171（カラー）　竜宮の使い　栗本丹洲『栗氏魚譜』　［国立国会図書館］
「世界大博物図鑑 2」平凡社　1989
　◇p217（カラー）　陸に打ちあげられてなお生きているリュウグウノツカイとニシノアカタチ　ハミルトン, R.著、ステュアート原画、リザーズ手彩色銅版『英国魚類誌』1843
　◇p221（カラー）　ヴェルナー原図、キュヴィエ, G.L.C.F.D., ヴァランシエンヌ, A.『魚の博物誌』1828〜50
　◇p221（カラー）　尾のあるリュウグウノツカイ『博物館魚譜』　［東京国立博物館］
　◇口絵（カラー）　バロン, アカリー原図、キュヴィエ, G.L.C.F.D.『動物界』1836〜49　手彩色銅版

リュウグウノツカイ　Regalecus russellii
「世界大博物図鑑 2」平凡社　1989
　◇p217（カラー）　栗本丹洲『栗氏魚譜』　文政2（1819）　［国文学研究資料館史料館］
　◇p221（カラー）　栗本丹洲『栗氏魚譜』　文政2（1819）　［国文学研究資料館史料館］

リュウグウノツカイ
「彩色 江戸博物学集成」平凡社　1994
　◇p290〜291（カラー）　岩崎灌園『博物館魚譜』　［東京国立博物館］

リュウグウベラ　Thalassoma trilobatum
「南海の魚類 博物画の至宝」平凡社　1995
　◇pl.146（カラー）　Julis fusca (Sandwich Ins.) オス　ギュンター, A.C.L.G., ギャレット, A.　1873〜1910

リュウテンサザエ科　Turbinidae？
「ビュフォンの博物誌」工作舎　1991
　◇L058（カラー）『一般と個別の博物誌 ソンニーニ版』

リュウテンサザエの1種　Turbo sp.
「ビュフォンの博物誌」工作舎　1991
　◇L053（カラー）『一般と個別の博物誌 ソンニーニ版』

リュウトウダビ　Triplophos hemingi
「世界大博物図鑑 2」平凡社　1989
　◇p100（カラー）　ブラウアー, A.『深海魚』1898

322　博物図譜レファレンス事典 動物篇

魚・貝・水生生物　　　　　　　　　　　　　　　るりほ

〜99　石版色刷り

リュッペルナガダルマガレイの幼魚
Arnoglossus rueppelli
「世界大博物図鑑 2」平凡社　1989
　◇p408（カラー）　ロ・ビアンコ，サルバトーレ
　『ナポリ湾海洋研究所紀要』20世紀前半　オフ
　セット印刷

両生カニ
「極楽の魚たち」リブロポート　1991
　◇II-220（カラー）　ファロワズ，サムエル原画，ル
　ナール，L.『モルッカ諸島産彩色魚類図譜 ファ
　ン・デル・ステル写本』1718〜19　［個人蔵］

リンゴクラゲ
「美しいアンティーク生物画の本」創元社　2017
　◇p68（カラー）　Poralia rufescens　Chun, Carl
　『Wissenschaftliche Ergebnisse der Deutschen
　Tiefsee–Expedition auf dem Dampfer
　"Valdivia"1898–1899』1902〜40

【 る 】

ルーヴァンのおてんば娘
「極楽の魚たち」リブロポート　1991
　◇II-56（カラー）　トビウオ　ファロワズ，サムエ
　ル原画，ルナール，L.『モルッカ諸島産彩色魚類
　図譜 ファン・デル・ステル写本』1718〜19
　［個人蔵］

ルカナニ　Cichla temensis
「世界大博物図鑑 2」平凡社　1989
　◇p345（カラー）　ショムブルク，R.H.『ガイアナ
　の魚類誌』1843

ルーケルナリア
「生物の驚異的な形」河出書房新社　2014
　◇図版48（カラー）　ヘッケル，エルンスト　1904

ルーム
「極楽の魚たち」リブロポート　1991
　◇II-96（カラー）　ファロワズ，サムエル原画，ル
　ナール，L.『モルッカ諸島産彩色魚類図譜 ファ
　ン・デル・ステル写本』1718〜19　［個人蔵］

ルリガイ　Janthina prolongata
「世界大博物図鑑 別巻2」平凡社　1994
　◇p158（カラー）　デュプレ，L.I.『コキーユ号航海
　記』1826〜34
　◇p159（カラー）　デュモン・デュルヴィル，J.S.C.
　『アストロラブ号世界周航記』1830〜35　ス
　ティップル印刷

ルリスズメダイ　Chrysiptera cyanea
「南海の魚類 博物画の至宝」平凡社　1995
　◇pl.128（カラー）　Glyphidodon uniocellatus
　ギュンター，A.C.L.G.，ギャレット，A. 1873〜
　1910

ルリスズメダイ属の1種　Chrysiptera sp.
「南海の魚類 博物画の至宝」平凡社　1995

　◇pl.127（カラー）　Glyphidodon brownriggii
　ギュンター，A.C.L.G.，ギャレット，A. 1873〜
　1910

るりはた
「魚の手帖」小学館　1991
　◇27図（カラー）　瑠璃羽太　毛利梅園『梅園魚譜/
　梅園魚品図正』1826〜1843,1832〜1836　［国
　立国会図書館］

ルリハタ　Aulacocephalus temmincki
「江戸博物文庫 魚の巻」工作舎　2017
　◇p80（カラー）　瑠璃羽太　毛利梅園『梅園魚譜』
　［国立国会図書館］
「グラバー魚譜200選」長崎文献社　2005
　◇p101（カラー）　倉場富三郎編，中村三郎画『日
　本西部及南部魚類図譜』1916採集　［長崎大学
　附属図書館］
「日本の博物図譜」東海大学出版会　2001
　◇図74（カラー）　中村三郎筆『グラバー図譜』
　［長崎大学］
「世界大博物図鑑 2」平凡社　1989
　◇p254（カラー）　シーボルト『ファウナ・ヤポニ
　カ（日本動物誌）』1833〜50　石版

ルリハタ　Aulacocephalus temmincki Bleeker
「高木春山 本草図説 水産」リブロポート　1988
　◇p69（カラー）　にし魚 ヤウカントモ云フ かまこ
　潤口魚

ルリハタ　Aulacocephalus temminckii
「高松松平家所蔵 衆鱗図 1」香川県歴史博物館
　友の会博物図譜刊行会　2001
　◇p63（カラー）　羊羹内蔵　松平頼恭 江戸時代
　（18世紀）　紙本著色 画帖装（折本形式）　［個人
　蔵］

ルリボウズハゼ　Sicyopterus macrostetholepis
「南海の魚類 博物画の至宝」平凡社　1995
　◇pl.112（カラー）　Sicydium taeniurum　ギュン
　ター，A.C.L.G.，ギャレット，A. 1873〜1910

ルリホシエイ　Taeniura lymma
「世界大博物図鑑 2」平凡社　1989
　◇p33（カラー）　レッスン，R.P.『コキーユ号航海
　記』1826〜34
　◇p33（カラー）　リュッペル，W.P.E.S.『北アフリ
　カ探検図譜』1826〜28

ルリホシエイ
「極楽の魚たち」リブロポート　1991
　◇II-183（カラー）　セラムのエイ　ファロワズ，サ
　ムエル原画，ルナール，L.『モルッカ諸島産彩色
　魚類図譜 ファン・デル・ステル写本』1718〜19
　［個人蔵］

ルリホシスズメダイ　Plectroglyphidodon lacrymatus
「南海の魚類 博物画の至宝」平凡社　1995
　◇pl.125（カラー）　Glyphidodon lacrymatus
　ギュンター，A.C.L.G.，ギャレット，A. 1873〜
　1910

博物図譜レファレンス事典 動物篇　**323**

るりや　　　　　　　　　魚・貝・水生生物

ルリヤッコ　Centropyge bispinosa
「南海の魚類 博物画の至宝」平凡社　1995
　◇pl.56（カラー）　Holacanthus bispinosus　ギュ
　　ンター，A.C.L.G.，ギャレット，A. 1873〜1910

ルリヤッコ　Centropyge bispinosus
「世界大博物図鑑 2」平凡社　1989
　◇p392（カラー）　ギャレット，A.原図，ギュン
　　ター，A.C.L.G.解説『南海の魚類』 1873〜1910

【れ】

レイシガイ　Thais bronni
「世界大博物図鑑 別巻2」平凡社　1994
　◇p138（カラー）　平瀬與一郎『貝千種』 大正3〜
　　11（1914〜22）　色刷木版画

荔枝介　Reishia bronni（Dunker, 1860）
「彩色 江戸博物学集成」平凡社　1994
　◇p210（カラー）　武蔵石寿『甲介群分品彙』
　　［国会図書館］

レイシガイの1種（？）
「彩色 江戸博物学集成」平凡社　1994
　◇p39（カラー）　貝原益軒『大和本草諸品図』

レッドアンドブラック・アネモネフィッシュ
　⇒クマノミ属の1種（レッドアンドブラック・
　アネモネフィッシュ）を見よ

レッドテール・キャットフィッシュ
　Phractocephalus hemioliopterus
「世界大博物図鑑 2」平凡社　1989
　◇p149（カラー）　キュヴィエ，G.L.C.F.D.，ヴァ
　　ランシエンヌ，A.『魚の博物誌』 1828〜50

レッドバンデット・ホークフィッシュ
　⇒スミツキゴンベ属の1種（レッドバンデット・
　ホークフィッシュ）を見よ

レパス［エボシガイ］
「生物の驚異的な形」河出書房新社　2014
　◇図版57（カラー）　ヘッケル，エルンスト 1904

レビアシナ・ビマキュラータ　Lebiasina
　bimaculata
「世界大博物図鑑 2」平凡社　1989
　◇p112（カラー）　キュヴィエ，G.L.C.F.D.，ヴァ
　　ランシエンヌ，A.『魚の博物誌』 1828〜50

レピソステウス・プラトストムス
　Lepisosteus platostomus
「世界大博物図鑑 2」平凡社　1989
　◇p49（カラー）　キュヴィエ，G.L.C.F.D.『動物
　　界』 1836〜49　手彩色銅版画

レピドシレン・パラドクサ　Lepidosiren
　paradoxa
「世界大博物図鑑 2」平凡社　1989
　◇p40（カラー）　カー，J.G.著，ウィルソン，エド
　　ウィン図『〈ナンベイハイギョの発育過程におけ

る外観的特徴〉ロンドン王立科学院紀要 シリーズ
B, 192巻』 1900　石版画

レモンチョウチョウウオ　Chaetodon semeion
「南海の魚類 博物画の至宝」平凡社　1995
　◇pl.28（カラー）　ギュンター，A.C.L.G.，ギャ
　　レット，A. 1873〜1910
「世界大博物図鑑 2」平凡社　1989
　◇p383（カラー）　ギャレット，A.原図，ギュン
　　ター，A.C.L.G.解説『南海の魚類』 1873〜1910

レモン・バタフライフィッシュ
　⇒チョウチョウウオ属の1種（レモン・バタフ
　ライフィッシュ）を見よ

【ろ】

ロウニンアジ　Caranx ignobilis
「高松松平家所蔵 衆鱗図 1」香川県歴史博物館
　友の会博物図譜刊行会　2001
　◇p102（カラー）　嶋鯵　松平頼恭 江戸時代（18世
　　紀）　紙本著色 画帖装（折本形式）　［個人蔵］

ロウバイガイの1種　Nuculana deshayeana
「世界大博物図鑑 別巻2」平凡社　1994
　◇p178（カラー）　キュヴィエ，G.L.C.F.D.『動物
　　界（門徒版）』 1836〜49

ロキェ・ロキェ
「極楽の魚たち」リブロポート　1991
　◇I-208（カラー）　ルナール，L.『モルッカ諸島産
　　彩色魚類図譜 コワイエト写本』 1718〜19　［個
　　人蔵］

ロクセンススズメダイ　Abudefduf sexfasciatus
「南海の魚類 博物画の至宝」平凡社　1995
　◇pl.126（カラー）　var.coelestina　ギュンター，
　　A.C.L.G.，ギャレット，A. 1873〜1910

ローチ　Rutilus rutilus
「世界大博物図鑑 2」平凡社　1989
　◇p121（カラー）　ドノヴァン，E.『英国産魚類誌』
　　1802〜08

ローチ
「紙の上の動物園」グラフィック社　2017
　◇p121（カラー）　ボーディッチ，サラ『イギリス
　　本土の淡水魚』 1828

ロック・ビューティー　Holacanthus tricolor
「世界大博物図鑑 2」平凡社　1989
　◇p390〜391（カラー）　キュヴィエ，G.L.C.F.D.
　　『動物界』 1836〜49　手彩色銅版画

ロックリング　Gaidropsarus vulgaris
「世界大博物図鑑 2」平凡社　1989
　◇p181（カラー）　ドノヴァン，E.『英国産魚類誌』
　　1802〜08

ロフォスと呼ばれる微生物
「水中の驚異」リブロポート　1990
　◇p119（カラー）　レーゼル・フォン・ローゼンホ

魚・貝・水生生物　　　　　　　　　　　　　　　　　　わむし

フ, A.J.『昆虫のもてなし』 1746〜61

ロブスターの1種
「紙の上の動物園」グラフィック社　2017
　◇p90〜91（カラー）　ショー, ジョージ『ニュー・ホランドの動物学』 1794

ロリゴブルガリス　Loligo vulgaris
「ビュフォンの博物誌」工作舎　1991
　◇L008（カラー）『一般と個別の博物誌 ソンニーニ版』

ロレンツイモガイ　Conus lorenzianus
「世界大博物図鑑 別巻2」平凡社　1994
　◇p155（カラー）　クノール, G.W.『貝類図譜』 1764〜75

ロングノーズガー　Lepisosteus osseus
「ビュフォンの博物誌」工作舎　1991
　◇K073（カラー）『一般と個別の博物誌 ソンニーニ版』

【 わ 】

わかさぎ
「魚の手帖」小学館　1991
　◇3図, 11図（カラー）　公魚・若鷺・鰙　毛利梅園『梅園魚譜/梅園魚品図正』 1826〜1843,1832〜1836　［国立国会図書館］

ワカサギ　Hypomesus nipponensis
「高松松平家所蔵 衆鱗図 3」香川県歴史博物館友の会博物図譜刊行会　2003
　◇p83（カラー）　松平頼恭 江戸時代（18世紀）　紙本著色 画帖装（折本形式）　［個人蔵］

ワカサギ　Hypomesus transpacificus
「世界大博物図鑑 2」平凡社　1989
　◇p64（カラー）　大野麦風『大日本魚類画集』 昭和12〜19　彩色木版

ワカサギ
「彩色 江戸博物学集成」平凡社　1994
　◇p35（カラー）　貝原益軒『大和本草諸品図』

ワカシュベラ　Thalassoma hebraicum
「世界大博物図鑑 2」平凡社　1989
　◇p361（カラー）『アストロラブ号世界周航記』 1830〜35　スティップル印刷

ワギリハマギギ　Arius sagor
「世界大博物図鑑 2」平凡社　1989
　◇p161（カラー）　ブレイカー, M.P.『蘭領東インド魚類図譜』 1862〜78　色刷り石版画

ワークム
「極楽の魚たち」リブロポート　1991
　◇I–146（カラー）　ルナール, L.『モルッカ諸島産彩色魚類図譜 コワイエト写本』 1718〜19　［個人蔵］

ワクム・マール
「極楽の魚たち」リブロポート　1991

◇I–174（カラー）　ルナール, L.『モルッカ諸島産彩色魚類図譜 コワイエト写本』 1718〜19　［個人蔵］

ワシエイ　Pteromylaeus bovinus
「世界大博物図鑑 2」平凡社　1989
　◇p28（カラー）　ハミルトン, R.著, ステュアート原画, リザーズ手彩色銅版『英国魚類誌』 1843

わたか
「魚の手帖」小学館　1991
　◇17図（カラー）　黄鯝魚・腸香　毛利梅園『梅園魚譜/梅園魚品図正』 1826〜1843,1832〜1836　［国立国会図書館］

ワタカ　Ischikauia steenackeri
「高松松平家所蔵 衆鱗図 3」香川県歴史博物館友の会博物図譜刊行会　2003
　◇p72（カラー）　ワダコ　松平頼恭 江戸時代（18世紀）　紙本著色 画帖装（折本形式）　［個人蔵］

ワダチザルガイの1種　Cardium sp.
「ビュフォンの博物誌」工作舎　1991
　◇L066（カラー）『一般と個別の博物誌 ソンニーニ版』

ワダツミヒラタブンブク　Lovenia gregalis
「世界大博物図鑑 別巻2」平凡社　1994
　◇p271（カラー）　リーチ, W.E.文, ノダー, R.P.図『動物学雑録』 1814〜17　手彩色銅版

ワタリガニのなかま
「極楽の魚たち」リブロポート　1991
　◇II–172（カラー）　アンボイナの海ガニ　ファロワズ, サムエル原画, ルナール, L.『モルッカ諸島産彩色魚類図譜 ファン・デル・ステル写本』 1718〜19　［個人蔵］

ワタリガニの類
「極楽の魚たち」リブロポート　1991
　◇II–198（カラー）　カチャン・ラディ　ファロワズ, サムエル原画, ルナール, L.『モルッカ諸島産彩色魚類図譜 ファン・デル・ステル写本』 1718〜19　［個人蔵］

ワニギスの類
「極楽の魚たち」リブロポート　1991
　◇I–149（カラー）　泥棒　ルナール, L.『モルッカ諸島産彩色魚類図譜 コワイエト写本』 1718〜19　［個人蔵］

ワヌケトラギス　Parapercis cephalopunctata
「南海の魚類 博物画の至宝」平凡社　1995
　◇pl.93（カラー）　Percis tetracanthus　ギュンター, A.C.L.G., ギャレット, A. 1873〜1910

ワムシのなかま？
「世界大博物図鑑 別巻2」平凡社　1994
　◇p90（カラー）　beautiful floscule　ゴッス, P.H.『テンビー, 海辺の休日』 1856　多色石版図

ワムシ類
「水中の驚異」リブロポート　1990
　◇p93（白黒）　キュヴィエ『動物界』 1836〜49

博物図譜レファレンス事典 動物篇　**325**

わもん　　　　　　　　　　　　魚・貝・水生生物

ワモンサカタザメ　Rhinobatos annulatus
「世界大博物図鑑 2」平凡社　1989
　◇p28(カラー)　スミス, A.著, フォード, G.H.原
　　図『南アフリカ動物図譜』1838〜49　手彩色
　　石版

ワモンニシキギンポ　Pholis gunnellus
「世界大博物図鑑 2」平凡社　1989
　◇p333(カラー)　ドノヴァン, E.『英国産魚類誌』
　　1802〜08
　◇p333(カラー)　キュヴィエ, G.L.C.F.D.『動物
　　界』1836〜49　手彩色銅版

ワラゴ　Wallago leerii
「世界大博物図鑑 2」平凡社　1989
　◇p157(カラー)　ブレイカー, M.P.『蘭領東イン
　　ド魚類図譜』1862〜78　色刷り石版画

ワラスボ　Odontamblyopus lacepedii
「江戸博物文庫 魚の巻」工作舎　2017
　◇p173(カラー)　藁素坊　栗本丹洲『栗氏魚譜』
　　［国立国会図書館］

ワレカラの1種　Caprella sp.
「ビュフォンの博物誌」工作舎　1991
　◇M057(カラー)　オス, メス『一般と個別の博物
　　誌 ソンニーニ版』

ワレカラのなかま　Caprella spp.
「世界大博物図鑑 1」平凡社　1991
　◇p73(カラー)　ヘルプスト, J.F.W.『蟹蛄分類図
　　譜』1782〜1804

ワレカラのなかま　Caprellidae
「世界大博物図鑑 1」平凡社　1991
　◇p73(カラー)　栗本丹洲『千蟲譜』文化8
　　(1811)

腕足類?　Crania
「ビュフォンの博物誌」工作舎　1991
　◇L061(カラー)『一般と個別の博物誌 ソンニー
　　ニ版』

【 記号・英数 】

?
「美しいアンティーク生物画の本」創元社　2017
　◇p72(カラー)　Pennaria species Bigelow,
　　Henry Bryant『'The Medusae' (Memoirs of the
　　Museum of Comparative Zoölogy at Harvard
　　College, v.37)』1909

Acrocladia mammillata
「美しいアンティーク生物画の本」創元社　2017
　◇p38〜39(カラー)　Schubert, Gotthilf Heinrich
　　von『Naturgeschichte der Reptilien,
　　Amphibien, Fische, Insekten, Krebstiere,
　　Würmer, Weichtiere, Stachelhäuter,
　　Pflanzentiere und Urtiere』1890

Actinia chicocca
「世界大博物図鑑 別巻2」平凡社　1994
　◇p68(カラー)　ゴス, P.H.『英国のイソギン

チャクと珊瑚』1860　多色石版

Actinia equina
「世界大博物図鑑 別巻2」平凡社　1994
　◇p70〜71(カラー)　アンドレス, A.『ナポリ湾海
　　洋研究所紀要〈イソギンチャク篇〉』1884　色刷
　　り石版画

Agastra mira
「世界大博物図鑑 別巻2」平凡社　1994
　◇p38(カラー)『ロンドン動物学協会紀要』1861
　　〜90(第2期)　手彩色石版画

Alloteuthis mediaの解剖図
「ビュフォンの博物誌」工作舎　1991
　◇L017(カラー)『一般と個別の博物誌 ソンニー
　　ニ版』

Amalthaea amoebigera
「美しいアンティーク生物画の本」創元社　2017
　◇p82(カラー)　Haeckel, Ernst『Das System der
　　Medusen』1879

Anthea cereus
「世界大博物図鑑 別巻2」平凡社　1994
　◇p68(カラー)　ゴス, P.H.『英国のイソギン
　　チャクと珊瑚』1860　多色石版

Asterias araneiaca
「美しいアンティーク生物画の本」創元社　2017
　◇p95(カラー)　Barbut, James『The genera
　　vermium exemplified by various specimens of
　　the animals contained in the orders of the
　　Intestina et Mollusca Linnaei』1783

Asterias caput medusae
「美しいアンティーク生物画の本」創元社　2017
　◇p95(カラー)　Barbut, James『The genera
　　vermium exemplified by various specimens of
　　the animals contained in the orders of the
　　Intestina et Mollusca Linnaei』1783

Asterias papposa
「美しいアンティーク生物画の本」創元社　2017
　◇p95(カラー)　Barbut, James『The genera
　　vermium exemplified by various specimens of
　　the animals contained in the orders of the
　　Intestina et Mollusca Linnaei』1783

Asterias pectinata
「美しいアンティーク生物画の本」創元社　2017
　◇p95(カラー)　Barbut, James『The genera
　　vermium exemplified by various specimens of
　　the animals contained in the orders of the
　　Intestina et Mollusca Linnaei』1783

Astérie discoïde
「美しいアンティーク生物画の本」創元社　2017
　◇p36(カラー)　Blainville, Henri Marie
　　Ducrotay de『Manuel d'Actinologie ou de
　　Zoophytologie』1834

Astérie gentille
「美しいアンティーク生物画の本」創元社　2017
　◇p36(カラー)　Blainville, Henri Marie
　　Ducrotay de『Manuel d'Actinologie ou de
　　Zoophytologie』1834

魚・貝・水生生物　　　　　　　　　　　　CHI

Astérie hélianthe
「美しいアンティーク生物画の本」創元社　2017
　◇p36（カラー）　Blainville, Henri Marie
　Ducrotay de『Manuel d'Actinologie ou de
　Zoophytologie』1834

Astérie parquetée
「美しいアンティーク生物画の本」創元社　2017
　◇p36（カラー）　Blainville, Henri Marie
　Ducrotay de『Manuel d'Actinologie ou de
　Zoophytologie』1834

Astérie patte–d'oie
「美しいアンティーク生物画の本」創元社　2017
　◇p36（カラー）　Blainville, Henri Marie
　Ducrotay de『Manuel d'Actinologie ou de
　Zoophytologie』1834

Astérie vulgaire
「美しいアンティーク生物画の本」創元社　2017
　◇p97（カラー）　Drapiez, Pierre Auguste Joseph
　『Dictionnaire Classique Des Sciences
　Naturelles』1853

Astropecten aurantiacus
「美しいアンティーク生物画の本」創元社　2017
　◇p38～39（カラー）　Schubert, Gotthilf Heinrich
　von『Naturgeschichte der Reptilien,
　Amphibien, Fische, Insekten, Krebstiere,
　Würmer, Weichtiere, Stachelhäuter,
　Pflanzentiere und Urtiere』1890

Astrophyton darwinium
「美しいアンティーク生物画の本」創元社　2017
　◇p24（カラー）　Haeckel, Ernst『Kunstformen
　der Natur』1899～1904

Aurelinia augusta
「世界大博物図鑑　別巻2」平凡社　1994
　◇p75（カラー）　ゴッス, P.H.『英国のイソギン
　チャクと珊瑚』1860　多色石版

Aurelinia heterocera
「世界大博物図鑑　別巻2」平凡社　1994
　◇p75（カラー）　ゴッス, P.H.『英国のイソギン
　チャクと珊瑚』1860　多色石版

Berenice
「美しいアンティーク生物画の本」創元社　2017
　◇p60（カラー）　Oken, Lorenz『Abbildungen zu
　Okens allgemeiner Naturgeschichte für alle
　Stände』1843

Berenice euchrome
「美しいアンティーク生物画の本」創元社　2017
　◇p33（カラー）　Blainville, Henri Marie
　Ducrotay de『Manuel d'Actinologie ou de
　Zoophytologie』1834

Beroe macrostomus
「美しいアンティーク生物画の本」創元社　2017
　◇p63（カラー）　Péron, François『Voyage de
　découvertes aux terres australes』1807～1815
　［Boston Public Library］

Bolina hydatina
「美しいアンティーク生物画の本」創元社　2017

　◇p56（カラー）　Brehm, Alfred Edmund
　『Brehms Tierleben 第3版』1893～1900

Bunodactis coronata
「世界大博物図鑑　別巻2」平凡社　1994
　◇p69（カラー）　ゴッス, P.H.『英国のイソギン
　チャクと珊瑚』1860　多色石版

Bunodactis rubripunctata
「世界大博物図鑑　別巻2」平凡社　1994
　◇p72（カラー）　アンドレス, A.『ナポリ湾海洋研
　究所紀要〈イソギンチャク篇〉』1884　色刷り石
　版画

Bunodes ballii
「世界大博物図鑑　別巻2」平凡社　1994
　◇p69（カラー）　ゴッス, P.H.『英国のイソギン
　チャクと珊瑚』1860　多色石版

Bunodes cemmacea
「世界大博物図鑑　別巻2」平凡社　1994
　◇p69（カラー）　ゴッス, P.H.『英国のイソギン
　チャクと珊瑚』1860　多色石版

Bunodes crassicornis
「世界大博物図鑑　別巻2」平凡社　1994
　◇p69（カラー）　キングズレー, C., サワビー, G.
　B.『グラウコス, 海岸の驚異』1859

Bunodes thallia
「世界大博物図鑑　別巻2」平凡社　1994
　◇p69（カラー）　ゴッス, P.H.『英国のイソギン
　チャクと珊瑚』1860　多色石版

Calloplax janeirensis
「世界大博物図鑑　別巻2」平凡社　1994
　◇p99（カラー）　ビーチィ, F.W.著, サワビー, G.
　B.図『ビーチィ航海記動物学篇』1839

Capnea sanguinea
「世界大博物図鑑　別巻2」平凡社　1994
　◇p75（カラー）　ゴッス, P.H.『英国のイソギン
　チャクと珊瑚』1860　多色石版

Caryophyllea smithii
「世界大博物図鑑　別巻2」平凡社　1994
　◇p69（カラー）　キングズレー, C., サワビー, G.
　B.『グラウコス, 海岸の驚異』1859

Cassidulus lapis cancri
「美しいアンティーク生物画の本」創元社　2017
　◇p61（カラー）　Oken, Lorenz『Abbildungen zu
　Okens allgemeiner Naturgeschichte für alle
　Stände』1843

Cassiopeja cyclobalia
「美しいアンティーク生物画の本」創元社　2017
　◇p15（カラー）　Haeckel, Ernst『Kunstformen
　der Natur』1899～1904

Cephée guérin
「美しいアンティーク生物画の本」創元社　2017
　◇p34（カラー）　Blainville, Henri Marie
　Ducrotay de『Manuel d'Actinologie ou de
　Zoophytologie』1834

Chiton glaucus
「世界大博物図鑑　別巻2」平凡社　1994

博物図譜レファレンス事典 動物篇　**327**

CHI　　　魚・貝・水生生物

◇p99（カラー）　デュモン・デュルヴィル, J.S.C.
『アストロラブ号世界周航記』　1830〜35　ス
ティップル印刷

Chiton granosus
「世界大博物図鑑　別巻2」平凡社　1994
◇p99（カラー）　granose chiton　ビーチィ, F.W.
著, サワビー, G.B.図『ビーチィ航海記動物学篇』
1839

Cianea labiche
「美しいアンティーク生物画の本」創元社　2017
◇p31（カラー）　Cuvier, Frédéric『Dizionario
delle scienze naturali』　1830〜1851

Cidarite diadême
「美しいアンティーク生物画の本」創元社　2017
◇p35（カラー）　Blainville, Henri Marie
Ducrotay de『Manuel d'Actinologie ou de
Zoophytologie』　1834

Cidarite rayonné
「美しいアンティーク生物画の本」創元社　2017
◇p35（カラー）　Blainville, Henri Marie
Ducrotay de『Manuel d'Actinologie ou de
Zoophytologie』　1834

Clypeaster laganum
「美しいアンティーク生物画の本」創元社　2017
◇p61（カラー）　Oken, Lorenz『Abbildungen zu
Okens allgemeiner Naturgeschichte für alle
Stände』　1843

Codonium codonophorum
「美しいアンティーク生物画の本」創元社　2017
◇p82（カラー）　Haeckel, Ernst『Das System der
Medusen』　1879

Crambione cookii
「美しいアンティーク生物画の本」創元社　2017
◇p44（カラー）　Mayer, Alfred Goldsborough
『Medusae of the world 第3巻』　1910

Cunantha primigenia
「美しいアンティーク生物画の本」創元社　2017
◇p12（カラー）　Haeckel, Ernst『Kunstformen
der Natur』　1899〜1904

Cunoctantha discoidalis
「美しいアンティーク生物画の本」創元社　2017
◇p12（カラー）　Haeckel, Ernst『Kunstformen
der Natur』　1899〜1904

Cuvieria carisochroma
「美しいアンティーク生物画の本」創元社　2017
◇p64（カラー）　Péron, François『Voyage de
découvertes aux terres australes』　1807〜1815
［Boston Public Library］

Cyathina smithii
「世界大博物図鑑　別巻2」平凡社　1994
◇p68（カラー）　ゴッス, P.H.『英国のイソギン
チャクと珊瑚』　1860　多色石版

Cystalia monogastrica
「美しいアンティーク生物画の本」創元社　2017
◇p11（カラー）　Haeckel, Ernst『Kunstformen

der Natur』　1899〜1904

Dactylometra africana
「美しいアンティーク生物画の本」創元社　2017
◇p68（カラー）　Chun, Carl『Wissenschaftliche
Ergebnisse der Deutschen Tiefsee–Expedition
auf dem Dampfer "Valdivia"1898–1899』　1902
〜40

Echinomêtre artichaut
「美しいアンティーク生物画の本」創元社　2017
◇p37（カラー）　Blainville, Henri Marie
Ducrotay de『Manuel d'Actinologie ou de
Zoophytologie』　1834

Echinoneus semilunaris
「美しいアンティーク生物画の本」創元社　2017
◇p61（カラー）　Oken, Lorenz『Abbildungen zu
Okens allgemeiner Naturgeschichte für alle
Stände』　1843

Echinus atratus
「美しいアンティーク生物画の本」創元社　2017
◇p94（カラー）　Barbut, James『The genera
vermium exemplified by various specimens of
the animals contained in the orders of the
Intestina et Mollusca Linnaei』　1783

Echinus crenularis
「美しいアンティーク生物画の本」創元社　2017
◇p61（カラー）　Oken, Lorenz『Abbildungen zu
Okens allgemeiner Naturgeschichte für alle
Stände』　1843

Echinus esculentus
「美しいアンティーク生物画の本」創元社　2017
◇p38〜39（カラー）　Schubert, Gotthilf Heinrich
von『Naturgeschichte der Reptilien,
Amphibien, Fische, Insekten, Krebstiere,
Würmer, Weichtiere, Stachelhäuter,
Pflanzentiere und Urtiere』　1890

Echinus mamillatus
「美しいアンティーク生物画の本」創元社　2017
◇p94（カラー）　Barbut, James『The genera
vermium exemplified by various specimens of
the animals contained in the orders of the
Intestina et Mollusca Linnaei』　1783

Echinus orbiculus
「美しいアンティーク生物画の本」創元社　2017
◇p94（カラー）　Barbut, James『The genera
vermium exemplified by various specimens of
the animals contained in the orders of the
Intestina et Mollusca Linnaei』　1783

Echinus placenta
「美しいアンティーク生物画の本」創元社　2017
◇p94（カラー）　Barbut, James『The genera
vermium exemplified by various specimens of
the animals contained in the orders of the
Intestina et Mollusca Linnaei』　1783

Echinus reticulatus
「美しいアンティーク生物画の本」創元社　2017
◇p94（カラー）　Barbut, James『The genera
vermium exemplified by various specimens of
the animals contained in the orders of the

328　博物図譜レファレンス事典 動物篇

魚・貝・水生生物　　　　　　　　**MED**

Intestina et Mollusca Linnaei』1783

Echinus rosaceus
「美しいアンティーク生物画の本」創元社　2017
◇p94（カラー）　Barbut, James『The genera vermium exemplified by various specimens of the animals contained in the orders of the Intestina et Mollusca Linnaei』1783

Echinus solaris
「美しいアンティーク生物画の本」創元社　2017
◇p102（カラー）　Lamarck, Jean–Baptiste et al 『Tableau encyclopédique et méthodique des trois règnes de la nature』1791～1823

Echinus spatagus
「美しいアンティーク生物画の本」創元社　2017
◇p94（カラー）　Barbut, James『The genera vermium exemplified by various specimens of the animals contained in the orders of the Intestina et Mollusca Linnaei』1783

Fagesia carnea
「世界大博物図鑑　別巻2」平凡社　1994
◇p69（カラー）　ゴッス, P.H.『英国のイソギンチャクと珊瑚』1860　多色石版

Favonia ottonema
「美しいアンティーク生物画の本」創元社　2017
◇p31（カラー）　Cuvier, Frédéric『Dizionario delle scienze naturali』1830～1851

Floscula promethea
「美しいアンティーク生物画の本」創元社　2017
◇p10（カラー）　Haeckel, Ernst『Kunstformen der Natur』1899～1904

Gregonia fenestrata
「世界大博物図鑑　別巻2」平凡社　1994
◇p69（カラー）　ゴッス, P.H.『英国のイソギンチャクと珊瑚』1860　多色石版

Halcampa microps
「世界大博物図鑑　別巻2」平凡社　1994
◇p69（カラー）　ゴッス, P.H.『英国のイソギンチャクと珊瑚』1860　多色石版

Hemipholis cordifera
「美しいアンティーク生物画の本」創元社　2017
◇p24（カラー）　Haeckel, Ernst『Kunstformen der Natur』1899～1904

Hormiphora plumosa
「美しいアンティーク生物画の本」創元社　2017
◇p56（カラー）　Brehm, Alfred Edmund 『Brehms Tierleben 第3版』1893～1900

Hyalaea australis
「美しいアンティーク生物画の本」創元社　2017
◇p63（カラー）　Péron, François『Voyage de découvertes aux terres australes』1807～1815 ［Boston Public Library］

Ilyanthus mitchellii
「世界大博物図鑑　別巻2」平凡社　1994
◇p69（カラー）　ゴッス, P.H.『英国のイソギンチャクと珊瑚』1860　多色石版

Janthina penicephala
「美しいアンティーク生物画の本」創元社　2017
◇p63（カラー）　Péron, François『Voyage de découvertes aux terres australes』1807～1815 ［Boston Public Library］

Lacinularia socialis
「世界大博物図鑑　別巻2」平凡社　1994
◇p91（カラー）　ヘッケル, E.H.P.A.『自然の造形』1899～1904　多色石版画

Limnorea triedra
「美しいアンティーク生物画の本」創元社　2017
◇p31（カラー）　Cuvier, Frédéric『Dizionario delle scienze naturali』1830～1851

Linuche Aquila
「美しいアンティーク生物画の本」創元社　2017
◇p48（カラー）　Mayer, Alfred Goldsborough 『Medusae of the world 第3巻』1910

Loligo cardioptera
「美しいアンティーク生物画の本」創元社　2017
◇p64（カラー）　Péron, François『Voyage de découvertes aux terres australes』1807～1815 ［Boston Public Library］

Lophelia prolifera
「世界大博物図鑑　別巻2」平凡社　1994
◇p68（カラー）　ゴッス, P.H.『英国のイソギンチャクと珊瑚』1860　多色石版

Lucilina lamellosa
「世界大博物図鑑　別巻2」平凡社　1994
◇p99（カラー）　デュモン・デュルヴィル, J.S.C. 『アストロラブ号世界周航記』1830～35　スティップル印刷

Lymnorea alexandri
「美しいアンティーク生物画の本」創元社　2017
◇p72（カラー）　Bigelow, Henry Bryant『'The Medusae' (Memoirs of the Museum of Comparative Zoölogy at Harvard College, v. 37)』1909

Medusa brachyura
「美しいアンティーク生物画の本」創元社　2017
◇p62（カラー）　Oken, Lorenz『Abbildungen zu Okens allgemeiner Naturgeschichte für alle Stände』1843

Medusa cruciata
「美しいアンティーク生物画の本」創元社　2017
◇p96（カラー）　Barbut, James『The genera vermium exemplified by various specimens of the animals contained in the orders of the Intestina et Mollusca Linnaei』1783

Medusa panopyra
「美しいアンティーク生物画の本」創元社　2017
◇p63（カラー）　Péron, François『Voyage de découvertes aux terres australes』1807～1815 ［Boston Public Library］

Medusa piliaris
「美しいアンティーク生物画の本」創元社　2017
◇p96（カラー）　Barbut, James『The genera

博物図譜レファレンス事典 動物篇　**329**

MED 魚・貝・水生生物

vermium exemplified by various specimens of the animals contained in the orders of the Intestina et Mollusca Linnaei』 1783

Medusa Quadricincta
「美しいアンティーク生物画の本」創元社　2017
　◇p62（カラー）　Oken, Lorenz『Abbildungen zu Okens allgemeiner Naturgeschichte für alle Stände』 1843

Noteus leydigii
「世界大博物図鑑 別巻2」平凡社　1994
　◇p91（カラー）　ヘッケル, E.H.P.A.『自然の造形』 1899～1904　多色石版画

Nucleolites recens
「美しいアンティーク生物画の本」創元社　2017
　◇p61（カラー）　Oken, Lorenz『Abbildungen zu Okens allgemeiner Naturgeschichte für alle Stände』 1843

Oceania
「美しいアンティーク生物画の本」創元社　2017
　◇p60（カラー）　Oken, Lorenz『Abbildungen zu Okens allgemeiner Naturgeschichte für alle Stände』 1843

Ophioglypha minuta
「美しいアンティーク生物画の本」創元社　2017
　◇p24（カラー）　Haeckel, Ernst『Kunstformen der Natur』 1899～1904

Oursin comestible
「美しいアンティーク生物画の本」創元社　2017
　◇p97（カラー）　Drapiez, Pierre Auguste Joseph『Dictionnaire Classique Des Sciences Naturelles』 1853

Oursin enflé
「美しいアンティーク生物画の本」創元社　2017
　◇p37（カラー）　Blainville, Henri Marie Ducrotay de『Manuel d'Actinologie ou de Zoophytologie』 1834

Oursin melon de mer
「美しいアンティーク生物画の本」創元社　2017
　◇p37（カラー）　Blainville, Henri Marie Ducrotay de『Manuel d'Actinologie ou de Zoophytologie』 1834

Oursin pustuleux
「美しいアンティーク生物画の本」創元社　2017
　◇p37（カラー）　Blainville, Henri Marie Ducrotay de『Manuel d'Actinologie ou de Zoophytologie』 1834

Pantachogon rubrum
「美しいアンティーク生物画の本」創元社　2017
　◇p71（カラー）　Chun, Carl『Wissenschaftliche Ergebnisse der Deutschen Tiefsee–Expedition auf dem Dampfer "Valdivia"1898–1899』 1902～40

Paracyathus sp.？
「世界大博物図鑑 別巻2」平凡社　1994
　◇p68（カラー）　ゴッス, P.H.『英国のイソギンチャクと珊瑚』 1860　多色石版

Peachia undata
「世界大博物図鑑 別巻2」平凡社　1994
　◇p69（カラー）　ゴッス, P.H.『英国のイソギンチャクと珊瑚』 1860　多色石版

Pelagia panopyra
「美しいアンティーク生物画の本」創元社　2017
　◇p38～39（カラー）　Schubert, Gotthilf Heinrich von『Naturgeschichte der Reptilien, Amphibien, Fische, Insekten, Krebstiere, Würmer, Weichtiere, Stachelhäuter, Pflanzentiere und Urtiere』 1890

Periphylla mirabilis
「美しいアンティーク生物画の本」創元社　2017
　◇p19（カラー）　Haeckel, Ernst『Kunstformen der Natur』 1899～1904
　◇p19（カラー）　Haeckel, Ernst『Kunstformen der Natur』 1899～1904

Periphylla peronii
「美しいアンティーク生物画の本」創元社　2017
　◇p19（カラー）　Haeckel, Ernst『Kunstformen der Natur』 1899～1904

Periphylla regina
「美しいアンティーク生物画の本」創元社　2017
　◇p70（カラー）　Chun, Carl『Wissenschaftliche Ergebnisse der Deutschen Tiefsee–Expedition auf dem Dampfer "Valdivia"1898–1899』 1902～40

Phellia brodrichii
「世界大博物図鑑 別巻2」平凡社　1994
　◇p69（カラー）　ゴッス, P.H.『英国のイソギンチャクと珊瑚』 1860　多色石版

Phellia gausapata
「世界大博物図鑑 別巻2」平凡社　1994
　◇p69（カラー）　ゴッス, P.H.『英国のイソギンチャクと珊瑚』 1860　多色石版

Phellia murocincta
「世界大博物図鑑 別巻2」平凡社　1994
　◇p69（カラー）　ゴッス, P.H.『英国のイソギンチャクと珊瑚』 1860　多色石版

Phyllancia americana
「世界大博物図鑑 別巻2」平凡社　1994
　◇p68（カラー）　ゴッス, P.H.『英国のイソギンチャクと珊瑚』 1860　多色石版

Physalia megalista
「美しいアンティーク生物画の本」創元社　2017
　◇p62（カラー）　Oken, Lorenz『Abbildungen zu Okens allgemeiner Naturgeschichte für alle Stände』 1843

Physalia megatista
「美しいアンティーク生物画の本」創元社　2017
　◇p65（カラー）　Péron, François『Voyage de découvertes aux terres australes』 1807～1815　[Boston Public Library]

Plaxiphora biramosa
「世界大博物図鑑 別巻2」平凡社　1994

330 博物図譜レファレンス事典 動物篇

魚・貝・水生生物　　　**THA**

◇p99（カラー）　デュモン・デュルヴィル, J.S.C.
『アストロラブ号世界周航記』　1830〜35　ス
ティップル印刷

Praya galea
「美しいアンティーク生物画の本」創元社　2017
◇p25（カラー）　Haeckel, Ernst『Kunstformen
der Natur』　1899〜1904

Rathkea fasciculata
「美しいアンティーク生物画の本」創元社　2017
◇p22（カラー）　Haeckel, Ernst『Kunstformen
der Natur』　1899〜1904

Rhizostoma aldrovandi
「美しいアンティーク生物画の本」創元社　2017
◇p38〜39（カラー）　Schubert, Gotthilf Heinrich
von『Naturgeschichte der Reptilien,
Amphibien, Fische, Insekten, Krebstiere,
Würmer, Weichtiere, Stachelhäuter,
Pflanzentiere und Urtiere』　1890

Rhizostoma pulmo
「美しいアンティーク生物画の本」創元社　2017
◇p66（カラー）　Dlouhý, František『Brouci
evropští』　1911

Rhopalonema funerarium
「美しいアンティーク生物画の本」創元社　2017
◇p71（カラー）　Chun, Carl『Wissenschaftliche
Ergebnisse der Deutschen Tiefsee–Expedition
auf dem Dampfer "Valdivia"1898–1899』　1902
〜40

Rizophysa planestoma
「美しいアンティーク生物画の本」創元社　2017
◇p65（カラー）　Péron, François『Voyage de
découvertes aux terres australes』　1807〜1815
［Boston Public Library］

Sagartia rosea
「世界大博物図鑑　別巻2」平凡社　1994
◇p69（カラー）　ゴス, P.H.『英国のイソギン
チャクと珊瑚』　1860　多色石版

Sagartia sphyrodeta
「世界大博物図鑑　別巻2」平凡社　1994
◇p69（カラー）　ゴス, P.H.『英国のイソギン
チャクと珊瑚』　1860　多色石版

Sagartia troglodytes
「世界大博物図鑑　別巻2」平凡社　1994
◇p68（カラー）　ゴス, P.H.『英国のイソギン
チャクと珊瑚』　1860　多色石版
◇p69（カラー）　ゴス, P.H.『英国のイソギン
チャクと珊瑚』　1860　多色石版

Sagartia venusta
「世界大博物図鑑　別巻2」平凡社　1994
◇p69（カラー）　ゴス, P.H.『英国のイソギン
チャクと珊瑚』　1860　多色石版

Salacia polygastrica
「美しいアンティーク生物画の本」創元社　2017
◇p11（カラー）　Haeckel, Ernst『Kunstformen
der Natur』　1899〜1904

Salpa cyanogaster
「美しいアンティーク生物画の本」創元社　2017
◇p64（カラー）　Péron, François『Voyage de
découvertes aux terres australes』　1807〜1815
［Boston Public Library］

Salpa vivipara
「美しいアンティーク生物画の本」創元社　2017
◇p63（カラー）　Péron, François『Voyage de
découvertes aux terres australes』　1807〜1815
［Boston Public Library］

Schwarzer Diademseeigel・Oursin diadème noir
「美しいアンティーク生物画の本」創元社　2017
◇p106〜107（カラー）　Seba, Albertus
『Locupletissimi rerum naturalium thesauri
accurata descriptio』　1734〜65

Scutella hexapora
「美しいアンティーク生物画の本」創元社　2017
◇p38〜39（カラー）　Schubert, Gotthilf Heinrich
von『Naturgeschichte der Reptilien,
Amphibien, Fische, Insekten, Krebstiere,
Würmer, Weichtiere, Stachelhäuter,
Pflanzentiere und Urtiere』　1890

Slabberia balterata
「世界大博物図鑑　別巻2」平凡社　1994
◇p38（カラー）『ロンドン動物学協会紀要』　1861
〜90（第2期）　手彩色石版画

Soutella hexapor
「美しいアンティーク生物画の本」創元社　2017
◇p61（カラー）　Oken, Lorenz『Abbildungen zu
Okens allgemeiner Naturgeschichte für alle
Stände』　1843

Sphenotrochus sp.？
「世界大博物図鑑　別巻2」平凡社　1994
◇p68（カラー）　ゴス, P.H.『英国のイソギン
チャクと珊瑚』　1860　多色石版

Sphenotrochus wrichtii
「世界大博物図鑑　別巻2」平凡社　1994
◇p68（カラー）　ゴス, P.H.『英国のイソギン
チャクと珊瑚』　1860　多色石版

Spirulea prototypos
「美しいアンティーク生物画の本」創元社　2017
◇p64（カラー）　Péron, François『Voyage de
découvertes aux terres australes』　1807〜1815
［Boston Public Library］

Stomotoca pterphylla
「美しいアンティーク生物画の本」創元社　2017
◇p22（カラー）　Haeckel, Ernst『Kunstformen
der Natur』　1899〜1904

Strobalia cupola
「美しいアンティーク生物画の本」創元社　2017
◇p23（カラー）　Haeckel, Ernst『Kunstformen
der Natur』　1899〜1904

Thamnostylus dinema
「美しいアンティーク生物画の本」創元社　2017

博物図譜レファレンス事典 動物篇　***331***

THE　　　　　　　　　　　　　魚・貝・水生生物

◇p22（カラー）　Haeckel, Ernst『Kunstformen der Natur』 1899～1904

The Brown Medusa
「美しいアンティーク生物画の本」創元社　2017
◇p96（カラー）　Barbut, James『The genera vermium exemplified by various specimens of the animals contained in the orders of the Intestina et Mollusca Linnaei』 1783

The fame Medusa with its tentacula
「美しいアンティーク生物画の本」創元社　2017
◇p96（カラー）　Barbut, James『The genera vermium exemplified by various specimens of the animals contained in the orders of the Intestina et Mollusca Linnaei』 1783

The Globose Medusa
「美しいアンティーク生物画の本」創元社　2017
◇p96（カラー）　Barbut, James『The genera vermium exemplified by various specimens of the animals contained in the orders of the Intestina et Mollusca Linnaei』 1783

The Tuberculated Medusa
「美しいアンティーク生物画の本」創元社　2017
◇p96（カラー）　Barbut, James『The genera vermium exemplified by various specimens of the animals contained in the orders of the Intestina et Mollusca Linnaei』 1783

The Waved Medusa
「美しいアンティーク生物画の本」創元社　2017
◇p96（カラー）　Barbut, James『The genera vermium exemplified by various specimens of the animals contained in the orders of the Intestina et Mollusca Linnaei』 1783

Tiara pileata
「美しいアンティーク生物画の本」創元社　2017
◇p22（カラー）　Haeckel, Ernst『Kunstformen der Natur』 1899～1904
◇p67（カラー）　Tiara paleata　Dlouhý, František『Brouci evropští』 1911

Toreuma bellagemma
「美しいアンティーク生物画の本」創元社　2017
◇p15（カラー）　Haeckel, Ernst『Kunstformen der Natur』 1899～1904

Toreuma thamnostoma
「美しいアンティーク生物画の本」創元社　2017
◇p15（カラー）　Haeckel, Ernst『Kunstformen der Natur』 1899～1904

Zoanthus alderi
「世界大博物図鑑 別巻2」平凡社　1994
◇p75（カラー）　ゴッス, P.H.『英国のイソギンチャクと珊瑚』 1860　多色石版

Zoanthus couchii
「世界大博物図鑑 別巻2」平凡社　1994
◇p75（カラー）　ゴッス, P.H.『英国のイソギンチャクと珊瑚』 1860　多色石版

鳥

【あ】

アイクロシギ
「高松松平家所蔵 衆禽画譜 水禽・野鳥」香川県歴史博物館友の会博物図譜刊行会　2005
◇p29（カラー）　松平頼恭『衆禽画譜 水禽帖』 江戸時代　紙本著色 画帖装（折本形式）　38.1×48.7　［個人蔵］

アイスランドカモメ　Larus glaucoides
「世界大博物図鑑 4」平凡社　1987
◇p2～3, 186（カラー/白黒）　雛　ゲイマール, J.P.著, ベヴァレ原図『アイスランド・グリーンランド旅行記』　1838～1852　手彩色銅版
「グールドの鳥類図譜」講談社　1982
◇p217（カラー）　成鳥, 第1回冬羽幼鳥　1873

アオアシシギ　Tringa nebularia
「江戸博物文庫 鳥の巻」工作舎　2017
◇p97（カラー）　青足鷸『水禽譜』　1830頃　［国立国会図書館］
「江戸鳥類大図鑑」平凡社　2006
◇p294（カラー）　小つるしぎ　堀田正敦『禽譜』［宮城県図書館伊達文庫］
「グールドの鳥類図譜」講談社　1982
◇p166（カラー）　成鳥　1869

アオアズマヤドリ　Ptilonorhynchus violaceus
「世界大博物図鑑 4」平凡社　1987
◇p378（カラー）　オーストラリア産の雌雄　マシューズ, G.M.『オーストラリアの鳥類』　1910～28　手彩色石版

アオエリヤケイ　Gallus varius
「世界大博物図鑑 4」平凡社　1987
◇p118（カラー）　テミンク, C.J.著, ユエ, N.原図『新編彩色鳥類図譜』　1820～39　手彩色銅版画

アオオビコクジャク　Polyplectron ehalcurum
「世界大博物図鑑 4」平凡社　1987
◇p142～143（カラー）　テミンク, C.J.著, プレートル, J.G.原図『新編彩色鳥類図譜』　1820～39　手彩色銅版画

アオカケス　Cyanocitta cristata
「フウチョウの自然誌 博物画の至宝」平凡社　1994
◇I-No.45（カラー）　Le Geai bleu　ルヴァイヤ

ン, F.著, バラバン, J.原図　1806
「世界大博物図鑑 4」平凡社　1987
◇p390（カラー）　ルヴァイヤン, F.著, バラバン原図『フウチョウの自然誌』　1806　銅版多色刷り

アオガラ　Cyanistes caeruleus（Linné 1758）
「フランスの美しい鳥の絵図鑑」グラフィック社　2014
◇p229（カラー）　エチェコパル, ロベール＝ダニエル著, バリュエル, ポール画

アオガラ　Parus caeruleus
「ビュフォンの博物誌」工作舎　1991
◇I151（カラー）『一般と個別の博物誌 ソンニーニ版』
「世界大博物図鑑 4」平凡社　1987
◇p343（カラー）　ビュフォン, G.L.L., Comte de, トラヴィエ, E.原図『博物誌』　1853～57　手彩色銅版画
「グールドの鳥類図譜」講談社　1982
◇p67（カラー）　成鳥　1862

アオガラ、カナリア諸島の亜種
「すごい博物画」グラフィック社　2017
◇図26（カラー）　Blue tits, subspecies from the Canary Islands　グルンボルド, ヘンリク　1920頃　水彩画

アオカワラヒワ　Carduelis chloris
「ジョン・グールド 世界の鳥」同朋舎出版　1994
◇347図（カラー）　メス, オス, 雛　リヒター, ヘンリー・コンスタンチン画『イギリスの鳥類』　1862～73
「グールドの鳥類図譜」講談社　1982
◇p117（カラー）　雛, 親鳥　1869

アオカワラヒワ　Passerina caerulea
「ビュフォンの博物誌」工作舎　1991
◇I113（カラー）『一般と個別の博物誌 ソンニーニ版』

アオガン　Branta ruficollis
「江戸博物文庫 鳥の巻」工作舎　2017
◇p87（カラー）　蒼雁『水禽譜』　1830頃　［国立国会図書館］
「江戸鳥類大図鑑」平凡社　2006
◇p118（カラー）　あをがん　堀田正敦『禽譜』［宮城県図書館伊達文庫］
「グールドの鳥類図譜」講談社　1982
◇p190（カラー）　成鳥, 幼鳥　1870

あおか   鳥

アオガン
「彩色 江戸博物学集成」平凡社　1994
　◇p179（カラー）　堀田正敦『大禽譜 水禽（中）』
　　［宮城県図書館］

アオゲラ　Picus awokera
「江戸博物文庫 鳥の巻」工作舎　2017
　◇p53（カラー）　緑啄木鳥　増山正賢『百鳥図』
　　1800頃　［国立国会図書館］
「江戸鳥類大図鑑」平凡社　2006
　◇p485（カラー）　青げら　オス　堀田正敦『禽譜』
　　［宮城県図書館伊達文庫］
　◇p486（カラー）　あをげら　メス　堀田正敦『禽
　　譜』　［宮城県図書館伊達文庫］
　◇p489（カラー）　白けら　白化個体　堀田正敦
　　『禽譜』　［宮城県図書館伊達文庫］
　◇p489（カラー）　白げら　メス白化個体　堀田正
　　敦『禽譜』　［宮城県図書館伊達文庫］
「鳥獣虫魚譜」八坂書房　1988
　◇p28（カラー）　青啄木　オス　松森胤保『両羽禽
　　類図譜』　［酒田市立光丘文庫］
「世界大博物図鑑 4」平凡社　1987
　◇p271（カラー）　テミンク, C.J.著、ブレートル,
　　J.G.原図『新編彩色鳥類図譜』　1820〜39　手彩
　　色銅版画

アオゲラ
「彩色 江戸博物学集成」平凡社　1994
　◇p107（カラー）　青ケラ　オス　小野蘭山『蘭山
　　禽譜』　［国会図書館］
　◇p107（カラー）　白ケラ　メスの白化個体　小野
　　蘭山『蘭山禽譜』　［国会図書館］

アオコブホウカンチョウ　Crax alberti
「世界大博物図鑑 別巻1」平凡社　1993
　◇p116（カラー）　メス, オス『ロンドン動物学協
　　会紀要』　1861〜90,1891〜1929　［東京大学理学
　　部動物学図書室］
　◇p116（カラー）　オス『ロンドン動物学協会紀要』
　　1861〜90,1891〜1929　［東京大学理学部動物学
　　図書室］

アオコンゴウインコ　Cyanopsitta spixii
「世界大博物図鑑 別巻1」平凡社　1993
　◇p231（カラー）『ロンドン動物学協会紀要』　1861
　　〜90,1891〜1929　［京都大学理学部］

アオサギ　Ardea cinerea
「江戸博物文庫 鳥の巻」工作舎　2017
　◇p149（カラー）　蒼鷺　服部雪斎『華鳥譜』
　　1862　［国立国会図書館］
「江戸鳥類大図鑑」平凡社　2006
　◇p66（カラー）　あをさぎ　服部雪斎図、森立之解
　　説『華鳥譜』　文久2（1862）序　［国会図書館］
「ビュフォンの博物誌」工作舎　1991
　◇I188（カラー）『一般と個別の博物誌 ソンニー
　　ニ版』
「世界大博物図鑑 4」平凡社　1987
　◇p46（カラー）　ドノヴァン, E.『英国鳥類誌』
　　1794〜1819
「グールドの鳥類図譜」講談社　1982

　◇p147（カラー）　親鳥, 巣の雛　1865

アオサギ
「紙の上の動物園」グラフィック社　2017
　◇p145（カラー）　グレイヴズ, ジョージ『イギリ
　　ス本土の鳥類学』　1822〜？
「彩色 江戸博物学集成」平凡社　1994
　◇p31（カラー）　貝原益軒『大和本草諸品図』
　◇p46〜47（カラー）　五位鷺　尾形光琳『鳥獣写
　　生図巻』　［文化庁］

アオサギ？　Ardea cinerea？
「江戸鳥類大図鑑」平凡社　2006
　◇p67（カラー）　みぞごゐ　屋代弘賢, 栗本丹洲
　　『不忍禽譜』　天保4（1833）？　［国会図書館］
　◇p71（カラー）　星五位　若鳥『水禽譜』　1824以
　　降　［国会図書館］

アオサギ？
「江戸鳥類大図鑑」平凡社　2006
　◇p69（カラー）　也保鷺『成形図説 鳥之部』　［東
　　京国立博物館］

あおじ
「鳥の手帖」小学館　1990
　◇p97（カラー）　蒿雀・青鶸　毛利梅園『梅園禽
　　譜』　天保10（1839）序　［国立国会図書館］

アオジ　Emberiza spodocephala
「江戸博物文庫 鳥の巻」工作舎　2017
　◇p178（カラー）　蒿鶸『薩摩鳥譜図巻』　江戸末期
　　［国立国会図書館］
「江戸鳥類大図鑑」平凡社　2006
　◇p347（カラー）　しとゝ　オス　堀田正敦『禽譜』
　　［宮城県図書館伊達文庫］
　◇p348（カラー）　あおしとゝ　メス　堀田正敦
　　『禽譜』　［宮城県図書館伊達文庫］

アオジ
「江戸時代に描かれた鳥たち」ソフトバンク ク
　リエイティブ　2012
　◇p94（カラー）　青鶸　毛利梅園『梅園禽譜』　天
　　保10（1849）序

アオシギ？　Gallinago solitaria？
「江戸鳥類大図鑑」平凡社　2006
　◇p298（カラー）　やましぎ　雌　堀田正敦『禽譜』
　　［宮城県図書館伊達文庫］
　◇p298（カラー）　やましぎ　雄　堀田正敦『禽譜』
　　［宮城県図書館伊達文庫］

アオショウノガン　Eupodotis caerulescens
「世界大博物図鑑 4」平凡社　1987
　◇p162（カラー）　テミンク, C.J.著, ユエ, N.原図
　　『新編彩色鳥類図譜』　1820〜39　手彩色銅版画

アオスジヒインコ　Eos reticulata
「舶来鳥獣図誌」八坂書房　1992
　◇p41（カラー）　小形類違紅音呼『唐蘭船持渡鳥獣
　　之図』　文政3（1820）渡来　［慶應義塾図書館］
　◇p52（カラー）　類違音呼『唐蘭船持渡鳥獣之図』
　　天保8（1837）渡来　［慶應義塾図書館］

334　博物図譜レファレンス事典 動物篇

鳥　　　　　　　　　　　　　　　　　　　　　　　あおは

アオスジヒインコ
「江戸時代に描かれた鳥たち」ソフトバンク ク
リエイティブ　2012
◇p31（カラー）　小形類違紅音呼『外国珍禽異鳥
図』江戸末期

アオツラミツスイ　Entomyzon cyanotis
「ジョン・グールド 世界の鳥」同朋舎出版　1994
◇136図（カラー）　メス，オス　グールド，エリザ
ベス画『オーストラリアの鳥類』1840～48

アオノドアフリカブッポウソウ　Eurystomus
gularis
「フウチョウの自然誌 博物画の至宝」平凡社
1994
◇I–No.56（カラー）　Le petit Rolle violet à
gorge bleue　ルヴァイヤン，F.著，バラバン，J.
原図 1806

アオノドゴシキドリ　Megalaima asiatica
「フウチョウの自然誌 博物画の至宝」平凡社
1994
◇II–No.21（カラー）　Le Barbu à gorge bleu
mâle　オス　ルヴァイヤン，F.著，バラバン，J.
原図 1806
◇II–No.22（カラー）　Le Barbu à gorge bleu
femelle　メス　ルヴァイヤン，F.著，バラバン，
J.原図 1806

アオノドワタアシハチドリ　Eriocnemis
godini
「世界大博物図鑑 別巻1」平凡社　1993
◇p277（カラー）　グールド，J.『ハチドリ科鳥類図
譜』1849～61 手彩色石版

アオハシキヌバネドリ　Trogon bairdii
「ジョン・グールド 世界の鳥」同朋舎出版　1994
◇97図（カラー）　メス　ハート，ウィリアム画『キ
ヌバネドリ科の研究 初版』1858～75

アオハシチュウハシ　Pteroglossus
bitorquatus
「ジョン・グールド 世界の鳥」同朋舎出版　1994
◇65図（カラー）　リヒター，ヘンリー・コンスタン
チン画『オオハシ科の研究 再版』1852～54

アオハシヒムネオオハシ　Ramphastos
culminatus
「ジョン・グールド 世界の鳥」同朋舎出版　1994
◇44図（カラー）　リア，エドワード画『オオハシ科
の研究 初版』1833～35

アオハシヒムネオオハシ　Ramphastos
dicolorus
「フウチョウの自然誌 博物画の至宝」平凡社
1994
◇II–No.8（カラー）　Le petit Toucan à ventre
rouge　ルヴァイヤン，F.著，バラバン，J.原図
1806
「ジョン・グールド 世界の鳥」同朋舎出版　1994
◇61図（カラー）　幼鳥，成鳥　リヒター，ヘン
リー・コンスタンチン画『オオハシ科の研究 再
版』1852～54

アオバズク　Ninox scutulata
「江戸博物文庫 鳥の巻」工作舎　2017
◇p176（カラー）　青葉木菟『薩摩鳥譜図巻』江戸
末期　［国立国会図書館］
「江戸鳥類大図鑑」平凡社　2006
◇p665（カラー）　あをはづく　堀田正敦『禽譜』
［宮城県図書館伊達文庫］
◇p666（カラー）　小づく　堀田正敦『禽譜』
［宮城県図書館伊達文庫］
◇p667（カラー）　こづくのひな　雛　堀田正敦
『禽譜』　［宮城県図書館伊達文庫］
◇p670（カラー）　かすひどり かつくひ　巣立ち雛
堀田正敦『禽譜』　［宮城県図書館伊達文庫］
◇p670（カラー）　かすひどり 一種　堀田正敦『禽
譜』　［宮城県図書館伊達文庫］
◇p671（カラー）　よたか　堀田正敦『禽譜』
［宮城県図書館伊達文庫］

アオバト　Sphenurus sieboldii
「日本の博物図譜」東海大学出版会　2001
◇p69（カラー）　鳩図　尾形光琳筆『鳥獣写生図』
［京都国立博物館］
◇図85（カラー）　小林重三筆　［個人蔵］
「鳥獣虫魚譜」八坂書房　1988
◇p31（カラー）　青鳩，山鳩，尺八鳩　オス　松森
胤保『両羽禽類図譜』　［酒田市立光丘文庫］

アオバト　Sphenurus (Treron) sieboldii
「江戸鳥類大図鑑」平凡社　2006
◇p464（カラー）　あをばと 雄 やまばと　オス
堀田正敦『禽譜』　［宮城県図書館伊達文庫］
◇p464（カラー）　あをばと 雌　メス　堀田正敦
『禽譜』　［宮城県図書館伊達文庫］
◇p465（カラー）　あをばと 緑斑　メス　堀田正敦
『禽譜』　［宮城県図書館伊達文庫］

アオバト　Treron sieboldii
「江戸博物文庫 鳥の巻」工作舎　2017
◇p68（カラー）　青鳩　牧野貞幹『鳥類写生図』
1810頃　［国立国会図書館］
「世界大博物図鑑 4」平凡社　1987
◇p199（カラー）　テミンク，C.J.著，プレートル，
J.G.原図『新編彩色鳥類図譜』1820～39 手彩
色銅版画

アオバト
「彩色 江戸博物学集成」平凡社　1994
◇p170～171（カラー）　オス　増山雪斎『百鳥図』
［国会図書館］
◇p170～171（カラー）　メス　増山雪斎『百鳥図』
［国会図書館］

アオバプアムシクイ　Todopsis cyanocephala
「世界大博物図鑑 4」平凡社　1987
◇p334（カラー）　グールド，J.『ニューギニア鳥類
図譜』1875～88 手彩色石版

アオハラインコ　Triclaria malachitacea
「世界大博物図鑑 別巻1」平凡社　1993
◇p229（カラー）　デクルティル，J.T.『ブラジル
鳥類学』1842 手彩色クロモリトグラフ

博物図譜レファレンス事典 動物篇　　**335**

アオハラニシブッポウソウ　Coracias cyanogaster
「フウチョウの自然誌 博物画の至宝」平凡社 1994
◇I–No.26（カラー）　Le Rollier à ventre bleu ルヴァイヤン, F.著, バラバン, J.原図 1806
「世界大博物図鑑 4」平凡社　1987
◇p251（カラー）　プレヴォー, F.著, ポーケ原図『熱帯鳥類図誌』［1879］ 手彩色鋼版

アオヒゲショウビン　Halcyon concreta
「世界大博物図鑑 4」平凡社　1987
◇p247（カラー）　テミンク, C.J.著, ユエ, N.原図『新編彩色鳥類図譜』 1820〜39　手彩色銅版画

アオフウチョウ　Paradisaea rudolphi
「世界大博物図鑑 別巻1」平凡社　1993
◇p409（カラー）　シャープ, R.B.『フウチョウ科・ニワシドリ科鳥類図譜』 1891〜98　手彩色石版

アオボウシインコ　Amazona aestiva
「世界大博物図鑑 別巻1」平凡社　1993
◇p226（カラー）　マルティネ, F.N.『鳥類誌』 1787〜96　手彩色銅版
「ビュフォンの博物誌」工作舎　1991
◇I257（カラー）『一般と個別の博物誌 ソンニーニ版』

アオマエカケインコ　Pyrrhura cruentata
「世界大博物図鑑 4」平凡社　1987
◇p207（カラー）　テミンク, C.J.著, ユエ, N.原図『新編彩色鳥類図譜』 1820〜39　手彩色銅版画

アオミミインコ　Charmosyna placentis
「世界大博物図鑑 4」平凡社　1987
◇p206（カラー）　オス, メス　テミンク, C.J.著, プレートル, J.G.原図『新編彩色鳥類図譜』 1820〜39　手彩色銅版画

アオミミキジ　Crossoptilon auritum
「世界大博物図鑑 4」平凡社　1987
◇p130（カラー）　ダヴィド神父, A.著, アルヌル石版『中国産鳥類』 1877　手彩色石版

アオミミショウビン　Cittura cyanotis
「世界大博物図鑑 4」平凡社　1987
◇p246（カラー）　キューレマンス原画『ロンドン動物学協会紀要』 1868　手彩色石版画

アオミミハチドリ　Colibri coruscans
「世界大博物図鑑 4」平凡社　1987
◇p242（カラー）　レッソン, R.P.著, プレートル, J.G.原図『ハチドリの自然誌』 1829〜30　多色刷り銅版

アオミミハチドリの1種　Colibri sp.
「ビュフォンの博物誌」工作舎　1991
◇I159（カラー）『一般と個別の博物誌 ソンニーニ版』

アオムネマンゴーハチドリ　Anthracothorax prevostii
「ジョン・グールド 世界の鳥」同朋舎出版　1994
◇210図（カラー）　リヒター, ヘンリー・コンスタンチン画『ハチドリ科の研究』 1849〜61

アカアシイワシャコ　Alectoris rufa
「ビュフォンの博物誌」工作舎　1991
◇I054（カラー）『一般と個別の博物誌 ソンニーニ版』
「グールドの鳥類図譜」講談社　1982
◇p148（カラー）　親鳥, 幼鳥 1868

アカアシカツオドリ　Sula sula
「ジョン・グールド 世界の鳥」同朋舎出版　1994
◇175図（カラー）　成鳥, 若鳥　リヒター, ヘンリー・コンスタンチン画『オーストラリアの鳥類』 1840〜48

アカアシシギ　Tringa totanus
「江戸博物文庫 鳥の巻」工作舎　2017
◇p98（カラー）　赤足鷸『水禽譜』 1830頃　［国立国会図書館］
「世界大博物図鑑 別巻1」平凡社　1993
◇p168（カラー）　ナポレオン『エジプト誌』 1809〜30
「ビュフォンの博物誌」工作舎　1991
◇I197（カラー）『一般と個別の博物誌 ソンニーニ版』
「世界大博物図鑑 4」平凡社　1987
◇p175（カラー）　ドノヴァン, E.『英国鳥類誌』 1794〜1819
「グールドの鳥類図譜」講談社　1982
◇p167（カラー）　オス成鳥, メス成鳥, 秋期の若鳥 1871

アカアシチョウゲンボウ　Falco amurensis
「江戸鳥類大図鑑」平凡社　2006
◇p638（カラー）　あをさしば 青鵰　メス　堀田正敦『禽譜』　［宮城県図書館伊達文庫］

アカアシチョウゲンボウ　Falco vespertinus
「グールドの鳥類図譜」講談社　1982
◇p44（カラー）　オス成鳥, メス成鳥 1869

アカアシトキ　Pseudibis papillosa
「世界大博物図鑑 4」平凡社　1987
◇p55（カラー）　テミンク, C.J.著, プレートル, J.G.原図『新編彩色鳥類図譜』 1820〜39　手彩色銅版画

アカウオクイフクロウ　Scotopelia ussheri
「世界大博物図鑑 別巻1」平凡社　1993
◇p241（カラー）『アイビス』 1859〜　［山階鳥類研究所］

アカエボシニワシドリ　Amblyornis subalaris
「ジョン・グールド 世界の鳥」同朋舎出版　1994
◇395図（カラー）　ハート, ウィリアム画『ニューギニアの鳥類』 1875〜88

アカエリカイツブリ　Podiceps grisegena
「江戸博物文庫 鳥の巻」工作舎　2017
◇p100（カラー）　赤襟鳰『啓蒙禽譜』 1830頃　［国立国会図書館］
「江戸鳥類大図鑑」平凡社　2006

鳥　　　　　　　　　　　　　　　　あかか

◇p184（カラー）　同一種 あとあし　冬羽　堀田正
敦『禽譜』　［宮城県図書館伊達文庫］
「ジョン・グールド 世界の鳥」同朋舎出版　1994
◇36図（カラー）　夏毛の成鳥，若鳥『ヨーロッパの
鳥類』　1832〜37
「グールドの鳥類図譜」講談社　1982
◇p207（カラー）　夏羽 1863

アカエリクマタカ　Buteogallus urbitinga
「ビュフォンの博物誌」工作舎　1991
◇I006（カラー）『一般と個別の博物誌 ソンニー
ニ版』

アカエリツミ　Accipiter cirrhocephalus
「世界大博物図鑑 別巻1」平凡社　1993
◇p97（カラー）　テミンク，C.J.，ロジエ・ド・
シャルトルース，M.著，ユエ，N.原図『新編彩色
鳥類図譜』　1820〜39　手彩色銅板画

アカエリヒメアオバト　Ptilinopus dohertyi
「世界大博物図鑑 別巻1」平凡社　1993
◇p195（カラー）『動物学新報』　1894〜1919　［山
階鳥類研究所］

アカエリヒレアシシギ　Phalaropus lobatus
「江戸鳥類大図鑑」平凡社　2006
◇p178（カラー）　あとあし　オス　堀田正敦『禽
譜』　［宮城県図書館伊達文庫］
◇p188（カラー）　沖ちどり　夏羽から冬羽に換羽
中　堀田正敦『禽譜』　［宮城県図書館伊達文庫］
「グールドの鳥類図譜」講談社　1982
◇p181（カラー）　雛，雄親，雌親 1866

アカエリホウオウ　Euplectes ardens
「ビュフォンの博物誌」工作舎　1991
◇I112（カラー）『一般と個別の博物誌 ソンニー
ニ版』

アカエリヨタカ　Caprimulgus ruficollis
「グールドの鳥類図譜」講談社　1982
◇p56（カラー）　オス成鳥，メス成鳥 1871

アカオオタカ　Accipiter radiatus
「世界大博物図鑑 別巻1」平凡社　1993
◇p97（カラー）　テミンク，C.J.，ロジエ・ド・
シャルトルース，M.著『新編彩色鳥類図譜』
1820〜39　手彩色銅板画

アカオカケス　Perisoreus infaustus
「フウチョウの自然誌 博物画の至宝」平凡社
1994
◇I−No.47（カラー）　Le Geai orangé　ルヴァイ
ヤン，F.著，バラバン，J.原図 1806
「ビュフォンの博物誌」工作舎　1991
◇I080（カラー）『一般と個別の博物誌 ソンニー
ニ版』

アカオキリハシ　Galbula ruficauda
「フウチョウの自然誌 博物画の至宝」平凡社
1994
◇II−No.50（カラー）　Le Jacamar à queue rousse
ルヴァイヤン，F.著，バラバン，J.原図 1806

アカオクロオウム　Calyptorhynchus
magnificus
「ジョン・グールド 世界の鳥」同朋舎出版　1994
◇141図（カラー）　リヒター，ヘンリー・コンスタ
ンチン画『オーストラリアの鳥類』　1840〜48
「世界大博物図鑑1」平凡社　1993
◇p216（カラー）　ホワイト，J.『ホワイト日誌』
1790　手彩色銅版画

アカオコンゴウインコ　Ara erythrura
「世界大博物図鑑 別巻1」平凡社　1993
◇p204（カラー）　正体はまったく不明　ロスチャ
イルド，L.W.『絶滅鳥類誌』　1907　彩色クロモ
リトグラフ　［個人蔵］

アカオネッタイチョウ　Phaethon rubricauda
「世界大博物図鑑 別巻1」平凡社　1993
◇p40（カラー）　ヴィエイヨー，L.J.P.著，ウダー
ル，P.L.原図『鳥類画廊』　1820〜26

アカオビチュウハシ　Pteroglossus aracari
「フウチョウの自然誌 博物画の至宝」平凡社
1994
◇II−No.10（カラー）　L'Aracari à ceinture rouge
ルヴァイヤン，F.著，バラバン，J.原図 1806
◇II−No.12（カラー）　L'Aracari à ceinture
rouge, dans son extrême vieillesse　ルヴァイヤ
ン，F.著，バラバン，J.原図 1806
「ビュフォンの博物誌」工作舎　1991
◇I180（カラー）『一般と個別の博物誌 ソンニー
ニ版』

アカオボウシインコ　Amazona brasiliensis
「世界大博物図鑑 別巻1」平凡社　1993
◇p226（カラー）　ルヴァイヤン，F.著，バラバン原
図，ラングロワ刷『オウムの自然誌』　1801〜05
銅版多色刷り

アカガオオオガシラ　Bucco capensis
「フウチョウの自然誌 博物画の至宝」平凡社
1994
◇II−No.42（カラー）　Le Tamatia à collier noir
ルヴァイヤン，F.著，バラバン，J.原図 1806
「世界大博物図鑑 4」平凡社　1987
◇p262（カラー）　プレヴォー，F.著，ポーケ原図
『熱帯鳥類誌』　［1879］　手彩色銅版
◇p262（カラー）　ビュフォン，G.L.L., Comte de,
トラヴィエ，E.原図『博物誌』　1853〜57　手彩
色銅版画

アカガオシャクケイ　Penelope dabbenei
「ビュフォンの博物誌」工作舎　1991
◇I050（カラー）『一般と個別の博物誌 ソンニー
ニ版』

アカガオバンケンモドキ　Phaenicophaeus
pyrrhocephalus
「世界大博物図鑑 別巻1」平凡社　1993
◇p237（カラー）　ペナント，T.『インド動物誌第2
版』　1790

博物図譜レファレンス事典 動物篇　**337**

あかか　　　　　　　　　　　　鳥

アカカケス　Perisoreus infaustus
「フウチョウの自然誌 博物画の至宝」平凡社 1994
　◇I-No.48（カラー）　Le Geai brun-roux　ルヴァ イヤン, F.著, バラバン, J.原図 1806

アカカザリフウチョウ　Paradisaea raggiana
「ジョン・グールド 世界の鳥」同朋舎出版 1994
　◇392図（カラー）　ハート, ウィリアム画『ニュー ギニアの鳥類』 1875～88

アカハシラ
「高松松平家所蔵 衆禽画譜 水禽・野鳥」香川県 歴史博物館友の会博物図譜刊行会 2005
　◇p30（カラー）　松平頼恭『衆禽画譜 水禽帖』 江 戸時代 紙本著色 画帖装（折本形式） 38.1×48. 7 ［個人蔵］

アカガシラケラインコ　Micropsitta bruijnii
「ジョン・グールド 世界の鳥」同朋舎出版 1994
　◇407図（カラー）　ハート, ウィリアム画『ニュー ギニアの鳥類』 1875～88

アカガシラケラインコ　Micropsitta bruijnii bruijnii
「世界大博物図鑑 別巻1」平凡社 1993
　◇p232（カラー）　グールド, J.『ニューギニア鳥類 図譜』 1875～88 手彩色石版

アカガシラソリハシセイタカシギ
「世界大博物図鑑 別巻1」平凡社 1993
　◇p172（カラー）　ブラー, W.L.著, キューレマン ス, J.G.図『ニュージーランド鳥類誌第2版』 1887～88 手彩色石版図版

アカガシラマイコドリ　Pipra rubrocapilla
「世界大博物図鑑 4」平凡社 1987
　◇p291（カラー）　テミンク, C.J.著, ユエ, N.原図 『新編彩色鳥類図譜』 1820～39 手彩色銅版画

アカガタミドリインコ　Aralinga chloroptera
「ビュフォンの博物誌」工作舎 1991
　◇I249（カラー）『一般と個別の博物誌 ソンニー ニ版』

アカカンムリハチドリ　Lophornis stictolopha
「ジョン・グールド 世界の鳥」同朋舎出版 1994
　◇219図（カラー）　リヒター, ヘンリー・コンスタ ンチン画『ハチドリ科の研究』 1849～61

アカクサインコ　Platycercus elegans
「ジョン・グールド 世界の鳥」同朋舎出版 1994
　◇146図（カラー）　幼鳥, 成鳥　リヒター, ヘン リー・コンスタンチン画『オーストラリアの鳥 類』 1840～48
「世界大博物図鑑 別巻1」平凡社 1993
　◇p224（カラー）　ヴィエイヨー, L.J.P.著, ウダー ル, P.L.原図『鳥類画廊』 1820～26
「舶来鳥獣図誌」八坂書房 1992
　◇p26（カラー）　五色紅音呼『唐蘭船持渡鳥獣之 図』 文化11（1814）渡来 ［慶應義塾図書館］

アカクサインコ
「紙の上の動物園」グラフィック社 2017
　◇p148（カラー）　グールド, ジョン『オーストラ リアの鳥』 1848～69
「江戸時代に描かれた鳥たち」ソフトバンク ク リエイティブ 2012
　◇p33（カラー）　五色紅音呼『外国珍禽異鳥図』 江戸末期

あかげら
「鳥の手帖」小学館 1990
　◇p39（カラー）　赤塚木鳥　毛利梅園『梅園禽譜』 天保10（1839）序　［国立国会図書館］

アカゲラ　Dendrocopos major
「江戸博物文庫 鳥の巻」工作舎 2017
　◇p129（カラー）　赤啄木鳥　毛利梅園『梅園禽譜』 1840頃　［国立国会図書館］
「江戸鳥類大図鑑」平凡社 2006
　◇p485（カラー）　あかげら 一種 雌雄　堀田正敦 『禽譜』　［宮城県図書館伊達文庫］
　◇p489（カラー）　白げら オス部分白化個体　堀 田正敦『禽譜』　［宮城県図書館伊達文庫］
　◇p490（カラー）　小てらつゝき　オス　堀田正敦 『禽譜』　［宮城県図書館伊達文庫］
「日本の博物図譜」東海大学出版会 2001
　◇p105（白黒）　小林重三『熱河省産鳥類』　［国 立科学博物館］
「ビュフォンの博物誌」工作舎 1991
　◇I176（カラー）『一般と個別の博物誌 ソンニー ニ版』
「グールドの鳥類図譜」講談社 1982
　◇p134（カラー）　オス成鳥, オス幼鳥, メス成鳥 1863

アカゲラ　Dendrocopos (Picoides) major
「ジョン・グールド 世界の鳥」同朋舎出版 1994
　◇353図（カラー）　オス, 雛, メス　リヒター, ヘン リー・コンスタンチン画『イギリスの鳥類』 1862～73

アカゲラ
「江戸時代に描かれた鳥たち」ソフトバンク ク リエイティブ 2012
　◇p95（カラー）　啄木鳥／テラツツキ　毛利梅園 『梅園禽譜』 天保10（1849）序
「彩色 江戸博物学集成」平凡社 1994
　◇p107（カラー）　赤ケラ オスか.頭部が不正確 小野蘭山『蘭山禽譜』　［国会図書館］
「グールドの鳥類図譜」講談社 1982
　◇p134（カラー）　幼鳥 1873

アカコクジャク　Polyplectron inopinatum
「世界大博物図鑑 4」平凡社 1987
　◇p143（カラー）　テミンク, C.J.著, プレートル, J.G.原図『新編彩色鳥類図譜』 1820～39 手彩 色銅版画

アカコブサイチョウ　Aceros cassidix
「世界大博物図鑑 4」平凡社 1987
　◇p255（カラー）　テミンク, C.J.著, ユエ, N.原図 『新編彩色鳥類図譜』 1820～39 手彩色銅版画

鳥　　　　　　　　　　　　　　　　　　　　あかは

アカコブバト　Ducula rubricera
「ジョン・グールド 世界の鳥」同朋舎出版　1994
◇410図（カラー）　ハート，ウィリアム画『ニューギニアの鳥類』　1875〜88

アカコンゴウインコ
⇒コンゴウインコ（アカコンゴウインコ）を見よ

アカサイチョウ　Buceros hydrocorax
「世界大博物図鑑 4」平凡社　1987
◇p254（カラー）　テミンク，C.J.著，ユエ，N.原図『新編彩色鳥類図譜』　1820〜39　手彩色銅版画

アカサカオウム　Callocephalon fimbriatum
「世界大博物図鑑 別巻1」平凡社　1993
◇p216（カラー）　レッスン，R.P.『ビュフォン著作集（レッスン版）』　1838　手彩色銅版

あかしょうびん
「鳥の手帖」小学館　1990
◇p141（カラー）　赤翡翠　毛利梅園『梅園禽譜』天保10（1839）序　［国立国会図書館］

アカショウビン　Halcyon coromanda
「江戸鳥類大図鑑」平凡社　2006
◇p217（カラー）　みづこひどり 雄 翡翠　堀田正敦『禽譜』　［宮城県図書館伊達文庫］
◇p217（カラー）　みづこひどり 雌 幼鳥　堀田正敦『禽譜』　［宮城県図書館伊達文庫］
「鳥獣虫魚譜」八坂書房　1988
◇p43（カラー）　深山ソビ　松森胤保『両羽禽類図譜』　［酒田市立光丘文庫］

アカショウビン
「江戸時代に描かれた鳥たち」ソフトバンク クリエイティブ　2012
◇p93（カラー）　翡翠　毛利梅園『梅園禽譜』　天保10（1849）序
「彩色 江戸博物学集成」平凡社　1994
◇p227（カラー）　水谷豊文『水谷禽譜』　［国会図書館］
◇p454〜455（カラー）　山本渓愚画

アカズキンコンゴウインコ　Ara erythrocephala
「世界大博物図鑑 別巻1」平凡社　1993
◇p204（カラー）　ロスチャイルド，L.W.『絶滅鳥類誌』　1907　彩色クロモリトグラフ　［個人蔵］

アカソデボウシインコ　Amazona pretrei
「世界大博物図鑑 4」平凡社　1987
◇p207（カラー）　テミンク，C.J.著，ブレートル，J.G.原図『新編彩色鳥類図譜』　1820〜39　手彩色銅版画

アカツクシガモ　Tadorna ferruginea
「江戸鳥類大図鑑」平凡社　2006
◇p117（カラー）　緋雁　オス『衆芳軒旧蔵 禽譜』　［国会図書館東洋文庫］
「世界大博物図鑑 別巻1」平凡社　1993
◇p65（カラー）　バラバン，J.原図，ナポレオン『エジプト誌』　1809〜30

◇p65（カラー）　メス『ロンドン動物学協会紀要』　1861〜90,1891〜1929　［京都大学理学部］
「グールドの鳥類図譜」講談社　1982
◇p193（カラー）　オス，メス　1869

アカトビ　Milvus milvus
「ジョン・グールド 世界の鳥」同朋舎出版　1994
◇316図（カラー）　オス，巣　ヴォルフ，ヨゼフ，リヒター，ヘンリー・コンスタンチン画『イギリスの鳥類』　1862〜73
「ビュフォンの博物誌」工作舎　1991
◇I013（カラー）『一般と個別の博物誌 ソンニー二版』
「グールドの鳥類図譜」講談社　1982
◇p45（カラー）　成鳥　1868

アカノガンモドキ　Cariama cristata
「世界大博物図鑑 4」平凡社　1987
◇p162（カラー）　テミンク，C.J.著，ブレートル，J.G.原図『新編彩色鳥類図譜』　1820〜39　手彩色銅版画

アカノドカサドリ　Cephalopterus globricollis
「世界大博物図鑑 別巻1」平凡社　1993
◇p304（カラー）『ロンドン動物学協会紀要』　1861〜90,1891〜1929　［京都大学理学部］

アカノドボウシインコ　Amazona arausiaca
「世界大博物図鑑 別巻1」平凡社　1993
◇p227（カラー）『ロンドン動物学協会紀要』　1861〜90,1891〜1929　［京都大学理学部］

アカハシウシツツキ　Buphagus erythrorhynchus
「世界大博物図鑑 4」平凡社　1987
◇p371（カラー）　テミンク，C.J.著，ユエ，N.原図『新編彩色鳥類図譜』　1820〜39　手彩色銅版版画

アカハシカザリキヌバネドリ　Pharomachrus pavoninus
「ジョン・グールド 世界の鳥」同朋舎出版　1994
◇89図（カラー）　メス，オス　リヒター，ヘンリー・コンスタンチン画『キヌバネドリ科の研究 初版』　1858〜75

アカハシカモメ　Larus audouinii
「ジョン・グールド 世界の鳥」同朋舎出版　1994
◇43図（カラー）　リア，エドワード画『ヨーロッパの鳥類』　1832〜37
「世界大博物図鑑 別巻1」平凡社　1993
◇p173（カラー）　テミンク，C.J.，ロジエ・ド・シャルトルース，M.著『新編彩色鳥類図譜』　1820〜39　手彩色銅版板画

アカハシコチュウハシ　Selenidera reinwardtii
「ジョン・グールド 世界の鳥」同朋舎出版　1994
◇67図（カラー）　リヒター，ヘンリー・コンスタンチン画『オオハシ科の研究 再版』　1852〜54

アカハシネッタイチョウ　Phaethon aethereus
「ビュフォンの博物誌」工作舎　1991
◇I221（カラー）『一般と個別の博物誌 ソンニー

博物図譜レファレンス事典 動物篇　**339**

あかは　　　　　　　　　　　　　鳥

二版』
「世界大博物図鑑 4」平凡社　1987
◇p38（カラー）　リーチ, W.E.著, ノダー, R.P.図
『動物学雑録』　1814〜17　手彩色銅版

アカハシネッタイチョウ
「世界大博物図鑑 4」平凡社　1987
◇p43（カラー）　ビュフォン, G.L.L., Comte de,
トラヴィエ, E.原図『博物誌』　1853〜57　手彩
色銅版画

アカハシハジロ　Netta rufina
「グールドの鳥類図鑑」講談社　1982
◇p198（カラー）　オス, メス　1867

アカハシホウカンチョウ　Crax blumenbachii
「世界大博物図鑑 別巻1」平凡社　1993
◇p117（カラー）　シュピックス, J.B.von著, シュ
ミット, M.図『ブラジル産鳥類図譜』　1824〜39
手彩色石版

アカバネガビチョウ　Garrulax formosus
「世界大博物図鑑 4」平凡社　1987
◇p331（カラー）　ダヴィド神父, A.著, アルヌル石
版『中国産鳥類』　1877　手彩色石版

アカバネシギダチョウ　Rhynchotus rufescens
「世界大博物図鑑 4」平凡社　1987
◇p23（カラー）　テミンク, C.J.著, プレートル, J.
G.原図『新編彩色鳥類図譜』　1820〜39　手彩色
銅版画
◇p23（カラー）　雛　ジェネンズ原図『ロンドン動
物学協会紀要』　1861〜90（第2期）　手彩色石
版画

アカバネダルマエナガ？　　Paradoxornis
fulvifrons ?
「江戸鳥類大図鑑」平凡社　2006
◇p682（カラー）　黄頭 唐音ワンチウ　堀田正敦
『禽譜』　［宮城県図書館伊達文庫］

アカバネモズチメドリ
「グールドの鳥類図鑑」講談社　1982
◇p16（白黒）　グールド, エリザベス写生『A
Century of Birds from the Himalaya
Mountains』　1831〜32　石版画

あかはら
「鳥の手帖」小学館　1990
◇p103（カラー）　赤腹　毛利梅園『梅園禽譜』　天
保10（1839）序　［国立国会図書館］

アカハラ　Turdus chrysolaus
「江戸鳥類大図鑑」平凡社　2006
◇p570（カラー）　しなひ 鴬　オス　堀田正敦『禽
譜』　［宮城県図書館伊達文庫］
◇p574（カラー）　嶋つぐみ　メス　堀田正敦『禽
譜』　［宮城県図書館伊達文庫］
「世界大博物図鑑 4」平凡社　1987
◇p323（カラー）　テミンク, C.J.著, プレートル,
J.G.原図『新編彩色鳥類図譜』　1820〜39　手彩
色銅版画

アカハラ
「江戸時代に描かれた鳥たち」ソフトバンク ク
リエイティブ　2012
◇p101（カラー）　鶇/赤ツハラ　毛利梅園『梅園
禽譜』　天保10（1849）序
「彩色 江戸博物学集成」平凡社　1994
◇p58（カラー）　しちくわん　オス　丹国正伯『尾
張国産物絵図, 美濃国産物絵図』　［名古屋市博
物館］
◇p158〜159（カラー）　メス　佐竹曙山『模写並
写生帖』　［千秋美術館］

アカハラガラ　Poecile davidi (Berezowski &
Bianchi 1891)
「フランスの美しい鳥の絵図鑑」グラフィック社
2014
◇p167（カラー）　エチェコパル, ロベール＝ダニ
エル著, バリュエル, ポール画

アカハラコガネゲラ　Reinwardtipicus validus
「世界大博物図鑑 4」平凡社　1987
◇p274（カラー）　オス　テミンク, C.J.著, プレー
トル, J.G.原図『新編彩色鳥類図譜』　1820〜39
手彩色銅版画
◇p275（カラー）　メス　テミンク, C.J.著, プレー
トル, J.G.原図『新編彩色鳥類図譜』　1820〜39
手彩色銅版画

アカハラハヤブサ　Falco deiroleucus
「世界大博物図鑑 別巻1」平凡社　1993
◇p108（カラー）　テミンク, C.J., ロジエ・ド・
シャルトルース, M.著, ユエ図『新編彩色鳥類図
譜』　1820〜39　手彩色銅版板画

アカハラヒメコンゴウ　Ara manilata
「ビュフォンの博物誌」工作舎　1991
◇I250（カラー）『一般と個別の博物誌 ソンニー
ニ版』

アカハラマユシトド　Poospiza garleppi
「世界大博物図鑑 別巻1」平凡社　1993
◇p365（カラー）『アイビス』　1859〜　［山階鳥類
研究所］

アカハラヤイロチョウ　Pitta erythrogaster
「世界大博物図鑑 4」平凡社　1987
◇p286（カラー）　テミンク, C.J.著, ユエ, N.原図
『新編彩色鳥類図譜』　1820〜39　手彩色銅版画

アカハラヤイロチョウ（亜種）　Pitta
erythrogaster cyanonota
「ジョン・グールド 世界の鳥」同朋舎出版　1994
◇402図（カラー）　ハート, ウィリアム画『ニュー
ギニアの鳥類』　1875〜88

アカハワイミツスイのハワイ亜種
Himatione sanguinea sanguinea
「世界大博物図鑑 別巻1」平凡社　1993
◇p384（カラー）　ロスチャイルド, L.W.『レイサ
ン島の鳥類誌』　1893〜1900　石版画

340　博物図譜レファレンス事典 動物篇

鳥　　　　　　　　　　　　　　　　　　　あかみ

アカハワイミツスイのレイサン亜種
Himatione sanguinea freethii
「世界大博物図鑑　別巻1」平凡社　1993
　◇p384（カラー）　ロスチャイルド, L.W.『レイサン島の鳥類誌』1893〜1900　石版画

アカヒゲ　Erithacus komadori
「江戸鳥類大図鑑」平凡社　2006
　◇p519（カラー）　あかひげ 雄　オス　堀田正敦『禽譜』〔宮城県図書館伊達文庫〕
　◇p519（カラー）　あかひげ 雌　メス　堀田正敦『禽譜』〔宮城県図書館伊達文庫〕
「世界大博物図鑑　4」平凡社　1987
　◇p327（カラー）　オス, メス　テミンク, C.J.著, プレートル, J.G.原図『新編彩色鳥類図譜』1820〜39　手彩色銅版画

アカヒゲ　Erithacus komadori komadori
「世界大博物図鑑　別巻1」平凡社　1993
　◇p332（カラー）　シーボルト, P.F.von『日本動物誌』1833〜50　手彩色石版

アカヒゲ
「彩色 江戸博物学集成」平凡社　1994
　◇p70〜71（カラー）　赤ひげ　オス　丹羽正伯『三州物産絵図帳』〔鹿児島県立図書館〕

アカビタイキクサインコ　Platycercus caledonicus
「ジョン・グールド 世界の鳥」同朋舎出版　1994
　◇147図（カラー）　リヒター, ヘンリー・コンスタンチン画『オーストラリアの鳥類』1840〜48
「世界大博物図鑑　4」平凡社　1987
　◇p211（カラー）　ルヴァイヤン, F.著, バラバン原図, ラングロワ銅版『オウムの自然誌』1801〜05　銅版多色刷り

アカビタイヒメゴシキドリ　Pogoniulus pusillus
「フウチョウの自然誌 博物画の至宝」平凡社　1994
　◇II–No.31（カラー）　Le Barbu à gorge noire dans sa vieillesse　ルヴァイヤン, F.著, バラバン, J.原図　1806
　◇II–No.32（カラー）　Le Barbion mâle　ルヴァイヤン, F.著, バラバン, J.原図　1806

アカビタイボウシインコ　Amazona vittata
「世界大博物図鑑　別巻1」平凡社　1993
　◇p227（カラー）　ルヴァイヤン, F.著, バラバン原図, ラングロワ刷『オウムの自然誌』1801〜05　銅版多色刷り

アカフサゴシキドリ　Psilopogon pyrolophus
「世界大博物図鑑　4」平凡社　1987
　◇p262（カラー）　テミンク, C.J.著, プレートル, J.G.原図『新編彩色鳥類図譜』1820〜39　手彩色銅版画

アカフタオハチドリ　Sappho sparganura
「ジョン・グールド 世界の鳥」同朋舎出版　1994
　◇232図（カラー）　リヒター, ヘンリー・コンスタンチン画『ハチドリ科の研究』1849〜61

　◇233図（カラー）　リヒター, ヘンリー・コンスタンチン画『ハチドリ科の研究』1849〜61
「世界大博物図鑑　別巻1」平凡社　1993
　◇p265（カラー）　若鳥　レッソン, R.P.『ハチドリの自然誌』1829〜30　多色刷り銅版
「世界大博物図鑑　4」平凡社　1987
　◇p242（カラー）　レッソン, R.P.著, ベヴァレ原図『ハチドリの自然誌』1829〜30　多色刷り銅版

アカフトオハチドリ　Selasphorus rufus
「ジョン・グールド 世界の鳥」同朋舎出版　1994
　◇226図（カラー）　リヒター, ヘンリー・コンスタンチン画『ハチドリ科の研究』1849〜61

アカボウシインコ　Amazona dufresniana rhodocorytha
「世界大博物図鑑　別巻1」平凡社　1993
　◇p227（カラー）『ロンドン動物学協会紀要』1861〜90,1891〜1929　〔京都大学理学部〕

アカボシヒメアオバト　Ptilinopus perlatus
「世界大博物図鑑　4」平凡社　1987
　◇p198（カラー）　テミンク, C.J.著, プレートル, J.G.原図『新編彩色鳥類図譜』1820〜39　手彩色銅版画

アカマシコ　Carpodacus erythrinus
「江戸博物文庫 鳥の巻」工作舎　2017
　◇p71（カラー）　赤猿子　牧野貞幹『鳥類写生図』1810頃　〔国立国会図書館〕
「江戸鳥類大図鑑」平凡社　2006
　◇p357（カラー）　硃砂鳥 雌　メス　堀田正敦『禽譜』〔宮城県図書館伊達文庫〕
　◇p357（カラー）　硃砂鳥 雄　オス　堀田正敦『禽譜』〔宮城県図書館伊達文庫〕
　◇p522（カラー）　靠山紅　堀田正敦『禽譜』〔宮城県図書館伊達文庫〕
「舶来鳥獣図誌」八坂書房　1992
　◇p98（カラー）　硃砂鳥　オス『外国産鳥之図』〔国立国会図書館〕
　◇p98（カラー）　硃砂鳥　メス『外国産鳥之図』〔国立国会図書館〕
「グールドの鳥類図譜」講談社　1982
　◇p119（カラー）　オス, メス　1871

アカマユインコ　Trichoglossus iris
「世界大博物図鑑　4」平凡社　1987
　◇p206（カラー）　テミンク, C.J.著, プレートル, J.G.原図『新編彩色鳥類図譜』1820〜39　手彩色銅版画

アカマユムクドリ　Enodes erythrophris
「世界大博物図鑑　4」平凡社　1987
　◇p371（カラー）　テミンク, C.J.著, プレートル, J.G.原図『新編彩色鳥類図譜』1820〜39　手彩色銅版画

アカミノフウチョウ　Diphyllodes respublica
「世界大博物図鑑　別巻1」平凡社　1993
　◇p409（カラー）　グールド, J.『ニューギニア鳥類図譜』1875〜88　手彩色石版

博物図譜レファレンス事典 動物篇　**341**

あかむ　　　　　　　　　　　　　鳥

アカムラサキインコの一亜種
「彩色 江戸博物学集成」平凡社　1994
　◇p83（カラー）　ダルマインコ　松平頼恭『衆禽図』〔松平公益会〕

アカモズ　Lanius cristatus
「江戸鳥類大図鑑」平凡社　2006
　◇p557（カラー）　朝鮮もず　堀田正敦『禽譜』〔宮城県図書館伊達文庫〕

アゴヒゲスズドリ　Procnias averano
「世界大博物図鑑 4」平凡社　1987
　◇p294（カラー）　テミンク, C.J.著, ユエ, N.原図『新編彩色鳥類図譜』1820〜39　手彩色銅版画

アゴヒゲハチドリ（亜種）　Threnetes
leucurus cervinicauda
「ジョン・グールド 世界の鳥」同朋舎出版　1994
　◇199図（カラー）　リヒター, ヘンリー・コンスタンチン画『ハチドリ科の研究』1849〜61

アゴヒゲヒヨドリ　Criniger barbatus
「世界大博物図鑑 4」平凡社　1987
　◇p306（カラー）　テミンク, C.J.著, プレートル, J.G.原図『新編彩色鳥類図譜』1820〜39　手彩色銅版画

アジアヒレアシ　Heliopais personata
「世界大博物図鑑 別巻1」平凡社　1993
　◇p161（カラー）『ロンドン動物学協会紀要』1861〜90,1891〜1929〔東京大学理学部動物学図書室, 京都大学理学部〕

アジアヘビウ　Anhinga melanogaster
「世界大博物図鑑 4」平凡社　1987
　◇p43（カラー）　テミンク, C.J.著, ユエ, N.原図『新編彩色鳥類図譜』1820〜39　手彩色銅版画

アジアヤシアマツバメ　Cypsiurus balasiensis
「ジョン・グールド 世界の鳥」同朋舎出版　1994
　◇272図（カラー）　リヒター, ヘンリー・コンスタンチン画『アジアの鳥類』1849〜83

アジアヤシアマツバメ　Cypsiurus batasiensis
「世界大博物図鑑 4」平凡社　1987
　◇p235（カラー）　メス, オス, 若鳥　グレー, J.E.著, ホーキンズ, ウォーターハウス石版『インド動物図譜』1830〜34

アジサシ　Sterna hirundo
「江戸鳥類大図鑑」平凡社　2006
　◇p205（カラー）　あぢさし　夏羽　堀田正敦『禽譜』〔宮城県図書館伊達文庫〕
「ビュフォンの博物誌」工作舎　1991
　◇I221（カラー）『一般と個別の博物誌 ソンニーニ版』
「グールドの鳥類図譜」講談社　1982
　◇p223（カラー）　雛, 夏羽成鳥　1865

アシナガウミツバメ　Oceanites oceanicus
「世界大博物図鑑 4」平凡社　1987
　◇p35（カラー）　デ・ケイ, J.E.著, ヒル, J.W.原図『ニューヨーク動物誌』1844　手彩色石版

アシナガツバメチドリ　Stiltia isabella
「世界大博物図鑑 4」平凡社　1987
　◇p182（カラー）　キュヴィエ, G.L.C.F.D.『動物界』1836〜49　手彩色銅版

アシナガワシ　Aquila pomarina
「ビュフォンの博物誌」工作舎　1991
　◇I002（カラー）『一般と個別の博物誌 ソンニーニ版』
「グールドの鳥類図譜」講談社　1982
　◇p35（カラー）　成鳥, 幼鳥　1870

アズキヒロハシ　Eurylaimus javanicus
「世界大博物図鑑 4」平凡社　1987
　◇p278（カラー）　キュヴィエ, G.L.C.F.D.『動物界』1836〜49　手彩色銅版

アトアシ
「高松松平家所蔵 衆禽画譜 水禽・野鳥」香川県歴史博物館友の会博物図譜刊行会　2005
　◇p68（カラー）　松平頼恭『衆禽画譜 水禽帖』江戸時代　紙本著色 画帖装（折本形式）　38.1×48.7〔個人蔵〕

アトリ　Fringilla montifringilla
「江戸鳥類大図鑑」平凡社　2006
　◇p514（カラー）　あとり 鷭子鳥　夏羽　堀田正敦『禽譜』〔宮城県図書館伊達文庫〕
　◇p515（カラー）　フリンギルラ・モンタナ 羅旬　堀田正敦『禽譜』〔宮城県図書館伊達文庫〕
　◇p709（カラー）　認宅鳥 唐船載来　オス　堀田正敦『禽譜』〔宮城県図書館伊達文庫〕
　◇p709（カラー）　ビンキ 雄　オス　堀田正敦『禽譜』〔宮城県図書館伊達文庫〕
「舶来鳥獣図誌」八坂書房　1992
　◇p11（カラー）　ヒンキ 雄『唐蘭船持渡鳥獣之図』寛延2（1749）渡来　〔慶應義塾図書館〕
　◇p37（カラー）　認宅鳥『唐蘭船持渡鳥獣之図』文政2（1819）渡来　〔慶應義塾図書館〕
「ビュフォンの博物誌」工作舎　1991
　◇I110（カラー）『一般と個別の博物誌 ソンニーニ版』
「世界大博物図鑑 4」平凡社　1987
　◇p358（カラー）　ドノヴァン, E.『英国鳥類誌』1794〜1819
「グールドの鳥類図譜」講談社　1982
　◇p115（カラー）　メス, 夏羽のオス, 冬羽のオス　1862

アトリ
「高松松平家所蔵 衆禽画譜 水禽・野鳥」香川県歴史博物館友の会博物図譜刊行会　2005
　◇p95（カラー）　松平頼恭『衆禽画譜 野鳥帖』江戸時代　紙本著色 画帖装（折本形式）　33.0×48.3〔個人蔵〕
「彩色 江戸博物学集成」平凡社　1994
　◇p186（カラー）　堀田正敦『小禽譜 小鳥林禽』〔宮城県図書館〕
　◇p186（カラー）　フリンギルラモンタナ 剥製を写生　堀田正敦『小禽譜 小鳥林禽』〔宮城県図書館〕

342 博物図譜レファレンス事典 動物篇

鳥　　　　　　　　　　　　　　　　　　　　　　　　　　　　　あふり

アトリ？　Fringilla montifringilla？
「江戸鳥類大図鑑」平凡社　2006
  - ◇p514（カラー）　あとり　オス冬羽　堀田正敦『禽譜』　［宮城県図書館伊達文庫］
  - ◇p514（カラー）　あとり　雌　メス　堀田正敦『禽譜』　［宮城県図書館伊達文庫］
  - ◇p516（カラー）　ふがはり大あとり　堀田正敦『禽譜』　［宮城県図書館伊達文庫］

アトリ？
「江戸鳥類大図鑑」平凡社　2006
  - ◇p709（カラー）　ビンギ　雌　堀田正敦『禽譜』　［宮城県図書館伊達文庫］

アナホリフクロウのブラジル亜種　Speotyto cunicularia grallaria
「世界大博物図鑑 別巻1」平凡社　1993
  - ◇p241（カラー）　テミンク，C.J.，ロジエ・ド・シャルトルース，M.著『新編彩色鳥類図譜』1820〜39　手彩色銅板画

アニ　Crotophaga ani
「ビュフォンの博物誌」工作舎　1991
  - ◇I165（カラー）『一般と個別の博物誌 ソンニー版』

アネハヅル　Anthropoides virgo
「江戸博物文庫 鳥の巻」工作舎　2017
  - ◇p110（カラー）　姉羽鶴　毛利梅園『梅園禽譜』1840頃　［国立国会図書館］
「江戸鳥類大図鑑」平凡社　2006
  - ◇p44（カラー）　あねはづる『鳥類之図』　［山階鳥類研究所］
「世界大博物図鑑 別巻1」平凡社　1993
  - ◇p148（カラー）　ヴィエイヨー，L.J.P.著，ウダール，P.L.原図『鳥類画廊』1820〜26
  - ◇p149（カラー）　グールド，J.著，ハルマンデル，C.J.プリント『ヨーロッパ鳥類図譜』1832〜37　手彩色石版
「ビュフォンの博物誌」工作舎　1991
  - ◇I186（カラー）『一般と個別の博物誌 ソンニー版』

アネハヅル
「江戸時代に描かれた鳥たち」ソフトバンク クリエイティブ　2012
  - ◇p109（カラー）　鶴　毛利梅園『梅園禽譜』　天保10（1849）序

アビ　Gavia stellata
「江戸博物文庫 鳥の巻」工作舎　2017
  - ◇p19（カラー）　阿比　河野通明写『奇鳥生写図』1807　［国立国会図書館］
「江戸鳥類大図鑑」平凡社　2006
  - ◇p181（カラー）　あび　冬羽　堀田正敦『禽譜』　［宮城県図書館伊達文庫］
  - ◇p182（カラー）　いん鳥　冬羽　堀田正敦『禽譜』　［宮城県図書館伊達文庫］
  - ◇p183（カラー）　うらぁ　平家たぶし　堀田正敦『禽譜』　［宮城県図書館伊達文庫］
「ビュフォンの博物誌」工作舎　1991
  - ◇I218（カラー）『一般と個別の博物誌 ソンニー二版』

「世界大博物図鑑 4」平凡社　1987
  - ◇p27（カラー）　ドノヴァン，E.『英国鳥類誌』1794〜1819
「グールドの鳥類図譜」講談社　1982
  - ◇p210（カラー）　夏羽の親鳥，雛 1865

アビ
「高松松平家所蔵 衆禽画譜 水禽・野鳥」香川県歴史博物館友の会博物図譜刊行会　2005
  - ◇p65（カラー）　松平頼恭『衆禽画譜 水禽帖』　江戸時代　紙本著色 画帖装（折本形式）　38.1×48.7　［個人蔵］

アヒル　Anas platyrhynchos var.domestica
「江戸鳥類大図鑑」平凡社　2006
  - ◇p145（カラー）　あひる　雄　青くび　堀田正敦『禽譜』　［宮城県図書館伊達文庫］
  - ◇p146（カラー）　あひる　雌　青くび　堀田正敦『禽譜』　［宮城県図書館伊達文庫］
  - ◇p146（カラー）　白あひる　堀田正敦『禽譜』　［宮城県図書館伊達文庫］

アヒル　Anas platyrhynchos var.domesticus
「江戸博物文庫 鳥の巻」工作舎　2017
  - ◇p24（カラー）　鷺　アヒルの幼鳥，カルガモ（Anas poecilorhyncha）の幼鳥　増山正賢『百鳥図』1800頃　［国立国会図書館］

アヒル（タチアヒル）　Anas platyrhynchos var.domestica
「江戸鳥類大図鑑」平凡社　2006
  - ◇p148（カラー）　立あひる　雄　堀田正敦『禽譜』　［宮城県図書館伊達文庫］
  - ◇p148（カラー）　立あひる　雌　堀田正敦『禽譜』　［宮城県図書館伊達文庫］

アヒル（ドンコクアヒル？）　Anas platyrhynchos var.domestica
「江戸鳥類大図鑑」平凡社　2006
  - ◇p147（カラー）　純黒あひる　堀田正敦『堀田禽譜』　［東京国立博物館］

アヒル♀×バリケン♂？
「江戸鳥類大図鑑」平凡社　2006
  - ◇p149（カラー）　大あひる　堀田正敦『禽譜』　［宮城県図書館伊達文庫］

アフリカアオノスリ　Buteo auguralis
「ビュフォンの博物誌」工作舎　1991
  - ◇I005（カラー）『一般と個別の博物誌 ソンニー二版』

アフリカオオコノハズク　Otus leucotis
「世界大博物図鑑 4」平凡社　1987
  - ◇p226（カラー）　オス　テミンク，C.J.著，プレートル，J.G.原図『新編彩色鳥類図譜』1820〜39　手彩色銅版画

アフリカオオタカ　Accipiter tachiro
「世界大博物図鑑 4」平凡社　1987
  - ◇p86（カラー）　オスの成鳥，メスの若鳥　テミンク，C.J.著，プレートル，J.G.原図『新編彩色鳥類

博物図譜レファレンス事典 動物篇　**343**

あふり　　　　　　　　　　鳥

図譜』 1820〜39　手彩色銅版画

アフリカカワツバメ　Pseudochelidon
eurystomina
「世界大博物図鑑 4」平凡社　1987
　◇p303（カラー）　デュボワ, A.J.C.著, キュヴェリエ原図『コンゴ鳥類観察録』 1905　3色オフセット

アフリカキヌバネドリ　Apaloderma narina
「ジョン・グールド 世界の鳥」同朋舎出版　1994
　◇82図（カラー）　オス, メス　グールド, エリザベス画『キヌバネドリ科の研究 初版』 1835〜38
　◇99図（カラー）　オス, メス　ハート, ウィリアム画『キヌバネドリ科の研究 初版』 1858〜75
「世界大博物図鑑 4」平凡社　1987
　◇p244（カラー）　グールド, J.著, グールド夫人, リア, エドワード図『キヌバネドリ科鳥類図譜』 1838

アフリカキヌバネドリ（亜種）　Apaloderma
narina constantia
「ジョン・グールド 世界の鳥」同朋舎出版　1994
　◇100図（カラー）　ハート, ウィリアム画『キヌバネドリ科の研究 初版』 1858〜75

アフリカクロトキ　Threskiornis aethiopicus
「世界大博物図鑑 別巻1」平凡社　1993
　◇p53（カラー）　ナポレオン『エジプト誌』 1809〜30
「世界大博物図鑑 4」平凡社　1987
　◇p51（カラー）　ブシェ, F.A.著, プレートル, J.G.原図『教科動物学』 1841

アフリカコノハズク　Otus senegalensis
「世界大博物図鑑 4」平凡社　1987
　◇p227（カラー）　スミス, A.著, フォード, G.H.原図『南アフリカ動物図譜』 1838〜49　手彩色石版

アフリカサンコウチョウ　Terpsiphone viridis
「世界大博物図鑑 4」平凡社　1987
　◇p339（カラー）　アフリカ産の亜種　デュボワ, A.J.C.著, キュヴェリエ原図『コンゴ鳥類観察録』 1905　3色オフセット

アフリカシマクイナ　Sarothrura ayresi
「世界大博物図鑑 別巻1」平凡社　1993
　◇p157（カラー）『アイビス』 1859〜　［山階鳥類研究所］

アフリカスズメフクロウ　Glaucidium
perlatum
「世界大博物図鑑 別巻1」平凡社　1993
　◇p253（カラー）　テミンク, C.J., ロジエ・ド・シャルトルース, M.著『新編彩色鳥類図譜』 1820〜39　手彩色銅板画

アフリカチゴハヤブサ　Falco cuvierii
「ビュフォンの博物誌」工作舎　1991
　◇I023（カラー）『一般と個別の博物誌 ソンニーニ版』

アフリカツリスガラ　Anthoscopus caroli
（Reichenow 1904）
「フランスの美しい鳥の絵図鑑」グラフィック社　2014
　◇p147（カラー）　エチェコパル, ロベール＝ダニエル著, バリュエル, ポール画

アフリカツリスガラ　Anthoscopus
carolicaroli (Sharpe 1871)
「フランスの美しい鳥の絵図鑑」グラフィック社　2014
　◇p149（カラー）　エチェコパル, ロベール＝ダニエル著, バリュエル, ポール画

アフリカのニワトリ
「紙の上の動物園」グラフィック社　2017
　◇p30（カラー）　ウィルビー, フランシス, レイ, ジョン『フランシス・ウィルビーの鳥類学』 1678

アフリカヒナフクロウ　Ciccaba woodfordii
「世界大博物図鑑 4」平凡社　1987
　◇p223（カラー）　スミス, A.著, フォード, G.H.原図『南アフリカ動物図譜』 1838〜49　手彩色石版

アフリカブッポウソウ　Eurystomus
glaucurus (afer)
「フウチョウの自然誌 博物画の至宝」平凡社　1994
　◇I-No.35（カラー）　Le petit Rolle violet　ルヴァイヤン, F.著, バラバン, J.原図 1806

アフリカブッポウソウ　Eurystomus
glaucurus (glaucurus)
「フウチョウの自然誌 博物画の至宝」平凡社　1994
　◇I-No.34（カラー）　Le grand Rolle violet　ルヴァイヤン, F.著, バラバン, J.原図 1806

アフリカミドリヒロハシ
Pseudocalyptomena graueri
「世界大博物図鑑 別巻1」平凡社　1993
　◇p300（カラー）『アイビス』 1859〜　［山階鳥類研究所］

アフリカワシミミズク　Bubo africanus
「世界大博物図鑑 4」平凡社　1987
　◇p227（カラー）　テミンク, C.J.著, プレートル, J.G.原図『新編彩色鳥類図譜』 1820〜39　手彩色銅版画

あほうどり
「鳥の手帖」小学館　1990
　◇p64〜65（カラー）　くろあしあほうどり　毛利梅園『梅園禽譜』　天保10（1839）序　［国立国会図書館］

アホウドリ　Diomedea albatrus
「江戸鳥類大図鑑」平凡社　2006
　◇p210（カラー）　うみう あねこどり 若鳥　堀田正敦『禽譜』　［宮城県図書館伊達文庫］
　◇p211（カラー）　沖のぞう　堀田正敦『禽譜』　［宮城県図書館伊達文庫］

鳥　　　　　　　　　　　　　　　　　　　　　あめり

◇p212（カラー）　ダイナンカモメ　一名シラブ　堀
田正敦『禽譜』　［宮城県図書館伊達文庫］
「世界大博物図鑑　別巻1」平凡社　1993
◇p32（カラー）　若鳥　シーボルト, P.F.von『日
本動物誌』 1833〜50　手彩色石版
◇p33（カラー）『エジンバラ博物学雑誌』 1835〜
40　手彩色銅版
◇p33（カラー）　幼鳥　ロスチャイルド, L.W.『レ
イサン島の鳥類誌』 1893〜1900　石版画
「世界大博物図鑑　4」平凡社　1987
◇p30（カラー）　テミンク, C.J.著、プレートル, J.
G.原図『新編彩色鳥類図譜』 1820〜39　手彩色
銅版画

アホウドリ　　Phoebastria albatrus
「江戸博物文庫　鳥の巻」工作舎　2017
◇p94（カラー）　信天翁『水禽譜』 1830頃　［国
立国会図書館］

アホウドリ
「江戸鳥類大図鑑」平凡社　2006
◇p212（カラー）　しらぶの嘴　堀田正敦『禽譜』
［宮城県図書館伊達文庫］

アホウドリ？　　Diomedea albatrus？
「江戸鳥類大図鑑」平凡社　2006
◇p210（カラー）　うみう ヲキノタユウ　若鳥　堀
田正敦『禽譜』　［宮城県図書館伊達文庫］

アマサギ　　Bubulcus ibis
「グールドの鳥類図譜」講談社　1982
◇p151（カラー）　夏羽成鳥 1871

アマサギ　　Egretta ibis
「江戸鳥類大図鑑」平凡社　2006
◇p64（カラー）　なはしろ鷺　冬羽になりかけ『鳥
類之図』　［山階鳥類研究所］
「ビュフォンの博物誌」工作舎　1991
◇I202（カラー）『一般と個別の博物誌 ソンニー
ニ版』

アマサギ
「彩色 江戸博物学集成」平凡社　1994
◇p70〜71（カラー）　うし鷺　夏羽　丹羽正伯
『三州物産絵図帳』　［鹿児島県立図書館］

あまつばめ
「鳥の手帖」小学館　1990
◇p123（カラー）　雨燕　毛利梅園『梅園禽譜』　天
保10（1839）序　［国立国会図書館］

アマツバメ　　Apus pacificus
「江戸博物文庫　鳥の巻」工作舎　2017
◇p108（カラー）　雨燕　毛利梅園『梅園禽譜』
1840頃　［国立国会図書館］
「江戸鳥類大図鑑」平凡社　2006
◇p331（カラー）　山つばめ　堀田正敦『禽譜』
［宮城県図書館伊達文庫］
◇p333（カラー）　かさきりつばめ 一足てう 岩つ
ばめ　堀田正敦『禽譜』　［宮城県図書館伊達文
庫］
◇p335（カラー）　一種 あまつばめ　堀田正敦『禽
譜』　［宮城県図書館伊達文庫］

◇p336（カラー）　トベンビラ　堀田正敦『禽譜』
［宮城県図書館伊達文庫］

アマツバメ
「江戸の動植物図」朝日新聞社　1988
◇p121（カラー）　堀田正敦『堀田禽譜』　［東京
国立博物館］

アメシストタイヨウチョウ　　Nectarinia
amethystina
「ビュフォンの博物誌」工作舎　1991
◇I157（カラー）『一般と個別の博物誌 ソンニー
ニ版』

アメシストテンシハチドリ　　Heliangelus
amethysticollis
「ジョン・グールド 世界の鳥」同朋舎出版　1994
◇246図（カラー）　リヒター、ヘンリー・コンスタ
ンチン画『ハチドリ科の研究』 1849〜61

アメシストテンシハチドリ（亜種）
Heliangelus amethysticollis clarisse
「ジョン・グールド 世界の鳥」同朋舎出版　1994
◇245図（カラー）　リヒター、ヘンリー・コンスタ
ンチン画『ハチドリ科の研究』 1849〜61

アメシストニジハチドリ　　Aglaeactis aliciae
「世界大博物図鑑　別巻1」平凡社　1993
◇p276（カラー）『動物学新報』 1894〜1919　［山
階鳥類研究所］

アメリカイソシギ　　Tringa macularia
「グールドの鳥類図譜」講談社　1982
◇p169（カラー）　メス成鳥, オス成鳥, 秋期の若鳥
1873

アメリカウズラシギ　　Calidris melanotos
「グールドの鳥類図譜」講談社　1982
◇p173（カラー）　成鳥 1870

アメリカオオバンのハワイ亜種　　Fulica
americana alai
「世界大博物図鑑　別巻1」平凡社　1993
◇p160（カラー）　ウィルソン, S.B., エヴァンズ,
A.H.著, フロホーク, F.W.原図『ハワイ鳥類学』
1890〜99

アメリカオシ　　Aix sponsa
「世界大博物図鑑　別巻1」平凡社　1993
◇p73（カラー）　ド・ラ・サグラ, R.『キューバ風
土記』 1839〜61　手彩色銅版画
「ビュフォンの博物誌」工作舎　1991
◇I240（カラー）『一般と個別の博物誌 ソンニー
ニ版』

アメリカキクイタダキ　　Regulus satrapa
「世界大博物図鑑　4」平凡社　1987
◇p335（カラー）　デ・ケイ, J.E.著, ヒル, J.W.原
図『ニューヨーク動物誌』 1844　手彩色石版

アメリカコガラ　　Poecile atricapillus
「フランスの美しい鳥の絵図鑑」グラフィック社
2014
◇p159（カラー）　エチェコパル, ロベール＝ダニ

博物図譜レファレンス事典 動物篇　　**345**

あめり　　　　　　　　　　　　鳥

エル著, バリュエル, ポール画
◇p161（カラー）　エチェコパル, ロベール＝ダニ
エル著, バリュエル, ポール画

アメリカコノハズク　Otus flammeolus
「ビュフォンの博物誌」工作舎　1991
◇I028（カラー）『一般と個別の博物誌 ソンニー
ニ版』

アメリカコハクチョウ　Cygnus columbianus
「世界大博物図鑑 別巻1」平凡社　1993
◇p60（カラー）　オーデュボン, J.J.L.著, ヘーベ
ル, ロバート・ジュニア製版『アメリカの鳥類』
1827〜38　［ニューオーリンズ市立博物館］

アメリカササゴイ　Butorides virescens
「ビュフォンの博物誌」工作舎　1991
◇I191（カラー）『一般と個別の博物誌 ソンニー
ニ版』

アメリカサンカノゴイ　Botaurus lentiginosus
「グールドの鳥類図譜」講談社　1982
◇p153（カラー）　成鳥 1872

アメリカシロヅル　Grus americana
「世界大博物図鑑 別巻1」平凡社　1993
◇p145（カラー）　シンツ, H.R.『鳥類分類学』
1846〜53　石版図

アメリカチョウゲンボウ　Falco sparverius
「世界大博物図鑑 別巻1」平凡社　1993
◇p111（カラー）　ド・ラ・サグラ, R.『キューバ
風土記』1839〜61　手彩色銅版画
◇p111（カラー）　ヴィエイヨー, L.J.P.著, プレー
トル, J.G.原図『北米鳥類図譜』1807　手彩色
銅版
「ビュフォンの博物誌」工作舎　1991
◇I023（カラー）『一般と個別の博物誌 ソンニー
ニ版』

アメリカツリスガラ　Auriparus flaviceps
（Sundevall 1850）
「フランスの美しい鳥の絵図鑑」グラフィック社
2014
◇p153（カラー）　エチェコパル, ロベール＝ダニ
エル著, バリュエル, ポール画

アメリカヒバリシギ　Calidris minutilla
「グールドの鳥類図譜」講談社　1982
◇p177（カラー）　夏羽個体, 冬羽個体 1870

アメリカヒレアシシギ　Phalaropus tricolor
「世界大博物図鑑 4」平凡社　1987
◇p179（カラー）　テミンク, C.J.著, プレートル,
J.G.原図『新編彩色鳥類図譜』1820〜39　手彩
色銅版画

アメリカフクロウ　Strix varia
「ジョン・グールド 世界の鳥」同朋舎出版　1994
◇19図（カラー）　リア, エドワード画『ヨーロッパ
の鳥類』1832〜37
「世界大博物図鑑 別巻1」平凡社　1993
◇p248（カラー）　デ・ケイ, J.E.著, ヒル, J.W.原
図『ニューヨーク動物誌』1844　手彩色石版

アメリカヘビウ　Anhinga anhinga
「ビュフォンの博物誌」工作舎　1991
◇I226（カラー）『一般と個別の博物誌 ソンニー
ニ版』

アメリカホシハジロ
「紙の上の動物園」グラフィック社　2017
◇p36（カラー）　ポープ, アレクサンダー『アメリ
カの高地の猟鳥と水鳥』1878

アメリカムシクイ科　Parulidae？
「ビュフォンの博物誌」工作舎　1991
◇I147（カラー）『一般と個別の博物誌 ソンニー
ニ版』
◇I148（カラー）『一般と個別の博物誌 ソンニー
ニ版』

アメリカレンカク　Jacana spinosa
「世界大博物図鑑 4」平凡社　1987
◇p166（カラー）　コリー, C.B.『ハイチとサン
・ドミンゴの鳥』1885　手彩色石版

アメリカワシミミズク　Bubo virginianus
「世界大博物図鑑 別巻1」平凡社　1993
◇p244（カラー）　ヴィエイヨー, L.J.P.著, プレー
トル, J.G.原図『北米鳥類図譜』1807　手彩色
銅版

アラカイヒトリツグミ　Myadestes palmeri
「世界大博物図鑑 別巻1」平凡社　1993
◇p332（カラー）　ウィルソン, S.B., エヴァンズ,
A.H.著, フロホーク, F.W.原図『ハワイ鳥類学』
1890〜99

アラゲインコ　Psittrichas fulgidus
「ジョン・グールド 世界の鳥」同朋舎出版　1994
◇408図（カラー）　ハート, ウィリアム画『ニュー
ギニアの鳥類』1875〜88
「世界大博物図鑑 別巻1」平凡社　1993
◇p209（カラー）　レッスン, R.P.『ビュフォン著
作集（レッスン版）』1838　手彩色銅版
◇p209（カラー）　セルビー, P.J.著, リア, E.原図,
リザーズ, W.銅版『オウムの博物誌』1836

アラナミキンクロ　Melanitta perspicillata
「グールドの鳥類図譜」講談社　1982
◇p202（カラー）　オス, メス 1867

アリサンチメドリ　Alcippe cinereiceps
「世界大博物図鑑 4」平凡社　1987
◇p331（カラー）　ダヴィド神父, A.著, アルヌル石
版『中国産鳥類』1877　手彩色石版

ありすい
「鳥の手帖」小学館　1990
◇p104〜105（カラー）　蟻吸　毛利梅園『梅園禽
譜』天保10（1839）序　［国立国会図書館］

アリスイ　Jynx torquilla
「江戸博物文庫 鳥の巻」工作舎　2017
◇p122（カラー）　蟻吸　毛利梅園『梅園禽譜』
1840頃　［国立国会図書館］
「江戸鳥類大図鑑」平凡社　2006

鳥　　　　　　　　　　　　　　　　　　　　　　　　いかる

◇p492（カラー）　ありすひ　堀田正敦『禽譜』
　［宮城県図書館伊達文庫］
◇p493（カラー）　大蟻すひ　堀田正敦『禽譜』
　［宮城県図書館伊達文庫］
◇p493（カラー）　蟻吸　堀田正敦『禽譜』　［宮
　城県図書館伊達文庫］
◇p493（カラー）　ありすひ　堀田正敦『禽譜』
　［宮城県図書館伊達文庫］
「ビュフォンの博物誌」工作舎　1991
◇I177（カラー）『一般と個別の博物誌 ソンニー
　ニ版』
「世界大博物図鑑 4」平凡社　1987
◇p270（カラー）　ドノヴァン, E.『英国鳥類誌』
　1794～1819
「グールドの鳥類図譜」講談社　1982
◇p137（カラー）　つがいの2羽　1862

アリスイ
「江戸時代に描かれた鳥たち」ソフトバンク ク
　リエイティブ　2012
◇p95（カラー）　蟻喰　毛利梅園『梅園禽譜』　天
　保10（1849）序
「彩色 江戸博物学集成」平凡社　1994
◇p31（カラー）　貝原益軒『大和本草諸品図』

アルゼンチンヒメクイナ　Porzana spiloptera
「世界大博物図鑑 別巻1」平凡社　1993
◇p157（カラー）『アイビス』　1859～［山階鳥類
　研究所］

アルバートコトドリ　Menura alberti
「ジョン・グールド 世界の鳥」同朋舎出版　1994
◇178図（カラー）　リヒター、ヘンリー・コンスタ
　ンチン画『オーストラリアの鳥類 補遺』　1851～
　69
「世界大博物図鑑 別巻1」平凡社　1993
◇p321（カラー）　グールド, J.『オーストラリア鳥
　類図譜』　1840～48

アレンハチドリ×アンナハチドリ（雑種）
Selasphorus sasin×Calypte anna
「ジョン・グールド 世界の鳥」同朋舎出版　1994
◇227図（カラー）　リヒター、ヘンリー・コンスタ
　ンチン画『ハチドリ科の研究』　1849～61

アンダマンアオバズク　Ninox affinis
「世界大博物図鑑 別巻1」平凡社　1993
◇p249（カラー）『アイビス』　1859～［山階鳥類
　研究所］

アンデスイワドリ　Rupicola peruviana
「フウチョウの自然誌 博物画の至宝」平凡社
　1994
◇I–No.54（カラー）　Le Coq de roche du Pérou
　オス　ルヴァイヤン, F.著、バラバン, J.原図
　1806
「世界大博物図鑑 別巻1」平凡社　1993
◇p301（カラー）　ルヴァイヤン, F.著、バラバン原
　図『フウチョウの自然誌』　1806　銅版多色刷り
「ビュフォンの博物誌」工作舎　1991
◇I126（カラー）『一般と個別の博物誌 ソンニー
　ニ版』

アンデスシギダチョウ　Nothoprocta
　pentlandii
「世界大博物図鑑 4」平凡社　1987
◇p22（カラー）　グリュンボルト, H.『南米猟鳥・
　水鳥図譜』［1915］～17　手彩色石版図

アンデスフラミンゴ　Phoenicoparrus andinus
「世界大博物図鑑 4」平凡社　1987
◇p59（カラー）　ブシェ, F.A.著、プレートル, J.
　G.原図『教動物学』　1841

アンデスヤマハチドリ　Oreotrochilus estella
「世界大博物図鑑 4」平凡社　1987
◇p239（カラー）　ペルー南部～アルゼンチン北西
　部産の亜種　グールド, J.『ハチドリ科鳥類図譜』
　1849～61　手彩色石版

アンデスヤマハチドリ
「世界大博物図鑑 4」平凡社　1987
◇p239（カラー）　エクアドル産の亜種　グールド,
　J.『ハチドリ科鳥類図譜』　1849～61　手彩色
　石版

アンナハチドリ　Calypte anna
「ジョン・グールド 世界の鳥」同朋舎出版　1994
◇224図（カラー）　リヒター、ヘンリー・コンスタ
　ンチン画『ハチドリ科の研究』　1849～61

【い】

イエスズメ　Passer domesticus
「ジョン・グールド 世界の鳥」同朋舎出版　1994
◇345図（カラー）　巣、鳥　リヒター、ヘンリー・
　コンスタンチン画『イギリスの鳥類』　1862～73
「ビュフォンの博物誌」工作舎　1991
◇I105（カラー）『一般と個別の博物誌 ソンニー
　ニ版』
「グールドの鳥類図譜」講談社　1982
◇p113（カラー）　メス, オス　1863

イカル　Coccothraustes personatus
「世界大博物図鑑 4」平凡社　1987
◇p362（カラー）　ダヴィド神父, A.著、アルヌル石
　版『中国産鳥類』　1877　手彩色石版

イカル　Eophona personata
「江戸博物文庫 鳥の巻」工作舎　2017
◇p179（カラー）　鵤　白化『薩摩鳥譜図巻』　江戸
　末期　［国立国会図書館］
「江戸鳥類大図鑑」平凡社　2006
◇p539（カラー）　いかるが　堀田正敦『禽譜』
　［宮城県図書館伊達文庫］
◇p539（カラー）　いかるが 舶来 嘴嘴　堀田正敦
　『禽譜』　［宮城県図書館伊達文庫］
◇p540（カラー）　白いかる 白化個体　堀田正敦
　『禽譜』　［宮城県図書館伊達文庫］
◇p541（カラー）　梧桐 一名蠟嘴　堀田正敦『禽
　譜』　［宮城県図書館伊達文庫］
◇p541（カラー）　梧桐　堀田正敦『禽譜』　［宮
　城県図書館伊達文庫］

博物図譜レファレンス事典 動物篇　**347**

いかる　　　　　　　　　　　　　鳥

イカル
「彩色 江戸博物学集成」平凡社　1994
　◇p31（カラー）　貝原益軒『大和本草諸品図』
　◇p170～171（カラー）　増山雪斎『百鳥図』　［国
　　会図書館］

イカルチドリ　Charadrius placidus
「江戸鳥類大図鑑」平凡社　2006
　◇p191（カラー）　くびたまちどり　堀田正敦『禽
　　譜』　［宮城県図書館伊達文庫］

イカルチドリ？　Charadrius placidus？
「江戸鳥類大図鑑」平凡社　2006
　◇p192（カラー）　三あしちどり　堀田正敦『禽譜』
　　［宮城県図書館伊達文庫］

イケツブリ
「高松松平家所蔵 衆禽画譜 水禽・野鳥」香川県
歴史博物館友の会博物図譜刊行会　2005
　◇p58（カラー）　松平頼恭『衆禽画譜 水禽帖』　江
　　戸時代　紙本著色 画帖装（折本形式）　38.1×48.
　　7　［個人蔵］

イシチドリ　Burhinus oedicnemus
「ビュフォンの博物誌」工作舎　1991
　◇I208（カラー）『一般と個別の博物誌 ソンニー
　　ニ版』
「グールドの鳥類図譜」講談社　1982
　◇p157（カラー）　親鳥，雛　1869

いすか
「鳥の手帖」小学館　1990
　◇p164～165（カラー）　鸚・交喙　毛利梅園『梅園
　　禽譜』　天保10（1839）序　［国立国会図書館］

イスカ　Loxia curvirostra
「江戸博物文庫 鳥の巻」工作舎　2017
　◇p33（カラー）　交喙　増山正賢『百鳥図』　1800
　　頃　［国立国会図書館］
「江戸鳥類大図鑑」平凡社　2006
　◇p547（カラー）　青いすか 雄　堀田正敦『禽譜』
　　［宮城県図書館伊達文庫］
　◇p547（カラー）　黄いすか　オス　堀田正敦『禽
　　譜』　［宮城県図書館伊達文庫］
　◇p547（カラー）　いすか 雄　堀田正敦『禽譜』
　　［宮城県図書館伊達文庫］
　◇p548（カラー）　羽白いすか 一種　堀田正敦『禽
　　譜』　［宮城県図書館伊達文庫］
「ビュフォンの博物誌」工作舎　1991
　◇I104（カラー）『一般と個別の博物誌 ソンニー
　　ニ版』
「鳥獣虫魚譜」八坂書房　1988
　◇p30（カラー）　大イスカ赤生　オス　松森胤保
　　『両羽禽類図譜』　［酒田市立光丘文庫］
「世界大博物図鑑 4」平凡社　1987
　◇p363（カラー）　ビュフォン，G.L.L., Comte de,
　　トラヴィエ，E.原図『博物誌』　1853～57　手彩
　　色銅版画
　◇p363（カラー）　キュヴィエ，G.L.C.F.D.『動物
　　界』　1836～49　手彩色銅版
「グールドの鳥類図譜」講談社　1982
　◇p120（カラー）　巣立ち雛，親鳥雄雌　1864

イスカ
「江戸時代に描かれた鳥たち」ソフトバンク ク
リエイティブ　2012
　◇p96（カラー）　交喙/砂仁鳥　毛利梅園『梅園禽
　　譜』　天保10（1849）序
「高松松平家所蔵 衆禽画譜 水禽・野鳥」香川県
歴史博物館友の会博物図譜刊行会　2005
　◇p96（カラー）　松平頼恭『衆禽画譜 野鳥帖』　江
　　戸時代　紙本著色 画帖装（折本形式）　33.0×48.
　　3　［個人蔵］

イスカ？　Loxia curvirostra？
「江戸鳥類大図鑑」平凡社　2006
　◇p548（カラー）　羽白いすか 雄　堀田正敦『禽
　　譜』　［宮城県図書館伊達文庫］

イスカの1種　Loxia sp.？
「ビュフォンの博物誌」工作舎　1991
　◇I123（カラー）『一般と個別の博物誌 ソンニー
　　ニ版』

イソシギ　Actitis hypoleucos
「江戸博物文庫 鳥の巻」工作舎　2017
　◇p113（カラー）　磯鷸　毛利梅園『梅園禽譜』
　　1840頃　［国立国会図書館］
「江戸鳥類大図鑑」平凡社　2006
　◇p190（カラー）　ぴいにすちどり　堀田正敦『禽
　　譜』　［宮城県図書館伊達文庫］

イソシギ　Tringa hypoleucos
「グールドの鳥類図譜」講談社　1982
　◇p169（カラー）　親鳥，雛　1863

イソシギ？　Actitis hypoleucos
「江戸鳥類大図鑑」平凡社　2006
　◇p191（カラー）　くさちどり　堀田正敦『禽譜』
　　［宮城県図書館伊達文庫］

イソヒヨドリ
「高松松平家所蔵 衆禽画譜 水禽・野鳥」香川県
歴史博物館友の会博物図譜刊行会　2005
　◇p90（カラー）　松平頼恭『衆禽画譜 野鳥帖』　江
　　戸時代　紙本著色 画帖装（折本形式）　33.0×48.
　　3　［個人蔵］

イソヒヨドリ　Monticola solitarius
「江戸鳥類大図鑑」平凡社　2006
　◇p572（カラー）　同（深山鶇）　オス　堀田正敦
　　『禽譜』　［宮城県図書館伊達文庫］
　◇p573（カラー）　いそつぐみ 雄 磯ひよどり　オ
　　ス　堀田正敦『禽譜』　［宮城県図書館伊達文庫］
　◇p573（カラー）　磯つぐみ 雌 磯ひよどり 磯こつ
　　けい　メス　堀田正敦『禽譜』　［宮城県図書館
　　伊達文庫］
「ビュフォンの博物誌」工作舎　1991
　◇I096（カラー）『一般と個別の博物誌 ソンニー
　　ニ版』
「鳥獣虫魚譜」八坂書房　1988
　◇p37（カラー）　磯岩鶇　オス　松森胤保『両羽禽
　　類図譜』　［酒田市立光丘文庫］
「世界大博物図鑑 4」平凡社　1987
　◇p323（カラー）　ダヴィド神父，A.著，アルヌル石

348　博物図譜レファレンス事典 動物篇

鳥　　　　　　　　　　　　　　　　　　　　いわと

版『中国産鳥類』1877　手彩色石版
「グールドの鳥類図譜」講談社　1982
◇p77（カラー）　オス成鳥、メス成鳥 1872

イソヒヨドリ
「紙の上の動物園」グラフィック社　2017
◇p149（カラー）　グールド, ジョン『イギリス本
土の鳥』1873
「彩色 江戸博物学集成」平凡社　1994
◇p82（カラー）　メス 松平頼恭『衆禽図』　［松
平公益会］
「江戸の動植物図」朝日新聞社　1988
◇p28（カラー）　松平頼恭, 三木文柳『衆禽画譜』
［松平公益会］

イソヒヨドリ（大陸産亜種）　Monticola
solitarius（Linné 1758）
「フランスの美しい鳥の絵図鑑」グラフィック社
2014
◇p57（カラー）　エチェコパル, ロベール＝ダニエ
ル著, バリュエル, ポール画

イッコウチョウ　Amadina fasciata
「世界大博物図鑑 別巻1」平凡社　1993
◇p392（カラー）　ブラウン, P.『新動物学図録』
1776　手彩色銅版

イヌガン
「高松松平家所蔵 衆禽画譜 水禽・野鳥」香川県
歴史博物館友の会博物図譜刊行会　2005
◇p17（カラー）　松平頼恭『衆禽画譜 水禽帖』江
戸時代　紙本著色 画帖装（折本形式）　38.1×48.
7　［個人蔵］

イヌワシ　Aquila chrysaetos
「江戸鳥類大図鑑」平凡社　2006
◇p656（カラー）　黄花豹 堀田正敦『禽譜』
［宮城県図書館伊達文庫］
「ジョン・グールド 世界の鳥」同朋舎出版　1994
◇304図（カラー）　巣, 雛, 成鳥 ヴォルフ, ヨゼ
フ, リヒター, ヘンリー・コンスタンチン画『イ
ギリスの鳥類』1862～73
「世界大博物図鑑 別巻1」平凡社　1993
◇p84（カラー）　ドイツ産の成鳥 ズゼミール図,
ボルクハウゼン, M.B.『ドイツ鳥類学』1800～
17
◇p84（カラー）　ナポレオン『エジプト誌』1809
～30
「ビュフォンの博物誌」工作舎　1991
◇I001（カラー）『一般と個別の博物誌 ソンニー
ニ版』
「世界大博物図鑑 4」平凡社　1987
◇p78（カラー）　キュヴィエ, G.L.C.F.D.『動物
界』1836～49　手彩色銅版
「グールドの鳥類図譜」講談社　1982
◇p34（カラー）　親鳥, 雛 1863

いはをし
「江戸名作画帖全集 8」騒々堂出版　1995
◇図125（カラー）　堀田正敦編『禽譜』　紙本着色
［東京国立博物館］

イロマジリボウシインコ　Amazona versicolor
「世界大博物図鑑 別巻1」平凡社　1993
◇p227（カラー）　ルヴァイヤン, F.著, バラバン原
図, ラングロワ刷『オウムの自然誌』1801～05
銅版多色刷り

イワサザイ　Xenicus gilviventris
「世界大博物図鑑 別巻1」平凡社　1993
◇p321（カラー）　ブラー, W.L.著, キューレマン
ス, J.G.図『ニュージーランド鳥類誌第2版』
1887～88　手彩色石版図

イワシャコ　Alectoris chukar
「江戸博物文庫 鳥の巻」工作舎　2017
◇p102（カラー）　岩鷭鴣『啓蒙禽譜』1830頃
［国立国会図書館］

イワスズメ　Petronia petronia
「ビュフォンの博物誌」工作舎　1991
◇I106（カラー）『一般と個別の博物誌 ソンニー
ニ版』

イワツグミ
「高松松平家所蔵 衆禽画譜 水禽・野鳥」香川県
歴史博物館友の会博物図譜刊行会　2005
◇p80（カラー）　松平頼恭『衆禽画譜 野鳥帖』江
戸時代　紙本著色 画帖装（折本形式）　33.0×48.
3　［個人蔵］

イワツバメ　Delichon dasypus
「江戸鳥類大図鑑」平凡社　2006
◇p330（カラー）　岩つばめ 飛那 イワツバメとそ
の雛 堀田正敦『禽譜』　［宮城県図書館伊達文
庫］
◇p333（カラー）　かさきりつばめ 堀田正敦『禽
譜』　［宮城県図書館伊達文庫］
「世界大博物図鑑 4」平凡社　1987
◇p235（カラー）　グレー, J.E.著, ホーキンズ,
ウォーターハウス石版『インド動物図譜』1830
～34

イワツバメ　Delichon urbica
「グールドの鳥類図譜」講談社　1982
◇p58（カラー）　成鳥 1869

イワツバメ？　Delichon dasypus？
「江戸鳥類大図鑑」平凡社　2006
◇p337（カラー）　雨つばめ 白あし 堀田正敦『禽
譜』　［宮城県図書館伊達文庫］

イワトビペンギン　Eudyptes chrysocome
「ジョン・グールド 世界の鳥」同朋舎出版　1994
◇176図（カラー）　リヒター, ヘンリー・コンスタ
ンチン画『オーストラリアの鳥類』1840～48

イワトビペンギン　Eudyptes crestatus
「ビュフォンの博物誌」工作舎　1991
◇I238（カラー）『一般と個別の博物誌 ソンニー
ニ版』
「世界大博物図鑑 4」平凡社　1987
◇p26（カラー）　ドルビニ, A.D.著, トラヴィエ原
図『万有博物事典』1837

博物図譜レファレンス事典 動物篇　**349**

いわと　　　　　　　　　　　鳥

イワトビペンギン
「紙の上の動物園」グラフィック社　2017
　◇p155（カラー）　バラー，ウォルター・ローリー
　　『ニュージーランドの鳥の本』　1872〜73？

イワドリ　Rupicola rupicola
「フウチョウの自然誌 博物画の至宝」平凡社
　1994
　◇I–No.51（カラー）　Le Coq de roche mâle　オ
　　ス　ルヴァイヤン，F.著，バラバン，J.原図　1806
　◇I–No.52（カラー）　Le Coq de roche femelle
　　メス　ルヴァイヤン，F.著，バラバン，J.原図
　　1806
　◇I–No.53（カラー）　Le Coq de roche jeune âge
　　オス，幼鳥　ルヴァイヤン，F.著，バラバン，J.原
　　図　1806
「世界大博物図鑑 別巻1」平凡社　1993
　◇p301（カラー）　ギアナイワドリとも　ルヴァイ
　　ヤン，F.著，バラバン原図『フウチョウの自然誌』
　　1806　銅版多色刷り
　◇p301（カラー）　若鳥　ルヴァイヤン，F.著，バラ
　　バン原図『フウチョウの自然誌』　1806　銅版多
　　色刷り
「ビュフォンの博物誌」工作舎　1991
　◇I126（カラー）『一般と個別の博物誌 ソンニー
　　二版』
「世界大博物図鑑 4」平凡社　1987
　◇p295（カラー）　ドルビニ，A.D.著，トラヴィエ
　　原図『万有博物事典』　1837

イワヒバリ　Prunella collaris
「江戸鳥類大図鑑」平凡社　2006
　◇p525（カラー）　はぎとり岩すゝめ　堀田正敦
　　『禽譜』　［宮城県図書館伊達文庫］
「ビュフォンの博物誌」工作舎　1991
　◇I142（カラー）『一般と個別の博物誌 ソンニー
　　二版』
「グールドの鳥類図譜」講談社　1982
　◇p83（カラー）　成鳥の雌雄　1868

イワホオジロ　Emberiza cia
「ビュフォンの博物誌」工作舎　1991
　◇I120（カラー）『一般と個別の博物誌 ソンニー
　　二版』

イワミセキレイ　Dendronanthus indicus
「江戸鳥類大図鑑」平凡社　2006
　◇p303（カラー）　いはみせきれい　堀田正敦『禽
　　譜』　［宮城県図書館伊達文庫］

イワシミミズク　Bubo capensis
「世界大博物図鑑 4」平凡社　1987
　◇p226（カラー）　スミス，A.著，フォード，G.H.原
　　図『南アフリカ動物図譜』　1838〜49　手彩色
　　石版

いんこ
「鳥の手帖」小学館　1990
　◇p207（カラー）　鸚哥・音呼　毛利梅園『梅園禽
　　譜』　天保10（1839）序　［国立国会図書館］

インコ
「紙の上の動物園」グラフィック社　2017

　◇p112（カラー）　エドワーズ，ジョージ 18世紀前
　　半　水彩原画

インドアジサシ　Sterna melanogaster
「世界大博物図鑑 4」平凡社　1987
　◇p187（カラー）　グールド，J.『アジア鳥類図譜』
　　1850〜83

インドオオノガン　Ardeotis nigriceps
「ジョン・グールド 世界の鳥」同朋舎出版　1994
　◇11図（カラー）　グールド，エリザベス画『ヒマラ
　　ヤ山脈鳥類百図』　1830〜33

インドカケス　Garrulus lanceolatus
「ジョン・グールド 世界の鳥」同朋舎出版　1994
　◇2図（カラー）　グールド，エリザベス画『ヒマラ
　　ヤ山脈鳥類百図』　1830〜33

インドキヌバネドリ　Harpactes fasciatus
「世界大博物図鑑 4」平凡社　1987
　◇p245（カラー）　テミンク，C.J.著，プレートル，
　　J.G.原図『新編彩色鳥類図譜』　1820〜39　手彩
　　色銅版画

インドクジャク　Pavo cristatus
「ビュフォンの博物誌」工作舎　1991
　◇I043（カラー）　オス『一般と個別の博物誌 ソン
　　ニー二版』
　◇I044（カラー）　メス『一般と個別の博物誌 ソン
　　ニー二版』
「世界大博物図鑑 4」平凡社　1987
　◇p142（カラー）　ビュフォン，G.L.L., Comte de,
　　トラヴィエ，E.原図『博物誌』　1853〜57　手彩
　　色銅版画

インドコキンメフクロウ　Athene brama
「世界大博物図鑑 別巻1」平凡社　1993
　◇p252（カラー）　テミンク，C.J., ロジエ・ド・
　　シャルトルース，M.著，プレートル原図『新編彩
　　色鳥類図譜』　1820〜39　手彩色銅版画

インドショウノガン　Sypheotides indica
「世界大博物図鑑 別巻1」平凡社　1993
　◇p164（カラー）　グールド，J.『アジア鳥類図譜』
　　1850〜83　手彩色石版
「世界大博物図鑑 4」平凡社　1987
　◇p162（カラー）　テミンク，C.J.著，ユエ，N.原図
　　『新編彩色鳥類図譜』　1820〜39　手彩色銅版画

インドトキコウ？　Mycteria leucocephala？
「江戸鳥類大図鑑」平凡社　2006
　◇p47（カラー）　いろづる『鳥類之図』　［山階鳥
　　類研究所］

インドハゲワシ　Gyps indicus
「世界大博物図鑑 4」平凡社　1987
　◇p75（カラー）　テミンク，C.J.著，ユエ，N.原図
　　『新編彩色鳥類図譜』　1820〜39　手彩色銅版画

インドヒメクロアジサシ　Anous tenuirostris
「ジョン・グールド 世界の鳥」同朋舎出版　1994
　◇168図（カラー）　リヒター，ヘンリー・コンスタ
　　ンチン画『オーストラリアの鳥類』　1840〜48

インドブッポウソウ　Coracias benghalensis
「フウチョウの自然誌 博物画の至宝」平凡社
1994
　◇I−No.27（カラー）　Le Rollier varié des
Moluques　ルヴァイヤン, F.著, バラバン, J.原
図 1806
　◇I−No.28（カラー）　Le Rollier varié d'Afrique
亜種　ルヴァイヤン, F.著, バラバン, J.原図
1806
「ジョン・グールド 世界の鳥」同朋舎出版　1994
　◇275図（カラー）　リヒター, ヘンリー・コンスタ
ンチン画『アジアの鳥類』1849〜83
「世界大博物図鑑 4」平凡社　1987
　◇p251（カラー）　グールド, J.『アジア鳥類図譜』
1850〜83

インドヤイロチョウ　Pitta brachyura
「江戸鳥類大図鑑」平凡社　2006
　◇p579（カラー）　翠花鳥　堀田正敦『禽譜』
［宮城県図書館伊達文庫］

インドヨタカ　Caprimulgus asiaticus
「世界大博物図鑑 4」平凡社　1987
　◇p230（カラー）　グレー, J.E.著, ホーキンズ,
ウォーターハウス石版『インド動物図譜』1830
〜34

【う】

ウ
「紙の上の動物園」グラフィック社　2017
　◇p142（カラー）　ノーゼマン, コルネリウス『オ
ランダの鳥』1770〜1829

ウォーレスズクヨタカ　Aegotheles wallacii
「世界大博物図鑑 4」平凡社　1987
　◇p231（カラー）　グールド, J.『ニューギニア鳥類
図譜』1875〜88　手彩色石版画

うぐいす
「鳥の手帖」小学館　1990
　◇p93（カラー）　鴬　毛利梅園『梅園禽譜』　天保
10（1839）序　［国立国会図書館］

ウグイス　Cettia diphone
「江戸鳥類大図鑑」平凡社　2006
　◇p496（カラー）　うぐひす　堀田正敦『禽譜』
［宮城県図書館伊達文庫］
「鳥獣虫魚譜」八坂書房　1988
　◇p39（カラー）　鴬　松森胤保『両羽禽類図譜』
［酒田市立光丘文庫］

ウグイス
「江戸時代に描かれた鳥たち」ソフトバンク ク
リエイティブ　2012
　◇p86（カラー）　報春鳥　毛利梅園『梅園禽譜』
天保10（1849）序
「彩色 江戸博物学集成」平凡社　1994
　◇p170〜171（カラー）　増山雪斎『百鳥図』　［国
会図書館］

　◇p299（カラー）　川原慶賀『動植物図譜』　［オ
ランダ国立自然史博物館］

ウコッケイ（ニワトリ）　Gallus gallus
domesticus
「江戸博物文庫 鳥の巻」工作舎　2017
　◇p157（カラー）　烏骨鶏　服部雪斎『華鳥譜』
1862　［国立国会図書館］

ウスアミメ
⇒シマキンパラ（ウスアミメ）を見よ

ウスイロハマヒバリ　Eremophila bilopha
「世界大博物図鑑 4」平凡社　1987
　◇p299（カラー）　テミンク, C.J.著, ユエ, N.原図
『新編彩色鳥類図譜』1820〜39　手彩色銅版画

ウスイロモリフクロウ　Strix butleri
「ビュフォンの博物誌」工作舎　1991
　◇I027（カラー）『一般と個別の博物誌 ソンニー
ニ版』

ウスグロハチドリ　Aphantochroa cirrochloris
「ジョン・グールド 世界の鳥」同朋舎出版　1994
　◇204図（カラー）　リヒター, ヘンリー・コンスタ
ンチン画『ハチドリ科の研究』1849〜61

ウスズミヒゲハチドリ　Threnetes niger
「世界大博物図鑑 別巻1」平凡社　1993
　◇p276（カラー）　スウェイソン, W.『動物学図譜』
1820〜23　手彩色石版

ウスハグロキヌバネドリ　Trogon
melanocephalus
「ジョン・グールド 世界の鳥」同朋舎出版　1994
　◇98図（カラー）　オス, オスの雛鳥, メス　リヒ
ター, ヘンリー・コンスタンチン画『キヌバネド
リ科の研究 初版』1858〜75

ウスユキガモ　Marmaronetta angustirostris
「世界大博物図鑑 別巻1」平凡社　1993
　◇p72（カラー）　ボナパルト, C.L.J.L.『イタリア
動物図譜』1832〜41　手彩色石版画

うずら
「鳥の手帖」小学館　1990
　◇p90〜91（カラー）　鶉　毛利梅園『梅園禽譜』
天保10（1839）序　［国立国会図書館］

ウズラ　Coturnix coturnix
「江戸鳥類大図鑑」平凡社　2006
　◇p314（カラー）　雌　堀田正敦『禽譜』
［宮城県図書館伊達文庫］
　◇p315（カラー）　うづら 雄　堀田正敦『禽譜』
［宮城県図書館伊達文庫］
　◇p321（カラー）　鶉鶉 かやくき　堀田正敦『禽
譜』　［宮城県図書館伊達文庫］
「ビュフォンの博物誌」工作舎　1991
　◇I056（カラー）『一般と個別の博物誌 ソンニー
ニ版』
「鳥獣虫魚譜」八坂書房　1988
　◇p31（カラー）　真鶉　オス夏羽, 雌型　松森胤保
『両羽禽類図譜』　［酒田市立光丘文庫］
「グールドの鳥類図譜」講談社　1982

うすら　　　　　　　　　　鳥

◇p149（カラー）　雛，親鳥雄雌 1871

ウズラ　Coturnix japonica
「江戸博物文庫 鳥の巻」工作舎　2017
◇p160（カラー）　鶉　服部雪斎『華鳥譜』　1862
［国立国会図書館］

ウズラ
「江戸時代に描かれた鳥たち」ソフトバンク ク
リエイティブ　2012
◇p104（カラー）　鶉　毛利梅園『梅園禽譜』　天保
10（1849）序
「彩色 江戸博物学集成」平凡社　1994
◇p83（カラー）　メス　松平頼恭『衆禽図』　［松
平公益会］
「江戸の動植物図」朝日新聞社　1988
◇p28（カラー）　松平頼恭，三木文柳『衆禽画譜』
［松平公益会］

ウズラ？　　Coturnix coturnix？
「江戸鳥類大図鑑」平凡社　2006
◇p317（カラー）　わたぼうしうづら　堀田正敦
『禽譜』　［宮城県図書館伊達文庫］

ウヅラ
「高松松平家所蔵 衆禽画譜 水禽・野鳥」香川県
歴史博物館友の会博物図譜刊行会　2005
◇p80（カラー）　松平頼恭『衆禽画譜 野鳥帖』　江
戸時代　紙本著色 画帖装（折本形式）　33.0×48.
3　［個人蔵］

ウズラクイナ　Crex crex
「ビュフォンの博物誌」工作舎　1991
◇I212（カラー）『一般と個別の博物誌 ソンニー
二版』
「世界大博物図鑑 4」平凡社　1987
◇p154（カラー）　ドノヴァン，E.『英国鳥類誌』
1794～1819
「グールドの鳥類図譜」講談社　1982
◇p183（カラー）　親鳥，雛 1863

ウズラシギ　Calidris acuminata
「江戸鳥類大図鑑」平凡社　2006
◇p289（カラー）　むぎわらしぎ　堀田正敦『禽譜』
［宮城県図書館伊達文庫］
◇p291（カラー）　ひばりしぎ　幼羽　堀田正敦
『禽譜』　［宮城県図書館伊達文庫］

ウヅラシギ
「高松松平家所蔵 衆禽画譜 水禽・野鳥」香川県
歴史博物館友の会博物図譜刊行会　2005
◇p40（カラー）　松平頼恭『衆禽画譜 水禽帖』　江
戸時代　紙本著色 画帖装（折本形式）　38.1×48.
7　［個人蔵］

うそ
「鳥の手帖」小学館　1990
◇p99（カラー）　鷽　毛利梅園『梅園禽譜』　天保
10（1839）序　［国立国会図書館］

ウソ　Pyrrhula pyrrhula
「江戸鳥類大図鑑」平凡社　2006
◇p544（カラー）　うそ　オス　堀田正敦『禽譜』

［宮城県図書館伊達文庫］
◇p545（カラー）　おほうそ　堀田正敦『禽譜』
［宮城県図書館伊達文庫］
◇p545（カラー）　大うそ 雌　堀田正敦『禽譜』
［宮城県図書館伊達文庫］
◇p546（カラー）　黒うそ　メス　堀田正敦『禽譜』
［宮城県図書館伊達文庫］
「ジョン・グールド 世界の鳥」同朋舎出版　1994
◇348図（カラー）　リヒター，ヘンリー・コンスタ
ンチン画『イギリスの鳥類』　1862～73
「ビュフォンの博物誌」工作舎　1991
◇I122（カラー）『一般と個別の博物誌 ソンニー
二版』
「世界大博物図鑑 4」平凡社　1987
◇p363（カラー）　ドノヴァン，E.『英国鳥類誌』
1794～1819
「グールドの鳥類図譜」講談社　1982
◇p118（カラー）　オス，メス.亜種P.p.pileataか，
亜種P.p.pyrrhula 1867

ウソ
「江戸時代に描かれた鳥たち」ソフトバンク ク
リエイティブ　2012
◇p97（カラー）　鷽　毛利梅園『梅園禽譜』　天保
10（1849）序
◇p97（カラー）　毛利梅園『梅園禽譜』　天保10
（1849）序
「高松松平家所蔵 衆禽画譜 水禽・野鳥」香川県
歴史博物館友の会博物図譜刊行会　2005
◇p88（カラー）　松平頼恭『衆禽画譜 野鳥帖』　江
戸時代　紙本著色 画帖装（折本形式）　33.0×48.
3　［個人蔵］
「彩色 江戸博物学集成」平凡社　1994
◇p299（カラー）　川原慶賀『動植物図譜』　［オ
ランダ国立自然史博物館］
「グールドの鳥類図譜」講談社　1982
◇p119（カラー）　幼羽幼鳥 1873

ウタイムシクイ　Hippolais polyglotta
（Vieillot 1817）
「フランスの美しい鳥の絵図鑑」グラフィック社
2014
◇p51（カラー）　エチェコパル，ロベール＝ダニエ
ル著，バリュエル，ポール画

ウタツグミ　Turdus philomelos
「ジョン・グールド 世界の鳥」同朋舎出版　1994
◇331図（カラー）　巣，オス，メス　リヒター，ヘン
リー・コンスタンチン画『イギリスの鳥類』
1862～73
「グールドの鳥類図譜」講談社　1982
◇p72（カラー）　メス成鳥，オス成鳥 1866

ウタミソサザイ　Cyphorhinus arada
「ビュフォンの博物誌」工作舎　1991
◇I129（カラー）『一般と個別の博物誌 ソンニー
二版』

ウチワインコ　Prioniturus platurus
「世界大博物図鑑 4」平凡社　1987
◇p207（カラー）　テミンク，C.J.著，プレートル，

鳥　　　　　　　　　　　　　　　　　　　　　　うみけ

J.G.原図『新編彩色鳥類図譜』1820〜39　手彩
色銅版画

ウツクシオナガタイヨウチョウ　Nectarinia
pulchella
「ビュフォンの博物誌」工作舎　1991
◇I156（カラー）『一般と個別の博物誌 ソンニー
版』

ウツクシキヌバネドリ　Trogon elegans
「ジョン・グールド 世界の鳥」同朋舎出版　1994
◇76図（カラー）　オス, メス　グールド, エリザベ
ス画『キヌバネドリ科の研究 初版』1835〜38

ウツクシキヌバネドリ（亜種）　Trogon
elegans ambiguus
「ジョン・グールド 世界の鳥」同朋舎出版　1994
◇77図（カラー）　オス　グールド, エリザベス画
『キヌバネドリ科の研究 初版』1835〜38

ウツクシミドリキヌバネドリ
「グールドの鳥類図譜」講談社　1982
◇p17（白黒）　グールド, エリザベス写生『A
Monograph of the Trogonidae, or Family of
Trogons』1838　石版画

ウッドフォードクイナ　Nesoclopeus
woodfordi
「世界大博物図鑑 別巻1」平凡社　1993
◇p156（カラー）　シャープ, R.B.ほか『大英博物
館鳥類目録』1874〜98　手彩色クロモリトグ
ラフ

うとう
「鳥の手帖」小学館　1990
◇p68〜69（カラー）　善知鳥　毛利梅園『梅園禽
譜』天保10（1839）序　［国立国会図書館］

ウトウ　Cerorhinca monocerata
「江戸博物文庫 鳥の巻」工作舎　2017
◇p92（カラー）　善知鳥『水禽譜』1830頃　［国
立国会図書館］
「江戸鳥類大図鑑」平凡社　2006
◇p223（カラー）　善知鳥　夏羽　堀田正敦『禽譜』
［宮城県図書館伊達文庫］
「鳥獣虫魚譜」八坂書房　1988
◇p49（カラー）　鼻鳥, 善知鳥, 鵜党鳥　夏羽　松
森胤保『両羽禽類図譜』　［酒田市立光丘文庫］

ウトウ　Cerorhinca monocerata Pallas
「高木春山 本草図説 動物」リブロポート　1989
◇p77（カラー）　善知鳥 ウタフ

ウトウ
「江戸時代に描かれた鳥たち」ソフトバンク ク
リエイティブ　2012
◇p117（カラー）　善知鳥　毛利梅園『梅園禽譜』
天保10（1849）序
「江戸の動植物図」朝日新聞社　1988
◇p126〜127（カラー）　毛利梅園『梅園禽譜』
［国立国会図書館］

ウトウ？　Cerorhinca monocerata ?
「江戸鳥類大図鑑」平凡社　2006

◇p224（カラー）　うとう うとう卵　堀田正敦『禽
譜』　［宮城県図書館伊達文庫］

ウミアイサ　Mergus serrator
「江戸博物文庫 鳥の巻」工作舎　2017
◇p17（カラー）　海秋沙　河野通明写『奇鳥生写
図』1807　［国立国会図書館］
「江戸鳥類大図鑑」平凡社　2006
◇p140（カラー）　あいさかも　オス　堀田正敦
『禽譜』　［宮城県図書館伊達文庫］
◇p143（カラー）　海あいさ　オス　堀田正敦『禽
譜』　［宮城県図書館伊達文庫］
◇p143（カラー）　うみあいさ　オス　堀田正敦
『禽譜』　［宮城県図書館伊達文庫］
◇p143（カラー）　あいさ 別種　オス　堀田正敦
『禽譜』　［宮城県図書館伊達文庫］
「鳥獣虫魚譜」八坂書房　1988
◇p46（カラー）　アイサ　オス　松森胤保『両羽禽
類図譜』　［酒田市立光丘文庫］
「グールドの鳥類図譜」講談社　1982
◇p205（カラー）　雛, 親鳥 1862

ウミウ
「高松松平家所蔵 衆禽画譜 水禽・野鳥」香川県
歴史博物館友の会博物図譜刊行会　2005
◇p55（カラー）　松平頼恭『衆禽画譜 水禽帖』 江
戸時代　紙本著色 画帖装（折本形式）38.1×48.
7　［個人蔵］

ウミウ　Phalacrocorax capillatus
「江戸鳥類大図鑑」平凡社　2006
◇p208（カラー）　島鵜　夏羽　堀田正敦『禽譜』
［宮城県図書館伊達文庫］

ウミガラス　Uria aalge
「江戸鳥類大図鑑」平凡社　2006
◇p184（カラー）　ヤリ 平家タヲシ　冬羽　堀田正
敦『禽譜』　［宮城県図書館伊達文庫］
「ビュフォンの博物誌」工作舎　1991
◇I246（カラー）『一般と個別の博物誌 ソンニー
ニ版』
「グールドの鳥類図譜」講談社　1982
◇p211（カラー）　2羽の夏羽成鳥 1873

ウミガラス、オロロンチョウ　Uria aalge
「ジョン・グールド 世界の鳥」同朋舎出版　1994
◇373図（カラー）　繁殖期の羽毛　リヒター, ヘン
リー・コンスタンチン画『イギリスの鳥類』
1862〜73

ウミガン
「高松松平家所蔵 衆禽画譜 水禽・野鳥」香川県
歴史博物館友の会博物図譜刊行会　2005
◇p20（カラー）　松平頼恭『衆禽画譜 水禽帖』 江
戸時代　紙本著色 画帖装（折本形式）38.1×48.
7　［個人蔵］

ウミケリ
「高松松平家所蔵 衆禽画譜 水禽・野鳥」香川県
歴史博物館友の会博物図譜刊行会　2005
◇p66（カラー）　松平頼恭『衆禽画譜 水禽帖』 江
戸時代　紙本著色 画帖装（折本形式）38.1×48.

うみす　　　　　　　　　　　　鳥

7　［個人蔵］

ウミスヾメ
「高松松平家所蔵 衆禽画譜 水禽・野鳥」香川県
歴史博物館友の会博物図譜刊行会　2005
　◇p60（カラー）　松平頼恭『衆禽画譜 水禽帖』江
　戸時代　紙本著色 画帖装（折本形式）38.1×48.
　7　［個人蔵］

ウミスズメ　Synthliboramphus antiquus
「江戸鳥類大図鑑」平凡社　2006
　◇p195（カラー）　海すゞめ　冬羽 堀田正敦『禽
　譜』　［宮城県図書館伊達文庫］
　◇p195（カラー）　うみすゞめ　冬羽 堀田正敦
　『禽譜』　［宮城県図書館伊達文庫］
　◇p196（カラー）　嶋とり　堀田正敦『禽譜』
　［宮城県図書館伊達文庫］
「世界大博物図鑑 別巻1」平凡社　1993
　◇p177（カラー）　日本産の個体　シーボルト, P.
　F.von『日本動物誌』1833～50　手彩色石版

ウミトリ
「高松松平家所蔵 衆禽画譜 水禽・野鳥」香川県
歴史博物館友の会博物図譜刊行会　2005
　◇p65（カラー）　松平頼恭『衆禽画譜 水禽帖』江
　戸時代　紙本著色 画帖装（折本形式）38.1×48.
　7　［個人蔵］

ウミネコ　Larus crassirostris
「江戸博物文庫 鳥の巻」工作舎　2017
　◇p146（カラー）　海猫　服部雪斎『華鳥譜』
　1862　［国立国会図書館］

ウミネコ？　Larus crassirostris ?
「江戸鳥類大図鑑」平凡社　2006
　◇p203（カラー）　嶋かもめ　幼羽 堀田正敦『禽
　譜』　［宮城県図書館伊達文庫］

ウロコウズラ　Callipepla squamata
「ジョン・グールド 世界の鳥」同朋舎出版　1994
　◇191図（カラー）　リヒター, ヘンリー・コンスタ
　ンチン画『アメリカ産ウズラ類の研究』1844～
　50

ウロコカワラバト　Columba guinea
「世界大博物図鑑 別巻1」平凡社　1993
　◇p184（カラー）　クニップ夫人『ハト図譜』
　1808～11　手彩色銅版

ウロコバト　Columba speciosa
「ビュフォンの博物誌」工作舎　1991
　◇I066（カラー）『一般と個別の博物誌 ソンニー
　ニ版』

ウロコフウチョウ　Ptiloris paradiseus
「世界大博物図鑑 別巻1」平凡社　1993
　◇p401（カラー）　レッソン, R.P.『フウチョウの
　自然誌』1835　手彩色銅版

ウロコユミハチドリ　Phaethornis eurynome
「ジョン・グールド 世界の鳥」同朋舎出版　1994
　◇202図（カラー）　リヒター, ヘンリー・コンスタ
　ンチン画『ハチドリ科の研究』1849～61

【え】

エクアドルヤマハチドリ　Oreotrochilus
chimborazo
「ジョン・グールド 世界の鳥」同朋舎出版　1994
　◇207図（カラー）　オス, メス, 若鳥　リヒター, ヘ
　ンリー・コンスタンチン画『ハチドリ科の研究』
　1849～61

エジプトガン　Alopochen aegyptiacus
「世界大博物図鑑 別巻1」平凡社　1993
　◇p64（カラー）　ビュフォン, G.L.L., Comte de
　『一般と個別の博物誌（ソンニーニ版）』1799～
　1808　銅版 カラー印刷
「ビュフォンの博物誌」工作舎　1991
　◇I230（カラー）『一般と個別の博物誌 ソンニー
　ニ版』
「世界大博物図鑑 4」平凡社　1987
　◇p63（カラー）　ドノヴァン, E.『英国鳥類誌』
　1794～1819

エジプトハゲワシ　Neophron percnopterus
「ジョン・グールド 世界の鳥」同朋舎出版　1994
　◇303図（カラー）　成鳥, 若鳥　ヴォルフ, ヨゼフ,
　リヒター, ヘンリー・コンスタンチン画『イギリ
　スの鳥類』1862～73
「世界大博物図鑑 別巻1」平凡社　1993
　◇p81（カラー）　ヴィエイヨー, L.J.P.著, ウダー
　ル, P.L.原図『鳥類画廊』1820～26
「ビュフォンの博物誌」工作舎　1991
　◇I011（カラー）『一般と個別の博物誌 ソンニー
　ニ版』
「グールドの鳥類図譜」講談社　1982
　◇p34（カラー）　成鳥, 幼鳥 1872

エスキモーコシャクシギ　Numenius borealis
「世界大博物図鑑 別巻1」平凡社　1993
　◇p168（カラー）　オーデュボン, J.J.L.著, ヘーベ
　ル, ロバート・ジュニア製版『アメリカの鳥類』
　1827～38　［ニューオーリンズ市立博物館］

エゾビタキ　Muscicapa griseisticta
「江戸鳥類大図鑑」平凡社　2006
　◇p506（カラー）　さめちう さめびたき　堀田正敦
　『禽譜』　［宮城県図書館伊達文庫］
　◇p508（カラー）　めだいむしくひ 大目鳥　堀田正
　敦『禽譜』　［宮城県図書館伊達文庫］

エゾビタキ？　Muscicapa griseisticta ?
「江戸鳥類大図鑑」平凡社　2006
　◇p507（カラー）　島びたき　幼鳥 堀田正敦『禽
　譜』　［宮城県図書館伊達文庫］

エゾライチョウ　Tetrastes bonasia
「江戸鳥類大図鑑」平凡社　2006
　◇p603（カラー）　やまとり雷鳥 一種　オス　堀
　田正敦『堀田禽譜』　［東京国立博物館］
「日本の博物図譜」東海大学出版会　2001
　◇図34（カラー）　中島仰山筆『鳥類図』　［東京国
　立博物館］

354　博物図譜レファレンス事典 動物篇

鳥　　　　　　　　　　　　　　　　　　　　　　　　　　えぼし

「ビュフォンの博物誌」工作舎　1991
　　◇I041（カラー）『一般と個別の博物誌 ソンニー
　　　二版』

江戸時代の愛玩用バト　Columba livia var.
domestica
「世界大博物図鑑 別巻1」平凡社　1993
　　◇p191（カラー）『鳩図』江戸末期

エトピリカ　Fratercula cirrhata
「江戸博物文庫 鳥の巻」工作舎　2017
　　◇p59（カラー）　花魁鳥　増山正賢『百鳥図』
　　　1800頃　［国立国会図書館］

エトピリカ　Lunda cirrhata
「江戸鳥類大図鑑」平凡社　2006
　　◇p226（カラー）　ゑとぴりか　夏羽　堀田正敦
　　　『禽譜』　［宮城県図書館伊達文庫］
「世界大博物図鑑 別巻1」平凡社　1993
　　◇p177（カラー）『博物館禽譜』　1875〜79（明治8〜
　　　12）編集　［東京国立博物館］
　　◇p177（カラー）　おそらくシベリア産のもの
　　　ヴィエイヨー, L.J.P.著, ウダール, P.L.原図『鳥
　　　類画廊』　1820〜26
「鳥獣虫魚譜」八坂書房　1988
　　◇p48（カラー）　ハモシッペイ　冬羽　松森胤保
　　　『両羽禽類図譜』　［酒田市立光丘文庫］

エトロフウミスズメ　Aethia cristatella
「江戸鳥類大図鑑」平凡社　2006
　　◇p227（カラー）　コロコロ　夏羽の頭部　堀田正
　　　敦『禽譜』　［宮城県図書館伊達文庫］
「世界大博物図鑑 4」平凡社　1987
　　◇p191（カラー）　テミンク, C.J.著, ユエ, N.原図
　　　『新編彩色鳥類図譜』　1820〜39　手彩色銅版画

エトロフウミスズメ
「彩色 江戸博物学集成」平凡社　1994
　　◇p187（カラー）　コロコロ　堀田正敦『大禽譜 水
　　　禽（下）』　［宮城県図書館］

エナガ　Aegithalos caudatus
「フランスの美しい鳥の絵図鑑」グラフィック社
2014
　　◇p117（カラー）　エチェコパル, ロベール＝ダニ
　　　エル著, バリュエル, ポール画
　　◇p121（カラー）　エチェコパル, ロベール＝ダニ
　　　エル著, バリュエル, ポール画
「江戸鳥類大図鑑」平凡社　2006
　　◇p376（カラー）　えなが　幼鳥　堀田正敦『禽譜』
　　　［宮城県図書館伊達文庫］
　　◇p378（カラー）　鷦えなが　堀田正敦『禽譜』
　　　［宮城県図書館伊達文庫］
「ジョン・グールド 世界の鳥」同朋舎出版　1994
　　◇328図（カラー）　若鳥　ハート, ウィリアム画
　　　『イギリスの鳥類』　1862〜73
　　◇329図（カラー）　巣, 雛, 親鳥　リヒター, ヘン
　　　リー・コンスタンチン画『イギリスの鳥類』
　　　1862〜73
「ビュフォンの博物誌」工作舎　1991
　　◇I153（カラー）『一般と個別の博物誌 ソンニー
　　　二版』

「グールドの鳥類図譜」講談社　1982
　　◇p69（カラー）　雛, 親鳥　1862
　　◇p70（カラー）　幼鳥　1873

エナガ　Aegithalos caudatus trivirgatus
「フランスの美しい鳥の絵図鑑」グラフィック社
2014
　　◇p123（カラー）　エチェコパル, ロベール＝ダニ
　　　エル著, バリュエル, ポール画
「鳥獣虫魚譜」八坂書房　1988
　　◇p26（カラー）　嶋柄長　松森胤保『両羽禽類図
　　　譜』　［酒田市立光丘文庫］

エナガ
「高松松平家所蔵 衆禽画譜 水禽・野鳥」香川県
歴史博物館友の会博物図譜刊行会　2005
　　◇p95（カラー）　松平頼恭『衆禽画譜 野鳥帖』江
　　　戸時代　紙本著色 画帖装（折本形式）　33.0×48.
　　　3　［個人蔵］

エピオルニスの卵　Aepyornis maximus
「世界大博物図鑑 別巻1」平凡社　1993
　　◇p25（カラー）　ロウリ, G.D.『鳥類学雑録』
　　　1875〜78　手彩色石版

エボシウズラ　Callipepla douglasii
「ジョン・グールド 世界の鳥」同朋舎出版　1994
　　◇192図（カラー）　リヒター, ヘンリー・コンスタ
　　　ンチン画『アメリカ産ウズラ類の研究』　1844〜
　　　50

エボシガラ　Baeolophus bicolor（Linné 1766）
「フランスの美しい鳥の絵図鑑」グラフィック社
2014
　　◇p239（カラー）　エチェコパル, ロベール＝ダニ
　　　エル著, バリュエル, ポール画

エボシキジ（カンムリキジ）　Catreus
wallichii
「世界大博物図鑑 別巻1」平凡社　1993
　　◇p128（カラー）『動物図鑑』　1874頃　手彩色石
　　　版図

エボシキジの幼鳥　Catreus wallichii
「世界大博物図鑑 別巻1」平凡社　1993
　　◇p128（カラー）『ロンドン動物学協会紀要』　1861
　　　〜90,1891〜1929　［東京大学理学部動物学図書
　　　室］

エボシコクジャク　Polyplectron malacense
「江戸鳥類大図鑑」平凡社　2006
　　◇p592（カラー）　金銭鶏　オス　堀田正敦『禽譜』
　　　［宮城県図書館伊達文庫］

エボシコクジャク
「江戸名作画帖全集 8」駸々堂出版　1995
　　◇図141（カラー）　せいらん　雄　堀田正敦編『禽
　　　譜』　紙本着色　［東京国立博物館］

エボシドリ　Tauraco corythaix
「世界大博物図鑑 4」平凡社　1987
　　◇p214（カラー）　テミンク, C.J.著, ユエ, N.原図
　　　『新編彩色鳥類図譜』　1820〜39　手彩色銅版画

博物図譜レファレンス事典 動物篇　**355**

えぼし   鳥

エボシドリ　Tauraco leucotis
「ビュフォンの博物誌」工作舎　1991
　◇I160（カラー）『一般と個別の博物誌 ソンニーニ版』

エボシドリ（ミナミアフリカエボシドリ）
　Tauraco corythaix
「世界大博物図鑑 別巻1」平凡社　1993
　◇p236（カラー）　ルヴァイヤン, F.著, バラバン原図『フウチョウの自然誌』　1806　銅版多色刷り

エボシフジイロヒタキ　Hypothimis coelestis
「世界大博物図鑑 別巻1」平凡社　1993
　◇p345（カラー）『ロンドン動物学協会紀要』　1861～90,1891～1929　［東京大学理学部動物学図書室］

ヱボリ
「高松松平家所蔵 衆禽画譜 水禽・野鳥」香川県歴史博物館友の会博物図譜刊行会　2005
　◇p75（カラー）　松平頼恭『衆禽画譜 水禽帖』　江戸時代　紙本著色 画帖装（折本形式）　38.1×48.7　［個人蔵］

エミュー　Dromaius novaehollandiae
「ジョン・グールド 世界の鳥」同朋舎出版　1994
　◇156図（カラー）　エミューと雛 ハート, ウィリアム画『オーストラリアの鳥類』　1840～48
「世界大博物図鑑 4」平凡社　1987
　◇p19（カラー）　成鳥と雛 グールド, J.『オーストラリア鳥類図譜』　1840～48

エミュームシクイ　Stipiturus malachurus
「ジョン・グールド 世界の鳥」同朋舎出版　1994
　◇124図（カラー）　グールド, エリザベス画『オーストラリアの鳥類』　1840～48

エリグロアジサシ　Sterna sumatrana
「世界大博物図鑑 別巻1」平凡社　1993
　◇p176（カラー）　テミンク, C.J., ロジエ・ド・シャルトルース, M.著『新編彩色鳥類図譜』　1820～39　手彩色銅板画

エリマキシギ　Philomachus pugnax
「ビュフォンの博物誌」工作舎　1991
　◇I198（カラー）　発情と換羽『一般と個別の博物誌 ソンニーニ版』
「グールドの鳥類図譜」講談社　1982
　◇p170（カラー）　夏羽のメス, オス　1871

エリマキシギ
「グールドの鳥類図譜」講談社　1982
　◇p171（カラー）　秋期の若鳥　1872

エリマキシギ?　Philomachus pugnax ?
「江戸鳥類大図鑑」平凡社　2006
　◇p287（カラー）　はましぎ 堀田正敦『禽譜』　［宮城県図書館伊達文庫］
　◇p299（カラー）　咬嚼吧甲鳴 堀田正敦『禽譜』　［宮城県図書館伊達文庫］

エリマキミツスイ　Prosthemadera novaeseelandiae
「世界大博物図鑑 別巻1」平凡社　1993
　◇p353（カラー）　ヴィエイヨー, L.J.P.著, ウダール, P.L.原図『鳥類画廊』　1820～26
　◇p353（カラー）　成鳥, 若鳥 ブラー, W.L.著, キューレマンス, J.G.図『ニュージーランド鳥類誌第2版』　1887～88　手彩色石版図
　◇p353（カラー）　ブラウン, P.『新動物学図録』　1776　手彩色銅版
「世界大博物図鑑 4」平凡社　1987
　◇p351（カラー）　キュヴィエ, G.L.C.F.D.『動物界』　1836～49　手彩色銅版

エンビシキチョウ　Enicurus leschenaulti
「江戸鳥類大図鑑」平凡社　2006
　◇p413（カラー）　信鳥 堀田正敦『禽譜』　［宮城県図書館伊達文庫］

エンビシキチョウ?　Enicurus leschenaulti ?
「江戸鳥類大図鑑」平凡社　2006
　◇p696（カラー）　双喜 堀田正敦『禽譜』　［宮城県図書館伊達文庫］

エンビテリハチドリ　Heliodoxa imperatrix
「ジョン・グールド 世界の鳥」同朋舎出版　1994
　◇244図（カラー）　オス, メス リヒター, ヘンリー・コンスタンチン画『ハチドリ科の研究』　1849～61

エンビヒメエメラルドハチドリ
　Chlorostilbon canivetii
「ジョン・グールド 世界の鳥」同朋舎出版　1994
　◇257図（カラー）　リヒター, ヘンリー・コンスタンチン画『ハチドリ科の研究』　1849～61

エンビモリハチドリ（亜種）　Thalurania furcata refulgens
「ジョン・グールド 世界の鳥」同朋舎出版　1994
　◇215図（カラー）　リヒター, ヘンリー・コンスタンチン画『ハチドリ科の研究』　1849～61

【 お 】

オウカンエボシドリ　Tauraco hartlaubi
「世界大博物図鑑 4」平凡社　1987
　◇p214（カラー）　スミス, A.著, フォード, G.H.原図『南アフリカ動物図譜』　1838～49　手彩色石版

オウカンフウキンチョウ　Stephanophorus diadematus
「世界大博物図鑑 4」平凡社　1987
　◇p355（カラー）　テミンク, C.J.著, プレートル, J.G.原図『新編彩色鳥類図譜』　1820～39　手彩色銅版画

オウギアイサ　Mergus cucullatus
「世界大博物図鑑 4」平凡社　1987
　◇p63（カラー）　キュヴィエ, G.L.C.F.D.『動物界』　1836～49　手彩色銅版

鳥　　　　　　　　　　　　　　　　　　　　　　　　　　　おおあ

「グールドの鳥類図譜」講談社　1982
　◇p205（カラー）　オス、メス　1866

オウギタイランチョウ　Onychorhynchus
coronatus
「世界大博物図鑑　4」平凡社　1987
　◇p290（カラー）　ビュフォン, G.L.L., Comte de,
トラヴィエ, E.原図『博物誌』　1853〜57　手彩
色銅版画

オウギハチドリ　Eulampis jugularis
「ジョン・グールド 世界の鳥」同朋舎出版　1994
　◇208図（カラー）　リヒター, ヘンリー・コンスタ
ンチン画『ハチドリ科の研究』　1849〜61
「世界大博物図鑑　4」平凡社　1987
　◇p242（カラー）　ビュフォン, G.L.L., Comte de,
トラヴィエ, E.原図『博物誌』　1853〜57　手彩
色銅版画

オウギバト　Goura victoria
「世界大博物図鑑　別巻1」平凡社　1993
　◇p192（カラー）　グレイ, G.R.『鳥類属別大系』
1844〜49

オウギビタキ　Rhipidura rufifrons
「世界大博物図鑑　4」平凡社　1987
　◇p338（カラー）　グールド, J.『ニューギニア鳥類
図譜』　1875〜88　手彩色石版

オウギワシ　Harpia harpyja
「世界大博物図鑑　4」平凡社　1987
　◇p78（カラー）　テミンク, C.J.著, ユエ, N.原図
『新編彩色鳥類図譜』　1820〜39　手彩色銅版画

オウゴンアメリカムシクイ　Protonotaria
citrea
「ビュフォンの博物誌」工作舎　1991
　◇I148（カラー）『一般と個別の博物誌 ソンニー
ニ版』

オウゴンサファイアハチドリ　Hylocharis
eliciae
「ジョン・グールド 世界の鳥」同朋舎出版　1994
　◇255図（カラー）　リヒター, ヘンリー・コンスタ
ンチン画『ハチドリ科の研究』　1849〜61

オウゴンチュウハシ　Baillonius bailloni
「フウチョウの自然誌 博物画の至宝」平凡社
1994
　◇II-No.18（カラー）　L'Aracari baillon　ルヴァ
イヤン, F.著, バラバン, J.原図 1806
「ジョン・グールド 世界の鳥」同朋舎出版　1994
　◇50図（カラー）　リア, エドワード画『オオハシ科
の研究 初版』　1833〜35
　◇71図（カラー）　リヒター, ヘンリー・コンスタ
ンチン画『オオハシ科の研究 再版』　1852〜54

オウゴンニワシドリ　Prionodura newtoniana
「世界大博物図鑑　4」平凡社　1987
　◇p378（カラー）　オーストラリア産の雌雄　マ
シューズ, G.M.『オーストラリアの鳥類』　1910
〜28　手彩色石版

オウゴンフウチョウモドキ　Sericulus aureus
「フウチョウの自然誌 博物画の至宝」平凡社
1994
　◇I-No.18（カラー）　Le Loriot de Paradis mâle
オス　ルヴァイヤン, F.著, バラバン, J.原図
1806
　◇I-No.19（カラー）　Le Loriot de Paradis
femelle　オス, 亜成鳥　ルヴァイヤン, F.著, バ
ラバン, J.原図 1806
「ジョン・グールド 世界の鳥」同朋舎出版　1994
　◇396図（カラー）　ハート, ウィリアム画『ニュー
ギニアの鳥類』　1875〜88
「世界大博物図鑑　4」平凡社　1987
　◇p379（カラー）　レッスン, R.P.著, プレートル原
図, レモン銅版『フウチョウの自然誌』　1835
手彩色銅版図

オウサマペンギン　Aptenodytes patagonicus
「ビュフォンの博物誌」工作舎　1991
　◇I247（カラー）『一般と個別の博物誌 ソンニー
ニ版』

オウチュウ　Dicrurus macrocercus
「江戸鳥類大図鑑」平凡社　2006
　◇p337（カラー）　くろとり 山つばめ 別種　堀田
正敦『禽譜』　［宮城県図書館伊達文庫］

おうむ
「鳥の手帖」小学館　1990
　◇p205（カラー）　鸚鵡　毛利梅園『梅園禽譜』　天
保10（1839）序　［国立国会図書館］

オウム
「紙の上の動物園」グラフィック社　2017
　◇p112〜113（カラー）　エドワーズ, ジョージ 18
世紀前半　水彩原画

オウムハシハワイマシコ　Pseudonestor
xanthophrys
「世界大博物図鑑　別巻1」平凡社　1993
　◇p377（カラー）　ウィルソン, S.B., エヴァンズ,
A.H.著, フロホーク, F.W.原図『ハワイ鳥類学』
1890〜99

オオアオサギ　Ardea herodias
「世界大博物図鑑　別巻1」平凡社　1993
　◇p44（カラー）　オーデュボン, J.J.L.著, ヘーベ
ル, ロバート・ジュニア製版『アメリカの鳥類』
1827〜38　［ニューオーリンズ市立博物館］

オオアオバト　Treron capellei
「世界大博物図鑑　別巻1」平凡社　1993
　◇p196（カラー）　テミンク, C.J., ロジエ・ド・
シャルトルース, M.著『新編彩色鳥類図譜』
1820〜39　手彩色銅板画

オオアカゲラ　Dendrocopos leucotos
「鳥獣虫魚譜」八坂書房　1988
　◇p29（カラー）　大花啄木　オス　松森胤保『両羽
禽類図譜』　［酒田市立光丘文庫］
「グールドの鳥類図譜」講談社　1982
　◇p134（カラー）　オス成鳥, 成鳥　1873

博物図譜レファレンス事典 動物篇　**357**

おおあ　鳥

オオアカゲラ？　Dendrocopos leucotos ?
「江戸鳥類大図鑑」平凡社　2006
◇p484（カラー）　てらつゝき あかけら 雌雄　堀田正敦『禽譜』　［宮城県図書館伊達文庫］

オオイッコウチョウ　Amadina erythrocephala
「世界大博物図鑑 4」平凡社　1987
◇p370（カラー）　スミス, A.著, フォード, G.H.原図『南アフリカ動物図譜』　1838～49　手彩色石版

オオウミガラス　Alca impennis
「世界大博物図鑑 別巻1」平凡社　1993
◇p176（カラー）　ロスチャイルド, L.W.『絶滅鳥類誌』　1907　彩色クロモリトグラフ　［個人蔵］
◇p176（カラー）　オーデュボン, J.J.L.『アメリカの鳥類第2版』　1840～44　手彩色石版
「グールドの鳥類図譜」講談社　1982
◇p210（カラー）　絶滅種　1873

オオウミガラス　Pinguinus impennis
「ジョン・グールド 世界の鳥」同朋舎出版　1994
◇39図（カラー）　夏毛　リア, エドワード画『ヨーロッパの鳥類』　1832～37
「ビュフォンの博物誌」工作舎　1991
◇I245（カラー）　絶滅種『一般と個別の博物誌 ソンニーニ版』
◇I247（カラー）『一般と個別の博物誌 ソンニーニ版』
「世界大博物図鑑 4」平凡社　1987
◇p26（カラー）　パングァン　ビュフォン, G.L.L., Comte de, ド・セーヴ原図『一般と個別の博物誌 ソンニーニ版』　1799～1808　銅版 カラー印刷

オオウミガラス
「紙の上の動物園」グラフィック社　2017
◇p34（カラー）　ロスチャイルド, ライオネル・ウォルター『絶滅した鳥たち』　1907

オオウロコフウチョウ　Ptiloris magnifica
「世界大博物図鑑 別巻1」平凡社　1993
◇p400（カラー）　ルヴァイヤン, F.著, バラバン原図『フウチョウの自然誌』　1806　銅版多色刷り

オオウロコフウチョウ　Ptiloris magnificus
「ジョン・グールド 世界の鳥」同朋舎出版　1994
◇382図（カラー）　オス, メス　ハート, ウィリアム画『ニューギニアの鳥類』　1875～88
「ビュフォンの博物誌」工作舎　1991
◇I085（カラー）『一般と個別の博物誌 ソンニーニ版』
「世界大博物図鑑 4」平凡社　1987
◇p379（カラー）　マシューズ, G.M.『オーストラリアの鳥類』　1910～28　手彩色石版

オオウロコフウチョウの基準亜種　Ptiloris magnifica magnifica
「世界大博物図鑑 別巻1」平凡社　1993
◇p400（カラー）　メス　レッソン, R.P.『動物百図』　1830～32
◇p400（カラー）　ニューギニア亜種　レッソン,

R.P.著, プレートル原図『動物百図』　1830～32

オオオニカッコウ　Scythrops novaehollandiae
「ジョン・グールド 世界の鳥」同朋舎出版　1994
◇137図（カラー）　リヒター, ヘンリー・コンスタンチン画『オーストラリアの鳥類』　1840～48
「世界大博物図鑑 4」平凡社　1987
◇p215（カラー）　テミンク, C.J.著, ユエ, N.原図『新編彩色鳥類図譜』　1820～39　手彩色銅版画

オオカイツブリ　Podiceps major
「世界大博物図鑑 4」平凡社　1987
◇p27（カラー）　グリュンボルト, H.『南米猟鳥・水鳥図譜』　［1915］～17　手彩色石版図

オヽカシラシギ
「高松松平家所蔵 衆禽画譜 水禽・野鳥」香川県歴史博物館友の会博物図譜刊行会　2005
◇p36（カラー）　松平頼恭『衆禽画譜 水禽帖』　江戸時代　紙本著色 画帖装（折本形式）　38.1×48.7　［個人蔵］

大型カモメ類
「江戸鳥類大図鑑」平凡社　2006
◇p204（カラー）　うみとり 幼鳥　堀田正敦『禽譜』　［宮城県図書館伊達文庫］

オオカナリア　Serinus sulphuratus
「江戸鳥類大図鑑」平凡社　2006
◇p527（カラー）　カアプスカナアリヤ　堀田正敦『禽譜』　［宮城県図書館伊達文庫］
◇p687（カラー）　かなありや　堀田正敦『禽譜』　［宮城県図書館伊達文庫］

オオカモメ　Larus marinus
「ビュフォンの博物誌」工作舎　1991
◇I223（カラー）『一般と個別の博物誌 ソンニーニ版』
「グールドの鳥類図譜」講談社　1982
◇p215（カラー）　成鳥, 幼鳥　1873

オオガラパゴスフィンチ　Geospiza magnirostris
「世界大博物図鑑 別巻1」平凡社　1993
◇p369（カラー）　ダーウィン, C.R.編, グールド, J.原図, グールド, E.石版『ビーグル号報告動物学編』　1839～43　手彩色石版

オオカラモズ　Lanius sphenocercus
「江戸鳥類大図鑑」平凡社　2006
◇p427（カラー）　深山三くはう　堀田正敦『禽譜』　［宮城県図書館伊達文庫］
◇p558（カラー）　寒露　堀田正敦『禽譜』　［宮城県図書館伊達文庫］
「世界大博物図鑑 4」平凡社　1987
◇p311（カラー）　ダヴィド神父, A.著, アルヌル石版『中国産鳥類』　1877　手彩色石版

オオカラモズ
「彩色 江戸博物学集成」平凡社　1994
◇p110（カラー）　小野蘭山『衆鳥図』　［東洋文庫］

鳥　　　　　　　　　　　　　　　　　　　おおし

オオカワラヒワ
⇒カワラヒワ（オオカワラヒワ）を見よ

オオキボウシインコ　Amazona ochrocephala oratrix
「舶来鳥獣図誌」八坂書房　1992
◇p45（カラー）　黄頭青音呼　若鳥『阿蘭船持渡鳥獣之図』　文政9（1826）渡来　［慶應義塾図書館］

オオキボウシインコ
「江戸時代に描かれた鳥たち」ソフトバンク ク リエイティブ　2012
◇p34（カラー）　黄頭青音呼『外国珍禽異鳥図』 江戸末期

オオキリハシ　Jacamerops aurea
「フウチョウの自然誌 博物画の至宝」平凡社 1994
◇II–No.53（カラー）　Le grand Jacamar　ルヴァ イヤン、F.著、バラバン、J.原図 1806
◇II–No.54（カラー）　Le Jacamarici　ルヴァイヤ ン、F.著、バラバン、J.原図 1806

オオギンカイツブリ
⇒ベルーカイツブリ（オオギンカイツブリ）を 見よ

オオクイナ　Rallina eurizonoides
「世界大博物図鑑 4」平凡社　1987
◇p155（カラー）　テミンク、C.J.著、ユエ、N.原図 『新編彩色鳥類図譜』 1820～39　手彩色銅版画

オオクロノスリ　Buteogallus urubitinga
「世界大博物図鑑 4」平凡社　1987
◇p90（カラー）　若鳥　テミンク、C.J.著、ユエ、N. 原図『新編彩色鳥類図譜』 1820～39　手彩色銅 版画

オオクロノスリ　Spizaetus ornatus
「ビュフォンの博物誌」工作舎　1991
◇I006（カラー）『一般と個別の博物誌 ソンニー ニ版』

オオコシアカツバメ？　Hirundo striolata？
「江戸鳥類大図鑑」平凡社　2006
◇p329（カラー）　わしつばめ おほつばめ くろつ ばめ　堀田正敦『禽譜』　［宮城県図書館伊達文 庫］

オオゴシキドリ　Megalaima virens
「フウチョウの自然誌 博物画の至宝」平凡社 1994
◇II–No.20（カラー）　Le grand Barbu　ルヴァイ ヤン、F.著、バラバン、J.原図 1806

オオコノハズク　Otus bakkamoena
「世界大博物図鑑 4」平凡社　1987
◇p226（カラー）　ペナント、T.著、パーキンソン、 シドニー原図『インド動物』 1790

オオコノハズク　Otus lempiji
「江戸博物文庫 鳥の巻」工作舎　2017
◇p66（カラー）　大木葉木菟　牧野貞幹『鳥類写生 図』 1810頃　［国立国会図書館］

「江戸鳥類大図鑑」平凡社　2006
◇p669（カラー）　このはづく　堀田正敦『禽譜』 ［宮城県図書館伊達文庫］

オオコノハズク
「江戸時代に描かれた鳥たち」ソフトバンク ク リエイティブ　2012
◇p99（カラー）　鴟鵂／木菟　毛利梅園『梅園禽譜』 天保10（1849）序
「彩色 江戸博物学集成」平凡社　1994
◇p50（カラー）　尾形光琳『鳥獣写生図巻』　［文 化庁］
「江戸の動植物図」朝日新聞社　1988
◇p128（カラー）　毛利梅園『梅園禽譜』　［国立 国会図書館］

オオサイチョウ　Buceros bicornis
「ジョン・グールド 世界の鳥」同朋舎出版　1994
◇5図（カラー）　グールド、エリザベス画『ヒマラ ヤ山脈鳥類百図』 1830～33
「世界大博物図鑑 別巻1」平凡社　1993
◇p288（カラー）　色彩はかなり不正確　ルヴァイ ヤン、F.著、バラバン、J.原図、ラングロワ刷『サ イチョウ・カザリドリ図譜』 1801～02　銅版多 色刷り
◇p288（カラー）　エリオット、D.G.著、キューレ マンス、J.G.石版、ヴォルフ、J.図『サイチョウ科 鳥類図譜』 1877～82　手彩色石版

オオシギ
「高松松平家所蔵 衆禽画譜 水禽・野鳥」香川県 歴史博物館友の会博物図譜刊行会　2005
◇p37（カラー）　松平頼恭『衆禽画譜 水禽帖』 江 戸時代　紙本著色 画帖装（折本形式）　38.1×48. 7　［個人蔵］

オオシギダチョウ　Tinamus major
「ビュフォンの博物誌」工作舎　1991
◇I130（カラー）『一般と個別の博物誌 ソンニー ニ版』

オオジュリン　Emberiza schoeniclus
「江戸博物文庫 鳥の巻」工作舎　2017
◇p28（カラー）　大寿林　増山正賢『百鳥図』 1800頃　［国立国会図書館］
「江戸鳥類大図鑑」平凡社　2006
◇p351（カラー）　やちしと、　冬羽　堀田正敦 『禽譜』　［宮城県図書館伊達文庫］
◇p365（カラー）　大じゅりん 雄 なべかぶり　オ ス　堀田正敦『禽譜』　［宮城県図書館伊達文庫］
◇p365（カラー）　じゅりん 雌 メス　堀田正敦 『禽譜』　［宮城県図書館伊達文庫］
◇p366（カラー）　じゅりん 鍋カブリ　オス冬羽 堀田正敦『禽譜』　［宮城県図書館伊達文庫］
◇p366（カラー）　大じゅりん　堀田正敦『禽譜』 ［宮城県図書館伊達文庫］
「ビュフォンの博物誌」工作舎　1991
◇I119（カラー）『一般と個別の博物誌 ソンニー ニ版』
「世界大博物図鑑 4」平凡社　1987
◇p354（カラー）　ビュフォン、G.L.L.、Comte de、 トラヴィエ、E.原図『博物誌』 1853～57　手彩

博物図譜レファレンス事典 動物篇　**359**

おおす　　　　　　　　　　　　　鳥

色銅版画
「グールドの鳥類図譜」講談社　1982
　◇p112（カラー）　夏羽のオス, メス　1865

オオスズメ　Passer motitensis
「世界大博物図鑑 4」平凡社　1987
　◇p371（カラー）　スミス, A.著, フォード, G.H.原図『南アフリカ動物図譜』1838〜49　手彩色石版

オオスズメのケープベルデ亜種　Passer motitensis iagoensis
「世界大博物図鑑 別巻1」平凡社　1993
　◇p392（カラー）　ダーウィン, C.R.編, グールド, J.原図, グールド, E.石版『ビーグル号報告動物編』1839〜43　手彩色石版

オオヅル　Grus antigone
「世界大博物図鑑 別巻1」平凡社　1993
　◇p149（カラー）　ビュフォン, G.L.L., Comte de 著, マルティネ, F.原図『鳥の自然史』1770〜86

オオヅル（ヒガシオオヅル）　Grus antigone sharpii
「江戸鳥類大図鑑」平凡社　2006
　◇p47（カラー）　シャムロづる　若鳥『鳥類之図』［山階鳥類研究所］

オオソリハシシギ　Limosa lapponica
「江戸博物文庫 鳥の巻」工作舎　2017
　◇p85（カラー）　大反嘴鳴　水谷豊文『水谷禽譜』1810頃　［国立国会図書館］
「江戸鳥類大図鑑」平凡社　2006
　◇p294（カラー）　小つるしぎ　幼鳥　堀田正敦『禽譜』　［宮城県図書館伊達文庫］
「世界大博物図鑑 4」平凡社　1987
　◇p174（カラー）　ドノヴァン, E.『英国鳥類誌』1794〜1819
「グールドの鳥類図譜」講談社　1982
　◇p165（カラー）　夏羽成鳥, 冬羽成鳥　1868

オオタイランチョウ　Pitangus sulphuratus
「ビュフォンの博物誌」工作舎　1991
　◇I133（カラー）『一般と個別の博物誌 ソンニーニ版』

オオダーウィンフィンチ　Camarhynchus psittacula
「世界大博物図鑑 別巻1」平凡社　1993
　◇p368（カラー）　ダーウィン, C.R.編, グールド, J.原図, グールド, E.石版『ビーグル号報告動物学編』1839〜43　手彩色石版

オオタカ　Accipiter gentilis
「江戸博物文庫 鳥の巻」工作舎　2017
　◇p114（カラー）　大鷹　毛利梅園『梅園禽譜』1840頃　［国立国会図書館］
「江戸鳥類大図鑑」平凡社　2006
　◇p606（カラー）　たか おほたか　メス　堀田正敦『禽譜』　［宮城県図書館伊達文庫］
　◇p607（カラー）　おほたか　メス　堀田正敦『禽譜』　［宮城県図書館伊達文庫］

　◇p608（カラー）　おほたか　部分白化個体　堀田正敦『禽譜』　［宮城県図書館伊達文庫］
　◇p610（カラー）　鷹巣子 雛　堀田正敦『堀田禽譜』　［東京国立博物館］
　◇p611（カラー）　わかたか 黄鷹　幼鳥　堀田正敦『禽譜』　［宮城県図書館伊達文庫］
　◇p612（カラー）　かたかへり　2歳　堀田正敦『禽譜』　［宮城県図書館伊達文庫］
　◇p617（カラー）　せう　オス　堀田正敦『禽譜』　［宮城県図書館伊達文庫］
　◇p618（カラー）　しろせう　白化個体　堀田正敦『禽譜』　［宮城県図書館伊達文庫］
「ジョン・グールド 世界の鳥」同朋舎出版　1994
　◇307図（カラー）　メスの成鳥, 幼鳥　ヴォルフ, ヨゼフ, リヒター, ヘンリー・コンスタンチン画『イギリスの鳥類』1862〜73
「世界大博物図鑑 別巻1」平凡社　1993
　◇p100（カラー）　ズゼミール図, ボルクハウゼン, M.B.『ドイツ鳥類学』1800〜17
「ビュフォンの博物誌」工作舎　1991
　◇I017（カラー）『一般と個別の博物誌 ソンニーニ版』
「世界大博物図鑑 4」平凡社　1987
　◇p87（カラー）　テミンク, C.J.著, ユエ, N.原図『新編彩色鳥類図譜』1820〜39　手彩色銅版画
「グールドの鳥類図譜」講談社　1982
　◇p38（カラー）　メス成鳥, 幼鳥　1869

オオタカ　Accipiter gentilis Linnaeus
「高木春山 本草図説 動物」リブロポート　1989
　◇p68（カラー）　鷹

オオタカ
「江戸時代に描かれた鳥たち」ソフトバンク クリエイティブ　2012
　◇p102（カラー）　鷹　毛利梅園『梅園禽譜』　天保10（1849）序
　◇p103（カラー）　鷹　毛利梅園『梅園禽譜』　天保10（1849）序
「彩色 江戸博物学集成」平凡社　1994
　◇p107（カラー）　鴉, 旧鴉　小野蘭山『蘭山禽譜』　［国会図書館］
「江戸の動植物図」朝日新聞社　1988
　◇p116〜117（カラー）　堀田正敦『堀田禽譜』　［東京国立博物館］

オオタカ？　Accipiter gentilis ?
「江戸鳥類大図鑑」平凡社　2006
　◇p614（カラー）　山かへり　オス　堀田正敦『禽譜』　［宮城県図書館伊達文庫］

オオタカ（亜種オオタカ？）　Accipiter gentilis
「江戸鳥類大図鑑」平凡社　2006
　◇p616（カラー）　しら鷹 あを白 わか鷹の白　堀田正敦『禽譜』　［宮城県図書館伊達文庫］

オオタカ（シロオオタカ）　Accipiter gentilis albidus ?
「江戸鳥類大図鑑」平凡社　2006
　◇p615（カラー）　しら鷹 七所白 青白タカ　第2回

鳥　　　　　　　　　　　　　　　　　　　　　　　　おおは

冬若鳥　堀田正敦『禽譜』　〔宮城県図書館伊達文庫〕

オオタカの日本亜種 Accipiter gentilis fujiyamae
「世界大博物図鑑　別巻1」平凡社　1993
　◇p101（カラー）　一岳『鷹写真』　江戸末期　〔東京国立博物館〕

オオダルマインコ Psittacula derbiana
「江戸鳥類大図鑑」平凡社　2006
　◇p444（カラー）　だるまいんこ　オス　堀田正敦『禽譜』　〔宮城県図書館伊達文庫〕
「世界大博物図鑑　別巻1」平凡社　1993
　◇p221（カラー）　水谷豊文『水谷氏禽譜』　文化7（1810）頃
「世界大博物図鑑　4」平凡社　1987
　◇p203（カラー）　ダヴィド神父, A.著, アルヌル石版『中国産鳥類』　1877　手彩色石版

オオツチスドリ Corcorax melanorhamphos
「世界大博物図鑑　4」平凡社　1987
　◇p375（カラー）　マシューズ, G.M.『オーストラリアの鳥類』　1910〜28　手彩色石版

オオツバサモア Megalapteryx didinus （=huttonii）
「世界大博物図鑑　別巻1」平凡社　1993
　◇p24（カラー）　ロスチャイルド, L.W.『絶滅鳥類誌』　1907　彩色クロモリトグラフ　〔個人蔵〕

オオツリスドリ Psarocolius montezuma
「世界大博物図鑑　4」平凡社　1987
　◇p358（カラー）　レッソン, R.P.『動物百図』　1830〜32

オオトウゾクカモメ Stercorarius skua
「ジョン・グールド 世界の鳥」同朋舎出版　1994
　◇167図（カラー）　リヒター, ヘンリー・コンスタンチン画『オーストラリアの鳥類』　1840〜48
「グールドの鳥類図譜」講談社　1982
　◇p227（カラー）　成鳥 1865

オオノスリ Buteo rufinus
「ビュフォンの博物誌」工作舎　1991
　◇I016（カラー）『一般と個別の博物誌 ソニュー版』

オオハイイロミズナギドリ Procellaria cinerea
「ビュフォンの博物誌」工作舎　1991
　◇I242（カラー）『一般と個別の博物誌 ソニュー版』

オオハクチョウ Cygnus cygnus
「江戸鳥類大図鑑」平凡社　2006
　◇p95（カラー）　ハク鳥　牧野貞幹『鳥類写生図』文化7（1810）頃　〔国会図書館〕
「ジョン・グールド 世界の鳥」同朋舎出版　1994
　◇35図（カラー）　リア, エドワード画『ヨーロッパの鳥類』　1832〜37
「ビュフォンの博物誌」工作舎　1991
　◇I228（カラー）『一般と個別の博物誌 ソニュー版』

二版』
「グールドの鳥類図譜」講談社　1982
　◇p192（カラー）　成鳥 1872

オオハゲコウ Leptoptzilos dubius
「世界大博物図鑑　別巻1」平凡社　1993
　◇p49（カラー）　テミンク, C.J., ロジエ・ド・シャルトルース, M.著『新編彩色鳥類図譜』　1820〜39　手彩色銅板画

オオハシ
「紙の上の動物園」グラフィック社　2017
　◇p110（カラー）　ル・ヴァイラン, フランソワ『フウチョウおよびローラーカナリアの自然誌、オオハシとBarbus属に続く』　1806

オオハシウミガラス Alca torda
「世界大博物図鑑　4」平凡社　1987
　◇p2〜3, 190（カラー/白黒）　雛　ゲイマール, J.P.著, ベヴァレ原図『アイスランド・グリーンランド旅行記』　1838〜1852　手彩色銅版
　◇p190（カラー）　くちばし　キュヴィエ, G.L.C.F.D.『動物界』　1836〜49　手彩色銅版
「グールドの鳥類図譜」講談社　1982
　◇p211（カラー）　雛, 親鳥 1866

オオハシシギ Limnodromus scolopaceus
「グールドの鳥類図譜」講談社　1982
　◇p178（カラー）　換羽中の成鳥, 夏羽成鳥 1872

オオハシシギ? Limnodromus scolopaceus ?
「江戸鳥類大図鑑」平凡社　2006
　◇p286（カラー）　羽まだらしぎ　夏冬中間羽　堀田正敦『禽譜』　〔宮城県図書館伊達文庫〕

オオハシノスリ Buteo magnirostris
「世界大博物図鑑　4」平凡社　1987
　◇p91（カラー）　若鳥　テミンク, C.J.著, ユエ, N.原図『新編彩色鳥類図譜』　1820〜39　手彩色銅版画

オオハシバト Didunculus strigirostris
「世界大博物図鑑　別巻1」平凡社　1993
　◇p192（カラー）　カッシン, J.『合衆国探険隊報告記―第8巻哺乳類・鳥類編』　1858　手彩色銅版

オオバタン Cacatua moluccensis
「江戸鳥類大図鑑」平凡社　2006
　◇p432（カラー）　牙色裡毛大白鸚鵡　メス　堀田正敦『禽譜』　〔宮城県図書館伊達文庫〕
「世界大博物図鑑　別巻1」平凡社　1993
　◇p212（カラー）『博物館禽譜』　1875〜79（明治8〜12）編集　〔東京国立博物館〕
　◇p213（カラー）　マルティネ, F.N.『鳥類誌』　1787〜96　手彩色銅版

オオハチクイモドキ Baryphthengus ruficapillus
「フウチョウの自然誌 博物画の至宝」平凡社　1994
　◇I-No.39（カラー）　Le Momot Dombé　ルヴァイヤン, F.著, バラバン, J.原図 1806

博物図譜レファレンス事典 動物篇　**361**

オオハチドリ　Patagona gigas
「ジョン・グールド 世界の鳥」同朋舎出版　1994
◇241図（カラー）　リヒター、ヘンリー・コンスタンチン画『ハチドリ科の研究』1849～61
「世界大博物図鑑 別巻1」平凡社　1993
◇p268（カラー）『エジンバラ博物学雑誌』1835～40　手彩色銅版
「世界大博物図鑑 4」平凡社　1987
◇p243（カラー）　レッソン、R.P.著、ベヴァレ原図『ハチドリの自然誌』1829～30　多色刷り銅版

オオハナ　Eclectus roratus pectoralis
「江戸鳥類大図鑑」平凡社　2006
◇p434（カラー）　青いんこ 洋緑鸚哥 オス 堀田正敦『禽譜』［宮城県図書館伊達文庫］

オオハナインコ　Eclectus roratus
「江戸鳥類大図鑑」平凡社　2006
◇p444（カラー）　大紫いんこ一種 メス 堀田正敦『禽譜』［宮城県図書館伊達文庫］
「世界大博物図鑑 別巻1」平凡社　1993
◇p222（カラー）　ブラウン, P.『新動物学図録』1776　手彩色銅版
「舶来鳥獣図誌」八坂書房　1992
◇p22（カラー）　大紫音呼 メス『唐蘭船持渡鳥獣之図』文化10（1813）渡来　［慶應義塾図書館］

オオハナインコ
「江戸時代に描かれた鳥たち」ソフトバンク クリエイティブ　2012
◇p33（カラー）　大紫音呼 毛利梅園『梅園禽譜』天保10（1849）序
◇p33（カラー）　大紫音呼『外国珍禽異鳥図』江戸末期

オオハナインコ（亜種）　Eclectus riedeli
「ジョン・グールド 世界の鳥」同朋舎出版　1994
◇406図（カラー）　メス, オス ハート、ウィリアム画『ニューギニアの鳥類』1875～88

オオハナインコ（基亜種）　Eclectus roratus roratus
「江戸鳥類大図鑑」平凡社　2006
◇p443（カラー）　青蓮鸚鵡（鸚哥？）だるまいんこ 大紫いんこ メス 堀田正敦『禽譜』［宮城県図書館伊達文庫］
◇p444（カラー）　だるまいんこ 大紫いんこ メス 堀田正敦『禽譜』［宮城県図書館伊達文庫］

オオハナインコモドキ　Tanygnathus megalorhynchos
「舶来鳥獣図誌」八坂書房　1992
◇p50（カラー）　類違大鼻青音呼『唐蘭船持渡鳥獣之図』天保5（1834）渡来　［慶應義塾図書館］

オヽハム
「高松松平家所蔵 衆禽画譜 水禽・野鳥」香川県歴史博物館友の会博物図譜刊行会　2005
◇p64（カラー）　松平頼恭『衆禽画譜 水禽帖』江戸時代 紙本著色 画帖装（折本形式）38.1×48.7 ［個人蔵］

オオハム　Gavia arctica
「江戸博物文庫 鳥の巻」工作舎　2017
◇p20（カラー）　大波武 河野通明写『奇鳥生写図』1807 ［国立国会図書館］
「グールドの鳥類図譜」講談社　1982
◇p209（カラー）　夏羽成鳥 1865

オオハム？ またはシロエリオオハム？　Gavia arctica？ Gavia pacifica？
「江戸鳥類大図鑑」平凡社　2006
◇p181（カラー）　ウミヤウ 冬羽 堀田正敦『禽譜』［宮城県図書館伊達文庫］
◇p182（カラー）　おほはむ 冬羽 堀田正敦『禽譜』［宮城県図書館伊達文庫］

オオハワイミツスイ　Hemignathus sagittirostris
「世界大博物図鑑 別巻1」平凡社　1993
◇p384（カラー）　ウィルソン, S.B.、エヴァンズ, A.H.著, フロホーク, F.W.原図『ハワイ鳥類学』1890～99

おおばん
「鳥の手帖」小学館　1990
◇p110～111（カラー）　大鷭 毛利梅園『梅園禽譜』天保10（1839）序 ［国立国会図書館］

オヽバン
「高松松平家所蔵 衆禽画譜 水禽・野鳥」香川県歴史博物館友の会博物図譜刊行会　2005
◇p57（カラー）　松平頼恭『衆禽画譜 水禽帖』江戸時代 紙本著色 画帖装（折本形式）38.1×48.7 ［個人蔵］

オオバン　Fulica atra
「江戸博物文庫 鳥の巻」工作舎　2017
◇p112（カラー）　大鷭 毛利梅園『梅園禽譜』1840頃 ［国立国会図書館］
「江戸鳥類大図鑑」平凡社　2006
◇p82（カラー）　鷭 小ばん 雛『鳥類之図』［山階鳥類研究所］
◇p84（カラー）　骨頂 余曾三図、張廷玉、顎爾泰賦『百花鳥図』［国会図書館］
「ジョン・グールド 世界の鳥」同朋舎出版　1994
◇363図（カラー）　ヴォルフ, ヨゼフ, リヒター、ヘンリー・コンスタンチン画『イギリスの鳥類』1862～73
「ビュフォンの博物誌」工作舎　1991
◇I215（カラー）『一般と個別の博物誌 ソンニー二版』
◇I217（カラー）『一般と個別の博物誌 ソンニー二版』
「世界大博物図鑑 4」平凡社　1987
◇p158（カラー）　ドノヴァン, E.『英国鳥類誌』1794～1819
「グールドの鳥類図譜」講談社　1982
◇p182（カラー）　雄親, 雌親, 雛 1862

オオバン
「江戸時代に描かれた鳥たち」ソフトバンク クリエイティブ　2012

鳥　　おおま

◇p115（カラー）　方目/大バン　毛利梅園『梅園禽譜』　天保10（1849）序

オオヒクイドリ　Casuarius casuarius
「江戸鳥類大図鑑」平凡社　2006
　　◇p597（カラー）　火雞 ひくひとり　堀田正敦『禽譜』　［宮城県図書館伊達文庫］

オオヒバリ
「江戸時代に描かれた鳥たち」ソフトバンククリエイティブ　2012
　　◇p47（カラー）　百伶鳥『外国産鳥之図』　成立年不明

オオフウチョウ　Paradisaea apoda
「江戸博物文庫 鳥の巻」工作舎　2017
　　◇p120（カラー）　大風鳥　毛利梅園『梅園禽譜』1840頃　［国立国会図書館］
「江戸鳥類大図鑑」平凡社　2006
　　◇p420〜421（カラー）　ふう鳥 無対鳥　オス仮剥製　堀田正敦『禽譜』　［宮城県図書館伊達文庫］
　　◇p422〜423（カラー）　ふう鳥 裏　オス仮剥製　堀田正敦『禽譜』　［宮城県図書館伊達文庫］
「彩色 江戸博物学集成」平凡社　1994
　　◇p142〜143（カラー）　島津重豪『成形図説（羽族編）』　［東京国立博物館］
「フウチョウの自然誌 博物画の至宝」平凡社　1994
　　◇I–No.1（カラー）　Le grand Oiseau de Paradis émeraude, mâle　オス　ルヴァイヤン, F.著, バラバン, J.原図 1806
　　◇I–No.2（カラー）　Femelle du grand Oiseau de Paradis émeraude　亜成鳥　ルヴァイヤン, F.著, バラバン, J.原図 1806
　　◇I–No.3（カラー）　頭部, 飾り羽, 脚　ルヴァイヤン, F.著, バラバン, J.原図 1806
「ジョン・グールド 世界の鳥」同朋舎出版　1994
　　◇390図（カラー）　ハート, ウィリアム画『ニューギニアの鳥類』1875〜88
「世界大博物図鑑 別巻1」平凡社　1993
　　◇p409（カラー）　オードベール, J.B.『黄金の鳥』1800〜02
「ビュフォンの博物誌」工作舎　1991
　　◇I084（カラー）『一般と個別の博物誌 ソンニーニ版』
「世界大博物図鑑 4」平凡社　1987
　　◇p383（カラー）　ルヴァイヤン, F.著, バラバン原図『フウチョウの自然誌』1806　銅版多色刷り
　　◇p383（カラー）　レッソン, R.P.著, プレートル原図, レモン銅版『フウチョウの自然誌』1835　手彩色銅版図

オオフウチョウ　Paradisaea apoda Linnaeus
「高木春山 本草図説 動物」リブロポート　1989
　　◇p72〜73（カラー）　オスの背面図と腹面図

オオフウチョウ
「紙の上の動物園」グラフィック社　2017
　　◇p109（カラー）　グールド, ジョン『ニューギニアおよび近隣パプア諸島の鳥, オーストラリアでも発見される可能性のある新種を含む』1875

「江戸名作画帖全集 8」駸々堂出版　1995
　　◇図136（カラー）　ふうてう　堀田正敦編『禽譜』紙本着色　［東京国立博物館］

オオフラミンゴ　Phoenicopterus ruber
「ジョン・グールド 世界の鳥」同朋舎出版　1994
　　◇33図（カラー）　若鳥, 成鳥　リア, エドワード画『ヨーロッパの鳥類』1832〜37
「ビュフォンの博物誌」工作舎　1991
　　◇I228（カラー）『一般と個別の博物誌 ソンニーニ版』
「世界大博物図鑑 4」平凡社　1987
　　◇p58（カラー）　ビュフォン, G.L.L., Comte de, トラヴィエ, E.原図『博物誌』1853〜57　手彩色銅版画
　　◇p58（カラー）　キュヴィエ, G.L.C.F.D.『動物界』1836〜49　手彩色銅版

オオフラミンゴ　Phoenicopterus ruber roseus
「世界大博物図鑑 別巻1」平凡社　1993
　　◇p57（カラー）　ドルビニ, A.C.V.D.著, トラヴィエ原図『万有博物事典』1838〜49,61

オオホウカンチョウ　Crax rubra
「ビュフォンの博物誌」工作舎　1991
　　◇I048（カラー）『一般と個別の博物誌 ソンニーニ版』
「世界大博物図鑑 4」平凡社　1987
　　◇p107（カラー）　キュヴィエ, G.L.C.F.D.『動物界』1836〜49　手彩色銅版

オオホンセイインコ　Psittacula eupatria
「江戸鳥類大図鑑」平凡社　2006
　　◇p436（カラー）　柳緑鸚哥　堀田正敦『禽譜』　［宮城県図書館伊達文庫］
「世界大博物図鑑 別巻1」平凡社　1993
　　◇p221（カラー）　ルヴァイヤン, F.著, バラバン原図, ラングロワ刷『オウムの自然誌』1801〜05　銅版多色刷り）
　　◇p223（カラー）　セルビー, P.J.著, リア, E.原図, リザーズ, W.銅版『オウムの博物誌』1836

オオマガリキムネカカ
　⇒キムネカカの奇形（オオマガリキムネカカ）を見よ

オオマシコ　Carpodacus roseus
「江戸博物文庫 鳥の巻」工作舎　2017
　　◇p34（カラー）　大猿子　増山正賢『百鳥図』1800頃　［国立国会図書館］
「江戸鳥類大図鑑」平凡社　2006
　　◇p522（カラー）　ぎんずましこ　オス　堀田正敦『禽譜』　［宮城県図書館伊達文庫］

オオマシコ？　Carpodacus roseus ？
「江戸鳥類大図鑑」平凡社　2006
　　◇p505（カラー）　のびたき 一種 雄　オス　堀田正敦『禽譜』　［宮城県図書館伊達文庫］

オオマダラキーウィ　Apteryx haastii
「世界大博物図鑑 別巻1」平凡社　1993
　　◇p25（カラー）　ロウリー, G.D.『鳥類学雑録』1875〜78　手彩色石版

博物図譜レファレンス事典 動物篇　**363**

オオミカドバト　Ducula goliath
「世界大博物図鑑 別巻1」平凡社　1993
◇p194（カラー）『ロンドン動物学協会紀要』 1861〜90,1891〜1929 ［山階鳥類研究所］

オオミズナギドリ　Calonectris leucomelas
「江戸鳥類大図鑑」平凡社　2006
◇p200（カラー）　わしかもめ　堀田正敦『禽譜』［宮城県図書館伊達文庫］
「世界大博物図鑑 4」平凡社　1987
◇p34（カラー）　テミンク, C.J.著, プレートル, J.G.原図『新編彩色鳥類図譜』 1820〜39　手彩色銅版画

大ムク
「高松松平家所蔵 衆禽画譜 水禽・野鳥」香川県歴史博物館友の会博物図譜刊行会　2005
◇p87（カラー）　松平頼恭『衆禽画譜 野鳥帖』 江戸時代　紙本著色 画帖装（折本形式） 33.0×48.3 ［個人蔵］

大紫いんこ
「江戸名作画帖全集 8」駸々堂出版　1995
◇図138（カラー）　parakeet　堀田正敦編『禽譜』紙本着色 ［東京国立博物館］

オオモア　Dinornis ingens
「世界大博物図鑑 別巻1」平凡社　1993
◇p25（カラー）　ロスチャイルド, L.W.『絶滅鳥類誌』 1907　彩色クロモリトグラフ ［個人蔵］

オオモズ　Lanius excubitor
「江戸鳥類大図鑑」平凡社　2006
◇p427（カラー）　深山三光 雌雄　堀田正敦『禽譜』 ［宮城県図書館伊達文庫］
◇p558（カラー）　大もず　堀田正敦『禽譜』［宮城県図書館伊達文庫］
「ジョン・グールド 世界の鳥」同朋舎出版　1994
◇23図（カラー）　グールド, エリザベス画『ヨーロッパの鳥類』 1832〜37
「世界大博物図鑑 4」平凡社　1987
◇p311（カラー）　ドノヴァン, E.『英国鳥類誌』1794〜1819
「グールドの鳥類図譜」講談社　1982
◇p62（カラー）　オス成鳥 1868

オオヤイロチョウ　Pitta maxima
「ジョン・グールド 世界の鳥」同朋舎出版　1994
◇400図（カラー）　リヒター, ヘンリー・コンスタンチン画『ニューギニアの鳥類』 1875〜88

オオヨシキリ　Acrocephalus arundinaceus
「江戸鳥類大図鑑」平凡社　2006
◇p371（カラー）　よしはらすゝめ　堀田正敦『禽譜』 ［宮城県図書館伊達文庫］
「グールドの鳥類図譜」講談社　1982
◇p92（カラー）　オス鳥 1870

オオヨシゴイ　Ixobrychus eurhythmus
「江戸鳥類大図鑑」平凡社　2006
◇p78（カラー）　戳罕 雌　田中芳男ほか『博物館禽譜』 1872頃〜80年代前半頃 ［東京国立博物館］
◇p78（カラー）　戳罕 雄　田中芳男ほか『博物館禽譜』 1872頃〜80年代前半頃 ［東京国立博物館］
「世界大博物図鑑 別巻1」平凡社　1993
◇p45（カラー）　成鳥　ダヴィド神父, A., ウスタル, J.F.É.著, アルヌル石版『中国産鳥類』 1877　手彩色石版
◇p45（カラー）　スクレイター, P.L., サルヴィン, O.著, スミット, J.原図『熱帯アメリカ鳥類学』1866〜69　手彩色石版 ［個人蔵］
「鳥獣虫魚譜」八坂書房　1988
◇p41（カラー）　白点茶生葦五位　メス　松森胤保『両羽禽類図譜』 ［酒田市立光丘文庫］

オオヨシゴイ？　Ixobrychus eurhythmus ?
「江戸鳥類大図鑑」平凡社　2006
◇p75（カラー）　戳罕 水胡蘆　メスまたは若鳥　余曾三図, 張廷玉, 顎爾泰賦『百花鳥図』 ［国会図書館］
◇p79（カラー）　水駱駝　余曾三図, 張廷玉, 顎爾泰賦『百花鳥図』 ［国会図書館］

オオルリ　Cyanoptila cyanomelana
「世界大博物図鑑 4」平凡社　1987
◇p338（カラー）　ダヴィド神父, A.著, アルヌル石版『中国産鳥類』 1877　手彩色石版

オオルリ？　Cyanoptila cyanomelana ?
「江戸鳥類大図鑑」平凡社　2006
◇p498（カラー）　瑠璃　メス　堀田正敦『禽譜』［宮城県図書館伊達文庫］
◇p498（カラー）　るり 雌　オス　堀田正敦『禽譜』 ［宮城県図書館伊達文庫］

オオルリチョウ　Myiophoneus caerules
「江戸鳥類大図鑑」平凡社　2006
◇p714（カラー）　翻麗鳥　堀田正敦『禽譜』［宮城県図書館伊達文庫］

オオワシ　Haliaeetus pelagicus
「世界大博物図鑑 別巻1」平凡社　1993
◇p89（カラー）　ボルクハウゼン, M.B.『ドイツ鳥類学』 1800〜17
「鳥獣虫魚譜」八坂書房　1988
◇p18（カラー）　大鳥　若鳥　松森胤保『両羽禽類図譜』 ［酒田市立光丘文庫］
「世界大博物図鑑 4」平凡社　1987
◇p83（カラー）　テミンク, C.J.著, ユエ, N.原図『新編彩色鳥類図譜』 1820〜39　手彩色銅版画

オガサワラガビチョウ　Zoothera terrestris
「世界大博物図鑑 別巻1」平凡社　1993
◇p332（カラー）　シーボーム, H.著, キューレマンス, J.G.原図『ツグミ科鳥類図譜』 1898〜1902　手彩色石版

オガサワラマシコ　Chaunoproctus ferreorostris
「世界大博物図鑑 別巻1」平凡社　1993
◇p389（カラー）　ロスチャイルド, L.W.『絶滅鳥類誌』 1907　彩色クロモリトグラフ ［個人蔵］
◇p389（カラー）　メス, オス　ボナパルト, C.L.J.

鳥　　　　　　　　　　　　　　　　　　おしと

L., シュレーゲル, H.『イスカ属論考』 1850　手
彩色石版

オカメインコ　Nymphicus hollandicus
「ジョン・グールド 世界の鳥」同朋舎出版　1994
◇151図（カラー）　メス, オス　グールド, エリザ
ベス画『オーストラリアの鳥類』 1840～48
「世界大博物図鑑 別巻1」平凡社　1993
◇p216（カラー）　セルビー, P.J.著, リア, E.原図,
リザーズ, W.銅版『オウムの博物誌』 1836
◇p216（カラー）　プレートル図, レッソン, R.P.
『ビュフォン著作集（レッソン版）』 1838　手彩
色銅版

をかよし 雄
「江戸名作画帖全集 8」駸々堂出版　1995
◇図135（カラー）　堀田正敦編『禽譜』　紙本着色
［東京国立博物館］

オカヨシガモ　Anas strepera
「江戸鳥類大図鑑」平凡社　2006
◇p134（カラー）　をかよし 雄　オス　堀田正敦
『禽譜』　［宮城県図書館伊達文庫］
◇p134（カラー）　をかよし 雌　オス　堀田正敦
『禽譜』　［宮城県図書館伊達文庫］
◇p134（カラー）　葦鴨　メス　堀田正敦『禽譜』
［宮城県図書館伊達文庫］
◇p135（カラー）　あしかも 雌　メス　堀田正敦
『禽譜』　［宮城県図書館伊達文庫］
◇p135（カラー）　オカヨシ 藻鴨　オス幼鳥　堀田
正敦『禽譜』　［宮城県図書館伊達文庫］
「日本の博物図譜」東海大学出版会　2001
◇p80（白黒）　堀田正敦編, 筆者不詳『禽譜』
［東京国立博物館］
「ビュフォンの博物誌」工作舎　1991
◇I234（カラー）『一般と個別の博物誌 ソンニー
ニ版』
「グールドの鳥類図譜」講談社　1982
◇p197（カラー）　オス, メス　1868

オガワコマドリ　Erithacus svecicus
「鳥獣虫魚譜」八坂書房　1988
◇p34（カラー）　嶋野駒　オス冬羽　松森胤保『両
羽禽類図譜』　［酒田市立光丘文庫］
「グールドの鳥類図譜」講談社　1982
◇p80（カラー）　オス成鳥, メス成鳥.ユーラシア大
陸北部一帯とアラスカ西部に繁殖する亜種（E.s.
svecicus） 1865
◇p81（カラー）　雌親, 雄.ヨーロッパ中部から東部
に繁殖する亜種（E.s.cyanecula） 1873

オガワマイコドリ　Erithacus svecicus
「ビュフォンの博物誌」工作舎　1991
◇I144（カラー）『一般と個別の博物誌 ソンニー
ニ版』

オークランドアイサ　Mergus australis
「世界大博物図鑑 別巻1」平凡社　1993
◇p60（カラー）　ブラー, W.L.著, キューレマンス,
J.G.図『ニュージーランド鳥誌第2版』 1887
～88　手彩色石版図

オグロシギ　Limosa limosa
「ビュフォンの博物誌」工作舎　1991
◇I197（カラー）『一般と個別の博物誌 ソンニー
ニ版』
「グールドの鳥類図譜」講談社　1982
◇p165（カラー）　換羽中のオス成鳥, 冬羽成鳥
1868

オグロシギ？　Limosa limosa？
「江戸鳥類大図鑑」平凡社　2006
◇p295（カラー）　てりかねしぎ　夏羽　堀田正敦
『禽譜』　［宮城県図書館伊達文庫］

オゲキヤウシキ
「高松松平家所蔵 衆禽画譜 水禽・野鳥」香川県
歴史博物館友の会博物図譜刊行会　2005
◇p44（カラー）　オゲキヤウシキ カ子シキトモ
松平頼恭『衆禽画譜 水禽帖』 江戸時代　紙本着
色 画帖装（折本形式）　38.1×48.7　［個人蔵］

オシドリ　Aix galericulata
「江戸博物文庫 鳥の巻」工作舎　2017
◇p145（カラー）　鴛鴦　服部雪斎『華鳥譜』
1862　［国立国会図書館］
「江戸鳥類大図鑑」平凡社　2006
◇p166（カラー）　をしとり 鸂鶒 一名紫鴛鴦　オ
ス　堀田正敦『禽譜』　［宮城県図書館伊達文庫］
◇p166（カラー）　をしとり 雌 鸂鶒　オス　堀田
正敦『禽譜』　［宮城県図書館伊達文庫］
◇p167（カラー）　鴛鴦 雌　メス　堀田正敦『禽
譜』　［宮城県図書館伊達文庫］
◇p167（カラー）　鴛鴦　オス　堀田正敦『禽
譜』　［宮城県図書館伊達文庫］
◇p169（カラー）　鸂鶒 一名紫鴛鴦　オス　堀田正
敦『禽譜』　［宮城県図書館伊達文庫］
◇p169（カラー）　蘇州鴛鴦雄　オス　堀田正敦
『禽譜』　［宮城県図書館伊達文庫］
◇p170（カラー）　しろをし　オス　堀田正敦『禽
譜』　［宮城県図書館伊達文庫］
◇p171（カラー）　いはをし　オス　堀田正敦『禽
譜』　［宮城県図書館伊達文庫］
「ジョン・グールド 世界の鳥」同朋舎出版　1994
◇301図（カラー）　ヴォルフ, ヨゼフ, リヒター, ヘ
ンリー・コンスタンチン画『アジアの鳥類』
1849～83
「世界大博物図鑑 別巻1」平凡社　1993
◇p73（カラー）　ヴィエイヨー, L.J.P.著, ウダー
ル, P.L.原図『鳥類画廊』 1820～26
◇p73（カラー）　メス, オス『鳥類写生図譜』　※
『鳥類図鑑』(1926凡例)と「鳥類写生図譜」(1927
～38）を合わせた本
◇p73（カラー）　オス『博物館禽譜』　明治7　［東
京国立博物館］
「ビュフォンの博物誌」工作舎　1991
◇I241（カラー）『一般と個別の博物誌 ソンニー
ニ版』
「鳥獣虫魚譜」八坂書房　1988
◇p44（カラー）　鴛　松森胤保『両羽禽類図
譜』　［酒田市立光丘文庫］
「世界大博物図鑑 4」平凡社　1987
◇p66（カラー）　ドルビニ, A.D.著, トラヴィエ原

おしと　　　　　　　　　　　鳥

図『万有博物事典』 1837

オシドリ　Aix galericulata Linnaeus
「高木春山 本草図説 動物」リブロポート　1989
◇p64（カラー）　一種 紫鴛鴦

オシドリ　Aix galericulata var.domestica
「江戸鳥類大図鑑」平凡社　2006
◇p170（カラー）　しろをし 白鴛鴦 白色型品種 堀田正敦『禽譜』［宮城県図書館伊達文庫］

オシドリ？　Aix galericulata？
「江戸鳥類大図鑑」平凡社　2006
◇p174（カラー）　ふがはりかも 雌 オス 堀田正敦『禽譜』［宮城県図書館伊達文庫］

ヲシトリ
「高松松平家所蔵 衆禽画譜 水禽・野鳥」香川県歴史博物館友の会博物図譜刊行会　2005
◇p56（カラー）　松平頼恭『衆禽画譜 水禽帖』江戸時代 紙本着色 画帖装（折本形式） 38.1×48.7 ［個人蔵］
◇p56（カラー）　ヲシトリ 雌 松平頼恭『衆禽画譜 水禽帖』江戸時代 紙本着色 画帖装（折本形式） 38.1×48.7 ［個人蔵］

鴛鴦 雄
「江戸名作画帖全集 8」駸々堂出版　1995
◇図130（カラー）　male mandarin duck 堀田正敦編『禽譜』 紙本着色 ［東京国立博物館］

鴛鴦 雌
「江戸名作画帖全集 8」駸々堂出版　1995
◇図129（カラー）　female mandarin duck 堀田正敦編『禽譜』 紙本着色 ［東京国立博物館］

オジロウチワキジ　Lophura bulweri
「ジョン・グールド 世界の鳥」同朋舎出版　1994
◇287図（カラー）　ヴォルフ, ヨゼフ, ハート, ウィリアム画『アジアの鳥類』 1849～83
「世界大博物図鑑 別巻1」平凡社　1993
◇p129（カラー）　グールド, J.『アジア鳥類図譜』 1850～83 手彩色石版

オジロエメラルドハチドリ　Elvira chionura
「ジョン・グールド 世界の鳥」同朋舎出版　1994
◇254図（カラー）　オス, メス リヒター, ヘンリー・コンスタンチン画『ハチドリ科の研究』 1849～61

オジロカザリキヌバネドリ　Pharomachrus fulgidus
「世界大博物図鑑 4」平凡社　1987
◇p244（カラー）　テミンク, C.J.著『新編彩色鳥類図譜』 1820～39 手彩色銅版画

オジロケンバネハチドリ　Campylopterus ensipennis
「世界大博物図鑑 別巻1」平凡社　1993
◇p272（カラー）　グールド, J.『ハチドリ科鳥類図譜』 1849～61 手彩色石版

オシロシギ
「高松松平家所蔵 衆禽画譜 水禽・野鳥」香川県

歴史博物館友の会博物図譜刊行会　2005
◇p50（カラー）　松平頼恭『衆禽画譜 水禽帖』江戸時代 紙本着色 画帖装（折本形式） 38.1×48.7 ［個人蔵］

オジロツグミ　Turdus plumbeus
「すごい博物画」グラフィック社　2017
◇図版77（カラー）　オジロツグミとガンボリンボ ケイツビー, マーク 1722～26頃 ペンと茶色のインクの上にアラビアゴムを混ぜた水彩と濃厚顔料 27×37.4 ［ウィンザー城ロイヤル・ライブラリー］

オジロトウネン　Calidris temminckii
「グールドの鳥類図譜」講談社　1982
◇p176（カラー）　雛, 親鳥 1870

オジロトビ　Elanus leucurus
「世界大博物図鑑 4」平凡社　1987
◇p95（カラー）　ゲイ, C.著, プレヴォー原図『チリ自然社会誌』 1844～71

オジロニジキジ　Lophophorus sclateri
「世界大博物図鑑 別巻1」平凡社　1993
◇p129（カラー）　ヴィエイヨー, L.J.P.著, ウダール, P.L.原図『鳥類画廊』 1820～26
「世界大博物図鑑 4」平凡社　1987
◇p127（カラー）　キューレマンス, J.G.原図『ロンドン動物学協会紀要』 1870 手彩色石版画

オジロハチドリ　Eupherusa poliocerca
「世界大博物図鑑 別巻1」平凡社　1993
◇p260（カラー）　グールド, J.『ハチドリ科鳥類図譜』 1849～61 手彩色石版

オジロビタキ　Ficedula parva
「グールドの鳥類図譜」講談社　1982
◇p65（カラー）　オス成鳥, メス成鳥 1869

オジロワシ　Haliaeetus albicilla
「江戸鳥類大図鑑」平凡社　2006
◇p651（カラー）　わし 堀田正敦『堀田禽譜』 ［東京国立博物館］
◇p652（カラー）　わし 頭 成鳥の頭部 堀田正敦『禽譜』 ［宮城県図書館伊達文庫］
◇p652（カラー）　わし 堀田正敦『禽譜』 ［宮城県図書館伊達文庫］
◇p652（カラー）　わし 脚 堀田正敦『禽譜』 ［宮城県図書館伊達文庫］
◇p653（カラー）　草賀わし 幼鳥 堀田正敦『禽譜』 ［宮城県図書館伊達文庫］
◇p653（カラー）　草賀わし 尾 幼鳥の尾羽 堀田正敦『禽譜』 ［宮城県図書館伊達文庫］
◇p654（カラー）　犬鷲 オス？ 堀田正敦『禽譜』 ［宮城県図書館伊達文庫］
「ジョン・グールド 世界の鳥」同朋舎出版　1994
◇14図（カラー）　成鳥, 若鳥 リア, エドワード画『ヨーロッパの鳥類』 1832～37
◇302図（カラー）　成鳥 ヴォルフ, ヨゼフ, リヒター, ヘンリー・コンスタンチン画『イギリスの鳥類』 1862～73
「ビュフォンの博物誌」工作舎　1991
◇I003（カラー）　幼鳥『一般と個別の博物誌 ソン

ニーニ版」
「世界大博物図鑑 4」平凡社　1987
　◇p82（カラー）　ズゼミール, J.C.『ヨーロッパの
　　鳥類』〔1839～51〕
「グールドの鳥類図譜」講談社　1982
　◇p35（カラー）　成鳥 1863

オーストラリアオオノガン　Ardeotis
australis
「ジョン・グールド 世界の鳥」同朋舎出版　1994
　◇157図（カラー）　リヒター, ヘンリー・コンスタ
　　ンチン画『オーストラリアの鳥類』1840～48

オーストラリアオオノガン　Choriotis
australis
「世界大博物図鑑 別巻1」平凡社　1993
　◇p165（カラー）　グールド, J.『オーストラリア鳥
　　類図譜』1840～48
「世界大博物図鑑 4」平凡社　1987
　◇p163（カラー）　バージョー原図『ロンドン動物
　　学協会紀要』1868　手彩色石版画

オーストラリアガマグチヨタカ　Podargus
strigoides
「ジョン・グールド 世界の鳥」同朋舎出版　1994
　◇108図（カラー）　グールド, エリザベス画『オー
　　ストラリアの鳥類』1840～48

オーストラリアヅル　Grus rubicunda
「世界大博物図鑑 別巻1」平凡社　1993
　◇p145（カラー）　グールド, J.『オーストラリア鳥
　　類図譜』1840～48

オーストラリアヅル　Grus rubicundus
「ジョン・グールド 世界の鳥」同朋舎出版　1994
　◇158図（カラー）　リヒター, ヘンリー・コンスタ
　　ンチン画『オーストラリアの鳥類』1840～48

オーストラリアセイタカシギ
「世界大博物図鑑 別巻1」平凡社　1993
　◇p172（カラー）　ブラー, W.L.著, キューレマン
　　ス, J.G.図『ニュージーランド鳥類誌第2版』
　　1887～88　手彩色石版図

オーストラリアセイタカシギ（亜種）
Himantopus himantopus leucocephalus
「ジョン・グールド 世界の鳥」同朋舎出版　1994
　◇159図（カラー）　グールド, エリザベス画『オー
　　ストラリアの鳥類』1840～48

オーストラリアチゴハヤブサ　Falco
longipennis
「ジョン・グールド 世界の鳥」同朋舎出版　1994
　◇105図（カラー）　成鳥と雛　グールド, エリザベ
　　ス画『オーストラリアの鳥類』1840～48

オーストラリアツカツクリ　Megapodius
reinwardt
「ジョン・グールド 世界の鳥」同朋舎出版　1994
　◇154図（カラー）　リヒター, ヘンリー・コンスタ
　　ンチン画『オーストラリアの鳥類』1840～48

オーストンヤマガラ
　⇒ヤマガラ（オーストンヤマガラ？）を見よ

オタテヤブコマ　Cercotrichas galactotes
「フランスの美しい鳥の絵図鑑」グラフィック社
2014
　◇p47（カラー）　エチェコパル, ロベール＝ダニエ
　　ル著, バリュエル, ポール画
「グールドの鳥類図譜」講談社　1982
　◇p82（カラー）　つがいの2羽 1870

オトメインコ　Lathamus discolor
「ジョン・グールド 世界の鳥」同朋舎出版　1994
　◇152図（カラー）　グールド, エリザベス画『オー
　　ストラリアの鳥類』1840～48

オトメズグロインコ　Lorius lory
「舶来鳥獣図誌」八坂書房　1992
　◇p25（カラー）『唐蘭船持渡鳥獣之図』
　　文化10（1813）渡来　〔慶應義塾図書館〕

オトメズグロインコ
「江戸時代に描かれた鳥たち」ソフトバンク ク
リエイティブ　2012
　◇p29（カラー）　五色音呼『外国珍禽異鳥図』 江
　　戸末期

オナガ　Cyanopica cyana
「江戸博物文庫 鳥の巻」工作舎　2017
　◇p65（カラー）　尾長　牧野貞幹『鳥類写生図』
　　1810頃　〔国立国会図書館〕
「江戸鳥類大図鑑」平凡社　2006
　◇p428（カラー）　おながどり　堀田正敦『禽譜』
　　〔宮城県図書館伊達文庫〕
「世界大博物図鑑 4」平凡社　1987
　◇p390（カラー）　ダヴィド神父, A.著, アルヌル石
　　版『中国産鳥類』1877　手彩色石版

オナガ
「彩色 江戸博物学集成」平凡社　1994
　◇p263（カラー）　飯沼慾斎『本草図譜 第11巻〈禽
　　部獣部〉』〔個人蔵〕

ヲナガ
「高松松平家所蔵 衆禽画譜 水禽・野鳥」香川県
歴史博物館友の会博物図譜刊行会　2005
　◇p89（カラー）　松平頼恭『衆禽画譜 野鳥帖』 江
　　戸時代　紙本著色 画帖装（折本形式）　33.0×48.
　　3　〔個人蔵〕

オナガイヌワシ　Aquila audax
「ジョン・グールド 世界の鳥」同朋舎出版　1994
　◇104図（カラー）　リヒター, ヘンリー・コンスタ
　　ンチン画『オーストラリアの鳥類』1840～48

オナガウズラ　Dendrortyx macroura
「ジョン・グールド 世界の鳥」同朋舎出版　1994
　◇193図（カラー）　リヒター, ヘンリー・コンスタ
　　ンチン画『アメリカ産ウズラ類の研究』1844～
　　50

おなか 鳥

オナガオンドリタイランチョウ Yetapa
risoria
「世界大博物図鑑 別巻1」平凡社 1993
　◇p305（カラー）　ヴィエイヨー，L.J.P.著，ウダー
　　ル，P.L.原図『鳥類画廊』1820〜26

オナガカマハシフウチョウ Epimachus
fastosus
「世界大博物図鑑 4」平凡社 1987
　◇p387（カラー）　レッソン，R.P.著，プレートル原
　　図，レモン銅版『フウチョウの自然誌』1835
　　手彩色銅版図

オナガカマハシフウチョウ Epimachus
fastuosus
「ジョン・グールド 世界の鳥」同朋舎出版 1994
　◇384図（カラー）　オス，メス　ハート，ウィリア
　　ム画『ニューギニアの鳥類』1875〜88
「世界大博物図鑑 別巻1」平凡社 1993
　◇p404（カラー）　まだ若い個体　ルヴァイヤン，
　　F.著，バラバン原図『フウチョウの自然誌』
　　1806　銅版多色刷り
　◇p404（カラー）　ルヴァイヤン，F.著，バラバン原
　　図『フウチョウの自然誌』1806　銅版多色刷り

**オナガカマハシフウチョウ×オナガフウチョ
ウ（交雑種）** Epimachus fastuosus×
Astrapia nigra
「ジョン・グールド 世界の鳥」同朋舎出版 1994
　◇381図（カラー）　ハート，ウィリアム画『ニュー
　　ギニアの鳥類』1875〜88

おなががも
「鳥の手帖」小学館 1990
　◇p174〜175（カラー）　尾長鴨　毛利梅園『梅園
　　禽譜』　天保10（1839）序　［国立国会図書館］

オナガカモ
「高松松平家所蔵 衆禽画譜 水禽・野鳥」香川県
歴史博物館友の会博物図譜刊行会 2005
　◇p40（カラー）　松平頼恭『衆禽画譜 水禽帖』江
　　戸時代　紙本著色 画帖装（折本形式）38.1×48.
　　7　［個人蔵］
　◇p41（カラー）　オナガカモ 雌　松平頼恭『衆禽
　　画譜 水禽帖』江戸時代　紙本著色 画帖装（折本
　　形式）　38.1×48.7　［個人蔵］

オナガガモ Anas acuta
「江戸鳥類大図鑑」平凡社 2006
　◇p136（カラー）　尾長鴨 おながさく　オス　堀田
　　正敦『禽譜』　［宮城県図書館伊達文庫］
　◇p137（カラー）　尾長鴨 雌　オスエクリプス　堀
　　田正敦『禽譜』　［宮城県図書館伊達文庫］
　◇p137（カラー）　おなが鴨 雌　オス　堀田正敦
　　『禽譜』　［宮城県図書館伊達文庫］
　◇p137（カラー）　野かも 尾長鴨 若鳥　オス若鳥
　　堀田正敦『禽譜』　［宮城県図書館伊達文庫］
「日本の博物図譜」東海大学出版会 2001
　◇図5（カラー）　筆者不詳『禽譜』　［東京国立博
　　物館］
「ビュフォンの博物誌」工作舎 1991
　◇I235（カラー）『一般と個別の博物誌 ソンニー

二版』
「グールドの鳥類図譜」講談社 1982
　◇p196（カラー）　オス，メス 1869

オナガガモ
「江戸時代に描かれた鳥たち」ソフトバンク ク
リエイティブ 2012
　◇p114（カラー）　尾長鴨　メス，オス　毛利梅園
　　『梅園禽譜』　天保10（1849）序

オナガカンザシフウチョウ Parotia wahnesi
「ビュフォンの博物誌」工作舎 1991
　◇I086（カラー）『一般と個別の博物誌 ソンニー
　　二版』

オナガキジ Syrmaticus reevesii
「江戸博物文庫 鳥の巻」工作舎 2017
　◇p6（カラー）　尾長雉『外国産鳥之図』1740頃
　　［国立国会図書館］
「江戸鳥類大図鑑」平凡社 2006
　◇p260（カラー）　尾長雉子 雄，同尾　オス　堀田
　　正敦『禽譜』　［宮城県図書館伊達文庫］
　◇p260（カラー）　尾長きじ 雌　メス　堀田正敦
　　『禽譜』　［宮城県図書館伊達文庫］
「ジョン・グールド 世界の鳥」同朋舎出版 1994
　◇293図（カラー）　リヒター，ヘンリー・コンスタ
　　ンチン画『アジアの鳥類』1849〜83
「世界大博物図鑑 別巻1」平凡社 1993
　◇p137（カラー）『動物図譜』1874頃　手彩色石
　　版図
「舶来鳥獣誌」八坂書房 1992
　◇p12（カラー）　尾長雉子 雌　メス『唐蘭船持渡
　　鳥獣之図』　［慶應義塾図書館］
　◇p12〜13（カラー）　尾長雉子 雄　オス『唐蘭船
　　持渡鳥獣之図』　［慶應義塾図書館］
　◇p96（カラー）　尾長雉子 雌　メス『外国産鳥之
　　図』　［国立国会図書館］
「世界大博物図鑑 4」平凡社 1987
　◇p134〜135（カラー）　テミンク，C.J.著，プレー
　　トル，J.G.原図『新編彩色鳥類図譜』1820〜39
　　手彩色銅版画

オナガキジ
「江戸時代に描かれた鳥たち」ソフトバンク ク
リエイティブ 2012
　◇p66（カラー）　尾長雉子 雌『外国産鳥之図』
　　成立年不明
　◇p66（カラー）　尾長雉子 雄『外国産鳥之図』
　　成立年不明

オナガキジ？ Syrmaticus reevesii？
「江戸鳥類大図鑑」平凡社 2006
　◇p261（カラー）　尾長きじ 雌　メス　堀田正敦
　　『禽譜』　［宮城県図書館伊達文庫］

オナガキリハシ Galbula dea
「フウチョウの自然誌 博物画の至宝」平凡社
1994
　◇II−No.52（カラー）　Le Jacamar à longue
　　queue　ルヴァイヤン，F.著，バラバン，J.原図
　　1806
「ビュフォンの博物誌」工作舎 1991

368 博物図譜レファレンス事典 動物篇

鳥　　　　　　　　　　　　おなか

◇I183（カラー）『一般と個別の博物誌 ソンニー
ニ版』
「世界大博物図鑑 4」平凡社　1987
　◇p259（カラー）　ブレヴォー, F.著, ポーケ原図
　『熱帯鳥類図誌』［1879］手彩色銅版

尾中黒　Columba livia var.domestica
「世界大博物図鑑 別巻1」平凡社　1993
　◇p191（カラー）　メス『鳩図』江戸末期
　◇p191（カラー）　オス『鳩図』江戸末期

オナガサイチョウ　Rhinoplax vigil
「世界大博物図鑑 別巻1」平凡社　1993
　◇p289（カラー）　シンツ, H.R.『鳥類分類学』
　1846～53　石版図

オナガサイホウチョウ　Orthotomus sutorius
「ジョン・グールド 世界の鳥」同朋舎出版　1994
　◇281図（カラー）　巣, 鳥　リヒター, ヘンリー・
　コンスタンチン画『アジアの鳥類』1849～83
「世界大博物図鑑 4」平凡社　1987
　◇p335（カラー）　雛と巣　ペナント, T.著, パーキ
　ンソン, シドニー原図『インド動物誌』1790

オナガサイホウチョウの巣　Orthotomus
sutorius
「江戸鳥類大図鑑」平凡社　2006
　◇p381（カラー）　鶴鶉窩図　堀田正敦『禽譜』
　［宮城県図書館伊達文庫］

オナガジブッポウソウ　Uratelornis chimaera
「世界大博物図鑑 別巻1」平凡社　1993
　◇p285（カラー）『動物学新報』1894～1919　［山
　階鳥類研究所］

オナガダルマインコ　Psittacula longicauda
「世界大博物図鑑 別巻1」平凡社　1993
　◇p221（カラー）　セルビー, P.J.著, リア, E.原図,
　リザーズ, W.銅版『オウムの博物誌』1836

オナガテリカラスモドキ　Aplonis metallica
「世界大博物図鑑 4」平凡社　1987
　◇p370（カラー）　テミンク, C.J.著, ブレートル,
　J.G.原図『新編彩色鳥類図譜』1820～39　手彩
　色銅版画

オナガニシブッポウソウ　Coracias abyssinica
「フウチョウの自然誌 博物画の至宝」平凡社
1994
　◇I-No.25（カラー）　Le Rollier à long brins
　d'Afrique, mâle　ルヴァイヤン, F.著, バラバン,
　J.原図 1806
「世界大博物図鑑 4」平凡社　1987
　◇p251（カラー）　ブレヴォー, F.著, ポーケ原図
　『熱帯鳥類図誌』［1879］手彩色銅版

オナガニシブッポウソウ　Coracias
abyssinicus
「ビュフォンの博物誌」工作舎　1991
　◇I083（カラー）『一般と個別の博物誌 ソンニー
　ニ版』

オナガハチドリ　Taphrolesbia griseiventris
「世界大博物図鑑 別巻1」平凡社　1993
　◇p265（カラー）『動物学新報』1894～1919　［山
　階鳥類研究所］

オナガバト　Macropygia phasianella
「江戸鳥類大図鑑」平凡社　2006
　◇p462（カラー）　つちくればと　堀田正敦『禽譜』
　［宮城県図書館伊達文庫］
「舶来鳥獣図誌」八坂書房　1992
　◇p10（カラー）　柿色鳩『唐蘭船持渡鳥獣之図』
　［慶應義塾図書館］

オナガヒロハシ　Psarisomus dalhousiae
「世界大博物図鑑 4」平凡社　1987
　◇p278（カラー）　テミンク, C.J.著, ブレートル,
　J.G.原図『新編彩色鳥類図譜』1820～39　手彩
　色銅版画

オナガフウチョウ　Astrapia nigra
「フウチョウの自然誌 博物画の至宝」平凡社
1994
　◇I-No.20（カラー）　Le Pie de paradis, vue par
　devant　オス　ルヴァイヤン, F.著, バラバン, J.
　原図 1806
　◇I-No.21（カラー）　La Pie de paradis, vue par
　derrière　オス, 背側から描く　ルヴァイヤン, F.
　著, バラバン, J.原図 1806
　◇I-No.22（カラー）　Femelle de la Pie de
　paradis　メス　ルヴァイヤン, F.著, バラバン,
　J.原図 1806
「ジョン・グールド 世界の鳥」同朋舎出版　1994
　◇385図（カラー）　オス, メス　ハート, ウィリア
　ム画『ニューギニアの鳥類』1875～88
「世界大博物図鑑 別巻1」平凡社　1993
　◇p412（カラー）　ルヴァイヤン, F.著, バラバン原
　図『フウチョウの自然誌』1806　銅版多色刷り
「世界大博物図鑑 4」平凡社　1987
　◇p386（カラー）　オス, メス　レッソン, R.P.著,
　ブレートル原図, レモン銅版『フウチョウの自然
　誌』1835　手彩色銅版図

オナガフクロウ　Surnia ulula
「世界大博物図鑑 別巻1」平凡社　1993
　◇p248（カラー）　ニューヨーク付近に生息する個
　体　デ・ケイ, J.E.著, ヒル, J.W.原図『ニュー
　ヨーク動物誌』1844　手彩色石版
「ビュフォンの博物誌」工作舎　1991
　◇I028（カラー）『一般と個別の博物誌 ソンニー
　ニ版』
　◇I030（カラー）『一般と個別の博物誌 ソンニー
　ニ版』
「世界大博物図鑑 4」平凡社　1987
　◇p222（カラー）　エドワーズ, G.『鳥類図譜』
　1743～51
「グールドの鳥類図譜」講談社　1982
　◇p52（カラー）　成鳥 1867

オナガベニサンショウクイ　Pericrocotus
ethologus
「江戸鳥類大図鑑」平凡社　2006

博物図譜レファレンス事典 動物篇　**369**

おなか　　　　　　　　　　　　鳥

◇p679（カラー）　華黄燕　メス　堀田正敦『禽譜』
［宮城県図書館伊達文庫］

オナガミツスイ　Merops cafer
「ビュフォンの博物誌」工作舎　1991
◇I166（カラー）『一般と個別の博物誌 ソンニー
ニ版』

オナガミヤマバト　Gymnophaps mada
「世界大博物図鑑 別巻1」平凡社　1993
◇p187（カラー）　キューレマンス図『動物学新報』
1894〜1919　［山階鳥類研究所］

オナガムシクイ　Sylvia undata
「フランスの美しい鳥の絵図鑑」グラフィック社
2014
◇p97（カラー）　エチェコパル, ロベール＝ダニエ
ル著, バリュエル, ポール画
「ジョン・グールド 世界の鳥」同朋舎出版　1994
◇340図（カラー）　リヒター, ヘンリー・コンスタ
ンチン画『イギリスの鳥類』1862〜73
「グールドの鳥類図譜」講談社　1982
◇p85（カラー）　オス成鳥, メス成鳥　1862

オナガラケットハチドリ　Loddigesia
mirabilis
「ジョン・グールド 世界の鳥」同朋舎出版　1994
◇228図（カラー）　リヒター, ヘンリー・コンスタ
ンチン画『ハチドリ科の研究』1849〜61
「世界大博物図鑑 別巻1」平凡社　1993
◇p273（カラー）　グールド, J.『ハチドリ科鳥類図
譜』1849〜61　手彩色石版

オニアジサシ　Hydroprogne tschegrava
「グールドの鳥類図譜」講談社　1982
◇p222（カラー）　幼鳥, 夏羽成鳥　1873

オニオオハシ　Ramphastos toco
「フウチョウの自然誌 博物画の至宝」平凡社
1994
◇II–Planche 1re（カラー）　嘴, 脚, 舌　ルヴァイ
ヤン, F.著, バラバン, J.原図　1806
◇II–No.2（カラー）　Le Toco　ルヴァイヤン, F.
著, バラバン, J.原図　1806
「ジョン・グールド 世界の鳥」同朋舎出版　1994
◇46図（カラー）　リア, エドワード画『オオハシ科
の研究 初版』1833〜35
◇55図（カラー）　リヒター, ヘンリー・コンスタン
チン画『オオハシ科の研究 再版』1852〜54
「ビュフォンの博物誌」工作舎　1991
◇I179（カラー）『一般と個別の博物誌 ソンニー
ニ版』

オニオオハシ
「すごい博物画」グラフィック社　2017
◇図24（カラー）　リア, エドワード『オオハシ科に
ついての小論文』1834　手彩色のリトグラフ
［ウィンザー城ロイヤル・ライブラリー］

オニオオバン　Fulica gigantea
「世界大博物図鑑 4」平凡社　1987
◇p158（カラー）　グリュンボルト, H.『南米猟鳥・

水鳥図譜』［1915］〜17　手彩色石版図

オニカッコウ　Eudynamys scolopacea
「世界大博物図鑑 4」平凡社　1987
◇p218（カラー）　リーチ, W.E.著, ノダー, R.P.図
『動物学雑誌』1814〜17　手彩色銅版

オニキバシリ　Dendrocolaptes picumnus
「世界大博物図鑑 4」平凡社　1987
◇p279（カラー）　スミット, J.図『ロンドン動物
学協会紀要』1868　手彩色石版画

オニキバシリ科　Dendrocolaptidae
「ビュフォンの博物誌」工作舎　1991
◇I177（カラー）『一般と個別の博物誌 ソンニー
ニ版』

オニゴジュウカラ　Sitta magna
「世界大博物図鑑 別巻1」平凡社　1993
◇p348（カラー）『アイビス』1859〜　［山階鳥類
研究所］

オニサンショウクイ　Coracina
novaehollandiae
「フウチョウの自然誌 博物画の至宝」平凡社
1994
◇I–No.30（カラー）　Le Rollier à masque noir
ルヴァイヤン, F.著, バラバン, J.原図　1806

オニタシギ　Gallinago undulata
「世界大博物図鑑 4」平凡社　1987
◇p175（カラー）　テミンク, C.J.著, プレートル,
J.G.原図『新編彩色鳥類図譜』1820〜39　手彩
色銅版画

オニヤイロチョウ　Pitta caerulea
「世界大博物図鑑 別巻1」平凡社　1993
◇p317（カラー）　エリオット, D.G.『ヤイロチョ
ウ科鳥類図譜』1863　手彩色石版
「世界大博物図鑑 4」平凡社　1987
◇p287（カラー）　テミンク, C.J.著, ユエ, N.原図
『新編彩色鳥類図譜』1820〜39　手彩色銅版画

オバシギダチョウ　Tinamus solitarius
「世界大博物図鑑 別巻1」平凡社　1993
◇p28（カラー）　シャープ, R.B.ほか『大英博物館
鳥類目録』1874〜98　手彩色クロモリトグラフ
「世界大博物図鑑 4」平凡社　1987
◇p22（カラー）　グリュンボルト, H.『南米猟鳥・
水鳥図譜』［1915］〜17　手彩色石版図

オリーブタイムシクイ　Hippolais
olivetorum (Strickland 1837)
「フランスの美しい鳥の絵図鑑」グラフィック社
2014
◇p55（カラー）　エチェコパル, ロベール＝ダニエ
ル著, バリュエル, ポール画

オレンジキヌバネドリ　Trogon
aurantiiventris
「ジョン・グールド 世界の鳥」同朋舎出版　1994
◇93図（カラー）　リヒター, ヘンリー・コンスタン
チン画『キヌバネドリ科の研究 初版』1858〜75

370　博物図譜レファレンス事典 動物篇

鳥　　　　　　　　　　　　　　　　　　　　　かきは

オレンジムクドリモドキ　Icterus gularis
「世界大博物図鑑 4」平凡社　1987
　　◇p359（カラー）　レッソン, R.P.『動物百図』
　　1830〜32

【 か 】

カアレン
　　⇒ハッカチョウ（カアレン）を見よ

カイツブリ　Podiceps ruficollis
「グールドの鳥類図鑑」講談社　1982
　　◇p208（カラー）　親鳥, 雛 1862

カイツブリ　Tachybaptus ruficollis
「江戸鳥類大図鑑」平凡社　2006
　　◇p176（カラー）　にほ　堀田正敦『禽譜』　［宮
　　城県図書館伊達文庫］
　　◇p176（カラー）　同〔にほ〕　一種　堀田正敦『禽
　　譜』　［宮城県図書館伊達文庫］
「ビュフォンの博物誌」工作舎　1991
　　◇I216（カラー）『一般と個別の博物誌 ソンニー
　　ニ版』
　　◇I217（カラー）『一般と個別の博物誌 ソンニー
　　ニ版』

カイツブリ
「高松松平家所蔵 衆禽画譜 水禽・野鳥」香川県
歴史博物館友の会博物図譜刊行会　2005
　　◇p58（カラー）　松平頼恭『衆禽画譜 水禽帖』　江
　　戸時代　紙本著色 画帖装（折本形式）38.1×48.
　　7　［個人蔵］
　　◇p59（カラー）　松平頼恭『衆禽画譜 水禽帖』　江
　　戸時代　紙本著色 画帖装（折本形式）38.1×48.
　　7　［個人蔵］

カオアカガラ　Parus fringillinus（Fischer &
Reichenow 1884）
「フランスの美しい鳥の絵図鑑」グラフィック社
2014
　　◇p209（カラー）　エチェコパル, ロベール＝ダニ
　　エル著, バリュエル, ポール画

カオグロキヌバネドリ　Trogon personatus
「ジョン・グールド 世界の鳥」同朋舎出版　1994
　　◇86図（カラー）　オス, メス　リヒター, ヘン
　　リー・コンスタンチン画『キヌバネドリ科の研究
　　初版』　1858〜75

カオグロサイチョウ　Penelopides panini
「世界大博物図鑑 別巻1」平凡社　1993
　　◇p289（カラー）　エリオット, D.G.著, キューレ
　　マンス, J.G.石図『サイチョウ科鳥類図譜』
　　1877〜82　手彩色石版

カオグロノスリ　Leucopternis melanops
「世界大博物図鑑 4」平凡社　1987
　　◇p90（カラー）　テミンク, C.J.著, ユエ, N.原図
　　『新編彩色鳥類図譜』　1820〜39　手彩色銅版画

カオグロフウキンチョウ　Scistochlamys
melanopis
「ビュフォンの博物誌」工作舎　1991
　　◇I116（カラー）『一般と個別の博物誌 ソンニー
　　ニ版』

カオグロヤイロチョウ　Pitta anerythra
「世界大博物図鑑 別巻1」平凡社　1993
　　◇p316（カラー）『動物学新報』　1894〜1919　［山
　　階鳥類研究所］

カオジロガビチョウ　Garrulax sannio
「江戸鳥類大図鑑」平凡社　2006
　　◇p569（カラー）　書眉鳥　堀田正敦『禽譜』
　　［宮城県図書館伊達文庫］

カオジロガン　Branta leucopsis
「ビュフォンの博物誌」工作舎　1991
　　◇I231（カラー）『一般と個別の博物誌 ソンニー
　　ニ版』
「グールドの鳥類図鑑」講談社　1982
　　◇p190（カラー）　成鳥 1867

カオジロサイチョウ　Penelopides exarhatus
「世界大博物図鑑 4」平凡社　1987
　　◇p255（カラー）　テミンク, C.J.著, ユエ, N.原図
　　『新編彩色鳥類図譜』　1820〜39　手彩色銅版画

カオジロハゲワシ　Aegypius occipitalis
「世界大博物図鑑 別巻1」平凡社　1993
　　◇p81（カラー）　ビュフォン, G.L.L., Comte de
　　『一般と個別の博物誌（ソンニーニ版）』　1799〜
　　1808　銅版 カラー印刷
「世界大博物図鑑 4」平凡社　1987
　　◇p75（カラー）　テミンク, C.J.著, ユエ, N.原図
　　『新編彩色鳥類図譜』　1820〜39　手彩色銅版画

カカ　Nestor meridionalis
「世界大博物図鑑 別巻1」平凡社　1993
　　◇p208（カラー）　ブラー, W.L.著, キューレマン
　　ス, J.G.図『ニュージーランド鳥類誌第2版』
　　1887〜88　手彩色石版図

カカポ（フクロウオウム）
「紙の上の動物園」グラフィック社　2017
　　◇p242（カラー）　バラー, ウォルター・ローリー
　　『ニュージーランドの鳥の本』　1872〜73 ?

カギハシトビ　Chondrohierax uncinatus
「世界大博物図鑑 別巻1」平凡社　1993
　　◇p106（カラー）　カステルノー伯『南米探検記』
　　1855〜57　手彩色石版
「世界大博物図鑑 4」平凡社　1987
　　◇p94（カラー）　オス　テミンク, C.J.著, ユエ, N.
　　原図『新編彩色鳥類図譜』　1820〜39　手彩色銅
　　版画
　　◇p94〜95（カラー）　メスの若鳥, 成鳥　テミン
　　ク, C.J.著, ユエ, N.原図『新編彩色鳥類図譜』
　　1820〜39　手彩色銅版画

カギハシハチドリ　Glaucis dohrnii
「世界大博物図鑑 別巻1」平凡社　1993
　　◇p260（カラー）　グールド, J.『ハチドリ科鳥類図

博物図譜レファレンス事典 動物篇　**371**

かきは　　　　　　　　　　　　　鳥

譜』 1849～61　手彩色石版

カキハシロ
「高松松平家所蔵 衆禽画譜 水禽・野鳥」香川県
歴史博物館友の会博物図譜刊行会　2005
◇p35（カラー）　松平頼恭『衆禽画譜 水禽帖』 江
戸時代　紙本著色　画帖装（折本形式） 38.1×48.
7　［個人蔵］

カグー　Rhynochetos jubatus
「世界大博物図鑑 別巻1」平凡社　1993
◇p165（カラー）『ロンドン動物学協会紀要』 1861
～90,1891～1929　［京都大学理学部］

かけす
「鳥の手帖」小学館　1990
◇p42～43（カラー）　懸巣　毛利梅園『梅園禽譜』
天保10(1839）序　［国立国会図書館］

カケス　Garrulus glandarius
「すごい博物画」グラフィック社　2017
◇図版38（カラー）　ハナサフラン，クロス・オブ・
ゴールド・クロッカス，ミスミソウ，アネモネ，
カケス　マーシャル，アレクサンダー 1650～82
頃　水彩 45.3×33.3　［ウィンザー城ロイヤ
ル・ライブラリー］
「江戸鳥類大図鑑」平凡社　2006
◇p402（カラー）　かしとり かけす くびひき　堀
田正敦『禽譜』　［宮城県図書館伊達文庫］
◇p403（カラー）　瑤琴 別名かしどり 舶来　堀田
正敦『禽譜』　［宮城県図書館伊達文庫］
◇p405（カラー）　海和尚　堀田正敦『禽譜』
［宮城県図書館伊達文庫］
「日本の博物図譜」東海大学出版会　2001
◇p71（白黒）　渡辺始興筆『四季花鳥図押絵貼屏
風』　六曲一双の一部　［大和文華館］
「フウチョウの自然誌 博物画の至宝」平凡社
1994
◇I-No.40（カラー）　Le Geai d'Europe　ヨー
ロッパの　ルヴァイヤン，F.著，バラバン，J.原図
1806
◇I-No.41（カラー）　Le Geai varié　アルビノ
ルヴァイヤン，F.著，バラバン，J.原図 1806
「世界大博物図鑑 別巻1」平凡社　1993
◇p413（カラー）　アルビノ　ルヴァイヤン，F.著，
バラバン原図『フウチョウの自然誌』 1806　銅
版多色刷り
「ビュフォンの博物誌」工作舎　1991
◇I078（カラー）『一般と個別の博物誌 ソンニー
二版』
「グールドの鳥類図譜」講談社　1982
◇p130（カラー）　ヨーロッパ西部に繁殖する亜種
G.g.glandarius 1865

カケス　Garrulus glandarius sp.
「江戸鳥類大図鑑」平凡社　2006
◇p405（カラー）　唐かけす　堀田正敦『禽譜』
［宮城県図書館伊達文庫］

カケス
「江戸時代に描かれた鳥たち」ソフトバンク ク
リエイティブ　2012

◇p96（カラー）　掛鳥　毛利梅園『梅園禽譜』　天
保10(1849）序
「彩色 江戸博物学集成」平凡社　1994
◇p30（カラー）　貝原益軒『大和本草諸品図』
◇p63（カラー）　カギス　丹羽正伯『周防国産物之
内絵形』　［萩図書館］

カケス（ミヤマカケス）　Garrulus glandarius brandtii
「江戸鳥類大図鑑」平凡社　2006
◇p403（カラー）　和産瑤琴 かしとり かけす　堀
田正敦『禽譜』　［宮城県図書館伊達文庫］

カササギ　Pica pica
「江戸博物文庫 鳥の巻」工作舎　2017
◇p164（カラー）　鵲　服部雪斎『華鳥譜』 1862
［国立国会図書館］
「江戸鳥類大図鑑」平凡社　2006
◇p411（カラー）　かさぎ　堀田正敦『禽譜』
［宮城県図書館伊達文庫］
◇p411（カラー）　かささぎ　堀田正敦『禽譜』
［宮城県図書館伊達文庫］
◇p411（カラー）　喜雀 雄 唐船載来　堀田正敦
『禽譜』　［宮城県図書館伊達文庫］
◇p412（カラー）　南喜雀　堀田正敦『禽譜』
［宮城県図書館伊達文庫］
「ジョン・グールド 世界の鳥」同朋舎出版　1994
◇350図（カラー）　リヒター，ヘンリー・コンスタ
ンチン画『イギリスの鳥類』 1862～73
「舶来鳥獣図誌」八坂書房　1992
◇p18（カラー）　喜雀『唐蘭船持渡鳥獣之図』
［慶應義塾図書館］
「ビュフォンの博物誌」工作舎　1991
◇I078（カラー）『一般と個別の博物誌 ソンニー
版』
「世界大博物図鑑 4」平凡社　1987
◇p391（カラー）　ドノヴァン，E.『英国鳥類誌』
1794～1819
「グールドの鳥類図譜」講談社　1982
◇p130（カラー）　成鳥 1862

カササギ　Pica pica Linnaeus
「高木春山 本草図説 動物」リブロポート　1989
◇p77（カラー）　鵲

カササギ
「彩色 江戸博物学集成」平凡社　1994
◇p299（カラー）　川原慶賀『動植物図譜』　［オ
ランダ国立自然史博物館］

鵲
「高松松平家所蔵 衆禽画譜 水禽・野鳥」香川県
歴史博物館友の会博物図譜刊行会　2005
◇p99（カラー）　鵲 雄　松平頼恭『衆禽画譜 野鳥
帖』 江戸時代　紙本著色　画帖装（折本形式）
33.0×48.3　［個人蔵］

カササギガモ　Camptorhynchus labradorius
「世界大博物図鑑 別巻1」平凡社　1993
◇p60（カラー）　ロスチャイルド，L.W.『絶滅鳥類
誌』 1907　彩色クロモリトグラフ　［個人蔵］

鳥　　　　　　　　　　　　　　　　　　　　　かたか

カササギサイチョウ　Anthracoceros
coronatus
「江戸博物文庫 鳥の巻」工作舎　2017
　◇p167（カラー）　弁柄鷺『外国珍禽異鳥図』　江戸
　　末期　［国立国会図書館］
「江戸鳥類大図鑑」平凡社　2006
　◇p415（カラー）　弁柄鷺　メス　堀田正敦『禽譜』
　　［宮城県図書館伊達文庫］

カササギサイチョウ　Anthracoceros
coronatus coronatus
「舶来鳥獣図誌」八坂書房　1992
　◇p16（カラー）　弁柄鷺　別名「ヤアルホウゴロ」
　　『唐蘭船持渡鳥獣之図』　天明7（1787）渡来　［慶
　　應義塾図書館］

カササギの東アジア亜種　Pica pica sericea
「世界大博物図鑑 別巻1」平凡社　1993
　◇p412（カラー）　おそらく朝鮮半島産の個体『鳥
　　類写生図譜』　※『鳥類図鑑』（1926凡例）と『鳥
　　類写生図譜』（1927～38）を合わせた本

カササギムクドリの北スラウェシ亜種
Streptocitta albicolis torquata
「世界大博物図鑑 別巻1」平凡社　1993
　◇p393（カラー）　テミンク, C.J., ロジエ・ド・
　　シャルトルース, M.著『新編彩色鳥類図譜』
　　1820～39　手彩色銅板画

カサドリ　Cephalopterus ornatus
「世界大博物図鑑 4」平凡社　1987
　◇p295（カラー）　テミンク, C.J.著, ユエ, N.原図
　　『新編彩色鳥類図譜』　1820～39　手彩色銅版画

カザノワシ　Ictinaetus malayensis
「世界大博物図鑑 4」平凡社　1987
　◇p78（カラー）　テミンク, C.J.著, ユエ, N.原図
　　『新編彩色鳥類図譜』　1820～39　手彩色銅版画

カザリオウチュウ　Dicrurus paradiseus
「世界大博物図鑑 4」平凡社　1987
　◇p374（カラー）　キュヴィエ, G.L.C.F.D.『動物
　　界』　1836～49　手彩色銅版

カザリキヌバネドリ
　⇒ケツァール（カザリキヌバネドリ）を見よ

カザリキヌバネドリ＝ケツァール
Pharomachrus mocinno
「ジョン・グールド 世界の鳥」同朋舎出版　1994
　◇80図（カラー）　メス, オス　グールド, エリザベ
　　ス画『キヌバネドリ科の研究 初版』　1835～38
　◇87図（カラー）　ハート, ウィリアム画『キヌバネ
　　ドリ科の研究 初版』　1858～75

カザリショウビン　Lacedo pulchella
「世界大博物図鑑 4」平凡社　1987
　◇p248（カラー）　メス, オス　テミンク, C.J.著,
　　ユエ, N.原図『新編彩色鳥類図譜』　1820～39
　　手彩色銅版画

カザリリュウキュウガモ　Dendrocygna
eytoni
「ジョン・グールド 世界の鳥」同朋舎出版　1994
　◇166図（カラー）　リヒター, ヘンリー・コンスタ
　　ンチン画『オーストラリアの鳥類』　1840～48

カシトリ
「高松松平家所蔵 衆禽画譜 水禽・野鳥」香川県
歴史博物館友の会博物図譜刊行会　2005
　◇p79（カラー）　松平頼恭『衆禽画譜 野鳥帖』　江
　　戸時代　紙本著色 画帖装（折本形式）　33.0×48.
　　3　［個人蔵］

かしらだか
「鳥の手帖」小学館　1990
　◇p155（カラー）　頭高　毛利梅園『梅園禽譜』　天
　　保10（1839）序　［国立国会図書館］

カシラダカ　Emberiza rustica
「江戸博物文庫 鳥の巻」工作舎　2017
　◇p46（カラー）　頭高　増山正賢『百鳥図』　1800
　　頃　［国立国会図書館］
「江戸鳥類大図鑑」平凡社　2006
　◇p358（カラー）　かしらとり かしらたか かしら
　　しと　夏羽 堀田正敦『禽譜』　［宮城県図書
　　館伊達文庫］
　◇p359（カラー）　しまかしらしと、嶋かしらたか
　　オス冬羽 堀田正敦『禽譜』　［宮城県図書館伊
　　達文庫］
「グールドの鳥類図譜」講談社　1982
　◇p109（カラー）　夏羽のオス, メス　1871

カシラダカ
「江戸時代に描かれた鳥たち」ソフトバンク ク
リエイティブ　2012
　◇p97（カラー）　頭高　毛利梅園『梅園禽譜』　天
　　保10（1849）序

カシワタカ
「高松松平家所蔵 衆禽画譜 水禽・野鳥」香川県
歴史博物館友の会博物図譜刊行会　2005
　◇p93（カラー）　松平頼恭『衆禽画譜 野鳥帖』　江
　　戸時代　紙本著色 画帖装（折本形式）　33.0×48.
　　3　［個人蔵］

カスピアセッケイ　Tetraogallus caspius
「ジョン・グールド 世界の鳥」同朋舎出版　1994
　◇292図（カラー）　ヴォルフ, ヨゼフ, リヒター, ヘ
　　ンリー・コンスタンチン画『アジアの鳥類』
　　1849～83

カタカケフウチョウ　Lophorina superba
「フウチョウの自然誌 博物画の至宝」平凡社
1994
　◇I–No.14（カラー）　Le Superbe dans l'état du
　　repos　ルヴァイヤン, F.著, バラバン, J.原図
　　1806
　◇I–No.15（カラー）　Le Superbe étalant ses
　　parures　ディスプレイ中　ルヴァイヤン, F.著,
　　バラバン, J.原図　1806
「ジョン・グールド 世界の鳥」同朋舎出版　1994
　◇386図（カラー）　オス, メス　ハート, ウィリア

博物図譜レファレンス事典 動物篇　**373**

ム画『ニューギニアの鳥類』 1875〜88
「世界大博物図鑑 別巻1」平凡社 1993
　◇p408（カラー）　ビュフォン, G.L.L., Comte de
　『ビュフォン著作集（キュヴィエ版）』 1825〜26
「ビュフォンの博物誌」工作舎 1991
　◇I085（カラー）『一般と個別の博物誌 ソンニー
　ニ版』
「世界大博物図鑑 4」平凡社 1987
　◇p387（カラー）　オス，メス　レッソン, R.P.著，
　プレートル原図，レモン銅版『フウチョウの自然
　誌』 1835　手彩色銅版図

カタジロワシ　Aquila heliaca
「世界大博物図鑑 別巻1」平凡社 1993
　◇p89（カラー）　ヴィエイヨー, L.J.P.著，ウダー
　ル, P.L.原図『鳥類画廊』 1820〜26
「世界大博物図鑑 4」平凡社 1987
　◇p82（カラー）　ドルビニ, A.D.著，トラヴィエ原
　図『万有博物事典』 1837

カツオドリ　Sula leucogaster
「ビュフォンの博物誌」工作舎 1991
　◇I222（カラー）『一般と個別の博物誌 ソンニー
　ニ版』
「世界大博物図鑑 4」平凡社 1987
　◇p42（カラー）　ケーツビー, M.『カロライナの自
　然誌』 1754

かっこう
「鳥の手帖」小学館 1990
　◇p114〜115（カラー）　郭公　毛利梅園『梅園禽
　譜』　天保10（1839）序　［国立国会図書館］

カッコウ　Cuculus canorus
「江戸博物文庫 鳥の巻」工作舎 2017
　◇p119（カラー）　郭公　毛利梅園『梅園禽譜』
　1840頃　［国立国会図書館］
「江戸鳥類大図鑑」平凡社 2006
　◇p474（カラー）　かつこうどり　堀田正敦『禽譜』
　［宮城県図書館伊達文庫］
　◇p474（カラー）　かつこうどり 鳰鳩　幼鳥　堀田
　正敦『禽譜』　［宮城県図書館伊達文庫］
　◇p483（カラー）　むしくひどり　幼鳥　堀田正敦
　『禽譜』　［宮城県図書館伊達文庫］
　◇p483（カラー）　大むしくひ　堀田正敦『禽譜』
　［宮城県図書館伊達文庫］
「ジョン・グールド 世界の鳥」同朋舎出版 1994
　◇351図（カラー）　オス，セキレイに餌をもらう幼
　鳥　リヒター，ヘンリー・コンスタンチン画『イ
　ギリスの鳥類』 1862〜73
　◇352図（カラー）　マキバタヒバリの巣，幼鳥
　ハート，ウィリアム画『イギリスの鳥類』 1862
　〜73
「ビュフォンの博物誌」工作舎 1991
　◇I161（カラー）『一般と個別の博物誌 ソンニー
　ニ版』
「グールドの鳥類図譜」講談社 1982
　◇p132（カラー）　オス成鳥，里親のハクセキレイ，
　巣立ち雛 1864

カッコウ　Cuculus canorus Linnaeus
「高木春山 本草図説 動物」リブロポート 1989
　◇p67（カラー）

カッコウ
「紙の上の動物園」グラフィック社 2017
　◇p153（カラー）　ベウィック，トーマス『鳥と四
　足獣の歴史』 1824
「江戸時代に描かれた鳥たち」ソフトバンク ク
　リエイティブ 2012
　◇p91（カラー）　郭公鳥/布穀鳥　毛利梅園『梅園
　禽譜』　天保10（1849）序
「グールドの鳥類図譜」講談社 1982
　◇p133（カラー）　カッコウが託卵したマキバタヒ
　バリの巣 1873

カッコウ？　Cuculus canorus ?
「江戸鳥類大図鑑」平凡社 2006
　◇p702（カラー）　クックック　堀田正敦『禽譜』
　［宮城県図書館伊達文庫］

カッコウ類の卵
「世界大博物図鑑 4」平凡社 1987
　◇p215（カラー）　スミット, J.原図『ロンドン動物
　学協会紀要』 1867　手彩色石版画

カッショクペリカン　Pelecanus occidentalis
「世界大博物図鑑 4」平凡社 1987
　◇p38（カラー）　スミット, J.原図『ロンドン動物
　学協会紀要』 1868　手彩色石版画

カナダガン　Anas canadensis
「ビュフォンの博物誌」工作舎 1991
　◇I230（カラー）『一般と個別の博物誌 ソンニー
　ニ版』

カナダガン
「世界大博物図鑑 別巻1」平凡社 1993
　◇p64（カラー）　ビュフォン, G.L.L., Comte de
　『一般と個別の博物誌（ソンニーニ版）』 1799〜
　1808　銅版 カラー印刷

カナダガンのハワイ飛来亜種　Branta
canadensis minima
「世界大博物図鑑 別巻1」平凡社 1993
　◇p64（カラー）　ロスチャイルド, L.W.『レイサン
　島の鳥類誌』 1893〜1900　石版画

カナダコガラ　Poecile hudsonicus (Forster
1772)
「フランスの美しい鳥の絵図鑑」グラフィック社
　2014
　◇p171（カラー）　エチェコパル，ロベール＝ダニ
　エル著，バリュエル，ポール画

カナダヅル雑種？　Grus canadensis ?
「江戸鳥類大図鑑」平凡社 2006
　◇p45（カラー）　あねはづる 一種 ふがはり『鳥類
　之図』　［山階鳥類研究所］

カナリア　Serinus canaria
「江戸博物文庫 鳥の巻」工作舎 2017
　◇p39（カラー）　金糸雀　増山正賢『百鳥図』
　1800頃　［国立国会図書館］

「江戸鳥類大図鑑」平凡社　2006
◇p526（カラー）　カナアリヤ　雄　堀田正敦『禽譜』　［宮城県図書館伊達文庫］
◇p527（カラー）　カナアリヤ　雌　堀田正敦『禽譜』　［宮城県図書館伊達文庫］
「舶来鳥獣図誌」八坂書房　1992
◇p15（カラー）　カナアリア鳥『唐蘭船持渡鳥獣之図』　［慶應義塾図書館］
◇p100（カラー）　かなあり鳥『外国産鳥之図』　［国立国会図書館］

カナリア
「江戸時代に描かれた鳥たち」ソフトバンク クリエイティブ　2012
◇p48（カラー）　金有屋　毛利梅園『梅園禽譜』天保10（1849）序
◇p49（カラー）　金有鳥/カナアリヤ　増山正賢（雪斎）『百鳥図』寛政12（1800）頃
◇p49（カラー）　かなあり鳥『外国産鳥之図』　成立年不明
「鳥の手帖」小学館　1990
◇p200〜201（カラー）　毛利梅園『梅園禽譜』　天保10（1839）序　［国立国会図書館］

カナリア（セイヨウチョウ）　Serinus canaria
「世界大博物図鑑　4」平凡社　1987
◇p359（カラー）　ビュフォン, G.L.L., Comte de, トラヴィエ, E.原図『博物誌』1853〜57　手彩色銅版画

カナリーアオアトリ　Fringilla teydea
「世界大博物図鑑　別巻1」平凡社　1993
◇p388（カラー）『アイビス』1859〜　［山階鳥類研究所］

カナリーノビタキ　Saxicola dacotiae
「世界大博物図鑑　別巻1」平凡社　1993
◇p329（カラー）『アイビス』1859〜　［山階鳥類研究所］

カニチドリ　Dromas ardeola
「世界大博物図鑑　4」平凡社　1987
◇p179（カラー）　テミンク, C.J.著, ユエ, N.原図『新編彩色鳥類図譜』1820〜39　手彩色銅版画

カノコバト　Streptopelia chinensis
「江戸博物文庫　鳥の巻」工作舎　2017
◇p9（カラー）　鹿子鳩　河野通明写『奇鳥生写図』1807　［国立国会図書館］
「江戸鳥類大図鑑」平凡社　2006
◇p454（カラー）　数珠かけばと　斑鳩　堀田正敦『禽譜』　［宮城県図書館伊達文庫］
◇p457（カラー）　弁柄ばと　堀田正敦『禽譜』　［宮城県図書館伊達文庫］

カノコバト（シンジュバト）　Spilopelia chinensis (S.tigrinus)
「江戸鳥類大図鑑」平凡社　2006
◇p458（カラー）　しゃむろばと　堀田正敦『禽譜』　［宮城県図書館伊達文庫］

カバイロハッカ　Acridtheres tristis
「ビュフォンの博物誌」工作舎　1991
◇I102（カラー）『一般と個別の博物誌 ソンニーニ版』

ガビチョウ　Garrulax canorus
「江戸博物文庫　鳥の巻」工作舎　2017
◇p50（カラー）　画眉鳥　増山正賢『百鳥図』1800頃　［国立国会図書館］
「江戸鳥類大図鑑」平凡社　2006
◇p569（カラー）　畫眉鳥　堀田正敦『禽譜』　［宮城県図書館伊達文庫］
◇p569（カラー）　畫眉　堀田正敦『禽譜』　［宮城県図書館伊達文庫］
◇p696（カラー）　阿蘭　堀田正敦『禽譜』　［宮城県図書館伊達文庫］
「舶来鳥獣図誌」八坂書房　1992
◇p104（カラー）　画眉鳥『外国産鳥之図』　［国立国会図書館］
「世界大博物図鑑　4」平凡社　1987
◇p331（カラー）　ダヴィド神父, A.著, アルヌル石版『中国産鳥類』1877　手彩色石版

ガビチョウ
「江戸時代に描かれた鳥たち」ソフトバンク クリエイティブ　2012
◇p51（カラー）　画眉鳥『薩摩鳥譜図巻』江戸末期
◇p51（カラー）　画眉鳥『外国産鳥之図』　成立年不明
「彩色 江戸博物学集成」平凡社　1994
◇p158〜159（カラー）　佐竹曙山『模写並写生帖』　［千秋美術館］

画眉鳥
「高松松平家所蔵 衆禽画譜 水禽・野鳥」香川県歴史博物館友の会博物図譜刊行会　2005
◇p81（カラー）　松平頼恭『衆禽画譜 野鳥帖』江戸時代　紙本著色 画帖装（折本形式）　33.0×48.3　［個人蔵］

カブトホウカンチョウ　Crax pauxi
「世界大博物図鑑　別巻1」平凡社　1993
◇p117（カラー）　ヴィエイヨー, L.J.P.著, ウダール, P.L.原図『鳥類画廊』1820〜26
「ビュフォンの博物誌」工作舎　1991
◇I049（カラー）『一般と個別の博物誌 ソンニーニ版』
「世界大博物図鑑　4」平凡社　1987
◇p107（カラー）　キュヴィエ, G.L.C.F.D.『動物界』1836〜49　手彩色銅版

カベバシリ　Tichodroma muraria
「ジョン・グールド 世界の鳥」同朋舎出版　1994
◇27図（カラー）　夏毛の雌雄　リア, エドワード画『ヨーロッパの鳥類』1832〜37
「ビュフォンの博物誌」工作舎　1991
◇I155（カラー）『一般と個別の博物誌 ソンニーニ版』
「世界大博物図鑑　4」平凡社　1987
◇p346（カラー）　キュヴィエ, G.L.C.F.D.『動物界』1836〜49　手彩色銅版

かまと　　　　　　　　　　　　鳥

カマドリ　Furnarius rufus
「ビュフォンの博物誌」工作舎　1991
◇I167（カラー）『一般と個別の博物誌 ソンニー
二版』

カマハシハチドリ　Eutoxeres aquila
「ジョン・グールド 世界の鳥」同朋舎出版　1994
◇200図（カラー）　リヒター、ヘンリー・コンスタ
ンチン画『ハチドリ科の研究』1849～61

カマバネキヌバト　Drepanoptila holosericea
「世界大博物図鑑 別巻1」平凡社　1993
◇p197（カラー）　クニップ夫人『ハト図譜』
1808～11　手彩色銅版

ガマヒロハシ　Corydon sumatranus
「ジョン・グールド 世界の鳥」同朋舎出版　1994
◇274図（カラー）　リヒター、ヘンリー・コンスタ
ンチン画『アジアの鳥類』1849～83
「世界大博物図鑑 4」平凡社　1987
◇p279（カラー）　テミンク、C.J.著、プレートル、
J.G.原図『新編彩色鳥類図譜』1820～39　手彩
色銅版画

かも
「鳥の手帖」小学館　1990
◇p170～171（カラー）　鴨・鳬　毛利梅園『梅園
禽譜』　天保10（1839）序　［国立国会図書館］

カモ科　Anatidae
「ビュフォンの博物誌」工作舎　1991
◇I242（カラー）『一般と個別の博物誌 ソンニー
二版』

カモメ　Larus canus
「江戸博物文庫 鳥の巻」工作舎　2017
◇p78（カラー）　鷗　牧野貞幹『鳥類写生図』
1810頃　［国立国会図書館］
「江戸鳥類大図鑑」平凡社　2006
◇p200（カラー）　わしかもめ　第3回冬羽　堀田
正敦『禽譜』　［宮城県図書館伊達文庫］
◇p201（カラー）　わしかもめの一種　幼羽　堀田
正敦『禽譜』　［宮城県図書館伊達文庫］
◇p202（カラー）　海鷗　堀田正敦『禽譜』　［宮
城県図書館伊達文庫］
「グールドの鳥類図譜」講談社　1982
◇p218（カラー）　冬羽成鳥、夏羽成鳥 1867

カモメ
「高松松平家所蔵 衆禽画譜 水禽・野鳥」香川県
歴史博物館友の会博物図譜刊行会　2005
◇p61（カラー）　松平頼恭『衆禽画譜 水禽帖』江
戸時代　紙本著色 画帖装（折本形式）38.1×48.
7　［個人蔵］

カモメ科　Anatidae
「ビュフォンの博物誌」工作舎　1991
◇I224（カラー）『一般と個別の博物誌 ソンニー
二版』

カヤクグリ　Prunella rubida
「江戸鳥類大図鑑」平凡社　2006
◇p370（カラー）　かやくぐり みやまましこ 大み

そさゞい　堀田正敦『禽譜』　［宮城県図書館伊
達文庫］
◇p512（カラー）　松くゞり　堀田正敦『禽譜』
［宮城県図書館伊達文庫］
◇p513（カラー）　かやましこ みやま松むし　堀田
正敦『禽譜』　［宮城県図書館伊達文庫］

カヤクグリ？　Prunella rubida？
「江戸鳥類大図鑑」平凡社　2006
◇p369（カラー）　かやくぐり　堀田正敦『禽譜』
［宮城県図書館伊達文庫］

カヤマシコ
「高松松平家所蔵 衆禽画譜 水禽・野鳥」香川県
歴史博物館友の会博物図譜刊行会　2005
◇p84（カラー）　松平頼恭『衆禽画譜 野鳥帖』江
戸時代　紙本著色 画帖装（折本形式）33.0×48.
3　［個人蔵］

カラカラ　Polyborus plancus
「世界大博物図鑑 別巻1」平凡社　1993
◇p107（カラー）　キュヴィエ、G.L.C.F.D.『動物
界（門徒版）』1836～49
「世界大博物図鑑 4」平凡社　1987
◇p99（カラー）　ゲイ、C.著、プレヴォー原図『チ
リ自然社会誌』1844～71

カラシラサギ　Egretta eulophotes
「江戸鳥類大図鑑」平凡社　2006
◇p57（カラー）　白鷺 舳来『鳥類之図』　［山階鳥
類研究所］

カラシラサギ？　Egretta eulophotes？
「江戸鳥類大図鑑」平凡社　2006
◇p59（カラー）　白鷺　余曾三図、張廷玉、顎爾泰
賦『百花鳥図』　［国会図書館］

からす
「鳥の手帖」小学館　1990
◇p8～9（カラー）　はしぼそがらす　毛利梅園『梅
園禽譜』　天保10（1839）序　［国立国会図書館］

カラス科　Corvidae
「ビュフォンの博物誌」工作舎　1991
◇I077（カラー）『一般と個別の博物誌 ソンニー
二版』
◇I081（カラー）『一般と個別の博物誌 ソンニー
二版』
◇I082（カラー）『一般と個別の博物誌 ソンニー
二版』

カラスバト　Columba janthina
「江戸博物文庫 鳥の巻」工作舎　2017
◇p172（カラー）　烏鳩『薩摩鳥譜図巻』江戸末期
［国立国会図書館］
「江戸鳥類大図鑑」平凡社　2006
◇p462（カラー）　くろばと 一名うしばと　堀田正
敦『禽譜』　［宮城県図書館伊達文庫］

カラスバト　Columba janthina janthina
「世界大博物図鑑 別巻1」平凡社　1993
◇p185（カラー）『博物館禽譜』1875～79（明治8～
12）編集　［東京国立博物館］
◇p185（カラー）　シーボルト、P.F.von『日本動物

誌』 1833～50 手彩色石版

カラスバト
「江戸時代に描かれた鳥たち」ソフトバンク ク
リエイティブ 2012
　◇p60（カラー）　牛鳩『薩摩鳥譜図巻』 江戸末期

カラチメドリ　Rhopophilus pekinensis
「江戸鳥類大図鑑」平凡社　2006
　◇p707（カラー）　黄山烏鳥 堀田正敦『禽譜』
　〔宮城県図書館伊達文庫〕

唐鳥
「江戸名作画帖全集 8」駸々堂出版　1995
　◇図16, 229（カラー/白黒）　II-59 佐竹曙山, 小
　田野直武『写生帖』 紙本・絹本着色 〔秋田市
　立千秋美術館〕

カラニジキジ　Lophophorus lhuysii
「ジョン・グールド 世界の鳥」同朋舎出版　1994
　◇297図（カラー）　ハート, ウィリアム画『アジア
　の鳥類』 1849～83
「世界大博物図鑑 別巻1」平凡社　1993
　◇p129（カラー）『ロンドン動物学協会紀要』 1861
　～90,1891～1929 〔京都大学理学部〕
「世界大博物図鑑 4」平凡社　1987
　◇p126（カラー）　スミット, J.原図『ロンドン動物
　学協会紀要』 1868 手彩色石版画

ガラパゴスコバネウ　Nannopterum harrisi
「世界大博物図鑑 別巻1」平凡社　1993
　◇p41（カラー）『動物学新報』 1894～1919 〔山階
　鳥類研究所〕

ガラパゴスフィンチ　Geospiza fortis
「世界大博物図鑑 別巻1」平凡社　1993
　◇p369（カラー）　ダーウィン, C.R.編, グールド,
　J.原図, グールド, E.石版『ビーグル号報告動物
　学編』 1839～43 手彩色石版

ガラパゴスマネシツグミ　Nesomimus
trifasciatus
「世界大博物図鑑 別巻1」平凡社　1993
　◇p329（カラー）　ダーウィン, C.R.編, グールド,
　J.原図, グールド, E.石版『ビーグル号報告動物
　学編』 1839～43 手彩色石版

カラフトフクロウ　Strix nebulosa
「世界大博物図鑑 別巻1」平凡社　1993
　◇p248（カラー）　北米で捕えられた個体 ヴィエ
　イヨー, L.J.P.著, プレートル, J.G.原図『北米鳥
　類図鑑』 1807 手彩色銅版

カラフトムシクイ　Phylloscopus proregulus
（Pallas 1811）
「フランスの美しい鳥の絵図鑑」グラフィック社
2014
　◇p109（カラー）　エチェコパル, ロベール＝ダニ
　エル著, バリュエル, ポール画

カラフトムジセッカ　Phylloscopus schwarzi
（Radde 1863）
「フランスの美しい鳥の絵図鑑」グラフィック社
2014

　◇p77（カラー）　エチェコパル, ロベール＝ダニエ
　ル著, バリュエル, ポール画

カラフトライチョウ　Lagopus lagopus
「世界大博物図鑑 4」平凡社　1987
　◇p110（カラー）　ゲイマール, J.P.著, ヴェルナー
　原図『アイスランド・グリーンランド旅行記』
　1838～1852 手彩色銅版

カラフトワシ　Aquila clanga
「世界大博物図鑑 別巻1」平凡社　1993
　◇p92（カラー）　ナポレオン『エジプト誌』 1809
　～30
　◇p92（カラー）　若鳥 ナポレオン『エジプト誌』
　1809～30
「ビュフォンの博物誌」工作舎　1991
　◇I001（カラー）『一般と個別の博物誌 ソンニー
　ニ版』
「世界大博物図鑑 4」平凡社　1987
　◇p83（カラー）　グレー, J.E.著, ホーキンズ,
　ウォーターハウス石版『インド動物図譜』 1830
　～34

カラムクドリ　Sturnus sinensis
「江戸鳥類大図鑑」平凡社　2006
　◇p562（カラー）　朝鮮むく オス 堀田正敦『禽
　譜』 〔宮城県図書館伊達文庫〕

カラムクドリ？　Sturnus sinensis？
「江戸鳥類大図鑑」平凡社　2006
　◇p563（カラー）　豆むく 雄 メス 堀田正敦『禽
　譜』 〔宮城県図書館伊達文庫〕

カラヤマドリ　Syrmaticus ellioti
「世界大博物図鑑 別巻1」平凡社　1993
　◇p137（カラー）　グールド, J.『アジア鳥類図譜』
　1850～83 手彩色石版
「世界大博物図鑑 4」平凡社　1987
　◇p130（カラー）　ダヴィド神父, A.著, アルヌル石
　版『中国産鳥類』 1877 手彩色石版

ガランチョウ
　⇒ハイイロペリカン、ガランチョウを見よ

カリカ子
「高松松平家所蔵 衆禽画譜 水禽・野鳥」香川県
歴史博物館友の会博物図譜刊行会　2005
　◇p12（カラー）　松平頼恭『衆禽画譜 水禽帖』 江
　戸時代 紙本著色 画帖装（折本形式） 38.1×48.
　7 〔個人蔵〕

カリガネ　Anser erythropus
「江戸鳥類大図鑑」平凡社　2006
　◇p112（カラー）　雁金『衆芳軒旧蔵 禽譜』 〔国
　会図書館東洋文庫〕
　◇p113（カラー）　雁加褐『成形図説 鳥之部』
　〔東京国立博物館〕

カリガネマガン？
「彩色 江戸博物学集成」平凡社　1994
　◇p55（カラー）　しりあか鳥 丹羽正伯『御書上産
　物之内御不審物図』 〔盛岡市中央公民館〕

かりふ　　　　　鳥

カリフォルニアコンドル　Gymnogyps
californianus
「世界大博物図鑑 別巻1」平凡社　1993
　◇p76（カラー）　オーデュボン, J.J.L.著, ヘーベル, ロバート・ジュニア製版『アメリカの鳥類』
　1827～38　［ニューオーリンズ市立博物館］
「世界大博物図鑑 4」平凡社　1987
　◇p70（カラー）　テミンク, C.J.著, プレートル, J.
　G.原図『新編彩色鳥類図譜』1820～39　手彩色
　銅版画

カリブフラミンゴ　Phoenicopterus ruber
ruber
「世界大博物図鑑 別巻1」平凡社　1993
　◇p57（カラー）　ド・ラ・サグラ, R.『キューバ風
　土記』1839～61　手彩色銅版画

カルガモ　Anas poecilorhyncha
「江戸博物文庫 鳥の巻」工作舎　2017
　◇p143（カラー）　軽鴨　服部雪斎『華鳥譜』
　1862　［国立国会図書館］
「江戸鳥類大図鑑」平凡社　2006
　◇p124（カラー）　かるかも 黒かも　堀田正敦『禽
　譜』　［宮城県図書館伊達文庫］

カルガモ
「彩色 江戸博物学集成」平凡社　1994
　◇p454～455（カラー）　山本渓愚画

カルガモの雑種
「江戸鳥類大図鑑」平凡社　2006
　◇p124（カラー）　かるかも ふかはり　堀田正敦
　『禽譜』　［宮城県図書館伊達文庫］

カレハヤブヒバリ　Mirafra africanoides
「世界大博物図鑑 4」平凡社　1987
　◇p299（カラー）　スミス, A.著, フォード, G.H.原
　図『南アフリカ動物図譜』1838～49　手彩色
　版

カロライナインコの基準亜種　Conuropsis
carolinensis carolinensis
「世界大博物図鑑 別巻1」平凡社　1993
　◇p205（カラー）　ケーツビー, M.『カロライナの
　自然誌』1754　手彩色銅版
　◇p205（カラー）　ウィルソン, A.『アメリカ鳥類
　学』1808～14

カロライナコガラ　Poecile carolinensis
「フランスの美しい鳥の絵図鑑」グラフィック社
　2014
　◇p161（カラー）　エチェコパル, ロベール＝ダニ
　エル著, バリュエル, ポール画

カワアイサ　Mergus merganser
「江戸博物文庫 鳥の巻」工作舎　2017
　◇p16（カラー）　川秋沙　河野通明写『奇鳥生写
　図』1807　［国立国会図書館］
「江戸鳥類大図鑑」平凡社　2006
　◇p142（カラー）　河あいさ ドウナガアイサトモ云
　オス　堀田正敦『禽譜』　［宮城県図書館伊達文
　庫］
「ビュフォンの博物誌」工作舎　1991

　◇I219（カラー）『一般と個別の博物誌 ソンニー
　二版』
「グールドの鳥類図譜」講談社　1982
　◇p204（カラー）　オス, メス 1866

カワアイサ
「高松松平家所蔵 衆禽画譜 水禽・野鳥」香川県
歴史博物館友の会博物図譜刊行会　2005
　◇p47（カラー）　松平頼恭『衆禽画譜 水禽帖』 江
　戸時代　紙本著色 画帖装（折本形式）　38.1×48.
　7　［個人蔵］

カワウ　Phalacrocorax carbo
「ビュフォンの博物誌」工作舎　1991
　◇I220（カラー）『一般と個別の博物誌 ソンニー
　二版』
「世界大博物図鑑 4」平凡社　1987
　◇p43（カラー）　リーチ, W.E.著, ノダー, R.P.図
　『動物学雑録』1814～17　手彩色銅版
「グールドの鳥類図譜」講談社　1982
　◇p214（カラー）　つがいの2羽.若鳥 1873

カワウ　Phalacrocorax carbo Linnaeus
「高木春山 本草図説 動物」リブロポート　1989
　◇p61（カラー）

カワウ？　Phalacrocorax carbo
「江戸博物文庫 鳥の巻」工作舎　2017
　◇p156（カラー）　河鵜　図はウミウ
　（Phalacrocorax capillatus）の可能性もある　服
　部雪斎『華鳥譜』1862　［国立国会図書館］

カワガラス　Cinclus pallasii
「江戸鳥類大図鑑」平凡社　2006
　◇p220（カラー）　川がらす　堀田正敦『禽譜』
　［宮城県図書館伊達文庫］
「鳥獣虫魚譜」八坂書房　1988
　◇p36（カラー）　黒嘴河鳥　松森胤保『両羽禽類図
　譜』　［酒田市立光丘文庫］

カワガラス　Cinclus pallasii Temminck
「高木春山 本草図説 動物」リブロポート　1989
　◇p75（カラー）　䳡 サハガラス

かわせみ
「鳥の手帖」小学館　1990
　◇p76～77（カラー）　翡翠　毛利梅園『梅園禽譜』
　天保10（1839）序　［国立国会図書館］

カワセミ　Alcedo atthis
「江戸博物文庫 鳥の巻」工作舎　2017
　◇p162（カラー）　翡翠　服部雪斎『華鳥譜』
　1862　［国立国会図書館］
「江戸鳥類大図鑑」平凡社　2006
　◇p215（カラー）　翡翠 そび　堀田正敦『禽譜』
　［宮城県図書館伊達文庫］
　◇p215（カラー）　翡翠 オス　堀田正敦『禽譜』
　［宮城県図書館伊達文庫］
「日本の博物図譜」東海大学出版会　2001
　◇図13（カラー）　梶一嶽筆『禽譜』　［玉川大学教
　育博物館］
「ジョン・グールド 世界の鳥」同朋舎出版　1994

鳥　　　　　　　　　　　　　　　　　　　かんさ

◇22図（カラー）　グールド，エリザベス画『ヨーロッパの鳥類』　1832〜37
「世界大博物図鑑 4」平凡社　1987
　◇p247（カラー）　ドノヴァン，E.『英国鳥類誌』　1794〜1819
「グールドの鳥類図譜」講談社　1982
　◇p60（カラー）　成鳥　1864

カワセミ
「江戸時代に描かれた鳥たち」ソフトバンク クリエイティブ　2012
　◇p93（カラー）　魚拘/翠碧鳥　毛利梅園『梅園禽譜』　天保10（1849）序
「彩色 江戸博物学集成」平凡社　1994
　◇p454〜455（カラー）　メス　山本渓愚画

カワセミ（？）
「彩色 江戸博物学集成」平凡社　1994
　◇p246〜247（カラー）　高木春山『本草図説』　〔岩瀬文庫〕

カワラバト　Columba livia
「世界大博物図鑑 別巻1」平凡社　1993
　◇p184（カラー）　パラバン図，ナポレオン『エジプト誌』　1809〜30
「ビュフォンの博物誌」工作舎　1991
　◇I057（カラー）『一般と個別の博物誌 ソンニーニ版』
　◇I057（カラー）　飼育種『一般と個別の博物誌 ソンニーニ版』
「グールドの鳥類図譜」講談社　1982
　◇p141（カラー）　成鳥　1870

カワラバトの品種　Columba livia
「ビュフォンの博物誌」工作舎　1991
　◇I058（カラー）『一般と個別の博物誌 ソンニーニ版』
　◇I059（カラー）『一般と個別の博物誌 ソンニーニ版』
　◇I060（カラー）『一般と個別の博物誌 ソンニーニ版』
　◇I061（カラー）『一般と個別の博物誌 ソンニーニ版』
　◇I062（カラー）『一般と個別の博物誌 ソンニーニ版』
　◇I063（カラー）『一般と個別の博物誌 ソンニーニ版』

かわらひわ
「鳥の手帖」小学館　1990
　◇p4〜5（カラー）　河原鶸　毛利梅園『梅園禽譜』　天保10（1839）序　〔国立国会図書館〕

カワラヒワ　Carduelis sinica
「江戸博物文庫 鳥の巻」工作舎　2017
　◇p180（カラー）　河原鶸『薩摩鳥譜図巻』　江戸末期　〔国立国会図書館〕
「舶来鳥獣図誌」八坂書房　1992
　◇p11（カラー）　ヒンキ 雌　若鳥『唐蘭船持渡鳥獣之図』　寛延2（1749）渡来　〔慶應義塾図書館〕
「世界大博物図鑑 4」平凡社　1987
　◇p362（カラー）　テミンク，C.J.著，プレートル，

J.G.原図『新編彩色鳥類図譜』　1820〜39　手彩色銅版画

カワラヒワ
「江戸時代に描かれた鳥たち」ソフトバンク クリエイティブ　2012
　◇p87（カラー）　河原鶸　毛利梅園『梅園禽譜』　天保10（1849）序

カワラヒワ（オオカワラヒワ）　Carduelis sinica kawarahiba
「江戸鳥類大図鑑」平凡社　2006
　◇p531（カラー）　大河原ひは 雄　堀田正敦『禽譜』　〔宮城県図書館伊達文庫〕

カワリオオタカ　Accipiter novaehollandiae
「世界大博物図鑑 別巻1」平凡社　1993
　◇p100（カラー）　ホワイト，J.『ホワイト日誌』　1790　手彩色銅版画
「ビュフォンの博物誌」工作舎　1991
　◇I003（カラー）『一般と個別の博物誌 ソンニーニ版』

カワリオハチドリ　Eulidia yarrellii
「世界大博物図鑑 別巻1」平凡社　1993
　◇p273（カラー）　グールド，J.『ハチドリ科鳥類図譜』　1849〜61　手彩色石版

カワリサンコウチョウ　Terpsiphone paradisi
「江戸鳥類大図鑑」平凡社　2006
　◇p424（カラー）　しろふうてう オス白色型　堀田正敦『禽譜』　〔宮城県図書館伊達文庫〕
「ジョン・グールド 世界の鳥」同朋舎出版　1994
　◇277図（カラー）　成鳥のオス，おそらくメス　リヒター，ヘンリー・コンスタンチン画『アジアの鳥類』　1849〜83
「世界大博物図鑑 4」平凡社　1987
　◇p339（カラー）　白色型の変種　ダヴィド神父，A.著，アルヌル石版『中国産鳥類』　1877　手彩色石版

カワリハシハワイミツスイ　Hemignathus munroi
「世界大博物図鑑 別巻1」平凡社　1993
　◇p384（カラー）　ウィルソン，S.B.，エヴァンズ，A.H.著，フロホーク，F.W.原図『ハワイ鳥類学』　1890〜99

カンザシバト　Microgoura meeki
「世界大博物図鑑 別巻1」平凡社　1993
　◇p181（カラー）『動物学新報』　1894〜1919　〔山階鳥類研究所〕

カンザシフウチョウ　Parotia sefilata
「江戸鳥類大図鑑」平凡社　2006
　◇p424（カラー）　くろふうてう ハラテイスホウゴル 蘭名 剥製　堀田正敦『禽譜』　〔宮城県図書館伊達文庫〕
「フウチョウの自然誌 博物画の至宝」平凡社　1994
　◇I-No.12（カラー）　Le Sifilet　ディスプレイ中　ルヴァイヤン，F.著，バラバン，J.原図　1806
　◇I-No.13（カラー）　Le Sifilet dans l'état du

博物図譜レファレンス事典 動物篇　　**379**

かんさ　　　　　　　　　鳥

repos　ルヴァイヤン, F.著, バラバン, J.原図
1806
「世界大博物図鑑 別巻1」平凡社　1993
◇p408（カラー）　ルヴァイヤン, F.著, バラバン原
図『フウチョウの自然誌』1806　銅版多色刷り
「世界大博物図鑑 4」平凡社　1987
◇p386（カラー）　後方および前方からみたオス,
メス　レッソン, R.P.著, プレートル原図, レモン
銅版『フウチョウの自然誌』1835　手彩色銅
版図

カンザシフウチョウ　Parotia sefilata Vieillot
「高木春山 本草図説 動物」リブロポート　1989
◇p73（カラー）

カンムリアマサギ　Ardeola ralloides
「ビュフォンの博物誌」工作舎　1991
◇I190（カラー）『一般と個別の博物誌 ソンニー
版』
「グールドの鳥類図譜」講談社　1982
◇p152（カラー）　夏羽成鳥 1866

カンムリアマツバメ　Heiprocne longipennis
「世界大博物図鑑 4」平凡社　1987
◇p235（カラー）　テミンク, C.J.著, プレートル,
J.G.原図『新編彩色鳥類図譜』1820〜39　手彩
色銅版画

カンムリウズラ　Callipepla californica
「ジョン・グールド 世界の鳥」同朋舎出版　1994
◇189図（カラー）　リヒター, ヘンリー・コンスタ
ンチン画『アメリカ産ウズラ類の研究』1844〜
50

カンムリウズラ　Lophortyx californica
「世界大博物図鑑 4」平凡社　1987
◇p111（カラー）　レッソン, R.P.『動物百図』
1830〜32

カンムリウミスズメ　Synthlihoramphus
wumizusume
「世界大博物図鑑 別巻1」平凡社　1993
◇p177（カラー）　シーボルト, P.F.von『日本動物
誌』1833〜50　手彩色石版
「世界大博物図鑑 4」平凡社　1987
◇p191（カラー）　テミンク, C.J.著『新編彩色鳥
類図譜』1820〜39　手彩色銅版画

カンムリエボシドリ　Corythaeola cristata
「世界大博物図鑑 別巻1」平凡社　1993
◇p236（カラー）　ルヴァイヤン, F.著, バラバン原
図『フウチョウの自然誌』1806　銅版多色刷り
「世界大博物図鑑 4」平凡社　1987
◇p214（カラー）　プレヴォー, F.著, ポーケ原図
『熱帯鳥類図誌』［1879］　手彩色銅版

カンムリオウチュウ　Dicrurus hottentottus
「ビュフォンの博物誌」工作舎　1991
◇I075（カラー）『一般と個別の博物誌 ソンニー
二版』

カンムリオオツリスドリ　Psarocolius
decumanus
「ビュフォンの博物誌」工作舎　1991
◇I088（カラー）『一般と個別の博物誌 ソンニー
二版』

カンムリカイツブリ　Podiceps cristatus
「江戸博物文庫 鳥の巻」工作舎　2017
◇p95（カラー）　冠鳰『水禽譜』1830頃　［国立
国会図書館］
「江戸鳥類大図鑑」平凡社　2006
◇p177（カラー）　あとあし羽しろ　冬羽　堀田正
敦『禽譜』［宮城県図書館伊達文庫］
◇p177（カラー）　あとあし羽しろ　冬羽　堀田正
敦『禽譜』［宮城県図書館伊達文庫］
「ジョン・グールド 世界の鳥」同朋舎出版　1994
◇374図（カラー）　リヒター, ヘンリー・コンスタ
ンチン画『イギリスの鳥類』1862〜73
「世界大博物図鑑 別巻1」平凡社　1993
◇p32（カラー）　冬羽　ボルクハウゼン, M.B.『ド
イツ鳥類学』1800〜17
◇p32（カラー）　オスの夏羽　ボルクハウゼン, M.
B.『ドイツ鳥類学』1800〜17
「ビュフォンの博物誌」工作舎　1991
◇I216（カラー）『一般と個別の博物誌 ソンニー
二版』
「世界大博物図鑑 4」平凡社　1987
◇p27（カラー）　ビュフォン, G.L.L., Comte de,
トラヴィエ, E.原図『博物誌』1853〜57　手彩
色銅版画
「グールドの鳥類図譜」講談社　1982
◇p206（カラー）　雛, 親鳥 1863

カンムリカイツブリ
「紙の上の動物園」グラフィック社　2017
◇p144（カラー）　セルビー, プリドー・ジョン
『図集：イギリス本土の鳥類図集』1825〜33

カンムリカケス　Platylophus galericulatus
「フウチョウの自然誌 博物画の至宝」平凡社
1994
◇I–No.42（カラー）　Le Geai noir à collier blanc
ルヴァイヤン, F.著, バラバン, J.原図 1806

カンムリカザリキヌバネドリ　Pharomachrus
antisianus
「ジョン・グールド 世界の鳥」同朋舎出版　1994
◇88図（カラー）　メス, オス　リヒター, ヘン
リー・コンスタンチン画『キヌバネドリ科の研究
初版』1858〜75

カンムリガラ　Lophophanes cristatus（Linné
1758）
「フランスの美しい鳥の絵図鑑」グラフィック社
2014
◇p191（カラー）　エチェコパル, ロベール＝ダニ
エル著, バリュエル, ポール画

カンムリガラ　Parus cristatus
「ビュフォンの博物誌」工作舎　1991
◇I154（カラー）『一般と個別の博物誌 ソンニー
二版』

鳥　　　　　　　　　　　　　　　　　かんむ

「グールドの鳥類図譜」講談社　1982
　◇p68（カラー）　成鳥 1867

カンムリキジ
　⇒エボシキジ（カンムリキジ）を見よ

カンムリコリン　Colinus cristatus
「ジョン・グールド 世界の鳥」同朋舎出版　1994
　◇188図（カラー）　メス，オス　リヒター，ヘン
　　リー・コンスタンチン画『アメリカ産ウズラ類の
　　研究』 1844～50
「世界大博物図鑑 4」平凡社　1987
　◇p110（カラー）　トラヴィエ，E.原図，キュヴィ
　　エ，G.L.C.F.D.『動物界』 1836～49　手彩色
　　銅版

カンムリサンジャク　Calocitta formosa
「世界大博物図鑑 4」平凡社　1987
　◇p390（カラー）　テミンク，C.J.著，プレートル，
　　J.G.原図『新編彩色鳥類図譜』 1820～39　手彩
　　色銅版画

カンムリシギダチョウ　Eudromia elegans
「世界大博物図鑑 4」平凡社　1987
　◇p23（カラー）　グリュンボルト，H.『南米猟鳥・
　　水鳥図譜』 [1915]～17　手彩色石版図

カンムリシャクケイ　Ponelope purpurascens
「世界大博物図鑑 別巻1」平凡社　1993
　◇p117（カラー）　グレイ，J.E.著，リア，E.原図
　　『ノーズレー・ホール鳥類飼育園拾遺録』 1846
　　手彩色石版

カンムリシャコ　Rollulus rouloul
「世界大博物図鑑 別巻1」平凡社　1993
　◇p121（カラー）　レッスン，R.P.『ビュフォン著
　　作集（レッスン版）』 1838　手彩色銅版
「世界大博物図鑑 4」平凡社　1987
　◇p114（カラー）　オス，メス　テミンク，C.J.著，
　　ユエ，N.原図『新編彩色鳥類図譜』 1820～39
　　手彩色銅版版画

カンムリヅル　Balearica pavonina
「世界大博物図鑑 別巻1」平凡社　1993
　◇p148（カラー）　ヴィエイヨー，L.J.P.著，ウダー
　　ル，P.L.原図『鳥類画廊』 1820～26
「ビュフォンの博物誌」工作舎　1991
　◇I186（カラー）『一般と個別の博物誌 ソンニー
　　ニ版』
「世界大博物図鑑 4」平凡社　1987
　◇p151（カラー）　ビュフォン，G.L.L., Comte de,
　　トラヴィエ，E.原図『博物誌』 1853～57　手彩
　　色銅版画

カンムリタンビヒタキ　Bias musicus
「ビュフォンの博物誌」工作舎　1991
　◇I090（カラー）『一般と個別の博物誌 ソンニー
　　ニ版』

カンムリツクシガモ　Tadorna cristata
「江戸鳥類大図鑑」平凡社　2006
　◇p172（カラー）　朝鮮をしどり　堀田正敦『禽譜』
　　［宮城県図書館伊達文庫］

　◇p173（カラー）　朝鮮鴛鴦 雄　堀田正敦『禽譜』
　　［宮城県図書館伊達文庫］
　◇p173（カラー）　朝鮮鴛鴦 雌　堀田正敦『禽譜』
　　［宮城県図書館伊達文庫］
　◇p174（カラー）　ふがはりかも 雄　堀田正敦『禽
　　譜』　［宮城県図書館伊達文庫］
　◇p175（カラー）　ふがはりかも　堀田正敦『禽譜』
　　［宮城県図書館伊達文庫］
「世界大博物図鑑 別巻1」平凡社　1993
　◇p61（カラー）　オスの成鳥　関根雲停図『博物館
　　禽譜』 1875～79（明治8～12）編集　［東京国立
　　博物館］
　◇p61（カラー）『唐船持渡鳥類』 文政～天保年間写
　　生　［東京国立博物館］
　◇p61（カラー）　メス，オス『博物館禽譜』 1875
　　～79（明治8～12）編集　［東京国立博物館］

カンムリツクシガモ
「彩色 江戸博物学集成」平凡社　1994
　◇p434（カラー）　リキウ鴨　松森胤保『大泉諸鳥
　　写真画譜附録』 明治1（1868）　［松森家］
「江戸の動植物図」朝日新聞社　1988
　◇p123（カラー）　オス　堀田正敦『堀田禽譜』
　　［東京国立博物館］
　◇p123（カラー）　メス　堀田正敦『堀田禽譜』
　　［東京国立博物館］
　◇p124～125（カラー）　朝鮮鴛鴦　オス，メス　堀
　　田正敦『堀田禽譜』　［東京国立博物館］

カンムリツクシガモ？　Tadorna cristata
「江戸鳥類大図鑑」平凡社　2006
　◇p174（カラー）　ふがはりかも 雄　堀田正敦『禽
　　譜』　［宮城県図書館伊達文庫］

カンムリツクシガモの羽　Tadorna cristata
「世界大博物図鑑 別巻1」平凡社　1993
　◇p61（カラー）　関根雲停『博物館禽譜』 1875～
　　79（明治8～12）編集　［東京国立博物館］

カンムリトゲオハチドリ　Popelairia
popelairii
「ジョン・グールド 世界の鳥」同朋舎出版　1994
　◇222図（カラー）　オス，メス　リヒター，ヘン
　　リー・コンスタンチン画『ハチドリ科の研究』
　　1849～61

カンムリノスリ　Harpyhaliaetus coronatus
「世界大博物図鑑 4」平凡社　1987
　◇p90（カラー）　テミンク，C.J.著，ユエ，N.原図
　　『新編彩色鳥類図譜』 1820～39　手彩色銅版画

カンムリハチドリ
「紙の上の動物園」グラフィック社　2017
　◇p107（カラー）　シンツ，ハインリッヒ・ルドル
　　フ『鳥の自然誌と絵図』 1836

カンムリバト　Goura cristata
「江戸博物文庫 鳥の巻」工作舎　2017
　◇p126（カラー）　冠鳩　毛利梅園『梅園禽譜』
　　1840頃　［国立国会図書館］
「江戸鳥類大図鑑」平凡社　2006
　◇p267（カラー）　類邉からくん コローンホーコル
　　堀田正敦『禽譜』　［宮城県図書館伊達文庫］

博物図譜レファレンス事典 動物篇　**381**

かんむ　　　　　　　　　　　　　　　　　　鳥

◇p267（カラー）　ゴローンホウゴル 俗称ルイチガ ヒカラクン　堀田正敦『禽譜』　［宮城県図書館 伊達文庫］
「世界大博物図鑑 別巻1」平凡社　1993
◇p193（カラー）　マルティネ, F.N.『鳥類誌』 1787～96　手彩色銅版
◇p193（カラー）　クニップ夫人『ハト図譜』 1808～11　手彩色銅版
◇p193（カラー）　ヴィエイヨー, L.J.P.著, ウダール, P.L.原図『鳥類画廊』　1820～26
◇p193（カラー）　コロンホーゴル 天保3年にオランダ船により持ち渡った『唐船持渡鳥類』 文政～天保年間写生　［東京国立博物館］
◇p193（カラー）　ルヴァイヤン, F.著, ラインホルト（ライノルト）原図, ラングロワ, オードベール刷『アフリカ鳥類史』　1796～1808
「舶来鳥獣図誌」八坂書房　1992
◇p16（カラー）　類違からくん『唐蘭船持渡鳥獣之図』 天明7(1787)渡来　［慶應義塾図書館］
◇p49（カラー）　コロンホーゴル『唐蘭船持渡鳥獣之図』 天保3(1832)渡来　［慶應義塾図書館］
「ビュフォンの博物誌」工作舎　1991
◇I067（カラー）『一般と個別の博物誌 ソンニーニ版』

カンムリバト
「江戸時代に描かれた鳥たち」ソフトバンク クリエイティブ　2012
◇p62（カラー）　鶴嘲　毛利梅園『梅園禽譜』 天保10(1849)序
◇p63（カラー）　類違からくん『外国珍禽異鳥図』 江戸末期

カンムリハワイミツスイ（アコヘコヘ）
Palmeria dolei
「世界大博物図鑑 別巻1」平凡社　1993
◇p384（カラー）　ウィルソン, S.B., エヴァンズ, A.H.著, フロホーク, F.W.原図『ハワイ鳥類学』 1890～99

カンムリヒガラ　Periparus rubidiventris
（Blyth 1847）
「フランスの美しい鳥の絵図鑑」グラフィック社 2014
◇p177（カラー）　エチェコパル, ロベール＝ダニエル著, バリュエル, ポール画

カンムリヒバリ　Galerida cristata
「江戸鳥類大図鑑」平凡社　2006
◇p313（カラー）　雲雀 舶来 叫天子　堀田正敦『禽譜』　［宮城県図書館伊達文庫］
「舶来鳥獣図誌」八坂書房　1992
◇p97（カラー）　叫天子『外国産鳥之図』　［国立国会図書館］
「ビュフォンの博物誌」工作舎　1991
◇I138（カラー）『一般と個別の博物誌 ソンニーニ版』
「世界大博物図鑑 4」平凡社　1987
◇p299（カラー）　キュヴィエ, G.L.C.F.D.『動物界』　1836～49　手彩色銅版
「グールドの鳥類図譜」講談社　1982

◇p106（カラー）　オス, メス　1866

カンムリヒバリ
「江戸時代に描かれた鳥たち」ソフトバンク クリエイティブ　2012
◇p47（カラー）　叫天子『外国産鳥之図』 成立年不明

カンムリフウチョウモドキ　Cnemophilus macgregorii
「世界大博物図鑑 別巻1」平凡社　1993
◇p401（カラー）『アイビス』 1859～　［山階鳥類研究所］

カンムリムクドリ　Fregilupus varius
「世界大博物図鑑 別巻1」平凡社　1993
◇p393（カラー）　蜂須賀正氏『絶滅鳥ドードーについて』　1953
◇p396（カラー）　ルヴァイヤン, F.著, バラバン原図『フウチョウの自然誌』 1806　銅版多色刷り
◇p396（カラー）　マルティネ, F.N.『鳥類誌』 1787～96　手彩色銅版

カンムリムシクイ　Leptopoecile elegans
（Przevalski 1887）
「フランスの美しい鳥の絵図鑑」グラフィック社 2014
◇p65（カラー）　エチェコパル, ロベール＝ダニエル著, バリュエル, ポール画

カンムリメジロ　Lophozosterops dohertyi
「世界大博物図鑑 別巻1」平凡社　1993
◇p348（カラー）『動物学新報』 1894～1919　［山階鳥類研究所］

カンムリモリハタオリ　Malimbus malimbicus
「ビュフォンの博物誌」工作舎　1991
◇I118（カラー）『一般と個別の博物誌 ソンニーニ版』

カンムリワシ　Spilornis cheela
「世界大博物図鑑 別巻1」平凡社　1993
◇p88（カラー）　若鳥　テミンク, C.J., ロジエ・ド・シャルトルース, M.著『新編彩色鳥類図譜』 1820～39　手彩色銅版板画
◇p88（カラー）　ルヴァイヤン, F.著, ラインホルト（ライノルト）原図, ラングロワ, オードベール刷『アフリカ鳥類史』　1796～1808

カンムリワシ?　Spilornis cheela
「江戸博物文庫 鳥の巻」工作舎　2017
◇p21（カラー）　冠鷲 増山正賢『百鳥図』 1800頃　［国立国会図書館］

【き】

キアオジ　Emberiza citrinella
「江戸鳥類大図鑑」平凡社　2006
◇p710（カラー）　黄梅鳥 メス　堀田正敦『禽譜』 ［宮城県図書館伊達文庫］
「ジョン・グールド 世界の鳥」同朋舎出版　1994

382　博物図譜レファレンス事典 動物篇

鳥　　　　　　　　　　　　　　　　　きかし

◇343図（カラー）　オス，メス　リヒター，ヘン
　リー・コンスタンチン画『イギリスの鳥類』
　1862〜73
「ビュフォンの博物誌」工作舎　1991
◇I120（カラー）『一般と個別の博物誌 ソンニー
　二版』
「グールドの鳥類図譜」講談社　1982
◇p108（カラー）　オス，メス　1866

キアオジ　Emberiza leucocephala
「世界大博物図鑑 4」平凡社　1987
◇p354（カラー）　ドノヴァン，E.『英国鳥類誌』
　1794〜1819

キアシ
「高松松平家所蔵 衆禽画譜 水禽・野鳥」香川県
　歴史博物館友の会博物図譜刊行会　2005
◇p45（カラー）　松平頼恭『衆禽画譜 水禽帖』江
　戸時代　紙本著色 画帖装（折本形式）　38.1×48.
　7　［個人蔵］

キアシシギ　Heteroscelus brevipes
「江戸鳥類大図鑑」平凡社　2006
◇p287（カラー）　黄あししぎ　堀田正敦『禽譜』
　［宮城県図書館伊達文庫］

キアシシギ
「江戸時代に描かれた鳥たち」ソフトバンク ク
　リエイティブ　2012
◇p113（カラー）　鷸/鳴/キアシカハラ　毛利梅園
　『梅園禽譜』天保10（1849）序
「彩色 江戸博物学集成」平凡社　1994
◇p339（カラー）　毛利梅園画

キアシシギ？　Heteroscelus brevipes ？
「江戸鳥類大図鑑」平凡社　2006
◇p280（カラー）　つるくひな　堀田正敦『禽譜』
　［宮城県図書館伊達文庫］
◇p287（カラー）　黄あししぎ　堀田正敦『禽譜』
　［宮城県図書館伊達文庫］

ギアナウズラ　Odontophorus gujanensis
「ジョン・グールド 世界の鳥」同朋舎出版　1994
◇194図（カラー）　オス，メス，雛　リヒター，ヘン
　リー・コンスタンチン画『アメリカ産ウズラ類の
　研究』1844〜50

キイロアフリカツリスガラ　Anthoscopus
parvulus（Heuglin 1864）
「フランスの美しい鳥の絵図鑑」グラフィック社
　2014
◇p149（カラー）　エチェコパル，ロベール＝ダニ
　エル著，バリュエル，ポール画

キイロウタムシクイ　Hippolais icterina
（Vieillot 1817）
「フランスの美しい鳥の絵図鑑」グラフィック社
　2014
◇p49（カラー）　エチェコパル，ロベール＝ダニエ
　ル著，バリュエル，ポール画

キイロコウヨウジャク　Ploceus
megarhynchus
「世界大博物図鑑 別巻1」平凡社　1993
◇p392（カラー）『アイビス』 1859〜　［山階鳥類
　研究所］

キーウィ　Apteryx australis
「ジョン・グールド 世界の鳥」同朋舎出版　1994
◇155図（カラー）　リヒター，ヘンリー・コンスタ
　ンチン画『オーストラリアの鳥類』1840〜48
「世界大博物図鑑 4」平凡社　1987
◇p19（カラー）　グールド，J.『オーストラリア鳥
　類図鑑』1840〜48

キーウィ
「紙の上の動物園」グラフィック社　2017
◇p136（カラー）　バラー，ウォルター・ローリー
　『ニュージーランドの鳥の本』1872〜73？

キエリテンシハチドリ　Heliangelus mavors
「世界大博物図鑑 別巻1」平凡社　1993
◇p264（カラー）『ロンドン動物学協会紀要』1861
　〜90,1891〜1929

キエリヒメコンゴウインコ　Ara auricollis
「世界大博物図鑑 別巻1」平凡社　1993
◇p231（カラー）　カステルノー伯著，ウダール原
　図『南米探検記』1855〜57　手彩色石版

キガオボウシインコ　Amazona dufresniana
「世界大博物図鑑 別巻1」平凡社　1993
◇p227（カラー）『ロンドン動物学協会紀要』1861
　〜90,1891〜1929　［京都大学理学部］
◇p227（カラー）　ルヴァイヤン，F.著，バラバン原
　図，ラングロワ刷『オウムの自然誌』1801〜05
　銅版多色刷り

キガオミツスイ　Xanthomyza phrygia
「ジョン・グールド 世界の鳥」同朋舎出版　1994
◇133図（カラー）　リヒター，ヘンリー・コンスタ
　ンチン画『オーストラリアの鳥類』1840〜48

キガシラケラインコ　Micropsitta keiensis
「ジョン・グールド 世界の鳥」同朋舎出版　1994
◇405図（カラー）　ハート，ウィリアム画『ニュー
　ギニアの鳥類』1875〜88

キガシラコウライウグイス　Oriolus oriolus
「ビュフォンの博物誌」工作舎　1991
◇I089（カラー）『一般と個別の博物誌 ソンニー
　二版』
「グールドの鳥類図譜」講談社　1982
◇p71（カラー）　オス成鳥，メス成鳥　1865

キガシラコンドル　Cathartes burrovianus
「世界大博物図鑑 別巻1」平凡社　1993
◇p77（カラー）　シャープ，R.B.ほか『大英博物館
　鳥類目録』1874〜98　手彩色クロモリトグラフ

キガシラテンニョゲラ　Celeus flavescens
「ビュフォンの博物誌」工作舎　1991
◇I174（カラー）『一般と個別の博物誌 ソンニー
　二版』

きかし　　　　　　　　　　　　　　　　鳥

キガシラハワイマシコ　Psittirostra psittacea
「世界大博物図鑑　別巻1」平凡社　1993
　◇p377（カラー）　ロスチャイルド, L.W.『絶滅鳥類誌』1907　彩色クロモリトグラフ　［個人蔵］

キキョウインコ　Neophema pulchella
「世界大博物図鑑　別巻1」平凡社　1993
　◇p225（カラー）　セルビー, P.J.著, リア, E.原図, リザーズ, W.銅版『オウムの博物誌』1836

キクイタダキ　Regulus regulus
「江戸博物文庫　鳥の巻」工作舎　2017
　◇p31（カラー）　菊戴　増山正賢『百鳥図』1800頃　［国立国会図書館］
「フランスの美しい鳥の絵図鑑」グラフィック社2014
　◇p23（カラー）　エチェコパル, ロベール＝ダニエル著, バリュエル, ポール画
「江戸鳥類大図鑑」平凡社　2006
　◇p384（カラー）　菊いただき　堀田正敦『禽譜』［宮城県図書館伊達文庫］
　◇p384（カラー）　菊いただき　幼鳥　堀田正敦『禽譜』　［宮城県図書館伊達文庫］
「ビュフォンの博物誌」工作舎　1991
　◇I150（カラー）『一般と個別の博物誌 ソンニーニ版』
「グールドの鳥類図譜」講談社　1982
　◇p91（カラー）　メス, オス　1863

キクイタダキカザリドリ　Calyptura cristata
「世界大博物図鑑　4」平凡社　1987
　◇口絵（カラー）　ゲイ, C.『チリ自然社会誌』

キクスズメ　Sporopipes squamifrons
「世界大博物図鑑　4」平凡社　1987
　◇p370（カラー）　スミス, A.著, フォード, G.H.原図『南アフリカ動物図譜』1838〜49　手彩色石版

キゴシクロハワイミツスイ　Drepanis pacifica
「世界大博物図鑑　別巻1」平凡社　1993
　◇p385（カラー）　ウィルソン, S.B., エヴァンズ, A.H.著, フロホーク, F.W.原図『ハワイ鳥類学』1890〜99
　◇p385（カラー）　ルヴァイヤン, F.著, バラバン原図『フウチョウの自然誌』1806　銅版多色刷り

キゴシヘイワインコ　Eunymphicus cornutus cornutus
「世界大博物図鑑　別巻1」平凡社　1993
　◇p223（カラー）『ロンドン動物学協会紀要』1861〜90,1891〜1929　［京都大学理学部］

キゴシミドリフウキンチョウ　Tangara florida
「世界大博物図鑑　4」平凡社　1987
　◇p355（カラー）　スミット, J.原図『ロンドン動物学協会紀要』1869　手彩色石版画

キゴロモハタオリ　Ploceus jacksoni
「世界大博物図鑑　4」平凡社　1987
　◇p367（カラー）　コント, J.A.『博物学の殿堂』

1830（？）

きじ
「鳥の手帖」小学館　1990
　◇p12〜13（カラー）　雄・雌子　毛利梅園『梅園禽譜』　天保10（1839）序　［国立国会図書館］

キジ　Phasianus colchicus
「グールドの鳥類図譜」講談社　1982
　◇p145（カラー）　メス, オス　1873

キジ　Phasianus versicolor
「江戸博物文庫　鳥の巻」工作舎　2017
　◇p158（カラー）　雄　服部雪斎『華鳥譜』1862［国立国会図書館］
「江戸鳥類大図鑑」平凡社　2006
　◇p248（カラー）　白きじ 雄　オスの部分白化個体　堀田正敦『禽譜』　［宮城県図書館伊達文庫］
　◇p250（カラー）　白雉子 雌　部分白化個体　堀田正敦『禽譜』　［宮城県図書館伊達文庫］
　◇p250（カラー）　白きじ 雄　オス白化個体　堀田正敦『禽譜』　［宮城県図書館伊達文庫］
　◇p250（カラー）　しろきし 雌　メス白化個体　堀田正敦『禽譜』　［宮城県図書館伊達文庫］
「世界大博物図鑑　4」平凡社　1987
　◇p134〜135（カラー）　オス, メス　テミンク, C.J.著, プレートル, J.G.原図『新編彩色鳥類図鑑』1820〜39　手彩色銅版画

キジ
「紙の上の動物園」グラフィック社　2017
　◇p184（カラー）　モリス, ビヴァリー・ロビンソン『イギリス本土の猟鳥』1895
「江戸時代に描かれた鳥たち」ソフトバンク クリエイティブ　2012
　◇p105（カラー）　雄　オス　毛利梅園『梅園禽譜』天保10（1849）序
　◇p105（カラー）　メス　毛利梅園『梅園禽譜』　天保10（1849）序
「江戸の動植物図」朝日新聞社　1988
　◇p116〜117（カラー）　堀田正敦『堀田禽譜』［東京国立博物館］

キジ（ニホンキジ）
「彩色 江戸博物学集成」平凡社　1994
　◇p422（カラー）　オス, メス　服部雪斎『華鳥譜』

キジインコ　Pezoporus wallicus
「世界大博物図鑑　別巻1」平凡社　1993
　◇p224（カラー）　セルビー, P.J.著, リア, E.原図, リザーズ, W.銅版『オウムの博物誌』1836

キジインコ
「紙の上の動物園」グラフィック社　2017
　◇p111（カラー）　ショー, ジョージ『ニュー・ホランドの動物学』1794

キジとキンケイの雑種
「江戸鳥類大図鑑」平凡社　2006
　◇p255（カラー）　天鶏　堀田正敦『禽譜』　［宮城県図書館伊達文庫］

鳥　　　　　　　　　　　　　　　　　　　　　　　　きつね

キジとニワトリの雑種
「江戸鳥類大図鑑」平凡社　2006
　◇p255（カラー）　天鶏　雌　堀田正敦『禽譜』
　〔宮城県図書館伊達文庫〕

キジと雌鶏の交配種
「ビュフォンの博物誌」工作舎　1991
　◇I045（カラー）『一般と個別の博物誌　ソンニー二版』

きじばと
「鳥の手帖」小学館　1990
　◇p16〜17（カラー）　雉鳩　毛利梅園『梅園禽譜』
　天保10（1839）序　〔国立国会図書館〕

キジバト　Streptopelia orientalis
「江戸博物文庫 鳥の巻」工作舎　2017
　◇p134（カラー）　雉鳩　毛利梅園『梅園禽譜』
　1840頃　〔国立国会図書館〕
「江戸鳥類大図鑑」平凡社　2006
　◇p452（カラー）　きじばと　堀田正敦『禽譜』
　〔宮城県図書館伊達文庫〕
「世界大博物図鑑 4」平凡社　1987
　◇p195（カラー）　テミンク, C.J.著, プレートル,
　J.G.原図『新編彩色鳥類図譜』　1820〜39　手彩
　色銅版画

キジバト
「江戸時代に描かれた鳥たち」ソフトバンク ク
　リエイティブ　2012
　◇p90（カラー）　鳩　毛利梅園『梅園禽譜』　天保
　10（1849）序

キスジインコ　Chalcopsitta sintillata
「世界大博物図鑑 4」平凡社　1987
　◇p206（カラー）　テミンク, C.J.著, プレートル,
　J.G.原図『新編彩色鳥類図譜』　1820〜39　手彩
　色銅版画

キセキレイ　Motacilla cinerea
「江戸鳥類大図鑑」平凡社　2006
　◇p304（カラー）　黄鶺鴒　オス冬羽　堀田正敦
　『禽譜』　〔宮城県図書館伊達文庫〕
　◇p304（カラー）　黄せきれい　メス夏羽　堀田正
　敦『禽譜』　〔宮城県図書館伊達文庫〕
「ビュフォンの博物誌」工作舎　1991
　◇I146（カラー）『一般と個別の博物誌　ソンニー二版』
「グールドの鳥類図譜」講談社　1982
　◇p100（カラー）　夏羽の成鳥, 幼鳥　1868

キセキレイ　Motacilla cinerea ?
「ビュフォンの博物誌」工作舎　1991
　◇I145（カラー）『一般と個別の博物誌　ソンニー二版』

キセキレイ
「彩色 江戸博物学集成」平凡社　1994
　◇p170〜171（カラー）　メス　増山雪斎『百鳥図』
　〔国会図書館〕
「グールドの鳥類図譜」講談社　1982
　◇p101（カラー）　冬羽の成鳥　1868

黄鶺鴒
「高松松平家所蔵 衆禽画譜 水禽・野鳥」香川県
　歴史博物館友の会博物図譜刊行会　2005
　◇p90（カラー）　松平頼恭『衆禽画譜 野鳥帖』　江
　戸時代　紙本著色 画帖装（折本形式）　33.0×48.
　3　〔個人蔵〕

キソデボウシインコ　Amazona amazonica
「ビュフォンの博物誌」工作舎　1991
　◇I256（カラー）『一般と個別の博物誌　ソンニー二版』

キタカササギサイチョウ　Anthracoceros
malabaricus
「ビュフォンの博物誌」工作舎　1991
　◇I181（カラー）『一般と個別の博物誌　ソンニー二版』

キタカササギサイチョウ　Anthracoceros
malabaricus（Gmelin）
「高木春山 本草図説 動物」リブロポート　1989
　◇p28（カラー）

キタキジ　Phasianus versicolor robustipes
「江戸鳥類大図鑑」平凡社　2006
　◇p246〜247（カラー）　きじ　堀田正敦『禽譜』
　〔宮城県図書館伊達文庫〕

キタタキ　Dryocopus javensis
「世界大博物図鑑 4」平凡社　1987
　◇p274（カラー）　テミンク, C.J.著, プレートル,
　J.G.原図『新編彩色鳥類図譜』　1820〜39　手彩
　色銅版画

キタツメナガセキレイ　Motacilla flava
macronyx
「江戸鳥類大図鑑」平凡社　2006
　◇p305（カラー）　朝鮮せきれい　堀田正敦『禽譜』
　〔宮城県図書館伊達文庫〕

キタヤナギムシクイ　Phylloscopus trochilus
「フランスの美しい鳥の絵図鑑」グラフィック社
　2014
　◇p41（カラー）　エチェコパル, ロベール＝ダニエ
　ル著, バリュエル, ポール画
「グールドの鳥類図譜」講談社　1982
　◇p89（カラー）　つがいの2羽　1862

キツツキ科　Picidae
「ビュフォンの博物誌」工作舎　1991
　◇I174（カラー）『一般と個別の博物誌　ソンニー二版』

キツツキの1種
「高木春山 本草図説 動物」リブロポート　1989
　◇p76（カラー）　一種 クロケラ, 又, 山ケラト云フ

キツツキの頭蓋骨と舌
「すごい博物画」グラフィック社　2017
　◇図15（カラー）　アルドロヴァンディ, ウリッセ
　『鳥類学』　1599　木版画　〔英国図書館〕

キツ子アイサ
「高松松平家所蔵 衆禽画譜 水禽・野鳥」香川県

きつね　　　　　　　　鳥

歴史博物館友の会博物図譜刊行会　2005
◇p50（カラー）　松平頼恭『衆禽画譜 水禽帖』江戸時代　紙本著色　画帖装（折本形式）38.1×48.7　［個人蔵］

キツネツバメ　Alopochelidon fucata
「世界大博物図鑑 4」平凡社　1987
◇p303（カラー）　テミンク, C.J.著, プレートル, J.G.原図『新編彩色鳥類図譜』1820〜39　手彩色銅版画

キトサカゲリ　Vanellus malabaricus
「ビュフォンの博物誌」工作舎　1991
◇I206（カラー）『一般と個別の博物誌 ソンニー版』

ギニアクロガラ　Parus guineensis（Shelley 1900）
「フランスの美しい鳥の絵図鑑」グラフィック社　2014
◇p197（カラー）　エチェコパル, ロベール＝ダニエル著, バリュエル, ポール画

キノドガビチョウ　Garrulax galbanus
「世界大博物図鑑 別巻1」平凡社　1993
◇p333（カラー）『ロンドン動物学協会紀要』1861〜90,1891〜1929　［山階鳥類研究所］

キノドキヌバネドリ　Harpactes reinwardtii
「ジョン・グールド 世界の鳥」同朋舎出版　1994
◇102図（カラー）　若鳥, 成鳥のオス　リヒター, ヘンリー・コンスタンチン画『キヌバネドリ科の研究 初版』1858〜75

キノドゴシキドリ　Eubucco richardsoni
「世界大博物図鑑 4」平凡社　1987
◇p263（カラー）　ビュフォン, G.L.L., Comte de, トラヴィエ, E.原図『博物誌』1853〜57　手彩色銅版画

キノドサケイ　Pterocles gutturalis
「世界大博物図鑑 4」平凡社　1987
◇p194（カラー）　テミンク, C.J.著, プレートル, J.G.原図『新編彩色鳥類図譜』1820〜39　手彩色銅版画

キバシウシツツキ　Buphagus africanus
「ビュフォンの博物誌」工作舎　1991
◇I086（カラー）『一般と個別の博物誌 ソンニー版』

キバシオオライチョウ　Tetrao urogallus
「グールドの鳥類図譜」講談社　1982
◇p142（カラー）　メス, オス　1872

キバシガラス　Pyrrhocorax graculus
「江戸鳥類大図鑑」平凡社　2006
◇p401（カラー）　烏春　堀田正敦『禽譜』　［宮城県図書館伊達文庫］
「ビュフォンの博物誌」工作舎　1991
◇I075（カラー）『一般と個別の博物誌 ソンニー版』

キバシキリハシ　Galbula albirostris
「フウチョウの自然誌 博物画の至宝」平凡社　1994
◇II-No.51（カラー）　Le petit Jacamar　ルヴァイヤン, F.著, バラバン, J.原図 1806
「世界大博物図鑑 4」平凡社　1987
◇p258（カラー）　ドノヴァン, E.『博物宝典』1834

キバシクロアマドリ　Monasa flavirostris
「フウチョウの自然誌 博物画の至宝」平凡社　1994
◇II-No.45（カラー）　Le Barbacou à bec rouge, jeune âge　ルヴァイヤン, F.著, バラバン, J.原図 1806

キバシサンジャク　Urocissa flavirostris
「ジョン・グールド 世界の鳥」同朋舎出版　1994
◇284図（カラー）　リヒター, ヘンリー・コンスタンチン画『アジアの鳥類』1849〜83

キバシヒワ　Acanthis flavirostris
「グールドの鳥類図譜」講談社　1982
◇p123（カラー）　オス, メス　1865

キバシミドリチュウハシ　Aulacorhynchus prasinus
「ジョン・グールド 世界の鳥」同朋舎出版　1994
◇53図（カラー）　成鳥と幼鳥　リア, エドワード画『オオハシ科の研究 初版』1833〜35
◇72図（カラー）　幼鳥, 親鳥　リヒター, ヘンリー・コンスタンチン画『オオハシ科の研究 再版』1852〜54

キバシミドリチュウハシ（亜種）　Aulacorhynchus prasinus wagleri
「ジョン・グールド 世界の鳥」同朋舎出版　1994
◇73図（カラー）　リヒター, ヘンリー・コンスタンチン画『オオハシ科の研究 再版』1852〜54

キバシユキカザリドリ　Carpodectes antoniae
「世界大博物図鑑 別巻1」平凡社　1993
◇p304（カラー）『アイビス』1859〜　［山階鳥類研究所］

キバシリ　Certhia familiaris
「江戸鳥類大図鑑」平凡社　2006
◇p491（カラー）　きばしり　堀田正敦『禽譜』　［宮城県図書館伊達文庫］
◇p491（カラー）　きばひ　堀田正敦『禽譜』　［宮城県図書館伊達文庫］
「ジョン・グールド 世界の鳥」同朋舎出版　1994
◇341図（カラー）　木の巣穴にいる雛, オス, メス　リヒター, ヘンリー・コンスタンチン画『イギリスの鳥類』1862〜73
「鳥獣虫魚譜」八坂書房　1988
◇p27（カラー）　木巡　松森胤保『両羽禽類図譜』　［酒田市立光丘文庫］
「グールドの鳥類図譜」講談社　1982
◇p88（カラー）　雛, 親鳥　1868

鳥　　　　　　　　　　　　　　　きひた

キバシリ科　Certhiidae？
「ビュフォンの博物誌」工作舎　1991
◇I155（カラー）『一般と個別の博物誌 ソンニー二版』

キバシリハワイミツスイのオアフ亜種
Loxops maculata maculata
「世界大博物図鑑 別巻1」平凡社　1993
◇p381（カラー）　成鳥，若鳥　ウィルソン，S.B.，エヴァンズ，A.H.著，フロホーク，F.W.原図『ハワイ鳥類学』1890〜99

キバシリハワイミツスイのマウイ亜種
Loxops maculata newtonii
「世界大博物図鑑 別巻1」平凡社　1993
◇p380（カラー）　ウィルソン，S.B.，エヴァンズ，A.H.著，フロホーク，F.W.原図『ハワイ鳥類学』1890〜99

キバシリハワイミツスイのモロカイ亜種
Loxops maculata flammea
「世界大博物図鑑 別巻1」平凡社　1993
◇p380（カラー）　メス，オス，メスの若鳥，オスの若鳥　ロスチャイルド，L.W.『絶滅鳥類誌』1907　彩色クロモリトグラフ　［個人蔵］

キバシリハワイミツスイのラナイ亜種
Loxops maculata montana
「世界大博物図鑑 別巻1」平凡社　1993
◇p381（カラー）　ウィルソン，S.B.，エヴァンズ，A.H.著，フロホーク，F.W.原図『ハワイ鳥類学』1890〜99

キバタン　Cacatua galerita
「江戸博物文庫 鳥の巻」工作舎　2017
◇p135（カラー）　黄芭旦　毛利梅園『梅園禽譜』1840頃　［国立国会図書館］
「世界大博物図鑑 別巻1」平凡社　1993
◇p212（カラー）　ホワイト，J.『ホワイト日誌』1790　手彩色銅版画
「ビュフォンの博物誌」工作舎　1991
◇I239（カラー）『一般と個別の博物誌 ソンニー二版』
「世界大博物図鑑 4」平凡社　1987
◇p203（カラー）　プレヴォー，F.著，ポーケ原図『熱帯鳥類図誌』［1879］　手彩色銅版
◇p203（カラー）　ビュフォン，G.L.L.，Comte de，トラヴィエ，E.原図『博物誌』1853〜57　手彩色銅版画

キバタン（亜種）　Cacatua galerita triton
「ジョン・グールド 世界の鳥」同朋舎出版　1994
◇409図（カラー）　ハート，ウィリアム画『ニューギニアの鳥類』1875〜88

キバナアホウドリ　Diomedea chlororyhnchos
「世界大博物図鑑 4」平凡社　1987
◇p31（カラー）　テミンク，C.J.著，プレートル，J.G.原図『新編彩色鳥類図譜』1820〜39　手彩色銅版画

キバラアフリカツリスガラ　Anthoscopus minutus（Shaw & Nodder 1812）
「フランスの美しい鳥の絵図鑑」グラフィック社　2014
◇p149（カラー）　エチェコパル，ロベール＝ダニエル著，バリュエル，ポール画

キバラガラ　Periparus venustulus（Swinhoe 1870）
「フランスの美しい鳥の絵図鑑」グラフィック社　2014
◇p185（カラー）　エチェコパル，ロベール＝ダニエル著，バリュエル，ポール画

キバラケラインコ　Micropsitta geelvinkiana misoriensis
「世界大博物図鑑 別巻1」平凡社　1993
◇p232（カラー）　グールド，J.『ニューギニア鳥類図譜』1875〜88　手彩色石版

キバラシジュウカラ　Parus monticola（Vigors 1831）
「フランスの美しい鳥の絵図鑑」グラフィック社　2014
◇p219（カラー）　エチェコパル，ロベール＝ダニエル著，バリュエル，ポール画

キビタイゴシキドリ　Megalaima flavifrons
「フウチョウの自然誌 博物画の至宝」平凡社　1994
◇II−No.55（カラー）　Le Barbu à front d'or　ルヴァイヤン，F.著，バラバン，J.原図　1806

キビタイコノハドリ　Chloropsis aurifrons
「世界大博物図鑑 4」平凡社　1987
◇p310（カラー）　テミンク，C.J.著，プレートル，J.G.原図『新編彩色鳥類図譜』1820〜39　手彩色銅版画

きびたき
「鳥の手帖」小学館　1990
◇p125（カラー）　黄鶲　毛利梅園『梅園禽譜』天保10（1839）序　［国立国会図書館］

キビタキ
「高松松平家所蔵 衆禽画譜 水禽・野鳥」香川県歴史博物館友の会博物図譜刊行会　2005
◇p95（カラー）　松平頼恭『衆禽画譜 野鳥帖』江戸時代　紙本著色 画帖装（折本形式）　33.0×48.3　［個人蔵］

キビタキ　Ficedula narcissina
「江戸鳥類大図鑑」平凡社　2006
◇p502（カラー）　黄鶲 雄 オス 堀田正敦『禽譜』［宮城県図書館伊達文庫］
◇p714（カラー）　ツレゾメ オス第1回夏羽 堀田正敦『禽譜』［宮城県図書館伊達文庫］
「世界大博物図鑑 4」平凡社　1987
◇p338（カラー）　テミンク，C.J.著，プレートル，J.G.原図『新編彩色鳥類図譜』1820〜39　手彩色銅版画

博物図譜レファレンス事典 動物篇　**387**

きひた　　　　　　　　　　　鳥

キビタキ
「江戸時代に描かれた鳥たち」ソフトバンク ク
リエイティブ　2012
◇p101（カラー）　黄ビタキ　毛利梅園『梅園禽譜』
天保10（1849）序
「彩色 江戸博物学集成」平凡社　1994
◇p58（カラー）　うすひきとり　オス　丹羽正伯
『尾張国産物絵図, 美濃国産物絵図』　［名古屋市
博物館］

キフジンインコ　Charmosyna margarethae
「世界大博物図鑑 別巻1」平凡社　1993
◇p219（カラー）『アイビス』1859〜　［山階鳥類
研究所］

キボウシインコ　Amazona barbadensis
barbadensis
「舶来鳥獣図誌」八坂書房　1992
◇p33（カラー）　青音呼『唐蘭船持渡鳥獣之図』
文化14（1817）渡来　［慶應義塾図書館］

キボウシインコ
「江戸時代に描かれた鳥たち」ソフトバンク ク
リエイティブ　2012
◇p34（カラー）　青音呼『外国珍禽異鳥図』　江戸
末期

キホオカンムリガラ　Parus xanthogenys
（Vigors 1831）
「フランスの美しい鳥の絵図鑑」グラフィック社
2014
◇p223（カラー）　エチェコパル, ロベール＝ダニ
エル著, バリュエル, ポール画

キホオゴシキドリ　Megalaima chrysopogon
「世界大博物図鑑 4」平凡社　1987
◇p263（カラー）　テミンク, C.J.著, ユエ, N.原図
『新編彩色鳥類図譜』1820〜39　手彩色銅版画

キホオボウシインコ　Amazona autumnalis
diadema
「世界大博物図鑑 別巻1」平凡社　1993
◇p226（カラー）　スアンセ, C.de『オウム類図譜』
1857〜58　手彩色石版

キマユガラ　Sylviparus modestus（Burton
1835）
「フランスの美しい鳥の絵図鑑」グラフィック社
2014
◇p245（カラー）　エチェコパル, ロベール＝ダニ
エル著, バリュエル, ポール画

キマユシマヤイロチョウ　Pitta guajana
「世界大博物図鑑 4」平凡社　1987
◇p286（カラー）　オス, メス　ミュラー, S.著,
シュレーゲル原図『蘭領インド自然誌』1839〜
44

キマユシマヤイロチョウのジャワ亜種
Pitta guajana cyanura
「世界大博物図鑑 別巻1」平凡社　1993
◇p312（カラー）　エリオット, D.G.『ヤイロチョ
ウ科鳥類図譜』1863　手彩色石版

キマユシマヤイロチョウのスマトラ亜種
Pitta guajana irena
「世界大博物図鑑 別巻1」平凡社　1993
◇p313（カラー）　エリオット, D.G.『ヤイロチョ
ウ科鳥類図譜』1863　手彩色石版

キマユシマヤイロチョウのボルネオ亜種
Pitta guajana schwaneri
「世界大博物図鑑 別巻1」平凡社　1993
◇p313（カラー）　エリオット, D.G.『ヤイロチョ
ウ科鳥類図譜』1863　手彩色石版

キマユナキアリドリ　Hypocnemis
hypoxantha
「世界大博物図鑑 4」平凡社　1987
◇p283（カラー）　スミット, J.原図『ロンドン動物
学協会紀要』1868　手彩色石版画

キマユホオジロ　Emberiza chrysophrys
「江戸鳥類大図鑑」平凡社　2006
◇p360（カラー）　朝鮮みやま　オス成鳥夏羽　堀
田正敦『禽譜』　［宮城県図書館伊達文庫］

キマユホオジロ？　Emberiza chrysophrys ?
「江戸鳥類大図鑑」平凡社　2006
◇p510（カラー）　木の葉がへし　堀田正敦『禽譜』
［宮城県図書館伊達文庫］

キマユムシクイ　Phylloscopus inornatus
「フランスの美しい鳥の絵図鑑」グラフィック社
2014
◇p109（カラー）　エチェコパル, ロベール＝ダニ
エル著, バリュエル, ポール画
「グールドの鳥類図譜」講談社　1982
◇p90（カラー）　つがいの2羽　1869

キマユムシクイ？　Phylloscopus inornatus ?
「江戸鳥類大図鑑」平凡社　2006
◇p385（カラー）　柳めじろ　堀田正敦『禽譜』
［宮城県図書館伊達文庫］

キミミクモカリドリ　Arachnothera
chrysogenys
「世界大博物図鑑 4」平凡社　1987
◇p350（カラー）　オス　テミンク, C.J.著, プレー
トル, J.G.原図『新編彩色鳥類図譜』1820〜39
手彩色銅版画

キミミダレミツスイ　Anthochaera paradoxa
「世界大博物図鑑 4」平凡社　1987
◇p351（カラー）　マシューズ, G.M.『オーストラ
リアの鳥類』1910〜28　手彩色石版

キムネカカ　Nestor productus
「世界大博物図鑑 別巻1」平凡社　1993
◇p201（カラー）　マシューズ, G.M.『オーストラ
リア周辺島嶼部の鳥類』1928　手彩色石版

キムネカカの奇形（オオマガリキムネカカ）
Nestor productus（N.norfolcensis）
「世界大博物図鑑 別巻1」平凡社　1993
◇p201（カラー）　ロスチャイルド, L.W.『絶滅鳥
類誌』1907　彩色クロモリトグラフ　［個人蔵］

鳥　　　　　　　　　　　　　　　きょう

キムネゴイ（フエフキサギ）　Syrigma
sibilatrix
「世界大博物図鑑 4」平凡社　1987
　◇p47（カラー）　テミンク, C.J.著, ユエ, N.原図
　『新編彩色鳥類図譜』1820〜39　手彩色銅版画

キムネゴシキセイガイインコ　Trichoglossus
haematodus capistratus
「舶来鳥獣図誌」八坂書房　1992
　◇p51（カラー）　類違音呼『唐蘭船持渡鳥獣之図』
　天保8（1837）渡来　［慶應義塾図書館］

キムネゴシキセイガイインコ
「江戸時代に描かれた鳥たち」ソフトバンク ク
　リエイティブ　2012
　◇p30（カラー）　音呼『外国産鳥之図』　成立年
　不明

キムネチュウハシ　Pteroglossus viridis
「フウチョウの自然誌 博物画の至宝」平凡社
　1994
　◇II-No.17（カラー）　L'Aracari verd femelle　メ
　ス　ルヴァイヤン, F.著, バラバン, J.原図 1806
「ジョン・グールド 世界の鳥」同朋舎出版　1994
　◇52図（カラー）　リア, エドワード画『オオハシ科
　の研究 初版』1833〜35
「世界大博物図鑑 4」平凡社　1987
　◇p267（カラー）　ドノヴァン, E.『博物宝典』
　1834

キムネチュウハシ　Pteroglossus viridis
（viridis）
「フウチョウの自然誌 博物画の至宝」平凡社
　1994
　◇II-No.16（カラー）　L'Aracari verd mâle　オス
　ルヴァイヤン, F.著, バラバン, J.原図 1806

キムネハナドリモドキ　Prionochilus
maculatus
「世界大博物図鑑 4」平凡社　1987
　◇p347（カラー）　テミンク, C.J.著, プレートル,
　J.G.原図『新編彩色鳥類図譜』1820〜39　手彩
　色銅版画

キムネハワイマシコ（バリラ）　Loxioides
bailleui
「世界大博物図鑑 別巻1」平凡社　1993
　◇p376（カラー）『アイビス』1859〜　［山階鳥類
　研究所］

キモモミツスイ　Moho braccatus
「世界大博物図鑑 別巻1」平凡社　1993
　◇p360（カラー）　ウィルソン, S.B., エヴァンズ,
　A.H.著, フロホーク, F.W.原図『ハワイ鳥類学』
　1890〜99

キウクハン
「高松松平家所蔵 衆禽画譜 水禽・野鳥」香川県
　歴史博物館友の会博物図譜刊行会　2005
　◇p97（カラー）　松平頼恭『衆禽画譜 野鳥帖』江
　戸時代　紙本著色 画帖装（折本形式）　33.0×48.
　3　［個人蔵］

きゅうかんちょう
「鳥の手帖」小学館　1990
　◇p208（カラー）　九官鳥　毛利梅園『梅園禽譜』
　天保10（1839）序　［国立国会図書館］

キュウカンチョウ　Gracula religiosa
「江戸博物文庫 鳥の巻」工作舎　2017
　◇p125（カラー）　九官鳥　毛利梅園『梅園禽譜』
　1840頃　［国立国会図書館］
「江戸鳥類大図鑑」平凡社　2006
　◇p447（カラー）　きうくはん　堀田正敦『禽譜』
　［宮城県図書館伊達文庫］
「舶来鳥獣図誌」八坂書房　1992
　◇p103（カラー）　キウカン『外国産鳥之図』
　［国立国会図書館］
「ビュフォンの博物誌」工作舎　1991
　◇I101（カラー）『一般と個別の博物誌 ソンニー
　二版』

キュウカンチョウ
「江戸時代に描かれた鳥たち」ソフトバンク ク
　リエイティブ　2012
　◇p55（カラー）　秦告了/サルカ/キウガン　毛利
　梅園『梅園禽譜』　天保10（1849）序
　◇p56（カラー）　キウクワン『外国産鳥之図』　成
　立年不明

キュウシュウゴジュウカラ
　⇒ゴジュウカラ（キュウシュウゴジュウカラ）
　を見よ

キューバアオゲラ　Xiphidiopicus percussus
「世界大博物図鑑 4」平凡社　1987
　◇p271（カラー）　メス, オス　テミンク, C.J.著,
　プレートル, J.G.原図『新編彩色鳥類図譜』
　1820〜39　手彩色銅版画

キューバガラス　Corvus nasicus
「世界大博物図鑑 4」平凡社　1987
　◇p391（カラー）　テミンク, C.J.著, ユエ, N.原図
　『新編彩色鳥類図譜』1820〜39　手彩色銅版画

キューバキヌバネドリ　Priotelus temnurus
「世界大博物図鑑 別巻1」平凡社　1993
　◇p281（カラー）　テミンク, C.J., ロジエ・ド・
　シャルトルース, M.著『新編彩色鳥類図譜』
　1820〜39　手彩色銅版板画

キューバスズメフクロウ　Glaucidium siju
「世界大博物図鑑 別巻1」平凡社　1993
　◇p253（カラー）　ド・ラ・サグラ, R.『キューバ
　風土記』1839〜61　手彩色銅版画

キューバハシボソキツツキ　Colaptes
fernandinae
「世界大博物図鑑 別巻1」平凡社　1993
　◇p296（カラー）　ド・ラ・サグラ, R.『キューバ
　風土記』1839〜61　手彩色銅版画

ギャウジャウシギ
「高松松平家所蔵 衆禽画譜 水禽・野鳥」香川県
　歴史博物館友の会博物図譜刊行会　2005
　◇p31（カラー）　松平頼恭『衆禽画譜 水禽帖』江

博物図譜レファレンス事典 動物篇　**389**

戸時代　紙本著色　画帖装（折本形式）　38.1×48.
7　［個人蔵］

きょうじょしぎ
「鳥の手帖」小学館　1990
　◇p195（カラー）　京女鴫　毛利梅園『梅園禽譜』
　　天保10（1839）序　［国立国会図書館］

キョウジョシギ　Arenaria interpres
「江戸鳥類大図鑑」平凡社　2006
　◇p290（カラー）　きやうじよしぎ　夏羽　堀田正
　　敦『禽譜』　［宮城県図書館伊達文庫］
「ビュフォンの博物誌」工作舎　1991
　◇I210（カラー）『一般と個別の博物誌 ソンニー
　　ニ版』
「世界大博物図鑑 4」平凡社　1987
　◇p174（カラー）　キュヴィエ，G.L.C.F.D.『動物
　　界』　1836〜49　手彩色銅版画
「グールドの鳥類図譜」講談社　1982
　◇p170（カラー）　夏羽成鳥，冬羽成鳥　1866

キョウジョシギ
「江戸時代に描かれた鳥たち」ソフトバンク ク
　リエイティブ　2012
　◇p112（カラー）　鷸／イト目シギ　毛利梅園『梅
　　園禽譜』　天保10（1849）序
　◇p112（カラー）　鷸／ムナグロシギ　毛利梅園
　　『梅園禽譜』　天保10（1849）序

キョクアジサシ　Sterna paradisea
「グールドの鳥類図譜」講談社　1982
　◇p224（カラー）　夏羽成鳥，幼鳥　1865

キリオオナガ　Temnurus temnurus
「世界大博物図鑑 別巻1」平凡社　1993
　◇p412（カラー）　テミンク，C.J.，ロジエ・ド・
　　シャルトルース，M.著『新編彩色鳥類図譜』
　　1820〜39　手彩色銅板画

キレンジャク　Bombycilla garrulus
「江戸鳥類大図鑑」平凡社　2006
　◇p553（カラー）　黄連雀　オス　堀田正敦『禽譜』
　　［宮城県図書館伊達文庫］
「フウチョウの自然誌 博物画の至宝」平凡社
　1994
　◇I‐No.49（カラー）　Le grand Jaseur　ルヴァイ
　　ヤン，F.著，バラバン，J.原図 1806
「ビュフォンの博物誌」工作舎　1991
　◇I103（カラー）『一般と個別の博物誌 ソンニー
　　ニ版』
「鳥獣虫魚譜」八坂書房　1988
　◇p38（カラー）　黄連鵲　松森胤保『両羽禽類図
　　譜』　［酒田市立光丘文庫］
「世界大博物図鑑 4」平凡社　1987
　◇p314（カラー）　ドルビニ，A.D.著，トラヴィエ
　　原図『万有博物典』1837
「グールドの鳥類図譜」講談社　1982
　◇p66（カラー）　親鳥，雛 1867

キレンジャク
「江戸時代に描かれた鳥たち」ソフトバンク ク
　リエイティブ　2012

　◇p86（カラー）　連雀・十二黄／十二紅　毛利梅園
　　『梅園禽譜』　天保10（1849）序
「彩色 江戸博物学集成」平凡社　1994
　◇p170〜171（カラー）　増山雪斎『百鳥図』　［国
　　会図書館］

キンイロツバメ　Kalochelidon euchrysea
「世界大博物図鑑 別巻1」平凡社　1993
　◇p328（カラー）　コリー，C.B.『ハイチとサン・
　　ドミンゴの鳥』　1885　手彩色石版

キンイロヨタカ　Caprimulgus eximius
「世界大博物図鑑 4」平凡社　1987
　◇p231（カラー）　テミンク，C.J.著，プレートル，
　　J.G.原図『新編彩色鳥類図譜』　1820〜39　手彩
　　色銅版画

ギンカイツブリ　Podiceps occipitalis
「世界大博物図鑑 別巻1」平凡社　1993
　◇p33（カラー）　デュプレ，L.I.『コキーユ号航海
　　記』　1826〜34　手彩色銅版画

ギンガオエナガ　Aegithalos fuliginosus
　（Verreaux 1870）
「フランスの美しい鳥の絵図鑑」グラフィック社
　2014
　◇p135（カラー）　エチェコパル，ロベール＝ダニ
　　エル著，バリュエル，ポール画

キンカチョウ　Poephila guttata
「舶来鳥獣図誌」八坂書房　1992
　◇p20（カラー）　コロブレチース鳥『唐蘭船持渡鳥
　　獣之図』　天保6（1835）渡来　［慶應義塾図書館］

キンカブリゴシキドリ　Megalaima henricii
「世界大博物図鑑 4」平凡社　1987
　◇p263（カラー）　テミンク，C.J.著，プレートル，
　　J.G.原図『新編彩色鳥類図譜』　1820〜39　手彩
　　色銅版画

ギンカモメ　Larus novaehollandiae
「世界大博物図鑑 4」平凡社　1987
　◇p186（カラー）　テミンク，C.J.著，ユエ，N.原図
　　『新編彩色鳥類図譜』　1820〜39　手彩色銅版画

キングペンギン　Aptenodytes patagonicus
「江戸鳥類大図鑑」平凡社　2006
　◇p179（カラー）　ヘンギン　頂の皮　堀田正敦
　　『禽譜』　［宮城県図書館伊達文庫］
　◇p180（カラー）　ソイドゼーホウゴル　喉の皮
　　堀田正敦『禽譜』　［宮城県図書館伊達文庫］

キングペンギン
「紙の上の動物園」グラフィック社　2017
　◇p78（カラー）　ショー，ジョージ『レヴェリアン
　　博物館の解説図、イギリス種と南米種』　1792〜
　　96

キングペンギン？　Aptenodytes
patagonicus？
「江戸鳥類大図鑑」平凡社　2006
　◇p179（カラー）　ピングイン　若鳥　堀田正敦
　　『禽譜』　［宮城県図書館伊達文庫］

キンクロカモ

「高松松平家所蔵 衆禽画譜 水禽・野鳥」香川県
歴史博物館友の会博物図譜刊行会 2005
◇p63（カラー） 松平頼恭『衆禽画譜 水禽帖』 江
戸時代 紙本著色 画帖装（折本形式） 38.1×48.
7 ［個人蔵］

キンクロシメ Mycerobas icterioides

「ジョン・グールド 世界の鳥」同朋舎出版 1994
◇6図（カラー） つがい グールド，エリザベス画
『ヒマラヤ山脈鳥類百図』 1830〜33

キンクロハジロ Aythya fuligula

「江戸鳥類大図鑑」平凡社 2006
◇p160（カラー） 沖津羽白 雄 オス 堀田正敦
『禽譜』 ［宮城県図書館伊達文庫］
「ビュフォンの博物誌」工作舎 1991
◇I237（カラー）『一般と個別の博物誌 ソンニー
ニ版』
「グールドの鳥類図譜」講談社 1982
◇p199（カラー） オス，メス 1871

キンケイ Chrysolophus pictus

「江戸博物文庫 鳥の巻」工作舎 2017
◇p118（カラー） 錦鶏 毛利梅園『梅園禽譜』
1840頃 ［国立国会図書館］
「江戸鳥類大図鑑」平凡社 2006
◇p258〜259（カラー） 錦雞 雄 陝西産 錦鳳 オ
ス 堀田正敦『禽譜』［宮城県図書館伊達文庫］
◇p259（カラー） 錦雞 雌 堀田正敦『禽譜』
［宮城県図書館伊達文庫］
「ジョン・グールド 世界の鳥」同朋舎出版 1994
◇290図（カラー） メス，オス リヒター，ヘン
リー・コンスタンチン画『アジアの鳥類』 1849
〜83
「舶来鳥獣図誌」八坂書房 1992
◇p13（カラー） 尾長雉子 雌 メス『唐蘭船持渡
鳥獣之図』 ［慶應義塾図書館］
「ビュフォンの博物誌」工作舎 1991
◇I046（カラー）『一般と個別の博物誌 ソンニー
ニ版』
「世界大博物図鑑 4」平凡社 1987
◇p138〜139（カラー） ビュフォン，G.L.L.，
Comte de，トラヴィエ，E.原図『博物誌』 1853
〜57 手彩色銅版画

キンケイ

「江戸時代に描かれた鳥たち」ソフトバンク ク
リエイティブ 2012
◇p67（カラー） 錦鶏／金鶏 毛利梅園『梅園禽譜』
天保10（1849）序

ギンケイ Chrysolophus amherstiae

「ジョン・グールド 世界の鳥」同朋舎出版 1994
◇291図（カラー） オス リヒター，ヘンリー・コ
ンスタンチン画『アジアの鳥類』 1849〜83
「世界大博物図鑑 別巻1」平凡社 1993
◇p132（カラー）『動物図譜』 1874頃 手彩色石
版
「世界大博物図鑑 4」平凡社 1987
◇p138〜139（カラー） ダヴィド神父，A.著，アル

ヌル石版『中国産鳥類』 1877 手彩色石版

キンケイとギンケイの交雑種 Chrysolophus pictus×C.amherstiae

「世界大博物図鑑 別巻1」平凡社 1993
◇p132（カラー） エリオット，D.G.著，ヴォルフ，
J.原図，スミット，J.石版『キジ科鳥類図譜』
1870〜72 手彩色石版

ギンザンマシコ Pinicola enucleator

「江戸鳥類大図鑑」平凡社 2006
◇p523（カラー） 紅ましこ 別種 オス 堀田正敦
『禽譜』 ［宮城県図書館伊達文庫］
◇p549（カラー） 大いすか 漢名 丁香鳥 メス
堀田正敦『禽譜』［宮城県図書館伊達文庫］
◇p549（カラー） えぞいすか 雄 オス 堀田正敦
『禽譜』 ［宮城県図書館伊達文庫］
◇p549（カラー） えぞいすか 雌 メス 堀田正敦
『禽譜』 ［宮城県図書館伊達文庫］
◇p550（カラー） 烏いすか メス 堀田正敦『禽
譜』 ［宮城県図書館伊達文庫］
◇p550（カラー） 百来鳥 メス 堀田正敦『禽譜』
［宮城県図書館伊達文庫］
「グールドの鳥類図譜」講談社 1982
◇p120（カラー） オス，メス 1867

キンハト

「高松松平家所蔵 衆禽画譜 水禽・野鳥」香川県
歴史博物館友の会博物図譜刊行会 2005
◇p83（カラー） 松平頼恭『衆禽画譜 野鳥帖』 江
戸時代 紙本著色 画帖装（折本形式） 33.0×48.
3 ［個人蔵］

キンバト Chalcophaps indica

「江戸鳥類大図鑑」平凡社 2006
◇p460（カラー） きんばと 堀田正敦『禽譜』
［宮城県図書館伊達文庫］
◇p460（カラー） きんはと 一種 メス 堀田正敦
『禽譜』 ［宮城県図書館伊達文庫］
◇p461（カラー） ヲランダきんばと 堀田正敦
『禽譜』 ［宮城県図書館伊達文庫］
「舶来鳥獣図誌」八坂書房 1992
◇p28（カラー） 錦鳩『唐蘭船持渡鳥獣之図』 文
化11（1814）渡来 ［慶應義塾図書館］
◇p29（カラー） 錦鳩 薩摩藩蔵屋敷所蔵の図を
写したもの『唐蘭船持渡鳥獣之図』 ［慶應義塾
図書館］

キンバト

「江戸時代に描かれた鳥たち」ソフトバンク ク
リエイティブ 2012
◇p63（カラー） 金鳩『外国産鳥之図』 成立年
不明
◇p63（カラー） 錦鳩『外国珍禽異鳥図』 江戸
末期

ギンバト Streptopelia risolia var.domestica

「江戸鳥類大図鑑」平凡社 2006
◇p453（カラー） ぎんばと 堀田正敦『禽譜』
［宮城県図書館伊達文庫］

銀ハト

「高松松平家所蔵 衆禽画譜 水禽・野鳥」香川県

きんは　　　　　　　　　鳥

歴史博物館友の会博物図譜刊行会　2005
◇p83（カラー）　松平頼恭『衆禽画譜 野鳥帖』江戸時代　紙本著色 画帖装（折本形式）　33.0×48.3　〔個人蔵〕

銀鳩
「江戸名作画帖全集 8」駸々堂出版　1995
◇図14, 225（カラー/白黒）　II-55　佐竹曙山, 小田野直武『写生帖』　紙本・絹本着色　〔秋田市立千秋美術館〕

キンバトの大洋州亜種　Chalcophaps indice chrysochlora
「世界大博物図鑑 別巻1」平凡社　1993
◇p187（カラー）　クニップ夫人『ハト図譜』1808〜11　手彩色銅版

キンバネミドリインコ　Brotogeris chrysopterus
「世界大博物図鑑 4」平凡社　1987
◇p211（カラー）　ドノヴァン, E.『博物宝典』1834

キンパラ
「江戸時代に描かれた鳥たち」ソフトバンク クリエイティブ　2012
◇p45（カラー）　沈香鳥『外国珍禽異鳥図』江戸末期

ギンパラ　Lonchura malacca
「江戸鳥類大図鑑」平凡社　2006
◇p346（カラー）　せうきすずめ　キンパラ　堀田正敦『禽譜』〔宮城県図書館伊達文庫〕

ギンパラ
「江戸時代に描かれた鳥たち」ソフトバンク クリエイティブ　2012
◇p45（カラー）　カアブス鳥『薩摩鳥譜図巻』江戸末期

ギンパラ？　Lonchura malacca ?
「江戸鳥類大図鑑」平凡社　2006
◇p686（カラー）　洋白頭鶯　若鳥　堀田正敦『禽譜』〔宮城県図書館伊達文庫〕
◇p693（カラー）　ダンドク　堀田正敦『禽譜』〔宮城県図書館伊達文庫〕
◇p693（カラー）　ダンドク　雌雄　堀田正敦『禽譜』〔宮城県図書館伊達文庫〕

ギンパラ（キンパラ型）　Lonchura malacca
「江戸鳥類大図鑑」平凡社　2006
◇p683（カラー）　キンハラ　堀田正敦『禽譜』〔宮城県図書館伊達文庫〕
「舶来鳥獣図誌」八坂書房　1992
◇p18（カラー）　沈香鳥『唐蘭船持渡鳥獣之図』文化9（1812）渡来　〔慶應義塾図書館〕
◇p21（カラー）　沈香鳥『唐蘭船持渡鳥獣之図』文化9（1812）渡来　〔慶應義塾図書館〕

ギンパラ（ギンパラ型）　Lonchura malacca
「舶来鳥獣図誌」八坂書房　1992
◇p15（カラー）　カアブス鳥『唐蘭船持渡鳥獣之図』天明7（1787）渡来　〔慶應義塾図書館〕

キンピタイアフリカツリスガラ
Anthoscopus flavifrons（Cassin 1855）
「フランスの美しい鳥の絵図鑑」グラフィック社　2014
◇p149（カラー）　エチェコパル, ロベール＝ダニエル著, バリュエル, ポール画

ギンフルマカモメ　Fulmarus glacialoides
「ジョン・グールド 世界の鳥」同朋舎出版　1994
◇170図（カラー）　リヒター, ヘンリー・コンスタンチン画『オーストラリアの鳥類』　1840〜48

キンボウシハチドリ　Campylopterus villavisensio
「世界大博物図鑑 別巻1」平凡社　1993
◇p277（カラー）　グールド, J.『ハチドリ科鳥類図譜』1849〜61　手彩色石版

ギンホウウミツイ　Anthochaera chrysoptera
「ジョン・グールド 世界の鳥」同朋舎出版　1994
◇134図（カラー）　グールド, エリザベス画『オーストラリアの鳥類』　1840〜48

キンミノフウチョウ　Diphyllodes magnificus
「フウチョウの自然誌 博物画の至宝」平凡社　1994
◇I-No.9（カラー）　Le Magnifique　ルヴァイヤン, F.著, バラバン, J.原図 1806
◇I-No.10（カラー）　Variété du Magnifique　ルヴァイヤン, F.著, バラバン, J.原図 1806
「世界大博物図鑑 別巻1」平凡社　1993
◇p408（カラー）　ルヴァイヤン, F.著, バラバン原図『フウチョウの自然誌』　1806　銅版多色刷り
「世界大博物図鑑 4」平凡社　1987
◇p387（カラー）　成長途上のオス　マイヤー, A.B.著, ガイスラー, Br.原図『東インド諸島の新種鳥類, ドレスデン博物館動物学紀要第2巻』　1894〜95　手彩色石版

キンミノフウチョウ
「すごい博物画」グラフィック社　2017
◇図25（カラー）　ゴールド, ジョン, ハート, ウィリアム『ニューギニアの鳥』1875〜88　手彩色のリトグラフ　〔ウィンザー城ロイヤル・ライブラリー〕
「紙の上の動物園」グラフィック社　2017
◇p109（カラー）　グールド, ジョン『ニューギニアおよび近隣パプア諸島の鳥, オーストラリアでも発見される可能性のある新種を含む』　1875

ギンムクドリ　Sturnus sericeus
「江戸鳥類大図鑑」平凡社　2006
◇p409（カラー）　はなまるてんきう　雌　堀田正敦『禽譜』〔宮城県図書館伊達文庫〕
◇p409（カラー）　はなまるてんきう　雄　堀田正敦『禽譜』〔宮城県図書館伊達文庫〕
◇p562（カラー）　しまむく　オス　堀田正敦『禽譜』〔宮城県図書館伊達文庫〕
「舶来鳥獣図誌」八坂書房　1992
◇p32（カラー）　洋八歌　オス若鳥『唐蘭船持渡鳥獣之図』　文化13（1816）渡来　〔慶應義塾図書館〕

鳥　　　　　　　　　　　　　　　　　　くしや

◇p55（カラー）　洋八歌鳥『唐蘭船持渡鳥獣之図』
嘉永3（1850）渡来　［慶應義塾図書館］
「世界大博物図鑑　4」平凡社　1987
◇p371（カラー）　ダヴィド神父, A.著, アルヌル石
版『中国産鳥類』1877　手彩色石版

キンメフクロウ　Aegolius funereus
「鳥獣虫魚譜」八坂書房　1988
◇p23（カラー）　小フクロウ　松森胤保『両羽禽類図
譜』　［酒田市立光丘文庫］
「グールドの鳥類図譜」講談社　1982
◇p52（カラー）　成鳥 1867

キンメフクロウ
「彩色 江戸博物学集成」平凡社　1994
◇p435（カラー）　松森胤保『両羽博物図譜』　明治
11（1878）

キンランチョウ　Euplectes orix
「ビュフォンの博物誌」工作舎　1991
◇I112（カラー）『一般と個別の博物誌 ソンニー
ニ版』

【く】

グアダルペウミツバメ　Oceanodroma
macrodactyla
「世界大博物図鑑　別巻1」平凡社　1993
◇p37（カラー）　ゴッドマン, F.D.C.『ウミツバメ
科鳥類図譜』1907～10　手彩色石版

グアドループクサビオインコ　Conurus labati
「世界大博物図鑑　別巻1」平凡社　1993
◇p205（カラー）　ロスチャイルド, L.W.『絶滅鳥
類誌』1907　彩色クロモリトグラフ　［個人蔵］

グアドループスミレコンゴウインコ
Anodorhynchus purpurascens
「世界大博物図鑑　別巻1」平凡社　1993
◇p204（カラー）　スミレコンゴウインコがたまた
ま野生化していたものと考えられる　ロスチャイ
ルド, L.W.『絶滅鳥類誌』1907　彩色クロモリ
トグラフ　［個人蔵］

グアドループボウシインコ　Amazona
violaceus
「世界大博物図鑑　別巻1」平凡社　1993
◇p205（カラー）　ロスチャイルド, L.W.『絶滅鳥
類誌』1907　彩色クロモリトグラフ　［個人蔵］

クイナ　Rallus aquaticus
「江戸博物文庫 鳥の巻」工作舎　2017
◇p56（カラー）　秧鶏　増山正賢『百鳥図』1800
頃　［国立国会図書館］
「江戸鳥類大図鑑」平凡社　2006
◇p276（カラー）　くひな　堀田正敦『禽譜』
［宮城県図書館伊達文庫］
◇p280（カラー）　ちごくひな　堀田正敦『禽譜』
［宮城県図書館伊達文庫］
「ビュフォンの博物誌」工作舎　1991
◇I211（カラー）『一般と個別の博物誌 ソンニー

ニ版』
「世界大博物図鑑　4」平凡社　1987
◇p154（カラー）　ドノヴァン, E.『英国鳥類誌』
1794～1819
「グールドの鳥類図譜」講談社　1982
◇p183（カラー）　親鳥, 雛 1863

クイナ
「高松松平家所蔵 衆禽画譜 水禽・野鳥」香川県
歴史博物館友の会博物図譜刊行会　2005
◇p53（カラー）　松平頼恭『衆禽画譜 水禽帖』　江
戸時代　紙本著色 画帖装（折本形式）　38.1×48.
7　［個人蔵］
「彩色 江戸博物学集成」平凡社　1994
◇p31（カラー）　貝原益軒『大和本草諸品図』

クイナチメドリ　Eupetes macrocerus
「世界大博物図鑑　4」平凡社　1987
◇p331（カラー）　テミンク, C.J.著, ユエ, N.原図
『新編彩色鳥類図譜』1820～39　手彩色銅版画

クイナ類
「江戸鳥類大図鑑」平凡社　2006
◇p222（カラー）　川きじ　堀田正敦『禽譜』
［宮城県図書館伊達文庫］

クサシギ　Tringa ochropus
「江戸鳥類大図鑑」平凡社　2006
◇p284（カラー）　せうどうしぎ　夏羽　堀田正敦
『禽譜』　［宮城県図書館伊達文庫］
「ビュフォンの博物誌」工作舎　1991
◇I199（カラー）『一般と個別の博物誌 ソンニー
ニ版』
「グールドの鳥類図譜」講談社　1982
◇p168（カラー）　親鳥 1865

クサシギ
「高松松平家所蔵 衆禽画譜 水禽・野鳥」香川県
歴史博物館友の会博物図譜刊行会　2005
◇p24（カラー）　松平頼恭『衆禽画譜 水禽帖』　江
戸時代　紙本著色 画帖装（折本形式）　38.1×48.
7　［個人蔵］

クサシギの1種　Tringa sp.？
「ビュフォンの博物誌」工作舎　1991
◇I200（カラー）『一般と個別の博物誌 ソンニー
ニ版』

クサムラツカツクリ　Leipoa ocellata
「世界大博物図鑑　別巻1」平凡社　1993
◇p113（カラー）　グールド, J.『オーストラリア鳥
類図譜』1840～48

クジャク
「紙の上の動物園」グラフィック社　2017
◇p30（カラー）　ウィルビー, フランシス, レイ,
ジョン『フランシス・ウィルビーの鳥類学』1678

クジャクバト　Columba livia
「舶来鳥獣図誌」八坂書房　1992
◇p102（カラー）　サラダ鳩 カワラバトの飼育品
種『外国産鳥之図』　［国立国会図書館］

博物図譜レファレンス事典 動物篇　**393**

くしや　　　　　　　　鳥

クジャクバト
「江戸時代に描かれた鳥たち」ソフトバンク ク
リエイティブ　2012
　◇p61（カラー）　サラサ鳩『外国産鳥之図』成立
　年不明
　◇p61（カラー）　孔雀鳩/サラサ鳩『薩摩鳥譜図巻』
　江戸末期

孔雀鳩　Columba livia var.domestica
「世界大博物図鑑 別巻1」平凡社　1993
　◇p190（カラー）　メス『鳩図』江戸末期
　◇p190（カラー）　オス『鳩図』江戸末期

孔雀鳩
「高松松平家所蔵 衆禽画譜 水禽・野鳥」香川県
歴史博物館友の会博物図譜刊行会　2005
　◇p82（カラー）　孔雀鳩 雄 松平頼恭『衆禽画譜
　野禽帖』江戸時代　紙本著色 画帖装（折本形
　式）33.0×48.3　［個人蔵］
　◇p82（カラー）　孔雀鳩 雌 松平頼恭『衆禽画譜
　野禽帖』江戸時代　紙本著色 画帖装（折本形
　式）33.0×48.3　［個人蔵］

クスダマインコ　Trichoglossus versicolor
「世界大博物図鑑 別巻1」平凡社　1993
　◇p219（カラー）　セルビー, P.J.著, リア, E.原図,
　リザーズ, W.銅版『オウムの博物誌』1836

クチカモ
「高松松平家所蔵 衆禽画譜 水禽・野鳥」香川県
歴史博物館友の会博物図譜刊行会　2005
　◇p32（カラー）　クチカモ ヒラクチ/マイカモト
　モ　松平頼恭『衆禽画譜 水禽帖』江戸時代　紙
　本著色 画帖装（折本形式）38.1×48.7　［個人
　蔵］

クッククイナ
「世界大博物図鑑 別巻1」平凡社　1993
　◇p153（カラー）　ロスチャイルド, L.W.『レイサ
　ン島の鳥類誌』1893～1900　石版画

クッククイナ（＝ハワイクイナ）　Pennula
millsi（＝sandwichensis）
「世界大博物図鑑 別巻1」平凡社　1993
　◇p153（カラー）　ウィルソン, S.B., エヴァンズ,
　A.H.著, フロホーク, F.W.原図『ハワイ鳥類学』
　1890～99

クビタマシギ
「高松松平家所蔵 衆禽画譜 水禽・野鳥」香川県
歴史博物館友の会博物図譜刊行会　2005
　◇p29（カラー）　松平頼恭『衆禽画譜 水禽帖』江
　戸時代　紙本著色 画帖装（折本形式）38.1×48.
　7　［個人蔵］

クビワカモメ　Xema sabini
「グールドの鳥類図譜」講談社　1982
　◇p221（カラー）　夏羽成鳥, 幼鳥 1866

クビワキヌバネドリ（亜種）　Trogon collaris
puella
「ジョン・グールド 世界の鳥」同朋舎出版　1994
　◇92図（カラー）　リヒター, ヘンリー・コンスタン

チン画『キヌバネドリ科の研究 初版』1858～75

クビワコウテンシ　Melanocorypha
bimaculata
「江戸博物文庫 鳥の巻」工作舎　2017
　◇p103（カラー）　首輪告天子 屋代弘賢『不忍禽
　譜』1833頃　［国立国会図書館］
「江戸鳥類大図鑑」平凡社　2006
　◇p313（カラー）　告天子 堀田正敦『禽譜』
　［宮城県図書館伊達文庫］

クビワゴシキドリ　Lybius torquatus
「フウチョウの自然誌 博物画の至宝」平凡社
1994
　◇II–No.28（カラー）　Le Barbu à plastron noir
　ルヴァイヤン, F.著, バラバン, J.原図 1806
「世界大博物図鑑 4」平凡社　1987
　◇p262（カラー）　テミンク, C.J.著, プレートル,
　J.G.原図『新編彩色鳥類図譜』1820～39　手彩
　色銅版画

クビワスナバシリ　Cursorius bitorquatus
「世界大博物図鑑 別巻1」平凡社　1993
　◇p173（カラー）　シーボーム, H.著, キューレマン
　ス, J.G.原図『チドリ科鳥類の地域分布』1887
　手彩色石版

クビワチメドリ？　Alcippe rufogularis ?
「江戸鳥類大図鑑」平凡社　2006
　◇p681（カラー）　槐串 堀田正敦『禽譜』　［宮
　城県図書館伊達文庫］

クビワツグミ　Turdus torquatus
「ビュフォンの博物誌」工作舎　1991
　◇I094（カラー）『一般と個別の博物誌 ソンニー
　ニ版』
「グールドの鳥類図譜」講談社　1982
　◇p75（カラー）　雛, 雌親, 雄親 1867

クビワヒロハシ　Eurylaimus ochromalus
「世界大博物図鑑 4」平凡社　1987
　◇p278（カラー）　テミンク, C.J.著, プレートル,
　J.G.原図『新編彩色鳥類図譜』1820～39　手彩
　色銅版画

クビワミフウズラ　Pedionomus torquatus
「世界大博物図鑑 4」平凡社　1987
　◇p147（カラー）　グールド, J.『オーストラリア鳥
　類図譜』1840～48

クビワムクドリ　Sturnus nigricollis
「江戸博物文庫 鳥の巻」工作舎　2017
　◇p104（カラー）　首輪椋鳥 屋代弘賢『不忍禽譜』
　1833頃　［国立国会図書館］
「江戸鳥類大図鑑」平凡社　2006
　◇p409（カラー）　白頭鳥 雌雄 堀田正敦『禽譜』
　［宮城県図書館伊達文庫］
　◇p708（カラー）　白頭鳥 堀田正敦『禽譜』
　［宮城県図書館伊達文庫］
　◇p708（カラー）　長春花鳥 一名万春鳥 堀田正敦
　『禽譜』　［宮城県図書館伊達文庫］

鳥　　　　　　　　　　　　　　　　　　　　　　　　　くりん

クマゲラ　Dryocopus martius
「江戸博物文庫 鳥の巻」工作舎　2017
- ◇p174（カラー）　熊啄木鳥『薩摩鳥譜図巻』江戸末期　［国立国会図書館］

「江戸鳥類大図鑑」平凡社　2006
- ◇p488（カラー）　くろげら　堀田正敦『禽譜』［宮城県図書館伊達文庫］

「世界大博物図鑑 別巻1」平凡社　1993
- ◇p296（カラー）『博物館禽譜』1875〜79（明治8〜12）編集　［東京国立博物館］
- ◇p296（カラー）　オス　ボルクハウゼン, M.B.『ドイツ鳥類学』1800〜17
- ◇p296（カラー）　メス　ボルクハウゼン, M.B.『ドイツ鳥類学』1800〜17

「ビュフォンの博物誌」工作舎　1991
- ◇I176（カラー）『一般と個別の博物誌 ソンニーニ版』

「グールドの鳥類図譜」講談社　1982
- ◇p135（カラー）　オス成鳥, メス成鳥　1871

クマゲラ
「彩色 江戸博物学集成」平凡社　1994
- ◇p107（カラー）　黒ケラ　メス　小野蘭山『蘭山禽譜』　［国会図書館］

クマサカアイサ
「高松松平家所蔵 衆禽画譜 水禽・野鳥」香川県歴史博物館友の会博物図譜刊行会　2005
- ◇p48（カラー）　松平頼恭『衆禽画譜 水禽帖』江戸時代 紙本著色 画帖装（折本形式）38.1×48.7　［個人蔵］
- ◇p49（カラー）　クマサカアイサ 雌　松平頼恭『衆禽画譜 水禽帖』江戸時代 紙本著色 画帖装（折本形式）38.1×48.7　［個人蔵］

クマタカ　Spizaetus nipalensis
「江戸鳥類大図鑑」平凡社　2006
- ◇p628（カラー）　くまたか わかとり　第3回冬若鳥　堀田正敦『禽譜』　［宮城県図書館伊達文庫］
- ◇p629（カラー）　くまたか 埘　堀田正敦『禽譜』［宮城県図書館伊達文庫］
- ◇p629（カラー）　くまたかの菓子 幼鳥　堀田正敦『禽譜』　［宮城県図書館伊達文庫］

「鳥獣虫魚譜」八坂書房　1988
- ◇p19（カラー）　熊鷹 成鳥　松森胤保『両羽禽魚図譜』　［酒田市立光丘文庫］

クマドリバト　Phaps histrionica
「ジョン・グールド 世界の鳥」同朋舎出版　1994
- ◇153図（カラー）　グールド, エリザベス画『オーストラリアの鳥類』1840〜48

クラハシコウ　Ephippiorhynchus senegalensis
「世界大博物図鑑 別巻1」平凡社　1993
- ◇p48（カラー）　ヴィエイヨー, L.J.P.著, ウダール, P.L.原図『鳥類画廊』1820〜26

「世界大博物図鑑 4」平凡社　1987
- ◇p51（カラー）　キュヴィエ, G.L.C.F.D.『動物界』1836〜49　手彩色銅版

クリイロイワヒバリ　Prunella immaculata
「世界大博物図鑑 4」平凡社　1987
- ◇p318（カラー）　ダヴィド神父, A.著, アルヌル石版『中国産鳥類』1877　手彩色石版
- ◇p319（カラー）　グールド, J.『アジア鳥類図譜』1850〜83

クリイロコガラ　Poecile rufescens（Townsend 1837）
「フランスの美しい鳥の絵図鑑」グラフィック社　2014
- ◇p173（カラー）　エチェコパル, ロベール＝ダニエル著, バリュエル, ポール画

クリガシラジツグミ　Zoothera interpres
「世界大博物図鑑 4」平凡社　1987
- ◇p323（カラー）　テミンク, C.J.著, プレートル, J.G.原図『新編彩色鳥類図譜』1820〜39　手彩色銅版画

クリスマスミカドバト　Ducula whartoni
「世界大博物図鑑 別巻1」平凡社　1993
- ◇p194（カラー）『ロンドン動物学協会紀要』1861〜90,1891〜1929　［山階鳥類研究所］

クリスマスヨシキリ　Acrocephalus aequinoctialis
「世界大博物図鑑 別巻1」平凡社　1993
- ◇p337（カラー）『アイビス』1859〜　［山階鳥類研究所］

クリチャヒワ　Serinus alario
「江戸鳥類大図鑑」平凡社　2006
- ◇p366（カラー）　カアプス鳥 オス　堀田正敦『禽譜』　［宮城県図書館伊達文庫］　※原図は『唐蘭船持渡鳥獣之図』ギンパラ
- ◇p366（カラー）　カアプス鳥　堀田正敦『禽譜』［宮城県図書館伊達文庫］
- ◇p685（カラー）　碧鳥 一種　堀田正敦『禽譜』［宮城県図書館伊達文庫］
- ◇p685（カラー）　カアプス鳥 オス　堀田正敦『禽譜』　［宮城県図書館伊達文庫］
- ◇p685（カラー）　カアプス オス　堀田正敦『禽譜』　［宮城県図書館伊達文庫］

クリハシオオハシ　Ramphastos swainsonii
「ジョン・グールド 世界の鳥」同朋舎出版　1994
- ◇47図（カラー）　グールド, エリザベス画『オオハシ科の研究 初版』1833〜35

クリハラエメラルドハチドリ　Amazilia castaneiventris
「世界大博物図鑑 別巻1」平凡社　1993
- ◇p265（カラー）　グールド, J.『ハチドリ科鳥類図譜』1849〜61　手彩色石版

クリハラショウビン　Halcyon farquhari
「世界大博物図鑑 別巻1」平凡社　1993
- ◇p284（カラー）『アイビス』1859〜　［山階鳥類研究所］

グリーンランドシロハヤブサ
「紙の上の動物園」グラフィック社　2017
- ◇p172（カラー）　シュレーゲル, ヘルマン, ヴルファーホルスト, アブラハム・ヘンリク・フェルスター・デ『鷹狩りの訓練』1844〜53

博物図譜レファレンス事典 動物篇　**395**

クルマサカオウム　Cacatua leadbeateri
「ジョン・グールド 世界の鳥」同朋舎出版　1994
　◇139図（カラー）　リヒター、ヘンリー・コンスタ
　　ンチン画『オーストラリアの鳥類』1840〜48
「世界大博物図鑑1」平凡社　1993
　◇p217（カラー）　グールド, J.『オーストラリア鳥
　　類図譜』1840〜48
「世界大博物図鑑 4」平凡社　1987
　◇p202（カラー）　セルビー, P.J.著、リア、エド
　　ワード原図、リザーズ, W.銅版『オウムの博物
　　誌』1836

クロアイサ　Mergus octosetaceus
「世界大博物図鑑 別巻1」平凡社　1993
　◇p72（カラー）　ヴィエイヨー, L.J.P.著、ウダー
　　ル, P.L.原図『鳥類画廊』1820〜26

クロアゴユミハチドリ　Phaethornis idaliae
「世界大博物図鑑 別巻1」平凡社　1993
　◇p277（カラー）　グールド, J.『ハチドリ科鳥類図
　　譜』1849〜61　手彩色石版

クロアシアホウドリ　Diomedea nigripes
「江戸鳥類大図鑑」平凡社　2006
　◇p209（カラー）　うみう 信天翁　堀田正敦『禽
　　譜』　［宮城県図書館伊達文庫］

クロアシアホウドリ　Diomedea nigripes Audubon
「髙木春山 本草図説 動物」リブロポート　1989
　◇p60〜61（カラー）　信天縁 即信天翁

クロアシアホウドリ
「江戸時代に描かれた鳥たち」ソフトバンク ク
　リエイティブ　2012
　◇p116（カラー）　信天翁　毛利梅園『梅園禽譜』
　　天保10（1849）序

クロアジサシ　Anous stolidus
「ビュフォンの博物誌」工作舎　1991
　◇I227（カラー）『一般と個別の博物誌 ソンニー
　　ニ版』

クロアジサシ　Chlidonias niger
「グールドの鳥類図譜」講談社　1982
　◇p225（カラー）　夏羽成鳥、換羽中の幼鳥　1868

クロアマドリ　Monasa atra
「フウチョウの自然誌 博物画の至宝」平凡社
　1994
　◇II-No.44（カラー）　Le Barbacou à bec rouge,
　　mâle　ルヴァイヤン, F.著、バラバン, J.原図
　　1806

クロインカハチドリ　Coeligena prunellei
「世界大博物図鑑 別巻1」平凡社　1993
　◇p276（カラー）　グールド, J.『ハチドリ科鳥類図
　　譜』1849〜61　手彩色石版

クロインコ　Coracopsis vasa
「世界大博物図鑑 別巻1」平凡社　1993
　◇p220（カラー）　ルヴァイヤン, F.著、バラバン原
　　図、ラングロワ刷『オウムの自然誌』1801〜05
　　銅版多色刷り

「ビュフォンの博物誌」工作舎　1991
　◇I251（カラー）『一般と個別の博物誌 ソンニー
　　ニ版』

クロウソ
「高松松平家所蔵 衆禽画譜 水禽・野鳥」香川県
　歴史博物館友の会博物図譜刊行会　2005
　◇p88（カラー）　松平頼恭『衆禽画譜 野鳥帖』江
　　戸時代　紙本著色 画帖装（折本形式）　33.0×48.
　　3　［個人蔵］

クロウタドリ　Turdus merula
「ジョン・グールド 世界の鳥」同朋舎出版　1994
　◇332図（カラー）　巣、メス、オス　リヒター、ヘン
　　リー・コンスタンチン画『イギリスの鳥類』
　　1862〜73
「舶来鳥獣図誌」八坂書房　1992
　◇p98（カラー）　烏春『外国産鳥之図』　［国立国
　　会図書館］
「ビュフォンの博物誌」工作舎　1991
　◇I094（カラー）『一般と個別の博物誌 ソンニー
　　ニ版』
「世界大博物図鑑 4」平凡社　1987
　◇p323（カラー）　キュヴィエ, G.L.C.F.D.『動物
　　界』1836〜49　手彩色銅版
「グールドの鳥類図譜」講談社　1982
　◇p74（カラー）　オス成鳥、メス成鳥　1866

クロウタドリ
「江戸時代に描かれた鳥たち」ソフトバンク ク
　リエイティブ　2012
　◇p57（カラー）　烏春『外国産鳥之図』　成立年
　　不明

クロウタドリ？　Turdus merula？
「江戸鳥類大図鑑」平凡社　2006
　◇p401（カラー）　烏春 オス　堀田正敦『禽譜』
　　［宮城県図書館伊達文庫］

クロエミュー　Dromaius diemenianus
「世界大博物図鑑 別巻1」平凡社　1993
　◇p21（カラー）　ロスチャイルド, L.W.『絶滅鳥類
　　誌』1907　彩色クロモリトグラフ　［個人蔵］

クロエリコウテン　Melanocorypha calandra
「ビュフォンの博物誌」工作舎　1991
　◇I136（カラー）『一般と個別の博物誌 ソンニー
　　ニ版』
「グールドの鳥類図譜」講談社　1982
　◇p107（カラー）　オス、メス　1872

クロエリサケビドリ　Chauna chavaria
「世界大博物図鑑 別巻1」平凡社　1993
　◇p57（カラー）　グレイ, G.R.『鳥類属別大系』
　　1844〜49
「世界大博物図鑑 4」平凡社　1987
　◇p59（カラー）　テミンク, C.J.著、ユエ, N.原図
　　『新編彩色鳥類図譜』1820〜39　手彩色銅版画

クロエリショウノガン　Afrotis atra
「世界大博物図鑑 別巻1」平凡社　1993
　◇p164（カラー）　スミス, A.著、フォード, G.H.原
　　図『南アフリカ動物図譜』1838〜49　手彩色

石版

クロエリセイタカシギのハワイ亜種
Himantopus mexicanus knudseni
「世界大博物図鑑 別巻1」平凡社 1993
◇p172（カラー） ウィルソン, S.B., エヴァンズ, A.H.著, フロホーク, F.W.原図『ハワイ鳥類学』1890〜99

クロエリハクチョウ Cygnus melanocoryphus
「世界大博物図鑑 4」平凡社 1987
◇p62（カラー） ゲイ, C.著, プレヴォー原図『チリ自然社会誌』1844〜71

クロエリミカドバト Ducula mullerii
「世界大博物図鑑 4」平凡社 1987
◇p198（カラー） テミンク, C.J.著, プレートル, J.G.原図『新編彩色鳥類図譜』1820〜39 手彩色銅版画

クロオビヒナフクロウ Ciccaba huhula
「世界大博物図鑑 別巻1」平凡社 1993
◇p252（カラー） ルヴァイヤン, F.著, ラインホルト（ライノルト）原図, ラングロワ, オードベール刷『アフリカ鳥類史』1796〜1808

クロオビマユミソサザイ Thryothorus pleurostictus
「世界大博物図鑑 4」平凡社 1987
◇p315（カラー） スミット, J.原図『ロンドン動物学協会紀要』1869 手彩色石版画

クロガオノスリ Leucopternis melanops
「ビュフォンの博物誌」工作舎 1991
◇I024（カラー）『一般と個別の博物誌 ソンニーニ版』

クロガシラオグロムシクイ Geothlypis speciosa
「世界大博物図鑑 別巻1」平凡社 1993
◇p373（カラー） シャープ, R.B.ほか『大英博物館鳥類目録』1874〜98 手彩色クロモリトグラフ

クロガシラムシクイ Sylvia melanocephala（Gmelin 1789）
「フランスの美しい鳥の絵図鑑」グラフィック社 2014
◇p85（カラー） エチェコパル, ロベール＝ダニエル著, バリュエル, ポール画

クロガタインコ Hapalopsittaca melanotis
「世界大博物図鑑 4」平凡社 1987
◇p211（カラー） ドノヴァン, E.『博物宝典』1834

クロカマハシフウチョウ Drepanornis albertisii
「世界大博物図鑑 別巻1」平凡社 1993
◇p404（カラー） 基準亜種D.a.albertisii『ロンドン動物学協会紀要』1861〜90,1891〜1929 ［京都大学理学部］

くろがも
「江戸名作画帖全集 8」駸々堂出版 1995
◇図134（カラー） common scoter 堀田正敦編『禽譜』 紙本着色 ［東京国立博物館］

クロガモ
「高松松平家所蔵 衆禽画譜 水禽・野鳥」香川県歴史博物館友の会博物図譜刊行会 2005
◇p62（カラー） 松平頼恭『衆禽画譜 水禽帖』 江戸時代 紙本着色 画帖装（折本形式） 38.1×48.7 ［個人蔵］

クロガモ Melanitta nigra
「江戸博物文庫 鳥の巻」工作舎 2017
◇p93（カラー） 黒鴨『水禽譜』1830頃 ［国立国会図書館］
「ビュフォンの博物誌」工作舎 1991
◇I237（カラー）『一般と個別の博物誌 ソンニーニ版』
「世界大博物図鑑 4」平凡社 1987
◇p67（カラー） キュヴィエ, G.L.C.F.D.『動物界』1836〜49 手彩色銅版
「グールドの鳥類図譜」講談社 1982
◇p201（カラー） オス 1862

クロガモ？
「江戸時代に描かれた鳥たち」ソフトバンククリエイティブ 2012
◇p114（カラー） 黒鴨 クロガモのメスの若い個体？ 毛利梅園『梅園禽譜』 天保10（1849）序

クロガラ Parus funereus（J. & E.Verreaux 1885）
「フランスの美しい鳥の絵図鑑」グラフィック社 2014
◇p205（カラー） エチェコパル, ロベール＝ダニエル著, バリュエル, ポール画

クロクビキジ Phasianus colchicus
「ビュフォンの博物誌」工作舎 1991
◇I045（カラー）『一般と個別の博物誌 ソンニーニ版』

クロクマタカ Spizaetus tyrannus
「世界大博物図鑑 4」平凡社 1987
◇p86（カラー） テミンク, C.J.著, ユエ, N.原図『新編彩色鳥類図譜』1820〜39 手彩色銅版画

クロクモインコ Poicephalus rueppellii
「世界大博物図鑑 別巻1」平凡社 1993
◇p222（カラー）『ロンドン動物学協会紀要』1861〜90,1891〜1929 ［京都大学理学部］

クロコシジロウミツバメ Oceanodroma castro
「世界大博物図鑑 別巻1」平凡社 1993
◇p36（カラー） ウィルソン, S.B., エヴァンズ, A.H.著, フロホーク, F.W.原図『ハワイ鳥類学』1890〜99

クロコシジロウミツバメ？ Oceanodroma castro？
「江戸鳥類大図鑑」平凡社 2006

くろこ　　　　　　　　　　　　鳥

◇p197（カラー）　名しれず　堀田正敦『禽譜』
［宮城県図書館伊達文庫］

クロコブサイチョウ　Ceratogymna atrata
「世界大博物図鑑 4」平凡社　1987
◇p255（カラー）　テミンク, C.J.著、プレートル,
J.G.原図『新編彩色鳥類図譜』　1820〜39　手彩
色銅版画

クロサイチョウ　Anthracoceros malayanus
「江戸鳥類大図鑑」平凡社　2006
◇p416（カラー）　努克鴉克　堀田正敦『禽譜』
［宮城県図書館伊達文庫］
◇p416（カラー）　ヤールホーコルノ嘴　嘴　堀田
正敦『禽譜』　［宮城県図書館伊達文庫］

クロサギ　Egretta sacra
「江戸博物文庫 鳥の巻」工作舎　2017
◇p90（カラー）　黒鷺『水禽譜』　1830頃　［国立
国会図書館］
「江戸鳥類大図鑑」平凡社　2006
◇p62（カラー）　くろさぎ『水禽譜』　1824以降
［国会図書館］
「ビュフォンの博物誌」工作舎　1991
◇I189（カラー）『一般と個別の博物誌 ソンニー
ニ版』

くろじ
「鳥の手帖」小学館　1990
◇p24, 96（カラー）　黒鵐　毛利梅園『梅園禽譜』
天保10（1839）序　［国立国会図書館］

クロジ　Emberiza variabilis
「江戸鳥類大図鑑」平凡社　2006
◇p354（カラー）　黒しとゞ　オス　堀田正敦『禽
譜』　［宮城県図書館伊達文庫］
◇p355（カラー）　小黒しとゞ　わかとり　メス　堀
田正敦『禽譜』　［宮城県図書館伊達文庫］
◇p356（カラー）　くろじ　一種　雄　若鳥（第1回冬
羽）　堀田正敦『禽譜』　［宮城県図書館伊達文
庫］

クロジ
「高松松平家所蔵 衆禽画譜 水禽・野鳥」香川県
歴史博物館友の会博物図譜刊行会　2005
◇p80（カラー）　松平頼恭『衆禽画譜 野鳥帖』江
戸時代　紙本著色 画帖装（折本形式）　33.0×48.
3　［個人蔵］
「彩色 江戸博物学集成」平凡社　1994
◇p83（カラー）　オス　松平頼恭『衆禽図』　［松
平公益会］
「江戸の動植物図」朝日新聞社　1988
◇p28（カラー）　松平頼恭, 三木文柳『衆禽画譜』
［松平公益会］

クロジ？　Emberiza variabilis ?
「江戸鳥類大図鑑」平凡社　2006
◇p341（カラー）　黒すゞめ　堀田正敦『禽譜』
［宮城県図書館伊達文庫］

クロジョウビタキ　Phoenicurus ochruros
「グールドの鳥類図譜」講談社　1982
◇p82（カラー）　オス成鳥、メス成鳥 1864

クロスキハシコウ　Anastomus lamelligerus
「世界大博物図鑑 4」平凡社　1987
◇p51（カラー）　テミンク, C.J.著、ユエ, N.原図
『新編彩色鳥類図譜』　1820〜39　手彩色銅版画

クロヅル　Grus grus
「すごい博物画」グラフィック社　2017
◇図版51（カラー）　シロムネオオハシ、ザクロ、
クロヅル、イヌサフラン、おそらくシャチホコガ
の幼虫、ヨーロッパブドウの枝、コンゴウイン
コ、モナモンキー、ムラサキセイヨウハシバミま
たはセイヨウハシバミ、オオモンシロチョウ、
ヨーロッパアマガエル　マーシャル, アレクサン
ダー 1650〜82頃　水彩　45.8×34.0　［ウィ
ンザー城ロイヤル・ライブラリー］
「ジョン・グールド 世界の鳥」同朋舎出版　1994
◇31図（カラー）　成鳥　リア, エドワード画『ヨー
ロッパの鳥類』　1832〜37
「世界大博物図鑑 別巻1」平凡社　1993
◇p149（カラー）　おそらくヨーロッパ産のもの
マルティネ, F.N.『鳥類誌』　1787〜96　手彩色
銅版
「ビュフォンの博物誌」工作舎　1991
◇I185（カラー）『一般と個別の博物誌 ソンニー
ニ版』
「グールドの鳥類図譜」講談社　1982
◇p147（カラー）　1873

クロヅル
「世界大博物図鑑 別巻1」平凡社　1993
◇p49（カラー）　ビュフォン, G.L.L., Comte de
『一般と個別の博物誌（ソンニーニ版）』　1799〜
1808　銅版 カラー印刷

クロセイタカシギ　Himantopus
novaezelandiae
「世界大博物図鑑 別巻1」平凡社　1993
◇p172（カラー）　ブラー, W.L.著、キューレマン
ス, J.G.図『ニュージーランド鳥類誌第2版』
1887〜88　手彩色石版図
◇p173（カラー）　デュモン・デュルヴィル, J.S.C.
『アストロラブ, ゼレー号南極・大洋州航海記』
1841〜54

クロタイヨウチョウ　Nectarinia aspasia
「ジョン・グールド 世界の鳥」同朋舎出版　1994
◇398図（カラー）　亜種.オス、メス　ハート, ウィ
リアム画『ニューギニアの鳥類』　1875〜88

クロチュウヒ　Circus maurus
「世界大博物図鑑 4」平凡社　1987
◇p98（カラー）　アフリカ産のメス　テミンク, C.
J.著、プレートル, J.G.原図『新編彩色鳥類図譜』
1820〜39　手彩色銅版画

クロツキヒメハエトリ　Sayornis nigricans
「世界大博物図鑑 4」平凡社　1987
◇p290（カラー）　オーデュボン, J.J.L.『アメリカ
の鳥類』　1840〜44　手彩色石版図

クロツグミ　Turdus cardis
「江戸博物文庫 鳥の巻」工作舎　2017
◇p67（カラー）　黒鶫　牧野貞幹『鳥類写生図』

398　博物図譜レファレンス事典 動物篇

鳥　　　　　　　　　　　　　　　　　　　　くろは

1810頃　［国立国会図書館］
「江戸鳥類大図鑑」平凡社　2006
　◇p566（カラー）　黒つぐみ　雄　オス　堀田正敦
　『禽譜』　［宮城県図書館伊達文庫］
　◇p566（カラー）　黒つぐみ　雌　メス　堀田正敦
　『禽譜』　［宮城県図書館伊達文庫］
　◇p566（カラー）　黒しなひ　オス　堀田正敦『禽
　譜』　［宮城県図書館伊達文庫］
「世界大博物図鑑　4」平凡社　1987
　◇p319（カラー）　テミンク，C.J.著，ユエ，N.原図
　『新編彩色鳥類図譜』　1820〜39　手彩色銅版画

クロツグミ
「高松松平家所蔵 衆禽画譜 水禽・野鳥」香川県
　歴史博物館友の会博物図譜刊行会　2005
　◇p89（カラー）　松平頼恭『衆禽画譜 野鳥帖』　江
　戸時代　紙本著色 画帖装（折本形式）　33.0×48.
　3　［個人蔵］

クロツラヘラサギ　Platalea minor
「世界大博物図鑑　別巻1」平凡社　1993
　◇p56（カラー）　シーボルト，P.F.von『日本動物
　誌』　1833〜50　手彩色石版

クロツラヘラサギ　Platalea minor Temminck
& Schlegel
「高木春山 本草図説 動物」リブロポート　1989
　◇p63（カラー）　漫画頭 大サヲ図ノ如シ

クロトウゾクカモメ　Stercorarius parasiticus
「グールドの鳥類図譜」講談社　1982
　◇p228（カラー）　暗色型成鳥, 淡色型成鳥, 雛
　1865

クロトキ　Threskiornis aethiopicus
「江戸鳥類大図鑑」平凡社　2006
　◇p56（カラー）　くろとき『鳥類之図』　［山階鳥
　研究所］

クロトキ　Threskiornis melanocephalus
「江戸博物文庫 鳥の巻」工作舎　2017
　◇p89（カラー）　黒朱鷺『水禽譜』　1830頃　［国
　立国会図書館］
「世界大博物図鑑　別巻1」平凡社　1993
　◇p53（カラー）　『エジンバラ博物学雑誌』　1835〜
　40　手彩色銅版
「世界大博物図鑑　4」平凡社　1987
　◇p55（カラー）　テミンク，C.J.著，ユエ，N.原図
　『新編彩色鳥類図譜』　1820〜39　手彩色銅版画

クロトキ
「彩色 江戸博物学集成」平凡社　1994
　◇p435（カラー）　幼鳥　松森胤保『遊覧記』　慶応
　1（1865）　［松森家］

クロノドアオジ　Emberiza cirlus
「ビュフォンの博物誌」工作舎　1991
　◇I121（カラー）『一般と個別の博物誌 ソンニー
　二版』
「グールドの鳥類図譜」講談社　1982
　◇p109（カラー）　オス, メス　1866

クロハゲワシ　Aegypius monachus
「江戸鳥類大図鑑」平凡社　2006
　◇p655（カラー）　早鵰 くろわし　幼鳥　堀田正敦
　『禽譜』　［宮城県図書館伊達文庫］
「ジョン・グールド 世界の鳥」同朋舎出版　1994
　◇13図（カラー）　リア, エドワード画『ヨーロッパ
　の鳥類』　1832〜37
「世界大博物図鑑　別巻1」平凡社　1993
　◇p80（カラー）　バラバン, J.原図, ナポレオン
　『エジプト誌』　1809〜30
　◇p81（カラー）　やや若い個体か　マルティネ, F.
　N.『鳥類誌』　1787〜96　手彩色銅版
「世界大博物図鑑　4」平凡社　1987
　◇p74（カラー）　頭部　グレー, J.E.著, ホーキン
　ズ, ウォーターハウス石版『インド動物図譜』
　1830〜34

クロハサミアジサシ　Rynchops niger
「ビュフォンの博物誌」工作舎　1991
　◇I226（カラー）『一般と個別の博物誌 ソンニー
　二版』
「世界大博物図鑑　4」平凡社　1987
　◇p187（カラー）　ドルビニ, A.D.著, トラヴィエ
　原図『万有博物事典』　1837

クロハヤブサ　Falco subniger
「ビュフォンの博物誌」工作舎　1991
　◇I020（カラー）『一般と個別の博物誌 ソンニー
　二版』

クロハラアジサシ　Chlidonias hybrida
「グールドの鳥類図譜」講談社　1982
　◇p226（カラー）　夏羽成鳥, 幼鳥　1868

クロハラウミツバメ　Fregetta tropica
「ジョン・グールド 世界の鳥」同朋舎出版　1994
　◇171図（カラー）　リヒター, ヘンリー・コンスタ
　ンチン画『オーストラリアの鳥類』　1840〜48

クロハラシマヤイロチョウ　Pitta gurneyi
「ジョン・グールド 世界の鳥」同朋舎出版　1994
　◇286図（カラー）　オス, メス　リヒター, ヘン
　リー・コンスタンチン画『アジアの鳥類』　1849
　〜83
「世界大博物図鑑　別巻1」平凡社　1993
　◇p317（カラー）　オスの成鳥　グールド, J.『アジ
　ア鳥類図譜』　1850〜83　手彩色石版

クロハラトキ　Threskiornis caudatus
「ビュフォンの博物誌」工作舎　1991
　◇I204（カラー）『一般と個別の博物誌 ソンニー
　二版』

クロハラトゲオハチドリ　Popelairia
langsdorffi
「世界大博物図鑑　4」平凡社　1987
　◇p243（カラー）　プレヴォー, F.著, ポーケ原図
　『熱帯鳥類図譜』　［1879］　手彩色銅版画

クロハワイミツスイ　Drepanis funerea
「世界大博物図鑑　別巻1」平凡社　1993
　◇p385（カラー）　ウィルソン, S.B., エヴァンズ,

博物図譜レファレンス事典 動物篇　**399**

くろひ　　　　　　鳥

A.H.著, フロホーク, F.W.原図『ハワイ鳥類学』
1890〜99

クロヒゲバト　Starnoenas cyanocephala
「世界大博物図鑑 別巻1」平凡社　1993
　◇p186（カラー）　クニップ夫人『ハト図譜』
　1808〜11　手彩色銅版

クロヒゲミソサザイ　Thryothorus coraya
「ビュフォンの博物誌」工作舎　1991
　◇I129（カラー）『一般と個別の博物誌 ソンニー
　二版』

クロビタイイロオインコ　Touit huetii
「世界大博物図鑑 4」平凡社　1987
　◇p207（カラー）　テミンク, C.J.著, ユエ, N.原図
　『新編彩色鳥類図譜』 1820〜39　手彩色銅版画

クロビタイサケイ　Pterocles lichtensteinii
「世界大博物図鑑 4」平凡社　1987
　◇p194（カラー）　オス, メス　テミンク, C.J.著,
　プレートル, J.G.原図『新編彩色鳥類図譜』
　1820〜39　手彩色銅版画

クロヒヨドリ　Hypsipetes madagascariensis
「江戸鳥類大図鑑」平凡社　2006
　◇p560（カラー）　嶋ひよどり　堀田正敦『禽譜』
　［宮城県図書館伊達文庫］
「舶来鳥獣図誌」八坂書房　1992
　◇p56（カラー）　嶋鵆　シマヒヨドリ型『唐蘭船持
　渡鳥獣之図』 嘉永2（1849）渡来　［慶應義塾図
　書館］
　◇p56（カラー）　嶋鵆　クロヒヨドリ型『唐蘭船持
　渡鳥獣之図』 嘉永3（1850）渡来　［慶應義塾図
　書館］

クロフイリコチュウハシ　Selenidera gouldii
「ジョン・グールド 世界の鳥」同朋舎出版　1994
　◇68図（カラー）　リヒター, ヘンリー・コンスタン
　チン画『オオハシ科の研究 再版』 1852〜54

クロボシゴシキドリ　Capito niger
「フウチョウの自然誌 博物画の至宝」平凡社
1994
　◇II-No.23（カラー）　Le Barbu de la Guyane
　mâle　メス　ルヴァイヤン, F.著, バラバン, J.
　原図 1806
　◇II-No.24（カラー）　Le Barbu de la Guyane
　femelle　オス　ルヴァイヤン, F.著, バラバン,
　J.原図 1806
　◇II-No.25（カラー）　Le Barbu de la Guyane,
　première variété　メス　ルヴァイヤン, F.著, バ
　ラバン, J.原図 1806
　◇II-No.26（カラー）　Le Barbu de la Guyane,
　seconde variété　ルヴァイヤン, F.著, バラバン,
　J.原図 1806
　◇II-No.27（カラー）　Le Barbu orangé du Pérou
　ルヴァイヤン, F.著, バラバン, J.原図 1806

クロミズナギドリ　Procellaria parkinsoni
「世界大博物図鑑 別巻1」平凡社　1993
　◇p37（カラー）　シャープ, R.B.ほか『大英博物館
　鳥類目録』 1874〜98　手彩色クロモリトグラフ

クロモズガラス　Cracticus quoyi
「世界大博物図鑑 4」平凡社　1987
　◇p375（カラー）　グールド, J.『ニューギニア鳥類
　図譜』 1875〜88　手彩色石版

クロモモワタアシハチドリ　Eriocnemis
derbyi
「世界大博物図鑑 別巻1」平凡社　1993
　◇p277（カラー）　グールド, J.『ハチドリ科鳥類図
　譜』 1849〜61　手彩色石版

クロライチョウ　Lyrurus tetrix
「グールドの鳥類図譜」講談社　1982
　◇p142（カラー）　オス, メス 1871

クロライチョウ　Tetrao tetrix
「ジョン・グールド 世界の鳥」同朋舎出版　1994
　◇354図（カラー）　メス, オス　ヴォルフ, ヨゼフ,
　リヒター, ヘンリー・コンスタンチン画『イギリ
　スの鳥類』 1862〜73
「ビュフォンの博物誌」工作舎　1991
　◇I040（カラー）　メス, オス『一般と個別の博物誌
　ソンニー二版』
「世界大博物図鑑 4」平凡社　1987
　◇p110（カラー）　ドノヴァン, E.『英国鳥類誌』
　1794〜1819

クロワシミミズク　Bubo lacteus
「世界大博物図鑑 4」平凡社　1987
　◇p227（カラー）　テミンク, C.J.著, ユエ, N.原図
　『新編彩色鳥類図譜』 1820〜39　手彩色銅版画

グンカンドリ
「すごい博物画」グラフィック社　2017
　◇図23（カラー）　オーデュボン, ジョン・ジェーム
　ズ『アメリカの鳥類』 1827〜38　手彩色のアク
　アチント

【け】

ケアシノスリ　Buteo lagopus
「ビュフォンの博物誌」工作舎　1991
　◇I016（カラー）『一般と個別の博物誌 ソンニー
　二版』
「グールドの鳥類図譜」講談社　1982
　◇p36（カラー）　暗色型の成鳥 1864

ケイマフリ　Cepphus carbo
「江戸鳥類大図鑑」平凡社　2006
　◇p185（カラー）　うかも　夏羽　堀田正敦『禽譜』
　［宮城県図書館伊達文庫］
　◇p225（カラー）　しちり　夏羽　堀田正敦『禽譜』
　［宮城県図書館伊達文庫］

ケツァール　Pharomachrus mocinno
「世界大博物図鑑 別巻1」平凡社　1993
　◇p280（カラー）　ウィルソン, J.『新奇動物学図
　譜』 1828〜31
　◇p280（カラー）　グールド, J.『キヌバネドリ科鳥
　類図譜第2版』 1858〜75

鳥　　　　　　　　　　　　　　　　　　こいか

ケツァール
⇒カザリキヌバネドリ＝ケツァールを見よ

ケツァール（カザリキヌバネドリ）
Pharomachrus mocinno
「世界大博物図鑑 4」平凡社　1987
◇p243（カラー）　ドルビニ、A.D.著、トラヴィエ
原図『万有博物事典』1837

ケバネウズラ　Ophrysia superciliosa
「世界大博物図鑑 別巻1」平凡社　1993
◇p120（カラー）　グレイ、J.E.著、リア、E.原図
『ノーズレー・ホール鳥類飼育園拾遺録』1846
手彩色石版

ケビタイオタテドリ　Merulaxis ater
「世界大博物図鑑 4」平凡社　1987
◇p286（カラー）　レッソン、R.P.『動物百図』
1830〜32

ケープハゲワシ　Gyps coprotheres
「世界大博物図鑑 別巻1」平凡社　1993
◇p80（カラー）　ルヴァイヤン、F.著、ラインホル
ト（ライノルト）原図、ラングロワ、オードベール
刷『アフリカ鳥類史』1796〜1808

ケープペンギン　Spheniscus demersus
「世界大博物図鑑 別巻1」平凡社　1993
◇p29（カラー）　エドワーズ、G.『博物学選集』
1776　手彩色銅版
◇p29（カラー）　マルティネ、F.N.『鳥類誌』
1787〜96　手彩色銅版
「ビュフォンの博物誌」工作舎　1991
◇I238（カラー）『一般と個別の博物誌 ソンニー
ニ版』
「世界大博物図鑑 4」平凡社　1987
◇p26（カラー）　キュヴィエ、G.L.C.F.D.『動物
界』1836〜49　手彩色銅版

ケーマンアメリカムシクイ　Dendroica
vitellina
「世界大博物図鑑 別巻1」平凡社　1993
◇p373（カラー）『アイビス』1859〜　［山階鳥類
研究所］

ケリ　Vanellus cinereus
「江戸博物文庫 鳥の巻」工作舎　2017
◇p106（カラー）　鳧　屋代弘賢『不忍禽譜』
1833頃　［国立国会図書館］
「江戸鳥類大図鑑」平凡社　2006
◇p86（カラー）　けり　屋代弘賢、栗本丹洲『不忍
禽譜』天保4（1833）？　［国会図書館］

ケワタガモ　Somateria spectabilis
「世界大博物図鑑 4」平凡社　1987
◇p67（カラー）　キュヴィエ、G.L.C.F.D.『動物
界』1836〜49　手彩色銅版
「グールドの鳥類図譜」講談社　1982
◇p201（カラー）　オス、メス　1870

【こ】

コアカゲラ　Dendrocopos minor
「グールドの鳥類図譜」講談社　1982
◇p135（カラー）　雌、親鳥雌雄　1863

コアカゲラ？　　Dendrocopos minor ?
「江戸鳥類大図鑑」平凡社　2006
◇p490（カラー）　小けら　オス　堀田正敦『禽譜』
［宮城県図書館伊達文庫］

コアジサシ　Sterna albifrons
「江戸博物文庫 鳥の巻」工作舎　2017
◇p12（カラー）　小鯵刺　河野通明写『奇鳥生写
図』1807　［国立国会図書館］
「江戸鳥類大図鑑」平凡社　2006
◇p205（カラー）　建華鴨　幼鳥　堀田正敦『禽譜』
［宮城県図書館伊達文庫］
◇p206（カラー）　小あぢさし　雄　堀田正敦『禽
譜』　［宮城県図書館伊達文庫］
◇p206（カラー）　小あぢさし　雌　幼鳥　堀田正敦
『禽譜』　［宮城県図書館伊達文庫］
「ジョン・グールド 世界の鳥」同朋舎出版　1994
◇378図（カラー）　成鳥、雛　リヒター、ヘンリー・
コンスタンチン画『イギリスの鳥類』1862〜73
「世界大博物図鑑 別巻1」平凡社　1993
◇p176（カラー）　北アフリカ産の個体　ナポレオ
ン『エジプト誌』1809〜30
「世界大博物図鑑 4」平凡社　1987
◇p187（カラー）　ドノヴァン、E.『英国鳥類誌』
1794〜1819
「グールドの鳥類図譜」講談社　1982
◇p224（カラー）　雛、親鳥　1865

コアジサシ
「江戸時代に描かれた鳥たち」ソフトバンク ク
リエイティブ　2012
◇p116（カラー）　小アジサイ　配色など不正確
毛利梅園『梅園禽譜』　天保10（1849）序

コアハワイマシコ　Rhodacanthis palmeri
「世界大博物図鑑 別巻1」平凡社　1993
◇p376（カラー）　ウィルソン、S.B.、エヴァンズ、
A.H.著、フロホーク、F.W.原図『ハワイ鳥類学』
1890〜99

コアホウドリ　Diomedea immutabilis
「世界大博物図鑑 別巻1」平凡社　1993
◇p33（カラー）　ロスチャイルド、L.W.『レイサン
島の鳥類誌』1893〜1900　石版画

コアホウドリ？　　Diomedea immutabilis ?
「江戸鳥類大図鑑」平凡社　2006
◇p202（カラー）　うみかもめ　一種　堀田正敦『禽
譜』　［宮城県図書館伊達文庫］

コイカル　Eophona migratoria
「江戸鳥類大図鑑」平凡社　2006
◇p542（カラー）　しめ　蠟嘴　舶来　メス　堀田正
敦『禽譜』　［宮城県図書館伊達文庫］

博物図譜レファレンス事典 動物篇　**401**

こいか   鳥

「舶来鳥獣図誌」八坂書房　1992
　◇p100（カラー）　蠟嘴鳥　メス『外国産鳥之図』
　享保20（1735）渡来　［国立国会図書館］

コイカル　Eophona personata
「江戸鳥類大図鑑」平凡社　2006
　◇p541（カラー）　嶋いかる　雌雄　メス，オス　堀
　田正敦『禽譜』　［宮城県図書館伊達文庫］

コイカル
「江戸時代に描かれた鳥たち」ソフトバンク ク
リエイティブ　2012
　◇p49（カラー）　蠟觜鳥『外国産鳥之図』　成立年
　不明

ごいさぎ
「鳥の手帖」小学館　1990
　◇p61（カラー）　五位鷺　毛利梅園『梅園禽譜』
　天保10（1839）序　［国立国会図書館］

ゴイサギ　Nycticorax nycticorax
「江戸博物文庫 鳥の巻」工作舎　2017
　◇p91（カラー）　五位鷺『水禽譜』　1830頃　［国
　立国会図書館］
「ビュフォンの博物誌」工作舎　1991
　◇I193（カラー）『一般と個別の博物誌 ソンニー
　二版』
「鳥獣虫魚譜」八坂書房　1988
　◇p40（カラー）　背黒五位　松森胤保『両羽禽類図
　譜』　［酒田市立光丘文庫］
「グールドの鳥類図譜」講談社　1982
　◇p152（カラー）　夏羽成鳥，幼鳥　1870

ゴイサギ　Nycticorax nycticorax Linnaeus
「高木春山 本草図説 動物」リブロポート　1989
　◇p29（カラー）

ゴイサギ
「江戸時代に描かれた鳥たち」ソフトバンク ク
リエイティブ　2012
　◇p110（カラー）　五位鷺　毛利梅園『梅園禽譜』
　天保10（1849）序

コウウチョウの1種　Molothrus sp. ?
「ビュフォンの博物誌」工作舎　1991
　◇I097（カラー）『一般と個別の博物誌 ソンニー
　二版』

コウカンチョウ　Paroaria coronata
「世界大博物図鑑 別巻1」平凡社　1993
　◇p372（カラー）　ショー, G.『博物学者雑録宝典』
　1789～1813
「ビュフォンの博物誌」工作舎　1991
　◇I107（カラー）『一般と個別の博物誌 ソンニー
　二版』

コウギョクチョウ　Lagonosticta senegala
「ビュフォンの博物誌」工作舎　1991
　◇I109（カラー）『一般と個別の博物誌 ソンニー
　二版』

コウテンシ　Melanocorypha mongolica
「江戸博物文庫 鳥の巻」工作舎　2017

　◇p5（カラー）　告天子『外国産鳥之図』　1740頃
　［国立国会図書館］
「江戸鳥類大図鑑」平凡社　2006
　◇p711（カラー）　百霊鳥　堀田正敦『禽譜』
　［宮城県図書館伊達文庫］
「舶来鳥獣図誌」八坂書房　1992
　◇p95（カラー）　百霊鳥『外国産鳥之図』　文化5
　（1808）渡来　［国立国会図書館］

コウテンシ
「江戸時代に描かれた鳥たち」ソフトバンク ク
リエイティブ　2012
　◇p47（カラー）　百霊鳥『外国産鳥之図』　成立年
　不明

コウノトリ　Ciconia boyciana
「江戸博物文庫 鳥の巻」工作舎　2017
　◇p139（カラー）　鶴　服部雪斎『華鳥譜』　1862
　［国立国会図書館］

コウノトリ　Ciconia ciconia
「江戸鳥類大図鑑」平凡社　2006
　◇p49（カラー）　こふ『鳥類之図』　［山階鳥類研
　究所］
「世界大博物図鑑 別巻1」平凡社　1993
　◇p48（カラー）　シュバシコウ　シンツ, H.R.『鳥
　類分類学』　1846～53　石版図
「世界大博物図鑑 4」平凡社　1987
　◇p50（カラー）　キュヴィエ, G.L.C.F.D.『動物
　界』　1836～49　手彩色銅版
「グールドの鳥類図譜」講談社　1982
　◇p155（カラー）　ヨーロッパ中部以西、イラン以
　西の近東、アフリカ北部および南部に繁殖する亜
　種C.c.ciconia（シュバシコウ）.雛、親鳥　1871

コウハシショウビン　Pelargopsis capensis
「ビュフォンの博物誌」工作舎　1991
　◇I183（カラー）『一般と個別の博物誌 ソンニー
　二版』

コウハシショウビン　Pelargopsis
　　　　　　　　　　　（Halcyon) capensis
「江戸鳥類大図鑑」平凡社　2006
　◇p215（カラー）　翡翠　堀田正敦『禽譜』　［宮
　城県図書館伊達文庫］

コウハシショウビン
「彩色 江戸博物学集成」平凡社　1994
　◇p111（カラー）　小野蘭山『諸禽譜』　［東洋文
　庫］

コウミスズメ　Aethia pusilla
「江戸鳥類大図鑑」平凡社　2006
　◇p196（カラー）　海すゞめの一種　堀田正敦『禽
　譜』　［宮城県図書館伊達文庫］

コウヨウジャク　Ploceus manyar
「江戸鳥類大図鑑」平凡社　2006
　◇p703（カラー）　ピイニス　オス夏羽　堀田正敦
　『禽譜』　［宮城県図書館伊達文庫］
　◇p703（カラー）　ピイニス一種　オス　堀田正敦
　『禽譜』　［宮城県図書館伊達文庫］
「舶来鳥獣図誌」八坂書房　1992

鳥　　　　　　　　　　　　　　　　　　　　　　こかも

◇p103（カラー）　ピイニス　オス『外国産鳥之図』
　　［国立国会図書館］

コウヨウジャク
「江戸時代に描かれた鳥たち」ソフトバンク ク
　リエイティブ　2012
◇p59（カラー）　ピイニス『外国産鳥之図』　成立
　　年不明

コウライアイサ　Mergus squamatus
「江戸鳥類大図鑑」平凡社　2006
◇p141（カラー）　どうながあいさ　メス若鳥　堀
　　田正敦『禽譜』　［宮城県図書館伊達文庫］

コウライアイサ
「彩色 江戸博物学集成」平凡社　1994
◇p179（カラー）　どうながあいさ　堀田正敦『大
　　禽譜 水禽（中）』　［宮城県図書館］

コウライウグイス　Oriolus chinensis
「江戸鳥類大図鑑」平凡社　2006
◇p448（カラー）　黄鳥　オス　堀田正敦『禽譜』
　　［宮城県図書館伊達文庫］
◇p449（カラー）　黄鳥 黄鸝　オス　堀田正敦『禽
　　譜』　［宮城県図書館伊達文庫］
「舶来鳥類図誌」八坂書房　1992
◇p10（カラー）　黄鳥『唐蘭船持渡鳥獣之図』
　　［慶應義塾図書館］
◇p36（カラー）　黄鳥『唐蘭船持渡鳥獣之図』　文
　　政元（1818）渡来　［慶應義塾図書館］
◇p55（カラー）　黄鳥　若鳥『唐蘭船持渡鳥獣之
　　図』　嘉永3（1850）渡来　［慶應義塾図書館］
◇p104（カラー）　ヘルベルテール　幼鳥『外国産
　　鳥之図』　［国立国会図書館］
「ビュフォンの博物誌」工作舎　1991
◇I089（カラー）『一般と個別の博物誌 ソンニー
　　ニ版』

コウライウグイス
「江戸時代に描かれた鳥たち」ソフトバンク ク
　リエイティブ　2012
◇p58（カラー）　黄鳥　増山正賢（雪斎）『百鳥図』
　　寛政12（1800）頃

コウライキジ　Phasianus colchicus
「江戸鳥類大図鑑」平凡社　2006
◇p252（カラー）　朝鮮きじ　雌雄 高麗きじ　堀田
　　正敦『禽譜』　［宮城県図書館伊達文庫］
◇p253（カラー）　五色雉子　雌　堀田正敦『禽譜』
　　［宮城県図書館伊達文庫］

コウライキジ
「江戸時代に描かれた鳥たち」ソフトバンク ク
　リエイティブ　2012
◇p66（カラー）　野雄/高麗雄　毛利梅園『梅園禽
　　譜』　天保10（1849）序

コウライキジ？　　Phasianus colchicus？
「江戸鳥類大図鑑」平凡社　2006
◇p253（カラー）　五色雉子　雄 一名朝鮮雉子　堀
　　田正敦『禽譜』　［宮城県図書館伊達文庫］

コウライシマエナガ　Aegithalos caudatus
　caudatus
「フランスの美しい鳥の絵図鑑」グラフィック社
　2014
◇p123（カラー）　エチェコバル, ロベール＝ダニ
　　エル著, バリュエル, ポール画

コウラウン　Pycnonotus jocosus
「江戸鳥類大図鑑」平凡社　2006
◇p704（カラー）　紅羅雲　堀田正敦『禽譜』
　　［宮城県図書館伊達文庫］
◇p705（カラー）　紅羅雲　堀田正敦『禽譜』
　　［宮城県図書館伊達文庫］
「舶来鳥獣図誌」八坂書房　1992
◇p47（カラー）　類違碧鳥『唐蘭船持渡鳥獣之図』
　　文政12（1829）渡来　［慶應義塾図書館］
「ビュフォンの博物誌」工作舎　1991
◇I092（カラー）『一般と個別の博物誌 ソンニー
　　ニ版』

コウラウン
「江戸時代に描かれた鳥たち」ソフトバンク ク
　リエイティブ　2012
◇p52（カラー）　類違碧鳥『外国珍禽異鳥図』　江
　　戸末期

コウロコフウチョウ　Ptiloris victoriae
「ジョン・グールド 世界の鳥」同朋舎出版　1994
◇179図（カラー）　リヒター, ヘンリー・コンスタ
　　ンチン画『オーストラリアの鳥類 補遺』　1851〜
　　69

コオバシギ　Calidris canutus
「ビュフォンの博物誌」工作舎　1991
◇I199（カラー）『一般と個別の博物誌 ソンニー
　　ニ版』
「グールドの鳥類図譜」講談社　1982
◇p172（カラー）　幼鳥, オス夏羽, メス成鳥冬羽
　　1873

コオリガモ　Clangula hyemalis
「江戸鳥類大図鑑」平凡社　2006
◇p155（カラー）　しまあぢ　メス冬羽　堀田正敦
　　『禽譜』　［宮城県図書館伊達文庫］
「世界大博物図鑑 4」平凡社　1987
◇p66（カラー）　ドノヴァン, E.『英国鳥類誌』
　　1794〜1819
「グールドの鳥類図譜」講談社　1982
◇p204（カラー）　冬羽オス, 夏羽オス, 夏羽メス
　　1870

コガタペンギン
「紙の上の動物園」グラフィック社　2017
◇p155（カラー）　バラー, ウォルター・ローリー
　　『ニュージーランドの鳥の本』　1872〜73？

コカモ
「高松松平家所蔵 衆禽画譜 水禽・野鳥」香川県
　歴史博物館友の会博物図譜刊行会　2005
◇p36（カラー）　松平頼恭『衆禽画譜 水禽帖』　江
　　戸時代　紙本著色 画帖装（折本形式）　38.1×48.
　　7　［個人蔵］

博物図譜レファレンス事典 動物篇　**403**

こかも　　　　　　　　　　　鳥

コガモ　Anas crecca
「江戸鳥類大図鑑」平凡社　2006
◇p151（カラー）　小鴨 たかべ オス　堀田正敦
『禽譜』　［宮城県図書館伊達文庫］
◇p151（カラー）　小鴨 雌 メス　堀田正敦『禽
譜』　［宮城県図書館伊達文庫］
◇p152（カラー）　小鴨 雄 オス　堀田正敦『禽
譜』　［宮城県図書館伊達文庫］
◇p152（カラー）　小鴨 雌 メス　堀田正敦『禽
譜』　［宮城県図書館伊達文庫］
「ジョン・グールド 世界の鳥」同朋舎出版　1994
◇368図（カラー）　オス, 雛, めす　リヒター, ヘン
リー・コンスタンチン画『イギリスの鳥類』
1862〜73
「世界大博物図鑑 別巻1」平凡社　1993
◇p69（カラー）　メス, オス『鳥類図譜』　※
「鳥類図鑑」（1926凡例）と「鳥類写生図譜」（1927
〜38）を合わせた本
「世界大博物図鑑 4」平凡社　1987
◇p63（カラー）　キュヴィエ, G.L.C.F.D.『動物
界』　1836〜49　手彩色銅版
「グールドの鳥類図譜」講談社　1982
◇p195（カラー）　オス, メス, 雛 1865

コガモ？　Anas crecca？
「江戸鳥類大図鑑」平凡社　2006
◇p152（カラー）　しろこがも 部分白化個体　堀
田正敦『禽譜』　［宮城県図書館伊達文庫］

こがら
「鳥の手帖」小学館　1990
◇p45（カラー）　小雀 図はひがら　毛利梅園『梅
園禽譜』　天保10（1839）序　［国立国会図書館］

コガラ　Parus montanus
「江戸博物文庫 鳥の巻」工作舎　2017
◇p35（カラー）　小雀 増山正賢『百鳥図』 1800
頃　［国立国会図書館］
「江戸鳥類大図鑑」平凡社　2006
◇p532（カラー）　小がら　堀田正敦『禽譜』
［宮城県図書館伊達文庫］
◇p535（カラー）　五十から　堀田正敦『禽譜』
［宮城県図書館伊達文庫］

コガラ　Poecile montanus
「フランスの美しい鳥の絵図鑑」グラフィック社
2014
◇p161（カラー）　エチェコパル, ロベール＝ダニ
エル著, バリュエル, ポール画

コガラ
「江戸時代に描かれた鳥たち」ソフトバンク ク
リエイティブ　2012
◇p98（カラー）　小陵鳥 毛利梅園『梅園禽譜』
天保10（1849）序

コガラ？　Parus montanus？
「江戸鳥類大図鑑」平凡社　2006
◇p533（カラー）　ひがら　堀田正敦『禽譜』
［宮城県図書館伊達文庫］

コキジバト　Streptopelia turtur
「世界大博物図鑑 別巻1」平凡社　1993
◇p187（カラー）　クニップ夫人『ハト図譜』
1808〜11　手彩色銅版
「ビュフォンの博物誌」工作舎　1991
◇I067（カラー）『一般と個別の博物誌 ソンニー
ニ版』
「世界大博物図鑑 4」平凡社　1987
◇p199（カラー）　ビュフォン, G.L.L., Comte de,
トラヴィエ, E.原図『博物誌』 1853〜57　手彩
色銅版画
「グールドの鳥類図譜」講談社　1982
◇p141（カラー）　オス, メス 1870

コキンチョウ　Chloebia gouldiae
「世界大博物図鑑 4」平凡社　1987
◇p366（カラー）　いくつかの地域亜種　マシュー
ズ, G.M.著, グリュンボルト, H.原図『オースト
ラリアの鳥類』 1910〜28　手彩色石版

コキンチョウ　Chloebia (Erythrura) gouldiae
「ジョン・グールド 世界の鳥」同朋舎出版　1994
◇127図（カラー）　成鳥, 若鳥　リヒター, ヘン
リー・コンスタンチン画『オーストラリアの鳥
類』 1840〜48

コキンメフクロウ　Athene noctua
「ジョン・グールド 世界の鳥」同朋舎出版　1994
◇322図（カラー）　成鳥, 幼鳥　ウォルフ, ヨゼフ,
リヒター, ヘンリー・コンスタンチン画『イギリ
スの鳥類』 1862〜73
「世界大博物図鑑 別巻1」平凡社　1993
◇p252（カラー）　エドワーズ, G.『博物学選集』
1776　手彩色銅版
「世界大博物図鑑 4」平凡社　1987
◇p223（カラー）　ドノヴァン, E.『英国鳥類誌』
1794〜1819
「グールドの鳥類図譜」講談社　1982
◇p53（カラー）　雛, 親鳥 1867

コクイナ　Porzana parva
「グールドの鳥類図譜」講談社　1982
◇p185（カラー）　オス成鳥, メス成鳥 1864

コクガン　Branta bernicla
「江戸鳥類大図鑑」平凡社　2006
◇p120（カラー）　にゐがたがん うみがん　堀田正
敦『禽譜』　［宮城県図書館伊達文庫］
「世界大博物図鑑 別巻1」平凡社　1993
◇p73（カラー）　ヘイズ, W.『イギリス鳥類図譜』
1771〜75　手彩色銅版
「グールドの鳥類図譜」講談社　1982
◇p191（カラー）　暗色型成鳥 1870

コクガン　Branta sandvicensis
「ビュフォンの博物誌」工作舎　1991
◇I231（カラー）『一般と個別の博物誌 ソンニー
ニ版』

コクカンチョウ　Gubernatrix cristata
「世界大博物図鑑 別巻1」平凡社　1993
◇p372（カラー）　オス, メス　テミンク, C.J., ロ

404　博物図譜レファレンス事典 動物篇

鳥　　　　　　　　　　　　　　　　　　こしあ

ジェ・ド・シャルトルース, M.著『新編彩色鳥類図譜』 1820〜39　手彩色銅板画

コクジャク　Polyplectron bicalcaratum
「ビュフォンの博物誌」工作舎　1991
　◇I047（カラー）『一般と個別の博物誌 ソンニー版』
「世界大博物図鑑 4」平凡社　1987
　◇p142（カラー）　オス　グレー, J.E.著, ホーキンズ, ウォーターハウス石版『インド動物図譜』 1830〜34

コクチョウ　Cygnus atratus
「ジョン・グールド 世界の鳥」同朋舎出版　1994
　◇164図（カラー）　リヒター, ヘンリー・コンスタンチン画『オーストラリアの鳥類』 1840〜48

コクチョウ
「紙の上の動物園」グラフィック社　2017
　◇p139（カラー）　グールド, ジョン『オーストラリアの鳥』 1848〜69

コクホウジャク　Euplectes progne
「世界大博物図鑑 4」平凡社　1987
　◇p367（カラー）　プレヴォー, F.著, ポーケ原図『熱帯鳥類図誌』 [1879]　手彩色銅版

コクマルガラス　Corvus dauuricus
「江戸博物文庫 鳥の巻」工作舎　2017
　◇p13（カラー）　黒丸鴉　河野通明写『奇鳥生写図』 1807　[国立国会図書館]
「江戸鳥類大図鑑」平凡社　2006
　◇p395（カラー）　こくまるがらす 肥前がらす　中間型　堀田正敦『禽譜』　[宮城県図書館伊達文庫]
　◇p395（カラー）　こくまるがらす 肥前がらす　淡色型　堀田正敦『禽譜』　[宮城県図書館伊達文庫]
　◇p396（カラー）　こくまるがらす　堀田正敦『禽譜』　[宮城県図書館伊達文庫]

コクマルガラス　Corvus monedula
「ビュフォンの博物誌」工作舎　1991
　◇I074（カラー）『一般と個別の博物誌 ソンニー版』
「グールドの鳥類図譜」講談社　1982
　◇p129（カラー）　つがいの2羽 1866

ゴクラクインコ　Psephotus pulcherrimus
「ジョン・グールド 世界の鳥」同朋舎出版　1994
　◇148図（カラー）　リヒター, ヘンリー・コンスタンチン画『オーストラリアの鳥類』 1840〜48

コゲラ　Dendrocopos kizuki
「江戸博物文庫 鳥の巻」工作舎　2017
　◇p54（カラー）　小啄木鳥　増山正賢『百鳥図』 1800頃　[国立国会図書館]
「江戸鳥類大図鑑」平凡社　2006
　◇p490（カラー）　小てらつゝき　堀田正敦『禽譜』　[宮城県図書館伊達文庫]

コゲラ木啄
「高松松平家所蔵 衆禽画譜 水禽・野鳥」香川県

歴史博物館友の会博物図譜刊行会　2005
　◇p81（カラー）　松平頼恭『衆禽画譜 野鳥帖』 江戸時代　紙本着色 画帖装（折本形式）　33.0×48.3　[個人蔵]

コケワタガモ　Polysticta stelleri
「グールドの鳥類図譜」講談社　1982
　◇p200（カラー）　オス, メス 1863

ココノエインコ　Platycercus icterotis
「世界大博物図鑑 別巻1」平凡社　1993
　◇p225（カラー）　シャープ, R.B.ほか『大英博物館鳥類目録』 1874〜98　手彩色クロモリトグラフ

コサギ　Egretta garzetta
「江戸鳥類大図鑑」平凡社　2006
　◇p58（カラー）　小鷺　夏羽『鳥類之図』　[山階鳥類研究所]
「ビュフォンの博物誌」工作舎　1991
　◇I188（カラー）『一般と個別の博物誌 ソンニー版』
「世界大博物図鑑 4」平凡社　1987
　◇p46（カラー）　ドノヴァン, E.『英国鳥類誌』 1794〜1819
「グールドの鳥類図譜」講談社　1982
　◇p151（カラー）　夏羽成鳥.アジア南部の諸島からオーストラリア, ニュージーランドにかけて繁殖する亜種E.g.nigripes 1870

コサギ　Egretta garzetta Linnaeus
「高木春山 本草図説 動物」リブロポート　1989
　◇p63（カラー）

コサギ
「江戸時代に描かれた鳥たち」ソフトバンク クリエイティブ　2012
　◇p110（カラー）　鷺/小サギ　毛利梅園『梅園禽譜』 天保10（1849）序
「高松松平家所蔵 衆禽画譜 水禽・野鳥」香川県歴史博物館友の会博物図譜刊行会　2005
　◇p72（カラー）　松平頼恭『衆禽画譜 水禽帖』 江戸時代　紙本着色 画帖装（折本形式）　38.1×48.7　[個人蔵]

コザクラバシガン　Anser brachyrhynchus
「グールドの鳥類図譜」講談社　1982
　◇p189（カラー）　オス成鳥, メス成鳥 1871

コサメビタキ　Muscicapa latirostris
「江戸鳥類大図鑑」平凡社　2006
　◇p507（カラー）　めだいびたき めだい めばち　堀田正敦『禽譜』　[宮城県図書館伊達文庫]
　◇p507（カラー）　めだい わかとり　幼鳥　堀田正敦『禽譜』　[宮城県図書館伊達文庫]

コシアカキジ　Lophura ignita
「ジョン・グールド 世界の鳥」同朋舎出版　1994
　◇288図（カラー）　オス ヴォルフ, ヨゼフ, リヒター, ヘンリー・コンスタンチン画『アジアの鳥類』 1849〜83
「世界大博物図鑑 別巻1」平凡社　1993

こしあ　　　　　　　　鳥

◇p129（カラー）『ロンドン動物学協会紀要』1861
〜90,1891〜1929　［京都大学理学部］

コシアカキヌバネドリ　Harpactes duvaucelii
「世界大博物図鑑 4」平凡社　1987
◇p245（カラー）　テミンク, C.J.著, プレートル,
J.G.原図『新編彩色鳥類図譜』1820〜39　手彩
色銅版画

コシアカツバメ　Hirundo daurica
「江戸鳥類大図鑑」平凡社　2006
◇p327（カラー）　胡燕 あまとり　堀田正敦『禽
譜』　［宮城県図書館伊達文庫］
◇p328（カラー）　胡燕 あまとり　堀田正敦『禽
譜』　［宮城県図書館伊達文庫］
◇p328（カラー）　蛇燕 一名胡燕 一名夏侯　堀田
正敦『禽譜』　［宮城県図書館伊達文庫］
「鳥獣虫魚譜」八坂書房　1988
◇p38（カラー）　海燕　松森胤保『両羽禽類図譜』
［酒田市立光丘文庫］

コシアカツバメ？
「彩色 江戸博物学集成」平凡社　1994
◇p31（カラー）　貝原益軒『大和本草諸品図』

コシアカネズミドリ　Colius castanotus
「世界大博物図鑑 4」平凡社　1987
◇p243（カラー）　キュヴィエ, G.L.C.F.D.『動物
界』1836〜49　手彩色銅版

コシアカヒメゴシキドリ　Pogoniulus
atroflavus
「フウチョウの自然誌 博物画の至宝」平凡社
1994
◇II–No.37（カラー）　Le Barbu à ceinture rouge
ルヴァイヤン, F.著, バラバン, J.原図 1806
◇II–No.57（カラー）　Le Barbion à dos rouge
ルヴァイヤン, F.著, バラバン, J.原図 1806

コシギ　Lymnocryptes minimus
「グールドの鳥類図譜」講談社　1982
◇p180（カラー）　メス, オス 1865

ゴシキセイガイインコ　Trichoglossus
haematodus
「世界大博物図鑑 別巻1」平凡社　1993
◇p219（カラー）　ブラウン, P.『新動物学図録』
1776　手彩色銅版

ゴシキセイガイインコ
「江戸時代に描かれた鳥たち」ソフトバンク ク
リエイティブ　2012
◇p30（カラー）　五色セイガイ音呼　牧野貞幹『鳥
類写生図』文化7(1810) 頃

ゴシキセイガイインコ？　Trichoglossus
haematodus ?
「江戸鳥類大図鑑」平凡社　2006
◇p438（カラー）　緑小いんこ　堀田正敦『禽譜』
［宮城県図書館伊達文庫］

コシギダチョウ　Crypturellus souli
「ビュフォンの博物誌」工作舎　1991
◇I131（カラー）『一般と個別の博物誌 ソンニー

二版』

ゴシキドリ科　Capitonidae
「ビュフォンの博物誌」工作舎　1991
◇I178（カラー）『一般と個別の博物誌 ソンニー
二版』

ゴシキドリの1種　Megalaima sp.
「フウチョウの自然誌 博物画の至宝」平凡社
1994
◇II–Planche A（カラー）　Le petit Barbican　ル
ヴァイヤン, F.著, バラバン, J.原図 1806
◇II–No.34（カラー）　Le Barbu élégant　ルヴァ
イヤン, F.著, バラバン, J.原図 1806

ゴシキノジコ　Passerina ciris
「ビュフォンの博物誌」工作舎　1991
◇I113（カラー）『一般と個別の博物誌 ソンニー
二版』

ゴシキヒワ　Carduelis carduelis
「江戸鳥類大図鑑」平凡社　2006
◇p713（カラー）　フリンギルラ　堀田正敦『禽譜』
［宮城県図書館伊達文庫］
「ジョン・グールド 世界の鳥」同朋舎出版　1994
◇346図（カラー）　オス, メス　リヒター, ヘン
リー・コンスタンチン画『イギリスの鳥類』
1862〜73
「ビュフォンの博物誌」工作舎　1991
◇I114（カラー）『一般と個別の博物誌 ソンニー
二版』
「世界大博物図鑑 4」平凡社　1987
◇p362（カラー）　ドノヴァン, E.『英国鳥類誌』
1794〜1819
「グールドの鳥類図譜」講談社　1982
◇p116（カラー）　オス, メス 1863

ゴシキヒワ
「彩色 江戸博物学集成」平凡社　1994
◇p186（カラー）　フリンギルラカルジュエリス
剥製　堀田正敦『小禽譜 小鳥漢産』　［宮城県図
書館］
「江戸の動植物図」朝日新聞社　1988
◇p122（カラー）　堀田正敦『堀田禽譜』　［東京
国立博物館］

コシグロペリカン　Pelecanus conspicillatus
「世界大博物図鑑 4」平凡社　1987
◇p39（カラー）　テミンク, C.J.著, ユエ, N.原図
『新編彩色鳥類図譜』1820〜39　手彩色銅版画

コシジロアナツバメ　Collocalia spodiopygia
「世界大博物図鑑 4」平凡社　1987
◇p234（カラー）　グールド, J.『ニューギニア鳥類
図譜』1875〜88　手彩色石版

コシジロイソヒヨ　Monticola saxatilis (Linné
1766)
「フランスの美しい鳥の絵図鑑」グラフィック社
2014
◇p59（カラー）　エチェコパル, ロベール＝ダニエ
ル著, バリュエル, ポール画

406　博物図譜レファレンス事典 動物篇

鳥　　　　　　　　　　　　　　　　　　　　　　　　こしゆ

コシジロイソヒヨドリ　Monticola saxatilis
「ビュフォンの博物誌」工作舎　1991
　◇I095（カラー）『一般と個別の博物誌 ソンニ
　　ニ版』
「グールドの鳥類図譜」講談社　1982
　◇p78（カラー）　オス成鳥、メス成鳥 1869

コシジロイヌワシ　Aquila verreauxii
「世界大博物図鑑 4」平凡社　1987
　◇p83（カラー）　プレートル, J.G.原図, ラングロ
　　ワ刷, レッソン, R.P.『動物百図』　1830〜32

コシジロウミツバメ　Oceanodroma leucorhoa
「グールドの鳥類図譜」講談社　1982
　◇p230（カラー）　成鳥 1869

コシジロウミツバメ
「江戸の動植物図」朝日新聞社　1988
　◇p118〜119（カラー）　堀田正敦『堀田禽譜』
　　［東京国立博物館］

コシジロキンパラ　Lonchura striata
「江戸鳥類大図鑑」平凡社　2006
　◇p691（カラー）　金翅　堀田正敦『禽譜』　［宮
　　城県図書館伊達文庫］
　◇p691（カラー）　五更鳴　堀田正敦『禽譜』
　　［宮城県図書館伊達文庫］
「舶来鳥獣図誌」八坂書房　1992
　◇p15（カラー）　十姉妹『唐蘭船持渡鳥獣之図』
　　［慶應義塾図書館］

コシジロキンパラ
「江戸時代に描かれた鳥たち」ソフトバンク ク
　　リエイティブ　2012
　◇p40（カラー）　ダンドク　水谷豊文『水谷禽譜』
　　文化7（1810）頃
　◇p40（カラー）　ダンドク　牧野貞幹『鳥類写生
　　図』　文化7（1810）頃
　◇p40（カラー）　檀特鳥/ダンドク　毛利梅園『梅
　　園禽譜』　天保10（1849）序
　◇p41（カラー）　ダンドクと十四満津　増山正賢
　　（雪斎）『百鳥図』　寛政12（1800）頃

コシジロヒヨドリ　Pycnonotus aurigaster
「江戸博物文庫 鳥の巻」工作舎　2017
　◇p175（カラー）　腰白鵯『薩摩鳥譜図巻』　江戸末
　　期　［国立国会図書館］
「江戸鳥類大図鑑」平凡社　2006
　◇p704（カラー）　ビイチイニ　堀田正敦『禽譜』
　　［宮城県図書館伊達文庫］
「舶来鳥獣図誌」八坂書房　1992
　◇p102（カラー）　ビイチイ『外国産鳥之図』
　　［国立国会図書館］

コシジロヒヨドリ
「江戸時代に描かれた鳥たち」ソフトバンク ク
　　リエイティブ　2012
　◇p52（カラー）　ヒイチイ（ビイチイ？）『外国産鳥
　　之図』　成立年不明

コシジロミツスイ　Manorina flavigula
　obscura
「舶来鳥獣図誌」八坂書房　1992
　◇p37（カラー）　綬雀『蘭船持渡鳥獣之図』　文
　　政2（1819）渡来　［慶應義塾図書館］

コシベニペリカン？　Pelecanus rufescens ?
「江戸鳥類大図鑑」平凡社　2006
　◇p213（カラー）　鵜鶘　堀田正敦『禽譜』　［宮
　　城県図書館伊達文庫］

コシミノサトウチョウ　Loriculus amabilis
「世界大博物図鑑 別巻1」平凡社　1993
　◇p232（カラー）　メス, オス　シャープ, R.B.ほ
　　か『大英博物館鳥類目録』　1874〜98　手彩色ク
　　ロモリトグラフ

コシミノサトウチョウのスラ諸島亜種
Loriculus amabilis sclateri
「世界大博物図鑑 別巻1」平凡社　1993
　◇p233（カラー）『ロンドン動物学協会紀要』　1861
　　〜90,1891〜1929　［京都大学理学部］

コシャクシギ　Numenius minutus
「世界大博物図鑑 別巻1」平凡社　1993
　◇p169（カラー）　シーボルト, P.F.von『日本動物
　　誌』　1833〜50　手彩色石版

ゴジュウカラ　Sitta europaea
「江戸博物文庫 鳥の巻」工作舎　2017
　◇p44（カラー）　五十雀　増山正賢『百鳥図』
　　1800頃　［国立国会図書館］
「ジョン・グールド 世界の鳥」同朋舎出版　1994
　◇327図（カラー）　巣穴, 成鳥　リヒター, ヘン
　　リー・コンスタンチン画『イギリスの鳥類』
　　1862〜73
「ビュフォンの博物誌」工作舎　1991
　◇I154（カラー）『一般と個別の博物誌 ソンニ
　　ニ版』
「鳥獣虫魚譜」八坂書房　1988
　◇p26（カラー）　木走　松森胤保『両羽禽類図譜』
　　［酒田市立光丘文庫］
「世界大博物図鑑 4」平凡社　1987
　◇p343（カラー）　ドノヴァン, E.『英国鳥類誌』
　　1794〜1819
「グールドの鳥類図譜」講談社　1982
　◇p66（カラー）　成鳥 1863

ゴジュウカラ　Sitta europaea amurensis
「江戸鳥類大図鑑」平凡社　2006
　◇p509（カラー）　木鼠　堀田正敦『禽譜』　［宮
　　城県図書館伊達文庫］

ゴジュウカラ
「彩色 江戸博物学集成」平凡社　1994
　◇p66〜67（カラー）　五十がら　丹羽正伯『筑前
　　国産物絵図帳』　［福岡県立図書館］

ゴジュウカラ（キュウシュウゴジュウカラ）
Sitta europaea roseilia
「江戸鳥類大図鑑」平凡社　2006
　◇p510（カラー）　このはがへし 垣さゞい　堀田正

こしゆ　　　　　　　　　　　　　鳥

敦『禽譜』　［宮城県図書館伊達文庫］

ゴジュウカラ（シロハラゴジュウカラ？）
Sitta europaea (asiatica？)
「江戸鳥類大図鑑」平凡社　2006
◇p509（カラー）　木鼠 五十から　堀田正敦『禽譜』　［宮城県図書館伊達文庫］

コジュケイ　Bambusicola thoracica
「江戸鳥類大図鑑」平凡社　2006
◇p270（カラー）　竹雞　堀田正敦『禽譜』　［宮城県図書館伊達文庫］
◇p270（カラー）　竹雞 雌　堀田正敦『禽譜』　［宮城県図書館伊達文庫］
◇p271（カラー）　竹雞 雄　堀田正敦『禽譜』　［宮城県図書館伊達文庫］
◇p271（カラー）　竹雞 雌　堀田正敦『禽譜』　［宮城県図書館伊達文庫］

コジュリン　Emberiza yessoensis
「江戸鳥類大図鑑」平凡社　2006
◇p367（カラー）　小じゅりん　堀田正敦『禽譜』　［宮城県図書館伊達文庫］
◇p367（カラー）　小しゆりん　堀田正敦『禽譜』　［宮城県図書館伊達文庫］

コシラヒゲカンムリアマツバメ　Hemiprocne comata
「世界大博物図鑑 4」平凡社　1987
◇p235（カラー）　テミンク, C.J.著、プレートル, J.G.原図『新編彩色鳥類図譜』1820〜39　手彩色銅版画

コセイインコ　Psittacula cyanocephala
「世界大博物図鑑 別巻1」平凡社　1993
◇p220（カラー）　マルティネ, F.N.『鳥類誌』1787〜96　手彩色銅版

コセイインコ　Psittacula cyanocephala cyanocephala
「鳥獣虫魚譜」八坂書房　1988
◇p24（カラー）　オス　松森胤保『両羽禽類図譜』　［酒田市立光丘文庫］

コダイマキエインコ　Platycercus (Barnardius) barnardi
「ジョン・グールド 世界の鳥」同朋舎出版　1994
◇144図（カラー）　リヒター, ヘンリー・コンスタンチン画『オーストラリアの鳥類』1840〜48

コダーウィンフィンチ　Camarhynchus parvulus
「世界大博物図鑑 別巻1」平凡社　1993
◇p368（カラー）　ダーウィン, C.R.編、グールド, J.原図、グールド, E.石版『ビーグル号報告動物学編』1839〜43　手彩色石版

コチドリ　Charadrius dubius
「グールドの鳥類図譜」講談社　1982
◇p161（カラー）　親鳥、巣卵 1871

コチドリ？　Charadris dubius？
「江戸鳥類大図鑑」平凡社　2006

◇p189（カラー）　むなぐろちどり　堀田正敦『禽譜』　［宮城県図書館伊達文庫］

コチョウゲンボウ　Falco columbarius
「江戸鳥類大図鑑」平凡社　2006
◇p638（カラー）　青さしば オス　堀田正敦『禽譜』　［宮城県図書館伊達文庫］
「ジョン・グールド 世界の鳥」同朋舎出版　1994
◇314図（カラー）　巣, 親鳥, 雛　ヴォルフ, ヨゼフ, リヒター, ヘンリー・コンスタンチン画『イギリスの鳥類』1862〜73
「世界大博物図鑑 別巻1」平凡社　1993
◇p111（カラー）　ボルクハウゼン, M.B.『ドイツ鳥類学』1800〜17
「鳥獣虫魚譜」八坂書房　1988
◇p21（カラー）　刺羽 オス成鳥　松森胤保『両羽禽類図譜』　［酒田市立光丘文庫］
「グールドの鳥類図譜」講談社　1982
◇p43（カラー）　雄親鳥、雌親鳥 1865

コチョウゲンボウ？　Falco columbarius？
「江戸鳥類大図鑑」平凡社　2006
◇p717（カラー）　メイル　堀田正敦『堀田禽譜』　［東京国立博物館］

ゴッスミイロコンゴウインコ　Ara gossei
「世界大博物図鑑 別巻1」平凡社　1993
◇p204（カラー）　ミイロコンゴウインコの1亜種か　ロスチャイルド, L.W.『絶滅鳥類誌』1907　彩色クロモリトグラフ　［個人蔵］

コトドリ　Menura novaehollandiae
「ジョン・グールド 世界の鳥」同朋舎出版　1994
◇123図（カラー）　グールド, エリザベス画『オーストラリアの鳥類』1840〜48
「世界大博物図鑑 4」平凡社　1987
◇p298（カラー）　プレヴォー, F.著、ポーケ原図『熱帯鳥類図誌』［1879］　手彩色銅版

コナハインコ　Agapornis pullaria
「ビュフォンの博物誌」工作舎　1991
◇I253（カラー）『一般と個別の博物誌 ソンニーニ版』

コノドジロムシクイ　Sylvia curruca
「フランスの美しい鳥の絵図鑑」グラフィック社　2014
◇p87（カラー）　エチェコパル, ロベール＝ダニエル著、バリュエル, ポール画
「ビュフォンの博物誌」工作舎　1991
◇I141（カラー）『一般と個別の博物誌 ソンニーニ版』
「世界大博物図鑑 4」平凡社　1987
◇p334（カラー）　ドノヴァン, E.『英国鳥類誌』1794〜1819

コノハズク　Otus scops
「鳥獣虫魚譜」八坂書房　1988
◇p22（カラー）　大小ヅク　松森胤保『両羽禽類図譜』　［酒田市立光丘文庫］
「グールドの鳥類図譜」講談社　1982
◇p51（カラー）　暗灰色型の成鳥 1868

コノハズク Otus scops Linnaeus
「高木春山 本草図説 動物」リブロポート 1989
◇p68（カラー）

コノハズク Otus sunia
「江戸鳥類大図鑑」平凡社 2006
◇p663（カラー） みゝづく 堀田正敦『禽譜』
［宮城県図書館伊達文庫］
◇p667（カラー） をこづく 堀田正敦『禽譜』
［宮城県図書館伊達文庫］
◇p668（カラー） 木葉づく 堀田正敦『禽譜』
［宮城県図書館伊達文庫］
◇p669（カラー） 木葉づく 堀田正敦『禽譜』
［宮城県図書館伊達文庫］

コノハズクまたはオオコノハズク
「彩色 江戸博物学集成」平凡社 1994
◇p31（カラー） 貝原益軒『大和本草諸品図』

コノハドリ Chloropsis cyanopogon
「世界大博物図鑑 4」平凡社 1987
◇p310（カラー） テミンク, C.J.著, プレートル,
J.G.原図『新編彩色鳥類図譜』 1820～39 手彩
色銅版画

コハクチョウ Cygnus columbianus
「グールドの鳥類図譜」講談社 1982
◇p192（カラー） 成鳥 1872

コハクチョウの頭部 Cygnus bewickii
「世界大博物図鑑 別巻1」平凡社 1993
◇p60（カラー） 標準型, 黒色部がきわめてすくな
い個体『ロンドン動物学協会紀要』 1861～90,
1891～1929 ［東京大学理学部動物学図書室］

コハゲコウ Leptoptilos javanicus
「江戸鳥類大図鑑」平凡社 2006
◇p51（カラー） うしまつとり『鳥類之図』 ［山
階鳥類研究所］
「世界大博物図鑑 4」平凡社 1987
◇p51（カラー） テミンク, C.J.著, ユエ, N.原図
『新編彩色鳥類図譜』 1820～39 手彩色銅版画

コバシチドリ Eudromias morinellus
「グールドの鳥類図譜」講談社 1982
◇p161（カラー） メス, オス 1862

コバシチドリ
「グールドの鳥類図譜」講談社 1982
◇p27（白黒） グールド（?）『The Birds of Great
Britain』 ペンと水彩によるスケッチ ［個人蔵
（ロンドン）］

コバシハワイミツスイのオアフ亜種 Loxops
coccinea rufa
「世界大博物図鑑 別巻1」平凡社 1993
◇p381（カラー） ロスチャイルド, L.W.『レイサ
ン島の鳥類誌』 1893～1900 石版画

コバシハワイミツスイのカウアイ亜種
Loxops coccinea caeruleirostris
「世界大博物図鑑 別巻1」平凡社 1993
◇p381（カラー） ウィルソン, S.B., エヴァンズ,

A.H.著, フロホーク, F.W.原図『ハワイ鳥類学』
1890～99

コバシハワイミツスイのハワイ亜種 Loxops
coccinea coccinea
「世界大博物図鑑 別巻1」平凡社 1993
◇p381（カラー） ロスチャイルド, L.W.『レイサ
ン島の鳥類誌』 1893～1900 石版画

コバシハワイミツスイのマウイ亜種 Loxops
coccinea ochracea
「世界大博物図鑑 別巻1」平凡社 1993
◇p381（カラー） ロスチャイルド, L.W.『レイサ
ン島の鳥類誌』 1893～1900 石版画

コバシヒメアオバト Ptilinopus roseicapilla
「世界大博物図鑑 別巻1」平凡社 1993
◇p196（カラー）『ロンドン動物学協会紀要』 1861
～90,1891～1929 ［京都大学理学部］

コバシフラミンゴ Phoenicoparrus jamesi
「世界大博物図鑑 別巻1」平凡社 1993
◇p56（カラー） キューレマンス図『ロンドン動物
学協会紀要』 1861～90,1891～1929 ［山階鳥類
研究所］

コバシベニサンショウクイ Pericrocotus
brevirostris
「世界大博物図鑑 4」平凡社 1987
◇p306（カラー） ダヴィド神父, A.著, アルヌル石
版『中国産鳥類』 1877 手彩色石版

コバタン Cacatua sulphurea
「江戸鳥類大図鑑」平凡社 2006
◇p431（カラー） 小あふむ 堀田正敦『禽譜』
［宮城県図書館伊達文庫］
◇p431（カラー） 黄頂小白鸚鵡 堀田正敦『禽譜』
［宮城県図書館伊達文庫］
「世界大博物図鑑 別巻1」平凡社 1993
◇p212（カラー） セルビー, P.J.著, リア, E.原図,
リザーズ, W.銅版『オウムの博物誌』 1836
「舶来鳥獣図誌」八坂書房 1992
◇p30（カラー） 鸚鵡『唐蘭船持渡鳥獣之図』 文
化11（1814）渡来 ［慶應義塾図書館］
◇p31（カラー） 鸚鵡『唐蘭船持渡鳥獣之図』 文
化13（1816）渡来 ［慶應義塾図書館］

コバタン
「江戸時代に描かれた鳥たち」ソフトバンク ク
リエイティブ 2012
◇p24（カラー） 鸚鵡『外国珍禽異鳥図』 江戸
末期
「彩色 江戸博物学集成」平凡社 1994
◇p51（カラー） 尾形光琳『鳥獣写生図巻』 ［文
化庁］

コハナサトウチョウ Loriculus exilis
「世界大博物図鑑 別巻1」平凡社 1993
◇p233（カラー） セルビー, P.J.著, リア, E.原図,
リザーズ, W.銅版『オウムの博物誌』 1836
「舶来鳥獣図誌」八坂書房 1992
◇p100（カラー） 砂糖鳥『外国産鳥之図』 ［国
立国会図書館］

こはな　　　　　　　　　　　　　鳥

コハナサトウチョウ
「江戸時代に描かれた鳥たち」ソフトバンク ク
リエイティブ　2012
　◇p26（カラー）　砂糖鳥『外国産鳥之図』　成立年
不明

コバネオオセイケイ　Cyanornis caerulescens
「世界大博物図鑑 別巻1」平凡社　1993
　◇p152（カラー）　蜂須賀正氏『絶滅鳥ドードーに
ついて』　1953

コハマシギ　Calidris fuscicollis
「グールドの鳥類図譜」講談社　1982
　◇p175（カラー）　換羽中の成鳥　1873

コバン
「高松松平家所蔵 衆禽画譜 水禽・野鳥」香川県
歴史博物館友の会博物図譜刊行会　2005
　◇p58（カラー）　松平頼恭『衆禽画譜 水禽帖』　江
戸時代　紙本著色 画帖装（折本形式）　38.1×48.
7　［個人蔵］

コヒクイドリ　Casuarius bennetti
「ジョン・グールド 世界の鳥」同朋舎出版　1994
　◇413図（カラー）『ニューギニアの鳥類』　1875～88
「世界大博物図鑑 別巻1」平凡社　1993
　◇p21（カラー）　ひな『ロンドン動物学協会紀要』
1861～90,1891～1929　［京都大学理学部］
　◇p21（カラー）　成鳥　ベネット, G.『南洋州の博
物学者の収集品』　1860　手彩色石版

コヒクイドリ　Casuarius bennetti Gould
「高木春山 本草図説 動物」リブロポート　1989
　◇p25（カラー）　食火鶏 ヒクヒドリ

コビトハチドリ　Mellisuga minima
「ジョン・グールド 世界の鳥」同朋舎出版　1994
　◇223図（カラー）　リヒター, ヘンリー・コンスタ
ンチン画『ハチドリ科の研究』　1849～61
「ビュフォンの博物誌」工作舎　1991
　◇I158（カラー）『一般と個別の博物誌 ソンニー
ニ版』

コビトペンギン　Eudyptula minor
「ジョン・グールド 世界の鳥」同朋舎出版　1994
　◇177図（カラー）　リヒター, ヘンリー・コンスタ
ンチン画『オーストラリアの鳥類』　1840～48
「世界大博物図鑑 4」平凡社　1987
　◇p26（カラー）　スミット, J.原図『ロンドン動物
学協会紀要』　1870　手彩色石版画

コフウチョウ　Paradisaea minor
「フウチョウの自然誌 博物画の至宝」平凡社
1994
　◇I–No.4（カラー）　Le petit Oiseau de paradis
émeraude, mâle　オス　ルヴァイヤン, F.著, バ
ラバン, J.原図 1806
　◇I–No.5（カラー）　Femele du petit Oiseau de
paradis émeraude　亜成鳥　ルヴァイヤン, F.
著, バラバン, J.原図 1806
「ジョン・グールド 世界の鳥」同朋舎出版　1994
　◇391図（カラー）　ハート, ウィリアム画『ニュー

ギニアの鳥類』　1875～88
「世界大博物図鑑 4」平凡社　1987
　◇p383（カラー）　メス, オスの若鳥　レッソン, R.
P.著, プレートル原図, レモン銅版『フウチョウ
の自然誌』　1835　手彩色銅版図
　◇p383（カラー）　成鳥オス　グレー, J.E.著, ホー
キンズ, ウォーターハウス石版『インド動物図
譜』　1830～34

コブガモ　Sarkidiornis melanotos
「世界大博物図鑑 別巻1」平凡社　1993
　◇p72（カラー）　ヴィエイヨー, L.J.P.著, ウダー
ル, P.L.原図『鳥類画廊』　1820～26

コブハクチョウ　Cygnus olor
「ジョン・グールド 世界の鳥」同朋舎出版　1994
　◇365図（カラー）　繁殖中のつがい, 母鳥の背中に
乗る雛　ヴォルフ, ヨゼフ, リヒター, ヘンリー・
コンスタンチン画『イギリスの鳥類』　1862～73
「世界大博物図鑑 4」平凡社　1987
　◇p62（カラー）　ビュフォン, G.L.L., Comte de,
トラヴィエ, E.原図『博物誌』　1853～57　手彩
色銅版画
「グールドの鳥類図譜」講談社　1982
　◇p191（カラー）　雄親, 雛をつれている雌親 1872

コブハクチョウ
「紙の上の動物園」グラフィック社　2017
　◇p139（カラー）　モリス, F.O.『イギリス本土の
鳥類誌』　1870

ゴーフフィンチ　Rowettia goughensis
「世界大博物図鑑 別巻1」平凡社　1993
　◇p365（カラー）『アイビス』　1859～　［山階鳥類
研究所］

コフラミンゴ　Phoeniconaias minor
「世界大博物図鑑 別巻1」平凡社　1993
　◇p56（カラー）　ヴィエイヨー, L.J.P.著, ウダー
ル, P.L.原図『鳥類画廊』　1820～26
「世界大博物図鑑 4」平凡社　1987
　◇p59（カラー）　テミンク, C.J.著, ユエ, N.原図
『新編彩色鳥類図譜』　1820～39　手彩色銅版画

コホオアカ　Emberiza pusilla
「江戸博物文庫 鳥の巻」工作舎　2017
　◇p32（カラー）　小頬赤 増山正賢『百鳥図』
1800頃　［国立国会図書館］
「江戸鳥類大図鑑」平凡社　2006
　◇p360（カラー）　みやまどり みやまかしら　夏羽
堀田正敦『禽譜』　［宮城県図書館伊達文庫］
　◇p511（カラー）　よじろ 堀田正敦『禽譜』
［宮城県図書館伊達文庫］
「グールドの鳥類図譜」講談社　1982
　◇p110（カラー）　オス夏羽 1870

コホオアカ？　Emberiza pusilla ?
「江戸鳥類大図鑑」平凡社　2006
　◇p510（カラー）　木の葉がへし 嶋ほうあか　堀田
正敦『禽譜』　［宮城県図書館伊達文庫］

コマ
「高松松平家所蔵 衆禽画譜 水禽・野鳥」香川県

鳥　　　　　　　　　　　　　　　　　　　　　　　　こもん

歴史博物館友の会博物図譜刊行会　2005
◇p91（カラー）　松平頼恭『衆禽画譜 野鳥帖』 江
戸時代　紙本著色 画帖装（折本形式）　33.0×48.
3 ［個人蔵］

ゴマダラウ　Phalacrocorax punctatus
「ジョン・グールド 世界の鳥」同朋舎出版　1994
◇174図（カラー）　リア, エドワード画『オースト
ラリアの鳥類』　1840～48

コマダラキーウィ　Apteryx owenii
「世界大博物図鑑 別巻1」平凡社　1993
◇p24（カラー）　ブラー, W.L.著, キューレマンス,
J.G.図『ニュージーランド鳥類誌第2版』　1887
～88　手彩色石版図版
◇p24（カラー）　グールド, J.『オーストラリア鳥
類図譜』　1840～48

コマドリ　Erithacus akahige
「江戸鳥類大図鑑」平凡社　2006
◇p518（カラー）　こまどり　オス　堀田正敦『禽
譜』［宮城県図書館伊達文庫］
「世界大博物図鑑 4」平凡社　1987
◇p327（カラー）　オス, メス　テミンク, C.J.著,
プレートル, J.G.原図『新編彩色鳥類図譜』
1820～39　手彩色銅版画

コマドリ
「彩色 江戸博物学集成」平凡社　1994
◇p30（カラー）　貝原益軒『大和本草諸品図』

ゴマバラワシ　Polemaetus bellicosus
「世界大博物図鑑 4」平凡社　1987
◇p82（カラー）　スミス, A.著, フォード, G.H.原
図『南アフリカ動物図譜』　1838～49　手彩色
石版

コマホオジロ　Emberiza jankowskii
「世界大博物図鑑 別巻1」平凡社　1993
◇p364（カラー）『アイビス』　1859～　［山階鳥類
研究所］

コミドリフタオハチドリ　Lesbia nuna
「ジョン・グールド 世界の鳥」同朋舎出版　1994
◇230図（カラー）　リヒター, ヘンリー・コンスタ
ンチン画『ハチドリ科の研究』　1849～61

コミミズク　Asio flammeus
「世界大博物図鑑 別巻1」平凡社　1993
◇p245（カラー）　ボルクハウゼン, M.B.『ドイツ
鳥類学』　1800～17
「グールドの鳥類図譜」講談社　1982
◇p50（カラー）　親鳥　1863

コムクドリ　Sturnus philippensis
「江戸鳥類大図鑑」平凡社　2006
◇p222（カラー）　ありわう　オス　堀田正敦『禽
譜』［宮城県図書館伊達文庫］
◇p561（カラー）　小むく　オス　堀田正敦『禽譜』
［宮城県図書館伊達文庫］
◇p562（カラー）　嶋むく　メス　堀田正敦『禽譜』
［宮城県図書館伊達文庫］

コムシクイ　Phylloscopus borealis（Blasius
1858）
「フランスの美しい鳥の絵図鑑」グラフィック社
2014
◇p107（カラー）　エチェコパル, ロベール＝ダニ
エル著, バリュエル, ポール画

コムラサキインコ　Eos squamata guenbyensis
「舶来鳥獣図誌」八坂書房　1992
◇p46（カラー）　紅音呼『唐蘭船持渡鳥獣之図』
文政10(1827)渡来　［慶應義塾図書館］

コムラサキインコ
「江戸時代に描かれた鳥たち」ソフトバンク ク
リエイティブ　2012
◇p31（カラー）　紅音呼『外国珍禽異鳥図』　江戸
末期

コムラサキインコ（亜種）　Eos squamata
guenbyensis
「江戸鳥類大図鑑」平凡社　2006
◇p443（カラー）　小紫いんこ　堀田正敦『禽譜』
［宮城県図書館伊達文庫］

コモンアフリカツリスガラ　Anthoscopus
punctifrons（Sundevall 1850）
「フランスの美しい鳥の絵図鑑」グラフィック社
2014
◇p145（カラー）　エチェコパル, ロベール＝ダニ
エル著, バリュエル, ポール画

コモンクイナ　Porzana porzana
「世界大博物図鑑 4」平凡社　1987
◇p155（カラー）　ドノヴァン, E.『英国鳥類誌』
1794～1819

コモンシギ　Tryngites subruficollis
「グールドの鳥類図譜」講談社　1982
◇p172（カラー）　成鳥　1865

コモンシャコ　Francolinus pintadeanus
「江戸博文庫 鳥の巻」工作舎　2017
◇p15（カラー）　鷓鴣　河野通明写『奇鳥生写図』
1807　［国立国会図書館］
「江戸鳥類大図鑑」平凡社　2006
◇p268（カラー）　鷓鴣 雌　堀田正敦『禽譜』
［宮城県図書館伊達文庫］
◇p269（カラー）　鷓鴣 雄　堀田正敦『禽譜』
［宮城県図書館伊達文庫］
◇p269（カラー）　鷓鴣雌雄　堀田正敦『禽譜』
［宮城県図書館伊達文庫］
「舶来鳥獣図誌」八坂書房　1992
◇p19（カラー）　ビルポタート　メス？『唐蘭船持
渡鳥獣之図』　天保元(1830)渡来　［慶應義塾図
書館］
◇p101（カラー）　竹鶏 雌　オス『外国産鳥之図』
［国立国会図書館］

コモンシャコ
「江戸時代に描かれた鳥たち」ソフトバンク ク
リエイティブ　2012
◇p68（カラー）　竹鶏『外国産鳥之図』　成立年

博物図譜レファレンス事典 動物篇　411

こよこ　　　　　　　　　　　　鳥

不明

コヨコジマワシミミズク　Bubo poensis
「世界大博物図鑑 別巻1」平凡社　1993
◇p244（カラー）『ロンドン動物学協会紀要』 1861
〜90,1891〜1929 ［京都大学理学部］

コヨシキリ　Acrocephalus bistrigiceps
「江戸博物文庫 鳥の巻」工作舎　2017
◇p43（カラー）　小葦切 増山正賢『百鳥図』
1800頃 ［国立国会図書館］

コヨシキリ？　Acrocephalus bistrigiceps？
「江戸鳥類大図鑑」平凡社　2006
◇p372（カラー）　こよしきりこよし 堀田正敦
『禽譜』 ［宮城県図書館伊達文庫］
◇p373（カラー）　やちこ 堀田正敦『禽譜』
［宮城県図書館伊達文庫］

コヨシゴイ　Ixobrychus minutus
「グールドの鳥類図譜」講談社　1982
◇p154（カラー）　メス成鳥、メス成鳥 1871

コリンウズラ　Colinus virginianus
「ジョン・グールド 世界の鳥」同朋舎出版　1994
◇183図（カラー）　リヒター、ヘンリー・コンスタ
ンチン画『アメリカ産ウズラ類の研究』 1844〜
50

コルシカゴジュウカラ　Sitta whiteheadi
「世界大博物図鑑 別巻1」平凡社　1993
◇p348（カラー）『ロンドン動物学協会紀要』 1861
〜90,1891〜1929 ［山階鳥類研究所］

こるり
「鳥の手帖」小学館　1990
◇p127（カラー）　小瑠璃 毛利梅園『梅園禽譜』
天保10（1839）序 ［国立国会図書館］

コルリ　Erithacus cyane
「江戸鳥類大図鑑」平凡社　2006
◇p499（カラー）　こうるり オス 堀田正敦『禽
譜』 ［宮城県図書館伊達文庫］
◇p500（カラー）　地はひるり オス若鳥 堀田正
敦『禽譜』 ［宮城県図書館伊達文庫］
「鳥獣虫魚譜」八坂書房　1988
◇p36（カラー）　小翠雀 メス、オス 松森胤保
『両羽禽類図譜』 ［酒田市立光丘文庫］
「世界大博物図鑑 4」平凡社　1987
◇p327（カラー）　ダヴィド神父、A.著、アルヌル石
版『中国産鳥類』 1877 手彩色石版

コルリ
「江戸時代に描かれた鳥たち」ソフトバンク ク
リエイティブ　2012
◇p94（カラー）　小瑠璃 毛利梅園『梅園禽譜』
天保10（1849）序

コンゴウインコ　Ara macao
「すごい博物画」グラフィック社　2017
◇図版51（カラー）　シロムネオオハシ、ザクロ、
クロヅル、イヌサフラン、おそらくシャチホコガ
の幼虫、ヨーロッパブドウの枝、コンゴウイン
コ、モナモンキー、ムラサキセイヨウハシバミま

たはセイヨウハシバミ、オオモンシロチョウ、
ヨーロッパアマガエル マーシャル、アレクサン
ダー 1650〜82頃 水彩 45.8×34.0 ［ウィン
ザー城ロイヤル・ライブラリー］

コンゴウインコ（アカコンゴウインコ）　Ara
macao
「世界大博物図鑑 別巻1」平凡社　1993
◇p230（カラー）　マルティネ、F.N.『鳥類誌』
1787〜96 手彩色銅版
◇p230（カラー）　リア、E.著、ハルマンデル、C.J.
プリント『オウム・インコ類図譜』 1830〜32
手彩色石版

コンセイインコ　Vini ultramarina
「世界大博物図鑑 別巻1」平凡社　1993
◇p219（カラー）　クルーゼンシュテルン、I.F.『ク
ルーゼンシュテルン周航図録』 1813

コンセイインコ
「紙の上の動物園」グラフィック社　2017
◇p111（カラー）　ハインズ、リチャード・ブリン
スリー『サー・E.ベルチャー船長指揮によるサル
ファー号航海での動物学』 1843〜45

コンドル　Vultur gryphus
「世界大博物図鑑 別巻1」平凡社　1993
◇p76（カラー）　オス ボナパルト、C.L.J.L.『新
編アメリカ鳥類学』 1825〜33 手彩色銅版
◇p76（カラー）　メス ヴァイヤン、A.N.『ボニー
ト号航海記』 1840〜66 手彩色銅版
「世界大博物図鑑 4」平凡社　1987
◇p70（カラー）　メス テミンク、C.J.著、N.
原図『新編彩色鳥類図譜』 1820〜39 手彩色銅
版画
◇p71（カラー）　テミンク、C.J.著、ユエ、N.原図
『新編彩色鳥類図譜』 1820〜39 手彩色銅版画

【さ】

サイチョウ　Buceros rhinoceros
「世界大博物図鑑 別巻1」平凡社　1993
◇p289（カラー）　マルティネ、F.N.『鳥類誌』
1787〜96 手彩色銅版
◇p289（カラー）　シンツ、H.R.『鳥類分類学』
1846〜53 石版図
「世界大博物図鑑 4」平凡社　1987
◇p255（カラー）　テミンク、C.J.著、プレートル、
J.G.原図『新編彩色鳥類図譜』 1820〜39 手彩
色銅版画

サイチョウの嘴
「ビュフォンの博物誌」工作舎　1991
◇I182（カラー）『一般と個別の博物誌 ソンニー
ニ版』

サイチョウの頭部　Buceros rhinoceros
「世界大博物図鑑 別巻1」平凡社　1993
◇p289（カラー）『博物館禽譜』 1875〜79（明治8〜
12）編集 ［東京国立博物館］

鳥 さはく

サカツラ
「高松松平家所蔵 衆禽画譜 水禽・野鳥」香川県
歴史博物館友の会博物図譜刊行会 2005
◇p15（カラー） 松平頼恭『衆禽画譜 水禽帖』江
戸時代 紙本著色 画帖装（折本形式） 38.1×48.
7 ［個人蔵］

サカツラガン Anser cygnoid
「ビュフォンの博物誌」工作舎 1991
◇I229（カラー）『一般と個別の博物誌 ソンニー
ニ版』

サカツラガン Anser cygnoides
「江戸鳥類大図鑑」平凡社 2006
◇p103（カラー） 鴻 一種 サカツラヒシクヒ 牧
野貞幹『鳥類写生図』文化7（1810）頃 ［国会
図書館］
「世界大博物図鑑 別巻1」平凡社 1993
◇p64（カラー） ビュフォン, G.L.L., Comte de
『一般と個別の博物誌（ソンニーニ版）』1799～
1808 銅版 カラー印刷
◇p64（カラー） シーボルト, P.F.von『日本動物
誌』1833～50 手彩色石版

サカツラガン
「彩色 江戸博物学集成」平凡社 1994
◇p274（カラー） 酒面雁 馬場大助『詩経物産図
譜』 ［天獣寺］

サクラボウシインコ Amazona leucocephala
「ビュフォンの博物誌」工作舎 1991
◇I256（カラー）『一般と個別の博物誌 ソンニー
ニ版』

サケイ Syrrhaptes paradoxus
「江戸博物文庫 鳥の巻」工作舎 2017
◇p11（カラー） 沙鶏 河野通明写『奇鳥生写図』
1807 ［国立国会図書館］
「江戸鳥類大図鑑」平凡社 2006
◇p273（カラー） 突厥雀 オス 堀田正敦『禽譜』
［宮城県図書館伊達文庫］
「ビュフォンの博物誌」工作舎 1991
◇I041（カラー）『一般と個別の博物誌 ソンニー
ニ版』
「世界大博物図鑑 4」平凡社 1987
◇p194（カラー） テミンク, C.J.著, プレートル,
J.G.原図『新編彩色鳥類図譜』1820～39 手彩
色銅版画
「グールドの鳥類図譜」講談社 1982
◇p145（カラー） オス, メス 1863

鷓鴣
「彩色 江戸博物学集成」平凡社 1994
◇p274（カラー） 馬場大助『詩経物産図譜』
［天獣寺］

サザナミガモ Anas waigiuensis
「世界大博物図鑑 別巻1」平凡社 1993
◇p69（カラー）『動物学新報』1894～1919 ［山階
鳥類研究所］

ササハインコ Tanygnathus sumatranus
「世界大博物図鑑 別巻1」平凡社 1993
◇p223（カラー） シャープ, R.B.ほか『大英博物
館鳥類目録』1874～98 手彩色クロモリトグ
ラフ

ササフミフウズラ Turnix varia
「世界大博物図鑑 4」平凡社 1987
◇p147（カラー） テミンク, C.J.著, プレートル,
J.G.原図『新編彩色鳥類図譜』1820～39 手彩
色銅版画

サシバ
「江戸時代に描かれた鳥たち」ソフトバンク ク
リエイティブ 2012
◇p102（カラー） 晨風/サシバ 毛利梅園『梅園
禽譜』天保10（1849）序
「彩色 江戸博物学集成」平凡社 1994
◇p107（カラー） 小野蘭山『蘭山禽譜』 ［国会
図書館］
◇p226（カラー） チゴハヤサ 幼鳥 水谷豊文
『豊文禽譜』 ［国会図書館］

サシバ？ Butastur indicus？
「江戸鳥類大図鑑」平凡社 2006
◇p624（カラー） くろつみ 堀田正敦『禽譜』
［宮城県図書館伊達文庫］

サトウチョウ Loriculus galgulus
「江戸鳥類大図鑑」平凡社 2006
◇p446（カラー） 砂糖鳥 俗称 緑小鸚哥 一名倒掛
堀田正敦『禽譜』 ［宮城県図書館伊達文庫］
◇p446（カラー） 砂糖鳥 倒挂 一名緑毛幺鳳 堀
田正敦『禽譜』 ［宮城県図書館伊達文庫］
「世界大博物図鑑 別巻1」平凡社 1993
◇p233（カラー） ドノヴァン, E.『博物宝典』
1823～27
「舶来鳥獣図誌」八坂書房 1992
◇p17（カラー） 砂糖鳥 オス『唐蘭船持渡鳥獣之
図』文化9（1812）渡来 ［慶應義塾図書館］

サトウチョウ
「江戸時代に描かれた鳥たち」ソフトバンク ク
リエイティブ 2012
◇p26（カラー） 砂糖鳥 毛利梅園『梅園禽譜』
天保10（1849）序

サバクヒタキ Oenanthe deserti
「江戸鳥類大図鑑」平凡社 2006
◇p506（カラー） あとりびたき オス冬羽 堀田
正敦『禽譜』 ［宮城県図書館伊達文庫］

サバクヒタキ？ Oenanthe deserti？
「江戸鳥類大図鑑」平凡社 2006
◇p572（カラー） 深山鶲 オス 堀田正敦『禽譜』
［宮城県図書館伊達文庫］

サバクムシクイ Sylvia nana（Hemprich &
Ehrenberg 1833）
「フランスの美しい鳥の絵図鑑」グラフィック社
2014
◇p249（カラー） エチェコパル, ロベール＝ダニ
エル著, バリュエル, ポール画

さひい　　　　　　　　　鳥

サビイロタチヨタカ　Nyctibius bracteatus
「世界大博物図鑑　別巻1」平凡社　1993
　◇p257（カラー）　スクレイター, P.L., サルヴィン, O.著, スミット, J.原図『熱帯アメリカ鳥類学』1866〜69　手彩色石版　［個人蔵］

サボテンフィンチ　Geospiza scandens
「世界大博物図鑑　別巻1」平凡社　1993
　◇p369（カラー）　ダーウィン, C.R.編, グールド, J.原図, グールド, E.石版『ビーグル号報告動物学編』1839〜43　手彩色石版

サメクサインコ　Platycercus adscitus palliceps
「世界大博物図鑑　別巻1」平凡社　1993
　◇p224（カラー）　セルビー, P.J.著, リア, E.原図, リザーズ, W.銅版『オウムの博物誌』1836

サメビタキ　Muscicapa sibirica
「江戸鳥類大図鑑」平凡社　2006
　◇p506（カラー）　さめびたき　雌　幼鳥　堀田正敦『禽譜』　［宮城県図書館伊達文庫］

サメビタキ？　Muscicapa sibirica ?
「江戸鳥類大図鑑」平凡社　2006
　◇p507（カラー）　めだい　堀田正敦『禽譜』　［宮城県図書館伊達文庫］

サヤハシチドリ　Chionis alba
「世界大博物図鑑　4」平凡社　1987
　◇p183（カラー）　テミンク, C.J.著, ユエ, N.原図『新編彩色鳥類図譜』1820〜39　手彩色銅版画
　◇p183（カラー）　キュヴィエ, G.L.C.F.D.『動物界』1836〜49　手彩色銅版

サヨナキドリ　Luscinia megarhynchos
「ビュフォンの博物誌」工作舎　1991
　◇I139（カラー）『一般と個別の博物誌 ソンニーニ版』
「グールドの鳥類図譜」講談社　1982
　◇p84（カラー）　オス成鳥, メス成鳥　1867

サヨナキドリ
　⇒ナイティンゲール（サヨナキドリ）を見よ

サルクイワシ　Pithecophaga jefferyi
「ビュフォンの博物誌」工作舎　1991
　◇I007（カラー）『一般と個別の博物誌 ソンニーニ版』

サルクイワシ
　⇒フィリピンワシを見よ

サルタンガラ　Melanochlora sultanea
「フランスの美しい鳥の絵図鑑」グラフィック社　2014
　◇p241（カラー）　エチェコパル, ロベール＝ダニエル著, バリュエル, ポール画
「ジョン・グールド 世界の鳥」同朋舎出版　1994
　◇279図（カラー）　メス, オス　リヒター, ヘンリー・コンスタンチン画『アジアの鳥類』1849〜83

サルハマシギ　Calidris ferruginea
「グールドの鳥類図譜」講談社　1982
　◇p174（カラー）　冬羽成鳥, 夏羽成鳥　1872

サワラクガマグチヨタカ　Batrachostomus harterti
「世界大博物図鑑　別巻1」平凡社　1993
　◇p256（カラー）　シャープ, R.B.ほか著, キューレマンス図『大英博物館鳥類目録』1874〜98　手彩色クロモリトグラフ

サンカノゴイ　Botaurus stellaris
「江戸鳥類大図鑑」平凡社　2006
　◇p74（カラー）　山河五位『衆芳軒旧蔵 禽譜』　［国会図書館東洋文庫］
「ジョン・グールド 世界の鳥」同朋舎出版　1994
　◇357図（カラー）　リヒター, ヘンリー・コンスタンチン画『イギリスの鳥類』1862〜73
「世界大博物図鑑　別巻1」平凡社　1993
　◇p45（カラー）　ヘイズ, W.『イギリス鳥類図譜』1771〜75　手彩色銅版
「ビュフォンの博物誌」工作舎　1991
　◇I192（カラー）『一般と個別の博物誌 ソンニーニ版』
「グールドの鳥類図譜」講談社　1982
　◇p153（カラー）　雛, 親鳥　1864

サンカノゴイ　Lophura swinhoii
「紙の上の動物園」グラフィック社　2017
　◇p147（カラー）　ペナント, トーマス『イギリス本土の動物学』1766

サンケイ　Lophura swinhoii
「世界大博物図鑑　別巻1」平凡社　1993
　◇p128（カラー）『動物図譜』1874頃　手彩色石版
「世界大博物図鑑　4」平凡社　1987
　◇p127（カラー）　ダヴィド神父, A.著, アルヌル石版『中国産鳥類』1877　手彩色石版

サンクワウ
「高松松平家所蔵 衆禽画譜 水禽・野鳥」香川県歴史博物館友の会博物図譜刊行会　2005
　◇p79（カラー）　サンクワウ　雌　松平頼恭『衆禽画譜 野鳥帖』江戸時代　紙本著色 画帖装（折本形式）　33.0×48.3　［個人蔵］

さんこうちょう
「鳥の手帖」小学館　1990
　◇p119（カラー）　三光鳥　毛利梅園『梅園禽譜』天保10（1839）序　［国立国会図書館］

サンコウチョウ　Terpsiphone atrocaudata
「江戸博物文庫 鳥の巻」工作舎　2017
　◇p117（カラー）　三光鳥　毛利梅園『梅園禽譜』1840頃　［国立国会図書館］
「江戸鳥類大図鑑」平凡社　2006
　◇p419（カラー）　紫練 一名拖紅練　堀田正敦『禽譜』　［宮城県図書館伊達文庫］
　◇p426（カラー）　さん光てう　オス若鳥　堀田正敦『堀田禽譜』　［東京国立博物館］
　◇p426（カラー）　ひんふく鳥 雄　堀田正敦『禽

鳥　　　　　　　　　　　　　　　　　　　さんと

譜』〔宮城県図書館伊達文庫〕
◇p426（カラー）　おなしく〔ひんふく鳥〕雌　メ
ス　堀田正敦『禽譜』〔宮城県図書館伊達文庫〕
◇p426（カラー）　おなしく〔ひんふく鳥〕雛　若
鳥　堀田正敦『禽譜』〔宮城県図書館伊達文庫〕
「世界大博物図鑑 4」平凡社　1987
◇p339（カラー）　オス, メス　テミンク, C.J.著,
プレートル, J.G.原図『新編彩色鳥類図譜』
1820～39　手彩色銅版画

さんじゃく
「江戸名作画帖全集 8」駸々堂出版　1995
◇図139（カラー）　堀田正敦編『禽譜』　紙本着色
〔東京国立博物館〕

サンジャク　Corvus erythrorhynchus
「ビュフォンの博物誌」工作舎　1991
◇I079（カラー）『一般と個別の博物誌 ソンニー
版』

サンジャク　Urocissa erythrorhyncha
「江戸博物文庫 鳥の巻」工作舎　2017
◇p8（カラー）　山鵲　河野通明写『奇鳥生写図』
1807　〔国立国会図書館〕
「江戸鳥類大図鑑」平凡社　2006
◇p417（カラー）　さんじやく　山鵲 緑山鳥　堀田
正敦『禽譜』〔宮城県図書館伊達文庫〕
「ジョン・グールド 世界の鳥」同朋舎出版　1994
◇4図（カラー）　グールド, エリザベス画『ヒマラ
ヤ山脈鳥類百図』1830～33
◇282図（カラー）　リヒター, ヘンリー・コンスタ
ンチン画『アジアの鳥類』1849～83
「舶来鳥獣図誌」八坂書房　1992
◇p94（カラー）　山鵲『外国産鳥之図』〔国立国
会図書館〕
「世界大博物図鑑 4」平凡社　1987
◇p390（カラー）　ダヴィド神父, A.著, アルヌル石
版『中国産鳥類』1877　手彩色石版

サンジャク
「江戸時代に描かれた鳥たち」ソフトバンク ク
リエイティブ　2012
◇p58（カラー）　山鵲　増山正賢（雪斎）『百鳥図』
寛政12（1800）頃
◇p59（カラー）　山鵲『薩摩鳥譜図巻』　江戸末期
「江戸の動植物図」朝日新聞社　1988
◇p122（カラー）　堀田正敦『堀田禽譜』　〔東京
国立博物館〕

サンジャク？　Urocissa erythrorhyncha？
「江戸鳥類大図鑑」平凡社　2006
◇p414（カラー）　綬雀 唐船舶来　幼鳥　堀田正敦
『禽譜』〔宮城県図書館伊達文庫〕
◇p419（カラー）　れんじやく　堀田正敦『禽譜』
〔宮城県図書館伊達文庫〕

サンショウクイ　Pericrocotus divaricatus
「江戸鳥類大図鑑」平凡社　2006
◇p537（カラー）　さんしやうくひ　オス　堀田正
敦『禽譜』〔宮城県図書館伊達文庫〕
◇p537（カラー）　さんしやうくひ　メス　堀田正
敦『禽譜』〔宮城県図書館伊達文庫〕

◇p538（カラー）　みやまさんくはう　堀田正敦
『禽譜』〔宮城県図書館伊達文庫〕
◇p538（カラー）　みやま三光 雌　オス　堀田正敦
『堀田禽譜』〔東京国立博物館〕

サンショウクイ
「江戸の動植物図」朝日新聞社　1988
◇p121（カラー）　堀田正敦『堀田禽譜』　〔東京
国立博物館〕

サンショクウミワシ　Haliaeetus vocifer
「世界大博物図鑑 別巻1」平凡社　1993
◇p88（カラー）　ルヴァイヤン, F.著, ラインホル
ト（ラインルト）原図, ラングロワ, オードベール
刷『アフリカ鳥類史』1796～1808

サンショクキムネオオハシ　Ramphastos
sulfuratus
「ジョン・グールド 世界の鳥」同朋舎出版　1994
◇54図（カラー）　リヒター, ヘンリー・コンスタン
チン画『オオハシ科の研究 再版』1852～54

サンショクキムネオオハシ（亜種）
Ramphastos sulfuratus brevicarinatus
「ジョン・グールド 世界の鳥」同朋舎出版　1994
◇56図（カラー）　リヒター, ヘンリー・コンスタン
チン画『オオハシ科の研究 再版』1852～54

サンショクキムネオオハシのパナマ亜種
Ramphastos sulfuratus brevicarinatus
「世界大博物図鑑 別巻1」平凡社　1993
◇p292（カラー）　グールド, J.『オオハシ科鳥類図
譜第2版』1852～54

サンショクキムネオオハシのメキシコ亜種
Ramphastos sulfuratus sulfuratus
「世界大博物図鑑 別巻1」平凡社　1993
◇p292（カラー）　グールド, J.『オオハシ科鳥類図
譜第2版』1852～54

サンショクコチュウハシ　Selenidera natterei
「ジョン・グールド 世界の鳥」同朋舎出版　1994
◇66図（カラー）　リヒター, ヘンリー・コンスタン
チン画『オオハシ科の研究 再版』1852～54

サンショクフウキンチョウ　Tangala gyrola
「ビュフォンの博物誌」工作舎　1991
◇I117（カラー）『一般と個別の博物誌 ソンニー
ニ版』

サンドイッチアジサシ　Sterna sandvicensis
「グールドの鳥類図譜」講談社　1982
◇p222（カラー）　夏羽成鳥　1872

サンドイッチアジサシ　Thalasseus
sandvicensis
「世界大博物図鑑 4」平凡社　1987
◇p187（カラー）　ドノヴァン, E.『英国鳥類誌』
1794～1819

サンドウィッチクイナ（＝ハワイクイナ）
Pennula sandwichensis
「世界大博物図鑑 別巻1」平凡社　1993
◇p153（カラー）　ロスチャイルド, L.W.『レイサ

さんと　　　　　　　　　　鳥

ン島の鳥類誌』　1893〜1900　石版画

サントメムシクイ　Amaurocichla bocagii
「世界大博物図鑑　別巻1」平凡社　1993
　◇p336（カラー）『ロンドン動物学協会紀要』　1861
　〜90,1891〜1929　［山階鳥類研究所］

【し】

しぎ
「鳥の手帖」小学館　1990
　◇p196〜197（カラー）　鳴・鷸　毛利梅園『梅園
　禽譜』　天保10（1839）序　［国立国会図書館］

シキ
「高松松平家所蔵 衆禽画譜 水禽・野鳥」香川県
　歴史博物館友の会博物図譜刊行会　2005
　◇p27（カラー）　シキ 無名雄／春出　松平頼恭『衆
　禽画譜 水禽帖』　江戸時代　紙本著色 画帖装（折
　本形式）　38.1×48.7　［個人蔵］
　◇p39（カラー）　シキ 無名　松平頼恭『衆禽画譜
　水禽帖』　江戸時代　紙本著色 画帖装（折本形
　式）　38.1×48.7　［個人蔵］

シギ
「高松松平家所蔵 衆禽画譜 水禽・野鳥」香川県
　歴史博物館友の会博物図譜刊行会　2005
　◇p32（カラー）　シギ 無名　松平頼恭『衆禽画譜
　水禽帖』　江戸時代　紙本著色 画帖装（折本形
　式）　38.1×48.7　［個人蔵］

シギダチョウ類
「世界大博物図鑑 4」平凡社　1987
　◇p23（カラー）　3種の卵　ジェネンズ原図『ロン
　ドン動物学協会紀要』　1861〜90（第2期）　手彩
　色石版画

シキチョウ　Copsychus saularis
「江戸鳥類大図鑑」平凡社　2006
　◇p412（カラー）　喜鵲 一種　堀田正敦『禽譜』
　［宮城県図書館伊達文庫］
　◇p412（カラー）　珍花鳥　堀田正敦『禽譜』
　［宮城県図書館伊達文庫］
　◇p413（カラー）　四祝鳥　堀田正敦『禽譜』
　［宮城県図書館伊達文庫］
　◇p695（カラー）　四喜　オス　堀田正敦『禽譜』
　［宮城県図書館伊達文庫］
「舶来鳥獣図誌」八坂書房　1992
　◇p40（カラー）　四祝鳥　オス『唐蘭船持渡鳥獣之
　図』　文政3（1820）渡来　［慶應義塾図書館］

シキチョウ
「江戸時代に描かれた鳥たち」ソフトバンク ク
　リエイティブ　2012
　◇p57（カラー）　四祝鳥『外国珍禽異鳥図』　江戸
　末期

シキ・ツルシキ
「高松松平家所蔵 衆禽画譜 水禽・野鳥」香川県
　歴史博物館友の会博物図譜刊行会　2005
　◇p42（カラー）　シキ／ツルシキ 無名雌／春出　松

平頼恭『衆禽画譜 水禽帖』　江戸時代　紙本著色
画帖装（折本形式）　38.1×48.7　［個人蔵］

シシガシラゴシキドリ　Megalaima javensis
「世界大博物図鑑 別巻1」平凡社　1993
　◇p292（カラー）　ルヴァイヤン, F.著、バラバン原
　図『フウチョウの自然誌』　1806　銅版多色刷り

しじゅうから
「鳥の手帖」小学館　1990
　◇p20〜21（カラー）　四十雀　毛利梅園『梅園禽
　譜』　天保10（1839）序　［国立国会図書館］

シジュウカラ　Parus major
「江戸鳥類大図鑑」平凡社　2006
　◇p532（カラー）　こがら　堀田正敦『禽譜』
　［宮城県図書館伊達文庫］
　◇p534（カラー）　四十から　堀田正敦『禽譜』
　［宮城県図書館伊達文庫］
　◇p534（カラー）　子規　堀田正敦『禽譜』　［宮
　城県図書館伊達文庫］
「ジョン・グールド 世界の鳥」同朋舎出版　1994
　◇326図（カラー）　メス、オスの成鳥　リヒター,
　ヘンリー・コンスタンチン画『イギリスの鳥類』
　1862〜73
「ビュフォンの博物誌」工作舎　1991
　◇I150（カラー）『一般と個別の博物誌 ソンニー
　ニ版』
「グールドの鳥類図譜」講談社　1982
　◇p67（カラー）　成鳥　1867

シジュウカラ　Parus major minor
「フランスの美しい鳥の絵図鑑」グラフィック社
　2014
　◇p215（カラー）　エチェコパル, ロベール＝ダニ
　エル著、バリュエル, ポール画

シジュウカラ　Parus minor
「江戸博物文庫 鳥の巻」工作舎　2017
　◇p133（カラー）　四十雀　毛利梅園『梅園禽譜』
　1840頃　［国立国会図書館］

シジュウカラ
「江戸時代に描かれた鳥たち」ソフトバンク ク
　リエイティブ　2012
　◇p85（カラー）　白頬鳥／四十雀　毛利梅園『梅園
　禽譜』　天保10（1849）序
「彩色 江戸博物学集成」平凡社　1994
　◇p30（カラー）　貝原益軒『大和本草諸品図』

シジュウカラ？　Parus major ?
「江戸鳥類大図鑑」平凡社　2006
　◇p356（カラー）　くはらめき 黒化個体　堀田正
　敦『禽譜』　［宮城県図書館伊達文庫］

シジュウカラガン　Branta canadensis
leucopareia
「江戸鳥類大図鑑」平凡社　2006
　◇p119（カラー）　たましきがん いぬがん　堀田正
　敦『禽譜』　［宮城県図書館伊達文庫］

鳥　　　　　　　　　　　　　　　　　　　　しへり

シダセッカのチャタム亜種　Bowdleria
punctata rufescens
「世界大博物図鑑 別巻1」平凡社　1993
　◇p336（カラー）　ロスチャイルド, L.W.『絶滅鳥
　類誌』1907　彩色クロモリトグラフ　［個人蔵］

シダセッカの南島亜種　Bowdleria punctata
punctata
「世界大博物図鑑 別巻1」平凡社　1993
　◇p336（カラー）　デュモン・デュルヴィル, J.S.C.
　『アストロラブ号世界周航記』1830〜35　ス
　ティプル印刷

シチホウバト　Oena capensis
「ビュフォンの博物誌」工作舎　1991
　◇I070（カラー）『一般と個別の博物誌 ソンニー
　ニ版』

シチメンチョウ　Meleagris gallopavo
「江戸鳥類大図鑑」平凡社　2006
　◇p263（カラー）　からくん 雄 オス 堀田正敦
　『禽譜』　［宮城県図書館伊達文庫］
　◇p264（カラー）　からくん オス 堀田正敦『禽
　譜』　［宮城県図書館伊達文庫］
「ビュフォンの博物誌」工作舎　1991
　◇I038（カラー）『一般と個別の博物誌 ソンニー
　ニ版』
「世界大博物図鑑 4」平凡社　1987
　◇p146（カラー）　ビュフォン, G.L.L., Comte de,
　トラヴィエ, E.原図『博物誌』1853〜57　手彩
　色銅版画

シチメンチョウ
「紙の上の動物園」グラフィック社　2017
　◇p192（カラー）　アルビン, エレアザール『鳥の
　自然誌』1738
「江戸時代に描かれた鳥たち」ソフトバンク ク
リエイティブ　2012
　◇p69（カラー）　カラクン 雄・雌『薩摩鳥譜図巻』
　江戸末期
「江戸鳥類大図鑑」平凡社　2006
　◇p264（カラー）　からくん 開尾ノ図　堀田正敦
　『禽譜』　［宮城県図書館伊達文庫］
　◇p264（カラー）　からくん 首 オスの頭部　堀田
　正敦『禽譜』　［宮城県図書館伊達文庫］
「彩色 江戸博物学集成」平凡社　1994
　◇p175（カラー）　堀田正敦『大禽譜 原
　禽』　［宮城県図書館］
「江戸の動植物図」朝日新聞社　1988
　◇p131（カラー）　細川重賢『鳥類図譜』　［国立
　国会図書館］

七面鳥
「紙の上の動物園」グラフィック社　2017
　◇p30（カラー）　ウィルビー, フランシス, レイ,
　ジョン『フランシス・ウィルビーの鳥類学』1678

シチメンチョウの北米亜種　Meleagris
gallopavo silvestris
「世界大博物図鑑 別巻1」平凡社　1993
　◇p141（カラー）　オーデュボン, J.J.L.著, ヘーベ

ル, ロバート・ジュニア製版『アメリカの鳥類』
1827〜38　［ニューオーリンズ市立博物館］

シッキムヒガラ　Periparus rubidiventris
beavani（Jerdon 1963）
「フランスの美しい鳥の絵図鑑」グラフィック社
2014
　◇p179（カラー）　エチェコパル, ロベール＝ダニ
　エル著, バリュエル, ポール画

シッポウバト　Oena capensis
「世界大博物図鑑 別巻1」平凡社　1993
　◇p187（カラー）　クニップ夫人『ハト図譜』
　1808〜11　手彩色銅版画

シナガチョウ　Anser cygnoides var.
domesticus
「江戸鳥類大図鑑」平凡社　2006
　◇p98（カラー）　白鵞 一番『衆芳軒旧蔵 禽譜』
　［国会図書館東洋文庫］
　◇p100（カラー）　たうがん 服部雪斎図, 森立之
　解説『華鳥譜』文久2(1862)序　［国会図書館］

シナヘ
「高松松平家所蔵 衆禽画譜 水禽・野鳥」香川県
歴史博物館友の会博物図譜刊行会　2005
　◇p84（カラー）　松平頼恭『衆禽画譜 野鳥帖』 江
　戸時代 紙本著色 画帖装（折本形式）33.0×48.
　3　［個人蔵］

シノリガモ　Histrionicus histrionicus
「江戸博物文庫 鳥の巻」工作舎　2017
　◇p60（カラー）　晨鴨 増山正賢『百鳥図』1800
　頃　［国立国会図書館］
「江戸鳥類大図鑑」平凡社　2006
　◇p158（カラー）　ほし羽白 メス 堀田正敦『禽
　譜』　［宮城県図書館伊達文庫］
　◇p163（カラー）　オキノケン鳥 雄 オス 堀田正
　敦『禽譜』　［宮城県図書館伊達文庫］
　◇p163（カラー）　おきのけん鳥 雌 オス 堀田正
　敦『禽譜』　［宮城県図書館伊達文庫］
「グールドの鳥類図譜」講談社　1982
　◇p203（カラー）　オス, メス 1869

ジブッポウソウ　Brachypteracias leptosomus
「世界大博物図鑑 別巻1」平凡社　1993
　◇p285（カラー）　レッソン, R.P.『動物学図譜』
　1832〜34　手彩色銅版画

シベリアアオジ？　E.s.spodocephala？
「江戸鳥類大図鑑」平凡社　2006
　◇p357（カラー）　大くろじ 堀田正敦『禽譜』
　［宮城県図書館伊達文庫］

シベリアコガラ　Poecile cinctus（Boddaert
1783）
「フランスの美しい鳥の絵図鑑」グラフィック社
2014
　◇p169（カラー）　エチェコパル, ロベール＝ダニ
　エル著, バリュエル, ポール画

シベリアコクイナ　Coturnicops exquisitus
「世界大博物図鑑 別巻1」平凡社　1993

博物図譜レファレンス事典 動物篇　**417**

しへり　　　　　　　　　　　　　　　鳥

◇p156（カラー）『アイビス』 1859～ ［山階鳥類研究所］

シベリアムクドリ　Sturnus sturninus
「江戸博物文庫 鳥の巻」工作舎　2017
　　p183（カラー）　西比利亜椋鳥　伊藤圭介『錦窠禽譜』 1872　［国立国会図書館］

シベリアムクドリ？　Sturnus sturninus？
「江戸鳥類大図鑑」平凡社　2006
　◇p512（カラー）　松むしみやまさゞい　メス　堀田正敦『禽譜』　［宮城県図書館伊達文庫］

シマアオジ　Emberiza aureola
「江戸鳥類大図鑑」平凡社　2006
　◇p349（カラー）　朝鮮あをじ 嶋あをじ　オス　堀田正敦『禽譜』　［宮城県図書館伊達文庫］
　◇p349（カラー）　朝鮮蒿雀 雄　オス？　堀田正敦『禽譜』　［宮城県図書館伊達文庫］
　◇p349（カラー）　朝鮮蒿雀 雌　オス？　堀田正敦『禽譜』　［宮城県図書館伊達文庫］
　◇p350（カラー）　しまきじ　オス　堀田正敦『禽譜』　［宮城県図書館伊達文庫］
　◇p350（カラー）　しまきじ　堀田正敦『禽譜』　［宮城県図書館伊達文庫］

シマアジ　Anas querquedula
「江戸鳥類大図鑑」平凡社　2006
　◇p138（カラー）　つくしがも 別種しまあぢ 同名高麗たかべ　オス　堀田正敦『禽譜』　［宮城県図書館伊達文庫］
「ジョン・グールド 世界の鳥」同朋舎出版　1994
　◇38図（カラー）　グールド, エリザベス画『ヨーロッパの鳥類』 1832～37
「世界大博物図鑑 別巻1」平凡社　1993
　◇p68（カラー）　メス, オス　ボルクハウゼン, M.B.『ドイツ鳥類学』 1800～17
「グールドの鳥類図譜」講談社　1982
　◇p196（カラー）　オス, メス 1865

シマエナガ　Aegithalos caudatus japonicus
「江戸鳥類大図鑑」平凡社　2006
　◇p378（カラー）　島えなが 雄　堀田正敦『禽譜』　［宮城県図書館伊達文庫］
「鳥獣虫魚譜」八坂書房　1988
　◇p26（カラー）　綿帽子　松森胤保『両羽禽類譜』　［酒田市立光丘文庫］

シマカザリハチドリ　Lophornis magnificus
「ジョン・グールド 世界の鳥」同朋舎出版　1994
　◇218図（カラー）　リヒター, ヘンリー・コンスタンチン画『ハチドリ科の研究』 1849～61

シマキンパラ　Lonchura punctulata
「江戸博物文庫 鳥の巻」工作舎　2017
　　p40（カラー）　縞金腹　増山正賢『百鳥図』 1800頃　［国立国会図書館］
「江戸鳥類大図鑑」平凡社　2006
　◇p346（カラー）　咬喇吧雀　堀田正敦『禽譜』　［宮城県図書館伊達文庫］
　◇p692（カラー）　吉祥鳥　堀田正敦『禽譜』　［宮城県図書館伊達文庫］

「舶来鳥獣図誌」八坂書房　1992
　◇p32（カラー）　十姉妹『唐蘭船持渡鳥獣之図』文化13（1816）渡来　［慶應義塾図書館］

シマキンパラ
「江戸時代に描かれた鳥たち」ソフトバンク クリエイティブ　2012
　◇p44（カラー）　ジャガタラ雀　増山正賢（雪斎）『百鳥図』 寛政12（1800）頃

シマキンパラ（ウスアミメ）　Lonchura punctulata nisoria
「江戸鳥類大図鑑」平凡社　2006
　◇p681（カラー）　黄頭鳥　堀田正敦『禽譜』　［宮城県図書館伊達文庫］
　◇p682（カラー）　黄頭雀　堀田正敦『禽譜』　［宮城県図書館伊達文庫］
　◇p693（カラー）　タンカラ　堀田正敦『禽譜』　［宮城県図書館伊達文庫］

シマクイナ　Coturnicops noveboracensis
「江戸鳥類大図鑑」平凡社　2006
　◇p279（カラー）　姫くひな　堀田正敦『禽譜』　［宮城県図書館伊達文庫］

シマゴマ　Erithacus sibilans
「江戸鳥類大図鑑」平凡社　2006
　◇p518（カラー）　嶋こまどり 雄　堀田正敦『禽譜』　［宮城県図書館伊達文庫］
　◇p520（カラー）　のこどり ノゴマ　堀田正敦『禽譜』　［宮城県図書館伊達文庫］
　◇p520（カラー）　のこどり 雌　堀田正敦『禽譜』　［宮城県図書館伊達文庫］

シマゴマ　Luscinia sibilans
「江戸博物文庫 鳥の巻」工作舎　2017
　　p37（カラー）　島駒　増山正賢『百鳥図』 1800頃　［国立国会図書館］

シマシャコ　Francolinus pondicerianus
「世界大博物図鑑 4」平凡社　1987
　◇p115（カラー）　テミンク, C.J.著, プレートル, J.G.原図『新編彩色鳥類図譜』 1820～39　手彩色銅版画

シマノジコ　Emberiza rutila
「江戸博物文庫 鳥の巻」工作舎　2017
　　p73（カラー）　島野路子　牧野貞幹『鳥類写生図』 1810頃　［国立国会図書館］
「江戸鳥類大図鑑」平凡社　2006
　◇p352（カラー）　紅のじこ 雄 嶋のじこ 一名檀香鳥　オス　堀田正敦『禽譜』　［宮城県図書館伊達文庫］
　◇p352（カラー）　紅のじこ 雌　メス　堀田正敦『禽譜』　［宮城県図書館伊達文庫］
　◇p353（カラー）　蔦のじこ 雄　オス　堀田正敦『禽譜』　［宮城県図書館伊達文庫］
　◇p694（カラー）　だんかうてう　オス　堀田正敦『禽譜』　［宮城県図書館伊達文庫］
「舶来鳥獣図誌」八坂書房　1992
　◇p36（カラー）　檀香鳥　オス『唐蘭船持渡鳥獣之図』 文政元（1818）渡来　［慶應義塾図書館］
「鳥獣虫魚譜」八坂書房　1988

418　博物図譜レファレンス事典 動物篇

鳥　　　　　　　　　　　　　　　　　　　　　しゃね

◇p34（カラー）　茶鴉, 紅青鴉　オス　松森胤保
『両羽禽類図譜』　［酒田市立光丘文庫］

シマノジコ
「彩色 江戸博物学集成」平凡社　1994
◇p158〜159（カラー）　オス　佐竹曙山『模写並
写生帖』　［千秋美術館］

シマノジコ？　Emberiza rutila？
「江戸鳥類大図鑑」平凡社　2006
◇p353（カラー）　蔦のじこ　オス　堀田正敦『禽
譜』　［宮城県図書館伊達文庫］
◇p683（カラー）　錦背　堀田正敦『禽譜』　［宮
城県図書館伊達文庫］

シマハジロバトの小アンティル亜種
Zenaida aurita aurita
「世界大博物図鑑 別巻1」平凡社　1993
◇p189（カラー）　クニップ夫人『ハト図譜』
1808〜11　手彩色銅版

シマハッカン　Lophura diardi
「江戸鳥類大図鑑」平凡社　2006
◇p272（カラー）　火雞 舶来　メス　堀田正敦『禽
譜』　［宮城県図書館伊達文庫］
「舶来鳥獣図誌」八坂書房　1992
◇p92（カラー）　火鶏　メス『外国産鳥之図』　寛
保2（1742）渡来　［国立国会図書館］

シマハッカン
「江戸時代に描かれた鳥たち」ソフトバンク ク
リエイティブ　2012
◇p67（カラー）　火鶏 雌『外国産鳥之図』　成立年
不明

シマヒヨドリ
「彩色 江戸博物学集成」平凡社　1994
◇p158〜159（カラー）　佐竹曙山『模写並写生帖』
［千秋美術館］

シマフクロウ　Ketupa blakistoni
「江戸鳥類大図鑑」平凡社　2006
◇p661（カラー）　しまふくろふ　堀田正敦『禽譜』
［宮城県図書館伊達文庫］
「世界大博物図鑑 別巻1」平凡社　1993
◇p241（カラー）『アイビス』1859〜　［山階鳥類
研究所］

シマフクロウ
「江戸の動植物図」朝日新聞社　1988
◇p120（カラー）　堀田正敦『堀田禽譜』　［東京
国立博物館］

シマベニアオゲラ　Picus miniaceus
「世界大博物図鑑 4」平凡社　1987
◇p271（カラー）　ペナント, T.著, バイラウ, ピー
ター原図『インド動物誌』　1790

シマムクドリ
「高松松平家所蔵 衆禽画譜 水禽・野鳥」香川県
歴史博物館友の会博物図譜刊行会　2005
◇p87（カラー）　松平頼恭『衆禽画譜 野鳥帖』江
戸時代　紙本著色 画帖装（折本形式）　33.0×48.
3　［個人蔵］

シマムシクイ　Sylvia nisoria（Bechstein 1795）
「フランスの美しい鳥の絵図鑑」グラフィック社
2014
◇p83（カラー）　エチェコパル, ロベール＝ダニエ
ル著, バリュエル, ポール画

しめ
「鳥の手帖」小学館　1990
◇p166〜167（カラー）　鵐　毛利梅園『梅園禽譜』
天保10（1839）序　［国立国会図書館］

シメ　Coccothraustes coccothraustes
「江戸博物文庫 鳥の巻」工作舎　2017
◇p161（カラー）　鵐　服部雪斎『華鳥譜』　1862
［国立国会図書館］
「江戸鳥類大図鑑」平凡社　2006
◇p542（カラー）　しめ　メス　堀田正敦『禽譜』
［宮城県図書館伊達文庫］
◇p543（カラー）　しめ 一種 フリンギルラ 舶来
オス　堀田正敦『禽譜』　［宮城県図書館伊達文
庫］
◇p544（カラー）　しめ 一種 雄 五色しめ　オス夏
羽　堀田正敦『禽譜』　［宮城県図書館伊達文庫］
「ビュフォンの博物誌」工作舎　1991
◇I103（カラー）『一般と個別の博物誌 ソンニー
ニ版』
「世界大博物図鑑 4」平凡社　1987
◇p363（カラー）　ビュフォン, G.L.L., Comte de,
トラヴィエ, E.原図『博物誌』　1853〜57　手彩
色銅版画
「グールドの鳥類図譜」講談社　1982
◇p118（カラー）　夏羽のオス成鳥, 幼鳥, 冬羽のオ
ス　1862

シメ
「江戸時代に描かれた鳥たち」ソフトバンク ク
リエイティブ　2012
◇p100（カラー）　鵐　毛利梅園『梅園禽譜』　天保
10（1849）序

（ジャイアントキヌバネドリ）
「ジョン・グールド 世界の鳥」同朋舎出版　1994
◇83図（カラー）　Trogon gigas　リア, エドワー
ド画『キヌバネドリ科の研究 初版』　1835〜38

シャカイハタオリ　Philetairus socius
「世界大博物図鑑 4」平凡社　1987
◇p367（カラー）　スミス, A.著, フォード, G.H.原
図『南アフリカ動物図譜』　1838〜49　手彩色
石版

シャクナギ
「高松松平家所蔵 衆禽画譜 水禽・野鳥」香川県
歴史博物館友の会博物図譜刊行会　2005
◇p60（カラー）　松平頼恭『衆禽画譜 水禽帖』江
戸時代　紙本著色 画帖装（折本形式）　38.1×48.
7　［個人蔵］

ジャネイロウズラ　Odontophorus capueira
「ジョン・グールド 世界の鳥」同朋舎出版　1994
◇196図（カラー）　リヒター, ヘンリー・コンスタ
ンチン画『アメリカ産ウズラ類の研究』　1844〜
50

しやの　　　　　　　　　　　鳥

「世界大博物図鑑 4」平凡社　1987
　◇p111（カラー）　グリュンボルト, H.『南米猟鳥・水鳥図譜』〔1915〕～17　手彩色石版図

ジャノメドリ　Eurypyga helias
「ビュフォンの博物誌」工作舎　1991
　◇I213（カラー）『一般と個別の博物誌 ソンニーニ版』
「世界大博物図鑑 4」平凡社　1987
　◇p159（カラー）　キュヴィエ, G.L.C.F.D.『動物界』1836～49　手彩色銅版

ジャマイカオビオバト　Columba caribaea
「世界大博物図鑑 別巻1」平凡社　1993
　◇p185（カラー）　クニップ夫人『ハト図譜』1808～11　手彩色銅版

ジャマイカコビトドリ　Todus todus
「ビュフォンの博物誌」工作舎　1991
　◇I184（カラー）『一般と個別の博物誌 ソンニーニ版』
「世界大博物図鑑 4」平凡社　1987
　◇p250（カラー）　キュヴィエ, G.L.C.F.D.『動物界』1836～49　手彩色銅版

ジャマイカヨタカ　Siphonorhis americanus
「世界大博物図鑑 別巻1」平凡社　1993
　◇p256（カラー）　ロスチャイルド, L.W.『絶滅鳥類誌』1907　彩色クロモリトグラフ〔個人蔵〕

ジャワエナガ　Psaltria exilis (Temminck 1836)
「フランスの美しい鳥の絵図鑑」グラフィック社　2014
　◇p137（カラー）　エチェコパル, ロベール＝ダニエル著, バリュエル, ポール画

ジャワガマグチヨタカ　Batrachostomus javensis
「世界大博物図鑑 4」平凡社　1987
　◇p231（カラー）　テミンク, C.J.著, プレートル, J.G.原図『新編彩色鳥類図譜』1820～39　手彩色銅版画

ジャワトサカゲリ　Vanellus macropterus
「世界大博物図鑑 4」平凡社　1987
　◇p170（カラー）　テミンク, C.J.著, プレートル, J.G.原図『新編彩色鳥類図譜』1820～39　手彩色銅版画

ジャワバンケン　Centropus nigrorufus
「世界大博物図鑑 別巻1」平凡社　1993
　◇p237（カラー）　シャープ, R.B.ほか『大英博物館鳥類目録』1874～98　手彩色クロモリトグラフ

ジュウイチ　Cuculus fugax
「江戸博物文庫 鳥の巻」工作舎　2017
　◇p124（カラー）　慈悲心鳥　毛利梅園『梅園禽譜』1840頃　〔国立国会図書館〕
「江戸鳥類大図鑑」平凡社　2006
　◇p480（カラー）　じひしんてう 嫩鳥 幼鳥　堀田正敦『禽譜』〔宮城県図書館伊達文庫〕
　◇p481（カラー）　じひしん鳥　堀田正敦『禽譜』〔宮城県図書館伊達文庫〕
　◇p481（カラー）　慈悲心鳥　堀田正敦『禽譜』〔宮城県図書館伊達文庫〕

ジュウイチ　Cuculus tugax Horsefield
「高木春山 本草図説 動物」リブロポート　1989
　◇p71（カラー）

ジュウシマツ　Lonchura striata var.domestica
「江戸鳥類大図鑑」平凡社　2006
　◇p690（カラー）　十姉妹 雌　堀田正敦『禽譜』〔宮城県図書館伊達文庫〕
　◇p690（カラー）　十姉妹 雄　堀田正敦『堀田禽譜』〔東京国立博物館〕
　◇p690（カラー）　十姉妹 一種　堀田正敦『禽譜』〔宮城県図書館伊達文庫〕

ジュウシマツ
「彩色 江戸博物学集成」平凡社　1994
　◇p158～159（カラー）　佐竹曙山『模写並写生帖』〔千秋美術館〕

ジュウシマツ？　Lonchura striata var. domestica ?
「江戸鳥類大図鑑」平凡社　2006
　◇p690（カラー）　十姉妹　堀田正敦『禽譜』〔宮城県図書館伊達文庫〕

十姉妹
「高松松平家所蔵 衆禽画譜 水禽・野鳥」香川県歴史博物館友の会博物図譜刊行会　2005
　◇p92（カラー）　松平頼恭『衆禽画譜 野鳥帖』江戸時代　紙本著色 画帖装（折本形式）33.0×48.3　〔個人蔵〕

ジュウニセンフウチョウ　Seleucides melanoleuca
「フウチョウの自然誌 博物画の至宝」平凡社　1994
　◇I-No.16（カラー）　Le Nébuleux, étalant ses parures　ディスプレイ中　ルヴァイヤン, F.著, バラバン, J.原図　1806
　◇I-No.17（カラー）　Le Nébuleux, dans l'état du repos　ルヴァイヤン, F.著, バラバン, J.原図　1806
「ジョン・グールド 世界の鳥」同朋舎出版　1994
　◇383図（カラー）　オス　ハート, ウィリアム画『ニューギニアの鳥類』1875～88
「世界大博物図鑑 別巻1」平凡社　1993
　◇p405（カラー）　ルヴァイヤン, F.著, バラバン原図『フウチョウの自然誌』1806　銅版多色刷り
　◇p405（カラー）　飾り羽を閉じた図　ルヴァイヤン, F.著, バラバン原図『フウチョウの自然誌』1806　銅版多色刷り

ジュケイ　Tragopan caboti
「世界大博物図鑑 別巻1」平凡社　1993
　◇p133（カラー）　エリオット, D.G.著, ヴォルフ, J.原図, スミット, J.石版『キジ科鳥類図譜』1870～72　手彩色石版

鳥　　　　　　　　　　　　しよう

ジュズカケバト　Streptopelia risoria
「ビュフォンの博物誌」工作舎　1991
　　◇I068(カラー)『一般と個別の博物誌 ソンニー
　　ニ版』

シュバシコウ　Ciconia ciconia
「ビュフォンの博物誌」工作舎　1991
　　◇I184(カラー)『一般と個別の博物誌 ソンニー
　　ニ版』

シュバシコウの脚と羽　Ciconia ciconia
「すごい博物画」グラフィック社　2017
　　◇図版26(カラー)　ダル・ポッツォ, カシアーノ,
　　レオナルディ, ヴィンチェンソ作(?)　1630〜40
　　頃　黒いチョークの上にアラビアゴムを混ぜた水
　　彩と濃厚顔料　38.1×22.7　［ウィンザー城ロイ
　　ヤル・ライブラリー］

シュバシコウの頭　Ciconia ciconia
「すごい博物画」グラフィック社　2017
　　◇図版27(カラー)　ダル・ポッツォ, カシアーノ,
　　レオナルディ, ヴィンチェンソ作(?)　1630〜40
　　頃　黒いチョークの上に水彩と濃厚顔料　20.8×
　　27.1　［ウィンザー城ロイヤル・ライブラリー］

シュバシサトチョウ　Psittacus philippensis
「ビュフォンの博物誌」工作舎　1991
　　◇I255(カラー)『一般と個別の博物誌 ソンニー
　　ニ版』

種名不詳
「舶来鳥獣図誌」八坂書房　1992
　　◇p11(カラー)　黄鸝鳥『唐蘭船持渡鳥獣之図』
　　［慶應義塾図書館］
　　◇p57(カラー)　天雀鳥　白変個体らしい『唐蘭船
　　持渡鳥獣之図』　嘉永3(1850)渡来　［慶應義塾
　　図書館］
　　◇p98(カラー)　黄鸝鳥『外国産鳥之図』　［国立
　　国会図書館］

シュモクドリ　Scopus umbretta
「ビュフォンの博物誌」工作舎　1991
　　◇I194(カラー)『一般と個別の博物誌 ソンニー
　　ニ版』
「世界大博物図鑑 4」平凡社　1987
　　◇p50(カラー)　キュヴィエ, G.L.C.F.D.『動物
　　界』　1836〜49　手彩色銅版

種類のわからない鳥
「すごい博物画」グラフィック社　2017
　　◇図版49(カラー)　ルリコンゴウインコ, サザン
　　ホーカー, スズメバチ, 種類のわからない鳥, キ
　　アゲハの幼虫とさなぎ, ホワイトフットクレイ
　　フィッシュ, グレーハウンド, シクラメンの葉と
　　カレハガの幼虫　マーシャル, アレクサンダー
　　1650〜82頃　水彩　45.6×33.3　［ウィンザー城
　　ロイヤル・ライブラリー］

ショウジョウインコ　Lorius garrulus
「江戸鳥類大図鑑」平凡社　2006
　　◇p441(カラー)　ひいんこ　緑翅紅鸚哥 蘭舶載来
　　堀田正敦『禽譜』　［宮城県図書館伊達文庫］
　　◇p441(カラー)　緑翅紅鸚哥　堀田正敦
　　『禽譜』　［宮城県図書館伊達文庫］

「世界大博物図鑑 別巻1」平凡社　1993
　　◇p218(カラー)『博物館禽譜』　1875〜79(明治8〜
　　12)編集　［東京国立博物館］
「ビュフォンの博物誌」工作舎　1991
　　◇I254(カラー)『一般と個別の博物誌 ソンニー
　　ニ版』

ショウジョウインコ　Lorius garrulus
Linnaeus
「高木春山 本草図説 動物」リブロポート　1989
　　◇p70(カラー)　一種 紅音呼

ショウジョウインコ
「江戸時代に描かれた鳥たち」ソフトバンク ク
リエイティブ　2012
　　◇p29(カラー)　鸚鵡/シヤウジヤウインコ　毛利
　　梅園『梅園禽譜』　天保10(1849)序

ショウジョウインコモドキ　Lorius tibialis
「世界大博物図鑑 別巻1」平凡社　1993
　　◇p218(カラー)　キューレマンス図『ロンドン動
　　物学協会紀要』　1861〜90,1891〜1929　［京都大
　　学理学部］

ショウジョウコウカンチョウ　Cardinalis
cardinalis
「世界大博物図鑑 4」平凡社　1987
　　◇p354(カラー)　プレヴォー, F.著, ポーケ原図
　　『熱帯鳥類図誌』　［1879］　手彩色銅版

ショウジョウコウカンチョウ　Pyrrhuloxia
cardinalis
「ビュフォンの博物誌」工作舎　1991
　　◇I104(カラー)『一般と個別の博物誌 ソンニー
　　ニ版』

ショウジョウトキ　Eudocimus ruber
「世界大博物図鑑 別巻1」平凡社　1993
　　◇p53(カラー)　シンツ, H.R.『鳥類分類学』
　　1846〜53　石版図
「ビュフォンの博物誌」工作舎　1991
　　◇I204(カラー)『一般と個別の博物誌 ソンニー
　　ニ版』

ジョウジョウヒワ　Carduelis cucullata
「世界大博物図鑑 別巻1」平凡社　1993
　　◇p389(カラー)　スウェイソン, W.『動物学図譜』
　　1820〜23　手彩色石版

ショウドウツバメ　Riparia riparia
「ジョン・グールド 世界の鳥」同朋舎出版　1994
　　◇325図(カラー)　数千羽の群れ, 若鳥　ハート,
　　ウィリアム画『イギリスの鳥類』　1862〜73
「ビュフォンの博物誌」工作舎　1991
　　◇I170(カラー)『一般と個別の博物誌 ソンニー
　　ニ版』
「グールドの鳥類図譜」講談社　1982
　　◇p59(カラー)　成鳥 1863

ショウドウツバメ
「グールドの鳥類図譜」講談社　1982
　　◇p59(カラー)　幼鳥, 南方に渡る秋の群れ 1873

博物図譜レファレンス事典 動物篇　**421**

しよう　　　　　　　鳥

ジョウビタキ　Phoenicurus auroreus
「江戸博物文庫 鳥の巻」工作舎　2017
　◇p26（カラー）　尉鶲　増山正賢『百鳥図』1800
　　頃　［国立国会図書館］
「江戸鳥類大図鑑」平凡社　2006
　◇p501（カラー）　じやうひたき 雄　オス　堀田正
　　敦『禽譜』［宮城県図書館伊達文庫］
　◇p501（カラー）　尉ひたき 雌雄　堀田正敦『禽
　　譜』［宮城県図書館伊達文庫］
「日本の博物図譜」東海大学出版会　2001
　◇p47（白黒）　関根雲停筆『博物館禽譜』　［東京
　　国立博物館］
「ビュフォンの博物誌」工作舎　1991
　◇I139（カラー）『一般と個別の博物誌 ソンニー
　　ニ版』

ジョウビタキ
「彩色 江戸博物学集成」平凡社　1994
　◇p299（カラー）　川原慶賀『動植物図譜』　［オ
　　ランダ国立自然史博物館］
　◇p454〜455（カラー）　オス　山本渓愚画

ジョウビタキ？　Phoenicurus auroreus？
「江戸鳥類大図鑑」平凡社　2006
　◇p501（カラー）　山火燕　堀田正敦『禽譜』
　　［宮城県図書館伊達文庫］

シラオネッタイチョウ　Phaethon lepturus
「鳥獣虫魚譜」八坂書房　1988
　◇p47（カラー）　未詳種, 仮称「貝割」　幼鳥　松
　　森胤保『両羽禽類図譜』［酒田市立光丘文庫］
「世界大博物図鑑 4」平凡社　1987
　◇p38（カラー）　トラヴィエ, E.原図, キュヴィエ,
　　G.L.C.F.D.『動物界』1836〜49　手彩色銅版

シラオネッタイチョウ
「彩色 江戸博物学集成」平凡社　1994
　◇p434（カラー）　松森胤保『両羽博物図譜』
「鳥獣虫魚譜」八坂書房　1988
　◇p47（カラー）　幼鳥　黒田長禮『鳥類原色大図
　　説』1934

シラガガケヒタキ　Tyrannus savana
「ビュフォンの博物誌」工作舎　1991
　◇I132（カラー）『一般と個別の博物誌 ソンニー
　　ニ版』

シラガホオジロ　Emberiza leucocephala
「江戸鳥類大図鑑」平凡社　2006
　◇p362（カラー）　蔦ほうじろ　オス冬羽　堀田正
　　敦『禽譜』［宮城県図書館伊達文庫］
　◇p362（カラー）　蔦ほうじろ　オス夏羽　堀田正
　　敦『禽譜』［宮城県図書館伊達文庫］

シラコバト　Streptopelia decaocto
「江戸鳥類大図鑑」平凡社　2006
　◇p455（カラー）　しろこはと　白斑鳩　堀田正敦
　　『禽譜』［宮城県図書館伊達文庫］
「世界大博物図鑑 別巻1」平凡社　1993
　◇p188（カラー）　クニップ夫人『ハト図譜』
　　1808〜11　手彩色銅版

シラコバト　Streptopelia decaocto
Freivaldszky
「高木春山 本草図説 動物」リブロポート　1989
　◇p70（カラー）　斑鳩　ハチマンハト

シラヒゲウミスズメ　Aethia pygmaea
「江戸鳥類大図鑑」平凡社　2006
　◇p227（カラー）　コロコロ 一種　堀田正敦『禽
　　譜』［宮城県図書館伊達文庫］
　◇p715（カラー）　名不知　夏羽　堀田正敦『禽譜』
　　［宮城県図書館伊達文庫］

シラヒゲウミスズメ
「彩色 江戸博物学集成」平凡社　1994
　◇p187（カラー）　コロコロ同一種　堀田正敦『大
　　禽譜 水禽（下）』［宮城県図書館］

シラヒゲムシクイ　Sylvia cantillaus（Pallas
1764）
「フランスの美しい鳥の絵図鑑」グラフィック社
　2014
　◇p99（カラー）　エチェコパル, ロベール＝ダニエ
　　ル著, バリュエル, ポール画

シラボシガラ　Periparus elegans（Lesson
1831）
「フランスの美しい鳥の絵図鑑」グラフィック社
　2014
　◇p187（カラー）　エチェコパル, ロベール＝ダニ
　　エル著, バリュエル, ポール画

シロエボシアリドリ　Pithys albifros
「ビュフォンの博物誌」工作舎　1991
　◇I125（カラー）『一般と個別の博物誌 ソンニー
　　ニ版』

シロエリインカハチドリ　Coeligena torquata
「ジョン・グールド 世界の鳥」同朋舎出版　1994
　◇249図（カラー）　リヒター, ヘンリー・コンスタ
　　ンチン画『ハチドリ科の研究』1849〜61

シロエリオオガシラ　Notharchus
macrorhynchos
「フウチョウの自然誌 博物画の至宝」平凡社
　1994
　◇II-No.39（カラー）　Le Tamatia à plastron noir
　　ルヴァイヤン, F.著, バラバン, J.原図　1806
「世界大博物図鑑 4」平凡社　1987
　◇p262（カラー）　プレヴォー, F.著, ポーケ原図
　　『熱帯鳥類図誌』［1879］手彩色銅版
　◇p262（カラー）　ビュフォン, G.L.L., Comte de,
　　トラヴィエ, E.原図『博物誌』1853〜57　手彩
　　色銅版画

シロエリテンシハチドリ　Heliangelus spencei
「世界大博物図鑑 4」平凡社　1987
　◇p239（カラー）　グールド, J.『ハチドリ科鳥類図
　　譜』1849〜61　手彩色石版

シロエリノスリ　Leucopternis lacernulata
「世界大博物図鑑 4」平凡社　1987
　◇p91（カラー）　テミンク, C.J.著, ユエ, N.原図
　　『新編彩色鳥類図譜』1820〜39　手彩色銅版画

鳥　　　　　　　　　　　　　　　　　　　　　しろか

シロエリハゲワシ　Gyps fulvus
「世界大博物図鑑　別巻1」平凡社　1993
　◇p81（カラー）　ビュフォン, G.L.L., Comte de
　『一般と個別の博物誌（ソンニーニ版）』　1799～
　1808　銅版 カラー印刷
「ビュフォンの博物誌」工作舎　1991
　◇I009（カラー）『一般と個別の博物誌 ソンニー
　ニ版』
「世界大博物図鑑　4」平凡社　1987
　◇p75（カラー）　グレー, J.E.著, ホーキンズ,
　ウォーターハウス石版『インド動物図譜』　1830
　～34

シロエリハチドリ　Florisuga mellivora
「ジョン・グールド 世界の鳥」同朋舎出版　1994
　◇216図（カラー）　オス, メス　リヒター, ヘン
　リー・コンスタンチン画『ハチドリ科の研究』
　1849～61
「世界大博物図鑑　4」平凡社　1987
　◇p242（カラー）　ビュフォン, G.L.L., Comte de,
　トラヴィエ, E.原図『博物誌』1853～57　手彩
　色銅版画

シロエリヒタキ　Ficedula albicollis
「グールドの鳥類図譜」講談社　1982
　◇p64（カラー）　オス成鳥, 幼鳥 1873

シロエンビハチドリ　Urosticte benjamini
「世界大博物図鑑　別巻1」平凡社　1993
　◇p265（カラー）　ミュルザン, M.E., ヴェロー, J.
　B.É.『ハチドリの自然誌』　1873～79　手彩色
　石版

シロオオタカ
　⇒オオタカ（シロオオタカ）を見よ

しろをし
「江戸名作画帖全集　8」駸々堂出版　1995
　◇図131（カラー）　堀田正敦編『禽譜』　紙本着色
　［東京国立博物館］

白鷺鵞
「江戸名作画帖全集　8」駸々堂出版　1995
　◇図132（カラー）　堀田正敦編『禽譜』　紙本着色
　［東京国立博物館］

シロガオエボシガラ　Baeolophus wollweberi
（Bonaparte 1850）
「フランスの美しい鳥の絵図鑑」グラフィック社
　2014
　◇p175（カラー）　エチェコパル, ロベール＝ダニ
　エル著, バリュエル, ポール画

シロガザリハチドリ　Lophornis gouldii
「ジョン・グールド 世界の鳥」同朋舎出版　1994
　◇217図（カラー）　リヒター, ヘンリー・コンスタ
　ンチン画『ハチドリ科の研究』　1849～61

シロガシラ　Pycnonotus sinensis
「江戸鳥類大図鑑」平凡社　2006
　◇p535（カラー）　白頭翁　堀田正敦『禽譜』
　［宮城県図書館伊達文庫］
　◇p705（カラー）　白頭翁　堀田正敦『禽譜』

　［宮城県図書館伊達文庫］
「舶来鳥獣図誌」八坂書房　1992
　◇p95（カラー）　白頭翁『外国産鳥之図』　［国立
　国会図書館］

シロガシラ
「江戸時代に描かれた鳥たち」ソフトバンク ク
　リエイティブ　2012
　◇p53（カラー）　白頭翁『外国産鳥之図』　成立年
　不明
　◇p53（カラー）　白頭翁『薩摩鳥譜図巻』　江戸
　末期
「彩色 江戸博物学集成」平凡社　1994
　◇p111（カラー）　白頭翁　小野蘭山『諸鳥譜』
　［東洋文庫］

シロガシラキリハシ　Brachygalba goeringi
「世界大博物図鑑　4」平凡社　1987
　◇p259（カラー）　スミット, J.原図『ロンドン動物
　学協会紀要』　1869　手彩色石版画

シロガシラシャクケイ　Penelope pileata
「世界大博物図鑑　4」平凡社　1987
　◇p106～107（カラー）　デ・ミュール, M.A.P.O.
　著, プレヴォー原図『新々鳥類図譜』　1845～49
　手彩色石版

シロガシラトサカゲリ　Vanellus albiceps
「世界大博物図鑑　4」平凡社　1987
　◇p170（カラー）　テミンク, C.J.著, プレートル,
　J.G.原図『新編彩色鳥類図譜』　1820～39　手彩
　色銅版画

シロガシラハゲワシ　Trigonoceps occipitalis
「ビュフォンの博物誌」工作舎　1991
　◇I009（カラー）『一般と個別の博物誌 ソンニー
　ニ版』

シロガシラムクドリ
「江戸時代に描かれた鳥たち」ソフトバンク ク
　リエイティブ　2012
　◇p56（カラー）　ハナマルテンキウ『薩摩鳥譜図
　巻』　江戸末期

シロカツオドリ　Morus bassana
「ビュフォンの博物誌」工作舎　1991
　◇I222（カラー）『一般と個別の博物誌 ソンニー
　ニ版』

シロカツオドリ　Morus（Sula）bassanus
「ジョン・グールド 世界の鳥」同朋舎出版　1994
　◇42図（カラー）　成鳥, 幼鳥 リア, エドワード画
　『ヨーロッパの鳥類』　1832～37
　◇375図（カラー）　群れ, 成鳥, 雛 ヴォルフ, ヨゼ
　フ, リヒター, ヘンリー・コンスタンチン画『イ
　ギリスの鳥類』　1862～73

シロカツオドリ　Sula bassana
「グールドの鳥類図譜」講談社　1982
　◇p215（カラー）　成鳥, 幼鳥 1873

シロカマハシフウチョウ　Drepanornis
bruijnii
「世界大博物図鑑　別巻1」平凡社　1993

しろか　　　　　　　　　鳥

◇p404（カラー）　グールド, J.『ニューギニア鳥類図譜』1875〜88　手彩色石版

シロカモメ　Larus hyperboreus
「グールドの鳥類図譜」講談社　1982
◇p216（カラー）　成鳥, 第1回冬羽幼鳥 1873

シロクロオオガシラ　Notharchus tectus
「フウチョウの自然誌 博物画の至宝」平凡社 1994
◇II-No.40（カラー）　Le petit Tamatia plastron noir　ルヴァイヤン, F.著, バラバン, J.原図 1806

シロクロサイチョウ　Berenicornis comatus
「世界大博物図鑑 4」平凡社　1987
◇p258（カラー）　ミュラー, S.著, ムルダー, A.S.原図『蘭領インド自然誌』1839〜44

シロゴイサギ　Pilherodius pileatus
「ビュフォンの博物誌」工作舎　1991
◇I190（カラー）『一般と個別の博物誌 ソンニーニ版』

シロスジエメラルドハチドリ　Amazilia lactea
「ジョン・グールド 世界の鳥」同朋舎出版　1994
◇256図（カラー）　リヒター, ヘンリー・コンスタンチン画『ハチドリ科の研究』1849〜61

シロスジエメラルドハチドリ（亜種）　Amazilia lactea bartletti
「ジョン・グールド 世界の鳥」同朋舎出版　1994
◇262図（カラー）　ハート, ウィリアム画『ハチドリ科の研究』1849〜61

シロチドリ　Charadrius alexandrinus
「グールドの鳥類図譜」講談社　1982
◇p160（カラー）　雌親, 雄親, 雛 1875

シロチドリ？　Charadrius alexandrinus ?
「江戸鳥類大図鑑」平凡社　2006
◇p187（カラー）　ちどり　堀田正敦『禽譜』［宮城県図書館伊達文庫］

シロツノミツスイ　Notiomystis cincta
「世界大博物図鑑 別巻1」平凡社　1993
◇p352（カラー）　ブラー, W.L.著, キューレマンス, J.G.図『ニュージーランド鳥類誌第2版』1887〜88　手彩色石版図

シロノスリ　Leucopternis albicollis
「世界大博物図鑑 別巻1」平凡社　1993
◇p104（カラー）　スクレイター, P.L., サルヴィン, O.著, スミット, J.原図『熱帯アメリカ鳥類学』1866〜69　手彩色石版　［個人蔵］

シロハタフウチョウ　Semioptera wallacei
「ジョン・グールド 世界の鳥」同朋舎出版　1994
◇181図（カラー）　オス, メス　リヒター, ヘンリー・コンスタンチン画『オーストラリアの鳥類補遺』1851〜69
「世界大博物図鑑 別巻1」平凡社　1993
◇p401（カラー）　メス, オス『アイビス』1859〜［山階鳥類研究所］

シロハヤブサ　Falco rusticolus
「江戸鳥類大図鑑」平凡社　2006
◇p635（カラー）　しろはやぶさ 淡色型　堀田正敦『禽譜』　［宮城県図書館伊達文庫］
◇p635（カラー）　しろはやぶさ 同門山峙　白色型　堀田正敦『禽譜』　［宮城県図書館伊達文庫］
◇p636（カラー）　大はやぶさ ふがはり　暗色型　堀田正敦『禽譜』　［宮城県図書館伊達文庫］
◇p636（カラー）　白大はやぶさ 淡色型　堀田正敦『禽譜』　［宮城県図書館伊達文庫］
「ジョン・グールド 世界の鳥」同朋舎出版　1994
◇309図（カラー）　「濃色相」と「淡色相」の中間種　ヴォルフ, ヨゼフ, リヒター, ヘンリー・コンスタンチン画『イギリスの鳥類』1862〜73
◇310図（カラー）　若鳥, 成鳥.（淡色相）　ヴォルフ, ヨゼフ, リヒター, ヘンリー・コンスタンチン画『イギリスの鳥類』1862〜73
◇311図（カラー）　成鳥, 幼鳥　ヴォルフ, ヨゼフ, リヒター, ヘンリー・コンスタンチン画『イギリスの鳥類』1862〜73
「世界大博物図鑑 別巻1」平凡社　1993
◇p109（カラー）　マルティネ, F.N.『鳥類誌』1787〜96　手彩色銅版
◇p109（カラー）　オーデュボン, J.J.L.著, ヘーベル, ロバート・ジュニア製版『アメリカの鳥類』1827〜38　［ニューオーリンズ市立博物館］
「ビュフォンの博物誌」工作舎　1991
◇I021（カラー）　灰型『一般と個別の博物誌 ソンニーニ版』
「グールドの鳥類図譜」講談社　1982
◇p39（カラー）　アイスランドの固有亜種（F.r. islandicus）の成鳥 1872
◇p40（カラー）　北極圏に繁殖する亜種（F.r. candicans）の白色型成鳥, 幼鳥 1873
◇p40（カラー）　北極圏に繁殖する亜種（F.r. candicans）の暗色型成鳥 1873
◇p41（カラー）　北極圏に繁殖する亜種（F.r. candicans）の暗色型幼鳥 1873
◇p43（カラー）　アイスランドの固有亜種（F.r. islandicus）の若鳥 1872

シロハヤブサ
「紙の上の動物園」グラフィック社　2017
◇p18（カラー）　gyrfalcon　オーデュボン, ジョン・J.『アメリカの鳥類』1827〜38
「グールドの鳥類図譜」講談社　1982
◇p41（カラー）　ユーラシア大陸北部の亜種（F.r. rusticolus）1872

しろはら
「鳥の手帖」小学館　1990
◇p152〜153（カラー）　白腹　毛利梅園『梅園禽譜』　天保10（1839）序　［国立国会図書館］

シロハラ　Turdus pallidus
「江戸鳥類大図鑑」平凡社　2006
◇p571（カラー）　あかはら 雌 メス　堀田正敦『禽譜』　［宮城県図書館伊達文庫］

シロハラ
「江戸時代に描かれた鳥たち」ソフトバンク ク

424　博物図譜レファレンス事典 動物篇

リエイティブ 2012
◇p101（カラー）　雀鶲/白ツグ　毛利梅園『梅園禽譜』　天保10（1849）序
「彩色 江戸博物学集成」平凡社　1994
◇p30（カラー）　貝原益軒『大和本草諸品図』

シロハラアナツバメ　Collocalia esculenta
「ビュフォンの博物誌」工作舎　1991
◇I173（カラー）『一般と個別の博物誌 ソンニーニ版』

シロハラアフリカツリスガラ　Anthoscopus
caroliansorgei（Hartert 1905）
「フランスの美しい鳥の絵図鑑」グラフィック社　2014
◇p149（カラー）　エチェコパル, ロベール＝ダニエル著, バリュエル, ポール画

シロハラアマツバメ　Apus melba
「グールドの鳥類図譜」講談社　1982
◇p57（カラー）　成鳥 1869

シロハラインコ　Pionites leucogaster
「世界大博物図鑑 別巻1」平凡社　1993
◇p229（カラー）　図は亜種のキモモシロハラインコ P.l.xanthomeria とも『ロンドン動物学協会紀要』　1861〜90,1891〜1929　［京都大学理学部］

シロハラウミワシ　Haliaeetus leucogaster
「ビュフォンの博物誌」工作舎　1991
◇I004（カラー）『一般と個別の博物誌 ソンニーニ版』
「世界大博物図鑑 4」平凡社　1987
◇p78（カラー）　テミンク, C.J.著, ユエ, N.原図『新編彩色鳥類図譜』　1820〜39　手彩色銅版画

シロハラオナガ　Dendrocitta leucogastra
「世界大博物図鑑 4」平凡社　1987
◇p391（カラー）　グールド夫人原図『ロンドン動物学協会紀要』　1833　手彩色石版画

シロハラクイナ　Amaurornis phoenicurus
「江戸鳥類大図鑑」平凡社　2006
◇p83（カラー）　春ばん『鳥類之図』　［山階鳥類研究所］

シロハラクロガラ　Parus albiventris（Shelley
1881）
「フランスの美しい鳥の絵図鑑」グラフィック社　2014
◇p201（カラー）　エチェコパル, ロベール＝ダニエル著, バリュエル, ポール画

シロハラゴジュウカラ
⇒ゴジュウカラ（シロハラゴジュウカラ？）を見よ

シロハラサンショウクイ　Pericrocotus
erythropygius
「世界大博物図鑑 4」平凡社　1987
◇p307（カラー）　テミンク, C.J.著, プレートル, J.G.原図『新編彩色鳥類図譜』　1820〜39　手彩色銅版画

シロハラシャコバト　Leptotila jamaicensis
「ビュフォンの博物誌」工作舎　1991
◇I064（カラー）『一般と個別の博物誌 ソンニーニ版』

シロハラトウゾクカモメ　Stercorarius
longicaudus
「グールドの鳥類図譜」講談社　1982
◇p228（カラー）　成鳥 1865

シロハラハイタカ　Accipiter francessi
「世界大博物図鑑 別巻1」平凡社　1993
◇p100（カラー）『アイビス』　1859〜　［山階鳥類研究所］

シロハラホオジロ　Emberiza tristrami
「江戸博物文庫 鳥の巻」工作舎　2017
◇p29（カラー）　白腹頬白　増山正賢『百鳥図』1800頃　［国立国会図書館］
「江戸鳥類大図鑑」平凡社　2006
◇p364（カラー）　やつかしら　オス　堀田正敦『禽譜』　［宮城県図書館伊達文庫］

シロハラホオジロ
「彩色 江戸博物学集成」平凡社　1994
◇p66〜67（カラー）　じゅりんほうしろ　オス　丹羽正伯『筑前国産物絵図帳』　［福岡県立図書館］

シロハラモリチドリ　Stachyris grammiceps
「世界大博物図鑑 別巻1」平凡社　1993
◇p333（カラー）　テミンク, C.J., ロジエ・ド・シャルトルース, M.著『新編彩色鳥類図譜』1820〜39　手彩色銅板画

シロハラルリサンジャク　Cyanocorax
cayanus
「ビュフォンの博物誌」工作舎　1991
◇I080（カラー）『一般と個別の博物誌 ソンニーニ版』

シロビタイガラ　Sittiparus semilarvatus
（Salvadori 1865）
「フランスの美しい鳥の絵図鑑」グラフィック社　2014
◇p235（カラー）　エチェコパル, ロベール＝ダニエル著, バリュエル, ポール画

シロビタイジョウビタキ　Phoenicurus
phoenicurus
「ジョン・グールド 世界の鳥」同朋舎出版　1994
◇336図（カラー）　オス, メス　リヒター, ヘンリー・コンスタンチン画『イギリスの鳥類』1862〜73
「世界大博物図鑑 4」平凡社　1987
◇p322（カラー）　ドノヴァン, E.『英国鳥類誌』1794〜1819
「グールドの鳥類図譜」講談社　1982
◇p81（カラー）　メス, オス 1864

シロビタイハチクイ　Merops bullockoides
「世界大博物図鑑 4」平凡社　1987

しろひ　　　　　　　　　　　　鳥

◇p250（カラー）　スミス, A.著, フォード, G.H.原図『南アフリカ動物図譜』1838～49　手彩色石版

シロビタイムジオウム　Cacatua goffini
「世界大博物図鑑 別巻1」平凡社　1993
　◇p213（カラー）『ロンドン動物学協会紀要』1861～90,1891～1929　[京都大学理学部]
「世界大博物図鑑 4」平凡社　1987
　◇p202（カラー）　テミンク, C.J.著, ユエ, N.原図『新編彩色鳥類図譜』1820～39　手彩色銅版画

シロビタイムジオウム
「江戸時代に描かれた鳥たち」ソフトバンク クリエイティブ　2012
　◇p25（カラー）　巴旦鳥　毛利梅園『梅園禽譜』天保10（1849）序

シロフクロウ　Nyctea scandiaca
「江戸鳥類大図鑑」平凡社　2006
　◇p660（カラー）　白ふくろふ　メス　堀田正敦『禽譜』　[宮城県図書館伊達文庫]
「ジョン・グールド 世界の鳥」同朋舎出版　1994
　◇17図（カラー）　若鳥, 成鳥　リア, エドワード画『ヨーロッパの鳥類』1832～37
　◇320図（カラー）　メス, オスの成鳥, オスとみられる幼鳥　ヴォルフ, ヨゼフ, ヒル, J.著, リヒター, ヘンリー・コンスタンチン画『イギリスの鳥類』1862～73
「世界大博物図鑑 別巻1」平凡社　1993
　◇p249（カラー）　デ・ケイ, J.E.著, ヒル, J.W.原図『ニューヨーク動物誌』1844　手彩色石版
　◇p249（カラー）　ルヴァイヤン, F.著, ラインホルト（ライノルト）原図, ラングロワ, オードベール刷『アフリカ鳥類史』1796～1808
「ビュフォンの博物誌」工作舎　1991
　◇I029（カラー）『一般と個別の博物誌 ソンニーニ版』
「鳥獣虫魚譜」八坂書房　1988
　◇p22（カラー）　嶋梟, 白フクロ　メス　松森胤保『両羽禽類図譜』　[酒田市立光丘文庫]
「グールドの鳥類図譜」講談社　1982
　◇p51（カラー）　暗色型の成鳥, 白色型の成鳥　1863

シロフクロウ
「紙の上の動物園」グラフィック社　2017
　◇p141（カラー）　コイレマンス, J.G.『中欧の鳥類の自然誌』1905　クロモ石版

白ふくろふ
「江戸名作画帖全集 8」駸々堂出版　1995
　◇図140（カラー）　white owl　堀田正敦編『禽譜』紙本着色　[東京国立博物館]

シロボシウズラ　Odontophorus balliviani
「ジョン・グールド 世界の鳥」同朋舎出版　1994
　◇197図（カラー）『アメリカ産ウズラ類の研究』1844～50

シロマダラウズラ　Cyrtonyx montezumae
「ジョン・グールド 世界の鳥」同朋舎出版　1994
　◇185図（カラー）　リヒター, ヘンリー・コンスタ

ンチン画『アメリカ産ウズラ類の研究』1844～50

シロマユゴシキドリ　Tricholaema leucomelan
「フウチョウの自然誌 博物画の至宝」平凡社　1994
　◇II-No.29（カラー）　Le Barbu à gorge noire mâle　オス　ルヴァイヤン, F.著, バラバン, J.原図　1806
　◇II-No.30（カラー）　Le Barbu à gorge noire femelle　幼鳥　ルヴァイヤン, F.著, バラバン, J.原図　1806

シロミミキジ　Crossoptilon crossoptilon
「世界大博物図鑑 別巻1」平凡社　1993
　◇p132（カラー）『動物図譜』1874頃　手彩色石版図

シロムネオオハシ　Ramphastos cuvieri
「ジョン・グールド 世界の鳥」同朋舎出版　1994
　◇59図（カラー）　メス　リヒター, ヘンリー・コンスタンチン画『オオハシ科の研究 再版』1852～54

（シロムネオオハシ）　Ramphastos sp.
「フウチョウの自然誌 博物画の至宝」平凡社　1994
　◇II-No.4（カラー）　Le Tocan à Collier jaune　ルヴァイヤン, F.著, バラバン, J.原図　1806

シロムネオオハシ　Ramphastos tucanus
「すごい博物画」グラフィック社　2017
　◇図版51（カラー）　シロムネオオハシ, ザクロ, クロヅル, イヌサフラン, おそらくシャチホコガの幼虫, ヨーロッパブドウの枝, コンゴウインコ, モナモンキー, ムラサキセイヨウハシバミまたはセイヨウハシバミ, オオモンシロチョウ, ヨーロッパアマガエル　マーシャル, アレクサンダー　1650～82頃　水彩　45.8×34.0　[ウィンザー城ロイヤル・ライブラリー]
　◇図版65（カラー）　メーリアン, マリア・シビラ　1705～10頃　子牛皮紙に水彩 濃厚顔料 アラビアゴム　30.4×38.1　[ウィンザー城ロイヤル・ライブラリー]
「フウチョウの自然誌 博物画の至宝」平凡社　1994
　◇II-No.3（カラー）　Le Tocan　ルヴァイヤン, F.著, バラバン, J.原図　1806
「ジョン・グールド 世界の鳥」同朋舎出版　1994
　◇45図（カラー）　リア, エドワード画『オオハシ科の研究 初版』1833～35
　◇58図（カラー）　リヒター, ヘンリー・コンスタンチン画『オオハシ科の研究 再版』1852～54

シンジュバト
　⇒カノコバト（シンジュバト）を見よ

【す】

ズアオアトリ　Fringilla coelebs
「ジョン・グールド 世界の鳥」同朋舎出版　1994

鳥　　　　　　　　　　　　　　　　　　　　すあか

◇26図（カラー）　春毛の鳥　グールド，エリザベ
ス画『ヨーロッパの鳥類』　1832〜37
「ビュフォンの博物誌」工作舎　1991
◇I110（カラー）『一般と個別の博物誌 ソンニー
ニ版』
「グールドの鳥類図譜」講談社　1982
◇p115（カラー）　オス，メス　1862

ズアオウチワインコの基準亜種　Prioniturus
discurus discurus
「世界大博物図鑑 別巻1」平凡社　1993
◇p223（カラー）　ヴィエイヨー，L.J.P.著，ウダー
ル，P.L.原図『鳥類画廊』　1820〜26

ズアオキヌバネドリ　Trogon curucui
「ジョン・グールド 世界の鳥」同朋舎出版　1994
◇74図（カラー）　老齢のオス，オスの若鳥，メスの
成鳥　グールド，エリザベス画『キヌバネドリ科
の研究 初版』　1835〜38
◇94図（カラー）　ハート，ウィリアム画『キヌバネ
ドリ科の研究 初版』　1858〜75
「ビュフォンの博物誌」工作舎　1991
◇I160（カラー）『一般と個別の博物誌 ソンニー
ニ版』

ズアオキヌバネドリ（亜種）　Trogon curucui
behni
「ジョン・グールド 世界の鳥」同朋舎出版　1994
◇95図（カラー）　リヒター，ヘンリー・コンスタン
チン画『キヌバネドリ科の研究 初版』　1858〜75

ズアオサファイアハチドリ　Hylocharis grayi
「世界大博物図鑑 4」平凡社　1987
◇p241（カラー）　ミュルザン，M.E.著，ベヴァレ
原図『ハチドリの自然誌』　1874〜77　手彩色
石版
◇p241（カラー）　巣，卵，雛　レッスン，R.P.『ハ
チドリの自然誌』　1829〜30　多色刷り銅版

ズアオホオジロ　Emberiza hortulana
「ビュフォンの博物誌」工作舎　1991
◇I119（カラー）『一般と個別の博物誌 ソンニー
ニ版』
「世界大博物図鑑 4」平凡社　1987
◇p354（カラー）　ビュフォン，G.L.L., Comte de,
トラヴィエ，E.原図『博物誌』　1853〜57　手彩
色鋼版画
「グールドの鳥類図譜」講談社　1982
◇p111（カラー）　オス，メス　1866

ズアオヤイロチョウ　Pitta baudii
「世界大博物図鑑 別巻1」平凡社　1993
◇p317（カラー）　エリオット，D.G.『ヤイロチョ
ウ科鳥類図譜』　1863　手彩色石版
「世界大博物図鑑 4」平凡社　1987
◇p287（カラー）　ミュラー，S.著，シュレーゲル，
H.原図『蘭領インド自然誌』　1839〜44

ズアオワタアシハチドリ　Eriocnemis
glaucopoides
「ジョン・グールド 世界の鳥」同朋舎出版　1994
◇252図（カラー）　リヒター，ヘンリー・コンスタ

ンチン画『ハチドリ科の研究』　1849〜61

ズアカアオバト　Sphenurus（Treron）formosae
permagnus
「江戸鳥類大図鑑」平凡社　2006
◇p466（カラー）　尺はちばと　堀田正敦『禽譜』
［宮城県図書館伊達文庫］

ズアカアオバト？　Sphenurus
（Treron）formosae ?
「江戸鳥類大図鑑」平凡社　2006
◇p465（カラー）　緑斑　オス　堀田正敦『禽譜』
［宮城県図書館伊達文庫］

ズアカウロコインコ　Pyrrhura rhodocephala
「世界大博物図鑑 別巻1」平凡社　1993
◇p229（カラー）　シャープ，R.B.ほか『大英博物
館鳥類目録』　1874〜98　手彩色クロモリトグ
ラフ

ズアカエナガ　Aegithalos concinnus（Gould
1855）
「フランスの美しい鳥の絵図鑑」グラフィック社
2014
◇p127（カラー）　エチェコパル，ロベール＝ダニ
エル著，バリュエル，ポール画

ズアカガケツバメ　Hirundo（Cecropis）ariel
「ジョン・グールド 世界の鳥」同朋舎出版　1994
◇112図（カラー）　リヒター，ヘンリー・コンスタ
ンチン画『オーストラリアの鳥類』　1840〜48

ズアカカンムリウズラ　Callipepla gambelii
「ジョン・グールド 世界の鳥」同朋舎出版　1994
◇190図（カラー）　オス　リヒター，ヘンリー・コ
ンスタンチン画『アメリカ産ウズラ類の研究』
1844〜50

ズアカキツツキ　Melanerpes erythrocephalus
「世界大博物図鑑 4」平凡社　1987
◇p274（カラー）　プレヴォー，F.著，ポーケ原図
『熱帯鳥類図誌』［1879］　手彩色鋼版

ズアカキヌバネドリ　Harpactes
erythrocephalus
「ジョン・グールド 世界の鳥」同朋舎出版　1994
◇81図（カラー）　グールド，エリザベス画『キヌバ
ネドリ科の研究 初版』　1835〜38
◇84図（カラー）　グールド，エリザベス画『キヌバ
ネドリ科の研究 初版』　1835〜38
◇101図（カラー）　リヒター，ヘンリー・コンスタ
ンチン画『キヌバネドリ科の研究 初版』　1858〜
75

ズアカショウビン
「紙の上の動物園」グラフィック社　2017
◇p26（カラー）　スウェインソン，ウィリアム『動
物学図録』　1820〜23

ズアカヒメシャクケイ　Ortalis erythroptera
「世界大博物図鑑 別巻1」平凡社　1993
◇p117（カラー）　グリュンヴォルト，H.，スワン，
H.K.『南米猟鳥・水鳥図譜』［1915］〜17　手
彩色石版

博物図譜レファレンス事典 動物篇　**427**

すあか　　　　　　　　　鳥

「世界大博物図鑑 4」平凡社　1987
　◇p106（カラー）　グリュンボルト, H.『南米猟鳥・
　水鳥図譜』［1915］～17　手彩色石版図

ズアカモズ　Lanius senator
「世界大博物図鑑 4」平凡社　1987
　◇p310（カラー）　ドノヴァン, E.『英国鳥類誌』
　1794～1819
「グールドの鳥類図譜」講談社　1982
　◇p63（カラー）　成鳥 1862

スキハシコウ　Anastomus oscitans
「世界大博物図鑑 別巻1」平凡社　1993
　◇p49（カラー）　ビュフォン, G.L.L., Comte de
　著, マルティネ, F.原図『鳥の自然史』1770～86
「ビュフォンの博物誌」工作舎　1991
　◇I192（カラー）『一般と個別の博物誌 ソンニー
　ニ版』
「世界大博物図鑑 4」平凡社　1987
　◇p50（カラー）　キュヴィエ, G.L.C.F.D.『動物
　界』1836～49　手彩色銅版

ズキンガラス　Corvus cornix
「ビュフォンの博物誌」工作舎　1991
　◇I074（カラー）『一般と個別の博物誌 ソンニー
　ニ版』

ズキンガラス　Corvus corone
「グールドの鳥類図譜」講談社　1982
　◇p128（カラー）　ヨーロッパ中部以東からユーラ
　シア大陸西部一帯, イギリスに繁殖する亜種C.c.
　cornix.成鳥 1870

ズグロインコ　Lorius domicella
「世界大博物図鑑 別巻1」平凡社　1993
　◇p218（カラー）　マルティネ, F.N.『鳥類誌』
　1787～96　手彩色銅版
　◇p218（カラー）　色変わりの個体 ルヴァイヤン,
　F.著, バラバン原図, ラングロワ刷『オウムの自
　然誌』1801～05　銅版多色刷り

ズグロインコ　Lorius domicellus
「江戸鳥類大図鑑」平凡社　2006
　◇p439（カラー）　五色いんこ 花音呼 堀田正敦
　『禽譜』［宮城県図書館伊達文庫］

ズグロインコ
「彩色 江戸博物学集成」平凡社　1994
　◇p82（カラー）　ヒインコ 松平頼恭『衆禽図』
　［松平公益会］
「江戸の動植物図」朝日新聞社　1988
　◇p28（カラー）　松平頼恭, 三木文柳『衆禽画譜』
　［松平公益会］
　◇p122（カラー）　堀田正敦『堀田禽譜』［東京
　国立博物館］

ズグロインコ？　Lorius domicellus ?
「江戸鳥類大図鑑」平凡社　2006
　◇p441（カラー）　頭黒紅いんこ 緑翅紅鸚哥 堀田
　正敦『禽譜』［宮城県図書館伊達文庫］

ズグロエンビタイランチョウ　Tyrannus
savana
「ビュフォンの博物誌」工作舎　1991
　◇I132（カラー）『一般と個別の博物誌 ソンニー
　ニ版』

ズグロオトメインコ　Lorius lory
「江戸鳥類大図鑑」平凡社　2006
　◇p439（カラー）　五色あふむ 堀田正敦『禽譜』
　［宮城県図書館伊達文庫］

ズグロオピロインコ　Lorius hypoinochrous
「紙の上の動物園」グラフィック社　2017
　◇p2（カラー）　エドワーズ, ジョージ『知られざ
　る鳥と未解明希少動物の自然誌』1743～51　原
　画は水彩。後に彫版印刷

ズグロカモメ　Larus saundersi
「世界大博物図鑑 別巻1」平凡社　1993
　◇p173（カラー）『ロンドン動物学協会紀要』1861
　～90,1891～1929　［山階鳥類研究所］

ズグロゴシキインコ　Trichoglossus ornatus
「すごい博物画」グラフィック社　2017
　◇図版68（カラー）　モモの木にとまるズグロゴシ
　キインコ メーリアン, マリア・シビラ 1691～
　99頃 子牛皮紙に水彩 濃厚顔料 アラビアゴム
　27.2×37.7　［ウィンザー城ロイヤル・ライブラ
　リー］
「江戸鳥類大図鑑」平凡社　2006
　◇p437（カラー）　頭黒いんこ 堀田正敦『禽譜』
　［宮城県図書館伊達文庫］

ズグロゴシキインコ
「江戸時代に描かれた鳥たち」ソフトバンク ク
リエイティブ　2012
　◇p30（カラー）　音呼『外国産鳥之図』成立年
　不明
「彩色 江戸博物学集成」平凡社　1994
　◇p51（カラー）　尾形光琳『鳥獣写生図巻』　［文
　化庁］

ズグロゴシキセイガイインコ　Trichoglossus
ornatus
「舶来鳥獣図誌」八坂書房　1992
　◇p27（カラー）　青海音呼『唐蘭船持渡鳥獣之図』
　文化10（1813）渡来　［慶應義塾図書館］

ズグロサイチョウ　Aceros corrugatus
「世界大博物図鑑 別巻1」平凡社　1993
　◇p288（カラー）　テミンク, C.J., ロジエ・ド・
　シャルトルース, M.著『新編彩色鳥類図譜』
　1820～39　手彩色銅板画
「世界大博物図鑑 4」平凡社　1987
　◇p258（カラー）　テミンク, C.J.著, ユエ, N.原図
　『新編彩色鳥類図譜』1820～39　手彩色銅版画

ズグロサメクサインコ　Platycercus venustus
「世界大博物図鑑 4」平凡社　1987
　◇p210（カラー）　ドノヴァン, E.『博物宝典』
　1834

428　博物図譜レファレンス事典 動物篇

鳥　　　　　　　　　　　　　　　　　　　　　　　　すすか

ズグロシロハラインコ　Pionites
melanocephalus
『ビュフォンの博物誌』工作舎　1991
　◇I248（カラー）『一般と個別の博物誌 ソンニー
　　ニ版』

ズグロシロハラミズナギドリ　Pterodroma
hasitata
『世界大博物図鑑 別巻1』平凡社　1993
　◇p36（カラー）　テミンク, C.J., ロジエ・ド・
　　シャルトルース, M.著, ユエ, N.原図『新編彩色
　　鳥類図譜』1820〜39　手彩色銅板画
『世界大博物図鑑 4』平凡社　1987
　◇p34（カラー）　テミンク, C.J., ユエ, N.原図
　　『新編彩色鳥類図譜』1820〜39　手彩色銅版画

ズグロシロハラミズナギドリのジャマイカ亜
種　Pterodroma hasitata caribbea
『世界大博物図鑑 別巻1』平凡社　1993
　◇p36（カラー）　ロスチャイルド, L.W.『絶滅鳥類
　　誌』1907　彩色クロモリトグラフ　[個人蔵]

ズグロチャキンチョウ　Emberiza
melanocephala
『江戸鳥類大図鑑』平凡社　2006
　◇p710（カラー）　黄梅鳥　オス　堀田正敦『禽譜』
　　[宮城県図書館伊達文庫]
『グールドの鳥類図譜』講談社　1982
　◇p111（カラー）　オス, メス　1872

ズグロニジハチドリ　Aglaeactis pamela
『ジョン・グールド 世界の鳥』同朋舎出版　1994
　◇234図（カラー）　オス, メス　リヒター, ヘン
　　リー・コンスタンチン画『ハチドリ科の研究』
　　1849〜61

ズグロハイイロカケス？　Perisoreus
internigrans？
『江戸鳥類大図鑑』平凡社　2006
　◇p394（カラー）　熊野からす　堀田正敦『禽譜』
　　[宮城県図書館伊達文庫]

ズグロハゲコウ　Jabiru mycteria
『世界大博物図鑑 別巻1』平凡社　1993
　◇p49（カラー）　ビュフォン, G.L.L., Comte de
　　『一般と個別の博物誌（ソンニーニ版）』1799〜
　　1808　銅版 カラー印刷
『ビュフォンの博物誌』工作舎　1991
　◇I185（カラー）『一般と個別の博物誌 ソンニー
　　ニ版』

ズグロハゲミツスイ（ボウズミツスイ）
Philemon corniculatus
『ジョン・グールド 世界の鳥』同朋舎出版　1994
　◇135図（カラー）　成鳥と若鳥　グールド, エリザ
　　ベス画『オーストラリアの鳥類』1840〜48

ズグロマイコドリ　Piprites pileatus
『世界大博物図鑑 別巻1』平凡社　1993
　◇p312（カラー）　テミンク, C.J., ロジエ・ド・
　　シャルトルース, M.著『新編彩色鳥類図譜』
　　1820〜39　手彩色銅板画

『世界大博物図鑑 4』平凡社　1987
　◇p291（カラー）　ドノヴァン, E.『博物宝典』
　　1834

ズグロミゾゴイ？　Gorsachius
melanolophus？
『江戸鳥類大図鑑』平凡社　2006
　◇p81（カラー）　水華冠　若鳥　余曾三図, 張廷玉,
　　顧爾泰賦『百花鳥図』　[国会図書館]

ズグロムシクイ　Sylvia atricapilla
『ビュフォンの博物誌』工作舎　1991
　◇I131（カラー）『一般と個別の博物誌 ソンニー
　　ニ版』
『グールドの鳥類図譜』講談社　1982
　◇p86（カラー）　オス成鳥, メス成鳥　1865

ズグロムシクイ属の鳥たち　Sylvia spp.
『フランスの美しい鳥の絵図鑑』グラフィック社
2014
　◇p81（カラー）　エチェコパル, ロベール＝ダニエ
　　ル著, バリュエル, ポール画

ズグロモズモドキ　Vireo atricapillus
『世界大博物図鑑 別巻1』平凡社　1993
　◇p388（カラー）　ヴィエイヨー, L.J.P.著, ウダー
　　ル, P.L.原図『鳥類画廊』1820〜26

ズグロヤシフウキンチョウ　Phaenicophilus
palmarum
『ビュフォンの博物誌』工作舎　1991
　◇I097（カラー）『一般と個別の博物誌 ソンニー
　　ニ版』

スゲヨシキリ　Acrocephalus schoenobaenus
『グールドの鳥類図譜』講談社　1982
　◇p94（カラー）　つがいの2羽　1871

スジキムネチュウハシ　Pteroglossus
inscriptus
『ジョン・グールド 世界の鳥』同朋舎出版　1994
　◇63図（カラー）　リヒター, ヘンリー・コンスタン
　　チン画『オオハシ科の研究 再版』1852〜54

ススイロアホウドリ　Phoebetria fusca
『世界大博物図鑑 4』平凡社　1987
　◇p31（カラー）　テミンク, C.J.著, ブレートル, J.
　　G.原図『新編彩色鳥類図譜』1820〜39　手彩色
　　銅版画

ススイロガラ　Parus cinerascens（Vieillot
1818）
『フランスの美しい鳥の絵図鑑』グラフィック社
2014
　◇p195（カラー）　エチェコパル, ロベール＝ダニ
　　エル著, バリュエル, ポール画

スズガモ　Aythya marila
『江戸鳥類大図鑑』平凡社　2006
　◇p126（カラー）　きんくろかも 雄　メス　堀田正
　　敦『禽譜』　[宮城県図書館伊達文庫]
　◇p133（カラー）　まよし 一種 雄　オス　堀田正
　　敦『禽譜』　[宮城県図書館伊達文庫]

博物図譜レファレンス事典 動物篇　**429**

◇p160（カラー）　しもふりはじろ すゞかも　オス　堀田正敦『禽譜』　［宮城県図書館伊達文庫］

◇p161（カラー）　沖津羽白 雌　メス　堀田正敦『禽譜』　［宮城県図書館伊達文庫］

◇p162（カラー）　羽白かも 一種　メス　堀田正敦『禽譜』　［宮城県図書館伊達文庫］

「グールドの鳥類図譜」講談社　1982

◇p199（カラー）　オス，メス 1869

スズドリ　Procnias alba

「世界大博物図鑑 4」平凡社　1987

◇p294（カラー）　キュヴィエ, G.L.C.F.D.『動物界』　1836〜49　手彩色銅版

スズドリ　Uraeginthus bengalus

「ビュフォンの博物誌」工作舎　1991

◇I127（カラー）『一般と個別の博物誌 ソンニーニ版』

すずめ

「鳥の手帖」小学館　1990

◇p19（カラー）　雀　毛利梅園『梅園禽譜』　天保10（1839）序　［国立国会図書館］

スヾメ

「高松松平家所蔵 衆禽画譜 水禽・野鳥」香川県歴史博物館友の会博物図譜刊行会　2005

◇p86（カラー）　松平頼恭『衆禽画譜 野鳥帖』　江戸時代　紙本著色 画帖装（折本形式）　33.0×48.3　［個人蔵］

スズメ　Passer montanus

「江戸博物文庫 鳥の巻」工作舎　2017

◇p163（カラー）　雀　服部雪斎『華鳥譜』　1862　［国立国会図書館］

「江戸鳥類大図鑑」平凡社　2006

◇p340（カラー）　すゞめ　堀田正敦『禽譜』　［宮城県図書館伊達文庫］

◇p342（カラー）　白すゞめ　部分白化個体　堀田正敦『禽譜』　［宮城県図書館伊達文庫］

◇p342（カラー）　白すゞめ 一種　ふがりすゞめ　部分白化個体　堀田正敦『禽譜』　［宮城県図書館伊達文庫］

◇p344（カラー）　かきすゞめ　色素異常の個体　堀田正敦『禽譜』　［宮城県図書館伊達文庫］

◇p355（カラー）　同 一種 クロシゞ俗称クロジ　黒化個体　堀田正敦『禽譜』　［宮城県図書館伊達文庫］

「ビュフォンの博物誌」工作舎　1991

◇I105（カラー）『一般と個別の博物誌 ソンニーニ版』

「世界大博物図鑑 4」平凡社　1987

◇p370（カラー）　ドノヴァン, E.『英国鳥類誌』　1794〜1819

「グールドの鳥類図譜」講談社　1982

◇p114（カラー）　オス，メス 1863

スズメ

「江戸時代に描かれた鳥たち」ソフトバンク クリエイティブ　2012

◇p85（カラー）　雀　毛利梅園『梅園禽譜』　天保10（1849）序

「彩色 江戸博物学集成」平凡社　1994

◇p170〜171（カラー）　増山雪斎『百鳥図』　［国会図書館］

スズメ？　Passer montanus ?

「江戸鳥類大図鑑」平凡社　2006

◇p341（カラー）　しますゞめ 黒雀共　堀田正敦『禽譜』　［宮城県図書館伊達文庫］

◇p341（カラー）　しますゞめ　堀田正敦『禽譜』　［宮城県図書館伊達文庫］

スズメバト　Columbina passerina

「ビュフォンの博物誌」工作舎　1991

◇I071（カラー）『一般と個別の博物誌 ソンニーニ版』

スズメフクロウ　Glaucidium passerinum

「世界大博物図鑑 別巻1」平凡社　1993

◇p253（カラー）　ドイツ産の個体　ズゼミール原図, ボルクハウゼン, M.B.『ドイツ鳥類学』　1800〜17

「ビュフォンの博物誌」工作舎　1991

◇I029（カラー）『一般と個別の博物誌 ソンニーニ版』

スチーフンイワサザイ

「紙の上の動物園」グラフィック社　2017

◇p33（カラー）　ロスチャイルド, ライオネル・ウォルター『絶滅した鳥たち』　1907

スティーヴンイワサザイ　Xenicus lyalli

「世界大博物図鑑 別巻1」平凡社　1993

◇p320（カラー）『アイビス』　1859〜　［山階鳥類研究所］

ステラーカケス　Cyanocitta stelleri

「フウチョウの自然誌 博物画の至宝」平凡社　1994

◇I-No.44（カラー）　Le Geai bleu-verdin　ルヴァイヤン, F.著, パラバン, J.原図 1806

スナシャコ　Ammoperdix heyi

「世界大博物図鑑 4」平凡社　1987

◇p115（カラー）　メス　テミンク, C.J.著, プレートル, J.G.原図『新編彩色鳥類図譜』　1820〜39　手彩色銅版画

スナチムシクイ　Scotocerca inquieta
（Cretzschmar 1830）

「フランスの美しい鳥の絵図鑑」グラフィック社　2014

◇p247（カラー）　エチェコパル, ロベール＝ダニエル著, バリュエル, ポール画

スナバシリ　Cursorius cursor

「ビュフォンの博物誌」工作舎　1991

◇I210（カラー）『一般と個別の博物誌 ソンニーニ版』

「グールドの鳥類図譜」講談社　1982

◇p162（カラー）　幼鳥, 成鳥 1866

スミレコンゴウインコ Anodorhynchus
hyacinthinus
「世界大博物図鑑 別巻1」平凡社 1993
◇p231（カラー） ヴィエイヨー, L.J.P.著, ウダール, P.L.原図『鳥類画廊』1820〜26

スミレスナバシリ Rhinoptilus chalcopterus
「世界大博物図鑑 4」平凡社 1987
◇p182（カラー） テミンク, C.J.著, ユエ, N.原図『新編彩色鳥類図譜』1820〜39 手彩色銅版画

スミレビタイヤリハチドリ Doryfera
johannae
「ジョン・グールド 世界の鳥」同朋舎出版 1994
◇211図（カラー） リヒター, ヘンリー・コンスタンチン画『ハチドリ科の研究』1849〜61

スラウェシチュウヒワシ Spilornis rufipectus
「ジョン・グールド 世界の鳥」同朋舎出版 1994
◇268図（カラー） ヴォルフ, ヨゼフ画『アジアの鳥類』1849〜83

スラコシミノサトウチョウ
⇒コシミノサトウチョウのスラ諸島亜種を見よ

スンダルリチョウ Myiophoneus glaucinus
「世界大博物図鑑 4」平凡社 1987
◇p323（カラー） テミンク, C.J.著, プレートル, J.G.原図『新編彩色鳥類図譜』1820〜39 手彩色銅版画

【せ】

セアオコバシハチドリ（亜種） Chalcostigma
stanleyi vulcani
「ジョン・グールド 世界の鳥」同朋舎出版 1994
◇238図（カラー） リヒター, ヘンリー・コンスタンチン画『ハチドリ科の研究』1849〜61

セアオマイコドリ Chiroxiphia pareola
「すごい博物画」グラフィック社 2017
◇図版72（カラー） 果物とセアオマイコドリ メーリアン, マリア・シビラ 1705〜10頃 子牛皮紙に水彩 濃厚顔料 アラビアゴム 31.1×41.9 ［ウィンザー城ロイヤル・ライブラリー］

セアカタイランチョウ Alauda rufa
「ビュフォンの博物誌」工作舎 1991
◇I137（カラー）『一般と個別の博物誌 ソンニーニ版』

セアカハナドリ Dicaeum cruentatum
「世界大博物図鑑 4」平凡社 1987
◇p347（カラー） グールド, J.『アジア鳥類図譜』1850〜83

セアカホオダレムクドリ Creadion
carunculatus
「世界大博物図鑑 別巻1」平凡社 1993
◇p396（カラー） ブラー, W.L.著, キューレマンス, J.G.図『ニュージーランド鳥類誌第2版』

1887〜88 手彩色石版図

セアカモズ Lanius collurio
「グールドの鳥類図譜」講談社 1982
◇p63（カラー） オス成鳥, メス成鳥 1862

セイヘンコ
「高松松平家所蔵 衆禽画譜 水禽・野鳥」香川県歴史博物館友の会博物図譜刊行会 2005
◇p96（カラー） 松平頼恭『衆禽画譜 野鳥帖』江戸時代 紙本著色 画帖装（折本形式） 33.0×48.3 ［個人蔵］

セイキチョウ Procnias alba
「ビュフォンの博物誌」工作舎 1991
◇I127（カラー）『一般と個別の博物誌 ソンニーニ版』

セイキチョウ Uraeginthus bengalus
「世界大博物図鑑 4」平凡社 1987
◇p367（カラー） ドノヴァン, E.『博物宝典』1834

セイケイ Porphyrio porphyrio
「江戸博物文庫 鳥の巻」工作舎 2017
◇p10（カラー） 青鶏 河野通明写『奇鳥生写図』1807 ［国立国会図書館］
「江戸鳥類大図鑑」平凡社 2006
◇p84（カラー） 翠雲鳥『鳥類之図』 ［山階鳥類研究所］
◇p85（カラー） 青雞『鳥類之図』 ［山階鳥類研究所］
◇p272（カラー） 海南雞 堀田正敦『禽譜』［宮城県図書館伊達文庫］
「舶来鳥獣図誌」八坂書房 1992
◇p93（カラー） 青鶏『外国産鳥之図』 元文2（1737）渡来 ［国立国会図書館］
「ビュフォンの博物誌」工作舎 1991
◇I214（カラー）『一般と個別の博物誌 ソンニーニ版』
「世界大博物図鑑 4」平凡社 1987
◇p159（カラー） ビュフォン, G.L.L., Comte de, トラヴィエ, E.原図『博物誌』1853〜57 手彩色銅版画

セイケイ
「江戸時代に描かれた鳥たち」ソフトバンク クリエイティブ 2012
◇p70（カラー） 青鶏『外国珍禽異鳥図』 江戸末期

セイケイ（亜種） Porphyrio porphyrio
melanotus
「ジョン・グールド 世界の鳥」同朋舎出版 1994
◇162図（カラー） リヒター, ヘンリー・コンスタンチン画『オーストラリアの鳥類』1840〜48

セイコウチョウ Erythrura prasina
「江戸鳥類大図鑑」平凡社 2006
◇p695（カラー） 従姉妹 一種 堀田正敦『禽譜』［宮城県図書館伊達文庫］

せいこ　　　　鳥

セイコウチョウ
「江戸時代に描かれた鳥たち」ソフトバンク ク
リエイティブ　2012
　　◇p46（カラー）　ルイ遣十姉妹/ガラッテキ『薩摩
　　　鳥譜図巻』　江戸末期
「彩色 江戸博物学集成」平凡社　1994
　　◇p183（カラー）　十姉妹一種　堀田正敦『小禽譜
　　　小鳥漢産』　［宮城県図書館］

セイタカシギ　Himantopus himantopus
「江戸鳥類大図鑑」平凡社　2006
　　◇p194（カラー）　水喜鵲　堀田正敦『禽譜』
　　　［宮城県図書館伊達文庫］
「世界大博物図鑑 別巻1」平凡社　1993
　　◇p172（カラー）　ボルクハウゼン, M.B.『ドイツ
　　　鳥類学』　1800～17
「ビュフォンの博物誌」工作舎　1991
　　◇I209（カラー）『一般と個別の博物誌 ソンニー
　　　ニ版』
「世界大博物図鑑 4」平凡社　1987
　　◇p178（カラー）　ビュフォン, G.L.L., Comte de,
　　　・トラヴィエ, E.原図『博物誌』　1853～57　手彩
　　　色銅版画
「グールドの鳥類図譜」講談社　1982
　　◇p156（カラー）　オス成鳥, 雛, メス成鳥　1870

セイタカシギ
「彩色 江戸博物学集成」平凡社　1994
　　◇p110（カラー）　オス.夏羽　小野蘭山『衆鳥図』
　　　［東洋文庫］

セイヨウチョウ
　⇒カナリア（セイヨウチョウ）を見よ

セイラン　Argusianus argus
「ジョン・グールド 世界の鳥」同朋舎出版　1994
　　◇296図（カラー）　ハート, ウィリアム画『アジア
　　　の鳥類』　1849～83
「世界大博物図鑑 別巻1」平凡社　1993
　　◇p136（カラー）　ゲラン＝メンヴィル, F.É.編
　　　『自然誌大百科事典』　1833～39
　　◇p136（カラー）　ヴィエイヨー, L.J.P.著, ウダー
　　　ル, P.L.原図『鳥類画廊』　1820～26
　　◇p136（カラー）　鸞とよばれる幻想の鳥と混合さ
　　　れた図『博物館図譜』　江戸末～1872（明治5）編
　　　集　［東京国立博物館］
　　◇p137（カラー）　メス鳥　グレイ, J.E.著, ホーキ
　　　ンズ, B.W.刷『インド動物図鑑』　1830～35
「世界大博物図鑑 4」平凡社　1987
　　◇p138（カラー）　ドルビニ, A.D.著, トラヴィエ
　　　原図『万有博物事典』　1837

セイラン？　　Argusianus argus？
「江戸鳥類大図鑑」平凡社　2006
　　◇p588～589（カラー）　せいらん　堀田正敦『禽
　　　譜』　［宮城県図書館伊達文庫］
　　◇p591（カラー）　せいらん 雌　堀田正敦『禽譜』
　　　［宮城県図書館伊達文庫］

セイロンヤケイ　Gallus lafayettei
「世界大博物図鑑 4」平凡社　1987

　　◇p119（カラー）　デ・ミュール, M.A.P.O.著, ブ
　　　レヴォー原図『新々鳥類図譜』　1845～49　手彩
　　　色石版

セイロンルリチョウ　Myiophoneus blighi
「世界大博物図鑑 別巻1」平凡社　1993
　　◇p329（カラー）『ロンドン動物学協会紀要』　1861
　　　～90,1891～1929　［山階鳥類研究所］

セーカーハヤブサ　Falco cherrug
「ジョン・グールド 世界の鳥」同朋舎出版　1994
　　◇267図（カラー）　ヴォルフ, ヨゼフ画『アジアの
　　　鳥類』　1849～83

セキショクヤケイ　Gallus gallus
「世界大博物図鑑 4」平凡社　1987
　　◇p119（カラー）　テミンク, C.J.著, ユエ, N.原図
　　　『新編彩色鳥類図譜』　1820～39　手彩色銅版画

セキセイインコ　Melopsittacus undulatus
「ジョン・グールド 世界の鳥」同朋舎出版　1994
　　◇150図（カラー）　グールド, エリザベス画『オー
　　　ストラリアの鳥類』　1840～48

セキナナクサ　Platycercus eximius
「ビュフォンの博物誌」工作舎　1991
　　◇I252（カラー）『一般と個別の博物誌 ソンニー
　　　ニ版』

セグロアジサシ　Sterna fuscata
「江戸鳥類大図鑑」平凡社　2006
　　◇p396（カラー）　燕鳥, 翼ノ裏, 同尾　堀田正敦
　　　『禽譜』　［宮城県図書館伊達文庫］

セグロオオタカ　Accipiter poliogaster
「世界大博物図鑑 別巻1」平凡社　1993
　　◇p97（カラー）　若鳥　テミンク, C.J., ロジエ・
　　　ド・シャルトルース, M.著, ユエ, N.原図『新編
　　　彩色鳥類図譜』　1820～39　手彩色銅版画
　　◇p97（カラー）　テミンク, C.J., ロジエ・ド・
　　　シャルトルース, M.著『新編彩色鳥類図譜』
　　　1820～39　手彩色銅板画

セグロカモメ　Larus argentatus
「ビュフォンの博物誌」工作舎　1991
　　◇I224（カラー）『一般と個別の博物誌 ソンニー
　　　ニ版』
「グールドの鳥類図譜」講談社　1982
　　◇p217（カラー）　成鳥, 第1回冬羽幼鳥　1873

セクロゴイ
「高松松平家所蔵 衆禽画譜 水禽・野鳥」香川県
歴史博物館友の会博物図譜刊行会　2005
　　◇p76（カラー）　松平頼恭『衆禽画譜 水禽帖』江
　　　戸時代　紙本著色 画帖装（折本形式）　38.1×48.
　　　7　［個人蔵］

セクロセキレイ
「高松松平家所蔵 衆禽画譜 水禽・野鳥」香川県
歴史博物館友の会博物図譜刊行会　2005
　　◇p90（カラー）　セクロセキレイ 雛　松平頼恭
　　　『衆禽画譜 野鳥帖』江戸時代　紙本著色 画帖装
　　　（折本形式）　33.0×48.3　［個人蔵］

432　博物図譜レファレンス事典 動物篇

鳥　　　　　　　　　　　　　　　　　　　　　せんに

セグロセキレイ　Motacilla grandis
「江戸博物文庫 鳥の巻」工作舎　2017
◇p75(カラー)　背黒鶺鴒 牧野貞幹『鳥類写生図』1810頃　[国立国会図書館]
「江戸鳥類大図鑑」平凡社　2006
◇p301(カラー)　せぐろせきれい　堀田正敦『禽譜』　[宮城県図書館伊達文庫]

セグロセキレイ　Motacilla grandis Sharpe
「高木春山 本草図説 動物」リブロポート　1989
◇p78(カラー)　信鳥

セグロヒタキ　Ficedula hypoleuca
「グールドの鳥類図譜」講談社　1982
◇p64(カラー)　オス成鳥、メス成鳥、幼鳥　1863

セーシェルシキチョウ　Copsychus sechellarum
「世界大博物図鑑 別巻1」平凡社　1993
◇p329(カラー)『アイビス』1859～　[山階鳥類研究所]

セーシェルリバト　Alectroenas pulcherrima
「世界大博物図鑑 別巻1」平凡社　1993
◇p194(カラー)　クニップ夫人『ハト図譜』1808～11　手彩色銅版

セジロクロガラ　Parus leuconotus (Guérin–Méneville 1843)
「フランスの美しい鳥の絵図鑑」グラフィック社　2014
◇p203(カラー)　エチェコパル, ロベール=ダニエル著, バリュエル, ポール画

セジロネズミドリ　Colius colius
「ビュフォンの博物誌」工作舎　1991
◇I123(カラー)『一般と個別の博物誌 ソンニーニ版』

セッカ　Cisticola juncidis
「フランスの美しい鳥の絵図鑑」グラフィック社　2014
◇p5(カラー)　エチェコパル, ロベール=ダニエル著, バリュエル, ポール画
「江戸鳥類大図鑑」平凡社　2006
◇p382(カラー)　せんゆう 雄 堀田正敦『禽譜』　[宮城県図書館伊達文庫]
◇p382(カラー)　せんゆう 堀田正敦『禽譜』　[宮城県図書館伊達文庫]
◇p383(カラー)　せつか オス夏羽 堀田正敦『禽譜』　[宮城県図書館伊達文庫]

セッカ？　Cisticola juncidis ?
「江戸鳥類大図鑑」平凡社　2006
◇p373(カラー)　やちこ ひな 堀田正敦『禽譜』　[宮城県図書館伊達文庫]

セボシエンビシキチョウ　Enicurus maculatus
「世界大博物図鑑 4」平凡社　1987
◇p330(カラー)　グールド, J.『アジア鳥図譜』1850～83

セボシカンムリガラ　Parus spilonotus
「フランスの美しい鳥の絵図鑑」グラフィック社　2014
◇p225(カラー)　エチェコパル, ロベール=ダニエル著, バリュエル, ポール画
「世界大博物図鑑 4」平凡社　1987
◇p343(カラー)　ダヴィド神父, A.著, アルヌル石版『中国産鳥類』1877　手彩色石版

セリン　Serinus serinus
「ビュフォンの博物誌」工作舎　1991
◇I098(カラー)『一般と個別の博物誌 ソンニーニ版』
「グールドの鳥類図譜」講談社　1982
◇p117(カラー)　成鳥 1870

セレベスコウハシショウビン　Pelargopsis melanorhyncha
「世界大博物図鑑 4」平凡社　1987
◇p248(カラー)　オス, メス テミンク, C.J.著, ユエ, N.原図『新編彩色鳥類図譜』1820～39 手彩色銅版画

セレベスコノハズクの基準亜種　Otus manadensis manadensis
「世界大博物図鑑 別巻1」平凡社　1993
◇p244(カラー)　デュモン・デュルヴィル, J.S.C.『アストロラブ号世界周航記』1830～35　スティプル印刷

セレベスソデグロバト　Ducula luctuosa
「世界大博物図鑑 4」平凡社　1987
◇p198(カラー)　テミンク, C.J.著, プレートル, J.G.原図『新編彩色鳥類図譜』1820～39 手彩色銅版画

セレベスバンケン　Centropus celebensis
「世界大博物図鑑 別巻1」平凡社　1993
◇p237(カラー)　デュモン・デュルヴィル, J.S.C.『アストロラブ号世界周航記』1830～35　スティプル印刷

セレベスバンケンモドキ　Rhamphococcyx calyorhynchus
「世界大博物図鑑 4」平凡社　1987
◇p219(カラー)　テミンク, C.J.著, ユエ, N.原図『新編彩色鳥類図譜』1820～39 手彩色銅版画

セレベスムジチドリ　Trichastoma celebense
「世界大博物図鑑 別巻1」平凡社　1993
◇p333(カラー)　島南西部の個体T.c.finschi, 北部の個体T.c.celebense『アイビス』1859～　[山階鳥類研究所]

セントヘレナチドリ　Charadrius sanctaehelenae
「世界大博物図鑑 別巻1」平凡社　1993
◇p168(カラー)『アイビス』1859～　[山階鳥類研究所]

センニュウ属　Locustella sp. (Kaup 1829)
「フランスの美しい鳥の絵図鑑」グラフィック社　2014

博物図譜レファレンス事典 動物篇　**433**

そうけ　　　　　　　　　　鳥

◇p27（カラー）　エチェコパル，ロベール＝ダニエル著，バリュエル，ボール画

【そ】

ゾウゲカモメ　Pagophila eburnea
「グールドの鳥類図譜」講談社　1982
◇p219（カラー）　成鳥，幼鳥　1870

ソウゲンライチョウの東部亜種（ヒースヘン）　Tympanuchus cupido cupido
「世界大博物図鑑　別巻1」平凡社　1993
◇p120（カラー）　ケーツビー，M.『カロライナの自然誌』　1754　手彩色銅版
◇p120（カラー）　ヴィエイヨー，L.J.P.著，ウダール，P.L.原図『鳥類画廊』　1820〜26

ソウゲンワシ　Aquila rapax
「世界大博物図鑑　4」平凡社　1987
◇p79（カラー）　テミンク，C.J.著，プレートル，J.G.原図『新編彩色鳥類図譜』　1820〜39　手彩色銅版画

ソウシチョウ　Leiothrix lutea
「江戸博物文庫 鳥の巻」工作舎　2017
◇p70（カラー）　相思鳥　牧野貞幹『鳥類写生図』　1810頃　［国立国会図書館］
「江戸鳥類大図鑑」平凡社　2006
◇p528（カラー）　黄雀　堀田正敦『禽譜』　［宮城県図書館伊達文庫］
◇p677（カラー）　南相思鳥　オス　堀田正敦『禽譜』　［宮城県図書館伊達文庫］
◇p687（カラー）　黄雀　若鳥　堀田正敦『禽譜』　［宮城県図書館伊達文庫］
「舶来鳥獣図誌」八坂書房　1992
◇p14（カラー）　相思鳥『唐蘭船持渡鳥獣之図』　［慶應義塾図書館］
◇p103（カラー）　相思鳥『外国産鳥之図』　［国立国会図書館］
「世界大博物図鑑　4」平凡社　1987
◇p331（カラー）　ダヴィド神父，A.著，アルヌル石版『中国産鳥類』　1877　手彩色石版

ソウシチョウ
「江戸時代に描かれた鳥たち」ソフトバンク クリエイティブ　2012
◇p11（カラー）　相思鳥　増山正賢（雪斎）『百鳥図』　寛政12（1800）頃
◇p50（カラー）　相思鳥　増山正賢（雪斎）『百鳥図』　寛政12（1800）頃
◇p51（カラー）　相思鳥『外国産鳥之図』　成立年不明
「彩色 江戸博物学集成」平凡社　1994
◇p158〜159（カラー）　佐竹曙山『模写並写生帖』　［千秋美術館］
◇p299（カラー）　川原慶賀『動植物図譜』　［オランダ国立自然史博物館］

相思鳥
「高松松平家所蔵 衆禽画譜 水禽・野鳥」香川県

歴史博物館友の会博物図譜刊行会　2005
◇p94（カラー）　松平頼恭『衆禽画譜 野鳥帖』　江戸時代　紙本著色 画帖装（折本形式）　33.0×48.3　［個人蔵］

ソシエテマミムナジロバト　Gallicolumba erythroptera
「世界大博物図鑑　別巻1」平凡社　1993
◇p188（カラー）　クニップ夫人『ハト図譜』　1808〜11　手彩色銅版

蘇州鴛鴦 雄
「江戸名作画帖全集 8」駸々堂出版　1995
◇図128（カラー）　suzhou male mandarin duck　堀田正敦編『禽譜』　紙本着色　［東京国立博物館］

蘇州鴛鴦 雌
「江戸名作画帖全集 8」駸々堂出版　1995
◇図127（カラー）　suzhou female mandarin duck　堀田正敦編『禽譜』　紙本着色　［東京国立博物館］

ソデグロヅル　Grus leucogeranus
「江戸博物文庫 鳥の巻」工作舎　2017
◇p138（カラー）　袖黒鶴　服部雪斎『華鳥譜』　1862　［国立国会図書館］
「江戸鳥類大図鑑」平凡社　2006
◇p43（カラー）　しろづる そでぐろ　服部雪斎図，森立之解説『華鳥譜』　文久2（1862）序　［国会図書館］
「世界大博物図鑑　別巻1」平凡社　1993
◇p145（カラー）　テミンク，C.J.，ロジエ・ド・シャルトルース，M.著『新編彩色鳥類図譜』　1820〜39　手彩色銅版画
◇p145（カラー）　服部雪斎画，森立之撰『華鳥譜』　文久1（1861）

ソデグロヅル
「彩色 江戸博物学集成」平凡社　1994
◇p435（カラー）　親，若鳥　松森胤保『遊覧記』　元治1（1864）

ソデグロムクドリ　Sturnus melanopterus
「江戸鳥類大図鑑」平凡社　2006
◇p408（カラー）　しろはゝてう　堀田正敦『禽譜』　［宮城県図書館伊達文庫］
◇p408（カラー）　しろはゝてう　マルテンチイ 雄　堀田正敦『禽譜』　［宮城県図書館伊達文庫］
「舶来鳥獣図誌」八坂書房　1992
◇p96（カラー）　マルテンチイ『外国産鳥之図』　［国立国会図書館］

ソデグロムクドリ
「江戸時代に描かれた鳥たち」ソフトバンク クリエイティブ　2012
◇p56（カラー）　マルテンチイ『外国産鳥之図』　成立年不明
◇p56（カラー）　マルテンチイ 外国産鳥之図の瓜二つ絵『薩摩鳥譜図鑑』　江戸末期

ソライロフウキンチョウ　Thraupis episcopus
「ビュフォンの博物誌」工作舎　1991

鳥　　　　　　　　　　　　　　　　　　　　たいせ

◇I115（カラー）『一般と個別の博物誌 ソンニー
二版』
「世界大博物図鑑 4」平凡社　1987
◇p355（カラー）　ブレヴォー, F.著, ポーケ原図
『熱帯鳥類図誌』〔1879〕手彩色銅版

ソライロボウシエメラルドハチドリ
Amazilia cyanocephala
「ジョン・グールド 世界の鳥」同朋舎出版　1994
◇251図（カラー）　描かれた鳥はズアオエメラルド
ハチドリ（?）　リヒター, ヘンリー・コンスタン
チン画『ハチドリ科の研究』1849〜61

ソリハシシギ　Xenus cinereus
「江戸鳥類大図鑑」平凡社　2006
◇p192（カラー）　はしながちどり　堀田正敦『禽
譜』〔宮城県図書館伊達文庫〕

ソリハシセイタカシギ　Recurvirostra
avosetta
「ジョン・グールド 世界の鳥」同朋舎出版　1994
◇361図（カラー）　成鳥, 雛　リヒター, ヘンリー・
コンスタンチン画『イギリスの鳥類』1862〜73
「ビュフォンの博物誌」工作舎　1991
◇I227（カラー）『一般と個別の博物誌 ソンニー
二版』
「世界大博物図鑑 4」平凡社　1987
◇p178（カラー）　ビュフォン, G.L.L., Comte de,
トラヴィエ, E.原図『博物誌』1853〜57　手彩
色銅版画
「グールドの鳥類図譜」講談社　1982
◇p166（カラー）　雛, 親鳥 1864

ソリハシヤブアリドリ　Clytoctantes alixii
「世界大博物図鑑 別巻1」平凡社　1993
◇p300（カラー）『ロンドン動物学協会紀要』1861
〜90,1891〜1929　〔京都大学理学部〕
「世界大博物図鑑 4」平凡社　1987
◇p283（カラー）　メス, オス　キューレマンス原
図『ロンドン動物学協会紀要』1870　手彩色石
版画

【た】

タイカンチョウ　Garrulax chinensis
「江戸鳥類大図鑑」平凡社　2006
◇p706（カラー）　山鵲（胡?）　堀田正敦『禽譜』
〔宮城県図書館伊達文庫〕
「フウチョウの自然誌 博物画の至宝」平凡社
1994
◇I–No.43（カラー）　Le Geai à joues blanches
ルヴァイヤン, F.著, バラバン, J.原図 1806
「舶来鳥獣図誌」八坂書房　1992
◇p97（カラー）　珊瑚鳥『外国産鳥之図』〔国立
国会図書館〕

タイカンチョウ
「江戸時代に描かれた鳥たち」ソフトバンク ク
リエイティブ　2012
◇p51（カラー）　珊瑚鳥『外国産鳥之図』　成立年

不明

ダイサギ　Ardea alba
「江戸博物文庫 鳥の巻」工作舎　2017
◇p151（カラー）　大鷺　服部雪斎『華鳥譜』
1862　〔国立国会図書館〕
「江戸鳥類大図鑑」平凡社　2006
◇p62（カラー）　も、白さぎ　冬羽『鳥類之図』
〔山階鳥類研究所〕
「ビュフォンの博物誌」工作舎　1991
◇I189（カラー）『一般と個別の博物誌 ソンニー
二版』

ダイサギ　Egretta alba
「江戸鳥類大図鑑」平凡社　2006
◇p61（カラー）　だいさぎ 雄　冬羽『鳥類之図』
〔山階鳥類研究所〕
◇p61（カラー）　黒はし大さぎ　夏羽『鳥類之図』
〔山階鳥類研究所〕
「グールドの鳥類図譜」講談社　1982
◇p150（カラー）　夏羽成鳥, 冬羽 1873

ダイシャクシギ　Numenius arquata
「江戸博物文庫 鳥の巻」工作舎　2017
◇p96（カラー）　大杓鷸『水禽譜』1830頃　〔国
立国会図書館〕
「江戸鳥類大図鑑」平凡社　2006
◇p292（カラー）　しゃくなぎ　堀田正敦『禽譜』
〔宮城県図書館伊達文庫〕
◇p292（カラー）　同〔さくなぎ〕　おほさくしぎ
堀田正敦『禽譜』〔宮城県図書館伊達文庫〕
「ビュフォンの博物誌」工作舎　1991
◇I202（カラー）『一般と個別の博物誌 ソンニー
二版』
「世界大博物図鑑 4」平凡社　1987
◇p175（カラー）　ビュフォン, G.L.L., Comte de,
トラヴィエ, E.原図『博物誌』1853〜57　手彩
色銅版画
「グールドの鳥類図譜」講談社　1982
◇p164（カラー）　親鳥, 雛 1869

ダイシャクシギ
「彩色 江戸博物学集成」平凡社　1994
◇図59（カラー）　大かしら　丹羽正伯『備前国備
中国之内領内産物絵図帳』〔岡山大学附属図書
館〕

ダイゼン　Pluvialis squatarola
「江戸博物文庫 鳥の巻」工作舎　2017
◇p58（カラー）　大膳　増山正賢『百鳥図』1800
頃　〔国立国会図書館〕
「ビュフォンの博物誌」工作舎　1991
◇I207（カラー）『一般と個別の博物誌 ソンニー
二版』
「世界大博物図鑑 4」平凡社　1987
◇p171（カラー）　アルビン, E.『鳥類誌』1731〜
38　手彩色銅版
「グールドの鳥類図譜」講談社　1982
◇p157（カラー）　夏羽成鳥 1872
◇p158（カラー）　冬羽成鳥, 幼鳥 1872

博物図譜レファレンス事典 動物篇　**435**

たいせ　　　　　　　　　　　鳥

ダイゼン？　Pluvialis squatarola ?
「江戸鳥類大鑑」平凡社　2006
◇p284（カラー）　しろしぎ　堀田正敦『禽譜』［宮城県図書館伊達文庫］

第2のレユニオンドードー　Ornithaptera solitaria
「世界大博物図鑑　別巻1」平凡社　1993
◇p199（カラー）　メス，オス　蜂須賀正氏『絶滅鳥ドードーについて』1953

タイハクオウム　Cacatua alba
「江戸鳥類大鑑」平凡社　2006
◇p430（カラー）　あふむ 白鸚鵡　堀田正敦『禽譜』［宮城県図書館伊達文庫］
「世界大博物図鑑　別巻1」平凡社　1993
◇p213（カラー）　マルティネ，F.N.『鳥類誌』1787～96　手彩色銅版
◇p213（カラー）　ブルジョ・サン＝ティレール，A.著，ヴェルナー，J.C.図『新オウムの自然誌』1837～38　手彩色石版
「世界大博物図鑑　4」平凡社　1987
◇p203（カラー）　ブレヴォー，F.著，ポーケ原図『熱帯鳥類図誌』［1879］　手彩色銅版

タイハクオウム
「江戸時代に描かれた鳥たち」ソフトバンク クリエイティブ　2012
◇p24（カラー）　白鸚鵡／キバタン　牧野貞幹『鳥類写生図』文化7（1810）頃

タイワンコジュケイ
「江戸時代に描かれた鳥たち」ソフトバンク クリエイティブ　2012
◇p68（カラー）　竹鶏『外国産鳥之図』成立年不明

タイワンコジュケイ（テッケイ）　Bambusicola thoracica sonorivox
「舶来鳥獣図誌」八坂書房　1992
◇p101（カラー）　竹鶏『外国産鳥之図』享保12（1727）渡来　［国立国会図書館］

タイワンシジュウカラ　Parus holsti
（Seebohm 1894）
「フランスの美しい鳥の絵図鑑」グラフィック社　2014
◇p227（カラー）　エチェコパル，ロベール＝ダニエル著，バリュエル，ポール画

タイワンツグミのバニコロ亜種　Turdus poliocephalus vanikorensis
「世界大博物図鑑　別巻1」平凡社　1993
◇p332（カラー）　デュモン・デュルヴィル，J.S.C.『アストロラブ号世界周航記』1830～35　スティップル印刷

ダーウィンシギダチョウ　Nothura darwini
「世界大博物図鑑　別巻1」平凡社　1993
◇p29（カラー）　スクレイター，P.L.，ハドソン，W.H.著，キューレマンス，J.G.図『アルゼンチン鳥類学』1888～89　手彩色石版　［個人蔵］

ダーウィンレア　Pterocnemia pennata
「世界大博物図鑑　別巻1」平凡社　1993
◇p20（カラー）　ダーウィン，C.R.編，グールド，J.原図，グールド，E.石版『ビーグル号報告動物学編』1839～43　手彩色石版
「世界大博物図鑑　4」平凡社　1987
◇p18（カラー）　グリュンボルト，H.『南米猟鳥・水鳥図譜』［1915］～17　手彩色石版図

たか
「鳥の手帖」小学館　1990
◇p47（カラー）　鷹　毛利梅園『梅園禽譜』天保10（1839）序　［国立国会図書館］

タカブシギ　Tringa glareola
「江戸鳥類大鑑」平凡社　2006
◇p285（カラー）　おじろしぎ　堀田正敦『禽譜』［宮城県図書館伊達文庫］
「グールドの鳥類図譜」講談社　1982
◇p168（カラー）　雄親，雌親，雛　1868

タカヘ　Notornis mantelli
「世界大博物図鑑　別巻1」平凡社　1993
◇p160（カラー）　骨化石から記載された基準種ブラー，W.L.著，キューレマンス，J.G.図『ニュージーランド鳥類誌第2版』1887～88　手彩色石版図

タカヘ（南島亜種）　Notornis mantelli hochstetteri
「世界大博物図鑑　別巻1」平凡社　1993
◇p161（カラー）　ロスチャイルド，L.W.『絶滅鳥類誌』1907　彩色クロモリトグラフ　［個人蔵］

タカヘ（ノトルニス）　Porphyrio （Notornis) mantelli
「ジョン・グールド 世界の鳥」同朋舎出版　1994
◇180図（カラー）　リヒター，ヘンリー・コンスタンチン画『オーストラリアの鳥類 補遺』1851～69

タカ目の鳥
「江戸鳥類大図鑑」平凡社　2006
◇p651（カラー）　鷹ノ枯骨　骨格　堀田正敦『禽譜』［宮城県図書館伊達文庫］

タクミドリの巣
「江戸鳥類大図鑑」平凡社　2006
◇p378（カラー）　たかみ鳥の巣　エナガの巣　堀田正敦『禽譜』［宮城県図書館伊達文庫］
◇p378（カラー）　タクミドリノ巣　エナガの巣　堀田正敦『禽譜』［宮城県図書館伊達文庫］
◇p378（カラー）　タクミドリノ巣　堀田正敦『禽譜』［宮城県図書館伊達文庫］
◇p378（カラー）　タクミドリノ巣　エナガ（亜種エナガ），巣　堀田正敦『禽譜』［宮城県図書館伊達文庫］

タゲリ　Vanellus vanellus
「江戸鳥類大図鑑」平凡社　2006
◇p87（カラー）　海ケリ　田中芳男ほか『博物館禽譜』1872頃～80年代前半頃　［東京国立博物館］
◇p87（カラー）　ウミケリ　田中芳男ほか『博物館

鳥　　　　　　　　　　　　　　　　　　　　　　　　　たひち

禽譜』　1872頃～80年代前半頃　［東京国立博物
館］　※明治11年1月剝製　写　仰山
　◇p88（カラー）　鍋計里　冬羽　滝沢馬琴『禽鏡』
　　天保5（1834）序　［国会図書館東洋文庫］
　◇p89（カラー）　川鳥『衆芳軒旧蔵 禽譜』　［国会
　　図書館東洋文庫］
　◇p89（カラー）　カワカラス　田中芳男ほか『博物
　　館禽譜』　1872頃～80年代前半頃　［東京国立博
　　物館］
「ジョン・グールド 世界の鳥」同朋舎出版　1994
　◇359図（カラー）　メス，雛　リヒター，ヘンリー・
　　コンスタンチン画『イギリスの鳥類』　1862～73
「ビュフォンの博物誌」工作舎　1991
　◇I205（カラー）『一般と個別の博物誌 ソンニー
　　ニ版』
「鳥獣虫魚譜」八坂書房　1988
　◇p42（カラー）　大田鴫　松森胤保『両羽禽類図
　　譜』　［酒田市立光丘文庫］
「世界大博物図鑑 4」平凡社　1987
　◇p171（カラー）　親と雛　ビュフォン，G.L.L.，
　　Comte de, トラヴィエ，E.原画『博物誌』　1853
　　～57　手彩色銅版画
「グールドの鳥類図譜」講談社　1982
　◇p156（カラー）　雛，親鳥　1865

タゲリ　Vanellus vanellus Linnaeus
「高木春山 本草図説 動物」リブロポート　1989
　◇p62（カラー）　一種　朝鮮計里

タシギ　Gallinago gallinago
「江戸博物文庫 鳥の巻」工作舎　2017
　◇p152（カラー）　田鴫　服部雪斎『華鳥譜』
　　1862　［国立国会図書館］
「江戸鳥類大図鑑」平凡社　2006
　◇p283（カラー）　しぎ　堀田正敦『禽譜』　［宮
　　城県図書館伊達文庫］
「ビュフォンの博物誌」工作舎　1991
　◇I196（カラー）『一般と個別の博物誌 ソンニー
　　ニ版』
「グールドの鳥類図譜」講談社　1982
　◇p179（カラー）　親鳥，雛　1863

タシギ
「江戸時代に描かれた鳥たち」ソフトバンク ク
　リエイティブ　2012
　◇p113（カラー）　鷸／ハシナガシギ　毛利梅園
　　『梅園禽譜』　天保10（1849）序

タシギ？　Gallinago gallinago？
「江戸鳥類大図鑑」平凡社　2006
　◇p283（カラー）　田しぎ　堀田正敦『禽譜』
　　［宮城県図書館伊達文庫］

タシギ属の1種　Gallinago sp.
「江戸鳥類大図鑑」平凡社　2006
　◇p297（カラー）　ほどしぎ　堀田正敦『禽譜』
　　［宮城県図書館伊達文庫］

タチアヒル
　⇒アヒル（タチアヒル）を見よ

ダチョウ　Struthio camelus
「江戸鳥類大図鑑」平凡社　2006
　◇p593（カラー）　駝鳥　堀田正敦『禽譜』　［宮
　　城県図書館伊達文庫］
　◇p594（カラー）　駝鳥　メス？　堀田正敦『禽
　　譜』　［宮城県図書館伊達文庫］
　◇p594（カラー）　駝鳥　堀田正敦『禽譜』　［宮
　　城県図書館伊達文庫］
「世界大博物図鑑 別巻1」平凡社　1993
　◇p16（カラー）　普通種S.c.camelus『エジンバラ
　　博物学雑誌』　1835～40　手彩色銅版
　◇p17（カラー）　亜種ミナミダチョウS.c.australis
　　マルティネ，F.N.『鳥類誌』　1787～96　手彩色
　　銅版
　◇p17（カラー）　黒ダチョウ　オス，普通種S.c.
　　camelus　ブラウン，P.『新動物学図録』　1776
　　手彩色銅版
　◇p17（カラー）　オス　クノール，G.W.『博物珍
　　品図録』　1771　手彩色銅版
「ビュフォンの博物誌」工作舎　1991
　◇I031（カラー）『一般と個別の博物誌 ソンニー
　　ニ版』
「世界大博物図鑑 4」平凡社　1987
　◇p18（カラー）　キュヴィエ，G.L.C.F.D.『動物
　　界』　1836～49　手彩色銅版

ダチョウ　Struthio camelus Linnaeus
「高木春山 本草図説 動物」リブロポート　1989
　◇p24（カラー）　駝鳥　イシワリ　オス

ダチョウ
「紙の上の動物園」グラフィック社　2017
　◇p106（カラー）　ラム，シータ画，ヘイスティング
　　ズ侯爵夫妻収集『27作の動物と鳥の絵を集めたア
　　ルバム』　1820頃　水彩画
「江戸鳥類大図鑑」平凡社　2006
　◇p595（カラー）　駝鳥羽　堀田正敦『禽譜』
　　［宮城県図書館伊達文庫］
　◇p596（カラー）　駝鳥卵　堀田正敦『禽譜』
　　［宮城県図書館伊達文庫］

駝鳥
「江戸名作画帖全集 8」駸々堂出版　1995
　◇図142（カラー）　ostrich　堀田正敦編『禽譜』
　　紙本着色　［東京国立博物館］

ダチョウの初列風切羽
「彩色 江戸博物学集成」平凡社　1994
　◇p227（カラー）　田村元雄の所蔵　水谷豊文『豊
　　文禽譜』　［国会図書館］

ダチョウの卵
「彩色 江戸博物学集成」平凡社　1994
　◇p227（カラー）　水谷豊文『水谷禽譜』　［国会
　　図書館］

タヒチクイナ　Rallus pacificus
「世界大博物図鑑 別巻1」平凡社　1993
　◇p153（カラー）　ロスチャイルド，L.W.『絶滅鳥
　　類誌』　1907　彩色クロモリトグラフ　［個人蔵］

博物図譜レファレンス事典 動物篇　**437**

たひち　　　　　　　　　鳥

タヒチコブバト　Ducula aurorae
「世界大博物図鑑 別巻1」平凡社　1993
- ◇p197（カラー）　カッシン, J.『合衆国探険隊報告記—第8巻哺乳類・鳥類編』1858　手彩色銅版

タヒチシギ　Prosobonia leucoptera
「世界大博物図鑑 別巻1」平凡社　1993
- ◇p168（カラー）　ロスチャイルド, L.W.『絶滅鳥類誌』1907　彩色クロモリトグラフ　［個人蔵］

タヒチヒタキ　Pomarea nigra
「世界大博物図鑑 別巻1」平凡社　1993
- ◇p345（カラー）　オス, 若鳥, メス　デュプレ, L. I.『コキーユ号航海記』1826～34　手彩色銅版画

タヒバリ　Anthus spinoletta
「江戸博物文庫 鳥の巻」工作舎　2017
- ◇p30（カラー）　田雲雀　増山正賢『百鳥図』1800頃　［国立国会図書館］

「フランスの美しい鳥の絵図鑑」グラフィック社　2014
- ◇p25（カラー）　エチェコパル, ロベール＝ダニエル著, バリュエル, ポール画

「江戸鳥類大図鑑」平凡社　2006
- ◇p309（カラー）　田ひばり　冬羽　堀田正敦『禽譜』　［宮城県図書館伊達文庫］

「ビュフォンの博物誌」工作舎　1991
- ◇I147（カラー）『一般と個別の博物誌 ソンニーニ版』

「グールドの鳥類図譜」講談社　1982
- ◇p102（カラー）　スカンジナビア沿岸と北海沿岸に繁殖する亜種A.s.littoralis 1867

タヒバリ
「グールドの鳥類図譜」講談社　1982
- ◇p103（カラー）　イギリス南部、ヨーロッパ中部以西一帯、中近東の内陸部に繁殖する亜種A.s. spinoletta 1867

タマシギ　Rostratula benghalensis
「江戸鳥類大図鑑」平凡社　2006
- ◇p286（カラー）　羽まだらしぎ　メス　堀田正敦『禽譜』　［宮城県図書館伊達文庫］
- ◇p286（カラー）　羽まだらしぎ　オス　堀田正敦『禽譜』　［宮城県図書館伊達文庫］

「鳥獣虫魚譜」八坂書房　1988
- ◇p42（カラー）　玉鳴　メス　松森胤保『両羽禽類図譜』　［酒田市立光丘文庫］

タマフウズラ　Cyrtonyx ocellatus
「ジョン・グールド 世界の鳥」同朋舎出版　1994
- ◇186図（カラー）　リヒター, ヘンリー・コンスタンチン画『アメリカ産ウズラ類の研究』1844～50

ダルマインコ　Psittacula alexandri
「世界大博物図鑑 別巻1」平凡社　1993
- ◇p221（カラー）　亜種ジャワダルマインコの幼鳥　後藤梨春『随観写真』　明和8（1771）頃
- ◇p221（カラー）　亜種ジャワダルマインコの幼鳥『唐船持渡鳥類』　文政～天保年間写生　［東京国立博物館］

ダルマインコ　Psittacula alexandri fasciata
「江戸鳥類大図鑑」平凡社　2006
- ◇p435（カラー）　青いんこ　メス　堀田正敦『禽譜』　［宮城県図書館伊達文庫］

「舶来鳥獣図誌」八坂書房　1992
- ◇p14（カラー）　青音呼『唐蘭船持渡鳥獣之図』　［慶應義塾図書館］

ダルマインコ
「江戸時代に描かれた鳥たち」ソフトバンク クリエイティブ　2012
- ◇p27（カラー）　花鏡鸚鵡　増山正賢（雪斎）『百鳥図』寛政12（1800）頃
- ◇p27（カラー）　緑鸚鵡　増山正賢（雪斎）『百鳥図』寛政12（1800）頃

「高松松平家所蔵 衆禽画譜 水禽・野鳥」香川県歴史博物館友の会博物図譜刊行会　2005
- ◇p98（カラー）　松平頼恭『衆禽画譜 野鳥帖』　江戸時代　紙本著色 画帖装（折本形式）　33.0×48.3　［個人蔵］

ダルマエナガ　Paradoxornis webbianus
「舶来鳥獣図誌」八坂書房　1992
- ◇p57（カラー）　紅道鳥『唐蘭船持渡鳥獣之図』　嘉永5（1852）渡来　［慶應義塾図書館］

ダルマエナガ?　　Paradoxornis webbianus ?
「江戸鳥類大図鑑」平凡社　2006
- ◇p680（カラー）　侶鳳述　堀田正敦『禽譜』　［宮城県図書館伊達文庫］

たんちょう
「鳥の手帖」小学館　1990
- ◇p86～87（カラー）　丹頂　毛利梅園『梅園禽譜』天保10（1839）序　［国立国会図書館］

タンチョウ　Grus japonensis
「江戸博物文庫 鳥の巻」工作舎　2017
- ◇p109（カラー）　丹頂　毛利梅園『梅園禽譜』1840頃　［国立国会図書館］

「江戸鳥類大図鑑」平凡社　2006
- ◇p37（カラー）　鶴松　余曾三図, 張廷玉, 顆爾泰賦『百花鳥図』　［国立国会図書館］

「日本の博物図譜」東海大学出版会　2001
- ◇p77（白黒）　円山応挙筆『群鶴図屏風（部分）』　［個人蔵］

「世界大博物図鑑 別巻1」平凡社　1993
- ◇p144（カラー）　伊藤圭介編, 服部雪斎図『錦窠禽譜』　1872（明治5）編集　［国立国会図書館］
- ◇p144（カラー）　交尾中の雌雄　中島仰山『鳥類図』1876～82（明治9～15）編集　［東京国立博物館］
- ◇p144（カラー）　幼鳥『博物館禽譜』1875～79（明治8～12）編集　［東京国立博物館］
- ◇p144（カラー）　真鶴　若鳥『博物館禽譜』1875～79（明治8～12）編集　［東京国立博物館］

タンチョウ
「江戸時代に描かれた鳥たち」ソフトバンク クリエイティブ　2012
- ◇p108（カラー）　鶴　毛利梅園『梅園禽譜』　天保10（1849）序

438　博物図譜レファレンス事典 動物篇

鳥　　　　　　　　　　　　　　　　　　　　　　　ちもる

ダンドク
⇒コシジロキンパラを見よ

ダンドリ
「高松松平家所蔵 衆禽画譜 水禽・野鳥」香川県
歴史博物館友の会博物図譜刊行会　2005
　◇p92（カラー）　ダンドリ 雌雄　松平頼恭『衆禽
　画譜 野鳥帖』 江戸時代　紙本著色 画帖装（折本
　形式）　33.0×48.3　［個人蔵］

ダンナンカモメ
「高松松平家所蔵 衆禽画譜 水禽・野鳥」香川県
歴史博物館友の会博物図譜刊行会　2005
　◇p67（カラー）　松平頼恭『衆禽画譜 水禽帖』 江
　戸時代　紙本著色 画帖装（折本形式）　38.1×48.
　7　［個人蔵］

タンビカンザシフウチョウ　Parotia lawesii
「ジョン・グールド 世界の鳥」同朋舎出版　1994
　◇388図（カラー）　メス，オス　ハート，ウィリア
　ム画『ニューギニアの鳥類』 1875〜88

タンビキヅノフウチョウ　Paradigalla
brevicauda
「世界大博物図鑑 別巻1」平凡社　1993
　◇p405（カラー）『アイビス』 1859〜　〔山階鳥類
　研究所〕

タンビハリオアマツバメ　Neafrapus cassini
「世界大博物図鑑 4」平凡社　1987
　◇p234（カラー）　キューレマンス原図『ロンドン
　動物学協会紀要』 1867　手彩色石版画

タンビヒメエメラルドハチドリ
Chlorostilbon poortmani
「ジョン・グールド 世界の鳥」同朋舎出版　1994
　◇258図（カラー）　リヒター，ヘンリー・コンスタ
　ンチン画『ハチドリ科の研究』 1849〜61

【 ち 】

チゴハヤブサ　Falco subbuteo
「日本の博物図譜」東海大学出版会　2001
　◇図22（カラー）　服部雪斎筆『博物館禽譜』　［東
　京国立博物館］
「ジョン・グールド 世界の鳥」同朋舎出版　1994
　◇313図（カラー）　オス　ヴォルフ，ヨゼフ，リヒ
　ター，ヘンリー・コンスタンチン画『イギリスの
　鳥類』 1862〜73
「世界大博物図鑑 別巻1」平凡社　1993
　◇p108（カラー）　ボルクハウゼン，M.B.『ドイツ
　鳥類学』 1800〜17
　◇p109（カラー）　ボルクハウゼン，M.B.『ドイツ
　鳥類学』 1800〜17
「ビュフォンの博物誌」工作舎　1991
　◇I020（カラー）『一般と個別の博物誌 ソンニー
　ニ版』
「世界大博物図鑑 4」平凡社　1987
　◇p103（カラー）　ドノヴァン，E.『英国鳥類誌』
　1794〜1819

「グールドの鳥類図譜」講談社　1982
　◇p42（カラー）　メス成鳥 1865

チゴモズ　Lanius tigrinus
「江戸博物文庫 鳥の巻」工作舎　2017
　◇p83（カラー）　稚児百舌　水谷豊文『水谷氏禽
　譜』　［国立国会図書館］
「江戸鳥類大図鑑」平凡社　2006
　◇p556（カラー）　嶋もず 雌 幼鳥　堀田正敦『禽
　譜』　［宮城県図書館伊達文庫］
　◇p556（カラー）　嶋もず 雄 山もず　オス　堀田
　正敦『禽譜』　［宮城県図書館伊達文庫］
　◇p557（カラー）　小もず 朝鮮もず 幼鳥　堀田正
　敦『禽譜』　［宮城県図書館伊達文庫］
「鳥獣虫魚譜」八坂書房　1988
　◇p24（カラー）　ゲゲモズ　オス，メス　松森胤保
　『両羽禽類図譜』　［酒田市立光丘文庫］

チヂレゲカラスフウチョウ　Manucodia
comrii
「世界大博物図鑑 別巻1」平凡社　1993
　◇p400（カラー）　グールド，J.『ニューギニア鳥類
　図譜』 1875〜88　手彩色石版画

チュウカイエナガ　Aegithalos caudatus
tephronotus
「フランスの美しい鳥の絵図鑑」グラフィック社
2014
　◇p123（カラー）　エチェコパル，ロベール＝ダニ
　エル著，バリュエル，ポール画

ちどり
「鳥の手帖」小学館　1990
　◇p73（カラー）　千鳥　毛利梅園『梅園禽譜』　天
　保10（1839）序　［国立国会図書館］

チトリ
「高松松平家所蔵 衆禽画譜 水禽・野鳥」香川県
歴史博物館友の会博物図譜刊行会　2005
　◇p48（カラー）　松平頼恭『衆禽画譜 水禽帖』 江
　戸時代　紙本著色 画帖装（折本形式）　38.1×48.
　7　［個人蔵］

チドリの1種？
「高木春山 本草図説 動物」リブロポート　1989
　◇p78（カラー）　百霊鳥

チフチャフ　Phylloscopus collybita
「フランスの美しい鳥の絵図鑑」グラフィック社
2014
　◇p103（カラー）　エチェコパル，ロベール＝ダニ
　エル著，バリュエル，ポール画
「グールドの鳥類図譜」講談社　1982
　◇p89（カラー）　つがいの2羽 1862

チマシコ？　Haematospiza sipahi？
「江戸鳥類大図鑑」平凡社　2006
　◇p358（カラー）　石山雀 雄　堀田正敦『禽譜』
　［宮城県図書館伊達文庫］

チモールオリーブミツスイ　Lichmera
flavicans
「世界大博物図鑑 別巻1」平凡社　1993

博物図譜レファレンス事典 動物篇　**439**

ちもる　　　　　鳥

◇p352（カラー）　テミンク, C.J., ロジエ・ド・シャルトルース, M.著『新編彩色鳥類図譜』1820〜39　手彩色銅板画

チモールキミミミツスイ　Meliphaga reticulata
「世界大博物図鑑　別巻1」平凡社　1993
◇p352（カラー）　テミンク, C.J., ロジエ・ド・シャルトルース, M.著, プレートル原図『新編彩色鳥類図譜』1820〜39　手彩色銅板画

チャイロカッコウハヤブサ　Aviceda jerdoni
「世界大博物図鑑　別巻1」平凡社　1993
◇p109（カラー）　デ・ミュール, M.A.P.O.著, プレヴォー, A.原図『新々鳥類図譜』1845〜49　手彩色石版

チャイロキノボリ　Climacteris picumnus
「世界大博物図鑑　4」平凡社　1987
◇p346（カラー）　テミンク, C.J.著, プレートル, J.G.原図『新編彩色鳥類図譜』1820〜39　手彩色銅版画

チャイロキノボリ（亜種）　Climacteris picumnus melanota
「ジョン・グールド　世界の鳥」同朋舎出版　1994
◇138図（カラー）　リヒター, ヘンリー・コンスタンチン画『オーストラリアの鳥類』1840〜48

チャイロシギダチョウ　Crypturellus obsoletus
「世界大博物図鑑　4」平凡社　1987
◇p22（カラー）　テミンク, C.J.著, プレートル, J.G.原図『新編彩色鳥類図譜』1820〜39　手彩色銅版画

チャイロツバメ　Hirundo rupestris
「江戸鳥類大図鑑」平凡社　2006
◇p330（カラー）　石燕　岩つばめ　堀田正敦『禽譜』［宮城県図書館伊達文庫］
◇p336（カラー）　石燕　堀田正敦『禽譜』［宮城県図書館伊達文庫］

チャイロニワシドリ　Amblyornis inornatus
「ジョン・グールド　世界の鳥」同朋舎出版　1994
◇394図（カラー）　ハート, ウィリアム画『ニューギニアの鳥類』1875〜88

チャイロマネシツグミ　Toxostoma rufum
「世界大博物図鑑　4」平凡社　1987
◇p318（カラー）　デ・ケイ, J.E.著, ヒル, J.W.原図『ニューヨーク動物誌』1844　手彩色石版

チャイロモズヒタキのサラワティ亜種　Colluricincla megarhyncha megarhyncha
「世界大博物図鑑　別巻1」平凡社　1993
◇p344（カラー）　デュモン・デュルヴィル, J.S.C.『アストロラブ号世界周航記』1830〜35　スティップル印刷

チャイロユミハチドリ　Phaethornis ruber
「ジョン・グールド　世界の鳥」同朋舎出版　1994
◇201図（カラー）　リヒター, ヘンリー・コンスタンチン画『ハチドリ科の研究』1849〜61

◇203図（カラー）　リヒター, ヘンリー・コンスタンチン画『ハチドリ科の研究』1849〜61
「世界大博物図鑑　別巻1」平凡社　1993
◇p276（カラー）　グールド, J.『ハチドリ科鳥類図譜』1849〜61　手彩色石版

チャエリショウビン　Halcyon winchelli
「世界大博物図鑑　別巻1」平凡社　1993
◇p284（カラー）『リンネ学会紀要』1791〜1875, 1875〜1922,1939〜55

チャカザリハチドリ　Lophornis delattrei
「世界大博物図鑑　別巻1」平凡社　1993
◇p268（カラー）　グールド, J.『グールド傑作選』1866

チャガシラハシリブッポウソウ　Atelornis crossleyi
「世界大博物図鑑　別巻1」平凡社　1993
◇p285（カラー）『ロンドン動物学協会紀要』1861〜90,1891〜1929　［山階鳥類研究所］

チャガシラハチドリ　Anthocephala floriceps
「世界大博物図鑑　別巻1」平凡社　1993
◇p265（カラー）　グールド, J.『ハチドリ科鳥類図譜』1849〜61　手彩色石版

チャガシラフウキンチョウ　Euphonia musica
「ビュフォンの博物誌」工作舎　1991
◇I117（カラー）『一般と個別の博物誌　ソンニーニ版』

チャガラニシブッポウソウ　Coracias naevia
「フウチョウの自然誌　博物画の至宝」平凡社　1994
◇I-No.29（カラー）　Le Rollier varié d'Afrique, jeune âge　ルヴァイアン, F.著, バラバン, J.原図　1806

チャタムオビジメクイナ　Rallus philipensis dieffenbachii
「世界大博物図鑑　別巻1」平凡社　1993
◇p153（カラー）　ロスチャイルド, L.W.『絶滅鳥類誌』1907　彩色クロモリトグラフ　［個人蔵］

チャタムクイナ　Rallus modestus
「世界大博物図鑑　別巻1」平凡社　1993
◇p153（カラー）　ブラー, W.L.著, キューレマンス, J.G.図『ニュージーランド鳥類誌第2版』1887〜88　手彩色石版図

チャタムシダセッカ
「紙の上の動物園」グラフィック社　2017
◇p33（カラー）　ロスチャイルド, ライオネル・ウォルター『絶滅した鳥たち』1907

チャタムセンニョムシクイ　Gerygone albofrontata
「世界大博物図鑑　別巻1」平凡社　1993
◇p344（カラー）　ブラー, W.L.著, キューレマンス, J.G.図『ニュージーランド鳥類誌第2版』1887〜88　手彩色石版図

鳥　　　　　　　　　　　　　　　　　　　　　　　　ちゆう

チャタムヒタキ　Petroica traversi
「世界大博物図鑑　別巻1」平凡社　1993
　　◇p344（カラー）　ブラー, W.L.著, キューレマンス, J.G.図『ニュージーランド鳥類誌第2版』
　　1887〜88　手彩色石版図

チャタムヒタキ
「紙の上の動物園」グラフィック社　2017
　　◇p33（カラー）　ロスチャイルド, ライオネル・ウォルター『絶滅した鳥たち』1907

チャノドインコ　Aratinga pentinax
「ビュフォンの博物誌」工作舎　1991
　　◇I249（カラー）『一般と個別の博物誌 ソンニーニ版』

チャバネアオゲラ　Picus mentalis
「世界大博物図鑑 4」平凡社　1987
　　◇p270（カラー）　テミンク, C.J.著, プレートル, J.G.原図『新編彩色鳥類図譜』1820〜39　手彩色銅版画

チャバネサシバ　Butastur liventer
「世界大博物図鑑 4」平凡社　1987
　　◇p90（カラー）　テミンク, C.J.著, ユエ, N.原図『新編彩色鳥類図譜』1820〜39　手彩色銅版画

チャバラアメリカジカッコウ　Neomorphus geoffroyi
「世界大博物図鑑 4」平凡社　1987
　　◇p219（カラー）　テミンク, C.J.著, ユエ, N.原図『新編彩色鳥類図譜』1820〜39　手彩色銅版画

チャバラホウカンチョウ　Crax mitu
「世界大博物図鑑 4」平凡社　1987
　　◇p106（カラー）　テミンク, C.J.著, ユエ, N.原図『新編彩色鳥類図譜』1820〜39　手彩色銅版画

チャバラマユミソサザイ　Thryothorus ludovicianus
「世界大博物図鑑 4」平凡社　1987
　　◇p315（カラー）　ヴィエイヨー, L.J.P.著, プレートル, J.G.原図『北米鳥類図誌』1807　手彩色銅版図

チャバラムシクイ　Sylvia cantillans
「ビュフォンの博物誌」工作舎　1991
　　◇I140（カラー）『一般と個別の博物誌 ソンニーニ版』

チャバラムシクイ　Sylvia deserticola（Tristram 1859）
「フランスの美しい鳥の絵図鑑」グラフィック社　2014
　　◇p61（カラー）　エチェコパル, ロベール＝ダニエル著, バリュエル, ポール画

チャバラワライカワセミ　Dacelo gaudichaud
「ジョン・グールド 世界の鳥」同朋舎出版　1994
　　◇403図（カラー）　ハート, ウィリアム画『ニューギニアの鳥類』1875〜88

チャボ
「江戸時代に描かれた鳥たち」ソフトバンク ク

リエイティブ　2012
　　◇p118（カラー）　矮鶏　オス　毛利梅園『梅園禽譜』天保10（1849）序
　　◇p120（カラー）　矮鶏/白雌鶏　毛利梅園『梅園禽譜』天保10（1849）序
　　◇p121（カラー）　矮鶏/白雌鶏　毛利梅園『梅園禽譜』天保10（1849）序

チャムネガラ　Parus rufiventris（Bocage 1877）
「フランスの美しい鳥の絵図鑑」グラフィック社　2014
　　◇p211（カラー）　エチェコパル, ロベール＝ダニエル著, バリュエル, ポール画

チャムネミフウズラ　Turnix sylvatica
「グールドの鳥類図譜」講談社　1982
　　◇p149（カラー）　オス, メス 1871

チュウクイナ　Porzana porzana
「ビュフォンの博物誌」工作舎　1991
　　◇I211（カラー）『一般と個別の博物誌 ソンニーニ版』
「グールドの鳥類図譜」講談社　1982
　　◇p184（カラー）　親鳥, 雛 1864

チュウサギ　Ardea intermedia
「江戸博物文庫 鳥の巻」工作舎　2017
　　◇p148（カラー）　中鷺　服部雪斎『華鳥譜』1862　［国立国会図書館］

チュウサギ　Egretta intermedia
「江戸鳥類大図鑑」平凡社　2006
　　◇p60（カラー）　しまめぐり　冬羽『鳥類之図』［山階鳥類研究所］

チュウサギ　Egretta intermedia intermedia
「世界大博物図鑑 別巻1」平凡社　1993
　　◇p45（カラー）　シーボルト, P.F.von『日本動物誌』1833〜50　手彩色石版

チュウシャクシギ　Numenius phaeopus
「江戸鳥類大図鑑」平凡社　2006
　　◇p293（カラー）　つるしぎ　幼鳥　堀田正敦『禽譜』［宮城県図書館伊達文庫］
「ビュフォンの博物誌」工作舎　1991
　　◇I203（カラー）『一般と個別の博物誌 ソンニーニ版』
「世界大博物図鑑 4」平凡社　1987
　　◇p175（カラー）　ドノヴァン, E.『英国鳥類誌』1794〜1819
「グールドの鳥類図譜」講談社　1982
　　◇p164（カラー）　オス, メス 1871

チウバン
「高松松平家所蔵 衆禽画譜 水禽・野鳥」香川県歴史博物館友の会博物図譜刊行会　2005
　　◇p57（カラー）　松平頼恭『衆禽画譜 水禽帖』　江戸時代　紙本著色 画帖装（折本形式）　38.1×48.7　［個人蔵］

チュウヒ　Circus aeruginosus
「グールドの鳥類図譜」講談社　1982

博物図譜レファレンス事典 動物篇　**441**

ちゅう　　　　　鳥

◇p46（カラー）　オス成鳥, 幼鳥　1868

チュウヒ　Circus spilonotus

「江戸博物文庫 鳥の巻」工作舎　2017
◇p182（カラー）　沢鵟　伊藤圭介『錦窠禽譜』
1872　〔国立国会図書館〕
「江戸鳥類大図鑑」平凡社　2006
◇p630〜631（カラー）　はちくま　堀田正敦『禽
譜』　〔宮城県図書館伊達文庫〕
◇p632（カラー）　ちうひ　メス　堀田正敦『禽譜』
〔宮城県図書館伊達文庫〕

チュウヒ

「彩色 江戸博物学集成」平凡社　1994
◇p107（カラー）　メス　小野蘭山『蘭山禽譜』
〔国会図書館〕
「グールドの鳥類図譜」講談社　1982
◇p46（カラー）　メス成鳥　1868

チュウヒ?　Circus spilonotus ?

「江戸鳥類大図鑑」平凡社　2006
◇p649（カラー）　おのうへ, 胸の毛　オス　堀田
正敦『禽譜』　〔宮城県図書館伊達文庫〕

チョウゲンボウ　Falco tinnunculus

「江戸博物文庫 鳥の巻」工作舎　2017
◇p61（カラー）　長元坊　増山正賢『百鳥図』
1800頃　〔国立国会図書館〕
「江戸鳥類大図鑑」平凡社　2006
◇p637（カラー）　さしば　オス　堀田正敦『禽譜』
〔宮城県図書館伊達文庫〕
◇p639（カラー）　てうけんぼう ひたか　オス　堀
田正敦『禽譜』　〔宮城県図書館伊達文庫〕
「日本の博物図譜」東海大学出版会　2001
◇図32（カラー）　中島仰山筆『博物館禽譜』　〔東
京国立博物館〕
「ジョン・グールド 世界の鳥」同朋舎出版　1994
◇315図（カラー）　オス, メス　ヴォルフ, ヨゼフ,
リヒター, ヘンリー・コンスタンチン画『イギリ
スの鳥類』　1862〜73
「世界大博物図鑑 別巻1」平凡社　1993
◇p110（カラー）　マルティネ, F.N.『鳥類誌』
1787〜96　手彩色銅版
◇p110（カラー）　ボルクハウゼン, M.B.『ドイツ
鳥類学』　1800〜17
◇p110（カラー）　ヘイズ, W.『イギリス鳥類図譜』
1771〜75　手彩色銅版
「ビュフォンの博物誌」工作舎　1991
◇I021（カラー）『一般と個別の博物誌 ソンニー
ニ版』
「世界大博物図鑑 4」平凡社　1987
◇p102（カラー）　オス, メス　マイヤー, H.L.『英
国産鳥類とその卵』　1853〜57　手彩色石版
「グールドの鳥類図譜」講談社　1982
◇p44（カラー）　オス成鳥, メス成鳥　1862

チョウゲンボウ

「彩色 江戸博物学集成」平凡社　1994
◇p107（カラー）　オス, メス　小野蘭山『蘭山禽
譜』　〔国会図書館〕

チョウショウバト　Geopelia striata

「江戸鳥類大図鑑」平凡社　2006
◇p459（カラー）　ちやうしやうばと　堀田正敦
『禽譜』　〔宮城県図書館伊達文庫〕

テウシヤウハト

「高松松平家所蔵 衆禽画譜 水禽・野鳥」香川県
歴史博物館友の会博物図譜刊行会　2005
◇p83（カラー）　松平頼恭『衆禽画譜 野鳥帖』　江
戸時代　紙本着色 画帖装（折本形式）　33.0×48.
3　〔個人蔵〕

朝鮮をしどり

「江戸名画帖全集 8」駸々堂出版　1995
◇図126（カラー）　korean mandarin ducks　堀田
正敦『禽譜』　紙本着色　〔東京国立博物館〕

チョウセンミフウズラ　Turnix tanki

「江戸鳥類大図鑑」平凡社　2006
◇p322（カラー）　南牛鶉　堀田正敦『禽譜』
〔宮城県図書館伊達文庫〕
◇p698（カラー）　南牛鶉　メス?　堀田正敦『禽
譜』　〔宮城県図書館伊達文庫〕

チョウセンミフウズラ?　Turnix tanki ?

「江戸鳥類大図鑑」平凡社　2006
◇p320（カラー）　咬嚼吧鶉 申蘭舶　堀田正敦『禽
譜』　〔宮城県図書館伊達文庫〕

チョウセンメジロ　Zosterops erythropleura

「世界大博物図鑑 4」平凡社　1987
◇p351（カラー）　ダヴィド神父, A.著, アルヌル石
版『中国産鳥類』　1877　手彩色石版

チョウセンメジロ　Zosterops erythropleurus

「江戸鳥類大図鑑」平凡社　2006
◇p386（カラー）　朝鮮めじろ　堀田正敦『禽譜』
〔宮城県図書館伊達文庫〕

チリーウミツバメ　Oceanodroma hornbyi

「世界大博物図鑑 別巻1」平凡社　1993
◇p37（カラー）　シャープ, R.B.ほか『大英博物館
鳥類目録』　1874〜98　手彩色クロモリトグラフ

【つ】

ツカツクリ　Megapodius freycinet

「世界大博物図鑑 4」平凡社　1987
◇p106（カラー）　テミンク, C.J.著, プレートル,
J.G.原図『新編彩色鳥類図譜』　1820〜39　手彩
色銅版画

ツクシガモ　Tadorna tadorna

「江戸鳥類大図鑑」平凡社　2006
◇p128（カラー）　はながも 雄　オス夏羽　堀田正
敦『禽譜』　〔宮城県図書館伊達文庫〕
◇p128（カラー）　はながも 雌 一名つくしがも
メス若鳥　堀田正敦『禽譜』　〔宮城県図書館伊
達文庫〕
◇p129（カラー）　つくしがも 一名ぎやうじがも
一名肥前がも　オス若鳥　堀田正敦『禽譜』
〔宮城県図書館伊達文庫〕

「ジョン・グールド 世界の鳥」同朋舎出版 1994
◇366図（カラー） リヒター, ヘンリー・コンスタンチン画『イギリスの鳥類』 1862～73
「世界大博物図鑑 別巻1」平凡社 1993
◇p65（カラー） オス ボルクハウゼン, M.B.『ドイツ鳥類学』 1800～17
◇p65（カラー） ヘイズ, W.『イギリス鳥類図譜』 1771～75 手彩色銅版
「ビュフォンの博物誌」工作舎 1991
◇I236（カラー）『一般と個別の博物誌 ソンニーニ版』
「世界大博物図鑑 4」平凡社 1987
◇p67（カラー） キュヴィエ, G.L.C.F.D.『動物界』 1836～49 手彩色銅版
「グールドの鳥類図譜」講談社 1982
◇p193（カラー） 親鳥, 雛, 雌親 1869

ツクシクゞメキ
「高松松平家所蔵 衆禽画譜 水禽・野鳥」香川県歴史博物館友の会博物図譜刊行会 2005
◇p41（カラー） 松平頼恭『衆禽画譜 水禽帖』 江戸時代 紙本著色 画帖装（折本形式） 38.1×48.7 ［個人蔵］

つぐみ
「鳥の手帖」小学館 1990
◇p158～159（カラー） 鵗 毛利梅園『梅園禽譜』 天保10（1839）序 ［国立国会図書館］

ツグミ　Turdus naumanni
「江戸鳥類大図鑑」平凡社 2006
◇p563（カラー） つぐみ 雌 堀田正敦『禽譜』 ［宮城県図書館伊達文庫］
◇p564（カラー） つぐみ 雄 堀田正敦『禽譜』 ［宮城県図書館伊達文庫］
◇p564（カラー） つぐみ 雌 堀田正敦『禽譜』 ［宮城県図書館伊達文庫］
◇p564（カラー） つぐみ 雄 てふまつぐみ 堀田正敦『禽譜』 ［宮城県図書館伊達文庫］
◇p564（カラー） けふまつぐみ 堀田正敦『禽譜』 ［宮城県図書館伊達文庫］
◇p565（カラー） 松原つぐみ 堀田正敦『禽譜』 ［宮城県図書館伊達文庫］
◇p565（カラー） 松原つぐみ 琉球つぐみ 堀田正敦『禽譜』 ［宮城県図書館伊達文庫］
「鳥獣虫魚譜」八坂書房 1988
◇p33（カラー） 鵗雀 松森胤保『両羽禽類図譜』 ［酒田市立光丘文庫］
「世界大博物図鑑 4」平凡社 1987
◇p319（カラー） テミンク, C.J.著, プレートル, J.G.原図『新編彩色鳥類図譜』 1820～39 手彩色銅版画

ツグミ　Turdus naumanni eunomus
「江戸博物文庫 鳥の巻」工作舎 2017
◇p165（カラー） 鵗 服部雪斎『華鳥譜』 1862 ［国立国会図書館］

ツグミ
「江戸時代に描かれた鳥たち」ソフトバンク クリエイティブ 2012
◇p84（カラー） 雀鵗/鵗 毛利梅園『梅園禽譜』

天保10（1849）序
「高松松平家所蔵 衆禽画譜 水禽・野鳥」香川県歴史博物館友の会博物図譜刊行会 2005
◇p85（カラー） 松平頼恭『衆禽画譜 野鳥帖』 江戸時代 紙本著色 画帖装（折本形式） 33.0×48.3 ［個人蔵］

ツグミ？　Turdus naumanni？
「江戸鳥類大図鑑」平凡社 2006
◇p567（カラー） まゆじろつぐみ 雄 堀田正敦『禽譜』 ［宮城県図書館伊達文庫］

ツグミ（ハチジョウツグミ？）　Turdus naumanni naumanni？
「江戸鳥類大図鑑」平凡社 2006
◇p574（カラー） 八丈つぐみ 雄 堀田正敦『禽譜』 ［宮城県図書館伊達文庫］

ツケサケビドリ　Anhima cornuta
「ビュフォンの博物誌」工作舎 1991
◇I187（カラー）『一般と個別の博物誌 ソンニーニ版』

ツチスドリ　Grallina cyanoleuca
「ジョン・グールド 世界の鳥」同朋舎出版 1994
◇118図（カラー） リヒター, ヘンリー・コンスタンチン画『オーストラリアの鳥類』 1840～48

ツツドリ　Cuculus saturatus
「江戸鳥類大図鑑」平凡社 2006
◇p475（カラー） つゝどり 堀田正敦『禽譜』 ［宮城県図書館伊達文庫］
◇p475（カラー） つゝどり 右翼の下面 堀田正敦『禽譜』 ［宮城県図書館伊達文庫］
◇p475（カラー） つゝどり 幼鳥 堀田正敦『禽譜』 ［宮城県図書館伊達文庫］
◇p476（カラー） つゝどり わかどり 幼鳥 堀田正敦『禽譜』 ［宮城県図書館伊達文庫］
◇p476（カラー） つゝどり メス赤色型 堀田正敦『禽譜』 ［宮城県図書館伊達文庫］
◇p483（カラー） おほむしくひ 堀田正敦『禽譜』 ［宮城県図書館伊達文庫］
「鳥獣虫魚譜」八坂書房 1988
◇p25（カラー） 筒鳥 赤色型メス, 若鳥 松森胤保『両羽禽類図譜』 ［酒田市立光丘文庫］

ツツドリ
「江戸時代に描かれた鳥たち」ソフトバンク クリエイティブ 2012
◇p92（カラー） 喚起鳥/大蟲喰 毛利梅園『梅園禽譜』 天保10（1849）序

ツノウズラ　Oreortyx picta
「ジョン・グールド 世界の鳥」同朋舎出版 1994
◇187図（カラー） つがいと数羽のオス リヒター, ヘンリー・コンスタンチン画『アメリカ産ウズラ類の研究』 1844～50

ツノサケビドリ　Anhima cornuta
「世界大博物図鑑 4」平凡社 1987
◇p59（カラー） ドルビニ, A.D.著, トラヴィエ原図『万有博物事典』 1837

つのほ　　　　　鳥

ツノホウセキハチドリ　Heliactin cornuta
「世界大博物図鑑 4」平凡社　1987
　◇p243（カラー）　レッソン, R.P.著, プレートル,
　　J.G.原図『ハチドリの自然誌』 1829〜30　多色
　　刷り銅版

ツノメドリ　Fratercula corniculata
「江戸博物文庫 鳥の巻」工作舎　2017
　◇p81（カラー）　角目鳥　水谷豊文『水谷氏禽譜』
　　［国立国会図書館］

ツノメドリ
「紙の上の動物園」グラフィック社　2017
　◇p155（カラー）　コイレマンス, ジョン・ギャ
　　ラード『ブリテン諸島の鳥類のカラー絵図』
　　1885〜97　版画

つばめ
「鳥の手帖」小学館　1990
　◇p121（カラー）　燕　毛利梅園『梅園禽譜』 天保
　　10（1839）序　［国立国会図書館］

ツバメ　Hirundo rustica
「江戸博物文庫 鳥の巻」工作舎　2017
　◇p42（カラー）　燕　増山正賢『百鳥図』 1800頃
　　［国立国会図書館］
「江戸鳥類大図鑑」平凡社　2006
　◇p324（カラー）　つばめ　堀田正敦『禽譜』
　　［宮城県図書館伊達文庫］
　◇p325（カラー）　白つばめ　部分白化個体　堀田
　　正敦『禽譜』　［宮城県図書館伊達文庫］
　◇p326（カラー）　白つばめ　部分白化個体　堀田
　　正敦『禽譜』　［宮城県図書館伊達文庫］
「ジョン・グールド 世界の鳥」同朋舎出版　1994
　◇323図（カラー）　空中で親鳥から餌をもらう若鳥
　　リヒター, ヘンリー・コンスタンチン画『イギリ
　　スの鳥類』 1862〜73
「ビュフォンの博物誌」工作舎　1991
　◇I169（カラー）『一般と個別の博物誌 ソンニー
　　ニ版』
「世界大博物図鑑 4」平凡社　1987
　◇p302（カラー）　ビュフォン, G.L.L., Comte de,
　　トラヴィエ, E.原図『博物誌』 1853〜57　手彩
　　色銅版画
「グールドの鳥類図譜」講談社　1982
　◇p58（カラー）　幼鳥, 親鳥　1863

ツバメ　Hirundo savignii
「世界大博物図鑑 4」平凡社　1987
　◇p303（カラー）　デュボワ, A.J.C.『コンゴ鳥類
　　観察録』 1905　3色オフセット

ツバメ
「江戸時代に描かれた鳥たち」ソフトバンク ク
　リエイティブ　2012
　◇p85（カラー）　燕　毛利梅園『梅園禽譜』 天保
　　10（1849）序

ツバメオオガシラ　Chelidoptera tenebrosa
「フウチョウの自然誌 博物画の至宝」平凡社
　1994
　◇II–No.46（カラー）　Le Barbacou à croupion

blanc　ルヴァイヤン, F.著, バラバン, J.原図
1806

ツバメ科　Hirundinidae
「ビュフォンの博物誌」工作舎　1991
　◇I172（カラー）『一般と個別の博物誌 ソンニー
　　ニ版』

ツバメカザリドリ　Phibalura flavirostris
「世界大博物図鑑 別巻1」平凡社　1993
　◇p301（カラー）　ヴィエイヨー, L.J.P.著, ウダー
　　ル, P.L.原図『鳥類画廊』 1820〜26
「世界大博物図鑑 4」平凡社　1987
　◇p295（カラー）　テミンク, C.J.著, ユエ, N.原図
　　『新編彩色鳥類図譜』 1820〜39　手彩色銅版画

ツバメケイ　Opisthocomus hoatzin
「ビュフォンの博物誌」工作舎　1991
　◇I049（カラー）『一般と個別の博物誌 ソンニー
　　ニ版』

ツバメチドリ　Glareola meldivarum
「江戸鳥類大図鑑」平凡社　2006
　◇p288（カラー）　たいせむしぎ　冬羽　堀田正敦
　　『禽譜』　［宮城県図書館伊達文庫］

ツバメハチドリ（亜種）　Eupetomena
macroura hirundo
「ジョン・グールド 世界の鳥」同朋舎出版　1994
　◇259図（カラー）　ハート, ウィリアム画『ハチド
　　リ科の研究』 1849〜61

ツミ　Accipiter gularis
「江戸鳥類大図鑑」平凡社　2006
　◇p623（カラー）　つみ　幼鳥　堀田正敦『禽譜』
　　［宮城県図書館伊達文庫］
　◇p625（カラー）　えつさい　メス？　堀田正敦
　　『禽譜』　［宮城県図書館伊達文庫］
　◇p626（カラー）　雀鷂　若鷹　えつさい　幼鳥　堀
　　田正敦『禽譜』　［宮城県図書館伊達文庫］
　◇p626（カラー）　同 雀鷂 鷐　オス第1回夏　堀田
　　正敦『禽譜』　［宮城県図書館伊達文庫］
　◇p626（カラー）　同 雀鷂 若鷂　オス　堀田正敦
　　『禽譜』　［宮城県図書館伊達文庫］
「世界大博物図鑑 別巻1」平凡社　1993
　◇p96（カラー）　メス, オス　シーボルト, P.F.von
　　『日本動物誌』 1833〜50　手彩色石版

ツミ？　Accipiter gularis ?
「江戸鳥類大図鑑」平凡社　2006
　◇p627（カラー）　かつさい　幼鳥　堀田正敦『禽
　　譜』　［宮城県図書館伊達文庫］
　◇p627（カラー）　よし鷹　幼鳥　堀田正敦『禽譜』
　　［宮城県図書館伊達文庫］

ツメナガセキレイ　Motacilla flava
「江戸鳥類大図鑑」平凡社　2006
　◇p303（カラー）　せいじゃくせきれい　み山せきれ
　　い　冬羽　堀田正敦『禽譜』　［宮城県図書館伊達
　　文庫］
「ビュフォンの博物誌」工作舎　1991
　◇I146（カラー）『一般と個別の博物誌 ソンニー
　　ニ版』

444　博物図譜レファレンス事典 動物篇

鳥　　　　　　　　　　　　　　　　　　　　　　てゆに

「世界大博物図鑑 4」平凡社　1987
　◇p302（カラー）　マシューズ, G.M.『オーストラリアの鳥類』1910～28　手彩色石版
「グールドの鳥類図譜」講談社　1982
　◇p99（カラー）　イギリスで繁殖する亜種M.f.flavissima.夏羽のオス成鳥, メス成鳥　1868
　◇p100（カラー）　イタリア, シチリア島, サルジニア島で繁殖する亜種M.f.cinereocapillaのオス, イベリア半島とフランス南部で繁殖する亜種M.f.iberiaeのオス, メス　1872

ツメナガセキレイ
「グールドの鳥類図譜」講談社　1982
　◇p99（カラー）　スカンジナビア南部からヨーロッパ中部に繁殖する亜種M.f.flava.夏羽のオス成鳥, メス成鳥　1868

ツメナガホオジロ　Calcarius lapponicus
「江戸鳥類大図鑑」平凡社　2006
　◇p513（カラー）　深山松むし　オス　堀田正敦『禽譜』　［宮城県図書館伊達文庫］
「グールドの鳥類図譜」講談社　1982
　◇p112（カラー）　雛, 雌親, 雄親　1867

ツメバケイ　Opisthocomus hoatzin
「世界大博物図鑑 4」平凡社　1987
　◇p147（カラー）　キュヴィエ, G.L.C.F.D.『動物界』1836～49　手彩色銅版

ツメバゲリ　Vanellus spinosus
「世界大博物図鑑 4」平凡社　1987
　◇p170（カラー）　キュヴィエ, G.L.C.F.D.『動物界』1836～49　手彩色銅版

ツリスアマツバメ　Panyptila cayennensis
「ビュフォンの博物誌」工作舎　1991
　◇I171（カラー）『一般と個別の博物誌 ソンニーニ版』

ツリスガラ　Remiz pendulinus
「フランスの美しい鳥の絵図鑑」グラフィック社　2014
　◇p143（カラー）　エチェコパル, ロベール＝ダニエル著, バリュエル, ポール画
「江戸鳥類大図鑑」平凡社　2006
　◇p502（カラー）　名しれず　堀田正敦『禽譜』　［宮城県図書館伊達文庫］
「ビュフォンの博物誌」工作舎　1991
　◇I152（カラー）『一般と個別の博物誌 ソンニーニ版』
「鳥獣虫魚譜」八坂書房　1988
　◇p32（カラー）　孫ジュリン　オス　松森胤保『両羽禽類図譜』　［酒田市立光丘文庫］
「世界大博物図鑑 4」平凡社　1987
　◇p342（カラー）　コント, J.A.『博物学の殿堂』1830（？）

つる
「鳥の手帖」小学館　1990
　◇p179, 181（カラー）　あねはづる, くろづる　毛利梅園『梅園禽譜』　天保10（1839）序　［国立国会図書館］

ツルクイナ　Gallicrex cinerea
「江戸鳥類大図鑑」平凡社　2006
　◇p293（カラー）　つるしぎ　オス　堀田正敦『禽譜』　［宮城県図書館伊達文庫］

ツルクイナ
「高松松平家所蔵 衆禽画譜 水禽・野鳥」香川県歴史博物館友の会博物図譜刊行会　2005
　◇p54（カラー）　松平頼恭『衆禽画譜 水禽帖』江戸時代　紙本著色 画帖装（折本形式）38.1×48.7　［個人蔵］

ツルクイナ？　Gallicrex cinerea？
「江戸鳥類大図鑑」平凡社　2006
　◇p299（カラー）　田洞雞　堀田正敦『禽譜』　［宮城県図書館伊達文庫］

ツルシキ
　⇒シキ・ツルシキを見よ

ツルシギ　Tringa erythropus
「江戸鳥類大図鑑」平凡社　2006
　◇p278（カラー）　やぶくひな　冬羽　堀田正敦『禽譜』　［宮城県図書館伊達文庫］
　◇p295（カラー）　かなしぎ　冬羽　堀田正敦『禽譜』　［宮城県図書館伊達文庫］
「グールドの鳥類図譜」講談社　1982
　◇p167（カラー）　夏羽成鳥, 秋期の若鳥, 冬羽成鳥　1867

ツルシギ
「高松松平家所蔵 衆禽画譜 水禽・野鳥」香川県歴史博物館友の会博物図譜刊行会　2005
　◇p28（カラー）　松平頼恭『衆禽画譜 水禽帖』江戸時代　紙本著色 画帖装（折本形式）38.1×48.7　［個人蔵］

ツルモドキ　Aramus guarauna
「ビュフォンの博物誌」工作舎　1991
　◇I194（カラー）『一般と個別の博物誌 ソンニーニ版』

【て】

テコカモ
「高松松平家所蔵 衆禽画譜 水禽・野鳥」香川県歴史博物館友の会博物図譜刊行会　2005
　◇p62（カラー）　松平頼恭『衆禽画譜 水禽帖』江戸時代　紙本著色 画帖装（折本形式）38.1×48.7　［個人蔵］

テッケイ
　⇒タイワンコジュケイ（テッケイ）を見よ

デユニオンホンセインコ　Psittacula krameri
「ビュフォンの博物誌」工作舎　1991
　◇I252（カラー）『一般と個別の博物誌 ソンニーニ版』

てゆふ　　　　　　　　　　　　　　　鳥

デュプレツカツクリ　Megapodius reinwardt
reinwardt
「世界大博物図鑑　別巻1」平凡社　1993
◇p113（カラー）　デュプレ, L.I.『コキーユ号航海記』1826～34　手彩色銅版画

テリカラスフウチョウ　Manucodia ater
「フウチョウの自然誌 博物画の至宝」平凡社
1994
◇I–No.23（カラー）　Le Calibé mâle　ルヴァイヤン, F.著, バラバン, J.原図 1806

テリクロオウム　Calyptorhynchus lathami
「ジョン・グールド 世界の鳥」同朋舎出版　1994
◇142図（カラー）　リヒター, ヘンリー・コンスタンチン画『オーストラリアの鳥類』　1840～48

テリヒワ
「高松松平家所蔵 衆禽画譜 水禽・野鳥」香川県
歴史博物館友の会博物図譜刊行会　2005
◇p94（カラー）　松平頼恭『衆禽画譜 野鳥帖』江戸時代　紙本著色 画帖装（折本形式）　33.0×48.3 ［個人蔵］

テンニョハチドリ　Oreonympha nobilis
「ジョン・グールド 世界の鳥」同朋舎出版　1994
◇261図（カラー）　オス, メス　ハート, ウィリアム画『ハチドリ科の研究』　1849～61

【と】

トゥアモトゥシギ　Prosobonia cancellatus
「世界大博物図鑑　別巻1」平凡社　1993
◇p168（カラー）　ロスチャイルド, L.W.『絶滅鳥類誌』　1907　彩色クロモリトグラフ　［個人蔵］

トウガン
「高松松平家所蔵 衆禽画譜 水禽・野鳥」香川県
歴史博物館友の会博物図譜刊行会　2005
◇p18（カラー）　松平頼恭『衆禽画譜 水禽帖』江戸時代　紙本著色 画帖装（折本形式）　38.1×48.7 ［個人蔵］

トウゾクカモメ　Stercorarius pomarinus
「ビュフォンの博物誌」工作舎　1991
◇I225（カラー）『一般と個別の博物誌 ソンニーニ版』
「グールドの鳥類図譜」講談社　1982
◇p227（カラー）　幼鳥, 淡色型成鳥 1865

ドウナガアイサ
「高松松平家所蔵 衆禽画譜 水禽・野鳥」香川県
歴史博物館友の会博物図譜刊行会　2005
◇p52（カラー）　松平頼恭『衆禽画譜 水禽帖』江戸時代　紙本著色 画帖装（折本形式）　38.1×48.7 ［個人蔵］

ドウバラワタアシハチドリ　Eriocnemis
cupreoventris
「ジョン・グールド 世界の鳥」同朋舎出版　1994
◇250図（カラー）　リヒター, ヘンリー・コンスタ

ンチン画『ハチドリ科の研究』　1849～61

トゥロキルス
「生物の驚異的な形」河出書房新社　2014
◇図版99（カラー）　ヘッケル, エルンスト 1904

トカゲカッコウ　Cuculus vetula
「ビュフォンの博物誌」工作舎　1991
◇I163（カラー）『一般と個別の博物誌 ソンニーニ版』

とき
「鳥の手帖」小学館　1990
◇p81（カラー）　鴇・朱鷺・桃花鳥　毛利梅園『梅園禽譜』　天保10（1839）序　［国立国会図書館］

トキ　Nipponia nippon
「江戸博物文庫 鳥の巻」工作舎　2017
◇p147（カラー）　朱鷺　服部雪斎『華鳥譜』1862　［国立国会図書館］
「江戸鳥類大図鑑」平凡社　2006
◇p54（カラー）　朱鷺 冬羽『衆芳軒旧蔵 禽譜』［国会図書館東洋文庫］
◇p55（カラー）　夏羽　田中芳男ほか『博物館禽譜』1872頃～80年代中半頃　［東京国立博物館］
「世界大博物図鑑　別巻1」平凡社　1993
◇p52（カラー）　シーボルト, P.F.von『日本動物誌』　1833～50　手彩色石版
◇p52（カラー）　灰色の婚姻色をあらわす　毛利梅園『梅園禽譜』　天保10（1839）自序　［国立国会図書館］
◇p52（カラー）　服部雪斎画, 森立之撰『華鳥譜』文久1（1861）
◇p52（カラー）　松平頼恭『衆禽図』　18世紀後半　［松平公益会］
「鳥獣虫魚譜」八坂書房　1988
◇p40（カラー）　鴇, ドウ, 朱鷺　松森胤保『両羽禽類図譜』　［酒田市立光丘文庫］
「世界大博物図鑑　4」平凡社　1987
◇p54（カラー）　婚姻色をあらわしたオス　ダヴィド神父, A.著, アルヌル石版『中国産鳥類』1877　手彩色石版
◇p54（カラー）　テミンク, C.J.著, プレートル, J.G.原図『新編彩色鳥類図譜』1820～39　手彩色銅版画
◇p54（カラー）　ダヴィド神父, A.著, アルヌル石版『中国産鳥類』　1877　手彩色石版

トキ
「江戸時代に描かれた鳥たち」ソフトバンク クリエイティブ　2012
◇p110（カラー）　朱鷺/紅鶴　毛利梅園『梅園禽譜』　天保10（1849）序
「高松松平家所蔵 衆禽画譜 水禽・野鳥」香川県
歴史博物館友の会博物図譜刊行会　2005
◇p73（カラー）　松平頼恭『衆禽画譜 水禽帖』江戸時代　紙本著色 画帖装（折本形式）　38.1×48.7 ［個人蔵］
「彩色 江戸博物学集成」平凡社　1994
◇p31（カラー）　貝原益軒『大和本草諸品図』
◇p378～379（カラー）　関根雲停『博物館禽譜』［東京国立博物館］

鳥　　　　　　　　　　　　　　　　　　　　　　　　　　　　とはと

「江戸の動植物図」朝日新聞社　1988
　◇p27（カラー）　松平頼恭, 三木文柳『衆禽画譜』
　［松平公益会］

トキ？
「彩色 江戸博物学集成」平凡社　1994
　◇p31（カラー）　貝原益軒『大和本草諸品図』

トキイロコンドル　Sarcoramphus papa
「世界大博物図鑑　別巻1」平凡社　1993
　◇p76（カラー）　マルティネ, F.N.『鳥類誌』
　　1787〜96　手彩色銅版
　◇p77（カラー）　ルヴァイヤン, F.著, ラインホル
　　ト（ライノルト）原図, ラングロワ, オードベール
　　刷『アフリカ鳥類史』1796〜1808
「ビュフォンの博物誌」工作舎　1991
　◇I011（カラー）『一般と個別の博物誌 ソンニー
　　ニ版』
「世界大博物図鑑　4」平凡社　1987
　◇p70（カラー）　ドルビニ, A.D.著, トラヴィエ原
　　図『万有博物事典』1837

トキハシゲリ　Ibidorhyncha struthersii
「世界大博物図鑑　4」平凡社　1987
　◇p179（カラー）　ダヴィド神父, A.著, アルヌル石
　　版『中国産鳥類』1877　手彩色石版

ドーキング種のニワトリ
「紙の上の動物園」グラフィック社　2017
　◇p193（カラー）　ドイル, マーティン『家禽の画
　　集』1854

トサカゲリ　Vanellus senegallus
「ビュフォンの博物誌」工作舎　1991
　◇I205（カラー）『一般と個別の博物誌 ソンニー
　　ニ版』

トサカレンカク　Irediparra gallinacea
「ジョン・グールド 世界の鳥」同朋舎出版　1994
　◇161図（カラー）　リヒター, ヘンリー・コンスタ
　　ンチン画『オーストラリアの鳥類』1840〜48
「世界大博物図鑑　4」平凡社　1987
　◇p167（カラー）　テミンク, C.J.著, プレートル,
　　J.G.原図『新編彩色鳥類図譜』1820〜39　手彩
　　色銅版画

ドードー　Raphus cucullatus
「世界大博物図鑑　別巻1」平凡社　1993
　◇p198（カラー）　ロスチャイルド, L.W.『絶滅鳥
　　類誌』1907　彩色クロモリトグラフ　［個人蔵］
　◇p198（カラー）　エドワーズ, G.『博物学選集』
　　1776　手彩色銅版画
　◇p198（カラー）　蜂須賀正氏著, サヴェリ, レラン
　　ト図『絶滅鳥ドードーについて』1953
　◇口絵（カラー）　蜂須賀正氏著, キューレマンス画
　　『絶滅鳥ドードーについて』1953
「ビュフォンの博物誌」工作舎　1991
　◇I033（カラー）『一般と個別の博物誌 ソンニー
　　ニ版』
「世界大博物図鑑　4」平凡社　1987
　◇p195（カラー）　ブシェ, F.A.著, プレートル, J.
　　G.原図『教科動物学』1841

ドードー
「紙の上の動物園」グラフィック社　2017
　◇p30（カラー）　ウィルビー, フランシス, レイ,
　　ジョン『フランシス・ウィルビーの鳥類学』1678
　◇p45（カラー）　オーウェン, リチャード『ドー
　　ドー回想録』1866

ドードーの1種　Raphus sp.
「ビュフォンの博物誌」工作舎　1991
　◇I033（カラー）『一般と個別の博物誌 ソンニー
　　ニ版』

トパーズハチドリ　Topaza pella
「ジョン・グールド 世界の鳥」同朋舎出版　1994
　◇205図（カラー）　リヒター, ヘンリー・コンスタ
　　ンチン画『ハチドリ科の研究』1849〜61
「世界大博物図鑑　別巻1」平凡社　1993
　◇p269（カラー）　オードベール, J.B.『黄金の鳥』
　　1800〜02
「世界大博物図鑑　4」平凡社　1987
　◇p241（カラー）　ドノヴァン, E.『博物宝典』
　　1834

ドバト　Columba livia var.domestica
「江戸鳥類大図鑑」平凡社　2006
　◇p467（カラー）　いへばと どばと 鶴　堀田正敦
　　『禽譜』　［宮城県図書館伊達文庫］
　◇p468（カラー）　黄ばと　堀田正敦『禽譜』
　　［宮城県図書館伊達文庫］
　◇p468（カラー）　あさぎ無地　堀田正敦『禽譜』
　　［宮城県図書館伊達文庫］
　◇p468（カラー）　鴬ひよ　堀田正敦『禽譜』
　　［宮城県図書館伊達文庫］
　◇p469（カラー）　どばやけがき　堀田正敦『禽譜』
　　［宮城県図書館伊達文庫］
　◇p469（カラー）　かきそうごう　堀田正敦『禽譜』
　　［宮城県図書館伊達文庫］
　◇p469（カラー）　まくろ　堀田正敦『禽譜』
　　［宮城県図書館伊達文庫］
　◇p469（カラー）　ごいし　堀田正敦『禽譜』
　　［宮城県図書館伊達文庫］
　◇p470（カラー）　しろばと 白鴿　白変種　堀田正
　　敦『禽譜』　［宮城県図書館伊達文庫］
　◇p470（カラー）　れんじゃくばと　堀田正敦『禽
　　譜』　［宮城県図書館伊達文庫］
　◇p471（カラー）　まめはしばと　堀田正敦『禽譜』
　　［宮城県図書館伊達文庫］
　◇p471（カラー）　大坂ばと　堀田正敦『禽譜』
　　［宮城県図書館伊達文庫］

ドバト
「江戸鳥類大図鑑」平凡社　2006
　◇p468（カラー）　どばと鴬ひよ　堀田正敦『禽譜』
　　［宮城県図書館伊達文庫］

ドバト（レンジャクバト）　Columba livia var.
domestica
「江戸鳥類大図鑑」平凡社　2006
　◇p472（カラー）　くじゃくばと　堀田正敦『禽譜』
　　［宮城県図書館伊達文庫］

ドバトの変種？ Columba livia var. domestica？

「江戸鳥類大図鑑」平凡社 2006
◇p458（カラー） サラタばと 堀田正敦『禽譜』
［宮城県図書館伊達文庫］

トビ Milvus migrans

「江戸鳥類大図鑑」平凡社 2006
◇p641（カラー） とび 堀田正敦『禽譜』 ［宮城県図書館伊達文庫］
◇p642（カラー） はまとび 堀田正敦『禽譜』 ［宮城県図書館伊達文庫］
◇p642（カラー） はまとび 尾 尾羽 堀田正敦『禽譜』 ［宮城県図書館伊達文庫］
◇p643（カラー） しまとび 堀田正敦『禽譜』 ［宮城県図書館伊達文庫］

「ジョン・グールド 世界の鳥」同朋舎出版 1994
◇317図（カラー） ヴォルフ, ヨゼフ, リヒター, ヘンリー・コンスタンチン画『イギリスの鳥類』 1862〜73

「世界大博物図鑑 別巻1」平凡社 1993
◇p106（カラー） ナポレオン『エジプト誌』 1809〜30

「ビュフォンの博物誌」工作舎 1991
◇I010（カラー）『一般と個別の博物誌 ソンニーニ版』

「グールドの鳥類図譜」講談社 1982
◇p45（カラー） 成鳥 1872

トビ

「江戸の動植物図」朝日新聞社 1988
◇p132〜133（カラー） 関根雲停画

トビ（亜種） Milvus migrans govinda

「ジョン・グールド 世界の鳥」同朋舎出版 1994
◇269図（カラー） 成鳥, 若鳥 ヴォルフ, ヨゼフ画『アジアの鳥類』1849〜83

トビの若鳥

「江戸の動植物図」朝日新聞社 1988
◇p132〜133（カラー） 関根雲停画

トモエガモ Anas formosa

「江戸博物文庫 鳥の巻」工作舎 2017
◇p144（カラー） 巴鴨 服部雪斎『華鳥譜』 1862 ［国立国会図書館］

「江戸鳥類大図鑑」平凡社 2006
◇p153（カラー） あぢかも 雄 オス 堀田正敦『禽譜』 ［宮城県図書館伊達文庫］
◇p153（カラー） あぢかも 雌 メス 堀田正敦『禽譜』 ［宮城県図書館伊達文庫］
◇p154（カラー） あぢかも 巴鴨 ふがわり オス 堀田正敦『禽譜』 ［宮城県図書館伊達文庫］

「世界大博物図鑑 別巻1」平凡社 1993
◇p68（カラー） メス, オス シーボルト, P.F.von『日本動物誌』1833〜50 手彩色石版

「鳥獣虫魚譜」八坂書房 1988
◇p45（カラー） アシ鴨, 巴鴨 オス 松森胤保『両羽禽類図譜』 ［酒田市立光丘文庫］

とらつぐみ

「鳥の手帖」小学館 1990
◇p101（カラー） 虎鶫 毛利梅園『梅園禽譜』 天保10（1839）序 ［国立国会図書館］

トラツグミ Turdus dauma

「グールドの鳥類図譜」講談社 1982
◇p75（カラー） 成鳥 1869

トラツグミ Zoothera dauma

「江戸博物文庫 鳥の巻」工作舎 2017
◇p121（カラー） 虎鶫 毛利梅園『梅園禽譜』 1840頃 ［国立国会図書館］

「江戸鳥類大図鑑」平凡社 2006
◇p575（カラー） とらつぐみ ぬえつぐみ 堀田正敦『禽譜』 ［宮城県図書館伊達文庫］
◇p576（カラー） ぬえしなひ 堀田正敦『禽譜』 ［宮城県図書館伊達文庫］

トラツグミ

「江戸時代に描かれた鳥たち」ソフトバンク クリエイティブ 2012
◇p100（カラー） 鶫 毛利梅園『梅園禽譜』 天保10（1849）序

トラフサギ Tigrisoma lineatum

「世界大博物図鑑 4」平凡社 1987
◇p47（カラー） テミンク, C.J.著, プレートル, J.G.原図『新編彩色鳥類図譜』1820〜39 手彩色銅版画

トラフサギ Tigrisoma lineatum？

「ビュフォンの博物誌」工作舎 1991
◇I193（カラー）『一般と個別の博物誌 ソンニーニ版』

トラフズク Asio otus

「江戸鳥類大図鑑」平凡社 2006
◇p663（カラー） みゝづく オス 堀田正敦『禽譜』 ［宮城県図書館伊達文庫］
◇p664（カラー） ふがはりづく 堀田正敦『禽譜』 ［宮城県図書館伊達文庫］

「ジョン・グールド 世界の鳥」同朋舎出版 1994
◇321図（カラー） 成鳥, 雛 ヴォルフ, ヨゼフ, リヒター, ヘンリー・コンスタンチン画『イギリスの鳥類』 1862〜73

「世界大博物図鑑 別巻1」平凡社 1993
◇p245（カラー） ヨーロッパ産の個体 ボルクハウゼン, M.B.『ドイツ鳥類学』1800〜17

「ビュフォンの博物誌」工作舎 1991
◇I026（カラー）『一般と個別の博物誌 ソンニーニ版』

「グールドの鳥類図譜」講談社 1982
◇p50（カラー） 雛, 親鳥 1863

トラフズク Asio otus Linnaeus

「高木春山 本草図説 動物」リブロポート 1989
◇p69（カラー）

トリスタンバンの基準亜種 Gallinula nesiotis nesiotis

「世界大博物図鑑 別巻1」平凡社 1993

鳥　　　　　　　　　　　　　　　　　　　　　　　なへか

◇p160（カラー）『ロンドン動物学協会紀要』　1861
〜90,1891〜1929　〔東京大学理学部動物学図書
室〕

鳥の卵（カモ科の卵、他）
「紙の上の動物園」グラフィック社　2017
◇p150（カラー）　ナウマン、ヨハン・フリート
リッヒ『中欧の鳥類』　1880〜81

鳥の羽
「彩色 江戸博物学集成」平凡社　1994
◇p343（カラー）　前田利保『緒鞭会品物論定纂』
〔国会図書館〕

トンガツカツクリ　Megapodius pritchardii
「世界大博物図鑑　別巻1」平凡社　1993
◇p112（カラー）　若鳥、成鳥　ブラー、W.L.著、
キューレマンス、J.G.図『ニュージーランド鳥類
誌第2版』　1887〜88　手彩色石版図
◇p112（カラー）『ロンドン動物学協会紀要』　1861
〜90,1891〜1929　〔山階鳥類研究所、東京大学
理学部動物学図書室〕

ドンコクアヒル
⇒アヒル（ドンコクアヒル？）を見よ

【 な 】

ナイチンゲールの巣と卵
「紙の上の動物園」グラフィック社　2017
◇p35（カラー）　モリス、F.O.『イギリス本土の鳥
の巣と卵の自然誌』　1853〜56

ナイティンゲール（サヨナキドリ）　Luscinia
megarhynchos
「世界大博物図鑑　4」平凡社　1987
◇p236（カラー）　ドノヴァン、E.『英国鳥類誌』
1794〜1819

ナイルチドリ　Pluvianus aegyptius
「ジョン・グールド 世界の鳥」同朋舎出版　1994
◇299図（カラー）　ヴォルフ、ヨゼフ、リヒター、ヘ
ンリー・コンスタンチン画『アジアの鳥類』
1849〜83
「ビュフォンの博物誌」工作舎　1991
◇I208（カラー）『一般と個別の博物誌 ソンニー
二版』
「世界大博物図鑑　4」平凡社　1987
◇p183（カラー）　グールド、J.『アジア鳥類図譜』
1850〜83

ナガエカサドリ　Cephalopterus penduliger
「世界大博物図鑑　別巻1」平凡社　1993
◇p304（カラー）　オス『アイビス』　1859〜　〔山
階鳥類研究所〕

ナキイスカ　Loxia leucoptera
「江戸鳥類大図鑑」平凡社　2006
◇p547（カラー）　緋いすか 雄　オス　堀田正敦
『禽譜』　〔宮城県図書館伊達文庫〕
◇p548（カラー）　しまいすか　堀田正敦『禽譜』
〔宮城県図書館伊達文庫〕

「グールドの鳥類図譜」講談社　1982
◇p121（カラー）　オス、メス.旧北区に繁殖する亜
種L.l.bifasciata 1864
◇p122（カラー）　オス、メス.新北区に繁殖する亜
種L.l.leucoptera 1864

ナキイスカ
「彩色 江戸博物学集成」平凡社　1994
◇p142〜143（カラー）　メス　島津重豪『成形図
説（羽族編）』　〔東京国立博物館〕

ナキカラスフウチョウ　Phonygammus
keraudrenii
「世界大博物図鑑　4」平凡社　1987
◇p379（カラー）　マシューズ、G.M.『オーストラ
リアの鳥類』　1910〜28　手彩色石版

ナキカラスフウチョウ　Phonygammus
(manucodia) keraudrenii
「ジョン・グールド 世界の鳥」同朋舎出版　1994
◇393図（カラー）　亜種のPhonygammus
keraudrenii purpeoviolaceus成鳥　ハート、ウィ
リアム画『ニューギニアの鳥類』　1875〜88

ナキクマゲラ　Dryocopus galeatus
「世界大博物図鑑　4」平凡社　1987
◇p275（カラー）　テミンク、C.J.著、プレートル、
J.G.原図『新編彩色鳥類図譜』　1820〜39　手彩
色銅版画

ナゲキバト　Zenaida macroura
「ビュフォンの博物誌」工作舎　1991
◇I070（カラー）『一般と個別の博物誌 ソンニー
二版』

ナナクサインコ　Platycercus eximius
「ジョン・グールド 世界の鳥」同朋舎出版　1994
◇145図（カラー）　リヒター、ヘンリー・コンスタ
ンチン画『オーストラリアの鳥類』　1840〜48
「世界大博物図鑑　別巻1」平凡社　1993
◇p224（カラー）　オス、メス『ロンドン動物学協
会紀要』　1861〜90,1891〜1929　〔京都大学理学
部〕
「世界大博物図鑑　4」平凡社　1987
◇p210（カラー）　ルヴァイヤン、F.著、バラバン原
図、ラングロワ銅版『オウムの自然誌』　1801〜
05　銅版多色刷り

ナナミゾサイチョウ　Aceros nipalensis
「世界大博物図鑑　別巻1」平凡社　1993
◇p288（カラー）　グレイ、G.R.『鳥類属別大系』
1844〜99

ナナミゾサイチョウ？　　Aceros nipalensis ?
「江戸鳥類大図鑑」平凡社　2006
◇p52（カラー）　鳳鶏ホウテン　メス　屋代弘賢、
栗本丹洲『不忍禽譜』　天保4(1833) ？　〔国会
図書館〕

ナベガン
「高松松平家所蔵 衆禽画譜 水禽・野鳥」香川県
歴史博物館友の会博物図譜刊行会　2005
◇p19（カラー）　松平頼恭『衆禽画譜 水禽帖』　江

博物図譜レファレンス事典 動物篇　449

なへこ　　　　　　　　　　鳥

戸時代　紙本著色　画帖装(折本形式)　38.1×48.
7　[個人蔵]

ナベコウ　Ciconia nigra
「江戸鳥類大図鑑」平凡社　2006
　◇p50(カラー)　くろ鶴『鳥類之図』　[山階鳥類
　　研究所]
　◇p50(カラー)　黒鶴『鳥類之図』　[山階鳥類研
　　究所]
「ジョン・グールド 世界の鳥」同朋舎出版　1994
　◇30図(カラー)　リア、エドワード画『ヨーロッパ
　　の鳥類』　1832〜37
「世界大博物図鑑 別巻1」平凡社　1993
　◇p49(カラー)　グールド, J.著、リア, E.図、ハル
　　マンデル, C.J.プリント『ヨーロッパ鳥類図譜』
　　1832〜37　手彩色石版
「グールドの鳥類図譜」講談社　1982
　◇p155(カラー)　成鳥　1871

ナベヅル　Grus monacha
「江戸博物文庫 鳥の巻」工作舎　2017
　◇p137(カラー)　鍋鶴　服部雪斎『華鳥譜』
　　1862　[国立国会図書館]
「江戸鳥類大図鑑」平凡社　2006
　◇p41(カラー)　黒づる『鳥類之図』　[山階鳥類
　　研究所]
　◇p42(カラー)　しもふり鶴 かはり黒づる『鳥類
　　之図』　[山階鳥類研究所]
「世界大博物図鑑 別巻1」平凡社　1993
　◇p144(カラー)　シーボルト, P.F.von『日本動物
　　誌』1833〜50　手彩色石版
　◇p144(カラー)　ホワイト, J.『ホワイト日誌』
　　1790　手彩色銅版画
「世界大博物図鑑 4」平凡社　1987
　◇p151(カラー)　テミンク, C.J.著、プレートル、
　　J.G.原図『新編彩色鳥類図譜』1820〜39　手彩
　　色銅版画

ナベヅル
「江戸時代に描かれた鳥たち」ソフトバンク ク
　リエイティブ　2012
　◇p109(カラー)　陽鳥/クロヅル　毛利梅園『梅
　　園禽譜』　天保10(1849)序
「彩色 江戸博物学集成」平凡社　1994
　◇p339(カラー)　クロヅル　毛利梅園画

ナンオウイワシャコ　Alectoris graeca
「ビュフォンの博物誌」工作舎　1991
　◇I054(カラー)『一般と個別の博物誌 ソンニー
　　二版』

ナンキンオシ?　Nettapus
coromandelianus?
「江戸鳥類大図鑑」平凡社　2006
　◇p168(カラー)　蘇州鴛鴦 雌　堀田正敦『禽譜』
　　[宮城県図書館伊達文庫]

ナンベイアカエリツミ　Accipiter collaris
「世界大博物図鑑 別巻1」平凡社　1993
　◇p96(カラー)『アイビス』1859〜　[山階鳥類研
　　究所]

ナンベイオオアジサシ
「紙の上の動物園」グラフィック社　2017
　◇p154(カラー)　オーデュボン, ジョン・J.『アメ
　　リカの鳥類』1827〜38

ナンベイクイナ　Rallus semiplumbeus
「世界大博物図鑑 別巻1」平凡社　1993
　◇p157(カラー)　シャープ, R.B.ほか『大英博物
　　館鳥類目録』1874〜98　手彩色クロモリトグ
　　ラフ

ナンベイタマシギ　Nycticryphes semicollaris
「世界大博物図鑑 4」平凡社　1987
　◇p167(カラー)　キュヴィエ, G.L.C.F.D.『動物
　　界』1836〜49　手彩色銅版

ナンベイトラフズク　Asio stygius
「世界大博物図鑑 別巻1」平凡社　1993
　◇p245(カラー)　キューバ産の標本がモデル
　　ド・ラ・サグラ, R.『キューバ風土記』1839〜
　　61　手彩色銅版画

ナンヨウマミジロアジサシ　Sterna lunata
「世界大博物図鑑 別巻1」平凡社　1993
　◇p176(カラー)　ロスチャイルド, L.W.『レイサ
　　ン島の鳥類誌』1893〜1900　石版画

ナンヨウヨシキリ　Acrocephalus luscinia
「世界大博物図鑑 別巻1」平凡社　1993
　◇p337(カラー)　デュモン・デュルヴィル, J.S.C.
　　『アストロラブ号世界周航記』1830〜35　ス
　　ティプル印刷

【に】

ニオイガモ　Biziura lobata
「ジョン・グールド 世界の鳥」同朋舎出版　1994
　◇165図(カラー)　リヒター、ヘンリー・コンスタ
　　ンチン画『オーストラリアの鳥類』1840〜48
「世界大博物図鑑 4」平凡社　1987
　◇p66(カラー)　テミンク, C.J.著、ユエ, N.原図
　　『新編彩色鳥類図譜』1820〜39　手彩色銅版画

ニコバルツカツクリ　Megapodius
nicobariensis
「世界大博物図鑑 別巻1」平凡社　1993
　◇p112(カラー)『ロンドン動物学協会紀要』1861
　　〜90,1891〜1929　[山階鳥類研究所, 東京大学
　　理学部動物学教室]

ニジアカバネシギダチョウ　Rhynchotus
rufescens maculicollis
「世界大博物図鑑 別巻1」平凡社　1993
　◇p28(カラー)　シャープ, R.B.ほか著、スミット,
　　J.図『大英博物館鳥類目録』1874〜98　手彩色
　　クロモリトグラフ

ニシイワツバメ　Delichon urbica
「ビュフォンの博物誌」工作舎　1991
　◇I169(カラー)『一般と個別の博物誌 ソンニー
　　二版』

鳥　　　　　　　　　　　　　　にしは

ニシオオヨシキリ　Acrocephalus
arundinaceus
「フランスの美しい鳥の絵図鑑」グラフィック社
2014
◇p29（カラー）　エチェコパル、ロベール＝ダニエ
ル著、バリュエル、ポール画
「ビュフォンの博物誌」工作舎　1991
◇I090（カラー）『一般と個別の博物誌 ソンニー
版』
「世界大博物図鑑 4」平凡社　1987
◇p334（カラー）　モリス、F.O.『英国鳥類誌』
1851～57　手彩色木版図

ニジキジ　Lophophorus impejanus
「ジョン・グールド 世界の鳥」同朋舎出版　1994
◇298図（カラー）　オス、メス　ヴォルフ、ヨゼフ、
リヒター、ヘンリー・コンスタンチン画『アジア
の鳥類』1849～83

ニジキジ　Lophophorus impeyanus
「ジョン・グールド 世界の鳥」同朋舎出版　1994
◇9図（カラー）　グールド、エリザベス画『ヒマラ
ヤ山脈鳥類百図』1830～33
「世界大博物図鑑 別巻1」平凡社　1993
◇p128（カラー）　ヴィエイヨー、L.J.P.著、ウダー
ル、P.L.原図『鳥類画廊』1820～26
「世界大博物図鑑 4」平凡社　1987
◇p126（カラー）　オス、メス　テミンク、C.J.著、
プレートル、J.G.原図『新編彩色鳥類図譜』
1820～39　手彩色銅版画

ニジキジの幼鳥　Lophophorus impeyanus
「世界大博物図鑑 別巻1」平凡社　1993
◇p128（カラー）『ロンドン動物学協会紀要』1861
～90,1891～1929　［東京大学理学部動物学図書
室］

ニシキスズメ　Pytilia melba
「ビュフォンの博物誌」工作舎　1991
◇I106（カラー）『一般と個別の博物誌 ソンニー
版』

ニシキタイヨウチョウ　Nectarinia
coccinigastra
「世界大博物図鑑 4」平凡社　1987
◇p350（カラー）　オス　テミンク、C.J.著、プレー
トル、J.G.原図『新編彩色鳥類図譜』1820～39
手彩色銅版画

ニシキフウキンチョウ　Tangara fastuosa
「世界大博物図鑑 4」平凡社　1987
◇p355（カラー）　プレートル原図、レッソン、R.P.
『動物百図』1830～32

ニシコウライウグイス　Oriolus oriolus
「フランスの美しい鳥の絵図鑑」グラフィック社
2014
◇p71（カラー）　エチェコパル、ロベール＝ダニエ
ル著、バリュエル、ポール画
「ジョン・グールド 世界の鳥」同朋舎出版　1994
◇25図（カラー）　オス、メス　グールド、エリザベ
ス画『ヨーロッパの鳥類』1832～37

「世界大博物図鑑 4」平凡社　1987
◇p374（カラー）　キュヴィエ、G.L.C.F.D.『動物
界』1836～49　手彩色銅版

ニシコウライウグイス　Oriolus oriolus
Linnaeus
「高木春山 本草図説 動物」リブロポート　1989
◇p74（カラー）

ニシコウライウグイス
「彩色 江戸博物学集成」平凡社　1994
◇p246～247（カラー）　高木春山『本草図説』
［岩瀬文庫］

ニシコノハズク　Otus scops
「ビュフォンの博物誌」工作舎　1991
◇I026（カラー）『一般と個別の博物誌 ソンニー
版』

ニシセグロカモメ　Larus fuscus
「グールドの鳥類図譜」講談社　1982
◇p216（カラー）　成鳥、第1回冬羽幼鳥 1871

ニジチュウハシ　Pteroglossus beauharnaesii
「ジョン・グールド 世界の鳥」同朋舎出版　1994
◇64図（カラー）　リヒター、ヘンリー・コンスタン
チン画『オオハシ科の研究 再版』1852～54

ニシツノメドリ　Fratercula arctica
「ジョン・グールド 世界の鳥」同朋舎出版　1994
◇40図（カラー）　グールド、エリザベス画『ヨー
ロッパの鳥類』1832～37
「ビュフォンの博物誌」工作舎　1991
◇I246（カラー）『一般と個別の博物誌 ソンニー
版』
「世界大博物図鑑 4」平凡社　1987
◇p190（カラー）　キュヴィエ、G.L.C.F.D.『動物
界』1836～49　手彩色銅版
「グールドの鳥類図譜」講談社　1982
◇p213（カラー）　雛、親鳥 1865

ニシツバメチドリ　Glareola pratincola
「ビュフォンの博物誌」工作舎　1991
◇I200（カラー）『一般と個別の博物誌 ソンニー
版』
「グールドの鳥類図譜」講談社　1982
◇p163（カラー）　親鳥、雛 1871

ニシトウネン　Calidris minuta
「グールドの鳥類図譜」講談社　1982
◇p176（カラー）　夏羽の雌雄、冬羽の1羽 1870

ニシハイイロウタイムシクイ　Hippolais
opace（Cabanis 1851）
「フランスの美しい鳥の絵図鑑」グラフィック社
2014
◇p53（カラー）　エチェコパル、ロベール＝ダニエ
ル著、バリュエル、ポール画

ニジハチドリ　Aglaeactis cupripennis
「ジョン・グールド 世界の鳥」同朋舎出版　1994
◇236図（カラー）　リヒター、ヘンリー・コンスタ
ンチン画『ハチドリ科の研究』1849～61

博物図譜レファレンス事典 動物篇　**451**

にしふ　　　　　　　鳥

ニシブッポウソウ　Coracias garrulus
「フウチョウの自然誌 博物画の至宝」平凡社
1994
　◇I–No.31（カラー）　Le Rollier verd　ルヴァイヤ
　ン，F.著，バラバン，J.原図 1806
　◇I–No.32（カラー）　Le Rollier vulgaire, mâle
　ルヴァイヤン，F.著，バラバン，J.原図 1806
　◇I–No.33（カラー）　Le Rollier vulgaire, femelle
　メス　ルヴァイヤン，F.著，バラバン，J.原図
　1806
「ジョン・グールド 世界の鳥」同朋舎出版 1994
　◇21図（カラー）　グールド，エリザベス画『ヨー
　ロッパの鳥類』1832〜37
「ビュフォンの博物誌」工作舎 1991
　◇I082（カラー）『一般と個別の博物誌 ソンニー
　二版』
「世界大博物図鑑 4」平凡社 1987
　◇p251（カラー）　キュヴィエ，G.L.C.F.D.『動物
　界』1836〜49 手彩色銅版
「グールドの鳥類図譜」講談社 1982
　◇p61（カラー）　オス成鳥，メス成鳥 1866

ニシボネリームシクイ　Phylloscopus bonelli
（Vieillot 1819）
「フランスの美しい鳥の絵図鑑」グラフィック社
2014
　◇p69（カラー）　エチェコパル，ロベール＝ダニエ
　ル著，バリュエル，ポール画

ニシムラサキエボシドリ　Musophaga
violacea
「世界大博物図鑑 別巻1」平凡社 1993
　◇p236（カラー）　プレヴォー，F.，ルメール，C.L.
　著，H.L.E.&P.J.C.ポーケ兄弟原図『熱帯鳥類図
　誌』1879 手彩色銅版

ニショクキムネオオハシ　Ramphastos
ambiguus
「フウチョウの自然誌 博物画の至宝」平凡社
1994
　◇II–No.9（カラー）　Le Tocard　ルヴァイヤン，
　F.著，バラバン，J.原図 1806
「ジョン・グールド 世界の鳥」同朋舎出版 1994
　◇57図（カラー）　リヒター，ヘンリー・コンスタン
　チン画『オオハシ科の研究 再版』1852〜54

ニショクコチュウハシ　Selenidera culik
「フウチョウの自然誌 博物画の至宝」平凡社
1994
　◇II–No.13（カラー）　L'Aracari Koulik mâle de
　la Guyane　オス　ルヴァイヤン，F.著，バラバ
　ン，J.原図 1806
　◇II–No.14（カラー）　L'Aracari Koulik femelle
　メス　ルヴァイヤン，F.著，バラバン，J.原図
　1806
「ジョン・グールド 世界の鳥」同朋舎出版 1994
　◇69図（カラー）　メス，オス　リヒター，ヘン
　リー・コンスタンチン画『オオハシ科の研究 再
　版』1852〜54

ニショクジアリドリ　Grallaria rufocinerea
「世界大博物図鑑 別巻1」平凡社 1993
　◇p300（カラー）　シャープ，R.B.ほか『大英博物
　館鳥類目録』1874〜98 手彩色クロモリトグ
　ラフ

ニセメンフクロウ　Phodilus badius
「ジョン・グールド 世界の鳥」同朋舎出版 1994
　◇270図（カラー）　メス，オス　リヒター，ヘン
　リー・コンスタンチン画『アジアの鳥類』1849
　〜83
「世界大博物図鑑 4」平凡社 1987
　◇p223（カラー）　テミンク，C.J.著，プレートル，
　J.G.原図『新編彩色鳥類図譜』1820〜39 手彩
　色銅版画

ニブイロコセイガイ　Trichoglossus euteles
「江戸鳥類大図鑑」平凡社 2006
　◇p437（カラー）　黄丁香鳥 堀田正敦『禽譜』
　［宮城県図書館伊達文庫］

ニホンキジ
　⇒キジ（ニホンキジ）を見よ

ニホンコウノトリ　Ciconia ciconia boyciana
「世界大博物図鑑 別巻1」平凡社 1993
　◇p48（カラー）　シーボルト，P.F.von『日本動物
　誌』1833〜50 手彩色石版

日本産ヤイロチョウ　Pitta brachyura
nympha
「世界大博物図鑑 別巻1」平凡社 1993
　◇p316（カラー）　関根雲停『博物館禽譜』1875
　〜79（明治8〜12）編集 ［東京国立博物館］

ニュウナイスズメ　Passer rutilans
「江戸鳥類大図鑑」平凡社 2006
　◇p343（カラー）　にうないすずめ オス夏羽 堀
　田正敦『禽譜』［宮城県図書館伊達文庫］

ニューカレドニアズクヨタカ　Aegotheles
savesi
「世界大博物図鑑 別巻1」平凡社 1993
　◇p256（カラー）『アイビス』1859〜 ［山階鳥類
　研究所］

ニュージーランドアオバズク　Ninox
novaeseelandiae
「世界大博物図鑑 別巻1」平凡社 1993
　◇p241（カラー）　ブラー，W.L.著，キューレマン
　ス，J.G.図『ニュージーランド鳥類誌第2版』
　1887〜88 手彩色石版図

ニュージーランドアオバズク（亜種）　Ninox
novaeseelandiae boobook
「ジョン・グールド 世界の鳥」同朋舎出版 1994
　◇106図（カラー）　リヒター，ヘンリー・コンスタ
　ンチン画『オーストラリアの鳥類』1840〜48

ニュージーランドアオバズク（亜種）　Ninox
novaeseelandiae leucopsis
「ジョン・グールド 世界の鳥」同朋舎出版 1994
　◇107図（カラー）　つがい グールド，エリザベス
　画『オーストラリアの鳥類』1840〜48

鳥　　　　　　　　　　　　　　　　　　　　　　　　　　にわと

ニュージーランドアオバズクのノーフォーク亜種　Ninox novaeseelandiae royana
「世界大博物図鑑　別巻1」平凡社　1993
　◇p248（カラー）　デュモン・デュルヴィル, J.S.C.『アストロラブ号世界周航記』1830〜35　スティップル印刷

ニュージーランドウズラ　Coturnix novaezelandiae
「世界大博物図鑑　別巻1」平凡社　1993
　◇p121（カラー）　ブラー, W.L.著, キューレマンス, J.G.図『ニュージーランド鳥類誌第2版』1887〜88　手彩色石版図
　◇p121（カラー）　デュモン・デュルヴィル, J.S.C.『アストロラブ号世界周航記』1830〜35　スティップル印刷
　◇p121（カラー）　ロスチャイルド, L.W.『絶滅鳥類誌』1907　彩色クロモリトグラフ　［個人蔵］

ニュージーランドバトのチャタム亜種　Hemiphaga novaeseelandiae chathamensis
「世界大博物図鑑　別巻1」平凡社　1993
　◇p195（カラー）『ロンドン動物学協会紀要』1861〜90,1891〜1929　［山階鳥類研究所］

ニュージーランドバトのノーフォーク亜種　Hemiphaga novaeseelandiae spadicea
「世界大博物図鑑　別巻1」平凡社　1993
　◇p181（カラー）　ロスチャイルド, L.W.『絶滅鳥類誌』1907　彩色クロモリトグラフ　［個人蔵］

ニューブリテンバンケン　Centropus ateralbus
「世界大博物図鑑　別巻1」平凡社　1993
　◇p237（カラー）　デュブレ, L.I.『コキーユ号航海記』1826〜34　手彩色銅版画

ニワトリ　Gallus gallus
「ビュフォンの博物誌」工作舎　1991
　◇I035（カラー）　オス『一般と個別の博物誌 ソンニーニ版』
　◇I036（カラー）『一般と個別の博物誌 ソンニーニ版』
　◇I036（カラー）　日本産『一般と個別の博物誌 ソンニーニ版』
「鳥獣虫魚譜」八坂書房　1988
　◇p30（カラー）　鶏・本唐丸　松森胤保『両羽禽類図譜』　［酒田市立光丘文庫］

ニワトリ　Gallus gallus var.domesticus
「江戸鳥類大図鑑」平凡社　2006
　◇p233（カラー）　にはとり　赤笹種　堀田正敦『禽譜』　［宮城県図書館伊達文庫］
　◇p234（カラー）　ちゃぼ　チャボ桂種　堀田正敦『禽譜』　［宮城県図書館伊達文庫］
　◇p235（カラー）　紀州黒　チャボ真黒種　堀田正敦『禽譜』　［宮城県図書館伊達文庫］
　◇p235（カラー）　むくげちゃぼ 雄　チャボ逆毛黒色種　堀田正敦『禽譜』　［宮城県図書館伊達文庫］
　◇p235（カラー）　むくげちゃぼ 雌　チャボ逆毛黒色種　堀田正敦『禽譜』　［宮城県図書館伊達文庫］

　◇p236（カラー）　むくげ雞 反毛鶏　反毛　堀田正敦『禽譜』　［宮城県図書館伊達文庫］
　◇p236（カラー）　むくげ雞　反毛雞　堀田正敦『禽譜』　［宮城県図書館伊達文庫］
　◇p237（カラー）　菊頭雞　菊頭雞　堀田正敦『禽譜』　［宮城県図書館伊達文庫］
　◇p237（カラー）　菊頭雞 雌　菊頭雞　堀田正敦『禽譜』　［宮城県図書館伊達文庫］
　◇p238（カラー）　和国 雌　和国碁石種　堀田正敦『禽譜』　［宮城県図書館伊達文庫］
　◇p238（カラー）　和国 雄　和国五色種　堀田正敦『禽譜』　［宮城県図書館伊達文庫］
　◇p239（カラー）　和雞 雄　和国黒色種　堀田正敦『禽譜』　［宮城県図書館伊達文庫］
　◇p239（カラー）　和雞 雌　和国黒色種　堀田正敦『禽譜』　［宮城県図書館伊達文庫］
　◇p239（カラー）　からひと 雄　からひと銀笹種　堀田正敦『禽譜』　［宮城県図書館伊達文庫］
　◇p239（カラー）　からひと 雌　からひと　堀田正敦『禽譜』　［宮城県図書館伊達文庫］
　◇p240（カラー）　とうまろ 雌　唐丸大鋸?　堀田正敦『禽譜』　［宮城県図書館伊達文庫］
　◇p240（カラー）　とうまろ 雄　唐丸大鋸?　堀田正敦『禽譜』　［宮城県図書館伊達文庫］
　◇p241（カラー）　しゃむ 雄　大シャモ赤笹種　堀田正敦『禽譜』　［宮城県図書館伊達文庫］
　◇p241（カラー）　しゃむ 雌　大シャモ鈴波種　堀田正敦『禽譜』　［宮城県図書館伊達文庫］
　◇p242（カラー）　和蘭陀雞 雄　堀田正敦『禽譜』　［宮城県図書館伊達文庫］
　◇p242（カラー）　和蘭陀雞　堀田正敦『禽譜』　［宮城県図書館伊達文庫］
　◇p243（カラー）　ヲランダ雞　堀田正敦『禽譜』　［宮城県図書館伊達文庫］
　◇p243（カラー）　紅毛胤雞　堀田正敦『禽譜』　［宮城県図書館伊達文庫］
　◇p243（カラー）　紅毛胤雞 雄　メスの誤り　堀田正敦『禽譜』　［宮城県図書館伊達文庫］
　◇p244（カラー）　烏骨雞　烏骨鶏　堀田正敦『禽譜』　［宮城県図書館伊達文庫］
　◇p244（カラー）　烏骨雞 雌　烏骨鶏　堀田正敦『禽譜』　［宮城県図書館伊達文庫］
　◇p245（カラー）　四足乃雞　シャモ　堀田正敦『禽譜』　［宮城県図書館伊達文庫］

ニワトリ　Gallus sp.
「世界大博物図鑑　別巻1」平凡社　1993
　◇p124（カラー）　バフコーチン『動物図譜』1874頃　手彩色石版図
　◇p124（カラー）　ポーランド雌　マルティネ, F.N.『鳥類誌』1787〜96　手彩色銅版
　◇p124（カラー）　レグホーン地中海系雄　ボナパルト, C.L.J.L.『新編ハト図譜』1857〜58　手彩色石版
　◇p125（カラー）　ライトブラマ『動物図譜』1874頃　手彩色石版図
　◇p125（カラー）　ヨコハマ『動物図譜』1874頃　手彩色石版図
　◇p125（カラー）　レグホーン地中海系雌　マルティネ, F.N.『鳥類誌』1787〜96　手彩色銅版

にわと　　　　　　　　　　　　鳥

◇p125（カラー）　ポーランド雄　マルティネ, F.
N.『鳥類誌』1787〜96　手彩色銅版

ニワトリ
「紙の上の動物園」グラフィック社　2017
◇p193（カラー）　アルドロヴァンディ, ウリッセ
『鳥類学』1646
「江戸時代に描かれた鳥たち」ソフトバンク ク
リエイティブ　2012
◇p119（カラー）　鶏・丹雄鶏　毛利梅園『梅園禽
譜』天保10（1849）序
◇p120（カラー）　黒鶏・烏雌鶏　毛利梅園『梅園
禽譜』天保10（1849）序
◇p120（カラー）　黄雌鶏　毛利梅園『梅園禽譜』
天保10（1849）序
◇p121（カラー）　阿蘭陀鶏　毛利梅園『梅園禽譜』
天保10（1849）序
「彩色 江戸博物学集成」平凡社　1994
◇p178（カラー）　堀田正敦『大禽譜 原禽』　［宮
城県図書館］
◇p418〜419（カラー）　服部雪斎『花鳥図』　［個
人蔵］

ニワトリ
⇒ウコッケイ（ニワトリ）を見よ

ニワムシクイ　Sylvia borin
「フランスの美しい鳥の絵図鑑」グラフィック社
2014
◇p95（カラー）　エチェコパル, ロベール＝ダニエ
ル著, バリュエル, ポール画
「グールドの鳥類図譜」講談社　1982
◇p87（カラー）　つがいの2羽 1865

【ぬ】

ヌマウズラ　Coturnix ypsilophorus
「江戸博物文庫 鳥の巻」工作舎　2017
◇p7（カラー）　沼鶉『外国産鳥之図』1740頃
［国立国会図書館］

ヌマウズラ　Synoicus ypsilophorus
「舶来鳥獣図誌」八坂書房　1992
◇p99（カラー）　鶉鵠『外国産鳥之図』　［国立国
会図書館］

ヌマウズラ
「江戸時代に描かれた鳥たち」ソフトバンク ク
リエイティブ　2012
◇p65（カラー）　鶉鵠『外国産鳥之図』成立年
不明

ヌマセンニュウ　Locustella luscinioides
「フランスの美しい鳥の絵図鑑」グラフィック社
2014
◇p17（カラー）　エチェコパル, ロベール＝ダニエ
ル著, バリュエル, ポール画
「グールドの鳥類図譜」講談社　1982
◇p95（カラー）　オス, メス 1866

ヌマヨシキリ　Acrocephalus palustris
「グールドの鳥類図譜」講談社　1982
◇p93（カラー）　つがいの2羽 1872

ヌマライチョウ　Lagopus lagopus
「グールドの鳥類図譜」講談社　1982
◇p143（カラー）　イギリスに繁殖する亜種（L.l.
scoticus).雄親, 雌親, 幼鳥 1873

【ね】

ネグロスヒムネバト　Gallicolumba keayi
「世界大博物図鑑 別巻1」平凡社　1993
◇p186（カラー）『アイビス』1859〜　［山階鳥類
研究所］

ネコドリ　Ailuroedus crassirostris
「ジョン・グールド 世界の鳥」同朋舎出版　1994
◇128図（カラー）　リヒター, ヘンリー・コンスタ
ンチン画『オーストラリアの鳥類』1840〜48
「世界大博物図鑑 4」平凡社　1987
◇p375（カラー）　マシューズ, G.M.著, グリュン
ボルト, H.原図『オーストラリアの鳥類』1910
〜28　手彩色石版

ネコマネドリ　Dumetella carolinensis
「ビュフォンの博物誌」工作舎　1991
◇I093（カラー）『一般と個別の博物誌 ソンニー
ニ版』

ネズミアフリカツリスガラ　Anthoscopus
musculus (Hartlaub 1882)
「フランスの美しい鳥の絵図鑑」グラフィック社
2014
◇p149（カラー）　エチェコパル, ロベール＝ダニ
エル著, バリュエル, ポール画

ネズミオナガムシクイ　Sylvia sarda
（Temminck 1820）
「フランスの美しい鳥の絵図鑑」グラフィック社
2014
◇p101（カラー）　エチェコパル, ロベール＝ダニ
エル著, バリュエル, ポール画

ネズミタイヨウチョウ　Nectarinia veroxii
「世界大博物図鑑 4」平凡社　1987
◇p350（カラー）　オス, メス スミス, A.著,
フォード, G.H.原図『南アフリカ動物図譜』
1838〜49　手彩色石版

【の】

ノガン　Otis tarda
「江戸博物文庫 鳥の巻」工作舎　2017
◇p153（カラー）　野雁　服部雪斎『華鳥譜』
1862　［国立国会図書館］
「江戸鳥類大図鑑」平凡社　2006
◇p121（カラー）　鴇 雌 メス 堀田正敦『禽譜』
［宮城県図書館伊達文庫］

454　博物図譜レファレンス事典 動物篇

鳥　　　　　　　　　　　　　　　　　　のとあ

◇p121（カラー）　鴇　雄　オス　堀田正敦『禽譜』
〔宮城県図書館伊達文庫〕
「ジョン・グールド 世界の鳥」同朋舎出版　1994
◇358図（カラー）　繁殖期のオス、雛、メス　ヴォ
ルフ、ヨゼフ、リヒター、ヘンリー・コンスタンチ
ン画『イギリスの鳥類』　1862～73
「世界大博物図鑑 別巻1」平凡社　1993
◇p164（カラー）　エドワーズ, G.『博物学選集』
1776　手彩色銅版
「ビュフォンの博物誌」工作舎　1991
◇I034（カラー）『一般と個別の博物誌 ソンニー
ニ版』
「世界大博物図鑑 4」平凡社　1987
◇p163（カラー）　ロシュ, V.『アルジェリア科学探
検調査録』　1844～67　鋼板エングレーヴィング
「グールドの鳥類図譜」講談社　1982
◇p146（カラー）　雛、雌親、オス　1864

ノガン
「江戸の動植物図」朝日新聞社　1988
◇p130（カラー）　細川重賢『鳥類図譜』　〔国立
国会図書館〕

ノグチゲラ　Sapheopipo noguchii
「日本の博物図譜」東海大学出版会　2001
◇p97（白黒）　平木政次筆『鳥類写生図』　〔国立
科学博物館〕
「世界大博物図鑑 別巻1」平凡社　1993
◇p297（カラー）『アイビス』　1859～　〔山階鳥類
研究所〕

ノコハシハチドリ　Ramphodon naevius
「ジョン・グールド 世界の鳥」同朋舎出版　1994
◇198図（カラー）　オス、メス、卵　リヒター、
ヘンリー・コンスタンチン画『ハチドリ科の研
究』　1849～61
「世界大博物図鑑 4」平凡社　1987
◇p239（カラー）　グールド, J.『ハチドリ科鳥類図
譜』　1849～61　手彩色石版

のごま
「鳥の手帖」小学館　1990
◇p117（カラー）　野駒　毛利梅園『梅園禽譜』　天
保10（1839）序　〔国立国会図書館〕

ノコマ
「高松松平家所蔵 衆禽画譜 水禽・野鳥」香川県
歴史博物館友の会博物図譜刊行会　2005
◇p91（カラー）　松平頼恭『衆禽画譜 野鳥帖』　江
戸時代　紙本著色 画帖装（折本形式）　33.0×48.
3　〔個人蔵〕

ノゴマ　Erithacus calliope
「江戸鳥類大図鑑」平凡社　2006
◇p520（カラー）　のことり 雄　オス　堀田正敦
『禽譜』　〔宮城県図書館伊達文庫〕

ノゴマ　Luscinia calliope
「江戸博物文庫 鳥の巻」工作舎　2017
◇p38（カラー）　野駒　喉が黄色く描かれている
が本来は赤　増山正賢『百鳥図』　1800頃　〔国
立国会図書館〕

「日本の博物図譜」東海大学出版会　2001
◇p71（白黒）　渡辺始興筆『四季花鳥図押絵貼屏
風』　六曲一双の一部　〔大和文華館〕

ノゴマ
「江戸時代に描かれた鳥たち」ソフトバンク ク
リエイティブ　2012
◇p98（カラー）　喉紅鳥　毛利梅園『梅園禽譜』
天保10（1849）序

ノゴマ？　Erithacus calliope？
「江戸鳥類大図鑑」平凡社　2006
◇p678（カラー）　紅䳏類　オス　堀田正敦『禽譜』
〔宮城県図書館伊達文庫〕

ノジコ　Emberiza sulphurata
「江戸鳥類大図鑑」平凡社　2006
◇p351（カラー）　山しとゝ　小青じ　堀田正敦『禽
譜』　〔宮城県図書館伊達文庫〕
◇p352（カラー）　オス　堀田正敦『禽譜』　〔宮
城県図書館伊達文庫〕
「世界大博物図鑑 別巻1」平凡社　1993
◇p364（カラー）　シーボルト, P.F.von『日本動物
誌』　1833～50　手彩色石版

ノスリ　Buteo buteo
「江戸鳥類大図鑑」平凡社　2006
◇p647（カラー）　のずり　堀田正敦『禽譜』
〔宮城県図書館伊達文庫〕
◇p648（カラー）　のずり 柿彫　堀田正敦『禽譜』
〔宮城県図書館伊達文庫〕
◇p648（カラー）　のずり 毛　幼鳥の腹の羽　堀田
正敦『禽譜』　〔宮城県図書館伊達文庫〕
◇p648（カラー）　のずり 胴　堀田正敦『禽譜』
〔宮城県図書館伊達文庫〕
「ジョン・グールド 世界の鳥」同朋舎出版　1994
◇306図（カラー）　淡色のつがい、色の黒ずんだ標
本　ヴォルフ、ヨゼフ、リヒター、ヘンリー・コン
スタンチン画『イギリスの鳥類』　1862～73
「世界大博物図鑑 別巻1」平凡社　1993
◇p104（カラー）　ボルクハウゼン, M.B.『ドイツ
鳥類学』　1800～17
「ビュフォンの博物誌」工作舎　1991
◇I013（カラー）『一般と個別の博物誌 ソンニー
ニ版』
「グールドの鳥類図譜」講談社　1982
◇p37（カラー）　異なる3種類の羽色型の成鳥
1863

ノスリ
「彩色 江戸博物学集成」平凡社　1994
◇p59（カラー）　つぐり　丹羽正伯『備前国備中国
之内領内産物絵図帳』　〔岡山大学附属図書館〕

ノスリ？　Buteo buteo？
「江戸鳥類大図鑑」平凡社　2006
◇p646（カラー）　のせ のずり　堀田正敦『禽譜』
〔宮城県図書館伊達文庫〕

ノドアカカワガラス　Cinclus schulzi
「世界大博物図鑑 別巻1」平凡社　1993
◇p328（カラー）　スクレイター, P.L., ハドソン,
W.H.著、キューレマンス, J.G.図『アルゼンチン

博物図譜レファレンス事典 動物篇　**455**

のとあ　　　　　　　　　　鳥

鳥類学』1888～89　手彩色石版　［個人蔵］

ノドアカクロサギ　Egretta vinaceigula
「世界大博物図鑑 別巻1」平凡社　1993
　◇p44（カラー）　シャープ，R.B.ほか『大英博物館
　鳥類目録』1874～98　手彩色クロモリトグラフ

ノドアカゴシキドリ　Megalaima
mystacophanos
「フウチョウの自然誌 博物画の至宝」平凡社
1994
　◇II–No.33（カラー）　Le Barbu rose gorge　ル
　ヴァイヤン，F.著，バラバン，J.原図 1806

ノドアカハチドリ　Archilochus colubris
「ジョン・グールド 世界の鳥」同朋舎出版　1994
　◇220図（カラー）　リヒター，ヘンリー・コンスタ
　ンチン画『ハチドリ科の研究』1849～61

ノドアカミツスイ　Myzomela sclateri
「ジョン・グールド 世界の鳥」同朋舎出版　1994
　◇399図（カラー）　ハート，ウィリアム画『ニュー
　ギニアの鳥類』1875～88

ノドアカミドリモズ　Telophorus quadricolor
「ビュフォンの博物誌」工作舎　1991
　◇I098（カラー）『一般と個別の博物誌 ソンニー
　二版』

ノドクロコウヨウジャク　Ploceus
benghalemsis
「ビュフォンの博物誌」工作舎　1991
　◇I107（カラー）『一般と個別の博物誌 ソンニー
　二版』

ノドグロコリン　Colinus nigrogularis
「ジョン・グールド 世界の鳥」同朋舎出版　1994
　◇184図（カラー）　リヒター，ヘンリー・コンスタ
　ンチン画『アメリカ産ウズラ類の研究』1844～
　50

ノドグロチドリ　Thinornis novaeseelandiae
「世界大博物図鑑 別巻1」平凡社　1993
　◇p169（カラー）『アイビス』1859～　［山階鳥類
　研究所］
　◇p169（カラー）　ブラー，W.L.著，キューレマン
　ス，J.G.図『ニュージーランド鳥類誌第2版』
　1887～88　手彩色石版画

ノドグロツグミ　Turdus ruficollis atrogularis
「グールドの鳥類図譜」講談社　1982
　◇p74（カラー）　メス成鳥，オス成鳥 1871

ノドグロミツオシエ　Indicator indicator
「世界大博物図鑑 4」平凡社　1987
　◇p266（カラー）　テミンク，C.J.著，ユエ，N.原図
　『新編彩色鳥類図譜』1820～39　手彩色銅版画

ノドグロモズガラス　Cracticus nigrogularis
「ジョン・グールド 世界の鳥」同朋舎出版　1994
　◇114図（カラー）　リヒター，ヘンリー・コンスタ
　ンチン画『オーストラリアの鳥類』1840～48

ノドグロヤイロチョウのモルッカ亜種
Pitta versicolor elegans
「世界大博物図鑑 別巻1」平凡社　1993
　◇p313（カラー）　Brachyurus irena　エリオット，
　D.G.『ヤイロチョウ科鳥類図譜』1863　手彩色
　石版

ノドジロエナガ　Aegithalos caudatus
glaucogularis
「フランスの美しい鳥の絵図鑑」グラフィック社
2014
　◇p123（カラー）　エチェコパル，ロベール＝ダニ
　エル著，バリュエル，ポール画

ノドジロキノボリ　Climacteris leucophaea
「世界大博物図鑑 4」平凡社　1987
　◇p346（カラー）　テミンク，C.J.著，プレートル，
　J.G.原図『新編彩色鳥類図譜』1820～39　手彩
　色銅版画

ノドジロクサムラドリ　Atrichornis clamosus
「ジョン・グールド 世界の鳥」同朋舎出版　1994
　◇125図（カラー）　リヒター，ヘンリー・コンスタ
　ンチン画『オーストラリアの鳥類』1840～48
「世界大博物図鑑 別巻1」平凡社　1993
　◇p321（カラー）　グールド，J.『オーストラリア鳥
　類図譜』1840～48

ノドジロヒバリチドリ　Thinocorus
orbignyianus
「世界大博物図鑑 4」平凡社　1987
　◇p182（カラー）　オス，メス　レッソン，R.P.『動
　物百図』1830～32

ノドジロヒメアオバト　Ptilinopus pulchellus
「世界大博物図鑑 4」平凡社　1987
　◇p195（カラー）　テミンク，C.J.著，プレートル，
　J.G.原図『新編彩色鳥類図譜』1820～39　手彩
　色銅版画

ノドジロヒヨドリ　Pycnonotus xanthorrhous
「世界大博物図鑑 4」平凡社　1987
　◇p307（カラー）　ダヴィド神父，A.著，アルヌル石
　版『中国産鳥類』1877　手彩色石版

ノドジロムシクイ　Sylvia communis
「フランスの美しい鳥の絵図鑑」グラフィック社
2014
　◇p89（カラー）　エチェコパル，ロベール＝ダニエ
　ル著，バリュエル，ポール画
「ジョン・グールド 世界の鳥」同朋舎出版　1994
　◇338図（カラー）　成鳥　リヒター，ヘンリー・コ
　ンスタンチン画『イギリスの鳥類』1862～73
「グールドの鳥類図譜」講談社　1982
　◇p84（カラー）　オス成鳥，メス成鳥 1865

ノトルニス
　⇒タカヘ（ノトルニス）を見よ

ノハラツグミ　Turdus pilaris
「ビュフォンの博物誌」工作舎　1991
　◇I091（カラー）『一般と個別の博物誌 ソンニー

456　博物図譜レファレンス事典 動物篇

二版』
「グールドの鳥類図譜」講談社　1982
　◇p73（カラー）　オス成鳥, メス成鳥　1864

ノバリケン　Cairina moschata
「世界大博物図鑑　別巻1」平凡社　1993
　◇p69（カラー）　ビュフォン, G.L.L., Comte de
　『一般と個別の博物誌（ソンニーニ版）』　1799〜
　1808　銅版 カラー印刷
「ビュフォンの博物誌」工作舎　1991
　◇I233（カラー）『一般と個別の博物誌 ソンニー
　ニ版』

ノバリケン（バリケン）　Cairina moschata
var.domestica
「江戸鳥類大図鑑」平凡社　2006
　◇p149（カラー）　ばりけん 雌　堀田正敦『禽譜』
　［宮城県図書館伊達文庫］

ノビタキ　Saxicola torquata
「江戸鳥類大図鑑」平凡社　2006
　◇p370（カラー）　かやくゞり 雌　メス冬羽　堀田
　正敦『禽譜』　［宮城県図書館伊達文庫］
　◇p370（カラー）　かやくゞり 雄　オス冬羽　堀田
　正敦『禽譜』　［宮城県図書館伊達文庫］
　◇p505（カラー）　のびたき 雄　オス　堀田正敦
　『禽譜』　［宮城県図書館伊達文庫］
　◇p505（カラー）　のびたき 雌　オス夏羽　堀田正
　敦『禽譜』　［宮城県図書館伊達文庫］
　◇p505（カラー）　のびたき 一種 雄　オス夏羽
　堀田正敦『禽譜』　［宮城県図書館伊達文庫］
　◇p505（カラー）　のびたき 雌　オス夏羽　堀田正
　敦『禽譜』　［宮城県図書館伊達文庫］
「ジョン・グールド 世界の鳥」同朋舎出版　1994
　◇24図（カラー）　オス, メス　グールド, エリザベ
　ス画『ヨーロッパの鳥類』　1832〜37
「ビュフォンの博物誌」工作舎　1991
　◇I144（カラー）『一般と個別の博物誌 ソンニー
　ニ版』
「世界大博物図鑑　4」平凡社　1987
　◇p322（カラー）　ドノヴァン, E.『英国鳥類誌』
　1794〜1819
「グールドの鳥類図譜」講談社　1982
　◇p79（カラー）　オス成鳥, メス成鳥　1864

ノーフォークムナジロバト　Gallicolumba
norfolciensis
「世界大博物図鑑　別巻1」平凡社　1993
　◇p181（カラー）　ボナパルト, C.L.J.L.『新編ハト
　図譜』　1857〜58　手彩色石版

【 は 】

ハイイロアシゲハチドリ　Haplophaedia
lugens
「世界大博物図鑑　別巻1」平凡社　1993
　◇p272（カラー）　グールド, J.『ハチドリ科鳥類図
　譜』　1849〜61　手彩色石版

ハイイロウミツバメ　Oceanodroma furcata
「世界大博物図鑑　4」平凡社　1987
　◇p35（カラー）　デ・ケイ, J.E.著, ヒル, J.W.原
　図『ニューヨーク動物誌』　1844　手彩色石版

ハイイロガン　Anser anser
「グールドの鳥類図譜」講談社　1982
　◇p188（カラー）　1873

ハイイロガン？　Anser anser？
「江戸鳥類大図鑑」平凡社　2006
　◇p114（カラー）　関東雁『衆芳軒旧蔵 禽譜』
　［国会図書館東洋文庫］

ハイイロカンムリガラ　Lophophanes
dichrous（Blyth 1844）
「フランスの美しい鳥の絵図鑑」グラフィック社
2014
　◇p193（カラー）　エチェコパル, ロベール＝ダニ
　エル著, バリュエル, ポール画

ハイイロコクジャク　Polyplectron
bicalcaratum
「江戸鳥類大図鑑」平凡社　2006
　◇p591（カラー）　せいらん 雌　オス　堀田正敦
　『禽譜』　［宮城県図書館伊達文庫］
「世界大博物図鑑　別巻1」平凡社　1993
　◇p140（カラー）　服部雪斎図『博物館禽譜』
　1875〜79（明治8〜12）編集　［東京国立博物館］

ハイイロコサイチョウ　Tokus nasutus
「ビュフォンの博物誌」工作舎　1991
　◇I181（カラー）『一般と個別の博物誌 ソンニー
　ニ版』

ハイイロジュケイ　Tragopan melanocephalus
「ジョン・グールド 世界の鳥」同朋舎出版　1994
　◇10図（カラー）　若いオス　グールド, エリザベ
　ス画『ヒマラヤ山脈鳥類百図』　1830〜33
　◇294図（カラー）　オス, メス　リヒター, ヘン
　リー・コンスタンチン画『アジアの鳥類』　1849
　〜83

ハイイロチュウヒ　Circus cyaneus
「ビュフォンの博物誌」工作舎　1991
　◇I014（カラー）『一般と個別の博物誌 ソンニー
　ニ版』
　◇I022（カラー）　メス, オス『一般と個別の博物誌
　ソンニーニ版』
「鳥獣虫魚譜」八坂書房　1988
　◇p20（カラー）　腰白　オス成鳥　松森胤保『両羽
　禽類図譜』　［酒田市立光丘文庫］
「グールドの鳥類図譜」講談社　1982
　◇p47（カラー）　オス成鳥, メス成鳥　1867

ハイイロチュウヒ
「彩色 江戸博物学集成」平凡社　1994
　◇p107（カラー）　ヲシタカ　オス　小野蘭山『蘭
　山禽譜』　［国会図書館］

ハイイロトキ　Theristicus caerulescens
「世界大博物図鑑　4」平凡社　1987
　◇p55（カラー）　テミンク, C.J.著, ユエ, N.原図

はいい　　　　　　　　　　　　鳥

『新編彩色鳥類図譜』　1820〜39　手彩色銅版画

ハイイロヒタキ　Muscicapa striata
「グールドの鳥類図譜」講談社　1982
　　◇p65（カラー）　オス成鳥　1863

ハイイロヒレアシシギ　Phalaropus fulicarius
「ビュフォンの博物誌」工作舎　1991
　　◇I215（カラー）『一般と個別の博物誌 ソンニーニ版』
「世界大博物図鑑 4」平凡社　1987
　　◇p179（カラー）　キュヴィエ, G.L.C.F.D.『動物界』　1836〜49　手彩色銅版
「グールドの鳥類図譜」講談社　1982
　　◇p180（カラー）　夏羽のメス, オス　1866

ハイイロヒレアシシギ
「グールドの鳥類図譜」講談社　1982
　　◇p181（カラー）　冬羽　1866

ハイイロフエガラス　Strepera versicolor
「フウチョウの自然誌 博物画の至宝」平凡社　1994
　　◇I–No.24（カラー）　Le grand Calibé　ルヴァイヤン, F.著, バラバン, J.原図　1806

ハイイロペリカン　Pelecanus crispus
「江戸博物文庫 鳥の巻」工作舎　2017
　　◇p79（カラー）　灰色伽藍鳥　牧野貞幹『鳥類写生図』　1810頃　［国立国会図書館］
「世界大博物図鑑 別巻1」平凡社　1993
　　◇p40（カラー）　シンツ, H.R.『鳥類分類学』　1846〜53　石版図
　　◇p40（カラー）　グールド, J.著, リア, E.図, ハルマンデル, C.J.プリント『ヨーロッパ鳥類図譜』　1832〜37　手彩色石版

ハイイロペリカン　Pelecanus philippensis Gmelin
「高木春山 本草図説 動物」リブロポート　1989
　　◇p61（カラー）　鵜鶘 ガランテウ

ハイイロペリカン
「江戸時代に描かれた鳥たち」ソフトバンク クリエイティブ　2012
　　◇p71（カラー）　鵜鶘/がらん鳥　牧野貞幹『鳥類写生図』　文化7（1810）頃

ハイイロペリカン、ガランチョウ　Pelecanus crispus
「ジョン・グールド 世界の鳥」同朋舎出版　1994
　　◇41図（カラー）　リア, エドワード画『ヨーロッパの鳥類』　1832〜37

ハイイロミカドバト　Ducula pickeringii
「舶来鳥獣図誌」八坂書房　1992
　　◇p94（カラー）　三呼鳥『外国産鳥之図』　寛政11（1799）渡来　［国立国会図書館］

ハイイロミカドバト
「江戸時代に描かれた鳥たち」ソフトバンク クリエイティブ　2012
　　◇p62（カラー）　三呼鳥『外国産鳥之図』　成立年

不明

ハイイロヤケイ　Gallus sonneratii
「ビュフォンの博物誌」工作舎　1991
　　◇I037（カラー）　メス, オス『一般と個別の博物誌 ソンニーニ版』
「世界大博物図鑑 4」平凡社　1987
　　◇p118（カラー）　オス, メス　テミンク, C.J.著, ユエ, N.原図『新編彩色鳥類図譜』　1820〜39　手彩色銅版画

ハイエボシガラ　Baeolophus inornatus （Gambel 1845）
「フランスの美しい鳥の絵図鑑」グラフィック社　2014
　　◇p237（カラー）　エチェコパル, ロベール＝ダニエル著, バリュエル, ポール画

ハイガシラエナガ　Aegithalos concinnus annamensis（Robinson & Kloss 1919）
「フランスの美しい鳥の絵図鑑」グラフィック社　2014
　　◇p129（カラー）　エチェコパル, ロベール＝ダニエル著, バリュエル, ポール画

ハイガシラトビ　Leptodon cayanensis
「世界大博物図鑑 4」平凡社　1987
　　◇p95（カラー）　テミンク, C.J.著, ユエ, N.原図『新編彩色鳥類図譜』　1820〜39　手彩色銅版画

ハイガシラヒメカッコウ　Cacomantis variolosus
「ビュフォンの博物誌」工作舎　1991
　　◇I137（カラー）『一般と個別の博物誌 ソンニーニ版』

ハイガシラホオジロ　Emberiza stewarti
「ビュフォンの博物誌」工作舎　1991
　　◇I121（カラー）『一般と個別の博物誌 ソンニーニ版』

ハイタカ　Accipiter nisus
「江戸鳥類大図鑑」平凡社　2006
　　◇p619（カラー）　はいたか　メス　堀田正敦『禽譜』　［宮城県図書館伊達文庫］
　　◇p620（カラー）　あを白斑はいたか　メス　堀田正敦『禽譜』　［宮城県図書館伊達文庫］
　　◇p620（カラー）　鶸巣子　雛から幼鳥羽　堀田正敦『堀田禽譜』　［東京国立博物館］
　　◇p620（カラー）　鶸巣たか　幼羽　堀田正敦『禽譜』　［宮城県図書館伊達文庫］
　　◇p620（カラー）　しろはいたか　白化個体　堀田正敦『禽譜』　［宮城県図書館伊達文庫］
　　◇p621（カラー）　このり　オス　堀田正敦『禽譜』　［宮城県図書館伊達文庫］
　　◇p622（カラー）　このり 丹このり　オス　堀田正敦『禽譜』　［宮城県図書館伊達文庫］
　　◇p716（カラー）　ス□ルワル　堀田正敦『堀田禽譜』　［東京国立博物館］
「ジョン・グールド 世界の鳥」同朋舎出版　1994
　　◇308図（カラー）　オスの成鳥, メス　ヴォルフ, ヨゼフ, リヒター, ヘンリー・コンスタンチン画『イギリスの鳥類』　1862〜73

鳥　　　　　　　　　　　　　　　　　　　　　　　　　　　はくせ

「ビュフォンの博物誌」工作舎　1991
　◇I017(カラー)『一般と個別の博物誌 ソンニー
　　ニ版』
「鳥獣虫魚譜」八坂書房　1988
　◇p18(カラー)　悦哉　オス若鳥　松森胤保『両羽
　　禽類図譜』　[酒田市立光丘文庫]
「世界大博物図鑑 4」平凡社　1987
　◇p87(カラー)　ビュフォン, G.L.L., Comte de,
　　トラヴィエ, E.原図『博物誌』1853〜57　手彩
　　色銅版画
「グールドの鳥類図譜」講談社　1982
　◇p38(カラー)　オス成鳥, メス成鳥 1864

ハイタカ
「彩色 江戸博物学集成」平凡社　1994
　◇p226(カラー)　コノリ ハイタカノ兄　オス　水
　　谷豊文『豊文禽譜』　[国会図書館]
　◇p227(カラー)　ハイタカノ弟　メス　水谷豊文
　　『豊文禽譜』　[国会図書館]

ハイタカの東アジア亜種　Accipiter nisus
nissosimilis
「世界大博物図鑑 別巻1」平凡社　1993
　◇p101(カラー)　日本産の個体『鳥類写生図譜』
　　※『鳥類図鑑』(1926凡例)と『鳥類写生図譜』
　　(1927〜38)を合わせた本

ハイノドアメリカムシクイ　Basileuterus
cinereicollis
「世界大博物図鑑 別巻1」平凡社　1993
　◇p373(カラー)『ロンドン動物学協会紀要』1861
　　〜90,1891〜1929　[東京大学理学部動物学図書
　　室]

ハイバネツグミ　Turdus boulboul
「江戸鳥類大図鑑」平凡社　2006
　◇p712(カラー)　国公鳥　メス　堀田正敦『禽譜』
　　[宮城県図書館伊達文庫]

ハイバラオナガカマドドリ　Synallaxis
cinerascens
「世界大博物図鑑 4」平凡社　1987
　◇p283(カラー)　テミンク, C.J.著、プレートル,
　　J.G.原図『新編彩色鳥類図譜』1820〜39　手彩
　　色銅版画

ハイバラケンバネハチドリ　Campylopterus
largipennis
「世界大博物図鑑 別巻1」平凡社　1993
　◇p268(カラー)　メス　スウェインソン, W.『動物
　　学図譜』1820〜23　手彩色石版
　◇p268(カラー)　オス　スウェインソン, W.『動物
　　学図譜』1820〜23　手彩色石版
　◇p268(カラー)　グールド, J.『ハチドリ科鳥類図
　　譜』1849〜61　手彩色石版

ハイバラツバメ　Hirundo angolensis
「世界大博物図鑑 4」平凡社　1987
　◇p303(カラー)　スミット, J.原図『ロンドン動物
　　学協会紀要』1869　手彩色石版画

ハイムネコビトクイナ　Laterallus exilis
「世界大博物図鑑 4」平凡社　1987

　◇p154(カラー)　テミンク, C.J.著、ユエ, N.原図
　　『新編彩色鳥類図譜』1820〜39　手彩色銅版画

ハイムネヒメモズモドキ　Hylophilus
semicinereus
「世界大博物図鑑 4」平凡社　1987
　◇p358(カラー)　メス, オス　スミット, J.原図
　　『ロンドン動物学協会紀要』1867　手彩色石版画

ハウチワドリ属の1種　Prinia sp.
「江戸鳥類大図鑑」平凡社　2006
　◇p679(カラー)　竹葉集　堀田正敦『禽譜』
　　[宮城県図書館伊達文庫]

ハギマシコ　Leucosticte arctoa
「江戸鳥類大図鑑」平凡社　2006
　◇p517(カラー)　あはとり 雄　堀田正敦『禽譜』
　　[宮城県図書館伊達文庫]
　◇p517(カラー)　あはとり　オス　堀田正敦『禽
　　譜』　[宮城県図書館伊達文庫]
　◇p524(カラー)　はぎましこ　オス　堀田正敦
　　『禽譜』　[宮城県図書館伊達文庫]
　◇p525(カラー)　はぎとり　堀田正敦『禽譜』
　　[宮城県図書館伊達文庫]

ハギマシコ？　Leucosticte arctoa？
「江戸鳥類大図鑑」平凡社　2006
　◇p359(カラー)　しま頭たか 嶋頭しと、　堀田正
　　敦『禽譜』　[宮城県図書館伊達文庫]

ハクガン　Anser caerulescens
「江戸鳥類大図鑑」平凡社　2006
　◇p115(カラー)　白雁　牧野貞幹『鳥類写生図』
　　文化7(1810)頃　[国会図書館]

ハクガン
「高松松平家所蔵 衆禽画譜 水禽・野鳥」香川県
歴史博物館友の会博物図譜刊行会　2005
　◇p14(カラー)　松平頼恭『衆禽画譜 水禽帖』江
　　戸時代　紙本著色 画帖装(折本形式)　38.1×48.
　　7　[個人蔵]
「彩色 江戸博物学集成」平凡社　1994
　◇p46〜47(カラー)　尾形光琳『鳥獣写生図巻』
　　[文化庁]

ハクセキレイ　Motacilla alba
「江戸鳥類大図鑑」平凡社　2006
　◇p300(カラー)　せきれい　オス　堀田正敦『禽
　　譜』　[宮城県図書館伊達文庫]
　◇p302(カラー)　しろせきれい 雛　オス若鳥　堀
　　田正敦『禽譜』　[宮城県図書館伊達文庫]
　◇p303(カラー)　山せきれい　メス夏羽　堀田正
　　敦『禽譜』　[宮城県図書館伊達文庫]
「日本の博物図譜」東海大学出版会　2001
　◇図3(カラー)　筆者不詳『禽譜』　[東京国立博
　　物館]
「ビュフォンの博物誌」工作舎　1991
　◇I145(カラー)『一般と個別の博物誌 ソンニー
　　ニ版』
「グールドの鳥類図譜」講談社　1982
　◇p98(カラー)　イギリスで繁殖する亜種M.a.
　　yarrellii.夏羽のメス成鳥, オス成鳥, 幼鳥 1867

博物図譜レファレンス事典 動物篇　　**459**

はくせ　　　　　鳥

ハクセキレイ　Motacilla alba lugens
「江戸博物文庫 鳥の巻」工作舎　2017
　◇p27（カラー）　白鶺鴒　増山正賢『百鳥図』
　　1800頃　［国立国会図書館］

ハクセキレイ
「彩色 江戸博物学集成」平凡社　1994
　◇p170〜171（カラー）　オス冬羽　増山雪斎『百
　　図』　［国会図書館］
「グールドの鳥類図譜」講談社　1982
　◇p98（カラー）　ウラル山脈以西のヨーロッパと中
　　近東に繁殖する亜種M.a.alba.夏羽のメス成鳥，
　　オス成鳥　1867

ハクセキレイ（亜種）　Motacilla alba yarrellii
「ジョン・グールド 世界の鳥」同朋舎出版　1994
　◇342図（カラー）　オス，若鳥，メス　リヒター，ヘ
　　ンリー・コンスタンチン画『イギリスの鳥類』
　　1862〜73

ハクチョウの1種　Cygnus sp
「江戸博物文庫 鳥の巻」工作舎　2017
　◇p141（カラー）　白鳥　オオハクチョウあるいは
　　コハクチョウ　服部雪斎『華鳥譜』1862　［国
　　立国会図書館］

ハクトウワシ　Haliaeetus leucocephalus
「すごい博物画」グラフィック社　2017
　◇図版73（カラー）　ケイツビー，マーク 1722〜26
　　頃　ペンと茶色のインクの上にアラビアゴムを混
　　ぜた水彩と濃厚顔料　26.8×37.6　［ウィンザー
　　城ロイヤル・ライブラリー］
「ジョン・グールド 世界の鳥」同朋舎出版　1994
　◇12図（カラー）　オスの成鳥と幼鳥　リア，エド
　　ワード画『ヨーロッパの鳥類』1832〜37
「世界大博物図鑑 別巻1」平凡社　1993
　◇p93（カラー）　マルティネ，F.N.『鳥類誌』
　　1787〜96　手彩色銅版
　◇p93（カラー）　ウィルソン，A.『アメリカ鳥類
　　学』1808〜14
「ビュフォンの博物誌」工作舎　1991
　◇I002（カラー）『一般と個別の博物誌 ソンニー
　　ニ版』
「世界大博物図鑑 4」平凡社　1987
　◇p79（カラー）　ヴィエイヨー，L.J.P.著，プレー
　　トル，J.G.原図『北米鳥類図誌』1807　手彩色
　　銅版図

ハクトウワシ
「すごい博物画」グラフィック社　2017
　◇図21（カラー）　オーデュボン，ジョン・ジェーム
　　ズ『アメリカの鳥類』1827〜38　手彩色のアク
　　アチント
「紙の上の動物園」グラフィック社　2017
　◇p117（カラー）　エドワーズ，ジョージ画 18世紀
　　前半

ハグロキヌバネドリ（亜種）　Trogon viridis chionurus
「ジョン・グールド 世界の鳥」同朋舎出版　1994
　◇96図（カラー）　ハート，ウィリアム画『キヌバネ
　　ドリ科の研究 初版』1858〜75

ハゲガオガラス　Corvus tristis
「ビュフォンの博物誌」工作舎　1991
　◇I076（カラー）『一般と個別の博物誌 ソンニー
　　ニ版』

ハゲチメドリ　Picathartes gymnocephalus
「世界大博物図鑑 別巻1」平凡社　1993
　◇p333（カラー）　テミンク，C.J.，ロジエ・ド・
　　シャルトルース，M.著『新編彩色鳥類図譜』
　　1820〜39　手彩色銅版画

ハゲノドスズドリ　Procnias nudicollis
「世界大博物図鑑 4」平凡社　1987
　◇p294（カラー）　オス，メス　テミンク，C.J.著，
　　ユエ，N.原図『新編彩色鳥類図譜』1820〜39
　　手彩色銅版画

ハゴロモヅル　Anthropoides paradisea
「世界大博物図鑑 別巻1」平凡社　1993
　◇p149（カラー）　グレイ，J.E.著，リア，E.原図
　　『ノーズレー・ホール鳥類飼育園拾遺録』1846
　　手彩色石版

ハサミオハチドリ　Hylonympha macrocerca
「世界大博物図鑑 別巻1」平凡社　1993
　◇p272（カラー）　グールド，J.『ハチドリ科鳥類図
　　譜』1849〜61　手彩色石版

ハサミオヨタカ　Hydropsalis brasiliana
「世界大博物図鑑 4」平凡社　1987
　◇p230（カラー）　オス　テミンク，C.J.著，プレー
　　トル，J.G.原図『新編彩色鳥類図譜』1820〜39
　　手彩色銅版画
　◇p230（カラー）　メス　テミンク，C.J.著，プレー
　　トル，J.G.原図『新編彩色鳥類図譜』1820〜39
　　手彩色銅版画

ハシグロアビ　Gavia immer
「ジョン・グールド 世界の鳥」同朋舎出版　1994
　◇372図（カラー）　夏毛の成鳥　リヒター，ヘン
　　リー・コンスタンチン画『イギリスの鳥類』
　　1862〜73
「ビュフォンの博物誌」工作舎　1991
　◇I218（カラー）『一般と個別の博物誌 ソンニー
　　ニ版』
「世界大博物図鑑 4」平凡社　1987
　◇p27（カラー）　トラヴィエ，E.図，キュヴィエ，
　　G.L.C.F.D.『動物界』1836〜49　手彩色銅版画
「グールドの鳥類図譜」講談社　1982
　◇p209（カラー）　夏羽成鳥　1865

ハシグロヒタキ　Oenanthe oenanthe
「ジョン・グールド 世界の鳥」同朋舎出版　1994
　◇334図（カラー）　メス，オス　リヒター，ヘン
　　リー・コンスタンチン画『イギリスの鳥類』
　　1862〜73
「ビュフォンの博物誌」工作舎　1991
　◇I144（カラー）『一般と個別の博物誌 ソンニー
　　ニ版』
「グールドの鳥類図譜」講談社　1982
　◇p78（カラー）　オス成鳥，メス成鳥　1868

鳥　　　　　　　　　　　　　　　　　　　　　　　　　　はしふ

ハシグロヤマオオハシ　Andigena nigrirostris
「ジョン・グールド 世界の鳥」同朋舎出版　1994
　◇70図（カラー）　リヒター、ヘンリー・コンスタンチン画『オオハシ科の研究 再販』1852〜54

ハシジロアビ　Gavia adamsii
「江戸鳥類大図鑑」平凡社　2006
　◇p182（カラー）　うらゑ　堀田正敦『禽譜』〔宮城県図書館伊達文庫〕

ハシジロキツツキ　Campephilus principalis
「すごい博物画」グラフィック社　2017
　◇図版75（カラー）　ハシジロキツツキとウィローオーク　ケイツビー、マーク 1722〜26頃　ペンと茶色のインクの上にアラビアゴムを混ぜた水彩と濃厚顔料 37.5×27.1　〔ウィンザー城ロイヤル・ライブラリー〕
「世界大博物図鑑 別巻1」平凡社　1993
　◇p293（カラー）　ヴィエイヨー、L.J.P.著、プレートル、J.G.原図『北米鳥類図譜』1807　手彩色銅版
　◇p293（カラー）　オス　ケーツビー, M.『カロライナの自然誌』1754　手彩色銅版画
　◇p293（カラー）　メス、オス　オーデュボン、J.J.L.著、ヘーベル、ロバート・ジュニア製版『アメリカの鳥類』1827〜38　〔ニューオーリンズ市立博物館〕

ハシナガシギダチョウ　Nothoprocta taczanowskii
「世界大博物図鑑 別巻1」平凡社　1993
　◇p28（カラー）『ロンドン動物学協会紀要』1861〜90,1891〜1929　〔東京大学理学部動物学図書室〕

ハシナガムシクイ　Hippolais polyglotta
「グールドの鳥類図譜」講談社　1982
　◇p92（カラー）　オス鳥 1865

ハシビロガモ　Anas clypeata
「江戸博物文庫 鳥の巻」工作舎　2017
　◇p76（カラー）　嘴広鴨　牧野貞幹『鳥類写生図』1810頃　〔国立国会図書館〕
「江戸鳥類大図鑑」平凡社　2006
　◇p129（カラー）　めぐりかも 雄　オス　堀田正敦『禽譜』〔宮城県図書館伊達文庫〕
　◇p130（カラー）　ぼらかも　メス　堀田正敦『禽譜』〔宮城県図書館伊達文庫〕
「ジョン・グールド 世界の鳥」同朋舎出版　1994
　◇37図（カラー）　グールド、エリザベス画『ヨーロッパの鳥類』1832〜37
「世界大博物図鑑 別巻1」平凡社　1993
　◇p68（カラー）　メス、オス、卵　マイヤー、H.L.著、マイヤー一家作図・彩色『英国産鳥類図譜』1838〜44
　◇p68（カラー）　松平頼恭『衆禽図』18世紀後半〔松平公益会〕
「ビュフォンの博物誌」工作舎　1991
　◇I235（カラー）『一般と個別の博物誌 ソンニーニ版』
「世界大博物図鑑 4」平凡社　1987
　◇p67（カラー）　キュヴィエ、G.L.C.F.D.『動物

界』1836〜49　手彩色銅版
　◇p67（カラー）　メス　ケーツビー, M.『カロライナの自然誌』1754
「グールドの鳥類図譜」講談社　1982
　◇p194（カラー）　オス, メス 1871

ハシビロコウ　Balaeniceps rex
「世界大博物図鑑 別巻1」平凡社　1993
　◇p48（カラー）『ロンドン動物学協会紀要』1861〜90,1891〜1929　〔京都大学理学部, 東京大学理学部動物学図書室〕
「世界大博物図鑑 4」平凡社　1987
　◇p50（カラー）　ヴォルフ, J.『動物学スケッチ集』1861〜67　多色石版 手彩色

ハシブトアジサシ　Gelochelidon nilotica
「グールドの鳥類図譜」講談社　1982
　◇p225（カラー）　夏羽成鳥, 幼鳥, 冬羽成鳥 1871

ハシブトイスカ　Loxia pytyopsittacus
「グールドの鳥類図譜」講談社　1982
　◇p121（カラー）　オス, メス 1864

ハシブトオオイシチドリ　Esacus magnirostris
「世界大博物図鑑 4」平凡社　1987
　◇p183（カラー）　テミンク, C.J.著、プレートル、J.G.原図『新編彩色鳥類図譜』1820〜39　手彩色銅版画

ハシブトカモメ　Gabianus pacificus
「世界大博物図鑑 4」平凡社　1987
　◇p186（カラー）　テミンク, C.J.著、プレートル、J.G.原図『新編彩色鳥類図譜』1820〜39　手彩色銅版画

ハシブトガラ　Parus palustris
「ビュフォンの博物誌」工作舎　1991
　◇I151（カラー）『一般と個別の博物誌 ソンニーニ版』
「グールドの鳥類図譜」講談社　1982
　◇p69（カラー）　成鳥 1866

ハシブトガラ　Poecile palustris
「フランスの美しい鳥の絵図鑑」グラフィック社　2014
　◇p155（カラー）　エチェコパル, ロベール＝ダニエル著、バリュエル、ポール画
　◇p161（カラー）　エチェコパル, ロベール＝ダニエル著、バリュエル、ポール画

ハシブトガラス　Corvus macrorhynchos
「江戸博物文庫 鳥の巻」工作舎　2017
　◇p166（カラー）　嘴太鳥　ハシブトガラス, ハシボソガラス（Corvus corone）　服部雪斎『華鳥譜』1862　〔国立国会図書館〕
「江戸鳥類大図鑑」平凡社　2006
　◇p393（カラー）　鴉 はしぶと　堀田正敦『禽譜』〔宮城県図書館伊達文庫〕
　◇p397（カラー）　白がらす　風切羽と尾が白化　堀田正敦『禽譜』　〔宮城県図書館伊達文庫〕

博物図譜レファレンス事典 動物篇　461

はしぶ　　　　　　　　　　鳥

ハシブトガラス？　Corvus macrorhynchos ?
「江戸鳥類大図鑑」平凡社　2006
　◇p397（カラー）　しろがらす　アルビノ　堀田正
　敦『禽譜』［宮城県図書館伊達文庫］

ハシブトカワセミ　Clytoceyx rex
「ジョン・グールド 世界の鳥」同朋舎出版　1994
　◇404図（カラー）　ハート，ウィリアム画『ニュー
　ギニアの鳥類』1875～88

ハシブトゴイ　Nycticorax caledonicus
「江戸鳥類大図鑑」平凡社　2006
　◇p72（カラー）　五位鷺『水禽譜』1824以降
　［国会図書館］

ハシブトセスジムシクイ　Amytornis textilis
「世界大博物図鑑 別巻1」平凡社　1993
　◇p344（カラー）　フレシネ，L.C.D.de『ウラニー
　号およびフィジシエンヌ号世界周航記図録』
　1824

ハシブトダーウィンフィンチ
　Camarhynchus crassirostris
「世界大博物図鑑 別巻1」平凡社　1993
　◇p368（カラー）　ダーウィン，C.R.編，グールド，
　J.原図，グールド，E.石版『ビーグル号報告動物
　学編』1839～43　手彩色石版

ハシブトホオダレムクドリ　Callaeas cinerea
「世界大博物図鑑 別巻1」平凡社　1993
　◇p397（カラー）　南島とスチュアート島亜種，北
　島亜種　ブラー，W.L.著，キューレマンス，J.G.
　図『ニュージーランド鳥類誌第2版』1887～88
　手彩色石版図
　◇p397（カラー）　南島亜種　デュモン・デュル
　ヴィル，J.S.C.『アストロラブ号世界周航記』
　1830～35　スティップル印刷

ハシブトミツオシエ　Indicator minor
「世界大博物図鑑 4」平凡社　1987
　◇p266（カラー）　テミンク，C.J.著，プレートル，
　J.G.原図『新編彩色鳥類図譜』1820～39　手彩
　色銅版画

ハシブトモズビタキ　Falcunculus frontatus
「ジョン・グールド 世界の鳥」同朋舎出版　1994
　◇120図（カラー）　メス，オス　グールド，エリザ
　ベス画『オーストラリアの鳥類』1840～48
「世界大博物図鑑 4」平凡社　1987
　◇p338（カラー）　メス，オス　テミンク，C.J.著，
　ユエ，N.原図『新編彩色鳥類図譜』1820～39
　手彩色銅版画

ハシボソガラス　Corvus corone
「江戸鳥類大図鑑」平凡社　2006
　◇p392（カラー）　はしぼそ　堀田正敦『禽譜』
　［宮城県図書館伊達文庫］
　◇p397（カラー）　しろがらす　部分白化個体　堀
　田正敦『禽譜』［宮城県図書館伊達文庫］
「グールドの鳥類図譜」講談社　1982
　◇p127（カラー）　イギリスとヨーロッパ中部以西
　に繁殖する亜種C.c.corone.つがいの2羽　1870

ハシボソガラス
「江戸時代に描かれた鳥たち」ソフトバンク ク
リエイティブ　2012
　◇p90（カラー）　滋鳥/烏　毛利梅園『梅園禽譜』
　天保10（1849）序

ハシボソキツツキ　Colaptes auratus
「ビュフォンの博物誌」工作舎　1991
　◇I175（カラー）『一般と個別の博物誌 ソンニー
　二版』
「世界大博物図鑑 4」平凡社　1987
　◇p274（カラー）　プレヴォー，F.著，ボーケ原図
　『熱帯鳥類図誌』［1879］　手彩色銅版

ハシボソトビ　Rostrhamus hamatus
「世界大博物図鑑 4」平凡社　1987
　◇p94（カラー）　若鳥　テミンク，C.J.著，ユエ，N.
　原図『新編彩色鳥類図譜』1820～39　手彩色銅
　版画

ハシボソミズナギドリ　Puffinus tenuirostris
「ジョン・グールド 世界の鳥」同朋舎出版　1994
　◇173図（カラー）　リヒター，ヘンリー・コンスタ
　ンチン画『オーストラリアの鳥類』1840～48

ハシボソヨシキリ　Acrocephalus paludicola
「フランスの美しい鳥の絵図鑑」グラフィック社
2014
　◇p35（カラー）　エチェコパル，ロベール＝ダニエ
　ル著，バリュエル，ポール画
「グールドの鳥類図譜」講談社　1982
　◇p94（カラー）　つがいの2羽　1862

ハシリジカッコウ　Coua cursor
「世界大博物図鑑 4」平凡社　1987
　◇p218（カラー）　テミンク，C.J.著，ユエ，N.原図
　『新編彩色鳥類図譜』1820～39　手彩色銅版画

ハシロ
「高松松平家所蔵 衆禽画譜 水禽・野鳥」香川県
歴史博物館友の会博物図譜刊行会　2005
　◇p34（カラー）　松平頼恭『衆禽画譜 水禽帖』　江
　戸時代　紙本著色 画帖装（折本形式）　38.1×48.
　7　［個人蔵］

ハジロウミバト　Cepphus grylle
「世界大博物図鑑 4」平凡社　1987
　◇p191（カラー）　ゲイマール，J.P.著，ベヴァレ原
　図『アイスランド・グリーンランド旅行記』
　1838～1852　手彩色銅版
「グールドの鳥類図譜」講談社　1982
　◇p212（カラー）　冬羽成鳥，夏羽成鳥　1869

ハジロカイツブリ　Podiceps nigricollis
「グールドの鳥類図譜」講談社　1982
　◇p208（カラー）　夏羽のつがいの2羽　1863

ハジロカザリドリ　Xipholena atropurpurea
「世界大博物図鑑 別巻1」平凡社　1993
　◇p305（カラー）　スクレイター，P.L.，サルヴィ
　ン，O.著，スミット，J.原図『熱帯アメリカ鳥類
　学』1866～69　手彩色石版　［個人蔵］

鳥　　　　　　　　　　　　　　　　　　　　はつか

はじろがも
「鳥の手帖」小学館　1990
◇p188〜189（カラー）　羽白鴨　毛利梅園『梅園禽譜』天保10（1839）序　［国立国会図書館］

ハシロカモ
「高松松平家所蔵 衆禽画譜 水禽・野鳥」香川県歴史博物館友の会博物図譜刊行会　2005
◇p38（カラー）　松平頼恭『衆禽画譜 水禽帖』江戸時代　紙本著色 画帖装（折本形式）　38.1×48.7　［個人蔵］

ハジロクロガラ　Parus leucomelas（Rüppell 1840）
「フランスの美しい鳥の絵図鑑」グラフィック社　2014
◇p199（カラー）　エチェコパル、ロベール＝ダニエル著、バリュエル、ポール画

ハジロクロハラアジサシ　Chlidonias leucopterus
「グールドの鳥類図譜」講談社　1982
◇p226（カラー）　夏羽成鳥　1868

ハジロコウテンシ　Melanocorypha leucoptera
「グールドの鳥類図譜」講談社　1982
◇p107（カラー）　オス, メス　1871

ハジロコチドリ　Charadrius hiaticula
「ビュフォンの博物誌」工作舎　1991
◇I206（カラー）『一般と個別の博物誌 ソンニーニ版』
「グールドの鳥類図譜」講談社　1982
◇p160（カラー）　親鳥, 雛　1873

ハジロシジュウカラ　Parus nuchalis（Jerdon 1844）
「フランスの美しい鳥の絵図鑑」グラフィック社　2014
◇p221（カラー）　エチェコパル、ロベール＝ダニエル著、バリュエル、ポール画

ハジロミドリツバメ　Tachycineta albiventer
「ビュフォンの博物誌」工作舎　1991
◇I172（カラー）『一般と個別の博物誌 ソンニーニ版』

ハタホオジロ　Emberiza calandra
「ビュフォンの博物誌」工作舎　1991
◇I122（カラー）『一般と個別の博物誌 ソンニーニ版』
「グールドの鳥類図譜」講談社　1982
◇p110（カラー）　オス成鳥　1869

ハチクイ　Merops ornatus
「ジョン・グールド 世界の鳥」同朋舎出版　1994
◇111図（カラー）　リヒター、ヘンリー・コンスタンチン画『オーストラリアの鳥類』　1840〜48

ハチクイモドキ　Momotus momota
「フウチョウの自然誌 博物画の至宝」平凡社　1994
◇I-No.37（カラー）　Le Momot adulte, mâle　オ

ス　ルヴァイヤン, F.著、バラバン, J.原図　1806
◇I-No.38（カラー）　Le Momot dans son jeune âge 幼鳥（尾がラケット状になる前）　ルヴァイヤン, F.著、バラバン, J.原図　1806
「ビュフォンの博物誌」工作舎　1991
◇I165（カラー）『一般と個別の博物誌 ソンニーニ版』
「世界大博物図鑑 4」平凡社　1987
◇p250（カラー）　キュヴィエ, G.L.C.F.D.『動物図鑑』1836〜49　手彩色銅版

ハチクマ　Pernis apivorus
「ビュフォンの博物誌」工作舎　1991
◇I014（カラー）『一般と個別の博物誌 ソンニーニ版』
「グールドの鳥類図譜」講談社　1982
◇p37（カラー）　オス成鳥, メス成鳥, 幼鳥　1866

ハチクマ　Pernis ptilorhynchus
「世界大博物図鑑 4」平凡社　1987
◇p86（カラー）　テミンク, C.J.著、ユエ, N.原図『新編彩色鳥類図鑑』　1820〜39　手彩色銅版画

ハチクマ　Pernis ptilorhyncus
「江戸博物文庫 鳥の巻」工作舎　2017
◇p181（カラー）　蜂熊　伊藤圭介『錦窠禽譜』1872　［国立国会図書館］

ハチジョウツグミ　Turdus naumanni naumanni
「江戸博物文庫 鳥の巻」工作舎　2017
◇p55（カラー）　八丈鶫　増山正賢『百鳥図』1800頃　［国立国会図書館］

ハチジョウツグミ
⇒ツグミ（ハチジョウツグミ？）を見よ

八丈ツグミ
「高松松平家所蔵 衆禽画譜 水禽・野鳥」香川県歴史博物館友の会博物図譜刊行会　2005
◇p84（カラー）　松平頼恭『衆禽画譜 野鳥帖』江戸時代　紙本著色 画帖装（折本形式）　33.0×48.3　［個人蔵］

ハチジョウツグミとツグミの中間型
「江戸鳥類大図鑑」平凡社　2006
◇p574（カラー）　霜ふりつぐみ　堀田正敦『禽譜』［宮城県図書館伊達文庫］

ハチドリ
「花の本 ボタニカルアートの庭」角川書店　2010
◇p61（カラー）　Catesby, Mark 1772〜81
「昆虫の劇場」リブロポート　1991
◇p43（カラー）　メーリアン, M.S.『スリナム産昆虫の変態』　1726

ハッカチョウ　Acridotheres cristatellus
「江戸博物文庫 鳥の巻」工作舎　2017
◇p52（カラー）　八哥鳥　増山正賢『百鳥図』1800頃　［国立国会図書館］
「江戸鳥類大図鑑」平凡社　2006
◇p406（カラー）　ははてう 鸜鵒　堀田正敦『禽

はつか　　　　　　　　　　　鳥

譜』　［宮城県図書館伊達文庫］
◇p406（カラー）　は、鳥　堀田正敦『禽譜』
［宮城県図書館伊達文庫］
◇p407（カラー）　こくまるてむきう　雄　コクマル
テンキウ　マルテンチイ　堀田正敦『禽譜』　［宮
城県図書館伊達文庫］
◇p407（カラー）　こくまるてむきう　雌　コクマル
テンキウ　マルテンチイ　堀田正敦『禽譜』　［宮
城県図書館伊達文庫］
「ビュフォンの博物誌」工作舎　1991
◇I096（カラー）『一般と個別の博物誌　ソンニー
二版』

ハッカチョウ
「江戸時代に描かれた鳥たち」ソフトバンク　ク
リエイティブ　2012
◇p54（カラー）　鸜鵒　増山正賢（雪斎）『百鳥図』
寛政12（1800）頃
「彩色 江戸博物学集成」平凡社　1994
◇p170〜171（カラー）　増山雪斎『百鳥図』　国
立図書館）

ハッカチョウ（カアレン）　Acridotheres
ristatellus
「世界大博物図鑑 4」平凡社　1987
◇p374（カラー）　ダヴィド神父、A.著、アルヌル石
版『中国産鳥類』　1877　手彩色石版

ハッカン　Lophura nycthemera
「江戸博物文庫 鳥の巻」工作舎　2017
◇p69（カラー）　白鷴　牧野貞幹『鳥類写生図』
1810頃　［国立国会図書館］
「江戸鳥類大図鑑」平凡社　2006
◇p251（カラー）　はくかん　雄　福建亜種　堀田正
敦『禽譜』　［宮城県図書館伊達文庫］
◇p251（カラー）　はくかん　雄　福建亜種、メスの
誤り　堀田正敦『禽譜』　［宮城県図書館伊達文
庫］
「ジョン・グールド 世界の鳥」同朋舎出版　1994
◇289図（カラー）　オス　リヒター、ヘンリー・コ
ンスタンチン画『アジアの鳥類』　1849〜83
「ビュフォンの博物誌」工作舎　1991
◇I047（カラー）『一般と個別の博物誌　ソンニー
二版』

白鷴
「高松松平家所蔵 衆禽画譜 水禽・野鳥」香川県
歴史博物館友の会博物図譜刊行会　2005
◇p101（カラー）　松平頼恭『衆禽画譜 野鳥帖』
江戸時代　紙本著色 画帖装（折本形式）　33.0×
48.3　［個人蔵］

ハッコウチョウ　Sylvia curruca
「グールドの鳥類図譜」講談社　1982
◇p86（カラー）　つがいの2羽　1865

ハト
「紙の上の動物園」グラフィック社　2017
◇p180（カラー）　レッド・パイド・ハウター・
コックという品種　フルトン, ロバート『ハトの
画集』　1874〜76
◇p181（カラー）　リング・ビジョンという品種

セルビー, プリドー・ジョン『ジャーダイン博物
学者叢書鳥類学』
「高松松平家所蔵 衆禽画譜 水禽・野鳥」香川県
歴史博物館友の会博物図譜刊行会　2005
◇p91（カラー）　松平頼恭『衆禽画譜 野鳥帖』　江
戸時代　紙本著色 画帖装（折本形式）　33.0×48.
3　［個人蔵］

ハト科　Columbidae
「ビュフォンの博物誌」工作舎　1991
◇I064（カラー）『一般と個別の博物誌　ソンニー
二版』
◇I068（カラー）『一般と個別の博物誌　ソンニー
二版』
◇I069（カラー）『一般と個別の博物誌　ソンニー
二版』

ハトの捏造種　Columba dominicensis
「世界大博物図鑑 別巻1」平凡社　1993
◇p186（カラー）　カラスバトの体にチドリのなか
まの首を継いだもの　クニップ夫人『ハト図譜』
1808〜11　手彩色銅版

ハトの捏造種　Rhagorina auricularis
「世界大博物図鑑 別巻1」平凡社　1993
◇p186（カラー）　飼育種のハトを人工的に加工し
たフェイク　クニップ夫人『ハト図譜』　1808〜
11　手彩色銅版

ハトの捏造種　Verrulia carunculata
「世界大博物図鑑 別巻1」平凡社　1993
◇p189（カラー）　カワラバトの皮を利用した人造
の標本　クニップ夫人『ハト図譜』　1808〜11
手彩色銅版

はながも
「江戸名作画帖全集 8」駸々堂出版　1995
◇図133（カラー）　堀田正敦編『禽譜』　紙本着色
［東京国立博物館］

パナマノドジロフトオハチドリ　Selasphorus
ardens
「世界大博物図鑑 別巻1」平凡社　1993
◇p272（カラー）　グールド, J.『ハチドリ科鳥類図
譜』　1849〜61　手彩色石版

ハバシトビ　Harpagus bidentatus
「世界大博物図鑑 4」平凡社　1987
◇p95（カラー）　テミンク, C.J.著、ユエ, N.原図
『新編彩色鳥類図譜』　1820〜39　手彩色銅版画

ハバシハチドリ　Androdon aequatorialis
「世界大博物図鑑 別巻1」平凡社　1993
◇p260（カラー）　グールド, J.『ハチドリ科鳥類図
譜』　1849〜61　手彩色石版

ハテウ
「高松松平家所蔵 衆禽画譜 水禽・野鳥」香川県
歴史博物館友の会博物図譜刊行会　2005
◇p97（カラー）　松平頼恭『衆禽画譜 野鳥帖』　江
戸時代　紙本著色 画帖装（折本形式）　33.0×48.
3　［個人蔵］

鳥　　　　　　　　　　　　　　　　　　　　　　　はやふ

パプアウズラチメドリ　Cinclosoma ajax
「世界大博物図鑑 4」平凡社　1987
　◇p331（カラー）　メス　テミンク, C.J.著, プレートル, J.G.原図『新編彩色鳥類図譜』1820〜39　手彩色銅版画

パプアオウギワシ　Harpyopsis novaeguinea
「ジョン・グールド 世界の鳥」同朋舎出版　1994
　◇380図（カラー）　ハート, ウィリアム画『ニューギニアの鳥類』1875〜88

パプアオウチュウ　Chaetorhynchus papuensis
「ビュフォンの博物誌」工作舎　1991
　◇I076（カラー）『一般と個別の博物誌 ソンニーニ版』

パプアオオタカ　Accipiter doriae
「ジョン・グールド 世界の鳥」同朋舎出版　1994
　◇379図（カラー）　オスの幼鳥と成鳥　ハート, ウィリアム画『ニューギニアの鳥類』1875〜88

パプアガマグチヨタカ　Podargus papuensis
「世界大博物図鑑 4」平凡社　1987
　◇p231（カラー）　コント, J.A.『博物学の殿堂』1830（？）

パプアソデグロバト　Ducula spilorrhoa
「ジョン・グールド 世界の鳥」同朋舎出版　1994
　◇411図（カラー）　ハート, ウィリアム画『ニューギニアの鳥類』1875〜88

パプアチメドリ　Ptilorrhoa caerulescens
「世界大博物図鑑 4」平凡社　1987
　◇p331（カラー）　オス　テミンク, C.J.著, プレートル, J.G.原図『新編彩色鳥類図譜』1820〜39　手彩色銅版画

パプアトラフサギ　Zonerodius heliosylus
「世界大博物図鑑 別巻1」平凡社　1993
　◇p44（カラー）　プレートル図, デュブレ, L.I.『コキーユ号航海記』1826〜34　手彩色銅版画

パプアバンケン　Centropus menbeki
「世界大博物図鑑 4」平凡社　1987
　◇p219（カラー）　レッソン, R.P.『コキーユ号航海記』1826〜30

ハマシギ　Calidris alpina
「江戸鳥類大図鑑」平凡社　2006
　◇p291（カラー）　ひめしぎ　堀田正敦『禽譜』〔宮城県図書館伊達文庫〕
　◇p291（カラー）　はしながはしぎ　夏羽　堀田正敦『禽譜』〔宮城県図書館伊達文庫〕
「ジョン・グールド 世界の鳥」同朋舎出版　1994
　◇362図（カラー）　夏毛　リヒター, ヘンリー・コンスタンチン画『イギリスの鳥類』1862〜73
「ビュフォンの博物誌」工作舎　1991
　◇I201（カラー）『一般と個別の博物誌 ソンニーニ版』
「グールドの鳥類図譜」講談社　1982
　◇p174（カラー）　雛, 親鳥 1867

ハマシギ
「グールドの鳥類図譜」講談社　1982
　◇p175（カラー）　冬羽の群れ 1867

ハマスズメ
「高松松平家所蔵 衆禽画譜 水禽・野鳥」香川県歴史博物館友の会博物図譜刊行会　2005
　◇p79（カラー）　松平頼恭『衆禽画譜 野鳥帖』江戸時代　紙本著色 画帖装（折本形式）　33.0×48.3　〔個人蔵〕

ハマタラシギ
「高松松平家所蔵 衆禽画譜 水禽・野鳥」香川県歴史博物館友の会博物図譜刊行会　2005
　◇p30（カラー）　松平頼恭『衆禽画譜 水禽帖』江戸時代　紙本著色 画帖装（折本形式）　38.1×48.7　〔個人蔵〕

ハマチドリ
「高松松平家所蔵 衆禽画譜 水禽・野鳥」香川県歴史博物館友の会博物図譜刊行会　2005
　◇p52（カラー）　松平頼恭『衆禽画譜 水禽帖』江戸時代　紙本著色 画帖装（折本形式）　38.1×48.7　〔個人蔵〕

ハマヒバリ　Eremophila alpestris
「江戸博物文庫 鳥の巻」工作舎　2017
　◇p177（カラー）　浜雲雀『薩摩鳥譜図巻』江戸末期　〔国立国会図書館〕
「江戸鳥類大図鑑」平凡社　2006
　◇p312（カラー）　きくひばり　堀田正敦『禽譜』〔宮城県図書館伊達文庫〕
「グールドの鳥類図譜」講談社　1982
　◇p106（カラー）　雛, 雌親, 雄親 1870

ハミングバード
「花の王国 1」平凡社　1990
　◇p29（カラー）　グールド, J.『ハチドリ科鳥類図鑑』1849〜61

ハヤブサ　Falco peregrinus
「江戸博物文庫 鳥の巻」工作舎　2017
　◇p101（カラー）　隼『啓蒙禽譜』1830頃　〔国立国会図書館〕
「江戸鳥類大図鑑」平凡社　2006
　◇p633（カラー）　はやぶさ 幼鳥　堀田正敦『禽譜』〔宮城県図書館伊達文庫〕
「ジョン・グールド 世界の鳥」同朋舎出版　1994
　◇312図（カラー）　メス, オス　ヴォルフ, ヨゼフ, リヒター, ヘンリー・コンスタンチン画『イギリスの鳥類』1862〜73
「世界大博物図鑑 別巻1」平凡社　1993
　◇p108（カラー）　テミンク, C.J., ロジエ・ド・シャルトルース, M.著『新編彩色鳥類図譜』1820〜39　手彩色銅板画
　◇p108（カラー）　オーストラリア産の個体　グールド, J.『オーストラリア鳥類図譜』1840〜48
　◇p108（カラー）　一岳『鷹写真』江戸末期　〔東京国立博物館〕
「ビュフォンの博物誌」工作舎　1991
　◇I019（カラー）　幼鳥と成鳥『一般と個別の博物誌 ソンニーニ版』

博物図譜レファレンス事典 動物篇　**465**

「グールドの鳥類図譜」講談社　1982
◇p42（カラー）　メス成鳥，成鳥　1862

ハヤブサ（亜種）　Falco peregrinus
babylonicus
「ジョン・グールド 世界の鳥」同朋舎出版　1994
◇263図（カラー）　ヴォルフ，ヨゼフ画『アジアの鳥類』1849〜83

ハラアカツグミ
「高松松平家所蔵 衆禽画譜 水禽・野鳥」香川県歴史博物館友の会博物図譜刊行会　2005
◇p85（カラー）　松平頼恭『衆禽画譜 野鳥帖』江戸時代　紙本著色 画帖装（折本形式）　33.0×48.3　［個人蔵］

バライロカモメ（ヒメクビワカモメ）
Rhodostethia rosea
「グールドの鳥類図譜」講談社　1982
◇p219（カラー）　夏羽成鳥，冬羽成鳥　1872

バライロムクドリ　Sturnus roseus
「ビュフォンの博物誌」工作舎　1991
◇I095（カラー）『一般と個別の博物誌 ソンニーニ版』

ハラジロワシ　Circaetus gallicus
「ビュフォンの博物誌」工作舎　1991
◇I004（カラー）『一般と個別の博物誌 ソンニーニ版』

バラノドチビハチドリ　Acestrura bombus
「世界大博物図鑑 別巻1」平凡社　1993
◇p276（カラー）　グールド，J.『ハチドリ科鳥類図譜』1849〜61　手彩色石版

バラフヤブモズ　Tchagra cruenta
「世界大博物図鑑 4」平凡社　1987
◇p311（カラー）　レッソン，R.P.『動物百図』1830〜32

バラムネキヌバネドリ　Harpactes ardens
「ジョン・グールド 世界の鳥」同朋舎出版　1994
◇85図（カラー）　グールド，エリザベス画『キヌバネドリ科の研究 初版』1835〜38

パラワンガラ　Periparus amabilis（Sharpe 1877）
「フランスの美しい鳥の絵図鑑」グラフィック社　2014
◇p189（カラー）　エチェコパル，ロベール＝ダニエル著，バリュエル，ポール画

パラワンコクジャク　Polyplectron emphanum
「世界大博物図鑑 4」平凡社　1987
◇p143（カラー）　テミンク，C.J.著，プレートル，J.G.原図『新編彩色鳥類図譜』1820〜39　手彩色銅版画

ハリオアマツバメ　Chaetura caudacuta
「江戸鳥類大図鑑」平凡社　2006
◇p330（カラー）　岩つばめ　堀田正敦『禽譜』［宮城県図書館伊達文庫］
◇p332（カラー）　あまとり　堀田正敦『禽譜』［宮城県図書館伊達文庫］

ハリオアマツバメ　Hirundapus caudacuta
「世界大博物図鑑 4」平凡社　1987
◇p234（カラー）　デュボワ，A.J.C.『コンゴ鳥類観察録』1905　3色オフセット

ハリオツバメ（亜種）　Hirundo smithii filifera
「ジョン・グールド 世界の鳥」同朋舎出版　1994
◇273図（カラー）　リヒター，ヘンリー・コンスタンチン画『アジアの鳥類』1849〜83

バリケン　Cairina moschata var.domestica
「江戸鳥類大図鑑」平凡社　2006
◇p150（カラー）　バリケン 雄　堀田正敦『禽譜』［宮城県図書館伊達文庫］
◇p150（カラー）　黒生バリケン　堀田正敦『禽譜』［宮城県図書館伊達文庫］

バリケン
「紙の上の動物園」グラフィック社　2017
◇p192（カラー）『ムルシダーバードとコルコタのインドの画家による種々の博物画コレクション』1806〜10頃

ハリモミライチョウ　Dendragapus canadensis
「ビュフォンの博物誌」工作舎　1991
◇I042（カラー）『一般と個別の博物誌 ソンニーニ版』

ハリモモチュウシャクシギ　Numenius tahitiensis
「世界大博物図鑑 別巻1」平凡社　1993
◇p168（カラー）　ウィルソン，S.B.，エヴァンズ，A.H.著，フロホーク，F.W.原図『ハワイ鳥類学』1890〜99

パリラ
⇒キムネハワイマシコ（パリラ）を見よ

バルカンコガラ　Poecile lugubris（Temminck 1820）
「フランスの美しい鳥の絵図鑑」グラフィック社　2014
◇p157（カラー）　エチェコパル，ロベール＝ダニエル著，バリュエル，ポール画

ハルマヘラクイナ　Habroptila wallacii
「世界大博物図鑑 別巻1」平凡社　1993
◇p156（カラー）『ロンドン動物学協会紀要』1861〜90,1891〜1929　［東京大学理学部動物学図書

室, 京都大学理学部]

ハワイカオグロミツスイ　Chaetoptila
angustipluma
「世界大博物図鑑　別巻1」平凡社　1993
◇p361（カラー）　ロスチャイルド, L.W.『絶滅鳥
類誌』1907　彩色クロモリトグラフ　［個人蔵］
◇p361（カラー）　ウィルソン, S.B., エヴァンズ,
A.H.著, フロホーク, F.W.原図『ハワイ鳥類学』
1890〜99

ハワイガモ　Anas platyrhynchos wyvilliana
「世界大博物図鑑　別巻1」平凡社　1993
◇p69（カラー）　ウィルソン, S.B., エヴァンズ, A.
H.著, フロホーク, F.W.原図『ハワイ鳥類学』
1890〜99

ハワイガラス　Corvus hawaiiensis
「世界大博物図鑑　別巻1」平凡社　1993
◇p413（カラー）　ウィルソン, S.B., エヴァンズ,
A.H.著, フロホーク, F.W.原図『ハワイ鳥類学』
1890〜99

ハワイガン　Branta sandvicensis
「世界大博物図鑑　別巻1」平凡社　1993
◇p65（カラー）　ヴァイヤン, A.N.『ボニート号航
海記』1840〜66　手彩色銅版
◇p65（カラー）　成鳥　ウィルソン, S.B., エヴァ
ンズ, A.H.著, フロホーク, F.W.原図『ハワイ鳥
類学』1890〜99

ハワイクイナ
⇒クッククイナ（＝ハワイクイナ）を見よ

ハワイシロハラミズナギドリ　Pterodroma
phaeopygia
「世界大博物図鑑　別巻1」平凡社　1993
◇p36（カラー）　ウィルソン, S.B., エヴァンズ, A.
H.著, フロホーク, F.W.原図『ハワイ鳥類学』
1890〜99

ハワイツグミのカウアイ亜種　Phaeornis
obscurus myadestinus
「世界大博物図鑑　別巻1」平凡社　1993
◇p332（カラー）　ロスチャイルド, L.W.『レイサ
ン島の鳥類誌』1893〜1900　石版画

ハワイツグミのハワイ亜種　Phaeornis
obscurus obscurus
「世界大博物図鑑　別巻1」平凡社　1993
◇p332（カラー）　ロスチャイルド, L.W.『レイサ
ン島の鳥類誌』1893〜1900　石版画

ハワイツグミのラナイ亜種　Phaeornis
obscurus lanaiensis
「世界大博物図鑑　別巻1」平凡社　1993
◇p332（カラー）　ロスチャイルド, L.W.『レイサ
ン島の鳥類誌』1893〜1900　石版画

ハワイノスリ　Buteo solitarius
「世界大博物図鑑　別巻1」平凡社　1993
◇p105（カラー）　ウィルソン, S.B., エヴァンズ,
A.H.著, フロホーク, F.W.原図『ハワイ鳥類学』
1890〜99

ハワイバン　Gallinula chloropus sandvicensis
「世界大博物図鑑　別巻1」平凡社　1993
◇p160（カラー）　ウィルソン, S.B., エヴァンズ,
A.H.著, フロホーク, F.W.原図『ハワイ鳥類学』
1890〜99

ハワイヒタキのオアフ亜種　Chasiempis
sandwichensis gayi
「世界大博物図鑑　別巻1」平凡社　1993
◇p345（カラー）　ロスチャイルド, L.W.『レイサ
ン島の鳥類誌』1893〜1900　石版画

ハワイヒタキのハワイ亜種　Chasiempis
sandwichensis sandwichensis
「世界大博物図鑑　別巻1」平凡社　1993
◇p345（カラー）　ロスチャイルド, L.W.『レイサ
ン島の鳥類誌』1893〜1900　石版画

ハワイヒタキのヒロ亜種　Chasiempis
sandwichensis ridgwayi
「世界大博物図鑑　別巻1」平凡社　1993
◇p345（カラー）『アイビス』1859〜　［山階鳥類
研究所］

ハワイマシコ　Chloridops kona
「世界大博物図鑑　別巻1」平凡社　1993
◇p376（カラー）　ウィルソン, S.B., エヴァンズ,
A.H.著, フロホーク, F.W.原図『ハワイ鳥類学』
1890〜99

ハワイミツスイのオアフ亜種　Loxops virens
chloris
「世界大博物図鑑　別巻1」平凡社　1993
◇p384（カラー）　ロスチャイルド, L.W.『レイサ
ン島の鳥類誌』1893〜1900　石版画

ハワイミツスイのカウアイ亜種　Loxops
virens stejnegeri
「世界大博物図鑑　別巻1」平凡社　1993
◇p384（カラー）『アイビス』1859〜　［山階鳥類
研究所］
◇p384（カラー）　ロスチャイルド, L.W.『レイサ
ン島の鳥類誌』1893〜1900　石版画

ハワイミツスイのハワイ亜種　Loxops virens
virens
「世界大博物図鑑　別巻1」平凡社　1993
◇p384（カラー）　ロスチャイルド, L.W.『レイサ
ン島の鳥類誌』1893〜1900　石版画

ハワイミツスイのラナイ亜種　Loxops virens
wilsoni
「世界大博物図鑑　別巻1」平凡社　1993
◇p384（カラー）　ロスチャイルド, L.W.『レイサ
ン島の鳥類誌』1893〜1900　石版画

ばん
「鳥の手帖」小学館　1990
◇p108〜109（カラー）　鷭　毛利梅園『梅園禽譜』
天保10(1839)序　［国立国会図書館］

バン　Gallinula chloropus
「江戸博物文庫　鳥の巻」工作舎　2017

はん　　　　　　　　　　　鳥

◇p111（カラー）　鶴　毛利梅園『梅園禽譜』
1840頃　［国立国会図書館］

「江戸鳥類大図鑑」平凡社　2006
◇p82（カラー）　リットフーン『鳥類之図』　［山
階鳥類研究所］

「ジョン・グールド 世界の鳥」同朋舎出版　1994
◇364図（カラー）　成鳥、雛　ヴォルフ、ヨゼフ、リ
ヒター、ヘンリー・コンスタンチン画『イギリス
の鳥類』1862～73

「舶来鳥獣図誌」八坂書房　1992
◇p100（カラー）　リットフーン『外国産鳥之図』
［国立国会図書館］

「ビュフォンの博物誌」工作舎　1991
◇I213（カラー）『一般と個別の博物誌 ソンニー
二版』

「グールドの鳥類図譜」講談社　1982
◇p182（カラー）　親鳥、雛　1862

バン　Gallinula chloropus Linnaeus

「高木春山 本草図説 動物」リブロポート　1989
◇p65（カラー）　青鷭

バン

「江戸時代に描かれた鳥たち」ソフトバンク ク
リエイティブ　2012
◇p115（カラー）　鷭/方目/小バン　毛利梅園『梅
園禽譜』　天保10（1849）序

「彩色 江戸博物学集成」平凡社　1994
◇p31（カラー）　貝原益軒『大和本草諸品図』

バン（？）

「江戸の動植物図」朝日新聞社　1988
◇p36（カラー）　森野藤助『松山本草』　［森野旧
薬園］

バンジロウインコ　Bolbopsittacus lunalatus

「世界大博物図鑑 別巻1」平凡社　1993
◇p222（カラー）　シャープ、R.B.ほか著、キューレ
マンス図『大英博物館鳥類目録』　1874～98　手
彩色クロモリトグラフ

【ひ】

ヒイロサンショウクイ属の1種　Pericrocotus sp.

「江戸鳥類大図鑑」平凡社　2006
◇p678（カラー）　花紅燕　オス　堀田正敦『禽譜』
［宮城県図書館伊達文庫］

ヒイロタイヨウチョウ　Aethopyga mystacalis

「世界大博物図鑑 4」平凡社　1987
◇p350（カラー）　テミンク、C.J.著、プレートル、
J.G.原図『新編彩色鳥類図譜』　1820～39　手彩
色銅版画

ヒインコ　Eos bornea bornea

「舶来鳥獣図誌」八坂書房　1992
◇p23（カラー）　猩々音呼『唐蘭船持渡鳥獣之図』
文化10（1813）渡来　［慶應義塾図書館］

ヒインコ

「江戸時代に描かれた鳥たち」ソフトバンク ク
リエイティブ　2012
◇p31（カラー）　猩々音呼『外国珍禽異鳥図』　江
戸末期

「高松松平家所蔵 衆禽画譜 水禽・野鳥」香川県
歴史博物館友の会博物図譜刊行会　2005
◇p98（カラー）　松平頼恭『衆禽画譜 野鳥帖』　江
戸時代　紙本著色 画帖装（折本形式）　33.0×48.
3　［個人蔵］

ヒオウギインコ　Deroptyus accipitrinus

「世界大博物図鑑 別巻1」平凡社　1993
◇p229（カラー）　デクルティル、J.T.『ブラジル
鳥類学』1842　手彩色クロモリトグラフ

「ビュフォンの博物誌」工作舎　1991
◇I248（カラー）『一般と個別の博物誌 ソンニー
二版』

ヒオドシジュケイ　Tragopan satyra

「江戸鳥類大図鑑」平凡社　2006
◇p262（カラー）　吐綬雞　オス　堀田正敦『禽譜』
［宮城県図書館伊達文庫］

「ジョン・グールド 世界の鳥」同朋舎出版　1994
◇8図（カラー）　若いオス　グールド、エリザベス
画『ヒマラヤ山脈鳥類百図』　1830～33

「世界大博物図鑑 別巻1」平凡社　1993
◇p133（カラー）『動物図譜』　1874頃　手彩色石
版図

「世界大博物図鑑 4」平凡社　1987
◇p122～123（カラー）　オス、メス　テミンク、C.
J.著、ユエ、N.原図、プレートル、J.G.原図『新編
彩色鳥類図譜』　1820～39　手彩色銅版画
◇p123（カラー）　ペナント、T.著、パイラウ原図
『世界概観』　1798～1800

ヒガシオオヅル

⇒オオヅル（ヒガシオオヅル）を見よ

ヒガシキバラヒタキ　Eopsaltria australis

「ジョン・グールド 世界の鳥」同朋舎出版　1994
◇121図（カラー）　リヒター、ヘンリー・コンスタ
ンチン画『オーストラリアの鳥類』　1840～48

ヒガシメンフクロウ　Tyto longimembris

「ジョン・グールド 世界の鳥」同朋舎出版　1994
◇271図（カラー）　リヒター、ヘンリー・コンスタ
ンチン画『アジアの鳥類』　1849～83

ヒガラ　Parus ater

「江戸博物文庫 鳥の巻」工作舎　2017
◇p36（カラー）　日雀　増山正賢『百鳥図』　1800
頃　［国立国会図書館］

「世界大博物図鑑 4」平凡社　1987
◇p343（カラー）　ドノヴァン、E.『英国鳥類誌』
1794～1819

「グールドの鳥類図譜」講談社　1982
◇p68（カラー）　成鳥　1862

ヒガラ　Periparus ater（Linné 1758）

「フランスの美しい鳥の絵図鑑」グラフィック社
2014

468　博物図譜レファレンス事典 動物篇

鳥　　　　　　　　　　　　　　　　　　　　ひけわ

◇p183（カラー）　エチェコパル, ロベール＝ダニエル著, バリュエル, ポール画

ヒガラ
「江戸時代に描かれた鳥たち」ソフトバンク クリエイティブ　2012
　　◇p101（カラー）　雀雀　毛利梅園『梅園禽譜』　天保10（1849）序
「高松松平家所蔵 衆禽画譜 水禽・野鳥」香川県歴史博物館友の会博物図譜刊行会　2005
　　◇p92（カラー）　松平頼恭『衆禽画譜 野鳥帖』江戸時代　紙本着色 画帖装（折本形式）　33.0×48.3　［個人蔵］

ヒカリワタアシハチドリ　Eriocnemis vestitus
「ジョン・グールド 世界の鳥」同朋舎出版　1994
　　◇253図（カラー）　リヒター, ヘンリー・コンスタンチン画『ハチドリ科の研究』　1849〜61

ヒクイドリ　Casuarius casuarius
「江戸博物文庫 鳥の巻」工作舎　2017
　　◇p173（カラー）　食火鶏　『薩摩鳥譜図巻』　江戸末期　［国立国会図書館］
「ジョン・グールド 世界の鳥」同朋舎出版　1994
　　◇412図（カラー）『ニューギニアの鳥類』　1875〜88
「世界大博物図鑑 別巻1」平凡社　1993
　　◇p21（カラー）『ロンドン動物学協会紀要』　1861〜90,1891〜1929　［京都大学理学部］
「舶来鳥獣図誌」八坂書房　1992
　　◇p42〜43（カラー）　駝鳥『唐蘭船持渡鳥獣之図』文政8（1825）渡来　［慶應義塾図書館］
「ビュフォンの博物誌」工作舎　1991
　　◇I032（カラー）『一般と個別の博物誌 ソンニーニ版』
「世界大博物図鑑 4」平凡社　1987
　　◇p19（カラー）　ドルビニ, A.D.著, トラヴィエ原図『万有博物事典』　1837

ヒクイドリ
「紙の上の動物園」グラフィック社　2017
　　◇p243（カラー）　名前不詳『タンジャーヴールのラージャのコレクション』　1802頃
「江戸時代に描かれた鳥たち」ソフトバンク クリエイティブ　2012
　　◇p71（カラー）　駝鳥『薩摩鳥譜図巻』　江戸末期
「江戸鳥類大図鑑」平凡社　2006
　　◇p599（カラー）　食火雞 毛 毛　堀田正敦『禽譜』　［宮城県図書館伊達文庫］
「彩色 江戸博物学集成」平凡社　1994
　　◇p158〜159（カラー）　駝鳥　佐竹曙山『模写並写生帖』　［千秋美術館］

ひくいな
「鳥の手帖」小学館　1990
　　◇p147（カラー）　緋水鶏・緋秧鶏　毛利梅園『梅園禽譜』　天保10（1839）序　［国立国会図書館］

ヒクイナ　Porzana fusca
「江戸博物文庫 鳥の巻」工作舎　2017
　　◇p154（カラー）　緋水鶏　服部雪斎『華鳥譜』　1862　［国立国会図書館］

「江戸鳥類大図鑑」平凡社　2006
　　◇p277（カラー）　ひくひな　堀田正敦『禽譜』　［宮城県図書館伊達文庫］

ヒクイナ　Porzana fusca Linnaeus
「高木春山 本草図説 動物」リブロポート　1989
　　◇p64（カラー）　火鶏

ヒクイナ
「江戸時代に描かれた鳥たち」ソフトバンク クリエイティブ　2012
　　◇p112（カラー）　緋秧維／ヒクイナ　毛利梅園『梅園禽譜』　天保10（1849）序

ヒゲウズラ　Dendrortyx barbatus
「世界大博物図鑑 別巻1」平凡社　1993
　　◇p121（カラー）　グールド, J.『アメリカ産ウズラ類図譜』　1844〜50　手彩色石版

ヒゲガラ　Panurus biarmicus
「フランスの美しい鳥の絵図鑑」グラフィック社　2014
　　◇p115（カラー）　エチェコパル, ロベール＝ダニエル著, バリュエル, ポール画
「江戸鳥類大図鑑」平凡社　2006
　　◇p373（カラー）　蘆葦鳥　メス, オス　堀田正敦『禽譜』　［宮城県図書館伊達文庫］
　　◇p375（カラー）　パリユス・ビアルミキユス　オス　堀田正敦『禽譜』　［宮城県図書館伊達文庫］
　　◇p375（カラー）　パリユス・ビアルミキユス 羅甸 パールドマンネチイ 荷蘭　堀田正敦『禽譜』　［宮城県図書館伊達文庫］
　　◇p497（カラー）　かはり鶯　堀田正敦『禽譜』　［宮城県図書館伊達文庫］
「ジョン・グールド 世界の鳥」同朋舎出版　1994
　　◇330図（カラー）　オスの成鳥, メス, 一群の若鳥　リヒター, ヘンリー・コンスタンチン画『イギリスの鳥類』　1862〜73
「グールドの鳥類図譜」講談社　1982
　　◇p70（カラー）　オス成鳥, メス鳥　1862

ヒゲガラ　Parus biamicus
「ビュフォンの博物誌」工作舎　1991
　　◇I152（カラー）　メス, オス『一般と個別の博物誌 ソンニーニ版』

ヒゲゴシキドリ　Lybius dubius
「フウチョウの自然誌 博物画の至宝」平凡社　1994
　　◇II-No.19（カラー）　Le Barbican　ルヴァイヤン, F.著, バラバン, J.原図　1806
「ビュフォンの博物誌」工作舎　1991
　　◇I180（カラー）『一般と個別の博物誌 ソンニーニ版』

ヒゲナシヨタカ　Caprimulgus guttatus
「ジョン・グールド 世界の鳥」同朋舎出版　1994
　　◇109図（カラー）　リヒター, ヘンリー・コンスタンチン画『オーストラリアの鳥類』　1840〜48

ヒゲワシ　Gypaetus barbatus
「世界大博物図鑑 別巻1」平凡社　1993
　　◇p85（カラー）　ボルクハウゼン, M.B.『ドイツ鳥

博物図譜レファレンス事典 動物篇　**469**

ひしく 鳥

類学』 1800〜17
「ビュフォンの博物誌」工作舎 1991
　◇I007（カラー）『一般と個別の博物誌 ソンニー
　　二版』
　◇I012（カラー）　アフリカ産、アルプス産『一般と
　　個別の博物誌 ソンニーニ版』
「世界大博物図鑑 4」平凡社 1987
　◇p79（カラー）　テミンク, C.J.著, ユエ, N.原図
　　『新編彩色鳥類図譜』 1820〜39　手彩色銅版画
　◇p82（カラー）　キュヴィエ, G.L.C.F.D.『動物
　　界』 1836〜49　手彩色銅版

ヒシクイ　Anser fabalis
「江戸博物文庫 鳥の巻」工作舎 2017
　◇p140（カラー）　菱喰 服部雪斎『華鳥譜』
　　1862　［国立国会図書館］
「ジョン・グールド 世界の鳥」同朋舎出版 1994
　◇34図（カラー）　オスの成鳥　リア, エドワード
　　画『ヨーロッパの鳥類』 1832〜37
「グールドの鳥類図譜」講談社 1982
　◇p188（カラー）　成鳥 1873

ヒシクイ　Anser fabalis serrirostris
「江戸鳥類大図鑑」平凡社 2006
　◇p102（カラー）　鴻 ヒシクヒ　牧野貞幹『鳥類写
　　生図』 文化7(1810)頃　［国会図書館］

ヒシクイ
「高松松平家所蔵 衆禽画譜 水禽・野鳥」香川県
歴史博物館友の会博物図譜刊行会 2005
　◇p13（カラー）　松平頼恭『衆禽画譜 水禽帖』 江
　　戸時代　紙本著色 画帖装(折本形式)　38.1×48.
　　7　［個人蔵］

ヒジリショウビン　Halcyon
（Todirhamphus）sancta
「ジョン・グールド 世界の鳥」同朋舎出版 1994
　◇116図（カラー）　グールド, エリザベス画『オー
　　ストラリアの鳥類』 1840〜48

ヒスパニオラキヌバネドリ　Temnotrogon
roseigaster
「世界大博物図鑑 4」平凡社 1987
　◇p244（カラー）　コリー, C.B.『ハイチとサン・
　　ドミンゴの鳥』 1885　手彩色石版

ヒスパニオラノスリ　Buteo ridgwayi
「世界大博物図鑑 別巻1」平凡社 1993
　◇p105（カラー）　成鳥, おそらく雌雄　コリー, C.
　　B.『ハイチとサン・ドミンゴの鳥』 1885　手彩
　　色石版

ヒースヘン
　⇒ソウゲンライチョウの東部亜種（ヒースヘ
　　ン）を見よ

ビスマークモリツバメ　Artamus insignis
「世界大博物図鑑 4」平凡社 1987
　◇p375（カラー）　グールド, J.『ニューギニア鳥類
　　図譜』 1875〜88　手彩色石版

ヒタキ
「高松松平家所蔵 衆禽画譜 水禽・野鳥」香川県

歴史博物館友の会博物図譜刊行会 2005
　◇p85（カラー）　ヒタキ 雄　松平頼恭『衆禽画譜
　　野鳥帖』 江戸時代　紙本著色 画帖装(折本形
　　式)　33.0×48.3　［個人蔵］

ヒタキ科　Muscicapidae？
「ビュフォンの博物誌」工作舎 1991
　◇I141（カラー）『一般と個別の博物誌 ソンニー
　　ニ版』

ヒドリガモ　Anas penelope
「江戸鳥類大図鑑」平凡社 2006
　◇p131（カラー）　ひどりがも 雄 赤かしら　オス
　　堀田正敦『禽譜』　［宮城県図書館伊達文庫］
　◇p131（カラー）　ひどりがも 雌　メス　堀田正敦
　　『禽譜』　［宮城県図書館伊達文庫］
「世界大博物図鑑 別巻1」平凡社 1993
　◇p69（カラー）　ビュフォン, G.L.L., Comte de
　　『一般と個別の博物誌（ソンニーニ版）』 1799〜
　　1808　銅版 カラー印刷
「ビュフォンの博物誌」工作舎 1991
　◇I233（カラー）　オス『一般と個別の博物誌 ソン
　　ニーニ版』
　◇I234（カラー）　メス『一般と個別の博物誌 ソン
　　ニーニ版』
「グールドの鳥類図譜」講談社 1982
　◇p194（カラー）　オス, メス 1871

ビナンゴジュウカラ　Sitta formosa
「ジョン・グールド 世界の鳥」同朋舎出版 1994
　◇280図（カラー）　リヒター, ヘンリー・コンスタ
　　ンチン画『アジアの鳥類』 1849〜83

ヒノドゴシキドリ　Megalaima rubricapilla
「フウチョウの自然誌 博物画の至宝」平凡社
1994
　◇II-No.56（カラー）　Le Barbu barbichon　ル
　　ヴァイヤン, F.著, バラバン, J.原図 1806

ヒバリ　Alauda arvensis
「江戸博物文庫 鳥の巻」工作舎 2017
　◇p128（カラー）　雲雀　毛利梅園『梅園禽譜』
　　1840頃　［国立国会図書館］
「江戸鳥類大図鑑」平凡社 2006
　◇p307（カラー）　ひばり 堀田正敦『禽譜』
　　［宮城県図書館伊達文庫］
「日本の博物図譜」東海大学出版会 2001
　◇図2（カラー）　栗本丹洲筆『禽譜』　［東京国立
　　博物館］
「舶来鳥獣図誌」八坂書房 1992
　◇p103（カラー）　百舌鳥『外国産鳥之図』　［国
　　立国会図書館］
「ビュフォンの博物誌」工作舎 1991
　◇I134（カラー）『一般と個別の博物誌 ソンニー
　　ニ版』
「グールドの鳥類図譜」講談社 1982
　◇p104（カラー）　雛, 親鳥 1869

ヒバリ
「江戸時代に描かれた鳥たち」ソフトバンク ク
リエイティブ 2012

◇p89（カラー）　告天子/雲雀　毛利梅園『梅園禽譜』　天保10（1849）序

「高松松平家所蔵 衆禽画譜 水禽・野鳥」香川県歴史博物館友の会博物図譜刊行会　2005
◇p89（カラー）　松平頼恭『衆禽画譜 野鳥帖』　江戸時代　紙本著色 画帖装（折本形式）　33.0×48.3　［個人蔵］

「彩色 江戸博物学集成」平凡社　1994
◇p170～171（カラー）　増山雪斎『百鳥図』　［国会図書館］

「江戸の動植物図」朝日新聞社　1988
◇p121（カラー）　堀田正敦『堀田禽譜』　［東京国立博物館］

ヒバリ？　Alauda arvensis ?
「江戸鳥類大図鑑」平凡社　2006
◇p307（カラー）　しろひばり　堀田正敦『禽譜』　［宮城県図書館伊達文庫］
◇p307（カラー）　黒ひばり　堀田正敦『禽譜』　［宮城県図書館伊達文庫］
◇p308（カラー）　かきひばり　堀田正敦『禽譜』　［宮城県図書館伊達文庫］

ヒバリ科　Alaudidae
「ビュフォンの博物誌」工作舎　1991
◇I139（カラー）『一般と個別の博物誌 ソンニーニ版』

ヒバリカマドドリ　Coryphistera alaudina
「世界大博物図鑑 4」平凡社　1987
◇p283（カラー）　スミット, J.原図『ロンドン動物学協会紀要』　1870　手彩色石版画

ヒマラヤキバシリ　Certhia himalayana
「世界大博物図鑑 4」平凡社　1987
◇p346（カラー）　ダヴィド神父, A.著, アルヌル石版『中国産鳥類』　1877　手彩色石版

ヒマラヤハゲワシ　Gyps himalayensis
「世界大博物図鑑 4」平凡社　1987
◇p74（カラー）　グレー, J.E.著, ホーキンズ, ウォーターハウス石版『インド動物図譜』　1830～34

ヒマラヤホシガラス　Nucifraga caryocatactes hemispila
「ジョン・グールド 世界の鳥」同朋舎出版　1994
◇1図（カラー）　グールド, エリザベス画『ヒマラヤ山脈鳥類百図』　1830～33

ヒムネオオハシ　Ramphastos vitellinus
「フウチョウの自然誌 博物画の至宝」平凡社　1994
◇II-No.5（カラー）　Le grand Toucan à gorge orange　ルヴァイヤン, F.著, バラバン, J.原図　1806
◇II-No.6（カラー）　Le grand Toucan à ventre rouge　ルヴァイヤン, F.著, バラバン, J.原図　1806
◇II-No.7（カラー）　Le Pignancoin　ルヴァイヤン, F.著, バラバン, J.原図 1806
「ジョン・グールド 世界の鳥」同朋舎出版　1994
◇48図（カラー）　リア, エドワード画『オオハシ科

の研究 初版』　1833～35
「世界大博物図鑑 4」平凡社　1987
◇p266（カラー）　ドルビニ, A.D.著, トラヴィエ原図『万有博物事典』　1837

ヒムネオオハシ（亜種）　Ramphastos vitellinus ariel
「ジョン・グールド 世界の鳥」同朋舎出版　1994
◇49図（カラー）　グールド, エリザベス画『オオハシ科の研究 初版』　1833～35

ヒムネオオハシ（雑種）　Ramphastos vitellinus×R.culminatus
「ジョン・グールド 世界の鳥」同朋舎出版　1994
◇60図（カラー）　リヒター, ヘンリー・コンスタンチン画『オオハシ科の研究 再版』　1852～54

ヒムネキキョウインコ　Neophema splendida
「ジョン・グールド 世界の鳥」同朋舎出版　1994
◇149図（カラー）　オス, メス　リヒター, ヘンリー・コンスタンチン画『オーストラリアの鳥類』　1840～48

ヒムネハチドリ　Topaza pyra
「ジョン・グールド 世界の鳥」同朋舎出版　1994
◇206図（カラー）　リヒター, ヘンリー・コンスタンチン画『ハチドリ科の研究』　1849～61
「世界大博物図鑑 別巻1」平凡社　1993
◇p269（カラー）　マルティネ, F.N.『鳥類誌』　1787～96　手彩色銅版

ヒムネバト　Gallicolumba luzonica
「世界大博物図鑑 別巻1」平凡社　1993
◇p188（カラー）　クニップ夫人『ハト図譜』　1808～11　手彩色銅版
◇p188（カラー）　アルビノ　クニップ夫人『ハト図譜』　1808～11　手彩色銅版

ヒメアオノスリ　Leucopternis plumbea
「世界大博物図鑑 別巻1」平凡社　1993
◇p104（カラー）『アイビス』　1859～　［山階鳥類研究所］

ヒメアシナガウミツバメ　Garrodia (Oceanites) nereis
「ジョン・グールド 世界の鳥」同朋舎出版　1994
◇172図（カラー）　リヒター, ヘンリー・コンスタンチン画『オーストラリアの鳥類』　1840～48

ヒメアマツバメ　Apus affinus
「世界大博物図鑑 4」平凡社　1987
◇p235（カラー）　グレー, J.E.著, ホーキンズ, ウォーターハウス石版『インド動物図譜』　1830～34

ヒメウ　Phalacrocorax aristotelis
「グールドの鳥類図譜」講談社　1982
◇p214（カラー）　雛, 親鳥 1872

ヒメウ　Phalacrocorax pelagicus
「江戸博物文庫 鳥の巻」工作舎　2017
◇p77（カラー）　姫鵜　牧野貞幹『鳥類写生図』　1810頃　［国立国会図書館］

ひめう 鳥

「江戸鳥類大図鑑」平凡社　2006
　◇p207（カラー）　う　夏羽と冬羽の中間　堀田正
　　敦『禽譜』［宮城県図書館伊達文庫］

ヒメウズラ　Excalfactoria chinensis
「江戸鳥類大図鑑」平凡社　2006
　◇p319（カラー）　雲雀　雄　堀田正敦『禽譜』
　　［宮城県図書館伊達文庫］
　◇p319（カラー）　雲雀　雌　堀田正敦『禽譜』
　　［宮城県図書館伊達文庫］
　◇p319（カラー）　爪哇鶉　雄　ケレツブハーン　蘭船
　　載来　堀田正敦『禽譜』　［宮城県図書館伊達文
　　庫］
　◇p320（カラー）　シヤカタラ鶉　雄　貢蘭舶　堀田
　　正敦『禽譜』　［宮城県図書館伊達文庫］
　◇p320（カラー）　シヤカタラ鶉　雌　貢蘭舶　堀田
　　正敦『禽譜』　［宮城県図書館伊達文庫］
「舶来鳥獣図誌」八坂書房　1992
　◇p18（カラー）　ケレツブハーン　オス『唐蘭船持
　　渡鳥獣之圖』　［慶應義塾図書館］
　◇p99（カラー）　咬𠺕吧鶉　オス, メス『外国産鳥
　　之図』　［国立国会図書館］

ヒメウズラ
「江戸時代に描かれた鳥たち」ソフトバンク ク
　リエイティブ　2012
　◇p64（カラー）　咬𠺕吧鶉　彩色は不正確『薩摩鳥
　　譜図巻』　江戸末期
　◇p65（カラー）　咬𠺕吧鶉　オス, メス『外国産鳥
　　之図』　成立年不明

ヒメウソ　Sporophila falcirostris
「世界大博物図鑑　別巻1」平凡社　1993
　◇p365（カラー）　テミンク, C.J., ロジエ・ド・
　　シャルトルース, M.著『新編彩色鳥類図譜』
　　1820〜39　手彩色銅板画

ヒメウミスズメ　Plotus alle
「グールドの鳥類図譜」講談社　1982
　◇p212（カラー）　冬羽成鳥, 夏羽成鳥 1868

ヒメウミツバメ　Hydrobates pelagicus
「ビュフォンの博物誌」工作舎　1991
　◇I244（カラー）『一般と個別の博物誌 ソンニー
　　ニ版』
「グールドの鳥類図譜」講談社　1982
　◇p231（カラー）　親鳥, 雛 1869

ヒメオウギワシ　Morphnus guianensis
「世界大博物図鑑　別巻1」平凡社　1993
　◇p93（カラー）『アイビス』　1859〜　［山階鳥類研
　　究所］

ヒメオオモズ　Lanius minor
「グールドの鳥類図譜」講談社　1982
　◇p62（カラー）　成鳥 1868

ヒメカモメ　Larus minutus
「グールドの鳥類図譜」講談社　1982
　◇p221（カラー）　夏羽成鳥, 冬羽成鳥, 幼鳥 1869

ヒメカワセミ　Ispidina picta
「ビュフォンの博物誌」工作舎　1991

　◇I182（カラー）『一般と個別の博物誌 ソンニー
　　ニ版』

ヒメキヌバネドリ（亜種）　Trogon violaceus
caligatus
「ジョン・グールド 世界の鳥」同朋舎出版　1994
　◇78図（カラー）　グールド, エリザベス画『キヌバ
　　ネドリ科の研究 初版』　1835〜38
　◇91図（カラー）　オス, メス　リヒター, ヘン
　　リー・コンスタンチン画『キヌバネドリ科の研究
　　初版』　1858〜75

ヒメクイナ　Porzana pusilla
「江戸鳥類大図鑑」平凡社　2006
　◇p278（カラー）　やぶちやくひな　堀田正敦『禽
　　譜』　［宮城県図書館伊達文庫］
「グールドの鳥類図譜」講談社　1982
　◇p184（カラー）　成鳥 1864

ヒメクジラドリ　Pachyptila turtur
「世界大博物図鑑　4」平凡社　1987
　◇p35（カラー）　スミス, A.著, フォード, G.H.原
　　図『南アフリカ動物図譜』　1838〜49　手彩色
　　石版

ヒメクビワカモメ
　⇒バライロカモメ（ヒメクビワカモメ）を見よ

ヒメクマタカ　Hieraaetus pennatus
「世界大博物図鑑　4」平凡社　1987
　◇p87（カラー）　テミンク, C.J.著, ユエ, N.原図
　　『新編彩色鳥類図譜』　1820〜39　手彩色銅版画

ヒメコアハワイマシコ　Rhodacanthis
flaviceps
「世界大博物図鑑　別巻1」平凡社　1993
　◇p376（カラー）　ロスチャイルド, L.W.『レイサ
　　ン島の鳥類誌』　1893〜1900　石版画

ヒメコウテンシ　Calandrella cinerea
「江戸鳥類大図鑑」平凡社　2006
　◇p711（カラー）　百伶鳥　堀田正敦『禽譜』
　　［宮城県図書館伊達文庫］
「グールドの鳥類図譜」講談社　1982
　◇p108（カラー）　成鳥, 幼鳥 1869

ヒメコンゴウインコ　Ara severa
「ビュフォンの博物誌」工作舎　1991
　◇I255（カラー）『一般と個別の博物誌 ソンニー
　　ニ版』

ヒメコンドル　Cathartes aura
「世界大博物図鑑　別巻1」平凡社　1993
　◇p77（カラー）　シャープ, R.B.ほか『大英博物館
　　鳥類目録』　1874〜98　手彩色クロモリトグラフ
「世界大博物図鑑　4」平凡社　1987
　◇p70（カラー）　ヴィエイヨー, L.J.P.著, プレー
　　トル, J.G.原図『北米鳥類図誌』　1807　手彩色
　　銅版図

ヒメシギダチョウ　Crypturellus tataupa
「世界大博物図鑑　4」平凡社　1987
　◇p23（カラー）　テミンク, C.J.著『新編彩色鳥類

472　博物図譜レファレンス事典 動物篇

鳥 ひよと

図譜』1820〜39 手彩色銅版画

ヒメソリハシハチドリ　Avocettula
recurvirostris
「世界大博物図鑑 別巻1」平凡社　1993
◇p260（カラー）　グールド, J.『ハチドリ科鳥類図譜』1849〜61 手彩色石版
◇p261（カラー）　スウェイソン, W.『動物学図譜』1820〜23 手彩色石版

ヒメチドリ　Charadrius pecuarius
「世界大博物図鑑 4」平凡社　1987
◇p170（カラー）　テミンク, C.J.著, プレートル, J.G.原図『新編彩色鳥類図譜』1820〜39 手彩色銅版画

ヒメノガン　Otis tetrax
「グールドの鳥類図譜」講談社　1982
◇p146（カラー）　メス, オス 1864

ヒメノガン　Tetrax tetrax
「ビュフォンの博物誌」工作舎　1991
◇I034（カラー）『一般と個別の博物誌 ソンニーニ版』
「世界大博物図鑑 4」平凡社　1987
◇p162（カラー）　ビュフォン, G.L.L., Comte de, トラヴィエ, E.原図『博物誌』1853〜57 手彩色銅版画

ヒメハイイロチュウヒ　Circus pygargus
「ビュフォンの博物誌」工作舎　1991
◇I015（カラー）『一般と個別の博物誌 ソンニーニ版』
「グールドの鳥類図譜」講談社　1982
◇p47（カラー）　オス成鳥, メス成鳥 1867

ヒメハチドリ　Stellula calliope
「ジョン・グールド 世界の鳥」同朋舎出版　1994
◇231図（カラー）　求愛行動をするオス　リヒター, ヘンリー・コンスタンチン画『ハチドリ科の研究』1849〜61
「世界大博物図鑑 別巻1」平凡社　1993
◇p269（カラー）『博物館禽譜』1875〜79（明治8〜12）編集　［東京国立博物館］

ヒメミズナギドリ　Puffinus assimilis
「グールドの鳥類図譜」講談社　1982
◇p230（カラー）　成鳥, 雛 1868

ヒメミズナギドリ　Puffinus puffinus
「ビュフォンの博物誌」工作舎　1991
◇I243（カラー）『一般と個別の博物誌 ソンニーニ版』

ヒメモリバト　Columba oenas
「グールドの鳥類図譜」講談社　1982
◇p140（カラー）　オス, メス 1866

ヒメラケットハチドリ　Discosura longicauda
「世界大博物図鑑 4」平凡社　1987
◇p243（カラー）　プレヴォー, F.著, ポーケ原図『熱帯鳥類図誌』［1879］手彩色銅版

ヒメレンジャク　Bombycilla cedrorum
「フウチョウの自然誌 博物画の至宝」平凡社　1994
◇I-No.50（カラー）　Le petit Jaseur　ルヴァイヤン, F.著, バラバン, J.原図 1806

ヒヤウシヤ
「高松松平家所蔵 衆禽画譜 水禽・野鳥」香川県歴史博物館友の会博物図譜刊行会　2005
◇p102（カラー）　ヒヤウシヤ 一名／コンヤウキン　松平頼恭『衆禽画譜 野鳥帖』江戸時代 紙本着色 画帖装（折本形式）33.0×48.3　［個人蔵］

ヒョウモンシチメンチョウ　Agriocharis
ocellata
「世界大博物図鑑 別巻1」平凡社　1993
◇p141（カラー）　ブラウン, T.『アメリカ鳥類学図譜』1835 手彩色銅版図
「世界大博物図鑑 4」平凡社　1987
◇p146（カラー）　テミンク, C.J.著, ユエ, N.原図『新編彩色鳥類図譜』1820〜39 手彩色銅版画

ヒヨクドリ　Cicinnurus regius
「江戸博物文庫 鳥の巻」工作舎　2017
◇p105（カラー）　比翼鳥 屋代弘賢『不忍禽譜』1833頃　［国立国会図書館］
「江戸鳥類大図鑑」平凡社　2006
◇p425（カラー）　紅ふう鳥 オス上面 堀田正敦『禽譜』［宮城県図書館伊達文庫］
◇p425（カラー）　紅ふう鳥 裏 オス下面 堀田正敦『禽譜』［宮城県図書館伊達文庫］
◇p425（カラー）　こうふうてう オス左側面 堀田正敦『禽譜』［宮城県図書館伊達文庫］
◇p425（カラー）　ひよくの鳥 雌雄 オス 堀田正敦『禽譜』［宮城県図書館伊達文庫］
「フウチョウの自然誌 博物画の至宝」平凡社　1994
◇I-No.7（カラー）　Le Manucode mâle　ルヴァイヤン, F.著, バラバン, J.原図 1806
◇I-No.8（カラー）　Variété du Manucode 亜成鳥　ルヴァイヤン, F.著, バラバン, J.原図 1806
「ジョン・グールド 世界の鳥」同朋舎出版　1994
◇387図（カラー）　ハート, ウィリアム画『ニューギニアの鳥類』1875〜88
「世界大博物図鑑 別巻1」平凡社　1993
◇p409（カラー）　ルヴァイヤン, F.著, バラバン原図『フウチョウの自然誌』1806 銅版多色刷り
「ビュフォンの博物誌」工作舎　1991
◇I084（カラー）『一般と個別の博物誌 ソンニーニ版』

ヒヨクドリの飾り羽　Cicinnurus regius
「フウチョウの自然誌 博物画の至宝」平凡社　1994
◇I-No.11（カラー）　ルヴァイヤン, F.著, バラバン, J.原図 1806

ひよどり
「鳥の手帖」小学館　1990
◇p24〜25（カラー）　鵯 毛利梅園『梅園禽譜』天保10（1839）序　［国立国会図書館］

博物図譜レファレンス事典 動物篇　**473**

ひよと　　　　　　　　　鳥

ヒヨドリ　Hypsipetes amaurotis
「江戸博物文庫 鳥の巻」工作舎　2017
　◇p130（カラー）　鵯　毛利梅園『梅園禽譜』
　　1840頃　［国立国会図書館］
「江戸鳥類大図鑑」平凡社　2006
　◇p559（カラー）　ひえとり　堀田正敦『禽譜』
　　［宮城県図書館伊達文庫］
　◇p560（カラー）　白ひよどり　白化個体　堀田正
　　敦『禽譜』　［宮城県図書館伊達文庫］
　◇p560（カラー）　白鵯　白化個体　堀田正敦『禽
　　譜』　［宮城県図書館伊達文庫］
「世界大博物図鑑 4」平凡社　1987
　◇p306（カラー）　テミンク, C.J.著, プレートル,
　　J.G.原図『新編彩色鳥類図譜』　1820～39　手彩
　　色銅版画

ヒヨドリ
「江戸時代に描かれた鳥たち」ソフトバンク ク
　リエイティブ　2012
　◇p88（カラー）　鵯　毛利梅園『梅園禽譜』　天保
　　10（1849）序
「彩色 江戸博物学集成」平凡社　1994
　◇p30（カラー）　貝原益軒『大和本草諸品図』

ひれんじゃく
「鳥の手帖」小学館　1990
　◇p193（カラー）　緋連雀　毛利梅園『梅園禽譜』
　　天保10（1839）序　［国立国会図書館］

ヒレンジャク　Bombycilla japonica
「江戸博物文庫 鳥の巻」工作舎　2017
　◇p123（カラー）　緋連雀　毛利梅園『梅園禽譜』
　　1840頃　［国立国会図書館］
「江戸鳥類大図鑑」平凡社　2006
　◇p552（カラー）　緋連雀　メス　堀田正敦『禽譜』
　　［宮城県図書館伊達文庫］
　◇p553（カラー）　緋れんじゃく　雌　オス　堀田正
　　敦『禽譜』　［宮城県図書館伊達文庫］
「世界大博物図鑑 4」平凡社　1987
　◇p314（カラー）　テミンク, C.J.著, ユエ, N.原図
　　『新編彩色鳥類図譜』　1820～39　手彩色銅版画

ヒレンジャク
「江戸時代に描かれた鳥たち」ソフトバンク ク
　リエイティブ　2012
　◇p86（カラー）　連雀・十二黄/十二紅　毛利梅園
　　『梅園禽譜』　天保10（1849）序

ヒロウドキンクロ
「高松松平家所蔵 衆禽画譜 水禽・野鳥」香川県
　歴史博物館友の会博物図譜刊行会　2005
　◇p63（カラー）　松平頼恭『衆禽画譜 水禽帖』　江
　　戸時代　紙本著色 画帖装（折本形式）　38.1×48.
　　7　［個人蔵］

ビロードキンクロ　Melanitta fusca
「江戸鳥類大図鑑」平凡社　2006
　◇p126（カラー）　くろ鴨 くろとり　オス　堀田正
　　敦『禽譜』　［宮城県図書館伊達文庫］
　◇p127（カラー）　びろときんくろ　オス　堀田正
　　敦『禽譜』　［宮城県図書館伊達文庫］
「グールドの鳥類図譜」講談社　1982

　◇p202（カラー）　雛, 親鳥 1867

ヒロハシクジラドリ　Pachyptila vittata
「世界大博物図鑑 4」平凡社　1987
　◇p34（カラー）　テミンク, C.J.著, ユエ, N.原図
　　『新編彩色鳥類図譜』　1820～39　手彩色銅版画

ヒロハシサギ　Cochlearius cochlearius
「ビュフォンの博物誌」工作舎　1991
　◇I195（カラー）『一般と個別の博物誌 ソンニー
　　ニ版』
「世界大博物図鑑 4」平凡社　1987
　◇p47（カラー）　キュヴィエ, G.L.C.F.D.『動物
　　界』　1836～49　手彩色銅版

ヒワコンゴウインコ　Ara ambigua
「世界大博物図鑑 別巻1」平凡社　1993
　◇p230（カラー）　セルビー, P.J.著, リア, E.原図,
　　リザーズ, W.銅版『オウムの博物誌』　1836

ヒワミツドリ　Phylloscopus borealis
「ビュフォンの博物誌」工作舎　1991
　◇I149（カラー）『一般と個別の博物誌 ソンニー
　　ニ版』

ピングイン
「江戸名作画帖全集 8」駸々堂出版　1995
　◇図137（カラー）　penguins　堀田正敦編『禽譜』
　　紙本着色　［東京国立博物館］

ビンスイ
「高松松平家所蔵 衆禽画譜 水禽・野鳥」香川県
　歴史博物館友の会博物図譜刊行会　2005
　◇p93（カラー）　松平頼恭『衆禽画譜 野鳥帖』 江
　　戸時代　紙本著色 画帖装（折本形式）　33.0×48.
　　3　［個人蔵］

ビンズイ　Anthus hodgsoni
「江戸博物文庫 鳥の巻」工作舎　2017
　◇p45（カラー）　便追　増山正賢『百鳥図』　1800
　　頃　［国立国会図書館］

ビンズイ？　Anthus hodgsoni？
「江戸鳥類大図鑑」平凡社　2006
　◇p310（カラー）　びんずい　堀田正敦『禽譜』
　　［宮城県図書館伊達文庫］

【ふ】

フィジークイナ　Nesoclopeus poecilopterus
「世界大博物図鑑 別巻1」平凡社　1993
　◇p156（カラー）　フィンシュ, F.H.O., ハルトラ
　　ウプ, C.J.G.『中央ポリネシア動物誌』　1867
　　手彩色石版

フイリコチュウハシ　Selenidera maculirostris
「フウチョウの自然誌 博物画の至宝」平凡社
　1994
　◇II-No.15（カラー）　L'Aracari Koulik mâle du
　　Brésil　オス　ルヴァイヤン, F.著, バラバン, J.
　　原図 1806
「ジョン・グールド 世界の鳥」同朋舎出版　1994

474　博物図譜レファレンス事典 動物篇

鳥 ふくろ

◇51図（カラー）　リア、エドワード画『オオハシ科の研究 初版』1833〜35

フィリピンオウム　Cacatua haematuropygia
「世界大博物図鑑 別巻1」平凡社　1993
◇p212（カラー）　ブラウン、P.『新動物学図録』1776　手彩色銅版

フィリピンセイケイ　Porphyrio pulverlentus
「世界大博物図鑑 別巻1」平凡社　1993
◇p160（カラー）　テミンク、C.J.、ロジエ・ド・シャルトルース、M.著『新編彩色鳥類図譜』1820〜39　手彩色銅板画

フィリピンモズヒタキ　Pachycephala philippinensis
「ビュフォンの博物誌」工作舎　1991
◇I100（カラー）『一般と個別の博物誌 ソンニーニ版』

フィリピンワシ　Pithecophaga jefferyi
「世界大博物図鑑 別巻1」平凡社　1993
◇p92（カラー）『アイビス』1859〜　［山階鳥類研究所］

フウチョウ
「江戸時代に描かれた鳥たち」ソフトバンク クリエイティブ　2012
◇p59（カラー）　風鳥　毛利梅園『梅園禽譜』　天保10（1849）序

フウチョウの交雑種　Epimachus ellioti
「世界大博物図鑑 別巻1」平凡社　1993
◇p408（カラー）　オナガカマハシフウチョウとオナガフウチョウの天然交雑種　エリオット、D.G.著、ヴォルフ、J.原図、スミット、J.彫り『フウチョウ科鳥類図譜』1873　手彩色石版

フウチョウの交雑種　Parotia duivenbodei
「世界大博物図鑑 別巻1」平凡社　1993
◇p408（カラー）　カンザシフウチョウとカタカケフウチョウの自然交雑種『アイビス』1859〜　［山階鳥類研究所］

フウチョウの仲間
「紙の上の動物園」グラフィック社　2017
◇p108（カラー）　ル・ヴァイラン、フランソワ『フウチョウおよびローラーカナリアの自然誌、オオハシとBarbus属に続く』1806

フウチョウモドキ　Sericulus chrysocephalus
「ジョン・グールド 世界の鳥」同朋舎出版　1994
◇129図（カラー）　メス、オス　リヒター、ヘンリー・コンスタンチン画『オーストラリアの鳥類』1840〜48
「世界大博物図鑑 4」平凡社　1987
◇p379（カラー）　レッソン、R.P.著、プレートル原図、レモン銅版『フウチョウの自然誌』1835　手彩色銅版図

フエコチドリ　Charadrius melodus
「世界大博物図鑑 別巻1」平凡社　1993
◇p169（カラー）　オーデュボン、J.J.L.著、ヘーベル、ロバート・ジュニア製版『アメリカの鳥類』

1827〜38　［ニューオーリンズ市立博物館］

フエフキサギ
⇒キムネゴイ（フエフキサギ）を見よ

フェルナンデスベニイタダキハチドリ　Sephanoides fernandensis
「ジョン・グールド 世界の鳥」同朋舎出版　1994
◇248図（カラー）　メス　リヒター、ヘンリー・コンスタンチン画『ハチドリ科の研究』1849〜61
「世界大博物図鑑 別巻1」平凡社　1993
◇p264（カラー）　グールド、J.『ハチドリ科鳥類図譜』1849〜61　手彩色石版

フェルナンドポームシクイ　Poliolais lopesi
「世界大博物図鑑 別巻1」平凡社　1993
◇p336（カラー）『アイビス』1859〜　［山階鳥類研究所］

フォークランドツグミの基準亜種　Turdus falklandii falklandii
「世界大博物図鑑 別巻1」平凡社　1993
◇p332（カラー）　シャープ、R.B.ほか『大英博物館鳥類目録』1874〜98　手彩色クロモリトグラフ

フォーブズムクドリ　Fregilupus leguati
「世界大博物図鑑 別巻1」平凡社　1993
◇p393（カラー）　蜂須賀正氏『絶滅鳥ドードーについて』1953
◇p393（カラー）　標本はロドリゲスムクドリを用いた加工品である可能性が高い　ロスチャイルド、L.W.『絶滅鳥類誌』1907　彩色クロモリトグラフ　［個人蔵］

フキナガシオウチョウ　Dicrurus megarhynchus
「ジョン・グールド 世界の鳥」同朋舎出版　1994
◇397図（カラー）　ハート、ウィリアム画『ニューギニアの鳥類』1875〜88

フキナガシハチドリ　Trochilus polytmus
「ジョン・グールド 世界の鳥」同朋舎出版　1994
◇214図（カラー）　リヒター、ヘンリー・コンスタンチン画『ハチドリ科の研究』1849〜61
「世界大博物図鑑 4」平凡社　1987
◇p242（カラー）　レッソン、R.P.著、ベヴァレ原図『ハチドリの自然誌』1829〜30　多色刷り銅版

フキナガシハチドリの1種　Torochilus sp.
「ビュフォンの博物誌」工作舎　1991
◇I158（カラー）『一般と個別の博物誌 ソンニーニ版』

フクナガシタイランチョウ　Gubernetes yetapa
「世界大博物図鑑 4」平凡社　1987
◇p290〜291（カラー）　メス、オス　テミンク、C.J.著、プレートル、J.G.原図『新編彩色鳥類図譜』1820〜39　手彩色銅版画

フクロウ　Strix uralensis
「江戸鳥類大図鑑」平凡社　2006

博物図譜レファレンス事典 動物篇　**475**

ふくろ　　　　　　　　　　　　　鳥

◇p657（カラー）　ふくろふ　堀田正敦『禽譜』
［宮城県図書館伊達文庫］
◇p658（カラー）　ふくろふ　堀田正敦『禽譜』
［宮城県図書館伊達文庫］
◇p659（カラー）　ふくろふ　堀田正敦『禽譜』
［宮城県図書館伊達文庫］

フクロウ？　Strix uralensis？
「江戸鳥類大図鑑」平凡社　2006
◇p665（カラー）　あをはづく　堀田正敦『禽譜』
［宮城県図書館伊達文庫］

フクロウオウム　Strigops habroptilus
「ジョン・グールド 世界の鳥」同朋舎出版　1994
◇182図（カラー）　リヒター，ヘンリー・コンスタ
ンチン画『オーストラリアの鳥類 補遺』　1851〜
69
「世界大博物図鑑 別巻1」平凡社　1993
◇p209（カラー）　ブラー，W.L.著，キューレマン
ス，J.G.図『ニュージーランド鳥類誌第2版』
1887〜88　手彩色石版図

フクロウオウム
⇒カカボ（フクロウオウム）を見よ

フサエリショウノガン　Chlamydotis
undulata
「世界大博物図鑑 別巻1」平凡社　1993
◇p164（カラー）　シンツ，H.R.『鳥類分類学』
1846〜53　石版図
「ビュフォンの博物誌」工作舎　1991
◇I035（カラー）『一般と個別の博物誌 ソンニー
版』

フジイロムシクイ　Leptopoecile sophiae
（Severtsov 1873）
「フランスの美しい鳥の絵図鑑」グラフィック社
2014
◇p63（カラー）　エチェコパル，ロベール＝ダニエ
ル著，バリュエル，ポール画

フジノドテンシハチドリ　Heliangelus viola
「世界大博物図鑑 別巻1」平凡社　1993
◇p264（カラー）　グールド，J.『ハチドリ科鳥類図
譜』1849〜61　手彩色石版

フタオカマドドリ　Sylviorthorhynchus
desmursii
「世界大博物図鑑 4」平凡社　1987
◇p282（カラー）　ゲイ，C.著，ベヴァレ原図『チリ
自然社会誌』1844〜71

フタオビチュウハシ　Pteroglassus
pluricinctus
「フウチョウの自然誌 博物画の至宝」平凡社
1994
◇II−No.11（カラー）　L'Aracari à double
ceinture　ルヴァイヤン，F.著，バラバン，J.原図
1806

ブタゲモズ　Pityriasis gymnocephala
「世界大博物図鑑 4」平凡社　1987
◇p311（カラー）　キュヴィエ，G.L.C.F.D.『動物
界』1836〜49　手彩色銅版

フタツケヅメシャコ　Francolinus bicalcaratus
「ビュフォンの博物誌」工作舎　1991
◇I055（カラー）『一般と個別の博物誌 ソンニー
二版』
「世界大博物図鑑 4」平凡社　1987
◇p114（カラー）　オス，メス　ペナント，T.著，バ
イラウ，ピーター原図『インド動物誌』1790

ぶっぽうそう
「鳥の手帖」小学館　1990
◇p130〜131（カラー）　仏法僧　毛利梅園『梅園
禽譜』　天保10（1839）序　［国立国会図書館］

ブッポウソウ　Eurystomus orientalis
「江戸博物文庫 鳥の巻」工作舎　2017
◇p116（カラー）　仏法僧　毛利梅園『梅園禽譜』
1840頃　［国立国会図書館］
「江戸鳥類大図鑑」平凡社　2006
◇p398（カラー）　山がらす　剥製の表と裏　堀田
正敦『禽譜』　［宮城県図書館伊達文庫］
◇p400（カラー）　ぶつほうそう 一名青燕　堀田正
敦『禽譜』　［宮城県図書館伊達文庫］
◇p400（カラー）　三宝鳥左翼図　左翼表裏　堀田
正敦『禽譜』　［宮城県図書館伊達文庫］
「フウチョウの自然誌 博物画の至宝」平凡社
1994
◇I−No.36（カラー）　Le Rolle à gorge bleue　ル
ヴァイヤン，F.著，バラバン，J.原図　1806
「ビュフォンの博物誌」工作舎　1991
◇I081（カラー）『一般と個別の博物誌 ソンニー
二版』

ブッポウソウ
「江戸時代に描かれた鳥たち」ソフトバンク ク
リエイティブ　2012
◇p93（カラー）　仏法僧鳥　毛利梅園『梅園禽譜』
天保10（1849）序
「彩色 江戸博物学集成」平凡社　1994
◇p182（カラー）　堀田正敦『大禽譜 林禽（上）』
［宮城県図書館］
◇p338（カラー）　毛利梅園画
「江戸の動植物図」朝日新聞社　1988
◇p129（カラー）　毛利梅園『梅園禽譜』　［国立
国会図書館］

ブッポウソウ科　Coraiidae
「ビュフォンの博物誌」工作舎　1991
◇I083（カラー）『一般と個別の博物誌 ソンニー
二版』

ブッポウソウの北モルッカ亜種　Eurystomus
orientalis azureus
「世界大博物図鑑 別巻1」平凡社　1993
◇p285（カラー）　シャープ，R.B.ほか『大英博物
館鳥類目録』1874〜98　手彩色クロモリトグ
ラフ

ブッポウソウのソロモン亜種　Eurystomus
orientalis solomonensis
「世界大博物図鑑 別巻1」平凡社　1993
◇p285（カラー）　シャープ，R.B.ほか『大英博物
館鳥類目録』1874〜98　手彩色クロモリトグ

476　博物図譜レファレンス事典 動物篇

鳥　　　　　　　　　　　　　　　　　　　　ふめい

ラフ

ブドウイロボウシインコ　Amazona vinacea
「世界大博物図鑑　別巻1」平凡社　1993
　◇p229（カラー）　デクルティル, J.T.『ブラジル
　　鳥類学』1842　手彩色クロモリトグラフ

ブドウバト　Streptopelia vinacea
「ビュフォンの博物誌」工作舎　1991
　◇I069（カラー）『一般と個別の博物誌 ソンニー
　　二版』

不明
「江戸鳥類大図鑑」平凡社　2006
　◇p127（カラー）　きんくろかも 雌　嘴の形状はク
　　ロガモのオスに似る　堀田正敦『禽譜』　［宮
　　城県図書館伊達文庫］
　◇p138（カラー）　ヲルキ 黄水鴨　堀田正敦『禽
　　譜』　［宮城県図書館伊達文庫］
　◇p185（カラー）　うかも 一種　堀田正敦『禽譜』
　　［宮城県図書館伊達文庫］
　◇p186（カラー）　ちどり　堀田正敦『禽譜』
　　［宮城県図書館伊達文庫］
　◇p187（カラー）　めだいちどり　堀田正敦『禽譜』
　　［宮城県図書館伊達文庫］
　◇p189（カラー）　むなしろちどり　堀田正敦『禽
　　譜』　［宮城県図書館伊達文庫］
　◇p190（カラー）　おほちどり　堀田正敦『禽譜』
　　［宮城県図書館伊達文庫］
　◇p204（カラー）　かつをどり　堀田正敦『禽譜』
　　［宮城県図書館伊達文庫］
　◇p219（カラー）　華斑鳥 ヤマセミあるいはヒメ
　　ヤマセミ　堀田正敦『禽譜』　［宮城県図書館伊
　　達文庫］
　◇p221（カラー）　川がらす 一種　堀田正敦『禽
　　譜』　［宮城県図書館伊達文庫］
　◇p254（カラー）　野雞 雌　オス、雑種一代　堀田
　　正敦『禽譜』　［宮城県図書館伊達文庫］
　◇p254（カラー）　かけきじ 雌　ハッカンとキジ
　　の交雑したもの　堀田正敦『禽譜』　［宮城県図
　　書館伊達文庫］
　◇p261（カラー）　尾長きじ 舶来　堀田正敦『禽
　　譜』　［宮城県図書館伊達文庫］
　◇p261（カラー）　尾長きじ 一種　キジ科の鳥のメ
　　ス　堀田正敦『禽譜』　［宮城県図書館伊達文庫］
　◇p281（カラー）　くろとり　堀田正敦『禽譜』
　　［宮城県図書館伊達文庫］
　◇p282（カラー）　しろくろとり　堀田正敦『禽譜』
　　［宮城県図書館伊達文庫］
　◇p286（カラー）　はまだらしぎ　堀田正敦『禽譜』
　　［宮城県図書館伊達文庫］
　◇p288（カラー）　うすゝみしぎ　堀田正敦『禽譜』
　　［宮城県図書館伊達文庫］
　◇p291（カラー）　ひばりしぎ　堀田正敦『禽譜』
　　［宮城県図書館伊達文庫］
　◇p302（カラー）　せきれい　堀田正敦『禽譜』
　　［宮城県図書館伊達文庫］
　◇p302（カラー）　しろせきれい　セキレイ類の部
　　分白化個体　堀田正敦『禽譜』　［宮城県図書館
　　伊達文庫］
　◇p305（カラー）　しませきれい　堀田正敦『禽譜』
　　［宮城県図書館伊達文庫］

　◇p306（カラー）　いはせきれい　堀田正敦『禽譜』
　　［宮城県図書館伊達文庫］
　◇p308（カラー）　かやひばり　堀田正敦『禽譜』
　　［宮城県図書館伊達文庫］
　◇p310（カラー）　びんずい　堀田正敦『禽譜』
　　［宮城県図書館伊達文庫］
　◇p311（カラー）　いぬひばり　堀田正敦『禽譜』
　　［宮城県図書館伊達文庫］
　◇p311（カラー）　おほひばり　堀田正敦『禽譜』
　　［宮城県図書館伊達文庫］
　◇p312（カラー）　きくひばり　堀田正敦『禽譜』
　　［宮城県図書館伊達文庫］
　◇p334（カラー）　山つばめ 一種 黒燕　ウミツバ
　　メ類　堀田正敦『禽譜』　［宮城県図書館伊達文
　　庫］
　◇p337（カラー）　雨つばめ 俳の丸　堀田正敦『禽
　　譜』　［宮城県図書館伊達文庫］
　◇p350（カラー）　黄あをじ 雄　堀田正敦『堀田
　　譜』　［東京国立博物館］
　◇p354（カラー）　大のじこ　堀田正敦『禽譜』
　　［宮城県図書館伊達文庫］
　◇p381（カラー）　チヤブサイ　堀田正敦『禽譜』
　　［宮城県図書館伊達文庫］
　◇p383（カラー）　大せつか 雌　堀田正敦『禽譜』
　　［宮城県図書館伊達文庫］
　◇p414（カラー）　名不知 ハジロサンジャクある
　　いは部分的に白化したカササギか　堀田正敦『禽
　　譜』　［宮城県図書館伊達文庫］
　◇p418（カラー）　ドク、ハ鳥　堀田正敦『禽譜』
　　［宮城県図書館伊達文庫］
　◇p427（カラー）　深山三光　堀田正敦『禽譜』
　　［宮城県図書館伊達文庫］
　◇p435（カラー）　尾長緑いんこ　ズグロサメクサ
　　雑種か　堀田正敦『禽譜』　［宮城県図書館伊達
　　文庫］
　◇p438（カラー）　頭黒小音哥　ズグロゴシキイン
　　コ（？）　堀田正敦『禽譜』　［宮城県図書館伊達
　　文庫］
　◇p440（カラー）　五色小あふむ 一名五色小音呼
　　堀田正敦『禽譜』　［宮城県図書館伊達文庫］
　◇p465（カラー）　あをはと 一種 漢産　堀田正敦
　　『禽譜』　［宮城県図書館伊達文庫］
　◇p483（カラー）　むしくひどり　ツツドリあるい
　　はカッコウ, 幼鳥　堀田正敦『禽譜』　［宮城県
　　図書館伊達文庫］
　◇p493（カラー）　りうい　コゲラの亜種か　堀田
　　正敦『禽譜』　［宮城県図書館伊達文庫］
　◇p508（カラー）　鴬むしくひ 小むしくひ　堀田正
　　敦『禽譜』　［宮城県図書館伊達文庫］
　◇p516（カラー）　ふがはりあとり 一種　堀田正敦
　　『禽譜』　［宮城県図書館伊達文庫］
　◇p522（カラー）　こましこ　ベニヒワのメスか
　　堀田正敦『禽譜』　［宮城県図書館伊達文庫］
　◇p531（カラー）　かはらひは 雌雄　堀田正敦『禽
　　譜』　［宮城県図書館伊達文庫］
　◇p543（カラー）　蠟嘴鳥 唐音ラツツウイニヤウ
　　堀田正敦『禽譜』　［宮城県図書館伊達文庫］
　◇p546（カラー）　生替うそ　堀田正敦『禽譜』
　　［宮城県図書館伊達文庫］
　◇p556（カラー）　しろ鶏　堀田正敦『禽譜』
　　［宮城県図書館伊達文庫］

博物図譜レファレンス事典 動物篇　**477**

ふらし　　　　　　　　　鳥

◇p557（カラー）　かやもず　堀田正敦『禽譜』
［宮城県図書館伊達文庫］

◇p571（カラー）　あかはら　堀田正敦『禽譜』
［宮城県図書館伊達文庫］

◇p571（カラー）　かきつぐみ　アカハラの幼鳥と
似ている　堀田正敦『禽譜』　［宮城県図書館伊
達文庫］

◇p573（カラー）　さくらどり　堀田正敦『禽譜』
［宮城県図書館伊達文庫］

◇p595（カラー）　鴕鳥雛　堀田正敦『禽譜』
［宮城県図書館伊達文庫］

◇p697（カラー）　提壺　堀田正敦『禽譜』　［宮
城県図書館伊達文庫］

◇p698（カラー）　ホクス□□□ソ　堀田正敦『堀
田禽譜』　［東京国立博物館］

◇p699（カラー）　ギイル　オランダ語のgierはハ
ゲタカ類の総称　堀田正敦『堀田禽譜』　［東京
国立博物館］

◇p699（カラー）　キヒット　オランダ語のkievit
はタゲリ　堀田正敦『堀田禽譜』　［東京国立博
物館］

◇p699（カラー）　エキストル　オランダ語の
eksterはカササギ　堀田正敦『堀田禽譜』　［東
京国立博物館］

◇p700（カラー）　メイゼ　オランダ語でカラ類を
指す　堀田正敦『禽譜』　［宮城県図書館伊達文
庫］

◇p700（カラー）　ペンベチイ　カラ類（？）　堀田
正敦『禽譜』　［宮城県図書館伊達文庫］

◇p701（カラー）　ボウムロウブル　オランダ語の
boomloperはキバシリ　堀田正敦『禽譜』　［宮
城県図書館伊達文庫］

◇p702（カラー）　ヘルベルテール　コウライウグ
イス類の幼鳥？　堀田正敦『禽譜』　［宮城県図
書館伊達文庫］

◇p707（カラー）　珊瑚鳥　堀田正敦『禽譜』
［宮城県図書館伊達文庫］

◇p716（カラー）　バルコハアン　オランダ語の
beukhaan（クロライチョウ）もしくはberghaan
（ヨーロッパヤマウズラ）　堀田正敦『堀田禽譜』
［東京国立博物館］

◇p716（カラー）　ハアヒツキ　オランダ語の
havikはオオタカ　堀田正敦『堀田禽譜』　［東
京国立博物館］

ブラジルモリフクロウ　Strix hylophila

「世界大博物図鑑　別巻1」平凡社　1993
◇p253（カラー）　テミンク, C.J.、ロジエ・ド・
シャルトルース, M.著『新編彩色鳥類図譜』
1820〜39　手彩色銅板画

「ビュフォンの博物誌」工作舎　1991
◇I030（カラー）『一般と個別の博物誌 ソンニー
ニ版』

「世界大博物図鑑　4」平凡社　1987
◇p222（カラー）　テミンク, C.J.著、プレートル,
J.G.原図『新編彩色鳥類図譜』　1820〜39　手彩
色銅版画

フラミンゴ

「すごい博物画」グラフィック社　2017
◇図20（カラー）　フラミンゴとウミウチワ　ケイ
ツビー、マーク 1725頃　水彩 濃厚顔料 アラビア

ゴム　［ウィンザー城ロイヤル・ライブラリー］

フラミンゴの頭　Phoenicopterus ruber

「すごい博物画」グラフィック社　2017
◇図版79（カラー）　フラミンゴの頭とウミウチワ
ケイツビー、マーク 1725頃 グラファイトで跡
をつけ、茶色のインクでペン描きした上にアラビ
アゴムを混ぜた水彩と濃厚顔料　37.9×27.1
［ウィンザー城ロイヤル・ライブラリー］

ブルーバード（ルリツグミ）　Sialia sialis

「世界大博物図鑑　4」平凡社　1987
◇p322（カラー）　デ・ケイ, J.E.著、ヒル, J.W.原
図『ニューヨーク動物誌』　1844　手彩色石版

フルマカモメ　Fulmarus glacialis

「ビュフォンの博物誌」工作舎　1991
◇I244（カラー）『一般と個別の博物誌 ソンニー
ニ版』

「グールドの鳥類図譜」講談社　1982
◇p229（カラー）　淡色型成鳥、暗色型成鳥 1870

フロレスオオコノハズク　Otus silvicola

「世界大博物図鑑　別巻1」平凡社　1993
◇p244（カラー）　キューレマンス原図『動物学新
報』　1894〜1919　［山階鳥類研究所］

フロレスコノハズク　Otus alfredi

「世界大博物図鑑　別巻1」平凡社　1993
◇p244（カラー）　キューレマンス原図『動物学新
報』　1894〜1919　［山階鳥類研究所］

ブロンズトキ　Plegadis falcinellus

「ビュフォンの博物誌」工作舎　1991
◇I203（カラー）『一般と個別の博物誌 ソンニー
ニ版』

「世界大博物図鑑　4」平凡社　1987
◇p55（カラー）　ドノヴァン, E.『英国鳥類誌』
1794〜1819

「グールドの鳥類図譜」講談社　1982
◇p163（カラー）　成鳥、幼鳥 1872

ブロンズミドリカッコウ　Chrysococcyx caprius

「世界大博物図鑑　4」平凡社　1987
◇p219（カラー）　プレヴォー, F.著、ポーケ原図
『熱帯鳥類図誌』　［1879］　手彩色鋼版

ぶんちょう

「鳥の手帖」小学館　1990
◇p203（カラー）　文鳥　毛利梅園『梅園禽譜』　天
保10（1839）序　［国立国会図書館］

フンテウ

「高松松平家所蔵 衆禽画譜 水禽・野鳥」香川県
歴史博物館友の会博物図譜刊行会　2005
◇p88（カラー）　松平頼恭『衆禽画譜 野鳥帖』　江
戸時代　紙本著色 画帖装（折本形式）　33.0×48.
3　［個人蔵］

ブンチョウ　Padda oryzivora

「江戸博物文庫 鳥の巻」工作舎　2017
◇p131（カラー）　文鳥　毛利梅園『梅園禽譜』
1840頃　［国立国会図書館］

478　博物図譜レファレンス事典 動物篇

「江戸鳥類大図鑑」平凡社　2006
　　◇p688（カラー）　文鳥　堀田正敦『禽譜』　［宮城県図書館伊達文庫］
　　◇p688（カラー）　瑞紅鳥　堀田正敦『禽譜』　［宮城県図書館伊達文庫］
　　◇p689（カラー）　瑞紅鳥　堀田正敦『禽譜』　［宮城県図書館伊達文庫］

ブンチョウ
「江戸時代に描かれた鳥たち」ソフトバンク クリエイティブ　2012
　　◇p38（カラー）　文鳥　増山正賢（雪斎）『百鳥図』寛政12（1800）頃
　　◇p39（カラー）　文鳥　毛利梅園『梅園禽譜』　天保10（1849）序
「彩色 江戸博物学集成」平凡社　1994
　　◇p158〜159（カラー）　佐竹曙山『模写並写生帖』　［千秋美術館］

フンボルトペンギン　Spheniscus humboldti
「世界大博物図鑑 別巻1」平凡社　1993
　　◇p29（カラー）　南斎一笑『諸禽万益集』　江戸末期　［東京国立博物館］

【へ】

ヘアードキヌバネドリ　Trogon bairdii
「世界大博物図鑑 別巻1」平凡社　1993
　　◇p281（カラー）　グールド, J.『キヌバネドリ科鳥類図譜第2版』　1858〜75

ヘイワインコ　Eunymphicus cornutus uvaeensis
「世界大博物図鑑 別巻1」平凡社　1993
　　◇p223（カラー）『ロンドン動物学協会紀要』　1861〜90,1891〜1929　［京都大学理学部］

ヘキサン　Cissa chinensis
「江戸鳥類大図鑑」平凡社　2006
　　◇p417（カラー）　ろくさむ鳥　堀田正敦『禽譜』　［宮城県図書館伊達文庫］
「ジョン・グールド 世界の鳥」同朋舎出版　1994
　　◇285図（カラー）　羽毛の生え替わったばかりのオス，変色して色あせた羽毛の鳥　リヒター，ヘンリー・コンスタンチン『アジアの鳥類』　1849〜83

ヘキチョウ　Lonchura maja
「江戸鳥類大図鑑」平凡社　2006
　　◇p684（カラー）　碧鳥　堀田正敦『禽譜』　［宮城県図書館伊達文庫］
　　◇p684（カラー）　碧鳥 雄　堀田正敦『禽譜』　［宮城県図書館伊達文庫］
　　◇p685（カラー）　碧鳥 雌　堀田正敦『禽譜』　［宮城県図書館伊達文庫］
　　◇p686（カラー）　白頭鶯　堀田正敦『禽譜』　［宮城県図書館伊達文庫］
「舶来鳥獣図誌」八坂書房　1992
　　◇p19（カラー）　碧鳥『唐蘭船持渡鳥獣之図』　文政11（1828）渡来　［慶應義塾図書館］

「ビュフォンの博物誌」工作舎　1991
　　◇I109（カラー）『一般と個別の博物誌 ソンニーニ版』

ヘキチョウ　Lonchura maja ferrunginosa
「江戸鳥類大図鑑」平凡社　2006
　　◇p682（カラー）　キンハラ ジャワ島の亜種　堀田正敦『禽譜』　［宮城県図書館伊達文庫］

ヘキチョウ
「江戸時代に描かれた鳥たち」ソフトバンク クリエイティブ　2012
　　◇p45（カラー）　碧鳥『外国珍禽異鳥図』　江戸末期

ベニアジサシ　Sterna dougallii
「ジョン・グールド 世界の鳥」同朋舎出版　1994
　　◇377図（カラー）　リヒター，ヘンリー・コンスタンチン画『イギリスの鳥類』　1862〜73
「グールドの鳥類図譜」講談社　1982
　　◇p223（カラー）　夏羽成鳥 1867

ベニイタダキハチドリ　Sephanoides sephaniodes
「ジョン・グールド 世界の鳥」同朋舎出版　1994
　　◇247図（カラー）　リヒター，ヘンリー・コンスタンチン画『ハチドリ科の研究』　1849〜61

ベニイタダキハチドリ　Sephanoides sephanoides
「世界大博物図鑑 別巻1」平凡社　1993
　　◇p265（カラー）　デュプレ, L.I.『コキーユ号航海記』　1826〜34　手彩色銅版画

ベニイロフラミンゴ
「すごい博物画」グラフィック社　2017
　　◇図22（カラー）　オーデュボン, ジョン・ジェームズ『アメリカの鳥類』　1827〜38　手彩色のアクアチント

ベニインコ　Chalcopsitta cardinalis
「世界大博物図鑑 4」平凡社　1987
　　◇p211（カラー）　スミット原図『ロンドン動物学協会紀要』　1869　手彩色石版画

ベニオーストラリアヒタキ　Ephthianura tricolor
「世界大博物図鑑 4」平凡社　1987
　　◇p335（カラー）　グールド, J.『オーストラリア鳥類図譜』　1840〜48

ベニガオメキシコインコ　Aratinga mitrata
「世界大博物図鑑 別巻1」平凡社　1993
　　◇p228（カラー）　テミンク, C.J., ロジエ・ド・シャルルース, M.著『新編彩色鳥類図譜』　1820〜39　手彩色銅板画

ベニカザリフウチョウ　Paradisaea decora
「世界大博物図鑑 別巻1」平凡社　1993
　　◇p409（カラー）　グールド, J.『ニューギニア鳥類図譜』　1875〜88　手彩色石版

ベニカザリフウチョウ　Paradisea decora
「ジョン・グールド 世界の鳥」同朋舎出版　1994

へにか　　　　　　　　　　　　　　鳥

◇389図（カラー）　ハート，ウィリアム画『ニューギニアの鳥類』1875〜88

ベニカモ
「高松松平家所蔵　衆禽画譜　水禽・野鳥」香川県歴史博物館友の会博物図譜刊行会　2005
◇p42（カラー）　松平頼恭『衆禽画譜　水禽帖』江戸時代　紙本著色　画帖装（折本形式）　38.1×48.7　［個人蔵］

ベニキジ　Ithaginis cruentus
「世界大博物図鑑 4」平凡社　1987
◇p135（カラー）　ダヴィド神父，A.著，アルヌル石版『中国産鳥類』1877　手彩色石版

ベニコンゴウインコ　Ara chloroptera
「世界大博物図鑑 4」平凡社　1987
◇p203（カラー）　プレヴォー，F.著，ポーケ原図『熱帯鳥類図誌』[1879]　手彩色鋼版

ベニジュケイ　Tragopan temminckii
「江戸博物文庫　鳥の巻」工作舎　2017
◇p170（カラー）　紅綬鶏『外国珍禽異鳥図』江戸末期　［国立国会図書館］
「舶来鳥獣図誌」八坂書房　1992
◇p44（カラー）　寿鶏鳥　オス『唐蘭船持渡鳥獣之図』文政9（1826）渡来　［慶應義塾図書館］
◇p53（カラー）　寿鶏鳥『唐蘭船持渡鳥獣之図』弘化元（1844）渡来　［慶應義塾図書館］

ベニジュケイ
「江戸時代に描かれた鳥たち」ソフトバンク クリエイティブ　2012
◇p68（カラー）　寿鶏鳥『外国珍禽異鳥図』江戸末期

ベニスズメ　Amandava amandava
「江戸博物文庫　鳥の巻」工作舎　2017
◇p41（カラー）　紅雀　増山正賢『百鳥図』1800頃　［国立国会図書館］
「江戸鳥類大図鑑」平凡社　2006
◇p345（カラー）　紅雀　雌　メス　堀田正敦『禽譜』　［宮城県図書館伊達文庫］
◇p345（カラー）　べにすずめ　雄　オス　堀田正敦『禽譜』　［宮城県図書館伊達文庫］
◇p345（カラー）　むめこどり　雄雌　インドの亜種　堀田正敦『禽譜』　［宮城県図書館伊達文庫］
「舶来鳥獣図誌」八坂書房　1992
◇p21（カラー）　紅雀　雌　メス『唐蘭船持渡鳥獣之図』　天保10（1839）渡来　［慶應義塾図書館］
◇p21（カラー）　紅雀　雄　オス『唐蘭船持渡鳥獣之図』　天保10（1839）渡来　［慶應義塾図書館］
「ビュフォンの博物誌」工作舎　1991
◇I108（カラー）『一般と個別の博物誌 ソンニー二版』

ベニスズメ
「紙の上の動物園」グラフィック社　2017
◇p157（カラー）　アルビン，エレアザール『イギリス本土の昆虫の自然誌』1720
「江戸時代に描かれた鳥たち」ソフトバンク クリエイティブ　2012

◇p46（カラー）　紅雀　増山正賢（雪斎）『百鳥図』寛政12（1800）頃
◇p46（カラー）　紅雀　毛利梅園『梅園禽譜』天保10（1849）序
◇p46（カラー）　紅雀　水谷豊文『水谷禽譜』文化7（1810）頃

ベニハシガラス　Pyrrhocorax pyrrhocorax
「ビュフォンの博物誌」工作舎　1991
◇I072（カラー）『一般と個別の博物誌 ソンニー二版』
「グールドの鳥類図譜」講談社　1982
◇p129（カラー）　メス，オス　1871

ベニバト　Streptopelia tranquebarica
「江戸鳥類大図鑑」平凡社　2006
◇p455（カラー）　なむきんばと　オス　堀田正敦『禽譜』　［宮城県図書館伊達文庫］
◇p456（カラー）　弁柄ばと　オス　堀田正敦『禽譜』　［宮城県図書館伊達文庫］

ベニビタイガラ　Cephalopyrus flammiceps
（Burton 1836）
「フランスの美しい鳥の絵図鑑」グラフィック社　2014
◇p151（カラー）　エチェコパル，ロベール＝ダニエル著，バリュエル，ポール画

ベニヒワ　Acanthis flammea
「江戸鳥類大図鑑」平凡社　2006
◇p529（カラー）　ぬかひは　メス　堀田正敦『禽譜』　［宮城県図書館伊達文庫］
◇p530（カラー）　紅ひは　雄　オス　堀田正敦『禽譜』　［宮城県図書館伊達文庫］
◇p530（カラー）　べにひは　オス　堀田正敦『禽譜』　［宮城県図書館伊達文庫］
◇p530（カラー）　珠頂紅　オス　堀田正敦『禽譜』　［宮城県図書館伊達文庫］
◇p680（カラー）　珠頂紅　堀田正敦『禽譜』　［宮城県図書館伊達文庫］
「グールドの鳥類図譜」講談社　1982
◇p123（カラー）　旧北区ならびに新北区の北部で繁殖する亜種A.f.flamea.メス，オス　1866
◇p124（カラー）　イギリス，ヨーロッパアルプス，チェコスロバキアの山地に繁殖する亜種A.f.cabaret.オス，メス　1866

ベニヒワ　Carduelis flammea
「ビュフォンの博物誌」工作舎　1991
◇I108（カラー）『一般と個別の博物誌 ソンニー二版』
◇I114（カラー）『一般と個別の博物誌 ソンニー二版』

ベニフウチョウ　Paradisaea rubra
「フウチョウの自然誌 博物画の至宝」平凡社　1994
◇I—No.6（カラー）　L'Oiseau de Paradis rouge ルヴァイヤン，F.著，バラバン，J.原図　1806
「世界大博物図鑑 4」平凡社　1987
◇p382（カラー）　オス，メス　レッスン，R.P.著，プレートル原図，レモン銅版『フウチョウの自然

誌』 1835 手彩色銅版図
◇p382（カラー） ルヴァイラン, F.著, バラバン原
図『フウチョウの自然誌』 1806 銅版多色刷り

ベニフウチョウ
「紙の上の動物園」グラフィック社 2017
◇p108（カラー） ル・ヴァイラン, フランソワ
『フウチョウおよびローラーカナリアの自然誌、
オオハシとBarbus属に続く』 1806

ベニマシコ Uragus sibiricus
「江戸鳥類大図鑑」平凡社 2006
◇p521（カラー） こましこ 雄 オス夏羽 堀田正
敦『禽譜』 ［宮城県図書館伊達文庫］
◇p521（カラー） こましこ 雌 オス冬羽 堀田正
敦『禽譜』 ［宮城県図書館伊達文庫］
◇p521（カラー） こましこ オス夏羽 堀田正敦
『禽譜』 ［宮城県図書館伊達文庫］
◇p521（カラー） さるましこ メス 堀田正敦
『禽譜』 ［宮城県図書館伊達文庫］
◇p523（カラー） 大ましこ 菊ましこ 堀田正敦
『禽譜』 ［宮城県図書館伊達文庫］

ベニマシコ？ Uragus sibiricus ?
「江戸鳥類大図鑑」平凡社 2006
◇p304（カラー） 黄せきれい一種 メス 堀田正
敦『禽譜』 ［宮城県図書館伊達文庫］

紅マシコ
「高松松平家所蔵 衆禽画譜 水禽・野鳥」香川県
歴史博物館友の会博物図譜刊行会 2005
◇p93（カラー） 紅マシコ 雄 松平頼恭『衆禽画
譜 野鳥帖』 江戸時代 紙本著色 画帖装（折本形
式） 33.0×48.3 ［個人蔵］
◇p93（カラー） 紅マシコ 雌 松平頼恭『衆禽画
譜 野鳥帖』 江戸時代 紙本著色 画帖装（折本形
式） 33.0×48.3 ［個人蔵］

ベニマシコの雄？
「彩色 江戸博物学集成」平凡社 1994
◇p30（カラー） 貝原益軒『大和本草諸品図』

ヘビクイワシ Sagittarius serpentarius
「世界大博物図鑑 別巻1」平凡社 1993
◇p106（カラー） フォスマル, A.『オラニエ公飼
育アジア・アフリカ産動物誌』 1766～1804 手
彩色銅版
◇p107（カラー） ルヴァイラン, F.著, ラインホル
ト（ライノルト）原図, ラングロワ, オードベール
刷『アフリカ鳥類史』 1796～1808
「ビュフォンの博物誌」工作舎 1991
◇I187（カラー）『一般と個別の博物誌 ソンニー
ニ版』
「世界大博物図鑑 4」平凡社 1987
◇p103（カラー） キュヴィエ, G.L.C.F.D.『動物
界』 1836～49 手彩色銅版
◇p103（カラー） ブシェ, F.A.著, プレートル, J.
G.原図『教科動物学』 1841

ヘラサギ Platalea leucorodia
「江戸博物文庫 鳥の巻」工作舎 2017
◇p150（カラー） 箆鷺 服部雪斎『華鳥譜』
1862 ［国立国会図書館］

「江戸鳥類大図鑑」平凡社 2006
◇p63（カラー） へらさぎ『鳥類之図』 ［山階鳥
類研究所］
「世界大博物図鑑 別巻1」平凡社 1993
◇p56（カラー） シンツ, H.R.『鳥類分類学』
1846～53 石版図
「ビュフォンの博物誌」工作舎 1991
◇I195（カラー）『一般と個別の博物誌 ソンニー
ニ版』
「世界大博物図鑑 4」平凡社 1987
◇p58（カラー） キュヴィエ, G.L.C.F.D.『動物
界』 1836～49 手彩色銅版
「グールドの鳥類図譜」講談社 1982
◇p154（カラー） 雛, 雄親 1868

ヘラサギのくちばし
「世界大博物図鑑 4」平凡社 1987
◇p58（カラー） 高木春山『本草図説』 ？ ～1852

ヘラシギ Eurynorhynchus pygmeus
「江戸博物文庫 鳥の巻」工作舎 2017
◇p84（カラー） 箆鷸 水谷豊文『水谷禽譜』
1810頃 ［国立国会図書館］
「江戸鳥類大図鑑」平凡社 2006
◇p193（カラー） へらちどり 秋の個体 堀田正
敦『禽譜』 ［宮城県図書館伊達文庫］
「世界大博物図鑑 別巻1」平凡社 1993
◇p168（カラー）『アイビス』 1859～ ［山階鳥類
研究所］

ペリカン
「紙の上の動物園」グラフィック社 2017
◇p143（カラー） オーデュボン, ジョン・J.『アメ
リカの鳥類』 1827～38

ベーリングシマウ（メガネウ）
Phalacrocorax perspicillatus
「世界大博物図鑑 別巻1」平凡社 1993
◇p41（カラー） ロスチャイルド, L.W.『絶滅鳥類
誌』 1907 彩色クロモリトグラフ ［個人蔵］

ペルーカイツブリ（オオギンカイツブリ）
Podiceps taczanowskii
「世界大博物図鑑 別巻1」平凡社 1993
◇p32（カラー）『アイビス』 1859～ ［山階鳥類研
究所］

ペルークサカリドリ Phytotoma raimondi
「世界大博物図鑑 別巻1」平凡社 1993
◇p320（カラー）『ロンドン動物学協会紀要』 1861
～90,1891～1929 ［山階鳥類研究所］

ヘルメットハチドリ Oxypogon guerinii
「ジョン・グールド 世界の鳥」同朋舎出版 1994
◇237図（カラー） オス, 若鳥のメス リヒター,
ヘンリー・コンスタンチン画『ハチドリ科の研
究』 1849～61

ヘルメットモズ Euryceros prevostii
「世界大博物図鑑 4」平凡社 1987
◇p314（カラー） レッソン, R.P.『動物百図』
1830～32

へるも　　　　　　　鳥

ペルーモグリウミツバメ　Pelecanoides
garnotii
「世界大博物図鑑　別巻1」平凡社　1993
◇p37（カラー）　デュプレ，L.I.『コキーユ号航海
記』1826〜34　手彩色銅版画

"ペロン氏のエミュー"　"Dromaius peroni"
「世界大博物図鑑　別巻1」平凡社　1993
◇p20（カラー）　キングトウエミューD.
novaehollandiae minorかもしれない　ペロン，
F.著，フレシネ，L.C.D.de原図『オーストラリア
探検報告』1807〜16

ベンガルショウノガン　Houbaropsis
bengalensis
「世界大博物図鑑　別巻1」平凡社　1993
◇p165（カラー）　エドワーズ，G.『博物学選集』
1776　手彩色銅版

ベンガルハゲワシ　Pseudogyps bengalensis
「ビュフォンの博物誌」工作舎　1991
◇I008（カラー）『一般と個別の博物誌 ソンニー
ニ版』

ペンギン　Aptenodytes patagonicus
「世界大博物図鑑　4」平凡社　1987
◇p26（カラー）　マンショ　オウサマペンギン（キ
ングペンギン）　ビュフォン，G.L.L., Comte de,
ド・セーヴ原図『一般と個別の博物誌 ソンニー
ニ版』1799〜1808　銅版 カラー印刷

ベンジャク
「高松松平家所蔵 衆禽画譜 水禽・野鳥」香川県
歴史博物館友の会博物図譜刊行会　2005
◇p81（カラー）　松平頼恭『衆禽画譜 野鳥帖』江
戸時代　紙本著色 画帖装（折本形式）33.0×48.
3 ［個人蔵］

【ほ】

ホアカ
「高松松平家所蔵 衆禽画譜 水禽・野鳥」香川県
歴史博物館友の会博物図譜刊行会　2005
◇p80（カラー）　ホアカ 雌　松平頼恭『衆禽画譜
野鳥帖』江戸時代　紙本著色 画帖装（折本形
式）33.0×48.3 ［個人蔵］

ホイップアーウィルヨタカ　Caprimulgus
vociferus
「世界大博物図鑑　別巻1」平凡社　1993
◇p257（カラー）　ウィルソン，A.『アメリカ鳥類
学第2版』1828〜29

ホウオウジャク　Vidua paradisaea
「ビュフォンの博物誌」工作舎　1991
◇I111（カラー）　換羽『一般と個別の博物誌 ソン
ニーニ版』

ホウカンチョウ科　Cracidae
「ビュフォンの博物誌」工作舎　1991
◇I051（カラー）『一般と個別の博物誌 ソンニー

ニ版』

ホウカンチョウ科の解剖図　Cracidae
「ビュフォンの博物誌」工作舎　1991
◇I052（カラー）『一般と個別の博物誌 ソンニー
ニ版』

ボウシムナオビハチドリ　Augastes
lumachellus
「世界大博物図鑑　別巻1」平凡社　1993
◇p261（カラー）　グールド，J.『ハチドリ科鳥類図
譜』1849〜61　手彩色石版

ボウズミツスイ
⇒ズグロハゲミツスイ（ボウズミツスイ）を
見よ

ホウセキドリ　Pardalotus punctatus
「世界大博物図鑑　4」平凡社　1987
◇p347（カラー）　メス，オス　テミンク，C.J.著，
ユエ，N.原図『新編彩色鳥類図譜』1820〜39
手彩色銅版画

ホウロクシギ　Numenius madagascariensis
「江戸鳥類大図鑑」平凡社　2006
◇p296（カラー）　呼克薩拉翠　堀田正敦『禽譜』
［宮城県図書館伊達文庫］
「世界大博物図鑑　別巻1」平凡社　1993
◇p169（カラー）　シーボルト，P.F.von『日本動物
誌』1833〜50　手彩色石版

ホウロクシギあるいはダイシャクシギ
「彩色 江戸博物学集成」平凡社　1994
◇p30（カラー）　貝原益軒『大和本草諸品図』

ホオアカ　Emberiza fucata
「江戸鳥類大図鑑」平凡社　2006
◇p364（カラー）　ほうあか 雄　堀田正敦『禽譜』
［宮城県図書館伊達文庫］
◇p511（カラー）　木のはがへす　冬羽　堀田正敦
『禽譜』［宮城県図書館伊達文庫］

ホオアカ
「彩色 江戸博物学集成」平凡社　1994
◇p82（カラー）　メス　松平頼恭『衆禽図』［松
平公益会］
「江戸の動植物図」朝日新聞社　1988
◇p28（カラー）　松平頼恭，三木文柳『衆禽画譜』
［松平公益会］

ホオアカ？　Emberiza fucata？
「江戸鳥類大図鑑」平凡社　2006
◇p364（カラー）　ほうあか 雌　堀田正敦『禽譜』
［宮城県図書館伊達文庫］

ホオアカトキ　Geronticus eremita
「世界大博物図鑑　別巻1」平凡社　1993
◇p53（カラー）　モリガラス　ゲスナー，C.『動物
誌』1551〜87

ホオカザリヅル　Bugeranus carunculatus
「世界大博物図鑑　別巻1」平凡社　1993
◇p148（カラー）　ヴィエイヨー，L.J.P.著，ウダー
ル，P.L.原図『鳥類画廊』1820〜26

鳥　　　　　　　　　　　　　　　　　　　　ほおみ

ホオカザリハチドリ　Lophornis ornata
「ジョン・グールド 世界の鳥」同朋舎出版　1994
◇221図（カラー）　オス，メス　リヒター，ヘン
リー・コンスタンチン画『ハチドリ科の研究』
1849〜61
「世界大博物図鑑 4」平凡社　1987
◇p241（カラー）　ドノヴァン，E.『博物宝典』
1834

ホオジロ　Emberiza cioides
「江戸博物文庫 鳥の巻」工作舎　2017
◇p74（カラー）　頬白　牧野貞幹『鳥類写生図』
1810頃　［国立国会図書館］
「江戸鳥類大図鑑」平凡社　2006
◇p361（カラー）　ほう白　オス　堀田正敦『禽譜』
［宮城県図書館伊達文庫］
◇p362（カラー）　白道眉　メス？　堀田正敦『禽
譜』　［宮城県図書館伊達文庫］

ホオジロ
「彩色 江戸博物学集成」平凡社　1994
◇p170〜171（カラー）　増山雪斎『百鳥図』　国
会図書館］

ホオジロ？　Emberiza cioides？
「江戸鳥類大図鑑」平凡社　2006
◇p363（カラー）　かきほう白　堀田正敦『禽譜』
［宮城県図書館伊達文庫］

ホオジロエナガ　Aegithalos leucogenys
（Horsfield & Moore 1854）
「フランスの美しい鳥の絵図鑑」グラフィック社
2014
◇p125（カラー）　エチェコパル，ロベール＝ダニ
エル著，バリュエル，ポール画

ホオジロエボシドリ　Tauraco leucotis
「世界大博物図鑑 4」平凡社　1987
◇p214（カラー）　プレヴォー，F.著，ポーケ原図
『熱帯鳥類図誌』　［1879］　手彩色銅版

ホオジロ科　Emberizidae
「ビュフォンの博物誌」工作舎　1991
◇I115（カラー）『一般と個別の博物誌 ソンニー
二版』

ホオジロ科　Emberizidae？
「ビュフォンの博物誌」工作舎　1991
◇I124（カラー）『一般と個別の博物誌 ソンニー
二版』

ホオジロガモ　Anas clangula
「ビュフォンの博物誌」工作舎　1991
◇I236（カラー）『一般と個別の博物誌 ソンニー
二版』

ホオジロガモ　Bucephala clangula
「江戸博物文庫 鳥の巻」工作舎　2017
◇p18（カラー）　頬白鴨　河野通明写『奇鳥生写
図』　1807　［国立国会図書館］
「江戸鳥類大図鑑」平凡社　2006
◇p130（カラー）　てこがも　オスエクリプス羽
堀田正敦『禽譜』　［宮城県図書館伊達文庫］

◇p156（カラー）　羽じろ鴨 雄　オス　堀田正敦
『禽譜』　［宮城県図書館伊達文庫］
◇p156（カラー）　羽しろ鴨 雌　オス　堀田正敦
『禽譜』　［宮城県図書館伊達文庫］
◇p157（カラー）　頬白かも 雄　オス　堀田正敦
『禽譜』　［宮城県図書館伊達文庫］
◇p157（カラー）　頬白かも 雌　オス　堀田正敦
『禽譜』　［宮城県図書館伊達文庫］
「ジョン・グールド 世界の鳥」同朋舎出版　1994
◇370図（カラー）　メス，オス，求愛行動をするオ
ス　リヒター，ヘンリー・コンスタンチン画『イ
ギリスの鳥類』　1862〜73
「グールドの鳥類図譜」講談社　1982
◇p203（カラー）　メス，オス　1869

ホオジロガモ？　Bucephala clangula？
「江戸鳥類大図鑑」平凡社　2006
◇p159（カラー）　すゞかも 雄　オス　堀田正敦
『禽譜』　［宮城県図書館伊達文庫］

ホオジロカンムリヅル　Balearica regulorum
「世界大博物図鑑 別巻1」平凡社　1993
◇p148（カラー）　グレイ，J.E.著，リア，E.原図
『ノーズレー・ホール鳥類飼育園拾遺録』　1846
手彩色石版

ホオジロシマアカゲラ　Picoides borealis
「世界大博物図鑑 別巻1」平凡社　1993
◇p297（カラー）　オーデュボン，J.J.L.著，ヘーベ
ル，ロバート・ジュニア製版『アメリカの鳥類』
1827〜38　［ニューオーリンズ市立博物館］

ホオダレサンショウクイ　Campephaga lobata
「世界大博物図鑑 別巻1」平凡社　1993
◇p328（カラー）　メス　テミンク，C.J.，ロジエ・
ド・シャルトルース，M.著『新編彩色鳥類図譜』
1820〜39　手彩色銅版画
◇p328（カラー）　オス　テミンク，C.J.，ロジエ・
ド・シャルトルース，M.著『新編彩色鳥類図譜』
1820〜39　手彩色銅版画
「世界大博物図鑑 4」平凡社　1987
◇p307（カラー）　メス，オス　テミンク，C.J.著，
プレートル，J.G.原図『新編彩色鳥類図譜』
1820〜39　手彩色銅版画

ホオダレムクドリ　Heteralocha acutirostris
「ジョン・グールド 世界の鳥」同朋舎出版　1994
◇130図（カラー）　つがい　グールド，エリザベス
画『オーストラリアの鳥類』　1840〜48
「世界大博物図鑑 別巻1」平凡社　1993
◇p396（カラー）　メス，オス　ブラー，W.L.著，
キューレマンス，J.G.図『ニュージーランド鳥類
誌第2版』　1887〜88　手彩色石版図
「世界大博物図鑑 4」平凡社　1987
◇p374（カラー）　メス，オス　グールド，J.『オー
ストラリア鳥類図譜』　1840〜48

ホオミドリウロコインコ　Pyrrhura molinae
「世界大博物図鑑 別巻1」平凡社　1993
◇p229（カラー）　スクレイター，P.L.，ハドソン，
W.H.著，キューレマンス，J.G.図『アルゼンチン

博物図譜レファレンス事典 動物篇　**483**

ほくし　　　　　　　　鳥

鳥類学」　1888～89　手彩色石版　〔個人蔵〕

（墨書なし）

「高松松平家所蔵 衆禽画譜 水禽・野鳥」香川県
歴史博物館友の会博物図譜刊行会　2005
　◇p35（カラー）　松平頼恭『衆禽画譜 水禽帖』江
　戸時代　紙本著色　画帖装（折本形式）　38.1×48.
　7　〔個人蔵〕
　◇p99（カラー）　松平頼恭『衆禽画譜 野鳥帖』江
　戸時代　紙本著色　画帖装（折本形式）　33.0×48.
　3　〔個人蔵〕

ホシガラス　Nucifraga caryocatactes

「江戸博物文庫 鳥の巻」工作舎　2017
　◇p80（カラー）　星鴉　水谷豊文『水谷氏禽譜』
　〔国立国会図書館〕
「フウチョウの自然誌 博物画の至宝」平凡社
1994
　◇I-No.55（カラー）　Le Casse noix　ルヴァイヤ
　ン，F.著，パラバン，J.原図 1806
「グールドの鳥類図譜」講談社　1982
　◇p131（カラー）　成鳥 1865
　◇p132（カラー）　幼鳥 1873

ホシハジロ　Aythya ferina

「江戸鳥類大図鑑」平凡社　2006
　◇p161（カラー）　ほつち羽白 雄　堀田正敦『禽
　譜』　〔宮城県図書館伊達文庫〕
　◇p162（カラー）　同〔ほつちはじろ〕 雌　堀田正
　敦『禽譜』　〔宮城県図書館伊達文庫〕
「グールドの鳥類図譜」講談社　1982
　◇p197（カラー）　オス，メス 1871

ホシムクドリ　Sturnus vulgaris

「ジョン・グールド 世界の鳥」同朋舎出版　1994
　◇349図（カラー）　春先の成鳥，雛　リヒター，ヘ
　ンリー・コンスタンチン画『イギリスの鳥類』
　1862～73
「ビュフォンの博物誌」工作舎　1991
　◇I087（カラー）『一般と個別の博物誌 ソンニー
　ニ版』
「グールドの鳥類図譜」講談社　1982
　◇p124（カラー）　幼鳥 1873

ホシムクドリ

「グールドの鳥類図譜」講談社　1982
　◇p125（カラー）　雛，親鳥雌雄 1868

ホシムクドリ（冬羽）

「紙の上の動物園」グラフィック社　2017
　◇p153（カラー）　コイレマンス，ジョン・ギャ
　ラード『ブリテン諸島の鳥類のカラー絵図』
　1885～97　版画

ホ白

「高松松平家所蔵 衆禽画譜 水禽・野鳥」香川県
歴史博物館友の会博物図譜刊行会　2005
　◇p86（カラー）　松平頼恭『衆禽画譜 野鳥帖』江
　戸時代　紙本著色　画帖装（折本形式）　33.0×48.
　3　〔個人蔵〕

ホシロガモ

「高松松平家所蔵 衆禽画譜 水禽・野鳥」香川県
歴史博物館友の会博物図譜刊行会　2005
　◇p39（カラー）　松平頼恭『衆禽画譜 水禽帖』江
　戸時代　紙本著色　画帖装（折本形式）　38.1×48.
　7　〔個人蔵〕

ホソフタオハチドリ　Thaumastura cora

「世界大博物図鑑 別巻1」平凡社　1993
　◇p269（カラー）　レッソン，R.P.『ハチドリの自
　然誌』　1829～30　多色刷り銅版

ボーダンクロオウム　Calyptorhynchus
baudinii

「世界大博物図鑑 別巻1」平凡社　1993
　◇p216（カラー）　リア，E.著，ハルマンデル，C.J.
　プリント『オウム・インコ類図譜』　1830～32
　手彩色石版

ホテキテンニンチョウ　Vidua regia

「ビュフォンの博物誌」工作舎　1991
　◇I111（カラー）『一般と個別の博物誌 ソンニー
　ニ版』

ボトシギ

「高松松平家所蔵 衆禽画譜 水禽・野鳥」香川県
歴史博物館友の会博物図譜刊行会　2005
　◇p26（カラー）　松平頼恭『衆禽画譜 水禽帖』江
　戸時代　紙本著色　画帖装（折本形式）　38.1×48.
　7　〔個人蔵〕

ほととぎす

「鳥の手帖」小学館　1990
　◇p134～135（カラー）　ほととぎすの仲間　毛利
　梅園『梅園禽譜』　天保10（1839）序　〔国立国会
　図書館〕

ホトトギス　Cuculus poliocephalus

「江戸博物文庫 鳥の巻」工作舎　2017
　◇p63（カラー）　杜鵑　牧野貞幹『鳥類写生図』
　1810頃　〔国立国会図書館〕
「江戸鳥類大図鑑」平凡社　2006
　◇p478（カラー）　ほと、ぎす 雄雛　オス　堀田正
　敦『禽譜』　〔宮城県図書館伊達文庫〕
　◇p478（カラー）　ほと、ぎす 幼鳥　堀田正敦
　『禽譜』　〔宮城県図書館伊達文庫〕
　◇p479（カラー）　ほと、ぎす 雄　堀田正敦『禽
　譜』　〔宮城県図書館伊達文庫〕
　◇p479（カラー）　ほと、ぎす 雌　メス赤色型　堀
　田正敦『禽譜』　〔宮城県図書館伊達文庫〕

ホトトギス

「江戸時代に描かれた鳥たち」ソフトバンク ク
リエイティブ　2012
　◇p92（カラー）　杜鵑　毛利梅園『梅園禽譜』　天
　保10（1849）序
「江戸鳥類大図鑑」平凡社　2006
　◇p478（カラー）　同〔ほと、ぎす〕 卵　堀田正敦
　『禽譜』　〔宮城県図書館伊達文庫〕

ホトトギス科　Cuculidae

「ビュフォンの博物誌」工作舎　1991
　◇I162（カラー）『一般と個別の博物誌 ソンニー

484　博物図譜レファレンス事典 動物篇

二版』

ホトトギス科　Cuculidae？
「ビュフォンの博物誌」工作舎　1991
◇I164（カラー）『一般と個別の博物誌 ソンニー二版』

ホトトギス、カッコウ、ツツドリのいずれか
「彩色 江戸博物学集成」平凡社　1994
◇p55（カラー）　ととう鳥　丹羽正伯『御書上産物之内御不審物図』　［盛岡市中央公民館］

ボナパルトカモメ　Larus philadelphia
「グールドの鳥類図譜」講談社　1982
◇p220（カラー）　夏羽成鳥, 亜成鳥 1873

ボネリークマタカ　Hieraaetus fasciatus
「ビュフォンの博物誌」工作舎　1991
◇I008（カラー）『一般と個別の博物誌 ソンニー二版』

ボハラシジュウカラ　Parus bokharensis
（Lichtenstein 1823）
「フランスの美しい鳥の絵図鑑」グラフィック社　2014
◇p217（カラー）　エチェコパル, ロベール＝ダニエル著, バリュエル, ポール画

ホロホロチョウ　Numida galeata
「江戸鳥類大図鑑」平凡社　2006
◇p265（カラー）　ボルボラアト 蘭船　堀田正敦『禽譜』　［宮城県図書館伊達文庫］
◇p266（カラー）　ボルボラアト 蘭船　堀田正敦『禽譜』　［宮城県図書館伊達文庫］

ホロホロチョウ　Numida meleagris
「江戸博物文庫 鳥の巻」工作舎　2017
◇p169（カラー）　ほろほろ鳥『外国珍禽異鳥図』江戸末期　［国立国会図書館］
「舶来鳥獣図誌」八坂書房　1992
◇p38, 39（カラー）　ボルボラアト鳥『唐蘭船持渡鳥獣之図』　文政2（1819）渡来　［慶應義塾図書館］
◇p39（カラー）　ボルボラアト鳥『唐蘭船持渡鳥獣之図』　文政5（1822）渡来　［慶應義塾図書館］
「ビュフォンの博物誌」工作舎　1991
◇I038（カラー）『一般と個別の博物誌 ソンニー二版』
「世界大博物図鑑 4」平凡社　1987
◇p146（カラー）　ビュフォン, G.L.L., Comte de, トラヴィエ, E.原図『博物誌』1853〜57　手彩色鋼版画

ホロホロチョウ
「江戸時代に描かれた鳥たち」ソフトバンク クリエイティブ　2012
◇p69（カラー）　ボルボラアト鳥『外国珍禽異鳥図』　江戸末期

ホンケワタガモ　Somateria mollissima
「ジョン・グールド 世界の鳥」同朋舎出版　1994
◇369図（カラー）　リヒター, ヘンリー・コンスタンチン画『イギリスの鳥類』1862〜73

「ビュフォンの博物誌」工作舎　1991
◇I232（カラー）　メス『一般と個別の博物誌 ソンニー二版』
「グールドの鳥類図譜」講談社　1982
◇p200（カラー）　オス, メス 1870

ホンセイインコ？　Psittacula krameri？
「江戸鳥類大図鑑」平凡社　2006
◇p433（カラー）　黄鸚哥　堀田正敦『禽譜』［宮城県図書館伊達文庫］

【 ま 】

マイコドリ　Manacus manacus
「ビュフォンの博物誌」工作舎　1991
◇I125（カラー）『一般と個別の博物誌 ソンニー二版』

マウ
「高松松平家所蔵 衆禽画譜 水禽・野鳥」香川県歴史博物館友の会博物図譜刊行会　2005
◇p69（カラー）　松平頼恭『衆禽画譜 水禽帖』 江戸時代　紙本著色 画帖装（折本形式）　38.1×48.7　［個人蔵］

マウイカワリハシハワイミツスイのオアフ亜種　Hemignathus lucidus lucidus
「世界大博物図鑑 別巻1」平凡社　1993
◇p377（カラー）　ロスチャイルド, L.W.『絶滅鳥類誌』1907　彩色クロモリトグラフ　［個人蔵］
◇p385（カラー）　ウィルソン, S.B., エヴァンズ, A.H.著, フロホーク, F.W.原図『ハワイ鳥類学』1890〜99

マウイカワリハシハワイミツスイのカウアイ亜種　Hemignathus lucidus hanapepe
「世界大博物図鑑 別巻1」平凡社　1993
◇p384（カラー）『アイビス』1859〜　［山階鳥類研究所］
◇p385（カラー）　メス, オス　ウィルソン, S.B., エヴァンズ, A.H.著, フロホーク, F.W.原図『ハワイ鳥類学』1890〜99

マウイカワリハシハワイミツスイのマウイ亜種　Hemignathus lucidus affinis
「世界大博物図鑑 別巻1」平凡社　1993
◇p385（カラー）　ウィルソン, S.B., エヴァンズ, A.H.著, フロホーク, F.W.原図『ハワイ鳥類学』1890〜99

マカモ
「高松松平家所蔵 衆禽画譜 水禽・野鳥」香川県歴史博物館友の会博物図譜刊行会　2005
◇p22（カラー）　松平頼恭『衆禽画譜 水禽帖』 江戸時代　紙本著色 画帖装（折本形式）　38.1×48.7　［個人蔵］

マガモ　Anas platyrhynchos
「江戸博物文庫 鳥の巻」工作舎　2017
◇p142（カラー）　真鴨　服部雪斎『華鳥譜』1862　［国立国会図書館］

まかも　　　　　　　　　　　鳥

「江戸鳥類大図鑑」平凡社 2006
◇p122(カラー) まがも 雄 オス 堀田正敦『禽譜』[宮城県図書館伊達文庫]
◇p123(カラー) まがも 雌 メス 堀田正敦『禽譜』[宮城県図書館伊達文庫]
「日本の博物図譜」東海大学出版会 2001
◇p69(白黒) 鴨図 オス 尾形光琳筆
「ジョン・グールド 世界の鳥」同朋舎出版 1994
◇367図(カラー) メス, オス ヴォルフ, ヨゼフ, リヒター, ヘンリー・コンスタンチン画『イギリスの鳥類』1862～73
「ビュフォンの博物誌」工作舎 1991
◇I232(カラー)『一般と個別の博物誌 ソンニーニ版』
◇I240(カラー) オス『一般と個別の博物誌 ソンニーニ版』
◇I241(カラー) メス『一般と個別の博物誌 ソンニーニ版』
「世界大博物図鑑 4」平凡社 1987
◇p62(カラー) オス, メスと雛 キュヴィエ, G.L.C.F.D.『動物界』1836～49 手彩色銅版
◇p62(カラー) オス, メスと雛 ビュフォン, G.L.L., Comte de, トラヴィエ, E.原図『博物誌』1853～57 手彩色銅版画
「グールドの鳥類図譜」講談社 1982
◇p195(カラー) オス, メス 1872

マガモ
「グールドの鳥類図譜」講談社 1982
◇p12(白黒) 湿地のマガモ オージュボン, ジョン・ジェームズ『The Birds of America』

マガモ×カルガモ
「江戸鳥類大図鑑」平凡社 2006
◇p125(カラー) カルカモ 一種 オス 堀田正敦『禽譜』[宮城県図書館伊達文庫]

マガン　Anser albifrons
「江戸鳥類大図鑑」平凡社 2006
◇p105(カラー) 雁マダラ 牧野貞幹『鳥類写生図』文化7(1810)頃 [国会図書館]
◇p110～111(カラー) 真雁 雛 若鳥『衆芳軒旧蔵 禽譜』[国会図書館洋文庫]
「ビュフォンの博物誌」工作舎 1991
◇I229(カラー)『一般と個別の博物誌 ソンニーニ版』
「世界大博物図鑑 4」平凡社 1987
◇p63(カラー) ドノヴァン, E.『英国鳥誌』1794～1819
「グールドの鳥類図譜」講談社 1982
◇p189(カラー) 親鳥, 雛 1871

マガン　Anser albifrons frontalis
「世界大博物図鑑 別巻1」平凡社 1993
◇p64(カラー) 松平頼恭『衆禽図』18世紀後半 [松平公益会]

マガン
「高松松平家所蔵 衆禽画譜 水禽・野鳥」香川県歴史博物館友の会博物図譜刊行会 2005
◇p11(カラー) 松平頼恭『衆禽画譜 水禽帖』江

戸時代 紙本著色 画帖装(折本形式) 38.1×48.7 [個人蔵]
「世界大博物図鑑 別巻1」平凡社 1993
◇p64(カラー) ビュフォン, G.L.L., Comte de『一般と個別の博物誌(ソンニーニ版)』1799～1808 銅版 カラー印刷
「江戸の動植物図」朝日新聞社 1988
◇p29(カラー) 松平頼恭, 三木文柳『衆禽画譜』[松平公益会]

マガン？　Anser albifrons ？
「江戸鳥類大図鑑」平凡社 2006
◇p114(カラー) 奈倍雁『成形図説 鳥之部』[東京国立博物館]

マキエゴシキインコ　Platycercus (Barnardius) zonarius
「ジョン・グールド 世界の鳥」同朋舎出版 1994
◇143図(カラー) リヒター, ヘンリー・コンスタンチン画『オーストラリアの鳥類』1840～48

マキバシギ　Bartramia longicauda
「グールドの鳥類図譜」講談社 1982
◇p171(カラー) メス, オス 1872

マキバタヒバリ　Anthus pratensis
「ビュフォンの博物誌」工作舎 1991
◇I135(カラー)『一般と個別の博物誌 ソンニーニ版』
「グールドの鳥類図譜」講談社 1982
◇p105(カラー) つがいの2羽 1863

マクジャク　Pavo muticus
「江戸博物文庫 鳥の巻」工作舎 2017
◇p64(カラー) 真孔雀 牧野貞幹『鳥類写生図』1810頃 [国立国会図書館]
「江戸鳥類大図鑑」平凡社 2006
◇p586(カラー) 孔雀 雄 オス 堀田正敦『禽譜』[宮城県図書館伊達文庫]
◇p587(カラー) 孔雀 雌 オス 堀田正敦『禽譜』[宮城県図書館伊達文庫]
「世界大博物図鑑 別巻1」平凡社 1993
◇p140(カラー) オスの頭部『博物館禽譜』1875～79(明治8～12)編集 [東京国立博物館]
◇p140(カラー) マルティネ, F.N.『鳥類誌』1787～96 手彩色銅版
◇p140(カラー) ヴィエイヨー, L.J.P.著, ウダール, P.L.原図『鳥類画廊』1820～26

マクジャク
「江戸時代に描かれた鳥たち」ソフトバンク クリエイティブ 2012
◇p68(カラー) 孔雀 牧野貞幹『鳥類写生図』文化7(1810)頃
「彩色 江戸博物学集成」平凡社 1994
◇p42～43(カラー) 真孔雀 メス全身図, オス 尾形光琳『鳥獣写生図巻』[文化庁]
◇p174(カラー) 堀田正敦『大禽譜 山禽(上)』

マシギ
「高松松平家所蔵 衆禽画譜 水禽・野鳥」香川県歴史博物館友の会博物図譜刊行会 2005

鳥　　　　　　　　　　　　　　　　　　　　　　またら

◇p23（カラー）　松平頼恭『衆禽画譜 水禽帖』 江
戸時代　紙本著色 画帖装（折本形式）　38.1×48.
7　［個人蔵］

マスカリンインコ　Mascarinus mascarinus
「世界大博物図鑑 別巻1」平凡社　1993
◇p200（カラー）　ルヴァイヤン, F.著, バラバン原
図, ラングロワ刷『オウムの自然誌』 1801〜05
銅版多色刷り
◇p201（カラー）　ロスチャイルド, L.W.『絶滅鳥
類誌』 1907　彩色クロモリトグラフ　［個人蔵］

マスカリンインコ　Psittacus mascarin
「ビュフォンの博物誌」工作舎　1991
◇I251（カラー）『一般と個別の博物誌 ソンニ
ニ版』

マスカリンメジロ　Zosferops borbanica
「ビュフォンの博物誌」工作舎　1991
◇I147（カラー）『一般と個別の博物誌 ソンニ
ニ版』

マダガスカルオウチュウ　Dicrurus forficatus
「ビュフォンの博物誌」工作舎　1991
◇I133（カラー）『一般と個別の博物誌 ソンニ
ニ版』

マダガスカルカッコウ　Coua caerulea
「ビュフォンの博物誌」工作舎　1991
◇I162（カラー）『一般と個別の博物誌 ソンニ
ニ版』

マダガスカルジカッコウ　Coua delalandei
「世界大博物図鑑 別巻1」平凡社　1993
◇p236（カラー）　レッソン, R.P.『ビュフォン著
作集（レッスン版）』 1838　手彩色銅版画
「ビュフォンの博物誌」工作舎　1991
◇I161（カラー）『一般と個別の博物誌 ソンニ
ニ版』
「世界大博物図鑑 4」平凡社　1987
◇p215（カラー）　テミンク, C.J.著, ユエ, N.原図
『新編彩色鳥類図譜』 1820〜39　手彩色銅版画

マダガスカルシャコ　Margaroperdix
madagarensis
「世界大博物図鑑 4」平凡社　1987
◇p114（カラー）　テミンク, C.J.著, プレートル,
J.G.原図『新編彩色鳥類図譜』 1820〜39　手彩
色銅版画

マダガスカルタンビヒタキ　Pseudobias
wardi
「世界大博物図鑑 別巻1」平凡社　1993
◇p344（カラー）『アイビス』 1859〜　［山階鳥類
研究所］

マダガスカルチュウヒ　Circus maillardi
「世界大博物図鑑 4」平凡社　1987
◇p98（カラー）　若鳥　テミンク, C.J.著, ユエ, N.
原図『新編彩色鳥類図譜』 1820〜39　手彩色銅
版画

マダガスカルノスリ　Buteo brachypterus
「世界大博物図鑑 別巻1」平凡社　1993

◇p104（カラー）『アイビス』 1859〜　［山階鳥類
研究所］

マダガスカルヘビワシ　Eutriorchis astur
「世界大博物図鑑 別巻1」平凡社　1993
◇p89（カラー）『ロンドン動物学協会紀要』 1861
〜90,1891〜1929　［山階鳥類研究所］

マダガスカルミフウズラ　Turnix nigricollis
「ビュフォンの博物誌」工作舎　1991
◇I056（カラー）『一般と個別の博物誌 ソンニ
ニ版』

マダガスカルムジクイナ　Sarothrura watersi
「世界大博物図鑑 別巻1」平凡社　1993
◇p157（カラー）　メス, オス『ロンドン動物学協
会紀要』 1861〜90,1891〜1929　［山階鳥類研究
所］

マダガスカルルリバト　Alectroenas
madagascariensis
「世界大博物図鑑 別巻1」平凡社　1993
◇p197（カラー）　クニップ夫人『ハト図譜』
1808〜11　手彩色銅版

マダラウズラ　Odontophorus guttatus
「ジョン・グールド 世界の鳥」同朋舎出版　1994
◇195図（カラー）　リヒター, ヘンリー・コンスタ
ンチン画『アメリカ産ウズラ類の研究』 1844〜
50

マダラオオガシラ　Bucco tamatia
「フウチョウの自然誌 博物画の至宝」平凡社
1994
◇II-No.41（カラー）　Le Tamatia à gorge rousse
ルヴァイヤン, F.著, バラバン, J.R.図 1806
「ビュフォンの博物誌」工作舎　1991
◇I178（カラー）『一般と個別の博物誌 ソンニ
ニ版』

マダラオハチドリ　Phlogophilus
hemileucurus
「世界大博物図鑑 別巻1」平凡社　1993
◇p264（カラー）　グールド, J.『ハチドリ科鳥類図
譜』 1849〜61　手彩色石版

マダラカンムリカッコウ　Clamator
glandarius
「世界大博物図鑑 4」平凡社　1987
◇p215（カラー）　テミンク, C.J.著, ユエ, N.原図
『新編彩色鳥類図譜』 1820〜39　手彩色銅版画
「グールドの鳥類図譜」講談社　1982
◇p133（カラー）　オス成鳥 1871

マダラニワシドリ　Chlamydera maculata
「ジョン・グールド 世界の鳥」同朋舎出版　1994
◇117図（カラー）　グールド, エリザベス画『オー
ストラリアの鳥類』 1840〜48
「世界大博物図鑑 4」平凡社　1987
◇p378（カラー）　マシューズ, G.M.『オーストラ
リアの鳥類』 1910〜28　手彩色石版

博物図譜レファレンス事典 動物篇　**487**

まだら　　　　　　　　　鳥

マダラフルマカモメ　Daption capense
「ビュフォンの博物誌」工作舎　1991
◇I243（カラー）『一般と個別の博物誌 ソンニーニ版』
「世界大博物図鑑 4」平凡社　1987
◇p34（カラー）　トラヴィエ, E.原図, キュヴィエ, G.L.C.F.D.『動物界』1836〜49　手彩色銅版

マツアメリカムシクイ　Dendroica pinus
「すごい博物画」グラフィック社　2017
◇図版78（カラー）　キノドアカムシクイ, マツアメリカムシクイ, アメリカハナノキ　ケイツビー, マーク 1722〜26頃　ペンと茶色のインクの上にアラビアゴムを混ぜた水彩と濃厚顔料　37.4×26.9　［ウィンザー城ロイヤル・ライブラリー］

マナヅル　Grus vipio
「江戸博物文庫 鳥の巻」工作舎　2017
◇p136（カラー）　真名鶴　服部雪斎『華鳥譜』1862　［国立国会図書館］
「江戸鳥類大図鑑」平凡社　2006
◇p39（カラー）　真鶴 一番雛『衆芳軒旧蔵 禽譜』［国会図書館東洋文庫］
◇p40（カラー）　灰鶴　余曾三図, 張廷玉, 顎爾泰賦『百花鳥図』［国会図書館］
◇p46（カラー）　かきづる　幼鳥『鳥類之図』［山階鳥類研究所］
「世界大博物図鑑 別巻1」平凡社　1993
◇p145（カラー）　後藤梨春『随観写真』　明和8（1771）頃
◇p145（カラー）　ヴィエイヨー, L.J.P.著, ウダール, P.L.原図『鳥類画廊』1820〜26
「世界大博物図鑑 4」平凡社　1987
◇p150（カラー）　テミンク, C.J.著, ユエ, N.原図『新編彩色鳥類図譜』1820〜39　手彩色銅版画

マネシツグミ　Mimus polyglottos
「ビュフォンの博物誌」工作舎　1991
◇I093（カラー）『一般と個別の博物誌 ソンニーニ版』
「世界大博物図鑑 4」平凡社　1987
◇p318（カラー）　デ・ケイ, J.E.著, ヒル, J.W.原図『ニューヨーク動物誌』1844　手彩色石版

まひわ
「鳥の手帖」小学館　1990
◇p161（カラー）　真鶴　毛利梅園『梅園禽譜』天保10（1839）序　［国立国会図書館］

マヒワ　Carduelis spinus
「江戸鳥類大図鑑」平凡社　2006
◇p526（カラー）　ひは 雌　メス　堀田正敦『禽譜』［宮城県図書館伊達文庫］
◇p526（カラー）　ひは 雄　オス　堀田正敦『禽譜』［宮城県図書館伊達文庫］
◇p529（カラー）　大ひは　オス　堀田正敦『禽譜』［宮城県図書館伊達文庫］
「舶来鳥獣図誌」八坂書房　1992
◇p20（カラー）　黄雀『唐蘭船持渡鳥獣之図』［慶應義塾図書館］
◇p102（カラー）　黄雀『外国産鳥之図』　［国立

国会図書館］
「ビュフォンの博物誌」工作舎　1991
◇I114（カラー）『一般と個別の博物誌 ソンニーニ版』
「グールドの鳥類図譜」講談社　1982
◇p116（カラー）　メス, オス 1867

マヒワ
「江戸時代に描かれた鳥たち」ソフトバンク クリエイティブ　2012
◇p87（カラー）　鶸　毛利梅園『梅園禽譜』天保10（1849）序
「高松松平家所蔵 衆禽画譜 水禽・野鳥」香川県歴史博物館友の会博物図譜刊行会　2005
◇p94（カラー）　松平頼恭『衆禽画譜 野鳥帖』江戸時代　紙本著色 画帖装（折本形式）　33.0×48.3　［個人蔵］
「彩色 江戸博物学集成」平凡社　1994
◇p111（カラー）　金翅　メス, オスの若鳥かもしれない　小野蘭山『諸鳥譜』　［東洋文庫］
◇p158〜159（カラー）　オス　佐竹曙山『模写並写生帖』　［千秋美術館］

マヒワ？　Carduelis spinus ?
「江戸鳥類大図鑑」平凡社　2006
◇p528（カラー）　きひは　堀田正敦『禽譜』［宮城県図書館伊達文庫］

マミジロ　Turdus sibiricus
「江戸博物文庫 鳥の巻」工作舎　2017
◇p49（カラー）　眉白　増山正賢『百鳥図』1800頃　［国立国会図書館］
「江戸鳥類大図鑑」平凡社　2006
◇p566（カラー）　黒しなひ　オス　堀田正敦『禽譜』　［宮城県図書館伊達文庫］
◇p567（カラー）　まゆじろつぐみ 雄　オス　堀田正敦『禽譜』　［宮城県図書館伊達文庫］
◇p567（カラー）　まゆじろつぐみ 雌　メス　堀田正敦『禽譜』　［宮城県図書館伊達文庫］
「グールドの鳥類図譜」講談社　1982
◇p76（カラー）　オス成鳥, メス成鳥 1873

マミジロ　Zoothera sibirica (Pallas 1776)
「フランスの美しい鳥の絵図鑑」グラフィック社　2014
◇p15（カラー）　エチェコパル, ロベール=ダニエル著, バリュエル, ポール画

マミジロ？　Turdus sibiricus ?
「江戸鳥類大図鑑」平凡社　2006
◇p567（カラー）　まみじろつぐみ 一種 雌　堀田正敦『禽譜』　［宮城県図書館伊達文庫］

マミジロキクイタダキ　Regulus ignicapilla (Temminck 1820)
「フランスの美しい鳥の絵図鑑」グラフィック社　2014
◇p21（カラー）　エチェコパル, ロベール=ダニエル著, バリュエル, ポール画
◇p67（カラー）　エチェコパル, ロベール=ダニエル著, バリュエル, ポール画

鳥　　　　　　　　　　　　　　　　　　　　　　　まゆく

マミジロキクイタダキ　Regulus ignicapillus
「グールドの鳥類図譜」講談社　1982
　◇p91（カラー）　メス，オス　1863

マミジロキビタキ　Ficedula zanthopygia
「鳥獣虫魚譜」八坂書房　1988
　◇p34（カラー）　本黄鶲　オス　松森胤保『両羽禽
　類図譜』　［酒田市立光丘文庫］

マミジロキビタキ？　Ficedula zanthopygia？
「江戸鳥類大図鑑」平凡社　2006
　◇p503（カラー）　小つばめ　雄　堀田正敦『禽譜』
　［宮城県図書館伊達文庫］

マミジロゲリ　Vanellus gregarius
「世界大博物図鑑　別巻1」平凡社　1993
　◇p169（カラー）　メス，オス　グレイ，J.E.著，
　ホーキンズ，B.W.刷『インド動物図譜』　1830～
　35

マミジロコガラ　Poecile gambeli（Ridgway
1886）
「フランスの美しい鳥の絵図鑑」グラフィック社
2014
　◇p163（カラー）　エチェコパル，ロベール＝ダニ
　エル著，バリュエル，ポール画

マミジロシトド　Coryphaspiza melanotis
「世界大博物図鑑　別巻1」平凡社　1993
　◇p365（カラー）　テミンク，C.J.，ロジエ・ド・
　シャルトルース，M.著『新編彩色鳥類図譜』
　1820～39　手彩色銅板画

マミジロタヒバリ　Anthus novaeseelandiae
「グールドの鳥類図譜」講談社　1982
　◇p101（カラー）　冬羽の成鳥　1867

マミジロノビタキ　Saxicola rubetra
「ビュフォンの博物誌」工作舎　1991
　◇I145（カラー）『一般と個別の博物誌　ソンニー
　ニ版』
「グールドの鳥類図譜」講談社　1982
　◇p79（カラー）　オス成鳥，メス成鳥　1864

マミジロミツリンヒタキのルソン亜種
　Rhinomyias gularis insignis
「世界大博物図鑑　別巻1」平凡社　1993
　◇p345（カラー）『アイビス』　1859～　［山階鳥類
　研究所］

マミジロヨシキリ　Acrocephalus
melanopogon（Temminck 1823）
「フランスの美しい鳥の絵図鑑」グラフィック社
2014
　◇p7（カラー）　エチェコパル，ロベール＝ダニエ
　ル著，バリュエル，ポール画
　◇p31（カラー）　エチェコパル，ロベール＝ダニエ
　ル著，バリュエル，ポール画

マミチャジナイ　Turdus obscurus
「江戸鳥類大図鑑」平凡社　2006
　◇p568（カラー）　まゆじろしなひ　オス　堀田正
　敦『禽譜』　［宮城県図書館伊達文庫］

　◇p570（カラー）　あかしなひ　堀田正敦『禽譜』
　［宮城県図書館伊達文庫］
　◇p571（カラー）　茶じなひ　雄　オス　堀田正敦
　『禽譜』　［宮城県図書館伊達文庫］

マメカワセミ　Ceyx lepidus
「世界大博物図鑑　4」平凡社　1987
　◇p246（カラー）　テミンク，C.J.著，プレートル，
　J.G.原図『新編彩色鳥類図譜』　1820～39　手彩
　色銅版画

マメシギダチョウ　Taoniscus nanus
「世界大博物図鑑　別巻1」平凡社　1993
　◇p29（カラー）　テミンク，C.J.，ロジエ・ド・
　シャルトルース，M.著『新編彩色鳥類図譜』
　1820～39　手彩色銅板画
「世界大博物図鑑　4」平凡社　1987
　◇p23（カラー）　グリュンボルト，H.『南米猟鳥・
　水鳥図譜』　［1915］～17　手彩色石版図

豆背鳩　Columba livia var.domestica
「世界大博物図鑑　別巻1」平凡社　1993
　◇p191（カラー）　メス『鳩図』　江戸末期
　◇p191（カラー）　オス『鳩図』　江戸末期

マメハチドリ　Calypte helenae
「世界大博物図鑑　別巻1」平凡社　1993
　◇p273（カラー）　グールド，J.『ハチドリ科鳥類図
　譜』　1849～61　手彩色石版

マメハチドリ　Mellisuga helenae
「ジョン・グールド　世界の鳥」同朋舎出版　1994
　◇225図（カラー）　リヒター，ヘンリー・コンスタ
　ンチン画『ハチドリ科の研究』　1849～61

マメマワシ
「高松松平家所蔵　衆禽画譜　水禽・野鳥」香川県
歴史博物館友の会博物図譜刊行会　2005
　◇p79（カラー）　松平頼恭『衆禽画譜　野鳥帖』　江
　戸時代　紙本著色　画帖装（折本形式）　33.0×48.
　3　［個人蔵］

マユガラ　Poecile superciliosus（Prjevalski
1876）
「フランスの美しい鳥の絵図鑑」グラフィック社
2014
　◇p165（カラー）　エチェコパル，ロベール＝ダニ
　エル著，バリュエル，ポール画

マユグロアホウドリ　Diomedea melanophrys
「世界大博物図鑑　4」平凡社　1987
　◇p31（カラー）　テミンク，C.J.著，プレートル，J.
　G.原図『新編彩色鳥類図譜』　1820～39　手彩色
　銅版画

マユグロシマセゲラ　Melanerpes superciliaris
「世界大博物図鑑　別巻1」平凡社　1993
　◇p297（カラー）　アルビノ　ド・ラ・サグラ，R.
　『キューバ風土記』　1839～61　手彩色銅版画
「世界大博物図鑑　4」平凡社　1987
　◇p275（カラー）　テミンク，C.J.著，プレートル，
　J.G.原図『新編彩色鳥類図譜』　1820～39　手彩
　色銅版画

博物図譜レファレンス事典　動物篇　　**489**

マユグロヤマガラモドキ　Aegithalos
iouschistas bonvaloti (Oustalet 1891)
「フランスの美しい鳥の絵図鑑」グラフィック社
2014
- ◇p133（カラー）　エチェコパル, ロベール＝ダニ
エル著, バリュエル, ポール画

マユ白ツグミ
「高松松平家所蔵 衆禽画譜 水禽・野鳥」香川県
歴史博物館友の会博物図譜刊行会　2005
- ◇p86（カラー）　松平頼恭『衆禽画譜 野鳥帖』江
戸時代　紙本著色 画帖装（折本形式）33.0×48.
3 ［個人蔵］

マユブトカマドドリ　Philydor amaurotis
「世界大博物図鑑 別巻1」平凡社　1993
- ◇p300（カラー）　テミンク, C.J., ロジエ・ド・
シャルトルース, M.著『新編彩色鳥類図譜』
1820〜39　手彩色銅板画

「世界大博物図鑑 4」平凡社　1987
- ◇p282（カラー）　テミンク, C.J.著, プレートル,
J.G.原図『新編彩色鳥類図譜』1820〜39　手彩
色銅版画

マリアナツカツクリ　Megapodius laperouse
「世界大博物図鑑 別巻1」平凡社　1993
- ◇p113（カラー）　フレシネ, L.C.D.de『ユラニー
号およびフィジシエンヌ号世界周航記図録』
1824

マルオハチドリなど　Polytmus guainumbi
「ビュフォンの博物誌」工作舎　1991
- ◇I159（カラー）『一般と個別の博物誌 ソンニー
ニ版』

マルケサスバト　Gallicolumba rubescens
「世界大博物図鑑 別巻1」平凡社　1993
- ◇p189（カラー）　クルーゼンシュテルン, I.F.『ク
ルーゼンシュテルン周航図録』1813

マルケサスヨシキリ　Acrocephalus mendanae
「世界大博物図鑑 別巻1」平凡社　1993
- ◇p337（カラー）　若鳥を含む　キューレマンス図
『アイビス』1859〜　［山階鳥類研究所］

マルチニクムクドリモドキ　Icterus bonana
「ビュフォンの博物誌」工作舎　1991
- ◇I088（カラー）『一般と個別の博物誌 ソンニー
ニ版』

マルティニクコンゴウインコ　Ara martinica
「世界大博物図鑑 別巻1」平凡社　1993
- ◇口絵（カラー）　蜂須賀正氏著, キューレマンス画
『絶滅鳥ドードーについて』1953

マルティニクコンゴウインコ　Ara
martinicus
「世界大博物図鑑 別巻1」平凡社　1993
- ◇p204（カラー）　ロスチャイルド, L.W.『絶滅鳥
類誌』1907　彩色クロモリトグラフ　［個人蔵］

マルティニクボウシインコ　Amazona
martinicana
「世界大博物図鑑 別巻1」平凡社　1993

- ◇p205（カラー）　ロスチャイルド, L.W.『絶滅鳥
類誌』1907　彩色クロモリトグラフ　［個人蔵］

マレイルシャクケイ　Penelope marail
「ビュフォンの博物誌」工作舎　1991
- ◇I050（カラー）『一般と個別の博物誌 ソンニー
ニ版』

マレーシジュウカラ　Parus major cinereus
「フランスの美しい鳥の絵図鑑」グラフィック社
2014
- ◇p215（カラー）　エチェコパル, ロベール＝ダニ
エル著, バリュエル, ポール画

マレーミツオシエ　Indicator archipelagicus
「世界大博物図鑑 4」平凡社　1987
- ◇p267（カラー）　テミンク, C.J.著, プレートル,
J.G.原図『新編彩色鳥類図譜』1820〜39　手彩
色銅版画

マンクスコミズナギドリ　Puffinus puffinus
「グールドの鳥類図譜」講談社　1982
- ◇p229（カラー）　成鳥 1870

マングローブショウビン　Halcyon
senegalensis
「世界大博物図鑑 4」平凡社　1987
- ◇p247（カラー）　スミス, A.著, フォード, G.H.原
図『南アフリカ動物図譜』1838〜49　手彩色
石版

マンゴーハチドリの1種
「紙の上の動物園」グラフィック社　2017
- ◇p107（カラー）　スウェインソン, ウィリアム
『ブラジルの鳥』1834

【み】

ミイロコンゴウインコ　Ara tricolor
「世界大博物図鑑 別巻1」平凡社　1993
- ◇p204（カラー）　ルヴァイヤン, F.著, バラバン原
図, ラングロワ刷『オウムの自然誌』1801〜05
銅版多色刷り
- ◇口絵（カラー）　蜂須賀正氏著, キューレマンス画
『絶滅鳥ドードーについて』1953

ミカヅキインコ　Polytelis swainsonii
「世界大博物図鑑 別巻1」平凡社　1993
- ◇p224（カラー）　セルビー, P.J.著, リア, E.原図,
リザーズ, W.銅版『オウムの博物誌』1836

ミカヅキキバネミツスイ　Phylidonyris
pyrrhoptera
「ジョン・グールド 世界の鳥」同朋舎出版　1994
- ◇132図（カラー）　メス, オス　グールド, エリザ
ベス画『オーストラリアの鳥類』1840〜48

ミカヅキヒメアオバトの基準亜種
Ptilinopus solomonensis solomonensis
「世界大博物図鑑 別巻1」平凡社　1993
- ◇p195（カラー）　グールド, J.『ニューギニア鳥類
図譜』1875〜88　手彩色石版

鳥　　　　　　　　　　　　　　　　　　　　　みそこ

ミカドキジ　Syrmaticus mikado
「世界大博物図鑑　別巻1」平凡社　1993
　◇p137（カラー）『アイビス』 1859〜　［山階鳥類
　　研究所］

ミカドバト　Ducula aenea
「江戸鳥類大図鑑」平凡社　2006
　◇p463（カラー）　さんこう鳥　堀田正敦『禽譜』
　　［宮城県図書館伊達文庫］
「ビュフォンの博物誌」工作舎　1991
　◇I065（カラー）『一般と個別の博物誌 ソンニー
　　二版』

ミコアイサ　Mergus albellus
「江戸博物文庫 鳥の巻」工作舎　2017
　◇p23（カラー）　巫女秋沙　増山正賢『百鳥図』
　　1800頃　［国立国会図書館］
「江戸鳥類大図鑑」平凡社　2006
　◇p144（カラー）　きつねあいさ　メス　堀田正敦
　　『禽譜』　［宮城県図書館伊達文庫］
　◇p144（カラー）　みこあいさ　オス　堀田正敦
　　『禽譜』　［宮城県図書館伊達文庫］
　◇p154（カラー）　嶋あぢ　オス　堀田正敦『禽譜』
　　［宮城県図書館伊達文庫］
「ジョン・グールド 世界の鳥」同朋舎出版　1994
　◇371図（カラー）　オス，メス　リヒター，ヘン
　　リー・コンスタンチン画『イギリスの鳥類』
　　1862〜73
「ビュフォンの博物誌」工作舎　1991
　◇I219（カラー）『一般と個別の博物誌 ソンニー
　　二版』
「グールドの鳥類図譜」講談社　1982
　◇p206（カラー）　オス，メス　1862

ミコアイサ
「彩色 江戸博物学集成」平凡社　1994
　◇p454〜455（カラー）　オス　山本溪愚画

みさご
「鳥の手帖」小学館　1990
　◇p82〜83（カラー）　鶚・雎鳩　毛利梅園『梅園禽
　　譜』　天保10（1839）序　［国立国会図書館］

ミサゴ　Pandion haliaetus
「江戸博物文庫 鳥の巻」工作舎　2017
　◇p115（カラー）　鶚　毛利梅園『梅園禽譜』
　　1840頃　［国立国会図書館］
「江戸鳥類大図鑑」平凡社　2006
　◇p644（カラー）　みさご　堀田正敦『禽譜』
　　［宮城県図書館伊達文庫］
　◇p645（カラー）　みさご 一種　頭部が欠落　堀田
　　正敦『禽譜』　［宮城県図書館伊達文庫］
「ジョン・グールド 世界の鳥」同朋舎出版　1994
　◇305図（カラー）　ヴォルフ，ヨゼフ，リヒター，ヘ
　　ンリー・コンスタンチン画『イギリスの鳥類』
　　1862〜73
「世界大博物図鑑　別巻1」平凡社　1993
　◇p107（カラー）　ヴィエイヨー，L.J.P.著，プレー
　　トル，J.G.原図『北米鳥類図譜』 1807　手彩色
　　銅版
「ビュフォンの博物誌」工作舎　1991

　◇I024（カラー）『一般と個別の博物誌 ソンニー
　　二版』
「世界大博物図鑑　4」平凡社　1987
　◇p98（カラー）　若鳥　テミンク，C.J.著，プレー
　　トル，J.G.原図『新編彩色鳥類図譜』 1820〜39
　　手彩色銅版画
　◇p99（カラー）　ドノヴァン，E.『英国鳥類誌』
　　1794〜1819
「グールドの鳥類図譜」講談社　1982
　◇p36（カラー）　成鳥　1870

ミサゴ　Pandion haliaetus Linnaeus
「高木春山 本草図説 動物」リブロポート　1989
　◇p31（カラー）

ミサゴ
「江戸時代に描かれた鳥たち」ソフトバンク ク
　リエイティブ　2012
　◇p102（カラー）　鳩鳩／ミサゴ　毛利梅園『梅園
　　禽譜』　天保10（1849）序
「江戸の動植物図」朝日新聞社　1988
　◇p130（カラー）　細川重賢『鳥類図譜』　［国立
　　国会図書館］

ミスジマシコ　Carpodacus trifasciatus
「世界大博物図鑑　4」平凡社　1987
　◇p362（カラー）　ダヴィド神父，A.著，アルヌル石
　　版『中国産鳥類』 1877　手彩色石版

ミスジマシコ？　　Carpodacus trifasciatus？
「江戸鳥類大図鑑」平凡社　2006
　◇p344（カラー）　きんすずめ　オス　堀田正敦
　　『禽譜』　［宮城県図書館伊達文庫］

ミズナギドリ類？
「江戸鳥類大図鑑」平凡社　2006
　◇p198（カラー）　信鳧　堀田正敦『禽譜』　［宮
　　城県図書館伊達文庫］

ミゾイ
「高松松平家所蔵 衆禽画譜 水禽・野鳥」香川県
　歴史博物館友の会博物図譜刊行会　2005
　◇p71（カラー）　松平頼恭『衆禽画譜 水禽帖』　江
　　戸時代　紙本著色 画帖装（折本形式）　38.1×48.
　　7　［個人蔵］

ミゾゴイ　Gorsachius goisagi
「江戸博物文庫 鳥の巻」工作舎　2017
　◇p107（カラー）　溝五位　幼鳥　屋代弘賢『不忍
　　禽譜』 1833頃　［国立国会図書館］
「世界大博物図鑑　別巻1」平凡社　1993
　◇p44（カラー）　シーボルト，P.F.von『日本動物
　　誌』 1833〜50　手彩色石版
「世界大博物図鑑　4」平凡社　1987
　◇p47（カラー）　テミンク，C.J.著『新編彩色鳥類
　　図譜』 1820〜39　手彩色銅版画

ミゾゴイ　Gorsakius goisagi Temminck
「高木春山 本草図説 動物」リブロポート　1989
　◇p30（カラー）

ミゾゴイ　Nycticorax goisagi
「江戸鳥類大図鑑」平凡社　2006

博物図譜レファレンス事典 動物篇　　**491**

◇p224（カラー）　うとう　一種　堀田正敦『禽譜』
［宮城県図書館伊達文庫］

ミゾゴイ
「江戸時代に描かれた鳥たち」ソフトバンク ク
リエイティブ　2012
　　◇p111（カラー）　戴冠　毛利梅園『梅園禽譜』　天
保10（1849）序
「彩色 江戸博物学集成」平凡社　1994
　　◇p454〜455（カラー）　山本渓愚　［山本読書室］

ミゾゴイ？　　Nycticorax goisagi？
「江戸鳥類大図鑑」平凡社　2006
　　◇p68（カラー）　みぞごゐ　雛　屋代弘賢，栗本丹洲
『不忍禽譜』　天保4（1833）？　［国会図書館］

ミゾゴイ？　　Nycticorax melanolophus？
「江戸鳥類大図鑑」平凡社　2006
　　◇p296（カラー）　あいのこしぎ　堀田正敦『禽譜』
［宮城県図書館伊達文庫］

ミソサザイ　　Troglodytes troglodytes
「江戸鳥類大図鑑」平凡社　2006
　　◇p368（カラー）　みそさゞい　堀田正敦『禽譜』
［宮城県図書館伊達文庫］
「ジョン・グールド 世界の鳥」同朋舎出版　1994
　　◇339図（カラー）　雛，成鳥　リヒター，ヘンリー・
コンスタンチン画『イギリスの鳥類』　1862〜73
「ビュフォンの博物誌」工作舎　1991
　　◇I150（カラー）『一般と個別の博物誌 ソンニー
ニ版』
「世界大博物図鑑 4」平凡社　1987
　　◇p315（カラー）　グールド，J.『アジア鳥類図譜』
1850〜83
「グールドの鳥類図譜」講談社　1982
　　◇p88（カラー）　幼鳥，親鳥　1863

ミソサザイ
「彩色 江戸博物学集成」平凡社　1994
　　◇p158〜159（カラー）　佐竹曙山『模写並写生帖』
［千秋美術館］

ミソサザイの巣と卵
「紙の上の動物園」グラフィック社　2017
　　◇p151（カラー）　モリス，F.O.『イギリス本土の
鳥の巣と卵の自然誌』　1853〜56

ミツユビカモメ　　Rissa tridactyla
「江戸鳥類大図鑑」平凡社　2006
　　◇p200（カラー）　かもめ　堀田正敦『禽譜』
［宮城県図書館伊達文庫］
「グールドの鳥類図譜」講談社　1982
　　◇p218（カラー）　幼鳥，成鳥　1869

ミツユビキリハシ　　Jacamaralcyon tridactyla
「世界大博物図鑑 別巻1」平凡社　1993
　　◇p292（カラー）『ロンドン動物学協会紀要』　1861
〜90,1891〜1929　［個人蔵］

ミドリイワサザイ　　Acanthisitta chloris
「世界大博物図鑑 別巻1」平凡社　1993
　　◇p321（カラー）　ブラー，W.L.著，キューレマン
ス，J.G.図『ニュージーランド鳥類誌第2版』

1887〜88　手彩色石版図

ミドリインカハチドリ　　Coeligena orina
「世界大博物図鑑 別巻1」平凡社　1993
　　◇p269（カラー）『ロンドン動物学協会紀要』　1861
〜90,1891〜1929　［京都大学理学部］

ミドリオオゴシキドリ　　Megalaima zeylanica
「フウチョウの自然誌 博物画の至宝」平凡社
1994
　　◇II-No.38（カラー）　Le Kotterea　ルヴァイヤ
ン，F.著，バラバン，J.原図 1806

ミドリオオホンセインコ　　Psittacula wardi
「世界大博物図鑑 別巻1」平凡社　1993
　　◇p201（カラー）　ロスチャイルド，L.W.『絶滅鳥
類誌』　1907　彩色クロモリトグラフ　［個人蔵］

ミドリオキリハシ　　Galbula galbula
「フウチョウの自然誌 博物画の至宝」平凡社
1994
　　◇II-No.47（カラー）　Le Jacamar mâle　オス
ルヴァイヤン，F.著，バラバン，J.原図 1806
　　◇II-No.48（カラー）　Le Jacamar femelle　メス
ルヴァイヤン，F.著，バラバン，J.原図 1806
　　◇II-No.49（カラー）　Le Jacamar jeune âge　幼
鳥　ルヴァイヤン，F.著，バラバン，J.原図 1806
「ビュフォンの博物誌」工作舎　1991
　　◇I184（カラー）『一般と個別の博物誌 ソンニー
ニ版』
「世界大博物図鑑 4」平凡社　1987
　　◇p259（カラー）　ブレヴォー，F.著，ポーケ原図
『熱帯鳥類誌』　［1879］　手彩色鋼版

ミドリオタイヨウチョウ　　A.nipalensis
（Hodgson 1836）
「フランスの美しい鳥の絵図鑑」グラフィック社
2014
　　◇p75（カラー）　エチェコパル，ロベール＝ダニエ
ル著，バリュエル，ポール画

ミドリカッコウ　　Chrysococcyx cupreus
「世界大博物図鑑 4」平凡社　1987
　　◇p218（カラー）　ブレヴォー，F.著，ポーケ原図
『熱帯鳥類誌』　［1879］　手彩色鋼版

ミドリキヌバネドリ　　Trogon rufus
「ジョン・グールド 世界の鳥」同朋舎出版　1994
　　◇79図（カラー）　グールド，エリザベス画『キヌバ
ネドリ科の研究 初版』　1835〜38

ミドリコンゴインコ　　Ara militaris
「世界大博物図鑑 別巻1」平凡社　1993
　　◇p231（カラー）　セルビー，P.J.著，リア，E.原図，
リザーズ，W.銅版『オウムの博物誌』　1836

ミドリサンジャク　　Cyanocorax yncas
「フウチョウの自然誌 博物画の至宝」平凡社
1994
　　◇I-No.46（カラー）　Le Geai Péruvien　ルヴァ
イヤン，F.著，バラバン，J.原図 1806
「ビュフォンの博物誌」工作舎　1991
　　◇I079（カラー）『一般と個別の博物誌 ソンニー

ニ版』

ミドリハチドリ　Colibri thalassinus
「ジョン・グールド 世界の鳥」同朋舎出版　1994
◇240図(カラー)　リヒター, ヘンリー・コンスタンチン画『ハチドリ科の研究』 1849〜61

ミドリヒロハシ　Calyptomena viridis
「世界大博物図鑑 4」平凡社　1987
◇p279(カラー)　キュヴィエ, G.L.C.F.D.『動物界』 1836〜49　手彩色銅版

ミドリボウシテリハチドリ　Heliodoxa jacula
「ジョン・グールド 世界の鳥」同朋舎出版　1994
◇213図(カラー)　リヒター, ヘンリー・コンスタンチン画『ハチドリ科の研究』 1849〜61

ミドリモリヤツガシラ　Phoeniculus purpureus
「世界大博物図鑑 4」平凡社　1987
◇p254(カラー)　オードベール『黄金の鳥』 1800〜02　彩色銅版

ミナミアフリカエボシドリ
⇒エボシドリ(ミナミアフリカエボシドリ)を見よ

ミナミコオニクイナ　Rallus antarcticus
「世界大博物図鑑 別巻1」平凡社　1993
◇p157(カラー)　スクレイター, P.L., サルヴィン, O.著, スミット, J.原図『熱帯アメリカ鳥類学』 1866〜69　手彩色石版　［個人蔵］

ミナミゴシキタイヨウチョウ　Nectarinia chalybea
「ビュフォンの博物誌」工作舎　1991
◇I156(カラー)『一般と個別の博物誌 ソンニーニ版』

ミナミコブバトのサモア亜種　Ducula pacifica microcera
「世界大博物図鑑 別巻1」平凡社　1993
◇p196(カラー)　ボナパルト, C.L.J.L.『新編ハト図譜』 1857〜58　手彩色石版

ミナミノドジロムシクイ　Sylvia conspicillata (Temminck 1820)
「フランスの美しい鳥の絵図鑑」グラフィック社　2014
◇p91(カラー)　エチェコパル, ロベール＝ダニエル著, バリュエル, ポール画

ミナミヒゲハエトリ　Pogonotriccus eximius
「世界大博物図鑑 別巻1」平凡社　1993
◇p305(カラー)　テミンク, C.J., ロジエ・ド・シャルトルース, M.著『新編彩色鳥類図譜』 1820〜39　手彩色銅板画

ミナミモルッカショウビン　Halcyon lazuli
「世界大博物図鑑 別巻1」平凡社　1993
◇p284(カラー)　テミンク, C.J., ロジエ・ド・シャルトルース, M.著, ユエ, N.原図『新編彩色鳥類図譜』 1820〜39　手彩色銅板画

ミナミヤイロチョウ　Pitta moluccensis
「江戸博物文庫 鳥の巻」工作舎　2017
◇p168(カラー)　南八色鳥『外国珍禽異鳥図』 江戸末期　［国立国会図書館］
「舶来鳥獣図誌」八坂書房　1992
◇p40(カラー)　翠花鳥『唐蘭船持渡鳥獣之図』 文政3(1820)渡来　［慶應義塾図書館］
「世界大博物図鑑 4」平凡社　1987
◇p287(カラー)　テミンク, C.J.著, ユエ, N.原図『新編彩色鳥類図譜』 1820〜39　手彩色銅版画

ミナミヤイロチョウ
「江戸時代に描かれた鳥たち」ソフトバンク クリエイティブ　2012
◇p59(カラー)　翠花鳥　増山正賢(雪斎)『百鳥図』 寛政12(1800)頃

ミネアカミドリチュウハシ　Aulacorhynchus sulcatus
「世界大博物図鑑 4」平凡社　1987
◇p267(カラー)　テミンク, C.J.著, ユエ, N.原図『新編彩色鳥類図譜』 1820〜39　手彩色銅版画

ミノチメドリ　Ptilocichla mindanensis
「世界大博物図鑑 別巻1」平凡社　1993
◇p333(カラー)　キューレマンス図『アイビス』 1859〜　［山階鳥類研究所］

ミノバト　Caloenas nicobarica
「世界大博物図鑑 別巻1」平凡社　1993
◇p184(カラー)　クニップ夫人『ハト図譜』 1808〜11　手彩色銅版
◇p184(カラー)　ルヴァイヤン, F.著, ラインホルト(ライノルト)原図, ラングロワ, オードベール刷『アフリカ鳥類史』 1796〜1808
「ビュフォンの博物誌」工作舎　1991
◇I066(カラー)『一般と個別の博物誌 ソンニーニ版』

ミフウズラ　Turnix suscitator
「江戸博物文庫 鳥の巻」工作舎　2017
◇p14(カラー)　三斑鶉　河野通明写『奇鳥生写図』 1807　［国立国会図書館］
「江戸鳥類大図鑑」平凡社　2006
◇p318(カラー)　琉球鶉 しまうづら　堀田正敦『禽譜』　［宮城県図書館伊達文庫］
「舶来鳥獣図誌」八坂書房　1992
◇p17(カラー)　咬嚁吧鶉　オス『唐蘭船持渡鳥獣之図』　［慶應義塾図書館］
◇p20(カラー)　テンポンチイ　メス『唐蘭船持渡鳥獣之図』 天保5(1834)渡来　［慶應義塾図書館］
◇p97(カラー)　咬嚁吧鶉　メス『外国産鳥之図』　［国立国会図書館］

ミフウズラ
「江戸時代に描かれた鳥たち」ソフトバンク クリエイティブ　2012
◇p70(カラー)　咬嚁吧鶉『外国珍禽異鳥図』 江戸末期

みふう　　　　　　　　　鳥

ミフウズラ？　Turnix suscitator ？
「江戸鳥類大図鑑」平凡社　2006
◇p317（カラー）　南京うづら　堀田正敦『禽譜』
［宮城県図書館伊達文庫］
◇p318（カラー）　みふうづら　堀田正敦『禽譜』
［宮城県図書館伊達文庫］
◇p320（カラー）　シカタラ鶉 一種　メス　堀田正
敦『禽譜』　［宮城県図書館伊達文庫］

ミミカイツブリ　Podiceps auritus
「グールドの鳥類図譜」講談社　1982
◇p207（カラー）　つがいの2羽　1870

ミミキジ　Crossoptilon mantchuricum
「世界大博物図鑑 別巻1」平凡社　1993
◇p133（カラー）『動物図譜』1874頃　手彩色石
版図
「世界大博物図鑑 4」平凡社　1987
◇p130〜131（カラー）　ダヴィド神父, A.著, アル
ヌル石版『中国産鳥類』1877　手彩色石版

ミミキヌバネドリ　Euptilotis neoxenus
「ジョン・グールド 世界の鳥」同朋舎出版　1994
◇90図（カラー）　リヒター, ヘンリー・コンスタン
チン画『キヌバネドリ科の研究 初版』1858〜75
「世界大博物図鑑 別巻1」平凡社　1993
◇p281（カラー）　グールド, J.『キヌバネドリ科鳥
類図譜第2版』1858〜75

ミミグロセンニョハチドリ　Heliothryx
aurita
「ジョン・グールド 世界の鳥」同朋舎出版　1994
◇239図（カラー）　メス, オス　リヒター, ヘン
リー・コンスタンチン画『ハチドリ科の研究』
1849〜61

ミミジロキリハシ　Galbalcyrhynchus leucotis
「世界大博物図鑑 4」平凡社　1987
◇p259（カラー）　デュボワ, A.J.C.著, プレヴォー
原図『コンゴ鳥類観察録』1905　3色オフセット

ミミズク
「江戸の動植物図」朝日新聞社　1988
◇p134（カラー）　関根雲停画

ミミズクたち
「紙の上の動物園」グラフィック社　2017
◇p140（カラー）　ワシミミズク, トラフズク, コキ
ンメフクロウ？　　ウィルビー, フランシス『フラ
ンシス・ウィルビーの鳥類学』1678

ミミハゲワシ　Aegypius calvus
「世界大博物図鑑 別巻1」平凡社　1993
◇p80（カラー）　ルヴァイヤン, F.著, ラインホル
ト（ラインルト）原図, ラングロワ, オードベール
刷『アフリカ鳥類史』1796〜1808
「世界大博物図鑑 4」平凡社　1987
◇p74（カラー）　頭部　グレー, J.E.著, ホーキン
ズ, ウォーターハウス石版『インド動物図譜』
1830〜34

ミミハゲワシ　Sarcogyps calvus
「ジョン・グールド 世界の鳥」同朋舎出版　1994

◇264図（カラー）　オスの成鳥　ヴォルフ, ヨゼフ
画『アジアの鳥類』1849〜83

ミミヒダハゲワシ　Aegypius tracheliotus
「世界大博物図鑑 別巻1」平凡社　1993
◇p80（カラー）　テミンク, C.J., ロジエ・ド・
シャルトルース, M.著, ユエ, N.原図『新編彩色
鳥類図譜』1820〜39　手彩色銅板画

ミミフサミツスイ　Moho bishopi
「世界大博物図鑑 別巻1」平凡社　1993
◇p360（カラー）　ウィルソン, S.B., エヴァンズ,
A.H.著, フロホーク, F.W.原図『ハワイ鳥類学』
1890〜99

ミヤコショウビン　Halcyon miyakoensis
「世界大博物図鑑 別巻1」平凡社　1993
◇p284（カラー）　黒田長禮著, 小林重三原図『琉
球列島の鳥類相』1925

ミヤコドリ
「高松松平家所蔵 衆禽画譜 水禽・野鳥」香川県
歴史博物館友の会博物図譜刊行会　2005
◇p59（カラー）　松平頼恭『衆禽画譜 水禽帖』 江
戸時代　紙本著色 画帖装（折本形式）　38.1×48.
7　［個人蔵］

ミヤコドリ　Haematopus ostralegus
「江戸博物文庫 鳥の巻」工作舎　2017
◇p86（カラー）　都鳥『水禽譜』1830頃　［国立
国会図書館］
「江戸鳥類大図鑑」平凡社　2006
◇p194（カラー）　うばちどり みやこどり　堀田正
敦『禽譜』　［宮城県図書館伊達文庫］
「ジョン・グールド 世界の鳥」同朋舎出版　1994
◇360図（カラー）　夏毛・冬毛の成鳥　リヒター,
ヘンリー・コンスタンチン画『イギリスの鳥類』
1862〜73
「ビュフォンの博物誌」工作舎　1991
◇I209（カラー）『一般と個別の博物誌 ソンニー
ニ版』
「世界大博物図鑑 4」平凡社　1987
◇p167（カラー）　ケーツビー, M.『カロライナの
自然誌』1754
「グールドの鳥類図譜」講談社　1982
◇p162（カラー）　夏羽成鳥, 冬羽成鳥　1870

ミヤコドリ
「彩色 江戸博物学集成」平凡社　1994
◇p66〜67（カラー）　みやことり　丹羽正伯『筑
前国産物絵図帳』　［福岡県立図書館］

ミヤマオウム　Nestor notabilis
「世界大博物図鑑 別巻1」平凡社　1993
◇p208（カラー）　グールド, J.『オーストラリア鳥
類図譜』1840〜48
◇p208（カラー）　ブラー, W.L.著, キューレマン
ス, J.G.図『ニュージーランド鳥類誌第2版』
1887〜88　手彩色石版図

ミヤマカケス　Garrulus glandarius brandtii
「江戸鳥類大図鑑」平凡社　2006
◇p403（カラー）　しまかけす　堀田正敦『禽譜』

494　博物図譜レファレンス事典 動物篇

［宮城県図書館伊達文庫］

ミヤマカケス
⇒カケス（ミヤマカケス）を見よ

ミヤマガラス　Corvus frugilegus
「江戸博物文庫 鳥の巻」工作舎　2017
◇p82（カラー）　深山烏　水谷豊文『水谷氏禽譜』
［国立国会図書館］
「ビュフォンの博物誌」工作舎　1991
◇I073（カラー）『一般と個別の博物誌 ソンニーニ版』
「グールドの鳥類図譜」講談社　1982
◇p128（カラー）　成鳥 1864

ミヤマジュケイ　Tragopan blythii
「ジョン・グールド 世界の鳥」同朋舎出版　1994
◇295図（カラー）　ヴォルフ、ヨゼフ、リヒター、ヘンリー・コンスタンチン画『アジアの鳥類』
1849〜83
「世界大博物図鑑 別巻1」平凡社　1993
◇p133（カラー）　ビービ、C.W.『キジ類図譜』
1918〜22
「世界大博物図鑑 4」平凡社　1987
◇p122（カラー）　キューレマンス、J.G.原図『ロンドン動物学協会紀要』 1870 手彩色石版画

ミヤマホオジロ　Emberiza elegans
「江戸博物文庫 鳥の巻」工作舎　2017
◇p25（カラー）　深山頬白　増山正賢『百鳥図』
1800頃 ［国立国会図書館］
「江戸鳥類大図鑑」平凡社　2006
◇p361（カラー）　黄道眉　オス　堀田正敦『禽譜』
［宮城県図書館伊達文庫］
◇p363（カラー）　みやまほう白　オス　堀田正敦
『禽譜』 ［宮城県図書館伊達文庫］
◇p363（カラー）　みやまほう白 雌　メス　堀田正敦『禽譜』 ［宮城県図書館伊達文庫］
◇p363（カラー）　みやまほう白 雄　オス　堀田正敦『禽譜』 ［宮城県図書館伊達文庫］

ミヤマホオジロ
「彩色 江戸博物学集成」平凡社　1994
◇p111（カラー）　オス　小野蘭山『諸鳥譜』
［東洋文庫］
◇p158〜159（カラー）　オス　佐竹曙山『模写並写生帖』 ［千秋美術館］

ミユビシギ　Calidris alba
「江戸博物文庫 鳥の巻」工作舎　2017
◇p155（カラー）　三趾鷸　服部雪斎『華鳥譜』
1862 ［国立国会図書館］
「グールドの鳥類図譜」講談社　1982
◇p173（カラー）　幼鳥、夏羽成鳥、冬羽成鳥 1867

ミユビシギ　Crocethia alba
「江戸鳥類大図鑑」平凡社　2006
◇p188（カラー）　白ちどり　夏羽を残す　堀田正敦『禽譜』 ［宮城県図書館伊達文庫］

ミユビシギ
「彩色 江戸博物学集成」平凡社　1994
◇p422（カラー）　夏羽に換羽中　服部雪斎『華鳥

譜』 ［国会図書館］

【む】

ムカシジシギ　Coenocorypha aucklandica
「世界大博物図鑑 別巻1」平凡社　1993
◇p169（カラー）『アイビス』 1859〜 ［山階鳥類研究所］

ムギマキ　Ficedula mugimaki
「江戸鳥類大図鑑」平凡社　2006
◇p503（カラー）　目ばち 雌雄 小つばめ 本なれ半なれ　オス成鳥、幼鳥　堀田正敦『禽譜』 ［宮城県図書館伊達文庫］
「鳥獣虫魚譜」八坂書房　1988
◇p35（カラー）　木の葉返し　オス成鳥、オス若鳥　松森胤保『両羽禽類図譜』 ［酒田市立光丘文庫］
「世界大博物図鑑 4」平凡社　1987
◇p339（カラー）　テミンク、C.J.著、プレートル、J.G.原図『新編彩色鳥類図譜』 1820〜39 手彩色銅版画

ムギマキ？　Ficedula mugimaki ?
「江戸鳥類大図鑑」平凡社　2006
◇p503（カラー）　小つばめ 雌　メス　堀田正敦『禽譜』 ［宮城県図書館伊達文庫］

ムギワラトキ　Threskiornis spinicollis
「ジョン・グールド 世界の鳥」同朋舎出版　1994
◇160図（カラー）　リヒター、ヘンリー・コンスタンチン画『オーストラリアの鳥類』 1840〜48

むくどり
「鳥の手帖」小学館　1990
◇p95（カラー）　椋鳥　毛利梅園『梅園禽譜』 天保10（1839）序 ［国立国会図書館］

ムクドリ　Passer cineraceus
「世界大博物図鑑 4」平凡社　1987
◇p371（カラー）　テミンク、C.J.著、プレートル、J.G.原図『新編彩色鳥類図譜』 1820〜39 手彩色銅版画

ムクドリ　Sturnus cineraceus
「江戸博物文庫 鳥の巻」工作舎　2017
◇p48（カラー）　椋鳥　増山正賢『百鳥図』 1800頃 ［国立国会図書館］
「江戸鳥類大図鑑」平凡社　2006
◇p561（カラー）　むくどり 雄　堀田正敦『禽譜』
［宮城県図書館伊達文庫］

ムクドリ
「江戸時代に描かれた鳥たち」ソフトバンク クリエイティブ　2012
◇p86（カラー）　椋鳥/山胡　毛利梅園『梅園禽譜』天保10（1849）序
「彩色 江戸博物学集成」平凡社　1994
◇p30（カラー）　貝原益軒『大和本草諸品図』
◇p170〜171（カラー）　増山雪斎『百鳥図』 ［国会図書館］

むくと　　　　　　　　　　　　　鳥

ムクドリ科の鳥？　　Sturnidae？
「江戸鳥類大図鑑」平凡社　2006
◇p701（カラー）　スペレイウ　堀田正敦『禽譜』
［宮城県図書館伊達文庫］

ムクドリモドキ　Icterus icterus
「ビュフォンの博物誌」工作舎　1991
◇I087（カラー）『一般と個別の博物誌 ソンニー版』

ムジアオハシインコ　Cyanoramphus unicolor
「世界大博物図鑑 別巻1」平凡社　1993
◇p222（カラー）　ブラー, W.L.著, キューレマンス, J.G.図『ニュージーランド鳥類誌第2版』1887～88　手彩色石版図

ムシクイトビ　Ictinia plumbea
「世界大博物図鑑 4」平凡社　1987
◇p94（カラー）　若鳥　テミンク, C.J.著, プレートル, J.G.原図『新編彩色鳥類図譜』1820～39手彩色銅版画

ムシクイ類
「江戸鳥類大図鑑」平凡社　2006
◇p715（カラー）ウグイス　堀田正敦『禽譜』［宮城県図書館伊達文庫］

ムジタヒバリ　Anthus campestris
「ビュフォンの博物誌」工作舎　1991
◇I136（カラー）『一般と個別の博物誌 ソンニー版』
「グールドの鳥類図譜」講談社　1982
◇p102（カラー）　つがいの2羽　1866

ムジチメドリ属の1種　Trichastoma属
「舶来鳥獣図誌」八坂書房　1992
◇p55（カラー）　珊瑚鳥『唐蘭船持渡鳥獣之図』嘉永2（1849）渡来　［慶應義塾図書館］

ムシハミシギ
「高松松平家所蔵 衆禽画譜 水禽・野鳥」香川県歴史博物館友の会博物図譜刊行会　2005
◇p25（カラー）　松平頼恭『衆禽画譜 水禽帖』　江戸時代　紙本著色 画帖装（折本形式）　38.1×48.7　［個人蔵］
◇p29（カラー）　松平頼恭『衆禽画譜 水禽帖』　江戸時代　紙本著色 画帖装（折本形式）　38.1×48.7　［個人蔵］

ムジボウシインコ　Amazona farinoza
「ビュフォンの博物誌」工作舎　1991
◇I257（カラー）『一般と個別の博物誌 ソンニー版』

ムスメインコ　Vini kuhlii
「世界大博物図鑑 別巻1」平凡社　1993
◇p219（カラー）　レッソン, R.P.『ビュフォン著作集（レッソン版）』　1838　手彩色木版

ムナオビアリサザイ　Conopophaga aurita
「ビュフォンの博物誌」工作舎　1991
◇I128（カラー）『一般と個別の博物誌 ソンニー版』

ムナオビハチドリ　Augastes scutatus
「世界大博物図鑑 別巻1」平凡社　1993
◇p261（カラー）　グールド, J.『ハチドリ科鳥類図譜』　1849～61　手彩色石版

ムナグロ　Pluvialis fulva
「江戸博文庫 鳥の巻」工作舎　2017
◇p57（カラー）　胸黒　増山雪斎『百鳥図』　1800頃　［国立国会図書館］
「江戸鳥類大図鑑」平凡社　2006
◇p285（カラー）　むなくろしぎ 雌雄　夏羽, 夏冬中間羽　堀田正敦『禽譜』　［宮城県図書館伊達文庫］

ムナグロ
「彩色 江戸博物学集成」平凡社　1994
◇p70～71（カラー）　むなぐろ　夏冬中間羽　丹羽正伯『三州物産絵図帳』　［鹿児島県立図書館］

ムナグロアメリカムシクイ　Vermivora bachmanii
「世界大博物図鑑 別巻1」平凡社　1993
◇p373（カラー）　オーデュボン, J.J.L.著, ヘーベル, ロバート・ジュニア製版『アメリカの鳥類』1827～38　［ニューオーリンズ市立博物館］

ムナグロウズラ　Coturnix coromandelica
「世界大博物図鑑 4」平凡社　1987
◇p111（カラー）　オス, メス　テミンク, C.J.著, ユエ, N.原図『新編彩色鳥類図譜』　1820～39手彩色銅版画

ムナグロオオタカ　Accipiter haplochrous
「世界大博物図鑑 別巻1」平凡社　1993
◇p96（カラー）『アイビス』　1859～　［山階鳥類研究所］

ムナグロガラ　Parus fasciiventer (Reichenow 1893)
「フランスの美しい鳥の絵図鑑」グラフィック社　2014
◇p207（カラー）　エチェコパル, ロベール＝ダニエル著, バリュエル, ポール画

ムナクロシギ
「高松松平家所蔵 衆禽画譜 水禽・野鳥」香川県歴史博物館友の会博物図譜刊行会　2005
◇p34（カラー）　松平頼恭『衆禽画譜 水禽帖』　江戸時代　紙本著色 画帖装（折本形式）　38.1×48.7　［個人蔵］

ムナグロシャコ　Francolinus francolinus
「ビュフォンの博物誌」工作舎　1991
◇I055（カラー）『一般と個別の博物誌 ソンニー版』

ムナグロシラヒゲドリ　Psophodes olivaceus
「ジョン・グールド 世界の鳥」同朋舎出版　1994
◇122図（カラー）　メス, オス　グールド, エリザベス画『オーストラリアの鳥類』1840～48

ムナグロタイヨウチョウ　A.saturata (Hodgson 1836)
「フランスの美しい鳥の絵図鑑」グラフィック社

鳥　　　　　　　　　　　　　　　　　　　　むらさ

2014
◇p75（カラー）　エチェコパル, ロベール＝ダニエル著, バリュエル, ポール画

ムナグロマンゴーハチドリ×ルビートパーズハチドリ（雑種）　Anthracothorax nigricollis×Chrysolampis mosquitus
「ジョン・グールド 世界の鳥」同朋舎出版　1994
◇260図（カラー）　ハート, ウィリアム画『ハチドリ科の研究』1849〜61

ムナグロミフウズラ　Turnix melanogaster
「世界大博物図鑑 別巻1」平凡社　1993
◇p141（カラー）　グールド, J.『オーストラリア鳥類図譜』1840〜48

ムナグロワタアシハチドリ　Eriocnemis nigrivestris
「世界大博物図鑑 別巻1」平凡社　1993
◇p273（カラー）　グールド, J.『ハチドリ科鳥類図譜』1849〜61　手彩色石版

ムナジロオオガシラ　Malacoptila fusca
「フウチョウの自然誌 博物画の至宝」平凡社　1994
◇II−No.43（カラー）　Le Tamatia brun　ルヴァイヤン, F.著, バラバン, J.原図 1806

ムナジロオナガカマドドリ　Synallaxis albescens
「世界大博物図鑑 4」平凡社　1987
◇p282（カラー）　テミンク, C.J.著, プレートル, J.G.原図『新編彩色鳥類図譜』1820〜39　手彩色銅版画

ムナジロカワガラス　Cinclus cinclus
「ビュフォンの博物誌」工作舎　1991
◇I201（カラー）『一般と個別の博物誌 ソンニーニ版』
◇I212（カラー）『一般と個別の博物誌 ソンニーニ版』
「グールドの鳥類図譜」講談社　1982
◇p76（カラー）　雛, 親鳥.イギリスとヨーロッパ中部の亜種（C.c.cinclus）1862
◇p77（カラー）　成鳥.ヨーロッパ北部の亜種（C.c.aquaticus）1871

ムナフチュウハシ　Pteroglossus torquatus
「ジョン・グールド 世界の鳥」同朋舎出版　1994
◇62図（カラー）　リヒター, ヘンリー・コンスタンチン画『オオハシ科の研究 再版』1852〜54

ムナフヒメキツツキ　Picumnus steindachneri
「世界大博物図鑑 別巻1」平凡社　1993
◇p297（カラー）『ロンドン動物学協会紀要』1861〜90,1891〜1929　［東京大学理学部動物学図書室］

ムネアカカンムリバト　Goura scheepmakeri
「世界大博物図鑑 別巻1」平凡社　1993
◇p192（カラー）『ロンドン動物学協会紀要』1861〜90,1891〜1929　［山階鳥類研究所］

ムネアカゴシキドリ　Megalaima haemacephala
「フウチョウの自然誌 博物画の至宝」平凡社　1994
◇II−No.35（カラー）　Le Barbu à collier rouge　ルヴァイヤン, F.著, バラバン, J.原図 1806
◇II−No.36（カラー）　Le Barbu à plaston rouge　ルヴァイヤン, F.著, バラバン, J.原図 1806

ムネアカタヒバリ　Anthus cervinus
「江戸鳥類大図鑑」平凡社　2006
◇p310（カラー）　朝鮮びんずい 砂ひばり　夏羽　堀田正敦『禽譜』［宮城県図書館伊達文庫］
「グールドの鳥類図譜」講談社　1982
◇p103（カラー）　夏羽, 冬羽 1873

ムネアカハチクイ　Nyctyornis amicta
「世界大博物図鑑 4」平凡社　1987
◇p251（カラー）　テミンク, C.J.著, プレートル, J.G.原図『新編彩色鳥類図譜』1820〜39　手彩色銅版画

ムネアカハナドリモドキ　Prionochilus percussus
「世界大博物図鑑 4」平凡社　1987
◇p347（カラー）　テミンク, C.J.著, プレートル, J.G.原図『新編彩色鳥類図譜』1820〜39　手彩色銅版画

ムネアカヒワ　Acanthis cannabina
「グールドの鳥類図譜」講談社　1982
◇p122（カラー）　オス冬羽, オス夏羽, 雌 1868

ムネアカヒワ　Carduelis cannabina
「ビュフォンの博物誌」工作舎　1991
◇I108（カラー）『一般と個別の博物誌 ソンニーニ版』

ムネアカヒワミツドリ　Dacnis berlepschi
「世界大博物図鑑 別巻1」平凡社　1993
◇p372（カラー）『動物学新報』1894〜1919　［山階鳥類研究所］

ムネアカマキバドリ　Sturnella militaris
「世界大博物図鑑 4」平凡社　1987
◇p359（カラー）　ゲイ, C.著, プレヴォー原図『チリ自然社会誌』1844〜71

ムネフサミツスイ　Moho nobilis
「世界大博物図鑑 別巻1」平凡社　1993
◇p360（カラー）　ウィルソン, S.B., エヴァンズ, A.H.著, フロホーク, F.W.原図『ハワイ鳥類学』1890〜99

ムラサキインコ
「江戸の動植物図」朝日新聞社　1988
◇p28（カラー）　胸色は不正確　松平頼恭, 三木文柳『衆禽画譜』　［松平公益会］

ムラサキサギ　Ardea purpurea
「ジョン・グールド 世界の鳥」同朋舎出版　1994
◇32図（カラー）　リア, エドワード画『ヨーロッパの鳥類』1832〜37

博物図譜レファレンス事典 動物篇　**497**

むらさ　　　鳥

「世界大博物図鑑 4」平凡社　1987
　◇p46（カラー）　ドルビニ, A.D.著, トラヴィエ原
　　図『万有博物事典』 1837
「グールドの鳥類図譜」講談社　1982
　◇p150（カラー）　親鳥 1873

ムラサキシギ　Calidris maritima
「グールドの鳥類図譜」講談社　1982
　◇p177（カラー）　冬羽成鳥, 換羽中の成鳥 1869

ムラサキツグミ　Grandala coelicolor
「世界大博物図鑑 4」平凡社　1987
　◇p319（カラー）　ダヴィド神父, A.著, アルヌル石
　　版『中国産鳥類』 1877　手彩色石版

ムラサキツバメ　Progne subis
「ビュフォンの博物誌」工作舎　1991
　◇I171（カラー）『一般と個別の博物誌 ソンニー
　　版』

ムラサキハマシギ　Calidris maritima
「世界大博物図鑑 4」平凡社　1987
　◇p174（カラー）　夏羽, 冬羽　ゲイマール, J.P.著,
　　ベヴァレ原図『アイスランド・グリーンランド旅
　　行記』 1838〜1852　手彩色銅版

ムラサキフンキンチョウ　Tangara velia
「ビュフォンの博物誌」工作舎　1991
　◇I124（カラー）『一般と個別の博物誌 ソンニー
　　版』

ムラサキボウシインコのベネズエラ亜種
Amazona festiva bodini
「世界大博物図鑑 別巻1」平凡社　1993
　◇p226（カラー）『ロンドン動物学協会紀要』 1861
　　〜90,1891〜1929　［京都大学理学部］

ムラサキモリバト？　Columba punicea ?
「江戸鳥類大図鑑」平凡社　2006
　◇p463（カラー）　かきばと　堀田正敦『禽譜』
　　［宮城県図書館伊達文庫］

ムラサキヤイロチョウ　Pitta granatina
「世界大博物図鑑 4」平凡社　1987
　◇p287（カラー）　テミンク, C.J.著, ユエ, N.原図
　　『新編彩色鳥類図譜』 1820〜39　手彩色銅版画

【め】

メガネウ
　⇒ベーリングシマウ（メガネウ）を見よ

メガネフクロウ　Pulsatrix perspicillata
「世界大博物図鑑 別巻1」平凡社　1993
　◇p252（カラー）　ルヴァイヤン, F.著, ラインホル
　　ト（ライノルト）原図, ラングロワ, オードベール
　　刷『アフリカ鳥類史』 1796〜1808

メガネムクドリ　Sarcops calvus
「ビュフォンの博物誌」工作舎　1991
　◇I102（カラー）『一般と個別の博物誌 ソンニー
　　ニ版』

メキシコキヌバネドリ　Trogon mexicanus
「ジョン・グールド 世界の鳥」同朋舎出版　1994
　◇75図（カラー）　オスの成鳥　グールド, エリザ
　　ベス画『キヌバネドリ科の研究 初版』 1835〜38

メキシココガラ　Poecile sclateri
「フランスの美しい鳥の絵図鑑」グラフィック社
2014
　◇p161（カラー）　エチェコパル, ロベール＝ダニ
　　エル著, バリュエル, ポール画

メグロモズヒタキ　Pachycephala inornata
「ジョン・グールド 世界の鳥」同朋舎出版　1994
　◇119図（カラー）　リヒター, ヘンリー・コンスタ
　　ンチン画『オーストラリアの鳥類』 1840〜48

めじろ
「鳥の手帖」小学館　1990
　◇p29（カラー）　目白・眼白・繡眼児　毛利梅園
　　『梅園禽譜』 天保10（1839）序　［国立国会図書
　　館］

メジロ　Zosterops japonicus
「江戸博物文庫 鳥の巻」工作舎　2017
　◇p132（カラー）　目白　毛利梅園『梅園禽譜』
　　1840頃　［国立国会図書館］
「江戸鳥類大図鑑」平凡社　2006
　◇p385（カラー）　めじろ　堀田正敦『禽譜』
　　［宮城県図書館伊達文庫］

メジロ
「江戸時代に描かれた鳥たち」ソフトバンク ク
リエイティブ　2012
　◇p88（カラー）　繡眼児/メジロ　毛利梅園『梅園
　　禽譜』 天保10（1849）序
「彩色 江戸博物学集成」平凡社　1994
　◇p183（カラー）　堀田正敦『小禽譜 原禽』　［宮
　　城県図書館］

メジロアメリカムシクイ　Catharopeza
bishopi
「世界大博物図鑑 別巻1」平凡社　1993
　◇p373（カラー）『アイビス』 1859〜　［山階鳥類
　　研究所］

メジロガモ　Aythya nyroca
「江戸鳥類大図鑑」平凡社　2006
　◇p159（カラー）　小羽白 雌雄　堀田正敦『禽譜』
　　［宮城県図書館伊達文庫］
「世界大博物図鑑 別巻1」平凡社　1993
　◇p72（カラー）　メス, オス　ボルクハウゼン, M.
　　B.『ドイツ鳥類学』 1800〜17
「グールドの鳥類図譜」講談社　1982
　◇p198（カラー）　オス, メス 1872

メジロカモメ　Larus leucophthalmus
「世界大博物図鑑 4」平凡社　1987
　◇p186（カラー）　テミンク, C.J.著, ユエ, N.原図
　　『新編彩色鳥類図譜』 1820〜39　手彩色銅版画

メジロキバネミツスイ　Phylidonyris
novaehollandiae
「ジョン・グールド 世界の鳥」同朋舎出版　1994

鳥　　　　　　　　　　　　　　　　　　　　　　　　　　　もす

◇131図（カラー）　メス, オス　リヒター, ヘン
リー・コンスタンチン画『オーストラリアの鳥
類』1840〜48

メジロハシブトハナドリ　Dicaeum everetti
「世界大博物図鑑　別巻1」平凡社　1993
　◇p349（カラー）『ロンドン動物学協会紀要』1861
　〜90,1891〜1929　［山階鳥類研究所, 東京大学
　理学部動物学図書室］

メジロムシクイ　Sylvia hortensis
「フランスの美しい鳥の絵図鑑」グラフィック社
2014
　◇p93（カラー）　エチェコパル, ロベール＝ダニエ
　ル著, バリュエル, ポール画
「ビュフォンの博物誌」工作舎　1991
　◇I140（カラー）『一般と個別の博物誌 ソンニー
　ニ版』
「グールドの鳥類図譜」講談社　1982
　◇p87（カラー）　オス成鳥, メス成鳥 1872

メスアカクイナモドキ　Monias benschi
「世界大博物図鑑　別巻1」平凡社　1993
　◇p141（カラー）　グランディディエ, A.『マダガ
　スカル風土記』1876〜85　手彩色銅版

メスグログンカンドリ　Fregata aquila
「世界大博物図鑑　別巻1」平凡社　1993
　◇p41（カラー）　ヴィエイヨー, L.J.P.著, ウダー
　ル, P.L.原図『鳥類画廊』1820〜26
「ビュフォンの博物誌」工作舎　1991
　◇I223（カラー）『一般と個別の博物誌 ソンニー
　ニ版』
「世界大博物図鑑　4」平凡社　1987
　◇p43（カラー）　ビュフォン, G.L.L., Comte de,
　トラヴィエ, E.原図『博物誌』1853〜57　手彩
　色銅版画

メスグロホウカンチョウ　Crax alector
「世界大博物図鑑　別巻1」平凡社　1993
　◇p116（カラー）　ヴィエイヨー, L.J.P.著, ウダー
　ル, P.L.原図『鳥類画廊』1820〜26
「ビュフォンの博物誌」工作舎　1991
　◇I048（カラー）『一般と個別の博物誌 ソンニー
　ニ版』

メダイシギ
「高松松平家所蔵 衆禽画譜 水禽・野鳥」香川県
歴史博物館友の会博物図譜刊行会　2005
　◇p33（カラー）　松平頼恭『衆禽画譜 水禽帖』江
　戸時代　紙本著色 画帖装（折本形式）38.1×48.
　7　［個人蔵］

メダイチドリ　Charadrius mongolus
「江戸博物文庫 鳥の巻」工作舎　2017
　◇p22（カラー）　目大千鳥　幼鳥　増山正賢『百鳥
　図』1800頃　［国立国会図書館］
「江戸鳥類大図鑑」平凡社　2006
　◇p289（カラー）　もずしぎ　幼鳥　堀田正敦『禽
　譜』　［宮城県図書館伊達文庫］

メダイチドリ
「江戸時代に描かれた鳥たち」ソフトバンク ク

リエイティブ　2012
　◇p113（カラー）　千鳥　毛利梅園『梅園禽譜』天
　保10（1849）序

メボソムシクイ　Dacnis cayana
「ビュフォンの博物誌」工作舎　1991
　◇I149（カラー）『一般と個別の博物誌 ソンニー
　ニ版』

メンカブリインコ　Prosopeia personata
「世界大博物図鑑　別巻1」平凡社　1993
　◇p222（カラー）『ロンドン動物学協会紀要』1861
　〜90,1891〜1929　［京都大学理学部］

メンフクロウ　Tyto alba
「ジョン・グールド 世界の鳥」同朋舎出版　1994
　◇16図（カラー）　リア, エドワード画『ヨーロッパ
　の鳥類』1832〜37
「世界大博物図鑑　別巻1」平凡社　1993
　◇p240（カラー）　ボルクハウゼン, M.B.『ドイツ
　鳥類学』1800〜17
　◇p240（カラー）　マルティネ, F.N.『鳥類誌』
　1787〜96　手彩色銅版
「世界大博物図鑑　4」平凡社　1987
　◇p223（カラー）　スミス, A.著, フォード, G.H.原
　図『南アフリカ動物図譜』1838〜49　手彩色
　石版
　◇p226（カラー）　ドノヴァン, E.『英国鳥類誌』
　1794〜1819
「グールドの鳥類図譜」講談社　1982
　◇p48（カラー）　親鳥, 雛 1869

メンフクロウのガラパゴス亜種　Tyto alba
punctatissima
「世界大博物図鑑　別巻1」平凡社　1993
　◇p240（カラー）　ダーウィン, C.R.編, グールド,
　J.原図, グールド, E.石版『ビーグル号報告動物
　学編』1839〜43　手彩色石版

メンフクロウのキューバ亜種　Tyto alba
furcata
「世界大博物図鑑　別巻1」平凡社　1993
　◇p240（カラー）　テミンク, C.J., ラウジェ・ド・
　シャルトルース, M.著, ユエ, N.図『新編彩色鳥
　類図譜』1820〜39　手彩色銅板画

【 も 】

モカモ
「高松松平家所蔵 衆禽画譜 水禽・野鳥」香川県
歴史博物館友の会博物図譜刊行会　2005
　◇p26（カラー）　松平頼恭『衆禽画譜 水禽帖』江
　戸時代　紙本著色 画帖装（折本形式）38.1×48.
　7　［個人蔵］

もず
「鳥の手帖」小学館　1990
　◇p33（カラー）　百舌・鵙・百舌鳥　毛利梅園『梅
　園禽譜』　天保10（1839）序　［国立国会図書館］

博物図譜レファレンス事典 動物篇　　**499**

もず　　　　　　　　　　　　　鳥

モズ　Lanius bucephalus
「江戸博物文庫 鳥の巻」工作舎　2017
◇p51（カラー）　百舌　増山正賢『百鳥図』　1800
頃　［国立国会図書館］
「江戸鳥類大図鑑」平凡社　2006
◇p555（カラー）　もず 雌　メス　堀田正敦『禽
譜』　［宮城県図書館伊達文庫］
◇p555（カラー）　もず 雄　オス　堀田正敦『禽
譜』　［宮城県図書館伊達文庫］

モズ
「江戸時代に描かれた鳥たち」ソフトバンク ク
リエイティブ　2012
◇p98（カラー）　伯労/鵙　毛利梅園『梅園禽譜』
天保10（1849）序
「高松松平家所蔵 衆禽画譜 水禽・野鳥」香川県
歴史博物館友の会博物図譜刊行会　2005
◇p90（カラー）　モズ 雌　松平頼恭『衆禽画譜 野
鳥帖』　江戸時代　紙本著色 画帖装（折本形式）
33.0×48.3　［個人蔵］
◇p96（カラー）　松平頼恭『衆禽画譜 野鳥帖』　江
戸時代　紙本著色 画帖装（折本形式）　33.0×48.
3　［個人蔵］

モズカザリドリ　Laniisoma elegans
「世界大博物図鑑 別巻1」平凡社　1993
◇p305（カラー）『ロンドン動物学協会紀要』　1861
〜90,1891〜1929　［山階鳥類研究所］

モズのはやにえ
「高木春山 本草図説 動物」リブロポート　1989
◇p90（カラー）　鵙ノ草グキ　カエル
「江戸の動植物図」朝日新聞社　1988
◇p88（カラー）　栗本丹洲『千蟲譜』　［国立国会
図書館］

モズのハヤニエ
「江戸鳥類大図鑑」平凡社　2006
◇p555（カラー）　鵙はたもの　堀田正敦『禽譜』
［宮城県図書館伊達文庫］
「彩色 江戸博物学集成」平凡社　1994
◇p187（カラー）　堀田正敦『小禽譜 林禽（一）』
［宮城県図書館］

モテムネエナガ　Aegithalos caudatus
vinaceus
「フランスの美しい鳥の絵図鑑」グラフィック社
2014
◇p123（カラー）　エチェコパル, ロベール＝ダニ
エル著, バリュエル, ポール画

モモアカノスリ　Parabuteo unicinctus
「ビュフォンの博物誌」工作舎　1991
◇I005（カラー）『一般と個別の博物誌 ソンニー
ニ版』
「世界大博物図鑑 4」平凡社　1987
◇p91（カラー）　ビュフォン, G.L.L., Comte de,
トラヴィエ, E.原図『博物誌』　1853〜57　手彩
色鋼版画

モモイロインコ　Cacatua（Eolophus）
roseicapilla
「ジョン・グールド 世界の鳥」同朋舎出版　1994
◇140図（カラー）　リヒター, ヘンリー・コンスタ
ンチン画『オーストラリアの鳥類』　1840〜48

モモイロインコ　Eolophus roseicapillus
「世界大博物図鑑 別巻1」平凡社　1993
◇p217（カラー）　ヴィエイヨー, L.J.P.著, ウダー
ル, P.L.原図『鳥類画廊』　1820〜26

モモイロハッカ　Sturnus roseus
「グールドの鳥類図譜」講談社　1982
◇p126（カラー）　オス, メス 1865

モモイロハッカ
「グールドの鳥類図譜」講談社　1982
◇p126（カラー）　幼鳥 1873

モモイロペリカン　Pelecanus onocrotalus
「すごい博物画」グラフィック社　2017
◇図版21（カラー）　ダル・ポッツォ, カシアーノ,
レオナルディ, ヴィンチェンツォ作（？）1635　黒
いチョークの上にアラビアゴムを混ぜた水彩と濃
厚顔料　36.4×45.2　［ウィンザー城ロイヤル・
ライブラリー］
「江戸鳥類大図鑑」平凡社　2006
◇p213（カラー）　鵜鶘 がらん鳥　堀田正敦『禽
譜』　［宮城県図書館伊達文庫］
◇p213（カラー）　鵜鶘 がらん鳥 幼鳥　堀田正敦
『禽譜』　［宮城県図書館伊達文庫］
「世界大博物図鑑 別巻1」平凡社　1993
◇p40（カラー）　後藤梨春『随観写真』　明和8
（1771）頃
「ビュフォンの博物誌」工作舎　1991
◇I220（カラー）『一般と個別の博物誌 ソンニー
ニ版』
「世界大博物図鑑 4」平凡社　1987
◇p39（カラー）　ブリー, C.R.著, フォーセット原
図『英国未見西洋鳥類誌』　1859〜63　手彩色 木
口木版図
◇p39（カラー）　ビュフォン, G.L.L., Comte de,
トラヴィエ, E.原図『博物誌』　1853〜57　手彩
色鋼版画

モモイロペリカンの頭部　Pelecanus
onocrotalus
「すごい博物画」グラフィック社　2017
◇図版22（カラー）　ダル・ポッツォ, カシアーノ,
レオナルディ, ヴィンチェンツォ作（？）1635　黒
いチョークの上にアラビアゴムを混ぜた水彩と濃
厚顔料　35.5×54.4　［ウィンザー城ロイヤル・
ライブラリー］

モーリシャスインコ　Lophopsittacus
mauritianus
「世界大博物図鑑 別巻1」平凡社　1993
◇p200（カラー）　蜂須賀正氏『絶滅鳥ドードーに
ついて』　1953

モーリシャスオオクイナ　Leguatia gigantea
「世界大博物図鑑 別巻1」平凡社　1993

◇p152（カラー）　額板がある　ロスチャイルド,
L.W.『絶滅鳥類誌』1907　彩色クロモリトグラ
フ　［個人蔵］
◇p152（カラー）　蜂須賀正氏『絶滅鳥ドードーに
ついて』1953

モーリシャスクイナ　Aphanapteryx bonasia
「世界大博物図鑑　別巻1」平凡社　1993
◇p152（カラー）　蜂須賀正氏『絶滅鳥ドードーに
ついて』1953
◇p152（カラー）　ロスチャイルド, L.W.『絶滅鳥
類誌』1907　彩色クロモリトグラフ　［個人蔵］
◇口絵（カラー）　蜂須賀正氏著, キューレマンス画
『絶滅鳥ドードーについて』1953

モーリシャスクイナ（？）
「世界大博物図鑑　別巻1」平凡社　1993
◇p152（カラー）　Kuina mundi　蜂須賀正氏『絶
滅鳥ドードーについて』1953

モーリシャスチョウゲンボウ　Falco
punctatus
「世界大博物図鑑　別巻1」平凡社　1993
◇p111（カラー）　テミンク, C.J., ロジエ・ド・
シャルトルース, M.著『新編彩色鳥類図譜』
1820～39　手彩色銅板画

モーリシャスバト　Nesoenas mayeri
「世界大博物図鑑　別巻1」平凡社　1993
◇p180（カラー）　蜂須賀正氏『絶滅鳥ドードーに
ついて』1953

モーリシャスホンセイインコ　Psittacula
echo
「世界大博物図鑑　別巻1」平凡社　1993
◇p200（カラー）　蜂須賀正氏『絶滅鳥ドードーに
ついて』1953

モーリシャスルリバト　Alectroenas
nitidissima
「世界大博物図鑑　別巻1」平凡社　1993
◇p180（カラー）　クニップ夫人『ハト図譜』
1808～11　手彩色銅版
◇p180（カラー）　ルヴァイヤン, F.著, ラインホル
ト（ライノルト）原図, ラングロワ, オードベール
刷『アフリカ鳥類史』1796～1808
◇p180（カラー）　ロスチャイルド, L.W.『絶滅鳥
類誌』1907　彩色クロモリトグラフ　［個人蔵］

モーリシャスルリバト
「世界大博物図鑑　別巻1」平凡社　1993
◇p180（カラー）　蜂須賀正氏『絶滅鳥ドードーに
ついて』1953

モリバト　Columba palumbus
「ジョン・グールド 世界の鳥」同朋舎出版　1994
◇29図（カラー）　成鳥と若鳥　リア, エドワード
画『ヨーロッパの鳥類』1832～37
「ビュフォンの博物誌」工作舎　1991
◇I065（カラー）『一般と個別の博物誌 ソンニー
二版』
「グールドの鳥類図譜」講談社　1982
◇p140（カラー）　成鳥　1868

モリヒバリ　Lullula arborea
「ビュフォンの博物誌」工作舎　1991
◇I134（カラー）『一般と個別の博物誌 ソンニー
二版』
◇I138（カラー）『一般と個別の博物誌 ソンニー
二版』
「グールドの鳥類図譜」講談社　1982
◇p104（カラー）　つがいの2羽　1869

モリフクロウ　Strix aluco
「ジョン・グールド 世界の鳥」同朋舎出版　1994
◇318図（カラー）　成鳥, 幼鳥　ヴォルフ, ヨゼフ,
リヒター, ヘンリー・コンスタンチン画『イギリ
スの鳥類』1862～73
「世界大博物図鑑　別巻1」平凡社　1993
◇p253（カラー）　ボルクハウゼン, M.B.『ドイツ
鳥類学』1800～17
「ビュフォンの博物誌」工作舎　1991
◇I027（カラー）『一般と個別の博物誌 ソンニー
二版』
「世界大博物図鑑　4」平凡社　1987
◇p223（カラー）　ドノヴァン, E.『英国鳥類誌』
1794～1819
「グールドの鳥類図譜」講談社　1982
◇p48（カラー）　親鳥, 雛　1864

モリムシクイ　Phylloscopus sibilatrix
「フランスの美しい鳥の絵図鑑」グラフィック社
2014
◇p105（カラー）　エチェコパル, ロベール＝ダニ
エル著, バリュエル, ポール画
「グールドの鳥類図譜」講談社　1982
◇p90（カラー）　つがいの2羽　1862

モルッカツカツクリ　Megapodius wallacei
「世界大博物図鑑　別巻1」平凡社　1993
◇p112（カラー）『ロンドン動物学協会紀要』1861
～90,1891～1929　［山階鳥類研究所, 東京大
学理学部動物学図書室］

紋沙連雀鳩　Columba livia var.domestica
「世界大博物図鑑　別巻1」平凡社　1993
◇p190（カラー）　メス『鳩図』江戸末期
◇p190（カラー）　オス『鳩図』江戸末期

モンセラートムクドリモドキ　Icterus oberi
「世界大博物図鑑　別巻1」平凡社　1993
◇p388（カラー）『アイビス』1859～　［山階鳥類
研究所］

【や】

ヤイロチョウ　Pitta brachyura nympha
「世界大博物図鑑　別巻1」平凡社　1993
◇p316（カラー）　グールド, J.『アジア鳥類図譜』
1850～83　手彩色石版
「舶来鳥獣図誌」八坂書房　1992
◇p46（カラー）　翠花鳥『唐蘭船持渡鳥獣之図』
文政9（1826）？　渡来　［慶應義塾図書館］

ヤイロチョウ　Pitta nympha

「江戸鳥類大図鑑」平凡社　2006
- ◇p577（カラー）　朝鮮つぐみ　堀田正敦『禽譜』［宮城県図書館伊達文庫］
- ◇p578（カラー）　朝鮮つぐみ　堀田正敦『禽譜』［宮城県図書館伊達文庫］
- ◇p578（カラー）　八色鳥　堀田正敦『禽譜』［宮城県図書館伊達文庫］

ヤイロチョウ

「彩色 江戸博物学集成」平凡社　1994
- ◇p182（カラー）　堀田正敦『小禽譜 林禽（一）』［宮城県図書館］

「花の王国 1」平凡社　1990
- ◇p125（カラー）　エリオット, D.G.『ヤイロチョウの研究』　1863

ヤイロチョウの仲間

「花の王国 1」平凡社　1990
- ◇p84（カラー）　エリオット, D.G.『ヤイロチョウの研究』　1863

ヤクシャインコ　Eos histrio

「世界大博物図鑑 別巻1」平凡社　1993
- ◇p218（カラー）『唐船持渡鳥類』　文政〜天保年間写生　［東京国立博物館］

「ビュフォンの博物誌」工作舎　1991
- ◇I254（カラー）『一般と個別の博物誌 ソンニーニ版』

ヤクシャインコ　Eos histrio histrio

「江戸鳥類大図鑑」平凡社　2006
- ◇p442（カラー）　類違紅いんこ　堀田正敦『禽譜』［宮城県図書館伊達文庫］

「舶来鳥獣図誌」八坂書房　1992
- ◇p34（カラー）　紅音呼『唐蘭船持渡鳥獣之図』文政元（1818）渡来　［慶應義塾図書館］
- ◇p41（カラー）　類違紅音呼『唐蘭船持渡鳥獣之図』文政3（1820）渡来　［慶應義塾図書館］
- ◇p54（カラー）　小紫音呼『唐蘭船持渡鳥獣之図』弘化4（1847）渡来　［慶應義塾図書館］

ヤクシャインコ

「江戸時代に描かれた鳥たち」ソフトバンク クリエイティブ　2012
- ◇p31（カラー）　紅音呼『外国珍禽異鳥図』　江戸末期
- ◇p31（カラー）　類違紅音呼『外国珍禽異鳥図』江戸末期

ヤシオウム　Probosciger aterrimus

「世界大博物図鑑 別巻1」平凡社　1993
- ◇p217（カラー）　グールド, J.『オーストラリア鳥類図譜』1840〜48
- ◇p217（カラー）　レッソン, R.P.『ビュフォン著作集（レッソン版）』1838　手彩色銅版

「世界大博物図鑑 4」平凡社　1987
- ◇p202（カラー）　キュヴィエ, G.L.C.F.D.『動物界』1836〜49　手彩色銅版画

ヤシハゲワシ　Gypohierax angolensis

「ビュフォンの博物誌」工作舎　1991

- ◇I010（カラー）『一般と個別の博物誌 ソンニーニ版』

「世界大博物図鑑 4」平凡社　1987
- ◇p74（カラー）　ビュフォン, G.L.L., Comte de, トラヴィエ, E.原図『博物誌』1853〜57　手彩色銅版画

ヤシハワイミツスイ　Ciridops anna

「世界大博物図鑑 別巻1」平凡社　1993
- ◇p377（カラー）　ロスチャイルド, L.W.『絶滅鳥類誌』1907　彩色クロモリトグラフ　［個人蔵］

ヤシフウキンチョウ　Thraupis palmarum

「ビュフォンの博物誌」工作舎　1991
- ◇I116（カラー）『一般と個別の博物誌 ソンニーニ版』

ヤジリヒメキツツキ　Picumnus minutissimus

「ビュフォンの博物誌」工作舎　1991
- ◇I175（カラー）『一般と個別の博物誌 ソンニーニ版』

ヤチセンニュウ　Locustella naevia

「フランスの美しい鳥の絵図鑑」グラフィック社　2014
- ◇p19（カラー）　エチェコパル, ロベール＝ダニエル著, バリュエル, ポール画

「グールドの鳥類図譜」講談社　1982
- ◇p95（カラー）　成鳥, 幼鳥　1866

ヤツガシラ　Upupa epops

「江戸鳥類大図鑑」平凡社　2006
- ◇p298（カラー）　かぶとしぎ　堀田正敦『禽譜』［宮城県図書館伊達文庫］
- ◇p551（カラー）　やつがしら　堀田正敦『禽譜』［宮城県図書館伊達文庫］
- ◇p551（カラー）　戴勝　堀田正敦『禽譜』　［宮城県図書館伊達文庫］
- ◇p554（カラー）　名しれず　堀田正敦『禽譜』［宮城県図書館伊達文庫］
- ◇p717（カラー）　ウエイトップ　堀田正敦『堀田禽譜』　［東京国立博物館］

「ジョン・グールド 世界の鳥」同朋舎出版　1994
- ◇276図（カラー）　リヒター, ヘンリー・コンスタンチン画『アジアの鳥類』1849〜83

「ビュフォンの博物誌」工作舎　1991
- ◇I166（カラー）『一般と個別の博物誌 ソンニーニ版』

「鳥獣虫魚譜」八坂書房　1988
- ◇p28（カラー）　八頭　松森胤保『両羽禽類図譜』［酒田市立光丘文庫］

「世界大博物図鑑 4」平凡社　1987
- ◇p254（カラー）　ドルビニ, A.D.著, トラヴィエ原図『万有物事典』1837

「グールドの鳥類図譜」講談社　1982
- ◇p61（カラー）　親鳥, 雛　1868

ヤツガシラ

「紙の上の動物園」グラフィック社　2017
- ◇p16（カラー）　ダル・ポッツォ, カッシアーノ『鳥小屋』1622

「彩色 江戸博物学集成」平凡社　1994

◇p111（カラー） 小野蘭山『諸鳥譜』 ［東洋文庫］

◇p187（カラー） 堀田正敦『小禽譜 林禽（一）』［宮城県図書館］

ヤドリギジナイ　Turdus viscivorus

「ビュフォンの博物誌」工作舎　1991

◇I091（カラー）『一般と個別の博物誌 ソンニー二版』

「グールドの鳥類図譜」講談社　1982

◇p72（カラー） 巣立ち雛、親鳥 1869

ヤドリギハナドリ　Dicaeum hirundinaceum

「ジョン・グールド 世界の鳥」同朋舎出版　1994

◇115図（カラー） つがい グールド、エリザベス画『オーストラリアの鳥類』 1840～48

ヤナギムシクイ　Phylloscopus trochiloides （Sundevall 1837）

「フランスの美しい鳥の絵図鑑」グラフィック社　2014

◇p111（カラー） エチェコパル、ロベール＝ダニエル著、バリュエル、ポール画

ヤハズカンムリオウチュウ　Dicrurus balicassius

「ビュフォンの博物誌」工作舎　1991

◇I077（カラー）『一般と個別の博物誌 ソンニー二版』

ヤブガラ　Psaltriparus minimus（Townsend 1837）

「フランスの美しい鳥の絵図鑑」グラフィック社　2014

◇p139（カラー） エチェコパル、ロベール＝ダニエル著、バリュエル、ポール画

ヤブサザイ　Xenicus longipes

「世界大博物図鑑 別巻1」平凡社　1993

◇p320（カラー） オスの成鳥『アイビス』 1859～ ［山階鳥類研究所］

◇p321（カラー） ブラー、W.L.著、キューレマンス、J.G.図『ニュージーランド鳥類誌第2版』1887～88 手彩色石版図

ヤブサザイの北島亜種　Xenicus longipes stokesi

「世界大博物図鑑 別巻1」平凡社　1993

◇p320（カラー） オスの成鳥、若鳥『アイビス』1859～ ［山階鳥類研究所］

ヤブヒバリ　Mirafra javanica

「世界大博物図鑑 4」平凡社　1987

◇p299（カラー） マシューズ、G.M.著、グリュンボルト、H.原図『オーストラリアの鳥類』 1910～28 手彩色石版

ヤマアラシ

「江戸時代に描かれた鳥たち」ソフトバンク クリエイティブ　2012

◇p20（カラー）『外国珍禽異鳥図』 江戸末期

ヤマウズラ　Perdix dauuricae

「江戸鳥類大図鑑」平凡社　2006

◇p271（カラー） 半翅 一名半鷩 堀田正敦『禽譜』 ［宮城県図書館伊達文庫］

「ビュフォンの博物誌」工作舎　1991

◇I053（カラー）『一般と個別の博物誌 ソンニー二版』

ヤマウズラバト　Geotrygon montana

「世界大博物図鑑 別巻1」平凡社　1993

◇p189（カラー） クニップ夫人『ハト図譜』1808～11 手彩色銅版

やまがら

「鳥の手帖」小学館　1990

◇p35（カラー） 山雀 毛利梅園『梅園禽譜』 天保10（1839）序 ［国立国会図書館］

ヤマガラ　Parus varius

「江戸鳥類大図鑑」平凡社　2006

◇p536（カラー） 山がら 堀田正敦『禽譜』［宮城県図書館伊達文庫］

「世界大博物図鑑 別巻1」平凡社　1993

◇p348（カラー）『鳥類写生図譜』 ※「鳥類図鑑」（1926凡例）と『鳥類写生図譜』（1927～38）を合わせた本

ヤマガラ　Sittiparus varius（Temminck & Schelegel 1848）

「フランスの美しい鳥の絵図鑑」グラフィック社　2014

◇p233（カラー） エチェコパル、ロベール＝ダニエル著、バリュエル、ポール画

ヤマガラ

「江戸時代に描かれた鳥たち」ソフトバンク クリエイティブ　2012

◇p89（カラー） 山雀 毛利梅園『梅園禽譜』 天保10（1849）序

「彩色 江戸博物学集成」平凡社　1994

◇p454～455（カラー） 山本渓愚画

ヤマガラ（オーストンヤマガラ？）　Parus varius owstoni ？

「江戸鳥類大図鑑」平凡社　2006

◇p536（カラー） あいぜむがら 堀田正敦『禽譜』［宮城県図書館伊達文庫］

ヤマガラモドキ　Aegithalos iouschistos （Blyth 1844）

「フランスの美しい鳥の絵図鑑」グラフィック社　2014

◇p131（カラー） エチェコパル、ロベール＝ダニエル著、バリュエル、ポール画

ヤマゲラ　Picus canus

「江戸鳥類大図鑑」平凡社　2006

◇p487（カラー） 山啄木 堀田正敦『禽譜』［宮城県図書館伊達文庫］

「日本の博物図譜」東海大学出版会　2001

◇p105（白黒） 小林重三『熱河省産鳥類』 ［国立科学博物館］

ヤマシギ　Scolopax rusticola

「江戸鳥類大図鑑」平凡社　2006

やまし　　　　　　　　　　　鳥

◇p297（カラー）　姥鶲 やましぎ　堀田正敦『禽
譜』　〔宮城県図書館伊達文庫〕
「ビュフォンの博物誌」工作舎　1991
◇I196（カラー）『一般と個別の博物誌 ソンニー
二版』
「グールドの鳥類図鑑」講談社　1982
◇p178（カラー）　雌親, 雛, 雄親　1866

ヤマシギ
「彩色 江戸博物学集成」平凡社　1994
◇p263（カラー）　飯沼慾斎『本草図譜 第11巻〈禽
部獣部〉』　〔個人蔵〕

ヤマショウビン　Halcyon pileata
「江戸鳥類大図鑑」平凡社　2006
◇p215（カラー）　翡翠　堀田正敦『禽譜』　〔宮
城県図書館伊達文庫〕
「世界大博物図鑑 4」平凡社　1987
◇p248（カラー）　レッソン, R.P.『動物百図』
1830〜32

ヤマセミ　Ceryle lugubris
「江戸鳥類大図鑑」平凡社　2006
◇p218（カラー）　ひつさぎ 一名山カハセミ　オ
ス　堀田正敦『禽譜』　〔宮城県図書館伊達文庫〕
◇p219（カラー）　甲鳥　オス　堀田正敦『禽譜』
〔宮城県図書館伊達文庫〕
「鳥獣虫魚譜」八坂書房　1988
◇p43（カラー）　蝦夷ソビ　メス　松森胤保『両羽
禽類図譜』　〔酒田市立光丘文庫〕
「世界大博物図鑑 4」平凡社　1987
◇p246（カラー）　テミンク, C.J.著, ブレートル,
J.G.原図『新編彩色鳥類図譜』　1820〜39　手彩
色銅版画

ヤマセミ　Ceryle lugubris guttulata
「ジョン・グールド 世界の鳥」同朋舎出版　1994
◇3図（カラー）　グールド, エリザベス画『ヒマラ
ヤ山脈鳥類百図』　1830〜33

ヤマセミ　Megaceryle lugubris
「江戸博物文庫 鳥の巻」工作舎　2017
◇p62（カラー）　山蟬　牧野貞幹『鳥類写生図』
1810頃　〔国立国会図書館〕

やまどり
「鳥の手帖」小学館　1990
◇p52〜53（カラー）　山鳥　毛利梅園『梅園禽譜』
天保10（1839）序　〔国立国会図書館〕

ヤマドリ　Syrmaticus soemmerringi
「世界大博物図鑑 4」平凡社　1987
◇p131（カラー）　オス, メス　テミンク, C.J.著,
ブレートル, J.G.原図『新編彩色鳥類図譜』
1820〜39　手彩色銅版画

ヤマドリ　Syrmaticus soemmerringii
「江戸博物文庫 鳥の巻」工作舎　2017
◇p159（カラー）　山鳥　服部雪斎『華鳥譜』
1862　〔国立国会図書館〕
「江戸鳥類大図鑑」平凡社　2006
◇p249（カラー）　白雉子 雄　部分白化個体　堀田
正敦『禽譜』　〔宮城県図書館伊達文庫〕

ヤマドリ　Syrmaticus soemmerringii scintillans
「江戸鳥類大図鑑」平凡社　2006
◇p256〜257（カラー）　やまとり 雄, 真羽　堀田
正敦『禽譜』　〔宮城県図書館伊達文庫〕
◇p257（カラー）　やまとり 雌　堀田正敦『禽譜』
〔宮城県図書館伊達文庫〕

ヤマドリ
「江戸時代に描かれた鳥たち」ソフトバンク ク
リエイティブ　2012
◇p104（カラー）　山鶏・雌雄　毛利梅園『梅園禽
譜』　天保10（1849）序

ヤマドリ？　Syrmaticus soemmerringii ?
「江戸鳥類大図鑑」平凡社　2006
◇p249（カラー）　白雉子 雄　オス　堀田正敦『禽
譜』　〔宮城県図書館伊達文庫〕
◇p258（カラー）　白やまとり 白鷺　白化個体　堀
田正敦『禽譜』　〔宮城県図書館伊達文庫〕

ヤマドリの雛
「江戸の動植物図」朝日新聞社　1988
◇p36（カラー）　森野藤助『松山本草』　〔森野旧
薬園〕

ヤマヌレバカケス　Cissilopha melanocyanea
「世界大博物図鑑 4」平凡社　1987
◇p391（カラー）　テミンク, C.J.著, ブレートル,
J.G.原図『新編彩色鳥類図譜』　1820〜39　手彩
色銅版画

ヤマヒバリ　Prunella montanella
「江戸鳥類大図鑑」平凡社　2006
◇p365（カラー）　よしかや　堀田正敦『禽譜』
〔宮城県図書館伊達文庫〕
◇p512（カラー）　まつむし　堀田正敦『禽譜』
〔宮城県図書館伊達文庫〕
◇p512（カラー）　まつむしり　堀田正敦『禽譜』
〔宮城県図書館伊達文庫〕
「世界大博物図鑑 4」平凡社　1987
◇p318（カラー）　ダヴィド神父, A.著, アルヌル石
版『中国産鳥類』　1877　手彩色石版

ヤマムスメ　Urocissa caerulea
「ジョン・グールド 世界の鳥」同朋舎出版　1994
◇283図（カラー）　リヒター, ヘンリー・コンスタ
ンチン画『アジアの鳥類』　1849〜83

ヤリハシハチドリ　Ensifera ensifera
「ジョン・グールド 世界の鳥」同朋舎出版　1994
◇243図（カラー）　オスの成鳥, オスの若鳥　リヒ
ター, ヘンリー・コンスタンチン画『ハチドリ科
の研究』　1849〜61

【ゆ】

ユウギリインコ　Bolborhynchus aymara
「世界大博物図鑑 別巻1」平凡社　1993
◇p228（カラー）　スクレイター, P.L., ハドソン,
W.H.著, キューレマンス, J.G.図『アルゼンチン

鳥　　　　　　　　　　　　　　ようむ

鳥類学』1888〜89　手彩色石版　[個人蔵]

ユーカリインコ　Purpureicephalus spurius
「世界大博物図鑑　別巻1」平凡社　1993
　◇p225（カラー）　プレートル原図、デュモン・デュルヴィル、J.S.C.『アストロラブ号世界周航記』1830〜35　スティップル印刷

ユキシャコ　Lerwa lerwa
「世界大博物図鑑　4」平凡社　1987
　◇p115（カラー）　ダヴィド神父、A.著、アルヌル石版『中国産鳥類』1877　手彩色石版

ユキヒタキ
「高松松平家所蔵 衆禽画譜 水禽・野鳥」香川県歴史博物館友の会博物図譜刊行会　2005
　◇p87（カラー）　松平頼恭『衆禽画譜 野鳥帖』江戸時代　紙本著色 画帖装（折本形式）　33.0×48.3　[個人蔵]

ユキホオジロ　Plectrophenax nivalis
「グールドの鳥類図譜」講談社　1982
　◇p114（カラー）　雛、雌親、雄親 1868

ユキホオジロ　Plectrophenax nivalis
「江戸鳥類大図鑑」平凡社　2006
　◇p524（カラー）　ふがはり萩ましこ 白はぎましこ オス夏羽　堀田正敦『禽譜』　[宮城県図書館伊達文庫]
「ジョン・グールド 世界の鳥」同朋舎出版　1994
　◇344図（カラー）　繁殖期のオス、メス、雛、秋と冬の羽毛をした成鳥　リヒター、ヘンリー・コンスタンチン画『イギリスの鳥類』1862〜73
「鳥獣虫魚譜」八坂書房　1988
　◇p32（カラー）　大鷽 オス若鳥冬羽　松森胤保『両羽禽類図譜』　[酒田市立光丘文庫]

ユミハシオニキバシリ　Campylorhamphus procurvoides
「世界大博物図鑑　4」平凡社　1987
　◇p278（カラー）　テミンク、C.J.著、ユエ、N.原図『新編彩色鳥類図譜』1820〜39　手彩色銅版画

ユミハシハチドリ　Phaethornis superciliosus
「世界大博物図鑑　別巻1」平凡社　1993
　◇p268（カラー）　オードベール、J.B.『黄金の鳥』1800〜02

ユミハシハワイミツスイのオアフ亜種
Hemignathus obscurus ellisianus
「世界大博物図鑑　別巻1」平凡社　1993
　◇p377（カラー）　ロスチャイルド、L.W.『絶滅鳥類誌』1907　彩色クロモリトグラフ　[個人蔵]
　◇p380（カラー）　ウィルソン、S.B.、エヴァンズ、A.H.著、フロホーク、F.W.原図『ハワイ鳥類学』1890〜99

ユミハシハワイミツスイのカウアイ亜種
Hemignathus obscurus procerus
「世界大博物図鑑　別巻1」平凡社　1993
　◇p380（カラー）　ウィルソン、S.B.、エヴァンズ、A.H.著、フロホーク、F.W.原図『ハワイ鳥類学』1890〜99

ユミハシハワイミツスイのハワイ亜種
Hemignathus obscurus obscurus
「世界大博物図鑑　別巻1」平凡社　1993
　◇p380（カラー）　ウィルソン、S.B.、エヴァンズ、A.H.著、フロホーク、F.W.原図『ハワイ鳥類学』1890〜99

ユミハシハワイミツスイのラナイ亜種
Hemignathus obscurus lanaiensis
「世界大博物図鑑　別巻1」平凡社　1993
　◇p380（カラー）　ロスチャイルド、L.W.『レイサン島の鳥類誌』1893〜1900　石版画

ユリカモメ　Larus ridibundus
「江戸鳥類大図鑑」平凡社　2006
　◇p202（カラー）　ふがはりかもめ 夏羽　堀田正敦『禽譜』　[宮城県図書館伊達文庫]
「ジョン・グールド 世界の鳥」同朋舎出版　1994
　◇376図（カラー）　ヴォルフ、ヨゼフ、リヒター、ヘンリー・コンスタンチン画『イギリスの鳥類』1862〜73
「ビュフォンの博物誌」工作舎　1991
　◇I225（カラー）『一般と個別の博物誌 ソンニーニ版』
「鳥獣虫魚譜」八坂書房　1988
　◇p46（カラー）　雛鷗 冬羽　松森胤保『両羽禽類譜』　[酒田市立光丘文庫]
「グールドの鳥類図譜」講談社　1982
　◇p220（カラー）　親鳥、雛 1873

ユリカモメ　Larus ridibundus Linnaeus
「高木春山 本草図説 動物」リブロポート　1989
　◇p62（カラー）

ユリカモメ？　Larus ridibundus？
「江戸鳥類大図鑑」平凡社　2006
　◇p199（カラー）　かもめ ゆりかもめ 冬羽　堀田正敦『禽譜』　[宮城県図書館伊達文庫]

【よ】

ヨイロハナドリ　Dicaeum quadracolor
「世界大博物図鑑　別巻1」平凡社　1993
　◇p349（カラー）『ロンドン動物学協会紀要』1861〜90,1891〜1929　[山階鳥類研究所、東京大学理学部動物学図書室]

ヨウム　Psittacus erithacus
「すごい博物画」グラフィック社　2017
　◇図版47（カラー）　ニオイニンドウ、ヨウム、ルピナス、コボウズオトギリ、ホエザル、キンバエ、ムラサキ、クワガタムシ　マーシャル、アレクサンダー 1650〜82頃　水彩　45.8×33.1　[ウィンザー城ロイヤル・ライブラリー]
「江戸博物文庫 鳥の巻」工作舎　2017
　◇p171（カラー）　洋鵡『外国珍禽異鳥図』江戸末期　[国立国会図書館]
「江戸鳥類大図鑑」平凡社　2006
　◇p445（カラー）　灰色洋鸚哥 堀田正敦『禽譜』

博物図譜レファレンス事典 動物篇　**505**

ようむ　　　　　　　　　　　鳥

　　　［宮城県図書館伊達文庫］
「世界大博物図鑑　別巻1」平凡社　1993
　◇p220（カラー）　マルティネ, F.N.『鳥類誌』
　　1787〜96　手彩色銅版
　◇p220（カラー）　ルヴァイヤン, F.著, バラバン原
　　図, ラングロワ刷『オウムの自然誌』　1801〜05
　　銅版多色刷り
「舶来鳥獣図誌」八坂書房　1992
　◇p48（カラー）　類違音呼『唐蘭船持渡鳥獣之図』
　　天保3（1832）渡来　［慶應義塾図書館］
「ビュフォンの博物誌」工作舎　1991
　◇I239（カラー）『一般と個別の博物誌 ソンニー
　　二版』

ヨウム
「江戸時代に描かれた鳥たち」ソフトバンク ク
　リエイティブ　2012
　◇p32（カラー）　類違音呼『外国珍禽異鳥図』　江
　　戸末期

ヨコジマスズメフクロウ　Glaucidium
capense
「世界大博物図鑑　4」平凡社　1987
　◇p222（カラー）　スミス, A.著, フォード, G.H.原
　　図『南アフリカ動物図譜』　1838〜49　手彩色
　　石版

ヨコジマモリハヤブサ　Micrastur ruficolis
「世界大博物図鑑　4」平凡社　1987
　◇p98（カラー）　テミンク, C.J.著, ユエ, N.原図
　　『新編彩色鳥類図譜』　1820〜39　手彩色銅版画

ヨゴレインコ　Pionus sordidus
「ビュフォンの博物誌」工作舎　1991
　◇I250（カラー）『一般と個別の博物誌 ソンニー
　　二版』

ヨシカモ
「高松松平家所蔵 衆禽画譜 水禽・野鳥」香川県
　歴史博物館友の会博物図譜刊行会　2005
　◇p28（カラー）　松平頼恭『衆禽画譜 水禽帖』　江
　　戸時代　紙本著色 画帖装（折本形式）　38.1×48.
　　7　［個人蔵］

ヨシガモ　Anas falcata
「江戸博物文庫 鳥の巻」工作舎　2017
　◇p88（カラー）　葦鴨『水禽譜』　1830頃　［国立
　　国会図書館］
「江戸鳥類大図鑑」平凡社　2006
　◇p132（カラー）　くまさかあいさ よしかも　オス
　　堀田正敦『禽譜』　［宮城県図書館伊達文庫］
　◇p132（カラー）　よしかも 雌　メス　堀田正敦
　　『禽譜』　［宮城県図書館伊達文庫］
　◇p133（カラー）　かふろよしかも　オス　堀田正
　　敦『禽譜』　［宮城県図書館伊達文庫］
「鳥獣虫魚譜」八坂書房　1988
　◇p44（カラー）　小マクリ オス　松森胤保『両羽
　　禽類図譜』　［酒田市立光丘文庫］

ヨシガモ
「江戸の動植物図」朝日新聞社　1988
　◇p123（カラー）　堀田正敦『堀田禽譜』　［東京
　　国立博物館］

ヨシキリ属　Acrocephalus spp.（Naumann &
Naumann 1811）
「フランスの美しい鳥の絵図鑑」グラフィック社
　2014
　◇p37（カラー）　エチェコパル, ロベール＝ダニエ
　　ル著, バリュエル, ポール画
　◇p39（カラー）　エチェコパル, ロベール＝ダニエ
　　ル著, バリュエル, ポール画

ヨシゴイ　Ixobrychus sinensis
「江戸鳥類大図鑑」平凡社　2006
　◇p76（カラー）　ヤマエボ メス『水禽譜』　1824
　　以降　［国会図書館］
　◇p77（カラー）　蘆五位 若鳥　毛利梅園『梅園禽
　　譜』　天保10（1839）自序　［国会図書館］
「ビュフォンの博物誌」工作舎　1991
　◇I191（カラー）『一般と個別の博物誌 ソンニー
　　二版』

ヨシゴイ
「江戸時代に描かれた鳥たち」ソフトバンク ク
　リエイティブ　2012
　◇p112（カラー）　蘆五位　毛利梅園『梅園禽譜』
　　天保10（1849）序
「高松松平家所蔵 衆禽画譜 水禽・野鳥」香川県
　歴史博物館友の会博物図譜刊行会　2005
　◇p70（カラー）　松平頼恭『衆禽画譜 水禽帖』　江
　　戸時代　紙本著色 画帖装（折本形式）　38.1×48.
　　7　［個人蔵］

ヨタカ　Caprimulgus carolinensis
「すごい博物画」グラフィック社　2017
　◇図版74（カラー）　ヨタカとケラ ケイツビー,
　　マーク 1722〜26頃　アラビアゴムを混ぜた水彩
　　と濃厚顔料　27.1×37.2　［ウィンザー城ロイヤ
　　ル・ライブラリー］

ヨタカ　Caprimulgus indicus
「江戸鳥類大図鑑」平凡社　2006
　◇p671（カラー）　よたか オス　堀田正敦『禽譜』
　　［宮城県図書館伊達文庫］
「鳥獣虫魚譜」八坂書房　1988
　◇p25（カラー）　小夜鷹　松森胤保『両羽禽類図
　　譜』　［酒田市立光丘文庫］
「世界大博物図鑑　4」平凡社　1987
　◇p230（カラー）　グレー, J.E.著, ホーキンズ,
　　ウォーターハウス石版『インド動物図譜』　1830
　　〜34

ヨタカ　Caprimulgus indicus Latham
「高木春山 本草図説 動物」リブロポート　1989
　◇p71（カラー）　仏法僧鳥 高野山ノ産

ヨタカ
「彩色 江戸博物学集成」平凡社　1994
　◇p454〜455（カラー）　メス　山本渓愚画

ヨタカの1種　Caprimulgus sp.?
「ビュフォンの博物誌」工作舎　1991
　◇I169（カラー）『一般と個別の博物誌 ソンニー
　　二版』

506　博物図譜レファレンス事典 動物篇

ヨダレカケズグロインコ

「江戸時代に描かれた鳥たち」ソフトバンク ク
リエイティブ　2012
　◇p29（カラー）　七毛インコ　牧野貞幹『鳥類写生
図』　文化7（1810）頃

ヨナキツグミ　Luscinia luscinia

「世界大博物図鑑 4」平凡社　1987
　◇p236（カラー）　キュヴィエ, G.L.C.F.D.『動物
界』　1836〜49　手彩色銅版

ヨーロッパアオゲラ　Picus viridis

「ビュフォンの博物誌」工作舎　1991
　◇I173（カラー）『一般と個別の博物誌 ソンニー
ニ版』

「グールドの鳥類図譜」講談社　1982
　◇p136（カラー）　オス成鳥, メス成鳥 1873

ヨーロッパアオゲラ

「グールドの鳥類図譜」講談社　1982
　◇p136（カラー）　幼鳥 1873

ヨーロッパアマツバメ　Apus apus

「ビュフォンの博物誌」工作舎　1991
　◇I170（カラー）『一般と個別の博物誌 ソンニー
ニ版』

「グールドの鳥類図譜」講談社　1982
　◇p57（カラー）　雛, 親鳥 1862

ヨーロッパウグイス　Cettia cetti (Temminck 1820)

「フランスの美しい鳥の絵図鑑」グラフィック社
2014
　◇p33（カラー）　エチェコパル, ロベール＝ダニエ
ル著, バリュエル, ポール画

ヨーロッパオオライチョウ　Tetrao urogallus

「ビュフォンの博物誌」工作舎　1991
　◇I039（カラー）『一般と個別の博物誌 ソンニー
ニ版』

「世界大博物図鑑 4」平凡社　1987
　◇p110（カラー）　ドノヴァン, E.『英国鳥類誌』
1794〜1819

ヨーロッパオオライチョウ

「紙の上の動物園」グラフィック社　2017
　◇p152（カラー）　ソーバーン, アーチボルド『イ
ギリス本土の鳥』　1915〜18

ヨーロッパカヤクグリ　Prunella collaris

「ビュフォンの博物誌」工作舎　1991
　◇I142（カラー）『一般と個別の博物誌 ソンニー
ニ版』

ヨーロッパカヤクグリ　Prunella modularis

「ジョン・グールド 世界の鳥」同朋舎出版　1994
　◇337図（カラー）　リヒター, ヘンリー・コンスタ
ンチン画『イギリスの鳥類』1862〜73

「グールドの鳥類図譜」講談社　1982
　◇p83（カラー）　成鳥の雌雄 1868

ヨーロッパコマドリ　Erithacus rubecula

「ジョン・グールド 世界の鳥」同朋舎出版　1994
　◇335図（カラー）　巣にいる雛, 成鳥　リヒター,
ヘンリー・コンスタンチン画『イギリスの鳥類』
1862〜73

「ビュフォンの博物誌」工作舎　1991
　◇I143（カラー）『一般と個別の博物誌 ソンニー
ニ版』

「世界大博物図鑑 4」平凡社　1987
　◇p236（カラー）　ドノヴァン, E.『英国鳥類誌』
1794〜1819

「グールドの鳥類図譜」講談社　1982
　◇p80（カラー）　雛, 親鳥 1866

ヨーロッパコマドリ

「紙の上の動物園」グラフィック社　2017
　◇p22（カラー）　グールド, ジョン『イギリス本土
の鳥』　1873

ヨーロッパジシギ　Gallinago media

「グールドの鳥類図譜」講談社　1982
　◇p179（カラー）　オス, メス 1863

ヨーロッパシジュウカラ　Parus major major

「フランスの美しい鳥の絵図鑑」グラフィック社
2014
　◇p215（カラー）　エチェコパル, ロベール＝ダニ
エル著, バリュエル, ポール画

ヨーロッパシジュウカラ　Parus major (Linné 1758)

「フランスの美しい鳥の絵図鑑」グラフィック社
2014
　◇p213（カラー）　エチェコパル, ロベール＝ダニ
エル著, バリュエル, ポール画

ヨーロッパシジュウカラとマレーシジュウカラの交配種

「フランスの美しい鳥の絵図鑑」グラフィック社
2014
　◇p215（カラー）　エチェコパル, ロベール＝ダニ
エル著, バリュエル, ポール画

ヨーロッパシマエナガ　Aegithalos caudatus europaeus

「フランスの美しい鳥の絵図鑑」グラフィック社
2014
　◇p123（カラー）　エチェコパル, ロベール＝ダニ
エル著, バリュエル, ポール画

ヨーロッパチュウヒ　Cinclus cinclus

「ジョン・グールド 世界の鳥」同朋舎出版　1994
　◇333図（カラー）　巣, 雛, 親鳥　リヒター, ヘン
リー・コンスタンチン画『イギリスの鳥類』
1862〜73

ヨーロッパチュウヒ　Circus aeruginosus

「ジョン・グールド 世界の鳥」同朋舎出版　1994
　◇15図（カラー）　成鳥, 幼鳥　リア, エドワード画
『ヨーロッパの鳥』　1832〜37

「世界大博物図鑑 別巻1」平凡社　1993
　◇p106（カラー）　アフリカ産の個体　ルヴァイ
ヤ, F.著, ラインホルト（ラインルト）原図, ラン
グロワ, オードベール刷『アフリカ鳥類史』

よろつ　　　　　　　　　　　　鳥

1796～1808
「ビュフォンの博物誌」工作舎　1991
◇I015（カラー）『一般と個別の博物誌 ソンニー
二版』

ヨーロッパハシボソガラス　Corvus corone
「ビュフォンの博物誌」工作舎　1991
◇I073（カラー）『一般と個別の博物誌 ソンニー
二版』

ヨーロッパハチクイ　Merops apiaster
「ジョン・グールド 世界の鳥」同朋舎出版　1994
◇20図（カラー）　オスの成鳥　グールド，エリザ
ベス画『ヨーロッパの鳥類』　1832～37
「ビュフォンの博物誌」工作舎　1991
◇I167（カラー）『一般と個別の博物誌 ソンニー
二版』
「世界大博物図鑑 4」平凡社　1987
◇p250（カラー）　キュヴィエ，G.L.C.F.D.『動物
界』　1836～49　手彩色銅版
「グールドの鳥類図譜」講談社　1982
◇p60（カラー）　オス成鳥，幼鳥 1867

ヨーロッパハチクマ　Pernis apivorus
「世界大博物図鑑 別巻1」平凡社　1993
◇p96（カラー）　グールド，J.『イギリス鳥類図譜』
1862～73　手彩色石版

ヨーロッパヒメウ　Phalacrocorax aristotelis
「世界大博物図鑑 4」平凡社　1987
◇p43（カラー）　テミンク，C.J.著，ユエ，N.原図
『新編彩色鳥類図譜』　1820～39　手彩色銅版画

ヨーロッパビンズイ　Anthus trivialis
「ビュフォンの博物誌」工作舎　1991
◇I135（カラー）『一般と個別の博物誌 ソンニー
二版』
「グールドの鳥類図譜」講談社　1982
◇p105（カラー）　つがいの2羽 1866

ヨーロッパムナグロ　Pluvialis apricaria
「ビュフォンの博物誌」工作舎　1991
◇I207（カラー）『一般と個別の博物誌 ソンニー
二版』
「世界大博物図鑑 4」平凡社　1987
◇p171（カラー）　キュヴィエ，G.L.C.F.D.『動物
界』　1836～49　手彩色銅版
「グールドの鳥類図譜」講談社　1982
◇p158（カラー）　冬羽成鳥 1864

ヨーロッパムナグロ
「グールドの鳥類図譜」講談社　1982
◇p159（カラー）　夏羽親鳥，雛 1864

ヨーロッパヤマウズラ　Perdix perdix
「ビュフォンの博物誌」工作舎　1991
◇I053（カラー）『一般と個別の博物誌 ソンニー
二版』
「グールドの鳥類図譜」講談社　1982
◇p148（カラー）　オス，メス 1871

ヨーロッパヨシキリ　Acrocephalus scirpaceus
「フランスの美しい鳥の絵図鑑」グラフィック社
2014
◇p43（カラー）　エチェコパル，ロベール＝ダニエ
ル著，バリュエル，ポール画
「グールドの鳥類図譜」講談社　1982
◇p93（カラー）　成鳥 1862

ヨーロッパヨシキリの巣と卵
「紙の上の動物園」グラフィック社　2017
◇p151（カラー）　モリス，F.O.『イギリス本土の
鳥の巣と卵の自然誌』　1853～56

ヨーロッパヨタカ　Caprimulgus europaeus
「ジョン・グールド 世界の鳥」同朋舎出版　1994
◇324図（カラー）　若鳥，親　リヒター，ヘンリー・
コンスタンチン画『イギリスの鳥類』　1862～73
「ビュフォンの博物誌」工作舎　1991
◇I168（カラー）『一般と個別の博物誌 ソンニー
二版』
「グールドの鳥類図譜」講談社　1982
◇p56（カラー）　雄親鳥，雌親鳥，雛 1863

【ら】

らいちょう
「鳥の手帖」小学館　1990
◇p55～57（カラー）　らいちょう（冬），らいちょ
う　毛利梅園『梅園禽譜』　天保10（1839）序
［国立国会図書館］

ライチョウ　Lagopus mutus
「江戸博物文庫 鳥の巻」工作舎　2017
◇p127（カラー）　雷鳥　毛利梅園『梅園禽譜』
1840頃　［国立国会図書館］
「江戸鳥類大図鑑」平凡社　2006
◇p600（カラー）　雷鳥 雄 オス　堀田正敦『禽
譜』　［宮城県図書館伊達文庫］
◇p600（カラー）　雷鳥 雌 オス　堀田正敦『禽
譜』　［宮城県図書館伊達文庫］
◇p601（カラー）　らいてう 雄 オス夏羽　堀田正
敦『禽譜』　［宮城県図書館伊達文庫］
◇p601（カラー）　らいてう 雌 メス夏羽，雛　堀
田正敦『禽譜』　［宮城県図書館伊達文庫］
◇p602（カラー）　いはとり オス冬羽　堀田正敦
『禽譜』　［宮城県図書館伊達文庫］
「日本の博物図譜」東海大学出版会　2001
◇p87（白黒）　冬羽から夏羽に換羽中のオス　毛
利梅園筆『梅園禽譜』　［国立国会図書館］
「ジョン・グールド 世界の鳥」同朋舎出版　1994
◇355図（カラー）　秋毛の成鳥と若鳥　ヴォルフ，
ヨゼフ，リヒター，ヘンリー・コンスタンチン画
『イギリスの鳥類』　1862～73
◇356図（カラー）　夏秋冬の羽毛　ヴォルフ，ヨゼ
フ，リヒター，ヘンリー・コンスタンチン画『イ
ギリスの鳥類』　1862～73
「ビュフォンの博物誌」工作舎　1991
◇I042（カラー）『一般と個別の博物誌 ソンニー
二版』

鳥　　　　　　　　　　　　　　　　　　　　りよこ

「世界大博物図鑑 4」平凡社　1987
　◇p110（カラー）　ゲイマール, J.P.著, ヴェルナー
　　原図『アイスランド・グリーンランド旅行記』
　　1838〜1852　手彩色銅版画
「グールドの鳥類図譜」講談社　1982
　◇p143（カラー）　冬羽のオス, メス 1864
　◇p144（カラー）　夏羽の親鳥, 雛 1864

ライチョウ　Lagopus mutus Montin
「高木春山 本草図説 動物」リブロポート　1989
　◇p66（カラー）　夏羽のオス

ライチョウ
「江戸時代に描かれた鳥たち」ソフトバンク ク
リエイティブ　2012
　◇p106（カラー）　メス, オス　毛利梅園『梅園禽
　　譜』　天保10（1849）序
　◇p106（カラー）　雷鳥 毛利梅園『梅園禽譜』　天
　　保10（1849）序
　◇p107（カラー）　毛利梅園『梅園禽譜』　天保10
　　（1849）序
「彩色 江戸博物学集成」平凡社　1994
　◇p338（カラー）　夏羽に換羽中のオス　毛利梅
　　園画
「グールドの鳥類図譜」講談社　1982
　◇p144（カラー）　秋羽のオス成鳥, 幼鳥 1864

ライチョウバト　Petrophassa scripta
「世界大博物図鑑 4」平凡社　1987
　◇p198（カラー）　テミンク, C.J.著, プレートル,
　　J.G.原図『新編彩色鳥類図譜』　1820〜39　手彩
　　色銅版画

ラガーハヤブサ　Falco jugger
「ジョン・グールド 世界の鳥」同朋舎出版　1994
　◇266図（カラー）　メス, オス　ヴォルフ, ヨゼフ
　　画『アジアの鳥類』1849〜83

ラケットカワセミ　Tanysiptera galatea
「ジョン・グールド 世界の鳥」同朋舎出版　1994
　◇401図（カラー）　ハート, ウィリアム画『ニュー
　　ギニアの鳥類』1875〜88

ラケットカワセミのモロタイ亜種
Tanysiptera galatea doris
「世界大博物図鑑 別巻1」平凡社　1993
　◇p284（カラー）　シャープ, R.B.著, キューレマン
　　ス, J.G.原図『カワセミ科鳥類図譜』1868〜71
　　手彩色石版

ラケットハチドリ　Ocreatus underwoodii
「ジョン・グールド 世界の鳥」同朋舎出版　1994
　◇229図（カラー）　リヒター, ヘンリー・コンスタ
　　ンチン画『ハチドリ科の研究』1849〜61

ラザコヒバリ　Alauda razae
「世界大博物図鑑 別巻1」平凡社　1993
　◇p328（カラー）『アイビス』1859〜　［山階鳥類
　　研究所］

ラッパチョウ　Psophia crepitans
「ビュフォンの博物誌」工作舎　1991
　◇I130（カラー）『一般と個別の博物誌 ソンニー

二版』
「世界大博物図鑑 4」平凡社　1987
　◇p151（カラー）　キュヴィエ, G.L.C.F.D.『動物
　　界』1836〜49　手彩色銅版

ラナーハヤブサ　Falco biarmicus
「ジョン・グールド 世界の鳥」同朋舎出版　1994
　◇265図（カラー）　ヴォルフ, ヨゼフ画『アジアの
　　鳥類』1849〜83
「ビュフォンの博物誌」工作舎　1991
　◇I018（カラー）　メス『一般と個別の博物誌 ソン
　　ニーニ版』
「世界大博物図鑑 4」平凡社　1987
　◇p103（カラー）　テミンク, C.J.著, ユエ, N.原図
　　『新編彩色鳥類図譜』　1820〜39　手彩色銅版画

【り】

リスカッコウ　Cuculus cayanus
「ビュフォンの博物誌」工作舎　1991
　◇I164（カラー）『一般と個別の博物誌 ソンニー
　　二版』

リフコメジロ　Zosterops minuta
「世界大博物図鑑 別巻1」平凡社　1993
　◇p349（カラー）『アイビス』1859〜　［山階鳥類
　　研究所］

リフメジロ　Zosterops inornata
「世界大博物図鑑 別巻1」平凡社　1993
　◇p349（カラー）『アイビス』1859〜　［山階鳥類
　　研究所］

リュウキュウアオバト　Treron formosae
permagnus
「舶来鳥獣図誌」八坂書房　1992
　◇p29（カラー）　尺八鳩『唐蘭船持渡鳥獣之図』
　　［慶應義塾図書館］

リュウキュウガモ　Dendrocygna javanica
「江戸鳥類大図鑑」平凡社　2006
　◇p139（カラー）　ひすがも 雌　堀田正敦『禽譜』
　　［宮城県図書館伊達文庫］
　◇p139（カラー）　ひすがも 雄　堀田正敦『禽譜』
　　［宮城県図書館伊達文庫］
　◇p139（カラー）　ひすいがも　堀田正敦『禽譜』
　　［宮城県図書館伊達文庫］

リュウキュウツバメ　Hirundo neoxena
「ジョン・グールド 世界の鳥」同朋舎出版　1994
　◇110図（カラー）　リヒター, ヘンリー・コンスタ
　　ンチン画『オーストラリアの鳥類』1840〜48

リュウキュウヨシゴイ？　Ixobrychus
cinnamomeus ?
「江戸鳥類大図鑑」平凡社　2006
　◇p80（カラー）　水鶏鳥 若鳥　余曾三図, 張廷玉,
　　顒爾泰賦『百花鳥図』　［国会図書館］

リョコウバト　Ectopistes migratoria
「すごい博物画」グラフィック社　2017

博物図譜レファレンス事典 動物篇　**509**

るいち　　　　　　　　　　　　鳥

◇図版76（カラー）　リョコウバトとターキーオーク　ケイツビー、マーク　1722〜26　ペンと茶色のインクの上にアラビアゴムを混ぜた水彩と濃厚顔料　26.9×36.3　［ウィンザー城ロイヤル・ライブラリー］

「世界大博物図鑑　別巻1」平凡社　1993
◇p181（カラー）　メス　クニップ夫人『ハト図譜』1808〜11　手彩色銅版
◇p181（カラー）　オス　クニップ夫人『ハト図譜』1808〜11　手彩色銅版

【る】

ルイチガイショウジョウインコ　Lorius garrulus flavopalliatus
「舶来鳥獣図誌」八坂書房　1992
◇p24（カラー）　猩々音呼『唐蘭船持渡鳥獣之図』文化10（1813）渡来　［慶應義塾図書館］
◇p31（カラー）　紅音呼『唐蘭船持渡鳥獣之図』文化12（1815）渡来　［慶應義塾図書館］
◇p35（カラー）　紅音呼『唐蘭船持渡鳥獣之図』文政元（1818）渡来　［慶應義塾図書館］
◇p92（カラー）　紅音呼『外国産鳥之図』　［国立国会図書館］

ルイチガイショウジョウインコ
「江戸時代に描かれた鳥たち」ソフトバンク クリエイティブ　2012
◇p28（カラー）　紅音呼『外国産鳥之図』成立年不明
◇p28（カラー）　緋音呼『外国珍禽異鳥図』江戸末期
◇p28（カラー）　猩々音呼　毛利梅園『梅園禽譜』天保10（1849）序

ルイチガイヒインコ　Eos bornea cyanonothus
「江戸鳥類大図鑑」平凡社　2006
◇p442（カラー）　小形類違紅いんこ　堀田正敦『禽譜』　［宮城県図書館伊達文庫］

ルソンヤイロチョウ　Pitta kochi
「世界大博物図鑑　別巻1」平凡社　1993
◇p312（カラー）『ロンドン動物学協会紀要』　1861〜90,1891〜1929　［京都大学理学部］

ルビーキクイタダキ　Regulus calendula（Linné 1766）
「フランスの美しい鳥の絵図鑑」グラフィック社　2014
◇p73（カラー）　エチェコパル, ロベール＝ダニエル著, バリュエル, ポール画

ルビートパーズハチドリ　Chrysolampis mosquitus
「すごい博物画」グラフィック社　2017
◇図版58（カラー）　グアバの木の枝にハキリアリ、グンタイアリ、ピンクトゥー・タランチュラ、アシダカグモ、そしてルビートパーズハチドリ　メーリアン, マリア・シビラ　1701〜05頃　子牛皮紙に軽く輪郭をエッチングした上に水彩　濃厚

顔料 アラビアゴム　39×32.3　［ウィンザー城ロイヤル・ライブラリー］
「ジョン・グールド 世界の鳥」同朋舎出版　1994
◇242図（カラー）　メス、オス、巣　ヘンリー・コンスタンチン画『ハチドリ科の研究』1849〜61

ルビーハチドリ　Clytolaema rubricauda
「世界大博物図鑑　4」平凡社　1987
◇p238（カラー）　グールド, J.『ハチドリ科鳥類図譜』　1849〜61　手彩色石版

ルリイカル　Passerina caerulea
「ビュフォンの博物誌」工作舎　1991
◇I113（カラー）『一般と個別の博物誌 ソンニーニ版』

ルリオーストラリアムシクイ　Malurus cyaneus
「ジョン・グールド 世界の鳥」同朋舎出版　1994
◇126図（カラー）　グールド, エリザベス画『オーストラリアの鳥類』　1840〜48

ルリオタイヨウチョウ　Aethopyga gouldiae
「フランスの美しい鳥の絵図鑑」グラフィック社　2014
◇p75（カラー）　エチェコパル, ロベール＝ダニエル著, バリュエル, ポール画
「ジョン・グールド 世界の鳥」同朋舎出版　1994
◇7図（カラー）　グールド, エリザベス画『ヒマラヤ山脈鳥類百図』　1830〜33
◇278図（カラー）　リヒター, ヘンリー・コンスタンチン画『アジアの鳥類』　1849〜83
「世界大博物図鑑　4」平凡社　1987
◇p350（カラー）　ダヴィド神父, A.著, アルヌル石版『中国産鳥類』　1877　手彩色石版

ルリカケス　Garrulus lidthi
「江戸博物文庫 鳥の巻」工作舎　2017
◇p47（カラー）　瑠璃橿鳥　増山正賢『百鳥図』1800頃　［国立国会図書館］
「江戸鳥類大図鑑」平凡社　2006
◇p399（カラー）　山からすみやまがらす 一種　堀田正敦『禽譜』　［宮城県図書館伊達文庫］
◇p404（カラー）　こんえうきう　堀田正敦『禽譜』　［宮城県図書館伊達文庫］
「世界大博物図鑑　別巻1」平凡社　1993
◇p413（カラー）『ロンドン動物学協会紀要』　1861〜90,1891〜1929　［京都大学理学部］
◇p413（カラー）『唐船持渡鳥類』　文政〜天保年間写生　［東京国立博物館］
◇p413（カラー）　コンヨーキン　明治4年の物産会に出品されたもの『博物館禽譜』　1875〜79（明治8〜12）編集　［東京国立博物館］

ルリガラ　Cyanistes cyanus（Pallas 1770）
「フランスの美しい鳥の絵図鑑」グラフィック社　2014
◇p119（カラー）　エチェコパル, ロベール＝ダニエル著, バリュエル, ポール画
◇p231（カラー）　エチェコパル, ロベール＝ダニエル著, バリュエル, ポール画

鳥　　　　　　　　　　　　　　　　　　　　　　　　　　　れあ

ルリコノハドリ　Irena puella
「世界大博物図鑑 4」平凡社　1987
　◇p310（カラー）　オス，メス　テミンク，C.J.著，
　プレートル，J.G.原図『新編彩色鳥類図譜』
　1820〜39　手彩色銅版画

ルリコンゴウインコ　Ara ararauna
「すごい博物画」グラフィック社　2017
　◇図版49（カラー）　ルリコンゴウインコ，サザン
　ホーカー，スズメバチ，種類のわからない鳥，キ
　アゲハの幼虫とさなぎ，ホワイトフットクレイ
　フィッシュ，グレーハウンド，シクラメンの葉と
　カレハガの幼虫　マーシャル，アレクサンダー
　1650〜82頃　水彩　45.6×33.3　［ウィンザー城
　ロイヤル・ライブラリー］
「世界大博物図鑑 別巻1」平凡社　1993
　◇p230（カラー）　エドワーズ，G.『博物学選集』
　1776　手彩色銅版
　◇p230（カラー）　セルビー，P.J.著，リア，E.原図，
　リザーズ，W.銅版『オウムの博物誌』　1836

ルリコンゴウインコ
「グールドの鳥類図譜」講談社　1982
　◇p15（白黒）　リア，エドワード　石版画　［ビク
　トリア・アンド・アルバート・ミュージアム（ロ
　ンドン）］

ルリチョウ？　Myiophoneus insularis ?
「江戸鳥類大図鑑」平凡社　2006
　◇p712（カラー）　石青　堀田正敦『禽譜』　［宮
　城県図書館伊達文庫］

ルリツグミ
　⇒ブルーバード（ルリツグミ）を見よ

ルリバネハチドリ　Pterophanes cyanopterus
「ジョン・グールド 世界の鳥」同朋舎出版　1994
　◇235図（カラー）　若鳥，オスとメスの成鳥　リヒ
　ター，ヘンリー・コンスタンチン画『ハチドリ科
　の研究』　1849〜61

ルリバネヤイロチョウ　Gracula religiosa
「ビュフォンの博物誌」工作舎　1991
　◇I101（カラー）『一般と個別の博物誌 ソンニー
　ニ版』

るりびたき
「鳥の手帖」小学館　1990
　◇p103（カラー）　瑠璃鶲　毛利梅園『梅園禽譜』
　天保10（1839）序　［国立国会図書館］

ルリヒタキ
「高松松平家所蔵 衆禽画譜 水禽・野鳥」香川県
　歴史博物館友の会博物図譜刊行会　2005
　◇p79（カラー）　松平頼恭『衆禽画譜 野鳥帖』 江
　戸時代　紙本著色 画帖装（折本形式）　33.0×48.
　3　［個人蔵］

ルリビタキ　Erithacus cyanurus
「ビュフォンの博物誌」工作舎　1991
　◇I100（カラー）『一般と個別の博物誌 ソンニー
　ニ版』

ルリビタキ　Tarsiger cyanurus
「江戸博物文庫 鳥の巻」工作舎　2017
　◇p72（カラー）　瑠璃鶲　牧野貞幹『鳥類写生図』
　1810頃　［国立国会図書館］
「江戸鳥類大図鑑」平凡社　2006
　◇p499（カラー）　小るり 雌　堀田正敦『禽譜』
　［宮城県図書館伊達文庫］
　◇p499（カラー）　小るり 雄　堀田正敦『禽譜』
　［宮城県図書館伊達文庫］
　◇p504（カラー）　るりびたき 雄　オス　堀田正敦
　『禽譜』　［宮城県図書館伊達文庫］
　◇p504（カラー）　るりびたき 雌　メス　堀田正敦
　『禽譜』　［宮城県図書館伊達文庫］

ルリビタキ
「江戸時代に描かれた鳥たち」ソフトバンク ク
　リエイティブ　2012
　◇p94（カラー）　ヒタキ　メス　毛利梅園『梅園禽
　譜』　天保10（1849）序

ルリホオハチクイ　Merops superciliosus
「ビュフォンの博物誌」工作舎　1991
　◇I168（カラー）『一般と個別の博物誌 ソンニー
　ニ版』

ルリミヤマツグミ　Cochoa azurea
「世界大博物図鑑 別巻1」平凡社　1993
　◇p329（カラー）　テミンク，C.J.，ロジエ・ド・
　シャルトルース，M.著『新編彩色鳥類図譜』
　1820〜39　手彩色銅板画

ルリムネケンバネハチドリ　Campylopterus
falcatus
「世界大博物図鑑 別巻1」平凡社　1993
　◇p276（カラー）　スウェイソン，W.『動物学図譜』
　1820〜23　手彩色石版
「世界大博物図鑑 4」平凡社　1987
　◇p242（カラー）　レッソン，R.P.『ハチドリの自
　然誌』　1829〜30　多色刷り銅版

ルリメタイハクオウム　Cacatua ophthalmica
「江戸鳥類大図鑑」平凡社　2006
　◇p432（カラー）　バタンあふむ　堀田正敦『禽譜』
　［宮城県図書館伊達文庫］

【れ】

レア　Rhea americana
「世界大博物図鑑 別巻1」平凡社　1993
　◇p20（カラー）　グレイ，J.E.著，リア，E.原図
　『ノーズレー・ホール鳥類飼育園拾遺録』　1846
　手彩色石版
　◇p20（カラー）　ショー，G.『博物学者雑録宝典』
　1789〜1813
「世界大博物図鑑 4」平凡社　1987
　◇p18（カラー）　グリュンボルト，H.『南米猟鳥・
　水鳥図譜』　［1915］〜17　手彩色石版図
　◇p18（カラー）　キュヴィエ，G.L.C.F.D.『動物
　界』　1836〜49　手彩色銅版

れいさ　　　　　　　　　鳥

レイサンガモ　Anas laysanensis
「世界大博物図鑑　別巻1」平凡社　1993
　◇p69（カラー）　ロスチャイルド, L.W.『レイサン島の鳥類誌』 1893〜1900　石版画

レイサンクイナ　Porzana palmeri
「世界大博物図鑑　別巻1」平凡社　1993
　◇p152（カラー）　ロスチャイルド, L.W.『レイサン島の鳥類誌』 1893〜1900　石版画

レイサンハワイマシコ　Telespiza cantans cantans
「世界大博物図鑑　別巻1」平凡社　1993
　◇p377（カラー）　キューレマンス原図, ロスチャイルド, L.W.『レイサン島の鳥類誌』 1893〜1900　石版画
　◇p377（カラー）　キューレマンス原図, ロスチャイルド, L.W.『絶滅鳥類誌』 1907　彩色クロモリトグラフ　［個人蔵］

レイサンヨシキリのレイサン亜種　Acrocephalus familiaris familiaris
「世界大博物図鑑　別巻1」平凡社　1993
　◇p337（カラー）　ロスチャイルド, L.W.『絶滅鳥類誌』 1907　彩色クロモリトグラフ　［個人蔵］

レユニオンインコ　Necropsittacus borbonicus
「世界大博物図鑑　別巻1」平凡社　1993
　◇p200（カラー）　蜂須賀正氏『絶滅鳥ドードーについて』 1953

レユニオンドードー　Raphus solitarius
「世界大博物図鑑　別巻1」平凡社　1993
　◇p199（カラー）　ヴィトース, ピーター図, ロスチャイルド, L.W.『絶滅鳥類誌』 1907　彩色クロモリトグラフ　［個人蔵］
　◇p199（カラー）　白ドードー　蜂須賀正氏『絶滅鳥ドードーについて』 1953
　◇p199（カラー）　ロスチャイルド, L.W.『絶滅鳥類誌』 1907　彩色クロモリトグラフ　［個人蔵］

レユニオンベニノジコ　Foudia bruante
「世界大博物図鑑　別巻1」平凡社　1993
　◇p392（カラー）　ロスチャイルド, L.W.『絶滅鳥類誌』 1907　彩色クロモリトグラフ　［個人蔵］
　◇p393（カラー）　蜂須賀正氏『絶滅鳥ドードーについて』 1953

レンカク　Hydrophasianus chirurgus
「江戸博物文庫　鳥の巻」工作舎　2017
　◇p99（カラー）　蓮角『啓蒙禽譜』 1830頃　［国立国会図書館］
「江戸鳥類大図鑑」平凡社　2006
　◇p90（カラー）　地烏　成鳥の夏羽, 若鳥の夏羽余情三図, 張廷玉, 顧爾泰賦『百花鳥図』　［国会図書館］
「ジョン・グールド　世界の鳥」同朋舎出版　1994
　◇300図（カラー）　リヒター, ヘンリー・コンスタンチン画『アジアの鳥類』 1849〜83
「世界大博物図鑑　4」平凡社　1987
　◇p166（カラー）　グールド, J.『アジア鳥類図譜』 1850〜83

レンカク　Tringa chirurgus
「ビュフォンの博物誌」工作舎　1991
　◇I214（カラー）『一般と個別の博物誌　ソンニーニ版』

レンジャク
「彩色 江戸博物学集成」平凡社　1994
　◇p299（カラー）　川原慶賀『動植物図譜』　［オランダ国立自然史博物館］

レンジャクバト　Ocyphaps lophotes
「江戸鳥類大図鑑」平凡社　2006
　◇p457（カラー）　ベンガラばと一種　白変種　堀田正敦『禽譜』　［宮城県図書館伊達文庫］
　◇p457（カラー）　同［べむがらばと］一種　堀田正敦『禽譜』　［宮城県図書館伊達文庫］
「世界大博物図鑑　4」平凡社　1987
　◇p199（カラー）　テミンク, C.J.著, プレートル, J.G.原図『新編彩色鳥類図譜』 1820〜39　手彩色銅版画

レンジャクバト
　⇒ドバト（レンジャクバト）を見よ

【ろ】

ロウバシガン　Cereopsis novaehollandiae
「ジョン・グールド　世界の鳥」同朋舎出版　1994
　◇163図（カラー）　リヒター, ヘンリー・コンスタンチン画『オーストラリアの鳥類』 1840〜48

ロスチャイルドレア
「世界大博物図鑑　4」平凡社　1987
　◇p18（カラー）　グリュンボルト, H.『南米猟鳥・水鳥図鑑』 ［1915］〜17　手彩色石版図

ロードハウクイナ　Rallus sylvestris
「世界大博物図鑑　別巻1」平凡社　1993
　◇p156（カラー）『ロンドン動物学協会紀要』 1861〜90,1891〜1929　［東京大学理学部動物学図書室, 京都大学理学部］

ロードハウセイケイ　Porphyrio albus
「世界大博物図鑑　別巻1」平凡社　1993
　◇p161（カラー）　ロスチャイルド, L.W.『絶滅鳥類誌』 1907　彩色クロモリトグラフ　［個人蔵］

ロードハウメジロ　Zosterops strenuus
「世界大博物図鑑　別巻1」平凡社　1993
　◇p349（カラー）　グールド, J., リヒター, H.C.『増補オーストラリア鳥類図譜』 1840〜69　手彩色石版

ロドリゲスクイナ　Aphanapteryx leguati
「世界大博物図鑑　別巻1」平凡社　1993
　◇p152（カラー）　蜂須賀正氏『絶滅鳥ドードーについて』 1953
　◇p152（カラー）　ロスチャイルド, L.W.『絶滅鳥類誌』 1907　彩色クロモリトグラフ　［個人蔵］

ロドリゲスダルマインコ　Psittacula exsul
「世界大博物図鑑　別巻1」平凡社　1993

鳥　　　　　　　　　　　　　　　　　　わきふ

◇p200（カラー）　蜂須賀正氏『絶滅鳥ドードーについて』　1953

ロドリゲスドードー　Pezophaps solitaria
「世界大博物図鑑 別巻1」平凡社　1993
◇p198（カラー）　オス、メス　蜂須賀正氏『絶滅鳥ドードーについて』　1953
◇p199（カラー）　ロスチャイルド, L.W.『絶滅鳥類誌』　1907　彩色クロモリトグラフ　［個人蔵］

ロドリゲスベニノジコ　Foudia flavicans
「世界大博物図鑑 別巻1」平凡社　1993
◇p336（カラー）『ロンドン動物学協会紀要』　1861〜90,1891〜1929　［山階鳥類研究所］

ロドリゲスムクドリ　Fregilupus rodericanus
「世界大博物図鑑 別巻1」平凡社　1993
◇p393（カラー）　ロスチャイルド, L.W.『絶滅鳥類誌』　1907　彩色クロモリトグラフ　［個人蔵］

ロドリゲスヤブセンニュウ　Acrocephalus rodericanus
「世界大博物図鑑 別巻1」平凡社　1993
◇p336（カラー）『ロンドン動物学協会紀要』　1861〜90,1891〜1929　［山階鳥類研究所］

ロライマヨタカ　Caprimulgus whitelyi
「世界大博物図鑑 別巻1」平凡社　1993
◇p257（カラー）　シャープ, R.B.ほか『大英博物館鳥類目録』　1874〜98　手彩色クロモリトグラフ

ロンドンの愛玩用カナリアの品種
「紙の上の動物園」グラフィック社　2017
◇p179（カラー）　ヨンク・コック、ミーリー・ヘン、ミーリー・ネスティング ブレイクストン, W.A.『イギリスと外国のカナリアおよび飼育鳥の絵入り解説本』　1877〜80

【 わ 】

ワカクサインコ　Agapornis swinderniana
「世界大博物図鑑 別巻1」平凡社　1993
◇p220（カラー）　セルビー, P.J.著、リア, E.原図、リザーズ, W.銅版『オウムの博物誌』　1836

ワカケホンセイインコ　Psittacula krameri
「ビュフォンの博物誌」工作舎　1991
◇I253（カラー）『一般と個別の博物誌 ソンニー二版』

ワカケホンセイインコ？　Psittacula krameri manillensis？
「江戸鳥類大図鑑」平凡社　2006
◇p436（カラー）　南緑鸚哥　堀田正敦『禽譜』　［宮城県図書館伊達文庫］

ワキアカビトクイナ　Lateralllus levraudi
「世界大博物図鑑 4」平凡社　1987
◇p155（カラー）　スミット, J.原図『ロンドン動物学協会紀要』　1868　手彩色石版画

ワキアカツグミ　Turdus iliacus
「江戸鳥類大図鑑」平凡社　2006
◇p565（カラー）　琉球つぐみ 別種　堀田正敦『禽譜』　［宮城県図書館伊達文庫］
「ビュフォンの博物誌」工作舎　1991
◇I092（カラー）『一般と個別の博物誌 ソンニー二版』
「グールドの鳥類図譜」講談社　1982
◇p73（カラー）　オス成鳥 1864

ワキアカツグミ
「紙の上の動物園」グラフィック社　2017
◇p153（カラー）　ベウィック、トーマス『鳥と四足獣の歴史』　1824

ワキアカトウヒチョウの基準亜種　Pipilo erythrophthalmus erythrophthalmus
「世界大博物図鑑 別巻1」平凡社　1993
◇p364（カラー）　ケーツビー, M.『カロライナの自然誌』　1754　手彩色銅版

ワキアカヒガラ　Periparus melanolophus（Vigors1831）
「フランスの美しい鳥の絵図鑑」グラフィック社　2014
◇p181（カラー）　エチェコパル、ロベール＝ダニエル著、バリュエル、ポール画

ワキアカヒメシャクケイ　Ortalis ruficauda
「世界大博物図鑑 4」平凡社　1987
◇p106（カラー）　グリュンボルト, H.『南米猟鳥・水鳥図譜』　［1915］〜17　手彩色石版図

ワキジロバン　Gallinula melanops
「世界大博物図鑑 4」平凡社　1987
◇p159（カラー）　ゲイ, C.著、ウダール原図『チリ自然社会誌』　1844〜71

ワキジロヤマハチドリ　Oreotrochilus leucopleurus
「ジョン・グールド 世界の鳥」同朋舎出版　1994
◇209図（カラー）　リヒター、ヘンリー・コンスタンチン画『ハチドリ科の研究』　1849〜61

ワキスジハヤブサ　Falco cherrug
「ビュフォンの博物誌」工作舎　1991
◇I018（カラー）『一般と個別の博物誌 ソンニー二版』

ワキチャアメリカムシクイ　Erithacus rubecula
「ビュフォンの博物誌」工作舎　1991
◇I143（カラー）『一般と個別の博物誌 ソンニー二版』

ワキフサミツスイ　Moho apicalis
「世界大博物図鑑 別巻1」平凡社　1993
◇p361（カラー）　ウィルソン, S.B.、エヴァンズ, A.H.著、フロホーク, F.W.原図『ハワイ鳥類学』　1890〜99
◇p361（カラー）　ロスチャイルド, L.W.『絶滅鳥類誌』　1907　彩色クロモリトグラフ　［個人蔵］

博物図譜レファレンス事典 動物篇　**513**

わきむ　　　　　　　　　　鳥

「世界大博物図鑑 4」平凡社　1987
　◇p351（カラー）　テミンク, C.J.著, ユエ, N.原図
　『新編彩色鳥類図譜』1820〜39　手彩色銅版画

ワキムラサキカザリドリ　Iodopleura pipra
「世界大博物図鑑 別巻1」平凡社　1993
　◇p304（カラー）　レッソン, R.P.『動物百図』
　1830〜32

ワシカモメ　Larus glaucescens
「日本の博物図譜」東海大学出版会　2001
　◇図4（カラー）　船橋勘左衛門筆『禽譜』　［東京
　国立博物館］

ワシミミズク　Bubo bubo
「ジョン・グールド 世界の鳥」同朋舎出版　1994
　◇18図（カラー）　リア, エドワード画『ヨーロッパ
　の鳥類』1832〜37
　◇319図（カラー）　親子　ヴォルフ, ヨゼフ, リヒ
　ター, ヘンリー・コンスタンチン画『イギリスの
　鳥類』1862〜73
「世界大博物図鑑 別巻1」平凡社　1993
　◇p245（カラー）　アフリカ産の個体　ルヴァイヤ
　ン, F.著, ラインホルト（ラインルト）原図, ラン
　グロワ, オードベール刷『アフリカ鳥類史』
　1796〜1808
　◇p245（カラー）　グールド, J.著, リア, E.図, ハ
　ルマンデル, C.J.プリント『ヨーロッパ鳥類図譜』
　1832〜37　手彩色石版
「ビュフォンの博物誌」工作舎　1991
　◇I025（カラー）『一般と個別の博物誌 ソンニー
　ニ版』
「世界大博物図鑑 4」平凡社　1987
　◇p227（カラー）　ダヴィド神父, A.著, アルヌル石
　版『中国産鳥類』1877　手彩色石版
「グールドの鳥類図譜」講談社　1982
　◇p49（カラー）　雛, 親鳥 1866

ワタボウシハチドリ　Chalybura buffonii
「ジョン・グールド 世界の鳥」同朋舎出版　1994
　◇212図（カラー）　オス, メス　リヒター, ヘン
　リー・コンスタンチン画『ハチドリ科の研究』
　1849〜61

ワタボウシミドリインコ　Brotogeris
pyrrhopterus
「世界大博物図鑑 別巻1」平凡社　1993
　◇p228（カラー）　セルビー, P.J.著, リア, E.原図,
　リザーズ, W.銅版『オウムの博物誌』1836

ワタリアホウドリ　Diomedea exulans
「ジョン・グールド 世界の鳥」同朋舎出版　1994
　◇169図（カラー）　成鳥, 若鳥　リヒター, ヘン
　リー・コンスタンチン画『オーストラリアの鳥
　類』1840〜48
「世界大博物図鑑 4」平凡社　1987
　◇p31（カラー）　トラヴィエ, E.原図, キュヴィエ,
　G.L.C.F.D.『動物界』1836〜49　手彩色銅版

ワタリガラス　Corvus corax
「ジョン・グールド 世界の鳥」同朋舎出版　1994
　◇28図（カラー）　リア, エドワード画『ヨーロッパ

の鳥類』1832〜37
「ビュフォンの博物誌」工作舎　1991
　◇I072（カラー）『一般と個別の博物誌 ソンニー
　ニ版』
「グールドの鳥類図譜」講談社　1982
　◇p127（カラー）　1867

ワープーアオバト　Ptilinopus magnificus
「世界大博物図鑑 4」平凡社　1987
　◇p195（カラー）　テミンク, C.J.著, プレートル,
　J.G.原図『新編彩色鳥類図譜』1820〜39　手彩
　色銅版画

ワライカワセミ　Dacelo novaeguineae
「ジョン・グールド 世界の鳥」同朋舎出版　1994
　◇113図（カラー）　リヒター, ヘンリー・コンスタ
　ンチン画『オーストラリアの鳥類』1840〜48

ワライカワセミ
「紙の上の動物園」グラフィック社　2017
　◇p137（カラー）　グールド, ジョン『オーストラ
　リアの鳥』1848〜69

ワライハヤブサ　Herpetotheres cachinnans
「ビュフォンの博物誌」工作舎　1991
　◇I025（カラー）『一般と個別の博物誌 ソンニー
　ニ版』

ワライフクロウ　Sceloglaux albifacies
「世界大博物図鑑 別巻1」平凡社　1993
　◇p241（カラー）　ブラー, W.L.著, キューレマン
　ス, J.G.図『ニュージーランド鳥類誌第2版』
　1887〜88　手彩色石版図

【 記号・英数 】

?
「ビュフォンの博物誌」工作舎　1991
　◇I118（カラー）『一般と個別の博物誌 ソンニー
　ニ版』
　◇I128（カラー）『一般と個別の博物誌 ソンニー
　ニ版』
　◇I163（カラー）『一般と個別の博物誌 ソンニー
　ニ版』

II-39〜58〔鳥〕
「江戸名作画帖全集 8」駸々堂出版　1995
　◇図11〜16, 210〜229（カラー/白黒）　II-39〜58
　佐竹曙山, 小田野直武『写生帖』　紙本・絹本着
　色　［秋田市立千秋美術館］

514　博物図譜レファレンス事典 動物篇

哺乳類　　　　　　　　　　　　　　　あかて

哺乳類

【あ】

アイアイ　Daubentonia madagascariensis
「ビュフォンの博物誌」工作舎　1991
　◇F210（カラー）『一般と個別の博物誌 ソンニー
　ニ版』
「世界大博物図鑑 5」平凡社　1988
　◇p84（カラー）　ソヌラ原図, シュレーバー, J.C.
　D.von『哺乳類誌』（1774）〜1846　手彩色銅
　版図

アイスランドの羊の角
「紙の上の動物園」グラフィック社　2017
　◇p195（カラー）　シブリー, エビニーザー『人間
　その他を含む博物学の普遍的システム』1794〜

アカアシドゥクモンキー　Pygathrix nemaeus
「ビュフォンの博物誌」工作舎　1991
　◇G051（カラー）『一般と個別の博物誌 ソンニー
　ニ版』
　◇G052（カラー）『一般と個別の博物誌 ソンニー
　ニ版』

アカアシドゥクモンキー
「悪夢の猿たち」リブロポート　1991
　◇p55（カラー）　バラバン, ジャック原図, ビュ
　フォン, G.L.L.『一般と個別の博物誌 ソンニーニ
　版』1799〜1808
　◇p127（カラー）　シュレーバー, J.C.D.von『哺乳
　類誌』（1774）〜1846

アカウサギ　Pronolagus crassicaudatus
「ビュフォンの博物誌」工作舎　1991
　◇F043（カラー）『一般と個別の博物誌 ソンニー
　ニ版』

アカオザル　Cercopithecus ascanius
「ビュフォンの博物誌」工作舎　1991
　◇G057（カラー）『一般と個別の博物誌 ソンニー
　ニ版』

アカオザル
「悪夢の猿たち」リブロポート　1991
　◇p31（カラー）　ビュフォン, G.L.L.『一般と個別
　の博物誌 ソンニーニ版』1799〜1808
　◇p107（カラー）　シュレーバー, J.C.D.von『哺乳
　類誌』（1774）〜1846

アカカンガルー　Macropus rufus
「世界大博物図鑑 5」平凡社　1988
　◇p251（カラー）　キュヴィエ, G.L.C.F.D.『動物
　界』1836〜49

アカギツネ　Vulpes vulpes
「ビュフォンの博物誌」工作舎　1991
　◇F044（カラー）『一般と個別の博物誌 ソンニー
　ニ版』
「世界大博物図鑑 5」平凡社　1988
　◇p153（カラー）　キュヴィエ, G.L.C.F.D.『動物
　界』1836〜49
　◇p153（カラー）　ドノヴァン, E.『英国四足獣誌』
　1820

アカゲザル　Macaca mulatta
「ビュフォンの博物誌」工作舎　1991
　◇G035（カラー）『一般と個別の博物誌 ソンニー
　ニ版』
「世界大博物図鑑 5」平凡社　1988
　◇p60（カラー）　尾部がやや異常な個体か　ス
　ミット, J.原図・製版『ロンドン動物学協会紀要』
　1861〜90（第2期）　手彩色石版画

アカゲザル
「悪夢の猿たち」リブロポート　1991
　◇p50（カラー）　ビュフォン, G.L.L.『一般と個別
　の博物誌 ソンニーニ版』1799〜1808
　◇p129（カラー）　シュレーバー, J.C.D.von『哺乳
　類誌』（1774）〜1846

アカコロブス　Colobus badius
「ビュフォンの博物誌」工作舎　1991
　◇G042（カラー）『一般と個別の博物誌 ソンニー
　ニ版』

アカシカ　Cervus elaphus
「ビュフォンの博物誌」工作舎　1991
　◇F033（カラー）『一般と個別の博物誌 ソンニー
　ニ版』
　◇F034（カラー）　メスと幼獣『一般と個別の博物
　誌 ソンニーニ版』
　◇F035（カラー）　コルシカ産『一般と個別の博物
　誌 ソンニーニ版』
「世界大博物図鑑 5」平凡社　1988
　◇p300（カラー）　キュヴィエ, G.L.C.F.D.『動物
　界』1836〜49

アカテホエザル　Alouatta belzebul
「ビュフォンの博物誌」工作舎　1991

博物図譜レファレンス事典 動物篇　**515**

あかて 哺乳類

◇G058（カラー）『一般と個別の博物誌 ソンニー
ニ版』

アカテホエザル
「悪夢の猿たち」リブロポート　1991
◇p83（カラー）　ビュフォン, G.L.L.『一般と個別
の博物誌 ソンニーニ版』　1799～1808
◇p153（カラー）　シュレーバー, J.C.D.von『哺乳
類誌』（1774）～1846

アカハナグマ　Nasua nasua
「ビュフォンの博物誌」工作舎　1991
◇F071（カラー）『一般と個別の博物誌 ソンニー
ニ版』

アカビタイキツネザル
「悪夢の猿たち」リブロポート　1991
◇p88（カラー）　シュレーバー, J.C.D.von『哺乳
類誌』（1774）～1846

アカボウクジラ　Ziphius cavrirostris
「日本の博物図譜」東海大学出版会　2001
◇p46～47（白黒）　中島仰山筆　［国立科学博物
館］

アカボウクジラ
「彩色 江戸博物学集成」平凡社　1994
◇p310（カラー）　畔田翠山『熊野物産初志』
［大阪市立博物館］

アカホエザル　Alouatta seniculus
「ビュフォンの博物誌」工作舎　1991
◇G059（カラー）『一般と個別の博物誌 ソンニー
ニ版』
◇G060（カラー）『一般と個別の博物誌 ソンニー
ニ版』
「世界大博物図鑑 5」平凡社　1988
◇p73（カラー）　ユエ, N.原図, リザーズ製版,
ジャーディン, W.『サルの博物誌』　1833　手彩
色銅版画

アカホエザル
「悪夢の猿たち」リブロポート　1991
◇p84（カラー）　ビュフォン, G.L.L.『一般と個別
の博物誌 ソンニーニ版』　1799～1808
◇p85（カラー）　ビュフォン, G.L.L.『一般と個別
の博物誌 ソンニーニ版』　1799～1808
◇p154（カラー）　シュレーバー, J.C.D.von『哺乳
類誌』（1774）～1846

アカホエザルの顎の解剖図　Alouatta
seniculus
「ビュフォンの博物誌」工作舎　1991
◇G061（カラー）『一般と個別の博物誌 ソンニー
ニ版』

アカワラルー　Macropus antilopinus
「世界大博物図鑑 5」平凡社　1988
◇p251（カラー）　スミット, J.原図『ロンドン動物
学協会紀要』　1861～90（第2期）　手彩色石版画

アクシ　Myoprocta acouchi
「ビュフォンの博物誌」工作舎　1991
◇F072（カラー）『一般と個別の博物誌 ソンニー

ニ版』

アクシスジカ　Cervus axis
「ビュフォンの博物誌」工作舎　1991
◇F126（カラー）　オス『一般と個別の博物誌 ソン
ニーニ版』
◇F127（カラー）　メス『一般と個別の博物誌 ソン
ニーニ版』

アゴヒゲアザラシ　Erignathus barbatus
「ビュフォンの博物誌」工作舎　1991
◇F224（カラー）『一般と個別の博物誌 ソンニー
ニ版』
「世界大博物図鑑 5」平凡社　1988
◇p192（カラー）　ドノヴァン, E.『英国四足獣誌』
1820

アザラアグーチ　Dasyprocta azarae
「ビュフォンの博物誌」工作舎　1991
◇F072（カラー）『一般と個別の博物誌 ソンニー
ニ版』

アザラシ
「紙の上の動物園」グラフィック社　2017
◇p127（カラー）　ペナント, トーマス『イギリス
本土の動物学』　1766

アジアゴールデンキャット　Felis temmincki
「世界大博物図鑑 5」平凡社　1988
◇p116（カラー）　ミルヌ＝エドヴァール, M.H.著,
ユエ原図『哺乳類誌』　1868～74　多色石版

アジアノロバ　Equus hemionus
「世界大博物図鑑 5」平凡社　1988
◇p351（カラー）　シュレーバー, J.C.D.von『哺乳
類誌』（1774）～1846　手彩色銅版図

アジアフサオヤマアラシ　Atherurus
macrourus
「ビュフォンの博物誌」工作舎　1991
◇F171（カラー）『一般と個別の博物誌 ソンニー
ニ版』
「世界大博物図鑑 5」平凡社　1988
◇p228（カラー）　シュレーバー, J.C.D.von『哺乳
類誌』（1774）～1846　手彩色銅版図

アシカ　Zallophus californianus Lesson, 1828
「高木春山 本草図説 水産」リブロポート　1988
◇p94（カラー）　海瀬 ウミヲソ アシカ ウミカブロ
◇p94（カラー）　一種 葦鹿

アシカ
「世界大博物図鑑 5」平凡社　1988
◇p189（カラー）　葦鹿　文政11年（1828）に上総
浦で獲れた　高木春山『本草図説』　？　～1852
［愛知県西尾市立岩瀬文庫］

アズマモグラ
「彩色 江戸博物学集成」平凡社　1994
◇p270（カラー）　ヒミズ　馬場大助『博物館獣譜』
［東京国立博物館］

アードウルフ　Proteles cristatus
「世界大博物図鑑 5」平凡社　1988

哺乳類　　　　　　　　　　　　　　　　　　　　あめり

◇p185（カラー）　キュヴィエ, G.L.C.F.D.『動物界』　1836〜49

アナウサギ　Oryctolagus cuniculus
「ビュフォンの博物誌」工作舎　1991
◇F041（カラー）　カイウサギ原種『一般と個別の博物誌 ソンニーニ版』

アナウサギ（飼いウサギ）　Oryctolagus cuniculus Linnaeus, 1758
「高木春山 本草図説 動物」リブロポート　1989
◇p16（カラー）　一種 灰毛ノモノ　ロップ種
◇p17（カラー）　背中以外の色素が欠乏した部分白化個体（アルビノ）

アナグマ　Meles meles
「ビュフォンの博物誌」工作舎　1991
◇F045（カラー）『一般と個別の博物誌 ソンニーニ版』
◇F046（カラー）　腹側『一般と個別の博物誌 ソンニーニ版』
「世界大博物図鑑 5」平凡社　1988
◇p177（カラー）　イーレ, I.E.原図, シュレーバー, J.C.D.von『哺乳類誌』（1774）〜1846　手彩色銅版図

アナグマ
「紙の上の動物園」グラフィック社　2017
◇p133（カラー）　マックギルヴレイ, ウィリアム『ジャーダイン博物学者叢書 イギリス本土の四足獣の本』　1843

アナグマ（欧州産）　Meles meles Linnaeus, 1758
「高木春山 本草図説 動物」リブロポート　1989
◇p41（カラー）　一種 雷狗 又、雷獣ト云フ

アナグマ（日本産）　Meles meles anakuma Temminck, 1844
「高木春山 本草図説 動物」リブロポート　1989
◇p40（カラー）　一種 貒 又、千年土龍ト云フ

アヌビスヒヒ　Papio anubis
「ビュフォンの博物誌」工作舎　1991
◇G014（カラー）『一般と個別の博物誌 ソンニーニ版』

アヌビスヒヒ
「悪夢の猿たち」リブロポート　1991
◇p23（カラー）　ビュフォン, G.L.L.『一般と個別の博物誌 ソンニーニ版』　1799〜1808

アビシニア・ジャッカル（現地名カバル）
「紙の上の動物園」グラフィック社　2017
◇p61（カラー）　フエルテス, ルイス・アガシス写生, オスグッド, ウィルフレッド・ハドソン『エチオピアの美術家と博物学者』　1936

アフリカジャコウネコ　Civettictis civetta
「ビュフォンの博物誌」工作舎　1991
◇F084（カラー）『一般と個別の博物誌 ソンニーニ版』
「世界大博物図鑑 5」平凡社　1988

◇p180（カラー）　Viverra civettaの学名でも知られる　キュヴィエ, G.L.C.F.D.『動物界』　1836〜49

アフリカジャコウネコ　Civetticus civetta
「すごい博物画」グラフィック社　2017
◇図版23（カラー）　ダル・ポッツォ, カシアーノ, レオナルディ, ヴィンチェンツォ作（？）1630頃　黒いチョークの上にアラビアゴムを混ぜた水彩と濃厚顔料　34.4×47.6　［ウィンザー城ロイヤル・ライブラリー］

アフリカスイギュウ　Synceros caffer
「世界大博物図鑑 5」平凡社　1988
◇p324（カラー）　シュパールマン原図, シュレーバー, J.C.D.von『哺乳類誌』（1774）〜1846　手彩色銅版図

アフリカゾウ　Loxodonta africana
「世界大博物図鑑 5」平凡社　1988
◇p274（カラー）　アフリカゾウ, インドゾウ　キュヴィエ, G.L.C.F.D.『動物界』　1836〜49
◇p274（カラー）　シンツ, Dr.H.R.『哺乳動物図譜』　1848　手彩色石版図

アフリカタテガミヤマアラシの解剖学的詳細　Hystrix cristata
「すごい博物画」グラフィック社　2017
◇図版28（カラー）　ダル・ポッツォ, カシアーノ, レオナルディ, ヴィンチェンツォ作（？）1630〜40頃　黒いチョークの上にアラビアゴムを混ぜた水彩と濃厚顔料　41.1×21.8　［ウィンザー城ロイヤル・ライブラリー］

アフリカの猿
「悪夢の猿たち」リブロポート　1991
◇p13（白黒）　ビュフォン, G.LL.『一般と個別の博物誌』

アーベルトリス　Sciurus aberti
「ビュフォンの博物誌」工作舎　1991
◇F094（カラー）『一般と個別の博物誌 ソンニーニ版』

アメリカアカリス　Tamiasciurus hudsonicus
「世界大博物図鑑 5」平凡社　1988
◇p201（カラー）　シュレーバー, J.C.D.von『哺乳類誌』（1774）〜1846　手彩色銅版図

アメリカアナグマ　Taxidea taxus
「ビュフォンの博物誌」工作舎　1991
◇F216（カラー）『一般と個別の博物誌 ソンニーニ版』
「世界大博物図鑑 5」平凡社　1988
◇p177（カラー）　ド・セーヴ原図, シュレーバー, J.C.D.von『哺乳類誌』（1774）〜1846　手彩色銅版図

アメリカバイソン　Bison bison
「すごい博物画」グラフィック社　2017
◇図版88（カラー）　アメリカンバイソンとハナエンジュ　ケイツビー, マーク 1722〜26頃　グラファイトの上に、アラビアゴムを混ぜた水彩 濃厚顔料　26.6×37.7　［ウィンザー城ロイヤル・

博物図譜レファレンス事典 動物篇　**517**

あめり　　　　　　　　　　　　哺乳類

ライブラリー』
「ビュフォンの博物誌」工作舎　1991
　　◇F116(カラー)『一般と個別の博物誌 ソンニー
　　　版』
「世界大博物図鑑 5」平凡社　1988
　　◇p325(カラー)　シェーマン原図、シュレーバー、
　　　J.C.D.von『哺乳類誌』（1774)〜1846　手彩色
　　　銅版図

アメリカバク　　Tapirus terrestris
「ビュフォンの博物誌」工作舎　1991
　　◇F128(カラー)　オス、メス『一般と個別の博物
　　　誌 ソンニー二版』
「世界大博物図鑑 5」平凡社　1988
　　◇p360(カラー)　ド・セーヴ原図、シュレーバー、
　　　J.C.D.von『哺乳類誌』（1774)〜1846　手彩色
　　　銅版図

アメリカバク　　Tapirus terrestris spegazzinii
「世界大博物図鑑 5」平凡社　1988
　　◇p360(カラー)　成獣、幼獣　シンツ、Dr.H.R.
　　　『哺乳動物図譜』1848　手彩色石版図

アメリカビーバー　　Castor canadensis
「世界大博物図鑑 5」平凡社　1988
　　◇p212(カラー)　プレートル、J.G.原図、キュヴィ
　　　エ、G.L.C.F.D.『動物界』1836〜49

アメリカマナティー　　Trichechus manatus
「ビュフォンの博物誌」工作舎　1991
　　◇F226(カラー)『一般と個別の博物誌 ソンニー
　　　二版』
「世界大博物図鑑 5」平凡社　1988
　　◇p380(カラー)　ド・セーヴ原図、シュレーバー、
　　　J.C.D.von『哺乳類誌』（1774)〜1846　手彩色
　　　銅版図
　　◇p381(カラー)　キュヴィエ、G.L.C.F.D.『動物
　　　界』1836〜49

アメリカミンク　　Mustela vison
「ビュフォンの博物誌」工作舎　1991
　　◇F220(カラー)『一般と個別の博物誌 ソンニー
　　　二版』

アメリカモモンガ　　Glaucomys volans
「ビュフォンの博物誌」工作舎　1991
　　◇F091(カラー)『一般と個別の博物誌 ソンニー
　　　二版』

アライグマ　　Procyon lotor
「ビュフォンの博物誌」工作舎　1991
　　◇F071(カラー)『一般と個別の博物誌 ソンニー
　　　二版』
「世界大博物図鑑 5」平凡社　1988
　　◇p164(カラー)　ドルビニ、A.D.著、トラヴィエ、
　　　E.原図『万有博物事典』1837

アラビアオリックス　　Oryx leucoryx
「世界大博物図鑑 5」平凡社　1988
　　◇p328(カラー)　イーレ、I.E.原図、シュレーバー、
　　　J.C.D.von『哺乳類誌』（1774)〜1846　手彩色
　　　銅版図

アルガリ　　Ovis ammon
「世界大博物図鑑 5」平凡社　1988
　　◇p344(カラー)　シュレーバー、J.C.D.von『哺乳
　　　類誌』（1774)〜1846　手彩色銅版図

アルタイイタチ　　Mustela altaica
「世界大博物図鑑 5」平凡社　1988
　　◇p169(カラー)　ミルヌ＝エドヴァール、M.H.著、
　　　ユエ原図『哺乳類誌』1868〜74　多色石版

アルパカ　　Lama pacos
「世界大博物図鑑 5」平凡社　1988
　　◇p289(カラー)　ドルビニ、A.D.『万有博物事典』
　　　1837

アルパカ
「紙の上の動物園」グラフィック社　2017
　　◇p196(カラー)　ランドシーア、トーマス画、バ
　　　ロー、J.H.著 1832　写生 エングレーヴィング
　　◇p197(カラー)　ブラウワー、ヘンリック『アメ
　　　リカのチリ王国への旅』1732
　　◇p197(カラー)　スクレイター、フィリップ・ラ
　　　トリー『ジョゼフ・ウルフによる動物学的スケッ
　　　チ：ロンドン動物学教会用に作成、リージェン
　　　ト・パークの飼育場の動物を写生』1861

アルプスアイベックス　　Capra ibes
「ビュフォンの博物誌」工作舎　1991
　　◇F140(カラー)『一般と個別の博物誌 ソンニー
　　　二版』

アルプスマーモット　　Marmota marmota
「ビュフォンの博物誌」工作舎　1991
　　◇F069(カラー)『一般と個別の博物誌 ソンニー
　　　二版』
　　◇F189(カラー)『一般と個別の博物誌 ソンニー
　　　二版』
「世界大博物図鑑 5」平凡社　1988
　　◇p204(カラー)　ド・セーヴ原図、シュレーバー、
　　　J.C.D.von『哺乳類誌』（1774)〜1846　手彩色
　　　銅版図

アレンモンキー　　Allenopithecus nigroviridis
「ビュフォンの博物誌」工作舎　1991
　　◇G036(カラー)『一般と個別の博物誌 ソンニー
　　　二版』

アンティロープ
「生物の驚異的な形」河出書房新社　2014
　　◇図版100(カラー)　ヘッケル、エルンスト 1904

アンデススカンク　　Conepatus chinga
「世界大博物図鑑 5」平凡社　1988
　　◇p172(カラー)　ゲイ、C.『チリ自然社会誌』
　　　1844〜71

【い】

イイズナ　　Mustela nivalis
「ビュフォンの博物誌」工作舎　1991
　　◇F051(カラー)『一般と個別の博物誌 ソンニー

哺乳類　　　　　　　　　　　　いぬ

二版』
「世界大博物図鑑 5」平凡社　1988
　◇p169（カラー）　マイヤー, J.D.『陸海川動物細
　密骨格図譜』1752　手彩色銅版

イエコウモリ？　Pipistrellus abramus？
「江戸鳥類大図鑑」平凡社　2006
　◇p387（カラー）　かはほり　堀田正敦『禽譜』
　［宮城県図書館伊達文庫］
　◇p388（カラー）　白蝙蝠　白化個体　堀田正敦
　『禽譜』　［宮城県図書館伊達文庫］　※享和2年
　壬戌夏に捕獲

イエネコ　Felis catus
「ビュフォンの博物誌」工作舎　1991
　◇F030（カラー）『一般と個別の博物誌 ソンニー
　二版』
　◇F031（カラー）　野生化したものとスペイン種
　『一般と個別の博物誌 ソンニーニ版』
　◇F032（カラー）　シャールズ種とアンゴラ種『一
　般と個別の博物誌 ソンニーニ版』
「世界大博物図鑑 5」平凡社　1988
　◇p124（カラー）　アネドゥーシュ製版, キュヴィ
　エ, G.L.C.F.D.『動物界』1836～49
　◇p125（カラー）　ド・セーヴ原図, ビュフォン, G.
　L.L., Comte de『一般と個別の博物誌（ソンニー
　二版）』1799～1808　銅版 カラー印刷
　◇p125（カラー）　野生ネコ, 飼いネコ　ビュフォ
　ン, G.L.L., Comte de『一般と個別の博物誌（イ
　ギリス版）』1807
　◇p128（カラー）　通常のイエネコ, アンゴラ種
　シュレーバー, J.C.D.von『哺乳類誌』（1774）
　～1846　手彩色銅版図
　◇p128（カラー）　ニッチュマン, D.R.原図, シュ
　レーバー, J.C.D.von『哺乳類誌』1774　手彩色
　銅版図
　◇p129（カラー）　ドノヴァン, E.『英国四足獣誌』
　1820
　◇p129（カラー）　スペイン種　ビュフォン, G.L.
　L., Comte de『一般と個別の博物誌（イギリス
　版）』1807
　◇p129（カラー）　イエネコのメス　ビュフォン,
　G.L.L., Comte de『一般と個別の博物誌（ソン
　ニーニ版）』1799～1808　銅版 カラー印刷
　◇p129（カラー）　シャルトルーズ種, アンゴラ種
　ビュフォン, G.L.L., Comte de『一般と個別の博
　物誌（ソンニーニ版）』1799～1808　銅版 カ
　ラー印刷

イエネコ　Felis catus Linnaeus, 1758
「高木春山 本草図説 動物」リブロポート　1989
　◇p44（カラー）　山猫・筑前ノ産

イエネコ　Felis catus Linnaeus
「紙の上の動物園」グラフィック社　2017
　◇p189（カラー）　エリオット, ダニエル・ジェ
　ロード『ネコ科の研究』1878～83

勇魚取
「世界大博物図鑑 5」平凡社　1988
　◇p400～401（カラー）　網ず式『捕鯨絵巻』　［国
　文学研究資料館史料館］

イタチ
「彩色 江戸博物学集成」平凡社　1994
　◇p246～247（カラー）　チャボをおとりに, 罠がし
　かけてある　高木春山『本草図説』［岩瀬文庫］

イタチキツネザル　Lepilemur mustelinus
「ビュフォンの博物誌」工作舎　1991
　◇F200（カラー）『一般と個別の博物誌 ソンニー
　二版』
　◇F203（カラー）『一般と個別の博物誌 ソンニー
　二版』

イッカク　Monodon monoceros
「ビュフォンの博物誌」工作舎　1991
　◇H002（カラー）『一般と個別の博物誌 ソンニー
　二版』
「世界大博物図鑑 5」平凡社　1988
　◇p389（カラー）　シュレーバー, J.C.D.von『哺乳
　類誌』（1774）～1846　手彩色銅版図

イッカク
「紙の上の動物園」グラフィック社　2017
　◇p38（カラー）　ハミルトン, ロバート『ジャーダ
　イン博物学者叢書 普通のクジラ目の自然誌』
　1843

イツユビトビネズミ　Allactaga major
「ビュフォンの博物誌」工作舎　1991
　◇F196（カラー）『一般と個別の博物誌 ソンニー
　二版』

イツユビトビネズミ　Allactaga sibirica
「世界大博物図鑑 5」平凡社　1988
　◇p225（カラー）　チベット産　ミルヌ＝エド
　ヴァール, M.H.著, ユエ原図『哺乳類誌』1868
　～74　多色石版

イヌ　Canis familiaris
「ビュフォンの博物誌」工作舎　1991
　◇F013（カラー）　クレートデンとマスチフ？
　『一般と個別の博物誌 ソンニーニ版』
　◇F014（カラー）　牧羊犬とグレーハウンド『一般
　と個別の博物誌 ソンニーニ版』
　◇F015（カラー）　スパニエルとプチ・バーベット
　『一般と個別の博物誌 ソンニーニ版』
　◇F016（カラー）　グレート・バーベットと雑種犬
　『一般と個別の博物誌 ソンニーニ版』
　◇F017（カラー）　ベンガルハリヤーとポインター
　『一般と個別の博物誌 ソンニーニ版』
　◇F018（カラー）　アイスランド犬とシベリア犬
　『一般と個別の博物誌 ソンニーニ版』
　◇F019（カラー）　雑種犬とシェパード『一般と個
　別の博物誌 ソンニーニ版』
　◇F020（カラー）　セッターの1種と牧羊犬『一般
　と個別の博物誌 ソンニーニ版』
　◇F021（カラー）　プチデンとロケット『一般と個
　別の博物誌 ソンニーニ版』
　◇F022（カラー）　ロシア犬（ボルゾイ？）『一般と
　個別の博物誌 ソンニーニ版』
　◇F023（カラー）　キング・チャールズ・スパニエ
　ルとピラミッド『一般と個別の博物誌 ソンニー
　二版』
　◇F024（カラー）　トルコ犬と雑種犬『一般と個別

博物図譜レファレンス事典 動物篇　**519**

いぬ　　　　　　　　　　哺乳類

の博物誌 ソンニーニ版』
◇F025（カラー）　マルチーズ、マスティフなど
『一般と個別の博物誌 ソンニーニ版』
◇F028（カラー）　アルプス犬『一般と個別の博物
誌 ソンニーニ版』

「世界大博物図鑑 5」平凡社　1988
◇p137（カラー）　江戸期の日本に見られた飼いイ
ヌ　シーボルト『ファウナ・ヤポニカ（日本動物
誌）』 1833〜50　石版図　［国会図書館］
◇p140（カラー）　グレート・ウォータードッグ
ドノヴァン、E.『英国四足獣誌』 1820
◇p140（カラー）　ウォーター・スパニエル　ドノ
ヴァン、E.『英国四足獣誌』 1820
◇p140（カラー）　スパニエル、ベンガル・ハリ
ヤー　ビュフォン、G.L.L., Comte de『一般と個
別の博物誌（イギリス版）』 1807
◇p141（カラー）　猟犬（ハウンド）の系統（？）
ドノヴァン、E.『英国四足獣誌』 1820
◇p141（カラー）　マスチフ　ビュフォン、G.L.L.,
Comte de『一般と個別の博物誌（イギリス版）』
1807
◇p141（カラー）　グレーハウンド　ビュフォン,
G.L.L., Comte de『一般と個別の博物誌（イギリ
ス版）』 1807
◇p141（カラー）　ブルドッグ、パグ　ドノヴァン,
E.『英国四足獣誌』 1820
◇p144（カラー）　ショック・ドッグ、ライオン・
ドッグ　ビュフォン、G.L.L., Comte de『一般と
個別の博物誌（イギリス版）』 1807
◇p144（カラー）　スタッグ・ハウンド　ドノヴァ
ン、E.『英国四足獣誌』 1820
◇p144（カラー）　レッサービーグル　ドノヴァン、
E.『英国四足獣誌』 1820
◇p144（カラー）　ラーチャー　ドノヴァン、E.
『英国四足獣誌』 1820

イヌ　Canis familiaris Linnaeus, 1758
「高木春山 本草図説 動物」リブロポート　1989
◇p38（カラー）　虎毛犬（オス）

犬　Canis familiaris
「舶来鳥獣図誌」八坂書房　1992
◇p86（カラー）　阿弥陀狩犬 牝『唐蘭船持渡鳥獣
之図』　［慶應義塾図書館］
◇p86（カラー）　狩犬子 牡『唐蘭船持渡鳥獣之図』
［慶應義塾図書館］
◇p87（カラー）　牡犬『唐蘭船持渡鳥獣之図』
［慶應義塾図書館］
◇p87（カラー）　阿蘭陀犬之子 牡『唐蘭船持渡鳥
獣之図』　［慶應義塾図書館］
◇p87（カラー）　白毛男犬『唐蘭船持渡鳥獣之図』
［慶應義塾図書館］
◇p88（カラー）　中犬 牝『唐蘭船持渡鳥獣之図』
寛保3（1743）渡来　［慶應義塾図書館］
◇p89（カラー）　狆犬 牡『唐蘭船持渡鳥獣之図』
［慶應義塾図書館］
◇p89（カラー）　阿蘭陀黒ぶち狆犬 牡『唐蘭船持
渡鳥獣之図』　［慶應義塾図書館］
◇p89（カラー）　阿蘭陀狆犬 牝『唐蘭船持渡鳥獣
之図』　［慶應義塾図書館］
◇p90（カラー）　唐犬 牡『唐蘭船持渡鳥獣之図』

［慶應義塾図書館］
◇p90（カラー）　唐犬 牡『唐蘭船持渡鳥獣之図』
［慶應義塾図書館］

イヌオヒキコウモリ　Molossopus plamirostris
「ビュフォンの博物誌」工作舎　1991
◇F066（カラー）『一般と個別の博物誌 ソンニー
ニ版』

イノシシ　Sus scrofa
「世界大博物図鑑 5」平凡社　1988
◇p276（カラー）　ビュフォン、G.L.L., Comte de
『一般と個別の博物誌（イギリス版）』 1807

イノシシ
「紙の上の動物園」グラフィック社　2017
◇p130（カラー）　シュベヒト、フリードリッヒ画
『カッセルの博物学壁かけ絵画シリーズ』 19世
紀末

イノシシの幼獣
「世界大博物図鑑 5」平凡社　1988
◇p3, 276〜277（カラー／白黒）　Sus fasciatus
シュレーバー、J.C.D.von『哺乳類誌』 （1774）
〜1846　手彩色銅版図

イボイノシシ　Phacochoerus aethiopicus
「ビュフォンの博物誌」工作舎　1991
◇F211（カラー）『一般と個別の博物誌 ソンニー
ニ版』
「世界大博物図鑑 5」平凡社　1988
◇p278（カラー）　シュレーバー、J.C.D.von『哺乳
類誌』 （1774）〜1846　手彩色銅版図
◇p279（カラー）　メスか幼獣　ヴォルフ、J.『動物
学スケッチ集』 1861〜67　多色石版 手彩色仕
上げ
◇p279（カラー）　ビュフォン、G.L.L., Comte de
『一般と個別の博物誌（ソンニーニ版）』 1799〜
1808　銅版 カラー印刷

イルカ
「紙の上の動物園」グラフィック社　2017
◇p83（カラー）　ベロン、ピエール『水生動物』
1553
「彩色 江戸博物学集成」平凡社　1994
◇p335（カラー）　毛利梅園『梅園魚品図正』　天保
年間　［国会図書館］
「鳥獣虫魚譜」八坂書房　1988
◇p54（カラー）　海豚　松森胤保『両羽魚類図譜』
［酒田市立光丘文庫］

イワシクジラ　Balaenoptera borealis
「江戸博物文庫 魚の巻」工作舎　2017
◇p85（カラー）　鰯鯨　毛利梅園『梅園魚譜』
［国立国会図書館］
「世界大博物図鑑 5」平凡社　1988
◇p400〜401（カラー）　ドノヴァン、E.『英国四足
獣誌』 1820

イワシクジラ
「紙の上の動物園」グラフィック社　2017
◇p84〜85（カラー）　シーボルト、フィリップ・フ
ランツ・フォン『日本の動物、あるいは日本旅行

520　博物図譜レファレンス事典 動物篇

哺乳類　　　　　　　　　　　　　　　　　　　　　　　いんと

で見た生物』　1833〜50

イワリス　Sciurotamias davidianus
「世界大博物図鑑 5」平凡社　1988
　◇p200（カラー）　ミルヌ=エドヴァール, M.H.著,
　　ユエ原図『哺乳類誌』　1868〜74　多色石版

インドイノシシ　Sus cristatus
「ビュフォンの博物誌」工作舎　1991
　◇F011（カラー）『一般と個別の博物誌 ソンニー
　　ニ版』
「世界大博物図鑑 5」平凡社　1988
　◇p276（カラー）　シュレーバー, J.C.D.von『哺乳
　　類誌』（1774）〜1846　手彩色銅版図

インドオオアレチネズミ　Tatera indica
「世界大博物図鑑 5」平凡社　1988
　◇p213（カラー）　キュヴィエ, G.L.C.F.D.『動物
　　界』1836〜49

インドオオリス　Ratufa indica
「ビュフォンの博物誌」工作舎　1991
　◇F052（カラー）『一般と個別の博物誌 ソンニー
　　ニ版』
「世界大博物図鑑 5」平凡社　1988
　◇p196（カラー）　ドルビニ, A.D.『万有博物事典』
　　1837

インドサイ　Rhinoceros unicornis
「ビュフォンの博物誌」工作舎　1991
　◇F111（カラー）『一般と個別の博物誌 ソンニー
　　ニ版』
「世界大博物図鑑 5」平凡社　1988
　◇p364（カラー）　1579年ごろマドリードに来た
　　インドサイ　キュヴィエ, G.L.C.F.D.『動物界』
　　1836〜49（原図は1585ごろ）
　◇p364（カラー）　ウードリ, J.B.原図, シンツ, Dr.
　　H.R.『哺乳動物図譜』　1848　手彩色石版図
　◇p364（カラー）　1739年にロンドンへ来たインド
　　サイ　リディンガー原図, シュレーバー, J.C.D.
　　von『哺乳類誌』（1774）〜1846　手彩色銅版図
　◇p365（カラー）　アダム, G.原図, シュレーバー,
　　J.C.D.von『哺乳類誌』（1774）〜1846　手彩色
　　銅版図

インドシナトラ
「彩色 江戸博物学集成」平凡社　1994
　◇p374〜375（カラー）　オス, メス　関根雲停『博
　　物館獣譜』　文久1写生　［東京国立博物館］

インドジャコウネコ　Viverra zibetha
「ビュフォンの博物誌」工作舎　1991
　◇F084（カラー）『一般と個別の博物誌 ソンニー
　　ニ版』

インドゾウ　Elephas maximus
「舶来鳥獣図誌」八坂書房　1992
　◇p64（カラー）　メス『唐蘭船持渡鳥獣之図』　享
　　保13（1728）渡来　［慶應義塾図書館］
　◇p65（カラー）　オス『唐蘭船持渡鳥獣之図』　享
　　保13（1728）渡来　［慶應義塾図書館］
　◇p67〜69（カラー）　象 牝　メス『唐蘭船持渡鳥
　　獣之図』　文化10（1813）渡来　［慶應義塾図書
　　館］

「ビュフォンの博物誌」工作舎　1991
　◇F107（カラー）　オス『一般と個別の博物誌 ソン
　　ニー版』
　◇F108（カラー）　メス『一般と個別の博物誌 ソン
　　ニー版』
　◇F109（カラー）　メスと幼獣『一般と個別の博物
　　誌 ソンニー版』
「世界大博物図鑑 5」平凡社　1988
　◇p272（カラー）　ドルビニ, A.D.著, トラヴィエ
　　原図『万有博物事典』　1837
　◇p272〜273（カラー）　ゴールドスミス, O.『大地
　　と生物の歴史』　1857
　◇p275（カラー）　シンツ, Dr.H.R.『哺乳動物図
　　譜』　1848　手彩色石版図
　◇p275（カラー）　鼻孔部は不正確　高木春山『本
　　草図説』　？ 〜1852　［愛知県西尾市立岩瀬文庫］

インドゾウ　Elephas maximus Linnaeus, 1758
「高木春山 本草図説 動物」リブロポート　1989
　◇p18〜19（カラー）　象 和名鈔云岐佐　享保13年
　　長崎へ舶来

インドゾウ
「彩色 江戸博物学集成」平凡社　1994
　◇p246〜247（カラー）　高木春山『本草図説』
　　［岩瀬文庫］
「高木春山 本草図説 動物」リブロポート　1989
　◇p55（カラー）　象 牝　出所セイロン 五歳

インドゾウの鼻とペニス
「ビュフォンの博物誌」工作舎　1991
　◇F110（カラー）『一般と個別の博物誌 ソンニー
　　ニ版』

インドタテガミヤマアラシ　Hystrix indica
「ビュフォンの博物誌」工作舎　1991
　◇F170（カラー）『一般と個別の博物誌 ソンニー
　　ニ版』

インドヒオドシコウモリ　Kerivoula picta
「ビュフォンの博物誌」工作舎　1991
　◇F090（カラー）『一般と個別の博物誌 ソンニー
　　ニ版』

インドマメシカ　Tragulus meminna
「ビュフォンの博物誌」工作舎　1991
　◇F166（カラー）『一般と個別の博物誌 ソンニー
　　ニ版』

インドマメジカ　Tragulus meminna
「世界大博物図鑑 5」平凡社　1988
　◇p293（カラー）　メスか幼獣　シュレーバー, J.
　　C.D.von『哺乳類誌』（1774）〜1846　手彩色銅
　　版図

インドリ　Indri indri
「ビュフォンの博物誌」工作舎　1991
　◇F205（カラー）『一般と個別の博物誌 ソンニー
　　ニ版』

博物図譜レファレンス事典 動物篇　**521**

【う】

ウァムピュルス
「生物の驚異的な形」河出書房新社　2014
　◇図版67(カラー)　ヘッケル、エルンスト　1904

ウエスタンローランドゴリラ　Gorilla gorilla gorilla
「世界大博物図鑑 5」平凡社　1988
　◇p46(カラー)　ジョフロワ・サン＝ティレール、I.、ボクール『哺乳類誌』　1854　手彩色石版

ウオクイコウモリ　Noctilio leporinus
「世界大博物図鑑 5」平凡社　1988
　◇p89(カラー)　シュレーバー、J.C.D.von『哺乳類誌』　(1774)～1846　手彩色銅版図

ウォーターバック　Kobus ellipsiprymnus
「世界大博物図鑑 5」平凡社　1988
　◇p328(カラー)　メス、オス　スミス、A.著、フォード、G.H.原図『南アフリカ動物図譜』　1838～49　手彩色石版

ウサギ
「紙の上の動物園」グラフィック社　2017
　◇p134(カラー)　ヘルム、エレノア・エディス『小鳥と小さな虫の本：バーバラ・ブリッグズ画』　1929

ウサギウマ（アメリカモチハタリ）
「江戸の動植物図」朝日新聞社　1988
　◇p145(カラー)　関根雲停画

ウサギコウモリ　Plecotus auritus
「ビュフォンの博物誌」工作舎　1991
　◇F061(カラー)『一般と個別の博物誌 ソンニーニ版』
「世界大博物図鑑 5」平凡社　1988
　◇p88(カラー)　ドノヴァン、E.『英国四足獣誌』　1820
　◇p88(カラー)　ドルビニ、A.D.著、ウダール原図、フルニエ製版『万有博物事典』　1837

ウサギコウモリ
「紙の上の動物園」グラフィック社　2017
　◇p169(カラー)　マックギルヴレイ、ウィリアム『ジャーダイン博物学者叢書 イギリス本土の四足獣の本』　1843

ウシ　Bos taurus
「ビュフォンの博物誌」工作舎　1991
　◇F005(カラー)『一般と個別の博物誌 ソンニーニ版』
　◇F006(カラー)　去勢されていないオス『一般と個別の博物誌 ソンニーニ版』
「世界大博物図鑑 5」平凡社　1988
　◇p316(カラー)　ハイランド種　ジャーディン、W.『ヤギとウシの博物誌』
　◇p316(カラー)　ドノヴァン、E.『英国四足獣誌』　1820
　◇p317(カラー)　角の短い種類　ジャーディン、W.『ヤギとウシの博物誌』
　◇p317(カラー)　肩にこぶのあるウシ.ゼブーzebu　ダニエル、W.『生物景観図集』　1809

後ろ足で立つ馬
「すごい博物画」グラフィック社　2017
　◇図版3(カラー)　レオナルド・ダ・ヴィンチ　1480頃　クリーム色の下処理を施した紙に金属尖筆　11.4×19.6　［ウィンザー城ロイヤル・ライブラリー］

美しいヨークシャー種の乳牛
「紙の上の動物園」グラフィック社　2017
　◇p200(カラー)　ギャラード、ジョージ『ブリテン諸島で一般的な牛の品種の詳細』　1800

ウマ　Equus caballus
「ビュフォンの博物誌」工作舎　1991
　◇F001(カラー)『一般と個別の博物誌 ソンニーニ版』
　◇F002(カラー)　スペイン種『一般と個別の博物誌 ソンニーニ版』

馬　Equus caballus
「舶来鳥獣図誌」八坂書房　1992
　◇p82(カラー)　鹿毛星牡馬　出所ハルシヤ国『唐蘭船持渡鳥獣之図』　［慶應義塾図書館］
　◇p82(カラー)　芦毛馬　出所ジヤワ国之内ブリヤンカル『唐蘭船持渡鳥獣之図』　［慶應義塾図書館］
　◇p83(カラー)　子阿蘭陀船持渡ハルシヤ馬　額に三星がある『唐蘭船持渡鳥獣之図』　［慶應義塾図書館］
　◇p83(カラー)　紅栗毛馬　出所ハルシヤ国『唐蘭船持渡鳥獣之図』　［慶應義塾図書館］
　◇p83(カラー)　黒真鹿毛女馬　出所はるしや国『唐蘭船持渡鳥獣之図』　［慶應義塾図書館］
　◇p84(カラー)　鹿毛馬　出所ジヤワ国『唐蘭船持渡鳥獣之図』　［慶應義塾図書館］
　◇p84(カラー)　青毛馬　出所ジヤワ国『唐蘭船持渡鳥獣之図』　［慶應義塾図書館］

馬
「すごい博物画」グラフィック社　2017
　◇図版17(カラー)　馬、聖ゲオルギオスとドラゴン、そしてライオン　レオナルド・ダ・ヴィンチ　1517～18頃　下書き用の紙にペンとインク　29.8×21.2　［ウィンザー城ロイヤル・ライブラリー］

馬の胸部と後軀
「すごい博物画」グラフィック社　2017
　◇図版18(カラー)　レオナルド・ダ・ヴィンチ　1517～18頃　黒いチョークの上にペンとインク　23.3×16.5　［ウィンザー城ロイヤル・ライブラリー］

馬のスケッチ
「すごい博物画」グラフィック社　2017
　◇図版4(カラー)　レオナルド・ダ・ヴィンチ　1490頃　淡い黄褐色の下処理を施した紙に金属尖筆　20.0×28.4　［ウィンザー城ロイヤル・ライブラリー］

哺乳類　　　　　　　　　　　　　　　　　　　　おおか

ウンピョウ　Neofelis nebulosa
　「世界大博物図鑑 5」平凡社　1988
　　◇p113（カラー）　おそらくオス　シュレーバー,
　　　J.C.D.von『哺乳類誌』（1774）〜1846　手彩色
　　　銅版図

【 え 】

エジプトスナネズミ　Meriones shawi
　「世界大博物図鑑 5」平凡社　1988
　　◇p216〜217（カラー）　ロシュ, V.『アルジェリア
　　　科学探検調査録』1844〜67

エジプトマングース　Herpestes ichneumon
　「ビュフォンの博物誌」工作舎　1991
　　◇F197（カラー）『一般と個別の博物誌 ソンニー
　　　二版』
　「世界大博物図鑑 5」平凡社　1988
　　◇p181（カラー）　シュレーバー, J.C.D.von『哺乳
　　　類誌』（1774）〜1846　手彩色銅版図

エゾイタチ
　⇒オコジョ（エゾイタチ, ヤマイタチ）を見よ

エゾリス
　「彩色 江戸博物学集成」平凡社　1994
　　◇p422（カラー）　冬毛　服部雪斎『博物館獣譜』
　　　［東京国立博物館］

エリマキキツネザル　Lemur variegatus
　「ビュフォンの博物誌」工作舎　1991
　　◇F200（カラー）『一般と個別の博物誌 ソンニー
　　　二版』

エリマキキツネザル
　「悪夢の猿たち」リブロポート　1991
　　◇p92（カラー）　シュレーバー, J.C.D.von『哺乳
　　　類誌』（1774）〜1846
　　◇p93（カラー）　ド・セーヴ原図, ビュフォン, G.
　　　L.L.『一般と個別の博物誌』

【 お 】

牡馬
　「彩色 江戸博物学集成」平凡社　1994
　　◇p298（カラー）　ヲムマ　川原慶賀『哺乳類図譜』
　　　［オランダ国立自然博物館］

オオアカムササビ　Pataurista petaurista
　「ビュフォンの博物誌」工作舎　1991
　　◇F093（カラー）　下図はインド南西部産『一般と
　　　個別の博物誌 ソンニー二版』

オオアメリカモモンガ　Glaucomys sabrinus
　「世界大博物図鑑 5」平凡社　1988
　　◇p204（カラー）　シュレーバー, J.C.D.von『哺乳
　　　類誌』（1774）〜1846　手彩色銅版図

オオアリクイ　Myrmecophaga tridactyla
　「ビュフォンの博物誌」工作舎　1991

　　◇F097（カラー）『一般と個別の博物誌 ソンニー
　　　二版』
　「世界大博物図鑑 5」平凡社　1988
　　◇p253（カラー）　ド・セーヴ原図, シュレーバー,
　　　J.C.D.von『哺乳類誌』（1774）〜1846　手彩色
　　　銅版図

オオアリクイ
　「紙の上の動物園」グラフィック社　2017
　　◇p71（カラー）　ショー, ジョージ『レヴェリアン
　　　博物館の解説図、イギリス種と南米種』1792〜
　　　96

オオアルマジロ　Pridontes giganteus
　「ビュフォンの博物誌」工作舎　1991
　　◇F101（カラー）『一般と個別の博物誌 ソンニー
　　　二版』

オオアルマジロ
　「紙の上の動物園」グラフィック社　2017
　　◇p68（カラー）『カステルノ伯爵の南米中部探査中
　　　に収集された新たな、あるいは稀少な動物第7巻
　　　（動物学・哺乳類）、南米中部探査旅行』1843

オオイツユビトビネズミ　Allactaga major
　「世界大博物図鑑 5」平凡社　1988
　　◇p225（カラー）　シュレーバー, J.C.D.von『哺乳
　　　類誌』（1774）〜1846　手彩色銅版図

オオカミ　Canis lupus lupus ?
　「世界大博物図鑑 5」平凡社　1988
　　◇p132（カラー）　頭部と牙　クレッチュ原図,
　　　シュレーバー, J.C.D.von『哺乳類誌』（1774）
　　　〜1846　手彩色銅版図

オオカミ
　「紙の上の動物園」グラフィック社　2017
　　◇p132（カラー）　ショー, ジョージ『レヴェリア
　　　ン博物館の解説図、イギリス種と南米種』1792
　　　〜96
　「彩色 江戸博物学集成」平凡社　1994
　　◇p298（カラー）　川原慶賀『哺乳類図譜』　［オ
　　　ランダ国立自然博物館］

オオカミあるいはイヌ？
　「高木春山 本草図説 動物」リブロポート　1989
　　◇p53（カラー）　黒青 シキ　オオカミの老獣か大
　　　型の老犬

オオカワウソ　Pteronura brasiliensis
　「世界大博物図鑑 5」平凡社　1988
　　◇p176（カラー）　ヴォルフ, J.原図『ロンドン動物
　　　学協会紀要』1861〜90（第2期）　手彩色石版画

オオカンガルー　Macropus giganteus
　「ビュフォンの博物誌」工作舎　1991
　　◇F190（カラー）『一般と個別の博物誌 ソンニー
　　　二版』
　「世界大博物図鑑 5」平凡社　1988
　　◇p250（カラー）　スタッブズ, ジョージ原図, シュ
　　　レーバー, J.C.D.von『哺乳類誌』（1774）〜
　　　1846　手彩色銅版図
　　◇p251（カラー）　キュヴィエ, G.L.C.F.D.『動物
　　　界』1836〜49

博物図譜レファレンス事典 動物篇　　**523**

おおこ　　　　　　　　哺乳類

オオコウモリ
「彩色 江戸博物学集成」平凡社　1994
◇p207（カラー）　八重山コウモリ　栗本丹洲『千虫譜』［内閣文庫］

オオツパイ　Lyonogale tana
「世界大博物図鑑 5」平凡社　1988
◇p93（カラー）　ミュラー, S.著, シュレーゲル原図『蘭領インド自然誌』1839〜44　手彩色石版

オオナマケモノの骨格　Megatherium
「ビュフォンの博物誌」工作舎　1991
◇F186（カラー）　化石種『一般と個別の博物誌 ソンニーニ版』

オオハダシアレチネズミ　Tatera afra
「世界大博物図鑑 5」平凡社　1988
◇p217（カラー）　スミス, A.著, フォード, G.H.原図『南アフリカ動物図譜』1838〜49　手彩色石版

オオハナジロクエノン　Cercopithecus nictitans
「ビュフォンの博物誌」工作舎　1991
◇G054（カラー）『一般と個別の博物誌 ソンニーニ版』

オオハナジロクエノン
「悪夢の猿たち」リブロポート　1991
◇p36（カラー）　ビュフォン, G.L.L.『一般と個別の博物誌 ソンニーニ版』1799〜1808
◇p114（カラー）　シュレーバー, J.C.D.von『哺乳類誌』（1774）〜1846

オオフクロネコ　Dasyurus maculatus
「世界大博物図鑑 5」平凡社　1988
◇p249（カラー）　シュレーバー, J.C.D.von『哺乳類誌』（1774）〜1846　手彩色銅版図

オオブチジェネット　Genetta tigrina
「ビュフォンの博物誌」工作舎　1991
◇F085（カラー）　フランス産『一般と個別の博物誌 ソンニーニ版』
◇F214（カラー）『一般と個別の博物誌 ソンニーニ版』

オオヘラコウモリ　Phyllostomus hastatus
「ビュフォンの博物誌」工作舎　1991
◇F210（カラー）『一般と個別の博物誌 ソンニーニ版』

オオマメジカ　Tragulus napu
「世界大博物図鑑 5」平凡社　1988
◇p292（カラー）　キュヴィエ, G.L.C.F.D.『動物界』1836〜49

オオミズネズミ　Hydromys chrysogaster
「ビュフォンの博物誌」工作舎　1991
◇F055（カラー）『一般と個別の博物誌 ソンニーニ版』

オオヤマネ　Glis glis
「ビュフォンの博物誌」工作舎　1991
◇F067（カラー）『一般と個別の博物誌 ソンニーニ版』

「世界大博物図鑑 5」平凡社　1988
◇p224（カラー）　シュレーバー, J.C.D.von『哺乳類誌』（1774）〜1846　手彩色銅版図

オオヤマネコ　Felis lynx
「世界大博物図鑑 5」平凡社　1988
◇p117（カラー）　ド・セーヴ原図, シュレーバー, J.C.D.von『哺乳類誌』（1774）〜1846　手彩色銅版図
◇p124（カラー）　アネドゥーシュ製版, キュヴィエ, G.L.C.F.D.『動物界』1836〜49

オオヤマネコ　Lynx lynx
「ビュフォンの博物誌」工作舎　1991
◇F081（カラー）『一般と個別の博物誌 ソンニーニ版』

オカピ　Okapia johnstoni
「世界大博物図鑑 5」平凡社　1988
◇p312〜313（カラー）　スミット, J.原図『ロンドン動物学協会会報』1902

オグロヌー　Connochaetes taurinus
「ビュフォンの博物誌」工作舎　1991
◇F158（カラー）『一般と個別の博物誌 ソンニーニ版』
◇F159（カラー）『一般と個別の博物誌 ソンニーニ版』
「世界大博物図鑑 5」平凡社　1988
◇p332（カラー）　スミス, A.著, フォード, G.H.原図『南アフリカ動物図譜』1838〜49　手彩色石版

オグロワラビー　Wallabia bicolor
「世界大博物図鑑 5」平凡社　1988
◇p251（カラー）　キュヴィエ, G.L.C.F.D.『動物界』1836〜49

オコジョ　Mustela erminea
「ビュフォンの博物誌」工作舎　1991
◇F051（カラー）『一般と個別の博物誌 ソンニーニ版』
◇F052（カラー）　夏毛『一般と個別の博物誌 ソンニーニ版』
「世界大博物図鑑 5」平凡社　1988
◇p168（カラー）　冬毛, 夏毛　ドノヴァン, E.『英国四足獣誌』1820

オコジョ（エゾイタチ、ヤマイタチ）
Mustela erminea Linnaeus, 1758
「高木春山 本草図説 動物」リブロポート　1989
◇p42（カラー）　山鼬 牡 日光山ノ産

幼いマレーバク
「紙の上の動物園」グラフィック社　2017
◇p53（カラー）　ブリオワ, J.（?）画『サー・スタンフォード・ラッフルズのためにスマトラ島ブンクルで制作された鳥・動物画51点のアルバム』紙にグアッシュ

オジロジカ　Odocoileus virginianus
「ビュフォンの博物誌」工作舎　1991

524　博物図譜レファレンス事典 動物篇

哺乳類　　　おらん

◇F167（カラー）『一般と個別の博物誌 ソンニー二版』

オジロヌー　Connochaetes gnou
「世界大博物図鑑 5」平凡社　1988
◇p332（カラー）　ジャーディン, W.『ヤギとウシの博物誌』

雄イヌと雌オオカミの交雑種（第1世代の雄・雌）
「ビュフォンの博物誌」工作舎　1991
◇F026（カラー）『一般と個別の博物誌 ソンニー二版』

雄イヌと雌オオカミの交雑種（第2世代の雄・雌）
「ビュフォンの博物誌」工作舎　1991
◇F027（カラー）『一般と個別の博物誌 ソンニー二版』

雄イヌと雌オオカミの交雑種（第3世代の雌）
「ビュフォンの博物誌」工作舎　1991
◇F028（カラー）『一般と個別の博物誌 ソンニー二版』

雄イヌと雌オオカミの交雑種（第4世代の雄・雌）
「ビュフォンの博物誌」工作舎　1991
◇F029（カラー）『一般と個別の博物誌 ソンニー二版』

オセロット　Felis pardalis
「ビュフォンの博物誌」工作舎　1991
◇F213（カラー）『一般と個別の博物誌 ソンニー二版』
「世界大博物図鑑 5」平凡社　1988
◇p117（カラー）　ド・セーヴ原図, シュレーバー, J.C.D.von『哺乳類誌』（1774）〜1846　手彩色銅版図

オタリア　Otaria flavescens
「世界大博物図鑑 5」平凡社　1988
◇p188（カラー）　シュレーバー, J.C.D.von『哺乳類誌』（1774）〜1846　手彩色銅版図

オットセイ　Callorhinus ursinus
「日本の博物図譜」東海大学出版会　2001
◇図11（カラー）　岩崎灌園筆『博物館獣譜』　［東京国立博物館］

オットセイ
「彩色 江戸博物学集成」平凡社　1994
◇p55（カラー）　ととらこ　メスの成獣　丹羽正伯『御書上産物之内御不審物図』　［盛岡市中央公民館］
◇p290〜291（カラー）　膃肭臍　岩崎灌園『博物館獣譜』　［東京国立博物館］

オナガー　Equus hemionus onager
「世界大博物図鑑 5」平凡社　1988
◇p350（カラー）　ボック, J.C.製版, シュレーバー, J.C.D.von『哺乳類誌』（1774）〜1846　手彩色銅版図

オナガザル
「江戸の動植物図」朝日新聞社　1988
◇p144（カラー）　関根雲停画

オナガセンザンコウ　Manis tetradactyla
「ビュフォンの博物誌」工作舎　1991
◇F099（カラー）『一般と個別の博物誌 ソンニー二版』
「世界大博物図鑑 5」平凡社　1988
◇p264（カラー）　ド・セーヴ原図, シュレーバー, J.C.D.von『哺乳類誌』（1774）〜1846　手彩色銅版図

オナガマウスオポッサム　Marmosa grisea
「ビュフォンの博物誌」工作舎　1991
◇F105（カラー）『一般と個別の博物誌 ソンニー二版』

オナシハナナガコウモリ　Leptonyctes nivalis
「ビュフォンの博物誌」工作舎　1991
◇F065（カラー）『一般と個別の博物誌 ソンニー二版』

オポッサム　Didelphis SP
「高木春山 本草図説 動物」リブロポート　1989
◇p53（カラー）

オポッサム
「昆虫の劇場」リブロポート　1991
◇p91（カラー）　メーリアン, M.S.『スリナム産昆虫の変態』　1726

オポッサム
⇒フクロネズミ（オポッサム）と子どもを見よ

オマキヤマアラシ　Coendou prehensilis
「ビュフォンの博物誌」工作舎　1991
◇F171（カラー）『一般と個別の博物誌 ソンニー二版』
「世界大博物図鑑 5」平凡社　1988
◇p228（カラー）　キュヴィエ, G.L.C.F.D.『動物界』　1836〜49

オランウータン　Pongo pygmaeus
「舶来鳥獣図誌」八坂書房　1992
◇p59（カラー）　ヲランウータン　幼獣『唐蘭船持渡鳥獣之図』　寛政4（1792）渡来　［慶應義塾図書館］
◇p61（カラー）　ヲランウータン『唐蘭船持渡鳥獣之図』　寛政12（1800）渡来　［慶應義塾図書館］
「ビュフォンの博物誌」工作舎　1991
◇G002（カラー）『一般と個別の博物誌 ソンニー二版』
◇G003（カラー）『一般と個別の博物誌 ソンニー二版』
「世界大博物図鑑 5」平凡社　1988
◇p49（カラー）　シミア・サテュロス　幼い子（？）　オークス, R.原図, ヌスビーゲル, ヨハン製版, シュレーバー, J.C.D.von『哺乳類誌』（1774）〜1846　手彩色銅版図
◇p52（カラー）　ミュラー, S.著, ムルダー, A.S.原図『蘭領インド自然誌』　1839〜44　手彩色石版図

博物図譜レファレンス事典 動物篇　**525**

おらん　　　　　　　　　　　哺乳類

◇p52（カラー）　小田切真助原図、高木春山『本草図説』　？　〜1852　［愛知県西尾市立岩瀬文庫］
◇p52（カラー）　ド・セーヴ原図、シュレーバー、J.C.D.von『哺乳類誌』（1774）〜1846　手彩色銅版図
◇p53（カラー）　頭部の精密図　ドノヴァン、E.『博物宝典』　1834
◇p53（カラー）　子　ドノヴァン、E.『博物宝典』　1834
◇p56（カラー）　パリ植物園で飼われた幼体　キュヴィエ、G.L.C.F.D.『動物界』　1836〜49

オランウータン　Pongo pygmaeus Linnaeus, 1760
「高木春山 本草図説 動物」リブロポート　1989
◇p37（カラー）

オランウータン
「紙の上の動物園」グラフィック社　2017
◇p63（カラー）　ドノヴァン、E.『博物学者の宝庫、または月刊異国の博物学雑録』　1823〜28
◇p250（カラー）　人間に飼われたメスのオランウータン　シブリー、エビニーザー『人間その他を含む博物学の普遍的システム』　1794〜1808
◇p250（カラー）　オランウータンとは「森の人」の意味　シブリー、エビニーザー『人間その他を含む博物学の普遍的システム』　1794〜1808
「彩色 江戸博物学集成」平凡社　1994
◇p423（カラー）　服部雪斎『博物館獣譜』　［東京国立博物館］
「悪夢の猿たち」リブロポート　1991
◇p8（白黒）　シュレーバー、J.C.D.von『哺乳類誌』
◇p62（カラー）　幼体　ビュフォン、G.L.L.『一般と個別の博物誌 ソンニーニ版』　1799〜1808
◇p63（カラー）　ビュフォン、G.L.L.『一般と個別の博物誌 ソンニーニ版』　1799〜1808
◇p137（カラー）　シュレーバー、J.C.D.von『哺乳類誌』（1774）〜1846

オランウータンの骨格　Pongo pygmaeus
「ビュフォンの博物誌」工作舎　1991
◇G021（カラー）『一般と個別の博物誌 ソンニーニ版』

オールド・イングリッシュ・ブラック・ホース
「紙の上の動物園」グラフィック社　2017
◇p204（カラー）　ロー、デイヴィッド『ブリテン諸島の家畜の品種』　1842

【か】

カイウサギ　Oryctolagus cuniculus
「ビュフォンの博物誌」工作舎　1991
◇F042（カラー）　アンゴラ種（下は換毛中）『一般と個別の博物誌 ソンニーニ版』
◇F043（カラー）『一般と個別の博物誌 ソンニーニ版』
「世界大博物図鑑 5」平凡社　1988

◇p237（カラー）　ドノヴァン、E.『英国四足獣誌』　1820
◇p237（カラー）　シュレーバー、J.C.D.von『哺乳類誌』（1774）〜1846　手彩色銅版図
◇p237（カラー）　アンゴラ種　シュレーバー、J.C.D.von『哺乳類誌』（1774）〜1846　手彩色銅版図
◇p241（カラー）　ビュフォン、G.L.L., Comte de『一般と個別の博物誌（イギリス版）』　1807

海獣
「彩色 江戸博物学集成」平凡社　1994
◇p366（カラー）　大窪昌章原図、近藤集延銅版『海獣図』　［神戸市立博物館］

各種サルの頭骨
「ビュフォンの博物誌」工作舎　1991
◇G001（カラー）『一般と個別の博物誌 ソンニーニ版』

カコミスル　Bassariscus astutus
「ビュフォンの博物誌」工作舎　1991
◇F096（カラー）『一般と個別の博物誌 ソンニーニ版』

家畜ウマ　Equus caballus
「世界大博物図鑑 5」平凡社　1988
◇p356（カラー）　ドルビニ、A.D.著、ズゼミール原図『万有博物事典』　1837
◇p357（カラー）　ドノヴァン、E.『英国四足獣誌』　1820
◇p357（カラー）　シンツ、Dr.H.R.『哺乳動物図譜』　1848　手彩色石版図

カナダオオヤマネコ　Lynx canadensis
「ビュフォンの博物誌」工作舎　1991
◇F081（カラー）『一般と個別の博物誌 ソンニーニ版』

カナダカワウソ　Lutra canadensis
「ビュフォンの博物誌」工作舎　1991
◇F223（カラー）『一般と個別の博物誌 ソンニーニ版』
「世界大博物図鑑 5」平凡社　1988
◇p176（カラー）　イーレ、I.E.原図、シュレーバー、J.C.D.von『哺乳類誌』（1774）〜1846　手彩色銅版図

カナダヤマアラシ　Erethizon dorsatum
「ビュフォンの博物誌」工作舎　1991
◇F174（カラー）『一般と個別の博物誌 ソンニーニ版』
「世界大博物図鑑 5」平凡社　1988
◇p228（カラー）　キュヴィエ、G.L.C.F.D.『動物界』　1836〜49

カナダヤマアラシ　Erethizon dorstum
「ビュフォンの博物誌」工作舎　1991
◇F172（カラー）『一般と個別の博物誌 ソンニーニ版』

カニクイアザラシ　Lobodon carcinophagus
「世界大博物図鑑 5」平凡社　1988
◇p192〜193（カラー）　ヴェルナー、J.C.原図『ア

哺乳類　　　　　　　　　　　　　　　　　　　かわね

ストロラブ, ゼレー号南極・大洋州航海記』
1841〜54

カニクイアライグマ　Procyon cancrivorus
「ビュフォンの博物誌」工作舎　1991
　◇F106（カラー）『一般と個別の博物誌 ソンニーニ版』

カバ　Hippopotamus amphibius
「ビュフォンの博物誌」工作舎　1991
　◇F133（カラー）『一般と個別の博物誌 ソンニーニ版』
　◇F134（カラー）　メス, オス『一般と個別の博物誌 ソンニーニ版』
「世界大博物図鑑 5」平凡社　1988
　◇p280（カラー）　スミス, A.著, フォード, G.H.原図『南アフリカ動物図譜』1838〜49　手彩色石版
　◇p281（カラー）　ドルビニ, A.D.著, トラヴィエ, E.原図『万有博物事典』1837
　◇p281（カラー）　ド・セーヴ原図, シュレーバー, J.C.D.von『哺乳類誌』（1774）〜1846　手彩色銅版図
　◇p281（カラー）　キュヴィエ, G.L.C.F.D.『動物界』1836〜49
　◇p281（カラー）　シンツ, Dr.H.R.『哺乳動物図譜』1848　手彩色石版図

カバの胎児と幼獣
「ビュフォンの博物誌」工作舎　1991
　◇F132（カラー）『一般と個別の博物誌 ソンニーニ版』

カバの頭骨
「世界大博物図鑑 5」平凡社　1988
　◇p281（カラー）　イーレ, I.E.図, シュレーバー, J.C.D.von『哺乳類誌』（1774）〜1846　手彩色銅版図

カバル
　⇒アビシニア・ジャッカル（現地名カバル）を見よ

カピバラ　Hydrochoerus hydrochaeris
「ビュフォンの博物誌」工作舎　1991
　◇F169（カラー）『一般と個別の博物誌 ソンニーニ版』
「世界大博物図鑑 5」平凡社　1988
　◇p229（カラー）　シュレーバー, J.C.D.von『哺乳類誌』（1774）〜1846　手彩色銅版図

（カーマ）ハーテビースト　Alcelaphus buselaphus（caama）
「ビュフォンの博物誌」工作舎　1991
　◇F157（カラー）『一般と個別の博物誌 ソンニーニ版』

カメルーンブッシュバック　Tragelaphus scriptus
「ビュフォンの博物誌」工作舎　1991
　◇F165（カラー）『一般と個別の博物誌 ソンニーニ版』

カモノハシ　Ornithophychus anatinus
「ビュフォンの博物誌」工作舎　1991
　◇F221（カラー）『一般と個別の博物誌 ソンニーニ版』

カモノハシ　Ornithorhynchus anatinus
「世界大博物図鑑 5」平凡社　1988
　◇p268（カラー）　ド・セーヴ原図, ビュフォン, G.L.L., Comte de『一般と個別の博物誌（ソンニーニ版）』1799〜1808　銅版 カラー印刷
　◇p268〜269（カラー）　シュレーバー, J.C.D.von『哺乳類誌』（1774）〜1846　手彩色銅版図
　◇p269（カラー）　ドルビニ, A.D.著, トラヴィエ, E.原図『万有博物事典』1837

カモノハシ
「紙の上の動物園」グラフィック社　2017
　◇p74（カラー）『ミネルヴァ号の航海日誌』1798〜1800
　◇p77（カラー）『動物学協会会報第1巻』1835

カモノハシの頭部
「世界大博物図鑑 5」平凡社　1988
　◇p269（カラー）『ロンドン動物学協会紀要』1861〜90（第2期）　手彩色石版画

カヤネズミ
「紙の上の動物園」グラフィック社　2017
　◇p134（カラー）　ドノヴァン, E.『イギリス本土の四足獣の自然誌』1820

カラカル　Felis caracal
「ビュフォンの博物誌」工作舎　1991
　◇F082（カラー）『一般と個別の博物誌 ソンニーニ版』
「世界大博物図鑑 5」平凡社　1988
　◇p120（カラー）　クレッチュ原図, シュレーバー, J.C.D.von『哺乳類誌』（1774）〜1846　手彩色銅版図

カワイジリス　Spermophilus variegatus
「ビュフォンの博物誌」工作舎　1991
　◇F188（カラー）『一般と個別の博物誌 ソンニーニ版』

カワイノシシ　Potamochoerus porcus
「世界大博物図鑑 5」平凡社　1988
　◇p276（カラー）　シュレーバー, J.C.D.von『哺乳類誌』（1774）〜1846　手彩色銅版図

カワウソ
「紙の上の動物園」グラフィック社　2017
　◇p128（カラー）　ソーバーン, アーチボルド『イギリス本土の哺乳類』1920
「彩色 江戸博物学集成」平凡社　1994
　◇p298（カラー）　オソ　川原慶賀『哺乳類図譜』［オランダ国立自然史博物館］

カワネズミ　Chimarrogale platycephala
「鳥獣虫魚譜」八坂書房　1988
　◇p16（カラー）　日見不, ムグラネズミ　松森胤保『両羽獣類図譜』　［酒田市立光丘文庫］

博物図譜レファレンス事典 動物篇　**527**

かわね　　　　　　　　　　哺乳類

カワネズミ
「彩色 江戸博物学集成」平凡社　1994
　◇p430〜431（カラー）　松森胤保『両羽博物図譜』
　　［光丘文庫］

カンガルー　Macropus sp.
「高木春山 本草図説 動物」リブロポート　1989
　◇p21（カラー）　アカカンガルー（M.rufus）かオオ
　　カンガルー（M.giganteus）（？）

カンガルー
「紙の上の動物園」グラフィック社　2017
　◇p74（カラー）『ミネルヴァ号の航海日誌』　1798
　　〜1800
「世界大博物図鑑 5」平凡社　1988
　◇p250（カラー）　高木春山『本草図説』　？ 〜
　　1852　［愛知県西尾市立岩瀬文庫］

カンガルーとその他の四足獣
「紙の上の動物園」グラフィック社　2017
　◇p75（カラー）　ベルトゥーフ, フリートリッヒ・
　　ヨハン・ユスティン『子どものための絵本 自然
　　界、美術界、科学界から、動物、植物、果実、鉱
　　物、衣装、その他、学ぶべき美しいコレクショ
　　ン』 1792〜1830

カンジキウサギ　Lepus americanus
「世界大博物図鑑 5」平凡社　1988
　◇p240（カラー）　オーデュボン, J.J.L., バックマ
　　ン, J.『北米哺乳類誌』 1845〜48　手彩色石版図

ガンジスカワイルカ
「紙の上の動物園」グラフィック社　2017
　◇p82〜83（カラー）　ノッダー, リチャード・ポリ
　　ドア描画・エングレーヴィング, ショー, ジョージ
　　『博物学者の宝庫』 1789〜1813　銅版に手彩色

【き】

ギアナキノボリトゲネズミ　Echimys
chrysurus
「ビュフォンの博物誌」工作舎　1991
　◇F068（カラー）『一般と個別の博物誌 ソンニー
　　二版』
「世界大博物図鑑 5」平凡社　1988
　◇p233（カラー）　シュレーバー, J.C.D.von『哺乳
　　類誌』 （1774）〜1846　手彩色銅版図

キイロヒヒ　Papio cynocephalus
「ビュフォンの博物誌」工作舎　1991
　◇G013（カラー）『一般と個別の博物誌 ソンニー
　　二版』

キイロヒヒ
「悪夢の猿たち」リブロポート　1991
　◇p24（カラー）　ビュフォン, G.L.L.『一般と個別
　　の博物誌 ソンニー二版』 1799〜1808
　◇p97（カラー）　シュレーバー, J.C.D.von『哺乳
　　類誌』 （1774）〜1846

キクガシラコウモリ　Rhinolophus
ferrumequinum
「ビュフォンの博物誌」工作舎　1991
　◇F063（カラー）『一般と個別の博物誌 ソンニー
　　二版』
「世界大博物図鑑 5」平凡社　1988
　◇p89（カラー）　陸上を歩く　シュレーバー, J.C.
　　D.von『哺乳類誌』 （1774）〜1846　手彩色銅
　　版図

キタオットセイ　Callarhinus ursinus
「ビュフォンの博物誌」工作舎　1991
　◇F226（カラー）『一般と個別の博物誌 ソンニー
　　二版』

キタオポッサム　Didelphis virginianus
「ビュフォンの博物誌」工作舎　1991
　◇F104（カラー）『一般と個別の博物誌 ソンニー
　　二版』

キタシナイノシシ　Sus scrofa moupinensis
「世界大博物図鑑 5」平凡社　1988
　◇p278（カラー）　ミルヌ＝エドヴァール, M.H.著,
　　ユエ原図『哺乳類誌』 1868〜74　多色石版

キタトックリクジラ　Hyperoodon ampullatus
「世界大博物図鑑 5」平凡社　1988
　◇p393（カラー）　シュレーバー, J.C.D.von『哺乳
　　類誌』 （1774）〜1846　手彩色銅版図

（キタ）ハーテビースト　Alcelaphus
buselaphus（buselaphus）
「ビュフォンの博物誌」工作舎　1991
　◇F157（カラー）『一般と個別の博物誌 ソンニー
　　二版』

キタホソオツパイ　Dendrogale murina
「世界大博物図鑑 5」平凡社　1988
　◇p93（カラー）　ミュラー, S.著, シュレーゲル原
　　図『蘭領インド自然誌』 1839〜44　手彩色石版

キタホリネズミ　Thomomys bulbivorus
「世界大博物図鑑 5」平凡社　1988
　◇p209（カラー）　キュヴィエ, G.L.C.F.D.『動物
　　界』 1836〜49

キタミユビトビネズミ　Dipus sagitta
「世界大博物図鑑 5」平凡社　1988
　◇p225（カラー）　シュレーバー, J.C.D.von『哺乳
　　類誌』 （1774）〜1846　手彩色銅版図

キタモグラレミング　Ellobius talpinus
「世界大博物図鑑 5」平凡社　1988
　◇p220（カラー）　ニッチュマン原図, シュレー
　　バー, J.C.D.von『哺乳類誌』 （1774）〜1846
　　手彩色銅版図

キタリス　Sciurus vulgaris
「ビュフォンの博物誌」工作舎　1991
　◇F051（カラー）　赤色型『一般と個別の博物誌 ソ
　　ンニー二版』
　◇F092（カラー）　黒色型『一般と個別の博物誌 ソ
　　ンニー二版』

哺乳類　　　　　　　　　　　　　　　　　きんく

「世界大博物図鑑 5」平凡社　1988
◇p196（カラー）　イーレ, I.E.原図, シュレーバー,
J.C.D.von『哺乳類誌』（1774）～1846　手彩色
銅版図

キツネ　Vulpes vulpes Linnaeus, 1758
「高木春山 本草図説 動物」リブロポート　1989
◇p43（カラー）　キツネ取りの仕掛け

キツネ
「すごい博物画」グラフィック社　2017
◇図11（カラー）　ゲスナー, コンラッド『動物誌』
1551　手彩色の木版画　［ケンブリッジ大学付属
図書館］

きてん
「江戸の動植物図」朝日新聞社　1988
◇p146（カラー）　木狗　関根雲停画

キテン
「彩色 江戸博物学集成」平凡社　1994
◇p354～355（カラー）　木狗　大窪昌章『乙未本
草会目録』　［蓬左文庫］

キテン
⇒ホンドテン（キテン）を見よ

ギニアヒヒ　Papio papio
「ビュフォンの博物誌」工作舎　1991
◇G015（カラー）『一般と個別の博物誌 ソンニー
ニ版』
◇G017（カラー）『一般と個別の博物誌 ソンニー
ニ版』
「世界大博物図鑑 5」平凡社　1988
◇p64（カラー）　キュヴィエ, G.L.C.F.D.『動物
界』　1836～49

ギニアヒヒ
「悪夢の猿たち」リブロポート　1991
◇p5（白黒）　ビュフォン, G.L.L.『一般と個別の
博物誌』

キノボリジャコウネコ　Nandinia binotata
「ビュフォンの博物誌」工作舎　1991
◇F198（カラー）『一般と個別の博物誌 ソンニー
ニ版』

キバネアラコウモリ　Lavia frons
「世界大博物図鑑 5」平凡社　1988
◇p88（カラー）　ドルビニ, A.D.著, ウダール原図,
フルニエ製版『万有博物事典』　1837

キュウシュウヒミズ
「彩色 江戸博物学集成」平凡社　1994
◇p66～67（カラー）　くしひき　丹羽正伯『筑前
国産物絵図帳』　［福岡県立図書館］

キョン　Muntiacus reevesi
「舶来鳥獣図誌」八坂書房　1992
◇p70（カラー）　鹿『唐蘭船持渡鳥獣之図』　［慶
應義塾図書館］
「世界大博物図鑑 5」平凡社　1988
◇p301（カラー）　ミルヌ＝エドヴァール, M.H.著,
ユエ原図『哺乳類誌』1868～74　多色石版

キリン　Giraffa camelopardalis
「ビュフォンの博物誌」工作舎　1991
◇F177（カラー）『一般と個別の博物誌 ソンニー
版』
「世界大博物図鑑 5」平凡社　1988
◇p308（カラー）　ダニエル, W.『生物景観図集』
1809　アクアチント
◇p308（カラー）　ド・セーヴ原図, シュレーバー,
J.C.D.von『哺乳類誌』（1774）～1846　手彩色
銅版図
◇p309（カラー）　キュヴィエ, G.L.C.F.D.『動物
界』　1836～49
◇p309（カラー）　ドルビニ, A.D.『万有博物事典』
1837
◇p312（カラー）　プレートル原図, シュレーバー,
J.C.D.von『哺乳類誌』（1774）～1846　手彩色
銅版図
◇p312（カラー）　ビュフォン, G.L.L., Comte de
『一般と個別の博物誌（ソンニーニ版）』1799～
1808　銅版 カラー印刷

キリン
「紙の上の動物園」グラフィック社　2017
◇p57（カラー）『ロイヤル・スクール壁かけ絵画シ
リーズ』　19世紀末

キリン（ジラフ）　Giraffa camelopardalis
Linnaeus, 1758
「高木春山 本草図説 動物」リブロポート　1989
◇p20（カラー）

キリンの骨格
「ビュフォンの博物誌」工作舎　1991
◇F179（カラー）『一般と個別の博物誌 ソンニー
ニ版』

キリンのツノ
「ビュフォンの博物誌」工作舎　1991
◇F178（カラー）『一般と個別の博物誌 ソンニー
ニ版』

キンカジュー　Bassaricyon gabbii
「ビュフォンの博物誌」工作舎　1991
◇F217（カラー）『一般と個別の博物誌 ソンニー
ニ版』

キンカジュー　Potos flavus
「ビュフォンの博物誌」工作舎　1991
◇F217（カラー）『一般と個別の博物誌 ソンニー
ニ版』
「世界大博物図鑑 5」平凡社　1988
◇p164（カラー）　キュヴィエ, G.L.C.F.D.『動物
界』　1836～49

キングコロブス　Colobus polykomos
「ビュフォンの博物誌」工作舎　1991
◇G026（カラー）『一般と個別の博物誌 ソンニー
ニ版』

キングコロブス
「悪夢の猿たち」リブロポート　1991
◇p44（カラー）　ビュフォン, G.L.L.『一般と個別
の博物誌 ソンニーニ版』　1799～1808

博物図譜レファレンス事典 動物篇　529

くあつ　　　　　　　　　　　　哺乳類

◇p122（カラー）　ビュフォン図のコピーらしい
シュレーバー、J.C.D.von『哺乳類誌』（1774）
～1846

【 く 】

クアッガ　Equus quagga
「ビュフォンの博物誌」工作舎　1991
◇F118（カラー）『一般と個別の博物誌 ソンニー
ニ版』
「世界大博物図鑑 5」平凡社　1988
◇p353（カラー）　シュレーバー、J.C.D.von『哺乳
類誌』（1774）～1846　手彩色銅版図

グアナコ　Lama guanicoe
「世界大博物図鑑 5」平凡社　1988
◇p289（カラー）　キュヴィエ、G.L.C.F.D.『動物
界』1836～49

グエノンの胎児
「ビュフォンの博物誌」工作舎　1991
◇G055（カラー）『一般と個別の博物誌 ソンニー
ニ版』
「悪夢の猿たち」リブロポート　1991
◇p39（カラー）　ビュフォン、G.L.L.『一般と個別
の博物誌 ソンニーニ版』1799～1808

鯨供養
「世界大博物図鑑 5」平凡社　1988
◇p404（カラー）　新昌禅寺において鯨鯢供養『小
川島鯨鯢合戦』弘化4（1847）　［国文学研究資
料館史料館］

クーズー　Tragelaphus strepsiceros
「ビュフォンの博物誌」工作舎　1991
◇F163（カラー）『一般と個別の博物誌 ソンニー
ニ版』
「世界大博物図鑑 5」平凡社　1988
◇p320～321（カラー）　メス、オス　スミス、A.著、
フォード、G.H.原図『南アフリカ動物図譜』
1838～49　手彩色石版

クズリ　Gulo gulo
「ビュフォンの博物誌」工作舎　1991
◇F216（カラー）『一般と個別の博物誌 ソンニー
ニ版』

クチジロペッカリー　Tayassu pecari
「世界大博物図鑑 5」平凡社　1988
◇p280（カラー）　キュヴィエ、G.L.C.F.D.『動物
界』1836～49

クチヒゲグエノン　Cercopithecus cephus
「ビュフォンの博物誌」工作舎　1991
◇G049（カラー）『一般と個別の博物誌 ソンニー
ニ版』

クチヒゲグエノン
「悪夢の猿たち」リブロポート　1991
◇p32（カラー）　ビュフォン、G.L.L.『一般と個別
の博物誌 ソンニーニ版』1799～1808
◇p108（カラー）　シュレーバー、J.C.D.von『哺乳

類誌』（1774）～1846

クビワオオコウモリ　Pteropus dasymallus
「世界大博物図鑑 5」平凡社　1988
◇p89（カラー）　栗本丹洲『千蟲譜』文化8
（1811）

クビワペッカリー　Tayassu tajacu
「ビュフォンの博物誌」工作舎　1991
◇F088（カラー）『一般と個別の博物誌 ソンニー
ニ版』
「世界大博物図鑑 5」平凡社　1988
◇p280（カラー）　ドルビニ、A.D.著、トラヴィエ、
E.原図『万有博物事典』1837

クマ
「すごい博物画」グラフィック社　2017
◇図8（カラー）　歩くクマ　レオナルド・ダ・ヴィ
ンチ　1490頃　淡い黄褐色の下処理を施した紙に
金属尖筆　［メトロポリタン美術館（ニューヨー
ク）］

クマネズミ　Rattus rattus
「ビュフォンの博物誌」工作舎　1991
◇F054（カラー）『一般と個別の博物誌 ソンニー
ニ版』
「世界大博物図鑑 5」平凡社　1988
◇p213（カラー）　マイヤー、J.D.『陸海川動物細
密骨格図譜』1752　手彩色銅版

クマネズミ
「紙の上の動物園」グラフィック社　2017
◇p245（カラー）　マックギルヴレイ、ウィリアム
『ジャーダイン博物学者叢書 イギリス本土の四足
獣の本』1843

クマの足の解剖学的構造
「すごい博物画」グラフィック社　2017
◇図版6（カラー）　レオナルド・ダ・ヴィンチ
1485～90頃　灰青色の下処理を施した紙に金属
尖筆　さらにペンとインク　白のハイライト　16.2
×13.7　［ウィンザー城ロイヤル・ライブラリー］

熊の手
「彩色 江戸博物学集成」平凡社　1994
◇p343（カラー）　前田利保『緒鞭会品物論定纂』
国会図書館

クライデスデール種、種馬
「紙の上の動物園」グラフィック社　2017
◇p205（カラー）　ロー、デイヴィッド『ブリテン
諸島の家畜の品種』1842

クラウングエノン　Cercopithecus pogonias
「ビュフォンの博物誌」工作舎　1991
◇G033（カラー）『一般と個別の博物誌 ソンニー
ニ版』

クラウングエノン
「悪夢の猿たち」リブロポート　1991
◇p38（カラー）　ビュフォン、G.L.L.『一般と個別
の博物誌 ソンニーニ版』1799～1808
◇p116（カラー）　シュレーバー、J.C.D.von『哺乳
類誌』（1774）～1846

530　博物図譜レファレンス事典 動物篇

哺乳類　　　　　　　　　　　　　　　　　　　　　　くろは

◇p117（カラー）　幼体　シュレーバー, J.C.D.von
『哺乳類誌』（1774）〜1846

グリソン　Galictis vittata
「ビュフォンの博物誌」工作舎　1991
◇F048（カラー）『一般と個別の博物誌 ソンニー
ニ版』

クリップスプリンガー　Oreotragus
oreotragus
「ビュフォンの博物誌」工作舎　1991
◇F152（カラー）『一般と個別の博物誌 ソンニー
ニ版』

クリームオオリス　Ratufa affinis
「世界大博物図鑑 5」平凡社　1988
◇p200（カラー）　ミュラー, S.著, ムルダー, A.S.
原図『蘭領インド自然誌』1839〜44　手彩色
石版

グリーンモンキー　Cercopithecus aethiops
「ビュフォンの博物誌」工作舎　1991
◇G048（カラー）『一般と個別の博物誌 ソンニー
ニ版』

クルペオ　Dusicyon culpaeus
「ビュフォンの博物誌」工作舎　1991
◇F215（カラー）『一般と個別の博物誌 ソンニー
ニ版』

クレタ島の羊の角
「紙の上の動物園」グラフィック社　2017
◇p195（カラー）　シブリー、エビニーザー『人間
その他を含む博物学の普遍的システム』1794〜
1808

グレーハウンド　Canis familiaris
「すごい博物画」グラフィック社　2017
◇図版48（カラー）　ヒマワリとグレーハウンド
マーシャル, アレクサンダー 1650〜82頃　水彩
45.6×33.3　［ウィンザー城ロイヤル・ライブラ
リー］
◇図版49（カラー）　ルリコンゴウインコ、サザン
ホーカー、スズメバチ、種類のわからない鳥、キ
アゲハの幼虫とさなぎ、ホワイトフットクレイ
フィッシュ、グレーハウンド、シクラメンの葉と
カレハガの幼虫　マーシャル, アレクサンダー
1650〜82頃　水彩　45.6×33.3　［ウィンザー城
ロイヤル・ライブラリー］

クロアシカコミスル　Bassariscus sumichrasti
「ビュフォンの博物誌」工作舎　1991
◇F096（カラー）『一般と個別の博物誌 ソンニー
ニ版』

黒いトウブハイイロリス
「紙の上の動物園」グラフィック社　2017
◇p129（カラー）　ケイツビー、マーク『カロライ
ナ、フロリダ、バハマ諸島の自然誌』1731〜43

クロウアカリ　Cacajao melanocephalus
「世界大博物図鑑 5」平凡社　1988
◇p64（カラー）　ユエ, N.原図, ジャーディン, W.
『サルの博物誌』1833　手彩色銅版画

クロカンガルー
「紙の上の動物園」グラフィック社　2017
◇p136（カラー）　グールド, ジョン『オーストラ
リアの哺乳類』1845〜63

クロキツネザル
「悪夢の猿たち」リブロポート　1991
◇p90（カラー）　シュレーバー, J.C.D.von『哺乳
類誌』（1774）〜1846

クロクスクス　Phalanger ursinus
「世界大博物図鑑 5」平凡社　1988
◇p249（カラー）　レッソン, R.P.『動物百図』
1830〜32

クロクモザル　Ateles paniscus
「ビュフォンの博物誌」工作舎　1991
◇G062（カラー）『一般と個別の博物誌 ソンニー
ニ版』

クロクモザル
「悪夢の猿たち」リブロポート　1991
◇p10（白黒）　オードベールの原図をコピーしたも
の　シュレーバー, J.C.D.von『哺乳類誌』
◇p86（カラー）　ビュフォン, G.L.L.『一般と個別
の博物誌 ソンニーニ版』1799〜1808
◇p155（カラー）　シュレーバー, J.C.D.von『哺乳
類誌』（1774）〜1846
◇p156（カラー）　シュレーバー, J.C.D.von『哺乳
類誌』（1774）〜1846

クロサイ　Diceros bicornis
「世界大博物図鑑 5」平凡社　1988
◇p368（カラー）　スミット, J.原図『ロンドン動物
学協会紀要』1861〜90（第2期）　手彩色石版画
◇p368（カラー）　スミス, A.著, フォード, G.H.原
図『南アフリカ動物図譜』1838〜49　手彩色
石版

クロサイ　Rhinoceros bicornis
「ビュフォンの博物誌」工作舎　1991
◇F112（カラー）『一般と個別の博物誌 ソンニー
ニ版』

クロザル　Macaca nigra
「世界大博物図鑑 5」平凡社　1988
◇口絵（カラー）　プレートル, J.G.原図『アストロ
ラブ号世界周航記』1826〜29

クロテテナガザル
「悪夢の猿たち」リブロポート　1991
◇p59（カラー）　ビュフォン, G.L.L.『一般と個別
の博物誌 ソンニーニ版』1799〜1808

クロテナガザル　Hylobates concolor
「ビュフォンの博物誌」工作舎　1991
◇G009（カラー）『一般と個別の博物誌 ソンニー
ニ版』

クロハラハムスター　Cricetus cricetus
「世界大博物図鑑 5」平凡社　1988
◇p221（カラー）　キュヴィエ, G.L.C.F.D.『動物
界』1836〜49

博物図譜レファレンス事典 動物篇　**531**

くろひ　　　　　　　　　哺乳類

クロヒゲサキ　Pithecia hirsuta
「世界大博物図鑑 5」平凡社　1988
　◇p73（カラー）　フライシュマン, A.原図, シュレーバー, J.C.D.von『哺乳類誌』（1774）～1846　手彩色銅版図

クロヒョウ　Panthera pardus
「世界大博物図鑑 5」平凡社　1988
　◇p113（カラー）　ド・ヴェーイ原図, シュレーバー, J.C.D.von『哺乳類誌』（1774）～1846　手彩色銅版図

クロミミマーモセット　Callithrix penicillata
「世界大博物図鑑 5」平凡社　1988
　◇p77（カラー）　ユエ, N.原図, キュヴィエ, G.L.C.F.D.『動物界』1836～49

クロミミマーモセット
「悪夢の猿たち」リブロポート　1991
　◇p140（カラー）　シュレーバー, J.C.D.von『哺乳類誌』（1774）～1846

クロムササビ
「彩色 江戸博物学集成」平凡社　1994
　◇p450～451（カラー）　山本渓愚『写生雑図』［岩瀬文庫］

【け】

鯨歯
「江戸名作画帖全集 8」駸々堂出版　1995
　◇図41（カラー）　鯨歯・ダリヤウノなど　細川重賢編『毛介綺煥』　紙本着色　［永青文庫（東京）］

ケッティ
「ビュフォンの博物誌」工作舎　1991
　◇F004（カラー）『一般と個別の博物誌 ソンニー二版』

ケナガマウスオポッサム　Marmosa phaea
「ビュフォンの博物誌」工作舎　1991
　◇F104（カラー）『一般と個別の博物誌 ソンニー二版』

ケブカミゾコウモリ　Nycteris hispia
「ビュフォンの博物誌」工作舎　1991
　◇F090（カラー）『一般と個別の博物誌 ソンニー二版』

ケープキンモグラ　Chrysochloris asiatica
「世界大博物図鑑 5」平凡社　1988
　◇p96（カラー）　シュレーバー, J.C.D.von『哺乳類誌』（1774）～1846　手彩色銅版図

ケープハイラックス　Procava capensis
「ビュフォンの博物誌」工作舎　1991
　◇F195（カラー）『一般と個別の博物誌 ソンニー二版』

ケープハイラックス　Procavia capensis
「世界大博物図鑑 5」平凡社　1988

p376（カラー）　シンツ, Dr.H.R.『哺乳動物図譜』1848　手彩色石版図
p377（カラー）　シンツ, Dr.H.R.『哺乳動物図譜』1848　手彩色石版図

ケープハネジネズミ　Elephantulus edwardi
「世界大博物図鑑 5」平凡社　1988
　◇p245（カラー）　スミス, A.著, フォード, G.H.原図『南アフリカ動物図譜』1838～49　手彩色石版

ケープハリネズミ　Erinaceus frontalis
「世界大博物図鑑 5」平凡社　1988
　◇p93（カラー）　スミス, A.著, フォード, G.H.原図『南アフリカ動物図譜』1838～49　手彩色石版

ゲマルジカ　Hippocamelus bisulcus
「世界大博物図鑑 5」平凡社　1988
　◇p297（カラー）　ヴェルナー原図, ゲイ, C.『チリ自然社会誌』1844～71

ゲムズボック　Oryx gazella
「ビュフォンの博物誌」工作舎　1991
　◇F147（カラー）『一般と個別の博物誌 ソンニー版』

ゲラダヒヒ
「紙の上の動物園」グラフィック社　2017
　◇p62（カラー）　フエルテス, ルイス・アガシス, オスグッド, ウィルフレッド・ハドソン『エチオピアの美術家と博物学者』1936

【こ】

コアラ　Phascolarctos cinereus
「世界大博物図鑑 5」平凡社　1988
　◇p252（カラー）　ルーウィン, J.W.原図, シュレーバー, J.C.D.von『哺乳類誌』（1774）～1846　手彩色銅版図
　◇p253（カラー）　キュヴィエ, G.L.C.F.D.『動物界』1836～49

コアラ
「紙の上の動物園」グラフィック社　2017
　◇p76（カラー）　名前不詳『ウェルスリー侯爵の博物絵画コレクション』　水彩

コアリクイ　Orycteropus afer
「ビュフォンの博物誌」工作舎　1991
　◇F098（カラー）『一般と個別の博物誌 ソンニー二版』

コアリクイ
「紙の上の動物園」グラフィック社　2017
　◇p69（カラー）　画家不詳『サー・ジョゼフ・バンクスのコレクションにある博物学図集』　年月日不詳

コウライクビワコウモリ　Eptesicus serotinus
「ビュフォンの博物誌」工作舎　1991
　◇F062（カラー）『一般と個別の博物誌 ソンニー

532　博物図譜レファレンス事典 動物篇

哺乳類　　　　　　　　　　　　　　　　　　　　　こりら

二版』

小型犬　Canis familiaris
「舶来鳥獣図誌」八坂書房　1992
　◇p88（カラー）　狆犬　牝『唐蘭船持渡鳥獣之図』
　　［慶應義塾図書館］

コゲチャブワラビー　Thylogale bruijni
「世界大博物図鑑 5」平凡社　1988
　◇p250〜251（カラー）　ミュラー, S.『蘭領インド
　　自然誌』1839〜44　手彩色色版

ココノオビアルマジロ　Dasypus
novemcinctus
「ビュフォンの博物誌」工作舎　1991
　◇F101（カラー）『一般と個別の博物誌 ソンニー
　　二版』
　◇F102（カラー）『一般と個別の博物誌 ソンニー
　　二版』
「世界大博物図鑑 5」平凡社　1988
　◇p261（カラー）　クレッチュ原図、シュレーバー,
　　J.C.D.von『哺乳類誌』（1774）〜1846　手彩色
　　銅版図

コジャコウネコ　Viverricula indica
「舶来鳥獣図誌」八坂書房　1992
　◇p58（カラー）　麝香猫『唐蘭船持渡鳥獣之図』
　　寛政6（1794）渡来　［慶應義塾図書館］
「世界大博物図鑑 5」平凡社　1988
　◇p181（カラー）　ソヌラ, ピエール原図、シュレー
　　バー, J.C.D.von『哺乳類誌』（1774）〜1846
　　手彩色銅版図

**子どもを抱いて枝にぶらさがるメスのヒヨケ
ザル**
「紙の上の動物園」グラフィック社　2017
　◇p67（カラー）　マースデン, ウィリアム著『スマ
　　トラの自然誌』1800頃　水彩

コバマングース　Eupleres goudotii
「ビュフォンの博物誌」工作舎　1991
　◇F198（カラー）『一般と個別の博物誌 ソンニー
　　二版』
「世界大博物図鑑 5」平凡社　1988
　◇p181（カラー）　スミット, J.S.原図『ロンドン動物
　　学協会紀要』1861〜90（第2期）　手彩色石版画

コビトカバ　Choeropsis liberiensis
「世界大博物図鑑 5」平凡社　1988
　◇p281（カラー）　ミルヌ＝エドヴァール, M.H.著,
　　ユエ原図『哺乳類誌』1868〜74　多色石版

コビトグエノン　Miopithecus talapoin
「ビュフォンの博物誌」工作舎　1991
　◇G050（カラー）『一般と個別の博物誌 ソンニー
　　二版』

コビトグエノン
「悪夢の猿たち」リブロポート　1991
　◇p40（カラー）　ビュフォン, G.L.L.『一般と個別
　　の博物誌 ソンニー二版』1799〜1808
　◇p118（カラー）　シュレーバー, J.C.D.von『哺乳
　　類誌』（1774）〜1846

　◇p119（カラー）　シュレーバー, J.C.D.von『哺乳
　　類誌』（1774）〜1846

コビトジャコウジカ　Moschus berezowskii
「ビュフォンの博物誌」工作舎　1991
　◇F166（カラー）『一般と個別の博物誌 ソンニー
　　二版』

コビトマングース　Helogale parvula
「ビュフォンの博物誌」工作舎　1991
　◇F199（カラー）『一般と個別の博物誌 ソンニー
　　二版』

コブウシ　Bos taurus indicus
「紙の上の動物園」グラフィック社　2017
　◇p201（カラー）　名前不詳『ウェルスリー侯爵の
　　博物絵画コレクション』1798〜1805頃　水彩

コブウシ（ゼブー）　Bos indicus
「ビュフォンの博物誌」工作舎　1991
　◇F117（カラー）『一般と個別の博物誌 ソンニー
　　二版』

ゴマシオキノボリカンガルー　Dendrolagus
inustus
「世界大博物図鑑 5」平凡社　1988
　◇p250（カラー）　ミュラー, S.著、ブルイニング,
　　T.C.原図『蘭領インド自然誌』1839〜44　手彩
　　色石版

ゴマフアザラシ　Phoca largha
「世界大博物図鑑 5」平凡社　1988
　◇p192（カラー）　キュヴィエ, G.L.C.F.D.『動物
　　界』1836〜49

ゴマフアザラシ　Phoca largha Pallas, 1811
「高木春山 本草図説 水産」リブロポート　1988
　◇p95（カラー）　一種 寛政十三年 常陸国ヨリ出ヅ

コモンツパイ　Tupaia glis
「世界大博物図鑑 5」平凡社　1988
　◇p93（カラー）　ミュラー, S.著、シュレーゲル原
　　図『蘭領インド自然誌』1839〜44　手彩色石版

コモンマーモセット　Callithrix jacchus
「ビュフォンの博物誌」工作舎　1991
　◇G076（カラー）『一般と個別の博物誌 ソンニー
　　二版』

コモンマーモセット
「悪夢の猿たち」リブロポート　1991
　◇p66（カラー）　ビュフォン, G.L.L.『一般と個別
　　の博物誌 ソンニー二版』1799〜1808
　◇p139（カラー）　シュレーバー, J.C.D.von『哺乳
　　類誌』（1774）〜1846

ゴーラル　Nemorhaedus goral
「世界大博物図鑑 5」平凡社　1988
　◇p347（カラー）　ミルヌ＝エドヴァール, M.H.著,
　　ユエ原図『哺乳類誌』1868〜74　多色石版

ゴリラ？
「悪夢の猿たち」リブロポート　1991
　◇p45（カラー）　チンパンジーか、あるいはゴリラ
　　か　ビュフォン, G.L.L.『一般と個別の博物誌

博物図譜レファレンス事典 動物篇　**533**

こるて　　　　　　　　　　　　哺乳類

ソンニーニ版』　1799〜1808

ゴールデンモンキー　Pygathrix roxellana
「世界大博物図鑑 5」平凡社　1988
◇p61（カラー）　ジョフロワ・サン＝ティレール，I.『哺乳類誌』　1854

ゴールデンライオンタマリン
Leontopithecus rosalia
「ビュフォンの博物誌」工作舎　1991
◇G077（カラー）『一般と個別の博物誌 ソンニーニ版』

ゴールデンライオンタマリン
「悪夢の猿たち」リブロポート　1991
◇p69（カラー）　ビュフォン，G.L.L.『一般と個別の博物誌 ソンニーニ版』　1799〜1808
◇p145（カラー）　シュレーバー，J.C.D.von『哺乳類誌』　（1774）〜1846
◇p146（カラー）　シュレーバー，J.C.D.von『哺乳類誌』　（1774）〜1846

【 さ 】

サイ
「すごい博物画」グラフィック社　2017
◇図13（カラー）　デューラー，アルブレヒト　1515　木版画　［ウィンザー城ロイヤル・ライブラリー］

サイガ　Saiga tatarica
「世界大博物図鑑 5」平凡社　1988
◇p337（カラー）『ロンドン動物学協会紀要』　1861〜90（第2期）　手彩色石版画

サイガのツノ　Saiga tatarica
「ビュフォンの博物誌」工作舎　1991
◇F144（カラー）『一般と個別の博物誌 ソンニーニ版』

サイのツノ
「ビュフォンの博物誌」工作舎　1991
◇F112（カラー）『一般と個別の博物誌 ソンニーニ版』

ザトウクジラ
「紙の上の動物園」グラフィック社　2017
◇p126（カラー）　ソーバーン，アーチボルド『イギリス本土の哺乳類』　1920

サバクトビネズミ　Jaculus jaculus
「ビュフォンの博物誌」工作舎　1991
◇F194（カラー）『一般と個別の博物誌 ソンニーニ版』

サハラハイラックス　Procava syriaca
「ビュフォンの博物誌」工作舎　1991
◇F195（カラー）『一般と個別の博物誌 ソンニーニ版』

サハラハイラックス　Procavia ruficeps
「世界大博物図鑑 5」平凡社　1988
◇p376（カラー）　シンツ，Dr.H.R.『哺乳動物図

譜』　1848　手彩色石版図
◇p377（カラー）　シンツ，Dr.H.R.『哺乳動物図譜』　1848　手彩色石版図

サーバル　Felis serval
「ビュフォンの博物誌」工作舎　1991
◇F212（カラー）『一般と個別の博物誌 ソンニーニ版』
「世界大博物図鑑 5」平凡社　1988
◇p120（カラー）　キュヴィエ，G.L.C.F.D.『動物界』　1836〜49

サバンナセンザンコウ　Manis temmincki
「世界大博物図鑑 5」平凡社　1988
◇p264（カラー）　スミス，A.著，フォード，G.H.原図『南アフリカ動物図譜』　1838〜49　手彩色石版

サバンナタイガー　Sylvicapra grimmia
「ビュフォンの博物誌」工作舎　1991
◇F164（カラー）『一般と個別の博物誌 ソンニーニ版』

サバンナモンキー　Cercopithecus aethiops
「ビュフォンの博物誌」工作舎　1991
◇G046（カラー）『一般と個別の博物誌 ソンニーニ版』
「世界大博物図鑑 5」平凡社　1988
◇p61（カラー）　マレシャル原図，シュレーバー，J.C.D.von『哺乳類誌』　（1774）〜1846　手彩色銅版図

サバンナモンキー
「悪夢の猿たち」リブロポート　1991
◇p103（カラー）　シュレーバー，J.C.D.von『哺乳類誌』　（1774）〜1846
◇p104（カラー）　シュレーバー，J.C.D.von『哺乳類誌』　（1774）〜1846
◇p105（カラー）　シュレーバー，J.C.D.von『哺乳類誌』　（1774）〜1846
◇p106（カラー）　シュレーバー，J.C.D.von『哺乳類誌』　（1774）〜1846

サラノマングース　Salanoia concolor
「ビュフォンの博物誌」工作舎　1991
◇F048（カラー）『一般と個別の博物誌 ソンニーニ版』

サラワクスンダリス　Sundasciurus brookei
「舶来鳥獣図誌」八坂書房　1992
◇p60（カラー）　シュリカット『唐蘭船持渡鳥獣之図』　寛政12（1800）渡来　［慶應義塾図書館］

猿の全身骨格
「悪夢の猿たち」リブロポート　1991
◇p14（白黒）　おそらく類人猿の骨格　ビュフォン，G.L.L.『一般と個別の博物誌』

猿の頭骨各種
「悪夢の猿たち」リブロポート　1991
◇p17（カラー）　ビュフォン，G.L.L.『一般と個別の博物誌 ソンニーニ版』　1799〜1808

哺乳類　　　　　　　　　　　　　　　　しまはは

サンタレムマーモセット　Callithrix
humeralifer
「世界大博物図鑑 5」平凡社　1988
　◇p77（カラー）　ヴォルフ, ジョゼフ『ロンドン動
　物学協会紀要』 1861〜90（第2期）　手彩色石
　版画
サンタレムマーモセット
「悪夢の猿たち」リブロポート　1991
　◇p65（カラー）　ビュフォン, G.L.L.『一般と個別
　の博物誌 ソンニーニ版』 1799〜1808
サンバー　Cervus unicolor
「世界大博物図鑑 5」平凡社　1988
　◇p297（カラー）　ミュラー, S.著, シュレーゲル原
　図『蘭領インド自然誌』 1839〜44　手彩色石版
サンヨウ
「江戸の動植物図」朝日新聞社　1988
　◇p144（カラー）　関根雲停画

【し】

ジェントルキツネザル
「悪夢の猿たち」リブロポート　1991
　◇p91（カラー）　シュレーバー, J.C.D.von『哺乳
　類誌』（1774）〜1846
シカ
「世界大博物図鑑 5」平凡社　1988
　◇p333（カラー）『ビュフォン著作集』 1848
シシオザル　Macaca silenus
「ビュフォンの博物誌」工作舎　1991
　◇G023（カラー）『一般と個別の博物誌 ソンニー
　ニ版』
シシオザル
「悪夢の猿たち」リブロポート　1991
　◇p52（カラー）　ビュフォン, G.L.L.『一般と個別
　の博物誌 ソンニーニ版』 1799〜1808
　◇p53（カラー）　ビュフォン, G.L.L.『一般と個別
　の博物誌 ソンニーニ版』 1799〜1808
　◇p131（カラー）　シュレーバー, J.C.D.von『哺乳
　類誌』（1774）〜1846
　◇p132（カラー）　シュレーバー, J.C.D.von『哺乳
　類誌』（1774）〜1846
シシオザル？
「悪夢の猿たち」リブロポート　1991
　◇p133（カラー）　シュレーバー, J.C.D.von『哺乳
　類誌』（1774）〜1846
シタナガフルーツコウモリ　Macroglossus
minimus
「ビュフォンの博物誌」工作舎　1991
　◇F065（カラー）『一般と個別の博物誌 ソンニー
　ニ版』
シナモグラネズミ　Myospalax fontanierii
「世界大博物図鑑 5」平凡社　1988
　◇p216（カラー）　ミルヌ＝エドヴァール, M.H.著,

ユエ原図『哺乳類誌』 1868〜74　多色石版
ジネズミ
「彩色 江戸博物学集成」平凡社　1994
　◇p270（カラー）　成獣, 幼獣　馬場大助『博物館
　獣譜』　［東京国立博物館］
シベリアジャコウジカ　Moschus moschiferus
「ビュフォンの博物誌」工作舎　1991
　◇F168（カラー）『一般と個別の博物誌 ソンニー
　ニ版』
「世界大博物図鑑 5」平凡社　1988
　◇p292（カラー）　キュヴィエ, G.L.C.F.D.『動物
　界』 1836〜49
　◇p293（カラー）　オスの成獣　ミルヌ＝エド
　ヴァール, M.H.著, ユエ原図『哺乳類誌』 1868
　〜74　多色石版
　◇p293（カラー）　オス　シュレーバー, J.C.D.von
　『哺乳類誌』（1774）〜1846　手彩色銅版図
シマウマ
「すごい博物画」グラフィック社　2017
　◇図16（カラー）　アルドロヴァンディ, ウリッセ
　『単蹄四足獣について』 1616　木版画　［英国図
　書館］
「紙の上の動物園」グラフィック社　2017
　◇p53（カラー）　シブリー, エビニーザー『人間そ
　の他を含む博物学の普遍的システム』 1794〜
　1808
「江戸の動植物図」朝日新聞社　1988
　◇p145（カラー）　関根雲停画
シマスカンク　Mephitis mephitis
「すごい博物画」グラフィック社　2017
　◇図版84（カラー）　ケイツビー, マーク 1722〜26
　頃　アラビアゴムを混ぜた水彩 濃厚顔料　26.7
　×38　［ウィンザー城ロイヤル・ライブラリー］
「ビュフォンの博物誌」工作舎　1991
　◇F218（カラー）『一般と個別の博物誌 ソンニー
　ニ版』
「世界大博物図鑑 5」平凡社　1988
　◇p173（カラー）　ド・セーヴ原図, シュレーバー,
　J.C.D.von『哺乳類誌』（1774）〜1846　手彩色
　銅版図
シマテンレック　Hemicentetes semispinosus
「ビュフォンの博物誌」工作舎　1991
　◇F173（カラー）『一般と個別の博物誌 ソンニー
　ニ版』
シマテンレックの幼獣？
「ビュフォンの博物誌」工作舎　1991
　◇F174（カラー）『一般と個別の博物誌 ソンニー
　ニ版』
シマハイエナ　Hyaena hyaena
「ビュフォンの博物誌」工作舎　1991
　◇F083（カラー）『一般と個別の博物誌 ソンニー
　ニ版』
「世界大博物図鑑 5」平凡社　1988
　◇p185（カラー）　ド・セーヴ原図, ビュフォン, G.
　L.L., Comte de『一般と個別の博物誌（ソンニー
　ニ版）』 1799〜1808　銅版 カラー印刷

博物図譜レファレンス事典 動物篇　　535

しまま　　哺乳類

◇p185（カラー）　ドルビニ，A.D.著，ズゼミール
原図『万有博物事典』　1837

シママングース　Mungos mungo
「ビュフォンの博物誌」工作舎　1991
◇F195（カラー）『一般と個別の博物誌 ソンニー
ニ版』

シマリス
「彩色 江戸博物学集成」平凡社　1994
◇p422（カラー）　服部雪斎『博物館獣譜』　［東
京国立博物館］

地面に立つチータ
「紙の上の動物園」グラフィック社　2017
◇p4〜5（カラー）　ヘイスティングズ侯爵夫妻収集
『ヘイスティングズ・アルバム』　1820頃，1813〜
23　水彩

シモフリオオリス　Ratufa macroura
「世界大博物図鑑 5」平凡社　1988
◇p196（カラー）　ペナント，T.著，パーキンソン，
シドニー原図，マズル，P.製版『インド動物誌』
1790　手彩色銅版

ジャイアントパンダ　Ailuropoda melanoleuca
「世界大博物図鑑 5」平凡社　1988
◇p165（カラー）　ミルヌ＝エドヴァール，M.H.著，
ユエ原図『哺乳類誌』　1868〜74　多色石版

ジャガー　Panthera onca
「ビュフォンの博物誌」工作舎　1991
◇F078（カラー）『一般と個別の博物誌 ソンニー
ニ版』
◇F078（カラー）　ニューメキシコ産『一般と個別
の博物誌 ソンニーニ版』
「世界大博物図鑑 5」平凡社　1988
◇p113（カラー）　ドルビニ，A.D.著，ヴェルナー
原図『万有博物事典』　1837

ジャコウウシ　Ovibos moschatus
「ビュフォンの博物誌」工作舎　1991
◇F116（カラー）『一般と個別の博物誌 ソンニー
ニ版』
「世界大博物図鑑 5」平凡社　1988
◇p336（カラー）　頭部拡大図 ド・セーヴ原図，
シュレーバー，J.C.D.von『哺乳類誌』　（1774）
〜1846　手彩色銅版図
◇p336（カラー）　ジャーディン，W.『ヤギとウシ
の博物誌』

ジャコウジカ
「世界大博物図鑑 5」平凡社　1988
◇p333（カラー）『ビュフォン著作集』　1848

ジャコウネコ
⇒ハクビシン（ジャコウネコ）を見よ

ジャコウネズミ　Suncus murinus
「ビュフォンの博物誌」工作舎　1991
◇F058（カラー）『一般と個別の博物誌 ソンニー
ニ版』

シャチ　Orcinus orca
「江戸博物文庫 魚の巻」工作舎　2017

◇p76（カラー）　鯱　毛利梅園『梅園魚譜』　［国
立国会図書館］
「世界大博物図鑑 5」平凡社　1988
◇p388（カラー）　イーレ，I.E.原図，シュレーバー，
J.C.D.von『哺乳類誌』　（1774）〜1846　手彩色
銅版図

ジャッカル　Canis aureus
「ビュフォンの博物誌」工作舎　1991
◇F215（カラー）『一般と個別の博物誌 ソンニー
ニ版』

シャモア　Rupicapra rupicapra
「ビュフォンの博物誌」工作舎　1991
◇F140（カラー）『一般と個別の博物誌 ソンニー
ニ版』
「世界大博物図鑑 5」平凡社　1988
◇p341（カラー）　ジャーディン，W.『ヤギとウシ
の博物誌』

シャモア（山ヤギ）
「世界大博物図鑑 5」平凡社　1988
◇p333（カラー）『ビュフォン著作集』　1848

ジャワオオコウモリ　Pteropus vampyrus
「ビュフォンの博物誌」工作舎　1991
◇F089（カラー）『一般と個別の博物誌 ソンニー
ニ版』

ジャワサイ　Rhinoceros sondaicus
「世界大博物図鑑 5」平凡社　1988
◇p368（カラー）　ミュラー，S.著，シュレーゲル原
図『蘭領インド自然誌』　1839〜44　手彩色石版

ジャワサイ
「紙の上の動物園」グラフィック社　2017
◇p56（カラー）　画家名不詳，ハイド，ジェイム
ズ・チッチェリー収集 1820年代　水彩

ジャワジャコウネコ　Viverra tangalunga
「舶来鳥獣図誌」八坂書房　1992
◇p72（カラー）　麝香猫『唐蘭船持渡鳥獣之図』
文化11（1814）渡来　［慶應義塾図書館］

ジャワツパイ　Tupaia javanica
「世界大博物図鑑 5」平凡社　1988
◇p93（カラー）　ミュラー，S.著，シュレーゲル原
図『蘭領インド自然誌』　1839〜44　手彩色石版

ジャワマメジカ　Tragulus javanicus
「舶来鳥獣図誌」八坂書房　1992
◇p75（カラー）　小形鹿『唐蘭船持渡鳥獣之図』
天保4（1833）渡来　［慶應義塾図書館］
「ビュフォンの博物誌」工作舎　1991
◇F166（カラー）『一般と個別の博物誌 ソンニー
ニ版』
「世界大博物図鑑 5」平凡社　1988
◇p292（カラー）　キュヴィエ，G.L.C.F.D.『動物
界』　1836〜49

ジャワヤマアラシ　Hystrix javanica
「舶来鳥獣図誌」八坂書房　1992
◇p58（カラー）　山あらし『唐蘭船持渡鳥獣之図』
天明7（1787）渡来　［慶應義塾図書館］

536　博物図譜レファレンス事典 動物篇

哺乳類　　　　　　　　　　　　　　　　しろさ

◇p73（カラー）　山あらし『唐蘭船持渡鳥獣之図』
　　天保3（1832）渡来　［慶應義塾図書館］

ジュゴン　Dugong dugon
「世界大博物図鑑 5」平凡社　1988
　◇p380（カラー）　シュレーバー，J.C.D.von『哺乳
　　類誌』（1774）〜1846　手彩色銅版図
　◇p381（カラー）　キュヴィエ，G.L.C.F.D.『動物
　　界』1836〜49

ジュゴン
「紙の上の動物園」グラフィック社　2017
　◇p79（カラー）『動物学寄稿集』1848
「極楽の魚たち」リブロポート　1991
　◇I-180（カラー）　海の牛　ルナール，L.『モルッ
　　カ諸島産彩色魚類図譜 コワイエト写本』1718〜
　　19　［個人蔵］

ショウガラゴ　Galago senegalensis
「ビュフォンの博物誌」工作舎　1991
　◇F207（カラー）『一般と個別の博物誌 ソンニー
　　ニ版』
「世界大博物図鑑 5」平凡社　1988
　◇p80（カラー）　キュヴィエ，G.L.C.F.D.『動物
　　界』1836〜49
　◇p81（カラー）　ド・セーヴ原図，シュレーバー，
　　J.C.D.von『哺乳類誌』（1774）〜1846　手彩色
　　銅版図

猩猩
「世界大博物図鑑 5」平凡社　1988
　◇p53（カラー）　猩猩の一家.武器を持つのが雄
　　ドノヴァン，E.『博物宝典』1834

ショウハナジログエノン　Cercopithecus
　petaurista
「ビュフォンの博物誌」工作舎　1991
　◇G053（カラー）『一般と個別の博物誌 ソンニー
　　ニ版』

ショウハナジログエノン
「悪夢の猿たち」リブロポート　1991
　◇p37（カラー）　ビュフォン，G.L.L.『一般と個別
　　の博物誌 ソンニーニ版』1799〜1808
　◇p115（カラー）　シュレーバー，J.C.D.von『哺乳
　　類誌』（1774）〜1846

正面から見た馬
「すごい博物画」グラフィック社　2017
　◇図版5（カラー）　レオナルド・ダ・ヴィンチ
　　1490頃　青色の下処理を施した紙に金属尖筆
　　22.1×11.0　［ウィンザー城ロイヤル・ライブラ
　　リー］

ジョフロワネコ　Felis geoffroyi
「世界大博物図鑑 5」平凡社　1988
　◇p121（カラー）　ヴォルフ，J.原図・製版『ロンド
　　ン動物学協会紀要』1861〜90（第2期）　手彩色
　　石版画

ジョフロワマーモセット　Callithrix geoffroyi
「世界大博物図鑑 5」平凡社　1988
　◇p76（カラー）　ユエ，N.原図，シュレーバー，J.C.
　　D.von『哺乳類誌』（1774）〜1846　手彩色銅

版図

シルバーマーモセット　Callithrix argentata
「ビュフォンの博物誌」工作舎　1991
　◇G079（カラー）『一般と個別の博物誌 ソンニー
　　ニ版』

シルバーマーモセット
「悪夢の猿たち」リブロポート　1991
　◇p64（カラー）　ビュフォン，G.L.L.『一般と個別
　　の博物誌 ソンニーニ版』1799〜1808
　◇p138（カラー）　シュレーバー，J.C.D.von『哺乳
　　類誌』（1774）〜1846

シルバールトン　Presbytis cristata
「舶来鳥獣図誌」八坂書房　1992
　◇p62（カラー）　猿『唐蘭船持渡鳥獣之図』文化4
　　（1807）？渡来　［慶應義塾図書館］

シロイルカ　Delphinapterus leucas
「世界大博物図鑑 5」平凡社　1988
　◇p388（カラー）　メス，オス　シュレーバー，J.C.
　　D.von『哺乳類誌』（1774）〜1846　手彩色銅
　　版図

シロイワヤギ　Oreamnos americanus
「世界大博物図鑑 5」平凡社　1988
　◇p347（カラー）　ランドシーア，トマス原図，シュ
　　レーバー，J.C.D.von『哺乳類誌』（1774）〜
　　1846　手彩色銅版図

シロエリマンガベイ　Cercocebus torquatus
「ビュフォンの博物誌」工作舎　1991
　◇G025（カラー）『一般と個別の博物誌 ソンニー
　　ニ版』
「世界大博物図鑑 5」平凡社　1988
　◇p61（カラー）　リザーズ製版，ジャーディン，W.
　　『サルの博物誌』1833　手彩色銅版画

シロエリマンガベイ
「悪夢の猿たち」リブロポート　1991
　◇p22（カラー）　ビュフォン，G.L.L.『一般と個別
　　の博物誌 ソンニーニ版』1799〜1808

シロガオオマキザル
「悪夢の猿たち」リブロポート　1991
　◇p71（カラー）　ビュフォン，G.L.L.『一般と個別
　　の博物誌 ソンニーニ版』1799〜1808

シロガオサキ　Pithecia pithecia
「ビュフォンの博物誌」工作舎　1991
　◇G072（カラー）『一般と個別の博物誌 ソンニー
　　ニ版』

シロガオサキ
「悪夢の猿たち」リブロポート　1991
　◇p80（カラー）　ビュフォン，G.L.L.『一般と個別
　　の博物誌 ソンニーニ版』1799〜1808
　◇p81（カラー）　ビュフォン，G.L.L.『一般と個別
　　の博物誌 ソンニーニ版』1799〜1808

シロサイ　Ceratotherium simum
「ビュフォンの博物誌」工作舎　1991
　◇F111（カラー）『一般と個別の博物誌 ソンニー
　　ニ版』

博物図譜レファレンス事典 動物篇　**537**

しろて　　　　　哺乳類

「世界大博物図鑑 5」平凡社　1988
　◇p373（カラー）　フォード作のコピー　シンツ,
　Dr.H.R.『哺乳動物図譜』　1848　手彩色石版図
　◇p373（カラー）　スミス, A.著, フォード, G.H.原
　図『南アフリカ動物図譜』　1838～49　手彩色
　石版

シロテテナガザル　Hylobates lar
「ビュフォンの博物誌」工作舎　1991
　◇G008（カラー）『一般と個別の博物誌 ソンニー
　ニ版』
「世界大博物図鑑 5」平凡社　1988
　◇p57（カラー）　ド・セーヴ原図, シュレーバー,
　J.C.D.von『哺乳類誌』（1774）～1846　手彩色
　銅版図

シロテテナガザル
「悪夢の猿たち」リブロポート　1991
　◇p61（カラー）　ビュフォン, G.L.L.『一般と個別
　の博物誌 ソンニーニ版』1799～1808

シロナガスクジラ　Balaenoptera musculus
「世界大博物図鑑 5」平凡社　1988
　◇p397（カラー）　シュレーバー, J.C.D.von『哺乳
　類誌』（1774）～1846　手彩色銅版図
　◇p400（カラー）　ドノヴァン, E.『英国四足獣誌』
　1820

シロハヒメメクラネズミ　Nannosphalax
leucodon
「世界大博物図鑑 5」平凡社　1988
　◇p2～3（白黒）　フランク原図『ポントス動物誌』
　1840ごろ

シロビタイキツネザル
「悪夢の猿たち」リブロポート　1991
　◇p89（カラー）　シュレーバー, J.C.D.von『哺乳
　類誌』（1774）～1846

シロビタイリーフモンキー　Presbytis
frontata
「世界大博物図鑑 5」平凡社　1988
　◇p60（カラー）　ミュラー, S.著, ムルダー, A.S.原
　図『蘭領インド自然誌』1839～44　手彩色石版

シロフムササビ　Petaurista elegans
「ビュフォンの博物誌」工作舎　1991
　◇F091（カラー）『一般と個別の博物誌 ソンニー
　ニ版』
「世界大博物図鑑 5」平凡社　1988
　◇p209（カラー）　ミュラー, S.著, ムルダー原図
　『蘭領インド自然誌』1839～44　手彩色石版

シロミミマーモセット
「悪夢の猿たち」リブロポート　1991
　◇p141（カラー）　シュレーバー, J.C.D.von『哺乳
　類誌』（1774）～1846

シワハイルカ　Steno bredanensis
「世界大博物図鑑 5」平凡社　1988
　◇p389（カラー）　シュレーバー, J.C.D.von『哺乳
　類誌』（1774）～1846　手彩色銅版図

【 す 】

スイギュウ　Bubalus arnee
「世界大博物図鑑 5」平凡社　1988
　◇p324（カラー）　ミュラー, S.著, シュレーゲル原
　図『蘭領インド自然誌』1839～44　手彩色石版
　◇p324（カラー）　マイヤー, J.D.『陸海川動物細
　密骨格図譜』1752　手彩色銅版

スイギュウ　Bubalus bubalis
「ビュフォンの博物誌」工作舎　1991
　◇F115（カラー）『一般と個別の博物誌 ソンニー
　ニ版』

スカンク
「紙の上の動物園」グラフィック社　2017
　◇p129（カラー）　ケイツビー, マーク『カロライ
　ナ, フロリダ, バハマ諸島の自然誌』1731～43

スジイルカ　Stenella coeruleoalba
「高松松平家所蔵 衆鱗図 2」香川県歴史博物館
　友の会博物図譜刊行会　2002
　◇p96～97（カラー）　いるか　松平頼恭 江戸時代
　（18世紀）　紙本著色 画帖装（折本形式）　［個人
　蔵］

ステップマーモット　Marmota bobak
「世界大博物図鑑 5」平凡社　1988
　◇p204（カラー）　ニッチュマン原図, シュレー
　バー, J.C.D.von『哺乳類誌』（1774）～1846
　手彩色銅版図

ステラーカイギュウ　Hydrodamalis gigas
「世界大博物図鑑 5」平凡社　1988
　◇p381（カラー）　左上はステラーカイギュウの歯
　フライシュマン, A.原図, シュレーバー, J.C.D.
　von『哺乳類誌』（1774）～1846　手彩色銅版図

スナメリ　Neophocaena phocaenoides
「高松松平家所蔵 衆鱗図 4」香川県歴史博物館
　友の会博物図譜刊行会　2004
　◇p26～27（カラー）　（付札なし）　松平頼恭 江戸
　時代（18世紀）　紙本著色 画帖装（折本形式）
　［個人蔵］
「高松松平家所蔵 衆鱗図 2」香川県歴史博物館
　友の会博物図譜刊行会　2002
　◇p36～37（カラー）　なめのうを　松平頼恭 江戸
　時代（18世紀）　紙本著色 画帖装（折本形式）
　［個人蔵］

スナメリ
「彩色 江戸博物学集成」平凡社　1994
　◇p307（カラー）　川原慶賀『哺乳類図譜』　［オ
　ランダ国立自然史博物館］
　◇p307（カラー）　川原慶賀『日本動物誌〈哺乳類
　編〉』

スプリングボック　Antidorcas marsupialis
「ビュフォンの博物誌」工作舎　1991
　◇F151（カラー）『一般と個別の博物誌 ソンニー
　ニ版』

538　博物図譜レファレンス事典 動物篇

哺乳類　　　　　　　　　　　せにか

「世界大博物図鑑 5」平凡社　1988
　◇p333（カラー）『ビュフォン著作集』　1848

スペインオオヤマネコ　Felis pardina
「ビュフォンの博物誌」工作舎　1991
　◇F214（カラー）『一般と個別の博物誌 ソンニー版』

スベオアルマジロ　Cabassous unicinctus
「ビュフォンの博物誌」工作舎　1991
　◇F101（カラー）『一般と個別の博物誌 ソンニー版』

スマトライノシシ　Sus scrofa vittatus
「世界大博物図鑑 5」平凡社　1988
　◇p276（カラー）　ミュラー, S.著, シュレーゲル, H.画『蘭領インド自然誌』1839〜44　手彩色石版

スマトラカモシカ　Capricornis sumatrensis
「世界大博物図鑑 5」平凡社　1988
　◇p346（カラー）　ミルヌ＝エドヴァール, M.H.著, ユエ原図『哺乳類誌』1868〜74　多色石版

スマトラサイ　Dicerorhinus sumatrensis
「世界大博物図鑑 5」平凡社　1988
　◇p373（カラー）　ミュラー, S.著, シュレーゲル原図『蘭領インド自然誌』1839〜44　手彩色石版

スミスヤブリス　Paraxerus cepapi
「世界大博物図鑑 5」平凡社　1988
　◇p201（カラー）　スミス, A.著, フォード, G.H.原図『南アフリカ動物図譜』1838〜49　手彩色石版

スラウェシメガネザル　Tarsius spectrum
「ビュフォンの博物誌」工作舎　1991
　◇F187（カラー）『一般と個別の博物誌 ソンニー版』
「世界大博物図鑑 5」平凡社　1988
　◇p81（カラー）　ド・セーヴ原図, シュレーバー, J.C.D.von『哺乳類誌』（1774）〜1846　手彩色銅版図

スラウェシメガネザル
「悪夢の猿たち」リブロポート　1991
　◇p126（カラー）　シュレーバー, J.C.D.von『哺乳類誌』（1774）〜1846

スリカータ　Suricata suricata
「ビュフォンの博物誌」工作舎　1991
　◇F175（カラー）『一般と個別の博物誌 ソンニー版』

スリカータ　Suricata suricatta
「世界大博物図鑑 5」平凡社　1988
　◇p180（カラー）　ソヌラ, ビエール原図, ヌスビーゲル製版, シュレーバー, J.C.D.von『哺乳類誌』（1774）〜1846　手彩色銅版図

スローロリス　Nycticebus coucang
「舶来鳥獣図誌」八坂書房　1992
　◇p74（カラー）　ロイアールト『唐蘭船持渡鳥獣之図』　天保4（1833）渡来　［慶應義塾図書館］

　◇p74（カラー）　ロイアールト臥居候図『唐蘭船持渡鳥獣之図』　天保4（1833）渡来　［慶應義塾図書館］
「ビュフォンの博物誌」工作舎　1991
　◇F204（カラー）『一般と個別の博物誌 ソンニー版』
「世界大博物図鑑 5」平凡社　1988
　◇p81（カラー）　ド・セーヴ原図, ビュフォン, G. L.L., Comte de『一般と個別の博物誌（ソンニー版）』1799〜1808　銅版 カラー印刷

スローロリス
「彩色 江戸博物学集成」平凡社　1994
　◇p450〜451（カラー）　『唐蘭船持渡鳥獣之図』を模写　山本渓愚　［山本読書室］
　◇p460（白黒）『唐蘭船持渡鳥獣之図』

スローロリスの頭骨と歯　Nycticebus coucang
「ビュフォンの博物誌」工作舎　1991
　◇F204（カラー）『一般と個別の博物誌 ソンニー版』

スンダイボイノシシ　Sus verrucosus
「世界大博物図鑑 5」平凡社　1988
　◇p279（カラー）　ミュラー, S.著, ユエ, N.原図『蘭領インド自然誌』1839〜44　手彩色石版

【せ】

セイウチ　Odobenus rosmarus
「ビュフォンの博物誌」工作舎　1991
　◇F225（カラー）『一般と個別の博物誌 ソンニー版』
「世界大博物図鑑 5」平凡社　1988
　◇p189（カラー）　ヴェルナー, J.C.原図『ビュフォン著作集』　1848

セジロスカンク　Mephitis macroura
「世界大博物図鑑 5」平凡社　1988
　◇p169（カラー）　ビュフォン, G.L.L., Comte de『一般と個別の博物誌（イギリス版）』1807
　◇p172（カラー）　ド・セーヴ原図, ビュフォン, G. L.L., Comte de『一般と個別の博物誌（ソンニー版）』1799〜1808　銅版 カラー印刷

セスジクスクス　Phalanger gymnotis
「世界大博物図鑑 5」平凡社　1988
　◇p249（カラー）　M&N.ハンハート石版『ロンドン動物学協会紀要』1861〜90（第2期）　手彩色石版画

セスジダイカー　Cephalophus dorsalis
「世界大博物図鑑 5」平凡社　1988
　◇p321（カラー）　スミット, J.原図『ロンドン動物学協会紀要』1861〜90（第2期）　手彩色石版画

ゼニガタアザラシ　Phoca vitulina
「ビュフォンの博物誌」工作舎　1991
　◇F224（カラー）『一般と個別の博物誌 ソンニー版』

博物図譜レファレンス事典 動物篇　**539**

せふ　　　　　　　　　哺乳類

「世界大博物図鑑 5」平凡社　1988
　◇p189（カラー）　ヴェルナー, J.C.原図『ビュ
　フォン著作集』　1848

ゼブー
　⇒コブウシ（ゼブー）を見よ

セーブルアンテロープ　Hippotragus niger
「ビュフォンの博物誌」工作舎　1991
　◇F150（カラー）『一般と個別の博物誌 ソンニー
　二版』

ゼブロイド
「ビュフォンの博物誌」工作舎　1991
　◇F131（カラー）　シマウマとロバとの交雑種『一
　般と個別の博物誌 ソンニーニ版』

セマダラタマリン　Saguinus fuscicollis
「世界大博物図鑑 5」平凡社　1988
　◇p76（カラー）　リザーズ製版、ジャーディン, W.
　『サルの博物誌』　1833　手彩色銅版画

セミクジラ　Balaena glacialis
「ビュフォンの博物誌」工作舎　1991
　◇H001（カラー）『一般と個別の博物誌 ソンニー
　二版』
「世界大博物図鑑 5」平凡社　1988
　◇p396〜397（カラー）　キュヴィエ, G.L.C.F.D.
　著、トラヴィエ原図『ラセペード博物誌』　1841
　手彩色銅版画
　◇p404（カラー）　高木春山『本草図説』　？〜
　1852　〔愛知県西尾市立岩瀬文庫〕

セミクジラ　Eubalaena glacialis Borowski, 1781
「高木春山 本草図説 水産」リブロポート　1988
　◇p96〜97（カラー）　同上 口をあきたるところ

セミクジラ　Eubalaena japonica
「江戸博物文庫 魚の巻」工作舎　2017
　◇p31（カラー）　背美鯨　後藤光生『随観写真』
　〔国立国会図書館〕

セミホウボウ
「彩色 江戸博物学集成」平凡社　1994
　◇p70〜71（カラー）　せび 丹渓正伯『三州物産
　絵図帳』　〔鹿児島県立図書館〕

ゼメリングガゼル　Gazella soemmerringi
「世界大博物図鑑 5」平凡社　1988
　◇p333（カラー）　スミット, J.原図『ロンドン動物
　学協会紀要』　1861〜90（第2期）　手彩色石版画

ゼルダ（フェニックキツネ）
「紙の上の動物園」グラフィック社　2017
　◇p60（カラー）　シブリー, エビニーザー『人間そ
　の他を含む博物学の普遍的システム』　1794〜
　1808

【そ】

ゾウ
「紙の上の動物園」グラフィック社　2017
　◇p50（カラー）　ゴールドスミス, オリヴァー『地
　球と生命のいる自然の本』　1822
　◇p51（カラー）　ダニエル, サミュエル『セイロン
　島の風景、動物、現地人のイラスト集：サミュエ
　ル・ダニエルの写生画によるエングレーヴィング
　12点』　1808

ゾウアザラシ
「紙の上の動物園」グラフィック社　2017
　◇p79（カラー）　リチャードソン, ジョン, グレイ,
　ジョン・エドワード『1839〜43年サー・ジェー
　ムズ・クラーク・ロス船長指揮によるエレベス号
　およびテラー号の動物学術航海』　1844〜75

ゾウ（マストドン）の歯の化石　Mastodon
「ビュフォンの博物誌」工作舎　1991
　◇A003（カラー）『一般と個別の博物誌 ソンニー
　二版』
　◇A004（カラー）『一般と個別の博物誌 ソンニー
　二版』
　◇A005（カラー）『一般と個別の博物誌 ソンニー
　二版』
　◇B001（カラー）『一般と個別の博物誌 ソンニー
　二版』
　◇B002（カラー）『一般と個別の博物誌 ソンニー
　二版』
　◇B003（カラー）『一般と個別の博物誌 ソンニー
　二版』

ゾリラ　Ictonyx striatus
「ビュフォンの博物誌」工作舎　1991
　◇F220（カラー）『一般と個別の博物誌 ソンニー
　二版』

【た】

ダイアナモンキー　Cercopithecus diana
「ビュフォンの博物誌」工作舎　1991
　◇G047（カラー）『一般と個別の博物誌 ソンニー
　二版』

ダイアナモンキー
「悪夢の猿たち」リブロポート　1991
　◇p33（カラー）　バラバン, ジャック原図, ビュ
　フォン, G.L.L.『一般と個別の博物誌 ソンニーニ
　版』　1799〜1808
　◇p34（カラー）　ビュフォン, G.L.L.『一般と個別
　の博物誌 ソンニーニ版』　1799〜1808
　◇p109（カラー）　シュレーバー, J.C.D.von『哺乳
　類誌』　(1774)〜1846
　◇p110（カラー）　シュレーバー, J.C.D.von『哺乳
　類誌』　(1774)〜1846
　◇p111（カラー）　シュレーバー, J.C.D.von『哺乳
　類誌』　(1774)〜1846

哺乳類　　　　　　　　　　　　　　　　　　ちこは

タイセイヨウセミクジラ
「紙の上の動物園」グラフィック社　2017
◇p126（カラー）　ソーバーン，アーチボルド『イ
ギリス本土の哺乳類』　1920

タイラ　Eira barbara
「ビュフォンの博物誌」工作舎　1991
◇F049（カラー）『一般と個別の博物誌 ソンニ
ー版』

タイリクイタチ　Mustela sibirica
「世界大博物図鑑 5」平凡社　1988
◇p169（カラー）　ミルヌ＝エドヴァール，M.H.著，
ユエ原図『哺乳類誌』　1868～74　多色石版

タイリクオオカミ　Vulpes vulpes
「ビュフォンの博物誌」工作舎　1991
◇F044（カラー）『一般と個別の博物誌 ソンニ
ー版』

ダーウィンオオミミマウス　Phyllotis darwini
「世界大博物図鑑 5」平凡社　1988
◇p216（カラー）　ヴェルナー原図，ゲイ，C.『チリ
自然社会誌』　1844～71

タカネナキウサギ　Ochotona alpina
「世界大博物図鑑 5」平凡社　1988
◇p236（カラー）　シュレーバー，J.C.D.von『哺乳
誌』　（1774）～1846　手彩色銅版図

ターキン　Budorcas taxicolor
「世界大博物図鑑 5」平凡社　1988
◇p337（カラー）　ミルヌ＝エドヴァール，M.H.著，
ユエ原図『哺乳類誌』　1868～74　多色石版

タスマニアハリモグラ　Tachyglossus setosus
「世界大博物図鑑 5」平凡社　1988
◇p265（カラー）　ユエ，N.原図，ボック，J.C.製版，
シュレーバー，J.C.D.von『哺乳類誌』　（1774）
～1846　手彩色銅版図

ダッチラビット
「紙の上の動物園」グラフィック社　2017
◇p190～191（カラー）　ジル，レナード・U.『ウサ
ギの本：愛玩用ウサギの歴史，品種，用途，ポイ
ントなど』　1881

タテガミオオカミ　Chrysocyon brachyurus
「世界大博物図鑑 5」平凡社　1988
◇p133（カラー）　loup rouge　キュヴィエ，G.L.
C.F.D.『動物界』　1836～49

タテガミナマケモノ　Bradypus torquatus
「すごい博物画」グラフィック社　2017
◇図版24（カラー）　ダル・ポッツォ，カシアーノ，
作者不詳　1626　黒いチョークの上にアラビアゴ
ムを混ぜた水彩と濃厚顔料　42.7×58.7　［ウィ
ンザー城ロイヤル・ライブラリー］
「世界大博物図鑑 5」平凡社　1988
◇p256（カラー）　ド・ヴェーイ原図，ボック，J.C.
彫版，シュレーバー，J.C.D.von『哺乳類誌』
（1774）～1846　手彩色銅版図

タテガミヤマアラシ　Hystrix cristata
「ビュフォンの博物誌」工作舎　1991
◇F170（カラー）『一般と個別の博物誌 ソンニ
ー版』

タヌキ　Nyctereutes procyonoides
「日本の博物図譜」東海大学出版会　2001
◇図6（カラー）　船橋久五郎筆『博物館獣譜』
［東京国立博物館］
「世界大博物図鑑 5」平凡社　1988
◇p153（カラー）　髙木春山『本草図説』　？～
1852　［愛知県西尾市立岩瀬文庫］

タヌキ
「彩色 江戸博物学集成」平凡社　1994
◇p271（カラー）　馬場大助『博物館獣譜』　［東
京国立博物館］
◇p271（カラー）　馬場大助『詩経物産図譜』
［天猷寺］

タヌキ（貉＝ムジナ）　Myctereutes
procyonoides Gray, 1834
「髙木春山 本草図説 動物」リブロポート　1989
◇p40（カラー）　一種 貉 異品

ダマガゼル　Gazella dama
「ビュフォンの博物誌」工作舎　1991
◇F153（カラー）『一般と個別の博物誌 ソンニ
ー版』

ダマジカ　Cervus dama
「ビュフォンの博物誌」工作舎　1991
◇F037（カラー）『一般と個別の博物誌 ソンニ
ー版』
◇F038（カラー）　メス『一般と個別の博物誌 ソン
ニー二版』

ダマジカ　Dama dama
「世界大博物図鑑 5」平凡社　1988
◇p300（カラー）　マイヤー，J.D.『陸海川動物細
密骨格図譜』　1752　手彩色銅版図

ダマジカ
「紙の上の動物園」グラフィック社　2017
◇p131（カラー）　palmed hart　トップセル，エド
ワード『四足獣とヘビの本』　1658

ダマリスクス　Damaliscus lunatus
「世界大博物図鑑 5」平凡社　1988
◇p329（カラー）　スミス，A.著，フォード，G.H.原
図『南アフリカ動物図譜』　1838～49　手彩色
石版

【ち】

チェヴィオット種の子羊
「紙の上の動物園」グラフィック社　2017
◇p20（カラー）　ベウィック，トーマス『四つ足の
歴史』　1800年版

チコハイイロギツネ　Dusicyon griseus
「ビュフォンの博物誌」工作舎　1991

博物図譜レファレンス事典 動物篇　**541**

ちた　　　　　　　　　哺乳類

◇F097（カラー）『一般と個別の博物誌 ソンニー
ニ版』

チーター　Acinonyx jubatus
「世界大博物図鑑 5」平凡社　1988
　◇p104（カラー）　シュレーバー, J.C.D.von『哺乳
　類誌』（1774）～1846　手彩色銅版図

チベットナキウサギ　Ochotona thibetana
「世界大博物図鑑 5」平凡社　1988
　◇p236（カラー）　ミルヌ＝エドヴァール, M.H.著,
　ユエ原図, ルヴォー石版『哺乳類誌』1868～74
　多色石版

チベットモンキー　Macaca thibetana
「世界大博物図鑑 5」平凡社　1988
　◇p57（カラー）　ユエ, N.原図, ジョフロワ・サ
　ン＝ティレール, I.『哺乳類誌』1854

チャイロキツネザル　Lemur fulvus
「世界大博物図鑑 5」平凡社　1988
　◇p84（カラー）　オードベール原図, アネドゥー
　シュ再刻, キュヴィエ, G.L.C.F.D.『動物界』
　1836～49

着地したコウモリ
「ビュフォンの博物誌」工作舎　1991
　◇F061（カラー）『一般と個別の博物誌 ソンニー
　ニ版』

チャクマヒヒ　Papio ursinus
「ビュフォンの博物誌」工作舎　1991
　◇G016（カラー）『一般と個別の博物誌 ソンニー
　ニ版』
　◇G022（カラー）『一般と個別の博物誌 ソンニー
　ニ版』

チャクマヒヒ
「悪夢の猿たち」リブロポート　1991
　◇p25（カラー）　ビュフォン, G.L.L.『一般と個別
　の博物誌 ソンニーニ版』1799～1808
　◇p26（カラー）　ビュフォン, G.L.L.『一般と個別
　の博物誌 ソンニーニ版』1799～1808
　◇p27（カラー）　ビュフォン, G.L.L.『一般と個別
　の博物誌 ソンニーニ版』1799～1808
　◇p101（カラー）　シュレーバー, J.C.D.von『哺乳
　類誌』（1774）～1846

チリヤマビスカーチャ　Lagidium viscacia
「世界大博物図鑑 5」平凡社　1988
　◇p232（カラー）　ゲイ, C.『チリ自然社会誌』
　1844～71

チリンガム種の牛
「紙の上の動物園」グラフィック社　2017
　◇p202～203（カラー）　ホウトン・リー・スプリ
　ングの雄牛　ベウィック, トーマス彫版

チンチラ　Chinchilla lanigera
「世界大博物図鑑 5」平凡社　1988
　◇p233（カラー）　トラヴィエ原図, キュヴィエ, G.
　L.C.F.D.『動物界』1836～49

チンパンジー　Pan troglodytes
「ビュフォンの博物誌」工作舎　1991

◇G004（カラー）　幼獣『一般と個別の博物誌 ソ
ンニーニ版』
◇G006（カラー）『一般と個別の博物誌 ソンニー
ニ版』
◇G007（カラー）　メス『一般と個別の博物誌 ソ
ンニーニ版』
「世界大博物図鑑 5」平凡社　1988
　◇p47（カラー）　タイソン原図, イーレ, I.E.再制
　作, シュレーバー, J.C.D.von『哺乳類誌』
　（1774）～1846　手彩色銅版図
　◇p47（カラー）　フルニエ彫版, キュヴィエ, G.L.
　C.F.D.『動物界』1836～49
　◇p48（カラー）　ドルビニ, A.D.著, ヴェルナー原
　図, アネドゥーシュ製版『万有博物事典』1837

チンパンジー
「悪夢の猿たち」リブロポート　1991
　◇p46（カラー）　ビュフォン, G.L.L.『一般と個別
　の博物誌 ソンニーニ版』1799～1808
　◇p47（カラー）　メス　ビュフォン, G.L.L.『一般
　と個別の博物誌 ソンニーニ版』1799～1808
　◇p48（カラー）　ビュフォン, G.L.L.『一般と個別
　の博物誌 ソンニーニ版』1799～1808
　◇p123（カラー）　シュレーバー, J.C.D.von『哺乳
　類誌』（1774）～1846

【つ】

ツキノワグマ　Selenarctos thibetanus
「世界大博物図鑑 5」平凡社　1988
　◇p160（カラー）　ヴォルフ, J.原図『ロンドン動物
　学協会紀要』1861～90（第2期）　手彩色石版画

ツシマヤマネコ　Felis bengalensis euptilura
「世界大博物図鑑 5」平凡社　1988
　◇p121（カラー）　ミルヌ＝エドヴァール, M.H.著,
　ユエ原図『哺乳類誌』1868～74　多色石版

ツチブタ　Orycteropus afer
「ビュフォンの博物誌」工作舎　1991
　◇F098（カラー）『一般と個別の博物誌 ソンニー
　ニ版』
「世界大博物図鑑 5」平凡社　1988
　◇p376（カラー）　キュヴィエ, G.L.C.F.D.『動物
　界』1836～49
　◇p377（カラー）　ド・セーヴ原図, ビュフォン, G.
　L.L., Comte de『一般と個別の博物誌（ソンニー
　ニ版）』1799～1808　銅版 カラー印刷

角のあるウサギ
「世界大博物図鑑 5」平凡社　1988
　◇p244（カラー）　角のあるウサギ, 角の拡大図
　シュレーバー, J.C.D.von『哺乳類誌』（1774）
　～1846　手彩色銅版図

翼を広げたコウモリ
「ビュフォンの博物誌」工作舎　1991
　◇F061（カラー）『一般と個別の博物誌 ソンニー
　ニ版』

542　博物図譜レファレンス事典 動物篇

哺乳類　　とと

【て】

ディンゴ　Canis dingo
「世界大博物図鑑 5」平凡社　1988
　◇p132（カラー）　ド・ヴェーイ原図、シュレーバー、J.C.D.von『哺乳類誌』（1774）～1846　手彩色銅版図

テナガザル　Hylobates sp.
「高木春山 本草図説 動物」リブロポート　1989
　◇p36（カラー）

デブヤマネ
　⇒オオヤマネを見よ

デマレフチア　Capromys piloroides
「世界大博物図鑑 5」平凡社　1988
　◇p233（カラー）　キュヴィエ、G.L.C.F.D.『動物界』 1836～49

デューラーが描いたインドサイのコピー
「世界大博物図鑑 5」平凡社　1988
　◇p348～349（カラー）『諸動物形態図譜』 1460　［ヴァチカン図書館］

テリア
「紙の上の動物園」グラフィック社　2017
　◇p186（カラー）　エドワーズ、シデナム・ティーク『イギリス犬図鑑：イギリス本土の犬種の彩色エングレーヴィング、輪郭、彩色とも実物通り』 1800～05

テン　Martes melampus Wegner, 1841
「高木春山 本草図説 動物」リブロポート　1989
　◇p14～15（カラー）
　◇p15（カラー）　齜䶶 純白色ノ者 皮膚のメラニン色素が欠損した白化個体（アルビノ）
　◇p42（カラー）　黄貂ノ一種

テングザル　Nasalis larvatus
「ビュフォンの博物誌」工作舎　1991
　◇G029（カラー）『一般と個別の博物誌 ソンニーニ版』
　◇G030（カラー）『一般と個別の博物誌 ソンニーニ版』
「世界大博物図鑑 5」平凡社　1988
　◇p60（カラー）　オードベールの図を模写　リザーズ製版、ジャーディン、W.『サルの博物誌』 1833　手彩色銅版画

テングザル
「悪夢の猿たち」リブロポート　1991
　◇p57（カラー）　ビュフォン、G.L.L.『一般と個別の博物誌 ソンニーニ版』 1799～1808
　◇p58（カラー）　ビュフォン、G.L.L.『一般と個別の博物誌 ソンニーニ版』 1799～1808
　◇p135（カラー）　シュレーバー、J.C.D.von『哺乳類誌』（1774）～1846

テンジクネズミ　Cavia porcellus
「舶来鳥獣図誌」八坂書房　1992

　◇p76（カラー）　モルモット『唐蘭船持渡鳥獣之図』 天保14（1843）渡来　［慶應義塾図書館］

テンレック　Tenrec ecaudatus
「ビュフォンの博物誌」工作舎　1991
　◇F174（カラー）『一般と個別の博物誌 ソンニーニ版』

【と】

同定不能
「悪夢の猿たち」リブロポート　1991
　◇p9（白黒）　シュレーバー、J.C.D.von『哺乳類誌』

トウブキツネリス　Sciurus niger
「世界大博物図鑑 5」平凡社　1988
　◇p201（カラー）　シュレーバー、J.C.D.von『哺乳類誌』（1774）～1846　手彩色銅版図

トウブシマリス　Tamias striatus
「ビュフォンの博物誌」工作舎　1991
　◇F095（カラー）『一般と個別の博物誌 ソンニーニ版』
「世界大博物図鑑 5」平凡社　1988
　◇p197（カラー）　シュレーバー、J.C.D.von『哺乳類誌』（1774）～1846　手彩色銅版図

トウブホリネズミ　Geomys bursarius
「世界大博物図鑑 5」平凡社　1988
　◇p209（カラー）　キュヴィエ、G.L.C.F.D.『動物界』 1836～49

トウブマダラスカンク　Spilogale putorius
「ビュフォンの博物誌」工作舎　1991
　◇F219（カラー）『一般と個別の博物誌 ソンニーニ版』
「世界大博物図鑑 5」平凡社　1988
　◇p169（カラー）　ビュフォン、G.L.L., Comte de『一般と個別の博物誌（イギリス版）』 1807
　◇p172（カラー）　ド・セーヴ原図、ビュフォン、G.L.L., Comte de『一般と個別の博物誌（ソンニーニ版）』 1799～1808　銅版 カラー印刷

トクモンキー　Macaca sinica
「ビュフォンの博物誌」工作舎　1991
　◇G041（カラー）『一般と個別の博物誌 ソンニーニ版』

トクモンキー
「悪夢の猿たち」リブロポート　1991
　◇p54（カラー）　ビュフォン、G.L.L.『一般と個別の博物誌 ソンニーニ版』 1799～1808

トド　Eumetopias jubatus
「日本の博物図譜」東海大学出版会　2001
　◇図8（カラー）　馬場大助筆『博物館獣譜』　［東京国立博物館］
「ビュフォンの博物誌」工作舎　1991
　◇F227（カラー）『一般と個別の博物誌 ソンニーニ版』

博物図譜レファレンス事典 動物篇　**543**

ととの　　　　　　　　　　哺乳類

「世界大博物図鑑 5」平凡社　1988
　◇p188（カラー）　高木春山『本草図説』　？ 〜
　1852　［愛知県西尾市立岩瀬文庫］

トドの歯
「ビュフォンの博物誌」工作舎　1991
　◇F227（カラー）『一般と個別の博物誌 ソンニー
　二版』

トナカイ　Rangifer tarandus
「ビュフォンの博物誌」工作舎　1991
　◇F136（カラー）　メス『一般と個別の博物誌 ソン
　ニーニ版』
　◇F138（カラー）　幼獣『一般と個別の博物誌 ソン
　ニーニ版』
　◇F139（カラー）　2つのタイプ『一般と個別の博
　物誌 ソンニーニ版』
「世界大博物図鑑 5」平凡社　1988
　◇p305（カラー）　キュヴィエ、G.L.C.F.D.『動物
　界』　1836〜49

トビウサギ　Pedetes capensis
「ビュフォンの博物誌」工作舎　1991
　◇F193（カラー）『一般と個別の博物誌 ソンニー
　二版』
「世界大博物図鑑 5」平凡社　1988
　◇p213（カラー）　ド・セーヴ原図、ビュフォン、G.
　L.L., Comte de『一般と個別の博物誌（ソンニー
　二版）』　1799〜1808　銅版 カラー印刷

ドブネズミ　Rattus norvegicus
「ビュフォンの博物誌」工作舎　1991
　◇F054（カラー）『一般と個別の博物誌 ソンニー
　二版』
　◇F069（カラー）『一般と個別の博物誌 ソンニー
　二版』
「世界大博物図鑑 5」平凡社　1988
　◇p213（カラー）　ドノヴァン、E.『英国四足獣誌』
　1820
　◇p216（カラー）　ゲイ、C.『チリ自然社会誌』
　1844〜71

トラ　Panthera tigris
「ビュフォンの博物誌」工作舎　1991
　◇F075（カラー）『一般と個別の博物誌 ソンニー
　二版』
「世界大博物図鑑 5」平凡社　1988
　◇p100（カラー）　ウードリ原図、シュレーバー、J.
　C.D.von『哺乳類誌』　（1774）〜1846　手彩色銅
　版図
　◇p101（カラー）　シャルダン、F.原図、コント、J.
　A.『博物学の殿堂』　1830（？）

トラ
「紙の上の動物園」グラフィック社　2017
　◇p49（カラー）　エリオット、ダニエル・ジェロー
　ド『ネコ科の研究』　1878〜83
「江戸の動植物図」朝日新聞社　1988
　◇p142〜143（カラー）　関根雲停画

ドルカスガゼル　Gazella dorcas
「ビュフォンの博物誌」工作舎　1991

　◇F145（カラー）『一般と個別の博物誌 ソンニー
　二版』

【な】

ナガスクジラ　Balaenoptera physalus
「ビュフォンの博物誌」工作舎　1991
　◇H002（カラー）『一般と個別の博物誌 ソンニー
　二版』
「世界大博物図鑑 5」平凡社　1988
　◇p396（カラー）　イーレ、I.E.原図、シュレーバー、
　J.C.D.von『哺乳類誌』　（1774）〜1846　手彩色
　銅版図

ナガスクジラ
「彩色 江戸博物学集成」平凡社　1994
　◇p307（カラー）　川原慶賀『哺乳類図譜』　［オ
　ランダ国立自然史博物館］
　◇p307（カラー）　川原慶賀『日本動物誌〈哺乳類
　編〉』

ナキガオオマキザル　Cebus nigrivittatus
「ビュフォンの博物誌」工作舎　1991
　◇G063（カラー）　オス『一般と個別の博物誌 ソ
　ンニーニ版』
　◇G064（カラー）　メス『一般と個別の博物誌 ソ
　ンニーニ版』
　◇G065（カラー）『一般と個別の博物誌 ソンニー
　二版』

ナキガオオマキザル
「悪夢の猿たち」リブロポート　1991
　◇p74（カラー）　ビュフォン、G.L.L.『一般と個別
　の博物誌 ソンニーニ版』　1799〜1808
　◇p75（カラー）　ビュフォン、G.L.L.『一般と個別
　の博物誌 ソンニーニ版』　1799〜1808

ナナツオビアルマジロ　Dasypus
septemcinctus Linnaeus, 1758
「高木春山 本草図説 動物」リブロポート　1989
　◇p52（カラー）　カビネット 図中其ノママヲ模ス

ナマケグマ　Melursus ursinus
「ビュフォンの博物誌」工作舎　1991
　◇F186（カラー）『一般と個別の博物誌 ソンニー
　二版』
「世界大博物図鑑 5」平凡社　1988
　◇p160（カラー）　ド・セーヴ原図、ビュフォン、G.
　L.L., Comte de『一般と個別の博物誌（ソンニー
　二版）』　1799〜1808　銅版 カラー印刷

ナマケモノ
「紙の上の動物園」グラフィック社　2017
　◇p69（カラー）　セバ、アルベルト『自然の宝の最
　も豊かな詳説』　1734〜65

ナミハリネズミ　Erinaceus europaeus
「ビュフォンの博物誌」工作舎　1991
　◇F057（カラー）　下図はハリを抜いたところ『一
　般と個別の博物誌 ソンニーニ版』
「世界大博物図鑑 5」平凡社　1988

544　博物図譜レファレンス事典 動物篇

哺乳類　　　　　　　　　　　　　　　　　　にるか

◇p93（カラー）　ド・セーヴ原図, ビュフォン, G.
L.L., Comte de『一般と個別の博物誌（ソンニー
二版）』1799〜1808　銅版 カラー印刷

ナミマウスオポッサム　Marmosa murina
「ビュフォンの博物誌」工作舎　1991
◇F105（カラー）『一般と個別の博物誌 ソンニー
「世界大博物図鑑 5」平凡社　1988
◇p248（カラー）　シュレーバー, J.C.D.von『哺乳
類誌』（1774）〜1846　手彩色銅版図

【 に 】

ニアラ　Tragelaphus angasi
「ビュフォンの博物誌」工作舎　1991
◇F162（カラー）『一般と個別の博物誌 ソンニー

ニシイワハネジネズミ　Elephantulus
rupestris
「世界大博物図鑑 5」平凡社　1988
◇p245（カラー）　レッソン, R.P.著, プレートル,
J.G.原図『動物百図』1830〜32

ニタリクジラ　Balaenoptera edeni
「日本の博物図譜」東海大学出版会　2001
◇図43（カラー）　筆者不詳　［フランス国立自然
史博物館比較解剖学研究室］

ニホンアシカ　Zalophus californianus
japonicus
「鳥獣虫魚譜」八坂書房　1988
◇p16（カラー）　海鹿　松森胤保『両羽獣類図譜』
［酒田市立光丘文庫］

ニホンアシカ
「彩色 江戸博物学集成」平凡社　1994
◇p430〜431（カラー）　松森胤保『両羽博物図譜』
明治24（1891）　［光丘文庫］

ニホンアナグマ
「彩色 江戸博物学集成」平凡社　1994
◇p99（カラー）　細川重賢『毛介綺煥』　［永青文
庫］
◇p450〜451（カラー）　山本渓愚『獣類写生』
［岩瀬文庫］

ニホンイタチ
「彩色 江戸博物学集成」平凡社　1994
◇p262（カラー）　飯沼慾斎『本草図譜 第11巻〈禽
部獣部〉』　［個人蔵］

ニホンオオカミ　Canis hodophilax
「世界大博物図鑑 5」平凡社　1988
◇p136（カラー）　シーボルト『ファウナ・ヤポニ
カ（日本動物誌）』1833〜50　石版図　［国会図
書館］

ニホンオオカミ　Canis hodophilax
Temminck, 1839
「高木春山 本草図説 動物」リブロポート　1989

ニホンオオカミ　Canis lupus hodophilax
「日本の博物図譜」東海大学出版会　2001
◇図7（カラー）　筆者不詳『博物館獣譜』　［東京
国立博物館］
◇図42（カラー）　筆者不詳『博物館獣譜』　［東京
国立博物館］

ニホンオオカミ
「彩色 江戸博物学集成」平凡社　1994
◇p99（カラー）　冬毛（？）　細川重賢『毛介綺煥』
［永青文庫］
◇p270（カラー）　ヤマイヌ　馬場大助『博物館獣
譜』　［東京国立博物館］
◇p430〜431（カラー）　死皮をもとにした　松森
胤保『両羽博物図譜』明治14　［光丘文庫］

ニホンオオカミ（ヤマイヌ）　Canis lupus
hodophilax
「鳥獣虫魚譜」八坂書房　1988
◇p10, 11（カラー）　犲　松森胤保『両羽獣類図
譜』　［酒田市立光丘文庫］

日本狼
「江戸名作画帖全集 8」駸々堂出版　1995
◇図40（カラー）　狼　細川重賢編『毛介綺煥』
紙本着色　［永青文庫（東京）］

ニホンカモシカ　Capricornis crispus
「世界大博物図鑑 5」平凡社　1988
◇p346（カラー）　シーボルト『ファウナ・ヤポニ
カ（日本動物誌）』1833〜50　石版図

ニホンザル　Macaca fuscata Blyth, 1875
「高木春山 本草図説 動物」リブロポート　1989
◇p38（カラー）　白化個体（アルビノ）

ニホンザル
「紙の上の動物園」グラフィック社　2017
◇p63（カラー）　シーボルト, フィリップ・フラン
ツ・フォン『日本の動物, あるいは日本旅行で見
た生物』1833〜50

ニホンジカ　Cervus nippon
「世界大博物図鑑 5」平凡社　1988
◇p296（カラー）　チベット産でウスリジカとよば
れる亜種　ミルヌ＝エドヴァール, M.H.著, ユエ
原図『哺乳類誌』1868〜74　多色石版

ニホンジカ　Cervus nippon Temminck, 1838
「高木春山 本草図説 動物」リブロポート　1989
◇p48〜49（カラー）　一種 白鹿　白化個体（アル
ビノ）, 双頭奇形

ニューファウンドランド・ドッグ
「紙の上の動物園」グラフィック社　2017
◇p188（カラー）　シュベヒト, フリードリッヒ
『カッセルの博物学壁かけ絵画シリーズ』　19世紀
末　エングレーヴィング

ニルガイ　Boselaphus tragocamelus
「ビュフォンの博物誌」工作舎　1991
◇F160（カラー）　オス『一般と個別の博物誌 ソン

博物図譜レファレンス事典 動物篇　**545**

にんし　　　　　　　哺乳類

ニーニ版』
　　◇F161（カラー）　メス『一般と個別の博物誌 ソン
　　ニーニ版』
「世界大博物図鑑 5」平凡社　1988
　　◇p320（カラー）　ジャーディン，W.『ヤギとウシ
　　の博物誌』

妊娠したウシの子宮
「すごい博物画」グラフィック社　2017
　　◇図版15（カラー）　レオナルド・ダ・ヴィンチ
　　1508頃　黒いチョークの跡の上にペンとインク
　　ウォッシュ　19.0×13.3　［ウィンザー城ロイヤ
　　ル・ライブラリー］

【ぬ】

ヌー
「紙の上の動物園」グラフィック社　2017
　　◇p58〜59（カラー）　ダニエル，サミュエル『アフ
　　リカの風景と動物版画集』　1804〜05

ヌートリア　Myocastor coypus
「世界大博物図鑑 5」平凡社　1988
　　◇p233（カラー）　キュヴィエ，G.L.C.F.D.『動物
　　界』　1836〜49

ヌママングース　Atilax paludinosus
「ビュフォンの博物誌」工作舎　1991
　　◇F197（カラー）『一般と個別の博物誌 ソンニー
　　ニ版』

【ね】

ネコ
「すごい博物画」グラフィック社　2017
　　◇図版16（カラー）　ネコとライオン、そしてドラ
　　ゴン　レオナルド・ダ・ヴィンチ　1513〜16頃
　　黒いチョークの上にペンとインク ウォッシュ
　　27.1×20.1　［ウィンザー城ロイヤル・ライブラ
　　リー］
「紙の上の動物園」グラフィック社　2017
　　◇p189（カラー）　ゲスナー，コンラート『動物誌』
　　1551〜58

ネコ（三毛ネコ）　Felis catus Linnaeus, 1758
「高木春山 本草図説 動物」リブロポート　1989
　　◇p45（カラー）　猫

ネズミ
「彩色 江戸博物学集成」平凡社　1994
　　◇p298（カラー）　川原慶賀『哺乳類図譜』　［オ
　　ランダ国立自然史博物館］

ネズミイルカ　Phocoena phocoena
「ビュフォンの博物誌」工作舎　1991
　　◇H004（カラー）『一般と個別の博物誌 ソンニー
　　ニ版』

ネズミヤマアラシ　Trichys fasciculate
「ビュフォンの博物誌」工作舎　1991

　　◇F171（カラー）『一般と個別の博物誌 ソンニー
　　ニ版』

ネズミヤマアラシ　Trichys lipura
「世界大博物図鑑 5」平凡社　1988
　　◇p228（カラー）　キュヴィエ，G.L.C.F.D.『動物
　　界』　1836〜49

【の】

ノドジロオマキザル　Cebus capucinus
「ビュフォンの博物誌」工作舎　1991
　　◇G067（カラー）『一般と個別の博物誌 ソンニー
　　ニ版』
　　◇G068（カラー）『一般と個別の博物誌 ソンニー
　　ニ版』
「世界大博物図鑑 5」平凡社　1988
　　◇p73（カラー）　シュレーバー，J.C.D.von『哺乳
　　類誌』（1774）〜1846　手彩色銅版図

ノドジロオマキザル
「悪夢の猿たち」リブロポート　1991
　　◇p73（カラー）　ビュフォン，G.L.L.『一般と個別
　　の博物誌 ソンニーニ版』　1799〜1808

ノドジロミユビナマケモノ　Bradypus tridactylus
「世界大博物図鑑 5」平凡社　1988
　　◇p257（カラー）　成獣。ノドチャミユビナマケモ
　　ノBradypus variegatus（？）　ド・セーヴ原図，
　　ビュフォン，G.L.L., Comte de『一般と個別の博
　　物誌（ソンニーニ版）』　1799〜1808　銅版 カ
　　ラー印刷
　　◇p257（カラー）　幼獣　ド・セーヴ原図，ビュ
　　フォン，G.L.L., Comte de『一般と個別の博物誌
　　（ソンニーニ版）』　1799〜1808　銅版カラー印
　　刷 手彩色仕上げ

ノドチャミユビナマケモノ　Bradypus variegatus
「ビュフォンの博物誌」工作舎　1991
　　◇F183（カラー）　幼獣『一般と個別の博物誌 ソン
　　ニーニ版』
　　◇F184（カラー）　成獣『一般と個別の博物誌 ソン
　　ニーニ版』
「世界大博物図鑑 5」平凡社　1988
　　◇p254（カラー）　エドワーズ，ジョージ原図，シュ
　　レーバー，J.C.D.von『哺乳類誌』（1774）〜
　　1846　手彩色銅版図
　　◇p255（カラー）　シュレーバー，J.C.D.von『哺乳
　　類誌』（1774）〜1846　手彩色銅版図

ノヤク　Bos mutus
「ビュフォンの博物誌」工作舎　1991
　　◇F118（カラー）『一般と個別の博物誌 ソンニー
　　ニ版』

ノルウェーレミング　Lemmus lemmus
「ビュフォンの博物誌」工作舎　1991
　　◇F221（カラー）『一般と個別の博物誌 ソンニー
　　ニ版』

哺乳類　　　　　　　　　　　　　　　　　　　　　　はなし

「世界大博物図鑑 5」平凡社　1988
　◇p220(カラー)　ニッチュマン原図, シュレーバー, J.C.D.von『哺乳類誌』（1774)〜1846 手彩色銅版図

ノロ　Capreolus capreolus
「ビュフォンの博物誌」工作舎　1991
　◇F039(カラー)『一般と個別の博物誌 ソンニーニ版』
　◇F040(カラー)　メス『一般と個別の博物誌 ソンニーニ版』
「世界大博物図鑑 5」平凡社　1988
　◇p300(カラー)　オス　キュヴィエ, G.L.C.F.D.『動物界』　1836〜49

【 は 】

ハイイロアザラシ　Halichoerus grypus
「ビュフォンの博物誌」工作舎　1991
　◇F224(カラー)『一般と個別の博物誌 ソンニーニ版』

ハイイロオオカミ
「彩色 江戸博物学集成」平凡社　1994
　◇p270(カラー)　馬場大助『博物館獣譜』　［東京国立博物館］

ハイイロクスクス　Phalanger orientalis
「ビュフォンの博物誌」工作舎　1991
　◇F176(カラー)　メス『一般と個別の博物誌 ソンニーニ版』

ハイイロショウネズミキツネザル
Microcebus murinus
「ビュフォンの博物誌」工作舎　1991
　◇F202(カラー)『一般と個別の博物誌 ソンニーニ版』

バイソン
「紙の上の動物園」グラフィック社　2017
　◇p54〜55(カラー)　ジョフロワ・サンティレール, エティエンヌ『哺乳類の自然誌』1824〜42

ハイチソレノドン　Solenodon paradoxus
「ビュフォンの博物誌」工作舎　1991
　◇F060(カラー)『一般と個別の博物誌 ソンニーニ版』

パカ　Agouti paca
「ビュフォンの博物誌」工作舎　1991
　◇F102(カラー)『一般と個別の博物誌 ソンニーニ版』
「世界大博物図鑑 5」平凡社　1988
　◇p233(カラー)　トラヴィエ原図, キュヴィエ, G.L.C.F.D.『動物界』　1836〜49

ハクビシン　Paguma larvata
「舶来鳥獣図誌」八坂書房　1992
　◇p76〜77(カラー)　ヲンベケンデテイル『唐蘭船持渡鳥獣之図』　天保4(1833)渡来　［慶應義塾図書館］

「世界大博物図鑑 5」平凡社　1988
　◇p181(カラー)　高木春山『本草図説』　？〜1852　［愛知県西尾市立岩瀬文庫］

ハクビシン(ジャコウネコ)　Paguma larvata Hamilton-Smith, 1827
「高木春山 本草図説 動物」リブロポート　1989
　◇p52(カラー)　霊猫

ハセイルカ
「彩色 江戸博物学集成」平凡社　1994
　◇p307(カラー)　川原慶賀『哺乳類図譜』　［オランダ国立自然史博物館］
　◇p307(カラー)　川原慶賀『日本動物誌〈哺乳類編〉』

パタスモンキー
「悪夢の猿たち」リブロポート　1991
　◇p41(カラー)　ビュフォン, G.L.L.『一般と個別の博物誌 ソンニーニ版』1799〜1808
　◇p42(カラー)　ビュフォン, G.L.L.『一般と個別の博物誌 ソンニーニ版』1799〜1808
　◇p43(カラー)　ビュフォン, G.L.L.『一般と個別の博物誌 ソンニーニ版』1799〜1808
　◇p120(カラー)　シュレーバー, J.C.D.von『哺乳類誌』（1774)〜1846
　◇p121(カラー)　シュレーバー, J.C.D.von『哺乳類誌』（1774)〜1846

バーチェルシマウマ　Equus burchelli burchelli
「世界大博物図鑑 5」平凡社　1988
　◇p352(カラー)　ヴェルナー原図, シュレーバー, J.C.D.von『哺乳類誌』（1774)〜1846 手彩色銅版図
　◇p353(カラー)　ドルビニ, A.D.著, ヴェルナー原図『万有博物事典』　1837

ハツカネズミ　Mus musculus
「鳥獣虫魚譜」八坂書房　1988
　◇p17(カラー)　南京鼠　飼育品種　松森胤保『両羽獣類図譜』　［酒田市立光丘文庫］
「世界大博物図鑑 5」平凡社　1988
　◇p221(カラー)　白変種　ドノヴァン, E.『英国四足獣誌』　1820
　◇p221(カラー)　シュレーバー, J.C.D.von『哺乳類誌』　（1774)〜1846 手彩色銅版図

ハーテビースト　Alcelaphus buselaphus
「世界大博物図鑑 5」平凡社　1988
　◇p329(カラー)　スミス, A.著, フォード, G.H.原図『南アフリカ動物図譜』　1838〜49 手彩色石版

ハナジロハナグマ　Nasua narica
「ビュフォンの博物誌」工作舎　1991
　◇F072(カラー)『一般と個別の博物誌 ソンニーニ版』
「世界大博物図鑑 5」平凡社　1988
　◇p164(カラー)　ド・セーヴ原図, シュレーバー, J.C.D.von『哺乳類誌』（1774)〜1846 手彩色銅版図

博物図譜レファレンス事典 動物篇　**547**

はなな　　　　　　　　　　　　哺乳類

ハナナガバンディクート　Perameles nasuta
「世界大博物図鑑 5」平凡社　1988
　◇p249（カラー）　シュレーバー、J.C.D.von『哺乳類誌』（1774）〜1846　手彩色銅版図

ハナナガリス　Rhinosciurus laticaudatus
「世界大博物図鑑 5」平凡社　1988
　◇p197（カラー）　ミュラー、S.著、ムルダー、A.S.原図『蘭領インド自然誌』　1839〜44　手彩色石版

ハヌマンラングール　Presbytis entellus
「ビュフォンの博物誌」工作舎　1991
　◇G056（カラー）『一般と個別の博物誌 ソンニーニ版』

ハヌマンラングール　Semnopithecus entellus
「世界大博物図鑑 5」平凡社　1988
　◇p61（カラー）　リザーズ製版、ジャーディン、W.『サルの博物誌』　1833　手彩色銅版画

ハヌマンラングール
「悪夢の猿たち」リブロポート　1991
　◇p56（カラー）　ビュフォン、G.L.L.『一般と個別の博物誌 ソンニーニ版』　1799〜1808
　◇p136（カラー）　シュレーバー、J.C.D.von『哺乳類誌』（1774）〜1846

バーバリーシープ　Ammotragus lervia
「世界大博物図鑑 5」平凡社　1988
　◇p345（カラー）　ユエ、N.原図、シュレーバー、J.C.D.von『哺乳類誌』（1774）〜1846　手彩色銅版図

バーバリージリス　Atlantoxerus getulus
「ビュフォンの博物誌」工作舎　1991
　◇F095（カラー）『一般と個別の博物誌 ソンニーニ版』

バーバリーマカク　Macaca sylvanus
「ビュフォンの博物誌」工作舎　1991
　◇G011（カラー）『一般と個別の博物誌 ソンニーニ版』
　◇G012（カラー）『一般と個別の博物誌 ソンニーニ版』

バーバリーマカク
「悪夢の猿たち」リブロポート　1991
　◇p18（カラー）　ビュフォン、G.L.L.『一般と個別の博物誌 ソンニーニ版』　1799〜1808
　◇p19（カラー）　ビュフォン、G.L.L.『一般と個別の博物誌 ソンニーニ版』　1799〜1808
　◇p134（カラー）　シュレーバー、J.C.D.von『哺乳類誌』（1774）〜1846

バビルーサ　Babyrousa babyrussa
「ビュフォンの博物誌」工作舎　1991
　◇F088（カラー）『一般と個別の博物誌 ソンニーニ版』
　◇F169（カラー）『一般と個別の博物誌 ソンニーニ版』
「世界大博物図鑑 5」平凡社　1988
　◇p279（カラー）　キュヴィエ、G.L.C.F.D.『動物

界』　1836〜49

パラスオヒキコウモリ　Molossus molossus
「ビュフォンの博物誌」工作舎　1991
　◇F090（カラー）『一般と個別の博物誌 ソンニーニ版』

パラスシタナガコウモリ　Glossophaga soricina
「ビュフォンの博物誌」工作舎　1991
　◇F064（カラー）『一般と個別の博物誌 ソンニーニ版』

パラステングフルーツコウモリ　Nyctimene cephalotes
「ビュフォンの博物誌」工作舎　1991
　◇F064（カラー）『一般と個別の博物誌 ソンニーニ版』

ハリネズミ　Erinaceus europaeus
「舶来鳥獣図誌」八坂書房　1992
　◇p60（カラー）　蜩『唐蘭船持渡鳥獣之図』　文化6（1809）渡来　［慶應義塾図書館］

ハリネズミ
「紙の上の動物園」グラフィック社　2017
　◇p134（カラー）　ペナント、トーマス『イギリス本土の動物学』　1766

ハリモグラ　Tachyglossus aculeatus
「世界大博物図鑑 5」平凡社　1988
　◇p265（カラー）　ユエ、N.原図、シュレーバー、J.C.D.von『哺乳類誌』（1774）〜1846　手彩色銅版図

パルマーシマリス　Tamias palmeri
「ビュフォンの博物誌」工作舎　1991
　◇F092（カラー）『一般と個別の博物誌 ソンニーニ版』

バンテン　Bos javanicus
「世界大博物図鑑 5」平凡社　1988
　◇p316〜317（カラー）　ミュラー、S.著、シュレーゲル、H.原図『蘭領インド自然誌』　1839〜44　手彩色石版

ハンドウイルカ　Turpiops truncatus
「ビュフォンの博物誌」工作舎　1991
　◇H005（カラー）『一般と個別の博物誌 ソンニーニ版』

ハンドウイルカ
「彩色 江戸博物学集成」平凡社　1994
　◇p35（カラー）　貝原益軒『大和本草諸品図』

【ひ】

ヒガシアメリカオオギハクジラ　Mesoplodon eupaeus
「ビュフォンの博物誌」工作舎　1991
　◇H005（カラー）『一般と個別の博物誌 ソンニーニ版』

哺乳類　　　　　　　　　　　　　　　　　　　　　　ひまら

ビクーニャ　Vicugna vicugna
「ビュフォンの博物誌」工作舎　1991
- ◇F181（カラー）『一般と個別の博物誌 ソンニーニ版』

「世界大博物図鑑 5」平凡社　1988
- ◇p289（カラー）　ド・セーヴ原図、シュレーバー、J.C.D.von『哺乳類誌』（1774）〜1846　手彩色銅版図

ヒグマ　Ursus arctos
「ビュフォンの博物誌」工作舎　1991
- ◇F070（カラー）『一般と個別の博物誌 ソンニーニ版』

「世界大博物図鑑 5」平凡社　1988
- ◇p160（カラー）　シュレーバー、J.C.D.von『哺乳類誌』（1774）〜1846　手彩色銅版図
- ◇p161（カラー）　シュレーバー、J.C.D.von『哺乳類誌』（1774）〜1846　手彩色銅版図

ピグミーマダラスカンク　Spilogale pygmaea
「ビュフォンの博物誌」工作舎　1991
- ◇F219（カラー）『一般と個別の博物誌 ソンニーニ版』

ヒゲイノシシ　Sus barbatus
「世界大博物図鑑 5」平凡社　1988
- ◇p277（カラー）　ミュラー、S.著、シュレーゲル、H.原図『蘭領インド自然誌』1839〜44　手彩色石版

ヒゲクジラの1種
「世界大博物図鑑 5」平凡社　1988
- ◇p404（カラー）　水谷豊文収集制作『水谷家旧蔵魚譜』幕末　［国文学研究資料館史料館］

ヒゲサキ　Chiropotes satanas
「ビュフォンの博物誌」工作舎　1991
- ◇G075（カラー）『一般と個別の博物誌 ソンニーニ版』

ヒゲザキ
「悪夢の猿たち」リブロポート　1991
- ◇p82（カラー）　ビュフォン、G.L.L.『一般と個別の博物誌 ソンニーニ版』1799〜1808
- ◇p152（カラー）　シュレーバー、J.C.D.von『哺乳類誌』（1774）〜1846

ビスカーチャ　Lagostomus maximus
「世界大博物図鑑 5」平凡社　1988
- ◇p233（カラー）　トラヴィエ原図、キュヴィエ、G.L.C.F.D.『動物界』1836〜49

ピチアルマジロ　Zaedyus pichiy
「世界大博物図鑑 5」平凡社　1988
- ◇p260（カラー）　キュヴィエ、G.L.C.F.D.『動物界』1836〜49

ビッグホーン　Ovis canadensis
「世界大博物図鑑 5」平凡社　1988
- ◇p345（カラー）　ジャーディン、W.『ヤギとウシの博物誌』

ヒツジ　Ovis aries
「ビュフォンの博物誌」工作舎　1991
- ◇F007（カラー）『一般と個別の博物誌 ソンニーニ版』
- ◇F119（カラー）　アイスランド種・オス『一般と個別の博物誌 ソンニーニ版』
- ◇F120（カラー）　アイスランド種（メス）と去勢されたバーバリー種『一般と個別の博物誌 ソンニーニ版』
- ◇F121（カラー）　ルーマニア種（オス）『一般と個別の博物誌 ソンニーニ版』
- ◇F122（カラー）　ルーマニア種（メス）『一般と個別の博物誌 ソンニーニ版』
- ◇F123（カラー）　アビシニア種（オス）とネロール種（メス）?『一般と個別の博物誌 ソンニーニ版』
- ◇F124（カラー）　ネロール種?『一般と個別の博物誌 ソンニーニ版』
- ◇F125（カラー）　チュニジアン・バーバリー種とモルヴァン種『一般と個別の博物誌 ソンニーニ版』

「世界大博物図鑑 5」平凡社　1988
- ◇p344（カラー）　ブラックフェース種　ドノヴァン、E.『英国四足獣誌』1820
- ◇p344（カラー）　レスター種　ジャーディン、W.『ヤギとウシの博物誌』
- ◇p345（カラー）　ドノヴァン、E.『英国四足獣誌』1820

ヒツジ
「紙の上の動物園」グラフィック社　2017
- ◇p194（カラー）　オールド・リンカーン種　ロー、デイヴィッド『ブリテン諸島の家畜の品種』1842

ヒトコブラクダ　Camelus dromedarius
「舶来鳥獣図誌」八坂書房　1992
- ◇p71（カラー）　駱駝 牝　メス『唐蘭船舶持渡鳥獣之図』文政4（1821）渡来　［慶應義塾図書館］
- ◇p71（カラー）　駱駝 牡　オス『唐蘭船舶持渡鳥獣之図』文政4（1821）渡来　［慶應義塾図書館］

「ビュフォンの博物誌」工作舎　1991
- ◇F114（カラー）『一般と個別の博物誌 ソンニーニ版』

「世界大博物図鑑 5」平凡社　1988
- ◇p284（カラー）　ビュフォン、G.L.L.、Comte de『一般と個別の博物誌（イギリス版）』1807
- ◇p284〜285（カラー）　ゴールドスミス、O.『大地と生物の歴史』1857
- ◇p285（カラー）　ドルビニ、A.D.『万有博物事典』1837

ビーバー
「紙の上の動物園」グラフィック社　2017
- ◇p128（カラー）　ゲスナー、コンラート『動物誌』1551〜58

「世界大博物図鑑 5」平凡社　1988
- ◇p212（カラー）　プシェ、F.A.著、プレートル、J.G.原図『教科動物学』1841

ヒマラヤタール　Hemitragus jemlahicus
「世界大博物図鑑 5」平凡社　1988
- ◇p340（カラー）　ヒガシコーカサスツールの角を合成したものか　ジャーディン、W.『ヤギとウシの博物誌』

博物図譜レファレンス事典 動物篇　**549**

ひまら   哺乳類

ヒマラヤマーモット　Marmota himalayana
「世界大博物図鑑 5」平凡社　1988
　◇p204（カラー）　ミルヌ＝エドヴァール, M.H.著,
　　ユエ原図『哺乳類誌』 1868〜74　多色石版

ヒメアリクイ　Cyclopes didactylus
「ビュフォンの博物誌」工作舎　1991
　◇F098（カラー）『一般と個別の博物誌 ソンニー
　　二版』
「世界大博物図鑑 5」平凡社　1988
　◇p253（カラー）　木に登る姿　イーレ, I.E.原図,
　　シュレーバー, J.C.D.von『哺乳類誌』（1774）
　　〜1846　手彩色銅版図
　◇p253（カラー）　ブシェ, F.A.著, プレートル, J.
　　G.原図『教科動物学』 1841

ヒメアルマジロ　Chlamyphorus truncatus
「世界大博物図鑑 5」平凡社　1988
　◇p260（カラー）　キュヴィエ, G.L.C.F.D.『動物
　　界』 1836〜49

ヒメウォンバット
「紙の上の動物園」グラフィック社　2017
　◇p77（カラー）　名前不詳『ウェルスリー侯爵の博
　　物絵画コレクション』　水彩

ヒメキクガシラコウモリ　Rhinolophus
hipposideros
「ビュフォンの博物誌」工作舎　1991
　◇F061（カラー）『一般と個別の博物誌 ソンニー
　　版』
「世界大博物図鑑 5」平凡社　1988
　◇p88（カラー）　ドノヴァン, E.『英国四足獣誌』
　　1820

ヒメキクガシラコウモリ
「紙の上の動物園」グラフィック社　2017
　◇p168（カラー）　ドノヴァン, E.『イギリス本土
　　の四足獣の自然誌』 1820

ヒメグリソン　Galictis cuja
「ビュフォンの博物誌」工作舎　1991
　◇F048（カラー）『一般と個別の博物誌 ソンニー
　　二版』

ヒメハリテンレック　Echinops telfairi
「ビュフォンの博物誌」工作舎　1991
　◇F173（カラー）『一般と個別の博物誌 ソンニー
　　二版』

ピューマ　Felis concolor
「ビュフォンの博物誌」工作舎　1991
　◇F079（カラー）『一般と個別の博物誌 ソンニー
　　二版』
　◇F080（カラー）　ペンシルバニア産, 黒色種『一
　　般と個別の博物誌 ソンニー二版』
「世界大博物図鑑 5」平凡社　1988
　◇p113（カラー）　ド・セーヴ原図, シュレーバー,
　　J.C.D.von『哺乳類誌』（1774）〜1846　手彩色
　　銅版図

ヒョウ　Panthera pardus
「舶来鳥獣図誌」八坂書房　1992

　◇p73（カラー）　虎之子『唐蘭船持渡鳥獣之図』
　　文政10（1827）渡来　［慶應義塾図書館］
「ビュフォンの博物誌」工作舎　1991
　◇F074（カラー）　黒色種『一般と個別の博物誌 ソ
　　ンニー二版』
　◇F076（カラー）『一般と個別の博物誌 ソンニー
　　二版』
　◇F077（カラー）『一般と個別の博物誌 ソンニー
　　二版』
　◇F078（カラー）『一般と個別の博物誌 ソンニー
　　二版』
「世界大博物図鑑 5」平凡社　1988
　◇p104（カラー）　ド・セーヴ原図, シュレーバー,
　　J.C.D.von『哺乳類誌』（1774）〜1846　手彩色
　　銅版図

ヒョウ
「紙の上の動物園」グラフィック社　2017
　◇p48（カラー）　シュペヒト, フリートリッヒ画
　　『学習用小型ポスター』 19世紀末

ビルマノウサギ　Lepus peguensis
「世界大博物図鑑 5」平凡社　1988
　◇p241（カラー）　キューレマンス原図『ロンドン
　　動物学協会紀要』 1861〜90（第2期）　手彩色石
　　版画

ヒロスジマングース　Galidictis fasciata
「ビュフォンの博物誌」工作舎　1991
　◇F050（カラー）『一般と個別の博物誌 ソンニー
　　二版』

ヒロバナジェントルキツネザル　Hapalemur
simus
「世界大博物図鑑 5」平凡社　1988
　◇p84（カラー）　スミット, J.原図『ロンドン動物
　　学協会紀要』 1861〜90（第2期）　手彩色石版画

牝馬
「彩色 江戸博物学集成」平凡社　1994
　◇p298（カラー）　メムマ　川原慶賀『哺乳類図譜』
　　［オランダ国立自然史博物館］

【ふ】

フィッシャー　Martes pennanti
「ビュフォンの博物誌」工作舎　1991
　◇F220（カラー）『一般と個別の博物誌 ソンニー
　　二版』

フィリピンヒヨケザル　Cynocephalus volans
「ビュフォンの博物誌」工作舎　1991
　◇F208（カラー）『一般と個別の博物誌 ソンニー
　　二版』
「世界大博物図鑑 5」平凡社　1988
　◇p92（カラー）　オードベール原図, シュレーバー,
　　J.C.D.von『哺乳類誌』（1774）〜1846　手彩色
　　銅版図

哺乳類　　　　　　　　　　　　　　　　　ふたゆ

フェニックキツネ
⇒ゼルダ（フェニックキツネ）を見よ

フェレット　Mustela furo
「ビュフォンの博物誌」工作舎　1991
　◇F050（カラー）『一般と個別の博物誌 ソンニー
　ニ版』

フェレット　Mustela putorius furo
「世界大博物図鑑 5」平凡社　1988
　◇p169（カラー）　ドノヴァン, E.『英国四足獣誌』
　1820

フォッサ　Cryptoprocta ferox
「ビュフォンの博物誌」工作舎　1991
　◇F053（カラー）『一般と個別の博物誌 ソンニー
　ニ版』

フクロオオカミ　Thylacinus cynocephalus
「世界大博物図鑑 5」平凡社　1988
　◇p249（カラー）　レッスン, R.P.著, プレートル,
　J.G.原図『動物百図』 1830～32

フクロテナガザル
「彩色 江戸博物学集成」平凡社　1994
　◇p246～247（カラー）　高木春山『本草図説』
　［岩瀬文庫］

フクロネズミ（オポッサム）と子ども
「紙の上の動物園」グラフィック社　2017
　◇p60（カラー）　メーリアン, マリア・シビラ
　『メーリアンのスリナムの昆虫種とその変態論』
　1726

フサオマキザル　Cebus apella
「ビュフォンの博物誌」工作舎　1991
　◇G066（カラー）『一般と個別の博物誌 ソンニー
　ニ版』

フサオマキザル
「悪夢の猿たち」リブロポート　1991
　◇p72（カラー）　ビュフォン, G.L.L.『一般と個別
　の博物誌 ソンニーニ版』 1799～1808
　◇p147（カラー）　シュレーバー, J.C.D.von『哺乳
　類誌』 （1774）～1846
　◇p148（カラー）　シュレーバー, J.C.D.von『哺乳
　類誌』 （1774）～1846
　◇p149（カラー）　シュレーバー, J.C.D.von『哺乳
　類誌』 （1774）～1846

プーズー　Pudu pudu
「世界大博物図鑑 5」平凡社　1988
　◇p296（カラー）　ヴェルナー原図, ゲイ, C.『チリ
　自然社会誌』 1844～71

ブタ　Sus domestica
「ビュフォンの博物誌」工作舎　1991
　◇F009（カラー）　オス『一般と個別の博物誌 ソン
　ニーニ版』
　◇F010（カラー）　幼獣『一般と個別の博物誌 ソン
　ニーニ版』
「世界大博物図鑑 5」平凡社　1988
　◇p277（カラー）　ドノヴァン, E.『英国四足獣誌』
　1820

ブタ
「紙の上の動物園」グラフィック社　2017
　◇p198～199（カラー）　オールド・イングリッシュ
　種　シールズ油彩, ニコルソン作画, ロー, デイ
　ヴィッド著『ブリテン諸島の家畜の品種』 1842
「世界大博物図鑑 5」平凡社　1988
　◇p277（カラー）　8本足をもつ奇形のブタ　高木
　春山『本草図説』 ？ ～1852　［愛知県西尾市立
　岩瀬文庫］

フタイロデバネズミ　Georychus capensis
「ビュフォンの博物誌」工作舎　1991
　◇F059（カラー）『一般と個別の博物誌 ソンニー
　ニ版』

ブタオザル　Macaca nemestrina
「ビュフォンの博物誌」工作舎　1991
　◇G031（カラー）『一般と個別の博物誌 ソンニー
　ニ版』
「世界大博物図鑑 5」平凡社　1988
　◇p60（カラー）　スミット, J.原図・製版『ロンド
　ン動物学協会紀要』 1861～90（第2期）　手彩色
　石版画

ブタオザル
「悪夢の猿たち」リブロポート　1991
　◇p130（カラー）　シュレーバー, J.C.D.von『哺乳
　類誌』 （1774）～1846

フタコブラクダ　Camelus bactrianus
「ビュフォンの博物誌」工作舎　1991
　◇F113（カラー）『一般と個別の博物誌 ソンニー
　ニ版』
「世界大博物図鑑 5」平凡社　1988
　◇p284（カラー）　ビュフォン, G.L.L., Comte de
　『一般と個別の博物誌（イギリス版）』 1807
　◇p284～285（カラー）　ゴールドスミス, O.『大地
　と生物の歴史』 1857
　◇p285（カラー）　キュヴィエ, G.L.C.F.D.『動物
　界』 1836～49

フタコブラクダ　Camelus bactrianus
Linnaeus, 1758
「高木春山 本草図説 動物」リブロポート　1989
　◇p54（カラー）

フタコブラクダ
「彩色 江戸博物学集成」平凡社　1994
　◇p450～451（カラー）　山本渓愚画

ブタバナアナグマ　Arctonyx collaris
「世界大博物図鑑 5」平凡社　1988
　◇p176～177（カラー）　ミルヌ＝エドヴァール,
　M.H.著, ユエ原図『哺乳類誌』 1868～74　多色
　石版

フタユビナマケモノ　Choloepus didactylus
「ビュフォンの博物誌」工作舎　1991
　◇F182（カラー）『一般と個別の博物誌 ソンニー
　ニ版』
　◇F185（カラー）『一般と個別の博物誌 ソンニー
　ニ版』
「世界大博物図鑑 5」平凡社　1988

博物図譜レファレンス事典 動物篇　**551**

ふちく　　　　　　哺乳類

◇p257（カラー）　ド・セーヴ原図、ビュフォン、G. L.L., Comte de『一般と個別の博物誌（ソンニーニ版）』1799〜1808　銅版 カラー印刷
◇p257（カラー）　木登り中の若いフタユビナマケモノ　ド・セーヴ原図、ビュフォン、G.L.L., Comte de『一般と個別の博物誌（ソンニーニ版）』1799〜1808　銅版 カラー印刷

ブチクスクス　Phalanger maculatus
「ビュフォンの博物誌」工作舎　1991
◇F175（カラー）　オス『一般と個別の博物誌 ソンニーニ版』

ブチハイエナ　Crocuta crocuta
「ビュフォンの博物誌」工作舎　1991
◇F083（カラー）『一般と個別の博物誌 ソンニーニ版』
「世界大博物図鑑 5」平凡社　1988
◇p184（カラー）　イーレ, I.E.原図、シュレーバー, J.C.D.von『哺乳類誌』（1774）〜1846　手彩色銅版図

ブッシュバック　Tragelaphus scriptus
「ビュフォンの博物誌」工作舎　1991
◇F156（カラー）『一般と個別の博物誌 ソンニーニ版』
「世界大博物図鑑 5」平凡社　1988
◇p321（カラー）　キュヴィエ, G.L.C.F.D.『動物界』1836〜49

ブッシュバック属のアンテロープ
「紙の上の動物園」グラフィック社　2017
◇p58（カラー）　グレイ, ジョン・エドワード著, リア, エドワード版画『ノーズリー・ホールの小型鳥獣園拾遺集』1846

ブラックタマリン　Saguinus midas
「ビュフォンの博物誌」工作舎　1991
◇G073（カラー）『一般と個別の博物誌 ソンニーニ版』
◇G074（カラー）『一般と個別の博物誌 ソンニーニ版』
「世界大博物図鑑 5」平凡社　1988
◇p77（カラー）　キュヴィエ, G.L.C.F.D.『動物界』1836〜49

ブラックタマリン　Saguinus midas midas
「悪夢の猿たち」リブロポート　1991
◇p142（カラー）　シュレーバー, J.C.D.von『哺乳類誌』（1774）〜1846

ブラックタマリン　Saguinus midas niger
「悪夢の猿たち」リブロポート　1991
◇p68（カラー）　ビュフォン, G.L.L.『一般と個別の博物誌 ソンニーニ版』1799〜1808
◇p143（カラー）　シュレーバー, J.C.D.von『哺乳類誌』（1774）〜1846

ブラックタマリン
「悪夢の猿たち」リブロポート　1991
◇p67（カラー）　ビュフォン, G.L.L.『一般と個別の博物誌 ソンニーニ版』1799〜1808

ブラックバック　Antilope cervicapra
「ビュフォンの博物誌」工作舎　1991
◇F148（カラー）　オス『一般と個別の博物誌 ソンニーニ版』
◇F149（カラー）　メス『一般と個別の博物誌 ソンニーニ版』

ブラックマンガベイ　Cercocebus aterrimus
「ビュフォンの博物誌」工作舎　1991
◇G028（カラー）『一般と個別の博物誌 ソンニーニ版』

ブルーモンキー　Cercopithecus mitis
「ビュフォンの博物誌」工作舎　1991
◇G038（カラー）『一般と個別の博物誌 ソンニーニ版』

フロリダウッドラット　Neotoma floridana
「世界大博物図鑑 5」平凡社　1988
◇p213（カラー）　キュヴィエ, G.L.C.F.D.『動物界』1836〜49

【へ】

ベアードバク　Tapirus bairdi
「世界大博物図鑑 5」平凡社　1988
◇p361（カラー）　ヴォルフ, J.原図『ロンドン動物学協会紀要』1861〜90（第2期）　手彩色石版画

ベニガオザル　Macaca arctoides
「ビュフォンの博物誌」工作舎　1991
◇G034（カラー）『一般と個別の博物誌 ソンニーニ版』

ベニガオザル
「悪夢の猿たち」リブロポート　1991
◇p49（カラー）　ビュフォン, G.L.L.『一般と個別の博物誌 ソンニーニ版』1799〜1808
◇口絵（カラー）

ヘラジカ　Alces alces
「ビュフォンの博物誌」工作舎　1991
◇F135（カラー）　オス『一般と個別の博物誌 ソンニーニ版』
◇F136（カラー）　メス『一般と個別の博物誌 ソンニーニ版』
◇F137（カラー）　幼獣『一般と個別の博物誌 ソンニーニ版』
「世界大博物図鑑 5」平凡社　1988
◇p304（カラー）　シュレーバー, J.C.D.von『哺乳類誌』（1774）〜1846　手彩色銅版図
◇p305（カラー）　イーレ, I.E.原図, シュレーバー, J.C.D.von『哺乳類誌』（1774）〜1846　手彩色銅版図
◇p305（カラー）　メス　シュレーバー, J.C.D.von『哺乳類誌』（1774）〜1846　手彩色銅版図

ペルツエンガゼル　Gazalla pelzelni
「ビュフォンの博物誌」工作舎　1991
◇F145（カラー）『一般と個別の博物誌 ソンニーニ版』

哺乳類　　　　　　　　　　　　　　　　　　　　ほつき

ベンガルトラ　Felis Tigris
「紙の上の動物園」グラフィック社　2017
　◇p46〜47（カラー）　Bengal tiger　ヘイスティン
　　グズ侯爵夫妻収集『ヘイスティングズ・アルバ
　　ム』　1813〜23　水彩

ベンガルヤマネコ　Felis bengalensis
「世界大博物図鑑 5」平凡社　1988
　◇p120（カラー）　筑前の産とされているが、外国
　　持ち渡りの種か、あるいはツシマヤマネコ　高木
　　春山『本草図説』　？　〜1852　〔愛知県西尾市立
　　岩瀬文庫〕
　◇p121（カラー）　ミルヌ＝エドヴァール, M.H.著,
　　ユエ原図『哺乳類誌』　1868〜74　多色石版

ヘンディーウーリーモンキー
「悪夢の猿たち」リブロポート　1991
　◇p157（カラー）　シュレーバー, J.C.D.von『哺乳
　　類誌』　（1774）〜1846

【 ほ 】

ポインター
「紙の上の動物園」グラフィック社　2017
　◇p187（カラー）　エドワーズ, シデナム・ティー
　　ク『イギリス犬図鑑：イギリス本土の犬種の彩色
　　エングレーヴィング、輪郭、彩色とも実物通り』
　　1800〜05

ボウシマンガベイ　Cercocebus galeritus
「江戸博物文庫 魚の巻」工作舎　2017
　◇p37（カラー）　抹香鯨　後藤光生『随観写真』
　　〔国立国会図書館〕
「ビュフォンの博物誌」工作舎　1991
　◇G039（カラー）『一般と個別の博物誌 ソンニー
　　ニ版』

ボウシマンガベイ
「悪夢の猿たち」リブロポート　1991
　◇p21（カラー）　ビュフォン, G.L.L.『一般と個別
　　の博物誌 ソンニーニ版』　1799〜1808

ホエザル　Alouatta pallia
「すごい博物画」グラフィック社　2017
　◇図版47（カラー）　ニオイインドウ, ヨウム, ル
　　ピナス, コボウズオトギリ, ホエザル, キンバ
　　エ, ムラサキ, クワガタムシ　マーシャル, アレ
　　クサンダー 1650〜82頃　水彩　45.8×33.1
　　〔ウィンザー城ロイヤル・ライブラリー〕

ホエジカ　Muntiacus muntjak
「ビュフォンの博物誌」工作舎　1991
　◇F040（カラー）『一般と個別の博物誌 ソンニー
　　ニ版』

ホオジロマンガベイ　Cercocebus albigena
「ビュフォンの博物誌」工作舎　1991
　◇G027（カラー）『一般と個別の博物誌 ソンニー
　　ニ版』
　◇G043（カラー）『一般と個別の博物誌 ソンニー
　　ニ版』

ホオジロマンガベイ
「悪夢の猿たち」リブロポート　1991
　◇p20（カラー）　ビュフォン, G.L.L.『一般と個別
　　の博物誌 ソンニーニ版』　1799〜1808

ホシハタリス　Spermophilus suslicus
「ビュフォンの博物誌」工作舎　1991
　◇F191（カラー）『一般と個別の博物誌 ソンニー
　　ニ版』
「世界大博物図鑑 5」平凡社　1988
　◇p204（カラー）　イーレ, I.E.原図, シュレーバー,
　　J.C.D.von『哺乳類誌』　（1774）〜1846　手彩色
　　銅版図

ホシバナモグラ　Condylura cristata
「ビュフォンの博物誌」工作舎　1991
　◇F060（カラー）『一般と個別の博物誌 ソンニー
　　ニ版』
「世界大博物図鑑 5」平凡社　1988
　◇p97（カラー）　シュレーバー, J.C.D.von『哺乳
　　類誌』　（1774）〜1846　手彩色銅版図

ホソロリス　Loris tardigradus
「ビュフォンの博物誌」工作舎　1991
　◇F203（カラー）『一般と個別の博物誌 ソンニー
　　ニ版』
「世界大博物図鑑 5」平凡社　1988
　◇p80（カラー）　キュヴィエ, G.L.C.F.D.『動物
　　界』　1836〜49

ホソロリス
「悪夢の猿たち」リブロポート　1991
　◇p124（カラー）　シュレーバー, J.C.D.von『哺乳
　　類誌』　（1774）〜1846
　◇p125（カラー）　シュレーバー, J.C.D.von『哺乳
　　類誌』　（1774）〜1846

ホッキョクギツネ　Alopex lagopus
「ビュフォンの博物誌」工作舎　1991
　◇F012（カラー）『一般と個別の博物誌 ソンニー
　　ニ版』
　◇F045（カラー）『一般と個別の博物誌 ソンニー
　　ニ版』
「世界大博物図鑑 5」平凡社　1988
　◇p153（カラー）　白色型の夏毛　ヘルマン原図,
　　シュレーバー, J.C.D.von『哺乳類誌』　（1774）
　　〜1846　手彩色銅版図

ホッキョククジラ　Balaena mysticetus
「世界大博物図鑑 5」平凡社　1988
　◇p396（カラー）　シュレーバー, J.C.D.von『哺乳
　　類誌』　（1774）〜1846　手彩色銅版図

ホッキョククジラ
「世界大博物図鑑 5」平凡社　1988
　◇p396（カラー）　ヒゲ　キュヴィエ, G.L.C.F.D.
　　『動物界』　1836〜49

ホッキョクグマ　Thalarctos maritimus
「ビュフォンの博物誌」工作舎　1991
　◇F070（カラー）『一般と個別の博物誌 ソンニー
　　ニ版』

博物図譜レファレンス事典 動物篇　553

ほつき　　　　　　　　　哺乳類

ホッキョクグマ　Ursus maritimus
「ビュフォンの博物誌」工作舎　1991
　　◇F222（カラー）『一般と個別の博物誌 ソンニー
　　　ニ版』
「世界大博物図鑑 5」平凡社　1988
　　◇p156〜157（カラー）　マレシャル原図, シュレー
　　　バー, J.C.D.von『哺乳類誌』（1774）〜1846
　　　手彩色銅版図
　　◇p157（カラー）　ビュフォン, G.L.L., Comte de
　　　『一般と個別の博物誌（ソンニーニ版）』1799〜
　　　1808　銅版 カラー印刷
　　◇p157（カラー）『ビュフォン著作集』1848

ホッキョクグマ
「紙の上の動物園」グラフィック社　2017
　　◇p80〜81（カラー）『ロイヤル・スクール壁かけ絵
　　　画シリーズ』19世紀末

ホッグジカ　Cervus porcinus
「ビュフォンの博物誌」工作舎　1991
　　◇F036（カラー）『一般と個別の博物誌 ソンニー
　　　ニ版』

ボバクマーモット　Marmota babak
「ビュフォンの博物誌」工作舎　1991
　　◇F191（カラー）『一般と個別の博物誌 ソンニー
　　　ニ版』

ボブキャット　Lynx rufus
「ビュフォンの博物誌」工作舎　1991
　　◇F082（カラー）『一般と個別の博物誌 ソンニー
　　　ニ版』

ボホールリードバック　Reduca redunca
「ビュフォンの博物誌」工作舎　1991
　　◇F154（カラー）『一般と個別の博物誌 ソンニー
　　　ニ版』

ホリネズミ
「世界大博物図鑑 5」平凡社　1988
　　◇p209（カラー）　マイヤー, J.D.『陸海川動物細
　　　密骨格図譜』1752　手彩色銅版

ボリビアリスザル
「悪夢の猿たち」リブロポート　1991
　　◇p76（カラー）　ビュフォン, G.L.L.『一般と個別
　　　の博物誌 ソンニーニ版』1799〜1808

ボルネオコビトリス　Exilisciurus exilis
「世界大博物図鑑 5」平凡社　1988
　　◇p197（カラー）　ミュラー, S.著, ムルダー, A.S.
　　　原図『蘭領インド自然誌』1839〜44　手彩色
　　　石版

ホンドイタチ　Mustela sibirica itatsi
「鳥獣虫魚譜」八坂書房　1988
　　◇p12（カラー）　鼬　松森胤保『両羽獣類図譜』
　　　［酒田市立光丘文庫］

ホンドキツネ　Vulpes vulpes japonica
「鳥獣虫魚譜」八坂書房　1988
　　◇p12（カラー）　狐　松森胤保『両羽獣類図譜』
　　　［酒田市立光丘文庫］

ホンドテン（キテン）　Martes melampus
melampus
「鳥獣虫魚譜」八坂書房　1988
　　◇p13（カラー）　貂　松森胤保『両羽獣類図譜』
　　　［酒田市立光丘文庫］

ボンネットモンキー　Macaca radiata
「ビュフォンの博物誌」工作舎　1991
　　◇G040（カラー）『一般と個別の博物誌 ソンニー
　　　ニ版』

ボンネットモンキー
「悪夢の猿たち」リブロポート　1991
　　◇p51（カラー）　ビュフォン, G.L.L.『一般と個別
　　　の博物誌 ソンニーニ版』1799〜1808
　　◇p96（カラー）　シュレーバー, J.C.D.von『哺乳
　　　類誌』（1774）〜1846

【ま】

マイルカ　Delphinus delphis
「すごい博物画」グラフィック社　2017
　　◇図版25（カラー）　ダル・ポッツォ, カシアーノ,
　　　レオナルディ, ヴィンチェンソ作（?）1630〜40
　　　頃　黒いチョークの上にアラビアゴムを混ぜた水
　　　彩と濃厚顔料　33.8×53.8　［ウィンザー城ロイ
　　　ヤル・ライブラリー］
「ビュフォンの博物誌」工作舎　1991
　　◇H004（カラー）『一般と個別の博物誌 ソンニー
　　　ニ版』
「世界大博物図鑑 5」平凡社　1988
　　◇p389（カラー）　シュレーバー, J.C.D.von『哺乳
　　　類誌』（1774）〜1846　手彩色銅版図

マカクの1種　Macaca sp.
「ビュフォンの博物誌」工作舎　1991
　　◇G032（カラー）『一般と個別の博物誌 ソンニー
　　　ニ版』

マーゲイ　Felis wiedii
「ビュフォンの博物誌」工作舎　1991
　　◇F212（カラー）『一般と個別の博物誌 ソンニー
　　　ニ版』
「世界大博物図鑑 5」平凡社　1988
　　◇p121（カラー）　レッソン, R.P.著, プレートル,
　　　J.G.原図『動物百図』1830〜32

マスクティティ
「悪夢の猿たち」リブロポート　1991
　　◇p150（カラー）　シュレーバー, J.C.D.von『哺乳
　　　類誌』（1774）〜1846

マスクラット　Ondatra zibethicus
「ビュフォンの博物誌」工作舎　1991
　　◇F087（カラー）『一般と個別の博物誌 ソンニー
　　　ニ版』
　　◇F172（カラー）『一般と個別の博物誌 ソンニー
　　　ニ版』
「世界大博物図鑑 5」平凡社　1988
　　◇p220（カラー）　シュレーバー, J.C.D.von『哺乳

哺乳類　　　　　　　　　　　　　　　　　　　　　　　　まんと

類誌』（1774）～1846　手彩色銅版図

マダガスカルコウモリ　Pteropus rufus
「ビュフォンの博物誌」工作舎　1991
　◇F089（カラー）『一般と個別の博物誌 ソンニー
　　ニ版』

マダガスカルジャコウネコ　Fossa fossa
「ビュフォンの博物誌」工作舎　1991
　◇F085（カラー）『一般と個別の博物誌 ソンニー
　　ニ版』

マダライタチ　Vormela peregusna
「ビュフォンの博物誌」工作舎　1991
　◇F050（カラー）『一般と個別の博物誌 ソンニー
　　ニ版』

マッコウクジラ　Physeter catodon
「ビュフォンの博物誌」工作舎　1991
　◇H003（カラー）『一般と個別の博物誌 ソンニー
　　ニ版』

マッコウクジラ　Physeter macrocephalus
「世界大博物図鑑 5」平凡社　1988
　◇p392（カラー）　イーレ, I.E.原図, シュレーバー,
　　J.C.D.von『哺乳類誌』（1774）～1846　手彩色
　　銅版図
　◇p392（カラー）　メス　イーレ, I.E.原図, シュ
　　レーバー, J.C.D.von『哺乳類誌』（1774）～
　　1846　手彩色銅版図
　◇p392～393（カラー）　キュヴィエ, G.L.C.F.D.
　　著, トラヴィエ原図『ラセペード博物誌』1841
　　手彩色銅版画

マッコウクジラ
「彩色 江戸博物学集成」平凡社　1994
　◇p310（カラー）　畔田翠山『熊野物産初志』
　　［大阪市立博物館］

マツテン　Martes martes
「ビュフォンの博物誌」工作舎　1991
　◇F049（カラー）『一般と個別の博物誌 ソンニー
　　ニ版』

マツテン
「紙の上の動物園」グラフィック社　2017
　◇p133（カラー）　ペナント, トーマス『イギリス
　　本土の動物学』1766

マヌルネコ　Felis manul
「世界大博物図鑑 5」平凡社　1988
　◇p116～117（カラー）　ミルヌ＝エドヴァール,
　　M.H.著, ユエ原図『哺乳類誌』1868～74　多色
　　石版

マーモセット
　⇒メキシコサル（マーモセット）を見よ

マーラ　Dolichotis patagonum
「世界大博物図鑑 5」平凡社　1988
　◇p229（カラー）　レッソン, R.P.著, プレートル原
　　図『動物百図』1830～32

マライヤマネコ（？）　Felis planiceps Vigors
　& Horsfield, 1827
「高木春山 本草図説 動物」リブロポート　1989
　◇p46（カラー）　山猫 牝

マリアナジカ　Cervus mariannus
「世界大博物図鑑 5」平凡社　1988
　◇p301（カラー）　スミット, J.原図『ロンドン動物
　　学協会紀要』1861～90（第2期）　手彩色石版画

マレージャコウネコ　Paradoxurus
　hermaphroditus
「舶来鳥獣図誌」八坂書房　1992
　◇p72（カラー）　山猫『唐蘭船持渡鳥獣之図』 文
　　化10（1813）渡来　［慶應義塾図書館］

マレーバク　Tapirus indicus
「世界大博物図鑑 5」平凡社　1988
　◇p361（カラー）　シンツ, Dr.H.R.『哺乳動物図
　　譜』1848　手彩色石版図

マレーヒヨケザル　Cynocephalus variegatus
「ビュフォンの博物誌」工作舎　1991
　◇F209（カラー）『一般と個別の博物誌 ソンニー
　　ニ版』
「世界大博物図鑑 5」平凡社　1988
　◇p92（カラー）　オードベール原図, イーレ, I.E.
　　再刻, シュレーバー, J.C.D.von『哺乳類誌』
　　（1774）～1846　手彩色銅版図
　◇p93（カラー）　Galeopithecus rufus　オード
　　ベール原図, シュレーバー, J.C.D.von『哺乳類
　　誌』（1774）～1846　手彩色銅版図

マングース　ichneumon
「紙の上の動物園」グラフィック社　2017
　◇p245（カラー）　ショー, ジョージ『レヴェリア
　　ン博物館の解説図、イギリス種と南米種』1792
　　～96

マングースキツネザル　Lemur mongoz
「ビュフォンの博物誌」工作舎　1991
　◇F201（カラー）『一般と個別の博物誌 ソンニー
　　ニ版』

マングースキツネザル
「悪夢の猿たち」リブロポート　1991
　◇p94（カラー）　シュレーバー, J.C.D.von『哺乳
　　類誌』（1774）～1846
　◇p95（カラー）　シュレーバー, J.C.D.von『哺乳
　　類誌』（1774）～1846

マントヒヒ　Papio hamadryas
「ビュフォンの博物誌」工作舎　1991
　◇G024（カラー）『一般と個別の博物誌 ソンニー
　　ニ版』

マントヒヒ
「悪夢の猿たち」リブロポート　1991
　◇p98（カラー）　シュレーバー, J.C.D.von『哺乳
　　類誌』（1774）～1846
　◇p99（カラー）　あるいはドグエラヒヒか？
　　シュレーバー, J.C.D.von『哺乳類誌』（1774）
　　～1846

博物図譜レファレンス事典 動物篇　**555**

まんと　　　　　　　　　哺乳類

◇p100（カラー）　シュレーバー，J.C.D.von『哺乳類誌』（1774）～1846

マンドリル　Mandrillus sphinx
「ビュフォンの博物誌」工作舎　1991
◇G018（カラー）『一般と個別の博物誌 ソンニーニ版』
◇G019（カラー）　メス『一般と個別の博物誌 ソンニーニ版』
◇G020（カラー）『一般と個別の博物誌 ソンニーニ版』

マンドリル　Papio sphinx
「世界大博物図鑑 5」平凡社　1988
◇p64（カラー）　オス，メス　シュレーバー，J.C.D.von『哺乳類誌』（1774）～1846　手彩色銅版図

マンドリル
「悪夢の猿たち」リブロポート　1991
◇p28（カラー）　ビュフォン，G.L.L.『一般と個別の博物誌 ソンニーニ版』1799～1808
◇p29（カラー）　ビュフォン，G.L.L.『一般と個別の博物誌 ソンニーニ版』1799～1808
◇p30（カラー）　ビュフォン，G.L.L.『一般と個別の博物誌 ソンニーニ版』1799～1808
◇p102（カラー）　シュレーバー，J.C.D.von『哺乳類誌』（1774）～1846

【み】

三毛ネコ
⇒ネコ（三毛ネコ）を見よ

ミズカキカワネズミ　Nectogale elegans
「世界大博物図鑑 5」平凡社　1988
◇p97（カラー）　ユエ，N.原図，ジョフロワ・サン＝ティレール，I.『哺乳類誌』1854

ミズトガリネズミ　Neomys fodiens
「世界大博物図鑑 5」平凡社　1988
◇p97（カラー）　ドノヴァン，E.『英国四足獣誌』1820

ミズハタネズミ　Arvicola arvalis
「ビュフォンの博物誌」工作舎　1991
◇F056（カラー）『一般と個別の博物誌 ソンニーニ版』

ミゾバムササビ　Aeretes melanopterus
「世界大博物図鑑 5」平凡社　1988
◇p208（カラー）　チベット産のオス　ミルヌ＝エドヴァール，M.H.著，ユエ原図『哺乳類誌』1868～74　多色石版

ミツオビアルマジロ　Tolypeutes tricinctus
「世界大博物図鑑 5」平凡社　1988
◇p260（カラー）　セバ，アルバート原図，シュレーバー，J.C.D.von『哺乳類誌』（1774）～1846　手彩色銅版図

ミナミアフリカオットセイ　Arctocephalus pusillus
「ビュフォンの博物誌」工作舎　1991
◇F225（カラー）『一般と個別の博物誌 ソンニーニ版』
「世界大博物図鑑 5」平凡社　1988
◇p188（カラー）　ド・セーヴ原図，シュレーバー，J.C.D.von『哺乳類誌』（1774）～1846　手彩色銅版図

ミナミウミカワウソ　Lutra felina
「世界大博物図鑑 5」平凡社　1988
◇p176（カラー）　ヴェルナー原図，アネドゥーシュ彫版，ゲイ，C.『チリ自然社会誌』1844～71

ミナミオポッサム　Didelphis marsupialis
「ビュフォンの博物誌」工作舎　1991
◇F106（カラー）『一般と個別の博物誌 ソンニーニ版』
「世界大博物図鑑 5」平凡社　1988
◇p248（カラー）　シュレーバー，J.C.D.von『哺乳類誌』（1774）～1846　手彩色銅版図

ミナミカワウソ　Lutra felina
「ビュフォンの博物誌」工作舎　1991
◇F223（カラー）『一般と個別の博物誌 ソンニーニ版』

ミナミゾウアザラシ　Mirounga leonina
「世界大博物図鑑 5」平凡社　1988
◇p193（カラー）　シュレーバー，J.C.D.von『哺乳類誌』（1774）～1846　手彩色銅版図

ミミゲモモンガ　Trogopterus xanthipes
「世界大博物図鑑 5」平凡社　1988
◇p205（カラー）　オス　ミルヌ＝エドヴァール，M.H.著，ユエ原図『哺乳類誌』1868～74　多色石版

ミミセンザンコウ　Manis Pentadactyla
「紙の上の動物園」グラフィック社　2017
◇p70（カラー）　The short Tailed Manis『ウェルスリー侯爵の博物絵画コレクション』1796

ミミセンザンコウ　Manis pentadactyla
「ビュフォンの博物誌」工作舎　1991
◇F099（カラー）『一般と個別の博物誌 ソンニーニ版』
「世界大博物図鑑 5」平凡社　1988
◇p264（カラー）　ド・セーヴ原図，シュレーバー，J.C.D.von『哺乳類誌』（1774）～1846　手彩色銅版図

ミユビトビネズミ　Salpingotus crassicauda
「ビュフォンの博物誌」工作舎　1991
◇F192（カラー）『一般と個別の博物誌 ソンニーニ版』

ミユビトビネズミの1種　Jaculus
「世界大博物図鑑 5」平凡社　1988
◇p225（カラー）　ド・セーヴ図，ビュフォン，G.L.L., Comte de『一般と個別の博物誌（ソンニーニ版）』1799～1808　銅版 カラー印刷

哺乳類　　　　　　　　　　　　もなも

ミュラーテナガザル　Hylobates muelleri
「世界大博物図鑑 5」平凡社　1988
　◇p57（カラー）　シュレーバー, J.C.D.von『哺乳
　　類誌』（1774）～1846　手彩色銅版図

【む】

ムーアモンキー？
「悪夢の猿たち」リブロポート　1991
　◇p128（カラー）　シュレーバー, J.C.D.von『哺乳
　　類誌』（1774）～1846

ムササビ　Petaurista leucogenys
「鳥獣虫魚譜」八坂書房　1988
　◇p15（カラー）　野呆　松森胤保『両羽獣類図譜』
　　［酒田市立光丘文庫］

ムササビ
「紙の上の動物園」グラフィック社　2017
　◇p238（カラー）　クライン, ヤコブス・テオドル
　　ス画『サー・ハンス・スローン宛て説明書、書簡
　　等』1726～40
　◇p238（カラー）　フォスマール, アルノー『東西
　　インドの四足獣、鳥、ヘビ他、稀少動物のすばら
　　しいコレクションと解説：写生画つき』1804
「彩色 江戸博物学集成」平凡社　1994
　◇p430～431（カラー）　松森胤保『両羽博物図譜』
　　［光丘文庫］

ムジナ
　⇒タヌキ（貉＝ムジナ）を見よ

ムツオビアルマジロ　Euphractus sexcinctus
「ビュフォンの博物誌」工作舎　1991
　◇F100（カラー）『一般と個別の博物誌 ソンニー
　　二版』
「世界大博物図鑑 5」平凡社　1988
　◇p261（カラー）　ド・セーヴ原図, ビュフォン, G.
　　L.L., Comte de『一般と個別の博物誌（ソンニー
　　二版）』1799～1808　銅版 カラー印刷

ムナジロテン　Martes foina
「ビュフォンの博物誌」工作舎　1991
　◇F047（カラー）『一般と個別の博物誌 ソンニー
　　二版』

ムフロン　Ovis musimon
「ビュフォンの博物誌」工作舎　1991
　◇F119（カラー）『一般と個別の博物誌 ソンニー
　　二版』
「世界大博物図鑑 5」平凡社　1988
　◇p341（カラー）　ジャーディン, W.『ヤギとウシ
　　の博物誌』
　◇p341（カラー）　ド・ヴェーイ原図, シュレー
　　バー, J.C.D.von『哺乳類誌』（1774）～1846
　　手彩色銅版図

【め】

名馬、故エクリプスの正確なプロポーション
　図面
「紙の上の動物園」グラフィック社　2017
　◇p206～207（カラー）　サンベル, シャルル・ヴィ
　　アル・ド『獣医学美術の要素、有名なエクリプス
　　のプロポーションに関する論文を付す』1797

メガネヤマネ　Eliomys quercinus
「ビュフォンの博物誌」工作舎　1991
　◇F067（カラー）『一般と個別の博物誌 ソンニー
　　二版』
「世界大博物図鑑 5」平凡社　1988
　◇p224（カラー）　キュヴィエ, G.L.C.F.D.『動物
　　界』1836～49

メキシコサル（マーモセット）
「すごい博物画」グラフィック社　2017
　◇図18（カラー）　細部　マーシャル, アレクサン
　　ダー　1650～82頃　水彩画　［ウィンザー城ロイ
　　ヤル・ライブラリー］

メキシコホオヒゲコウモリ　Myotis auriculus
「ビュフォンの博物誌」工作舎　1991
　◇F090（カラー）『一般と個別の博物誌 ソンニー
　　二版』

メクラネズミ　Spalax microphthalmus
「ビュフォンの博物誌」工作舎　1991
　◇F060（カラー）『一般と個別の博物誌 ソンニー
　　二版』

メリノ種の羊
「紙の上の動物園」グラフィック社　2017
　◇p175（カラー）　シュペヒト, フリードリッヒ
　　『カッセルの博物学壁かけ絵画シリーズ』19世
　　紀末

【も】

モグラネズミ　Myospalax myospalax
「ビュフォンの博物誌」工作舎　1991
　◇F055（カラー）『一般と個別の博物誌 ソンニー
　　二版』

モナモンキー　Cercopithecus mona
「すごい博物画」グラフィック社　2017
　◇図版51（カラー）　シロムネオオハシ、ザクロ、
　　クロヅル、イヌサフラン、おそらくシャチホコガ
　　の幼虫、ヨーロッパブドウの枝、コンゴウインコ
　　コ、モナモンキー、ムラサキセイヨウハシバミま
　　たはセイヨウハシバミ、オオモンシロチョウ、
　　ヨーロッパアマガエル　マーシャル, アレクサン
　　ダー　1650～82頃　水彩　45.8×34.0　［ウィン
　　ザー城ロイヤル・ライブラリー］
「ビュフォンの博物誌」工作舎　1991
　◇G044（カラー）『一般と個別の博物誌 ソンニー
　　二版』

博物図譜レファレンス事典 動物篇　**557**

もなも　　　　　　　　　　哺乳類

◇G045（カラー）『一般と個別の博物誌 ソンニー
二版』

モナモンキー
「悪夢の猿たち」リブロポート　1991
◇p6（白黒）　ビュフォン, G.L.L.『一般と個別の
博物誌』
◇p35（カラー）　ビュフォン, G.L.L.『一般と個別
の博物誌 ソンニーニ版』　1799〜1808
◇p112（カラー）　シュレーバー, J.C.D.von『哺乳
類誌』（1774）〜1846
◇p113（カラー）　シュレーバー, J.C.D.von『哺乳
類誌』（1774）〜1846

モモンガ　Pteromys momonga
「鳥獣虫魚譜」八坂書房　1988
◇p14（カラー）　モモガ　松森胤保『両羽獣類図
譜』　［酒田市立光丘文庫］

モモンガ
「彩色 江戸博物学集成」平凡社　1994
◇p430〜431（カラー）　松森胤保『両羽博物図譜』
［光丘文庫］

モリアカネズミ　Apodemus sylvaticus
「ビュフォンの博物誌」工作舎　1991
◇F055（カラー）『一般と個別の博物誌 ソンニー
二版』

モルモット　Cavia porcellus
「ビュフォンの博物誌」工作舎　1991
◇F056（カラー）『一般と個別の博物誌 ソンニー
二版』
「世界大博物図鑑 5」平凡社　1988
◇p229（カラー）　ド・セーヴ原図, ビュフォン, G.
L.L., Comte de『一般と個別の博物誌（ソンニー
二版）』　1799〜1808　銅版画 カラー印刷

モルモット　Cavia porcellus Linnaeus, 1758
「高木春山 本草図説 動物」リブロポート　1989
◇p51（カラー）

モルモット
「彩色 江戸博物学集成」平凡社　1994
◇p450〜451（カラー）　山本渓愚［山本読書室］

モンクサキ　Pithecia monachus
「ビュフォンの博物誌」工作舎　1991
◇G070（カラー）『一般と個別の博物誌 ソンニー
二版』

モンクサキ
「悪夢の猿たち」リブロポート　1991
◇p79（カラー）　ビュフォン, G.L.L.『一般と個別
の博物誌 ソンニーニ版』　1799〜1808

【 や 】

ヤエヤマオオコウモリ　Pteropus dasymallus
yaeyamae
「江戸鳥類大図鑑」平凡社　2006
◇p388（カラー）　琉球かはほり　堀田正敦『禽譜』

［宮城県図書館伊達文庫］

ヤエヤマオオコウモリ
「江戸の動植物図」朝日新聞社　1988
◇p89（カラー）　栗本丹洲『千蟲譜』　［国立国会
図書館］

ヤガランデ　Felis yagouaroundi
「世界大博物図鑑 5」平凡社　1988
◇p124（カラー）　アネドゥーシュ製版, キュヴィ
エ, G.L.C.F.D.『動物界』　1836〜49

ヤギ　Capra hircus
「ビュフォンの博物誌」工作舎　1991
◇F008（カラー）『一般と個別の博物誌 ソンニー
二版』
◇F009（カラー）　オス『一般と個別の博物誌 ソ
ンニーニ版』
◇F141（カラー）　ユダヤ種（メス・オス）『一般と
個別の博物誌 ソンニーニ版』
◇F142（カラー）　アンゴラ種（メス）『一般と個別
の博物誌 ソンニーニ版』
◇F143（カラー）　アンゴラ種（オス）『一般と個別
の博物誌 ソンニーニ版』
◇F144（カラー）　ユダヤ種『一般と個別の博物誌
ソンニーニ版』
「世界大博物図鑑 5」平凡社　1988
◇p340（カラー）　ド・セーヴ原図, シュレーバー,
J.C.D.von『哺乳類誌』（1774）〜1846　手彩色
銅版図

ヤギ　Capra hircus Linnaeus, 1758
「高木春山 本草図説 動物」リブロポート　1989
◇p50（カラー）

ヤギの角
「世界大博物図鑑 5」平凡社　1988
◇p340（カラー）　ノヤギ（野生種）　シュレー
バー, J.C.D.von『哺乳類誌』（1774）〜1846
手彩色銅版図

ヤク　Bos mutus
「世界大博物図鑑 5」平凡社　1988
◇p316（カラー）　シュレーバー, J.C.D.von『哺乳
類誌』（1774）〜1846　手彩色銅版図

野犬
「彩色 江戸博物学集成」平凡社　1994
◇p430〜431（カラー）　松森胤保『両羽博物図譜』
［光丘文庫］

野生ウマ　Equus ferus
「世界大博物図鑑 5」平凡社　1988
◇p356（カラー）　ウマの原種である可能性が高い
ポリソウ原図, シュレーバー, J.C.D.von『哺乳類
誌』（1774）〜1846　手彩色銅版図

野生の馬　Equus caballus
「ビュフォンの博物誌」工作舎　1991
◇F001（カラー）　カマルグポニー？『一般と個別
の博物誌 ソンニーニ版』

ヤブイヌ　Speothos vanaticus
「ビュフォンの博物誌」工作舎　1991

哺乳類　　　　　　　　　　　　　　　　よこす

◇F218（カラー）『一般と個別の博物誌 ソンニー
二版』

ヤブイヌ　Speothos venaticus？
「ビュフォンの博物誌」工作舎　1991
◇F012（カラー）『一般と個別の博物誌 ソンニー
二版』

ヤブカローネズミ　Otomys unisulcatus
「世界大博物図鑑 5」平凡社　1988
◇p217（カラー）　スミス, A.著, フォード, G.H.原
図『南アフリカ動物図譜』 1838〜49　手彩色
石版

ヤブノウサギ　Lepus europaeus
「世界大博物図鑑 5」平凡社　1988
◇p236（カラー）　ケープノウサギL.capensisの亜
種と考えられている　キュヴィエ, G.L.C.F.D.
『動物界』 1836〜49
◇p240（カラー）　ドノヴァン, E.『英国四足獣誌』
1820
◇p241（カラー）　ユキウサギ　シュレーバー, J.
C.D.von『哺乳類誌』（1774）〜1846　手彩色銅
版図
◇p241（カラー）　極端に耳を誇張した図　ドノ
ヴァン, E.『英国四足獣誌』 1820

ヤブハネジネズミ　Elephantulus intufi
「世界大博物図鑑 5」平凡社　1988
◇p245（カラー）　スミス, A.著, フォード, G.H.原
図『南アフリカ動物図譜』 1838〜49　手彩色
石版

ヤマアラシ　Hystrix sp.
「高木春山 本草図説 動物」リブロポート　1989
◇p51（カラー）　豪猪 ヤマアラシ

ヤマアラシ
「紙の上の動物園」グラフィック社　2017
◇p14（カラー）　トップセル, エドワード『四足獣
とヘビの本』 1658
「世界大博物図鑑 5」平凡社　1988
◇p228（カラー）　豪猪図　栗本丹洲筆『動物写生
図』 ［国立国会図書館］

ヤマイタチ
⇒オコジョ（エゾイタチ、ヤマイタチ）を見よ

ヤマイヌ
「彩色 江戸博物学集成」平凡社　1994
◇p298（カラー）　川原慶賀『哺乳類図譜』 ［オ
ランダ国立自然史博物館］

ヤマシマウマ　Equus zebra
「ビュフォンの博物誌」工作舎　1991
◇F129（カラー）『一般と個別の博物誌 ソンニー
二版』
◇F130（カラー）『一般と個別の博物誌 ソンニー
二版』
「世界大博物図鑑 5」平凡社　1988
◇p352〜353（カラー）　左の黒い個体はシマウマ
とロバの雑種　シンツ, Dr.H.R.『哺乳動物図譜』
1848　手彩色石版図

山猫
「江戸の動植物図」朝日新聞社　1988
◇p146（カラー）　関根雲停画

ヤマバク　Tapirus pinchaque
「世界大博物図鑑 5」平凡社　1988
◇p360（カラー）　シンツ, Dr.H.R.『哺乳動物図
譜』 1848　手彩色石版図

【 ゆ 】

ユキウサギ　Lepus timidus
「ビュフォンの博物誌」工作舎　1991
◇F041（カラー）『一般と個別の博物誌 ソンニー
二版』
「世界大博物図鑑 5」平凡社　1988
◇p237（カラー）　ドノヴァン, E.『英国四足獣誌』
1820

ユキヒョウ　Panthera uncia
「ビュフォンの博物誌」工作舎　1991
◇F077（カラー）『一般と個別の博物誌 ソンニー
二版』

ユキヒョウ　Panthera unica Schreber, 1775
「高木春山 本草図説 動物」リブロポート　1989
◇p47（カラー）　酋耳 即チ驫廥

ユーラシアカワウソ　Lutra lutra
「ビュフォンの博物誌」工作舎　1991
◇F047（カラー）『一般と個別の博物誌 ソンニー
二版』
「世界大博物図鑑 5」平凡社　1988
◇p176（カラー）　イーレ, I.E.原図, シュレーバー,
J.C.D.von『哺乳類誌』（1774）〜1846　手彩色
銅版図

ユーラシアハタネズミ　Microtus arvalis
「世界大博物図鑑 5」平凡社　1988
◇p220（カラー）　イギリス産の個体　ドノヴァン,
E.『英国四足獣誌』 1820

ユーラシアヤマコウモリ　Nyctalus noctula
「ビュフォンの博物誌」工作舎　1991
◇F062（カラー）『一般と個別の博物誌 ソンニー
二版』

【 よ 】

ヨウモウキツネザル　Avahi laniger
「ビュフォンの博物誌」工作舎　1991
◇F206（カラー）『一般と個別の博物誌 ソンニー
二版』

ヨコスジジャッカル　Canis adustus
「世界大博物図鑑 5」平凡社　1988
◇p132（カラー）　キューレマンス原図『ロンドン
動物学協会紀要』 1861〜90（第2期）　手彩色石
版画

博物図譜レファレンス事典 動物篇　**559**

ヨザル　Aotus trivirgatus
「世界大博物図鑑 5」平凡社　1988
　◇p73（カラー）　フライシュマン, A.原図, シュレーバー, J.C.D.von『哺乳類誌』（1774）～1846　手彩色銅版図

ヨザルの1種　Aotus sp.
「ビュフォンの博物誌」工作舎　1991
　◇G071（カラー）『一般と個別の博物誌 ソンニーニ版』

ヨツメオポッサム　Philander opossum
「ビュフォンの博物誌」工作舎　1991
　◇F103（カラー）『一般と個別の博物誌 ソンニーニ版』

ヨーロッパアブラコウモリ　Pipistellus pipistrellus
「ビュフォンの博物誌」工作舎　1991
　◇F062（カラー）『一般と個別の博物誌 ソンニーニ版』

ヨーロッパイノシシ　Sus scrofa
「ビュフォンの博物誌」工作舎　1991
　◇F010（カラー）　幼獣『一般と個別の博物誌 ソンニーニ版』
　◇F011（カラー）『一般と個別の博物誌 ソンニーニ版』

ヨーロッパオオカミ　Canis lupus lupus
「世界大博物図鑑 5」平凡社　1988
　◇p136（カラー）　ドノヴァン, E.『英国四足獣誌』1820

ヨーロッパケナガイタチ　Mustela putorius
「ビュフォンの博物誌」工作舎　1991
　◇F049（カラー）『一般と個別の博物誌 ソンニーニ版』
「世界大博物図鑑 5」平凡社　1988
　◇p168（カラー）　ドノヴァン, E.『英国四足獣誌』1820

ヨーロッパジェネット　Genetta genetta
「ビュフォンの博物誌」工作舎　1991
　◇F084（カラー）『一般と個別の博物誌 ソンニーニ版』
　◇F085（カラー）　フランス産『一般と個別の博物誌 ソンニーニ版』
「世界大博物図鑑 5」平凡社　1988
　◇p180（カラー）　キュヴィエ, G.L.C.F.D.『動物界』1836～49

ヨーロッパチチブコウモリ　Barbastella barbastellus
「ビュフォンの博物誌」工作舎　1991
　◇F062（カラー）『一般と個別の博物誌 ソンニーニ版』

ヨーロッパトガリネズミ　Sorex araneus
「ビュフォンの博物誌」工作舎　1991
　◇F058（カラー）『一般と個別の博物誌 ソンニーニ版』
「世界大博物図鑑 5」平凡社　1988

　◇p96（カラー）　ドノヴァン, E.『英国四足獣誌』1820

ヨーロッパバイソン　Bison bonasus
「世界大博物図鑑 5」平凡社　1988
　◇p325（カラー）　シュレーバー, J.C.D.von『哺乳類誌』（1774）～1846　手彩色銅版図

ヨーロッパハタリス　Spermophilus citellus
「ビュフォンの博物誌」工作舎　1991
　◇F189（カラー）『一般と個別の博物誌 ソンニーニ版』

ヨーロッパハツカネズミ　Mus musculus
「ビュフォンの博物誌」工作舎　1991
　◇F054（カラー）『一般と個別の博物誌 ソンニーニ版』

ヨーロッパハムスター　Cricetus cricetus
「ビュフォンの博物誌」工作舎　1991
　◇F188（カラー）『一般と個別の博物誌 ソンニーニ版』
　◇F189（カラー）『一般と個別の博物誌 ソンニーニ版』

ヨーロッパヒナコウモリ　Vespertilio murinus
「ビュフォンの博物誌」工作舎　1991
　◇F090（カラー）『一般と個別の博物誌 ソンニーニ版』

ヨーロッパビーバー　Castor fiber
「ビュフォンの博物誌」工作舎　1991
　◇F071（カラー）『一般と個別の博物誌 ソンニーニ版』
　◇F172（カラー）『一般と個別の博物誌 ソンニーニ版』
「世界大博物図鑑 5」平凡社　1988
　◇p212（カラー）　ドノヴァン, E.『英国四足獣誌』1820
　◇p212（カラー）　ド・セーヴ原図, シュレーバー, J.C.D.von『哺乳類誌』（1774）～1846　手彩色銅版図

ヨーロッパヒメトガリネズミ　Sorex minutus
「ビュフォンの博物誌」工作舎　1991
　◇F058（カラー）『一般と個別の博物誌 ソンニーニ版』

ヨーロッパモグラ　Talpa europaea
「ビュフォンの博物誌」工作舎　1991
　◇F059（カラー）　肌をシラミにさされたところ『一般と個別の博物誌 ソンニーニ版』
「世界大博物図鑑 5」平凡社　1988
　◇p97（カラー）　ドノヴァン, E.『英国四足獣誌』1820

ヨーロッパヤマネ　Muscardinius avellanarius
「ビュフォンの博物誌」工作舎　1991
　◇F068（カラー）『一般と個別の博物誌 ソンニーニ版』

ヨーロッパヤマネコ　Felis silvestris
「世界大博物図鑑 5」平凡社　1988
　◇p125（カラー）　ドノヴァン, E.『英国四足獣誌』

哺乳類　　　　　　　　　　　　　　　　　　　りひあ

1820

【ら】

ライオン　Panthera leo
「ビュフォンの博物誌」工作舎　1991
　◇F073（カラー）『一般と個別の博物誌 ソンニー
　　二版』
　◇F074（カラー）『一般と個別の博物誌 ソンニー
　　二版』
「世界大博物図鑑 5」平凡社　1988
　◇p100（カラー）　オスライオン　ドルビニ、A.D.
　　著、ズゼミール画『万有博物事典』　1837
　◇p101（カラー）　ドルビニ、A.D.著、トラヴィエ、
　　E.画『万有博物事典』　1837

ライオン
「すごい博物画」グラフィック社　2017
　◇図版16（カラー）　ネコとライオン、そしてドラ
　　ゴン　レオナルド・ダ・ヴィンチ 1513～16頃
　　黒いチョークの上にペンとインク ウォッシュ
　　27.1×20.1　［ウィンザー城ロイヤル・ライブラ
　　リー］
　◇図版17（カラー）　馬、聖ゲオルギオスとドラゴ
　　ン、そしてライオン　レオナルド・ダ・ヴィンチ
　　1517～18頃　下書き用の紙にペンとインク　29.
　　8×21.2　［ウィンザー城ロイヤル・ライブラ
　　リー］

ライオンタマリン　Leontopithecus rosalia
「世界大博物図鑑 5」平凡社　1988
　◇p77（カラー）　ジャーディン、W.『サルの博物
　　誌』1833　手彩色銅版画

ラクダ
「紙の上の動物園」グラフィック社　2017
　◇p13（カラー）　ゲスナー、コンラート『動物誌』
　　1551～58

ラッコ　Enhydra lutris
「世界大博物図鑑 5」平凡社　1988
　◇p173（カラー）　高木春山『本草図説』　？ ～
　　1852　［愛知県西尾市立岩瀬文庫］

ラッコ　Enhydra lutris Linnaeus, 1758
「高木春山 本草図説 水産」リブロポート　1988
　◇p32～33（カラー）　猟虎

ラッデハムスター　Mesocricetus raddei
「世界大博物図鑑 5」平凡社　1988
　◇p221（カラー）　亜種M.r.nigricans　キューレマ
　　ンス原図『ロンドン動物学協会紀要』1861～90
　　（第2期）　手彩色石版画

ラーテル　Mellivora capensis
「ビュフォンの博物誌」工作舎　1991
　◇F198（カラー）『一般と個別の博物誌 ソンニー
　　二版』
「世界大博物図鑑 5」平凡社　1988
　◇p168（カラー）　キュヴィエ、G.L.C.F.D.『動物
　　界』1836～49

ラバ
「ビュフォンの博物誌」工作舎　1991
　◇F004（カラー）『一般と個別の博物誌 ソンニー
　　二版』
「世界大博物図鑑 5」平凡社　1988
　◇p351（カラー）　トラヴィエ、E.原図『ビュフォ
　　ン著作集』　1848

ラブラドルクビワレミング　Dicrostonyx
　hudsonius
「世界大博物図鑑 5」平凡社　1988
　◇p221（カラー）　イーレ、I.E.原図、シュレーバー、
　　J.C.D.von『哺乳類誌』（1774）～1846　手彩色
　　銅版図

ラマ　Lama glama
「ビュフォンの博物誌」工作舎　1991
　◇F180（カラー）『一般と個別の博物誌 ソンニー
　　二版』
「世界大博物図鑑 5」平凡社　1988
　◇p288（カラー）　ド・セーヴ原図、シュレーバー、
　　J.C.D.von『哺乳類誌』（1774）～1846　手彩色
　　銅版図
　◇p288（カラー）　グアナコ　パーキンソン原図、
　　シュレーバー、J.C.D.von『哺乳類誌』（1774）
　　～1846　手彩色銅版図

**ラングール(黒いコロブスとハヌマンラン
　グール)**
「紙の上の動物園」グラフィック社　2017
　◇p64～65（カラー）　画家名不詳 1802頃

【り】

リカオン　Lycaon pictus
「ビュフォンの博物誌」工作舎　1991
　◇F086（カラー）『一般と個別の博物誌 ソンニー
　　二版』
「世界大博物図鑑 5」平凡社　1988
　◇p133（カラー）　キュヴィエ、G.L.C.F.D.『動物
　　界』1836～49

リスザル　Saimiri sciureus
「ビュフォンの博物誌」工作舎　1991
　◇G069（カラー）『一般と個別の博物誌 ソンニー
　　二版』

リスザル
「悪夢の猿たち」リブロポート　1991
　◇p77（カラー）　ビュフォン、G.L.L.『一般と個別
　　の博物誌 ソンニー二版』1799～1808
　◇p78（カラー）　ビュフォン、G.L.L.『一般と個別
　　の博物誌 ソンニー二版』1799～1808
　◇p151（カラー）　シュレーバー、J.C.D.von『哺乳
　　類誌』（1774）～1846

リビアネコ　Felis silvestris lybica
「世界大博物図鑑 5」平凡社　1988
　◇p128（カラー）　シュライヒ、A.原図、シュレー
　　バー、J.C.D.von『哺乳類誌』（1774）～1846

博物図譜レファレンス事典 動物篇　**561**

りほつ　　　　　　　　　　　　哺乳類

手彩色銅版図

リーボック　Pelea carpreolus
「ビュフォンの博物誌」工作舎　1991
◇F155（カラー）　オス『一般と個別の博物誌 ソンニーニ版』
◇F156（カラー）　メス『一般と個別の博物誌 ソンニーニ版』

リムガゼル　Gazella leptoceros
「ビュフォンの博物誌」工作舎　1991
◇F146（カラー）『一般と個別の博物誌 ソンニーニ版』

【る】

類人猿
「ビュフォンの博物誌」工作舎　1991
◇G005（カラー）　ゴリラGorilla gorillaの幼獣か. ただし18世紀の時点で未発見『一般と個別の博物誌 ソンニーニ版』

【れ】

レッサーパンダ　Ailurus fulgens
「世界大博物図鑑 5」平凡社　1988
◇p165（カラー）　スミット, J.原図『ロンドン動物学協会紀要』　1861〜90（第2期）　手彩色石版画
◇p165（カラー）　キュヴィエ, G.L.C.F.D.『動物界』　1836〜49

レミング　Lemmus lemmus
「世界大博物図鑑 5」平凡社　1988
◇p220（カラー）　おそらくノルウェーレミング ド・セーヴ原図, ビュフォン, G.L.L., Comte de 『一般と個別の博物誌（ソンニーニ版）』　1799〜1808　銅版 カラー印刷

【ろ】

ロシアデスマン　Desmana moschata
「ビュフォンの博物誌」工作舎　1991
◇F087（カラー）『一般と個別の博物誌 ソンニーニ版』
「世界大博物図鑑 5」平凡社　1988
◇p96（カラー）　シュレーバー, J.C.D.von『哺乳類図』　（1774）〜1846　手彩色銅版図

ロストグエノン　Cercopithecus lhoesti
「ビュフォンの博物誌」工作舎　1991
◇G037（カラー）『一般と個別の博物誌 ソンニーニ版』

ロッキー・マウンテン・シープ
⇒ビッグホーンを見よ

ロバ　Equus asinus
「舶来鳥獣図誌」八坂書房　1992

◇p85（カラー）　白河原毛 牝　メス『唐蘭船持渡鳥獣之図』　寛政4（1792）渡来　［慶應義塾図書館］
◇p85（カラー）　黒河原毛 牡　オス『唐蘭船持渡鳥獣之図』　寛政4（1792）渡来　［慶應義塾図書館］
「ビュフォンの博物誌」工作舎　1991
◇F003（カラー）『一般と個別の博物誌 ソンニーニ版』
「世界大博物図鑑 5」平凡社　1988
◇p351（カラー）　ダニエル, W.『生物景観図集』1809

ロバとシマウマの雑種
「紙の上の動物園」グラフィック社　2017
◇p244（カラー）　ジョフロワ・サンティレール, エティエンヌ『哺乳類の自然誌』　1824〜42

ロフタン種
「紙の上の動物園」グラフィック社　2017
◇p195（カラー）　シブリー, エビニーザー『人間その他を含む博物学の普遍的システム』　1794〜

ローンアンテロープ　Hippotragus equinus
「世界大博物図鑑 5」平凡社　1988
◇p329（カラー）　南アフリカ産の亜種　スミス, A.著, フォード, G.H.原図『南アフリカ動物図譜』　1838〜49　手彩色石版
◇p329（カラー）　エチオピア産の亜種　スミット, J.原図『ロンドン動物学協会紀要』　1861〜90（第2期）　手彩色石版画

【わ】

ワウワウテナガザル　Hylobates moloch
「舶来鳥獣図誌」八坂書房　1992
◇p63（カラー）　猿『唐蘭船持渡鳥獣之図』　文化6（1809）渡来　［慶應義塾図書館］
「ビュフォンの博物誌」工作舎　1991
◇G010（カラー）『一般と個別の博物誌 ソンニーニ版』

ワウワウテナガザル
「悪夢の猿たち」リブロポート　1991
◇p60（カラー）　ビュフォン, G.L.L.『一般と個別の博物誌 ソンニーニ版』　1799〜1808

ワオキツネザル　Lemur catta
「ビュフォンの博物誌」工作舎　1991
◇F199（カラー）『一般と個別の博物誌 ソンニーニ版』
「世界大博物図鑑 5」平凡社　1988
◇p85（カラー）　エドワーズ, G.原図, シュレーバー, J.C.D.von『哺乳類図』　（1774）〜1846　手彩色銅版図

ワオキツネザル
「紙の上の動物園」グラフィック社　2017
◇p66（カラー）　エドワーズ, ジョージ『知られざる鳥と未解明稀少動物の自然誌』　1743〜51

562　博物図譜レファレンス事典 動物篇

哺乳類　　　　　　　　　　　　　　　　　　　　わもん

「悪夢の猿たち」リブロポート　1991
　　◇p87（カラー）　シュレーバー, J.C.D.von, オー
　　ドベール原図『哺乳類誌』　(1774)～1846

ワキアカジネズミオポッサム　Monodelphis
brevicaudata
「世界大博物図鑑 5」平凡社　1988
　　◇p248（カラー）　シュレーバー, J.C.D.von『哺乳
　　類誌』　(1774)～1846　手彩色銅版図

ワタボウシタマリン　Saguinus oedipus
「ビュフォンの博物誌」工作舎　1991
　　◇G078（カラー）『一般と個別の博物誌 ソンニー
　　ニ版』

ワタボウシタマリン
「悪夢の猿たち」リブロポート　1991
　　◇p70（カラー）　ビュフォン, G.L.L.『一般と個別
　　の博物誌 ソンニーニ版』　1799～1808
　　◇p144（カラー）　シュレーバー, J.C.D.von『哺乳
　　類誌』　(1774)～1846

ワピチ　Cervus canadensis
「世界大博物図鑑 5」平凡社　1988
　　◇p301（カラー）　ユエ, N.原図、シュレーバー, J.
　　C.D.von『哺乳類誌』　(1774)～1846　手彩色銅
　　版図

ワヒョウ　Leopardus japonensis
「世界大博物図鑑 5」平凡社　1988
　　◇p116（カラー）　日本の豹　ヴォルフ, J.原図・石
　　版『ロンドン動物学協会紀要』　1862　手彩色石
　　版画

ワモンアザラシ　Phoca hispida
「ビュフォンの博物誌」工作舎　1991
　　◇F225（カラー）『一般と個別の博物誌 ソンニー
　　ニ版』

ワモンアザラシ　Phoca (Pusa) hispida
Schreber, 1775
「高木春山 本草図説 水産」リブロポート　1988
　　◇p95（カラー）　一種 海豹（アザラシ）

博物図譜レファレンス事典 動物篇　**563**

あいそ　　　　両生類・爬虫類

両生類・爬虫類

【あ】

アイゾメヤドクガエル　Dendrobates tinctorius
「世界大博物図鑑 3」平凡社　1990
◇p80（カラー）『ロンドン動物学協会紀要』 1861
～90,1891～1929

アイマイウミヘビ　Hydrophis obscurus
「ビュフォンの博物誌」工作舎　1991
◇J090（カラー）『一般と個別の博物誌 ソンニー
ニ版』
「世界大博物図鑑 3」平凡社　1990
◇p277（カラー）　ビュフォン, G.L.L., Comte de,
ド・セーヴ原図『一般と個別の博物誌 ソンニー
ニ版』 1799～1808　銅版画

アオウミガメ　Chelonia mydas
「日本の博物図譜」東海大学出版会　2001
◇図35（カラー）　中島仰山筆　［国立科学博物館］
「ビュフォンの博物誌」工作舎　1991
◇J016（カラー）『一般と個別の博物誌 ソンニー
ニ版』
◇J017（カラー）『一般と個別の博物誌 ソンニー
ニ版』
「世界大博物図鑑 3」平凡社　1990
◇p104～105（カラー）　ド・ラ・サグラ, R.
『キューバ風土記』 1839～61　手彩色銅版画

アオカナヘビ　Takydromus smaragdinus
「世界大博物図鑑 3」平凡社　1990
◇p188（カラー）『ロンドン動物学協会紀要』 1861
～90,1891～1929

アオダイショウ　Elaphe climacophora
「世界大博物図鑑 3」平凡社　1990
◇p224（カラー）　高木春山『本草図説』 ？ ～嘉
永5（？ ～1852）　［愛知県西尾市立岩瀬文庫］

アオダイショウ　Elaphe climacophora Boie,
1826
「高木春山 本草図説 動物」リブロポート　1989
◇p32～33（カラー）

アオハラスベノドトカゲ　Liolaemus cyanogaster
「世界大博物図鑑 3」平凡社　1990

◇p160（カラー）　ゲイ, C.『チリ自然社会誌』
1844～71

アオハラハマベトカゲ　Emoia cyanogaster
「世界大博物図鑑 3」平凡社　1990
◇p192（カラー）　レッソン, R.P.『コキーユ号航
海記』 1826～34　手彩色銅版画

アオマダラウミヘビ　Laticauda colubrina
「ビュフォンの博物誌」工作舎　1991
◇J085（カラー）『一般と個別の博物誌 ソンニー
ニ版』
「世界大博物図鑑 3」平凡社　1990
◇p276（カラー）　キュヴィエ, G.L.C.F.D.『動物
界（門徒版）』 1836～49　手彩色銅版

アカアシガメ
「紙の上の動物園」グラフィック社　2017
◇p42（カラー）　ベル, トーマス著, ソワービー, J.
C.D.画, リア, エドワード『カメ類考』 1832～
36　リトグラフ

アカウミガメ　Caretta caretta
「ビュフォンの博物誌」工作舎　1991
◇J016（カラー）『一般と個別の博物誌 ソンニー
ニ版』
「鳥獣虫魚譜」八坂書房　1988
◇p51（カラー）　幼体　松森胤保『両羽爬虫図譜』
［酒田市立光丘文庫］

アカオパイプヘビ　Cylindrophis ruffus
「世界大博物図鑑 3」平凡社　1990
◇p208（カラー）　シンツ, H.R.著, ブロットマン,
K.I.図『動物分類学図譜―両生・爬虫類編』
1833～35　手彩色石版画
◇p208（カラー）『ロンドン動物学協会紀要』 1861
～90,1891～1929

アカスジヤマガメ　Rhinoclemmys pulcherrima
「世界大博物図鑑 3」平凡社　1990
◇p120（カラー）　ギュンター, A.C.L.G.『中央ア
メリカの生物誌―両生・爬虫類編』 1885～1902
◇p120（カラー）　デュメリル, A.H.A.『メキシ
コ・中央アメリカ科学調査記録―爬虫類編』
1870～1909

アカハライモリ　Cynops pyrrhogaster
「世界大博物図鑑 3」平凡社　1990
◇p35（カラー）　栗本丹洲『千蟲譜』 文化8
（1811）

564　博物図譜レファレンス事典 動物篇

両生類・爬虫類 あみめ

アカハラクロヘビ
「紙の上の動物園」グラフィック社 2017
◇p94（カラー） ショー, ジョージ『ニュー・ホランドの動物学』 1794

アジアコブラ Naja naja
「ビュフォンの博物誌」工作舎 1991
◇J071（カラー）『一般と個別の博物誌 ソンニーニ版』
「世界大博物図鑑 3」平凡社 1990
◇p260〜261（カラー） セバ, A.『博物宝典』 1734〜65
◇p262（カラー） グレイ, J.E.著, ホーキンス, ウォーターハウス石版『インド動物図譜』 1830〜35
◇p262（カラー） 2変異個体 セバ, A.『博物宝典』 1734〜65

アジアコブラ Naja naja (Naja naja naja)
「世界大博物図鑑 3」平凡社 1990
◇p262（カラー） おそらくインドコブラ フェイラー, J.『インド半島毒蛇誌』 1874

アジアハコスッポン Lissemys punctata
「ビュフォンの博物誌」工作舎 1991
◇J019（カラー）『一般と個別の博物誌 ソンニーニ版』
「世界大博物図鑑 3」平凡社 1990
◇p128（カラー） グレイ, J.E.著, ホーキンス, ウォーターハウス石版『インド動物図譜』 1830〜35
◇p129（カラー） キュヴィエ, G.L.C.F.D.『動物界（門徒版）』 1836〜49 手彩色銅版

アジアミドリガエル Rana erythraea
「世界大博物図鑑 3」平凡社 1990
◇p61（カラー）『ロンドン動物学協会紀要』 1861〜90,1891〜1929

アスプコブラ Naja haje
「世界大博物図鑑 3」平凡社 1990
◇p264（カラー） スミス, A.著, フォード, G.H.原図『南アフリカ動物図譜』 1838〜49

アナホリゴファーガメ Gopherus polyphemus
「世界大博物図鑑 3」平凡社 1990
◇p101（カラー） ホルブルック, J.E.著, セラ, J.原図『北アメリカの爬虫類』 1842 手彩色石版画

アノールのなかま Anolis sp.
「世界大博物図鑑 3」平凡社 1990
◇p149（カラー） キューバ産の個体 ド・ラ・サグラ, R.『キューバ風土記』 1839〜61 手彩色銅版画

アノールのなかま Anolis spp.
「世界大博物図鑑 3」平凡社 1990
◇p152（カラー） メキシコ産 デュメリル, A.H.A.『メキシコ・中央アメリカ科学調査記録―爬虫類編』 1870〜1909

アフリカツメガエル Xenopus laevis
「世界大博物図鑑 3」平凡社 1990
◇p81（カラー） ドルビニ, A.C.V.D.著, ウダール原図『万有博物事典』 1838〜49,61 銅版カラー刷り

アフリカツメガエルの幼生 Xenopus laevis
「世界大博物図鑑 3」平凡社 1990
◇p81（カラー） スミット, J.原図『ロンドン動物学協会紀要』 1861〜90,1891〜1929

アフリカニシキヘビ Python sebae
「世界大博物図鑑 3」平凡社 1990
◇p274〜275（カラー） スミス, A.著, フォード, G.H.原図『南アフリカ動物図譜』 1838〜49
◇p275（カラー） セバ, A.『博物宝典』 1734〜65

アベコベガエル Pseudis paradoxus
「世界大博物図鑑 3」平凡社 1990
◇p56（カラー） ドルビニ, A.C.V.D.著, ウダール原図『万有博物事典』 1838〜49,61 銅版カラー刷り

アホロートル
「紙の上の動物園」グラフィック社 2017
◇p226（カラー） ショー, ジョージ『博物学者の宝庫』 1789〜1813

アマガエル Phyllomedusa tomopterna
「すごい博物画」グラフィック社 2017
◇図版66（カラー） ニセサンゴヘビ, エリボシネコメヘビ, カエル, アマガエル メーリアン, マリア・シビラ 1705〜10頃 子牛皮紙に水彩 濃厚顔料 アラビアゴム 30.7×37.5 ［ウィンザー城ロイヤル・ライブラリー］

アマガエル
「江戸の動植物図」朝日新聞社 1988
◇p88（カラー） 栗本丹洲『千蟲譜』 ［国立国会図書館］

アマガエルとオタマジャクシ、卵
Phrynohyas venulosa
「すごい博物画」グラフィック社 2017
◇図版63（カラー） ホテイアオイ, アマガエルとオタマジャクシ, 卵, そしてオオタガメ メーリアン, マリア・シビラ 1701〜05頃 子牛皮紙に軽く輪郭をエッチングした上に水彩 濃厚顔料 アラビアゴム 39.1×28.5 ［ウィンザー城ロイヤル・ライブラリー］

アマガエル, ヒキガエル, ニンニクガエルのオタマジャクシ Hyla, Bufo and Pelobates tadpoles
「世界大博物図鑑 3」平凡社 1990
◇p60（カラー）『ロンドン動物学協会紀要』 1861〜90,1891〜1929

アミメガメ Deirochelys reticulata
「ビュフォンの博物誌」工作舎 1991
◇J021（カラー）『一般と個別の博物誌 ソンニーニ版』

博物図譜レファレンス事典 動物篇 565

あみめ　　　　　　両生類・爬虫類

アミメニシキヘビ　Python reticulatus
「世界大博物図鑑 3」平凡社　1990
　◇p274（カラー）　セバ，A.『博物宝典』　1734〜65

アメリカアリゲーター　Alligator
mississippiensis
「世界大博物図鑑 3」平凡社　1990
　◇p289（カラー）　リーチ，W.E.『動物学雑録』
　　1814〜17

アメリカスベトカゲ　Scincella lateralis
「世界大博物図鑑 3」平凡社　1990
　◇p193（カラー）　ホルブルック，J.E.著，セラ，J.
　　原図『北アメリカの爬虫類』　1842　手彩色石
　　版画

アメリカトノサマガエル　Rana palustris
「世界大博物図鑑 3」平凡社　1990
　◇p56（カラー）　ホルブルック，J.E.著，セラ，J.原
　　図『北アメリカの爬虫類』　1842　手彩色石版画

アメリカハブ　Bothrops sp.
「世界大博物図鑑 3」平凡社　1990
　◇p256（カラー）　セバ，A.『博物宝典』　1734〜65

アメリカヒキガエル　Bufo americanus
「世界大博物図鑑 3」平凡社　1990
　◇p84（カラー）　ホルブルック，J.E.著，セラ，J.原
　　図『北アメリカの爬虫類』　1842　手彩色石版画

アメリカワニ　Crocodylus acutus
「世界大博物図鑑 3」平凡社　1990
　◇p288〜289（カラー）　ド・ラ・サグラ，R.
　　『キューバ風土記』　1839〜61　手彩色銅版画
　◇p293（カラー）　デュメリル，A.H.A.『メキシ
　　コ・中央アメリカ科学調査記録—爬虫類編』
　　1870〜1909

アラウコタテガミヨウガントカゲ
Tropidurus peruvianus araucanus
「世界大博物図鑑 3」平凡社　1990
　◇p160（カラー）　レッソン，R.P.『コキーユ号航
　　海記』　1826〜34　手彩色銅版画

アリゲーター
「紙の上の動物園」グラフィック社　2017
　◇p70〜71（カラー）　画家不詳『サー・ジョゼフ・
　　バンクスのコレクションにある博物学図集』　制
　　作時不詳

アルジェリアクサリヘビ　Vipera mauritanica
「世界大博物図鑑 3」平凡社　1990
　◇p245（カラー）　ギシュノー，A.『アルジェリア
　　科学探検記—両生・爬虫類および魚類誌』　1850
　　手彩色銅版

アルジェリアトゲイモリ　Pleurodeles poireti
「世界大博物図鑑 3」平凡社　1990
　◇p34（カラー）　ギシュノー，A.『アルジェリア科
　　学探検記—両生・爬虫類および魚類誌』　1850
　　手彩色銅版

アルジェリアハリユビヤモリ　Stenodactylus
stenodactylus mauritanicus
「世界大博物図鑑 3」平凡社　1990
　◇p132（カラー）　ギシュノー，A.『アルジェリア
　　科学探検記—両生・爬虫類および魚類誌』　1850
　　手彩色銅版

アワレガエル　Rana luctuosa
「世界大博物図鑑 3」平凡社　1990
　◇p53（カラー）『ロンドン動物学協会紀要』　1861
　　〜90,1891〜1929

アンダマンハブ　Trimeresurus
purpureomaculatus andersoni
「世界大博物図鑑 3」平凡社　1990
　◇p257（カラー）　フェイラー，J.『インド半島毒蛇
　　誌』　1874

アンチルアカミミガメ　Trachemys decussata
「世界大博物図鑑 3」平凡社　1990
　◇p109（カラー）　ド・ラ・サグラ，R.『キューバ
　　風土記』　1839〜61　手彩色銅版画
　◇p113（カラー）　ド・ラ・サグラ，R.『キューバ
　　風土記』　1839〜61　手彩色銅版画

アンボイナホカケトカゲ　Hydrosaurus
amboinensis
「世界大博物図鑑 3」平凡社　1990
　◇p174〜175（カラー）　シュロッサー，J.A.，ボ
　　ダール，P.著，ダデルベック，G.原図，ベッカー，
　　F.de，フォッケ，S.銅版『アンボイナの博物誌』
　　1768〜72
　◇p176〜177（カラー）　キュヴィエ，G.L.C.F.D.
　　『動物界（門徒版）』　1836〜49　手彩色銅版

【 い 】

イエアメガエル　Litoria caerulea
「世界大博物図鑑 3」平凡社　1990
　◇p77（カラー）　ホワイト，J.『ホワイト日誌』
　　1790　手彩色銅版画

イタリアイモリ　Triturus italicus
「世界大博物図鑑 3」平凡社　1990
　◇p34（カラー）『ロンドン動物学協会紀要』　1861
　　〜90,1891〜1929

イチマツミミズトカゲ　Amphisbaena
fuliginosa
「ビュフォンの博物誌」工作舎　1991
　◇J091（カラー）『一般と個別の博物誌 ソンニー
　　ニ版』
「世界大博物図鑑 3」平凡社　1990
　◇p284（カラー）　地上を這う姿　ドルビニ，A.C.
　　V.D.著，ウダール原図『万有博物事典』　1838〜
　　49,61　銅版カラー刷り
　◇p285（カラー）　キュヴィエ，G.L.C.F.D.『動物
　　界（門徒版）』　1836〜49　手彩色銅版

両生類・爬虫類　　　　　　　　　　　えりほ

イツスジトカゲ　Eumeces fasciatus
「ビュフォンの博物誌」工作舎　1991
　◇J055（カラー）『一般と個別の博物誌 ソンニー
　二版』

イベリアサンバガエル　Alytes cisternasii
「世界大博物図鑑 3」平凡社　1990
　◇p81（カラー）　ブランジェ, G.A.『ヨーロッパの
　無尾類』1896〜97　多色刷石版画

イベリアヤマアカガエル　Rana iberica
「世界大博物図鑑 3」平凡社　1990
　◇p52（カラー）　ブランジェ, G.A.『ヨーロッパの
　無尾類』1896〜97　多色刷石版画

イボウミヘビ　Enhydrina schistosa
「世界大博物図鑑 3」平凡社　1990
　◇p276（カラー）　フェイラー, J.『インド半島毒蛇
　誌』1874

イモリ　Cynops pyrrhogaster
「鳥獣虫魚譜」八坂書房　1988
　◇p52（カラー）　岡井守 松森胤保『両羽爬虫図
　譜』　［酒田市立光丘文庫］

イリエワニ　Crocodylus porosus
「舶来鳥獣図誌」八坂書房　1992
　◇p80〜81（カラー）　鰐『唐蘭船持渡鳥獣之図』
　［慶應義塾図書館］

イワニセヨロイトカゲ　Pseudocordylus
microlepidotus
「世界大博物図鑑 3」平凡社　1990
　◇p190（カラー）　スミス, A.著, フォード, G.H.原
　図『南アフリカ動物図譜』1838〜49

インジゴヘビ　Drymarchon corais
「世界大博物図鑑 3」平凡社　1990
　◇p229（カラー）　セバ, A.『博物宝典』1734〜65

インドアマガサ　Bungarus caeruleus
「世界大博物図鑑 3」平凡社　1990
　◇p265（カラー）　フェイラー, J.『インド半島毒蛇
　誌』1874

インドガビアル　Gavialis gangeticus
「ビュフォンの博物誌」工作舎　1991
　◇J027（カラー）『一般と個別の博物誌 ソンニー
　二版』
「世界大博物図鑑 3」平凡社　1990
　◇p289（カラー）　キュヴィエ, G.L.C.F.D.『動物
　界（門徒版）』1836〜49　手彩色銅版

インドガビアル
「紙の上の動物園」グラフィック社　2017
　◇p72〜73（カラー）　ラム, シータ 1820頃　水彩

インドシナイリエワニ　Crocodylus porosus
biporcatus
「世界大博物図鑑 3」平凡社　1990
　◇p288（カラー）　キュヴィエ, G.L.C.F.D.『動物
　界（門徒版）』1836〜49　手彩色銅版

インドシナオオスッポン　Amyda cartilaginea
「ビュフォンの博物誌」工作舎　1991
　◇J019（カラー）『一般と個別の博物誌 ソンニー
　二版』

インドニシキヘビ　Python milurus
「ビュフォンの博物誌」工作舎　1991
　◇J064（カラー）『一般と個別の博物誌 ソンニー
　二版』

【う】

ウミベイワバトカゲ　Petrosaurus thalassinus
「世界大博物図鑑 3」平凡社　1990
　◇p157（カラー）『パリ自然史博物館新紀要』 1865
　〜1908（〜30）

ウミヘビ
「紙の上の動物園」グラフィック社　2017
　◇p15（カラー）　トップセル, エドワード『四足獣
　とヘビの本』1658

【え】

エジプトトゲオアガマ　Uromastyx aegyptius
「世界大博物図鑑 3」平凡社　1990
　◇p169（カラー）　キュヴィエ, G.L.C.F.D.『動物
　界（門徒版）』1836〜49　手彩色銅版

エデントアオガエル　Rhacophorus edentulus
「世界大博物図鑑 3」平凡社　1990
　◇p64（カラー）『ロンドン動物学協会紀要』 1861
　〜90,1891〜1929

エニシハリトカゲ　Sceloporus undulatus
consobrinus
「世界大博物図鑑 3」平凡社　1990
　◇p157（カラー）　ウィルソン, E.原画『ロンドン
　動物学協会紀要』1861〜90,1891〜1929

エミスムツアシガメ　Manouria emys
「世界大博物図鑑 3」平凡社　1990
　◇p92（カラー）　ミュラー, S.『蘭領インド自然誌』
　1839〜44　手彩色石版画

エメラルドツリーボア　Corallus caninus
「世界大博物図鑑 3」平凡社　1990
　◇p268（カラー）　セバ, A.『博物宝典』1734〜65

エメラルドツリーボア
「世界大博物図鑑 3」平凡社　1990
　◇p259（カラー）　セバ, A.『博物宝典』1734〜65

エラブウミヘビ
「彩色 江戸博物学集成」平凡社　1994
　◇p70〜71（カラー）　永良部鰻　丹羽正伯『三州
　物産絵図帳』　［鹿児島県立図書館］

エリボシネコメヘビ　Leptodeira annulata
「すごい博物画」グラフィック社　2017

博物図譜レファレンス事典 動物篇　**567**

えりま　　　　　　　　　両生類・爬虫類

◇図版66（カラー）　ニセサンゴヘビ、エリボシネ
コメヘビ、カエル、アマガエル　メーリアン、マ
リア・シビラ 1705〜10頃　子牛皮紙に水彩 濃
厚顔料 アラビアゴム　30.7×37.5　［ウィンザー
城ロイヤル・ライブラリー］

エリマキトカゲ　Chlamydosaurus kingi
「世界大博物図鑑 3」平凡社　1990
◇p172（カラー）『ロンドン動物学協会紀要』 1861
〜90,1891〜1929

エレガントレーサー　Haemorrhois
elegantissimus
「世界大博物図鑑 3」平凡社　1990
◇p216（カラー）『ロンドン動物学協会紀要』 1878

【 お 】

オオアシカラカネトカゲ　Chalcides ocellatus
「ビュフォンの博物誌」工作舎　1991
◇J056（カラー）『一般と個別の博物誌 ソンニー
ニ版』

オオアタマガメ　Platysternon megacephalum
「世界大博物図鑑 3」平凡社　1990
◇p120（カラー）　グレイ、J.E.著、ホーキンス、
ウォーターハウス石版『インド動物図譜』 1830
〜35

オオアナコンダ　Eunectes murinus
「世界大博物図鑑 3」平凡社　1990
◇p270（カラー）　セバ、A.『博物宝典』 1734〜65

オオカミガエル　Rana macrodon
「世界大博物図鑑 3」平凡社　1990
◇p61（カラー）『ロンドン動物学協会紀要』 1861
〜90,1891〜1929

オオクビガメ　Platysterron megacephalum
「ビュフォンの博物誌」工作舎　1991
◇J024（カラー）『一般と個別の博物誌 ソンニー
ニ版』

オオサンショウウオ　Andrias japonicus
「世界大博物図鑑 3」平凡社　1990
◇p22〜23（カラー）　高木春山『本草図説』 ？ 〜
嘉永5（？ 〜1852）　［愛知県西尾市立岩瀬文庫］

オオサンショウウオ　Megalobatrachus
japonicus（Temminck）
「高木春山 本草図説 水産」リブロポート　1988
◇p40〜41（カラー）　鯢魚サンセウウヲ

オオサンショウウオ
「彩色 江戸博物学集成」平凡社　1994
◇p422（カラー）　伊藤圭介『日本産物誌』
「江戸の動植物図」朝日新聞社　1988
◇p115（カラー）　奥倉魚仙『水族四帖』 ［国立
国会図書館］

オオトカゲ　Varanus sp.
「世界大博物図鑑 3」平凡社　1990

◇p196〜197（カラー）　セバ、A.『博物宝典』
1734〜65

オオトカゲ科のトカゲ
「紙の上の動物園」グラフィック社　2017
◇p97（カラー）　シブリー、エビニーザー『人間そ
の他を含む博物学の普遍的システム』 1794〜
1808

大とかげの1種
「江戸名作画帖全集 8」駸々堂出版　1995
◇図38（カラー）　蛤介（ヤマモリ）・竈龍（カマリ
ヤウ）　細川重賢編『毛介綺煥』　紙本着色
［永青文庫（東京）］

オオホリカナヘビ　Meroles ctenodactylus
「世界大博物図鑑 3」平凡社　1990
◇p186（カラー）　スミス、A.著、フォード、G.H.原
図『南アフリカ動物図譜』 1838〜49

オオミドリガエル　Rana livida
「世界大博物図鑑 3」平凡社　1990
◇p53（カラー）『ロンドン動物学協会紀要』 1861
〜90,1891〜1929

オオヤモリ
「彩色 江戸博物学集成」平凡社　1994
◇p19（カラー）『毛介綺煥』 ［永青文庫］
◇p19（カラー）　平賀源内『物類品隲』

オオヨロイトカゲ　Cordylus giganteus
「世界大博物図鑑 3」平凡社　1990
◇p190〜191（カラー）　スミス、A.著、フォード、
G.H.原図『南アフリカ動物図譜』 1838〜49

オサガメ　Dermochelys coriacea
「ビュフォンの博物誌」工作舎　1991
◇J018（カラー）『一般と個別の博物誌 ソンニー
ニ版』
「世界大博物図鑑 3」平凡社　1990
◇p104（カラー）　キュヴィエ、G.L.C.F.D.『動物
界（門徒版）』 1836〜49　手彩色銅版
◇p105（カラー）　シェッフ、J.D.『カメの博物誌』
1792〜1801

オサガメ　Dermochelys coriacea（Linnaeus）
「高木春山 本草図説 水産」リブロポート　1988
◇p93（カラー）　おさかめ

オーストラリアアゴヒゲトカゲ　Pogona
barbata
「世界大博物図鑑 3」平凡社　1990
◇p176（カラー）　キュヴィエ、G.L.C.F.D.『動物
界（門徒版）』 1836〜49　手彩色銅版

オセアニアフトオヤモリ　Gehyra oceanica
「世界大博物図鑑 3」平凡社　1990
◇p133（カラー）　レッソン、R.P.『コキーユ号航
海記』 1826〜34　手彩色銅版画

オタマジャクシ
「彩色 江戸博物学集成」平凡社　1994
◇p248（白黒）　高木春山『本草図説』

両生類・爬虫類　　　　　　　　　　　　　　　　　　かちゆ

オビアシガエル　Mixophyes fasciolatus
「世界大博物図鑑 3」平凡社　1990
　◇p61（カラー）『ロンドン動物学協会紀要』　1861
　　〜90,1891〜1929

オビイサカイトカゲ　Enyalius pictus
「世界大博物図鑑 3」平凡社　1990
　◇p148〜149（カラー）　シンツ, H.R.著, プロット
　　マン, K.I.図『動物分類学図譜─両生・爬虫類編』
　　1833〜35　手彩色石版画

オビウミヘビ　Ephalophis greyi
「世界大博物図鑑 3」平凡社　1990
　◇p278〜279（カラー）　シンツ, H.R.著, プロット
　　マン, K.I.図『動物分類学図譜─両生・爬虫類編』
　　1833〜35　手彩色石版画

オビククリィヘビ　Oligodon arnensis
「ビュフォンの博物誌」工作舎　1991
　◇J076（白黒）『一般と個別の博物誌 ソンニー
　　版』

オビシツリントカゲ　Diploglossus fasciatus
「世界大博物図鑑 3」平凡社　1990
　◇p200（カラー）　キュヴィエ, G.L.C.F.D.『動物
　　界（門徒版）』　1836〜49　手彩色銅版

オビナゾガエル　Phrynomerus bifasciatus
「世界大博物図鑑 3」平凡社　1990
　◇p53（カラー）　スミス, A.著, フォード, G.H.原
　　図『南アフリカ動物図譜』　1838〜49

オビレトビトカゲ　Draco fimbriatus
「世界大博物図鑑 3」平凡社　1990
　◇p173（カラー）　キュヴィエ, G.L.C.F.D.『動物
　　界（門徒版）』　1836〜49　手彩色銅版

オリーブヒメウミガメ　Lepidochelys olivacea
「世界大博物図鑑 3」平凡社　1990
　◇p108（カラー）　キュヴィエ, G.L.C.F.D.『動物
　　界（門徒版）』　1836〜49　手彩色銅版

【 か 】

カイマントカゲ　Dracaena guianensis
「ビュフォンの博物誌」工作舎　1991
　◇J028（カラー）『一般と個別の博物誌 ソンニー
　　版』
「世界大博物図鑑 3」平凡社　1990
　◇p184（カラー）　キュヴィエ, G.L.C.F.D.『動物
　　界（門徒版）』　1836〜49　手彩色銅版

カエル　Leptodactylus sp.
「すごい博物画」グラフィック社　2017
　◇図版66（カラー）　ニセサンゴヘビ, エリボシネ
　　コメヘビ, カエル, アマガエル　メーリアン, マ
　　リア・シビラ 1705〜10頃　子牛皮紙に水彩 濃
　　厚顔料 アラビアゴム　30.7×37.5　［ウィンザー
　　城ロイヤル・ライブラリー］
　◇図版67（カラー）　カエルと卵, オタマジャクシ
　　など, 成長のさまざまな段階とリュウキンカ

メーリアン, マリア・シビラ 1705〜10頃　子牛
皮紙に水彩 濃厚顔料 アラビアゴム　30.6×39.9
［ウィンザー城ロイヤル・ライブラリー］

カエル
「紙の上の動物園」グラフィック社　2017
　◇p171（カラー）　レーゼル・フォン・ローゼン
　　ホーフ, アウグスト・ヨハン・『我が国のカエルの
　　自然誌』　1758
　◇p171（カラー）　エドワーズ, ジョージ, カーキウ
　　ス, E.他『両生類と爬虫類』　18世紀前半　線描
　　と水彩画による原画の肉筆模写
　◇p192（カラー）『ムルシダーバードとコルコタの
　　インドの画家による種々の博物画コレクション』
　　1806〜10頃
「江戸名作画帖全集 8」駸々堂出版　1995
　◇図119（カラー）　冬 増山雪斎『虫豸帖』　紙本
　　着色　［東京国立博物館］
「彩色 江戸博物学集成」平凡社　1994
　◇p248（白黒）　高木春山『本草図説』
「世界大博物図鑑 3」平凡社　1990
　◇p3（白黒）　オタマジャクシの諸段階と成体
　　メーリアン, M.S.『スリナム産昆虫の変態』
　　1726　手彩色銅版画

**カエルとサンショウウオの呼吸器官, 舌骨
など**
「ビュフォンの博物誌」工作舎　1991
　◇J014（カラー）『一般と個別の博物誌 ソンニー
　　版』

カエルの骨格
「ビュフォンの博物誌」工作舎　1991
　◇J004（カラー）『一般と個別の博物誌 ソンニー
　　版』

カエルの変態
「昆虫の劇場」リブロポート　1991
　◇p98（カラー）　メーリアン, M.S.『スリナム産昆
　　虫の変態』　1726

カガヤキノギウナジトカゲ　Ophryoessoides
iridescens
「世界大博物図鑑 3」平凡社　1990
　◇p153（カラー）『ロンドン動物学協会紀要』　1861
　　〜90,1891〜1929

カガヤキボアの類　Epicrates sp.
「世界大博物図鑑 3」平凡社　1990
　◇p271（カラー）　セバ, A.『博物宝典』　1734〜65

カジカガエル　Buergeria buergeri
「世界大博物図鑑 3」平凡社　1990
　◇p65（カラー）　栗本丹洲『千蟲譜』　文化8
　　（1811）

カチューガセタカガメ　Kachuga kachuga
「世界大博物図鑑 3」平凡社　1990
　◇p116（カラー）　オス　グレイ, J.E.著, ホーキン
　　ス, ウォーターハウス石版『インド動物図譜』
　　1830〜35

博物図譜レファレンス事典 動物篇　**569**

かてん　　両生類・爬虫類

ガーデンツリーボア　Corallus enydris
「すごい博物画」グラフィック社　2017
　◇図版55（カラー）　キャッサバの根にスズメガの成虫、スズメガの幼虫とさなぎ、ガーデン・ツリーボア　メーリアン、マリア・シビラ 1701～05頃　子牛皮紙に軽く輪郭をエッチングした上に水彩 濃厚顔料 アラビアゴム　39.9×29.5　[ウィンザー城ロイヤル・ライブラリー]
「世界大博物図鑑 3」平凡社　1990
　◇p270（カラー）　セバ, A.『博物宝典』　1734～65

カナダアカガエル　Rana sylvatica
「世界大博物図鑑 3」平凡社　1990
　◇p56（カラー）　ホルブルック, J.E.著、セラ, J.原図『北アメリカの爬虫類』　1842　手彩色石版画

カニクイミズヘビ　Fordonia leucobalia
「世界大博物図鑑 3」平凡社　1990
　◇p233（カラー）　ミュラー, S.『蘭領インド自然誌』　1839～44　手彩色石版画

カノコテユー　Callopistes maculatus
「世界大博物図鑑 3」平凡社　1990
　◇p185（カラー）　ゲイ, C.『チリ自然社会誌』　1844～71

カブラヤモリ　Thecadactylus rapicaudus
「ビュフォンの博物誌」工作舎　1991
　◇J051（カラー）『一般と個別の博物誌 ソンニーニ版』

カベカナヘビ　Podarcis muralis
「ビュフォンの博物誌」工作舎　1991
　◇J037（カラー）『一般と個別の博物誌 ソンニーニ版』

カーペットニシキヘビ　Morelia spilota
「世界大博物図鑑 3」平凡社　1990
　◇p275（カラー）　グレイ, J.E.『オーストラリアおよびニュージーランドのトカゲ類』　1867

カーペットニシキヘビ？　Morelia spilota
「世界大博物図鑑 3」平凡社　1990
　◇p275（カラー）　セバ, A.『博物宝典』　1734～65

ガーマンアノール　Anolis garmani
「すごい博物画」グラフィック社　2017
　◇図版85（カラー）　ガーマンアノールとモミジバフウ　ケイツビー, マーク 1722～26頃　アラビアゴムを混ぜた水彩 濃厚顔料　38.2×26.9　[ウィンザー城ロイヤル・ライブラリー]

カミツキガメ　Chelydra serpentina
「ビュフォンの博物誌」工作舎　1991
　◇J020（カラー）『一般と個別の博物誌 ソンニーニ版』
「世界大博物図鑑 3」平凡社　1990
　◇p121（カラー）　シンツ, H.R.著、プロットマン, K.I.図『動物分類学図譜―両生・爬虫類編』　1833～35　手彩色石版画

カメの解剖図
「ビュフォンの博物誌」工作舎　1991
　◇J006～J008（カラー）『一般と個別の博物誌 ソンニーニ版』

カメの呼吸器官
「ビュフォンの博物誌」工作舎　1991
　◇J005（カラー）『一般と個別の博物誌 ソンニーニ版』

カメの骨格
「ビュフォンの博物誌」工作舎　1991
　◇J001（カラー）『一般と個別の博物誌 ソンニーニ版』

カメレオンの骨格
「ビュフォンの博物誌」工作舎　1991
　◇J002（カラー）『一般と個別の博物誌 ソンニーニ版』

カメレオンのなかま　Chamaeleo sp.
「世界大博物図鑑 3」平凡社　1990
　◇p137（カラー）　ケヅメカメレオンらしい　ダニエル, W.『生物景観図集』　1809
　◇p137（カラー）　おそらくチチュウカイカメレオン　ビュショー, P.J.編『動物鉱物百図第1集（第2集）』　1775～81　銅版画
　◇p141（カラー）　レッソン, R.P.『動物学図譜』　1832～34　手彩色銅版画

カメレオンモドキ　Chamaeleolis chamaeleontides
「世界大博物図鑑 3」平凡社　1990
　◇p153（カラー）　ド・ラ・サグラ, R.『キューバ風土記』　1839～61　手彩色銅版画

カメレオンモリドラゴン
「紙の上の動物園」グラフィック社　2017
　◇p3, 96～97（カラー）　シュレーゲル, ヘルマン『動物学寄稿集』　1848～54

ガラガラヘビの群れ　Crotalus spp.
「世界大博物図鑑 3」平凡社　1990
　◇p258（カラー）　セバ, A.『博物宝典』　1734～65

ガラガラヘビの類　Crotalus sp.
「世界大博物図鑑 3」平凡社　1990
　◇p258～259（カラー）　ビュショー, P.J.編『動物鉱物百図第1集（第2集）』　1775～81　銅版画
　◇p259（カラー）　セバ, A.『博物宝典』　1734～65

ガラパゴスゾウガメ　Geochelone elephantopus
「世界大博物図鑑 3」平凡社　1990
　◇p100（カラー）　ベトガー, O.『爬虫類と両生類』　1891～92

カリガネオオガシラ　Boiga gokool
「世界大博物図鑑 3」平凡社　1990
　◇p221（カラー）　グレイ, J.E.著、ホーキンス, ウォーターハウス石版『インド動物図譜』　1830～35

カローテストカゲ
「彩色 江戸博物学集成」平凡社　1994
　◇p19（カラー）　『毛介綺煥』　[永青文庫]
　◇p19（カラー）　平賀源内『物類品隲』

両生類・爬虫類　　　　　　　　　　　　　　　　　　きゆは

カロリナハコガメ　Terrapene carolina
「ビュフォンの博物誌」工作舎　1991
　　◇J023（カラー）『一般と個別の博物誌 ソンニー
　　ニ版』

【 き 】

キアシガメ　Geochelone denticulata
「世界大博物図鑑 3」平凡社　1990
　　◇p101（カラー）　ウイート＝ノイウイート, A.P.
　　M.zu『ブラジル博物学提要』 1822～1831　手
　　彩色銅版画

キイロオオトカゲ　Varanus flavescens
「世界大博物図鑑 3」平凡社　1990
　　◇p195（カラー）　グレイ, J.E.著, ホーキンス,
　　ウォーターハウス石版『インド動物図譜』 1830
　　～35

キイロネズミヘビ　Elaphe obsoleta
quadrivittata
「世界大博物図鑑 3」平凡社　1990
　　◇p229（カラー）　ホルブルック, J.E.著, セラ, J.
　　原図『北アメリカの爬虫類』 1842　手彩色石
　　版画

キウナジリピントカゲ　Lipinia noctua
「世界大博物図鑑 3」平凡社　1990
　　◇p192（カラー）　レッソン, R.P.『コキーユ号航
　　海記』 1826～34　手彩色銅版画

キガエル属
「世界大博物図鑑 3」平凡社　1990
　　◇p53（カラー）　フォード, G.H.原図『ロンドン動
　　物学協会紀要』 1861～90,1891～1929

キスジアオハブ　Trimeresurus sumatranus
「世界大博物図鑑 3」平凡社　1990
　　◇p257（カラー）　ミュラー, S.『蘭領インド自然
　　誌』 1839～44　手彩色石版画

キタカバーヘッド　Agkistrodon contortrix
mokasen
「ビュフォンの博物誌」工作舎　1991
　　◇J070（カラー）『一般と個別の博物誌 ソンニー
　　ニ版』

キタゼンマイトカゲ　Leiocephalus carinatus
「世界大博物図鑑 3」平凡社　1990
　　◇p161（カラー）　ド・ラ・サグラ, R.『キューバ
　　風土記』 1839～61　手彩色銅版画

キタテントヤブガメ　Psammobates tentorius
verroxii
「世界大博物図鑑 3」平凡社　1990
　　◇p96（カラー）『ロンドン動物学協会紀要』 1861
　　～90,1891～1929
　　◇p96（カラー）　スミス, A.著, フォード, G.H.原
　　図『南アフリカ動物図譜』 1838～49

キタヒョウガエル　Rana pipiens
「世界大博物図鑑 3」平凡社　1990

　　◇p56（カラー）　ホルブルック, J.E.著, セラ, J.原
　　図『北アメリカの爬虫類』 1842　手彩色石版画

キノドプレートトカゲ　Gerrhosaurus
flavigularis
「世界大博物図鑑 3」平凡社　1990
　　◇p191（カラー）　スミス, A.著, フォード, G.H.原
　　図『南アフリカ動物図譜』 1838～49

キノハアメガエル　Litoria phyllochroa
「世界大博物図鑑 3」平凡社　1990
　　◇p77（カラー）『ロンドン動物学協会紀要』 1861
　　～90,1891～1929

キハラウミヘビ　Hydrophis nigrocinctus
「世界大博物図鑑 3」平凡社　1990
　　◇p281（カラー）　フェイラー, J.『インド半島毒蛇
　　誌』 1874

キバラガメ　Trachemys scripta
「ビュフォンの博物誌」工作舎　1991
　　◇J021（カラー）『一般と個別の博物誌 ソンニー
　　ニ版』

キバラスズガエル　Bombina variegata
「世界大博物図鑑 3」平凡社　1990
　　◇p83（カラー）『ロンドン動物学協会紀要』 1861
　　～90,1891～1929
　　◇p86（カラー）　シンツ, H.R.著, ブロットマン,
　　K.I.図『動物分類学図譜—両生・爬虫類編』
　　1833～35　手彩色石版画

キボシイシガメ　Clemmys guttata
「ビュフォンの博物誌」工作舎　1991
　　◇J022（カラー）『一般と個別の博物誌 ソンニー
　　ニ版』

キボシヤシハブ　Bothriechis aurifer
「世界大博物図鑑 3」平凡社　1990
　　◇p253（カラー）　フォード, G.H.原図『ロンドン
　　動物学協会紀要』 1861～90,1891～1929

キマダラキガエル　Leptopelis flavomaculatus
「世界大博物図鑑 3」平凡社　1990
　　◇p53（カラー）　フォード, G.H.原図『ロンドン動
　　物学協会紀要』 1861～90,1891～1929

キマダラヒキガエル　Bufo spinulosus
「世界大博物図鑑 3」平凡社　1990
　　◇p81（カラー）　レッソン, R.P.『コキーユ号航海
　　記』 1826～34　手彩色銅版画

キューバズツキガエル　Osteopilus
septentrionalis
「世界大博物図鑑 3」平凡社　1990
　　◇p56（カラー）　ドルビニ, A.C.V.D.著, ウダール
　　原図『万有博物事典』 1838～49,61　銅版カラー
　　刷り

キューバワニ　Crocodylus rhombifer
「世界大博物図鑑 3」平凡社　1990
　　◇p288（カラー）　ド・ラ・サグラ, R.『キューバ
　　風土記』 1839～61　手彩色銅版画

博物図譜レファレンス事典 動物篇　**571**

きゆら　　　　　　　　　両生類・爬虫類

キュラーソアノール Anolis lineatus
「ビュフォンの博物誌」工作舎　1991
　◇J048（カラー）『一般と個別の博物誌 ソンニー
　　ニ版』

ギュンターケヅメオヘビ Plectrurus
guentheri
「世界大博物図鑑 3」平凡社　1990
　◇p205（カラー）『ロンドン動物学協会紀要』　1861
　　～90,1891～1929

ギリシアヤマアカガエル Rana graeca
「世界大博物図鑑 3」平凡社　1990
　◇p52（カラー）　プランジェ, G.A.『ヨーロッパの
　　無尾類』1896～97　多色刷石版画

ギリシアリクガメ Testudo graeca
「世界大博物図鑑 3」平凡社　1990
　◇p93（カラー）　ドルビニ, A.C.V.D.著, ウダール
　　原図『万有物物事典』1838～49,61　銅版カラー
　　刷り

キールウミワタリ Cerberus rhynchops
「ビュフォンの博物誌」工作舎　1991
　◇J066（カラー）『一般と個別の博物誌 ソンニー
　　ニ版』

キングコブラ Ophiophagus hannah
「世界大博物図鑑 3」平凡社　1990
　◇p262～263（カラー）　フェイラー, J.『インド半
　　島毒蛇誌』1874

キングコブラの幼体 Ophiophagus hannah
「世界大博物図鑑 3」平凡社　1990
　◇p263（カラー）　ミュラー, S.『蘭領インド自然
　　誌』1839～44　手彩色石版画

キンスジフキヤガエル Phyllobates
aurotaenia
「世界大博物図鑑 3」平凡社　1990
　◇p80（カラー）『ロンドン動物学協会紀要』　1861
　　～90,1891～1929

【く】

グアテマラワモンヘビ Pliocercus aequalis
「世界大博物図鑑 3」平凡社　1990
　◇p240（カラー）　ギュンター, A.C.L.G.『中央ア
　　メリカの生物誌―両生・爬虫類編』1885～1902

クサガメのメラニズム個体 Chinemys
reevesii
「世界大博物図鑑 3」平凡社　1990
　◇p112（カラー）　老いた黒化個体『ロンドン動物
　　学協会紀要』1861～90,1891～1929

クサリヘビの類 Vipera sp.
「世界大博物図鑑 3」平凡社　1990
　◇p244（カラー）　セバ, A.『博物宝典』1734～65

クシイモリ Triturus cristatus
「世界大博物図鑑 3」平凡社　1990

　◇p30（カラー）　キュヴィエ, G.L.C.F.D.『動物界
　　（門徒版）』1836～49　手彩色銅版
　◇p31（カラー）　卵から成体になるまで　シンツ,
　　H.R.著, プロットマン, K.I.図『動物分類学図譜
　　―両生・爬虫類編』1833～35　手彩色石版画

クシミミカベヤモリ Tarentola annularis
「世界大博物図鑑 3」平凡社　1990
　◇p132（カラー）　ギシュノー, A.『アビシニア航
　　海記』1845～51

クスシヘビ Elaphe longissima
「世界大博物図鑑 3」平凡社　1990
　◇p212（カラー）　キュヴィエ, G.L.C.F.D.『動物
　　界（門徒版）』1836～49　手彩色銅版

クスリサンドスキンク Scincus scincus
「世界大博物図鑑 3」平凡社　1990
　◇p192（カラー）　キュヴィエ, G.L.C.F.D.『動物
　　界（門徒版）』1836～49　手彩色銅版

クチナガシボンヘビ Sibon f.fasciata
「世界大博物図鑑 3」平凡社　1990
　◇p241（カラー）　ギュンター, A.C.L.G.『中央ア
　　メリカの生物誌―両生・爬虫類編』1885～1902

クチボソハガクレトカゲ Polychrus
acutirostris
「世界大博物図鑑 3」平凡社　1990
　◇p165（カラー）　シンツ, H.R.著, プロットマン,
　　K.I.図『動物分類学図譜―両生・爬虫類編』
　　1833～35　手彩色石版画

クビナガヘビ Dryophiops rubescens
「世界大博物図鑑 3」平凡社　1990
　◇p220～221（カラー）　グレイ, J.E.著, ホーキン
　　ス, ウォーターハウス石版『インド動物図譜』
　　1830～35

クビワイワバトカゲ Petrosaurus mearnsi
「世界大博物図鑑 3」平凡社　1990
　◇p157（カラー）『パリ自然史博物館新紀要』　1865
　　～1908（～30）

クモガエル Hylorina sylvatica
「世界大博物図鑑 3」平凡社　1990
　◇p57（カラー）　ゲイ, C.『チリ自然社会誌』
　　1844～71

クモリイワイグアナ Cyclura nubila
「世界大博物図鑑 3」平凡社　1990
　◇p144～145（カラー）　ド・ラ・サグラ, R.著, プ
　　レートル原図『キューバ風土記』1839～61　手
　　彩色銅版画

グリーンアノール Anolis carolinensis
「世界大博物図鑑 3」平凡社　1990
　◇p149（カラー）　ホルブルック, J.E.著, セラ, J.
　　原図『北アメリカの爬虫類』1842　手彩色石
　　版画

グリーンイグアナ Iguana iguana
「世界大博物図鑑 3」平凡社　1990
　◇p144（カラー）　キュヴィエ, G.L.C.F.D.『動物
　　界（門徒版）』1836～49　手彩色銅版

572　博物図譜レファレンス事典 動物篇

両生類・爬虫類　　　　　　　　　　　　　　こふら

グリーンツリーバイパー　Atheris squamiger
「世界大博物図鑑 3」平凡社　1990
　◇p248（カラー）『ロンドン動物学協会紀要』　1861
　　〜90,1891〜1929

グリーンマンバ　Dendroaspis angusticeps
「世界大博物図鑑 3」平凡社　1990
　◇p266（カラー）　スミス, A.著, フォード, G.H.原
　　図『南アフリカ動物図譜』　1838〜49

グレーターサイレン　Siren lacertina
「ビュフォンの博物誌」工作舎　1991
　◇J099（カラー）『一般と個別の博物誌 ソンニー
　　ニ版』
「世界大博物図鑑 3」平凡社　1990
　◇p41（カラー）　ホフマン, C.『世界の書』　1842
　　〜72　石版画
　◇p41（カラー）　ビュフォン, G.L.L., Comte de
　　『一般と個別の博物誌 ソンニーニ版』　1799〜
　　1808　銅版画
　◇p44（カラー）　ドルビニ, A.C.V.D.著, ウダール
　　原図『万有博物事典』　1838〜49,61　銅版カラー
　　刷り
　◇p44〜45（カラー）　キュヴィエ, G.L.C.F.D.『動
　　物界（門徒版）』　1836〜49　手彩色銅版

クロコダイルテユー　Crocodilurus lacertinus
「世界大博物図鑑 3」平凡社　1990
　◇p185（カラー）　シンツ, H.R.著, ブロットマン,
　　K.I.図『動物分類学図譜—両生・爬虫類編』
　　1833〜35　手彩色石版画

クロネズミヘビ　Elaphe obsoleta obsoleta
「世界大博物図鑑 3」平凡社　1990
　◇p225（カラー）　ホルブルック, J.E.著, セラ, J.
　　原図『北アメリカの爬虫類』　1842　手彩色石
　　版画

クロハラヤマガメ　Melanochelys trijuga
「ビュフォンの博物誌」工作舎　1991
　◇J019（カラー）『一般と個別の博物誌 ソンニー
　　ニ版』
「世界大博物図鑑 3」平凡社　1990
　◇p120（カラー）　レッソン, R.P.著, プレートル原
　　図『動物百図』　1830〜32

【け】

ゲイシャコクチガエル　Gastrophryne elegans
「世界大博物図鑑 3」平凡社　1990
　◇p85（カラー）　ギュンター, A.C.L.G.『中央アメ
　　リカの生物誌—両生・爬虫類編』　1885〜1902

ケシツブアマガエル　Hyla minuta
「世界大博物図鑑 3」平凡社　1990
　◇p73（カラー）『ロンドン動物学協会紀要』　1861
　　〜90,1891〜1929

ケヅメカメレオン　Chamaeleo africanus
「世界大博物図鑑 3」平凡社　1990
　◇p141（カラー）　キュヴィエ, G.L.C.F.D.著, ト

　　ラヴィエ図『ラセペード博物誌』　1841　手彩色
　　銅版画

ケープカタヘビモドキ　Chamaesaura
anguina
「ビュフォンの博物誌」工作舎　1991
　◇J058（カラー）『一般と個別の博物誌 ソンニー
　　ニ版』
「世界大博物図鑑 3」平凡社　1990
　◇p191（カラー）　シンツ, H.R.著, ブロットマン,
　　K.I.図『動物分類学図譜—両生・爬虫類編』
　　1833〜35　手彩色石版画

ケープマルメヤモリ　Lygodactylus capensis
「世界大博物図鑑 3」平凡社　1990
　◇p132（カラー）　スミス, A.著, フォード, G.H.原
　　図『南アフリカ動物図譜』　1838〜49

ゲルジアマガエル　Fritziana goeldii
「世界大博物図鑑 3」平凡社　1990
　◇p73（カラー）『ロンドン動物学協会紀要』　1861
　　〜90,1891〜1929

【こ】

コウヤスナカナヘビ　Eremias arguta
「世界大博物図鑑 3」平凡社　1990
　◇p189（カラー）　デミドフ, A.N.『ポントス地域
　　動物誌』　1840〜42

コグシカロテス　Calotes cristatellus
「世界大博物図鑑 3」平凡社　1990
　◇p168（カラー）　レッソン, R.P.『コキーユ号航
　　海記』　1826〜34　手彩色銅版画

コーストツノトカゲ　Phrynosoma coronatum
「世界大博物図鑑 3」平凡社　1990
　◇p164（カラー）　キュヴィエ, G.L.C.F.D.著, ト
　　ラヴィエ図『ラセペード博物誌』　1841　手彩色
　　銅版画

ゴツフトヤモリ　Pachydactylus rugosus
「世界大博物図鑑 3」平凡社　1990
　◇p132（カラー）　スミス, A.著, フォード, G.H.原
　　図『南アフリカ動物図譜』　1838〜49

コビトカイマン　Paleosuchus palpebrosus
「昆虫の劇場」リブロポート　1991
　◇p94〜95（カラー）　メーリアン, M.S.『スリナム
　　産昆虫の変態』　1726

コブハナトカゲ　Lyriocephalus scutatus
「世界大博物図鑑 3」平凡社　1990
　◇p176〜177（カラー）　キュヴィエ, G.L.C.F.D.
　　『動物界（門徒版）』　1836〜49　手彩色銅版

コブラ
「紙の上の動物園」グラフィック社　2017
　◇p94（カラー）　フォーブズ, ジェイムズ『東洋の
　　回顧録』　1813
「世界大博物図鑑 3」平凡社　1990
　◇p2〜3（白黒）　ダニエル, W.『生物景観図集』

博物図譜レファレンス事典 動物篇　**573**

こもり　　　　　　　　両生類・爬虫類

1809

コモリガエル　Pipa pipa
「すごい博物画」グラフィック社　2017
　◇図版64（カラー）　ミルスベリヒユとコモリガエル　メーリアン、マリア・シビラ　1701〜05頃　子牛皮紙に軽く輪郭をエッチングした上に水彩　濃厚顔料　アラビアゴム　36.1×29.1　［ウィンザー城ロイヤル・ライブラリー］

コモンキングヘビ
「紙の上の動物園」グラフィック社　2017
　◇p23（カラー）　ケイツビー、マーク『カロライナ、フロリダ、バハマ諸島の自然誌』　1731〜43

コモンデスアダー　Acanthophis antarcticus
「ビュフォンの博物誌」工作舎　1991
　◇J067（カラー）『一般と個別の博物誌 ソンニーニ版』
「世界大博物図鑑 3」平凡社　1990
　◇p267（カラー）　ビュフォン、G.L.L., Comte de 『一般と個別の博物誌 ソンニーニ版』　1799〜1808　銅版画
　◇p267（カラー）　リーチ、W.E.『動物学雑録』　1814〜17

コヨリウミヘビ　Hydrophis gracilis
「世界大博物図鑑 3」平凡社　1990
　◇p279（カラー）　シンツ、H.R.著、ブロットマン、K.I.図『動物分類学図譜―両生・爬虫類編』　1833〜35　手彩色石版画

【さ】

サグラシツリントカゲ　Diploglossus delasagra
「世界大博物図鑑 3」平凡社　1990
　◇p200（カラー）　ド・ラ・サグラ、R.『キューバ風土記』　1839〜61　手彩色銅版画

サザナミランナー　Ameiva undulata
「世界大博物図鑑 3」平凡社　1990
　◇p183（カラー）　デュメリル、A.H.A.『メキシコ・中央アメリカ科学調査記録―爬虫類編』　1870〜1909

サバクオオトカゲ　Varanus griseus
「世界大博物図鑑 3」平凡社　1990
　◇p194（カラー）　エーレンベルク、C.G.『自然図誌』　1828〜99　石版画

サバンナオオトカゲ　Varanus exanthematicus
「ビュフォンの博物誌」工作舎　1991
　◇J032（カラー）『一般と個別の博物誌 ソンニーニ版』
「世界大博物図鑑 3」平凡社　1990
　◇p196〜197（カラー）　スミス、A.著、フォード、G.H.原図『南アフリカ動物図譜』　1838〜49

サルジニアナガレイモリ　Euproctus platycephalus
「世界大博物図鑑 3」平凡社　1990

　◇p34（カラー）　ギシュノー、A.『アルジェリア科学探検記―両生・爬虫類および魚類誌』　1850　手彩色銅版

サンゴパイプヘビ　Anilius scytale
「ビュフォンの博物誌」工作舎　1991
　◇J087（カラー）『一般と個別の博物誌 ソンニーニ版』
「世界大博物図鑑 3」平凡社　1990
　◇p208（カラー）　シンツ、H.R.著、ブロットマン、K.I.図『動物分類学図譜―両生・爬虫類編』　1833〜35　手彩色石版画
　◇p209（カラー）　ドルビニ、A.C.V.D.著、ウダール原図『万有博物事典』　1838〜49,61　銅版カラー刷り
　◇p209（カラー）　キュヴィエ、G.L.C.F.D.『動物界（門徒版）』　1836〜49　手彩色銅版

サンゴヘビ
「すごい博物画」グラフィック社　2017
　◇図19（カラー）　細部　メーリアン、マリア・シビラ　1701〜5ごろ　子牛皮紙に水彩 濃厚顔料 アラビアゴム　［ウィンザー城ロイヤル・ライブラリー］
「世界大博物図鑑 3」平凡社　1990
　◇p274（カラー）　セバ、A.『博物宝典』　1734〜65

サンショウウオ
「紙の上の動物園」グラフィック社　2017
　◇p98（カラー）　ショー、ジョージ『博物学者の宝庫』　1789〜1813

サンショウウオの解剖図
「ビュフォンの博物誌」工作舎　1991
　◇J013（カラー）『一般と個別の博物誌 ソンニーニ版』

サンショウウオの骨格
「ビュフォンの博物誌」工作舎　1991
　◇J004（カラー）『一般と個別の博物誌 ソンニーニ版』

サンショウウオの幼生　Hynobius sp.
「世界大博物図鑑 3」平凡社　1990
　◇p19（カラー）　栗本丹洲『千蟲譜』　文化8（1811）

【し】

シズクアレチカナヘビ　Mesalina guttulata
「世界大博物図鑑 3」平凡社　1990
　◇p189（カラー）　ギシュノー、A.『アルジェリア科学探検記―両生・爬虫類および魚類誌』　1850　手彩色銅版

シターナトカゲ　Sitana ponticeriana
「世界大博物図鑑 3」平凡社　1990
　◇p173（カラー）　キュヴィエ、G.L.C.F.D.『動物界（門徒版）』　1836〜49　手彩色銅版

ジツヅリハリトカゲ　Sceloporus grammicus
「世界大博物図鑑 3」平凡社　1990

574　博物図譜レファレンス事典 動物篇

両生類・爬虫類　　　　　　　　　　　　　　　　　　　　すはれ

◇p157（カラー）　ギュンター、A.C.L.G.『中央アメリカの生物誌―両生・爬虫類編』　1885～1902

シナヘビトカゲ　Ophisaurus harti
「世界大博物図鑑 3」平凡社　1990
　◇p201（カラー）『ロンドン動物学協会紀要』　1861～90,1891～1929

ジャッキーヒゲトカゲ　Amphibolurus muricatus
「世界大博物図鑑 3」平凡社　1990
　◇p177（カラー）　ホワイト、J.『ホワイト日誌』　1790　手彩色銅版画

ジャードンカロテス　Calotes jerdoni
「世界大博物図鑑 3」平凡社　1990
　◇p168（カラー）『ロンドン動物学協会紀要』　1861～90,1891～1929

ジャマイカヌマガメ　Trachemys terrapen
「世界大博物図鑑 3」平凡社　1990
　◇p113（カラー）　アガシ、J.L.R.『アメリカ合衆国博物学論集』　1857～77

ジャワヤスリヘビ　Acrochordus javanicus
「世界大博物図鑑 3」平凡社　1990
　◇p241（カラー）　シンツ、H.R.著、ブロットマン、K.I.図『動物分類学図譜―両生・爬虫類編』　1833～35　手彩色石版画

ジャングルランナーのなかま　Ameiva sp.
「世界大博物図鑑 3」平凡社　1990
　◇p181（カラー）　セバ、A.『博物宝典』　1734～65

シュライバーカナヘビ　Lacerta schreiberi
「世界大博物図鑑 3」平凡社　1990
　◇p187（カラー）『ロンドン動物学協会紀要』　1861～90,1891～1929

シュレーゲルアオガエル　Rhacophorus schlegelii
「日本の博物図譜」東海大学出版会　2001
　◇図33（カラー）　中島仰山筆『博物館虫譜』　［東京国立博物館］
「世界大博物図鑑 3」平凡社　1990
　◇p65（カラー）　高木春山『本草図説』　？ ～嘉永5（？ ～1852）　［愛知県西尾市立岩瀬文庫］

ジョウモンヒキガエル　Bufo regularis
「世界大博物図鑑 3」平凡社　1990
　◇p88（カラー）『ロンドン動物学協会紀要』　1861～90,1891～1929

ジョージクリンガエル　Crinia georgiana
「世界大博物図鑑 3」平凡社　1990
　◇p61（カラー）『ロンドン動物学協会紀要』　1861～90,1891～1929

シリケンイモリ？
「彩色 江戸博物学集成」平凡社　1994
　◇p147（カラー）　蝶螺　佐竹曙山『龍亀昆虫写生帖』　［千秋美術館］

シロハラミミズトカゲ　Amphisbaena alba
「ビュフォンの博物誌」工作舎　1991
　◇J091（カラー）『一般と個別の博物誌 ソンニーニ版』
「世界大博物図鑑 3」平凡社　1990
　◇p284～285（カラー）　セバ、A.『博物宝典』　1734～65

シンリンガラガラ　Crotalus horridus
「ビュフォンの博物誌」工作舎　1991
　◇J069（カラー）『一般と個別の博物誌 ソンニーニ版』

【 す 】

スカーレットヘビ　Cemophora coccinea
「ビュフォンの博物誌」工作舎　1991
　◇J083（カラー）『一般と個別の博物誌 ソンニーニ版』
「世界大博物図鑑 3」平凡社　1990
　◇p229（カラー）　ビュフォン、G.L.L.、Comte de『一般と個別の博物誌 ソンニーニ版』　1799～1808　銅版画

ズキンヘビ　Macroprotodon cucullatus
「世界大博物図鑑 3」平凡社　1990
　◇p236（カラー）　ギシュノー、A.『アルジェリア科学探検記―両生・爬虫類および魚類誌』　1850　手彩色銅版

ズグロヘビ　Sibynophis melanocephalus
「世界大博物図鑑 3」平凡社　1990
　◇p221（カラー）　グレイ、J.E.著、ホーキンス、ウォーターハウス石版『インド動物図譜』　1830～35

スジオブロンズヘビ　Dendrelaphis caudolineatus
「世界大博物図鑑 3」平凡社　1990
　◇p220（カラー）　グレイ、J.E.著、ホーキンス、ウォーターハウス石版『インド動物図譜』　1830～35

スッポン　Trionix sinensis
「鳥獣虫魚譜」八坂書房　1988
　◇p50（カラー）　泥竈　松森胤保『両羽爬虫図譜』　［酒田市立光丘文庫］

スッポン　Trionyx sinensis Wiegmann
「高木春山 本草図説 水産」リブロポート　1988
　◇p42～43（カラー）　白亀

スッポン
「彩色 江戸博物学集成」平凡社　1994
　◇p62（カラー）　ようろかめ　丹羽正伯『芸藩土産図』　［岩瀬文庫］

スパーレルアカメガエル　Agalychnis spurrelli
「世界大博物図鑑 3」平凡社　1990
　◇p73（カラー）『ロンドン動物学協会紀要』　1861

博物図譜レファレンス事典 動物篇　**575**

すほつ　　　　　　　　　　　　両生類・爬虫類

～90,1891～1929

スポットレースランナー　Cnemidophorus
lemniscatus
「ビュフォンの博物誌」工作舎　1991
　　◇J036（カラー）『一般と個別の博物誌 ソンニー
　　版』
「世界大博物図鑑 3」平凡社　1990
　　◇p182（カラー）　メーリアン, M.S.『スリナム産
　　昆虫の変態』1726　手彩色銅版画

スリナムサボテントカゲ　Uracentron
azureum
「ビュフォンの博物誌」工作舎　1991
　　◇J046（カラー）『一般と個別の博物誌 ソンニー
　　ニ版』

スリナムメガネカイマン　Caiman crocodilns
「世界大博物図鑑 3」平凡社　1990
　　◇p289（カラー）　キュヴィエ, G.L.C.F.D.『動物
　　界（門徒版）』1836～49　手彩色銅版

スローワーム　Anguis fragilis
「ビュフォンの博物誌」工作舎　1991
　　◇J087（カラー）『一般と個別の博物誌 ソンニー
　　ニ版』
「世界大博物図鑑 3」平凡社　1990
　　◇p201（カラー）　デミドフ, A.N.『ポントス地域
　　動物誌』1840～42

【せ】

セグロウミヘビ　Pelamis platurus
「ビュフォンの博物誌」工作舎　1991
　　◇J089（カラー）『一般と個別の博物誌 ソンニー
　　ニ版』
「世界大博物図鑑 3」平凡社　1990
　　◇p277（カラー）　フェイラー, J.『インド半島毒蛇
　　誌』1874
　　◇p277（カラー）　ビュフォン, G.L.L., Comte de
　　『一般と個別の博物誌 ソンニーニ版』1799～
　　1808　銅版画

セスジツバユビガエル　Limnodynastes
dorsalis
「世界大博物図鑑 3」平凡社　1990
　　◇p60（カラー）『ロンドン動物学協会紀要』1861
　　～90,1891～1929

ゼニガメ
「彩色 江戸博物学集成」平凡社　1994
　　◇p330～331（カラー）　毛利梅園『梅園介譜』
　　［個人蔵］

セネガルアルキガエル　Kassina senegalensis
「世界大博物図鑑 3」平凡社　1990
　　◇p60（カラー）　スミス, A.著, フォード, G.H.原
　　図『南アフリカ動物図譜』1838～49

セマダラミツバトビトカゲ　Draco lineatus
spilonotus
「世界大博物図鑑 3」平凡社　1990
　　◇p173（カラー）『ロンドン動物学協会紀要』1861
　　～90,1891～1929

セマルハコガメ　Cuora flavomarginata
evelynae
「日本の博物図譜」東海大学出版会　2001
　　◇p97（白黒）　平木政次筆『爬虫類写生図』　［国
　　立科学博物館］

セマルハコガメ　Cuora flavomarginata
（Gray）
「高木春山 本草図説 水産」リブロポート　1988
　　◇p92（カラー）　陸亀

セレベスヤマガエル　Oreophryne celebensis
「世界大博物図鑑 3」平凡社　1990
　　◇p64（カラー）『ロンドン動物学協会紀要』1861
　　～90,1891～1929

【そ】

ソコトラレーサー　Haemorrhois socotrae
「世界大博物図鑑 3」平凡社　1990
　　◇p216（カラー）『ロンドン動物学協会紀要』1861
　　～90,1891～1929

ソロバンベニヘビ　Calliophis gracilis
「世界大博物図鑑 3」平凡社　1990
　　◇p264（カラー）　グレイ, J.E.著, ホーキンス,
　　ウォーターハウス石版『インド動物図譜』1830
　　～35

【た】

ダイスヤマカガシ　Natrix tessellata
「世界大博物図鑑 3」平凡社　1990
　　◇p240（カラー）　デミドフ, A.N.『ポントス地域
　　動物誌』1840～42

タイマイ　Eretmochelys imbricata
「ビュフォンの博物誌」工作舎　1991
　　◇J017（カラー）『一般と個別の博物誌 ソンニー
　　ニ版』
「世界大博物図鑑 3」平凡社　1990
　　◇p105（カラー）　後藤梨春『随観写真』　明和8
　　（1771）頃
　　◇p108（カラー）　キュヴィエ, G.L.C.F.D.『動物
　　界（門徒版）』1836～49　手彩色銅版画

ダーウィンハナガエル　Rhinoderma derwini
「世界大博物図鑑 3」平凡社　1990
　　◇p57（カラー）　ゲイ, C.『チリ自然社会誌』
　　1844～71

タウリカナヘビ　Podarcis taurica
「世界大博物図鑑 3」平凡社　1990

576　博物図譜レファレンス事典 動物篇

両生類・爬虫類　　　　　　　　　てく

◇p189（カラー）　デミドフ, A.N.『ポントス地域
　動物誌』1840〜42

タスマニアクリンガエル　Crinia tasmaniensis
「世界大博物図鑑 3」平凡社　1990
　◇p61（カラー）『ロンドン動物学協会紀要』1861
　〜90,1891〜1929

タスマニアミミカクレガエル　Geocrinia laevis
「世界大博物図鑑 3」平凡社　1990
　◇p60（カラー）『ロンドン動物学協会紀要』1861
　〜90,1891〜1929
　◇p61（カラー）『ロンドン動物学協会紀要』1861
　〜90,1891〜1929

タテガミアガマ　Agama hispida
「ビュフォンの博物誌」工作舎　1991
　◇J045（カラー）『一般と個別の博物誌 ソンニー
　二版』

ダルマチアアカガエル　Rana dalmatina
「世界大博物図鑑 3」平凡社　1990
　◇p52（カラー）　ブランジェ, G.A.『ヨーロッパの
　無尾類』1896〜97　多色刷石版画

【ち】

チチュウカイカメレオン　Chamaeleo chamaeleon
「ビュフォンの博物誌」工作舎　1991
　◇J053（カラー）『一般と個別の博物誌 ソンニー
　二版』
「世界大博物図鑑 3」平凡社　1990
　◇p140〜141（カラー）　キュヴィエ, G.L.C.F.D.
　『動物界（門徒版）』1836〜49　手彩色銅版
　◇p140〜141（カラー）　ゲスナー, C.『動物誌』
　1551〜87　手彩色

チモールミツバトビトカゲ　Draco lineatus beccarii
「世界大博物図鑑 3」平凡社　1990
　◇p173（カラー）『ロンドン動物学協会紀要』1861
　〜90,1891〜1929

チャイロアメガエル　Litoria ewingii
「世界大博物図鑑 3」平凡社　1990
　◇p60（カラー）『ロンドン動物学協会紀要』1861
　〜90,1891〜1929

チャイロイエヘビ　Lamprophis fuliginosus
「世界大博物図鑑 3」平凡社　1990
　◇p232（カラー）　スミス, A.著, フォード, G.H.原
　図『南アフリカ動物図譜』1838〜49

チャセガエル　Rana chalconota
「世界大博物図鑑 3」平凡社　1990
　◇p61（カラー）『ロンドン動物学協会紀要』1861
　〜90,1891〜1929

チリスベノドトカゲ　Liolaemus chiliensis
「世界大博物図鑑 3」平凡社　1990
　◇p160（カラー）　ゲイ, C.著, ブレートル原図『チ
　リ自然社会誌』1844〜71
　◇p160〜161（カラー）　ベヴァレ原図, レッソン,
　R.P.『コキーユ号航海記』1826〜34　手彩色銅
　版画

チリハレオトカゲ　Phymaturus palluma
「世界大博物図鑑 3」平凡社　1990
　◇p161（カラー）　ゲイ, C.『チリ自然社会誌』
　1844〜71

【つ】

ツギオヤモリ　Underwoodisaurus milii
「世界大博物図鑑 3」平凡社　1990
　◇p136（カラー）　キュヴィエ, G.L.C.F.D.『動物
　界（門徒版）』1836〜49　手彩色銅版

ツノガエル
「紙の上の動物園」グラフィック社　2017
　◇p99（カラー）　ショー, ジョージ『博物学者の宝
　庫』1789〜1813

ツノスナクサリヘビ　Cerastes cerastes
「ビュフォンの博物誌」工作舎　1991
　◇J074（カラー）『一般と個別の博物誌 ソンニー
　二版』
「世界大博物図鑑 3」平凡社　1990
　◇p248（カラー）　ビュフォン, G.L.L., Comte de
　『一般と個別の博物誌 ソンニー二版』1799〜
　1808　銅版画

ツノトカゲの類　Phrynosoma sp.
「世界大博物図鑑 3」平凡社　1990
　◇p164（カラー）　シンツ, H.R.著, ブロットマン,
　K.I.図『動物分類学図譜—両生・爬虫類編』
　1833〜35　手彩色石版画

ツブパセリガエル　Pelodytes punctatus
「世界大博物図鑑 3」平凡社　1990
　◇p81（カラー）　ブランジェ, G.A.『ヨーロッパの
　無尾類』1896〜97　多色刷石版画

ツリーボア
「紙の上の動物園」グラフィック社　2017
　◇p19（カラー）　メーリアン, マリア・シビラ
　『メーリアンのスリナムの昆虫種とその変態論』
　1726

【て】

テグー　Tupinambis teguixin
「昆虫の劇場」リブロポート　1991
　◇p96〜97（カラー）　メーリアン, M.S.『スリナム
　産昆虫の変態』1726
「世界大博物図鑑 3」平凡社　1990
　◇p178〜179（カラー）　メーリアン, M.S.『スリナ

てくと　　　　　両生類・爬虫類

ム産昆虫の変態』 1726　手彩色銅版画
◇p180（カラー）　シンツ，H.R.著，ブロットマン，K.I.図『動物分類学図譜—両生・爬虫類編』1833～35　手彩色石版画
◇p180（カラー）　キュヴィエ，G.L.C.F.D.『動物界（門徒版）』 1836～49　手彩色銅版
◇p181（カラー）　セバ，A.『博物宝典』 1734～65
◇p181（カラー）　ジラール，C.F.『合衆国探検隊報告記—第20巻両生・爬虫類学』 1858

テグトカゲ　Tupinambis nigropunctatus
「すごい博物画」グラフィック社　2017
◇図版70（カラー）　メーリアン，マリア・シビラ 1705～10頃　子牛皮紙に水彩 濃厚顔料 アラビアゴム　29.8×40.2　［ウィンザー城ロイヤル・ライブラリー］

テーストゥードー
「生物の驚異的な形」河出書房新社　2014
◇図版89（カラー）　ヘッケル，エルンスト 1904

テネシーヌマガメ　Pseudemys concinna hieroglyphica
「世界大博物図鑑 3」平凡社　1990
◇p112（カラー）　ホルブルック，J.E.著，セラ，J.原図『北アメリカの爬虫類』 1842　手彩色石版画

デメハナサキガエル　Rana macrops
「世界大博物図鑑 3」平凡社　1990
◇p64（カラー）『ロンドン動物学協会紀要』 1861～90,1891～1929

テユー
「昆虫の劇場」リブロポート　1991
◇p29（カラー）　メーリアン，M.S.『スリナム産昆虫の変態』 1726

テユーの類　Teiidae
「世界大博物図鑑 3」平凡社　1990
◇p180（カラー）　セバ，A.『博物宝典』 1734～65

デュメリルオオトカゲ　Varanus dumerili
「世界大博物図鑑 3」平凡社　1990
◇p197（カラー）　ミュラー，S.『蘭領インド自然誌』 1839～44　手彩色石版画

テングキノボリヘビ　Langaha alluaudi
「世界大博物図鑑 3」平凡社　1990
◇p236（カラー）　シンツ，H.R.著，ブロットマン，K.I.図『動物分類学図譜—両生・爬虫類編』1833～35　手彩色石版画

【 と 】

トウキョウダルマガエル　Rana porosa porosa
「世界大博物図鑑 3」平凡社　1990
◇p65（カラー）　成体とオタマジャクシ，〈3本足の蛙〉 高木春山『本草図説』 ？ ～嘉永5（？ ～1852）［愛知県西尾市立岩瀬文庫］

トウキョウダルマガエル
「彩色 江戸博物学集成」平凡社　1994
◇p146（カラー）　奇形　佐竹曙山『龍亀昆虫写生帖』　［千秋美術館］

トウキョウダルマガエル？　Rana porosa porosa
「世界大博物図鑑 3」平凡社　1990
◇p65（カラー）　栗本丹洲『千蟲譜』 文化8（1811）

トウブキングヘビ　Lampropeltis getulus getulus
「ビュフォンの博物誌」工作舎　1991
◇J077（カラー）『一般と個別の博物誌 ソンニーニ版』

トウブコクチガエル　Gastrophryne carolinensis
「世界大博物図鑑 3」平凡社　1990
◇p84（カラー）　ホルブルック，J.E.著，セラ，J.原図『北アメリカの爬虫類』 1842　手彩色石版画

トウブスキアシガエル　Scaphiopus holbrookii
「世界大博物図鑑 3」平凡社　1990
◇p83（カラー）　ホルブルック，J.E.著，セラ，J.原図『北アメリカの爬虫類』 1842　手彩色石版画

トウブニシキガメ　Chrysemys picta picta
「世界大博物図鑑 3」平凡社　1990
◇p117（カラー）　キュヴィエ，G.L.C.F.D.『動物界（門徒版）』 1836～49　手彩色銅版

トウブハコガメ　Terrapene carolina carolina
「世界大博物図鑑 3」平凡社　1990
◇p116（カラー）　サワビー，J.de C.原図，リア，E.石版『カメ類写生図譜』 1872　石版画
◇p117（カラー）　キュヴィエ，G.L.C.F.D.『動物界（門徒版）』 1836～49　手彩色銅版

トウブヘビトカゲ　Ophisaurus ventralis
「ビュフォンの博物誌」工作舎　1991
◇J088（カラー）『一般と個別の博物誌 ソンニーニ版』
「世界大博物図鑑 3」平凡社　1990
◇p200（カラー）　ビュフォン，G.L.L., Comte de 『一般と個別の博物誌 ソンニーニ版』 1799～1808　銅版画

トカゲ
「紙の上の動物園」グラフィック社　2017
◇p98（カラー）　画家名不詳 1854

トカゲの骨格
「ビュフォンの博物誌」工作舎　1991
◇J002（カラー）『一般と個別の博物誌 ソンニーニ版』

トガリハリトカゲ　Sceloporus mucronatus
「世界大博物図鑑 3」平凡社　1990
◇p157（カラー）　ギュンター，A.C.L.G.『中央アメリカの生物誌—両生・爬虫類編』 1885～1902

両生類・爬虫類　　　　　　　　　　　　　　　　　　　　なまく

ドクアマガエル　Phrynohyas venulosa
「昆虫の劇場」リブロポート　1991
　◇p81（カラー）　メーリアン, M.S.『スリナム産昆
　　虫の変態』　1726
「世界大博物図鑑 3」平凡社　1990
　◇p68（カラー）　メーリアン, M.S.『スリナム産昆
　　虫の変態』　1726　手彩色銅版画

トゲウミヘビ　Lapemis hardwickii
「世界大博物図鑑 3」平凡社　1990
　◇p278（カラー）　グレイ, J.E.著, ホーキンス,
　　ウォーターハウス石版『インド動物図譜』　1830
　　～35

トゲスッポン　Apalone spiniferus
「世界大博物図鑑 3」平凡社　1990
　◇p125（カラー）　ドルビニ, A.C.V.D.著, ウダー
　　ル原図『万有博物事典』　1838～49,61　銅版カ
　　ラー刷り

トッケイヤモリ　Gekko gecko
「ビュフォンの博物誌」工作舎　1991
　◇J049（カラー）『一般と個別の博物誌 ソンニー
　　二版』

トノサマガエル　Rana esculenta
「すごい博物画」グラフィック社　2017
　◇図版86（カラー）　トノサマガエルとムラサキヘ
　　イシソウ　ケイツビー, マーク 1722～26頃　ア
　　ラビアゴムを混ぜたグラファイト 水彩 濃厚顔料
　　37.7×26.3　［ウィンザー城ロイヤル・ライブラ
　　リー］

トビトカゲ　Draco volans Linnaeus, 1758
「高木春山 本草図説 動物」リブロポート　1989
　◇p81（カラー）　応龍・鼉龍ノ両品, 薬水ヲ以テ硝
　　子壜中ニ蓄フル図

トビトカゲ
「紙の上の動物園」グラフィック社　2017
　◇p239（カラー）　エドワーズ, ジョージ, カーキウ
　　ス, E.他『両生類と爬虫類』　18世紀前半　線描
　　と水彩画による原画の肉筆模写
　◇p240～241（カラー）『ヨーロッパ, アジア, アフ
　　リカ, アメリカなどの昆虫の本：アムステルダム
　　のアルベルト・セバ氏のコレクションより, 自然
　　の体色のまま写生』　1728

トビトカゲの1種
「彩色 江戸博物学集成」平凡社　1994
　◇p19（カラー）　佐竹曙山『龍亀昆虫写生帖』
　　［千秋美術館］

トビヘビの類　Chrysopelea sp.
「世界大博物図鑑 3」平凡社　1990
　◇p237（カラー）　セバ, A.『博物宝典』　1734～65

トビヤモリのなかま　Ptychozoon sp.
「世界大博物図鑑 3」平凡社　1990
　◇p133（カラー）　セバ, A.『博物宝典』　1734～65

ドミニカイグアナ　Iguana delicatissima
「ビュフォンの博物誌」工作舎　1991
　◇J040（カラー）『一般と個別の博物誌 ソンニー
　　二版』

トリニダードウバヤガエル　Colostethus
　trinitatis
「世界大博物図鑑 3」平凡社　1990
　◇p73（カラー）『ロンドン動物学協会紀要』　1861
　　～90,1891～1929

トルコスナボア　Eryx jaculus turcicus
「ビュフォンの博物誌」工作舎　1991
　◇J085（カラー）『一般と個別の博物誌 ソンニー
　　二版』

【 な 】

ナイルオオトカゲ　Varanus niloticus
「ビュフォンの博物誌」工作舎　1991
　◇J031（カラー）『一般と個別の博物誌 ソンニー
　　二版』

ナイルスッポン　Trionyx triunguis
「世界大博物図鑑 3」平凡社　1990
　◇p125（カラー）　ブシェ, F.A.著, プレートル, J.
　　G.図『教科動物学』　1841

ナイルワニ　Crocodylus niloticus
「ビュフォンの博物誌」工作舎　1991
　◇J027（カラー）『一般と個別の博物誌 ソンニー
　　二版』
「世界大博物図鑑 3」平凡社　1990
　◇p288（カラー）　キュヴィエ, G.L.C.F.D.著, ト
　　ラヴィエ図『ラセペード博物誌』　1841　手彩色
　　銅版画

ナガアシイモリ　Caecilia gracilis
「ビュフォンの博物誌」工作舎　1991
　◇J092（カラー）『一般と個別の博物誌 ソンニー
　　二版』

ナガアシナシイモリ　Caecilia gracilis
「世界大博物図鑑 3」平凡社　1990
　◇p18（カラー）　ビュフォン, G.L.L., Comte de
　　『一般と個別の博物誌 ソンニー二版』　1799～
　　1808　銅版画

ナタールヤブコノミ　Philothamnus
　natalensis
「世界大博物図鑑 3」平凡社　1990
　◇p216（カラー）　スミス, A.著, フォード, G.H.原
　　図『南アフリカ動物図譜』　1838～49

ナナスジランナー　Cnemidophorus deppii
「世界大博物図鑑 3」平凡社　1990
　◇p183（カラー）　デュメリル, A.H.A.『メキシ
　　コ・中央アメリカ科学調査記録―爬虫類編』
　　1870～1909

ナマクアプレートトカゲ　Gerrhosaurus
　typicus
「世界大博物図鑑 3」平凡社　1990
　◇p191（カラー）　スミス, A.著, フォード, G.H.原
　　図『南アフリカ動物図譜』　1838～49

博物図譜レファレンス事典 動物篇　**579**

なみく

両生類・爬虫類

ナミクリンガエル Crinia signifera
「世界大博物図鑑 3」平凡社 1990
◇p60(カラー)『ロンドン動物学協会紀要』 1861
〜90,1891〜1929

ナミトビトカゲ Draco volans
「ビュフォンの博物誌」工作舎 1991
◇J041(カラー)『一般と個別の博物誌 ソンニー
二版』

ナンアナメクジクイ Duberria l.lutrix
「世界大博物図鑑 3」平凡社 1990
◇p240(カラー) ドルビニ、A.C.V.D.著、ウダー
ル原図『万有博物事典』 1838〜49,61 銅版カ
ラー刷り

ナンブシシバナヘビ
「世界大博物図鑑 3」平凡社 1990
◇p241(カラー) キュヴィエ、G.L.C.F.D.『動物
界(門徒版)』 1836〜49 手彩色銅版

ナンベイニセサンゴヘビ Anilius scytale
「すごい博物画」グラフィック社 2017
◇図版69(カラー) メガネカイマンとナンベイニ
セサンゴヘビ メーリアン、マリア・シビラ
1705〜10頃 子牛皮紙に水彩 濃厚顔料 アラビア
ゴム 34.6×49.6 [ウィンザー城ロイヤル・ラ
イブラリー]

【に】

ニシキトゲオアガマ Uromastyx ornatus
「ビュフォンの博物誌」工作舎 1991
◇J047(カラー)『一般と個別の博物誌 ソンニー
二版』
「世界大博物図鑑 3」平凡社 1990
◇p170〜171(カラー) シンツ、H.R.著、ブロット
マン、K.I.図『動物分類学図譜一両生・爬虫類編』
1833〜35 手彩色石版画

ニシキブロンズヘビ Dendrelaphis pictus
「ビュフォンの博物誌」工作舎 1991
◇J084(カラー)『一般と個別の博物誌 ソンニー
二版』

ニジドロヘビ Farancia erytrogramma
「世界大博物図鑑 3」平凡社 1990
◇p232(カラー) ホルブルック、J.E.著、セラ、J.
原図『北アメリカの爬虫類』 1842 手彩色石
版画

ニジボア Epicrates cenchria
「世界大博物図鑑 3」平凡社 1990
◇p270(カラー) セバ、A.『博物宝典』 1734〜65

ニセサンゴヘビ Erythrolamprus aesculapii
「すごい博物画」グラフィック社 2017
◇図版66(カラー) ニセサンゴヘビ、エリボシネ
コメヘビ、カエル、アマガエル メーリアン、マ
リア・シビラ 1705〜10頃 子牛皮紙に水彩 濃
厚顔料 アラビアゴム 30.7×37.5 [ウィンザー
城ロイヤル・ライブラリー]

ニホンアカガエル Rana japonica
「世界大博物図鑑 3」平凡社 1990
◇p65(カラー) 栗本丹洲『千蟲譜』 文化8
(1811)

ニホンイシガメの蓑亀 Mauremys japonica
「世界大博物図鑑 3」平凡社 1990
◇p112(カラー) キッコウジュズモ
Chaetomorpha chelonum var.japonicaが着生し
たもの 後藤梨春『随観写真』 明和8(1771)頃

ニホンイモリ
「彩色 江戸博物学集成」平凡社 1994
◇p319(カラー) 畔田翠山『吉野物産志』 [岩
瀬文庫]

ニホンカナヘビ Takydromus tachydromoides
「世界大博物図鑑 3」平凡社 1990
◇p189(カラー) 蜥蜴 栗本丹洲『千蟲譜』 文化
8(1811)

ニホンカナヘビ
「彩色 江戸博物学集成」平凡社 1994
◇p146(カラー) オス 佐竹曙山『龍亀昆虫写生
帖』 [千秋美術館]
◇p146(カラー) 繁殖期のオス 佐竹曙山『龍亀
昆虫写生帖』 [千秋美術館]

ニホンヅノカメレオン Chamaeleo bifidus
「ビュフォンの博物誌」工作舎 1991
◇J054(カラー)『一般と個別の博物誌 ソンニー
二版』
「世界大博物図鑑 3」平凡社 1990
◇p141(カラー) ドルビニ、A.C.V.D.著、ウダー
ル原図『万有博物事典』 1838〜49,61 銅版カ
ラー刷り

ニホントカゲ Eumeces latiscutatus
「世界大博物図鑑 3」平凡社 1990
◇p193(カラー) 栗本丹洲『千蟲譜』 文化8
(1811)

ニホントカゲ
「彩色 江戸博物学集成」平凡社 1994
◇p63(カラー) 七歩蛇 丹羽正伯『周防国産物之
内絵形』 [萩図書館]
◇p146(カラー) 亜成体 佐竹曙山『龍亀昆虫写
生帖』 [千秋美術館]

ニホンヒキガエル Bufo japonicus
「世界大博物図鑑 3」平凡社 1990
◇p89(カラー) 栗本丹洲『千蟲譜』 文化8
(1811)
◇p89(カラー) 高木春山『本草図説』 ? 〜嘉永
5(? 〜1852) [愛知県西尾市立岩瀬文庫]

ニホンヒキガエル
「彩色 江戸博物学集成」平凡社 1994
◇p66〜67(カラー) わくひき 丹羽正伯『筑前
国産物絵図帳』 [福岡県立図書館]

ニホンヤモリ Gekko japonicus
「世界大博物図鑑 3」平凡社 1990
◇p133(カラー) 栗本丹洲『千蟲譜』 文化8

（1811）

ニホンヤモリ、あるいはホオグロヤモリ（？）
「彩色 江戸博物学集成」平凡社　1994
◇p147（カラー）　守宮　佐竹曙山『龍亀昆虫写生帖』　［千秋美術館］

ニワカナヘビ　Lacerta agilis
「ビュフォンの博物誌」工作舎　1991
◇J035（カラー）『一般と個別の博物誌 ソンニーニ版』
◇J038（カラー）『一般と個別の博物誌 ソンニーニ版』

ニンニクガエルの類　Pelobates fuscus？
「世界大博物図鑑 3」平凡社　1990
◇p87（カラー）　産卵風景，幼体にいたるプロセス画　シンツ，H.R.著，ブロットマン，K.I.図『動物分類学図譜―両生・爬虫類編』1833〜35　手彩色石版画　※おそらくランプニンニクガエル

ニンフキノボリアトバ　Dryocalamus nympha
「ビュフォンの博物誌」工作舎　1991
◇J075（カラー）『一般と個別の博物誌 ソンニーニ版』
「世界大博物図鑑 3」平凡社　1990
◇p232（カラー）　ビュフォン，G.L.L., Comte de『一般と個別の博物誌 ソンニーニ版』1799〜1808　銅版画

【ね】

ネコツメヤモリ　Homopholis wahlbergii
「世界大博物図鑑 3」平凡社　1990
◇p132（カラー）　スミス，A.著，フォード，G.H.原図『南アフリカ動物図譜』1838〜49

ネジウミヘビ　Hydrophis spiralis
「世界大博物図鑑 3」平凡社　1990
◇p280（カラー）　フェイラー，J.『インド半島毒蛇誌』1874

【の】

ノイズガエル　Eupsophus roseus
「世界大博物図鑑 3」平凡社　1990
◇p57（カラー）　ゲイ，C.『チリ自然社会誌』1844〜71

ノギハラハガクレトカゲ　Polychrus marmoratus
「世界大博物図鑑 3」平凡社　1990
◇p165（カラー）　シンツ，H.R.著，ブロットマン，K.I.図『動物分類学図譜―両生・爬虫類編』1833〜35　手彩色石版画

ノコギリヘビ　Echis carinatus
「ビュフォンの博物誌」工作舎　1991
◇J070（カラー）『一般と個別の博物誌 ソンニーニ版』

「世界大博物図鑑 3」平凡社　1990
◇p248（カラー）　ギュシノー，A.『アビシニア航海記』1845〜51

ノコヘリヨコクビハコガメ　Pelusios sinuatus
「世界大博物図鑑 3」平凡社　1990
◇p121（カラー）　スミス，A.著，フォード，G.H.原図『南アフリカ動物図譜』1838〜49

ノザンデスアダー　Acanthophis praelongus
「世界大博物図鑑 3」平凡社　1990
◇p267（カラー）　レッソン，R.P.『コキーユ号航海記』1826〜34　手彩色銅版画

【は】

ハイイロアマガエル　Hyla versicolor
「世界大博物図鑑 3」平凡社　1990
◇p76（カラー）　ホルブルック，J.E.著，セラ，J.原図『北アメリカの爬虫類』1842　手彩色石版画

バイクアノール　Anolis lucius
「世界大博物図鑑 3」平凡社　1990
◇p149（カラー）　ド・ラ・サグラ，R.『キューバ風土記』1839〜61　手彩色銅版画

バインアマガエル　Hyla femoralis
「ビュフォンの博物誌」工作舎　1991
◇J093（カラー）『一般と個別の博物誌 ソンニーニ版』

バインヘビ　Pituophis melanoleucus
「世界大博物図鑑 3」平凡社　1990
◇p224（カラー）　ジラール，C.F.『合衆国探検隊報告記―第20巻両生・爬虫類学』1858

ハコネサンショウウオ　Onychodactylus japonicus
「世界大博物図鑑 3」平凡社　1990
◇p19（カラー）　栗本丹洲『千蟲譜』　文化8（1811）

ハコネサンショウウオ
「彩色 江戸博物学集成」平凡社　1994
◇p319（カラー）　畔田翠山『吉野物産志』　［岩瀬文庫］
「江戸の動植物図」朝日新聞社　1988
◇p115（カラー）　奥倉魚仙『水族四帖』　［国立国会図書館］

バシャムチヘビ　Masticophis flagellum
「世界大博物図鑑 3」平凡社　1990
◇p229（カラー）　ホルブルック，J.E.著，セラ，J.原図『北アメリカの爬虫類』1842　手彩色石版画

バシリスクス
「生物の驚異的な形」河出書房新社　2014
◇図版79（カラー）　ヘッケル，エルンスト　1904

ハシリヒキガエル　Bufo calamita
「世界大博物図鑑 3」平凡社　1990

はたふ　　　　　　　　　　　両生類・爬虫類

◇p89（カラー）　ドルビニ、A.C.V.D.著、ウダール原図『万有博物事典』1838〜49,61　銅版カラー刷り

バタフライアガマ　Leiolepis belliana
「世界大博物図鑑 3」平凡社　1990
◇p170〜171（カラー）　グレイ、J.E.著、ホーキンス、ウォーターハウス石版『インド動物図譜』1830〜35

ハナオソノラヘビ　Sonora michoacanensis
「世界大博物図鑑 3」平凡社　1990
◇p237（カラー）　ギュンター、A.C.L.G.『中央アメリカの生物誌—両生・爬虫類編』1885〜1902

ハナダカクサリヘビ　Vipera ammodytes
「ビュフォンの博物誌」工作舎　1991
◇J074（カラー）『一般と個別の博物誌 ソンニーニ版』
「世界大博物図鑑 3」平凡社　1990
◇p248（カラー）　ビュフォン、G.L.L., Comte de『一般と個別の博物誌 ソンニーニ版』1799〜1808　銅版画
◇p249（カラー）　マイヤー、J.D.『陸海川動物細密骨格図譜』1752　手彩色銅版

ハナダカマムシ　Hypnale nepa
「世界大博物図鑑 3」平凡社　1990
◇p256（カラー）　フェイラー、J.『インド半島毒蛇誌』1874

ハナナガアオムチヘビ　Ahaetulla nasuta
「ビュフォンの博物誌」工作舎　1991
◇J081（カラー）『一般と個別の博物誌 ソンニーニ版』
「世界大博物図鑑 3」平凡社　1990
◇p236（カラー）　ビュフォン、G.L.L., Comte de『一般と個別の博物誌 ソンニーニ版』1799〜1808　銅版画

ハナナガミジカオヘビ　Rhinophis sanguineus
「世界大博物図鑑 3」平凡社　1990
◇p204（カラー）『ロンドン動物学協会紀要』1861〜90,1891〜1929

ハナヒゲガマトカゲ　Phrynocephalus mystaceus
「ビュフォンの博物誌」工作舎　1991
◇J045（カラー）『一般と個別の博物誌 ソンニーニ版』

ハラオビマタハリヘビ　Maticora intestinalis
「世界大博物図鑑 3」平凡社　1990
◇p264（カラー）　グレイ、J.E.著、ホーキンス、ウォーターハウス石版『インド動物図譜』1830〜35

ハラキマダラミジカオヘビ　Uropeltis ceylanicus
「世界大博物図鑑 3」平凡社　1990
◇p204（カラー）『ロンドン動物学協会紀要』1861〜90,1891〜1929

ハラスジツルヘビ　Oxybelis fulgidus
「ビュフォンの博物誌」工作舎　1991
◇J080（カラー）『一般と個別の博物誌 ソンニーニ版』
「世界大博物図鑑 3」平凡社　1990
◇p237（カラー）　ビュフォン、G.L.L., Comte de『一般と個別の博物誌 ソンニーニ版』1799〜1808　銅版画

ハリハコトカゲ　Kentropyx calcaratus
「世界大博物図鑑 3」平凡社　1990
◇p184（カラー）　シンツ、H.R.著、ブロットマン、K.I.図『動物分類学図譜—両生・爬虫類編』1833〜35　手彩色石版画

ハルドンアガマ　Stellio stellio
「世界大博物図鑑 3」平凡社　1990
◇p169（カラー）　キュヴィエ、G.L.C.F.D.『動物界（門徒版）』1836〜49　手彩色銅版

パルニミジカオヘビ　Uropeltis pulneyensis
「世界大博物図鑑 3」平凡社　1990
◇p204（カラー）『ロンドン動物学協会紀要』1861〜90,1891〜1929

【ひ】

ヒガシアオジタトカゲ　Tiliqua scincoides
「世界大博物図鑑 3」平凡社　1990
◇p193（カラー）　ホワイト、J.『ホワイト日誌』1790　手彩色銅版画

ヒガシヨーロッパシマヘビ　Elaphe quatuorlineata sauromates
「世界大博物図鑑 3」平凡社　1990
◇p212（カラー）　デミドフ、A.N.『ポントス地域動物誌』1840〜42

ヒキガエル　Bufo bufo Linnaeus, 1758
「高木春山 本草図説 動物」リブロポート　1989
◇p80（カラー）

ヒキガエル　Bufo japonicus
「鳥獣虫魚譜」八坂書房　1988
◇p52（カラー）　人里蝦蟇　松森胤保『両羽爬虫図譜』　［酒田市立光丘文庫］

ヒキガエル
「彩色 江戸博物学集成」平凡社　1994
◇p146（カラー）　奇形　佐竹曙山『龍亀昆虫写生帖』　［千秋美術館］
「江戸の動植物図」朝日新聞社　1988
◇p93（カラー）　増山雪斎『蟲豸帖』　［東京国立博物館］

ヒキガエルのオタマジャクシの解剖図
「ビュフォンの博物誌」工作舎　1991
◇J012（カラー）『一般と個別の博物誌 ソンニーニ版』

両生類・爬虫類　　　　　　　　　　　　　　　ふあい

ヒキガエルの卵とオタマジャクシ　Bufo
japonicus
「世界大博物図鑑 3」平凡社　1990
　◇p89（カラー）　栗本丹洲『千蟲譜』　文化8
　（1811）

ヒゲミズヘビ　Erpeton tentaculatum
「ビュフォンの博物誌」工作舎　1991
　◇J086（カラー）『一般と個別の博物誌 ソンニー
　二版』
「世界大博物図鑑 3」平凡社　1990
　◇p233（カラー）『ロンドン動物学協会紀要』　1861
　〜90,1891〜1929

ヒシモンツリーボア　Corallus enydris enydris
「ビュフォンの博物誌」工作舎　1991
　◇J062（カラー）『一般と個別の博物誌 ソンニー
　二版』

ビナンハヤセガエル　Amolops formosus
「世界大博物図鑑 3」平凡社　1990
　◇p53（カラー）『ロンドン動物学協会紀要』　1861
　〜90,1891〜1929

ビブロンジセンガエル　Pseudophryne bibroni
「世界大博物図鑑 3」平凡社　1990
　◇p60（カラー）『ロンドン動物学協会紀要』　1861
　〜90,1891〜1929

ビブロンヨツメガエル　Pleurodema bibroni
「世界大博物図鑑 3」平凡社　1990
　◇p57（カラー）　ゲイ, C.『チリ自然社会誌』
　1844〜71

ヒマダラトゲオイグアナ　Ctenosaura
defensor
「世界大博物図鑑 3」平凡社　1990
　◇p148（カラー）『ロンドン動物学協会紀要』　1861
　〜90,1891〜1929

ヒマラヤマムシ　Agkistrodon himalayanus
「世界大博物図鑑 3」平凡社　1990
　◇p256（カラー）　フェイラー, J.『インド半島毒蛇
　誌』　1874

ヒムネドロヘビ　Farancia abacura
「世界大博物図鑑 3」平凡社　1990
　◇p233（カラー）　ホルブルック, J.E.著, セラ, J.
　原図『北アメリカの爬虫類』　1842　手彩色石
　版画

ヒュラ［アマガエル］
「生物の驚異的な形」河出書房新社　2014
　◇図版68（カラー）　ヘッケル, エルンスト　1904

ヒョウモンヘビ　Elaphe situla
「世界大博物図鑑 3」平凡社　1990
　◇p213（カラー）　デミドフ, A.N.『ポントス地域
　動物誌』　1840〜42
　◇p213（カラー）　ボナパルト, C.L.J.L.『イタリア
　動物図譜』　1832〜41　手彩色石版画

ヒョウモンヘビ（縦条型）　Elaphe situla
「世界大博物図鑑 3」平凡社　1990
　◇p213（カラー）　デミドフ, A.N.『ポントス地域
　動物誌』　1840〜42

ヒヨケミミズトカゲ　Amphisbaena caeca
「世界大博物図鑑 3」平凡社　1990
　◇p285（カラー）　ド・ラ・サグラ, R.『キューバ
　風土記』　1839〜61　手彩色銅版画

ヒラオウミヘビ　Praescutata viperina
「世界大博物図鑑 3」平凡社　1990
　◇p281（カラー）　フェイラー, J.『インド半島毒蛇
　誌』　1874

ヒラタスッポン　Dogania subplana
「世界大博物図鑑 3」平凡社　1990
　◇p129（カラー）　グレイ, J.E.著, ホーキンス,
　ウォーターハウス石版『インド動物図譜』　1830
　〜35

ヒラタピパ　Pipa pipa
「昆虫の劇場」リブロポート　1991
　◇p84（カラー）　メーリアン, M.S.『スリナム産昆
　虫の変態』　1726
「世界大博物図鑑 3」平凡社　1990
　◇p82（カラー）　メーリアン, M.S.『スリナム産昆
　虫の変態』　1726　手彩色銅版画
　◇p83（カラー）　キュヴィエ, G.L.C.F.D.『動物界
　（門徒版）』　1836〜49　手彩色銅版

ヒラチズガメ　Graptemys geographica
「世界大博物図鑑 3」平凡社　1990
　◇p109（カラー）　ホルブルック, J.E.著, セラ, J.
　原図『北アメリカの爬虫類』　1842　手彩色石
　版画

ヒラユビイモリ　Triturus helveticus
「ビュフォンの博物誌」工作舎　1991
　◇J098（カラー）『一般と個別の博物誌 ソンニー
　二版』
「世界大博物図鑑 3」平凡社　1990
　◇p30（カラー）　ビュフォン, G.L.L., Comte de
　『一般と個別の博物誌 ソンニー二版』　1799〜
　1808　銅版画

ヒロウロコカロテス　Calotes grandisquamis
「世界大博物図鑑 3」平凡社　1990
　◇p169（カラー）『ロンドン動物学協会紀要』　1861
　〜90,1891〜1929

ヒロオコノハヤモリ　Phyllurus platurus
「世界大博物図鑑 3」平凡社　1990
　◇p136（カラー）　キュヴィエ, G.L.C.F.D.『動物
　界（門徒版）』　1836〜49　手彩色銅版

【 ふ 】

ファイアーサラマンダー　Salamandra
salamandra
「ビュフォンの博物誌」工作舎　1991

博物図譜レファレンス事典 動物篇　**583**

ふいし　　　　　　　　　両生類・爬虫類

◇J097（カラー）『一般と個別の博物誌 ソンニー
二版』
「世界大博物図鑑 3」平凡社　1990
◇p26〜27（カラー）『ロンドン動物学協会紀要』
1861〜90,1891〜1929
◇p27（カラー）　キュヴィエ, G.L.C.F.D.著, ト
ラヴィエ図『ラセペード博物誌』1841　手彩色銅
版画
◇p27（カラー）　キュヴィエ, G.L.C.F.D.『動物界
（門徒版）』1836〜49　手彩色銅版

フィジーイグアナ　Brachylophus fasciatus
「世界大博物図鑑 3」平凡社　1990
◇p148（カラー）　フォード, G.H.原図『ロンドン
動物学協会紀要』1861〜90,1891〜1929

フエフキホソユビガエル　Leptodactylus
sibilator
「ビュフォンの博物誌」工作舎　1991
◇J095（カラー）　メス, オス『一般と個別の博物
誌 ソンニー二版』

フシュケサンゴヘビ　Micrurus psyches
「ビュフォンの博物誌」工作舎　1991
◇J100（カラー）『一般と個別の博物誌 ソンニー
二版』
「世界大博物図鑑 3」平凡社　1990
◇p265（カラー）　ビュフォン, G.L.L., Comte de
『一般と個別の博物誌 ソンニー二版』1799〜
1808　銅版画

フタアシアシチヂミ　Scelotes bipes
「ビュフォンの博物誌」工作舎　1991
◇J058（カラー）『一般と個別の博物誌 ソンニー
二版』

フタイロネコメアマガエル　Phyllomedusa
bicolor
「世界大博物図鑑 3」平凡社　1990
◇p69（カラー）　シュロッサー, J.A., ボダール, P.
著, ダデルベック, G.原図, ベッカー, F.de,
フォッケ, S.銅版『アンボイナの博物誌』1768
〜72

フチゾリリクガメ　Testudo marginata
「世界大博物図鑑 3」平凡社　1990
◇p96（カラー）　マイヤー, J.D.『陸海川動物細密
骨格図譜』1752　手彩色銅版

ブチツバユビガエル　Limnodynastes
tasmaniensis
「世界大博物図鑑 3」平凡社　1990
◇p60（カラー）『ロンドン動物学協会紀要』1861
〜90,1891〜1929

ブチヤブコノミ　Philothamnus
semivariegatus
「世界大博物図鑑 3」平凡社　1990
◇p217（カラー）　スミス, A.著, フォード, G.H.原
図『南アフリカ動物図譜』1838〜49

フトオビシボンヘビ　Sibon sartorii
「世界大博物図鑑 3」平凡社　1990

◇p241（カラー）　ギュンター, A.C.L.G.『中央ア
メリカの生物誌—両生・爬虫類編』1885〜1902

フミキリヘビ　Spilotes pullatus
「世界大博物図鑑 3」平凡社　1990
◇p224（カラー）　セバ, A.『博物宝典』1734〜65
◇p228（カラー）　ギュンター, A.C.L.G.『中央ア
メリカの生物誌—両生・爬虫類編』1885〜1902
◇p228（カラー）　セバ, A.『博物宝典』1734〜65

ブームスラング　Dispholidus typus
「世界大博物図鑑 3」平凡社　1990
◇p236（カラー）　スミス, A.著, フォード, G.H.原
図『南アフリカ動物図譜』1838〜49

冬
「江戸名作画帖全集 8」駸々堂出版　1995
◇図117（カラー）　増山雪斎『虫豸帖』　紙本着色
〔東京国立博物館〕
◇図118（カラー）　増山雪斎『虫豸帖』　紙本着色
〔東京国立博物館〕

ブラウンアノール　Anolis sagrei
「世界大博物図鑑 3」平凡社　1990
◇p152（カラー）　ド・ラ・サグラ, R.『キューバ
風土記』1839〜61　手彩色銅版画

ブラウンスナボア　Eryx johnii
「世界大博物図鑑 3」平凡社　1990
◇p273（カラー）　尾が切れた個体　シンツ, H.R.
著, ブロットマン, K.I.図『動物分類学図譜—両
生・爬虫類編』1833〜35　手彩色石版画

ブラウンバシリスク　Basiliscus basiliscus
「ビュフォンの博物誌」工作舎　1991
◇J042（カラー）『一般と個別の博物誌 ソンニー
二版』
「世界大博物図鑑 3」平凡社　1990
◇p152（カラー）　キュヴィエ, G.L.C.F.D.『動物
界（門徒版）』1836〜49　手彩色銅版
◇p153（カラー）　キュヴィエ, G.L.C.F.D.著, ト
ラヴィエ図『ラセペード博物誌』1841　手彩色
銅版画

ブラジルジャングルランナー　Ameiva
ameiva ameiva
「世界大博物図鑑 3」平凡社　1990
◇p184〜185（カラー）　シンツ, H.R.著, ブロット
マン, K.I.図『動物分類学図譜—両生・爬虫類編』
1833〜35　手彩色石版画

ブラジルツノガエル　Ceratophrys aurita
「世界大博物図鑑 3」平凡社　1990
◇p85（カラー）　ウイート＝ノイウイート, A.P.M.
zu『ブラジル博物学提要』1822〜1831　手彩色
銅版画

ブラジルニジボア　Epicrates cenchria
cenchria
「世界大博物図鑑 3」平凡社　1990
◇p270（カラー）　ウイート＝ノイウイート, A.P.
M.zu『ブラジル博物学提要』1822〜1831　手
彩色銅版画

584　博物図譜レファレンス事典 動物篇

両生類・爬虫類　　　　　　　　　　　　へろほ

ブラジルハブ　Bothrops brazili
「世界大博物図鑑 3」平凡社　1990
　◇p256（カラー）　キュヴィエ, G.L.C.F.D.『動物
　　界（門徒版）』1836〜49　手彩色銅版画

ブラッドサッカー　Calotes versicolor
「ビュフォンの博物誌」工作舎　1991
　◇J044（カラー）『一般と個別の博物誌 ソンニー
　　ニ版』

ブラーミニメクラヘビ　Ramphotyphlops
braminus
「世界大博物図鑑 3」平凡社　1990
　◇p209（カラー）　シンツ, H.R.著, ブロットマン,
　　K.I.図『動物分類学図譜―両生・爬虫類編』
　　1833〜35　手彩色石版画

ブランディングガメ　Emydoidea blandingii
「世界大博物図鑑 3」平凡社　1990
　◇p109（カラー）『ロンドン動物学協会紀要』1861
　　〜90,1891〜1929

フロリダスッポン　Apalone ferox
「ビュフォンの博物誌」工作舎　1991
　◇J018（カラー）『一般と個別の博物誌 ソンニー
　　ニ版』
「世界大博物図鑑 3」平凡社　1990
　◇p125（カラー）　シンツ, H.R.著, ブロットマン,
　　K.I.図『動物分類学図譜―両生・爬虫類編』
　　1833〜35　手彩色石版画

ブロンズヘビの類　Dendrelaphis sp.
「世界大博物図鑑 3」平凡社　1990
　◇p220〜221（カラー）　グレイ, J.E.著, ホーキン
　　ス, ウォーターハウス石版『インド動物図譜』
　　1830〜35

【 へ 】

ペイントサンゴヘビ　Micrurus corallinus
「世界大博物図鑑 3」平凡社　1990
　◇p265（カラー）　ドルビニ, A.C.V.D.著, ウダー
　　ル原図『万有博物事典』1838〜49,61　銅版カ
　　ラー刷り
　◇p265（カラー）　ウイート＝ノイウイート, A.P.
　　M.zu『ブラジル博物学提要』1822〜1831　手
　　彩色銅版画

ヘビ　Paleosuchus palpebrosus
「昆虫の劇場」リブロポート　1991
　◇p94〜95（カラー）　メーリアン, M.S.『スリナム
　　産昆虫の変態』1726

ヘビ
「昆虫の劇場」リブロポート　1991
　◇p71（カラー）　メーリアン, M.S.『スリナム産昆
　　虫の変態』1726
「極楽の魚たち」リブロポート　1991
　◇p7（白黒）　ゲスナー『動物誌』

ヘビ（ボア）
「昆虫の劇場」リブロポート　1991
　◇p30（カラー）　メーリアン, M.S.『スリナム産昆
　　虫の変態』1726

ヘビ（種名不詳）
「江戸の動植物図」朝日新聞社　1988
　◇p97（カラー）　飯室楽圃『虫譜図説』　［国立国
　　会図書館］

ヘビの骨格
「ビュフォンの博物誌」工作舎　1991
　◇J003（カラー）『一般と個別の博物誌 ソンニー
　　ニ版』

ヘビ類各種の頭部
「ビュフォンの博物誌」工作舎　1991
　◇J059（カラー）『一般と個別の博物誌 ソンニー
　　ニ版』
　◇J060（カラー）『一般と個別の博物誌 ソンニー
　　ニ版』
　◇J061（カラー）『一般と個別の博物誌 ソンニー
　　ニ版』

ヘリグロヒキガエルの幼生　Bufo
melanostictus
「世界大博物図鑑 3」平凡社　1990
　◇p84（カラー）『ロンドン動物学協会紀要』1861
　　〜90,1891〜1929

ペルータテガミヨウガントカゲ　Tropidurus
peruvianus peruvianus
「世界大博物図鑑 3」平凡社　1990
　◇p160〜161（カラー）　レッソン, R.P.『コキーユ
　　号航海記』1826〜34　手彩色銅版画

ヘルベンダー　Cryptobranchus alleganiensis
「世界大博物図鑑 3」平凡社　1990
　◇p23（カラー）　ドルビニ, A.C.V.D.著, ウダール
　　原図『万有博物事典』1838〜49,61　銅版カラー
　　刷り
　◇p23（カラー）　キュヴィエ, G.L.C.F.D.『動物界
　　（門徒版）』1836〜49　手彩色銅版

ヘルマンリクガメ　Testudo hermanni
「世界大博物図鑑 3」平凡社　1990
　◇p93（カラー）　シェッフ, J.D.『カメの博物誌』
　　1792〜1801

ヘルメットガエル　Caudiverbera
caudiverbera
「世界大博物図鑑 3」平凡社　1990
　◇p84（カラー）　ゲイ, C.『チリ自然社会誌』
　　1844〜71

ベローズアメガエル　Litoria verreauxii
「世界大博物図鑑 3」平凡社　1990
　◇p77（カラー）『ロンドン動物学協会紀要』1861
　　〜90,1891〜1929

ペロポネソスカベカナヘビ　Podarcis
peloponnesiaca
「世界大博物図鑑 3」平凡社　1990

博物図譜レファレンス事典 動物篇　585

へろん　　　　　　　　　　　　　　両生類・爬虫類

◇p187（カラー）『ロンドン動物学協会紀要』　1861
〜90,1891〜1929

ベロンアメガエル　Litoria peronii
「世界大博物図鑑 3」平凡社　1990
◇p77（カラー）『ロンドン動物学協会紀要』　1861
〜90,1891〜1929

ベンガルオオトカゲ　Varanus bengalensis
「ビュフォンの博物誌」工作舎　1991
◇J029（カラー）『一般と個別の博物誌 ソンニ
ー版』

ヘンゲアガマ　Trapelus mutabilis
「世界大博物図鑑 3」平凡社　1990
◇p169（カラー）　キュヴィエ, G.L.C.F.D.『動物
界（門徒版）』　1836〜49　手彩色銅版

ヘンゲヤマガエル　Oreophryne variabilis
「世界大博物図鑑 3」平凡社　1990
◇p64（カラー）『ロンドン動物学協会紀要』　1861
〜90,1891〜1929

ベントトゲオアガマ　Uromastyx benti
「世界大博物図鑑 3」平凡社　1990
◇p170（カラー）『ロンドン動物学協会紀要』　1861
〜90,1891〜1929

【 ほ 】

ボア
⇒ヘビ（ボア）を見よ

ボアコンストリクター　Boa constrictor
「ビュフォンの博物誌」工作舎　1991
◇J063（カラー）『一般と個別の博物誌 ソンニ
ー版』
「世界大博物図鑑 3」平凡社　1990
◇p269（カラー）　セバ, A.『博物宝典』　1734〜65
◇p271（カラー）　セバ, A.『博物宝典』　1734〜65
◇p272〜273（カラー）　シンツ, H.R.著, ブロット
マン, K.I.図『動物分類学図譜―両生・爬虫類編』
1833〜35　手彩色石版画

ボウシヘビの類ほか　Tantilla sp.
「世界大博物図鑑 3」平凡社　1990
◇口絵（カラー）　セバ, A.『博物宝典』　1734〜65

ホウシャガメ　Geochelone radiata
「ビュフォンの博物誌」工作舎　1991
◇J026（カラー）『一般と個別の博物誌 ソンニ
ー版』
「世界大博物図鑑 3」平凡社　1990
◇p97（カラー）　キュヴィエ, G.L.C.F.D.『動物界
（門徒版）』　1836〜49　手彩色銅版

ホウセキカナヘビ　Lacerta lepida
「ビュフォンの博物誌」工作舎　1991
◇J033（カラー）『一般と個別の博物誌 ソンニ
ー版』
◇J037（カラー）『一般と個別の博物誌 ソンニ

ー版』
「世界大博物図鑑 3」平凡社　1990
◇p186（カラー）　キュヴィエ, G.L.C.F.D.『動物
界（門徒版）』　1836〜49　手彩色銅版

ホシアノール　Anolis punctatus
「ビュフォンの博物誌」工作舎　1991
◇J048（カラー）『一般と個別の博物誌 ソンニ
ー版』

ホシガメ　Geochelone elegans
「ビュフォンの博物誌」工作舎　1991
◇J025（カラー）『一般と個別の博物誌 ソンニ
ー版』
「世界大博物図鑑 3」平凡社　1990
◇p92（カラー）　キュヴィエ, G.L.C.F.D.著, トラ
ヴィエ図『ラセペード博物誌』　1841　手彩色銅
版画

ホシボシアレチカナヘビ　Mesalina
lineoocellata
「世界大博物図鑑 3」平凡社　1990
◇p188（カラー）　スミス, A.著, フォード, G.H.原
図『南アフリカ動物図譜』　1838〜49

ホシヤブガメ　Psammobates geometricus
「ビュフォンの博物誌」工作舎　1991
◇J025（カラー）『一般と個別の博物誌 ソンニ
ー版』
「世界大博物図鑑 3」平凡社　1990
◇p93（カラー）　サワビー, J.de C.原図, リア, E.
石版『カメ類写生図譜』　1872　石版画

ボスカヘリユビカナヘビ　Acanthodactylus
boskianus
「ビュフォンの博物誌」工作舎　1991
◇J036（カラー）『一般と個別の博物誌 ソンニ
ー版』

ホソオオトカゲ　Varanus prasinus
「世界大博物図鑑 3」平凡社　1990
◇p198（カラー）　ミュラー, S.『蘭領インド自然
誌』　1839〜44　手彩色石版画

ホソスベノドトカゲ　Liolaemus tenuis
「世界大博物図鑑 3」平凡社　1990
◇p161（カラー）　ゲイ, C.『チリ自然社会誌』
1844〜71

ホライモリ　Proteus anguinus
「ビュフォンの博物誌」工作舎　1991
◇J099（カラー）『一般と個別の博物誌 ソンニ
ー版』
「世界大博物図鑑 3」平凡社　1990
◇p38（カラー）　ビュフォン, G.L.L., Comte de
『一般と個別の博物誌 ソンニー版』　1799〜
1808　銅版画
◇p38（カラー）　キュヴィエ, G.L.C.F.D.『動物界
（門徒版）』　1836〜49　手彩色銅版

ホライモリの解剖図　Proteus anguinus
「ビュフォンの博物誌」工作舎　1991
◇J015（カラー）『一般と個別の博物誌 ソンニ

両生類・爬虫類　　　　　　　　　　　　　まれか

二版』

ホンカロテス　Calotes calotes
「ビュフォンの博物誌」工作舎　1991
　　◇J043（カラー）『一般と個別の博物誌 ソンニー
　　　二版』

ホーンドアダー　Bitis caudalis
「世界大博物図鑑 3」平凡社　1990
　　◇p249（カラー）　スミス, A.著, フォード, G.H.原
　　　図『南アフリカ動物図譜』1838～49

ホンハブ　Trimeresurus flavoviridis
「世界大博物図鑑 3」平凡社　1990
　　◇p257（カラー）　牧茂一郎『原色版日本産蛇類図
　　　説』昭和8（1933）

ホンハブ？　Trimeresurus flavoviridis
「世界大博物図鑑 3」平凡社　1990
　　◇p257（カラー）　栗本丹洲『千蟲譜』文化8
　　　（1811）

【 ま 】

マダガスカルヘラオヤモリ　Uroplatus fimbriatus
「ビュフォンの博物誌」工作舎　1991
　　◇J052（カラー）『一般と個別の博物誌 ソンニー
　　　二版』

マタマタ　Chelus fimbriatus
「ビュフォンの博物誌」工作舎　1991
　　◇J020（カラー）『一般と個別の博物誌 ソンニー
　　　二版』
「世界大博物図鑑 3」平凡社　1990
　　◇p121（カラー）　キュヴィエ, G.L.C.F.D.『動物
　　　界（門徒版）』1836～49　手彩色銅版

マダラウミヘビ　Hydrophis cyanocinctus
「グラバー魚譜200選」長崎文献社　2005
　　◇p253（カラー）　えらぶうなぎ　倉場富三郎編,
　　　長谷川雪香画『日本西部及南部魚類図譜』　［長
　　　崎大学附属図書館］
「世界大博物図鑑 3」平凡社　1990
　　◇p277（カラー）　フェイラー, J.『インド半島毒蛇
　　　誌』1874

マダラナキヤモリ　Hemidactylus maculatus
「世界大博物図鑑 3」平凡社　1990
　　◇p133（カラー）　キュヴィエ, G.L.C.F.D.『動物
　　　界（門徒版）』1836～49　手彩色銅版

マダラミズガエル　Telmatobius marmoratus
「世界大博物図鑑 3」平凡社　1990
　　◇p57（カラー）　ゲイ, C.『チリ自然社会誌』
　　　1844～71

マッドパピー　Necturus maculosus
「世界大博物図鑑 3」平凡社　1990
　　◇p38（カラー）　クライン図, キュヴィエ, G.L.C.
　　　F.D.『動物界（門徒版）』1836～49　手彩色銅版
　　◇p38（カラー）　ドルビニ, A.C.V.D.著, ウダール

原図『万有博物事典』1838～49,61　銅版カラー
刷り
　　◇p41（カラー）　ホフマン, C.『世界の書』1842
　　　～72　石版画

マツリランナー　Ameiva festiva
「世界大博物図鑑 3」平凡社　1990
　　◇p183（カラー）　デュメリル, A.H.A.『メキシ
　　　コ・中央アメリカ科学調査記録―爬虫類編』
　　　1870～1909

マドルミヘビ　Siphlophis cervinus
「ビュフォンの博物誌」工作舎　1991
　　◇J079（カラー）『一般と個別の博物誌 ソンニー
　　　二版』

マブヤトカゲ
「世界大博物図鑑 3」平凡社　1990
　　◇口絵（カラー）　セバ, A.『博物宝典』1734～65

マーブルアマガエル　Hyla marmorata
「ビュフォンの博物誌」工作舎　1991
　　◇J094（カラー）『一般と個別の博物誌 ソンニー
　　　二版』
「世界大博物図鑑 3」平凡社　1990
　　◇p76（カラー）　ビュフォン, G.L.L., Comte de,
　　　ドーダンの妻原図『一般と個別の博物誌 ソン
　　　ニー二版』1799～1808　銅版画

マメイタヘビ　Pseudotyphlops philippinus
「世界大博物図鑑 3」平凡社　1990
　　◇p205（カラー）　ドルビニ, A.C.V.D.著, ウダー
　　　ル原図『万有博物事典』1838～49,61　銅版カ
　　　ラー刷り

マライオオトカゲ
　⇒ミズオオトカゲ（マライオオトカゲ）を見よ

マリアカロテス　Calotes maria
「世界大博物図鑑 3」平凡社　1990
　　◇p168（カラー）『ロンドン動物学協会紀要』1861
　　　～90,1891～1929

マルオアマガサ　Bungarus fasciatus
「世界大博物図鑑 3」平凡社　1990
　　◇p265（カラー）　ビュフォン, G.L.L., Comte de
　　　『一般と個別の博物誌 ソンニー二版』1799～
　　　1808　銅版画

マルオアマガサ　Bunrarus fasciatus
「ビュフォンの博物誌」工作舎　1991
　　◇J065（カラー）『一般と個別の博物誌 ソンニー
　　　二版』

マルスッポン　Pelochelys bibroni
「世界大博物図鑑 3」平凡社　1990
　　◇p124（カラー）　シュロッサー, J.A., ボダール,
　　　P.著, ダデルベック, G.原図, ベッカー, F.de,
　　　フォッケ, S.銅版『アンボイナの博物誌』1768
　　　～72

マレーガビアル　Tomistoma schlegelii
「世界大博物図鑑 3」平凡社　1990
　　◇p292（カラー）　ミュラー, S.『蘭領インド自然
　　　誌』1839～44　手彩色石版画

博物図譜レファレンス事典 動物篇　**587**

まんく　　　　　　両生類・爬虫類

マングローブオオトカゲ　Varanus indicus
「ビュフォンの博物誌」工作舎　1991
　◇J030（カラー）『一般と個別の博物誌 ソンニー
　　ニ版』

【 み 】

ミイロコーラスガエル　Pseudacris ornata
「世界大博物図鑑 3」平凡社　1990
　◇p76（カラー）　ホルブルック，J.E.著，セラ，J.原
　　図『北アメリカの爬虫類』　1842　手彩色石版画

ミカンアシナシイモリ　Siphonops annulatus
「世界大博物図鑑 3」平凡社　1990
　◇p18（カラー）　シンツ，H.R.著，ブロットマン，
　　K.I.図『動物分類学図譜―両生・爬虫類編』
　　1833～35　手彩色石版画
　◇p18（カラー）　ドルビニ，A.C.V.D.著，ウダール
　　原図『万有博物事典』1838～49,61　銅版カラー
　　刷り

ミジカオヘビの類　Uropeltidae
「世界大博物図鑑 3」平凡社　1990
　◇p205（カラー）　セバ，A.『博物宝典』　1734～65

ミズオオトカゲ　Varanus salvator
「世界大博物図鑑 3」平凡社　1990
　◇p196（カラー）　ドルビニ，A.C.V.D.著，ウダー
　　ル原図『万有博物事典』　1838～49,61　銅版カ
　　ラー刷り
「鳥獣虫魚譜」八坂書房　1988
　◇p53（カラー）　花龍　東南アジア産　松森胤保
　　『両羽爬虫図譜』［酒田市立光丘文庫］

ミズオオトカゲ（マライオオトカゲ）
Varanus salvator
「舶来鳥獣図誌」八坂書房　1992
　◇p80～81（カラー）『唐蘭船持渡鳥獣之図』　［慶
　　應義塾図書館］

ミスジハコガメ　Cuora trifasciata
「世界大博物図鑑 3」平凡社　1990
　◇p116（カラー）　グレイ，J.E.著，ホーキンス，
　　ウォーターハウス石版『インド動物図譜』　1830
　　～35

ミスジヒツジウチ　Psammophylax
tritaeniatus
「世界大博物図鑑 3」平凡社　1990
　◇p237（カラー）『ロンドン動物学協会紀要』　1861
　　～90,1891～1929

ミセラアマガエル　Hyla misera
「世界大博物図鑑 3」平凡社　1990
　◇p73（カラー）『ロンドン動物学協会紀要』　1861
　　～90,1891～1929

ミツイボサンバガエル　Alytes obstetricans
「世界大博物図鑑 3」平凡社　1990
　◇p81（カラー）　ブシェ，F.A.著，プレートル，J.
　　G.図『教科動物学』　1841

ミツユビカラカネトカゲ　Chalcides chalcides
「ビュフォンの博物誌」工作舎　1991
　◇J057（カラー）『一般と個別の博物誌 ソンニー
　　ニ版』
　◇J058（カラー）『一般と個別の博物誌 ソンニー
　　ニ版』
「世界大博物図鑑 3」平凡社　1990
　◇p193（カラー）　キュヴィエ，G.L.C.F.D.著，ト
　　ラヴィエ図『ラセペード博物誌』1841　手彩色
　　銅版画

ミドリカナヘビ　Lacerta viridis
「ビュフォンの博物誌」工作舎　1991
　◇J034（カラー）『一般と個別の博物誌 ソンニー
　　ニ版』
　◇J035（カラー）『一般と個別の博物誌 ソンニー
　　ニ版』
「世界大博物図鑑 3」平凡社　1990
　◇p187（カラー）　ボナパルト，C.L.J.L.『イタリア
　　動物図譜』　1832～41　手彩色石版画

ミドリツヤトカゲ　Lamprolepis smaragdina
「世界大博物図鑑 3」平凡社　1990
　◇p192（カラー）　レッソン，R.P.『コキーユ号航
　　海記』　1826～34　手彩色銅版画

ミナミイザリトカゲ　Pygopus lepidopodus
「世界大博物図鑑 3」平凡社　1990
　◇p136（カラー）　シンツ，H.R.著，ブロットマン，
　　K.I.図『動物分類学図譜―両生・爬虫類編』
　　1833～35　手彩色石版画

ミナミカナヘビ　Takydromus sexlineatus
「ビュフォンの博物誌」工作舎　1991
　◇J039（カラー）『一般と個別の博物誌 ソンニー
　　ニ版』
「世界大博物図鑑 3」平凡社　1990
　◇p186（カラー）　キュヴィエ，G.L.C.F.D.『動物
　　界（門徒版）』　1836～49　手彩色銅版

ミナミガラガラ　Crotalus durissus
「ビュフォンの博物誌」工作舎　1991
　◇J068（カラー）『一般と個別の博物誌 ソンニー
　　ニ版』
「世界大博物図鑑 3」平凡社　1990
　◇p259（カラー）　ビュフォン，G.L.L., Comte de,
　　ドーダン，A.原図『一般と個別の博物誌 ソン
　　ニーニ版』1799～1808　銅版画

ミナミガラガラヘビ
「紙の上の動物園」グラフィック社　2017
　◇p94（カラー）　フォスマール，アルノー『東西イ
　　ンドの四足獣、鳥、ヘビ他、稀少動物のすばらし
　　いコレクションと解説：写生画つき』　1804～05

ミナミムネアテミミズトカゲ　Monopeltis
capensis
「世界大博物図鑑 3」平凡社　1990
　◇p284（カラー）　スミス，A.著，フォード，G.H.原
　　図『南アフリカ動物図譜』　1838～49

ミミズトカゲの類　Amphisbaena sp.
「世界大博物図鑑 3」平凡社　1990

両生類・爬虫類　　　　　　　　　　　　　　　　　　めきし

◇p284（カラー）　ビュフォン, G.L.L., Comte de
『一般と個別の博物誌 ソンニーニ版』1799〜
1808　銅版画

ミヤコトカゲ　Emoia atrocostata
「世界大博物図鑑 3」平凡社　1990
◇p192（カラー）　レッソン, R.P.『コキーユ号航
海記』1826〜34　手彩色銅版画

ミヤビソメワケヘビ　Scaphiodontophis annulatus
「世界大博物図鑑 3」平凡社　1990
◇p241（カラー）　ギュンター, A.C.L.G.『中央ア
メリカの生物誌―両生・爬虫類編』1885〜1902

ミヤマアオガエル　Rhacophorus monticola
「世界大博物図鑑 3」平凡社　1990
◇p64（カラー）『ロンドン動物学協会紀要』1861
〜90,1891〜1929

ミヤマイモリ　Triturus alpestris
「ビュフォンの博物誌」工作舎　1991
◇J098（カラー）『一般と個別の博物誌 ソンニー
ニ版』
「世界大博物図鑑 3」平凡社　1990
◇p30（カラー）　ビュフォン, G.L.L., Comte de
『一般と個別の博物誌 ソンニーニ版』1799〜
1808　銅版画

ミユビアンヒューマ　Amphiuma tridactylum
「世界大博物図鑑 3」平凡社　1990
◇p44〜45（カラー）　キュヴィエ, G.L.C.F.D.『動
物界（門徒版）』1836〜49　手彩色銅版

ミュラーアスプモドキ　Aspidomorphus muelleri
「世界大博物図鑑 3」平凡社　1990
◇p266（カラー）　ミュラー, S.『蘭領インド自然
誌』1839〜44　手彩色石版画

ミュレンバーグイシガメ　Clemmys muhlebergii
「世界大博物図鑑 3」平凡社　1990
◇p112（カラー）　ホルブルック, J.E.著, セラ, J.
原図『北アメリカの爬虫類』1842　手彩色石
版画

ミルクヘビ　Lampropeltis triangulum ssp.
「世界大博物図鑑 3」平凡社　1990
◇p225（カラー）　ギュンター, A.C.L.G.『中央ア
メリカの生物誌―両生・爬虫類編』1885〜1902

【む】

ムカシトカゲ　Sphenodon punctatus
「世界大博物図鑑 3」平凡社　1990
◇p285（カラー）　グレイ, J.E.著, フォード, G.H.
画『オーストラリアおよびニュージーランドのト
カゲ類』1867

ムスジレースランナー　Cnemidophorus sexlineatus
「世界大博物図鑑 3」平凡社　1990
◇p183（カラー）　ホルブルック, J.E.著, セラ, J.
原図『北アメリカの爬虫類』1842　手彩色石
版画

ムスラナ　Clelia clelia
「ビュフォンの博物誌」工作舎　1991
◇J078（カラー）『一般と個別の博物誌 ソンニー
ニ版』

【め】

メガネカイマン　Caiman crocodilus
「すごい博物画」グラフィック社　2017
◇図版69（カラー）　メガネカイマンとナンベイニ
セサンゴヘビ　メーリアン, マリア・シビラ
1705〜10頃　子牛皮紙に水彩 濃厚顔料 アラビア
ゴム　34.6×49.6　［ウィンザー城ロイヤル・ラ
イブラリー］

メガネカナヘビ　Lacerta perspicillata
「世界大博物図鑑 3」平凡社　1990
◇p189（カラー）　ギシュノー, A.『アルジェリア
科学探検記―両生・爬虫類および魚類誌』1850
手彩色銅版

メガネサラマンダー　Salamandrina terdigitata
「世界大博物図鑑 3」平凡社　1990
◇p26（カラー）　シンツ, H.R.著, ブロットマン,
K.I.図『動物分類学図譜―両生・爬虫類編』
1833〜35　手彩色石版画

メキシコアシナシイモリ　Dermophis mexicanus
「世界大博物図鑑 3」平凡社　1990
◇p18（カラー）　キュヴィエ, G.L.C.F.D.『動物界
（門徒版）』1836〜49　手彩色銅版

メキシコクジャクガメ　Trachemys scripta ornata
「世界大博物図鑑 3」平凡社　1990
◇p113（カラー）　幼体から成熟個体まで　ギュン
ター, A.C.L.G.『中央アメリカの生物誌―両生・
爬虫類編』1885〜1902

メキシコサラマンダー　Ambystoma mexicanum
「世界大博物図鑑 3」平凡社　1990
◇p39（カラー）　ユエ, N.原図『パリ自然史博物館
新紀要』1865〜1908（〜30）

メキシコサラマンダー（アホロートル）　Ambystoma mexicanum
「世界大博物図鑑 3」平凡社　1990
◇p45（カラー）　幼生型　キュヴィエ, G.L.C.F.D.
『動物界（門徒版）』1836〜49　手彩色銅版

博物図譜レファレンス事典 動物篇　**589**

めきし　　　　　　　　両生類・爬虫類

メキシコドクトカゲ　Heloderma horridum
「世界大博物図鑑 3」平凡社　1990
　◇p199（カラー）　ギュンター, A.C.L.G.『中央ア
　　メリカの生物誌—両生・爬虫類編』 1885〜1902

メキシコノドツナギガエル　Smilisca baudini
「世界大博物図鑑 3」平凡社　1990
　◇p76（カラー）　グリーン, J.原図, ギュンター, A.
　　C.L.G.『中央アメリカの生物誌—両生・爬虫類
　　編』 1885〜1902

【 も 】

モグラヘビ　Pseudaspis cana
「世界大博物図鑑 3」平凡社　1990
　◇p216（カラー）　スミス, A.著, フォード, G.H.原
　　図『南アフリカ動物図譜』 1838〜49
　◇p217（カラー）　スミス, A.著, フォード, G.H.原
　　図『南アフリカ動物図譜』 1838〜49

モグラヘビの幼体　Pseudaspis cana
「世界大博物図鑑 3」平凡社　1990
　◇p217（カラー）　スミス, A.著, フォード, G.H.原
　　図『南アフリカ動物図譜』 1838〜49

モトイマブヤ　Mabuya mabouya
「ビュフォンの博物誌」工作舎　1991
　◇J055（カラー）『一般と個別の博物誌 ソンニー
　　ニ版』

モモアカヒキガエル　Bufo glaberrimus
「世界大博物図鑑 3」平凡社　1990
　◇p88（カラー）　フォード, G.H.原図『ロンドン動
　　物学協会紀要』 1861〜90,1891〜1929

モーリタニアヒキガエル　Bufo mauritanicus
「世界大博物図鑑 3」平凡社　1990
　◇p88（カラー）『ロンドン動物学協会紀要』 1861
　　〜90,1891〜1929

【 や 】

ヤシヤモリ　Gekko vittatus
「ビュフォンの博物誌」工作舎　1991
　◇J050（カラー）『一般と個別の博物誌 ソンニー
　　ニ版』
「世界大博物図鑑 3」平凡社　1990
　◇p133（カラー）　キュヴィエ, G.L.C.F.D.『動物
　　界（門徒版）』 1836〜49　手彩色銅版

ヤセフキヤガマ　Atelopus varius
「世界大博物図鑑 3」平凡社　1990
　◇p85（カラー）　ギュンター, A.C.L.G.『中央アメ
　　リカの生物誌—両生・爬虫類編』 1885〜1902

ヤマカガシ　Rhabdophis tigrinus
「鳥獣虫魚譜」八坂書房　1988
　◇p53（カラー）　山ガミヂ　松森胤保『両羽爬虫図
　　譜』 ［酒田市立光丘文庫］

ヤマハブ　Trimeresurus monticola
「世界大博物図鑑 3」平凡社　1990
　◇p257（カラー）　フェイラー, J.『インド半島毒蛇
　　誌』 1874

ヤモリ
「江戸名作画帖全集 8」駸々堂出版　1995
　◇図38（カラー）　蛤介（ヤモリ）・竈龍（カマリ
　　ヤウ）　細川重賢編『毛介綺煥』　紙本着色
　　［永青文庫（東京）］

【 よ 】

ヨウスコウアリゲーター　Alligator sinensis
「世界大博物図鑑 3」平凡社　1990
　◇p289（カラー）『ロンドン動物学協会紀要』 1861
　　〜90,1891〜1929

ヨツユビマエアシトカゲ　Bipes canaliculatus
「ビュフォンの博物誌」工作舎　1991
　◇J058（カラー）『一般と個別の博物誌 ソンニー
　　ニ版』

ヨーロッパアカガエル　Rana temporaria
「世界大博物図鑑 3」平凡社　1990
　◇p48（カラー）　レーゼル・フォン・ローゼンホフ,
　　A.J.『両生類自然誌』 1753〜58　手彩色銅版画
　◇p49（カラー）　抱接のシーン　レーゼル・フォ
　　ン・ローゼンホフ, A.J.『両生類自然誌』 1753
　　〜58　手彩色銅版画
　◇p52（カラー）　卵から幼生, 変態直後　レーゼ
　　ル・フォン・ローゼンホフ, A.J.『両生類自然誌』
　　1753〜58　手彩色銅版画

ヨーロッパアカガエル　Rana temporaria
「世界大博物図鑑 3」平凡社　1990
　◇p2（白黒）　内臓　レーゼル・フォン・ローゼン
　　ホフ, A.J.『両生類自然誌』 1753〜58　手彩色
　　銅版画

ヨーロッパアマガエル　Hyla arborea
「世界大博物図鑑 3」平凡社　1990
　◇p72（カラー）　レーゼル・フォン・ローゼンホフ,
　　A.J.『両生類自然誌』 1753〜58　手彩色銅版画

ヨーロッパアマガエル　Rana temporaria
「すごい博物画」グラフィック社　2017
　◇図版51（カラー）　シロムネオオハシ, ザクロ,
　　クロヅル, イヌサフラン, おそらくシャチホコガ
　　の幼虫, ヨーロッパブドウの枝, コンゴウイン
　　コ, モナモンキー, ムラサキセイヨウハシバミま
　　たはセイヨウハシバミ, オオモンシロチョウ,
　　ヨーロッパアマガエル　マーシャル, アレクサン
　　ダー 1650〜82頃　水彩　45.8×34.0　［ウィン
　　ザー城ロイヤル・ライブラリー］

ヨーロッパクサリヘビ　Vipera berus
「ビュフォンの博物誌」工作舎　1991
　◇J072（カラー）『一般と個別の博物誌 ソンニー
　　ニ版』
「世界大博物図鑑 3」平凡社　1990

両生類・爬虫類　　　　　　　　　　　　　りすの

◇p245（カラー）　リーチ, W.E.『動物学雑録』
1814〜17

ヨーロッパスズガエル　Bombina bombina
「世界大博物図鑑 3」平凡社　1990
◇p83（カラー）『ロンドン動物学協会紀要』　1861
〜90,1891〜1929

ヨーロッパスムーズヘビ　Coronella austriaca
「世界大博物図鑑 3」平凡社　1990
◇p212（カラー）　デミドフ, A.N.『ポントス地域
動物誌』　1840〜42

ヨーロッパトノサマガエル　Rana esculenta
「世界大博物図鑑 3」平凡社　1990
◇p52（カラー）　ブランジェ, G.A.『ヨーロッパの
無尾類』　1896〜97　多色刷石版画

ヨーロッパトノサマガエルの内臓・血液循環
Rana esculena
「ビュフォンの博物誌」工作舎　1991
◇J009（カラー）『一般と個別の博物誌 ソンニー
ニ版』

ヨーロッパトノサマガエルの内臓・生殖器
（雌）　Rana esculena
「ビュフォンの博物誌」工作舎　1991
◇J010（カラー）『一般と個別の博物誌 ソンニー
ニ版』

ヨーロッパトノサマガエルの変態　Rana
esculena
「ビュフォンの博物誌」工作舎　1991
◇J011（カラー）『一般と個別の博物誌 ソンニー
ニ版』

ヨーロッパヌマガメ　Emys orbicularis
「世界大博物図鑑 3」平凡社　1990
◇p109（カラー）　ドルビニ, A.C.V.D. 著, ウダー
ル原図『万有博物事典』　1838〜49,61　銅版カ
ラー刷り
◇p109（カラー）『ロンドン動物学協会紀要』　1861
〜90,1891〜1929

ヨーロッパヌマガメ
「世界大博物図鑑 3」平凡社　1990
◇p92（カラー）　キュヴィエ, G.L.C.F.D. 著, トラ
ヴィエ図『ラセペード博物誌』　1841　手彩色銅
版画

ヨーロッパヒキガエル　Bufo bufo
「ビュフォンの博物誌」工作舎　1991
◇J096（カラー）『一般と個別の博物誌 ソンニー
ニ版』
「世界大博物図鑑 3」平凡社　1990
◇p88（カラー）　ビュフォン, G.L.L., Comte de,
ドーダンの妻原図『一般と個別の博物誌 ソン
ニーニ版』　1799〜1808　銅版画

ヨーロッパヒキガエル？　Bufo bufo
「世界大博物図鑑 3」平凡社　1990
◇p86（カラー）　抱接と産卵の状態　シンツ, H.R.
著, プロットマン, K.I.図『動物分類学図譜―両
生・爬虫類編』　1833〜35　手彩色石版画

ヨーロッパヘビトカゲ　Ophisaurus apodus
「世界大博物図鑑 3」平凡社　1990
◇p200（カラー）　キュヴィエ, G.L.C.F.D.『動物
界（門徒版）』　1836〜49　手彩色銅版版
◇p201（カラー）　デミドフ, A.N.『ポントス地域
動物誌』　1840〜42

ヨーロッパヤマカガシ　Natrix natrix
「すごい博物画」グラフィック社　2017
◇図版37（カラー）　ダイダイ, ハナサフラン,
ヨーロッパヤマカガシ, オオボクトウの幼虫
マーシャル, アレクサンダー　1650〜82頃　水彩
［ウィンザー城ロイヤル・ライブラリー］
「ビュフォンの博物誌」工作舎　1991
◇J082（カラー）『一般と個別の博物誌 ソンニー
ニ版』
「世界大博物図鑑 3」平凡社　1990
◇p240（カラー）　ビュフォン, G.L.L., Comte de
『一般と個別の博物誌 ソンニーニ版』　1799〜
1808　銅版画

ヨーロッパレーサー　Haemorrhois
viridiflavus
「ビュフォンの博物誌」工作舎　1991
◇J100（カラー）『一般と個別の博物誌 ソンニー
ニ版』

【ら】

ラタストガエル　Rana latastei
「世界大博物図鑑 3」平凡社　1990
◇p52（カラー）　ブランジェ, G.A.『ヨーロッパの
無尾類』　1896〜97　多色刷石版画

ラッセルクサリヘビ　Vipera russelii
「ビュフォンの博物誌」工作舎　1991
◇J073（カラー）『一般と個別の博物誌 ソンニー
ニ版』
「世界大博物図鑑 3」平凡社　1990
◇p252（カラー）　ビュフォン, G.L.L., Comte de,
ド・セーヴ原図『一般と個別の博物誌 ソンニー
ニ版』　1799〜1808　銅版画
◇p252（カラー）　フェイラー, J.『インド半島毒蛇
誌』　1874

ラフハリトカゲ　Sceloporus asper
「世界大博物図鑑 3」平凡社　1990
◇p156（カラー）『ロンドン動物学協会紀要』　1861
〜90,1891〜1929

【り】

リスノコアマガエル　Hyla squirella
「ビュフォンの博物誌」工作舎　1991
◇J093（カラー）『一般と個別の博物誌 ソンニー
ニ版』

博物図譜レファレンス事典 動物篇　**591**

りすの　　　　　　　　　両生類・爬虫類

リスノコエアマガエル　Hyla squirella
「世界大博物図鑑 3」平凡社　1990
　◇p76（カラー）　ホルブルック, J.E.著, セラ, J.原
　　図『北アメリカの爬虫類』 1842　手彩色石版画

リュウキュウキノボリトカゲ　Japalura polygonata
「世界大博物図鑑 3」平凡社　1990
　◇p177（カラー）『ロンドン動物学協会紀要』 1861
　　～90,1891～1929

リンネアシナシ　Caecilia tentaculata
「ビュフォンの博物誌」工作舎　1991
　◇J092（カラー）『一般と個別の博物誌 ソンニー
　　二版』

リンネメクラヘビ　Typhlops lumbricalis
「世界大博物図鑑 3」平凡社　1990
　◇p209（カラー）　キュヴィエ, G.L.C.F.D.『動物
　　界（門徒版）』 1836～49　手彩色銅版

【る】

ルリオハマベトカゲ　Emoia cyanura
「世界大博物図鑑 3」平凡社　1990
　◇p192（カラー）　レッソン, R.P.『コキーユ号航
　　海記』 1826～34　手彩色銅版画

【れ】

レースオオトカゲ　Varanus barius
「世界大博物図鑑 3」平凡社　1990
　◇p194～195（カラー）　ホワイト, J.『ホワイト日
　　誌』 1790　手彩色銅版画

レッドサラマンダー　Pseudotriton ruber
「ビュフォンの博物誌」工作舎　1991
　◇J097（カラー）『一般と個別の博物誌 ソンニー
　　二版』

【ろ】

ロケットアノール　Anolis roquet
「世界大博物図鑑 3」平凡社　1990
　◇p152（カラー）　キュヴィエ, G.L.C.F.D.『動物
　　界（門徒版）』 1836～49　手彩色銅版

【わ】

ワカレシボンヘビ　Sibon dimidiata
「世界大博物図鑑 3」平凡社　1990
　◇p241（カラー）　ギュンター, A.C.L.G.『中央ア
　　メリカの生物誌—両生・爬虫類編』 1885～1902

ワキオビネコメアマガエル　Phyllomedusa hypocondrialis
「世界大博物図鑑 3」平凡社　1990
　◇p69（カラー）『ロンドン動物学協会紀要』 1861
　　～90,1891～1929

ワキスジクシミミトカゲ　Ctenotus taeniolatus
「世界大博物図鑑 3」平凡社　1990
　◇p192（カラー）　レッソン, R.P.『コキーユ号航
　　海記』 1826～34　手彩色銅版画

鰐
「江戸名作画帖全集 8」駸々堂出版　1995
　◇図41（カラー）　鯨歯・ダリヤウノなど　細川重
　　賢編『毛介綺煥』　紙本着色　〔永青文庫（東
　　京）〕

ワモンベニヘビ　Calliophis macclellandii
「世界大博物図鑑 3」平凡社　1990
　◇p267（カラー）　フェイラー, J.『インド半島毒蛇
　　誌』 1874

【記号・英数】

I–2〔トカゲ〕
「江戸名作画帖全集 8」駸々堂出版　1995
　◇図1, 163（カラー/白黒）　I–2　佐竹曙山, 小田野
　　直武『写生帖』　紙本・絹本着色　〔秋田市立千
　　秋美術館〕

I–3〔カメ〕
「江戸名作画帖全集 8」駸々堂出版　1995
　◇図2, 164（カラー/白黒）　I–3　佐竹曙山, 小田野
　　直武『写生帖』　紙本・絹本着色　〔秋田市立千
　　秋美術館〕

I–4〔カエル〕
「江戸名作画帖全集 8」駸々堂出版　1995
　◇図3, 165（カラー/白黒）　I–4　佐竹曙山, 小田野
　　直武『写生帖』　紙本・絹本着色　〔秋田市立千
　　秋美術館〕

I–29・30〔トカゲ・カエル〕
「江戸名作画帖全集 8」駸々堂出版　1995
　◇図189（白黒）　I–29・30　佐竹曙山, 小田野直武
　　『写生帖』　紙本・絹本着色　〔秋田市立千秋美
　　術館〕

I–31・32〔イモリ・ヤモリ〕
「江戸名作画帖全集 8」駸々堂出版　1995
　◇図190（白黒）　I–31・32　佐竹曙山, 小田野直武
　　『写生帖』　紙本・絹本着色　〔秋田市立千秋美
　　術館〕

想像・架空の生物　　　　　　　　　　くらけ

想像・架空の生物

【あ】

アオダイショウ（三頭の「ヨコヅナ」）
「高木春山 本草図説 動物」リブロポート　1989
　◇p34（カラー）　よこづな　頭部が3つある白骨

アンフィスバエナ
「すごい博物画」グラフィック社　2017
　◇図30（カラー）　エルナンデス, フランシスコ『新しいスペインの宝物』1651　木版画　［ウェルカム図書館（ロンドン）］

【い】

異獣
「江戸の動植物図」朝日新聞社　1988
　◇p146（カラー）　関根雲停画

【う】

ウミヘビ
「世界大博物図鑑 3」平凡社　1990
　◇p280（カラー）　sea serpent　ゲスナー, C.『動物誌』1551〜87　手彩色

【か】

カッパ
「高木春山 本草図説 水産」リブロポート　1988
　◇p98〜100（カラー）　一種 水虎, 其二, 一種 水虎 熊本ノ産, 一種 水虎, 一種 水虎, 水虎 即河童 豊筑ノ産, 其二 尻ノ穴ヲミセタル図, 一種 水虎 丈一尺余, 一種 水虎

河童
「彩色 江戸博物学集成」平凡社　1994
　◇p250〜251（カラー）　高木春山『本草図説』［岩瀬文庫］
「江戸の動植物図」朝日新聞社　1988
　◇p146（カラー）　栗本丹洲画
「世界大博物図鑑 5」平凡社　1988
　◇p384（カラー）　水虎　明和年間に捕えられた個

体　栗本丹洲筆写, 高木春山『本草図説』　？〜1852　［愛知県西尾市立岩瀬文庫］
　◇p384（カラー）　高木春山『本草図説』　？〜1852　［愛知県西尾市立岩瀬文庫］
　◇p384（カラー）　水虎　高木春山『本草図説』　？〜1852　［愛知県西尾市立岩瀬文庫］
　◇p384（カラー）　水虎　享和元年（1801）6月に捕えられた　高木春山『本草図説』　？〜1852　［愛知県西尾市立岩瀬文庫］
　◇p384（カラー）　老成した水虎　高木春山『本草図説』　？〜1852　［愛知県西尾市立岩瀬文庫］
　◇p384（カラー）　水虎　寛永年間に豊後で捕えられた　高木春山『本草図説』　？〜1852　［愛知県西尾市立岩瀬文庫］
　◇p385（カラー）『竜宮魚合戦』　［国文学研究資料館史料館］
　◇p385（カラー）　豊筑産の河童　高木春山『本草図説』　？〜1852　［愛知県西尾市立岩瀬文庫］

河童（水虎）
「高木春山 本草図説 水産」リブロポート　1988
　◇p38（カラー）　水虎年ヲ経リシモノ
　◇p39（カラー）　一種 水虎　栗本丹洲が所蔵していた水虎図を春山が筆写したもの

ガネーシャ
「世界大博物図鑑 5」平凡社　1988
　◇p273（カラー）『インドの民衆美術ポスター』

【き】

麒麟
「世界大博物図鑑 5」平凡社　1988
　◇p348（カラー）　麒麟送子 制作年代不明　［キリンビール株式会社資料室］
　◇p349（カラー）　雌雄一対　作者未詳『実業新聞 第1号付録』明治28　色刷り木版　［キリンビール株式会社資料室］

【く】

クラーケン
「ビュフォンの博物誌」工作舎　1991
　◇L026（カラー）　海の怪物が, じつは大ダコであることを解明した図『一般と個別の博物誌 ソンニーニ版』

博物図譜レファレンス事典 動物篇　**593**

こほん　　　　　　　　想像・架空の生物

【こ】

5本脚のニワトリ
「紙の上の動物園」グラフィック社　2017
　◇p215（カラー）　アルドロヴァンディ，ウリッセ
　『鳥類学』　1646

【さ】

三葉虫類　Trilobita trilobite
「世界大博物図鑑 1」平凡社　1991
　◇p37（カラー）　ヘッケル，E.H.『自然の造形』
　1899～1904　多色石版画

【し】

シマヘビ　Elaphe quadrivirgata Boie, 1826
「高木春山 本草図説 動物」リブロポート　1989
　◇p32（カラー）　ヨコヅナ　両頭ノ蛇

シマヘビの双頭奇形　Elaphe quadrivirgata
「世界大博物図鑑 3」平凡社　1990
　◇p225（カラー）　現実には発生しない　高木春山
　『本草図説』　？　～嘉永5（？　～1852）　［愛知県
　西尾市立岩瀬文庫］

修道士魚
「紙の上の動物園」グラフィック社　2017
　◇p14（カラー）　修道士魚と枢機卿魚　ゲスナー，
　コンラート『動物誌』　1551～58

シュリンクス
「世界大博物図鑑 5」平凡社　1988
　◇p47（カラー）　パン（牧神）とシュリンクス『ナ
　ポリ王立博物館秘密室収蔵品図録』　1836

【す】

水晶宮（ロンドン万博会場）に展示された恐竜（絶滅した動物）
「紙の上の動物園」グラフィック社　2017
　◇p246～247（カラー）　ワイアット，マシュー・
　ディグビー『シデナムの水晶宮と公園の眺め』
　1854

枢機卿魚
「紙の上の動物園」グラフィック社　2017
　◇p14（カラー）　修道士魚と枢機卿魚　ゲスナー，
　コンラート『動物誌』　1551～58

【そ】

双頭の鳥
「紙の上の動物園」グラフィック社　2017
　◇p215（カラー）　アルドロヴァンディ，ウリッセ
　『鳥類学』　1646

双頭のヘビ
「紙の上の動物園」グラフィック社　2017
　◇p237（カラー）　エドワーズ，ジョージ『知られ
　ざる鳥と未解明希少動物の自然誌』　1743～51

【つ】

翼のあるドラゴン
「すごい博物画」グラフィック社　2017
　◇図14（カラー）　アルドロヴァンディ，ウリッセ
　『蛇およびドラゴンの博物誌』　1640　木版画
　［英国図書館］

【て】

でっちあげられた生物（？）
「紙の上の動物園」グラフィック社　2017
　◇p219（カラー）　ルナール，ルイ『モルッカ島お
　よび南方沿岸で見られる魚、ザリガニ、カニ』
　1754
　◇p227（カラー）『ケイツビー、G.エドワーズ、G.
　ヤーゴ他の絵画アルバム』　18世紀

【と】

ドゥビレイケラス
「生物の驚異的な形」河出書房新社　2014
　◇図版44（カラー）　ヘッケル，エルンスト　1904

ドラゴン
「すごい博物画」グラフィック社　2017
　◇図9（カラー）　図版16細部　レオナルド・ダ・
　ヴィンチ　1513～16頃　黒いチョークの上にペン
　とインク ウォッシュ　［ウィンザー城ロイヤル・
　ライブラリー］
　◇図版16（カラー）　ネコとライオン、そしてドラ
　ゴン　レオナルド・ダ・ヴィンチ　1513～16頃
　黒いチョークの上にペンとインク ウォッシュ
　27.1×20.1　［ウィンザー城ロイヤル・ライブラ
　リー］
　◇図版17（カラー）　馬、聖ゲオルギオスとドラゴ
　ン、そしてライオン　レオナルド・ダ・ヴィンチ
　1517～18頃　下書き用の紙にペンとインク　29.
　8×21.2　［ウィンザー城ロイヤル・ライブラ
　リー］
「世界大博物図鑑 3」平凡社　1990
　◇p296（カラー）　奇怪なるヒュドラ　ゲスナー，
　C.『動物誌』　1551～87　手彩色

594　博物図譜レファレンス事典 動物篇

想像・架空の生物　　　　　　　　　　らいし

◇p296（カラー）　dragon　翼を有するもの　ゲスナー，C.『動物誌』1551〜87　手彩色
◇p296（カラー）　dragon　ヘビと同じ形態，ヤギの角を生やした種　ゲスナー，C.『動物誌』1551〜87　手彩色

【に】

ニワトリ（四足獣の尾にニワトリの鶏冠のある）
「紙の上の動物園」グラフィック社　2017
◇p215（カラー）　アルドロヴァンディ，ウリッセ『鳥類学』1646

にんぎょ
「魚の手帖」小学館　1991
◇33・34図（カラー）　人魚　上半身をサル，下半身をシロザケでつくってつなげたもの　毛利梅園『梅園魚譜/梅園魚品図正』1826〜1843,1832〜1836　［国立国会図書館］

人魚
「紙の上の動物園」グラフィック社　2017
◇p219（カラー）　ルナール，ルイ『モルッカ島および南方沿岸で見られる魚，ザリガニ，カニ』1754
「江戸博物文庫 魚の巻」工作舎　2017
◇p2（白黒）　Japanese Mermaid　後藤光生『随観写真』　［国立国会図書館］
「極楽の魚たち」リブロポート　1991
◇II–240（カラー）　人魚と思われる怪物　ファロワズ，サムエル原画，ルナール，L.『モルッカ諸島産彩色魚類図譜 ファン・デル・ステル写本』1718〜19　［国文学研究資料館史料館］
「鳥獣虫魚譜」八坂書房　1988
◇p55（カラー）　サルの頭骨とスズキ型の魚の骨格を継いだもの　松森胤保『両羽魚類図譜』　［酒田市立光丘文庫］
「世界大博物図鑑 5」平凡社　1988
◇p384〜385（カラー）　アンボイナ近海で捕えられた　ファローズ，サムエル画，ルナール，L.『モルッカ諸島魚類彩色図誌』1718　［国文学研究資料館史料館］
◇p385（カラー）　《和漢三才図会》，《山海経》の〈氐人国の住民〉，〈フィジー人魚〉の転載　ドノヴァン，E.『博物宝典』1834

【は】

パン
「世界大博物図鑑 5」平凡社　1988
◇p47（カラー）　パン（牧神）とシュリンクス『ナポリ王立博物館秘密室収蔵品図録』1836

【ほ】

鳳凰
「江戸博物文庫 鳥の巻」工作舎　2017
◇p2（白黒）　Fenghuang　増山正賢『百鳥図』　［国立国会図書館］
「高木春山 本草図説 動物」リブロポート　1989
◇p22〜23（カラー）
「世界大博物図鑑 4」平凡社　1987
◇p139（カラー）　高木春山『本草図説』　？ 〜1852

【ま】

マンティコア
「紙の上の動物園」グラフィック社　2017
◇p214（カラー）　トップセル，エドワード『四足獣とヘビの本』1658

【も】

モンスターのページ（身の毛もよだつ海の悪魔の図、海馬の図、アザラシの図、ウミイノシシの図）
「紙の上の動物園」グラフィック社　2017
◇p218（カラー）　パレ，アンブロワーズ『アンブロワーズ・パレ著作集：解剖学的・医学的図版と一部モンスターの図も掲載』1575

【ゆ】

ユニコーン
「すごい博物画」グラフィック社　2017
◇図12（カラー）　ゲスナー，コンラッド『動物誌』1551　手彩色の木版画　［ケンブリッジ大学付属図書館］
「紙の上の動物園」グラフィック社　2017
◇p214（カラー）　ゲスナー，コンラート『動物誌』1551〜58
「世界大博物図鑑 5」平凡社　1988
◇p348〜349（カラー）　赤い顔をしたユニコーン『諸動物形態図譜』1460　［ヴァチカン図書館］

【ら】

雷獣
「高木春山 本草図説 動物」リブロポート　1989
◇p39（カラー）　栗本丹洲が野呂元丈より提供された原図の模写.オオカミ（Canis lupus）
「江戸の動植物図」朝日新聞社　1988
◇p146（カラー）　栗本丹洲画

らみあ   想像・架空の生物

ラミアー
「紙の上の動物園」グラフィック社　2017
　◇p214（カラー）　トップセル, エドワード『四足
　獣とヘビの本』　1658

ラン
「高木春山 本草図説 動物」リブロポート　1989
　◇p26〜27（カラー）　鸞

【 り 】

龍骨
「日本の博物図譜」東海大学出版会　2001
　◇p64〜65（白黒）　上田耕夫筆『龍骨之図』　［個
　人蔵］

作品名索引

作品名索引　　　あかあ

【 あ 】

アイアイ〔哺乳類〕 ············· 515
アイクロシギ〔鳥〕 ············· 333
あいご〔魚・貝・水生生物〕 ···· 102
アイゴ〔魚・貝・水生生物〕 ····· 102
アイゴの類〔魚・貝・水生生物〕·· 102
アイスランドガイ〔魚・貝・水
　生物〕 ·························· 102
アイスランドカモメ〔鳥〕 ····· 333
アイスランドの羊の角〔哺乳類〕
　·································· 515
アイゾメヤドクガエル〔両生
　類・爬虫類〕 ················· 564
あいなめ〔魚・貝・水生生物〕 ·· 102
アイナメ〔魚・貝・水生生物〕 ·· 102
アイマイウミヘビ〔両生類・爬
　虫類〕 ························· 564
アイリア・コイラ〔魚・貝・水生
　生物〕 ························· 102
アウレーリア〔ミズクラゲ〕
　〔魚・貝・水生生物〕 ········· 102
アウログラピス〔魚・貝・水生生
　物〕 ···························· 102
アエオリス〔魚・貝・水生生物〕 · 102
アエクオレア〔オワンクラゲ〕
　〔魚・貝・水生生物〕 ········· 102
アオアシシギ〔鳥〕 ············· 333
アオアシハコフグ〔魚・貝・水
　生生物〕 ······················ 102
アオイガイ〔魚・貝・水生生物〕 · 103
アオイガイ（カイダコ）〔魚・
　貝・水生生物〕 ················ 103
アオイガイの1種〔魚・貝・水生
　生物〕 ························· 103
アオイガイ類などの殻〔魚・
　貝・水生生物〕 ················ 103
青いしっぽ〔魚・貝・水生生物〕 · 103
アオイスズミ〔魚・貝・水生生
　物〕 ···························· 103
アオウミウシ〔魚・貝・水生生
　物〕 ···························· 103
アオウミウシ属の1種〔魚・貝・
　水生生物〕 ···················· 103
アオウミガメ〔両生類・爬虫類〕
　·································· 564
アオエリヤケイ〔鳥〕 ··········· 333
アオオニグモ〔虫〕 ················· 3
アオオビコクジャク〔鳥〕 ····· 333
アオカケス〔鳥〕 ················· 333
アオカナヘビ〔両生類・爬虫類〕
　·································· 564
アオカミキリ〔虫〕 ················· 3
アオカミキリのなかま〔虫〕 ······· 3
アオカミキリモドキ〔虫〕 ········· 3
アオガラ〔鳥〕 ··················· 333
アオガラ、カナリア諸島の亜種
　〔鳥〕 ·························· 333

アオカワラヒワ〔鳥〕 ··········· 333
アオガン〔鳥〕 ··············333,334
あおぎす〔魚・貝・水生生物〕 ··· 103
アオギス〔魚・貝・水生生物〕 ··· 103
アオクサカメムシ〔虫〕 ············· 3
アオクサカメムシ？〔虫〕 ·········· 3
アオグロケジョウカイモドキ
　の1種〔虫〕 ······················ 3
アオゲラ〔鳥〕 ··················· 334
アオコブホウカンチョウ〔鳥〕·· 334
アオコンゴウインコ〔鳥〕 ····· 334
アオサギ〔鳥〕 ··················· 334
アオサギ？〔鳥〕 ················· 334
あをさめ〔魚・貝・水生生物〕 ··· 103
アオザメ〔魚・貝・水生生物〕 ··· 103
アオサンゴ〔魚・貝・水生生物〕·· 103
あおじ〔鳥〕 ····················· 334
アオジ〔鳥〕 ····················· 334
アオシギ？〔鳥〕 ················· 334
アオシマキツネウオ〔魚・貝・
　水生生物〕 ···················· 104
アオシャクの1種〔虫〕 ············· 3
アオショウノガン〔鳥〕 ········· 334
アオスジアゲハ〔虫〕 ··············· 3
アオスジコハナバチ〔虫〕 ········· 3
アオスジテンジクダイ〔魚・
　貝・水生生物〕 ················ 104
アオスジヒインコ〔鳥〕 ····334,335
アオセニシン〔魚・貝・水生生
　物〕 ···························· 104
アオダイショウ〔両生類・爬虫
　類〕 ···························· 564
アオダイショウ（三頭の「ヨコ
　ヅナ」）〔想像・架空の生物〕·· 593
アオタテジマチョウチョウウオ
　〔魚・貝・水生生物〕 ········· 104
アオタテハモドキ〔虫〕 ············· 3
あおたなご〔魚・貝・水生生物〕·· 104
アオタナゴ〔魚・貝・水生生物〕·· 104
アオツラミツスイ〔鳥〕 ········· 335
アオテンギンポ〔魚・貝・水生生
　物〕 ···························· 104
アオネアゲハ〔虫〕 ················· 3
アオノドアフリカブッポウソウ
　〔鳥〕 ·························· 335
アオノドゴシキドリ〔鳥〕 ····· 335
アオノドワタアシハチドリ
　〔鳥〕 ·························· 335
アオノメハタ〔魚・貝・水生生
　物〕 ···························· 104
アオバアリガタハネカクシ〔虫〕··3
アオバアリガタハネカクシの1
　種〔虫〕 ·························· 3
アオハシキヌバネドリ〔鳥〕 ··· 335
アオハシチュウハシ〔鳥〕 ····· 335
アオハシヒムネオオハシ〔鳥〕·· 335
アオバズク〔鳥〕 ················· 335
アオバスズメダイ〔魚・貝・水
　生生物〕 ······················ 104
アオハタ〔魚・貝・水生生物〕 ··· 104
アオハダトンボ（原種）〔虫〕·······4

アオバト〔鳥〕 ··················· 335
アオバネイナゴ〔虫〕 ··············· 4
アオバハゴロモ〔虫〕 ··············· 4
アオバハゴロモの1種の成虫と
　幼虫〔虫〕 ························ 4
アオバハゴロモのなかま〔虫〕 ····4
アオバブアムシクイ〔鳥〕 ····· 335
アオハラインコ〔鳥〕 ··········· 335
アオハラスベノドトカゲ〔両生
　類・爬虫類〕 ················· 564
アオハラニシブッポウソウ
　〔鳥〕 ·························· 336
アオハラハマベトカゲ〔両生
　類・爬虫類〕 ················· 564
アオヒゲショウビン〔鳥〕 ····· 336
アオヒトデの1種〔魚・貝・水生
　生物〕 ························· 104
アオフウチョウ〔鳥〕 ··········· 336
アオブダイ〔魚・貝・水生生物〕·· 104
アオブダイ属の1種（スティー
　ブヘッド・パロットフィッ
　シュ）〔魚・貝・水生生物〕 ··· 104
アオブダイ属の1種（トリカ
　ラー・パロットフィッシュ）
　〔魚・貝・水生生物〕 ········· 104
アオブダイ属の1種（ベアード・
　パロットフィッシュ）〔魚・
　貝・水生生物〕 ················ 104
アオブダイの1種〔魚・貝・水生
　生物〕 ························· 104
アオボウシインコ〔鳥〕 ········· 336
アオボシキンカメ〔虫〕 ··············4
アオマエカケインコ〔鳥〕 ····· 336
アオマダラウミヘビ〔両生類・
　爬虫類〕 ······················ 564
アオミシマ〔魚・貝・水生生物〕·· 105
アオミノウミウシ〔魚・貝・水
　生生物〕 ······················ 105
アオミミインコ〔鳥〕 ··········· 336
アオミミキジ〔鳥〕 ············· 336
アオミミショウビン〔鳥〕 ····· 336
アオミミハチドリ〔鳥〕 ········· 336
アオミミハチドリの1種〔鳥〕·· 336
アオムネマンゴーハチドリ
　〔鳥〕 ·························· 336
あおやがら〔魚・貝・水生生物〕·· 105
アオヤガラ〔魚・貝・水生生物〕·· 105
アオヤリハゼ〔魚・貝・水生生
　物〕 ···························· 105
アオリイカ〔魚・貝・水生生物〕·· 105
アカアシイワシャコ〔鳥〕 ····· 336
アカアシオオツチグモ〔虫〕 ······4
アカアシカツオドリ〔鳥〕 ····· 336
アカアシガメ〔両生類・爬虫類〕
　·································· 564
アカアシシギ〔鳥〕 ············· 336
アカアシチョウゲンボウ〔鳥〕·· 336
アカアシドゥックモンキー〔哺乳
　類〕 ···························· 515
アカアシトキ〔鳥〕 ············· 336
アカアマダイ〔魚・貝・水生生
　物〕 ···························· 105

博物図譜レファレンス事典 動物篇　**599**

アカアリフクログモ〔虫〕……4
アカアワビ〔魚・貝・水生生物〕… 105
アカイエカ〔虫〕………4
アカイカのなかま〔魚・貝・水
　生生物〕………105
アカイガレイシガイ〔魚・貝・
　水生生物〕………105
アカイサキ〔魚・貝・水生生物〕… 105
アカイシガニ〔魚・貝・水生生
　物〕………105
アカイロテントウ〔虫〕………4
アカウオクイフクロウ〔鳥〕… 336
アカウサギ〔哺乳類〕………515
アカウニ〔魚・貝・水生生物〕… 105
アカウミガメ〔両生類・爬虫類〕
　………564
あかえい〔魚・貝・水生生物〕… 105
アカエイ〔魚・貝・水生生物〕… 105
アカエソ〔魚・貝・水生生物〕… 106
アカエソの1種〔魚・貝・水生生
　物〕………106
アカエビ属の1種〔魚・貝・水生
　生物〕………106
アカエボシニワシドリ〔鳥〕… 336
アカエリカイツブリ〔鳥〕… 336
アカエリクマタカ〔鳥〕… 337
アカエリツミ〔鳥〕………337
アカエリヒメアオバト〔鳥〕… 337
アカエリヒレアシシギ〔鳥〕… 337
アカエリホウオウ〔鳥〕… 337
アカエリヨタカ〔鳥〕………337
アカオオタカ〔鳥〕………337
アカオカケス〔鳥〕………337
アカオキリハシ〔鳥〕………337
アカオクロオウム〔鳥〕… 337
アカオコンゴウインコ〔鳥〕… 337
アカオザル〔哺乳類〕………515
アカオネッタイチョウ〔鳥〕… 337
アカオパイプヘビ〔両生類・爬
　虫類〕………564
アカオビウズマキタテハ〔虫〕…4
アカオビチュウハシ〔鳥〕… 337
アカオビノコギリクワガタ〔虫〕…4
アカオビベラ〔魚・貝・水生生
　物〕………106
アカオボウシインコ〔鳥〕… 337
アカガオオオガシラ〔鳥〕… 337
アカガオシャクケイ〔鳥〕… 337
アカガオバンケンモドキ〔鳥〕… 337
アカガネス〔鳥〕………338
アカカザリフウチョウ〔鳥〕… 338
アカ、シラ〔鳥〕………338
アカガシラケラインコ〔鳥〕… 338
アカガシラソリハシセイタカシ
　ギ〔鳥〕………338
アカガシラマイコドリ〔鳥〕… 338
アカガタミドリインコ〔鳥〕… 338
あかかます〔魚・貝・水生生物〕… 106
アカカマス〔魚・貝・水生生物〕… 106
アカガレイ〔魚・貝・水生生物〕… 106
アカカンガルー〔哺乳類〕……515

アカカンムリハチドリ〔鳥〕… 338
アカギカメムシ〔虫〕………4
アカギカメムシ（アカギキンカ
　メムシ）〔虫〕………4
アカギツネ〔哺乳類〕………515
アカククリまたはミカヅキツバ
　メウオの幼魚〔魚・貝・水生生
　物〕………106
アカクサインコ〔鳥〕………338
アカクチブトカメムシ〔虫〕……4
アカグツ〔魚・貝・水生生物〕… 106
アカクラゲ〔魚・貝・水生生物〕… 106
アカクラゲの仲間〔魚・貝・水
　生生物〕………106
アカゲザル〔哺乳類〕………515
アカゲダニ〔虫〕………4
あかげら〔鳥〕………338
アカゲラ〔鳥〕………338
アカコクジャク〔鳥〕………338
アカコブサイチョウ〔鳥〕… 338
アカコブバト〔鳥〕………339
アカコロブス〔哺乳類〕………515
アカザ〔魚・貝・水生生物〕… 106
アカサイチョウ〔鳥〕………339
アカサエビ〔魚・貝・水生生物〕… 106
アカサカオウム〔鳥〕………339
アカサビギンガエソ〔魚・貝・
　水生生物〕………106
アカサボテンの1種〔魚・貝・水
　生生物〕………106
アカシカ〔哺乳類〕………515
アカシタビラメ〔魚・貝・水生生
　物〕………107
アガシチョウチンハダカ〔魚・
　貝・水生生物〕………107
アカシマミナシガイ〔魚・貝・
　水生生物〕………107
アカシマモエビ〔魚・貝・水生生
　物〕………107
アカシュモクザメ〔魚・貝・水
　生生物〕………107
あかしょうびん〔鳥〕………339
アカショウビン〔鳥〕………339
アカズキンコンゴウインコ
　〔鳥〕………339
アカスジコマチグモ〔虫〕……4
アカスジヤマガメ〔両生類・爬
　虫類〕………564
アカゼミ〔虫〕………4
アカソデボウシインコ〔鳥〕… 339
あかたち〔魚・貝・水生生物〕… 107
アカタチ〔魚・貝・水生生物〕… 107
アカタテハ〔虫〕………4
アカタテハチョウの1種〔虫〕……4
アカターバンガイ〔魚・貝・水
　生生物〕………107
アカチャヤンマ〔虫〕………4
アカツクシガモ〔鳥〕………339
アカテガニ〔魚・貝・水生生物〕… 107
アカテホエザル〔哺乳類〕…515,516
アカテンコバンハゼ〔魚・貝・

　水生生物〕………107
アカテンモチノウオ〔魚・貝・
　水生生物〕………107
アカトビ〔鳥〕………339
アカトラギス〔魚・貝・水生生
　物〕………107
アカナマダ〔魚・貝・水生生物〕… 107
アカニシ〔魚・貝・水生生物〕… 107
アカニジベラ〔魚・貝・水生生
　物〕………107
アカネイガイ〔魚・貝・水生生
　物〕………107
アカネコウラクロナメクジ〔虫〕…5
アカネシロチョウ〔虫〕………5
アカノガンモドキ〔鳥〕………339
アカノドカサドリ〔鳥〕………339
アカノドボウシインコ〔鳥〕… 339
アカハシウシツツキ〔鳥〕… 339
アカハシカザリキヌバネドリ
　〔鳥〕………339
アカハシカモメ〔鳥〕………339
アカハシコチュウハシ〔鳥〕… 339
アカハシネッタイチョウ〔鳥〕
　………339,340
アカハシハジロ〔鳥〕………340
アカハシホウカンチョウ〔鳥〕… 340
あかはぜ〔魚・貝・水生生物〕… 107
あかはた〔魚・貝・水生生物〕… 108
アカハタ〔魚・貝・水生生物〕… 108
アカハチハゼ〔魚・貝・水生生
　物〕………108
アカハナグマ〔哺乳類〕………516
アカバナビワハゴロモ〔虫〕……5
アカハネオンブバッタ〔虫〕……5
アカバネガビチョウ〔鳥〕… 340
アカバネシギダチョウ〔鳥〕… 340
アカバネダルマエナガ？〔鳥〕
　………340
アカハネムシ科〔虫〕………5
アカバネモズチメドリ〔鳥〕… 340
あかはら〔鳥〕………340
アカハラ〔鳥〕………340
アカハライモリ〔両生類・爬虫
　類〕………564
アカハラガラ〔鳥〕………340
アカハラクロヘビ〔両生類・爬
　虫類〕………565
アカハラコガネゲラ〔鳥〕… 340
アカハラハヤブサ〔鳥〕………340
アカハラヒメコンゴウ〔鳥〕… 340
アカハラマユシトド〔鳥〕… 340
アカハラヤイロチョウ〔鳥〕… 340
アカハラヤイロチョウ（亜種）
　〔鳥〕………340
アカハワイミツスイのハワイ亜
　種〔鳥〕………340
アカハワイミツスイのレイサン
　亜種〔鳥〕………341
アカヒゲ〔鳥〕………341
アカヒヅメガニ〔魚・貝・水生生
　物〕………108

作品名索引　あつて

アカビタイキクサインコ〔鳥〕‥341
アカビタイキツネザル〔哺乳類〕
　‥‥‥‥‥‥‥‥‥‥‥516
アカビタイヒメゴシキドリ
　〔鳥〕‥‥‥‥‥‥‥‥341
アカビタイボウシインコ〔鳥〕‥341
アカヒトデの1種〔魚・貝・水生
　生物〕‥‥‥‥‥‥‥‥108
あかひれたびら〔魚・貝・水生生
　物〕‥‥‥‥‥‥‥‥‥108
アカビロウドコガネ〔虫〕‥‥‥5
アカフコガシラアワフキ〔虫〕‥5
アカフサゴシキドリ〔鳥〕‥‥341
アカフタオハチドリ〔鳥〕‥‥341
アカフタカンスガイ〔魚・貝・
　水生生物〕‥‥‥‥‥‥108
アカブチムラソイ〔魚・貝・水
　生生物〕‥‥‥‥‥‥‥108
アカフトオハチドリ〔鳥〕‥‥341
アカベソターバンガイ〔魚・
　貝・水生生物〕‥‥‥‥108
アカボウクジラ〔哺乳類〕‥‥516
アカボウシインコ〔鳥〕‥‥‥341
アカホエザル〔哺乳類〕‥‥‥516
アカホエザルの顎の解剖図〔哺
　乳類〕‥‥‥‥‥‥‥‥516
アカボカシブダイ〔魚・貝・水
　生生物〕‥‥‥‥‥‥‥108
アカボシツノガレイ〔魚・貝・
　水生生物〕‥‥‥‥‥‥108
アカボシヒメアオバト〔鳥〕‥341
アカマシコ〔鳥〕‥‥‥‥‥341
アカマダラハタ〔魚・貝・水生
　物〕‥‥‥‥‥‥‥‥‥108
アカマダラヨトウの1種〔虫〕‥‥5
アカマユインコ〔鳥〕‥‥‥341
アカマユムクドリ〔鳥〕‥‥‥341
アカマンジュウガニ〔魚・貝・
　水生生物〕‥‥‥‥‥‥108
アカマンボウ〔魚・貝・水生生
　物〕‥‥‥‥‥‥‥‥‥108
アカミシキリ〔魚・貝・水生生
　物〕‥‥‥‥‥‥‥‥‥108
アカミノフウチョウ〔鳥〕‥‥341
アカムシユスリカ？〔虫〕‥‥‥5
アカムシユスリカの幼虫？
　〔虫〕‥‥‥‥‥‥‥‥‥5
あかむつ〔魚・貝・水生生物〕‥108
アカムツ〔魚・貝・水生生物〕‥108
アカムラサキインコの一亜種
　〔鳥〕‥‥‥‥‥‥‥‥342
アカメガネトリバネアゲハ〔虫〕‥5
アカメフグ〔魚・貝・水生生物〕‥109
アカモズ〔鳥〕‥‥‥‥‥‥342
アカモンガニ〔魚・貝・水生生
　物〕‥‥‥‥‥‥‥‥‥109
アカモンガラ〔魚・貝・水生生
　物〕‥‥‥‥‥‥‥‥‥109
アカモンガラまたはクロモンガ
　ラ〔魚・貝・水生生物〕‥‥109
アカヤガラ〔魚・貝・水生生物〕‥109
アカヤマアリのなかま〔虫〕‥‥5

アカワラルー〔哺乳類〕‥‥‥516
秋〔虫〕‥‥‥‥‥‥‥‥‥5
アギトアリのなかま〔虫〕‥‥‥5
アキレスクロハギ〔魚・貝・水
　生生物〕‥‥‥‥‥‥‥109
アグア・プレコ〔魚・貝・水生生
　物〕‥‥‥‥‥‥‥‥‥109
アクキガイ〔魚・貝・水生生物〕‥109
アクキガイ科〔魚・貝・水生生
　物〕‥‥‥‥‥‥‥‥‥109
アクシ〔哺乳類〕‥‥‥‥‥516
アクシスジカ〔哺乳類〕‥‥‥516
アクテオンゾウカブト〔虫〕‥‥5
アクテオンゾウカブト？〔虫〕‥‥5
悪魔頭〔魚・貝・水生生物〕‥‥109
アゲハ〔虫〕‥‥‥‥‥‥‥5
アゲハ（ナミアゲハ）〔虫〕‥‥5
アゲハチョウ〔虫〕‥‥‥‥‥5
アゲハチョウ（ナミアゲハ）
　〔虫〕‥‥‥‥‥‥‥‥‥5
アゲハチョウ科〔虫〕‥‥‥‥6
アゲハチョウ科アオジャコウア
　ゲハ属の1種〔虫〕‥‥‥‥6
アゲハチョウ科の1種〔虫〕‥‥6
アゲハチョウのなかま〔虫〕‥‥6
アゲハチョウのなかま？〔虫〕‥‥6
アケボノタテハ〔虫〕‥‥‥‥6
アケボノチョウチョウウオ
　〔魚・貝・水生生物〕‥‥‥109
アゲマキガイ〔魚・貝・水生生
　物〕‥‥‥‥‥‥‥‥‥109
アコウダイ〔魚・貝・水生生物〕‥109
アゴハタ〔魚・貝・水生生物〕‥109
アゴヒゲアザラシ〔哺乳類〕‥516
アゴヒゲインキウオ〔魚・貝・
　水生生物〕‥‥‥‥‥‥110
アゴヒゲスズドリ〔鳥〕‥‥‥342
アゴヒゲハチドリ（亜種）〔鳥〕
　‥‥‥‥‥‥‥‥‥‥342
アゴヒゲヒヨドリ〔鳥〕‥‥‥342
アサガオガイ〔魚・貝・水生生
　物〕‥‥‥‥‥‥‥‥‥110
アサガオガイの1種〔魚・貝・水
　生生物〕‥‥‥‥‥‥‥110
アサガオクラゲ〔魚・貝・水生
　物〕‥‥‥‥‥‥‥‥‥110
アサギシロチョウ〔虫〕‥‥‥6
アサギシロチョウの雌〔虫〕‥‥6
アサギドクチョウ〔虫〕‥‥‥6
アサヒアナハゼ〔魚・貝・水生
　物〕‥‥‥‥‥‥‥‥‥110
アサヒガニ〔魚・貝・水生生物〕‥110
アザミウマのなかま〔虫〕‥‥‥6
アザミタツ〔虫〕‥‥‥‥‥110
アザラアグーチ〔哺乳類〕‥‥516
アザラシ〔哺乳類〕‥‥‥‥516
アジ〔魚・貝・水生生物〕‥‥110
アジアアロワナ〔魚・貝・水生
　物〕‥‥‥‥‥‥‥‥‥110
アジアコショウダイ〔魚・貝・
　水生生物〕‥‥‥‥‥‥110
アジアコブラ〔両生類・爬虫類〕

　‥‥‥‥‥‥‥‥‥‥‥565
アジアゴールデンキャット〔哺
　乳類〕‥‥‥‥‥‥‥‥516
アシアトホシダルマガレイの幼
　魚〔魚・貝・水生生物〕‥‥110
アジアノロバ〔哺乳類〕‥‥‥516
アジアハコスッポン〔両生類・
　爬虫類〕‥‥‥‥‥‥‥565
アジアヒレアシ〔鳥〕‥‥‥342
アジアフサオヤマアラシ〔哺乳
　類〕‥‥‥‥‥‥‥‥‥516
アジアヘビウ〔鳥〕‥‥‥‥342
アジアミドリガエル〔両生類・
　爬虫類〕‥‥‥‥‥‥‥565
アジアヤシアマツバメ〔鳥〕‥342
アジカ〔哺乳類〕‥‥‥‥‥516
アジサシ〔鳥〕‥‥‥‥‥342
アシダカグモ〔虫〕‥‥‥‥6
アシナガウミツバメ〔鳥〕‥‥342
アシナガタマオシコガネの1種
　〔虫〕‥‥‥‥‥‥‥‥‥6
アシナガツバメチドリ〔鳥〕‥342
アシナガバエ科〔虫〕‥‥‥‥6
アシナガバチのなかま〔虫〕‥‥6
アシナガバチ類の巣〔虫〕‥‥‥6
アシナガワシ〔鳥〕‥‥‥‥342
アジのなかま〔魚・貝・水生生
　物〕‥‥‥‥‥‥‥‥‥110
アシハラガニ〔魚・貝・水生生
　物〕‥‥‥‥‥‥‥‥‥110
アシヒダナメクジ〔虫〕‥‥‥6
アシブトイトアシガニ〔魚・
　貝・水生生物〕‥‥‥‥110
アシブトコバチ科〔虫〕‥‥‥6
アシブトメミズムシ科〔虫〕‥‥6
アシブトメミズムシのなかま
　〔虫〕‥‥‥‥‥‥‥‥‥7
アジ類かフエフキダイ〔魚・
　貝・水生生物〕‥‥‥‥111
アスカンドゥラ〔魚・貝・水生
　物〕‥‥‥‥‥‥‥‥‥111
アヅキエビ〔魚・貝・水生生物〕‥111
アズキゴチ〔魚・貝・水生生物〕‥111
アズキハタ〔魚・貝・水生生物〕‥111
アズキヒロハシ〔鳥〕‥‥‥342
アステリアス［アマヒトデ、ヒ
　トデ、キヒトデ］〔魚・貝・水
　生生物〕‥‥‥‥‥‥‥111
アストロスファエラ〔魚・貝・
　水生生物〕‥‥‥‥‥‥111
アストロピュトン〔魚・貝・水
　生生物〕‥‥‥‥‥‥‥111
アスナロウニの1種〔魚・貝・水
　生生物〕‥‥‥‥‥‥‥111
アスプコブラ〔両生類・爬虫類〕
　‥‥‥‥‥‥‥‥‥‥565
アズマギンザメのオス〔魚・
　貝・水生生物〕‥‥‥‥111
アズマモグラ〔哺乳類〕‥‥‥516
アタマスフタオ〔虫〕‥‥‥‥7
アッテングニシ〔魚・貝・水生生
　物〕‥‥‥‥‥‥‥‥‥111

アツバコガネのなかま〔虫〕 ……7
アツブタガイ〔虫〕 ……………7
アツモリウオ〔魚・貝・水生生物〕 ………………………… 111
アティバ〔魚・貝・水生生物〕 …… 111
アデヤカヘリトリガイの1種〔魚・貝・水生生物〕 … 111
アトアシ〔鳥〕 ……………… 342
アードウルフ〔哺乳類〕 …… 516
アトヒキテンジクダイ〔魚・貝・水生生物〕 ……………… 111
アトラスオオカブト〔虫〕 ……7
アトラスオオカブトムシ〔虫〕 …7
アトリ〔鳥〕 ………………… 342
アトリ？〔鳥〕 ……………… 343
アナウサギ〔哺乳類〕 ……… 517
アナウサギ（飼いウサギ）〔哺乳類〕 ………………………… 517
アナエビのなかま〔魚・貝・水生生物〕 …………………… 111
アナグマ〔哺乳類〕 ………… 517
アナグマ（欧州産）〔哺乳類〕 … 517
アナグマ（日本産）〔哺乳類〕 … 517
アナサンゴモドキ〔魚・貝・水生生物〕 …………………… 111
アナジャコ〔魚・貝・水生生物〕 … 111
アナジャコ？〔魚・貝・水生生物〕 ………………………… 111
あなはぜ〔魚・貝・水生生物〕 … 111
アナハゼ〔魚・貝・水生生物〕 … 111
アナハゼ属の1種〔魚・貝・水生生物〕 …………………… 111
アナバチの仲間〔虫〕 …………7
アナホリゴファーガメ〔両生類・爬虫類〕 ……………… 565
アナホリフクロウのブラジル亜種〔鳥〕 ………………… 343
アニ〔鳥〕 …………………… 343
アニシツィア・ノタータ〔魚・貝・水生生物〕 ………… 111
アヌビスヒヒ〔哺乳類〕 …… 517
アネハヅル〔鳥〕 …………… 343
アノールのなかま〔両生類・爬虫類〕 …………………… 565
アバタウニの1種〔魚・貝・水生生物〕 …………………… 111
アパッチ〔魚・貝・水生生物〕 … 112
アビ〔鳥〕 …………………… 343
アビシニア・ジャッカル（現地名カバル）〔哺乳類〕 …… 517
アヒル〔鳥〕 ………………… 343
アヒル（タチアヒル）〔鳥〕 …… 343
アヒル（ドンコクアヒル？）〔鳥〕 ………………………… 343
アヒル♀×バリケン♂？〔鳥〕 ………………………… 343
アブのなかま〔虫〕 ……………7
アブラゼミ〔虫〕 ………………7
アブラゼミの腹面図〔虫〕 ……7
アブラツノザメ〔魚・貝・水生生物〕 …………………… 112
あぶらはや〔魚・貝・水生生物〕 … 112

アブラハヤ〔魚・貝・水生生物〕 … 112
あぶらひがい〔魚・貝・水生生物〕 ………………………… 112
アブラヒガイ〔魚・貝・水生生物〕 ………………………… 112
アブラボテ〔魚・貝・水生生物〕 … 112
アブラムシのなかま〔虫〕 ……7
アブラムシの仲間〔虫〕 ………7
アブラヤッコ属の1種（フレーム・エンジェルフィッシュ）〔魚・貝・水生生物〕 …… 112
アフリカアオノスリ〔鳥〕 … 343
アフリカアシロ〔魚・貝・水生生物〕 …………………… 112
アフリカオオコオロギ〔虫〕 …7
アフリカオオコノハズク〔鳥〕 … 343
アフリカオオタカ〔鳥〕 …… 343
アフリカカライワシ〔魚・貝・水生生物〕 ……………… 112
アフリカカワツバメ〔鳥〕 … 344
アフリカキヌバネドリ〔鳥〕 … 344
アフリカキヌバネドリ（亜種）〔鳥〕 …………………… 344
アフリカクロトキ〔鳥〕 …… 344
アフリカコノハズク〔鳥〕 … 344
アフリカサンコウチョウ〔鳥〕 … 344
アフリカ産のクテノポマ類〔魚・貝・水生生物〕 …… 112
アフリカ産のセセリチョウの1種〔虫〕 …………………7
アフリカ産のタテハチョウの1種〔虫〕 …………………7
アフリカ産のフタオチョウの1種〔虫〕 …………………7
アフリカシマクイナ〔鳥〕 …… 344
アフリカジャコウネコ〔哺乳類〕 ………………………… 517
アフリカシログチ〔魚・貝・水生生物〕 ……………… 112
アフリカスイギュウ〔哺乳類〕 … 517
アフリカスズメフクロウ〔鳥〕 … 344
アフリカゾウ〔哺乳類〕 …… 517
アフリカタテガミヤマアラシの解剖学的詳細〔哺乳類〕 … 517
アフリカチゴハヤブサ〔鳥〕 … 344
アフリカツメガエル〔両生類・爬虫類〕 ……………… 565
アフリカツメガエルの幼生〔両生類・爬虫類〕 ……… 565
アフリカツリスガラ〔鳥〕 … 344
アフリカニシキヘビ〔両生類・爬虫類〕 ……………… 565
アフリカのサソリ〔虫〕 ………7
アフリカの猿〔哺乳類〕 …… 517
アフリカのニワトリ〔鳥〕 … 344
アフリカヒナフクロウ〔鳥〕 … 344
アフリカヒメツバメウオ〔魚・貝・水生生物〕 ………… 112
アフリカブッポウソウ〔鳥〕 … 344
アフリカマイマイ〔虫〕 ………8
アフリカマイマイの1種〔虫〕 …8
アフリカミドリアゲハ〔虫〕 …8

アフリカミドリヒロハシ〔鳥〕 … 344
アフリカメバル〔魚・貝・水生生物〕 …………………… 112
アフリカワシミミズク〔鳥〕 … 344
アプロケイルス・リネアトゥス〔魚・貝・水生生物〕 … 112
アベコベガエル〔両生類・爬虫類〕 …………………… 565
アーベルトリス〔哺乳類〕 … 517
あほうどり〔鳥〕 …………… 344
アホウドリ〔鳥〕 ……344,345
アホウドリ？〔鳥〕 ………… 345
アポロウスパ〔虫〕 ……………8
アホロートル〔両生類・爬虫類〕 ………………………… 565
アマオブネガイ〔魚・貝・水生生物〕 …………………… 112
アマガエル〔両生類・爬虫類〕 … 565
アマガエルとオタマジャクシ、卵〔両生類・爬虫類〕 … 565
アマガエル，ヒキガエル，ニンニクガエルのオタマジャクシ〔両生類・爬虫類〕 … 565
アマクサアメフラシ〔魚・貝・水生生物〕 ……………… 112
アマクサクラゲ〔魚・貝・水生生物〕 …………………… 112
アマクサクラゲに近い種類（？）〔魚・貝・水生生物〕 … 112
アマゴ〔魚・貝・水生生物〕 …… 113
アマサギ〔鳥〕 ……………… 345
アマシイラ〔魚・貝・水生生物〕 … 113
アマダレハゼ〔魚・貝・水生生物〕 ………………………… 113
あまつばめ〔鳥〕 …………… 345
アマツバメ〔鳥〕 …………… 345
アマミウラナミシジミの1種〔虫〕 …………………………8
アマミウラナミシジミのなかま〔虫〕 …………………………8
アマミサソリモドキ〔虫〕 ……8
アマミスズメダイ〔魚・貝・水生生物〕 ………………… 113
アミア〔魚・貝・水生生物〕 …… 113
アミアイゴ〔魚・貝・水生生物〕 … 113
アミアの解剖図〔魚・貝・水生生物〕 …………………… 113
アミ科〔魚・貝・水生生物〕 …… 113
アミガサクラゲ〔魚・貝・水生生物〕 …………………… 113
アミコケムシのなかま〔魚・貝・水生生物〕 …………… 113
アミダコ〔魚・貝・水生生物〕 … 113
アミチョウチョウウオ〔魚・貝・水生生物〕 …………… 113
アミフエフキ〔魚・貝・水生生物〕 ………………………… 113
アミメガメ〔両生類・爬虫類〕 … 565
アミメキンセンガニ〔魚・貝・水生生物〕 ……………… 113
アミメニシキヘビ〔両生類・爬虫類〕 …………………… 566

作品名索引　　　　　　　　　　　あわひ

アミメノコギリガザミ〔魚・
　貝・水生生物〕……………113
アミ目？　の1種〔魚・貝・水生生
　物〕………………………113
アミ目の1種〔魚・貝・水生生物〕
　……………………………114
アミモンガラ〔魚・貝・水生生
　物〕………………………114
アミントールアゲハ〔虫〕………8
アメシストタイヨウチョウ
　〔鳥〕……………………345
アメシストテンシハチドリ
　〔鳥〕……………………345
アメシストテンシハチドリ（亜
　種）〔鳥〕…………………345
アメシストニジハチドリ〔鳥〕…345
アメジマニシキベラ〔魚・貝・
　水生生物〕………………114
アメバチ類〔虫〕…………………8
アメーバの1種〔魚・貝・水生生
　物〕………………………114
アメーバのなかま〔魚・貝・水
　生生物〕…………………114
アメフラシ〔魚・貝・水生生物〕…114
アメフラシの1種〔魚・貝・水生
　生物〕……………………114
アメフラシのなかま〔魚・貝・
　水生生物〕………………114
アメマス〔魚・貝・水生生物〕…114
アメリカアカリス〔哺乳類〕…517
アメリカアスナロウニ〔魚・
　貝・水生生物〕…………114
アメリカアナグマ〔哺乳類〕…517
アメリカアリゲーター〔両生
　類・爬虫類〕……………566
アメリカイセエビ？　〔魚・貝・
　水生生物〕………………114
アメリカイソシギ〔鳥〕………345
アメリカウズラシギ〔鳥〕……345
アメリカオオバンのハワイ亜種
　〔鳥〕……………………345
アメリカオオヤスデ〔虫〕………8
アメリカオシ〔鳥〕……………345
アメリカカブトガニ〔魚・貝・
　水生生物〕………………114
アメリカキクイタダキ〔鳥〕…345
アメリカコガラ〔鳥〕…………345
アメリカコハズク〔鳥〕………346
アメリカコハクチョウ〔鳥〕…346
アメリカササゴイ〔鳥〕………346
アメリカサンカノゴイ〔鳥〕…346
アメリカショウジョウガイ
　〔魚・貝・水生生物〕……114
アメリカシロヅル〔鳥〕………346
アメリカスカシカシパン〔魚・
　貝・水生生物〕…………114
アメリカスベトカゲ〔両生類・
　爬虫類〕…………………566
アメリカタコノマクラ〔魚・
　貝・水生生物〕…………114
アメリカチョウゲンボウ〔鳥〕…346
アメリカツリスガラ〔鳥〕……346

アメリカトノサマガエル〔両生
　類・爬虫類〕……………566
アメリカバイソン〔哺乳類〕…517
アメリカバク〔哺乳類〕………518
アメリカハブ〔両生類・爬虫類〕
　……………………………566
アメリカハラジロトンボ〔虫〕…8
アメリカヒキガエル〔両生類・
　爬虫類〕…………………566
アメリカビーバー〔哺乳類〕…518
アメリカヒバリシギ〔鳥〕……346
アメリカヒレアシシギ〔鳥〕…346
アメリカフクロウ〔鳥〕………346
アメリカヘビウ〔鳥〕…………346
アメリカホシハジロ〔鳥〕……346
アメリカマナティー〔哺乳類〕…346
アメリカミンク〔哺乳類〕……518
アメリカムシクイ科〔鳥〕……346
アメリカムラサキウニ〔魚・
　貝・水生生物〕…………115
アメリカモモンガ〔哺乳類〕…518
アメリカモンシデムシ〔虫〕……8
アメリカレンカク〔鳥〕………346
アメリカワシミミズク〔鳥〕…346
アメリカワニ〔両生類・爬虫類〕
　……………………………566
アメンボ〔虫〕……………………8
アメンボの1種〔虫〕……………8
アヤオリハゼ〔魚・貝・水生生
　物〕………………………115
アヤカラフデガイ〔魚・貝・水
　生生物〕…………………115
アヤコショウダイ〔魚・貝・水
　生生物〕…………………115
アヤボラ〔魚・貝・水生生物〕…115
アヤメカサゴ〔魚・貝・水生生
　物〕………………………115
あゆ〔魚・貝・水生生物〕……115
アユ〔魚・貝・水生生物〕……115
アユカ（カマキリ）？　〔魚・
　貝・水生生物〕…………115
アユモドキ〔魚・貝・水生生物〕…115
あら〔魚・貝・水生生物〕……115
アラ〔魚・貝・水生生物〕…115,116
アライグマ〔哺乳類〕…………518
アラウコタテガミヨウガントカ
　ゲ〔両生類・爬虫類〕……566
アラカイヒトリツグミ〔鳥〕…346
アラゲインコ〔鳥〕……………346
アラシウツボ属の1種〔魚・貝・
　水生生物〕………………116
アラスジカサガイ〔魚・貝・水
　生生物〕…………………116
アラスジマルフミガイの1種
　〔魚・貝・水生生物〕……116
アラナミキンクロ〔鳥〕………346
アラビアオリックス〔哺乳類〕…518
アラビアチョウハン〔魚・貝・
　水生生物〕………………116
アラフラオオニシ〔魚・貝・水
　生生物〕…………………116
アラレウツボ〔魚・貝・水生生

物〕…………………………116
アリゲーター〔両生類・爬虫類〕
　……………………………566
アリサンチメドリ〔鳥〕………346
アリジゴク〔虫〕…………………8
ありすい〔鳥〕…………………346
アリスイ〔鳥〕……………346,347
アリヅカムシ各種〔虫〕…………8
アリソガイ（？）〔魚・貝・水生
　生物〕……………………116
アリツカコオロギのなかま〔虫〕…8
アリのなかま〔虫〕………………8
アリバチ科〔虫〕…………………8
アリバチのなかま〔虫〕…………8
アリバチモドキ〔虫〕……………8
アリバチモドキの1種〔虫〕……8
アリーマ〔魚・貝・水生生物〕…116
アリマキタカラダニのなかま
　〔虫〕……………………………9
アルアル・ブロシェ〔魚・貝・
　水生生物〕………………116
アルガリ〔哺乳類〕……………518
アルキタ〔ニジュウシトリバ〕
　〔虫〕……………………………9
アルゴスウシノシタ〔魚・貝・
　水生生物〕………………116
アルコ・フレジエ〔魚・貝・水生
　生物〕……………………116
アルジェリアクサリヘビ〔両生
　類・爬虫類〕……………566
アルジェリアトゲイモリ〔両生
　類・爬虫類〕……………566
アルジェリアハリユビヤモリ
　〔両生類・爬虫類〕………566
アルゼンチンオオハタ〔魚・
　貝・水生生物〕…………116
アルゼンチン・パールフィッ
　シュ〔魚・貝・水生生物〕…116
アルゼンチンヒメクイナ〔鳥〕…347
アルタイイタチ〔哺乳類〕……518
アルドロヴァンディが記載した
　アメリカ産タコ〔魚・貝・水
　生生物〕…………………116
アルパカ〔哺乳類〕……………518
アルバートコトドリ〔鳥〕……347
アルフォレス〔魚・貝・水生生
　物〕………………………116
アルプスアイベックス〔哺乳類〕
　……………………………518
アルプスイワナ〔魚・貝・水生
　物〕………………………116
アルプスマーモット〔哺乳類〕…518
アレンハチドリ×アンナハチド
　リ（雑種）〔鳥〕…………347
アレンモンキー〔哺乳類〕……518
アワツブハダカカメガイ〔魚・
　貝・水生生物〕…………116
アワビ〔魚・貝・水生生物〕……116
アワビの1種〔魚・貝・水生生物〕
　……………………………116
アワビのなかま〔魚・貝・水生生
　物〕………………………116

博物図譜レファレンス事典 動物篇　**603**

あわび　作品名索引

アワビモドキの1種〔魚・貝・水
生生物〕…………………… 116
アワレガエル〔両生類・爬虫類〕
………………………………… 566
あんこう〔魚・貝・水生生物〕… 117
アンコウ〔魚・貝・水生生物〕… 117
アンダマンアオバズク〔鳥〕… 347
アンダマンアジ〔魚・貝・水生生
物〕…………………………… 117
アンダマンハブ〔両生類・爬虫
類〕…………………………… 566
アンチルアカミミガメ〔両生
類・爬虫類〕………………… 566
アンティロープ〔哺乳類〕…… 518
アンデスイワドリ〔鳥〕……… 347
アンデスシギダチョウ〔鳥〕… 347
アンデススカンク〔哺乳類〕… 518
アンデスフラミンゴ〔鳥〕…… 347
アンデスヤマハチドリ〔鳥〕… 347
アンテノールオオジャコウ〔虫〕‥9
アンドンクラゲ〔魚・貝・水生生
物〕…………………………… 117
アンドンクラゲに近い種類
（？）〔魚・貝・水生生物〕… 117
アンドンクラゲの1種〔魚・貝・
水生生物〕…………………… 117
アンドンクラゲのなかま〔魚・
貝・水生生物〕……………… 117
アントンタカノハダイ〔魚・
貝・水生生物〕……………… 117
アンナハチドリ〔鳥〕………… 347
アンフィスバエナ〔想像・架空
の生物〕……………………… 593
アンボイナガイ〔魚・貝・水生生
物〕…………………………… 117
アンボイナのガジョン〔魚・
貝・水生生物〕……………… 117
アンボイナのカニ〔魚・貝・水
生生物〕……………………… 117
アンボイナのクモガニ〔魚・
貝・水生生物〕……………… 117
アンボイナの青星魚〔魚・貝・
水生生物〕…………………… 117
アンボイナの闘鶏〔魚・貝・水
生生物〕……………………… 118
アンボイナのとても安くておい
しいガジョン〔魚・貝・水生生
物〕…………………………… 118
アンボイナのハガツオ〔魚・
貝・水生生物〕……………… 118
アンボイナの箱魚〔魚・貝・水
生生物〕……………………… 118
アンボイナのハラン〔魚・貝・
水生生物〕…………………… 118
アンボイナのブリーク〔魚・
貝・水生生物〕……………… 118
アンボイナのローチ〔魚・貝・
水生生物〕…………………… 118
アンボイナホカケトカゲ〔両生
類・爬虫類〕………………… 566
アンボンクロザメガイ？〔魚・
貝・水生生物〕……………… 118

アンモナイト〔魚・貝・水生生
物〕…………………………… 118
アンモナイトなど〔魚・貝・水
生生物〕……………………… 118

【い】

イイズナ〔哺乳類〕…………… 518
イイダコ〔魚・貝・水生生物〕… 118
イエアメガエル〔両生類・爬虫
類〕…………………………… 566
イエカニムシ〔虫〕………………9
イエカニムシの1種〔虫〕…………9
イエカの1種〔虫〕………………9
イエコウモリ？〔哺乳類〕…… 519
イエスズメ〔鳥〕……………… 347
イエタナグモ〔虫〕………………9
イエネコ〔哺乳類〕…………… 519
イエバエ科〔虫〕…………………9
イエユウレイグモ〔虫〕…………9
イエロー・テイル〔虫〕…………9
イガ〔虫〕…………………………9
イガイ〔魚・貝・水生生物〕… 118
イガグリガニ〔魚・貝・水生生
物〕…………………………… 118
イカナゴ〔魚・貝・水生生物〕… 118
イカナゴの1種〔魚・貝・水生生
物〕…………………………… 118
イカの「クチバシ」〔魚・貝・水
生生物〕……………………… 118
イカリナマコ〔魚・貝・水生生
物〕…………………………… 118
イカリモンガ〔虫〕………………9
イカル〔鳥〕……………… 347,348
イカルチドリ〔鳥〕…………… 348
イカルチドリ？〔鳥〕………… 348
イギリスカサカムリナメクジ
〔虫〕………………………………9
イクビゲンゲ〔魚・貝・水生生
物〕…………………………… 119
イケチョウガイ〔魚・貝・水生生
物〕…………………………… 119
イケツブリ〔鳥〕……………… 348
いさき〔魚・貝・水生生物〕… 119
イサキ〔魚・貝・水生生物〕… 119
イサザ〔魚・貝・水生生物〕… 119
イサザアミのなかま〔魚・貝・
水生生物〕…………………… 119
勇魚取〔哺乳類〕……………… 519
イサミハダキュウセン〔魚・
貝・水生生物〕……………… 119
イザリウオ〔魚・貝・水生生物〕… 119
イザリウオ属の1種〔魚・貝・水
生生物〕……………………… 119
イザリウオの1種〔魚・貝・水生
生物〕………………………… 119
イザリウオモドキ〔魚・貝・水
生生物〕……………………… 119
イサリビウオ〔魚・貝・水生生

物〕…………………………… 119
イシエビ〔魚・貝・水生生物〕… 119
イシガイの1種〔魚・貝・水生生
物〕…………………………… 119
イシガキウミウシ〔魚・貝・水
生生物〕……………………… 119
イシガキスズメダイ〔魚・貝・
水生生物〕…………………… 120
イシガキダイ〔魚・貝・水生生
物〕…………………………… 120
イシガキダイ？〔魚・貝・水生
生物〕………………………… 120
イシガキハタ〔魚・貝・水生生
物〕…………………………… 120
いしがきふぐ〔魚・貝・水生生
物〕…………………………… 120
イシガキフグ〔魚・貝・水生生
物〕…………………………… 120
イシガケチョウの1種〔虫〕………9
イシガニ〔魚・貝・水生生物〕… 120
イシカブラガイ〔魚・貝・水生生
物〕…………………………… 120
いしがれい〔魚・貝・水生生物〕… 120
イシサンゴ〔魚・貝・水生生物〕… 120
イシサンゴのなかま〔魚・貝・
水生生物〕…………………… 120
イシサンゴ目の1種〔魚・貝・水
生生物〕……………………… 120
いしだい〔魚・貝・水生生物〕… 120
イシダイ〔魚・貝・水生生物〕
…………………………… 120,121
イシダイとイシガキダイの交雑
個体〔魚・貝・水生生物〕… 121
イシダタミガイ〔魚・貝・水生生
物〕…………………………… 121
イシダタミガイの1種〔魚・貝・
水生生物〕…………………… 121
イシダタミヤドカリ〔魚・貝・
水生生物〕…………………… 121
イシチドリ〔鳥〕……………… 348
イシノミ科〔虫〕…………………9
イシビラメ〔魚・貝・水生生物〕… 121
イシビルまたはチスイビルのな
かま〔虫〕…………………………9
イシモチ〔魚・貝・水生生物〕… 121
異獣〔想像・架空の生物〕…… 593
イショウジ〔魚・貝・水生生物〕… 121
イショウジ？〔魚・貝・水生生
物〕…………………………… 121
イジンノユメハマグリ〔魚・
貝・水生生物〕……………… 121
いすか〔鳥〕…………………… 348
イスカ〔鳥〕…………………… 348
イスカ？〔鳥〕………………… 348
イズカサゴ？〔魚・貝・水生生物〕… 121
イスカの1種〔鳥〕…………… 348
イスズミ〔魚・貝・水生生物〕… 121
イセエビ〔魚・貝・水生生物〕
…………………………… 121,122
イセエビの1種〔魚・貝・水生生
物〕…………………………… 122

作品名索引　　　　　いもか

イセゴイ〔魚・貝・水生生物〕… 122
イセノナミマイマイ〔虫〕………9
イソアイナメ〔魚・貝・水生生
　物〕………………………… 122
イソアワモチ科〔魚・貝・水生生
　物〕………………………… 122
イソアワモチのなかま〔魚・
　貝・水生生物〕…………… 122
イソガニ？〔魚・貝・水生生物〕
　……………………………… 122
イソカニダマシ〔魚・貝・水生生
　物〕………………………… 122
イソカニムシ〔虫〕……………9
イソギンチャク〔魚・貝・水生生
　物〕………………………… 122
イソギンチャクのなかま〔魚・
　貝・水生生物〕…………… 122
イソギンチャク類〔魚・貝・水
　生生物〕…………………… 123
イソクズガニ〔魚・貝・水生生
　物〕………………………… 123
イソゴンベ〔魚・貝・水生生物〕… 123
イソシギ〔鳥〕……………… 348
イソシギ？〔鳥〕…………… 348
イソスジエビ〔魚・貝・水生生
　物〕………………………… 123
イソバナのなかま〔魚・貝・水
　生生物〕…………………… 123
イソヒヨドリ〔鳥〕………… 348
イソヒヨドリ〔鳥〕……348,349
イソヒヨドリ（大陸産亜種）
　〔鳥〕……………………… 349
イソマグロ〔魚・貝・水生生物〕… 123
イソメのなかま〔魚・貝・水生
　物〕………………………… 123
イソモンガラ〔魚・貝・水生生
　物〕………………………… 123
イソワタリガニ〔魚・貝・水生生
　物〕………………………… 123
イタチ〔哺乳類〕…………… 519
イタチウオ〔魚・貝・水生生物〕… 123
イタチキツネザル〔哺乳類〕… 519
イタチザメ〔魚・貝・水生生物〕… 123
イダテントビウオ〔魚・貝・水
　生生物〕…………………… 123
イタヤガイ〔魚・貝・水生生物〕… 123
イタヤガイの1種〔魚・貝・水生
　生物〕……………………… 123
イタリアイモリ〔両生類・爬虫
　類〕………………………… 566
イチマツミミズトカゲ〔両生
　類・爬虫類〕……………… 566
イチメガサクラゲの1種〔魚・
　貝・水生生物〕…………… 124
イチモンジスズメダイ〔魚・
　貝・水生生物〕…………… 124
イチモンジブダイ〔魚・貝・水
　生生物〕…………………… 124
イチョウガイ〔魚・貝・水生生
　物〕………………………… 124
イチョウガニの1種の器官〔魚・
　貝・水生生物〕…………… 124

イッカク〔哺乳類〕………… 519
イッカククワガタ〔虫〕………9
イッコウチョウ〔鳥〕……… 349
イッスジトカゲ〔両生類・爬虫
　類〕………………………… 567
イッテンアカタチ〔魚・貝・水
　生生物〕…………………… 124
イッテンフエダイ〔魚・貝・水
　生生物〕…………………… 124
イットウダイ〔魚・貝・水生生
　物〕………………………… 124
イットウダイ属の1種〔魚・貝・
　水生生物〕………………… 124
イツスジイトヒネズミ〔哺乳類〕… 519
イツユビトビネズミ〔哺乳類〕… 519
イトアメンボのなかま〔虫〕…9
イトウ〔魚・貝・水生生物〕… 124
イトカケガイ科〔魚・貝・水生生
　物〕………………………… 124
イトグルマガイ〔魚・貝・水生生
　物〕………………………… 124
イトダニのなかま〔虫〕………9
イトダニのなかまの若虫〔虫〕…9
イトヒキアジ〔魚・貝・水生生
　物〕………………………… 124
イトヒキイワシ〔魚・貝・水生生
　物〕………………………… 125
イトヒキギス〔魚・貝・水生生
　物〕………………………… 125
イトヒキテンジクダイ〔魚・
　貝・水生生物〕…………… 125
イトヒキブダイ〔魚・貝・水生生
　物〕………………………… 125
イトヒラアジ〔魚・貝・水生生
　物〕………………………… 125
イトフエフキ〔魚・貝・水生生
　物〕………………………… 125
イトマキエイ〔魚・貝・水生生
　物〕………………………… 125
いとまきざめ〔魚・貝・水生生
　物〕………………………… 125
イトマキヒトデ〔魚・貝・水生生
　物〕………………………… 125
イトマキヒトデのなかま〔魚・
　貝・水生生物〕…………… 125
イトマキフグ〔魚・貝・水生生
　物〕………………………… 125
イトマキフデガイ〔魚・貝・水
　生生物〕…………………… 125
イトマキボラ〔魚・貝・水生生
　物〕………………………… 125
イトマキボラ科〔魚・貝・水生生
　物〕………………………… 125
イトメ〔魚・貝・水生生物〕… 125
イトヨ〔魚・貝・水生生物〕… 126
イトヨリ〔魚・貝・水生生物〕… 126
イトヨリダイ〔魚・貝・水生生
　物〕………………………… 126
イナズマイタヤガイ〔魚・貝・
　水生生物〕………………… 126
イナズマコオロギボラ〔魚・
　貝・水生生物〕…………… 126
イナズマチョウの1種〔虫〕……9

イナズマヤシガイ〔魚・貝・水
　生生物〕…………………… 126
イナズマヤッコ〔魚・貝・水生生
　物〕………………………… 126
イナズマヤッコ成魚〔魚・貝・
　水生生物〕………………… 126
イナバエ科の1種〔虫〕………9
イヌ〔哺乳類〕…………519,520
犬〔哺乳類〕………………… 520
イヌオヒキコウモリ〔哺乳類〕… 520
イヌガシラハゼ〔魚・貝・水生生
　物〕………………………… 126
イヌガン〔鳥〕……………… 349
イヌノシタ属の1種〔魚・貝・水
　生生物〕…………………… 126
イヌノミまたはネコノミ〔虫〕… 10
イヌノミまたはネコノミの交尾
　〔虫〕……………………… 10
イヌヤライイシモチ〔魚・貝・
　水生生物〕………………… 126
イヌワシ〔鳥〕……………… 349
イネゴチ〔魚・貝・水生生物〕… 126
イネネクイハムシの1種〔虫〕… 10
イノシシ〔哺乳類〕………… 520
イノシシの幼獣〔哺乳類〕… 520
いはをし〔鳥〕……………… 349
イバラウミウシのなかま〔魚・
　貝・水生生物〕…………… 126
イバラガニモドキ〔魚・貝・水
　生生物〕…………………… 126
イバラカンザシ〔魚・貝・水生生
　物〕………………………… 126
イバラタツ〔魚・貝・水生生物〕… 127
イバラヒトデの1種〔魚・貝・水
　生生物〕…………………… 127
イベリアサンバガエル〔両生
　類・爬虫類〕……………… 567
イベリアヤマアカガエル〔両生
　類・爬虫類〕……………… 567
イボイノシシ〔哺乳類〕…… 520
イボウミヘビ〔両生類・爬虫類〕
　……………………………… 567
イボガザミ〔魚・貝・水生生物〕… 127
イボクラゲの1種〔魚・貝・水生
　生物〕……………………… 127
イボクラゲのなかま〔魚・貝・
　水生生物〕………………… 127
イボザルガイ〔魚・貝・水生生
　物〕………………………… 127
イボシマイモガイ〔魚・貝・水
　生生物〕…………………… 127
イボショウジンガニ〔魚・貝・
　水生生物〕………………… 127
イボソデガイ〔魚・貝・水生生
　物〕………………………… 127
いぼだい〔魚・貝・水生生物〕… 127
イボダイ〔魚・貝・水生生物〕… 127
イボタロウ〔虫〕…………… 10
イボタロウムシ〔虫〕……… 10
イマイソギンチャク〔魚・貝・
　水生生物〕………………… 127
イモガイの1種〔魚・貝・水生生

博物図譜レファレンス事典 動物篇　**605**

いもむ　　　作品名索引

物〕……………………… 127
イモムシ〔虫〕……………… 10
イモリ〔両生類・爬虫類〕… 567
イヤゴハタ〔魚・貝・水生生物〕 127
イヤゴハタ？〔魚・貝・水生生物〕……………… 127
いら〔魚・貝・水生生物〕… 127
イラ〔魚・貝・水生生物〕…127,128
イラガ〔虫〕………………… 10
イラガの1種〔虫〕………… 10
イラガのなかまの幼虫〔虫〕… 10
イラガの幼虫〔虫〕………… 10
イラクサノメイガ〔虫〕…… 10
イリエワニ〔両生類・爬虫類〕… 567
イルカ〔哺乳類〕…………… 520
イレズミキツネウオ〔魚・貝・水生生物〕……………… 128
イレズミキュウセン〔魚・貝・水生生物〕……………… 128
イレズミゴンベ〔魚・貝・水生生物〕……………… 128
イレズミハゼ〔魚・貝・水生生物〕……………… 128
イレズミフエダイ〔魚・貝・水生生物〕……………… 128
イロイザリウオ〔魚・貝・水生生物〕……………… 128
イロウミウシのなかま〔魚・貝・水生生物〕……………… 128
イロウミウシのなかま？〔魚・貝・水生生物〕……………… 128
イロブダイの雌〔魚・貝・水生生物〕……………… 128
イロマジリボウシインコ〔鳥〕… 349
イロワケイシガキハタ〔魚・貝・水生生物〕……………… 128
イロワケドクハタ〔魚・貝・水生生物〕……………… 128
イワエビのなかま〔魚・貝・水生生物〕……………… 128
イワガニ〔魚・貝・水生生物〕… 128
イワカワトキワガイ〔魚・貝・水生生物〕……………… 128
イワサザイ〔鳥〕…………… 349
イワシクジラ〔哺乳類〕…… 520
イワシャコ〔鳥〕…………… 349
イワスズメ〔鳥〕…………… 349
イワツグミ〔鳥〕…………… 349
イワツバメ〔鳥〕…………… 349
イワツバメ？〔鳥〕………… 349
いわとこなまず〔魚・貝・水生生物〕……………… 128
イワトコナマズ〔魚・貝・水生生物〕……………128,129
イワトビペンギン〔鳥〕…349,350
イワドリ〔鳥〕……………… 350
イワナ〔魚・貝・水生生物〕… 129
イワニセヨロイトカゲ〔両生類・爬虫類〕……………… 567
イワヒバリ〔鳥〕…………… 350
イワホオジロ〔鳥〕………… 350

イワミセキレイ〔鳥〕……… 350
イワリス〔哺乳類〕………… 521
イワワシミズク〔鳥〕……… 350
いんこ〔鳥〕………………… 350
インコ〔鳥〕………………… 350
インコハゼ〔魚・貝・水生生物〕… 129
インジゴヘビ〔両生類・爬虫類〕……………… 567
インドアオハギ〔魚・貝・水生生物〕……………… 129
インドアオリイカ〔魚・貝・水生生物〕……………… 129
インドアジサシ〔鳥〕……… 350
インドアマガサ〔両生類・爬虫類〕……………… 567
インドイノシシ〔哺乳類〕… 521
インドオオアレチネズミ〔哺乳類〕……………… 521
インドオオノガン〔鳥〕…… 350
インドオオリス〔哺乳類〕… 521
インドオニアンコウ〔魚・貝・水生生物〕……………… 129
インドカエルウオ〔魚・貝・水生生物〕……………… 129
インドカケス〔鳥〕………… 350
インドガビアル〔両生類・爬虫類〕……………… 567
インドギギ〔魚・貝・水生生物〕… 129
インドキヌバネドリ〔鳥〕… 350
インドクギベラの雄〔魚・貝・水生生物〕……………… 129
インドクギベラの雌〔魚・貝・水生生物〕……………… 129
インドクジャク〔鳥〕……… 350
インドコキンメフクロウ〔鳥〕… 350
インドサイ〔哺乳類〕……… 521
インドサツマカサゴ〔魚・貝・水生生物〕……………… 129
インドシナイリエワニ〔両生類・爬虫類〕……………… 567
インドシナオオスッポン〔両生類・爬虫類〕……………… 567
インドシナトラ〔哺乳類〕… 521
インドジャコウネコ〔哺乳類〕… 521
インドショウノガン〔鳥〕… 350
インドゾウ〔哺乳類〕……… 521
インドゾウの鼻とペニス〔哺乳類〕……………… 521
インドタテガミヤマアラシ〔哺乳類〕……………… 521
インドダンダラマテガイ〔魚・貝・水生生物〕……………… 129
インドツマアカシロチョウ〔虫〕……………… 10
インドトキコウ？〔鳥〕…… 350
インドナデシコガイ〔魚・貝・水生生物〕……………… 129
インドニシキヘビ〔両生類・爬虫類〕……………… 567
インドニセハマギギ〔魚・貝・水生生物〕……………… 129
インドハゲワシ〔鳥〕……… 350

インドヒイラギ〔魚・貝・水生生物〕……………… 129
インドヒオドシコウモリ〔哺乳類〕……………… 521
インドヒメクロアジサシ〔鳥〕… 350
インドヒメジ〔魚・貝・水生生物〕……………… 129
インドフウライチョウチョウオ〔魚・貝・水生生物〕… 129
インドブッポウソウ〔鳥〕… 351
インドマメシカ〔哺乳類〕… 521
インドマメジカ〔哺乳類〕… 521
インドヤイロチョウ〔鳥〕… 351
インドヨタカ〔鳥〕………… 351
インドリ〔哺乳類〕………… 521

【う】

ウ〔鳥〕……………………… 351
ヴァイヤンヘラズグチナマズ〔魚・貝・水生生物〕……… 129
ウァムピュルス〔哺乳類〕… 522
ウエスタンローランドゴリラ〔哺乳類〕……………… 522
ウオクイコウモリ〔哺乳類〕… 522
ウオジラミ科〔魚・貝・水生生物〕……………… 129
ウォーターバック〔哺乳類〕… 522
ウオノエ科〔魚・貝・水生生物〕… 129
ウオノエのなかま〔魚・貝・水生生物〕……………… 129
ウオノメハタ〔魚・貝・水生生物〕……………… 130
ウォーレスズクヨタカ〔鳥〕… 351
ウキグモゴンベ〔魚・貝・水生生物〕……………… 130
ウキタカラガイ〔魚・貝・水生生物〕……………… 130
ウキビシガイの1種〔魚・貝・水生生物〕……………… 130
うぐい〔魚・貝・水生生物〕… 130
ウグイ〔魚・貝・水生生物〕… 130
うぐいす〔鳥〕……………… 351
ウグイス〔鳥〕……………… 351
ウグイスガイ〔魚・貝・水生生物〕……………… 130
ウグイスガイ科〔魚・貝・水生生物〕……………… 130
ウケクチウグイ〔魚・貝・水生生物〕……………… 130
ウケグチノホソミオナガノオキナハギ〔魚・貝・水生生物〕… 130
ウケグチメバル〔魚・貝・水生生物〕……………… 130
ウコッケイ（ニワトリ）〔鳥〕… 351
ウコンハゼ〔魚・貝・水生生物〕… 130
ウサギ〔哺乳類〕…………… 522
ウサギウマ（アメリカモチハタリ）〔哺乳類〕……… 522
ウサギコウモリ〔哺乳類〕… 522

作品名索引　　　　　　　　　　　　　　　　　　　うみて

ウシ〔哺乳類〕……………… 522
ウシアブ〔虫〕………………… 10
ウシアブの1種〔虫〕………… 10
ウシエビ〔魚・貝・水生生物〕… 130
ウシノシタ科の幼魚〔魚・貝・
　水生生物〕………………… 130
ウシノツメガイ（マツバガイ）
　〔魚・貝・水生生物〕……… 130
後ろ足で立つ馬〔哺乳類〕…… 522
ウスイロコノマチョウの1亜種
　〔虫〕………………………… 10
ウスイロハマヒバリ〔鳥〕…… 351
ウスイロモリフクロウ〔鳥〕… 351
ウスカワマイマイ〔虫〕……… 10
ウスキシロチョウ〔虫〕……… 10
ウスグロトガリシロチョウ
　〔虫〕………………………… 10
ウスグロハチドリ〔鳥〕……… 351
ウスズミヒゲハチドリ〔鳥〕… 351
ウスタビガ〔虫〕……………… 10
ウスバカゲロウ〔虫〕………… 10
ウスバカゲロウ科〔虫〕……… 10
ウスバカゲロウ科の幼虫（アリ
　ジゴク）？〔虫〕…………… 11
ウスバカゲロウの1種〔虫〕… 11
ウスバカゲロウのなかま？
　〔虫〕………………………… 11
ウスバカゲロウ類〔虫〕……… 11
ウスバカミキリ〔虫〕………… 11
ウスバカミキリ〔虫〕………… 11
ウスバカミキリ？〔虫〕……… 11
ウスハグロキヌバネドリ〔鳥〕… 351
ウスバジャコウアゲハ〔虫〕… 11
ウスバジャコウアゲハの雄
　〔虫〕………………………… 11
ウスバジャコウアゲハの雌
　〔虫〕………………………… 11
ウスバハギ〔魚・貝・水生生物〕… 130
ウスヒザラガイのなかま〔魚・
　貝・水生生物〕……………… 131
ウスヒラアワビ〔魚・貝・水生
　物〕…………………………… 131
ウスヒラムシのなかま〔魚・
　貝・水生生物〕……………… 131
渦鞭毛虫のなかま〔魚・貝・水
　生生物〕……………………… 131
ウズマキゴカイのなかま〔魚・
　貝・水生生物〕……………… 131
ウスマメホネナシサンゴ〔魚・
　貝・水生生物〕……………… 131
うすめばる〔魚・貝・水生生物〕… 131
ウスメバル〔魚・貝・水生生物〕… 131
ウスユキガモ〔鳥〕…………… 351
うずら〔鳥〕…………………… 351
ウズラ〔鳥〕……………… 351,352
ウズラ？〔鳥〕………………… 352
ウヅラ〔鳥〕…………………… 352
ウズラガイ〔魚・貝・水生生物〕… 131
ウズラガイ類〔魚・貝・水生生
　物〕…………………………… 131
ウズラクイナ〔鳥〕…………… 352

ウズラシギ〔鳥〕……………… 352
ウヅラシギ〔鳥〕……………… 352
うそ〔鳥〕……………………… 352
ウソ〔鳥〕……………………… 352
ウタイムシクイ〔鳥〕………… 352
ウタツグミ〔鳥〕……………… 352
ウタミソサザイ〔鳥〕………… 352
ウチスズメ〔虫〕……………… 11
ウチワインコ〔鳥〕…………… 352
ウチワエソ〔魚・貝・水生生物〕… 131
ウチワエビ〔魚・貝・水生生物〕… 131
ウチワエビのなかま〔魚・貝・
　水生生物〕………………… 131
ウチワエビモドキ〔魚・貝・水
　生生物〕……………………… 131
うちわざめ〔魚・貝・水生生物〕… 131
ウチワザメ〔魚・貝・水生生物〕… 131
ウチワフグ〔魚・貝・水生生物〕… 131
ウチワヤギの1種〔魚・貝・水生
　物〕…………………………… 132
ウチワヤンマ〔虫〕…………… 11
美しいヨークシャー種の乳牛
　〔哺乳類〕…………………… 522
ウツクシオナガタイヨウチョウ
　〔鳥〕………………………… 353
ウツクシキヌバネドリ〔鳥〕… 353
ウツクシキヌバネドリ（亜種）
　〔鳥〕………………………… 353
ウツクシミドリキヌバネドリ
　〔鳥〕………………………… 353
ウツセミカジカ〔魚・貝・水生生
　物〕…………………………… 132
ウッドキャットの1種〔魚・貝・
　水生生物〕………………… 132
ウッド・タイガー・モス〔虫〕… 11
ウッドフォードクイナ〔鳥〕… 353
ウツボ〔魚・貝・水生生物〕…… 132
うとう〔鳥〕…………………… 353
ウトウ〔鳥〕…………………… 353
ウトウ？〔鳥〕………………… 353
ウドン海月〔魚・貝・水生生物〕… 132
うなぎ〔魚・貝・水生生物〕…… 132
ウナギ〔魚・貝・水生生物〕…… 132
ウニ〔魚・貝・水生生物〕……… 132
ウニガンゼキボラ〔魚・貝・水
　生生物〕……………………… 132
ウニザルガイ〔魚・貝・水生生
　物〕…………………………… 132
ウニの仲間（種名なし）〔魚・
　貝・水生生物〕……………… 132
ウニのプルテウス幼生〔魚・
　貝・水生生物〕……………… 133
ウニヒザラガイのなかま〔魚・
　貝・水生生物〕……………… 133
ウニ類の発生〔魚・貝・水生生
　物〕…………………………… 133
ウネトクサバイ〔魚・貝・水生
　物〕…………………………… 133
ウノアシガイ〔魚・貝・水生生
　物〕…………………………… 133
ウバタマコメツキ？〔虫〕…… 11
ウバタマムシ〔虫〕…………… 11

ウマ〔哺乳類〕………………… 522
馬〔哺乳類〕…………………… 522
ウマオイ〔虫〕………………… 11
ウマオイムシ〔虫〕…………… 11
ウマシラミバエ〔虫〕………… 12
ウマヅラアジ〔魚・貝・水生生
　物〕…………………………… 133
ウマヅラハギ〔魚・貝・水生生
　物〕…………………………… 133
ウマノオバチ〔虫〕…………… 12
馬尾蜂〔虫〕…………………… 12
馬の胸部と後軀〔哺乳類〕…… 522
馬のスケッチ〔哺乳類〕……… 522
ウミアイサ〔鳥〕……………… 353
ウミイサゴムシのなかま〔魚・
　貝・水生生物〕……………… 133
海イナゴ〔魚・貝・水生生物〕… 133
ウミウ〔鳥〕…………………… 353
ウミウサギガイ〔魚・貝・水生生
　物〕…………………………… 133
ウミウサギガイの1種〔魚・貝・
　水生生物〕………………… 133
ウミウシ〔魚・貝・水生生物〕… 133
ウミウシ科〔魚・貝・水生生物〕… 133
ウミウシ科のなかま〔魚・貝・
　水生生物〕………………… 133
ウミウシの卵塊〔魚・貝・水生
　物〕…………………………… 133
ウミウチワ〔魚・貝・水生生物〕… 134
海ウナギ〔魚・貝・水生生物〕… 134
ウミエラ〔魚・貝・水生生物〕… 134
ウミエラの1種〔魚・貝・水生生
　物〕…………………………… 134
ウミガラス〔鳥〕……………… 353
ウミガラス、オロロンチョウ
　〔鳥〕………………………… 353
ウミカラマツのなかま〔魚・
　貝・水生生物〕……………… 134
ウミガン〔鳥〕………………… 353
ウミケムシ〔魚・貝・水生生物〕… 134
ウミケムシのなかま〔魚・貝・
　水生生物〕………………… 134
ウミケリ〔鳥〕………………… 353
ウミサカヅキガヤのなかま
　〔魚・貝・水生生物〕……… 134
ウミサボテン〔魚・貝・水生生
　物〕…………………………… 134
ウミシイタケの1種〔魚・貝・水
　生生物〕……………………… 134
ウミシダ〔魚・貝・水生生物〕… 134
ウミシダの1種〔魚・貝・水生生
　物〕…………………………… 134
ウミヅキチョウチョウオ
　〔魚・貝・水生生物〕……… 134
ウミスズメ〔鳥〕……………… 354
ウミスズメ〔魚・貝・水生生物〕… 134
ウミスズメ〔鳥〕……………… 354
ウミタケガイ〔魚・貝・水生生
　物〕…………………………… 134
うみたなご〔魚・貝・水生生物〕… 134
ウミタナゴ〔魚・貝・水生生物〕… 135
ウミテング〔魚・貝・水生生物〕… 135

うみと　　　　　　　　作品名索引

ウミトサカの1種〔魚・貝・水生生物〕 ……… 135
ウミドジョウ〔魚・貝・水生生物〕 ……… 135
ウミトリ〔鳥〕 ……… 354
ウミニナ〔魚・貝・水生生物〕 … 135
ウミニナのなかま〔魚・貝・水生生物〕 ……… 135
ウミネコ〔鳥〕 ……… 354
ウミネコ?〔鳥〕 ……… 354
海の生物〔魚・貝・水生生物〕 … 135
海のミミズク〔魚・貝・水生生物〕 ……… 135
ウミヒゴイ〔魚・貝・水生生物〕 … 135
ウミヒドラ〔魚・貝・水生生物〕 … 135
ウミフクロウのなかま〔魚・貝・水生生物〕 ……… 135
ウミベイワバトカゲ〔両生類・爬虫類〕 ……… 567
ウミヘビ〔両生類・爬虫類〕 ……… 567
ウミヘビ〔想像・架空の生物〕 … 593
ウミヘビ科〔魚・貝・水生生物〕 … 135
ウミヘビ属の1種〔魚・貝・水生生物〕 ……… 135
ウミホタルのなかま〔魚・貝・水生生物〕 ……… 135
ウミミズムシのなかま〔魚・貝・水生生物〕 ……… 135
ウミヤツメ〔魚・貝・水生生物〕 … 135
ウミユリ, ウミリンゴのなかま〔魚・貝・水生生物〕 ……… 135
ウミユリの1種〔魚・貝・水生生物〕 ……… 136
ウメボシイソギンチャク〔魚・貝・水生生物〕 ……… 136
ウメボシイソギンチャクの1種〔魚・貝・水生生物〕 ……… 136
ウメボシイソギンチャクのなかま〔魚・貝・水生生物〕 ……… 136
ウメボシイソギンチャクほか〔魚・貝・水生生物〕 ……… 136
ウラウズガイ〔魚・貝・水生生物〕 ……… 136
ウラキツキガイ〔魚・貝・水生生物〕 ……… 136
ウラギンスジヒョウモン〔虫〕 ‥12
ウラギンドクチョウ〔虫〕 ……… 12
ウラギンヒョウモン〔虫〕 ……… 12
ウラスジマイノソデガイ〔魚・貝・水生生物〕 ……… 136
ウラナミシジミの1種〔虫〕 ……… 12
ウラナミジャノメの1種〔虫〕 ……… 12
ウラナミシロチョウ〔虫〕 ……… 12
ウラナミタテハ〔虫〕 ……… 12
ウラベニカスリタテハ〔虫〕 ……… 12
ウラモジタテハのなかま〔虫〕 ‥12
ウリクラゲ〔魚・貝・水生生物〕 136
ウリクラゲの1種〔魚・貝・水生生物〕 ……… 136
ウリクラゲのなかま〔魚・貝・水生生物〕 ……… 137
ウリクラゲ類〔魚・貝・水生生物〕 ……… 137

ウリタエビジャコ〔魚・貝・水生生物〕 ……… 137
ウリハムシ〔虫〕 ……… 12
うるめいわし〔魚・貝・水生生物〕 ……… 137
ウルメイワシ〔魚・貝・水生生物〕 ……… 137
ウロコウズラ〔鳥〕 ……… 354
ウロコカワラバト〔鳥〕 ……… 354
ウロコバト〔鳥〕 ……… 354
ウロコフウチョウ〔鳥〕 ……… 354
ウロコムシのなかま〔魚・貝・水生生物〕 ……… 137
ウロコユミハチドリ〔鳥〕 ……… 354
ウンピョウ〔哺乳類〕 ……… 523

【え】

エイのなかま〔魚・貝・水生生物〕 ……… 137
エクアドルヤマハチドリ〔鳥〕 ‥354
エグリルリタマムシ〔虫〕 ……… 12
エコルパンテ〔魚・貝・水生生物〕 ……… 137
エサキモンキツノカメムシ〔虫〕 ……… 12
エジプトガン〔鳥〕 ……… 354
エジプトスナネズミ〔哺乳類〕 ‥523
エジプトゲオアガマ〔両生類・爬虫類〕 ……… 567
エジプトハゲワシ〔鳥〕 ……… 354
エジプトマングース〔哺乳類〕 ‥523
エスカルゴ〔虫〕 ……… 12
エスカルゴの1種〔虫〕 ……… 12
エスキモーコシャクシギ〔鳥〕 ‥354
エゼリアガイ〔魚・貝・水生生物〕 ……… 137
エゾアイナメ〔魚・貝・水生生物〕 ……… 137
エゾアオカメムシ〔虫〕 ……… 13
エゾアワビ〔魚・貝・水生生物〕 … 137
エゾイソアイナメ〔魚・貝・水生生物〕 ……… 137
エゾオナガバチ〔虫〕 ……… 13
エゾシモフリスズメ〔虫〕 ……… 13
エゾシロチョウ〔虫〕 ……… 13
エゾゼミ〔虫〕 ……… 13
エゾバイ科〔魚・貝・水生生物〕 … 137
エゾハルゼミ〔虫〕 ……… 13
エゾビタキ〔鳥〕 ……… 354
エゾビタキ?〔鳥〕 ……… 354
エゾヒバリガイの1種〔魚・貝・水生生物〕 ……… 137
エゾフネガイの1種〔魚・貝・水生生物〕 ……… 137
エゾベニシタバ〔虫〕 ……… 13
エゾマメタニシ科〔魚・貝・水生生物〕 ……… 137

エゾライチョウ〔鳥〕 ……… 354
エゾリス〔哺乳類〕 ……… 523
エダシャクのなかま〔虫〕 ……… 13
エダヒゲネジレバネのなかま〔虫〕 ……… 13
エダヒダノミギセルの1種?〔虫〕 ……… 13
えつ〔魚・貝・水生生物〕 … 137
エツ〔魚・貝・水生生物〕 … 137
エデントアオガエル〔両生類・爬虫類〕 ……… 567
江戸時代の愛玩用バト〔鳥〕 ‥355
エトピリカ〔鳥〕 ……… 355
エトロフウミスズメ〔鳥〕 ……… 355
エナガ〔鳥〕 ……… 355
エナガ〔鳥〕 ……… 355
エナガクシエラボヤ〔魚・貝・水生生物〕 ……… 137
エニシハリトカゲ〔両生類・爬虫類〕 ……… 567
エピオルニスの卵〔鳥〕 ……… 355
エビガラスズメ〔虫〕 ……… 13
エビクラゲ〔魚・貝・水生生物〕 ‥138
エビジャコ属の1種〔魚・貝・水生生物〕 ……… 138
エビジャコの1種〔魚・貝・水生生物〕 ……… 138
エビスザメ〔魚・貝・水生生物〕 ‥138
エビスシイラ〔魚・貝・水生生物〕 ……… 138
エビスダイ〔魚・貝・水生生物〕 ‥138
エビスダイとその顔〔魚・貝・水生生物〕 ……… 138
エビスボラ〔魚・貝・水生生物〕 ‥138
エビ, フジツボなど節足動物の幼生〔魚・貝・水生生物〕 ‥138
エビプリア〔魚・貝・水生生物〕 ‥138
エフィラ〔魚・貝・水生生物〕 … 138
エフィラクラゲの1種〔魚・貝・水生生物〕 ……… 138
エーブル〔魚・貝・水生生物〕 ‥138
エペイラ〔虫〕 ……… 13
エボシウズラ〔鳥〕 ……… 355
エボシガイ〔魚・貝・水生生物〕 ‥138
エボシガイの1種〔魚・貝・水生生物〕 ……… 138
エボシガラ〔鳥〕 ……… 355
エボシキジ(カンムリキジ)〔鳥〕 ……… 355
エボシキジの幼鳥〔鳥〕 ……… 355
エボシコクジャク〔鳥〕 ……… 355
エボシダイ〔魚・貝・水生生物〕 ‥138
エボシドリ〔鳥〕 ……… 355,356
エボシドリ(ミナミアフリカエボシドリ)〔鳥〕 ……… 356
エボシフジイロヒタキ〔鳥〕 ‥356
エボリ〔鳥〕 ……… 356
エミスムツアシガメ〔両生類・爬虫類〕 ……… 567
エミュー〔鳥〕 ……… 356
エミュームシクイ〔鳥〕 ……… 356

608 博物図譜レファレンス事典 動物篇

作品名索引　　　　　　　　　　　　　　　おおか

エメラルドツリーボア〔両生
　類・爬虫類〕……………567
エラヒキムシ〔魚・貝・水生生
　物〕…………………………138
エラブウミヘビ〔両生類・爬虫
　類〕……………………567
エラボスピュリス〔魚・貝・水
　生生物〕……………138
エリグロアジサシ〔鳥〕………356
エリマキキツネザル〔哺乳類〕‥523
エリマキシギ〔鳥〕………356
エリマキシギ？〔鳥〕………356
エリマキトカゲ〔両生類・爬虫
　類〕……………………568
エリマキミツスイ〔鳥〕………356
エレガントレーサー〔両生類・
　爬虫類〕……………………568
エレファント・ホークモス
　〔虫〕……………………13
エンコウガニ〔魚・貝・水生生
　物〕…………………………138
エンコウガニ科〔魚・貝・水生
　物〕…………………………139
エンジムシ〔虫〕……………13
エンゼル・フィッシュ〔魚・貝・
　水生生物〕……………139
エンゼルフィッシュ〔魚・貝・
　水生生物〕……………139
エンドウゾウムシ〔虫〕………13
エンドウヒゲナガアブラムシ
　〔虫〕……………………13
エンビシキチョウ〔鳥〕………356
エンビシキチョウ？〔鳥〕………356
エンビテリハチドリ〔鳥〕………356
エンビヒメエメラルドハチドリ
　〔鳥〕……………………356
エンビモリハチドリ（亜種）
　〔鳥〕……………………356
エンペラー・モス〔虫〕………13
エンマコオロギ〔虫〕………13
エンマコガネの1種〔虫〕………13
エンマコガネのなかま？〔虫〕‥13
エンマコガネの仲間〔虫〕………13
エンマゴチ属の1種〔魚・貝・水
　生生物〕……………………139
エンマハバヒロガムシの1種
　〔虫〕……………………14
エンマハンミョウ〔虫〕………14
エンマムシ〔虫〕……………14
エンマムシ科〔虫〕……………14
エンマムシの1種〔虫〕………14
エンマムシのなかま〔虫〕………14

【 お 】

おいかわ〔魚・貝・水生生物〕…139
オイカワ〔魚・貝・水生生物〕…139
オウウヨウラクガイ（？）〔魚・

貝・水生生物〕…………139
オウカンエボシドリ〔鳥〕………356
オウカンツノゼミ〔虫〕………14
オウカンフウキンチョウ〔鳥〕‥356
オウギアイサ〔鳥〕………356
オウギガニ〔魚・貝・水生生物〕…139
オウギタイランチョウ〔鳥〕…357
オウギチョウチョウウオ〔魚・
　貝・水生生物〕…………139
オウギハチドリ〔鳥〕………357
オウギバト〔鳥〕………357
オウギビタキ〔鳥〕………357
オウギベンテンウオ〔魚・貝・
　水生生物〕…………139
オウギワシ〔鳥〕………357
オウゴンアメリカムシクイ
　〔鳥〕……………………357
オウゴンサファイアハチドリ
　〔鳥〕……………………357
オウゴンチュウハシ〔鳥〕………357
オウゴンツヤクワガタ〔虫〕………14
オウゴンニワシドリ〔鳥〕………357
オウゴンフウチョウモドキ
　〔鳥〕……………………357
オウサマイボハダムシ〔虫〕………14
オウサマウニの1種〔魚・貝・水
　生生物〕……………………139
オウサマナナフシ〔虫〕………14
オウサマペンギン〔鳥〕………357
オウシュウエンマダニ〔虫〕………14
オウシュウゲジ〔虫〕……………14
オウシュウトビヤスデ〔虫〕………14
オウシュウナガザルガイ〔魚・
　貝・水生生物〕…………139
オウチュウ〔鳥〕………357
牡馬〔哺乳類〕……………523
おうむ〔鳥〕………357
オウム〔鳥〕………357
オウムガイ〔魚・貝・水生生物〕…139
オウムガイの1種〔魚・貝・水生
　生物〕……………………139
オウムガイの隔壁〔魚・貝・水
　生生物〕……………………139
オウムガイ類の殻？〔魚・貝・
　水生生物〕…………139
オウムハシハワイマシコ〔鳥〕‥357
オウムブダイ〔魚・貝・水生生
　物〕…………………………140
オオアオサギ〔鳥〕………357
オオアオバト〔鳥〕………357
オオアカカメムシ〔虫〕………14
オオアカゲラ〔鳥〕………357
オオアカゲラ？〔鳥〕………358
オオアカフジツボのなかま
　〔魚・貝・水生生物〕………140
オオアカムササビ〔哺乳類〕…523
オオアオヘビトンボ〔虫〕………14
オオアシカラカネトカゲ〔両生
　類・爬虫類〕……………568
オオアタマガメ〔両生類・爬虫
　類〕……………………568

オオアナコンダ〔両生類・爬虫
　類〕……………………568
オオアメイロオナガバチ〔虫〕‥14
オオアメリカモモンガ〔哺乳類〕
　…………………………523
オオアリクイ〔哺乳類〕………523
オオアルマジロ〔哺乳類〕………523
オオイカリナマコ〔魚・貝・水
　生生物〕……………………140
大イソギンチャク〔魚・貝・水
　生生物〕……………………140
オオイッコウチョウ〔鳥〕………358
オオイツユビトビネズミ〔哺乳
　類〕……………………523
オオイトカケガイ〔魚・貝・水
　生生物〕……………………140
おおうなぎ〔魚・貝・水生生物〕…140
オオウナギ〔魚・貝・水生生物〕‥140
オオウミガラス〔鳥〕………358
オオウラギンスジヒョウモン
　〔虫〕……………………14
オオウロコニシン〔魚・貝・水
　生生物〕……………………140
オオウロコフウチョウ〔鳥〕‥358
オオウロコフウチョウの基準亜
　種〔鳥〕……………………358
オオオニカッコウ〔鳥〕………358
オオカイコガの成虫とさなぎ
　〔虫〕……………………14
オオカイコガの変態の研究
　〔虫〕……………………14
オオカイツブリ〔鳥〕………358
オオガシラギギ〔魚・貝・水生生
　物〕…………………………140
オ、カシラシギ〔鳥〕………358
大型カモメ類〔鳥〕………358
大型の蛾の仲間〔虫〕………14
大型のキリギリス（スマトラ
　産）〔虫〕……………………15
大型のベラ〔魚・貝・水生生物〕…140
オオガナメクジウオ〔魚・貝・
　水生生物〕……………………140
オオカナリア〔鳥〕………358
オオカバマダラ〔虫〕………15
オオカミ〔哺乳類〕………523
オオカミあるいはイヌ？〔哺
　乳類〕……………………523
狼魚〔魚・貝・水生生物〕………140
オオカミガエル〔両生類・爬虫
　類〕……………………568
オオカメムシのなかまの幼虫？
　〔虫〕……………………15
オオカモメ〔鳥〕………358
オオカラカサクラゲとそのなか
　ま〔魚・貝・水生生物〕………140
オオカラカサクラゲの1種〔魚・
　貝・水生生物〕…………140
オオガラパゴスフィンチ〔鳥〕‥358
オオカラモズ〔鳥〕………358
オオカレハナナフシ〔虫〕………15
オオカワウソ〔哺乳類〕………523
オオカンガルー〔哺乳類〕………523

博物図譜レファレンス事典 動物篇　609

オオカンムリボラ〔魚・貝・水
生生物〕 …… 140
オオキツネダイ〔魚・貝・水生生
物〕 …… 140
オオキノコムシ科〔虫〕 …… 15
オオキバウスバカミキリ〔虫〕 …15
オオキバハネカクシの1種〔虫〕 …15
オオキボウシインコ〔鳥〕 …… 359
オオキリハシ〔鳥〕 …… 359
オオキンカメムシ〔虫〕 …… 15
オオキンヤギの1種〔魚・貝・水
生生物〕 …… 140
オオクイナ〔鳥〕 …… 359
オオクジャクサン〔虫〕 …… 15
オオクチイシナギ〔魚・貝・水
生生物〕 …… 140
オオグチソコアナゴ〔魚・貝・
水生生物〕 …… 141
オオグチフサカサゴの幼魚
〔魚・貝・水生生物〕 …… 141
オオクチホシエソ〔魚・貝・水
生生物〕 …… 141
オオクビガメ〔両生類・爬虫類〕
…… 568
オオクロノスリ〔鳥〕 …… 359
オオクワガタ〔虫〕 …… 15
オオクワガタモドキ〔虫〕 …… 15
オオゲジ〔虫〕 …… 15
オオケマイマイ〔虫〕 …… 15
オオコウモリ〔哺乳類〕 …… 524
オオコシアカツバメ?〔鳥〕 ‥359
オオゴシキドリ〔鳥〕 …… 359
オオコノハズク〔鳥〕 …… 359
オオゴマダラ〔虫〕 …… 15
オオサイチョウ〔鳥〕 …… 359
おおさからんちゅう〔魚・貝・
水生生物〕 …… 141
オオサルパ〔魚・貝・水生生物〕 …141
オオサンショウウオ〔両生類・
爬虫類〕 …… 568
オオシオカラトンボ〔虫〕 …… 15
オ、シギ〔鳥〕 …… 359
オオシギダチョウ〔鳥〕 …… 359
オオシマゼミ〔虫〕 …… 15
オオシモフリエダシャク〔虫〕 …15
オオシャコガイ〔魚・貝・水生生
物〕 …… 141
オオシャコガイの1種〔魚・貝・
水生生物〕 …… 141
オオジュドウマクラガイ〔魚・
貝・水生生物〕 …… 141
オオジュリン〔鳥〕 …… 359
オオジョロウグモ〔虫〕 …… 15
オオスカシバ〔虫〕 …… 15
オオスジヒメジ〔魚・貝・水生生
物〕 …… 141
オオスズメ〔鳥〕 …… 360
オオスズメのケープベルデ亜種
〔鳥〕 …… 360
オオヅル〔鳥〕 …… 360
オオヅル(ヒガシオオヅル)
〔鳥〕 …… 360

オオセ〔魚・貝・水生生物〕 …… 141
オオセイボウ〔虫〕 …… 15
オオセンチコガネ?〔虫〕 …… 16
オオセンチコガネの1種〔虫〕 …16
オオゾウムシ〔虫〕 …… 16
オオソリハシシギ〔鳥〕 …… 360
オオタイランチョウ〔鳥〕 …… 360
オオダーウィンフィンチ〔鳥〕 …360
オオタカ〔鳥〕 …… 360
オオタカ?〔鳥〕 …… 360
オオタカ(シロオオタカ)〔鳥〕
…… 360
オオタカ(亜種オオタカ?)
〔鳥〕 …… 360
オオタカの日本亜種〔鳥〕 …… 361
オオタガメ〔虫〕 …… 16
オオタマオシコガネ〔虫〕 …… 16
オオタマオシコガネの1種〔虫〕 …16
オオダルマインコ〔鳥〕 …… 361
オオチャバネセセリ?〔虫〕 …… 16
オオツチグモ科〔虫〕 …… 16
オオツチグモのなかま〔虫〕 …… 16
オオツチスドリ〔鳥〕 …… 361
オオツチハンミョウ〔虫〕 …… 16
オオツノカメムシ〔虫〕 …… 16
オオツバイ〔哺乳類〕 …… 524
オオツバサモア〔鳥〕 …… 361
オオツリスドリ〔鳥〕 …… 361
オオテナガカナブン〔虫〕 …… 16
オオトウゾクカモメ〔鳥〕 …… 361
オオトカゲ〔両生類・爬虫類〕 …568
オオトカゲ科のトカゲ〔両生
類・爬虫類〕 …… 568
大とかげの1種〔両生類・爬虫類〕
…… 568
オオトガリサルパの単独個体
〔魚・貝・水生生物〕 …… 141
オオトガリサルパの連鎖個体
〔魚・貝・水生生物〕 …… 141
オオトビサシガメ〔虫〕 …… 16
オオトモエの1種〔虫〕 …… 16
オオトラフアゲハ〔虫〕 …… 16
オオトリガイの1種〔魚・貝・水
生生物〕 …… 141
オオナナフシ〔魚・貝・水生生
物〕 …… 141
オオナマケモノの骨格〔哺乳類〕
…… 524
オオナミザトウムシ〔虫〕 …… 16
大鳴戸〔魚・貝・水生生物〕 …… 141
オオナンベイツバメガ〔虫〕 …… 16
オオニベ〔魚・貝・水生生物〕 …141
オオノガイ科〔魚・貝・水生生
物〕 …… 141
オオノスリ〔鳥〕 …… 361
オオハイイロミズナギドリ
〔鳥〕 …… 361
オオバウチワエビ〔魚・貝・水
生生物〕 …… 141
オオハクチョウ〔鳥〕 …… 361
オオハゲコウ〔鳥〕 …… 361
オオハシ〔鳥〕 …… 361

オオハシウミガラス〔鳥〕 …… 361
オオハシシギ〔鳥〕 …… 361
オオハシシギ?〔鳥〕 …… 361
オオハシノスリ〔鳥〕 …… 361
オオハシバト〔鳥〕 …… 361
オオハダシアレチネズミ〔哺乳
類〕 …… 524
オオハシ〔鳥〕 …… 361
オオハチクイモドキ〔鳥〕 …… 361
オオハチドリ〔鳥〕 …… 362
オオハナ〔鳥〕 …… 362
オオハナインコ〔鳥〕 …… 362
オオハナインコ(亜種)〔鳥〕 …362
オオハナインコ(基亜種)〔鳥〕
…… 362
オオハナインコモドキ〔鳥〕 …… 362
オオバナオニアンコウ〔魚・
貝・水生生物〕 …… 141
オオハナジログエノン〔哺乳類〕
…… 524
オオハナノミ科〔虫〕 …… 16
オ、ハム〔鳥〕 …… 362
オオハム〔鳥〕 …… 362
オオハム?またはシロエリオ
オハム?〔鳥〕 …… 362
オオハレギチョウ〔虫〕 …… 16
オオハワイミツスイ〔鳥〕 …… 362
おおばん〔鳥〕 …… 362
オ、バン〔鳥〕 …… 362
オオバン〔鳥〕 …… 362
オオバンヒザラガイ〔魚・貝・
水生生物〕 …… 142
オオヒクイドリ〔鳥〕 …… 362
オオヒゲマワリ〔魚・貝・水生生
物〕 …… 142
オオヒバリ〔鳥〕 …… 363
オオヒラタシデムシ〔虫〕 …… 16
オオフウチョウ〔鳥〕 …… 363
オオフクロネコ〔哺乳類〕 …… 524
オオブトミミズ〔虫〕 …… 17
オオブチジェネット〔哺乳類〕 …524
オオブラベルスゴキブリ〔虫〕 …17
オオフラミンゴ〔鳥〕 …… 363
オオベッコウカサガイ〔魚・
貝・水生生物〕 …… 142
オオベニキチョウ〔虫〕 …… 17
オオベニシボリガイ〔魚・貝・
水生生物〕 …… 142
オオヘビガイ〔魚・貝・水生生
物〕 …… 142
オオヘラコウモリ〔哺乳類〕 …… 524
オオホウカンチョウ〔鳥〕 …… 363
オオボウズ〔魚・貝・水生生物〕 …142
オオボクトウ〔虫〕 …… 17
オオホリカナヘビ〔両生類・爬
虫類〕 …… 568
オオホンセイインコ〔鳥〕 …… 363
オオマシコ〔鳥〕 …… 363
オオマシコ?〔鳥〕 …… 363
オオマダラキーウィ〔鳥〕 …… 363
オオマテガイ?〔魚・貝・水生

作品名索引　　　　　　　　　　　　おすと

生物〕……………………… 142
オオマムシオオゼ〔魚・貝・水
生生物〕……………………… 142
オオマムシオオゼの1種〔魚・
貝・水生生物〕……………… 142
オオマメジカ〔哺乳類〕……… 524
オオミカドバト〔鳥〕………… 364
オオミズアオ〔虫〕…………… 17
オオミズダニ科〔虫〕………… 17
オオミズナギドリ〔鳥〕……… 364
オオミズネズミ〔哺乳類〕…… 524
オオミドリガエル〔両生類・爬
虫類〕………………………… 568
オオミドリツノカナブン〔虫〕‥17
オオミノウミウシ科〔魚・貝・
水生生物〕…………………… 142
オオミノエガイ〔魚・貝・水生
物〕…………………………… 142
オオミノムシガイ〔魚・貝・水
生生物〕……………………… 142
オオムカデ〔虫〕……………… 17
大ムク〔鳥〕…………………… 364
オオムラサキ〔虫〕…………… 17
大紫いんこ〔鳥〕……………… 364
オオメウミヘビ〔魚・貝・水生
物〕…………………………… 142
オオメジンコ科〔魚・貝・水
生生物〕……………………… 142
オオモア〔鳥〕………………… 364
オオモズ〔鳥〕………………… 364
オオモンイザリウオ〔魚・貝・
水生生物〕…………………… 142
オオモンクロベッコウ〔魚・
貝・水生生物〕……………… 142
オオモンシロチョウ〔虫〕…… 17
オオヤイロチョウ〔鳥〕……… 364
オオヤドカリ科〔魚・貝・水生
物〕…………………………… 142
オオヤマキチョウ〔虫〕……… 17
オオヤマネ〔哺乳類〕………… 524
オオヤマネコ〔哺乳類〕……… 524
オオヤモリ〔両生類・爬虫類〕‥568
オオユスリカ〔虫〕…………… 17
オオヨウジウオ〔魚・貝・水生
物〕…………………………… 142
オオヨコエソ〔魚・貝・水生
物〕…………………………… 142
オオヨコバイ〔虫〕…………… 17
オオヨシキリ〔鳥〕…………… 364
オオヨシゴイ〔鳥〕…………… 364
オオヨシゴイ？〔鳥〕………… 364
オオヨロイトカゲ〔両生類・爬
虫類〕………………………… 568
オオルリ〔鳥〕………………… 364
オオルリ？〔鳥〕……………… 364
オオルリアゲハ〔虫〕……… 17,18
オオルリタマムシ〔虫〕……… 18
オオルリチョウ〔鳥〕………… 364
オオルリボシヤンマ〔虫〕…… 18
オオワシ〔鳥〕………………… 364
オオワタクズガニ〔魚・貝・水

生生物〕……………………… 142
オワニザメ〔魚・貝・水生生
物〕…………………………… 142
オワニザメ科　の1種〔魚・
貝・水生生物〕……………… 142
オカガニの1種〔魚・貝・水生
物〕…………………………… 143
オカガニのなかま〔魚・貝・水
生生物〕……………………… 143
オカガニのなかま？〔魚・貝・
水生生物〕…………………… 143
オガサワラガビチョウ〔鳥〕… 364
オガサワラゴキブリ〔虫〕…… 18
オガサワラマシコ〔鳥〕……… 364
オカビ〔哺乳類〕……………… 524
オカメインコ〔鳥〕…………… 365
オカメコオロギのなかま〔虫〕… 18
オカメミジンコ〔魚・貝・水生
物〕…………………………… 143
オカモノアラガイのなかま
〔虫〕………………………… 18
をかよし　雄〔鳥〕…………… 365
オカヨシガモ〔鳥〕…………… 365
オガワコマドリ〔鳥〕………… 365
オガワマイコドリ〔鳥〕……… 365
オキウミウシ〔魚・貝・水生生
物〕…………………………… 143
おきえそ〔魚・貝・水生生物〕… 143
オキエソ〔魚・貝・水生生物〕… 143
オキクラゲ〔魚・貝・水生生物〕… 143
オキクラゲの1種〔魚・貝・水生
物〕…………………………… 143
オキクラゲの類〔魚・貝・水生
物〕…………………………… 143
オキゴンベ〔魚・貝・水生生物〕‥143
オキサキハギ〔魚・貝・水生
物〕…………………………… 143
オキザヨリ〔魚・貝・水生生物〕… 143
オキシジミ〔魚・貝・水生生物〕… 143
オキタナゴ〔魚・貝・水生生物〕… 144
オキトビ〔魚・貝・水生生物〕… 144
オキトラギス〔魚・貝・水生生
物〕…………………………… 144
オキナエビスガイ〔魚・貝・水
生生物〕……………………… 144
オキナトウゴロウイワシ〔魚・
貝・水生生物〕……………… 144
オキナワアナジャコ〔魚・貝・
水生生物〕…………………… 144
オキノテヅルモヅル〔魚・貝・
水生生物〕…………………… 144
オキノヒレナガチョウチンアン
コウ〔魚・貝・水生生物〕… 144
オキフエダイ〔魚・貝・水生生
物〕…………………………… 144
オクトプス〔マダコ〕〔魚・貝・
水生生物〕…………………… 144
オークランドアイサ〔鳥〕…… 365
オグロシギ〔鳥〕……………… 365
オグロシギ？〔鳥〕…………… 365
オグロトラギス〔魚・貝・水生
物〕…………………………… 144

オグロヌー〔哺乳類〕………… 524
オグロワラビー〔哺乳類〕…… 524
オゲキヤウシキ〔鳥〕………… 365
オコジョ〔哺乳類〕…………… 524
オコジョ（エゾイタチ、ヤマイ
タチ）〔哺乳類〕…………… 524
オサガニ〔魚・貝・水生生物〕‥144
オサガメ〔両生類・爬虫類〕… 568
オサゾウムシ科〔虫〕………… 18
オサゾウムシの1種〔虫〕…… 18
幼いマレーバク〔哺乳類〕…… 524
オサマワニの仲間〔魚・貝・水
生生物〕……………………… 144
オサムシ科〔虫〕……………… 18
オサモドキゴミムシのなかま
〔虫〕………………………… 18
オジサン〔魚・貝・水生生物〕‥144
オシドリ〔鳥〕…………365,366
オシドリ？〔鳥〕……………… 366
ヲシドリ〔鳥〕………………… 366
鴛鴦　雄〔鳥〕………………… 366
鴛鴦　雌〔鳥〕………………… 366
オーシャン・サージョン〔魚・
貝・水生生物〕……………… 144
オジロウチワキジ〔鳥〕……… 366
オジロエイ〔魚・貝・水生生物〕‥144
オジロエメラルドハチドリ
〔鳥〕………………………… 366
オジロカザリキヌバネドリ
〔鳥〕………………………… 366
オジロケンバネハチドリ〔鳥〕‥366
オジロジカ〔哺乳類〕………… 524
オジロシギ〔鳥〕……………… 366
オジロツグミ〔鳥〕…………… 366
オジロトウネン〔鳥〕………… 366
オジロトビ〔鳥〕……………… 366
オジロニジキジ〔鳥〕………… 366
オジロヌー〔哺乳類〕………… 525
オジロハチドリ〔鳥〕………… 366
オジロバラハタ〔魚・貝・水生
物〕…………………………… 144
オジロビタキ〔鳥〕…………… 366
オジロワシ〔鳥〕……………… 366
雄イヌと雌オオカミの交雑種
（第1世代の雄・雌）〔哺乳類〕
……………………………… 525
雄イヌと雌オオカミの交雑種
（第2世代の雄・雌）〔哺乳類〕
……………………………… 525
雄イヌと雌オオカミの交雑種
（第3世代の雌）〔哺乳類〕… 525
雄イヌと雌オオカミの交雑種
（第4世代の雄・雌）〔哺乳類〕
……………………………… 525
オスカー〔魚・貝・水生生物〕‥145
オスグロトモエ〔虫〕………… 18
オスジクロハギ〔魚・貝・水生
物〕…………………………… 145
オステオゲネイオスス・ミリタ
リス〔魚・貝・水生生物〕… 145
オストラキオン〔ハコフグ〕
〔魚・貝・水生生物〕……… 145

博物図譜レファレンス事典 動物篇　**611**

おすと　　　　　　　　　　作品名索引

オーストラリアアオリイカ
〔魚・貝・水生生物〕……… 145
オーストラリアアゴヒゲトカゲ
〔両生類・爬虫類〕………… 568
オーストラリアオオガニ〔魚・
貝・水生生物〕…………… 145
オーストラリアオオノガン
〔鳥〕…………………… 367
オーストラリアガマグチヨタカ
〔鳥〕…………………… 367
オーストラリアコウイカ〔魚・
貝・水生生物〕…………… 145
オーストラリアヅル〔鳥〕…… 367
オーストラリアスルメイカ
〔魚・貝・水生生物〕……… 145
オーストラリアセイタカシギ
〔鳥〕…………………… 367
オーストラリアセイタカシギ
〔亜種〕〔鳥〕…………… 367
オーストラリアチゴハヤブサ
〔鳥〕…………………… 367
オーストラリアツカツクリ
〔鳥〕…………………… 367
オーストラリアヒメ〔魚・貝・
水生生物〕………………… 145
オーストラリアミドリゼミ
〔虫〕……………………… 18
オスフロネムス・グーラミー
〔魚・貝・水生生物〕……… 145
オセアニアフトオヤモリ〔両生
類・爬虫類〕……………… 568
オセロット〔哺乳類〕……… 525
オタテヤブコマ〔鳥〕……… 367
オタマジャクシ〔両生類・爬虫
類〕……………………… 568
オタリア〔哺乳類〕………… 525
オチョボハゲイワシ〔魚・貝・
水生生物〕………………… 145
オットセイ〔哺乳類〕……… 525
オトシブミ科〔虫〕………… 18
オトシブミのなかま〔虫〕…… 18
オトシブミの仲間〔虫〕…… 18
オトシブミのなかまのゆりかご
〔虫〕……………………… 18
オトヒメエビ〔魚・貝・水生生
物〕……………………… 145
オトメインコ〔鳥〕………… 367
オトメガゼの仲間〔魚・貝・水
生生物〕………………… 145
オトメズグロインコ〔鳥〕…… 367
オトメベラ〔魚・貝・水生生物〕… 145
オドリバエ科〔虫〕………… 18
オナガ〔鳥〕……………… 367
オナガー〔哺乳類〕………… 525
ヲナガー〔鳥〕…………… 367
オナガアカシジミ〔虫〕…… 18
オナガイヌワシ〔鳥〕……… 367
オナガウズラ〔鳥〕………… 367
オナガオンドリタイランチョウ
〔鳥〕…………………… 368
オナガカゲロウの1種〔虫〕… 18
オナガカマハシフウチョウ
〔鳥〕…………………… 368

オナガカマハシフウチョウ×オ
ナガフウチョウ（交雑種）
〔鳥〕…………………… 368
おなががも〔鳥〕…………… 368
オナガカモ〔鳥〕…………… 368
オナガガモ〔鳥〕…………… 368
オナガカンザシフウチョウ
〔鳥〕…………………… 368
オナガキジ〔鳥〕…………… 368
オナガキジ？〔鳥〕………… 368
オナガキリハシ〔鳥〕……… 368
尾中黒〔鳥〕……………… 369
オナガサイチョウ〔鳥〕…… 369
オナガサイホウチョウ〔鳥〕… 369
オナガサイホウチョウの巣
〔鳥〕…………………… 369
オナガザル〔哺乳類〕……… 525
オナガジブッポウソウ〔鳥〕… 369
オナガセンザンコウ〔哺乳類〕… 525
オナガダルマインコ〔鳥〕…… 369
オナガテリカラスモドキ〔鳥〕… 369
オナガニシブッポウソウ〔鳥〕… 369
オナガハチドリ〔鳥〕……… 369
オナガバチの仲間〔虫〕…… 18
オナガバチ類・種名不明〔虫〕… 19
オナガバト〔鳥〕…………… 369
オナガバラハナダイ〔魚・貝・
水生生物〕………………… 145
オナガヒロハシ〔鳥〕……… 369
オナガフウチョウ〔鳥〕…… 369
オナガフクロウ〔鳥〕……… 369
オナガベニサンショウクイ
〔鳥〕…………………… 369
オナガマウスオポッサム〔哺乳
類〕……………………… 525
オナガミツスイ〔鳥〕……… 370
オナガミヤマバト〔鳥〕…… 370
オナガムシクイ〔鳥〕……… 370
オナガラケットハチドリ〔鳥〕… 370
オナシアゲハ〔虫〕………… 19
オナシアゲハ（？）〔虫〕…… 19
オナシカワゲラのなかま〔虫〕… 19
オナシハナナガコウモリ〔哺乳
類〕……………………… 525
オナジマイマイ〔虫〕……… 19
オナジマイマイ属の1種〔虫〕… 19
オナジマイマイの1種〔虫〕… 19
オニアジサシ〔鳥〕………… 370
オニイトマキエイ〔魚・貝・水
生生物〕………………… 145
オニオオハシ〔鳥〕………… 370
オニオオバン〔鳥〕………… 370
おにおこぜ〔魚・貝・水生生物〕… 145
オニオコゼ〔魚・貝・水生生物〕
…………………… 145,146
オニカサゴ〔魚・貝・水生生物〕… 146
オニカサゴ？〔魚・貝・水生生
物〕……………………… 146
オニカサゴ属の1種〔魚・貝・水
生生物〕………………… 146

オニカジカ〔魚・貝・水生生物〕… 146
オニカッコウ〔鳥〕………… 370
オニカマス〔魚・貝・水生生物〕… 146
オニカマスの類〔魚・貝・水生生
物〕……………………… 146
オニキンメ〔魚・貝・水生生物〕… 146
オニキバシリ〔鳥〕………… 370
オニキバシリ科〔鳥〕……… 370
オニギリタカラガイ〔魚・貝・
水生生物〕………………… 146
オニキンメ〔魚・貝・水生生物〕… 146
オニグモの1種〔虫〕……… 19
オニグモのなかま〔虫〕…… 19
オニゴジュウカラ〔鳥〕…… 370
オニサンショウクイ〔鳥〕…… 370
オニタシギ〔鳥〕…………… 370
オニダルマオコゼ〔魚・貝・水
生生物〕………………… 146
オニダルマオコゼ（？）〔魚・
貝・水生生物〕…………… 146
オニテッポウエビ〔魚・貝・水
生生物〕………………… 146
オニテナガエビ〔魚・貝・水生生
物〕……………………… 146
オニノツノガイ科〔魚・貝・水
生生物〕………………… 147
オニハタタテダイ〔魚・貝・水
生生物〕………………… 147
オニヒザラガイ〔魚・貝・水生生
物〕……………………… 147
オニヒトデ〔魚・貝・水生生物〕… 147
オニフジツボ〔魚・貝・水生生
物〕……………………… 147
オニフジツボの1種〔魚・貝・水
生生物〕………………… 147
オニベニシタバ〔虫〕……… 19
オニベラ〔魚・貝・水生生物〕… 147
オニホネガイ〔魚・貝・水生生
物〕……………………… 147
オニボラ〔魚・貝・水生生物〕… 147
オニムシロガイ〔魚・貝・水生生
物〕……………………… 147
オニヤイロチョウ〔鳥〕…… 370
オニヤドカリ〔魚・貝・水生生
物〕……………………… 147
オニヤンマ〔虫〕…………… 19
オハグロイボソデガイ〔魚・
貝・水生生物〕…………… 147
オハグロベラ〔魚・貝・水生生
物〕……………………… 147
オバケオオウスバカミキリ
（？）〔虫〕……………… 19
オバケダイ〔魚・貝・水生生物〕… 147
オバシギダチョウ〔鳥〕…… 370
オパールチグサガイ〔魚・貝・
水生生物〕………………… 147
オビアシガエル〔両生類・爬虫
類〕……………………… 569
帯頭〔魚・貝・水生生物〕…… 147
オビイサカイトカゲ〔両生類・
爬虫類〕………………… 569
オビイタツムギヤスデ〔虫〕… 19
オビウミヘビ〔両生類・爬虫類〕

612　博物図譜レファレンス事典　動物篇

作品名索引　　　　　　　　　　　　かくも

……………………………… 569
オビオトゥリクス［トゲクモヒ
トデ］〔魚・貝・水生生物〕… 147
オビカツオブシムシ〔虫〕…… 19
オビククリィヘビ〔両生類・爬
虫類〕………………………… 569
オビクラゲ〔魚・貝・水生生物〕 147
オビクラゲの1種〔魚・貝・水生
生物〕………………………… 147
オビクラゲのなかま〔魚・貝・
水生生物〕…………………… 147
オビゲンセイのなかま〔虫〕… 19
オビシツリントカゲ〔両生類・
爬虫類〕……………………… 569
オビテンスモドキ〔魚・貝・水
生物〕………………………… 148
オビナゾガエル〔両生類・爬虫
類〕…………………………… 569
オビレタチウオ〔魚・貝・水生生
物〕…………………………… 148
オビレトビトカゲ〔両生類・爬
虫類〕………………………… 569
尾細コチ〔魚・貝・水生生物〕… 148
オポッサム〔哺乳類〕………… 525
オマキヤマアラシ〔哺乳類〕… 525
オヤニラミ〔魚・貝・水生生物〕 148
オヤビッチャ〔魚・貝・水生生
物〕…………………………… 148
オヤビッチャ（またはロクセン
スズメダイ）〔魚・貝・水生生
物〕…………………………… 148
オヤビッチャ属の1種（マオマ
オ）〔魚・貝・水生生物〕… 148
オヨギイソギンチャク〔魚・
貝・水生生物〕……………… 148
オヨギイソギンチャクのなかま
〔魚・貝・水生生物〕……… 148
オランウータン〔哺乳類〕‥525,526
オランウータンの骨格〔哺乳類〕
……………………………… 526
オランダアカエイ〔魚・貝・水
生生物〕……………………… 148
オリイレムシロガイ科〔魚・
貝・水生生物〕……………… 148
オリイレヨフバイ科〔魚・貝・
水生生物〕…………………… 148
オリーブウタイムシクイ〔鳥〕… 370
オリーブヒメウミガメ〔両生
類・爬虫類〕………………… 569
オールド・イングリッシュ・ブ
ラック・ホース〔哺乳類〕… 525
オールドワイフ〔魚・貝・水生
物〕…………………………… 148
オレスティアス・クウィエリ
〔魚・貝・水生生物〕……… 148
オレンジキヌバネドリ〔鳥〕… 370
オレンジ・クロマイド〔魚・貝・
水生生物〕…………………… 148
オレンジムクドリモドキ〔鳥〕… 371
オワンクラゲ〔魚・貝・水生生
物〕…………………………… 148
オワンクラゲ？〔魚・貝・水生

生物〕………………………… 148
オワンクラゲの1種〔魚・貝・水
生生物〕……………………… 148
オワンクラゲのなかま〔魚・
貝・水生生物〕……………… 149
オワンクラゲの仲間〔魚・貝・
水生生物〕…………………… 149
オンセンシマドジョウ〔魚・
貝・水生生物〕……………… 149
オンセンダニのなかま〔虫〕… 19
オンブバッタ〔虫〕…………… 19
オンブバッタの1種〔虫〕…… 19
オンブバッタのなかま〔虫〕… 19
オンポク〔魚・貝・水生生物〕… 149

【か】

カ〔虫〕………………………… 20
ガ〔虫〕………………………… 20
蛾〔虫〕………………………… 20
カイアシ類のなかま〔魚・貝・
水生生物〕…………………… 149
カイウサギ〔哺乳類〕………… 526
カイカムリ科〔魚・貝・水生生
物〕…………………………… 149
カイカムリのなかま〔魚・貝・
水生生物〕…………………… 149
カイコ〔虫〕…………………… 20
外肛動物裸口類〔魚・貝・水生生
物〕…………………………… 149
カイコガ〔虫〕………………… 20
カイコガイ〔魚・貝・水生生物〕‥ 149
カイコガの1種〔虫〕………… 20
カイコガの繭？〔虫〕………… 20
カイコガの幼虫〔虫〕………… 20
蚕の繭〔虫〕…………………… 20
海産ヒドロ虫のなかま〔魚・
貝・水生生物〕……………… 149
海産ヒドロ虫類〔魚・貝・水生生
物〕…………………………… 149
海獣〔哺乳類〕………………… 526
海水産イソギンチャク4種〔魚・
貝・水生生物〕……………… 149
海水産イソギンチャク5種〔魚・
貝・水生生物〕……………… 149
カイダコ〔魚・貝・水生生物〕… 149
カイツブリ〔鳥〕……………… 371
カイマン釣針のパーチ〔魚・
貝・水生生物〕……………… 149
カイマントカゲ〔両生類・爬虫
類〕…………………………… 569
カイミジンコの近縁〔魚・貝・
水生生物〕…………………… 149
海綿〔魚・貝・水生生物〕…… 149
カイメンウミウシ〔魚・貝・水
生生物〕……………………… 149
カイメンのなかま〔魚・貝・水
生生物〕………………149,150
カイメン類（？）〔魚・貝・水

生物〕………………………… 150
カイロウドウケツのなかま
〔魚・貝・水生生物〕……… 150
かいわり〔魚・貝・水生生物〕… 150
カイワリ〔魚・貝・水生生物〕… 150
カエル〔両生類・爬虫類〕…… 569
カエルアンコウ〔魚・貝・水生生
物〕…………………………… 150
カエルウオ属の1種〔魚・貝・水
生生物〕……………………… 150
カエルとサンショウウオの呼吸
器官，舌骨など〔両生類・爬虫
類〕…………………………… 569
カエルの骨格〔両生類・爬虫類〕
……………………………… 569
カエルの変態〔両生類・爬虫類〕
……………………………… 569
カエルヒレナマズ〔魚・貝・水
生生物〕……………………… 150
カオアカガラ〔鳥〕…………… 371
カオグロキヌバネドリ〔鳥〕… 371
カオグロサイチョウ〔鳥〕…… 371
カオグロスリ〔鳥〕…………… 371
カオグロフウキンチョウ〔鳥〕… 371
カオグロヤイロチョウ〔鳥〕… 371
カオジロガビチョウ〔鳥〕…… 371
カオジロガン〔鳥〕…………… 371
カオジロサイチョウ〔鳥〕…… 371
カオジロハゲワシ〔鳥〕……… 371
カカ〔鳥〕……………………… 371
カカポ（フクロウオウム）〔鳥〕
……………………………… 371
カガミエイ〔魚・貝・水生生物〕‥ 150
カガミダイ〔魚・貝・水生生物〕‥ 150
カガヤキノウナジトカゲ〔両
生類・爬虫類〕……………… 569
カガヤキボアの類〔両生類・爬
虫類〕………………………… 569
ガガンボ科〔虫〕……………… 20
ガガンボのなかま〔虫〕……… 20
カキイロテングダニ〔虫〕…… 20
鉤魚〔魚・貝・水生生物〕…… 150
カキツバタカクレエビ〔魚・
貝・水生生物〕……………… 150
カキの1種〔魚・貝・水生生物〕… 150
柿ノシャクトリ虫〔虫〕……… 20
カギノテクラゲ〔魚・貝・水生生
物〕…………………………… 150
カギハシトビ〔鳥〕…………… 371
カギハシハチドリ〔鳥〕……… 371
カギハシロ〔鳥〕……………… 372
カギムシのなかま〔虫〕……… 20
カグー〔鳥〕…………………… 372
各種サルの頭骨〔哺乳類〕…… 526
カクスイトビケラのなかまの巣
〔虫〕………………………… 20
カクツットビケラのなかま
〔虫〕………………………… 21
ガクフボラ〔魚・貝・水生生物〕‥ 150
ガクフボラの1種〔魚・貝・水生
生物〕………………………… 150
カクモンシジミ〔虫〕………… 21

博物図譜レファレンス事典 動物篇　**613**

かくれ　　　　　　　　作品名索引

カクレウオ〔魚・貝・水生生物〕‥ 150
カクレウオの1種（？）〔魚・貝・
　水生生物〕‥‥‥‥‥‥‥‥ 151
カクレウオ類の幼魚〔魚・貝・
　水生生物〕‥‥‥‥‥‥‥‥ 151
カクレガニ科〔魚・貝・水生生
　物〕‥‥‥‥‥‥‥‥‥‥‥ 151
かけす〔鳥〕‥‥‥‥‥‥‥‥ 372
カケス〔鳥〕‥‥‥‥‥‥‥‥ 372
カケス（ミヤマカケス）〔鳥〕‥ 372
カケハシハタ〔魚・貝・水生生
　物〕‥‥‥‥‥‥‥‥‥‥‥ 151
カゲロウギンポ〔魚・貝・水生生
　物〕‥‥‥‥‥‥‥‥‥‥‥ 151
カゲロウのなかま〔虫〕‥‥‥ 21
カゴカキダイ〔魚・貝・水生生物〕‥ 151
カサカムリナメクジ〔虫〕‥‥ 21
かさご〔魚・貝・水生生物〕‥ 151
カサゴ〔魚・貝・水生生物〕‥ 151
カササギ〔鳥〕‥‥‥‥‥‥‥ 372
鵲〔鳥〕‥‥‥‥‥‥‥‥‥‥ 372
カササギガモ〔鳥〕‥‥‥‥‥ 372
カササギサイチョウ〔鳥〕‥‥ 373
カササギの東アジア亜種〔鳥〕‥ 373
カササギムクドリの北スラウェ
　シ亜種〔鳥〕‥‥‥‥‥‥‥ 373
カサドリ〔鳥〕‥‥‥‥‥‥‥ 373
ガザノワシ〔鳥〕‥‥‥‥‥‥ 373
ガザミ〔魚・貝・水生生物〕‥‥‥ 151
カザリイソギンチャクのなかま
　〔魚・貝・水生生物〕‥‥‥ 152
カザリオウチュウ〔鳥〕‥‥‥ 373
カザリキヌバネドリ＝ケツァー
　ル〔鳥〕‥‥‥‥‥‥‥‥‥ 373
カザリキンチャクフグ〔魚・
　貝・水生生物〕‥‥‥‥‥‥ 152
カザリショウビン〔鳥〕‥‥‥ 373
カザリシロチョウの1種〔虫〕‥ 21
飾りのある金魚〔魚・貝・水生
　物〕‥‥‥‥‥‥‥‥‥‥‥ 152
カザリハゼ〔魚・貝・水生生物〕‥ 152
カザリリュウキュウガモ〔鳥〕‥ 373
カジカ〔魚・貝・水生生物〕‥ 152
カジカ科〔魚・貝・水生生物〕‥ 152
カジカガエル〔両生類・爬虫類〕
　‥‥‥‥‥‥‥‥‥‥‥‥‥ 569
カジカ属の1種？〔魚・貝・水生
　生物〕‥‥‥‥‥‥‥‥‥‥ 152
カジカほか〔魚・貝・水生生物〕‥ 152
カシトリ〔鳥〕‥‥‥‥‥‥‥ 373
カシパンの仲間〔魚・貝・水生生
　物〕‥‥‥‥‥‥‥‥‥‥‥ 152
かしらだか〔鳥〕‥‥‥‥‥‥ 373
カシラダカ〔鳥〕‥‥‥‥‥‥ 373
カシワタカ〔鳥〕‥‥‥‥‥‥ 373
カシワマイマイ？〔虫〕‥‥‥ 21
カスザメ〔魚・貝・水生生物〕‥ 152
カズナギ〔魚・貝・水生生物〕‥ 152
カスピアセッケイ〔鳥〕‥‥‥ 373

カスミアジ〔魚・貝・水生生物〕‥ 152
カスミフグ〔魚・貝・水生生物〕‥ 152
カスミミウミウシのなかま
　〔魚・貝・水生生物〕‥‥‥ 152
カスリイシモチ〔魚・貝・水生生
　物〕‥‥‥‥‥‥‥‥‥‥‥ 152
カスリタテハ〔虫〕‥‥‥‥‥ 21
カスリタテハ？〔虫〕‥‥‥‥ 21
カスリタテハのなかま？〔虫〕‥ 21
カタカケフウチョウ〔鳥〕‥‥ 373
かたくちいわし〔魚・貝・水生生
　物〕‥‥‥‥‥‥‥‥‥‥‥ 152
カタクチイワシ〔魚・貝・水生生
　物〕‥‥‥‥‥‥‥‥‥‥‥ 153
カタジロワシ〔鳥〕‥‥‥‥‥ 374
カタタイラギ〔魚・貝・水生生
　物〕‥‥‥‥‥‥‥‥‥‥‥ 153
カタナメクジウオ〔魚・貝・水
　生生物〕‥‥‥‥‥‥‥‥‥ 153
カタヌギクロスズメ〔魚・貝・
　水生生物〕‥‥‥‥‥‥‥‥ 153
カタビロアメンボのなかま
　〔虫〕‥‥‥‥‥‥‥‥‥‥ 21
カタベガイ〔魚・貝・水生生物〕‥ 153
カタベガイの1種〔魚・貝・水生
　生物〕‥‥‥‥‥‥‥‥‥‥ 153
カタモンゴライアスツノコガネ
　〔虫〕‥‥‥‥‥‥‥‥‥‥ 21
家畜ウマ〔哺乳類〕‥‥‥‥‥ 526
カチャン〔魚・貝・水生生物〕‥ 153
カチューガセタカガメ〔両生
　類・爬虫類〕‥‥‥‥‥‥‥ 569
ガチョウウバウオ〔魚・貝・水
　生生物〕‥‥‥‥‥‥‥‥‥ 153
かつお〔魚・貝・水生生物〕‥ 153
カツオ〔魚・貝・水生生物〕‥ 153
カツオドリ〔鳥〕‥‥‥‥‥‥ 374
カツオノエボシ〔魚・貝・水生生
　物〕‥‥‥‥‥‥‥‥‥‥‥ 153
カツオノエボシのなかま〔魚・
　貝・水生生物〕‥‥‥‥‥‥ 153
カツオノエボシの仲間〔魚・
　貝・水生生物〕‥‥‥‥‥‥ 153
カツオノカンムリ〔魚・貝・水
　生生物〕‥‥‥‥‥‥‥‥‥ 154
カツオノカンムリの1種〔魚・
　貝・水生生物〕‥‥‥‥‥‥ 154
カツオノカンムリのなかま
　〔魚・貝・水生生物〕‥‥‥ 154
カツオノカンムリの仲間〔魚・
　貝・水生生物〕‥‥‥‥‥‥ 154
カツオのなかま〔魚・貝・水生生
　物〕‥‥‥‥‥‥‥‥‥‥‥ 154
カツオの類〔魚・貝・水生生物〕‥ 154
カツオブシムシ科〔虫〕‥‥‥ 21
カツオブシムシの1種〔虫〕‥‥ 21
かっこう〔鳥〕‥‥‥‥‥‥‥ 374
カッコウ〔鳥〕‥‥‥‥‥‥‥ 374
カッコウ？〔鳥〕‥‥‥‥‥‥ 374
カッコウベラの雄〔魚・貝・水
　生生物〕‥‥‥‥‥‥‥‥‥ 154
カッコウベラの雌〔魚・貝・水

生生物〕‥‥‥‥‥‥‥‥‥‥ 154
カッコウムシ科〔虫〕‥‥‥‥ 21
カッコウ類の卵〔鳥〕‥‥‥‥ 374
カッショクペリカン〔鳥〕‥‥ 374
カッパ〔想像・架空の生物〕‥ 593
河童〔想像・架空の生物〕‥‥ 593
河童（水虎）〔想像・架空の生物〕
　‥‥‥‥‥‥‥‥‥‥‥‥‥ 593
カッポレ〔魚・貝・水生生物〕‥ 154
カツラガイもしくはシワカツラ
　ガイ〔魚・貝・水生生物〕‥ 154
ガテリンコショウダイ〔魚・
　貝・水生生物〕‥‥‥‥‥‥ 154
ガーデン・タイガー・モス〔虫〕‥ 21
ガーデン・ツリーボア〔両生
　類・爬虫類〕‥‥‥‥‥‥‥ 570
ガーデンツリーボア〔両生類・
　爬虫類〕‥‥‥‥‥‥‥‥‥ 570
カドバリチャスジミノムシガイ
　〔魚・貝・水生生物〕‥‥‥ 154
カドバリナミノコガイ〔魚・
　貝・水生生物〕‥‥‥‥‥‥ 154
カドバリニッポンマイマイ
　〔虫〕‥‥‥‥‥‥‥‥‥‥ 21
かながしら〔魚・貝・水生生物〕‥ 154
カナガシラ〔魚・貝・水生生物〕‥ 155
カナガシラの1種〔魚・貝・水生
　生物〕‥‥‥‥‥‥‥‥‥‥ 155
カナダアカガエル〔両生類・爬
　虫類〕‥‥‥‥‥‥‥‥‥‥ 570
カナダオオヤマネコ〔哺乳類〕‥ 526
カナダカワウソ〔哺乳類〕‥‥ 526
カナダガン〔鳥〕‥‥‥‥‥‥ 374
カナダガンのハワイ飛来亜種
　〔鳥〕‥‥‥‥‥‥‥‥‥‥ 374
カナダコガラ〔鳥〕‥‥‥‥‥ 374
カナダヅル雑種？〔鳥〕‥‥‥ 374
カナダヤマアラシ〔哺乳類〕‥‥ 526
カナフグ〔魚・貝・水生生物〕‥ 155
カナブン（アオカナブン？）
　〔虫〕‥‥‥‥‥‥‥‥‥‥ 21
カナリア〔鳥〕‥‥‥‥‥‥374,375
カナリア（セイヨウチョウ）
　〔鳥〕‥‥‥‥‥‥‥‥‥‥ 375
カナリーアオアトリ〔鳥〕‥‥ 375
カナリーノビタキ〔鳥〕‥‥‥ 375
カニ〔魚・貝・水生生物〕‥‥ 155
カニクイアザラシ〔哺乳類〕‥‥ 526
カニクイアライグマ〔哺乳類〕‥ 527
カニクイミズヘビ〔両生類・爬
　虫類〕‥‥‥‥‥‥‥‥‥‥ 570
カニダマシ〔魚・貝・水生生物〕‥ 155
カニダマシ科〔魚・貝・水生生
　物〕‥‥‥‥‥‥‥‥‥‥‥ 155
カニダマシのなかま〔魚・貝・
　水生生物〕‥‥‥‥‥‥‥‥ 155
カニチドリ〔鳥〕‥‥‥‥‥‥ 375
カニの幼生〔魚・貝・水生生物〕‥ 155
カニのような昆虫〔虫〕‥‥‥ 21
ガネサボラ〔魚・貝・水生生物〕‥ 155
ガネーシャ〔想像・架空の生物〕‥ 593
カネタタキ〔虫〕‥‥‥‥‥‥ 21

614　博物図譜レファレンス事典　動物篇

作品名索引　　　　　　からし

カノコイセエビ〔魚・貝・水生
生物〕 …………………… 155
カノコガ〔虫〕 …………… 22
カノコガイの1種〔魚・貝・水生
生物〕 …………………… 155
カノコキセワタガイ〔魚・貝・
水生生物〕 ……………… 155
カノコキセワタガイの1種〔魚・
貝・水生生物〕 ………… 155
カノコタカラガイ〔魚・貝・水
生生物〕 ………………… 155
カノコテユー〔両生類・爬虫類〕
…………………………… 570
カノコバト〔鳥〕 ………… 375
カノコバト（シンジュバト）
〔鳥〕 …………………… 375
カノコベラ〔魚・貝・水生生物〕‥ 155
ガのなかま〔虫〕 ………… 22
ガの幼虫（毛虫）〔虫〕 …… 22
蛾の幼虫、サナギ、成虫〔虫〕‥ 22
カバ〔哺乳類〕 ………… 527
カバイロニセスズメ〔魚・貝・
水生生物〕 ……………… 156
カバイロハッカ〔鳥〕 …… 375
カバの胎児と幼獣〔哺乳類〕‥ 527
カバの頭骨〔哺乳類〕 …… 527
カバフヒノデガイ〔魚・貝・水
生生物〕 ………………… 156
ガビチョウ〔鳥〕 ………… 375
画眉鳥〔鳥〕 ……………… 375
カピバラ〔哺乳類〕 ……… 527
カフスボタンガイ〔魚・貝・水
生生物〕 ………………… 156
カブトエビ各種〔魚・貝・水生生
物〕 ……………………… 156
カブトエビの1種〔魚・貝・水生
生物〕 …………………… 156
カブトエビの器官〔魚・貝・水
生生物〕 ………………… 156
カブトエビの器官（エラなど）
〔魚・貝・水生生物〕 …… 156
カブトエビの器官（触角など）
〔魚・貝・水生生物〕 …… 156
カブトエビの器官（生殖器官な
ど）〔魚・貝・水生生物〕‥ 156
カブトエビの発生〔魚・貝・水
生生物〕 ………………… 156
カブトカジカ〔魚・貝・水生生
物〕 ……………………… 156
カブトガニ〔魚・貝・水生生物〕‥ 156
カブトガニの器官〔魚・貝・水
生生物〕 ………………… 156
カブトホウカンチョウ〔鳥〕‥ 375
カブトホウボウ〔魚・貝・水生生
物〕 ……………………… 156
カブトホカケダラ〔魚・貝・水
生生物〕 ………………… 156
カブトムシ〔虫〕 ………… 22
カブトムシの幼虫〔虫〕 …… 22
カブトムシ幼虫〔虫〕 …… 22
カブラガイの1種〔魚・貝・水生
生物〕 …………………… 156

カブラヤモリ〔両生類・爬虫類〕
…………………………… 570
カベカナヘビ〔両生類・爬虫類〕
…………………………… 570
カーペットニシキヘビ〔両生
類・爬虫類〕 …………… 570
カーペットニシキヘビ？〔両
生類・爬虫類〕 ………… 570
カベバシリ〔鳥〕 ………… 375
カマオギギ〔魚・貝・水生生物〕‥ 156
カマオゴマシズ〔魚・貝・水生生
物〕 ……………………… 156
カマオゴマシズの成魚〔魚・
貝・水生生物〕 ………… 157
カマオゴマシズの未成魚〔魚・
貝・水生生物〕 ………… 157
カマオゴマシズの幼魚〔魚・
貝・水生生物〕 ………… 157
カマキリ〔虫〕 …………… 22
カマキリ科スタグマトプテラ属
の1種〔虫〕 …………… 22
カマキリの1種〔虫〕 …… 22
カマキリの一生〔虫〕 …… 22
カマキリのなかま〔虫〕 …… 22
カマキリの卵嚢〔虫〕 …… 22
カマキリホンシャコ〔魚・貝・
水生生物〕 ……………… 157
カマキリモドキ科〔虫〕 …… 22
カマゲホコダニのなかま〔虫〕‥ 23
カマスサワラ〔魚・貝・水生生
物〕 ……………………… 157
カマス属の1種〔魚・貝・水生生
物〕 ……………………… 157
カマスベラ〔魚・貝・水生生物〕‥ 157
カマツカ〔魚・貝・水生生物〕‥ 157
カマドウマ〔虫〕 ………… 23
カマドドリ〔鳥〕 ………… 376
カマハシハチドリ〔鳥〕 … 376
（カーマ）ハーテビースト〔哺乳
類〕 ……………………… 527
カマバネキヌバト〔鳥〕 … 376
ガマヒロハシ〔鳥〕 ……… 376
ガーマンアノール〔両生類・爬
虫類〕 …………………… 570
カミキリムシ科〔虫〕 …… 23
カミキリムシの1種〔虫〕 … 23
カミキリムシのなかま〔虫〕‥ 23
カミキリムシの幼虫〔虫〕 … 23
カミキリムシ類？〔虫〕 … 23
カミキリモドキ科〔虫〕 …… 23
カミクラゲ〔魚・貝・水生生物〕‥ 157
カーミーズタマカイガラムシ
〔虫〕 …………………… 24
カミツキガメ〔両生類・爬虫類〕
…………………………… 570
カミナリイカ〔魚・貝・水生生
物〕 ……………………… 157
カミナリベラ〔魚・貝・水生生
物〕 ……………………… 157
カミナリベラ属の1種〔魚・貝・
水生生物〕 ……………… 157
カーミンカイガラムシ科〔虫〕‥ 24

カミングオオウスバカミキリ
〔虫〕 …………………… 24
ガムシ科〔虫〕 …………… 24
ガムシの1種〔虫〕 ……… 24
ガムシのなかま〔虫〕 …… 24
カムトサチオ〔魚・貝・水生生
物〕 ……………………… 157
カムバヌリナ〔魚・貝・水生生
物〕 ……………………… 157
カムリクラゲの1種〔魚・貝・水
生生物〕 ………………… 157
カムルチー〔魚・貝・水生生物〕‥ 157
カメの解剖図〔両生類・爬虫類〕
…………………………… 570
カメの呼吸器官〔両生類・爬虫
類〕 ……………………… 570
カメの骨格〔両生類・爬虫類〕‥ 570
カメノコテントウ〔虫〕 …… 24
カメノコハムシ〔虫〕 …… 24
カメノコハムシの1種〔虫〕‥ 24
カメノテ〔魚・貝・水生生物〕‥ 157
カメムシ科〔虫〕 ………… 24
カメムシ（狭義）の1種〔虫〕‥ 24
カメムシのなかま〔虫〕 …… 24
カメルーンブッシュバック〔哺
乳類〕 …………………… 527
カメレオンの骨格〔両生類・爬
虫類〕 …………………… 570
カメレオンのなかま〔両生類・
爬虫類〕 ………………… 570
カメレオンモドキ〔両生類・爬
虫類〕 …………………… 570
カメレオンモリドラゴン〔両生
類・爬虫類〕 …………… 570
かも〔鳥〕 ………………… 376
カモ科〔鳥〕 ……………… 376
カモノハシ〔哺乳類〕 …… 527
カモノハシの頭部〔哺乳類〕‥ 527
カモメ〔鳥〕 ……………… 376
カモメ科〔鳥〕 …………… 376
カモメガイ〔魚・貝・水生生物〕‥ 158
ガヤ〔魚・貝・水生生物〕 … 158
カヤキリ？〔虫〕 ………… 24
カヤクグリ〔鳥〕 ………… 376
カヤクグリ？〔鳥〕 ……… 376
カヤネズミ〔哺乳類〕 …… 527
カヤマシコ〔鳥〕 ………… 376
カヤミノガイの1種〔魚・貝・水
生生物〕 ………………… 158
蝶蠃〔虫〕 ………………… 24
カライワシ〔魚・貝・水生生物〕‥ 158
カラカサクラゲ〔魚・貝・水生生
物〕 ……………………… 158
カラカラ〔鳥〕 …………… 376
ガラガラヘビの群れ〔両生類・
爬虫類〕 ………………… 570
ガラガラヘビの類〔両生類・爬
虫類〕 …………………… 570
カラカル〔哺乳類〕 ……… 527
カラシラサギ〔鳥〕 ……… 376
カラシラサギ？〔鳥〕 …… 376
カラシン科〔魚・貝・水生生物〕‥ 158

博物図譜レファレンス事典 動物篇　**615**

からす　　　　　　　　　　作品名索引

からす〔鳥〕…………………376
カラスアゲハ〔虫〕…………24
カラスアゲハのなかま〔虫〕……24
ガラスイワシ〔魚・貝・水生生
　物〕………………………158
カラス科〔鳥〕………………376
カラスガイ〔魚・貝・水生生物〕‥158
カラスシジミの1種〔虫〕……24
カラストビウオの幼魚？〔魚・
　貝・水生生物〕……………158
カラスバト〔鳥〕……………376,377
カラチメドリ〔鳥〕…………377
カラッパの1種〔魚・貝・水生生
　物〕………………………158
カラッパモドキの1種〔魚・貝・
　水生生物〕………………158
唐鳥〔鳥〕……………………377
カラニジキジ〔鳥〕…………377
カラーヌス〔魚・貝・水生生物〕158
ガラパゴスコバネウ〔鳥〕……377
ガラパゴスゾウガメ〔両生類・
　爬虫類〕…………………570
ガラパゴスダイ〔魚・貝・水生生
　物〕………………………158
ガラパゴスネコザメ〔魚・貝・
　水生生物〕………………158
ガラパゴスフィンチ〔鳥〕……377
ガラパゴスマネシツグミ〔鳥〕‥377
カラフトギス〔虫〕…………25
カラフトシシャモ〔魚・貝・水
　生生物〕…………………158
カラフトナガメ〔虫〕………25
カラフトフクロウ〔鳥〕……377
カラフトマス〔魚・貝・水生生
　物〕………………………158
カラフトムシクイ〔鳥〕……377
カラフトムジセッカ〔鳥〕……377
カラフトメクラガメの1種〔虫〕‥25
カラフトライチョウ〔鳥〕……377
カラフトワシ〔鳥〕…………377
カラー・プロキロドゥス〔魚・
　貝・水生生物〕……………158
カラムクドリ〔鳥〕…………377
カラムクドリ？〔鳥〕………377
カラヤマドリ〔鳥〕…………377
カリカ子〔鳥〕………………377
カリガネ〔鳥〕………………377
カリガネオオガシラ〔両生類・
　爬虫類〕…………………570
カリガネマガン？〔鳥〕……377
カリコチレ・クロエリ〔魚・貝・
　水生生物〕………………158
カリバガサガイ科〔魚・貝・水
　生生物〕…………………158
カリバガサガイのなかま〔魚・
　貝・水生生物〕……………158
カリブイナズマハマグリ？
　〔魚・貝・水生生物〕……158
カリフォルニアコンドル〔鳥〕‥378
カリブフラミンゴ〔鳥〕……378
カリュブデア〔アンドンクラ

ゲ〕〔魚・貝・水生生物〕……158
カルイシガニ〔魚・貝・水生生
　物〕………………………158
カルエボシ〔魚・貝・水生生物〕‥159
カルガモ〔鳥〕………………378
カルガモの雑種〔鳥〕………378
カルマリス〔魚・貝・水生生物〕‥159
カレイ〔魚・貝・水生生物〕……159
鰈〔魚・貝・水生生物〕……159
ガレオデス科〔虫〕…………25
ガレガレ〔魚・貝・水生生物〕‥159
カレハガ〔虫〕………………25
カレハガ科の1種〔虫〕……25
カレハガの1種〔虫〕………25
カレハガのなかま〔虫〕……25
カレハガの幼虫〔虫〕………25
カレハヤブヒバリ〔鳥〕……378
カーローキュークラス〔魚・
　貝・水生生物〕……………159
カロキュスティス〔魚・貝・水
　生生物〕…………………159
カローテストカゲ〔両生類・爬
　虫類〕……………………570
カロライナインコの基準亜種
　〔鳥〕………………………378
カロライナコガラ〔鳥〕……378
カロリナハコガメ〔両生類・爬
　虫類〕……………………571
カワアイサ〔鳥〕……………378
カワイジリス〔哺乳類〕……527
カワイノシシ〔哺乳類〕……527
カワウ〔鳥〕…………………378
カワウ？〔鳥〕………………378
カワウグイスガイ〔魚・貝・水
　生生物〕…………………159
カワウソ〔哺乳類〕…………527
カワガラス〔鳥〕……………378
カワシンジュガイ〔魚・貝・水
　生生物〕…………………159
カワスズキ〔魚・貝・水生生物〕‥159
かわせみ〔鳥〕………………378
カワセミ〔鳥〕………………378,379
カワセミ（？）〔鳥〕…………379
カワトンボのなかま〔虫〕………25
カワネズミ〔哺乳類〕………527,528
カワノボリアイゴ〔魚・貝・水
　生生物〕…………………159
かわはぎ〔魚・貝・水生生物〕‥159
カワハギ〔魚・貝・水生生物〕‥159
カワビシャ〔魚・貝・水生生物〕‥159
かわむつ〔魚・貝・水生生物〕‥159
カワムツ〔魚・貝・水生生物〕‥159
カワメンタイ〔魚・貝・水生生
　物〕………………………159
かわやつめ〔魚・貝・水生生物〕‥159
カワヤツメ〔魚・貝・水生生物〕‥159
カワラガイ〔魚・貝・水生生物〕‥159
カワラゴミムシの1種〔虫〕……25
カワラゴミムシのなかま〔虫〕……25
カワラバト〔鳥〕……………379
カワラバトの品種〔鳥〕………379

かわらひわ〔鳥〕……………379
カワラヒワ〔鳥〕……………379
カワラヒワ（オオカワラヒワ）
　〔鳥〕………………………379
カワリウシノシタ〔魚・貝・水
　生生物〕…………………159
カワリオオタカ〔鳥〕………379
カワリオハチドリ〔鳥〕……379
カワリクロマスク〔魚・貝・水
　生生物〕…………………160
カワリサンコウチョウ〔鳥〕‥379
カワリタキベラ〔魚・貝・水生
　物〕………………………160
カワリハシハワイミツスイ
　〔鳥〕………………………379
カワリブダイ〔魚・貝・水生生
　物〕………………………160
ガンガゼ〔魚・貝・水生生物〕‥160
ガンガゼの仲間〔魚・貝・水生
　物〕………………………160
カンガルー〔哺乳類〕………528
カンガルーとその他の四足獣
　〔哺乳類〕…………………528
がんぎえい〔魚・貝・水生生物〕‥160
ガンギエイ〔魚・貝・水生生物〕‥160
ガンギエイ属の1種〔魚・貝・水
　生生物〕…………………160
カンコガイ〔魚・貝・水生生物〕‥160
カンザシゴカイ〔魚・貝・水生
　物〕………………………160
カンザシゴカイの棲管？〔魚・
　貝・水生生物〕……………160
カンザシゴカイのなかま〔魚・
　貝・水生生物〕……………160
カンザシバト〔鳥〕…………379
カンザシフウチョウ〔鳥〕‥379,380
カンジキウサギ〔哺乳類〕……528
ガンジスカワイルカ〔哺乳類〕‥528
岩礁の尼僧〔魚・貝・水生生物〕‥160
がんぞうびらめ〔魚・貝・水生生
　物〕………………………160
ガンゾウビラメ〔魚・貝・水生
　物〕………………………160
カンダイ〔魚・貝・水生生物〕‥160
カンタン〔虫〕………………25
カンテンカメガイ〔魚・貝・水
　生生物〕…………………160
カンテンダコ〔魚・貝・水生生
　物〕………………………160
かんぱち〔魚・貝・水生生物〕‥160
カンパチ〔魚・貝・水生生物〕‥161
カンボト〔魚・貝・水生生物〕‥161
カンムリアマサギ〔鳥〕………380
カンムリアマツバメ〔鳥〕……380
カンムリウズラ〔鳥〕………380
カンムリウミスズメ〔鳥〕……380
カンムリエボシドリ〔鳥〕……380
カンムリオウチュウ〔鳥〕……380
カンムリオオツリスドリ〔鳥〕‥380
カンムリカイツブリ〔鳥〕……380
カンムリカケス〔鳥〕………380

616　博物図譜レファレンス事典 動物篇

作品名索引　　　　　　　　　　きたき

カンムリカザリキヌバネドリ
〔鳥〕 ················· 380
カンムリガラ〔鳥〕 ··········· 380
冠クラゲの1種〔魚・貝・水生生
物〕 ······················ 161
カンムリクラゲ類〔魚・貝・水
生生物〕 ················ 161
カンムリコリン〔鳥〕 ········ 381
カンムリサンジャク〔鳥〕 ··· 381
カンムリシギダチョウ〔鳥〕 · 381
カンムリシャクケイ〔鳥〕 ··· 381
カンムリシャコ〔鳥〕 ········ 381
カンムリヅル〔鳥〕 ·········· 381
カンムリタンビヒタキ〔鳥〕 · 381
カンムリツクシガモ〔鳥〕 ··· 381
カンムリツクシガモ？〔鳥〕 · 381
カンムリツクシガモの羽〔鳥〕· 381
カンムリトゲオハチドリ〔鳥〕· 381
カンムリノスリ〔鳥〕 ········ 381
カンムリハチドリ〔鳥〕 ····· 381
カンムリバト〔鳥〕 ······ 381,382
カンムリハワイミツスイ（アコ
ヘコヘ）〔鳥〕 ············ 382
カンムリヒガラ〔鳥〕 ········ 382
カンムリヒバリ〔鳥〕 ········ 382
カンムリフウチョウモドキ
〔鳥〕 ···················· 382
カンムリブダイ〔魚・貝・水生生
物〕 ···················· 161
カンムリベラ〔魚・貝・水生生
物〕 ···················· 161
カンムリベラ属の1種（エレガ
ント・コリス）〔魚・貝・水生
生物〕 ·················· 161
カンムリベラの幼魚〔魚・貝・
水生生物〕 ·············· 161
カンムリボラ〔魚・貝・水生生
物〕 ···················· 161
カンムリムクドリ〔鳥〕 ····· 382
カンムリムシクイ〔鳥〕 ····· 382
カンムリメジロ〔鳥〕 ········ 382
カンムリモリハタオリ〔鳥〕 · 382
カンムリワシ〔鳥〕 ·········· 382
カンムリワシ？〔鳥〕 ········ 382
カンモンハタ〔魚・貝・水生生
物〕 ···················· 161

【き】

キアオジ〔鳥〕 ·········· 382,383
キアゲハ〔虫〕 ················ 25
キアゲハとメモ〔虫〕 ········· 25
キアゲハの1種〔虫〕 ·········· 25
キアシ〔鳥〕 ················· 383
キアシシギ〔両生類・爬虫類〕·· 571
キアシシギ〔鳥〕 ············ 383
キアシシギ？〔鳥〕 ·········· 383
ギアナウズラ〔鳥〕 ·········· 383
ギアナキノボリトゲネズミ〔哺

乳類〕 ·················· 528
きあまだい〔魚・貝・水生生物〕· 161
キアマダイ〔魚・貝・水生生物〕·· 161
キアンコウ〔魚・貝・水生生物〕·· 161
キイロアフリカツリスガラ
〔鳥〕 ···················· 383
キイロウタムシクイ〔鳥〕 ···· 383
キイロオオトカゲ〔両生類・爬
虫類〕 ·················· 571
キイロクシケアリ〔虫〕 ········ 26
キイロコウヨウジャク〔鳥〕 ·· 383
キイロスズメ〔虫〕 ············ 26
キイロタカラガイ〔魚・貝・水
生生物〕 ················ 161
キイロテントウ〔虫〕 ········· 26
キイロネズミヘビ〔両生類・爬
虫類〕 ·················· 571
キイロハギ〔魚・貝・水生生物〕· 161
キイロヒヒ〔哺乳類〕 ········ 528
キーウィ〔鳥〕 ··············· 383
キウナジリビントカゲ〔両生
類・爬虫類〕 ············ 571
キエリクマゼミ〔虫〕 ········· 26
キエリテンシハチドリ〔鳥〕 ·· 383
キエリヒメコンゴウインコ
〔鳥〕 ···················· 383
キオビゲンセイの1種〔虫〕 ····· 26
キオビゲンセイのなかま〔虫〕·· 26
キオビホオナガスズメバチ
〔虫〕 ····················· 26
キカイカエルウオ〔魚・貝・水
生生物〕 ················ 162
キガエル類〔両生類・爬虫類〕·· 571
キガオボウシインコ〔鳥〕 ···· 383
キガオミツスイ〔鳥〕 ········ 383
キガシラケラインコ〔鳥〕 ···· 383
キガシラコウライウグイス
〔鳥〕 ···················· 383
キガシラコンドル〔鳥〕 ····· 383
キガシラテンニョゲラ〔鳥〕 ·· 383
キガシラハワイマシコ〔鳥〕 ·· 384
ギガスイボハダオサムシ〔虫〕·· 26
キカナガシラ〔魚・貝・水生生
物〕 ···················· 162
木ガニ〔魚・貝・水生生物〕 ·· 162
キカニムシ科〔虫〕 ··········· 26
キカニムシのなかま〔虫〕 ····· 26
ギギ〔魚・貝・水生生物〕 ···· 162
キキョウインコ〔鳥〕 ········ 384
キクイタダキ〔鳥〕 ·········· 384
キクイタダキカザリドリ〔鳥〕· 384
キクイムシのなかま〔虫〕 ····· 26
キクガシラコウモリ〔哺乳類〕·· 528
キククッサンゴ〔魚・貝・水生生
物〕 ···················· 162
キクザメ〔魚・貝・水生生物〕·· 162
キクザルガイの1種〔魚・貝・水
生生物〕 ················ 162
キクスイカミキリ〔虫〕 ········ 26
キクスズメ〔鳥〕 ············ 384
キクノイシ〔魚・貝・水生生物〕·· 162

キクメイシ〔魚・貝・水生生物〕·· 162
キクメイシのなかま〔魚・貝・
水生生物〕 ·············· 162
キクメイシのなかま？〔魚・
貝・水生生物〕 ·········· 162
キゴシクロハワイミツスイ
〔鳥〕 ···················· 384
キゴシヘイワインコ〔鳥〕 ···· 384
キゴシミドリフウキンチョウ
〔鳥〕 ···················· 384
キゴロモハタオリ〔鳥〕 ····· 384
キサンゴのなかま〔魚・貝・水
生生物〕 ················ 162
きじ〔鳥〕 ·················· 384
キジ〔鳥〕 ·················· 384
キジ（ニホンキジ）〔鳥〕 ···· 384
キジインコ〔鳥〕 ············ 384
騎士魚〔魚・貝・水生生物〕 ·· 162
キジとキンケイの雑種〔鳥〕 ·· 384
キジとニワトリの雑種〔鳥〕 ·· 385
キジと雌鶏の交配種〔鳥〕 ···· 385
キジハタ〔魚・貝・水生生物〕·· 162
きじばと〔鳥〕 ··············· 385
キジバト〔鳥〕 ··············· 385
キジビキイモガイ〔魚・貝・水
生生物〕 ················ 162
キシマイショウジ〔魚・貝・水
生生物〕 ················ 162
キジョウハイガイ〔魚・貝・水
生生物〕 ················ 162
キジラミ科〔虫〕 ············· 26
キジラミのなかま〔虫〕 ········ 26
ギス〔魚・貝・水生生物〕 ···· 162
キスイモドキの1種〔虫〕 ······ 26
ギスカジカ〔魚・貝・水生生物〕· 162
キスジアオハブ〔両生類・爬虫
類〕 ···················· 571
キスジアシビロヘリカメムシ
〔虫〕 ····················· 26
キスジインコ〔鳥〕 ·········· 385
キスジキュウセン〔魚・貝・水
生生物〕 ················ 162
キスジゲンロクダイ〔魚・貝・
水生生物〕 ·············· 163
キスジジガバチ科〔虫〕 ········ 26
キスジジガバチの1種〔虫〕 ····· 26
キスジヒメスズキ〔魚・貝・水
生生物〕 ················ 163
キスジラクダムシの1種〔虫〕 ·· 26
キセキレイ〔鳥〕 ············ 385
黄鶺鴒〔鳥〕 ················ 385
キセルクズアナゴ〔魚・貝・水
生生物〕 ················ 163
キソデボウシインコ〔鳥〕 ···· 385
キダイ〔魚・貝・水生生物〕 ·· 163
キタオットセイ〔哺乳類〕 ···· 528
キタオポッサム〔哺乳類〕 ···· 528
キタカササギサイチョウ〔鳥〕· 385
キタカバーヘッド〔両生類・爬
虫類〕 ·················· 571
キタキジ〔鳥〕 ··············· 385

博物図譜レファレンス事典 動物篇　**617**

キタキシダグモ〔虫〕………… 26
キタザコエビ〔魚・貝・水生生
　物〕………………………… 163
キタシナイノシシ〔哺乳類〕… 528
キタゼンマイトカゲ〔両生類・
　爬虫類〕…………………… 571
キタタキ〔鳥〕……………… 385
キタツメナガセキレイ〔鳥〕… 385
キタテントヤブガメ〔両生類・
　爬虫類〕…………………… 571
キタトックリクジラ〔哺乳類〕… 528
キタノカマツカ〔魚・貝・水生生
　物〕………………………… 163
キタノトミヨ〔魚・貝・水生生
　物〕………………………… 163
キタノホッケ〔魚・貝・水生生
　物〕………………………… 163
（キタ）ハーテビースト〔哺乳
　類〕………………………… 528
キタヒョウガエル〔両生類・爬
　虫類〕……………………… 571
キタホソオツパイ〔哺乳類〕… 528
キタハリネズミ〔哺乳類〕…… 528
キタマクラ属の1種〔ソラン
　ダーズ・トビー〕〔魚・貝・水
　生生物〕…………………… 163
キタミユビトビネズミ〔哺乳類〕
　…………………………… 528
キタモグラレミング〔哺乳類〕… 528
キタヤナギムシクイ〔鳥〕…… 385
キタリス〔哺乳類〕………… 528
キダリス〔オウサマウニ〕〔魚・
　貝・水生生物〕…………… 163
キチヌ〔魚・貝・水生生物〕… 163
ギチベラ〔魚・貝・水生生物〕… 163
キチョウ〔虫〕……………… 26
キチョウ？〔虫〕…………… 26
キチョウの1種〔虫〕……… 26
キッコウタカラガイ〔魚・貝・
　水生生物〕………………… 163
キッコウフグ〔魚・貝・水生生
　物〕………………………… 163
キッシング・グーラミー〔魚・
　貝・水生生物〕…………… 163
キツツキ科〔鳥〕…………… 385
キツツキの1種〔鳥〕……… 385
キツツキの頭蓋骨と舌〔鳥〕… 385
キツネ〔哺乳類〕…………… 529
キツ子アイサ〔鳥〕………… 385
キツネアマダイ〔魚・貝・水生
　物〕………………………… 163
キツネウオ（？）〔魚・貝・水生
　生物〕……………………… 163
キツネダイ〔魚・貝・水生物〕… 163
キツネツバメ〔鳥〕………… 386
キツネベラ〔魚・貝・水生物〕… 164
きたん〔哺乳類〕…………… 529
キテン〔哺乳類〕…………… 529
キトウガニ〔魚・貝・水生物〕… 164
キトサカゲリ〔鳥〕………… 386
キーナートゲコブシボラ〔魚・
　貝・水生生物〕…………… 164

キナノカタベガイ〔魚・貝・水
　生生物〕…………………… 164
キナバルフエフキ〔魚・貝・水
　生生物〕…………………… 164
キナバルモス〔虫〕………… 26
キナレイシガイ〔魚・貝・水生生
　物〕………………………… 164
ギニアクロガラ〔鳥〕……… 386
ギニアヒヒ〔哺乳類〕……… 529
キヌガサガイ〔魚・貝・水生生
　物〕………………………… 164
キヌバリ〔魚・貝・水生物〕… 164
キヌベラ〔魚・貝・水生物〕… 164
キヌベラの雄〔魚・貝・水生生
　物〕………………………… 164
キヌマトイガイの1種〔魚・貝・
　水生生物〕………………… 164
キノカワカメムシ科のなかま
　〔虫〕……………………… 27
キノコシロアリのなかま〔虫〕… 27
キノコムシダマシの1種〔虫〕… 27
キノドアカムシクイ〔虫〕… 27
キノガビチョウ〔鳥〕……… 386
キノドキヌバネドリ〔鳥〕… 386
キノドゴシキドリ〔鳥〕…… 386
キノドサケイ〔鳥〕………… 386
キノドプレートトカゲ〔両生
　類・爬虫類〕……………… 571
キノハアメガエル〔両生類・爬
　虫類〕……………………… 571
キノボリウオ〔魚・貝・水生生
　物〕………………………… 164
キノボリジャコウネコ〔哺乳類〕
　…………………………… 529
キバウミニナ〔魚・貝・水生生
　物〕………………………… 164
キバカメベラ〔魚・貝・水生生
　物〕………………………… 164
キバシウシツツキ〔鳥〕…… 386
キバシオオライチョウ〔鳥〕… 386
キバシガラス〔鳥〕………… 386
キバシキリハシ〔鳥〕……… 386
キバシクロアマドリ〔鳥〕… 386
キバシサンジャク〔鳥〕…… 386
キバシヒワ〔鳥〕…………… 386
キバシミドリチュウハシ〔鳥〕… 386
キバシミドリチュウハシ（亜
　種）〔鳥〕………………… 386
キバシユキカザリドリ〔鳥〕… 386
キバシリ〔鳥〕……………… 386
キバシリ科〔鳥〕…………… 387
キバシリハワイミツスイのオア
　フ亜種〔鳥〕……………… 387
キバシリハワイミツスイのマウ
　イ亜種〔鳥〕……………… 387
キバシリハワイミツスイのモロ
　カイ亜種〔鳥〕…………… 387
キバシリハワイミツスイのラナ
　イ亜種〔鳥〕……………… 387
キハダ〔魚・貝・水生生物〕… 164
キバタン〔鳥〕……………… 387
キバタン〔亜種〕〔鳥〕…… 387

ぎばち〔魚・貝・水生生物〕… 165
キバチ科〔虫〕……………… 27
キハッソク〔魚・貝・水生生物〕… 165
キバナアホウドリ〔鳥〕…… 387
キバネアラコウモリ〔哺乳類〕… 529
キバネツノトンボ〔虫〕…… 27
キバラアフリカツリスガラ
　〔鳥〕……………………… 387
キハラウミヘビ〔両生類・爬虫
　類〕………………………… 571
キバラガメ〔両生類・爬虫類〕… 571
キバラガラ〔鳥〕…………… 387
キバラケラインコ〔鳥〕…… 387
キバラシジュウカラ〔鳥〕… 387
キバラスズガエル〔両生類・爬
　虫類〕……………………… 571
岐尾セルカリアの1種（二生類）
　〔虫〕……………………… 27
キビタイゴシキドリ〔鳥〕… 387
キビタイコノハドリ〔鳥〕… 387
きびたき〔鳥〕……………… 387
キビタキ〔鳥〕……………… 387
キビタキ〔鳥〕……………387,388
キヒトデの1種〔魚・貝・水生生
　物〕………………………… 165
キビナゴ〔魚・貝・水生生物〕… 165
キビレハタ〔魚・貝・水生物〕… 165
キビレミシマ〔魚・貝・水生生
　物〕………………………… 165
キフジンインコ〔鳥〕……… 388
ギフチョウ〔虫〕…………… 27
キベリアゲハの1種〔虫〕… 27
キベリタテハ〔虫〕………… 27
キヘリモンガラ〔魚・貝・水生生
　物〕………………………… 165
キボウシインコ〔鳥〕……… 388
キホウボウ〔魚・貝・水生物〕… 165
キホオカンムリガラ〔鳥〕… 388
キホオゴシキドリ〔鳥〕…… 388
キホオボウシインコ〔鳥〕… 388
キボシアブのなかま〔虫〕… 27
キボシイシガメ〔両生類・爬虫
　類〕………………………… 571
キボシトックリバチ〔虫〕… 27
キボシヒメクロゼミ〔虫〕… 27
キボシヤシハブ〔両生類・爬虫
　類〕………………………… 571
ギマ〔魚・貝・水生生物〕…… 165
キマダラキガエル〔両生類・爬
　虫類〕……………………… 571
キマダラハナバチ科〔虫〕… 27
キマダラヒキガエル〔両生類・
　爬虫類〕…………………… 571
キマダラルリツバメの1種〔虫〕… 27
キマユガラ〔鳥〕…………… 388
キマユシマヤイロチョウ〔鳥〕… 388
キマユシマヤイロチョウのジャ
　ワ亜種〔鳥〕……………… 388
キマユシマヤイロチョウのスマ
　トラ亜種〔鳥〕…………… 388
キマユシマヤイロチョウのボル

作品名索引　　　　　きんは

ネオ亜種〔鳥〕 ……………… 388
キマユナキアリドリ〔鳥〕 …… 388
キマユホオジロ〔鳥〕 ………… 388
キマユホオジロ？〔鳥〕 ……… 388
キマユムシクイ〔鳥〕 ………… 388
キマユムシクイ？〔鳥〕 ……… 388
キマルトビムシ〔虫〕 …………… 27
キミオコゼ〔魚・貝・水生生物〕 ‥ 165
キミミクモカリドリ〔鳥〕 …… 388
キミミダレミツスイ〔鳥〕 …… 388
キムネカカ〔鳥〕 ……………… 388
キムネカカの奇形（オオマガリ
　キムネカカ）〔鳥〕 ………… 388
キムネゴイ（フエフキサギ）
　〔鳥〕 …………………………… 389
キムネゴシキセイガイインコ
　〔鳥〕 …………………………… 389
キムネチュウハシ〔鳥〕 ……… 389
キムネハナドリモドキ〔鳥〕 … 389
キムネハワイマシコ（パリラ）
　〔鳥〕 …………………………… 389
ギムノトゥス・カラポ〔魚・貝・
　水生生物〕 …………………… 165
キメンガニ〔魚・貝・水生生物〕‥ 165
キモノジラミ〔虫〕 ……………… 27
キモモミツスイ〔鳥〕 ………… 389
キャノンボールクラゲ〔魚・
　貝・水生生物〕 ……………… 165
ギャレットウミヘビ〔魚・貝・
　水生生物〕 …………………… 165
キュアトプュルム〔魚・貝・
　水生生物〕 …………………… 165
キウクハシ〔魚・貝・水生生物〕… 389
きゅうかんちょう〔鳥〕 ……… 389
キュウカンチョウ〔鳥〕 ……… 389
キュウシュウヒミズ〔哺乳類〕‥ 529
きゅうせん〔魚・貝・水生生物〕‥ 165
キュウセン〔魚・貝・水生生物〕
　……………………………165,166
キュウバンナマズの1種〔魚・
　貝・水生生物〕 ……………… 166
キュテレーア〔魚・貝・水生生
　物〕 …………………………… 166
キューバアオゲラ〔鳥〕 ……… 389
キューバガラス〔鳥〕 ………… 389
キューバキヌバネドリ〔鳥〕 … 389
キューバスズメフクロウ〔鳥〕‥ 389
キューバズツキガエル〔両生
　類・爬虫類〕 ………………… 571
キューバハシボソキツツキ
　〔鳥〕 …………………………… 389
キューバワニ〔両生類・爬虫類〕… 571
キュビエアゴアマダイ〔魚・
　貝・水生生物〕 ……………… 166
キュラーソアノール〔両生類・
　爬虫類〕 ……………………… 572
ギュンターケツメオヘビ〔両生
　類・爬虫類〕 ………………… 572
ギュンタートゲウナギ〔魚・
　貝・水生生物〕 ……………… 166
キュンティア〔魚・貝・水生生

物〕 …………………………… 166
ギヤウジヤウシギ〔鳥〕 ……… 389
きょうじょしぎ〔鳥〕 ………… 390
キョウジョシギ〔鳥〕 ………… 390
キョクアジサシ〔鳥〕 ………… 390
キョクトウサソリ〔虫〕 ………… 27
ギョライヒレナマズ〔魚・貝・
　水生生物〕 …………………… 166
キョン〔哺乳類〕 ……………… 529
キリオオナガ〔鳥〕 …………… 390
キリガイダマシ〔魚・貝・水生生
　物〕 …………………………… 166
キリガイダマシ科〔魚・貝・水
　生生物〕 ……………………… 166
キリギリス〔虫〕 ………………… 27
キリギリス科〔虫〕 ……………… 27
キリギリスの仲間、メス〔虫〕 …28
ギリシアヤマアカガエル〔両生
　類・爬虫類〕 ………………… 572
ギリシアリクガメ〔両生類・爬
　虫類〕 ………………………… 572
キリン〔哺乳類〕 ……………… 529
キリン（ジラフ）〔哺乳類〕 …… 529
麒麟〔想像・架空の生物〕 …… 593
キリンの骨格〔哺乳類〕 ……… 529
キリンのツノ〔哺乳類〕 ……… 529
キリンミノ〔魚・貝・水生生物〕… 166
キールウミワタリ〔両生類・爬
　虫類〕 ………………………… 572
キルコーゴーニア〔魚・貝・水
　生生物〕 ……………………… 166
キレンジャク〔鳥〕 …………… 390
ギンアナゴ〔魚・貝・水生生物〕… 166
キンイロクワガタ〔虫〕 ………… 28
キンイロクワガタの1種〔虫〕 … 28
キンイロツバメ〔鳥〕 ………… 390
キンイロヨタカ〔鳥〕 ………… 390
キンウワバ科〔虫〕 ……………… 28
ギンカイツブリ〔鳥〕 ………… 390
ギンガオエナガ〔鳥〕 ………… 390
ギンカガミ〔魚・貝・水生生物〕… 166
ギンカクラゲ〔魚・貝・水生生
　物〕 …………………………… 166
ギンカクラゲの1種〔魚・貝・水
　生生物〕 ……………………… 166
ギンカクラゲの近縁種〔魚・
　貝・水生生物〕 ……………… 166
ギンカクラゲのなかま〔魚・
　貝・水生生物〕 ……………… 166
キンカジュー〔哺乳類〕 ……… 529
キンカチョウ〔鳥〕 …………… 390
キンカブリゴシキドリ〔鳥〕 … 390
ギンガメアジ〔魚・貝・水生生
　物〕 …………………………… 167
キンカメムシ科〔虫〕 …………… 28
ギンカモメ〔鳥〕 ……………… 390
キンカンタカラガイ〔魚・貝・
　水生生物〕 …………………… 167
きんぎょ〔魚・貝・水生生物〕… 167
キンギョ〔魚・貝・水生生物〕… 167
キンギョ（ワキン及びリュウキ

ン）〔魚・貝・水生生物〕 …… 167
金魚〔魚・貝・水生生物〕 …… 167
キンギョガイ〔魚・貝・水生生
　物〕 …………………………… 167
金魚各種〔魚・貝・水生生物〕… 167
キンギョの1品種マルコ〔魚・
　貝・水生生物〕 ……………… 167
キンギョの1品種ランチュウ
　〔魚・貝・水生生物〕 ……… 167
キンギョの1品種ワキン〔魚・
　貝・水生生物〕 ……………… 167
キンギョハナダイ〔魚・貝・水
　生生物〕 ……………………… 167
金魚類〔魚・貝・水生生物〕 … 167
キングコブラ〔両生類・爬虫類〕
　………………………………… 572
キングコブラの幼体〔両生類・
　爬虫類〕 ……………………… 572
キングコロブス〔哺乳類〕 …… 529
ギングチバチ科〔虫〕 …………… 28
キングペンギン〔鳥〕 ………… 390
キングペンギン？〔鳥〕 ……… 390
キンクロカモ〔鳥〕 …………… 391
キンクロシメ〔鳥〕 …………… 391
キンクロハジロ〔鳥〕 ………… 391
キンケイ〔鳥〕 ………………… 391
ギンケイ〔鳥〕 ………………… 391
キンケイとギンケイの交雑種
　〔鳥〕 …………………………… 391
キンコ〔魚・貝・水生生物〕 … 168
ぎんざめ〔魚・貝・水生生物〕… 168
ギンザメ〔魚・貝・水生生物〕… 168
ギンザメ科ギンザメ〔魚・貝・
　水生生物〕 …………………… 168
ギンザメ類の1種のオス〔魚・
　貝・水生生物〕 ……………… 168
ギンザンマシコ〔鳥〕 ………… 391
ギンスジシジミ別名ウラニシキ
　シジミ〔虫〕 …………………… 28
キンスジフキヤガエル〔両生
　類・爬虫類〕 ………………… 572
キンセンガニ〔魚・貝・水生生
　物〕 …………………………… 168
キンセンモドキ〔魚・貝・水生
　物〕 …………………………… 168
ギンタカハマガイ〔魚・貝・水
　生生物〕 ……………………… 168
キンチャクガイ〔魚・貝・水生
　物〕 …………………………… 168
きんちゃくだい〔魚・貝・水生生
　物〕 …………………………… 168
キンチャクダイ〔魚・貝・水生
　物〕 …………………………… 168
キンチャクフグの類〔魚・貝・
　水生生物〕 …………………… 168
ギンツララ〔魚・貝・水生生物〕‥ 169
きんときだい〔魚・貝・水生生
　物〕 …………………………… 169
キントキダイ〔魚・貝・水生生
　物〕 …………………………… 169
金の魚〔魚・貝・水生生物〕 … 169
キンバエ〔虫〕 …………………… 28

キンハト〔鳥〕……… 391
キンバト〔鳥〕……… 391
ギンバト〔鳥〕……… 391
銀ハト〔鳥〕……… 391
銀鳩〔鳥〕……… 392
キンバトの大洋州亜種〔鳥〕… 392
キンバネミドリインコ〔鳥〕… 392
キンバラ〔鳥〕……… 392
ギンバラ〔鳥〕……… 392
ギンバラ？〔鳥〕……… 392
ギンバラ（キンバラ型）〔鳥〕… 392
ギンバラ（キンバラ型）〔鳥〕… 392
キンビタイアフリカツリスガラ〔鳥〕……… 392
きんぶな〔魚・貝・水生生物〕… 169
ぎんぶな〔魚・貝・水生生物〕… 169
ギンブナ〔魚・貝・水生生物〕… 169
ギンブナ（雄鮒）〔魚・貝・水生生物〕……… 169
ギンフルマカモメ〔鳥〕… 392
ぎんぽ〔魚・貝・水生生物〕… 169
ギンポ〔魚・貝・水生生物〕… 169
キンボウシハチドリ〔鳥〕… 392
ギンホウミツスイ〔鳥〕… 392
キンミノフウチョウ〔鳥〕… 392
ギンムクドリ〔鳥〕……… 392
ぎんめだい〔魚・貝・水生生物〕… 169
キンメダイ〔魚・貝・水生生物〕… 169
ギンメダイ〔魚・貝・水生生物〕… 169
キンメフクロウ〔鳥〕……… 393
ギンヤンマ〔虫〕……… 28
ギンユゴイ〔魚・貝・水生生物〕……… 169,170
キンランチョウ〔鳥〕……… 393

【く】

グアダルペウミツバメ〔鳥〕… 393
クアッガ〔哺乳類〕……… 530
グアテマラワモンヘビ〔両生類・爬虫類〕……… 572
グアドループクサビオインコ〔鳥〕……… 393
グアドループスミレコンゴウインコ〔鳥〕……… 393
グアドループボウシインコ〔鳥〕……… 393
グアナコ〔哺乳類〕……… 530
グアムカサゴ〔魚・貝・水生生物〕……… 170
クイナ〔鳥〕……… 393
クイナチメドリ〔鳥〕……… 393
クイナ類〔鳥〕……… 393
クイーン・エンゼル〔魚・貝・水生生物〕……… 170
クイーンエンゼルフィッシュ〔魚・貝・水生生物〕……… 170
クエ〔魚・貝・水生生物〕……… 170
グエノンの胎児〔哺乳類〕……… 530

クギエイ〔魚・貝・水生生物〕… 170
クギバチ科〔虫〕……… 28
クギベラ〔魚・貝・水生生物〕… 170
クギベラ（？）〔魚・貝・水生生物〕……… 170
クギベラの幼魚〔魚・貝・水生生物〕……… 170
クサウオ〔魚・貝・水生生物〕… 170
クサウオ？〔魚・貝・水生生物〕……… 170
クサカゲロウ科の卵（ウドンゲ）と幼虫〔虫〕……… 28
クサカゲロウ科の卵（ウドンゲ）と幼虫（ゴミカツギ）〔虫〕……… 28
クサガメのメラニズム個体〔両生類・爬虫類〕……… 572
クサカリツボダイ〔魚・貝・水生生物〕……… 170
クサギカメムシ〔虫〕……… 28
クサギカメムシ？〔虫〕……… 28
クサギンポ〔魚・貝・水生生物〕… 171
クサシギ〔鳥〕……… 393
クサシギの1種〔鳥〕……… 393
クサズリガイのなかま〔魚・貝・水生生物〕……… 171
クサヒゲニチリンヒトデ〔魚・貝・水生生物〕……… 171
クサヒバリ〔虫〕……… 28
クサビフグ〔魚・貝・水生生物〕… 171
クサビベラ〔魚・貝・水生生物〕… 171
クサビライシ〔魚・貝・水生生物〕……… 171
クサビライシのなかま〔魚・貝・水生生物〕……… 171
クサフグ〔魚・貝・水生生物〕… 171
クサフグ？〔魚・貝・水生生物〕……… 171
クサムラツカツクリ〔鳥〕……… 393
クサリヘビの類〔両生類・爬虫類〕……… 572
クシイモリ〔両生類・爬虫類〕… 572
クシノハクモヒトデの仲間〔魚・貝・水生生物〕……… 171
クシバカンタ〔魚・貝・水生生物〕……… 171
クシヒゲカマキリ〔虫〕……… 28
クシヒゲコメツキ〔虫〕……… 28
クシヒゲネジレバネのなかま〔虫〕……… 28
クシヒゲバンムシの1種〔虫〕… 28
クシヒゲムシの近縁〔虫〕……… 28
クシミミカベヤモリ〔両生類・爬虫類〕……… 572
くじめ〔魚・貝・水生生物〕… 171
クジメ〔魚・貝・水生生物〕… 171
クシメヤッコ〔魚・貝・水生生物〕……… 171
クジャク〔鳥〕……… 393
クジャクギンポ〔魚・貝・水生生物〕……… 171
クジャクサン〔虫〕……… 29

クジャクサンの幼虫〔虫〕……… 29
クジャクスズメダイ〔魚・貝・水生生物〕……… 171
クジャクチョウ〔虫〕……… 29
クジャクバト〔鳥〕……… 393,394
孔雀鳩〔鳥〕……… 394
鯨供養〔哺乳類〕……… 530
クジラノシラミ科〔魚・貝・水生生物〕……… 171
クーズー〔哺乳類〕……… 530
クスサン〔虫〕……… 29
クスシヘビ〔両生類・爬虫類〕… 572
クスダマインコ〔鳥〕……… 394
クズリ〔哺乳類〕……… 530
クスリサンドスキンク〔両生類・爬虫類〕……… 572
クソミミズ？〔虫〕……… 29
クダウミヒドラのなかま〔魚・貝・水生生物〕……… 172
クダウミヒドラのなかま？〔魚・貝・水生生物〕……… 172
クダウミヒドラの仲間〔魚・貝・水生生物〕……… 172
管クラゲの1種〔魚・貝・水生生物〕……… 172
管クラゲのなかま〔魚・貝・水生生物〕……… 172
クダクラゲ類〔魚・貝・水生生物〕……… 172
クダコケムシのなかま〔魚・貝・水生生物〕……… 172
クダサンゴ〔魚・貝・水生生物〕… 172
クダサンゴの1種〔魚・貝・水生生物〕……… 172
クダサンゴのなかま〔魚・貝・水生生物〕……… 172
クダタツ〔魚・貝・水生生物〕… 172
クダヒゲガニ〔魚・貝・水生生物〕……… 172
クダマキガイ科の類〔魚・貝・水生生物〕……… 172
クダマキモドキ〔虫〕……… 29
クダヤガラ〔魚・貝・水生生物〕… 172
クダカモ〔鳥〕……… 394
口黒鯛〔魚・貝・水生生物〕… 172
クチジロペッカリー〔哺乳類〕… 530
クチナガサンマ〔魚・貝・水生生物〕……… 172
クチナガシボンヘビ〔両生類・爬虫類〕……… 572
くちばし魚〔魚・貝・水生生物〕… 172
くちひげ〔魚・貝・水生生物〕… 172
クチヒゲグエノン〔哺乳類〕… 530
クチブトカメムシのなかま〔虫〕……… 29
クチベニシャンクガイ〔魚・貝・水生生物〕……… 172
クチベニマイマイ〔虫〕……… 29
クチベニマクラガイ〔魚・貝・水生生物〕……… 172
クチボソハガクレトカゲ〔両生類・爬虫類〕……… 572

作品名索引　　くりん

クックウラウズガイ〔魚・貝・
　水生生物〕 ………………… 173
クッククイナ〔鳥〕 …………… 394
クッククイナ（＝ハワイクイ
　ナ）〔鳥〕 …………………… 394
クツワムシ〔虫〕 ……………… 29
クツワムシの1種〔虫〕 ……… 29
クツワムシのなかま〔虫〕 …… 29
クヌギハサミムシの1種〔虫〕 … 29
クビカザリイソギンチャクの1
　種〔魚・貝・水生生物〕 …… 173
クビカザリイソギンチャクのな
　かま〔魚・貝・水生生物〕 … 173
クビキリギス〔虫〕 …………… 29
グビジンイソギンチャク〔魚・
　貝・水生生物〕 ……………… 173
クビタマシキ〔鳥〕 …………… 394
クビナガカマキリ〔虫〕 ……… 29
クビナガヘビ〔両生類・爬虫類〕
　 ………………………………… 572
クビワイワバトカゲ〔両生類・
　爬虫類〕 ……………………… 572
クビワオオコウモリ〔哺乳類〕 ‥ 530
クビワオオツノハナムグリ
　〔虫〕 …………………………… 29
クビワカモメ〔鳥〕 …………… 394
クビワキヌバネドリ（亜種）
　〔鳥〕 …………………………… 394
クビワコウテンシ〔鳥〕 ……… 394
クビワゴシキドリ〔鳥〕 ……… 394
クビワスバシリ〔鳥〕 ………… 394
クビワチメドリ？ 〔鳥〕 ……… 394
クビワツグミ〔鳥〕 …………… 394
クビワヒロハシ〔鳥〕 ………… 394
クビワペッカリー〔哺乳類〕 … 530
クビワフウズラ〔鳥〕 ………… 394
クビワムクドリ〔鳥〕 ………… 394
クマ〔哺乳類〕 ………………… 530
クマエビ〔魚・貝・水生生物〕 … 173
クマガイウオ〔魚・貝・水生生
　物〕 …………………………… 173
クマゲラ〔鳥〕 ………………… 395
クマサカアイサ〔鳥〕 ………… 395
クマサカフグの大西洋亜種
　〔魚・貝・水生生物〕 ………… 173
クマザサハナムロ〔魚・貝・水
　生生物〕 ……………………… 173
クマゼミ〔虫〕 ………………… 29
クマタカ〔鳥〕 ………………… 395
クマドリ〔魚・貝・水生生物〕 … 173
クマドリ（モンガラカワハギの
　なかま）〔魚・貝・水生生物〕 ‥ 173
クマドリキュウセン〔魚・貝・
　水生生物〕 …………………… 173
クマドリバト〔鳥〕 …………… 395
クマネズミ〔哺乳類〕 ………… 530
クマの足の解剖学的構造〔哺乳
　類〕 …………………………… 530
クマノコガイの1種〔魚・貝・水
　生生物〕 ……………………… 173
熊の手〔哺乳類〕 ……………… 530
クマノミ〔魚・貝・水生生物〕 … 173

クマノミ（またはハマクマノ
　ミ）〔魚・貝・水生生物〕 …… 173
クマノミ属の1種（クラウン・
　アネモネフィッシュ）〔魚・
　貝・水生生物〕 ……………… 173
クマノミ属の1種（レッドアン
　ドブラック・アネモネフィッ
　シュ）〔魚・貝・水生生物〕 … 174
クマノミとニシキカワハギの胸
　部棘が組み合わさった怪魚
　〔魚・貝・水生生物〕 ………… 174
クマノミの類〔魚・貝・水生生
　物〕 …………………………… 174
クマノミまたはハマクマノミの
　幼魚〔魚・貝・水生生物〕 … 174
クマバチ〔虫〕 ………………… 30
クマバチ？ 〔虫〕 ……………… 30
クマバチの1種〔虫〕 ………… 30
クマバチのなかま〔虫〕 ……… 30
胡頽ノ虫巣〔虫〕 ……………… 30
クモ〔虫〕 ……………………… 30
クモウツボ〔魚・貝・水生生物〕 ‥ 174
クモガイ〔魚・貝・水生生物〕 … 174
クモガエル〔両生類・爬虫類〕 ‥ 572
クモガクレ〔魚・貝・水生生物〕 … 174
クモガタウミウシのなかま
　〔魚・貝・水生生物〕 ………… 174
クモガニ〔魚・貝・水生生物〕 … 174
クモガニ科？ の1種〔魚・貝・
　水生生物〕 …………………… 174
クモガニ科の1種〔魚・貝・水生
　生物〕 ………………………… 174
クモガニの類（？）〔魚・貝・水
　生生物〕 ……………………… 174
蜘蛛章魚〔魚・貝・水生生物〕 … 174
クモバエ科〔虫〕 ……………… 30
クモハゼ〔魚・貝・水生生物〕 … 174
クモヒトデ〔魚・貝・水生生物〕 … 174
クモヒトデの1種〔魚・貝・水生
　生物〕 ………………………… 174
クモヒトデの仲間〔魚・貝・水
　生生物〕 ……………………… 175
クモマツマキチョウ〔虫〕 …… 30
クモリイワイグアナ〔両生類・
　爬虫類〕 ……………………… 572
クライデスデール種、種馬〔哺
　乳類〕 ………………………… 530
クラウデッド・イエロー〔虫〕 … 30
クラウンゲノン〔哺乳類〕 …… 530
クラカケエビス〔魚・貝・水生生
　物〕 …………………………… 175
くらかけとらぎす〔魚・貝・水
　生生物〕 ……………………… 175
クラカケトラギス〔魚・貝・水
　生生物〕 ……………………… 175
クラカケハタ〔魚・貝・水生生
　物〕 …………………………… 175
クラカケヒラアジ〔魚・貝・水
　生生物〕 ……………………… 175
クラカケモンガラ〔魚・貝・水
　生生物〕 ……………………… 175
クラゲ〔魚・貝・水生生物〕 …… 175

クラゲ（ハナクラゲ亜目）〔魚・
　貝・水生生物〕 ……………… 175
クラゲの1種〔魚・貝・水生生物〕
　 ………………………………… 175
クラゲの類〔魚・貝・水生生物〕 ‥ 175
クラーケン〔想像・架空の生物〕 ‥ 593
グラス・ヘッドスタンダー
　〔魚・貝・水生生物〕 ………… 175
クラズミウマ〔虫〕 …………… 30
クラニア類〔魚・貝・水生生物〕 … 175
クラハシコウ〔鳥〕 …………… 395
クラマドガイ〔魚・貝・水生生
　物〕 …………………………… 175
グランヴィル・フリティラリー
　〔虫〕 …………………………… 30
クリイロイワヒバリ〔鳥〕 …… 395
クリイロコイタマダニ〔虫〕 … 30
クリイロコガラ〔鳥〕 ………… 395
クリガシラジツグミ〔鳥〕 …… 395
クリガニ〔魚・貝・水生生物〕 … 175
クリゲキュウバンナマズ〔魚・
　貝・水生生物〕 ……………… 176
クリスタテッラ〔魚・貝・水生
　物〕 …………………………… 176
クリスマスミカドバト〔鳥〕 … 395
クリスマスヨシキリ〔鳥〕 …… 395
グリソン〔哺乳類〕 …………… 531
クリチャヒワ〔鳥〕 …………… 395
クリップスプリンガー〔哺乳類〕
　 ………………………………… 531
クリヌススベルシリオサス
　〔魚・貝・水生生物〕 ………… 176
クリノオビクジャクアゲハ
　〔虫〕 …………………………… 30
クリハシオオハシ〔鳥〕 ……… 395
クリバネフトタマムシ〔虫〕 … 30
クリハラエメラルドハチドリ
　〔鳥〕 …………………………… 395
クリハラショウビン〔鳥〕 …… 395
クリフミノムシガイ〔魚・貝・
　水生生物〕 …………………… 176
クリームオリス〔哺乳類〕 …… 531
クリームスポット・タイガー
　〔虫〕 …………………………… 30
クリュペアステル[タコノマク
　ラ]〔魚・貝・水生生物〕 …… 176
グリーンアノール〔両生類・爬
　虫類〕 ………………………… 572
グリーンイグアナ〔両生類・爬
　虫類〕 ………………………… 572
クリーンイトカケガイまたはクリ
　ンガイ〔魚・貝・水生生物〕 … 176
グリーン・オーク・トートリッ
　クス〔虫〕 …………………… 30
グリーン・ソードテール〔魚・
　貝・水生生物〕 ……………… 176
グリーンツリーパイパー〔両生
　類・爬虫類〕 ………………… 573
グリーンマンバ〔両生類・爬虫
　類〕 …………………………… 573
グリーンモンキー〔哺乳類〕 … 531
グリーンランドシロハヤブサ

博物図譜レファレンス事典 動物篇　**621**

〔鳥〕 ……………………… 395
クルペオ〔哺乳類〕 ……………… 531
クルマエビ〔魚・貝・水生生物〕… 176
クルマエビ科の1種〔魚・貝・水
　生生物〕 ………………… 176
クルマガイ〔魚・貝・水生生物〕… 176
クルマサカオウム〔鳥〕 ………… 396
くるまだい〔魚・貝・水生生物〕… 176
クルマダイ〔魚・貝・水生生物〕… 176
グレーターサイレン〔両生類・
　爬虫類〕 ………………… 573
クレタ島の羊の角〔哺乳類〕 …… 531
グレーハウンド〔哺乳類〕 ……… 531
クロアイサ〔鳥〕 ………………… 396
クロアゲハ〔虫〕 ………………… 30
クロアゲハの無尾型〔虫〕 ……… 31
クロアゴユミハチドリ〔鳥〕 …… 396
クロアシアホウドリ〔鳥〕 ……… 396
クロアシカコミスル〔哺乳類〕 … 531
クロアジサシ〔鳥〕 ……………… 396
クロアナゴ〔魚・貝・水生生物〕… 176
クロアマドリ〔鳥〕 ……………… 396
黒いトゥブハイイロリス〔哺乳
　類〕 ……………………… 531
クロイロコウガイビル〔虫〕 …… 31
クロイワマイマイ〔虫〕 ………… 31
クロインカハチドリ〔鳥〕 ……… 396
クロインコ〔鳥〕 ………………… 396
クロウアカリ〔哺乳類〕 ………… 531
くろうしのした〔魚・貝・水生生
　物〕 ……………………… 176
クロウシノシタ〔魚・貝・水生生
　物〕 ……………………… 176
クロウソ〔鳥〕 …………………… 396
クロウタドリ〔鳥〕 ……………… 396
クロウタドリ？〔鳥〕 …………… 396
クロウリハムシ〔虫〕 …………… 31
クロエミュー〔鳥〕 ……………… 396
クロエリコウテン〔鳥〕 ………… 396
クロエリサケビドリ〔鳥〕 ……… 396
クロエリショウノガン〔鳥〕 …… 396
クロエリセイタカシギのハワイ
　亜種〔鳥〕 ……………… 397
クロエリハクチョウ〔鳥〕 ……… 397
クロエリミカドバト〔鳥〕 ……… 397
クロオビイサキ〔魚・貝・水生生
　物〕 ……………………… 176
クロオビダイ〔魚・貝・水生生
　物〕 ……………………… 177
クロオビヒナフクロウ〔鳥〕 …… 397
クロオビマユミソサザイ〔鳥〕… 397
クロガオノスリ〔鳥〕 …………… 397
クロガシラオグロムシクイ
　〔鳥〕 …………………… 397
クロガシラムシクイ〔鳥〕 ……… 397
クロガタインコ〔鳥〕 …………… 397
クロカタビロオサムシの1種
　〔虫〕 …………………… 31
クロカマハシフウチョウ〔鳥〕… 397
クロカミキリ〔虫〕 ……………… 31
クロカムリクラゲ〔魚・貝・水

生生物〕 ………………… 177
クロカムリクラゲのなかま
　〔魚・貝・水生生物〕 …… 177
クロカムリクラゲの仲間〔魚・
　貝・水生生物〕 ………… 177
くろがも〔鳥〕 …………………… 397
クロガモ〔鳥〕 …………………… 397
クロガモ？〔鳥〕 ………………… 397
クロガラ〔鳥〕 …………………… 397
クロカンガルー〔哺乳類〕 ……… 531
クロキツネザル〔哺乳類〕 ……… 531
クロギンポ属の1種（ブラック・
　ブレニー）〔魚・貝・水生生物〕
　…………………………… 177
クロクスクス〔哺乳類〕 ………… 531
クロクビキジ〔鳥〕 ……………… 397
クロクマタカ〔鳥〕 ……………… 397
クロクモインコ〔鳥〕 …………… 397
クロクモザル〔哺乳類〕 ………… 531
クロクラゲの仲間〔魚・貝・水
　生生物〕 ………………… 177
クロコシジロウミツバメ〔鳥〕… 397
クロコシジロウミツバメ？
　〔鳥〕 …………………… 397
クロコダイルテユー〔両生類・
　爬虫類〕 ………………… 573
クロコダイル・フィッシュ
　〔魚・貝・水生生物〕 …… 177
クロコブサイチョウ〔鳥〕 ……… 398
クロサイ〔哺乳類〕 ……………… 531
クロサイチョウ〔鳥〕 …………… 398
クロサギ〔魚・貝・水生生物〕… 177
クロサギ〔鳥〕 …………………… 398
クロサギのなかま〔魚・貝・水
　生生物〕 ………………… 177
クロザメモドキ〔魚・貝・水生生
　物〕 ……………………… 177
クロザル〔哺乳類〕 ……………… 531
くろじ〔鳥〕 ……………………… 398
クロジ〔鳥〕 ……………………… 398
クロジ？〔鳥〕 …………………… 398
クロシタナシウミウシ〔魚・
　貝・水生生物〕 ………… 177
クロシタナシウミウシのなかま
　〔魚・貝・水生生物〕 …… 177
クロシデムシ〔虫〕 ……………… 31
クロシビカマス〔魚・貝・水生生
　物〕 ……………………… 177
クロシュミセンガイ〔魚・貝・
　水生生物〕 ……………… 177
クロジョウビタキ〔鳥〕 ………… 398
クロスキハシコウ〔鳥〕 ………… 398
クロズキン〔魚・貝・水生生物〕… 177
クロスジギンヤンマ〔虫〕 ……… 31
クロスジクルマガイ〔魚・貝・
　水生生物〕 ……………… 177
クロスジクルマガイの1種〔魚・
　貝・水生生物〕 ………… 177
クロスジシロチョウ〔虫〕 ……… 31
クロスズメバチ〔虫〕 …………… 31
クロヅル〔鳥〕 …………………… 398

クロセイタカカシギ〔鳥〕 ……… 398
クロソイ〔魚・貝・水生生物〕… 178
クロソラスズメダイ〔魚・貝・
　水生生物〕 ……………… 178
くろだい〔魚・貝・水生生物〕… 178
クロダイ〔魚・貝・水生生物〕… 178
クロタイヨウチョウ〔鳥〕 ……… 398
クロタチカマス〔魚・貝・水生生
　物〕 ……………………… 178
クロタテハモドキの1亜種〔虫〕… 31
クロチュウヒ〔鳥〕 ……………… 398
クロチョウガイ〔魚・貝・水生生
　物〕 ……………………… 178
クロツキヒメハエトリ〔鳥〕 …… 398
クロツグミ〔鳥〕 ……………398,399
クロツヤニセケバエ〔虫〕 ……… 31
クロツヤムシのなかま〔虫〕 …… 31
クロツラヘラサギ〔鳥〕 ………… 399
クロテテナガザル〔哺乳類〕 …… 531
クロテナガザル〔哺乳類〕 ……… 531
クロトウゾクカモメ〔鳥〕 ……… 399
クロトキ〔鳥〕 …………………… 399
クロトビサシガメ〔虫〕 ………… 31
クロナマコ〔魚・貝・水生生物〕… 178
クロナマコとその解剖図〔魚・
　貝・水生生物〕 ………… 178
クロナマコなど〔魚・貝・水生生
　物〕 ……………………… 178
クロナマコの1種〔魚・貝・水生
　生物〕 …………………… 178
クロネズミヘビ〔両生類・爬虫
　類〕 ……………………… 573
クロノドアオジ〔鳥〕 …………… 399
クロバエのなかま〔虫〕 ………… 31
クロバカマチョウチョウウオ
　〔魚・貝・水生生物〕 …… 178
クロハギ〔魚・貝・水生生物〕… 178
クロハギ属の1種〔魚・貝・水生
　生物〕 …………………… 178
クロハギ属の1種（アキレス・
　タング）〔魚・貝・水生生物〕… 178
クロハゲワシ〔鳥〕 ……………… 399
クロハサミアジサシ〔鳥〕 ……… 399
クロハゼ〔魚・貝・水生生物〕… 178
クロハタ〔魚・貝・水生生物〕… 178
クロハチ上科〔虫〕 ……………… 31
クロハチのなかま〔虫〕 ………… 31
クロハヤブサ〔鳥〕 ……………… 399
クロハラアジサシ〔鳥〕 ………… 399
クロハライモガイ？〔魚・貝・
　水生生物〕 ……………… 178
クロハラウミツバメ〔鳥〕 ……… 399
クロハラシマヤイロチョウ
　〔鳥〕 …………………… 399
クロハラトキ〔鳥〕 ……………… 399
クロハラトゲオハチドリ〔鳥〕… 399
クロハラハムスター〔哺乳類〕… 531
クロハラヤマガメ〔両生類・爬
　虫類〕 …………………… 573
クロハリガイ〔虫〕 ……………… 31
クロハワイミツスイ〔鳥〕 ……… 399

作品名索引　　　　　　けんみ

クロヒゲサキ〔哺乳類〕……… 532
クロヒゲニベ〔魚・貝・水生生
物〕……………………………… 178
クロヒゲバト〔鳥〕………… 400
クロヒゲミソサザイ〔鳥〕… 400
グロビゲリナ〔タマウキガイ〕
〔魚・貝・水生生物〕……… 179
クロビタイイロオインコ〔鳥〕… 400
クロビタイサケイ〔鳥〕…… 400
クロヒョウ〔哺乳類〕……… 532
クロヒヨドリ〔鳥〕………… 400
クロヒラアジ〔魚・貝・水生生
物〕……………………………… 179
クロフイリコチュウハシ〔鳥〕… 400
クロフジツボ〔魚・貝・水生生
物〕……………………………… 179
クロヘビガイ〔魚・貝・水生生
物〕……………………………… 179
クロベラ〔魚・貝・水生生物〕… 179
クロヘリメジロ〔魚・貝・水生
物〕……………………………… 179
クロホウボウ〔魚・貝・水生生
物〕……………………………… 179
クロボシゴシキドリ〔鳥〕… 400
クロボシベッコウバイ〔魚・
貝・水生生物〕……………… 179
クロホシマンジュウダイ〔魚・
貝・水生生物〕……………… 179
クロホシマンジュウダイの未成
魚〔魚・貝・水生生物〕…… 179
くろまぐろ〔魚・貝・水生生物〕… 179
クロマグロ〔魚・貝・水生生物〕… 179
クロマルハナバチ〔虫〕…… 31
クロミスジ〔魚・貝・水生生物〕… 179
クロミズナギドリ〔鳥〕…… 400
クロミナシガイ〔魚・貝・水生
生物〕………………………… 179
クロミナミハゼ〔魚・貝・水生
物〕……………………………… 179
クロミミマーモセット〔哺乳類〕
……………………………… 532
クロムササビ〔哺乳類〕…… 532
クロムツ〔魚・貝・水生生物〕… 180
クロメクラゲの仲間〔魚・貝・
水生生物〕…………………… 180
クロメジナ〔魚・貝・水生生物〕… 180
クロモズガラス〔鳥〕……… 400
クロモモワタアシハチドリ
〔鳥〕…………………………… 400
クロモンイッカク〔虫〕…… 31
クロモンイッカクの1種〔虫〕… 31
クロモンガラ〔魚・貝・水生
物〕……………………………… 180
クロモンツキ〔魚・貝・水生
物〕……………………………… 180
クロライチョウ〔鳥〕……… 400
クロラクダアンコウ〔魚・貝・
水生生物〕…………………… 180
クロワシミミズク〔鳥〕…… 400
クワガタギンポ〔魚・貝・水生
物〕……………………………… 180
クワガタギンポの幼魚〔魚・

貝・水生生物〕……………… 180
クワガタムシ〔虫〕………… 31
クワガタムシのなかま〔虫〕… 32
クワガタムシのなかまの幼虫
〔虫〕…………………………… 32
クワガタモドキのなかま〔虫〕… 32
クワカミキリ〔虫〕………… 32
クワカミキリ？〔虫〕……… 32
クワゴマダラヒトリ〔虫〕… 32
クワノキンケムシ（モンシロド
クガ）〔虫〕………………… 32
グンカンドリ〔鳥〕………… 400
グンタイアリ〔虫〕………… 32

【け】

ケアシガニ〔魚・貝・水生生物〕
……………………………… 180
ケアシガニの1種〔魚・貝・水生
生物〕………………………… 180
ケアシガニの1種の器官〔魚・
貝・水生生物〕……………… 180
ケアシノスリ〔鳥〕………… 400
ケアシハナバチ科〔虫〕…… 32
鯨歯〔哺乳類〕……………… 532
ゲイシャコクチガエル〔両生
類・爬虫類〕………………… 573
ケイトウイソギンチャク〔魚・
貝・水生生物〕……………… 180
ケイマフリ〔鳥〕…………… 400
ケサガケベラ〔魚・貝・水生生
物〕……………………………… 180
ケサガケベラのなかま〔魚・
貝・水生生物〕……………… 180
ゲジ〔虫〕…………………… 32
ケシキスイ科〔虫〕………… 32
ケシツブアマガエル〔両生類・
爬虫類〕……………………… 573
ゲジナマコの1種〔魚・貝・水生
生物〕………………………… 180
ゲジのなかま〔虫〕………… 32
ケショウハゼ〔魚・貝・水生生
物〕……………………………… 180
ケジラミ〔虫〕……………… 32
ケヅメカメレオン〔両生類・爬
虫類〕………………………… 573
ケダニ科〔虫〕……………… 32
ケツァール〔鳥〕…………… 400
ケツァール（カザリキヌバネド
リ）〔鳥〕…………………… 401
ケツギョ〔魚・貝・水生生物〕… 180
ケッティ〔哺乳類〕………… 532
ゲッマリア〔魚・貝・水生生物〕… 180
ケナガマウスオポッサム〔哺乳
類〕…………………………… 532
ケバエ科〔虫〕……………… 32
ケバエのなかま〔虫〕……… 32
ケハダウミケムシのなかま
〔魚・貝・水生生物〕……… 181
ケバネウズラ〔鳥〕………… 401

ケビタイオタテドリ〔鳥〕… 401
ケブカシタバチのなかま〔虫〕… 32
ケープカタヘビモドキ〔両生
類・爬虫類〕………………… 573
ケブカミゾコウモリ〔哺乳類〕… 532
ケープキノボリウオ〔魚・貝・
水生生物〕…………………… 181
ケープキンモグラ〔哺乳類〕… 532
ケープツボダイ〔魚・貝・水生
物〕……………………………… 181
ケープハイラックス〔哺乳類〕… 532
ケープハゲワシ〔鳥〕……… 401
ケープハネジネズミ〔哺乳類〕… 532
ケープハリネズミ〔哺乳類〕… 532
ケープペンギン〔鳥〕……… 401
ケープマルメヤモリ〔両生類・
爬虫類〕……………………… 573
ゲマルジカ〔哺乳類〕……… 532
ケーマンアメリカムシクイ
〔鳥〕…………………………… 401
毛虫・芋虫〔虫〕…………… 32
ゲムズボック〔哺乳類〕…… 532
ケヤリ〔魚・貝・水生生物〕… 181
ケヤリのなかま〔魚・貝・水生
物〕……………………………… 181
ケヤリムシ〔魚・貝・水生生物〕… 181
ケヤリムシのなかま〔魚・貝・
水生生物〕…………………… 181
ケヤリムシの2種〔魚・貝・水生
生物〕………………………… 181
ケラ〔虫〕…………………… 33
ゲラダヒヒ〔哺乳類〕……… 532
ケラのなかま〔虫〕………… 33
ケリ〔鳥〕…………………… 401
ゲルジアマガエル〔両生類・爬
虫類〕………………………… 573
ケワタガモ〔鳥〕…………… 401
現学名不詳〔虫〕………… 33,34
現学名不詳。おそらくガのな
かま〔虫〕…………………… 34
ゲンゴロウ〔虫〕…………… 34
ゲンゴロウ科〔虫〕………… 34
ゲンゴロウのなかま〔虫〕… 34
げんごろうぶな〔魚・貝・水生
物〕……………………………… 181
ゲンゴロウブナ〔魚・貝・水生
物〕……………………………… 181
ゲンゴロウブナ（雌鮒）〔魚・
貝・水生生物〕……………… 181
ゲンゴロウモドキのなかま
〔虫〕…………………………… 34
ケンサキイカ〔魚・貝・水生生
物〕……………………………… 181
ゲンジボタル〔虫〕………… 34
ゲンセイ〔虫〕……………… 34
ゲンセイのなかま？〔虫〕… 34
ケンタウルスオオカブト〔虫〕… 34
ケンミジンコ〔魚・貝・水生生
物〕……………………………… 181
ケンミジンコ科〔魚・貝・水生生物〕… 181
ケンミジンコのなかま〔魚・

博物図譜レファレンス事典 動物篇　**623**

けんろ　　　作品名索引

貝・水生生物〕 …………… 181
ゲンロクダイ〔魚・貝・水生生
物〕 ………………………… 181

【こ】

コアカゲラ〔鳥〕 …………… 401
コアカゲラ？〔鳥〕 ………… 401
コアジサシ〔鳥〕 …………… 401
コアハワイマシコ〔鳥〕 …… 401
コアホウドリ〔鳥〕 ………… 401
コアホウドリ？〔鳥〕 ……… 401
コアラ〔哺乳類〕 …………… 532
コアリクイ〔哺乳類〕 ……… 532
こい〔魚・貝・水生生物〕 … 181
コイ〔魚・貝・水生生物〕 … 182
コイ（マゴイ）〔魚・貝・水生生
物〕 ………………………… 182
コイカル〔鳥〕 …………401,402
鯉胡桃葉条虫〔魚・貝・水生生
物〕 ………………………… 182
ごいさぎ〔鳥〕 ……………… 402
ゴイサギ〔鳥〕 ……………… 402
ゴイシシジミ〔虫〕 ………… 34
コイチ〔魚・貝・水生生物〕 … 182
コウイカ〔魚・貝・水生生物〕 … 182
コウイカの1種〔魚・貝・水生生
物〕 ………………………… 182
コウイカの解剖図〔魚・貝・水
生生物〕 …………………… 182
コウイカの生殖器官〔魚・貝・
水生生物〕 ………………… 182
コウイカの卵〔魚・貝・水生生
物〕 ………………………… 182
コウイカの「骨」〔魚・貝・水生
生物〕 ……………………… 182
コウウチョウの1種〔鳥〕 … 402
コウカアブ〔虫〕 …………… 34
コウカイニジハギ〔魚・貝・水
生生物〕 …………………… 182
コウカイハタタテダイ〔魚・
貝・水生生物〕 …………… 182
コウガイビルのなかま〔虫〕 … 34
甲殻類の幼生？〔魚・貝・水生
生物〕 ……………………… 182
コウカンチョウ〔鳥〕 ……… 402
コウギョクチョウ〔鳥〕 …… 402
硬クラゲの1種〔魚・貝・水生
生物〕 ……………………… 183
コウジンカスミフデガイ〔魚・
貝・水生生物〕 …………… 183
コウスバカゲロウ〔虫〕 …… 34
広節裂頭条虫〔虫〕 ………… 34
甲虫〔虫〕 …………………… 34
コウテンシ〔鳥〕 …………… 402
コウトウエーウ（コバンザメの
1種）〔魚・貝・水生生物〕 … 183
コウノトリ〔鳥〕 …………… 402
コウハシショウビン〔鳥〕 … 402

コウベダルマガレイ〔魚・貝・
水生生物〕 ………………… 183
コウボウバチ科〔虫〕 ……… 35
コウミスズメ〔鳥〕 ………… 402
コウモリウオ〔魚・貝・水生生
物〕 ………………………… 183
コウモリガ〔虫〕 …………… 35
コウモリガ科〔虫〕 ………… 35
コウモリガの1種の雄〔虫〕 … 35
コウモリガの1種の雌〔虫〕 … 35
コウモリガのなかま〔虫〕 … 35
コウモリダコ〔魚・貝・水生生
物〕 ………………………… 183
コウモリボラ〔魚・貝・水生生
物〕 ………………………… 183
コウモリマルヒメダニのなかま
〔虫〕 ……………………… 35
コウヤスナカナヘビ〔両生類・
爬虫類〕 …………………… 573
コウヨウジャク〔鳥〕 …402,403
コウライアイサ〔鳥〕 ……… 403
コウライウグイス〔鳥〕 …… 403
コウライキジ〔鳥〕 ………… 403
コウライキジ？〔鳥〕 ……… 403
コウライクビワコウモリ〔哺乳
類〕 ………………………… 532
コウライシマエナガ〔鳥〕 … 403
コウラウン〔鳥〕 …………… 403
コウラナミジャノメ〔虫〕 … 35
コウラナメクジのなかま〔虫〕 … 35
コウロコフウチョウ〔鳥〕 … 403
コウワンテグリ〔魚・貝・水生
物〕 ………………………… 183
コエゾゼミ〔虫〕 …………… 35
小エビ〔魚・貝・水生生物〕 … 183
コエビガラスズメ〔虫〕 …… 35
コオイトゲヘリカメムシ〔虫〕 … 35
コオイムシ〔虫〕 …………… 35
コオイムシのなかまの成虫と卵
〔虫〕 ……………………… 35
コオニヤンマ〔虫〕 ………… 35
コオバシギ〔鳥〕 …………… 403
コオリガモ〔鳥〕 …………… 403
ゴカイ〔魚・貝・水生生物〕 … 183
ゴカイのなかま〔魚・貝・水生
物〕 ………………………… 183
ゴカイのなかま？〔魚・貝・水
生生物〕 …………………… 183
ゴカイ類〔魚・貝・水生生物〕 … 183
ゴカクキンコ〔魚・貝・水生生
物〕 ………………………… 183
ゴカクヒトデの1種〔魚・貝・水
生生物〕 …………………… 183
ゴカクヒトデの仲間〔魚・貝・
水生生物〕 ………………… 183
コーカサスオオカブトムシ
〔虫〕 ……………………… 35
コガシラブ亜科〔虫〕 ……… 35
コガシラアワフキムシ科の1種
〔虫〕 ……………………… 35
コガシラアワフキムシのなかま
〔虫〕 ……………………… 35

コガシラベラ〔魚・貝・水生生
物〕 ………………………… 183
コガシラミズムシの1種〔虫〕 … 35
コガタキシタバ〔虫〕 …35,36
小型犬〔哺乳類〕 …………… 533
コガタスズメバチ？の巣〔虫〕 … 36
コガタペンギン〔鳥〕 ……… 403
コガタワムシ〔魚・貝・水生生
物〕 ………………………… 183
コガネウロコムシ〔魚・貝・水
生生物〕 …………………… 184
コガネグモ〔虫〕 …………… 36
コガネグモ科〔虫〕 ………… 36
コガネグモのなかま〔虫〕 … 36
コガネサソリ科〔虫〕 ……… 36
コガネシマアジ〔魚・貝・水生生
物〕 ………………………… 184
コガネハマギギ〔魚・貝・水生生
物〕 ………………………… 184
コガネマイマイ〔虫〕 ……… 36
コガネムシ〔虫〕 …………… 36
コガネムシ科〔虫〕 ………… 36
コガネムシの1種〔虫〕 …… 36
コガネムシのなかま〔虫〕 … 36
コガネムシのなかま？〔虫〕 … 36
コガネヤッコ〔魚・貝・水生生
物〕 ………………………… 184
コカブト？〔虫〕 …………… 36
コカモ〔鳥〕 ………………… 403
コガモ〔鳥〕 ………………… 404
コガモ？〔鳥〕 ……………… 404
こがら〔鳥〕 ………………… 404
コガラ〔鳥〕 ………………… 404
コガラ？〔鳥〕 ……………… 404
呉器介〔魚・貝・水生生物〕 … 184
コキジバト〔鳥〕 …………… 404
コキティラス属〔虫〕 ……… 36
コキノコムシ科〔虫〕 ……… 36
ゴキブリ科〔虫〕 …………… 36
ゴキブリの1種〔虫〕 ……… 36
ゴキブリのなかま〔虫〕 …… 37
ゴキブリヤセバチ〔虫〕 …… 37
コキンチョウ〔鳥〕 ………… 404
コキンメフクロウ〔鳥〕 …… 404
コクイナ〔鳥〕 ……………… 404
コクカイビゼンクラゲ〔魚・
貝・水生生物〕 …………… 184
コクガン〔鳥〕 ……………… 404
コクカンチョウ〔鳥〕 ……… 404
コグシカロテス〔両生類・爬虫
類〕 ………………………… 573
コクジャク〔鳥〕 …………… 405
コクチフサカサゴ？〔魚・貝・
水生生物〕 ………………… 184
コクチョウ〔鳥〕 …………… 405
コクテンフグ〔魚・貝・水生生
物〕 ………………………… 184
コクヌスト〔虫〕 …………… 37
コクハンハタ〔魚・貝・水生生
物〕 ………………………… 184
コクホウジャク〔鳥〕 ……… 405

624　博物図譜レファレンス事典 動物篇

作品名索引　　こはん

コクマルガラス〔鳥〕………… 405
ゴクラクインコ〔鳥〕………… 405
極楽魚〔魚・貝・水生生物〕…… 184
コクワガタ〔虫〕………………… 37
コクワガタ？〔虫〕……………… 37
コケニムシ〔虫〕………………… 37
コケカニムシのなかま？〔虫〕‥ 37
コケガのなかま〔虫〕…………… 37
コケガのなかま？〔虫〕………… 37
コケギンポ〔魚・貝・水生生物〕‥ 184
コケムシの1種の幼生〔魚・貝・
　水生生物〕…………………… 184
コケムシのなかま〔魚・貝・水
　生生物〕……………………… 184
コケムシのなかま？〔魚・貝・
　水生生物〕…………………… 184
コゲラ〔鳥〕……………………… 405
コゲラ木喙〔鳥〕………………… 405
コケワタガモ〔鳥〕……………… 405
ココノエインコ〔鳥〕…………… 405
ココノオビアルマジロ〔哺乳類〕
　………………………………… 533
コサギ〔鳥〕……………………… 405
コザクラバシガン〔鳥〕………… 405
コサメビタキ〔鳥〕……………… 405
コシアカキジ〔鳥〕……………… 405
コシアカキヌバネドリ〔鳥〕…… 406
コシアカツバメ〔鳥〕…………… 406
コシアカツバメ？〔鳥〕………… 406
コシアカネズミドリ〔鳥〕……… 406
コシアカヒメゴシキドリ〔鳥〕‥ 406
コシアキトンボ〔虫〕…………… 37
コシオリエビ科〔魚・貝・水生生
　物〕…………………………… 184
コシオリエビのなかま〔魚・
　貝・水生生物〕……………… 184
コシギ〔鳥〕……………………… 406
ゴシキセイガイインコ〔鳥〕…… 406
ゴシキセイガイインコ？〔鳥〕
　………………………………… 406
コシギダチョウ〔鳥〕…………… 406
ゴシキドリ科〔鳥〕……………… 406
ゴシキドリの1種〔鳥〕………… 406
ゴシキノジコ〔鳥〕……………… 406
ゴシキヒワ〔鳥〕………………… 406
コシグロペリカン〔鳥〕………… 406
コシジロアナツバメ〔鳥〕……… 406
コシジロイソヒヨ〔鳥〕………… 406
コシジロイソヒヨドリ〔鳥〕…… 407
コシジロイヌワシ〔鳥〕………… 407
コシジロミツバメ〔鳥〕………… 407
コシジロキンパラ〔鳥〕………… 407
コシジロヒヨドリ〔鳥〕………… 407
コシジロミツスイ〔鳥〕………… 407
コシダカベソマイマイ〔虫〕‥ 37
コシダカシャンクガイ〔魚・
　貝・水生生物〕……………… 184
ゴシック〔虫〕…………………… 37
コシブトハナバチの1種〔虫〕…… 37

コシベニペリカン？〔鳥〕…… 407
コシミノサトウチョウ〔鳥〕‥ 407
コシミノサトウチョウのスラ諸
　島亜種〔鳥〕………………… 407
コシャクシギ〔鳥〕……………… 407
コジャコウネコ〔哺乳類〕…… 533
ゴジュウカラ〔鳥〕……………… 407
ゴジュウカラ（キュウシュウゴ
　ジュウカラ）〔鳥〕………… 407
ゴジュウカラ（シロハラゴジュ
　ウカラ？）〔鳥〕…………… 408
コジュケイ〔鳥〕………………… 408
コジュリン〔鳥〕………………… 408
コショウダイ〔魚・貝・水生生
　物〕……………………184,185
コショウダイ？〔魚・貝・水生
　物〕…………………………… 185
コシラヒゲカンムリアマツバメ
　〔鳥〕………………………… 408
コシロシタバ〔虫〕……………… 37
ゴズカジカ〔魚・貝・水生生物〕‥ 185
コスジイシモチ〔魚・貝・水生
　物〕…………………………… 185
コスズメ〔虫〕…………………… 37
コーストツノトカゲ〔両生類・
　爬虫類〕……………………… 573
ゴズノマゴ〔魚・貝・水生生物〕‥ 185
コセイインコ〔鳥〕……………… 408
コダイマキエインコ〔鳥〕……… 408
コダーウィンフィンチ〔鳥〕…… 408
コタマガイ〔魚・貝・水生生物〕‥ 185
小鱈（タラ）〔魚・貝・水生生物〕
　………………………………… 185
こち〔魚・貝・水生生物〕…… 185
コチ〔魚・貝・水生生物〕…… 185
コチドリ〔鳥〕…………………… 408
コチドリ？〔鳥〕………………… 408
コチニールカイガラムシ〔虫〕‥ 37
コチニールカイガラムシから得
　た染料〔虫〕………………… 37
コチャタテ〔虫〕………………… 37
コチョウギンポ〔魚・貝・水生生
　物〕…………………………… 185
コチョウギンポの幼魚〔魚・
　貝・水生生物〕……………… 185
コチョウゲンボウ〔鳥〕………… 408
コチョウゲンボウ？〔鳥〕……… 408
コッカイクロハゼ〔魚・貝・水
　生生物〕……………………… 185
ゴッコ〔魚・貝・水生生物〕…… 185
ゴッスミイロコンゴウインコ
　〔鳥〕………………………… 408
コツチバチ科〔虫〕……………… 37
コツチバチのなかま〔虫〕……… 37
コツブイイダコ〔魚・貝・水生生
　物〕…………………………… 185
コツブクラゲの1種〔魚・貝・水
　生生物〕……………………… 185
ゴツフトヤモリ〔両生類・爬虫
　類〕…………………………… 573
コツブムシのなかま〔魚・貝・
　水生生物〕…………………… 185

コッロスブアエラ〔魚・貝・水
　生生物〕……………………… 185
ゴティライワダキウオ〔魚・
　貝・水生生物〕……………… 185
コティロリーザ・ツベルクラー
　タ〔魚・貝・水生生物〕…… 185
ゴテンアナゴ〔魚・貝・水生生
　物〕…………………………… 185
コテンシ〔魚・貝・水生生物〕‥ 186
コトショクコウラ〔魚・貝・水
　生生物〕……………………… 186
コトドリ〔鳥〕…………………… 408
コトヒキ〔魚・貝・水生生物〕‥ 186
子どもを抱いて枝にぶらさがる
　メスのヒヨケザル〔哺乳類〕‥ 533
ゴート・モス〔虫〕……………… 37
コドルスオオオナガタイマイの
　スンダランド亜種〔虫〕…… 38
コナジラミのなかま〔虫〕……… 38
コナダニ科〔虫〕………………… 38
コナハインコ〔鳥〕……………… 408
コノシメトンボまたはリスアカ
　ネ〔虫〕……………………… 38
このしろ〔魚・貝・水生生物〕‥ 186
コノシロ〔魚・貝・水生生物〕‥ 186
コノシロの類〔魚・貝・水生生
　物〕…………………………… 186
コノドジロムシクイ〔鳥〕……… 408
コノハズク〔鳥〕…………408,409
コノハズクまたはオオコノハズ
　ク〔鳥〕……………………… 409
コノハドリ〔鳥〕………………… 409
コハクチョウ〔鳥〕……………… 409
コハクチョウの頭部〔鳥〕……… 409
コハゲコウ〔鳥〕………………… 409
小箱〔魚・貝・水生生物〕…… 186
コバシチドリ〔鳥〕……………… 409
コバシハワイミツスイのオアフ
　亜種〔鳥〕…………………… 409
コバシハワイミツスイのカウア
　イ亜種〔鳥〕………………… 409
コバシハワイミツスイのハワイ
　亜種〔鳥〕…………………… 409
コバシハワイミツスイのマウイ
　亜種〔鳥〕…………………… 409
コバシヒメアオバト〔鳥〕……… 409
コバシフラミンゴ〔鳥〕………… 409
コバシベニサンショウクイ
　〔鳥〕………………………… 409
コバタン〔鳥〕…………………… 409
コハナサトウチョウ〔鳥〕‥409,410
コバネイナゴ〔虫〕……………… 38
コバネオオセイケイ〔鳥〕……… 410
コバネシロチョウのなかま
　〔虫〕………………………… 38
コバネハラナガイトトンボ
　〔虫〕………………………… 38
コハマシギ〔鳥〕………………… 410
コバマングース〔哺乳類〕…… 533
コバン〔鳥〕……………………… 410
コバンアジ〔魚・貝・水生生物〕‥ 186

博物図譜レファレンス事典 動物篇　　**625**

こはん　　　　　　　　　　　作品名索引

コバンコクヌスト科〔虫〕 ……… 38
こばんざめ〔魚・貝・水生生物〕‥ 186
コバンザメ〔魚・貝・水生生物〕‥ 186
コバンハゼ〔魚・貝・水生生物〕‥ 186
コバンヒイラギ〔魚・貝・水生生
　物〕 ……………………………… 186
コバンヒメジ〔魚・貝・水生生
　物〕 ……………………………… 186
コバンムシ科〔虫〕 ……………… 38
コヒオドシ〔虫〕 ………………… 38
コヒクイドリ〔鳥〕 ……………… 410
コヒゲニベ〔魚・貝・水生生物〕‥ 186
コビトカイマン〔両生類・爬虫
　類〕 ……………………………… 573
コビトカバ〔哺乳類〕 …………… 533
コビトグエノン〔哺乳類〕 ……… 533
コビトジャコウジカ〔哺乳類〕… 533
コビトハチドリ〔鳥〕 …………… 410
コビトペンギン〔鳥〕 …………… 410
コビトマングース〔哺乳類〕 …… 533
コブウシ〔哺乳類〕 ……………… 533
コブウシ（ゼブー）〔哺乳類〕 …… 533
コフウチョウ〔鳥〕 ……………… 410
コブガモ〔鳥〕 …………………… 410
コフキコガネの1種〔虫〕 ……… 38
コブゴミムシダマシ科〔虫〕 …… 38
コブシガニ〔魚・貝・水生生物〕‥ 186
コブシメ〔魚・貝・水生生物〕 … 186
コブスジコガネの1種〔虫〕 …… 38
コブスジコガネのなかま〔虫〕 ‥ 38
コブセミエビ〔魚・貝・水生生
　物〕 ……………………………… 186
コブダイ〔魚・貝・水生生物〕 … 187
コブヌメリ属の1種〔魚・貝・水
　生生物〕 ………………………… 187
コブハクチョウ〔鳥〕 …………… 410
コブハナトカゲ〔両生類・爬虫
　類〕 ……………………………… 573
ゴーフフィンチ〔鳥〕 …………… 410
コブラ〔両生類・爬虫類〕 ……… 573
コフラミンゴ〔鳥〕 ……………… 410
コベソマイマイ〔虫〕 …………… 38
コホウラ〔魚・貝・水生生物〕 … 187
コホオアカ〔鳥〕 ………………… 410
コホオアカ？〔鳥〕 ……………… 410
コボラ〔魚・貝・水生生物〕 …… 187
5本脚のニワトリ〔想像・架空の
　生物〕 …………………………… 594
ゴホンヒゲロックリング〔魚・
　貝・水生生物〕 ………………… 187
コマ〔鳥〕 ………………………… 410
コマイ〔魚・貝・水生生物〕 …… 187
ゴマキンチャクフグ〔魚・貝・
　水生生物〕 ……………………… 187
ゴマサバ〔魚・貝・水生生物〕 … 187
ゴマシオキノボリカンガルー
　〔哺乳類〕 ……………………… 533
ゴマソイ〔魚・貝・水生生物〕 … 187
ゴマダラウ〔鳥〕 ………………… 411
コマダラウスバカゲロウ〔虫〕 ‥ 38
ゴマダラカミキリ〔虫〕 ………… 38

ゴマダラカミキリ？〔虫〕 ……… 38
ゴマダラカミキリのなかま
　〔虫〕 …………………………… 38
ゴマダラキーウィ〔鳥〕 ………… 411
ゴマダラチョウ？〔虫〕 ………… 38
ゴマチョウチョウウオ〔魚・
　貝・水生生物〕 ………………… 187
コマツモムシのなかま〔虫〕 …… 38
コマドリ〔鳥〕 …………………… 411
ゴマニザ〔魚・貝・水生生物〕 … 187
ゴマノ虫〔虫〕 …………………… 39
ゴマハギ〔魚・貝・水生生物〕 … 187
ゴマバラワシ〔鳥〕 ……………… 411
ゴマヒレキントキ〔魚・貝・水
　生生物〕 ………………………… 187
ゴマフアザラシ〔哺乳類〕 ……… 533
ゴマフアブのなかま〔虫〕 ……… 39
ゴマフイカの1種〔魚・貝・水生
　生物〕 …………………………… 187
ゴマフエダイ〔魚・貝・水生生
　物〕 ……………………………… 188
ゴマフボクトウの1種の雄〔虫〕‥ 39
ゴマフボクトウの1種の雌〔虫〕‥ 39
ゴマフマウリエビスガイ〔魚・
　貝・水生生物〕 ………………… 188
コマホオジロ〔鳥〕 ……………… 411
ゴマホタテウミヘビ〔魚・貝・
　水生生物〕 ……………………… 188
コマユバチ類〔虫〕 ……………… 39
コマルハナバチ〔虫〕 …………… 39
コマルハナバチ？〔虫〕 ………… 39
コマルバネクワガタ〔虫〕 ……… 39
ゴミアシナガサシガメ〔虫〕 …… 39
コミズムシのなかま〔虫〕 ……… 39
コミドリフタオハチドリ〔鳥〕 ‥ 411
コミミズク〔鳥〕 ………………… 411
ゴミムシダマシ科〔虫〕 ………… 39
ゴミムシの1種〔虫〕 …………… 39
ゴミムシのなかま〔虫〕 ………… 39
コムクドリ〔鳥〕 ………………… 411
コムシクイ〔鳥〕 ………………… 411
コムラサキ〔虫〕 ………………… 39
コムラサキインコ〔鳥〕 ………… 411
コムラサキインコ（亜種）〔鳥〕
　 …………………………………… 411
コメツキガニ〔魚・貝・水生生
　物〕 ……………………………… 188
コメツキガニ？〔魚・貝・水生
　生物〕 …………………………… 188
コメツキダマシ科〔虫〕 ………… 39
コメツキムシ科〔虫〕 …………… 39
コメツキムシ各種〔虫〕 ………… 39
コメツキムシのなかま〔虫〕 …… 39
コメルソンダイ〔魚・貝・水生生
　物〕 ……………………………… 188
コモチガジ〔魚・貝・水生生物〕‥ 188
コモリウオ〔魚・貝・水生生物〕‥ 188
コモリガエル〔両生類・爬虫類〕
　 …………………………………… 574
コモンアフリカツリスガラ
　〔鳥〕 …………………………… 411
コモンウミウシ〔魚・貝・水生生

物〕 ……………………………… 188
コモンカスベ〔魚・貝・水生生
　物〕 ……………………………… 188
コモンキングヘビ〔両生類・爬
　虫類〕 …………………………… 574
コモンクイナ〔鳥〕 ……………… 411
コモンサカタザメ〔魚・貝・水
　生生物〕 ………………………… 188
コモンシギ〔鳥〕 ………………… 411
コモンシャコ〔鳥〕 ……………… 411
コモン・スウィフト〔虫〕 ……… 39
コモンタイマイ〔虫〕 …………… 39
コモンツパイ〔哺乳類〕 ………… 533
コモンデスアダー〔両生類・爬
　虫類〕 …………………………… 574
こもんふぐ〔魚・貝・水生生物〕‥ 188
コモンフグ〔魚・貝・水生生物〕‥ 188
コモンフグ？〔魚・貝・水生生
　物〕 ……………………………… 188
コモンボヤのなかま〔魚・貝・
　水生生物〕 ……………………… 188
コモンマーモセット〔哺乳類〕‥ 533
コヤガのなかま〔虫〕 …………… 39
子安貝〔魚・貝・水生生物〕 …… 188
コヨコジマジュウカラ〔鳥〕 …… 412
コヨシキリ〔鳥〕 ………………… 412
コヨシキリ？〔鳥〕 ……………… 412
コヨシゴイ〔鳥〕 ………………… 412
コヨリウミヘビ〔両生類・爬虫
　類〕 ……………………………… 574
ゴライアスオオツノコガネ
　〔虫〕 …………………………… 40
ゴーラル〔哺乳類〕 ……………… 533
コリドラスプンクタトゥス
　〔魚・貝・水生生物〕 ………… 188
ゴリラ？〔哺乳類〕 ……………… 533
コリンウズラ〔鳥〕 ……………… 412
ゴルゴーニア〔魚・貝・水生生
　物〕 ……………………………… 189
コルシカゴジュウカラ〔鳥〕 …… 412
ゴールデン・シナー〔魚・貝・
　水生生物〕 ……………………… 189
ゴールデンモンキー〔哺乳類〕‥ 534
ゴールデンライオンタマリン
　〔哺乳類〕 ……………………… 534
こるり〔鳥〕 ……………………… 412
コルリ〔鳥〕 ……………………… 412
コルリキバチ〔虫〕 ……………… 40
コロギス〔虫〕 …………………… 40
コロダイ〔魚・貝・水生生物〕 … 189
コロモジラミ〔虫〕 ……………… 40
コロラドハムシ〔虫〕 …………… 40
コワクラゲのなかま〔魚・貝・
　水生生物〕 ……………………… 189
コワクラゲ目に含まれるクラゲ
　（？）〔魚・貝・水生生物〕 … 189
コワモンゴキブリ〔虫〕 ………… 40
ゴンギオ〔魚・貝・水生生物〕 … 189
コンゴウインコ〔鳥〕 …………… 412
コンゴウインコ（アカコンゴウ
　インコ）〔鳥〕 ………………… 412
コンゴウヒメタカベガイ〔魚・

作品名索引　　　　　　さらの

貝・水生生物〕………… 189
コンゴウフグ〔魚・貝・水生生
物〕……………………… 189
コンジンテナガエビ〔魚・貝・
水生生物〕……………… 189
ごんずい〔魚・貝・水生生物〕… 189
ゴンズイ〔魚・貝・水生生物〕
……………………… 189,190
コンセイインコ〔鳥〕………… 412
昆虫〔虫〕………………………… 40
コンドル〔鳥〕………………… 412
コンボウヤセバチ科〔虫〕……… 40
コンボルバラス・ホークモス
〔虫〕……………………… 40

【さ】

サイ〔哺乳類〕………………… 534
サイガ〔哺乳類〕……………… 534
サイガのツノ〔哺乳類〕……… 534
サイカブトの1種〔虫〕………… 40
サイカブトのなかま〔虫〕……… 40
サイコロイボダイ〔魚・貝・水
生生物〕………………… 190
最大種のトンボ〔虫〕…………… 40
サイチョウ〔鳥〕……………… 412
サイチョウの嘴〔鳥〕………… 412
サイチョウの頭部〔鳥〕……… 412
サイのツノ〔哺乳類〕………… 534
サカサクラゲ（？）〔魚・貝・水
生生物〕………………… 190
サカサクラゲの1種〔魚・貝・水
生生物〕………………… 190
サカタザメ〔魚・貝・水生生物〕… 190
サカダチコノハムシ〔虫〕……… 40
サカダチマイマイ〔虫〕………… 40
サカツラ〔鳥〕………………… 413
サカツラガン〔鳥〕…………… 413
魚の顔づくし〔魚・貝・水生生
物〕……………………… 190
サカマキボラ〔魚・貝・水生生
物〕……………………… 190
サガミノウミウシのなかま
〔魚・貝・水生生物〕…… 190
サガリモモイタチウオ〔魚・
貝・水生生物〕………… 190
サギガイモドキ〔魚・貝・水生生
物〕……………………… 190
サキシマオカヤドカリ〔魚・
貝・水生生物〕………… 190
サキシマミノウミウシのなかま
〔魚・貝・水生生物〕…… 190
さぎふえ〔魚・貝・水生生物〕… 190
サギフエ〔魚・貝・水生生物〕… 190
サキボソリタチウオ〔魚・貝・
水生生物〕……………… 190
サクラエビ〔魚・貝・水生生物〕… 190
桜貝〔魚・貝・水生生物〕…… 191
サグラシツリントカゲ〔両生
類・爬虫類〕…………… 574

サクラスガ〔虫〕………………… 40
サクラダイ〔魚・貝・水生生物〕… 191
サクラボウシインコ〔鳥〕…… 413
サクラマス〔魚・貝・水生生物〕… 191
ザクロガイ〔魚・貝・水生生物〕… 191
さけ〔魚・貝・水生生物〕…… 191
サケ〔魚・貝・水生生物〕…… 191
サケイ〔鳥〕…………………… 413
サケガシラ〔魚・貝・水生生物〕… 191
鷓鴣〔鳥〕……………………… 413
サザエ〔魚・貝・水生生物〕… 191
さざえさめ〔魚・貝・水生生物〕… 191
ササキリ〔虫〕…………………… 40
ササキリの1種〔虫〕…………… 40
ササキリのなかま〔虫〕………… 40
ササナミガモ〔鳥〕…………… 413
サザナミサカハギ〔魚・貝・
水生生物〕……………… 191
サザナミハギ〔魚・貝・水生生
物〕……………………… 191
サザナミフグ〔魚・貝・水生生
物〕……………………… 192
サザナミヤッコの幼魚〔魚・
貝・水生生物〕………… 192
サザナミランナー〔両生類・爬
虫類〕…………………… 574
ササノハガイ〔魚・貝・水生生
物〕……………………… 192
笹ノ虫〔虫〕……………………… 40
ササハインコ〔鳥〕…………… 413
ササフミフウズラ〔鳥〕……… 413
サザンホーカー〔虫〕…………… 40
サシガメ科〔虫〕………………… 40
サシガメのなかま〔虫〕………… 41
サシガメのなかま？〔虫〕……… 41
桟敷〔魚・貝・水生生物〕…… 192
サシバ〔鳥〕…………………… 413
サシバ？〔鳥〕………………… 413
サシバエの1種〔虫〕…………… 41
サシバゴカイのなかま〔魚・
貝・水生生物〕………… 192
サスライアリ亜科〔虫〕………… 41
サソリ〔虫〕……………………… 41
サソリガイ〔魚・貝・水生生物〕… 192
サソリガイの蓋（？）〔魚・貝・
水生生物〕……………… 192
サソリガイやクモガイ類の蓋
（？）〔魚・貝・水生生物〕…… 192
サソリガニ〔魚・貝・水生生物〕… 192
サソリの1種〔虫〕……………… 41
サソリモドキ〔虫〕……………… 41
サツオミシマ〔魚・貝・水生生
物〕……………………… 192
サツキモンカゲロウ〔虫〕……… 41
さっぱ〔魚・貝・水生生物〕… 192
サッパ〔魚・貝・水生生物〕… 192
ザトウクジラ〔哺乳類〕……… 534
サトウチョウ〔鳥〕…………… 413
ザトウムシ〔虫〕………………… 41
ザトウムシのなかま〔虫〕……… 41
サナエトンボの1種〔虫〕……… 41

サバ〔魚・貝・水生生物〕…… 192
サバクオオトカゲ〔両生類・爬
虫類〕…………………… 574
サバクトビネズミ〔哺乳類〕… 534
サバクトビバッタ〔虫〕………… 41
サバクビタキ〔鳥〕…………… 413
サバクビタキ？〔鳥〕………… 413
サバクムシクイ〔鳥〕………… 413
サバフグの1種〔魚・貝・水生生
物〕……………………… 192
サハラハイラックス〔哺乳類〕… 534
サーバル〔哺乳類〕…………… 534
サバロノシメンナマズ〔魚・
貝・水生生物〕………… 192
サバンナオオトカゲ〔両生類・
爬虫類〕………………… 574
サバンナセンザンコウ〔哺乳類〕
……………………………… 534
サバンナタイガー〔哺乳類〕… 534
サバンナモンキー〔哺乳類〕… 534
サビイロタチヨタカ〔鳥〕…… 414
サビモンキシタアゲハ〔虫〕…… 41
サベッラ［ホンケヤリムシ］
〔魚・貝・水生生物〕…… 192
サボテンフィンチ〔鳥〕……… 414
さまざまなウニの棘の形〔魚・
貝・水生生物〕………… 192
サメ〔魚・貝・水生生物〕…… 193
サメクサインコ〔鳥〕………… 414
サメジラミの1種〔魚・貝・水生
生物〕…………………… 193
サメジラミのなかま〔魚・貝・
水生生物〕……………… 193
サメハダクワガタのなかま
〔虫〕……………………… 41
サメハダヘイケガニ〔魚・貝・
水生生物〕……………… 193
サメビタキ〔鳥〕……………… 414
サメビタキ？〔鳥〕…………… 414
サヤハシチドリ〔鳥〕………… 414
サヨナキドリ〔鳥〕…………… 414
さより〔魚・貝・水生生物〕… 193
サヨリ〔魚・貝・水生生物〕… 193
サヨリトビウオ〔魚・貝・水生
物〕……………………… 193
サヨリのなかま〔魚・貝・水生
物〕……………………… 193
サラサイザリウオ？〔魚・貝・
水生生物〕……………… 193
サラサウミウシ〔魚・貝・水生
物〕……………………… 193
サラサエビ〔魚・貝・水生生物〕… 193
サラサエビのなかま〔魚・貝・
水生生物〕……………… 193
サラサバイの1種〔魚・貝・水生
生物〕…………………… 193
サラサハゼ〔魚・貝・水生生物〕… 193
サラサミナシガイ〔魚・貝・水
生生物〕………………… 193
サラサワスレガイ〔魚・貝・水
生生物〕………………… 193
サラノマングース〔哺乳類〕… 534

博物図譜レファレンス事典 動物篇　**627**

さられ　　　　　　　　　作品名索引

サラレイシガイ〔魚・貝・水生生物〕………193
サラワクスンダリス〔哺乳類〕‥534
ザリガニ〔魚・貝・水生生物〕‥193
ザリガニ（アンボワーヌで食べたもの）〔魚・貝・水生生物〕………194
ザリガニ科〔魚・貝・水生生物〕194
ザリガニの卵〔魚・貝・水生生物〕………194
サルエビ〔魚・貝・水生生物〕194
サルクイワシ〔鳥〕………414
サルシアウミヒドラの仲間〔魚・貝・水生生物〕………194
サルシアクラゲの仲間〔魚・貝・水生生物〕………194
サルジニアナガレイモリ〔両生類・爬虫類〕………574
サルタンガラ〔鳥〕………414
猿の全身骨格〔哺乳類〕………534
猿の頭骨各種〔哺乳類〕………534
サルパ〔魚・貝・水生生物〕194
サルパの単独個体と連鎖〔魚・貝・水生生物〕………194
サルハマシギ〔鳥〕………414
サワガニ〔魚・貝・水生生物〕194
サワラ〔魚・貝・水生生物〕194
サワラクガマグチヨタカ〔鳥〕414
サンカクガイの1種？〔魚・貝・水生生物〕………194
サンカクハゼ〔魚・貝・水生生物〕………194
サンカクマイマイ〔虫〕………41
サンカノゴイ〔鳥〕………414
三兄弟島の羊〔魚・貝・水生生物〕………194
サンケイ〔鳥〕………414
サンゴアイゴ〔魚・貝・水生生物〕………194
サンクワウ〔鳥〕………414
さんこうちょう〔鳥〕………414
サンコウチョウ〔鳥〕………414
サンゴ礁〔魚・貝・水生生物〕194
珊瑚礁魚〔魚・貝・水生生物〕194
サンゴタツ〔魚・貝・水生生物〕‥194
サンゴニベ〔魚・貝・水生生物〕195
サンゴのなかま〔魚・貝・水生生物〕………195
サンゴパイプヘビ〔両生類・爬虫類〕………574
サンゴヘビ〔両生類・爬虫類〕574
サンゴ類〔魚・貝・水生生物〕‥195
サンシキマクラガイ〔魚・貝・水生生物〕………195
さんじゃく〔鳥〕………415
サンジャク〔鳥〕………415
サンジャク？〔鳥〕………415
サンショウウオ〔両生類・爬虫類〕………574
サンショウウオの解剖図〔両生類・爬虫類〕………574
サンショウウオの骨格〔両生類・爬虫類〕………574

サンショウウオの幼生〔両生類・爬虫類〕………574
山椒貝〔魚・貝・水生生物〕………195
サンショウクイ〔鳥〕………415
サンショクウミワシ〔鳥〕………415
サンショクキムネオオハシ〔鳥〕………415
サンショクキムネオオハシ（亜種）〔鳥〕………415
サンショクキムネオオハシのパナマ亜種〔鳥〕………415
サンショクキムネオオハシのメキシコ亜種〔鳥〕………415
サンショクコチュウハシ〔鳥〕415
サンショクフウキンチョウ〔鳥〕………415
ザンダー〔魚・貝・水生生物〕195
三代虫〔魚・貝・水生生物〕………195
サンタレムマーモセット〔哺乳類〕………535
サンドイッチアジサシ〔鳥〕………415
サンドウィッチクイナ（＝ハワイクイナ）〔鳥〕………415
サントメムシクイ〔鳥〕………416
サンバー〔哺乳類〕………535
さんま〔魚・貝・水生生物〕………195
サンマ〔魚・貝・水生生物〕………195
山脈魚〔魚・貝・水生生物〕………195
サンヨウ〔哺乳類〕………535
三葉虫類〔想像・架空の生物〕‥594

【し】

シアデ〔魚・貝・水生生物〕………195
ジイガセキンコの1種〔魚・貝・水生生物〕………195
シイラ〔魚・貝・水生生物〕………195
ジェームズホタテガイ〔魚・貝・水生生物〕………195
ジェルヴェオオハバマダニ〔虫〕………41
ジェントルキツネザル〔哺乳類〕………535
シオイタチウオ〔魚・貝・水生生物〕………195
シオガマガイの1種〔魚・貝・水生生物〕………195
シオカラトンボ〔虫〕………41
シオサザナミガイ〔魚・貝・水生生物〕………196
シオマネキ〔魚・貝・水生生物〕‥196
シオヤアブ〔虫〕………41
シオヤトンボ〔虫〕………41
シカ〔哺乳類〕………535
シカクナマコ〔魚・貝・水生生物〕………196
シカツノミヤマクワガタ〔虫〕‥41
ジガバチ科〔虫〕………41
ジガバチがイモムシを狩る場面〔虫〕………42

ジガバチかその近縁種〔虫〕……42
ジガバチのなかま〔虫〕………42
ジガバチのなかま？〔虫〕………42
ジガバチの仲間〔虫〕………42
ジガバチモドキ〔虫〕………42
しぎ〔鳥〕………416
シキ〔鳥〕………416
シギ〔鳥〕………416
シギアブ科〔虫〕………42
シギゾウムシの仲間〔虫〕………42
シギダチョウ類〔鳥〕………416
シキチョウ〔鳥〕………416
シキ ツルシキ〔鳥〕………416
シギノハシガイ〔魚・貝・水生生物〕………196
シギノハダイ〔魚・貝・水生生物〕………196
ジグモ〔虫〕………42
ジグモ科〔虫〕………42
シコロクチベニガイ科〔魚・貝・水生生物〕………196
シコロサンゴのなかま〔魚・貝・水生生物〕………196
シシイカ〔魚・貝・水生生物〕196
シシオザル〔哺乳類〕………535
シシオザル？〔哺乳類〕………535
シシガシラゴシキドリ〔鳥〕………416
シシバナオオソコイタチウオ〔魚・貝・水生生物〕………196
シジミタテハ〔虫〕………42
シジミタテハ科の1種〔虫〕………42
シジミタテハ科ミツオシジミタテハ属の1種〔虫〕………42
シジミタテハ科ユディタ属の1種〔虫〕………42
シジミタテハの1種〔虫〕………42,43
シジミタテハのなかま〔虫〕………43
シジミタテハのなかま？〔虫〕‥43
シジミチョウ科〔虫〕………43
シジミチョウの1種〔虫〕………43
シジミチョウのなかま〔虫〕‥43,44
シジミナリカワボタン〔魚・貝・水生生物〕………196
しじゅうから〔鳥〕………416
シジュウカラ〔鳥〕………416
シジュウカラ？〔鳥〕………416
シジュウカラガン〔鳥〕………416
シシュウミナシガイ〔魚・貝・水生生物〕………196
シズクアレチカナヘビ〔両生類・爬虫類〕………574
シダアンコウ〔魚・貝・水生生物〕………196
シダセッカのチャタム亜種〔鳥〕………417
シダセッカの南島亜種〔鳥〕‥417
シタナガフルーツコウモリ〔哺乳類〕………535
シターナトカゲ〔両生類・爬虫類〕………574
シタバガの1種〔虫〕………44

シタベニトラガ〔虫〕…………44
シタベニハゴロモのなかま〔虫〕…………44
シタベニモリツノハゴロモ〔虫〕…………44
シダレザクラクラゲのなかま〔魚・貝・水生生物〕…………196
シチセンベラ〔魚・貝・水生生物〕…………196
シチセンベラ(?)〔魚・貝・水生生物〕…………196
シチホウバト〔鳥〕…………417
シチメンチョウ〔鳥〕…………417
七面鳥〔鳥〕…………417
シチメンチョウの北米亜種〔鳥〕…………417
シッキムヒガラ〔鳥〕…………417
十脚目の1種〔魚・貝・水生生物〕…………196
十脚目またはアミ目の1種〔魚・貝・水生生物〕…………196
ジッヅリハリトカゲ〔両生類・爬虫類〕…………574
シッポウバト〔鳥〕…………417
シッポウフグ〔魚・貝・水生生物〕…………196
シッポウフグ属の1種〔魚・貝・水生生物〕…………197
シデムシ類〔虫〕…………44
シテンチョウチョウウオ〔魚・貝・水生生物〕…………197
シテンヤッコ〔魚・貝・水生生物〕…………197
シテンヤッコ属の1種(バンデット・エンジェルフィッシュ)〔魚・貝・水生生物〕…………197
シナガチョウ〔鳥〕…………417
シナヘ〔鳥〕…………417
シナヘビトカゲ〔両生類・爬虫類〕…………575
シナモグラネズミ〔哺乳類〕…………535
ジネズミ〔哺乳類〕…………535
シノノメワラスボ〔魚・貝・水生生物〕…………197
シノリガモ〔鳥〕…………417
シバエビ〔魚・貝・水生生物〕…………197
シバンムシの1種〔虫〕…………44
シバンムシのなかま?〔虫〕…………44
シビレエイ〔魚・貝・水生生物〕…………197
ジブッポウソウ〔鳥〕…………417
シベリアアオジ?〔鳥〕…………417
シベリアコクガラ〔鳥〕…………417
シベリアコクイナ〔鳥〕…………417
シベリアジャコウジカ〔哺乳類〕…………535
シベリアムクドリ〔鳥〕…………418
シベリアムクドリ?〔鳥〕…………418
シボリアゲハ〔虫〕…………44
シボリタカラガイ〔魚・貝・水生生物〕…………197
シマアオジ〔鳥〕…………418
しまあじ〔魚・貝・水生生物〕…197

シマアジ〔魚・貝・水生生物〕…197
シマアジ〔鳥〕…………418
シマイサキ〔魚・貝・水生生物〕…197
シマイシガニ〔魚・貝・水生生物〕…………197
シマイセエビ〔魚・貝・水生生物〕…………197
しまうしのした〔魚・貝・水生生物〕…………197
シマウシノシタ〔魚・貝・水生生物〕…………197
シマウマ〔哺乳類〕…………535
シマウマタカラガイ〔魚・貝・水生生物〕…………197
シマウミスズメ〔魚・貝・水生生物〕…………198
シマエナガ〔鳥〕…………418
シマカザリハチドリ〔鳥〕…………418
シマキンチャクフグ〔魚・貝・水生生物〕…………198
シマキンチャクフグかノコギリハギ〔魚・貝・水生生物〕……198
シマキンチャクフグの1種もしくはノコギリハギ(?)〔魚・貝・水生生物〕…………198
シマキンパラ〔鳥〕…………418
シマキンパラ(ウスアミメ)〔鳥〕…………418
シマクイナ〔鳥〕…………418
シマコショウダイ〔魚・貝・水生生物〕…………198
シマゴマ〔鳥〕…………418
シマシャコ〔鳥〕…………418
シマスカンク〔哺乳類〕…………535
シマタレクチベラ〔魚・貝・水生生物〕…………198
シマチビキ〔魚・貝・水生生物〕…………198
シマツノマタガイモドキ〔魚・貝・水生生物〕…………198
シマテンレック〔哺乳類〕…………535
シマテンレックの幼獣?〔哺乳類〕…………535
しまどじょう〔魚・貝・水生生物〕…………198
縞のある魚〔魚・貝・水生生物〕…………198
シマノジコ〔鳥〕…………418,419
シマノジコ?〔鳥〕…………419
シマハイエナ〔哺乳類〕…………535
シマハギ〔魚・貝・水生生物〕…………198
シマハギの幼魚〔魚・貝・水生生物〕…………198
シマハジロバトの小アンティル亜種〔鳥〕…………419
シマハッカン〔鳥〕…………419
シマヒイラギ〔魚・貝・水生生物〕…………198
シマヒヨドリ〔鳥〕…………419
シマフグ〔魚・貝・水生生物〕…………198
シマフクロウ〔鳥〕…………419
シマベニアオゲラ〔鳥〕…………419
シマヘビ〔想像・架空の生物〕…………594
シマヘビの双頭奇形〔想像・架

空の生物〕…………594
シマホウオウガイ〔魚・貝・水生生物〕…………199
シママングース〔哺乳類〕…………536
シママムクドリ〔鳥〕…………419
シママシクイ〔鳥〕…………419
シマメロンボラ〔魚・貝・水生生物〕…………199
シマリス〔哺乳類〕…………536
シミまたはイガの幼虫〔虫〕…44
シムソンミツノカブトムシ〔虫〕…………44
しめ〔鳥〕…………419
シメ〔鳥〕…………419
シメコミニシキベラ〔魚・貝・水生生物〕…………199
シメナワミノムシガイ〔魚・貝・水生生物〕…………199
地面に立つチータ〔哺乳類〕…536
シモダノコギリガニ〔魚・貝・水生生物〕…………199
シモフリアイゴ〔魚・貝・水生生物〕…………199
シモフリオオリス〔哺乳類〕…536
(ジャイアントキヌバネドリ)〔鳥〕…………419
ジャイアントパンダ〔哺乳類〕…536
ジャガー〔哺乳類〕…………536
シャカイハタオリ〔鳥〕…………419
シャキョクヒトデの1種〔魚・貝・水生生物〕…………199
シャクガ科の1種〔虫〕…………44
シャクガのなかま〔虫〕…………44
シャクガのなかま?〔虫〕…………44
シャクトリガ幼虫〔虫〕…………44
シャクナギ〔鳥〕…………419
シャコ〔魚・貝・水生生物〕…199
シャゴウ〔魚・貝・水生生物〕…199
ジャコウアゲハ〔虫〕…………44
ジャコウレック〔哺乳類〕…………536
シャコウガイ〔魚・貝・水生生物〕…………199
ジャコウカミキリ〔虫〕…………44
ジャコウジカ〔哺乳類〕…………536
ジャコウダコ〔魚・貝・水生生物〕…………199
ジャコウネズミ〔哺乳類〕…………536
シャコガキ〔魚・貝・水生生物〕…199
シャダンキの雄〔魚・貝・水生生物〕…………199
シャダンキの雌〔魚・貝・水生生物〕…………199
シャチ〔哺乳類〕…………536
シャチホコガ〔虫〕…………44
シャチホコガのなかま〔虫〕…44
シャチホコガのなかま?〔虫〕…45
シャチホコガの幼虫?〔虫〕…45
ジャッカル〔哺乳類〕…………536
ジャッキーヒゲトカゲ〔両生類・爬虫類〕…………575
シャッチョコ〔魚・貝・水生生物〕…………199

しやと　　　　　　　　　　　　　　　　　作品名索引

ジャードンカロテス〔両生類・
　爬虫類〕‥‥‥‥‥‥‥‥ 575
ジャネイロウズラ〔鳥〕‥‥ 419
ジャノメガザミ〔魚・貝・水生生
　物〕‥‥‥‥‥‥‥‥‥‥ 200
ジャノメカマキリ〔虫〕‥‥‥ 45
ジャノメタカラガイ〔魚・貝・
　水生生物〕‥‥‥‥‥‥‥ 200
ジャノメチョウの1種〔虫〕‥ 45
ジャノメチョウのなかま〔虫〕‥ 45
ジャノメドリ〔鳥〕‥‥‥‥ 420
ジャノメナマコ〔魚・貝・水生生
　物〕‥‥‥‥‥‥‥‥‥‥ 200
ジャマイカオビオバト〔鳥〕‥ 420
ジャマイカコビトドリ〔鳥〕‥ 420
ジャマイカコヨタカ〔鳥〕‥ 420
ジャマイカヌマガメ〔両生類・
　爬虫類〕‥‥‥‥‥‥‥‥ 575
ジャマイカフトオビアゲハ
　〔虫〕‥‥‥‥‥‥‥‥‥‥ 45
シャミセンガイの1種〔魚・貝・
　水生生物〕‥‥‥‥‥‥‥ 200
シャミセンガイのなかま〔魚・
　貝・水生生物〕‥‥‥‥‥ 200
シャモア〔哺乳類〕‥‥‥‥ 536
シャモア（山ヤギ）〔哺乳類〕‥ 536
シャレヌメリ〔魚・貝・水生生
　物〕‥‥‥‥‥‥‥‥‥‥ 200
ジャワエナガ〔鳥〕‥‥‥‥ 420
ジャワオオコウモリ〔哺乳類〕‥ 536
ジャワガマグチヨタカ〔鳥〕‥ 420
ジャワサイ〔哺乳類〕‥‥‥ 536
ジャワジャコウネコ〔哺乳類〕‥ 536
ジャワシロチョウ〔虫〕‥‥‥ 45
ジャワシロチョウの雌〔虫〕‥ 45
ジャワツバイ〔哺乳類〕‥‥ 536
ジャワトサカゲリ〔鳥〕‥‥ 420
ジャワバンケン〔鳥〕‥‥‥ 420
ジャワマメジカ〔哺乳類〕‥‥ 536
ジャワヤスリヘビ〔両生類・爬
　虫類〕‥‥‥‥‥‥‥‥‥ 575
ジャワヤマアラシ〔哺乳類〕‥ 536
シャンクガイ〔魚・貝・水生生
　物〕‥‥‥‥‥‥‥‥‥‥ 200
ジャングルランナーのなかま
　〔両生類・爬虫類〕‥‥‥‥ 575
ジュウイチ〔鳥〕‥‥‥‥‥ 420
十字架ガニ〔魚・貝・水生生物〕‥ 200
ジュウモンジゴミムシの1種〔虫〕‥ 45
ジュウシマツ〔鳥〕‥‥‥‥ 420
ジュウシマツ？　〔鳥〕‥‥ 420
十姉妹〔鳥〕‥‥‥‥‥‥‥ 420
修道士魚〔想像・架空の生物〕‥ 594
ジュウニシキュウバンナマズ
　〔魚・貝・水生生物〕‥‥‥ 200
ジュウニセンフウチョウ〔鳥〕‥ 420
ジュウモンジカメムシ〔虫〕‥ 45
ジュケイ〔鳥〕‥‥‥‥‥‥ 420
ジュゴン〔哺乳類〕‥‥‥‥ 537
ジュズカケバト〔鳥〕‥‥‥ 421
ジュズクモヒトデ〔魚・貝・水

生生物〕‥‥‥‥‥‥‥‥‥ 200
ジュドウマクラガイ〔魚・貝・
　水生生物〕‥‥‥‥‥‥‥ 200
シュバシコウ〔鳥〕‥‥‥‥ 421
シュバシコウの脚と羽〔鳥〕‥ 421
シュバシコウの頭〔鳥〕‥‥ 421
シュバシサトチョウ〔鳥〕‥ 421
種名不詳〔鳥〕‥‥‥‥‥‥ 421
種名不明〔虫〕‥‥‥‥‥‥‥ 45
シュモクアオリガイ〔魚・貝・
　水生生物〕‥‥‥‥‥‥‥ 200
シュモクガイ〔魚・貝・水生生
　物〕‥‥‥‥‥‥‥‥‥‥ 200
シュモクガキ〔魚・貝・水生生
　物〕‥‥‥‥‥‥‥‥‥‥ 200
シュモクザメ〔魚・貝・水生生
　物〕‥‥‥‥‥‥‥‥‥‥ 200
シュモクドリ〔鳥〕‥‥‥‥ 421
シュライバーカナヘビ〔両生
　類・爬虫類〕‥‥‥‥‥‥‥ 575
シュリンクス〔想像・架空の生
　物〕‥‥‥‥‥‥‥‥‥‥ 594
種類がわからないチョウに関す
　るメモ〔虫〕‥‥‥‥‥‥‥ 45
種類のわからない蛾かチョウの
　幼虫〔虫〕‥‥‥‥‥‥‥‥ 45
種類のわからない蛾の幼虫
　〔虫〕‥‥‥‥‥‥‥‥‥‥ 45
種類のわからない鳥〔鳥〕‥‥ 421
シュレーゲルアオガエル〔両生
　類・爬虫類〕‥‥‥‥‥‥‥ 575
ジュンサイハムシの1種〔虫〕‥ 46
ジョウカイボン科〔虫〕‥‥‥ 46
ジョウカイボンのなかま〔虫〕‥ 46
ジョウカイモドキの1種〔虫〕‥ 46
ショウガラゴ〔哺乳類〕‥‥ 537
条鰭魚綱の1種〔魚・貝・水生生
　物〕‥‥‥‥‥‥‥‥‥‥ 200
ショウサイフグ〔魚・貝・水生生
　物〕‥‥‥‥‥‥‥‥‥‥ 200
猩猩〔哺乳類〕‥‥‥‥‥‥ 537
ショウジョウイシモチ〔魚・
　貝・水生生物〕‥‥‥‥‥ 200
ショウジョウインコ〔鳥〕‥ 421
ショウジョウインコモドキ
　〔鳥〕‥‥‥‥‥‥‥‥‥ 421
ショウジョウガイ〔魚・貝・水
　生生物〕‥‥‥‥‥‥‥‥ 200
ショウジョウコウカンチョウ
　〔鳥〕‥‥‥‥‥‥‥‥‥ 421
ショウジョウトキ〔鳥〕‥‥ 421
ショウジョウトンボ〔虫〕‥‥ 46
ショウジョウヒワ〔鳥〕‥‥ 421
ショウジョウラ〔魚・貝・水生生
　物〕‥‥‥‥‥‥‥‥‥‥ 200
ショウチクバイ〔魚・貝・水生生
　物〕‥‥‥‥‥‥‥‥‥‥ 200
条虫のなかま〔魚・貝・水生生
　物〕‥‥‥‥‥‥‥‥‥‥ 201
ショウドウツバメ〔鳥〕‥‥ 421
ショウハナジログエノン〔哺乳
　類〕‥‥‥‥‥‥‥‥‥‥ 537

ジョウビタキ〔鳥〕‥‥‥‥ 422
ジョウビタキ？〔鳥〕‥‥‥ 422
ショウミョウイモガイ〔魚・
　貝・水生生物〕‥‥‥‥‥ 201
正面から見た馬〔哺乳類〕‥ 537
ジョウモンヒキガエル〔両生
　類・爬虫類〕‥‥‥‥‥‥‥ 575
ショウリョウバッタ〔虫〕‥‥ 46
ショウリョウバッタの1種〔虫〕‥ 46
ショウワー・ラキ〔魚・貝・水生
　生物〕‥‥‥‥‥‥‥‥‥ 201
女王〔魚・貝・水生生物〕‥ 201
ジョウウマダラ〔虫〕‥‥‥‥ 46
ショクガバエ科〔虫〕‥‥‥‥ 46
ショクガバエのなかま〔虫〕‥‥ 46
ショクコウラ〔魚・貝・水生生
　物〕‥‥‥‥‥‥‥‥‥‥ 201
ジョージクリンガエル〔両生
　類・爬虫類〕‥‥‥‥‥‥‥ 575
ジョフロワネコ〔哺乳類〕‥ 537
ジョフロワマーモセット〔哺乳
　類〕‥‥‥‥‥‥‥‥‥‥ 537
ジョロウグモ〔虫〕‥‥‥‥‥ 46
シライトマキバイ〔魚・貝・水
　生生物〕‥‥‥‥‥‥‥‥ 201
しらうお〔魚・貝・水生生物〕‥ 201
シラウオ〔魚・貝・水生生物〕‥ 201
シラオネッタイチョウ〔鳥〕‥ 422
シラガガケヒタキ〔鳥〕‥‥ 422
シラガホオジロ〔鳥〕‥‥‥ 422
シラコオニアンコウ〔魚・貝・
　水生生物〕‥‥‥‥‥‥‥ 201
シラコバト〔鳥〕‥‥‥‥‥ 422
シラタエビ〔魚・貝・水生生物〕‥ 201
白玉〔魚・貝・水生生物〕‥ 201
シラナミガイ〔魚・貝・水生生
　物〕‥‥‥‥‥‥‥‥‥‥ 201
シラヒゲウミスズメ〔鳥〕‥ 422
シラヒゲムシクイ〔鳥〕‥‥ 422
シラボシガラ〔鳥〕‥‥‥‥ 422
シラホシフトタマムシ〔虫〕‥ 46
シラミ〔虫〕‥‥‥‥‥‥‥‥ 46
シラミバエ科〔虫〕‥‥‥‥‥ 46
シリアオビジムカデ〔虫〕‥‥ 46
シリアゲコバチ科〔虫〕‥‥‥ 46
シリアゲムシ〔虫〕‥‥‥‥‥ 47
シリアゲムシ科〔虫〕‥‥‥‥ 47
シリアゲムシのなかま〔虫〕‥‥ 47
シリアップリボラ〔魚・貝・水
　生生物〕‥‥‥‥‥‥‥‥ 201
シリケンイモリ？　〔両生類・爬
　虫類〕‥‥‥‥‥‥‥‥‥ 575
シリスのなかま〔魚・貝・水生生
　物〕‥‥‥‥‥‥‥‥‥‥ 201
シリヤケイカ〔魚・貝・水生生
　物〕‥‥‥‥‥‥‥‥‥‥ 201
シルバーアロワナ〔魚・貝・水
　生生物〕‥‥‥‥‥‥‥‥ 201
シルバーハチェットフィッシュ
　〔魚・貝・水生生物〕‥‥‥ 201
シルバーマーモセット〔哺乳類〕
　‥‥‥‥‥‥‥‥‥‥‥‥ 537

630　博物図譜レファレンス事典 動物篇

作品名索引　　　　　　しんり

シルバー・ライン〔虫〕 ………47
シルバートン〔哺乳類〕 ……537
シロアオリガイの1種〔魚・貝・
　水生生物〕 …………………201
シロアマダイ〔魚・貝・水生生
　物〕 …………………………201
シロアリ科〔虫〕 ……………47
シロアリモドキのなかま〔虫〕 ‥47
シロアンボイナガイ〔魚・貝・
　水生生物〕 …………………201
シロイルカ〔哺乳類〕 ………537
シロイワヤギ〔哺乳類〕 ……537
シロウオ〔魚・貝・水生生物〕 …201
シロエボシアリドリ〔鳥〕 …422
シロエリインカハチドリ〔鳥〕‥422
シロエリオオガシラ〔鳥〕 …422
シロエリテンシハチドリ〔鳥〕‥422
シロエリノスリ〔鳥〕 ………422
シロエリハゲワシ〔鳥〕 ……423
シロエリハチドリ〔鳥〕 ……423
シロエリヒタキ〔鳥〕 ………423
シロエリマンガベイ〔哺乳類〕‥537
シロエンビハチドリ〔鳥〕 …423
しろをし〔鳥〕 ………………423
白鴛鴦〔鳥〕 …………………423
シロオビアゲハ〔虫〕 ………47
シロオビアゲハのなかま〔虫〕‥47
シロオビアワフキ〔虫〕 ……47
シロオビキノハタテハ〔虫〕 …47
シロオオガシガラ〔鳥〕 ……423
シロガオオマキザル〔哺乳類〕‥537
シロガオサキ〔哺乳類〕 ……537
シロカザリハチドリ〔鳥〕 …423
シロカジキ〔魚・貝・水生生物〕‥202
シロガシラ〔鳥〕 ……………423
シロガシラキリハシ〔鳥〕 …423
シロガシラシャクケイ〔鳥〕‥423
シロガシラトサカゲリ〔鳥〕‥423
シロガシラハゲワシ〔鳥〕 …423
シロガシラムクドリ〔鳥〕 …423
シロカツオドリ〔鳥〕 ………423
白ガツツ〔魚・貝・水生生物〕‥202
シガネアジ〔魚・貝・水生生
　物〕 …………………………202
シロガの1種〔虫〕 …………47
シロカマハシフウチョウ〔鳥〕‥423
シロカモメ〔鳥〕 ……………424
シロガンギエイ〔魚・貝・水生
　物〕 …………………………202
しろぎす〔魚・貝・水生生物〕‥202
シロギス〔魚・貝・水生生物〕‥202
シロキュウリウオ〔魚・貝・水
　生生物〕 ……………………202
しろぐち〔魚・貝・水生生物〕‥202
シログチ〔魚・貝・水生生物〕‥202
シロクチキナレイシガイ〔魚・
　貝・水生生物〕 ……………202
シロクロオオガシラ〔鳥〕 …424
シロクロサイチョウ〔鳥〕 …424
シロゴイサギ〔鳥〕 …………424
白小判〔魚・貝・水生生物〕 …202

シロサイ〔哺乳類〕 …………537
シロサバフグ〔魚・貝・水生生
　物〕 …………………………202
シロザメ〔魚・貝・水生生物〕 …202
シロシタホタルガ〔虫〕 ……47
シロシュモクザメ〔魚・貝・水
　生生物〕 ……………………202
シロスジエメラルドハチドリ
　〔鳥〕 ………………………424
シロスジエメラルドハチドリ
　(亜種)〔鳥〕 ………………424
シロスジカミキリ〔虫〕 ……47
シロスジカミキリの1種〔虫〕‥47
シロスソビキアゲハ〔虫〕 …47
シロタスキベラ〔魚・貝・水生
　物〕 …………………………202
シロチドリ〔鳥〕 ……………424
シロチドリ？〔鳥〕 …………424
シロチョウ科〔虫〕 …………47
シロチョウ科の1種〔虫〕 …47
シロチョウのなかま〔虫〕 …47
シロチョウ類の不明種〔虫〕 …47
シロツノミツスイ〔鳥〕 ……424
シロテテナガザル〔哺乳類〕‥538
シロナガスクジラ〔哺乳類〕‥538
シロノスリ〔鳥〕 ……………424
シロハタフウチョウ〔鳥〕 …424
シロハヒメメクラネズミ〔哺乳
　類〕 …………………………538
シロハヤブサ〔鳥〕 …………424
しろはら〔鳥〕 ………………424
シロハラ〔鳥〕 ………………424
シロハラアナツバメ〔鳥〕 …425
シロハラアフリカツリスガラ
　〔鳥〕 ………………………425
シロハラアマツバメ〔鳥〕 …425
シロハラインコ〔鳥〕 ………425
シロハラウミワシ〔鳥〕 ……425
シロハラオナガ〔鳥〕 ………425
シロハラクイナ〔鳥〕 ………425
シロハラクロガラ〔鳥〕 ……425
シロハラサンショウクイ〔鳥〕‥425
シロハラシャコバト〔鳥〕 …425
シロハラトウゾクカモメ〔鳥〕‥425
シロハラハイタカ〔鳥〕 ……425
シロハラホオジロ〔鳥〕 ……425
シロハラミミズトカゲ〔両生
　類・爬虫類〕 ………………575
シロハラモリチドリ〔鳥〕 …425
シロハラルリサンジャク〔鳥〕‥425
シロヒゲホシエソ〔魚・貝・水
　生生物〕 ……………………202
シロビタイガラ〔鳥〕 ………425
シロビタイキツネザル〔哺乳類〕
　………………………………538
シロビタイジョウビタキ〔鳥〕‥425
シロビタイハチクイ〔鳥〕 …425
シロビタイムジオウム〔鳥〕‥426
シロビタイリーフモンキー〔哺
　乳類〕 ………………………538

しろひれたびら〔魚・貝・水生生
　物〕 …………………………203
シロフオナガバチ？〔虫〕 …47
シロフクロウ〔鳥〕 …………426
白ふくろふ〔鳥〕 ……………426
シロブチハタ〔魚・貝・水生生
　物〕 …………………………203
シロフムササビ〔哺乳類〕 …538
シロボシウズラ〔鳥〕 ………426
シロボシウミヘビ〔魚・貝・水
　生生物〕 ……………………203
シロマスの1種〔魚・貝・水生生
　物〕 …………………………203
シロマダラウズラ〔鳥〕 ……426
シロマユゴシキドリ〔鳥〕 …426
シロミスジ〔虫〕 ……………48
シロミスジ〔魚・貝・水生生物〕‥203
シロミミキジ〔鳥〕 …………426
シロミミマーモセット〔哺乳類〕
　………………………………538
(シロムネオオハシ)〔鳥〕 …426
シロムネオオハシ〔鳥〕 ……426
シワニ〔魚・貝・水生生物〕 …203
シワエイ〔魚・貝・水生生物〕‥203
シワガザミのなかま〔魚・貝・
　水生生物〕 …………………203
シワクマサカガイ？〔魚・貝・
　水生生物〕 …………………203
シワハイルカ〔哺乳類〕 ……538
深海の動物〔魚・貝・水生生物〕‥203
ジンガサウニの1種〔魚・貝・水
　生生物〕 ……………………203
ジンガサウニの仲間〔魚・貝・
　水生生物〕 …………………203
ジンガサハムシ〔虫〕 ………48
ジンゲル〔魚・貝・水生生物〕‥203
シンサンカクガイ〔魚・貝・水
　生生物〕 ……………………203
ジンサンシバンムシ〔虫〕 …48
シンジュサン〔虫〕 …………48
シンジュタテハの1種〔虫〕 …48
シンジュマルガレイ〔魚・貝・
　水生生物〕 …………………203
シンジュマルガレイの幼魚
　〔魚・貝・水生生物〕 ……203
心臓〔魚・貝・水生生物〕 …203
ジンドウイカ〔魚・貝・水生生
　物〕 …………………………203
ジンドウイカの1種〔魚・貝・水
　生生物〕 ……………………203
シンプルジェリー〔魚・貝・水
　生生物〕 ……………………203
ジンベイザメ〔魚・貝・水生生
　物〕 …………………………204
ジンベエザメ〔魚・貝・水生生
　物〕 …………………………204
シンリンガラガラ〔両生類・爬
　虫類〕 ………………………575

博物図譜レファレンス事典 動物篇　**631**

すあお　　　　　　作品名索引

【す】

ズアオアトリ〔鳥〕‥‥‥‥‥‥ 426
ズアオウチワインコの基準亜種
　〔鳥〕‥‥‥‥‥‥‥‥‥‥‥ 427
ズアオキヌバネドリ〔鳥〕‥‥ 427
ズアオキヌバネドリ（亜種）
　〔鳥〕‥‥‥‥‥‥‥‥‥‥‥ 427
ズアオサファイアハチドリ
　〔鳥〕‥‥‥‥‥‥‥‥‥‥‥ 427
ズアオホオジロ〔鳥〕‥‥‥‥ 427
ズアオヤイロチョウ〔鳥〕‥‥ 427
ズアオワタアシハチドリ〔鳥〕‥‥ 427
ズアカアオバト〔鳥〕‥‥‥‥ 427
ズアカアオバト？〔鳥〕‥‥‥ 427
ズアカウロコインコ〔鳥〕‥‥ 427
ズアカエナガ〔鳥〕‥‥‥‥‥ 427
ズアカガケツバメ〔鳥〕‥‥‥ 427
ズアカカンムリウズラ〔鳥〕‥ 427
ズアカキツツキ〔鳥〕‥‥‥‥ 427
ズアカキヌバネドリ〔鳥〕‥‥ 427
ズアカショウビン〔鳥〕‥‥‥ 427
ズアカヒメシャクケイ〔鳥〕‥ 427
ズアカモズ〔鳥〕‥‥‥‥‥‥ 428
スイギュウ〔哺乳類〕‥‥‥‥ 538
スイジガイ〔魚・貝・水生生物〕‥ 204
スイショウガイ科〔魚・貝・水
　生生物〕‥‥‥‥‥‥‥‥‥ 204
水晶宮（ロンドン万博会場）に
　展示された恐竜（絶滅した動
　物）〔想像・架空の生物〕‥‥ 594
スイセンハナアブの1種〔虫〕‥‥ 48
水中微生物〔魚・貝・水生生物〕‥ 204
スウェインソンモオリガイ
　〔魚・貝・水生生物〕‥‥‥ 204
枢機卿魚〔想像・架空の生物〕‥ 594
スカシガイの1種〔魚・貝・水生
　生物〕‥‥‥‥‥‥‥‥‥‥ 204
スカシカシパン〔魚・貝・水生生
　物〕‥‥‥‥‥‥‥‥‥‥‥ 204
スカシカシパンの仲間〔魚・
　貝・水生生物〕‥‥‥‥‥‥ 204
スカシジャノメのなかま〔虫〕‥ 48
スカシダコの1種〔魚・貝・水生
　生物〕‥‥‥‥‥‥‥‥‥‥ 204
スカシチャタテ〔虫〕‥‥‥‥ 48
スカシバガの1種〔虫〕‥‥‥‥ 48
スカシバのなかま〔虫〕‥‥‥ 48
スカーレットヘビ〔両生類・爬
　虫類〕‥‥‥‥‥‥‥‥‥‥ 575
スカンク〔哺乳類〕‥‥‥‥‥ 538
スギ〔魚・貝・水生生物〕‥‥ 204
スギドクガ〔虫〕‥‥‥‥‥‥ 48
スギノハウミウシのなかま
　〔魚・貝・水生生物〕‥‥‥ 204
スキハシコウ〔鳥〕‥‥‥‥‥ 428
スキラウラナミシロチョウ
　〔虫〕‥‥‥‥‥‥‥‥‥‥‥ 48
スキルベ・ニロティクス〔魚・

貝・水生生物〕‥‥‥‥‥‥ 204
ズキンガラス〔鳥〕‥‥‥‥‥ 428
ズキンヘビ〔両生類・爬虫類〕‥ 575
ズグロインコ〔鳥〕‥‥‥‥‥ 428
ズグロインコ？〔鳥〕‥‥‥‥ 428
ズグロエンビタイランチョウ
　〔鳥〕‥‥‥‥‥‥‥‥‥‥‥ 428
ズグロオトメインコ〔鳥〕‥‥ 428
ズグロオビロインコ〔鳥〕‥‥ 428
ズグロカブトウオ〔魚・貝・水
　生生物〕‥‥‥‥‥‥‥‥‥ 204
ズグロカモメ〔鳥〕‥‥‥‥‥ 428
ズグロゴシキインコ〔鳥〕‥‥ 428
ズグロゴシキセイガイインコ
　〔鳥〕‥‥‥‥‥‥‥‥‥‥‥ 428
ズグロサイチョウ〔鳥〕‥‥‥ 428
ズグロサメクサインコ〔鳥〕‥ 428
ズグロシロハラインコ〔鳥〕‥ 429
ズグロシロハラミズナギドリ
　〔鳥〕‥‥‥‥‥‥‥‥‥‥‥ 429
ズグロシロハラミズナギドリの
　ジャマイカ亜種〔鳥〕‥‥‥ 429
ズグロチャキンチョウ〔鳥〕‥ 429
ズグロニジハチドリ〔鳥〕‥‥ 429
ズグロハイイロカケス？〔鳥〕
　‥‥‥‥‥‥‥‥‥‥‥‥‥ 429
ズグロハゲコウ〔鳥〕‥‥‥‥ 429
ズグロハゲミツスイ（ボウズミ
　ツスイ）〔鳥〕‥‥‥‥‥‥‥ 429
ズグロヘビ〔両生類・爬虫類〕‥ 575
ズグロマイコドリ〔鳥〕‥‥‥ 429
ズグロミゾゴイ？〔鳥〕‥‥‥ 429
ズグロムシクイ〔鳥〕‥‥‥‥ 429
ズグロムシクイ属の鳥たち
　〔鳥〕‥‥‥‥‥‥‥‥‥‥‥ 429
ズグロモズモドキ〔鳥〕‥‥‥ 429
ズグロヤシフウキンチョウ
　〔鳥〕‥‥‥‥‥‥‥‥‥‥‥ 429
スケトウダラ〔魚・貝・水生生
　物〕‥‥‥‥‥‥‥‥‥‥‥ 204
スゲヨシキリ〔鳥〕‥‥‥‥‥ 429
スジアカオオコメツキ〔虫〕‥‥ 48
スジアカクマゼミ〔虫〕‥‥‥ 48
スジアカクマゼミの成虫と幼虫
　〔虫〕‥‥‥‥‥‥‥‥‥‥‥ 48
スジアラ〔魚・貝・水生生物〕‥ 204
スジイモガイ〔魚・貝・水生生
　物〕‥‥‥‥‥‥‥‥‥‥‥ 205
スジイルカ〔哺乳類〕‥‥‥‥ 538
スジエビ〔魚・貝・水生生物〕‥ 205
スジエビの1種〔魚・貝・水生生
　物〕‥‥‥‥‥‥‥‥‥‥‥ 205
スジエビのなかま〔魚・貝・水
　生生物〕‥‥‥‥‥‥‥‥‥ 205
スジオブロンズヘビ〔両生類・
　爬虫類〕‥‥‥‥‥‥‥‥‥ 575
スジキムネチュウハシ〔鳥〕‥ 429
スジギンポ〔魚・貝・水生生物〕‥ 205
スジグロオオゴマダラ〔虫〕‥‥ 48
スジグロカバマダラ〔虫〕‥‥ 48
スジグロカバマダラの1種〔虫〕‥ 48
スジグロカバマダラのなかま

〔虫〕‥‥‥‥‥‥‥‥‥‥‥ 48
スジグロシロチョウ〔虫〕‥‥ 48
スジコバン〔魚・貝・水生生物〕‥ 205
スジシマドジョウ小型種（琵琶
　湖型）または大型種〔魚・貝・
　水生生物〕‥‥‥‥‥‥‥‥ 205
スジハタの1種〔魚・貝・水生生
　物〕‥‥‥‥‥‥‥‥‥‥‥ 205
スジハナダイ〔魚・貝・水生生
　物〕‥‥‥‥‥‥‥‥‥‥‥ 205
スジハナビラウオ〔魚・貝・水
　生生物〕‥‥‥‥‥‥‥‥‥ 205
スジヒバリガイ？〔魚・貝・水
　生生物〕‥‥‥‥‥‥‥‥‥ 205
スジブチスズメダイ〔魚・貝・
　水生生物〕‥‥‥‥‥‥‥‥ 205
スジホシムシ？〔魚・貝・水生
　生物〕‥‥‥‥‥‥‥‥‥‥ 205
スジホシムシの1種〔魚・貝・水
　生生物〕‥‥‥‥‥‥‥‥‥ 205
スジボソコシブトハナバチ？
　〔虫〕‥‥‥‥‥‥‥‥‥‥‥ 49
スジマキヒトハレイシガイ
　〔魚・貝・水生生物〕‥‥‥ 205
ススイロアホウドリ〔鳥〕‥‥ 429
ススイロガラ〔鳥〕‥‥‥‥‥ 429
スズガモ〔鳥〕‥‥‥‥‥‥‥ 429
すずき〔魚・貝・水生生物〕‥ 206
スズキ〔魚・貝・水生生物〕‥ 206
スズキ科〔魚・貝・水生生物〕‥ 206
スズキのなかま〔魚・貝・水生生
　物〕‥‥‥‥‥‥‥‥‥‥‥ 206
ススキベラ属の1種（パール・
　ラス）〔魚・貝・水生生物〕‥ 206
ススキベラの類〔魚・貝・水生生
　物〕‥‥‥‥‥‥‥‥‥‥‥ 206
スズキモドキ〔魚・貝・水生生
　物〕‥‥‥‥‥‥‥‥‥‥‥ 206
スズドリ〔鳥〕‥‥‥‥‥‥‥ 430
スズバチ〔虫〕‥‥‥‥‥‥‥ 49
スズバチ？〔虫〕‥‥‥‥‥‥ 49
スズバチの巣？〔虫〕‥‥‥‥ 49
スズフリクラゲの仲間〔魚・
　貝・水生生物〕‥‥‥‥‥‥ 206
スズムシ〔虫〕‥‥‥‥‥‥‥ 49
すずめ〔鳥〕‥‥‥‥‥‥‥‥ 430
スズメ〔鳥〕‥‥‥‥‥‥‥‥ 430
スズメ〔虫〕‥‥‥‥‥‥‥‥ 430
スズメ？〔鳥〕‥‥‥‥‥‥‥ 430
スズメガ〔虫〕‥‥‥‥‥‥‥ 49
スズメガ科〔虫〕‥‥‥‥‥‥ 49
スズメガ科コキティウス属の1
　種〔虫〕‥‥‥‥‥‥‥‥‥ 49
スズメガ科の1種〔虫〕‥‥‥‥ 49
スズメガの1種〔虫〕‥‥‥‥‥ 49
スズメガの1種とそのさなぎ
　〔虫〕‥‥‥‥‥‥‥‥‥‥‥ 49
スズメガの成虫〔虫〕‥‥‥‥ 49
スズメガの成虫、幼虫、さなぎ
　〔虫〕‥‥‥‥‥‥‥‥‥‥‥ 49
スズメガのなかま〔虫〕‥‥49,50
スズメガのなかまとその幼虫ほ

作品名索引　　　　　せいよ

か〔虫〕……………………50
スズメガの幼虫〔虫〕………50
スズメガの幼虫とさなぎ〔虫〕‥50
スズメガ類の幼虫（芋虫）〔虫〕‥50
スズメダイ〔魚・貝・水生生物〕‥206
スズメダイ科〔魚・貝・水生生
物〕…………………………206
スズメダイ科（ホワイトイ
ヤー・スケーリーフィン）
〔魚・貝・水生生物〕206
スズメダイの類〔魚・貝・水生
物〕…………………………206
スズメバチ〔虫〕……………50
スズメバチ科〔虫〕…………50
スズメバチのなかま〔虫〕…50
スズメバチ類の巣〔虫〕……50
スズメバチの巣盤〔虫〕……50
スズメバト〔鳥〕……………430
スズメフクロウ〔鳥〕………430
スソキレガイの1種〔魚・貝・水
生生物〕……………………206
スソムラサキタカラガイ〔魚・
貝・水生生物〕……………206
スダレガイの1種〔魚・貝・水生
物〕…………………………206
スダレダイ科〔魚・貝・水生生
物〕…………………………206
スダレチョウチョウウオ〔魚・
貝・水生生物〕……206,207
スチーフンイワサザイ〔鳥〕…430
スッポン〔両生類・爬虫類〕……575
スティーヴンイワサザイ〔鳥〕‥430
ステップマーモット〔哺乳類〕…538
ステラーカイギュウ〔哺乳類〕…538
ステラーカケス〔鳥〕………430
ステントール〔ミドリラッパム
シ〕〔魚・貝・水生生物〕…207
ストロバリア〔魚・貝・水生
物〕…………………………207
スナエビ〔魚・貝・水生生物〕…207
ズナガタライタチウオ〔魚・
貝・水生生物〕……………207
スナガニ〔魚・貝・水生生物〕…207
スナガニ科〔魚・貝・水生生物〕‥207
ズナガニゴイ〔魚・貝・水生
物〕…………………………207
スナガニのなかま〔魚・貝・水
生生物〕……………………207
スナギンチャク〔魚・貝・水生
物〕…………………………207
スナギンチャクのなかま〔魚・
貝・水生生物〕……………207
スナギンチャクのなかま？
〔魚・貝・水生生物〕……207
スナゴチ属の1種〔魚・貝・水生
生物〕………………………207
スナシャコ〔魚〕……………430
スナダコ〔魚・貝・水生生物〕…207
スナチムシクイ〔鳥〕………430
スナノミ〔虫〕………………50
スナバシリ〔鳥〕……………430
スナホリガニの1種〔魚・貝・水

生生物〕……………………207
スナメリ〔哺乳類〕…………538
スナモグリのなかま〔魚・貝・
水生生物〕…………………207
スパニッシュ・ミノー〔魚・貝・
水生生物〕…………………207
スパーレルアカメガエル〔両生
類・爬虫類〕………………575
スピリフェリナ〔魚・貝・水生
物〕…………………………207
スプリングボック〔哺乳類〕…538
スペインオオヤマネコ〔哺乳類〕
………………………………539
スペインダイ〔魚・貝・水生生
物〕…………………………207
スベオアルマジロ〔哺乳類〕…539
スベリザルガイまたはマクラザ
ルガイ〔魚・貝・水生生物〕…207
スベリショクコウラ〔魚・貝・
水生生物〕…………………207
スポッテッド・ナイフフィッ
シュ〔魚・貝・水生生物〕……207
スポッテッドピラニア〔魚・
貝・水生生物〕……………208
スポットレースランナー〔両生
類・爬虫類〕………………576
スポラディブース〔魚・貝・水
生生物〕……………………208
スマ属の1種（リトル・ツニー）
〔魚・貝・水生生物〕……208
スマトラノシシ〔哺乳類〕…539
スマトラカモシカ〔哺乳類〕…539
スマトラサイ〔哺乳類〕……539
スミスヤブリス〔哺乳類〕…539
スミゾメヒロクチバエ〔虫〕……50
スミツキアカタチ〔魚・貝・水
生生物〕……………………208
スミツキゴンベ属の1種（レッ
ドバンデット・ホークフィッ
シュ〕〔魚・貝・水生生物〕……208
スミツキツユベラ〔魚・貝・水
生生物〕……………………208
スミツキトノサマダイ〔魚・
貝・水生生物〕……………208
スミツキベラ〔魚・貝・水生生
物〕…………………………208
スミナガシオコゼ〔魚・貝・水
生生物〕……………………208
スミボカシトラギス〔魚・貝・
水生生物〕…………………208
スミレイボダイ〔魚・貝・水生
物〕…………………………208
スミレオカガニ〔魚・貝・水生
物〕…………………………208
スミレコンゴウインコ〔鳥〕…431
スミレスナバシリ〔鳥〕……431
菫ノ虫〔虫〕…………………50
スミレビタイヤリハチドリ
〔鳥〕………………………431
スモール・エッガー〔虫〕……50
スモール・ヘス〔虫〕………50
スラウェシチュウヒワシ〔鳥〕‥431

スラウェシメガネザル〔哺乳類〕
………………………………539
スリカータ〔哺乳類〕………539
スリースポット・グーラミー
〔魚・貝・水生生物〕……208
スリー・スポット・レポリヌス
〔魚・貝・水生生物〕……208
スリナムサボテントカゲ〔両生
類・爬虫類〕………………576
スリナムメガネカイマン〔両生
類・爬虫類〕………………576
スリランカエツ〔魚・貝・水生生
物〕…………………………208
スルスミアワビ〔魚・貝・水生生
物〕…………………………208
スローロリス〔哺乳類〕……539
スローロリスの頭骨と歯〔哺乳
類〕…………………………539
スローワーム〔両生類・爬虫類〕
………………………………576
ズワイガニ〔魚・貝・水生生物〕‥208
ズワイガニの1種〔魚・貝・水生
生物〕………………………208
スンダイボイノシシ〔哺乳類〕‥539
スンダルリチョウ〔鳥〕……431

【せ】

セアオコバシハチドリ（亜種）
〔鳥〕………………………431
セアオマイコドリ〔鳥〕……431
セアカタイランチョウ〔鳥〕…431
セアカナンバンダイコクコガネ
〔虫〕………………………50
セアカハナドリ〔鳥〕………431
セアカホオダレムクドリ〔鳥〕‥431
セアカモズ〔鳥〕……………431
セイ ンコ〔鳥〕……………431
セイウチ〔哺乳類〕…………539
セイキチョウ〔鳥〕…………431
セイケイ〔鳥〕………………431
セイケイ（亜種）〔鳥〕……431
セイコウチョウ〔鳥〕……431,432
セイタカイソギンチャクの1種
〔魚・貝・水生生物〕……209
セイタカシギ〔鳥〕…………432
セイボウ科〔虫〕……………50
セイボウのなかま〔虫〕……50
セイボウモドキ科〔虫〕……51
セイボウモドキのなかま〔虫〕…51
セイヨウイタヤガイ〔魚・貝・
水生生物〕…………………209
セイヨウエビスガイ〔魚・貝・
水生生物〕…………………209
セイヨウカサガイ〔魚・貝・水
生生物〕……………………209
セイヨウザリガニ〔魚・貝・水
生生物〕……………………209
セイヨウザリガニの器官〔魚・
貝・水生生物〕……………209

博物図譜レファレンス事典 動物篇　**633**

せいよ　　　　　　　　　　　　作品名索引

セイヨウシビレエイ〔魚・貝・
　水生生物〕 ……………… 209
セイヨウシミ〔虫〕 ………… 51
セイヨウセミホウボウ〔魚・
　貝・水生生物〕 ………… 209
セイヨウセミホウボウの幼魚
　〔魚・貝・水生生物〕 … 209
セイヨウトコブシ〔魚・貝・水
　生生物〕 ………………… 209
セイヨウノコギリヤドリカニム
　シ〔虫〕 …………………… 51
セイヨウホラガイ〔魚・貝・水
　生生物〕 ………………… 209
セイラン〔鳥〕 …………… 432
セイラン？〔鳥〕 ………… 432
セイルフィン・モーリー〔魚・
　貝・水生生物〕 ………… 209
セイロンヤケイ〔鳥〕 …… 432
セイロンルリチョウ〔鳥〕… 432
セーカーハヤブサ〔鳥〕 … 432
石鯉〔魚・貝・水生生物〕… 209
セキコクヤギ〔魚・貝・水生生
　物〕 ……………………… 209
セキショクヤケイ〔鳥〕 … 432
セキセイインコ〔鳥〕 …… 432
セキタコ〔魚・貝・水生生物〕… 209
セキナナクサ〔鳥〕 ……… 432
セグロアジサシ〔鳥〕 …… 432
セグロウミヘビ〔両生類・爬虫
　類〕 ……………………… 576
セグロオオタカ〔鳥〕 …… 432
セグロカモメ〔鳥〕 ……… 432
セクロゴイ〔鳥〕 ………… 432
セクロセキレイ〔鳥〕 …… 432
セグロセキレイ〔鳥〕 …… 433
セグロチョウチョウウオ〔魚・
　貝・水生生物〕 ………… 209
セグロヒタキ〔鳥〕 ……… 433
セコバイ〔魚・貝・水生生物〕… 210
セコバイ？〔魚・貝・水生生物〕
　…………………………… 210
セーシェルシキチョウ〔鳥〕… 433
セーシェルルリバト〔鳥〕 …… 433
セジロクロガラ〔鳥〕 …… 433
セジロスカンク〔哺乳類〕… 539
セジロネズミドリ〔鳥〕 … 433
セーズ（ポロック）〔魚・貝・水
　生生物〕 ………………… 210
セスジアカムカデ〔虫〕 …… 51
セスジクスクス〔哺乳類〕… 539
セスジシャコ〔魚・貝・水生生
　物〕 ……………………… 210
セスジスズメ〔虫〕 ………… 51
セスジダイカー〔哺乳類〕… 539
セスジツブユビガエル〔両生
　類・爬虫類〕 …………… 576
セスジツユムシ〔虫〕 ……… 51
セスジハリバエの1種〔虫〕… 51
セスジヤケツムギヤデ〔虫〕 … 51
セセリチョウおよびシジミタテ
　ハのなかま？〔虫〕 ……… 51
セセリチョウ科〔虫〕 ……… 51

セセリチョウの1種〔虫〕 … 51,52
セセリチョウのなかま〔虫〕 … 52
セダカギンポ〔魚・貝・水生生
　物〕 ……………………… 210
セダカヤッコ〔魚・貝・水生生
　物〕 ……………………… 210
セッカ〔鳥〕 ……………… 433
セッカ？〔鳥〕 …………… 433
節足動物（甲殻類）の幼生〔魚・
　貝・水生生物〕 ………… 210
セッパリイサキ〔魚・貝・水生
　物〕 ……………………… 210
セトウシノシタ〔魚・貝・水生
　物〕 ……………………… 210
セトダイ〔魚・貝・水生生物〕… 210
セナカワムシのなかま〔魚・
　貝・水生生物〕 ………… 210
セナキニセスズメ〔魚・貝・水
　生生物〕 ………………… 210
セナスジベラ〔魚・貝・水生生
　物〕 ……………………… 210
ゼニガタアザラシ〔哺乳類〕… 539
ゼニガメ〔両生類・爬虫類〕… 576
ぜにたなご〔魚・貝・水生生物〕… 210
セネガルアルキガエル〔両生
　類・爬虫類〕 …………… 576
セノビリュウコツナマズ〔魚・
　貝・水生生物〕 ………… 210
セバが記載したアメリカ産タコ
　〔魚・貝・水生生物〕 … 210
ゼブラ・キリー〔魚・貝・水生生
　物〕 ……………………… 210
ゼブラハコフグ〔魚・貝・水生生
　物〕 ……………………… 210
セーブルアンテロープ〔哺乳類〕
　…………………………… 540
ゼブロイド〔哺乳類〕 …… 540
セボシエンビシキチョウ〔鳥〕… 433
セボシカンムリガラ〔鳥〕 … 433
セマダラタマリン〔哺乳類〕… 540
セマダラミツバトビトカゲ〔両
　生類・爬虫類〕 ………… 576
セマトゥルス科ノトウス属の1
　種〔虫〕 …………………… 52
セマルハコガメ〔両生類・爬虫
　類〕 ……………………… 576
セマルヒョウホンムシの1種
　〔虫〕 ……………………… 52
セミ〔虫〕 …………………… 52
セミエビ〔魚・貝・水生生物〕… 211
セミ科〔虫〕 ………………… 52
セミクジラ〔哺乳類〕 …… 540
セミゾヨツメハネカクシの1種
　〔虫〕 ……………………… 52
セミのなかま〔虫〕 ………… 52
セミホウボウ〔魚・貝・水生生
　物〕 ……………………… 211
セミホウボウ〔哺乳類〕 … 540
セミホウボウ科の魚〔魚・貝・
　水生生物〕 ……………… 211
セムシカサゴ〔魚・貝・水生生
　物〕 ……………………… 211

セムシクロアンコウ〔魚・貝・
　水生生物〕 ……………… 211
ゼメリングガゼル〔哺乳類〕… 540
セラム海岸の黄色い鎮魚〔魚・
　貝・水生生物〕 ………… 211
セリン〔鳥〕 ……………… 433
セルヴィルコケイロカマキリ
　〔虫〕 ……………………… 52
セルカリア・インテゲリウム
　〔虫〕 ……………………… 52
セルカリア・スピフェラ〔魚・
　貝・水生生物〕 ………… 211
セルカリア・ブケファルス
　〔魚・貝・水生生物〕 … 211
ゼルダ（フェニックキツネ）
　〔哺乳類〕 ……………… 540
セレベスコウハシショウビン
　〔鳥〕 ……………………… 433
セレベスコノハズクの基準亜種
　〔鳥〕 ……………………… 433
セレベスソデグロバト〔鳥〕… 433
セレベスタカサゴイシモチ
　〔魚・貝・水生生物〕 … 433
セレベスバンケン〔鳥〕 … 433
セレベスバンケンモドキ〔鳥〕… 433
セレベスムジチドリ〔鳥〕… 433
セレベスヤマガエル〔両生類・
　爬虫類〕 ………………… 576
セレベスヤマキサゴ〔虫〕 …… 52
セレベスリンゴガイ〔魚・貝・
　水生生物〕 ……………… 211
セワタシチョウチョウウオ
　〔魚・貝・水生生物〕 … 211
センウマヅラハギ属の1種〔魚・
　貝・水生生物〕 ………… 211
センオニハダカ〔魚・貝・水生生
　物〕 ……………………… 211
センジュガイ〔魚・貝・水生生
　物〕 ……………………… 211
センジュガイの1種〔魚・貝・水
　生生物〕 ………………… 211
センチコガネ〔虫〕 ………… 52
センチコガネ？〔虫〕 ……… 52
センチコガネの1種〔虫〕 …… 52
センチコガネのなかま〔虫〕… 52,53
船頭烏賊〔魚・貝・水生生物〕… 211
セントヘレナチドリ〔鳥〕… 433
センナリコケムシ〔魚・貝・水
　生生物〕 ………………… 211
センニュウ属〔鳥〕 ……… 433
センニンガイ〔魚・貝・水生生
　物〕 ……………………… 211
センニンショウジョウガイ
　〔魚・貝・水生生物〕 … 211
センノカミキリ〔虫〕 ……… 53
センボウガイ〔魚・貝・水生生
　物〕 ……………………… 212

634　博物図譜レファレンス事典 動物篇

作品名索引　　　たいわ

【そ】

ゾウ〔哺乳類〕…………… 540
ゾウアザラシ〔哺乳類〕…… 540
ゾウガイ〔魚・貝・水生生物〕… 212
ゾウギンザメの1種〔魚・貝・水
生生物〕………………… 212
ゾウゲカモメ〔鳥〕………… 434
ゾウゲツノガイ〔魚・貝・水生生
物〕……………………… 212
ゾウゲフデガイ〔魚・貝・水生生
物〕……………………… 212
草原の魚〔魚・貝・水生生物〕… 212
ソウゲンライチョウの東部亜種
（ヒースヘン）〔鳥〕…… 434
ソウゲンワシ〔鳥〕………… 434
ソウシイザリウオ〔魚・貝・水
生生物〕………………… 212
ソウシチョウ〔鳥〕………… 434
相思鳥〔鳥〕………………… 434
ソウシハギ〔魚・貝・水生生物〕… 212
造礁サンゴが付着した古代の壺
〔魚・貝・水生生物〕…… 212
造礁サンゴのポリプ〔魚・貝・
水生生物〕……………… 212
双頭の鳥〔想像・架空の生物〕… 594
双頭のヘビ〔想像・架空の生物〕… 594
ゾウ（マストドン）の歯の化石
〔哺乳類〕……………… 540
ゾウムシ科〔虫〕…………… 53
ゾウムシの1種〔虫〕………… 53
ゾウムシのなかま〔虫〕…… 53,54
ゾウリエビ〔魚・貝・水生生物〕… 212
ゾウリムシ〔魚・貝・水生生物〕… 212
ソコイトヨリ〔魚・貝・水生生
物〕……………………… 212
ソコクラゲの仲間〔魚・貝・水
生生物〕………………… 212
ソコシラエビ〔魚・貝・水生生
物〕……………………… 212
ソコトラレーサー〔両生類・爬
虫類〕…………………… 576
そこはりごち〔魚・貝・水生生
物〕……………………… 212
ソシエテマミムナジロバト
〔鳥〕…………………… 434
蘇州鴛鴦 雄〔鳥〕………… 434
蘇州鴛鴦 雌〔鳥〕………… 434
ソデグロヅル〔鳥〕………… 434
ソデグロムクドリ〔鳥〕…… 434
ソデボラ〔魚・貝・水生生物〕… 212
ソトオリイワシとその顔〔魚・
貝・水生生物〕………… 212
ソナレイモガイ〔魚・貝・水生生
物〕……………………… 212
ソバガラガニ〔魚・貝・水生生
物〕……………………… 212
ソメワケヤッコ〔魚・貝・水生生
物〕…………………212,213

ソヨカゼヤシガイ〔魚・貝・水
生生物〕………………… 213
ソライロフウキンチョウ〔鳥〕… 434
ソライロボウシエメラルドハチ
ドリ〔鳥〕……………… 435
ソラスズメダイ〔魚・貝・水生生
物〕……………………… 213
ソラスズメダイの1種〔魚・貝・
水生生物〕……………… 213
ソリハシシギ〔鳥〕………… 435
ソリハシセイタカシギ〔鳥〕… 435
ソリハシヤブアリドリ〔鳥〕… 435
ゾリラ〔哺乳類〕…………… 540
ソロバンベニヘビ〔両生類・爬
虫類〕…………………… 576

【た】

タイ〔魚・貝・水生生物〕…… 213
ダイアナモンキー〔哺乳類〕… 540
ダイオウイトマキボラ〔魚・
貝・水生生物〕………… 213
ダイオウウキビシガイ〔魚・
貝・水生生物〕………… 213
ダイオウウニの仲間〔魚・貝・
水生生物〕……………… 213
ダイオウガニ〔魚・貝・水生生
物〕……………………… 213
ダイオウカブトウラシマガイ
〔魚・貝・水生生物〕…… 213
ダイオウギス〔魚・貝・水生生
物〕……………………… 213
タイガー・ショヴェル〔魚・貝・
水生生物〕……………… 213
タイカンチョウ〔鳥〕……… 435
タイコウチ〔虫〕…………… 54
タイコウチのなかま〔虫〕…… 54
ダイコクコガネの1種〔虫〕…… 54
ダイコンアブラムシ〔虫〕…… 54
ダイサギ〔鳥〕……………… 435
ダイシャクシギ〔鳥〕……… 435
ダイスヤマカガシ〔両生類・爬
虫類〕…………………… 576
タイセイヨウイサキ〔魚・貝・
水生生物〕……………… 213
タイセイヨウオオイワガニ
〔魚・貝・水生生物〕…… 213
タイセイヨウオオヒョウ〔魚・
貝・水生生物〕………… 213
タイセイヨウカラライワシ〔魚・
貝・水生生物〕………… 213
タイセイヨウギンザメ〔魚・
貝・水生生物〕………… 213
タイセイヨウサケ〔魚・貝・水
生生物〕………………… 213
タイセイヨウサケの幼魚〔魚・
貝・水生生物〕………… 214
タイセイヨウスダレダイ〔魚・
貝・水生生物〕………… 214
タイセイヨウセミクジラ〔哺乳

類〕……………………… 541
タイセイヨウダツ〔魚・貝・水
生生物〕………………… 214
タイセイヨウダラ〔魚・貝・水
生生物〕………………… 214
タイセイヨウニシン〔魚・貝・
水生生物〕……………… 214
タイセイヨウノコギリエイ
〔魚・貝・水生生物〕…… 214
タイセイヨウヘイク〔魚・貝・
水生生物〕……………… 214
タイセイヨウマサバ〔魚・貝・
水生生物〕……………… 214
タイセイヨウマダラ〔魚・貝・
水生生物〕……………… 214
タイセイヨウマツカサウニ
〔魚・貝・水生生物〕…… 214
タイセイヨウメクラウナギ
〔魚・貝・水生生物〕…… 214
タイセイヨウヤイト〔魚・貝・
水生生物〕……………… 214
ダイゼン〔鳥〕……………… 435
ダイゼン？〔鳥〕…………… 436
タイタンオオウスバカミキリ
〔虫〕…………………… 54
ダイナンウミヘビ〔魚・貝・水
生生物〕………………… 214
ダイナンウミヘビ属の1種〔魚・
貝・水生生物〕………… 214
ダイナンギンポ〔魚・貝・水生生
物〕……………………… 214
第2のレユニオンドードー〔鳥〕
………………………… 436
ダイノウサンゴのなかま？
〔魚・貝・水生生物〕…… 214
鯛の骨格・「鯛中鯛」〔魚・貝・
水生生物〕……………… 214
大の字〔魚・貝・水生生物〕… 214
タイノミコ〔魚・貝・水生生物〕… 214
タイハクオウム〔鳥〕……… 436
タイヘイヨウヒウチダイ〔魚・
貝・水生生物〕………… 214
タイマイ〔両生類・爬虫類〕… 576
ダイミョウイモガイ〔魚・貝・
水生生物〕……………… 214
ダイミョウチョウチョウウオ
〔魚・貝・水生生物〕…… 215
ダイミョウハタ〔魚・貝・水生生
物〕……………………… 215
太陽ガニ〔魚・貝・水生生物〕… 215
タイラ〔哺乳類〕…………… 541
タイラギ〔魚・貝・水生生物〕… 215
タイリクイタチ〔哺乳類〕…… 541
タイリクオオカミ〔哺乳類〕… 541
タイリクスナモグリ〔魚・貝・
水生生物〕……………… 215
ダイリンノト〔魚・貝・水生生
物〕……………………… 215
タイワンイボタガ〔虫〕…… 54
タイワンオオウスバ〔虫〕…… 54
タイワンオオムカデ〔虫〕…… 54
タイワンオサゾウムシ〔虫〕…… 54

博物図譜レファレンス事典 動物篇　**635**

作品名索引

タイワンガザミ〔魚・貝・水生生
　物〕 ………………………… 215
タイワンカマス〔魚・貝・水生生
　物〕 ………………………… 215
タイワンキマダラ〔虫〕 ……… 54
タイワンキマダラの1種〔虫〕… 54
タイワンキマダラのなかま
　〔虫〕 ………………………… 54
タイワンキンギョ〔魚・貝・水
　生生物〕 …………………… 215
タイワンコジュケイ〔鳥〕 …… 436
タイワンコジュケイ（テッケ
　イ）〔鳥〕 …………………… 436
タイワンシジュウカラ〔鳥〕 … 436
タイワンダイコクコガネ〔虫〕… 54
タイワンタガメ〔虫〕 ………… 54
タイワンタガメの成虫と幼虫
　〔虫〕 ………………………… 54
タイワンツグミのバニコロ亜種
　〔鳥〕 ………………………… 436
タイワンツバメシジミ〔虫〕 … 54
タイワンドジョウ〔魚・貝・水
　生生物〕 …………………… 215
タイワンドジョウ類〔魚・貝・
　水生生物〕 ………………… 215
タイワンナツメガイ〔魚・貝・
　水生生物〕 ………………… 215
タイワンブダイ〔魚・貝・水生生
　物〕 ………………………… 215
タイワンミノムシガイ〔魚・
　貝・水生生物〕 …………… 215
タイワンメナダ〔魚・貝・水生生
　物〕 ………………………… 215
タイワンレイシガイ〔魚・貝・
　水生生物〕 ………………… 215
ダーウィンオオミミマウス〔哺
　乳類〕 ……………………… 541
ダーウィンキツネダイ〔魚・
　貝・水生生物〕 …………… 215
ダーウィンシギダチョウ〔鳥〕… 436
ダーウィンハナガエル〔両生
　類・爬虫類〕 ……………… 576
ダーウィンレア〔鳥〕 ………… 436
タウナギの1種〔魚・貝・水生生
　物〕 ………………………… 215
タウリカナヘビ〔両生類・爬虫
　類〕 ………………………… 576
タエボラの1種〔魚・貝・水生生
　物〕 ………………………… 215
ダエンマルトゲムシのなかま
　〔虫〕 ………………………… 54
たか〔鳥〕 …………………… 436
タカアシガニ〔魚・貝・水生生
　物〕 ………………………… 216
タカサゴキララマダニ〔虫〕 …… 55
タカサゴツキヒガイ〔魚・貝・
　水生生物〕 ………………… 216
タカネナキウサギ〔哺乳類〕 … 541
タカノハガイ〔魚・貝・水生生
　物〕 ………………………… 216
たかのはだい〔魚・貝・水生生
　物〕 ………………………… 216

タカノハダイ〔魚・貝・水生生
　物〕 ………………………… 216
タカノハダイ属の1種（ハワイ
　アン・モーウォング）〔魚・
　貝・水生生物〕 …………… 216
タカブシギ〔鳥〕 …………… 436
たかべ〔魚・貝・水生生物〕 … 216
タカヘ〔鳥〕 ………………… 436
タカヘ（ノトルニス）〔鳥〕 … 436
タカヘ（南島亜種）〔鳥〕 …… 436
タカベ〔魚・貝・水生生物〕 … 216
タガメ〔虫〕 ………………… 55
タガメの卵〔虫〕 …………… 55
タカ目の鳥〔鳥〕 …………… 436
タガヤサンミナシガイ〔魚・
　貝・水生生物〕 …………… 216
ダキジマベラ〔魚・貝・水生生
　物〕 ………………………… 216
タキベラ〔魚・貝・水生生物〕… 216
タキベラ属の1種〔魚・貝・水生
　生物〕 ……………………… 216
タキベラの1種〔魚・貝・水生生
　物〕 ………………………… 216
ターキン〔哺乳類〕 ………… 541
ダーク・クリムソン・アンダー
　ウィング・モス〔虫〕 ……… 55
タクミドリの巣〔鳥〕 ……… 436
タケギンポ〔魚・貝・水生生物〕… 216
タケトラカミキリ〔虫〕 …… 55
タケノコメバル〔魚・貝・水生生
　物〕 ………………………… 216
タケホソクロバ〔虫〕 ……… 55
タゲリ〔鳥〕 ………… 436,437
タコ〔魚・貝・水生生物〕 …… 216
タコクラゲ〔魚・貝・水生生物〕… 217
タコクラゲに近いなかま〔魚・
　貝・水生生物〕 …………… 217
タコクラゲの1種〔魚・貝・水生
　生物〕 ……………………… 217
タコクラゲの仲間〔魚・貝・水
　生生物〕 …………………… 217
タコの1種〔魚・貝・水生生物〕… 217
タコの内臓〔魚・貝・水生生物〕… 217
タコノマクラ〔魚・貝・水生生
　物〕 ………………………… 217
陽遂足など〔魚・貝・水生生物〕… 217
タコノマクラの1種〔魚・貝・水
　生生物〕 …………………… 217
タコノマクラの仲間〔魚・貝・
　水生生物〕 ………………… 217
タコブネ〔魚・貝・水生生物〕… 217
タコベラ〔魚・貝・水生生物〕… 217
タシギ〔鳥〕 ………………… 437
タシギ？〔鳥〕 ……………… 437
タシギ属の1種〔鳥〕 ……… 437
タスキモンガラ〔魚・貝・水生生
　物〕 ………………………… 217
タスジイシモチ〔魚・貝・水生生
　物〕 ………………………… 217
タスジコショウダイ〔魚・貝・
　水生生物〕 ………………… 217
タスマニアクリンガエル〔両生

類・爬虫類〕 ………………… 577
タスマニアハリモグラ〔哺乳類〕
　……………………………… 541
タスマニアミミカクレガエル
　〔両生類・爬虫類〕 ………… 577
たちうお〔魚・貝・水生生物〕… 217
タチウオ〔魚・貝・水生生物〕
　………………………… 217,218
タチバナマイマイ〔虫〕 …… 55
ダチョウ〔鳥〕 ……………… 437
駝鳥〔鳥〕 …………………… 437
ダチョウの初列風切羽〔鳥〕 … 437
ダチョウの卵〔鳥〕 ………… 437
だつ〔魚・貝・水生生物〕 …… 218
ダツ〔魚・貝・水生生物〕 …… 218
ダッチラビット〔哺乳類〕 … 541
タツナミガイのなかま〔魚・
　貝・水生生物〕 …………… 218
タツノイトコ〔魚・貝・水生生
　物〕 ………………………… 218
タツノオトシゴ〔魚・貝・水生生
　物〕 ………………………… 218
タツノオトシゴの1種〔魚・貝・
　水生生物〕 ………………… 218
タテカブトウオ〔魚・貝・水生生
　物〕 ………………………… 218
タテガミアガマ〔両生類・爬虫
　類〕 ………………………… 577
タテガミオオカミ〔哺乳類〕 … 541
タテガミギンポ属の1種〔魚・
　貝・水生生物〕 …………… 218
タテガミナマケモノ〔哺乳類〕… 541
タテガミヤマアラシ〔哺乳類〕… 541
タテジマイソギンチャクのなか
　ま〔魚・貝・水生生物〕 …… 218
タテジマウミウシのなかま？
　〔魚・貝・水生生物〕 ……… 218
タテジマカラッパ〔魚・貝・水
　生生物〕 …………………… 218
タテジマキンチャクダイ〔魚・
　貝・水生生物〕 …………… 218
タテジマキンチャクダイ成魚
　〔魚・貝・水生生物〕 ……… 218
タテジマキンチャクダイの幼魚
　〔魚・貝・水生生物〕 ……… 219
タテジマキンチャクダイの幼魚
　と成魚〔魚・貝・水生生物〕… 219
タテジマフエフキ〔魚・貝・水
　生生物〕 …………………… 219
タテジマヤッコ〔魚・貝・水生生
　物〕 ………………………… 219
タテジマヤッコの雄と雌〔魚・
　貝・水生生物〕 …………… 219
タテスジライギョ〔魚・貝・水
　生生物〕 …………………… 219
ダテタカノハダイ〔魚・貝・水
　生生物〕 …………………… 219
タテハチョウ科〔虫〕 ……… 55
タテハチョウ科のチョウ〔虫〕… 55
タテハチョウの1種〔虫〕 …… 55
タテハチョウの1種の雌〔虫〕… 55
タテハチョウのなかま〔虫〕 … 55

タテハモドキ〔虫〕……………55	タマキガイの1種〔魚・貝・水生生物〕…………220	物〕……………221
タテハモドキの1種〔虫〕………56	タマキビガイ〔魚・貝・水生生物〕…………220	淡水フグ（テトラオドン・ファハカ）〔魚・貝・水生生物〕…221
ダテヒザラガイ〔魚・貝・水生生物〕…………219	タマクラゲの仲間〔魚・貝・水生生物〕…………220	タンソクケダニ〔虫〕…………57
タテヒダイボウミウシ〔魚・貝・水生生物〕…………219	タマゴウニ〔魚・貝・水生生物〕…220	ダンダラウニの1種〔魚・貝・水生生物〕…………221
タテヤマベラ〔魚・貝・水生生物〕…………219	ダマジカ〔哺乳類〕…………541	ダンダラマテガイ〔魚・貝・水生生物〕…………221
ダトニオイデス・ミクロレピス〔魚・貝・水生生物〕…………219	タマシギ〔鳥〕…………438	たんちょう〔鳥〕…………438
タナゴ〔魚・貝・水生生物〕…219	タマシギゴカイのなかま〔魚・貝・水生生物〕…………220	タンチョウ〔鳥〕…………438
タナゴモドキ〔魚・貝・水生生物〕…………219	タマゾウムシのなかま〔虫〕…56	ダンドクメンガイ〔魚・貝・水生生物〕…………221
ダナツマアカシロチョウ〔虫〕…56	タマテバコボタルガイの1種〔魚・貝・水生生物〕…………220	ダンドリ〔鳥〕…………439
タナバタウオ〔魚・貝・水生生物〕…………219	タマバチ科〔虫〕…………56	ダンナンカモメ〔鳥〕…………439
タナバタウオ科の1種（イースタン・ブルーデビル）〔魚・貝・水生生物〕…………219	タマフウズラ〔鳥〕…………438	ダンバー〔虫〕…………57
ダニ〔虫〕…………56	タマムシ〔虫〕…………56	タンビカンザシフウチョウ〔鳥〕…………439
タニシモドキ科〔魚・貝・水生生物〕…………219	タマムシ（ヤマトタマムシ）〔虫〕…………56	タンビキヅノフウチョウ〔鳥〕…439
ダニ類〔虫〕…………56	タマムシ科〔虫〕…………56	タンビハリオアマツバメ〔鳥〕…439
タヌキ〔哺乳類〕…………541	タマムシツノマタガイモドキ〔魚・貝・水生生物〕…………220	タンビヒメエメラルドハチドリ〔鳥〕…………439
タヌキ（貉＝ムジナ）〔哺乳類〕…541	タマムシ（狭義）の1種〔虫〕…56	ダンベイキサゴ〔魚・貝・水生生物〕…………221
タネカワハゼ〔魚・貝・水生生物〕…………219	タマムシの1種〔虫〕…………56	団平キノコ〔魚・貝・水生生物〕…222
タネギンポ属の1種〔魚・貝・水生生物〕…………219	タマムシのなかま〔虫〕…………56	
タネマキゴチ〔魚・貝・水生生物〕…………219	タマムシのなかま？〔虫〕………56	【ち】
タネマキゴンベ〔魚・貝・水生生物〕…………219	ダマリスクス〔哺乳類〕…………541	
タヒチクイナ〔鳥〕…………437	タメトモハゼ〔魚・貝・水生生物〕…………221	小さな魚〔魚・貝・水生生物〕…222
タヒチコバト〔鳥〕…………438	多毛類？〔魚・貝・水生生物〕…221	小さなトントンボ〔魚・貝・水生生物〕…………222
タヒチシギ〔鳥〕…………438	タモトガイ科〔魚・貝・水生生物〕…………221	チイロメンガイ〔魚・貝・水生生物〕…………222
タヒチハタンポ〔魚・貝・水生生物〕…………220	タランチュラ〔虫〕…………57	チェヴィオット種の子羊〔哺乳類〕…………541
タヒチヒタキ〔鳥〕…………438	タランチュラコモリグモ（旧タランチュラドクグモ）〔虫〕…57	ちかめきんとき〔魚・貝・水生生物〕…………222
タヒバリ〔鳥〕…………438	タルタカラガイ〔魚・貝・水生生物〕…………221	チカメキントキ〔魚・貝・水生生物〕…………222
タビラ〔魚・貝・水生生物〕…220	ダルマインコ〔鳥〕…………438	地球ガニ〔魚・貝・水生生物〕…222
ターボット〔魚・貝・水生生物〕…220	ダルマエナガ〔鳥〕…………438	チゴガニ〔魚・貝・水生生物〕…222
ターボットの幼魚〔魚・貝・水生生物〕…………220	ダルマエナガ？〔鳥〕…………438	ちごだら〔魚・貝・水生生物〕…222
タマウミヒドラの仲間〔魚・貝・水生生物〕…………220	ダルマオコゼ〔魚・貝・水生生物〕…………221	チゴダラ〔魚・貝・水生生物〕…222
タマウミヒドラの類〔魚・貝・水生生物〕…………220	ダルマカマス〔魚・貝・水生生物〕…………221	チコハイイロギツネ〔哺乳類〕…541
タマオシコガネの1種〔虫〕…56	ダルマコウデカニムシ〔虫〕……57	チゴハヤブサ〔鳥〕…………439
タマオシコガネのなかま〔虫〕…56	ダルマゴカイ科の1種（？）〔魚・貝・水生生物〕…………221	チゴモズ〔鳥〕…………439
タマカイ〔魚・貝・水生生物〕…220	ダルマチアアカガエル〔両生類・爬虫類〕…………577	チゴヨウジ〔魚・貝・水生生物〕…222
タマカイエビ科〔魚・貝・水生生物〕…………220	ダルマハゼ〔魚・貝・水生生物〕…221	チサラガイ〔魚・貝・水生生物〕…222
タマカイの幼魚〔魚・貝・水生生物〕…………220	タレクチベラ〔魚・貝・水生生物〕…………221	チシオフエダイ〔魚・貝・水生生物〕…………222
タマカエルウオ〔魚・貝・水生生物〕…………220	ダンゴイカ〔魚・貝・水生生物〕…221	チヂレゲカラスフウチョウ〔鳥〕…………439
タマガシラ〔魚・貝・水生生物〕…220	ダンゴイカの1種〔魚・貝・水生生物〕…………221	チスイビル〔虫〕…………57
タマガシラ属の1種〔魚・貝・水生生物〕…………220	ダンゴムシ〔虫〕…………57	チズモンアオシャク〔虫〕…………57
ダマガゼル〔哺乳類〕…………541	タンザクゴカイのなかま〔魚・貝・水生生物〕…………221	チーター〔哺乳類〕…………542
タマキガイ〔魚・貝・水生生物〕…220	淡水エイ〔魚・貝・水生生物〕…221	ちだい〔魚・貝・水生生物〕…222
	淡水産のナマズの類（？）〔魚・貝・水生生物〕…………221	チダイ〔魚・貝・水生生物〕…222
	淡水中の微生物〔魚・貝・水生生物	チタントビナナフシ〔虫〕…………57
		チチュウカイアスナロウニ〔魚・貝・水生生物〕…………222
		チチュウカイウミシダ〔魚・

チチュウカイエナガ〔鳥〕 ……439
チチュウカイオオイソギンチャ
ク〔魚・貝・水生生物〕……222
チチュウカイカメレオン〔両生
類・爬虫類〕…………………577
チチュウカイシラウロコエソ
〔魚・貝・水生生物〕………222
チチュウカイニベ〔魚・貝・水
生生物〕………………………223
チチュウカイニベの幼魚〔魚・
貝・水生生物〕………………223
チチュウカイハナダイ〔魚・
貝・水生生物〕………………223
チチュウカイヒシダイ〔魚・
貝・水生生物〕………………223
チチュウカイヒメジ〔魚・貝・
水生生物〕……………………223
チチュウカイフウライ〔魚・
貝・水生生物〕………………223
チチュウカイマアジ〔魚・貝・
水生生物〕……………………223
ちどり〔鳥〕……………………439
チドリ〔鳥〕……………………439
チドリの1種？〔鳥〕………439
チドリミドリガイ〔魚・貝・水
生生物〕………………………223
チビイシガケチョウ〔虫〕……57
チビテングダニ〔虫〕…………57
チフチャフ〔鳥〕………………439
チベットナキウサギ〔哺乳類〕…542
チベットモンキー〔哺乳類〕…542
チマシコ？〔鳥〕………………439
チマダニのなかま〔虫〕………57
チモールオリーブミツスイ
〔鳥〕…………………………439
チモールキミミミツスイ〔鳥〕…440
チモールミツバトビトカゲ〔両
生類・爬虫類〕………………577
チャイロアメガエル〔両生類・
爬虫類〕………………………577
チャイロイエヘビ〔両生類・爬
虫類〕…………………………577
チャイロカッコウハヤブサ
〔鳥〕…………………………440
チャイロキツネザル〔哺乳類〕…542
チャイロキノボリ〔鳥〕………440
チャイロキノボリ〔亜種〕〔鳥〕
………………………………440
チャイロコウラナメクジ〔虫〕…57
チャイロコメノゴミムシダマシ
〔虫〕…………………………57
チャイロシギダチョウ〔鳥〕…440
チャイロツバメ〔鳥〕…………440
チャイロニワシドリ〔鳥〕……440
チャイロハズレキリガイダマシ
〔魚・貝・水生生物〕………223
チャイロフタオ〔虫〕…………57
チャイロフタオのなかま〔虫〕…57
チャイロマネシツグミ〔鳥〕…440
チャイロモズヒタキのサラワ
ティ亜種〔鳥〕………………440

チャイロユミハチドリ〔鳥〕…440
チャイロルリボシヤンマ〔虫〕…57
チャウダーガイ〔魚・貝・水生生
物〕……………………………223
チャエリショウビン〔鳥〕……440
チャカザリハチドリ〔鳥〕……440
チャガシラハシリブッポウソウ
〔鳥〕…………………………440
チャガシラハチドリ〔鳥〕……440
チャガシラフウキンチョウ
〔鳥〕…………………………440
チャカチャカ〔魚・貝・水生生
物〕……………………………223
チャガラ〔魚・貝・水生生物〕…223
チャガラニシブッポウソウ
〔鳥〕…………………………440
着地したコウモリ〔哺乳類〕…542
チャクマヒヒ〔哺乳類〕………542
チャグロサソリの1種〔虫〕…57
チャグロサソリのなかま〔虫〕…57
チャグロサソリのなかま？
〔虫〕…………………………57
チャセガエル〔両生類・爬虫類〕
………………………………577
チャセンガミトビハゼ〔魚・
貝・水生生物〕………………223
チャタテムシのなかま？〔虫〕…57
チャタムオビジメクイナ〔鳥〕…440
チャタムクイナ〔鳥〕…………440
チャタムシダセッカ〔鳥〕……440
チャタムセンニョムシクイ
〔鳥〕…………………………440
チャタムヒタキ〔鳥〕…………441
チャノドインコ〔鳥〕…………441
チャバネアオカメムシ〔虫〕…57
チャバネアオゲラ〔鳥〕………441
チャバネゴキブリ〔虫〕………58
チャバネサシバ〔鳥〕…………441
チャバラアメリカジカッコウ
〔鳥〕…………………………441
チャバラホウカンチョウ〔鳥〕…441
チャバラマユミソサザイ〔鳥〕…441
チャバラムシクイ〔鳥〕………441
チャバラワライカワセミ〔鳥〕…441
チャブ〔魚・貝・水生生物〕…223
チャボ〔魚・貝・水生生物〕…223
チャボ〔鳥〕……………………441
チャマダラセセリのなかま
〔虫〕…………………………58
チャムネガラ〔鳥〕……………441
チャムネミフウズラ〔鳥〕……441
チュウクイナ〔鳥〕……………441
チュウサギ〔鳥〕………………441
チュウシャクシギ〔鳥〕………441
チュバン〔鳥〕…………………441
チュウヒ〔鳥〕………………441,442
チュウヒ？〔鳥〕………………442
チューリップボラ〔魚・貝・水
生生物〕………………………223
チューリップボラ〔魚・貝・水
生生物〕………………………223

チョウ〔虫〕……………………58
蝶〔虫〕…………………………58
釣鮎図〔魚・貝・水生生物〕……223
チョウクラゲ〔魚・貝・水生生
物〕……………………………223
チョウゲンボウ〔鳥〕…………442
チョウザメ〔魚・貝・水生生物〕
…………………………223,224
チョウザメの1種〔魚・貝・水生
生物〕…………………………224
チョウジガイのなかま〔魚・
貝・水生生物〕………………224
チョウショウバト〔鳥〕………442
テウシヤウハト〔鳥〕…………442
チョウズバチカイメンの1種
〔魚・貝・水生生物〕………224
朝鮮をしどり〔鳥〕……………442
チョウセンサザエ〔魚・貝・水
生生物〕………………………224
チョウセンバカマ〔魚・貝・水
生生物〕………………………224
チョウセンフデガイ〔魚・貝・
水生生物〕……………………224
チョウセンミフウズラ〔鳥〕…442
チョウセンミフウズラ？〔鳥〕
………………………………442
チョウセンメジロ〔鳥〕………442
ちょうちょううお〔魚・貝・水
生生物〕………………………224
チョウチョウウオ〔魚・貝・水
生生物〕………………………224
チョウチョウウオ属の1種（コ
ラーレ・バタフライフィッ
シュ）〔魚・貝・水生生物〕…224
チョウチョウウオ属の1種（ス
ポットバンデット・バタフラ
イフィッシュ）〔魚・貝・水生
生物〕…………………………224
チョウチョウウオ属の1種（タ
ヒチ・バタフライフィッ
シュ）〔魚・貝・水生生物〕…224
チョウチョウウオ属の1種
（ドットアンドダッシュ・バ
タフライフィッシュ）〔魚・
貝・水生生物〕………………224
チョウチョウウオ属の1種（ブ
ラック・バタフライフィッ
シュ）〔魚・貝・水生生物〕…224
チョウチョウウオ属の1種（ブ
ルーストライプ・バタフライ
フィッシュ）〔魚・貝・水生生
物〕……………………………224
チョウチョウウオ属の1種（レ
モン・バタフライフィッ
シュ）〔魚・貝・水生生物〕…224
チョウチョウウオの1種〔魚・
貝・水生生物〕………………225
チョウチョウウオ類の幼魚
〔魚・貝・水生生物〕………225
チョウチンガイの1種？〔魚・
貝・水生生物〕………………225
チョウトンボ〔虫〕……………58

作品名索引　　　　　　　　　　つまき

チョウの1種〔虫〕 …………… 58
チョウの1種〔魚・貝・水生生物〕 ………………………… 225
チョウの近縁〔魚・貝・水生生物〕 ……………………… 225
チョウバエ科〔虫〕 …………… 58
チョウバエのなかま〔虫〕 …… 58
チョウハン〔魚・貝・水生生物〕 58
チョウハンの幼魚と成魚〔魚・貝・水生生物〕 ……………… 225
チョウ類〔虫〕 ………………… 58
直角石〔魚・貝・水生生物〕 … 225
チョッキリのなかま〔虫〕 …… 58
チリイガイ〔魚・貝・水生生物〕 225
チリイスズミモドキ〔魚・貝・水生生物〕 …………………… 225
チリーウミツバメ〔鳥〕 ……… 442
チリカワリハゼ〔魚・貝・水生生物〕 …………………… 225
チリクワガタ（ツノナガコガシラクワガタ）〔虫〕 …………… 58
チリシマアジ〔魚・貝・水生生物〕 …………………… 225
チリスズメダイ〔魚・貝・水生生物〕 …………………… 225
チリスベノドトカゲ〔両生類・爬虫類〕 …………………… 577
チリハレオトカゲ〔両生類・爬虫類〕 …………………… 577
チリーマルムネハサミムシ〔虫〕 ……………………… 58
チリメンアオイガイ〔魚・貝・水生生物〕 ……………… 225
チリメンアワビ〔魚・貝・水生生物〕 …………………… 225
チリメンボラ〔魚・貝・水生生物〕 ……………………… 225
チリヤマビスカーチャ〔哺乳類〕 …………………… 542
チリンガム種の牛〔哺乳類〕 … 542
チレニアイガイ？〔魚・貝・水生生物〕 ……………… 225
チレニアイモガイ〔魚・貝・水生生物〕 ……………… 225
チンチラ〔哺乳類〕 …………… 542
チンチロフサゴカイ〔魚・貝・水生生物〕 ……………… 225
チンパンジー〔哺乳類〕 ……… 542

【つ】

ツカツクリ〔鳥〕 …………… 442
ツギオヤモリ〔両生類・爬虫類〕 …………………… 577
ツギガイ科〔魚・貝・水生生物〕 225
月ガニ〔魚・貝・水生生物〕 … 225
ツキノワグマ〔哺乳類〕 ……… 542
ツキヒガイ〔魚・貝・水生生物〕 225
月日介〔魚・貝・水生生物〕 … 226
ツキベラ〔魚・貝・水生生物〕 … 226

ツキホシヤッコ〔魚・貝・水生生物〕 …………………… 226
ツキミチョウチョウウオ〔魚・貝・水生生物〕 …………… 226
ツクシガモ〔鳥〕 …………… 442
ツクシクゞメキ〔鳥〕 ………… 443
ツクシトビウオ〔魚・貝・水生生物〕 …………………… 226
津口介〔魚・貝・水生生物〕 … 226
ツクツクホウシ〔虫〕 ………… 58
つぐみ〔鳥〕 …………………… 443
ツグミ〔鳥〕 …………………… 443
ツグミ？〔鳥〕 ………………… 443
ツグミ（ハチジョウツグミ？）〔鳥〕 ……………………… 443
ツケサケビドリ〔鳥〕 ………… 443
ツシマヤマネコ〔哺乳類〕 …… 542
ツヅミクラゲの仲間〔魚・貝・水生生物〕 ……………… 226
ツヅレウミウシのなかま〔魚・貝・水生生物〕 …………… 226
ツチスドリ〔鳥〕 …………… 443
ツチバチ科〔虫〕 ……………… 58
ツチバチのなかま〔虫〕 ……… 58
ツチバチの類〔虫〕 …………… 58
ツチハンミョウ科〔虫〕 ……… 58
ツチハンミョウの1種〔虫〕 … 58
ツチハンミョウのなかま〔虫〕 … 59
ツチハンミョウ類〔虫〕 ……… 59
ツチブタ〔哺乳類〕 …………… 542
ツチホゼリ〔魚・貝・水生生物〕 226
ツチボセリ〔魚・貝・水生生物〕 226
ツツイカの1種〔魚・貝・水生生物〕 …………………… 226
ツツイカの卵〔魚・貝・水生生物〕 ……………………… 226
ツツイカの内臓〔魚・貝・水生生物〕 …………………… 226
ツツガキ〔魚・貝・水生生物〕 226
ツツガキの1種〔魚・貝・水生生物〕 …………………… 226
突つき魚〔魚・貝・水生生物〕 227
ツックワガタ〔虫〕 …………… 59
ツツシニクイ科〔虫〕 ………… 59
ツツドリ〔鳥〕 ………………… 443
ツツハナバチのなかまの巣〔虫〕 ……………………… 59
ツノウズラ〔鳥〕 …………… 443
ツノガイ〔魚・貝・水生生物〕 227
ツノガエル〔両生類・爬虫類〕 577
ツノコケムシのなかま〔魚・貝・水生生物〕 …………… 227
ツノサケビドリ〔鳥〕 ………… 443
ツノシラウオ〔魚・貝・水生生物〕 …………………… 227
ツノスナクサリヘビ〔両生類・爬虫類〕 …………………… 577
ツノゼミのなかま〔虫〕 ……… 59
ツノダシ〔魚・貝・水生生物〕 227
ツノツキハナトゲアシロ〔魚・貝・水生生物〕 …………… 227

ツノテッポウエビのなかま〔魚・貝・水生生物〕 ………… 227
ツノトカゲの類〔両生類・爬虫類〕 ……………………… 577
ツノトンボの1種〔虫〕 ……… 59
ツノトンボのなかま〔虫〕 …… 59
ツノナガケブカツノガニ〔魚・貝・水生生物〕 …………… 227
ツノナガコブシガニ〔魚・貝・水生生物〕 ……………… 227
角のあるウサギ〔哺乳類〕 …… 542
ツノハタタテ〔魚・貝・水生生物〕 ……………………… 227
ツノハタタテダイ〔魚・貝・水生生物〕 ………………… 227
ツノヒザボソザトウムシ〔虫〕 … 59
ツノホウセキハチドリ〔鳥〕 … 444
ツノメドリ〔鳥〕 …………… 444
つばくろえい〔魚・貝・水生生物〕 …………………… 227
ツバクロエイ〔魚・貝・水生生物〕 …………………… 227
翼を広げたコウモリ〔哺乳類〕 542
ツバサゴカイのなかま〔魚・貝・水生生物〕 …………… 227
翼のあるドラゴン〔想像・架空の生物〕 ………………… 594
つばめ〔鳥〕 …………………… 444
ツバメ〔鳥〕 …………………… 444
ツバメアオシャク属〔虫〕 …… 59
ツバメウオ〔魚・貝・水生生物〕 228
ツバメウオの1種〔魚・貝・水生生物〕 ………………… 228
ツバメエダシャクのなかま〔虫〕 ……………………… 59
ツバメオオガシラ〔鳥〕 ……… 444
ツバメオニベ〔魚・貝・水生生物〕 …………………… 228
ツバメ科〔鳥〕 ……………… 444
ツバメガイ〔魚・貝・水生生物〕 228
ツバメカザリドリ〔鳥〕 ……… 444
ツバメガの1種〔虫〕 ………… 59
ツバメガのなかま〔虫〕 ……… 59
ツバメガのなかま？〔虫〕 …… 59
ツバメケイ〔鳥〕 …………… 444
つばめこのしろ〔魚・貝・水生生物〕 …………………… 228
ツバメコノシロ〔魚・貝・水生生物〕 …………………… 228
ツバメシジミ〔虫〕 …………… 59
ツバメチドリ〔鳥〕 …………… 444
ツバメハチドリ〔亜種〕〔鳥〕 … 444
ツブパセリガエル〔両生類・爬虫類〕 …………………… 577
ツブヤドリダニのなかま〔虫〕 … 59
ツボイモガイ〔魚・貝・水生生物〕 …………………… 228
ツボダイ〔魚・貝・水生生物〕 228
ツボワムシのなかま〔魚・貝・水生生物〕 ……………… 228
ツマアカシロチョウ〔虫〕 …… 59
ツマキシャチホコのなかま

博物図譜レファレンス事典 動物篇　639

つまく　　　　　作品名索引

〔虫〕…………………………59
ツマグロ〔魚・貝・水生生物〕…228
ツマグロイシガケチョウ …59
ツマグロカジカ〔魚・貝・水生生物〕…………………………228
ツマグロヒョウモン〔虫〕………59
ツマグロマツカサ〔魚・貝・水生生物〕…………………………228
ツマグロミスジチョウチョウオ〔魚・貝・水生生物〕…228
ツマグロヨコバイ〔虫〕………60
ツマジロモンガラ〔魚・貝・水生生物〕…………………………228
ツマベニチョウ〔虫〕…………60
ツマベニヒガイ〔魚・貝・水生生物〕…………………………229
ツマムラサキマダラ〔虫〕……60
ツマリタマエガイ〔魚・貝・水生生物〕…………………………229
ツマリテング〔魚・貝・水生生物〕…………………………229
ツマリテングハギ〔魚・貝・水生生物〕…………………………229
ツミ〔鳥〕…………………………444
ツミ？〔鳥〕………………………444
ツムギハゼ〔魚・貝・水生生物〕229
ツムブリ〔魚・貝・水生生物〕229
ツメタガイ〔魚・貝・水生生物〕229
ツメトゲブユのなかま〔虫〕…60
ツメナガセキレイ〔鳥〕…444,445
ツメナガホオジロ〔鳥〕………445
ツメバケイ〔鳥〕…………………445
ツメバゲリ〔鳥〕…………………445
ツヤアオゴモクムシの1種〔虫〕…60
ツヤカスリイタヤガイ？〔魚・貝・水生生物〕…………………229
ツヤキカワムシの1種〔虫〕…60
ツヤクロジガバチ〔虫〕………60
ツヤゴライアスタマムシ（ナンベイオオタマムシ）〔虫〕……60
ツヤハナバチの1種〔虫〕……60
ツヤハリガイ〔虫〕………………60
ツヤモモブトオオハムシ〔虫〕…60
ツユグモ〔虫〕……………………60
ツユベラ〔魚・貝・水生生物〕229
ツユベラの幼魚〔魚・貝・水生生物〕…………………………229
ツユベラ幼魚〔魚・貝・水生生物〕…………………………229
ツユムシのなかま〔虫〕………60
ツリアイクラゲの仲間〔魚・貝・水生生物〕…………………229
ツリアブ科〔虫〕…………………60
ツリアブモドキの1種〔虫〕…60
ツリガネクラゲ〔魚・貝・水生生物〕…………………………229
ツリガネムシのなかま〔魚・貝・水生生物〕…………………229
ツリスアマツバメ〔鳥〕………445
ツリスガラ〔鳥〕…………………445
ツリストマ〔魚・貝・水生生物〕…229

ツリーボア〔両生類・爬虫類〕…577
ツリミミズのなかま？〔虫〕…60
つる〔鳥〕…………………………445
ツルギアブ科〔虫〕………………60
ツルギタテハの1種〔虫〕……60
ツルギタテハのなかま〔虫〕…60
ツルクイナ〔鳥〕…………………445
ツルクイナ？〔鳥〕………………445
ツルグエ〔魚・貝・水生生物〕229
ツルシギ〔鳥〕……………………445
ツルタコヒトデ〔魚・貝・水生生物〕…………………………230
ツルモドキ〔鳥〕…………………445
ツロツブリボラ〔魚・貝・水生生物〕…………………………230

【て】

デイス〔魚・貝・水生生物〕…230
ディスコラベ〔魚・貝・水生生物〕…………………………230
ディスティオドゥス・ニロティクス〔魚・貝・水生生物〕…230
デイダミアモルフォ〔虫〕……60
ディバーシア〔魚・貝・水生生物〕…………………………230
ディプロゾーオン［フタゴムシ］〔虫〕…………………………61
ティマルス〔魚・貝・水生生物〕230
ティラピア・スパルマニ〔魚・貝・水生生物〕…………………230
ディンゴ〔哺乳類〕………………543
デオキノコムシ科〔虫〕………61
テガラキュウセン〔魚・貝・水生生物〕…………………………230
テグー〔両生類・爬虫類〕……577
テグトカゲ〔両生類・爬虫類〕…578
テコカモ〔鳥〕……………………445
テーストゥード〔両生類・爬虫類〕…………………………578
デスモネーマ〔魚・貝・水生生物〕…………………………230
テヅルモヅルの1種〔魚・貝・水生生物〕…………………………230
テヅルモヅルの形態図〔魚・貝・水生生物〕…………………230
でっちあげられた生物（？）〔想像・架空の生物〕…………594
鉄のワッフル〔魚・貝・水生生物〕…………………………230
テッポウウオ〔魚・貝・水生生物〕…………………………230
テッポウエビ〔魚・貝・水生生物〕…………………………230
テトラリンクス・ロンギコリス〔魚・貝・水生生物〕…230
テナガエビ〔魚・貝・水生生物〕…………………………230,231
テナガエビのなかま〔魚・貝・水生生物〕…………………231

テナガカクレエビ？〔魚・貝・水生生物〕…………………231
テナガカミキリ〔虫〕……………61
テナガコガネ〔虫〕………………61
テナガコブシ〔魚・貝・水生生物〕…………………………231
テナガザル〔哺乳類〕……………543
テナガダコ〔魚・貝・水生生物〕231
テナガダラ〔魚・貝・水生生物〕231
テナガヒシガニ〔魚・貝・水生生物〕…………………………231
テナライアイゴ〔魚・貝・水生生物〕…………………………231
テネシーヌマガメ〔両生類・爬虫類〕…………………………578
テマリクラゲ〔魚・貝・水生生物〕…………………………231
テマリクラゲのなかま〔魚・貝・水生生物〕…………………231
デマレフチア〔哺乳類〕…………543
デメハナサキガエル〔両生類・爬虫類〕…………………………578
テユー〔両生類・爬虫類〕……578
デュニオンホンセイインコ〔鳥〕…………………………445
テユーの類〔両生類・爬虫類〕…578
デュブレツカツクリ〔鳥〕……446
デュブレニシキベラ〔魚・貝・水生生物〕…………………231
テユムバニディウム〔魚・貝・水生生物〕…………………231
デュメリルオオトカゲ〔両生類・爬虫類〕…………………578
デューラーが描いたインドサイのコピー〔哺乳類〕………543
テリア〔哺乳類〕…………………543
テリエビス〔魚・貝・水生生物〕…231
テリカラスフウチョウ〔鳥〕…446
テリクロオウム〔鳥〕……………446
テリヒワ〔鳥〕……………………446
テルクク〔魚・貝・水生生物〕231
テルバン〔魚・貝・水生生物〕…231
テレプラチュラ〔魚・貝・水生生物〕…………………………231
テン〔哺乳類〕……………………543
テンガイハタ〔魚・貝・水生生物〕…………………………231
テンガンムネエソ〔魚・貝・水生生物〕…………………………231
デンキウナギ〔魚・貝・水生生物〕…………………231,232
デンキナマズ〔魚・貝・水生生物〕…………………………232
テングカワハギ〔魚・貝・水生生物〕…………………………232
テングキノボリヘビ〔両生類・爬虫類〕…………………………578
テングギンザメ〔魚・貝・水生生物〕…………………………232
テングクラゲの仲間〔魚・貝・水生生物〕…………………232
テングザル〔哺乳類〕……………543

作品名索引　　　　　　　　とけあ

テングスケバ〔虫〕……………61
テングスケバ科のなかま〔虫〕…61
テングスケバのなかま〔虫〕……61
テングスケバのなかま？〔虫〕…61
テングダイ〔魚・貝・水生生物〕…232
テングダニ科〔虫〕……………61
テングニシ（？）〔魚・貝・水生
　生物〕………………………232
テングノオトシゴ〔魚・貝・水
　生物〕………………………232
テングハギ〔魚・貝・水生生物〕…232
テングハギかヒフキアイゴ
　〔魚・貝・水生生物〕………232
テングハギのなかま〔魚・貝・
　水生生物〕…………………232
テングビワハゴロモ〔虫〕……61
テングビワハゴロモ？〔虫〕…61
テングボラ〔魚・貝・水生生物〕…233
テンクロスジギンポ〔魚・貝・
　水生生物〕…………………233
テンシカスザメ〔魚・貝・水生
　物〕…………………………233
テンジクアゲハ〔虫〕…………61
テンジクイサキ〔魚・貝・水生
　物〕…………………………233
テンジクイモガイ〔魚・貝・水
　生生物〕……………………233
てんじくだい〔魚・貝・水生生
　物〕…………………………233
テンジクダイ〔魚・貝・水生生
　物〕…………………………233
テンジクダイ科〔魚・貝・水生
　物〕…………………………233
テンジクダイ属の1種〔魚・貝・
　水生生物〕…………………233
テンジクダイ属の1種（スポ
　テッド・カーディナル・
　フィッシュ）〔魚・貝・水生
　生物〕………………………233
テンジクダツ〔魚・貝・水生生
　物〕…………………………233
テンジクネズミ〔哺乳類〕……543
てんす〔魚・貝・水生生物〕…233
テンス〔魚・貝・水生生物〕…233
デンセンライギョ〔魚・貝・水
　生生物〕……………………233
テンチ〔魚・貝・水生生物〕…233
テンツクモンツク〔魚・貝・水
　生生物〕……………………233
テントウダマシの1種〔虫〕……61
テントウダマシのなかま〔虫〕…61
テントウムシ〔虫〕……………61
テントウムシダマシ科の1種？
　〔虫〕…………………………61
テントウムシのなかま〔虫〕…61
テンニョノカムリガイ〔魚・
　貝・水生生物〕……………233
テンニョハゼ〔魚・貝・水生生
　物〕…………………………234
テンニョハチドリ〔鳥〕………446
テンレック〔哺乳類〕…………543

【と】

ドイツゴイ〔魚・貝・水生生物〕
　………………………………234
トウアカクマノミ〔魚・貝・水
　生生物〕……………………234
トウアモトウシギ〔鳥〕………446
ドウイロクワガタ〔虫〕………61
ドウイロミヤマクワガタ〔虫〕…61
トウガタカワニナ（トゲカワニ
　ナ）〔魚・貝・水生生物〕……234
トウカムリガイ〔魚・貝・水生
　物〕…………………………234
トウカムリガイ科〔魚・貝・水
　生物〕………………………234
トウガン〔鳥〕…………………446
トウキョウダルマガエル〔両生
　類・爬虫類〕………………578
トウキョウダルマガエル？
　〔両生類・爬虫類〕…………578
ドウケツエビのなかま〔魚・
　貝・水生生物〕……………234
トウコウロギガイの1種〔魚・
　貝・水生生物〕……………234
トウゴロウイワシ〔魚・貝・水
　生生物〕……………………234
トウザヨリ〔魚・貝・水生生物〕…234
トウザンヨウジウオ〔魚・貝・
　水生生物〕…………………234
トウジン〔魚・貝・水生生物〕…234
トウゾクカモメ〔鳥〕…………446
同定困難〔魚・貝・水生生物〕…234
同定不能〔魚・貝・水生生物〕…234
同定不能〔哺乳類〕……………543
ドゥデュー〔魚・貝・水生生物〕…234
ドウナガアイサ〔鳥〕…………446
トウナスモドキの1種〔魚・貝・
　水生生物〕…………………234
ドウバラワタアシハチドリ
　〔鳥〕…………………………446
ドゥビレイケラス〔想像・架空
　の生物〕……………………594
トウブキツネリス〔哺乳類〕…543
トウブキングヘビ〔両生類・爬
　虫類〕………………………578
トウブコクチガエル〔両生類・
　爬虫類〕……………………578
トウブシマリス〔哺乳類〕……543
トウブスキアシガエル〔両生
　類・爬虫類〕………………578
トウブニシキガメ〔両生類・爬
　虫類〕………………………578
トウブハコガメ〔両生類・爬虫
　類〕…………………………578
トウブヘビトカゲ〔両生類・爬
　虫類〕………………………578
トウブホリネズミ〔哺乳類〕…543
トウブマダラスカンク〔哺乳類〕
　………………………………543
トゥブレッタ〔魚・貝・水生生

物〕…………………………234
トウヨウゴキブリ〔虫〕………61
トゥルッシ〔魚・貝・水生生物〕…234
トゥルビナリア［スリバチサン
　ゴ］〔魚・貝・水生生物〕……234
トウロウクラゲの仲間〔魚・
　貝・水生生物〕……………234
トゥロキルス〔鳥〕……………446
トカゲ〔両生類・爬虫類〕……578
トカゲエソ〔魚・貝・水生生物〕…234
トカゲカッコウ〔鳥〕…………446
トカゲギス〔魚・貝・水生生物〕…235
トカゲゴチ属の1種〔魚・貝・水
　生生物〕……………………235
トカゲの骨格〔両生類・爬虫類〕
　………………………………578
トカラベラ〔魚・貝・水生生物〕…235
トカラベラ成魚〔魚・貝・水生生
　物〕…………………………235
トガリエビス〔魚・貝・水生生
　物〕…………………………235
トガリササノハガイ〔魚・貝・
　水生生物〕…………………235
トガリサルパのなかま〔魚・
　貝・水生生物〕……………235
トガリシロチョウの1種〔虫〕…62
トガリバナナマズ〔魚・貝・水
　生生物〕……………………235
トガリバナネズミザメ〔魚・
　貝・水生生物〕……………235
トガリハリトカゲ〔両生類・爬
　虫類〕………………………578
トガリヒヅメガニ〔魚・貝・水
　生生物〕……………………235
とき〔鳥〕………………………446
トキ〔鳥〕………………………446
トキ？〔鳥〕……………………447
トキイロコンドル〔鳥〕………447
トキハシゲリ〔鳥〕……………447
ドーキング種のニワトリ〔鳥〕…447
ドクアマガエル〔両生類・爬虫
　類〕…………………………579
ドクオニダルマオコゼ〔魚・
　貝・水生生物〕……………235
ドクガ科の1種〔虫〕…………62
ドクガの1種〔虫〕……………62
ドクガのなかま〔虫〕…………62
トクサモドキのなかま？〔魚・
　貝・水生生物〕……………235
ドクチョウ科の1種〔虫〕……62
ドクチョウのなかま〔虫〕……62
トクビレ〔魚・貝・水生生物〕…235
トクモンキー〔哺乳類〕………543
トグロコウイカ〔魚・貝・水生
　物〕…………………………235
ドクロメンガタスズメ〔虫〕…62
トゲアシガニ〔魚・貝・水生生
　物〕…………………………235
トゲアメフラシ〔魚・貝・水生
　物〕…………………………235
トゲアメフラシの1種〔魚・貝・
　水生生物〕…………………235

博物図譜レファレンス事典 動物篇　**641**

とけあ　　　　　　　　　　作品名索引

トゲアリ〔虫〕 …………………… 62
トゲウミヘビ〔両生類・爬虫類〕
　………………………………………… 579
トゲエイ〔魚・貝・水生生物〕 … 235
トゲオニオコゼ〔魚・貝・水生生
　物〕 ……………………………… 235
トゲカイカムリ〔魚・貝・水生生
　物〕 ……………………………… 235
トゲカナガシラ〔魚・貝・水生生
　物〕 ……………………………… 235
トゲカワニナ科〔魚・貝・水生生
　物〕 ……………………………… 236
トゲキツネソコギス〔魚・貝・
　水生生物〕 ……………………… 236
トゲグモ〔虫〕 …………………… 62
トゲザリガニ〔魚・貝・水生生
　物〕 ……………………………… 236
トゲシャコ〔魚・貝・水生生物〕 … 236
トゲスッポン〔両生類・爬虫類〕
　………………………………………… 579
トゲセイボウのなかま〔虫〕 …… 62
トゲダテカサゴ〔魚・貝・水生生
　物〕 ……………………………… 236
トゲダルマガレイ〔魚・貝・水
　生生物〕 ………………………… 236
トゲチョウチョウウオ〔魚・
　貝・水生生物〕 ………………… 236
トゲツノヤドカリの1種〔魚・
　貝・水生生物〕 ………………… 236
トゲトゲウミニナ〔魚・貝・水
　生生物〕 ………………………… 236
トゲトゲヒザボソザトウムシ
　〔虫〕 ……………………………… 62
トゲトサカのなかま〔魚・貝・
　水生生物〕 ……………………… 236
トゲナガイチョウガイ〔魚・
　貝・水生生物〕 ………………… 236
トゲナガオニコブシガイ〔魚・
　貝・水生生物〕 ………………… 236
トゲナシテングクラゲの仲間
　〔魚・貝・水生生物〕 ………… 236
トゲナシビワガニ〔魚・貝・水
　生生物〕 ………………………… 236
トゲハダヒザラガイのなかま
　〔魚・貝・水生生物〕 ………… 236
トゲハナスズキ〔魚・貝・水生生
　物〕 ……………………………… 236
トゲハムシ科〔虫〕 ……………… 62
トゲヒゲオオウスバカミキリ？
　〔虫〕 ……………………………… 62
トゲヒザボソザトウムシ〔虫〕 … 62
トゲヒトデの1種〔魚・貝・水生
　生物〕 …………………………… 236
トゲホウネンエソ〔魚・貝・水
　生生物〕 ………………………… 237
トゲムネアナバチの1種〔虫〕 … 62
トゲメギス〔魚・貝・水生生物〕 … 237
トゲヨウジ〔魚・貝・水生生物〕 … 237
トコジラミ〔虫〕 ………………… 62
トゴットメバル〔魚・貝・水生生
　物〕 ……………………………… 237
トコロテン〔魚・貝・水生生物〕 … 237

トサカガキ〔魚・貝・水生生物〕 … 237
トサカゲリ〔鳥〕 ………………… 447
トサカハギ〔魚・貝・水生生物〕 … 237
トサカレンカク〔鳥〕 …………… 447
トサツブリボラ〔魚・貝・水生生
　物〕 ……………………………… 237
どじょう〔魚・貝・水生生物〕 … 237
ドジョウ〔魚・貝・水生生物〕 … 237
ドチザメ〔魚・貝・水生生物〕 … 237
トックリバチの巣〔虫〕 ………… 62
トックリバチのなかま〔虫〕 …… 62
トッケイヤモリ〔両生類・爬虫
　類〕 ……………………………… 579
ドット・モス〔虫〕 ……………… 62
トド〔哺乳類〕 …………………… 543
ドードー〔鳥〕 …………………… 447
ドードーの1種〔鳥〕 …………… 447
トドの歯〔哺乳類〕 ……………… 544
トナカイ〔哺乳類〕 ……………… 544
トネリコゼミ〔虫〕 ……………… 62
トネリコゼミ（ヨーロッパエゾ
　ゼミ）〔虫〕 ……………………… 62
ドノヴァンの創作による種
　〔虫〕 ……………………………… 63
トノサマガエル〔両生類・爬虫
　類〕 ……………………………… 579
トノサマバッタ〔虫〕 …………… 63
ドノバンヨツモンヒラタツユム
　シ〔虫〕 …………………………… 63
トパーズハチドリ〔鳥〕 ………… 447
ドバト〔鳥〕 ……………………… 447
ドバト（レンジャクバト）〔鳥〕
　………………………………………… 447
ドバトの変種？〔鳥〕 …………… 448
トビ〔鳥〕 ………………………… 448
トビ〔亜種〕〔鳥〕 ……………… 448
トビイカ〔魚・貝・水生生物〕 … 237
とびうお〔魚・貝・水生生物〕 … 237
トビウオ〔魚・貝・水生生物〕 … 237
トビウオ（疑問種）〔魚・貝・水
　生生物〕 ………………………… 238
トビウオNo.4〔魚・貝・水生生
　物〕 ……………………………… 238
トビウサギ〔哺乳類〕 …………… 544
トビエイ〔魚・貝・水生生物〕 … 238
トビカツオブシムシの1種〔虫〕 … 63
トビケラ科〔虫〕 ………………… 63
トビズムカデ〔虫〕 ……………… 63
トビトカゲ〔両生類・爬虫類〕 … 579
トビトカゲの1種〔両生類・爬虫
　類〕 ……………………………… 579
トビヌメリ〔魚・貝・水生生物〕 … 238
トビの若鳥〔鳥〕 ………………… 448
トビハゼ〔魚・貝・水生生物〕 … 238
トビヘビの類〔両生類・爬虫類〕
　………………………………………… 579
トビバエのなかま〔虫〕 ………… 63
トビヤモリのなかま〔両生類・
　爬虫類〕 ………………………… 579
ドブガイの1種〔魚・貝・水生生
　物〕 ……………………………… 238

ドブネズミ〔哺乳類〕 …………… 544
トマヤガイ科〔魚・貝・水生生
　物〕 ……………………………… 238
ドミニカイグアナ〔両生類・爬
　虫類〕 …………………………… 579
トミヨ〔魚・貝・水生生物〕 …… 238
トモエガモ〔鳥〕 ………………… 448
トヤマエビ〔魚・貝・水生生物〕 … 238
トヨツガイ？〔魚・貝・水生生
　物〕 ……………………………… 238
トラ〔哺乳類〕 …………………… 544
トライアングル・シクリッド
　〔魚・貝・水生生物〕 ………… 238
トラウツボ〔魚・貝・水生生物〕 … 238
トラガ科〔虫〕 …………………… 63
トラガの1種〔虫〕 ……………… 63
トラギス〔魚・貝・水生生物〕 … 238
トラギスの1種〔魚・貝・水生生
　物〕 ……………………………… 238
トラギスのなかま〔魚・貝・水
　生生物〕 ………………………… 238
ドラゴン〔想像・架空の生物〕 … 594
トラジマヒメスズキ〔魚・貝・
　水生生物〕 ……………………… 238
トラシャク〔虫〕 ………………… 63
ドラスキャットの1種〔魚・貝・
　水生生物〕 ……………………… 238
ドラタスビス〔魚・貝・水生生物〕 … 238
トラダマガイの1種〔魚・貝・水
　生生物〕 ………………………… 238
とらつぐみ〔鳥〕 ………………… 448
トラツグミ〔鳥〕 ………………… 448
トラハナムグリの1種〔虫〕 …… 63
トラフウミシダ〔魚・貝・水生生
　物〕 ……………………………… 238
トラフカラッパ〔魚・貝・水生生
　物〕 ……………………………… 239
とらふぐ〔魚・貝・水生生物〕 … 239
トラフグ〔魚・貝・水生生物〕 … 239
トラフグ（マフグ）〔魚・貝・水
　生生物〕 ………………………… 239
トラフグの1種〔魚・貝・水生生
　物〕 ……………………………… 239
トラフサギ〔鳥〕 ………………… 448
トラフザメ〔魚・貝・水生生物〕 … 239
トラフシジミ〔虫〕 ……………… 63
トラフシジミの1種〔虫〕 ……… 63
トラフシャコ〔魚・貝・水生生
　物〕 ……………………………… 239
トラフジャコ〔魚・貝・水生生
　物〕 ……………………………… 239
トラフシャコのなかま〔魚・
　貝・水生生物〕 ………………… 239
トラフズク〔鳥〕 ………………… 448
トラフタテハ〔虫〕 ……………… 63
トラマルハナバチ〔虫〕 ………… 64
トリスタンバンの基準亜種
　〔鳥〕 ……………………………… 448
トリニダードウバヤガエル〔両
　生類・爬虫類〕 ………………… 579
鳥の卵（カモ科の卵、他）〔鳥〕

642　博物図譜レファレンス事典 動物篇

作品名索引　　　　　なみし

……………………… 449
鳥の羽〔鳥〕…………… 449
トリバガ科〔虫〕……………… 64
トリモチギンポの幼魚〔魚・
　貝・水生生物〕……… 239
ドルカスガゼル〔哺乳類〕… 544
トルコスナボア〔両生類・爬虫
　類〕……………………… 579
トルスク〔魚・貝・水生生物〕… 239
ドルーリーオオアゲハ〔虫〕… 64
トレウマ〔魚・貝・水生生物〕… 239
ドロクイの1種〔魚・貝・水生
　生物〕…………………… 239
ドロノキハムシ〔虫〕………… 64
ドロノキハムシの1種〔虫〕… 64
ドロムシ科〔虫〕……………… 64
ドロメ？〔魚・貝・水生生物〕… 239
トンガ産のタテハモドキの1種
　〔虫〕……………………… 64
トンガツカツクリ〔鳥〕…… 449
ドングリボラ〔魚・貝・水生生
　物〕……………………… 239
ドンコ〔魚・貝・水生生物〕… 239
ドンコタナバタウオ〔魚・貝・
　水生生物〕……………… 239
トントンボの骨魚〔魚・貝・水
　生生物〕………………… 240
トンボ科〔虫〕………………… 64
トンボガイの1種〔魚・貝・水生
　生物〕…………………… 240
トンボの顔と両眼〔虫〕……… 64
トンボのなかま〔虫〕………… 64
トンボマダラ科の1種〔虫〕… 64
トンボマダラのなかま〔虫〕… 64
トンボメガネ〔魚・貝・水生
　生物〕…………………… 240
トンボメガネの幼魚〔魚・貝・
　水生生物〕……………… 240

【な】

ナイチンゲールの巣と卵〔鳥〕
　………………………… 449
ナイティンゲール（サヨナキド
　リ）〔鳥〕………………… 449
ナイルアロワナ〔魚・貝・水生
　物〕……………………… 240
ナイルオオトカゲ〔両生類・爬
　虫類〕…………………… 579
ナイルスッポン〔両生類・爬虫
　類〕……………………… 579
ナイルチドリ〔鳥〕………… 449
ナイルパーチ〔魚・貝・水生
　物〕……………………… 240
ナイルワニ〔両生類・爬虫類〕… 579
ナカアカヒゲブトハネカクシの
　1種〔虫〕………………… 64
ナガアシイモリ〔両生類・爬虫
　類〕……………………… 579
ナガアシナイモリ〔両生類・

爬虫類〕………………… 579
ナガイソギンチャクの1種〔魚・
　貝・水生生物〕………… 240
ナガウバガイ〔魚・貝・水生
　物〕……………………… 240
ナガエカサドリ〔鳥〕……… 449
ナガエギギ〔魚・貝・水生生物〕… 240
ナガオトメガサガイ〔魚・貝・
　水生生物〕……………… 240
ナガカメムシ科〔虫〕………… 64
ナガカメムシ科の1種〔虫〕… 64
ナガキクイムシのなかま〔虫〕… 64
ナガクチキムシ科〔虫〕……… 64
ナガクチキムシ科の1種？
　〔虫〕……………………… 64
ナガコガネグモ〔虫〕………… 64
ナガコバン〔魚・貝・水生生物〕… 240
ナガサギ〔魚・貝・水生生物〕… 240
ナガサキアゲハ〔虫〕………… 64
ナガサキアゲハの1亜種〔虫〕… 65
ナガサキトラザメ〔魚・貝・水
　生生物〕………………… 240
ナガシンクイ科〔虫〕………… 65
ナガスクジラ〔哺乳類〕…… 544
ナカスジタテハ〔虫〕………… 65
ナガズジムカデのなかま〔虫〕… 65
ナガタカラダニのなかま〔虫〕… 65
ナガトゲクモヒトデ〔魚・貝・
　水生生物〕……………… 240
長刺栗〔魚・貝・水生生物〕… 240
ナガドロムシの1種〔虫〕…… 65
ナガニザ〔魚・貝・水生生物〕… 240
ナガニシ〔魚・貝・水生生物〕… 240
ナガニシの1種〔魚・貝・水生生
　物〕……………………… 240
ながはなだい〔魚・貝・水生生
　物〕……………………… 240
ナガハナノミ科〔虫〕………… 65
ナガヒゲワニトカゲギス〔魚・
　貝・水生生物〕………… 240
ナガヒョウホンムシの1種〔虫〕… 65
ナガヘラザメ〔魚・貝・水生
　物〕……………………… 241
ナカホシメバエの1種〔虫〕… 65
ナガマツゲ〔魚・貝・水生生物〕… 241
ナガムシヒザラガイ〔魚・貝・
　水生生物〕……………… 241
ナガムネエソ〔魚・貝・水生
　物〕……………………… 241
ナキイスカ〔鳥〕…………… 449
ナキガオオマキザル〔哺乳類〕… 544
ナキカラスフウチョウ〔鳥〕… 449
ナキクマゲラ〔鳥〕………… 449
ナゲキバト〔鳥〕…………… 449
ナゲナワイソギンチャクのなか
　ま〔魚・貝・水生生物〕… 241
ナシグンバイ〔虫〕…………… 65
ナシフグ〔魚・貝・水生生物〕… 241
ナセロの箱魚〔魚・貝・水生
　物〕……………………… 241
謎のイギリス・ガーパイク
　〔魚・貝・水生生物〕…… 241

ナタネガイモドキの1種〔虫〕… 65
ナタールオオキノコシロアリ
　〔虫〕……………………… 65
ナタールヤブコノミ〔両生類・
　爬虫類〕………………… 579
夏〔虫〕……………………… 65
ナツメガイ〔魚・貝・水生生物〕… 241
ナツメガイ科〔魚・貝・水生
　物〕……………………… 241
ナツメガイの1種〔魚・貝・水生
　生物〕…………………… 241
ナツメタカラガイ〔魚・貝・水
　生生物〕………………… 241
ナツメヤシガイ〔魚・貝・水生
　物〕……………………… 241
ナデシコガイの1種〔魚・貝・水
　生生物〕………………… 241
ナナクサインコ〔鳥〕……… 449
ナナスジランナー〔両生類・爬
　虫類〕…………………… 579
ナナツオビアルマジロ〔哺乳類〕
　………………………… 544
ナナトゲコブシ〔魚・貝・水生
　物〕……………………… 241
ナナフシ〔虫〕………………… 65
ナナフシの1種〔虫〕………… 65
ナナフシのなかま〔虫〕…… 65,66
ナナフシバッタのなかま〔虫〕… 66
ナナホシテントウ〔虫〕……… 66
ナナホシテントウ？〔虫〕…… 66
ナナホシテントウの1種〔虫〕… 66
ナナミゾサイチョウ〔鳥〕… 449
ナナミゾサイチョウ？〔鳥〕… 449
ナヌカザメ〔魚・貝・水生生物〕… 241
ナノハナフキエベラ〔魚・貝・
　水生生物〕……………… 241
ナベカ〔魚・貝・水生生物〕… 242
ナベカ属の1種〔魚・貝・水生生
　物〕……………………… 242
ナベガン〔鳥〕……………… 449
ナベコウ〔鳥〕……………… 450
ナベヅル〔鳥〕……………… 450
ナマクァプレートトカゲ〔両生
　類・爬虫類〕…………… 579
ナマケグマ〔哺乳類〕……… 544
ナマケモノ〔哺乳類〕……… 544
ナマコ？〔魚・貝・水生生物〕… 242
ナマコの1種〔魚・貝・水生生物〕
　………………………… 242
ナマコのなかま〔魚・貝・水生
　物〕……………………… 242
ナマコの類〔魚・貝・水生生物〕… 242
なまず〔魚・貝・水生生物〕… 242
ナマズ〔魚・貝・水生生物〕… 242
ナミアゲハ〔虫〕……………… 66
ナミウツボ〔魚・貝・水生生物〕… 242
ナミエシロチョウの1種〔虫〕… 66
ナミガタスガイ〔魚・貝・水生
　物〕……………………… 242
ナミクリンガエル〔両生類・爬
　虫類〕…………………… 580
ナミシュモクザメ〔魚・貝・水

博物図譜レファレンス事典 動物篇　　**643**

なみし　　　　　作品名索引

生物〕………………… 242
ナミジワトコブシ〔魚・貝・水
生物〕………………… 242
ナミダクロハギ〔魚・貝・水生生
物〕…………………… 242
ナミダテンジクダイ〔魚・貝・
水生生物〕…………… 242
ナミテントウ〔虫〕…………… 66
ナミトビトカゲ〔両生類・爬虫
類〕…………………… 580
ナミノコガイ科〔魚・貝・水生生
物〕…………………… 242
ナミハリネズミ〔哺乳類〕…… 544
ナミマウスオポッサム〔哺乳類〕
………………………… 545
ナミマガシワガイの1種〔魚・
貝・水生生物〕……… 242
ナメクジ〔虫〕………………… 66
ナメクジ科〔虫〕……………… 66
ナメクジの1種〔虫〕………… 66
ナメラフグ〔魚・貝・水生生物〕… 242
ナメラベラ〔魚・貝・水生生物〕… 243
ナンアナメクジクイ〔両生類・
爬虫類〕……………… 580
ナンオウイワシャコ〔鳥〕…… 450
ナンキョクウキビシガイ〔魚・
貝・水生生物〕……… 243
ナンキョクツノオリイレガイ
〔魚・貝・水生生物〕… 243
ナンキン〔魚・貝・水生生物〕… 243
ナンキンオシ？〔鳥〕………… 450
軟クラゲのなかま〔魚・貝・水
生生物〕……………… 243
軟クラゲ目の1種〔魚・貝・水生
生物〕………………… 243
軟体動物〔魚・貝・水生生物〕… 243
ナンダス〔魚・貝・水生生物〕… 243
ナンバカブトウラシマガイ
〔魚・貝・水生生物〕… 243
ナンブシシバナヘビ〔両生類・
爬虫類〕……………… 580
ナンベイアカエリツミ〔鳥〕… 450
ナンベイオオアジサシ〔鳥〕… 450
ナンベイオオタガメ〔虫〕…… 66
ナンベイオオタマムシ〔虫〕… 66
ナンベイオオバッタ〔虫〕…… 66
ナンベイオオヤガ〔虫〕……… 66
ナンベイクイナ〔鳥〕………… 450
南米産のカストニアガの1種
〔虫〕…………………… 66
南米産のカマキリの1種〔虫〕… 66
南米産のカラスシジミの1種
〔虫〕…………………… 66
南米産のセセリチョウの1種
〔虫〕…………………… 67
ナンベイタマシギ〔鳥〕……… 450
ナンベイチドリマスオガイ
〔魚・貝・水生生物〕… 243
南米チリのクモ〔虫〕………… 67
ナンベイトラフズク〔鳥〕…… 450
ナンベイニセサンゴヘビ〔両生
類・爬虫類〕………… 580

ナンベイヒザラガイのなかま
〔魚・貝・水生生物〕… 243
ナンベイヒメジャノメの1種
〔虫〕…………………… 67
ナンヨウキンメ〔魚・貝・水生生
物〕…………………… 243
ナンヨウクロミナシガイ〔魚・
貝・水生生物〕……… 243
ナンヨウタカラガイ〔魚・貝・
水生生物〕…………… 243
ナンヨウツバメウオ〔魚・貝・
水生生物〕…………… 243
ナンヨウツバメウオの稚魚と成
魚〔魚・貝・水生生物〕… 243
ナンヨウツバメウオの幼魚
〔魚・貝・水生生物〕… 243
ナンヨウハギ〔魚・貝・水生生
物〕…………………… 243
ナンヨウブダイ〔魚・貝・水生生
物〕…………………… 244
ナンヨウボラ〔魚・貝・水生生
物〕…………………… 244
ナンヨウマミジロアジサシ
〔鳥〕…………………… 450
ナンヨウミツマタヤリウオの雌
とその発光器〔魚・貝・水生生
物〕…………………… 244
ナンヨウミツマタヤリウオの幼
魚〔魚・貝・水生生物〕… 244
ナンヨウヨシキリ〔鳥〕……… 450

【に】

ニアラ〔哺乳類〕……………… 545
ニイニイゼミ〔虫〕…………… 67
ニイニイゼミのなかま〔虫〕… 67
ニオイガモ〔鳥〕……………… 450
ニオナリイワホリガイ〔魚・
貝・水生生物〕……… 244
ニクバエ〔虫〕………………… 67
ニクバエのなかま〔虫〕……… 67
にごい〔魚・貝・水生生物〕… 244
ニゴイ〔魚・貝・水生生物〕… 244
ニコバルツカツクリ〔鳥〕…… 450
ニザダイ〔魚・貝・水生生物〕… 244
ニザダイのなかま〔魚・貝・水
生生物〕……………… 244
ニザダイの類〔魚・貝・水生生
物〕…………………… 244
ニシ〔魚・貝・水生生物〕…… 244
ニジアカバネシギダチョウ
〔鳥〕…………………… 450
ニシアカヒメジ〔魚・貝・水生
生物〕………………… 244
ニシアシロ〔魚・貝・水生生物〕… 244
ニシアンコウ〔魚・貝・水生
生物〕………………… 244
ニシイバラガニ〔魚・貝・水生生
物〕…………………… 244
ニシイバラガニの1種〔魚・貝・

水生生物〕…………… 244
ニシイワツバメ〔鳥〕………… 450
ニシイワハネジネズミ〔哺乳類〕
………………………… 545
ニシウシノシタ〔魚・貝・水生生
物〕…………………… 244
ニシエイラクブカ〔魚・貝・水
生生物〕……………… 245
ニシエビジャコ〔魚・貝・水生生
物〕…………………… 245
ニジエビス〔魚・貝・水生生物〕… 245
ニシオウギガニ〔魚・貝・水生生
物〕…………………… 245
ニシオオヨシキリ〔鳥〕……… 451
ニジカジカ〔魚・貝・水生生物〕… 245
ニジカタビロオサムシ〔虫〕… 67
ニシカワトンボ〔虫〕………… 67
ニシキアマオブネガイ〔魚・
貝・水生生物〕……… 245
ニシキウズガイの1種〔魚・貝・
水生生物〕…………… 245
ニシキエビ〔魚・貝・水生生物〕… 245
ニシキガイの1種〔魚・貝・水生
生物〕………………… 245
ニシキカワハギ〔魚・貝・水生生
物〕…………………… 245
ニジキジ〔鳥〕………………… 451
ニシキシジミの1種〔虫〕…… 67
ニジキジの幼鳥〔鳥〕………… 451
ニシキスズメ〔鳥〕…………… 451
ニシキダイ〔魚・貝・水生生物〕… 245
ニシキタイヨウチョウ〔鳥〕… 451
ニシキツバメガ〔虫〕………… 67
ニシキトゲオアガマ〔両生類・
爬虫類〕……………… 580
ニシキトビムシのなかま〔虫〕… 67
ニシキハゼ〔魚・貝・水生生物〕… 245
ニシキフウキンチョウ〔鳥〕… 451
ニシキブダイ〔魚・貝・水生生
物〕…………………… 245
ニシキブロンズヘビ〔両生類・
爬虫類〕……………… 580
ニシキベラ属の1種〔魚・貝・水
生生物〕……………… 245
ニシキベラ属の1種（サドル
ラス）〔魚・貝・水生生物〕… 245
ニシキミナシガイ〔魚・貝・水
生生物〕……………… 245
ニシキヤッコ〔魚・貝・水生生
物〕………………245,246
ニシキュウリウオ〔魚・貝・水
生生物〕……………… 246
ニジギンポ〔魚・貝・水生生物〕… 246
ニジクラゲ〔魚・貝・水生生物〕… 246
ニシクロハゼ〔魚・貝・水生生
物〕…………………… 246
ニシコウライウグイス〔鳥〕… 451
ニシコノハズク〔鳥〕………… 451
ニシセグロカモメ〔鳥〕……… 451
ニジチュウハシ〔鳥〕………… 451
ニシツノメドリ〔鳥〕………… 451
ニシツバメチドリ〔鳥〕……… 451

644　博物図譜レファレンス事典　動物篇

作品名索引　　　　　　にわと

ニシトウネン〔鳥〕 ············· 451
ニジドロヘビ〔両生類・爬虫類〕
··· 580
ニシニギス〔魚・貝・水生生物〕·· 246
ニシノアカタチ〔魚・貝・水生生
　物〕··································· 246
ニシノアカタチの幼魚〔魚・
　貝・水生生物〕··············· 246
ニシノオオカミウオ〔魚・貝・
　水生生物〕························ 246
ニシノオオカミウオの顔〔魚・
　貝・水生生物〕··············· 246
ニシノカジカ〔魚・貝・水生生
　物〕··································· 246
ニシノキアンコウ〔魚・貝・水
　生生物〕····························· 246
ニシノゴマハゼ〔魚・貝・水生生
　物〕··································· 246
ニシノシマガツオ〔魚・貝・水
　生生物〕····························· 246
ニシノシログチ〔魚・貝・水生生
　物〕··································· 246
ニシノタテトクビレ〔魚・貝・
　水生生物〕························ 246
ニシノニジベラ〔魚・貝・水生生
　物〕··································· 246
ニシノニジベラの雄〔魚・貝・
　水生生物〕························ 247
ニシノニジベラの雌〔魚・貝・
　水生生物〕························ 247
ニシハイイロウタイムシクイ
　〔鳥〕································· 451
ニジハギ〔魚・貝・水生生物〕··· 247
ニシバショウカジキの成魚
　〔魚・貝・水生生物〕········· 247
ニシバショウカジキの幼魚
　〔魚・貝・水生生物〕········· 247
ニジハタ〔魚・貝・水生生物〕·· 247
ニジハチドリ〔鳥〕 ············· 451
ニシブッポウソウ〔鳥〕 ······· 452
ニシヘビギンポ〔魚・貝・水生生
　物〕··································· 247
ニシヘビギンポの幼魚〔魚・
　貝・水生生物〕··············· 247
ニジベラ〔魚・貝・水生生物〕··· 247
ニジベラのなかま〔魚・貝・水
　生生物〕····························· 247
ニジボア〔両生類・爬虫類〕····· 580
ニシボネリームシクイ〔鳥〕··· 452
ニジマス〔魚・貝・水生生物〕··· 247
ニシマトウダイ〔魚・貝・水生生
　物〕··································· 247
ニシマナガツオ〔魚・貝・水生生
　物〕··································· 247
ニシムラサキエボシドリ〔鳥〕·· 452
ニシメクラウナギ〔魚・貝・水
　生生物〕····························· 247
ニジュウヤホシテントウ〔虫〕
　 ·······························67,68
ニジュウヤホシテントウの幼虫
　〔虫〕································· 68
ニジョウサバ〔魚・貝・水生生

　物〕··································· 247
ニショウジウオ〔魚・貝・水生生
　物〕··································· 247
ニショクキムネオオハシ〔鳥〕·· 452
ニショクコチュウハシ〔鳥〕 ·· 452
ニショクジアリドリ〔鳥〕 ····· 452
にしん〔魚・貝・水生生物〕····· 248
ニシン〔魚・貝・水生生物〕····· 248
ニセイボシマイモガイ〔魚・
　貝・水生生物〕··············· 248
ニセカエルウオ〔魚・貝・水生生
　物〕··································· 248
ニセカンランハギ〔魚・貝・水
　生生物〕····························· 248
ニセクロスジギンポ〔魚・貝・
　水生生物〕························ 248
ニセクロハゼ〔魚・貝・水生生
　物〕··································· 248
ニセクロホシフエダイ〔魚・
　貝・水生生物〕··············· 248
ニセクワガタカミキリのなかま
　〔虫〕································· 68
ニセサンゴヘビ〔両生類・爬虫
　類〕··································· 580
ニセナメクジ〔虫〕 ············· 68
ニセフウライチョウチョウウオ
　〔魚・貝・水生生物〕········· 248
ニセヘクトールアゲハ〔虫〕··· 68
ニセメジナモドキ〔魚・貝・水
　生生物〕····························· 248
ニセメンフクロウ〔鳥〕 ······· 452
ニセモチノウオ〔魚・貝・水生生
　物〕··································· 248
ニセヤクシマタカラガイ〔魚・
　貝・水生生物〕··············· 248
ニタリ〔魚・貝・水生生物〕····· 248
ニタリクジラ〔哺乳類〕 ······· 545
ニチリンカサガイ〔魚・貝・水
　生生物〕····························· 248
ニチリンクラゲの1種〔魚・貝・
　水生生物〕························ 248
ニッコウガイ〔魚・貝・水生生
　物〕··································· 248
ニッポンマイマイ〔虫〕 ······· 68
ニブイロコセイガイ〔鳥〕 ····· 452
にべ〔魚・貝・水生生物〕········· 248
ニベ〔魚・貝・水生生物〕········· 248
ニホンアカガエル〔両生類・爬
　虫類〕································· 580
ニホンアシカ〔哺乳類〕 ······· 545
ニホンアナグマ〔哺乳類〕 ····· 545
ニホンイシガメの甲羅〔両生
　類・爬虫類〕······················ 580
ニホンイタチ〔哺乳類〕 ······· 545
ニホンイトヨリ〔魚・貝・水生生
　物〕··································· 248
ニホンイモリ〔両生類・爬虫類〕
　 ··· 580
ニホンオオカミ〔哺乳類〕 ····· 545
ニホンオオカミ（ヤマイヌ）
　〔哺乳類〕··························· 545
日本狼〔哺乳類〕 ················· 545

ニホンカナヘビ〔両生類・爬虫
　類〕··································· 580
ニホンカモシカ〔哺乳類〕 ····· 545
ニホンキバチ〔虫〕 ············· 68
ニホンクモヒトデ〔魚・貝・水
　生生物〕····························· 249
ニホンクモヒトデ？〔魚・貝・
　水生生物〕························ 249
ニホンコウノトリ〔鳥〕 ······· 452
ニホンザル〔哺乳類〕 ··········· 545
日本産アリ各種〔虫〕 ··········· 68
日本産ヤイロチョウ〔鳥〕 ····· 452
ニホンジカ〔哺乳類〕 ··········· 545
ニホンスナモグリ〔魚・貝・水
　生生物〕····························· 249
ニホンヅノカメレオン〔両生
　類・爬虫類〕······················ 580
ニホントカゲ〔両生類・爬虫類〕
　 ··· 580
ニホンヒキガエル〔両生類・爬
　虫類〕································· 580
ニホンミツバチ〔虫〕 ··········· 68
ニホンミツバチ？〔虫〕 ······· 68
ニホンヤマビル〔虫〕 ··········· 68
ニホンヤモリ〔両生類・爬虫類〕
　 ··· 580
ニホンヤモリ、あるいはホオグ
　ロヤモリ（？）〔両生類・爬虫
　類〕··································· 581
ニュウナイスズメ〔鳥〕 ······· 452
ニューカレドニアズクヨタカ
　〔鳥〕································· 452
ニューギニアオオトビナナフシ
　〔虫〕································· 68
ニューギニアオニカサゴ〔魚・
　貝・水生生物〕··············· 249
ニュージーランドアオバズク
　〔鳥〕································· 452
ニュージーランドアオバズク
　（亜種）〔鳥〕····················· 452
ニュージーランドアオバズクの
　ノーフォーク亜種〔鳥〕 ····· 453
ニュージーランドアカタテハ
　〔虫〕································· 68
ニュージーランドウズラ〔鳥〕·· 453
ニュージーランドバトのチャタ
　ム亜種〔鳥〕······················ 453
ニュージーランドバトのノー
　フォーク亜種〔鳥〕 ··········· 453
ニューファウンドランド・ドッ
　グ〔哺乳類〕······················ 545
ニューブリテンバンケン〔鳥〕·· 453
ニヨリオオトリガイ〔魚・貝・
　水生生物〕························ 249
ニラミフサカサゴ〔魚・貝・水
　生生物〕····························· 249
ニルガイ〔哺乳類〕 ············· 545
ニワオニグモ〔虫〕 ············· 68
ニワカナヘビ〔両生類・爬虫類〕
　 ··· 581
ニワツチバチ〔虫〕 ············· 68
ニワトリ〔鳥〕 ···········453,454

博物図譜レファレンス事典 動物篇 **645**

にわと　　　　　　　　作品名索引

ニワトリ（四足獣の尾にニワト
　リの鶏冠のある）〔想像・架空
　の生物〕……………………595
ニワノオウシュウマイマイ
　〔虫〕………………………68
ニワムシクイ〔鳥〕…………454
ニワメナシムカデ〔虫〕………68
にんぎょ〔想像・架空の生物〕595
人魚〔想像・架空の生物〕……595
ニンジャダニ属のなかま〔虫〕68
妊娠したウシの子宮〔哺乳類〕546
ニンニクガエルの類〔両生類・
　爬虫類〕……………………581
ニンフキノボリアトバ〔両生
　類・爬虫類〕………………581

【ぬ】

ヌー〔哺乳類〕………………546
ヌカエビ〔魚・貝・水生生物〕…249
ヌタウナギ〔魚・貝・水生生物〕‥249
ヌートリア〔哺乳類〕…………546
ヌノサラシ〔魚・貝・水生生物〕249
ヌノメアカガイ〔魚・貝・水生生
　物〕…………………………249
ヌノメアカガイの1種〔魚・貝・
　水生生物〕…………………249
ヌノメイトマキヒトデ〔魚・
　貝・水生生物〕……………249
ヌノメガイ〔魚・貝・水生生物〕249
ヌマウズラ〔鳥〕……………454
ヌマエビ？〔魚・貝・水生生物〕
　……………………………249
ヌマガレイ〔魚・貝・水生生物〕249
ヌマセンニュウ〔鳥〕………454
ヌママングース〔哺乳類〕…546
ヌマムツ〔魚・貝・水生生物〕…249
ヌマヨシキリ〔鳥〕…………454
ヌマライチョウ〔鳥〕………454
ぬめりごち〔魚・貝・水生生物〕249
ヌリワケヤッコ〔魚・貝・水生生
　物〕…………………………249
ヌルデシロアブラムシ（ヌルデ
　ノミミフシ）〔虫〕…………68
ヌンムリテス〔魚・貝・水生生
　物〕…………………………249

【ね】

ネイズ〔魚・貝・水生生物〕…249
ネオンタテハ？〔虫〕………69
根口クラゲの1種〔魚・貝・水生
　生物〕………………………250
根口クラゲのなかま〔魚・貝・
　水生生物〕…………………250
ネグロケンモンのなかま〔虫〕‥69
ネグロスヒムネバト〔鳥〕…454

ネコ〔哺乳類〕………………546
ネコ（三毛ネコ）〔哺乳類〕…546
ネコガシラギギ〔魚・貝・水生生
　物〕…………………………250
ねこざめ〔魚・貝・水生生物〕…250
ネコザメ〔魚・貝・水生生物〕…250
ネコシタザラガイ〔魚・貝・水
　生生物〕……………………250
猫条虫〔虫〕…………………69
ネコツメヤモリ〔両生類・爬虫
　類〕…………………………581
ネコドリ〔鳥〕………………454
ネコマネドリ〔鳥〕…………454
ネジウミヘビ〔両生類・爬虫類〕
　……………………………581
ネジマガキガイ〔魚・貝・水生生
　物〕…………………………250
ネジリタイセイヨウイサキ
　〔魚・貝・水生生物〕………250
ネズスズメダイ〔魚・貝・水生生
　物〕…………………………250
ネズッポ科の魚〔魚・貝・水生生
　物〕…………………………250
ネズミ〔哺乳類〕……………546
ネズミアフリカツリスガラ
　〔鳥〕………………………454
ネズミイルカ〔哺乳類〕……546
ネズミオナガムシクイ〔鳥〕…454
ネズミゴチ〔魚・貝・水生生物〕250
ネズミザメ〔魚・貝・水生生物〕250
ネズミタイヨウチョウ〔鳥〕…454
ネズミノテガイの1種〔魚・貝・
　水生生物〕…………………250
ネズミフグ〔魚・貝・水生生物〕250
ネズミヤマアラシ〔哺乳類〕…546
ネッタイアカセセリの1種〔虫〕69
ネッタイアンドンクラゲの仲間
　〔魚・貝・水生生物〕………250
ネッタイミノカサゴ〔魚・貝・
　水生生物〕…………………250
ネマトゲニス・イネルミス
　〔魚・貝・水生生物〕………251
ネムリガイ〔魚・貝・水生生物〕251
ネリガイの1種〔魚・貝・水生生
　物〕…………………………251
ネンブツダイ〔魚・貝・水生生
　物〕…………………………251

【の】

ノアノハコブネガイ〔魚・貝・
　水生生物〕…………………251
ノイズガエル〔両生類・爬虫類〕
　……………………………581
ノガン〔鳥〕……………454,455
ノギハラハガクレトカゲ〔両生
　類・爬虫類〕………………581
ノグチゲラ〔鳥〕……………455
ノコギリイッカクガニ〔魚・
　貝・水生生物〕……………251

ノコギリエイ属の1種〔魚・貝・
　水生生物〕…………………251
ノコギリガザミ〔魚・貝・水生生
　物〕…………………………251
ノコギリガニ〔魚・貝・水生生
　物〕…………………………251
ノコギリカミキリ〔虫〕………69
ノコギリカミキリ属の1種〔虫〕…69
ノコギリカミキリのなかま
　〔虫〕………………………69
ノコギリカワハギ（？）〔魚・
　貝・水生生物〕……………251
ノコギリクワガタ〔虫〕………69
ノコギリクワガタ？〔虫〕……69
ノコギリクワガタのなかま
　〔虫〕………………………69
ノコギリザメ〔魚・貝・水生生
　物〕…………………………251
ノコギリダイ〔魚・貝・水生生
　物〕…………………………251
ノコギリハギ〔魚・貝・水生生
　物〕…………………………251
ノコギリヘビ〔両生類・爬虫類〕
　……………………………581
ノコハシハチドリ〔鳥〕………455
ノコヘリヨコクビハコガメ〔両
　生類・爬虫類〕……………581
のごま〔鳥〕…………………455
ノコマ〔鳥〕…………………455
ノゴマ〔鳥〕…………………455
ノゴマ？〔鳥〕………………455
ノザンデスアダー〔両生類・爬
　虫類〕………………………581
ノジコ〔鳥〕…………………455
ノシメチョウチョウウオ〔魚・
　貝・水生生物〕……………251
ノスリ〔鳥〕…………………455
ノスリ？〔鳥〕………………455
ノドアカカワガラス〔鳥〕…455
ノドアカクロサギ〔鳥〕……456
ノドアカゴシキドリ〔鳥〕…456
ノドアカハチドリ〔鳥〕……456
ノドアカミツスイ〔鳥〕……456
ノドアカミドリモズ〔鳥〕…456
ノドクロコウヨウジャク〔鳥〕456
ノドグロコリン〔鳥〕………456
ノドグロチドリ〔鳥〕………456
ノドグロツグミ〔鳥〕………456
ノドグロベラ〔魚・貝・水生生
　物〕…………………………252
ノドクロベラ属の1種（ショー
　トノーズ・ラス）〔魚・貝・水
　生生物〕……………………252
ノドグロミツオシエ〔鳥〕……456
ノドグロモズガラス〔鳥〕…456
ノドグロヤイロチョウのモルッ
　カ亜種〔鳥〕………………456
ノドジロエナガ〔鳥〕………456
ノドジロオオキバザル〔哺乳類〕‥546
ノドジロキノボリ〔鳥〕……456
ノドジロクサムラドリ〔鳥〕…456
ノドジロヒバリチドリ〔鳥〕…456

作品名索引　　　　　　　　　　はしな

ノドジロヒメアオバト〔鳥〕 … 456
ノドジロヒヨドリ〔鳥〕 …… 456
ノドジロミユビナマケモノ〔哺
　乳類〕 ……………………… 546
ノドジロムシクイ〔鳥〕 …… 456
ノドチャミユビナマケモノ〔哺
　乳類〕 ……………………… 546
ノトプテルス・ノトプテルス
　〔魚・貝・水生生物〕 …… 252
ノハラツグミ〔鳥〕 ………… 456
ノバリケン〔鳥〕 …………… 457
ノバリケン（バリケン）〔鳥〕… 457
ノビタキ〔鳥〕 ……………… 457
ノーフォークムナジロバト
　〔鳥〕 ……………………… 457
ノーブル・ペン・シェル〔魚・
　貝・水生生物〕 …………… 252
ノミ〔虫〕 …………………… 69
ノミノクチ〔魚・貝・水生生物〕 252
ノミノクチの近緑種〔魚・貝・
　水生生物〕 ………………… 252
ノミの発育史〔虫〕 ………… 69
ノミバエ科〔虫〕 …………… 69
ノヤク〔哺乳類〕 …………… 546
ノルウェーレミング〔哺乳類〕 546
ノロ〔哺乳類〕 ……………… 547
ノロマイレコダニ〔虫〕 …… 69
ノンネマイマイ〔虫〕 ……… 69

【は】

ハイイロアザラシ〔哺乳類〕 … 547
ハイイロアシゲハチドリ〔鳥〕… 457
ハイイロアマガエル〔両生類・
　爬虫類〕 …………………… 581
ハイイロウミツバメ〔鳥〕 … 457
ハイイロオオカミ〔哺乳類〕 … 547
ハイイロガン〔鳥〕 ………… 457
ハイイロガン？〔鳥〕 ……… 457
ハイイロカンムリガラ〔鳥〕… 457
ハイイロクスクス〔哺乳類〕… 547
ハイイロコウウラナメクジ〔虫〕 69
ハイイロコクジャク〔鳥〕 … 457
ハイイロコサイチョウ〔鳥〕… 457
ハイイロジュケイ〔鳥〕 …… 457
ハイイロショウネズミキツネザ
　ル〔哺乳類〕 ……………… 547
ハイイロチュウヒ〔鳥〕 …… 457
ハイイロトキ〔鳥〕 ………… 457
ハイイロヒタキ〔鳥〕 ……… 458
ハイイロヒレアシシギ〔鳥〕… 458
ハイイロフエガラス〔鳥〕 … 458
ハイイロペリカン〔鳥〕 …… 458
ハイイロペリカン、ガランチョ
　ウ〔鳥〕 …………………… 458
ハイイロミカドバト〔鳥〕 … 458
ハイイロヤケイ〔鳥〕 ……… 458
ハイエボシガラ〔鳥〕 ……… 458
バイオリンムシ〔虫〕 ……… 69

ハイガシラエナガ〔鳥〕 …… 458
ハイガシラトビ〔鳥〕 ……… 458
ハイガシラヒメカッコウ〔鳥〕… 458
ハイガシラホオジロ〔鳥〕 … 458
バイク〔魚・貝・水生生物〕… 252
バイクアノール〔両生類・爬虫
　類〕 ………………………… 581
パイク・カラシン〔魚・貝・水生
　生物〕 ……………………… 252
背楯目の1種〔魚・貝・水生生物〕
　…………………………………… 252
バイソン〔哺乳類〕 ………… 547
バイター〔魚・貝・水生生物〕… 252
ハイタカ〔鳥〕 ………… 458,459
ハイタカの東アジア亜種〔鳥〕… 459
ハイチソレノドン〔哺乳類〕… 547
バイの1種〔魚・貝・水生生物〕… 252
ハイノドアメリカムシクイ
　〔鳥〕 ……………………… 459
ハイバネツグミ〔鳥〕 ……… 459
ハイバラオナガカマドリ
　〔鳥〕 ……………………… 459
ハイバラケンバネハチドリ
　〔鳥〕 ……………………… 459
ハイバラツバメ〔鳥〕 ……… 459
パイプウニ〔魚・貝・水生生物〕… 252
パイプウニの1種〔魚・貝・水生
　生物〕 ……………………… 252
パイプウニの仲間〔魚・貝・水
　生生物〕 …………………… 252
パイプウニもしくはミツカドパ
　イプウニ〔魚・貝・水生生物〕… 252
ハイムネコビトクイナ〔鳥〕… 459
ハイムネヒメモズモドキ〔鳥〕… 459
パインアマガエル〔両生類・爬
　虫類〕 ……………………… 581
パインヘビ〔両生類・爬虫類〕… 581
ハウチワドリ属の1種〔鳥〕… 459
ハエ・アブのなかま〔虫〕 …… 69
ハオコゼ〔魚・貝・水生生物〕… 252
ハオリワムシ〔魚・貝・水生生
　物〕 ………………………… 253
バカ〔哺乳類〕 ……………… 547
バカガイの1種〔魚・貝・水生生
　物〕 ………………………… 253
ハガツオ〔魚・貝・水生生物〕… 253
ハギのなかま（？）〔魚・貝・水
　生生物〕 …………………… 253
ハギマシコ〔鳥〕 …………… 459
ハギマシコ？〔鳥〕 ………… 459
ハキリアリ〔虫〕 …………… 70
ハキリアリのなかま〔虫〕 …… 70
ハキリバチの1種〔虫〕 ……… 70
ハキリバチのなかま〔虫〕 …… 70
バクガ（？）〔虫〕 …………… 70
ハクガン〔鳥〕 ……………… 459
ハクセキレイ〔鳥〕 …… 459,460
ハクセキレイ（亜種）〔鳥〕 … 460
バクダンウニ〔魚・貝・水生生
　物〕 ………………………… 253
ハクチョウの1種〔鳥〕 …… 460

ハクテンカタギ〔魚・貝・水生生
　物〕 ………………………… 253
ハクテンシビレエイ〔魚・貝・
　水生生物〕 ………………… 253
ハクテンユメカサゴ〔魚・貝・
　水生生物〕 ………………… 253
ハクトウワシ〔鳥〕 ………… 460
ハクビシン〔哺乳類〕 ……… 547
ハクビシン（ジャコウネコ）
　〔哺乳類〕 ………………… 547
ハクライフデガイ〔魚・貝・水
　生生物〕 …………………… 253
ハグロキヌバネドリ（亜種）
　〔鳥〕 ……………………… 460
ハグロゼミ〔虫〕 …………… 70
ハグロトンボ〔虫〕 ………… 70
バグワルの途中で採れた怪物
　〔魚・貝・水生生物〕 …… 253
ハゲガオガラス〔鳥〕 ……… 460
ハゲチメドリ〔鳥〕 ………… 460
ハゲノドスズドリ〔鳥〕 …… 460
ハゲヒラベラ〔魚・貝・水生生
　物〕 ………………………… 253
ハゲブダイ〔魚・貝・水生生物〕… 253
ハコエビ〔魚・貝・水生生物〕… 253
箱魚〔魚・貝・水生生物〕 … 253
ハコネサンショウウオ〔両生
　類・爬虫類〕 ……………… 581
はこふぐ〔魚・貝・水生生物〕… 253
ハコフグ〔魚・貝・水生生物〕… 253
ハコフグの1種〔魚・貝・水生生
　物〕 ………………………… 254
ハゴロモアジ〔魚・貝・水生生
　物〕 ………………………… 254
ハゴロモウミウシ〔魚・貝・水
　生生物〕 …………………… 254
ハゴロモヅル〔鳥〕 ………… 460
ハゴロモノコマ〔魚・貝・水生生
　物〕 ………………………… 254
ハサミオハチドリ〔鳥〕 …… 460
ハサミオヨタカ〔鳥〕 ……… 460
ハサミカニムシ〔虫〕 ……… 70
ハサミシャコエビのなかま？
　〔魚・貝・水生生物〕 …… 254
ハサミツノカメムシ〔虫〕 …… 70
ハサミムシのなかま〔虫〕 …… 70
ハシキンメ〔魚・貝・水生生物〕… 254
ハシグロアビ〔鳥〕 ………… 460
ハシグロヒタキ〔鳥〕 ……… 460
ハシグロヤマオオハシ〔鳥〕… 461
ハシジロアビ〔鳥〕 ………… 461
ハシジロキツツキ〔鳥〕 …… 461
ハシナガサヨリ〔魚・貝・水生
　物〕 ………………………… 254
ハシナガシギダチョウ〔鳥〕… 461
ハシナガソデガイの1種〔魚・
　貝・水生生物〕 …………… 254
ハシナガチョウチョウウオ
　〔魚・貝・水生生物〕 …… 254
ハシナガフウリュウウオ〔魚・
　貝・水生生物〕 …………… 254
ハシナガムシクイ〔鳥〕 …… 461

博物図譜レファレンス事典 動物篇　**647**

はしひ　　　　　　　　　　作品名索引

ハシビロガモ〔鳥〕 ……………… 461
ハシビロコウ〔鳥〕 ……………… 461
ハシブトアジサシ〔鳥〕 ………… 461
ハシブトイスカ〔鳥〕 …………… 461
ハシブトオオイシチドリ〔鳥〕‥ 461
ハシブトカモメ〔鳥〕 …………… 461
ハシブトガラ〔鳥〕 ……………… 461
ハシブトガラス〔鳥〕 …………… 461
ハシブトガラス？〔鳥〕 ………… 462
ハシブトカワセミ〔鳥〕 ………… 462
ハシブトゴイ〔鳥〕 ……………… 462
ハシブトセスジムシクイ〔鳥〕‥ 462
ハシブトダーウィンフィンチ
　〔鳥〕 …………………………… 462
ハシブトホオダレムクドリ
　〔鳥〕 …………………………… 462
ハシブトミツオシエ〔鳥〕 ……… 462
ハシブトモズビタキ〔鳥〕 ……… 462
ハシボソガラス〔鳥〕 …………… 462
ハシボソキツツキ〔鳥〕 ………… 462
ハシボソトビ〔鳥〕 ……………… 462
ハシボソミズナギドリ〔鳥〕 …… 462
ハシボソヨシキリ〔鳥〕 ………… 462
バシャムチヘビ〔両生類・爬虫
　類〕 ……………………………… 581
バショウカジキ〔魚・貝・水生生
　物〕 ……………………………… 254
ハシリジャッコウ〔鳥〕 ………… 462
バシリスクス〔両生類・爬虫類〕
　………………………………………… 581
ハシリヒキガエル〔両生類・爬
　虫類〕 …………………………… 581
ハジロ〔鳥〕 ……………………… 462
ハジロウミバト〔鳥〕 …………… 462
ハジロカイツブリ〔鳥〕 ………… 462
ハジロカザリドリ〔鳥〕 ………… 462
はじろがも〔鳥〕 ………………… 463
ハジロカモ〔鳥〕 ………………… 463
ハジロクロガラ〔鳥〕 …………… 463
ハジロクロハラアジサシ〔鳥〕‥ 463
ハジロコウテンシ〔鳥〕 ………… 463
ハジロコチドリ〔鳥〕 …………… 463
ハジロシジュウカラ〔鳥〕 ……… 463
ハジロミドリツバメ〔鳥〕 ……… 463
ハス〔魚・貝・水生生物〕 ……… 254
ハスクビレアブラムシ〔虫〕 …… 70
ハスジマチョウチョウオ
　〔魚・貝・水生生物〕 ………… 254
はぜ〔魚・貝・水生生物〕 ……… 254
ハゼ亜目の1種〔魚・貝・水生
　物〕 ……………………………… 254
ハセイルカ〔哺乳類〕 …………… 547
ハゼ科〔魚・貝・水生生物〕 …… 255
　（ハゼ科の1種）〔魚・貝・水生
　物〕 ……………………………… 255
ハゼ科の1種〔魚・貝・水生生物〕
　………………………………………… 255
ハゼクチ〔魚・貝・水生生物〕 … 255
ハゼのなかま〔魚・貝・水生生
　物〕 ……………………………… 255
ハタ〔魚・貝・水生生物〕 ……… 255

ハタ（アオノメハタであろう）
　〔魚・貝・水生生物〕 ………… 255
ハダカイワシ科の1種〔魚・貝・
　水生生物〕 ……………………… 255
ハダカカメガイのなかま〔魚・
　貝・水生生物〕 ………………… 255
ハダカギンポ〔魚・貝・水生生
　物〕 ……………………………… 255
ハダカゾウクラゲ〔魚・貝・水
　生生物〕 ………………………… 255
ハダカハオコゼ〔魚・貝・水生生
　物〕 ……………………………… 255
ハタゴイソギンチャク（？）
　〔魚・貝・水生生物〕 ………… 255
ハタゴイソギンチャクに近い熱
　帯の大型種〔魚・貝・水生生
　物〕 ……………………………… 255
ハタゴイソギンチャクのなかま
　〔魚・貝・水生生物〕 ………… 255
パタスモンキー〔哺乳類〕 ……… 547
ハタタテギンポ〔魚・貝・水生生
　物〕 ……………………………… 255
ハタタテダイ〔魚・貝・水生生
　物〕 …………………………… 255,256
ハタのなかま〔魚・貝・水生生
　物〕 ……………………………… 256
はたはた〔魚・貝・水生生物〕 … 256
ハタハタ〔魚・貝・水生生物〕 … 256
バター・ハムレット〔魚・貝・
　水生生物〕 ……………………… 256
バタフライアガマ〔両生類・爬
　類〕 ……………………………… 582
ハタホオジロ〔鳥〕 ……………… 463
ハタ類（？）〔魚・貝・水生生物〕
　………………………………………… 256
ハタンポ〔魚・貝・水生生物〕 … 256
ハチ〔魚・貝・水生生物〕 ……… 256
バーチェルシマウマ〔哺乳類〕 … 547
バーチ科〔魚・貝・水生生物〕 … 256
ハチクイ〔鳥〕 …………………… 463
ハチクイモドキ〔鳥〕 …………… 463
ハチクマ〔鳥〕 …………………… 463
ハチジョウタカラガイ〔魚・
　貝・水生生物〕 ………………… 256
ハチジョウツグミ〔鳥〕 ………… 463
八丈ツグミ〔鳥〕 ………………… 463
ハチジョウツグミとツグミの中
　間型〔鳥〕 ……………………… 463
ハチドリ〔鳥〕 …………………… 463
ハチネジレバネのなかま〔虫〕‥ 70
ハチのなかま〔虫〕 ……………… 70
ハチの幼虫〔虫〕 ………………… 70
ハチビキ〔魚・貝・水生生物〕 … 256
ハチビキ（？）〔魚・貝・水生
　物〕 ……………………………… 256
蜂蜜の1種〔虫〕 ………………… 70
ハッカチョウ〔鳥〕 …………463,464
ハッカチョウ（カアレン）〔鳥〕
　………………………………………… 464
ハツカネズミ〔哺乳類〕 ………… 547
ハッカン〔鳥〕 …………………… 464
白鷴〔鳥〕 ………………………… 464

ハッコウチョウ〔鳥〕 …………… 464
バッサー・エンゼル〔魚・貝・
　水生生物〕 ……………………… 256
バッシア〔魚・貝・水生生物〕 … 256
ハッセルキストヒレナマズ
　〔魚・貝・水生生物〕 ………… 256
ハッセルトグーラミー〔魚・
　貝・水生生物〕 ……………256,257
バッタ〔虫〕 ……………………… 70
バッタのなかま〔虫〕 ………70,71
ハッチョウトンボ〔虫〕 ………… 71
ハッポウクラゲ〔魚・貝・水生
　生物〕 …………………………… 257
ハッポウクラゲの仲間〔魚・
　貝・水生生物〕 ………………… 257
バティポリプスの1種〔魚・貝・
　水生生物〕 ……………………… 257
ハデツヤモモブトオオハムシ
　（モモブトオオルリハムシ）
　〔虫〕 …………………………… 71
ハーテビースト〔哺乳類〕 ……… 547
ハデルリタマムシ〔虫〕 ………… 71
ハト〔鳥〕 ………………………… 464
ハト科〔鳥〕 ……………………… 464
ハドック〔魚・貝・水生生物〕 … 257
ハトの捏造種〔鳥〕 ……………… 464
ハトヒメダニ〔虫〕 ……………… 71
ハトムネヒラ〔魚・貝・水生生
　物〕 ……………………………… 257
ハナアイゴ〔魚・貝・水生生物〕‥ 257
ハナアブ科〔虫〕 ………………… 71
ハナアブの1種？〔虫〕 ………… 71
ハナイタヤガイ〔魚・貝・水生生
　物〕 ……………………………… 257
ハナエビス〔魚・貝・水生生物〕‥ 257
ハナオコゼ〔魚・貝・水生生物〕‥ 257
ハナオソノラヘビ〔両生類・爬
　虫類〕 …………………………… 582
ハナカエルウオ〔魚・貝・水生生
　物〕 ……………………………… 257
ハナガサウミウシのなかま
　〔魚・貝・水生生物〕 ………… 257
ハナガサクラゲ〔魚・貝・水生
　生物〕 …………………………… 257
ハナガタサンゴの1種〔魚・貝・
　水生生物〕 ……………………… 257
はながも〔鳥〕 …………………… 464
ハナギンチャク〔魚・貝・水生
　生物〕 …………………………… 257
ハナギンチャクの1種〔魚・貝・
　水生生物〕 ……………………… 258
ハナグロチョウチョウオ
　〔魚・貝・水生生物〕 ………… 258
ハナゴイ〔魚・貝・水生生物〕 … 258
ハナシャコ〔魚・貝・水生生物〕‥ 258
ハナジロハナグマ〔哺乳類〕 …… 547
ハナダカクサリヘビ〔両生類・
　爬虫類〕 ………………………… 582
ハナダカタカサゴイシモチ
　〔魚・貝・水生生物〕 ………… 258
ハナダカバチの1種〔虫〕 ……… 71
ハナダカバチモドキの1種？

648　博物図譜レファレンス事典 動物篇

〔虫〕 ……… 71
ハナダカマムシ〔両生類・爬虫類〕 ……… 582
ハナタツ〔魚・貝・水生生物〕 258
ハナチゴオコゼ〔魚・貝・水生生物〕 258
ハナデンシャ〔魚・貝・水生生物〕 258
ハナナガアオムチヘビ〔両生類・爬虫類〕 ……… 582
ハナナガスズメダイ〔魚・貝・水生生物〕 ……… 258
ハナナガバンディクート〔哺乳類〕 ……… 548
ハナナガミジカオヘビ〔両生類・爬虫類〕 ……… 582
ハナナガモチノウオ〔魚・貝・水生生物〕 ……… 258
ハナナガリス〔哺乳類〕 ……… 548
バナナセセリ〔虫〕 ……… 71
ハナノミ科〔虫〕 ……… 71
ハナバチ類の巣〔虫〕 ……… 71
ハナヒゲガマトカゲ〔両生類・爬虫類〕 ……… 582
ハナビラタカラガイ〔魚・貝・水生生物〕 ……… 258
ハナビワムシ〔魚・貝・水生生物〕 ……… 258
ハナビワムシのなかま〔魚・貝・水生生物〕 ……… 258
ハナブサイソギンチャクのなかま〔魚・貝・水生生物〕 258
鼻ぺちゃ〔魚・貝・水生生物〕 … 258
パナマノドジロフトオハチドリ〔鳥〕 ……… 464
ハナミノカサゴ〔魚・貝・水生生物〕 ……… 258
ハナムグリの1種〔虫〕 ……… 71
ハナムグリのなかま〔虫〕 … 71
バーニッシュド・ブラスモス〔虫〕 ……… 71
ハヌマンラングール〔哺乳類〕 ‥ 548
ハネウデワムシのなかま〔魚・貝・水生生物〕 ……… 258
ハネカクシ科の近縁〔虫〕 … 71
ハネカクシ科〔虫〕 ……… 71
ハネカクシ各種〔虫〕 ……… 71
ハネカクシのなかま〔虫〕 … 72
ハネカクシのなかま？〔虫〕 … 72
ハネキュウセン〔魚・貝・水生生物〕 ……… 258
ハネコケムシ？〔魚・貝・水生生物〕 ……… 258
バーネット・モス〔虫〕 ……… 72
ハネナシハンミョウ〔虫〕 … 72
バーバーイール〔魚・貝・水生生物〕 ……… 258
ハバシトビ〔鳥〕 ……… 464
ハバシハチドリ〔鳥〕 ……… 464
ハバチの1種〔虫〕 ……… 72
ハバチのなかま〔虫〕 ……… 72
ハ丶テウ〔鳥〕 ……… 464

バーバリーシープ〔哺乳類〕 … 548
バーバリージリス〔哺乳類〕 … 548
バーバリーマカク〔哺乳類〕 … 548
バビルサ〔哺乳類〕 ……… 548
ハビロイトトンボ〔虫〕 ……… 72
パプアウズラチメドリ〔鳥〕 … 465
パプアオウギワシ〔鳥〕 ……… 465
パプアオウチュウ〔鳥〕 ……… 465
パプアオオタカ〔鳥〕 ……… 465
パプアガマグチヨタカ〔鳥〕 … 465
パプアコムラサキ〔虫〕 ……… 72
パプアソデグロバト〔鳥〕 ……… 465
パプアチメドリ〔鳥〕 ……… 465
パプアトラフサギ〔鳥〕 ……… 465
パプアバンケン〔鳥〕 ……… 465
バフ・アーミン・モス〔虫〕 … 72
ハブクラゲの仲間〔魚・貝・水生生物〕 ……… 259
パープル・エンペラー〔虫〕 … 72
パープル・ヘアーストリーク・バタフライ〔虫〕 ……… 72
バーベル〔魚・貝・水生生物〕 … 259
ハボウキガイ〔魚・貝・水生生物〕 ……… 259
ハマキガの1種〔虫〕 ……… 72
ハマキガのなかま〔虫〕 ……… 72
ハマキチョッキリのなかま〔虫〕 ……… 72
ハマグリ〔魚・貝・水生生物〕 … 259
ハマグリの1種〔魚・貝・水生生物〕 ……… 259
ハマサンゴ〔魚・貝・水生生物〕 259
ハマサンゴのなかま〔魚・貝・水生生物〕 ……… 259
ハマシギ〔鳥〕 ……… 465
ハマスズメ〔鳥〕 ……… 465
ハマダツ〔魚・貝・水生生物〕 … 259
ハマダラカのなかま〔魚・貝・水生生物〕 ……… 259
ハマタラシギ〔鳥〕 ……… 465
ハマダンゴムシのなかま〔虫〕 … 72
ハマチドリ〔鳥〕 ……… 465
ハマトビムシ科〔虫〕 ……… 72
ハマヒバリ〔鳥〕 ……… 465
ハマフエフキ〔魚・貝・水生生物〕 ……… 259
ハマフグ〔魚・貝・水生生物〕 … 259
ハマフグの1種〔魚・貝・水生生物〕 ……… 259
ハマベイシノミ属のなかま〔虫〕 ……… 72
ハマベニジムカデ〔虫〕 ……… 72
ハミングバード〔鳥〕 ……… 465
ハミングバード・ホークモス〔虫〕 ……… 72
ハムシ科〔虫〕 ……… 72
ハムシ科の1種〔虫〕 ……… 73
ハムシダマシの1種〔虫〕 ……… 73
ハムシのなかま〔虫〕 ……… 73
ハムバラ・マクロレピドータ〔魚・貝・水生生物〕 ……… 259
はも〔魚・貝・水生生物〕 ……… 259

ハモ〔魚・貝・水生生物〕 ……… 259
ハモかアナゴの類（？）〔魚・貝・水生生物〕 ……… 259
ハヤブサ〔鳥〕 ……… 465
ハヤブサ〔亜種〕〔鳥〕 ……… 466
ハラアカツグミ〔鳥〕 ……… 466
バライロカモメ（ヒメクビワカモメ）〔鳥〕 ……… 466
バライロムクドリ〔鳥〕 ……… 466
バラエリキヌバネドリ〔鳥〕 … 466
ハラオビマタハリヘビ〔両生類・爬虫類〕 ……… 582
ハラキマダラミジカオヘビ〔両生類・爬虫類〕 ……… 582
バラクータ〔魚・貝・水生生物〕 ‥ 259
ハラジロカツオブシムシ？〔虫〕 ……… 73
ハラジロワシ〔鳥〕 ……… 466
パラスオヒキコウモリ〔哺乳類〕 ……… 548
パラスシタナガコウモリ〔哺乳類〕 ……… 548
ハラスジツルヘビ〔両生類・爬虫類〕 ……… 582
パラステングフルーツコウモリ〔哺乳類〕 ……… 548
ハラタカラガイ〔魚・貝・水生生物〕 ……… 259
バラタナゴ属の1種〔魚・貝・水生生物〕 ……… 260
腹の大きな、またはメスのブヨ〔虫〕 ……… 73
バラノドチビハチドリ〔鳥〕 … 466
バラハキリバチ？〔虫〕 ……… 73
バラハタ〔魚・貝・水生生物〕 … 260
バラヒゲナガアブラムシ〔虫〕 … 73
ハラビロマキバサシガメ〔虫〕 … 73
バラフエダイ〔魚・貝・水生生物〕 ……… 260
バラフヤブモズ〔鳥〕 ……… 466
バラムツ〔魚・貝・水生生物〕 … 260
バラムネキヌバネドリ〔鳥〕 … 466
パラワンガラ〔鳥〕 ……… 466
パラワンコクジャク〔鳥〕 ……… 466
ハリウオ〔魚・貝・水生生物〕 … 260
ハリオアマツバメ〔鳥〕 ……… 466
ハリオツバメ〔亜種〕〔鳥〕 … 466
ハリガネウミヘビ属の1種〔魚・貝・水生生物〕 ……… 260
ハリガネムシ〔虫〕 ……… 73
ハリカメムシ〔虫〕 ……… 73
ハリクチダニのなかま〔虫〕 … 73
バリケン〔鳥〕 ……… 466
はりせんぼん〔魚・貝・水生生物〕 ……… 260
ハリセンボン〔魚・貝・水生生物〕 ……… 260
ハリドキツネブダイ〔魚・貝・水生生物〕 ……… 260
ハリドキツネブダイの雌〔魚・貝・水生生物〕 ……… 260
ハリネズミ〔哺乳類〕 ……… 548

はりは　　　　　　　　　　作品名索引

ハリハコトカゲ〔両生類・爬虫類〕…………… 582
ハリフサカサゴの幼魚〔魚・貝・水生生物〕………… 260
ハリモグラ〔哺乳類〕……… 548
ハリモミライチョウ〔鳥〕…… 466
ハリモモチュウシャクシギ〔鳥〕……………… 466
ハリヨ〔魚・貝・水生生物〕… 260
バリリウス・ベンデリシス〔魚・貝・水生生物〕……… 260
バリングあるいは中国〔魚・貝・水生生物〕………… 261
パールアイ〔魚・貝・水生生物〕… 261
ハルカゼヤシガイ〔魚・貝・水生生物〕…………… 261
バルカンコガラ〔鳥〕……… 466
ハルササハマダラミバエ〔虫〕… 73
ハルシャガイ〔魚・貝・水生生物〕……………… 261
ハルゼミ〔虫〕…………… 73
パール・デイス〔魚・貝・水生生物〕……………… 261
バルディビアホシ(ノ)エソ〔魚・貝・水生生物〕…… 261
バルテノペー〔魚・貝・水生生物〕……………… 261
ハルドンアガマ〔両生類・爬虫類〕……………… 582
バルニミジカオヘビ〔両生類・爬虫類〕…………… 582
バルブス・トール〔魚・貝・水生生物〕…………… 261
パルマーシマリス〔哺乳類〕… 548
ハルマヘラクイナ〔鳥〕…… 466
春–1〜28〔虫〕………… 73
ハレギチョウの1種〔虫〕…… 73
ハレギチョウのなかま〔虫〕… 73
バレンクラゲ〔魚・貝・水生生物〕……………… 261
バレンクラゲのなかま〔魚・貝・水生生物〕………… 261
バレンクラゲの仲間〔魚・貝・水生生物〕…………… 261
ハワイイシモチ〔魚・貝・水生生物〕……………… 261
ハワイカオグロミツスイ〔鳥〕… 467
ハワイガモ〔鳥〕………… 467
ハワイガラス〔鳥〕……… 467
ハワイガン〔鳥〕………… 467
ハワイシロハラミズナギドリ〔鳥〕……………… 467
ハワイチョウチョウウオ〔魚・貝・水生生物〕……… 261
ハワイツグミのカウアイ亜種〔鳥〕……………… 467
ハワイツグミのハワイ亜種〔鳥〕……………… 467
ハワイツグミのラナイ亜種〔鳥〕……………… 467
ハワイノスリ〔鳥〕……… 467
ハワイバン〔鳥〕………… 467

ハワイヒタキのオアフ亜種〔鳥〕……………… 467
ハワイヒタキのハワイ亜種〔鳥〕……………… 467
ハワイヒタキのヒロ亜種〔鳥〕… 467
ハワイマシコ〔鳥〕……… 467
ハワイミツスイのオアフ亜種〔鳥〕……………… 467
ハワイミツスイのカウアイ亜種〔鳥〕……………… 467
ハワイミツスイのハワイ亜種〔鳥〕……………… 467
ハワイミツスイのラナイ亜種〔鳥〕……………… 467
ばん〔鳥〕………………… 467
バン〔鳥〕…………… 467,468
バン(?)〔鳥〕………… 468
バン〔想像・架空の生物〕… 595
バンガス・キャットフィッシュ〔魚・貝・水生生物〕… 261
バンジョー・キャットフィッシュ〔魚・貝・水生生物〕… 261
バンジロウインコ〔鳥〕…… 468
バンデッド・アノストムス〔魚・貝・水生生物〕…… 261
バンテン〔哺乳類〕……… 548
ハンテンオキメダイ〔魚・貝・水生生物〕…………… 261
ハンドウイルカ〔哺乳類〕… 548
パンプキンシード・バス〔魚・貝・水生生物〕……… 261
ハンミョウ〔虫〕………… 73
ハンミョウ?〔虫〕……… 73
ハンミョウ科〔虫〕……… 73
ハンミョウ科の1種〔虫〕… 73
ハンミョウのなかま〔虫〕… 73
ハンミョウモドキのなかま〔虫〕……………… 74

【ひ】

ひいらぎ〔魚・貝・水生生物〕… 262
ヒイラギ〔魚・貝・水生生物〕… 262
ヒイラギの1種〔魚・貝・水生生物〕……………… 262
ヒイロサンショウウイ属の1種〔鳥〕……………… 468
ヒイロシジミの1種〔虫〕…… 74
ヒイロシジミのなかま〔虫〕… 74
ヒイロタイヨウチョウ〔鳥〕… 468
ヒイロツマベニチョウ〔虫〕… 74
ヒインコ〔鳥〕…………… 468
ひうお・ひお〔魚・貝・水生生物〕……………… 262
ヒウチダイ〔魚・貝・水生生物〕… 262
ビエナンケ魚〔魚・貝・水生生物〕……………… 262
ヒオウギインコ〔鳥〕…… 468

ヒオウギガイ〔魚・貝・水生生物〕……………… 262
ヒオドシイソギンチャクあるいはヒメイソギンチャクのなかま〔魚・貝・水生生物〕…… 262
ヒオドシジュケイ〔鳥〕…… 468
ヒオドシチョウ〔虫〕……… 74
ヒオドシベラ〔魚・貝・水生生物〕……………… 262
ヒガイ〔魚・貝・水生生物〕… 262
ヒガイの1種〔魚・貝・水生生物〕……………… 262
ヒガシアオジタトカゲ〔両生類・爬虫類〕…………… 582
ヒガシアメリカオオギハクジラ〔哺乳類〕…………… 548
ヒガシカワトンボ〔虫〕…… 74
ヒガシキバラヒタキ〔鳥〕… 468
ヒガシメンフクロウ〔鳥〕… 468
ヒガシヨーロッパシマヘビ〔両生類・爬虫類〕……… 582
ヒガラ〔鳥〕………… 468,469
ヒカリウキエソ〔魚・貝・水生生物〕……………… 262
ヒカリウミウシのなかま〔魚・貝・水生生物〕……… 262
ヒカリウミエラ〔魚・貝・水生生物〕……………… 262
ヒカリキンメダイ〔魚・貝・水生生物〕…………… 262
ヒカリダンゴイカ〔魚・貝・水生生物〕…………… 262
ヒカリニオガイ〔魚・貝・水生生物〕………… 262,263
ヒカリニオガイの1種〔魚・貝・水生生物〕………… 263
ヒカリホウボウ〔魚・貝・水生生物〕……………… 263
ヒカリホウボウの幼魚〔魚・貝・水生生物〕………… 263
ヒカリボヤ〔魚・貝・水生生物〕… 263
ヒカリボヤの1種〔魚・貝・水生生物〕…………… 263
ヒカリボヤの仲間〔魚・貝・水生生物〕…………… 263
ヒカリワタアシハチドリ〔鳥〕… 469
ひがんふぐ〔魚・貝・水生生物〕… 263
ヒガンフグ〔魚・貝・水生生物〕… 263
ヒキガエル〔両生類・爬虫類〕… 582
ヒキガエルのオタマジャクシの解剖図〔両生類・爬虫類〕… 582
ヒキガエルの卵とオタマジャクシ〔両生類・爬虫類〕… 583
ヒキガニのなかま〔魚・貝・水生生物〕…………… 263
ヒクイドリ〔鳥〕………… 469
ひくいな〔鳥〕…………… 469
ヒクイナ〔鳥〕…………… 469
ビクーニャ〔哺乳類〕…… 549
ヒグマ〔哺乳類〕………… 549
ピグミーマダラスカンク〔哺乳類〕……………… 549

650　博物図譜レファレンス事典 動物篇

作品名索引　　　　　　　　　　　　ひめう

ヒクラゲ〔魚・貝・水生生物〕… 263
ヒクラゲの仲間〔魚・貝・水生生
　物〕………………………… 263
ヒグラシ〔虫〕………………… 74
ヒゲイノシシ〔哺乳類〕……… 549
ヒゲウズラ〔鳥〕……………… 469
ヒゲガラ〔鳥〕………………… 469
ヒゲクジラの1種〔哺乳類〕…… 549
ヒゲケムシのなかま〔魚・
　貝・水生生物〕……………… 263
ヒゲゴシキドリ〔鳥〕………… 469
ヒゲサキ〔哺乳類〕…………… 549
ヒゲソリダイ〔魚・貝・水生生
　物〕………………………… 263
ヒゲソリダイ？〔魚・貝・水生
　生物〕……………………… 263
ヒゲダイ〔魚・貝・水生生物〕… 263
ヒゲナガソウムシ科〔虫〕…… 74
ヒゲナガツチムカデ〔虫〕…… 74
ヒゲナガヒレナマズ〔魚・貝・
　水生生物〕………………… 263
ヒゲナシヨタカ〔鳥〕………… 469
ヒゲニジギンポ〔魚・貝・水生生
　物〕………………………… 263
ヒゲニジギンポ属の1種（イエ
　ローテイル・ファングブレ
　ニー）〔魚・貝・水生生物〕… 263
ヒゲブトオサムシのなかま
　〔虫〕……………………… 74
ヒゲブトギギの1種〔魚・貝・水
　生生物〕…………………… 263
ヒゲブトコメツキムシのなかま
　〔虫〕……………………… 74
ヒゲボソゾウムシのなかま
　〔虫〕……………………… 74
ヒゲミズヘビ〔両生類・爬虫類〕… 583
ヒゲワシ〔鳥〕………………… 469
ひごい〔魚・貝・水生生物〕… 264
ヒゴイ〔魚・貝・水生生物〕… 264
ヒザラガイ科〔魚・貝・水生生
　物〕………………………… 264
ヒシガニ〔魚・貝・水生生物〕… 264
ヒシガニの1種〔魚・貝・水生生
　物〕………………………… 264
ヒシガニのなかまたち〔魚・
　貝・水生生物〕……………… 264
ヒシクイ〔鳥〕………………… 470
ヒシコバン〔魚・貝・水生生物〕… 264
ひしだい〔魚・貝・水生生物〕… 264
ヒシダイ〔魚・貝・水生生物〕… 264
ヒシバッタ〔虫〕……………… 74
ヒシバッタ科？〔虫〕………… 74
ヒシメロンボラ〔魚・貝・水生
　物〕………………………… 264
ヒシモンツリーボア〔両生類・
　爬虫類〕…………………… 583
尾状突起の欠損したウラナミシ
　ジミ〔虫〕………………… 74
ヒジリショウビン〔鳥〕……… 470
ビスカーチャ〔哺乳類〕……… 549
ヒスパニオラキヌバネドリ

　〔鳥〕……………………… 470
ヒスパニオラノスリ〔鳥〕…… 470
ビスマークモリツバメ〔鳥〕… 470
微生物図〔魚・貝・水生生物〕… 264
ビゼンクラゲ〔魚・貝・水生生
　物〕………………………… 264
ビゼンクラゲの1種〔魚・貝・水
　生生物〕…………………… 264
ヒゼンダニの1種〔虫〕……… 74
ヒダエリダンゴ〔魚・貝・水生生
　物〕………………………… 264
ヒタキ〔鳥〕…………………… 470
ヒタキ科〔鳥〕………………… 470
ヒタチチリメンカワニナ〔魚・
　貝・水生生物〕……………… 264
ヒダベリイソギンチャク〔魚・
　貝・水生生物〕………… 264,265
ヒダリマキコブシボラ〔魚・
　貝・水生生物〕……………… 265
ヒダリマキマイマイ〔虫〕…… 74
ピチアルマジロ〔哺乳類〕…… 549
ビッグホーン〔哺乳類〕……… 549
ビッグ＝マウス・バッファロー
　〔魚・貝・水生生物〕……… 265
ヒツジ〔哺乳類〕……………… 549
ヒツジシラミバエ〔虫〕……… 74
ヒツジバエ科〔虫〕…………… 74
ヒップリテス〔魚・貝・水生生
　物〕………………………… 265
ヒトエガイ〔魚・貝・水生生物〕… 265
ヒトエクラゲのなかま〔魚・
　貝・水生生物〕……………… 265
ヒトコブラクダ〔哺乳類〕…… 549
ヒトジラミ〔虫〕……………… 75
ヒトジラミ科〔虫〕…………… 75
ヒトスジタマガシラ〔魚・貝・
　水生生物〕………………… 265
ヒトスジモチノウオ〔魚・貝・
　水生生物〕………………… 265
ヒトヅラハリセンボン〔魚・
　貝・水生生物〕……………… 265
ヒトツアシクラゲの仲間〔魚・
　貝・水生生物〕……………… 265
ヒトデ〔魚・貝・水生生物〕… 265
ヒトデの1種〔魚・貝・水生生物〕
　……………………………… 265
ヒトデの発生〔魚・貝・水生生物〕
　……………………………… 265
ヒトノミ〔虫〕………………… 75
ヒトフデヒメジ〔魚・貝・水生
　物〕………………………… 265
ヒドラ〔魚・貝・水生生物〕… 265
ヒドラのなかま〔魚・貝・水生
　物〕………………………… 265
ヒトリガ〔虫〕………………… 75
ヒトリガの1種〔虫〕………… 75
ヒトリガのなかまとその幼虫
　〔虫〕……………………… 75
ヒトリガのなかまの幼虫〔虫〕… 75
ヒドリガモ〔鳥〕……………… 470
ヒトリモドキの1種〔虫〕…… 75
ヒドロ虫類クダクラゲのなかま

　〔魚・貝・水生生物〕……… 265
ヒナブダイ〔魚・貝・水生生物〕… 265
ビナンゴジュウカラ〔鳥〕…… 470
ビナンハヤセガエル〔両生類・
　爬虫類〕…………………… 583
ヒノドゴシキドリ〔鳥〕……… 470
ヒノマルテンス〔魚・貝・水生生
　物〕………………………… 265
ビーバー〔哺乳類〕…………… 549
ヒバネバッタ〔虫〕…………… 75
ヒバリ〔鳥〕…………………… 470
ヒバリ？〔鳥〕………………… 471
ヒバリ科〔鳥〕………………… 471
ヒバリガイ？〔魚・貝・水生生
　物〕………………………… 266
ヒバリカマドリ〔鳥〕………… 471
ビブ〔魚・貝・水生生物〕…… 266
ヒフキアイゴ〔魚・貝・水生生
　物〕………………………… 266
ヒフキアイゴの色変わり〔魚・
　貝・水生生物〕……………… 266
ヒブダイ〔魚・貝・水生生物〕… 266
ヒブナ〔魚・貝・水生生物〕… 266
ビブロンゼンガエル〔両生
　類・爬虫類〕………………… 583
ビブロンヨツメガエル〔両生
　類・爬虫類〕………………… 583
ヒポストムスプレコストムス
　〔魚・貝・水生生物〕……… 266
ヒマダラトゲオイグアナ〔両生
　類・爬虫類〕………………… 583
ヒマラヤオニクワガタ〔虫〕… 75
ヒマラヤキバシリ〔鳥〕……… 471
ヒマラヤタール〔哺乳類〕…… 549
ヒマラヤハゲワシ〔鳥〕……… 471
ヒマラヤホシガラス〔鳥〕…… 471
ヒマラヤマムシ〔両生類・爬虫
　類〕………………………… 583
ヒマラヤマーモット〔哺乳類〕… 550
ヒムネオオハシ〔鳥〕………… 471
ヒムネオオハシ（亜種）〔鳥〕… 471
ヒムネオオハシ（雑種）〔鳥〕… 471
ヒムネキョウインコ〔鳥〕…… 471
ヒムネドロヘビ〔両生類・爬虫
　類〕………………………… 583
ヒムネハチドリ〔鳥〕………… 471
ヒムネバト〔鳥〕……………… 471
ヒメアイゴ〔魚・貝・水生生物〕… 266
ヒメアオノスリ〔鳥〕………… 471
ヒメアカタテハ〔虫〕………… 75
ヒメアカタテハのなかま〔虫〕… 75
ヒメアカホシテントウ〔虫〕… 75
ヒメアシナガウミツバメ〔鳥〕… 471
ヒメアマツバメ〔鳥〕………… 471
ヒメアメンボのなかま〔虫〕… 75
ヒメアリクイ〔哺乳類〕……… 550
ヒメアルマジロ〔哺乳類〕…… 550
ヒメアワビコハクガイ〔虫〕… 75
ヒメイガイ？〔魚・貝・水生生
　物〕………………………… 266
ヒメウ〔鳥〕…………………… 471

博物図譜レファレンス事典 動物篇　　**651**

ひめう　　　　　　　　　　作品名索引

ヒメウォンバット〔哺乳類〕‥‥ 550
ヒメウズラ〔鳥〕‥‥‥‥‥‥‥ 472
ヒメウソ〔鳥〕‥‥‥‥‥‥‥‥ 472
ヒメウミシダの1種〔魚・貝・水
　生生物〕‥‥‥‥‥‥‥‥‥‥ 266
ヒメウミスズメ〔鳥〕‥‥‥‥‥ 472
ヒメウミツバメ〔鳥〕‥‥‥‥‥ 472
ヒメウラナミジャノメのなかま
　〔虫〕‥‥‥‥‥‥‥‥‥‥‥‥ 75
ヒメエビス〔魚・貝・水生生物〕‥ 266
ヒメオウギワシ〔鳥〕‥‥‥‥‥ 472
ヒメオオモズ〔鳥〕‥‥‥‥‥‥ 472
ヒメオコゼ〔魚・貝・水生生物〕‥ 266
ヒメカゲロウの1種〔虫〕‥‥‥‥ 76
ヒメカブト〔虫〕‥‥‥‥‥‥‥‥ 76
ヒメカミオニシキガイ（オーロ
　ラニシキガイ）〔魚・貝・水生
　生物〕‥‥‥‥‥‥‥‥‥‥‥ 266
ヒメカメノコテントウ〔虫〕‥‥‥ 76
ヒメカモメ〔鳥〕‥‥‥‥‥‥‥ 472
ヒメカワセミ〔鳥〕‥‥‥‥‥‥ 472
ヒメキクガシラコウモリ〔哺乳
　類〕‥‥‥‥‥‥‥‥‥‥‥‥ 550
ヒメキスジタテハ〔虫〕‥‥‥‥‥ 76
ヒメキヌバネドリ（亜種）〔鳥〕
　‥‥‥‥‥‥‥‥‥‥‥‥‥‥ 472
ヒメクイナ〔鳥〕‥‥‥‥‥‥‥ 472
ヒメクジラドリ〔鳥〕‥‥‥‥‥ 472
ヒメクマタカ〔鳥〕‥‥‥‥‥‥ 472
ヒメグリソン〔哺乳類〕‥‥‥‥ 550
ヒメコアハワイマシコ〔鳥〕‥‥ 472
ヒメコウテンシ〔鳥〕‥‥‥‥‥ 472
ひめこだい〔魚・貝・水生生物〕‥ 266
ヒメコダイ〔魚・貝・水生生物〕‥ 266
ヒメコンゴウインコ〔鳥〕‥‥‥ 472
ヒメコンドル〔鳥〕‥‥‥‥‥‥ 472
ヒメサルパの単独個体〔魚・
　貝・水生生物〕‥‥‥‥‥‥‥ 266
ヒメサンゴカサゴ〔魚・貝・水
　生生物〕‥‥‥‥‥‥‥‥‥‥ 266
ヒメジ〔魚・貝・水生生物〕‥266,267
ヒメシギダチョウ〔鳥〕‥‥‥‥ 472
ヒメジの類（？）〔魚・貝・水生
　生物〕‥‥‥‥‥‥‥‥‥‥‥ 267
ヒメシャコガイ〔魚・貝・水生生
　物〕‥‥‥‥‥‥‥‥‥‥‥‥ 267
ヒメジャノメの1種〔虫〕‥‥‥‥ 76
ヒメジャノメのなかま〔虫〕‥‥‥ 76
ヒメショクコウラ〔魚・貝・水
　生生物〕‥‥‥‥‥‥‥‥‥‥ 267
ヒメスズメバチ〔虫〕‥‥‥‥‥‥ 76
ヒメゾウクラゲの1種〔魚・貝・
　水生生物〕‥‥‥‥‥‥‥‥‥ 267
ヒメゾウリムシ〔魚・貝・水生
　物〕‥‥‥‥‥‥‥‥‥‥‥‥ 267
ヒメソリハシハチドリ〔鳥〕‥ 473
ヒメダイ〔魚・貝・水生生物〕‥ 267
ヒメタイコウチの1種〔虫〕‥‥‥ 76
ヒメタイコウチのなかま〔虫〕‥‥ 76
ひめだか・しろめだか〔魚・貝・
　水生生物〕‥‥‥‥‥‥‥‥‥ 267

ヒメダニのなかま？〔虫〕‥‥‥‥ 76
ヒメチドリ〔鳥〕‥‥‥‥‥‥‥ 473
ヒメテングハギ〔魚・貝・水生
　物〕‥‥‥‥‥‥‥‥‥‥‥‥ 267
ヒメドロムシ科〔虫〕‥‥‥‥‥‥ 76
ヒメノガン〔鳥〕‥‥‥‥‥‥‥ 473
ヒメハイイロチュウヒ〔鳥〕‥ 473
ヒメバチ〔虫〕‥‥‥‥‥‥‥‥‥ 76
ヒメバチ科〔虫〕‥‥‥‥‥‥‥‥ 76
ヒメバチ科の1種（？）〔虫〕‥‥‥ 76
ヒメハチドリ〔鳥〕‥‥‥‥‥‥ 473
ヒメバチの1種〔虫〕‥‥‥‥‥‥ 76
ヒメハナバチネジレバネのなか
　ま〔虫〕‥‥‥‥‥‥‥‥‥‥‥ 76
ヒメハリテンレック〔哺乳類〕‥ 550
ヒメヒトデ属の1種〔魚・貝・水
　生生物〕‥‥‥‥‥‥‥‥‥‥ 267
ヒメフエダイ〔魚・貝・水生生
　物〕‥‥‥‥‥‥‥‥‥‥‥‥ 267
ヒメフクロウチョウ〔虫〕‥‥‥‥ 76
ヒメフクロウチョウのなかま
　〔虫〕‥‥‥‥‥‥‥‥‥‥‥‥ 76
ヒメブダイ〔魚・貝・水生生物〕‥ 267
ヒメベッコウバチ類〔虫〕‥‥‥‥ 76
ヒメホシタカラガイ〔魚・貝・
　水生生物〕‥‥‥‥‥‥‥‥‥ 267
ヒメマルカツオブシムシの1種
　〔虫〕‥‥‥‥‥‥‥‥‥‥‥‥ 77
ヒメミズナギドリ〔鳥〕‥‥‥‥ 473
ヒメメリベ〔魚・貝・水生生物〕‥ 267
ヒメモリバト〔鳥〕‥‥‥‥‥‥ 473
ヒメヤカタガイ〔魚・貝・水生
　物〕‥‥‥‥‥‥‥‥‥‥‥‥ 267
ヒメヤスデのなかま〔虫〕‥‥‥‥ 77
ヒメラケットハチドリ〔鳥〕‥ 473
ヒメルリガイ〔魚・貝・水生生
　物〕‥‥‥‥‥‥‥‥‥‥‥‥ 267
ヒメレンジャク〔鳥〕‥‥‥‥‥ 473
ピメロデーラの1種〔魚・貝・水
　生生物〕‥‥‥‥‥‥‥‥‥‥ 267
ヒメワモンチョウ〔虫〕‥‥‥‥‥ 77
ヒモガタ動物の1種〔魚・貝・水
　生生物〕‥‥‥‥‥‥‥‥‥‥ 267
ヒモキュウバンナマズの1種
　〔魚・貝・水生生物〕‥‥‥‥‥ 267
ヒモムシのなかま〔魚・貝・水
　生生物〕‥‥‥‥‥‥‥‥‥‥ 268
ピューマ〔哺乳類〕‥‥‥‥‥‥ 550
ヒュラ〔アマガエル〕〔両生類・
　爬虫類〕‥‥‥‥‥‥‥‥‥‥ 583
ヒョウ〔哺乳類〕‥‥‥‥‥‥‥ 550
ヒャウシヤ〔鳥〕‥‥‥‥‥‥‥ 473
ヒョウタンゴミムシの1種〔虫〕‥ 77
ヒョウモンイザリウオ〔魚・
　貝・水生生物〕‥‥‥‥‥‥‥ 268
ヒョウモンエダシャク〔虫〕‥‥‥ 77
ヒョウモンザメ〔魚・貝・水生
　物〕‥‥‥‥‥‥‥‥‥‥‥‥ 268
ヒョウモンシチメンチョウ
　〔鳥〕‥‥‥‥‥‥‥‥‥‥‥ 473
ヒョウモンダコ〔魚・貝・水生
　物〕‥‥‥‥‥‥‥‥‥‥‥‥ 268

ヒョウモンヘビ〔両生類・爬虫
　類〕‥‥‥‥‥‥‥‥‥‥‥‥ 583
ヒョウモンヘビ（縦条型）〔両生
　類・爬虫類〕‥‥‥‥‥‥‥‥ 583
ヒヨクドリ〔鳥〕‥‥‥‥‥‥‥ 473
ヒヨクドリの飾り羽〔鳥〕‥‥‥ 473
ヒヨケミミズトカゲ〔両生類・
　爬虫類〕‥‥‥‥‥‥‥‥‥‥ 583
ヒヨケムシのなかま〔虫〕‥‥‥‥ 77
ひよどり〔鳥〕‥‥‥‥‥‥‥‥ 473
ヒヨドリ〔鳥〕‥‥‥‥‥‥‥‥ 474
ヒラ〔魚・貝・水生生物〕‥‥‥ 268
ヒラアジ（？）〔魚・貝・水生生
　物〕‥‥‥‥‥‥‥‥‥‥‥‥ 268
ヒラアシキバチのなかま〔虫〕‥‥ 77
ヒライソガニ〔魚・貝・水生生
　物〕‥‥‥‥‥‥‥‥‥‥‥‥ 268
ヒラウミキノコ？〔魚・貝・水
　生生物〕‥‥‥‥‥‥‥‥‥‥ 268
ヒラオウミヘビ〔両生類・爬虫
　類〕‥‥‥‥‥‥‥‥‥‥‥‥ 583
ヒラコブシ〔魚・貝・水生生物〕‥ 268
ヒラズゲンセイの1種〔虫〕‥‥‥‥ 77
ヒラズヒザボソザトウムシ
　〔虫〕‥‥‥‥‥‥‥‥‥‥‥‥ 77
ひらそうだ〔魚・貝・水生生物〕‥ 268
ヒラソウダ〔魚・貝・水生生物〕‥ 268
ヒラタアブのなかま〔虫〕‥‥‥‥ 77
ひらたえい〔魚・貝・水生生物〕‥ 268
ヒラタエイ〔魚・貝・水生生物〕‥ 268
ヒラタカメムシのなかま〔虫〕‥‥ 77
ヒラタシデムシの1種〔虫〕‥‥‥‥ 77
ヒラタスッポン〔両生類・爬虫
　類〕‥‥‥‥‥‥‥‥‥‥‥‥ 583
ヒラタツユムシのなかま〔虫〕‥‥ 77
ヒラタハバチ科〔虫〕‥‥‥‥‥‥ 77
ヒラタビバ〔両生類・爬虫類〕‥ 583
ヒラタフシバチ科〔虫〕‥‥‥‥‥ 77
ヒラタムシ科〔虫〕‥‥‥‥‥‥‥ 77
ヒラタワムシのなかま〔魚・
　貝・水生生物〕‥‥‥‥‥‥‥ 268
ヒラチズガメ〔両生類・爬虫類〕
　‥‥‥‥‥‥‥‥‥‥‥‥‥‥ 583
ヒラツメガニ〔魚・貝・水生生
　物〕‥‥‥‥‥‥‥‥‥‥‥‥ 268
ヒラトゲカイメンガニ〔魚・
　貝・水生生物〕‥‥‥‥‥‥‥ 268
ヒラトゲガニ〔魚・貝・水生生
　物〕‥‥‥‥‥‥‥‥‥‥‥‥ 268
ピラニア〔魚・貝・水生生物〕‥ 268
ヒラヒダリマキマイマイ〔虫〕‥ 77
ヒラヒメアワビの1種〔魚・貝・
　水生生物〕‥‥‥‥‥‥‥‥‥ 269
ヒラベラ〔魚・貝・水生生物〕‥ 269
ヒラベラ（？）〔魚・貝・水生生
　物〕‥‥‥‥‥‥‥‥‥‥‥‥ 269
ヒラベラの1種〔魚・貝・水生生
　物〕‥‥‥‥‥‥‥‥‥‥‥‥ 269
ヒラマキガイ科〔魚・貝・水生生
　物〕‥‥‥‥‥‥‥‥‥‥‥‥ 269
ひらまさ〔魚・貝・水生生物〕‥ 269
ヒラマサ〔魚・貝・水生生物〕‥ 269

652　博物図譜レファレンス事典 動物篇

作品名索引　　ふさあ

ヒラマナアジ〔魚・貝・水生生物〕 ……………………… 269
ヒラムシ〔魚・貝・水生生物〕 … 269
ヒラムシのなかま〔魚・貝・水生生物〕 …………………… 269
ひらめ〔魚・貝・水生生物〕 …… 269
ヒラメ〔魚・貝・水生生物〕 …… 269
ヒラユビイモリ〔両生類・爬虫類〕 ………………………… 583
ピラルク〔魚・貝・水生生物〕 … 269
ピラルクの頭部〔魚・貝・水生生物〕 …………………… 269
ビラング〔魚・貝・水生生物〕 … 269
ヒル〔虫〕 ………………………… 77
ヒルガタワムシのなかま〔魚・貝・水生生物〕 ……………… 269
ヒルゲンドルフマイマイ〔虫〕 … 77
ヒルのなかま〔虫〕 ……………… 77
ビルマノウサギ〔哺乳類〕 …… 550
ビリリーナ〔魚・貝・水生生物〕 … 270
ヒレロイットウダイ〔魚・貝・水生生物〕 …………………… 270
ヒレグロギギ〔魚・貝・水生生物〕 ………………………… 270
ヒレグロハタ〔魚・貝・水生生物〕 … 270
ヒレグロベラ〔魚・貝・水生生物〕 ………………………… 270
ヒレコダイ〔魚・貝・水生生物〕 … 270
ヒレシャコガイ〔魚・貝・水生生物〕 …………………… 270
ヒレジロマンザイウオ〔魚・貝・水生生物〕 ……………… 270
ヒレナガハギ〔魚・貝・水生生物〕 ………………………… 270
ヒレナガハギ属の1種〔魚・貝・水生生物〕 ……………… 270
ビレーマ〔魚・貝・水生生物〕 … 270
ひれんじゃく〔鳥〕 ……………… 474
ヒレンジャク〔鳥〕 ……………… 474
ビロウドキンクロ〔鳥〕 ………… 474
ビロウドザメ〔魚・貝・水生生物〕 ………………………… 270
ヒョウロコカロテス〔両生類・爬虫類〕 …………………… 583
ヒロオコノハヤモリ〔両生類・爬虫類〕 …………………… 583
ヒロクチイモガイ?〔魚・貝・水生生物〕 ………………… 270
ヒロクチバエのなかま〔虫〕 …… 77
ヒロスジマングース〔哺乳類〕 … 550
ビロードアワツブガニ〔魚・貝・水生生物〕 ……………… 270
ビロードキンクロ〔鳥〕 ………… 474
ビロードツリアブ〔虫〕 ………… 77
ヒロバカゲロウのなかま〔虫〕 … 78
ヒロバカレハ〔虫〕 ……………… 77
ヒロハシクジラドリ〔鳥〕 …… 474
ヒロハシサギ〔鳥〕 ……………… 474
ヒロバナジェントルキツネザル〔哺乳類〕 ………………… 550
ヒロベソオウムガイ〔魚・貝・

水生生物〕 ……………………… 270
ビワガタナメクジのなかま〔魚・貝・水生生物〕 ………… 270
ビワガニ〔魚・貝・水生生物〕 … 270
ビワガライシ〔魚・貝・水生生物〕 ………………………… 270
ビワガライシのなかま〔魚・貝・水生生物〕 ……………… 270
ビワコオオナマズ〔魚・貝・水生生物〕 …………………… 271
ヒワコンゴウインコ〔鳥〕 …… 474
ビワハゴロモ〔虫〕 ……………… 78
ビワハゴロモの1種〔虫〕 ……… 78
ビワハゴロモのなかま〔虫〕 …… 78
ビワハゴロモの類〔虫〕 ………… 78
びわがい〔魚・貝・水生生物〕 … 271
ビワヒガイ〔魚・貝・水生生物〕 … 271
ビワマス〔魚・貝・水生生物〕 … 271
ヒワミツドリ〔鳥〕 ……………… 474
ピンギン〔鳥〕 …………………… 474
ピンクガイ〔魚・貝・水生生物〕 … 271
ピンクテール・カラシン〔魚・貝・水生生物〕 …………… 271
ピンクトゥー・タランチュラ〔虫〕 ………………………… 78
ピンク・フラミンゴ〔魚・貝・水生生物〕 ………………… 271
ビンズイ〔鳥〕 …………………… 474
ビンズイ〔鳥〕 …………………… 474
ビンズイ?〔鳥〕 ………………… 474
ビンナガ〔魚・貝・水生生物〕 … 271
ピンノのなかま〔魚・貝・水生生物〕 …………………… 271
牝馬〔哺乳類〕 …………………… 550

【ふ】

ファイアーサラマンダー〔両生類・爬虫類〕 ……………… 583
ファレッア[キヌアミカイメン]〔魚・貝・水生生物〕 …… 271
フィジーイグアナ〔両生類・爬虫類〕 …………………… 584
フィジークイナ〔鳥〕 …………… 474
フィッシャー〔哺乳類〕 ………… 550
フィリコチュウハシ〔鳥〕 …… 474
フィリピンオウム〔鳥〕 ………… 475
フィリピンオニツヤクワガタ〔虫〕 ………………………… 78
フィリピンセイケイ〔鳥〕 …… 475
フィリピンヒヨケザル〔哺乳類〕 ………………………… 550
フィリピンモズヒタキ〔鳥〕 … 475
フィリピンジ〔鳥〕 ……………… 475
フウセンイソギンチャクの1種〔魚・貝・水生生物〕 …… 271
フウセンウミウシのなかま〔魚・貝・水生生物〕 ………… 271
フウセンクラゲの1種〔魚・貝・水生生物〕 ……………… 271

フウチョウ〔鳥〕 ………………… 475
フウチョウの交雑種〔鳥〕 …… 475
フウチョウの仲間〔鳥〕 ………… 475
フウチョウモドキ〔鳥〕 ………… 475
フウライボラ〔魚・貝・水生生物〕 ………………………… 271
フエコチドリ〔鳥〕 ……………… 475
フエダイ〔魚・貝・水生生物〕 … 271
フエダイ科〔魚・貝・水生生物〕 … 271
フエダイ属の1種〔魚・貝・水生生物〕 …………………… 271
フエダイの1種〔魚・貝・水生生物〕 ……………………… 272
フエフキダイ〔魚・貝・水生生物〕 ………………………… 272
フエフキダイ属の1種(スカイ・エンペラー)〔魚・貝・水生生物〕 …………………… 272
フエフキの類(?)〔魚・貝・水生生物〕 ………………… 272
フエフキホソユビガエル〔両生類・爬虫類〕 ……………… 584
フエヤッコダイ〔魚・貝・水生生物〕 …………………… 272
フェルナンデスベニイタダキハチドリ〔鳥〕 ……………… 475
フェルナンドボームシクイ〔鳥〕 ………………………… 475
フェレット〔哺乳類〕 …………… 551
フォクネロ〔魚・貝・水生生物〕 … 272
フォークランドツグミの基準亜種〔鳥〕 …………………… 475
フォッサ〔哺乳類〕 ……………… 551
フォーブズムクドリ〔鳥〕 …… 475
フカミウキビシガイ〔魚・貝・水生生物〕 ………………… 272
フカミゾトマヤガイ〔魚・貝・水生生物〕 ………………… 272
フカユキミノガイ〔魚・貝・水生生物〕 …………………… 272
フキナガシオウチョウ〔鳥〕 … 475
フキナガシハチドリ〔鳥〕 …… 475
フキナガシハチドリの1種〔鳥〕 ………………………… 475
フグ〔魚・貝・水生生物〕 ……… 272
フクナガシタイランチョウ〔鳥〕 ………………………… 475
フクラスズメ〔虫〕 ……………… 78
フクロウ〔鳥〕 …………………… 475
フクロウ?〔鳥〕 ………………… 476
フクロウオウム〔鳥〕 …………… 476
フクロウチョウ科ブラッソリス属の1種らしい〔虫〕 …… 78
フクロウチョウのなかま〔虫〕 … 78
フクロウニの1種〔魚・貝・水生生物〕 …………………… 272
フクロオオカミ〔哺乳類〕 …… 551
フクロテナガザル〔哺乳類〕 … 551
フクロネズミ(オポッサム)と子ども〔哺乳類〕 ………… 551
フサアンコウ属の1種〔魚・貝・水生生物〕 ……………… 272

博物図譜レファレンス事典 動物篇　　**653**

ふさえ　　　　　作品名索引

フサエリショウノガン〔鳥〕… 476
フサオマキザル〔哺乳類〕…… 551
ふさかさご〔魚・貝・水生生物〕‥ 272
フサカサゴ？　〔魚・貝・水生生
　物〕……………………… 272
フサカサゴの1種〔魚・貝・水生
　生物〕…………………… 272
フサカのなかま〔虫〕………… 78
フサトゲニチリンヒトデ〔魚・
　貝・水生生物〕………… 272
フサヒゲサシガメのなかま
　〔虫〕…………………… 78
フサヒゲザラガイ〔魚・貝・水生
　物〕……………………… 272
フサヒゲザラガイのなかま〔魚・
　貝・水生生物〕………… 272
フシアリ亜科〔虫〕…………… 78
フジイロムシクイ〔鳥〕……… 476
フシエラガイのなかま〔魚・
　貝・水生生物〕………… 272
フジタウミウシのなかま〔魚・
　貝・水生生物〕………… 273
フジツガイ〔魚・貝・水生生物〕‥ 273
フジツボ科の1種〔魚・貝・水生
　生物〕…………………… 273
フジツボの1種〔魚・貝・水生生
　物〕……………………… 273
フジツボのなかま〔魚・貝・水
　生生物〕………………… 273
藤波〔魚・貝・水生生物〕…… 273
フジナミガイ〔魚・貝・水生生
　物〕……………………… 273
フジノドテンシハチドリ〔鳥〕‥ 476
ブシュケサンゴヘビ〔両生類・
　爬虫類〕………………… 584
不詳〔魚・貝・水生生物〕…… 273
ブーズー〔哺乳類〕…………… 551
プス・モス〔虫〕……………… 78
プセウドビメロドゥス・ラニヌ
　ス〔哺乳類〕…………… 551
ブタ〔哺乳類〕………………… 551
フタアシアシチヂミ〔両生類・
　爬虫類〕………………… 584
ぶだい〔魚・貝・水生生物〕… 273
ブダイ〔魚・貝・水生生物〕… 273
ブダイの1種〔魚・貝・水生生物〕
　………………………… 273
ブダイのなかま〔魚・貝・水生
　物〕……………………… 273
ブダイベラ〔魚・貝・水生生物〕‥ 273
フタイロサンゴハゼ〔魚・貝・
　水生生物〕……………… 273
フタイロデバネズミ〔哺乳類〕‥ 551
フタイロネコメアマガエル〔両
　生類・爬虫類〕………… 584
豚魚〔魚・貝・水生生物〕…… 273
フタオカマドドリ〔鳥〕……… 476
ブタオザル〔哺乳類〕………… 551
フタオサルパの1種〔魚・貝・水
　生生物〕………………… 273
フタオチョウのなかま〔虫〕… 78
フタオビチュウハシ〔鳥〕…… 476

ブタゲモズ〔鳥〕……………… 476
フタコブラクダ〔哺乳類〕…… 551
フタゴムシ〔魚・貝・水生生物〕‥ 273
フタジラミ〔虫〕……………… 78
フタスジクマノミ〔魚・貝・水
　生生物〕………………… 274
フタスジタマガシラ〔魚・貝・
　水生生物〕……………… 274
フタスジチョウ〔虫〕………… 79
フタスジヒメジ〔魚・貝・水生
　物〕……………………… 274
フタスジリュウキュウスズメダ
　イ〔魚・貝・水生生物〕… 274
フタツアナスカシカシパン
　〔魚・貝・水生生物〕… 274
フタツクラゲ科の1種〔魚・貝・
　水生生物〕……………… 274
フタツクラゲの仲間〔魚・貝・
　水生生物〕……………… 274
フタツクラゲモドキ〔魚・貝・
　水生生物〕……………… 274
フタツケヅメシャコ〔鳥〕…… 476
フタツダイミョウザメ〔魚・
　貝・水生生物〕………… 274
フタトガリコヤガ〔虫〕……… 79
フタトゲエビジャコ〔魚・貝・
　水生生物〕……………… 274
フタバシラガイ科〔魚・貝・水
　生生物〕………………… 274
ブタバナアナグマ〔哺乳類〕… 551
フタバベニツケモドキ〔魚・
　貝・水生生物〕………… 274
フタヒゲムシのなかま〔魚・
　貝・水生生物〕………… 274
フタホシイシガニ？　〔魚・貝・
　水生生物〕……………… 274
フタホシオコロギ〔虫〕……… 79
フタホシメダカホネカクシの1
　種〔虫〕………………… 79
フタモンホシカメのなかま
　〔虫〕…………………… 79
フタモンホシカメムシの1種
　〔虫〕…………………… 79
フタユビナマケモノ〔哺乳類〕‥ 551
プチクスクス〔哺乳類〕……… 552
プチグリ〔虫〕………………… 79
ブチススキベラ〔魚・貝・水生生
　物〕……………………… 274
ブチススキベラの雌〔魚・貝・
　水生生物〕……………… 274
フチゾリリクガメ〔両生類・爬
　虫類〕…………………… 584
プチッバユビガエル〔両生類・
　爬虫類〕………………… 584
プチテングダニ属のなかま
　〔虫〕…………………… 79
フチドリニベ〔魚・貝・水生生
　物〕……………………… 274
フチドリハタ〔魚・貝・水生生
　物〕……………………… 274
フチドリワカソ〔魚・貝・水生
　物〕……………………… 274

ブチハイエナ〔哺乳類〕……… 552
ブチヒゲカメムシ〔虫〕……… 79
プチブダイ〔魚・貝・水生生物〕‥ 275
プチヤブコノミ〔両生類・爬虫
　類〕……………………… 584
ブッシュバック〔哺乳類〕…… 552
ブッシュバック属のアンテロー
　プ〔哺乳類〕…………… 552
ぶっぽうそう〔鳥〕…………… 476
ブッポウソウ〔鳥〕…………… 476
ブッポウソウ科〔鳥〕………… 476
ブッポウソウの北モルッカ亜種
　〔鳥〕…………………… 476
ブッポウソウのソロモン亜種
　〔鳥〕…………………… 476
フデガイ科〔魚・貝・水生生物〕‥ 275
プテロフィルム属のエンゼル
　フィッシュ〔魚・貝・水生
　物〕……………………… 275
ブドウイロボウシインコ〔鳥〕‥ 477
ブドウガイ〔魚・貝・水生生物〕‥ 275
フトウデイソギンチャク〔魚・
　貝・水生生物〕………… 275
ブドウバト〔鳥〕……………… 477
フトオビアゲハ〔虫〕………… 79
フトオビシボンヘビ〔両生類・
　爬虫類〕………………… 584
フトカミキリの1種〔虫〕…… 79
フトコロガイ？　〔魚・貝・水生
　生物〕…………………… 275
フトジマヨウジウオ〔魚・貝・
　水生生物〕……………… 275
フトツノザメ〔魚・貝・水生生
　物〕……………………… 275
フトビカクカマキリ〔虫〕…… 79
フトミゾエビ〔魚・貝・水生生
　物〕……………………… 275
フトミミズのなかま？　〔虫〕…79
フトユビシャコのなかま〔魚・
　貝・水生生物〕………… 275
フナ〔魚・貝・水生生物〕…… 275
フナクイムシの1種〔魚・貝・水
　生生物〕………………… 275
フナムシ〔魚・貝・水生生物〕… 275
フナムシ（？）〔魚・貝・水生生
　物〕……………………… 275
フナムシの1種〔魚・貝・水生生
　物〕……………………… 275
ブブ魚〔魚・貝・水生生物〕… 275
ブブス海岸のカボス〔魚・貝・
　水生生物〕……………… 275
フミキリヘビ〔両生類・爬虫類〕
　………………………… 584
ブームスラング〔両生類・爬虫
　類〕……………………… 584
不明〔虫〕……………………… 79
不明〔魚・貝・水生生物〕…… 275
不明〔鳥〕……………………… 477
冬〔虫〕………………………… 79
冬〔魚・貝・水生生物〕……… 276
冬〔両生類・爬虫類〕………… 584
ブラウンアノール〔両生類・爬

654　博物図譜レファレンス事典 動物篇

作品名索引　　へにこ

虫類〕‥‥‥‥‥‥‥‥‥ 584
ブラウンスナボア〔両生類・爬
虫類〕‥‥‥‥‥‥‥‥‥ 584
ブラウントラウト〔魚・貝・水
生生物〕‥‥‥‥‥‥‥ 276
ブラウンバシリスク〔両生類・
爬虫類〕‥‥‥‥‥‥‥ 584
フラグレッグド〔虫〕‥‥‥ 79
ブラーコーキュスティス〔魚・
貝・水生生物〕‥‥‥‥ 276
ブラジルオオタガメ〔虫〕‥ 79
ブラジル産のジンドウイカの1
種〔魚・貝・水生生物〕‥ 276
ブラジルジャングルランナー
〔両生類・爬虫類〕‥‥‥ 584
ブラジルツノガエル〔両生類・
爬虫類〕‥‥‥‥‥‥‥ 584
ブラジルニジボア〔両生類・爬
虫類〕‥‥‥‥‥‥‥‥‥ 584
ブラジルハブ〔両生類・爬虫類〕
‥‥‥‥‥‥‥‥‥‥‥ 585
ブラジルメロンボラ〔魚・貝・
水生生物〕‥‥‥‥‥‥ 276
ブラジルモリフクロウ〔鳥〕‥ 478
フラッグ・シクリッド〔魚・貝・
水生生物〕‥‥‥‥‥‥ 276
ブラック・スポッテッド・サン
フィッシュ〔魚・貝・水生生
物〕‥‥‥‥‥‥‥‥‥ 276
ブラックタマリン〔哺乳類〕‥ 552
ブラックバス〔魚・貝・水生生
物〕‥‥‥‥‥‥‥‥‥ 276
ブラックバック〔哺乳類〕‥ 552
ブラック・ピラニア〔魚・貝・
水生生物〕‥‥‥‥‥‥ 276
ブラックマンガベイ〔哺乳類〕‥ 552
ブラッタング〔魚・貝・水生生
物〕‥‥‥‥‥‥‥‥‥ 276
ブラッドサッカー〔両生類・爬
虫類〕‥‥‥‥‥‥‥‥ 585
プラナリア〔魚・貝・水生生物〕‥ 276
ブラーミニメクラヘビ〔両生
類・爬虫類〕‥‥‥‥‥ 585
フラミンゴ〔鳥〕‥‥‥‥ 478
フラミンゴの頭〔鳥〕‥‥ 478
フランスニシキガイ〔魚・貝・
水生生物〕‥‥‥‥‥‥ 276
ブランディングガメ〔両生類・
爬虫類〕‥‥‥‥‥‥‥ 585
ぶり〔魚・貝・水生生物〕‥ 276
ブリ〔魚・貝・水生生物〕‥ 276
ブリヴィット・ホーク・モス
〔虫〕‥‥‥‥‥‥‥‥‥ 79
フリエリイボウミウシ〔魚・
貝・水生生物〕‥‥‥‥ 276
ブリーク〔魚・貝・水生生物〕‥ 276
ブリステラ〔魚・貝・水生生物〕‥ 277
フリソデウオ〔魚・貝・水生生
物〕‥‥‥‥‥‥‥‥‥ 277
ブリーム〔魚・貝・水生生物〕‥ 277
ブリモドキ〔魚・貝・水生生物〕‥ 277
フリワケテンジクイサキ〔魚・

貝・水生生物〕‥‥‥‥ 277
ブルー・キャットフィッシュ
〔魚・貝・水生生物〕‥‥ 277
ブルースイワハイウオ〔魚・
貝・水生生物〕‥‥‥‥ 277
フルストゥラ〔トサカコケム
シ〕〔魚・貝・水生生物〕‥ 277
ブルーバード（ルリツグミ）
〔鳥〕‥‥‥‥‥‥‥‥ 478
フルホンシバンムシ幼虫〔虫〕‥ 79
ブルマイスターコケイロカマキ
リ〔虫〕‥‥‥‥‥‥‥‥ 79
フルマカモメ〔鳥〕‥‥‥ 478
ブルーモンキー〔哺乳類〕‥ 552
ブレイカータナバタウオ〔魚・
貝・水生生物〕‥‥‥‥ 277
フレーム・エンゼル〔魚・貝・
水生生物〕‥‥‥‥‥‥ 277
フレリトゲアメフラシ〔魚・
貝・水生生物〕‥‥‥‥ 277
フレンチ・エンゼル〔魚・貝・
水生生物〕‥‥‥‥‥‥ 277
プロトプテルス・アンネクテン
ス〔魚・貝・水生生物〕‥ 277
フロリダウッドラット〔哺乳類〕
‥‥‥‥‥‥‥‥‥‥‥ 552
フロリダクロシギノハシガイ
〔魚・貝・水生生物〕‥‥ 277
フロリダスッポン〔両生類・爬
虫類〕‥‥‥‥‥‥‥‥ 585
フロレスオオコノハズク〔鳥〕‥ 478
フロレスコノハズク〔鳥〕‥ 478
ブロンズトキ〔鳥〕‥‥‥ 478
ブロンズヘビの類〔両生類・爬
虫類〕‥‥‥‥‥‥‥‥ 585
ブロンズミドリカッコウ〔鳥〕‥ 478
糞玉を作るコガネムシ〔虫〕‥ 80
ぶんちょう〔鳥〕‥‥‥‥ 478
フンテウ〔鳥〕‥‥‥‥‥ 478
ブンチョウ〔鳥〕‥‥‥478,479
プンティウス・デニソニイ
〔魚・貝・水生生物〕‥‥ 277
プンティウス・メラナムピクス
〔魚・貝・水生生物〕‥‥ 277
フンボルトペンギン〔鳥〕‥ 479

【へ】

ヘアードキヌバネドリ〔鳥〕‥ 479
ベアードバク〔哺乳類〕‥‥ 552
ヘイケガニ〔魚・貝・水生生物〕
‥‥‥‥‥‥‥‥‥277,278
ヘイケないしゲンジボタル
〔虫〕‥‥‥‥‥‥‥‥‥ 80
ヘイワインコ〔鳥〕‥‥‥ 479
ペインティッド・レディ〔虫〕‥ 80
ペイントサンゴヘビ〔両生類・
爬虫類〕‥‥‥‥‥‥‥ 585
ベーカーが記載したタコ〔魚・
貝・水生生物〕‥‥‥‥ 278

ペーガスス〔ウミテング〕〔魚・
貝・水生生物〕‥‥‥‥ 278
ペガンタ〔魚・貝・水生生物〕‥ 278
ヘキサン〔鳥〕‥‥‥‥‥ 479
ヘキチョウ〔鳥〕‥‥‥‥ 479
ヘコアユ〔魚・貝・水生生物〕‥ 278
ベスゴ〔魚・貝・水生生物〕‥ 278
ベタ〔魚・貝・水生生物〕‥ 278
へだい〔魚・貝・水生生物〕‥ 278
ヘダイ〔魚・貝・水生生物〕‥ 278
ベダーリオン〔魚・貝・水生生
物〕‥‥‥‥‥‥‥‥‥ 278
ベッコウイモガイ〔魚・貝・水
生生物〕‥‥‥‥‥‥‥ 278
ベッコウガガンボ〔虫〕‥‥ 80
ベッコウチョウトンボ〔虫〕‥ 80
ベッコウチョウトンボ（原種）
〔虫〕‥‥‥‥‥‥‥‥‥ 80
ベッコウバエ〔虫〕‥‥‥‥ 80
ベッコウハゴロモ〔虫〕‥‥ 80
ベッコウバチのなかま〔虫〕‥ 80
ベッコウバチの仲間〔虫〕‥ 80
ベッコウヒラタシデムシ〔虫〕‥ 80
ベッコウフデガイ〔魚・貝・水
生生物〕‥‥‥‥‥‥‥ 278
ベッナートゥラ〔ヒカリウミエ
ラ〕〔魚・貝・水生生物〕‥ 278
ヘテラ・ピエラ〔虫〕‥‥‥ 80
ベナネク〔魚・貝・水生生物〕‥ 278
ベニアジサシ〔鳥〕‥‥‥ 479
ベニイタダキハチドリ〔鳥〕‥ 479
ベニイロフラミンゴ〔鳥〕‥ 479
ベニインコ〔鳥〕‥‥‥‥ 479
ベニオキナエビスガイ〔魚・
貝・水生生物〕‥‥‥‥ 278
ベニオーストラリアヒタキ
〔鳥〕‥‥‥‥‥‥‥‥ 479
ベニオチョウチョウウオ〔魚・
貝・水生生物〕‥‥‥‥ 278
ベニオビショクコウラ〔魚・
貝・水生生物〕‥‥‥‥ 278
ベニガイ〔魚・貝・水生生物〕‥ 278
ベニガオザル〔哺乳類〕‥‥ 552
ベニガオメキシコインコ〔鳥〕‥ 479
ベニカサゴ〔魚・貝・水生生物〕‥ 278
ベニカザリフウチョウ〔鳥〕‥ 479
ベニカタベガイ〔魚・貝・水生生
物〕‥‥‥‥‥‥‥‥‥ 278
ベニカナガシラ〔魚・貝・水生生
物〕‥‥‥‥‥‥‥‥‥ 278
ベニカノコ〔虫〕‥‥‥‥‥ 80
ベニカノコフサアンコウ〔魚・
貝・水生生物〕‥‥‥‥ 278
ベニカモ〔鳥〕‥‥‥‥‥ 480
ベニキジ〔鳥〕‥‥‥‥‥ 480
ベニキヌツヅミガイ〔魚・貝・
水生生物〕‥‥‥‥‥‥ 279
ベニクラゲモドキ〔魚・貝・水
生生物〕‥‥‥‥‥‥‥ 279
ベニグリガイ？〔魚・貝・水生
生物〕‥‥‥‥‥‥‥‥ 279
ベニコンゴウインコ〔鳥〕‥ 480

博物図譜レファレンス事典 動物篇　655

へにこ　　　　　　　　　　作品名索引

ベニゴンベ〔魚・貝・水生生物〕‥ 279
ベニサシホウライエソ〔魚・
　貝・水生生物〕‥‥‥‥‥‥ 279
ベニシオマネキ〔魚・貝・水生生
　物〕‥‥‥‥‥‥‥‥‥‥‥ 279
ベニシジミ〔虫〕‥‥‥‥‥‥ 80
ベニシタバ〔虫〕‥‥‥‥‥‥ 80
ベニジュケイ〔鳥〕‥‥‥‥‥ 480
ベニシリダカガイ〔魚・貝・水
　生生物〕‥‥‥‥‥‥‥‥‥ 279
ベニシロチョウ〔虫〕‥‥‥‥ 80
ベニスズメ〔鳥〕‥‥‥‥‥‥ 480
ベニツケタテガミカエルウオ
　〔魚・貝・水生生物〕‥‥‥ 279
ベニハシガラス〔鳥〕‥‥‥‥ 480
ベニバト〔鳥〕‥‥‥‥‥‥‥ 480
ベニハマグリ〔魚・貝・水生生
　物〕‥‥‥‥‥‥‥‥‥‥‥ 279
ベニヒキゲンゴロウ〔虫〕‥‥ 80
ベニビキベラ〔魚・貝・水生生
　物〕‥‥‥‥‥‥‥‥‥‥‥ 279
ベニヒシダイ〔魚・貝・水生生
　物〕‥‥‥‥‥‥‥‥‥‥‥ 279
ベニビタイガラ〔鳥〕‥‥‥‥ 480
ベニヒモイソギンチャクのなか
　まがヤドカリの殻に付いて移
　動する図〔魚・貝・水生生物〕‥ 279
ベニヒワ〔鳥〕‥‥‥‥‥‥‥ 480
ベニフウチョウ〔鳥〕‥‥480,481
ベニヘリキノハタテハ〔虫〕‥‥ 80
ベニボシイナズマ〔虫〕‥‥‥ 80
ベニボタルの1種〔虫〕‥‥‥ 81
ベニボタルのなかま〔虫〕‥‥ 81
ベニマシコ〔鳥〕‥‥‥‥‥‥ 481
ベニマシコ？〔鳥〕‥‥‥‥‥ 481
紅マシコ〔鳥〕‥‥‥‥‥‥‥ 481
ベニマシコの雄？〔鳥〕‥‥‥ 481
ベニマンジュウクラゲ〔魚・
　貝・水生生物〕‥‥‥‥‥‥ 279
ベニモンアゲハのスンダランド
　亜種〔虫〕‥‥‥‥‥‥‥‥ 81
ベニモンクロアゲハ〔虫〕‥‥ 81
ベニモンゴマダラシロチョウ
　〔虫〕‥‥‥‥‥‥‥‥‥‥ 81
ベニモンシロチョウ〔虫〕‥‥ 81
ベニモンマダラのなかま〔虫〕‥‥ 81
ベニヤカタガイ〔魚・貝・水生生
　物〕‥‥‥‥‥‥‥‥‥‥‥ 279
ヘビ〔両生類・爬虫類〕‥‥‥ 585
ヘビ（ボア）〔両生類・爬虫類〕‥‥ 585
ヘビ（種名不詳）〔両生類・爬虫
　類〕‥‥‥‥‥‥‥‥‥‥‥ 585
ヘビガイの1種〔魚・貝・水生生
　物〕‥‥‥‥‥‥‥‥‥‥‥ 279
ヘビカワヒザラガイ〔魚・貝・
　水生生物〕‥‥‥‥‥‥‥‥ 279
ヘビクイワシ〔鳥〕‥‥‥‥‥ 481
蛇コチ〔魚・貝・水生生物〕‥‥ 279
ヘビトンボ〔虫〕‥‥‥‥‥‥ 81
ヘビトンボの幼虫〔虫〕‥‥‥ 81
ヘビの骨格〔両生類・爬虫類〕‥‥ 585

ヘビ類各種の頭部〔両生類・爬
　虫類〕‥‥‥‥‥‥‥‥‥‥ 585
ペヘレイ〔魚・貝・水生生物〕‥‥ 279
ベラ〔魚・貝・水生生物〕‥‥ 279
ベラ（おそらくニジベラ）〔魚・
　貝・水生生物〕‥‥‥‥‥‥ 280
ヘラオカブトエビのなかま
　〔魚・貝・水生生物〕‥‥‥ 280
ベラ科〔魚・貝・水生生物〕‥‥ 280
ベラかハタ（？）〔魚・貝・水生
　生物〕‥‥‥‥‥‥‥‥‥‥ 280
ヘラサギ〔鳥〕‥‥‥‥‥‥‥ 481
ヘラサギのくちばし〔鳥〕‥‥ 481
ヘラジカ〔哺乳類〕‥‥‥‥‥ 552
ヘラシギ〔鳥〕‥‥‥‥‥‥‥ 481
ヘラチョウザメ〔魚・貝・水生生
　物〕‥‥‥‥‥‥‥‥‥‥‥ 280
ベラドンナカザリシロチョウ
　〔虫〕‥‥‥‥‥‥‥‥‥‥ 81
ベラの1種〔魚・貝・水生生物〕‥ 280
ベラのなかま〔魚・貝・水生生
　物〕‥‥‥‥‥‥‥‥‥‥‥ 280
ベラの類〔魚・貝・水生生物〕‥ 280
ヘラムシ科〔魚・貝・水生生物〕‥ 280
ヘラムシのなかま〔魚・貝・水
　生生物〕‥‥‥‥‥‥‥‥‥ 280
ヘラヤガラ〔魚・貝・水生生物〕‥ 280
ヘーリアクティス〔魚・貝・水
　生生物〕‥‥‥‥‥‥‥‥‥ 280
ヘーリオディスクス〔魚・貝・
　水生生物〕‥‥‥‥‥‥‥‥ 280
ヘリオトロープガイ（ニチリン
　サザエ）〔魚・貝・水生生物〕‥ 280
ヘリカメムシ科〔虫〕‥‥‥‥ 81
ヘリカメムシ科の1種〔虫〕‥‥ 81
ペリカン〔鳥〕‥‥‥‥‥‥‥ 481
ペリカンアンコウ〔魚・貝・水
　生生物〕‥‥‥‥‥‥‥‥‥ 280
ヘリグロヒキガエルの幼生〔両
　生類・爬虫類〕‥‥‥‥‥‥ 585
ヘリグロベニカミキリ〔虫〕‥‥ 81
ヘリゴイシウツボ〔魚・貝・水
　生生物〕‥‥‥‥‥‥‥‥‥ 280
ヘリコニウス・リキニ〔虫〕‥‥ 81
ヘリトリマンジュウガニ〔魚・
　貝・水生生物〕‥‥‥‥‥‥ 281
ペリビュッラ〔クロカムリクラ
　ゲ〕〔魚・貝・水生生物〕‥‥ 281
ベーリングシマウ（メガネウ）
　〔鳥〕‥‥‥‥‥‥‥‥‥‥ 481
ペルーカイツブリ（オオギンカ
　イツブリ）〔鳥〕‥‥‥‥‥ 481
ペルークサカリドリ〔鳥〕‥‥ 481
ヘルクレスオオカブトムシ
　〔虫〕‥‥‥‥‥‥‥‥‥‥ 81
ヘルクレスオオツノカブト
　〔虫〕‥‥‥‥‥‥‥‥‥‥ 81
ペルータテガミヨウガントカゲ
　〔両生類・爬虫類〕‥‥‥‥ 585
ペルツエンガゼル〔哺乳類〕‥‥ 552
ベルトムヌスマエモンジャコウ
　〔虫〕‥‥‥‥‥‥‥‥‥‥ 81

ヘルベンダー〔両生類・爬虫類〕
　‥‥‥‥‥‥‥‥‥‥‥‥‥ 585
ヘルマンリクガメ〔両生類・爬
　虫類〕‥‥‥‥‥‥‥‥‥‥ 585
ヘルメットガエル〔両生類・爬
　虫類〕‥‥‥‥‥‥‥‥‥‥ 585
ヘルメットハチドリ〔鳥〕‥‥ 481
ヘルメットモズ〔鳥〕‥‥‥‥ 481
ペルーモグリウミツバメ〔鳥〕‥ 482
ヘレナキシタアゲハ〔虫〕‥‥‥ 81
ヘレネウツボ〔魚・貝・水生生
　物〕‥‥‥‥‥‥‥‥‥‥‥ 281
ベローズアメガエル〔両生類・
　爬虫類〕‥‥‥‥‥‥‥‥‥ 585
ペロポネソスカベカナヘビ〔両
　生類・爬虫類〕‥‥‥‥‥‥ 585
ペロンアメガエル〔両生類・爬
　虫類〕‥‥‥‥‥‥‥‥‥‥ 586
“ペロン氏のエミュー”〔鳥〕‥‥ 482
ベンガルオオトカゲ〔両生類・
　爬虫類〕‥‥‥‥‥‥‥‥‥ 586
ベンガルショウノガン〔鳥〕‥‥ 482
ベンガルトラ〔哺乳類〕‥‥‥ 553
ベンガルバイ〔魚・貝・水生生
　物〕‥‥‥‥‥‥‥‥‥‥‥ 281
ベンガルハゲワシ〔鳥〕‥‥‥ 482
ベンガルヤマネコ〔哺乳類〕‥‥ 553
ペンギン〔鳥〕‥‥‥‥‥‥‥ 482
ヘンゲアガマ〔両生類・爬虫類〕
　‥‥‥‥‥‥‥‥‥‥‥‥‥ 586
ベンケイアサリ〔魚・貝・水生
　物〕‥‥‥‥‥‥‥‥‥‥‥ 281
ベンケイガイ？〔魚・貝・水生
　生物〕‥‥‥‥‥‥‥‥‥‥ 281
ベンケイガニ〔魚・貝・水生生
　物〕‥‥‥‥‥‥‥‥‥‥‥ 281
ヘンゲボヤのなかま〔魚・貝・
　水生生物〕‥‥‥‥‥‥‥‥ 281
ヘンゲヤマガエル〔両生類・爬
　虫類〕‥‥‥‥‥‥‥‥‥‥ 586
ベンジャク〔鳥〕‥‥‥‥‥‥ 482
ペンタクリヌス〔魚・貝・水生
　物〕‥‥‥‥‥‥‥‥‥‥‥ 281
ヘンディーウーリーモンキー
　〔哺乳類〕‥‥‥‥‥‥‥‥ 553
ベンテンウオの1種〔魚・貝・水
　生生物〕‥‥‥‥‥‥‥‥‥ 281
ベントゲオアガマ〔両生類・
　爬虫類〕‥‥‥‥‥‥‥‥‥ 586
ベントレミテス〔魚・貝・水生生
　物〕‥‥‥‥‥‥‥‥‥‥‥ 281

【ほ】

ホアカ〔鳥〕‥‥‥‥‥‥‥‥ 482
ボアコンストリクター〔両生
　類・爬虫類〕‥‥‥‥‥‥‥ 586
ホイップアーウィルヨタカ
　〔鳥〕‥‥‥‥‥‥‥‥‥‥ 482
ポインター〔哺乳類〕‥‥‥‥ 553

鳳凰〔想像・架空の生物〕……… 595
ホウオウガイ〔魚・貝・水生生物〕 281
ホウオウジャク〔鳥〕……… 482
ホウカンチョウ科〔鳥〕……… 482
ホウカンチョウ科の解剖図〔鳥〕 482
ホウキハタ〔魚・貝・水生生物〕‥ 281
放散虫と動物性鞭毛虫のなかま〔魚・貝・水生生物〕……… 281
放散虫のなかま〔魚・貝・水生生物〕……… 281
ボウシヘビの類ほか〔両生類・爬虫類〕……… 586
ボウジマスズメ〔魚・貝・水生生物〕……… 281
ボウジマヨウジウオ〔魚・貝・水生生物〕……… 281
ボウシマンガベイ〔哺乳類〕… 553
ボウシムナオビハチドリ〔鳥〕 482
ホウシャガメ〔両生類・爬虫類〕……… 586
ホウズキ〔魚・貝・水生生物〕… 281
ボウズニラの1種〔魚・貝・水生生物〕……… 282
ボウズハゼ属の1種〔魚・貝・水生生物〕……… 282
ボウズボヤ（アンチンボヤ）〔魚・貝・水生生物〕……… 282
ホウセキカナヘビ〔両生類・爬虫類〕……… 586
ホウセキキントキ〔魚・貝・水生生物〕……… 282
ホウセキドリ〔鳥〕……… 482
ホウセキハタ〔魚・貝・水生生物〕……… 282
ホウセキハタモドキ〔魚・貝・水生生物〕……… 282
鳳仙花ノ虫〔虫〕……… 82
ホウネンエビ〔魚・貝・水生生物〕……… 282
ホウネンエビモドキ〔魚・貝・水生生物〕……… 282
ホウネンエビモドキの1種〔魚・貝・水生生物〕……… 282
ホウネンエビモドキの器官〔魚・貝・水生生物〕……… 282
ホウネンダワラチビアメバチのマユ〔虫〕……… 82
ほうぼう〔魚・貝・水生生物〕… 282
ホウボウ〔魚・貝・水生生物〕… 282
ホウライエソ〔魚・貝・水生生物〕……… 282
ホウライヒメジ〔魚・貝・水生生物〕……… 282
ホウロクシギ〔鳥〕……… 482
ホウロクシギあるいはダイシャクシギ〔鳥〕……… 482
ホエザル〔哺乳類〕……… 553
ホエジカ〔哺乳類〕……… 553
ホオアカ〔鳥〕……… 482
ホオアカ？〔鳥〕……… 482

ホオアカトキ〔鳥〕……… 482
ホオカザリヅル〔鳥〕……… 482
ホオカザリハチドリ〔鳥〕……… 483
ホオジロ〔鳥〕……… 483
ホオジロ？〔鳥〕……… 483
ホオジロエナガ〔鳥〕……… 483
ホオジロエボシドリ〔鳥〕……… 483
ホオジロ科〔鳥〕……… 483
ホオジロガモ〔鳥〕……… 483
ホオジロガモ？〔鳥〕……… 483
ホオジロカンムリヅル〔鳥〕……… 483
ホオジロシマアカゲラ〔鳥〕……… 483
ホオジロマンガベイ〔哺乳類〕… 553
ホオズキガイのなかま〔魚・貝・水生生物〕……… 282
ホオズキカメムシ〔虫〕……… 82
ホオズキカメムシ？〔虫〕……… 82
ホオスジモチノウオ〔魚・貝・水生生物〕……… 282
ホオダレサンショウクイ〔鳥〕‥ 483
ホオダレムクドリ〔鳥〕……… 483
ホオミドリウロコインコ〔鳥〕 483
ホカケアナハゼ〔魚・貝・水生生物〕……… 282
ボカシオオユゴイ〔魚・貝・水生生物〕……… 283
ボカシタテハの1種〔虫〕……… 82
ボカシタテハのなかま？〔虫〕… 82
（墨書なし）〔虫〕……… 484
ボクトウガの1種〔虫〕……… 82
ボクトウガのなかま〔虫〕……… 82
ホクトベラ〔魚・貝・水生生物〕 283
ホグフィッシュ〔魚・貝・水生生物〕……… 283
ホクヨウオオバフンウニ〔魚・貝・水生生物〕……… 283
ホクロハゼ〔魚・貝・水生生物〕 283
ホシアイゴ〔魚・貝・水生生物〕 283
ホシアオセニシン〔魚・貝・水生生物〕……… 283
ホシアノール〔両生類・爬虫類〕……… 586
ホシガメ〔両生類・爬虫類〕…… 586
ホシカメムシのなかま〔虫〕…… 82
ホシガラス〔鳥〕……… 484
ホシガレイ〔魚・貝・水生生物〕 283
ホシキヌタガイ〔魚・貝・水生生物〕……… 283
ホシゴマシズ〔魚・貝・水生生物〕……… 283
ホシゴンベ〔魚・貝・水生生物〕 283
ホシゴンベの1種〔魚・貝・水生生物〕……… 283
ホシササノハベラ〔魚・貝・水生生物〕……… 283
ホシザメ〔魚・貝・水生生物〕… 283
ホシススキベラ〔魚・貝・水生生物〕……… 284
ホシセミホウボウ〔魚・貝・水生生物〕……… 284
ホシダカラガイ〔魚・貝・水生生物〕……… 284

ホシテンス〔魚・貝・水生生物〕 284
ホシニラミ〔魚・貝・水生生物〕 284
ホシハジロ〔鳥〕……… 484
ホシハゼ〔魚・貝・水生生物〕… 284
ホシハタリス〔哺乳類〕……… 553
ホシバナモグラ〔哺乳類〕……… 553
ホシフグ〔魚・貝・水生生物〕… 284
ホシフリエイ〔魚・貝・水生生物〕……… 284
ホシボシアレチカナヘビ〔両生類・爬虫類〕……… 586
ホシマダラハゼ〔魚・貝・水生生物〕……… 284
ホシマンジュウガニ〔魚・貝・水生生物〕……… 284
ホシムクドリ〔鳥〕……… 484
ホシムクドリ（冬羽）〔鳥〕……… 484
ホシムシのなかま〔魚・貝・水生生物〕……… 284
ホシヤブガメ〔両生類・爬虫類〕……… 586
ホ白〔鳥〕……… 484
ホシロカモ〔鳥〕……… 484
ボスカヘリユビカナヘビ〔両生類・爬虫類〕……… 586
ホソアカクワガタ〔虫〕……… 82
ホソアカクワガタのなかま〔虫〕……… 82
ホソアワフキ〔虫〕……… 82
ホソエビス〔魚・貝・水生生物〕‥ 284
ホソウギコケムシ〔魚・貝・水生生物〕……… 284
ホソオオキノコムシの1種〔虫〕‥82
ホソオオトカゲ〔両生類・爬虫類〕……… 586
ホソオチョウ〔虫〕……… 82
ホソオネズミダラ〔魚・貝・水生生物〕……… 284
ホソオモテユカタンビワハゴロモ〔虫〕……… 82
ホソカタムシ科〔虫〕……… 82
ホソキカワムシ科〔虫〕……… 82
ホソクビゴミムシの1種〔虫〕… 82
ホソコバネカミキリの1種〔虫〕… 82
ホソサケイワシ〔魚・貝・水生生物〕……… 284
ホソスジマンジュウイシモチ〔魚・貝・水生生物〕……… 284
ホソスベノドトカゲ〔両生類・爬虫類〕……… 586
ホソチョウ〔虫〕……… 82
ホソチョウのなかま〔虫〕……… 83
ホソバジャコウアゲハ〔虫〕…… 83
ホソバスジグロマダラ〔虫〕…… 83
ホソフタオハチドリ〔鳥〕……… 484
ホソモエビ〔魚・貝・水生生物〕… 284
ホソロリス〔哺乳類〕……… 553
ホタタミナマズ〔魚・貝・水生生物〕……… 284
ポタモリナ・ラティケプス〔魚・貝・水生生物〕……… 285
ホタルイカのなかま〔魚・貝・

ほたる　　　　　　　　　　作品名索引

水生生物〕 …………………… 285
ホタルガ〔虫〕 ………………… 83
ホタル科〔虫〕 ………………… 83
ホタルの幼虫？ 〔虫〕 ………… 83
ホタルモドキの1種〔虫〕 …… 83
ボタンウニの仲間〔魚・貝・水
　生生物〕 ……………………… 285
ボタンガンゼキボラ〔魚・貝・
　水生生物〕 …………………… 285
ボーダンクロオウム〔鳥〕 …… 484
ホッカイエビ〔魚・貝・水生生
　物〕 …………………………… 285
ホッカイトゲウオ〔魚・貝・水
　生生物〕 ……………………… 285
ホッキョクギツネ〔哺乳類〕 … 553
ホッキョククジラ〔哺乳類〕 … 553
ホッキョクグマ〔哺乳類〕 ‥553,554
ホッグジカ〔哺乳類〕 ………… 554
ホッケ〔魚・貝・水生生物〕 … 285
ホッコクエビ〔魚・貝・水生生
　物〕 …………………………… 285
ホッスガイの1種〔魚・貝・水生
　生物〕 ………………………… 285
ボット〔魚・貝・水生生物〕 … 285
ホテイウオ〔魚・貝・水生生物〕‥ 285
ホテキテンニンチョウ〔鳥〕 … 484
ボトシギ〔鳥〕 ………………… 484
ほととぎす〔鳥〕 ……………… 484
ホトトギス〔鳥〕 ……………… 484
ホトトギス科〔鳥〕 ………484,485
ホトトギスガイ？〔魚・貝・水
　生生物〕 ……………………… 285
ホトトギス、カッコウ、ツツド
　リのいずれか〔鳥〕 ………… 485
ボナパルトカモメ〔鳥〕 ……… 485
ホニモ魚〔魚・貝・水生生物〕 … 285
ホニモのザリガニ〔魚・貝・水
　生生物〕 ……………………… 285
ホネガイ〔魚・貝・水生生物〕 … 285
ボネリークマタカ〔鳥〕 ……… 485
ホノオトウカムリガイ〔魚・
　貝・水生生物〕 ……………… 285
ホノオハリガイ〔虫〕 ………… 83
ボバクマーモット〔哺乳類〕 … 554
ボハラシジュウカラ〔鳥〕 …… 485
ボブキャット〔哺乳類〕 ……… 554
ポプラー・ホークモス〔虫〕 … 83
ホプリアス・マラバリクス
　〔魚・貝・水生生物〕 ……… 285
ホホジロザメ〔魚・貝・水生生
　物〕 …………………………… 285
ホホダレベラ〔魚・貝・水生生
　物〕 …………………………… 286
ボホールリードバック〔哺乳類〕
　………………………………… 554
ホームベース〔魚・貝・水生生
　物〕 …………………………… 286
ホヤ、サルパ、カイメン、およ
　び四放サンゴ、放散虫化石な
　ど〔魚・貝・水生生物〕 …… 286
ホヤの1種〔魚・貝・水生生物〕 … 286
ホヤのなかま〔魚・貝・水生生

物〕 …………………………… 286
ホヤ類〔魚・貝・水生生物〕 …… 286
ホヤ類サルパ属〔魚・貝・水生
　物〕 …………………………… 286
ぼら〔魚・貝・水生生物〕 …… 286
ボラ〔魚・貝・水生生物〕 …… 286
ホライモリ〔両生類・爬虫類〕 ‥ 586
ホライモリの解剖図〔両生類・
　爬虫類〕 ……………………… 586
ホラガイ〔魚・貝・水生生物〕 … 286
ボラック〔魚・貝・水生生物〕 … 286
ボラの頭部〔魚・貝・水生生物〕 … 286
ボリダマスキオビジャコウ
　〔虫〕 ………………………… 83
ホリネズミ〔哺乳類〕 ………… 554
ボリビアリスザル〔哺乳類〕 … 554
ポリプ〔魚・貝・水生生物〕 … 286
ポリプテルス〔魚・貝・水生生
　物〕 …………………………… 286
ポルトガル湾のカニ〔魚・貝・
　水生生物〕 …………………… 286
ポルトガル湾のボロン〔魚・
　貝・水生生物〕 ……………… 287
ボルネオコビトリス〔哺乳類〕 … 554
ボルペマ〔魚・貝・水生生物〕 … 287
ボルボックスのなかま〔魚・
　貝・水生生物〕 ……………… 287
ホルミボラ［フウセンクラゲ〕
　〔魚・貝・水生生物〕 ……… 287
ボロサクラダイ〔魚・貝・水生生
　物〕 …………………………… 287
ホロホロチョウ〔鳥〕 ………… 485
ホワイティング〔魚・貝・水生生
　物〕 …………………………… 287
ホワイト・サテン・モス〔虫〕‥ 83
ホワイト・チャイナ・マーク
　〔虫〕 ………………………… 83
ホワイトフットクレイフィッ
　シュ〔魚・貝・水生生物〕 …… 287
ホンウニの1種〔魚・貝・水生生
　物〕 …………………………… 287
ホンカロテス〔両生類・爬虫類〕
　………………………………… 587
ホンケワタガモ〔鳥〕 ………… 485
ボンゲン〔魚・貝・水生生物〕 … 287
ホンコノハムシ〔虫〕 ………… 83
ホンコノハムシ？〔虫〕 ……… 83
ボンゴン〔魚・貝・水生生物〕 … 287
ホンシャコのなかま〔魚・貝・
　水生生物〕 …………………… 287
ホンセイインコ？〔鳥〕 ……… 485
ホンソメワケベラ〔魚・貝・水
　生生物〕 ……………………… 287
ホンツメイカ〔魚・貝・水生生
　物〕 …………………………… 288
ホーンドアダー〔両生類・爬虫
　類〕 …………………………… 587
ホンドイタチ〔哺乳類〕 ……… 554
ホンドキツネ〔哺乳類〕 ……… 554
ホンドテン（キテン）〔哺乳類〕‥ 554
ホントビ？〔魚・貝・水生生物〕
　………………………………… 288

ボント・フン〔魚・貝・水生
　物〕 …………………………… 288
ボンネットモンキー〔哺乳類〕‥ 554
ホンハブ〔両生類・爬虫類〕 … 587
ホンハブ？〔両生類・爬虫類〕 … 587
ホンフサアンコウ〔魚・貝・水
　生生物〕 ……………………… 288
ホンブンプク〔魚・貝・水生生物〕
　………………………………… 288
ホンブンプクの仲間〔魚・貝・
　水生生物〕 …………………… 288
ボンボリイザリウオ〔魚・貝・
　水生生物〕 …………………… 288
ホンミノガイ〔魚・貝・水生生
　物〕 …………………………… 288
ホンメノウタイコガイ〔魚・
　貝・水生生物〕 ……………… 288
ほんもろこ〔魚・貝・水生生物〕‥ 288
ホンモロコ〔魚・貝・水生生物〕 … 288
ホンヤドカリのなかま〔魚・
　貝・水生生物〕 ……………… 288
ホンヤドカリのなかま？〔魚・
　貝・水生生物〕 ……………… 288

【ま】

まあじ〔魚・貝・水生生物〕 …… 288
マアジ〔魚・貝・水生生物〕 … 288
まあなご〔魚・貝・水生生物〕 … 288
マアナゴ〔魚・貝・水生生物〕
　…………………………288,289
マイコドリ〔鳥〕 ……………… 485
マイマイガのなかま〔虫〕 …… 83
マイマイカブリ〔虫〕 ………… 83
マイマイのなかま〔虫〕 ……… 83
マイルカ〔哺乳類〕 …………… 554
まいわし〔魚・貝・水生生物〕 … 289
マイワシ〔魚・貝・水生生物〕 … 289
マウ〔鳥〕 ……………………… 485
マウイカワリハシハワイミツス
　イのオアフ亜種〔鳥〕 ……… 485
マウイカワリハシハワイミツス
　イのカウアイ亜種〔鳥〕 …… 485
マウイカワリハシハワイミツス
　イのマウイ亜種〔鳥〕 ……… 485
マエアカヒトリ〔虫〕 ………… 83
マエアンドゥリナ〔魚・貝・水
　生生物〕 ……………………… 289
まえそ〔魚・貝・水生生物〕 … 289
マエソ〔魚・貝・水生生物〕 …… 289
マエモンジャコウアゲハ〔虫〕 ‥ 84
マエモンジャコウアゲハの1種
　〔虫〕 ………………………… 84
マオナガ〔魚・貝・水生生物〕 … 289
マガキの1種〔魚・貝・水生生物〕
　………………………………… 289
マククの1種〔哺乳類〕 ……… 554
マカジキ〔魚・貝・水生生物〕 … 289
マカモ〔鳥〕 …………………… 485

作品名索引　　　　まはた

マガモ〔鳥〕‥‥‥‥‥485,486
マガモ×カルガモ〔鳥〕‥‥‥‥486
マガン〔鳥〕‥‥‥‥‥‥‥486
マガン？　〔鳥〕‥‥‥‥‥486
マキエゴシキインコ〔鳥〕‥‥486
マキバサシガメ科〔虫〕‥‥‥‥84
マキバシギ〔鳥〕‥‥‥‥‥486
マキバタヒバリ〔鳥〕‥‥‥‥486
マキバネコロギス〔虫〕‥‥‥‥84
マークオオサムシの1種〔虫〕‥‥84
膜口類のなかま〔魚・貝・水生生
　物〕‥‥‥‥‥‥‥‥‥289
マクジャク〔鳥〕‥‥‥‥‥486
マグソコガネの1種〔虫〕‥‥‥‥84
マクヒトデの1種〔魚・貝・水生
　生物〕‥‥‥‥‥‥‥‥289
マクヒトデの仲間〔魚・貝・水
　生生物〕‥‥‥‥‥‥‥289
マグピー・モス〔虫〕‥‥‥‥‥84
マクラガイ〔魚・貝・水生生物〕‥289
マグロ〔魚・貝・水生生物〕‥289
マグロの類〔魚・貝・水生生物〕‥289
マーゲイ〔哺乳類〕‥‥‥‥‥554
まこがれい〔魚・貝・水生生物〕‥290
マコガレイ〔魚・貝・水生生物〕‥290
マゴチ〔魚・貝・水生生物〕‥290
マサゴイモガイ〔魚・貝・水生生
　物〕‥‥‥‥‥‥‥‥‥290
まさば〔魚・貝・水生生物〕‥290
マサバ〔魚・貝・水生生物〕‥290
マシギ〔鳥〕‥‥‥‥‥‥‥486
マシジミ〔魚・貝・水生生物〕‥290
マーシュ・フリティラリ・バタ
　フライ〔虫〕‥‥‥‥‥‥84
ます〔魚・貝・水生生物〕‥‥290
マスオガイダマシ〔魚・貝・水
　生生物〕‥‥‥‥‥‥‥290
マスカリンインコ〔鳥〕‥‥‥487
マスカリンメジロ〔鳥〕‥‥‥487
マスクティティ〔哺乳類〕‥‥554
マスクラット〔哺乳類〕‥‥‥554
マゼランイガイ〔魚・貝・水生生
　物〕‥‥‥‥‥‥‥‥‥290
マゼランメロンボラ〔魚・貝・
　水生生物〕‥‥‥‥‥‥290
まだい〔魚・貝・水生生物〕‥290
マダイ〔魚・貝・水生生物〕‥290,291
マダガスカルオウチュウ〔鳥〕‥487
マダガスカルカッコウ〔鳥〕‥487
マダガスカルコウモリ〔哺乳類〕
　‥‥‥‥‥‥‥‥‥‥‥555
マダガスカルジカッコウ〔鳥〕‥487
マダガスカルジャコウ〔鳥〕‥487
マダガスカルジャコウネコ〔哺
　乳類〕‥‥‥‥‥‥‥‥555
マダガスカルタンビヒタキ
　〔鳥〕‥‥‥‥‥‥‥‥487
マダガスカルチュウヒ〔鳥〕‥487
マダガスカルノスリ〔鳥〕‥‥487
マダガスカルヘビワシ〔鳥〕‥487
マダガスカルヘラオヤモリ〔両

生類・爬虫類〕‥‥‥‥‥587
マダガスカルミフウズラ〔鳥〕‥487
マダガスカルムジクイナ〔鳥〕‥487
マダガスカルリバト〔鳥〕‥‥487
マダコ〔魚・貝・水生生物〕‥291
マダコの1種〔魚・貝・水生生物〕
　‥‥‥‥‥‥‥‥‥‥‥291
マダニ科〔虫〕‥‥‥‥‥‥84
マダニのなかま〔虫〕‥‥‥‥84
マダマイカの1種〔魚・貝・水生
　生物〕‥‥‥‥‥‥‥‥291
マタマタ〔両生類・爬虫類〕‥587
まだら〔魚・貝・水生生物〕‥291
マダラ〔魚・貝・水生生物〕‥291
マダライタチ〔哺乳類〕‥‥‥555
マダライモガイ〔魚・貝・水生生
　物〕‥‥‥‥‥‥‥‥‥291
マダライワハイウオ〔魚・貝・
　水生生物〕‥‥‥‥‥‥291
マダラウスバカゲロウ〔虫〕‥‥84
マダラウズラ〔鳥〕‥‥‥‥‥487
マダラウミヘビ〔両生類・爬虫
　類〕‥‥‥‥‥‥‥‥‥587
マダラエイ〔魚・貝・水生生物〕‥291
マダラオオガシラ〔鳥〕‥‥‥487
マダラオハチドリ〔鳥〕‥‥‥487
マダラのなかま〔虫〕‥‥‥‥84
マダラガマグチアンコウ〔魚・
　貝・水生生物〕‥‥‥‥‥291
マダラカラッパモドキ〔魚・
　貝・水生生物〕‥‥‥‥‥291
マダラカンムリカッコウ〔鳥〕‥487
マダラタルミ〔魚・貝・水生生
　物〕‥‥‥‥‥‥‥‥‥291
マダラテングダニ属のなかま
　〔虫〕‥‥‥‥‥‥‥‥‥84
マダラトゲウナギ〔魚・貝・水
　生生物〕‥‥‥‥‥‥‥291
マダラナキヤモリ〔両生類・爬
　虫類〕‥‥‥‥‥‥‥‥587
マダラニワシドリ〔鳥〕‥‥‥487
マダラハナゲナマズ〔魚・貝・
　水生生物〕‥‥‥‥‥‥291
マダラヒモキュウバンナマズ
　〔魚・貝・水生生物〕‥‥‥291
マダラフミガイ〔魚・貝・水生生
　物〕‥‥‥‥‥‥‥‥‥292
マダラフルマカモメ〔鳥〕‥‥488
マダラホシニラミ〔魚・貝・水
　生生物〕‥‥‥‥‥‥‥292
マダラミズガエル〔両生類・爬
　虫類〕‥‥‥‥‥‥‥‥587
マダラヤガラ〔魚・貝・水生生
　物〕‥‥‥‥‥‥‥‥‥292
マダラヤンマ〔原種〕〔虫〕‥‥84
マチャガイ〔魚・貝・水生生物〕‥292
マツアメリカムシクイ〔鳥〕‥488
まつかさうお〔魚・貝・水生生
　物〕‥‥‥‥‥‥‥‥‥292
マツカサウオ〔魚・貝・水生生
　物〕‥‥‥‥‥‥‥‥‥292
マツカサウニの1種〔魚・貝・水

生生物〕‥‥‥‥‥‥‥‥292
マツカサウミウシのなかま
　〔魚・貝・水生生物〕‥‥‥292
マツカレハ〔虫〕‥‥‥‥‥‥84
マツカレハの繭〔虫〕‥‥‥‥84
まつかわ〔魚・貝・水生生物〕‥292
マツカワ〔魚・貝・水生生物〕‥292
マツゲギス〔魚・貝・水生生物〕‥292
マツゲハゼ〔魚・貝・水生生物〕‥292
マッコウクジラ〔哺乳類〕‥‥555
マツダイ〔魚・貝・水生生物〕‥292
マツテン〔哺乳類〕‥‥‥‥‥555
マット魚〔魚・貝・水生生物〕‥292
マッドパピー〔両生類・爬虫類〕
　‥‥‥‥‥‥‥‥‥‥‥587
マツノキクイムシ〔虫〕‥‥‥‥84
松ノ毛虫〔虫〕‥‥‥‥‥‥‥84
マツバガニ〔魚・貝・水生生物〕‥292
マツバゴチ〔魚・貝・水生生物〕‥292
マツバコバンハゼ〔魚・貝・水
　生生物〕‥‥‥‥‥‥‥292
マツムシ〔虫〕‥‥‥‥‥‥‥84
マツモムシ〔虫〕‥‥‥‥‥‥84
マツモムシの1種〔虫〕‥‥‥‥85
マツモムシのなかま〔虫〕‥‥‥85
マツリランナー〔両生類・爬
　類〕‥‥‥‥‥‥‥‥‥587
マテアジ〔魚・貝・水生生物〕‥293
マディラゴキブリ〔虫〕‥‥‥‥85
マテガイ〔魚・貝・水生生物〕‥293
マテガイの1種〔魚・貝・水生生
　物〕‥‥‥‥‥‥‥‥‥293
マテガイモドキの1種〔魚・貝・
　水生生物〕‥‥‥‥‥‥293
まとうだい〔魚・貝・水生生物〕‥293
マトウダイ〔魚・貝・水生生物〕‥293
マドガイ〔魚・貝・水生生物〕‥293
窓介〔魚・貝・水生生物〕‥‥293
マドギワアブ科〔虫〕‥‥‥‥‥85
マトゴチ〔魚・貝・水生生物〕‥293
マドコノハ〔虫〕‥‥‥‥‥‥85
マドチャタテ？〔虫〕‥‥‥‥‥85
マトフエフキ〔魚・貝・水生生
　物〕‥‥‥‥‥‥‥‥‥293
マドルミヘビ〔両生類・爬虫類〕
　‥‥‥‥‥‥‥‥‥‥‥587
まながつお〔魚・貝・水生生物〕‥293
マナガツオ〔魚・貝・水生生物〕‥293
マナヅル〔鳥〕‥‥‥‥‥‥‥488
マナヅルノコギリガニ〔魚・
　貝・水生生物〕‥‥‥‥‥293
マナマコ〔魚・貝・水生生物〕‥293
マヌルネコ〔哺乳類〕‥‥‥‥555
マネシツグミ〔鳥〕‥‥‥‥‥488
マネシヒカゲの1種〔虫〕‥‥‥85
まはぜ〔魚・貝・水生生物〕‥294
マハゼ〔魚・貝・水生生物〕‥294
マハゼほか〔魚・貝・水生生物〕‥294
まはた〔魚・貝・水生生物〕‥294
マハタ〔魚・貝・水生生物〕‥294
マハタ属の1種〔魚・貝・水生生

博物図譜レファレンス事典 動物篇　**659**

物〕……294
マヒトデ〔魚・貝・水生生物〕…294
マヒトデの1種〔魚・貝・水生生物〕……294
マヒトデの仲間〔魚・貝・水生生物〕……294
マヒマヒムシ（アサヒガニ）〔魚・貝・水生生物〕……294
まひわ〔鳥〕……488
マヒワ〔鳥〕……488
マヒワ？〔鳥〕……488
マフグ〔魚・貝・水生生物〕……294
マブヤトカゲ〔両生類・爬虫類〕……587
マーブルアマガエル〔両生類・爬虫類〕……587
マーブルウツボ〔魚・貝・水生生物〕……294
マーブルシロジャノメ〔虫〕……85
マーブルド・ホワイト・バタフライ〔虫〕……85
マベガイ〔魚・貝・水生生物〕……295
マミジロ〔鳥〕……488
マミジロ？〔鳥〕……488
マミジロキクイタダキ〔鳥〕……488,489
マミジロキビタキ〔鳥〕……489
マミジロキビタキ？〔鳥〕……489
マミジロゲリ〔鳥〕……489
マミジロコガラ〔鳥〕……489
マミジロシトド〔鳥〕……489
マミジロタヒバリ〔鳥〕……489
マミジロノビタキ〔鳥〕……489
マミジロミツリンヒタキのルソン亜種〔鳥〕……489
マミジロヨシキリ〔鳥〕……489
マミズコシオリエビ〔魚・貝・水生生物〕……295
マミチャジナイ〔鳥〕……489
マムコウオ〔魚・貝・水生生物〕…295
マムシオコゼ〔魚・貝・水生生物〕……295
マムシオコゼの幼魚〔魚・貝・水生生物〕……295
マメイタヘビ〔両生類・爬虫類〕……587
マメガキ〔魚・貝・水生生物〕…295
マメカワセミ〔鳥〕……489
マメキシタバ〔虫〕……85
マメクルミガイの1種〔魚・貝・水生生物〕……295
マメコガネ〔虫〕……85
マメシギダチョウ〔鳥〕……489
マメシボリコショウダイ〔魚・貝・水生生物〕……295
マメスナギンチャクの1種〔魚・貝・水生生物〕……295
マメゾウムシ科〔虫〕……85
マメダコ〔魚・貝・水生生物〕…295
豆鵯鳩〔鳥〕……489
マメハチドリ〔鳥〕……489
マメハンミョウ〔虫〕……85

マメマワシ〔鳥〕……489
マユガラ〔鳥〕……489
マユグロアホウドリ〔鳥〕……489
マユグロシマセゲラ〔鳥〕……489
マユグロヤマガラモドキ〔鳥〕……490
マユ白ツグミ〔鳥〕……490
マユタテアカネ〔虫〕……85
マユブトカマドドリ〔鳥〕……490
マーラ〔哺乳類〕……555
マライヤマネコ（？）〔哺乳類〕…555
マラッカのイワシ〔魚・貝・水生生物〕……295
マラバルハゼ〔魚・貝・水生生物〕……295
マリアカロテス〔両生類・爬虫類〕……587
マリアナジカ〔哺乳類〕……555
マリアナツカックリ〔鳥〕……490
マルオアマガサ〔両生類・爬虫類〕……587
マルオハチドリなど〔鳥〕……490
マルカブトツノゼミ〔虫〕……85
マルクジラジラミ〔魚・貝・水生生物〕……295
マルクチヒメジ〔魚・貝・水生生物〕……295
マルケサスバト〔鳥〕……490
マルケサスヨシキリ〔鳥〕……490
マルコバン〔魚・貝・水生生物〕…295
マルサヤワムシ〔魚・貝・水生生物〕……295
マルスダレガイの1種〔魚・貝・水生生物〕……295
マルスッポン〔両生類・爬虫類〕……587
まるそうだ〔魚・貝・水生生物〕…295
マルソウダ〔魚・貝・水生生物〕…295
まるた〔魚・貝・水生生物〕……295
マルタ〔魚・貝・水生生物〕……296
マルタニシ〔魚・貝・水生生物〕…296
マルタニシ？〔魚・貝・水生生物〕……296
マルチニクムクドリモドキ〔鳥〕……490
マルティニクコンゴウインコ〔鳥〕……490
マルティニクボウシインコ〔鳥〕……490
マルトゲムシの1種〔虫〕……85
マルトビムシ1種〔虫〕……85
マルハナノミの1種〔虫〕……85
マルハナバチのなかま〔虫〕……85
マルバネタテハ〔虫〕……85
マルフミガイの1種〔魚・貝・水生生物〕……296
マルマメウニの仲間〔魚・貝・水生生物〕……296
マルメイソギンボ〔魚・貝・水生生物〕……296
マルメバル〔魚・貝・水生生物〕…296
マレイルシャクケイ〔鳥〕……490
マレーガビアル〔両生類・爬虫

類〕……587
マレーシジュウカラ〔鳥〕……490
マレージャコウネコ〔哺乳類〕…555
マレートビハゼ〔魚・貝・水生生物〕……296
マレーバク〔哺乳類〕……555
マレーヒヨケザル〔哺乳類〕……555
マレーミツオシエ〔鳥〕……490
マングース〔哺乳類〕……555
マングースキツネザル〔哺乳類〕……555
マンクスコミズナギドリ〔鳥〕…490
マングローブオオトカゲ〔両生類・爬虫類〕……588
マングローブショウビン〔鳥〕…490
マンゴーハチドリの1種〔鳥〕…490
マンジュウダイ〔魚・貝・水生生物〕……296
マンダイ〔魚・貝・水生生物〕…296
マンティコア〔想像・架空の生物〕……595
マントヒヒ〔哺乳類〕……555
マンドリル〔哺乳類〕……556
マンボウ〔魚・貝・水生生物〕…296
マンボウガイ〔魚・貝・水生生物〕……296
マンボウノシラミのなかま〔魚・貝・水生生物〕……296
マンボウの幼魚〔魚・貝・水生生物〕……296
マンボウの幼生？〔魚・貝・水生生物〕……296

【み】

ミイデラゴミムシ〔虫〕……86
ミイデラゴミムシの1種〔虫〕…86
ミイデラゴミムシのなかま〔虫〕……86
ミイロコーラスガエル〔両生類・爬虫類〕……588
ミイロコンゴウインコ〔鳥〕…490
ミイロトラガ〔虫〕……86
ミカヅキインコ〔鳥〕……490
ミカヅキキバネミツスイ〔鳥〕…490
ミカヅキヒメアオバトの基準亜種〔鳥〕……490
ミカドウミウシ〔魚・貝・水生生物〕……296
ミカドキジ〔鳥〕……491
ミカドチョウチョウウオ〔魚・貝・水生生物〕……296,297
ミカドバト〔鳥〕……491
ミカンアシナシイモリ〔両生類・爬虫類〕……588
ミカントゲカメムシの1種〔虫〕…86
ミカントゲカメムシのなかま〔虫〕……86
ミギマキ〔魚・貝・水生生物〕…297
ミクリガイ〔魚・貝・水生生物〕…297

作品名索引　　　　　　　　　　　みなみ

ミクリガイの縦縞模様の一型？
　〔魚・貝・水生生物〕………… 297
ミコアイサ〔鳥〕…………… 491
ミコバチのなかま〔虫〕……… 86
ミサカエカタベガイ〔魚・貝・
　水生生物〕………………… 297
ミサカエショウジョウカズラガ
　イ？〔魚・貝・水生生物〕… 297
三崎笠子〔魚・貝・水生生物〕… 297
みさご〔鳥〕………………… 491
ミサゴ〔鳥〕………………… 491
ミジカオヘビの類〔両生類・爬
　虫類〕……………………… 588
みしまおこぜ〔魚・貝・水生生
　物〕………………………… 297
ミシマオコゼ〔魚・貝・水生生
　物〕………………………… 297
ミジンコ科〔魚・貝・水生生物〕… 297
ミジンコのなかま〔魚・貝・水
　生生物〕…………………… 297
ミジンコワムシのなかま〔魚・
　貝・水生生物〕…………… 297
ミズアオモルフォのなかま
　〔虫〕………………………… 86
ミズアブ科〔虫〕……………… 86
ミズアブのなかま〔虫〕……… 86
ミズウオ〔魚・貝・水生生物〕… 297
ミズオオトカゲ〔両生類・爬虫
　類〕………………………… 588
ミズオオトカゲ（マライオオト
　カゲ）〔両生類・爬虫類〕… 588
ミスガイ〔魚・貝・水生生物〕… 297
ミズカキカワネズミ〔哺乳類〕… 556
ミズクラゲ〔魚・貝・水生生物〕… 297
ミズクラゲの1種〔魚・貝・水生
　生物〕……………………… 297
ミズクラゲの仲間〔魚・貝・水
　生生物〕…………………… 297
ミズクラゲの発生〔魚・貝・水
　生生物〕…………………… 298
ミズクラゲ、ビゼンクラゲなど
　〔魚・貝・水生生物〕……… 298
ミスジカワニナ〔魚・貝・水生
　物〕………………………… 298
ミスジチョウチョウウオ〔魚・
　貝・水生生物〕…………… 298
ミスジハエトリ〔虫〕………… 86
ミスジハコガメ〔両生類・爬虫
　類〕………………………… 588
ミスジヒツジウチ〔両生類・爬
　虫類〕……………………… 588
ミスジマイマイ〔虫〕………… 86
ミスジマシコ〔鳥〕………… 491
ミスジマシコ？〔鳥〕……… 491
ミスジリュウキュウスズメダイ
　〔魚・貝・水生生物〕……… 298
ミスジリュウキュウスズメダイ
　属の1種（レッドシー・ダシ
　ルス）〔魚・貝・水生生物〕… 298
ミズスマシ〔虫〕……………… 86
ミズスマシの1種〔虫〕……… 86
ミズスマシのなかま〔虫〕…… 86

ミズダニのなかま〔虫〕……… 86
ミズテング〔魚・貝・水生生物〕… 298
ミズトガリネズミ〔哺乳類〕… 556
ミズトビムシの1種〔虫〕…… 86
ミズナギドリ類？〔鳥〕…… 491
ミズハタネズミ〔哺乳類〕…… 556
ミズヒキガニ〔魚・貝・水生生
　物〕………………………… 298
ミズヒキツバメコノシロ〔魚・
　貝・水生生物〕…………… 298
ミズヒルガタワムシのなかま
　〔魚・貝・水生生物〕……… 298
ミズムシ科〔虫〕……………… 86
ミズメイガのなかま〔虫〕…… 86
ミセラアマガエル〔両生類・爬
　虫類〕……………………… 588
ミゾガイの1種〔魚・貝・水生生
　物〕………………………… 298
ミゾゴイ〔鳥〕……………… 492
ミゾゴイ〔鳥〕……………491,492
ミゾゴイ？〔鳥〕…………… 492
ミソサザイ〔鳥〕…………… 492
ミソサザイの巣と卵〔鳥〕… 492
ミゾバムサザイ〔哺乳類〕…… 556
ミゾレジマライギョ〔魚・貝・
　水生生物〕………………… 298
ミゾレトゲウナギ〔魚・貝・水
　生生物〕…………………… 298
ミゾレフグ〔魚・貝・水生生物〕… 298
ミゾレブダイ〔魚・貝・水生生
　物〕………………………… 298
ミダスダイコクコガネ〔虫〕… 86
ミダノアワビ〔魚・貝・水生生
　物〕………………………… 298
ミダレボシギンザメ〔魚・貝・
　水生生物〕………………… 298
ミダレボシギンザメの成長過程
　〔魚・貝・水生生物〕……… 299
ミツイボサンバガエル〔両生
　類・爬虫類〕……………… 588
ミツオシジミの1種〔虫〕…… 87
ミツオビアルマジロ〔哺乳類〕… 556
ミツギリゾウムシ科〔虫〕…… 87
ミツギリツックワガタ〔虫〕… 87
ミツクリエナガチョウチンアン
　コウ〔魚・貝・水生生物〕… 299
ミツクリザメ〔魚・貝・水生生
　物〕………………………… 299
ミツノカブトのなかま〔虫〕… 87
ミツバチ〔虫〕………………… 87
ミツバチ？〔虫〕……………… 87
ミツバチ科〔虫〕……………… 87
ミツバチと巣〔虫〕…………… 87
ミツバチと巣箱〔虫〕………… 87
ミツバチの1種〔虫〕………… 87
ミツバチの巣からとったロウ
　〔虫〕………………………… 87
ミツバチモドキの1種〔虫〕… 87
ミツバモチノウオ〔魚・貝・水
　生生物〕…………………… 299
ミツホシアカクワガタ〔虫〕… 87

ミツボシキュウセン〔魚・貝・
　水生生物〕………………… 299
ミツボシクロスズメ〔魚・貝・
　水生生物〕………………… 299
ミツユビカナガシラ〔魚・貝・
　水生生物〕………………… 299
ミツユビカモメ〔鳥〕……… 492
ミツユビカラネトカゲ〔両生
　類・爬虫類〕……………… 588
ミツユビキリハシ〔鳥〕…… 492
ミデアツマキチョウ〔虫〕…… 87
ミドリアマモウミウシのなかま
　〔魚・貝・水生生物〕……… 299
ミドリイガイ？〔魚・貝・水生
　生物〕……………………… 299
ミドリイシの1種〔魚・貝・水生
　生物〕……………………… 299
ミドリイシのなかま〔魚・貝・
　水生生物〕………………… 299
ミドリイシのなかま？〔魚・
　貝・水生生物〕…………… 299
ミドリイツツバセイボウ〔虫〕… 87
ミドリイワサザイ〔鳥〕…… 492
ミドリインカハチドリ〔鳥〕… 492
ミドリオオゴシキドリ〔鳥〕… 492
ミドリオオホンセイインコ
　〔鳥〕………………………… 492
ミドリオキリハシ〔鳥〕…… 492
ミドリオタイヨウチョウ〔鳥〕… 492
ミドリカッコウ〔鳥〕……… 492
ミドリカナヘビ〔両生類・爬虫
　類〕………………………… 588
ミドリキヌバネドリ〔鳥〕… 492
緑毛の1種〔魚・貝・水生生物〕… 299
緑毛類〔魚・貝・水生生物〕… 299
ミドリコンゴウインコ〔鳥〕… 492
ミドリサンジャク〔鳥〕…… 492
ミドリシャミセンガイ〔魚・
　貝・水生生物〕…………… 299
ミドリッチハンミョウのなかま
　〔虫〕………………………… 87
ミドリッツヤトカゲ〔両生類・爬
　虫類〕……………………… 588
ミドリナメリギンポ〔魚・貝・
　水生生物〕………………… 299
ミドリハチドリ〔鳥〕……… 493
ミドリハリガイ〔虫〕………… 87
ミドリヒョウモン〔虫〕……… 87
ミドリヒロハシ〔鳥〕……… 493
ミドリボウシテリハチドリ
　〔鳥〕………………………… 493
ミドリボシキンチャクフグ
　〔魚・貝・水生生物〕……… 299
ミドリムシのなかま〔魚・貝・
　水生生物〕………………… 299
ミドリメガネトリバネアゲハ
　〔虫〕………………………… 87
ミドリモヨウフグ〔魚・貝・水
　生生物〕…………………… 299
ミドリモリヤツガシラ〔鳥〕… 493
ミドリモンコノハ〔虫〕……… 87
ミナミアフリカオットセイ〔哺

博物図譜レファレンス事典 動物篇　　**661**

みなみ　　　　　　　作品名索引

乳類〕……………………… 556
ミナミイザリトカゲ〔両生類・
爬虫類〕………………… 588
ミナミイスズミ〔魚・貝・水生生
物〕……………………… 299
ミナミイセエビのなかま〔魚・
貝・水生生物〕………… 300
ミナミイソギンチャクのなかま
〔魚・貝・水生生物〕… 300
ミナミイソハタ〔魚・貝・水生生
物〕……………………… 300
ミナミイワガニの1種〔魚・貝・
水生生物〕……………… 300
ミナミウシノシタ〔魚・貝・水
生生物〕………………… 300
ミナミウミカワウソ〔哺乳類〕 556
ミナミオポッサム〔哺乳類〕… 556
ミナミカサゴ〔魚・貝・水生生
物〕……………………… 300
ミナミカナヘビ〔両生類・爬虫
類〕……………………… 588
ミナミカブトガニ〔魚・貝・水
生生物〕………………… 300
ミナミガラガラ〔両生類・爬虫
類〕……………………… 588
ミナミガラガラヘビ〔両生類・
爬虫類〕………………… 588
ミナミカワウソ〔哺乳類〕… 556
ミナミギンポ〔魚・貝・水生生
物〕……………………… 300
ミナミクロスジギンポ〔魚・
貝・水生生物〕………… 300
ミナミコオニクイナ〔鳥〕…… 493
ミナミゴシキタイヨウチョウ
〔鳥〕…………………… 493
ミナミコノシロ〔魚・貝・水生
物〕……………………… 300
ミナミコブバトのサモア亜種
〔鳥〕…………………… 493
ミナミジンガサウニ〔魚・貝・
水生生物〕……………… 300
ミナミスナホリガニ〔魚・貝・
水生生物〕……………… 300
ミナミゾウアザラシ〔哺乳類〕 556
ミナミトビハゼ〔魚・貝・水生生
物〕……………………… 300
ミナミノガマグチアンコウ
〔魚・貝・水生生物〕… 300
ミナミノコギリザメ〔魚・貝・
水生生物〕……………… 300
ミナミノドジロムシクイ〔鳥〕‥ 493
ミナミノナミガイ〔魚・貝・水
生生物〕………………… 300
ミナミハクセイハギ〔魚・貝・
水生生物〕……………… 300
ミナミハゼ〔魚・貝・水生生物〕 300
ミナミハタタテダイ〔魚・貝・
水生生物〕……………… 300
ミナミハートガイ〔魚・貝・水
生生物〕………………… 300

ミナミヒゲハエトリ〔鳥〕…… 493
ミナミフエダイ〔魚・貝・水生生
物〕……………………… 301
ミナミフトスジイシモチ〔魚・
貝・水生生物〕………… 301
ミナミムネアテミミズトカゲ
〔両生類・爬虫類〕…… 588
ミナミモルッカショウビン
〔鳥〕…………………… 493
ミナミヤイロチョウ〔鳥〕…… 493
ミナミルリボシヤンマ〔虫〕… 87
ミネアカミドリチュウハシ
〔鳥〕…………………… 493
ミノウミウシのなかま〔魚・
貝・水生生物〕………… 301
ミノウミウシのなかまと、その
卵〔魚・貝・水生生物〕 301
ミノガイの1種〔魚・貝・水生
物〕……………………… 301
みのかさご〔魚・貝・水生生物〕 301
ミノカサゴ〔魚・貝・水生生物〕 301
ミノチメドリ〔鳥〕…………… 493
ミノバト〔鳥〕………………… 493
ミノヒラムシ〔魚・貝・水生生
物〕……………………… 301
ミノムシ（ミノガのなかま）
〔虫〕…………………… 88
ミバエなどの類〔虫〕………… 88
ミバエの1種〔虫〕…………… 88
ミバエのなかま〔虫〕………… 88
ミヒカリコオロギボラ〔魚・
貝・水生生物〕………… 301
ミフウズラ〔鳥〕……………… 493
ミフウズラ？〔鳥〕…………… 494
ミフシハバチ科〔虫〕………… 88
ミミイカ〔魚・貝・水生生物〕 301
ミミガイ〔魚・貝・水生生物〕 301
ミミカイツブリ〔鳥〕………… 494
ミミガイの1種〔魚・貝・水生生
物〕……………………… 301
ミミキジ〔鳥〕………………… 494
ミミキヌバネドリ〔鳥〕……… 494
ミミグロセンニョハチドリ
〔鳥〕…………………… 494
ミミゲモモンガ〔哺乳類〕… 556
ミミジロキリハシ〔鳥〕……… 494
ミミズク〔虫〕………………… 88
ミミズク〔鳥〕………………… 494
ミミズク科〔虫〕……………… 88
ミミズクたち〔鳥〕…………… 494
ミミズトカゲの類〔両生類・爬
虫類〕…………………… 588
ミミセンザンコウ〔哺乳類〕… 556
耳のあるウナギ〔魚・貝・水生
物〕……………………… 301
ミミヘゲワシ〔鳥〕…………… 494
ミミヒダハゲワシ〔鳥〕……… 494
ミミフサミツスイ〔鳥〕……… 494
ミヤコキセンスズメダイ〔魚・
貝・水生生物〕………… 302
ミヤコショウビン〔鳥〕……… 494
ミヤコテングハギ〔魚・貝・水

生生物〕………………… 302
ミヤコトカゲ〔両生類・爬虫類〕
………………………… 589
ミヤコトリ〔鳥〕……………… 494
ミヤコドリ〔鳥〕……………… 494
ミヤシロガイモドキ〔魚・貝・
水生生物〕……………… 302
ミヤビソメワケヘビ〔両生類・
爬虫類〕………………… 589
ミヤマアオガエル〔両生類・爬
虫類〕…………………… 589
ミヤマアカネ〔虫〕…………… 88
ミヤマイモリ〔両生類・爬虫類〕
………………………… 589
ミヤマオウム〔鳥〕…………… 494
ミヤマカケス〔鳥〕…………… 494
ミヤマカミキリ〔虫〕………… 88
ミヤマガラス〔鳥〕…………… 495
ミヤマカワトンボ〔虫〕……… 88
ミヤマジュケイ〔鳥〕………… 495
ミヤマセセリ？〔虫〕………… 88
ミヤマホオジロ〔鳥〕………… 495
ミヤママルハナバチ〔虫〕…… 88
ミユビアンヒューマ〔両生類・
爬虫類〕………………… 589
ミユビシギ〔鳥〕……………… 495
ミユビトビネズミ〔哺乳類〕… 556
ミユビトビネズミの1種〔哺乳
類〕……………………… 556
ミュラーアスプモドキ〔両生
類・爬虫類〕…………… 589
ミュラーテナガザル〔哺乳類〕‥ 557
ミュレンバーグイシガメ〔両生
類・爬虫類〕…………… 589
ミョウガガイおよびエボシガイ
のなかま〔魚・貝・水生生物〕‥ 302
ミョウガガイのなかま〔魚・
貝・水生生物〕………… 302
ミリオラ〔魚・貝・水生生物〕 302
ミルクイ〔魚・貝・水生生物〕 302
ミルクイガイ〔魚・貝・水生生
物〕……………………… 302
ミルクヘビ〔両生類・爬虫類〕‥ 589
ミンミンゼミ〔虫〕…………… 88

【む】

ムーア人のトクタース〔魚・
貝・水生生物〕………… 302
ムーアモンキー？〔哺乳類〕‥ 557
ムカシジシギ〔鳥〕…………… 495
ムカシタマムシの1種〔虫〕…… 88
ムカシタマムシのなかま？
〔虫〕…………………… 89
ムカシトカゲ〔両生類・爬虫類〕
………………………… 589
ムカデガイの1種〔魚・貝・水生
物〕……………………… 302
ムカデメリベの類（？）〔魚・
貝・水生生物〕………… 302

作品名索引　　めきし

ムギイワシ〔魚・貝・水生生物〕‥302
ムギツク〔魚・貝・水生生物〕‥302
ムギマキ〔鳥〕‥‥‥‥‥‥495
ムギマキ？〔鳥〕‥‥‥‥‥495
ムギワラトキ〔鳥〕‥‥‥‥495
むくどり〔鳥〕‥‥‥‥‥‥495
ムクドリ〔鳥〕‥‥‥‥‥‥495
ムクドリ科の鳥？〔鳥〕‥‥496
ムクドリモドキ〔鳥〕‥‥‥496
ムササビ〔哺乳類〕‥‥‥‥557
ムジアオハシインコ〔鳥〕‥‥496
むしがれい〔魚・貝・水生生物〕‥302
ムシガレイ〔魚・貝・水生生物〕‥302
ムシクイアイゴ〔魚・貝・水生生
　物〕‥‥‥‥‥‥‥‥‥302
ムシクイトビ〔鳥〕‥‥‥‥496
ムシクイ類〔鳥〕‥‥‥‥‥496
ムジタヒバリ〔鳥〕‥‥‥‥496
ムジチメドリ属の1種〔鳥〕‥496
ムシハミシギ〔鳥〕‥‥‥‥496
ムシヒキアブのなかま〔虫〕‥89
ムジベラの雄〔魚・貝・水生生
　物〕‥‥‥‥‥‥‥‥‥303
ムジボウシインコ〔鳥〕‥‥496
ムシモドキギンチャクの1種
　〔魚・貝・水生生物〕‥‥303
ムシロガイ〔魚・貝・水生生物〕‥303
ムスジガジ〔魚・貝・水生生物〕‥303
ムスジコショウダイ〔魚・貝・
　水生生物〕‥‥‥‥‥‥303
ムスジレースランナー〔両生
　類・爬虫類〕‥‥‥‥‥589
ムスメインコ〔鳥〕‥‥‥‥496
ムスメハギ〔魚・貝・水生生物〕‥303
ムスラナ〔両生類・爬虫類〕‥589
無脊椎動物〔魚・貝・水生生物〕‥303
無足類（ウナギ型魚類）〔魚・
　貝・水生生物〕‥‥‥‥303
無足類のナマコ〔魚・貝・水生生
　物〕‥‥‥‥‥‥‥‥‥303
〔無題〕〔虫〕‥‥‥‥‥‥89
〔無題〕〔魚・貝・水生生物〕‥303
ムチイカの1種〔魚・貝・水生生
　物〕‥‥‥‥‥‥‥‥‥303
むつ〔魚・貝・水生生物〕‥‥303
ムツ〔魚・貝・水生生物〕‥‥303
ムツアナスカシカシパン〔魚・
　貝・水生生物〕‥‥‥‥303
ムツオビアルマジロ〔哺乳類〕‥557
ムツゴロウ〔魚・貝・水生生物〕
　‥‥‥‥‥‥‥‥‥303,304
ムツボシタマムシの1種〔虫〕‥89
ムナオビアリサザイ〔鳥〕‥‥496
ムナオビハチドリ〔鳥〕‥‥‥496
ムナグロ〔鳥〕‥‥‥‥‥‥496
ムナグロアジ〔魚・貝・水生生
　物〕‥‥‥‥‥‥‥‥‥304
ムナグロアメリカムシクイ
　〔鳥〕‥‥‥‥‥‥‥‥496
ムナグロウズラ〔鳥〕‥‥‥496
ムナグロオオタカ〔鳥〕‥‥‥496

ムナグロガラ〔鳥〕‥‥‥‥496
ムナクロシギ〔鳥〕‥‥‥‥496
ムナグロシャコ〔鳥〕‥‥‥496
ムナグロシラヒゲドリ〔鳥〕‥496
ムナグロタイヨウチョウ〔鳥〕‥496
ムナグロマンゴーハチドリ×ル
　ビートパーズハチドリ（雑
　種）‥‥‥‥‥‥‥‥‥497
ムナグロミフウズラ〔鳥〕‥‥497
ムナグロワタアシハチドリ
　〔鳥〕‥‥‥‥‥‥‥‥497
ムナコブサイカブト〔虫〕‥‥89
ムナジロオオガシラ〔鳥〕‥‥497
ムナジロオナガカマドリ
　〔鳥〕‥‥‥‥‥‥‥‥497
ムナジロカワガラス〔鳥〕‥‥497
ムナジロテン〔哺乳類〕‥‥‥557
ムナテンベラかカノコベラの類
　〔魚・貝・水生生物〕‥‥304
ムナビロカレハカマキリ〔虫〕‥89
ムナビロコノハカマキリ〔虫〕‥89
ムナフチュウハシ〔鳥〕‥‥‥497
ムナフヒメキツツキ〔鳥〕‥‥497
ムネアカカンムリバト〔鳥〕‥497
ムネアカゴシキドリ〔鳥〕‥‥497
ムネアカタヒバリ〔鳥〕‥‥‥497
ムネアカハチクイ〔鳥〕‥‥‥497
ムネアカハナドリモドキ〔鳥〕‥497
ムネアカヒワ〔鳥〕‥‥‥‥497
ムネアカヒワミツドリ〔鳥〕‥497
ムネアカマキバドリ〔鳥〕‥‥497
ムネエソ〔魚・貝・水生生物〕‥304
ムネッウチリクワガタ〔虫〕‥89
ムネフサミツスイ〔鳥〕‥‥‥497
ムフロン〔哺乳類〕‥‥‥‥557
ムラクモタカラガイ〔魚・貝・
　水生生物〕‥‥‥‥‥‥304
ムラサキイガイ〔魚・貝・水生生
　物〕‥‥‥‥‥‥‥‥‥304
ムラサキイガレイシガイ〔魚・
　貝・水生生物〕‥‥‥‥304
ムラサキインコ〔鳥〕‥‥‥497
ムラサキインコガイ？〔魚・
　貝・水生生物〕‥‥‥‥304
ムラサキウツボ〔魚・貝・水生生
　物〕‥‥‥‥‥‥‥‥‥304
ムラサキガイ〔魚・貝・水生生
　物〕‥‥‥‥‥‥‥‥‥304
紫貝〔魚・貝・水生生物〕‥‥304
ムラサキカムリクラゲ〔魚・
　貝・水生生物〕‥‥‥‥304
ムラサキクラゲ〔魚・貝・水生生
　物〕‥‥‥‥‥‥‥‥‥304
ムラサキクラゲ？〔魚・貝・水
　生生物〕‥‥‥‥‥‥‥304
ムラサキサギ〔鳥〕‥‥‥‥497
ムラサキシギ〔鳥〕‥‥‥‥498
ムラサキツグミ〔鳥〕‥‥‥498
ムラサキツバメ〔鳥〕‥‥‥498
ムラサキハマシギ〔鳥〕‥‥‥498
ムラサキヒメ〔魚・貝・水生生

　物〕‥‥‥‥‥‥‥‥‥304
ムラサキフンキンチョウ〔鳥〕‥498
ムラサキボウシインコのベネズ
　エラ亜種〔鳥〕‥‥‥‥498
ムラサキモリバト？〔鳥〕‥‥498
ムラサキヤイロチョウ〔鳥〕‥498
ムラサキワモンチョウ〔虫〕‥‥89
ムラサメモンガラ〔魚・貝・水
　生生物〕‥‥‥‥‥‥‥304
むらそい〔魚・貝・水生生物〕‥304
ムラソイ〔魚・貝・水生生物〕‥304
ムーレックス〔アキガイ〕
　〔魚・貝・水生生物〕‥‥304
ムレハタタテダイ〔魚・貝・水
　生生物〕‥‥‥‥‥‥‥305
むろあじ〔魚・貝・水生生物〕‥305
ムロアジ〔魚・貝・水生生物〕‥305

【め】

メアジ〔魚・貝・水生生物〕‥‥305
メイガ科〔虫〕‥‥‥‥‥‥89
めいたがれい〔魚・貝・水生生
　物〕‥‥‥‥‥‥‥‥‥305
メイタカレイ〔魚・貝・水生生
　物〕‥‥‥‥‥‥‥‥‥305
メイタガレイ〔魚・貝・水生生
　物〕‥‥‥‥‥‥‥‥‥305
名馬、故エクリプスの正確なプ
　ロポーション図面〔哺乳類〕‥557
メガイアワビ〔魚・貝・水生生
　物〕‥‥‥‥‥‥‥‥‥305
メカジキ〔魚・貝・水生生物〕‥305
メガネカイマン〔両生類・爬虫
　類〕‥‥‥‥‥‥‥‥‥589
メガネカナヘビ〔両生類・爬虫
　類〕‥‥‥‥‥‥‥‥‥589
メガネカラッパ〔魚・貝・水生生
　物〕‥‥‥‥‥‥‥‥‥305
メガネギンポ〔魚・貝・水生生
　物〕‥‥‥‥‥‥‥‥‥305
メガネクロハギ〔魚・貝・水生生
　物〕‥‥‥‥‥‥‥‥‥305
メガネケダニのなかま〔虫〕‥‥89
メガネゴンベ〔魚・貝・水生生
　物〕‥‥‥‥‥‥‥‥‥306
メガネサラマンダー〔両生類・
　爬虫類〕‥‥‥‥‥‥‥589
メガネトリバネアゲハ〔虫〕‥‥89
メガネハギ〔魚・貝・水生生物〕‥306
メガネフクロウ〔鳥〕‥‥‥498
メガネムクドリ〔鳥〕‥‥‥498
メガネモチノウオ（ナポレオン
　フィッシュ）〔魚・貝・水生生
　物〕‥‥‥‥‥‥‥‥‥306
メガネヤマネ〔哺乳類〕‥‥‥557
メキシコアコヤガイ〔魚・貝・
　水生生物〕‥‥‥‥‥‥306
メキシコアシナシイモリ〔両生
　類・爬虫類〕‥‥‥‥‥589

博物図譜レファレンス事典 動物篇　**663**

めきし　　　　　　　　作品名索引

メキシコカワアナゴ〔魚・貝・
水生生物〕 ……………… 306
メキシコキヌバネドリ〔鳥〕 … 498
メキシコクジャクガメ〔両生
類・爬虫類〕 …………… 589
メキシココガラ〔鳥〕 ……… 498
メキシコサラマンダー〔両生
類・爬虫類〕 …………… 589
メキシコサラマンダー（アホ
ロートル）〔両生類・爬虫類〕 … 589
メキシコサル（マーモセット）
〔哺乳類〕 ……………… 557
メキシコドクトカゲ〔両生類・
爬虫類〕 ………………… 590
メキシコノドツナギガエル〔両
生類・爬虫類〕 ………… 590
メキシコホオヒゲコウモリ〔哺
乳類〕 …………………… 557
メクラアブのなかま〔虫〕 …… 89
メクラガメのなかま〔虫〕 …… 89
メクラネズミ〔哺乳類〕 …… 557
メグロヒョウモン〔虫〕 …… 89
メグロモズヒタキ〔鳥〕 …… 498
めごち〔魚・貝・水生生物〕 … 306
めじな〔魚・貝・水生生物〕 … 306
メジナ〔魚・貝・水生生物〕 … 306
めじろ〔鳥〕 ………………… 498
メジロ〔鳥〕 ………………… 498
メジロアメリカムシクイ〔鳥〕 … 498
メジロガモ〔鳥〕 …………… 498
メジロカモメ〔鳥〕 ………… 498
メジロキバネミツスイ〔鳥〕 … 498
メジロザメのなかま〔魚・貝・
水生生物〕 ……………… 306
メジロハシブトハナドリ〔鳥〕 … 499
メジロムシクイ〔鳥〕 ……… 499
メスアカクイナモドキ〔鳥〕 … 499
メスアカモンキアゲハ〔虫〕 … 89
メスグロクンカンドリ〔鳥〕 … 499
メスグロヒョウモン〔虫〕 …… 89
メスグロホウカンチョウ〔鳥〕 … 499
メスシロキチョウ〔虫〕 …… 89
メスジロモンキアゲハの雄
〔虫〕 …………………… 90
メスジロモンキアゲハの雌
〔虫〕 …………………… 90
メダイ〔魚・貝・水生生物〕 … 306
メダイシギ〔鳥〕 …………… 499
メダイチドリ〔鳥〕 ………… 499
めだか〔魚・貝・水生生物〕 … 306
メダカ〔魚・貝・水生生物〕 … 306
目高蝶〔魚・貝・水生生物〕 … 306
メダマスズメガ〔虫〕 ……… 90
メダマチョウ〔虫〕 ………… 90
メティヌスの1種〔魚・貝・水生
生物〕 …………………… 306
メナガガザミ〔魚・貝・水生生
物〕 ……………………… 306
メナガツノガニ〔魚・貝・水生生
物〕 ……………………… 306
めなだ〔魚・貝・水生生物〕 … 307

メナダ〔魚・貝・水生生物〕 …… 307
メナダ（シクチ）〔魚・貝・水生
生物〕 …………………… 307
メナダ属の1種〔魚・貝・水生生
物〕 ……………………… 307
メネラウスモルフォ〔虫〕 …… 90
メノウタイコガイ〔魚・貝・水
生生物〕 ………………… 307
メバエ科〔虫〕 ……………… 90
メバエのなかま〔虫〕 ……… 90
メバリギンポ〔魚・貝・水生生
物〕 ……………………… 307
めばる〔魚・貝・水生生物〕 … 307
メバル〔魚・貝・水生生物〕 … 307
メボソムシクイ〔鳥〕 ……… 499
メマトイ類〔虫〕 …………… 90
メリケンカリバガサガイ〔魚・
貝・水生生物〕 ………… 307
メリノ種の羊〔哺乳類〕 …… 557
メリベウミウシのなかま〔魚・
貝・水生生物〕 ………… 307
メルテンスサワラ〔魚・貝・水
生生物〕 ………………… 307
メンガイの1種〔魚・貝・水生生
物〕 ……………………… 307
メンガタスズメ〔虫〕 ……… 90
メンガタスズメの1種〔虫〕 … 90
メンガタスズメのなかま〔虫〕 … 90
メンカブリインコ〔鳥〕 …… 499
メンコヒシガニ〔魚・貝・水生生
物〕 ……………………… 307
メンダコの1種〔魚・貝・水生生
物〕 ……………………… 307
メンフクロウ〔鳥〕 ………… 499
メンフクロウのガラパゴス亜種
〔鳥〕 …………………… 499
メンフクロウのキューバ亜種
〔鳥〕 …………………… 499

【も】

モオリホクロガイ〔魚・貝・水
生生物〕 ………………… 307
モカモ〔鳥〕 ………………… 499
藻蝶〔魚・貝・水生生物〕 …… 307
モクズガニ〔魚・貝・水生生物〕
………………………… 307,308
モクズガニ（ケガニ）〔魚・貝・
水生生物〕 ……………… 308
モクズショイ〔魚・貝・水生生
物〕 ……………………… 308
モクハチアオイガイ〔魚・貝・
水生生物〕 ……………… 308
モクメシャチホコ〔虫〕 …… 90
モクヨクカイメンの1種〔魚・
貝・水生生物〕 ………… 308
モグラネズミ〔哺乳類〕 …… 557
モグラヘビ〔両生類・爬虫類〕 … 590
モグラヘビの幼体〔両生類・爬
虫類〕 …………………… 590

もず〔鳥〕 …………………… 499
モズ〔鳥〕 …………………… 500
モズカザリドリ〔鳥〕 ……… 500
モズのはやにえ〔鳥〕 ……… 500
モズのハヤニエ〔鳥〕 ……… 500
もつご〔魚・貝・水生生物〕 … 308
モツゴ〔魚・貝・水生生物〕 … 308
モテムネエナガ〔鳥〕 ……… 500
モトイマブヤ〔両生類・爬虫類〕
………………………… 590
モトカマス〔魚・貝・水生生物〕 … 308
モトカワカマス〔魚・貝・水生
物〕 ……………………… 308
モトフサヤスデ〔虫〕 ……… 90
モナモンキー〔哺乳類〕 …557,558
モノアラガイ科〔魚・貝・水生生
物〕 ……………………… 308
モノアラガイの1種〔魚・貝・水
生生物〕 ………………… 308
モミジガイ〔魚・貝・水生生物〕 … 308
モミジガイの1種〔魚・貝・水生
生物〕 …………………… 308
モミジボラ貝の仲間（？）〔魚・
貝・水生生物〕 ………… 308
モミジモドキの仲間〔魚・貝・
水生生物〕 ……………… 308
モミジヤマキサゴ〔虫〕 …… 90
モモアカノスリ〔鳥〕 ……… 500
モモアカヒキガエル〔両生類・
爬虫類〕 ………………… 590
モモイロインコ〔鳥〕 ……… 500
モモイロハッカ〔鳥〕 ……… 500
モモイロペリカン〔鳥〕 …… 500
モモイロペリカンの頭部〔鳥〕 … 500
モモスズメ〔虫〕 …………… 90
モモンガ〔哺乳類〕 ………… 558
モヨウカスベ〔魚・貝・水生生
物〕 ……………………… 308
モヨウフグ〔魚・貝・水生生物〕 … 308
モヨウフグ属の1種〔魚・貝・水
生生物〕 ………………… 309
モヨウフグの1種〔魚・貝・水生
生物〕 …………………… 309
モヨウフグの幼魚〔魚・貝・水
生生物〕 ………………… 309
モヨウモンガラドウシ〔魚・
貝・水生生物〕 ………… 309
モリアカネズミ〔哺乳類〕 … 558
モーリシャスインコ〔鳥〕 … 500
モーリシャスオオクイナ〔鳥〕 … 500
モーリシャスクイナ〔鳥〕 …… 501
モーリシャスクイナ（？）〔鳥〕
………………………… 501
モーリシャスチョウゲンボウ
〔鳥〕 …………………… 501
モーリシャスの黄金魚〔魚・
貝・水生生物〕 ………… 309
モーリシャスのカレイ〔魚・
貝・水生生物〕 ………… 309
モーリシャスの小さなタラ
〔魚・貝・水生生物〕 …… 309
モーリシャスバト〔鳥〕 …… 501

664　博物図譜レファレンス事典 動物篇

作品名索引　　　　　　　　　　　　　　やねか

モーリシャスホンセイインコ
〔鳥〕……………………… 501
モーリシャスルリバト〔鳥〕… 501
モーリタニアヒキガエル〔両生
類・爬虫類〕……………… 590
モリバト〔鳥〕………………… 501
モリヒバリ〔鳥〕……………… 501
モリフクロウ〔鳥〕…………… 501
モリムシクイ〔鳥〕…………… 501
モルッカアカネアゲハ〔虫〕… 90
モルッカツカツクリ〔鳥〕…… 501
モルフォチョウ〔虫〕………… 90
モルフォチョウ科の1種〔虫〕… 90
モルフォチョウのなかま？
〔虫〕…………………………… 90
モルミルスの1種〔魚・貝・水生
生物〕…………………………… 309
モルミルス・ルメ・ルメ〔魚・
貝・水生生物〕……………… 309
モルモット〔哺乳類〕………… 558
モロコシハギ〔魚・貝・水生生
物〕…………………………… 309
モロッコボラ〔魚・貝・水生生
物〕…………………………… 309
モロン・ブスク〔魚・貝・水生生
物〕…………………………… 309
モンガラカワハギ〔魚・貝・水
生生物〕……………………… 309
モンガラカワハギの1種〔魚・
貝・水生生物〕……………… 309
モンガラドオシ〔魚・貝・水生
生物〕………………………… 309
モンキアカタテハ〔虫〕…… 90,91
モンキアゲハのなかま〔虫〕… 91
モンキゴミムシダマシの1種
〔虫〕…………………………… 91
モンキチョウ〔虫〕…………… 91
モンキツノカメムシの1種〔虫〕… 91
モンキツノカメムシのなかま
〔虫〕…………………………… 91
モンクサキ〔哺乳類〕………… 558
モンゴウイカ〔魚・貝・水生生
物〕…………………………… 310
モンシデムシのなかま〔虫〕… 310
紋沙連雀鳩〔鳥〕……………… 501
モンシロチョウ〔虫〕………… 91
モンスターのページ（身の毛も
よだつ海の悪魔の図、海馬の
図、アザラシの図、ウミイノ
シシの図）〔想像・架空の生物〕
…………………………………… 595
モンセラートムクドリモドキ
〔鳥〕…………………………… 501
モンタのザリガニ〔魚・貝・水
生生物〕……………………… 310
モンツキアカヒメジ〔魚・貝・
水生生物〕…………………… 310
モンツキカエルウオ〔魚・貝・
水生生物〕…………………… 310
モンツキハギ〔魚・貝・水生生
物〕…………………………… 310
モンツキヒラアジ〔魚・貝・水

生生物〕……………………… 310
モンツキベラ〔魚・貝・水生生
物〕…………………………… 310
モンハナバチのなかま〔虫〕… 91
モンユスリカのなかま〔虫〕… 91

【 や 】

矢石類〔魚・貝・水生生物〕…… 310
ヤイチブダイ〔魚・貝・水生生
物〕…………………………… 310
ヤイロチョウ〔鳥〕………501,502
ヤイロチョウの仲間〔鳥〕…… 502
ヤエバブダイ〔魚・貝・水生生
物〕…………………………… 310
ヤエヤマオオコウモリ〔哺乳類〕
…………………………………… 558
ヤエヤマギンポ〔魚・貝・水生
物〕…………………………… 310
ヤエヤマギンポ属の1種〔魚・
貝・水生生物〕……………… 310
ヤエヤマシロチョウ〔虫〕…… 91
ヤガ科〔虫〕…………………… 91
ヤガ科オルソシア属〔虫〕…… 91
ヤガ科のガ〔虫〕……………… 91
ヤガラ〔魚・貝・水生生物〕…… 310
ヤガランデ〔哺乳類〕………… 558
ヤギ〔魚・貝・水生生物〕…… 310
ヤギ〔哺乳類〕………………… 558
ヤキイモガイ〔魚・貝・水生生
物〕…………………………… 310
ヤギの角〔哺乳類〕…………… 558
ヤギのなかま〔魚・貝・水生生
物〕……………………… 310,311
ヤク〔哺乳類〕………………… 558
ヤクシマイワシ〔魚・貝・水生
物〕…………………………… 311
ヤクシマタカラガイ〔魚・貝・
水生生物〕…………………… 311
ヤクシマダカラガイ〔魚・貝・
水生生物〕…………………… 311
ヤクシャインコ〔鳥〕………… 502
ヤクヨウゴキブリ（シナゴキブ
リ）〔虫〕……………………… 91
野犬〔哺乳類〕………………… 558
ヤコウガイ〔魚・貝・水生生物〕… 311
ヤコビマイマイ〔虫〕………… 91
ヤシオウム〔鳥〕……………… 502
ヤシガニ〔魚・貝・水生生物〕… 311
ヤシハゲワシ〔鳥〕…………… 502
ヤシハワイミツスイ〔鳥〕…… 502
ヤシフウキンチョウ〔鳥〕…… 502
ヤシャベラ〔魚・貝・水生生物〕… 311
ヤシヤモリ〔両類類・爬虫類〕… 590
ヤジリイットウダイ〔魚・貝・
水生生物〕…………………… 311
ヤジリヒメキツツキ〔鳥〕…… 502
ヤジリヒモキュウバンナマズ
〔魚・貝・水生生物〕………… 311

ヤジリヒモキュウバンナマズの
1種〔魚・貝・水生生物〕…… 311
ヤスデの類〔虫〕……………… 91
ヤスリヒゲヌキナマズ〔魚・
貝・水生生物〕……………… 311
ヤセアマダイ〔魚・貝・水生生
物〕…………………………… 311
野生ウマ〔哺乳類〕…………… 558
野生蛾の繭〔虫〕……………… 91
野生の馬〔哺乳類〕…………… 558
ヤセイモガイ〔魚・貝・水生生
物〕…………………………… 311
ヤセヒシバッタ〔虫〕………… 91
ヤセフキヤガマ〔両生類・爬虫
類〕…………………………… 590
ヤチセンニュウ〔鳥〕………… 502
ヤチバエ科〔虫〕……………… 91
ヤツガシラ〔鳥〕……………… 502
ヤッコの1種〔魚・貝・水生生物〕
…………………………………… 311
ヤツシロガイ〔魚・貝・水生生
物〕…………………………… 311
ヤツシロガイの1種〔魚・貝・水
生生物〕……………………… 311
ヤットコハナダイ〔魚・貝・水
生生物〕……………………… 311
ヤツバキクイ〔虫〕…………… 91
ヤドカリ〔魚・貝・水生生物〕… 311
ヤドカリイソギンチャク〔魚・
貝・水生生物〕……………… 311
ヤドカリのなかま〔魚・貝・水
生生物〕……………………… 312
ヤドカリ類の幼生（グラウコト
エ）〔魚・貝・水生生物〕…… 312
ヤドリイソギンチャク〔魚・
貝・水生生物〕……………… 312
ヤドリイソギンチャクのなかま
〔魚・貝・水生生物〕………… 312
ヤドリギジナイ〔鳥〕………… 503
ヤドリギハナドリ〔鳥〕……… 503
ヤドリクラゲの1種〔魚・貝・水
生生物〕……………………… 312
ヤドリバエ〔虫〕……………… 91
ヤナギウミエラの1種〔魚・貝・
水生生物〕…………………… 312
ヤナギクラゲの1種〔魚・貝・水
生生物〕……………………… 312
ヤナギクラゲの1種？〔魚・
貝・水生生物〕……………… 312
ヤナギクラゲのなかま〔魚・貝・
水生生物〕…………………… 312
ヤナギクラゲの仲間〔魚・貝・
水生生物〕…………………… 312
ヤナギシボリイモガイ〔魚・貝・
水生生物〕…………………… 312
ヤナギシボリタカラガイ〔魚・
貝・水生生物〕……………… 312
やなぎむしがれい〔魚・貝・水
生生物〕……………………… 312
ヤナギムシクイ〔鳥〕………… 503
ヤネガタウラウズガイ〔魚・
貝・水生生物〕……………… 312

やはす　　　　　　　作品名索引

ヤハズカンムリオウチュウ
　〔鳥〕…………………… 503
ヤハズワラスボ〔魚・貝・水生生
　物〕…………………………… 312
ヤブイヌ〔哺乳類〕………558,559
ヤブカのなかま〔虫〕………… 92
ヤブガラ〔鳥〕………………… 503
ヤブカローネズミ〔哺乳類〕… 559
ヤブキリ〔虫〕………………… 92
ヤブサザイ〔鳥〕……………… 503
ヤブサザイの北島亜種〔鳥〕… 503
ヤブノウサギ〔哺乳類〕……… 559
ヤブハネジネズミ〔哺乳類〕… 559
ヤブヒバリ〔鳥〕……………… 503
ヤマアラシ〔鳥〕……………… 503
ヤマアラシ〔哺乳類〕………… 559
ヤマアリ亜科〔虫〕…………… 92
ヤマイヌ〔哺乳類〕…………… 559
ヤマウズラ〔鳥〕……………… 503
ヤマウズラバト〔鳥〕………… 503
ヤマカガシ〔両生類・爬虫類〕… 590
やまがら〔鳥〕………………… 503
ヤマガラ〔鳥〕………………… 503
ヤマガラ（オーストンヤマガ
　ラ？）〔鳥〕………………… 503
ヤマガラモドキ〔鳥〕………… 503
ヤマキサゴ科〔虫〕…………… 92
ヤマゲラ〔鳥〕………………… 503
ヤマサナエ？〔虫〕…………… 92
ヤマシギ〔鳥〕…………… 503,504
ヤマシマウマ〔哺乳類〕……… 559
ヤマショウビン〔鳥〕………… 504
ヤマシロベラ〔魚・貝・水生生
　物〕…………………………… 312
ヤマセミ〔鳥〕………………… 504
ヤマゼミ〔虫〕………………… 92
ヤマタカマイマイ〔虫〕……… 92
ヤマタニシ〔虫〕……………… 92
ヤマタニシ〔魚・貝・水生生物〕… 312
ヤマタニシの1種〔魚・貝・水生
　生物〕………………………… 312
ヤマトアカヤスデ〔虫〕……… 92
ヤマトイワナ〔魚・貝・水生生
　物〕…………………………… 312
ヤマトオサガニ〔魚・貝・水生生
　物〕…………………………… 313
ヤマトオサガニ？〔魚・貝・水
　生生物〕……………………… 313
ヤマトオサムシダマシの1種
　〔虫〕………………………… 92
ヤマトカラッパ〔魚・貝・水生
　物〕…………………………… 313
ヤマトゴキブリ〔虫〕………… 92
ヤマトシジミ〔魚・貝・水生生
　物〕…………………………… 313
ヤマトシジミ？〔虫〕………… 92
ヤマトシミ〔虫〕……………… 92
ヤマトシロアリ〔虫〕………… 92
ヤマトシロアリのなかま〔虫〕… 92
ヤマトタマムシ〔虫〕………… 92
ヤマトヌマエビ〔魚・貝・水

生生物〕……………………… 313
ヤマトホシヒトデの仲間〔魚・
　貝・水生生物〕……………… 313
やまどり〔鳥〕………………… 504
ヤマドリ〔鳥〕………………… 504
ヤマドリ？〔鳥〕……………… 504
ヤマドリの雛〔鳥〕…………… 504
ヤマナメクジ〔虫〕…………… 92
ヤマヌレバカケス〔鳥〕……… 504
山猫〔哺乳類〕………………… 559
ヤマバク〔哺乳類〕…………… 559
ヤマハブ〔両生類・爬虫類〕… 590
ヤマヒバリ〔鳥〕……………… 504
ヤマブキスズメダイ〔魚・貝・
　水生生物〕…………………… 313
ヤマブキテングニザ〔魚・貝・
　水生生物〕…………………… 313
ヤママユガ〔虫〕……………… 92
ヤママユガ科〔虫〕…………… 92
ヤママユガ科メダマヤママユ属
　の1種〔虫〕………………… 92
ヤママユガ科ロスチャイルドヤ
　ママユ属の1種〔虫〕……… 93
ヤママユガのなかま〔虫〕…… 93
ヤマミミハリガイ〔虫〕……… 93
ヤマムスメ〔鳥〕……………… 504
ヤマメ〔魚・貝・水生生物〕… 313
ヤマメ（サクラマスの河川残留
　個体）〔魚・貝・水生生物〕… 313
ヤミノニシキガイ〔魚・貝・水
　生生物〕……………………… 313
ヤミハタ〔魚・貝・水生生物〕… 313
ヤムシのなかま〔魚・貝・水生生
　物〕…………………………… 313
ヤモリ〔両生類・爬虫類〕…… 590
ヤヨイハルカゼガイ〔魚・貝・
　水生生物〕…………………… 313
ヤライイシモチ〔魚・貝・水生生
　物〕…………………………… 313
ヤライイシモチのなかま〔魚・
　貝・水生生物〕……………… 313
ヤラトゲザリガニ〔魚・貝・水
　生生物〕……………………… 313
ヤリイカ〔魚・貝・水生生物〕… 313
槍魚〔魚・貝・水生生物〕…… 313
ヤリオニベ〔魚・貝・水生生物〕… 313
ヤリカジカ〔魚・貝・水生生物〕… 314
ヤリガタギ〔魚・貝・水生生物〕… 314
ヤリガレイ〔魚・貝・水生生物〕… 314
ヤリギンイワシ〔魚・貝・水生生
　物〕…………………………… 314
やりたなご〔魚・貝・水生生物〕… 314
ヤリタナゴ〔魚・貝・水生生物〕… 314
ヤリハシハチドリ〔鳥〕……… 504
ヤーレルヒゲギギ〔魚・貝・水
　生生物〕……………………… 314
ヤワラクラゲのなかま〔魚・
　貝・水生生物〕……………… 314
ヤンセンニシキベラ〔魚・貝・
　水生生物〕…………………… 314
ヤンマ科〔虫〕………………… 93
ヤンマの1種〔虫〕…………… 93

【ゆ】

有殻アメーバのなかま〔魚・
　貝・水生生物〕……………… 314
ユウギリインコ〔鳥〕………… 504
有鉤条虫〔虫〕………………… 93
有孔虫のなかま〔魚・貝・水生生
　物〕…………………………… 314
有孔虫類〔魚・貝・水生生物〕… 314
ユウゼンウミウシ〔魚・貝・水
　生生物〕……………………… 314
ユウダチスダレダイ〔魚・貝・
　水生生物〕…………………… 314
ゆうだちたかのは〔魚・貝・水
　生生物〕……………………… 314
ユウダチタカノハ〔魚・貝・水
　生生物〕……………………… 314
ユウマダラエダシャク属〔虫〕… 93
ユウモンガニの1種〔魚・貝・水
　生生物〕……………………… 314
ユウモンガニのなかま〔魚・
　貝・水生生物〕……………… 314
ユウレイイカの1種〔魚・貝・水
　生生物〕……………………… 314
ユウレイイタチウオ〔魚・貝・
　水生生物〕…………………… 314
ユウレイクラゲ〔魚・貝・水生生
　物〕…………………………… 315
ユウレイクラゲの1種〔魚・貝・
　水生生物〕…………………… 315
ユウレイクラゲのなかま〔魚・
　貝・水生生物〕……………… 315
ユウレイクラゲの類（？）〔魚・
　貝・水生生物〕……………… 315
ユカタイモガイ〔魚・貝・水生生
　物〕…………………………… 315
ユカタハタ〔魚・貝・水生生物〕… 315
ユカタヤマシログモ〔虫〕…… 93
ユカタンピワハゴロモ〔虫〕… 93
ユーカリインコ〔鳥〕………… 505
ユキウサギ〔哺乳類〕………… 559
ユキシャコ〔鳥〕……………… 505
ユキヒタキ〔鳥〕……………… 505
ユキヒョウ〔哺乳類〕………… 559
ユキホオジロ〔鳥〕…………… 505
ユスリカの1種〔虫〕………… 93
ユスリカのなかま〔虫〕……… 93
ユスリカ幼虫〔虫〕…………… 93
ユダノメレイシガイ〔魚・貝・
　水生生物〕…………………… 315
ユニコーン〔想像・架空の生物〕… 595
ユビナガスジエビ〔魚・貝・水
　生生物〕……………………… 315
ユビナガツチカニムシ〔虫〕… 93
ユミアシヒザザボソザトウムシ
　〔虫〕………………………… 93
ユミハシオニキバシリ〔鳥〕… 505
ユミハシハチドリ〔鳥〕……… 505
ユミハシハワイミツスイのオア

666　博物図譜レファレンス事典 動物篇

作品名索引　　　　　　　　　よろつ

フ亜種〔鳥〕 ……………… 505
ユミハシハワイミツスイのカウ
　アイ亜種〔鳥〕 ………… 505
ユミハシハワイミツスイのハワ
　イ亜種〔鳥〕 …………… 505
ユミハシハワイミツスイのハワ
　イ亜種〔鳥〕 …………… 505
ユミハシハワイミツスイのラナ
　イ亜種〔鳥〕 …………… 505
ユミハリキツネウオ〔魚・貝・
　水生生物〕 ……………… 315
ユミユリ〔魚・貝・水生生物〕… 315
ユムシ〔魚・貝・水生生物〕 …… 315
ユムシまたはイムシ〔魚・貝・
　水生生物〕 ……………… 315
ユメウメイロ〔魚・貝・水生生
　物〕 ……………………… 315
ユメソコグツの幼魚〔魚・貝・
　水生生物〕 ……………… 315
ユメムシの1種〔魚・貝・水生生
　物〕 ……………………… 315
ユメムシのなかま〔魚・貝・水
　生生物〕 ………………… 315
ユーラシアカワウソ〔哺乳類〕… 559
ユーラシアハタネズミ〔哺乳類〕
　…………………………… 559
ユーラシアヤマコウモリ〔哺乳
　類〕 ……………………… 559
ユリカモメ〔鳥〕 ………… 505
ユリカモメ？〔鳥〕 ……… 505

【よ】

ヨイロハナドリ〔鳥〕 ……… 505
ようじうお〔魚・貝・水生生物〕… 315
ヨウジウオ〔魚・貝・水生生物〕… 316
ヨウシュミツバチ〔虫〕 …… 93
洋書からの写図〔魚・貝・水生生
　物〕 ……………………… 316
ヨウスコウアリゲーター〔両生
　類・爬虫類〕 …………… 590
幼虫とサナギ〔虫〕 ……… 93
幼虫の一種〔虫〕 ………… 93
ヨウム〔鳥〕 ……… 505,506
ヨウモウキツネザル〔哺乳類〕… 559
ヨウラクイモガイ〔魚・貝・水
　生生物〕 ………………… 316
ヨウラクガイの1種〔魚・貝・水
　生生物〕 ………………… 316
ヨウラククラゲ〔魚・貝・水生生
　物〕 ……………………… 316
ヨコアナサンゴのなかま〔魚・
　貝・水生生物〕 ………… 316
ヨコエビ科〔魚・貝・水生生物〕… 316
ヨコジマアイゴ〔魚・貝・水生
　物〕 ……………………… 316
ヨコシマクロダイ〔魚・貝・水
　生生物〕 ………………… 316
ヨコシマハギ〔魚・貝・水生生
　物〕 ……………………… 316
ヨコジマモリハヤブサ〔鳥〕 … 506

ヨコスジジャッカル〔哺乳類〕… 559
ヨコスジフエダイ〔魚・貝・水
　生生物〕 ………………… 316
ヨコヅナダンゴウオ〔魚・貝・
　水生生物〕 ……………… 316
ヒバリ科〔虫〕 …………… 94
ヨコヅナトモエ〔虫〕 …… 94
ヨコヒメジ〔魚・貝・水生生物〕… 316
ヨコフエダイ〔魚・貝・水生生
　物〕 ……………………… 316
ヨゴレインコ〔鳥〕 ……… 506
ヨゴレマツカサ〔魚・貝・水生生
　物〕 ……………………… 316
ヨコワカニモリガイ〔魚・貝・
　水生生物〕 ……………… 316
ヨサブロウ〔魚・貝・水生生物〕… 316
ヨザル〔哺乳類〕 ………… 560
ヨザルの1種〔哺乳類〕 …… 560
ヨシカモ〔鳥〕 …………… 506
ヨシガモ〔鳥〕 …………… 506
ヨシカレハ〔虫〕 ………… 94
ヨシキリ属〔鳥〕 ………… 506
ヨシゴイ〔鳥〕 …………… 506
ヨシノゴチ〔魚・貝・水生生物〕… 316
ヨスジシマイサキ〔魚・貝・水生
　物〕 ……………………… 316
ヨスジフエダイ〔魚・貝・水生生
　物〕 ……………………… 317
ヨタカ〔鳥〕 ……………… 506
ヨタカの1種〔鳥〕 ……… 506
ヨダレカケズグロインコ〔鳥〕… 507
ヨツアナカシバン〔魚・貝・水
　生生物〕 ………………… 317
ヨツイトツバメコノシロ〔魚・
　貝・水生生物〕 ………… 317
ヨツコブツノゼミ〔虫〕 …… 94
ヨツスジハナカミキリの1種
　〔虫〕 …………………… 94
ヨツバコセイボウ（リンネセイ
　ボウ）〔虫〕 …………… 94
ヨツバコツブムシ〔虫〕 …… 94
ヨツボシオサモドキゴミムシ
　〔虫〕 …………………… 94
ヨツボシゴミムシのなかま
　〔虫〕 …………………… 94
ヨツボシテントウ〔虫〕 …… 94
ヨツボシトンボ（原種）〔虫〕… 94
ヨツボシトンボの1種〔虫〕… 94
ヨツボシナガツツハムシの1種
　〔虫〕 …………………… 94
ヨツボシモンシデムシ〔虫〕… 94
ヨツボシモンシデムシの1種
　〔虫〕 …………………… 94
ヨツメアオシャク〔虫〕 …… 94
ヨツメウオ〔魚・貝・水生生物〕… 317
ヨツメウオの1種〔魚・貝・水生
　生物〕 …………………… 317
ヨツメウオの疑問種〔魚・貝・
　水生生物〕 ……………… 317
ヨツメオポッサム〔哺乳類〕 … 560
ヨツモンシジミタテハ〔虫〕… 94
ヨツユビマエアシトカゲ〔両生

類・爬虫類〕 …………… 590
ヨナキツグミ〔鳥〕 ……… 507
ヨナクニサン〔虫〕 ……… 94
ヨナクニサンのなかま〔虫〕… 94
ヨメイリスダレダイ〔魚・貝・
　水生生物〕 ……………… 317
よめごち〔魚・貝・水生生物〕… 317
ヨメゴチ〔魚・貝・水生生物〕… 317
ヨメヒメジ〔魚・貝・水生生物〕… 317
ヨモギハムシのなかま〔虫〕 …… 94
夜の執行官〔魚・貝・水生生物〕… 317
ヨロイアジ〔魚・貝・水生生物〕… 317
ヨロイイソギンチャク〔魚・
　貝・水生生物〕 ………… 317
ヨロイイソギンチャクのなかま
　〔魚・貝・水生生物〕 …… 317
ヨロイイソギンチャクのなかま
　（？）〔魚・貝・水生生物〕 …… 317
ヨロイイタチウオ〔魚・貝・水
　生生物〕 ………………… 317
ヨロイウオ〔魚・貝・水生生物〕… 317
ヨロイウミグモのなかま〔魚・
　貝・水生生物〕 ………… 317
ヨロイキホウボウ〔魚・貝・水
　生生物〕 ………………… 318
ヨロイツノダラ〔魚・貝・水生生
　物〕 ……………………… 318
ヨロイナマズ〔魚・貝・水生生
　物〕 ……………………… 318
ヨロイメバル〔魚・貝・水生生
　物〕 ……………………… 318
ヨロケジマニベ〔魚・貝・水生生
　物〕 ……………………… 318
ヨーロッパアオゲラ〔鳥〕 …… 507
ヨーロッパアオハダトンボ
　〔虫〕 …………………… 95
ヨーロッパアカガエル〔両生
　類・爬虫類〕 …………… 590
ヨーロッパアサリ〔魚・貝・水
　生生物〕 ………………… 318
ヨーロッパアブラコウモリ〔哺
　乳類〕 …………………… 560
ヨーロッパアマガエル〔両生
　類・爬虫類〕 …………… 590
ヨーロッパアマツバメ〔鳥〕 … 507
ヨーロッパアヤボラ〔魚・貝・
　水生生物〕 ……………… 318
ヨーロッパイカナゴ〔魚・貝・
　水生生物〕 ……………… 318
ヨーロッパイシムカデ〔虫〕 …… 95
ヨーロッパイシムカデの1種
　〔虫〕 …………………… 95
ヨーロッパイセエビ〔魚・貝・
　水生生物〕 ……………… 318
ヨーロッパイチョウガニ〔魚・
　貝・水生生物〕 ………… 318
ヨーロッパイノシシ〔哺乳類〕… 560
ヨーロッパウグイス〔鳥〕 …… 507
ヨーロッパウナギ〔魚・貝・水
　生生物〕 ………………… 318
ヨーロッパエゾイトトンボ
　〔虫〕 …………………… 95

博物図譜レファレンス事典 動物篇　**667**

よろつ　作品名索引

ヨーロッパオオウニ〔魚・貝・水生生物〕…… 318
ヨーロッパオオウニの仲間〔魚・貝・水生生物〕…… 318
ヨーロッパオオカミ〔哺乳類〕…… 560
ヨーロッパオオライチョウ〔鳥〕…… 507
ヨーロッパオニヤンマ〔虫〕… 95
ヨーロッパガキ〔魚・貝・水生生物〕…… 318
ヨーロッパカマス〔魚・貝・水生生物〕…… 318
ヨーロッパカマスの幼魚〔魚・貝・水生生物〕…… 318
ヨーロッパカヤクグリ〔鳥〕… 507
ヨーロッパクサリヘビ〔両生類・爬虫類〕…… 590
ヨーロッパケアシガニ〔魚・貝・水生生物〕…… 318
ヨーロッパケナガイタチ〔哺乳類〕…… 560
ヨーロッパケラ〔虫〕…… 95
ヨーロッパコウイカの1亜種〔魚・貝・水生生物〕…… 318
ヨーロッパゴカクヒトデ〔魚・貝・水生生物〕…… 319
ヨーロッパコフキコガネの幼虫〔虫〕…… 95
ヨーロッパコマドリ〔鳥〕…… 507
ヨーロッパザリガニ〔魚・貝・水生生物〕…… 319
ヨーロッパザルガイの1種〔魚・貝・水生生物〕…… 319
ヨーロッパ産クラゲの1種〔魚・貝・水生生物〕…… 319
ヨーロッパ産のヒトデ2種〔魚・貝・水生生物〕…… 319
ヨーロッパ産ヤンマのなかまの幼虫〔虫〕…… 95
ヨーロッパジイガセキンコ〔魚・貝・水生生物〕…… 319
ヨーロッパジェネット〔哺乳類〕…… 560
ヨーロッパジシギ〔鳥〕…… 507
ヨーロッパシジュウカラ〔鳥〕… 507
ヨーロッパシジュウカラとマレーシジュウカラの交配種〔鳥〕…… 507
ヨーロッパシマエナガ〔鳥〕… 507
ヨーロッパスズガエル〔両生類・爬虫類〕…… 591
ヨーロッパスズキ〔魚・貝・水生生物〕…… 319
ヨーロッパスナヤツメ〔魚・貝・水生生物〕…… 319
ヨーロッパスムーズヘビ〔両生類・爬虫類〕…… 591
ヨーロッパタイマイ〔虫〕…… 95
ヨーロッパタニシ〔魚・貝・水生生物〕…… 319
ヨーロッパタマヤスデ〔虫〕…… 95
ヨーロッパチヂミボラ〔魚・貝・水生生物〕…… 319

ヨーロッパチチブコウモリ〔哺乳類〕…… 560
ヨーロッパチュウヒ〔鳥〕…… 507
ヨーロッパチョウザメ〔魚・貝・水生生物〕…… 319
ヨーロッパトガリネズミ〔哺乳類〕…… 560
ヨーロッパトゲクモヒトデ？〔魚・貝・水生生物〕…… 319
ヨーロッパトノサマガエル〔両生類・爬虫類〕…… 591
ヨーロッパトノサマガエルの内臓 血液循環〔両生類・爬虫類〕…… 591
ヨーロッパトノサマガエルの内臓 生殖器（雌）〔両生類・爬虫類〕…… 591
ヨーロッパトノサマガエルの変態〔両生類・爬虫類〕…… 591
ヨーロッパドロミノー〔魚・貝・水生生物〕…… 319
ヨーロッパナマコ〔魚・貝・水生生物〕…… 319
ヨーロッパナマコの解剖図〔魚・貝・水生生物〕…… 319
ヨーロッパナマズ〔魚・貝・水生生物〕…… 319
ヨーロッパナミマガシワガイ〔魚・貝・水生生物〕…… 319
ヨーロッパヌマガメ〔両生類・爬虫類〕…… 591
ヨーロッパヌマガレイ〔魚・貝・水生生物〕…… 319
ヨーロッパノハラコオロギ〔虫〕…… 95
ヨーロッパバイソン〔哺乳類〕… 560
ヨーロッパハシボソガラス〔鳥〕…… 508
ヨーロッパハタリス〔哺乳類〕… 560
ヨーロッパパーチ〔魚・貝・水生生物〕…… 319
ヨーロッパハチクイ〔鳥〕…… 508
ヨーロッパハチクマ〔鳥〕…… 508
ヨーロッパハツカネズミ〔哺乳類〕…… 560
ヨーロッパバフンウニ〔魚・貝・水生生物〕…… 319
ヨーロッパハムスター〔哺乳類〕…… 560
ヨーロッパハラビロトンボ〔虫〕…… 95
ヨーロッパヒオドシチョウ〔虫〕…… 95
ヨーロッパヒキガエル〔両生類・爬虫類〕…… 591
ヨーロッパヒキガエル？〔両生類・爬虫類〕…… 591
ヨーロッパヒゲコガネ？〔虫〕… 95
ヨーロッパヒゲナガモモブトカミキリ〔虫〕…… 95
ヨーロッパヒナコウモリ〔哺乳類〕…… 560

ヨーロッパビーバー〔哺乳類〕… 560
ヨーロッパヒメウ〔鳥〕…… 508
ヨーロッパヒメトガリネズミ〔哺乳類〕…… 560
ヨーロッパヒラガキ〔魚・貝・水生生物〕…… 319
ヨーロッパビンズイ〔鳥〕…… 508
ヨーロッパフクドジョウ〔魚・貝・水生生物〕…… 320
ヨーロッパブナ〔魚・貝・水生生物〕…… 320
ヨーロッパヘダイ〔魚・貝・水生生物〕…… 320
ヨーロッパヘビトカゲ〔両生類・爬虫類〕…… 591
ヨーロッパホタテガイ〔魚・貝・水生生物〕…… 320
ヨーロッパボラ〔魚・貝・水生生物〕…… 320
ヨーロッパホンサナエ〔虫〕…… 95
ヨーロッパホンブンブク〔魚・貝・水生生物〕…… 320
ヨーロッパママアナゴ〔魚・貝・水生生物〕…… 320
ヨーロッパマダラクワガタ〔虫〕…… 95
ヨーロッパマツカレハの幼虫〔虫〕…… 95
ヨーロッパマドジョウ〔魚・貝・水生生物〕…… 320
ヨーロッパミズカマキリ〔虫〕… 95
ヨーロッパミミズク〔虫〕…… 96
ヨーロッパミヤマクワガタ〔虫〕…… 96
ヨーロッパムナグロ〔鳥〕…… 508
ヨーロッパムラサキウニ〔魚・貝・水生生物〕…… 320
ヨーロッパモグラ〔哺乳類〕… 560
ヨーロッパモンウスバカゲロウ〔虫〕…… 96
ヨーロッパヤブキリ〔虫〕…… 96
ヨーロッパヤマウズラ〔鳥〕… 508
ヨーロッパヤマカガシ〔両生類・爬虫類〕…… 591
ヨーロッパヤマネ〔哺乳類〕… 560
ヨーロッパヤマネコ〔哺乳類〕… 560
ヨーロッパヨシキリ〔鳥〕…… 508
ヨーロッパヨシキリの巣と卵〔鳥〕…… 508
ヨーロッパヨタカ〔鳥〕…… 508
ヨーロッパルリクワガタ〔虫〕… 96
ヨーロッパレーサー〔両生類・爬虫類〕…… 591
ヨーロピアンロブスター〔魚・貝・水生生物〕…… 320
ヨロホウシ〔魚・貝・水生生物〕… 320

【ら】

ライアテール〔魚・貝・水生生

作品名索引　　るりお

物〕‥‥‥‥‥‥‥‥‥‥ 320
ライオン〔哺乳類〕‥‥‥‥ 561
ライオンタテガミクラゲ？
〔魚・貝・水生生物〕‥‥‥ 320
ライオンタマリン〔哺乳類〕‥ 561
雷獣〔想像・架空の生物〕‥‥‥ 595
らいちょう〔鳥〕‥‥‥‥‥‥ 508
ライチョウ〔鳥〕‥‥‥508,509
ライチョウバト〔鳥〕‥‥‥‥ 509
ライム–スペック・バグ〔虫〕‥ 96
ライム・ホークモス〔虫〕‥‥‥ 96
ライモンハゼ〔魚・貝・水生生
物〕‥‥‥‥‥‥‥‥‥‥ 320
ラカイシー〔魚・貝・水生生物〕‥ 320
ラガーハヤブサ〔鳥〕‥‥‥‥ 509
ラクダ〔哺乳類〕‥‥‥‥‥‥ 561
ラクダハコフグ〔魚・貝・水生生
物〕‥‥‥‥‥‥‥‥‥‥ 320
ラケットカワセミ〔鳥〕‥‥‥ 509
ラケットカワセミのモロタイ亜
種〔鳥〕‥‥‥‥‥‥‥‥ 509
ラケットハチドリ〔鳥〕‥‥‥ 509
ラゲーナ〔魚・貝・水生生物〕‥ 320
裸鰓目？の1種〔魚・貝・水生生
物〕‥‥‥‥‥‥‥‥‥‥ 320
裸鰓目の1種〔魚・貝・水生生物〕
‥‥‥‥‥‥‥‥‥‥‥‥ 320
ラザコヒバリ〔鳥〕‥‥‥‥‥ 509
ラセンケヤリ〔魚・貝・水生生
物〕‥‥‥‥‥‥‥‥‥‥ 321
ラタストガエル〔両生類・爬虫
類〕‥‥‥‥‥‥‥‥‥‥ 591
ラタンクロハゼ〔魚・貝・水生生
物〕‥‥‥‥‥‥‥‥‥‥ 321
ラッコ〔哺乳類〕‥‥‥‥‥‥ 561
ラッセルクサリヘビ〔両生類・
爬虫類〕‥‥‥‥‥‥‥‥ 591
ラッデハムスター〔哺乳類〕‥‥ 561
ラッパウニ〔魚・貝・水生生物〕‥ 321
ラッパチョウ〔鳥〕‥‥‥‥‥ 509
ラッパムシ〔魚・貝・水生生物〕‥ 321
ラッパムシの1種〔魚・貝・水生
生物〕‥‥‥‥‥‥‥‥‥ 321
ラッパムシのなかま〔魚・貝・
水生生物〕‥‥‥‥‥‥‥ 321
ラーテル〔哺乳類〕‥‥‥‥‥ 561
ラナーハヤブサ〔鳥〕‥‥‥‥ 509
ラバ〔哺乳類〕‥‥‥‥‥‥‥ 561
ラフ〔魚・貝・水生生物〕‥‥‥ 321
ラフハリトカゲ〔両生類・爬虫
類〕‥‥‥‥‥‥‥‥‥‥ 591
ラブラドルクビワレミング〔哺
乳類〕‥‥‥‥‥‥‥‥‥ 561
ラベオ・アングラ〔魚・貝・水生
生物〕‥‥‥‥‥‥‥‥‥ 321
ラベオ・ウムブラトゥス〔魚・
貝・水生生物〕‥‥‥‥‥ 321
ラベオ・カペンシス〔魚・貝・
水生生物〕‥‥‥‥‥‥‥ 321
ラベオ・カルバス〔魚・貝・水生
生物〕‥‥‥‥‥‥‥‥‥ 321
ラベオ・デュスミエリ〔魚・貝・

水生生物〕‥‥‥‥‥‥‥ 321
ラマ〔哺乳類〕‥‥‥‥‥‥‥ 561
ラマルクゾウクラゲ〔魚・貝・
水生生物〕‥‥‥‥‥‥‥ 321
ラミアー〔想像・架空の生物〕‥ 596
ラムディア・ベントランディイ
〔魚・貝・水生生物〕‥‥‥ 321
ラン〔想像・架空の生物〕‥‥‥ 596
ラングール（黒いコロブスとハ
ヌマンラングール）〔哺乳類〕
‥‥‥‥‥‥‥‥‥‥‥‥ 561
ランタンナガダルマガレイの幼
魚〔魚・貝・水生生物〕‥‥ 321
ランチュウ〔魚・貝・水生生物〕‥ 321

【り】

リカオン〔哺乳類〕‥‥‥‥‥ 561
リキシモチノウオ〔魚・貝・水
生生物〕‥‥‥‥‥‥‥‥ 321
リスカッコウ〔鳥〕‥‥‥‥‥ 509
リスザル〔哺乳類〕‥‥‥‥‥ 561
リスノコアマガエル〔両生類・
爬虫類〕‥‥‥‥‥‥‥‥ 591
リスノコエアマガエル〔両生
類・爬虫類〕‥‥‥‥‥‥ 592
リックのガジョン〔魚・貝・水
生生物〕‥‥‥‥‥‥‥‥ 321
リックのスズキ〔魚・貝・水生
生物〕‥‥‥‥‥‥‥‥‥ 321
リナンタ〔魚・貝・水生生物〕‥ 321
リビアネコ〔哺乳類〕‥‥‥‥ 561
リビエラの小さなカワスズキ
〔魚・貝・水生生物〕‥‥‥ 321
リフコメジロ〔鳥〕‥‥‥‥‥ 509
リフメジロ〔鳥〕‥‥‥‥‥‥ 509
リーボック〔哺乳類〕‥‥‥‥ 562
リボンカゲロウのなかま〔虫〕‥ 96
リボンヤママユのなかま〔虫〕‥ 96
リムガゼル〔哺乳類〕‥‥‥‥ 562
リームルス〔アメリカカブトガ
ニ〕〔魚・貝・水生生物〕‥‥ 322
リュウオウゴコロガイ〔魚・
貝・水生生物〕‥‥‥‥‥ 322
リュウキュウアオイガイ〔魚・
貝・水生生物〕‥‥‥‥‥ 322
リュウキュウアオバト〔鳥〕‥ 509
リュウキュウアカヒメジ〔魚・
貝・水生生物〕‥‥‥‥‥ 322
リュウキュウアサリ〔魚・貝・
水生生物〕‥‥‥‥‥‥‥ 322
リュウキュウエビス〔魚・貝・
水生生物〕‥‥‥‥‥‥‥ 322
リュウキュウガモ〔鳥〕‥‥‥ 509
リュウキュウキノボリトカゲ
〔両生類・爬虫類〕‥‥‥‥ 592
リュウキュウタケガイ〔魚・
貝・水生生物〕‥‥‥‥‥ 322
リュウキュウタケノコガイ
〔魚・貝・水生生物〕‥‥‥ 322

リュウキュウツバメ〔鳥〕‥‥ 509
リュウキュウバカガイ〔魚・
貝・水生生物〕‥‥‥‥‥ 322
リュウキュウハタンポ〔魚・
貝・水生生物〕‥‥‥‥‥ 322
リウキウハバヒロナノ虫〔虫〕‥ 96
リュウキュウフジナマコ？
〔魚・貝・水生生物〕‥‥‥ 322
リュウキュウミスジ〔虫〕‥‥‥ 96
リュウキュウミスジスズメ
〔魚・貝・水生生物〕‥‥‥ 322
リュウキュウムラサキ〔虫〕‥‥ 96
リュウキュウヨシゴイ？〔鳥〕
‥‥‥‥‥‥‥‥‥‥‥‥ 509
リュウキュウヨロイアジ〔魚・
貝・水生生物〕‥‥‥‥‥ 322
リュウグウノツカイ〔魚・貝・
水生生物〕‥‥‥‥‥‥‥ 322
リュウグウベラ〔魚・貝・水生生
物〕‥‥‥‥‥‥‥‥‥‥ 322
龍骨〔想像・架空の生物〕‥‥‥ 596
リュウテンサザエ科〔魚・貝・
水生生物〕‥‥‥‥‥‥‥ 322
リュウテンサザエの1種〔魚・
貝・水生生物〕‥‥‥‥‥ 322
リュウトウダビ〔魚・貝・水生生
物〕‥‥‥‥‥‥‥‥‥‥ 322
リュッベルナガダルマガレイの
幼魚〔魚・貝・水生生物〕‥ 323
両生カニ〔魚・貝・水生生物〕‥ 323
リョコウバト〔鳥〕‥‥‥‥‥ 509
リンゴクラゲ〔魚・貝・水生生
物〕‥‥‥‥‥‥‥‥‥‥ 323
リンゴドクガ〔虫〕‥‥‥‥‥‥ 96
鱗翅類の幼虫〔虫〕‥‥‥‥‥‥ 96
リンネアシナシ〔両生類・爬虫
類〕‥‥‥‥‥‥‥‥‥‥ 592
リンネセイボウ〔虫〕‥‥‥‥‥ 96
リンネメクラヘビ〔両生類・爬
虫類〕‥‥‥‥‥‥‥‥‥ 592

【る】

類人猿〔哺乳類〕‥‥‥‥‥‥ 562
ルイチガイショウジョウインコ
〔鳥〕‥‥‥‥‥‥‥‥‥‥ 510
ルイチガイヒインコ〔鳥〕‥‥ 510
ルーヴァンのおてんば娘〔魚・
貝・水生生物〕‥‥‥‥‥ 323
ルカナニ〔魚・貝・水生生物〕‥ 323
ルーケルナリア〔魚・貝・水生生
物〕‥‥‥‥‥‥‥‥‥‥ 323
ルソンヤイロチョウ〔鳥〕‥‥ 510
ルビーキクイタダキ〔鳥〕‥‥ 510
ルビートパーズハチドリ〔鳥〕‥ 510
ルビーハチドリ〔鳥〕‥‥‥‥ 510
ルーム〔魚・貝・水生生物〕‥‥ 323
ルリアシナガコガネ〔虫〕‥‥‥ 96
ルリイカル〔鳥〕‥‥‥‥‥‥ 510
ルリオーストラリアムシクイ

博物図譜レファレンス事典 動物篇　669

〔鳥〕‥‥‥‥‥‥‥‥ 510
ルリオタイヨウチョウ〔鳥〕‥ 510
ルリオハマベトカゲ〔両生類・
爬虫類〕‥‥‥‥‥‥‥‥ 592
ルリオビキノハタテハ〔虫〕‥‥ 97
ルリオビムラサキ〔虫〕‥‥‥ 97
ルリガイ〔魚・貝・水生生物〕‥ 323
ルリカケス〔鳥〕‥‥‥‥‥ 510
ルリガラ〔鳥〕‥‥‥‥‥‥ 510
ルリコノハドリ〔鳥〕‥‥‥‥ 511
ルリコンゴウインコ〔鳥〕‥‥ 511
ルリジゴバチ〔虫〕‥‥‥‥‥ 97
ルリシジミ〔虫〕‥‥‥‥‥‥ 97
ルリスズメダイ〔魚・貝・水生生
物〕‥‥‥‥‥‥‥‥‥‥ 323
ルリスズメダイ属の1種〔魚・
貝・水生生物〕‥‥‥‥‥ 323
ルリタテハ〔虫〕‥‥‥‥‥‥ 97
ルリチョウ？〔鳥〕‥‥‥‥‥ 511
るりはた〔魚・貝・水生生物〕‥ 323
ルリハタ〔魚・貝・水生生物〕‥ 323
ルリバネハチドリ〔鳥〕‥‥‥ 511
ルリバネヤイロチョウ〔鳥〕‥‥ 511
るりびたき〔鳥〕‥‥‥‥‥‥ 511
ルリビタキ〔鳥〕‥‥‥‥‥‥ 511
ルリビタキ〔鳥〕‥‥‥‥‥‥ 511
ルリボウズハゼ〔魚・貝・水生生
物〕‥‥‥‥‥‥‥‥‥‥ 323
ルリホオハチクイ〔鳥〕‥‥‥ 511
ルリホシエイ〔魚・貝・水生生
物〕‥‥‥‥‥‥‥‥‥‥ 323
ルリホシカミキリ〔虫〕‥‥‥‥ 97
ルリホシカムシの1種〔虫〕‥‥ 97
ルリホシスズメダイ〔魚・貝・
水生生物〕‥‥‥‥‥‥‥ 323
ルリボシタテハモドキ〔虫〕‥‥ 97
ルリボシタテハモドキ〔虫〕‥‥ 97
ルリボシヤンマのなかま〔虫〕‥ 97
ルリミヤマツグミ〔鳥〕‥‥‥ 511
ルリムネケンバネハチドリ
〔鳥〕‥‥‥‥‥‥‥‥‥ 511
ルリメタイハクオウム〔鳥〕‥ 511
ルリモンアゲハ〔虫〕‥‥‥‥‥ 97
ルリモンジャノメ〔虫〕‥‥‥‥ 97
ルリヤッコ〔魚・貝・水生生物〕‥ 324

【れ】

レア〔鳥〕‥‥‥‥‥‥‥‥ 511
レアハカマジャノメ〔虫〕‥‥‥ 97
レイサンガモ〔鳥〕‥‥‥‥‥ 512
レイサンクイナ〔鳥〕‥‥‥‥ 512
レイサンハワイマシコ〔鳥〕‥ 512
レイサンヨシキリのレイサン亜
種〔鳥〕‥‥‥‥‥‥‥‥ 512
レイシオオカメムシ〔虫〕‥‥‥ 97
レイシガイ〔魚・貝・水生生物〕‥ 324
荔枝介〔魚・貝・水生生物〕‥‥ 324
レイシガイの1種（？）〔魚・貝・

水生生物〕‥‥‥‥‥‥‥ 324
レイビシロアリのなかま〔虫〕‥ 97
レースオオトカゲ〔両生類・爬
虫類〕‥‥‥‥‥‥‥‥‥ 592
レスビアモンキチョウ？〔虫〕‥ 97
レッサーパンダ〔哺乳類〕‥‥ 562
レッド・アンダーウィング
〔虫〕‥‥‥‥‥‥‥‥‥‥ 97
レッドサラマンダー〔両生類・
爬虫類〕‥‥‥‥‥‥‥‥ 592
レッドテール・キャットフィッ
シュ〔魚・貝・水生生物〕‥‥ 324
レテノールアゲハ〔虫〕‥‥‥‥ 97
レテノールモルフォ〔虫〕‥‥‥ 97
レナハカマジャノメ〔虫〕‥‥‥ 97
レパス［エボシガイ］〔魚・貝・
水生生物〕‥‥‥‥‥‥‥ 324
レビアシナ・ビマキュラータ
〔魚・貝・水生生物〕‥‥‥ 324
レピソステウス・プラトストム
ス〔魚・貝・水生生物〕‥‥ 324
レピドシレン・パラドクサ
〔魚・貝・水生生物〕‥‥‥ 324
レミング〔哺乳類〕‥‥‥‥‥ 562
レモンチョウチョウウオ〔魚・
貝・水生生物〕‥‥‥‥‥ 324
レユニオンインコ〔鳥〕‥‥‥ 512
レユニオンドードー〔鳥〕‥‥ 512
レユニオンベニノジコ〔鳥〕‥ 512
レンカク〔鳥〕‥‥‥‥‥‥‥ 512
レンジャク〔鳥〕‥‥‥‥‥‥ 512
レンジャクバト〔鳥〕‥‥‥‥ 512

【ろ】

ロウニンアジ〔魚・貝・水生生
物〕‥‥‥‥‥‥‥‥‥‥ 324
ロウバイガイの1種〔魚・貝・水
生生物〕‥‥‥‥‥‥‥‥ 324
ロウバシガン〔鳥〕‥‥‥‥‥ 512
ロキェ・ロキェ〔魚・貝・水生生
物〕‥‥‥‥‥‥‥‥‥‥ 324
ロクセンスズメダイ〔魚・貝・
水生生物〕‥‥‥‥‥‥‥ 324
ロケットアノール〔両生類・爬
虫類〕‥‥‥‥‥‥‥‥‥ 592
ロシアデスマン〔哺乳類〕‥‥ 562
ロスチャイルドヤママユ属の1
種〔虫〕‥‥‥‥‥‥‥‥‥ 98
ロスチャイルドヤママユのなか
ま〔虫〕‥‥‥‥‥‥‥‥‥ 98
ロスチャイルドレア〔鳥〕‥‥ 512
ロストグエノン〔哺乳類〕‥‥ 562
ローチ〔魚・貝・水生生物〕‥‥ 324
ロック・ビューティー〔魚・貝・
水生生物〕‥‥‥‥‥‥‥ 324
ロックリング〔魚・貝・水生生
物〕‥‥‥‥‥‥‥‥‥‥ 324
ロードハウクイナ〔鳥〕‥‥‥ 512
ロードハウセイケイ〔鳥〕‥‥ 512

ロードハウメジロ〔鳥〕‥‥‥ 512
ロドリゲスクイナ〔鳥〕‥‥‥ 512
ロドリゲスダルマインコ〔鳥〕‥ 512
ロドリゲスドードー〔鳥〕‥‥ 513
ロドリゲスベニノジコ〔鳥〕‥ 513
ロドリゲスムクドリ〔鳥〕‥‥ 513
ロドリゲスヤブセンニュウ
〔鳥〕‥‥‥‥‥‥‥‥‥ 513
ロバ〔哺乳類〕‥‥‥‥‥‥‥ 562
ロバとシマウマの雑種〔哺乳類〕
‥‥‥‥‥‥‥‥‥‥‥‥ 562
ロフォフスと呼ばれる微生物
〔魚・貝・水生生物〕‥‥‥ 324
ロブスターの1種〔魚・貝・水生
生物〕‥‥‥‥‥‥‥‥‥ 325
ロフタン種〔哺乳類〕‥‥‥‥ 562
ロライマヨタカ〔鳥〕‥‥‥‥ 513
ロリゴブルガリス〔魚・貝・水
生生物〕‥‥‥‥‥‥‥‥ 325
ロレンツイモガイ〔魚・貝・水
生生物〕‥‥‥‥‥‥‥‥ 325
ローンアンテロープ〔哺乳類〕‥ 562
ロングノーズガー〔魚・貝・水
生生物〕‥‥‥‥‥‥‥‥ 325
ロンドンツチヤスデ〔虫〕‥‥‥ 98
ロンドンの愛玩用カナリアの品
種〔鳥〕‥‥‥‥‥‥‥‥ 513

【わ】

ワウワウテナガザル〔哺乳類〕‥ 562
ワオキツネザル〔哺乳類〕‥‥ 562
ワカクサインコ〔鳥〕‥‥‥‥ 513
ワカケホンセイインコ〔鳥〕‥ 513
ワカケホンセイインコ？〔鳥〕
‥‥‥‥‥‥‥‥‥‥‥‥ 513
わかさぎ〔魚・貝・水生生物〕‥ 325
ワカサギ〔魚・貝・水生生物〕‥ 325
ワカシュベラ〔魚・貝・水生生
物〕‥‥‥‥‥‥‥‥‥‥ 325
ワカレシボンヘビ〔両生類・爬
虫類〕‥‥‥‥‥‥‥‥‥ 592
ワキアカコビトクイナ〔鳥〕‥ 513
ワキアカジネズミオポッサム
〔哺乳類〕‥‥‥‥‥‥‥‥ 563
ワキアカツグミ〔鳥〕‥‥‥‥ 513
ワキアカトウヒチョウの基準亜
種〔鳥〕‥‥‥‥‥‥‥‥ 513
ワキアカヒガラ〔鳥〕‥‥‥‥ 513
ワキアカヒメシャクケイ〔鳥〕‥ 513
ワキオビネコメアマガエル〔両
生類・爬虫類〕‥‥‥‥‥ 592
ワキジロバン〔鳥〕‥‥‥‥‥ 513
ワキジロヤマハチドリ〔鳥〕‥ 513
ワキスジクシミミトカゲ〔両生
類・爬虫類〕‥‥‥‥‥‥ 592
ワキスジハヤブサ〔鳥〕‥‥‥ 513
ワキチャアメリカムシクイ
〔鳥〕‥‥‥‥‥‥‥‥‥ 513
ワキフサミツスイ〔鳥〕‥‥‥ 513

作品名索引　　　　　　　　　　　COD

ワキムラサキカザリドリ〔鳥〕‥ 514
ワギリハマギギ〔魚・貝・水生生
　物〕‥‥‥‥‥‥‥‥‥‥‥‥ 325
ワークム〔魚・貝・水生生物〕‥‥ 325
ワクム・マール〔魚・貝・水生生
　物〕‥‥‥‥‥‥‥‥‥‥‥‥ 325
ワシエイ〔魚・貝・水生生物〕‥‥ 325
ワシカモメ〔鳥〕‥‥‥‥‥‥‥ 514
ワシミミズク〔鳥〕‥‥‥‥‥‥ 514
わたか〔魚・貝・水生生物〕‥‥‥ 325
ワタカ〔魚・貝・水生生物〕‥‥‥ 325
ワダチザルガイの1種〔魚・貝・
　水生生物〕‥‥‥‥‥‥‥‥‥ 325
ワダツミヒラタブンブク〔魚・
　貝・水生生物〕‥‥‥‥‥‥‥ 325
ワタボウシタマリン〔哺乳類〕‥ 563
ワタボウシハチドリ〔鳥〕‥‥‥ 514
ワタボウシミドリインコ〔鳥〕‥‥ 514
ワタリアホウドリ〔鳥〕‥‥‥‥ 514
ワタリガニのなかま〔魚・貝・
　水生生物〕‥‥‥‥‥‥‥‥‥ 325
ワタリガニの類〔魚・貝・水生生
　物〕‥‥‥‥‥‥‥‥‥‥‥‥ 325
ワタリガラス〔鳥〕‥‥‥‥‥‥ 514
ワタリバッタ〔虫〕‥‥‥‥‥‥‥ 98
鰐〔両生類・爬虫類〕‥‥‥‥‥ 592
ワニギスの類〔魚・貝・水生生
　物〕‥‥‥‥‥‥‥‥‥‥‥‥ 325
ワヌケトラギス〔魚・貝・水生生
　物〕‥‥‥‥‥‥‥‥‥‥‥‥ 325
ワビチ〔哺乳類〕‥‥‥‥‥‥‥ 563
ワヒョウ〔哺乳類〕‥‥‥‥‥‥ 563
ワーブーアオバト〔鳥〕‥‥‥‥ 514
ワムシのなかま?〔魚・貝・水
　生生物〕‥‥‥‥‥‥‥‥‥‥ 325
ワムシ類〔魚・貝・水生生物〕‥ 325
ワモンアザラシ〔哺乳類〕‥‥‥ 563
ワモンゴキブリ〔虫〕‥‥‥‥‥‥ 98
ワモンサカタザメ〔魚・貝・水
　生生物〕‥‥‥‥‥‥‥‥‥‥ 326
ワモンチョウの1種〔虫〕‥‥‥‥ 98
ワモンチョウのなかま〔虫〕‥‥‥ 98
ワモンニシキギンポ〔魚・貝・
　水生生物〕‥‥‥‥‥‥‥‥‥ 326
ワモンベニヘビ〔両生類・爬虫
　類〕‥‥‥‥‥‥‥‥‥‥‥‥ 592
ワライカワセミ〔鳥〕‥‥‥‥‥ 514
ワライハヤブサ〔鳥〕‥‥‥‥‥ 514
ワライフクロウ〔鳥〕‥‥‥‥‥ 514
ワラゴ〔魚・貝・水生生物〕‥‥‥ 326
ワラジムシ〔虫〕‥‥‥‥‥‥‥‥ 98
ワラジムシの1種〔虫〕‥‥‥‥‥ 98
ワラジムシのなかま〔虫〕‥‥‥‥ 98
ワラスボ〔魚・貝・水生生物〕‥‥ 326
ワレカラの1種〔魚・貝・水生生
　物〕‥‥‥‥‥‥‥‥‥‥‥‥ 326
ワレカラのなかま〔魚・貝・水
　生生物〕‥‥‥‥‥‥‥‥‥‥ 326
腕足類?〔魚・貝・水生生物〕‥ 326

【 記号・英数 】

?〔魚・貝・水生生物〕‥‥‥‥‥ 326
?〔鳥〕‥‥‥‥‥‥‥‥‥‥‥‥ 514
I–2〔トカゲ〕〔両生類・爬虫類〕‥ 592
I–3〔カメ〕〔両生類・爬虫類〕‥‥ 592
I–4〔カエル〕〔両生類・爬虫類〕‥ 592
I–5〜57〔虫〕〔虫〕‥‥‥‥‥‥ 98
I–29・30〔トカゲ・カエル〕
　〔両生類・爬虫類〕‥‥‥‥‥‥ 592
I–31・32〔イモリ・ヤモリ〕
　〔両生類・爬虫類〕‥‥‥‥‥‥ 592
II–39〜58〔鳥〕〔鳥〕‥‥‥‥‥ 514
Acherontia atropos〔虫〕‥‥‥ 98
Acrocladia mammillata〔魚・
　貝・水生生物〕‥‥‥‥‥‥‥ 326
Acronicta psi〔虫〕‥‥‥‥‥‥ 98
Actinia chicocca〔魚・貝・水生
　生物〕‥‥‥‥‥‥‥‥‥‥‥ 326
Actinia equina〔魚・貝・水生生
　物〕‥‥‥‥‥‥‥‥‥‥‥‥ 326
Adscita statices〔虫〕‥‥‥‥‥ 98
Agastra mira〔魚・貝・水生生
　物〕‥‥‥‥‥‥‥‥‥‥‥‥ 326
Agriopis aurantiaria〔虫〕‥‥‥ 98
Allophyes oxyacanthae〔虫〕‥ 98
Alloteuthis mediaの解剖図
　〔魚・貝・水生生物〕‥‥‥‥‥ 326
Amalthaea amoebigera〔魚・
　貝・水生生物〕‥‥‥‥‥‥‥ 326
Anania funebris〔虫〕‥‥‥‥‥ 98
Anthea cereus〔魚・貝・水生生
　物〕‥‥‥‥‥‥‥‥‥‥‥‥ 326
Anthocharis cardamines〔虫〕‥ 98
Aphantopus hyperantus〔虫〕‥ 98
Aplocera plagiata〔虫〕‥‥‥‥ 98
Archiearis parthenias〔虫〕‥‥ 98
Argynnis adippe〔虫〕‥‥‥‥‥ 99
Argynnis aglaja〔虫〕‥‥‥‥‥ 99
Argynnis paphia〔虫〕‥‥‥‥‥ 99
Asterias araneiaca〔魚・貝・水
　生生物〕‥‥‥‥‥‥‥‥‥‥ 326
Asterias caput medusae〔魚・
　貝・水生生物〕‥‥‥‥‥‥‥ 326
Asterias papposa〔魚・貝・水
　生生物〕‥‥‥‥‥‥‥‥‥‥ 326
Asterias pectinata〔魚・貝・水
　生生物〕‥‥‥‥‥‥‥‥‥‥ 326
Astérie disco¨de〔魚・貝・水生
　生物〕‥‥‥‥‥‥‥‥‥‥‥ 326
Astérie gentille〔魚・貝・水生
　生物〕‥‥‥‥‥‥‥‥‥‥‥ 326
Astérie hélianthe〔魚・貝・水
　生生物〕‥‥‥‥‥‥‥‥‥‥ 327
Astérie parquetée〔魚・貝・水
　生生物〕‥‥‥‥‥‥‥‥‥‥ 327
Astérie patte–d'oie〔魚・貝・
　水生生物〕‥‥‥‥‥‥‥‥‥ 327
Astérie vulgaire〔魚・貝・水生
　生物〕‥‥‥‥‥‥‥‥‥‥‥ 327
Astropecten aurantiacus〔魚・

貝・水生生物〕‥‥‥‥‥‥‥ 327
Astrophyton darwinium〔魚・
　貝・水生生物〕‥‥‥‥‥‥‥ 327
Aurelinia augusta〔魚・貝・水
　生生物〕‥‥‥‥‥‥‥‥‥‥ 327
Aurelinia heterocera〔魚・貝・
　水生生物〕‥‥‥‥‥‥‥‥‥ 327
Bena prasinana〔虫〕‥‥‥‥‥ 99
Berenice〔魚・貝・水生生物〕‥‥ 327
Berenice euchrome〔魚・貝・
　水生生物〕‥‥‥‥‥‥‥‥‥ 327
Beroe macrostomus〔魚・貝・
　水生生物〕‥‥‥‥‥‥‥‥‥ 327
Bolina hydatina〔魚・貝・水生
　生物〕‥‥‥‥‥‥‥‥‥‥‥ 327
Boloria euphrosyne〔虫〕‥‥‥ 99
Boloria selene〔虫〕‥‥‥‥‥‥ 99
Bombyx mori〔虫〕‥‥‥‥‥‥ 99
Bunodactis coronata〔魚・貝・
　水生生物〕‥‥‥‥‥‥‥‥‥ 327
Bunodactis rubripunctata
　〔魚・貝・水生生物〕‥‥‥‥‥ 327
Bunodes ballii〔魚・貝・水生生
　物〕‥‥‥‥‥‥‥‥‥‥‥‥ 327
Bunodes cemmacea〔魚・貝・
　水生生物〕‥‥‥‥‥‥‥‥‥ 327
Bunodes crassicornis〔魚・貝・
　水生生物〕‥‥‥‥‥‥‥‥‥ 327
Bunodes thallia〔魚・貝・水生
　生物〕‥‥‥‥‥‥‥‥‥‥‥ 327
Cabera pusaria〔虫〕‥‥‥‥‥ 99
Caligo idomeneus〔虫〕‥‥‥‥ 99
Callimorpha dominula〔虫〕‥‥ 99
Callitera pudibunda〔虫〕‥‥‥ 99
Callophrys rubi〔虫〕‥‥‥‥‥ 99
Calloplax janeirensis〔魚・貝・
　水生生物〕‥‥‥‥‥‥‥‥‥ 327
Capnea sanguinea〔魚・貝・水
　生生物〕‥‥‥‥‥‥‥‥‥‥ 327
Caryophyllea smithii〔魚・貝・
　水生生物〕‥‥‥‥‥‥‥‥‥ 327
Cassidulus lapis cancri〔魚・
　貝・水生生物〕‥‥‥‥‥‥‥ 327
Cassiopeja cyclobalia〔魚・
　貝・水生生物〕‥‥‥‥‥‥‥ 327
Castnia evalthoides〔虫〕‥‥‥ 99
Catocala fraxini〔虫〕‥‥‥‥‥ 99
Cephée guérin〔魚・貝・水生生
　物〕‥‥‥‥‥‥‥‥‥‥‥‥ 327
Cetonia aurata〔虫〕‥‥‥‥‥ 99
Chiton glaucus〔魚・貝・水生
　生物〕‥‥‥‥‥‥‥‥‥‥‥ 327
Chiton granosus〔魚・貝・水生
　生物〕‥‥‥‥‥‥‥‥‥‥‥ 328
Cianea labiche〔魚・貝・水生生
　物〕‥‥‥‥‥‥‥‥‥‥‥‥ 328
Cidaria fulvata〔虫〕‥‥‥‥‥ 99
Cidarite diademe〔魚・貝・水
　生生物〕‥‥‥‥‥‥‥‥‥‥ 328
Cidarite rayonné〔魚・貝・水
　生生物〕‥‥‥‥‥‥‥‥‥‥ 328
Clypeaster laganum〔魚・貝・
　水生生物〕‥‥‥‥‥‥‥‥‥ 328
Codonium codonophorum
　〔魚・貝・水生生物〕‥‥‥‥‥ 328

博物図譜レファレンス事典 動物篇　**671**

COL 作品名索引

Colotois pennaria 〔虫〕 ·········· 99
Comibaena bajularia 〔虫〕 ······ 99
Crambione cookii 〔魚・貝・水生生物〕 ·········· 328
Cucullia verbasci 〔虫〕 ·········· 99
Cunantha primigenia 〔魚・貝・水生生物〕 ·········· 328
Cunoctantha discoidalis 〔魚・貝・水生生物〕 ·········· 328
Cuvieria carisochroma 〔魚・貝・水生生物〕 ·········· 328
Cyathina smithii 〔魚・貝・水生生物〕 ·········· 328
Cymatophorima diluta 〔虫〕 ···99
Cystalia monogastrica 〔魚・貝・水生生物〕 ·········· 328
Dactylometra africana 〔魚・貝・水生生物〕 ·········· 328
Diloba caeruleocephala 〔虫〕 ···99
Drepana binaria 〔虫〕 ·········· 99
Dyscia fagaria 〔虫〕 ············· 99
Echinometre artichaut 〔魚・貝・水生生物〕 ·········· 328
Echinoneus semilunaris 〔魚・貝・水生生物〕 ·········· 328
Echinus atratus 〔魚・貝・水生生物〕 ·········· 328
Echinus crenularis 〔魚・貝・水生生物〕 ·········· 328
Echinus esculentus 〔魚・貝・水生生物〕 ·········· 328
Echinus mamillatus 〔魚・貝・水生生物〕 ·········· 328
Echinus orbiculus 〔魚・貝・水生生物〕 ·········· 328
Echinus placenta 〔魚・貝・水生生物〕 ·········· 328
Echinus reticulatus 〔魚・貝・水生生物〕 ·········· 328
Echinus rosaceus 〔魚・貝・水生生物〕 ·········· 329
Echinus solaris 〔魚・貝・水生生物〕 ·········· 329
Echinus spatagus 〔魚・貝・水生生物〕 ·········· 329
Emmelina monodactyla 〔虫〕 ··99
Erannis defoliaria 〔虫〕 ·········· 99
Erynnis tages 〔虫〕 ············· 99
Eurrhypara coronata 〔虫〕 ······ 99
Fagesia carnea 〔魚・貝・水生生物〕 ·········· 329
Favonia ottonema 〔魚・貝・水生生物〕 ·········· 329
Floscula promethea 〔魚・貝・水生生物〕 ·········· 329
Gastropacha quercifolia 〔虫〕 ············· 100
Gortyna flavago 〔虫〕 ·········· 100
Gregonia fenestrata 〔魚・貝・水生生物〕 ·········· 329
Halcampa microps 〔魚・貝・水生生物〕 ·········· 329
Hamearis lucina 〔虫〕 ·········· 100
Hemipholis cordifera 〔魚・貝・水生生物〕 ·········· 329

Hemithea aestivaria 〔虫〕 ····· 100
Herminia tarsipennalis 〔虫〕 ·· 100
Hesperia comma 〔虫〕 ·········· 100
Hipparchia semele 〔虫〕 ·········· 100
Hormiphora plumosa 〔魚・貝・水生生物〕 ·········· 329
Hyalaea australis 〔魚・貝・水生生物〕 ·········· 329
Hyles euphorbiae 〔虫〕 ·········· 100
Hyles galii 〔虫〕 ·········· 100
Hypena proboscidalis 〔虫〕 ··· 100
Ilyanthus mitchellii 〔魚・貝・水生生物〕 ·········· 329
Janthina penicephala 〔魚・貝・水生生物〕 ·········· 329
Lacinularia socialis 〔魚・貝・水生生物〕 ·········· 329
Ladoga camilla 〔虫〕 ·········· 100
Lasiocampa quercus 〔虫〕 ·········· 100
Lasiommata megera 〔虫〕 ····· 100
Leptidea sinapis 〔虫〕 ·········· 100
Leucothyris eagle 〔虫〕 ·········· 100
Libellula depressa 〔虫〕 ·········· 100
Limnorea triedra 〔魚・貝・水生生物〕 ·········· 329
Linuche Aquila 〔魚・貝・水生生物〕 ·········· 329
Loligo cardioptera 〔魚・貝・水生生物〕 ·········· 329
Lophelia prolifera 〔魚・貝・水生生物〕 ·········· 329
Lucilina lamellosa 〔魚・貝・水生生物〕 ·········· 329
Lycaena phlaeas 〔虫〕 ·········· 100
Lycia hirtaria 〔虫〕 ·········· 100
Lymnorea alexandri 〔魚・貝・水生生物〕 ·········· 329
Malacosoma neustria 〔虫〕 ···· 100
Meadow Brown 〔虫〕 ·········· 100
Medusa brachyura 〔魚・貝・水生生物〕 ·········· 329
Medusa cruciata 〔魚・貝・水生生物〕 ·········· 329
Medusa panopyra 〔魚・貝・水生生物〕 ·········· 329
Medusa piliaris 〔魚・貝・水生生物〕 ·········· 329
Medusa Quadricincta 〔魚・貝・水生生物〕 ·········· 330
Miltochrista miniata 〔虫〕 ····· 100
Moma alpium 〔虫〕 ·········· 100
Noctua pronuba 〔虫〕 ·········· 100
Noteus leydigii 〔魚・貝・水生生物〕 ·········· 330
Nucleolites recens 〔魚・貝・水生生物〕 ·········· 330
Oceania 〔魚・貝・水生生物〕 ···· 330
Odezia atrata 〔虫〕 ·········· 100
Ophioglypha minuta 〔魚・貝・水生生物〕 ·········· 330
Opisthograptis luteolata 〔虫〕 ············· 100
Orgyia recens 〔虫〕 ············· 100
Oursin comestible 〔魚・貝・水生

生生物〕 ·········· 330
Oursin enflé 〔魚・貝・水生生物〕 ·········· 330
Oursin melon de mer 〔魚・貝・水生生物〕 ·········· 330
Oursin pustuleux 〔魚・貝・水生生物〕 ·········· 330
Pantachogon rubrum 〔魚・貝・水生生物〕 ·········· 330
Paracyathus sp. ? 〔魚・貝・水生生物〕 ·········· 330
Pararge aegeria 〔虫〕 ·········· 100
Peachia undata 〔魚・貝・水生生物〕 ·········· 330
Pelagia panopyra 〔魚・貝・水生生物〕 ·········· 330
Periphylla mirabilis 〔魚・貝・水生生物〕 ·········· 330
Periphylla peronii 〔魚・貝・水生生物〕 ·········· 330
Periphylla regina 〔魚・貝・水生生物〕 ·········· 330
Phalera bucephala 〔虫〕 ······· 100
Phellia brodrichii 〔魚・貝・水生生物〕 ·········· 330
Phellia gausapata 〔魚・貝・水生生物〕 ·········· 330
Phellia murocincta 〔魚・貝・水生生物〕 ·········· 330
Philudoria potatoria 〔虫〕 ····· 101
Phlogophora meticulosa 〔虫〕 ············· 101
Phragmatobia fuliginosa 〔虫〕 ············· 101
Phyllancia americana 〔魚・貝・水生生物〕 ·········· 330
Physalia megalista 〔魚・貝・水生生物〕 ·········· 330
Physalia megatista 〔魚・貝・水生生物〕 ·········· 330
Plagodis pulveraria 〔虫〕 ······ 101
Plaxiphora biramosa 〔魚・貝・水生生物〕 ·········· 330
Pleuroptya ruralis 〔虫〕 ·········· 101
Polygonia属の1種 〔虫〕 ·········· 101
Praya galea 〔魚・貝・水生生物〕 ·········· 331
Pseudopanthera macularia 〔虫〕 ············· 101
Pyrausta purpuralis 〔虫〕 ····· 101
Pyrgus malvae 〔虫〕 ············· 101
Pyronia tithonus 〔虫〕 ·········· 101
Rathkea fasciculata 〔魚・貝・水生生物〕 ·········· 331
Rheumaptera hastata 〔虫〕 ··· 101
Rhizostoma aldrovandi 〔魚・貝・水生生物〕 ·········· 331
Rhizostoma pulmo 〔魚・貝・水生生物〕 ·········· 331
Rhopalonema funerarium 〔魚・貝・水生生物〕 ·········· 331
Rizophysa planestoma 〔魚・貝・水生生物〕 ·········· 331
Sagartia rosea 〔魚・貝・水生生物〕 ·········· 331

672 博物図譜レファレンス事典 動物篇

作品名索引　　　　　　**ZOA**

Sagartia sphyrodeta〔魚・貝・
　水生生物〕……………………… 331
Sagartia troglodytes〔魚・貝・
　水生生物〕……………………… 331
Sagartia venusta〔魚・貝・水生
　生物〕…………………………… 331
Salacia polygastrica〔魚・貝・
　水生生物〕……………………… 331
Salpa cyanogaster〔魚・貝・水
　生生物〕………………………… 331
Salpa vivipara〔魚・貝・水生生
　物〕……………………………… 331
Schwarzer Diademseeigel・
　Oursin diademe noir〔魚・
　貝・水生生物〕………………… 331
Scotopteryx chenopodiata
　〔虫〕……………………………… 101
Scutella hexapora〔魚・貝・水
　生生物〕………………………… 331
Semiothisa wauaria〔虫〕…… 101
Slabberia balterata〔魚・貝・
　水生生物〕……………………… 331
Soutella hexapor〔魚・貝・水
　生生物〕………………………… 331
Sphenotrochus sp.？〔魚・
　貝・水生生物〕………………… 331
Sphenotrochus wrichtii〔魚・
　貝・水生生物〕………………… 331
Spirulea prototypos〔魚・貝・
　水生生物〕……………………… 331
Stomotoca pterphylla〔魚・
　貝・水生生物〕………………… 331
Strobalia cupola〔魚・貝・水生
　生物〕…………………………… 331
Thamnostylus dinema〔魚・
　貝・水生生物〕………………… 331
The Brown Medusa〔魚・貝・
　水生生物〕……………………… 332
The fame Medusa with its
　tentacula〔魚・貝・水生生物〕
　…………………………………… 332
The Globose Medusa〔魚・
　貝・水生生物〕………………… 332
The Tuberculated Medusa
　〔魚・貝・水生生物〕…………… 332
The Waved Medusa〔魚・貝・
　水生生物〕……………………… 332
Thecla betulae〔虫〕………… 101
Tiara pileata〔魚・貝・水生生
　物〕……………………………… 332
Toreuma bellagemma〔魚・
　貝・水生生物〕………………… 332
Toreuma thamnostoma〔魚・
　貝・水生生物〕………………… 332
Udea olivalis〔虫〕…………… 101
Yponomeuta padella〔虫〕…… 101
Zoanthus alderi〔魚・貝・水生
　生物〕…………………………… 332
Zoanthus couchii〔魚・貝・水
　生生物〕………………………… 332

博物図譜レファレンス事典 動物篇　**673**

作者・画家名索引

作者・画家名索引　　　　　　　　　　　　　えれん

【あ】

アガシ, J.L.R. ……………… 575
アスナー, F. ……………… 182
アダム, G. ……………… 521
アネドゥーシュ …………… 519
　　524　542　556　558
アルドロヴァンディ, ウリッ
　セ … 385　454　535　594　595
アルヌル …… 336　340　346〜348
　358　361　364　367　375　377
　379　391　392　395　409　412
　414　415　433　434　442　446
　447　456　464　471　480　491
　494　498　504　505　510　514
アルビン, エレアザール
　……………… 30　182　417　480
アルビン, E. ……………… 435
アルベール1世 ……… 160　183
　204　262　291　303　307　313
アルベルティ, J. …………… 201
　202　208　234　252　306
アンドレス, A. …… 122　127　136
　148　152　173　207　209　218
　222　241　257　258　262　265　275
　279　303　312　317　326　327

【い】

飯沼慾斎 ……………… 3　4　26
　27　47　74　77　88　92　97　113
　130　131　308　367　504　545
飯室楽圃 ……… 19　46　50　585
一岳 ……………… 361　465
伊藤馨 ……………… 142　185
伊藤熊太郎 ……………… 118
伊藤圭介 … 418　438　442　463　568
イーレ, I.E. ……………… 517
　518　526〜528　536　542　544
　550　552　553　555　559　561
岩崎灌園（常正）…………
　　92　190　322　525
インネス, ウィリアム・T. … 112
　116　176　276　277　320

【う】

ヴァイヤン, A.N. …………… 111
　116　127　128　203　209　213
　225　243　252　255　267　270
　272　279　296　320　412　467
ヴァランシエンヌ, A. ……… 104
　105　107　108　110〜114　122
　126　129　133　138　140　142
　144　145　148　149　151　153

154　156〜158　160　163　164
　166　170　171　175　178　179
　181　186　188　189　192　193
　195　197　198　200〜202　204
　205　208〜210　213〜216　219
　220　223　227　230　231　234
　235　240　241　243　246〜248
　　250　252　254　256〜259
　261　263　265　268〜274
　276　277　281　282　284〜286
　290〜293　295　298　300
　303　304　306　307　309〜311
　314〜317　319　321　322　324
ヴィエイヨー, L.J.P. … 337　338
　343　346　354〜356　365　366
　368　374　375　377　381　395
　396　410　427　429　431　432
　434　441　444　451　460　461　472
　482　486　488　491　499　500
ヴィトース, ピーター …… 512
ウイート＝ノイウイート, A.
　P.M.zu ……… 571　584　585
ウィルカー, B. ……………… 98
ウィルクス, ベンジャミン
　……………… 29
ウィルソン, エドウィン …… 324
ウィルソン, A. …… 378　460　482
ウィルソン, E. …… 140　153　567
ウィルソン, J. ……………… 400
ウィルソン, S.B. … 345　346　357
　362　379　382　384　387　389
　394　397　399　401　409　466
　467　485　494　497　505　513
ウィルビー, フランシス … 344
　　393　417　447　494
ウェスターグレン … 107　110　119
　125　131　141　146　156　158
　163　190　196　198　204　207
　211　214　218　227　236　261
　262　278　279　284　314　318
ウェストウッド, ジョン・オ
　ウバダイア … 4　14〜16　32　39
　40　50　58　60　61　63　65　69　75
　77　78　82　87　89　93　97　99
上田耕夫 ……………… 596
ヴェルナー, …… 103　108　128　130
　153　158　160　163　215　216
　219　236　249　256　273　294
　295　311　313　322　377　508　532
　536　541　542　547　551　556
ヴェルナー, J.C. … 436　526　539
ヴェロー, J.B.É. ……………… 423
ヴォルフ, ヨゼフ …… 339　349
　354　359　360　362　365　366
　373　391　400　404　405　408
　410　420　423　424　426　431
　432　439　442　448　449　451
　454　455　458　461　465〜467
　475　485　491　494　495　501
　505　508　509　514　520　523
　535　537　542　552　563

ウスタル, J.F.É. …………… 364
ウダール ‥ 107　110　126　175　177
　222　223　225　231　234　235
　238　245　246　251　280　299
　300　304　318　322　383　513
　522　529　565　566　571〜574
　579〜581　585　587　588　591
ウダール, P.L. ………… 337　338
　343　354〜356　365　366　368
　374　375　381　395　396　410
　427　429　431　432　434　444
　451　482　486　488　499　500
ウードリ, J.B. ………… 521　544
ヴルファーホルスト, アブラ
　ハム・ヘンリク・フェルス
　ター・デ ……………… 395

【え】

エヴァンズ, A.H. ‥ 345　346　357
　362　379　382　384　387　389
　394　397　399　401　409　466
　467　485　494　497　505　513
エスパー, E.J.C. …………… 134
　149　150　172　235　257　310
エチェコパル, ロベール＝ダ
　ニエル ……………… 333　340
　344〜346　349　352　355　367
　370　371　374　377　378　380
　382〜388　390　392　395　397
　403　404　406　408　411　413
　414　416　417　419　420　422
　423　425　427　429　430　433
　436　438　439　441　445　451
　452　454　456〜458　461〜463
　466　468　469　476　480　483
　485　488〜490　492　493　496
　506〜508　510　513
エドワーズ, シデナム・ティー
　ク ……………… 543　553
エドワーズ, ジョージ … 350　357
　369　401　404　428　447　454　460
　482　511　546　562　569　579　594
エリオット, ダニエル・ジェ
　ロード ‥ 359　370　371　388　391
　420　427　456　475　502　519　544
エリス, J. … 103　123　147　162
　207　214　257　259　299　310　311
エルナンデス, フランシスコ
　……………… 593
エーレト, G.D. ……………… 3
　19　47　58　60　62　84　123　299
エーレンベルク, C.G. ……… 114
　131　142　149　181　183　184
　210　228　229　258　267　269
　287　289　298　299　321　574

博物図譜レファレンス事典　動物篇　　**677**

【 お 】

オーウェン, リチャード ····· 447
大窪昌章 ························· 3
　6〜12 15 19 21 23 28 29 31
　34 36〜38 47 50 68 71 77
　83 85 90〜92 188 526 529
大野麦風 ·· 102 104 105 108 113
　115 116 119 121 126 127
　129 130 132 139 151 157
　159 167 176 178 180〜182
　191 193 194 202 206 217
　226 230 237 239 242 247
　260 269 271 276 278 282 283
　288〜290 292 305 307 325
尾形光琳 ················· 334 335
　359 409 428 459 485 486
奥倉魚仙 (辰行) ··· 108 121 125
　126 128 132 135 144 146
　150〜153 160 161 168 170
　181 187 190 197 202 205
　208 214 216 228 232 233
　237 242 256 259 263 264 269
　272 281 292〜294 298 301
　303 304 307 309 568 581
オークス, R. ················ 525
オスグッド, ウィルフレッド・
　ハドソン ············ 517 532
ブリオワ, J.(?) ············ 524
小田紫星 ········· 105 106 120
　126 127 131 138 145 151
　159 160 166 171 176 180
　185〜188 191 197 199 202
　206 210 216 217 220 224
　238〜240 250 251 253 259
　266 270 279 282 283 286
　288〜290 293 294 297 301
小田切真助 ·················· 525
小田野直武 ····················· 32
　98 377 392 514 592
オーデュボン, ジョン・ジェー
　ムズ ················· 155 346
　354 357 358 378 398 400
　417 424 450 460 461 475
　479 481 483 486 496 528
オードベール ············ 363 381
　382 397 401 415 426 447
　481 493 494 498 501 505
　507 514 542 550 555 562
小野蘭山 ·· 121 134 155 182 188
　198 228 250 260 262 263
　289 299 301 310 334 338
　358 360 395 402 413 423
　432 442 457 488 495 502

【 か 】

カー, J.G. ·················· 324
ガイスラー, Br. ············· 392
貝原益軒 ·· 116 119 123 130 131
　133 135 141 142 146 156
　166 169 179 186 188 190
　192 195 197 200 232 244
　250 253 259 278 301 324
　325 334 347 348 372 393
　406 409 411 416 424 446 447
　468 474 481 482 495 548
カーキウス, E. ·········· 569 579
顎爾泰 ·················· 362 364
　376 429 438 488 509 512
梶一嶽 ·················· 378
カステルノー伯 ··· 221 371 383
カーチス, J. ················ 98
カッシン, J. ············ 361 438
ガーマン, S. ······ 107 110 119
　125 131 141 146 156 158
　163 190 196 198 204 207
　211 214 218 227 236 261
　262 278 279 284 314 318
川原慶賀 ··········· 5 13 22 23
　30 44 51 64 90 96 116 168
　224 233 303 304 351 352
　372 422 434 512 523 527
　538 544 546 547 550 559

【 き 】

ギシュノー, A. ············· 566
　572 574 575 581 589
喜多川歌麿 ············· 27 52
キーネ, L.C. ··············· 105
　116 126 132 135 142 147
　150 153 154 161 164 172
　176 183 184 186 189 190
　193 199 201 202 204 207
　209 211〜213 215 223 233
　236 239 241 243 253 265
　267 276 278 281 285 288
　290 296 297 301 304 307
　309 313 315 318 320 322
木村蒹葭堂 ···· 8 15 22 65 124
　133 140 142 147 167 192
　200 216 243 275 278 279
木村静山 ·· 11 16 32 53 69 92
ギャラード, ジョージ ········ 522
ギャレット, A. ············· 104
　106〜110 112 113 115〜117
　119〜121 123〜125 127〜129
　134 135 138 139 141 142
　144〜148 150 152 154 155
　157 160〜165 167 169〜171
　173〜175 177〜180 183

　184 186〜189 191〜194
　196〜200 203 205〜212
　214〜222 224〜229 231〜233
　235〜237 239 240 242〜245
　247 248 251〜255 257 258
　260〜263 265〜267 270〜275
　277〜280 282〜284 286
　288 292〜295 298〜303
　305〜311 314〜316 322〜325
キュヴィエ ·················· 134
　144 217 221 252 269 276
　288 303 315 318 319 325
キュヴィエ, フレデリック
　··· 5 6 9 35 69 93 273 302
キュヴィエ, G.L.C.F.D. ···· 4〜9
　12〜21 23 26〜28 30〜32 35
　37 38 40〜42 46〜48 50〜54
　57〜64 66〜79 81 84〜87 89
　91〜96 98 102〜114 116 117
　119 120 122 123 125〜131
　133〜135 137〜140 142〜149
　151〜160 162〜166 168
　170〜173 175 176 178〜181
　184〜186 188〜190 192 193
　195〜205 207〜216 218〜235
　237 240〜252 254〜266
　268〜278 280〜286 288
　290〜293 295〜301 303〜322
　324 326 342 348 349 356
　361 363 373 375 376 381
　382 390 395〜397 401 402
　404 406 414 420〜422 428
　430 437 442 445 450〜452
　458 460 461 463 469 474
　476 481 485 488 493 502
　507〜509 511 514〜519 521
　523〜537 540〜544 546〜553
　555 557〜562 564〜569
　572〜574 576〜580 582〜592
キュヴェリエ ·················· 344
キューレマンス, J.G. ········ 336
　338 349 356 359 364〜367
　370 371 394 398 409 411
　414 421 424 426 431 435
　436 439〜441 444 447
　449 452 453 455 456 462
　468 476 478 483 484 490
　492〜496 501 503 504
　509 512 514 550 559 561
ギュンター, A.C.L.G. ········ 104
　106〜110 112 113 115〜117
　119〜121 123〜125 127〜129
　134 135 138 139 141 142
　144〜148 150 152 154 155
　157 160〜165 167 169〜171
　173〜175 177〜180 183 184
　186〜189 191〜194 196〜200
　203 205〜212 214〜222
　224〜229 231〜233 235〜237
　239 240 242〜245 247 248
　251〜255 257 258 260〜263
　265〜267 270〜275 277〜280
　282〜284 286 288 292〜295

作者・画家名索引　　　　さたけ

298～303 305～311 314～316
　322～325 564 572～574
　578 582 584 589 590 592
キングズリ, G. ……… 122 140
　158 160 168 181 220 263
　265 303 312 315 316 318
キングズレー, C. ………
　136 242 319 327

【 く 】

クニップ夫人 ……………… 354
　376 381 392 400 404 417
　419 420 422 433 434 464
　471 487 493 501 503 509
クノール, G.W. … 107～109 116
　123 125～127 129 132 133
　138 139 142 146 150 153 155
　156 159 174 175 177～179
　183 196 197 199～201 204
　205 211 212 215 217 222
　223 225 229 241 242 244
　245 248～251 266 267 270
　276 278 279 285 286 290
　293 295 298～301 304 311
　315 316 320 322 325 437
クーパー, C.F. ………… 140 153
クライン …………………… 587
クライン, ヤコブス・テオド
　ルス ……………………… 557
倉場富三郎 ·· 102～110 113 115
　117～121 123～127 130～133
　135 137 138 140 145～147
　150 151 153 155～157
　159～161 163 165～171 173
　175 176 178～182 185～189
　191 193～199 201～203
　206 208 210 215～218 220
　222 224 227 228 230 235
　236 238～240 243～245 248
　250 251 253～255 257～260
　266 267 269～271 273 276
　279 282～284 286 288～294
　297 301 303 305 307 309
　310 313 315 317 323 327
クラマー, P. ·· 15 43 45 46 48
　52 58 59 72 76 81 83 84 97
グランディディエ, A. ……… 499
栗本丹洲 ………………… 3～5
　7～18 20～25 27～32 34～42
　44 46～49 51 52 54～63
　65～77 79～86 88 91～93 98
　102 103 105～109 111 112
　114 115 119～121 123～125
　127 131 133～135 138 140
　144 147 150 151 153 157
　160～164 166～170 173 176
　180～186 188 190 193～195
　197 201 202 204 206 211
　216 218 221 223 224 228
　232～237 239 244 249 250

253～257 259 260 262 265
　266 269 271 275 277 282
　283 285 288 289 292 293
　295～299 301 303 305～308
　312～316 322 326 334 401
　449 470 492 500 524 530
　558 559 564 565 569 574 578
　580 581 583 587 593 595
グリュンヴォルト, H. ……… 347
　358 370 381 404 419 427
　436 454 489 503 511～513
グリーン, J. ……………… 590
クルーゼンシュテルン, I.F.
　… 116 120 228 252 412 490
グールド(？) …………… 409
グールド, エリザベス … 335 340
　344 350 353 356 358～360
　364 365 367 373 377 378
　391 392 395 408 414 415
　418 425～427 429 432 436
　451 452 457 461 462 466 468
　470～472 483 487 490 492
　496 498 499 503 504 508 510
グールド, ジョン ………
　333～452 454～476
　478～505 507～514 531
グルンボルド, ヘンリク ….. 333
グレイ, ジョン・エドワード
　…… 102 114 121 130 145
　185 188 207 228 234 235
　237 260 261 263 268 275
　277 291 300 306 321 342
　349 351 377 381 399 401
　405 410 423 432 460 471
　483 489 494 506 511 540
　552 565 568～572 575 576
　579 582 583 585 588 589
グレイ, G.R. …… 357 396 449
グレイヴズ, ジョージ ……… 334
クレッチュ ……… 523 527 533
畦田翠山 …………… 11 16 18
　22 31 32 42 47 56 83 124
　130 143 168 200 215 216
　302 313 516 555 580 581
黒田長禮 …………… 422 494

【 け 】

ゲイ, C. ……… 9 20 21 23 24
　36 41 50 58～62 65 67 71
　76 77 84 86 89 93 97 98
　117 123 135 175 183 193
　196 201 203 206 208 215
　225 227 243 251 261 279
　283 288 299 300 304 315
　317 366 376 384 397 476
　497 513 518 532 541 542
　544 551 556 564 570 572
　576 577 581 583 585～587
ケイツビー, マーク ·· 27 33 128

134 139 218 283 366 460
　461 478 488 506 509 517
　531 535 538 570 574 579
ゲイマール, J.P. …………… 191
　213 245 246 264 333
　361 377 462 498 508
ゲスナー, コンラート ……… 155
　482 529 546 549 561
　577 585 593～595
ケーツビー, M. …………… 374
　378 434 461 494 513
ゲラン＝メンヴィル, F.É.
　………………………… 432

【 こ 】

河野通明 ………………… 343
　353 362 375 378 401 405
　411 413 415 431 483 493
ゴス, フィリップ・ヘンリー
　………… 110 114 122 125
　131 133 136 140 149 160
　162 173 183 184 193 195
　205 207 209 211 224 240
　241 258 262 264～266 271
　280 284 286 295 298 303
　311 312 317 319 325～332
ゴッドマン, F.D.C. ………… 393
後藤梨春(光生) …………… 106
　122 132 133 152 156 167
　169 191 199 208 223 229
　234 244 250 251 261 264
　282 288 296 438 488 500
　540 553 576 580 595
小林重三 …… 335 338 494 503
コリー, C.B. …… 346 390 470
ゴールド, ジョン ………… 392
ゴールドスミス, オリヴァー
　………………… 161 218 224
　260 316 521 540 549 551
コント, J.A. ……………… 14
　26 76 78 93 279 284
　296 318 384 445 465 544
近藤集延 ………………… 526

【 さ 】

齋藤幸直 ………………… 216
サヴェリ, レラント ……… 447
酒井綾子 …… 199 251 268 293
作者不詳 ·· 151 163 180 191 228
　263 266 283 313 365 368
　459 469 532 533 536 541
　545 550 561 566 578 593
佐竹曙山 ………………… 4 6 20
　21 26 30 32 38 48～50 55
　59 64 79 81 84 91 92 98

さるう　　　　　　　　　作者・画家名索引

114　340　375　377　392　419
420　434　469　479　488　492
495　514　575　578～582　592
サルヴィアーニ, イッポーリ
ト .... 200　237
サルヴィン, O. 364
414　424　462　493
サワビー, G.B. .... 131　133
136　140　219　240　242　272
275　285　292　319　327　328
サワビー, J. ... 122　125　140　158
160　168　181　192　205　220　231
263　265　303　312　315　316　318
サワビー, J.de C. ...... 578　586
サンベル, シャルル・ヴィア
ル・ド 557

【し】

シェッフ, J.D. .... 568　585
ジェネンズ .... 340　416
シェーマン 517
宍戸翠園 157
シッタルドゥス, コルネリウ
ス 155
シブリー, エビニーザー 515
526　531　535　540　562　568
シーボーム, H. .... 364　394
シーボルト, フィリップ・フ
ランツ・フォン 104
105　115　143　162　169　170
185　224　238　266　294　297
316　317　323　341　354
376　380　399　407　413　441
444　446　448　450　452　455
482　491　519　520　545
島津重豪 .... 363　449
ジャーディン, W. 148
240　249　256　285　516　522
525　531　536　537　540　543
545　548　549　557　561
シャープ, R.B. ... 336　353　370
383　397　400　405　407　413
414　420　427　442　450　452　456
468　472　475　476　509　513
シャルダン, F. 544
シュニュ, J.C. .... 221　297
シュバールマン 517
シュビックス, J.B.von
.... 252　276　340
シュペヒト, フリードリッヒ
.... 520　545　550　557
シューベルト, G.H.v.
.... 201　209　230
シュミット, C.F. .... 157　177
219　233　270　286　291　298
シュミット, M. 340
シュライエ, A. 561
シュレーゲル .... 388　524

528　533　535　536　538　539
シュレーゲル, ヘルマン 364
395　427　539　548　549　570
シュレーバー, J.C.D.von
.... 515～563
シュロッサー, J.A. 179
245　566　584　587
ショー, ジョージ .. 8　9　44　62　63
66　67　79　103　136　216　262
311　325　384　390　402　511
523　528　555　565　574　577
ジョフロワ・サンティレール,
エティエンヌ ...... 547　562
ジョフロワ・サン＝ティレー
ル, I. .... 522　534　542　556
ショムブルク, R.H. 109
145　158　165　238　261
268　269　271　306　323
ジラール, C.F. .... 577　581
ジル, レナード・U. 541
シールズ 551
シンツ, ハインリッヒ・ルド
ルフ .... 346　369
381　402　412　421　458　476
481　517　518　521　526　527
532　534　537　555　559　564
569～575　577　578　580～582
584～586　588　589　591

【す】

スアンセ, C.de 388
スウェインソン, ウィリアム
.... 351
421　427　459　473　490　511
スクレイター, フィリップ・
ラトリー ... 364　414　424　436
455　462　483　493　504　518
ズゼミール 349
360　366　430　526　535　561
スタッブズ, ジョージ 523
ステイントン, H.T. 9
ステッドマン, ジョン・ゲイ
ブリエル .... 186　193
ステュアート ...... 281　322　325
スミス, A. 112
134　147　162　170　190　204
214　228　230　250　253　259
268　274　285　321　326　344
350　356　358　360　378　384
396　411　419　425　454　472
490　499　506　522　524　527
530～532　534　537　539　541
547　559　562　565　567～569
571　573　574　576　577　579
581　584　586～588　590
スミット, J. ...... 364　370　374
377　384　388　391　397　410
414　420　423　424　450　459

462　471　475　479　493　513
515　516　524　531　533　539
540　550　551　555　562　565
スワン, H.K. 427

【せ】

関根雲停 .. 22　59　102　146　147
151　209　213　216　239　242
275　278　281　282　284　381
422　446　448　452　494　521　522
525　529　535　544　559　593
セップ, J.C. .. 13　15　17　25　29
49　59　62　69　75　90　94　95
セバ, アルベルト 272
544　556　565～570　572　574
575　577～580　584　586～588
セラ, J. ...... 565　566　570～573
578　580　581　583　588　589　592
セルビー, プリドー・ジョン
.... 346　363　365　369　380
384　394　396　409　414　464
474　490　492　511　513　514

【そ】

ソーヴィニー, エドム・ビラー
ドソン 152
ソヌラ, ピエール ... 515　533　539
ソーバーン, アーチボルド
.... 507　527　534　541
ソワービー, J.C.D. 564

【た】

タイソン 542
ダヴィド神父, A. .... 336　340
346～348　358　361　364　367
375　377　379　391　392　395
409　412　414　415　433　434　442
446　447　456　464　471　480　491
494　498　504　505　510　514
ダーウィン, C.R. .... 358　360
377　408　414　436　462　499
高木春山 ... 3　5　17　22　29　41　44
55　79　83　86　88　92　93　97
103　104　106　109　114～116
119　120　123　126　127　129
131～135　144　146　153　156
160　167～169　181　182　191
192　199　202　206　211～213
215　216　228　230　232　239
243　250　251　253　258　263
264　266　268　270　271　285
291～293　299　301　302　304
305　317　321　323　353　360

363 366 372 374 378～380
385 396 399 402 405 409
410 420～422 433 437 439
448 451 458 468 469 481
491 500 505 506 509 516
517 519～521 523～526 528
529 533 540 541 543～547
551 553 555 558 559 561
563 564 568 569 575 576
578～580 582 593～596

高野則明 ‥‥‥‥‥‥‥‥‥ 307
高橋由一 ‥‥‥‥‥‥ 206 232
滝沢馬琴 ‥‥‥‥‥‥‥‥‥ 436
ダデルベック, G. ‥‥‥‥‥ 179
245 566 584 587
ダナ, J.D. ‥‥‥‥‥‥‥ 111 194
田中茂穂 ‥‥‥‥‥‥‥‥‥ 158
田中芳男 ‥ 30 94 108 110 119
131 151 155 168 196 197
211 239 251 268 275 279 282
307 311 312 364 436 446
ダニエル, サミュエル ‥ 540 546
ダニエル, W. ‥‥‥‥‥‥ 41 68
93 97 522 529 562 570 573
ダル・ポッツォ, カシアーノ
‥‥‥‥‥‥‥‥‥‥‥‥ 252
421 500 502 517 541 554
ダンカン, ジェイムズ ‥‥‥‥ 93

【ち】

張廷玉 ‥‥‥‥‥‥‥‥ 362 364
376 429 438 488 509 512

【つ】

辻村初来 ‥‥‥‥‥‥‥‥‥ 258

【て】

デイ, F. ‥‥‥‥‥‥‥‥‥ 149
152 166 177 187 217 220
233 248 277 295 299 303
ディーン, B. ‥‥‥‥‥‥ 298 299
デクルティル, J.T.
‥‥‥‥‥‥‥‥ 335 468 477
デ・ケイ, J.E. ‥‥‥ 342 345 346
369 426 440 457 478 488
デミドフ, A.N. ‥‥‥‥‥‥ 573
576 582 583 591
デ・ミュール, M.A.P.O.
‥‥‥‥‥‥‥‥ 423 432 440
テミンク, C.J. ‥‥‥‥ 333～344
346 350～352 355～361
364 366 368～371 373 375

376 378～382 384～390
393～400 404 406 408～414
418 420 422 423 425
426 428～434 439～444
446～452 456～466 468
469 472～475 478 479 482
483 487～491 493～499 501
504～506 508 509 511～514
デュジャルダン, F. ‥‥‥ 135 314
デュ・プティ=トゥアール, A.
A. ‥‥‥‥‥‥‥‥‥‥ 103
108 111 114 115 128 130
132 136 139 140 158 160
162 163 199 215 222 236
249 256 272 281 283 292
294 307 311～313 320 321
デュプレ, L.I. ‥‥‥‥‥‥ 105
110 112 117 122 123 136
137 141 143 153～155 166
173 190 195 217 237 255
273 286 303 312 323 390
438 446 453 465 479 482
デュボワ, A.J.C. ‥‥‥‥‥
344 444 466 494
デュメリル, A.H.A. ‥‥‥‥
564～566 574 579 587
デュモン・デュルヴィル, J.
S.C. ‥ 105 112 114 118 119
127 128 131 133 141 143
145 147 149 150 152 155
160～162 168 171 172 174
177 178 182 185 186 195
197 200 201 203 205～207
211 212 214 216 218 221
226 236 241 242 248～250
256 258 267 268 272 279
282 283 285 296 300 303 307
310～312 314 318 321～323
327 329 330 398 417 433
436 440 450 453 462 505
デューラー, アルブレヒト
‥‥‥‥‥‥‥‥‥‥‥‥ 534

【と】

ドイル, マーティン ‥‥‥‥ 447
ド・ヴェーイ ‥ 532 541 543 557
ドゥルーリ, D. ‥‥‥‥‥‥ 3
4 7 8 12 14 17 22 23
27～32 34 36～40 44～46
53 54 58 59 62 66 67 72
74 75 78 80 81 84 93 96
ド・セーヴ ‥ 358 482 517～519
523～525 527 529 535～539
542～544 546 547 549～551
556～558 560～562 564 591
ドーダン, A. ‥‥‥‥‥‥‥ 588
ドーダンの妻 ‥‥‥‥‥ 587 591
トップセル, エドワード ‥‥‥ 541
559 567 595 596

舎人重巨 ‥‥‥‥‥‥‥‥‥‥ 3
ドノヴァン, E. ‥‥ 3～57 59～91
93～98 108 111 112 114
116～118 120 121 123 126
133 135 140 142 144 148 150
153 154 157 159 162～164
171～173 180 182 184～188
190 193 199～201 203 207
209 210 213 214 217 220
221 223 224 228～230 233
235～237 239 241 243～248
251～253 255 257 259 263
264 266 270 274 276 277
280 282～284 286 290 293
295 296 299 300 313 316
318～321 324 326 334 336
342 343 346 352 354 360
362 364 372 378 383 386
389 392 393 397 400 401
403～408 411 413 415 425
428～431 439 441 447 449
457 468 478 483 486 491 499
501 507 515 516 519 520 522
524～527 537 538 544 547
549～551 556 559 560 595
トラヴィエ, E. ‥‥ 251 306 333
337 340 348～350 357 359
363 365 374 375 380 381
386 387 390 391 399～401
404 410 417 419 422 423
427 431 432 435 436 443
444 447 458 460 469 471
473 485 488 497 499 500
502 514 518 521 527 530
540 542 547 549 555 561 573
579 583 584 586 588 591
ド・ラ・サグラ, R. ‥‥‥ 345 346
378 389 450 489 564～566
570～572 574 581 583 584
ドルビニ, A.C.V.D. ‥‥‥‥‥ 5
7 8 14 18 19 21 24～26
35 38 39 41 44 57 59 62
69 72 73 77 78 82 85～87
89 96 110 114 126 138
177 189 223 231 234 238
239 245 246 253 280 289
291 311 318 320 349 350
363 365 374 390 399 401
432 443 447 469 471 497
502 518 521 522 526 527
529 530 535 536 542 547
549 561 565 566 571～574
579～581 585 587 588 591

【な】

ナウマン, ヨハン・フリート
リッヒ ‥‥‥‥‥‥‥‥‥ 449
中島仰山 ‥‥‥ 108 191 231 245
354 438 442 516 564 575
中村三郎 ‥‥‥ 108 115 118 121

なかむ　　作者・画家名索引

130　135　137　138　155　157
161　169　170　173　187　194
197　206　216　218　236　239
243　248　250　255　257～260
　　267　273　284　290～292
294　303　307　310　317　323
中村利吉 ……………………… 190
ナポレオン … 184　197　336　339
344　349　377　379　399　401　448
南斎一笑 …………………… 479

【に】

ニコルソン ………………… 551
ニッチュマン, D.R. ………
　　　519　528　538　546
丹羽正伯 ………………… 7　8
14　34　36　55　66　79　82　87
148　187　210　218　262　263
268　273　275　293　307　340
341　345　372　377　388　407
425　435　455　485　494　496
525　529　540　567　575　580

【ぬ】

ヌスビーゲル, ヨハン … 525　539

【の】

ノース, ロジャー ………… 182
ノーゼマン, コルネリウス
……………………………… 351
ノダー, F.P. ………………… 8
　　9　44　62　63　67　79
ノッダー, リチャード・ポリ
　ドア … 5　8　9　14　15　19　26
37　44　51　57　62　63　67　68
70　72　74　78　79　90　93　95
98　105　114　129　131　134　144
158　178　199　208　228　271
306　325　339　370　378　528

【は】

ハイド, ジェイムズ・チッチェ
　リー ……………………… 536
パイラウ, ピーター
………………… 419　468　476
ハインズ, リチャード・ブリ
　ンスリー ………………… 412
ハウトン, W. …………… 233
萩原魚仙 …………… 102　103
107　109　113　115　119～121

123～125　130　132　133　140
147　151　153　155　163　165
167　168　178　179　188　189
193　195　196　198　201～203
208　215　230　253　254　266
269　271　283　290～294
305　309　313　315　317
パーキンソン, シドニー
………… 359　369　536　561
バグスター, サミュエル …… 87
バージョー ………………… 367
長谷川雪香 ‥ 104～106　108　110
117　118　123　131　137　146
150　153　156　161　168　171
175　181　182　186　194　195
202　210　222　227　228　235
236　238　244　245　253　258　269
276　289　291　303　307　587
蜂須賀正氏 … 382　410　436　447
475　490　500　501　512　513
バックマン, J. …………… 528
バッジェン, ルイーザ・M.
…………………………… 87
服部雪斎 …… 110　121　124　132
141　149　174　184　191　195
202　204　214　222　226　230
233　240　252　273　293　304
311　334　351　352　354　365
372　378　384　402　417　419
430　434　435　437～439　441
443　446　448　450　454　457
460　461　469　470　481　485
488　495　504　523　526　536
ハート, ウィリアム …… 335　336
338～340　344　346　355～358
362　363　366　368　369　373　374
377　383　387　392　398　410　420
421　424　427　432　439～441
444　446　449　456　460　462
465　473　475　479　497　509
ハドソン, W.H. …………
　　436　455　483　504
馬場大助 …… 24　31　34　41　42
71　80　130　135　149　161　179
191　201　216　219　226　234
241　261　262　275　284　413
516　535　541　543　545　547
バーバット, ジェイムズ
………………… 31　58　76
ハミルトン, ロバート ……
　　281　322　325　519
バラー, ウォルター・ロー
　リー … 350　371　383　403
バラバン, ジャック ………… 333
335～339　341　344　347
349～351　356～359　361　363
368～370　372　373　379　380
382～384　386　387　389　390
392　394　396　399　400　406
410　416　420　422　424　426
428　430　435　440　444　446　449
452　456　458　463　469～471
473　474　476　480　484　487

490　492　497　505　515　540
ハリス, モーゼス …………… 3
4　6～9　11～15　17　20～23
25～32　34　36～40　44～48
50　53～55　57～59　62　66
67　71～75　78～81　83～85
87　89　90　93　95～101
バリュエル, ポール …… 333　340
344～346　349　352　355　367
370　371　374　377　378　380
382～388　390　392　395　397
403　404　406　408　411　413
414　416　417　419　420　422
423　425　427　429　430　433
436　438　439　441　445　451
452　454　456～458　461～463
466　468　469　476　480　483
485　488～490　492　493　496
498～503　506～508　510　513
ハルトラウプ, C.J.G. ……… 474
ハルマンデル, C.J. ………… 343
412　450　458　484　514
パレ, アンブロワーズ ……… 595
バロー, J.H. ………………… 518
バロン, アカリー … 107　111　148
210　228　235　242　245　247
263　265　268　273　319　322

【ひ】

ビーチィ, F.W. …………… 131
133　136　140　219　240　272
275　285　292　327　328
ビービ, C.W. …………… 495
ビュショー, P.J. …… 212　570
ビュフォン, ジョルジュ＝ル
　イ・ルクレール …… 3～6
8～32　34～66　68～79　81～98
103～106　109～114　116
118　119　121～125　129～133
135　137～139　141～144
146～153　155～158　162～164
166　168　170～172　174
176　177　179～185　188
189　192～196　199～211
213～221　223　225　226　228
231　233～236　238～242
244～260　262～269　272～278
280～282　284～287　289
291　293　295～298　300～302
304～311　313～320　322
325　326　333　334　336～340
342～363　365　366　368～387
389～391　393～408　410
412～417　419～503　505～593
平賀源内 ………………… 568　570
平木政次 ………… 120　455　576
平瀬與一郎 … 115　117　130　137
139　159　164　174　177　179
192　200　201　211　215　221

作者・画家名索引　へる

225〜227 234 237 256 261
262 267 273 278 279 286 290
291 296 302 311〜313 324
ヒル, ジョン 72 76
ヒル, J.W. 342 345 346
369 426 440 457 478 488

【ふ】

ファロワズ, サムエル ... 102 104
106 109〜111 113 116〜119
121 122 126 131 133 134
137 140 141 145〜150 152
153 155 159 160 162 163
166 168〜170 172〜174 179
180 183 184 186 187 189
191〜195 198〜201 203 204
206 209〜213 215 217〜219
222 224 225 227〜230 232
236 238〜241 244〜247
250〜256 259 260 266〜269
274〜276 279 280 285〜289
291 292 296〜298 300〜305
309〜311 313 314 316〜318
320 321 323 325 595
フィンシュ, F.H.O. 474
フェイラー, J. ....
565〜567 571 572 576
581〜583 587 590〜592
フエルテス, ルイス・アガシス 517 532
フォスマール, アルノー 481 557 588
フォーセット 500
フォッケ, S. 566 584 587
フォード 145
フォード, G.H. 112
134 147 162 170 190 204
214 228 230 250 253 259
268 274 285 287 321 326
344 350 356 358 360 378
384 396 411 419 425 454
472 490 499 506 522 524
527 530〜532 534 537
539 541 547 559 562 565
567〜569 571 573 574 576
577 579 581 584 586〜590
フォーブズ, ジェイムズ 93 98 573
藤居重啓 ... 106 128 132 139 162
プシェ, F.A. .. 209 240 344 347
447 481 549 550 579 588
プシュナン, J.S. .. 175 189 300
フック, ロバート 21
44 46 56 64 73
船橋勘左衛門 514
船橋久五郎 541
ブラー, W.L. 338
349 356 365 367 371 398

411 424 431 436 440 441
449 452 453 456 462 476
483 492 494 496 503 514
ブライアー, H.J.S. 6
フライシュマン, A. 532 538 560
ブラウアー, A. 106
125 129 141 142 144 169
180 196 201 202 211 212
231 235 237 240 241 244
261 280 299 315 322
ブラウアー, ヘンリック 518
ブラウン, P. 349
356 362 406 437 475
ブラウン, T. 473
フランク 280 538
ブランジェ, G.A. ....
567 572 577 591
ブランシャール 97
フランソワ・ファレンティン 189 301 309
ブリー, C.R. 500
ブリジェンス, リチャード 238
ブリンクマン, A. 117
135 175 189 220 286 301
ブルイニング, T.C. 533
ブルジョ・サン=ティレール, A. 436
フルトン, ロバート 464
フルニエ 522 529 542
ブレイカー, M.P. 119
128 147 148 150 155 157
162〜164 166 170 171
173 179 180 184 189 198
217 221 229 230 240 243
244 258 262 265 284 287
298 310 311 314 325 326
ブレイクストン, W.A. 513
ブレヴォー 366
376 397 423 432 494 497
ブレヴォー, A. 440
ブレヴォー, F. 336 337 368
369 380 387 399 405 408
421 422 427 434 436 452
462 473 478 480 483 492
フレシネ, L.C.D.de 105
106 114 120 137 148 149
153 154 166 172 182 194
203 217 261 263 267 311
315 316 462 482 490
ブレートル, J.G. 108
117 131 140 143 178 196
200 209 217 231 240 242
245 250 274 286 288 297
304 308 312 322 333〜336
338〜344 346 347 350 352
356〜358 363〜365 368〜370
373 376〜381 384〜390 394
395 397 398 400 406〜414
418 420 423 425 429〜431

433 434 440〜444 446〜452
456 459〜462 465 466 468
472〜475 478 480 481 483
487 489〜491 495〜497 504
505 509 511 512 514 518
529 531 545 549〜551 554
555 572 573 577 579 588
ブロットマン, K.I. 564
569〜575 577 578 580〜582
584〜586 588 589 591
ブロッホ, マルクス・エリーザー 143
148 162 166 176 188 221
232 238 267 270 291 313
フロホーク, F.W. .. 345 346 357
362 379 382 384 387 389
394 397 399 401 409 466
467 485 494 497 505 513

【へ】

ヘイズ, W. 404 414 442
ヘイスティングズ侯爵夫妻 20 437 536 553
ベヴァレ 333 341 361 362
427 462 475 476 498 577
ベウィック, トーマス .....
374 513 541 542
ベッカー, F.de 179
245 566 584 587
ヘッケル, E.H.P.A. 9
13 27 52 61 62 93 102 111
116 117 122 126 133 134
138 140 144 145 147〜149
156〜159 161 163 165 166
171 172 174〜177 179〜182
184 185 187 189 192 194
195 201 204 207 208 211
217 225 228〜231 234 238
239 253 254 256〜258 261
265 268 270 271 273 274
276〜281 286 287 289 291
292 297 299 301〜304 312
314 315 320〜324 329 330
446 518 522 578 581 583 594
ベトガー, O. 570
ベナント, トーマス 337
359 369 414 419 468
476 516 536 548 555
ベネット, G. 410
ベネット, J.W. ... 129 148 152
161 164 165 169 173 175
179 198 199 205 208 210
235 243 247 258 266 283
ヘーフナーゲル, ヤーコブ 40
ヘーベル, ロバート・ジュニア .. 346 354 357 378
417 424 461 475 483 496
ベル, トーマス 108 564

へると　　　　　　　作者・画家名索引

ベルトゥーフ, F.J. … 13 23 24
　37 65 80 181 207 282 528
ヘルプスト, J.F.W. …… 123 131
　141 143 146 155 158 197 215
　239 245 251 254 264 282 287
　291 311 314 318 320 326
ヘルマン ……………………… 553
ヘルム, エレノア・エディス
　………………………………… 522
ベロン, ピエール ………… 520
ベロン, F. ………………… 105
　137 153 154 166 182 194
　203 261 263 267 316 482

【 ほ 】

ホーキンズ, ウォーターハウ
　ス …………… 102 114 121
　130 145 185 188 207 228
　234 235 237 260 261 263
　268 275 277 291 300 306
　321 342 349 351 377 399
　405 410 423 432 471 489
　494 506 565 568～572 575
　576 579 582 583 585 588
ボクール ……………………… 522
ボーケ ………………… 336 337
　368 369 380 387 399 405
　408 421 422 427 434 436
　462 473 478 480 483 492
ボーケ, H.L.E.&P.J.C.兄弟
　………………………………… 452
細川重賢 …… 10 20 25 26 30
　32 35 37 39 40 46 50
　66 82 84 90 91 96 110 217
　230 294 296 301 417 455
　491 532 545 568 590 592
ボダール, P. ………………… 179
　245 566 584 587
ボック, J.C. ………… 525 541
堀田正敦 … 333～369 371～445
　447～460 452～455 457～459
　461～466 468～486 488
　489 491～500 502～506
　508～513 519 558
ボーディッチ, サラ … 249 324
ボナパルト, C.L.J.L. … 351 364
　412 453 457 493 583 588
ポープ, アレクサンダー …… 346
ホフマン, C. ………… 573 587
ボリソウ ……………………… 558
ボルクハウゼン, M.B. …… 349
　360 364 380 395 408 411
　418 430 432 439 442 448
　455 469 498 499 501
ホルブルック, J.E. ……… 565
　566 570～573 578 580
　581 583 588 589 592
ホワイト, J. ………… 337 379
　387 450 566 575 582 592

【 ま 】

マイディンガー, カール・フォ
　ン男爵 ……………………… 182
マイヤー, A.B. ……………… 392
マイヤー, H.L. ………… 442 461
マイヤー, J.D. …………… 185
　230 249 320 518 530
　538 541 554 582 584
マイヤー一家 ………………… 461
前田利保 …… 10 22 37 46 50
　59 70 87 162 253 449 530
牧茂一郎 ……………………… 587
牧野貞幹 …………… 335 341
　359 361 367 376 398 406
　407 413 418 433 434 436
　458 459 461 464 470 471
　483 484 486 504 507 511
マクドナルド, J.D. …… 123 138
マーシャル, アレクサンダー
　………………… 17 25 28
　31 40 45 50 61 67 95 287
　372 398 412 421 426 505
　511 531 553 557 590 591
マシューズ, G.M. ………… 333
　357 358 361 388 404
　444 449 454 487 503
マースデン, ウィリアム …… 533
増山雪斎(正賢) ……………… 5
　10～12 17～20 22～24 26 27
　29～31 34 36～39 41 46 63
　65～67 69 70 73 79 89 92
　276 334 335 343 348 351
　355 359 363 373～375 382
　384 385 390 393 403～405
　407 410 412 415 417 418
　422 425 430 434 435 438
　442 444 455 460 463 464
　468 470 474 479 480 483
　488 491 493 495 496 499
　500 510 569 582 584 595
マズル, P. ……………………… 536
マックギルヴレイ, ウィリア
　ム ……… 517 522 530
マッコイ, F. ………………… 17
　18 47 52 60 66 75 79 90
　131 145 225 236 300 313
松平頼恭 ……………… 102～115
　117～127 130～148 150～153
　155 157～172 174～179
　181～192 194～207 210～212
　214 216 218 220～224
　226～234 237～242 244～246
　248～255 257 259 260
　262～264 266～279 281～286
　288～298 301～308 312～318
　320 323～325 333 338 342
　343 348 349 352～356 358
　359 362 364～368 371～373

　375～378 383 385 387 389
　391 393～399 403 405 410
　413 414 416 417 419 420
　428 430～432 434 438 439
　441～443 445 446 449 455
　459 461～466 468～470 473
　474 478 480～482 484～486
　488～491 494 496 497
　499 500 505 506 511 538
松森胤保 ………………………… 3
　7 9～14 17 19 20 22 24 25
　28～31 34～36 38 39 45～47
　49 54～56 59 63～65 69
　70 74 75 78 80 81 83～85
　87～91 93 94 96 97 103
　105 107 114 115 120 121
　123 129 130 139 142 152
　157 159 165 166 169 171
　176 185 187 188 193 197
　199 204 205 208 215 220
　221 224 231 237 238 240
　242 245 249 257 266 268
　279 281 282 285 288 291
　292 304 308 313 314 316
　334 335 339 348 351 353
　355 357 364 365 378 381
　386 390 393 395 399 402
　406～408 412 418 422 426
　434 436 438 439 443 445
　446 448 453 457 458 489
　495 502 504～506 520 527
　528 545 547 554 557 558 564
　567 575 582 588 590 595
マーティン, T. …… 107 115 116
　125 136 147 158 163 166
　167 173 179 188 198 205
　209 212 220 224 236 242 243
　278 280 297 312 316 319
マルティネ, F.N. ·· 336 360 361
　381 382 398 399 401 408
　412 424 428 436 437 442 447
　453 460 471 486 499 505
マルテンス, E.フォン … 157 177
　219 233 270 286 291 298
円山応挙 …… 7 48 58 89 438
マレシャル …………… 534 554

【 み 】

三木文柳 ·· 122 125 134 146 151
　168 175 185 250 301 349 352
　398 428 446 482 486 497
水谷豊文 …… 3 7 11 15 16
　22 25 28 29 31 32 36～38
　63 67 69 79 83 92 339 360
　361 407 413 437 439 444
　459 480 481 484 495 549
ミュラー, S. ………………… 15
　22 52 65 66 70 79 89 110
　124 194 199 203 205 250
　266 302 388 424 427 524

684 博物図譜レファレンス事典 動物篇

525 528 531 533 535 536
538 539 548 549 554 567
570〜572 578 586 587 589
ミュルザン, M.E. ……… 423 427
ミルヌ＝エドヴァール, M.
　H. …… 516 518 519 521 528
529 533 535 536 539 541 542
545 550 551 553 555 556
ミンテルン, R. ……………… 116

【む】

武蔵石寿 ………………… 103
109 121 124 132 139 141
142 144 149 154 174 176
184 191 192 196 202 207
210 212 214〜216 222 225
226 233 238 240 251 259
273 275 285 293 296 297
299 304 305 308 311 324
ムルダー, A.S. …………… 424
525 531 538 548 554

【め】

メーリアン, マリア・シビラ
…………………………… 6
7 9 12 14〜16 19 20 22 23
25 30 32 35 36 40 42 43
48〜50 52 53 55〜62 64 66
70 76 78〜81 89〜93 98〜100
426 428 431 463 510 525
551 565 567 569 570 573
574 576〜580 583 585 589
メールブルク ……………… 5

【も】

毛利梅園 …………… 102〜108
111 112 115 117〜120
126〜128 130〜132 134
135 137 139〜141 143 145
150〜156 159〜161 165〜169
171 175 176 178 179 181
185 186 188〜193 195 197
198 201〜203 206 210 212
216〜218 220 222 224 227
228 233 237 239 240 242
244 248〜250 253 254 256
259 260 262〜264 266〜273
276 278 282 286 288〜295
297 298 301〜308 312
314 315 317 323 325 334
338〜340 343〜348 350〜353
357 359 360 362 363 368
372〜376 378 379 381〜385

387〜391 396〜398 401〜405
407 412〜414 416 419〜421
424 426 430 436〜439 441
443〜446 448 450 454 455
462 463 467〜470 473〜476
478〜480 484 488 491 492
495 498〜500 503 504 506
508〜511 520 536 576 595
モフェット, トーマス ……… 87
森立之 ……… 334 417 434 446
モリス, ビヴァリー・ロビン
ソン ……………………… 384
モリス, F.O. …………… 410
449 451 492 508
森野藤助 ………………… 7
10 19 25 28 38 46 93 172
235 261 278 311 468 504

【や】

屋代弘賢 ………………… 334
394 401 449 473 491 492
山本渓愚 … 7 13 16 18 25 28
29 35 48 55 57 62 80 82
151 168 212 238 260 339
378 379 422 491 492 503
506 532 539 545 551 558

【ゆ】

ユエ, N. ………………… 333
334 336〜340 342 350
351 355 357〜361 364 370
371 373 375 381 388〜390
393 396〜400 406 409 410
412 414 422 425 426 428
429 431〜433 441 444 450
456〜460 462〜464 468 469
472〜474 482 487 488 493
494 496 498 499 505 506
508 509 513 516 518 519 521
528 529 531〜533 535〜537
539 541 542 545 548 550
551 553 555 556 563 589
ユベ, H. ………………… 135

【よ】

余曾三 …………………… 362 364
376 429 438 488 509 512
横山慶次郎 ………… 172 280
吉田雀巣庵 … 3〜5 11 12 14 18
21 24 26 27 30 31 37 39 42
49 55 58 61 64 66 68 70 71
73 75 76 84 85 94 97 142

【ら】

ライドン, A.F. …………… 233
ラインホルト（ライノルト）
………………………… 381 382
397 401 415 426 447 481
493 494 498 501 507 514
ラム, シータ … 15 20 437 567
ラングロワ …………… 337 341
349 359 363 381〜383 396
397 401 407 415 426 428
447 449 481 487 490 493
494 498 501 505 507 514
ランドシーア, トーマス ‥ 518 537

【り】

リア, エドワード ……… 335 339
344 346 357 358 361 363
365 366 369 370 375 381
384 386 389 394 396 398
399 401 409 411 412 414
419 423 426 450 458 460
470 471 474 483 484 490
492 497 499 501 507 511
513 514 552 564 578 586
リザーズ, W. …… 281 322 325
346 363 365 369 384 394 396
409 414 474 490 492 511 513
514 516 537 540 543 548
リスター, マーティン ……… 30
リーチ, W.E. ………………… 5
9 14 15 19 26 37 51 57
68 70 72 74 78 90 93
95 98 105 114 129 131
134 144 158 178 199 205
208 228 231 271 306 325
339 370 378 566 574 590
リチャードソン, ジョン …… 104
115 128 145 157 164
259 309 315 540
リディンガー ……………… 521
リヒター, イロナ ………… 117
135 175 189 220 286 301
リヒター, ヘンリー・コンス
タンチン ………………… 333
335〜339 341 342 345 347
349〜358 360〜362 364〜374
376 379〜383 386 391 392
394 396 399〜401 403〜408
410〜412 414〜416 418
419 422〜427 429 431 435
436 438〜440 442〜444
446〜452 454〜458 460〜473
475 476 479 481 483〜487
489 491〜495 497 498
500〜502 504 505 507〜514
リュッペル, W.P.E.S. ……… 102

108 109 111 114 116
121~123 128 129 140 144
146 151~154 156 159 165
171 174 177 178 182 184
186 189 190 192 193 204
205 207 210 215 216 219
222 226 228 235 236 240
243 245 247 251 255 257
260 267 269 270 274~276
283 284 291 293 296 299
300 302 309 310 316 323

【る】

ルヴァイヤン, F. ………… 333
335~338 341 344 347
349~351 356~359 361 363
368~370 372 373 379~384
386 387 389 390 392 394
396 397 400 401 406 410
415 416 420 422 424 426
428 430 435 440 444 446
447 449 452 456 458 463
469~471 473~476 480
481 484 487 490 492~494
497 498 501 505 507 514
ルーウィン, J.W. ………… 532
ルヴォー …………………… 542
ルナール, ルイ ……… 102~104
106 109~111 113 115~119
121~124 126 130~135 137
139~141 145~150 152~155
158~163 166 168~170
172~174 177 179 180
183~187 189~196 198~201
203 204 206 208~213
215 217~232 234~241
244~247 250~256 258~262
266~270 272~276 278~280
282~289 291 292 295~298
300~306 309~311 313~318
320~325 537 594 595
ルメール, C.L. …………… 452

【れ】

レイ, ジョン ‥ 344 393 417 447
レオナルディ, ヴィンチェン
ソ(?) ………………… 252
421 500 517 554
レオナルド・ダ・ヴィンチ … 522
530 537 546 561 594
レーゼル・フォン・ローゼン
ホーフ, アウグスト・ヨハ
ン ‥ 4 5 8 10 11 13 15 17
19 20 25 29 30 32~34 40
52 57 61~63 65 68~71 76
78 79 81 83 85 87 89 90

92 93 95 96 143 181 184
204 221 229 258 264 265
303 319 321 324 569 590
レッソン, R.P. … 58 67 71 108
117 131 140 143 158 178
196 200 217 231 236 242
245 250 274 286 288 297
302 304 308 312 322 323
336 339 341 346 354 357
358 361~363 365 368 369
371 373 379~381 400 401
407 410 417 427 444 451
456 465 466 475 480 481
484 487 496 502 504 511
514 531 545 551 554 555
564 566 568 570 571 573
577 581 585 588 589 592
レニエ, S.A. ‥ 122 137 150 155
172 181 183 243 268 281 288
レモン ………………… 357 363 368
369 373 379 410 475 480

【ろ】

ロー, デイヴィッド ……
526 530 549 551
ロウリー, G.D. ……… 355 363
ロジエ・ド・シャルトルース,
M. …… 337 339 340 343 344
350 356 357 361 373 382
389 390 404 425 428 429
432 434 439 440 460 465
472 475 478 479 483 489
490 493 494 499 501 511
ロシュ, V. …………… 454 523
ロスチャイルド, ライオネル・
ウォルター ……………… 337
339~341 344 358 361 364
372 374 384 387 388 393
394 396 401 408 409 415
417 420 429 430 436~438
440 441 446 447 450 453
467 472 475 481 485 487 490
492 500~502 505 512 513
ロ・ビアンコ, サルバトーレ
………… 110 130 141 151
157 180 185 203 209 220
223 239 240 246 247 260
263 295 296 318 321 323
ローリヤール ……………… 269

【わ】

ワイアット, マシュー・ディ
グビー ………………… 594
渡辺始興 …………… 372 455

【記号・英数】

Arbert I, Prince of
Monaco …… 108 127 136 145
171 174 175 183 199 230 236
272 285 289 294 308 313
Barbut, James … 104 117 136
139 154 165 174 287 294 297
318 320 326 328 329 332
Bigelow, Henry Bryant …… 177
194 220 229 257
279 304 326 329
Blainville, Henri Marie
Ducrotay de …………… 139
149 264 326~328 330
Brehm, Alfred Edmund
… 113 147 153 298 327 329
Catesby, Mark …………… 463
Chun, Carl ……… 112 124 127
138 157 177 217 232 236
246 279 323 328 330 331
Cuvier, Frédéric ………
143 183 328 329
Dlouhý, Frantisek ………
140 312 331 332
Donovan, Edward …… 203 287
d'Orbigny, Charles Henry
Dessalines ……………… 152
192 203 252 318
Drapiez, Pierre Auguste
Joseph ………………… 136
166 242 288 327 330
Duperrey, Louis Isidore
………………………… 153
Filhol, Henri ………… 289 308
Gosse, Philip Henry … 180 312
Haeckel, Ernst … 106 117 140
148 157 161 166 171 172
177 194 200 204 206 212
217 220 226 234 248 250 257
259 261 263~265 282 285
289 294 304 315 326~332
Jäger, Gustav …… 114 132~134
149 174 175 227 265 308 315
Knorr, Georg Wolfgang
………………………… 132 174
Lamarck, Jean-Baptiste et
al ………… 144 252 294 329
Lesson, René Primevere
………………………… 250
Mayer, Alfred Goldsbor-
ough …… 138 143 165 184
185 190 203 264 328 329
M&N.ハンハート ………… 539
Oken, Lorenz …… 140 143 148
160 203 252 264 287 292 296
297 312 315 318 327~331
Péron, Francois ……… 105 154
166 172 261 263 327~331
Schubert, Gotthilf Hein-
rich von … 136 147 153 154
171 178 180 217 230 271

274 297 326〜328 330 331
Seba, Albertus ··········
160 213 252 331

博物図譜レファレンス事典 動物篇

2018 年 6 月 25 日　第 1 刷発行

発 行 者／大高利夫
編集・発行／日外アソシエーツ株式会社
　　　　　　〒140-0013 東京都品川区南大井 6-16-16 鈴中ビル大森アネックス
　　　　　　電話 (03)3763-5241 (代表)　FAX(03)3764-0845
　　　　　　URL http://www.nichigai.co.jp/
発 売 元／株式会社紀伊國屋書店
　　　　　　〒163-8636 東京都新宿区新宿 3-17-7
　　　　　　電話 (03)3354-0131 (代表)
　　　　　　ホールセール部 (営業) 電話 (03)6910-0519

　　　　　　電算漢字処理／日外アソシエーツ株式会社
　　　　　　印刷・製本／株式会社平河工業社

　　　　　　不許複製・禁無断転載　　　《中性紙三菱クリームエレガ使用》
　　　　　　＜落丁・乱丁本はお取り替えいたします＞
　　　　　　ISBN978-4-8169-2721-8　　　**Printed in Japan, 2018**

本書はディジタルデータでご利用いただくことが
できます。詳細はお問い合わせください。

美術作品レファレンス事典

日本の風景篇

B5・930頁　定価（本体37,000円＋税）　2017.10刊

日本の自然や風景、名所・旧跡を主題として描かれた絵画・版画作品を探すための図版索引。風景・名所には所在地・特徴などを簡潔に記載。

刀剣・甲冑・武家美術

B5・510頁　定価（本体40,000円＋税）　2016.11刊

日本の武家美術に関する図版が、どの美術全集のどこに掲載されているかを調べることのできる図版索引。各作品には、作者名、制作年代、素材・技法・寸法、所蔵、国宝・重文指定などの基礎データも収録。

仏画・曼荼羅・仏具・寺院

B5・870頁　定価（本体45,000円＋税）　2015.7刊

仏像を除く仏教美術作品を調べる図版索引。「仏教絵画」「仏教工芸」「寺院建築」に大別、作品種別、時代、地域、作品名から検索できる。

植物レファレンス事典Ⅲ (2009-2017)

A5・1,030頁　定価（本体36,000円＋税）　2018.5刊

ある植物がどの図鑑・百科事典にどのような見出しで載っているかがわかる図鑑・百科事典の総索引。44種56冊の図鑑から植物名見出し1.4万件・図鑑データのべ5万件を収録。植物の同定に必要な情報（学名、漢字表記、別名、形状説明など）を記載。図鑑ごとに収録図版の種類（カラー、モノクロ、写真、図）も明示。

科学博物館事典

A5・520頁　定価（本体9,250円＋税）　2015.6刊

自然史博物館事典—動物園・水族館・植物園も収録

A5・540頁　定価（本体9,800円＋税）　2015.10刊

自然科学全般から科学技術・自然史分野を扱う博物館を紹介する事典。全館にアンケート調査を行い、沿革・概要、展示・収蔵、事業、出版物、"館のイチ押し"などの情報のほか、外観・館内写真、展示品写真を掲載。『科学博物館事典』に209館、『自然史博物館事典』には動物園・植物園・水族館も含め227館を収録。

データベースカンパニー

日外アソシエーツ　〒140-0013　東京都品川区南大井6-16-16
TEL.(03)3763-5241　FAX.(03)3764-0845　http://www.nichigai.co.jp/